Medizinische Mikrobiologie und Infektiologie

Sebastian Suerbaum · Gerd-Dieter Burchard ·
Stefan H. E. Kaufmann · Thomas F. Schulz
(Hrsg.)

Medizinische Mikrobiologie und Infektiologie

9., vollständig überarbeitete und erweiterte Auflage

Springer

Hrsg.
Prof. Dr. Sebastian Suerbaum
Max von Pettenkofer Institut der LMU
München, Lehrstuhl für Medizinische
Mikrobiologie und Krankenhaushygiene
München, Deutschland

Prof. Dr. Stefan H. E. Kaufmann
Abteilung Immunologie
Max Planck Institut für Infektionsbiologie
Berlin, Deutschland

Prof. Dr. Gerd-Dieter Burchard
Bernhard-Nocht-Institut für Tropenmedizin
Hamburg, Deutschland

Prof. Dr. Thomas F. Schulz
Institut für Virologie
Medizinische Hochschule Hannover (MHH)
Hannover, Deutschland

ISBN 978-3-662-61384-9 ISBN 978-3-662-61385-6 (eBook)
https://doi.org/10.1007/978-3-662-61385-6

Die Deutsche Nationalbibliothek verzeichnet diese Publikation in der Deutschen Nationalbibliografie; detaillierte bibliografische Daten sind im Internet über ► http://dnb.d-nb.de abrufbar.

Planung/Lektorat: Christine Stroehla
Springer ist ein Imprint der eingetragenen Gesellschaft Springer-Verlag GmbH, DE und ist ein Teil von Springer Nature.
Die Anschrift der Gesellschaft ist: Heidelberger Platz 3, 14197 Berlin, Germany

Die Herausgeber und der Springer-Verlag danken den Begründern des Lehrbuchs der Medizinischen Mikrobiologie und Infektiologie
Professor Helmut Hahn, Professor Dietrich Falke und Professor Paul Klein (verstorben)

Vorwort

Rechtzeitig zu Semesterbeginn erscheint die 9. Auflage dieses Lehrbuches. Gründe für eine Neubearbeitung nach nur 4 Jahren gab es aufgrund der dynamischen Entwicklung der Infektionsforschung, Infektionsmedizin und ganz besonders der Infektionserreger selbst genug: Seit Dezember 2019 bringt die COVID-19/SARS-CoV-2-Pandemie in bisher ungekanntem Ausmaß nicht nur die Gesundheitssysteme, sondern die ganze Weltbevölkerung, die Wirtschaftssysteme und die staatliche Ordnung überall auf der Welt an die Grenzen ihrer Belastbarkeit. Mehr als sechs Millionen Personen haben sich in fünf Monaten infiziert, mehr als 380.000 Infizierte sind gestorben. Die Pandemie hat – wie in den letzten Jahren auch schon die Schweinegrippepandemie, der EHEC-Ausbruch 2011, die Zikavirus-Epidemie und viele andere regional begrenzte Infektionsausbrüche – die Bedeutung der Infektionen für die weltweite Gesundheit deutlich gemacht. Globalisierungsfolgen, z. B. Migration, Kriege und ein Leben in Flüchtlingslagern sowie die Verelendung ganzer Landstriche, leisten der Verbreitung von Krankheitserregern Vorschub, und die nächste Seuche kommt bestimmt. Auch der aufgrund der ständig zunehmenden Weltbevölkerung immer engere Kontakt zwischen Mensch und Tier (Massentierhaltung, Lebendtiermärkte etc.) spielt bei der Entstehung neuer Infektionskrankheiten und der Zunahme von Antibiotikaresistenzen eine zentrale Rolle. Dem One Health-Konzept, in dessen Mittelpunkt der ganzheitliche Blick auf die Gesundheit von Mensch und Tier als voneinander abhängigen Systemen steht, ist in dieser Auflage daher ein neues Kapitel gewidmet. Auch in den Industrieländern häufen sich mit der drastischen Zunahme von Nosokomialinfektionen mit antibiotikaresistenten Erregern die Probleme.

Die enorme Wichtigkeit der Identifizierung neuer Krankheitserreger wurde vom Nobelkomitee zuletzt im Jahr 2008 durch die Verleihung des Nobelpreises für Medizin an 3 Infektionsforscher anerkannt: Harald zur Hausen, Françoise Barré-Sinoussi und Luc Montagnier erhielten den Preis für die Entdeckung krebserregender Papillomviren und des Humanen Immundefizienzvirus – nur 3 Jahre nach der Verleihung des Nobelpreises an die Entdecker des „Magenbakteriums" Helicobacter pylori und 103 Jahre nach der Ehrung Robert Kochs für die Entdeckung des Tuberkulose-Erregers. 2011 bedachte das Nobelkomitee wieder die andere Seite des Wechselspiels: Jules Hoffmann, Bruce Beutler und Ralph Steinman wurden für die Entdeckung zentraler molekularer und zellulärer Mechanismen der Infektabwehr ausgezeichnet. Und im Jahr 2015 ging der Medizin-Nobelpreis an 3 Naturstoffforscher, William Campbell, Satoshi Omura und Youyou Tu, die neue Therapien gegen Infektionskrankheiten entwickelt haben – 76 Jahre nach der Nobel-Würdigung Gerhard Domagks für die Entdeckung der antibakteriellen Wirkung der Sulfonamide und 70 Jahre nach der Nobel-Würdigung von Alexander Fleming, Ernst Boris Chain und Howard Walter Florey für die Heilwirkung des Penicillins bei verschiedenen Infektionskrankheiten.

Grundkenntnisse in Mikrobiologie, Immunologie und Infektionslehre sind für Ärztinnen und Ärzte unabdingbar. Die Reaktionen der Leserschaft haben gezeigt, dass der Grundgedanke dieses Lehrbuches, in erster Linie ein Verständnis pathophysiologischer Zusammenhänge zu vermitteln, unverändert richtig ist.

Infektionsbiologische Forschung hat sich in Deutschland an den naturwissenschaftlichen und medizinischen Fakultäten als wichtige Forschungsrichtung durchgesetzt. Deshalb ist dieses Buch nicht nur für Mediziner, sondern auch für forschende Infektionsbiologen gedacht, die sich über die medizinischen Hintergründe und die klinische Relevanz ihrer Arbeiten informieren möchten. Die Herausgeber hoffen, dass das Lehrbuch auch bei diesen Wissenschaftlerinnen und Wissenschaftlern auf gute Resonanz stoßen wird.

Unser Dank gebührt allen Autoren, den Mitarbeitern des Springer-Verlages, insbesondere Frau Christine Ströhla und Frau Rose-Marie Doyon, Herrn Markus Pohlmann für das Fachlektorat sowie zahlreichen anderen Mitarbeiterinnen und Mitarbeitern, die auf der Danksagungsseite aufgeführt sind.

Sebastian Suerbaum
Gerd-Dieter Burchard
Stefan H. E. Kaufmann
Thomas F. Schulz
München, Hamburg, Berlin und Hannover
im Juni 2020

Danksagung

Sebastian Suerbaum

Ich danke Herrn Prof. Timo Ulrichs wie schon bei den vergangenen Auflagen herzlich für die Entwicklung der meisten Schemazeichnungen in Zusammenarbeit mit den Autoren. Den Mitarbeiterinnen und Mitarbeitern des Springer-Verlags möchte ich an dieser Stelle ebenfalls sehr herzlich im Namen aller Herausgeber für die gute Zusammenarbeit danken, besonders Frau Christine Ströhla, der für das Buch zuständigen Senior-Editorin, die die Entstehung dieser Ausgabe mit großem Interesse und wichtigen Ideen begleitet hat, und Frau Rose-Marie Doyon, die als Projektmanagerin die zentrale Ansprechstelle für alle am Projekt beteiligten Herausgeber und Autoren war. Ebenfalls danken wir Herrn Dipl.-Biol. Markus Pohlmann (IQ Verlagsbüro) für die redaktionelle Bearbeitung der Kapitel und Frau Corinna Pracht, die die Endphase der Produktion dieser Auflage seitens des Springer-Verlags begleitet hat. Prof. H. Karch, Prof. M. Hornef und ich danken Prof. Johannes Müthing für kritische Durchsicht und Korrektur von Kapitel 29.

Gerd-Dieter Burchard

Ich danke den Mitarbeiterinnen und Mitarbeitern des Springer-Verlags für die gute Zusammenarbeit und ständige Unterstützung.

Stefan H. E. Kaufmann

Ich danke Frau Souraya Sibaei für ausgezeichnete Sekretariatshilfe und Frau Diane Schad für die Erstellung der exzellenten Grafiken für die Immunologie-Kapitel. Herrn Prof. Rainer Blasczyk danke ich für die kritische Durchsicht von Kapitel 15. Auch möchte ich die Gelegenheit nutzen, allen Mitarbeiterinnen und Mitarbeitern des Springer-Verlags herzlich für ihre professionelle Begleitung der Neuauflage des Buchs zu danken.

Thomas F. Schulz

Ich danke Herrn Prof. Falke für die langjährige prägende Betreuung der Sektion Virologie dieses Buchs sowie die Überlassung von Bildmaterial, Strichzeichnungen, Krankheitsabbildungen und Texten aus früheren Auflagen dieses Lehrbuchs. Ferner danke ich Dr. Gelderblom, Berlin, für die Überlassung elektronenmikroskopischer Aufnahmen, Prof. Lawrence Young, Birmingham, für immunhistologische Darstellungen von EBV, LMP1 und LMP2 in Morbus-Hodgkin-Gewebeschnitten, Dr. Tina Ganzenmüller, Hannover, für die Zusammenstellung von Western-Blots, der Leitung der Haut- und der Augenklinik des Klinikums der Johannes-Gutenberg-Universität Mainz für Abbildungen von Infektionskrankheiten,

Herrn Prof. T. Werfel, Klinik für Dermatologie der Medizinischen Hochschule Hannover, für die Überlassung von Bildmaterial, Herrn Dr. Nermuth, London, für die elektronenmikroskopische Aufnahme mit der Schrägbedampfung von Adenoviren und Herrn Prof. Dr. W. Stögmann, Wien, für 2 Abbildungen von Virusexanthemen.

Das Abbildungskonzept

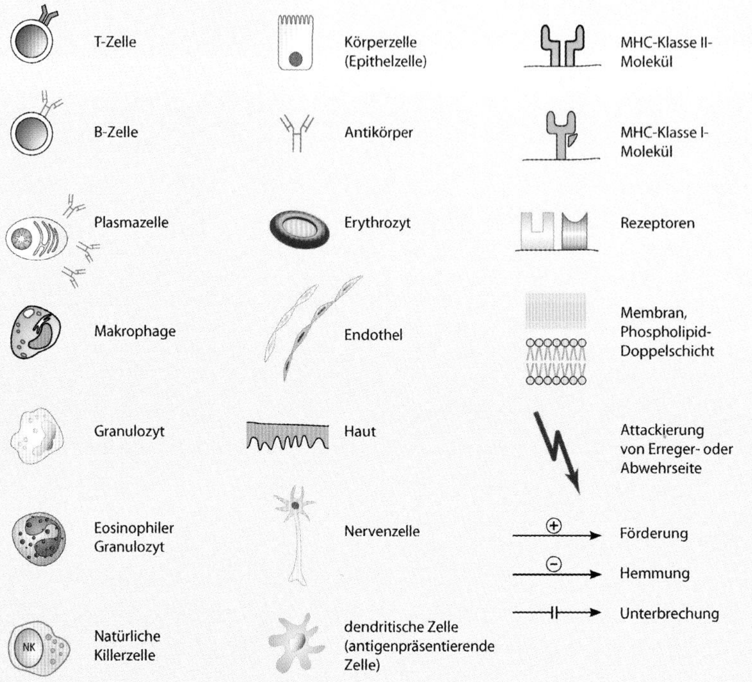

Bakterienstrukturen

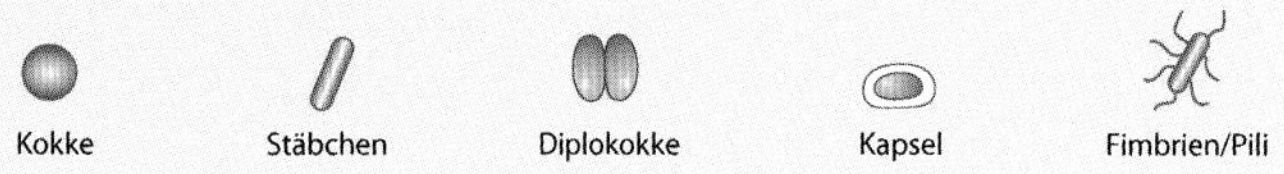

In den Abbildungen sind Erreger (Bakterien, Viren, Pilze, Parasiten) sowie ihre Produkte immer orange gehalten.

Steckbrief Bakterien

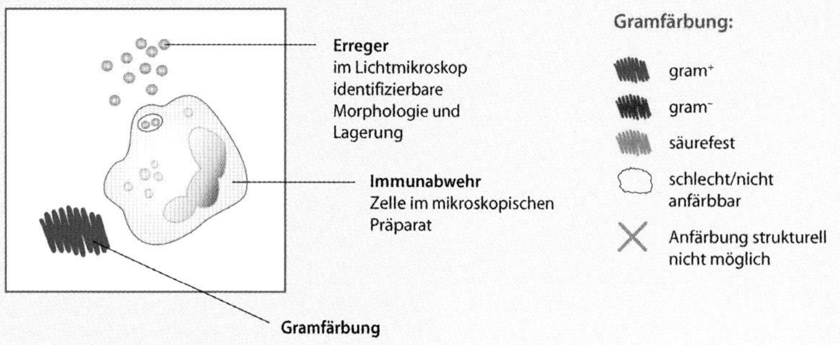

Steckbrief Viren

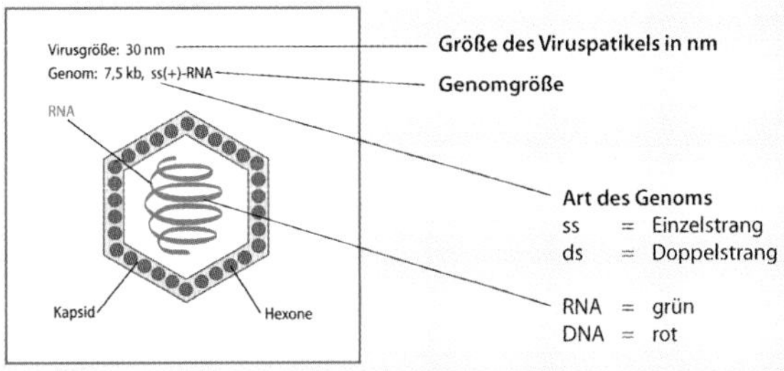

Prof. Dr. med. Dr. PH Dr. h.c. Timo Ulrichs

Das Abbildungskossnzept und die meisten Illustrationen wurden von Timo Ulrichs erstellt. Timo Ulrichs ist Immunologe, Mikrobiologe und Gesundheitswissenschaftler und engagiert sich in der Tuberkuloseforschung und -kontrolle in Osteuropa, v. a. in Russland, Georgien und Moldawien. Außerdem zeichnet er sehr gern.

Das Layout

Mykobakterien

Franz-Christoph Bange, Helmut Hahn, Stefan H. E. Kaufmann, Christoph Lange und Timo Ulrichs

Einleitung: Kurzer Einstieg ins Thema

Das Genus Mycobacterium (M.) ist die einzige Gattung der Familie der Mycobacteriaceae. Mykobakterien unterscheiden sich von den meisten anderen Bakterien durch ihren Gehalt an Wachsen in der Zellwand sowie, dadurch bedingt, durch eine hohe Festigkeit gegen Säuren und Basen. Sie können deshalb mit besonderen Färbemethoden (Ziehl-Neelsen, Auramin) angefärbt werden. Mykobakterien vermehren sich nur in Gegenwart von Sauerstoff, d. h., sie sind obligate Aerobier (◘ Tab. 42.1).

Fallbeispiel: Typische Fälle zum besseren Verständnis

Fallbeispiel

Ein 28-jähriger Asylbewerber, der 6 Monate zuvor aus Sri Lanka gekommen ist, wird seitens der Erstaufnahmeeinrichtung zum Internisten überwiesen, da er über ein schlechtes Allgemeinbefinden und eine Gewichtsabnahme von 10 kg in den letzten 6 Monaten klagt (dokumentiert), außerdem über eine erhöhte Stuhlfrequenz mit gelegentlichem Blutabgang. Der Internist veranlasst eine Koloskopie, in der sich makroskopisch eine Ileokolitis zeigt. Histologisch findet sich eine Entzündung mit Granulomen, gut passend zu einem Morbus Crohn. Es wird eine immunsuppressive Behandlung mit Kortison und Azathioprin eingeleitet.

Hintergrundwissen: Interessantes für zwischendurch

Geschichte

Den Begriff Phthisis (Schwindsucht) prägte Hippokrates (ca. 460–375 v. Chr.), um damit eine Krankheit zu kennzeichnen, die mit einem allgemeinen Verfall einhergeht. 1689 verwendete der englische Arzt Thomas G. Morton in seiner „Phthisiologia" für die charakteristischen Läsionen der Lungenschwindsucht den Ausdruck „Tuberkel" (Höcker, Knötchen). Davon leitete Johann Lucas Schönlein (1793–1864) im Jahre 1832 den Begriff „Tuberkulose" ab. Als „Skrofulose" wurde die damals häufige Form der tuberkulösen Lymphadenitiden bezeichnet. Im 16./17. Jahrhundert ging ein Viertel aller Todesfälle bei Erwachsenen in Europa auf die TB zurück.

◘ Tab. 42.1 Mykobakterien: Gattungsmerkmale

Merkmal	Ausprägung
Säurefestigkeit (z. B. Ziehl-Neelsen-Färbung)	Positiv
Aerob/anaerob	Obligat aerob, mikroaerophiles Wachstum möglich
Kohlenhydratverwertung	Oxidativ
Sporenbildung	Nein
Beweglichkeit	Nein
Katalase	Verschieden (M. tuberculosis: positiv)
Oxidase	Negativ
Besonderheiten	Langsames Wachstum (mit wenigen Ausnahmen)

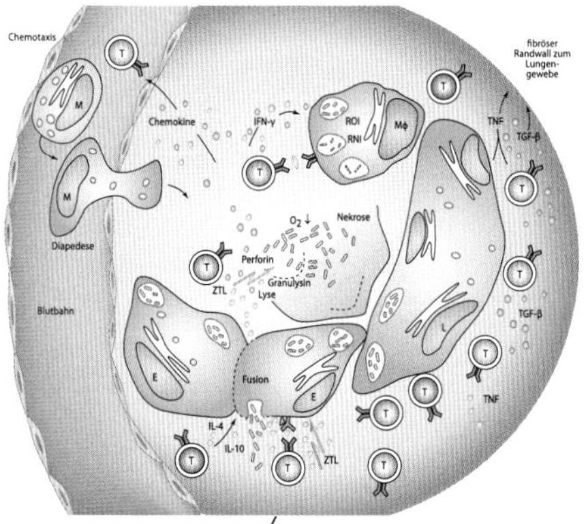

◘ Abb. 42.6 Granulombildung – wichtigste Zytokine und zelluläre Interaktionen: E, Epitheloidzelle; IL, Interleukin; INF, Interferon; L, Langhans-Riesenzelle; MΦ, Makrophage; M, Monozyt; RNI, „reactive nitrogen intermediate"; ROI, „reactive oxygen intermediate"; TGF-β, transformierender Wachstumsfaktor („transforming growth factor"); TNF, Tumornekrosefaktor; ZTL, zytolytischer T-Lymphozyt

Abbildungen: Veranschaulichen komplexe Zusammenhänge

Steckbriefe geben eine kurze Übersicht über die wichtigsten Erregerdaten. Gut für die Prüfungsvorbereitung! (Siehe Übersicht am Abbildungskonzept auf Seite XIII)

42.1 Mycobacterium tuberculosis

Steckbrief

Mycobacterium tuberculosis ist ein obligat aerobes, säurefestes Stäbchenbakterium (Abb. 42.1). Es ist der Erreger der Tuberkulose (TB), die durch Knötchenbildung (Granulome) und Gewebezerstörung (Kavernen) in der Lunge und in anderen Organen gekennzeichnet ist.

Mycobacterium tuberculosis: säurefeste Stäbchen mit Cordfaktor, entdeckt 1882 von Robert Koch

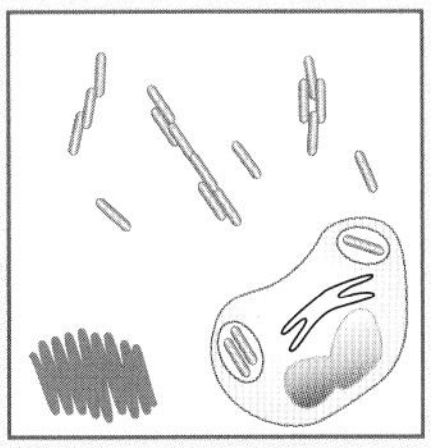

In Kürze: Nichttuberkulöse Mykobakterien (NTM)

- **Bakteriologie:** Säurefeste Stäbchen, Unterteilung nach Wachstumsgeschwindigkeit.
- **Vorkommen:** Ubiquitär in Boden und Wasser.
- **Epidemiologie:** Immunsuppression erhöht das Risiko einer Infektion.
- **Übertragung:** Nicht von Mensch zu Mensch. Infektion aus der Umwelt.
- **Pathogenese:** Intrazelluläre Erreger, granulomatöse Entzündung.
- **Klinik:** Lunge, Haut, Verletzungen. Disseminierte Form häufig bei HIV-Infizierten.
- **Diagnose:** Säurefest im Präparat, Anzucht z. B. auf Ziehl-Neelsen-Agar, molekularbiologischer Nachweis.
- **Therapie:** Wegen häufiger Multiresistenz Kombination von 3–6 Antituberkulotika notwendig, z. B. Clarithromycin, Ethambutol und Rifabutin.
- **Prävention:** Eine geeignete Prävention ist nicht bekannt.
- **Meldepflicht:** Keine.

In Kürze: Kurze Zusammenfassung zum schnellen Wiederholen.

42.2.2 Rolle als Krankheitserreger

Epidemiologie

In den letzten Jahren ist das Wissen über die Epidemiologie von NTM-Lungenerkrankungen deutlich gewachsen. Für Deutschland wird eine Inzidenz von 2,6/100.000 angegeben, das entspricht etwa der Hälfte der Fälle an Tuberkuloseerkrankungen im Jahr. Risikofaktoren sind v. a. Bronchiektasenerkrankungen und inhalatives Zigarettenrauchen. Im Gegensatz zu M. tuberculosis ist nicht jede Isolation einer NTM-Art aus humanen Proben ein Indiz für eine Erkrankung

Übertragung

Direkte Übertragungen von NTMs von Mensch zu Mensch sind bislang nicht belegt. Für M. abscessus werden aber Übertragungen von Mensch zu Mensch bei Patienten mit einer zystischen Fibrose vermutet.

Pathogenese

Ähnlich wie M. tuberculosis sind auch nichttuberkulöse Mykobakterien fakultativ intrazellulär. Ebenfalls vergleichbar mit der TB ist das Auftreten einer granulomatösen Entzündung. Bezüglich der Virulenz können sich die Spezies stark voneinander unterscheiden:

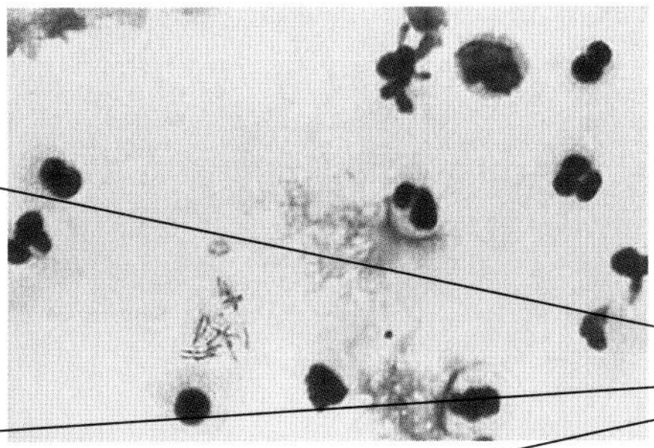

Abb. 42.1 Mycobacterium tuberculosis – säurefeste Stäbchen (Ziehl-Neelsen-Färbung)

Rolle als Krankheitsträger: Einheitliche und übersichtliche Gliederung aller Erregerkapitel

Weiterführende Literatur

Kaufmann SHE, Britton WJ (2008) Handbook of tuberculosis, Bd 2. Immunology and cell biology. Wiley-VCH, Weinheim
Kaufmann SHE, Rubin E (2008) Handbook of tuberculosis, Bd 1. Molecular genetics and biochemistry. Wiley-VCH, Weinheim
Kaufmann SHE, van Helden PD (2008) Handbook of tuberculosis, Bd 3. Clinics, diagnostics and epidemiology. Wiley-VCH, Weinheim
WHO Global Tuberculosis Report 2019 (2019) World Health Organization, Geneva. ▶ https://www.who.int/tb/global-report-2019

Inhaltsverzeichnis

III Diagnostik

IV Epidemiologie und Prävention

V Bakteriologie

VI Virologie

VII Mykologie

Herausgeber- und Autorenverzeichnis

Über die Herausgeber

Prof. Dr. Sebastian Suerbaum

1962 geboren. Studium der Medizin in Bochum, Wien und an der Harvard Medical School. 1988 Promotion. Assistenzarzt am Bernhard-Nocht-Institut für Tropenmedizin in Hamburg, danach am Institut für Medizinische Mikrobiologie und Immunologie in Bochum. 1991–1993 Postdoc am Institut Pasteur, Paris. 1994 Facharzt für Mikrobiologie, Virologie und Infektionsepidemiologie. 1995 Habilitation. 1999–2003 C3-Professor am Institut für Hygiene und Mikrobiologie der Universität Würzburg, 2003–2016 C4-Professor und Direktor des Instituts für Medizinische Mikrobiologie und Krankenhaushygiene der Medizinischen Hochschule Hannover, seit 2016 Inhaber des Lehrstuhls für Medizinische Mikrobiologie und Krankenhaushygiene der Ludwig-Maximilians-Universität München und Vorstand des Max von Pettenkofer-Instituts der LMU. 1996 Gerhard Hess-Preis der Deutschen Forschungsgemeinschaft. 2007 Eva und Klaus Grohe-Preis der Berlin-Brandenburgischen Akademie der Wissenschaften. 2012 Heinz P. R. Seeliger-Preis. Mitglied der Nationalen Akademie der Wissenschaften Leopoldina, der Academia Europaea, der American Academy of Microbiology und der European Academy of Microbiology. 2010–2014 Präsident der Deutschen Gesellschaft für Hygiene und Mikrobiologie. Koordinator der Sektion „Gastrointestinale Infektionen“ im Deutschen Zentrum für Infektionsforschung. Vorsitzender des Wissenschaftlichen Beirats des Robert Koch-Instituts. Wissenschaftliche Arbeitsgebiete: Pathogenese, Populationsgenetik, Genomik und molekulare Epidemiologie bakterieller Infektionserreger, insbesondere Helicobacter pylori.

Prof. Dr. Gerd-Dieter Burchard

1948 geboren. Studium der Medizin in Hamburg. Facharzt für Innere Medizin, Tropenmedizin, Infektiologie. 1983 Aufenthalt in Hôpital Albert Schweizer, Lambaréné, Gabon; 1987 am Weizmann-Institut, Rehovot, Israel; 1988–1992 Oberarzt an der Klinischen Abteilung des Bernhard-Nocht-Instituts für Tropenmedizin; 1993–1995 Oberarzt und stellvertretender Institutsdirektor am Institut für Tropenmedizin der Universität Tübingen; 1996–1999 Arzt-Wissenschaftler am Bernhard-Nocht-Institut für Tropenmedizin in Hamburg, Abteilung für Medizinische Grundlagenforschung, Auslandsaufenthalte in Senegal, Guinea und Ghana; 2000–2002 Leiter der Ambulanz im Institut für Tropenmedizin, Berlin, und stellvertretender Institutsdirektor, 2003–2005 Leiter der Klinischen Abteilung des Bernhard-Nocht-Instituts für Tropenmedizin, Hamburg, 2006–2013 Leiter der Sektion Tropenmedizin und Infektiologie, 1. Medizinische Klinik, Universitätsklinik Hamburg-Eppendorf; jetzt Bernhard-Nocht-Institut für Tropenmedizin. 2005–2009 und seit 2014 Vorsitzender der Deutschen Gesellschaft für Tropenmedizin und Internationale Gesundheit (DTG); Seit 1994 außerordentliches Mitglied der Arzneimittelkommission, seit 2017 Mitglied der Ständigen Impfkommission (STIKO) beim Robert-Koch-Institut. Wissenschaftliche Arbeitsgebiete: Klinische Tropenmedizin.

Prof. Dr. Stefan H. E. Kaufmann

1948 geboren, Studium der Biologie in Mainz, Promotion summa cum laude 1977. 1981 Habilitation in Immunologie und Mikrobiologie. 1976–1988 wissenschaftlicher Mitarbeiter in Bochum, Berlin, Freiburg. 1987–1991 Professor für Medizinische Mikrobiologie und Immunologie am Universitätsklinikum Ulm; 1991–1998 Direktor der dortigen Abteilung Immunologie. Seit 1993 Gründungsdirektor und seit 2019 emeritiertes Wissenschaftliches Mitglied am Max-Planck-Institut für Infektionsbiologie, Berlin. Leiter einer Emeritus-Gruppe am Max-Planck-Institut für Biophysikalische Chemie, Göttingen. Professor für Mikrobiologie und Immunologie an der Charité, Berlin. Gastprofessor an der Medizinischen Fakultät der Tongji Universität, Shanghai, und am Peking Union Medical College, Beijing, China. Honorarprofessor der Univer-sidad Peruana Cayetano Heredia, Lima, Peru. Ehrendoktor der Universität Marseille; Fellow des Royal College of Physicians of Edinburgh. Faculty Fellow des Hagler Institute for Advanced Study an der Texas A&M University. Mitglied u. a. der Nationalen Akademie der Wissenschaften Leopoldina, der Berlin-Brandenburgischen Akademie der Wissenschaften und der European Molecular Biology Organization. Zahlreiche wissenschaftliche Preise, u. a. A. Krupp Förderpreis für Hochschullehrer (1987), Hauptpreis der Deutschen Gesellschaft für Hygiene und Mikrobiologie (1993), Gagna A. & Ch. Van Heck Preis (2018). Früherer Präsident und Ehrenmitglied der Deutschen Gesellschaft für Immunologie, früherer Präsident der European Federation of Immunological Societies (EFIS) und der International Union of Immunological Societies (IUIS). Wissenschaftliche Interessengebiete: Immunologie und Pathologie von bakteriellen Infektionen, neue Impfstoffstrategien sowie diagnostische und prognostische Biosignaturen von Infektionskrankheiten und Impfungen.

Prof. Dr. Thomas F. Schulz

1953 geboren. Studium der Medizin in Mainz, Montpellier und London. 1980 Promotion. Assistenzarzt Innere Medizin und Medizinische Mikrobiologie in Mainz und Innsbruck. Habilitation 1986. EMBO Fellow und Clinical Research Scientist am Institute of Cancer Research, London 1988–1995. Facharzt Medizinische Mikrobiologie und Infektionsepidemiologie 1990. Full Professor im Dept. Medical Microbiology der Universität Liverpool 1995–2000. Seit 2000 Professor für Virologie und Leiter des Instituts für Virologie der Medizinischen Hochschule Hannover. 2003 Fellow of the Royal College of Pathologists (FRCPath). 1997–2003 Editor des Journals of General Virology. Sprecher des DFG Sonderforschungsbereichs 900 ‚Chronische Infektionen' und des Exzellenzclusters 2155 RESIST ‚Abwehrschwächen gegenüber Infektionen und ihre Kontrolle'. Koordinator des Themenbereichs ‚Infektionen des immunkompromittierten Wirts' des Deutschen Zentrums für Infektionsforschung seit 2019. Vorsitzender des wissenschaftlichen Beirats des Deutschen Primatenzentrums (2010–2015) und des Heinrich-Pette-Instituts für Experimentelle Virologie (2010–2016).

Autorenverzeichnis

Dr. Nikolaus Ackermann Bayerisches Landesamt für Gesundheit und Lebensmittelsicherheit (LGL), Oberschleißheim, Deutschland

PD Dr. MPH Andrea Ammon European Centre for Disease Prevention and Control (ECDC), Solna, Schweden

Dr. Claas Baier Institut für Medizinische Mikrobiologie und Krankenhaushygiene, Medizinische Hochschule Hannover, Hannover, Deutschland

Prof. Dr. Stephan Baldus Klinik für allgemeine und interventionelle Kardiologie, Elektrophysiologie, Angiologie, Pneumologie und Internistische Intensivmedizin, Universitätsklinikum Köln (AöR), Köln, Deutschland

Prof. Dr. Franz-Christoph Bange Institut für Medizinische Mikrobiologie und Krankenhaushygiene, Medizinische Hochschule Hannover, Hannover, Deutschland

Prof. Dr. Stephan Becker Institut für Virologie, Universität Marburg, Marburg, Deutschland

Prof. Dr. Georg Behrens linik für Rheumatologie und klinische Immunologie, Medizinische Hochschule Hannover, Hannover, Deutschland

Dr. Anja Berger Bayerisches Landesamt für Gesundheit und Lebensmittelsicherheit (LGL), Oberschleißheim, Deutschland

PD Dr. Silke M. Besier Institut für Medizinische Mikrobiologie und Krankenhaushygiene, Universitätsklinikum Frankfurt, Goethe-Universität, Frankfurt, Deutschland

Prof. Dr. Rainer Blasczyk Institut für Transfusionsmedizin und Transplantat Engineering, Medizinische Hochschule Hannover, Hannover, Deutschland

Prof. Dr. Christian Bogdan Mikrobiologisches Institut – Klinische Mikrobiologie, Immunologie und Hygiene, Universitätsklinikum Erlangen, Erlangen, Deutschland; Friedrich-Alexander-Universität (FAU) Erlangen-Nürnberg, Erlangen, Deutschland

Prof. Dr. Gerd-Dieter Burchard Bernhard-Nocht-Institut für Tropenmedizin, Hamburg, Deutschland

Prof. Dr. Sandra Ciesek Institut für Medizinische Virologie, Universitätsklinikum Frankfurt, Goethe-Universität, Frankfurt, Deutschland

Prof. Dr. Oliver A. Cornely Klinik I für Innere Medizin, Infektiologie, Uniklinik Köln, Köln, Deutschland

Dr. Karl Dichtl Max von Pettenkofer-Institut, Ludwig-Maximilians-Universität München, München, Deutschland

Prof. Dr. Manfred P. Dierich Sektion für Hygiene, Mikrobiologie und Sozialmedizin, Medizinische Universität Innsbruck, Innsbruck, Österreich

Dr. Roger Dumke Institut für Medizinische Mikrobiologie und Hygiene, Konsiliarlabor für Mykoplasmen, Dresden, Deutschland

Dr. Ute Eberle Bayerisches Landesamt für Gesundheit und Lebensmittelsicherheit (LGL), Oberschleißheim, Deutschland

Prof. Dr. Peter Eickholz Poliklinik für Parodontologie, Zentrum der Zahn-, Mund- und Kieferheilkunde (Carolinum), Goethe-Universität Frankfurt am Main, Frankfurt, Deutschland

PD Dr. Johannes Elias Institut für Mikrobiologie, DRK Kliniken Berlin, Westend, Berlin, Deutschland

Prof. Dr. Dietrich Falke Institut für Virologie, Johannes-Gutenberg-Universität Mainz, Mainz, Deutschland

Dr. Manfred Fille Department für Hygiene, Mikrobiologie und Sozialmedizin, Sektion Hygiene und Medizinische Mikrobiologie, Innsbruck, Österreich

Dr. Volker Fingerle Bayerisches Landesamt für Gesundheit und Lebensmittelsicherheit (LGL), Oberschleißheim, Deutschland

Dr. Tina Ganzenmüller Institut für Medizinische Virologie, Universitätsklinikum Tübingen, Tübingen, Deutschland

Prof. Dr. Petra Gastmeier Institut für Hygiene und Umweltmedizin, Charité – Universitätsmedizin Berlin, Berlin, Deutschland

Prof. Dr. Sören Gatermann Abteilung für Medizinische Mikrobiologie, Institut für Hygiene und Mikrobiologie, Universität Bochum, Bochum, Deutschland

Dr. Gero von Gersdorff Klinik II für Innere Medizin, Nephrologie, Rheumatologie, Diabetolgogie und Allgem. Innere Medizin, Uniklinik Köln, Köln, Deutschland

Dr. Ilona Glowacka Institut für Virologie, Medizinische Hochschule Hannover, Hannover, Deutschland

PD. Dr. Karolin Graf Paracelsus-Klinik am Silbersee Langenhagen, Langenhagen, Deutschland

Prof. Dr. Roland Grunow Zentrum für Biologische Gefahren und Spezielle Pathogene, Fachgebiet Hochpathogene mikrobielle Erreger, Robert Koch-Institut, Berlin, Deutschland

Prof. Dr. Dr. h. c. Helmut Hahn Koch-Metschnikow-Forum e. V., Langenbeck-Virchow-Haus, Berlin, Deutschland

Prof. Dr. Dr. Jürgen Heesemann Max von Pettenkofer-Institut, Ludwig-Maximilians-Universität München, München, Deutschland

PD Dr. Albert Heim Institut für Virologie, Medizinische Hochschule Hannover, Hannover, Deutschland

Dr. Marlies Höck DI Limbach Berlin GmbH, Berlin, Deutschland

Prof. Dr. Mathias Hornef nstitut für Medizinische Mikrobiologie, Universitätsklinikum der RWTH Aachen, Aachen, Deutschland

Prof. Dr. MPH Klaus-Peter Hunfeld Zentralinstitut für Laboratoriumsmedizin, Krankenhaus Norwest, Akademisches Lehrkrankenhaus der Goethe-Universität Frankfurt, Frankfurt, Deutschland

Prof. Dr. Thomas Iftner Institut für Medizinische Virologie und Epidemiologie der Viruskrankheiten, Universitätsklinikum Tübingen, Tübingen, Deutschland

Prof. Dr. Ralf Ignatius Medizinisches Versorgungszentrum, Labor 28 GmbH, Berlin, Deutschland

Prof. Dr. Enno Jacobs Institut für Medizinische Mikrobiologie und Hygiene, Konsiliarlabor für Mykoplasmen, Dresden, Deutschland

Prof. Dr. Christine Josenhans Max von Pettenkofer-Institut, Ludwig-Maximilians-Universität München, München, Deutschland

Prof. Dr. Dr. h. c. Helge Karch Institut für Hygiene, Universitätsklinikum Münster, Münster, Deutschland

Prof. Dr. Dr. h. c. Stefan H. E. Kaufmann Max Planck-Institut für Infektionsbiologie, Berlin, Deutschland

Prof. Dr. Volkhard A. J. Kempf Institut für Medizinische Mikrobiologie und Krankenhaushygiene, Universitätsklinikum Frankfurt, Goethe-Universität, Frankfurt, Deutschland

Prof. Dr. Winfried V. Kern Abteilung Infektiologie & flüchtlingsmedizin-Ambulanz, Klinik für Innere Medizin II, Universitätsklinikum Freiburg, Freiburg, Deutschland

Dr. Silke Klee Zentrum für Biologische Gefahren und Spezielle Pathogene, Fachgebiet Hochpathogene mikrobielle Erreger, Robert Koch-Institut, Berlin, Deutschland

Prof. Dr. Paul Klein (verstorben)

Prof. Dr. Andreas Klos Institut für Medizinische Mikrobiologie und Krankenhaushygiene, Medizinische Hochschule Hannover, Hannover, Deutschland

PD Dr. Robin Kobbe Klinik und Poliklinik für Kinder- und Jugendmedizin, Universitätsklinikum Hamburg-Eppendorf, Hamburg, Deutschland

Prof. Dr. Annette Kolb-Mäurer Klinik für Dermatologie, Allergologie, Venerologie, Julius Maximilians Universität Würzburg, Würzburg, Deutschland

Prof. Dr. Carl Heinz Wirsing von König Krefeld, Deutschland

Dr. Dr. Dr. Jens H. Kuhn NIH/NIAID Integrated Research Facility at Fort Detrick, Fort Detrick, Frederick, USA

Prof. Dr. Oliver Kurzai Institut für Hygiene und Mikrobiologie, Julius Maximilians Universität Würzburg, Würzburg, Deutschland

Dr. Vincent van Laak Lungenarztpraxis Tegel, Berlin, Deutschland

Prof. Dr. Dr. h.c. Christoph Lange Klinische Infektiologie, Medizinische Klinik, Forschungszentrum Borstel, Leibniz Lungenzentrum, Borstel, Deutschland

Dr. Thiên-Trí Lâm Institut für Hygiene und Mikrobiologie, Julius-Maximilians-Universität Würzburg, Würzburg, Deutschland

Prof. Dr. Christoph Lübbert Bereich Infektions- und Tropenmedizin, Klinik f. Gastroenterologie, Hepatologie, Pneumologie, Infektiologie, Universitätsklinikum Leipzig, Leipzig, Deutschland

Dr. Christian Lück Institut für Medizinische Mikrobiologie und Hygiene, Medizinische Fakultät der TU Dresden, Dresden, Deutschland

Prof. Dr. Jan van Lunzen ViiV Healthcare, Brentford, UK

Prof. Dr. Annette Mankertz NRZ Masern, Mumps, Röteln, Robert Koch-Institut, Berlin, Deutschland

Prof. Dr. Michael P. Manns Klinik für Gastroenterologie, Hepatologie und Endokrinologie, Medizinische Hochschule Hannover, Hannover, Deutschland

Prof. Dr. Martin Messerle Institut für Virologie, Medizinische Hochschule Hannover, Hannover, Deutschland

Prof. Dr. Guido Michels St.-Antonius-Hospital gGmbH, Akademisches Lehrkrankenhaus der RWTH Aachen, Eschweiler, Deutschland

Prof. Dr. Martin Mielke Abt. für Infektionskrankheiten, Robert Koch-Institut, Berlin, Deutschland

Dr. Thomas Müller Friedrich-Loeffler-Institut, Greifswald, Deutschland

Dr. Sandra Niendorf Konsiliarlabor für Noroviren, Konsiliarlabor für Rotaviren, Robert Koch-Institut, Berlin, Deutschland

Dr. Markus Petzold nstitut für Medizinische Mikrobiologie und Hygiene, Medizinische Fakultät der TU Dresden, Dresden, Deutschland

Dr. Wolfram Puppe Institut für Virologie, Medizinische Hochschule Hannover, Hannover, Deutschland

Prof. Dr. Stefan Pöhlmann Leibniz-Institut für Primatenforschung, Abt. Infektionsbiologie, Deutsches Primatenzentrum GmbH, Göttingen, Deutschland

Prof. Dr. Gisbert Richard Klinik und Poliklinik für Augenheilkunde, Universitätsklinikum Hamburg-Eppendorf, Hamburg, Deutschland

Dr. Marion Riffelmann Labor: Medizin Krefeld MVZ GmbH, Krefeld, Deutschland

Prof. Dr. Arne C. Rodloff Institut für Medizinische Mikrobiologie und Infektionsepidemiologie, Universitätsklinikum Leipzig, Leipzig, Deutschland

Dr. Stefan Schmiedel Medizinische Klinik und Poliklinik, Universitätsklinik Hamburg-Eppendorf, Hamburg, Deutschland

Dr. Corinna Schmitt Institut für Virologie, Medizinische Hochschule Hannover, Hannover, Deutschland

Prof. Dr. DTM&H (Liv.) Erich Schmutzhard Universitätsklinik für Neurologie, Medizinische Universität Innsbruck, Innsbruck, Österreich

Prof. Dr. Helmut Schöfer Deutsche Klinik für Diagnostik, Helios Klinik, Wiesbaden, Deutschland

Prof. Dr. Sören Schubert Max von Pettenkofer-Institut, Ludwig-Maximilians-Universität München, München, Deutschland

Prof. Dr. Thomas F. Schulz Institut für Virologie, Medizinische Hochschule Hannover, Hannover, Deutschland

Prof. Dr. Dr. M.A. DTM&H Andreas Sing Bayerisches Landesamt für Gesundheit und Lebensmittelsicherheit (LGL), Oberschleißheim, Deutschland

Prof. Dr. Beate Sodeik Institut für Virologie, Medizinische Hochschule Hannover, Hannover, Deutschland

Dr. Martin Spiegel Institut für Mikrobiologie und Virologie, Medizinische Hochschule Brandenburg Theodor Fontane, Senftenberg, Deutschland

Prof. Dr. Bärbel Stecher-Letsch Max von Pettenkofer-Institut, Ludwig-Maximilians-Universität München, München, Deutschland

Prof. Dr. Ivo Steinmetz Diagnostik & Forschungsinstitut für Hygiene, Mikrobiologie und Umweltmedizin, Medizinische Universität Graz, Graz, Österreich

PD Dr. Birthe Stemplewitz Asklepios Klinik Barmbek, Hamburg, Deutschland

Prof. Dr. Christoph Stephan Med. Klinik II, Schwerpunkt Infektiologie, Universitätsklinikum Frankfurt, Goethe-Universität, Frankfurt, Deutschland

PD Dr. Catalina-Suzana Stingu Institut für Medizinische Mikrobiologie und Infektionsepidemiologie, Universitätsklinikum Leipzig, Leipzig, Deutschland

Prof. Dr. Sebastian Suerbaum Max von Pettenkofer-Institut, Ludwig-Maximilians-Universität München, München, Deutschland

Prof. Dr. Gerd Sutter Insitut für Infektionsmedizin und Zoonosen, Tierärztliche Fakultät, Ludwig-Maximilians-Universität München, München, Deutschland

Bianca Treis Bayerisches Landesamt für Gesundheit und Lebensmittelsicherheit (LGL), Oberschleißheim, Deutschland

Prof. Dr. Dr. Dr. h. c. Timo Ulrichs Akkon-Hochschule für Humanwissenschaften, Internationale Not- und Katastrophenhilfe, Berlin, Deutschland

Prof. Dr. Ulrich Vogel Institut für Hygiene und Mikrobiologie, Julius-Maximilians-Universität Würzburg, Würzburg, Deutschland

Prof. Dr. Ralf-Peter Vonberg Institut für Medizinische Mikrobiologie und Krankenhaushygiene, Medizinische Hochschule Hannover, Hannover, Deutschland

PD Dr. Johannes Wagener Institut für Hygiene und Mikrobiologie, Julius Maximilians Universität Würzburg, Würzburg, Deutschland

Dr. Grit Walther Nationales Referenzzentrum für Invasive Pilzinfektionen, Leibniz-Institut für Naturstoff-Forschung und Infektionsbiologie Hans-Knöll-Institut, Jena, Deutschland

Prof. Dr. Tobias Welte Klinik für Pneumologie, Medizinische Hochschule Hannover, Hannover, Deutschland

Prof. Dr. Lothar H. Wieler Robert Koch-Institut, Berlin, Deutschland

Dr. Benno Wölk LADR GmbH, Medizinisches Versorgungszentrum Dr. Kramer und Kollegen, Geesthach, Deutschland

Prof. Dr. John Ziebuhr Institut für Medizinische Virologie, Justus-Liebig-Universität Gießen, Gießen, Deutschland

Dr. Stefan Ziesing Institut für Medizinische Mikrobiologie und Krankenhaushygiene, Medizinische Hochschule Hannover, Hannover, Deutschland

Abkürzungsverzeichnis zur Virologie

Ak	Antikörper
Ag	Antigen
ARDS	akutes respiratorisches Dystress-Syndrom
ATL	adulte T-Zell-Leukämie
BSE	bovine spongiforme Enzephalopathie
CD	Differenzierungsantigen
CMV	Zytomegalievirus
CPE	zytopathischer Effekt
CTL	zytotoxische T-Lymphozyten
D	Dalton
DC	dendritische Zelle
DD	Differenzialdiagnose
EBV	Epstein-Barr-Virus
EM	Elektronenmikroskop
FSME	Frühsommer-Meningoenzephalitis
GBS	Guillain-Barré-Syndrom
HAART	hochaktive antiretrovirale Therapie
HAV	Hepatitis-A-Virus
HBsAg	Hepatitis-B-„surface"-Antigen
HBV	Hepatitis-B-Virus
HCV	Hepatitis-C-Virus
HEV	Hepatitis-E-Virus
HDV	Hepatitis-D-Virus
HHT	Hämagglutinations-Hemmungstest
HHV	Humane Herpesviren
HIV	Humane Immundefizienzviren
HPV	Humane Papillomviren
HSV	Herpes-simplex-Virus
HTLV	Humane T-Zell-Leukämie-Viren
IFN	Interferon
IFT	Immunfluoreszenztest
IL	Interleukin
IDDM	insulinabhängiger (insulin-dependent) Diabetes mellitus
kb	Kilobasen
kbp	Kilobasenpaare
kDa	Kilodalton
KS	Kaposi-Sarkom
LCM	lymphozytäre Choriomeningitis
LTR	Long Terminal Repeat (retrovirale Regulationselemente)
MWG	Molekulargewicht in Kilodalton (kDa)
MHC	Haupt-Histokompatilitätskomplex
MS	multiple Sklerose
NKZ	natürliche Killerzellen
NNRTI	nichtnukleosidischer Reverse-Transkriptase-Inhibitor
NRTI	nukleosidischer Reverse-Transkriptase-Inhibitor
RT-PCR	reverse Transkriptase/Polymerasekettenreaktion oder: Echtzeit-(„Real-Time-") Polymerasekettenreaktion
PFU	plaque forming unit
PML	progressive, multifokale Leuk(o)enzephalopathie
PrP^{C}	Prionprotein, normale zelluläre Form
PrP^{Sc}	Prionprotein, pathologische (scrapieartige) Form
RE	Restriktionsenzym
RES	retikuloendotheliales System
RSV	Respiratory Syncytial Virus
SSPE	subakute sklerosierende Panenzephalitis
SSW	Schwangerschaftswoche
TK	Thymidin-Kinase
TSE	übertragbare spongiforme Enzephalopathie
TNF	Tumornekrosefaktor
vCJK	variante Creutzfeldt-Jakob-Krankheit
VZV	Varicella-Zoster-Virus
Wt	Wildtyp

Grundlagen

Inhaltsverzeichnis

Die medizinische Mikrobiologie im 21. Jahrhundert

Sebastian Suerbaum und Helmut Hahn

Die medizinische Mikrobiologie befasst sich als wissenschaftliches Fach mit der Biologie pathogener (d. h. krankheitserzeugender) Mikroorganismen und den Mechanismen, mit denen sie sich im menschlichen Körper ansiedeln und zur Entstehung von Infektionskrankheiten führen. Als Teil der Medizin und als ärztliches Fach befasst sie sich mit der Epidemiologie, Diagnose, Therapie und Prophylaxe von Infektionskrankheiten. Da bei der Betrachtung von Infektionen sowohl der Wirt mit seinen Reaktionen als auch die krankheitserzeugenden Eigenschaften eines Mikroorganismus (d. h. seine Pathogenität) im Vordergrundstehen, lässt sich die medizinische Mikrobiologie am ehesten als Infektionslehre begreifen – als Lehre von der Auseinandersetzung des Wirtes mit den krankheitserzeugenden Eigenschaften des Erregers.

1.1 Gegenstand des Faches

Das Gebiet der Infektionskrankheiten bietet besonders klare und einprägsame Beispiele zur Darstellung allgemeiner Prinzipien der Krankheitsentstehung. Die **Krankheitserreger** (◘ Tab. 1.1) stammen entweder aus der Umwelt oder aus der physiologischen Standortflora des betroffenen Individuums:

- Ein großer Teil der Krankheitserreger gehört zu den einzelligen Mikroorganismen: **Bakterien, Pilze** oder **Protozoen.**
- Ein anderer Teil wird zu den subzellulären Partikeln gerechnet: **Viren** und **Prionen** (Kurzform für „proteinaceous infectious particles“).
- Schließlich können auch Vielzeller (Metazoen) als Krankheitserreger in Erscheinung treten: parasitische **Würmer.**

Bakterien sind Prokaryonten, Pilze bilden ein eigenes Reich innerhalb der Eukaryonten, während Protozoen und Metazoen zum Tierreich gehören.

Die Gliederfüßer oder **Arthropoden** („Ungeziefer“ wie Läuse, Wanzen, Zecken, Milben etc.) spielen eine wichtige Rolle als Überträger oder Vektoren von Krankheitserregern. Die Kenntnis ihrer Biologie bildet vielfach die Grundlage einer wirksamen Bekämpfung von Infektionskrankheiten.

In den letzten Jahren ist zunehmend klar geworden, dass die Bakterien, die physiologisch große Bereiche der äußeren und inneren Körperoberflächen besiedeln, für die Funktion des Körpers und besonders des Immunsystems eine essenzielle Rolle spielen. Die Analyse der Interaktion solcher den Wirt nicht schädigenden sog. **Kommensalen** (die in ihrer Gesamtheit als menschliches Mikrobiom oder Mikrobiota bezeichnet werden) mit dem Körper des Wirtes gehört ebenfalls zum Bereich der medizinischen Mikrobiologie.

1.2 Aufgabenstellung des Faches

Zwei Grundfragen bestimmen die Aufgabenstellung der medizinischen Mikrobiologie:

- Die Frage nach den biologischen Besonderheiten der Krankheitserreger
- Die Frage nach den im Wirtsorganismus ausgelösten Vorgängen der Infektion:
  - **Schädigungsprozesse:** Sie sind die direkte Krankheitsursache; in ihrer Gesamtheit werden sie als Pathogenese bezeichnet.
  - **Abwehrreaktionen:** Sie können zur Milderung der Krankheit, zu Heilung und Immunität führen. Manchmal schädigen sie den Wirtsorganismus selbst; dann spricht man von Immunpathogenese.

Die Kenntnis der biologischen Besonderheiten der Krankheitserreger, der Natur der Schädigung und des Wesens der Abwehrvorgänge ist von großer Bedeutung für die Bekämpfung der Infektionskrankheiten. Die zu diesem Zweck eingeleiteten Maßnahmen beziehen sich zum großen Teil auf das erkrankte Individuum, zum anderen Teil auf die gesamte Bevölkerung und

S. Suerbaum et al. (Hrsg.), *Medizinische Mikrobiologie und Infektiologie*,
https://doi.org/10.1007/978-3-662-61385-6_1

Tab. 1.1 Eigenschaften der verschiedenen Erregerklassen

Merkmal	Prionen	Viren	Bakterien	Pilze	Protozoen	Würmer
DNA *und* RNA vorhanden?	– (nur Protein)	– DNA *oder* RNA	+	+	+	+
Ribosomen	–	–	+	+	+	+
Zellkern	–	–	– (Kernäquivalent)	+	+	+
Größe (µm)	[a]	0,02–0,3	0,2–10	>0,7	5–50	60 bis >10^7
Ein-/mehrzellig (e/m)	–	–	e	e/m	e	m

[a]Partikelgröße nicht definiert, variable Anzahl von Prionproteinmolekülen

ihren Lebensraum. Im Einzelnen unterscheidet man die Aktivitäten

- Erregerdiagnose,
- Kausalbehandlung (z. B. Antibiotikatherapie),
- Prävention (Infektionsverhütung) und
- Epidemiologie.

Erregerdiagnose Das ist die exakte Bestimmung der Krankheitsursache, des Erregers. Diese umfasst die Maßnahmen bei Abnahme von Untersuchungsmaterial und dessen Transport ins Labor durch den behandelnden Arzt, die Anwendung der Labormethoden durch den medizinischen Mikrobiologen sowie die Interpretation des Befundberichts aus dem Labor – letzteres ist gemeinsame Aufgabe von behandelndem Arzt und Mikrobiologen.

Kausalbehandlung Das ist die Behandlung des Kranken durch Bekämpfung der Krankheitsursache, des Erregers, mittels Antibiotika bzw. Antikörper oder Virustatika.

Prävention (Infektionsverhütung) Hierzu gehören

- die Verminderung der Erregeremission vom Infizierten durch dessen Isolierung und durch Desinfektion seiner Ausscheidungen,
- die Verkleinerung des Erregerreservoirs, z. B. durch Rattenbekämpfung bei der Pest,
- die Unterbrechung des Übertragungsvorgangs durch Überprüfung und Elimination kontaminierter Lebens- und Arzneimittel oder gezielte Vernichtung übertragungsfähiger Arthropoden (Vektoren), z. B. bei der Schlafkrankheit,
- die prophylaktische Schutzimpfung, z. B. gegen Hepatitis B, Poliomyelitis, Diphtherie,
- die prophylaktische Gabe von Chemotherapeutika bei Exponierten, z. B. bei Malariagefahr,
- die lokale oder weltweite Eradikation der Krankheitserreger (z. B. die seit 1980 von der WHO für ausgerottet erklärten Pocken)

Epidemiologie Die epidemiologische Analyse liefert die Möglichkeit, Vorkommen und Ausbreitung von Infektionskrankheiten innerhalb eines größeren Gebiets zu analysieren und daraus Gesetzlichkeiten abzuleiten.

Facharztweiterbildung Die medizinische Mikrobiologie ist Gegenstand einer eigenständigen Facharztweiterbildung. Nach 5 Jahren Weiterbildung (davon 1 Jahr in der Klinik) kann der Titel „Facharzt für Mikrobiologie, Virologie und Infektionsepidemiologie" erworben werden. Im Rahmen der Weiterbildung zum Facharzt für Mikrobiologie, Virologie und Infektionsepidemiologie werden auch die fachlichen Voraussetzungen für die Tätigkeit als Krankenhaushygieniker vermittelt.

1.3 Heutige Bedeutung des Faches

Mit Einführung der antiinfektiven Chemotherapeutika, die nach dem 2. Weltkrieg breite Anwendung fanden, wuchs in den 1960er Jahren die Überzeugung, Infektionskrankheiten würden in absehbarer Zeit der Vergangenheit angehören. Die am 08.05.1980 von der Weltgesundheitsorganisation WHO proklamierte erfolgreiche Ausrottung der Pocken unterstützte solchen Optimismus. Dieses Ereignis gab Anlass zu Voraussagen namhafter Infektionsforscher, welche die Ausrottung weiterer Seuchen und letztlich das Ende der Infektionskrankheiten insgesamt erwarteten. Wie falsch diese Auffassung war, sollten uns die Mikroorganismen alsbald lehren (Tab. 1.2): Infektionskrankheiten sind heute die häufigste Todesursache weltweit: 35 % aller Menschen sterben an Infektionen – und kein Ende ist in Sicht!

Zu den vielfältigen Ursachen für diese Entwicklung gehören

- Resistenzentwicklung von Erregern,
- Auftreten neuer Krankheitserreger,
- soziale Faktoren wie Armut, Zuwanderung, Urbanisierung,
- Massentourismus.

Tab. 1.2 Seit 1972 identifizierte Erreger von Infektionskrankheiten

Jahr	Erreger	Krankheit
1972	„small round-structured viruses“ (SRSV; Caliciviren)	Diarrhö (Ausbrüche)
1973	Rotaviren	Diarrhö (weltweit)
1975	Astroviren	Diarrhö (Ausbrüche)
1975	Parvovirus B19	Erythema infectiosum; aplastische Krise bei chronischer hämolytischer Anämie
1976	Cryptosporidium parvum	Akute Enterokolitis
1977	Ebolavirus	Ebola-hämorrhagisches Fieber
1977	Legionella pneumophila	Legionellose
1977	Hantaanvirus	Hämorrhagisches Fieber mit renalem Syndrom
1977	Campylobacter spp.	Diarrhö
1980	Humanes T-Zell-Leukämie-Virus 1 (HTLV-1)	Adulte T-Zell-Leukämie/adultes T-Zell-Lymphom; tropische spastische Paraparese
1982	Humanes T-Zell-Leukämie-Virus 2 (HTLV-2)	Atypische Haarzellleukämie (T-Zell-Typ)
1982	Borrelia burgdorferi	Lyme-Borreliose
1983	Humane Immundefizienzviren (HIV-1, HIV-2)	Erworbenes Immundefizienzsyndrom (AIDS)
1983	Escherichia coli O157 (EHEC)	Diarrhö; hämorrhagische Kolitis; hämolytisch-urämisches Syndrom (HUS)
1983	Helicobacter pylori	Gastritis; Magen- und Duodenalgeschwüre; erhöhtes Magenkarzinomrisiko, MALT-Lymphom des Magens
1988	Humanes Herpesvirus 6	Exanthema subitum (Roseola infantum; Dreitagefieber)
1989	Ehrlichia spp.	Humane Ehrlichiose
1989	Hepatitis-C-Virus (HCV)	Hepatitis C
1989	Guanaritovirus	Venezolanisches hämorrhagisches Fieber
1990	Humanes Herpesvirus 7	Exanthema subitum; Pityriasis rosea
1990	Hepatitis-E-Virus (HEV)	Hepatitis E
1992	Vibrio cholerae O139	Neue Variante assoziiert mit epidemischer Cholera
1992	Bartonella henselae	Katzenkratzkrankheit; kutane Angiomatose
1993	Sin-Nombre-Virus	Hantavirus-Lungensyndrom („four corners disease“)
1994	Sabiavirus	Brasilianisches hämorrhagisches Fieber
1994	Humanes Herpesvirus 8 (HHV-8)	Kaposi-Sarkom; primäres Lymphom der Körperhöhlen; Castleman-Krankheit
1994	Hendravirus, equines Morbillivirus (EMV)	Meningitis; Enzephalitis
1996	Prionprotein	Transmissible spongiforme Enzephalopathien (TSE)
1997	Influenza-A-Virus (H5N1)	Influenza (Hongkong)
1998	Nipahvirus	Meningitis; Enzephalitis
1999	Influenza-A-Virus (H5N9)	Influenza (Hongkong)
2003	SARS-assoziiertes Coronavirus	Schweres akutes respiratorisches Syndrom (SARS)
2004	Hochpathogene aviäre Influenzaviren (H5N1)	Erstnachweis als Infektionserreger beim Menschen („Vogelgrippe“)
2009	Neues Influenzavirus A/H1N1/2009	Influenza („neue Grippe“, „Schweinegrippe“)
2012	MERS-Coronavirus	„Middle East Respiratory Syndrome“ (MERS)
2019	SARS-assoziiertes Coronavirus 2 (SARS-CoV-2)	COVID-19 (Corona virus disease 2019; Influenza-artig)

1.3.1 Resistenzentwicklung

Der massive und z. T. unsachgemäße Antibiotikaeinsatz hat massiven Selektionsdruck ausgeübt und zur Verbreitung zahlreicher Erregerstämme geführt, die hochresistent gegen die gebräuchlichen Antibiotika geworden sind, z. B.

- Methicillin-resistente Staphylokokken (MRSA),
- Vancomycin-resistente Enterokokken (VRE),
- Penicillin-resistente Gonokokken,
- multiresistente Tuberkuloseerreger (MDR und XDR),
- zahlreiche hochresistente gramnegative Stäbchenbakterien (3MRGN, 4MRGN).

1.3.2 Auftreten neuer Krankheitserreger

◘ Tab. 1.2 zeigt eindrücklich, wie viele bisher unbekannte Krankheitserreger in den vergangenen 30 Jahren aufgetreten sind.

- Zum Teil sind diese ganz neu entstanden, wie z. B. die beiden humanen HI-Viren HIV-1 und HIV-2, die vermutlich aus Affen-Immundefizienzviren („simian immunodeficiency virus", SIV) hervorgegangen sind und einen „Wirtssprung" vollzogen haben.
- Ökologische Veränderungen können für manche Erreger die Ausbreitungsbedingungen verbessern, sodass sie aus ihrem bisherigen abgeschiedenen Habitat auch in von Menschen besiedelte Gebiete gelangen.
- Oder aber altbekannte Krankheitserreger erscheinen in neuem Gewand und erzeugen auf vielfache Art und Weise bisher unbekannte Krankheitsbilder. Ein gutes Beispiel sind E. coli-Stämme, die ihre Ausstattung mit Virulenzfaktoren dauernd ändern.

Weitere Beispiele sind: SARS-Viren (Pneumonie), Helicobacter pylori (B-Gastritis, Ulcus duodeni, Magenkrebs), Legionellen (Pneumonie) (◘ Tab. 1.2). Teilweise haben die durch sie hervorgerufenen Infektionskrankheiten schon jetzt verheerende Ausmaße angenommen und sind im Begriff, ganze Erdteile demografisch zu verändern, so z. B. AIDS südlich der Sahara.

1.3.3 Soziale Faktoren wie Armut, Zuwanderung, Urbanisierung

Soziale Faktoren leisten zusammen mit AIDS vor allem der Ausbreitung der Tuberkulose Vorschub: AIDS und Tb = „double trouble".

1.3.4 Massentourismus

» „Wer viel herumkommt, fängt sich viel ein."

Gerade die sexuell übertragenen Erkrankungen und die Nahrungsmittelinfektionen profitieren von der großen Beweglichkeit des modernen Menschen, der sie von Erdteil zu Erdteil verschleppt. Auf diese Weise sorgen die Mikroorganismen dafür, dass

- wir uns weiterhin gegen überraschende Attacken wappnen müssen und
- mikrobiologisch-infektiologischer Sachverstand weiter sehr gefragt sein wird – bis weit in die Zukunft!

In Kürze: Die medizinische Mikrobiologie im 21. Jahrhundert

Die medizinische Mikrobiologie befasst sich mit den krankmachenden Eigenschaften der Infektionserreger, der Abwehrreaktion infizierter Organismen und den resultierenden Folgeerkrankungen. Sie stellt Methoden zur Diagnose von Krankheitserregern zur Verfügung und trägt zur Therapie bei, indem sie die Empfindlichkeit der Krankheitserreger gegenüber Chemotherapeutika prüft. Die Entwicklung und Anwendung von Methoden zur Prävention von Infektionskrankheiten sind ebenfalls Aufgaben des Mikrobiologen. Insoweit ist die medizinische Mikrobiologie ein Teilgebiet der Infektionsmedizin.

Neue Erreger, veränderte Erreger und veränderte gesellschaftliche Verhaltensweisen begünstigen die Entwicklung von Infektionskrankheiten und ihre Ausbreitung. Noch immer stirbt ein Drittel aller Menschen an Infektionen – trotz erheblicher Fortschritte bei der Kenntnis der Erreger sowie der Erreger-Wirts-Beziehung und der Entwicklung neuer Heilmethoden und Medikamente. Ein Ende dieser Entwicklung ist nicht in Sicht.

Ursprung der medizinischen Mikrobiologie

Paul Klein, Dietrich Falke und Helmut Hahn

Die Erkenntnis, dass lebende Mikroorganismen oder ihre Produkte für Krankheitserscheinungen bei Infektionen verantwortlich sind, geht wesentlich auf Robert Koch und Jakob Henle zurück (Henle-Koch-Postulate). Diese Postulate sind Regeln, um die ursächliche Rolle lebender Mikroorganismen bei der Entstehung von Infektionen zu beweisen. Erst die Kenntnis der Krankheitserreger und ihrer Rolle erlaubte die Entwicklung kausal wirksamer Gegenmaßnahmen, wie Infektionsprophylaxe mittels Schutzimpfungen (Immunisierung), Hygienemaßnahmen (Beseitigung der Erreger im Umfeld der Patienten) und Chemotherapie (gezielte, selektive Schädigung des Erregers). Auch die Infektionsdiagnostik beruht auf der Darstellung typischer Erregereigenschaften wie Stoffwechselleistungen, mikroskopische Eigenschaften, Genomaufbau oder erfolgt indirekt durch Nachweis spezifischer Antikörper des Patienten gegen Erregerantigene. Trotz großer Fortschritte bei der Zurückdrängung oder Ausrottung einstmals verheerender Infektionen, z. B. Pocken, sind Infektionserreger nach wie vor häufige Erkrankungs- und Todesursachen, z. B. Tuberkulose, Malaria, Hepatitis, HIV/AIDS und diverse Erreger infektionsbedingter Durchfallerkrankungen. Die auf Paul Ehrlich und Alexander Fleming zurückgehende Chemotherapie war ein großer therapeutischer Fortschritt in der Bekämpfung von Infektionserregern. Durch massiven Einsatz von Chemotherapeutika, auch durch die Lebensmittelindustrie, sind inzwischen resistente Erreger aufgetreten, sodass die Chemotherapie einen Teil ihrer Wirksamkeit eingebüßt hat.

2.1 Vormedizinische Mikrobiologie

Wesentlich für die Entstehung der Mikrobiologie als Lehre der Krankheitsentstehung durch Mikroorganismen war die Erkenntnis der Übertragbarkeit der Erreger von einem Lebewesen auf ein anderes. Diese Einsicht gewannen erstmals offenbar Priesterärzte im Alten Indien und im Alten China, als sie die bereits damals vorkommenden Pocken durch Übertragung von Pockenmaterial auf noch nicht erkrankte Personen zu verhindern suchten – „Impfprophylaxe durch Variolation" würde man heute dazu sagen. Sehr frühzeitig muss sich auch die Gewissheit verbreitet haben, dass die einmal durchgestandene Erkrankung vor neuerlichem Befall schützt: Möglicherweise hat man sich Gedanken über die Art des entstandenen Schutzes gemacht. Damit scheinen erste Vorstellungen von Übertragbarkeit, krankheitserregenden Stoffen und einer Schutzentstehung geboren worden zu sein: Epidemiologie, Mikroorganismen, Immunität.

Generatio spontanea ist die Bezeichnung für eine jahrhundertealte, naiv-poetische Theorie zur Frage der Entstehung von Leben im Rahmen der **Urzeugung**: Lebewesen können jederzeit spontan und direkt aus totem Material entstehen (◘ Abb. 2.1). Im Sinne dieser Vorstellung sollten sich aus Käse Maden entwickeln; faulender Weizen sollte Mäuse erzeugen und Fleischsuppe sich in Bakterien verwandeln. Die Urzeugungslehre hat schließlich der französische Chemiker Louis Pasteur (1822–1895) endgültig widerlegt, nach Vorarbeiten des italienischen Geistlichen Lazzaro Spallanzani (1729–1799).

▪ „Omnis cellula e cellula"

Wie Spallanzani bewies, bleibt eine organische Stoffe enthaltende Lösung (Medium) dann frei von Mikroorganismen, wenn sie gekocht und anschließend verschlossen gehalten wird. Pasteur zeigte Mitte des 19. Jahrhunderts, dass sich in einem gekochten Medium Mikroorganismen nur dann entwickeln, wenn sie von außen hineingebracht werden, sei es durch Verunreinigung der geöffneten Flasche aus der Luft oder aber durch künstliche Beimpfung mit Material aus einem bakterienhaltigen Medium.

Damit ist Mitte des 19. Jahrhunderts ein Lehrsatz begründet worden, der bis zum heutigen Tage für alle

Paul Klein ist verstorben.

S. Suerbaum et al. (Hrsg.), *Medizinische Mikrobiologie und Infektiologie*,
https://doi.org/10.1007/978-3-662-61385-6_2

Abb. 2.1 Beispiel für Urzeugung: spontane Entstehung von Fliegen aus eiternden Wunden. (Aus Johann Wonnecke von Kaub: Hortus sanitatis, 1517)

Lebensformen gleichermaßen gilt: Leben kann nur weitergegeben werden, aber nicht „de novo" entstehen. Dieser Satz hat in Verbindung mit der Entdeckung der Zelle als Grundelement organischen Lebens durch Schwann und Schleiden im Jahr 1839 zum berühmten Zitat des deutschen Pathologen Rudolf Virchow (1821–1902) geführt: „Omnis cellula e cellula."

Die Lehre von den Mikroorganismen als Krankheitserregern ließ sich jedoch erst auf dem Boden einer vorher entwickelten Wissenschaft begründen. Diese hatte als **vormedizinische Mikrobiologie** nicht nur den Beweis für die Existenz einer bis dahin unbekannten Form von Lebewesen geliefert; ihre Vertreter hatten darüber hinaus die fundamentale Rolle der Mikroorganismen für die Vorgänge der Gärung, der Fäulnis, der Verwesung und der Verrottung erkannt:

- **Gärung** ist die enzymatische Spaltung niedermolekularer Kohlenhydrate.
- **Fäulnis** (gr.: „sepsis") bezeichnet üblicherweise den Abbau von Eiweißen.
- **Verwesung** bezieht sich auf tierisches Material.
- **Verrottung** betrifft die Zersetzung zellulosehaltiger Pflanzensubstanz.

Die Ähnlichkeit zwischen Fäulnisvorgängen und dem Erscheinungsbild gewisser Krankheiten gab entscheidenden Anstoß dazu, ansteckende Krankheiten mit Mikroorganismen in Verbindung zu bringen.

Die vormedizinische Mikrobiologie hat ihren Ursprung in der Entdeckung der Kleinlebewesen durch Antoni van Leeuwenhoek (1632–1723). Der in Delft lebende Amateur-Linsenschleifer sah als Erster Bakterien: Um 1670 konnte er mit einem selbstgebauten „Mikroskop" in Gestalt einer äußerst starken Lupe feststellen, dass in Wasser, Speichel und anderen Flüssigkeiten „kleine Tierchen" existieren, besonders reichlich im Zahnbelag. In den folgenden 170 Jahren sind die Beobachtungen von van Leeuwenhoek deskriptiv erweitert und systematisiert, aber nicht vertieft worden: So waren um 1840 zwar einige Parasiten (Krätzmilbe, Muscardine [tödliche Pilzinfektion von Seidenraupen], Trichomonaden, Favus- und Soorpilz) bekannt. Aber bis Mitte des 19. Jahrhunderts glaubte man, sie entstünden durch „Urzeugung" an ihrem Fundort.

2.2 Experimentelle Mikrobiologie

Pasteur legte den Grundstein für die Entwicklung der experimentellen Mikrobiologie mit naturwissenschaftlich-ökologischer Blickrichtung. Er entwickelte ein Verfahren zur **Kultivierung** und **Züchtung von Bakterien,** insbesondere zur gezielten Trennung verschiedener Bakterienspezies aus einem Keimgemisch. Nach 1857 bewies er die kausale Bedeutung von Mikroorganismen (Bakterien und Hefen) für die Vorgänge der Fäulnis und der Gärung. Wie er am Beispiel der **Gärung** zeigte, bewirken verschiedene Arten von Mikroorganismen jeweils unterschiedliche Umsetzungen wie alkoholische, Essig- und Milchsäuregärung. Pasteur hat damit die artgebundene Charakteristik der biochemischen Leistung von Mikroorganismen, ihre **Spezifität,** entdeckt. Den biochemisch gefassten Spezifitätsbegriff hat später die medizinische Bakteriologie übernommen. Er taucht dort in Gestalt des Lehrsatzes der pathogenetischen Spezifität wieder auf.

2.2.1 Mikroorganismen als Krankheitserreger

Die Frage, ob ein **übertragbares, vermehrungsfähiges Agens** (lat.: „contagium animatum" für „belebter Ansteckungsstoff") seuchenhaft auftretende Krankheiten verursacht, diskutierten schon Fracastoro (1546) und van Leeuwenhoek. Angesichts der diversen Verbreitungsmodi von Krankheiten wie Malaria, Pocken und Syphilis nahm man neben dem belebten Ansteckungsstoff noch andere, unbelebte

Kausalfaktoren an, z. B. in Gestalt der **Miasmen** (gr.: „miasma" für „Verunreinigung"). So hießen krankheitserzeugende, immaterielle Ausdünstungen aus dem Boden, Sümpfen oder Leichen. Malaria (it.: „mala aria" für „schlechte Luft") schien durch Miasmen zustande zu kommen, während für die Syphilis eher ein Ansteckungsstoff in Betracht kam.

Pasteur fragte sich, ob sich, analog zu den Vorgängen der Gärung und der Fäulnis, die übertragbaren Krankheiten als Folge einer Besiedlung des Organismus mit Bakterien erklären ließen.

Nach einer Literaturauswertung schloss Jakob Henle (1809–1885), bei der Übertragung von Krankheiten gelange jeweils ein spezifischer Ansteckungsstoff vom Kranken auf Gesunde. Dieser Stoff müsse belebt sein, folgerte er und verwies in diesem Zusammenhang auf die schon damals diskutierte Rolle von Pilzen bei der alkoholischen Gärung und bei der Muscardine-Krankheit der Seidenraupen; beide Beispiele brachte Henle mit dem Vorkommen von Milben bei Krätze und von Pilzen bei Favus in Verbindung.

Bereits vor Pasteur hatte sich der Chirurg Theodor Billroth in Berlin in der Klinik von Langenbeck Gedanken zur Entstehung septischer Zustände seiner Patienten gemacht. Mit den neuen Färbemethoden und neuen Mikroskopen (s. u.) fahndete er um 1870 in mikroskopischen Präparaten von Eitermaterial und Blut nach „Mikroben": 1874 berichtete er in Berlin über die Entdeckung der später als Staphylokokken und Streptokokken bezeichneten „Coccobacteria septica". Schon Pollender hatte 1849 beim Milzbrand der Kühe im Blut „stäbchenförmige" Körperchen beobachtet.

1882 formulierte Robert Koch dann nach intensiven Arbeiten am Milzbrand die noch heute gültige Beweisführung als **Henle-Koch-Postulate**.

Im Jahre 1876 bewies Robert Koch mithilfe dieser Postulate, dass der **Milzbrand** der Haustiere nur entsteht, wenn diese mit Milzbrandbakterien infiziert werden. Wie er zeigte, vermehren sich die in den tierischen Organismus eingebrachten Bakterien und erst diese Vermehrung führt zur Krankheit; Koch wies auch nach, dass die für den Milzbrand verantwortlichen Bakterien aus erkrankten Tieren sich in künstliche Kulturmedien verbringen und dort über lange Zeit züchten lassen, ohne ihre Fähigkeit, im Tier Milzbrand zu erzeugen, einzubüßen. Diese Arbeiten fußten auf einer von Koch ausgearbeiteten, gänzlich neuen Verfahrenstechnik: Neben wesentlichen Verbesserungen der Färbemethodik hat Koch das System der **Reinkultur** (s. u.) geschaffen. Als einer der Vorläufer Kochs wies der Wiener Dermatologe Ferdinand von Hebra (1816–1880) 1841 im Selbstversuch den ursächlichen Zusammenhang zwischen der Krätzmilbe und der Krätze nach.

Mittels fester Agarplatten ließen sich **Klone,** d. h. von einer einzigen Zelle abstammende Bakterienkulturen, herstellen, die sauberes bakteriologisches Arbeiten erst ermöglichten. Robert Kochs Gedanken über Reinkulturen und Klonierung waren wie seine Methodik nicht nur für die Bakteriologie grundlegend, sondern für die gesamte Biologie und Pathobiologie – sie schufen auch die Grundlage für die Arbeit mit animalen Zellen z. B. in der Krebs- und Transplantationsforschung. Die Arbeiten nach dem Muster von Koch führten im sog. „goldenen Zeitalter" der Mikrobiologie schnell zu zahlreichen Erfolgen (◻ Tab. 2.1). Koch selbst identifizierte die Erreger der **Tuberkulose** und der **Cholera.**

Die medizinische Anwendung des Wissens über die krankmachende Rolle der Bakterien, Viren und anderen Erreger stellte die Infektionsprophylaxe auf eine wissenschaftliche Grundlage und ermöglichte die Entwicklung der Immunologie und Chemotherapie.

2.2.2 Infektionsprophylaxe

Der österreichisch-ungarische Geburtshelfer Ignaz Semmelweis (1818–1865) hatte bereits 1847, also lange vor Kochs Arbeiten, erkannt: **Kindbettfieber** (Puerperalsepsis) kann vom Leichnam einer an dieser Krankheit verstorbenen Wöchnerin auf gesunde Kreißende übertragen werden. Als Vehikel für die Übertragung des „Krankheitsgifts" erkannte er die Hand des Arztes, der zuerst die verstorbene Wöchnerin autopsierte und anschließend die Gebärende vaginal untersuchte. Semmelweis vermochte diese Übertragungskette zu unterbrechen: Er machte es den Ärzten zur Pflicht, sich vor der vaginalen Untersuchung die Hände mit Chlorwasser (Hypochlorit) zu waschen. Diese Maßnahme senkte wesentlich die Sterblichkeit an Kindbettfieber. Dies machte Semmelweis zum Wegbereiter der modernen **Infektionsprophylaxe.** Die Nachwelt bezeichnete ihn als „Retter der Mütter".

Der englische Chirurg Joseph Lister (1827–1912) übertrug um 1865 die Thesen Pasteurs über die mikrobielle Ursache der Fäulnis auf die postoperative **Septikämie** (gr. Kunstwort: „ins Blut gelangte Fäulnis"; vgl. gr.: „sepsis" für „Fäulnis"): Wundeiterung mit folgender Allgemeinerkrankung. Er fasste die hierbei auftretenden Wundveränderungen als Ausdruck „intravitaler" Fäulnisvorgänge auf. Durch reichlichen Gebrauch bakterienabtötender Stoffe, sog. Desinfektionsmittel wie „Carbol" (= Phenol), suchte er dem angenommenen Fäulnisvorgang und dessen Übertragung entgegenzuwirken: Er verordnete den Patienten Carbolkompressen und suchte durch Carbolsprays der Übertragung im Operationssaal entgegenzuwirken. Lister nannte sein System **„Antiseptik"** (gr. Kunstwort:

■ **Tab. 2.1** Im „goldenen Zeitalter" der Mikrobiologie entdeckte Krankheitserreger

Erreger	Jahr der Beschreibung	Entdecker	Krankheit
Bacillus anthracis	1876	Koch	Milzbrand
Actinomyces israelii	1878	Israel	Aktinomykose
Salmonella Typhi	1880	Eberth	Typhus
Mycobacterium tuberculosis	1882	Koch	Tuberkulose
Vibrio cholerae	1883	Koch	Cholera
Corynebacterium diphtheriae	1883	Klebs	Diphtherie
	1884	Loeffler	
Clostridium tetani	1885	Nicolaier	Tetanus
	1889	Kitasato	
Clostridium perfringens	1892	Welch	Gasbrand
Tabakmosaikvirus	1892	Iwanow	Tabakmosaikkrankheit
Yersinia pestis	1894	Yersin	Pest
Virus der Maul- und Klauenseuche	1898	Loeffler und Frosch	Maul- und Klauenseuche
Myxomvirus (Kaninchen)	1898	Sanarelli	Myxom
Gelbfiebervirus	1900	Read	Gelbfieber
Treponema pallidum	1905	Schaudinn und Hoffmann	Syphilis
Bordetella pertussis	1906	Bordet/Gengou	Keuchhusten
Leukämievirus (Maus)	1908	Ellermann und Bang	Leukämie
Poliovirus	1908	Landsteiner und Popper	Kinderlähmung
Rous-Sarkomvirus (Geflügel)	1911	Rous	Sarkom

„gegen Fäulnis gerichtet"). „Antiseptisch" heißen z. T. heute noch Chemikalien mit bakteriostatischer Wirkung.

Das Wort **„Aseptik"** (gr. Kunstwort, „frei von jeder Fäulnis") bezeichnet das Arbeitsprinzip zur Verhütung der Infektion von Operationswunden. Dabei wird durch **Sterilisation** alles, was mit der Wunde des Patienten in Berührung kommt, vorher gänzlich keimfrei gemacht, z. B. Instrumente, Gummihandschuhe, Wundtücher, Tupfer, Nahtmaterial (▶ Kap. 21). Gustav Neuber (1850–1932) begründete das System der „Aseptik" in der 2. Hälfte des 19. Jahrhunderts, der Chirurg Ernst von Bergmann (1836–1907) entwickelte es weiter.

Ziele der Aseptik sind die absolute Ausschaltung jeder Infektionsmöglichkeit beim Setzen der Operationswunde („Prinzip der Non-Infektion") und die komplikationslos (ohne Eiterung, „steril") verlaufende Wundheilung „per primam intentionem" (lat.: „beim ersten Anlauf"). Dazu gehört das Bestreben, auch im engeren und weiteren Umkreis der Operationsstelle möglichst große Keimarmut mittels Desinfektion von Händen und Haut, sterilisierter Kittel, Gesichtsmasken, Staubbekämpfung etc. zu erzielen und zu bewahren.

2.2.3 Aktive und passive Schutzimpfung

1796 hatte Edward Jenner in England die Übertragung der wenig menschenvirulenten Kuhpocken als Impfstoff gegen die Pocken ausgearbeitet und damit den ersten Schritt zur Ausrottung der Pocken (1979) getan. In Deutschland gab es ähnliche Beobachtungen von Bose in Göttingen. Fußend auf den Erkenntnissen Kochs entdeckte Pasteur dann das Prinzip der **aktiven Immunisierung** mit lebenden, virulenzgedrosselten Bakterien:

1879 beobachtete Pasteur, dass Hühner, die mit abgestandenen (d. h. aus heutiger Sicht virulenzgeschwächten) Erregern der Hühnercholera inokuliert worden waren, von der Hühnercholera verschont blieben. Pasteur sah die Analogie zur von Jenner gegen die Pocken eingeführten Impfung und gab dem Phänomen den Allgemeinbegriff **Vakzination**. Er entwickelte Impfstoffe gegen Anthrax (1881) und Schweinerotlauf (1882). 1885 gelangen ihm praktische Erfolge mit einer Impfung gegen die Tollwut. Damit war überzeugend bewiesen: **Infektionskrankheiten sind durch Vakzination beherrschbar.**

Friedrich Loeffler entdeckte 1887 das Diphtherietoxin und legte damit das Fundament für die

Entwicklung eines Antiserums durch Emil von Behring und die Einführung der Serumtherapie der Diphtherie 1891 durch von Behring, Kitasato und Wernicke.

Paul Ehrlich entwickelte Methoden für die Standardisierung von Toxinen und Antiseren (1896) und begründete so die rationale Therapie mit Heilserum und für die quantitative Analyse der antitoxischen Wirksamkeit von Antikörpern.

Behring und Ehrlich sind die Begründer der **humoralen,** d. h. auf Antikörperwirkung beruhenden, Lehre der **Immunität.** Ihnen gegenüber verfocht der russische Mikrobiologe Ilja (auch Elias) Metschnikow die **zelluläre** Theorie. Metschnikow sah in der Phagozytose von Bakterien durch spezialisierte weiße Blutzellen die eigentliche Abwehrfunktion des Körpers. Langsam wuchs die Erkenntnis, insbesondere durch die Arbeiten von Wright, dass humorale Antikörper nur bei toxinbildenden Bakterien (z. B. bei Diphtherie und Tetanus) allein entscheidend sind, dass aber bei der Abwehr eitriger Infektionen phagozytierende Zellen und Antikörper in der Prävention zusammenwirken müssen: Die Immunologie war geboren.

2.2.4 Chemotherapie

Versuche, die Erreger durch chemische Substanzen selektiv zu schädigen und dabei die körpereigenen Zellen zu schonen, betrieb Paul Ehrlich am hartnäckigsten. Er sah in Anilinfarbstoffen, die selektiv die Bakterienwände färben, die geeigneten Kandidaten für seine „magische Kugel" oder die „selektive Toxizität". Nach jahrelangem Experimentieren („Ehrlich färbt am längsten") gelang es ihm und seinem Schüler Kitasato 1910 mit Salvarsan eine Substanz auf den Markt zu bringen, die eine zuverlässige Wirksamkeit gegen die Syphilis ohne Nebenwirkungen besaß.

Fußend auf Ehrlichs Annahme, Anilinfarbstoffe seien das entscheidende Prinzip antibakterieller Aktivität, entwickelte Domagk die Sulfonamide und 1935 als erstes Präparat das Prontosil. Domagk tat zwar das Richtige, aber seine Interpretation war falsch: Prontosil selbst ist unwirksam und wird als „Prodrug" vom Körper in das antibakteriell aktive Sulfanilamid umgewandelt. Billroth wies bereits 1867/1868, also noch vor Pasteur, auf einen Antagonismus von Penicillium und pathogenen Keimen hin.

Die Entdeckung der serologischen Spezifität erfolgte durch Landsteiner (1944), die des Penicillins durch Fleming (1928). Florey, Chain und Abraham („Oxford-Group") führten das Penicillin 1940 in die Therapie ein. Gertrude B. Elion entwickelte 1977 mit Aciclovir das erste selektiv wirksame und systemisch anwendbare Chemotherapeutikum gegen Viren. Heutzutage lässt sich die Entstehung von AIDS verhindern, aber die Eradikation der HIV-DNA aus dem Zellgenom gelingt noch nicht.

2.2.5 Grundlagen der Molekulargenetik und molekularen Virologie

Wie Griffith 1928 im Mäuseversuch zeigte, lässt sich die Fähigkeit zur Kapselbildung von bekapselten Pneumokokken auf kapsellose Stämme übertragen: **Transformation.** Er legte damit den Grundstein zu den Arbeiten Averys, der 1942 **Nukleinsäuren** als das transformierende Prinzip nachwies: Dies war der Beginn der Molekulargenetik.

1892–1898 wurden die ersten **Viren** und 1916/17 bakterieninfizierende Viren oder **Bakteriophagen** entdeckt (◘ Tab. 2.1). Seit 1921 kennt man **lysogene Bakterien,** die auf der Agarplatte mit einem dichten Bakterienrasen Löcher („Plaques") entstehen lassen. Die Löcher entstehen durch lytische Induktion und Replikation eines in das Bakteriengenom integrierten Bakteriophagengenoms (eines „Prophagen") sowie nachfolgende Ausbreitung der neu gebildeten Bakteriophagen auf Kosten der Bakterien. Durch entsprechend starke Verdünnung ließ sich die Zahl der Bakteriophagen nach dem Prinzip der mit einem dichten Bakterienrasen bedeckten Agarplatte bestimmen und die Virusreplikation studieren (Delbrück 1940). Ab 1939 diente das von H. Ruska entwickelte **Elektronenmikroskop** z. B. zum Studium des bereits 1892 entdeckten Tabakmosaikvirus (TMV).

Dulbecco entwickelte 1953 die **Plaquemethode** zur Zählung infektiöser Virusteilchen auf einem einlagigen Zellrasen (Monolayer) tierischer Zellen. Einzelne Zellen ließen sich unter besonderen Bedingungen („feeder layer") als Klone züchten. Damit war gedanklich und methodisch die Grundlage für die **Entwicklung der „quantitativen Biologie"** geschaffen.

Parallel entwickelten sich ausgehend von der Identifizierung der DNA-Doppelhelix als Erbsubstanz durch Watson und Crick die molekulare Biochemie und die molekulare Virologie. 1935 beobachtete R. Shope in Princeton eine Zweistufengenese von Karzinomen bei Kaninchen nach Infektion durch Papillomviren. 1956 gelang es, tierische Zellen durch das RNA-haltige Rous-Sarkomvirus in vitro zu Krebszellen zu „transformieren", 1960 durch das DNA-haltige Polyomavirus (Vogt und Dulbecco), sodass sich jetzt die Eigenschaften der Tumorviren und die Entstehung der bösartigen Zellen analysieren ließen. Dies gipfelte 2008 in der Entwicklung eines **Impfstoffs** gegen das virusinduzierte Zervixkarzinom durch Harald zur Hausen (Nobelpreis 2008), dem affirmativen Beweis, dass humanpathogene Viren beim Menschen Tumorbildung auslösen können.

Genetische Veränderungen der Parasiten (Viren, Bakteriophagen) und der Wirtszellen (Tierzelle, Bakterium) ermöglichten durch die Anwendung der Polymerasekettenreaktion (PCR; Nobelpreis K. Mullis 1993) das Studium der Genfunktionen. Sehr bedeutsam ist ferner das Casp/Pr-Verfahren zur gezielten Behebung bzw. zum Einbau von Mutationen. Die jüngst entdeckten (menschenpathogenen?) „Mimiviren" („microbe mimicry viruses") stellen Zwischenglieder zwischen Viren und Bakterien dar und erlauben so Studien über deren Evolution. Schließlich traten durch den „Rinderwahnsinn" die von Prusiner 1982 postulierten **„Prionen"**, eine neue Klasse von Krankheitserregern ohne Nukleinsäure (fehlgefalteten Proteinen), ins Bewusstsein der Öffentlichkeit. Mit dem neu gewonnenen Wissen über Prionen erforscht man jetzt die Molekularbiologie des Morbus Alzheimer und verwandter chronischer Erkrankungen des ZNS und definiert Faltungsproteinkrankheiten.

Normale polyklonale Antikörper dienen seit Langem experimentellen, prophylaktischen, therapeutischen und diagnostischen Zwecken. Seitdem es G. Köhler, C. Milstein und N. Jerne gelungen war, **monoklonale Antikörper** in der Maus herzustellen (Nobelpreis 1984), werden sie als humanisierte Antikörper (nur die Epitopbindungsstelle stammt von der Maus, der Trägerteil des Moleküls vom Menschen) ohne die Gefahr des Auftretens von Allergien des Empfängers unter anderem bei Infektionskrankheiten (z. B. Infektion mit „Respiratory Syncytial Virus" [RSV]) und zur Krebstherapie eingesetzt.

2.2.6 Rückblick und Ausblick

Die Beschreibung von Erkrankungen und die Erforschung ihrer Ursachen mittels neuer Geräte und Methoden haben die Entwicklung der modernen Mikrobiologie möglich gemacht. Wesentlichen Anteil daran hatten neuartige Mikroskope, etwa die in Zusammenarbeit von R. Koch und E. Abbé entwickelten sowie das Elektronenmikroskop. Das STED-Mikroskop („stimulated emission depletion") erlaubt jetzt die Auflösung bis in den Nanometerbereich (Nobelpreis 2014 für Stefan W. Hell, Eric Betzig und William E. Moerner).

Uralte Seuchen ließen sich durch Hygienemaßnahmen (Cholera) oder Impfungen (Diphtherie, Masern, Röteln) verhindern oder wurden infolge systematischer Impfungen ausgerottet (Pocken, 1979). Durch Antibiotika können bakterielle, durch Chemotherapeutika virale Erkrankungen behandelt werden. Bestimmte Krebsarten lassen sich wie eine Infektionskrankheit durch Impfung (Papillomviren, Hepatitisviren) oder Antibiotikatherapie (Helicobacter pylori) verhüten.

Nach wie vor bedrohen jedoch „emerging infectious diseases" (z. B. Ebola-, Zika- und Influenzavirus) den Menschen und erfordern intensive Forschungen. Mikroorganismen der Umwelt (z. B. der Meere) bieten aber auch die Möglichkeit, ihre Eigenschaften für vielfältige Zwecke – etwa nach gentechnologischem Umbau – auszunutzen oder biologisch/biochemisch aktive Proteine für therapeutische oder industrielle Zwecke zu gewinnen.

Die Grundidee der medizinischen Mikrobiologie ist also die Erkennung und Verhinderung von Infektionskrankheiten. Ein anderer Leitgedanke hat ebenso alte Wurzeln: Bakterien bauen im Darm Nahrungsstoffe zwecks Aufbau und Erhaltung der Lebewesen ab. Als Mikrobiom (Bakteriom, Virom) besiedelt es Körperhöhlen (Nasen-Rachen, Vagina etc.) z. B. als döderleinsche Stäbchen und ermöglicht die Entwicklung und Funktion des Organismus in spezifischer und individueller Weise. Wie man jetzt erkannt hat, lässt sich z. B. bei rezidivierenden Clostridioides difficile-Infektionen das fehlerhafte, dysbiotische Bakteriom im Darm durch ein „gesundes" ersetzen.

Weiterführende Literatur

Bebehani AM (1988) The smallpox story. University of Kansas Medical Center, Kansas City, Kansas, USA

Falke D (1993) Meilensteine der Virologie. Immun Infekt 3(21):69–74

Jantsch M (1953) Billroth und das antibiotische Prinzip. Wiener Med Wochenschr 46:883–884

Mueller R (1946) Medizinische Mikrobiologie, 3. Aufl. Urban & Schwarzenberg, München

Nagel M, Schober KL, Weiß G (1994) Theodor Billroth. Chirurg und Musiker. Con Brio, Regensburg

The Integrative HMP (iHMP) Research Project Network Consortium (2019) The Integrative Human Microbiome Project. Nature 569:641–649

Pathogenität und Virulenz

Jürgen Heesemann

Bakterien können für den Menschen krankmachende (pathogene Bakterien, Infektionserreger) oder schützende Eigenschaften (apathogene und fakultativ pathogene Bakterien der Mikrobiota) haben. Der klinische Verlauf einer bakteriellen Infektionskrankheit wird von den Pathogenitätsfaktoren des Erregers und dem Infektionsabwehrpotenzial des Wirtes entscheidend beeinflusst. In diesem Kapitel werden die evolutionären und pathogenetischen Aspekte bakterieller Erreger im Kontext der Wirtsabwehrmechanismen dargestellt. Die diskutierten Konzepte und mechanistischen Prinzipien der Erregerpathogenität sollen dazu beitragen, die infektionsmedizinischen Strategien in der Diagnostik, Therapie und Prävention von Infektionskrankheiten besser zu verstehen bzw. dem neuesten Wissensstand anzupassen.

3.1 Konzept der Pathogenität von Krankheitserregern

In der Kulturgeschichte der Menschheit werden übertragbare Erkrankungen immer wieder erwähnt, insbesondere dann, wenn es zu seuchenartigen Ausbrüchen kam: Während der italienischen Renaissance berichtete G. Fracastoro 1546 von der Übertragung von **Kontagien** und der Behandlung kontagiöser Krankheiten. Der Niederländer A. von Leeuwenhoek konnte bereits mit seinem selbstgebauten Mikroskop Mikroorganismen erkennen und beschreiben (1684), nicht aber den Bezug zu mikrobiell bedingten Erkrankungen herstellen. Erst 1840, über 150 Jahre später, entwickelte der Pathologe Jakob Henle evidenzbasierte Vorstellungen zum Mechanismus der Kontagien und kontagiösen Erkrankungen.

Robert Koch gelang 36 Jahre später der Durchbruch: 1876 konnte er das Henle-Konzept der Übertragbarkeit von Infektionskrankheiten beweisen. Er demonstrierte, dass mit dem Stäbchenbakterium Bacillus anthracis die bekannte Erkrankung Milzbrand von einem erkrankten Schaf auf ein gesundes übertragbar ist. Wie Koch auch erkannte, ist die Übertragung einer Erkrankung nicht mit einem beliebigen Mikroorganismus möglich. Mit seiner Entdeckung des Tuberkuloseerregers Mycobacterium tuberculosis entwickelte er dann ein **Kausalitätskonzept** zur Differenzierung zwischen Krankheitserregern (pathogenen Mikroorganismen) und nichtpathogenen Mikroorganismen (1882). Dieses Konzept umfasst die 4 **Koch-Postulate** (◘ Abb. 3.1).

In der **Frühphase der medizinischen Mikrobiologie** bedeuteten die Postulate Folgendes:

1. Eine Probe aus einem Krankheitsherd wird zur Kultivierung und Isolierung der vermuteten Erreger auf Nähragar ausgestrichen.
2. Die gewachsenen Einzelkolonien werden charakterisiert (Reinkultur) …
3. … und jeweils einem Versuchstier inokuliert.
4. Bei erkrankten Tieren wird ein Rückisolat gewonnen und die Identität zum Ausgangsstamm überprüft.

Bei festgestellter Identität konnte der isolierte Mikroorganismus als pathogener Erreger bzw. als Verursacher der Infektion bezeichnet werden.

Wie sich bald zeigte, sind diese Postulate nicht auf alle Infektionserreger anwendbar, weil nicht selten eine **Wirtsspezifität** vorliegt. So sind die humanpathogenen Bakterien wie Shigellen (Ruhrerreger), typhöse Salmonellen und der Diphtherieerreger für Mäuse nicht pathogen (Sie erzeugen bei ihnen keine Erkrankung!).

Darüber hinaus erkannte man, dass Filtrate aus Erregerflüssigkulturen und filtrierte Extrakte aus Infektionsherden, aus denen keine Mikroorganismen auf Nähragar anzüchtbar waren, übertragbare Erkrankungen auslösen konnten. Für diesen filtrierbaren „giftigen Stoff" führte man den lateinischen Begriff „virus" (Gift) ein. Hieraus sind dann die Termini **Virulenz** für die „Giftigkeit" eines Erregers und (das!) Virus für lichtmikroskopisch unsichtbare, obligat intrazellulär replikationsfähige Krankheitserreger (sie benötigen eine Wirtszelle) entstanden. Viren gehören nicht zum Reich der Lebewesen wie z. B. Bakterien, sie haben z. B. keinen Stoffwechsel.

Bakterielle Krankheitserreger können aber auch ohne Freisetzung filtrierbarer „Gifte" eine Erkrankung

S. Suerbaum et al. (Hrsg.), *Medizinische Mikrobiologie und Infektiologie*,
https://doi.org/10.1007/978-3-662-61385-6_3

3

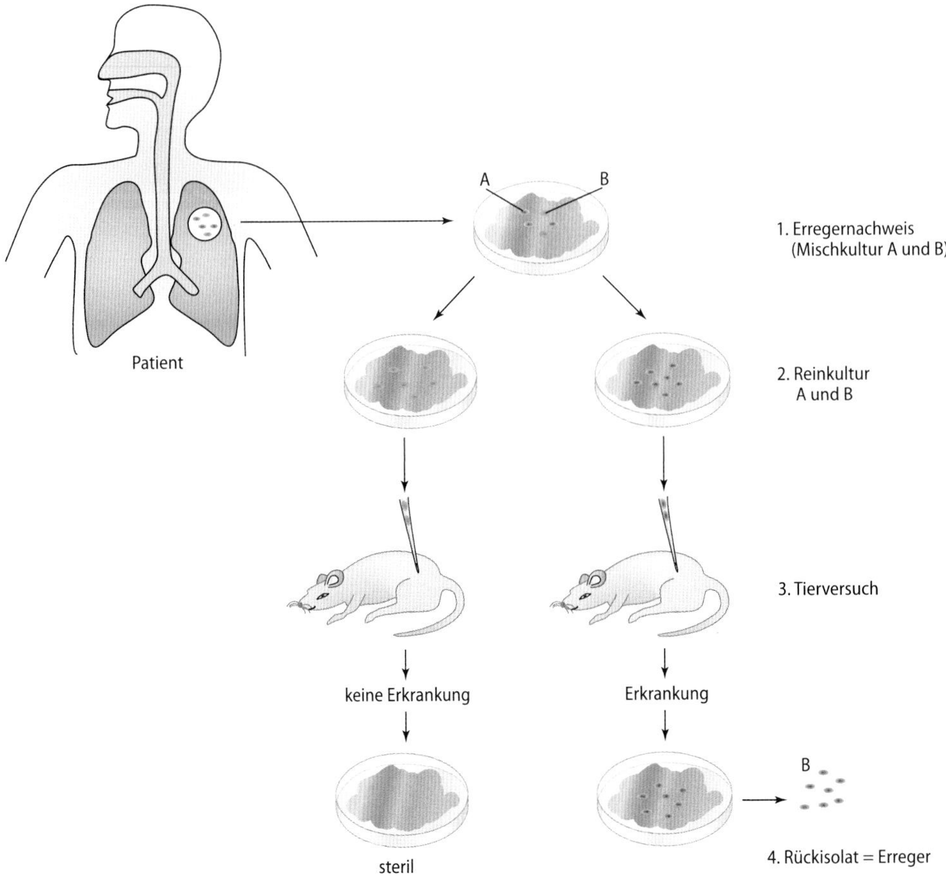

Abb. 3.1 Koch-Postulate zur Charakterisierung von Krankheitserregern

erzeugen, also pathogen sein. Dieser Sachverhalt hat zu den beiden Begriffspaaren Virulenz/Virulenzfaktoren und Pathogenität/Pathogenitätsfaktoren geführt. Im deutschen Sprachraum wird **Pathogenität** als Oberbegriff verwendet, und im angloamerikanischen Sprachraum sind „pathogenicity" und „virulence" Synonyme.

Die Pathogenität eines Mikroorganismus lässt sich in der Regel nicht auf nur **ein** Toxin (einen Virulenzfaktor) zurückführen, sondern auf ein größeres Repertoire verschiedener **Pathogenitätsfaktoren** (inklusive Toxine). Um die Bedeutung der einzelnen Pathogenitätsfaktoren von Erregern für die Infektiosität (50 %ige Infektionsdosis, IF_{50}) oder Letalität (50 %ige letale Dosis, LD_{50}) im Versuchstier oder in Zellkultur abzuschätzen, werden heute durch molekularbiologische Verfahren mutmaßliche Gene für Pathogenitätsfaktoren deletiert.

Die **Deletionsmutanten** werden im Tierversuch oder in Zellkultur auf Veränderung der IF_{50} oder LD_{50} getestet. Im positiven Fall (z. B. verminderte Virulenz) werden die Mutanten durch Einfügen des entsprechenden Gens komplementiert bzw. von ihrer Deletion „geheilt" und erneut getestet, ob die ursprüngliche IF_{50} oder LD_{50} des Wildtyps reproduziert werden kann. Diese Vorgehensweise bei der molekularbiologischen Analyse der Pathogenität von Infektionserregern ist als **molekularbiologische Version der Koch-Postulate** in die infektionsbiologische Forschung eingegangen (Abb. 3.2).

Seit der ersten vollständigen Sequenzierung eines bakteriellen Genoms (Haemophilus influenzae, 1995) wurden die Genomsequenzen der meisten Infektionserreger sowie der Wirtsorganismen wie Mensch, Maus, Schwein etc. ermittelt und allgemein zugänglich gemacht. Demzufolge besitzen bakterielle Erreger einen individuellen Satz von **Pathogenitätsgenen,** der das erregerspezifische Krankheitsbild bestimmt. Darüber hinaus wurde festgestellt, dass bakterielle **Erregergenome hochgradig plastisch** sind. (Der Anteil des stabilen „Kerngenoms" am Gesamtgenom beträgt ca. 70 %.)

Deshalb reicht die Identifizierung einer potenziell pathogenen Bakterienart nicht aus, um das Pathogenitätspotenzial vorherzusagen bzw. die Infektionserkrankung zu benennen (z. B. Cholera). So sind z. B. Vibrio-cholerae-Isolate aus der Umwelt nicht zwingend als Choleraerreger zu bewerten. Choleraerreger sind nur die Bakterien, die das Choleratoxingen und weitere Pathogenitätsgene tragen. Der Pathogenitätstyp vieler

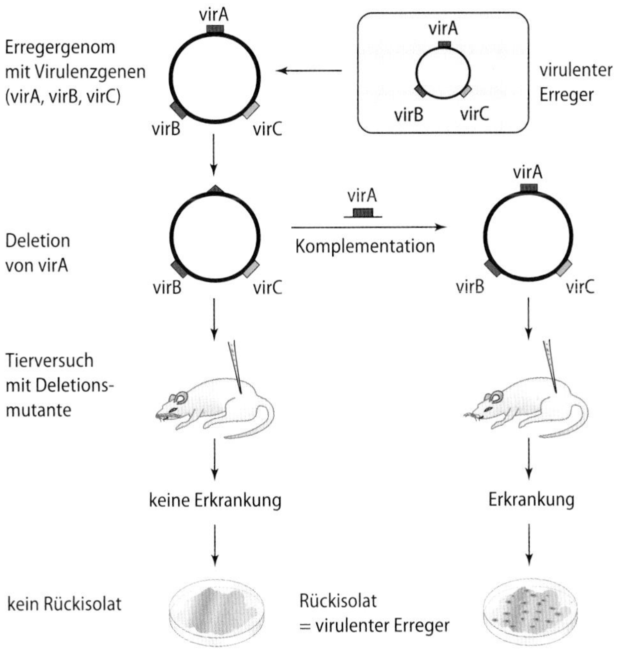

Abb. 3.2 Molekularbiologische Version der Koch-Postulate. (Nach S. Falkow 1988)

Tab. 3.1 Pathotypen von E. coli

Kürzel	E. coli-Pathotyp	Eigenschaft; ausgelöste Krankheit
UPEC	Uropathogen	z. B. Harnweginfektion
ExPEC	Extraintestinal-pathogen	z. B. Sepsis
EHEC	Enterohämorrhagisch	Shiga-Toxin-positiv; hämorrhagische Kolitis
ETEC	Enterotoxisch	Produziert das dem Choleratoxin ähnliche hitzelabile Enterotoxin LT; choleraähnlicher Durchfall

Erreger lässt sich über die Ermittlung des Genotyps (Satz von Pathogenitätsgenen – „Pathotyp“) des Isolats und gegebenenfalls des Phänotyps (Expression der Pathogenitätsgene, z. B. positiver Choleratoxinnachweis) bestimmen.

Mit molekularbiologischen Methoden in der mikrobiologischen Diagnostik (z. B. Polymerasekettenreaktion, PCR) werden potenziell pathogene Bakterien auf das Vorhandensein von Pathogenitätsgenen überprüft, was als **Pathotypisierung** bezeichnet wird. Am Beispiel des gramnegativen Darmbakteriums Escherichia coli wurden sehr unterschiedliche Pathogenitätsgensätze nachgewiesen, die z. B. zu den in Tab. 3.1 aufgelisteten Pathotypen geführt haben. Im Kolon eines Gesunden befinden sich in der Regel fakultativ pathogene E. coli (z. B. ExPEC und UPEC) und apathogene E. coli.

Die Pathogenität eines Mikroorganismus muss im Kontext des infizierten (lat. „inficere“: hineintun, anstecken) Wirtes gesehen werden. Dieser wird einerseits durch die offensive Strategie des Infektionserregers „angegriffen“ und reagiert andererseits mit einer Defensivstrategie auf den Erreger. So verfügen bereits Arthropoden (z. B. der 500 Mio. Jahre alte Pfeilschwanzkrebs Limulus polyphemus!) wie auch warmblütige Tiere (z. B. der Mensch) über ein angeborenes Abwehrsystem („innate immune defense“), das sofort wirksam ist und auf mikrobielle Eindringlinge unspezifisch reagiert oder mithilfe von Mustererkennungsrezeptoren stark konservierte Moleküle der Erreger als Gefahrensignale erkennt („microbe-“ oder „microbial-associated molecular patterns“, MAMP, früher auch als PAMP für „pathogen-associated molecular patterns“ bezeichnet).

Zur **angeborenen Wirtsabwehr** gehören physikalische Barrieren wie die Haut (Kutis) und die Schleimhäute (Mukosa), mikrobizide Wirtsproteine wie die Defensine (kleine, kationische Peptide), Lysozym, Komplementfaktoren (bakterizid, opsonisierend), Blutgerinnungssystem und professionelle Phagozyten z. B. Makrophagen, neutrophile Granulozyten („Neutrophile“), dendritische Zellen („dendritic cells“, DC) und natürliche Killerzellen (NK-Zellen).

3

Das zweite **erregerspezifische** Abwehrsystem **(adaptives Abwehrsystem)** ist nur bei höheren Vertebraten voll ausgereift und tritt erst nach 1 Woche in Aktion, nachdem das angeborene Abwehrsystem die Erreger für das adaptive Abwehrsystem aufbereitet hat. Die adaptive Wirtsabwehr hat eine humorale Komponente (erregerspezifische Antikörper/B-Lymphozyten/Plasmazellen) und eine zelluläre Komponente (T-Lymphozyten wirken zytotoxisch auf infizierte Zellen und aktivierend auf Phagozyten). Die Lymphozyten sind auch für das immunologische Gedächtnis verantwortlich.

Unter Berücksichtigung dieser beiden unterschiedlichen Wirtsabwehrsysteme, deren Abwehrpotenzial einerseits genetisch determiniert ist und andererseits von äußeren Umständen wie Ernährungs- und Gesundheitszustand (Grunderkrankungen mit reduzierter Infektabwehr wie z. B. Leberzirrhose, Diabetes mellitus, Niereninsuffizienz, Leukämie, Organtransplantation) abhängt, lassen sich Mikroorganismen nach ihrem Pathogenitätspotenzial in 3 Gruppen unterteilen (◘ Abb. 3.3).

- **Obligat pathogene Erreger:**
  - Sie können in der Regel beim gesunden, nichtimmunen Menschen die intakte angeborene Wirtsabwehr durchbrechen oder unterlaufen und werden typischerweise erst von der adaptiven Wirtsabwehr kontrolliert und eliminiert **(akuter Infektionstyp).** Hierzu gehören die **klassischen Seuchenerreger** wie das Grippevirus (Influenzavirus), Typhuserreger (Salmonella enterica Serovar Typhi), Ruhrerreger (Shigella dysenteriae) oder der Pesterreger (Yersinia pestis).
  - Bei **chronischem Infektionsverlauf** liegt entweder eine Defizienz der Immunabwehr vor oder dem Erreger ist es gelungen, auch die adaptive Immunabwehr zu unter-laufen.

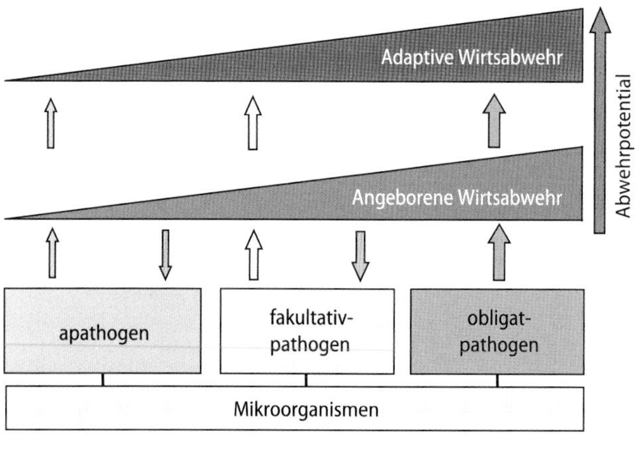

◘ **Abb. 3.3** Konzept der mikrobiellen Pathogenität unter Berücksichtigung der beiden Wirtsabwehrsysteme

- **Fakultativ pathogene Erreger:** Sie verursachen eine Erkrankung erst dann, wenn das angeborene Wirtsabwehrpotenzial verringert ist (z. B. durch Verletzungen, operative Eingriffe oder angeborene Abwehrdefizienz, z. B. bei Mukoviszidose, Komplementfaktordefizienz) oder durch bakterielle Koinfektion bei Virusinfektionen (z. B. Grippevirus plus Staphylococcus aureus → Superinfektion der Lunge). Sie spielen als klassische Seuchenerreger keine große Rolle, sondern sie sind die häufigsten Erreger der ambulant oder im Krankenhaus erworbenen **sporadischen Infektionen.** Unter Krankenhausbedingungen können sie allerdings **lokal begrenzte Epidemien** verursachen (z. B. S. aureus).
- **Apathogene Mikroorganismen:** Erst wenn das angeborene und das adaptive Abwehrpotenzial völlig geschwächt sind wie z. B. bei AIDS- oder Leukämiepatienten, kommt diese 3. Gruppe zum Zuge. In Blutkulturen solcher Patienten kann man sogar die harmlose Bäckerhefe (Saccharomyces cerevisiae) oder Milchsäurebakterien (Bifidobacterium bifidum) finden. In diesen Fällen ist der Patient quasi „Nährmedium" für Pilze und Bakterien.

Zusammengefasst haben obligat und fakultativ pathogene Bakterien im Unterschied zu apathogenen Bakterien ein zusätzliches Genrepertoire erworben. Dieses ermöglicht ihnen, die angeborene Wirtsabwehr mit unterschiedlichen Offensivstrategien zu überwinden und so den Wirt als besonderes Habitat zur Erregervermehrung und -ausbreitung zu nutzen. Die Pathogenität von Bakterien hat sich sehr wahrscheinlich aus einer **Koevolution mit dem Wirt** entwickelt.

3.2 Evolutionäre Sichtweise der Entstehung von Infektionserregern

Nach Charles Darwins Evolutionstheorie (1859) und insbesondere seinem **Divergenzprinzip** ist neben der genetischen **Variabilität** (häufig Punktmutationen in Genen) der **Selektionsdruck** innerhalb der Population einer Art entscheidend für die Anpassung an ein neues Habitat. Darüber hinaus beschleunigt sog. **horizontaler Gentransfer** – Transformation, Plasmidkonjugation oder Phagentransduktion – die Variabilität und **Diversifikation von Bakterien** stark.

Als 1. Schritt zur Evolution der bakteriellen Pathogenität können wir uns die Bildung bakterieller Gemeinschaften frei lebender Bakterien auf einer mit Wasser benetzten, festen Oberfläche vorstellen. Die Keime haben die Fähigkeiten des Anhaftens an Oberflächen mittels **Adhäsinen,** des interzellulären Zusammen-

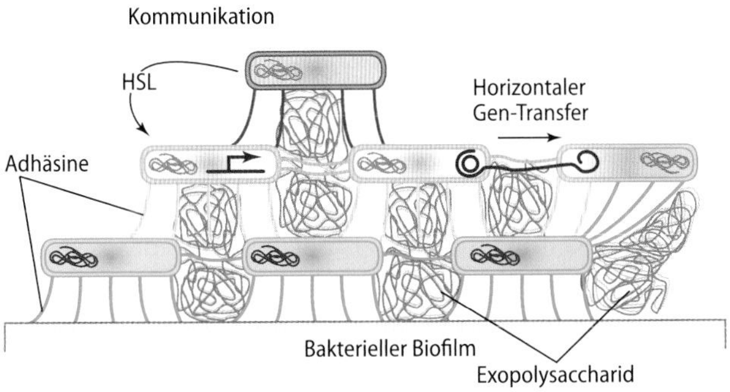

Abb. 3.4 Evolution der bakteriellen Pathogenität: Erwerb von Fähigkeiten zur Biofilmbildung mit synergistisch wirksamer heterogener Population (gekennzeichnet durch grüne, gelbe und blaue Bakterien). Ein Plasmiddonor (gelb) überträgt durch Konjugation ein Plasmid auf einen Rezipienten (neuer Phänotyp grün/gelb) (HSL, Homoserinlaktone)

halts mittels **Exopolysacchariden** (Schleim) sowie des Kommunizierens mit **bakteriellen Botenstoffen** (Homoserinlaktone, HSL) erworben (Abb. 3.4).

Solche Gemeinschaften bilden **Biofilme,** wie wir sie in freier Natur, an Trinkwasserausflüssen, aber auch in Zahntaschen, künstlichen Herzklappen und Venenkathetern kennen. Daraus können wir schließen, dass die Gene für Biofilmbildung der Bakterienwelt in der Umwelt schon sehr früh zur Verfügung standen. Deshalb ist es nicht überraschend, dass an den Menschen adaptierte Bakterien die Fähigkeiten zur Biofilmbildung nicht erst in den letzten 5000 Jahren erwarben.

Das Auftreten von Einzellern (Protozoen) in der Evolution der Lebewesen konfrontiert die Bakterien erstmalig mit professionellen Phagozyten wie z. B. Amöben, die Bakterien als Ernährungsgrundlage nutzen (Abb. 3.5). Im Rahmen der

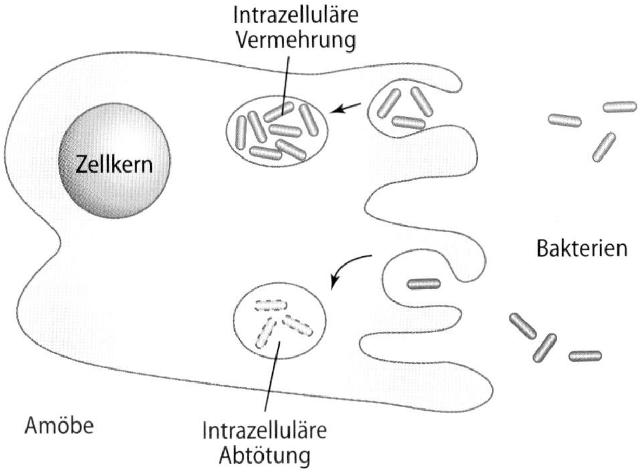

Abb. 3.5 Erworbene Fähigkeit zum intrazellulären Überleben in Amöben: Umweltamöben ernähren sich von harmlosen freilebenden Bakterien (blau). Die rot dargestellte Bakteriengattung (z. B. Legionella) hat die Fähigkeit zum intrazellulären Überleben erworben

Amöben-Bakterien-Koevolution wurden wahrscheinlich auch Bakterien selektioniert, die befähigt waren, intrazellulär in Amöben zu überleben und diese als Wirtszelle für die Vermehrung und Ausbreitung zu nutzen.

Der erst 1976 entdeckte Erreger der Legionärserkrankung (Pneumonieerreger), **Legionella pneumophila,** vermehrt sich intrazellulär in Amöben und zerstört seine Wirtszelle bei der Freisetzung der Nachkommen. Diese Protozoen-Infektionsfähigkeiten eines ursprünglichen Umweltbakteriums haben sich offensichtlich bewährt bei der Infektion von Makrophagen der unteren Atemwege beim Menschen. Damit ist ein Umweltbakterium ohne aufwendigen Adaptationsprozess an den neuen Wirt zum humanpathogenen Erreger geworden (▶ Kap. 36).

Infektionsempfänglich für Legionellen sind in der Regel Menschen mit einer Vorerkrankung (z. B. Raucherlunge, Patienten mit Kortisonmedikation). Deshalb gilt Legionella pneumophila als fakultativ pathogen ohne Seuchenpotenzial (keine Mensch-zu-Mensch-Übertragung).

Dagegen durchlaufen die für Warmblüter typischen Infektionserreger fortwährend einen koevolutionären Prozess. Dieser wird einerseits durch den Selektionsdruck der angeborenen und adaptiven Immunabwehr des Wirtes und andererseits durch den Erwerb neuer Gene und durch adaptive Genmutationen angetrieben. Der adaptive Diversifizierungsprozess der Mikroorganismen macht nicht halt vor den Errungenschaften der modernen Medizin wie Präventions- und Therapiemaßnahmen mit Antiinfektiva (Entwicklung von Resistenzen) oder Impfstoffen (Entstehung von „escape mutants" durch Antigenvariabilität).

Die Infektionsmedizin wird deshalb auch weiterhin in den „Wettlauf zwischen Hase und Igel" eingebunden bleiben. Sehr wahrscheinlich können wir diesen Wettlauf nicht gewinnen. Wir müssen ihn aber auch nicht verlieren, wenn wir die Grundprinzipien der mikrobiellen Evolution/Adaptation und die Pathomechanismen verstehen und diese Kenntnisse auf Diagnostik, Prävention und Therapie von Infektionserkrankungen im klinischen Alltag anwenden.

3.3 Pathogenitäts- und Fitnessfaktoren als Basis der Infektionstüchtigkeit

Der Mensch besteht aus ca. 10^{13} Zellen und 10-mal mehr Bakterienzellen (natürliche Mikroflora), sodass man den Menschen mit seiner Mikrobiota auch als Superorganismus bezeichnet hat. Diese **Mikroflora,** auch als **indigene Mikrobiota** bezeichnet, besteht aus mehr als 1000 verschiedenen Bakterienarten und verteilt sich überwiegend auf Haut, Schleimhaut und Dickdarminhalt. Sie wird einerseits von der Immunabwehr unter Kontrolle bzw. Selektionsdruck gehalten und andererseits erschwert sie pathogenen Erregern den Zugang zum Wirt, z. B. durch Bakteriozine (bakterielle Toxine gegen Bakterien).

3.3.1 Adhäsion und Invasion – Erreichen und Überwinden der Mukosabarriere

Ebenso wie die Mikrobiota nutzen auch Infektionserreger ihren Wirt zur Vermehrung und Verbreitung ihrer Nachkommen. Allerdings dringen Infektionserreger in Habitate/Biotope vor, die für die Mikroorganismen der Mikrobiota nicht zugänglich sind. ◘ Abb. 3.6 stellt schematisch dar, welche Hürden ein Erreger während der **1. Phase der Infektion der Darmmukosa** überwinden muss bzw. welche Pathogenitätsfaktoren (◘ Tab. 3.2) das Eindringen in das „sterile Biotop" des Wirtes (hier die Submukosa) erfordert.

Die durch Geißeln (Flagellen) vermittelte **Motilität** sowie ein Sensorsystem für chemotaktische Reize

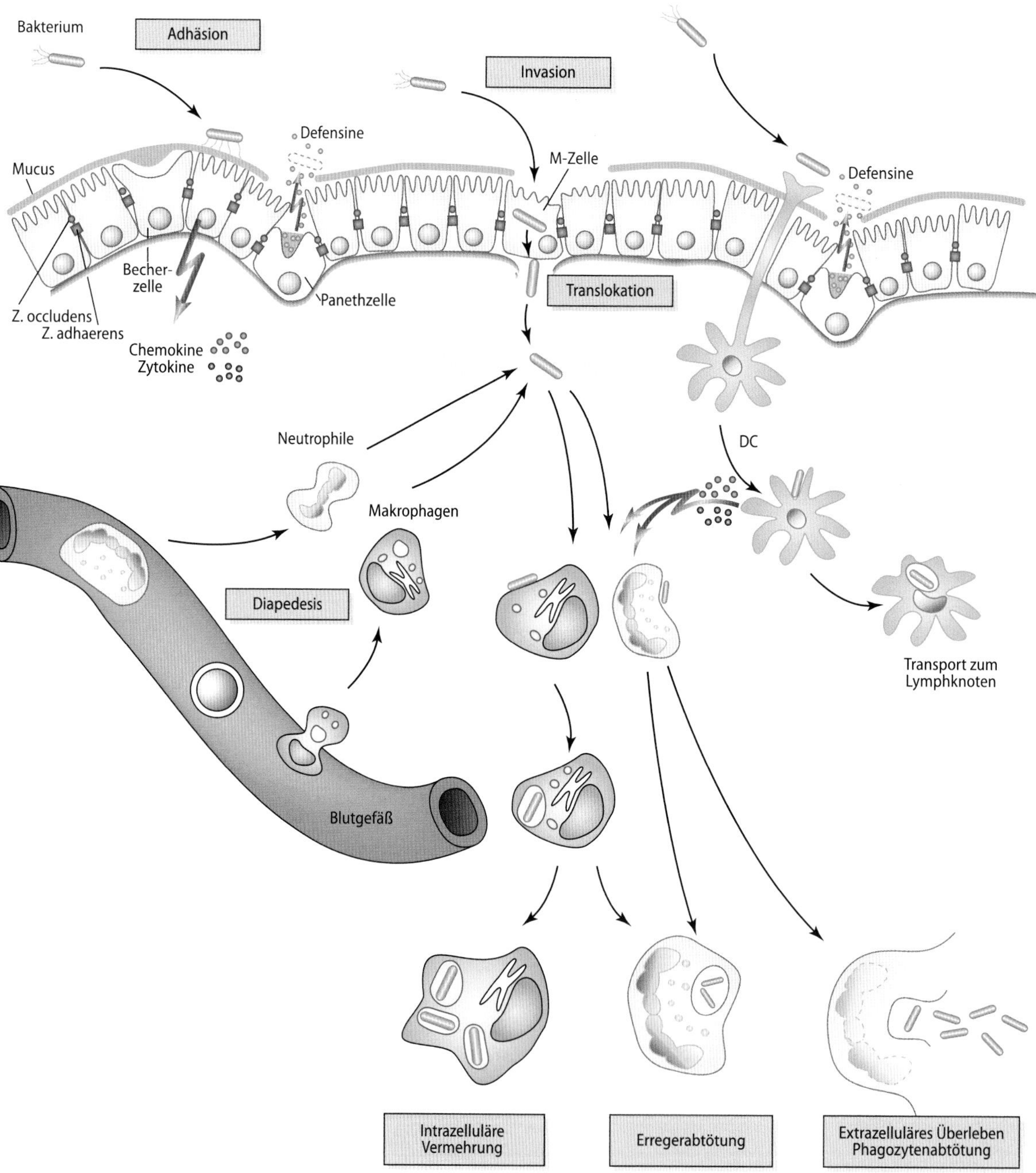

◘ **Abb. 3.6** Prinzipien der Adhäsion und Invasion darmpathogener Bakterien sowie Wirtsabwehrreaktionen während der initialen Infektionsphase

Tab. 3.2 Pathogenitäts- und Fitnessfaktoren und ihre korrespondierenden Zielstrukturen der angeborenen Wirtsabwehr

Pathogenitätsfaktor	Wirtszellstruktur/Wirkort	Erreger, Wirkung
Motilität:	Hohlorgane	Gerichtete Beweglichkeit, Chemotaxis, Fitness
Flagellen/Geißeln	Mukus	Transmigration, Zellkontakt
Typ-4-Fimbrien	Zelloberfläche	Kriechende Beweglichkeit an Grenzflächen („twitching")
Adhäsine:	Zelloberflächenrezeptoren	Zellkontakt, Organtropismus, Wirtszellmodulation
P-Fimbrien	Galaktosyl-α(1–4)-β-Galaktosyl-Glykolipid	E. coli (UPEC), Adhärenz an Harnblasenepithel
CFA-Fimbrien („colonization factor antigen")	Asialo-GM1-Ganglioside	E. coli (ETEC), Adhärenz an Intestinalzellen
UspA,HopQ (Membranprotein)	CEACAM1	Moraxella catarrhalis bzw., Helicobacter pylori, Adhärenz an Zellen des Respirationstrakts bzw. Magenepithels
Intimin	T3SS-translozierter Intiminrezeptor (TIR), verankert im Bürstensaum der Intestinalzellen	E. coli (EHEC, EPEC), Adhärenz an Intestinalzellen über bakterielles TIR
Invasine:	Zelloberflächenrezeptoren von Mukosazellen, Phagozyten etc.	Zelladhärenz mit Induktion der Erregerinternalisierung
Invasin	$\alpha\beta_1$-Integrine	Yersinia enterocolitica, Internalisierung durch M-Zellen
Internalin A	E-Cadherin	Listeria monocytogenes, Internalisierung durch Intestinalzellen
Protektine:	Komplement, Defensine, Phagozyten	Extrazelluläres Überleben, Fitnessfaktoren, Maskierung bakterieller Oberflächenstrukturen
Exopolysaccharidkapsel	Serum, Phagozyten	z. B. Meningitiserreger wie Haemophilus influenzae, Neisseria meningitidis, Streptococcus pneumonia
Proteinkapsel	Serum, Phagozyten	z. B. Yersinia pestis, F1-Kapsel, Schutz vor Phagozytose und Defensine
Moduline: Translokation/Injektion von Effektorproteinen	Zelluläre Signaltransduktionswege der Infektabwehr	Erregerspezifische Strategie zum extra- oder intrazellulären Überleben und Vermehren
Über Typ-3-Proteinsekretionssysteme (T3SS) bei gramnegativen Bakterien	Zytoskelettkomponenten, MAP-Kinasen, IκB-Kinasen, Rho-GTPasen Epithelzellen, Immunzellen	Induktion oder Paralyse der Phagozytose, Induktion von Apoptose oder Pyroptose: – intrazellulär-vakuolär: Salmonella enterica – intrazellulär-zytoplasmatisch: Shigella flexneri – extrazellulär im Gewebe: Yersinia enterocolitica – extrazellulär-apikal auf Intestinalzelle: E. coli (EHEC)
Über Typ-4-Proteinsekretionssystem (T4SS)	Magenepithelzellen	Helicobacter pylori, Störung der Integrität der Magenmukosa, Paralyse von T-Zellen, extrazelluläres Überleben
Zweischritt-Proteinsekretion/Translokation	Mukosa, Epithelzellen	
Über Typ-2-Proteinsekretionssystem (T2SS) Choleratoxin Bordetellatoxin	Modulation G-Protein-gekoppelter Rezeptoren (GPCR)	Aktivierung von Adenylatzyklasen und cAMP-Produktion, Entzündungshemmung, Elektrolyt- und Mukussekretion

(Fortsetzung)

Tab. 3.2 (Fortsetzung)

Pathogenitätsfaktor	Wirtszellstruktur/Wirkort	Erreger, Wirkung
Zytotoxine:	Endothelzellen, Thrombozyten, Phagozyten	
Porenbildende Proteine, z. B. Hämolysine	Zytoplasmamembran, Phagosommembran	Zerstörung von Wirtszellen mit nachfolgender Entzündungsreaktion (Pyroptose, Nekrose): – E. coli (UPEC): α-Hämolysin – Staphylococcus aureus: α-Toxin – Streptococcus pyogenes: Streptolysin
Sezernierte Digestiva:	Mukosa, Gewebe	Protein- und Gewebedegradation
Proteasen	Zytoplasmamembran, Rezeptoren, Extrazellulärmatrixproteine, Komplementfaktoren, Blutgerinnungsfaktoren, Antikörper	Zerstörung von Wirtsabwehrfaktoren: – Neisseria spp.: IgA-Proteasen – Yersinia pestis: Plasminaktivator – Pseudomonas aeruginosa: Elastase
Lipasen	Zytoplasmamembran	Zellzerstörung
DNasen	DNA-Netze von Neutrophilen, erregerinduzierte Freisetzung von DNA-Netzen durch Neutrophile (NETosis)	Zerstörung mikrobizider Nukleinsäurenetze
Wachstums-/Fitnessfaktoren:	Mukosa, Gewebe, Blut	Vermehrung
Metallophore/Chelatoren Fe^{3+}-Siderophore Cu^{2+} Chelator (z. B. Salmochelin Yersiniabactin)	Laktoferrin Transferrin Caeruloplasmin	Eisen-/Kupferversorgung des Erregers (z. B. Yersinia spp., Salmonella enterica, Escherichia coli) Eisen-/Kupferdepletion des Wirtes (z. B. Phagozyten, Plasma) Fitnessfaktor
Genotoxine/Mutagene:	Wirtszellen, doppelsträngige (ds)DNA	Alkylierung von Adenin in dsDNA, Entartung von Zellen (Karzinogenese) z. B. Kolon (Escherichia coli)
Colibactin		

ermöglichen dem Erreger die gerichtete Durchdringung der Mukusschicht, z. B. der Darmmukosa. Gegen die von Paneth-Zellen freigesetzten Defensine muss der Erreger Schutzfaktoren **(Protektine)** auf der Zelloberfläche produzieren, z. B. eine Kapsel aus Exopolysaccharid oder Protein.

Der Erreger kann dann an der apikalen Zelloberfläche des Bürstensaumes der Intestinalzelle (des Enterozyten) oder des Mikrofaltensaumes der **M-Zelle** des Peyer-Plaque-Domepithels mittels fimbrieller (z. B. „Colonization-factor-antigen"-(CFA-)Fimbrien bei enterotoxischen E. coli [ETEC]) oder afimbrieller **Adhäsine** (z. B. Intimin bei enterohämorrhagischen E. coli [EHEC]) haften. Zelltypspezifische Oberflächenrezeptoren (Glykolipide, Glykoproteine etc.) erkennen die bakteriellen Adhäsine. Dies könnte den Zell- bzw. **Organtropismus** von Erregern erklären.

◘ Abb. 3.7 zeigt beispielhaft verschiedene bakterielle Zelladhärenzmuster von Yersinien und enteropathogenen E. coli (EPEC) für die humane Epithelzelllinie HEp-2.

Die Intestinalzelladhärenz ermöglicht Vibrio cholerae und dem E. coli-Pathotyp ETEC, einen 2-dimensionalen biofilmähnlichen Bakterienrasen auszubilden, um darin lokal das Choleratoxin (CTX, ► Kap. 30) bzw. das CTX-ähnliche hitzelabile Enterotoxin (LT, ► Abschn. 29.3) freizusetzen. Dies bewirkt in Intestinalzellen Chloridsekretion und wässrigen Durchfall (► Abschn. 3.3.2, ◘ Abb. 3.10).

Im Gegensatz zu den nichtinvasiven Erregern ETEC und V. cholerae nutzen Salmonellen, Shigellen, Yersinien und Listerien **M-Zellen** zur Invasion bzw. Translokation in die Submukosa (◘ Abb. 3.6):

- Yersinia enterocolitica produziert ein **Invasin** (äußeres Membranprotein), das den Erreger an das heterodimere $\alpha\beta_1$**-Integrin** der apikalen Zytoplasmamembran der M-Zelle bindet und die Internalisierung sowie die apikal-basale Translokation induziert. Über diesen Weg gelangen Yersinien in die Submukosa (◘ Abb. 3.6).
- Listeria monocytogenes nutzt mit dem Zellwandprotein **Internalin A** das apikal-lateral lokalisierte **E-Cadherin** (Desmosomenprotein der Zonula adhaerens, ◘ Abb. 3.6) der Intestinalzellen für die Internalisierung.
- Die Internalisierung von Salmonellen und Shigellen über Intestinalzellen wird aktiv induziert durch bakterielle Injektion von **Effektorproteinen** durch Proteininjektionsapparate (T3SS und T4SS, s. u.). Die injizierten Proteine imitieren als sog. **Mimetika** die Funktion von physiologischerweise an der Phagozytose/Internalisierung beteiligten zellulären Proteinen (z. B. Aktivatoren von Rho-GTPasen). Der Erreger übernimmt so die Kontrolle über Wirtszellen.

Die **Injektionsapparate** gramnegativer Bakterien, welche die Proteintranslokation über 3 Membranen bewirken – die zytoplasmatische und die äußere Membran des

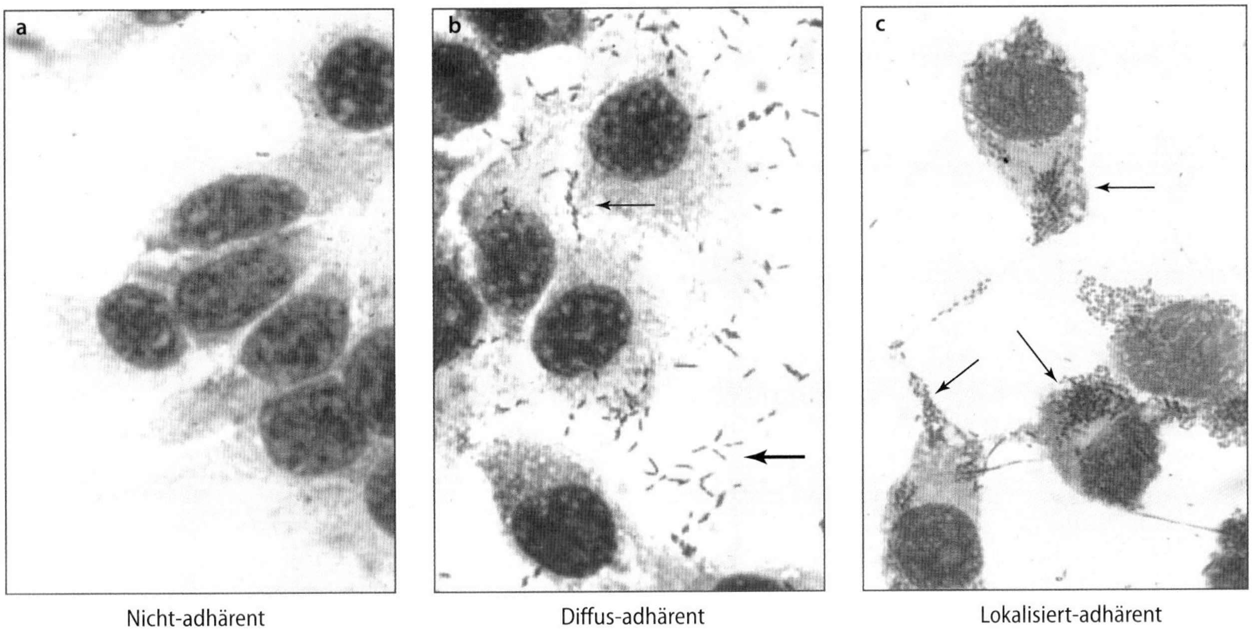

◘ **Abb. 3.7** **a–c** Zelladhärenztypen von Bakterien im Zellkultur-Infektionsmodell (HEp-2 Zellschicht auf Glas, Giemsa-Färbung, 650-fache Vergrößerung): **a** Nichtadhärente (apathogene) E. coli. **b** Diffus adhärente pathogene Y. enterocolitica an HEp-2-Zellen (dünner Pfeil) und Yersinien, die an die extrazelluläre Matrix der zellfreien Region binden (dicker Pfeil). **c** Die Pfeile markieren die lokalisierte Adhärenz des E. coli-Pathotyps EPEC

Erregers sowie die Zytoplasmamembran der Wirtszelle – werden als **Typ-3-Proteinsekretionssysteme** (T3SS) bezeichnet (◘ Abb. 3.6). Sie sind evolutionär mit dem Flagellenapparat (Fla-T3SS) verwandt, wobei nur der proximale Anteil kopiert wurde.

Ein vergleichbares Injektionssystem ist das **Typ-4-Proteinsekretionssystem** (T4SS, evolutionär mit dem Plasmid-DNA-Konjugationssystem verwandt, ◘ Abb. 3.4). Dieses wird von dem Magenkrankheiten verursachenden Erreger Helicobacter pylori gegen die Wirtsabwehr genutzt (inklusive adaptives Immunsystem), damit in der Magenschleimhaut das extrazelluläre Überleben und Vermehren des Erregers langfristig gesichert wird (chronische Besiedelung/Infektion; ► Kap. 33).

Erreger können auch an lamellipodienartigen Ausstülpungen interepithelialer dendritischer Zellen (DC) binden und durch Rückzug der DC die Mukosabarriere überwinden (**Taxiprinzip;** ◘ Abb. 3.6 oben rechts).

3.3.2 Interaktionen zwischen Erreger und Wirt in der Submukosa

In der Submukosa gibt es für Bakterien keinen freundlichen Empfang: Einerseits befindet sich dort bereits eine geringe Anzahl residenter Phagozyten (Makrophagen, Neutrophile, DC), die verirrte nichtpathogene Darmbakterien sofort eliminieren. Andererseits kann die Bakterieninvasion sowie die nachfolgende Vermehrung über ein **mikrobenspezifisches Warnsystem** die Freisetzung von **Chemokinen** (z. B. IL-8) und **proinflammatorischen Zytokinen** (IL-1, IL-6, TNF-α etc.) induzieren und anschließend zur Rekrutierung und Aktivierung von Neutrophilen, Makrophagen und anderen hämatopoetischen Zellen führen (◘ Abb. 3.6, folgender Abschnitt sowie ◘ Abb. 3.10, 3.11 und 3.12).

Bakterielle Erreger haben verschiedene Strategien entwickelt, um diesen 1. Phagozytenangriff zu überleben:

- Pathogene **Yersinien** inhibieren die Fähigkeit professioneller Phagozyten zu Phagozytose und Bakterizidie durch **T3SS-injizierte Effektorproteine, „Yersinia outer proteins"** oder **Yops,** mit Phagozytenparalysewirkung (◘ Abb. 3.8). Diese Strategie ermöglicht es Yersinien, sich extrazellulär unter Bildung von Mikrokolonien zu vermehren (◘ Abb. 3.6, rechts unten).
- Im Gegensatz zu Yersinien induzieren **Salmonellen** mittels T3SS-Injektion von Effektorproteinen (Salmonella outer proteins, Sops) die Internalisierung durch Makrophagen und DC sowie die intrazelluläre Vermehrung in einer phagosomähnlichen Vakuole.
- **Listerien** induzieren mit ihren Internalinen die Aufnahme durch Makrophagen, DC und mesenchymale Zellen; danach „befreien" sie sich aus dem Phagosom mittels eines porenbildenden Toxins (Listeriolysin, ◘ Abb. 3.9: Toxinpore) sowie zweier Phospholipasen, um sich dann im Zytosol der Wirtszelle zu vermehren (◘ Abb. 3.6, links unten).
- Extrazelluläre grampositive Bakterien (z. B. Streptococcus pyogenes und Staphylococcus aureus) sowie gramnegative Bakterien (E. coli/Pathotyp UPEC) können Wirtszellen durch sezernierte **porenbildende Toxine** schädigen (diese lysieren auch Erythrozyten, deshalb der Name **Hämolysine,** ◘ Abb. 3.9) und abtöten **(Pyroptose, Nekrose),** was zur Verstärkung einer Entzündungsreaktion führen kann (► Abschn. 3.4; ◘ Abb. 3.13). Die sezernierten Toxin-/Hämolysin-Monomere binden initial an die Zelloberfläche, gefolgt von Membraninsertion und Toxin-Oligomerisierung (z. B. Heptamere bei S. aureus-α-Toxin). Das Toxinmonomer kann durch neutralisierende Antikörper gegen die N-terminale Region abgefangen werden.
- Der Abszessbildner **S. aureus** kann sich zusätzlich durch Sekretion von **Plasmakoagulase** (Coa) schützen: Coa hat keine proteolytische Aktivität, sondern aktiviert das Zymogen Prothrombin durch Bindung und Änderung der Zymogenkonformation (humanprothrombinspezifisch). Das lokal um die Staphylokokken im Gewebe aktivierte Prothrombin führt zur Bildung eines für Phagozyten undurchdringlichen Fibrinnetzes und schützt damit den Erreger.

Die angesprochenen Pathogenitätsfaktoren (Choleratoxin, T3SS-Effektoren, Koagulase etc.), die nicht direkt zytotoxisch wirken wie Hämolysine, sondern Wirtszellen zugunsten des Erregers „umprogrammieren", werden deshalb auch **Moduline** genannt.

Pathogene Bakterien sezernieren auch zahlreiche **degradierende** oder **Abbauenzyme** wie Proteasen, Lipasen, Glykosidasen und DNasen, die einerseits Abwehrzellen, Antikörper und die interstitielle Matrix (Kollagen, Elastin etc.) schädigen und andererseits Nährstoffe für die Erreger vorbereiten **(Digestiva).**

Darüber hinaus müssen insbesondere extrazelluläre Bakterien im eisenarmen Milieu des Wirtes (Blut, Gewebe, Schleimhäute) ihre **Eisenversorgung** sichern. Durch Sekretion hochaffiner Eisen(III)-bindender Chelatoren **(Siderophore)** gelingt es ihnen, das von Transferrin und Laktoferrin gebundene Eisen kompetitiv zu binden und das komplexierte Fe^{3+} über ein spezifisches Siderophor-Transportsystem in die Bakterienzelle zu transportieren. Interessanterweise binden manche Siderophore mit hoher Affinität auch Cu^{2+} und stören so die Sauerstoffradikalproduktion der Wirtsabwehr (Yersiniabactin, ◘ Tab. 3.2). Mit dem Yersiniabactin-Gencluster ist in humanpathogenen E. coli (Pathotyp ExPEC, ◘ Tab. 3.1) häufig das Colibactin-Gencluster assoziiert, das kanzerogen ist.

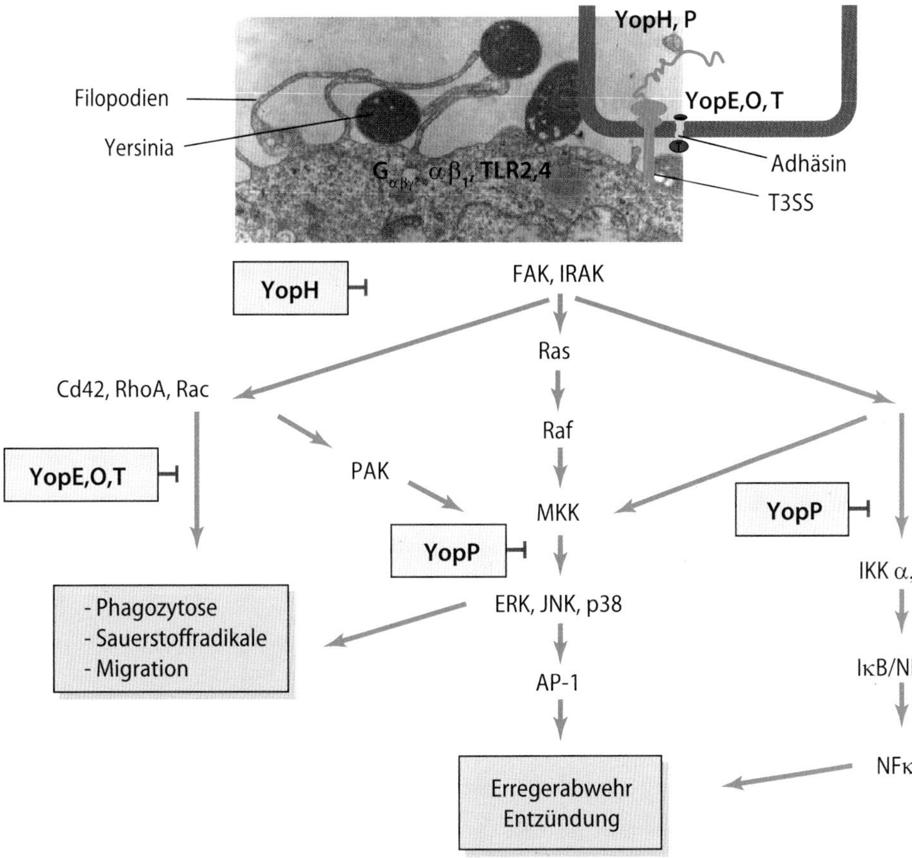

Abb. 3.8 Yersinia-Interaktion mit einem Makrophagen bzw. Filopodien im Elektronenmikroskop (Einschaltbild oben); oben rechts: Schema einer Yersinia-Zelle mit Adhäsin und T3SS sowie den Effektorproteinen YopE, H, O, P und T. Die Aktivierung von Makrophagenrezeptoren (GPCR/$G_{\alpha\beta\gamma}$, αβ1-Integrinen und TLR2/TLR4) führt zur Transduktion verschiedener Signalwege: Rho-GTPasen, Stresskinasen ERK/JNK/P38 und NFκB. Die Yersinia-injizierten Effektorproteine inhibieren diese Signalwege und paralysieren die Wirtszelle. AP-1 und NFκB sind Transkriptionsfaktoren für proinflammatorische Zytokine und Chemokine

Siderophore, aber auch Exopolysaccharidkapseln, Flagellen und Digestiva werden häufig auch als **Fitnessfaktoren** bezeichnet, da sie auch für das Überleben des Erregers in der Umwelt außerhalb des Wirtes notwendig sind. Zur Fitness eines Erregers gehören auch Fähigkeiten, sich an den Infektionsweg und den Vermehrungsort im Wirt anzupassen. Der Metabolismus muss sich gegebenenfalls an aerobes, mikroaerophiles oder anaerobes Milieu anpassen. Auch sind die Nährstoffangebote beim Wechsel von extrazellulärer zu intrazellulärer Lokalisation oder vom Darmlumen zur Submukosa sehr unterschiedlich. Diese Thematik wird seit einigen Jahren sehr intensiv bearbeitet, auch mit dem Ziel, die Antibiotikatherapie zu verbessern.

3.3.3 Missbrauch des Erregerwarnsystems des Wirtes durch pathogene Mikroorganismen

Der Wirt ist mit verschiedenen Warnsystemen ausgerüstet, um fremde Eindringlinge („stranger") oder Zellschäden aufgrund von Entzündungsreaktionen („danger/damage") frühzeitig zu registrieren und entsprechend zu reagieren. Diese **Warnsysteme** lassen sich humoralen (lat. „umor" für „Flüssigkeit") und zellulären Systemen zuordnen:

- Zu den humoralen Systemen gehören das **Komplementsystem** (▶ Kap. 10) und das **Blutgerinnungssystem,** die bereits bei Arthropoden wie dem Pfeilschwanzkrebs Limulus polyphenus (Limulus-Test für LPS-Endotoxinnachweis) ausgebildet sind.
- Zu den wichtigsten zellulären Systemen gehören:
  - die **Toll-ähnlichen-Rezeptoren** („Toll-like receptors", **TLR,** s. u.), die zuerst bei der Fliege entdeckt wurden (Nüsslein-Volhard 1985, J. Hoffman 1996)
  - die heterotrimeren **G-Protein-gekoppelten (GPC-) Rezeptoren** oder kurz GPCR

Verschiedene bakterielle Oberflächenkomponenten wie Lipopolysaccharide (LPS, gramnegative Bakterien), Lipoteichonsäuren (grampositive Bakterien) und Membranproteine können das **Komplementsystem**

3

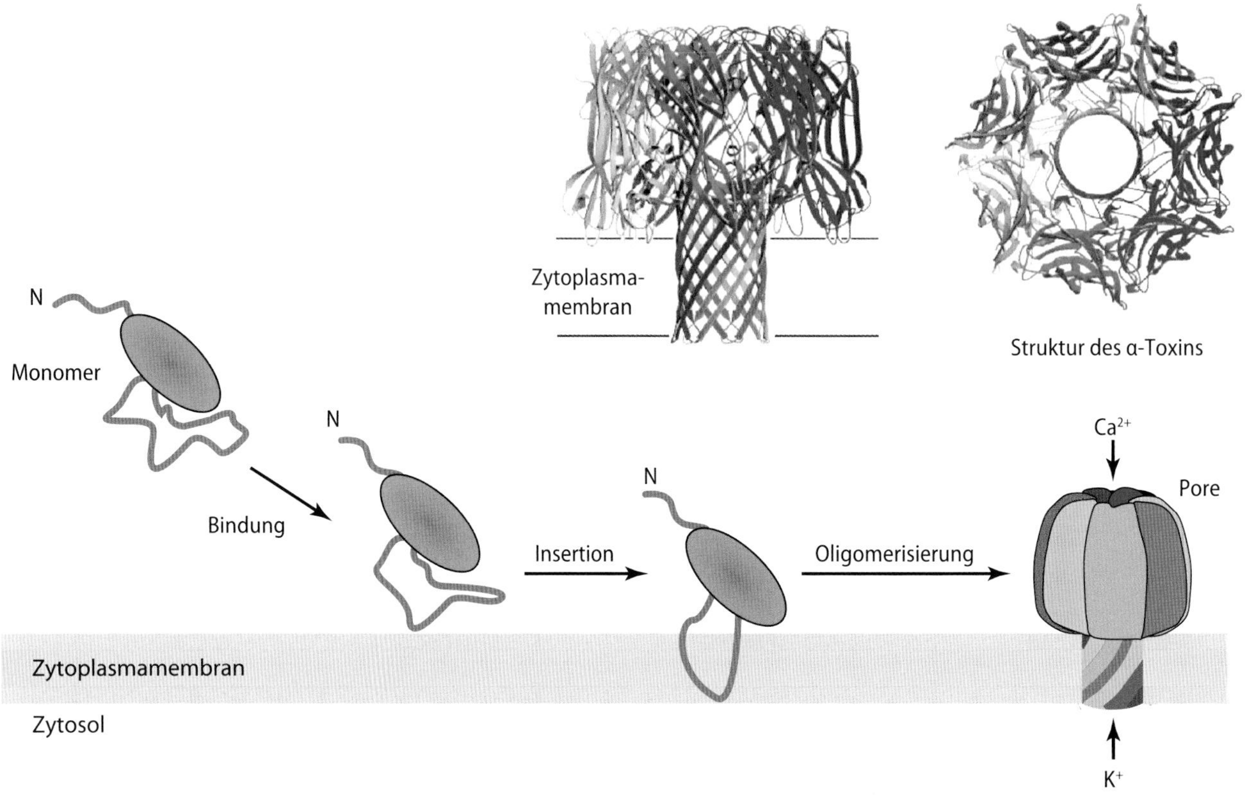

Abb. 3.9 Toxininsertion in die Zytoplasmamembran der Wirtszelle mit Porenbildung am Beispiel des α-Hämolysins von Staphylococcus aureus: Die Membranpore führt zu Ca^{2+}-Influx sowie K^+-Efflux und ggf. zum Zelltod (z. B. Pyroptose)

und/oder das **Gerinnungssystem** aktivieren, was zur Markierung der Erreger (z. B. **Opsonisierung,** „Nahrungsvorbereitung") und zur Freisetzung chemotaktisch wirksamer Peptide führt. Als Beispiele seien C3a und C5a genannt, proteolytische Spaltprodukte der Komplementfaktoren C3 und C5).

Darüber hinaus geben Bakterien chemotaktisch wirkende Peptide wie das N-terminale Spaltprodukt **Formyl-Methionyl-Leucyl-Phenylalanin** (f-MLF) bakterieller Proteine ab oder induzieren **Chemokine** in der Wirtszelle. Die chemotaktischen Peptide wirken auf die $G_{\alpha i}$-Untereinheit der $G_{\alpha i}$PCR-Familie und induzieren gerichtete Zellmigration, Produktion reaktiver Sauerstoffmoleküle („reactive oxygen species", ROS) und hemmen die Adenylatzyklase (AC, Abb. 3.10).

Pertussistoxin (PTX), das Toxin des Keuchhustenerregers, inaktiviert durch ADP-Ribosylierung (ADP-R vom Substrat NAD) das $G_{\alpha i}$ aller $G_{\alpha i}$PCR, dadurch bleibt aktive Adenylatzyklase aktiv, was sich negativ auf die Chemotaxis auswirkt (Abb. 3.11). **Choleratoxin** (CTX) ADP-ribosyliert dagegen das stimulierende $G_{\alpha s}$PCR, was den aktiven Zustand von $G_{\alpha s}$-GTP stabilisiert und so die Aktivierung der Adenylatzyklase aufrechterhält. Beide Toxine, PTX und CTX, wirken als Moduline, indem sie zur Erhöhung des cAMP-Spiegels der Zelle beitragen, die Elektrolytsekretion fördern (wässriger Durchfall bei Cholera) und antiinflammatorisch wirken.

Als weiteres Warnsystem verfügen die Wirtszellen, insbesondere Endothel- und Immunzellen (▶ Abschn. 13.4), über diverse **Toll-ähnliche-Rezeptoren** („Toll-like receptors", TLR), die als Membranproteine vom Typ 1 (1 Transmembranhelix, C-terminale Zytoplasmadomäne) in der Zytoplasmamembran und in endosomalen Membranen Erregerabwehrprogramme und Entzündungsreaktionen aktivieren (Abb. 3.12). Die TLR-Signale führen zur Aktivierung der Transkriptionsfaktoren NFκB und AP-1, was zur Transkription der Gene für proinflammatorische Zytokine (z. B. TNF-α, IL-1β) und Chemokine (z. B. IL-8) führt. Darüber hinaus werden Interferon-regulatorische Faktoren (IRF) aktiviert.

Auf translationaler Ebene erhöht die Inhibition des mRNA-destabilisierenden Proteins Tristetraprolin (TTP) durch Phosphorylierung mittels P38-Kinase die Zytokinproduktion (Abb. 3.12). Darüber hinaus ist P38 am „Priming" der Phagozyten beteiligt. Damit initiiert das TLR-System Infektabwehr und Entzündung.

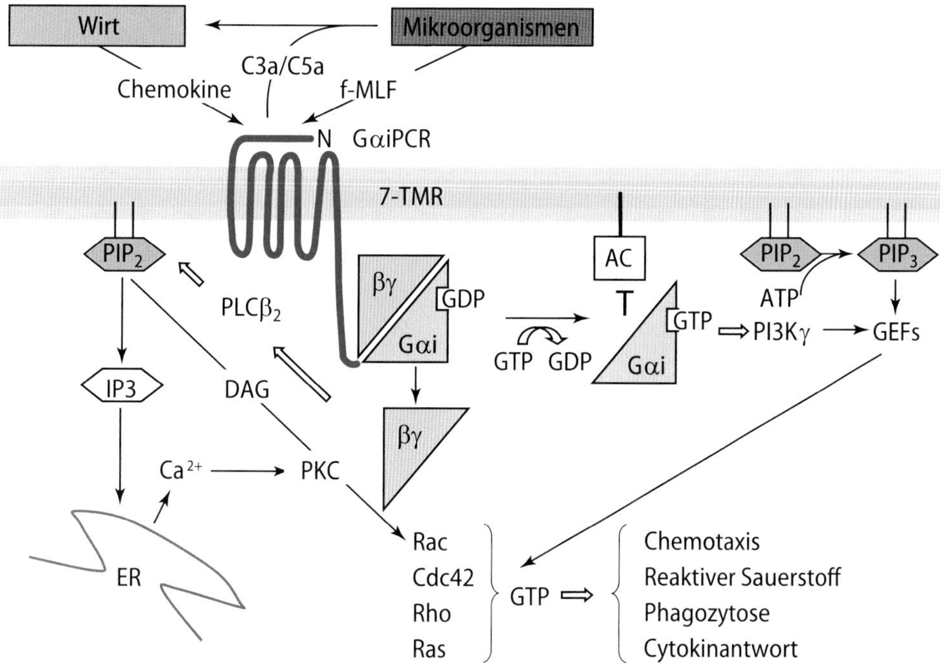

Abb. 3.10 $G_{\alpha i}$PC-Rezeptoren sind 7-Transmembrandomänen-Rezeptoren (7-TMR), die spezifisch auf wirtseigene Agonisten (Chemokine, Komplementfragment C5a etc.), bakterielle Peptidfragmente (f-MLF), Arzneimittel etc. reagieren sowie diverse Signaltransduktionswege für die Erregerabwehr induzieren. Der 7-TMR ist hier mit dem heterotrimeren $G_{\alpha i,\beta,\gamma}$-Komplex gekoppelt. Die 7-TMR-Aktivierung führt bei der GTP-bindenden Untereinheit $G_{\alpha i}$ zum Austausch von GDP gegen GTP und zur Dissoziation des $G_{\alpha,\beta,\gamma}$ Komplexes. $G_{\alpha i}$-GTP inhibiert die aktivierte Adenylatzyklase (AC) und aktiviert Abwehrfunktionen von Phagozyten über Aktivierung der Phosphorinositolkinase-3 (PI3K) und G-Protein-Exchange-Faktoren (GEF) zur Aktivierung der Rho-GTPasen RhoA, Rac und Cdc42 (regulieren Aktinfilamentbildung) sowie von Ras

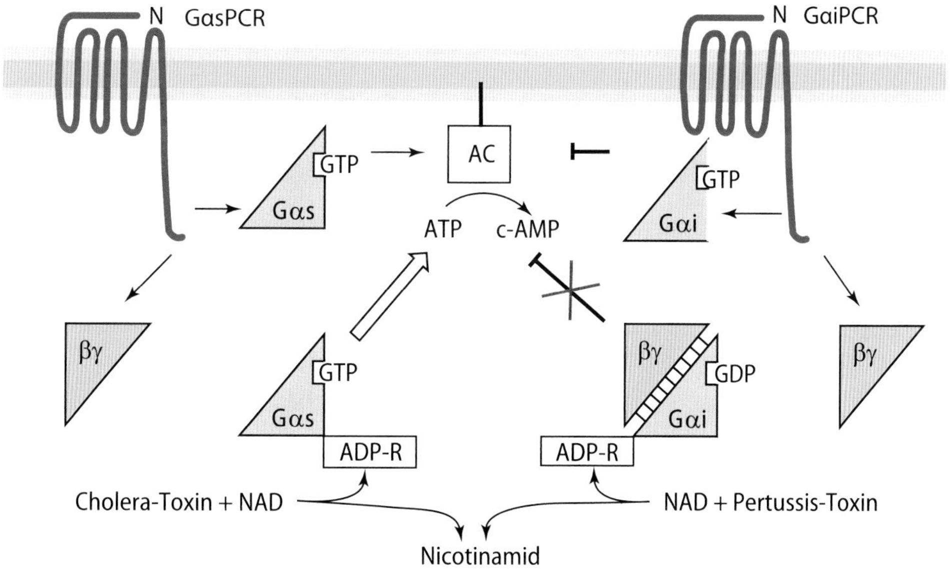

Abb. 3.11 Choleratoxin (CTX) und Pertussistoxin (PTX) modifizieren durch ADP-Ribosylierung (ADP-R) die Signaltransduktion heterotrimerer G-Proteine ($G_{\alpha,\beta,\gamma}$) und modulieren die Adenylatzyklase-(AC-)Aktivität: CTX blockiert die Inaktivierung der stimulierenden (s) $G_{\alpha s}$-Untereinheit (GTP bleibt gebunden). PTX blockiert die Aktivierung der inhibitorischen (i) $G_{\alpha i}$-Untereinheit (keine Beladung mit GTP). Es inhibiert zudem $G_{\alpha i}$-abhängige Chemokinrezeptoren. $G_{\alpha i}$ und $G_{\alpha s}$ wirken antagonistisch auf AC

3

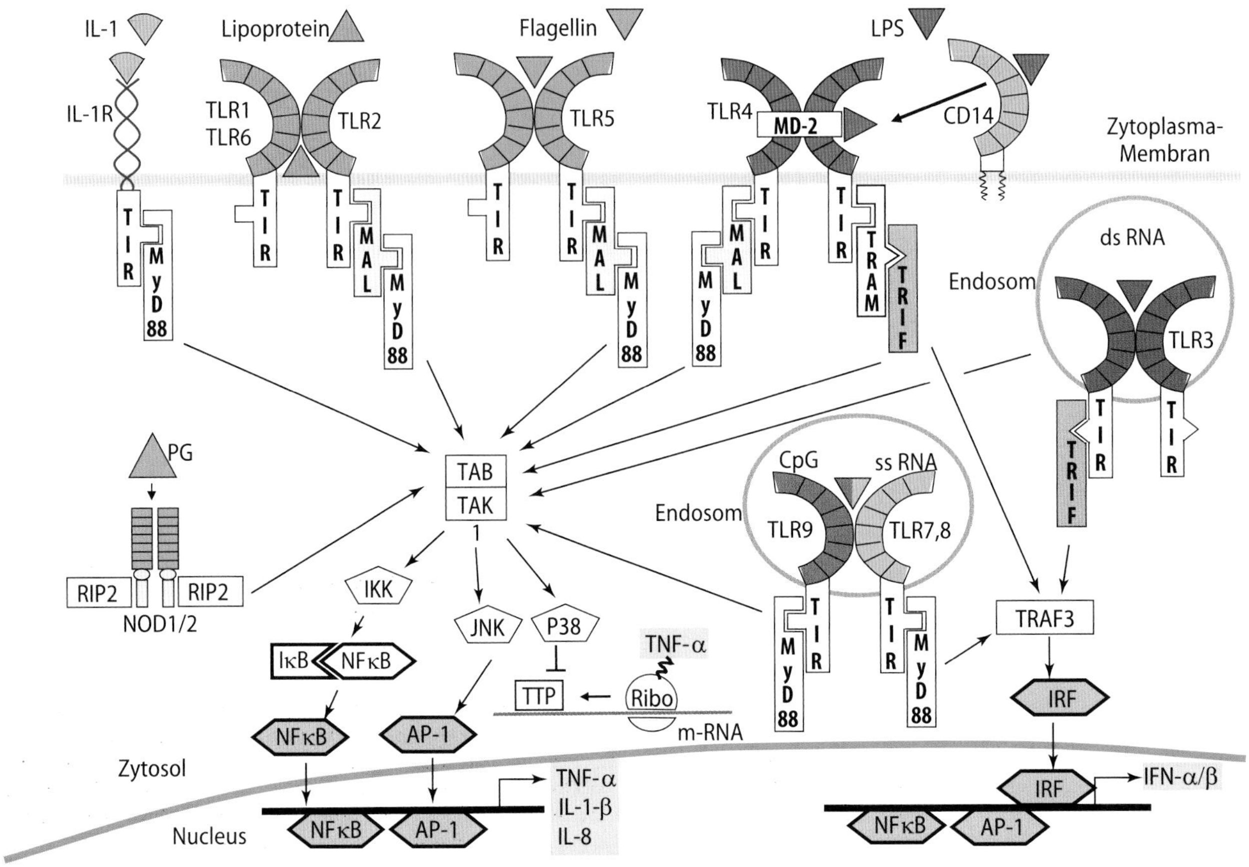

Abb. 3.12 Mechanismen der Erkennung mikrobieller Makromoleküle („microbe-associated molecular pattern", MAMP) durch Wirtsrezeptoren (Toll-ähnliche-Rezeptoren, TLR) und Induktion proinflammatorischer Zytokine (TNF-α, IL-1β, IFN-α/β) und Chemokine (IL-8)

Trotz ihrer ähnlichen Strukturen erkennen **dimere TLR** spezifisch Motive mikrobieller Substanzklassen („microbe-associated molecular pattern", MAMP) wie Lipoproteine (TLR1/TLR2 oder TLR2/TLR6), Lipopolysaccharide (TLR4), Flagellin (Flagellenstrukturprotein, TLR5), doppelsträngige RNA (dsRNA, TLR3), einzelsträngige RNA (ssRNA, TLR7 und TLR8), doppelsträngige DNA (dsDNA, besonders unmethylierte bakterielle DNA mit CpG-Motiv, TLR9) (Abb. 13.3).

Die TLR-Signaltransduktionskaskaden überlappen mit denen des IL-1- und IL-18-Rezeptors, sodass bei angeborenen Funktionsverlust-Mutationen im Gen des TLR-Adapterproteins MyD88 faktisch das proinflammatorische Warnsystem ausfällt. TLR erkennen nicht nur MAMPs, sondern auch „damage-associated molecular patterns" (DAMPs), die von zerstörten Zellen freigesetzt werden (► Abschn. 3.4).

Zusammenfassend gilt: MAMP, DAMP und proinflammatorische Zytokine nutzen ähnliche Signalwege.

Eine andere Gruppe von „Antennen", Mitglieder der Familie der **Nod-ähnlichen Rezeptoren** („Nod-like receptors", NLR) wie Nod1 und Nod2, registrieren mikrobielle Zellwandbruchstücke (Peptidoglykanfragmente) im Zytosol und induzieren über den sog. Kinasekomplex TGF-β-aktivierte Kinase TAK-1 und das TAK1-Bindungsprotein TAB eine proinflammatorische Reaktion.

Pathogene Bakterien haben zahlreiche Strategien entwickelt, um dieses Frühwarnsystem zu unterlaufen oder zu inhibieren. Sie können ihr LPS modifizieren und z. B. statt 6 Fettsäuren nur 4 einbauen, sodass es von TLR4 nicht erkannt wird. Sie können mittels T3SS Effektorproteine injizieren wie Proteintyrosinphosphatasen oder Serin-Threonin-Transazetylasen, die Signaltransduktionskomponenten blockieren (z. B. pathogene Yersinien, Abb. 3.8).

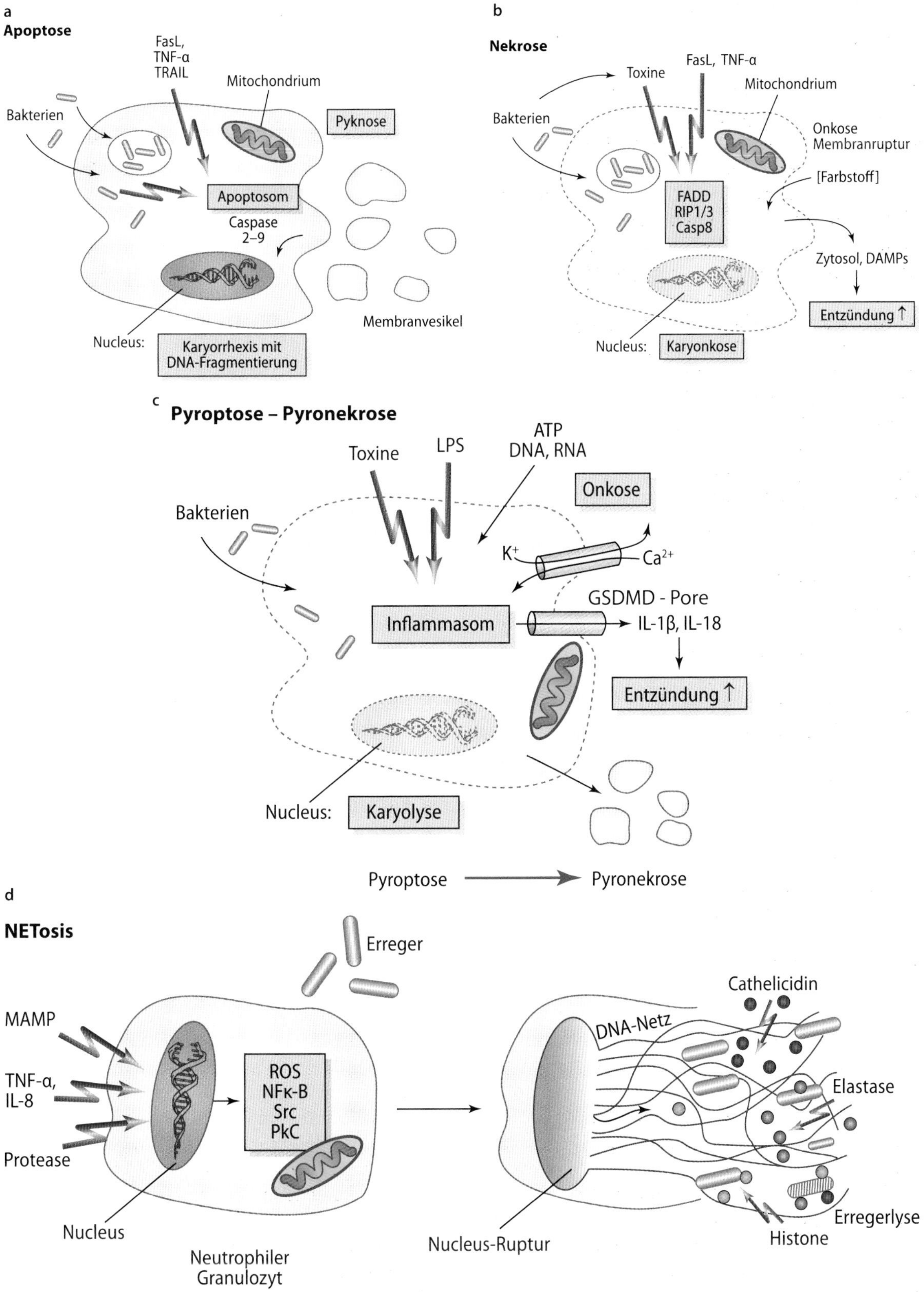

Abb. 3.13 **a–d** Die Interaktion von Erregern, MAMP, DAMP etc. mit Wirtszellen (hier: Makrophagen, dendritischen Zellen und Neutrophilen) kann unterschiedliche Zelltodprogramme induzieren: Apoptose (**a**) führt nicht zu einer Entzündungsreaktion, im Gegensatz zur Nekrose (**b**) oder Pyronekrose, Gasdermin-D-(GSDMD-)Pore (**c**); NETosis (**d**) ist eine Besonderheit von Neutrophilen: neutrophiler Suizid mit Freisetzung von DNA-Netzen und mikrobiziden Proteinen zur Eindämmung der Erregerdissemination

3

3.4 Infektionserreger kontrollieren den Zelltod

Der Infektionsprozess führt in der Regel zum Untergang sowohl des Erregers als auch der beteiligten Phagozyten (insbesondere Neutrophilen) und des betroffenen Gewebes (Eiterbildung). Danach folgt ein Reparatur- und Geweberegenerationsprozess (Heilung).

Infektionen können unterschiedliche Zelltodprogramme induzieren. Hier werden 4 Typen vorgestellt: Apoptose, Nekrose, Pyroptose/Pyronekrose und NETosis (oder NETose) (◘ Abb. 3.12a–d). Infektionserreger versuchen die Zelltodprogramme des Wirtes unter ihre Kontrolle zu bringen:

- Unter **Apoptose** versteht man den physiologisch programmierten Zelltod, der mit einer typischen Zellkernschrumpfung (Pyknose) und DNA-Fragmentierung sowie Abspaltung von Membranvesikeln und Zusammenbruch des Membranpotenzials verbunden ist (◘ Abb. 3.13a, vgl. ◘ Abb. 13.5 und ► Abschn. 13.11). Apoptotische Zellen werden ohne eine Entzündungsreaktion von Makrophagen phagozytiert:
  - Yersinien und Salmonellen induzieren Apoptose mittels T3SS-Injektion von Effektorproteinen in Phagozyten durch Hemmung der NFκB-Aktivierung bzw. der Expression antiapoptotischer Faktoren.
  - Die obligat intrazellulären **Chlamydien** können nach Aufnahme durch Neutrophile Apoptose induzieren und dann in dieser „Taxiverpackung" durch entzündungsfreie Phagozytose von Makrophagen in eine vorteilhaftere Wirtszelle wechseln.
- Die zelluläre Wirkung von porenbildenden Toxinen, TNF-α und Viren kann direkt zur Zytoplasmamembranruptur, Freisetzung zytolytischer **DAMP** (z. B. „high mobility group box 1", HMGB1) und **Nekrose** mit nachfolgender Entzündungsreaktion führen, was für Erreger nachteilig sein kann (◘ Abb. 3.13b).
- Einige zytosolische MAMP-Rezeptoren der NLR-Familie können zusammen mit der Wirkung bakterieller Faktoren (Flagellin, porenbildende Toxine, K^+-Efflux etc.) einen Proteinkomplex, das **Inflammasom,** bilden, das zur proteolytischen Aktivierung und Freisetzung von IL-1β und IL-18 durch die Aktivierung der cysteinabhängigen, aspartatspezifischen Proteasen (Caspase-1 bzw. Caspasen 4, 5 und 11) führt. Diese Caspasen aktivieren dann proteolytisch das Pro-Wirtsporenprotein Gasdermin D (GSDMD). Dieses inseriert in die zytoplasmatische Membran und bildet zahlreiche multimere Poren mit 12–14 nm Durchmesser, die einerseits für den Export der Interleukine IL-1β/IL-18 und andererseits für Kationenaustausch (z. B. Ca^{2+}-Influx und K^+-Efflux) genutzt werden. IL-1β ist ein endogenes Pyrogen (gr. „pyr": Feuer, Fieber), weshalb dieser Vorgang als **Pyroptose** bezeichnet wird (◘ Abb. 3.13c). Für die Zelle ist dieses Programm tödlich und endet mit **Pyronekrose** und Entzündung. Diese Reaktion kann für Shigellen, die intrazellulär im Mukosaepithel
- replizieren, zum Vorteil sein, da die Entzündungsreaktion (z. B. intraluminale Einwanderung von Neutrophilen) sich dann auf die Darmmikrobiota richtet und den Shigellen einen intraluminalen Lebensraum für die Erregerausbreitung bietet. Im Allgemeinen sollte Pyroptose als Abwehrmechanismus aber dem Wirt nutzen.
- Die **NETosis** ist ein erst vor kurzem entdeckter Abwehrmechanismus von Neutrophilen: Er geht mit der „explosionsartigen" Freisetzung von chromosomalen DNA-Fäden, Histonproteinen (antibakterizide Wirkung) und Proteasen einher, die Erreger netzartig einschließen, wobei der Neutrophile sich selbst zerstört (◘ Abb. 3.13d). Da der Vorgang die Produktion reaktiver Sauerstoffspezies (ROS) sowie Zytoskelettumlagerungen erfordert, können Erreger, die diese beiden Vorgänge unterdrücken, z. B. Yersinia enterocolitica, sich vor der mikrobiziden NETosis-Wirkung schützen.

3.5 Klinische Aspekte der Infektionsbiologie

Die Infektionsbiologie des Erregers und das Infektionsabwehrpotenzial des Wirtes bestimmen den Verlauf einer Infektion:

Die meisten Erreger verursachen **lokalisierte, organbezogene Infektionen** (◘ Tab. 3.3). Kann die Immunabwehr den Erreger jedoch nicht frühzeitig lokal eingrenzen, kommt es zur Erregerdissemination und gegebenenfalls zur akuten, schweren **systemischen Infektion** mit Erregern im Blutkreislauf (Bakteriämie/Septikämie/Sepsis) und ihren Folgen: Nierenversagen, Störung der Blutgerinnung mit Embolie (Gerinnung) und nachfolgenden Einblutungen (Plasminaktivierung: Verbrauchskoagulopathie) etc.

Bestimmte Erreger haben das Potenzial, selbst bei intakter Infektabwehr zu disseminieren, etwa Salmonella enterica Serovar Typhi, Brucella abortus etc. Dabei muss sich die systemische Infektion nicht zum Schweregrad der Sepsis entwickeln. Auch fakultativ pathogene Erreger wie Neisseria meningitidis oder

Tab. 3.3 Bakterielle Infektionstypen

Infektionstyp	Erreger
Akut	
Meningitis	Streptococcus pneumoniae, Neisseria meningitidis
Enteritis	Salmonella enterica, Campylobacter jejuni
Pneumonie	Staphylococcus aureus, Streptococcus pneumonia
Zystitis	E. coli, Pseudomonas aeruginosa
Sepsis	Staphylococcus aureus, E. coli, Neisseria meningitides
Chronisch	
Endokarditis	Streptococcus viridans, Staphylococcus epidermidis
Tuberkulose	Mycobacterium tuberculosis, M. africanum, M. bovis
Lyme-Borreliose	Borrelia burgdorferi, B. afzelii, B. garinii
Magenulkus	Helicobacter pylori
Osteomyelitis	Staphylococcus aureus, S. epidermidis
Brucellose	Brucella abortes, B. melitensis
Latent	
Gallenblase	Salmonella enterica Serotyp Typhi
Magen	Helicobacter pylori
Harnröhre	E. coli
Nasopharynx	Haemophilus influenzae, Staphylococcus aureus, Streptococcus pneumoniae
Systemisch	Borrelia burgdorferi
Lunge	Mycobacterium tuberculosis

Tab. 3.4 Von der lokalen Infektion zur systemischen Infektion

– Pneumonie	→	Meningitis	→	Sepsis
– Zystitis	→	Pyelonephritis	→	Urosepsis
– Enteritis	→	Sepsis mit Abszessbildung	→	

Streptococcus pneumoniae können unter Bedingungen, die bisher noch nicht klar definierbar sind, systemische Infektionen mit Sepsis und Meningitis verursachen. Grundsätzlich können sich aus lokalen akuten Infektionen (häufig mit hohem Fieber) systemische Infektionen entwickeln (Tab. 3.3 und 3.4).

Die Lokalisierung eines Infektionsherdes ist wichtig, um das richtige Patientenmaterial für die mikrobiologische Infektionsdiagnostik zu gewinnen:

Erregeranzucht → Erregeridentifizierung → Antibiogramm etc.

Chronische Infektionen manifestieren sich in der Regel mit subfebrilen Temperaturen und rezidivierenden Fieberschüben. Sie bleiben auf bestimmte Körperbereiche beschränkt, wo die Erreger sich in immunologisch geschützten Nischen vermehren (z. B. Biofilmbildung bei Endokarditis) und sporadisch exogene (MAMP) bzw. endogene Pyrogene (z. B. IL-1) freisetzen.

Nicht selten leben auf Schleimhäuten des Gastrointestinal-, Urogenital- und Respirationstrakts sowie auch in an sich sterilen Körperregionen obligat pathogene oder fakultativ pathogene Bakterien, die über lange Zeiträume unbemerkt bzw. symptomlos bleiben. Dieser Typ wird als **latente Infektion** bezeichnet und wirkt manchmal als Zeitbombe, etwa wenn die Infektionsabwehr geschwächt ist (z. B. durch eine Virusinfektion, immunsuppressive Therapie etc.) oder als permanente Infektionsquelle z. B. bei **Salmonella-Typhi-Ausscheidern** (Erreger persistiert in der Gallenblase).

Während bei akuten, chronischen und latenten Infektionstypen lebende Erreger im Körper nachweisbar sind, gelingt dies bei **postinfektiösen Erkrankungen** wie reaktiver Arthritis, Urethritis, Uveitis anterior, Glomerulonephritis, Guillain-Barré-Syndrom (Polyneuritis) etc. nicht, weil die Erreger durch die Infektabwehr praktisch eliminiert sind (Tab. 3.5). Die Pathogenese dieser postinfektiösen Erkrankungen ist noch wenig verstanden. Dennoch gibt es viele Hinweise, dass Komplexe aus Antigen (von Erreger oder Wirt) und Antikörpern über Komplementaktivierung und in einigen Fällen über autoreaktive T-Lymphozyten die Ursache der Entzündung sind.

3

Tab. 3.5 Postinfektiöse Erkrankungen

Erreger	Erkrankung
Chlamydia trachomatis Salmonella enterica Yersinia ssp.	Reaktive Arthritis, Urethritis, Uveitis (selten als sog. Reiter-Trias)
Campylobacter jejuni	Reaktive Arthritis, Guillain-Barré-Syndrom
Streptococcus pyogenes	Glomerulonephritis, rheumatisches Fieber

3.6 Infektionsmarker

Im akuten Stadium der Infektion können Erreger (Kultur), Erregerantigen (serologischer Test mit spezifischen Antikörpern) und/oder Erregernukleinsäure (PCR) nachgewiesen werden. Die **akute Infektion** führt auch zur Freisetzung proinflammatorischer Zytokine (TNF-α, IL-1, IL-6, IL-8), die ihrerseits in der Leber und anderen Organen sog. Akutphaseproteine (C-reaktives Protein [CRP] oder Procalcitonin [PCT]) in gut messbaren Mengen in die Blutbahn freisetzen. Damit ist ein Biomarker-Monitoring von Infektionsverlauf und Therapieerfolg möglich.

Da Infektionserreger in der Regel eine spezifische Antikörper- und T-Zell-Antwort auslösen, lassen sich mit immunologischen Methoden wie klassenspezifischer Antikörpernachweis (erregerspezifische IgM, IgG und IgA) oder antigenspezifischer T-Zell-Stimulation (z. B. bei Tuberkulose) Rückschlüsse auf eine bestehende, vor kurzer Zeit oder früher durchgemachte Infektion ziehen.

3.7 Intoxikationen

Von Infektionen sind Intoxikationen mit mikrobiellen Toxinen, sog. **Enterotoxinen,** abzugrenzen. Mit Toxinproduzenten kontaminierte Lebensmittel verursachen nach Verzehr

- schwere Durchfälle mit Darmkrämpfen und Erbrechen (Enterotoxine von Staphylococcus aureus, Bacillus cereus, Clostridium perfringens etc.) bzw.
- Muskellähmungen oder „Botulismus" („Botulismus- oder Botulinumtoxin" = Neurotoxine von Clostridium botulinum).

Die Wirkung der Enterotoxine tritt nach wenigen Stunden ein und klingt nach 20–40 h wieder ab. Botulismustoxin hat mengenabhängig eine längere Inkubationszeit (1–3 Tage) als die anderen genannten Enterotoxine und eine über mehrere Tage reichende Wirkdauer, die ohne intensivmedizinische Behandlung zum Tode führt.

In Kürze: Pathogenität und Virulenz

Der gesunde Mensch ist mit etwa 10^{14} Bakterien besiedelt. Diese indigene Mikroflora/Mikrobiota setzt sich überwiegend aus apathogenen und einem geringen Anteil fakultativ pathogenen Bakterien zusammen. Die Pathogenität von Krankheitserregern wird als koevolutionäres Ergebnis der Interaktion von Wirt und Mikroorganismus unter dem Selektionsdruck des Immunsystems gesehen.
Obligat pathogene Erreger können die angeborene Infektabwehr durchbrechen/unterlaufen. Pathogenitätsfaktoren wie Adhäsine, Invasine, Protektine, Moduline, Toxine etc. bestimmen Infektionsort, Infektionstyp und die Wirtsspezifität: Neisseria meningitidis, Shigella flexneri, Salmonella enterica Serotyp Typhi sind Anthroponoseerreger (beschränkt auf Menschen/Primaten), während z. B. Salmonella enterica Serotyp Typhimurium, Yersinia enterocolitica, Brucella abortus zu den Anthropozoonoseerregern gehören (breites Wirtsspektrum).
Bakterien einer Art lassen sich aufgrund ihres Repertoires an Pathogenitätsgenen nach Pathotypen differenzieren: Bei E. coli kennen wir apathogene, fakultativ pathogene (UPEC, ExPEC etc.) und obligat pathogene Pathotypen (EHEC, ETEC etc.). Infektionsort, Krankheitsverlauf, Therapie und Präventivmaßnahmen werden vom Erregertyp bestimmt.
Die molekulare Analyse der Pathogenität und Genomik von Mikroorganismen hat zu neuen Einblicken in die Evolution und Ökologie von Krankheitserregern geführt und die Weiterentwicklung der mikrobiologischen Diagnostik (molekularbiologische Nachweisverfahren, Pathotypisierung etc.), der molekularen Analyse von Epidemien und die Entwicklung neuer Impfstrategien ermöglicht.
Die angeborene Immunabwehr spielt im akuten Verlauf einer Infektion eine entscheidende Rolle: Überschießende Reaktionen wirken sich schädlich auf den Wirt aus (septischer Schock); eine „Unterfunktion" (Immundefizienz) ermöglicht es auch fakultativ pathogenen Erregern, schwere Infektionskrankheiten auszulösen.

Weiterführende Literatur

Ahmed N, Dobrindt U, Hacker J, Hasnain SE (2008) Genomic fluidity ande pathogenic bacteria: applications in diagnostics, epidemiology and intervention. Nat Rev Microbiol 6:387–394

Aktories K (2011) Bacterial protein toxins that modify host regulatory GTPases. Nat Rev Microbiol 9:487–498

Albert-Weissenberger C, Cazalet C, Buchrieser C (2007) Legionella pneumophila – a human pathogen that co-evolved with fresh water protozoa. Cell Mol Life Sci 64:432–448

Bhakdi S, Tranum-Jensen J (1991) Alphatoxin of Staphylococcus aureus. Microbiol Rev 55:733–751

Buffie CG, Pamer EG (2013) Microbiota-mediated colonization resistance against intestinal pathogens. Nat Rev Immunol 13:790–800

Eisenreich W, Rudel T, Heesemann J, Goebel W (2017) To eat and to be eaten: mutual metabolic adaptations of immune cells and intracellular bacterial pathogens upon infection. Front Cell Infect Microbiol 7:316

Eisenreich W, Rudel T, Heesemann J, Goebel W (2019) How viral and intracellular bacterial pathogens reprogram the metabolism of host cells to allow their intracellular replication. Front Cell Infect Microbiol 9:42

Falkow S (2004) Molecular Koch's postulates applied to bacterial pathgenicity – a personal recollection 15 years later. Nat Rev Microbiol 2:67–72

Healy AR, Herzon SB (2017) Molecular basis of gut microbiome-associated colorectal cancer: a synthetic perspective. J Am Chem Soc 139:14817–14824

Heesemann J, Sing A, Trülzsch K (2006) Yersinia's stratagem: targeting innate and adaptive immune defense. Curr Opin Microbiol 9:55–61

Kawai T, Akira S (2011) Toll-like receptors and their crosstalk with other innate receptors in infection and immunity. Immunity 34:637–650

Kibe S, Adams K, Barlow G (2011) Diagnostic and prognostic biomarkers of sepsis in critical care. J Antimicrobiol Chemother 66(Suppl 2):ii33–ii40

Koh E-I, Henderson JP (2015) Microbial copper-binding siderophores at the host-pathogen interface. J Biol Chem 290:18967–18974

Koh E-I, Robinson AE, Bandara N, Rogers BE, Henderson JP (2017) Copper import in *Escherichia coli* by the yersiniabactin metallophore system. Nat Chem Biol 13:1016–1023

Korea C-G, Ghigo J-M, Beloin C (2011) The sweet connection: solving the riddle of multiple sugar-binding fimbrial adhesins in Escherichia coli. Bioessays 33:300–311

Lamkanfi M, Dixit VM (2010) Manipulation of host cell death pathways during microbial infections. Cell Host Microbe 8:44–54

Martin P, Tronnet S, Garcie C, Oswald E (2017) Interplay between siderophores and colibactin genotoxin in *Escherichia coli*. IUBMB 69:435–441

Medini D, Serruto D, Parkhill J, Relman DA, Donati C, Moxon R, Falkow S, Rappuoli R (2008) Microbiology in the post-genomic era. Nat Rev Microbiol 6:419–430

Montoy M, Gouanux E (2003) β-Barrel membrane protein folding and structure viewed through the lens of α-hemolysin. Biochim Biophys Acta 1609:19–27

Nathan C (2006) Neutrophils and immunity: challenges and opportunities. Nat Rev Immunol 6:173–182

Rathinam VAK, Zhao Y, Shao F (2019) Innate immunity to intracellular LPS. Nat Immunol 20:527–533

Reinhart K, Hartog CS (2010) Biomarkers as a guide for antimicrobial therapy. Int J Antimicrob Agents 36S:S17–S21

Shanahan F, Quigley EMM (2014) Manipulation of the microbiota for treatment of IBS and IBS – challenges and controversies. Gastroenterology 146:1554–1563

Shi J, Gao W, Shao F (2017) Pyroptosis: gasdermin-mediated programmed necrotic cell death, Trends in Biochem. Sciences 42:245–254

Stecher B, Maier L, Hardt WD (2013) ‚Blooming' in the gut: how dysbiosis might contribute to pathogen evolution. Nat Rev Microbiol 11:277–284

Xue M et al (2019) Structure elucidation of colibactin and its DNA cross-links. Science 365:eaax2685

Physiologische Mikrobiota: Regulation und Wirkungen, iatrogene Störungen und Probiotika

Sebastian Suerbaum und Bärbel Stecher-Letsch

Die äußere Haut sowie die Schleimhäute des Oropharynx, des oberen Respirationstrakts, des gesamten Darms und des unteren Urogenitaltrakts sind überwiegend von bakteriellen Mikroorganismen besiedelt. Diese sog. Mikrobiota, welche aus historischen Gründen als „physiologische Flora" bezeichnet wurde, ist über längere Zeit stabil, variiert allerdings in ihrer Zusammensetzung erheblich von Individuum zu Individuum. Ein Erwachsener wird von ca. 10^{14} Bakterien besiedelt – überwiegend im Gastrointestinaltrakt. Daneben finden sich Viren (v. a. Bakteriophagen), Pilze und Protozoen. Die physiologische Kolonisation des Neugeborenen mit Mikroorganismen von der Mutter und aus der Umwelt beginnt während der Geburt. Innerhalb der ersten drei Lebensjahre wird die Mikrobiota des Kindes der eines Erwachsenen immer ähnlicher.

4.1 Mikrobiota: Ökologie und Interaktion

4.1.1 Regulative vonseiten des Wirtes

Menschliche und tierische Organismen bieten Bakterien aufgrund ihrer komplexen Regelvorgänge relativ konstante Umweltbedingungen (z. B. Temperatur, Nährstoffe), welche das Wachstum mesophiler Bakterien begünstigen. Um Schäden durch kolonisierende Mikroorganismen entgegenzuwirken, schützt der Wirt sich mittels zahlreicher immunologischer, physiologischer und struktureller Mechanismen. Vonseiten des Wirtes lassen sich daher fördernde und unterdrückende Regulative im Hinblick auf das bakterielle Wachstum unterscheiden.

Temperatur Die Temperatur des Menschen liegt zwischen 32 °C (äußere Hautoberfläche) und 37 °C (Körperkern). Dementsprechend siedeln auf der Haut häufiger Mikroorganismen mit einem Vermehrungsoptimum deutlich unter 37 °C. Auf den besser durchbluteten Schleimhäuten und auf inneren Oberflächen (Magen-Darm-Trakt, Vagina) finden sich durchweg Mikroorganismen mit einem Vermehrungsoptimum bei 37 °C.

Feuchtigkeit Bakterielle Vermehrung ist immer an ein Mindestmaß an Feuchtigkeit gebunden. Deshalb gedeihen Bakterien am besten auf den feuchten Oberflächen des Magen-Darm-Kanals und den bedeckten Oberflächen der äußeren Haut (Achselhöhle, intertriginöse Falten). Der geringe Feuchtigkeitsgehalt der Haut ist für Mikroorganismen ein limitierender Faktor. Daher birgt das Abdecken der Haut mit luftdichten Materialien (z. B. Gummihandschuhen) ein erhöhtes Infektionsrisiko – eine „feuchte Kammer" entsteht.

Nährstoffe Die verfügbaren Substrate werden den Bakterien entweder direkt mit der Wirtsnahrung zugeführt oder entstammen dem wirtseigenen Metabolismus oder dem Stoffwechsel anderer Bakterien. Lebens- und Ernährungsgewohnheiten beeinflussen die Besiedlung mit Mikroorganismen. Im Mund finden sich z. B. in hoher Anzahl kohlenhydratverwertende Bakterien. Bei hohem Zuckerkonsum fallen große Mengen an Milchsäure an, die mit der Plaquebildung und der Kariogenese in Verbindung steht (Abschn. 26.5.2 und ▶ Kap. 126).

Sauerstoffpartialdruck Für obligate Anaerobier stellen O_2-Folgeprodukte (O_2^-, H_2O_2 etc.) potente Zellgifte dar. Obwohl die Haut und die Schleimhaut des Rachens ständig dem Luftsauerstoff ausgesetzt

S. Suerbaum et al. (Hrsg.), *Medizinische Mikrobiologie und Infektiologie*,
https://doi.org/10.1007/978-3-662-61385-6_4

sind, findet sich hier eine Vielzahl von Anaerobiern – die oxidative, O_2-verbrauchende Tätigkeit aerober Bakterien verhindert in den luftnahen Schichten ein tiefes Eindringen des Sauerstoffs. Im Darm nimmt nach kaudal der O_2-Partialdruck kontinuierlich ab und damit steigt der Anteil der Anaerobier stetig an.

Wasserstoffionenkonzentration Die Wasserstoffionenkonzentration (Säuregrad, pH) hat an einigen Standorten herausragende regulatorische Bedeutung:
- Im **Magen** werden durch die Sekretion von HCl Werte bis zu pH 1 erzielt. Unter diesen Bedingungen ist auf Dauer kein bakterielles Leben möglich.
- In der **Vagina** der geschlechtsreifen Frau beträgt der pH 4–4,5 infolge der Milchsäurebildung durch Laktobazillen. Diese Keime behindern dadurch die Ansiedlung von Candida spec.
- Auf der **Haut** werden pH-Werte um 5,5 gefunden. Auch hier gedeihen nur relativ säureresistente Keime. Eine Alkalisierung führt zu Entzündungen durch andere Bakterien und Hefen.

4.1.2 Mikrobielle Interaktionen

Interaktionen bestimmen die Zusammensetzung und Funktion des Mikrobioms wesentlich mit.

Substratkonkurrenz Sie führt zu gegenseitiger Einschränkung von Bakterien im Wachstum.

Metabolithemmung Sie stellt ebenfalls einen antagonistischen Effekt dar: Eine Spezies gibt Abfallprodukte ab, die für andere Spezies toxisch sind (z. B. H_2O_2, H_2S, kurzkettige Fettsäuren etc.).

Bakteriozine Von Abfallprodukten sind toxische Produkte zu trennen, die sog. Bakteriozine. Im Gegensatz zu Metaboliten werden sie aktiv gebildet und besitzen antibiotische Wirkung gegen verwandte Spezies. Jeder Bakterienstamm, der z. B. ein Colicin produziert, bildet gleichzeitig ein dazu passendes Immunitätsprotein (I-Protein), welches das eigene Colicin bindet und unwirksam macht. Auf diese Weise schützt sich das Bakterium vor dem eigenen Geschoss.

Mikrobielle Nahrungsnetzwerke Bakterielle Gemeinschaften im Körper sind in Nahrungsnetzwerken organisiert, was den effizienten Abbau komplexer Nahrungsbestandteile ermöglicht. Einige Anaerobier (z. B. Bacteroides, Ruminococcus, Eubacterium) sind in der Lage, komplexe Polysaccharide, Zellulose, Xylane oder resistente Stärke aus der Nahrung oder aus Muzinen abzubauen und zu kurzkettigen Fettsäuren, CO_2 und H_2 zu vergären. Andere Bakteriengruppen (z. B. Acetogene) können dabei entstehende Metaboliten wie Formiat, Laktat und H_2 weiterverwerten. Aus CO_2 und H_2 können schließlich Methanogene Methangas bilden. Clostridien oder Fusobakterien vermögen die aus der Proteolyse entstehenden Aminosäuren zu desaminieren und als kurzkettige Fettsäuren (Essig-, Butter-, Isobuttersäure etc.) auszuscheiden. Synergistische Effekte zwischen verschiedenen Arten verschaffen allen beteiligten Mikroorganismen Vorteile. Escherichia coli ist in geringen Mengen im menschlichen Darm vorhanden und kann sowohl oxidativ als auch fermentativ einfache Zucker verwerten.

Kreuzweise Entgiftung Die respiratorische Entfernung des Sauerstoffs durch einen aeroben Keim (z. B. *E. coli*) und die Bildung einer Betalaktamase durch einen Anaerobier (z. B. Bacteroides) führt zur kreuzweisen Entgiftung des Milieus.

Weitere Synergismen In aeroben/anaeroben Mischkulturen unterscheiden sich zudem die biologischen Eigenschaften der Lipopolysaccharide (LPS) von *E. coli* und *B. fragilis*: *B. fragilis*-LPS induziert die Bildung von Immunmodulatoren (TNF, IL, IFN etc.) weit schwächer als LPS von *E. coli*. Daraus resultiert in Mischpopulationen eine Repression der genannten immunologischen Wirtsfunktionen. Verschiedene Bakterien im Darm können DNA (z. B. Plasmide) austauschen. Dieser „horizontale Gentransfer" kann beispielsweise die Ausbreitung von Antibiotikaresistenzen über Speziesgrenzen hinweg vermitteln.

4.1.3 Bestimmung der Zusammensetzung des Mikrobioms

Die Zusammensetzung des Mikrobioms einer bestimmten Körperregion (z. B. Oropharynx oder Darm) wurde früher nach einem Kultivierungsschritt bestimmt, bei dem man die Mikroorganismen einer Probe unter geeigneten Bedingungen zur Anzucht brachte und mikroskopisch sowie konventionell-biochemisch spezifizierte. Beim Mikroskopieren des Originalmaterials erkannte man morphologisch nun immer wieder kulturell nie nachweisbare Bakterien. Folglich bestand stets der Verdacht, einzelne bakterielle Spezies seien bisher nicht kultivierbar.

Deshalb werden in neuerer Zeit vorwiegend kulturunabhängige **molekularbiologische Methoden** zur Analyse der Zusammensetzung des Mikrobioms eingesetzt. Die Sequenz der bakteriellen 16S-rRNA, einer ribosomalen Nukleinsäure, weist bei einzelnen Bakteriengruppen Unterschiede auf und wird daher zur Bestimmung von Verwandtschaftsgraden herangezogen. Meist amplifiziert man mit konservierten Oligonukleotidprimern Abschnitte des 16S-rRNA Gens.

Diese „Amplikons“ enthalten dann Moleküle mit unterschiedlichen Sequenzen. Moderne Sequenzierungsverfahren (z. B. Illumina-Sequenzierung) erlauben es, viele Millionen Einzelsequenzen zu generieren, mit deren Hilfe auf die Spezieszusammensetzung der zugrunde liegenden mikrobiellen Gemeinschaft geschlossen werden kann. Noch informativer – aber immer noch extrem aufwendig – ist die Metagenomanalyse: die Sequenzierung der kompletten DNA einer aus einem komplexen Biotop gewonnenen Probe. Ergebnisse dieser Untersuchungen:

- In Mischpopulation herrscht eine metabolische Arbeitsteilung, die sich in Reinkulturen nicht darstellen lässt.
- In komplexen Ökosystemen wie z. B. im Darm sind bisher ca. 70 % aller Spezies kultivierbar.

4.2 Wirkungen der Mikrobiota

Entwicklung des Immunsystems

Bei der Geburt kommen Neugeborene zum ersten Mal mit Bakterien in Kontakt. Die Entwicklung des Immunsystems wird maßgeblich durch mikrobielle Signale stimuliert. Weil dies so ist, kommt es bei keimfrei aufgezogenen Versuchstieren sowohl zu Immunmangelzuständen als auch zur unvollständigen Ausbildung verschiedener Zelltypen und Strukturen wie Lymphfollikel und Peyer-Plaques.

Kolonisierungsresistenz

Das Mikrobiom ist ständig Einflüssen (z. B. Antibiotika) ausgesetzt, die die Zusammensetzung des Mikrobioms ändern und wichtige Funktionen des Mikrobioms wie die natürliche Kolonisierungsresistenz stören können. Die Kolonisierungsresistenz bewirkt, dass aus der Umwelt eingedrungene Mikroorganismen sich nicht oder nur vorübergehend im Wirt ansiedeln können. Zwar kehrt nach einer antimikrobiellen Therapie das Mikrobiom größtenteils wieder in den vorherigen Zustand zurückkehren (Resilienz). Einige Studien zeigen jedoch, dass sich bestimmte Arten auch nach längerer Zeit nicht wieder erholen. Das Mikrobiom leistet also einen wichtigen Beitrag bei der Abwehr pathogener Erreger (Bakterien, Pilze). Negative Auswirkungen auf die Mikrobiota sollten bei jeder Indikationsstellung für eine antibiotische Therapie berücksichtigt werden (▶ Kap. 97).

Infektionsquelle

Das Mikrobiom kann auch Ausgangspunkt von Infektionsprozessen sein. So stammt bei immunsupprimierten oder invasiv behandelten Patienten die Mehrzahl der Infektionserreger aus der patienteneigenen Bakteriengemeinschaft (*Enterococcus, Klebsiella, E. coli*). Zudem können die Mitglieder des Mikrobioms nach vorausgegangener Schädigung (z. B. Verbrennungen oder viraler Infektion) eine **Superinfektion** bzw. **nosokomiale Infektion** hervorrufen (▶ Kap. 22).

Kanzerogenese

Die Krebsentstehung wird im gastrointestinalen Trakt mit der Mikrobiota in Zusammenhang gebracht. Mikroorganismen sind daran beteiligt, einerseits Proteine bis zur Stufe der Aminosäuren abzubauen und andererseits Nitrat, das man häufig Fleisch als Konservierungsstoff zusetzt, zu Nitrit zu reduzieren. Amine und Nitrit reagieren im sauren Milieu des Magens spontan zu Nitrosaminen, die als potente Kanzerogene bekannt sind.

Bei ballaststoffarmer Kost mit hohem Anteil tierischer Eiweiße und Fette fallen vermehrt Steroide und Gallensäurederivate an, die unter der Wirkung von Darmbakterien zu kanzerogenen Substanzen (z. B. Cholanthren-Derivaten) metabolisiert werden. Unter dieser Diät nimmt die intraluminale Verweildauer der Fäzes zu; entsprechend höher ist die Inzidenz des Kolonkarzinoms.

Einige Arten bilden auch Genotoxine (z. B. E. coli-Colibactin), welche die DNA von Wirtszellen schädigen können und als Mutagen wirken.

4.3 Bakterielle Normalbesiedlung der Körperregionen

◘ Tab. 4.1 und ◘ Abb. 4.1 zeigen die bakterielle Normalbesiedlung diverser Körperregionen im Überblick.

Haut

Bis zu 1000 Keime besiedeln jeden Quadratzentimeter Haut. Koagulasenegative Staphylokokken, die man regelmäßig auf der Haut findet, werden häufig als Erreger von Katheterinfektionen gefunden.

Die Besiedlung des äußeren Gehörgangs, der vorderen Nasenhöhle und der distalen Urethra entspricht derjenigen der Haut.

Konjunktiva

Sie ist beim Gesunden von wenigen koryneformen Bakterien und S. epidermidis besiedelt. Die Besiedlung ist deshalb dürftig, weil der Lidschlag das Epithel permanent reinigt und die Tränenflüssigkeit Lysozym enthält.

4

Tab. 4.1 Physiologische Mikrobiota in verschiedenen Regionen des menschlichen Körpers

Körperregion	Bakteriengemeinschaft
Gewebe, Liquor, Blase, Uterus, Tuben, Mittelohr, Nasennebenhöhlen	Diese Bereiche des Körpers sind sehr bakterienarm oder steril. Ob auch in diesen Bereichen bakterielle Mikrobiota an Gesundheit und Krankheit beteiligt sind, ist Gegenstand intensiver Forschung
Haut	Propionibakterien, (koagulasenegative) Staphylokokken, Korynebakterien
Äußerer Gehörgang	Carnobacteriaceae, Bifidobakterien, Propionibakterien, Staphylokokken
Vordere Nasenhöhle	Propionibakterien, Corynebakterien, Staphylokokken
Mundhöhle, Gingiva, Speichel	Streptokokken, Veillonella, Prevotella, Pasteurella, Neisserien, Fusobakterien, Moraxella, Hefen
Plaque	Corynebacterium, Aktinomyzeten, Fusobakterien, Neisseria, Streptokokken, *Veillonella,* Capnocytophaga, Prevotella
Tonsillen, Rachen	Streptokokken, Prevotella, Fusobakterien, Veillonella, Pasteurella, Neisserien, Hefen
Ösophagus	Bakterien der Mundhöhle
Magen	Aufgrund der Magensäure beim Gesunden kein stabiles Mikrobiom im Magenlumen und auf der Oberfläche der Mukusschicht des Magens. Circa 30 % der Bevölkerung haben eine Helicobacter pylori-Infektion. Bei diesen ist die tiefe Mukusschicht das Haupthabitat des Pathogens H. pylori. Daneben finden sich Bakterien wie Pseudomonaden, Haemophilus, Neisseria, Prevotella, Laktobazillen und Streptokokken
Dünndarm	Obere Abschnitte beinhalten eine niedrige Keimzahl ($\sim10^4$–10^6/ml) welche im terminalen Ileum ansteigt ($\sim10^8$–10^{10}/ml). Das Keimspektrum im oberen GIT ist dem des Magens ähnlich
Kolon	Im Kolon wird eine Keimzahl von 10^{12}/ml erreicht. Das Keimspektrum umfasst Bacteroides, Lachnospiraceae, Prevotella, Faecalibacterium, Ruminococcaceae, Clostridien, Bifidobakterien, Laktobazillen, Enterokokken und Enterobakterien
Vagina (fertile Phase)	Lactobacillus (64,4 %), Gardnerella (6,9 %), Sneathia (5,6 %), Prevotella (5,4 %) und Bacillus (4,3 %)

Oropharynx

Die Schleimhaut des Mundes und des Rachens ist von einer dichten Gemeinschaft anaerober und aerober Bakterien besiedelt: 1 ml Speichel enthält geschätzte 10^8 Bakterien. α-hämolysierende Streptokokken, Veillonella, Prevotella, Pasteurella und Neisserien herrschen vor.

Obligat anaerobe Bakterien finden sich im den Zähnen anliegenden Gingivalsulkus und in den Tonsillenkrypten. Die obligaten Anaerobier der oralen Mikrobiota sind an der Pathogenese der **chronischen Parodontitis** beteiligt. Die Besiedlung der Zahnoberfläche wird stark von Ernährungsgewohnheiten und Zahnhygiene bestimmt. Auch am gesunden Zahn finden sich Beläge (Plaques), die bei Progredienz zur Karies führen können.

Im **Sulcus gingivalis** finden sich bis zu 10^{12} Keime/ml Exsudat, überwiegend Anaerobier. Dort kommen Corynebacterium, Aktinomyzeten, Fusobakterien, Neisseria, verschiedene α-hämolysierende Streptokokken, Veillonella, Capnocytophaga und Prevotella vor.

Magen

Das Magenlumen ist bei Gesunden wegen der Magensalzsäure weitgehend steril. Bakterien-DNA kann in Magenbiopsien regelmäßig nachgewiesen werden (z. B. Bacteroides, Lachnospiraceae, Prevotella, Faecalibacterium, Ruminococcaceae, Clostridien, Bifidobakterien, Laktobazillen, Enterokokken und Enterobakterien), spiegelt aber wahrscheinlich eher eine transiente Bakterienanheftung wieder als eine stabile Mikrobiota. Helicobacter pylori lebt bei Patienten mit H.-pylori-Infektion (in Deutschland ca. 30 % aller Einwohner) in der Tiefe der Mukusschicht des Magens und in den Magenkrypten, wo fast neutrale pH-Verhältnisse herrschen. Erst wenn der pH-Wert des Magens ansteigt (z. B. bei Magenschleimhautatrophie, Langzeittherapie mit Protonenpumpenhemmern) können sich dort auch andere Bakterien etablieren, was dann als pathologische Fehlbesiedlung zu werten ist.

Dünndarm

Der untere Dünndarm lässt sich aufgrund seiner großen inneren Oberfläche in ein mehrstufiges **„Mikrohabitat“** untergliedern. Die Zusammensetzung der Mikrobiota im Lumen, auf den Zotten und in den tiefen Krypten ist unterschiedlich. Sie wird durch verschiedenen lokale Faktoren, unter anderem die sezernierten Gallensäuren, Pankreasenzyme, lokale

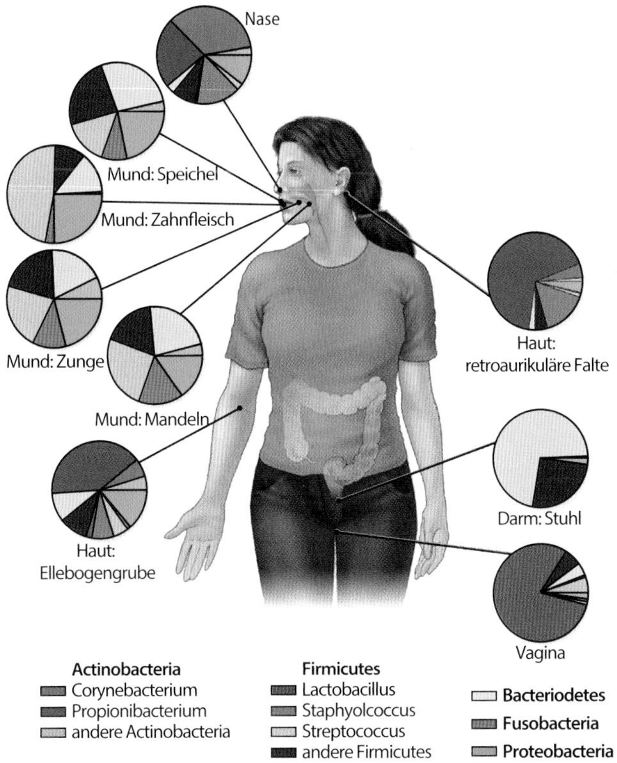

Abb. 4.1 Bakterielle Normalbesiedlung diverser Körperregionen. (Modifiziert nach Annual Review of Genomics and Human Genetics. 2012)

Abwehrmechanismen („gut-associated lymphatic tissue“, IgA, antimikrobielle Peptide) und die Sauerstoffspannung, die kaudalwärts absinkt, kontrolliert.

Beim Gesunden enthalten die oberen Anteile des Dünndarmes sehr niedrige Bakterienkonzentrationen, und das Keimspektrum ist ähnlich dem des Magens. Weiter kaudal finden sich grampositive anaerobe Stäbchen und Fusobakterien; nicht selten treten jetzt auch fakultativ anaerobe Stäbchen (Enterobacteriaceae) auf:

Unter **pathologischen Bedingungen** nehmen die Zahlen an Mikroorganismen zu. Auch die bakterienfreien Dünndarmabschnitte können dann besiedelt sein. Als Ursachen wirken sich häufig eine **Stase** bei Störungen der zuführenden Organsysteme (anazider Magen, Gallenwegerkrankungen) oder **operative Eingriffe** aus.

Bei Überwucherung treten die Bakterien in Konkurrenz zur Resorptionsleistung des Wirtes. Deshalb sinkt die Aufnahme von **Vitamin B_{12}** (Folge: Anämie) und Proteinen. Außerdem werden vermehrt **Gallensäuren** dekonjugiert, sodass durch die verminderte Mizellbildung die Fettresorption sinkt. Es resultiert eine Steatorrhö, begleitet von einer vermehrten Ausscheidung lipophiler Vitamine.

▪ Dickdarm

Im Kolon ist die Bakteriendichte am höchsten (bis zu 10^{12}/g Fäzes). Offensichtlich herrschen hier optimale Bedingungen für bakterielles Wachstum. Die kontrollierenden Faktoren liegen überwiegend bei der Mikrobiota selbst. Die Konkurrenz um ökologische Nischen limitiert die bakterielle Proliferation weitgehend. Neben Bakterien findet sich eine ähnlich große Population an Bakteriophagen. Pilze kommen in weitaus geringeren Zahlen vor.

Die **luminale Mikrobiota** der Fäzes umfasst bis zu 500 Arten. Es bestehen erhebliche individuelle Unterschiede in der Zusammensetzung. Jedoch zeigen Metagenomanalysen, dass bestimmte „Kernfunktionen“ (Stoffwechselwege, Vitaminbiosynthesen, Enzyme zum Polysaccharidabbau) trotz dieser Unterschiede hochgradig konserviert sind. Die häufigsten Vertreter sind Bakterien aus den Familien der Ruminococcaceae und Lachnospiraceae. Die andere Hauptgruppe bilden die gramnegativen Bacteroidetes, mit den prominentesten Vertretern aus den Familien Bacteroidaceae, Rikenellaceae und Porphyromonadaceae. Andere, zahlenmäßig geringer vertretene Phyla stellen Actinobacteria (z. B. Bifidobacterium), Verrucomicrobia (Akkermanisa) sowie Proteobacteria (z. B. Enterobacteriaceae) dar. Zudem finden sich auch Vertreter der methanogenen Archaea. E. coli, das wohl bekannteste Darmbakterium, besiedelt den gesunden Darm nur in relativ niedriger Dichte (weniger als 10^8/ml) (▣ Tab. 4.2).

Bei einer Fehlbesiedelung des Dickdarms beobachtet man eine Zunahme an fakultativ anaeroben Bakterien (Enterobacteriaceae), wohingegen sich die Artenzahlen der obligaten Anaerobier vermindert. Dagegen werden Bacteroides fragilis und Clostridium perfringens häufig isoliert. Damit steht die regelmäßige Beteiligung von B. fragilis an infektiösen Bauchraumprozessen in Einklang.

Mit Muttermilch gestillte Säuglinge weisen eine Anreicherung an anaerob wachsenden grampositiven Stäbchen der Gattung Bifidobacterium auf. Diese vergären die in der Muttermilch reichlich vorhandene Laktose zu Milchsäure und Essigsäure. Der resultierende pH-Wert von 5,0–5,5 ist für diese Bakterien optimal. Mit Kuhmilch oder Babynahrung aufgezogene Säuglinge weisen ein verändertes Mikrobiom auf. Ein weiterer Faktor, der die Zusammensetzung des Mikrobioms in Neugeborenen beeinflusst, ist die Geburtsart. Kinder, die durch Kaiserschnitt zur Welt kommen, weisen im Vergleich zu Vaginalgeburten in den ersten Monaten einen geringen Anteil an Bacteroidetes auf und einen höheren Anteil an opportunistischen Erregern.

4

Tab. 4.2 Dickdarmmikrobiota des Menschen

Anaerobier (99 %)	Firmicutes	Ruminococcaceae (Ruminococcus, Faecalibacterium)
		Lachnospiraceae (Roseburia)
		Clostridiaceae (Eubacterium) Laktobazillen, Enterokokken
	Andere	Bacteroidetes (Bacteroidaceae, Prevotellaceae, Rikenellaceae und Porphyromonadaceae)
		Verrucomicrobia (Akkermansia)
		Actinobacteria (Bifidobacterium)
		Proteobacteria (Enterobacteriaceae, Desulfovibrio)
Fakultative Anaerobier (1 %)		
Transient		Pseudomonas
		Hefen
		Bacillus
		Protozoen

Darmmikrobiome adipöses und schlanker Zwillinge
Eine der wichtigsten Untersuchungen, die das Feld der Mikrobiomforschung begründet haben, wurde im Jahr 2009 in der Zeitschrift *Nature* publiziert. Peter Turnbaugh und seine Kollegen im Labor von Prof. Jeffrey I. Gordon an der Washington University at St. Louis haben in dieser Studie die Zusammensetzung des Darmmikrobioms eineiiger und zweieiiger Zwillingspaare und ihrer Mütter untersucht. Dabei wählten sie die Zwillingspaare so aus, dass beide Zwillinge entweder schlank („lean") oder fettleibig („obese") waren.

Bei der Untersuchung wurde sowohl die Zusammensetzung der Darmmikrobiota durch 16S-rDNA Analyse als auch die Gesamtheit aller Gene der Darmbakterien (Darmmikrobiom) durch Shotgun-Sequenzierung charakterisiert. Die Studie führte zu mehreren grundlegenden Ergebnissen: Während sich die Zusammensetzung der Darmmikrobiota zwischen menschlichen Individuen (und auch Zwillingen) unterscheidet, ist die Gesamtheit der von den verschiedenen Bakterienspezies bereitgestellten Stoffwechselleistungen erheblich stabiler.

Dies hat zum Konzept eines **Kernmikrobioms des Darms** geführt. Das Kernmikrobiom unterscheidet sich zwischen schlanken und übergewichtigen Personen. Die Darmmikrobiota ist bei Adipösen signifikant weniger divers als bei Schlanken und kodiert eine größere Zahl von Phosphotransferasesystemen, die bei der mikrobiellen Verwertung von Kohlenhydraten eine zentrale Rolle spielen. Ähnliche Daten waren vorher auch in Mausmodellen gefunden worden.

Bisher zeigten die Studien zwar nicht eindeutig, dass die beschriebenen Unterschiede kausal für die Adipositas verantwortlich sind. (Sie könnten auch das Ergebnis vermehrter Zuführung von Nährstoffen sein.) Dennoch haben sie die Hoffnung geweckt, dass es gelingen könnte, die Darmmikrobiota gezielt zu modifizieren und damit metabolische Erkrankungen positiv zu beeinflussen.

„Stuhl- oder Fäkaltransplantation"
Ein erster Nachweis, dass es möglich zu sein scheint, durch Übertragung der Darmbakterien gesunder Probanden den Gesundheitszustand von Patienten zu beeinflussen, ist durch die sog. Fäkaltransplantation gelungen. Els van Nood und Kollegen haben in einer aufsehenerregenden Arbeit, die 2013 im *New England Journal of Medicine* publiziert wurde, Patienten mit rezidivierender Clostridioides-(Clostridium-) difficile-Kolitis durch Infusionen von aufbereitetem Spenderstuhl ins Duodenum behandelt (in Kombination mit Vancomycin und einer Darmlavage).

Die Ergebnisse dieser Behandlung waren so viel besser als die Therapien in den anderen Armen der randomisierten Studie (nur Vancomycin oder Vancomycin plus Darmlavage), dass die Studie vorzeitig abgebrochen werden musste. Bei 13 von 16 mit der Fäkaltransplantation behandelten Patienten sistierte die Diarrhö bereits nach der 1. Infusion, bei 2 weiteren Patienten nach einer 2. Infusion.

Aktuell wird daran gearbeitet, den durch die Fäkaltransplantation erzielbaren therapeutischen Effekt durch standardisierte Gabe von Darmbakterien nachzubilden, da die Fäkaltransplantation logistisch aufwendig und ihre Akzeptanz bei Patienten und Angehörigen problematisch ist; trotz vorhergehender Stuhluntersuchungen der Spender besteht zudem das Risiko einer Übertragung von Krankheitserregern.

▪ Vagina

Der pH-Wert der Vagina spielt für die Stabilität der bakteriellen Vaginalmikrobiota eine ausschlaggebende Rolle. Das saure Milieu erlaubt eine Besiedlung durch nur wenige Bakterienarten. Ein Anstieg des pH-Wertes führt zu einer Verschiebung des physiologischen Gleichgewichts zugunsten anderer anaerober Bakterien und Hefen.

Die „Grundbesiedlung" der Vagina erfolgt hauptsächlich durch Laktobazillen **(Döderlein-Flora).** Ihr Wachstumsoptimum liegt im sauren pH-Bereich. Der Hauptvertreter ist Lactobacillus acidophilus. Dieser bildet H_2O_2, was zur Unterdrückung kompetitiver anaerober Bakterien führt. Gelegentlich trifft man auch H_2O_2-negative Laktobazillen an; diese sind aber für das ökologische Gleichgewicht der Vagina unbedeutend. Durch die metabolische Tätigkeit der Laktobazillen wird das in den vaginalen Epithelzellen gespeicherte Glykogen zu Milchsäure metabolisiert und so der pH-Wert bei 4,0–4,5 stabilisiert. Dies erschwert die Ansiedlung von Hefen. Als Erreger von Infektionen kommen die Mitglieder der Döderlein-Flora kaum in Betracht.

Weitere Anaerobier treten auf der Vaginalschleimhaut nur in geringer Menge auf. Sie finden sich vermehrt bei Mädchen vor der Geschlechtsreife und bei Frauen nach der Menopause. Auch ärztliche Maßnahmen, Antibiotikatherapie, chirurgische Eingriffe, Instrumentation, Neoplasien, Bestrahlung, Östrogenbehandlung (siehe weiter unten) und immunsuppressive Therapie beeinflussen die vaginale Bakteriengemeinschaft: **Östrogene,** physiologisch sezerniert oder appliziert („Pille"), behindern das Wachstum von Laktobazillen durch verminderte Glykogensekretion. Die resultierende Alkalisierung begünstigt das Wachstum fakultativ anaerober Bakterien und Hefen; dies verstärkt die Verdrängung der übrigen Anaerobier.

In der **1. Zyklushälfte** sind Anaerobier vermehrt nachweisbar; entsprechend hoch ist die Inzidenz von Infektionen nach einer Hysterektomie in diesem Zyklusabschnitt. Infektionen, an denen Anaerobier beteiligt sind, finden sich im Bauchraum und im Bereich des weiblichen Genitales: So kann Clostridium perfringens bei einem nicht sachgerecht durchgeführten Schwangerschaftsabbruch Gasbrand verursachen.

Daneben können im Vaginalmikrobiom gesunder Frauen Bakterien vorkommen, die nicht zur physiologischen Mikrobiota gehören. Sie gelten als fakultativ pathogen, wenn man sie in entsprechend hoher Keimzahl aus dem Entzündungsherd isoliert. Gerade bei der unspezifischen Vaginitis findet eine quantitative Verschiebung der Mikrobiota statt, die mit klinischen Symptomen assoziiert ist.

Besonders bei therapieresistenten Fällen ist auch zu prüfen, inwieweit Trägerinnen solcher Erreger symptomlose Infektionsquellen für ihre Sexualpartner sind. Zu den betreffenden Erregern zählen Enterokokken, S. aureus, β-hämolysierende Streptokokken der Gruppe B, Enterobakterien, Listeria monocytogenes, Sprosspilze und Gardnerella vaginalis.

4.4 Iatrogene Störungen der Mikroökologie

4.4.1 Operative Eingriffe

Chirurgische Maßnahmen können zu bakterieller Fehlbesiedlung, meist im Gastrointestinaltrakt, führen. Diese sind klar zu unterscheiden von chirurgischen Infektionen beim Durchtrennen anatomischer Barrieren (z. B. Hautinzision).

- **Magenoperationen** mit Billroth-II-Anastomose ziehen häufig das **Syndrom der zuführenden Schlinge** nach sich: Der prägastrale Anteil des Duodenums dilatiert mit Anstau von Nahrung und Duodenalsaft mit der Folge verstärkten bakteriellen Wachstums.
- Bei Eingriffen am **Dünndarm** (z. B. Seit-zu-Seit-Anastomose oder Gastroenterotomie) kommt es oft zur Stagnation des Darminhalts in ausgeschalteten und ausgesackten Darmanteilen. Es resultiert das **Blindsacksyndrom.**
- Fehlbesiedlungen treten auch nach Operationen an **Gallenblase** und **Pankreas** auf. Offensichtlich verändert die andersartige Zusammensetzung des Chymus die Mikrobiota.
- Die **trunkuläre Vagotomie** bei Duodenalulkus führt zur Hypomobilität und pH-Anhebung von Magen und Dünndarm. Die Stase des Nahrungsbreies erzeugt eine brutkammerähnliche Situation mit starker Bakterienvermehrung.

4.4.2 Antibiotische Therapie

Jede antibiotische Therapie zieht notwendigerweise die normale Mikrobiota in Mitleidenschaft. Die resultierende metabolische Änderung kann zu Diarrhö und zur Vermehrung einzelner, besonders resistenter Arten führen. Infolge dieser starken Besiedlung sind die Störungen im Gastrointestinaltrakt von besonderer Bedeutung.

Eine Reihe von Antibiotika (v. a. Cephalosporine, Chinolone und Clindamycin) vermögen unter dem Bild einer **antibiotikaassoziierten Kolitis** (▶ Kap. 40) eine Diarrhö zu induzieren. Es resultiert eine starke Vermehrung toxinbildender Stämme von Clostridium difficile, das auch unter physiologischen Bedingungen in geringen Mengen auftritt. Nach bauchchirurgischen Eingriffen kann es durch die begleitende antibiotische Therapie zur **postoperativen Enterokolitis** durch S. aureus kommen. Auch Überwucherungen des Darmes durch Pseudomonas, Klebsiellen und Proteus werden beobachtet.

Ein besonders häufiges Phänomen ist ein **Pilzbefall** nach antibiotischer Therapie: Im Mund (Soor), aber auch im Magen, Vagina und Darmtrakt wachsen dicke Beläge von Candida-Arten.

4.4.3 Chemotherapie bei Malignomen

Bei der onkologischen Chemotherapie werden die schnell proliferierenden Epithelzellen am stärksten in Mitleidenschaft gezogen. Häufige Folge ist eine entzündliche Reaktion der Schleimhäute im gesamten Verdauungstrakt. Gleichzeitig wird durch das vermehrte Abschilfern der Epithelzellen die mechanische Barrierefunktion der Darmmukosa gestört, sodass Keime in das Nachbargewebe und die Blutbahn gelangen.

Daneben zeigt die Chemotherapie eine stark **immunsuppressive Wirkung.** Ein weiterer Mechanismus der besonderen Infektionsgefährdung ist die zytostatikabedingte Granulozytopenie mit der Gefahr einer schweren Infektion und septischer Generalisierung. Man findet folglich bei Tumorpatienten häufig schwere Infektionen, die ihren Ausgang von der Mikrobiota nehmen. Besonders gefürchtet sind Infektionen durch Enterokokken, Enterobakterien, Pseudomonaden, Streptokokken und Hefen.

4.5 Änderung der Mikroökologie aus therapeutischen Gründen

- **Totale und selektive Darmdekontamination**

Patienten mit malignen hämatologischen Erkrankungen (z. B. akute Leukämie) neigen immer wieder zu schweren Infektionen durch Bakterien der Mikrobiota, meist durch Gram negative Stäbchen aus dem Darm. Eine **selektive** Darmdekontamination mittels oraler Antibiotika ist daher bei diesen Patienten sinnvoll. Dabei ergeben sich bessere Resultate, wenn anaerobe Bakterien im Darm erhalten bleiben. So entwickelt sich eine Kolonisationsresistenz gegenüber potenziell pathogenen und resistenten Keimen. Die totale Darmdekontamination wird weiterhin bei der Knochenmarktransplantation praktiziert, da sie das Risiko einer späteren Graft-versus-Host-Reaktion senkt. Neue Studien zeigen, dass die Überlebenswahrscheinlichkeit der Patienten positiv mit der Diversität der Mikrobiota zum Zeitpunkt einer Stammzell-Transplantation korreliert. Aus diesem Grund ist die Erhaltung der mikrobiellen Diversität (durch autologe Fäkaltransplantation) bei Transplantationspatienten im Zentrum derzeitiger Forschung.

- **Darmdekontamination bei Leberzirrhose**

Bei finaler Leberzirrhose reicht die Leberfunktion nicht mehr aus, den infolge bakteriellen Stoffwechsels im Darm anfallenden Ammoniak zu entgiften: Es entsteht die „hepatische Enzephalopathie“. Prophylaktisch appliziert man deshalb ein nichtresorbierbares Antibiotikum zur Elimination der (proteolytischen) Enterobakterien, z. B. Paromomycin (auf Anaerobier hat dieses Aminoglykosid keine Wirkung), und/oder oral Laktulose, einen nichtresorbierbaren Zucker, der bakteriell abgebaut wird und dadurch den Stuhl ansäuert; anfallender Ammoniak liegt dann überwiegend als schlechter resorbierbares NH_4^+ vor.

- **Perioperative Prophylaxe**

Bei chirurgischen Eingriffen mit erhöhtem Infektionsrisiko ist es üblich, nur vor Operationsbeginn **eine** Dosis eines Antibiotikums zu geben (▶ Kap. 97).

4.6 Probiotika

Probiotika sind definierte, lebende mikrobielle Kulturen, deren Zellbestandteile oder Stoffwechselendprodukte, die z. T. als Medikamente verschrieben werden (◘ Tab. 4.3).

◘ **Tab. 4.3** Zusammensetzung und Herkunft probiotischer Mikroorganismen

Spezies	Herkunft		
	Human	Tierisch	Pflanzlich/Umwelt
Bakterien			
Streptococcus thermophilus			+
Lactobacillus bulgaricus		+	
Lactobacillus acidophilus	+	+	
Lactobacillus rhamnosus (Stamm GG)	+		
Bifidobacterium longum	+		
Bifidobacterium breve	+		
Bifidobacterium bifidum	+		
Bifidobacterium animalis		+	
Enterococcus faecium (SF68)	+		
Bacillus subtilis (ATCC9799)			+
E. coli (Stamm Nissle)	+		
Hefen			
Saccharomyces boulardii			+
Saccharomyces cerevisiae			+

Hiervon zu unterscheiden sind sog. Präbiotika: polymere, nichtresorbierbare Zucker (z. B. Oligofructose, Inulin), die das Wachstum von Milchsäurebakterien im Darm stimulieren.

4.6.1 Ziele der Therapie mit Probiotika

Probiotika werden hauptsächlich aus 4 Gründen angewendet:

- Steigerung des gesundheitlichen Wohlbefindens
- Prophylaxe von Infektionskrankheiten
- Therapie von Infektionskrankheiten
- Therapie anderer Erkrankungen

Steigerung des Wohlbefindens

Zu diesem Zweck werden in der Regel Milchfermentationsprodukte kommerziell vertrieben. Es handelt sich meist um „Biojoghurt", d. h., die Milch wird bei 37 °C von Laktobazillen und/oder Bifidobakterien fermentiert und das Fermentat mit lebenden Keimen verzehrt. Es gibt In-vitro-Befunde, aber keine gesicherten klinischen Studien, die auf positive Effekte für die Gesundheit hinweisen:

- Laktobazillen scheinen als „Antigenlieferanten" eine Rolle bei der Entwicklung des enteralen Immunsystems zu spielen. So ist auch die Abnahme allergischer Reaktionen bei Zufuhr von Laktobazillen zu verstehen.
- In vitro hat man eine Modulation der Expression der Zytokingene beobachtet.
- Laktobazillen können Gallensäure dekonjugieren. Dies senkt den Cholesterinspiegel und wirkt womöglich durch verminderte Arteriosklerose protektiv auf das Herz-Kreislauf-System.
- Durch die Eliminierung der Gallensäuren wird auch ein Schutz vor Darmtumoren postuliert.

Prophylaxe von Infektionskrankheiten

In mehreren Studien wurden **Saccharomyces boulardii** oder Laktobazillen zur Prophylaxe von Diarrhö verwendet: In einer Studie zur Prophylaxe von antibiotikaassoziierter Diarrhö sank der Anteil der Patienten mit Diarrhö von 17 auf 5 %. Gleichzeitig wurde ein geringerer Anteil an Kandidosen (2 vs. 12 %) registriert. In einer weiteren Untersuchung sank die Rezidivrate bei pseudomembranöser Kolitis von 65 auf 34 %.

In der Studie zur Prophylaxe der Diarrhö bei Kindern resultierte eine Reduktion der Episoden (2 vs. 8 Episoden in 18 Monaten) sowie eine Minderung der Diarrhödauer (4,3 vs. 8,0 Tage). Bei Reisediarrhö senkte die probiotische Prophylaxe die Prävalenz von 7,9 auf 3,9 %. L. rhamnosus GG wirkt bei Kleinkindern präventiv hinsichtlich der Ausbildung allergischer Symptome. Wirkmechanismen sind bisher nicht geklärt, sodass bei der geringen Studienzahl mit kleinen Fallzahlen derzeit noch keine generelle Empfehlung von Probiotika zur Prophylaxe und Therapie möglich ist.

Probiotika als Therapeutika

- In fast allen bisher publizierten Studien verkürzte die Gabe von Laktobazillen und anderen Keimen bei verschiedenen Formen der Diarrhö (antibiotikaassoziierte D., Reise-D., D. bei Kindern und Cl.-difficile-bedingte D.) die Diarrhödauer um ca. 50 % (◘ Tab. 4.4):
- Bei unspezifischen Entzündungszuständen des Darmes wie irritables Kolon, Colitis ulcerosa und Morbus Crohn bewirken orale Gaben von E. coli (Stamm Nissle) eine Besserung, weil dieser apathogene Normalbewohner des Darmes eine Fehlbesiedlung des Intestinums korrigiert und sich die Ernährung der Endothelien durch Bildung kurzkettiger Fettsäuren durch die Mikrobiota verbessert.
- Nach oraler Applikation von Laktobazillen wurde über eine Besserung der atopischen Dermatitis berichtet. Den Autoren zufolge ruft eine unspezifische Immunstimulation diesen Effekt hervor.
- Bei den extraintestinalen Applikationen hat sich die vaginale Anwendung von Laktobazillen bei bakterieller Vaginose (Aminkolpitis) bewährt. Die Ansiedlung einer normalen Mikrobiota (Döderlein-Stäbchen) drängt die Fehlbesiedlung zurück und unterstützt durch Absenken des pH-Wertes die Bildung einer normalen Mikrobiota.

◘ **Tab. 4.4** Probiotika als Therapie

Indikation	Keime
Antibiotikaassoziierte Diarrhö	Laktobazillen
	S. boulardii, E. faecium
	E. coli (Nissle)
Diarrhö bei Kindern	Laktobazillen
	S. boulardii
Reisediarrhö	Laktobazillen
Clostridium-difficile-assoziierte Diarrhö	S. boulardii
Laktoseintoleranz	Laktobazillen
	Bifidobakterien
Aminkolpitis	Laktobazillen
Atopische Dermatitis	Laktobazillen
Irritables Kolon	E. coli (Nissle)
Colitis ulcerosa	E. coli (Nissle)
Morbus Crohn	E. coli (Nissle)

H_2O_2-bildende Laktobazillen können das Wachstum anderer Anaerobier zusätzlich unterdrücken. Andere H_2O_2-negative Laktobazillen können vorkommen, gehören aber nicht zur ökologischen Normalbesiedlung der Vagina.

Bei neuen experimentellen Ansätzen werden genetisch veränderte probiotische Bakterien (z. B. IL-10 produzierender Lactococcus lactis) zur Therapie des Morbus Crohn eingesetzt. So lässt sich das therapeutische Protein direkt an die entzündete Mukosa bringen, ohne dass es zu einer unerwünschten systemischen Wirksamkeit kommt.

4.6.2 Probleme der probiotischen Therapie

Probiotische Keime sind per definitionem apathogen; trotzdem kann in einzelnen Fällen eine gewisse Virulenz nicht völlig negiert werden.

Probiotische Keime tragen oft antibiotische Resistenzgene, die sie in ein Biotop einbringen können: Laktobazillen sind z. B. häufig resistent gegen Vancomycin. Es ist zu befürchten, dass sie diese Resistenz auf Enterokokken übertragen oder probiotische Keime diese Resistenzen erwerben. Andererseits können bei immunkompromittierten Empfängern probiotische Keime als opportunistische Infektionserreger in Erscheinung treten. Laktobazillen vermögen z. B. eine Endokarditis hervorzurufen, die sich dann mit Vancomycin nicht mehr behandeln lässt.

Bei Patienten mit Leukämie sind Fälle von schweren Infektionen durch Bacillus subtilis beschrieben worden.

In Kürze: Physiologische Mikrobiota und ihre Störung; Probiotika

- **Regulation der bakteriellen Mikrobiota:**
  - Durch Wirtsfaktoren: Temperatur, Feuchtigkeit, Nährstoffe, Metaboliten, Sauerstoff und pH, Immunabwehr
  - Durch bakterielle Interaktion:
    - antagonistische Effekte: Substratkonkurrenz, Metabolithemmung und Bakteriozine
    - synergistische Effekte: mikrobielle Sukzession, kreuzweise Entgiftung des Milieus
- **Wirkung der Mikrobiota:**
  - Positive Auswirkungen: Kolonisierungsresistenz
  - Negative Auswirkungen: Superinfektion, Kanzerogenese
- **Normalbesiedlung:**
  - Trockene Oberflächen (Haut): Vorwiegend Gram positive Bakterien
  - Schleimhäute
    - Rachen und obere Atemwege: aerobe und anaerobe Bakteriengemeinschaft
    - Magen und oberer Dünndarm: steril
    - Kolon: überwiegend Anaerobier, dazu Enterokokken und Enterobakterien
    - Vagina: überwiegend Laktobazillen
    - Übrige Körperareale (Liquor, Blut, Blase und innere Genitalien): steril
- **Iatrogene Störungen der Mikroökologie:**
  - Operative Eingriffe: z. B. Gallenblasen-/Gallenwegoperation, trunkuläre Vagotomie
  - Antibiotische Therapie; Folge: z. B. antibiotikaassoziierte Kolitis, Pilzinfektion
  - Hormonelle Therapie; Folge: vaginaler Soor
  - Chemotherapie, Immunsuppression und Epithelzellschäden führen zu schweren Allgemeininfektionen
- **Änderungen der Mikroökologie aus therapeutischen Gründen:**
  - Darmdekontamination bei Immunsuppression
  - Darmdekontamination bei Leberzirrhose
  - Fäkaltransplantation bei therapieresistenter Clostridium-difficile-Infektion
- **Probiotika zur Steigerung des Wohlbefindens:**
  - Laktobazillen stimulieren das enterale Immunsystem
  - Einnahme von Laktobazillen mindert allergische Reaktionen
  - Laktobazillen dekonjugieren Gallensäure, dadurch Cholesterinsenkung
  - Prävention von Darmtumoren durch Elimination von Gallensäuren
- **Probiotika als Therapeutika:**
  - Applikation von E. coli (Stamm Nissle) mindert unspezifisch Entzündungen im Darm
  - Probiotika bessern eine atopische Dermatitis
  - Laktobazillen bessern eine bakterielle Vaginose
- **Probiotika zur Prophylaxe von Infektionskrankheiten:**
  - Reduktion antibiotikaassoziierter Diarrhö
  - Senkung der Rezidivrate bei pseudomembranöser Kolitis
  - Senkung der Dauer und Frequenz von Diarrhöen bei Kindern
  - Senkung der Prävalenz von Reisediarrhö
- **Probleme der probiotischen Therapie:**
  - Probiotische Bakterien tragen z. T. selbst antibiotische Resistenzgene
  - Probiotische Bakterien können bei immunkompromittierten Patienten Infektionen hervorrufen, z. B. Sepsis, Endokarditis

Weiterführende Literatur

Nell S, Suerbaum S, Josenhans C (2010) The impact of the microbiota on the pathogenesis of IBD: lessons from mouse infection models. Nat Rev Microbiol 8:564–577

Stecher B, Berry D, Loy A (2013) Colonization resistance and microbial ecophysiology: Using gnotobiotic mouse models and single-cell technology to explore the intestinal jungle. FEMS Microbiol Rev 37(5):793–829. ► https://doi.org/10.1111/1574-6976.12024. Zugegriffen: 5 Juni 2013

Turnbaugh PJ, Hamady M, Yatsunenko T, Cantarel BL, Duncan A, Ley RE, Sogin ML, Jones WJ, Roe BA, Affourtit JP, Egholm M, Henrissat B, Heath AC, Knight R, Gordon JI (2009) A core gut microbiome in obese and lean twins. Nature 457:480–484

van Nood E, Vrieze A, Nieuwdorp M, Fuentes S, Zoetendal EG, de Vos WM, Visser CE, Kuijper EJ, Bartelsman JF, Tijssen JG, Speelman P, Dijkgraaf MG, Keller JJ (2013) Duodenal infusion of donor feces for recurrent Clostridium difficile. N Engl J Med 368:407–415

Yang I, Nell S, Suerbaum S (2013) Surviving in hostile territory: the microbiota of the stomach. FEMS Rev Microbiol 37:736–761

► https://www.sciencedirect.com/science/article/pii/S0092867418311024?via%3Dihub

► https://www.sciencedirect.com/science/article/pii/S1931312816304887

One Health

Lothar H. Wieler

„One Health" betrachtet den gemeinsamen Wirkungszusammenhang der Gesundheit von Mensch, Tier und Umwelt, denn jedes dieser drei Habitate hat einen direkten oder indirekten Einfluss auf die anderen beiden. Obwohl dies auch auf viele nichtinfektiöse Erkrankungen zutrifft, man denke nur an die Folgen von Luft-, Wasser- und Bodenverschmutzung, an klimatisch bedingte Gesundheitsbeeinträchtigungen oder z. B. Änderungen der Exposition mit Zecken oder Mücken, fokussiert One Health immer noch auf die Erforschung von Infektionskrankheiten. Hier stehen Zoonosen und Infektionen mit antiinfektivaresistenten Infektionserregern im Vordergrund. Die Ursache-Wirkungs-Beziehungen zwischen den drei Habitaten sind teilweise sehr komplex, weshalb transdisziplinäre Forschungsansätze unter Einbeziehung von Erfahrungsträgern, Praxisakteuren, Wissensträgern oder Meinungsbildnern vonnöten sind. In Zeiten zunehmender gesellschaftlicher Partikularisierung und Spezialisierung in der Medizin ist dies kein leichtes, aber ein notwendiges Unterfangen.

„One Health" ist ein Rahmenkonzept mit dem Ziel, durch inter-, multi- und transdisziplinäre Kooperationen die Gesundheit von Mensch, Tier und Umwelt zu schützen und zu verbessern. Wie der Terminus One Health impliziert, steht die Gesundheit von Mensch, Tier und Umwelt in einem Wirkungszusammenhang. Dies fußt auf der Annahme, dass jedes dieser drei Habitate einen direkten oder indirekten Einfluss auf die jeweiligen anderen Habitate ausübt, und zwar sowohl lokal als auch regional, national und global.

Verinnerlicht man dieses Konzept, wird deutlich, dass die sich daraus ergebenden Herausforderungen nur gemeistert werden können, wenn über einzelne Disziplinen hinaus gedacht, kommuniziert und geforscht wird. Des Weiteren sollten Ergebnisse und daraus abgeleitete Maßnahmen unter Einbeziehung der Betroffenen und unter Berücksichtigung ihrer Präferenzen diskutiert und implementiert werden. Das One-Health-Konzept geht somit weit über den Bereich der Infektionskrankheiten hinaus, auf den es allerdings fokussiert.

Begründer dieser interdisziplinären Denkweise war der Pathologe Rudolf Virchow, der sie jedoch nur auf Tier und Mensch bezog. 1984 führte der Veterinärepidemiologe Calvin Schwabe den Begriff *One Medicine* unter der Prämisse ein, Human- und Tiermedizin als *eine* Disziplin anzusehen. Sein Konzept wurde zur Idee von *Ecosystem Health* weiterentwickelt, die One Medicine um den Aspekt der Umwelt erweitert. In den 2004 formulierten *12 Manhattan Principles,* die als Richtlinie für eine holistische Betrachtungsweise dienen sollten und den Aspekt der Multidisziplinarität adressierten, drückt sich diese Weiterentwicklung aus.

Schließlich veröffentlichten FAO (Food and Agriculture Organisation), WHO (World Health Organisation) und OIE (World Organisation for Animal Health) 2008 gemeinsam mit Weltbank, UNICEF und UNSIC (United Nations System Influenza Coordination) einen strategischen Rahmen mit dem Ziel, Infektionsrisiken zu minimieren. Diese Publikation war für die zunehmende Wahrnehmung und Umsetzung des Konzepts One-Health wegweisend.

Umsetzung des One-Health-Konzepts zur besseren Bekämpfung von Infektionskrankheiten

- Integration des One-Health-Gedankens in Aus-, Fort- und Weiterbildung
- Ausschreibung von Forschungsprojekten, die interdisziplinäre Konsortien als Conditio sine qua non fordern
- Setzen gezielter, gesellschaftlich wahrgenommener Anreize für Erfolge von One-Health-Projekten
- gezielte Förderung des Einsatzes disruptiver Technologien für One-Health-Anwendungen, die über mehrere Disziplinen hin gemeinsam genutzt werden können (z. B. Genomsequenzanalyse zur Surveillance, digitale Tools zum Informationsaustausch und zur -weitergabe)

Es sollte selbstverständlich sein, im Rahmen dieses Konzepts auch nichtinfektiöse Erkrankungen zu betrachten, man denke nur an Luft-, Wasser- und

S. Suerbaum et al. (Hrsg.), *Medizinische Mikrobiologie und Infektiologie,*
https://doi.org/10.1007/978-3-662-61385-6_5

Bodenverschmutzung, klimatisch bedingte Expositionsänderungen mit Zecken oder Mücken, klimatisch bedingte Gesundheitsbeeinträchtigungen, Allergien gegenüber Pflanzen und Nahrungsmitteln etc., um nur einige Beispiele zu nennen. Trotzdem fokussiert die One-Health-Forschung nach wie vor auf Infektionskrankheiten, und dies, obwohl auch die Krankheitslast in Deutschland und anderen Ländern mit hohem Durchschnittseinkommen deutlich aufseiten der chronisch-degenerativen, nicht übertragbaren Krankheiten liegt (▶ http://www.healthdata.org/gbd).

Diesem Fokus auf Infektionskrankheiten liegt allerdings ein wichtiger Aspekt zugrunde: Infektionskrankheiten können epidemisch auftreten und generieren daher in der Regel mehr Aufmerksamkeit, weil sie unmittelbare, auch krisenhafte, gesellschaftliche Auswirkungen haben und insofern kontinuierliche Vorbereitungs- und rasche Interventionsmaßnahmen erfordern.

Die Bedeutung von One Health wird offensichtlich, wenn man die Dynamik von Infektionskrankheiten betrachtet. Denn deren Auftreten und Verlauf unterliegen kontinuierlicher Veränderung. Klimawandel und Globalisierung mit zunehmender Mobilität und Anzahl von Menschen, Tieren und Waren verschärfen diese Veränderung. Eine Herausforderung stellen in diesem Zusammenhang die zunehmende Urbanisierung (Megastädte), die veränderte Landnutzung und Lebensmittelproduktion, der demografische Wandel (Altersstruktur, ethnische Diversität, Migration) und die Zunahme von antiinfektivaresistenten Erregern dar. Aufgrund dieser Entwicklungen definierten Kroll et al. vier epidemiologische Entwicklungen:

- Die übertragbaren, nicht durch Impfungen zu verhindernden Infektionskrankheiten nehmen leicht ab.
- Infektionskrankheiten, für die Impfungen zur Verfügung stehen, gehen drastisch zurück.
- Neu auftretende Infektionskrankheiten – überwiegend Zoonosen – nehmen leicht zu.
- Inzidenz und Prävalenz der nichtübertragbaren, chronisch-degenerativen Krankheiten steigen dramatisch an.

Diese Überlegungen von Kroll et al. berücksichtigten jedoch noch nicht neueste Forschungsdaten, die vermehrt auf eine ursächliche Beteiligung des Mikrobioms an der Genese chronisch-degenerativer Krankheiten hinweisen. Bewahrheitet sich die Interpretation dieser Daten, wird die Bedeutung der Infektionsmedizin weiter zunehmen.

Aktuell konzentriert sich in der Infektionsmedizin der Ansatz One-Health auf zwei Bereiche: Zoonoseerreger sowie Erreger, die Resistenzen gegen Antiinfektiva ausbilden.

5.1 Zoonoseerreger

Rund zwei Drittel aller Infektionserreger des Menschen sind Zoonoseerreger. Von den aktuell im Infektionsschutz-Gesetz genannten 74 meldepflichtigen Infektionserreger bzw. Infektionskrankheiten sind 55 % Zoonosen. Zoonosen werden entweder direkt (Kontakt) oder indirekt über lebende (Säugetiere, Parasiten, Insekten) oder nichtlebende Vektoren (kontaminiertes Wasser, Lebensmittel oder Gegenstände etc.) übertragen. Anhand dieser Wege wird die Bedeutung der Umwelt für die Übertragung klar:

Der Klimawandel ändert die Lebensbedingungen für alle Lebewesen, sodass sowohl lebende Vektoren als auch Infektionserreger neue Lebensräume finden bzw. in Regionen vorkommen, in denen sie vorher nicht aufgetreten sind. Auch die Änderung der Landnutzung hat unmittelbar Einfluss auf die Biodiversität, wodurch sich ebenfalls neue ökologische Gemeinschaften bilden. Die zunehmende Mobilität führt direkt zur erhöhten und beschleunigten geografischen Verbreitung von Vektoren und Infektionserregern. Bestimmte Infektionskrankheiten treten vor allem bei bestimmten vulnerablen Gruppen auf, z. B. bei Immunsupprimierten, alten oder hochbetagten Menschen.

Diese Zusammenhänge verdeutlichen die hohe Komplexität der zoonotischen Infektionsgeschehen, der in dieser Ausprägung ausschließlich durch interdisziplinäre Forschungsansätze begegnet werden kann. Soll die Krankheitslast durch Zoonosen reduziert werden, muss sowohl die Beziehung zwischen Tier (Wirt) und Erreger analysiert werden als auch die Interaktion zwischen Mensch und Tier. Auf der Basis solcher Forschungsergebnisse können zielgenaue Präventions- und Interventionsmaßnahmen entwickelt und implementiert werden.

5.1.1 Lebensmittelbedingte Infektionen

Wichtige Beispiele in unseren Breitengraden sind Zoonosen, die durch Lebensmittel übertragen werden. Dem Robert Koch-Institut werden jedes Jahr etwa 100.000 Fälle gemeldet, bei denen mit hoher Wahrscheinlichkeit ein kontaminiertes Lebensmittel die Infektionsquelle war. Allerdings gibt es für viele derartig übertragene Erreger eine erhebliche Dunkelziffer. So wird bei einigen Erregern angenommen, dass die tatsächliche Zahl der Erkrankungen mindestens um das Fünffache höher ist. Die Anzahl aller lebensmittelbedingten Infektionen liegt daher wahrscheinlich deutlich über einer Million pro Jahr.

Ein Paradebeispiel für eine erfolgreiche One-Health-Bekämpfung solcher Zoonosen sind die Durchfallerkrankungen durch Enteritis-Salmonellen.

So nahmen in Deutschland die gemeldeten Zahlen im Zeitraum von 2001 bis 2019 von jährlich 83.792 auf 13.501 ab. Dieser Erfolg ist hauptsächlich auf intensive Hygiene- und Vakzinierungsmaßnahmen bei Nutzgeflügel zurückzuführen, denn kontaminierte Geflügelfleisch- und Ei-Produkte sind die häufigste Infektionsquelle für den Menschen. Diese Hygiene- und Vakzinierungsmaßnahmen sowie eine gute Küchenhygiene sind Grundlage für die enorme Reduktion der Krankheitslast für Menschen durch Salmonellen.

Unabhängig von dieser positiven Entwicklung gilt generell: Die Wahrscheinlichkeit, sich durch kontaminierte Rohkostprodukte anzustecken, ist deutlich höher als durch Lebensmittel, die erhitzt werden. So war z. B. der bislang weltweit größte EHEC-Ausbruch 2011 in Deutschland auf kontaminierte Sprossen zurückzuführen.

5.1.2 Ausrottung der terrestrischen Tollwut in Deutschland

Ein weiteres hervorzuhebendes Beispiel ist die Ausrottung der Tollwut in Deutschland. Tollwut wird durch das Tollwutvirus (Rabiesvirus, Gattung Lyssavirus) hervorgerufen. Jedes Jahr sterben weltweit rund 59.000 Menschen; auch hier muss von einer erheblichen Dunkelziffer ausgegangen werden. Diese Krankheit wird durch den Biss infizierter Tiere, meistens von Hundeartigen, auf den Menschen übertragen. Was als wissenschaftliche und logistische Meisterleistung bezeichnet werden kann, ist in Deutschland durch orale Impfungen von Füchsen – gelungen: Der offizielle Status, frei von terrestrischer Tollwut zu sein, konnte erreicht werden. Der letzte Tollwutfall bei einem Fuchs in Deutschland trat im Februar 2006 auf.

Dieses Beispiel belegt sehr eindrucksvoll die hohe Komplexität erfolgreicher Interventionsmaßnahmen: Neben der Entwicklung eines wirksamen oralen Impfstoffs waren sowohl Fressverhalten, Populationsdichte, Tollwutinfektionsrate als auch Revierverhalten von Füchsen zu bedenken, um die notwendige Zahl von Impfködern für definierte Gebiete auszubringen und den Impferfolg zu kontrollieren. Neben Virologen und Tiermedizinern galt es z. B. auch Infektionsepidemiologen und Wildbiologen an der wissenschaftlichen Entwicklung zu beteiligen. Auch z. B. Jäger und Piloten mussten berücksichtigt werden, die an der Ausbringung der Impfköder beteiligt waren.

5.2 Antiinfektivaresistente Infektionserreger

Bei den antiinfektivaresistenten Infektionserregern ist die Epidemiologie deutlich komplexer, weshalb sich das vorliegende Kapitel auf Resistenzen bakterieller Infektionserreger gegen Antibiotika beschränkt.

Im Jahr 2015 starben in Deutschland ca. 2400 Menschen an Infektionen mit antibiotikaresistenten bakteriellen Erregern. Da bakterielle Zoonoseerreger prinzipiell aufgrund derselben Mechanismen Resistenzen entwickeln wie wirtsspezifische Erreger, bedarf es diesbezüglich keiner weiteren Erörterung. Zusätzlich zu den ökologischen Aspekten, die hinsichtlich Zoonosen beschrieben wurden, sind aber zwei weitere Faktoren zu bedenken:

- Die genetischen Informationen für bakterielle Resistenzen gegenüber Antibiotika sind sehr häufig auf mobilen genetischen Elementen lokalisiert, in diesen Fällen also durch horizontalen Gentransfer übertragbar.
- Jeder Einsatz von Antibiotika führt zur Neuentstehung oder Anreicherung von Resistenzen.

In allen drei Habitaten, die wir unter dem One Health-Aspekt betrachten, kommt also eine Vielzahl antibiotikaresistenter Bakterien natürlicherweise vor. Und mit jedem Einsatz von Antibiotika werden diese weiter selektiert. Auch das Darmmikrobiom von Mensch und Tier wird als wesentlicher Bestanteil der Fäzes kontinuierlich in die Umwelt ausgeschieden und gelangt entweder über die Kanalisation in Kläranlagen oder ungefiltert über Oberflächengewässer in die Umwelt. So sind in Kläranlagen hohe horizontale Gentransferraten belegt. Weiterhin kontaminieren sowohl Krankenhausabwässer als auch Abwässer aus Nutztierbeständen die Umwelt mit antibiotikaresistenten Bakterien. Diese komplexen Zusammenhänge sind in ◘ Abb. 5.1 dargestellt.

In unseren Breitengraden werden insbesondere in Krankenhausabwässern relevante Konzentrationen von Antibiotikarückständen nachgewiesen. Bedrückend sind Berichte aus Staaten wie Indien, die belegen, dass einige Hersteller von Antibiotika ihre Abwässer ungeklärt in die Umwelt entlassen, sodass sie teilweise therapeutisch wirksame Konzentrationen von Antibiotika enthalten. Also stellen nicht nur die im Rahmen der Zoonosen betrachteten Transmissionswege von Infektionserregern eine gravierende Herausforderung dar, sondern hier müssen auch Rückstände von Antibiotika mitbedacht werden, die einen Selektionsdruck

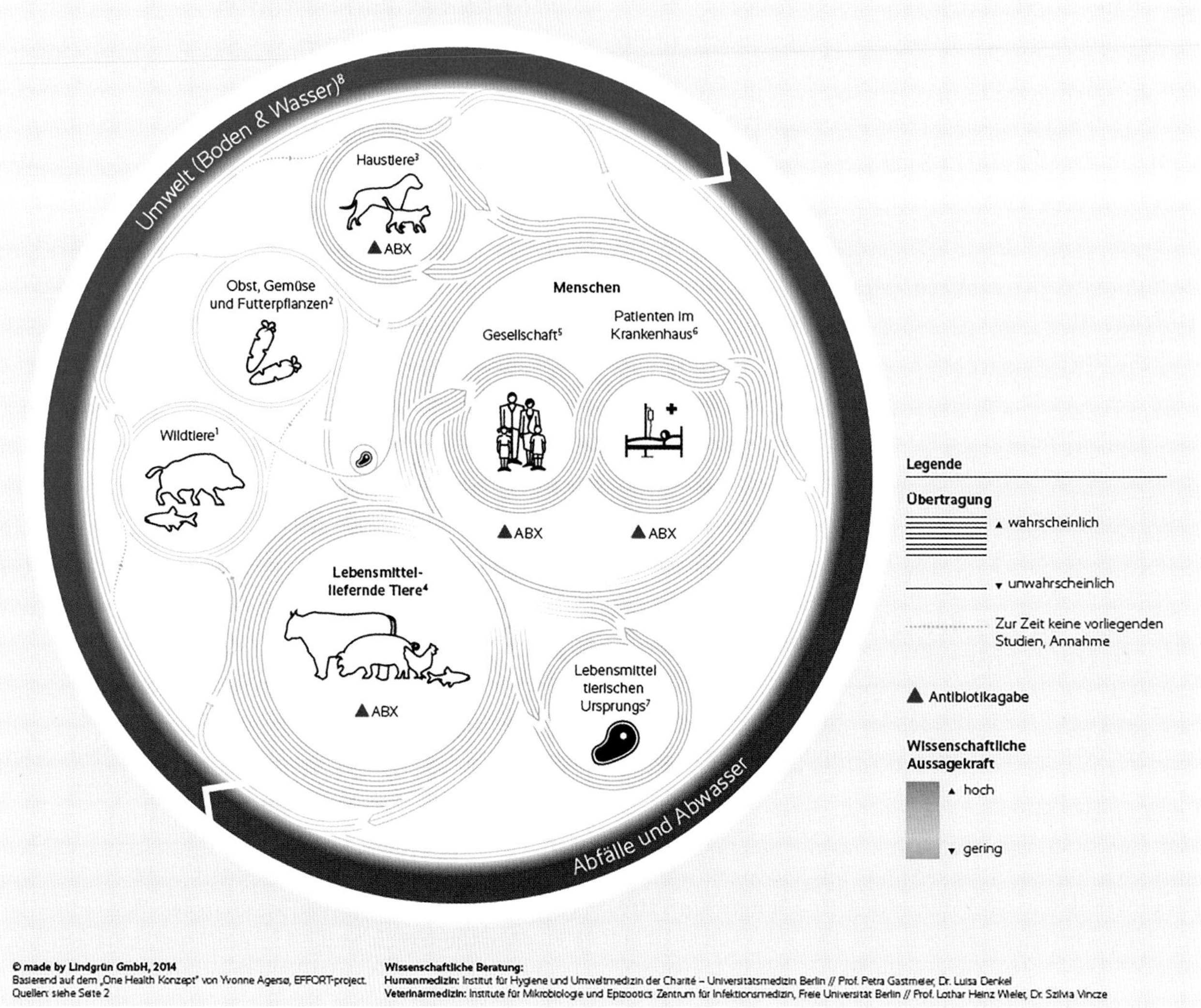

Abb. 5.1 Übertragungswege von antibiotikaresistenten Bakterien und Antibiotikarückständen. (Mit freundlicher Genehmigung der Firma Lindgrün GmbH)

auf Bakterien ausüben. Da Mensch, Tier und Umwelt ein komplexes Mikrobiom aufweisen, geschieht diese Selektion in Mensch, Tier und Umwelt.

Zusätzlich muss berücksichtigt werden, dass die Menge eingesetzter Antibiotika weltweit steigt. Eine weitere Dimension der Komplexität dieser Herausforderung ist, dass nicht nur Antibiotika, sondern eine Vielzahl von Medikamenten in der Lage ist, Selektionsdruck auf Bakterien auszuüben. Letztlich werden antibiotikaresistente Bakterien im Rahmen der Globalisierung kontinuierlich verbreitet, und zwar mehrheitlich nicht als Krankheitserreger, sondern oft als Bestandteil des physiologischen Mikrobioms von Mensch und Tier. Die wichtigsten Beispiele hierfür sind methicillinresistente Staphylokokken und Extended-Spektrum-β-Lactamase-(ESBL-)bildende gramnegative Erreger, da diese Mensch und Tier häufig symptomlos kolonisieren.

One-Health-Maßnahmen zur Eindämmung antibiotikaresistenter Infektionserreger

- Verbesserung von Kenntnissen und Problembewusstsein für antibiotikaresistente Bakterien
- Stärkung von Surveillance und Monitoring, Etablierung von One-Health-Surveillance-Systemen
- Etablierung und Stärkung von Antibiotic-Stewardship-Programmen in Human- und Tiermedizin
- Stärkung der Infektionsprävention und -kontrolle in Human- und Tiermedizin

- Reduktion der Umweltexposition gegenüber Antibiotika und antibiotikaresistenten Bakterien
- Stärkung von Forschung und Entwicklung neuer Antibiotika, von Alternativen zu Antibiotika, von Diagnostika und Impfstoffen

In Kürze: One Health

Zoonosen und antibiotikaresistente Bakterien bilden den aktuellen Schwerpunkt für wissenschaftliche und angewandte One-Health-Aktivitäten in der Infektionsmedizin. In Deutschland stimuliert die interdisziplinäre Förderung human- und tiermedizinischer Verbundforschung seit 2006 in hervorragender Weise die Zoonosenforschung. Entsprechende Ansätze zur Bekämpfung antibiotikaresistenter Bakterien müssen jedoch über diesen Ansatz hinausgehen und transdisziplinär verankert werden, denn die Komplexität der Maßnahmen zur Eindämmung antibiotikaresistenter Bakterien ist ungleich höher. Daher sind transdisziplinäre Forschungsansätze unter Einbeziehung von Erfahrungsträgern, Praxisakteuren, Wissensträgern oder Meinungsbildnern wünschenswert. In Zeiten zunehmender gesellschaftlicher Partikularisierung und Spezialisierung in der Medizin ist dies kein leichtes Unterfangen. Doch wir sind es unserer Nachwelt und der Gesundheit von Mensch und Tier schuldig, eine gesunde Umwelt zu hinterlassen.

Weiterführende Literatur

Antão EM et al (2018) Antibiotic resistance, the 3As and the road ahead. Gut Pathog 10:52

Cassini A et al (2018) Attributable deaths and disability-adjusted life-years caused by infections with antibiotic-resistant bacteria in the EU and the European Economic Area in 2015: a population-level modelling analysis. Lancet Infect Dis 19(1):56–66

Cook RA, Karesh WB, Osofsky SA (2004) One world, one health: building interdisciplinary bridges to health in a globalized world. Conference summary. ► http://www.oneworldonehealth.org/sept2004/owoh_sept04.html. Zugegriffen: 5. März 2020

Dominguez-Bello MG et al (2019) Role of the microbiome in human development. Gut 68:1108–1114

FAO, OIE, WHO, Unicef, WB, UNSIC (2008) Contributing to one world, one health: a strategic framework for reducing risks of infectious diseases at the animal–human–ecosystems interface. ► http://www.fao.org/docrep/011/aj137e/aj137e00.htm. Zugegriffen: 4. März 2020

Gortazar C et al (2014) Crossing the interspecies barrier: opening the door to zoonotic pathogens. PLoS Pathog 10(6):e1004129

Klein EY et al (2018) Global increase and geographic convergence in antibiotic consumption between 2000 and 2015. Proc Natl Acad Sci U S A 115(15):E3463–E3470

Kroll M et al (2013) Challenges for urban disease surveillance in India case study of Pune. In: Lennartz T, Butsch C, Franz M, Kroll M (Hrsg) Aktuelle Forschungsbeiträge zu Südasien. Arbeitskreis Südasien, Heidelberg, S 414

Maier L et al (2018) Extensive impact of non-antibiotic drugs on human gut bacteria. Nature 29;555(7698):623–628

Schneider S et al (2018) Perceptions and attitudes regarding antibiotic resistance in Germany: a cross-sectoral survey amongst physicians, veterinarians, farmers and the general public. J Antimicrob Chemother 73(7):1984–1988

Wieler LH (2014) "One Health" – linking human, animal and environmental health. Int J Med Microbiol 304(7):775–776

Immunologie

Inhaltsverzeichnis

Immunologische Grundbegriffe

Stefan H. E. Kaufmann

Das Überstehen einer Infektionskrankheit verleiht dem Genesenen häufig Schutz vor deren Wiederholung. Wer einmal an Masern erkrankte, ist für den Rest seines Lebens masernunempfänglich. Diese Eigenschaft ist nicht angeboren, sondern erworben: Jeder Mensch ist nach seiner Geburt empfänglich für Masern; die Resistenz entsteht erst durch die Krankheit selbst. Hierfür ist das Immunsystem zuständig.

6.1 Immunität

Die erworbene Resistenz ist **spezifisch** (lat.: „arteigentümlich"): Sie besteht nur gegen diejenige Erregerart oder -unterart, welche die Erkrankung verursacht hat. Der Schutz des Rekonvaleszenten ist also nicht allgemeiner Natur, sondern auf den Erreger der Ersterkrankung beschränkt. Man bezeichnet den Zustand der erworbenen und spezifischen Resistenz als **erworbene Immunität** oder kurz **Immunität.**

Der Vorgang, der zur Immunität führt, wird Immunisierung genannt. Die Immunisierung ist im betroffenen Organismus an die Tätigkeit eines besonderen Organs gebunden; man nennt es Immunorgan, **Immunsystem** oder auch Immunapparat. Das Immunorgan wird nur dann aktiv, wenn es durch geeignete Reize stimuliert wird. Deshalb bezeichnet man die Vorgänge, die sich dort nach der Stimulation des Immunsystems abspielen, zusammenfassend als **Immunreaktion.** Der materielle Träger des Immunisierungsreizes wird als **Antigen** bezeichnet. Antigene sind makromolekulare Stoffe mit spezifischer Struktur. Die Immunreaktion gliedert sich in 2 Phasen:

1. **Induktionsphase:** Das Immunsystem reagiert auf das Antigen zunächst mit der Bildung spezifischer **Effektoren** (sog. Antikörper und/oder T-Lymphozyten). Das Geschehen wird in ▶ Kap. 9 und 13 erklärt.
2. **Abwehr- oder Effektorphase:** Darin erkennen die Effektoren das Antigen als dasjenige wieder, welches ihre Bildung veranlasste und reagieren mit ihm. Diese Reaktion verhindert die schädlichen Wirkungen des Antigens und leitet dessen Eliminierung ein. Diese Phase wird in ▶ Kap. 9, 10, 13 und 14 besprochen.

6.2 Antikörperepitop

Antigene, welche die Bildung von Antikörpern stimulieren, bestehen aus Makromolekülen, auf deren Oberfläche sich frei zugängliche Strukturelemente befinden, die man Epitope oder **Determinanten** nennt. Als Epitope können zahlreiche Stoffgruppen dienen, z. B. einfache Zucker, Peptide aus 6–8 Aminosäuren oder organische Ringstrukturen wie Benzol. Die räumlichen Dimensionen des Epitops liegen im Bereich von $2{,}5 \times 2{,}5 \times 2{,}5$ nm. Die chemischen Möglichkeiten der Epitopvielfalt sind kaum abschätzbar.

6.3 Epitoperkennung: Antigen-Antikörper-Reaktion

Immunologische **Spezifität** des Antigens bedeutet: Ein gegebenes Epitop veranlasst den Immunapparat dazu, Antikörper zu bilden, die dem Epitop strukturkomplementär sind, die sich zu ihm also so verhalten wie das Schloss zum Schlüssel. Wir erkennen die strukturelle Komplementarität z. B. durch die Bindung des Antikörpers an das Antigen. Es entsteht ein **Antigen-Antikörper-Komplex** oder, kurz, ein **Immunkomplex.**

Die Reaktionsfähigkeit eines gegebenen Antikörpers gegenüber dem Epitop ist spezifisch: Ein bestimmter Antikörper reagiert im Prinzip nur mit derjenigen Epitopstruktur, die zu seiner Bildung Anlass gab; mit Epitopen anderer Strukturen reagiert er nicht. Der Antikörper kann also zwischen verschiedenen Epitopen dadurch unterscheiden, dass er sich selektiv mit dem für ihn komplementären Epitop verbindet: Der Antikörper **erkennt** „sein" Epitop. Das Repertoire aller möglichen Antigenspezifitäten entsteht bereits vor Antigenkontakt durch genetische Rekombination (▶ Kap. 9).

S. Suerbaum et al. (Hrsg.), *Medizinische Mikrobiologie und Infektiologie*,
https://doi.org/10.1007/978-3-662-61385-6_6

6.4 Immunogenität: Antigene als Epitopträger

Die Epitopstruktur ist zwar für die unverwechselbaren Eigenschaften des Antigens, d. h. für dessen Spezifität, verantwortlich. Für sich allein ist ein Epitop jedoch nicht in der Lage, die Bildung von Antikörpern zu stimulieren. Die immunisierende Wirkung entsteht erst dann, wenn das Epitop **Bestandteil eines Makromoleküls** ist. Stoffe mit einer Molekularmasse („Molekulargewicht") unter etwa 2000 Dalton bleiben gegenüber dem Immunsystem wirkungslos („unerkannt").

Man trennt deshalb begrifflich bei einem Antigen das Epitop von seinem makromolekularen **Träger** ab: Der Träger ist maßgebend für die **Immunogenität,** das Epitop für die **Spezifität.** Immunogen ist ein Stoff dann, wenn er das Immunsystem stimuliert. So kann z. B. ein einfaches Disaccharid aus Glucuronsäure und Glukose für sich allein keine Immunreaktion auslösen. Koppelt man diese Zucker aber an ein Protein, so entsteht ein immunogenes Produkt, bei dem die Zuckermoleküle als Epitope wirken. Wir bezeichnen ein freies, nichtmakromolekulares Epitop als **Hapten** und das makromolekulare Kopplungsprodukt als **Vollantigen.** Gegenüber dem lebenden Organismus ist das Hapten für sich allein unwirksam; erst als Bestandteil des Vollantigens erlangt es seine immunisierende Wirksamkeit.

6.5 Zelluläre Immunität

T-Lymphozyten erkennen meist Proteinantigene. Für die Antigenerkennung ist der T-Zell-Rezeptor zuständig. Die Antigendeterminanten dieser Proteine werden aber nicht direkt erkannt. Vielmehr muss das Antigen, das ein T-Lymphozyt erkennen soll, zuerst von einer Wirtszelle in geeigneter Weise verarbeitet werden. Auf deren Oberfläche bieten Moleküle das verarbeitete Antigen dar, die von einem bestimmten Genkomplex, dem **Haupthistokompatibilitätskomplex** („major histocompatibility complex", MHC), kodiert werden (▶ Kap. 12). Man spricht von **Prozessierung** und **Präsentation des Antigens.** Der T-Lymphozyt erkennt ein Peptid aus 8–20 Aminosäuren, das vom Fremdantigen stammt, also ausschließlich in Assoziation mit einem körpereigenen Molekül des Haupthistokompatibilitätskomplexes.

Auf diese Weise können T-Lymphozyten infizierte Wirtszellen erkennen. Bakterien, Proto-zoen oder Pilze, die im Inneren von Wirtszellen überleben, sezernieren Antigene innerhalb der Zelle. Die Fremdantigene werden mithilfe der sog. MHC-Klasse-II-Moleküle des Haupthistokompatibilitätskomplexes von antigenpräsentierenden Zellen dargeboten. Dies führt zur Stimulation von **Helfer-T-Lymphozyten.** Diese produzieren lösliche Botenstoffe, die **Zytokine,** die ihrerseits andere Zellen des Immunsystems aktivieren. Das Ergebnis sind u. a. folgende Mechanismen:

- Makrophagenaktivierung
- Anlockung und Aktivierung von Granulozyten
- Antikörperproduktion durch B-Lymphozyten
- Aktivierung zytolytischer T-Lymphozyten

Die **zytokinvermittelte Aktivierung** mobilisiert die für die Abwehr von Bakterien, Pilzen und Protozoen verantwortlichen Immunmechanismen. Die zytokinproduzierenden Helfer-T-Lymphozyten tragen auf ihrer Oberfläche das CD4-Molekül als charakteristisches Erkennungsmerkmal.

Die sog. MHC-Klasse-I-Moleküle des Haupthistokompatibilitätskomplexes präsentieren in erster Linie Peptide aus endogen synthetisierten Proteinen, wie z. B. Antigene viralen Ursprungs, die von der Zelle neu synthetisiert werden. Charakteristischerweise tragen die aktivierten T-Lymphozyten das Oberflächenmerkmal CD8. Ihre Hauptaufgabe besteht in der Lyse infizierter Wirtszellen; es handelt sich daher um **zytolytische T-Lymphozyten** (▶ Kap. 13).

6.6 Angeborene Resistenz

Die Widerstandsfähigkeit gegen Infektionen ist nicht ausschließlich an die erworbene, spezifische Immunität gebunden. Das Immunorgan verfügt über Teilsysteme, die dem Organismus ohne vorausgehende Infektion antimikrobiellen Schutz bieten. Die dadurch bewirkte Widerstandsfähigkeit ist **angeboren** (nicht erworben) und **unspezifisch,** d. h. prinzipiell unabhängig von der Erregerspezies. Sie dient als Basisabwehr. Die Zellen der angeborenen Immunität erkennen Muster von Erregerbausteinen. Diese **molekulare Mustererkennung** führt zur Aktivierung der angeborenen Immunantwort während der frühen Phase der Infektion (▶ Kap. 14).

Die angeborene Immunität stellt einen Teil der **natürlichen Resistenz** dar. Zur natürlichen Resistenz gehören verschiedenartige Schutz- und Abtötungsmechanismen. In diesem Sinne wirken z. B. die mit Flimmerepithelien ausgestatteten Schleimhäute des Respirationstraktes oder die Darmperistaltik, die den laufenden Weitertransport des Darminhalts mit seinen unzähligen Mikroorganismen bewirkt. Diese Mechanismen haben mit dem Immunsystem direkt nichts zu tun.

Nach Überwindung der äußeren Barrieren treffen Krankheitserreger auf die **zellulären und humoralen** (antikörpervermittelten) **Träger** der angeborenen Immunität:

- Die wichtigsten zellulären Vorgänge sind hier die Keimaufnahme **(Phagozytose)** und -abtötung durch Fresszellen. Die Phagozytose obliegt in erster Linie den **Granulozyten** und den Zellen des **mononukleär-phagozytären Systems.** Eine besondere Funktion üben **natürliche Killerzellen (NK-Zellen)** aus: Sie sind in der Lage, virusinfizierte Zellen und Tumorzellen durch Kontakt abzutöten. Dies wird in ► Kap. 16 besprochen.
- Unter den humoralen Faktoren ist das **Komplement** an erster Stelle zu nennen (► Kap. 10). Es lysiert Bakterien und neutralisiert Viren. Hochwirksam sind auch die **Interferone**, welche die intrazelluläre Virusvermehrung hemmen.

Am Ort der mikrobiellen Absiedlung kann es zusätzlich zu einer **Entzündungsreaktion** kommen, in deren Verlauf weitere zelluläre und humorale Faktoren aktiviert werden. Die Entzündungsmechanismen werden bereits vor Beginn der erworbenen Immunantwort ausgelöst. Später wird ihre Aktivität durch die Faktoren der spezifischen Immunität verstärkt und reguliert.

6.7 Wechselwirkung zwischen erworbener und angeborener Immunität

Die Unterstützung und Verstärkung der angeborenen Immunität durch die erworbene Immunität ermöglicht die gezielte und kontrollierte Abwehr von Krankheitserregern. Umgekehrt steuert die angeborene die erworbene Immunität, indem sie den eingedrungenen Erregertyp einordnet und die erworbene Immunantwort entsprechend instruiert. Auf diese Weise wird die bestmögliche Abwehr gegen einen bestimmten Erregertyp mobilisiert.

Die Zellen der angeborenen Immunität tasten eindringende Erreger nach charakteristischen Mustern von Erregerbausteinen ab. Dadurch können sie bereits unterschiedliche Typen von **Krankheitserregern unterscheiden.** So lassen sich z. B. grampositive und gramnegative Bakterien, Tuberkuloseerreger, Pilze, Protozoen, Helminthen (Rund- und Plattwürmer) sowie Viren mit Einzelstrang- (ssDNA) bzw. Doppelstrang-DNA (dsDNA) differenzieren. Das angeborene Immunsystem baut danach nicht nur Abwehrmechanismen auf, sondern instruiert auch die erworbene Immunität über den Erregertyp. Diese kann dadurch die geeignete **Immunreaktion** aufbauen:

- zytolytische T-Lymphozyten zur Abwehr von Virusinfektionen
- Helfer-T-Lymphozyten, die B-Lymphozyten aktivieren, für bestimmte bakterielle Erreger
- Helfer-T-Lymphozyten, die Makrophagen aktivieren, zur Abwehr intrazellulärer Bakterien, Pilze und Protozoen
- Helfer-T-Lymphozyten, die Neutrophile anlocken und aktivieren, zur Abwehr von Eitererregern

Diese und andere Immunmechanismen werden meist nicht isoliert aktiviert. Vielmehr wird ein Abwehrarsenal scharfgemacht, das von einem Immunmechanismus dominiert und von anderen unterstützt wird. Die Immunantwort ist also ein hoch verzahntes System, bei dem unterschiedliche Bausteine der angeborenen und erworbenen Immunität in angepasster Zusammensetzung zusammenwirken.

Dabei greift die erworbene Immunantwort auf Akteure der angeborenen Immunität zurück:

- Helfer-T-Zellen stimulieren Makrophagen und Granulozyten.
- Antikörper aktivieren das Komplementsystem oder stimulieren Neutrophile, Eosinophile und Basophile.

In Kürze: Immunologische Grundbegriffe

Das Immunsystem schützt den Organismus vor Krankheitserregern. Neben der natürlichen Resistenz, zu der auch die angeborene Immunität gehört, ist die erworbene Resistenz für die Abwehr potenzieller Erreger entscheidend. Im Rahmen der angeborenen/unspezifischen Immunität wirken Phagozyten, natürliche Killerzellen und das Komplementsystem. Diese Abwehr ist unspezifisch und erfolgt schon beim Erstkontakt mit einem speziellen Erreger. Im Gegensatz dazu ist für die erworbene/spezifische Immunität zunächst ein Erstkontakt mit einem Erreger nötig; es folgt die Induktionsphase: Das Immunsystem bildet Effektoren in Form von Antikörpern und aktivierten T-Zellen, die dann beim nächsten Kontakt im Rahmen der Effektor- oder Abwehrphase spezifisch gegen den Erreger bzw. dessen Antigene vorgehen. Beide Formen der Immunität verstärken und unterstützen einander.

Weiterführende Literatur

Abbas AK, Lichtman AH, Pillai S (2017) Cellular and molecular immunology, 9. Aufl. Elsevier, Philadelphia, USA

De Franco A, Locksley R, Robertsen M (2007) Immunity: the immune response in infectious and inflammatory disease (primers in biology). Oxford University Press, Oxford, New Science Press, London

HLA Informatics Group. ► http://www.ebi.ac.uk/ipd/imgt/hla/stats.html

Kaufmann SHE (2019) Immunology's coming of age. Front Immunol 10:684

Kaufmann SHE, Steward M (2005) Topley and Wilson's microbiology and microbial infections: immunology. Arnold, London

Kaufmann SHE, Sacks D, Rouse B (2011) The immune response to infection. ASM Press, Washington
Murphy K, Weaver C (2018) Janeway Immunologie, 9. Aufl. Springer Spektrum, Heidelberg
Rich RR, Fleisher TA, Shearer WT, Schroeder HW Jr, Few AJ, Weyand CM (2018) Clinical immunology: principles and practice, 5. Aufl. Elsevier, London
Annual Reviews of Immunology, Annual Reviews, Palo Alto, USA, ISSN/eISSN 0732-0582
Current Opinion in Immunology, Elsevier B. V., The Netherlands, ISSN 09527915
Nature Reviews Immunology, Springer Nature, London, UK, ISSN 1474-1741
Seminars in Immunology, Elsevier B. V., The Netherlands, ISSN 1044-5323
Trends in Immunology, Cell Press, Cambridge, MA, USA, ISSN 1471-4906

6

Zellen des Immunsystems

Stefan H. E. Kaufmann

Das Immunsystem besteht aus verschiedenen Zellpopulationen, die sich aus einer gemeinsamen Stammzelle entwickeln. Im Blut eines Säugers findet man Vertreter sämtlicher Populationen in Gestalt der weißen Blutkörperchen oder Leukozyten.

7.1 Hämatopoese

Leukozyten entstehen aus **omnipotenten Stammzellen,** die beim Erwachsenen im Knochenmark angesiedelt sind. Man unterscheidet 2 Differenzierungswege:

- Myeloide Entwicklung – Myelopoese: Auf diesem Weg entstehen **Granulozyten** und **Monozyten.** Diese Zellen üben als **Phagozyten** wichtige Effektorfunktionen im Rahmen der angeborenen Immunität aus.
- Lymphoide Entwicklung – Lymphopoese: Hier entstehen die Träger der spezifischen Immunantwort, die **T-** und **B-Lymphozyten,** die für die Antigenerkennung zuständig sind.

Aus der einheitlichen Stammzelle entwickeln sich auch die übri-gen Blutzellen, die Erythrozyten und Thrombozyten; diese Zellen tragen nur wenig zur Immunantwort bei. Die Entwicklung der Erythrozyten und Thrombozyten ist Teil der Myelopoese, ihre gemeinsame Stammzelle lässt sich experimentell nachweisen. Somit sind alle Blutzellen Abkömmlinge einer gemeinsamen omnipotenten **hämatopoetischen Stammzelle.** Die Hämatopoese ist schematisch in ◘ Abb. 7.1 dargestellt. Die weiteren Abbildungen (◘ Abb. 7.2 bis 7.10) zeigen die wichtigsten Zellen des Immunsystems.

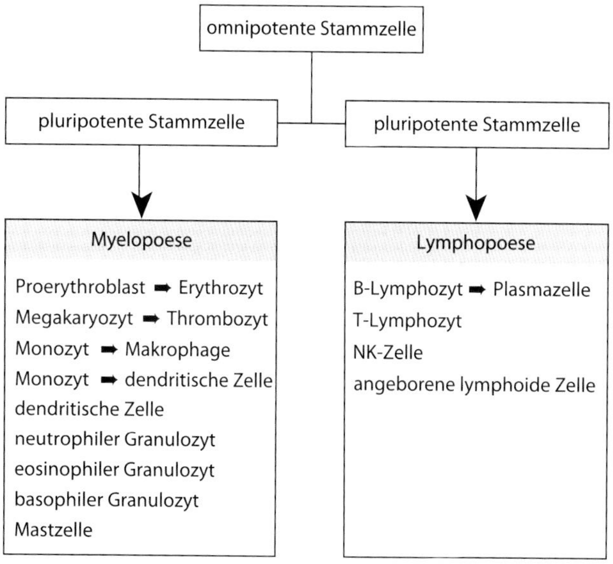

◘ **Abb. 7.1** Schema der Hämatopoese. Über die Myelopoese entstehen Erythrozyten, Thrombozyten, Granulozyten, Mastzellen, mononukleäre Phagozyten und dendritische Zellen. Über die Lymphopoese entwickeln sich B- und T-Lymphozyten sowie NK-Zellen

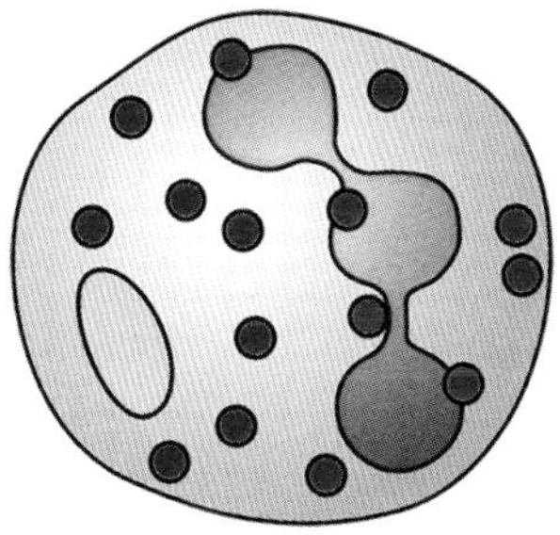

◘ **Abb. 7.2** Neutrophiler polymorphkerniger Granulozyt („Neutrophiler")

7.2 Polymorphkernige Granulozyten

Die polymorphkernigen Granulozyten (polymorphkernige Leukozyten, PML) sind kurzlebige Zellen (Lebensdauer etwa 2–3 Tage), die 60–70 % aller Leukozyten ausmachen. Granulozyten spielen bei der akuten Entzündungsreaktion eine vielfältige Rolle. Diese Zellen haben einen **gelappten Kern** und sind reich an **Granula** (◘ Abb. 7.2, 7.3, 7.4), einer besonderen Ausprägung der Lysosomen. In ihnen findet man zahlreiche biologisch aktive Moleküle, welche die Granulozytenfunktionen vermitteln.

Entsprechend der jeweiligen Aufgaben unterscheidet sich der Granulainhalt von Zelltyp zu Zelltyp beträchtlich. Dies kann man durch eine einfache **Färbung nach Giemsa** zeigen. Dabei wird ein Blutausstrich mit einer Mischung aus Methylenblau und Eosin gefärbt:

S. Suerbaum et al. (Hrsg.), *Medizinische Mikrobiologie und Infektiologie*,
https://doi.org/10.1007/978-3-662-61385-6_7

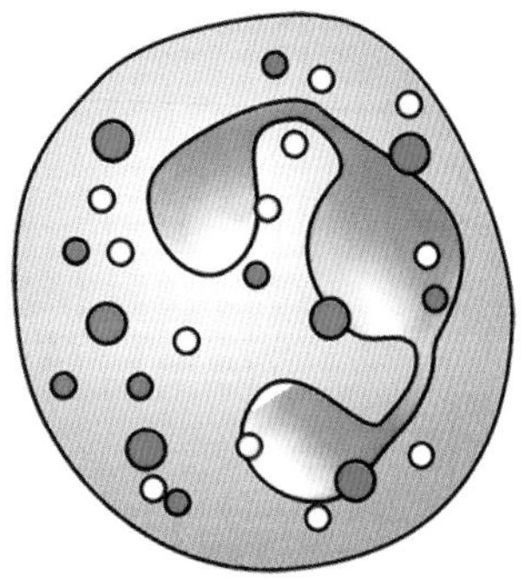

■ Abb. 7.3 Basophiler polymorphkerniger Granulozyt („Basophiler“)

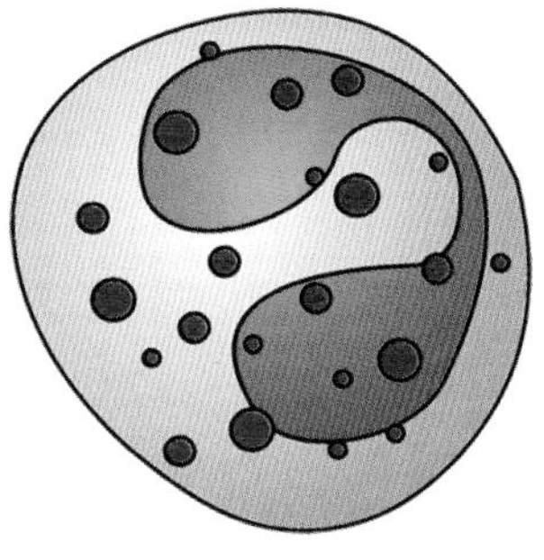

■ Abb. 7.4 Eosinophiler polymorphkerniger Granulozyt („Eosinophiler“)

- Bei saurem Inhalt der Granula überwiegt die Reaktion mit dem basischen Methylenblau (Blaufärbung): basophile Granulozyten.
- Bei basischem Inhalt überwiegt die Reaktion mit dem sauren Eosin (Rotfärbung): azidophile bzw. (gebräuchlicher) eosinophile Granulozyten.
- Bei einer Mischung von baso- und azidophilen Molekülen ergibt sich eine schwache Rosafärbung: neutrophile Granulozyten.

Neutrophile polymorphkernige Granulozyten („Neutrophile“ oder PMN für „polymorphonuclear neutrophils“; ■ Abb. 7.2) bilden mit ca. 90 % den Hauptanteil der Granulozyten. Sie vermögen die verschiedenen Arten von Mikroorganismen zu phagozytieren und abzutöten; man kann sie als die „Allroundzellen“ der akuten Entzündung bezeichnen (► Kap. 14 und 15). Neutrophile Granulozyten besitzen 2 Typen von Granula:

- **Primäre (azurophile) Granula** machen etwa 20 % der Granula aus. Sie enthalten u. a. verschiedene Hydrolasen, Lysozym, Myeloperoxidase (ein Schlüsselenzym bei der Bildung reaktiver Sauerstoffmetaboliten) und kationische Proteine.
- **Sekundäre Granula** enthalten hauptsächlich Lysozym und Laktoferrin. Nach der Phagozytose befinden sich die Mikroorganismen zunächst in den Phagosomen, die anschließend mit den Granula (Lysosomen) verschmelzen. In den so entstandenen Phagolysosomen wirken dann die genannten Inhaltsstoffe der Granula auf die Mikroorganismen ein. Der Vorgang der Bakterienabtötung und die Rolle der Inhaltsstoffe werden in ► Kap. 14 genauer beschrieben.

Basophile polymorphkernige Granulozyten („Basophile“; ■ Abb. 7.3) stellen weniger als 1 % der Blutleukozyten. Sie zeigen eine geringe Phagozytoseaktivität. Bei Basophilen fallen besonders die prall gefüllten Granula auf. Diese enthalten hauptsächlich Heparin, Histamin und Leukotriene. Nach geeigneter Stimulation geben sie ihre Inhaltsstoffe nach außen ab; auf diese Weise lösen sie die typischen Reaktionen der **Sofortallergie** aus (► Kap. 14). Diese Ausschüttung geht mit einer mikroskopisch nachweisbaren **Degranulation** einher. Die Reaktion wird durch Antikörper der **IgE-Klasse** initiiert, die sich über entsprechende Rezeptoren an die Basophilen heften (► Kap. 9).

Eosinophile polymorphkernige Granulozyten („Eosinophile“; ■ Abb. 7.4) stellen bei Gesunden etwa 3 % der Granulozyten. Obwohl sie phagozytieren können, neigen sie eher dazu, ihren Granulainhalt an das umgebende Milieu abzugeben (Degranulation). Die Rolle der Eosinophilen ist nicht völlig geklärt; sie spielen bei der Abwehr von Infektionen mit **pathogenen Würmern** eine wichtige Rolle. Zusätzlich sind sie an der **Sofortallergie** beteiligt.

Mastzellen sind hauptsächlich in der Mukosa zu finden. Die Beziehung zwischen Mastzellen und Basophilen ist nicht völlig geklärt. Mastzellen haben ähnliche Funktion wie Basophile (► Kap. 15).

7.3 Lymphozyten

Im Körper eines Erwachsenen befinden sich rund 10^{12} Lymphozyten (■ Abb. 7.5); täglich werden etwa 10^9 Lymphozyten (ca. 1‰) neu gebildet. Die Vertreter der beiden Lymphozytenlinien werden **T-Zellen** und **B-Zellen** genannt. Die Initialen T und B leiten sich von den primären Organen Thymus und Bursa Fabricii ab, in denen die Differenzierung in reife T- bzw. B-Zellen stattfindet. (Die Bursa Fabricii, in der die B-Zell-Differenzierung erstmals entdeckt wurde, existiert allerdings nur bei Vögeln; beim Menschen erfüllen die fetale Leber und das Knochenmark [„*B*one marrow“] ihre Aufgaben.).

T- und B-Lymphozyten vermögen Antigene spezifisch zu erkennen. Die Art der Antigenerkennung und die daraus resultierenden Funktionen sind jedoch völlig verschiedenartig. Im ruhenden Zustand zeigen beide Zellpopulationen die gleiche Morphologie: Sie besitzen einen runden Kern, der von einem dünnen agranulären Plasmasaum umgeben ist. T- und B-Zellen tragen aber in der Zellmembran jeweils charakteristische Moleküle. Diese wirken auch als Antigene: Man kann gegen sie spezifische Antikörper herstellen. Mit deren Hilfe lassen sich die Zellen jeweils in Sub-

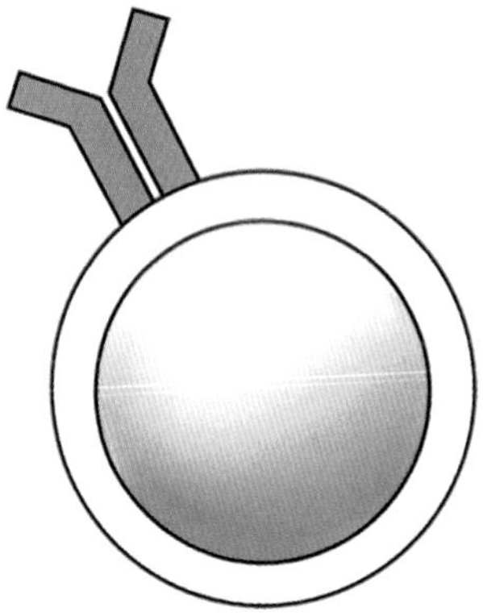

Abb. 7.5 Lymphozyt

populationen unterteilen, die diese Antikörper binden, und solche, die sie nicht binden. Die so dargestellten Zelloberflächenmoleküle werden auch als **Marker** oder **Differenzierungsantigene** bezeichnet. Differenzierungsantigene erfüllen im Idealfall folgende Bedingungen:

- Innerhalb der zu untersuchenden Zellmischung werden sie von der fraglichen Subpopulation exklusiv exprimiert.
- Sie sind stabil und auf allen Zellen der fraglichen Subpopulation vorhanden.

Die immunologisch unterscheidbaren Marker haben sich als äußerst nützliche Merkmale erwiesen. Sie erlauben die Aufgliederung der Zellen in Populationen und Subpopulationen, darüber hinaus ermöglichen sie die Charakterisierung bestimmter Differenzierungsstadien innerhalb einer Zellpopulation.

Für die Bezeichnung definierter Leukozyten-Differenzierungsantigene hat sich das **CD-System** („cluster of differentiation") durchgesetzt: Die einzelnen Antigene werden dabei fortlaufend nummeriert. Tab. 7.1 gibt

Tab. 7.1 Wichtige CD-Antigene

Name	Synonym(e)	Charakteristisches Merkmal
CD1	T6, Leu6	Gemeinsames Antigen auf Thymozyten, Präsentation von Lipidantigenen für T-Zellen
CD2	T11, Leu5, LFA-2	Zellinteraktionsmolekül
CD3	T3, Leu4	Gemeinsames Antigen auf peripheren T-Zellen
CD4	T4, Leu3 (Maus: L3T4)	Für Helfer-T-Zellen charakteristisches Antigen, bindet an MHC-Klasse-II-Moleküle auf antigenpräsentierenden Zellen
CD8	T8, Leu2 (Maus: Lyt2)	Für zytolytische T-Zellen charakteristisches Antigen, bindet an MHC-I-Moleküle auf antigenpräsentierenden Zellen
CD11a	α-Kette des LFA-1	Teil eines Zellinteraktionsmoleküls auf zytolytischen T-Zellen und NK-Zellen
CD11b	α-Kette des CR3, Mac1, Mo1l	Teil des Rezeptors für C3b-Abbauprodukte auf Neutrophilen und mononukleären Phagozyten
CD14		Mustererkennender Rezeptor auf Makrophagen, erkennt LPS gramnegativer Bakterien
CD16	Leu11, Fc-γ-RIII	Fc-Rezeptor für IgG1 und IgG3 auf Neutrophilen, Makrophagen und NK-Zellen
CD18	β-Kette des LFA-1, CR3, p150, 95	Siehe CD11a, CD11b und CD11c
CD21	CR2	Rezeptor auf B-Zellen für C3b-Abbauprodukte
CD23	Fc-ε-RII	Fc-Rezeptor für IgE auf Mastzellen und Basophilen
CD25	Tac	α-Kette des Rezeptors für IL-2, charakteristischer Marker für regulatorische T-Zellen
CD28		Kostimulatorisches Molekül auf T-Zellen, Ligand für B7 (CD80, CD86), stimulierend
CD32	Fc-γ-RII	Fc-Rezeptor für IgG1, IgG2a, IgG2b auf Neutrophilen und Monozyten
CD35	CR1	Rezeptor für C3b und C4b auf mononukleären Phagozyten, Neutrophilen und B-Zellen
CD40		Kostimulatorisches Molekül für T-Zellen auf antigenpräsentierenden Zellen (B-Zellen, Makrophagen, dendritische Zellen)
CD45	T200, Leu18	Gemeinsames Antigen auf Leukozyten
CD80	B7.1	Kostimulatorisches Molekül für T-Zellen auf B-Zellen
CD86	B7.2	Kostimulatorisches Molekül für T-Zellen auf Makrophagen, dendritischen Zellen und B-Zellen
CD95	Fas, APO-1	Vermittelt apoptotisches „Todessignal"
CD152	CTLA-4	Kostimulatorisches Molekül auf T-Zellen, Ligand für B7 (CD80, CD86), inhibitorisch
CD154	CD40L	Ligand für CD40 auf T-Zellen
CD274	PDL-1, B7-H1	Ligand für PD-1 (CD279)
CD279	PD-1	Kostimulatorisches Molekül auf T-Zellen, inhibitorisch

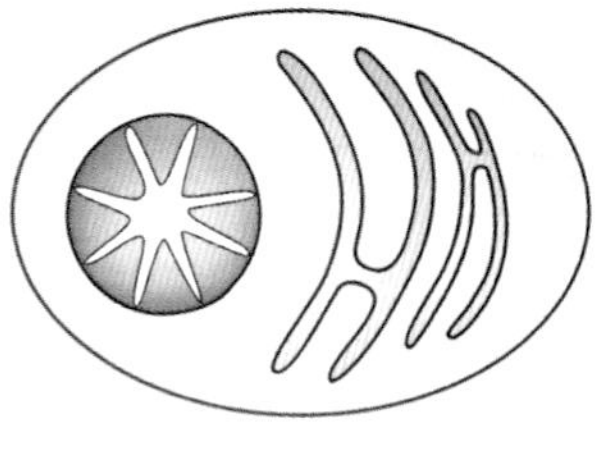

Abb. 7.6 Plasmazelle

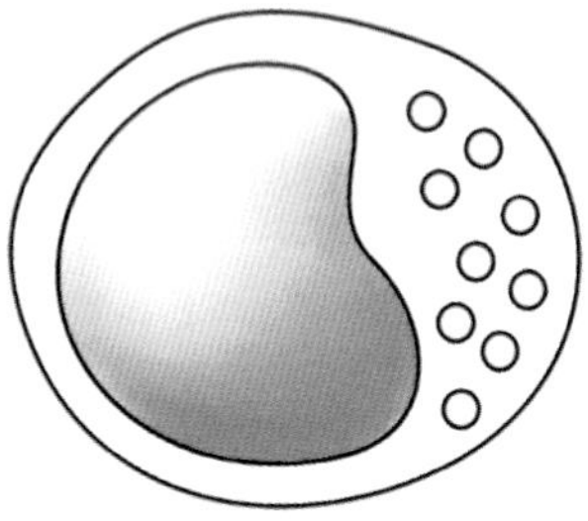

Abb. 7.7 Natürliche Killerzelle oder NK-Zelle

7

eine Übersicht über die wesentlichen CD-Antigene. Vielen von ihnen werden wir bei der Beschreibung der einzelnen Leukozytenklassen wiederbegegnen.

T-Lymphozyten sind die Träger der **spezifischen zellulären Immunität** (▶ Kap. 13). Beim Menschen und dem wichtigsten Experimentaltier der Immunologen, der Maus, stellt das CD3-Molekül den wichtigsten T-Zell-Marker dar; es wird auf allen peripheren T-Zellen exprimiert.

B-Lymphozyten sind die Träger der **spezifischen humoralen Immunität** (▶ Kap. 9). Sie tragen auf ihrer Oberfläche Antikörpermoleküle, die sog. Immunglobuline (Ig). Nach Stimulation durch das Antigen differenzieren sich B-Lymphozyten zu **Plasmazellen** und sezernieren dann Antikörper in das umgebende Milieu (Abb. 7.6). Die zellständigen Immunglobuline sind ein wertvolles Differenzierungsantigen für B-Zellen; sie werden auf allen B-Zellen exklusiv und stabil exprimiert.

Natürliche Killerzellen oder **NK-Zellen** bilden neben den T- und B-Zellen die 3. Lymphozytenpopulation (Abb. 7.7). Sie sind größer als B- und T-Lymphozyten und besitzen zahlreiche Granula sowie einen bohnenförmigen Kern. Obwohl sie eine lymphoide Entwicklung durchmachen, fehlen ihnen die klassischen Marker der T- und B-Lymphozyten. NK-Zellen tragen aber einige T-Zell-Differenzierungsantigene und werden durch die Oberflächenmoleküle CD16 und CD56 charakterisiert.

NK-Zellen produzieren lösliche Botenstoffe, die besonders Zellen des mononukleär-phagozytären Systems aktivieren. Eine weitere Funktion dieser Zellen ist die Abtötung maligner bzw. virusinfizierter Zellen des eigenen Organismus. Diese Aktion kann über 2 Erkennungsmechanismen eingeleitet werden:

- NK-Zellen besitzen Rezeptoren, mit deren Hilfe sie Tumorzellen und virusinfizierte Zellen erkennen.
- Sie besitzen Rezeptoren zur Erkennung von Antikörpern der IgG-Klasse, sog. **Fc-Rezeptoren** (▶ Kap. 9 und 13). Auf diese Weise können sie mit Zellen reagieren, die durch Antikörper markiert sind, ohne die Zellantigene direkt zu erkennen. Dieser Vorgang wird als **antikörperabhängige zellvermittelte Zytotoxizität** bezeichnet („antibody dependent cellular cytotoxicity", ADCC).
- Sie produzieren lösliche Botenstoffe, welche die Immunantwort beeinflussen (▶ Kap. 13).
- Ihre Granula enthalten zahlreiche Moleküle, die für die Lyse der Zielzellen verantwortlich sind (▶ Kap. 13).

7.4 Zellen des mononukleär-phagozytären Systems

Die Zellen des mononukleär-phagozytären Systems sind im ganzen Körper verteilt, in Leber, lymphatischen Organen, Bindegewebe, Nervensystem, den serösen Höhlen etc. Diese **Gewebemakrophagen** oder **Histiozyten** entwickeln sich aus Blutmonozyten, die in das entsprechende Gewebe einwandern. Blutmonozyten haben einen bohnenförmigen Kern, einen gut ausge-bildeten Golgi-Apparat und zahlreiche Lysosomen mit reicher Enzymausstattung (Abb. 7.8). Obwohl sich die Makrophagen der verschiedenen Organe morphologisch unterscheiden, gleichen sie sich in funktioneller Hinsicht (Abb. 7.9): Alle sind in der Lage, Partikel zu phagozytieren und zu verdauen. Auf diese Weise erfüllen Makrophagen 2 bedeutende Aufgaben der Immunantwort:

- Aufnahme, Verarbeitung (Prozessierung) und Präsentation von Proteinantigenen
- Phagozytose, Abtötung und Verdauung biologischer Fremdpartikel, z. B. von Bakterien (▶ Kap. 14 und 16)

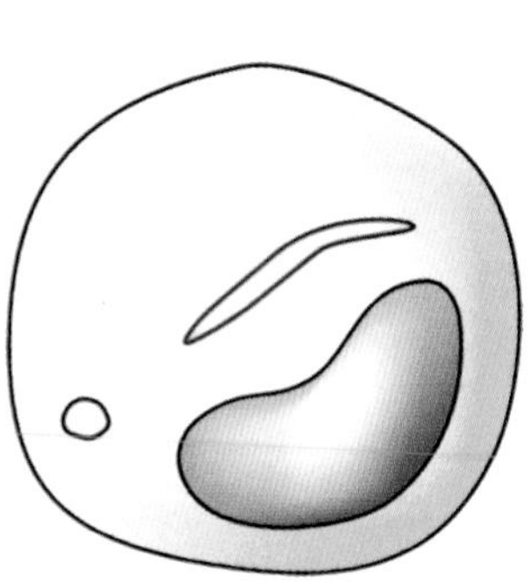

Abb. 7.8 Blutmonozyt

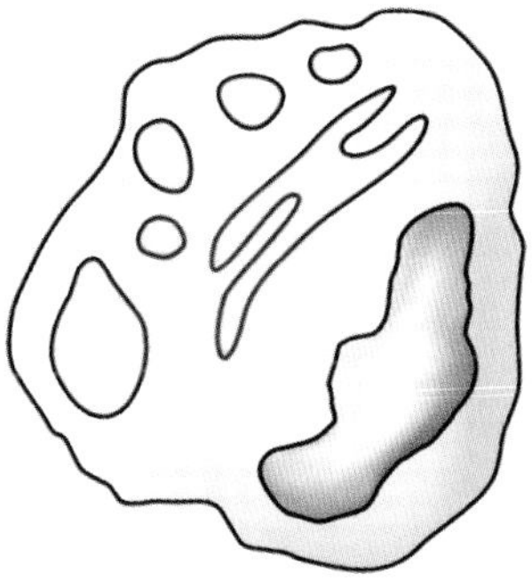

■ Abb. 7.9 Makrophage (Fresszelle)

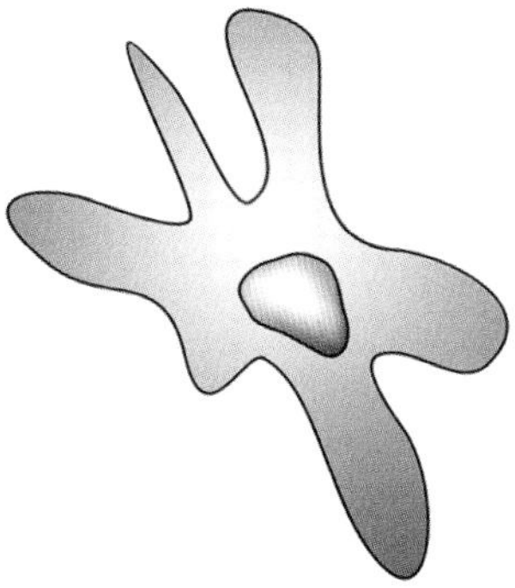

■ Abb. 7.10 Dendritische Zelle

7.5 Antigenpräsentierende Zellen

Die Fähigkeit zur Antigenpräsentation ist kein Monopol der Makrophagen. Die **Langerhans-Zellen** der Haut und die **dendritischen Zellen** der Lymphorgane sind ebenfalls präsentationstüchtig. Wir unterscheiden plasmazytoide und myeloide dendritische Zellen (■ Abb. 7.10). Beide Populationen stammen von myeloiden Vorläuferzellen ab. Dendritische Zellen sind die mit Abstand wirkungsvollsten antigenpräsentierenden Zellen (APC). Sie nehmen daher eine zentrale Stellung bei der antigenspezifischen T-Zell-Stimulation ein.

Auch z. B. B-Lymphozyten und Endothelzellen vermögen Antigene zu präsentieren. Alle Zellen dieses Funktionstyps werden unter dem Begriff **antigenpräsentierende Zellen** zusammengefasst ► Kap. 14. Die Antigenpräsentation stellt den 1. Schritt bei der spezifischen Stimulation von **Helfer-T-Zellen** dar. Die zentrale Regulatorfunktion dieser T-Zellen wird in ► Kap. 13 ausführlich beschrieben.

In Kürze: Zellen des Immunsystems

- **Hämatopoese:** Entwicklung der Blutzellen im Knochenmark aus einer gemeinsamen hämatopoetischen Stammzelle.
- **Myeloide Entwicklung:** Granulozyten, mononukleäre Phagozyten, dendritische Zellen, daneben auch Erythro- und Thrombozyten.
- **Lymphoide Entwicklung:** T- und B-Zellen, NK-Zellen.
- **Polymorphkernige Granulozyten:** 60–70 % aller Blutleukozyten; granulareich und mit gelapptem Kern. Aufgrund ihres Färbeverhaltens unterscheidet man neutrophile, basophile und eosinophile Granulozyten.
- **Neutrophile:** >90 % aller Granulozyten, professionelle Phagozyten bei der akuten Entzündung.
- **Basophile:** <1 % aller Granulozyten, beteiligt an sofortallergischen Reaktionen und an der Abwehr von Helminthen (Rund- und Plattwürmern).
- **Eosinophile:** 3 % der Granulozyten, beteiligt an der Helminthenabwehr und an sofortallergischen Reaktionen.
- **Mononukleäre Phagozyten:** Blutmonozyten, Exsudat- und Gewebemakrophagen (Histiozyten). Wichtige Fähigkeiten: Phagozytose, Abtötung und Verdauung von Krankheitserregern sowie Aufnahme, Verarbeitung und Präsentation von Antigenen für T-Zellen.
- **Dendritische Zellen:** Potente antigenpräsentierende Zellen mit myeloidem Ursprung.
- **Lymphozyten:** Vermittler der spezifischen Immunität: B-Zellen für humorale, T-Zellen für zelluläre Immunität. Natürliche Killerzellen töten Tumorzellen direkt oder durch Vermittlung von Antikörpern ab.

Weiterführende Literatur

Abbas AK, Lichtman AH, Pillai S (2017) Cellular and molecular immunology, 9. Aufl. Elsevier, Philadelphia
De Franco A, Locksley R, Robertsen M (2007) Immunity: the immune response in infectious and inflammatory disease (Primers in Biology). Oxford University, New Science, London
HLA Informatics Group: ► http://www.ebi.ac.uk/ipd/imgt/hla/stats.html
Kaufmann SHE, Steward M (2005) Topley and Wilson's microbiology and microbial infections: immunology. Arnold, London
Kaufmann SHE, Sacks D, Rouse B (2011) The immune response to infection. ASM, Washington
Murphy K, Weaver C (2018) Janeway Immunologie, 9. Aufl. Springer Spektrum, Heidelberg
Rich RR, Fleisher TA, Shearer WT, Schroeder HW Jr, Few AJ, Weyand CM (2018) Clinical immunology: principles and practice, 5. Aufl. Elsevier, London
Annual Reviews of Immunology, Annual Reviews, Palo Alto, USA, ISSN/eISSN 0732-0582
Current Opinion in Immunology, Elsevier B. V., The Netherlands, ISSN 09527915
Nature Reviews Immunology, Springer Nature, London, UK, ISSN 1474-1741
Seminars in Immunology, Elsevier B. V., The Netherlands, ISSN 1044-5323
Trends in Immunology, Cell Press, Cambridge, MA, USA, ISSN 1471-4906

Organe des Immunsystems

Stefan H. E. Kaufmann

Die Zellen des Immunsystems werden in den primären Immunorganen gebildet und halten sich bevorzugt in den sekundären Immunorganen auf. Immunzellen erreichen über die Blut- und Lymphgefäße fast alle Körperteile und gelangen von dort zurück zu den Immunorganen. Als **primäre** Organe betrachtet man das Knochenmark und den Thymus, als **sekundäre** Organe gelten Milz, Lymphknoten und diffuses Lymphgewebe.

Im Knochenmark entstehen aus einer pluripotenten Stammzelle die unterschiedlichen Vorläuferzellen (◘ Abb. 7.1). Die Differenzierung und Reifung der Lymphozyten erfolgt **antigenunabhängig:** Die T-Lymphozyten reifen im Thymus und die B-Lymphozyten in der Bursa Fabricii bzw. deren Äquivalent. In den sekundär-lymphatischen Organen (◘ Abb. 8.1) kommt es zum Kontakt zwischen Antigen und Lymphozyten und damit zur **antigenspezifischen** Lymphozytenstimulation und -differenzierung.

8.1 Thymus

Der Thymus ist ein primär-lymphatisches Organ; in ihm differenzieren sich die T-Lymphozyten. Er wird von einer Bindegewebekapsel umgeben, aus der zahlreiche Trabekel ins Innere ziehen; dadurch wird das Organ in Lobuli oder Follikel unterteilt. Innerhalb der einzelnen Lobuli sind Kortex und Medulla unterscheidbar (◘ Abb. 8.2):

- Im **Kortex** liegen dicht gepackt unreife Thymozyten, die sich lebhaft teilen.
- Die Thymozyten der **Medulla** sind zum größten Teil ausdifferenziert und funktionstüchtig.

Der Begriff Thymozyten umfasst alle im Thymus vorhandenen Entwicklungsstufen der T-Lymphozyten vom Vorläufer bis zur reifen T-Zelle. Die T-Lymphozyten-Vorläufer wandern vom Knochenmark über das Blut in die kortikalen Thymusbereiche und von dort in die Medulla. Im Thymus vermehren und differenzieren sie sich. Der Großteil (ca. 90 %) der Zellen stirbt ab; der Rest verlässt den Thymus als reife, immunkompetente T-Lymphozyten: Diese sind in der Lage, jeweils ein spezifisches Antigen zu erkennen.

Das Thymusgewebe wird von einem mehr oder weniger dichten Netz aus Epithelzellen durchzogen, in das die Thymozyten eingebettet sind. Dem Epithelnetz liegen dendritische Zellen auf, die von Knochenmarkvorläuferzellen abstammen. Epithelzellen und dendritische Zellen exprimieren in großen Mengen die Antigene des **Haupthistokompatibilitätskomplexes** (▶ Kap. 12). Die Einwirkung dieser Expressionsprodukte auf die Thymozyten stellt den entscheidenden Schritt bei der Ausformung des T-Zell-Erkennungsrepertoires dar. Als **Antigenrepertoire** bezeichnet man die Gesamtheit aller durch Lymphozyten erkennbaren Strukturen.

8.2 Bursa Fabricii und Bursaäquivalent

Die Bursa Fabricii ist ein primär-lymphatisches Organ; bei Vögeln erfolgt hier die B-Zell-Differenzierung. Säugern fehlt das Organ. Bei ihnen läuft die B-Zell-Differenzierung in weit verstreuten Bereichen ab, die man zusammenfassend als Bursaäquivalent bezeichnet. Hierzu gehören beim Fetus die Leber und beim Erwachsenen das Knochenmark; in beiden Organen findet zudem auch die Hämatopoese statt (▶ Kap. 7).

8.3 Lymphknoten

Menschliche Lymphknoten haben meist die Form und Größe einer Bohne. Sie finden sich, in Gruppen angeordnet, an ganz verschiedenen Stellen des Körpers. Ein Lymphknoten ist für die Drainage eines bestimmten Körperbereichs zuständig; er stellt den Ort dar, an dem die **spezifische Immunantwort** gegen diejenigen Antigene ausgelöst wird, die in den jeweils drainierten Körperbereich eingedrungen sind.

Der Lymphknoten ist von einer Kapsel umgeben, von der aus wie im Thymus Trabekel radiär ins Innere ziehen (◘ Abb. 8.3). Eine große Zahl **afferenter Lymphgefäße** mündet in den Knoten ein. Mit der zufließenden Lymphe wird das Antigen aus der Umgebung in den Lymphknoten transportiert. Obwohl es passiv in den Lymphknoten gelangen kann, wird

S. Suerbaum et al. (Hrsg.), *Medizinische Mikrobiologie und Infektiologie*,
https://doi.org/10.1007/978-3-662-61385-6_8

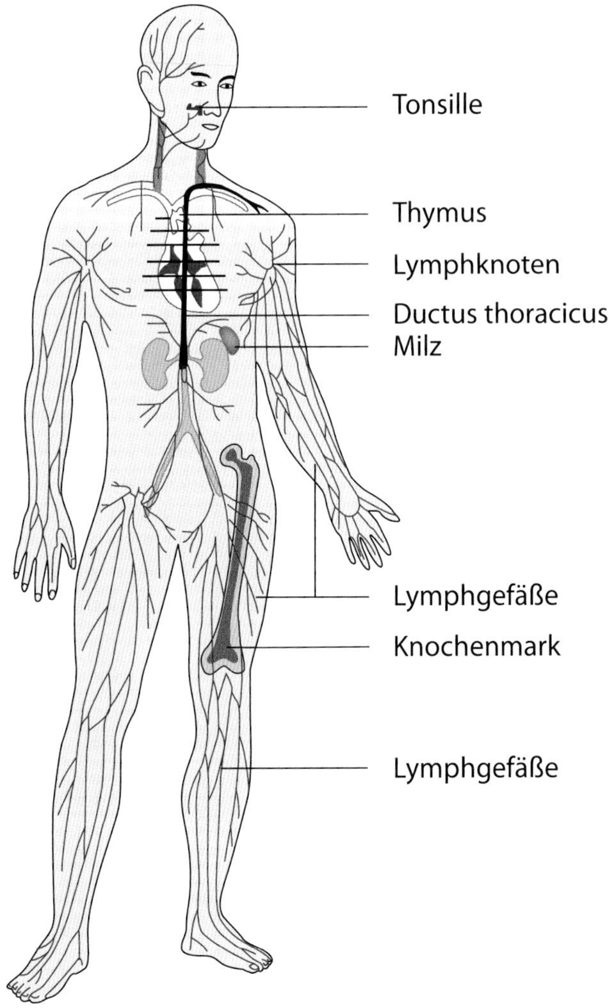

Abb. 8.1 Übersicht über die Organe des Immunsystems

es meist von dendritischen Zellen im Gewebe aufgenommen und von diesen aktiv in den Lymphknoten „verschleppt". Im Hilus findet man das **efferente Lymphgefäß** und die versorgenden Blutgefäße. Ein Lymphknoten besteht aus einem Netz von Retikulumzellen, in das zahlreiche Lymphozyten eingebettet sind.

Die B-Lymphozyten finden sich in den kortikalen Primärfollikeln. Nach einem Antigenreiz entwickeln sich daraus **Sekundärfollikel.** Im Sekundärfollikel bildet sich ein Keimzentrum aus, das bis hin zum Parakortex, der Übergangszone zur Medulla, reichen kann. Hier differenzieren sich **antigenstimulierte B-Zellen** zu **antikörperproduzierenden Plasmazellen.** Die Lymphozyten des retikulären Gewebes befinden sich zum großen Teil auf der Wanderung durch den Lymphknoten; es sind hauptsächlich T-Zellen. Hieraus ergeben sich folgende Begriffsbestimmungen:

- Die **Rinde** (Kortex) des Lymphknotens, in der die Follikel dominieren, wird als **thymusunabhängig** bezeichnet.
- Die Übergangszone zwischen Kortex und Medulla, der **Parakortex,** in der das interfollikuläre Gewebe vorherrscht, wird als **thymusabhängig** angesehen.

Bei der **Wanderung der Lymphozyten vom Blut in die Lymphe** (▶ Abschn. 8.6) sind die Lymphknoten der entscheidende Übergang: Das Blut gelangt über die Arterie in den Lymphknoten und dort in die Blutkapillaren, die in die postkapillären Venolen münden; diese sind von kubischen Endothelzellen ausgekleidet. Endothelzellen und T-Lymphozyten besitzen jeweils komplementäre Oberflächenmoleküle, über welche die beiden Zelltypen miteinander interagieren. Nach

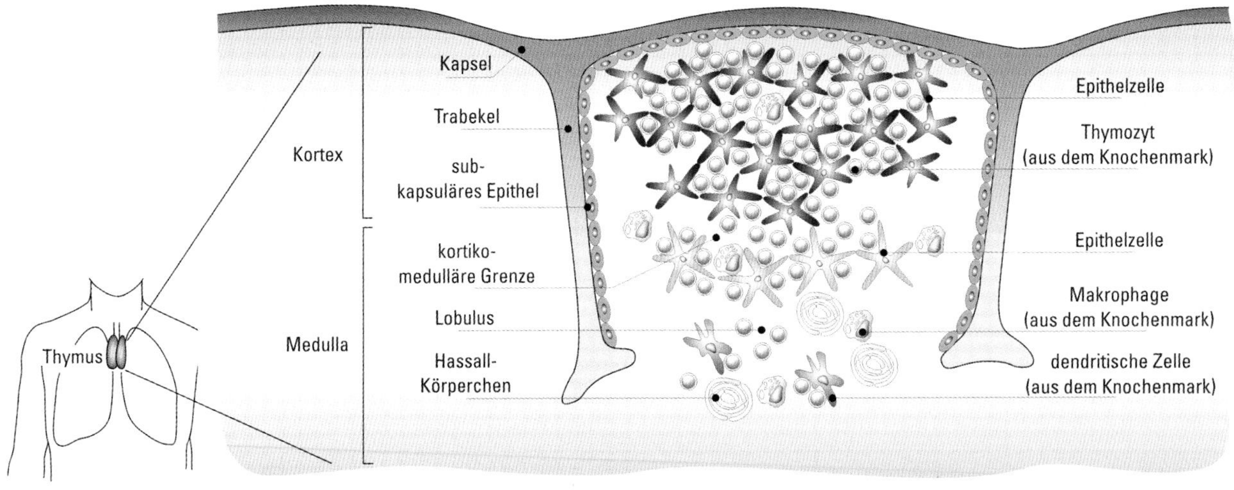

Abb. 8.2 Thymus: Lage und Ausschnitt dreier auch makroskopisch sichtbarer Lobuli mit den unterschiedlichen Zelltypen in Thymuskortex und -medulla

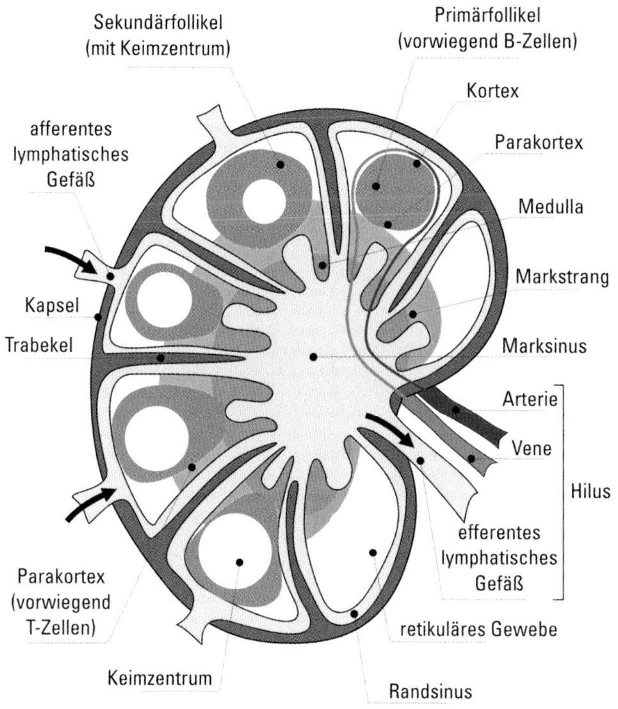

Abb. 8.3 Lymphknoten

dieser Interaktion durchwandern die Lymphozyten das Endothel, gelangen in das interfollikuläre Gewebe und schließlich in die efferente Lymphe (Abb. 8.4).

Über die efferenten lymphatischen Gefäße gelangen die Leukozyten aus dem Gewebe in den Lymphknoten. Dies sind insbesondere Lymphozyten, dendritische Zellen und Monozyten.

Ein **Antigen,** das erstmals in einen Lymphknoten gelangt, wird von dendritischen Zellen in der tiefen Rinde abgefangen, sodann verdaut und verarbeitet; schließlich wird es den Lymphozyten in geeigneter Form präsentiert. Meist wird das Antigen bereits am Ort seiner Ablagerung im Körper von dendritischen Zellen aufgenommen und von diesen in den drainierenden Lymphknoten transportiert. Damit ist der Anstoß zur Immunreaktion gegeben. Als deren Resultat entstehen Antikörper und T-Zellen, die für das induzierende Antigen spezifisch sind. Bestimmte Botenstoffe, sog. **Chemokine,** steuern die gerichtete Wanderung von dendritischen Zellen und Lymphozyten zwischen Gewebe und Lymphknoten (▶ Kap. 13, 14).

8.4 Diffuses lymphatisches Gewebe

An jenen Stellen des Körpers, die dem Angriff von Mikroorganismen besonders ausgesetzt sind, findet man Anhäufungen geringgradig organisierten Lymphgewebes, z. B. im Gastrointestinaltrakt. Dazu zählen (Abb. 8.1):

- **Tonsillen** (Mandeln) im Rachenbereich
- **Appendix** (A. vermiformis; Wurmfortsatz des Blinddarmes)
- **Peyer-Plaques** im Dünndarm

Hier liegen Follikel mit plasmazellreichem Keimzentrum, in denen insbesondere Antikörper der Klasse IgA produziert werden. Diese Effektoren sind Träger der lokalen Infektabwehr.

8.5 Milz

Die Milz hat die Aufgabe, Antigene aus dem Blutkreislauf abzufangen. Das Organ wird von einer Kapsel umgeben, von der aus Trabekel ins Innere ziehen. Man unterteilt das Milzgewebe in (Abb. 8.5):

- **Rote Pulpa:** Namensgebend sind die hier dominierenden Erythrozyten.

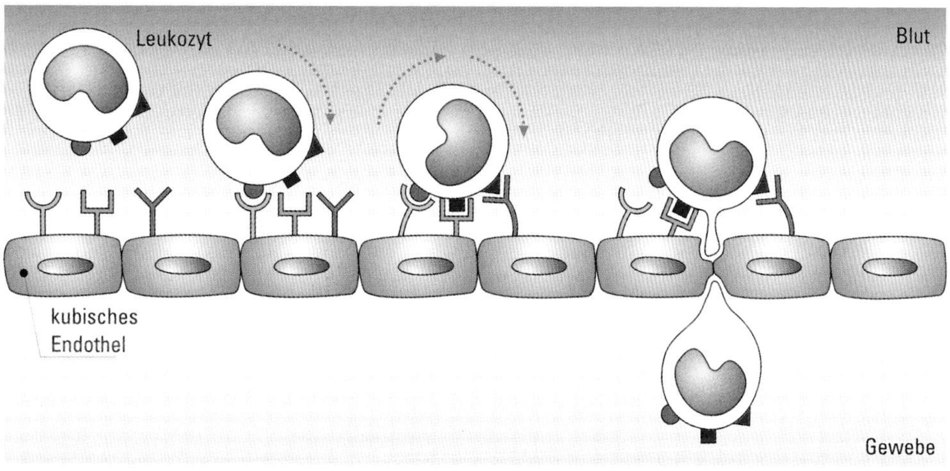

Abb. 8.4 Leukozytenwanderung aus dem Blut durch das kubische Endothel ins Gewebe

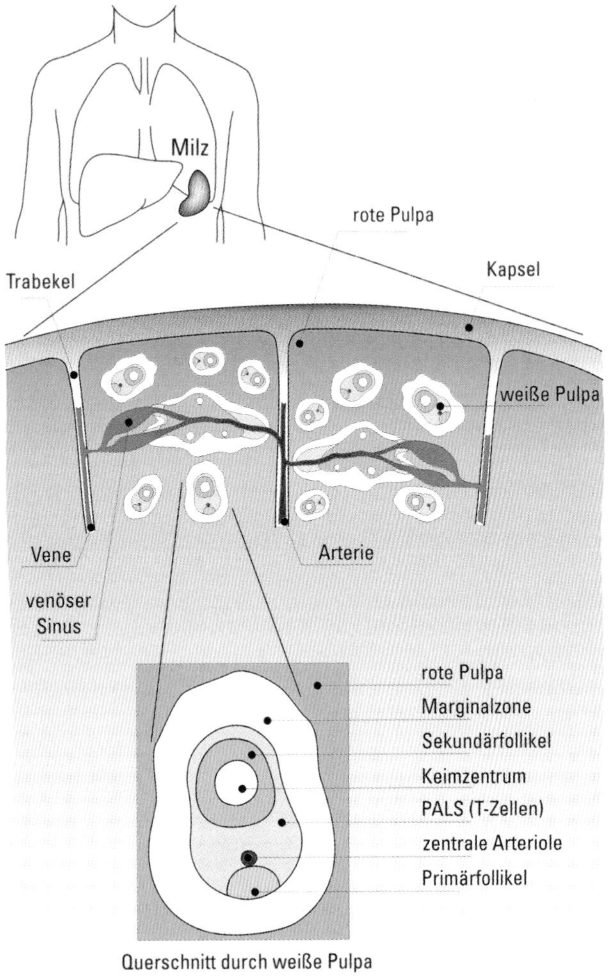

Abb. 8.5 Milz

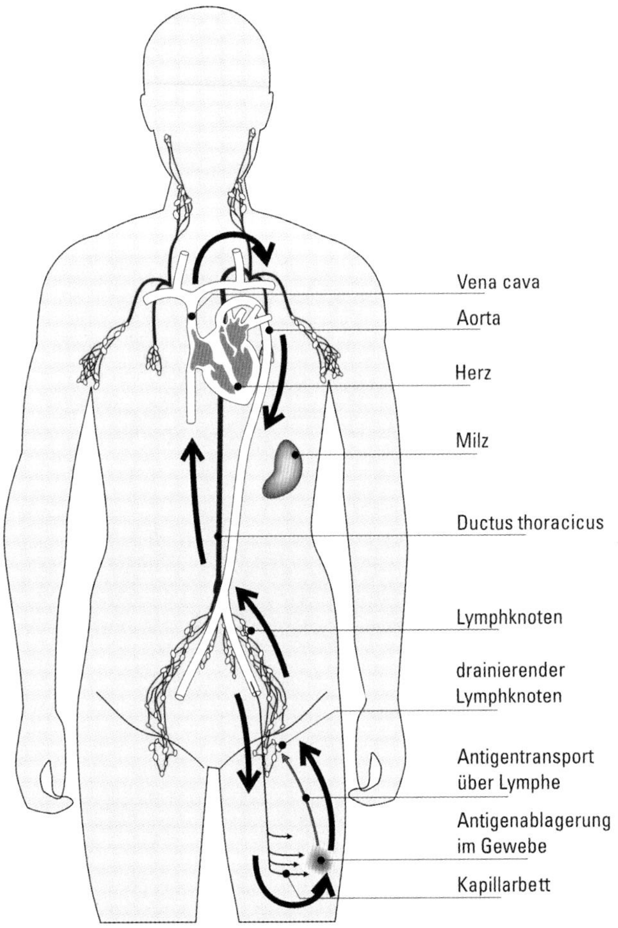

Abb. 8.6 Lymphozytenrezirkulation

- **Weiße Pulpa:** Sie macht etwa 20 % des Milzgewebes aus und ist um die Arteriolen herum lokalisiert. In ihr überwiegen die namensgebenden Leukozyten: Neben Lymphozyten findet man hier die für die Antigenverarbeitung und -präsentation notwendigen Makrophagen und dendritischen Zellen. Histologisch sind unterscheidbar:
  - Periarterielle Lymphozytenscheiden (PALS) sind Ansammlungen von T-Lymphozyten um verzweigte Arteriolen.
  - Die an PALS angrenzenden Follikel sind reich an B-Lymphozyten; je nach Stimulationszustand lassen sich unterscheiden:
    - nichtstimulierte Primärfollikel ohne Keimzentrum
    - antigenstimulierte Sekundärfollikel mit deutlichem Keimzentrum
  - Follikel und PALS sind von einer Marginalzone umgeben.

8.6 Lymphozytenrezirkulation

Reife T-Lymphozyten befinden sich auf einer kontinuierlichen Wanderung (Rezirkulation) zwischen den sekundär-lymphatischen Organen (vgl. Abb. 8.1). Die T-Lymphozyten-Rezirkulation bietet dem Immunsystem die Möglichkeit, die Antigene eingedrungener Krankheitserreger mit dem Großteil des reifen Lymphozytenpools in Berührung zu bringen und die Lymphozyten die Antigene „mustern“ zu lassen.

Die Gewebelymphozyten erreichen über die afferenten Lymphgefäße die drainierenden Lymphknoten (vgl. Abb. 8.3); sie verlassen diese sodann über die efferenten Lymphgefäße und erreichen via **Ductus thoracicus** (Lymphsammelstamm) und linken Venenwinkel die Blutbahn (Abb. 8.6). Durch das spezialisierte Endothel der **postkapillären Venolen** („high endothelial venules“) treten sie aus dem Blutstrom aus und gelangen erneut in die Lymphe. Dieser Übergang findet in erster Linie **in den Lymphknoten** statt.

Die Zahl der T-Lymphozyten, die abseits der Lymphknoten aus den Blutkapillaren in andere Gewebe einwandern, ist normalerweise klein. Dies ändert sich bei bestimmten Entzündungsreaktionen, z. B. bei der Absiedlung intrazellulärer Bakterien oder bei einer verzögerten allergischen Reaktion; in diesen Fällen verlässt eine große Zahl von Lymphozyten den Blutkreislauf und wandert in das befallene Gewebe ein. Diese gerichtete Wanderung wird durch Chemokine gesteuert. So entstehen bei chronischen Entzündungen **Granulome,** die in mehrfacher Hinsicht lymphatischen Organen ähneln.

Die Anwesenheit von Antigen im Lymphknoten oder in der Milz eines bereits immunisierten Individuums verzögert die Durchwanderung: Die Lymphozyten verweilen jetzt länger im lymphatischen Organ als sonst. Dies wird als **Trapping** (Abfangen) bezeichnet. Trapping ermöglicht die Ausbildung einer effektiven Immunantwort gegen das eingedrungene Antigen und vergrößert das betroffene Organ meistens.

In Kürze: Organe des Immunsystems

- **Primäre Organe:** Knochenmark, Thymus, Bursaäquivalent; hier reifen Lymphozyten antigenunabhängig heran.
- **Sekundäre Organe:** Milz, Lymphknoten, diffuses Lymphgewebe; hier kommt es zum Antigenkontakt und zur antigenspezifischen Lymphozytenaktivierung und -differenzierung.
- **Thymus:** Ort der T-Zell-Reifung und Ausprägung des Antigenrepertoires der T-Zellen: Ausbildung der T-Zellen mit Spezifität für fremde Antigene und Ausschaltung von T-Zellen mit Spezifität für körpereigene Antigene.
- **Bursaäquivalent:** Knochenmark, fetale Leber; Ort der B-Zell-Differenzierung und Ausprägung des Antigenrepertoires der B-Zellen.
- **Lymphknoten:** Für die Drainage eines bestimmten Körperbezirks zuständig; antigenspezifische B-Zell-Reifung in kortikalen Follikeln mit Keimzentrum (thymusunabhängig); T-Zellen im interfollikulären Gewebe der tieferen Rinde (thymusabhängig).
- **Diffuses Lymphgewebe:** Tonsillen, Appendix, Peyer-Plaques; gering organisierte Follikel mit Plasmazellen, die vornehmlich IgA sezernieren.
- **Milz:** Rote Pulpa zur Blutfilterung mit überwiegend Erythrozyten; weiße Pulpa mit überwiegend Leukozyten. B-Zellen dominieren in Follikeln mit Keimzentren, T-Zellen in den periarteriellen Lymphozytenscheiden.
- **Lymphozytenrezirkulation** ermöglicht das Mustern des Gewebes auf abgelagertes Fremdantigen; Lymphozyten wandern vom Gewebe über afferente Lymphgefäße in die Lymphknoten, von dort über efferente Lymphgefäße und Ductus thoracicus in die Blutbahn und über postkapilläre Venolen zurück ins Gewebe.

Weiterführende Literatur

Abbas AK, Lichtman AH, Pillai S (2017) Cellular and molecular immunology, 9. Aufl. Elsevier, Philadelphia
De Franco A, Locksley R, Robertsen M (2007) Immunity: the immune response in infectious and inflammatory disease (Primers in Biology). Oxford University, New Science, London
Kaufmann SHE, Steward M (2005) Topley and Wilson's microbiology and microbial infections: immunology. Arnold, London
Kaufmann SHE, Sacks D, Rouse B (2011) The immune response to infection. ASM, Washington
Murphy K, Weaver C (2018) Janeway Immunologie, 9. Aufl. Springer Spektrum, Heidelberg
Rich RR, Fleisher TA, Shearer WT, Schroeder HW Jr, Few AJ, Weyand CM (2018) Clinical immunology: principles and practice, 5. Aufl. Elsevier, London
Annual Reviews of Immunology, Annual Reviews, Palo Alto, USA, ISSN/eISSN 0732-0582
Current Opinion in Immunology, Elsevier B. V., The Netherlands, ISSN 09527915
Nature Reviews Immunology, Springer Nature, London, UK, ISSN 1474-1741
Seminars in Immunology, Elsevier B. V., The Netherlands, ISSN 1044-5323
Trends in Immunology, Cell Press, Cambridge, MA, USA, ISSN 1471-4906

Antikörper und ihre Antigene

Stefan H. E. Kaufmann

Antikörper oder Immunglobuline sind die Vermittler der erworbenen humoralen Immunantwort. Sie werden von Plasmazellen gebildet, die sich aus B-Lymphozyten entwickeln. Eine Plasmazelle produziert Antikörper einer Spezifität und einer Klasse. Gedächtnis-B-Zellen bauen nach Zweitkontakt mit dem Antigen eine stärkere Immunantwort auf.

Hintergrundinformation

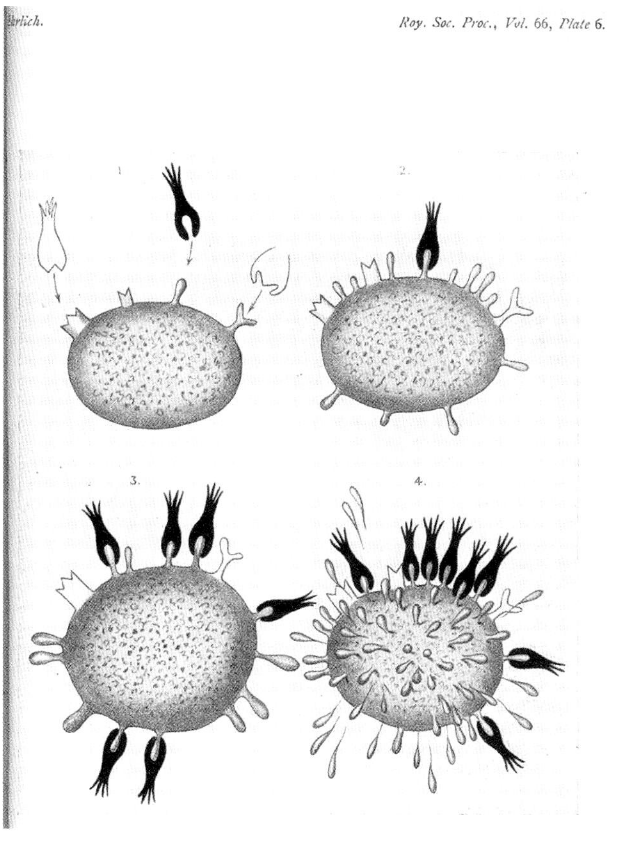

In seiner Croonian Lecture beschreibt **Paul Ehrlich im Jahr 1900** seine Vorstellungen darüber, wie Antigene an zellständige Antikörper binden und auf welche Weise diese dann in den Blutstrom sezerniert werden (Abb.). Zur Bedeutung der Antikörper bei der Infektabwehr stellt er 1899 fest: „… auf diese Weise ist die so überraschend zweckmäßige Einrichtung, dass durch Einführung einer Bacterie ein Stoff erzeugt wird, der die Bacterie durch Auflösung vernichtet, einfach und natürlich erklärt …“.

9.1 Antikörper

Serumproteine werden durch Fällung mit neutralen Salzen (z. B. Ammoniumsulfat) in eine lösliche und eine unlösliche Fraktion aufgetrennt:

- Das lösliche Material stellt die **Albuminfraktion** dar.
- Das unlösliche Material bildet die **Globulinfraktion;** sie enthält u. a. die Antikörper, die etwa 20 % der gesamten Plasmaproteine ausmachen.

Um die Antikörper von den anderen Proteinen der Globulinfraktion sprachlich abzugrenzen, benutzt man den Ausdruck **Immunglobuline** (Ig).

9.1.1 Aufbau der Immunglobuline – IgG-Grundmodell

Wir unterscheiden 5 Antikörperklassen: **IgG, IgM, IgA, IgD** und **IgE** (◘ Tab. 9.1). Der Aufbau der Antikörper aller Klassen lässt sich aus dem Ig-Grundmodell ableiten, das die Form eines Ypsilons hat: Es besteht aus:

- 2 **leichten Ketten**: L-Ketten von „light“, Molekularmasse 25.000 Dalton
- 2 **schweren Ketten:** H-Ketten, von „heavy“, Molekularmasse je nach Ig-Klasse 50.000–70.000 Dalton

In jedem Ig-Molekül sind die beiden leichten und die beiden schweren Ketten jeweils identisch (◘ Abb. 9.1). Sie werden durch kovalente Bindungen in Gestalt von **Disulfidbrücken** und durch nichtkovalente Kräfte zusammengehalten.

Es gibt 2 verschiedene Ausprägungen der leichten Ketten. Sie werden κ und λ genannt. Alle Antikörpermoleküle enthalten unabhängig von ihrer Klassenzugehörigkeit entweder L-Ketten vom κ- oder λ-Typ. So enthält z. B. ein Ig-Molekül entweder 2 κ- oder 2 λ-Ketten.

S. Suerbaum et al. (Hrsg.), *Medizinische Mikrobiologie und Infektiologie*,
https://doi.org/10.1007/978-3-662-61385-6_9

Tab. 9.1 Wichtige Charakteristika menschlicher Immunglobuline

	IgG	IgA	IgM	IgD	IgE
Schwere Ketten	γ1, γ2, γ3, γ4	α1, α2	μ	δ	ε
Leichte Ketten	κ, λ	κ, λ	κ, λ	κ, λ	κ, λ
Molekularmasse (kD)	150	150, 380	970	180	190
Serumkonzentration:					
– in mg/100 ml	1300	350	150	3	0,03
– in %	75–85	7–15	5–10	0,3	0,003
Valenzen	2	2 oder 4	2 oder 10	2	2
Aktivierung des klassischen Komplementweges	+ (IgG1, IgG2, IgG3)	–	+	–	–
Aktivierung des alternativen Weges	–	+	–	–	–
Plazentadurchgängigkeit	+ IgG2, IgG4)	–	–	–	–
Zielzellen	Makrophagen, Neutrophile (IgG1, IgG3)	–	–	?	Basophile, Eosinophile
Funktion	Präzipitierend, agglutinierend, opsonisierend, neutralisierend; Sekundärantwort	Lokale Ig	Ähnlich wie IgG (nicht-direkt opsonisierend); natürliche Ak; Primärantwort	Antigenrezeptor auf B-Zellen	Reagine (Sofortallergie)

Ak, Antikörper; kD, Kilodalton

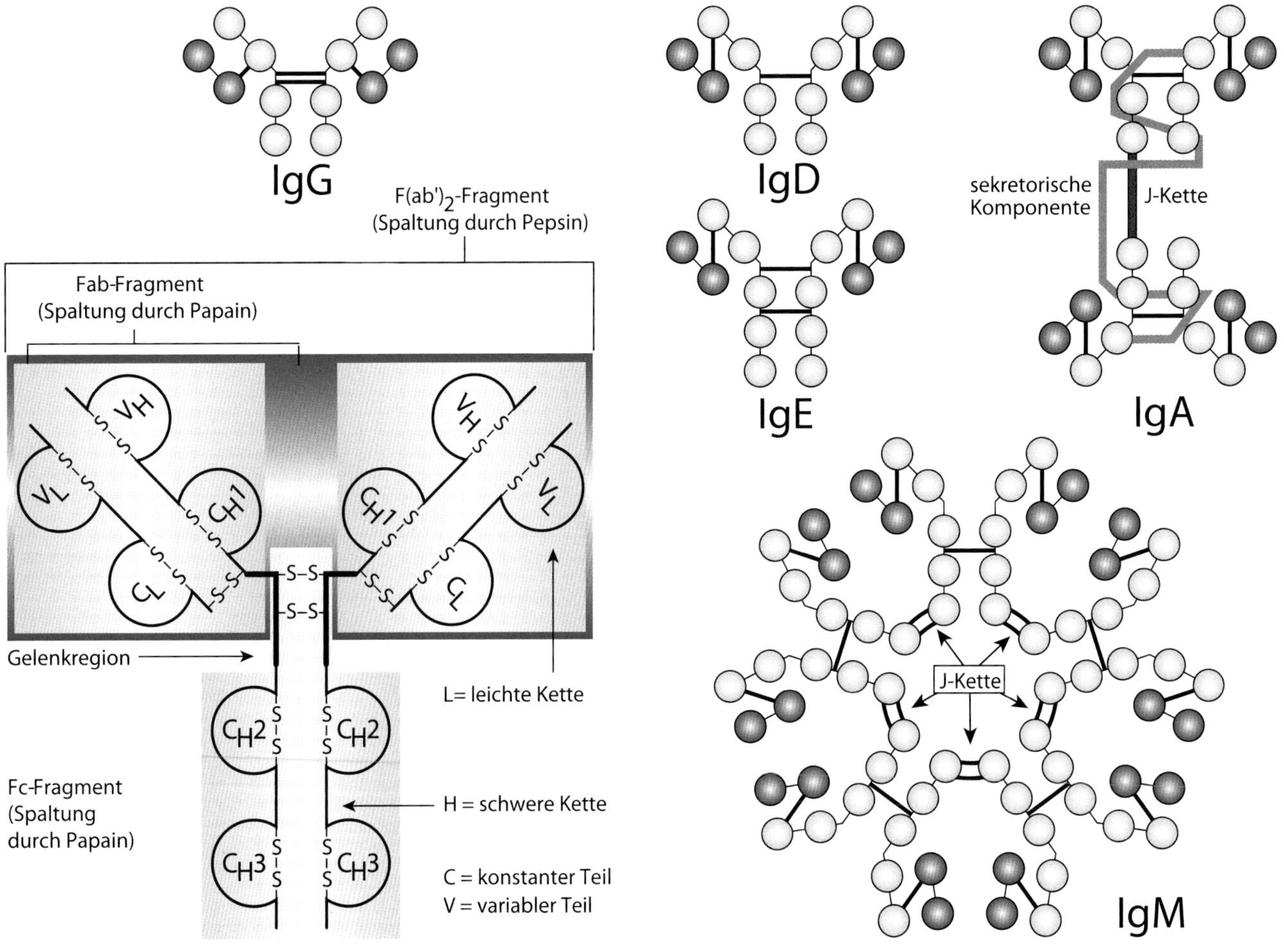

Abb. 9.1 Antikörper: Grundstruktur und Domänen

Die schweren Ketten treten in 5 Formen auf; die Symbole sind γ, μ, α, ε und δ. Die H-Ketten-Charakteristik bestimmt die Ig-Klasse. IgG hat das H-Kettenmerkmal γ, IgM das Merkmal μ, für IgA gilt sinngemäß α, für IgE ε, für IgD δ. In jeder Ig-Klasse kommt also nur ein einziger H-Kettentyp vor. In diesem Sinne enthält IgG stets γ-Ketten, IgM μ-Ketten, IgA α-Ketten, IgE ε-Ketten und IgD δ-Ketten.

Da die schweren Ketten der Subklassen von IgG und IgA sich nochmals voneinander unterscheiden, werden sie beim Menschen als γ1, γ2, γ3 und γ4 sowie α1 und α2 bezeichnet. Die **Grundstruktur** der einzelnen Ig-Klassen lässt sich leicht in einer Kurzbezeichnung ausdrücken. Beim IgG1 lautet die entsprechende Formel γ1κ oder γ1λ; beim IgM μκ oder μλ.

9.1.2 Antikörperfragmente nach enzymatischem Abbau

Zur Aufklärung der Antikörperstruktur haben Abbaustudien mit den Enzymen Papain und Pepsin entscheidend beigetragen (◘ Abb. 9.1):

Papain spaltet das IgG-Molekül unter geeigneten Bedingungen in 3 Fragmente, 2 von ihnen sind identisch und binden beide Antigene.

- Das 3. Fragment ist zur Antigenbindung unfähig. Bei Antikörpern ein- und derselben Klasse ist es homogen und kristallisiert leicht aus. Es wird deshalb als **Fc** abgekürzt („**f**ragment **c**rystallizable"). Das Fc-Stück vermittelt beim intakten Antikörper diverse biologische Funktionen; diese sind bei allen Antikörpern einer Klasse, unabhängig von der Antigenspezifität, vorhanden:
  - Das Fc-Stück des IgG oder des IgM aktiviert z. B. das Komplementsystem.
  - Das Fc-Stück des IgE vermittelt die Bindung dieser Antikörper an Mastzellen.
- Im Unterschied zum Fc-Stück sind die antigenbindenden Fragmente bei Antikörpern unterschiedlicher Spezifität heterogen: Sie werden mit **Fab** („**f**ragment **a**ntigen **b**inding") abgekürzt. Das Fab-Fragment ist somit für die Antigenspezifität eines Antikörpers verantwortlich.

Durch Behandlung mit **Pepsin** wird das IgG-Molekül anders gespalten (◘ Abb. 9.1):

- Das antigenbindende Fragment ist schwerer und enthält noch Disulfidbrücken; es besitzt 2 Antigenbindungsstellen und wird als F(ab')2 bezeichnet.
- Der Fc-Abschnitt des Antikörpermoleküls zerfällt bei dieser Behandlung in mehrere Bruchstücke.

9.1.3 Antikörperdomänen

Als **Domänen** bezeichnen wir Proteinabschnitte, die einen hohen Grad an Homologie aufweisen. Homologie bezieht sich hierbei auf die Ähnlichkeit der Aminosäuresequenz. Domänen sind wiederholt ausgeprägte (repetitive) Elemente einer Proteinkette; man führt ihre Abstammung auf eine gemeinsame Vorläufereinheit zurück. Bei Antikörpern umfasst eine Domäne einen Abschnitt von ca. 110 Aminosäuren. Durch eine ketteneigene Disulfidbrücke erhält die Antikörperdomäne die Struktur einer Schleife (◘ Abb. 9.1).

Domänen der leichten Ketten

Die leichten Ketten vom κ- oder λ-Typ bestehen aus etwa 220 Aminosäuren:

- Die aminoterminalen 110 Aminosäuren zeigen bei Antikörpern verschiedener Spezifität eine hohe Variabilität. Dieser Bereich wird deshalb als **variable Region** der leichten Kette bezeichnet, kurz V_L bzw. V_κ und V_λ.
- Dagegen sind die karboxyterminalen 107 Aminosäuren bis auf geringe Unterschiede gleich; sie bilden die **konstante Region,** kurz C_L bzw. C_κ und C_λ.

Die variable und konstante Region der leichten Kette bestehen damit aus jeweils einer Domäne. Betrachtet man den Fc-Abschnitt des Antikörpermoleküls als dessen Zentrum, so liegt die konstante Region der L-Kette zentralwärts und die variable Region peripherwärts (◘ Abb. 9.1).

Domänen der schweren Ketten

Die schweren Ketten unterscheiden sich voneinander stärker als die leichten Ketten; sie sind nicht nur für die Unterschiede zwischen den einzelnen Antikörperspezifitäten, sondern auch für die Zugehörigkeit zu den Ig-Klassen verantwortlich. Der allgemeine Bauplan gilt jedoch für alle schweren Ketten.

Eine schwere Kette ist aus ca. 440 oder 550 Aminosäuren aufgebaut. Die variable Region (V_H) am aminoterminalen Ende besteht auch hier aus einer Domäne von 110 Aminosäuren, während die konstante Region (C_H) in 3 bzw. 4 Domänen von jeweils ca. 110 Aminosäuren gegliedert ist. Die Domänen im konstanten Teil der schweren Ketten werden mit C_H1, C_H2, C_H3 bezeichnet. Dies gilt für die Ketten des Typs γ, α und δ. Bei den Ketten des Typs μ und ε kommt noch eine 4. Domäne C_H4 hinzu.

Je 2 leichte Ketten ein- und desselben Typs (also κ oder λ) sind mit 2 schweren Ketten ein- und desselben

Typs (also γ, μ, α, ε oder δ) über Disulfidbrücken so verbunden, dass sich die homologen Domänen der leichten und der schweren Ketten gegenüberliegen. V_L liegt also vis-à-vis von V_H und C_L vis-à-vis von C_H1. Bei den Klassen IgG, IgD, IgE und IgA ist das so beschriebene (aus 4 Ketten bestehende) Molekül mit dem Antikörper identisch, bei den Polymeren IgM und dem sekretorischen IgA stellt es eine Untereinheit dar (◘ Abb. 9.1).

Zwischen C_H1- und C_H2-Domäne liegen etwa 15 Aminosäuren. Hier befinden sich diejenigen Disulfidbrücken, welche die beiden schweren Ketten miteinander verbinden, sowie die Angriffspunkte für die Enzyme Papain und Pepsin. Dieses Gebiet zeigt keine Sequenzhomologie mit den Domänen und ist für jede Ig-Klasse charakteristisch. Der Antikörper gewinnt durch diesen Sequenzabschnitt eine große Flexibilität und kann dadurch unterschiedlich weit entfernte Epitope gleichzeitig binden. Er wird deshalb als **Gelenk-** oder **Scharnier-Region** („hinge region") bezeichnet.

Die Domänen der schweren Ketten tragen unterschiedlich viele **Kohlenhydratreste.** Die Kohlenhydratbindungsstellen sind bei den einzelnen Klassen und Subklassen unterschiedlich lokalisiert. Beim humanen IgG, bei dem der Kohlenhydratanteil 2–3 % beträgt, sind die Zucker lediglich an die C_H2-Domäne gebunden, während beim IgM mit 12 % Kohlenhydratanteil alle 4 konstanten Domänen Kohlenhydratreste tragen.

9.1.4 Antigenbindungsstelle und hypervariable Bereiche

Die Domänen V_H und V_L bilden zusammen die Antigenbindungsstelle. Die Tatsache, dass 2 verschiedene Polypeptidketten an der Bindungsstelle beteiligt sind, trägt zur Erhöhung der Antikörpervielfalt bei (► Abschn. 9.10.2). Wie genauere Unter-suchungen ergaben, variieren innerhalb der variablen Domänen nicht alle Aminosäuren gleichmäßig stark: Neben konstanten und geringgradig variablen Bereichen (Rahmenbezirken) gibt es **hypervariable Bezirke.** Diese sind für die Spezifität des Antikörpers maßgebend: Der Antikörper kann mit dem kritischen Molekülabschnitt des Antigens, dem Epitop, nur dann reagieren, wenn die hypervariablen Abschnitte seiner H- und seiner L-Ketten eine dafür geeignete Aminosäuresequenz aufweisen. Ist dies der Fall, dann kann der Antikörper das Epitop binden. Man bezeichnet das für die Bindung geeignete Strukturverhältnis zwischen Antigen und Antikörper als **Komplementarität.**

9.1.5 Antikörperklassen

◘ Tab. 9.1 fasst die wichtigsten Eigenschaften der einzelnen Antikörperklassen zusammen.

Immunglobulin G

Antikörper der Klasse IgG sind Monomere mit 150.000 Dalton (150 kD) Molekularmasse und einer Sedimentationskonstante von 7 S. Ihre Struktur kommt dem oben beschriebenen Grundmolekül am nächsten. IgG-Antikörper sind mit einem Anteil von ca. 75 % am Gesamt-Ig die biologisch **wichtigste Antikörperklasse.** Sie kommen nicht nur im Serum, sondern auch in anderen Körperflüssigkeiten (Sekrete, Synovial-, Pleural-, Peritoneal-, Amnionflüssigkeit etc.) vor. Die Klasse IgG enthält die für die **Sekundärantwort** (► Abschn. 9.4) typischen Antikörper. Sie lässt sich aufgrund geringerer Unterschiede noch einmal in folgende Subklassen unterteilen – Mensch: IgG1 bis IgG4; Maus: IgG1, IgG2a, IgG2b und IgG3.

Immunglobulin M

Antikörper der Klasse IgM haben eine Molekularmasse von 970 kD und eine Sedimentationskonstante von 19 S. Sie sind Pentamere und bestehen aus 5 identischen Untereinheiten mit je 180 kD. Diese sind über Disulfidbrücken verbunden. Für den Zusammenhalt der 5 Untereinheiten ist ein Polypeptid mit 15 kD Molekularmasse mitverantwortlich: die **J-Kette** („joining"; ◘ Abb. 9.1).

IgM macht etwa 10 % des Gesamt-Ig aus. Es repräsentiert in typischer Weise diejenigen Antikörper, die bei der **Primärantwort** (► Abschn. 9.4) gegen ein Antigen entstehen und früh im Blut auftauchen. Da für die IgM-Antwort kein immunologisches Gedächtnis besteht, ist ein plötzlicher IgM-Titer-Anstieg ein wichtiger Hinweis auf eine kürzlich durchgemachte **Erstinfektion.** IgM-Monomere auf der Oberfläche von B-Lymphozyten (m-IgM = Membran-IgM) dienen als zellständige Antigenrezeptoren.

Immunglobulin A

IgA kommt als Monomer und Dimer, aber auch als höherwertiges Polymer vor. IgA-Monomere haben eine Molekularmasse von 150 kD, IgA-Dimere 380 kD. IgA machen im Serum ca. 15 % des Gesamt-Ig aus.

Das **sekretorische IgA** ist in den externen Körperflüssigkeiten (Tracheobronchial-, Intestinal- und Urogenitalschleim, Milch, Kolostrum etc.) enthalten. Es stellt eine bedeutende Abwehrbarriere für Krankheitserreger dar. Sekretorisches IgA liegt als **IgA-Dimer** vor:

- 2 IgA-Monomere sind durch eine **J-Kette** verbunden.
- Ein weiteres Polypeptid mit 70 kD Molekularmasse, die sog. **sekretorische Komponente** des IgA-Dimers (◘ Abb. 9.1), wird von Epithelzellen gebildet, ermöglicht den Dimertransport durch diese Zellen und schützt es weitgehend vor proteolytischem Abbau.

Beim Menschen existieren 2 IgA-Subklassen: IgA1 und IgA2.

Immunglobulin D

IgD-Moleküle sind Monomere mit 170–200 kD Molekularmasse und einem Anteil von weniger als 1 % der Serumimmunglobuline. IgD wird in freier Form rasch abgebaut. In seiner Hauptaufgabe fungiert es bei ruhenden B-Zellen als **Antigenrezeptor.** IgD wird von Plasmazellen jedoch nicht sezerniert.

Immunglobulin E

IgE-Antikörper sind Monomere mit 190 kD Molekularmasse. Im Serum macht freies IgE nur einen verschwindend kleinen Anteil aus. Basophile und eosinophile Granulozyten sowie Mastzellen besitzen für das Fc-Stück des IgE-Antikörpers Rezeptoren mit hoher Affinität (▶ Abschn. 9.8.5). Dies ist der Grund dafür, dass der weitaus größte Teil des IgE zellgebunden vorliegt. Gebundenes IgE funktioniert auf Eosinophilen, Basophilen und Mastzellen wie ein Antigenrezeptor. Seine Reaktion mit Antigen bewirkt die Ausschüttung von Mediatoren der **anaphylaktischen Reaktion.** IgE gilt deshalb als Träger der **Sofortallergie.** Es spielt auch bei der Infektabwehr gegen **pathogene Würmer** eine wichtige Rolle.

9.2 Von B-Lymphozyten erkannte Antigene

Ein Antigen ist ein Molekül, das in vivo und in vitro mit den Trägern der Immunkompetenz (T-Zellen und Antikörper) spezifisch und biologisch wirksam reagieren kann. An dieser Stelle werden nur die Antigene der humoralen Immunantwort behandelt. Chemisch gehören sie in 1. Linie zu den Proteinen und Kohlenhydraten. Lipide und Nukleinsäuren besitzen, wenn überhaupt, nur schwache Antigenität.

Ein Antikörper erkennt auf dem Antigen nur einen relativ kleinen Molekülbereich, das **Epitop** oder die **Determinante.** Ein Antigenmolekül trägt in der Regel mehrere Determinanten. Die Epitope der Proteine bestehen aus 6–8 Aminosäuren, die von Kohlenhydraten aus 6–8 Monosaccharidmolekülen. Die Determinanten des Antigens lassen sich isolieren oder künstlich herstellen. Freie Epitope dieser Art nennt man **Haptene.** Haptene können zwar mit Antikörpern reagieren; für sich allein vermögen sie aber keine Immunantwort hervorzurufen. Durch Kopplung an ein großes **Trägermolekül** wird das Hapten zum **Vollantigen.** Dieses kann im Versuchstier eine (hapten)spezifische Immunantwort hervorrufen.

Biologisch hängt die **Antigenität** eines Moleküls vom Grad der Fremdheit zwischen Antigen und Organismus ab. Im Allgemeinen haben körpereigene Moleküle für das Individuum, von dem sie abstammen, keine Antigenwirkung. Proteine verschiedener Individuen wirken innerhalb einer Spezies häufig nicht als Antigene. Menschen reagieren z. B. nicht auf Humanalbumin, während Rinderalbumin, das chemisch nur geringfügig von Humanalbumin abweicht, für den Menschen stark antigen wirkt.

Es gibt jedoch Substanzen, deren Struktur bei verschiedenen Individuen einer Spezies variiert und die innerhalb der Spezies u. U. als Antigene wirken. Beispiele hierfür sind die **Blutgruppensubstanzen** (▶ Kap. 11), die **Ig-Allotypen** (s. u.) und die **Haupthistokompatibilitätsantigene** (▶ Kap. 12). Für die beschriebenen Beziehungen zwischen dem Grad der Fremdheit und der Antigenität haben sich die folgenden Begriffe eingebürgert:

- **Autologe** oder **autogene Situation:** Antigen und Antikörper stammen vom selben Individuum. Normalerweise wirkt das entsprechende Molekül nicht als Antigen. Es gibt aber Zustände, bei denen autologe Antigene eine Immunreaktion hervorrufen und dadurch zur **Autoimmunerkrankung** führen können.
- **Syngene Situation:** Antigen und Antikörper stammen von genetisch identischen Individuen. Syngene Verhältnisse liegen bei eineiigen Zwillingen vor und bei für immunologische oder genetische Untersuchungen gezüchteten Inzuchttieren. Immunologisch ist die syngene Beziehung mit der autologen identisch (▶ Kap. 12).
- **Allogene Situation:** Antigene, die bei Individuen einer Spezies in unterschiedlicher Form vorkommen, wirken als Alloantigene.
- **Xenogene Situation:** Antigen und Antikörper stammen von verschiedenen Arten ab. Xenoantigene stellen die stärksten Antigene dar. Sie werden manchmal als heterologe Antigene oder Heteroantigene bezeichnet (nicht zu verwechseln mit heterogenetischen [heterophilen] Antigenen).

Als **heterogenetische** oder **heterophile Antigene** bezeichnet man immunologisch ähnliche oder identische Antigene, die bei verschiedenen Spezies vorkommen (▶ Kap. 11). Diese werden von sog. kreuzreaktiven Antikörpern über die Speziesbarriere hinweg erkannt. Die Antikörper kreuzreagieren also mit Strukturen von unterschiedlichen Spezies. Die heterogenetischen Antigene von Darmbakterien werden für die Entstehung der natürlichen Antikörper gegen die Blutgruppenantigene des AB0-Systems verantwortlich gemacht (▶ Kap. 11); heterogenetische Antigene mikrobieller Herkunft können zu Autoimmunerkrankungen führen (▶ Kap. 15).

9.3 Antikörper als Antigene

Als Glykoproteine üben Antikörper im Organismus einer anderen Art oder in einem fremden Individuum die Wirkung eines Antigens aus. Die dafür maßgeblichen Determinanten lassen sich in 3 Kategorien einordnen:

- Isotypen
- Allotypen
- Idiotypen

Isotypen Als Isotyp bezeichnet man die Merkmale im konstanten Teil der leichten und der schweren Ketten. Dementsprechend sind isotypische Determinanten für einen Kettentyp charakteristisch; sie sind bei allen Individuen einer Spezies gleich. Ein Antikörper gegen die isotypische Determinante der γ-Kette reagiert mit dem IgG aller Normalpersonen; ein Antikörper gegen eine isotypische Determinante der κ-Kette reagiert mit allen Antikörpern der Klasse IgG, IgA, IgM, IgD und IgE, sofern sie leichte Ketten vom κ-Typ tragen. Die isotypischen Determinanten der schweren Ketten bestimmen die Antikörperklasse.

Allotypen Einige Individuen zeigen in der schweren γ- oder α-Kette bzw. in den leichten Ketten eine Abänderung, die auf eine Aminosäuresubstitution im konstanten Bereich zurückzuführen ist. So findet man bei einigen Individuen in Position 436 des IgG3 einen Aminosäureaustausch, der zu einer allotypischen Antikörpervariante führt. Allotypen wirken im Körper von Individuen, die davon frei sind, als Antigen.

▪ Idiotypen

Antikörper mit unterschiedlichen Antigenspezifitäten unterscheiden sich in ihrem variablen Bereich. Wie oben beschrieben (▶ Abschn. 9.1.4) ist dies auf unterschiedliche Aminosäuresequenzen im Bereich der Antigenbindungsstelle zurückzuführen. Dadurch kommt es an der Antigenbindungsstelle zur Bildung von Determinanten, die für die Antikörper einer bestimmten Spezifität jeweils charakteristisch sind. Diese Determinanten werden als Idiotypen bezeichnet. Sie können autoimmunogen wirken und das Immunsystem, das sie produziert hat, stimulieren. Weiterhin können Antikörper gegen den Idiotypen das Antigen „imitieren", für das der idiotyptragende Antikörper spezifisch ist.

9.4 Verlauf der Antikörperantwort

Wird der Säugerorganismus erstmals mit einem Antigen A konfrontiert, beginnt nach einiger Zeit und unter geeigneten Bedingungen eine messbare

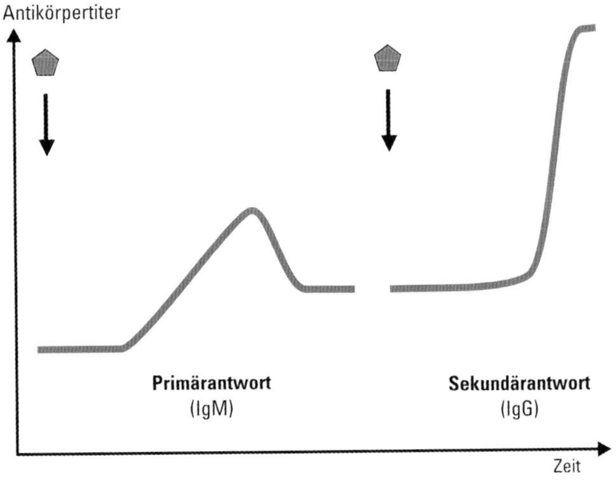

Abb. 9.2 Verlauf der Antikörperantwort. Die Serumantikörper der Primärantwort gehören zur IgM-Klasse, die der Sekundärantwort zur IgG-Klasse. Während der Sekundärantwort ist der Serumtiteranstieg schneller und stärker als bei der Primärantwort

Antikörperproduktion, die **Primärantwort.** Meist steigt die Antikörperkonzentration im Blut (der „Serumtiter") nach etwa 8 Tagen Latenz exponentiell an und erreicht dann ein Plateau. Anschließend fällt sie wieder ab (Abb. 9.2). Die Antikörper der Primärantwort gehören hauptsächlich zur **IgM-Klasse.** Das Serum eines derart immunisierten Tiers wird als **Antiserum** bezeichnet. Die gebildeten Antikörper und damit auch das Antiserum sind spezifisch für A: Prinzipiell werden sie durch kein anderes Antigen hervorgerufen und reagieren auch mit keinem anderen Antigen.

Verabreicht man Antigen A nach Abfall des Antikörpertiters ein 2. Mal, ist die Latenzperiode sehr kurz; die Antikörperantwort fällt stärker aus und dauert länger an: **Sekundärantwort** oder anamnestische Reaktion. Diesmal überwiegen stets Antikörper der **IgG-Klasse** (Abb. 9.2). Auch die Sekundärantwort ist antigenspezifisch. Dieser Sachverhalt ist für das Verständnis der Immunantwort von großer Bedeutung; er stellt u. a. die Grundlage für die Impfung gegen viele Krankheitserreger dar.

9.5 Poly-, oligo- und monoklonale Antikörper

Wie in ▶ Abschn. 9.9 ausführlich geschildert, werden Antikörper **einer** Spezifität von den Nachkommen („Klon") **einer** Zelle gebildet und sind deshalb identisch. Die Antikörperantwort gegen komplexe Antigene setzt sich aber aus Antikörpern unterschiedlicher Spezifität zusammen. „Poly-, oligo- bzw. monoklonal" bezieht sich darauf, dass für die Synthese dieser unterschiedlichen Antikörper sehr viele verschiedene Klone (polyklonal), einige verschiedene Klone (oligoklonal) bzw. ein einziger Klon (monoklonal) zuständig sind bzw. ist.

Da ein Proteinantigen zahlreiche Determinanten unterschiedlicher Struktur trägt, bildet der Organismus bei der Immunisierung gegen ein und dasselbe Antigenmolekül Antikörper mit unterschiedlicher Spezifität (◘ Abb. 9.3). Außerdem existieren für jede Determinante Antikörper mit verschieden großer Affinität (► Abschn. 9.6). Demnach ist die Antikörperantwort so gut wie immer polyklonal. Trägt das Antigen nur wenige Determinantentypen oder gar nur einen einzigen Strukturtyp, kann die Antikörperantwort oligoklonal ausfallen.

Mithilfe der B-Zell-Hybridisierungstechnik lassen sich große Mengen identischer Antikörpermoleküle mit gewünschter Spezifität produzieren; diese Antikörper sind monoklonal.

Monoklonale Antikörper unbekannter Spezifität werden beim **multiplen Myelom** gebildet. Bei dieser onkologischen Krankheit produzieren die Nachkommen eines transformierten Plasmazellklons Antikörper einer einzigen Spezifität und Klasse. Im Urin findet man meist größere Mengen freier L-Ketten, das sog. Bence-Jones-Protein. Das Serum enthält in der Regel hohe Konzentrationen eines monoklonalen Antikörpers (Myelomprotein).

Produktion monoklonaler Antikörper durch B-Zell-Hybridome Durch Verschmelzung antikörperproduzierender Plasmazellen mit geeigneten Tumorzellen ist es G. Köhler und C. Milstein erstmals gelungen, Zwitterzellen oder Hybridome zu schaffen. Diese vereinen die Fähigkeit der B-Zelle zur Antikörperproduktion mit der raschen und zeitlich unbegrenzten Vermehrungsfähigkeit der Tumorzelle. Einzelne Hybridomzellen liefern unter geeigneten Kulturbedingungen große Mengen identischer Nachkommen. Die von diesen Klonen produzierten Antikörper haben alle die gleiche Spezifität: Sie sind monoklonal.

Die Möglichkeit, monoklonale Antikörper herzustellen, hat nicht nur die **klonale Selektionstheorie** (► Abschn. 9.9) von F. M. Burnet bestätigt; sie brachte für zahlreiche biotechnologische Bereiche entscheidende Fortschritte. In der Medizin finden monoklonale Antikörper bei einer Fülle diagnostischer Fragestellungen Anwendung; ihr therapeutischer Einsatz hat insbesondere bei Krebs- und Autoimmunerkrankungen bereits begonnen.

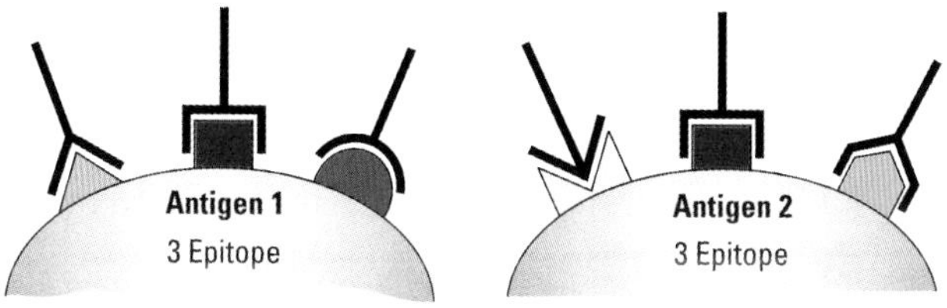

◘ **Abb. 9.3** Zwei Antigene mit unterschiedlichem, aber überlappendem Epitopmuster; aufgrund des einen gemeinsamen Epitops (rot) beider Antigene ergibt sich eine sog. Kreuzreaktion (► Abschn. 9.7) beider (oligoklonalen) Antikörpermischungen

9.6 Stärke der Antigen-Antikörper-Bindung

Die Reaktion zwischen Antigen und Antikörper führt zur Kopplung beider Moleküle. Es entsteht ein Komplex, an dessen Zustandekommen keine chemischen, sondern lediglich nichtkovalente Bindungskräfte beteiligt sind: Der Antigen-Antikörper-Komplex beruht auf **nichtkovalenten Bindungen** und ist daher reversibel. Die Bindung zwischen Antigen und Antikörper lässt sich durch Änderung der physikochemischen Milieubedingungen aufheben, etwa durch pH-Erniedrigung oder Erhöhung der Ionenstärke. Die Bindungsstärke eines Antikörpers an eine bestimmte Determinante wird als **Antikörperaffinität** bezeichnet. Gegenüber verschiedenen, aber ähnlichen Determinanten kann ein und derselbe Antikörper eine hohe oder niedrige Affinität besitzen.

Zur summarischen Charakterisierung der Bindungsstärke zwischen polyklonalen Antikörpern und ihrem homologen Antigen hat sich der Begriff **Avidität** eingebürgert; diese hängt u. a. ab von

- der Affinität der verschiedenen Antikörper für die Antigendeterminanten,
- der Konzentration der Antikörper und des Antigens.

9.7 Kreuzreaktivität und Spezifität

Ein bestimmter Antikörper kann durchaus mit unterschiedlichen Antigenen reagieren: Besitzen ansonsten unterschiedliche Antigene 1 und 2 eine gemeinsame Determinante X (roter Kubus in bb. 9.3), so werden sämtliche Antikörper, die für diese Determinante spezifisch sind, mit Antigen 1 sowie mit Antigen 2 reagieren. Die X-erkennenden Antikörper werden als **kreuzreaktiv** bezeichnet. Zwar ist bei monoklonalen Antikörpern gewährleistet, dass sie für eine einzige Determinante spezifisch sind – dennoch werden monoklonale Antikörper, die gegen eine gemeinsame Determinante zweier Antigene gerichtet sind, mit diesen beiden ansonsten unterschiedlichen Antigenen kreuzreagieren.

Polyklonale Antiseren bestehen häufig aus einer Mischung antigenspezifischer und kreuzreaktiver Antikörper. Aus einem polyklonalen Antiserum kann man die kreuzreagierenden Antikörper durch Adsorption weitgehend entfernen und dadurch dessen Spezifität erhöhen.

9.8 Folgen der Antigen-Antikörper-Reaktion in vivo

In vivo ablaufende Reaktionen zwischen Antikörpern und löslichen oder unlöslichen, partikelhaften Antigenen haben für den Mikroorganismus beträchtliche primäre und sekundäre Folgen:

- Toxin- und Virusneutralisation
- Opsonisierung
- antikörperabhängige zellvermittelte Zytotoxizität
- Komplementaktivierung
- allergische Sofortreaktion
- Immunkomplexbildung

Auch die Reaktion zwischen Antigen und homologen Antikörpern **in vitro** bewirkt zahlreiche Effekte. Diese werden in ▶ Kap. 11 gesondert besprochen.

9

9.8.1 Toxin- und Virusneutralisation

Die spezifische Bindung von Antikörpern an bakterielle Toxine wie z. B. Diphtherie-, Tetanus-, Botulinustoxin verhindert die Bindung des Toxins an die zellulären Rezeptoren und blockiert auf diese Weise die Toxinwirkung (▶ Kap. 16). Bei bestimmten Viren führt die Reaktion mit Antikörpern ebenfalls zu deren Neutralisation. Antikörper verhindern die Bindung der Viren an ihre Zielzellen. Ein anderer Antikörpereffekt besteht darin, die Zahl der infektiösen Einheiten durch „Verklumpung" herabzusetzen. Diese „Antigenverklumpung" durch Antikörper wird als **Agglutination** bezeichnet (▶ Kap. 11).

9.8.2 Opsonisierung

Da Phagozyten (neutrophile Granulozyten und Makrophagen) Rezeptoren für das Fc-Stück der IgG-Antikörper (Fc-Rezeptoren) besitzen, erleichtert die Bindung des Antikörpers an Fremdpartikel deren Phagozytose (▶ Kap. 14). Dieses Prinzip der Beladung von Zelloberflächen mit Erkennungsproteinen (Opsonisierung) spielt besonders bei Krankheitserregern wie kapseltragenden Bakterien eine Rolle, die wie z. B. Pneumokokken antiphagozytäre Strukturen besitzen: Solche Erreger lassen sich auf diese Weise doch noch der Phagozytose zuführen (▶ Kap. 16).

9.8.3 Antikörperabhängige zellvermittelte Zytotoxizität

NK-Zellen besitzen Fc-Rezeptoren für IgG-Antikörper (▶ Kap. 7). Sie können daher antikörperbeladene Wirtszellen über das Fc-Stück des gebundenen Ig erkennen. Diese Reaktion bewirkt beim erkennenden Lymphozyten die Sekretion zytolytischer Moleküle, welche die beladene Zelle abtöten (▶ Kap. 13). Die antikörperabhängige zellvermittelte Zytotoxizität („antibody dependent cellular cytotoxicity", ADCC) spielt bei der Tumor- und Virusabwehr sowie bei bestimmten Parasitenerkrankungen eine Rolle.

9.8.4 Komplementaktivierung

Die Antigen-Antikörper-Reaktion führt häufig zur Aktivierung des Komplementsystems (▶ Kap. 10); hier sei zunächst nur auf die Folgen der Komplementaktivierung hingewiesen:

- Bakteriolyse
- Virusneutralisation
- Opsonisierung
- Anlockung von Entzündungszellen

9.8.5 Allergische Sofortreaktion

IgE-Moleküle, die über ihren Fc-Teil an Eosinophile oder Basophile oder an Mastzellen gebunden sind, können mit dem homologen Antigen reagieren; dies führt zu einer allergischen Sofortreaktion (▶ Kap. 15).

9.8.6 Immunkomplexbildung in vivo

In Antigen-Antikörper-Komplexen, die in vivo unter den Bedingungen der Äquivalenz oder des **Antikörperüberschusses** entstehen (▶ Kap. 11), bleiben zahlreiche Fc-Stücke frei. Entsprechend können die Immunkomplexe über ihre Fc-Rezeptoren phagozytiert und abgebaut werden (▶ Kap. 15).

Entstehen Antigen-Antikörper-Komplexe dagegen bei **Antigenüberschuss,** so ist die Phagozytosefähigkeit gering. Denn jeder Komplex trägt unter diesen Bedingungen nur wenige Antikörpermoleküle. Solche Komplexe werden schlecht abgebaut. Ihre Ablagerung in Haut, Nieren oder Gelenkräumen kann zu schwerwiegenden Entzündungsreaktionen und Gewebeschädigungen führen (▶ Kap. 15).

9.9 Klonale Selektionstheorie: Erklärung der Antikörpervielfalt

Da sich der Säugerorganismus während seines Lebens mit einer Vielzahl diverser Antigene auseinanderzusetzen hat, muss er eine riesige Zahl unterschiedlicher Antikörper produzieren können. Die **klonale**

Selektionstheorie (Burnet) erklärt das Problem der Antikörpervielfalt.

In einer frühen Entwicklungsphase der B-Lymphozyten entstehen Zellen unterschiedlicher Spezifität. Die Diversität entwickelt sich **vor** der Erstkonfrontation mit dem Antigen ohne jeden Antigeneinfluss. Die entstandenen Zellen exprimieren jeweils Rezeptoren einer einzigen Spezifität. Der spätere Erstkontakt mit dem komplementären Antigen bewirkt die selektive Vermehrung und Differenzierung der Zellen. Man kann sich diesen Sachverhalt so vorstellen, dass das Antigen unter den B-Zellen eine Wahl (Selektion) trifft, indem es mit den zuständigen Zellen reagiert (◘ Abb. 9.4).

Unter dem Einfluss des Antigens entstehen zum einen Plasmazellen, die Antikörper der ursprünglichen Spezifität produzieren; beim Erstkontakt mit dem Antigen bilden diese Zellen hauptsächlich Antikörper der IgM-Klasse. Durch Ig-Klassenwechsel entstehen Plasmazellen, die Antikörper einer bestimmten Ig-Klasse sezernieren. Zum anderen entstehen im Rahmen der Primärantwort Gedächtniszellen; diese sind dafür verantwortlich, dass sich nach Zweitkontakt mit dem gleichen Antigen rasch Plasmazellen entwickeln, die jetzt Antikörper derselben Ig-Klasse sezernieren (◘ Abb. 9.5).

Demnach existiert für jedes Antigen bereits vor dem Antigenerstkontakt eine bestimmte Anzahl zuständiger (komplementärer) Zellen. Die Nachkommen einer antigenspezifischen Zelle werden als Klon bezeichnet. Unter dem Einfluss des Antigens kommt es zur **klonalen Expansion** und Differenzierung. Somit wird die humorale Immunantwort beim Zweitkontakt mit einem Erreger von 2 B-Zell-Typen getragen:

- **Plasmazellen,** die sich nicht mehr vermehren, dafür aber große Antikörpermengen (>100 Moleküle/s) sezernieren, die mit dem Erreger sofort reagieren. Die bereits existierenden Serumantikörper sind für die rasche Neutralisation hochwirksamer Erregerprodukte, z. B. Toxine, entscheidend.

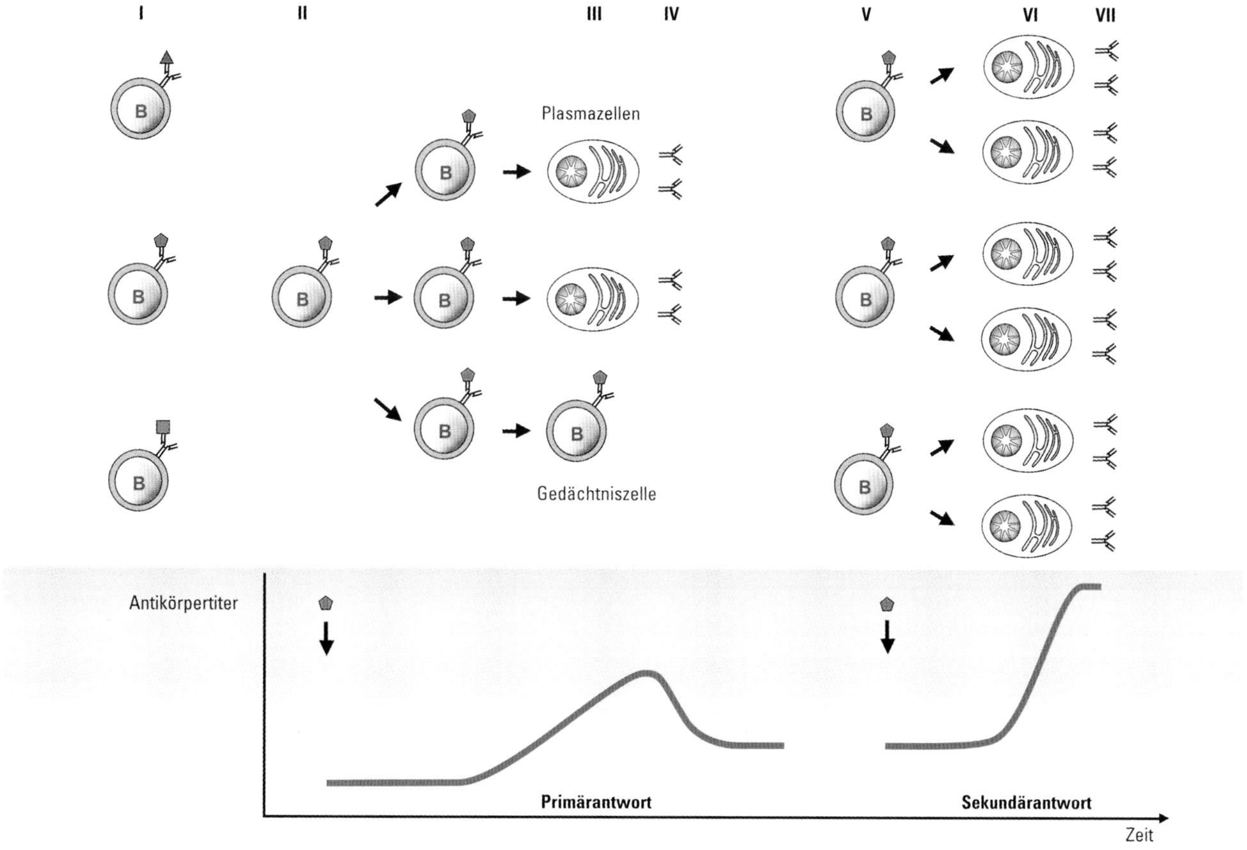

◘ **Abb. 9.4** Klonale Selektionstheorie und Verlauf der Antikörperantwort. I: Dargestellt sind 3 B-Zellen unterschiedlicher Spezifität und ihre komplementären Antigene. II: Eine B-Zelle trifft erstmals auf ihr komplementäres Antigen. III: Durch klonale Expansion entstehen einige Gedächtniszellen und zahlreiche Plasmazellen; IV: Die Plasmazellen sezernieren Antikörper identischer Spezifität. V: Beim 2. Kontakt mit dem komplementären Antigen können die Gedächtniszellen besser reagieren. VI: Es entstehen rascher mehr Plasmazellen. VII: Daher stehen auch rascher mehr Antikörper dieser Spezifität zur Verfügung. Unten: Der Antikörpertiter bei der Sekundärantwort steigt entsprechend schneller und stärker an als bei der Primärantwort (zusätzlich kommt es zwischen Primär- und Sekundärantwort zum Ig-Klassenwechsel, typischerweise von IgM zu IgG)

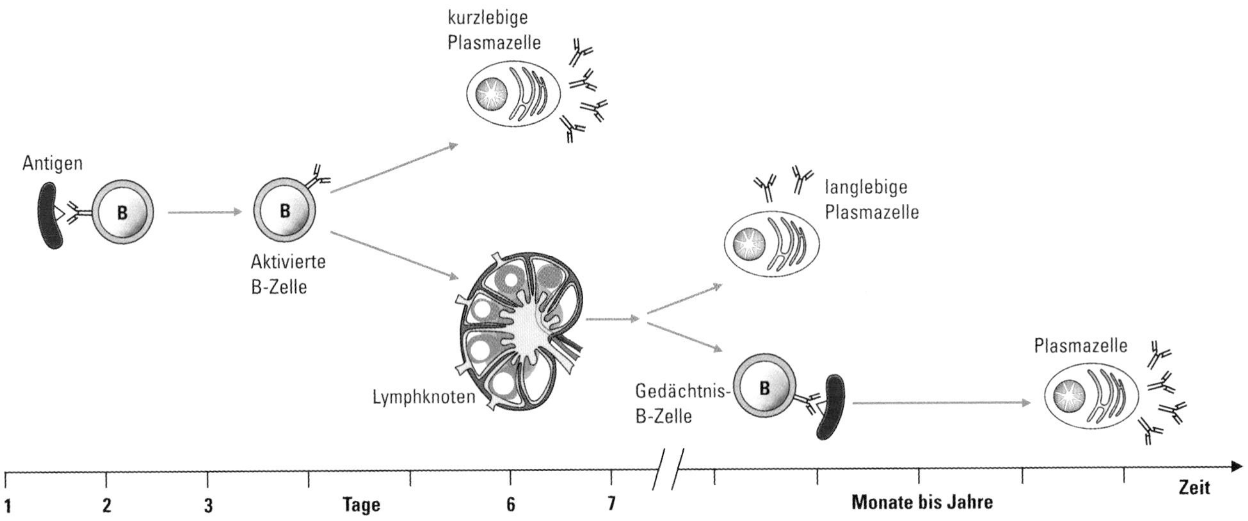

Abb. 9.5 Verlauf der B-Zell-Antwort vom Erstkontakt mit Antigen zum immunologischen Gedächtnis

  - **Kurzlebige** Plasmazellen sind für die prompte Antikörperantwort zuständig.
  - **Langlebige** Plasmazellen garantieren eine lang anhaltende Immunantwort.
- **Gedächtnis-B-Lymphozyten,** die selbst keine Antikörper produzieren, sich nach Zweitkontakt mit dem Erregerantigen aber rasch vermehren und in Plasmazellen ausreifen. Der rasche Antikörperanstieg nach Zweitkontakt ist auf die Differenzierung der Gedächtnis-B-Zellen zu antikörperproduzierenden Plasmazellen zurückzuführen.

Die klonale Selektionstheorie ist experimentell bestätigt worden; heute stellt sie ein Dogma der Immunologie dar. Im Prinzip gelten die geschilderten Vorgänge auch für die zelluläre Immunität.

9.9.1 Toleranz gegen Selbst und klonale Selektionstheorie

Während das Immunsystem alle möglichen Fremdantigene zu erkennen vermag, ist es normalerweise unfähig, mit körper-eigenen Molekülen, sog. **Autoantigenen,** zu reagieren. Auf die Bedeutung dieser „Toleranz gegen Selbst" hatte bereits Paul Ehrlich hingewiesen und dafür den Begriff des „Horror autotoxicus" geprägt. Heute wissen wir, dass die Toleranz gegenüber Autoantigenen **nicht** a priori festgelegt ist; sie wird während einer frühen Phase der Embryonalentwicklung erworben.

Vereinfacht lässt sich sagen: Das ursprüngliche Zuständigkeitsrepertoire erstreckt sich auch auf Autoantigene. Während einer frühen Entwicklungsphase kommt es zum Kontakt zwischen den autoreaktiven B-Zell-Vorläufern und dem Autoantigen. Anders als bei der reifen B-Zelle bewirkt der Antigenkontakt in dieser Situation keine klonale Expansion und Differenzierung, sondern im Gegenteil die Inaktivierung der erkennenden Zellen (▶ Kap. 15). Offen bleibt, ob es sich bei diesem Vorgang um die materielle Eliminierung oder nur um eine funktionelle Blockade autoreaktiver Klone handelt.

Bestimmte **Autoimmunerkrankungen** scheinen allerdings darauf zurückzuführen zu sein, dass ein Klon mit Spezifität für ein körpereigenes Antigen entblockt wird und anschließend expandiert. Der nun ungezügelte Klon produziert dann Autoantikörper und verursacht autoaggressive Reaktionen (▶ Kap. 15). Bei der Basedow-Krankheit werden z. B. Antikörper gebildet, welche die Schilddrüse zur vermehrten Hormonproduktion anregen. Im Experiment lässt sich sogar bei erwachsenen Tieren mit einem sonst immunogen wirkenden Antigen Toleranz induzieren. Somit kann ein und dasselbe Antigen je nach Art der Umstände entweder immunogene oder toleranzinduzierende (tolerogene) Wirkung entfalten.

9.10 Genetische Grundlagen der Antikörperbildung

Beim immunkompetenten Individuum ist die B-Zell-Population uneinheitlich: Sie besteht aus einer großen Zahl (etwa 10^9) genetisch diverser Klone, die sich durch die Erkennungsspezifität des Antikörpers unterscheiden, den die Zelle synthetisiert. Ein gegebener Klon kann nur Antikörper einer einzigen Spezifität bilden; seine diesbezügliche Kompetenz ist unwiderruflich festgelegt („committed cell"). Die enorme Vielfalt an Antikörperspezifitäten beruht somit auf einer entsprechenden Vielfalt an jeweils zuständigen Klonen. Da die Spezifität des Antikörpers von der Aminosäuresequenz im variablen Teil der H- und der L-Kette abhängt, muss das Syntheseprogramm des jeweils zuständigen B-Zell-Klons genetisch fixiert sein.

Die genetische Vielfalt der B-Zell-Population entsteht während der Embryonalentwicklung. In dieser Phase durchlaufen die genetisch einheitlichen B-Vorläuferzellen einen Differenzierungsprozess, den man als **Diversifizierung** bezeichnet. An dessen Ende steht die genetische Vielfalt der polyklonalen Zellpopulation im reifen Immunsystem. Die genetischen Vorgänge, die zur Festlegung einer Vorläuferzelle auf eine bestimmte Spezifität führen, spielen sich beim Menschen in 3 Chromosomen ab:

- für die H-Ketten in Chromosom 14
- für die κ-Kette in Chromosom 2
- für die λ-Kette in Chromosom 22

Bei der Maus sind es die Chromosomen 12 (H-Ketten), 6 (κ-Kette) und 16 (λ-Kette).

In der DNA dieser Chromosomen kommt es zu einer Reihe von **Genrekombinationen,** die man zusammenfassend als **Genrearrangement** bezeichnet (◘ Abb. 9.6 und 9.7).

Die klassische Regel „Ein Gen – ein Polypeptid" gilt für Immunglobuline nicht. In der Keimbahn gibt es keine Gene für den variablen Teil der L- oder H-Ketten, sondern lediglich Gensegmente mit Fragmenten der dazu notwendigen Information. Die Gene entstehen erst während der Lymphozytenreifung durch Rekombination aus diesen Gensegmenten: jene für den variablen Teil der L-Kette aus 2 Segmenten, jene für den variablen Teil der H-Kette dagegen aus 3 Segmenten. Bei der Synthese der Ketten wirken somit 2 Gene zusammen: eines für den variablen und eines für den konstanten Kettenteil. Die für die Rekombination verantwortlichen Enzyme heißen rekombinationsaktivierende Gene (RAG). Die Entstehung der RAG-Proteine fällt evolutionär mit dem Auftreten der erworbenen Immunität zusammen.

Wie die meisten Gene höherer Zellen enthalten die Gene für die L- und die H-Ketten außer informationstragenden Bereichen **(Exons)** nichtkodierende Sequenzen oder **Introns.** Diese werden nach der Transkription durch **Spleißen** (seemännisch für „Zusammenfügen zweier Enden eines Taues") eliminiert, sodass die kodierenden RNA-Sequenzen aneinander-gehängt werden. So entsteht aus der primären RNA die Boten- oder mRNA.

9.10.1 Genrearrangement und Spleißen

κ-Kette

Die Nukleotidsequenzen für den variablen Teil der κ-Kette finden sich auf der DNA als eine größere Zahl kodierender Segmente (Exons). Die Segmente bilden 2 getrennte Gruppen, nämlich Vκ und etwas stromabwärts davon Jκ [V = variabel, J = „joining" (verbindend)]. Man rechnet mit etwa 40 Vκ-Fragmenten und 5 funktionellen Jκ-Fragmenten.

Der Informationsgehalt jedes Vκ-Exons bezieht sich auf die Aminosäurepositionen 1–95 im aminoterminalen Abschnitt des variablen κ-Kettenteils. Die konkrete Information ist aber von Vκ-Exon zu Vκ-Exon verschieden (Für jedes V-Segment existiert eine sog. Leader-Sequenz. Sie liegt jeweils stromaufwärts vom V-Segment und ist davon durch ein Intron getrennt [Abb. 9.6]. Die Leader-Sequenz kodiert einen für den intrazellulären Transport der H- und L-Ketten wesentlichen Poly-peptidbereich, der schlussendlich aber von der Kette abgespalten wird).

Die Gruppe der Vκ-Segmente repräsentiert somit ein Sortiment von 40 verschiedenen Aminosäuresequenzen für die Positionen 1–95. Für die 5 Jκ-Exons gilt sinngemäß das Gleiche wie für die Vκ-Exons: Sie enthalten jeweils die Information für die Aminosäurepositionen 96–110, d. h. für die letzten 15 Aminosäuren im karboxyterminalen Abschnitt des variablen κ-Kettenteils. Stromabwärts beider Segmentgruppen Vκ und Jκ findet sich das Cκ-Gen für den konstanten Teil der κ-Kette.

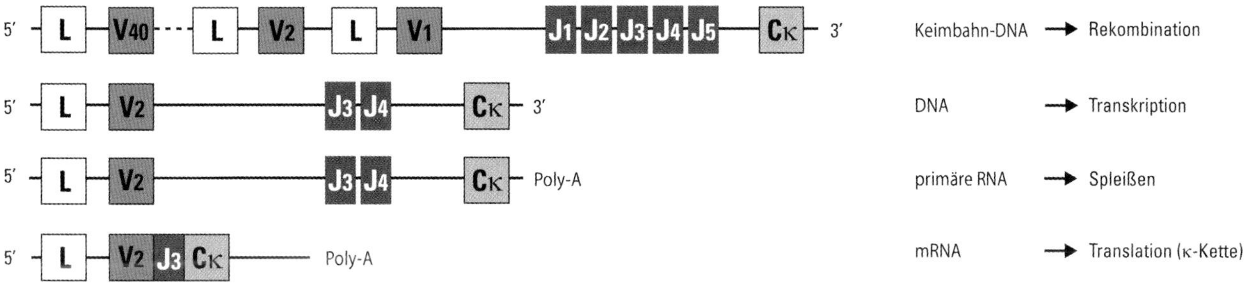

◘ **Abb. 9.6** Rekombination der leichten Kette vom κ-Typ. In der DNA sind ca. 40 Vκ-Gensegmente (V40, …, V2, V1) hinter je einer Leader-Sequenz (L) angeordnet. Davon weit entfernt liegen 5 funktionelle Jκ-Gensegmente (J1–J5) und dahinter ein Cκ-Gensegment. Durch Rekombination auf DNA-Ebene, Transkription und Spleißen auf RNA-Ebene werden je ein L-, Vκ-, Jκ- und Cκ-Segment (hier z. B. L, V2, J3, C) zusammengeführt, die dann in eine κ-Kette translatiert werden

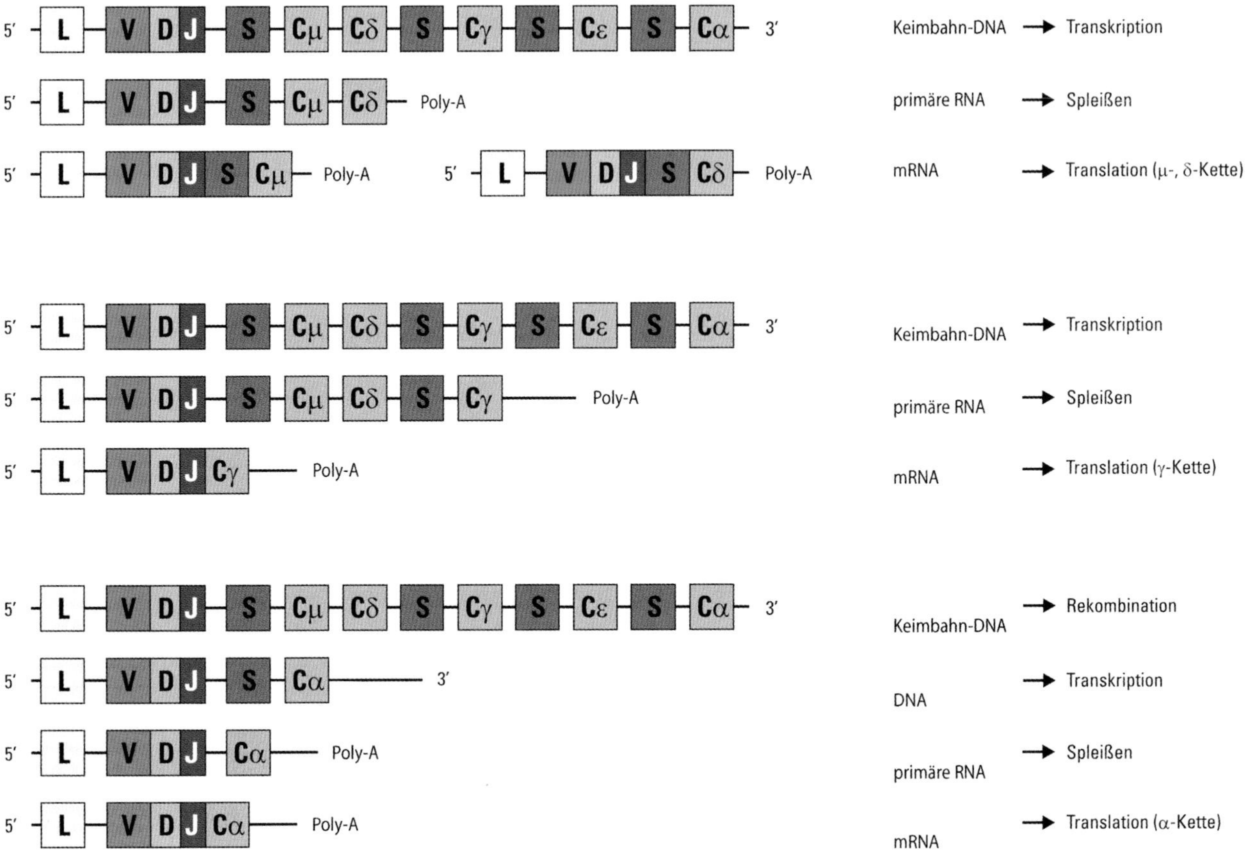

Abb. 9.7 Wechsel der Antikörperklasse. In der DNA liegen die Gensegmente für die verschiedenen Ketten (Cμ, Cδ, Cγ, Cε, Cα) hintereinander. Davor befindet sich jeweils ein Startkodon (S). Durch Spleißen entsteht die μ- bzw. δ-Kette (oben). Durch Rekombination und Spleißen werden die schweren Ketten der anderen Antikörperklassen (Mitte: γ-Kette; unten: α-Kette) gebildet. Die Ig-Unterklassen wurden nicht berücksichtigt

Bei der Differenzierung der B-Vorläuferzelle kommt es zu folgender **Rekombination** (Abb. 9.6): Aus der Vκ-Gruppe vereinigt sich ein zufällig ausgewähltes Vκ-Gensegment mit einem zufällig ausgewählten Jκ-Gensegment. Die dazwischen liegende DNA wird herausgeschnitten und deletiert; die Schnittstellen von Vκ und Jκ werden vereinigt. Das so entstandene VκJκ-Gen enthält die gesamte Information für die Aminosäuresequenz des variablen Kettenteils. Damit ist das Genrearrangement für die κ-Kette abgeschlossen. Die Transkription erfasst die gesamte DNA vom VκJκ-Gen bis zum Ende des Cκ-Gens. Auf diese Weise entsteht die primäre RNA.

In einem weiteren Schritt **(Spleißen)** werden daraus die nichtkodierenden Stücke herausgeschnitten und eliminiert; dies sind die Introns sowie das Stück zwischen VκJκ-Gen und dem Beginn des Cκ-Gens. Damit ist die mRNA für die komplette κ-Kette entstanden, die anschließend in eine κ-Polypeptidkette translatiert wird.

λ-Kette

Das Rearrangement des Gens für die λ-Kette verläuft nach den gleichen Prinzipien wie bei der κ-Kette.

H-Ketten

Für den variablen Teil der H-Ketten gibt es 3 Gruppen rekombinationsfähiger Gensegmente:

- Die **V-Region** (variabel) enthält ca. 50 V_H-Segmente. Diese kodieren den größten Teil der aminoterminalen Aminosäurepositionen (etwa 1–97).
- Die **D-Region** (Diversität) stromabwärts davon umfasst ca. 27 D_H-Segmente. Diese kodieren den aminoterminalen Teil des Restes (etwa 98–107).
- Darauf folgt die **J-Region** („joining", verbindend) mit 6 J_H-Segmenten. Diese steuern die Information für den verbleibenden karboxyterminalen Restanteil (etwa 108–117) bei.

Noch weiter stromabwärts liegt die **C_H-Region.** Sie enthält die Information für den konstanten Teil der

H-Kette, und zwar jeweils einen Bereich für den H-Kettenteil Cμ, Cδ, Cγ, Cα und Cε (Aus Gründen der Darstellbarkeit werden die Unterklassen nicht berücksichtigt. Unberücksichtigt bleibt auch die domänenbezogene Exonstruktur der C_H-Gene).

Durch **Rekombination** vereinigen sich jeweils eines der V_H-, D_H- und J_H-Gensegmente. Dabei entsteht ein **$V_HD_HJ_H$-Gen** mit der Information für den variablen H-Kettenteil. Damit ist das Genrearrangement für die Spezifitätsfestlegung abgeschlossen. Weitere Umlagerungen der H-Ketten-DNA betreffen nicht mehr die Spezifität, sondern die Antikörperklasse (▶ Abschn. 9.10.5).

Die Transkription der H-Kette setzt beim $V_HD_HJ_H$-Gen ein und schließt entweder am Ende des $C_{H\mu}$-Gens oder des $C_{H\delta}$-Gens ab. Die so entstandene Primär-RNA ist sehr lang. Durch Spleißen wird sie auf den kontinuierlichen Informationsgehalt für die H-Kette reduziert, z. B. entsprechend der Formel $V_HD_HJ_HC_{H\mu}$. Die dabei entstandene mRNA wird sodann in die schwere Kette (hier des IgM) translatiert (◘ Abb. 9.7).

9.10.2 Ausmaß der Diversität

Nimmt man für die κ-Kette 40 Vκ- und 5 Jκ-Gensegmente an, ergeben sich $40 \times 5 = 200$ verschiedene Möglichkeiten, ein VκJκ-Gen herzustellen. Für die H-Kette nimmt man etwa 50 V_H-Exons an. Daneben existieren ca. 27 D_H-Exons und 6 J_H-Exons. Daraus errechnen sich $50 \times 27 \times 6 = 8100$ Kombinationsmöglichkeiten.

Da sich bei der Antikörperbildung die einmal gebildete κ-Kette mit einer davon unabhängig gebildeten H-Kette vereinigt, ergibt sich für die **Kettenkombination κ/H** die Zahl der verschiedenen Spezifitätsmöglichkeiten aus dem **Produkt der Variantenzahl** für beide Ketten: $200(\kappa) \times 8100(H) = 1.600.000$.

Die Rekombinationsmöglichkeiten für die λ-Kette sind kleiner als die der κ- und der H-Kette. Deshalb ergeben sich für die Kettenkombination λ/H niedrigere Werte. Da sich die Gesamtzahl der Spezifitäten aus der Summe der Variantenzahlen für die Kombination κ/H und λ/H zusammensetzt, ändert sich wenig, wenn man die Kombination λ/H vernachlässigt.

Die Diversifikation wird durch **zusätzliche Mechanismen** noch weiter erhöht:

- Die „Naht" zwischen den V-, J- und D-Segmenten wird ungenau ausgeführt. So können von Fall zu Fall unterschiedliche Kodons entstehen.
- Weiterhin können beim Verknüpfen von V-, J- und D-Gensegmenten fremde Nukleotide eingefügt werden (sog. N-Region-Diversifikation).
- Schließlich vergrößern somatische Hypermutationsereignisse die Vielfalt rekombinierter V-Regionen.

Berücksichtigt man alle Faktoren der Variantenbildung, so beträgt die Zahl der **möglichen Antikörperspezifitäten** ca. **1 Milliarde** (10^9; zum Vergleich: Auf der Erde leben derzeit etwa 8×10^9 Menschen).

Zusammenfassend können wir feststellen: Die Diversität entsteht vor allem durch **Rekombination von Keimbahngenen** und zu einem weiteren Teil durch **somatische Mutationen.**

9.10.3 Allelenausschluss

Die DNA-Rekombinationen in der B-Vorläuferzelle zur Festlegung der Erkennungsspezifität spielen sich stets asymmetrisch ab. Von den 6 Chromosomen (die diploide B-Zelle enthält für jede der 3 Ketten – H, κ, λ – 2 Informationsträger in Gestalt des väterlichen und mütterlichen Chromosoms), die in der diploiden Zelle für die Synthese schwerer und leichter Ketten in Betracht kommen, gelangen – wenn überhaupt – nur 2 zu einem biologisch wirksamen Rearrangement.

Die Rekombination beginnt bei einem Chromosom des Chromosomenpaares 14 (H-Kette). Misslingt der Versuch, so wird das Partnerchromosom ein Rearrangement versuchen. Misslingt auch dieser Versuch, so ist die Zelle zur Antikörperbildung unfähig.

Ist in einem der beiden Chromosomen 14 der 1. Umbauversuch erfolgreich, so wird das andere intakte Chromosom durch Hemmung vom Umbau ausgeschlossen. Der Umbauimpuls geht dann an das Chromosomenpaar 2 (κ-Kette). Gelingt hier der Umbau in einem der beiden Chromosomen, wird das andere noch nicht einbezogene Chromosom am Umbau gehemmt. Misslingt der Umbau in beiden Chromosomen des Paares Nr. 2 (κ-Kette), so geht der Impuls an das Chromosomenpaar 22 (λ-Kette).

In jeder B-Zelle werden die zur Antikörperbildung nicht benötigten Chromosomen entweder durch **erfolglosen Umbau** oder durch **Umbauhemmung** ausgeschaltet. Dabei gibt es eine Priorität des Chromosomenpaares 14 (H) über das Paar Nr. 2 (κ) zum Chromosomenpaar 22 (λ). Offenbar werden λ-Ketten erst dann zur Antikörperbildung herangezogen, wenn die Bildung der κ-Kette misslingt.

Die geschilderten Vorgänge bedeuten: In jeder Zelle gelangen nur ein einziges H-Ketten-Chromosom und nur ein einziges L-Ketten-Chromosom zu einem biologisch wirksamen Rearrangement. Die Allele der übrigen Chromosomen bleiben damit von der Informationsweitergabe ausgeschlossen.

9.10.4 Membranständige und freie Antikörper

Eine junge, noch nicht antigenstimulierte B-Zelle synthetisiert Antikörper der Klasse IgM. Diese erscheinen als Monomere mit 2 Antigenbindungsstellen, werden in die Membran eingelagert und dienen als erkennungsspezifische Antigenrezeptoren. Dies beruht darauf, dass die Hμ-Kette am karboxyterminalen Ende etwa 20 **hydrophobe Aminosäuren** trägt. Diese hydrophobe Hμ-Kette bezeichnet man mit **mμ** (m = Membran).

Wird die B-Zelle durch Antigen stimuliert, so wird der IgM-Antikörper in modifizierter Form synthetisiert: Anstelle der hydrophoben Sequenz trägt er am karboxyterminalen Ende der H-Kette eine etwa gleich lange Sequenz **hydrophiler Aminosäuren.** Der auf diese Weise modifizierte IgM-Antikörper kann die Zelle als Pentamer verlassen. Seine H-Kette wird mit **sμ** (s = sezerniert oder Serum) bezeichnet.

Der Wechsel von der hydrophoben zur hydrophilen H-Kette erfolgt auf der RNA-Ebene durch **Spleißen:** Das Cμ-Gen enthält an seinem 3'-Ende ein Exon für die hydrophile Sequenz und daran anschließend ein Exon für die hydrophobe Sequenz. Für die Synthese der Hmμ-Kette wird der gesamte Bereich abgelesen. Spleißen eliminiert dann aus der primären RNA die Sequenz für die hydrophilen Aminosäuren. Der Cm-Bereich endet so mit der Sequenz für die hydrophoben Aminosäuren der Hmμ-Kette.

Soll dagegen eine Hsμ-Kette entstehen, so stoppt die Transkription am Ende des Exons für die hydrophilen Aminosäuren. Das Primärtranskript braucht an dieser Stelle nicht gespleißt zu werden, da es mit der Sequenz für die Hsμ-Kette endet.

9.10.5 Immunglobulin-Klassenwechsel

Nach Abschluss des Rearrangements enthält das für die H-Kette zuständige Chromosom das VDJ-Gen und 3'-stromabwärts davon konsekutiv die Informationsbereiche für Cμ, Cδ, Cγ, Cε und Cα. (Die Ig-Unterklassen werden wegen der einfacheren Darstellung nicht berücksichtigt.) In diesem Stadium (◘ Abb. 9.7) beginnt die B-Zelle ohne Antigenstimulus mit der Synthese antigenspezifischer Rezeptoren, d. h. von membranständigen Antikörpern der Klasse IgM (stets vorhanden) und IgD (teilweise vorhanden).

Die Doppelproduktion basiert auf **2 verschieden langen Transkriptionsprodukten der gleichen DNA:**

- Das kurze Transkript beginnt mit dem VDJ-Gen und schließt mit dem Ende des Cμ-Gens.
- Das lange Transkript beginnt ebenfalls mit dem VDJ-Gen, geht jedoch über das Cμ-Gen hinaus und enthält noch das ganze Cδ-Gen.

Durch Spleißen entsteht aus der kürzeren Primär-RNA die mRNA für IgM. Die längere Primär-RNA liefert durch Spleißen die mRNA für IgD.

Wird die B-Zelle durch Antigen stimuliert, so bildet sie als Erstes sezernierbare Antikörper der Klasse IgM. Einige B-Zellen können darüber hinaus auch membranständige und sezernierbare Antikörper der Klasse IgG, IgA und IgE bilden: Sie stellen entsprechend lange Transkripte her und spleißen sie in geeigneter Form.

Dieser Syntheseweg stellt aber nur einen Übergang dar. Im Verlauf der Immunreaktion entstehen durch Antigenstimulation Abkömmlinge des betroffenen Zellklons, bei denen sich ein **2. Genrearrangement** ereignet: Dabei gelangt das VDJ-Gen durch Rekombination in die Nähe der Region Cγ oder Cα oder Cε. Die dazwischen liegenden Regionen werden deletiert. Nach diesem Prozess haben die Zellen das Vermögen verloren, H-Ketten der Klassen IgM oder IgD zu bilden: Sie sind jeweils auf IgG oder IgA oder IgE festgelegt. Diese Umstellung nennt man **Klassenwechsel** („class switch"; ◘ Abb. 9.7), bei dem 2 Charakteristika hervorzuheben sind:

- Bei absolut gleicher Spezifität wechselt lediglich die Antikörperklasse.
- Die Möglichkeit zum Klassenwechsel besteht doppelt: übergangsweise auf RNA-Ebene und endgültig auf DNA-Ebene.

In Kürze: Antikörper und ihre Antigene

- **Aufbau der Immunglobuline:** 2 identische schwere (H) und 2 identische leichte (L) Ketten sind über Disulfidbrücken verbunden; L-Ketten in 2 Formen möglich (κ, λ), schwere Ketten in 5 Formen (γ, μ, α, ε, δ), welche die Klasse bestimmen. H- und L-Ketten bestehen je aus einem konstanten und einem variablen Teil; der variable Teil der H- und L-Kette bildet die Antigenbindungsstelle. Papain spaltet IgG in ein Fc-Stück (konstanter Teil) und 2 identische Fab-Fragmente (variabler Teil). H- und L-Kette bestehen aus ähnlichen Untereinheiten von ca. 100 Aminosäuren (Domänen).
- **IgG:** 150 kD, 75 % der Gesamtserum-Ig, Träger der Sekundärantwort.
- **IgM:** 970 kD, ca. 10 % der Gesamtserum-Ig, Pentamere, Träger der Primärantwort, IgM-Monomere als Membranrezeptoren auf B-Lymphozyten.
- **IgA:** Monomere (150 kD) oder Dimere (380 kD), ca. 15 % der Gesamtserum-Ig, als sekretorisches IgA in den externen Körperflüssigkeiten.
- **IgD:** 180 kD, Membranrezeptor auf B-Zellen.
- **IgE:** 190 kD, <1 % der Gesamtserum-Ig, vermittelt nach Bindung an Mastzellen, Eosinophile und Basophile die Sofortallergie.

- **Antigen:** Molekül, das mit den Trägern der Immunantwort (T- und B-Zellen bzw. Antikörpern) biologisch wirksam reagiert. Antigene für B-Lymphozyten sind Proteine oder Kohlenhydrate, sehr selten Lipide oder Nukleinsäuren.
- **Epitop:** Abschnitt eines Antigens, der vom Antikörper erkannt wird; besteht aus 6–8 Monosacchariden bzw. Aminosäuren.
- **Hapten:** Isoliertes Epitop, das zwar mit Antikörpern reagiert, aber keine Immunantwort hervorruft.
- **Autologe oder autogene Situation:** Antigen und Antikörper desselben Individuums.
- **Syngene Situation:** Antigen und Antikörper genetisch identischer Individuen.
- **Allogene Situation:** Antigene, die bei Individuen einer Spezies in unterschiedlicher Form vorkommen.
- **Xenogene Situation:** Antigen und Antikörper von verschiedenen Arten.
- **Antikörperdeterminanten**
  - **Isotyp:** Merkmal im konstanten Teil der L- bzw. H-Kette, das für den jeweiligen Kettentyp charakteristisch ist.
  - **Allotyp:** Merkmal, das bei einigen Individuen in den schweren γ- oder α-Ketten bzw. in den leichten Ketten variiert.
  - **Idiotyp:** Merkmal in der Antigenbindungsstelle, das für Antikörper einer bestimmten Spezifität charakteristisch ist.
- **Verlauf der Antikörperantwort:** Nach Erstkontakt mit einem Antigen kommt es nach etwa 10 Tagen zum Anstieg der Antikörper im Serum (Primärantwort); anschließend fällt der Antikörpertiter wieder ab. Die Antikörper gehören primär der IgM-Klasse an. Nach Zweitkontakt mit demselben Antigen kommt es rasch zum erneuten Serumtiteranstieg (sekundäre oder anamnestische Antwort); es überwiegen Antikörper der IgG-Klasse.
- **Polyklonale und monoklonale Antikörper:** Die Antikörperantwort gegen ein bestimmtes Antigen ist meist polyklonal, da ein Antigen normalerweise viele unterschiedliche Determinanten trägt und für jede Determinante Antikörper unterschiedlicher Affinität vorhanden sind. Antikörper, die von den Nachkommen einer einzigen B-Zelle produziert werden, sind völlig identisch, d. h. monoklonal. Die Technik der B-Zell-Hybridisierung erlaubt die Großproduktion monoklonaler Antikörper.
- **Stärke der Antigen-Antikörper-Bindung:**
  - **Avidität:** Summarischer Begriff zur Charakterisierung der Bindungsstärke zwischen polyklonalen Antikörpern und ihrem homologen Antigen.
  - **Affinität:** Bindungsstärke eines Antikörpers für eine bestimmte Determinante des Antigens.
- **Folgen der Antigen-Antikörper-Reaktion in vivo:** Toxinneutralisation (z. B. Diphtherie-, Tetanus-, Botulinustoxin), Virusneutralisation, Opsonisierung (z. B. von Pneumokokken), antikörperabhängige zellvermittelte Zytotoxizität (ADCC), Komplementaktivierung, allergische Sofortreaktion, Immunkomplexbildung.
- **Klonale Selektionstheorie (Burnet):** Lymphozyten unterschiedlicher Spezifität entwickeln sich vor dem Erstkontakt mit Antigen; jede Zelle exprimiert Rezeptoren einer einzigen Spezifität; Antigenkontakt führt zur klonalen Expansion der entsprechenden Zelle. Da beim Zweitkontakt mit Antigen mehr spezifische Zellen zur Verfügung stehen, ist die Immunantwort nun deutlich stärker. Umgekehrt führt der Kontakt zwischen autoreaktiven B-Zell-Vorläufern und dem Autoantigen während einer frühen Entwicklungsphase zur Inaktivierung der erkennenden Zellen und damit zur Toleranz gegen „Selbst".
- **Genetische Grundlagen der Antikörperbildung:** Für die genetische Vielfalt der B-Zell-Population sind in 1. Linie Genrekombinationen (Genrearrangements) verantwortlich.
  - **κ-Kette:** Vκ und Jκ werden von getrennten DNA-Segmenten kodiert; ein Vκ-Gensegment verbindet sich mit einem Jκ-Gensegment durch Rekombination; das VκJκ-Gensegment wird mit dem Cκ-Gen transkribiert. Ähnliches gilt für die λ-Kette.
  - **H-Kette:** Aus je einem V-, D-, J-Gensegment entsteht das VDJ-Gen, das mit dem C-Gen transkribiert wird.
  - **Ausmaß der Diversität:** 40 Vκ × 5 Jκ = 200; 50 VH × 27 DH × 6 JH = 8100; $200 \times 8100 = 1{,}6 \times 10^6$; Erhöhung durch weitere Variationsmöglichkeiten auf ca. 10^9.
  - **Allelenausschluss:** In jeder Zelle kommt nur ein einziges H-Ketten-Chromosom und nur ein einziges L-Ketten-Chromosom zum Rearrangement. Die anderen Allele sind davon ausgeschlossen.
  - **Ig-Klassenwechsel:** Die B-Zelle produziert zuerst membranständiges IgM und IgD. Nach Antigenreiz bildet die B-Zelle entweder sezerniertes IgM, IgG, IgE oder IgA. Die ursprüngliche Spezifität bleibt unabhängig vom Klassenwechsel erhalten.

Weiterführende Literatur

Abbas AK, Lichtman AH, Pillai S (2017) Cellular and molecular immunology, 9. Aufl. Elsevier, Philadelphia, USA

De Franco A, Locksley R, Robertsen M (2007) Immunity: the immune response in infectious and inflammatory disease (Primers in biology). Oxford University Press, Oxford, New Science Press, London

Ehrlich P (1900) Croonian lecture. ► https://royalsocietypublishing.org/doi/pdf/10.1098/rspl.1899.0121. Zugegriffen: 5. März 2020.

Kaufmann SHE (2008) Immunology's foundation: the 100-year anniversary of the Nobel Prize to Paul Ehrlich and Elie Metchnikoff. Nat Immunol 9:705–711

Kaufmann SHE (2017) Editorial. Remembering Emil von Behring: from tetanus Treatment to Antibody Cooperation with Phagocytes. mBio 8:e00117-17

Kaufmann SHE, Sacks D, Rouse B (2011) The immune response to infection. ASM Press, Washington

Kaufmann SHE, Steward M (2005) Topley and Wilson's microbiology and microbial infections: immunology. Arnold, London

Murphy K, Weaver C (2018) Janeway Immunologie, 9. Aufl. Springer Spektrum, Heidelberg

Rich RR, Fleisher TA, Shearer WT, Schroeder HW, Few AJ, Weyand CM (2018) Clinical immunology: principles and practice, 5. Aufl. Elsevier, London

Annual Reviews of Immunology, Annual Reviews, Palo Alto, USA, ISSN/eISSN 0732-0582

Current Opinion in Immunology, Elsevier B. V., The Netherlands, ISSN 09527915

Nature Reviews Immunology, Springer Nature, London, UK, ISSN 1474-1741

Seminars in Immunology, Elsevier B. V., The Netherlands, ISSN 1044-5323

Trends in Immunology, Cell Press, Cambridge, MA, USA, ISSN 1471-4906

Komplement

Stefan H. E. Kaufmann

Das Komplementsystem bildet das wichtigste humorale Effektorsystem der angeborenen Immunität. Zum einen wird es direkt von bestimmten Erregern aktiviert, zum anderen durch die Antigen-Antikörper-Reaktion.

10.1 Übersicht

Die Bindung von Antikörpern an lebende Krankheitserreger führt nicht direkt zu deren Abtötung und Eliminierung. Um dies zu bewirken, müssen besondere Systeme aktiviert werden. Die auslösenden Signale sind **antigenunspezifisch.** Als Signalempfänger kennt man humorale Systeme und zelluläre Elemente. Unter den humoralen Systemen nimmt das Komplement einen besonderen Platz ein.

Das Komplementsystem besteht aus ca. 20 **Serumproteinen** (Komplementkomponenten). Im Serum liegen die Faktoren in ihrer inaktiven Form vor. Wird das System angestoßen, so kommt es zur konsekutiven (sequenziellen) Aktivierung seiner Komponenten. Dies führt zu 3 Ergebnissen:
- direkte Lyse von Zielzellen
- Anlockung und Aktivierung von Entzündungszellen
- Opsonisierung von Zielzellen

Prinzipiell lässt sich die **Komplementkaskade** in folgende Abschnitte unterteilen (◘ Abb. 10.1):
- klassischer Aktivierungsweg (▶ Abschn. 10.2)
- lektinvermittelter Aktivierungsweg (Lektinweg, ▶ Abschn. 10.5)
- alternativer Aktivierungsweg (▶ Abschn. 10.4)
- gemeinsamer Terminalabschnitt (▶ Abschn. 10.3)

Die Komplementaktivierung stellt ein typisches Beispiel für eine Reaktionskaskade dar, wie man sie von der Blutgerinnung und der Fibrinolyse kennt: Ein exogener Stimulus aktiviert das 1. Proenzym, das dann als Enzym für die Aktivierung des nächsten Proenzyms dient. Diese Abfolge kann sich mehrmals wiederholen.

Klassischer, lektinvermittelter und alternativer Weg der Komplementkaskade münden in einen gemeinsamen Terminalabschnitt. Die sich hier abspielenden Reaktionen führen zum Aufbau eines Multikomponentenkomplexes, der in der Membran der Zielzelle eine Pore bildet und deren Lyse herbeiführt.

Im Verlauf der Komplementaktivierung entstehen durch enzymatische Fragmentierung der nativen Komponenten mehrere Spaltprodukte. Ihr funktionelles Zusammenwirken löst die **Entzündungsreaktion** aus (▶ Kap. 15). Andere Fragmente binden an die Zielzelle und treten dann mit Phagozyten in Wechselwirkung. Neutrophile Granulozyten und Monozyten besitzen u. a. Rezeptoren für das zentrale Komponentenbruchstück C3b. In gebundenem Zustand vermittelt C3b die Aufnahme von Fremdkörpern (**Opsonisierung;** ▶ Kap. 9 und 14).

Da bei den Einzelschritten der Komplementsequenz jeweils ein Enzymmolekül eine große Menge von Substratmolekülen umsetzt, ist das **Amplifikationspotenzial** des Systems enorm. Die Aktivierung muss deshalb an kritischen Stellen durch Regulatorproteine kontrolliert werden; dies verhindert ein ungeregeltes Ausufern der Reaktion.

Die einzelnen Komponenten des klassischen Weges und des terminalen Effektorweges werden mit C1–C9 bezeichnet. Hierbei wird aus historischen Gründen an einer Stelle die nummerische Reihenfolge nicht eingehalten, die **klassische Aktivierungsformel** lautet: **C1, C4, C2, C3, C5, C6, C7, C8, C9.** Im Folgenden werden die einzelnen Abschnitte der Komplementaktivierung genauer besprochen.

S. Suerbaum et al. (Hrsg.), *Medizinische Mikrobiologie und Infektiologie*,
https://doi.org/10.1007/978-3-662-61385-6_10

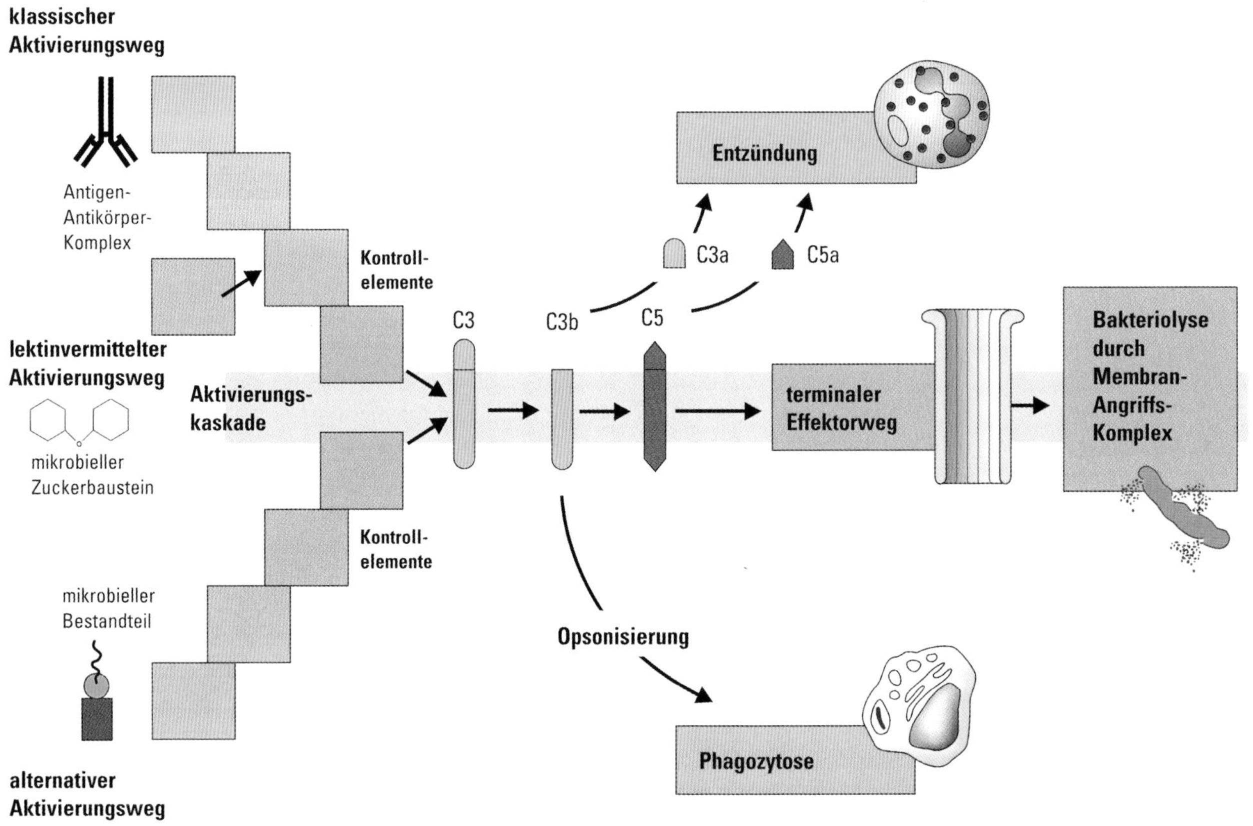

Abb. 10.1 Komplementsystem. Das Komplementsystem kann klassisch durch Antigen-Antikörper-Komplexe oder alternativ durch bakterielle Strukturen (Lipopolysaccharide, Murein, Lipoteichonsäure) aktiviert werden. Dann sind 3 Effektorwege beschreitbar: Die chemotaktische Komponente C5a führt zum Einstrom von Entzündungszellen, C3b opsonisiert Mikroorganismen und der terminale Effektorweg C5–C9 bildet Poren in der Zielzellmembran

10

10.2 Klassischer Weg

Am klassischen Weg der Komplementaktivierung (Abb. 10.2) sind die Komplementkomponenten C1, C4, C2 und C3 beteiligt. C3 stellt den Endpunkt des klassischen Weges und zugleich den gemeinsamen Knotenpunkt des klassischen und des alternativen Weges dar. Über C3 münden beide Aktivierungswege in den terminalen Sequenzabschnitt.

Die Komponente **C1** besteht aus den 3 Untereinheiten C1q, C1r und C1s. Den klassischen Weg leiten Antikörper der Klasse IgM und IgG ein. (Humane Antikörper der Klassen IgG1, IgG2 und IgG3 aktivieren Komplement über den klassischen Weg, IgG4 dagegen nicht. Die murinen Antikörper der Klassen IgG2a, IgG2b und IgG3 aktivieren Komplement, IgG1 dagegen nicht.) Neben Antikörpern können auch Pentraxine den C1-Komplex aktivieren. Pentraxine sind molekulare Blutbestandteile, die nach Bindung an Lipide von Mikroorganismen Komplement aktivieren.

Die Komplementkomponente **C1q** reagiert mit der C_H2-Domäne des IgG und der C_H3-Domäne des IgM. In beiden Fällen sind die reagiblen Domänen Bestandteile des Fc-Stückes. Dessen Reaktionsbereitschaft stellt sich erst ein, wenn der Antikörper mit „seinem" Antigen reagiert hat. C1q besitzt 6 Bindungsstellen. Erst nach Bindung an mehrere Antikörpermoleküle wird es aktiviert. Die Reaktion von C1q mit den Antikörpern verändert die Konformation von C1q und aktiviert dadurch C1r und C1s.

C1r und **C1s** sind in ihrer inaktiven Form mit C1q assoziiert. Aktiviertes C1qrs wirkt als Esterase, ihre natürlichen Substrate sind die Komponenten C4 und C2:

- C4 wird in ein kleineres **(C4a)** und ein größeres **(C4b)** Fragment gespalten. Das Fragment C4b, das sich nahe dem Anti-körper-C1qrs-Komplex anlagert, führt die Komplementsequenz fort, indem es die Nativkomponente C2 bindet.
- Durch Anlagerung an C4b exponiert C2 seine enzymatisch spaltbare Stelle und die C1qrs-Esterase fragmentiert es in den Komplex **C4b2a** und das kleine Fragment C2b. Das gebundene C2a-Fragment ist enzymatisch aktiv.

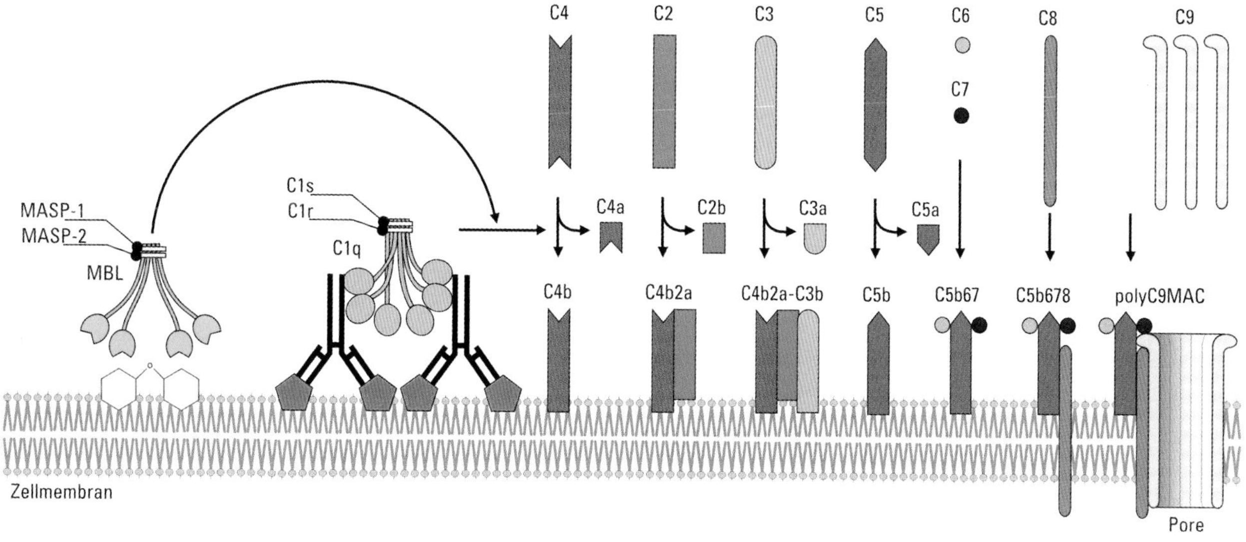

Abb. 10.2 Klassischer Weg, Lektinweg und terminale Effektorsequenz der Komplementaktivierung

Der C4b2a-Komplex spaltet als sog. C3-Konvertase des klassischen Weges die native Komponente C3. Die C3-Spaltung ergibt das kleinere Polypeptid **C3a** und das größere, an der Komplementkaskade beteiligte Fragment **C3b.** C3b ist in statu nascendi hochreaktiv: Es geht mit allen NH_2- oder OH-Gruppen kovalente Bindungen ein. Entsprechend wird ein Teil des anfallenden C3b nahe dem C4b2a-Komplex gebunden. So entsteht der **C4b2a3b-Komplex,** der als sog. C5-Konvertase **natives C5 spaltet.**

Die abseits vom Komplex C4b2a gebundenen einzelnen C3b-Moleküle exponieren eine Struktur, die mit einem Rezeptor auf neutrophilen Granulozyten und Makrophagen reagieren kann (C3b-Rezeptor; ▶ Kap. 14). Diese Reaktion führt zur Phagozytose des C3b-beladenen **(opsonisierten)** Fremdpartikels. Gebundenes C3b ist also funktionell mit dem Fc-Stück des gebundenen IgG-Antikörpers vergleichbar: Beide besitzen opsonisierende Aktivität. Das bei der C3-Spaltung anfallende **C3a** wird als Anaphylatoxin bezeichnet; es bewirkt die Histaminfreisetzung aus Mastzellen (▶ Abschn. 10.6).

Mehrere Kontrollproteine regulieren direkt oder indirekt die Entstehung der C3-Konvertase:

- Der natürliche Inhibitor **C1INH** hemmt die Aktivität der C1-Esterase.
- Es existieren Proteine, die sich an C4 anlagern und dadurch die zur Spaltung notwendige Bindung des C2 verhindern:
  - im Serum enthaltenes C4-Bindungsprotein
  - das Zelloberflächenprotein **DAF** („decay accelerating factor", ▶ Abschn. 10.4)

10.3 Terminale Effektorsequenz

An der C5-Spaltung ist das Aktivzentrum von C2a beteiligt: C2a spaltet neben C3 auch C5. In freiem Zustand ist die Komponente C5 für das Enzym nicht zugänglich. Deshalb wird zuerst freies C5 an das C3b des Komplexes C4b2a3b gebunden. Dies exponiert die spaltbare Stelle des C5 für das C2a-Enzym (Abb. 10.2). Bei der C5-Spaltung entstehen 2 Fragmente:

- Das kleinere Bruchstück **C5a** bleibt in der flüssigen Phase. Es wirkt analog dem C3a als Anaphylatoxin, zudem kann es Leukozyten anlocken (Leukotaxin).
- Das größere Fragment **C5b** leitet die terminale Effektorsequenz ein. Dabei bildet sich schließlich ein Heteropolymer, der Membranangriffskomplex **MAC.** Er führt die Membranläsion mit anschließender Lyse herbei.

MAC entsteht in mehreren Phasen. Zunächst reagiert C5b spontan mit den nativen Komponenten C6 und C7. Der so entstandene **C5b67-Komplex** reagiert dann mit nativem C8. In diesem Stadium wirkt der Komplex bereits zytolytisch, ist jedoch wenig effizient. Die eigentliche Aufgabe des **C5b678-Komplexes** ist die Polymerisation von C9. **PolyC9,** das am Ort der C5b678-Ablagerung entsteht, bildet den funktionellen Kern des Membranangriffskomplexes. Dieser ist ein amphiphiler Hohlzylinder (Länge: 15 nm, Innen- und Außendurchmesser: 10 bzw. 20 nm) mit Außenwülsten, der nach seiner Bindung an die Lipiddoppelschicht die gesamte Zellmembran durchspannt. Wie alle

„amphiphilen" Makromoleküle besitzt er also regional getrennte hydrophobe und hydrophile Areale.

Der Membranangriffskomplex schafft in der Membran eine Pore, bewirkt so den Einstrom von Na^+-Ionen in die Zelle und letztendlich deren Lyse. Elektronenmikroskopisch imponieren die Läsionen als dunkle (elektronendichte) „Löcher", die von einem helleren Ring umgeben sind.

10.4 Alternativer Weg

Das Komplementsystem kann auch durch andere Signale als die des Antikörpers aktiviert werden. Signale dieser Art gehen u. a. von diversen mikrobiellen Bestandteilen aus wie z. B.:
- Zymosan (Zellwandkohlenhydraten von Hefen)
- Dextran (Speicherkohlenhydraten von Hefen und einigen grampositiven Bakterien)
- Endotoxin (Lipopolysaccharid der Enterobakterien)

10

Der Makroorganismus hat also die Möglichkeit, das Komplementsystem bereits **vor** Einsetzen der spezifischen Immunantwort zu aktivieren.

Folgende Proteine sind am alternativen Weg beteiligt (◘ Abb. 10.3):
- Komponente C3
- Faktoren B und D: Faktor D ist in seiner Nativform ein aktives Enzym; sein natürliches Substrat ist der gebundene Faktor B
- Properdin (P)
- Regulatoren: C3b-Inaktivator (Faktor I) und Faktor H

Die Aktivierung beruht auf folgenden Voraussetzungen:

In geringem Umfang entsteht aus dem Serum-C3 spontan ein C3b-Äquivalent, ohne dass C3a freigesetzt wird. Dieses C3b-Äquivalent **(C3b+)** kann sich mit dem Faktor B locker assoziieren und dessen Spaltstelle exponieren. Unter enzymatischer Einwirkung von Faktor D wird der gebundene Faktor B in Ba und Bb gespalten und es entsteht der **C3b + Bb-Komplex.** Dieser ist seinerseits enzymatisch wirksam und spaltet die Nativkomponenten C3 und C5.

Das aktive Zentrum des Enzyms C3b + Bb ist in Bb enthalten. Der geschilderte Reaktionsweg läuft im Plasma unter normalen Verhältnissen dauernd ab. Sein Ausmaß ist aber sehr gering, da er unter Einwirkung der Kontrollfaktoren I und H steht und laufend gehemmt wird. Hierbei verdrängt der Faktor H Bb von dessen Bindungsstelle am C3b+. In dem so entstandenen Komplex C3b + H wird eine spaltbare Stelle

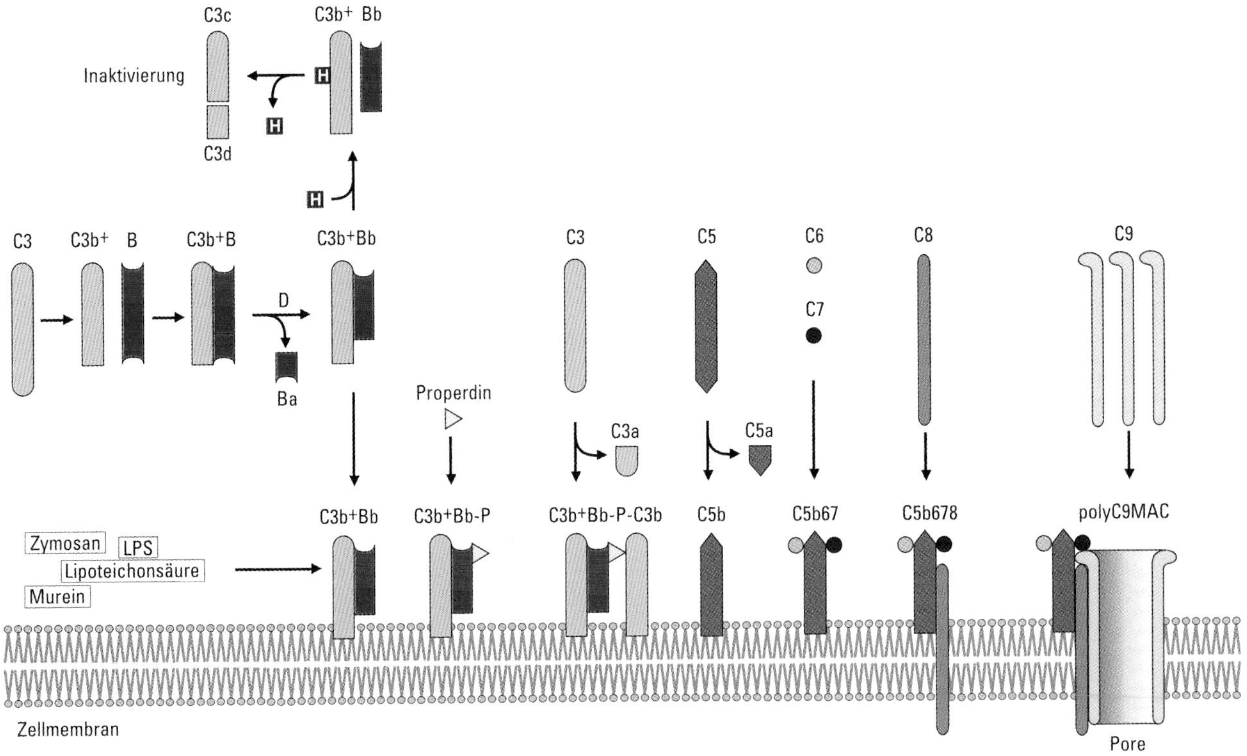

◘ **Abb. 10.3** Alternativer Weg und terminale Effektorsequenz der Komplementaktivierung

des C3b+ exponiert und durch das Enzym I, dem C3b-Inaktivator, gespalten. Das Kontrollsystem aus H und I sorgt also dafür, den natürlichen Anfall von reagiblem C3b+ sofort auszuschalten.

Mikrobielle Strukturen wie **Zymosan** vermögen das natür-licherweise anfallende C3b+ in einer besonderen Form zu binden. Diese Form ist unfähig, mit H zu reagieren. Dies bedeutet, dass die von Zymosan gebundenen C3b+-Moleküle sich der I/H-Kontrolle entziehen. Ohne Störung entwickelt sich das Enzym **C3b + Bb;** dieses wird durch Properdin (P) stabilisiert und generiert jetzt das enzymatische Spaltprodukt C3b, das seinerseits wieder an Zymosan gebunden wird usw.

Dieser Vorgang entspricht einer **Selbstamplifikation.** Er mündet in eine stürmisch verlaufende, unkontrollierte C3-Spaltung. Der alternative Weg leitet somit die terminale Effektorsequenz ein. Um sich vor der Komplementattacke zu schützen, exprimieren körpereigene Zellen den „decay accelerating factor" DAF (= CD55), der Komplementkomponenten, die über den alternativen Weg spontan gebildet werden, rasch abbaut.

Da das durch die C3-Konvertase des klassischen Weges gebildete C3b ebenfalls mit Faktor B und D reagieren kann, sind alternativer und klassischer Weg des Komplementsystems miteinander verbunden. Der alternative Weg lässt sich als **Verstärkersystem des klassischen Aktivierungsmechanismus** verstehen.

10.5 Lektinweg

Der Lektinweg (◻ Abb. 10.2) ist ein weiterer Aktivierungsweg des Komplementsystems. Lektine sind natürlich vorkommende Glykoproteine mit Spezifität für bestimmte Zucker. Im Serum findet man u. a. das **mannanbindende Lektin** (MBL), das Mannose und ähnliche Zucker erkennt, die auf zahlreichen Erregern vorkommen.

MBL kann mit bestimmten Proteasen, den MBL-assoziierten Serin-Proteasen (MASP), reagieren, die funktionell C1r und C1s ähneln. Erkennt der **MBL-MASP-Komplex** Zuckerbausteine auf Erregern, werden die Proteasen aktiviert und spalten C4 und anschließend C2. Möglicherweise kann auch C3 direkt gespalten und so die Beteiligung von C4 und C2 umgangen werden. Mit der Spaltung von C3 mündet der Lektinweg in den terminalen Effektorweg der Komplementkaskade ein.

10.6 Anaphylatoxine

Die Spaltprodukte C4a, C3a und C5a werden als Anaphylatoxine bezeichnet, da sie **anaphylaktische Reaktionen** auslösen (▶ Kap. 15). Sie regen Mastzellen an, Histamin auszuschütten. Außerdem bewirken sie die Kontraktion der glatten Muskulatur. C5a ist nicht nur ein potenteres Anaphylatoxin als C3a und C4a, es übt darüber hinaus eine chemotaktische Wirkung gegenüber neutrophilen Granulozyten aus **(Leukotaxin).** Schließlich stimuliert es auch die Bildung von reaktiven Sauerstoffmetaboliten und Leukotrienen. Die Komplementspaltstücke C4a, C3a und C5a sind wichtige Mediatoren der Entzündung und der Überempfindlichkeit; sie werden in ▶ Kap. 15 besprochen. Anaphylatoxine werden durch eine Serum-Karboxypeptidase inaktiviert, den sog. **Anaphylatoxin-Inaktivator.**

In Kürze: Komplement

- **Aktivierung des Komplementsystems führt zu:** Lyse von Zellen, Anlockung von Entzündungszellen, Opsonisierung.
- **Klassischer Aktivierungsweg:** Beteiligte Komponenten: C1, C4, C2, C3; Aktivierung durch Antigen-Antikörper-Komplexe: Es entsteht der C4b2a3b-Komplex und einzelnes C3b auf Zielzellen sowie freies C4a und C3a.
- **Alternativer Aktivierungsweg:** Beteiligte Komponenten: C3, B, D, Properdin, I, H; Aktivierung durch mikrobielle Bestandteile. Es entsteht der C3b + Bb-Komplex und einzelnes C3b auf Zielzellen.
- **Lektinweg:** Beteiligte Komponenten: mannanbindendes Lektin (MBL), MBL-assoziierte Serinproteasen (MASP), C4, C2, C3; Aktivierung durch Bindung an mikrobielle Zuckerbausteine. Es entsteht der C4b2a3b-Komplex. Möglicherweise lässt sich die Beteiligung von C4 und C2 durch direkte C3-Spaltung umgehen.
- **Gemeinsamer Terminalabschnitt:** Beteiligte Komponenten: C5, C6, C7, C8, C9; Aktivierung durch den C4b2a3b- oder den C3b + Bb-Komplex auf Zielzellen. Es entsteht ein amphiphiler Hohlzylinder auf der Zielzelle, der deren Lyse herbeiführt, sowie freies C5a.
- **Anaphylatoxine:** C4a, C3a aus dem klassischen Weg sowie C5a aus dem terminalen Weg, die in Lösung bleiben, locken Entzündungszellen an. C5a ist das wirkungsvollste Anaphylatoxin.
- **Opsonisierung:** Einzelnes C3b auf Zielzellen wird von Phagozyten über entsprechende Rezeptoren erkannt und vermittelt die Phagozytose.

Weiterführende Literatur

Abbas AK, Lichtman AH, Pillai S (2017) Cellular and molecular immunology, 9. Aufl. Elsevier, Philadelphia, USA

De Franco A, Locksley R, Robertsen M (2007) Immunity: the immune response in infectious and inflammatory disease (Primers in biology). Oxford University Press, Oxford, New Science Press, London

Kaufmann SHE, Sacks D, Rouse B (2011) The immune response to infection. ASM Press, Washington

Kaufmann SHE, Steward M (2005) Topley and Wilson's microbiology and microbial infections: immunology. Arnold, London
Murphy K, Weaver C (2018) Janeway Immunologie, 9. Aufl. Springer Spektrum, Heidelberg
Rich RR, Fleisher TA, Shearer WT, Schroeder HW, Few AJ, Weyand CM (2018) Clinical immunology: principles and practice, 5. Aufl. Elsevier, London
Annual Reviews of Immunology, Annual Reviews, Palo Alto, USA, ISSN/eISSN 0732-0582
Current Opinion in Immunology, Elsevier B. V., The Netherlands, ISSN 09527915
Nature Reviews Immunology, Springer Nature, London, UK, ISSN 1474-1741
Seminars in Immunology, Elsevier B. V., The Netherlands, ISSN 1044-5323
Trends in Immunology, Cell Press, Cambridge, MA, USA, ISSN 1471-4906

Antigen-Antikörper-Reaktion: Grundlagen serologischer Methoden

Stefan H. E. Kaufmann und Rainer Blasczyk

Der Nachweis von Antigenen oder Serumantikörpern spielt in der medizinischen Diagnostik eine bedeutende Rolle. Folgende Erscheinungen zeigen eine abgelaufene Antigen-Antikörper-Reaktion an:
- Es bilden sich sichtbare Komplexe.
- Die biologische Aktivität des Antigens bzw. der antigentragenden Zellen verändert sich.
- Zugesetztes Komplement wird aktiviert und verschwindet aus der flüssigen Phase oder lysiert antigentragende Zellen.
- Die Bindung des Antikörpers an das Antigen führt durch eine Markierung eines der beiden Partner zum Nachweis der Reaktion.
- Die Antigenbindung des Antikörpers ändert durch einen Substanzzuwachs die optischen Eigenschaften, sodass die Reaktion ohne Markierung eines der beiden Partner nachweisbar wird.

11.1 Nachweis der Antigen-Antikörper-Reaktion durch sichtbare Komplexe

Für Antikörper bzw. Antigene gilt:
- Antikörper sind mindestens **bivalent:** Jedes Antikörpermolekül besitzt 2 oder mehr Antigenbindungsstellen.
- Antigene sind in der Regel **polyvalent:** Auf einem Antigenmolekül befinden sich mehrere Epitope.

Entsprechend führt die Reaktion zwischen Antigen und homologen Antikörpern unter geeigneten Bedingungen (im Serum oder in Lösung) zur Bildung sichtbarer **Antigen-Antikörper-Komplexe.** Je nach Größe des Antigens ergibt sich das Bild der
- Präzipitation: Antikörperreaktion mit freien Antigenmolekülen,
- Flokkulation: Antikörperreaktion mit kleinen Partikeln,
- Agglutination: Antikörperreaktion mit großen Partikeln oder Zellen.

Das zugrunde liegende Prinzip bleibt jeweils gleich: In allen Fällen handelt es sich um die Bildung eines Netzwerks aus Antigen und Antikörper.

11.1.1 Immunpräzipitation in löslicher Phase (Heidelberger-Kurve)

Treffen Antigen- und Antikörpermoleküle in flüssiger Phase aufeinander, so kommt es zur **Vernetzung:** Jedes Antikörpermolekül kann mit den Epitopen von 2 oder mehreren Antigenmolekülen reagieren. Die Größe der entstehenden Komplexe hängt von der **Valenz** des Antigens und dem Mengenverhältnis von Antigen und Antikörper ab (Valenz bedeutet hier Zahl der Epitope pro Molekül bzw. pro Partikel). Unter geeigneten Bedingungen bilden sich **unlösliche Komplexe,** die in der wässrigen Phase quantitativ ausfallen.

Wie M. Heidelberger zeigte, lassen sich die Bedingungen der Reaktion leicht ermitteln, indem man zu einer konstanten Antikörpermenge ansteigende Mengen Antigen zufügt. Trägt man die Menge des zentrifugierbaren Präzipitats gegen die Menge an zugefügtem Antigen auf, so ergibt sich eine charakteristische Kurve (◘ Abb. 11.1):
- Der Scheitel dieser Heidelberger-Kurve entspricht der Äquivalenz von Antigen und Antikörper: In dieser **Äquivalenzzone** kommt es zur **maximalen Präzipitatbildung.** Der vorhandene Antikörper wird ebenso wie das vorhandene Antigen vollständig in die Präzipitatbildung einbezogen. Nach Abschleudern des Präzipitats enthält der Überstand weder freien Antikörper noch freies Antigen noch lösliche Komplexe.
- Der linke Schenkel der Kurve zeigt die Verhältnisse bei **Antikörperüberschuss:** Das zugefügte Antigen

S. Suerbaum et al. (Hrsg.), *Medizinische Mikrobiologie und Infektiologie*,
https://doi.org/10.1007/978-3-662-61385-6_11

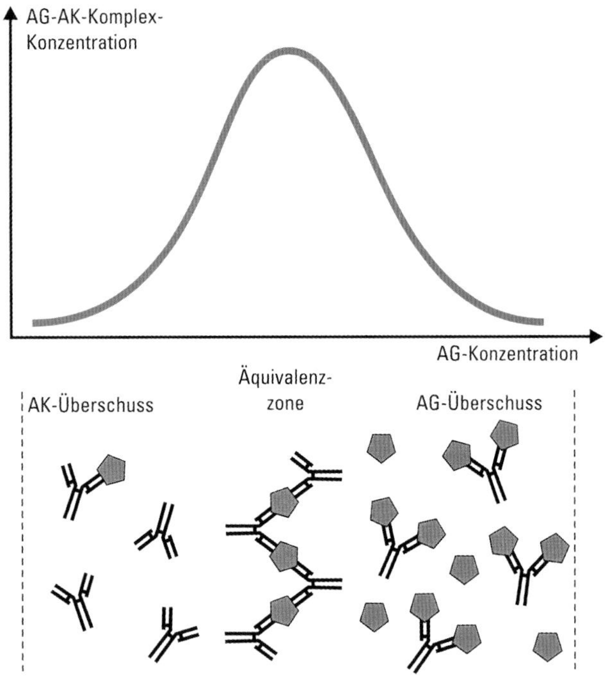

Abb. 11.1 Heidelberger-Kurve

wird vollständig präzipitiert; der Überstand zeigt nur freien, nichtkomplexierten Antikörper und weder Antigen noch lösliche Komplexe.
- Der rechte Schenkel schließlich zeigt an, dass sich bei **Antigenüberschuss** lösliche Immunkomplexe bilden: Hier enthält der Überstand freies Antigen und lösliche Komplexe, jedoch keinen freien Antikörper.

11.2 Nachweis der Antigen-Antikörper-Reaktion durch Komplementaktivierung

Bestimmte Antikörper vermögen Komplement zu aktivieren: Bei einer Antigen-Antikörper-Reaktion an der Oberfläche einer intakten Zelle kommt es durch Komplementaktivierung zur Zerstörung der Zellmembran und zur Lyse der Zellen, die sich unterschiedlich nachweisen lässt.
- Beim Einsatz von **Erythrozyten** zum Nachweis antierythrozytärer Antikörper ist die Lyse nach Zentrifugation des Reaktionsgemischs durch das Vorhandensein von **Hämoglobin** im Überstand visuell oder fotometrisch nachweisbar.
- Bei Verwendung von **Lymphozyten** zum Nachweis antilymphozytärer Antikörper (meist Anti-HLA-Ak) lässt sich die Lyse mikroskopisch durch **Färbung** mit einem Vital(fluoreszenz)farbstoff (z. B. Eosin oder Acridinorange zum Nachweis nichtlysierter Zellen) oder einem DNA-interkalierenden Fluoreszenzfarbstoff (z. B. Ethidiumbromid zum Nachweis lysierter Zellen) quantifizieren.

11.3 Nachweis der Antigen-Antikörper-Reaktion durch markierte Reaktionspartner

11.3.1 Immunfluoreszenz

Bei der Immunfluoreszenz dient ein fluoreszierender Farbstoff (z. B. Fluoreszein-Isothiozyanat) als Indikator. Die Immunfluoreszenz dient zum fluoreszenzmikroskopischen Nachweis von Antigenen oder Antikörpern. Für die mikrobiologische Diagnostik wichtig ist der **Fluoreszenz-Treponemen-Antikörper-Absorptions-Test** (FTA-ABS-Test), mit dem sich luesspezifische Antikörper ermitteln lassen. Dabei weist fluoreszenzmarkiertes Coombs-Serum die Reaktion eines präabsorbierten Patientenserums mit abgetöteten Treponemen nach (Coombs-Serum erkennt humanes Immunglobulin; ▶ Abschn. 11.5.4).

11.3.2 Moderne Methoden

Die Entwicklung monoklonaler Antikörper und rekombinanter Antigene hat den Antigen- bzw. Antikörpernachweis durch markierte Antikörper bzw. Antigene enorm beflügelt. Im Prinzip beruhen die diversen Verfahren darauf, dass man zu einem Gemisch, welches das fragliche Antigen oder den fraglichen Antikörper enthält, einen monoklonalen Antikörper oder ein rekombinantes Antigen gibt und den resultierenden Antigen-Antikörper-Komplex von der flüssigen Phase abtrennt. Anschließend wird der Komplex mit einem empfindlichen Nachweissystem identifiziert und, falls erwünscht, quantitativ erfasst.

Obwohl man hierbei den Indikator direkt an den monoklonalen Antikörper (**Primärantikörper** oder 1. Ak) koppeln könnte, bedient man sich bevorzugt indirekter Verfahren meist unter Einsatz polyklonaler Antikörper (**Sekundärantikörper** oder 2. Ak), die den 1. Antikörper erkennen. Dies bringt 2 Vorteile:
- Für monoklonale Antikörper aller Spezifitäten eignet sich das gleiche Indikatorserum.
- Mehrere Moleküle des sekundären polyklonalen Antikörpers reagieren mit einem einzigen Molekül des primären Antikörpers; dieser Verstärkereffekt erhöht die Empfindlichkeit des Systems.

ELISA

Beim **enzymgekoppelten** („enzyme-linked“) **Immunosorbent-Assay** (ELISA) wird das Antigen an eine Festphase (z. B. Boden einer Plastikplatte) kovalent gebunden; anschließend gibt man den primären Antikörper zu. Die entstandenen Antigen-Antikörper-Komplexe bleiben an die Festphase gebunden, die überschüssigen Antikörper werden abgewaschen. Nun fügt man die sekundären Antikörper hinzu; die ungebundenen Sekundärantikörper werden abschließend vom Komplex abgewaschen. Da an die sekundären Antikörper vorher ein geeignetes Enzym (z. B. Peroxidase oder Phosphatase) gekoppelt wurde, resultiert nach Zugabe des entsprechenden Testsubstrats die Bildung eines farbigen Produkts, dessen Menge sich fotometrisch bestimmen lässt. Die Produktmenge steht in direkter Beziehung zur Menge des nachzuweisenden Antigens.

Beim **Sandwich-ELISA** setzt man 2 Antikörper, die für 2 unterschiedliche Epitope eines größeren Antigens (typischerweise eines Proteins) spezifisch sind, ein: Der 1. spezifische Antikörper ist an eine Festphase gebunden und hat die Aufgabe, das Antigen festzuhalten. Der 2. Antikörper, an den ein geeignetes Enzym gekoppelt wurde, dient dem Antigennachweis. Zugabe des entsprechenden Testsubstrats führt zur Bildung eines messbaren, farbigen Produkts.

ELISPOT-Assay

Mit dem **ELISPOT-Assay** („enzyme-linked immunospot assay“) lassen sich antigenspezifische Zellen ermitteln, die auf eine antigenspezifische Stimulation hin bestimmte Substanzen produzieren, welche mittels Antigen-Antikörper-Reaktion nachgewiesen werden. Diese nachgewiesenen Substanzen sind meist von Plasmazellen produzierte Antikörper (▶ Kap. 9) oder von T-Lymphozyten synthetisierte Zytokine (▶ Kap. 13).

Der ELISPOT-Assay ist eine Abwandlung des Sandwich-ELISA: Die produzierenden Zellen werden auf eine Filtermatte gesaugt, an die ein spezifischer Antikörper gebunden wurde. Dieser Antikörper bindet das freigesetzte Antigen. Nach Waschen wird ein 2. Antikörper hinzugegeben, der ebenfalls für das nachzuweisende Antigen spezifisch ist und mit einem geeigneten Enzym markiert wurde. In diesem Fall wird ein Substrat verwendet, das am Reaktionsort ausfällt. An den Stellen der Antigenbindung entstehen sichtbare Punkte, die ein Maß für die Zahl der produzierenden Zellen darstellen.

Durchflusszytometrie

In letzter Zeit hat die fluoreszenzimmunologische Messung von Leukozyten und anderen Zellen im Durchflusszytometer breite Anwendung gefunden. Man benutzt dafür monoklonale Antikörper gegen solche Oberflächenantigene, die als Marker zur Katalogisierung der Zellen dienen (z. B. CD-Nomenklatur in ◘ Tab. 7.1). Die Auswertung erfolgt automatisch durch Zählung der angefärbten Zellen in computergesteuerten Durchflusszytometern („fluorescence-activated cell sorter“ (FACS).

FACS und MACS

Mithilfe von FACS und MACS („magnetic absorbance cellsorter“) lassen sich antikörpermarkierte Zellen sortieren. Beim FACS markiert man die Nachweisantikörper mit einem Fluoreszenzfarbstoff, beim MACS mit magnetisierten Partikeln. Beim FACS werden die gefärbten Zellen mit einem Laserstrahl aussortiert, während beim MACS die magnetisierten Zellen im Magnetfeld von den nichtmarkierten Zellen abgetrennt werden. Diese Geräte sind zur präparativen Gewinnung definierter Zellpopulationen geeignet.

Multiplextechnologien

Multiplextechnologien ermöglichen die simultane Detektion mehrerer Parameter in einem Ansatz. Diese Parameter können auch Antigene oder Antikörper sein. Besonders leistungsfähig sind die xMAP- („multiplex multi-analyte profiling“) und die BMB-Technologie („barcoded magnetic beads“):

- Das **xMAP-Verfahren** beruht auf mikroskopisch kleinen Polystyrolkügelchen, die aufgrund einer spezifischen Fluoreszenzkodierung mit einem speziellen Durchflusszytometer (Luminex-Analyzer) zuverlässig voneinander unterscheidbar sind.
- Das **BMB-Verfahren** beruht auf polymeren, paramagnetischen Beads, die aufgrund eines individuellen, optisch lesbaren digitalen Barcodes in einem Barcodelesegerät (Biocode-Analyzer) zuverlässig voneinander unterscheidbar sind.

Auf jeder dieser über 100 möglichen Populationen können Antikörper oder Antigene kovalent gekoppelt werden. Der parallele Nachweis multipler Analyten einer Probe erfolgt durch fluorimetrische Detektion einer Antigen-Antikörper-Reaktion auf jeder individuellen Population von Polystyrolkügelchen oder barkodierten Beads mithilfe eines fluoreszenzmarkierten Sekundärantikörpers.

Beide Verfahren werden z. B. zum Multiplexnachweis von Zytokinen in Serumproben oder Zellkulturüberständen (Antikörper an die Partikel gekoppelt) und von Anti-HLA-Antikörpern in Serumproben (Antigene an die Partikel gekoppelt) verwendet.

11.4 Nachweis der Antigen-Antikörper-Reaktion durch unmarkierte Reaktionspartner

Reflektometrische Interferenzspektroskopie (RIfS) Diese Technik ist eine markierungsfreie, physikalische Methode, die auf der Interferenz von breitbandigem (Weiß-)Licht an dünnen Schichten beruht: Aus senkrecht eingestrahltem Weißlicht entstehen an jeder Phasengrenze Teilstrahlen, von denen einige reflektiert und andere gebrochen transmittiert werden. Die reflektierten Teilstrahlen überlagern sich zu einem Interferenzspektrum, das über ein Spektrometer detektiert wird. Verändert sich die optische Schichtdicke, resultiert ein modifiziertes Interferenzspektrum.

Immobilisierte Antigene oder Antikörper verändern nach einer Antigen-Antikörper-Reaktion mit dem nachzuweisenden Antigen oder Antikörper aus der zu analysierenden Probe aufgrund neuer Phasengrenzen dieses Interferenzspektrum. Die Vorteile dieser Methode sind zum einen der markierungsfreie Nachweis der Antigen-Antikörper-Reaktion, zum anderen die Möglichkeit einer Beobachtung des zeitlichen Verlaufs des Interferenzspektrums und damit der zeitlichen Interaktion zwischen den Bindungspartnern. RIfS wird daher vor allem bei Biosensoren angewendet.

11

11.5 Blutgruppenserologie

Erythrozyten tragen auf ihrer Oberfläche zahlreiche **Alloantigene,** die in verschiedenen Systemen zusammengefasst werden. Der Besitzer eines bestimmten Antigens XY wird als Träger des Blutgruppenmerkmals XY bezeichnet. Die einzelnen Antigene eines Blutgruppensystems sind genetisch fixiert; sie können bei einzelnen Individuen ausgeprägt sein oder fehlen. Ihr Ensemble bildet ein Mosaik, das von Individuum zu Individuum variieren kann.

In der Blutgruppenserologie unterscheidet man mehrere Systeme; die wichtigsten werden als **AB0, Rhesus (Rh), Kell, Duffy, Lewis, Kidd, MNS** und **Lutheran** bezeichnet. AB0 und Rh stellen die weitaus wichtigsten Blutgruppensysteme dar. Für die Entdeckung der Blutgruppen des Menschen erhielt Karl Landsteiner aus Österreich 1930 den Nobelpreis.

11.5.1 AB0-System

Alloantigene und Antikörper im AB0-System

Im AB0-System kennt man 4 phänotypisch ausgeprägte Formen **(Allotypen);** sie werden mit den Formeln **A, B, AB** oder **0** bezeichnet. Träger der Blutgruppe A besitzen auf ihren Erythrozyten das Antigen A, die der Gruppe B das Antigen B, die der Gruppe AB beide Antigene und die der Gruppe 0 keines der beiden Antigene (▣ Tab. 11.1).

Die Antigene sind biochemisch charakterisiert worden: Als chemische Grundsubstanz fungieren glykosylierte Lipide (Glykolipide) bzw. Proteine (Glykoproteine) der Erythrozytenmembran, an die durch eine H-Transferase **Fukose** angefügt wird. Das Ergebnis bezeichnet man als **H**-Substanz (Antigen H). Erythrozyten der Blutgruppe 0 besitzen lediglich diese Grundstruktur. Bei Blutgruppe A kommen zusätzlich N-Azetyl-Galaktosamin-Moleküle hinzu, bei Gruppe B Galaktosemoleküle (▣ Abb. 11.2). Erythrozyten der Blutgruppe AB besitzen beide Zuckerformen.

Die Anheftung des jeweiligen Zuckermoleküls an die H-Substanz vermitteln Glykosyltransferasen, die vom A- bzw. B-Allel des für das AB0-System zuständigen Gens auf Chromosom 9 kodiert werden. Die A- und B-Merkmale werden kodominant und im Hinblick auf das 0-Merkmal dominant vererbt: Phänotyp „A“ kann daher auf jeweils 2 Genotypen beruhen – auf A/A (homozygot) oder A/0 (heterozygot). Für den Phänotyp „B“ gilt entsprechend der Genotyp B/B oder B/0. Für die Phänotypen 0 und AB existiert jeweils nur ein Genotyp, nämlich 0/0 bzw. A/B (▣ Tab. 11.1).

Wie zu erwarten, wirken die Blutgruppensubstanzen A, B und AB für Individuen, die sie nicht besitzen, als Alloantigene. Da das 0-Merkmal als gemeinsame Vorstufe bei allen Menschen vorkommt, wirkt es in keinem Fall als Antigen. Es gibt allerdings den sehr seltenen Null-Phänotyp des H-Systems, bei dem Antigen H nicht gebildet wird. Dieser durch eine H-Transferase-Defizienz verursachte Phänotyp wird nach dem Ort seiner Erstbeschreibung als **Bombay-Phänotyp** bezeichnet und ist immer mit einem hochtitrigen und klinisch relevanten Anti-H-Antikörper assoziiert. Eine Transfusion ist ausschließlich mit Bombay-Erythrozyten möglich.

▣ **Tab. 11.1** AB0-System

Genotyp	Antigen	Phänotyp (Blutgruppe)	Natürliche Serumantikörper	Verteilung in Deutschland (%)
A/A, A/0	A	A	Anti-B	43
B/B, B/0	B	B	Anti-A	13
0/0	H	0	Anti-A, Anti-B	39
A/B	A, B	AB	–	5

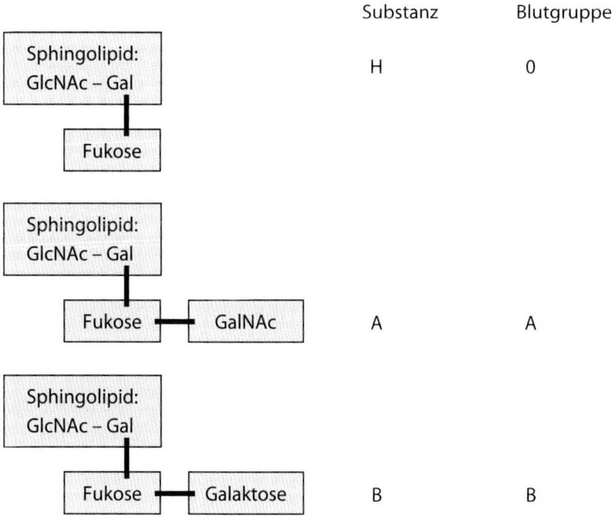

Abb. 11.2 Chemischer Aufbau der Antigene des AB0-Systems (GlcNAc: N-Azetyl-Glukosamin, GalNAc: N-Azetyl-Galaktosamin, Gal: Galaktose)

Eine Besonderheit des AB0-Systems besteht darin, dass alle erwachsenen Individuen gegen diejenigen Antigene, die sie nicht besitzen, Antikörper aufweisen: sog. **physiologische** oder **natürliche Antikörper** (Tab. 11.1):

- Individuen der Gruppe A besitzen physiologischerweise Antikörper gegen Antigen B.
- Individuen der Gruppe B besitzen Antikörper gegen Antigen A.
- Individuen der Gruppe 0 besitzen Antikörper gegen die Antigene A und B
- Dagegen besitzen Individuen der Gruppe AB weder Antikörper gegen A noch gegen B, da für sie keines dieser beiden Antigene fremd ist.

Neugeborene haben noch keine natürlichen Antikörper. Sie werden in den ersten Lebensmonaten gegen heterogenetische Antigene gewisser humansymbiotischer Bakterien aus der Darmflora gebildet. Diese Antigene sind mit den Blutgruppenantigenen identisch oder teilidentisch (▶ Kap. 8). Die physiologischen Antikörper gehören überwiegend der IgM-Klasse an und sind daher nicht plazentagängig. In der Regel zeigen sie mit den korrespondierenden Erythrozyten eine deutliche Hämagglutination, sie werden deshalb als **Isohämagglutinine** bezeichnet.

Bluttransfusion und Komplikationen

Bereits bei der 1. **Transfusion einer fremden AB0-Blutgruppe** kommt es zu einer heftigen Reaktion, bei der entweder die Isohämagglutinine des Empfängers mit den transfundierten Erythrozyten oder die mit Blutplasma transfundierten Isohämagglutinine mit den Erythrozyten des Empfängers reagieren.

Bei Übertragung von Blut der Gruppe A auf ein Individuum der Gruppe B treten daher 2 getrennte Reaktionen auf:

- Die A-spezifischen Antikörper des B-Empfängers reagieren mit den transfundierten A-Erythrozyten.
- Die B-spezifischen Antikörper im A-Spenderblut reagieren mit den B-Erythrozyten des Empfängers.

Die erstgenannte, weitaus schwerwiegendere Reaktion wird als **Major-Reaktion** bezeichnet; die zweitgenannte, wegen des Verdünnungseffekts leichtere als **Minor-Reaktion.** Die Minor-Reaktion spielt bei der Übertragung von Erythrozyten klinisch allerdings keine Rolle, da heute ausschließlich Blutkomponenten statt Vollblut zum Einsatz kommen, bei denen entweder nur die Blutzellen (Erythrozytenkonzentrate) oder nur das Plasma (Gefrierplasma) übertragen werden.

Bei der Transfusion von Vollblut der Gruppe AB auf einen Empfänger der Gruppe A oder B oder 0 ist wegen des Fehlens transfundierter Isohämagglutinine ausschließlich eine Major-Reaktion möglich, während es bei der Übertragung von Vollblut der Gruppe 0 auf einen Empfänger der Gruppe A oder B oder AB wegen des Fehlens transfundierter AB-Antigene lediglich zur Minor-Reaktion kommt.

Bei einem Empfänger der Gruppe AB kann wegen des Fehlens von Isohämagglutininen niemals ein Major-Zwischenfall eintreten, ob man ihm nun Blut eines A-, eines B- oder eines 0-Spenders (hier fehlen zusätzlich die ABO-Antigene) zuführt. Aufgrund dieser Verhältnisse, die eine Major-Reaktion ausschließen, bezeichnet man hinsichtlich der Transfusion von Erythrozyten die Angehörigen der Blutgruppe 0 als **Universalspender** und die Angehörigen der Blutgruppe AB als **Universalempfänger.** Im Normalfall wird jedoch auf diese Möglichkeit nicht zurückgegriffen.

Vorzugsweise werden AB0-gleiche Blutkomponenten und lediglich in Ausnahmefällen nur AB0-kompatible Präparate (z. B. 0-Erythrozytenkonzentrat auf A-Empfänger) übertragen. Bei Thrombozyten- und Plasmapräparaten wird jedoch häufig auch nur AB0-kompatibel transfundiert. Zur Sicherstellung einer AB0-verträglichen Bluttransfusion muss daher zuvor die **AB0-Blutgruppenbestimmung** stehen und wegen der zahlreichen weiteren Blutgruppensysteme, gegen die beim Empfänger Antikörper vorliegen könnten, bei der Transfusion erythrozytenhaltiger Präparate eine zusätzliche Absicherung durch die serologische Verträglichkeitsprobe erfolgen.

Zur weiteren Absicherung bei der Anwendung erythrozytenhaltiger Blutkomponenten (Erythrozyten- und Granulozytenkonzentrate) muss vor Transfusion immer am Krankenbett ein AB0-Identitätstest **(Bedside-Test)** des Empfängers zur Bestätigung der zuvor bestimmten AB0-Blutgruppenmerkmale erfolgen.

11.5.2 Rh-System

Rhesusantigene und Antikörper

Aufgrund seiner hohen Immunogenität ist das Rhesussystem für die Transfusionsmedizin von großer Bedeutung. Die Rhesusantigene werden mit den Buchstaben **C** bzw. **c**, **D** und **E** bzw. **e** bezeichnet. Diese Antigene werden durch 2 Genbereiche kodiert, die eng beieinander liegen und daher meist zusammen als Haplotyp vererbt werden. Der 1. Genbereich ist für Antigen **D**, der 2. für die Antigene **C**, **c**, **E**, **e** zuständig. Serologisch bestimmbar sind lediglich die Antigene **C**, **D**, **E**, **c** und **e**.

Für die Allelpaare **„C/c"** und **„E/e"** ergeben sich 3 Expressionsmöglichkeiten: **CC**, **cc** (beide homozygot) und **Cc** (heterozygot) bzw. **EE**, **ee** (beide homozygot) und **Ee** (heterozygot). Ein zu **D** antithetisches Antigen **d** gibt es nicht. Der Buchstabe **d** wird dazu verwendet, um das Fehlen von **D** aufgrund einer vollständigen Deletion des kodierenden Gens anzuzeigen. Da serologisch nicht zwischen den Genotypen **DD** (homozygot) und **Dd** (heterozygot) unterschieden werden kann, wird für beide das Symbol **D.** verwendet. (Der Punkt bedeutet, dass sowohl **DD** als auch **Dd** vorliegen kann.) Bleibt die serologische Reaktion mit Anti-**D** dagegen aus, so muss es sich um **dd** handeln (hierbei steht **d** für den deletierten Genort des Antigens **D**).

Alle vorhandenen Rhesusantigene einer Person werden zusammen als Rhesusphänotyp oder Rhesusformel bezeichnet. Die häufigsten Rhesusphänotypen sind **CcD.ee** (35 %), **CCD.ee** (20 %) und **ccddee** (15 %).

Das mit Abstand stärkste Rh-Antigen ist **D** („Rhesusfaktor"). Dementsprechend bedeutet bei **Transfusionsempfängern, Blutspendern** und in der **Schwangerschaftsvorsorge** die Kurzbezeichnung **Rh-positiv (D-positiv)** das Vorhandensein des **D**-Antigens, während das Symbol **Rh-negativ (D-negativ)** dessen Fehlen anzeigt. Nach dem Antigen **D** ist Antigen **c** das zweitstärkste Antigen, gefolgt von Antigen **E**. Die Antigene **C** und **e** sind schwächer immunogen.

Im Gegensatz zum AB0-System kommen Antikörper gegen Rh-Antigene natürlicherweise nicht vor. Sie werden erst in pathologischen Situationen erworben. Diese Antikörper gehören der IgG-Klasse an. Sie sind **plazentagängig** und besitzen **unvollständig hämagglutinierende Aktivität** (s. u.).

Bluttransfusion und Komplikationen

Aufgrund der starken Immunogenität ist das Rhesussystem für die Bluttransfusion von ebenso großer Bedeutung wie das AB0-System. Bei der Erythrozytentransfusion muss zumindest das Risiko einer Immunisierung gegen Antigen **D** vermieden werden. Ein **Rh-negativer** Empfänger ist daher mit **Rh-negativen** Erythrozytenpräparaten zu versorgen. Wegen der Seltenheit von **Rh-negativen** Erythrozytenpräparaten sollten Spender und Empfänger im Hinblick auf die Bezeichnung **Rh-positiv** oder **Rh-negativ** gleich sein.

Bei der Erstübertragung von **Rh-positiven** Erythrozytenpräparaten auf einen **Rh-negativen** Empfänger kommt es zu keiner Transfusionsreaktion. Der Empfänger wird aber dabei mit hoher (>80 %) Wahrscheinlichkeit immunisiert und würde bei erneuter Übertragung **Rh-positiver** Erythrozyten eine Transfusionsreaktion erleiden.

Bei Mädchen und Frauen im gebärfähigen Alter ist bei Erythrozytentransfusionen die vollständige Rhesusformel zu beachten, um Immunisierungen gegen das beim Empfänger fehlende Rhesusantigen zu vermeiden (s. u.). Das Gleiche sollte bei längerfristig transfusionsbedürftigen Patienten beachtet werden sowie bei Patienten, die bereits gegen andere Blutgruppenantigene immunisiert sind.

Rhesussystem und Schwangerschaft

Das Rh-System ist wegen der Plazentagängigkeit der D-spezifischen Antikörper von großer Bedeutung für die Schwangerschaftsvorsorge. Erwartet eine **Rh-negative** Mutter ein **Rh-positives** Kind, treten bei der 1. Gravidität keine Probleme auf. Während der Geburt wird aber Blut zwischen Mutter und Neugeborenem ausgetauscht. Die Mutter wird gegen **D** sensibilisiert und bildet **Anti-D-Antikörper** der IgG-Klasse. Bei der 2. Schwangerschaft passieren diese Antikörper die Plazenta und lysieren Erythrozyten des Fetus, wenn auch dieser **Rh-positiv** ist. Dies führt in utero beim Fetus zur hämolytischen Anämie mit Hyperbilirubinämie und Kernikterus. Resultat ist der **Morbus haemolyticus neonatorum.**

Bei rechtzeitiger Diagnose lässt sich diese Erythroblastose verhindern. Die Gabe von **Anti-D-Antikörpern (Rhesusprophylaxe)** während der 1. Schwangerschaft und unmittelbar nach der Geburt eines **Rh-positiven** Kindes durch eine **Rh-negative** Mutter unterbindet die Sensibilisierung der Mutter, d. h. die Bildung D-spezifischer Antikörper.

11.5.3 Antigene anderer Blutgruppensysteme

Es existieren noch weitere Blutgruppensysteme, deren Antigene sich bei jedem Menschen finden. Gegen diese Antigene werden nur selten Antikörper gebildet. Als Störfaktor treten sie nur selten in Erscheinung. Dies hat folgende Gründe:
- Ihre Wirkung als Alloantigen ist schwach.
- Natürliche Antikörper kommen entweder selten vor oder sind aufgrund ihrer geringen Reaktivität bedeutungslos.
- Häufig tragen Spender und Empfänger gleiche Antigene.

Solche Systeme können aber bei zahlreichen Transfusionen, die einzelne Patienten gelegentlich erhalten müssen, zur Sensibilisierung führen. Dies schränkt die Auswahlmöglichkeiten unter den in Betracht kommenden Erythrozytenpräparaten ein, sodass bei längerfristiger Transfusionsbedürftigkeit ein Versorgungsproblem entstehen kann. Am ehesten sind für die Praxis die Duffy-, Kell-, Kidd-, Lewis-, Lutheran- und MNS-Antigene von Bedeutung.

11.5.4 Blutgruppenserologische Untersuchungsmethoden

Die **Blutgruppenbestimmung** beruht auf der Hämagglutination. Die Bestimmung der AB0-Merkmale ist im Prinzip einfach. In getrennten Untersuchungsgängen werden folgende Merkmale bestimmt:
- Erythrozytenmerkmale
- Spezifität der Isoagglutinine

Heute setzt man zum Nachweis monoklonale Antikörper gegen A und B ein. Als Reagens zur Isoagglutininbestimmung verwendet man Suspensionen menschlicher Erythrozyten mit den Merkmalen A_1, A_2, B und 0 (0-Ansatz als Kontrolle). Die Agglutination wird auf einer speziellen Platte, im Röhrchen, im Gel oder in einer Mikrotiterplatte ausgeführt. Die Serumeigenschaften müssen mit den Erythrozyteneigenschaften vereinbar sein. Beim AB0-Identitätstest des Empfängers (Bedside-Test) unmittelbar vor der Transfusion von Erythrozyten- und Granulozytenkonzentraten werden auf Testkarten nur die Erythrozytenmerkmale und nicht die Serumeigenschaften bestimmt.

Neben dem stark agglutinablen Merkmal A_1 (und bedingt A_2) gibt es mehrere schwach agglutinable Merkmale wie A_3, A_x, A_{end} oder A_m. Schwierigkeiten ergeben sich bei der Bestimmung des AB0-Systems dann, wenn ein Proband das Erythrozytenmerkmal A in dessen schwach oder nichtagglutinablen Form (z. B. A_3) besitzt. In diesem Fall beurteilt man die Erythrozyten als „A weak" und sucht dann vergebens nach dem zugehörigen Anti-A im Serum. Die Situation lässt sich durch Antikörperadsorption, Phytohämagglutinine oder neuerdings molekulargenetisch klären. Phytohämagglutinine sind pflanzliche Makromoleküle. Sie vermögen gewisse Zucker zu binden.

Eine 2. Schwierigkeit ergibt sich beim Rh-System. Erythrozyten tragen auf ihrer Oberfläche starke negative Ladungen. In Suspension stoßen sie sich ab und geraten nie näher aneinander als 30 nm, also etwas weiter als die Spannweite eines IgG-Antikörpers. Dementsprechend werden die Rh-Antigene von den homologen Antikörpern der IgG-Klasse zwar erkannt, die Vernetzung der Erythrozyten bleibt jedoch in der Regel aus.

Gibt man aber zusätzlich einen Antikörper dazu, der humanes Immunglobulin erkennt (**Antihumanglobulin,** AHG), so erfolgt die Agglutination. In der Blutgruppenserologie wird der 1., für sich allein nicht agglutinierende humane Antikörper als **inkompletter Antikörper** bezeichnet (der Ausdruck ist streng genommen falsch, da der so bezeichnete IgG-Antikörper voll funktionsfähig ist und sich nur in der Spezifität von anderen humanen IgG-Antikörpern unterscheidet). Der 2., indirekt agglutinierende Antikörper wird nach seinem Entdecker **Coombs-Antikörper** genannt. Antikörper, die Erythrozyten stets direkt agglutinieren können, heißen **komplette Antikörper.** Sie gehören in der Regel der IgM-Klasse an (z. B. die natürlichen Antikörper des AB0-Systems).

Die Hämagglutination von Erythrozyten, die mit inkompletten Antikörpern beladen sind, lässt sich auch durch Zugabe von **Supplement** (z. B. „low ionic strength solution", LISS, oder Albumin) fördern; Stoffe dieser Art reduzieren die negative Oberflächenladung der Erythrozyten. Schließlich kann man durch Vorbehandlung der Erythrozyten mit Enzymen (z. B. Papain) ihre Hämagglutinationsbereitschaft erhöhen.

Zur **Auswahl geeigneter Erythrozytenpräparate** für die Transfusion führt man beim Empfänger mindestens folgende Untersuchungen durch:
- Bestimmung der AB0-Blutgruppe
- Bestimmung des Antigens D
- Suchtest nach irregulären Antikörpern (Duffy, Kell, Kidd etc.)
- serologische Verträglichkeitsprobe (Kreuzprobe) des Patientenserums mit den Spendererythrozyten

Die natürlichen Antikörper des AB0-Systems treten bei Individuen der entsprechenden Blutgruppe immer auf (also Anti-A-Antikörper bei Blutgruppe B etc.). Diese regulären Antikörper werden bei der Auswahl geeigneter Erythrozytenkonzentrate bereits berücksichtigt (AB0-gleiche oder kompatible Erythrozytenpräparate). Beim Antikörpersuchtest und der serologischen Verträglichkeitsprobe können aber auch irreguläre Antikörper entdeckt werden (z. B. gegen Antigene des Rhesussystems oder gegen seltene Blutgruppenantigene), deren Vorkommen nicht voraussagbar ist.

- Für das AB0-System wird die volle Übereinstimmung der Spender- und Empfängermerkmale gefordert; in Ausnahmefällen wird auf AB0-kompatible Konstellationen ausgewichen.
- Für das Rhesussystem wird Übereinstimmung zumindest hinsichtlich **Rh-positiv** und **Rh-negativ** verlangt. In besonderen Fällen ist die komplette Rhesusformel zu beachten (s. o.).

Nach Auswahl des geeigneten Erythrozytenpräparats erfolgt vor der Transfusion die **serologische Verträglichkeitsprobe.** Sie dient dazu, mögliche Fehler bei Blutgruppenbestimmung und Serumantikörpersuche auszuschließen und mögliche Inkompatibilitäten (z. B. aufgrund von Antikörpern gegen seltene Blutgruppenantigene) zu erfassen. Sie wird heute ausschließlich mit Patientenserum gegen Spendererythrozyten durchgeführt (Major-Reaktion).

Die früher zusätzlich durchgeführte Minor-Reaktion durch Prüfung des Spenderserums gegen Empfängererythrozyten ist insbesondere durch die ausschließliche Anwendung von Blutkomponenten überflüssig. Der häufig verwendete Begriff Kreuzprobe beruht auf der früher üblichen Prüfung sowohl der Major- als auch der Minor-Reaktion (Testung über Kreuz).

11

Die zunehmend eingesetzten therapeutischen monoklonalen Antikörper können mit der Verträglichkeitsprobe interferieren und ein positives Ergebnis vortäuschen. Die derzeit am häufigsten vorkommende Interferenz beruht auf dem Einsatz des CD38-spezifischen monoklonalen Antikörpers Daratumumab zur Therapie des multiplen Myeloms. Da auch Erythrozyten CD38 exprimieren, ist die Verträglichkeitsprobe bei den mit Daratumumab behandelten Patienten immer positiv. Für eine aussagekräftige Verträglichkeitsprobe muss daher die Interferenz des Antikörpers durch 1) Blockade seiner Bindungsstellen oder 2) die Maskierung bzw. Denaturierung des CD38 auf den Spendererythrozyten der Verträglichkeitsprobe erfolgen.

Bei der serologischen Verträglichkeitsprobe bringt man Spendererythrozyten mit Empfängerserum zusammen. Bei der immer mitgeführten und für die Kompatibilitätsbeurteilung unverzichtbaren Autokontrolle werden Serum und Erythrozyten des Empfängers auf Eigenreaktivität überprüft. Bei positiver Autokontrolle muss geprüft werden, ob deren Ursache transfusionsrelevant ist. Die Verträglichkeitsprobe im Röhrchen wird üblicherweise als Agglutinationstest **(Dreistufentest)** bei 37 °C durchgeführt, um zuverlässig komplette und inkomplette Antikörper zu erfassen (◘ Tab. 11.2).

◘ Tab. 11.2 Serologische Verträglichkeitsprobe: Dreistufentest

Stufe	Agglutinationstest
1	Ohne Zusätze
2	In Gegenwart von Supplement
3	Zusätzlich in Gegenwart von Coombs-Serum (indirekter Coombs-Test, s. u.)

Bei modernen Gelkartensystemen entfällt das 3-stufige Vorgehen, da bereits alle Komponenten vorpipettiert vorliegen.

Während die natürlichen Antikörper des AB0-Systems im Allgemeinen bei Zimmertemperatur gut nachweisbar sind, reagieren die IgG-Antikörper der meisten Blutgruppensysteme bei Körpertemperatur besser; sie werden deshalb **Wärmeantikörper** (oder **Wärmeagglutinine**) genannt. Dagegen sind andere Antikörper, z. B. die Antikörper gegen Lewis-Antigene, nur bei 4 °C auffindbar – sog. **Kälteantikörper** (oder **Kälteagglutinine**).

Antikörper, die in Gegenwart von Serumkomplement eine Lyse herbeiführen, nennt man hämolysierende Antikörper (Hämolysine). Sie können auch für Ablesefehler verantwortlich sein.

Für die Schwangerschaftsvorsorge ist das Rh-System von besonderer Bedeutung:

- Beim **direkten Coombs-Test** (**DCT**; **direkter Antihumanglobulin-[AHG-]Test)** wird die Erythrozytensuspension mit Coombs-Antiserum gemischt. Kommt es zur Hämagglutination, so waren die Erythrozyten bereits in vivo mit inkompletten Antikörpern beladen. Ein Befund dieser Art ergibt sich z. B. beim **Rh-positiven** Neugeborenen einer **Rh-negativen** Mutter, die bereits Antikörper gegen das Antigen D gebildet hat.
- Beim **indirekten Coombs-Test (ICT; indirekter AHG-Test)** wird das Serum auf das Vorhandensein von inkompletten Antikörpern, z. B. Rh-spezifischen Antikörpern, untersucht. Hierzu inkubiert man **Rh-positive** Erythrozyten der Gruppe 0 als Träger des Antigens D mit dem zu untersuchenden Serum; nach Waschen wird der Suspension Coombs-Serum zugesetzt. Eine jetzt eintretende Hämagglutination weist auf das Vorhandensein von D-spezifischen Antikörpern im Serum hin. Der indirekte Coombs-Test wird z. B. zur Überwachung einer **Rh-negativen** Schwangeren, die ein **Rh-positives** Kind erwartet, eingesetzt.

In Kürze: Antigen-Antikörper-Reaktion

- **Grundlagen serologischer Methoden:**
  - **Antigen-Antikörper-Komplexe:** Reaktion der zumindest bivalenten Antikörper mit polyvalenten Antigenen; es kommt zur Präzipitation (Antigen als lösliches Molekül), Flokkulation (Antigen auf kleinen Partikeln) oder Agglutination (Antigen auf großen Partikeln, z. B. Zellen).
  - **Heidelberger-Kurve:** Bei Äquivalenz von Antigen- und Antikörpermenge kommt es zu vollständiger Präzipitatbildung; bei Antikörperüberschuss wird das vorhandene Antigen unvollständig komplexiert, bei Antigenüberschuss werden die Antikörper nur unvollständig komplexiert, in beiden Fällen entstehen lösliche Komplexe.
  - **ELISA:** Nachweis von Antigen, das an eine Festphase gekoppelt wurde, durch Antikörper. Ein primärer Antikörper bindet spezifisch an das Antigen und wird mithilfe eines sekundären Antikörpers nachgewiesen. Bei Letzterem handelt es sich im Allgemeinen um ein Antiserum gegen den Primärantikörper, an das man ein Enzym (Peroxidase oder Phosphatase) gekoppelt hat. Nachweis durch Zugabe des entsprechenden Substrats.
- **Blutgruppenserologie:**
  - **AB0-Systeme:** Wichtigstes Blutgruppensystem; Gruppe A: Antigen A auf Erythrozyten, Antikörper gegen Antigen B im Serum vorhanden; Gruppe B: Antigen B auf Erythrozyten, Antikörper gegen Antigen A vorhanden; Gruppe AB: Antigen A und Antigen B auf Erythrozyten, keine Antikörper gegen die Antigene A und B; Gruppe 0: weder Antigen A noch B auf Erythrozyten, Antikörper gegen A und B vorhanden. Antikörper gegen A und B sind natürliche Antikörper der IgM-Klasse (nicht plazentagängig, deutliche Hämagglutination).
  - **Rhesussystem:** Besteht aus den „starken“ Antigenen D und c sowie den „schwachen“ Antigenen C, E und e. Bei Deletion des Genortes für Antigen D fehlt dieses Antigen (= d). Rh-Antikörper werden erst nach Sensibilisierung gebildet.
  - **Rh-positiv:** D-Antigen auf Erythrozyten.
  - **Rh-negativ:** Fehlen von Antigen D (= d). Rh-Antikörper werden erst nach Immunisierung durch Schwangerschaft oder Transfusion gebildet und gehören zur IgG-Klasse (plazentagängig, inkomplett, s. u.).
  - **Rh-Transfusionsreaktion:** Keine Probleme bei der Erstgeburt eines Rh-positiven Kindes durch eine Rh-negative Mutter, aber Sensibilisierung der Mutter gegen D; bei weiteren Schwangerschaften passieren Antikörper gegen D die Plazenta; beim Neugeborenen kommt es zum Morbus haemolyticus neonatorum.
  - **Major-Reaktion:** Transfusionsreaktion, bei der Empfängerantikörper gegen Spendererythrozyten reagieren.
  - **Minor-Reaktion:** Transfusionsreaktion, bei der Spenderantikörper gegen Empfängererythrozyten reagieren.
- **Blutgruppenbestimmung:**
  - **Agglutinierende („komplette“) Antikörper:** Üblicherweise IgM, können den Abstand zwischen 2 Erythrozyten überbrücken und diese agglutinieren.
  - **Nichtagglutinierende („inkomplette“) Antikörper:** Üblicherweise IgG, können den Abstand zwischen 2 Erythrozyten nicht überbrücken und diese nicht agglutinieren. Durch Supplement (z. B. Albumin) wird der Abstand verringert; Coombs-Serum (Antikörper gegen humanes Immunglobulin) vergrößert die „Antikörperbrücke“. Beides ermöglicht die Hämagglutination.
  - **Serologische Verträglichkeitsprobe (Kreuzprobe):** Überprüfung der Verträglichkeit vor einer Erythrozytentransfusion.
  - **Coombs-Test:** Nachweis inkompletter Antikörper durch den Einsatz von Antihumanglobulinen, z. B. im Rahmen der Rh-Überprüfung bei Schwangerschaftsvorsorge; indirekter Coombs-Test: Nachweis von Antikörpern gegen Rh im Blut einer Schwangeren mithilfe Rh-positiver Erythrozyten der Gruppe 0 in Gegenwart von Coombs-Serum; direkter Coombs-Test: Nachweis Rh-positiver Erythrozyten, die bereits mit Antikörpern gegen Rh-Antigene beladen sind, im Blut eines Rh-positiven Neugeborenen einer Rh-negativen Mutter durch Zugabe von Coombs-Serum.

Weiterführende Literatur

Abbas AK, Lichtman AH, Pillai S (2017) Cellular and molecular immunology, 9. Aufl. Elsevier, Philadelphia, USA

De Franco A, Locksley R, Robertsen M (2007) Immunity: the immune response in infectious and inflammatory disease (Primers in biology). Oxford University Press, Oxford, New Science Press, London

Kaufmann SHE, Sacks D, Rouse B (2011) The immune response to infection. ASM Press, Washington

Kaufmann SHE, Steward M (2005) Topley and Wilson's microbiology and microbial infections: immunology. Arnold, London

Kiefel V (2010) Transfusionsmedizin und Immunhämatologie, 4. Aufl. Springer, Heidelberg

Murphy K, Weaver C (2018) Janeway Immunologie, 9. Aufl. Springer Spektrum, Heidelberg

Rich RR, Fleisher TA, Shearer WT, Schroeder HW, Few AJ, Weyand CM (2018) Clinical immunology: principles and practice, 5. Aufl. Elsevier, London

Annual Reviews of Immunology, Annual Reviews, Palo Alto, USA, ISSN/eISSN 0732-0582

Current Opinion in Immunology, Elsevier B. V., The Netherlands, ISSN 09527915

Nature Reviews Immunology, Springer Nature, London, UK, ISSN 1474-1741

Seminars in Immunology, Elsevier B. V., The Netherlands, ISSN 1044-5323

Trends in Immunology, Cell Press, Cambridge, MA, USA, ISSN 1471-4906

Haupthistokompatibilitätskomplex

Stefan H. E. Kaufmann und Rainer Blasczyk

Über Akzeptanz oder Abstoßung von Transplantaten entscheiden bestimmte Antigene, die vom Haupthistokompatibilitätskomplex („major histocompatibility complex", MHC) kodiert werden. Die Hauptaufgabe des MHC besteht darin, T-Zellen antigene Peptide zu präsentieren. Der MHC des Menschen wird als **HLA-Komplex** bezeichnet (Maus: H-2-Komplex). HLA ist die Abkürzung für „humane Leukozytenantigene". Diese Antigene wurden beim Menschen als Transplantationsantigene erstmals auf Leukozyten gefunden. H-2 steht für das bei Mäusen schon früh als besonders wichtig für die Abstoßungsreaktion erkannte Antigen 2.

12.1 Übersicht

Der MHC besteht aus mehreren zu einem Genkomplex zusammengefassten Genen. Zwei Gengruppen interessieren hier besonders:

- Die von den **Klasse-I-Genen** kodierten Proteine heißen Klasse-I-Moleküle. Man bezeichnet sie auch als klassische Transplantationsantigene, da sie aufgrund von Arbeiten über die Transplantatabstoßung zuerst entdeckt wurden.
- Die von den **Klasse-II-Genen** kodierten Moleküle heißen Klasse-II-Moleküle oder „Immunantwort-assoziierte (Ia-)Antigene"; man entdeckte sie in später unternommenen Untersuchungen über die genetische Kontrolle der Immunantwort.

Die Gene des MHC (und damit auch die von ihnen kodierten Moleküle) sind äußerst **polymorph**, d. h., sie unterscheiden sich bei den einzelnen Individuen einer Spezies beträchtlich. Die aktuelle HLA-Datenbank enthält zurzeit über 26.000 HLA-Allele.

Die Charakterisierung des MHC hat schnell Fortschritte gemacht, als es gelang, Mäusestämme zu züchten, die genetisch identisch sind. Mäuse eines derartigen Inzuchtstamms verhalten sich zueinander wie eineiige Zwillinge; man bezeichnet sie als **syngene** Tiere. Mäuse aus zwei unterschiedlichen Inzuchtstämmen verhalten sich dagegen wie 2 verschiedene, nichtverwandte Individuen, sie sind zueinander **allogen**.

Weiterhin ließen sich Mäusestämme züchten, die sich voneinander lediglich in einem definierten Bereich des Genoms unterscheiden. Diese Inzuchtstämme sind zueinander **kongen.** Mithilfe kongener Mäusestämme, die sich lediglich im MHC unterscheiden, gelang der Beweis, dass Unterschiede im MHC für die Transplantatabstoßung ausschlaggebend sind. Umgekehrt ergab sich, dass die Übereinstimmung im MHC über das Angehen eines Transplantats entscheidet.

Lange Zeit prägten diese Befunde die Auffassungen über die biologischen Aufgaben des MHC. Danach sollte der MHC primär dafür zuständig sein, dass Gewebe anderer Individuen aus derselben Spezies als fremd erkannt wird. Heute weiß man, dass diese Deutung falsch war: Denn der MHC ist in 1. Linie für die **richtige Erkennung von Fremdantigenen** jeder Art verantwortlich.

Fremde Antigene werden von T-Lymphozyten nicht als isolierte Einzelstruktur erkannt, sondern nur in Assoziation mit körpereigenen MHC-Strukturen. Die MHC-Proteine dienen als Leitmoleküle, sie ermöglichen es den T-Zellen, mit Fremdantigenen zu reagieren. Dies gilt für fast alle Antigene, insbesondere aber für die Bestandteile von Krankheitserregern. MHC-Moleküle bieten den T-Zellen Peptide fremder Proteine dar (► Kap. 13).

Eine gewisse Ausnahme hiervon stellt die **direkte** Erkennung der Transplantationsantigene anderer Individuen dar. Diese Antigene können auf nicht ganz verstandene Weise das normalerweise von T-Zellen erkannte Produkt Fremdantigen plus körpereigenes MHC-Molekül imitieren. Sie werden gewissermaßen mit dem Komplex verwechselt, der aus Fremdantigen und körpereigenem MHC-Molekül entsteht.

Bei der **indirekten** Erkennung der Transplantationsantigene anderer Individuen werden prozessierte Fragmente der fremden MHC-Moleküle von den

S. Suerbaum et al. (Hrsg.), *Medizinische Mikrobiologie und Infektiologie*,
https://doi.org/10.1007/978-3-662-61385-6_12

eigenen MHC-Molekülen präsentiert und so von T-Zellen als fremd erkannt. Bei der semidirekten Erkennung präsentieren Empfängerzellen allogene MHC-Peptid-Komplexe des Spenders ähnlich wie bei der direkten Erkennung als intakte Moleküle. Der Grad der Übereinstimmung der MHC-Moleküle zwischen Patient und Spender ist für das Transplantat- bzw. Patientenüberleben von großer Bedeutung und spielt insbesondere bei der Allokation hämatopoetischer Stammzellen und von Nierentransplantaten eine zentrale Rolle zur Verminderung der zellulären und humoralen Abstoßung. Die Antigenassoziation mit MHC-Molekülen und ihre Erkennung durch T-Lymphozyten sowie die mögliche Ursache und Bedeutung dieser Vorgänge sind Thema in ▶ Kap. 13. An dieser Stelle werden nur Genetik und Biochemie der MHC-Moleküle dargestellt.

Die US-Amerikaner Baruj Benacerraf, George Snell und der Franzose Jean Dausset erhielten für ihre Entdeckung genetisch bedingter zellulärer Oberflächenstrukturen (der MHC-Moleküle), die immunologische Reaktionen steuern, 1980 gemeinsam den Nobelpreis für Medizin. 1990 wurden die US-Amerikaner Joseph Edward Murray und Edward Donnall Thomas für ihre Einführung der Methode der Übertragung von Gewebe und Organen als klinische Behandlungspraxis in der Humanmedizin mit dem Nobelpreis ausgezeichnet.

12.2 Genetik des MHC

Der MHC liegt bei der Maus auf Chromosom 17 zwischen Zentromer und Telomer und ist etwa 0,3 Centimorgan lang. Der H-2-Komplex wird von den K- bzw. D und L-Genen begrenzt. Diese Gene kodieren die **Klasse-I-Antigene**, sie werden koexprimiert. Die **Klasse-II-Antigene** werden von der I-Region kodiert; man unterscheidet in diesem Abschnitt verschiedene Subregionen. Wesentlich sind die I-A- und die I-E-Subregion (◘ Abb. 12.1). Die Klasse-II-Gene werden ebenfalls koexprimiert.

Der MHC des Menschen liegt auf dem kurzen Arm des Chromosoms 6 (◘ Abb. 12.1). Die Klasse-I-Antigene, die den überwiegenden Polymorphismus ausmachen und klinisch bedeutsam sind, werden – bezeichnet nach der Reihenfolge ihrer Entdeckung – von den A-, B- und C-Genen kodiert. Die Klasse-II-Antigene werden von der D-Region kodiert, die nach den HLA-A-, HLA-B- und HLA-C-Antigenen entdeckt wurde und deren Antigene sich zunächst nur mit der Technik der gemischten Lymphozytenkultur nachweisen ließen. Später waren diese Antigene auch serologisch nachweisbar und wurden anfänglich als „HLA-D-related" bezeichnet, woraus sich dann der Name HLA-DR entwickelt hat. Die danach entdeckten Klasse-II-Antigene wurden

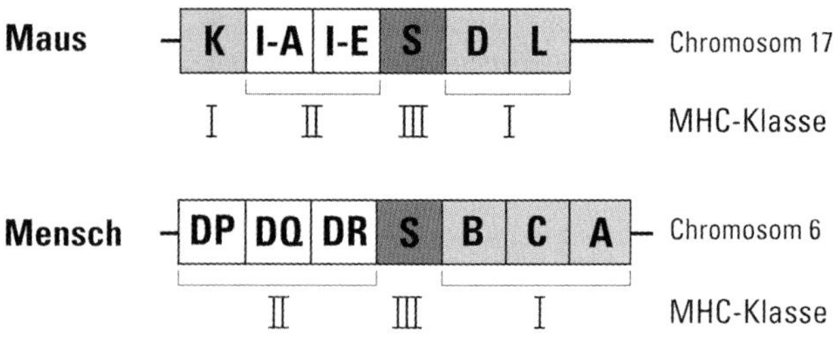

◘ **Abb. 12.1** MHC-Genkomplex bei Maus und Mensch

dann in der Reihenfolge ihrer Entdeckung als HLA-DQ und HLA-DP bezeichnet. Den Antigenen entsprechend lassen sich in der Klasse-II-Region genetisch die Subregionen DP, DQ und DR unterscheiden.

Beim Menschen und bei der Maus findet sich auf dem MHC noch die S-Region. Darin sind die – der Systematik der Klasseneinteilung folgend – **Klasse-III-Gene** zusammengefasst, die jedoch strukturell sehr heterogen sind. Sie kodieren u. a. bestimmte Komplementkomponenten.

12.3 Biochemie der MHC-Moleküle

12.3.1 MHC-Klasse-I-Moleküle

Fast alle Körperzellen exprimieren Klasse-I-Moleküle. Diese bestehen aus einer **schweren Kette** mit etwa 45 kD Molekularmasse; mit ihr ist **β2-Mikroglobulin** (Molekularmasse 12 kD) nichtkovalent assoziiert (◘ Abb. 12.2 links). β2-Mikroglobulin wird nicht vom MHC kodiert; sein Gen liegt auf Chromosom 15 (Mensch) bzw. Chromosom 2 (Maus). Es weist keine Variabilität auf und trägt zur Klasse-I-Vielfalt nicht bei.

Der extrazelluläre Bereich der schweren Kette besteht beim Klasse-I-Molekül aus 3 Domänen (▶ Kap. 9) mit jeweils etwa 90 Aminosäuren. Daran schließt sich eine Transmembranregion aus etwa 40 Aminosäuren an, die hydrophob ist und der Verankerung in der Zellmembran dient. Die zytoplasmatische Region ist etwa 30 Aminosäuren lang. Die extrazelluläre Region trägt 1 oder 2 Kohlenhydratseitenketten.

Obwohl zwischen den einzelnen Allelen eines Klasse-I-Gens eine ausgedehnte (etwa 80 %ige) Homologie besteht, gewährleisten die variablen 20 % des Moleküls den hohen Grad an Polymorphismus. Sie tragen die allogenen Klasse-I-Determinanten, die sich überwiegend in der aus den α1- und α2-Domänen geformten **Antigenbindungsstelle** des MHC-Moleküls befinden.

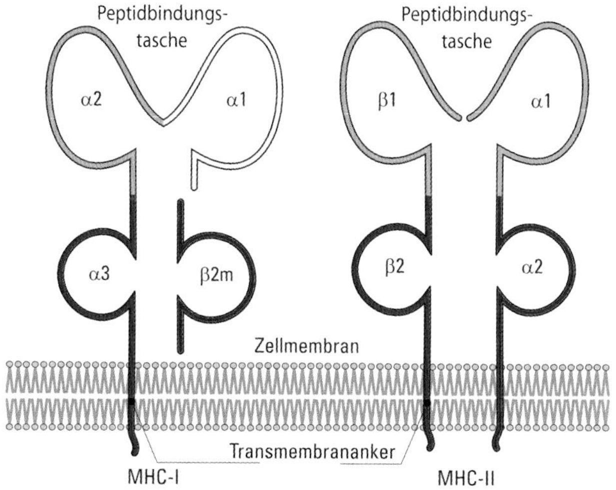

Abb. 12.2 MHC-Moleküle. Das MHC-Klasse-I-Molekül besteht aus einer α-Kette mit 3 Domänen und ist mit dem β2-Mikroglobulin (β2m) assoziiert. Die Domänen α1 und α2 bilden einen Spalt, in den ein antigenes Peptid aus vorzugsweise 9 Aminosäuren passt. MHC-Klasse-II-Moleküle bestehen aus einer α- und einer β-Kette mit jeweils 2 Domänen. Das antigene Peptid aus vorzugsweise 10–20 Aminosäuren lagert sich in einen Spalt zwischen α1- und β1-Domäne ein

12.3.2 MHC-Klasse-II-Moleküle

Die Klasse-II-Moleküle werden konstitutiv nur auf denjenigen Körperzellen exprimiert, die an der Induktion einer zellulären Immunantwort beteiligt sind, u. a. auf
- Zellen des mononukleär-phagozytären Systems und dendritische Zellen,
- B-Zellen,
- aktivierten T-Zellen und
- Endothelzellen.

Klasse-II-Antigene bestehen aus 2 annähernd gleich großen, nichtkovalent assoziierten Ketten (Abb. 12.2 rechts):
- α-Kette (Molekularmasse ca. 30–33 kD)
- β-Kette (ca. 27–29 kD)

Beide Ketten werden von Genen der Klasse-II-Region des MHC kodiert. Beim Menschen kodieren A-Gene die α-Ketten und B-Gene die β-Ketten: HLA-DRA, DRB, DQA1, DQB1, DPA1, DPB1 (bei der Maus H-2I-Aα, I-Aβ, I-Eα, I-Eβ). Jede Kette setzt sich in der extrazellulären Region aus 2 Domänen mit etwa 90 Aminosäuren zusammen. Die Transmembranregion besteht aus etwa 30 zum großen Teil hydrophoben Aminosäuren. Sie dient der Verankerung des Moleküls in der Zellmembran. Die zytoplasmatische Region ist kurz und enthält etwa 10 Aminosäuren.

Beide Ketten tragen Kohlenhydrate. Die Variabilität zwischen den einzelnen Allelen ist bei den α-Ketten deutlich geringer als bei den β-Ketten. Die allogenen Klasse-II-Determinanten liegen meist in der an der Bildung der Antigenbindungsstelle beteiligten β1-Domäne der β-Ketten.

12.3.3 Antigenbindungsstelle

Die α1- und die α2-Domänen des **Klasse-I-Moleküls** bilden eine Spalte, in die ein Peptid aus ca. 9 Aminosäuren passt. Eine ähnliche Spalte formen die α1- und β1-Domänen der α- und der β-Kette des **Klasse-II-Moleküls.** Diese ist jedoch an den Seiten offen, sodass Peptide unterschiedlicher Länge von ca. 10–20 Aminosäuren präsentiert werden. Entsprechend ihrer Funktion, eine möglichst große Vielfalt von Peptiden präsentieren zu können, konzentrieren sich die Polymorphismen der MHC-Moleküle fast ausschließlich auf diese peptidbindende Spalte (Antigenbindungsstelle).

In Kürze: Haupthistokompatibilitätskomplex

Moleküle des Haupthistokompatibilitätskomplexes (HLA beim Menschen, H-2 bei der Maus) weisen einen hohen Polymorphismus auf. Sie dienen als Leitmoleküle bei der Antigenerkennung durch T-Zellen und sind dadurch auch für die Transplantatabstoßung entscheidend.
- **Klasse-I-Gene:** HLA-A, -B, -C beim Menschen, H-2 K, H-2D und H-2 L bei der Maus.
- **Klasse-II-Gene:** HLA-D-Gene DRA, DRB, DQA1, DQB1, DPA1, DPB1 beim Menschen, H-2I-A und H-2I-E bei der Maus.

Weiterführende Literatur

Abbas AK, Lichtman AH, Pillai S (2017) Cellular and molecular immunology, 9. Aufl. Elsevier, Philadelphia, USA

De Franco A, Locksley R, Robertsen M (2007) Immunity: the immune response in infectious and inflammatory disease (primers in biology). Oxford University Press, Oxford, New Science Press, London

HLA Informatics Group. ► https://www.ebi.ac.uk/ipd/imgt/hla/stats.html. Zugegriffen: 5. März 2020

Kaufmann SHE, Steward M (2005) Topley and Wilson's microbiology and microbial infections: immunology. Arnold, London

Kaufmann SHE, Sacks D, Rouse B (2011) The immune response to infection. ASM Press, Washington

Marsh SGE, Parham P, Barber LG (2000) The HLA FactsBook. Academic Press, London

Murphy K, Weaver C (2018) Janeway Immunologie, 9. Aufl. Springer Spektrum, Heidelberg

Rich RR, Fleisher TA, Shearer WT, Schroeder HW Jr, Few AJ, Weyand CM (2018) Clinical immunology: principles and practice, 5. Aufl. Elsevier, London

Annual Reviews of Immunology, Annual Reviews, Palo Alto, USA, ISSN/eISSN 0732-0582
Current Opinion in Immunology, Elsevier B. V., The Netherlands, ISSN 09527915
Nature Reviews Immunology, Springer Nature, London, UK, ISSN 1474-1741
Seminars in Immunology, Elsevier B. V., The Netherlands, ISSN 1044-5323
Trends in Immunology, Cell Press, Cambridge, MA, USA, ISSN 1471-4906

T-Zellen

Stefan H. E. Kaufmann

Eine Gruppe von Lymphozyten erlangt ihre biologische Funktionsfähigkeit durch Reifung im Thymus. Man bezeichnet diese Zellen als T-Lymphozyten. Die T-Lymphozyten stellen die zentrale Schaltstelle der erworbenen Immunantwort dar. Die wichtigsten durch T-Zellen vermittelten Effektorfunktionen werden in diesem Kapitel dargestellt. Sie werden zusammenfassend als **zelluläre Immunität** bezeichnet. Die Benennung soll darauf hinweisen, dass bei diesen Prozessen T-Zellen in entscheidendem Maße beteiligt sind, wenn auch eine untergeordnete Rolle von B-Lymphozyten und deren Antikörpern nicht ausgeschlossen wird. Andererseits wirken bei der **humoralen Antwort** in der Regel auch T-Lymphozyten mit. Eine scharfe Trennung zwischen humoraler und zellvermittelter Immunität ist deshalb nicht möglich. Beide Funktionsbereiche sind miteinander verzahnt.

13.1 T-Zell-abhängige Effektorfunktionen

Die T-Zell-abhängigen Effektorfunktionen haben ein gemeinsames Merkmal: Im Experiment können sie auf Empfängertiere niemals anders übertragen werden als durch den Transfer lebender Zellen. Mit löslichen Faktoren gelingt die Übertragung nicht. Im Gegensatz hierzu kann die humorale Immunität mit Antikörpern allein übertragen werden. Wir sprechen bei der Übertragung der zellulären Immunität von einem **adoptiven Transfer,** während die Übertragung der humoralen Immunität als **passiver Transfer** bezeichnet wird.

Beim adoptiven Transfer beruht die Unentbehrlichkeit der lebenden Zellen erstens auf der Tatsache, dass die für die Antigenerkennung benötigte Struktur als Rezeptor auf dem T-Lymphozyten fest verankert ist und in löslicher Form nicht vorkommt. Des Weiteren werden zur Vermittlung der Effektorfunktionen lebende Zellen benötigt. Der Antigenrezeptor der T-Zelle ist der experimentellen Analyse sehr viel schwieriger zugänglich als das Antikörpermolekül; dennoch ist es in letzter Zeit gelungen, seine Struktur aufzuklären.

Heute wissen wir, dass die Vielzahl der T-Zell-Funktionen, die in ◘ Tab. 13.1 aufgeführt sind, auf einige Grundfunktionen zurückgeführt werden kann, für die verschiedene T-Zellpopulationen zuständig sind. Dies sind:

- Helfer-T-Zellen vom Typ 1 (TH1-Zellen) für Makrophagen und zytolytische T-Zellen,
- Helfer-T-Zellen vom Typ 2 (TH2-Zellen) für B-Lymphozyten und Eosinophile,
- Helfer-T-Zellen vom Typ 17 (TH17-Zellen) für Neutrophile,
- regulatorische T-Zellen (T_{reg}-Zellen) und
- zytolytische T-Zellen.

13.2 Antigenerkennung durch T-Lymphozyten

T-Lymphozyten erkennen Fremdantigen nicht in dessen Nativzustand. Das Antigen muss vielmehr auf der Oberfläche von Wirtszellen erscheinen und zwar in Assoziation mit körpereigenen Strukturen, die der Haupthistokompatibilitätskomplex (MHC) kodiert (▶ Kap. 12). Als Antigene für T-Lymphozyten können im Allgemeinen nur Proteine dienen. Wirtszellen zerlegen diese in Peptide, die dann vom MHC-Molekül präsentiert werden. Dieses Peptid stellt daher die **antigene Determinante** (bzw. das Epitop) dar.

Die T-Zelle erkennt die antigene Determinante im Kontext mit der körpereigenen MHC-Struktur. Dies bedeutet, dass es für ein- und dasselbe Fremdantigen zahlreiche Varianten der Erkennungsspezifität gibt. Deren Zahl wird durch den Polymorphismus des MHC-Genprodukts bestimmt. Eine T-Zelle kann somit nicht ein Fremdantigen schlechthin erkennen, sondern nur einen speziellen Peptid-MHC-Komplex auf der präsentierenden Zelle. Damit ist die Erkennungsspezifität der T-Zelle im Vergleich zum Antikörper eingeschränkt: Man spricht von der **MHC-Restriktion** der T-Zell-Antigenerkennung. Für ihre Entdeckung der T-Zell-Restriktion wurden der Australier Peter Doherty und der Schweizer Rolf Zinkernagel 1996 gemeinsam mit dem Nobelpreis ausgezeichnet.

Hinzu kommt, dass die MHC-Moleküle verschiedener Individuen unterschiedliche Epitope eines Antigens bevorzugen. Daher wird ein Individuum mit einem bestimmten HLA-Typ ein anderes Epitop des

S. Suerbaum et al. (Hrsg.), *Medizinische Mikrobiologie und Infektiologie*,
https://doi.org/10.1007/978-3-662-61385-6_13

Tab. 13.1 Von T-Lymphozyten vermittelte Effektorfunktionen

Phänomen	Grundfunktion
Transplantatabstoßung	Lyse
Abtötung virusinfizierter Zellen	Lyse
Tumorüberwachung	Lyse, Hilfe
Abwehr intrazellulärer Keime	Hilfe, Lyse
Verzögerte Allergie	Hilfe
Humorale Immunität	Hilfe
Regulation	Suppression, Apoptose, fehlgelenkte Immunantwort

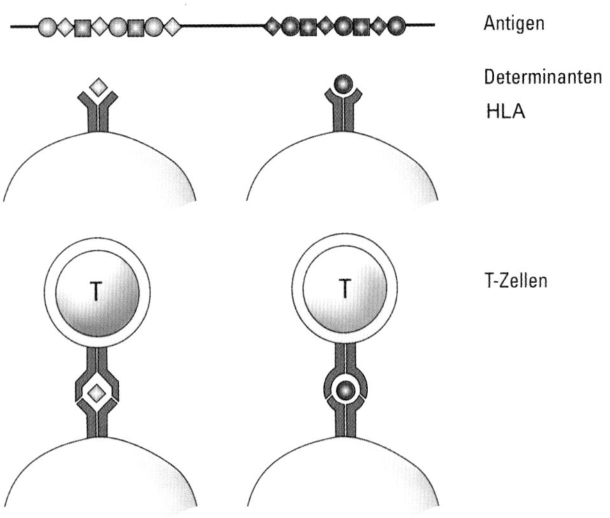

Abb. 13.1 Bevorzugte Erkennung zweier unterschiedlicher Epitope eines Proteinantigens durch T-Zellen zweier verschiedener Individuen aufgrund des unterschiedlichen HLA-Typs. Das Antigen ist aus unterschiedlichen Abschnitten zusammengesetzt, von denen einige als Determinanten für T-Zellen dienen. Ein bestimmtes Epitop wird von einem bestimmten HLA-Typ bevorzugt präsentiert. Deshalb erkennen T-Zellen verschiedener Individuen unterschiedliche Epitope

gleichen Antigens erkennen als ein Individuum mit anderem HLA-Typ (Abb. 13.1).

Wie in ▶ Kap. 12 beschrieben, bilden die MHC-Moleküle jeweils eine Grube, in die das Epitop als antigenes Peptid passt. Die Grube des MHC-Klasse-I-Moleküls ist an den Rändern geschlossen, sodass die Länge der präsentierten Peptide auf bis zu 9 Aminosäuren eingeschränkt ist. Die Spalte in den MHC-Klasse-II-Molekülen ist an den Seiten offen, sodass auch längere Peptide präsentiert werden können, die dann seitlich herausragen. Dadurch ist die Länge der präsentierten Peptide weniger eingeschränkt und kann 10–20 Aminosäuren betragen.

Bestimmte Aminosäuren, die den Boden der MHC-Grube bilden, treten mit entsprechenden Aminosäuren des antigenen Peptids über nichtkovalente Bindungen in Wechselwirkung. Diese **Ankerstellen** sind in den MHC-Molekülen verschiedener Individuen unterschiedlich. Entsprechend unterscheiden sich auch die Aminosäuresequenzen der in einem bestimmten Individuum präsentierten Peptide (Abb. 13.1): Die präsentierten Peptide besitzen dem MHC-Molekül entsprechende Motive.

Andere Aminosäuren des antigenen Peptids ragen aus der Spalte des MHC-Moleküls nach oben hervor und dienen als Kontaktstellen für den T-Zell-Rezeptor. Der T-Zell-Rezeptor erkennt
- einerseits die seiner Spezifität entsprechenden Aminosäuren des präsentierten Peptids,
- andererseits bestimmte Strukturen des MHC-Moleküls.

Letztere sind individuenspezifisch, d. h., der T-Zell-Rezeptor eines Individuums ist auf MHC-Strukturen desselben Individuums beschränkt oder **restringiert.** Somit können alle T-Lymphozyten eines Individuums Antigene nur dann erkennen, wenn sie von Zellen eben dieses Individuums präsentiert werden.

13.3 T-Zell-Rezeptor

Da der Antigenrezeptor das wichtigste Rezeptormolekül der T-Lymphozyten darstellt, wird er allgemein als **T-Zell-Rezeptor** (TZR) bezeichnet.

Der T-Zell-Rezeptor ähnelt hinsichtlich seines Aufbaus dem Antikörpermolekül (Abb. 13.2). Er besitzt jedoch nur eine Bindungsstelle und ist daher **monovalent.** Im Prinzip entsteht die Spezifitätsvielfalt des T-Zell-Rezeptors durch dieselben genetischen Mechanismen wie beim Antikörper. Auch bei der T-Zelle führt die wechselnde Rekombination von V-, D- und J-Gensegmenten mit einem C-Gensegment zur Strukturdiversifizierung. Hinzu treten – wie bei der Antikörperrekombination – weitere Mechanismen. Hierzu zählen die ungenaue Verknüpfung von V-, D- und J-Gensegmenten sowie der Einbau zusätzlicher Nukleotide an den Nahtstellen. Dagegen tragen somatische Hypermutationen **nicht** zur Vielfalt der T-Zell-Rezeptoren bei.

α/β-T-Zellen Chemisch betrachtet besteht der T-Zell-Rezeptor aus 2 Ketten, α und β. Diese sind über Disulfidbrücken miteinander verbunden. Die α- und die β-Kette haben beide eine ähnliche Molekularmasse von 43–45 kD. Jede Kette besteht aus einem variablen und einem konstanten Teil, ganz ähnlich wie dies für die schweren und die leichten Ketten des Antikörpers

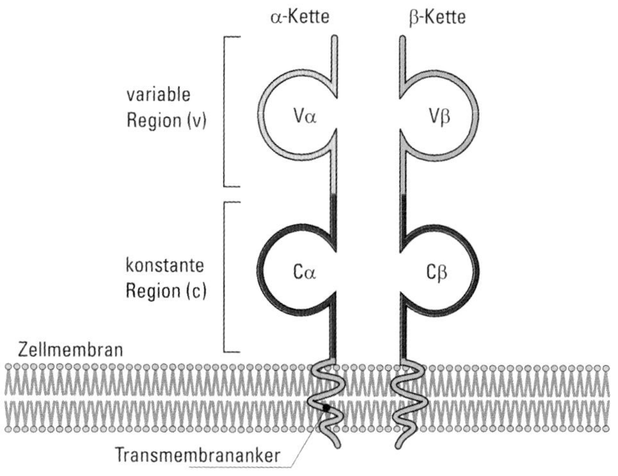

Abb. 13.2 Der T-Zell-Rezeptor ist aus einer α- und einer β-Kette aufgebaut, die aus je einer variablen (V) und konstanten Domäne (C) bestehen. Die beiden variablen Domänen bilden die Bindungsstelle für „Antigen plus MHC"

gilt. Die variablen Bereiche beider Ketten sind an der Antigenbindung beteiligt.

γ/δ-T-Zellen Ein 2. Typ von T-Zell-Rezeptoren ist aus einer γ- und δ-Kette aufgebaut und wird von einer besonderen T-Zell-Klasse exprimiert.

Bei Normalpersonen stellen α/β-T-Zellen über 90 % der Gesamt-T-Zellpopulation des peripheren Blutes und γ/δ-T-Zellen unter 10 %, bei den meisten Normalpersonen etwa 3–5 %. Bei einigen Tierarten (z. B. Schafen) bilden γ/δ-T-Zellen einen viel größeren Teil der peripheren T-Zellen.

Es gibt bestimmte Immundefizienzerkrankungen, bei denen der Anteil von γ/δ-T-Zellen weit größer ist, da hauptsächlich die α/β-T-Zellen fehlen. Antigenerkennung, Aktivierung, biologische Funktion etc. von α/β-T-Zellen sind heute recht gut verstanden. Dagegen ist unser Wissen über γ/δ-T-Zellen noch lückenhaft. Die bisherigen und folgenden Erläuterungen beschränken sich daher auf α/β-T-Zellen, falls nicht ausdrücklich auf γ/δ-T-Zellen hingewiesen wird.

13.4 T-Zell-Populationen und ihr Phänotyp

Reife T-Lymphozyten besitzen als charakteristisches Antigen das membranständige **CD3-Molekül**. Man bezeichnet sie als **CD3⁺**. Das CD3-Molekül ist nicht nur ein bedeutendes Erkennungsmerkmal aller T-Lymphozyten, sondern übernimmt auch die wichtige Funktion der antigenspezifischen T-Zellaktivierung. Der T-Zell-Rezeptor vermag die Antigenerkennung selbst nicht direkt in die Zelle zu signalisieren. Er ist jedoch mit dem CD3-Molekül verbunden, das die Fähigkeit zur intrazellulären Signaltransduktion besitzt.

Für die Bezeichnung definierter Leukozyten-Differenzierungsantigene hat sich das CD-System („cluster of differentiation") durchgesetzt: Die einzelnen Antigene werden dabei fortlaufend nummeriert (▶ Kap. 7, ◘ Tab. 7.1).

Die Population der reifen T-Zellen **(CD3-Leukozyten)** kann in 2 gut definierte Subpopulationen mit charakteristischem Phänotyp unterteilt werden:

- Die **CD4-T-Lymphozyten** besitzen im Allgemeinen Helferfunktion. Sie werden daher auch Helfer-Zellen genannt.
- Die **CD8-T-Lymphozyten** besitzen meist zytolytische Funktion. Sie werden daher auch Killer-Zellen genannt.

Das CD4- und das CD8-Molekül binden an konstante Bereiche des MHC-Klasse-II- bzw. MHC-Klasse-I-Moleküls (◘ Abb. 13.3). Sie verstärken damit die antigenspezifische Interaktion des T-Zell-Rezeptors mit dem MHC-Peptid-Komplex. Die Interaktion zwischen antigenpräsentierender Zelle und T-Lymphozyt wird durch weitere akzessorische Moleküle verstärkt (▶ Abschn. 13.10).

Die γ/δ-T-Zellen sind häufig doppelt negativ, d. h., sie exprimieren weder das CD4- noch das CD8-Molekül.

13.5 Antigenpräsentation und T-Zell-Antwort

Helfer-T-Zellen und zytolytische T-Zellen unterscheiden sich nicht nur phänotypisch, sondern auch in der Art, wie sie Fremdantigen erkennen. Wie bereits ausgeführt, können T-Lymphozyten fremde Epitope nur im Kontext mit Genprodukten des MHC erkennen (▶ Kap. 12). Die entsprechenden Genregionen werden durch die Bezeichnungen „Klasse I" und „Klasse II" voneinander unterschieden. Diese Unterscheidung bezieht sich auf den unterschiedlichen Mitwirkungsbereich der entsprechenden Genprodukte. Dabei gilt:

- Fremdantigene, die von CD8-T-Zellen erkannt werden sollen, müssen mit Klasse-I-Strukturen assoziiert sein.
- Fremdantigene, die dagegen von CD4-T-Zellen erkannt werden sollen, müssen in Beziehung zu Klasse-II-Strukturen stehen.

Träger der Klasse-II-Strukturen sind beim Menschen die Genprodukte HLA-D (HLA-DR, HLA-DP und HLA-DQ). Bei der Maus sind es die Genprodukte H-2I. Das von der menschlichen CD4-T-Zelle erkennbare Objekt würde also beispielsweise der Formel „Fremdpeptid plus HLA-D" entsprechen.

CD8-T-Zellen erkennen das Fremdantigen in Zusammenhang mit HLA-A oder HLA-B oder HLA-C

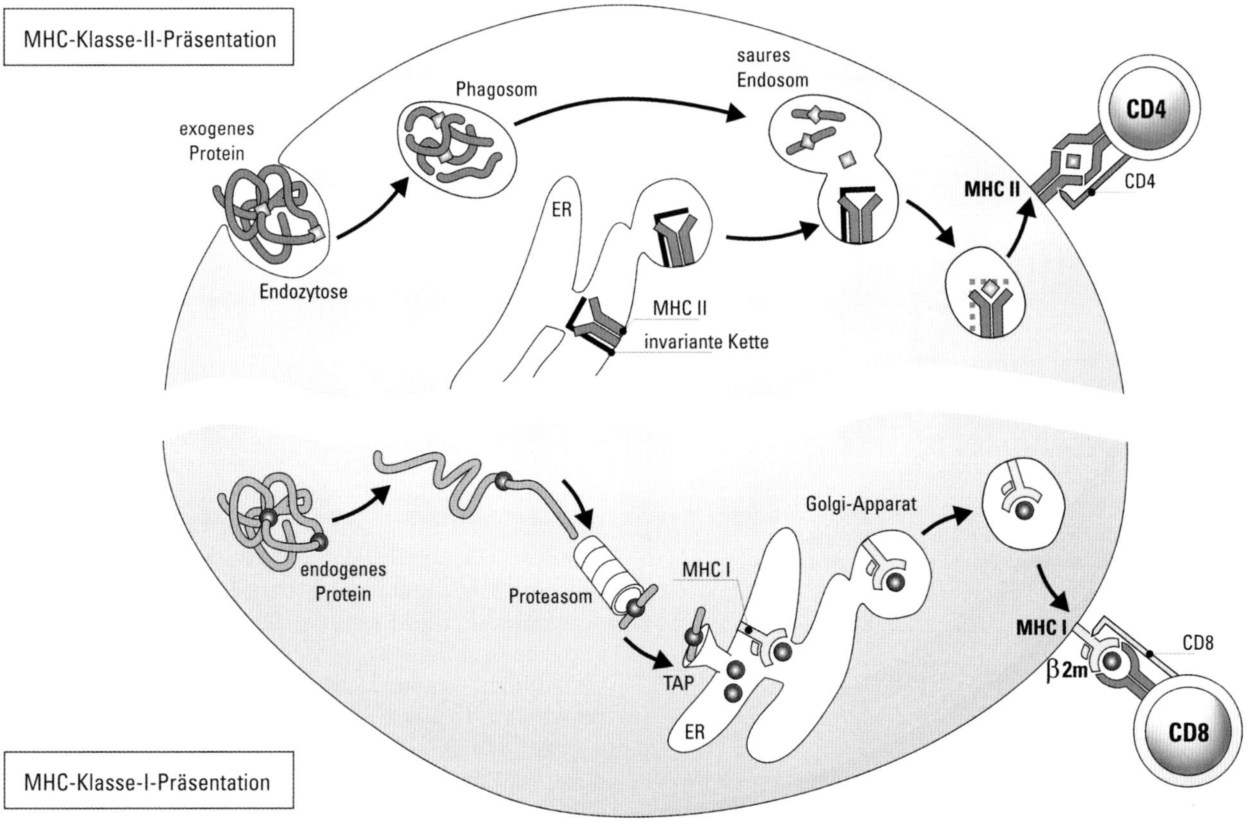

Abb. 13.3 Unterschiedliche Prozessierung und Präsentation von Antigenen. *Oben:* MHC-Klasse-II-Präsentation für CD4-T-Zellen; *unten:* MHC-Klasse-I-Präsentation für CD8-T-Zellen. ER: endoplasmatisches Retikulum; TAP: Transporter assoziiert mit Antigenpräsentation; β2m: β2-Mikroglobulin

(Mensch) bzw. mit H-2K, H-2D oder H-2L (Maus). Als **Restriktionselement** für die Erkennung durch CD4-T-Zellen dienen somit die MHC-Klasse-II-Produkte; dagegen ist die Erkennung durch CD8-T-Zellen durch MHC-Produkte der Klasse I restringiert. Die Antigenerkennung durch CD4- und CD8-T-Lymphozyten ist in Abb. 13.3 dargestellt.

Einige **γ/δ-T-Lymphozyten** können ebenfalls Peptide erkennen, die von MHC-Produkten präsentiert werden. Als Präsentationselemente werden sog. unkonventionelle MHC-Moleküle benutzt, die weniger polymorph sind. Da γ/δ-T-Zellen wie erwähnt weder CD4- noch CD8-Moleküle exprimieren, sind sie weit schwächer restringiert, d. h., sie können auch mit MHC-nichtidentischen Zellen interagieren.

Daneben können γ/δ-T-Lymphozyten auch mit **anderen Liganden** reagieren. So wurde kürzlich gezeigt, dass phosphorylierte Alkylderivate humane γ/δ-T-Lymphozyten stimulieren. Damit brechen γ/δ-T-Zellen das Dogma, dass T-Lymphozyten ausschließlich MHC-Peptidkomplexe erkennen. Offenbar sind γ/δ-T-Zellen bezüglich der Antigenerkennung eher mit Antikörpern als mit α/β-T-Zellen vergleichbar.

Eine kleine Population von **α/β-T-Lymphozyten** erkennt Glykolipide anstelle von Peptiden und bricht damit ebenfalls das Dogma der ausschließlichen Erkennung von MHC-Peptid-Komplexen. Die Glykolipide werden von sog. **CD1-Molekülen** präsentiert. Obwohl die CD1-Moleküle nicht im MHC kodiert werden, haben sie gewisse Ähnlichkeit mit MHC-I-Molekülen. Insbesondere sind sie auf der Zelloberfläche mit β2-Mikroglobulin assoziiert.

Die erkannten Glykolipide (u. a. Lipoarabinomannan und Mykolsäuren) kommen reichlich in Zellwänden von Mykobakterien vor. Man nimmt daher an, dass die CD1-restringierten T-Zellen besonders an der Abwehr von Tuberkulose und Lepra beteiligt sind. Auch körpereigene Lipidantigene, die von CD1-Molekülen präsentiert werden, wurden identifiziert. Dabei handelt es sich um Sphingolipide.

13.6 Endogene und exogene Antigene sowie Superantigene

- **MHC-Klasse I: CD8-T-Zellen und endogene Proteine**

Das MHC-Klasse-I-Molekül stellt ein **Transportsystem zwischen dem zytoplasmatischen Bereich und der Oberfläche der Zelle** dar. Es kontaktiert daher in erster Linie von der Zelle im Zytosol neu synthetisierte

Proteinantigene. Diese werden entsprechend als **endogene** Antigene bezeichnet. Hierzu gehören besonders körpereigene, virale und Tumorantigene, welche die Zelle selbst produziert. Den CD8-T-Zellen werden also vor allem endogene Proteine dargeboten (◘ Abb. 13.3).

Neu synthetisierte Moleküle werden im Zytoplasma der Zelle teilweise wieder abgebaut. Hierfür verantwortlich ist in erster Linie ein Komplex aus mehreren Proteasen, das **Proteasom.** Die Proteasen zerlegen Proteine in Peptidfragmente. Spezialisierte Transportmoleküle transportieren diese anschließend aus dem Zytoplasma in das endoplasmatische Retikulum (ER). Die Transportmoleküle werden entsprechend als **TAP** bezeichnet: **T**ransporter **a**ssoziiert mit **A**ntigen**p**rozessierung.

Im ER trifft das Peptid auf das MHC-Klasse-I-Molekül (α-Kette plus β2-Mikroglobulin). Die Peptidbeladung bewirkt eine Umstrukturierung des MHC-Klasse-I-Moleküls, die ihrerseits den Transport an die Zelloberfläche auslöst: Das endogene Peptid wird den CD8-T-Lymphozyten vom MHC-Klasse-I-Molekül dargeboten. In Abwesenheit von Peptiden werden die MHC-Klasse-I-Moleküle im ER zurückgehalten.

▪ MHC-Klasse II: CD4-T-Zellen und exogene Proteine

Dagegen dient das MHC-Klasse-II-Molekül als **Transportsystem zwischen Endosom und Zelloberfläche.** Wie in ► Kap. 14 beschrieben, gelangen fremde Partikel und Proteine über einen Endozytoseprozess in das Endosom. Dort kontaktiert das MHC-Klasse-II-Molekül die aufgenommenen Proteine, die entsprechend als **exogene** Antigene bezeichnet werden. Hierzu gehören in erster Linie Antigene von Bakterien, Pilzen und Protozoen sowie die verschiedensten löslichen Proteine. Den CD4-T-Zellen werden daher hauptsächlich exogene Proteine dargeboten (◘ Abb. 13.3).

Exogene Proteine werden in Endosomen mit saurem pH-Wert von lysosomalen Proteasen abgebaut (► Kap. 14). Im endoplasmatischen Retikulum entstehen MHC-Klasse-II-Moleküle, die mit der sog. **invarianten Kette** assoziiert sind. Diese invariante Kette hat 2 Aufgaben:

- Sie verhindert die Beladung der MHC-Klasse-II-Moleküle durch Peptide im ER.
- Sie unterstützt den Transport der leeren (peptidunbeladenen) MHC-Klasse-II-Moleküle ins saure Endosom.

Dort wird die invariante Kette abgebaut, sodass nun die Bindungsstelle des MHC-Klasse-II-Moleküls freigelegt und mit Peptid beladen wird. Die peptidbeladenen MHC-Klasse-II-Moleküle gelangen an die Zelloberfläche und können dort das Peptid den CD4-T-Zellen anbieten (◘ Abb. 13.3).

Wie wir heute wissen, besitzen einige Mikroorganismen die Fähigkeit, aus dem Endosom ins Zytoplasma der infizierten Zelle überzuwechseln. Die von diesen Erregern in das Zytoplasma sezernierten Proteine werden dadurch zu „endogenen" Antigenen. Dies macht verständlich, wie CD8-T-Zellen bestimmte bakterielle Proteine erkennen. Umgekehrt können körpereigene, virale oder Tumor-Antigene, die von absterbenden Zellen freigesetzt werden, zu exogenen Antigenen umgewandelt werden, die CD4-T-Zellen stimulieren. Auch sezernierte körpereigene Proteine können wieder aufgenommen und im Kontext von MHC-Klasse-II-Molekülen präsentiert werden. Scheinbar erkennen die γ/δ-T-Zellen sowohl exogene als auch endogene Antigene auf bislang weitgehend unverstandene Weise.

▪ Crosspriming

Über einen als Crosspriming bezeichneten Weg können CD4- und CD8-T-Zellen effektiv stimuliert werden. Voraussetzung hierzu ist der Tod von Zellen, die als Quelle des Antigens dienen. Dies können virusinfizierte Zellen sein oder Makrophagen, die Krankheitserreger oder Tumorzellen phagozytiert haben. Während des Zelltods bilden sich Vesikel, die Antigen enthalten. Diese Vesikel werden von dendritischen Zellen in der Umgebung aufgenommen, die die enthaltenen Antigene über den MHC-Klasse-II- oder den MHC-Klasse-I-Weg präsentieren. Crosspriming ermöglicht eine äußerst effiziente T-Zellstimulation. Zahlreiche Erreger führen den Tod einer infizierten Wirtszelle aktiv herbei und leiten somit diesen Prozess selbst ein.

▪ Superantigene

Bestimmte bakterielle und virale Produkte (z. B. Exotoxine von Strepto- und Staphylokokken) können als Superantigene fungieren (► Kap. 16). Sie verbinden das MHC-Klasse-II-Molekül auf der präsentierenden Zelle mit dem T-Zell-Rezeptor auf der T-Zelle, **ohne dass eine Prozessierung vorausging.** Da Superantigene mit verschiedenen T-Zell-Rezeptoren, denen bestimmte Eigenschaften gemeinsam sind, reagieren, kommt es zu einer polyklonalen T-Zellaktivierung.

Diese Superantigene reagieren mit der β-Kette des T-Zell-Rezeptors von α/β-T-Zellen. Superantigene aktivieren letztendlich α/β-T-Lymphozyten durch „Verklammerung" des T-Zell-Rezeptors mit dem MHC-Molekül, unabhängig von der Antigenspezifität der T-Zelle und den für die antigenspezifische Erkennung notwendigen Ereignissen. Ein bestimmtes Superantigen erkennt Bereiche einer Gruppe von β-Ketten des T-Zell-Rezeptors. Somit aktivieren Superantigene einen großen Anteil der T-Zellen (bis zu

20 %), aber nicht die gesamte T-Zellpopulation. Die **polyklonale T-Zellaktivierung** durch Superantigene von Krankheitserregern führt zur Ausschüttung großer Mengen von Zytokinen, die letztendlich toxische Symptome hervorrufen. Diese Reaktion wird anschaulich als Zytokinsturm bezeichnet.

13.7 Helfer-T-Zellen und Zytokinsekretion

Helfer-T-Zellen entsprechen im Allgemeinen dem Formelbild $CD3^+$, $CD4^+$, $CD8^-$. Sie sind Klasse-II-restringiert. Ihre besondere Leistung bei der Immunantwort besteht darin, dass sie in anderen Zellen eine biologische Funktion induzieren. Die Helfer-T-Zellen fallen in 3 Untergruppen:

- **TH1-Zellen:** Sie sind zuständig für die funktionelle Reifung zytolytischer T-Zellen und die Aktivierung von Makrophagen.
- **TH2-Zellen:** Sie kontrollieren die Differenzierung von B-Zellen in antikörperbildende Plasmazellen und die Aktivierung von Eosinophilen.
- **TH17-Zellen:** Sie aktivieren Neutrophile.

Der induktive Stimulus wird von der Helfer-T-Zelle auf die Zielzelle durch lösliche Botenstoffe übertragen; diese werden als **Zytokine** oder **Interleukine** bezeichnet (s. u.). Für die Benennung gut definierter Zytokine hat sich (ähnlich wie beim CD-System) die fortlaufend nummerierte Bezeichnung Interleukin (IL) durchgesetzt (IL-1, IL-2 etc.).

13

13.8 Regulatorische T-Lymphozyten

Eine Subpopulation von CD4-T-Zellen, die meist das CD25-Molekül (die α-Kette des IL-2-Rezeptors) sowie exklusiv den Transkriptionsfaktor Foxp3 exprimiert, übt regulatorische Funktionen aus: Diese Zellen unterdrücken eine laufende Immunantwort. Nachdem die Immunantwort eingedrungene Erreger eliminiert hat, ist ihre Aufgabe beendet. Eine fortlaufende Immunantwort könnte zu Kollateralschäden führen. Aus diesen Gründen müssen regulatorische T-Zellen die spezifische Immunantwort nach erfolgreichem Abschluss der Aufgabe beenden. Dies spielt bei akuten und chronischen Infektionen eine wichtige Rolle und dürfte zur Vermeidung von chronischen Entzündungsreaktionen und Autoimmunkrankheiten infolge von Infektionskrankheiten dienen.

Die verantwortlichen T-Zellen werden **T_{reg}-Zellen** genannt. Sie sind durch das Formelbild $CD3^+$, $CD4^+$, $CD8^-$, $CD25^+$, $Foxp3^+$ charakterisiert und unterscheiden sich daher von den klassischen TH-Zellen, die $Foxp3^-$ und weitgehend $CD25^-$ sind. Die Regulation wird in erster Linie durch IL-10 und TGF-β vermittelt (◘ Tab. 13.2). TGF-β ist auch an der Stimulation von T_{reg}-Zellen beteiligt, und zwar gemeinsam mit Retinolsäure (Vitamin-A-Derivat) (◘ Abb. 13.4). Wir unterscheiden **natürliche** T_{reg}-Zellen, die hauptsächlich selbstreaktiv sind, und **induzierbare** T_{reg}-Zellen, die gegen Fremdantigene gerichtet sind. Bei chronischen Entzündungen und Autoimmunerkrankungen werden T_{reg}-Zellen häufig ungenügend aktiviert.

13.9 Zytokine

Zytokine sind antigenunspezifisch. Sie wirken häufig auf unterschiedliche Wirtszellen (pleiotrope Wirkung). Zytokine besitzen aber eine gewisse **Funktionsspezifität,** d. h., sie induzieren in ihren Zielzellen definierte Einzelfunktionen.

Viele Zytokine zeigen redundante Effekte, d. h. unterschiedliche Zytokine können die gleiche Funktion hervorrufen. In erster Linie bringen Zytokine in ihren Zielzellen entweder Zellteilung hervor, dienen also als **Wachstumsfaktoren** oder sie lösen eine bestimmte Funktion aus, etwa mobilisieren sie Effektor- oder Regulatorfunktionen. Die produzierende Zelle kann gleichzeitig als Zielzelle reagieren: Das Zytokin zeigt dann **autokrine** Wirkung. In anderen Fällen werden Zellen in der unmittelbaren Nähe der zytokinproduzierenden Zelle aktiviert: **parakrine** Wirkung.

Werden schließlich große Zytokinmengen gebildet, so gelangen diese in den Blutkreislauf und können an entfernten Stellen Zellen aktivieren: **endokrine** Wirkung.

Sämtliche heute bekannten Zytokine liegen molekulargenetisch kloniert und exprimiert vor. Obwohl in diesem Kapitel Schwerpunkt auf die von Helfer-T-Zellen gebildeten Zytokine gelegt wird, müssen einige von Makrophagen und dendritischen Zellen gebildete Zytokine bereits hier erwähnt werden, da sie bei der T-Zellaktivierung wesentliche Funktionen einnehmen (◘ Tab. 13.2).

IL-1 Dieses Zytokin wird von Makrophagen gebildet und sezerniert. Es spielt bei der Stimulation von Helfer-T-Zellen eine Rolle. Daneben wirkt es als Entzündungsmediator (▶ Kap. 14).

IL-2 IL-2 wird von TH1-Zellen gebildet. Es bewirkt das Wachstum und die Reifung von T-Lymphozyten. Die α-Kette des IL-2-Rezeptors erhielt in der CD-Nomenklatur die Bezeichnung CD25.

IL-3 IL-3 gehört zur Gruppe der koloniestimulierenden Faktoren und wird auch als Multi-Kolonien-stimulierender Faktor bezeichnet. Es ist an der

Tab. 13.2 Wichtige Zytokine

Name	Wichtige Funktion	Wichtiger Produzent	Wichtige Zielzelle
IL-1	Entzündungsmediator	Makrophagen	Endothelzellen
IL-2	T-Zellstimulation	T-Zellen	T-Zellen
IL-3	Hämatopoese	T-Zellen	Knochenmarkvorläuferzellen
IL-4	B-Zellaktivierung	TH2-Zellen	B-Zellen
	Basophilenanlockung	Mastzellen, TH2-Zellen	Basophile
	Klassenwechsel zu IgE	TH2-Zellen	B-Zellen
IL-5	B-Zell-Reifung	TH2-Zellen, Mastzellen, ILC	B-Zellen
	Klassenwechsel zu IgA		
	Eosinophilenaktivierung		Eosinophile
IL-6	Akutphasereaktion	T-Zellen, Makrophagen	Hepatozyten
	B-Zell-Reifung		B-Zellen
IL-8	Chemotaxis	Makrophagen	Neutrophile
IL-10	Immuninhibition	TH2-Zellen, T_{reg}-Zellen, Makrophagen	Makrophagen, T-Zellen
IL-12	Aktivierung von TH1-Zellen und zytolytischen T-Zellen	Makrophagen, dendritische Zellen	T-Zellen
IL-13	Hemmung von Entzündungsprozessen, Klassenwechsel zu IgE	TH2-Zellen, ILC	Makrophagen, B-Zellen
IL-17	Entzündung	TH17-Zellen, ILC	Neutrophile
IL-18	Aktivierung von TH1-Zellen	Makrophagen, dendritische Zellen	TH1-Zellen
IL-21	Aktivierung von NK-Zellen und zytolytischen T-Zellen	TH17-Zellen	NK-Zellen, zytolytische T-Zellen
IL-22	Lokale Infektabwehr	TH17-Zellen, ILC	Epithelzellen
IL-25	Aktivierung von TH2-Zellen	Epithelzellen	TH2-Zellen
IL-23	TH17-Antwort	Makrophagen	TH17-Zellen
IL-33	Aktivierung von TH2-Zellen	Epithelzellen	TH2-Zellen
IFN-γ	Makrophagenaktivierung	TH1-Zellen, T-Zellen, NK-Zellen, IL	Makrophagen
	Klassenwechsel zu IgG2a und IgG3		B-Zellen
TNF	Entzündungsmediator	Makrophagen	Endothelzellen
	Makrophagenaktivierung		Makrophagen
TGF-β	Immuninhibition	T-Zellen, Makrophagen	T-Zellen, Makrophagen
	Klassenwechsel zu IgA		B-Zellen
	Wundheilung		Epithelzellen
GM-CSF	Granulozyten- und Makrophagenreifung	T-Zellen, Makrophagen	Knochenmarkvorläuferzellen

ILC, angeborene lymphoide Zelle (innate lymphoid cell; ► Abschn. 13.12.10)

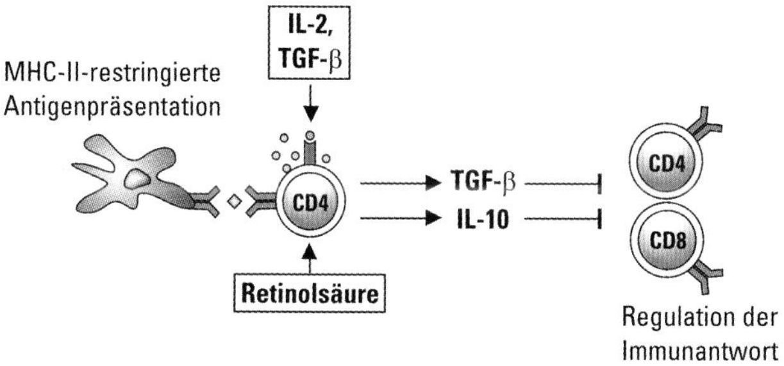

Abb. 13.4 Aktivierung von T_{reg}-Zellen

Entwicklung verschiedener Leukozytenarten beteiligt. IL-3 wird von einigen T-Zellen gebildet, in erster Linie aber von nichtleukozytären Zellen.

IL-4 IL-4, das zur Familie der B-Zell-stimulierenden Faktoren gehört, ist ein typisches Produkt von TH2-Zellen. Daneben wird das Zytokin auch von Eosinophilen, Basophilen und Mastzellen gebildet. IL-4 besitzt sowohl wachstums- als auch differenzierungsfördernde Wirkung auf B-Lymphozyten. Es induziert in erster Linie Antikörper der Klassen IgG1 und IgE. Daneben fördert es die Bildung von TH2-Zellen und hemmt die der TH1-Zellen. Schließlich lockt IL-4 Basophile an.

IL-5 IL-5 gehört ebenfalls zur Familie der B-Zell-stimulierenden Faktoren. Es ist seinerseits ein typisches TH2-Zellprodukt. Es wirkt auf reife B-Lymphozyten und induziert in diesen die Entwicklung zu antikörperproduzierenden Plasmazellen. IL-5 induziert bevorzugt die Bildung von IgA-Antikörpern, daneben wirkt es auch auf Eosinophile.

IL-6 IL-6 wird von T-Lymphozyten, mononukleären Phagozyten und anderen Zellen gebildet. Es bewirkt die Reifung von B-Lymphozyten, ist an der T-Zellaktivierung beteiligt und induziert eine Akutphasereaktion.

IL-10 Dieses Zytokin wirkt hauptsächlich immunsuppressiv. Insbesondere hemmt es die Aktivierung von TH1-Zellen und von Makrophagen. IL-10 wird nicht nur von TH2-Zellen, sondern auch von B-Zellen und Makrophagen gebildet. Auch T_{reg}-Zellen stellen eine wichtige Quelle von IL-10 dar.

IL-12 Dieses Zytokin wird hauptsächlich von Makrophagen gebildet (▶ Kap. 14). Es induziert die zytolytische Aktivität von T- und NK-Zellen und fördert die Bildung von TH1-Zellen.

13

IL-13 Dieses Zytokin wird hauptsächlich von TH2-Zellen produziert. Es ist an der B-Zell-Reifung und Differenzierung beteiligt und fördert die Bildung von IgE-Antikörpern. Daneben wirkt IL-13 entzündungshemmend, indem es Makrophagen inhibiert.

IL-17 Dieses Zytokin wird von kürzlich als eigenständig erkannten Helfer-T-Zellen (TH17-Zellen) gebildet. Es löst Entzündungsprozesse aus, die von neutrophilen Granulozyten geprägt werden, und ist an der Abwehr extrazellulärer Erreger beteiligt.

IL-18 Dieses Zytokin wird hauptsächlich von Makrophagen gebildet (▶ Kap. 14). Es unterstützt IL-12 bei der Bildung von TH1-Zellen und gehört zur IL-1-Familie.

IL-21 Dieses von TH17 gebildete Zytokin unterstützt die Aktivierung von zytolytischen T-Zellen und NK-Zellen.

IL-22 Dieses von TH17 gebildete Zytokin aktiviert Epithelzellen, einen Beitrag zur lokalen Infektabwehr zu leisten.

IL-23 Dieses mit IL-12 verwandte Zytokin wird in erster Linie von dendritischen Zellen und Makrophagen gebildet (▶ Kap. 14) und beteiligt sich an der Aufrechterhaltung einer TH17-Antwort.

IL-25 Dieses Zytokin unterstützt die Stimulation von TH2-Zellen.

IL-33 Dieses Zytokin unterstützt die Stimulation von TH2-Zellen und gehört zur IL-1-Familie.

IFN-γ Gamma-Interferon ist ein typisches Produkt von TH1-Zellen und wird auch von zytolytischen T-Zellen produziert. Es besitzt die Fähigkeit, in verschiedenen Zellen die Expression von MHC-Klasse-I-Molekülen zu verstärken und die von MHC-Klasse-II-Molekülen zu induzieren. Darüber hinaus erhöht es die Leistungsfähigkeit von Makrophagen bei der Zerstörung von Tumorzellen und der Abtötung intrazellulärer Erreger. IFN-γ ist der wichtigste Makrophagen-aktivierende Faktor (MAF). Schließlich steigert IFN-γ die Aktivität von NK-Zellen und hemmt die Entwicklung von TH2-Zellen.

IFN-α und IFN-β Alpha-Interferon wird hauptsächlich von Leukozyten gebildet; Beta-Interferon ist ein Fibroblastenprodukt. Diese Interferone können in geeigneten Zielzellen mehr oder weniger stark die Virusreplikation hemmen.

TNF-β und TNF-α Tumornekrosefaktor β (auch Lymphotoxin genannt) wird in erster Linie von T-Lymphozyten gebildet und wirkt auf Tumorzellen stark nekrotisierend. Eine ähnliche Substanz, TNF-α, wird primär von Makrophagen produziert (▶ Kap. 14).

TGF-β Der transformierende Wachstumsfaktor („transforming growth factor") hat seinen Namen aufgrund der Beobachtung, dass bestimmte Tumorzellen Faktoren produzieren, die normale Zellen zum Wachstum anregen. Dennoch ist die primäre immunologische Wirkung von natürlich gebildetem TGF-β suppressiv: TGF-β hemmt die T-Zell-Proliferation und die Makrophagenaktivierung. Ein stimulierender Effekt von TGF-β liegt in seiner Fähigkeit, die Bildung von IgA zu unterstützen. TGF-β wird von mononukleären Phagozyten, anderen Zellen und insbesondere T_{reg}-Zellen gebildet.

GM-CSF Der Granulozyten/Makrophagen-kolonienstimulierende Faktor (GM-CSF), den u. a. T-Lymphozyten produzieren, vermag die Reifung von Granulozyten und Makrophagen zu induzieren.

Helfer-T-Zellen bilden nicht alle Zytokine gleichzeitig. Vielmehr besteht eine Aufgabenteilung:

- Helfer-T-Zellen vom Typ 1 (TH1-Zellen) produzieren in erster Linie IL-2 und IFN-γ, aber nicht IL-4, IL-5 und IL-10.
- Dagegen produzieren sog. TH2-Zellen IL-4, IL-5 und IL-10, aber nicht IL-2 und IFN-γ.

Diese Dichotomie der Helfer-T-Zell-Funktion korreliert aber nicht mit phänotypisch distinkten T-Zellen – beide T-Zell-Typen lassen sich über ihr Zytokin-Differenzierungsmuster bzw. über Transkriptionsfaktoren, die die Bildung der entsprechenden Zytokine regulieren, unterscheiden; exklusive CD-Marker existieren nicht (beide Zelltypen sind also $CD3^+$, $CD4^+$, $CD8^-$).

13.10 Akzessorische Moleküle

Antigenpräsentierende Zellen exprimieren sog. **kostimulatorische Moleküle.** Die Interaktion dieser Moleküle mit entsprechenden Liganden auf T-Lymphozyten ist an deren Aktivierung entscheidend beteiligt. Hierzu zählen insbesondere das CD40/CD40L-(CD154-)System und das B7-(CD80/CD86)/CD28-System. Antigenpräsentierende Zellen exprimieren CD40- und B7-Moleküle, deren Interaktion mit CD40L bzw. CD28 die T-Zell-Aktivierung unterstützt.

Daneben existieren auch **inhibitorische Oberflächenmoleküle.** Wenn das CTLA-4-(CD152-)Molekül auf T-Zellen mit B7-Molekülen (CD80 und CD86) auf antigenpräsentierenden Zellen reagiert, wird die T-Zelle inhibiert. Ähnlich kann die Wechselwirkung zwischen PD1 (CD279) auf T-Zellen mit dem PD1-Liganden (CD274) auf antigenpräsentierenden Zellen zur Erschöpfung der T-Zell-Antwort beitragen.

Das Wechselspiel inhibitorischer Oberflächenmoleküle auf T-Zellen und ihren Partnern auf Zielzellen verhindert häufig eine wirksame Effektorfunktion. Dies spielt insbesondere bei der Kontrolle maligner Zellen eine wichtige Rolle, da diese Mechanismen den Angriff von Killerzellen auf Krebszellen blocken. Spezifische monoklonale Antikörper (insbesondere gegen CTLA-4 und PD-1) können diese inhibitorische Wechselwirkung aufheben und somit die immunologische Bekämpfung von Tumoren ermöglichen. Unter dem Namen Checkpoint-Kontrolle hat diese Therapie einen Durchbruch bei der Krebsbehandlung gebracht. Für ihre Entdeckungen einer Krebstherapie durch die Blockade der sog. Checkpoint-Kontrolle wurden der US-Amerikaner James Allison und der Japaner Tasuku Honjo 2018 gemeinsam mit dem Nobelpreis ausgezeichnet.

T-Zell-Stimulation ist letztlich das Resultat einer fein abgestimmten Balance aus stimulierenden und inhibierenden Signalen; sie wird also vom Zusammenspiel einer ganzen Reihe von Rezeptor-Korezeptor-Paaren vermittelt. Aufgrund der hohen Oberflächendichte an MHC-II-Molekülen und kostimulatorischen Molekülen sowie der gezielten Sekretion stimulierender Zytokine sind dendritische Zellen die effektivsten Antigenpräsentatoren.

13.11 Zytolytische T-Lymphozyten

Zytolytische T-Lymphozyten entsprechen im Allgemeinen dem Formelbild $CD3^+$, $CD4^-$, $CD8^+$; sie sind Klasse-I-restringiert. Ihre biologische Bedeutung liegt darin, dass sie während des antigenspezifischen Kontakts ihre Zielzellen zerstören (◻ Abb. 13.5).

Aus zytolytischen T-Lymphozyten und NK-Zellen wurden Granula isoliert, die in der Lage sind, Zielzellen zu lysieren. Die dafür verantwortlichen Moleküle werden als **Zytolysine** oder **Perforine** bezeichnet, da sie in der Membran der Zielzelle die Bildung von Poren hervorrufen. Die Porenbildung durch Perforine ist äußerst effektiv und unabhängig von der ursprünglichen Erkennungsspezifität der zytolytischen T-Lymphozyten. Die entstandenen Läsionen ähneln den durch Poly-C9 bewirkten (▶ Kap. 10). Dieser Vorgang bewirkt **Zellnekrose.**

Schließlich enthalten die Granula der zytolytischen T-Lymphozyten auch verschiedene Proteasen, die gemeinsam als **Granzyme** bezeichnet werden. Obwohl Granzyme nicht direkt zytolytisch wirken, sind sie an der Abtötung von Zielzellen beteiligt. Nachdem die Zellmembran durch Perforine porös gemacht wurde, können Granzyme in das Innere der Zielzelle gelangen und dort **Apoptose** hervorrufen. Der Begriff Apoptose beschreibt einen Vorgang des induzierten Zelltods, bei dem die DNA zunächst in Fragmente aus 200 Basenpaaren oder einem Vielfachen davon zerlegt wird. Anschließend kommt es zur Desintegration der Kernmembran (▶ Abschn. 3.4).

Apoptose wird nicht nur durch Granzyme hervorgerufen, sondern kann auch über einen weiteren Weg induziert werden. Viele Zellen tragen auf ihrer Oberfläche einen Rezeptor, der als **Fas** oder **APO-1** (CD95) bezeichnet wird. Zytolytische T-Zellen tragen den entsprechenden Liganden auf ihrer Oberfläche, der als Fas-Ligand bezeichnet wird. Die Interaktion zwischen Fas-Ligand auf der zytolytischen T-Zelle und Fas auf der Zielzelle induziert in letzterer Endonukleasen, die für die DNA-Desintegration verantwortlich sind. An der Aktivierung dieser Endonukleasen sind endogene Proteasen der Caspase-Familie beteiligt (◻ Abb. 3.13). Der Fas-vermittelten Apoptose wird in erster Linie eine regulatorische Rolle zugesprochen.

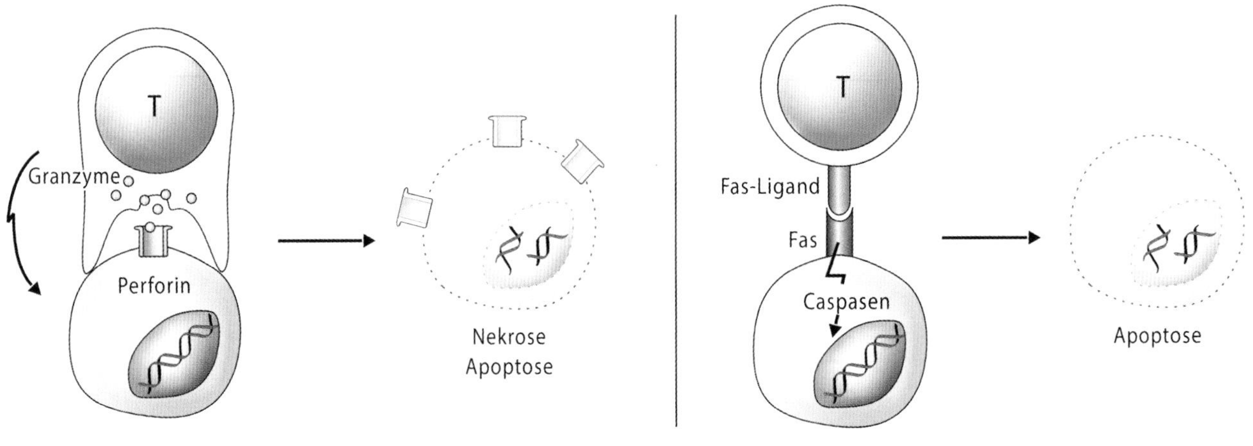

Abb. 13.5 Wichtigste Mechanismen der Zielzell-Lyse. *Links:* Perforinvermittelte Zielzelllyse, die durch granzymvermittelte Apoptose unterstützt werden kann. Es kommt zu nekrotischem und apoptotischem Zelltod. *Rechts:* Fas-vermittelter Zelltod durch Apoptose

13.12 Wichtigste Wege der T-Zell-abhängigen Immunität

Im Folgenden betrachten wir 6 Hauptfunktionen des T-Zellsystems:

- Stimulation der zytolytischen T-Zell-Antwort
- Makrophagenaktivierung
- Neutrophilenaktivierung
- Helferfunktion bei der humoralen Immunantwort
- Aktivierung von Eosinophilen, Basophilen und Mastzellen
- Beendigung einer Immunantwort

13

Die für diese Funktion zuständigen T-Lymphozyten werden auch als Effektor-T-Zellen bezeichnet. Effektor-T-Zellen bilden sich nach antigenspezifischer Stimulation aus naiven T-Zellen. Zusätzlich entwickeln sich Gedächtnis-T-Lymphozyten, die für das immunologische Gedächtnis zuständig sind (▶ Abschn. 13.12.8). Bei der Abwehr von Krankheitserregern, der Transplantatabstoßung und der Tumorüberwachung mag zwar der eine oder andere Weg überwiegen, meist werden jedoch mehrere Wege beschritten, wenn eine vollständige Immunantwort entwickelt werden soll.

13.12.1 Stimulation einer zytolytischen T-Zell-Antwort

Die Aktivierung zytolytischer T-Zellen (Abb. 13.6) ist für die Infektabwehr gegen Viren, für die Transplantatabstoßung und für die Tumorüberwachung besonders wichtig. Auch bei der Abwehr bestimmter intrazellulärer Bakterien (z. B. Listerien) und Protozoen (z. B. Malariaplasmodien) spielt sie eine Rolle. Das Zusammenspiel zwischen Antigen als 1. Stimulus und Zytokinen sowie kostimulatorischen Molekülen als 2. Stimulus wird hier besonders deutlich.

Obwohl Zytokine mit Polypeptidhormonen vergleichbar sind, wirken sie im Gegensatz zu diesen selten allein, sondern meist als **Kostimulatoren** zusammen mit dem Antigen. Dies bedeutet, dass beim Immunsystem neben der Antigenspezifität auch eine Funktionsspezifität der Botenstoffe existiert. Beide spielen bei der Signalübermittlung eine Rolle.

Im Rahmen der Stimulation einer zytolytischen T-Zell-Antwort wird zunächst Antigen von den antigenpräsentierenden Zellen (Makrophagen, Langerhans-Zellen, dendritische Zellen, B-Lymphozyten; ▶ Kap. 14) in Assoziation mit MHC-Klasse-II-Molekülen präsentiert. Die Vorläufer der antigenspezifischen CD4-Helfer-T-Zellen interagieren mit dem Komplex „Fremdantigen plus Klasse-II-Molekül". Gleichzeitig produzieren die stimulierten antigenpräsentierenden Zellen Zytokine, welche die Aktivierung von CD4-T-Zellen fördern. Für die Aktivierung von TH1-Zellen sind IL-12 und IL-18 von besonderer Bedeutung. Zeitlich betrachtet empfangen die Helfer-T-Zellen eine Sequenz von 2 Signalen:

1. Die Antigenerkennung wirkt als 1. Signal.
2. Bestimmte Zytokine wirken gemeinsam mit kostimulatorischen Molekülen als 2. Signal.

Die auf diese Weise aktivierten TH1-Zellen produzieren anschließend verschiedene Zytokine, u. a. IL-2. Auf diese Weise kontrollieren TH1-Zellen die Aktivierung einer zytolytischen T-Zellantwort: IL-2 wirkt zum einen auf die Helfer-T-Zellen selbst und stimuliert deren Vermehrung. Zum anderen wirkt es auf naive zytolytische CD8-T-Zellen als 2. Signal; als 1. Signal dient diesen Zellen die Erkennung des Fremdantigens in Assoziation mit dem körpereigenen MHC-Klasse-I-Molekül.

Diese Stimulation in 2 Schritten führt bei den naiven CD8-T-Zellen zur Expression zusätzlicher IL-2-Rezeptoren mit besonders hoher Affinität für diesen Botenstoff: Die T-Zelle reagiert also in

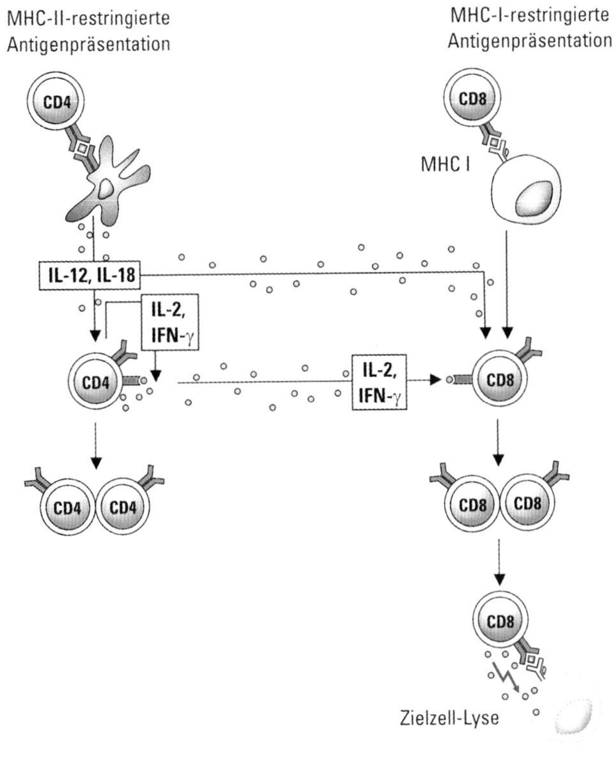

Abb. 13.6 Stimulation einer zytolytischen T-Zell-Antwort

zunehmendem Maße auf IL-2. Sind die CD8-T-Zellen maximal auf IL-2 ansprechbar, so vermehren sie sich und reifen zu zytolytischen Effektorzellen aus. IL-2 wirkt auf antigenstimulierte CD8-T-Zellen somit als **Wachstums- und Differenzierungsfaktor**. Die ausgereiften CD8-T-Zellen können nunmehr Zielzellen zerstören, die Fremdantigen in Assoziation mit Klasse-I-Molekülen exprimieren (▶ Abschn. 13.11).

Bei der Aktivierung der zytolytischen T-Lymphozyten muss das Fremdantigen demnach in 2 Formen präsentiert werden: Zum einen muss es mit Klasse-II-Molekülen und zum anderen auch mit MHC-Klasse-I-Molekülen assoziiert werden. Dies ist notwendig, damit sowohl die CD4-T-Zellen als auch die CD8-T-Zellen das Antigen erkennen. Diese Situation ist bei Virusinfektionen gegeben: Virales Antigen kann sich sowohl mit Klasse-I- als auch mit Klasse-II-Molekülen assoziieren (▶ Abschn. 13.6). Das Gleiche gilt für die Lyse von Tumorzellen: Zytolytische T-Zellen werden nur wirksam, wenn die tumorspezifischen Anti-gene in doppelter Form präsentiert werden.

An der Immunantwort gegen Fremdantigene ist häufig der Vorgang des **Crosspriming** beteiligt: Makrophagen, die Fremdantigene phagozytiert haben, sterben ab und bilden dabei Vesikel, die Fremdantigene enthalten. Diese werden dann T-Zellen präsentiert, die so mit hoher Effizienz stimuliert werden.

In jüngster Zeit wurde neben den klassischen oder myeloiden **dendritischen Zellen** eine 2. Gruppe beschrieben, die als plasmazytoide dendritische Zellen bezeichnet wird:

- Die **myeloiden** dendritischen Zellen sind primär für die **antibakterielle Abwehr** zuständig und stimulieren typischerweise TH1-Zellen.
- Die **plasmazytoiden** dendritischen Zellen sind potente Produzenten des Typ-I-Interferons IFN-α und für die **antivirale Abwehr** von Bedeutung. IFN-α hat nicht nur antivirale Aktivität, sondern kann auch TH-Zellen modulieren.

13.12.2 Makrophagenaktivierung

Die Aktivierung der mononukleären Phagozyten steht ebenfalls unter der Kontrolle von Helfer-T-Zellen (Abb. 13.7). T-Lymphozyten vom TH1-Typ werden – wie oben besprochen – durch das Doppelsignal Antigenerkennung plus IL-12/kostimulatorische Moleküle dazu angeregt, Zytokine zu sezernieren. Diese wirken auf mononukleäre Phagozyten. Durch bestimmte Zytokine aktivierte Makrophagen zeigen eine Steigerung der Tumorizidie und der Mikrobizidie (▶ Kap. 14). Das für die Makrophagenaktivierung wichtigste Zytokin ist das von TH1-Zellen produzierte IFN-γ.

Die Makrophagenaktivierung erfolgt antigenunspezifisch. Dennoch bedarf es zusätzlich zum IFN-γ-Stimulus eines 2. Signals. Dieses können bakterielle Bestandteile liefern, z. B. das **Lipopolysaccharid** gramnegativer Bakterien. Diese bakteriellen Produkte wirken nicht direkt. Vielmehr induzieren sie in Makrophagen die Sekretion von TNF-α, das synergistisch mit IFN-γ wirkt. Dagegen hemmen IL-10 und TGF-β die Makrophagenaktivierung. Da zytolytische CD8-T-Zellen – zumindest nach Kostimulation durch „Antigen plus Klasse-I-Molekül" und IL-2 – ebenfalls IFN-γ produzieren, sind auch sie bis zu einem gewissen Grad zur Makrophagenaktivierung befähigt.

Die Makrophagenaktivierung ist für die Abwehr derjenigen Krankheitserreger von kritischer Bedeutung, welche die Phagozytose überleben und sich sogar intrazellulär vermehren. Dies sind die **intrazellulär**

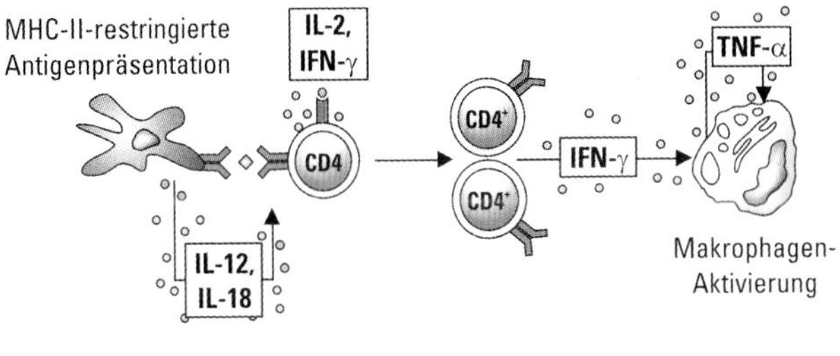

Abb. 13.7 Makrophagenaktivierung

persistenten Mikroorganismen (▶ Kap. 16). Zu ihnen zählen Mykobakterien, Salmonellen, Listerien und Leishmanien. Histologisch finden sich bei den Absiedlungen dieser Erreger Granulome, die zu einem wesentlichen Teil aus aktivierten Makrophagen bestehen.

Bei der Ausbildung der allergischen Reaktionen vom verzögerten Typ, etwa beim Tuberkulintest oder bei der Kontaktallergie, kommt es zur zytokinvermittelten Makrophagenaktivierung (▶ Kap. 15). Schließlich tragen aktivierte Makrophagen auch zur Tumorabwehr bei.

Bei der Infektabwehr spielen auch andere Zytokine als IFN-γ eine Rolle. So weiß man, dass die von Makrophagen gebilde-ten Chemokine sowie TNF-α die Anlockung und Ansammlung von Blutmonozyten an den Ort der mikrobiellen Absiedlung bewirken.

Bei dem hier beschriebenen Aktivierungsweg stellen sich die mononukleären Phagozyten in einer Doppelrolle dar: Sie sind zu gleicher Zeit Signalemittenten und -empfänger. Einerseits stimulieren sie durch Zytokine die Helfer-T-Zellen zur Abgabe anderer Zytokine, andererseits reagieren sie auf die Zytokine mit ihrer eigenen Aktivierung. Weiterhin feinregulieren sie über die Sekretion synergistisch (TNF-α) und antagonistisch (IL-10, TGF-β) wirkender Zytokine ihre eigene Aktivierung.

13.12.3 Neutrophilenaktivierung

13

Seit kurzem ist bekannt, dass die Aktivierung neutrophiler Granulozyten und anderer Entzündungszellen von einer eigenständigen CD4-T-Zelle mit Helferfunktion koordiniert wird. Da diese T-Zellen neben IL-21 und IL-22 als charakteristisches Zytokin IL-17 produzieren, werden sie als TH17-Zellen bezeichnet.

TH17-Zellen werden durch Antigen plus IL-6 und TGF-β stimuliert und durch IL-23 weiter am Leben gehalten. Sie sezernieren Zytokine, die von Neutrophilen dominierte Entzündungsprozesse induzieren. TH17-Zellen scheinen besonders für die Infektabwehr gegen extrazelluläre Bakterien in peripheren Organen, z. B. in der Lunge, verantwortlich zu sein. Daneben gilt ihre Beteiligung an chronischen Entzündungen und Autoimmunkrankheiten als gesichert (◻ Abb. 13.8).

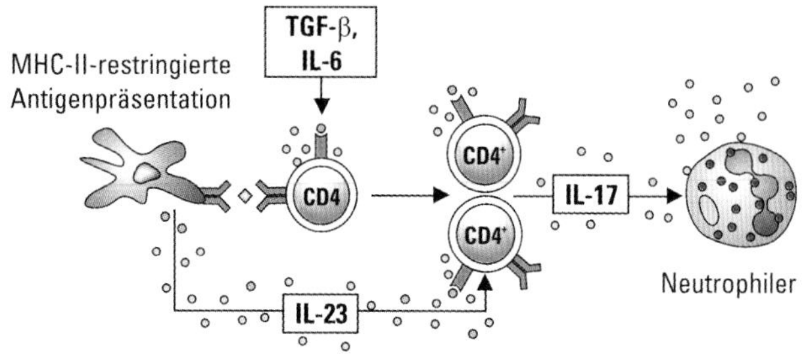

◻ **Abb. 13.8** Neutrophilenaktivierung

13.12.4 Hilfe bei der humoralen Immunantwort

Gegen **lösliche Proteinantigene** werden im Allgemeinen keine zytolytischen T-Lymphozyten gebildet, da diese Antigene sich normalerweise nicht mit Klasse-I-Molekülen, wohl aber mit Klasse-II-Molekülen assoziieren (◻ Abb. 13.9).

Die antigenpräsentierenden Zellen nehmen das Proteinantigen durch Endozytose auf und exponieren es auf ihrer Oberfläche zusammen mit Klasse-II-Molekülen. Außerdem werden Zytokine produziert, welche die Entwicklung von TH2-Zellen fördern. Hierzu gehört IL-4, dessen Produzent nicht genau definiert ist. Daneben sind IL-25 und IL-33, die von Epithelzellen gebildet werden, an der TH2-Zell-Aktivierung beteiligt.

Die Kostimulation durch Antigen und diese Zytokine führt zur Aktivierung der CD4-Helfer-T-Zellen des TH2-Typs. Die auf diese Weise aktivierten CD4-T-Zellen produzieren IL-4, IL-5 und IL-13, die B-Zellen aktivieren. Damit ist die Aktivierung der humoralen Immunantwort Aufgabe der TH2-Zellen. Mithilfe von IL-13 wirken TH2-Zellen aber auch entzündungshemmend, indem sie Makrophagen inhibieren.

IL-4 besitzt die Fähigkeit, ruhende B-Zellen zu aktivieren. Zur vollständigen Aktivierung bedarf es

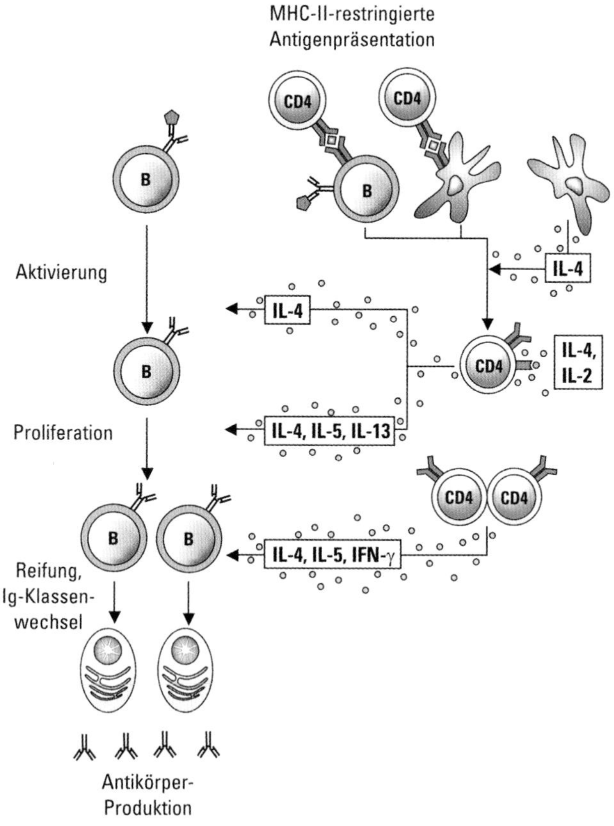

◻ **Abb. 13.9** Hilfe bei der humoralen Immunantwort

aber wieder der Kostimulation durch Antigen. Daraufhin vermehrt sich die antigenspezifische B-Zelle (klonale Expansion; ▶ Kap. 9). IL-4 nimmt also bei der B-Zell-Reifung in antikörperproduzierende Plasmazellen eine zentrale Rolle ein.

Der **Wechsel** in die unterschiedlichen **Antikörperklassen** wird von verschiedenen Zytokinen kontrolliert: IL-4 induziert die Produktion von Antikörpern der Klasse IgE und IgG1. Die IgE-Synthese wird durch IL-13 gefördert. IL-5 und TGF-β sind am Wechsel zur IgA-Synthese beteiligt und IFN-γ stimuliert zumindest bei Mäusen den Wechsel zu IgG2a und IgG3. Obwohl die B-Zellaktivierung eine Domäne der TH2-Zellen darstellt, wird der Klassenwechsel *entweder* von Zytokinen des TH1- *oder* des TH2-Typs kontrolliert:

- IgE, dessen Bildung von IL-4 stimuliert wird, ist der Vermittler der Sofortallergie und der Abwehr von Wurminfektionen. Weiterhin aktivieren IL-4 und IL-5 Mastzellen bzw. Eosinophile. Somit sind Sofortallergie und Helminthenabwehr Folgen von TH2-Zellaktivität.
- Auch Antikörperklassen, die lediglich neutralisierende, aber keine opsonisierende Wirkung besitzen, werden von Zytokinen des TH2-Typs stimuliert.
- Dagegen wird die Bildung opsonisierender Antikörperklassen zuerst von TH2-Zellen (B-Zellaktivierung durch IL-4) und anschließend von TH1-Zellen (Klassenwechsel durch IFN-γ) kontrolliert. Somit sind an der humoralen Abwehr zahlreicher Viren und Bakterien sukzessiv TH1- *und* TH2-Zellen beteiligt.

Bei der hier diskutierten Stimulation von B-Zellen muss das Fremdantigen sowohl von den B-Lymphozyten als auch von den Helfer-T-Zellen erkannt werden. B- und T-Lymphozyten erkennen verschiedene Abschnitte eines Antigens (Epitope oder Determinanten). Weiterhin erkennt die B-Zelle ihr Epitop in freier, isolierter Form, die Helfer-T-Zelle das ihrige dagegen nur in Assoziation mit den körpereigenen MHC-Klasse-II-Strukturen.

Da B-Zellen Klasse-II-Moleküle exprimieren, können sie auch als antigenpräsentierende Zellen fungieren. Die Reaktion des Fremdantigens mit dem Ig-Rezeptor auf der Oberfläche der B-Zelle induziert die Aufnahme und Präsentation des Antigens. Daher können B-Zellen den Helfer-T-Zellen das spezifische Antigen gezielt präsentieren und so die antigenspezifische Immunantwort verstärken.

Antikörper gegen **repetitive Kohlenhydratantigene** werden ohne die Mitwirkung von Helfer-T-Zellen gebildet. Man bezeichnet diese Antigene als **T-unabhängig** und stellt sie den Proteinen gegenüber, die **T-abhängig** sind.

13.12.5 Mastzell-, Basophilen- und Eosinophilenaktivierung

Die Aktivierung von Mastzellen, Basophilen und Eosinophilen steht unter der Kontrolle von TH2-Zellen (◘ Abb. 13.10). Sie stellt den entscheidenden Schritt bei der **Sofortallergie** und der **Helminthenabwehr** dar. TH2-Zellen werden durch Wurmextrakte und Allergene stimuliert. Diese produzieren IL-4, das die IgE-Synthese induziert und Basophile anlockt, sowie IL-5, das Eosinophile aktiviert.

Mastzellen, Basophile und Eosinophile tragen auf ihrer Oberfläche Rezeptoren für IgE (FcεR). Die Vernetzung des FcεR durch IgE leitet die Aktivierung von Mastzellen und Basophilen ein. Es kommt zur Sekretion von Prostaglandinen und zur Exozytose vorgebildeter Inhaltsstoffe, insbesondere vasoaktiver Amine, wie Histamin, und verschiedener Enzyme, wie Serinproteasen und Proteoglykane.

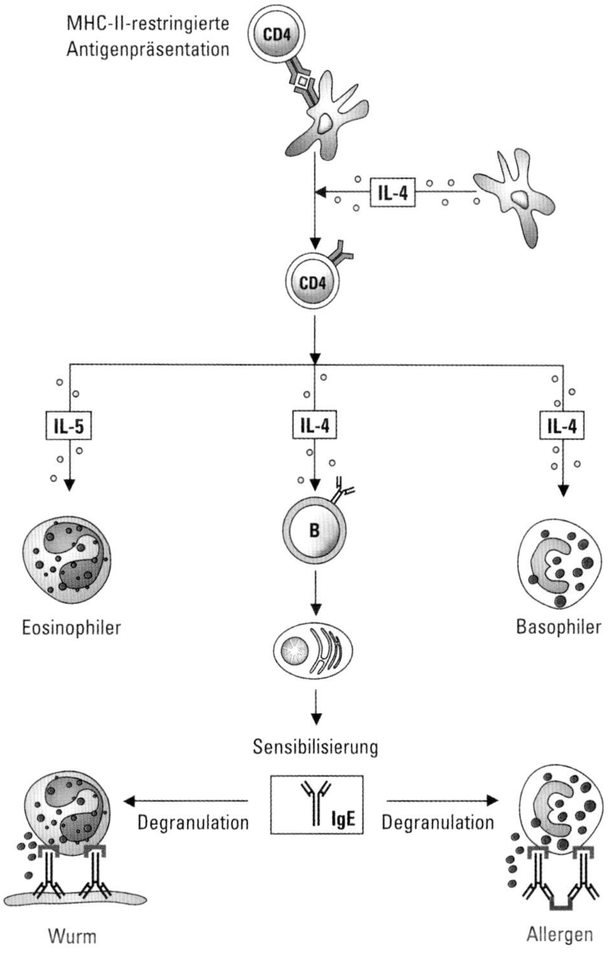

◘ **Abb. 13.10** Aktivierung von Eosinophilen, Basophilen und Mastzellen

Die Eosinophilen werden durch IL-5 voraktiviert. Vernetzung der FcεR durch IgE führt dann zur Ausschüttung des Granulainhalts. Hierbei handelt es sich in erster Linie um basische Proteine, die auch für das saure Färbeverhalten gegenüber Eosin verantwortlich sind. IgE mit Spezifität für Helminthen lagern sich spezifisch an diese an. Über den FcεR werden die IgE-beladenen Helminthen von eosinophilen Granulozyten erkannt und abgetötet.

Dieses Prinzip der **antikörperabhängigen zellulären Zytotoxizität** („antibody-dependent cellular cytotoxicity", ADCC) stellt einen bedeutenden Schritt bei der Abwehr von Wurminfektionen dar, den Mastzellen und basophile Granulozyten verstärken können. Dagegen stehen Mastzellen und basophile Granulozyten im Mittelpunkt der sofortallergischen Reaktion (▶ Kap. 15).

13.12.6 Wechselspiel zwischen TH1-Zellen und TH2-Zellen

Aus dem oben Gesagten wird klar:
- TH2-Zellen sind in erster Linie für die Aktivierung der humoralen Immunantwort verantwortlich.
- TH1-Zellen obliegt hauptsächlich die Aktivierung der zellulären Immunität (zytolytische T-Zellen und Makrophagen).
- Die Bildung opsonisierender Antikörper wird zwar wesentlich von TH2-Zellen gesteuert.
- Den Klassenwechsel reguliert jedoch IFN-γ, ein Zytokin vom TH1-Typ.

Die Stimulierung von TH1-Zellen und TH2-Zellen läuft nicht unabhängig voneinander ab. Vielmehr kontrollieren sich beide Aktivierungswege über Zytokine wechselseitig (◘ Abb. 13.11). Ausgangspunkt für beide T-Zell-Populationen ist eine naive T-Zelle, die bereits das CD4-Merkmal trägt, IL-2 produziert und als TH0-Zelle bezeichnet wird.

Dendritische Zellen, die von Bakterien stimuliert werden, produzieren IL-12, das die Entwicklung von TH1-Zellen fördert. Lösliche Proteine bewirken diese IL-12-Sekretion nicht. Kontakt mit Allergenen, Helminthen und löslichen Proteinen bewirkt dagegen eher die Produktion von IL-4, das bevorzugt die Entwicklung von TH2-Zellen stimuliert. Möglicherweise bilden dendritischen Zellen IL-4, wenn sie nicht mit Bakterien, sondern mit löslichen Proteinen

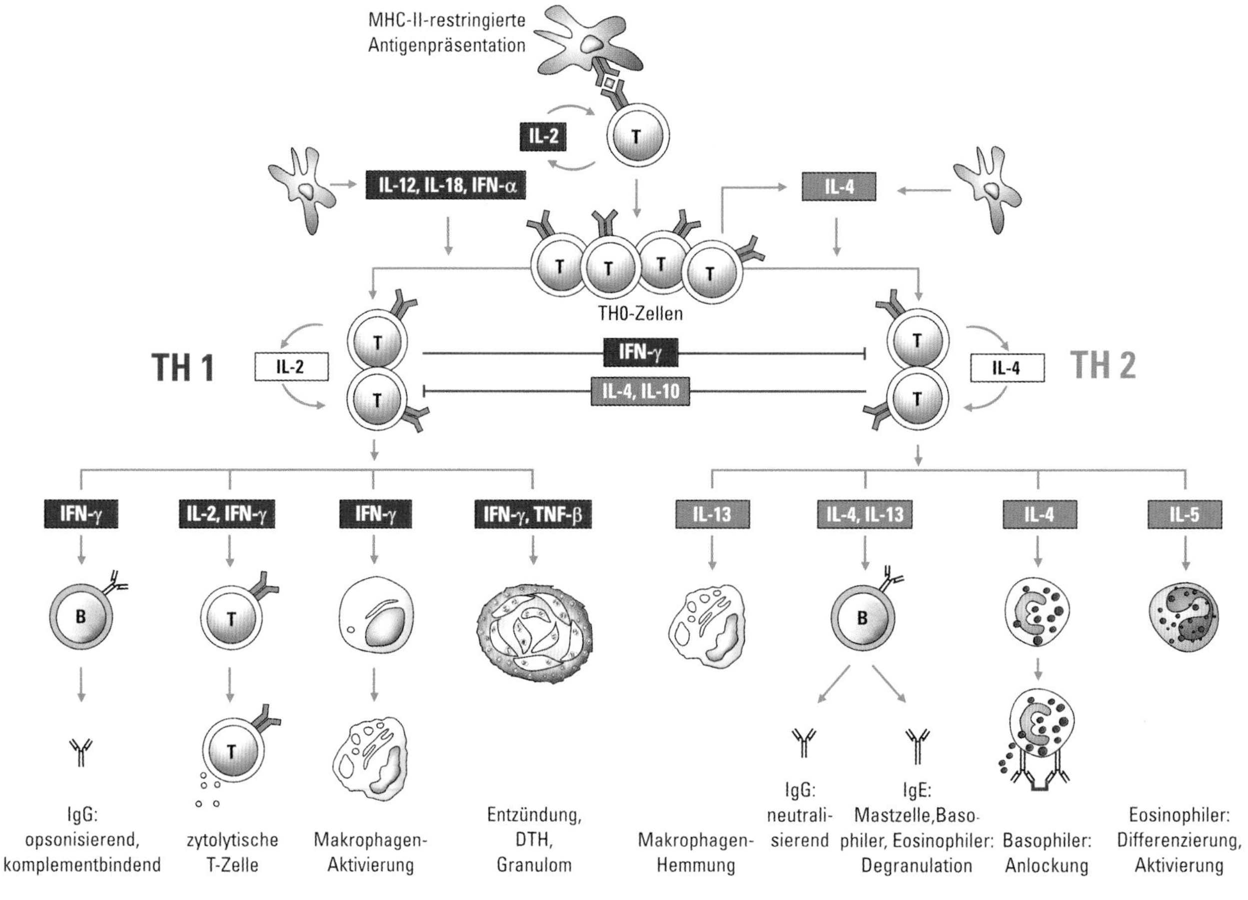

◘ **Abb. 13.11** Wechselspiel zwischen TH1- und TH2-Zellen bei der Immunantwort (DTH, „delayed type hypersensitivity": verzögerte allergische Reaktion)

oder mit Helminthen in Kontakt kommen. Somit können wir aufgrund des Zytokinmusters 2 Arten von dendritischen Zellen unterscheiden:
- dendritische Zellen vom Typ 1, die u. a. IL-12 produzieren
- dendritische Zellen vom Typ 2, die u. a. IL-4 produzieren

Unterstützt werden die dendritischen Zellen von angeborenen lymphoiden Zellen (ILC, ► Abschn. 13.12.10), die auf Erregerkontakt hin spezifische Zytokine produzieren, welche zur Polarisierung der antigenspezifisch stimulierten TH-Zellen beitragen. Für seine Entdeckung der dendritischen Zellen und ihrer Rolle in der adaptiven Immunität wurde der Kanadier Ralph Steinman 2011 mit dem Nobelpreis gewürdigt.

Kontakt mit Bakterien und ihren Bestandteilen induziert dendritische Zellen und ILC vom Typ 1, während der Kontakt mit löslichen Proteinen und Helminthen die Entwicklung dendritischer Zellen und ILC des Typs 2 ermöglicht (► Kap. 14). Unterstützt werden die dendritischen Zellen vom Typ 2 durch die von Epithelzellen gebildeten Zytokine IL-25 und IL-33.

TH1-Zellen produzieren dann IL-2 und IFN-γ. IL-2 verstärkt die TH1-Zellentwicklung, während IFN-γ die TH2-Zellentwicklung hemmt. Schon vorher werden NK-Zellen und γ/δ-T-Zellen von bestimmten bakteriellen und viralen Krankheitserregern stimuliert, IFN-γ zu produzieren. Sie verstärken auf diese Weise weiter die Entwicklung des TH1-Zell-Schenkels. Umgekehrt produzieren TH2-Zellen u. a. IL-4, das die TH1-Zellentwicklung hemmt. IL-4 und IL-13 beeinflussen ebenfalls das Gleichgewicht zugunsten des TH2-Zell-Schenkels. Somit bestimmt das **Wechselspiel zwischen IFN-γ und IL-4** wesentlich den Verlauf einer Immunantwort in den humoralen (TH2-Zell-geprägten) oder den zellulären (TH1-Zell-geprägten) Schenkel.

Dieses Wechselspiel setzt sich in der Effektorphase fort. Das von infizierten Makrophagen produzierte TNF-α unterstützt die Makrophagenaktivierung durch IFN-γ, während das von B-Zellen produzierte IL-13 die Makrophagenaktivierung hemmt. Umgekehrt wirkt IFN-γ supprimierend auf die Bildung der Antikörperklassen (bei der Maus insbesondere IgE und IgG1), die von Zytokinen des TH2-Typs stimuliert werden.

13.12.7 Wechselspiel zwischen TH17-Zellen und T_{reg}-Zellen

Mit der Identifizierung von TH17- und T_{reg}-Zellen wurde der in ► Abschn. 13.12.6 beschriebene Dualismus des TH-Zell-Systems ergänzt. Wie sich bald herausstellte, besteht zwischen TH17-Zellen und T_{reg}-Zellen ein ähnlicher Dualismus, bei dem antigenpräsentierende Zellen ebenfalls die 1. Schaltstelle sind (◘ Abb. 13.12):
- Durch Produktion von IL-6 und niedrigen Konzentrationen von TGF-β werden TH17-Zellen stimuliert.
- Werden dagegen große Mengen an TGF-β ausgeschüttet, entstehen in Zusammenhang mit Retinolsäure (Vitamin-A-Derivat) T_{reg}-Zellen.

Die T_{reg}-Zellen exprimieren einen Rezeptor für IL-2 (CD25), das ihre Vermehrung fördert. In Gegenwart von IL-23 wird dagegen die TH17-Antwort gefördert (◘ Abb. 13.12).

13.12.8 Transkriptionsfaktoren als zentrale Regulatoren der CD4-T-Zell-Entwicklung

Transkriptionsfaktoren sind DNA-bindende Proteine, die die Transkription bestimmter Gene regulieren. In CD4-T-Zellen steuern charakteristische Transkriptionsfaktoren die Zytokinproduktion. Dies sind:
- T-bet in TH1-Zellen
- GATA-3 in TH2-Zellen
- RORγt in TH17-Zellen
- FoxP3 in T_{reg}-Zellen

13.12.9 Gedächtnis-T-Zellen

Auch wenn noch immer nicht völlig geklärt ist, wie T-Zellen das immunologische Gedächtnis aufrechterhalten, steht seine Existenz und Bedeutung außer Frage (◘ Abb. 13.13). Unklar ist derzeit, ob die Aufrechterhaltung eines immunologischen Gedächtnisses einen kontinuierlichen Antigenstimulus erfordert oder ob das Gedächtnis über einen langen Zeitraum auch antigenunabhängig bestehen bleibt. Es häufen sich konkrete Hinweise darauf, dass das T-Zell-Gedächtnis über einen bestimmten Zeitraum antigenunabhängig besteht.

Das immunologische Gedächtnis stellt die **Grundlage für die Impfung** dar. Wir unterscheiden 2 Arten von Gedächtnis-T-Zellen:
- Die **zentralen Gedächtnis-T-Zellen** halten sich bevorzugt in den drainierenden Lymphknoten auf und vermehren sich nach Wiedererkennen des spezifischen Antigens rasch, sodass die gebildeten T-Lymphozyten umgehend Effektorfunktion übernehmen können.
- Die **Effektor-Gedächtnis-T-Zellen** verweilen dagegen im peripheren Gewebe, z. B. in den Schleimhäuten, wo sie direkt Effektorfunktionen ausüben oder Entzündungsprozesse aufrechterhalten.

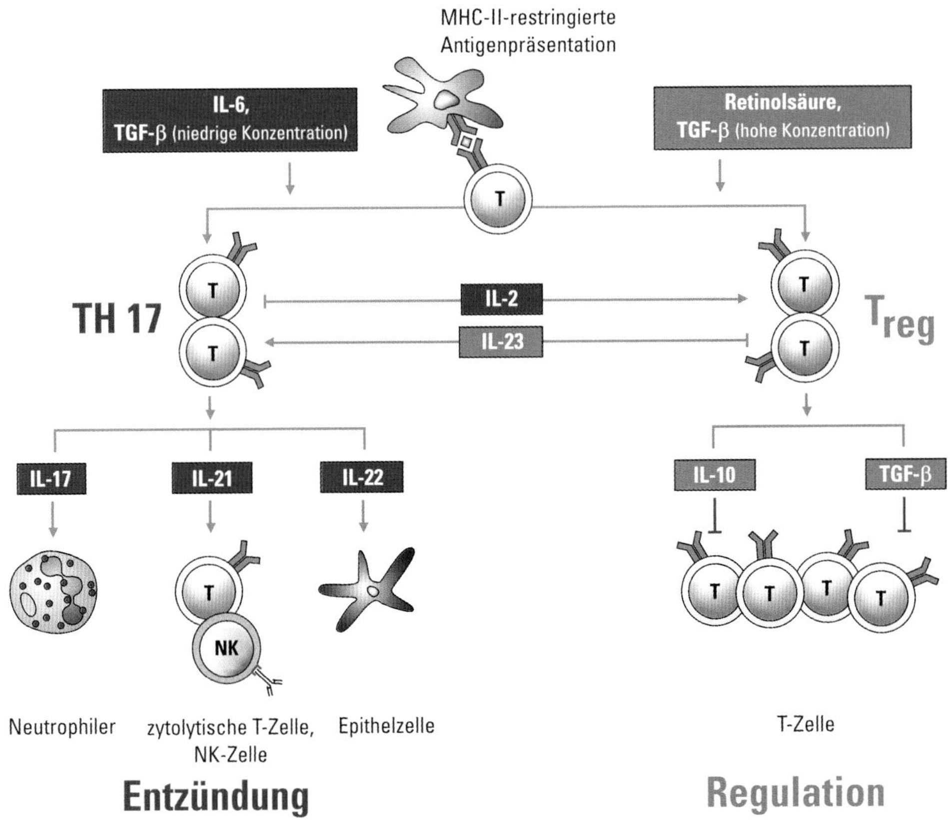

Abb. 13.12 Wechselspiel zwischen TH17 und T_{reg}-Zellen bei der Immunantwort

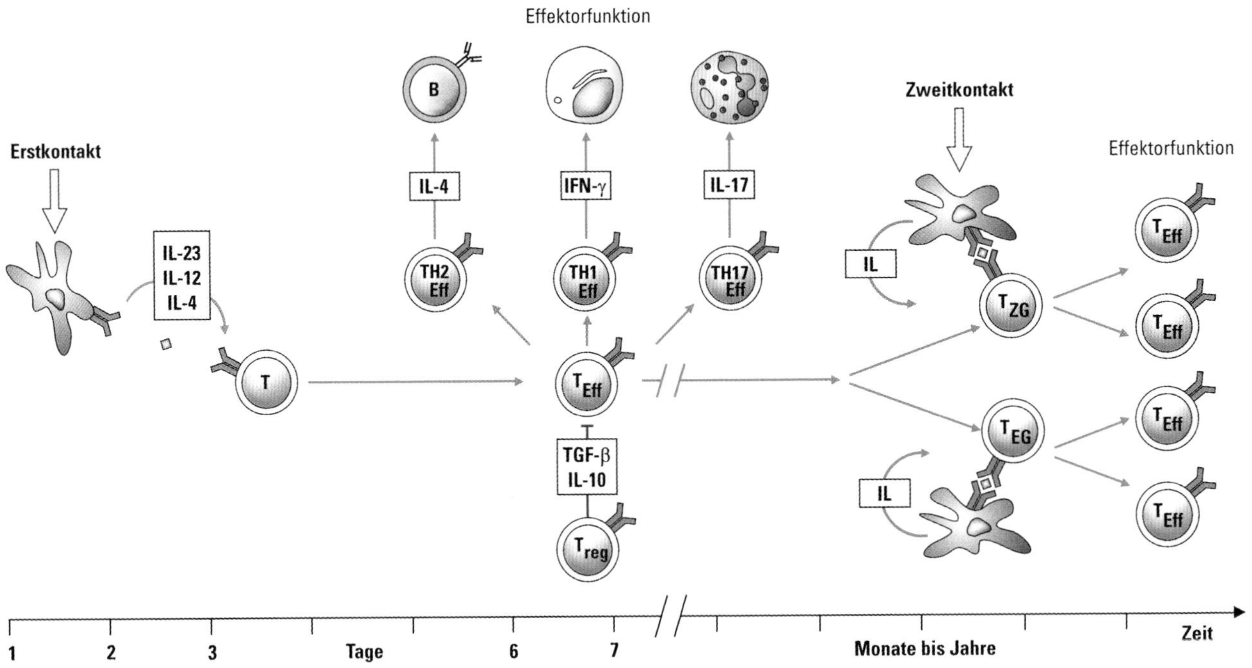

Abb. 13.13 Verlauf der T-Zell-Antwort vom Erstkontakt mit Antigen zum immunologischen Gedächtnis. T_{Eff} = Effektor-T-Zelle; T_{EG} = Effektor-Gedächtnis-T-Zelle; T_{ZG} = zentrale Gedächtnis-T-Zelle

Das unterschiedliche Wanderungsverhalten der beiden Gedächtniszelltypen wird durch Chemokine gesteuert (▶ Kap. 14). Entsprechend unterscheiden wir beide Gedächtnis-T-Zellen aufgrund ihrer unterschiedlichen Expressionsmuster von Chemokinrezeptoren.

Obwohl die Immunantwort für die körpereigene Abwehr von zentraler Bedeutung ist, sind Kollateralschäden häufig nicht zu vermeiden. Um den Schaden so gering wie möglich zu halten, muss die Immunantwort nach der erfolgreichen Beseitigung eines Krankheitserregers abgeschwächt werden. In einigen Fällen gelingt dies nur ungenügend – chronische Entzündungsreaktionen können die Folge sein.

- Bei **akuten Infektionen** ist die Situationen eindeutig: Effektor-T-Zellen werden nur so lange benötigt, bis der Erreger eliminiert ist.
- Bei **chronischen Infektionen,** bei denen dem Immunsystem lediglich die Eindämmung der Erreger gelingt, ist die Situation hingegen schwieriger: Einerseits werden Effektor-T-Zellen zur Eindämmung der Erreger kontinuierlich benötigt, andererseits können sie Schaden hervorrufen. Um dies zu vermeiden, muss das Wechselspiel zwischen T_{reg}-Zellen, Gedächtnis-T-Zellen und CD4- und CD8-T-Zellen mit Effektorfunktion fein abgestimmt werden.

13.12.10 Angeborene lymphoide Zellen

Die angeborenen lymphoiden Zellen (innate lymphoid cells, ILC) zeigen funktionell große Ähnlichkeit mit den TH-Zellen. Wir unterscheiden entsprechend:

- ILC-1, die ähnliche Funktionen wie TH1-Zellen ausüben,
- ILC-2, die den TH2-Zellen funktionell ähneln,
- ILC-3, die TH-17-Zellen ähneln.

Allerdings besitzen die ILC keinen antigenspezifischen Rezeptor, also weder Oberflächenantikörper noch T-Zell-Rezeptoren. Sie können aber sehr rasch auf einen Stimulus mit einer Zytokinausschüttung reagieren.

ILC findet man in erster Linie in epithelialen Geweben wie Lunge und Darm, wo sie an der Infektabwehr und der Tumorüberwachung beteiligt sind. Dabei sind ILC-1 und ILC-3 in erster Linie für bakterielle Erreger zuständig und ILC-2 für Wurminfektionen. Alle drei ILC-Populationen sind an der Tumorüberwachung beteiligt. Schließlich sind ILC-2 bei Allergie und Asthma wesentlich beteiligt.

Im weiteren Sinne können auch NK-Zellen zu den ILC gerechnet werden.

In Kürze: T-Zellen

- **T-Zell-abhängige Phänomene:** Transplantatabstoßung, Abtötung virusinfizierter Zellen, Tumorüberwachung, Abwehr intrazellulärer Keime, verzögerte Allergie, Hilfe bei humoraler und zellulärer Immunantwort, Regulation der humoralen und zellulären Immunantwort.
- **T-Zellen:** sind durch das **CD3-Molekül** charakterisiert.
- **Antigenerkennung durch T-Zellen:** Antigenpräsentierende Zellen prozessieren Proteinantigene und exprimieren auf ihrer Oberfläche körpereigene MHC-Moleküle mit Peptiden. T-Zellen erkennen über ihren T-Zell-Rezeptor das fremde Peptid plus körpereigenes MHC-Molekül: CD4-T-Zellen erkennen Antigen plus MHC-Klasse-II-Molekül, CD8-T-Zellen Antigen plus MHC-Klasse-I-Molekül. Die Antigenerkennung durch den T-Zell-Rezeptor vermittelt das 1. Signal bei der T-Zellaktivierung.
- **Kostimulatorische Moleküle:** vermitteln zusammen mit Zytokinen das 2. Signal bei der T-Zell-Aktivierung.
- **α/β- und γ/δ-T-Zellen:** α/β-T-Zellen machen über 90 % aller peripheren T-Zellen des Menschen aus; sie exprimieren einen T-Zell-Rezeptor aus einer α- und β-Kette und entweder das CD4- oder das CD8-Molekül; α/β-T-Zellen sind gut erforscht. γ/δ-T-Zellen sind weniger als 10 % aller peripheren T-Zellen des Menschen; sie exprimieren einen T-Zell-Rezeptor aus einer γ- und δ-Kette und keine CD4- und CD8-Moleküle; γ/δ-T-Zellen sind nur unvollständig erforscht.
- **Helfer-T-Zellen:** Meist $CD4^+$, sie sezernieren Zytokine, die in ihren Zielzellen bestimmte Funktionen aktivieren. Wichtige Zytokine sind:
  - IL-2 (Wachstums- und Differenzierungsfaktor für T-Zellen),
  - IL-4 (Wachstums- und Differenzierungsfaktor für B-Zellen),
  - IL-5 (Differenzierungsfaktor für B-Zellen),
  - IFN-γ (Makrophagenaktivator),
  - IL-17 (Neutrophilenaktivator).
- **TH-Zellpolarisierung:** Antigenpräsentierende Zellen (dendritische Zellen und Makrophagen) sowie angeborenen lymphoide Zellen („innate lymphoid cells", ILC) steuern die Polarisierung von TH-Zellen in TH-1, TH-2 und TH-17 Zellen durch Zytokinsekretion während der antigenspezifischen TH-Zellaktivierung.

- **TH1-, TH2- und TH17-Zellen:** CD4-T-Zellen lassen sich auch aufgrund ihres Zytokin-Sekretionsmusters aufteilen in
  - TH1-Zellen (IL-2 und IFN-γ),
  - TH2-Zellen (IL-4, IL-5 und IL-13) und
  - TH17-Zellen (IL-17, IL-22).
- **Regulatorische T-Zellen:** $CD4^+$, $Foxp3^+$, meist $CD25^+$, unterdrücken eine Immunantwort mithilfe der Zytokine IL-10 und TGF-β.
- **Transkriptionsfaktoren der CD4-T-Zellen:** CD4-T-Zellen lassen sich über charakteristische Transkriptionsfaktoren unterscheiden: TH1-Zellen (T-bet), TH2-Zellen (GATA-3), TH17-Zellen (RORγt), T_{reg}-Zellen (FoxP3).
- **Zytolytische T-Zellen:** Meist $CD8^+$, lysieren ihre Zielzellen über direkten Zellkontakt.
- **Immunologisches Gedächtnis:** Zentrale Gedächtnis-T-Zellen halten sich in erster Linie in den drainierenden Lymphknoten auf und reifen nach Zweitkontakt mit Antigen rasch zu T-Zellen mit Effektorfunktion. Effektor-Gedächtnis-T-Zellen finden sich hauptsächlich im peripheren Gewebe, wo sie selbst Effektorfunktionen übernehmen können. Gedächtnis-T-Zellen sind für die raschere und stärkere Immunantwort nach Zweitkontakt mit Fremdantigen verantwortlich.
- **Stimulierung zytolytischer T-Zellen:** CD4-T-Zellen vom TH1-Typ werden durch Antigen plus MHC-Klasse-II-Molekül und IL-12 stimuliert, IL-2 zu bilden; in CD8-T-Zellen aktiviert IL-2 zusammen mit Antigen plus MHC-Klasse-I-Molekül die zytolytische Aktivität. Zytolytische T-Zellen sind an der Abwehr viraler Infekte, der Tumorüberwachung und der Transplantatabstoßung beteiligt.
- **Makrophagenaktivierung:** CD4-T-Zellen vom TH1-Typ werden durch Antigen plus MHC-Klasse-II-Molekül und IL-12 aktiviert, IFN-γ zu bilden; zusammen mit einem weiteren Stimulus bewirkt IFN-γ die Makrophagenaktivierung. Aktivierte Makrophagen besitzen die Fähigkeit zur Abtötung von intrazellulären Mikroorganismen und von Tumorzellen.
- **Hilfe bei der humoralen Immunantwort:** CD4-T-Zellen vom TH2-Typ werden durch Antigen plus MHC-Klasse-II-Molekül und IL-4 stimuliert, IL-4, IL-5 und IL-13 zu bilden; diese bewirken die Differenzierung von B-Zellen in antikörperproduzierende Plasmazellen. Der Wechsel der Antikörperklasse wird durch unterschiedliche Zytokine vom TH2- oder TH1-Typ kontrolliert: IL-4 stimuliert IgG1 und IgE; IL-5 stimuliert IgA, IFN-γ stimuliert IgG2a und IgG3. Zur Rolle der Antikörper ▶ Kap. 9.
- **Aktivierung von Eosinophilen, Basophilen und Mastzellen:** CD4-T-Zellen vom TH2-Typ werden durch Antigen plus MHC-Klasse-II-Molekül und IL-4 aktiviert, IL-4, IL-5 und IL-13 zu bilden. IL-4 und IL-13 stimulieren die IgE-Produktion, IL-5 aktiviert Eosinophile. Mastzellen, Basophile und Eosinophile tragen auf ihrer Oberfläche Fcε-Rezeptoren. Deren Vernetzung durch IgE führt zur Ausschüttung von Effektormolekülen. Eosinophile tragen in erster Linie zur Helminthenabwehr bei. Mastzellen und Basophile sind hauptsächlich für sofortallergische Reaktionen verantwortlich.
- **Aktivierung von Neutrophilen:** CD4-T-Zellen vom TH17-Typ werden durch Antigen plus MHC-Klasse-II-Molekül und IL-6 plus geringe Konzentration von TGF-β aktiviert, IL-17 zu bilden, das Neutrophile stimuliert.
- **Regulation der Immunantwort:** CD4-T-Zellen vom T_{reg}-Typ werden durch Antigen plus MHC-Klasse-II-Molekül und TGF-β in hoher Konzentration plus Retinolsäure stimuliert, TGF-β und IL-10 zu bilden. Diese Zytokine unterdrücken die Immunantwort.
- **Angeborene lymphoide Zellen:** Besitzen keinen Antigenrezeptor, ähneln aber funktionell den TH-Zellen. Es lassen sich unterscheiden: ILC-1 (produzieren TH1-Zytokine), ILC2 (produzieren TH2-Zytokine) und ILC-3 (produzieren TH17-Zytokine). Im weiteren Sinne können die NK-Zellen den ILC zugeordnet werden.

Weiterführende Literatur

Abbas AK, Lichtman AH, Pillai S (2017) Cellular and molecular immunology, 9. Aufl. Elsevier, Philadelphia, USA

De Franco A, Locksley R, Robertsen M (2007) Immunity: the immune response in infectious and inflammatory disease (primers in biology). Oxford University Press, Oxford, New Science Press, London

Kaufmann SHE, Steward M (2005) Topley and Wilson's microbiology and microbial infections: immunology. Arnold, London

Kaufmann SHE, Sacks D, Rouse B (2011) The immune response to infection. ASM Press, Washington

Murphy K, Weaver C (2018) Janeway Immunologie, 9. Aufl. Springer Spektrum, Heidelberg

Rich RR, Fleisher TA, Shearer WT, Schroeder HW Jr, Few AJ, Weyand CM (2018) Clinical immunology: principles and practice, 5. Aufl. Elsevier, London

Annual Reviews of Immunology, Annual Reviews, Palo Alto, USA, ISSN/eISSN 0732-0582

Current Opinion in Immunology, Elsevier B. V., The Netherlands, ISSN 09527915

Nature Reviews Immunology, Springer Nature, London, UK, ISSN 1474-1741

Seminars in Immunology, Elsevier B. V., The Netherlands, ISSN 1044-5323

Trends in Immunology, Cell Press, Cambridge, MA, USA, ISSN 1471-4906

Phagozyten und antigenpräsentierende Zellen

Stefan H. E. Kaufmann

Die mononukleären Phagozyten nehmen bei der antimikrobiellen Abwehr Aufgaben von großer Bedeutung wahr. Diese Zellen sind äußerst anpassungsfähig und entsprechend formenreich. Ihre wichtigsten Einzelfunktionen sind:

5 Phagozytose
5 intrazelluläre Keimabtötung
5 Sekretion biologisch aktiver Moleküle
5 Antigenpräsentation

Die mononukleären Phagozyten stehen mit diesen Fähigkeiten nicht allein da. Auch andere Zellen können die eine oder andere Funktion übernehmen. In diesem Kapitel werden zuerst die Vorgänge der Phagozytose und der intrazellulären Keimabtötung behandelt. Die Beschreibung gilt sowohl für mononukleäre Phagozyten als auch für neutrophile Granulozyten. Anschließend werden jene Funktionen behandelt, die dem mononukleär-phagozytären System vorbehalten bleiben. Obwohl mononukleäre Phagozyten zur Antigenpräsentation befähigt sind, sind dendritische Zellen bei der Antigenpräsentation effizienter. Dendritische Zellen entwickeln sich aus myeloiden Vorläuferzellen.

Hintergrundinformation

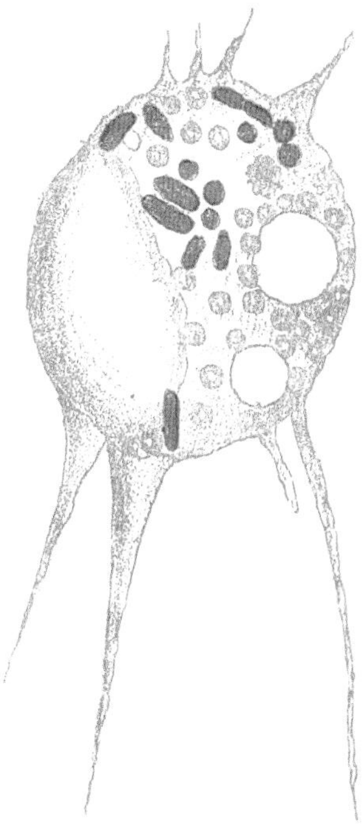

Ende des 19. Jahrhunderts entdeckte der Russe Ilja Metschnikow als Erster, dass Fresszellen Mikroben aufnehmen und verdauen (Abbildung). Hierzu stellte er 1884 fest: „… da nun die einen wie die anderen außer der Fähigkeit, Fortsätze auszustrecken, auch die Fähigkeit, fremde Körper zu verzehren, besitzen, so wollen wir sie von nun an unter dem gemeinschaftlichen Namen von Fagocyten (sic!) zusammenfassen …"

S. Suerbaum et al. (Hrsg.), *Medizinische Mikrobiologie und Infektiologie,*
https://doi.org/10.1007/978-3-662-61385-6_14

14.1 Phagozytose

Zellen nehmen aus ihrer Umgebung Makromoleküle und Partikel auf, und zwar über einen Mechanismus, der als **Endozytose** bezeichnet wird. Die Plasmamembran stülpt sich unter dem aufzunehmenden Material ein und bildet anschließend einen Vesikel darum. Handelt es sich um die Aufnahme von Flüssigkeitströpfchen an einer beliebigen Stelle der Membran, so sprechen wir von **Pinozytose.** Dieser Prozess dient in erster Linie der Nahrungsaufnahme. Die Aufnahme größerer Partikel wird **Phagozytose** genannt. Sie ist spezialisierten Zellen vorbehalten – den **Phagozyten.**

Bei der **rezeptorvermittelten Endozytose** wird ein Molekül von einem spezifischen Oberflächenrezeptor erkannt und gebunden. Anschließend wird der Komplex aus Rezeptor und Ligand internalisiert. Dies geschieht in einem Membranbereich, der als **„coated pit"** bezeichnet wird. Die Phagozytose stellt eine Sonderform der rezeptorvermittelten Endozytose dar.

Zur Phagozytose sind v. a. die neutrophilen, polymorphkernigen Granulozyten („Neutrophilen") und die mononukleären Phagozyten befähigt. Diese Zellen werden daher rein funktionell auch als **professionelle Phagozyten** bezeichnet. Gemeinsam mit der intrazellulären Keimabtötung, die darauf folgt, stellt die Phagozytose pathogener Mikroorganismen einen wichtigen Abwehrmechanismus dar.

Die Aufnahme der Mikroorganismen wird durch deren Adhäsion an den Phagozyten eingeleitet. Hieran sind Rezeptoren beteiligt. Professionelle Phagozyten tragen auf ihrer Oberfläche zahlreiche **Rezeptoren** mit einem breiten Erkennungsspektrum. Die für diese Rezeptoren erkennbaren Moleküle sitzen auf der Oberfläche von Mikroorganismen, z. B. in Form einfacher Zucker. Damit ist die Erkennung von Krankheitserregern durch professionelle Phagozyten im Sinne einer **Rezeptor-Liganden-Reaktion** als spezifisch anzusehen, obwohl dies mit der Antigenspezifität der erworbenen Immunität nicht vergleichbar ist. Man hat die frühe Erkennung von Eindringlingen durch das angeborene Immunsystem als Musterspezifität bezeichnet. Sind die Liganden von einer mikrobiellen Kapsel maskiert, verhindert dies die Phagozytose.

Professionelle Phagozyten besitzen u. a. auch Rezeptoren für den Fc-Bereich von Antikörpern der Klasse IgG und für gewisse Fragmente der Komplementkomponenten. Dementsprechend werden Mikroorganismen, die mit spezifisch gebundenen Antikörpern und Komplement beladen sind, effizienter phagozytiert. Dieser Vorgang wird als **Opsonisierung** bezeichnet.

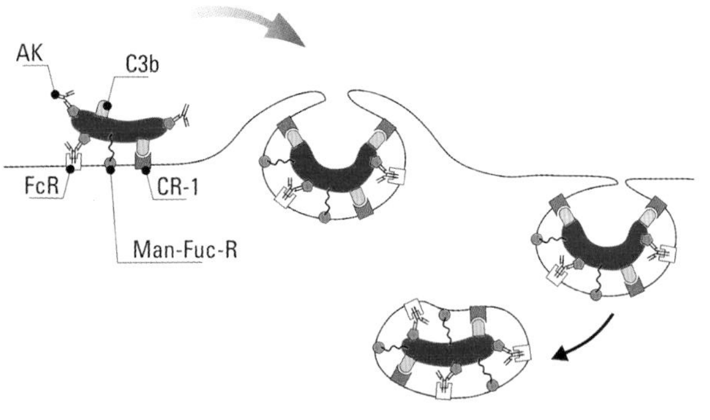

Abb. 14.1 Reißverschlussmodell der Phagozytose und Bildung des Phagosoms. Liganden auf dem aufzunehmenden Partikel werden über spezifische Rezeptoren vom Phagozyten erkannt. Diese Rezeptor-Liganden-Interaktion leitet die Phagozytose ein. Entweder werden mikrobielle Bestandteile (häufig Zuckerbausteine) über entsprechende Rezeptoren (z. B. Mannose-Fukose-Rezeptor [Man-Fuc-R]) direkt erkannt oder es kommt nach Beladung mit IgG oder Komplementkomponenten zur Erkennung über die homologen Rezeptoren für Fc- bzw. Komplement (CR)

Die Interaktion zwischen Membranrezeptoren und ihren Liganden löst bei der phagozytierenden Zelle eine lokale Reaktion aus, die durch das Reißverschlussmodell am besten beschrieben wird (Abb. 14.1). Um das membrangebundene Partikel, z. B. ein Bakterium, schieben sich Pseudopodien nach oben, während sich gleichzeitig die Plasmamembran im Zentrum nach innen stülpt. Durch diesen Prozess vergrößert sich die Kontaktfläche zwischen Membranrezeptoren und Liganden auf dem Bakterium laufend, sodass der Impuls für den Phagozytosevorgang ständig wächst. Schließlich ist der Keim völlig vom Zytoplasma umschlossen, die Enden der umschließenden Pseudopodien verschmelzen miteinander. Damit befinden sich die phagozytierten Partikel in einem membranumschlossenen **Phagosom.**

14.2 Intrazelluläre Keimabtötung und Verdauung

Der Kontakt zwischen Mikroorganismen und professionellen Phagozyten löst zelluläre Prozesse aus, die in der Abtötung und Verdauung der phagozytierten Erreger gipfeln (Abb. 14.2).

14.2.1 Reaktive Sauerstoffmetaboliten

Die schnelle Zunahme der Stoffwechselaktivität wird als **„respiratory burst"** bezeichnet. Ihr wesentliches Endergebnis ist die Bildung **reaktiver**

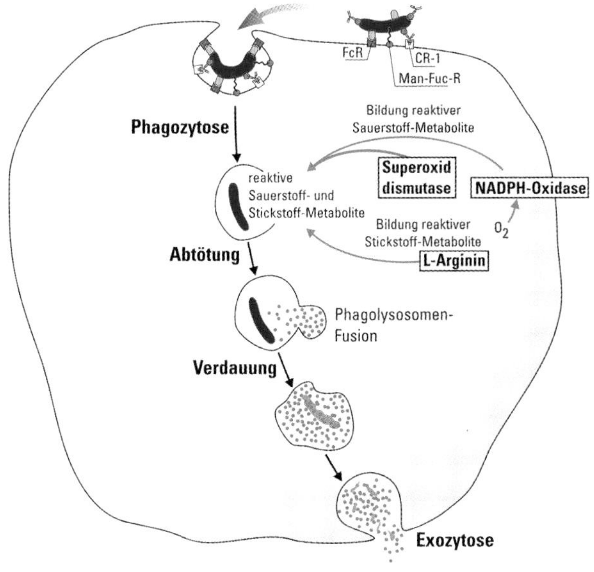

Abb. 14.2 Wichtigste Effektormechanismen aktivierter Makrophagen

Tab. 14.1 Wichtige Reaktionen bei der Bildung reaktiver Sauerstoffmetaboliten

(1)	$NADPH + O_2 \longrightarrow$ NADPH-Oxidase $NADP + O_2^- + H^+$
(2)	$2\,O_2^- + 2\,H^+ \longrightarrow$ SOD $O_2 + H_2O_2$
(3)	$H_2O_2 + Cl^- \longrightarrow$ MPO $OCl^- + H_2O$
(4)	$H_2O_2 + O_2^- \longrightarrow \cdot OH + OH^- + O_2$
(5)	$2\,H_2O_2 \longrightarrow$ Katalase $2\,H_2O + O_2$

Sauerstoffmetaboliten. Der Erregerkontakt aktiviert eine NADPH-Oxidase in der Zellmembran, die nach Reaktion 1 Sauerstoff (O_2) unter Verwendung von NADPH als Elektronendonor in Superoxidanionen (O_2^-; neuerdings auch als Hyperoxidanion bezeichnet) umsetzt (Tab. 14.1). NADPH wird durch Abbau von Glukose über den Hexosemonophosphat-Weg bereitgestellt. Superoxid besitzt lediglich eine schwach antimikrobielle Wirkung und dient in erster Linie als Ausgangsmaterial für die Bildung folgender Moleküle:

- Wasserstoffperoxid (H_2O_2)
- Singulett-Sauerstoff ($^1O_2$)
- Hydroxyl-Radikale (OH)

H_2O_2 wird gemäß Reaktion 2 durch die Superoxid-Dismutase (SOD) gebildet. Es wirkt antimikrobiell. Dieser Effekt wird durch das **Myeloperoxidase-System** (MPO) im Sinne der Reaktion 3 deutlich verstärkt. Reaktion 3 erlaubt die für viele Mikroorganismen toxische Halogenierung von Proteinen. MPO befindet sich in den **primären** (oder **azurophilen**) **Granula** der neutrophilen Granulozyten. Das Enzym gelangt durch Degranulation ins Phagosom (Abb. 14.2; s. u.), wo es mit H_2O_2 reagiert. Auch bei Monozyten, jedoch nicht bei Makrophagen, wurde MPO nachgewiesen. Durch eine Fe^{3+}-abhängige Reduktion entsteht aus H_2O_2 nach der (modifizierten Haber-Weiss-)Reaktion 4 freies Hydroxyl-Radikal ($\cdot OH$). Durch geeignete Energieabsorption kann aus Superoxid über verschiedene Reaktionen $^1O_2$ entstehen. $^1O_2$ und $\cdot OH$ peroxidieren Fettsäuren und reagieren mit Nukleinsäuren; dadurch sind sie für Mikroorganismen äußerst toxisch.

Die genannten reaktiven Sauerstoffmetaboliten wirken natürlich nicht nur auf mikrobielle Eindringlinge, sondern können auch Wirtszellen in der Umgebung schädigen. Deshalb muss ihr gezielter Abbau gewährleistet werden. SOD fängt Superoxid ab und verhindert so die Bildung der hochtoxischen Metaboliten OH und $^1O_2$ (Reaktion 2). Das bei dieser Reaktion entstehende H_2O_2 wird durch **Katalase** (Reaktion 5) und/oder über das **Glutathionsystem** abgebaut. Da zahlreiche Mikroorganismen Katalase besitzen, können sie die Reaktion 5 zu ihrem eigenen Schutz einsetzen.

14.2.2 Reaktive Stickstoffmetaboliten

Neben den reaktiven Sauerstoffmetaboliten spielen auch reaktive Stickstoffmetaboliten eine wesentliche Rolle bei der Keimabtötung. Während die Bedeutung der reaktiven Stickstoffmetaboliten bei der Maus klar ist, besteht über ihre Rolle beim Menschen noch weitgehende Unklarheit. Die reaktiven Stickstoffmetaboliten werden exklusiv aus L-Arginin gebildet (Abb. 14.2). Unter Mitwirkung einer NO-Synthase entstehen L-Zitrullin und NO, das dann weiter zu NO_2^- und NO_3^- oxidiert wird. Die reaktiven Stickstoffmetaboliten inaktivieren die FeS-haltigen reaktiven Zentren zahlreicher Enzyme und unterstützen zudem die Wirkung reaktiver Sauerstoffmetaboliten.

14.2.3 Lysosomale Wirkstoffe

Im Inneren der professionellen Phagozyten existieren zahlreiche **Vesikel.** Sie haben die Fähigkeit, nach der Keimaufnahme mit den entstandenen Phagosomen zu verschmelzen. Bei den polymorphkernigen neutrophilen Granulozyten werden die Vesikel als **Granula** und die Verschmelzungsvorgänge als Degranulation bezeichnet. Bei den mononukleären Phagozyten sprechen wir von **Lysosomen** und von Phagolysosomenbildung. Im Wesentlichen handelt es sich aber um das Gleiche. Die Granula bzw. Lysosomen enthalten zahlreiche Enzyme und Metaboliten. Beide wirken nach der Verschmelzung auf die phagozytierten Mikroorganismen ein und verursachen ggf. deren Tod und/oder Abbau (Abb. 14.2; Tab. 14.2).

Tab. 14.2 Lysosomale Wirkstoffe

Wirkstoff	Substrat
Saure Hydrolasen:	
Phosphatasen	Oligonukleotide und andere Phosphorester
Nukleasen	DNA, RNA
β-Galaktosidase	Galaktoside
α-Glukosidase	Glykogen
α-Mannosidase	Mannoside
Hyaluronidase	Hyaluronsäuren, Chondroitinsulfat
Kathepsine	Proteine
Peptidasen	Peptide
Lipidesterasen	Fette
Phospholipasen	Phospholipide
Neutrale Proteasen:	
Kollagenase	Kollagen
Elastase	Elastin
Kathepsin G	Knorpel
Plasminogenaktivator	Plasminogen
Lysozym	Bakterienzellwand
Peroxidasen	H_2O_2
Kationische Proteine und Peptide	Antibakterielle Wirkung durch Anlagerung an Bakterienmembran; Toxinneutralisation

Kurz nach der Phagozytose sinkt der pH-Wert des Phagosoms in den sauren Bereich. Er steigt danach noch einmal auf pH 7,8 an, um anschließend wieder auf etwa pH 5 abzufallen. Der kurzzeitige pH-Anstieg könnte die Wirksamkeit der basischen Proteine erhöhen. Das saure Milieu ist für viele Mikroorganismen bereits wachstumshemmend. Außerdem stellt dieses Milieu das pH-Optimum für den Großteil der **lysosomalen Hydrolasen** dar.

Hydrolasen spalten in Gegenwart von H_2O Polymere bis zu den monomeren Bausteinen. Die lysosomalen Hydrolasen greifen alle mikrobiellen Makromoleküle an, also Kohlenhydrate, Fette, Nukleinsäuren und Proteine. Sie bauen vor allem bereits abgetötete Mikroorganismen ab. Die Mehrzahl der lysosomalen Hydrolasen hat ein pH-Optimum um 5. Sie werden als saure Hydrolasen bezeichnet.

Peroxidasen haben das Vermögen, verschiedene Moleküle zu oxidieren. Dies geschieht in Gegenwart von H_2O_2. MPO wirkt durch die Halogenierung von Proteinen bakterizid (s. o.).

Lysozym spaltet die Bindung zwischen Azetylmuramylsäure und N-Azetylglukosamin in der Peptidoglykanschicht bakterieller Zellwände. Bevor Lysozym wirksam werden kann, müssen bei den meisten Bakterien schützende Zellwandschichten abgebaut werden. Lysozym dürfte eher am Abbau als an der Abtötung von Mikroorganismen beteiligt sein.

Eisen ist für das Wachstum zahlreicher Mikroorganismen essenziell. **Laktoferrin** hat bei saurem pH eine hohe eisenbindende Aktivität und wirkt daher antimikrobiell.

Kationische oder **basische Proteine** und Peptide sind reich an Arginin und Zystein. Sie besitzen bei neutralem bis schwach basischem pH eine stark antimikrobielle Wirkung. Deshalb muss man annehmen, dass ihre Wirkung im Phagosom sehr früh einsetzt und nur kurzfristig erhalten bleibt. Die kationischen Proteine stellen eine heterogene Gruppe mit unterschiedlichem Molekulargewicht dar. Zu ihnen gehören das Phagozytin und die als **Defensine** bezeichneten kationischen Peptide aus etwa 30 Aminosäuren. Die Defensin-Familie besteht aus 3 Untergruppen: α-, β- und θ-Defensine, die sich in ihrer Struktur unterscheiden. Zusätzlich zu ihrer bakteriziden Wirkung wurde neuerdings gefunden, dass Defensine bakterielle Toxine neutralisieren, die Virusvermehrung hemmen und Immunzellen anlocken und aktivieren.

Neutrale Proteasen haben ihr Optimum bei pH 7. Zu diesen zählen Kathepsin G, Elastase und Kollagenase. Diese Enzyme sind für den Abbau von Elastin, Knorpel, Proteoglykanen, Fibrinogen, Kollagen etc. mitverantwortlich. Zu den neutralen Proteasen gehören auch die Plasminogenaktivatoren; sie aktivieren Plasminogen zu Plasmin. Diese Proteasen werden von der Zelle in das umgebende Milieu abgegeben. Dort wirken sie bei extrazellulären Abwehr- und Entzündungsreaktionen mit (▶ Kap. 15).

14.3 Mononukleär-phagozytäres System

Zum mononukleär-phagozytären System gehören folgende Zellen:

- mobile Blutmonozyten
- freie Exsudatmakrophagen
- residente (sessile) Gewebemakrophagen

Die sessilen Zellen sind an strategisch wichtigen Punkten verschiedener Körperregionen angeordnet. Sie unterscheiden sich entsprechend ihrer Lokalisation mehr oder weniger in Morphologie und Funktion. Wegen ihrer Heterogenität in Gestalt und Funktion hat man den Makrophagen eine Vielzahl von Namen gegeben (◘ Tab. 14.3). Aschoff fasste 1924 alle Zellen, die sich nach der Injektion von Tusche oder kolloidalen Farbstoffen als partikelbeladen erwiesen, als **retikuloendotheliales System** (RES) zusammen. Wir wissen heute, dass das mononukleär-phagozytäre System einen großen Teil des RES ausmacht.

Tab. 14.3 Organabhängige Bezeichnungen ortsständiger (residenter) Gewebemakrophagen und antigenpräsentierender Zellen

Bezeichnung	Organ
Kupffer-Sternzellen	Leber
Alveolarmakrophagen	Lunge
Histiozyten	Bindegewebe
Osteoklasten	Knochenmatrix
Peritonealmakrophagen	Peritonealhöhle
Pleuramakrophagen	Pleurahöhle
Mikrogliazellen	ZNS
Langerhans-Zellen	Haut
Dendritische Zellen	Milz, Lymphknoten

Makrophagen stammen von Blutmonozyten ab, die kontinuierlich ins Gewebe bzw. in Körperhöhlen einwandern. Die eingewanderten Blutmonozyten wandeln sich in residente Makrophagen um, die sich kaum mehr vermehren. Als langlebige Zellen können Makrophagen jedoch über einen längeren Zeitraum hinweg ihre Funktion ausüben. Ihre wichtigsten **Aufgaben** sind:

- Abbau von Makromolekülen und Zelltrümmern
- Abtötung von eingedrungenen Krankheitserregern und von Tumorzellen als wesentliche Effektorfunktion der körpereigenen Abwehr
- Mitwirkung bei der spezifischen Immunantwort, insbesondere Präsentation von Fremdantigen und Stimulation von Helfer-T-Zellen durch Zytokine (▶ Kap. 13).

14.4 Rezeptoren

Mononukleäre Phagozyten tragen eine Garnitur von Rezeptoren, die es ihnen erlaubt, mit sehr verschiedenartigen Makromolekülen zu interagieren.

Einige Rezeptoren stellen darüber hinaus auch wichtige Oberflächenmarker dar. Diese Moleküle können mit monoklonalen Antikörpern nachgewiesen werden. Ihr Nachweis ist jedoch nicht spezifisch für das mononukleär-phagozytäre System: Entweder kommen sie auch auf anderen Zellen vor oder sie werden nicht von allen Vertretern des mononukleär-phagozytären Systems exprimiert.

Eine wichtige Gruppe von Rezeptoren erkennt das **Fc-Fragment von Antikörpern der Klasse IgG.** Andere Rezeptoren reagieren mit Bruchstücken der **Komplementkomponente C3.** Dies ist der Grund dafür, dass Mikroorganismen, die mit Antikörpern und C3-Bruchstücken beladen sind, besser phagozytiert werden (Opsonisierung).

Mononukleäre Phagozyten der Maus exprimieren 2 verschiedene Fc-Rezeptoren:

- Der eine bindet das Fc-Stück von IgG2a. Er ist resistent gegenüber Trypsinbehandlung und heißt FcγRI.
- Der andere Rezeptor bindet die Fc-Stücke von IgG1 und IgG2b. Er ist empfindlich gegenüber Trypsinbehandlung und heißt FcγRII.

Beim Menschen stellt sich die Situation etwas komplizierter dar. Blutmonozyten binden die verschiedenen **IgG-Subklassen** mit unterschiedlicher Stärke. Am stärksten bindet IgG1; an zweiter Stelle steht IgG3. Während der Fc-Rezeptor auf Blutmonozyten monomeres IgG1 gut bindet und die Bezeichnung FcγRI erhielt, bindet der Fc-Rezeptor der neutrophilen Granulozyten monomeres IgG schlecht (FcγRIII). Polymeres IgG (Immunkomplexe) wird dagegen sehr fest an Granulozyten und Makrophagen gebunden. Im CD-System erhielt der FcγRIII-Rezeptor die Bezeichnung CD16, FcγRI heißt CD64. FcγRII (CD32) ist ein weiterer Fc-Rezeptor, der auf neutrophilen Granulozyten und Monozyten vorkommt und IgG1 und IgG3 schwach bindet (Tab. 7.1).

Bei den **Rezeptoren für C3-Bruchstücke** unterscheidet man 3 Erkennungsspezifitäten (Tab. 7.1):

- Der CR1-Rezeptor, der auf Monozyten, Makrophagen, neutrophilen Granulozyten und einem Teil der dendritischen Zellen vorkommt, bindet C3b. Er trägt die CD-Bezeichnung CD35.
- Der CR2-Rezeptor bindet ein Abbauprodukt von C3b (C3d). Er wird von B-Zellen und von einem Teil der dendritischen Zellen exprimiert, aber nicht von Monozyten, Makrophagen und neutrophilen Granulozyten; er determiniert den Phänotyp CD21.
- Der C3bi-Rezeptor erkennt ein weiteres Abbauprodukt des C3b (3bi). Er besteht aus 2 Ketten mit den Bezeichnungen CD11b (α-Kette) und CD18 (β-Kette). Er ist auf Monozyten, Makrophagen und neutrophilen Granulozyten zu finden.

Mononukleäre Phagozyten exprimieren Rezeptoren für die aktivierenden Zytokine IFN-γ, TNF-α etc.

Auch das **Klasse-II-Molekül des MHC** stellt eine wichtige Oberflächenstruktur dar. Seine Expression auf Makrophagen wird durch IFN-γ und möglicherweise andere Zytokine verstärkt. Wie in ▶ Kap. 12 bereits dargelegt, spielen Klasse-II-Moleküle bei der Stimulation von Helfer-T-Lymphozyten eine zentrale Rolle. Dendritische Zellen tragen auf ihrer Oberfläche konstitutiv große Mengen an Klasse-II-Molekülen des MHC in hoher Dichte und sind daher für die Stimulation von Helfer-T-Lymphozyten bestens gerüstet.

Toll-ähnliche Rezeptoren (TLR) In letzter Zeit rückte eine Gruppe von Oberflächenrezeptoren in den Fokus, die Toll-ähnlichen Rezeptoren („toll-like receptors"). Wir kennen mindestens 10 Varianten, die mit TLR1 bis TLR10 bezeichnet werden. TLR erkennen spezifisch charakteristische Mikrobenbestandteile (■ Abb. 14.3). TLR werden besonders von mononukleären Phagozyten und dendritischen Zellen exprimiert, die dadurch eingedrungene Erreger mustern. Deren Erkennung bewirkt eine rasche Aktivierung der TLR-tragenden Zelle, die dann geeignete Abwehrreaktionen mobilisieren können.

Sämtliche TLR-Signale fließen in gemeinsame Signaltransduktionswege, in deren Zentrum die Phosphorylierung von NF-κB steht (■ Abb. 3.12). Dies bewirkt in Makrophagen und dendritischen Zellen die Sekretion von proinflammatorischen Zytokinen (▶ Abschn. 14.5) und Effektormolekülen der Infektabwehr (▶ Abschn. 14.2). Dendritische Zellen reifen auf diesen Stimulus hin heran und können nun in einer 1. Reifungsphase Bakterien besser phagozytieren und in der 2. Phase T-Zellen effektiver stimulieren.

Die wichtigsten **Liganden der TLR** sind (■ Abb. 14.3):
- TLR2: Lipoarabinomannan (LAM) und Lipoproteine als Charakteristikum u. a. von Mykobakterien
- TLR3: doppelsträngige RNA als Charakteristikum zahlreicher Viren
- TLR4: Lipopolysaccharid (LPS) als Charakteristikum gramnegativer Bakterien
- TLR5: bakterielle Flagelline als Charakteristikum geißeltragender Bakterien
- TLR7, TLR8: für bestimmte Viren charakteristische Einzelstrang-RNA
- Typ9: für bakterielle DNA charakteristische Nukleotidsequenzen

Einige TLR bilden Heterodimere mit neuer Spezifität: TLR2/TLR6-Heterodimere reagieren z. B. mit Peptidoglykan als charakteristischem Muster grampositiver Bakterien und Zymosan als charakteristischem Muster von Hefen.

Die für bakterielle Liganden spezifischen TLR2, TLR4, TLR5 und TLR6 befinden sich auf der Zelloberfläche; die für virale Liganden spezifischen TLR3, TLR7 und TLR8 sowie der für bakterielle DNA spezifische TLR9 innerhalb der Zelle (■ Abb. 14.3). Dies ermöglicht die schnellstmögliche Erkennung des spezifischen Liganden durch den entsprechenden TLR (siehe auch ▶ Kap. 3 und ■ Abb. 3.12).

Die TLR sind die wichtigsten Mitglieder der sog. **mustererkennenden Rezeptoren** („pattern recognition receptors", PRR). Diese PRR erkennen auf Krankheitserregern bestimmte konservierte Struktureigenschaften und befähigen so das Immunsystem,

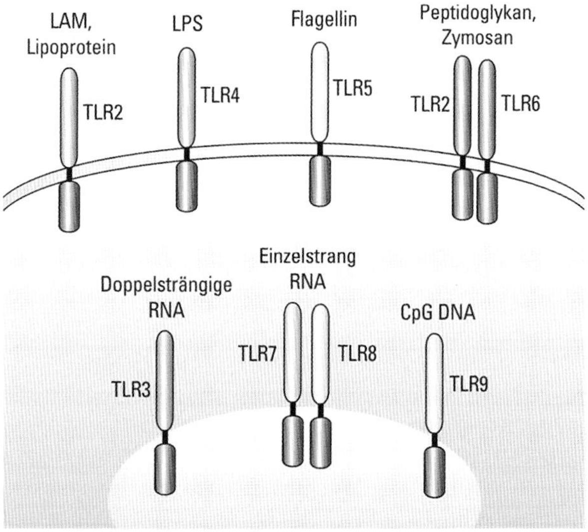

■ **Abb. 14.3** TLR und ihre wichtigsten Liganden

Eindringlinge zu mustern. Diese Erkennung führt zur Aktivierung von Makrophagen und zur Reifung dendritischer Zellen, die dann die erworbene Immunantwort über die Art der eindringenden Krankheitserreger informieren können:
- Handelt es sich bei den Eindringlingen um extrazelluläre Bakterien wie Staphylo- oder Streptokokken, so werden TH17-Zellen aufgerufen, die in erster Linie Neutrophile aktivieren.
- Handelt es sich um intrazelluläre Bakterien wie den Tuberkuloseerreger, werden TH1-Zellen abgerufen, die Makrophagen aktivieren.
- Handelt es sich um virale Erreger, werden TH1-Zellen aktiviert, die zytolytische T-Zellen stimulieren.
- Wird die humorale Immunantwort benötigt, werden TH2-Zellen abgerufen, die auch bei Wurminfektionen instruiert werden. Allerdings sind die mustererkennenden Rezeptoren, die Wurminfektionen erkennen, bislang nicht bekannt.

Weitere PRR sind u .a. die **intrazellulären NOD-Rezeptoren** (NOD = nukleotidbindende Oligomerisierungsdomäne). Die NOD-1-Rezeptoren erkennen Peptidoglykanfragmente der bakteriellen Zellwand und die NOD-2-Rezeptoren Muramyldipeptid als Grundbaustein zahlreicher Bakterien. Die NOD-Rezeptoren sind Mitglieder der größeren Familie der Nod-ähnlichen Rezeptoren, die NLR („Nod-like receptors") abgekürzt werden. NLR stimulieren häufig das Inflammasom, das die Freisetzung von biologisch aktivem IL-1 aus einem inaktiven Vorläufer (pro-IL-1) (▶ Abschn. 14.5) vermittelt. Sie sind in der Zelle lokalisiert, erkennen also molekulare Muster von Erregern, die in der Zelle vorkommen.

14

Für ihre Entdeckungen zur Aktivierung der angeborenen Immunität durch mustererkennende Rezeptoren wurden Bruce Beutler aus den Vereinigten Staaten und Jules Hoffmann aus Frankreich 2011 gemeinsam mit dem Medizin-Nobelpreis ausgezeichnet.

14.5 Sekretion

Makrophagen sind sekretorische Zellen. Sie produzieren wichtige Mediatoren der Entzündungsreaktion und der spezifischen Immunantwort. Darüber hinaus sezernieren mononukleäre Phagozyten Substanzen, die auf mikrobielle Krankheitserreger und Tumorzellen toxisch wirken. Von diesen Faktoren werden viele erst nach adäquater Aktivierung abgegeben. Die wichtigsten Sekretionsprodukte sind in ◘ Tab. 14.4 aufgeführt.

◘ **Tab. 14.4** Sekretionsprodukte mononukleärer Phagozyten

Produkt	Wichtigste Funktion
Lysosomale saure Hydrolasen	Verdauung verschiedener Makromoleküle
Neutrale Proteasen	Zersetzung von Bindegewebe, Knorpel, elastischen Fasern etc.
Lysozym	Abbau bakterieller Zellwände
Komplementkomponenten	Komplementkaskade
IL-1	Entzündungsmediator, endogenes Pyrogen
IL-10	Hemmung der Aktivierung von Makrophagen und TH1-Zellen
IL-12	Aktivierung von zytolytischen Zellen und TH1-Zellen
IL-18	Aktivierung von TH1-Zellen
IL-33	Aktivierung von TH2-Zellen
Chemokine	Anlockung von Entzündungszellen, Rezirkulation und homöostatische Migration von Immunzellen
TNF-α	Tumorzelllyse, septischer Schock, Kachexie, Granulombildung
IFN-α	Virushemmung
Reaktive O_2-Metaboliten	antimikrobielle und tumorizide Wirkung
Reaktive N_2-Metaboliten	antimikrobielle und tumorizide Wirkung
Arachidonsäuremetaboliten	Entzündungsmediatoren, Immunregulation

Lysosomale Enzyme Bei der Phagozytose werden lysosomale Enzyme nicht nur in das Phagosom, sondern auch nach außen sezerniert. Zudem gelangen aus den noch nicht vollständig geschlossenen Phagolysosomen Enzyme passiv nach außen. Hierzu gehören saure Hydrolasen, Lysozym und neutrale Proteasen.

14.5.1 Von mononukleären Phagozyten und dendritischen Zellen gebildete Zytokine

IL-1 Interleukin-1 wirkt u. a. auf B-Lymphozyten, Hepatozyten, Synovialzellen, Epithelzellen, Fibroblasten, Osteoklasten und Endothelzellen. Als endogenes Pyrogen löst IL-1 im Hypothalamus die Fieberreaktion aus. Durch seine Wirkung auf Hepatozyten vermittelt es die Akutphasereaktion. Schließlich induziert IL-1 die Sekretion von Fibrinogen, Kollagenase und Prostaglandinen. Viele dieser Faktoren sind am Zustandekommen der Entzündung beteiligt. IL-1 ist somit ein wichtiger Entzündungsmediator. IL-1 wird auch von anderen Zellen gebildet. Dazu gehören B-Lymphozyten, Endothelzellen, Epithelzellen, Gliazellen, Fibroblasten, Mesangiumzellen und Astrozyten. IL-1 wird von einem Enzymkomplex, der als Inflammasom bezeichnet wird, gebildet. Das Inflammasom generiert auf infektionsbedingte Stressreaktionen Caspasen, die aktives IL-1 aus seiner Vorstufe bilden. IL-18, das TH1-Zellen stimuliert, und IL-33, das TH2-Zellen stimuliert, sind IL-1-Verwandte und werden im Inflammasom über ähnliche Mechanismen aus inaktiven Vorstufen hergestellt.

IL-6 Interleukin-6 wird nicht nur von mononukleären Phagozyten, sondern auch von T-Lymphozyten gebildet und wurde deshalb bereits in ► Kap. 13 besprochen.

IL-10 Dieses immunsuppressive Zytokin wurde in ► Kap. 13 besprochen, da es sowohl von Makrophagen als auch von T-Zellen produziert wird.

IL-12 Interleukin-12 aktiviert das zytolytische Potenzial von T-Lymphozyten und NK-Zellen. Weiterhin stimuliert es die Differenzierung von TH1-Zellen. Somit stellt IL-12 ein Schlüsselzytokin bei der Aktivierung der von CD4-Zellen des TH1-Typs und von CD8-T-Zellen getragenen zellulären Immunität dar (► Kap. 13).

Chemokine Chemokine sind an der Anlockung (Chemotaxis) von Entzündungszellen (Blutmonozyten, neutrophilen Granulozyten) aus dem Kapillarbett ins Gewebe beteiligt. Die große Familie der Chemokine besteht aus zahlreichen, strukturell sehr ähnlichen

Tab. 14.5 Untergruppen der Chemokinfamilie

Untergruppe	Lagebeziehung der beiden N-terminalen Zysteinreste	Biologische Aktivität	Typische(r) Vertreter
CC-Chemokine	direkte Nachbarschaft („CC")	Stimulation v. a. von Monozyten	RANTES, MCP-1
CXC-Chemokine	durch weitere Aminosäure (X) getrennt („CXC")	Stimulation v. a. von Neutrophilen	IL-8

Zytokinen mit etwa 8–10 kD Molekularmasse. Viele Chemokine zeigen ein ähnliches Wirkspektrum, d. h., ihre Wirkung ist redundant. Zwei Untergruppen lassen sich aufgrund der Nachbarschaftsbeziehung der beiden aminoterminalen Zysteinreste (C) und der biologischen Aktivität unterscheiden: CC- und CXC-Chemokine (Tab. 14.5).

Chemokine werden nicht nur von mononukleären Phagozyten, sondern auch von anderen Zellen gebildet, die typischerweise am Entzündungsherd zu finden sind. Die Familie der Chemokine ist allerdings sehr viel größer und wir kennen auch homöostatische Chemokine, welche die Migration der Immunzellen steuern. So wird das Wanderungsverhalten von Gedächtnis-T-Zellen durch unterschiedliche Chemokine gesteuert. Entsprechend lassen sich die Effektor-Gedächtnis-T-Zellen und die zentralen Gedächtnis-T-Zellen durch das Repertoire ihrer Oberflächenrezeptoren für unterschiedliche Chemokine unterscheiden (▶ Kap. 13).

TNF-α Tumornekrosefaktor α wirkt stark nekrotisierend auf Tumorzellen; er hat gewisse Ähnlichkeiten mit TNF-β (▶ Kap. 13) In vielerlei Hinsicht wirkt TNF-α ähnlich wie IL-1; er induziert Fieber und wirkt immunregulatorisch. TNF-α ist mit Kachektin, das für kachektische Zustände verantwortlich ist, identisch. Es ist entscheidend an der Ausbildung von Granulomen beteiligt (▶ Kap. 16). Weiterhin ist TNF-α im Wesentlichen für den septischen Schock zuständig. Diese Eigenschaft hat die Hoffnung auf einen therapeutischen TNF-Einsatz bei der Tumorbehandlung gedämpft. Die Neutralisation von TNF-α durch spezifische, monoklonale Antikörper wird dagegen mit großem Erfolg zur Therapie der rheumatoiden Arthritis und anderer chronischer Entzündungen eingesetzt.

M-CSF Monozyten-Kolonien-stimulierender Faktor bewirkt die Reifung mononukleärer Phagozyten aus Stammzellen.

G-CSF Granulozyten-Kolonien-stimulierender Faktor wird von Makrophagen, Endothelzellen und anderen Zellen gebildet und bewirkt in erster Linie die Reifung von Granulozyten.

TGF-β TGF-β wird von mononukleären Phagozyten, T_{reg}-Zellen und Blutplättchen gebildet (▶ Kap. 13).

IFN-α Interferon-α besitzt als Mitglied der IFN-Familie antivirale Aktivität (▶ Kap. 13 und 15). Daneben hat es immunmodulatorische Wirkung.

Komplementkomponenten Makrophagen sezernieren zahlreiche Komplementkomponenten. Hierzu gehören C1q, C2, C4, C3, C5, Faktor B, Faktor D, Properdin, Faktor H und Faktor I (▶ Kap. 10).

Reaktive Sauerstoff- und Stickstoffmetaboliten Makrophagen setzen nach entsprechender Stimulation reaktive Sauerstoff- und Stickstoffmetaboliten frei (▶ Abschn. 14.2).

14.6 Makrophagenaktivierung

Mononukleäre Phagozyten sind äußerst anpassungsfähige Zellen. Sie können sich auf äußere Reize hin morphologisch und funktionell verändern. Man kann hierbei 3 hierarchisch angeordnete Aktivitätsstufen unterscheiden:

- residente Gewebemakrophagen
- Entzündungsmakrophagen
- aktivierte Makrophagen

Residente Gewebemakrophagen Diese besitzen bereits bestimmte Fähigkeiten: Sie können phagozytieren und sezernieren konstitutiv Lysozym. Durch das umliegende Gewebe werden die Eigenschaften und Fähigkeiten residenter Makrophagen wesentlich beeinflusst. So steht bei Alveolarmakrophagen die Phagozytoseaktivität im Vordergrund, während die Makrophagen der sekundärlymphatischen Organe v. a. Antigen präsentieren.

Entzündungsmakrophagen Lokale Entzündungsreize steigern verschiedene Makrophagenfunktionen. Diese beeinflussen dann ihrerseits den weiteren Verlauf der Entzündungsreaktion. Die sog. Entzündungsmakrophagen oder inflammatorischen Makrophagen entwickeln sich aus frisch in den Entzündungsherd eingewanderten Monozyten und z. T. auch aus Gewebemakrophagen. Sie zeigen einen Anstieg der

14

rezeptorvermittelten Endozytose sowie der Bildung von O_2^-. Außerdem sezernieren sie neutrale Proteasen, insbesondere Plasminogenaktivator. Schließlich erlangen inflammatorische Makrophagen auch die Fähigkeit, auf zytokinvermittelte Stimuli zu antworten.

Aktivierte Makrophagen Unter dem Einfluss von Zytokinen des TH1-Typs wandeln sich inflammatorische schließlich in aktivierte Makrophagen um. Diese produzieren gesteigerte Mengen von H_2O_2. Sie besitzen die Fähigkeit zur Abtötung von Tumorzellen und von intrazellulären Krankheitserregern. IFN-γ induziert in Makrophagen eine gesteigerte Expression von MHC-Klasse-II-Molekülen. IFN-γ-stimulierte Makrophagen können verstärkt Antigen präsentieren.

Die hier geschilderte Verbreiterung des Funktionsspektrums vom residenten über den inflammatorischen bis zum aktivierten Makrophagen wird als **Makrophagenaktivierung** bezeichnet. Die Situation, bei der normalerweise sämtliche Aktivierungsschritte ablaufen, ist gegeben, wenn das Immunsystem auf eine Infektion mit intrazellulären Krankheitserregern antwortet. Die Makrophagenaktivierung kann epigentische Veränderungen hervorrufen. Durch diesen **„Trainingseffekt"** können Makrophagen auf spätere Reize ähnlicher Art besser reagieren.

Alternativ aktivierte Makrophagen Durch Stimulierung mit den TH2-Zytokinen IL-4 und IL-13 werden Makrophagen alternativ aktiviert. Diese Makrophagen spielen einmal bei der Wurmabwehr eine Rolle. Zum anderen wirken sie entzündungshemmend. Schließlich sind die alternativ aktivierten Makrophagen am Wiederaufbau von Gewebestrukturen beteiligt, die bei einer Infektion zerstört wurden.

Myeloide Suppressorzellen (myeloid-derived suppressor cells, MDSC) sind wahrscheinlich eine eigene Population mit stark suppressiver Wirkung. Ihrem Phänotyp und ihrer Entwicklung entsprechend werden neutrophile MDSC und monozytäre MDSC unterschieden, die neutrophilen Granulozyten bzw. mononukleären Phagozyten ähneln.

14.7 Antigenpräsentierende Zellen im engeren Sinn

14.7.1 Grundlagen der Antigenpräsentation

Unter Antigenpräsentation im engeren Sinn verstehen wir eine besondere Verarbeitung von Proteinen durch antigenpräsentierende Zellen. Die Präsentation befähigt das Antigen, Helfer-T-Zellen spezifisch zu stimulieren. Die Voraussetzungen dazu sind erfüllt, wenn die Zelle das Fremdantigen in Assoziation mit Klasse-II-Molekülen des MHC präsentiert sowie kostimulatorische Moleküle exprimiert und Zytokine sezerniert, die bei der Stimulation von Helfer-T-Zellen als 2. Signal benötigt werden (▶ Kap. 13).

Die Fähigkeit zur Antigenpräsentation wird durch entsprechende Stimuli induziert. So ist die Expression von MHC-Klasse-II-Molekülen auf zahlreichen Gewebemakrophagen gering. Sie nimmt erst nach **geeigneter Stimulierung** (z. B. durch IFN-γ oder über TLR) drastisch zu.

Da lösliche Proteinantigene durch Pinozytose ebenso aufgenommen werden können wie durch rezeptorvermittelte Endozytose, ist die Phagozytosefähigkeit für die Präsentation dieser Antigene nicht grundsätzlich notwendig. Dagegen hängt die Präsentation von Antigenen, die Bestandteile von größeren Partikeln sind (Bakterien, Pilze, Parasiten), meist von der Phagozytosefähigkeit, der Keimabtötung und der Verdauung ab. Andererseits geht die Fähigkeit einer Zelle zur Keimaufnahme und -abtötung nicht immer mit dem Vermögen zur Antigenpräsentation einher.

Aufgenommene Proteine werden von der antigenpräsentierenden Zelle denaturiert und in Peptidfragmente zerlegt: Das Antigen wird prozessiert. Anschließend werden bestimmte Peptidfragmente an das MHC-Klasse-II-Molekül gebunden und der Helfer-T-Zelle präsentiert. Hierbei können nur solche Peptide präsentiert werden, die gewisse physikochemische Eigenschaften besitzen (▶ Kap. 13).

14.7.2 Antigenpräsentierende Zellen

Makrophagen besitzen prinzipiell das Potenzial zur Antigenpräsentation. Je nach Herkunft und Aktivierungszustand weisen sie in dieser Hinsicht aber beträchtliche Unterschiede auf. Die Fähigkeit zur Antigenpräsentation ist aber nicht auf Makrophagen beschränkt. Ausgezeichnete Präsentatoren sind die **Langerhans-Zellen** der Haut und die **dendritischen Zellen** der sekundär-lymphatischen Organe. Diese Zellen besitzen bereits konstitutiv eine hohe Fähigkeit zur Präsentation von Antigenen, die der von Makrophagen deutlich überlegen ist.

Dendritische Zellen teilen sich in 2 Populationen auf:
- plasmazytoide dendritische Zellen
- myeloide dendritische Zellen

Alle dendritischen Zellen sind myeloiden Ursprungs. Einige entwickeln sich aus Blutmonozyten, die in das Gewebe auswandern, andere entstehen direkt aus der myeloiden Vorläuferzelle. Da sich dendritische Zellen auf Reize von außen anpassen, entstehen zahlreiche Unterpopulationen. Diese hohe Anpassungsfähigkeit ermöglicht es den dendritischen Zellen, T-Lymphozyten gezielt zu stimulieren.

Die Erkennung mikrobieller Bestandteile durch TLR bewirkt die **Reifung dendritischer Zellen,** die nun optimal zur Antigenpräsentation gerüstet sind. Durch unterschiedlich starke Oberflächenexpression kostimulatorischer Moleküle und Sekretion unterschiedlicher Zytokine (IL-12 für TH1-Zellen, IL-23 für TH17-Zellen, IL-4 für TH2-Zellen u. a.) können dendritische Zellen das T-Zellsystem so instruieren, dass die für die Infektabwehr optimale Abwehr stimuliert wird. Ihre Phagozytoseaktivität ist dagegen eher gering. Zur Präsentation mikrobieller Antigene bedarf es daher häufig eines Zusammenwirkens mit mononukleären Phagozyten. Diese Aufgabe wird am effektivsten durch den Crosspriming-Vorgang (▶ Abschn. 13.6) erfüllt.

Wahrscheinlich machen dendritische Zellen eine 2-phasige Reifung durch, die es ihnen erlaubt, in der 1. Phase partikuläre Antigene aufzunehmen und zu verarbeiten und in der 2. Phase T-Lymphozyten mit Spezifität für diese Antigene zu stimulieren. Damit werden in der 1. Reifungsphase bevorzugt die für Phagozytose und Antigenprozessierung benötigten Moleküle gebildet und während der 2. Reifungsphase die für die T-Zell-Stimulation erforderlichen kostimulatorischen Oberflächenmoleküle.

Der Besitz von „pattern recognition receptors" (PRR; ▶ Abschn. 14.4) befähigt antigenpräsentierende Zellen zu einer raschen Reaktion auf eingedrungene Mikroorganismen. Die Erkennung von Erregerbestandteilen bewirkt die Reifung dendritischer Zellen in antigenpräsentierende Zellen vom Typ 1, die Zytokine produzieren, welche TH1-Zellen stimulieren. Fehlt dieser Reiz, entwickeln sich dendritische Zellen vom Typ 2, die TH2-Zellen aktivieren.

14

Die Stimulation über PRR durch mikrobielle Bestandteile hilft auch, das Prinzip der Adjuvanswirkung besser zu verstehen. Da einige PRR (z. B. TLR4) in erster Linie proinflammatorische Reaktionen auslösen, während andere (z. B. TLR9) besonders immunstimulierend wirken, kann durch Wahl geeigneter Liganden das Aktivitätsspektrum von Adjuvanzien bzw. Immunmodulatoren in die gewünschte Richtung gelenkt werden.

Weitere Zellen mit der Fähigkeit zur Antigenpräsentation sind u. a. B-Lymphozyten (▶ Kap. 13) und Endothelzellen sowie die Astrozyten des zentralen und die Schwann-Zellen des peripheren Nervensystems. B-Zellen nehmen ihr Antigen mithilfe membranständiger Antikörper spezifisch auf. Sie sind daher zur selektiven Antigenpräsentation befähigt. Dies könnte für die verstärkte T-Zell-Antwort bei Zweitimmunisierung (Impfung) von Bedeutung sein. Die für CD4-T-Zellen gültige Beschränkung der Antigenpräsentation auf spezialisierte Zellen gilt für CD8-T-Zellen nicht, da fast alle Körperzellen MHC-Klasse-I-Moleküle exprimieren (▶ Kap. 13).

In Kürze: Phagozyten und antigenpräsentierende Zellen

- **Phagozytose und intrazelluläre Keimabtötung:** Ausgeführt von neutrophilen Granulozyten und mononukleären Phagozyten.
- **Phagozytose:** Rezeptorvermittelter Prozess, entweder über direkte Erkennung der Fremdpartikel (via Rezeptoren für mikrobielle Zuckerbausteine) oder nach Opsonisierung (via Fc-Rezeptoren oder Komplementrezeptoren).
- **Intrazelluläre Keimabtötung:** Über sauerstoffabhängige Mechanismen (Bildung der reaktiven Sauerstoffmetaboliten O_2, H_2O_2, $\cdot OH$, $^1O_2$), stickstoffabhängige Mechanismen (NO_2^-, NO_3^-, $\cdot NO$) und lysosomale Mechanismen (Ansäuerung des Phagosoms, Angriff durch lysosomale Enzyme nach Phagolysosomenfusion, kationische Peptide etc.).
- **Wichtige von mononukleären Phagozyten sezernierte Produkte:** IL-1 (Entzündungs- und Fiebermediator); IL-12 (Aktivierung von TH1- und zytolytischen Zellen); TNF-α (Entzündungs- und Fiebermediator); Chemokine (Anlockung von Entzündungszellen); Arachidonsäureprodukte (Entzündungsmediatoren, unspezifische Immunsuppression); reaktive Sauerstoff- und Stickstoffmetaboliten (z. B. Tumorzellabtötung); Komplementkomponenten (▶ Kap. 10); neutrale Proteasen (Bindegewebezersetzung).
- **Makrophagenaktivierung:** verläuft vom residenten Gewebemakrophagen (bereits zur Phagozytose fähig) über den Entzündungsmakrophagen (gesteigerte Phagozytoseaktivität, Bildung von O_2) zum aktivierten Makrophagen (vollständige antimikrobielle und tumorzytotoxische Aktivität).
- **Antigenpräsentation:** Neben Makrophagen auch B-Zellen, Langerhans-Zellen und dendritische Zellen. Dendritische Zellen sind die potentesten antigenpräsentierenden Zellen. Wir unterscheiden plasmazytoide und myeloide dendritische Zellen.
- **Erkennung molekularer Muster von Mikroorganismen:** PRR können über die Erkennung mikrobieller Muster Typen von Krankheitserregern erkennen und unterscheiden. Die wichtigsten PRR sind die TLR. Diese Familie umfasst ca. 10 Mitglieder, die charakteristische Mikrobenbausteine spezifisch erkennen. PRR werden besonders von mononukleären Phagozyten und dendritischen Zellen exprimiert, die dadurch rasch auf mikrobielle Eindringlinge zu reagieren vermögen. Einige PRR stimulieren insbesondere proinflammatorische Mechanismen, während andere bevorzugt die T-Zell-Stimulation fördern.

Weiterführende Literatur

Abbas AK, Lichtman AH, Pillai S (2017) Cellular and molecular immunology, 9. Aufl. Elsevier, Philadelphia, USA

De Franco A, Locksley R, Robertsen M (2007) Immunity: the immune response in infectious and inflammatory disease (primers in biology). Oxford University Press, Oxford, New Science Press, London

Kaufmann SHE (2008) Immunology's foundation: the 100-year anniversary of the Nobel Prize to Paul Ehrlich and Elie Metchnikoff. Nat Immunol 9:705–711

Kaufmann SHE, Steward M (2005) Topley and Wilson's microbiology and microbial infections: immunology. Arnold, London

Kaufmann SHE, Sacks D, Rouse B (2011) The immune response to infection. ASM Press, Washington

Murphy K, Weaver C (2018) Janeway Immunologie, 9. Aufl. Springer Spektrum, Heidelberg

Rich RR, Fleisher TA, Shearer WT, Schroeder HW Jr, Few AJ, Weyand CM (2018) Clinical immunology: principles and practice, 5. Aufl. Elsevier, London

Annual Reviews of Immunology, Annual Reviews, Palo Alto, USA, ISSN/eISSN 0732-0582

Current Opinion in Immunology, Elsevier B. V., The Netherlands, ISSN 09527915

Nature Reviews Immunology, Springer Nature, London, UK, ISSN 1474-1741

Seminars in Immunology, Elsevier B. V., The Netherlands, ISSN 1044-5323

Trends in Immunology, Cell Press, Cambridge, MA, USA, ISSN 1471-4906

Immunpathologie

Stefan H. E. Kaufmann

Unter dem Begriff Immunpathologie werden Schädigungen des Organismus durch fehlende, fehlgeleitete oder überschießende Immunreaktionen zusammengefasst. Überschießende oder fehlgeleitete Immunreaktionen sind für Entzündungsprozesse, Allergien, Autoimmunkrankheiten und Transplantatabstoßung verantwortlich; eine defekte Immunantwort führt zu Immunmangelkrankheiten.

15.1 Entzündung und Gewebeschädigung

Entzündung und Gewebeschädigung sind häufig Begleiterscheinungen der Immunantwort. Sie stellen in vielen Fällen das Endergebnis fehlgeleiteter Immunreaktionen dar. Als Beispiel ist die spezifische Überempfindlichkeit zu nennen. In anderen Fällen wird die Entzündung ausgelöst und entwickelt sich, ohne dass der Immunapparat ursächlich beteiligt ist, z. B. bei Entzündungen durch bakterielle Besiedlung, etwa durch Staphylokokken. Was auch immer die auslösende Ursache sein mag – es gibt keine Entzündung ohne Beteiligung von Zellen und Faktoren des Immunsystems.

Am Anfang jeder Entzündung steht die Freisetzung von **Entzündungsmediatoren.** Empfänger dieser Wirkstoffe sind Blutgefäße, Bronchiolen, glatte Muskulatur und Leukozyten. Mastzellen sind wichtige Produzenten von Entzündungsmediatoren, insbesondere von vasoaktiven Aminen und Lipidmediatoren (Arachidonsäureprodukte und plättchenaktivierender Faktor). Im Folgenden werden die wichtigsten Entzündungsmediatoren besprochen.

Die vasoaktiven Amine **Histamin** (bei Mensch und Meerschweinchen) und **Serotonin** (bei Mensch, Ratte und Maus) bewirken die Konstriktion der Venolen und Dilatation der Arteriolen; sie erhöhen die Permeabilität der Kapillaren. Die dadurch entstehende Urtikaria ist ein klinisches Zeichen der **anaphylaktischen Reaktion.** Weiterhin rufen die Amine eine Kontraktion der glatten Muskulatur in Bronchien, im Uterus und im Darm hervor. Beim Menschen setzen Blutplättchen Serotonin frei.

Arachidonsäureprodukte stellen die 2. wichtige Gruppe von Entzündungsmediatoren dar. Ihre Synthese und Funktion ist in ◘ Abb. 15.1 schematisch aufgeführt. Die **Leukotriene** C4, D4 und E4 werden auch unter dem Begriff „slow reacting substance of anaphylaxis" (SRS-A) zusammengefasst. Sie sind neben den vasoaktiven Aminen die wichtigsten Mediatoren der allergischen Sofortreaktion. Ihre Bildung setzt aber etwas langsamer ein. Aufgrund ihrer hohen bronchokonstriktiven Aktivität sind sie für das Bronchialasthma von besonderer Bedeutung.

Das **Bradykinin,** das von basophilen Granulozyten und Mastzellen gebildet wird, hat ebenfalls vasodilatatorische und permeabilitätssteigernde Wirkung.

Der **plättchenaktivierende Faktor** (PAF) ist ein niedermolekulares Etherlipid. Er bewirkt die Aggregation der Blutplättchen und damit die Freisetzung vasoaktiver Amine. PAF wirkt außerdem auf neutrophile Granulozyten. Der Wirkstoff wird von neutrophilen und basophilen Granulozyten sowie von Monozyten gebildet.

Heparin ist ein Proteoglykan. Es hemmt die Blutgerinnung und sorgt so für einen verlängerten Einstrom von Entzündungszellen. Heparin hemmt die Komplementaktivierung und verstärkt die Histamin-Inaktivierung.

Chemotaktische Faktoren sind kleine Peptide. Sie werden von Granulozyten gebildet und locken weitere Granulozyten an den Entzündungsherd.

Die als **Anaphylatoxine** bezeichneten Komplementkomponenten C4a, C3a und C5a wurden bereits in ► Kap. 10 besprochen.

Die von mononukleären Phagozyten und neutrophilen Granulozyten gebildeten **reaktiven Sauerstoffmetaboliten** üben nicht nur Abwehrfunktionen aus; sie schädigen auch das umliegende Gewebe. Das Gleiche gilt für die **sauren Hydrolasen** und die **basischen Peptide.** Auch die z. T. von mononukleären Phagozyten produzierten **Zytokine** TNF, IL-6 und IL-1 sind an Entzündungsreaktionen beteiligt. Die **Chemokine,** die u. a. ebenfalls von mononukleären Phagozyten gebildet werden, locken weitere Zellen an den Ort der Entzündung. Diese Stoffe wurden in ► Kap. 13 und 14 behandelt.

Das **C-reaktive Protein** (CRP) ist ein in der Leber gebildetes Akutphaseprotein, das bei akuten entzündlichen Prozessen markant erhöhte Serumwerte

S. Suerbaum et al. (Hrsg.), *Medizinische Mikrobiologie und Infektiologie*,
https://doi.org/10.1007/978-3-662-61385-6_15

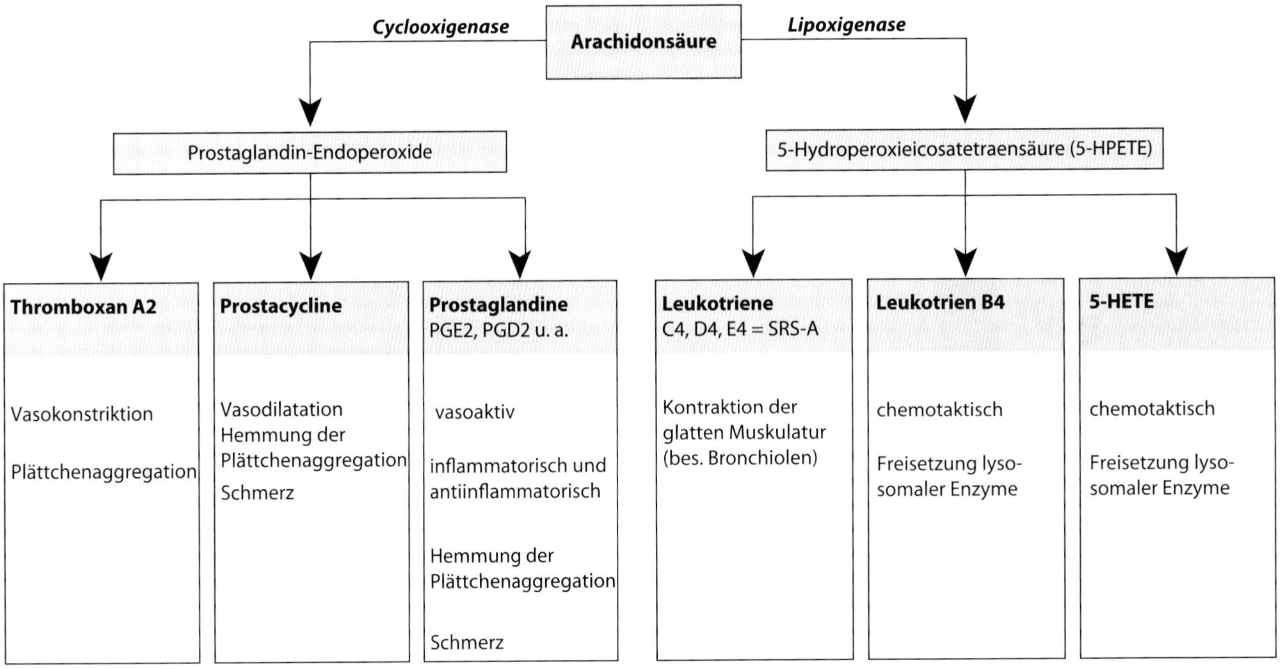

Abb. 15.1 Arachidonsäuremetabolismus und Wirkmechanismus

aufweist. Dies wird differenzialdiagnostisch ausgenutzt (▶ Kap. 11). CRP aktiviert das Komplementsystem über den klassischen Weg und wirkt regulierend auf die Entzündungsreaktion und die beteiligte Immunantwort. Die Produktion der Akutphaseproteine wird durch IL-6 und IL-1 ausgelöst.

15.2 Spezifische Überempfindlichkeit

Bei der spezifischen Überempfindlichkeit (Hypersensibilität) kommt es zu überschießenden Immunreaktionen, die das eigene Körpergewebe schädigen. Die Überempfindlichkeit beruht auf 2 Voraussetzungen:
- Vorhandensein eines geeigneten Antigens
- Veranlagung zur übermäßigen Produktion einer bestimmten Klasse von Antikörpern oder T-Zellen.

Bei der **Autoimmunität** sind körpereigene Strukturen (Autoantigene) das Ziel der spezifischen Immunantwort. Bei der **Allergie** sind es die in den Organismus aufgenommenen Umweltantigene, die als Allergene bezeichnet werden.

Bei der **Autoimmunität** erfolgt die Schädigung der betroffenen Gewebe und Zellen durch die spezifischen Effektoren direkt. Bei der **Allergie** wird die Schädigung indirekt durch Entzündungszellen und -mediatoren hervorgerufen. Im Prinzip ist das Endergebnis beider Vorgänge ähnlich oder gleich. Man unterscheidet 4 Typen von Überempfindlichkeitsreaktionen:
- Typ I: anaphylaktischer Reaktionstyp
- Typ II: zytotoxischer Reaktionstyp
- Typ III: Immunkomplex-Reaktionstyp
- Typ IV: verzögerter Reaktionstyp

15.2.1 Typ I: Anaphylaktischer Reaktionstyp

Der anaphylaktische Überempfindlichkeitstyp wird auch als **Sofortallergie** bezeichnet; die Prädisposition dazu heißt **Atopie** (Abb. 15.2). Zu diesem Typ zählen Heuschnupfen, Asthma, Nesselsucht sowie Überempfindlichkeit gegen Insektengift, Nahrungsmittel und Arzneistoffe. Während der Sensibilisierungsphase werden gegen Umweltantigene wie Graspollen, Tierhaare oder Hausstaub Antikörper der IgE-Klasse gebildet. Die IgE-Bildung hängt von CD4-T-Zellen des TH2-Typs ab, die damit bei der Sofortallergie eine zentrale Rolle einnehmen (▶ Kap. 13).

Da Mastzellen sowie basophile und eosinophile Granulozyten Fc-Rezeptoren für IgE-Antikörper tragen (FcεR), können sie diese binden. Aufgrund ihrer Affinität für körpereigene Zellen werden die Antikörper der Klasse IgE als homozytotrope Antikörper oder **Reagine** bezeichnet.

Mastzellen stellen die wichtigsten Effektoren der anaphylaktischen Reaktion dar. Der verantwortliche Aktivierungsweg wurde in ▶ Kap. 13 beschrieben. Lange Zeit war unklar, warum sich eine derart

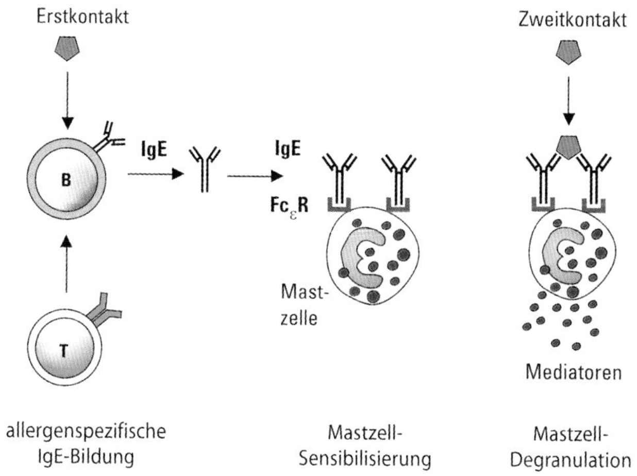

Abb. 15.2 Anaphylaktische Reaktion (Typ I) oder Sofortallergie

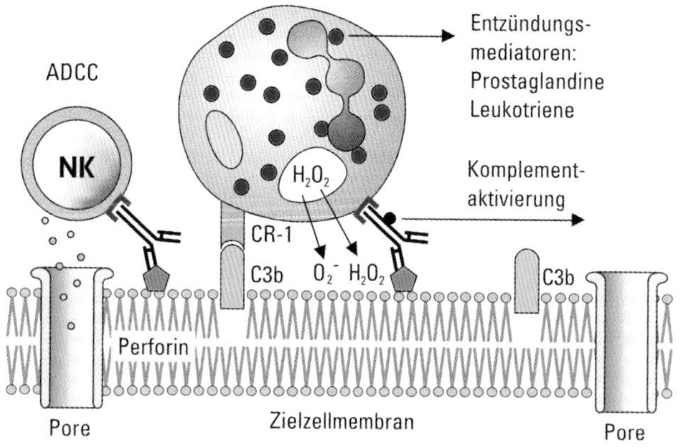

Abb. 15.3 Zytotoxische Reaktion (Typ II)

schädliche Reaktion bis heute halten konnte. Vermutlich stellt die Sofortallergie eine Unterart des Abwehrarsenals gegen Wurminfektionen dar. Wie in ▶ Kap. 13 beschrieben, sind die der Aktivierung von Eosinophilen, Basophilen und Mastzellen zugrunde liegenden Mechanismen in der Tat sehr ähnlich. Im Mittelpunkt stehen TH2-Zellen und ihre Zytokine (IL-4 und IL-5) sowie Antikörper der IgE-Klasse.

Kommt eine mit IgE-Antikörpern beladene Mastzelle mit dem homologen Allergen in Berührung, werden 2 benachbarte Antikörpermoleküle miteinander vernetzt. Dies löst die Degranulation der Zelle aus: Histamin, Serotonin, Heparin, PAF, SRS-A und Prostaglandine werden ausgeschüttet. Gemeinsam rufen diese Mediatoren die allergischen Zeichen (Ödem, Exanthem, Urtikaria) hervor. Bei vehementem Verlauf entsteht das Bild der Anaphylaxie oder des anaphylaktischen Schocks. Dabei wird häufig ein Organ besonders stark in Mitleidenschaft gezogen, man spricht vom **Schockorgan.** Das Schockorgan des Meerschweinchens ist die Lunge, beim Hund ist es die Leber. Typisch für die Schädigungen sind Blähung der Lunge, Blutüberfüllung der Leber oder bei örtlichem Ausbruch das seröse, zellfreie Ödem.

Anaphylaktische Schädigungen führen niemals zur Zellinfiltration. Da IgE-Antikörper unfähig sind, Komplement zu binden, läuft die anaphylaktische Reaktion ohne Mitwirkung des Komplementsystems ab. Die Latenzzeit ist kurz: Nach Einwirkung des Allergens beginnt die „Sofortreaktion" oder „Sofortallergie" bereits innerhalb von 2–3 min.

15.2.2 Typ II: Zytotoxischer Reaktionstyp

Zelluläre Antigene können allergische Reaktionen vom Typ II auslösen (Abb. 15.3). Durch spezifische Bindung von Antikörpern der IgG- und gelegentlich der IgM-Klasse werden körpereigene Zellen zum Ziel für verschiedene Sekundärmechanismen der Immunabwehr. Folgende Situationen können entstehen:

- Antikörper induzieren die Schädigung oder Phagozytose von Zielzellen durch neutrophile Granulozyten oder mononukleäre Phagozyten. IgG-Antikörper können direkt an den Fc-Rezeptor der professionellen Phagozyten binden. Bei IgM-Antikörpern erfolgt die Bindung über Komplementrezeptoren (CR) nach Komplementaktivierung (▶ Kap. 9, 10, 14).
- Der IgG-Antikörper vermittelt über Fc-Rezeptor-Bindung die Zytolyse durch NK-Zellen (ADCC; ▶ Kap. 7 und 9).
- IgG- oder IgM-Antikörper vermitteln über Fc-Rezeptoren die Lyse der Zielzellen durch Komplement (▶ Kap. 10).

Die Reaktion dieses Typs tritt bei Bluttransfusionszwischenfällen und bestimmten Autoimmunerkrankungen ein und führt zur Zell- oder Gewebezerstörung.

Bei der **autoimmunen hämolytischen Anämie** werden Antikörper gegen die eigenen Erythrozyten gebildet. Bei der **sympathischen Ophthalmie** bilden sich Autoantikörper gegen Material der Augenlinse und der Aderhaut. Bei der **Myasthenia gravis** wirken die Azetylcholinrezeptoren der motorischen Endplatte als Autoantigen.

Ein Sonderfall ist die **Masugi-Nephritis** der Ratte. Sie entsteht, wenn sich zirkulierende Antikörper spezifisch an die Basalmembran des Nierenglomerulum binden. Dies geschieht im Experiment, wenn man beim Kaninchen durch Injektion von Gewebe der Rattenniere Antikörper induziert und diese dann einer Ratte intravenös injiziert. Folge ist v. a. eine Glomerulonephritis mit erhöhter Proteinurie und Blutdrucksteigerung. Beim Menschen entsteht durch Autoantikörper ein Analogon der Masugi-Nephritis: das **Goodpasture-Syndrom.**

15.2.3 Typ III: Immunkomplex-Reaktionstyp

Bei diesem Reaktionstyp entstehen im Serum und in der Lymphflüssigkeit kleine Immunkomplexe mit folgenden Eigenschaften: Sie sind schwer abbaubar, aktivieren Komplement und können in die kleinen Blutgefäße eindringen (15.4). Injiziert man einem Menschen intramuskulär eine sehr große Menge Fremdantigen, z. B. Pferdeserum, so persistieren die Antigene mehr als 8 Tage in Blut und Lymphe. Die ersten Antikörper, die gebildet werden, treffen dann notwendigerweise auf die Bedingungen des Antigenüberschusses (vgl. Heidelberger-Kurve; ▶ Kap. 11). Es entstehen kleine, lösliche Antigen-Antikörper-Komplexe. Diese Komplexe dringen in das Subendothel der kleinen Blutgefäße ein und lagern sich in verschiedenen Organen ab, z. B. in Niere oder Gelenken. Die klinische Folge sind Urtikaria, Albuminurie, Ödeme der Respirationsschleimhaut und Arthritis. Diese generalisierte Immunkomplexerkrankung wird als **Serumkrankheit** bezeichnet.

Injiziert man das Antigen einem immunisierten Individuum in die Haut, so kommt es am Applikationsort zur Bildung von Immunkomplexen. Die Komplexe lösen an den Gefäßwänden eine lokale Entzündung aus, die als **Arthus-Reaktion** bezeichnet wird. Deren Kennzeichen sind:

- Eintritt nach 4–6 h (anaphylaktische Reaktion: 2–3 min)
- Infiltration des Gewebes mit Granulozyten und Makrophagen (anaphylaktische Reaktion: keinerlei Zellen, nur seröses Exsudat)
- vermittelnde Antikörper gehören zur Klasse IgG und IgM (anaphylaktische Reaktion: IgE)
- die Komplementaktivierung trägt das Bild der Entzündung (anaphylaktische Reaktion: Komplement unbeteiligt)

15

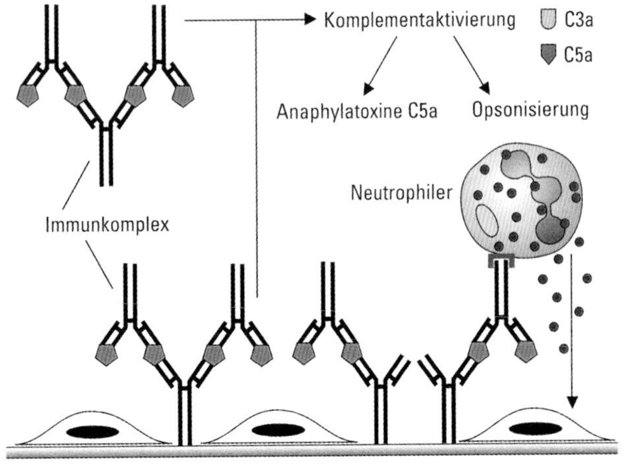

Abb. 15.4 Immunkomplexreaktion (Typ III)

15.2.4 Typ IV: Verzögerter Reaktionstyp

Wie in ▶ Kap. 13 und 16 besprochen, stimulieren intrazelluläre Krankheitserreger bei der Primärreaktion bevorzugt T-Lymphozyten. Wird ein lösliches Antigen dieser Erreger später intrakutan injiziert, so entsteht am Applikationsort eine verzögerte Hautreaktion (Abb. 15.5). Ihre Kennzeichen sind:

- Beginn nach ca. 24 h, Höhepunkt nach ca. 72 h
- Infiltration mit mononukleären Zellen; keine oder nur wenige Granulozyten
- Vermittlung durch CD4-T-Zellen vom TH1-Typ, nicht durch Antikörper

Die allergische Reaktion vom verzögerten Typ dient als Test, um eine frühere Infektion mit intrazellulären Bakterien oder Parasiten nachzuweisen. Bekanntestes Beispiel ist die **Tuberkulinreaktion.**

Auch die **Kontaktdermatitis** beruht auf dem Prinzip der verzögerten Reaktion. Hierbei reagiert ein niedermolekularer Fremdstoff, z. B. ein Nickelsalz, mit körpereigenem Protein und verfremdet dieses so, dass es nach Präsentation durch Langerhans-Zellen in der Haut T-Zellen induziert; diese vermitteln dann die spätallergische Reaktion. Typ-IV-Reaktionen vom verzögerten Typ, die von T-Zellen mit Spezifität für körpereigene Antigene vermittelt werden, sind für zahlreiche Autoimmunerkrankungen verantwortlich (▶ Abschn. 15.3).

Auch bestimmte **chronische Entzündungen,** z. B. solche des Darmes, beruhen zumindest teilweise auf einer allergischen Reaktion vom verzögerten Typ:

- Bei der **Zöliakie,** einer angeborenen Unverträglichkeit für Gliadin in Weizen, zerstört eine von TH1-Zellen getragene Immunantwort das Epithel des Dünndarms. Die TH1-Zellen aktivieren Makrophagen, die eine erste Entzündungsreaktion hervorrufen. Dies führt zu einer unspezifischen Stressreaktion, in deren Folge die sog. intraepithelialen Lymphozyten, die zwischen Epithelzellen des Dünndarms eingelagert sind, das umgebende Epithel zerstören.

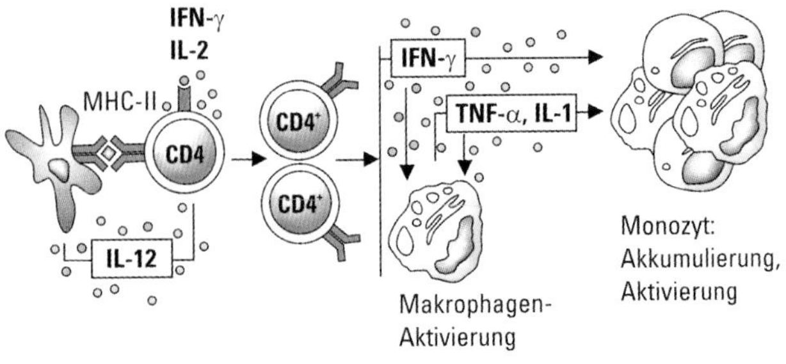

Abb. 15.5 Verzögerte Reaktion (Typ IV)

- Beim **Morbus Crohn** sind Ileum und angrenzende Kolonbereiche entzündet. Ein genetischer Risikofaktor ist der intrazelluläre mustererkennende Rezeptor NOD-2 (▶ Kap. 14). Man nimmt eine gestörte T-Zell-Antwort mit überschießenden TH1- und TH17-Zellen aufgrund ungenügender T_{reg}-Zellen an.
- Bei der **Colitis ulcerosa,** der wahrscheinlich eine fehlgeleitete TH2-Zell-Antwort zugrunde liegt, sind in erster Linie Rektum und Teile der Kolons betroffen.

15.3 Autoimmunerkrankungen

Autoimmunerkrankungen sind darauf zurückzuführen, dass das Immunsystem (in erster Linie Antikörper und Helfer-T-Zellen) mit körpereigenen Strukturen reagiert. 2 Faktoren prägen im Wesentlichen die Art der Autoimmunerkrankung:
- der Typ der Effektorreaktion
- das Spektrum der betroffenen Organe

Die Effektorreaktionen entsprechen auf der humoralen Seite hauptsächlich den Typen II und III. Fast immer tritt eine zelluläre Komponente vom Typ IV hinzu. Autoimmunerkrankungen können auf ein isoliertes Organ beschränkt oder aber organunspezifisch sein; dazwischen liegen verschiedene Übergangsformen. Im Folgenden sollen einige Beispiele angeführt werden (◘ Tab. 15.1).

15.3.1 Beispiele für Autoimmunerkrankungen

Organspezifische Autoimmunerkrankungen Bei der chronischen Thyreoiditis (Hashimoto) werden Antikörper gegen Thyreoglobulin und mikrosomale Gewebeantigene gebildet. Diese bewirken in der Schilddrüse eine Entzündungsreaktion vom Typ II. Eine zelluläre Komponente vom Typ IV verstärkt diese.

Bei der **Basedow-Krankheit** sind die Autoantikörper gegen den Rezeptor für das Thyreoidea-stimulierende Hormon TSH gerichtet. Die Autoantikörper stimulieren die Schilddrüse zu übermäßiger Hormonproduktion.

Bei der **sympathischen Ophthalmie** führt die Reaktion von Autoantikörpern mit Material der Augenlinse und der Chorioiden zur Chorioiditis (Uveitis).

Beim **Typ-I-Diabetes** (insulinabhängigen Diabetes mellitus, IDDM) greifen T-Zellen die β-Zellen des Pankreas an. Ein wesentliches Autoantigen scheint das Enzym Glutaminsäure-Dekarboxylase zu sein.

Auch die **multiple Sklerose** ist als eine Autoimmunerkrankung anzusehen, bei der der Angriff von Gehirnzellen durch autoreaktive T-Lymphozyten eine Demyelinisierung (Entmarkung) bewirkt. Als mögliches Zielantigen wird das basische Myelinprotein (MBP) diskutiert.

◘ Tab. 15.1 Beispiele für Autoimmunerkrankungen

Organspezifisch
Hashimoto-Thyreoiditis
Basedow-Krankheit
Sympathische Ophthalmie
Addison-Krankheit
Perniziöse Anämie
Myasthenia gravis
Insulinabhängiger (Typ 1) Diabetes mellitus
Multiple Sklerose
Primär chronische Polyarthritis (rheumatoide Arthritis)
Organunspezifisch
Systemischer Lupus erythematodes
Primär chronische Polyarthritis (rheumatoide Arthritis)
Sklerodermie
Sjögren-Syndrom
Zwischenformen
Hämolytische Anämie
Idiopathische thrombozytopenische Purpura
Idiopathische Leukopenie

Organunspezifische Autoimmunerkrankungen Beim systemischen Lupus erythematodes (SLE) werden gegen Zellbestandteile (DNA, RNA, Histone) Antikörper und dann Immunkomplexe gebildet. Diese lagern sich an den Gefäßwänden besonders der Niere und Haut ab. Es kommt zur Glomerulonephritis und zur Erythembildung der Haut.

Bei der primär-chronischen Polyarthritis (rheumatoide Arthritis) werden gehäuft Antikörper gegen eine veränderte Konformation der eigenen Immunglobuline gebildet. Auf diese Weise entstehen Immunkomplexe, die sich vorwiegend in den Gelenkräumen ablagern. Die beteiligten Antikörper werden auch unter dem Begriff Rheumafaktor zusammengefasst. Gleichzeitig regen T-Zellen und Makrophagen die Synovialzellen durch Zytokine dazu an, hydrolytische Enzyme zu bilden. Es kommt zu Entzündung, Gewebezerstörung und Knorpeldestruktion. Autoreaktive T-Zellen sind die wesentlichen Vermittler der rheumatoiden Arthritis. Eine Kreuzreaktivität zwischen Gelenkbestandteilen und bakteriellen Krankheitserregern gilt als wahrscheinlicher Auslöser. Aus dieser Sicht kann man die rheumatoide Arthritis auch als organspezifisch bezeichnen. Die seit Kurzem eingeführte Therapie mit TNF-α, IL-6 oder IL-1 neutralisierenden monoklonalen Antikörpern erzielt gute Erfolge. Dies belegt die zentrale Rolle von TNF-α, IL-6 und IL-1 bei der Pathogenese.

Zwischenformen Beispiele hierfür sind Krankheitsbilder, bei denen die eigenen Blutzellen das primäre Ziel der Autoimmunreaktion darstellen:

- hämolytische Anämie: Erythrozyten
- idiopathische thrombozytopenische Purpura: Blutplättchen
- idiopathische Leukopenie: Leukozyten

15.3.2 Mögliche Ursachen von Autoimmunerkrankungen

Während einer bestimmten Phase der Embryogenese kommt es zur Inaktivierung selbstreaktiver Immunzellen und damit zur Toleranzentwicklung gegen körpereigenes Gewebe (▶ Kap. 9). Das Wort „Inaktivierung" wird anstelle von „Eliminierung" deshalb verwendet, weil man weiß, dass das Potenzial der Immunantwort für bestimmte Autoantigene erhalten bleibt. Bei den Autoimmunkrankheiten wird die Toleranz gegenüber bestimmten Autoantigenen umgangen oder durchbrochen. Im Hinblick auf die zugrunde liegenden Mechanismen gibt es verschiedene Lehrmeinungen. Sie haben alle den Charakter von Hypothesen und schließen sich gegenseitig nicht aus.

Sequestrierte Autoantigene Antigene, die während der Toleranzentwicklung gegen körpereigene Strukturen sequestriert sind und deshalb mit dem Immunsystem nicht in Kontakt gelangen, werden in die Eigentoleranz nicht einbezogen. Treten diese Antigene während des späteren Lebens aus ihrer Sequestrierung heraus, dann wirken sie auf das Immunsystem wie Fremdantigene: Es kommt zu einer Autoimmunantwort. Als Beispiel hierfür gilt die Pathogenese der Thyreoiditis.

15

Heterogenetische (kreuzreaktive) Antigene Antigene von Krank-heitserregern, die mit körpereigenen Strukturen identisch oder diesen ähnlich sind, können Antikörper und T-Zellen induzieren, die dann auch mit Autoantigenen reagieren: immunologisches Mimikry. Trypanosoma cruzi und bestimmte A-Streptokokken-Stämme weisen z. B. mit Autoantigenen des Herzens Kreuzreaktivität auf. Man nimmt an, dass die Kreuzreaktivität zwischen Mikroorganismen und körpereigenen Strukturen einen wichtigen Faktor bei der Entstehung von Autoimmunerkrankungen darstellt.

Durchbrechung der peripheren Toleranz Im Experimentalmodell ruft die Gabe von Organbrei oder Zellbestandteilen in ge-eigneter Form (meist in komplettem Freund-Adjuvans; ▶ Kap. 17) Autoimmunreaktionen gegen das betroffene Organ hervor. So führt die Verabreichung von Thyreoglobulin zu einer experimentellen Thyreoiditis, die der Hashimoto-Thyreoiditis ähnlich ist. Die Gabe von Hirngewebe induziert eine Enzephalomyelitis, die mit der multiplen Sklerose gewisse Ähnlichkeiten besitzt. Durch Gabe des Antigens in Adjuvans und/oder in schwach veränderter Form werden bevorzugt CD4-T-Lymphozyten vom TH1-Typ stimuliert, die dann die Autoimmunantwort induzieren. Vermutlich spielen ähnliche Vorgänge bei der spontanen Entwicklung bestimmter Autoimmunerkrankungen des Menschen eine Rolle.

Möglicherweise erfolgt die Induktion von TH1-Zellen, weil der Abbau des Autoantigens vermehrt die stimulierenden Epi-tope freisetzt. Begünstigend könnte sich auch die vermehrte Expression der Klasse-II-Moleküle des MHC im betroffenen Organ auswirken. Hinzu treten wahrscheinlich die verstärkte Zytokinbildung und die erhöhte Expression kostimulatorischer Moleküle, welche die Entwicklung von TH1-Zellen fördern und der Stimulation von TH2-Zellen entgegenwirken. Demzufolge käme TH2-Zellen eine wichtige Aufgabe bei der Kontrolle autoreaktiver T-Zellen zu. Als weitere Möglichkeit werden Störungen im Apoptoseverhalten autoreaktiver T-Lymphozyten diskutiert. Da über die Expression von Fas autoreaktive T-Lymphozyten eliminiert werden können (▶ Abschn. 13.11), sollte das Fehlen von Fas auf der Zelloberfläche die Entwicklung autoreaktiver T-Zellen erlauben. Schließlich kontrollieren T_{reg}-Zellen die Immunantwort. Entsprechend fördert die Hemmung bzw. Ausschaltung von T_{reg}-Zellen schädliche Immunreaktionen gegen körpereigene Antigene und somit die Entwicklung von Autoimmunkrankheiten.

15.4 Transplantation

15.4.1 Spender-Empfänger-Konstellation

Bei der Transplantation von Organen, Geweben oder Zellen unterscheidet man 4 Situationen; diese ergeben sich aus dem Verwandtschaftsgrad zwischen Spender und Empfänger (▶ Kap. 9 und 12):

Autologe Transplantation Hierbei überträgt man körpereigenes Material, Spender und Empfänger sind identisch. Beispiel: Hautübertragung vom Oberarm zur Deckung eines Defekts im Gesicht.

Syngene (isologe) Transplantation Hierbei fungiert ein Individuum als Spender und ein anderes als Empfänger; Spender und Empfänger sind genetisch gleich. Beispiel: Organübertragung zwischen eineiigen Zwillingen oder Inzuchttieren.

Allogene Transplantation Hierbei gehören Spender und Empfänger der gleichen Spezies an; sie unterscheiden sich aber besonders im Hinblick auf die MHC-Genprodukte. Beispiel: Hautübertragung zwischen 2 nichtverwandten Menschen oder zwischen 2 Auszuchtmäusen.

Xenogene (heterologe) Transplantation Hierbei gehören Spender und Empfänger verschiedenen Spezies an. Beispiel: Hautübertragung von Ratten auf Mäuse.

Autologe und isologe Transplantationen gelingen bei einwandfreier Technik stets. Das übertragene Organ heilt auf Dauer ein. Dagegen ist der Erfolg der Allotransplantation flüchtig. Das Organ heilt zwar kurzfristig ein; nach etwa 2 Wochen wird es aber durch eine demarkierende Entzündung abgestoßen. Bei der Heterotransplantation wird das überpflanzte Organ ebenfalls abgestoßen. Die zur Abstoßung führende Reaktion setzt aber früher ein und verläuft heftiger als bei der Allotransplantation.

15.4.2 Abstoßungsreaktion

Mechanismus

Die Abstoßungsreaktion ist ein vom Immunsystem induzierter Vorgang, den T-Lymphozyten (TH1-CD4-Zellen und zytolyti-sche CD8-Zellen) vermitteln. Die Reaktion ist gegen Antigene gerichtet, die beim Menschen humane Leukozytenantigene (HLA) und bei der Maus H-2-Antigene heißen (▶ Kap. 12).

Die Abstoßung eines allogenetischen Transplantats ist somit Ausdruck einer Immunreaktion: Trägt das transplantierte Organ MHC-Produkte, die mit den MHC-Produkten des Empfängers nicht identisch sind, so wird in diesem eine spezifische T-Zell-Antwort induziert. Die Wahrscheinlichkeit, dass 2 nichtverwandte Menschen in der HLA-Formel volle Übereinstimmung zeigen, ist wesentlich kleiner als 10^{-6}. Dies liegt an der Kombination zweier Umstände:

- Die HLA-Region des Menschen enthält mindestens 7 Gene, von denen jedes für ein transplantationsrelevantes HLA-Antigen kodiert.
- Für jedes dieser Gene gibt es eine große Zahl von Allelen; ein bestimmtes Genprodukt tritt also bei der Spezies Mensch in Form von 10–40 jeweils verschiedenartigen Ausprägungen auf.

Bei der Transplantatabstoßung erkennen die T-Lymphozyten des Empfängers das fremde MHC-Produkt auf den Zellen des Transplantats. Die CD4-T-Lymphozyten erkennen die MHC-Klasse-II-Moleküle, während die CD8-T-Lymphozyten mit den MHC-Klasse-I-Molekülen reagieren (▶ Kap. 13). Beide T-Zellen induzieren eine Entzündung. Ist diese einmal eingeleitet, so spielen Effektorzellen, die das Fremdantigen nicht erkennen, aber unspezifisch angelockt werden, die Hauptrolle, insbesondere mononukleäre Phagozyten (▶ Kap. 14). Die Einleitung des Abstoßungsvorgangs ist also antigenspezifisch, die demarkierende Entzündung selbst ist sekundär und unspezifisch.

Untersuchungen vor einer Transplantation

Zur Feststellung der Kompatibilität zwischen Spender und Empfänger muss zum einen das jeweilige HLA-Antigenprofil bestimmt und zum anderen das Vorliegen Spender-spezifischer Antikörper ausgeschlossen werden. Die HLA-Merkmale wurden früher auf isolierten Lymphozyten serologisch mit spezifischen Antiseren bestimmt. Diese konventionellen Untersuchungen werden heute ausschließlich durch molekulargenetische Methoden ersetzt, bei denen das HLA-Profil der jeweiligen DNA unter Anwendung der Polymerase Chain Reaction (PCR) Technologie mit sequenzspezifischen Primern (SSP), mit sequenzspezifischen Oligonukleotiden (SSO) oder durch direkte Gensequenzierung bestimmt wird. Die Kenntnis der HLA-Profile ermöglicht, für einen Empfänger den bestmöglichen Spender mit der größten Übereinstimmung auszuwählen. Dabei wird auch darauf geachtet, wiederholte Unterschiede z. B. aus vorherigen Transplantationen zu vermeiden. Insbesondere bei Re-Transplantationen beeinflusst eine Übereinstimmung der HLA-Klasse-II-Antigene den Transplantationserfolg stärker positiv als eine Übereinstimmung der HLA-Klasse-I-Antigene. Schließlich untersucht man auch das Serum des Empfängers auf Spender-spezifische Antikörper und testet es auf zytolytische Antikörper gegen die Lymphozyten des Spenders (Cross-Match).

15.4.3 Knochenmarktransplantation

Besondere Probleme wirft die **allogene Knochenmarktransplantation (KMT)** auf. Bei diesem Verfahren werden dem Empfänger Knochenmark oder aus dem peripheren Blut gewonnene hämatopoetische Stammzellen durch Transfusion übertragen, aus denen sich ein kompetentes Immunsystem entwickelt (Engraftment), das immuntherapeutisch wirksam ist. Zum Problem der Abstoßung durch den Empfänger (**„host versus graft“**, HVG) kommt in diesem Fall die Gefahr, dass das Transplantat eine gegen den Empfänger gerichtete Immunreaktion ausbildet (**„graft versus host“**, GVH). Für eine KMT muss eine komplette HLA-Übereinstimmung zwischen Spender und Empfänger vorliegen, die ebenfalls ausschließlich mit molekulargenetischen Methoden ermittelt wird. Diese Methoden haben die früher eingesetzte gemischte Leukozytenkultur („mixed leukocyte culture“, MLC) ersetzt, bei der vitale Empfängerzellen mit bestrahlten Spenderzellen zur Feststellung einer HLA Klasse II Kompatibilität kultiviert werden. Wie bei der Organtransplantation dürfen auch hier keine Spender-spezifischen Antikörper vorliegen (negatives Cross-Match), da es sonst zur Abstoßung der Stammzellen kommt und das Engraftment ausbleibt.

Zur begleitenden Behandlung bei der allogenen Knochenmarktransplantation bestehen folgende Möglichkeiten: Das Immunsystem des Empfängers wird durch radioaktive Strahlen und Pharmaka vernichtet (s. u.). Aus dem allogenen Knochenmark werden in einigen Fällen die Stammzellen vor Verabreichung an den Empfänger isoliert. Da die Eliminierung der kompetenten Spenderlymphozyten nicht vollständig gelingt, kommt es bei der Knochenmarktransplantation fast immer zu einer GVH-Reaktion. Die Beherrschbarkeit der GVH-Erkrankung (GVH-Disease, GVHD) gelingt bei jüngeren Empfängern besser als bei älteren. Die GVHD ist die häufigste Todesursache nach KMT.

15.4.4 Verhinderung der Transplantatabstoßung

Zur Verhinderung der Transplantatabstoßung stehen verschiedene Therapiemaßnahmen zur Verfügung. Alle haben zum Ziel, die Immunantwort gegen das Transplantat zu unterdrücken oder auszuschalten.

Obwohl angestrebt wird, die Reaktion gegen das Transplantat selektiv zu unterdrücken, bewirken die derzeit verfügbaren Maßnahmen durchweg eine allgemeine Schädigung des Immunsystems; dies bedeutet für den Transplantatempfänger ein hohes Infektions- und Tumorrisiko. Da sich T- und B-Lymphozyten schnell teilen, beeinträchtigt eine Ganzkörperbestrahlung vorzugsweise diese Zellen. Heute nimmt man wegen der zahlreichen Nebeneffekte von dieser Maßnahme Abstand.

15

Verschiedene Pharmaka wirken bevorzugt auf Lymphozyten und kommen deshalb für eine **Immunsuppression** infrage:

- Als Mittel der Wahl zur Verhinderung von Transplantationszwischenfällen bietet sich heute **Ciclosporin A** an (ein makrozyklisches Peptid). Die Substanz hemmt die IL-2-Produktion der Helfer-T-Zellen.
- Vielversprechend ist das makrozyklische Lakton **FK506.** Obwohl mit Ciclosporin nicht verwandt, hemmt es die IL-2-Synthese.
- Ebenfalls vielversprechend ist **Rapamycin,** das die Reaktion auf IL-2 hemmt.

Rapamycin ist mit FK506 verwandt und hebt dessen Hemmeffekte auf die IL-2-Produktion auf. Ciclosporin A und Rapamycin zeigen dagegen synergistische Wirkung, da ersteres die IL-2-Synthese und letzteres die IL-2-Effekte hemmt, ohne dass eine wechselseitige Hemmung stattfindet.

Die Beseitigung von Lymphozyten durch Gabe von **Antilymphozytenserum** (ALS) beruht auf einer zytotoxischen Reaktion vom Typ 2. Diese Methode ist durch Verwendung von monoklonalen Antikörpern verbessert worden. Monoklonale Antikörper gegen das von allen T-Lymphozyten exprimierte CD3-Molekül sind zur Verhinderung einer Akutabstoßung geeignet. Sie bewirken allerdings keine lang anhaltende Toleranz gegenüber dem Transplantat. Zur Eliminierung reifer T-Zellen aus dem zur Transplantation entnommenen Spenderknochenmark verwendet man Strahlen, zytolytische Antikörper mit Spezifität für CD4- und CD8-T-Lymphozyten sowie spezielle Zelltrennungsmethoden.

15.5 Defekte des Immunsystems und Immunmangelkrankheiten

Individuen mit einem Defekt in einer Komponente des Immunsystems zeigen, je nach der Bedeutung der betroffenen Komponente, eine mehr oder weniger gestörte Immunantwort. Diese äußert sich in erster Linie als unzureichende Abwehr von Krankheitserregern oder als Autoimmunerkrankung. Im Folgenden sollen die wichtigsten Immunmangelkrankheiten kurz besprochen werden (◘ Tab. 15.2).

Di-George-Syndrom Das Syndrom stellt sich in seiner kompletten Form als Aplasie oder Hypoplasie des Thymus dar. Die betroffenen Individuen besitzen keine oder nur wenige T-Lymphozyten. B-Lymphozyten sind zwar vorhanden, die primäre Antikörperantwort ist aber nur schwach. Wegen ihrer Abhängigkeit von Helfer-T-Zellen fehlt die Sekundärantwort gänzlich. Infektionen mit Erregern, die normalerweise über zelluläre Immunmechanismen bekämpft werden, treten gehäuft auf (► Kap. 16). Die Ätiologie der Entwicklungsstörung bleibt in den meisten Fällen unklar. Das Syndrom ist zwar angeboren und in seltenen Fällen vererbbar. Meist wird es aber nicht vererbt, da es erst während der Embryonalentwicklung erworben wird. Zur Behandlung dienen die Thymustransplantation und die Gabe von Thymusextrakt.

Bruton-Agammaglobulinämie Sie wird X-chromosomal vererbt; sie ist auf das männliche Geschlecht

Tab. 15.2 Beispiele für primäre Immunmangelkrankheiten

Hauptsächlich Antikörpermangel
Bruton-Agammaglobulinämie (geschlechtsgebundene Agammaglobulinämie)
Geschlechtsgebundene Hypogammaglobulinämie mit Wachstumsfaktordefekt
Immunglobulinmangel mit erhöhtem IgM
IgA-Mangel
Hauptsächlich T-Zell-Defekt
Di-George-Syndrom
Kombinierte Immunmangelkrankheiten
Gemeine variable Agammaglobulinämie mit begleitendem T-Zell-Defekt
Schweizer Agammaglobulinämie (schwere kombinierte Immundefizienz)
Adenosindesaminase-Mangel
Purin-Nukleosid-Phosphorylase-Mangel
Andere Immunmangelkrankheiten
Chronische Granulomatose
Wiskott-Aldrich-Syndrom
Ataxia teleangiectasia
Komplementkomponenten-Mangel

beschränkt. Den betroffenen Jungen fehlen sämtliche B-Lymphozyten und als direkte Folge auch die thymusunabhängigen Bereiche in den sekundären Lymphorganen (▶ Kap. 8). T-Lymphozyten, Thymus und thymusabhängige Bereiche sind dagegen normal. Infektionen mit bakteriellen Eitererregern im HNO-Bereich treten gehäuft auf. Die Therapie besteht in der Verabreichung von Gammaglobulinen.

Variable Agammaglobulinämie Ihre Ätiologie ist unklar. Diverse Gendefekte, die verschiedene Antikörperklassen betreffen, werden hierfür verantwortlich gemacht. Bei diesem Krankheitsbild sind B-Lymphozyten zwar vorhanden, sie reifen aber nicht zu antikörperproduzierenden Plasmazellen heran. Die verschiedenen Antikörperklassen können unterschiedlich stark betroffen sein; in einigen Fällen fehlen auch funktionsfähige T-Lymphozyten. Infektionsspektrum und Therapie verhalten sich wie bei der Bruton-Krankheit.

Schweizer Agammaglobulinämie Bei dieser auch „severe combined immunodeficiency“ (SCID) genannten Erkrankung fehlen die T-Lymphozyten und – bei einem Großteil der Fälle – auch die B-Lymphozyten. Verschiedene Gendefekte, welche in erster Linie die Lymphozytendifferenzierung im Knochenmark betreffen, sind hierfür verantwortlich. Bei diesem Krankheitsbild kommt es zu chronischen Infektionen durch opportunistische Erreger mit letalen Folgen. Die Knochenmarktransplantation stellt bislang den einzigen Behandlungsweg dar. Eine Heilung durch Gentherapie ist – zumindest in einigen Fällen – seit kurzem in den Bereich des Möglichen gerückt.

AIDS Das erworbene Immundefizienz-Syndrom („acquired immunodeficiency syndrome“, AIDS) stellt das bekannteste Beispiel für eine erworbene Immunschwäche dar. Der Erreger, das humane Immundefizienz-Virus (HIV), benutzt das CD4-Molekül als Rezeptor und befällt daher in erster Linie CD4-Helfer-T-Zellen. Als Folge kommt es zu einem Absinken des Verhältnisses von CD4/CD8-T-Zellen im peripheren Blut. Chronische Infektionen mit Opportunisten, die normalerweise unter der Kontrolle zellulärer Immunmechanismen stehen, treten regelmäßig auf. Die Tuberkulose ist die häufigste Begleiterkrankung von AIDS-Patienten.

Chronische Granulomatose Sie geht auf einen vererbten Defekt der NADPH-Oxidase zurück (▶ Kap. 14). Die professionellen Phagozyten vermögen daher nicht die zur Keimabtötung benötigten reaktiven Sauerstoffmetaboliten zu bilden. Bakterien, die normalerweise nur extrazellulär überleben und Katalase produzieren, können sich in den Phagozyten ungestört vermehren. Sie induzieren die Bildung von Granulomen ohne die damit normalerweise verbundene Keimabtötung.

Defekte im Komplementsystem Für zahlreiche Komponenten des Komplementsystems wurden Defekte beschrieben. Je nach der Funktion der betreffenden Komponente (▶ Kap. 10) kommt es zu unterschiedlichen Krankheitsbildern:

- Defizite im mannanbindenden Lektin führen zu einem erhöhten Infektionsrisiko, besonders bei Kindern, und tragen zur Schwere bestimmter Autoimmunkrankheiten bei. Dies belegt die Bedeutung der lektinvermittelten Komplementaktivierung (▶ Kap. 10).
- Defekte in den frühen Komplementkomponenten C1, C2 und C4 sowie in der C5-Komponente führen zu Immunkomplexerkrankungen und Autoimmunkrankheiten vom Typ des systemischen Lupus erythematodes.
- Defekte der Komponenten C5, C6, C7 und C8 führen zu gehäuft auftretenden Infektionen mit Neisserien und zu deren Dissemination. Diese Komplikationen unterstreichen die Bedeutung der komplementvermittelten Bakteriolyse für die Neisserienkontrolle. Im Gegensatz dazu hat ein C9-Defekt keine derartigen Auswirkungen, da bereits der C5b678-Komplex Membranläsionen hervorrufen kann.

- Entsprechend der zentralen Rolle von C3 im Komplementsystem kommt es bei C3-Defekten wiederholt zu disseminierten Infektionen mit Eitererregern. Ein Fehlen des C1INH führt zu unkontrolliertem C4- und C2-Verbrauch mit Ödembildung. Der C1INH-Defekt ist mit dem **vererbten angioneurotischen Ödem** (Quincke-Ödem) vergesellschaftet.

In Kürze: Immunpathologie

- **Entzündung und Gewebeschädigung:**
  - **Wichtige Entzündungsmediatoren:** Vasoaktive Amine (Venolenkonstriktion, Arteriolendilatation; Erhöhung der Kapillarpermeabilität; Kontraktion der glatten Muskulatur); Arachidonsäureprodukte (bronchokonstriktiv); Bradykinin (vasodilatatorisch, permeabilitätssteigernd); Anaphylatoxine (▶ Kap. 10).
  - **Überempfindlichkeitsformen:**
    - **Typ I: Anaphylaktische Reaktion oder Soforallergie.** IgE gegen Umweltantigene stimulieren nach Antigenkontakt Degranulation von Mastzellen und basophilen Granulozyten.
    - **Typ II: Zytotoxische Reaktion.** Durch Bindung von IgG an körpereigene Zellen wird deren Lyse oder Phagozytose induziert (z. B. Goodpasture-Nephritis durch Autoantikörper).
    - **Typ III: Immunkomplexreaktion.** Kleine, lösliche Antigen-Antikörper-Komplexe lagern sich in Organen ab; es kommt zu Urtikaria, Albuminurie, Ödembildung, Arthritis.
    - **Typ IV: Verzögerte Reaktion:** T-Zellen aktivieren lokal Makrophagen, es kommt zur Hautreaktion (z. B. Tuberkulintest, Kontaktdermatitis) oder Schleimhautreaktionen (chronische Darmentzündungen).
  - **Mögliche Ursachen von Autoimmunerkrankungen.** Sequestrierte Autoantigene bleiben bei der Toleranzentwicklung unberücksichtigt und wirken bei späterer Freisetzung wie Fremdantigene; kreuzreaktive Antigene von Mikroorganismen induzieren aufgrund von Antigenmimikry eine Immunantwort gegen körpereigene Strukturen; durch Umgehung oder Brechung der peripheren Toleranz kann eine Autoimmunerkrankung entstehen; durch polyklonale Aktivierung können selbstreaktive Klone aktiviert werden.
- **Transplantation:**
  - **Transplantationsarten:** Autologe Transplantation: Überpflanzung körpereigenen Materials; syngene (isologe) Transplantation: Überpflanzung genetisch identischen Materials; allogene Transplantation: Überpflanzung genetisch unterschiedlichen Materials der gleichen Spezies; xenogene (heterologe) Transplantation: Überpflanzung von Material unterschiedlicher Spezies.
  - **Transplantatabstoßung:** Primär von T-Zellen mit Spezifität für die Genprodukte des fremden Haupthistokompatibilitätskomplexes. Host-versus-Graft-(HvG-)Reaktion: Abstoßung des Transplantats durch den Empfänger. Graft-versus-Host-(GvH-)Reaktion: bei allogenen Knochenmarktransplantationen auftretende Reaktion des Transplantats gegen den Wirt. Verhinderung der Transplantatabstoßung: Bestrahlung; Gabe monoklonaler Antikörper gegen T-Zellen; Ciclosporin A, FK506, Rapamycin.
- **Autoimmunität:**
  - **Träger der Autoimmunität:** Antikörper und/oder T-Zellen gegen körpereigene Strukturen.
  - **Organspezifische Autoimmunerkrankungen:** Hashimoto-Thyreoiditis, Basedow-Krankheit, Typ-I-Diabetes, multiple Sklerose.
  - **Organunspezifische Autoimmunerkrankungen:** Systemischer Lupus erythematodes, rheumatoide Arthritis.
- **Immundefekte:**
  - **Gemeine variable Agammaglobulinämie:** Angeboren, defektes B-Zell- und manchmal auch T-Zell-System; Infektionen mit Eitererregern.
  - **Schweizer Agammaglobulinämie („severe combined immunodeficiency", SCID):** Angeboren, defizientes T-Zell- und meist auch B-Zell-System; Opportunisteninfektionen.
  - **Chronische Granulomatose:** Angeboren, defektes Phagozytensystem; Granulombildung ohne Keimabtötung.
  - **Di-George-Syndrom:** Angeboren, defektes T-Zell-System, meist während der Embryonalentwicklung erworben; gehäuft Opportunisteninfektionen.
  - **Bruton-Agammaglobulinämie:** Angeboren, defizientes B-Zell-System; Infektionen mit Eitererregern.
  - **Defekte im Komplementsystem:** Angeboren, Defekte in den frühen Komponenten C1, C2, C4, C5: Immunkomplexerkrankungen; Defekte in den späten Komponenten C5, C6, C7, C8: Neisserieninfektionen; defektes C3: Infektionen mit Eitererregern.
  - **AIDS:** Erworben, durch HIV hervorgerufen; defektes T-Zell-System; Opportunisteninfektionen.

Weiterführende Literatur

Abbas AK, Lichtman AH, Pillai S (2017) Cellular and molecular immunology, 9. Aufl. Elsevier, Philadelphia

De Franco A, Locksley R, Robertsen M (2007) Immunity: the immune response in infectious and inflammatory disease (Primers in Biology). Oxford University, New Science, London

Kaufmann SHE, Steward M (2005) Topley and Wilson's microbiology and microbial infections: immunology. Arnold, London

Kaufmann SHE, Sacks D, Rouse B (2011) The immune response to infection. ASM, Washington

Murphy K, Weaver C (2018) Janeway Immunologie, 9. Aufl. Springer Spektrum, Heidelberg

Rich RR, Fleisher TA, Shearer WT, Schroeder HW Jr, Few AJ, Weyand CM (2018) Clinical immunology: principles and practice, 5. Aufl. Elsevier, London

Annual Reviews of Immunology, Annual Reviews, Palo Alto, USA, ISSN/eISSN 0732-0582

Current Opinion in Immunology, Elsevier B. V., The Netherlands, ISSN 09527915

Nature Reviews Immunology, Springer Nature, London, UK, ISSN 1474-1741

Seminars in Immunology, Elsevier B. V., The Netherlands, ISSN 1044-5323

Trends in Immunology, Cell Press, Cambridge, MA, USA, ISSN 1471-4906

Infektabwehr

Stefan H. E. Kaufmann

Die Abwehr infektiöser Krankheitserreger ist die wichtigste Aufgabe des Immunsystems. Das Immunsystem hat sich in der ständigen Auseinandersetzung mit Krankheitserregern entwickelt. Um mit den unterschiedlichen Strategien der verschiedenen Erreger fertigzuwerden, muss das Immunsystem diverse Immunreaktionen aufbauen.

16.1 Infektionen mit Bakterien, Pilzen und Protozoen

Stark vereinfacht kann man die pathogenen Bakterien, Pilze und Protozoen in insgesamt drei Gruppen einteilen:
- Toxinbildner
- extrazelluläre Mikroorganismen
- intrazelluläre Erreger

In dieses Schema passen nicht alle Mikroorganismen; zudem ist der Übergang zwischen den Gruppen fließend. Trotzdem ist diese Aufteilung zur Orientierung brauchbar.

16.1.1 Toxinbildner

Fast alle Bakterien produzieren Toxine, die den Wirt mehr oder weniger schädigen und damit zur Entstehung des Krankheitsbildes beitragen. Bei einigen ist das produzierte Einzeltoxin für die Pathogenese weitgehend allein verantwortlich: Das typische Krankheitsbild lässt sich tierexperimentell schon durch entsprechende Gabe von Toxin, d. h. ohne Infektion, auslösen. Die hierzu gehörigen Erreger werden als Toxinbildner im engeren Sinn bezeichnet (◘ Tab. 16.1).

Exotoxine werden vom Erreger in die Umgebung sezerniert, während **Endotoxine** integrale Bestandteile der Bakterienzellwand darstellen. **Enterotoxine** sind Exotoxine, die auf den Gastrointestinaltrakt einwirken. In vielen Fällen kommt es beim Menschen zur Toxinwirkung, ohne dass eine Infektion vorausgeht. So können Exotoxinbildner, die in Nahrungsmitteln vorkommen, zur Ursache einer Vergiftung werden, ohne dass sie den Wirt infizieren. Beispiele hierfür sind Lebensmittelvergiftungen durch Clostridium botulinum, durch enterotoxigene S. aureus-Stämme oder durch den Pilz Aspergillus flavus.

Die meisten Exotoxine sind stark immunogen. Sie rufen die Bildung spezifischer Antikörper hervor, die das homologe Toxin zu neutralisieren vermögen. Obwohl zur Toxinneutralisation Antikörperisotypen ausreichen, die von TH_2-Zellen kontrolliert werden, kommt es meist zur Bildung verschiedener Antikörperklassen, an deren Bildung sowohl TH2- als auch TH1-Zellen beteiligt sind.

Da sich die immunogenen Gruppen von den für die Toxinwirkung verantwortlichen toxophoren Gruppen abtrennen lassen, sind Immunisierungen mit unschädlichen Toxoiden möglich. Dieses Prinzip liegt z. B. der **Tetanus-** und **Diphtherie-Schutzimpfung** zugrunde.

Im Fall der Endotoxinbildner ist die Gewinnung nebenwirkungsfreier Impfstoffe aufwendiger und noch nicht zufriedenstellend gelöst (z. B. Bordetella pertussis).

Die **Superantigene** nehmen eine besondere Stellung unter den Toxinen ein. Bei bestimmten Exotoxinen von Staphylo- und Streptokokken imponiert die direkte Aktivierung von T-Lymphozyten neben der eigentlichen Toxinwirkung. Die oligoklonale Aktivierung eines größeren Anteils der T-Zell-Population führt zu einer massiven Zytokinausschüttung, sodass systemische Effekte überwiegen (Zytokinsturm). Hierzu gehören unter anderem verschiedene Enterotoxine sowie das toxische Schocksyndrom-Toxin bestimmter S. aureus-Stämme. Es kommt zu einem Schocksyndrom mit möglicher Todesfolge. Die zugrunde liegenden Mechanismen (▶ Kap. 13) sind in ◘ Abb. 16.1 zusammengefasst.

16.1.2 Extrazelluläre Erreger

Als extrazelluläre Erreger bezeichnen wir Mikroorganismen mit der Fähigkeit, sich im Wirtsorganismus außerhalb von Zellen zu vermehren (◘ Tab. 16.2). Die Infektion kann auf die Eintrittspforte beschränkt bleiben oder aber nach Invasion und systemischer

S. Suerbaum et al. (Hrsg.), *Medizinische Mikrobiologie und Infektiologie*,
https://doi.org/10.1007/978-3-662-61385-6_16

Tab. 16.1 Typische Beispiele für toxinproduzierende Mikroorganismen

Erreger	Toxinart: Erkrankung	Wichtiger Wirkmechanismus
Bakterien		
Clostridium perfringens	Exotoxin: Gangrän	Membranlyse
Clostridium tetani	Exotoxin: Tetanus	Blockierung inhibitorischer Neuronen
Clostridium botulinum	Exotoxin: Botulismus	Hemmung der Azetylcholin-Freisetzung
Vibrio cholerae	Enterotoxin: Cholera (Exotoxin)	Beeinflussung des cAMP-Systems
Enterotoxigene E. coli-Stämme	Enterotoxin: Diarrhö (Exotoxin)	Beeinflussung des cAMP- und cGMP-Systems
Enterotoxigene Staphylococcus-aureus-Stämme	Enterotoxin: Diarrhö (Exotoxin)	Neurotoxizität
	Superantigen (Enterotoxin): Schocksyndrom	massive Zytokinausschüttung nach T-Zell-aktivierung
Bordetella pertussis	Exotoxin und Endotoxin: Keuchhusten	Zilienschädigung
Corynebacterium diphtheriae	Exotoxin: Diphtherie	Blockierung der Proteinsynthese
Pilze		
Aspergillus flavus	Exotoxin: Vergiftung	Hepatotoxizität, Kanzerogenität

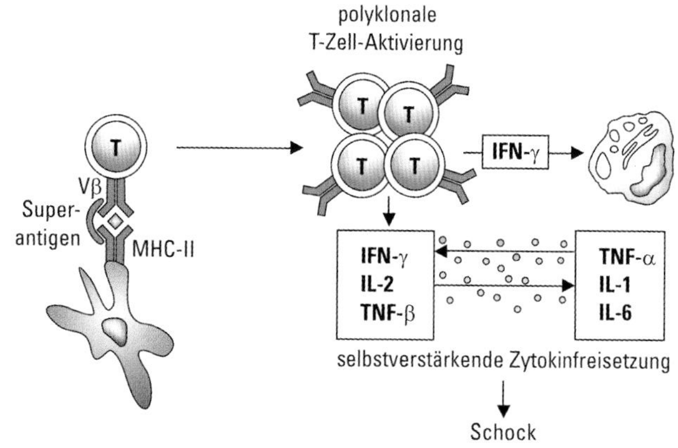

Abb. 16.1 Wirkmechanismen von Superantigenen

16

Ausbreitung andere Bereiche einbeziehen. Hierzu setzen die extrazellulären Erreger verschiedene Mechanismen ein, darunter auch die Wirkung ihrer Toxine. Im Gegensatz zu den Verhältnissen bei den Toxinbildnern im engeren Sinne sind die Toxine der extrazellulären Mikroorganismen jedoch allein unfähig, das gesamte Krankheitsbild zu verursachen.

Im Verlauf einer Infektion mit extrazellulären Mikroorganismen werden Antikörper gebildet, die in jedem Stadium der Infektion eingreifen können. Die durch die Krankheit erworbene **Immunität** wird von **Antikörpern vermittelt,** nicht von T-Lymphozyten. Die während des Immunisierungsvorgangs aktivierten T-Zellen haben im Wesentlichen Helferfunktion bei der Antikörpersynthese. Sowohl neutralisierende Antikörper, die lediglich von TH2-Zellen kontrolliert werden, als auch opsonisierende Antikörper, die sowohl von TH2- als auch von TH1-Zellen reguliert werden, sind an der Abwehr extrazellulärer Erreger beteiligt. Neuere Daten deuten auf eine direkte Beteiligung von TH17-Zellen an der Infektabwehr hin. Wahrscheinlich locken sie Neutrophile an den Entzündungsherd.

Während in einigen Fällen bestimmte Antigene bzw. Antikörper (Protektivantigene bzw. -antikörper) für den Schutz entscheidend sind, scheint in anderen Fällen ein ganzes Antigen- bzw. Antikörperspektrum für die Immunität nötig zu sein.

Die **Adhärenz** extrazellulärer Erreger an wirtseigene Zellen vermitteln in vielen Fällen **Fimbrien.** Fimbrienspezifische Antikörper haben deshalb einen schützenden Effekt; diese gehören meist der IgA-Klasse an. Interessanterweise haben einige Erreger wiederum die Fähigkeit entwickelt, IgA-Antikörper enzymatisch (mittels IgA-Proteasen) zu spalten und damit diesen Abwehrfaktor zunichte zu machen (s. u.).

Verschiedene Faktoren ermöglichen die Invasion. Bei Streptokokken erleichtern z. B. die Hyaluronidase durch Gewebeauflockerung und die Streptokinase durch Fibrinolyse die Invasivität. Die Aktivität derartiger **Invasivfaktoren** lässt sich durch Antikörper neutralisieren. Die Bedeutung dieser Faktoren und der entsprechenden Antikörper für Virulenz bzw. Schutz ist jedoch nicht klar, da nur solche Antikörper Schutz verleihen, die gegen die antiphagozytäre M-Substanz gerichtet sind.

Extrazelluläre Mikroorganismen sind im Allgemeinen empfindlich gegenüber den intrazellulären Abtötungsmechanismen der professionellen Phagozyten, insbesondere der neutrophilen Granulozyten. Neutrophile sterben bei der Erregerabtötung häufig ab. Dabei wird ein Mechanismus genutzt, der als **NET-Bildung** bezeichnet wird (NET = „neutrophil

Tab. 16.2 Typische Beispiele für extrazelluläre Erreger

Erreger	Wichtige Virulenzfaktoren	Erkrankung
Bakterien		
Streptococcus pyogenes	Fimbrien, Zytolysine, Kapsel, M-Protein	Tonsillitis, Erysipel, Septikämie
Streptococcus pneumoniae	IgA-Protease, Kapsel[a]	Pneumonie, Otitis, Meningitis
Staphylococcus aureus	Div. Enzyme und Toxine, Protein A	Abszess, Wundinfektion, Septikämie
Neisseria gonorrhoeae	Fimbrien, IgA-Protease, Kapsel, Opazitätsfaktor	Gonorrhö
Neisseria meningitidis	Fimbrien, IgA-Protease, Endotoxine, Kapsel[a]	Meningitis
Escherichia coli	Kapsel (K1-Antigen), Fimbrien, Endotoxin[a]	Harnwegsinfektion, Septikämie
Klebsiella spp.	Kapsel[a]	Harnwegs- u. Wundinfektion, Pneumonie, Otitis, Meningitis
Pseudomonas aeruginosa	Exotoxin A[a], Zytolysin, Komplementprotease	Harnwegs- u. Wundinfektion
Haemophilus influenzae	IgA-Protease, Kapsel[a]	Pneumonie, Meningitis
Pilze		
Cryptococcus neoformans	Kapsel[a]	Meningitis
Parasiten		
Entamoeba histolytica	Zytolysin	Amöbenruhr, Leberabszess
Trichomonas vaginalis	Zellkontaktabhängige Zytolyse	Urogenitalinfektion

[a]Antikörper gegen diese Virulenzfaktoren reichen im Experiment für Schutz aus, diese Faktoren stellen daher Kandidaten für protektive Antigene dar

extracellular traps“). Das NET besteht in erster Linie aus DNA, in die antimikrobielle Proteine wie Elastasen, Kathepsine, **Myeloperoxidase** und Lactoferrin eingelagert sind. In solch einem Netz eingefangene Erreger kommen in engen Kontakt mit den antimikrobiellen Faktoren, die dadurch besonders wirksam sind (siehe auch ► Kap. 3 und ◘ Abb. 3.13).

Die Überlebenschance der extrazellulären Erreger besteht darin, der Phagozytose zu entgehen. Dies geschieht durch **antiphagozytäre Außenstrukturen** wie Kapseln oder die M-Substanz. Durch opsonisierende Antikörper wird dieser Evasionsmechanismus jedoch wieder aufgehoben. Als Resultat des Zusammentreffens extrazellulärer Erreger mit professionellen Phagozyten entwickelt sich **Eiter.** Extrazelluläre Mikroorganismen werden deshalb als **Eitererreger** bezeichnet.

Schließlich können einige Bakterien – z. B. E. coli, Vibrio cholerae, Neisserien und Haemophilus influenzae – vom Komplementsystem nach dessen Aktivierung direkt lysiert werden. Diese Bakterizidie hat entscheidende Bedeutung für die Abwehr von Neisserien. Dies wird durch die Tatsache belegt, dass Träger von Komplementdefekten zwischen C5 und C9 häufig an Neisserieninfektionen erkranken (► Kap. 15).

16.1.3 Intrazelluläre Erreger

Der Besitz gewisser Mechanismen erlaubt es intrazellulären Erregern, im Innern mononukleärer Phagozyten zu persistieren und sich zu vermehren (◘ Tab. 16.3). Obwohl diese Erreger mononukleäre Phagozyten bevorzugen, können sie sich auch in einigen nichtprofessionellen Phagozyten aufhalten. So findet man Mycobacterium leprae nicht nur in Makrophagen, sondern u. a. auch in Endothelzellen und Schwann-Zellen.

Intrazelluläre Krankheitserreger sind gegen humorale Abwehrmechanismen wie Antikörper und Komplement geschützt. Antikörper sind daher für die Infektabwehr gegen diese Erreger von untergeordneter Bedeutung. Während der intrazellulären Vermehrung entstehen mikrobielle Peptide, die der infizierte Makrophage auf seiner Oberfläche assoziiert mit Haupthistokompatibilitätsprodukten der MHC-Klasse II (► Kap. 12) präsentiert und die damit für T-Lymphozyten zugänglich sind. So werden CD4-T-Zellen vom TH1-Typ zur Sekretion von Zytokinen angeregt. Diese locken mononukleäre Phagozyten an und aktivieren sie. Wie in ► Kap. 13 und 14 beschrieben, erwerben zytokinaktivierte Makrophagen die Fähigkeit, intrazelluläre Erreger abzutöten.

Verschiedene Krankheitserreger, wie z. B. Salmonellen und Shigellen, sind in der Lage, in Phagozyten **Apoptose** auszulösen. Diese „Selbstvernichtung“ des Phagozyten ist dann für den Erreger von Nutzen, wenn er damit diese wichtige Abwehrzelle ausschaltet. Bei Erregern, die mononukleäre Phagozyten als Lebensraum nutzen, ist der Wert der Apoptose für den Erreger bzw. Wirt weniger eindeutig. Mycobacterium

Tab. 16.3 Typische Beispiele für intrazelluläre Krankheitserreger

Erreger	Evasionsmechanismus	Erkrankung
Bakterien		
Mycobacterium tuberculosis	Resistenz gegen lysosomale Enzyme und Sauerstoffmetaboliten, Hemmung der Phagolysosomenbildung, Umgehung der Bildung von Sauerstoffmetaboliten, wahrscheinlich auch Evasion ins Zytoplasma	Tuberkulose
Mycobacterium leprae	Resistenz gegen lysosomale Enzyme	Lepra
Brucella spp.	Resistenz gegen lysosomale Enzyme	Brucellosen
Listeria monocytogenes	Evasion ins Zytoplasma	Listeriose
Salmonella Typhi	Resistenz gegen lysosomale Enzyme, Hemmung der Phagolysosomenbildung	Typhus
Legionella pneumophila	Hemmung der Phagolysosomenbildung, Hemmung der Bildung von Sauerstoffmetaboliten	Legionellose
Pilze		
Histoplasma capsulatum	Resistenz gegen Sauerstoffmetaboliten	Histoplasmose
Parasiten		
Leishmania spp.	Resistenz gegen lysosomale Enzyme, Hemmung der Bildung von Sauerstoffmetaboliten	Leishmaniase
Toxoplasma gondii	Hemmung der Phagolysosomenbildung	Toxoplasmose

tuberculosis besitzt die Fähigkeit zur Apoptosehemmung. Für den Wirt ist die Apoptose nützlich, während bei der Nekrose die schädlichen Wirkungen überwiegen (siehe auch ▶ Kap. 3 und ◘ Abb. 3.13).

Die Apoptose infizierter Zellen kann auch an der **Autophagie** beteiligt sein. Generell versteht man darunter Prozesse, über die eine Zelle ihre eigenen Bestandteile abbaut und wiederverwertet. Abtötung und Abbau des Tuberkuloseerregers und anderer intrazellulärer Krankheitserreger im Rahmen der Autophagie tragen zum Infektionsschutz bei. Man spricht dabei auch von einer Xenophagie. Für die Aufklärung der Mechanismen der Autophagie wurde Yoshinori Ohsumi aus Japan 2016 mit dem Medizin-Nobelpreis ausgezeichnet.

16

Am Ort ihrer Absiedlung induzieren intrazelluläre Erreger die Ausbildung eines **Granuloms.** Dabei treten T-Lymphozyten und Makrophagen in engen Kontakt zueinander. Dies ist die Voraussetzung zur antimikrobiellen Kooperation dieser Zellen.

Appliziert man Rekonvaleszenten Antigene intrazellulärer Erreger intradermal, so entwickelt sich nach 24–72 h eine durch T-Zellen und mononukleäre Phagozyten vermittelte lokale Reaktion. Man bezeichnet sie als **verzögerte allergische Reaktion** (▶ Kap. 13, 15).

Nicht alle von intrazellulären Erregern befallenen Wirtszellen vermögen nach Zytokinaktivierung ein ausreichendes Arsenal antimikrobieller Mechanismen zu mobilisieren. Unter diesen Umständen leisten zytolytische CD8-T-Zellen einen schützenden Beitrag: Sie zerstören Wirtszellen mit unzureichendem antimikrobiellem Potenzial und machen die Erreger für professionelle Phagozyten höherer Abwehrkraft zugänglich. Daneben können zytolytische T-Zellen auch direkt mikrobizid wirken.

Bei intrazellulären Infektionen haben wir es häufig mit einem komplexen Gleichgewicht zwischen Erreger und Wirt zu tun: Einigen Mikroorganismen gelingt es, im Wirt lange zu persistieren – es entwickelt sich eine chronische oder gar inapparent verlaufende Infektion. Man spricht auch von einer **latenten Infektion.** Durch Reaktivierung kann es zu einem späteren Zeitpunkt zum Krankheitsausbruch kommen.

16.2 Virusinfektion

16.2.1 Virusvermehrung

Wesentliches Prinzip der Virusvermehrung ist die obligate Abhängigkeit des Erregers von der intakten Wirtszelle. Die Tatsache, dass sich das Virus nicht extrazellulär vermehrt, sondern von der Wirtszelle vermehrt wird, hat auf die Art der Abwehrmechanismen einen entscheidenden Einfluss. Die humoralen Träger der Immunität – Antikörper und Komplement – können lediglich während der extrazellulären Phase wirken; die intrazelluläre Virusreplikation wird dagegen von Interferon und zytolytischen CD8-T-Zellen kontrolliert. Dies führt zur Schädigung körpereigener Zellen.

Während der extrazellulären Phase sind Viren infektiös. Sie heften sich über spezifische Oberflächenrezeptoren an ihre Zielzelle (Tropismus). Vor und während dieser Phase können Antikörper und Komplement eingreifen. Antikörper können für sich allein die Adsorption an die Zielzelle verhindern. Dieser Vorgang wird **Virusneutralisation** genannt. Die Beladung mit Antikörpern und Komplement führt zur Virolyse oder zur nichtlytischen Virusneutralisation. Antikörper, die sehr bald nach der Infektion auf Viren einwirken, können den Krankheitsausbruch verhindern. Dies ist bei immunisierten Individuen die Regel. Bei viralen Infektionen des Respirations- und des Gastrointestinaltrakts spielen Antikörper der IgA-Klasse eine besonders wichtige Rolle.

Nach der Absorptions- und Penetrationsphase befinden sich die Viren im Zellinneren, wo sie repliziert werden. Schließlich werden die Viren ausgeschleust, was für die betroffene Wirtszelle häufig den Tod bedeutet. Bei der Virusausbreitung über das Blutsystem **(Virämie)** werden die Viren für Antikörper wieder angreifbar.

Die freigesetzten Viren können aber auch die umliegenden Zellen direkt befallen. Sie bleiben in diesem Fall vor der humoralen Antwort weitgehend geschützt. Das Immunsystem muss in dieser Situation auf Mechanismen zurückgreifen, die während der intrazellulären Phase wirksam sind: Interferon und zytolytische T-Zellen treten in Aktion. Hinzu kommen in bestimmten Fällen aktivierte Makrophagen und NK-Zellen.

16.2.2 Interferon

Wie in ► Kap. 13 beschrieben, unterscheidet man IFN-α, IFN-β und IFN-γ. IFN-α und IFN-β sind Typ-I-Interferone, IFN-γ ist ein Typ-II-Interferon. IFN wird von virusinfizierten Zellen produziert und bewirkt in anderen Zellen eine Hemmung der Virusreplikation. Dies geschieht über die Aktivierung wirtseigener Enzyme, welche die Replikation der viralen RNA oder DNA verhindern.

Da IFN vor Einsetzen einer spezifischen Immunantwort gebildet wird, stellt es einen frühen Schutzmechanismus dar. Dies gilt natürlich nicht für IFN-γ, das von antigenspezifischen T-Zellen produziert wird (► Kap. 13). IFN-γ ist in der Lage, Makrophagen und NK-Zellen zu aktivieren, was ebenfalls zur Virusabwehr beiträgt.

16.2.3 Makrophagen und NK-Zellen

Die Aktivierung von Makrophagen durch IFN-γ wird in ► Kap. 13 beschrieben. Gegenüber bestimmten Erregerspezies entwickeln Makrophagen antivirale Aktivität.

NK-Zellen beteiligen sich an der Virusabwehr, indem sie virusinfizierte Zellen über die antikörperabhängige zellvermittelte Zytotoxizität („antibody-dependent cellular cytotoxicity", **ADCC;** ► Kap. 9, 10) und direkte NK-Aktivität lysieren.

16.2.4 Zytolytische CD8-T-Zellen

Die Generierung zytolytischer CD8-T-Zellen wird in ► Kap. 12 beschrieben. Die Zytolyse richtet sich gegen körpereigene Wirtszellen; dies unterbricht die Virusvermehrung. Die Lyse der virusinfizierten Zellen erfolgt noch vor dem Zusammenbau der Viruseinheiten: Durch die Lyse werden also keine infektiösen Viruspartikel freigesetzt. Zytolytische CD8-T-Zellen sezernieren unter geeigneten Bedingungen auch IFN-γ. Sie tragen somit auf zweierlei Wegen zum antiviralen Schutz bei.

Auf der anderen Seite stellt die Lyse körpereigener Zellen ein autoaggressives Geschehen dar. Ihre Auswirkung auf die Pathogenese steht in direktem Zusammenhang mit der Bedeutung der betroffenen Zelle für den Wirtsorganismus.

16.3 Strategien der Erreger gegen professionelle Phagozyten

Wie in ► Kap. 13 diskutiert, stellen Aufnahme und intrazelluläre Abtötung eingedrungener Keime durch professionelle Phagozyten einen entscheidenden Mechanismus der Infektabwehr dar. Störungen an irgendeinem Punkt dieses Geschehens führen in der Regel zu einem Überlebensvorteil des Erregers. In diesem Fall spricht man von **Evasion** (lat. für „heraustreten"). Dem Ausdruck liegt die bildliche Vorstellung zugrunde, der Erreger trete aus der Kontrolle durch das Abwehrsystem heraus. Drei **Mechanismen** interferieren mit der Abwehrfunktion der professionellen Phagozyten und tragen damit zur Evasion bei:

- Abtötung der Phagozyten
- Hemmung der Adhärenz und/oder Phagozytose
- intrazelluläre Vitalpersistenz

Diese 3 Mechanismen sind spezifisch gegen professionelle Phagozyten gerichtet. Andere Mechanismen sind unabhängig von professionellen Phagozyten (► Abschn. 16.4). Dies sind:

- Inaktivierung von Antikörpern
- intrazelluläre Lebensweise
- Antigenvariation
- Immunsuppression
- Toleranz gegen protektive Antigene

16.3.1 Abtötung der Phagozyten

Der einfachste Weg zur Umgehung einer Phagozytose ist die Abtötung der Phagozyten. Einige Bakterien besitzen die Fähigkeit, **Zytotoxine** zu produzieren, die auf Phagozyten lytisch wirken. Ein Beispiel dafür liefern die Gasbrandclostridien: Ihre Leukozidine töten Leukozyten aller Sorten ab. Bei anderen Zytotoxinen liegt das toxische Prinzip nicht in der direkten Lyse der Zielzellen. Es kommt in diesen Fällen zur Zerstörung der Lysosomen bzw. der Granula. Deren Inhaltsstoffe werden unkontrolliert in das Zytoplasma ausgeschüttet; dies führt zum Zelltod. Man spricht in diesem Zusammenhang von „Selbstmord" der Phagozyten. **Beispiele** für Wirkungen dieser Art liefern folgende Toxine:

- Streptolysin der Streptokokken
- Leukozidin der Staphylokokken
- Exotoxin A von Pseudomonas aeruginosa
- Zytolysin von Entamoeba histolytica

Gonokokken tragen auf ihrer Oberfläche eine Struktur, den sog. **Opazitätsfaktor,** der die Phagozytenmembran schädigt. Zytolysine mit der leicht nachweisbaren Fähigkeit, Erythrozyten zu lysieren, werden auch als Hämolysine bezeichnet.

16.3.2 Hemmung von Adhärenz und Phagozytose

Eine Reihe von Mikroorganismen bildet **antiphagozytäre Substanzen.** Diese schützen den Erreger vor der Einverleibung durch professionelle Phagozyten. Durch den Besitz einer **Polysaccharidkapsel** können Streptococcus pneumoniae, Haemophilus influenzae und Cryptococcus neoformans der Phagozytose entgehen. Einen ähnlichen Effekt hat das **M-Protein** der Streptokokken und die **Schleimhülle** von Pseudomonas aeruginosa. In den genannten Fällen kann der professionelle Phagozyt seine Funktion nicht erfüllen, da ihm die Mikroorganismen entgleiten. Erst die Opsonisierung (Beladung mit Antikörpern und/oder der Komplementkomponente C3b) ermöglicht es den Phagozyten, die Keime über die Fc- bzw. C3b-Rezeptor-vermittelte Endozytose aufzunehmen (▶ Kap. 14).

16

Bewegliche Krankheitserreger können ebenfalls den Phagozyten entweichen. Immobilisierende Antikörper gegen Geißelantigene erleichtern deshalb die Keimaufnahme. Ein besonderer Mechanismus ist bei S. aureus zu beobachten. Diese Bakterien produzieren **Koagulase.** Das Enzym bringt das wirtseigene Fibrin zur Gerinnung. Die Erreger werden dadurch von einem schützenden Fibrinwall umgeben.

16.3.3 Intrazelluläre Persistenz

Verschiedene Mikroorganismen besitzen die Fähigkeit, in Phagozyten zu überleben. Einige Erreger halten sich sogar bevorzugt im Inneren von Phagozyten auf. Die wichtigsten intrazellulären Mikroorganismen sind in ◘ Tab. 16.3 aufgeführt worden. Die **intrazelluläre Überlebensfähigkeit** beruht auf einem oder mehreren der vier folgenden **Mechanismen:**

- Hemmung der Phagolysosomenfusion
- Resistenz gegen lysosomale Enzyme und/oder reaktive Sauerstoffmetaboliten
- Eintritt in die Zelle ohne Aktivierung reaktiver Sauerstoffmetaboliten
- Evasion in das Zytoplasma

Hemmung der Phagolysosomenfusion Im Phagosom ist der aufgenommene Keim noch immer von extrazellulärem Milieu umgeben. Erst nach der Phagolysosomenbildung wird er der Wirkung schädigender Enzyme ausgesetzt. Manche Erreger, wie z. B. Mycobacterium tuberculosis, Legionella pneumophila, Salmonella Typhi, Leishmania sp. und Toxoplasma gondii, können die Phagosomenreifung anhalten oder die Phagolysosomenfusion hemmen. Dadurch entgehen sie dem Angriff der lysosomalen Enzyme. Das frühe Phagosom stellt für Erreger einen „angenehmeren" Lebensraum dar, da das pH-Milieu neutral bleibt und reichlich Eisen zur Verfügung steht, das zahlreiche Keime dringend benötigen.

Resistenz gegen lysosomale Enzyme und/oder reaktive Sauerstoffmetaboliten Einige Keime besitzen Enzyme, welche die antibakteriellen Produkte des Phagozyten abbauen. Ein Beispiel hierfür ist der H_2O_2-Abbau durch kataseproduzierende Bak-terien. Einen weiteren Abwehrmechanismus stellt die Produktion basischer Ionen (z. B. NH_4^+) dar, die das saure Milieu im Phagosom neutralisieren, sodass das pH-Optimum für die sauren Hydrolasen aus den Lysosomen nicht erreicht wird.

Eintritt in die Zelle ohne Aktivierung reaktiver Sauerstoffmetaboliten Einige Mikroorganismen, z. B. Mycobacterium tuberculosis, Leishmania sp. oder Legionella pneumophila, benutzen die Oberflächenrezeptoren für Spaltprodukte der Komplementkomponente C3 (CR1 und/oder CR3), um in Makrophagen einzudringen. Dies geschieht entweder über eine direkte Bindung an CR3 oder über Aktivierung des alternativen Komplementsyntheseweges. Die Bindung an CR1 bzw. CR3 induziert die Keimaufnahme, aber nicht die Bildung reaktiver Sauerstoffmetaboliten, wie es bei Bindung an Fc-Rezeptoren der Fall ist. Daher stellen CR1 und CR3 eine relativ sichere Eintrittspforte für diese Keime dar.

Evasion ins Zytoplasma Ein biologisches Prinzip der intrazellulären Keimabtötung ist die Beschränkung der aggressiven Mechanismen auf das Phagolysosom. Erreger, denen es gelingt, aus dem Phagosom ins Zytoplasma zu gelangen, befinden sich dann innerhalb des

Phagozyten in einer geschützten Nische. Diesen Weg benutzt Listeria monocytogenes und wahrscheinlich auch Mycobacterium tuberculosis.

16.4 Weitere Evasionsmechanismen

Während sich die oben genannten Strategien gegen professionelle Phagozyten richten, wirken die folgenden Evasionsmechanismen unabhängig davon.

16.4.1 Inaktivierung von Antikörpern

Wie weiter oben besprochen, können Antikörper bestimmte Funktionen der Krankheitserreger hemmen. Einige Mikroorganismen haben hierzu **Gegenmechanismen** entwickelt:

- So blockieren IgA-Antikörper die Adhäsion von Neisseria gonorrhoeae an Schleimhäute und verhindern dadurch deren Absiedlung im Urogenitaltrakt. N. gonorrhoeae sezerniert jedoch eine Protease, die selektiv IgA-Antikörper spaltet und damit inaktiviert. Auch N. meningitidis, Streptococcus pneumoniae und Haemophilus influenzae produzieren IgA-spaltende Proteasen.
- Einige Stämme von S. aureus produzieren Protein A. Dieses bindet an das Fc-Fragment von IgA-Antikörpern und verhindert damit die Bindung an den Fc-Rezeptor der professionellen Phagozyten.

16.4.2 Intrazelluläre Lebensweise

Einige Bakterien haben eine obligat intrazelluläre Lebensweise angenommen und halten sich bevorzugt oder ausschließlich in **nichtprofessionellen Phagozyten** auf. Hierzu zählen Chlamydia trachomatis, die sich bevorzugt in Epithelzellen vermehrt, und die verschiedenen Rickettsienarten, die sich hauptsächlich in Endothelzellen aufhalten.

Auch einige Protozoen leben hauptsächlich in nichtprofessionellen Phagozyten. So befällt der Erreger der Chagas-Krankheit, Trypanosoma cruzi, Herzmuskelzellen.

Ein extremes Beispiel stellen Malariaplasmodien und Bartonellen dar. Diese Erreger benutzen **Erythrozyten als Wirtszellen.** Die roten Blutzellen besitzen keine Lysosomen und sind deshalb gegen die intrazellulären Parasiten wehrlos. Weiterhin fehlen ihnen die Haupthistokompatibilitätsmoleküle, sodass sie die Parasitenantigene den T-Zellen nicht in erkennbarer Form anzubieten vermögen.

Es sei betont, dass die hier genannten Erreger im Inneren der Zelle v. a. überleben, weil sie Wirtszellen benutzen, denen die intrazellulären Abwehrmechanismen fehlen. Durch diese Wahl umgehen sie den für sie tödlichen Aufenthalt in aktivierten Makrophagen. Offensichtlich verfügen diese Erreger über Mechanismen, die es ihnen ermöglichen, aktiv in nichtphagozytierende Wirtszellen einzudringen.

16.4.3 Antigenvariation

Die Erreger der Schlafkrankheit, Trypanosoma gambiense und T. rhodesiense, haben die Fähigkeit entwickelt, der Immunantwort durch Antigenvariation zu entweichen. Nach der Infektion entwickelt sich eine zyklische Parasitämie. In jeder Phase des Zyklus überwiegt ein bestimmtes Antigen, gegen das schützende Antikörper gebildet werden. Die Antikörper induzieren im Erreger aber das Entstehen einer Antigenvariation; es entsteht ein neues, dominantes Antigen. Dies geschieht, bevor alle Erreger-Erstformen durch die Antikörper eliminiert werden können: Die Parasiten sind in der neuen Phase wieder unangreifbar geworden. Zwar werden Antikörper gegen das neue immundominante Antigen gebildet; dies führt aber wieder zu einer neuen Antigenvariante. Aufgrund des laufenden Antigenwechsels finden sich bei der Schlafkrankheit andauernd hohe IgM-Titer.

Borrelia recurrentis zeigt eine ähnliche Antigenvariation. Dieser Erreger ruft das Rückfallfieber hervor. Dabei entstehen wiederholt Fieberschübe, jeweils erzeugt von einer neuen Antigenvariante. Auch Gono- und Meningokokken können ihre Oberflächenantigene variieren.

Die Antigenvariation einiger Virusarten stellt ebenfalls einen leistungsfähigen Evasionsmechanismus dar. Influenza- und Rhinoviren verändern sich zwar schwach, aber kontinuierlich, bis nach einiger Zeit eine Variante selektioniert wird, die ausreichend verändert ist **(immunologischer Drift).** Bei Influenza-A-Viren treten zusätzlich in größeren Abständen stärkere Antigenveränderungen auf **(immunologischer Shift).** Die neue Virusvariante trifft dann auf eine immunologisch unvorbereitete Population. Die gefürchtete Umwandlung des Geflügel-Grippevirus H5N1 in einen Erreger für den Menschen, der eine Grippepandemie auslösen kann, beruht auf diesen Mechanismen. Das humane Immundefizienz-Virus (HIV) entweicht durch laufende Veränderung im Infizierten der Immunabwehr.

16.4.4 Immunsuppression

Chronische Infektionen werden häufig von einer Immunsuppression begleitet. Zu unspezifischen Suppressionsphänomenen kommt es, wenn Erreger bevorzugt Zellen des Immunsystems besiedeln. Beispiele hierfür sind Infektionen mit Masern-,

Epstein-Barr- (EBV), Zytomegalie- (CMV) und humanen Immundefizienz-Viren (HIV).

M. leprae und Leishmania sp. rufen ein besonders breites Krankheitsspektrum hervor: Auf der einen Seite stehen Fälle, bei denen eine vollwertige Immunantwort den Verlauf zum Gutartigen hin bestimmt. Auf der anderen Seite stehen die partiell oder total immundefizienten Patienten; hier ist der Verlauf bösartig.

Man hat gute Hinweise dafür, dass an der Immunsuppression eine Verschiebung des Gleichgewichts zwischen TH1- und TH2-Zellen wesentlich beteiligt ist: Bei malignen Formen überwiegen die Zytokine des T_H2-Typs (IL-4 und IL-10), während bei benignen Formen Zytokine des TH1-Typs (IFN-γ und TGF-β) dominieren (► Kap. 13). Vermutlich sind an den suppressiven Mechanismen auch T_{reg}-Zellen beteiligt. HIV bewirkt die Zerstörung der CD4-T-Zellen und unterbindet damit eine effektive Immunantwort. Entsprechend sind HIV-Infizierte gegenüber unterschiedlichen Krankheitserregern äußerst empfänglich.

16.4.5 Toleranz gegen protektive Antigene

Haemophilus influenzae, Neisseria meningitidis, Streptococcus pneumoniae und andere Keime besitzen eine **Polysaccharidkapsel,** gegen die der Erwachsene schützende Antikörper bildet. Die Kapsel trägt somit protektive Antigene. Kleinkindern vor dem 2.–5. Lebensjahr fehlt jedoch die Fähigkeit, kohlenhydratspezifische Antikörper zu bilden; sie sind im Hinblick auf diese Antigene tolerant. Demzufolge können sie nach Absinken des mütterlichen Antikörpertiters keine schützende Immunität aufbauen. Diese Toleranz ist auf eine **Kreuzreaktivität** mit körpereigenen Strukturen zurückzuführen, die in der frühkindlichen Entwicklung auftreten: So kreuzreagiert die Kapsel bestimmter E. coli- und N. meningitidis-Stämme mit einem embryonalen Zelladhäsionsmolekül (N-CAM).

Ein aufschlussreiches Beispiel für die biologische Bedeutung der Toleranz stellt die Infektion der Maus mit dem lymphozytären Choriomeningitisvirus (LCMV) dar. Nach der Infektion erwachsener Mäuse werden zwar spezifische T-Zellen gebildet, gleichzeitig erkranken aber die Tiere. Durch rechtzeitige Eliminierung dieser T-Zellen lässt sich das Krankheitsbild erheblich mildern. Andererseits bildet sich bei neonataler Infektion eine Toleranz aus. Dadurch verläuft die Infektion ohne akutes Krankheitsbild, aber mit Viruspersistenz. Da das Krankheitsbild der LCMV-Infektion weniger auf den direkten Effekten des Virus, sondern vornehmlich auf einer **autoaggressiven T-Zell-Antwort** beruht, ist die Toleranzentwicklung bei den neonatal infizierten Tieren als Schutzmechanismus anzusehen.

In Kürze: Infektabwehr

- **Bakterien, Pilze, Protozoen und Viren:**
  - **Toxinbildner:** Toxin für Pathogenese verantwortlich (z. B. Tetanustoxin, Choleratoxin, Enterotoxine bestimmter E. coli- und S. aureus-Stämme, Pertussistoxine); Schutz durch toxinneutralisierende Antikörper.
  - **Extrazelluläre Erreger** vermehren sich im extrazellulären Raum. Schutz durch Antikörper gegen Virulenzfaktoren; akute Infektion, Eiterbildung (z. B. grampositive und gramnegative Kokken, viele Enterobacteriaceae, Pseudomonas aeruginosa, Haemophilus influenzae).
  - **Intrazelluläre Erreger** vermehren sich intrazellulär, besonders in Makrophagen; Schutz durch T-Zellen, die Makrophagen aktivieren; chronische Infektionen, Granulombildung (z. B. Mycobacterium tuberculosis, Salmonella Typhi, Leishmanien).
  - **Viren:** Replikation durch infizierte Wirtszelle; Schutz durch Antikörper, die freie Viren lysieren oder neutralisieren bzw. die Adhäsion an die Wirtszelle inhibieren, sowie durch T-Zellen, die infizierte Zellen lysieren; daneben auch Interferone (Hemmung der Virusreplikation) und NK-Zellen (Lyse virusinfizierter Zellen).
- **Evasionsmechanismen der Erreger:**
  - **Phagozytenabtötung:** Durch Leukozidine (z. B. Streptolysin der Streptokokken, Leukozidin der Staphylokokken, Exotoxin A von Pseudomonas aeruginosa).
  - **Phagozytosehemmung:** Durch Kapsel (z. B. Pneumokokken, Haemophilus influenzae), M-Protein (Streptokokken) oder Schleimhülle (Pseudomonas aeruginosa).
  - **Intrazelluläre Vitalpersistenz:** Hemmung der Phagolysosomenfusion (z. B. Mycobacterium tuberculosis); Resistenz gegen lysosomale Enzyme (z. B. Mycobacterium tuberculosis); Interferenz mit der Bildung reaktiver Sauerstoffmetaboliten (z. B. Leishmanien); Evasion in das Zytoplasma (z. B. Listeria monocytogenes).
  - **Befall primär nichtphagozytierender Wirtszellen:** Z. B. Malariaplasmodien/Erythrozyten, Hepatozyten; Chlamydien/Epithelzellen.
  - **Antigenvariation:** Z. B. Trypanosoma gambiense und T. rhodesiense, Influenzaviren, Rhinoviren, HIV.
  - **Toleranz gegen protektive Antigene:** Kleinkinder bilden gegen Kohlenhydrate keine Antikörper und zeigen daher gegen Pneumokokken eine hohe Suszeptibilität.

Weiterführende Literatur

Abbas AK, Lichtman AH, Pillai S (2017) Cellular and molecular immunology, 9. Aufl. Elsevier, Philadelphia

De Franco A, Locksley R, Robertsen M (2007) Immunity: the immune response in infectious and inflammatory disease (Primers in Biology). Oxford University, New Science, London

Kaufmann SHE, Steward M (2005) Topley and Wilson's microbiology and microbial infections: immunology. Arnold, London

Kaufmann SHE, Sacks D, Rouse B (2011) The immune response to infection. ASM, Washington

Murphy K, Weaver C (2018) Janeway Immunologie, 9. Aufl. Springer Spektrum, Heidelberg

Rich RR, Fleisher TA, Shearer WT, Schroeder HW Jr, Few AJ, Weyand CM (2018) Clinical immunology: principles and practice, 5. Aufl. Elsevier, London

Annual Reviews of Immunology, Annual Reviews, Palo Alto, USA, ISSN/eISSN 0732-0582

Current Opinion in Immunology, Elsevier B. V., The Netherlands, ISSN 09527915

Nature Reviews Immunology, Springer Nature, London, UK, ISSN 1474-1741

Seminars in Immunology, Elsevier B. V., The Netherlands, ISSN 1044-5323

Trends in Immunology, Cell Press, Cambridge, MA, USA, ISSN 1471-4906

Impfung

Stefan H. E. Kaufmann

Impfungen nutzen die Fähigkeiten des Immunsystems, auf Zweitkontakt mit demselben Antigen schneller und effektiver zu reagieren. Allerdings verhindern Impfungen fast immer nur die Erkrankung, nicht die Infektion. Impfungen gehören zu den kosteneffizientesten Maßnahmen der Medizin. Etwa 5 Mio. Menschenleben werden durch Impfungen jährlich gerettet.

17.1 Übersicht

Die Schutzimpfung dient dem Ziel, den Empfängerorganismus zur Ausbildung einer Protektivimmunität gegen einen oder mehrere Krankheitserreger anzuregen. Der Schutz soll lange anhalten und die Nebenwirkungen sollen so gering wie möglich sein. Gegen zahlreiche Infektionskrankheiten existieren heute Impfstoffe, die weltweit mit großem Erfolg eingesetzt werden (◘ Tab. 17.1).

Impfungen schützen in erster Linie den Geimpften; zusätzlich wird durch den Aufbau einer Herdenimmunität auch Schutz für Nichtgeimpfte gewährt. Durch Impfung sind die Pocken seit 1980 von der Erde verschwunden und zahlreiche Regionen einschließlich Europa sind frei von Kinderlähmung. Aufgrund von Impflücken sind allerdings in Europa noch immer Masernausbrüche zu verzeichnen, sodass das Ziel, die Masern bis 2015 in Europa zu eliminieren, bislang nicht erreicht wurde.

Die Ständige Impfkommission am Robert Koch-Institut (STIKO) veröffentlicht jedes Jahr im August in ihrem Epidemiologischen Bulletin (▶ https://www.rki.de/DE/Content/Infekt/EpidBull/epid_bull_node.html) einen Impfkalender. Diese Impfungen werden von den obersten Gesundheitsbehörden der Bundesländer entsprechend § 20 Abs. 3 IfSG „öffentlich empfohlen", für diese Impfungen übernimmt der Bund daher gegebenenfalls die Entschädigung für mögliche Komplikationen.

Der Impfkalender für Säuglinge, Kinder, Jugendliche und Erwachsene umfasst Impfungen zum Schutz vor Tetanus, Diphtherie, Pertussis, Haemophilus influenzae Typ b, Poliomyelitis, Hepatitis B, Herpes zoster, Pneumokokken, Rotaviren, Meningokokken C, Masern, Mumps, Röteln, Varizellen sowie gegen humane Papillomviren und Influenzaviren.

Zur Erfüllung des Impfkalenders für Säuglinge, Kinder, Jugendliche und Erwachsene sollte der Impfstatus regelmäßig überprüft und ggf. ergänzt werden; dafür sollte jeder Arztbesuch genutzt werden. Neben den Standardimpfungen können auch Indikationsimpfungen bei besonderer epidemiologischer Situation oder Gefährdung für Kinder, Jugendliche und Erwachsene indiziert sein. Reiseimpfungen können aufgrund der internationalen Gesundheitsvorschriften (Gelbfieberimpfung) erforderlich sein oder werden zum individuellen Schutz empfohlen.

In Deutschland besteht kein Impfzwang – allerdings sieht das sog. Masernschutzgesetz vor, dass alle Kinder ab dem vollendeten 1. Lebensjahr beim Eintritt in die Schule oder den Kindergarten die Masernimpfungen vorweisen müssen. Auch bei der Betreuung durch eine Kindertagespflegeperson muss in der Regel ein Nachweis über die Masernimpfung erfolgen. Gleiches gilt für nach 1970 geborene Personen, die in Gemeinschaftseinrichtungen oder medizinischen Einrichtungen tätig sind.

In Deutschland erstellt die STIKO zentral Impfempfehlungen, die von den Bundesländern in öffentliche Impfempfehlungen umgesetzt werden. Hierzulande besteht zwar kein Impfzwang; die öffentlichen Impfempfehlungen sind jedoch eine deutliche Aufforderung zur Impfung. Für diese Impfungen übernimmt der Bund deshalb gegebenenfalls die Entschädigung für mögliche Komplikationen (je nach Vakzine in der Größenordnung von 1 Komplikation auf 100.000 bis 1 Mio. Impfungen).

17.1.1 Impfstoffe aus definierten Erregerprodukten: Toxoidimpfstoffe, Spaltvakzine und Konjugatimpfstoffe

Bei der Impfung gegen bestimmte Toxinbildner (▶ Abschn. 16.1.1) richtet sich die Immunantwort nicht gegen den Erreger, sondern gegen das Toxin. Beispiele für erfolgreich eingesetzte Vakzinierungen sind

S. Suerbaum et al. (Hrsg.), *Medizinische Mikrobiologie und Infektiologie*,
https://doi.org/10.1007/978-3-662-61385-6_17

Tab. 17.1 Beispiele für eingesetzte Impfstoffe

Erreger	Impfstoff; Resultat	Erkrankung
Corynebacterium diphtheriae	Toxoid	Diphtherie
Clostridium tetani	Toxoid	Tetanus
Bordetella pertussis	Azellulärer Impfstoff; Verbesserung wünschenswert	Keuchhusten
Vibrio cholerae	Abgetöteter Erreger; Verbesserung wünschenswert rekombinantes Antigen	Cholera
Haemophilus influenzae Typ b	Konjugatimpfstoff	Meningitis
Meningokokken, Typ C	Konjugatimpfstoff; Verbesserung wünschenswert	Meningitis
Meningokokken, Typ B	Rekombinantes Antigen; Verbesserung wünschenswert	Meningitis
Malariaplasmodien	Rekombinantes Antigen; Verbesserung wünschenswert	Malaria
Pneumokokken	Konjugatimpfstoff; Verbesserung wünschenswert	Pneumonie
Mycobacterium tuberculosis	BCG-Lebendimpfstoff; Verbesserung wünschenswert	Tuberkulose
Salmonella enterica ssp. enterica Serovar Typhi; Salmonella Paratyphi	galE-Lebendimpfstoff; Verbesserung wünschenswert	Typhus Paratyphus
Masern-Virus	Attenuierter Lebendimpfstoff	Masern
Rubella-Virus	Attenuierter Lebendimpfstoff	Röteln
Mumps-Virus	Attenuierter Lebendimpfstoff	Mumps
Poliomyelitis-Virus	Salk-Totimpfstoff	Kinderlähmung
	Attenuierter Lebendimpfstoff nach Sabin; Verbesserung wünschenswert	Kinderlähmung
Varizella-Zoster-Virus	Attenuierter Lebendimpfstoff gegen Windpocken Spaltvakzine gegen Gürtelrose	Windpocken, Gürtelrose
Influenza-Virus	Inaktivierter Erreger; Verbesserung wünschenswert	Influenza
Hepatitis-A-Virus	Inaktivierter Erreger	Hepatitis A
Hepatitis-B-Virus	Spaltvakzine	Hepatitis B
	Rekombinantes Antigen	Hepatitis B
Frühsommer-Meningoenzephalitis-(FSME-) Virus	Inaktivierter Erreger; Verbesserung wünschenswert	Frühsommer-Meningoenzephalitis
Gelbfieber-Virus	Attenuierter Lebendimpfstoff	Gelbfieber
Papillom-Virus	Virusähnliche Partikel	Gebärmutterhalskrebs

die Tetanus- und Diphtherieimpfung. Dabei kommen **Toxoide** zur Anwendung, bei denen die toxophoren von den immunogenen Molekülgruppen dissoziiert wurden (s. o.). Diese Toxoide induzieren zwar neutralisierende Antikörper, haben aber ihre Toxizität verloren. Als **Spaltvakzine** bezeichnen wir Impfstoffe, die aus teilgereinigten Erregerbestandteilen bestehen. Als Beispiel hierfür sei der azelluläre Pertussis-Impfstoff genannt.

Probleme machten ursprünglich Kohlenhydratimpfstoffe gegen kapseltragende Bakterien, da die Zielgruppe für diese Impfungen – nämlich Kleinkinder – häufig keine ausreichende Immunität gegen Kohlenhydrate entwickelt. **Konjugatimpfstoffe,** bei denen Kohlenhydrate der Kapsel von Haemophilus influenzae Typ b mit Diphtherie- oder Tetanustoxoid konjugiert wurden, haben jedoch gute Erfolge gezeigt. Konjugatimpfstoffe aus Kapselkohlenhydraten gegen Meningo- und Pneumokokken sind ebenfalls erfolgreich.

Gegen Meningokokken vom Typ B wurde kürzlich ein Impfstoff entwickelt, der allerdings in Deutschland bislang nicht zur breiten Anwendung empfohlen wird. Mit dem gereinigten Hämagglutinin des Influenza-Virus kann man eine gute Schutzwirkung erzielen. Einem breiten Erfolg stehen allerdings der Typenwandel und der schwache Schutzeffekt bei Kleinkindern und Älteren entgegen.

17.1.2 Totimpfstoffe

Gegen extrazelluläre Bakterien (◘ Tab. 15.2) werden gewöhnlich Impfstoffe aus abgetöteten, sonst aber intakten Erregern eingesetzt. Da man in vielen Fällen die Antigene kennt, die zur Bildung schützender Antikörper führen (sog. Protektivantigene), verwendet man heute meist diese zur Impfung.

Gegen einige Viruserkrankungen werden nichtinfektiöse (abgetötete oder inaktivierte) Viruspartikel eingesetzt. Als Beispiel sei der Salk-Impfstoff gegen Poliomyelitis genannt. Obwohl derartige Impfstoffe ausreichende Mengen an schützenden Antikörpern induzieren, ist eine regelmäßige Auffrischung durch Impfung unumgänglich.

17.1.3 Lebendimpfstoffe

Lebendimpfstoffe sind Impfstoffe aus attenuierten, lebenden Erregern. Sie sind am ehesten in der Lage, eine ausreichend starke Immunität zu induzieren. Dies gilt besonders dann, wenn der Schutz im Wesentlichen von T-Zellen abhängt. Zahlreiche Lebendimpfstoffe gegen **Virusinfektionen** werden mit Erfolg verwendet. So bestehen die Impfstoffe gegen Varizellen, Röteln, Masern und Mumps aus attenuierten Virusstämmen. Durch den massiven Einsatz des Vaccinia-Impfstoffs gelang weltweit die Ausrottung der Pocken.

In der Humanmedizin werden heute dagegen nur 2 **bakterielle** Lebendimpfstoffe verwendet:

- BCG-Impfstoff (Bacille Calmette-Guérin) richtet sich gegen die **Tuberkulose.** Er beruht auf einem attenuierten Mycobacterium-bovis-Stamm, den ursprünglich Calmette und Guérin gezüchtet hatten. Allerdings verhindert er lediglich die Kleinkind-Tuberkulose. Schutz gegen die am weitesten verbreitete Form der Erkrankung, die Lungentuberkulose, vermittelt BCG nicht.
- Der Lebendimpfstoff gegen **Typhus** besteht aus einer stoffwechseldefekten Mutante natürlicher Typhusbakterien.

17.2 Entwicklung neuer Impfstoffe

Noch immer gibt es Infektionskrankheiten, gegen die kein zufriedenstellender Impfstoff verfügbar ist. Folgende Probleme können dem erfolgreichen Einsatz eines Impfstoffs entgegenstehen:

- Der attenuierte Impfstamm ist instabil und kann sich in einen virulenten Stamm rückverwandeln.
- Der Impfstamm ist in vitro nicht anzüchtbar.
- Der Impfstoff enthält gefährliche Bestandteile, die sich nicht entfernen lassen.
- Der natürliche Erreger kann durch Antigenvariation den Impfschutz unterlaufen.
- Der Impfstoff vermag die für die Erregerabwehr benötigten protektiven Immunmechanismen nicht zu induzieren.

Unser Unvermögen, eine effektive Immunantwort durch Impfung hervorzurufen, liegt dem Fehlen eines wirksamen Impfstoffs gegen Hepatitis C, Malaria, Tuberkulose und HIV/AIDS zugrunde. In all diesen Fällen ist selbst die natürliche Immunantwort (Immunantwort nach natürlicher Infektion mit dem Krankheitserreger) nicht imstande, einen zufriedenstellenden Schutz gegen den Erreger hervorzurufen. Um diese Probleme zu überwinden, sind neue Strategien erforderlich. Folgende Möglichkeiten stehen zur Verfügung:

- synthetische Peptide
- rekombinante Proteine
- lebende Deletionsmutanten
- lebende rekombinante Impfstämme
- DNA/RNA-Impfstoffe

▪ Synthetische Peptide

Ein Antigen mit protektiv wirksamen Epitopen kann zusätzlich toxische oder suppressive Wirkungen entfalten. Darüber hinaus besteht die Möglichkeit, dass sich auf dem Antigenmolekül neben den protektiven Epitopen Determinanten befinden, die mit körpereigenen Bestandteilen kreuzreagieren. Man kann ggf. das protektive Epitop synthetisieren und isoliert einsetzen. Hierbei handelt es sich einmal um **Peptidepitope** von Proteinantigenen, zum anderen um **Zuckerepitope** von Kohlenhydraten. Da diese Epitope allein nicht immunogen sind, müssen sie an ein **Trägermolekül** gekoppelt werden, dessen Eignung man zuvor ermitteln muss. Der Einsatz synthetischer Peptide und Zucker kommt für **Infektionen mit antikörperdominierter Erregerbekämpfung** infrage.

Entscheidender **Nachteil** von Peptidimpfstoffen ist die außerordentlich enge Spezifität der Immunantwort. Sie erleichtert es dem Erreger, der spezifischen Erkennung durch Mutation zu entgehen.

T-Zellen verschiedener Individuen erkennen auf einem gegebenen Proteinantigen unterschiedliche Epitope. Dies geht auf die unterschiedliche Präferenz der verschiedenen HLA-Haplotypen für bestimmte Aminosäuresequenzen zurück (▶ Kap. 12, 13). Experimentell werden daher künstliche Polypeptide getestet, bei denen man unterschiedliche Epitope aneinanderreiht.

▪ Rekombinante Proteine

Gentechnisch lassen sich Polypeptide heute im Großmaßstab produzieren. Dadurch stehen im Fall von schwer oder nicht anzüchtbaren Erregern ausreichende Antigenmengen bereit. Weiterhin lassen sich auf diese Weise Komplikationen durch schädliche Erregerstrukturen ausschließen, es sei denn, diese werden vom gleichen Gen kodiert wie das Protektivantigen. Andererseits kann die Abtrennung des rekombinanten Moleküls von den Bestandteilen der produzierenden Zelle ein Problem darstellen. Ein rekombinanter Hepatitis-B-Impfstoff wird bereits erfolgreich eingesetzt. Hierbei handelt es sich um das Hepatitis-B-Oberflächenantigen („Hepatitis B surface antigen", HBsAg), das aus transfizierten Hefezellen gewonnen wird.

▪ Deletionsmutanten

Es ist möglich, selektiv Gene eines Krankheitserregers auszuschalten, die für die Virulenz oder Überlebensfähigkeit im Wirt verantwortlich sind. Durch Transposonmutagenese wurden Verlustmutanten von Salmonella Typhi generiert, welche die Fähigkeit verloren haben, im Wirt zu überleben, und sich nicht mehr in den Wildtyp rückverwandeln können. Die Deletionsmutanten überleben aber lange genug, um eine protektive Immunantwort zu induzieren. Aus Sicherheitsgründen sollen Impfstoffe, die für den Menschen gedacht sind, mindestens 2 unabhängige Gendeletionen tragen.

▪ Rekombinante Stämme zur Lebendimpfung

Impfstoffe dieser Art sind erwägbar, wenn das Protektivantigen in rekombinanter Form vorliegt, für sich allein aber keinen Schutz induziert. Diese Situation ist vorwiegend in Fällen gegeben, bei denen die **T-Zell-vermittelte Immunität** für den Impfschutz unerlässlich ist. In diesem Fall kann man das Gen für das Protektivantigen auf einen geeigneten Träger übertragen, der als Lebendimpfstoff dient. Als Impfantigene werden derzeit unter anderem Antigene des Tuberkuloseerregers, von Malariaplasmodien und von HIV getestet; als Träger für **heterologe Antigene** werden bevorzugt rekombinante Salmonellen, BCG und MVA (modifiziertes Vacciniavirus Ankara, ein weiter abgeschwächter Abkömmling des Pockenimpfstoffs) benutzt.

▪ Rekombinante Lebendimpfstoffe mit verbesserter Immunogenität

Durch genetische Manipulation können attenuierte Lebendimpfstoffe konstruiert werden, die einen stärkeren Schutz induzieren. Am weitesten fortgeschritten ist ein rekombinanter BCG-Impfstoff gegen Tuberkulose, der bereits klinisch auf Wirksamkeit getestet wird. Um die Sicherheit von Lebendimpfstoffen zu erhöhen, werden stoffwechselaktive Mutanten konstruiert, die sich nicht vermehren können.

▪ DNA/RNA-Impfstoffe

Diese bestehen aus einem bakteriellen Plasmid, das neben dem Gen für das Impfantigen einen viralen Promotor-/Verstärkerbereich trägt. Die DNA/RNA-Vakzinierung stimuliert bevorzugt eine **T-Zell-Antwort,** obwohl sich nach geeigneter Manipulation auch Antikörperreaktionen induzieren lassen. Im Tiermodell sind mit DNA/RNA-Vakzinen u. a. Schutz gegen Grippe, Hepatitis B und Tollwut erzielt worden. Das von der nackten DNA kodierte Protein wird von Wirtszellen synthetisiert und dann nach entsprechender Prozessierung von MHC-Klasse-I- und MHC-Klasse-II-Molekülen präsentiert. Trotz dieser Erfolge im Experimentalmodell bleiben zahlreiche Fragen zur Sicherheit und Effektivität im Menschen dieser neuen Impfstoffgeneration zu klären.

▪ Prime-Boost-Impfschemen

Seit bekannt ist, dass die sequenzielle Impfung mit unterschiedlichen Trägern, die dasselbe Antigen exprimieren, eine starke Immunantwort auslösen kann, werden unterschiedliche Prime-Boost-Schemen getestet. Vielversprechend ist das Schema: Prime-Impfung mit einem Lebendimpfstoff gefolgt von einer Boost-Impfung mit einem dominanten Antigen in Adjuvans.

▪ Adjuvanzien

Die Wirksamkeit von Impfstoffen (ausgenommen Lebendimpfstoffen) hängt entscheidend von ihrer Formulierung in Wirkverstärkern (Adjuvanzien) ab. Derzeit stehen uns in erster Linie Adjuvanzien für die **humorale Immunität** zur Verfügung. Das am weitesten verbreitete Adjuvans ist Aluminiumhydroxid [$Al(OH)_3$]. Es wird bei vielen Toxoidimpfstoffen eingesetzt. Adjuvanzien zur Stimulation der **zellulären Immunantwort** befinden sich in klinischer Entwicklung; diese sollen

- bestimmte T-Zell-Populationen stimulieren (insbesondere TH1-, TH17- und zytolytische T-Zellen),
- eine Gedächtnisantwort hervorrufen (Depoteffekt),
- das vom Immunsystem erkannte Antigenspektrum erweitern.

Erkenntnisse, wie sich das angeborene Immunsystem mithilfe von Liganden für mustererkennende Rezeptoren (PRRs, ▶ Kap. 14) gezielt stimulieren lässt, haben die Entwicklung von Adjuvanzien aus molekularen Bausteinen ermöglicht. Es besteht Grund zur Hoffnung, dass in den nächsten Jahren neue Adjuvanzien entwickelt werden, die zu neuen Impfstoffen gegen die großen Seuchen AIDS, Tuberkulose, Malaria und Hepatitis C führen können.

Zur Stimulation **zytolytischer CD8-T-Zellen** nutzt man Substanzen, welche die Einschleusung des Antigens in den MHC-Klasse-I-Prozessierungsweg ermöglichen (▶ Kap. 13). Hierzu gehören oberflächenaktive Substanzen, z. B. kationische Peptide, Saponine und Polysorbate. **TH1- und TH17-Zellen** lassen sich durch Liganden für bakterielle Muster stimulieren, die von PRR erkannt werden (▶ Kap. 14). Derzeit werden u. a. eingesetzt:

- TLR-9 stimulierende Oligodesoxynukleotide
- TLR-4 stimulierendes Monophosphoryl-Lipid A (ein gering toxisches LPS-Derivat)
- NOD-2-aktivierendes Muramyldipeptid.

Emulsionen aus Öl und Wasser oder Liposomen erzielen typischerweise einen Depoteffekt. Liposomen, in die virale Antigene integriert wurden, kommen in Form von Virosomen zum Einsatz, Neben dem weit verbreiteten Adjuvans Aluminiumhydroxid sind bereits einige weitere Adjuvanzien zugelassen:

- AS01 (Monophosphoryl-Lipid A als TLR-4-Ligand in Liposomen, Saponin) in den neuen Impfstoffen gegen Malaria und Herpes Zoster
- AS03 (Squalen, Tocopherol, Polysorbat [Tween 80]) in bestimmten Grippeimpfstoffen
- AS04 (Aluminiumsalz, Monophosphoryl-Lipid A als TLR4-Ligand) in bestimmten Impfstoffen gegen humane Papillomviren
- MF59 (Squalen, Polysorbat [Tween 80], Sorbitantrioleat) in bestimmten Grippeimpfstoffen

Squalen, die körpereigene Vorstufe von Cholesterol und Steroiden, in den Adjuvanzien MF59 und AS03 stimuliert an der Injektionsstelle ein immunkompetentes Milieu, in das vermehrt antigenpräsentierende Zellen einwandern, die das Impfantigen effektiv darbieten. Tocopherol ist eine fettlösliche Substanz der Vitamin-E-Gruppe und Sorbitantrioleat eine wachsartige Substanz. In Emulsion mit Wasser tragen sie zum Depoteffekt bei. Polysorbat (Tween 80) wirkt als oberflächenaktive Substanz emulsionsbildend.

Durch die stärkere Aktivierung von Helfer-T-Zellen lässt sich das Spektrum der erkannten Antigene erweitern. So kann das Immunsystem nicht nur dominante Epitope erkennen, sondern auch die schwächeren subdominanten Epitope.

Die gezielte Stimulation einer ausgewogenen Kombination unterschiedlicher T-Lymphozyten-Populationen stellt u. a. die Voraussetzung für einen Impfstoff gegen Tuberkulose und AIDS dar. Ein breiteres Antigenspektrum wird für einen Universalimpfstoff gegen unterschiedliche Grippeerreger benötigt. Solch ein Universalimpfstoff könnte gegen unterschiedliche Influenzaviren wirken. Auch gegen HIV und Hepatitis-C-Viren, die sich im Wirt rasch verändern, werden Impfstoffe mit breiterem Antigenspektrum benötigt.

In Kürze: Impfung

- **Toxoidimpfstoffe:** Induktion von Antikörpern, die Toxin neutralisieren (z. B. Tetanus, Diphtherie).
- **Spaltvakzine:** Gereinigte Erregerbestandteile (z. B. Hämagglutinin von Influenzaviren).
- **Konjugatimpfstoffe:** Kohlenhydrate der Kapsel, gebunden an Proteinträger (z. B. Haemophilus influenzae Typ b – Diphtherie- oder Tetanustoxinkonjugat).
- **Totimpfstoffe:** Abgetötete Erreger (z. B. Cholera, Poliomyelitis [Salk]).
- **Lebendimpfstoffe:** Attenuierte Stämme (z. B. Röteln, Masern, Mumps, Tuberkulose [BCG]).
- **Rekombinante Antigene:** Rekombinant hergestellte definierte Proteine (z. B. Hepatitis-B-Impfstoff).
- **Adjuvanzien (Wirkverstärker):** Zugelassen: u. a. Aluminiumhydroxid, MF59 (Squalen, Polysorbat, Sorbitantrioleat), AS01 (Monophosphoryl-Lipid A in Liposomen, Saponin), AS03 (Squalen, Tocopherol, Polysorbat) und AS04 (Aluminiumsalz, Monophosphoryl-Lipid A). In klinischer Entwicklung: TLR-Liganden zur TH1- und TH17-Zellstimulation, oberflächenaktive Substanzen (kationische Peptide, Polysorbate und Saponine) zur CD8-T-Zellstimulation sowie Emulsionen aus Öl und Wasser und Liposomen für einen Depoteffekt.

Weiterführende Literatur

Abbas AK, Lichtman AH, Pillai S (2017) Cellular and molecular immunology, 9. Aufl. Elsevier, Philadelphia

De Franco A, Locksley R, Robertsen M (2007) Immunity: the immune response in infectious and inflammatory disease (Primers in Biology). Oxford University, New Science, London

Kaufmann SHE (2017a) Editorial. Remembering Emil von Behring: from tetanus Treatment to Antibody Cooperation with Phagocytes. mBio 8:e00117-17

Kaufmann SHE (2017b) Emil von Behring: translational medicine at the dawn of immunology. Nat Rev Immunol 17:341–343

Kaufmann SHE, Steward M (2005) Topley and Wilson's microbiology and microbial infections: immunology. Arnold, London

Kaufmann SHE, Sacks D, Rouse B (2011) The immune response to infection. ASM, Washington
Murphy K, Weaver C (2018) Janeway Immunologie, 9. Aufl. Springer Spektrum, Heidelberg
Rich RR, Fleisher TA, Shearer WT, Schroeder HW Jr, Few AJ, Weyand CM (2018) Clinical immunology: principles and practice, 5. Aufl. Elsevier, London
Annual Reviews of Immunology, Annual Reviews, Palo Alto, USA, ISSN/eISSN 0732-0582
Current Opinion in Immunology, Elsevier B. V., The Netherlands, ISSN 09527915
Nature Reviews Immunology, Springer Nature, London, UK, ISSN 1474-1741
Seminars in Immunology, Elsevier B. V., The Netherlands, ISSN 1044-5323
Trends in Immunology, Cell Press, Cambridge, MA, USA, ISSN 1471-4906

Diagnostik

Inhaltsverzeichnis

Klinische Diagnostik und Probennahme

Albert Heim, Stefan Ziesing, Sören Schubert und Ralf-Peter Vonberg

Der Nachweis von Infektionserregern stellt einen wesentlichen Teil der ärztlichen Tätigkeit dar. Neue Infektionserreger und Risikofaktoren für Infektionen, veränderte Epidemiologien und die Ausbreitung von Antibiotikaresistenzen erfordern eine laufende Weiterbildung in der Infektiologie für ein sicheres und effizientes Management von Infektionen. Aber auch die diagnostischen Verfahren werden ständig weiterentwickelt, um eine spezifischere und schnellere Diagnostik zu ermöglichen. Für eine erfolgreiche Therapie und die Begrenzung der Weiterverbreitung von Infektionen benötigt der Arzt auch die Kenntnis der diagnostischen Möglichkeiten und Limitationen. Die infektiologische Diagnostik ist ein komplexer Prozess, der bereits mit der Anamneseerhebung und der körperlichen Untersuchung beginnt. Ergibt sich ggf. der Verdacht auf eine Infektion, werden meist Laboruntersuchungen notwendig, um den Erregernachweis zu führen. Durch die Untersuchung von Untersuchungsmaterialien des Patienten im Labor soll die Verdachtsdiagnose gestützt bzw. wenn möglich sogar gesichert werden. Darüber hinaus gibt es auch ohne Vorliegen einer akuten Infektionssymptomatik eine Reihe von Indikationen zur Labordiagnostik. Fehler bei der Entnahme, der Lagerung oder des Transports einer Probe können das Ergebnis der Untersuchung jedoch stark verfälschen oder den Nachweis einzelner Erreger sogar unmöglich machen. In diesem Kapitel werden daher für die Präanalytik wichtige Gesichtspunkte behandelt.

18.1 Indikationen zur infektiologischen Diagnostik

- **Erregernachweis und Therapieempfehlung bei Vorliegen einer akuten Infektion**

Häufig sind es Beschwerden des Patienten, die ihn zu einer ärztlichen Konsultation veranlassen (z. B. akut aufgetretene Diarrhö). Der Arzt veranlasst dann auf Basis seiner differenzialdiagnostischen Überlegungen eine infektiologische Labordiagnostik. Für einige Infektionserreger gibt es darüber hinaus sogar Schnelltests (Point-of-Care [POC]-Tests), die – korrekte Durchführung und Interpretation vorausgesetzt – ohne Zeitverzug unmittelbar am Patientenbett eine erste aussagekräftige Information, z. B. über eine Infektion mit dem Influenza Virus, liefern können.

Manchmal wird auch aufgrund einer Erkrankung bereits primär eine antimikrobielle Therapie begonnen. Gegen einen solchen Therapiebeginn vor Abschluss der infektiologischen Diagnostik ist nichts einzuwenden, wenn vor Therapiebeginn die notwendigen Proben zum Nachweis des Erregers entnommen wurden. Unterbleibt dies, ist es aus mehreren Gründen von Nachteil: Wegen Unkenntnis des tatsächlichen Erregers wird häufig zuerst ein Therapieregime gewählt, das ein möglichst großes Keimspektrum erfasst. Unterbleibt jedoch die adäquate Infektionsdiagnostik, ist im weiteren Verlauf ein Wechsel auf eine gezielte Therapie nicht möglich, da weder der Erreger noch dessen Empfindlichkeit gegenüber Antibiotika bekannt werden. Die dann meist über längere Zeit angewendeten Antibiotika mit breitem Wirkungsspektrum begünstigen das Wachstum resistenter Erreger (Selektionsdruck), verursachen vermeidbare Kosten und sind häufig sogar schlechter wirksam als ein auf die Behandlung des spezifischen Erregers abgestimmtes Präparat.

Falls bei der Erkrankung eine Virusinfektion differenzialdiagnostisch infrage kommt, eine virologische Diagnostik aber unterbleibt, werden Antibiotika vollkommen unnötig eingesetzt. Dies ist mit hohen Kosten und vermeidbarem Selektionsdruck für bakterielle Erreger verbunden.

- **Feststellung des Trägerstatus bei Gesunden**

Mitunter wird eine infektiologische Diagnostik auch ohne klinische Symptomatik durchgeführt:
- betriebsärztliche Fragestellungen
- Screening-Untersuchungen bei der Aufnahme in ein Krankenhaus (z. B. Suche nach Kolonisationen mit hygienerelevanten Erregern)
- Untersuchungen von Kontaktpersonen von infizierten Patienten

S. Suerbaum et al. (Hrsg.), *Medizinische Mikrobiologie und Infektiologie*,
https://doi.org/10.1007/978-3-662-61385-6_18

- Überwachung der Kolonisation besonders immunsupprimierter Personen

▪ **Überprüfung von Immun- bzw. Impfstatus**

Die Überprüfung des Immunstatus gegenüber bestimmten Krankheitserregern, bedingt durch frühere Infektion oder Impfung, ist oft indiziert. So ist z. B. im Rahmen einer Schwangerschaftsvorsorge der Immunstatus der Schwangeren gegenüber dem Rötelnvirus und Toxoplasmen wichtig. Liegt keine Immunität vor, besteht die Gefahr einer intrauterinen Schädigung des ungeborenen Kindes bei einer Erstinfektion während der Schwangerschaft. Weitere Beispiele betreffen den Impfschutz gegenüber dem Hepatitis-B-Virus für medizinisches Personal oder den Tetanusimpfschutz bei Patienten mit verunreinigten Wunden.

▪ **Retrospektive Klärung von Infektionen (epidemiologische Fragestellungen)**

Zuverlässige epidemiologische Daten zur Häufigkeit von Infektionskrankheiten können nur erhoben werden, wenn sie auf einer gesicherten Infektionsdiagnostik basieren. So hängen z. B. Empfehlungen zu Impfungen von der Inzidenz der entsprechenden Infektion in einer Population ab. Ebenso orientiert sich die Wahl der antibiotischen Soforttherapie an epidemiologischen Erkenntnissen (z. B. Häufigkeit einzelner Erreger bei einem Krankheitsbild wie z. B. Meningitis).

18.2 Diagnostischer Weg

Der Ablauf der infektiologischen Diagnostik gliedert sich in 3 Phasen:

- Klinik (Präanalytik)
- mikrobiologische Laboruntersuchungen (Analytik)
- Befundbeurteilung (Postanalytik)

▪ **Klinik (Präanalytik)**

18

Die klinische Diagnostik ist der Labordiagnostik stets vorangestellt und umfasst zumindest Anamneseerhebung und körperliche Untersuchung, oft auch die Bestimmung rasch verfügbarer klinisch-chemischer und hämatologischer Parameter und ggf. auch schnelle bildgebende Verfahren.

Eine gründliche und systematische **Anamnese** ist die Grundlage jeder Diagnostik. Nicht nur der Beginn und der Verlauf der Beschwerden sind detailliert zu erfragen. Ziel der Anamnese ist es, alle infektiologisch relevanten Parameter zu ermitteln. Diese beinhalten primär den Kontakt zu potenziellen Erregerquellen (z. B. Beruf, Tierkontakt, Reisen, Sexualverhalten oder Drogengebrauch). Zu klären ist auch, ob es noch weitere ähnliche Fälle im Patientenumfeld gibt (z. B. Familie, Freundeskreis, Kindergarten, Schule oder Arbeitsplatz). Außerdem sollte nach individuellen Faktoren gesucht werden, die den Immunstatus des Patienten beeinflussen (z. B. Impfstatus, HIV-Status, aktuelle Begleiterkrankungen und Behandlung mit Immunsuppressiva). Weitere Fragen betreffen eine mögliche oder gesicherte Schwangerschaft sowie bekannte Allergien des Patienten.

Die Anamnese soll mit der **körperlichen Untersuchung** (z. B. die Angabe von „Fieber" durch die Messung der tatsächlichen Körpertemperatur) objektiviert werden. Viele Infektionen gehen mit spezifischen pathologischen Befunden einher. So kann z. B. ein neu aufgetretenes Herzgeräusch ein Hinweis auf eine Endokarditis sein, eine Splenomegalie findet sich bei verschiedenen parasitären Erkrankungen oder einer EBV-Infektion, typische Meningitiszeichen zeigen sich bei einer Hirnhautentzündung und Pneumonien führen häufig auskultatorisch zu Rasselgeräuschen. Ebenso wie die Anamnese muss auch die körperliche Untersuchung systematisch durchgeführt werden, um kein Organsystem versehentlich auszulassen und damit einen Infektionsfokus zu übersehen.

Aus Anamnese und körperlichem Untersuchungsbefund ergibt sich meist schon eine Verdachtsdiagnose und einige wenige Differenzialdiagnosen. Oft sind aber auch schnell verfügbare klinisch-chemische und hämatologische Laborbefunde und apparative Untersuchungen für das Stellen einer Verdachtsdiagnose bzw. den Ausschluss einer Vielzahl von Differenzialdiagnosen essenziell.

Der **klinisch-chemische Nachweis** unspezifischer Entzündungsparameter (z. B. Leukozytenzahl, C-reaktives Protein [CRP] und Procalcitonin [PCT]) gibt oft Aufschluss darüber, ob eine infektiologische Ursache der Erkrankung wahrscheinlich ist. Außerdem können sich daraus sowie aus der Leukozytenzahl und dem Differenzialblutbild Hinweise auf die Differenzierung von bakteriellen und viralen Infektionen ergeben. Für einige Organsysteme gibt es spezifischere Parameter (z. B. Leberenzyme, Verhältnis der Transaminasen AST zu ALT bei Hepatitis), welche die Verdachtsdiagnose stützen können und auch später als Verlaufsparameter geeignet sind.

Bildgebende Verfahren dienen ebenfalls der Sicherung der Verdachtsdiagnose, z. B. die Röntgenuntersuchung des Thorax zur Sicherung einer Pneumonie. Die Unterscheidung zwischen typischer und atypischer Pneumonie richtet dabei den Verdacht auf bestimmte Erreger. Die Sonografie hilft bei der Differenzialdiagnose abdomineller Erkrankungen und kann z. B. bakterielle Abszesse oder Leberzysten bei Infektionen durch Würmer nachweisen.

Nur durch das Stellen einer klinischen Verdachtsdiagnose wird ein zielführender mikrobiologischer Laborauftrag und die richtige Auswahl von dafür zu entnehmenden Materialien ermöglicht. Fehler können im schlimmsten Fall das Leben des Patienten gefährden. Ungezielt angeforderte Laboruntersuchungen ohne begründeten klinischen Verdacht verursachen unnötig hohe Kosten und sind häufig nicht aussagekräftig – manchmal sogar irreführend.

■ Mikrobiologische Laboruntersuchungen (Analytik)
Die Bearbeitung von Untersuchungsmaterialien im Labor schließt sich an, beinhaltet jedoch nur diejenigen Untersuchungen, die vom behandelnden Arzt beauftragt wurden bzw. bei einem diagnostischen Rahmenauftrag im Ermessen des Labors und unter Verwendung der eingesandten Materialien durchführbar sind. Deswegen ist die richtige Weichenstellung in der Präanalytik (s. o.) von unschätzbarer Bedeutung. Dem Labor kommt neben der sachgerechten Durchführung der Diagnostik, der Verpflichtung zur schnellen Bearbeitung und der raschen Befundübermittlung auch die Kommentierung der Ergebnisse zu.

■ Befundbeurteilung (Postanalytik)
Die Bewertung der Ergebnisse erfolgt wiederum in der Klinik. Der Laborbefund muss in Beziehung zum Beschwerdebild des Patienten gesetzt werden. Es ist zu entscheiden, welche Verdachtsdiagnosen bestätigt wurden oder zu verwerfen sind, ob das empirisch gewählte Infektionsmanagement adäquat ist oder ob Therapien zu modifizieren, zu beenden oder neu anzusetzen sind. Bei Unsicherheiten sollte das Gespräch mit dem Arzt im Labor gesucht werden.

18.3 Prinzipien der mikrobiologischen Untersuchung

Viele Fragestellungen der mikrobiologischen Diagnostik lassen sich leicht durch eine adäquate Materialentnahme (z. B. Blutkultur bei Sepsis, Abstrich bei Wundinfektion) und einen nur grob umrissenen Untersuchungsauftrag (z. B. „Erreger und Resistenzen") adäquat im Labor bearbeiten. Allerdings ist zu beachten, dass zum Nachweis einiger Infektionen spezifische Untersuchungsanforderungen und ggf. besondere Materialarten notwendig sind.

Bei einem Patienten mit septischer Symptomatik und anamnestischen Tropenaufenthalt ist die Untersuchung von Blutkulturen mit der Anforderung „Erreger und Resistenz" sinnvoll (= grob umrissener Untersuchungsauftrag), der Nachweis von Plasmodien als Erreger der differenzialdiagnostisch wichtigen Malaria muss aber im Blutausstrich und im Dicken Tropfen mit der spezifischen Anforderung „Malaria" erfolgen.

Zielgerichtet auf den Nachweis eines einzigen Krankheitserregers sind serologische Methoden zum Antikörpernachweis, immunologischen Methoden zum Nachweis von Antigenen und molekularbiologische Methoden (z. B. PCR). Da diese Methoden besonders große Bedeutung in der Virologie haben, müssen virologische Untersuchungen fast immer zielgerichtet auf den Nachweis eines einzelnen Virus oder einiger weniger Viren erfolgen.

Dies setzt einen klaren Untersuchungsauftrag an das Labor voraus, der die zu untersuchenden Krankheitserreger und die gewünschten Nachweisverfahren konkret benennt oder alternativ die Verdachtsdiagnose, Differenzialdiagnosen und wichtigen Befunde aufführt, damit der Mikrobiologe/Virologe die passenden Untersuchungsmethoden auswählen kann.

Der mikrobiologische Untersuchungsauftrag ist also ein wichtiges Mittel der Kommunikation zwischen Arzt am Krankenbett und seinem Kollegen im Labor. Außerdem ist oft auch die telefonische Rücksprache für eine möglichst zielgerichtete mikrobiologische Untersuchung erforderlich.

■ Mikrobiologischer Untersuchungsauftrag
Die Sicherung der Verdachtsdiagnose kann nur durch eine mikrobiologische Untersuchung erfolgen. Ein mikrobiologischer Untersuchungsauftrag besteht zum einen aus der zu untersuchenden Probe in einem geeigneten und beschrifteten Transportgefäß, zum anderen muss jeder Probe ein Begleitschein mit folgenden Angaben beigefügt sein oder alternativ ein digitaler Untersuchungsauftrag erstellt werden:

- Daten zur Identifizierung des Patienten (mindestens Name und Geburtsdatum)
- Daten zur Identifizierung des Einsenders (Name des Arztes, Station, Telefonnummer)
- Art des Probenmaterials (z. B. Liquor, Urin oder Wundabstrich)
- Zeitpunkt der Probennahme (Datum und Uhrzeit)
- Untersuchungsanforderung an das Labor (z. B. kulturelle oder serologische Untersuchung)
- ggf. Angaben zur Anamnese (z. B. Auslandsaufenthalt, Schwangerschaft, HIV-Status)
- ggf. Angaben zur Klinik (z. B. akut aufgetretene Zeichen einer Meningitis)
- ggf. Angaben zur antimikrobiellen Therapie (Substanz, Dosis, Therapiedauer)
- ggf. sonstige Angaben (z. B. Transfusion von Blutprodukten)

Je genauer die Angaben des Einsenders, umso gezielter kann die mikrobiologische Diagnostik erfolgen. Bei der Auswahl der Untersuchungen ist im Einzelfall darauf zu achten, dass Untersuchungen nach bestimmten Erregern ggf. gesondert anzufordern sind, da sie nicht zum Routineprogramm der Diagnostik gehören. Vor seltener angeforderten Untersuchungen ist oft eine Kontaktaufnahme des Einsenders mit dem

Labor bereits vor Entnahme bzw. Versand der Probe sinnvoll, um die erforderlichen Transportmedien abzustimmen.

18.4 Primäres Infektionsmanagement

Jedes Labor wird sich um eine schnelle Bearbeitung von Untersuchungsaufträgen bemühen. Viele mikrobiologische Untersuchungen erfordern jedoch auch bei optimaler Durchführung oft mehrere Tage, manchmal sogar Wochen (Anzucht von Mykobakterien). Bis dahin ist aber oft bereits ein primäres Infektionsmanagement erforderlich, denn eine verzögerte Therapie kann bei schweren Infektionen fatale Folgen für den Patienten haben.

Eine solche **kalkulierte (empirische) Therapie** berücksichtigt die am wahrscheinlichsten vorliegenden Infektionserreger. Für den Erregernachweis im mikrobiologischen Labor sollte die Entnahme der Probe vor der ersten Antibiotikagabe erfolgen. Sobald das Erregerspektrum eingegrenzt werden kann, sollte die initial häufig breit wirksame Therapie den neuen Erkenntnissen angepasst werden.

Zusätzlich können je nach Verdachtsdiagnose auch **hygienische Maßnahmen** (z. B. Unterbringung im Einzelzimmer und Verwendung besonderer Schutzkleidung) erforderlich werden, um andere Patienten und Mitarbeiter im Krankenhaus vor Transmissionen zu schützen. Auch die Überprüfung und das Erneuern des Impfschutzes (z. B. Postexpositionsprophylaxe durch passive Impfung oder Simultanimpfung) gehört bei Exposition eines Patienten oder Mitarbeiters zum primären Infektionsmanagement. Darüber hinaus ist zu beachten, dass nach dem Infektionsschutzgesetz für einige Erreger bereits der Infektionsverdacht meldepflichtig ist.

18.5 Prinzipien der Materialgewinnung

Vor Probennahme muss die Zielsetzung der Untersuchung klar definiert sein. Kenntnisse der Besonderheiten vermuteter Erreger und der geeigneten Nachweisverfahren sind für die mikrobiologische und virologische Untersuchung unerlässlich. Im Zweifelsfall sollte lieber einmal zu viel als einmal zu wenig Rücksprache mit dem Arzt im Labor gehalten werden.

18.5.1 Rahmenbedingungen der Probennahme zum Erregernachweis

Die Rahmenbedingungen (ausführende Person, Terminierung und Lokalisation der Probennahme) beeinflussen die Qualität der Probe und damit die Wahrscheinlichkeit eines Erregernachweises.

▪ Probennehmer

In den meisten Fällen wird die zu untersuchende Probe durch medizinisch geschultes Personal entnommen. Erfolgt die Probenentnahme durch den Patienten selbst (z. B. morgendliche Urinprobe), muss er zur Vermeidung von Kontaminationen über die korrekte Vorgehensweise informiert sein und dafür über ein geeignetes, steriles Transportgefäß verfügen.

▪ Zeitpunkt

Die erste Probe sollte so frühzeitig wie möglich gewonnen werden. Erfordert das klinische Bild des Patienten eine umgehende Antibiotikatherapie, muss die Probenentnahme dennoch **vor** deren Beginn erfolgen. Bereits die einmalige Gabe mancher Substanzen kann die spätere Anzucht des Erregers im mikrobiologischen Labor vereiteln. Es spricht dann allerdings nichts dagegen, unmittelbar nach Probennahme mit einer kalkulierten Therapie zu beginnen.

Probennahme **nach** Therapiebeginn ist besser als gar keine Probennahme. Sollte sich eine akute Verschlechterung des klinischen Zustandes ergeben (z. B. Fieberschub), kann auch nach Beginn einer Therapie eine erneute Probennahme sinnvoll sein. Negative Befunde sind dann jedoch nur bedingt verwertbar.

Bei manchen Untersuchungen ist außerdem auf den geeigneten Tageszeitpunkt der Probennahme zu achten. Einige Filarien sind beispielsweise vorwiegend am Tag (z. B. Loa loa) bzw. nur während der Nacht (z. B. Wuchereria bancrofti) im peripheren Blut nachweisbar.

▪ Abstände zwischen Probennahmen

Nachweisbare Veränderungen im Infektionsgeschehen (z. B. Anstieg eines Antikörpertiters) benötigen Zeit. Dies ist bei der Auswahl des Zeitintervalls zwischen Verlaufskontrollen zu berücksichtigen. Insbesondere bei serologischen Untersuchungen kann es erforderlich sein, z. B. nach einer Woche eine weitere Probe zu entnehmen, um einen Titeranstieg oder eine Serokonversion nachzuweisen. Ähnliches gilt für die Veränderungen von Viruslasten unter antiviraler Therapie.

▪ Probennahme im Infektionsgebiet

Meistens wird zum Erregernachweis eine Probe vom vermuteten Infektionsort gewonnen. Dabei sind Kontaminationen mit irrelevanten Erregern zu vermeiden.

Wundabstriche sollten daher vorzugsweise nicht am Wundrand entnommen werden, da dort der Nachweis von Hautflora die Beurteilung des Befundes erschwert. Blutkulturen durch zentrale Gefäßkatheter erlauben keine sichere Beurteilung der Erregerlast im peripheren

Blut, da auf diese Weise u. U. Keime nachgewiesen werden, die den Katheter besiedeln. Die Gewinnung von Proben aus den tiefen Atemwegen (z. B. bei bronchoalveolärer Lavage) birgt immer das Risiko einer Verunreinigung durch Flora der oberen Atemwege.

- **Probennahme außerhalb des Infektionsgebiets**

Der Nachweis bestimmter Infektionserreger in einem Kompartiment der Körpers macht deren Vorkommen als Infektionserreger in anderen Kompartimenten ebenfalls wahrscheinlich:

- Beim Nachweis von Salmonellen in einer Blutkultur sollten z. B. stets auch Stuhlproben untersucht werden.
- Bei Verdacht auf eine Meningitis sollten sowohl Liquor als auch Blutkulturen entnommen werden.
- Bei aseptischer Meningitis sollte zusätzlich zum Liquor eine Stuhlprobe zum Nachweis von Enteroviren eingeschickt werden.
- Bei Verdacht auf BK-Polyoma-Virus-(BKV-) Nephropathie sollte nicht nur Urin, sondern auch Blut entnommen werden.
- Der Nachweis einer Organtuberkulose sollte zur Suche von Mycobacterium tuberculosis in Materialien des Respirationstrakts führen.

Auch Untersuchungen zum Screening auf multiresistente Erreger (z. B. MRSA) erfolgen unabhängig von einer Infektionssymptomatik. Antigene Strukturen von Legionellen oder Pneumokokken werden renal ausgeschieden, sodass zusätzlich zur Diagnostik im Respirationstrakt in diesen Fällen auch eine Urinprobe auf erregerspezifische Antigene untersucht werden sollte.

Bei vielen Virusinfektionen, insbesondere bei Immunsupprimierten, ist die zusätzliche Entnahme von EDTA-Blut sinnvoll, um virale Nukleinsäuren oder Antigene nachzuweisen. Die Entnahme von Heparinblut oder aus heparinisierten Kathetern (z. B. ZVK) ist wegen einer Inhibition in der PCR abzulehnen.

- **Probenmenge**

Volumen Das Volumen der Probe muss dem Umfang der Untersuchungsanforderungen genügen, entsprechende Angaben machen die Labore meist auf ihrem Einsendeschein oder ihrer Website. Ist das Volumen zu gering und ist erneute Probennahme nicht ohne weiteres möglich (z. B. Liquor), müssen in Absprache mit dem einsendenden Arzt bei den gewünschten Untersuchungen Prioritäten gesetzt werden.

Anzahl Ist die Sensitivität einer Methode niedrig, so kann eine mehrfache Untersuchung sinnvoll sein. Bei dem Verdacht auf eine Sepsis wird die Entnahme dreier Paare aerober und anaerober Blutkulturflaschen empfohlen. Darüber hinausgehende Entnahmen verbessern die Sensitivität nicht mehr nachhaltig und erhöhen nur noch den Blutverlust für den Patienten und die Kosten. Auch die Sensitivität des Nachweises von Plasmodien aus EDTA-Blut bei Verdacht auf Malaria oder von Mykobakterien aus Sputum bei Verdacht auf offene Lungentuberkulose kann durch mehrfache Entnahmen gesteigert werden.

Zusätzlich zur gesteigerten Sensitivität gestattet die mehrfache Einsendung (z. B. von Blutkulturen) bis zu einem gewissen Grad auch eine Unterscheidung zwischen einer Kontamination bei der Probennahme einerseits und tatsächlich relevantem Infektionserreger andererseits. Wird in voneinander unabhängig gewonnenen Proben mehrfach der gleiche Erreger nachgewiesen, so spricht dies eher für das Vorliegen einer Infektion, wohingegen der einmalige Nachweis oft durch eine Verunreinigung begründet ist.

18.5.2 Arten von Untersuchungsmaterial

Ohne Anspruch auf Vollständigkeit werden hier die häufigsten Untersuchungsmaterialien vorgestellt, die in der mikrobiologischen Diagnostik untersucht werden.

- **Abstriche**

Abstriche werden entweder bei Infektionsverdacht (z. B. Tonsillen- oder Wundabstrich) oder zur Suche nach der asymptomatischen Kolonisation mit einem bestimmten Erreger (Screeningabstrich) entnommen. Der Abstrichort muss dem Labor mitgeteilt werden, ebenso der lokale Befund (z. B. Bläschen), da sich daraus ggf. Änderungen für die Verarbeitung der Probe im Labor ergeben können. Dies betrifft z. B. die Auswahl erregerspezifischer Antikörper beim direkten Immunfluoreszenztest, die Auswahl der Nährmedien und ggf. auch die Modalitäten der Bebrütung.

Für die Mikroskopie eines Direktpräparats und den Virusdirektnachweis sind die typischen mikrobiologischen Abstrichtupfer mit Geltransportmedium nicht geeignet. Es sollten stattdessen sterile Abstrichtupfer mit Transportröhrchen ohne Gel verwendet werden, entweder spezielle Virus-Abstrichsysteme oder konventionelle Abstrichtupfer in einem sterilen Schraubröhrchen mit einem Tropfen steriler 0,9 %iger Kochsalzlösung. Alternativ hierzu werden zunehmend Abstrichtupfer-Sets eingesetzt, die bereits ein flüssiges Transportmedium (Amies-Medium) enthalten. Diese Abstrichtupfer eignen sich sowohl für nachfolgende mikroskopische, kulturbasierte wie auch zur molekularen Diagnostik.

- **Punktate und Aspirate**

Durch Punktion bzw. Aspiration werden Liquor, Aszites, Gelenkflüssigkeit, Pleurapunktate, Abszessmaterial, Knochenmark und Materialien aus dem Auge (Vorderkammer oder Glaskörper) gewonnen. Alle diese Materialien sind bei sachgerechter Entnahme von hoher Qualität, schwierig wiedergewinnbar und stehen oft im Zusammenhang mit bedrohlichen Infektionen. Sie eignen sich gut zur Anfertigung eines Direktpräparats. Diese Materialien sind neben der Bakterienkultur auch gut geeignet für PCR-Untersuchungen.

Insbesondere wenn ein direkter mikroskopischer Nachweis des Erregers nicht gelingt, ist das Zellbild ein wichtiges Kriterium zur Beurteilung der Probe. Der Nachweis von Granulozyten spricht für eine bakterielle Infektion, wohingegen deren Abwesenheit eine bakterielle Infektion eher unwahrscheinlich erscheinen lässt.

▪ Liquor

Für den Antigennachweis der häufigsten Meningitiserreger (z. B. Meningokokken und Pneumokokken) stehen – zusätzlich zu Mikroskopie und Kultur – für die Akutdiagnostik spezifische Agglutinationstests zur Verfügung. Virale Meningitis- und Enzephalitiserreger werden meist am schnellsten durch die PCR nachgewiesen. Auch der Nachweis intrathekal gebildeter Antikörper (z. B. bei Neurolues oder Neuroborreliose) ist möglich, zur Berechnung eines Antikörper-spezifischen Index (AI bzw. ASI) ist die gleichzeitige Abnahme einer Serumprobe erforderlich.

▪ Sekrete des Respirationstrakts

Bei Infektionen des Respirationstrakts wird der Nachweis des Erregers meist aus Sekretmaterial der tiefen Atemwege versucht. Sputum ist vom Patienten aktiv abgehustetes Sekret aus dem Bronchialsystem, Trachealsekret über den Tubus eines beatmeten Patienten durch Aspiration gewonnenes Material. Im Rahmen einer Bronchoskopie kann natives Bronchialsekret gewonnen oder eine Bronchialspülung bzw. bronchoalveoläre Lavage (BAL) durchgeführt werden. Bei allen Materialien besteht ein hohes Kontaminationsrisiko durch Keime und Zellmaterial des oberen Respirationstrakts. In der Mikroskopie kann jedoch die Qualität anhand der zellulären Zusammensetzung der Probe beurteilt werden (z. B. Nachweis von Flimmerepithelzellen in Spülflüssigkeiten der tiefen Atemwege als Hinweis auf eine Verunreinigung mit Sekreten aus dem oberen Respirationstrakt). Eine genaue Beschreibung des Entnahmemodus ist erforderlich (Sputum, Trachealsekret, Bronchialsekret, BAL).

▪ Drainage- und Spülflüssigkeiten

Entnahme aus Drainagen und Spülkathetern können Aufschluss über in der Tiefe vorliegende Erreger geben, z. B. bei der Peritonealdialyse, Spüldrainagen der Pleurahöhle oder aus Wunddrainagen. Besonders aus länger liegenden Drainagen sind kulturelle Nachweise jedoch oft schwierig zu interpretieren, da Drainagen als Fremdkörper leicht durch Mikroorganismen besiedelt werden können, ohne dass damit eine Infektion einhergeht.

▪ Urin

Die Einsendung von Urin erfolgt meist zur Diagnostik von Harnwegsinfektionen. Dabei ist die Art der Probengewinnung auf dem Einsendeschein unbedingt zu vermerken. In Urinproben aus Dauerkathetern oder in Mittelstrahlurin sind Bakterien in geringer Erregerzahl physiologischerweise nachweisbar. Durch Punktion der Harnblase gewonnene Proben sollten hingegen frei von Erregern sein.

Eine gekühlte Probenlagerung ist grundsätzlich erforderlich, sofern die Urinprobe nicht innerhalb von 4 h nach Entnahme in Labor verarbeitet werden kann, da andernfalls eine sekundäre Erregervermehrung während Lagerung und Transport stattfindet. Diese verfälscht die quantitative Erregerzahlbestimmung, die für mikrobiologische Urinuntersuchungen obligat ist. Kann eine durchgehende Kühlkette nicht gewährleistet werden, sollten Probenröhrchen eingesetzt werden, die einen Stabilisatorzusatz (z. B. Borat) aufweisen. Für die virologische Abklärung einer (meist hämorrhagischen) Zystitis und für den Nachweis einer angeborenen CMV-Infektion ist gekühlter und unverdünnter Urin ebenfalls geeignet.

Insbesondere bei Mittelstrahlurin ist auf eine korrekte Entnahmetechnik zu achten. Die Kontamination der Probe mit Erststrahlurin oder gar mit Stuhl ist unbedingt zu vermeiden. Kommt es zu einer solchen Verunreinigung, werden meist viele verschiedene Bakterien in jeweils hoher Erregerzahl angezüchtet. Für die Diagnostik einer Harnwegsinfektion ist eine solche Probe ungeeignet.

▪ Stuhl

Sowohl zur bakteriologischen als auch zur virologischen Abklärung einer Gastroenteritis genügt eine etwa erbsengroße Stuhlmenge. Längere Transportzeiten ungekühlter Stuhlproben sollten vermieden werden.

Bei gastrointestinaler Symptomatik Stuhlproben werden zumeist bei Diarrhöen eingesandt. Das Spektrum der infrage kommenden Erreger (Bakterien, Viren, Pilze und Parasiten) ist dabei sehr groß. Bei Durchfallerkrankungen sind ggf. Meldepflichten nach dem Infektionsschutzgesetz zu beachten. Zielführend in der Diagnostik sind detaillierte Angaben zu Anamnese, Epidemiologie, Begleitsymptomen und zur Probe selbst:

- Stuhlbeschaffenheit (wässrig, breiig, blutig, eitrig)
- Begrenzung der Symptomatik auf den Gastrointestinaltrakt oder systemische Infektionszeichen

(z. B. Fieber, Leukozytose oder Zeichen einer Sepsis)
- Zeitpunkt und Art von Nahrungsmittelkonsum
- neu aufgetretene Symptome (Übelkeit, Erbrechen, abdominelle Krämpfe)
- Auslandsaufenthalte
- weitere Personen im näheren Patientenumfeld mit ähnlichen Symptomen
- Tätigkeit des betroffenen Patienten in Gastronomie oder Lebensmittelherstellung
- Risikofaktoren für das Auftreten einer Diarrhö (z. B. Clostridium-difficile-assoziierte Diarrhö unter Antibiotikatherapie)

Ist der kulturelle Nachweis eines Erregers nicht erfolgreich, sollte stets auch an die Möglichkeit einer Intoxikation (z. B. Enterotoxin von Staphylococcus aureus in Nahrungsmitteln) gedacht werden.

Virologische Proben sollten möglichst frühzeitig nach Symptombeginn entnommen und gekühlt ohne Zusätze transportiert werden.

Ohne gastrointestinale Symptomatik Indikationen zur Untersuchung von Stuhlproben ohne entsprechende Klinik beinhalten eine Suche nach asymptomatischen Dauerausscheidern (z. B. von Salmonella enterica) und die Überprüfung des Kolonisationsstatus hochgradig immunsupprimierter Patienten.

Stuhlproben sollten auch bei Verdacht auf Poliomyelitis und auf aseptische Meningitis unter Angabe der Verdachtsdiagnose ins virologische Labor geschickt werden.

Biopsien und Gewebe

Für die Versendung größerer Gewebeproben stehen Transportgefäße mit und ohne Nährmedium zur Verfügung. In den meisten Fällen sind Gewebeproben vor der kulturellen Anlage zu homogenisieren. Andererseits kann die Zerkleinerung der Probe (z. B. durch einen Mörser) bestimmte Schimmelpilze mit unseptierten Myzelien (Mucor) schädigen und damit deren Nachweis verhindern.

Biopsien für virologische Untersuchungen sollten gekühlt in einem sterilen Transportgefäß in einem kleinen Volumen steriler 0,9 %iger Kochsalzlösung eingesandt werden. Für den Nachweis von RNA-Viren empfehlen sich die vorherige Rücksprache mit dem Labor und der Transport in Spezialmedien anstelle von Kochsalzlösung.

Proben, die in Formalin eingelegt wurden, sind für die mikrobiologische und virologische Diagnostik meist nicht mehr verwendbar, nur ausnahmsweise kann der Nachweis von DNA mittels PCR gelingen.

Blutkulturen

Beim Verdacht auf Sepsis, Infektionen des Herzkreislaufsystems (Endokarditis, Gefäßkatheterinfektion) sowie schweren Organinfektionen (Meningitis, evtl. auch bei Pneumonie, Pyelonephritis etc.) sollten stets Blutkulturen (aerob und anaerob) entnommen werden. Für spezifische Fragestellungen (z. B. Nachweis von Mykobakterien oder Pilzen) stehen besondere Blutkulturmedien zur Verfügung. Folgende Grundsätze sollten berücksichtigt werden:

- Erst die Probennahme – dann Beginn der initialen Therapie.
- Probennahme zwischen Fieberschüben ist immer noch besser als gar keine Diagnostik – es muss kein Fieberschub abgewartet werden.
- Die Entnahme mehrerer Blutkulturen verbessert die Sensitivität des Erregernachweises – mehr als 3 Flaschenpaare sind jedoch meist nicht mehr sinnvoll. Blutkulturen sind stets durch Punktion einer peripheren Vene und nicht über einen zentralen Gefäßkatheter zu entnehmen. Proben aus zentralen Gefäßkathetern sind ggf. in Kombination mit peripher gewonnenen Proben zur Abschätzung der Kontamination des Katheters sinnvoll (z. B. Bestimmung der „time to positivity", wenn sich der sofortige Austausch des Katheters außergewöhnlich problematisch darstellt). Hierbei werden Zeiträume zwischen Probennahme und Positivmeldung des Blutkulturschranks verglichen. Wird die Blutkultur aus dem zentralen Gefäßkatheter $\geq$2 h vor der aus der peripheren Vene gewonnenen Probe positiv gemeldet, ist dies hinweisend auf das Vorliegen einer katheterassoziierten Blutstrominfektion. Dieses Vorgehen unterstreicht die Bedeutung der genauen Protokollierung des Entnahmezeitpunkts der Blutkulturen.
- Die Lagerungsbedingungen von Blutkulturen bis zum Beginn der Diagnostik variieren je nach verwendetem System und sollten deshalb mit dem zuständigen mikrobiologischen Labor abgesprochen werden.

EDTA-Blut

Durch die Zugabe von EDTA ungerinnbar gewordenes Blut wird zur mikrobiologischen Diagnostik von Blutparasiten verwendet. Die häufigste Fragestellung ist die Malariadiagnostik. Andere Untersuchungsanforderungen betreffen z. B. die Suche nach Leishmanien, Trypanosomen oder Mikrofilarien.

EDTA-Blut ist auch gut geeignet für PCR-basierte Diagnostikverfahren wie Viruslast-Bestimmungen (z. B. HI-Viruslast) sowie für Untersuchungen der Antigenämie (z. B. CMV-pp65-Antigenämie). Je nach angefordertem Erreger wird es im Labor z. T. zu Plasma weiterverarbeitet oder direkt untersucht. Auf kurze Transportzeiten und Kühlung (aber nicht Einfrieren) ist zu achten. Spuren von Heparin in der Probe sind zu vermeiden.

▪ Serum

Serologische Untersuchungen erfolgen zumeist zum Antikörpernachweis und sind zur Diagnostik akuter Infektionskrankheiten mit kurzer Inkubationszeit unbrauchbar, da die Antikörperproduktion erst mit einer Latenz von Tagen bis Wochen erfolgt. Sie dienen daher bei vielen Infektionen nur zur Sicherung der Diagnose.

Besonders hohe Bedeutung hat die Serologie jedoch in der Diagnostik von nicht oder sehr schwer anzüchtbaren Erregern (z. B. von Treponema pallidum oder Borrelia burgdorferi). Der Krankheitsverlauf durch diese Erreger erstreckt sich über einen langen Zeitraum, sodass der Antikörpernachweis hier in der Regel gelingt und zudem therapeutische Implikationen nach sich zieht. Die serologische Diagnostik hat auch große Bedeutung bei der Diagnose chronischer („persistenter") Virusinfektionen (wie z. B. HIV) und bei akuten Viruserkrankungen mit mehrwöchiger Inkubationszeit (z. B. Masern).

Ein weiteres Einsatzgebiet der Serologie ist die Bestimmung eines spezifischen Immunstatus, z. B. gegenüber Toxoplasmen bei Frauen im Rahmen der Schwangerschaftsvorsorge oder gegenüber dem Hepatitis-B-Virus nach Impfung bei medizinischem Personal.

Ist der Transport der Probe innerhalb von 24 h in das Labor möglich, wird dort das Serum durch Zentrifugation gewonnen. Sollte dies nicht möglich sein, kann der Einsender frühestens nach 1 h durch Zentrifugation selbst das Serum gewinnen und ggf. für den längeren Transport kühlen.

▪ Katheter- und Drainagespitzen

18

Die routinemäßige mikrobiologische Untersuchung von Katheter- oder Drainagespitzen ist nicht sinnvoll, da beim Entfernen des Katheters ein großes Kontaminationsrisiko besteht. Besteht aber der Verdacht auf eine Infektion dieses Fremdkörpers, ist die Untersuchung der (mit steriler Schere auf wenige Zentimeter gekürzten) Spitze zur Sicherung der Ätiologie der Infektion indiziert.

Ein weit verbreitetes Verfahren zur Untersuchung von Gefäßkatheterspitzen im mikrobiologischen Labor ist das Ausrollen dieser Spitze auf einem festen Nährboden, um die daran haftenden Erreger abzustreifen und über eine Koloniezählung zu quantifizieren. Dabei sollte jedoch bedacht werden, dass auf diese Weise bestenfalls eine Aussage zur extraluminalen Besiedlung des Katheters gemacht werden kann, da sich die innere Oberfläche dieser Untersuchung vollständig entzieht.

▪ Proben mit hoher Dringlichkeit

Grundsätzlich sollte die mikrobiologische Diagnostik unverzüglich nach Entnahme der Probe angestrebt werden. Es gibt jedoch Untersuchungsanforderungen mit so hoher Dringlichkeit, dass ein Aufschub der Bearbeitung keinesfalls hingenommen werden kann. Ohne Anspruch auf Vollständigkeit werden hier die häufigsten Indikationen zur mikrobiologischen Diagnostik und Therapie aufgeführt, die keine Verzögerung dulden, da mit einem schweren, möglicherweise lebensbedrohlichen, klinischen Verlauf zu rechnen ist:

- Liquor bei Verdacht auf akute Meningitis
- Punktate bei Verdacht auf eine akute Gelenkinfektion oder Endophthalmitis
- bronchoalveoläre Lavage bei Verdacht auf schwere Pneumonie
- EDTA-Blut bei Verdacht auf Malaria
- Serumproben zur Immunstatusüberprüfung (falls dieser nicht schon bekannt ist) z. B. bei Röteln- oder Varizellenexposition von Schwangeren
- Serumproben von der Kreißenden zur HIV- oder HBsAg-Diagnostik oder von Personen nach Nadelstichverletzung

Diesen Proben ist gemein, dass bereits kurz nach Eingang der Probe im Labor die Diagnose durch einen serologischen Schnelltest gestellt oder das Erregerspektrum durch eine mikroskopische Diagnostik eingegrenzt werden kann. Die Sensitivität der Mikroskopie ist jedoch begrenzt. Daher sollten stets zusätzlich weitere Untersuchungsverfahren mit höherer Sensitivität erfolgen (z. B. kulturelle Anlage von Punktaten und Spülflüssigkeiten bzw. Untersuchung im Dicken Tropfen bei Malariaverdacht).

Weitere Proben, bei denen ebenfalls eine unmittelbare Bearbeitung angezeigt sein kann, um die Gesamtdauer der Diagnostik zu verkürzen, sind Blutkulturen bei Sepsisverdacht und die Anlage verschiedener intraoperativer Abstriche. Bei diesen Materialien ist jedoch keine sofortige diagnostische Aussage möglich.

18.6 Materialversand

Der Probentransport sollte schnell erfolgen und gleichzeitig die Nachweismöglichkeit des Erregers (z. B. durch Anzucht) auf dem Weg vom Einsender ins Labor erhalten.

- **Transportgefäß**

Jedes Transportgefäß muss mit den **Daten des Patienten** (Name und Geburtsdatum) eindeutig beschriftet sein. Unbeschriftete Probengefäße, bei denen sich die Zuordnung zu einem bestimmten Patienten nicht mehr rekonstruieren lässt, werden in aller Regel verworfen. Werden von einem Patienten mehrere gleichartige Proben zur Untersuchung eingeschickt (z. B. Wundabstriche aus verschiedenen Bereichen des Operationsgebiets) oder Materialien, die aus anderen Gründen leicht miteinander verwechselt werden können (z. B. Punktate), sind Materialart und Entnahmeort ebenfalls auf den Transportgefäßen zu vermerken.

Das Transportgefäß dient sowohl dem **Personal-** als auch dem **Probenschutz.** Für den Versand mikrobiologischer Proben sind daher bruchsichere Transportgefäße in Umverpackung zu verwenden und die einschlägigen aktuellen gesetzlichen Bestimmungen zu beachten. Ist dies nicht möglich (z. B. Blutkulturflaschen aus Glas), ist für eine Sicherung der Probe durch eine besonders geeignete Verpackung zu sorgen. Beim Versand auf dem Postweg wird das eigentliche Probengefäß immer zusammen mit aufsaugendem Material in einem zweiten Schutzgefäß transportiert. Außerdem muss die ganze Sendung mit der Kennzeichnung einer möglichen Biogefährdung versehen sein.

Es gibt Transportgefäße mit und ohne **Nährmedium:**

- Wird nur der kulturelle Nachweis eines Erregers angestrebt, sind Gefäße mit Nährmedium (Bakteriologie) bzw. Transportmedium (Virologie) zu bevorzugen, da in ihnen das Absterben des Erregers stark verlangsamt ist.
- Ist aber auch eine Sofortdiagnostik (z. B. mikroskopische Untersuchung der Probe, Antigennachweis durch Immunfluoreszenz und Latexagglutination oder PCR) gewünscht, wirkt sich ein festes oder gelförmiges Nährmedium störend aus, während Flüssignährmedien kaum Probleme für nachfolgende Diagnostikverfahren verursachen. Für den mikroskopischen Direktnachweis empfiehlt es sich daher, auf ein Transportmedium zu verzichten und stattdessen lieber die Transportzeit (z. B. durch Spezialkurier) zu verkürzen.

Für **histologische Untersuchungen** in der Pathologie ist der Versand von formalinfixierten Gewebeproben üblich. In der Mikrobiologie ist eine solche Probe mit dem Ziel der Anzucht von Erregern unbrauchbar und für den virologischen Nachweis von Nukleinsäuren nur sehr begrenzt geeignet.

- **Begleitschein**

Jeder Probe ist ein zugehöriger Begleitschein bzw. ein elektronischer Untersuchungsauftrag beizufügen (s. o.). Begleitscheine werden in der Regel vom Labor auf Anfrage zur Verfügung gestellt.

- **Temperatur**

Die Lagerungstemperatur der Probe während eines längeren Transports beeinflusst nachhaltig das Wachstum und damit die Nachweisbarkeit der darin befindlichen Erreger. Virologische Proben zum Antigennachweis, zum Nukleinsäurenachweis und zur Virusisolation sollten in der Regel gekühlt verschickt werden, wenn die Transportzeit 4 h übersteigt. Eine **Kühlung** der Probe ist bei bakteriellen Untersuchungen dann sinnvoll, wenn neben der qualitativen Aussage (Erregernachweis) auch eine quantitative Aussage (Erregerzahl) getroffen werden soll, sofern mögliche relevante Erreger dadurch nicht geschädigt werden. Einige Proben (z. B. Mittelstrahlurin) sollten kühl gelagert werden, da sich anderenfalls die Erregerzahl in der Probe schnell um ein Vielfaches erhöht und die Unterscheidung von Begleitflora zum tatsächlichen Infektionserreger erschwert ist.

Ist hingegen die Wahrscheinlichkeit der Kontamination durch Begleitflora gering (z. B. weil die Probe aus einem primär sterilen Kompartiment gewonnen wurde), gibt es auch Indikationen zum Transport der Probe bei **Raumtemperatur** oder sogar bei **Körpertemperatur.** Dies ist insbesondere bei Erregern von Bedeutung, deren Vermehrungsfähigkeit durch Kühlung stark gefährdet ist. Beispiele für solche Infektionen sind der Nachweis von Neisseria meningitidis oder Haemophilus influenzae aus Liquor. Auch Materialien des Respirationstrakts sollen, selbst wenn eine Quantifizierung erwünscht ist, bei Raumtemperatur gelagert und transportiert werden, um empfindliche Pneumonie-Erreger wie Pneumokokken oder Haemophilus influenzae nachweisbar zu erhalten. Andere Indikationen zum Transport gewärmter Proben ergeben sich in der Parasitologie.

Können Proben für serologische Untersuchungen (z. B. Antikörpernachweis) nicht umgehend bearbeitet werden, sollten auch diese Proben gekühlt transportiert werden, ggf. nach dem Abseren durch den Einsender. Mehrfaches Einfrieren und Auftauen sollte dabei jedoch vermieden werden. Im Zweifelsfall empfiehlt sich für die weitere Vorgehensweise die Rückfrage im zuständigen Labor.

Beim Transport von Blutkulturen ist die Temperatur zur Lagerung und zum Versand der Probe mit dem jeweiligen Labor abzusprechen, da die Modalitäten sich nach dem dort eingesetzten Blutkultursystem richten.

- Transportdauer

Die Dauer des Probentransports, also die Zeit von der Probenentnahme bis zur Ankunft im Labor, sollte so kurz wie möglich gehalten werden (idealerweise weniger als 4 h). Für Sonderfälle sollte es noch schneller gehen: So sollte für den sicheren vollständigen kulturellen Nachweis von strikten Anaerobiern der Transport nicht länger als 30 min dauern. Proben mit besonderer Dringlichkeit müssen daher ggf. durch Sondertransporte geliefert werden. Werden Materialen außerhalb der regulären Dienstzeiten des Labors gewonnen, ist in vielen Fällen die Kontaktaufnahme zum Labor vor dem Versand der Probe empfehlenswert.

Ein verzögerter Transport reduziert die Sensitivität des Erregernachweises und verzögert das Ergebnis der Untersuchung. Die nachgewiesenen Erregerzahlen von Erreger und Begleitflora sind verfälscht und entsprechen nicht mehr unbedingt den Gegebenheiten am Infektionsort. Durch Absterben empfindlicher Erregern oder Zerfall besonders labiler Antigene (z. B. Toxine) oder Antikörper kann eine mikrobiologische Untersuchung völlig nutzlos werden. Bei der Befundung wird daher auch die Transportzeit berücksichtigt, sofern der Entnahmezeitpunkt auf dem Begleitschein dokumentiert ist.

In Kürze

Die klinische Diagnostik ist die Basis der Infektionsdiagnostik. Laboruntersuchungen sind frühzeitig unter Berücksichtigung der Differenzialdiagnosen, gezielt und mit allen erforderlichen Informationen versehen anzufordern. Ungezielte Laboruntersuchungen, die einer klinischen Grundlage vollständig entbehren, sind nicht zielführend, können zu verwirrenden falsch positiven Ergebnissen führen und sind auch aus ökonomischen Gründen nicht zu rechtfertigen.

Die jeweils gewählte Therapie sollte stets dem Kenntnistand der Diagnostik angepasst werden. Initial ist aus epidemiologischen Überlegungen heraus eine kalkulierte Therapie zu wählen. Sobald sich jedoch aus der mikrobiologischen Diagnostik neue Erkenntnisse zur Ätiologie des Erregers ergeben, sollte dies umgehend für ein gezielteres Therapieregime genutzt werden.

Die Qualität der Präanalytik entscheidet maßgeblich über die Aussagekraft des späteren mikrobiologischen Befundes. Im Zweifelsfall empfiehlt sich (am besten noch vor Entnahme der Probe) die Rücksprache mit dem zuständigen Labor.

Weiterführende Literatur

Dunn JJ et al (2019) Specimen collection; transport, and processing: Virology. In: Manual of Clinical Microbiology. 12th ed. Washington, DC: ASM, S 1446–14461

McElvania E et al (2019) Specimen collection; transport, and processing: Bacteriology. In: Manual of Clinical Microbiology. 12th ed. Washington, DC: ASM, S 302–330

Methoden der mikrobiologischen Diagnostik

Stefan Ziesing, Sören Schubert, Albert Heim und Ralf-Peter Vonberg

Die diagnostischen Methoden zum Nachweis von Infektionserregern reichen von seit langem bekannten Verfahren wie der Mikroskopie über Kulturverfahren bis hin zu modernen immunologischen und molekularbiologischen Ansätzen. Dieses Kapitel stellt den aktuellen Stand der verfügbaren und in der Praxis eingesetzten Methoden vor. Die Kenntnis dieser Methoden und ihrer Aussagekraft ist für die effiziente Gestaltung der infektiologischen Diagnostik unerlässlich.

19.1 Mikroskopische Verfahren

Im Rahmen der bakteriologischen, mykologischen und parasitologischen Diagnostik kommt der Mikroskopie eine große Bedeutung bei der **Sofortdiagnostik** zu, bei der man das Ergebnis der Kultur aus klinischen Gründen nicht abwarten kann. Darüber hinaus lässt sich aufgrund des mikroskopischen Befundes das Erregerspektrum oftmals eingrenzen, was eine gezieltere initiale antimikrobielle Therapie ermöglicht. Binnen kurzer Zeit, oft bereits innerhalb 1 h nach Probenentnahme, kann so das Vorliegen einer potenziell lebensbedrohlichen Infektion bestätigt bzw. als wenig wahrscheinlich beurteilt werden. Beispiele sind der Verdacht auf bakterielle Meningitis oder Malaria tropica.

Die Sensitivität mikroskopischer Untersuchungen ist jedoch begrenzt (Nachweisgrenze für Bakterien: 10^4 Erreger/ml). Daher werden solche Untersuchungen häufig mehrfach durchgeführt (z. B. bei der Suche nach säurefesten Stäbchen im Sputum bei Verdacht auf eine offene Lungentuberkulose) oder sekundär durch andere Verfahren mit besserer Sensitivität überprüft (z. B. durch zusätzliche kulturelle Anlage).

Ein weiteres Einsatzfeld für die Mikroskopie betrifft **Erreger, die sich auf künstlichen Nährmedien nicht anzüchten lassen** oder deren Anzucht diagnostisch nicht praktikabel ist, z. B. beim Nachweis von Malaria, Pneumocystis jirovecii, Wurmeiern und anderen Darmparasiten.

Alle **Viren,** mit Ausnahme der Poxviridae, entziehen sich wegen ihrer Kleinheit der Lichtmikroskopie. Lichtmikroskopisch lassen sich jedoch virale Antigene in infizierten Zellen aus diagnostischen Materialien (► Abschn. 19.5.2) und durch Viren verursachte Veränderungen (zytopathischer Effekt = CPE; ► Abschn. 19.4) in Zellkulturen nachweisen Außerdem können die Viren selbst mit einem Elektronenmikroskop sichtbar gemacht werden (s. u.).

Das Untersuchungsmaterial kann nativ, d. h. ohne Anfärbung, begutachtet werden. Dabei ist der Einsatz besonderer optischer Verfahren zur Erregerdarstellung sinnvoll. Mittels verschiedener Färbeverfahren können im Material enthaltene Erreger (und auch Wirtszellen) differenziert dargestellt werden.

▪ Nativpräparat

Im Nativpräparat wird die Probe (natives Probenmaterial, Bakteriensuspension) weder getrocknet noch fixiert und auch nicht gefärbt. Eine Kontrastierung erfolgt nur durch die Lichtbrechung der Mikroorganismen oder anderer korpuskulärer Bestandteile. Eine Kontrastverstärkung ist durch die Verwendung eines Dunkelfeld- bzw. Phasenkontrastmikroskops möglich. Im Nativpräparat lässt sich dann z. B. die Eigenbewegung von Mikroorganismen betrachten.

▪ Hellfeldmikroskopie

Das klassische mikroskopische Verfahren ist die Hellfeldmikroskopie. Das Objekt wird dabei (meistens von unten) senkrecht durchleuchtet und direkt betrachtet. Mit dem entsprechenden Objektiv und Okular ist dabei unter Verwendung von Immersionsöl eine 1000-fache Vergrößerung des Präparats zur Beurteilung von Bakterien üblich. Für größere Erreger, z. B. Pilze, Parasiten oder Wurmeier, muss eine entsprechend geringere Vergrößerung gewählt werden. Die Wellenlänge des sichtbaren Lichts begrenzt das Auflösungsvermögen dieses Verfahrens auf etwa 0,2 µm. Die meisten Bakterien sind im Hellfeldmikroskop prinzipiell erkennbar.

S. Suerbaum et al. (Hrsg.), *Medizinische Mikrobiologie und Infektiologie*,
https://doi.org/10.1007/978-3-662-61385-6_19

▪ **Dunkelfeldmikroskopie**

Um auch Bakterien darstellen zu können, deren Durchmesser die Auflösungsgrenze des Lichtmikroskops unterschreitet (z. B. Treponema pallidum), steht die Dunkelfeldmikroskopie zur Verfügung. Bei diesem Verfahren wird das einfallende Licht über einen besonderen Kondensor nahezu waagerecht auf das Objekt ausgerichtet, während der Hintergrund des Gesichtsfeldes dunkel ist. Der Betrachter sieht dann nur das vom Objekt zufällig in seine Blickrichtung abgelenkte Streulicht. Das Auflösungsvermögen dieses Verfahrens liegt bei etwa 0,1 µm.

▪ **Phasenkontrastmikroskopie**

Die Geschwindigkeit des Lichtes ist abhängig von der Dichte des durchquerten Mediums. Die Phasenkontrastmikroskopie nutzt die durch Verzögerung des Lichtes in dichteren Teilen des Objekts resultierende Interferenz durch Phasenverschiebung der elektromagnetischen Wellen. Die Betrachtung im Phasenkontrast ist geeignet für Objekte mit großen Dichteunterschieden, z. B. bakterielle Sporen oder Parasiten. Sie wird auch in der virologischen Diagnostik eingesetzt, um bei der Virusisolation einen CPE in Zellkulturen erkennen zu können.

▪ **Fluoreszenzmikroskopie**

Fluoreszenzfarbstoffe emittieren nach Anregung durch kurzwelliges Licht (z. B. durch die UV-Strahlung einer Quecksilberdampflampe oder durch entsprechende LEDs) ein Licht mit größerer Wellenlänge (z. B. sichtbares Licht) und leuchten dann hell vor einem ansonsten dunklen Hintergrund. Die sichtbar leuchtende Farbe variiert je nach Art des Farbstoffs und der im System verwendeten Filter. Die Fluoreszenzmikroskopie wird u. a. bei der Auramin-, der Calcofluor- und in der Immunfluoreszenz-Färbung benutzt (▶ Abschn. 19.1.1).

▪ **Elektronenmikroskopie**

Die Elektronenmikroskopie ist eine schnelle Methode, um Viren direkt im Untersuchungsmaterial (Bläschenpunktate, Stuhl oder Urin) nachzuweisen. Voraussetzung für den Virusnachweis ist allerdings, dass die Viren in hoher Konzentration (>10^6 Partikel/ml Probensuspension) vorliegen. Die Elektronenmikroskopie ist also nicht sehr sensitiv, was neben dem hohen Geräte- und Personalaufwand ein Nachteil ist. Deshalb wird sie heute nur noch von wenigen Labors diagnostisch angewandt.

In der diagnostischen Transmissionselektronenmikroskopie nutzt man einen Strahl schneller Elektronen statt eines Lichtstrahles zum visuellen Direktnachweis der Viren. Damit sind Vergrößerungen bis zu 200.000-fach möglich, die Auflösungsgrenze liegt bei ca.10 nm. Da Viruspartikel elektronenoptisch durchlässig sind, werden sie durch Anlagerung von Schwermetallsalzen, z. B. Uranylazetat (ca. 2 %), hell vor einem dunklen Hintergrund dargestellt (Negativkontrastierung). In der elektronenmikroskopischen Abbildung lässt sich aus der Virusmorphologie (Größe, mit oder ohne Hülle, Kapsidform) meist nur auf die Virusfamilie schließen. Eine genauere Klassifizierung von Viren der gleichen Familie, z. B. die Unterscheidung von HSV und VZV im Bläscheninhalt, ist nicht möglich.

19.1.1 Herstellung mikroskopischer Präparate

Viele Erreger sind wegen ihrer geringen Kontrastierung im mikroskopischen Präparat nativ nicht zu erkennen. Daher erfordern die meisten Fragestellungen zunächst zwei Schritte in der Herstellung mikroskopischer Präparate:

- **Fixierung des Präparats:** Das auf einen Objektträger aufgetragene Patientenmaterial wird luftgetrocknet und danach auf eine der beiden folgenden Arten fixiert; das erfolgreich fixierte Präparat kann in den folgenden Schritten nicht mehr versehentlich abgeschwemmt werden;
  - **thermische Fixation,** z. B. durch Hitze über der Flamme des Bunsenbrenners
  - **chemische Fixation,** z. B. mit Methanol
- **Färbung des Präparats** je nach zu erwartenden Erregern

Im Folgenden werden die im mikrobiologischen Labor am häufigsten eingesetzten Färbeverfahren vorgestellt.

▪ **Gramfärbung**

Die Gramfärbung ist die **Routinefärbung** der mikrobiologischen Diagnostik. Das Prinzip der Gramfärbung ist in ◘ Abb. 19.1 dargestellt. Diese Vorgehensweise erlaubt die Differenzierung zwischen grampositiven (blau gefärbten) und gramnegativen (rot gefärbten) Erregern. Das fixierte Präparat wird in vier Schritten gefärbt:

1. Färben mit Kristallviolett
2. Beizen mit Lugol'scher Lösung
3. Entfärben mit Alkohol (96 Vol.-%)
4. Gegenfärben mit Safranin

Der Farbunterschied erklärt sich aus der Beschaffenheit der bakteriellen Zellwand:

- Bei **grampositiven** Erregern mit einer dicken, mehrlagigen Mureinschicht wird das im 1. Schritt eingebrachte und im 2. Schritt fixierte blauviolette Kristallviolett nicht durch den Entfärbungsschritt

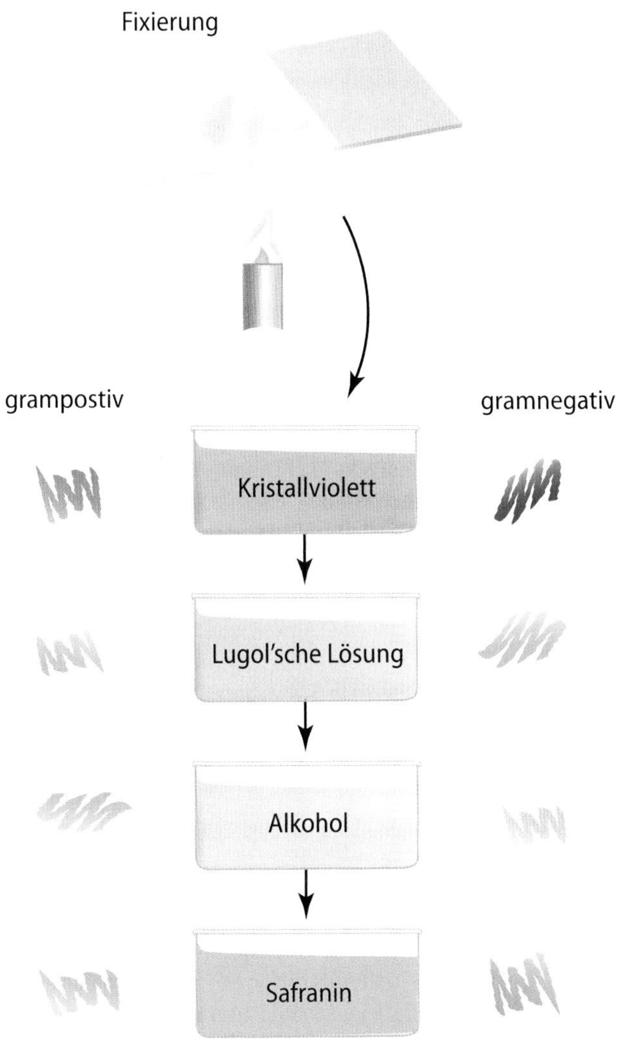

Abb. 19.1 Prinzip der Gramfärbung

mit Alkohol herausgelöst. Die Erreger erscheinen blau.
- **Gramnegative** Bakterien mit ihrer dünnen Mureinschicht werden im 3. Schritt durch Alkohol wieder entfärbt. Zur Darstellung dieser Erreger werden sie im 4. Schritt durch Safranin rot eingefärbt („Gegenfärbung").

Über die Feststellung der grampositiven oder -negativen Eigenschaft hinaus erlaubt die Gramfärbung noch die Beurteilung der äußeren Form (längliche Stäbchen oder runde Kokken) und die Lagerung der Erreger zueinander (z. B. Haufen- vs. Kettenkokken) bzw. zu Wirtszellen (extra- oder intrazellulär).

Ziehl-Neelsen-Färbung

Die Zellwand aller **Mykobakterien** (z. B. Mycobacterium tuberculosis) enthält einen hohen Anteil an Wachsen. Aus diesem Grund ist die Anfärbung dieser Erreger mit wasserlöslichen Farbstoffen (z. B. Gramfärbung) nicht möglich. Für den Nachweis von Mykobakterien wird stattdessen die Ziehl-Neelsen-Färbung verwendet. Die Differenzierung des Tuberkuloseerregers von anderen Mykobakterien gelingt jedoch damit nicht.

Zur Färbung wird das fixierte Präparat mit Phenol-Fuchsin überschichtet. Durch Erwärmung auf etwa 100 °C wird die Wachsschicht kurzzeitig durchlässig für Farbstoffe. Der so von der Bakterienzelle aufgenommene rote Farbstoff kann nach Erkalten nicht mehr aus der Zelle diffundieren. Selbst die anschließende aggressive Behandlung mit Salzsäure/Alkohol führt nicht zur Entfärbung: Diese Erreger sind „säurefest". Die anschließende Gegenfärbung mit Methylenblau dient der besseren Kontrastierung.

Auraminfärbung

Mykobakterien sind im mikroskopischen Präparat oft in nur sehr geringer Anzahl vorhanden. Ergänzend zur Ziehl-Neelsen-Färbung wird die sensitivere Auraminfärbung zum Nachweis säurefester Bakterien eingesetzt. Durch Aufnahme von Auramin (statt Phenol-Fuchsin) fluoreszieren säurefeste Bakterien nach Anregung durch kurzwelliges Licht vor einem schwarzen Hintergrund. Das Verfahren vereinfacht durch einen verbesserten Kontrast das Auffinden von Mykobakterien im Präparat, ist jedoch nicht spezifisch für diese.

Giemsa-Färbung

Die Giemsa-Färbung dient zum Nachweis vieler **Protozoen** im peripheren Blut (z. B. Plasmodien) oder im Knochenmark (z. B. Leishmanien). Bei der Methode färbt sich das Chromatin der Erreger rotviolett an, ihr Zellplasma hingegen bläulich. Erythrozyten stellen sich grau dar.

Neisser-Färbung

Die Neisser-Färbung dient dem Nachweis von metachromatischen Granula („Polkörperchen") von **Corynebacterium diphtheriae.** Das Präparat wird zunächst mit einer Lösung aus Methylenblau und Kristallviolett in Ethanol behandelt, anschließend mit Chrysoidin- oder Bismarck-Braun-Lösung gegengefärbt. Mikroskopisch erinnert der Erreger in dieser Färbung an abgebrannte Streichhölzer: Die terminalen, polyphosphathaltigen Polkörperchen des Erregers stellen sich schwarzbraun dar, die übrige Bakterienzelle gelbbraun. Die Färbung ist nicht speziesspezifisch.

Methylenblaufärbung

Die einfache Methylenblaufärbung eignet sich zur schnellen und orientierenden Beurteilung eines Präparats. Sie erlaubt die Beurteilung der Form von

Bakterien sowie deren Lagerung zueinander bzw. intrazellulär in Körperzellen. Eine weitergehende Differenzierung von Bakterien ist nicht möglich.

■ Weitere Färbeverfahren

Modifizierte Kinyoun-Färbung Die modifizierte Kinyoun-Färbung ähnelt im Prinzip der Ziehl-Neelsen-Färbung mit weniger aggressiver Entfärbung und wird z. B. zum Nachweis von Kryptosporidien in Stuhlproben oder Nocardien eingesetzt.

Grocott-Versilberung Nach Grocott-Versilberung stellen sich Pilze (z. B. Candida, aber auch Zysten von Pneumocystis jirovecii) schwarz dar. Dieses Färbeverfahren ist jedoch vergleichsweise aufwendig und wurde daher im Routinebetrieb in vielen Labors durch Alternativverfahren ersetzt.

Calcofluor-Färbung Calcofluor dient in Waschmitteln als Aufheller und wird speziell zur Färbung von Pilzen eingesetzt. Es bindet an chitinhaltige Strukturen der Zellwand. Bei der Betrachtung des Präparats unter einem Fluoreszenzmikroskop leuchten die so markierten Strukturen weiß auf.

Immunfluoreszenzfärbung (Immunfluoreszenztest) Für viele Erreger sind spezifisch bindende Antikörper erhältlich, an die Fluoreszenzfarbstoffe gekoppelt sind. Im mikroskopischen Präparat enthaltene Erreger lassen sich durch Bindung dieser markierten Antikörper an das erregerspezifische Antigen fluoreszenzmikroskopisch darstellen. Die Spezifität der Untersuchung wird durch die Beurteilung der Morphologie der angefärbten Strukturen verbessert. Bei der Diagnostik von Virusinfektionen werden Virusantigene in infizierten Zellen nachgewiesen.

19.2 Kulturverfahren

19.2.1 Grundlagen

19

Wann immer möglich, ist der kulturelle Nachweis von Erregern zur Sicherung der Verdachtsdiagnose anzustreben. Darüber hinaus ist die Anzucht in der Regel Voraussetzung für die Empfindlichkeitsprüfung des Erregers (▶ Abschn. 19.8). Außerdem kann durch molekularbiologische Verfahren, z. B. die Polymerasekettenreaktion und Sequenzierung (PCR; ▶ Abschn. 19.7.2) oder die Pulsfeld-Gelelektrophorese (PFGE; ▶ Abschn. 19.7.3) ggf. der Nachweis einer Klonalität geführt werden. So lässt sich z. B. die Erregerübertragung in Infektionsketten nachweisen, wenn man an verschiedenen Nachweisorten oder bei mehreren Patienten genotypisch identische Stämme findet.

Es gibt in der Mikrobiologie eine große Auswahl an Nährmedien, die sich in ihren Inhaltsstoffen, in der Konsistenz und hinsichtlich des Verwendungszwecks bzw. Indikationsbereichs voneinander unterscheiden. Hinsichtlich ihrer Verwendung sind zu unterscheiden:

Universal- oder Optimalmedien Eines oder auch mehrere Medien dieses Typs sind in fast allen Kulturansätzen enthalten. Sie gestatten den Nachweis der meisten in einer Probe zu erwartenden Erreger.

Selektivmedien Sie dienen zur Anzucht definierter Erreger oder -gruppen. Dies ist insbesondere von Bedeutung, wenn nach Erregern in Proben mit einem hohen Anteil physiologischer Flora gesucht wird (z. B. Clauberg-Agar zum Nachweis von Coryenebacterium diphtheriae) oder wenn Erreger besonderer Nährstoffe bedürfen, die auch in den üblichen Optimalmedien nicht enthalten sind (z. B. Nachweis von Legionellen in Atemwegsmaterialien). Antibiotika werden als Zusatzstoff zur Unterdrückung konkurrierender Flora, aber auch zur selektiven Suche nach Erregern mit definierten Resistenzen eingesetzt (z. B. Enterokokken-Selektivagar mit Vancomycinzusatz zur Suche nach glykopeptidresistenten Enterokokken).

Differenzial- oder Indikatormedien In diesen Medien sind Zusatzstoffe wie Indikatoren enthalten, die z. B. zur selektiven Anfärbung der Kolonien definierter Erreger führen. Dies erleichtert und beschleunigt die Suche nach den betreffenden Erregern erheblich. Medien dieses Typs werden sowohl in der Primäranlage der nativen Patientenprobe als auch im Rahmen der Subkultivierung zur Identifikation eines Erregers verwendet.

In der Praxis werden zudem Mischformen der o. g. Medien eingesetzt. Im Folgenden werden typische Bestandteile von Kulturmedien vorgestellt.

19.2.2 Typische Bestandteile von Kulturmedien

■ Wasser und Agar-Agar

Wasser ist für das Wachstum nahezu aller Erreger essenziell. Daher müssen Nährmedien einen hohen Wasseranteil enthalten. Dünnflüssige Medien finden dabei Verwendung als Anreicherungsmedien. Feste Nährmedien sind in der bakteriologischen Diagnostik unabdingbar. Erst mit der Darstellung von Einzelkolonien ist die **Morphologie einzelner Bakterienkolonien** (z. B. Größe, Farbe und Form) zu beurteilen. Reinkulturen sind darüber hinaus Ausgangspunkt aller Schritte zur Erregeridentifizierung sowie für die Empfindlichkeitsprüfung.

Wünschenswert ist daher ein festes Nährmedium, auf dem einerseits die bakteriellen Kolonien einzeln beurteilbar sind, das aber andererseits dennoch einen hohen Anteil an Wasser als Wachstumsgrundlage beinhaltet. Die gelierende Substanz **Agar-Agar**, ein Extrakt aus Meeresalgen, ermöglicht beides. Bei Raumtemperatur ähnelt die Konsistenz fester Medien mit Agar-Agar der von Wackelpudding. Beim Erwärmen verflüssigen sie sich kurzzeitig und lassen sich dann leicht in jedes gewünschte Behältnis (z. B. eine Petrischale) überführen. Je nach Agar-Agar-Konzentration entstehen feste Agarplatten, halbfeste Nährmedien oder flüssige Kulturmedien (Bouillons ohne Agar-Agar).

▪ Nährstoffe und Energiequellen

Alle für das Wachstum des Erregers erforderlichen Nährstoffe müssen im Kulturmedium enthalten sein. Häufig verwendete Nährstoffe umfassen als Stickstoffquelle Proteine oder Peptone. Peptone sind durch enzymatischen Abbau oder durch Säureabbau aus tierischen oder pflanzlichen Proteinen gewonnene Aminosäuren und Peptide. Als Energiequellen werden vielen Kulturmedien außerdem Zucker zugegeben (z. B. Glukose und Laktose). Spezifische Wachstumsfaktoren (z. B. Hämin und NAD für Haemophilus influenzae), Metalle, Salze und andere Spurenelemente ergänzen das Spektrum an Nährstoffen.

Die genaue Zusammensetzung ist stets für die anzuzüchtenden Erreger optimiert. So ist es umgekehrt durch den Verzicht auf bestimmte Nährstoffe ebenfalls möglich, das Wachstum einzelner (z. B. anspruchsloser) bakterieller Spezies gezielt zu begünstigen und dafür das Wachstum anderer Erreger zu begrenzen oder vollständig zu unterdrücken.

▪ Selektive Substanzen

Es gibt viele Substanzen, die auf einige Bakterien toxisch wirken, das Wachstum anderer Spezies jedoch nicht nennenswert beeinträchtigen. Zu solchen selektiven Substanzen zählen verschiedene Salze (z. B. Gallensalze, Tellurit oder Tetrathionat) oder Säuren (Azide). Ihre Zugabe schafft im Kulturmedium ein Milieu, in dem sich nur noch ein sehr begrenztes Spektrum an Erregern vermehren kann. Ein Antibiotikum im Nährmedium kann sensible Erreger unterdrücken, während resistente Spezies auf diese Weise selektioniert werden.

▪ Puffersubstanzen

Für das Wachstum vieler Erreger bzw. zur Unterdrückung des Wachstums von störender Begleitflora ist der **pH-Wert des Mediums** von großer Bedeutung und lässt sich daher als selektionierender Faktor einsetzen (z. B. alkalisches Peptonwasser zum Nachweis von Vibrio cholerae). Wenn Bakterien sich vermehren, ergeben sich jedoch leicht pH-Wert-Verschiebungen (z. B. wenn Zucker zur Säuren verstoffwechselt werden). Zur Stabilisierung des pH-Wertes gibt man daher vielen Kulturmedien Puffer (z. B. Zitrate oder Phosphate) zu.

▪ Indikatoren

Manchen Kulturmedien sind Indikatoren zugesetzt, die zumeist in Abhängigkeit des umgebenden pH-Wertes ihre Farbe ändern. Sie erlauben daher die Unterscheidung verschiedener Bakterien nach deren Stoffwechselleistung.

19.2.3 Kulturmedien

▪ Feste Kulturmedien

Agar-Agar-Konzentrationen von etwa 2 % führen zu festen Kulturmedien, die sich auch bei üblichen Temperaturen im Brutschrank noch nicht verflüssigen. Feste Medien sind meistens in Petrischalen gegossen (Schichtdicke etwa 3 mm), werden mit einem Dreiösenausstrich beimpft (◘ Abb. 19.2a) und stellen die Grundlage der meisten mikrobiologischen Verfahren zur Anzucht von Erregern dar.

Festmedien erlauben die morphologische Beurteilung der Einzelkolonie und auf bluthaltigen Medien zusätzlich der Hämolyseeigenschaften. Da die Kolonien auf der Oberfläche des Nährmediums wachsen, ist es außerdem möglich, verschiedene Erreger in einer einzelnen Probe voneinander zu unterscheiden bzw. eine Kultur auf Reinheit zu prüfen oder einzelne Kolonien gezielt für eine Subkultivierung auszuwählen (◘ Abb. 19.2b).

In der Mikrobiologie häufig eingesetzte feste Kulturmedien sind in ◘ Tab. 19.1 zusammengefasst.

▪ Halbfeste Kulturmedien

In halbfesten Kulturmedien werden etwa 0,5–0,75 % Agar-Agar eingesetzt. Sie eignen sich z. B. zur Beweglichkeitsprüfung von Bakterien (Schwärmagar zur Bestimmung induzierbarer Geißelantigene bei der Salmonellentypisierung).

▪ Flüssige Kulturmedien

Flüssige Kulturmedien (Bouillons) sind zur Anreicherung von Erregern gut geeignet. Wachstum in einem flüssigen Medium nach Bebrütung ist anhand der Trübung erkennbar. Eine weitergehende Identifikation des Erregers direkt aus dem flüssigen Medium ist jedoch nicht möglich.

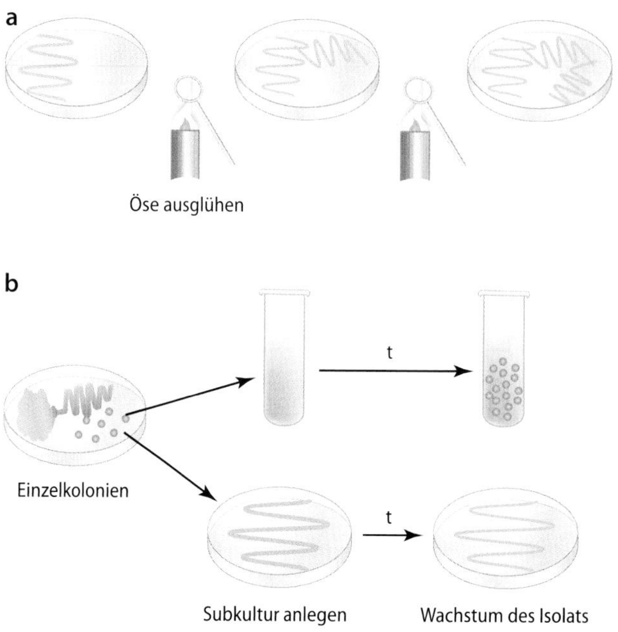

Abb. 19.2 Dreiösenausstrich (**a**); Herstellung von Reinkulturen unter Verwendung von Einzelkolonien (b)

Tab. 19.1 Auswahl häufig eingesetzter fester mikrobiologischer Kulturmedien

Medium	Art des Mediums	Besonderheit
BCYE-Agar	Selektivmedium	– Nährstoffauswahl erlaubt Legionellenwachstum – Zugabe von Antibiotika unterdrückt Begleitflora – Puffer und Aktivkohle neutralisieren potenziell toxische Metaboliten
Blutagar	Optimal- und Differenzialmedium	– ggf. Fähigkeit zur α- bzw. β-Hämolyse beurteilbar
Clauberg-Agar	Selektiv- und Differenzialmedium	– Kulturmedium zur Corynebacterium diphtheriae-Diagnostik – Reduktion des Tellurit führt zu schwarzbraunem Tellur – Zuckerabbau bewirkt pH-Wert-Verschiebung und somit Blaufärbung des Agars
Kochblutagar	Optimalmedium	– Hämin- und NAD-Freisetzung aus zerstörten Erythrozyten ermöglicht das Wachstum von Haemophilus influenzae
Löwenstein-Jensen-Agar	Selektivmedium	– Malachitgrün selektiert Mykobakterien (z. B. Mycobacterium tuberculosis) – Hoher Lipidgehalt erlaubt Mykobakterienwachstum
MacConkey-Agar	Selektiv- und Differenzialmedium	– Gallensalze unterdrücken Wachstum grampositiver Bakterien und selektieren gramnegative Enterobakterien (z. B. Escherichia coli) – Fähigkeit zur Spaltung von Laktose durch Farbindikator angezeigt (hilfreich zur Suche nach obligat pathogenen Erregern, z. B. Salmonellen)
Mannit-Kochsalz-Agar	Selektiv- und Differenzialmedium	– Salzgehalt begünstigt Wachstum von Staphylococcus aureus – Mannitspaltung bewirkt Gelbfärbung des Mediums
Müller-Hinton-Agar	Optimalmedium	Häufig zur Empfindlichkeitstestung mittels Agardiffusion
Slanetz-Bartley-Agar	Selektivmedium	Azide hemmen die Begleitflora und selektieren Enterokokken
Thayer-Martin-Agar	Selektivmedium	Antibiotikazugabe selektiert u. a. Neisserien (Neisseria meningitidis, Neisseria gonorrhoeae)

BCYE = buffered charcoal yeast extract

19.3 Methoden zur Identifizierung von Bakterien

19.3.1 Phänotypische Identifizierung

Der Phänotyp eines Erregers ergibt sich aus der Gesamtheit der von ihm ausgeprägten Eigenschaften. Die abschließende Speziesidentifizierung erfolgt in der mikrobiologischen Diagnostik inzwischen zwar überwiegend mittels Massenspektrometrie. **Phänotypische Merkmale können jedoch bei der morgendlichen Plattenvisite bereits erste wichtige Hinweise geben.** Anhand folgender Kriterien unterscheidet man dabei zunächst übergeordnete **Familien** oder **Gattungen**:
- Koloniemorphologie
- Wachstum auf Medien
- Abhängigkeit von aeroben, mikroaerophilen oder anaeroben Bedingungen
- Ausfall weniger Leitreaktionen

Mit der weiteren Prüfung phänotypischer Eigenschaften lässt sich danach die Auswahl möglicher **Spezies** immer weiter eingrenzen. Erst die kombinierte Berücksichtigung verschiedener Untersuchungsergebnisse erlaubt schließlich die Zuordnung des Erregers zu einer bestimmten Art. Bei der phänotypischen Identifizierung lässt sich jedoch nicht ausschließen, dass ein Erreger zwar über ein bestimmtes Merkmal genetisch verfügt, dieses zurzeit phänotypisch aber nicht exprimiert.
Die häufigsten **phänotypischen Verfahren zur Speziesdifferenzierung** sind:
- Bedarf an Nährstoffen zum Wachstum
- Toleranz verschiedener Konzentrationen von Sauerstoff in der Umgebungsluft
- Wachstum bei verschiedenen Bebrütungstemperaturen
- Morphologie der Kolonie (makroskopisch)
- Fähigkeit zur Hämolyse und Hämolysetyp
- Morphologie des Erregers (mikroskopisch)
- Lagerung des Erregers (mikroskopisch)
- Färbeverhalten in verschiedenen Färbeverfahren (mikroskopisch)
- Fähigkeit zur Ausbildung von Geißeln (Beweglichkeit)
- Antigene Strukturen der Oberfläche
- Fähigkeit zur Verstoffwechselung von Substraten
- Empfindlichkeit gegenüber antimikrobiellen Substanzen

Anzucht Die Bedingungen, unter denen ein Erreger anzüchtbar ist, sind in aller Regel die Grundlage der Identifizierung: Durch Wachstum auf Selektivmedien lassen sich bereits eine große Anzahl potenzieller Erreger ausschließen. In Abhängigkeit vom zu erwartenden Erregerspektrum wird daher stets eine geeignete Auswahl an Optimal-, Differenzial- und Selektivnährmedien beimpft. Spezifische Fragestellungen können die Anlage weiterer Medien erforderlich machen. Durch Subkultivierung (fraktionierte Überimpfung mit ausgeglühter Platinimpföse, ◘ Abb. 19.2a) auf weitere Nährmedien kann dann das Wachstum ausgewählter Kolonien unter definierten Kulturbedingungen überprüft werden.

Bebrütung Die Bebrütung der meisten Medien wird nach 48 h beendet. Einige Erreger mit vergleichsweise langsamem Wachstum (z. B. Legionellen, Schimmelpilze) erfordern jedoch eine verlängerte Bebrütung:
- Blutkulturen über 5 bis 7 Tage, um auch in nur geringer Zahl enthaltene Erreger anzuzüchten.
- Festmedienkulturen zum Nachweis von Mycobacterium tuberculosis wegen der langen Generationszeit des Erregers sogar 6 bis 8 Wochen; erst dann ist ein ausreichendes Koloniewachstum zu erwarten.

Viele Bakterien wachsen gut in Anwesenheit von Sauerstoff, sind aber auch zum Wachstum im anaeroben Milieu fähig (**fakultative Anaerobier**). Für einige ausgewählte Spezies ist jedoch der Sauerstoffgehalt im Brutschrank gut zur Differenzierung geeignet: Während sich manche Erreger nur unter Ausschluss von Sauerstoff vermehren (**strikte Anaerobier**, z. B. Clostridium perfringens), gibt es andere, die auf das Vorhandensein von Sauerstoff zwingend angewiesen sind (**strikte Aerobier**, z. B. Pseudomonas aeruginosa).
- Daher bebrütet man Proben, in denen man strikt anaerob wachsende Erreger erwarten kann, sowohl aerob als auch anaerob.
- Materialien, bei denen Infektionen mit strikten Anaerobiern unwahrscheinlich sind (z. B. Sekrete aus dem Respirationstrakt oder oberflächlich entnommene Wundabstriche), werden hingegen nur aerob bebrütet.

Doch selbst für manche fakultative Anaerobier kann der **Sauerstoffgehalt der Umgebungsluft** Hinweise zur Speziesbestimmung liefern. So ist z. B. das Ausmaß der Hämolyse durch einige Streptokokken bei reduziertem Sauerstoffgehalt ausgeprägter. Mit besonderen Flüssigmedien (Thioglykolatbouillon, ◘ Abb. 19.3), in denen reduzierende Bestandteile in der Tiefe des Mediums anaerobe Bedingungen herstellen, können die atmosphärischen Ansprüche eines Keimes anhand des Wachstums im Medium abgelesen werden.

Die Prüfung des Wachstums bei verschiedenen **Bebrütungstemperaturen** ist ebenfalls zur Speziesdifferenzierung geeignet. Das Temperaturoptimum der

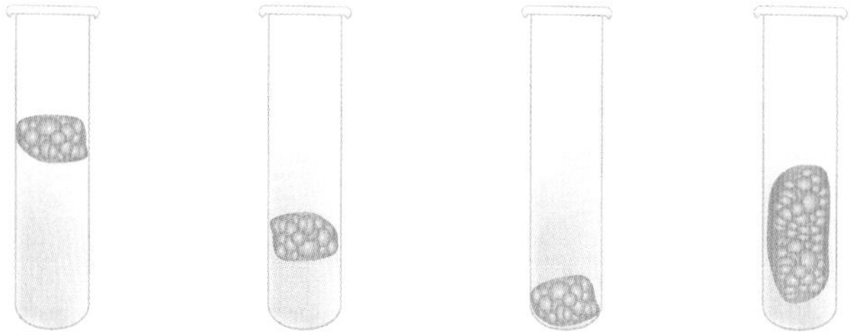

Abb. 19.3 Wachstum in Thioglykolatbouillon: Im Medium stellt sich durch reduzierende Bestandteile ein von oben nach unten abnehmender Sauerstoffgehalt ein. Daher wachsen obligate Aerobier oberflächennah (hohe O_2-Konzentration), während strikte Anaerobier bodennah wachsen (niedrige O_2-Konzentration). Mikroaerophile Spezies wachsen am besten dort, wo die für sie optimale Sauerstoffkonzentration herrscht, während fakultative Anaerobier sich im gesamten Medium vermehren können

meisten humanpathogenen Bakterien liegt im Bereich der Körpertemperatur (30 bis 36 °C). Es gibt jedoch einige Spezies, die noch bei höheren Temperaturen wachsen (z. B. Pseudomonas aeruginosa bis zu 42 °C) bzw. bei deutlich niedrigeren Temperaturen anzüchtbar bleiben (z. B. Yersinia enterocolitica bei 28 °C). Für den Nachweis von Listerien eignet sich eine Kultur bei 4 °C sogar zur sog. „Kälteanreicherung".

Beurteilung der Morphologie der Einzelkolonie Nach erfolgreicher Anzucht wird die Morphologie der Einzelkolonie unter Beachtung folgender Merkmale beurteilt:
- **Größe:** Durchmesser und Höhe
- **Form:** Rund oder fransig, ggf. flächig schwärmend
- **Farbe:** Pigmentierung
- **Oberfläche:** Matt oder glänzend
- **Hämolyseverhalten:** α-, β-, γ-Hämolyse

Manche Spezies haben außerdem einen charakteristischen **Geruch,** z. B.
- **Süßlich** bei Pseudomonas aeruginosa,
- **Faulig** bei Proteus spp.,
- **Erdig** bei Nocardia spp.

19

Die Morphologie der Erreger lässt sich nach entsprechender Anfärbung **mikroskopisch** beurteilen. Ein wichtiges Kriterium ist die Form des Bakteriums (rund = kokkoid, stäbchenförmig, gekrümmt oder schraubenförmig). Je nach verwendeter Färbemethode lassen sich weitere Eigenschaften des zu untersuchenden Erregers bestimmen (z. B. Zellwandbeschaffenheit durch die Gramfärbung, Säurefestigkeit in der Ziehl-Neelsen-Färbung; ► Abschn. 19.1.1). Weiterhin wird die Lage der Erreger zueinander (in Haufen, in Ketten oder in Paaren) bewertet.

Im unfixierten Nativpräparat (► Abschn. 19.1.1) lässt sich die **Fähigkeit zur Bewegung** durch das Vorhandensein von Geißeln nachweisen. Ein anderes Nachweisverfahren zur Beweglichkeit ist das halbfeste Nährmedium (Schwärmagar) für Salmonellen. Proteus spp. zeigen ein typisches Schwärmverhalten oftmals sogar bereits auf den üblichen festen Vollmedien.

Oberflächenmerkmale Der Nachweis von Oberflächenmerkmalen (z. B. durch Agglutination von Antigenen mittels spezifischer Antikörper, entweder in der Gruber-Reaktion oder an Latexpartikel gebunden) ist eine weitere Möglichkeit zur Phänotypisierung. So lassen sich beispielsweise Streptokokken anhand des Lancefield-Antigens in verschiedene Gruppen (A, B etc.) einteilen. Salmonellen können durch die Typisierung von O-Antigenen (Lipopolysaccharide der Zellwand) und H-Antigenen (Proteine der Geißeln) differenziert werden (Kauffmann-White-Schema).

Biochemische Leistungen/Stoffwechsel Vor Einführung der Massenspektrometrie war die Prüfung der biochemischen Leistungen von Bakterien das Standardverfahren für deren endgültige Identifizierung. Solche Eigenschaften werden auch heute noch durch die Anlage von Differenzial- und Selektivmedien zur Diagnostik ausgenutzt. In einem zweiten Schritt überprüft man die Ergebnisse sog. „Leitreaktionen" (z. B. Katalase oder Oxidase).

Früher schloss sich daran regelhaft die gleichzeitige Prüfung mehrerer biochemischer Leistungen (die sog. „bunte Reihe", vgl. Abb. 29.18b) an, bei der man in einem Arbeitsgang 10–50 Leistungen in einzelnen Kavitäten untersucht. Je nach Ergebnis der Einzeltestung (erkennbar an einem Farbindikator oder einer Trübung in der Kavität) ergibt sich ein Profil der biochemischen Leistungen. Der Vergleich dieses Profils mit in einer Datenbank erfassten typischen Reaktionsprofilen einer Vielzahl von Bakterien erlaubt mit einer bestimmten Wahrscheinlichkeit die Zuordnung der Spezies. Seit Einführung der (erheblich schnelleren und meist zudem spezifischeren) Massenspektrometrie wird dieses Verfahren jedoch nur noch in Einzelfällen als Alternativmethode angewendet.

Massenanalyse chemischer Verbindungen Ein neueres Verfahren zur schnellen Identifizierung von Mikroorganismen ist die sog. **MALDI-TOF-Massenspektrometrie**, eine Kombination aus den Methoden der Matrix-assistierten Laser-Desorption/Ionisation (MALDI) und der Flugzeitanalyse („time of flight", TOF). Koloniematerial des zu untersuchenden Erregers wird dazu in eine chemische Substanz (Matrix) eingebettet. Laserbeschuss löst Zellbestandteile der Mikroorganismen aus der Matrix heraus und ionisiert sie. Den Hauptanteil der ionisierten Moleküle stellen die hochprävalenten ribosomalen Proteine dar. Die ionisierten Moleküle haben verschiedene Massen und Ladungen. Sie werden im elektrischen Hochspannungsfeld beschleunigt und die Zeit bis zu ihrem Auftreffen auf einem Ionendetektor über eine definierte Flugstrecke wird exakt gemessen.

Die über Mehrfachmessungen erhaltenen Massenprofile der ionisierten ribosomalen Proteine sind für definierte Erreger speziesspezifisch, bei hochauflösenden Varianten sogar subspeziesspezifisch! Ein Abgleich dieses Profils mit einer Datenbank führt schließlich zur Identifikation. Das Verfahren ist sehr breit einsetzbar und im Laboralltag die gegenwärtig schnellste Methode: Ergebnisse für ein Isolat liegen oft bereits nach wenigen Minuten vor.

Derzeit werden Protokolle für die Anwendung auch für Flüssigkulturen, z. B. Blutkulturmedien, entwickelt. Neuere Arbeiten konnten überdies den Einsatz der MALDI-TOF-Massenspektrometrie für die phänotypische Bestimmung von Antibiotikaresistenzen und -resistenzmechanismen, z. B. Beta-Laktamase-Aktivitäten, nachweisen. Diese phänotypischen Testverfahren basieren auf der Quantifizierung der Proteinsynthese in Gegenwart bzw. Abwesenheit eines Antibiotikums und ermöglichen die Resistenztestung innerhalb von 3–4 h. Die MALDI-TOF-Massenspektrometrie-basierten, spezifischen Nachweise von Beta-Laktamase-Aktivitäten (z. B. Carbapenemase-Nachweise) sind innerhalb von einer Stunde möglich.

Antibiotikaempfindlichkeit Die Empfindlichkeit gegenüber antimikrobiellen Substanzen kann bei der Speziesdiagnostik ebenfalls richtungsweisend sein. Für einige Spezies sind intrinsische, stets vorhandene (natürliche) Resistenzen bekannt; bei anderen Spezies kommen bestimmte Resistenzen nur extrem selten vor. So kann das Antibiogramm durchaus die Speziesbestimmung stützen bzw. infrage stellen. In der Praxis stellt der Abgleich zwischen Identifizierungsergebnis und Antibiogramm eine zentrale Plausibilitätsprüfung diagnostischer Ergebnisse dar.

Phagentypisierung Ein heute nur noch selten verwendetes Testsystem ist die Phagentypisierung. Sie nutzt die spezies-, oftmals sogar subspeziesspezifische Affinität von Viren, die Bakterien infizieren. Durch den Einsatz eines bekannten Panels solcher Bakteriophagen lässt sich die bakterielle Spezies, häufiger noch eine Subtypenzuordnung (Phagentyp), ermitteln.

19.3.2 Genotypische Identifizierung

Alle phänotypisch nachweisbaren Merkmale sind auf genetischer Ebene kodiert. Nicht jede genetische Eigenschaft ist jedoch jederzeit phänotypisch ausgeprägt. Es liegt daher nahe, Keime durch die Bestimmung des Genotyps zu identifizieren.

Wenn etwa in Fällen eines nosokomialen Ausbruchsgeschehens die Quelle identifiziert oder die Übertragungswege aufgedeckt werden müssen, reicht eine kulturelle Diagnostik mit Nachweis der Spezies des Erregers meist nicht aus. Neben relevanten epidemiologischen Parametern, die den Ort, Zeitpunkt und die betroffenen Personen einschließen, sind molekulare Methoden zur Bestimmung der genetischen Identität einzelner Erreger („molekularer Fingerabdruck") notwendig, um zweifelsfrei die Übertragung nachzuweisen und ein Ausbruchsgeschehen zu charakterisieren.

- **Nicht amplifizierende Verfahren**

Für die molekulare genotypische Identifizierung von Erregern können Nukleinsäure amplifizierende von nichtamplifizierenden Verfahren unterschieden werden. Zu letzteren zählt die Pulsfeld-Gelelektrophorese (PFGE; ▶ Abschn. 19.7.3), bei der die Gesamtgenom-DNA der Bakterien isoliert und mit Restriktionsendonukleasen behandelt wird, die nur an wenigen definierten Stellen die genomische DNA schneiden. Daraus entsteht ein überschaubares Muster aus hochmolekularen genomischen DNA-Fragmenten, das in einem speziellen Elektrophoreseverfahren aufgetrennt und analysiert werden kann.

- **Nukleinsäure amplifizierende genom- und sequenzbasierte Verfahren**

Zu den Nukleinsäure-amplifizierenden Verfahren zählen verschiedene Methoden der Nutzung der Polymerasekettenreaktion (PCR-Methoden), die beispielsweise kurze, wenig selektiv bindende PCR-Primer verwenden (Randomly Amplified Polymorphic DNA RAPD-PCR). Weitere PCR-basierte Genotypisierungsverfahren sind die „Multispacer Sequence Typing" (MST-)Methode, die Verteilung von IS-Elementen, die Analyse von „Multiple Loci Variable Number of Tandem Repeats" (MLVA/VNTR). Die MLVA/VNTR nutzt dabei den Polymorphismus von sich tandemartig wiederholenden DNA-Sequenzen in Genom von Bakterien aus.

Die außerordentliche Weiterentwicklung von DNA-Sequenzierungsverfahren (▶ Abschn. 19.7.4) macht heute Gesamtgenomdaten auch für die Genotypisierung von Infektionserregern verfügbar. Diesen genombasierten Typisierungsverfahren ist das Auffinden spezifischer DNA-Sequenzen und ein bioinformatischer Sequenzvergleich bis hin zum Aufspüren einzelner Basenunterschiede gemein. Die Vorteile der sequenzbasierten Typisierungsverfahren sind die Möglichkeit von Datenbankvergleichen und der Aufbau allgemein gültiger Typisierungsschemata, die laborübergreifend weltweit Anwendung finden und globale Vergleichsmöglichkeiten gestatten.

Neben der deutlich besseren Reproduzierbarkeit und Vergleichbarkeit besitzen die DNA-Sequenz-abhängigen Typisierungsverfahren meist eine deutlich bessere Fähigkeit zur Unterscheidung individueller Isolate. Hierzu zählen:

- Identifizierung von „Single Nucleotide Polymorphisms" (SNP)
- Multilocus-Sequenz-Typisierung (MLST)

Multiple-Loci-VNTR-Analyse (MLVA) Dies ist eine Methode zur genetischen Analyse bestimmter Mikroorganismen, z. B. pathogener Bakterien, die den Polymorphismus von sich tandemartig wiederholenden DNA-Sequenzen ausnutzt. Ein VNTR ist eine Tandemwiederholung mit variabler Zahl, eine Methode, die in der Forensik als genetischer Fingerabdruck eine große Bedeutung erlangt hat. Wenn sie bei Bakterien angewendet wird, kann es zum Auffinden der Quelle eines bestimmten Stammes beitragen, was sie zu einer nützlichen Technik für die Überwachung von Ausbrüchen macht.

In einer typischen MLVA werden eine Reihe gut ausgewählter und charakterisierter DNA-Loci mittels PCR (▶ Abschn. 19.7.2) amplifiziert, sodass die Größe jedes Locus gemessen werden kann, üblicherweise durch Elektrophorese der Amplifikationsprodukte zusammen mit Referenz-DNA-Fragmenten (DNA-Größenmarkern). Die resultierende Information ist ein Code, der leicht mit Referenzdatenbanken verglichen werden kann, sobald der Assay harmonisiert und standardisiert werden kann.

Multilocus-Sequenz-Typisierung (MLST) Bei dieser Methode amplifiziert man zunächst eine definierte Anzahl von Genen mittels PCR. In einem zweiten Schritt wird dann durch Bestimmung der jeweiligen Basenabfolge nach Unterschieden in diesen PCR-Produkten gesucht. Das Verfahren ist deshalb zum Vergleich von Isolaten aus verschiedenen Quellen so gut geeignet, weil sich durch die Sequenzierung ein eindeutiges Datenprofil eines jedes Klons ergibt. Verschiedene Laboratorien können so (z. B. in epidemiologischen Studien) ihre Ergebnisse leicht miteinander vergleichen. Zudem gibt es auch für MLST-Sequenzen große Datenbanken, die bei der Identifizierung von Erregern zum Vergleich nutzbar sind.

Da eine genotypische Identifizierung jedoch zeitaufwendig ist und vergleichsweise hohe Kosten verursacht, ist sie nur bestimmten Indikationen der Routinediagnostik oder wissenschaftlichen Fragestellungen vorbehalten. Vorteilhaft ist sie in der Laborroutine zur Beschleunigung der Diagnostik von Erregern mit langsamem Wachstum (z. B. Mykobakterien) oder zum Nachweis nichtkultivierbarer Erreger. Weiterhin dient sie zur Differenzierung von Bakterien, bei denen die Phänotypisierung zu keinem ausreichend sicheren Ergebnis geführt hat. Ebenfalls hilfreich ist die Genotypisierung, wenn das genetische Korrelat für ein spezifisches Merkmal (z. B. die Resistenz gegenüber einer Antibiotikaklasse oder die Fähigkeit zur Toxinproduktion) selektiv und schnell ermittelt werden soll oder ein klonaler Zusammenhang verschiedener Isolate der gleichen Spezies nachzuweisen bzw. auszuschließen ist.

Viele Viren werden heute durch Sequenzierung (meist nur von einzelnen Genomregionen nach PCR-Amplifikation) genauer differenziert (Speziesbestimmung, Typisierung, Subtypisierung). Diese Vorgehensweise wird bevorzugt, wenn das Virus nicht oder nur schlecht in Zellkulturen vermehrbar ist (z. B. HBV, HCV, HIV) oder wenn eine Vielzahl von Typen vorkommt, was die ältere Serotypisierung zu aufwendig macht (z. B. Entero-, Rhino-, Adenoviren). Für einige wenige Fragestellungen sind auch einfachere Hybridisierungstechniken entwickelt worden (z. B. HCV).

Der Nachweis eines Erregers direkt aus vom Patienten gewonnenem Material durch Ermittlung von Gensequenzen erlaubt jedoch keine Aussage über dessen Vermehrungsfähigkeit (und damit über die Infektiosität des Patienten). Er beweist lediglich das Vorliegen des zur Amplifizierung notwendigen Fragments seines Genoms. Andererseits erlaubt dieses Verfahren ggf. auch den Nachweis des Erregers nach Therapiebeginn, also zu einem Zeitpunkt, an dem ein kultureller Nachweis grundsätzlich nur noch eingeschränkt möglich ist.

19.4 Virusisolation in Zellkulturen

Alle Viren benötigen zu ihrer Vermehrung (Replikation) lebende Zellen. Sie können deshalb auf bakteriologischen „Nährböden" nicht angezüchtet (isoliert) werden. Die älteren virologischen Methoden „Tierversuch" oder „Brutei" (= Hühnerembryo) haben in der Diagnostik keine oder nur noch geringe Bedeutung. Üblich ist heute die Virusisolierung mithilfe von Zellkulturen. Zur Virusisolierung verwendet man adhärente (d. h. am Boden der Kulturflasche oder Schale haftende), als „Rasen" wachsende Zelllinien tierischen und insbesondere menschlichen Ursprungs. Für viele Zwecke eignen sich permanente, immortalisierte Zelllinien (z. B. HeLa), z. T. werden aber auch nicht immortalisierte Zellen mit begrenzter Lebensdauer (z. B. MRC-5) benötigt. ◘ Tab. 19.2 gibt einen Überblick über einige Zelllinien und die Viren, die mit ihnen isoliert werden können.

Zytopathischer Effekt (CPE) Darunter versteht man lichtmikroskopisch sichtbare Veränderungen durch die Virusreplikation in den infizierten Zellen;

Tab. 19.2 Zelllinien und darauf anzüchtbare Viren

Zelllinie	Adenovirus	Herpes-simplex-Virus (HSV)	Zytomegalievirus (CMV)	Enterovirus	Respiratory Synzytial-Virus (RSV)	Mumpsvirus
A-549 (Bronchialkarzinom-Zelllinie)	+	(+)			(+)	
HeLa (Zervixkarzinom-Zelllinie)	+	+		+	+	
HEp-2 (Larynxkarzinom-Zelllinie mit HeLa-Markern)	(+)	(+)		(+)	+	
MRC-5 (humane fetale Lungenfibroblasten-Zelllinie)	(+)	+	+	+	+	
Vero (Affennieren-Zelllinie)		+		+	+	+

das Virus selbst bleibt unsichtbar. Der CPE wird im diagnostischen Labor durch Betrachtung der ungefärbten, nichtfixierten Zellkultur in einem mit Phasenkontrastierung ausgestatteten inversen Mikroskop (Objektiv unten, Beleuchtung von oben) beurteilt. In der Regel betrachtet man die inokulierten Zellkulturen nach verschiedenen Zeitspannen, z. B. täglich bis zu 3 Wochen nach Inokulation. Dabei muss die Virusinfektion oft durch mehrere aufeinanderfolgende Zellkulturschritte verstärkt werden, wenn ein CPE in den ersten Tagen ausbleibt. Dazu überträgt („passagiert“) man den Überstand samt eines Anteils infizierter Zellen auf frische Zellkulturen.

Grundsätzlich gibt es 3 **CPE-Formen,** die jeweils typisch für verschiedene Viren sind:
- Abkugelung und Ablösung der Zellen aus dem Zellrasen, gefolgt von vollkommener Zellzerstörung durch Lyse
- Bildung mehrkerniger Riesenzellen (Synzytien) durch „Zellverschmelzung“
- Ausbildung lichtdichter „Einschlusskörper“ im Zellkern oder Zytoplasma

Die Identifikation des isolierten Virus ist möglich aufgrund der Zelllinie, auf der die Isolierung gelang, der Form des CPE und der Zeitdauer bis zu seinem Auftreten. In der Regel muss die Identifikation noch durch eines der folgenden Verfahren bestätigt werden:
- **Direkter Immunfluoreszenztest** mit monoklonalen Antikörpern gegen das vermutete Virus, markiert mit einem Fluoreszenzfarbstoff (▶ Abschn. 19.1)
- **Hämadsorption:** Zellen binden nach Infektion mit bestimmten hämagglutinierenden Viren Erythrozyten
- **Hämagglutination**: Da manche Viren Erythrozyten zu verklumpen vermögen, kann der Überstand einer infizierten Zellkultur eine Erythrozytensuspension agglutinieren; ▶ Abschn. 19.6.1)
- **Neutralisationsversuch:** Neutralisation der Infektiosität durch virusspezifisches Antiserum (Goldstandard der Virusidentifikation) ▶ Abschn. 19.6.1)
- **Sequenzierung** (▶ Abschn. 19.3.2)

19.5 Nachweis erregerspezifischer Antigene

Antigene Strukturen können durch verschiedene Testverfahren visualisiert werden und damit zur Diagnostik beitragen. Im Folgenden werden die häufigsten Methoden zum Nachweis solcher Antigene dargestellt.

19.5.1 Immunfluoreszenztests

Direkter Erregernachweis

Durch die **Verwendung von Antikörpern**, die einerseits spezifisch an das zu detektierende Antigen binden und andererseits eine Markierung mit einem Fluoreszenzfarbstoff besitzen, lassen sich Erreger direkt im zu untersuchenden Material nachweisen (direkte Immunfluoreszenz).

Ein Beispiel für dieses Verfahren ist der Nachweis von Zysten des Erregers Pneumocystis jirovecii. Sofern dieser in Proben des Respirationstrakts vorhanden ist, bindet bei der Färbung im Labor der passende, markierte Antikörper fest an den Erreger und kann danach nicht mehr abgespült werden. Unter UV-Licht leuchten die Zysten im Fluoreszenzmikroskop hell auf. Einschränkend bei Einsatz des Immunfluoreszenztests ist die vergleichsweise geringe Sensitivität, die im Bereich der Sensitivität anderer lichtmikroskopischer Verfahren liegt (10^4 Erreger/ml).

Im Gegensatz zu Bakterien und anderen noch größeren Mikroorganismen sind Viren lichtmikroskopisch nicht sichtbar. **Virale Antigene** lassen sich aber schnell und leicht in infizierten Zellen nachweisen, die in Abstrichen (Auge, Nase, Rachen) und Spülflüssigkeiten (z. B. bronchoalveoläre Lavage) enthalten sind. Dafür müssen die diagnostischen Materialien eine ausreichende Zahl von Zellen enthalten, die nicht durch falsche Transportmedien (z. B. bakteriologische Agar-Gelröhrchen für Abstriche) verloren gehen dürfen. Eine Besonderheit ist der **CMV-pp65-Antigenämietest**. Hierbei wird ein virales pp65-Antigen im Blut in Granulozyten quantitativ nachgewiesen, d. h. der Anteil pp65-positiver Leukozyten gezählt. Alternativ zur Immunfluoreszenz sind immunzytochemische Anfärbungen verwendbar. Die Zahl pp65-positiver Granulozyten korreliert mit der Schwere einer CMV-Reaktivierung bei immunsupprimierten Patienten.

19.5.2 Nachweis von Antigenen in Körperflüssigkeiten

▪ **Enzymgekoppelter Immunosorbent Assay (ELISA) zum Antigennachweis**

Der Aufbau des Antigen-ELISA entspricht im Prinzip dem ELISA zum Nachweis von Antikörpern (▶ Abschn. 19.6.1). Ein ELISA zum Nachweis von Antigenen ist derart modifiziert, dass das nachzuweisende Antigen mithilfe spezifischer Antikörper detektiert wird. An einen mit der Mikrotiterplatte fest (kovalent) gebundenen spezifischen Antikörper heftet sich bei diesem Test das zu detektierende Antigen. In Waschschritten entfernt man danach die ungebundenen Bestandteile der Probe. Das so an die Festphase gebundene Antigen wird im nächsten Schritt mit einem zweiten, spezifischen, enzymmarkierten Antikörper überschichtet. Überschüssige Antikörper werden in Waschschritten entfernt. Dem an den zweiten Antikörper gekoppelten Enzym wird danach ein Substrat zugegeben. Die Farbänderung des Substrats nach Umsatz durch das Enzym wird fotometrisch gemessen und quantifiziert.

Im Bereich der Virologie haben sich nur wenige Antigen-ELISA-Tests bewährt (HBsAg, HBeAg, HIV-Ag (p24), HCV-Ag im Serum, Rotavirus-Ag im Stuhl), da bei den meisten Viruserkrankungen nur geringe Antigenkonzentrationen in Körperflüssigkeiten vorliegen. In der Bakteriologie werden mit diesem Verfahren z. B. Legionella-Antigene im Urin oder das Toxin von Clostridium difficile im Stuhl nachgewiesen.

▪ **Agglutinationstests**

Bei **Latexagglutinationstests** werden an Latexpartikel gebundene Antikörper der Probe zugegeben. Ist das passende Antigen enthalten, kommt es zur Vernetzung und es bilden sich mit dem bloßen Auge sichtbare Verklumpungen. Einsatzfelder solcher Tests sind z. B. der Direktnachweis von Meningokokken im Liquor oder die Typisierung von Streptokokken anhand von deren Lancefield-Antigen. Latexagglutinationsverfahren werden auch angewendet für den Nachweis viraler Antigene in Körperflüssigkeiten (z. B. Rotavirus im Stuhl, Influenzavirus in bronchoalveolärer Lavage). Die begrenzte Sensitivität und Spezifität dieser Verfahren in der Virologie erfordern jedoch die Ergänzung durch andere diagnostische Methoden (z. B. PCR, direkter Immunfluoreszenztest, Virusisolation).

▪ **Bedside-Tests, Over-the-Counter-Tests**

Eine Reihe von Testverfahren zum Antigennachweis auf der Basis unterschiedlicher Techniken (ELISA, Latexagglutination, Immundiffusion) wird kommerziell angeboten, entweder zur Verwendung durch den Arzt direkt am Krankenbett (Bedside-Test; Point-of-Care-[POC]Test) oder durch den medizinischen Laien (Over-the-Counter-[OTC-]Test).

Obwohl ein Teil dieser Tests unter Laborbedingungen ausreichend gut funktioniert, produzieren unzureichend ausgebildete Labormitarbeiter oder Laien mitunter falsch-negative oder falsch-positive Ergebnisse, weil sie Grundbedingungen der Probennahme oder Testdurchführung nicht einhalten. Dies kann zu lebensbedrohlichen Fehldiagnosen führen. Der Einsatz dieser Tests sollte deshalb besonders geschultem Personal vorbehalten bleiben. Außerdem sind therapieentscheidende Ergebnisse durch ein anderes Verfahren im Labor zu bestätigen.

19.6 Nachweis erregerspezifischer Immunreaktionen

19.6.1 Serologie (Antikörpernachweise)

Serologische Methoden weisen einen Infektionserreger **indirekt** nach: Statt des Krankheitserregers selbst werden die vom betroffenen Patienten produzierten, gegen den Krankheitserreger gerichteten Antikörper nachgewiesen und damit indirekt eine Infektion diagnostiziert. Da viele Infektionen eine lang anhaltende Immunantwort und damit im Serum nachweisbare Antikörper provozieren, ist es diagnostisch wichtig, eine frische von einer abgelaufenen Infektion unterscheiden zu können. Dies gelingt auf 3 Wegen:

- Nachweis eines Titeranstiegs
- Nachweis von Immunglobulin M (IgM)
- Aviditätsbestimmung der Antikörper (weniger gebräuchlich)

Titeranstieg Eine frische Infektion lässt sich durch einen signifikanten Titeranstieg (d. h. mehr als 2-fach, in der Regel 4-fach) in aufeinanderfolgend entnommenen Seren (Serumpaar) nachweisen. Dabei sollte die erste Serumprobe möglichst kurz nach Beginn der Erkrankung, die zweite ca. 14 Tage später abgenommen werden. Bei Testmethoden, die auf Titervergleichen beruhen, kann ein einzelner erhöhter Titer nur vage auf eine frische Infektion hindeuten.

IgM-Bestimmung Die serologische Diagnose einer frischen Infektion kann durch eine IgM-Bestimmung aus einem einzelnen Serum erfolgen. Antikörper der IgM-Klasse sind frühestens 1 Woche nach Infektion nachweisbar, bei Erkrankungen mit längerer Inkubationszeit (z. B. „Kinderkrankheiten") oft schon zu Krankheitsbeginn. In der Regel bleiben sie 4–8 Wochen nachweisbar. Weitere Untersuchungen oder Probeentnahmen sind dann oft nicht erforderlich. In Ausnahmefällen, z. B. bei medikamentös immunsupprimierten Patienten, können sie aber monate- bis jahrelang persistieren. Die Aussagekraft eines IgM-Nachweises ist dann erheblich eingeschränkt.

Aviditätsbestimmung Mit Avidität wird die Stärke einer Antigen-Antikörper-Bindung, bedingt durch multivalente Bindungen beschrieben. Früh im Verlauf einer Infektion gebildete Antikörper weisen eine geringere Avidität auf als später gebildete. Somit lässt die Aviditätsbestimmung Rückschlüsse auf das Stadium einer Infektion zu. Ein Beispiel für die Aviditätsbestimmung ist der Nachweis von mütterlichen IgM-Antikörpern bei Toxoplasmose in der Schwangerschaft.

Kreuzreaktionen Kreuzreaktionen zwischen einzelnen Erregern können ein Problem darstellen (z. B. zwischen Viren der Herpesgruppe oder zwischen Mumps- und Parainfluenzavirus). Fragliche Befunde (evtl. nichtsignifikante Titeranstiege bei verdächtigem klinischem Bild, grenzwertige Ergebnisse bei Enzymimmunassays) sollte man kurzfristig kontrollieren, indem ein weiteres Serum für die entsprechende Untersuchung eingesandt wird.

▪ Neutralisationstest

Mithilfe des Neutralisationstests kann man immunitätsvermittelnde Antikörper nachweisen. Von einem neutralisierenden Antikörper spricht man, wenn die Bindung dieses Antikörpers an das Virus dessen Infektiosität blockiert. Vorteil ist die hohe Spezifität der Methode (▶ Abschn. 19.11.2). Sie ist daher häufig eine Referenzmethode zum Antikörpernachweis und sehr gut für Immunitätsfragestellungen geeignet. Ihr Nachteil ist der hohe Zeitaufwand.

▪ Hämagglutinations-Inhibitionstest (HI; Synonym: Hämagglutinations-Hemmtest, HHT)

Einige Viren, z. B. das Rötelnvirus, enthalten auf ihrer Oberfläche Moleküle mit der Fähigkeit, an Rezeptoren auf Erythrozytenmembranen zu binden und Erythrozyten zu agglutinieren. Beim HI/HHT werden nun unterschiedliche Verdünnungsstufen eines Patientenserums mit einer definierten Virussuspension vermischt und anschließend mit Erythrozyten inkubiert. Fehlt im Patientenserum ein die hämagglutinierende Eigenschaft des Virus blockierender Antikörper, wird das Virus die Erythrozyten agglutinieren. Sind jedoch im Patientenserum solche Antikörper vorhanden, hemmen sie die Agglutination und die nicht im Agglutinat gefangenen Erythrozyten sedimentieren. Als Titer gibt man die höchste Verdünnungsstufe des Patientenserums an, bei der man noch keine Agglutination beobachtet.

HI-Tests lassen sich nur für Viren mit agglutinierenden Eigenschaften entwickeln. Sie haben heute nur noch eine begrenzte Bedeutung, insbesondere bei der Bestimmung der Rötelnimmunität.

▪ Enzymgekoppelter Immunosorbent Assay (ELISA) zum Antikörpernachweis

Unter diesem Oberbegriff wird oft (nicht ganz korrekt) eine Reihe automatisierbarer Verfahren zusammengefasst mit der gemeinsamen Eigenschaft, dass die Antigen-Antikörper-Reaktion nicht in Lösung erfolgt, sondern an eine Festphase (meist eine Kunststoffoberfläche) gebunden ist („Immunosorbent"). Dies war ein erheblicher Fortschritt für die serologische Technik zum Antikörpernachweis, da sich durch einfache Waschschritte unspezifisch gebundene Antikörper entfernen lassen. Außerdem können die Tests durch Wahl eines entsprechend spezifischen Sekundärantikörpers sehr leicht IgG-, IgM- und IgA-spezifisch ausgelegt werden.

Durchführung Im einfachsten Fall besteht der ELISA aus direkt an eine Festphase (z. B. Näpfe einer Multiwellplatte) gebundenen Antigenen eines Krankheitserregers. Der Testablauf lässt sich in 3 Schritte unterteilen (◻ Abb. 19.4):

1. Nach Zugabe des Patientenserums erfolgt die Bindung der erregerspezifischen Antikörper (wenn

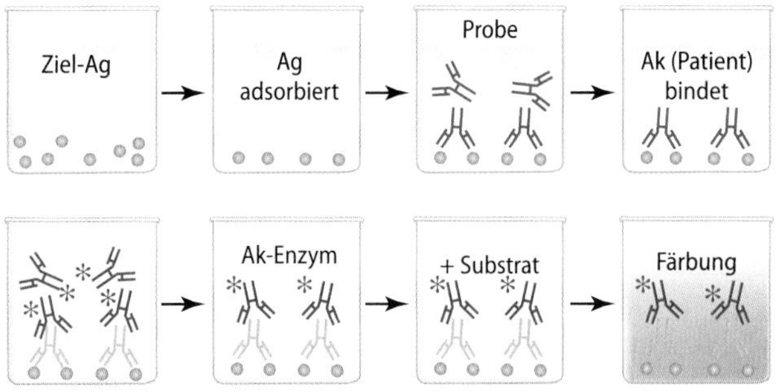

Abb. 19.4 ELISA

vorhanden) ans Antigen und somit an die Festphase. Unspezifisch auf der Oberfläche haftende Antikörper werden durch Waschen entfernt.
2. Nun erfolgt die Inkubation mit einem z. B. gegen humanes IgM-Fc-Fragment gerichteten zweiten Antikörper (oft „Konjugat" genannt), der chemisch mit einem Enzym gekoppelt („konjugiert") ist. Dieser Antikörper bindet an alle humanen IgM-Moleküle. Es folgt ein weiterer Waschschritt, durch den nur spezifisch gebundenes Konjugat auf der Festphase verbleibt.
3. Es folgt eine Inkubation mit einem Substrat für das Enzym, sodass eine Farbreaktion eintritt, die fotometrisch gemessen werden kann.

Varianten Das Reaktionsprinzip ist vielfältig variierbar. Hierzu gehört der Einsatz von nur gegen eine Immunglobulin-Subklasse gerichteten Konjugaten, um eine frische von einer zurückliegenden Infektion zu unterscheiden, oder eines Konjugats, das zwecks maximaler Sensitivität sämtliche Ig-Subklassen erfasst. Auch die Verwendung eines Fluoreszenz- oder Lumineszenzfarbstoffs statt eines Enzyms oder von Mikropartikeln statt einfacher Kunststoffoberflächen ist möglich (z. B. chemoluminescence microparticle assay, CMIA).

Varianten des ELISA-Testprinzips sind „Sandwichtests", bei denen das Antigen durch einen spezifischen Antikörper an die Festphase gebunden wird, sowie der „enzyme-labeled antigen assay" (ELA) oder „µ-capture assay". Beim **ELA** werden mithilfe von an die Festphase gebundenen Antikörpern gegen das IgM-Fc-Fragment selektiv sämtliche IgM-Moleküle aus einer Serumprobe gebunden. Seine Spezifität erhält der Test durch Zugabe eines definierten enzymmarkierten Antigens. Vorteil des ELA ist seine Unempfindlichkeit gegenüber Rheumafaktoren, die bei konventionellen IgM-ELISA-Tests zu falsch-positiven Ergebnissen (Kreuzreaktion) führen können.

19

Ergebnisse des ELISA ELISA-Tests liefern primär qualitative Ergebnisse. Durch das Mitführen von Kalibratoren und Eichkurven lassen sich aus den fotometrisch gemessenen Farbreaktionen auch quantitative Ergebnisse berechnen, ohne zuvor aufwendige Verdünnungsreihen der Serumprobe erstellen zu müssen. Bei manchen quantitativen ELISAs wird das Testprinzip abgewandelt: Kompetitiv markierte Antigene (oder Antikörper) werden aus der Bindung verdrängt. Eine Aviditätsbestimmung gelingt im ELISA nach Vorinkubation eines Aliquots der Serumprobe mit einem das Protein denaturierenden Agens und vergleichender quantitativer Bestimmung der Reaktivität der behandelten und unbehandelten Probe.

Immunoblot/Western-Blot

Immunoblots dienen oft als sehr spezifische Verfahren für serologische Bestätigungstests zum Nachweis von Antikörpern. Das klassische Immunoblotverfahren ist der Western-Blot. In der Bakteriologie ist der Immunoblot z. B. zur Bestätigung eines serologischen Verdachts einer Borelliose oder Yersiniose gängig. In der Virologie dient der Western-Blot zur Bestätigung des Nachweises von Antikörpern gegen HIV.

Beim Western-Blot werden durch Kultur gewonnene **antigene Erregerbestandteile elektrophoretisch nach ihrer Größe aufgetrennt** und auf eine feste Phase (z. B. Nitrozellulosemembran) transferiert. Dieser Transfer („blot") hat dem Verfahren seinen Namen gegeben. Das Nitrozellulosematerial wird danach in Streifen geschnitten, sodass jeder Streifen alle Antigene – nach Molekülgröße sortiert – enthält. Solche Streifen sind heute in aller Regel kommerziell erhältlich. Auf die Teststreifen wird dann das Patientenserum mit den nachzuweisenden, evtl. vorhandenen Antikörpern gegen diese transferierten Antigene gegeben. Im positiven Fall binden die Antikörper an die Antigene auf dem Teststreifen (Festphase). Ähnlich wie beim ELISA erfolgen Waschschritte, die Inkubation mit einem enzymkonjugierten zweiten Antikörper und anschließend mit einer Substratlösung. Hierbei wird ein Farbstoff produziert, der sich an die Antigenbande anlagert und diese anfärbt.

Der Western-Blot wird visuell beurteilt, wobei nicht nur die Stärke der Anfärbung in die Beurteilung eingeht, sondern auch, ob die Banden in der richtigen Position sind und sich ein typisches und spezifisches Bandenmuster ergibt.

Alternativen zum Western-Blot sind der „line immunoassay" (LIA) oder der „strip immuno assay" (SIA), bei denen die Teststreifen anders hergestellt werden. Hierbei werden gentechnisch hergestellte Antigene direkt an definierte Positionen eines Streifens aufgebracht. Der eigentliche Testablauf erfolgt dann wie für den Western-Blot beschrieben. Ein Beispiel stellt der Line-Blot zur Bestätigung von Antikörpern gegen das Hepatitis-C-Virus dar.

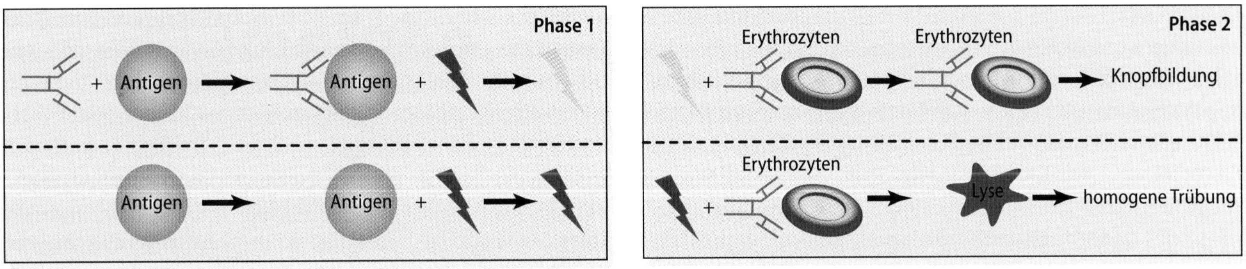

Abb. 19.5 Komplementbindungsreaktion (KBR); der dunkelrote, gezackte Keil symbolisiert das Komplementsystem, der rosafarbene, gezackte Keil steht für das verbrauchte Komplementsystem (Details im Text)

Komplementbindungsreaktion (KBR)

Eine weitere Methode, die auf einer Antigen-Antikörper-Reaktion beruht, ist die Komplementbindungsreaktion (KBR, Abb. 19.5). Sie stellt einen indirekten Antikörpernachweis dar. Das Testsystem basiert auf der Tatsache, dass sich bei in vitro ablaufenden Antigen-Antikörper-Reaktionen die Struktur der Fc-Teile der Antikörper (IgG und IgM) ändert. Diese ermöglicht in Gegenwart von Kalzium- und Magnesiumionen eine Aktivierung der klassischen Komplementkaskade (C1–C9). Infolge dieser Aktivierung wird Komplement verbraucht.

Durchführung Zur Suche nach Antikörpern in einem Patientenserum wird das enthaltene Komplement durch Hitze inaktiviert. Anschließend setzt man dem komplementfreien Serum eine definierte Menge Komplement sowie das Antigen zu, gegen das sich der gesuchte Antikörper richtet. Sind im Patientenserum spezifische Antikörper vorhanden, bindet Komplement an die sich bildenden Immunkomplexe und wird ganz oder teilweise verbraucht.

Der Komplementverbrauch in dieser 1. Phase der Reaktion ist nicht direkt erkennbar. Er wird in der 2. Phase durch ein **Indikatorsystem** sichtbar gemacht. Dabei handelt es sich um einen stabilen Antigen-Antikörper-Komplex aus Schaferythrozyten und gegen sie gerichtete Antikörper (Ambozeptor). Nach Komplementzugabe und Ablauf der Komplementkaskade lysieren die Schaferythrozyten. Wird hierzu der Ansatz aus der 1. Phase der KBR verwendet, gibt es **2 Möglichkeiten des Reaktionsausfalls:**

- Im Patientenserum befinden sich spezifische Antikörper (Abb. 19.5 oben): Es kommt zur Immunkomplexbildung, Komplement wird verbraucht, es steht kein Komplement mehr zur Verfügung, um nach Zugabe des Ambozeptors eine Hämolyse der Schaferythrozyten zu verursachen – die erhaltenen Erythrozyten sedimentieren (Knopfbildung).
- Patientenserum ohne spezifische Antikörper (Abb. 19.5 unten): In Abwesenheit von Immunkomplexen wird das Komplement nicht verbraucht und erst nach Zugabe des Ambozeptors aktiviert. Die resultierende Hämolyse verhindert die Knopfbildung.

Eine **Quantifizierung** erreicht man durch Testung einer geometrischen Verdünnungsreihe des Patientenserums. Als Titer gibt man die höchste Verdünnungsstufe an, bei der man noch keine Hämolyse beobachtet.

Ergebnisinterpretation Die KBR eignet sich gut zur Verfolgung der Aktivität einer Infektion: deutliche Titeranstiege bei frischen Infektionen und schneller Rückgang der KBR-Titer nach Ausheilung. Sie ist allerdings im Vergleich zu ELISA-Methoden unempfindlich und zeitaufwendig. Da sowohl IgM als auch IgG in der Lage sind, Komplement zu binden bzw. zu aktivieren, lassen sich beide Antikörperklassen nicht unterscheiden. Untersucht wird daher vorzugsweise ein Serumprobenpaar, das innerhalb von 2 Wochen abgenommen wurde. Ein erhöhter Titer, eine Serokonversion oder ein signifikanter Titeranstieg innerhalb von 2 Wochen zeigen eine frische Infektion bzw. Reaktivierung an. Ein erhöhter Titer kann auch eine rezente (kurz zurückliegende) Infektion anzeigen.

In der Infektionsdiagnostik wird die KBR zunehmend durch neuere Verfahren verdrängt.

Immundiffusion/Elek-Test

Das Prinzip der Immundiffusion wird beispielsweise beim Elek-Test genutzt (Abb. 19.6). Dieses nach seinem Erfinder S. D. Elek benannte Verfahren eignet sich zum Nachweis toxinbildender Stämme von Corynebacterium diphtheriae. Der Erreger wird in einem langen Strich auf Testagar geimpft und ein mit Antitoxin getränkter Papierstreifen wird aufgelegt. Toxin und Antitoxin diffundieren nun in den Agar. Wurde ein toxinpositives Isolat aufgetragen, so bilden Diphtherietoxin und Antitoxin vernetze Antigen-Antikörper-Komplexe, die als Präzipitationslinien sichtbar werden.

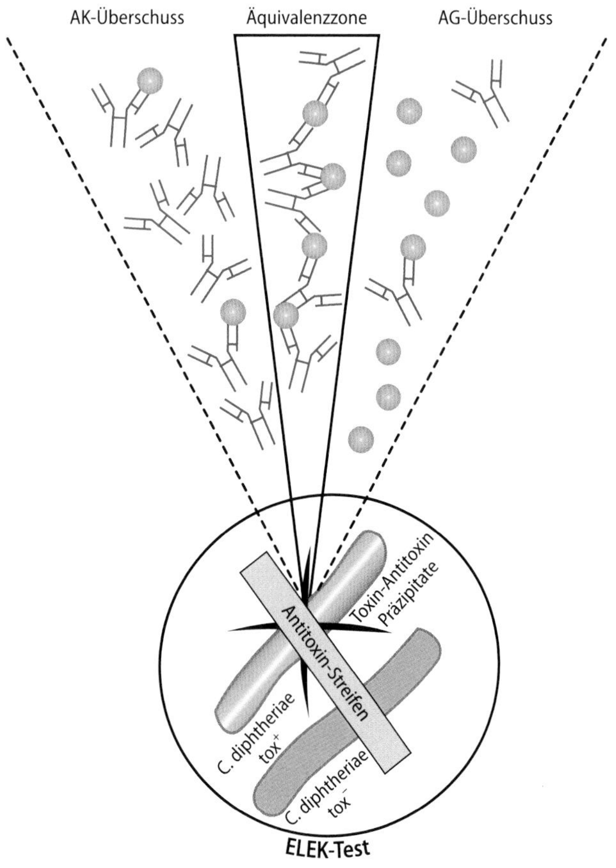

Abb. 19.6 Elek-Test

19.6.2 Nachweis erregerspezifischer T-Zellen

Der Nachweis erregerspezifischer T-Zellen ist nur wenigen Fragestellungen vorbehalten. Ein Beispiel für ein solches Einsatzgebiet ist die **Tuberkulosediagnostik**. Dabei exponiert man T-Zellen des Patienten mit Tuberkulin (Bestandteile von Mykobakterien). Ist oder war der Patient mit Tuberkulose infiziert, d. h. seine T-Zellen hatten bereits zuvor Kontakt mit Tuberkulin, so werden diese Zellen zur Produktion von IFN-γ angeregt. T-Zellen nicht infizierter Personen sind hingegen durch Tuberkulin kaum stimulierbar.

Der Nachweis erregerspezifischer T-Zellen gelingt natürlich nur, sofern diese Zellen grundsätzlich stimulierbar sind. Dies ist jedoch bei einigen Patienten nicht oder nur unzureichend der Fall. Daher ist bei jedem Testansatz stets eine Kontrolle mitzuführen, welche die grundsätzliche Stimulierbarkeit der T-Zellen überprüft. Lassen sich T-Zellen nicht unspezifisch stimulieren, so ist ein negatives Ergebnis der spezifischen Stimulation nicht verwertbar.

Auch der seit langem eingesetzte Tuberkulin-Intrakutantest (Tine-Test, Mendel-Mantoux-Test) dient dem Nachweis einer zellulären Immunantwort anhand einer ca. 48 h nach Tuberkulin-Injektion nachweisbaren derben Hautinfiltration an der Einstichstelle (allergische Reaktion vom verzögerten Typ).

In der virologischen Diagnostik sind Nachweismethoden für erregerspezifische T-Zellen bislang nur als Ergänzung für spezielle Fragestellungen bedeutsam. Der Nachweis erregerspezifischer T-Zellen gegen CMV oder Adenovirus lässt z. B. bei knochenmarktransplantierten Patienten auf eine eher gute Prognose im Falle einer Infektion schließen.

19.7 Molekularbiologische Verfahren

Molekularbiologische Nachweisverfahren haben in der Infektionsdiagnostik in den letzten Jahren zunehmend an Bedeutung gewonnen.

19.7.1 Hybridisierungsverfahren

Durchführung Hybridisierungsverfahren sind die ältesten Methoden zum Nachweis von Nukleinsäuresequenzen. Ihr Prinzip besteht darin, dass ein Nukleinsäure-Sequenzstück mit komplementärer Sequenz zur nachzuweisenden DNA oder RNA als Sonde („probe") dient. Diese Sonde ist radioaktiv markiert oder chemisch mit leicht nachweisbaren Verbindungen gekoppelt (z. B. Fluoreszenzfarbstoffe, Biotin, Digoxigenin). Bei klassischen Hybridisierungsverfahren (Blot-Methoden) muss die DNA bzw. RNA zunächst aus dem klinischem Probenmaterial extrahiert werden. Sie wird dann durch Hitze denaturiert (in Einzelstränge aufgetrennt) und entweder direkt auf eine Festphase (Nylon- oder Nitrozellulosemembran) aufgetragen („geblottet") und fixiert (Dot-und-Slot-Blot-Verfahren) oder vor dem Auftragen auf einem RNA-Gel oder DNA-Gel nach der Größe aufgetrennt (Northern- bzw. Southern-Blot).

Anschließend wird die Membran mit der Sonde (also einem komplementären DNA- oder RNA-Molekül) inkubiert. Falls die nachzuweisende DNA oder RNA vorhanden ist, bindet diese Sonde spezifisch durch Ausbildung von Wasserstoffbrückenbindungen (Doppelstrangbildung). Danach wird die Membran gewaschen, um unspezifisch gebundene Sonde zu entfernen, und anschließend eine Nachweisreaktion für die Sonde durchgeführt. Im einfachsten Fall ist das die Exposition eines fotografischen Films für den Nachweis von Radioaktivität.

Einsatzgebiete Nachteil der klassischen Hybridierungsmethoden ist ihre geringe Sensitivität (▶ Abschn. 19.11.1). Deshalb werden sie diagnostisch fast nicht mehr eingesetzt und sind durch PCR-Verfahren ersetzt worden (s. u.). Eine Ausnahme

19

stellen die Hybridisierungsverfahren mit Signalverstärkung dar, z. B. der „Branched-DNA-Test" (bDNA). Bei diesem wird das Signal so stark verstärkt, dass die Sensitivität des Verfahrens einer PCR vergleichbar ist. Derartige Tests sind zur quantitativen RNA-Bestimmung im Blut (z. B. Virus-RNA, „Viruslast") kommerziell erhältlich. Hybridierungsverfahren haben zudem noch große Bedeutung in der Früherkennung des Zervixkarzinoms durch den Nachweis humaner Papillomviren in Zervixabstrichen.

Eine Variante der klassischen Blot-Hybridisierungs-Methoden ist die **In-situ-Hybridisierung.** Diese arbeitet mit histologischen Gewebeschnitten, in denen durch eine markierte Sonde DNA oder RNA nachgewiesen wird. Die In-situ-Hybridisierung hat in der virologischen Forschung Bedeutung, da man erkennen kann, welche Zellen in einem Gewebe infiziert sind. Für die virologische Labordiagnostik ist sie aber meist zu aufwendig.

19.7.2 Polymerasekettenreaktion und andere Nukleinsäure-Amplifikationstechniken

▪ Konventionelle PCR

Die Polymerasekettenreaktion („polymerase chain reaction", PCR) ist ein Verfahren, mit dem sich bestimmte Nukleinsäuresequenzen sehr stark (exponentiell) vermehren und dadurch leicht nachweisen lassen. Vor Durchführung einer PCR muss die DNA (oder RNA im Falle von RNA-Viren) aus der klinischen Probe extrahiert werden. Wird der Nachweis von RNA-Viren angestrebt, muss die RNA vor der PCR durch eine reverse Transkriptase (RT) zu DNA umgeschrieben werden (RT-PCR).

Für die PCR sind 2 **Primer** erforderlich. Dies sind Oligonukleotide, also ca. 20 Basen umfassende DNA-Moleküle. Ihre Sequenzen sind so gewählt, dass sie im Abstand von wenigen hundert Basen voneinander an den Strang bzw. Gegenstrang eines DNA-Doppelstrangs binden. Diese Bindung erfolgt spezifisch durch Basenpaarung mittels Wasserstoffbrückenbindungen ähnlich wie bei der Hybridisierung einer Sonde (▶ Abschn. 19.7.1). Außerdem sind für die PCR eine **hitzestabile DNA-Polymerase** und Nukleotidtriphosphate erforderlich.

Durchführung Das Prinzip der PCR beruht auf einer exponentiellen enzymatischen Vermehrung eines genau definierten DNA-Abschnitts des Genoms in einer zyklisch ablaufenden Reaktion, bei der jeweils die Reaktionsprodukte eines Zyklus die Matrize für die Vermehrung im nächsten Zyklus sind. Ein PCR-Zyklus umfasst folgende 3 Schritte (◘ Abb. 19.7):

1. **Denaturierung:** Die Doppelstrang-DNA wird durch Erhitzen (z. B. auf 95 °C) in Einzelstränge aufgetrennt.
2. **Annealing:** Die Oligonukleotidsonden binden bei geeigneter Temperatur (z. B. 54 °C) spezifisch an die DNA-Einzelstränge.
3. **Elongation** oder **Extension:** Ausgehend von den Primersequenzen synthetisiert die DNA-Polymerase (z. B. bei 72 °C) einen neuen, jeweils komplementären DNA-Strang.

In einem Zyklus wird deshalb ein Abschnitt der DNA verdoppelt. So kommt es zur **exponentiellen Vermehrung** der nachzuweisenden DNA-Moleküle: 2 → 4 → 8 → 16 → 32 → 64 → 128 → 256 → 512 → 1024 usw.). Durch die Abfolge von z. B. 35 Zyklen kann man die Ausgangs-DNA-Menge auf diese Weise 68-milliardenfach (2^{36}) vermehren.

Nach der Amplifikation der viralen Nukleinsäure muss diese nachgewiesen (sichtbar gemacht) werden. Dies gelingt durch Gelelektrophorese und Anfärben der DNA mit einem Fluoreszenzfarbstoff (z. B. Ethidiumbromid). Man erkennt im positiven Fall auf dem Gel eine Bande, die genau die durch die Primerpositionen festgelegte Länge aufweist.

Um spezifische und unspezifische PCR-Amplifikate eindeutig unterscheiden zu können, ist deren Größenbestimmung im Agarosegel aber nicht ausreichend. Besser ist es, zum Nachweis der PCR-Produkte eine Hybridisierungsreaktion (▶ Abschn. 19.7.1) mit einer Sonde durchzuführen, die an die amplifizierte Sequenz bindet.

Probleme/Schwierigkeiten Die PCR ermöglicht den spezifischen Nachweis geringster Nukleinsäuremengen. Darin liegt einerseits die Stärke dieser Methode, anderseits aber auch ihr Schwachpunkt. Ein großes technisches Problem ist die Kontamination der PCR durch nachzuweisende DNA, die nicht vom Patienten stammt, sondern aus anderen Proben (Kreuzkontamination) oder einer vorherigen PCR (Produktkontamination). Dies führt zu falsch-positiven Ergebnissen, die sich nur durch eine auf den PCR-Betrieb abgestimmte Labororganisation zuverlässig verhindern lassen. Das erfordert besonders geschulte Mitarbeiter, die Trennung von Prä-PCR- und Post-PCR-Labors sowie die Verwendung von Einmalmaterialien.

Für manche Fragestellungen ist die **Sensitivität** der PCR so hoch, dass positive Ergebnisse diagnostisch irrelevant sein können. Dies wird z. B. beim Nachweis von Epstein-Barr-Virus (EBV) aus EDTA-Blut deutlich. EBV-DNA persistiert nach der Primärinfektion lebenslang in geringen Mengen in Lymphozyten. Der EBV-DNA Nachweis ist dann technisch zwar

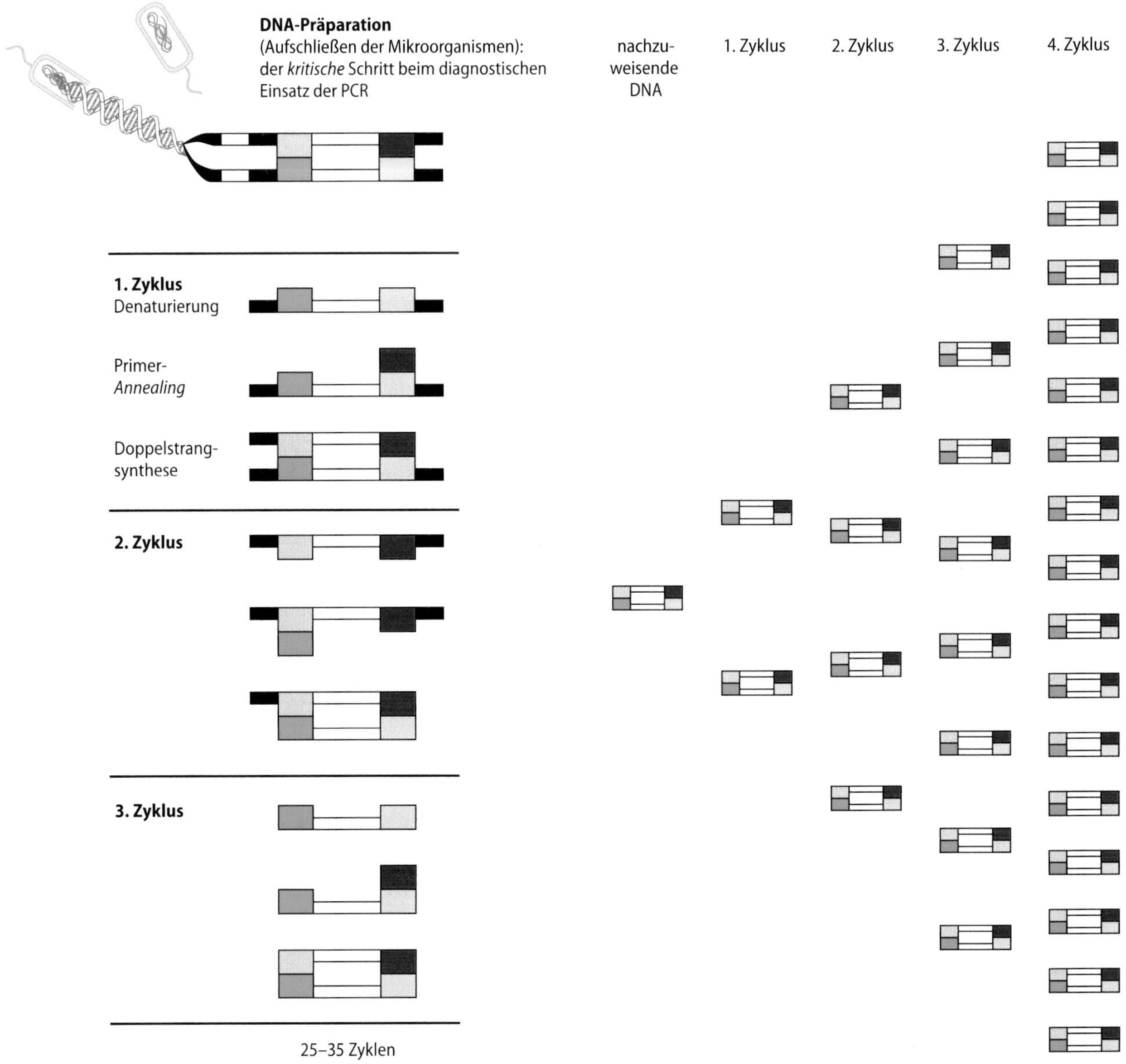

Abb. 19.7 25–35 Zyklen

19

korrekt geführt, aber diagnostisch nicht hilfreich. Dieses Dilemma vermögen neuere, quantifizierende PCR-Systeme auszugleichen.

Alternativverfahren Bei manchen PCR-Alternativverfahren (z. B. NASBA, TMA, 3SR) erfolgt der Reaktionsablauf isothermal (also bei konstanter Temperatur). Auch hier sind 2 Oligonukleotid-Primer nötig, außerdem mehrere Enzyme (reverse Transkriptase, RNase H, T7-DNA-Polymerase). Ihr Vorteil: RNA lässt sich auch direkt amplifizieren und RNA-Sequenzen lassen sich selektiv in einem „Hintergrund" identischer DNA-Sequenzen nachweisen.

▪ Multiplex-PCR

Multiplex-PCRs verwenden in einem Reaktionsansatz mehrere Primerpaare für verschiedene Krankheitserreger. Dadurch lassen sich verschiedene Erreger zeitgleich nachweisen. Es sind inzwischen mehrere Multiplex-PCR-Systeme für die „syndromische Testung" kommerziell verfügbar. Diese decken (fast) alle Erreger ab, die das gleiche bzw. ähnliche Krankheitsbilder (z. B. akute respiratorische Infektion, ARI) verursachen können.

▪ Quantitative PCR (Real-Time-PCR oder Echtzeit-PCR)

Grundsätzlich erlaubt eine PCR nur qualitative Befunde (positiv oder negativ), da die Menge des

PCR-Produkts (die sich leicht messen lässt) nicht in eindeutigem Zusammenhang mit der Menge nachzuweisender DNA im klinischen Material steht. Es gibt jedoch viele Fragestellungen (z. B. Viruslastuntersuchungen), bei denen nur ein quantitativer Nachweis von DNA oder RNA diagnostisch oder prognostisch sinnvoll ist. Für solche Fragestellung bietet sich die Real-Time-PCR an.

Durchführung Beim Real-Time-PCR-Verfahren wird bereits während der Reaktion die Produktmenge gemessen (◘ Abb. 19.8). Das PCR-Produkt wird dabei durch Hybridisierung mit hochspezifischen, fluoreszenzmarkierten Sonden (Oligonukleotide mit ca. 25 Basen) nachgewiesen. Die Fluoreszenzstärke ist proportional zur Anzahl des Amplikons und erlaubt so eine Quantifizierung. Der Zeitpunkt (Zyklusnummer), an dem die Fluoreszenz einen bestimmten Schwellenwert (Hintergrundrauschen) überschreitet, ist direkt proportional zum Logarithmus der in der Real-Time-PCR enthaltenen Menge an Erregern. Für eine absolute Quantifizierung muss eine Standardreihe mitgeführt werden. Die derzeit verbreitetsten Echtzeit-PCR-Methoden sind das TaqMan-Verfahren sowie die Verwendung von „FRET-HybProbes"-Sonden.

Interpretation der Ergebnisse Die Real-Time-PCR hat einen sehr großen (linearen) Messbereich, aber eine geringe Messgenauigkeit. Im Allgemeinen lassen sich zwei Proben, deren Konzentration um den Faktor 5 differiert, eindeutig unterscheiden. Dies genügt für prognostische Fragestellungen und Therapieentscheidungen, da meist Änderungen um eine „log"-Stufe (= Faktor 10) wegweisend sind.

19.7.3 Pulsfeld-Gelelektrophorese (PFGE)

Die PFGE ist ein molekularbiologisches Verfahren zum Vergleich der genetischen Verwandtschaft von Isolaten der gleichen Spezies. Es dient zur Analyse von Infektionsketten. Bei der PFGE werden keine DNA-Abschnitte vervielfältigt; stattdessen wird eine große Menge Gesamt-DNA des Erregers (z. B. aus einer Einzelkolonie) durch ein selten schneidendes Enzym in etwa 20 sehr lange Fragmente (> 600.000 Basenpaare) zerlegt. Diese werden in einem elektrischen Wechselfeld elektrophoretisch aufgetrennt. Das Wechselfeld ist dabei zur räumlichen Ausrichtung der großen DNA-Stücke im Elektrophoresegel erforderlich. Nach Färbung mit Ethidiumbromid wird ein für jeden Stamm charakteristisches Bandenmuster erkennbar (◘ Abb. 19.9). Identische Bandenmuster zeigen identische Isolate an.

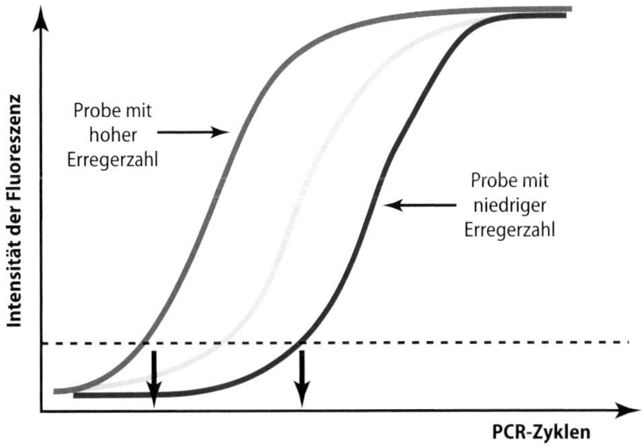

◘ **Abb. 19.8** Quantitative PCR

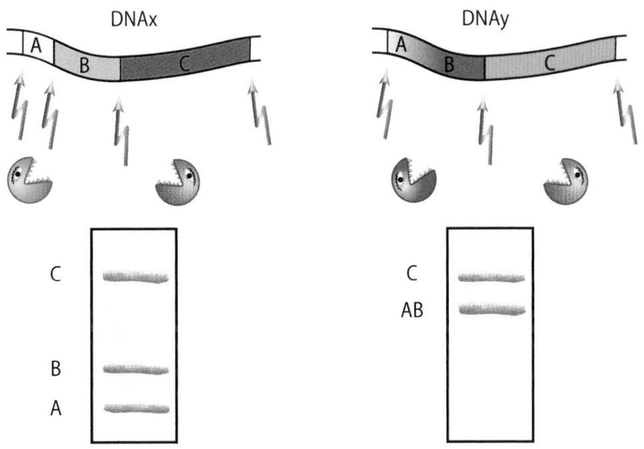

◘ **Abb. 19.9** Pulsfeld-Gelelektrophorese

Die Unterscheidung zwischen „Überträger" und „Empfänger" bei der Transmission eines Erregers ist jedoch nur durch den zusätzlichen Abgleich epidemiologischer Daten möglich. Außerdem muss die Diversität des Erregers bekannt sein (gibt es nur wenige Stämme einer Spezies, so ist das Auftreten des gleichen Stammes bei mehreren Patienten kaum verwunderlich).

19.7.4 Sequenzierung einzelner Gen-Loci

Produkte der konventionellen PCR sowie der Echtzeit-PCR lassen sich bei Bedarf (z. B. zur Speziesdiagnostik) sequenzieren. Mit verschiedenen Verfahren wird die Abfolge der Basen im DNA-Amplifikat ermittelt. Derzeit am verbreitetsten und am leichtesten automatisierbar sind die Pyro-Sequenzierung und das Cycle-Sequencing. Die Sequenzdaten können z. B. zum Nachweis von Infektionsketten dienen. Die Sequenzierung hochvariabler Genregionen, die z. B.

immunogene Determinanten kodieren, dient heute als Typisierungsmethode in der Virologie: So typisiert man z. B. Enteroviren und Adenoviren nicht mehr durch Neutralisation, sondern durch Sequenzierung. Eine weitere Anwendung der Sequenzierung in der Virologie ist die genotypische Resistenzbestimmung bei HIV, HBV, CMV und HSV.

■ Sequenzierung von 16S-rDNA

Der Bereich des bakteriellen Genoms, der die 16S-Untereinheit bakterieller Ribosomen kodiert, beinhaltet sowohl hochkonservierte (bei fast allen Bakterien identische) Sequenzen als auch variable Bereiche, die jeweils für eine bestimmte Gruppe (z. B. eine Spezies) von Bakterien charakteristisch sind. Diese Tatsache nutzt man bei der Identifizierung und Typisierung von Bakterien mittels Sequenzierung des 16S-rDNA-Bereichs. Nach Ermittlung der Sequenz der 16S-rDNA ist ein Abgleich mit Datenbanken möglich, in denen eine große Anzahl solcher Sequenzen hinterlegt worden ist.

19.7.5 Genomsequenzierung

In der Mikrobiologie erhalten Methoden der Gesamtgenomsequenzierung zunehmende Bedeutung. Unter dem Namen „next generation sequencing" (NGS) werden neuartige genanalytische Verfahren zusammengefasst, die es erlauben, eine sehr große Anzahl von DNA-Molekülen parallel zu sequenzieren. Prinzipiell werden beim NGS verschiedene Methoden der sog. klonalen Amplifikation eingesetzt, um Millionen von DNA-Fragmente gleichzeitig („massively parallel") zu vervielfältigen.

Die Stärke des NGS beruht somit auf dem hohen Durchsatz, mit dem sich 10 Gigabasen oder mehr Sequenzen in einem einzigen Lauf erzeugen lassen. Hinsichtlich der Anwendung in der mikrobiologischen Diagnostik werden 2 Strategien unterschieden:

- Beim **Target Enrichment** („Amplicon-Sequencing") werden gezielt ausschließlich besondere Ziel-Sequenzen amplifiziert und hochgradig parallel sequenziert. Dieser Ansatz wird oft bei Mikrobiomanalysen gewählt, bei denen fokussiert 16S-rDNA-Amplifikate aus komplexen Proben (z. B. Stuhlproben) sequenziert werden, um ein Bild über die Verteilung unterschiedlicher Mikroorganismen zu erhalten.
- Der Ansatz des **Whole Genome Sequencing** wird zum Zweck der Genotypisierung verwendet oder dafür, ein komplettes Bild der vorhandenen Genausstattung eines Isolats zu erhalten (Pathotypisierung).

Aus den Genomsequenzen lassen sich MLST-Sequenzen (▶ Abschn. 19.3.2) leicht extrahieren und in existierende Datenbanken einfügen. Genomsequenzen enthalten darüber hinaus viele weitere für die Erregertypisierung relevante Informationen, und die Klärung der Frage von Übertragungen kann mit wesentlich größerer Genauigkeit beantwortet werden.

In der Virologie ist die Genomsequenzierung für die genaue Genotypisierung (z. B. bei Adenoviren) erforderlich. Sie erfordert meist die primäre Virusisolation in Zellkulturen oder Anreicherungsverfahren mit Nukleinsäuresonden. Das aufwendige Verfahren wird aber bislang nur von wenigen spezialisierten Laboren durchgeführt.

19.8 Empfindlichkeitsprüfung gegen antimikrobielle Substanzen

Zur Auswahl einer geeigneten Therapie bakterieller Infektionen muss man die Empfindlichkeit der Erreger gegenüber antimikrobiell wirksamen Substanzen kennen. In vitro ist für sehr viele Substanzen eine inhibitorische Wirkung gegen sehr viele Keime nachweisbar. Therapeutisch lässt sich diese jedoch nur dann nutzen, wenn beim Patienten am Infektionsort die zur Wachstumshemmung oder Abtötung der Erreger notwendigen Konzentrationen tatsächlich erreicht werden. Maximale Konzentrationen werden durch die pharmakokinetischen Eigenschaften des jeweiligen Antibiotikums sowie seine unerwünschten, vielfach dosisabhängigen Wirkungen vorgegeben.

- Unter diesen Randbedingungen ist ein Infektionserreger gegenüber einem Antibiotikum nur dann als **empfindlich** („S" = sensibel) zu betrachten, wenn die bei üblicher und verträglicher Dosierung erreichbaren Konzentrationen eine Wachstumshemmung bewirken.
- Liegt die zur Wachstumshemmung notwendige Konzentration oberhalb dieser Grenze, gilt der Erreger **unter Therapiebedingungen** als **unempfindlich** („R" = resistent).
- In der Praxis kommt für manche Antibiotika ein Übergangsbereich hinzu, der bei therapeutischem Einsatz erhöhter Dosen des Antibiotikums erreicht werden kann. In diesem Fall wird der Erreger mit **„I" (empfindlich bei „increased dosage")** klassifiziert.

Hinsichtlich der Aktivität eines Antibiotikums gegen Bakterien ist zwischen einer wachstumshemmenden **(bakteriostatischen)** und einer abtötenden **(bakteriziden) Wirkung** zu unterscheiden. Im Labor lässt sich sowohl die **minimale Hemmkonzentration (MHK)** als auch die **minimale bakterizide Konzentration (MBK)** bestimmen. Während bei Erreichen der MHK nur die weitere Vermehrung der Erreger verhindert wird, kommt es bei Erreichen der MBK zur Abtötung der Erreger. In der Praxis erfolgt in aller Regel nur die Bestimmung der MHK (◼ Abb. 19.10) bzw. äquivalenter Ergebnisse

19

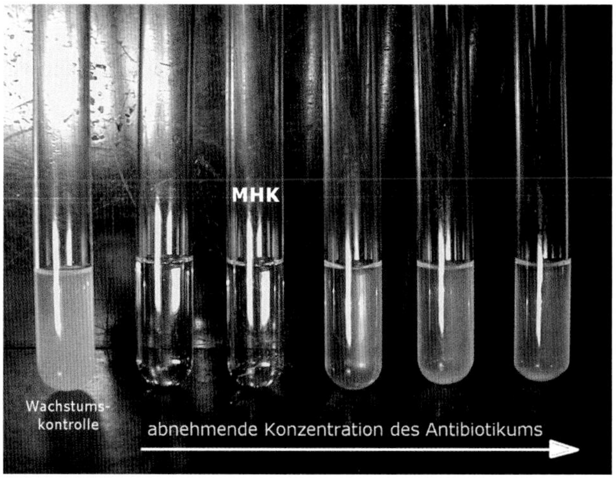

Abb. 19.10 MHK-Röhrchen. Linkes Röhrchen: Wachstumskontrolle (ohne Antibiotikum); rechts davon Röhrchen mit nach rechts abnehmender Konzentration des zu untersuchenden Antibiotikums; die niedrigste Konzentration des Antibiotikums, die eine Wachstumshemmung, d. h. fehlende Trübung nach Übernachtinkubation, des Keimes bewirkt, wird als MHK abgelesen (im Bild das 3. Röhrchen von links); vgl. Abb. 19.11 zur MHK- und MBK-Bestimmung mit der Bouillonverdünnungsmethode

anderer Verfahren, da die Kenntnis der MBK im Allgemeinen keinen besseren Vorhersagewert bezüglich des zu erwartenden Therapieerfolgs bietet und ungleich aufwendiger zu bestimmen ist.

Empfindlichkeitsprüfungen erfolgen stets an **Reinkulturen** eines Erregers: Erst nach primärer Anzucht und Isolierung eines Erregers kann mit der Empfindlichkeitsprüfung mittels MHK-Bestimmung begonnen werden, die dann ihrerseits in der Regel einen weiteren Arbeitstag, mindestens aber 6 h erfordert.

Bei der Auswahl einer Substanz zur Therapie einer Infektion sind daher einerseits der Erreger und dessen Empfindlichkeit gegenüber antimikrobiellen Substanzen zu beachten. Zusätzlich müssen die Pharmakokinetik und -dynamik der Substanzen für das jeweilige Infektionsgebiet erwogen werden.

19.8.1 Bouillonverdünnung

Die Bestimmung der minimalen Hemmkonzentration ist das älteste Verfahren zur Empfindlichkeitsprüfung. Hierzu stellt man eine geometrische Verdünnungsreihe des zu untersuchenden Antibiotikums her. Alle Verdünnungsstufen werden mit identischem Inokulum (Erregermenge) beimpft und anschließend bebrütet. Zusätzlich beimpft man als Wachstumskontrolle ein Medium ohne Antibiotikum, ohne deren positiven Ausfall keine Bewertung möglich ist.

Erregerwachstum wird über die makroskopisch sichtbare Trübung detektiert, Wachstumshemmung über das Ausbleiben der Trübung (Abb. 19.10 und 19.11). Die niedrigste Konzentration des Antibiotikums, die zur Wachstumshemmung führt, wird als **minimale Hemmkonzentration (MHK)** angegeben. Für ein **vollständiges Antibiogramm**, also die parallele Testung verschiedener Antibiotika, setzt man entsprechend viele Verdünnungsreihen parallel an.

Erfolgten ursprüngliche MHK-Bestimmungen im Makroansatz (mehrere Milliliter Testvolumen), sind heute stark miniaturisierte Testsysteme, z. B. in Mikrotiterplatten, verfügbar (Mikrodilution). Die Miniaturisierung erlaubt **automatisierte Empfindlichkeitsprüfungen** mit maschineller Inokulation vorgefertigter Testsysteme, Inkubation im geschlossenen System und fotometrische, EDV-gestützte Messung und Auswertung. Weiterentwicklungen messen das bakterielle Wachstum nicht erst nach einer fixen Inkubationszeit (Endpunktbestimmung), sondern laufend während der Inkubation. Im Abgleich mit der Wachstumskontrolle und erregerspezifischen Datenbanken liefern diese **dynamischen Ansätze** teilweise schon nach 6 h hochpräzise Antibiogramme.

Beim **Breakpoint-Test**, einer verkürzten Sonderform der Bouillonverdünnung, werden nur 2 Konzentrationen untersucht, die sich aus den substanzspezifischen Grenzwerten („breakpoints") zur Bewertung der Empfindlichkeit ergeben. Damit ist eine Bewertung als sensibel oder resistent möglich, eine MHK jedoch nicht ausweisbar.

Hemmung des Wachstums bedeutet nicht die Abtötung der Bakterien des eingesetzten Inokulums. Um die niedrigste zur Abtötung der Bakterien notwendige Konzentration **(minimal bakterizide Konzentration, MBK)** zu ermitteln, werden ausgehend von der Bouillon-Verdünnungsmethode Aliquots der nichtgetrübten Testansätze auf antibiotikafreie Nährmedien überimpft. Wachsen auf diesen Medien die Bakterien nicht an, war die getestete Antibiotikakonzentration bakterizid. Die niedrigste Konzentration mit diesem Ergebnis kann als MBK ausgewiesen werden.

19.8.2 Agardiffusion

Ein weiteres gängiges Verfahren zur Erstellung eines Antibiogramms ist die Antibiotikatestung mittels Agardiffusion. Bei diesem Verfahren wird der zu testende Erreger flächig auf ein **festes Kulturmedium** aufgebracht. Anschließend werden kleine Filterpapierplättchen aufgelegt, die mit einer definierten

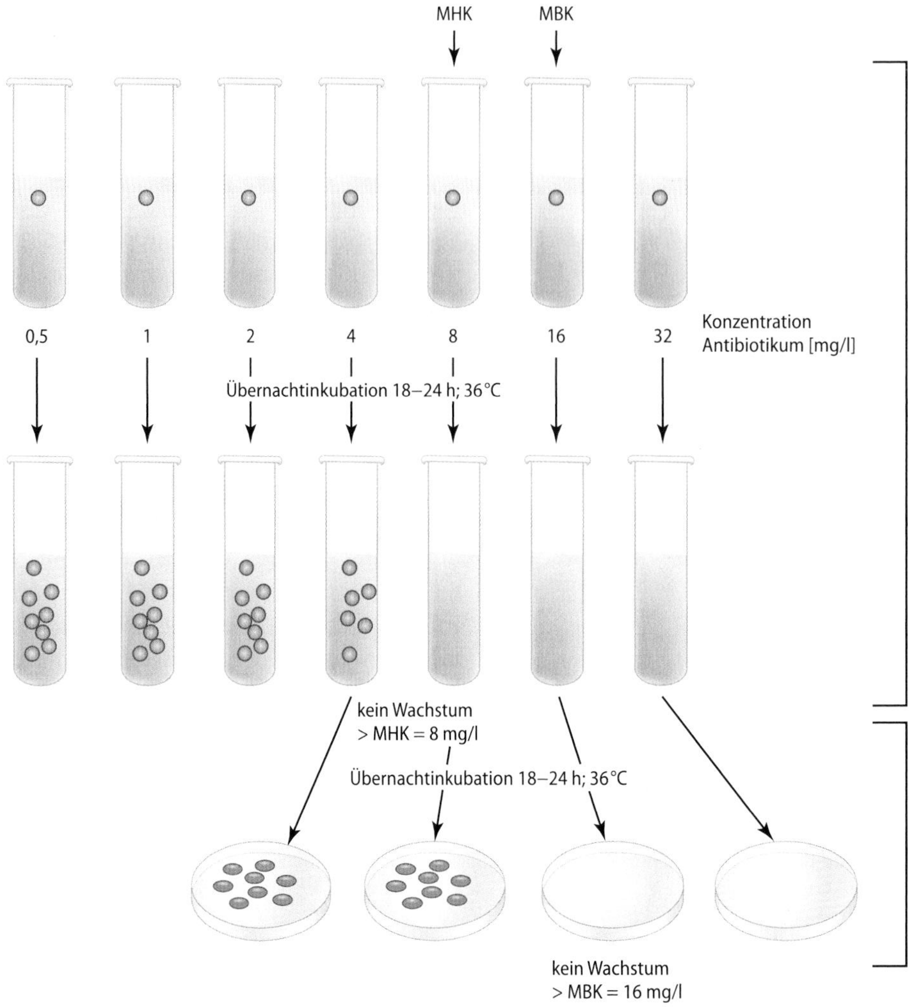

Abb. 19.11 Bestimmung von MHK und MBK mit der Bouillonverdünnungsmethode

Menge des zu testenden Antibiotikums getränkt sind. Das Antibiotikum diffundiert aus dem Filterpapier in den Agar. Dabei ergibt sich ein Konzentrationsgefälle der Substanz innerhalb des Nährmediums mit hoher Konzentration in unmittelbarer Nähe des Plättchens und radial zur Peripherie hin abnehmender Konzentration. Dieser Ansatz wird über Nacht inkubiert.

Bei Wachstumshemmung stellt sich um das Testplättchen eine **wachstumsfreie Zone (Hemmhof)** dar (Abb. 19.12). Im Randbereich dieses Hemmhofs entspricht die Konzentration des Antibiotikums im Agar der minimalen Hemmkonzentration. Der Durchmesser des Hemmhofs korreliert also mit der MHK des Antibiotikums. Über Reihenuntersuchungen mehrerer hundert Bakterienstämme wurde die **Korrelation von MHK und Hemmhofdurchmesser** bestimmt. So ist die Übertragung der für die Bouillon-Verdünnungsmethode geltenden MHK-Grenzwerte auf Hemmhofdurchmesser möglich und damit die Bewertung der Ergebnisse.

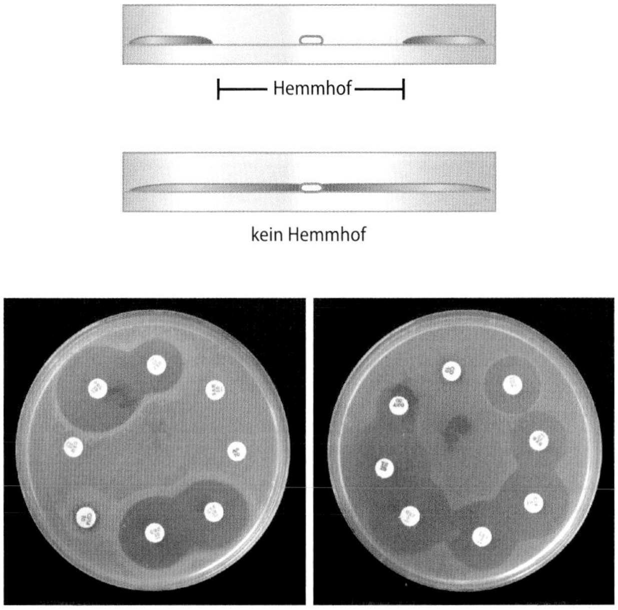

Abb. 19.12 Agardiffusion

19.8.3 Weitere Möglichkeiten der Empfindlichkeitsprüfung

In der Erforschung der antibakteriellen Aktivität neuer Antibiotika werden aufwendige Ansätze mit quantitativer Analyse der Keimabtötung über die Zeit (z. B. in 6–24 h) verfolgt. Dies erlaubt weitergehende Beschreibungen der Substanzaktivität. Die resultierenden Diagramme werden auch als „killing curves“ bezeichnet.

In der medizinischen Praxis werden, insbesondere bei schweren Infektionen, auch **Antibiotikakombinationen** therapeutisch eingesetzt zur:

- Wachstumshemmung eines breiteren Erregerspektrums
- Unterdrückung von Resistenzentwicklungen unter der Therapie
- Wirkungsverstärkung gegen einen Erreger

Entsprechend den aus der Pharmakologie bekannten Effekten bei kombiniertem Einsatz verschiedener Pharmaka kann es im besten Fall zu einer synergistischen, einer indifferenten, aber auch einer nachteiligen, antagonistischen Wirkung kommen. Eine entsprechende Testung kann, unterschiedlich aufwendig und präzise, mit allen aufgeführten Methoden erfolgen. In der Praxis bleibt diese Kombinationstestung nur wenigen klinischen Indikationen vorbehalten. Dieser Umstand ist in der Therapie zu beachten: In der Regel ist eine sichere Vorhersage, ob eine Antibiotikakombination ggf. antagonistisch wirkt, nicht verfügbar.

19.9 Nachweis von Resistenzgenen

Für ausgewählte bakterielle Erreger sind die genauen Veränderungen im Genom bekannt, die einen Resistenzmechanismus kodieren (z. B. Resistenz von Staphylococcus aureus gegenüber Methicillin bzw. Oxacillin durch Mutationen im *mecA*-Gen [▶ Abschn. 25.1.2], Resistenz gegen Aminoglykoside oder Makrolide durch ribosomale Modifikationen). Die Kenntnis solcher genetischen Besonderheiten kann man sich zunutze machen, indem man diese durch ein dafür geeignetes molekularbiologisches Verfahren (z. B. PCR; ▶ Abschn. 19.7.2) nachweist.

Auf keinen Fall ist jedoch in einem solchen Fall die Identifizierung der Spezies verzichtbar, da mitunter auch andere Spezies über identische Resistenzen verfügen (z. B. Staphylococcus epidermidis gegenüber Methicillin bzw. Oxacillin durch das gleiche *mecA*-Gen).

19.10 Phäno- und genotypische Resistenzbestimmung bei Viren

Die **Resistenztestung von Viren** erfolgt nur routinemäßig bei HIV und HBV und ist bei HCV, HSV und CMV auf Sonderfälle beschränkt (klinisches Therapieversagen).

Eine **phänotypische** Resistenzbestimmung erfolgt in Zellkulturen und setzt die Isolation des Virus voraus. Anschließend wird das Virusisolat mit einer Verdünnungsreihe des Virustatikums auf Replikation in Zellkulturen getestet. Die phänotypische Resistenzbestimmung ist zeitaufwendig und bei HBV und HCV in der Routine nicht möglich.

Die **genotypische** Resistenzbestimmung beruht auf dem Nachweis bekannter Resistenzmutationen durch Sequenzierung (▶ Abschn. 19.7.4), z. B. im Gen für die reverse Transkriptase von HIV und HBV oder in der Thymidinkinase von HSV. Da nach PCR-Amplifikation einzelner viraler Gene eine direkte Sequenzierung möglich ist, ist die genotypische Resistenzbestimmung wesentlich schneller durchführbar. Für die Interpretation der Ergebnisse werden über das Internet verfügbare Resistenzmutations-Datenbanken und Analyseprogramme (z. B. „geno-to-pheno, geno2pheno“) genutzt, allerdings ist mit Schwierigkeiten bei neuen, bisher nicht charakterisierten Mutationen zu rechnen. Für den Nachweis einzelner, häufig beobachteter resistenzassoziierter Punktmutationen wird auch die Schmelzkurvenanalyse in der Echtzeit-PCR (▶ Abschn. 19.7.2) verwendet. Wegen der begrenzten Zahl analysierter Mutationen lässt sich damit aber eine Resistenz nicht ausschließen.

19.11 Parameter zur Beurteilung der Qualität diagnostischer Verfahren

Jedes diagnostische Verfahren – und sei es noch so gut – beinhaltet immer ein Restrisiko falscher Ergebnisse. Dies können sowohl falsch positive als auch falsch negative Resultate sein. Bei der Auswahl eines Testsystems sind daher nicht nur finanzielle Aspekte, sondern auch die zu erwartende „Fehlerquote“ und die möglichen Folgen zu berücksichtigen, die sich aus einem solchen Fehler ergeben können.

In der Praxis überprüft man daher viele Testergebnisse zunächst durch ein (vom ersten Test unabhängiges) zweites Testsystem, bevor man den Patienten über das endgültige Ergebnis der Untersuchung informiert.

Die im Folgenden beschriebenen Begriffe, die in der Beurteilung von Testsystemen Anwendung finden, werden in ▶ Abschn. 20.1 unter dem Aspekt der Epidemiologie eingehender erläutert und definiert.

19.11.1 Sensitivität

Die Sensitivität ist ein Maß für das Erkennen eines bestimmten Merkmals.

Führt das Vorliegen eines bestimmten Merkmals stets zu einem positiven Testergebnis, so ist die Sensitivität dieses Tests 100 %. Eine hohe Sensitivität ist wichtig bei Suchtests, bei denen das primäre Ziel ist, keinen Merkmalsträger versehentlich zu übersehen. Eine hohe Sensitivität ist erstrebenswert, aber noch nicht ausreichend. Auch ein Test, der immer (bei Vorliegen und genauso bei Nichtvorliegen des Merkmals) ein positives Ergebnis liefert, hat zwar eine hervorragende Sensitivität, da er keinen einzigen Fall übersieht – ist aber in der Praxis völlig unbrauchbar.

19.11.2 Spezifität

Die Spezifität ist ein Maß für das Erkennen, dass ein bestimmtes Merkmal nicht (!) vorliegt.

Bewertet ein Test alle negativen Proben stets richtigerweise als „negativ", so ist seine Spezifität 100 %, da er keinen „Fehlalarm" verursacht. Eine hohe Spezifität ist wichtig bei der Bestätigung von Suchtests zum Ausschluss falsch-positiver Ergebnisse durch unspezifische Reaktionen. Erst die Kombination von hoher Sensitivität und hoher Spezifität führt zu verlässlichen Testergebnissen.

19.11.3 Positiver prädiktiver Wert

Der positive prädiktive Wert (PPW) erlaubt eine Aussage darüber, ob bei einem positiven Testergebnis tatsächlich das untersuchte Merkmal vorliegt.

Er ist dabei keinesfalls gleichzusetzen mit der nur durch das Testsystem bedingten Sensitivität, da der PPW zudem von der Häufigkeit (Prävalenz) des Merkmals abhängt. In verschiedenen Populationen bleibt die Sensitivität eines Tests stets gleich, sein PPW kann sich jedoch sehr wohl stark ändern. Ein **Beispiel** soll diesen Unterschied verdeutlichen. Die darin gewählten Sensitivitäts- und Spezifitätswerte sind zur Verdeutlichung deutlich niedriger als bei heute angewandten HIV-Antikörper-Tests.

Ein fiktiver HIV-Test hat eine Sensitivität von 99 %: Nur 1 HIV-positiver Patient wird übersehen, wenn 100 HIV-positive Patienten getestet werden. Der Test hat zudem eine Spezifität von 90 %: Bei 10 von 100 HIV-negativen Personen führt der Test fälschlicherweise doch zu einem positiven Ergebnis. Wie hoch ist nun die Wahrscheinlichkeit, dass ein positives Testergebnis auch wirklich „HIV-positiv" bedeutet? Betrachten wir dazu 2 verschiedene Kollektive:

- **Blutspender:** Nehmen wir an, dass etwa 1 % der Personen in diesem Kollektiv HIV-positiv sind. Es werden 10.000 Personen getestet – von denen sind folglich 100 Personen tatsächlich HIV-positiv. Bei einer Sensitivität von 99 % werden 99 Personen richtigerweise als HIV-positiv erkannt. Bei den verbleibenden 9900 HIV-negativen Personen gibt es aber bei einer Spezifität von 90 % noch weitere 990 falsch-positive Ergebnisse.
  Der PPW, also die Wahrscheinlichkeit, dass ein positives Testergebnis wirklich stimmt, berechnet sich für dieses Kollektiv mit: 99/(99 + 990) = 9,0 %.
- **Drogenambulanz:** Nehmen wir an, dass etwa 50 % der Personen in diesem Kollektiv HIV-positiv sind. Wieder werden 10.000 Personen getestet – von denen sind folglich 5000 Personen tatsächlich HIV-positiv. Der gleiche Test wie bei den Blutspendern produziert hier 4950 richtig-positive und nur bei den 5000 HIV-negativen Personen noch weitere 500 falsch-positive Ergebnisse.
- Der PPW für dieses Kollektiv beträgt daher: 4950/(4950 + 500) = 90,8 %. Ein positiver Test ist in diesem Kollektiv deutlich glaubhafter.

Dreierlei ist aus diesem Beispiel ersichtlich:
- Nur bei der Kenntnis der Prävalenz eines Merkmals lässt sich der PPW des entsprechenden Tests überhaupt ermitteln.
- Je höher die Prävalenz eines Merkmals in einem Kollektiv ist, umso verlässlicher ist ein positives Testergebnis.
- Ein positiver HIV-Test muss stets durch einen zweiten, unabhängigen Test bestätigt werden.

19.11.4 Negativer prädiktiver Wert

Der negative prädiktive Wert (NPW) erlaubt eine Aussage darüber, ob bei einem negativen Testergebnis das untersuchte Merkmal auch wirklich nicht vorliegt. Analog zum PPW ist auch der NPW von der Prävalenz des jeweiligen Merkmals abhängig.

> **In Kürze: Methoden der mikrobiologischen Diagnostik**
> Die Vorstellung der Methoden der mikrobiologischen Diagnostik beschreibt den aktuellen Stand und zeigt Entwicklungen und Fortschritte auf. Auch zukünftig werden Verfahren weiterentwickelt und gänzlich neue Methoden eingeführt werden. Ziele dieser Entwicklungen sind höhere bzw. bessere Sensitivität, Spezifität, Geschwindigkeit und Kosteneffizienz. Zur sachgerechten Durchführung einer infektiologischen Diagnostik sind Kenntnisse der Methoden einschließlich ihrer Stärken und Schwächen essenziell.

Epidemiologie und Prävention

Inhaltsverzeichnis

Epidemiologie der Infektionskrankheiten

Andrea Ammon

Die Epidemiologie untersucht die Verbreitung und die Determinanten von gesundheitsbezogenen Zuständen oder Ereignissen in bestimmten Populationen und die Anwendung der gewonnenen Erkenntnisse zur Prävention und Bekämpfung der Gesundheitsprobleme. Das Wort (gr. „epi": über, „demos": Volk, „logos": Lehre) bedeutet „Lehre von dem, was dem Volk geschieht". Im Gegensatz zur Individualmedizin ist der „Patient" hier die Bevölkerung oder eine bestimmte Gruppe in der Bevölkerung. Die Besonderheiten der Infektionsepidemiologie liegen darin, dass neben den Einflussfaktoren Umwelt und Mensch (genetische Ausstattung und Verhalten) die Erreger hinzukommen mit unterschiedlichen Übertragungsweisen und Pathogenitätsmerkmalen. Zudem treten Erkrankungen in Ausbrüchen auf, die schnelles Handeln erfordern. Um Infektionsepidemiologie erfolgreich betreiben zu können, bedarf es daher der Kenntnisse in Infektionsmedizin, Epidemiologie und Mikrobiologie. Da alle 3 Bereiche inzwischen eine sehr differenzierte Methodologie entwickelt haben, bedeutet das in der Praxis die interdisziplinäre Zusammenarbeit von Infektionsmedizinern, Epidemiologen und Mikrobiologen, im Falle von Lebensmittelinfektionen und Zoonosen auch von Veterinärmedizinern und Lebensmittelsachverständigen.

Ziele der Epidemiologie sind:

- Erkennen der Ursache einer Erkrankung und Ermittlung von Risikofaktoren (Einflussgrößen, die das Erkrankungsrisiko einer Person erhöhen) in gezielten Studien oder Ausbruchsuntersuchungen
- Bestimmung des Ausmaßes der Erkrankung in der Bevölkerung
- Untersuchung des natürlichen Verlaufs und der Prognose von Krankheiten
- Bewertung (Evaluation) präventiver und therapeutischer Maßnahmen sowie von Änderungen in der medizinischen Versorgung
- Schaffung evidenzbasierter Entscheidungsgrundlagen für die Gesundheitspolitik

20.1 Begriffe und Definitionen

Hinweis: **Pfeile** → vor Begriffen im Text verweisen auf andere Definitionen in diesem Kapitel.

Epidemie Epidemie ist definiert als das Auftreten von mehr Krankheitsfällen, spezifischen gesundheitsbezogenen Verhaltensweisen oder anderen gesundheitsbezogenen Ereignissen in einer Bevölkerung oder einer bestimmten Bevölkerungsgruppe, als üblicherweise zu erwarten wären. Die Zahl der Ereignisse, ab der man von einer Epidemie spricht, hängt also von deren Hintergrundaktivität ab. Die Definition impliziert auch, dass eine kontinuierliche Erfassung der Hintergrundaktivität besteht (→ Surveillance; ► Abschn. 20.2.1). Die Bezeichnung **Ausbruch** wird sehr häufig synonym zu „Epidemie" benutzt, während Cluster auf eine Häufung hinweist ohne Bezug zu einer Hintergrundaktivität. Epidemien und Ausbrüche sind in der Regel örtlich und zeitlich eingrenzbar. Im Infektionsschutzgesetz (IfSG) ist ein Ausbruch definiert als „Auftreten von 2 oder mehr gleichartigen Erkrankungen, bei denen ein epidemischer Zusammenhang wahrscheinlich ist oder vermutet wird" (IfSG § 6, 2b und 5b).

Endemie Das konstante Auftreten einer bestimmten Erkrankung oder eines Erregers innerhalb eines geografisch definierten Gebiets oder einer definierten Bevölkerungsgruppe; der Begriff kann sich auch auf die normale → Prävalenz einer Erkrankung in diesem Gebiet oder dieser Bevölkerungsgruppe beziehen.

Pandemie Eine Epidemie, die weltweit oder über ein weites Gebiet mit Überschreiten internationaler Grenzen auftritt und meistens eine große Zahl von Menschen betrifft.

Morbidität Zahl der von einer bestimmten Krankheit betroffenen Personen in einer Bevölkerung. Maßzahlen der Morbidität sind → Prävalenz, → Inzidenz und → Inzidenzdichte.

S. Suerbaum et al. (Hrsg.), *Medizinische Mikrobiologie und Infektiologie*,
https://doi.org/10.1007/978-3-662-61385-6_20

Inzidenz Die Inzidenz einer Erkrankung ist definiert als die Anzahl neuer Krankheitsfälle, die in einem bestimmten Zeitraum auftreten, bezogen auf die Bevölkerung mit gleichem Krankheitsrisiko. Zum besseren Vergleich wird die Bezugszahl in der Bevölkerung mit 10^n angegeben (üblicherweise pro 100.000). Da die Inzidenz eine Maßzahl für das Auftreten einer Erkrankung in einem vormals (bezogen auf diese Erkrankung) gesunden Menschen ist, stellt sie ein Maß für das Erkrankungsrisiko dar. Wichtig: Jede Person, die Teil der im Nenner aufgeführten Gruppe ist, steht unter dem Risiko, die zu untersuchende Krankheit zu bekommen, und kann Teil des Zählers werden.

Inzidenzdichte Berechnung der Inzidenz, deren Nenner die Summe der Zeiträume enthält, in denen jede einzelne Person unter dem Erkrankungsrisiko stand. Die Inzidenzdichte wird dann angewendet, wenn nicht alle Personen über die gesamte Zeit der Studie beobachtet werden. Dies wird häufig mit dem Begriff der „Personenjahre" bezeichnet. (Bei der Betrachtung von Krankenhausinfektionen wird die Zahl der neu aufgetretenen nosokomialen Infektionen z. B. bezogen auf Patiententage oder Beatmungstage etc.).

Prävalenz Die Prävalenz ist definiert als die Zahl der erkrankten Personen innerhalb einer Bevölkerung zu einer bestimmten Zeit, geteilt durch die Gesamtbevölkerung zu diesem Zeitpunkt. Man spricht dann von Punktprävalenz. Als Periodenprävalenz bezeichnet man die Zahl erkrankter Personen innerhalb eines bestimmten Zeitraumes, z. B. im Laufe eines Jahres.

Mortalität Meistens wird sie auch als Gesamtmortalität oder Sterblichkeitsziffer bezeichnet. Sie wird errechnet als die Gesamtzahl der Todesfälle eines Jahres bezogen auf die Bevölkerungszahl (zur Jahresmitte). Wird eine gruppen- oder altersspezifische Mortalität berechnet, ist die entsprechende Einschränkung auf Zähler und Nenner anzuwenden.

Letalität Sie ist definiert als die Anzahl der Patienten, die an einer Krankheit gestorben sind, geteilt durch die Zahl der Patienten mit dieser Krankheit. Die Letalität wird in Prozent angegeben. Im Gegensatz zur Mortalität bezieht sie sich nur auf die tatsächlich Erkrankten, nicht auf die Gesamtbevölkerung. Damit gilt diese Maßzahl als ein Gradmesser für die Schwere einer Erkrankung.

Bias Als Bias wird ein systematischer Fehler bezeichnet, der meist im Studiendesign (► Abschn. 20.2.1), aber auch bei der Datenerhebung oder -analyse auftreten kann. So kann z. B. eine systematische Nichtberücksichtigung bestimmter Gruppen bei der Auswahl der Studienpopulation die Studienergebnisse verzerren.

Confounder Ein Confounder ist eine Störgröße, die einen Zusammenhang zwischen einer Exposition und einer Erkrankung vortäuscht, in Wirklichkeit aber mit einem 3. Faktor zusammenhängt, der die Erkrankung beeinflusst. Falls die Störgröße bereits bekannt ist, kann man diesen Faktor beim Studiendesign durch → Matching ausschließen, da Fall- und Kontrollgruppe dann hinsichtlich dieses Faktors gleich sind. Confounding lässt sich auch durch bestimmte Verfahren bei der Datenanalyse feststellen, z. B. durch **Stratifizierung.** Dies ist eine getrennte Analyse der Daten nach der vermuteten Störgröße. Wird etwa vermutet, dass das Geschlecht der Studienteilnehmer eine Störgröße darstellt, kann man die Daten getrennt für Männer und Frauen auswerten. Falls → Odds Ratio oder Relatives Risiko (je nach Studiendesign, ► Abschn. 20.2) in beiden Straten unterschiedlich sind, ist die Variable, nach der stratifiziert wurde (im Beispiel das Geschlecht) ein Confounder.

Risiko Risiko ist definiert als die Wahrscheinlichkeit, dass ein bestimmtes Ereignis eintritt.

Falldefinition Eine Falldefinition ist eine Zusammenstellung bestimmter Kriterien, die erfüllt sein müssen, damit eine Person als „Fall" einer bestimmten Krankheit identifiziert wird. Sie kann geografische, klinische oder/und Laborkriterien umfassen. Falldefinitionen werden meist im Rahmen von Surveillance oder Ausbruchsuntersuchungen eingesetzt, um eine gewisse Standardisierung der mit der Statistik erfassten Personen zu gewährleisten.

Epidemiekurve Grafische Darstellung der Verteilung von Krankheitsfällen über die Zeit, meist als Histogramm (◘ Abb. 20.1).

Testergebnisse ◘ Tab. 20.1 benennt die Möglichkeiten von Testergebnissen und bezieht sie auf den tatsächlichen Gesundheits- oder Krankheitsstatus der Getesteten. Auf dieser Basis lassen sich die Begriffe Sensitivität, Spezifität, positiver und negativer Vorhersagewert erklären bzw. berechnen (◘ Tab. 20.2).

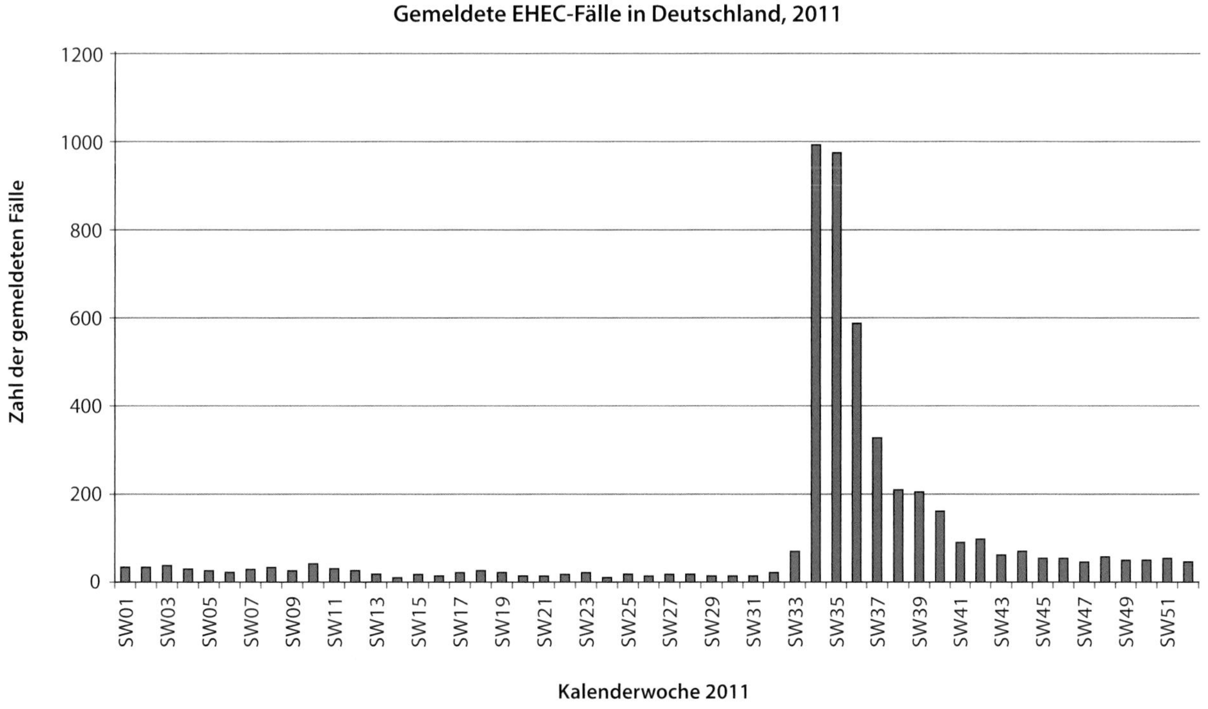

Abb. 20.1 Beispiel für eine Epidemiekurve zu gemeldeten EHEC-Fällen in Deutschland 2011. (Quelle: Robert Koch-Institut: SurvStat@RKI 2.0, ► https://survstat.rki.de, Deadline: 27/02/2015)

Tab. 20.1 Assoziation zwischen positivem bzw. negativem Testergebnis und tatsächlich vorliegender Erkrankung bzw. Nichterkrankung

Testergebnis	Tatsächlicher Status		Gesamtzahl
	Erkrankt	Nichterkrankt	
Positiv	a	b	a + b
Negativ	c	d	c + d
Positiv + negativ	a + c	b + d	a + b + c + d

Tab. 20.2 Definition und Berechnung testrelevanter epidemiologischer Begriffe

Begriff	Definition	Berechnung
Sensitivität	Wahrscheinlichkeit, dass ein Test eine erkrankte Person tatsächlich als positiv erkennt	a/(a + c)
Spezifität	Wahrscheinlichkeit, dass ein Test eine nichterkrankte Person als negativ erkennt	d/(b + d)
Positiver Vorhersagewert	Wahrscheinlichkeit, dass eine Person mit positivem Testergebnis tatsächlich positiv ist	a/(a + b)
Negativer Vorhersagewert	Wahrscheinlichkeit, dass eine Person mit negativem Testergebnis tatsächlich negativ ist	d/(c+d)

20.2 Methoden

20.2.1 Studiendesign

Krankheitsüberwachung (Surveillance) Systematische und kontinuierliche Datenerfassung, Analyse und Interpretation der Daten verbunden mit zeitnaher Veröffentlichung, sodass Entscheidungsträger im Bereich der öffentlichen Gesundheit evidenzbasierte Entscheidungen treffen können. Die Basis für die Erfassung von Infektionskrankheiten in Deutschland ist das Infektionsschutzgesetz (IfSG). Auf der Grundlage der gemeldeten Daten werden regelmäßig Statistiken zur Inzidenz veröffentlicht. Mithilfe zeitnah erhobener und analysierter Surveillance-Daten lassen sich Ausbrüche erkennen und untersuchen.

Interventionsstudien Bei Interventionsstudien („randomized controlled trials", **RCT**) werden die Studienteilnehmer aus einer Population nach einem Zufallsverfahren einer Interventionsgruppe oder einer Kontrollgruppe zugeteilt. Die Studienteilnehmer wissen jedoch nicht, in welcher Gruppe sie sich befinden. Bei den Interventionen kann es sich um ein neues Medikament, eine neue Behandlungsmethode oder eine andere Intervention handeln. Die Kontrollgruppe erhält entweder eine bisherige Standardtherapie oder ein Plazebo. Wissen weder Studienteilnehmer noch behandelnde Ärzte, zu welcher Studiengruppe ein Teilnehmer gehört, spricht man von Doppelblindstudien. Interventionsstudien werden als „Goldstandard" in der Epidemiologie angesehen, was die Testung von Hypothesen anbelangt. Dies hängt jedoch sehr stark davon ab, ob die Zuteilung der Studienteilnehmer wirklich nach dem Zufallsprinzip erfolgt.

Querschnittsstudien Querschnittsstudien („cross-sectional studies") untersuchen den Zusammenhang zwischen einer Erkrankung und bestimmten besonders interessierenden Variablen in einer bestimmten Bevölkerungsgruppe zu einem definierten Zeitpunkt. Dieser Zusammenhang lässt sich als Prävalenz der Erkrankung in der Gruppe ausdrücken je nachdem, ob bestimmte Variablen vorhanden sind oder nicht. Er lässt sich auch ausdrücken als Prävalenz bestimmter Variablen in Subgruppen, die innerhalb der Gruppe erkrankt sind oder nicht.

Kohortenstudien Kohortenstudien („cohort studies, prospective studies") sind Studien, in denen eine definierte Gruppe von Personen über eine bestimmte Zeitspanne (meist mehrere Jahre) beobachtet wird. Ziel dieser auch Längsschnitt- oder Longitudinalstudien genannten Analysen ist, Inzidenzraten bestimmter Gruppen mit unterschiedlichen Expositionen innerhalb der Kohorte zu vergleichen. Als Nenner können Personen oder Personenjahre gewählt werden.

Kohortenstudien können auch retrospektiv sein. Dann müssen jedoch detaillierte Unterlagen zur Verfügung stehen, die es erlauben, unterschiedliche Expositionsstufen für verschiedene Gruppen innerhalb der Kohorte zu identifizieren.

Fall-Kontroll-Studien In Fall-Kontroll-Studien („case-control studies") vergleicht man Personen mit einer bestimmten Erkrankung mit einer geeigneten Kontrollgruppe ohne diese Erkrankung hinsichtlich verschiedener Faktoren. Die mögliche Beziehung eines Risikofaktors zu der Krankheit wird geprüft, indem man bei Fällen und Kontrollen vergleicht, wie häufig der Faktor auftritt. Da man in Fall-Kontroll-Studien von der Krankheit zurückschaut zu den Expositionen, werden diese Studien auch retrospektiv genannt. Dieses Prinzip des Zurückschauens von einer Erkrankung zu den Expositionen in der Vergangenheit gilt auch für die sog. prospektiven Fall-Kontroll-Studien; ihr Name kommt daher, dass die Studienteilnehmer fortlaufend rekrutiert werden.

Die Auswahl der Kontrollgruppe ist der kritische Faktor beim Design einer Fall-Kontroll-Studie, da unter Umständen ein systematischer Fehler (→ Bias) auftreten kann, der die Studienergebnisse verfälscht. Durch das sog. **Matching** versucht man, Fall- und Kontrollgruppe für bestimmte Parameter einander gleichzumachen, um den Einfluss dieser Parameter auf den Zusammenhang zwischen Exposition und Erkrankung auszuschalten (z. B. Alter oder Geschlecht). Allerdings kann der Parameter, nach dem „gematcht" wurde, dann in der Analyse nicht mehr untersucht werden.

20.2.2 Statistische Methoden

Relatives Risiko In einer Kohortenstudie versteht man darunter das Verhältnis der Inzidenz (Erkrankungsrate) eines Faktors unter den exponierten Studienteilnehmern zur Inzidenz dieses Faktors unter den nichtexponierten Studienteilnehmern (▪ Tab. 20.3). Anders ausgedrückt ist das relative Risiko (RR) das epidemiologische Maß für die Stärke der Assoziation zwischen Erkrankungsfällen und bestimmten Risikofaktoren in einer Kohortenstudie. Mathematisch berechnet sich RR als Quotient der Erkrankungsrate der Exponierten geteilt durch die Erkrankungsrate der Nichtexponierten (▪ Tab. 20.4). Der RR-Wert 1 bedeutet, dass der Faktor keinen Einfluss auf die Erkrankung hat; bei einem RR-Wert >1 erhöht der Faktor das Erkrankungsrisiko; bei RR <1 wirkt er protektiv.

■ Tab. 20.3 Vierfeldertafel für Exposition bzw. Nichtexposition und Erkrankung bzw. Nichterkrankung in einer Kohortenstudie

	Erkrankte (Fälle) (Anzahl)	Nichterkrankte (Kontrollen) (Anzahl)	Gesamtzahl
Exponiert	a	b	a + b
Nichtexponiert	c	d	c + d
Exponiert und nichtexponiert	a + c	b + d	a + b + c + d

■ Tab. 20.4 Definition und Berechnung weiterer epidemiologischer Begriffe

Begriff	Definition	Berechnung
Relatives Risiko (RR)	Erkrankungsrate der Exponierten geteilt durch die Erkrankungsrate der Nichtexponierten	$[a:(a+b)]/[c:(c+d)]$
Odds Ratio (OR)	Quotient der Odds der Exposition bei Fällen geteilt durch die Odds der Exposition bei Kontrollen	$(a:c)/(b:d) = (a \cdot d)/(b \cdot c)$
Zuschreibbarer Anteil (attributable fraction, AF_E)	Anteil der auf eine bestimmte Exposition zurückführbaren Krankheitslast der Exponierten (AF_E) bzw. der Bevölkerung (AF_B)	$AF_E = (I_E - I_N)/I_E$ $AF_B = (I_B - I_N)/I_B$

Odds Ratio (Chancenverhältnis) Die OR der Exposition wird auf der Basis von ■ Tab. 20.3 berechnet als Quotient der Odds der Exposition bei Fällen geteilt durch die Odds der Exposition bei Kontrollen (■ Tab. 20.4). OR-Werte > 1 bedeuten, dass eine bestimmte Exposition bei Fällen häufiger auftritt, Werte < 1 hingegen, dass eine bestimmte Exposition bei Kontrollen häufiger auftritt. Der OR-Wert 1 bedeutet, dass kein Unterschied zwischen Fällen und Kontrollen hinsichtlich dieser Exposition besteht.

Zuschreibbarer Anteil Unter der Annahme eines Kausalzusammenhangs zwischen einer Exposition und dem Auftreten einer Erkrankung beschreibt der zuschreibbare Anteil („attributable fraction") die Proportion der Krankheitslast, die auf diese Exposition zurückzuführen ist. Er umfasst den Anteil der Inzidenz, um den die Inzidenz einer Erkrankung bei völliger Expositionsvermeidung zurückginge. Der zuschreibbare Anteil lässt sich für die Exponierten (AF_E) oder die Bevölkerung (AF_B) berechnen, I_E ist die Inzidenz der Erkrankung unter den Exponierten, I_N unter den Nichtexponierten. Die Inzidenz I_B der Gesamtbevölkerung berechnet sich aus der Inzidenz der Erkrankung unter Exponierten und Nichtexponierten (■ Tab. 20.4). Die Berechnung von AF_E und AF_B ist hilfreich bei der Entscheidung, wo sich Präventionsmaßnahmen am wirkungsvollsten einsetzen lassen.

Standardisierung Standardisierung ist eine statistische Methode, die angewendet wird, wenn man 2 (oder mehr) Studienpopulationen hinsichtlich des Auftretens einer bestimmten Krankheit oder Infektion vergleichen möchte, diese Populationen sich jedoch in der Verteilung eines wesentlichen Einflussfaktors auf die Krankheit, z. B. das Alter, wesentlich unterscheiden. Als Vergleichsmaßstab wird eine Standardbevölkerung herangezogen.

Multivariable Analysen Diese Analysetechnik wird benutzt, wenn man den Einfluss mehrerer Variablen gleichzeitig untersuchen möchte. In der Statistik wird jede analytische Methode so bezeichnet, die 2 oder mehr abhängige Variablen gleichzeitig untersucht. Zu den dabei verwendeten Methoden zählen logistische Regressionen, Cox Proportional Hazards etc.

Zufall Ziel epidemiologischer Studien ist, einen Zusammenhang zwischen einer bestimmten Exposition und einer Infektion/Krankheit herzustellen. Ob dieser Zusammenhang kausal ist, kann eine epidemiologische Studie nicht absolut beweisen. Ein epidemiologischer Zusammenhang kann

- tatsächlich (kausal) sein,
- durch einen systematischen Fehler (Bias) oder einen Confounder bedingt sein oder
- rein zufällig entstanden sein.

Verschiedene statistische Tests, z. B. Chi-Quadrat-Test, werden zur Bestimmung der **statistischen Signifikanz** herangezogen. Ein häufig verwendetes Maß für die statistische Signifikanz ist der **p-Wert,** definiert als die Wahrscheinlichkeit, mit der ein Effekt wie in der Studie beobachtet zufällig zustande gekommen sein könnte, unter der Voraussetzung, dass kein Zusammenhang zwischen Exposition und Erkrankung besteht (Nullhypothese). p-Werte $\leq 0{,}05$ gelten als statistisch signifikant. Da der p-Wert sehr stark von der Studiengröße abhängt, werden bei großen Studien schon sehr kleine Unterschiede zwischen Exposition und Krankheit als statistisch signifikant gewichtet, während derselbe Zusammenhang bei geringerer Studiengröße als statistisch nicht signifikant herauskommt. Ein Maß, das sowohl die statistische Signifikanz als auch die Studiengröße einbezieht, ist das → **Konfidenzintervall.** Da der p-Wert eine Wahrscheinlichkeit beschreibt, darf nicht vergessen werden, dass auch ein statistisch signifikanter Zusammenhang zufallsbedingt sein kann, allerdings mit sehr geringer Wahrscheinlichkeit. Damit ist der p-Wert auch kein Maß für den kausalen Zusammenhang, da er nicht bewertet, ob das Ergebnis durch einen systematischen Fehler oder Confounding im Studiendesign zustande gekommen ist.

Konfidenzintervall (Vertrauensbereich) Ein Konfidenzintervall beschreibt den Bereich, in dem mit einem bestimmten Grad von Sicherheit (üblicherweise 95 %) der wahre Wert eines Zusammenhangs liegt. Das Konfidenzintervall wird angegeben durch eine untere und eine obere Grenze. Enthält dieses Intervall den Wert 1, so lässt sich nicht ausschließen, dass der errechnete Zusammenhang (relatives Risiko oder Odds Ratio) nur zufällig von 1 abweicht, dem Wert, der angibt, dass kein Unterschied besteht. Die Breite des Konfidenzintervalls hängt von der Größe der Studie (Zahl der Studienteilnehmer) ab: Je größer die Studie, umso geringer ist die Breite des Konfidenzintervalls des gefundenen Unterschieds. Bei sehr großen Studien ist ein gefundener Unterschied fast immer signifikant. Die fachliche Bewertung des Unterschieds ist sehr wichtig:

- Obwohl er statistisch signifikant sein mag, kann der gefundene Unterschied inhaltlich bedeutungslos sein;
- umgekehrt kann auch ein statistisch nichtsignifikanter Unterschied einen tatsächlichen und fachlich relevanten Effekt widerspiegeln.

20.3 Besonderheiten der Infektionsepidemiologie

20

20.3.1 Voraussetzungen für eine Infektion

Damit eine Infektion zustande kommt, sind 3 Voraussetzungen erforderlich:
- Erreger
- Übertragungsvorgang
- empfänglicher Wirtsorganismus

Erreger

Die **Infektiosität eines Erregers** entscheidet, ob er einen Wirt überhaupt infizieren kann; die **Kontagiosität** beschreibt, ob dies häufig oder eher selten geschieht; die **Pathogenität** beschreibt, dass der Erreger, nachdem die Infektion erfolgt ist, ein krankmachendes Potenzial hat; und die **Virulenz** zeigt das Ausmaß dieses krankmachenden Potenzials an. Hinzu kommt, dass die → Disposition des Wirtsorganismus beeinflusst, welche **Infektionsdosis** (Zahl der notwendigen Erreger, die zu einer Infektion führt) ausschlaggebend ist. Erreger haben Bereiche, in denen sie sich normalerweise aufhalten und vermehren. Diese werden als **Reservoir** bezeichnet. Als **Infektionsquelle** wird der Teil des Reservoirs bezeichnet, der zum Ausgangspunkt einer neuen Infektion wird (meist erkrankte Menschen oder Tiere).

Übertragungsvorgang

Es gibt verschiedene Formen der Übertragung eines Erregers vom Reservoir/Infektionsquelle zum Wirtsorganismus, die davon abhängen, welche Eintrittspforten ein Erreger benutzt:
- Man spricht von einer **direkten Übertragung,** wenn ein Erreger direkt aus dem Reservoir auf den Wirtsorganismus übergeht (z. B. durch Berührung, Einatmen infektiöser Tröpfchen, Tierbiss).
  - Ein Spezialfall der direkten Übertragung ist die **diaplazentare (vertikale) Übertragung,** bei der eine infizierte Schwangere die Infektion an ihr Kind weitergibt (z. B. Toxoplasmose, Röteln, Hepatitis B).
- Bei der **indirekten Übertragung** erfolgt der Übergang vom Erreger zum Wirtsorganismus über ein Transportmittel, entweder ein **Vehikel** (z. B. Lebensmittel, Wasser, ärztliche Instrumente) oder einen **Vektor** (z. B. Insekten, Nagetiere). Wird ein Erreger indirekt durch die Luft übertragen (z. B. Coxiellen) und nicht durch direkten Kontakt wie bei der Tröpfcheninfektion, kann auch die Luft zum Vehikel werden.

Die Kenntnis der Übertragungswege bildet den Schlüssel für die Expositionsprophylaxe.

Empfänglicher Wirtsorganismus

Ist ein Wirtsorganismus noch nie mit einem Erreger in Berührung gekommen, ist er in der Regel empfänglich für eine Infektion. Ein Schutz vor der krankmachenden Wirkung des Erregers **(Immunität)** kann auf verschiedene Weise erreicht werden:
- natürlich
- durch frühere durchgemachte Infektion mit demselben Erreger (spezifische Immunität)
- aktiv (durch Impfung)
- passiv (durch spezifische Immunglobuline)

Eine Besonderheit ist die Leihimmunität (Nestschutz) von Neugeborenen und Säuglingen, deren Immunsystem in den ersten Lebensmonaten noch nicht voll ausgebildet ist und daher durch Antikörper der Mutter, die über die Plazenta bzw. die Muttermilch aufgenommen werden, geschützt ist. Diese passive Immunisierung schützt während der ersten 3–4 Monate vor Infektion durch die meisten Keime und lässt sich durch Stillen etwas verlängern.

Ob ein Kontakt mit einem Erreger zu einer Infektion führt, wird auch durch die Anfälligkeit **(Disposition)** des Wirtsorganismus beeinflusst. Sie wird bestimmt von unspezifischen und spezifischen Abwehrmechanismen sowie weiteren individuellen Eigenschaften. Dispositionen können sein:

- Haut- oder Schleimhautdefekte (auch durch Fremdkörper wie Katheter verursacht)
- Immundefekte (z. B. Komplement-, B- oder T-Zell-Defekte [(zweit)infektionsbedingt, z. B. HIV], Medikation nach Transplantation oder in Form einer Chemotherapie)
- bestimmtes Alter (z. B. <2 Jahre oder ≥60 Jahre)

In Kürze: Epidemiologie der Infektionskrankheiten

- **Morbidität:** Zahl der von einer bestimmten Krankheit betroffenen Personen in einer Bevölkerung.
- **Mortalität:** Zahl der an einer bestimmten Krankheit Verstorbenen bezogen auf die Bevölkerung.
- **Letalität:** Zahl der an einer bestimmten Krankheit Verstorbenen bezogen auf die Zahl der daran Erkrankten.
- **Prävalenz:** Zahl der zu einem bestimmten Zeitpunkt oder in einem Zeitraum erkrankten Personen bezogen auf die Bevölkerung.
- **Inzidenz:** Zahl der in einem Zeitraum neu aufgetretenen Krankheitsfälle bezogen auf die Bevölkerung (mit gleichem Krankheitsrisiko) in diesem Zeitraum.
- **Endemie:** Konstantes Auftreten einer Erkrankung/eines Erregers innerhalb eines geografisch definierten Gebiets oder einer definierten Bevölkerungsgruppe.
- **Epidemie:** Auftreten von mehr Krankheitsfällen als üblicherweise zu erwarten wären.
- **Bias:** Systematischer Fehler, der beim Design epidemiologischer Studien, bei der Datenerhebung oder -analyse auftreten kann.
- **Confounder:** Störgröße, die einen Zusammenhang zwischen einer Exposition und einer Erkrankung vortäuscht.
- **Surveillance:** Systematische und kontinuierliche Datenerfassung, -analyse und -interpretation verbunden mit zeitnaher Veröffentlichung und Bekanntmachung an Entscheidungsträger.
- **Interventionsstudie:** Epidemiologische Studie, bei der die Studienteilnehmer nach einem Zufallsverfahren einer Interventions- oder Kontrollgruppe zugeteilt werden; „Goldstandard" epidemiologischer Studien.
- **Querschnittsstudie:** Untersucht den Zusammenhang zwischen einer Erkrankung und bestimmten Faktoren in einer bestimmten Bevölkerungsgruppe zu einem bestimmten Zeitpunkt.
- **Kohortenstudie:** Studie, in der eine definierte Personengruppe, die bestimmten Expositionen ausgesetzt ist, über eine bestimmte Zeitspanne auf das Auftreten von Ereignissen (z. B. Erkrankungen) beobachtet wird.
- **Fall-Kontroll-Studie:** Studie, in der Erkrankte und Kontrollpersonen ohne diese Erkrankung hinsichtlich verschiedener Faktoren verglichen werden, um Risikofaktoren für die Erkrankung zu bestimmen.
- **Voraussetzungen für eine Infektion:** Für das Zustandekommen einer Infektion muss ein pathogener Erreger auf einen empfänglichen Wirtsorganismus übertragen werden.
- **Übertragung:** Eine Übertragung von Erregern kann entweder direkt aus dem Reservoir auf den Wirtsorganismus übergehen oder indirekt über Vehikel oder Vektoren erfolgen.

Weiterführende Literatur

Gordis L (2001) Epidemiologie. Verlag im Kilian, Marburg

Infektionsschutzgesetz: ▶ http://bundesrecht.juris.de/ifsg/index.html.

Porta M (2008) A dictionary of epidemiology, 5. Aufl. Oxford University Press, Oxford

Suttorp N, Mielke M, Kiehl W, Stück B (2004) Infektionskrankheiten. Georg Thieme, Stuttgart

Prävention der Infektionsausbreitung

Ralf-Peter Vonberg, Karolin Graf und Claas Baier

Bereits einfache Maßnahmen können die Übertragung (Transmission) von Krankheitserregern verhindern. Entscheidend für die Wahl der jeweiligen Maßnahme sind Kenntnisse über den spezifischen Übertragungsweg des Erregers und dessen Umweltstabilität (Tenazität), das individuelle Risiko der beteiligten Personen (Disposition), die zu erwartende Verbesserung der gegenwärtigen Situation (Reduktionspotenzial), Nachweise der Wirksamkeit der Maßnahme (Evidenz), die Bereitschaft zur Umsetzung (Compliance) sowie der personelle und maschinelle Aufwand und die daraus entstehenden Kosten (Ressourcen). Dieses Kapitel stellt solche Hygienemaßnahmen vor, die nachweislich dazu geeignet sind, Transmissionen von Erregern im ambulanten Bereich und im Krankenhaus zu verhindern. Es beinhaltet zudem einen Überblick über die gängigen Verfahren zur Desinfektion und Sterilisation.

21.1 Erregerquellen

Wichtigstes Ziel von Hygienemaßnahmen im Krankenhaus ist, die Häufigkeit nosokomialer Infektionen zu senken. Dies betrifft sowohl **endogene** Infektionen, bei denen der Patient zuvor bereits selbst Träger des (späteren Infektions-)Erregers war, als auch **exogene** Infektionen, bei denen der Erreger erstmalig auf den Patienten übertragen wurde **(Transmission).**

Die Mehrzahl (etwa zwei Drittel) der nosokomialen Infektionen ist endogenen Ursprungs und daher nur begrenzt vermeidbar. Hingegen können exogene Infektionen mit geeigneten Maßnahmen prinzipiell vollständig vermieden werden. Es gibt eine Vielzahl an Erregerquellen, durch die es zu Transmissionen und in der Folge zu nosokomialen Infektionen kommen kann. Die folgende Liste beinhaltet die häufigsten und damit wichtigsten Quellen:

- Patient
- Mitarbeiter
- Besucher
- Medizinprodukte
- Arzneimittel
- Gegenstände und Oberflächen
- Wasser
- Luft
- Nahrung

21.1.1 Patient

Oftmals ist ein Patient der Ausgangspunkt einer Infektionskette **(Indexpatient).** Dabei kann es sich um eine erkennbar infizierte, mitunter aber auch nur um eine asymptomatisch besiedelte **(kolonisierte)** Person handeln. Das Risiko einer Übertragung besteht dann sowohl für andere Patienten als auch für Mitarbeitende des Gesundheitsdienstes. Im Falle einer Übertragung kann es zur Kolonisation und/oder zur Infektion mit Gefahr weiterer Übertragungen kommen. Entscheidend für den Erfolg von Hygienemaßnahmen ist es, solche Indexpatienten so früh wie möglich zu identifizieren, ggf. von den übrigen Personen zu trennen und den **direkten Kontakt** zu vermeiden.

Infizierte Personen können oftmals anhand des **typischen klinischen Bildes** identifiziert werden, wie z. B. in den Wintermonaten eine schwere Infektion der Atemwege (Verdacht auf eine Infektion mit Influenza-Viren) oder akutes Erbrechen mit Diarrhö (Verdacht auf eine Infektion mit Noroviren). Besteht ein solcher dringender klinischer Verdacht, sollte eine vorsorgliche Isolation betroffener Personen bis zur diagnostischen Klärung des tatsächlichen Sachverhalts erfolgen (symptomgestützte prophylaktische Isolation).

Kolonisierte Personen sind leider nicht ohne Weiteres als solche erkennbar. Ihr **Trägerstatus** kann jedoch durch eine gezielte Untersuchung **(Screening)** festgestellt werden. Dies erfolgt beispielsweise bei der Suche nach multiresistenten Erregern bei Risikopatienten durch Abstriche von typischen Besiedelungsorten (Prädilektionsstellen), wie z. B. dem Nasenvorhof beim Methicillin-resistenten Staphylococcus aureus (MRSA), und – sofern möglich – deren Sanierung. Dabei kann es

S. Suerbaum et al. (Hrsg.), *Medizinische Mikrobiologie und Infektiologie*,
https://doi.org/10.1007/978-3-662-61385-6_21

aus Kostengründen durchaus sinnvoll sein, den zu untersuchenden Personenkreis auf definierte Risikokollektive zu beschränken. In solchen Kollektiven ist die Trägerrate gegenüber der Allgemeinbevölkerung erhöht und die Prätestwahrscheinlichkeit steigt.

21.1.2 Mitarbeiter

Es gibt viele Berichte über Ausbrüche in Krankenhäusern, bei denen letztlich Mitarbeitende als Infektionsquelle identifiziert werden konnten, wie z. B. Infektionen in der Pädiatrie durch das Respiratory Syncytial Virus (RSV) oder unerkannte Dauerausscheider von Salmonellen im Küchendienst. Erstreckt sich ein Ausbruch über weite Teile des Krankenhauses, könnte dies darauf hindeuten, dass er durch Mitarbeitende verursacht worden ist, die abteilungsübergreifend tätig sind (z. B. Physiotherapeuten).

Grundsätzlich sollten symptomatische Mitarbeitende dem Dienst bis zur Genesung **fernbleiben**, statt im Zuge falschen Pflichtbewusstseins zu arbeiten. Häufig ist auch das Einhalten eines symptomfreien Intervalls (z. B. bei Noroviren) erforderlich, um Übertragungen zu verhindern. Ist ein direkter Patientenkontakt dennoch unvermeidbar, empfiehlt sich die Verwendung persönlicher **Schutzkleidung** (z. B. Mund-Nasen-Schutz, ► Abschn. 21.3.3) sowie die konsequente **Händedesinfektion** (► Abschn. 21.3.2).

21.1.3 Besucher

Entsprechend den Empfehlungen für erkrankte Mitarbeitende sollten auch Besucher dazu aufgefordert werden, bei akuten Infektionskrankheiten von einem Patientenbesuch im Krankenhaus grundsätzlich absehen. Nichtinfizierte Besucher sollten vor und nach ihrem Kontakt zum besuchten Patienten eine **Händedesinfektion** durchführen.

Darüber hinaus lohnt sich mitunter ein kritischer Blick auf von Besuchern mitgebrachte infektionsrelevante **Präsente** (z. B. Topfblumen als potenzielle Quelle von Infektionen durch Schimmelpilze bei stark immunsupprimierten Patienten). Von Besuchern mitgebrachte **Speisen** erfordern ggf. Lagerungsbedingungen (Aufbewahrungsdauer und Temperatur; Lebensmittelhygiene), die z. B. im Patientenzimmer nicht adäquat vorgehalten werden können und stellen auf diese Weise ein Infektionsrisiko dar.

21.1.4 Medizinprodukte

Unsachgemäß aufbereitete und somit potenziell kontaminierte Medizinprodukte können eine Infektionsquelle für Patienten darstellen. Je nach Art ihrer Anwendung und dem assoziierten Infektionsrisiko werden Medizinprodukte in die Kategorien **unkritisch** (nur Kontakt zu intakter Haut), **semikritisch** (Kontakt zu Schleimhaut oder krankhaft veränderter Haut) und **kritisch** (Durchdringen von Haut oder Schleimhaut mit Kontakt zu Blut, inneren Geweben oder Organen) eingeteilt; in Abhängigkeit vom **Schwierigkeitsgrad ihrer Aufbereitung** ist eine weitere Unterteilung möglich (A–C) (◘ Tab. 21.1).

Kritische Medizinprodukte (z. B. Operationsbesteck) müssen vor ihrer Verwendung am Patienten gereinigt, desinfiziert und abschließend sterilisiert worden sein; für unkritische bzw. semikritische Produkte genügt in der Regel eine (Vor-)Reinigung sowie eine anschließende Desinfektion (◘ Tab. 21.1 und ► Abschn. 21.4 und 21.5). Weiterführende Informationen zu Medizinprodukten sind im Medizinproduktegesetz (MPG) sowie auf der Homepage des Robert Koch-Instituts (RKI) und des Bundesinstituts für Arzneimittel und Medizinprodukte (BfArM) abrufbar (◘ Tab. 21.2).

Grundsätzlich können Medizinprodukte in Einweg- und Mehrwegprodukte unterschieden werden:

- **Einwegprodukte** sind vom Hersteller zur einmaligen Verwendung vorgesehen und werden danach verworfen. Häufig werden sie sterilisiert in den Handel gebracht (z. B. Spritzen und Kanülen). Hersteller solcher Einwegprodukte unterliegen hierzulande strengen Qualitätskontrollen; dennoch können akzidentell kontaminierte Chargen nie vollständig ausgeschlossen werden. Viel häufiger kommt es jedoch zu einer Kontamination durch unsachgemäße Handhabung und anschließende Verwendung am Patienten, sei es bei Öffnung der Verpackung, Entnahme des Produkts oder bei dessen Benutzung. Hier ist also penibel auf eine aseptische Vorgehensweise zu achten.
- Im Gegensatz dazu dürfen **Mehrwegprodukte** nach ihrer Verwendung am Patienten aufbereitet und anschließend an anderen Patienten erneut verwendet werden. Die Art des Produkts entscheidet über die Art seiner Aufbereitung (► Abschn. 21.4 und 21.5). **Maschinelle Verfahren** sind dabei für Medizinprodukte ab der Kategorisierung semikritisch B und anspruchsvoller manuellen Verfahren

Tab. 21.1 Anforderungen an die Hygiene bei der Aufbereitung von Medizinprodukten, formuliert von der Kommission für Krankenhaushygiene und Infektionsprävention (KRINKO) am Robert Koch-Institut (A = ohne besondere Anforderungen, B = erhöhte Anforderungen, C = besonders hohe Anforderungen)

Gruppe	Funktion		Aufbereitung nach Anforderungsgrad	Beispiele
Unkritisch	Kontakt zu intakter Haut		Reinigung (ggf. Desinfektion)	EKG-Elektroden
Semikritisch	Kontakt zu Schleimhaut oder krankhaft veränderter Haut	A	Reinigung und Desinfektion (Sterilisation optional)	Ohrtrichter, Spekulum
		B	Vorreinigung unmittelbar nach der Anwendung, bevorzugt maschinelle Reinigung und Desinfektion, (ggf. Sterilisation mit feuchter Hitze bei Einsatz in sterilen Körperhöhlen)	Flexible Endoskope (z. B. Gastroskop)
Kritisch	Durchdringen von Haut oder Schleimhaut mit Kontakt zu Blut, inneren Geweben oder Organen	A	Bevorzugt maschinelle Reinigung und Desinfektion, dann Sterilisation mit feuchter Hitze	Schere, chirurgische Pinzette, Wundhaken
		B	Vorreinigung unmittelbar nach Anwendung, grundsätzlich maschinelle Reinigung und Desinfektion, Sterilisation mit feuchter Hitze	MIC-Trokar
		C	Vorreinigung unmittelbar nach Anwendung, grundsätzlich maschinelle Reinigung und Desinfektion sowie Sterilisation, Aufbereitung nur in Einrichtungen mit extern zertifiziertem Qualitätsmanagementsystem	ERCP-Katheter

Tab. 21.2 Internetpräsenz ausgewählter Fachgesellschaften mit Informationen zur Infektionsprävention

Institution		Homepage
BfArM	Bundesinstitut für Arzneimittel und Medizinprodukte	► www.bfarm.de
CDC	Centers for Disease Control and Prevention	► www.cdc.gov
DGHM	Deutsche Gesellschaft für Hygiene und Mikrobiologie	► www.dghm.org
DGKH	Deutsche Gesellschaft für Krankenhaushygiene	► www.dgkh.de
ECDC	European Centre for Disease Prevention and Control	► www.ecdc.eu
ESCMID	European Society of Clinical Microbiology and Infectious Disease	► www.escmid.org
RKI	Robert Koch-Institut	► www.rki.de
SHEA	Society for Healthcare Epidemiology of America	► www.shea-online.org
WHO	World Health Organization	► www.who.int

vorzuziehen, da sie das Infektionsrisiko für Mitarbeitende bei der Aufbereitung vermindern (Arbeitssicherheit). Außerdem kann bei einer maschinellen Aufbereitung eine gleich bleibende Qualität aller Arbeitsschritte gewährleistet (**Validierung** und **Dokumentation**) werden.

21.1.5 Arzneimittel

Arzneimittel werden Patienten in verschiedenen Formen verabreicht, darunter Enteralia (orale Gabe wie Tabletten oder Saftzubereitungen) und Parenteralia (z. B. Infusionen direkt in das Blut). Parenteralia (z. B. physiologische Kochsalz- oder Glukoselösung) sind in der Regel herstellerseitig als Einzeldosisbehältnis konzipiert, denn es fehlen Konservierungsstoffe zur Hemmung bakteriellen Erregerwachstums. Die Verwendung großer Gebinde, aus denen mehrfach und zeitversetzt Teilvolumina entnommen werden, ist daher aus hygienischer und arzneimittelrechtlicher Sicht nicht zulässig. Bestimmte parenteral anzuwendende Arzneimittel (z. B. manche Insulinprodukte) werden vom Hersteller als Mehrdosisbehältnis angeboten; hier ist aufgrund der Zugabe von Konservierungsstoffen eine längere Aufbewahrung, z. B. gekühlt in einem Arzneimittelkühlschrank, mit mehrfacher Entnahme (erstmaligen Gebrauch eines Gebindes dokumentieren!) erlaubt.

Im Zweifelfall gilt: Jeder Hersteller eines Arzneimittels muss den korrekten Umgang mit dem entsprechenden Präparat deklarieren.

21.1.6 Gegenstände und Oberflächen

Auf Gegenständen und Oberflächen, die häufig vom Menschen berührt werden, ist auch dessen Flora **(Mikrobiom)** nachweisbar. Je häufiger und intensiver der Kontakt, desto größer ist die darauf zu erwartende Erregerlast **(Kontamination)**. Dies betrifft im Patientenzimmer typischerweise Handkontaktpunkte wie Bettgitter, Bettwäsche, Nachttisch, Toilette, Türklinken, Lichtschalter und Handläufe.

Über solcherart verunreinigte Flächen kann der Erreger nun **indirekt** auf weitere Personen übertragen werden (▶ Abschn. 21.2.1). Je geringer die **Infektionsdosis** und je höher die Umweltpersistenz von Erregern **(Tenazität)**, desto epidemiologisch bedeutsamer wird dieser Übertragungsweg.

Zum Schutz der eigentlichen Dienstkleidung vor Verunreinigungen wird daher in Isolationszimmern bei der direkten Versorgung von Patienten mit multiresistenten Erregern oder übertragbaren Infektionserkrankungen in der Regel empfohlen, einen **Schutzkittel** zu tragen. Je nach Art des Erregers kann die zusätzliche Verwendung eines Mund-Nasen-Schutzes sinnvoll sein. Darüber hinaus sollten **Einmalhandschuhe** getragen werden, wenn ein Kontakt zu Sekreten oder Exkreten zu erwarten ist. Nach deren Ablegen ist auf eine korrekte **Händehygiene** zu achten: Für die meisten Erreger ist hier eine alkoholische Händedesinfektion angezeigt (▶ Abschn. 21.3.2).

Eine wichtige Ausnahme ergibt sich bei Patienten mit antibiotikaassoziierter Diarrhö durch Clostridium difficile, dessen Sporen nicht durch Alkohol inaktiviert werden können und stattdessen zusätzlich zur Händedesinfektion gründliches Händewaschen erfordern.

21.1.7 Wasser

Das in Krankenhaus und Praxis verwendete Leitungswasser unterliegt den Vorgaben der Trinkwasserverordnung in Hinblick auf die mikrobiologische Unbedenklichkeit. Wenn die Vorgaben der Trinkwasserverordnung eingehalten werden, ist das Wasser für die Versorgung der meisten Patienten im Krankenhaus (z. B. bei der Körperpflege und beim Duschen) vollkommen ausreichend.

Es gibt jedoch **Hochrisikobereiche** mit stark immunsupprimierten Personen (z. B. Hämatologie/Onkologie), für die im Trinkwasser verbliebene Erreger (z. B. Legionella pneumophila und Pseudomonas aeruginosa) ein relevantes Infektionsrisiko darstellen. Diesem Problem wird auf unterschiedliche Weise begegnet: Entweder wird die Erregerlast durch regelmäßiges **Spülen** der Leitungsstränge mit **aufgeheiztem** Wasser nochmals erheblich vermindert, oder es werden zum vollständigen Rückhalt von Bakterien **Wasserfilter** am Auslass angebracht. Für Spülungen von Wunden sollten grundsätzlich sterile Flüssigkeiten verwendet werden.

21.1.8 Luft

Sporen von Schimmelpilzen (z. B. Aspergillus fumigatus) in der Umgebungsluft können aerogen auf Patienten übertragen werden. Abermals sind es jedoch nur stark immunsupprimierte Patienten in **Hochrisikobereichen** (z. B. nach einer Knochenmarktransplantation), bei denen es in der Folge zu schweren invasiven Infektionen (z. B. invasive Aspergillose der Lunge) kommt. Durch eine 3-stufige Luftfilterung **(HEPA-Schwebstofffilter)** mit zusätzlichem **Überdruck** des Patientenzimmers gegenüber angrenzenden Räumen können luftgetragene Infektionen bei empfänglichen Personen vermieden werden **(Umkehrisolation).** Bauarbeiten gehen erfahrungsgemäß mit einer besonders hohen Luftbelastung durch Schimmelpilze einher; ein guter **Staubschutz** ist bei solchen Maßnahmen unabdingbar.

21.1.9 Nahrung

In Einzelfällen wurden nosokomiale Infektionen durch unsachgemäß zubereitete oder gelagerte Speisen beschrieben. Insgesamt sind dies bei korrekter Lebensmittelhygiene sehr seltene Ereignisse, die aber viele Patienten betreffen können, wenn sich die Ursache in der zentralen Speisenversorgung des Krankenhauses befindet. Die Untersuchung von **Rückstellproben** erleichtert in Großküchen die Aufklärung eventueller Fehler im Verdachtsfall. Bei einem Ausbruchsgeschehen mit zeitgleich hoher Anzahl betroffener Patienten in verschiedenen Bereichen der Einrichtung sollte der Bereich der Speisenversorgung daher als mögliche Erregerquelle erwogen werden.

21.2 Übertragungswege

Kenntnisse über die typischen Übertragungswege von Erregern sind für alle Mitarbeitende des Gesundheitswesens mit direktem Patientenkontakt wichtig, denn aus dem jeweiligen Übertragungsweg lassen sich häufig die für die aktuelle Situation erforderlichen Hygienemaßnahmen bereits ableiten.

21.2.1 Kontakt

Kontakt ist der mit Abstand **häufigste** Übertragungsweg für nahezu alle nosokomialen Erreger. Ihre Weitergabe kann dabei durch direkten Kontakt von Mensch zu Mensch oder durch indirekten Kontakt via kontaminierter Oberflächen und Gegenstände erfolgen:

- Für den **direkten** Kontakt sind die Hände des medizinischen Personals der wichtigste Vektor. Daher hat die Händehygiene (**alkoholische Händedesinfektion**, ► Abschn. 21.3.2) die höchste Priorität. Dabei sind die fünf von der WHO benannten Indikationen zur Händehygiene zu beachten (► Abschn. 21.4; ◘ Tab. 21.4). Aus vielen Beobachtungsstudien ist jedoch bekannt, dass es an der konsequente Umsetzung dieser Empfehlungen (**Compliance**) – insbesondere vor Patientenkontakt und vor aseptischen Tätigkeiten – oftmals mangelt.
- Übertragungen durch **indirekten** Kontakt können mit einer adäquater **Flächendesinfektion** durch geschultes Reinigungspersonal sowie durch eine suffiziente **Aufbereitung** von Medizinprodukten (validierte und akkreditierte Verfahren) sowie die Verwendung persönlicher **Schutzkleidung** verhindert werden.

21.2.2 Tröpfchen

Die Unterscheidung zwischen durch Tröpfchen übertragenen Infektionen und der aerogenen Übertragung ist vielen Mitarbeitern des Gesundheitswesens nicht genau bekannt. Dabei hat sie sehr große Auswirkungen auf die Auswahl der jeweils geeigneten Präventionsmaßnahmen. Da Erreger in der Regel an Partikel gebunden sind, ist für den Übertragungsmodus die Partikelgröße entscheidend: Partikel mit mindestens 5 µm Durchmesser (Tröpfchen) folgen der Schwerkraft und fallen nach **kurzer Flugdistanz** (max. 2 m) auf den Boden. Personen außerhalb dieses **Streubereichs** sind daher keinem signifikanten Infektionsrisiko ausgesetzt.

Ist jedoch ein näherer Kontakt zum Infizierten erforderlich (z. B. körperliche Untersuchung bei Patienten mit Verdacht auf Meningitis durch Neisseria meningitidis), empfiehlt sich für den Mitarbeiter zum Eigenschutz das Anlegen eines **chirurgischen Mund-Nasen-Schutzes**.

21.2.3 Aerogene Übertragung

Im Gegensatz zur Übertragung durch Tröpfchen sind die Partikel bei der Übertragung via Aerosol zu klein (**<5 µm; Tröpfchenkerne**), um auf den Boden zu sedimentieren. Stattdessen bleiben diese Partikel und die an sie gebundenen Erreger durch kleinste Luftbewegungen dauerhaft in der Schwebe. So können sie im geschlossenen Raum über **lange Zeit** und außerhalb von Räumlichkeiten über **weite Strecken** übertragen werden, wie z. B. beim Varicella-Zoster-Virus (VZV, „Windpocken").

Der hier empfohlene Atemschutz ist die partikelfiltrierende Halbmaske (filtering face piece; **FFP-Maske**). In den meisten Fällen wird dabei eine FFP-2-Maske mit einem Abscheidegrad von 90 % verwendet. Beim Umgang mit sehr gefährlichen Erregern (z. B. multiresistentem Mycobacterium tuberculosis) ist die Nutzung einer FFP-3-Maske mit 95 % Abscheidegrad anzuraten.

Sofern die technischen Möglichkeiten gegeben sind, werden infektiöse Patienten mit aerogen übertragbaren Infektionserkrankungen in Zimmern mit vermindertem Luftdruck versorgt, damit beim Öffnen der Türen keine Luft aus dem Raum in angrenzende Bereiche entweichen kann.

◘ Tab. 21.3 fasst die Übertragungswege exogen bedingter nosokomialer Infektionen zusammen.

◘ Tab. 21.3 Übertragungswege exogen bedingter nosokomialer Infektionen

Übertragungsweg		Beispiele
Kontaktübertragung (häufigster Übertragungsweg)	Direkt: von einer Person zur anderen	HBV-, HCV- oder HIV-Übertragung durch Nadelstichverletzung; Staphylokokken; Enterobakterien; Nonfermenter; Clostridium difficile
	Indirekt: über Gegenstände und Oberflächen	Kontakt zu kontaminierter Türklinke; Verwendung von Instrumenten, die unzureichend aufbereitet wurden
Tröpfcheninfektion	Tröpfchen werden beim Husten, Niesen oder Sprechen verbreitet und gelangen über kurze Distanz auf die Mund- oder Nasenschleimhaut bzw. die Konjunktiven anderer Personen	Bordetella pertussis; Mycoplasma hominis; Neisseria meningitidis; Rhinoviren, Influenza
Aerogen	Verbreitung von Tröpfchenkernen, die in der Raumluft längere Zeit schweben und inhaliert werden können	Mycobacterium tuberculosis; Aspergillus fumigatus; Masernvirus; Varicella-Zoster-Virus

21.3 Präventionsmaßnahmen

21.3.1 Basishygiene

Die Basishygiene ist **grundsätzlich** bei jedem Patienten anzuwenden, unabhängig von der Kenntnis von dessen Infektions- oder Besiedelungsstatus. Sie beinhaltet die indikationsgerechte Händedesinfektion (◘ Tab. 21.4) sowie die Verwendung persönlicher Schutzkleidung für das Personal, wenn ein Kontakt mit Blut, Sekreten oder Exkreten zu erwarten ist. Auch nach Verwendung von Schutzhandschuhen muss eine Händedesinfektion erfolgen! Vor Dienstbeginn sollte zudem eine einfache Händewaschung erfolgen. Ebenfalls ist die Einhaltung der aseptischen Arbeitsweise z. B. bei Verbandwechsel oder Gefäßkatheteranlage Bestandteil der Basishygiene.

Oberflächen sind mit einem dafür geeigneten Mittel zu desinfizieren; sind diese Flächen sichtbar verschmutzt, muss eine Reinigung vorangestellt werden, da ansonsten der Erfolg der Desinfektion nicht sicher gewährleistet ist (▶ Abschn. 21.4). **Kontaminierte Utensilien** werden entweder sofort nach Gebrauch verworfen oder einer auf sie abgestimmten Aufbereitung zugeführt. Für scharfe Instrumente (z. B. Nadeln, Kanülen oder Skalpellklingen) ist ein **stichsicherer Abwurfbehälter** vorzuhalten. Auch die Bereitstellung sauberer und desinfizierter Patienten- und Bettwäsche gehört zur Basishygiene im Krankenhaus.

Das Vorliegen besonderer Erreger kann über die Standardhygiene hinausgehende Maßnahmen erforderlich machen. Diese sind im Einzelfall mit der Krankenhaushygiene abzusprechen und werden in der Regel im Hygieneplan festgehalten. Außerdem gibt es zur Infektionsprävention eine Reihe nationaler und internationaler Empfehlungen verschiedener Fachgesellschaften (◘ Tab. 21.2).

21.3.2 Hygienische Händedesinfektion

Die Bedeutung der Händehygiene zur Infektionsprävention kann nicht oft genug erwähnt werden. Sie dient sowohl dem Schutz der Patienten als auch dem Eigenschutz des Mitarbeiters. Üblicherweise werden dazu Präparate mit einem Alkoholgehalt von etwa 60–70 Vol.-% verwendet.

Fingernägel sollten stets kurz geschnitten sowie unlackiert sein. Die Verwendung sogenannter Gelnägel, von Nagellack, Ringen und sonstigem Schmuck im Bereich der Hände und Unterarme kann zu **Benetzungslücken** führen und ist aus diesem Grund in der direkten Patientenversorgung nicht erlaubt.

Ablauf

1. Sofern sichtbar verschmutzt, müssen die Hände vor einer Desinfektion unbedingt zunächst gründlich gewaschen und anschließend abgetrocknet werden.
2. Dann wird das Desinfektionsmittel auf die **trockenen Hände** aufgetragen, bis diese vollständig benetzt sind.
3. Sofern vom Hersteller nicht anders angegeben, beträgt die **Einwirkzeit** für die hygienische Händedesinfektion 30 s.
4. Daumen, Fingerkuppen und Nagelfalz müssen einbezogen werden.

Von der hygienischen Händedesinfektion ist die **chirurgische Händedesinfektion** abzugrenzen, die je nach verwendetem Präparat, zwischen 90 s und 3 min dauert und neben den Händen auch die Unterarme mit einschließt.

Ausnahmeregelungen

- Leider gibt es auch Erreger, bei denen die Händedesinfektion mit den üblichen alkoholischen

◘ Tab. 21.4 Fünf Indikationen der WHO zur Händedesinfektion

Indikation	Beispiele
Vor Patientenkontakt	Vor Messung der Vitalfunktionen, Auskultieren, Palpieren
Vor aseptischen Tätigkeiten	Vor Kontakt mit invasiven Medizinprodukten, Vorbereitung parenteraler Medikation, Kontakt mit verletzter Haut, Anlage von Verbänden, Applikation von Injektionen, vor Schleimhautkontakt (z. B. vor Gabe von Augentropfen, Mundpflege und endotrachealem Absaugen)
Nach Kontakt zu Körperflüssigkeiten oder potenziell infektiösen Materialien	Nach Schleimhautkontakt, Kontakt mit Wunden (Verbandswechsel), Blutentnahmen, Wechsel von Sekretbeuteln), Kontakt zu Blut, Urin, Stuhl oder Erbrochenem
Nach Patientenkontakt	Nach Waschen des Patienten, Messung von Puls oder Blutdruck, Auskultieren, Palpieren, **Ablegen von Handschuhen**
Nach Kontakt zur unmittelbaren Patientenumgebung	Nach direktem Kontakt mit Bett, Infusiomat, Monitor am Bettplatz, Beatmungsgerät oder persönlichen Gegenständen des Patienten

Desinfektionsmitteln nicht ausreichend ist: Die Prävention der Transmission **unbehüllter Viren** (z. B. Noro- und Adenoviren) erfordert spezielle Präparate mit höherem Alkoholanteil oder alternativ der Beimischung von z. B. Phosphorsäureestern.
- Zur Verhütung der Übertragung von Clostridium difficile erfolgt primär das mechanische Abschwemmen von dessen Sporen mit Wasser und Seife, da Alkohol niemals sporozid wirkt.

Hautpflege Bei der Verwendung alkoholischer Händedesinfektionsmittel – insbesondere bei solchen mit höherem Alkoholgehalt – ist grundsätzlich eine gute Hautpflege erforderlich. Viele Händedesinfektionsmittel besitzen bereits rückfettende Substanzen, die einer Austrocknung der Hände vorbeugen sollen. Zudem stellen viele Krankenhäuser den Mitarbeitenden zum Hautschutz spezielle Hautcremes zur Verfügung.

21.3.3 Schutzkleidung

- **Sterile Handschuhe** werden neben dem Eigenschutz des Personals primär zum Schutz des Patienten angezogen, wie z. B. bei der Anlage eines zentralen Gefäßkatheters oder bei einer Operation.
- Bei **keimarmen Einmalhandschuhen** steht der Eigenschutz des Mitarbeiters im Vordergrund, sofern bei einer Tätigkeit ein relevantes Kontaminationsrisiko der Hände besteht.

Handschuhe sind zudem sehr gut dazu geeignet, die Keimlast auf den Händen zu senken. Dabei ist jedoch daran zu denken, dass insbesondere keimarme Einmalhandschuhe manchmal bereits zum Zeitpunkt der Entnahme kleine Risse **(Mikroläsionen)** aufweisen können und Erreger beim Ausziehen der Handschuhe oft versehentlich verspritzt werden. So werden trotz der Handschuhe die – vermeintlich geschützten – Hände häufig kontaminiert. Dies ist die Rationale für die erforderliche Händedesinfektion nach Ablage der Handschuhe.

Mitunter wird statt eines Handschuhwechsels (mit Händedesinfektion) zwischen den Kontakten zu verschiedenen Patienten eine alkoholische Desinfektion der behandschuhten (!) Hände durchgeführt. Dies ist derzeit nur geboten, sofern der Hersteller des Handschuhs dieses Vorgehen ausdrücklich für zulässig erklärt.

Der **Schutzkittel** als Bestandteil der Standardhygiene soll die Kontamination der gewöhnlichen Dienstkleidung verhindern. Er verbleibt bei Patienten, die wegen multiresistenter Erreger isoliert werden, im Patientenzimmer. Bei erkennbarer Verschmutzung oder Durchfeuchtung, spätestens jedoch am Ende des Arbeitstages, ist er zu wechseln.

Der **chirurgische Mund-Nasen-Schutz** schützt, sofern er eng anliegend gebunden wird und tatsächlich Mund und Nase bedeckt, das Personal vor Tröpfcheninfektionen im näheren Patientenumfeld (▶ Abschn. 21.2.2). Beim Umgang mit MRSA-positiven Patienten wird er Mitarbeitenden empfohlen, um eine akzidentelle Selbstkolonisation (z. B. beim Berühren des eigenen Gesichts) des eigenen Nasenvorhofs zu verhindern. Eine Anlage bei Patienten mit Infektionen der Atemwege kann während eines Transports durchaus sinnvoll sein, sofern er vom Patienten toleriert wird. Immungeschwächte Patienten tragen ihn ggf. zu ihrem eigenen Schutz bei potenziellem Kontakt zu anderen Patienten (z. B. im Wartezimmer). Während einer Operation oder bei anderen aseptischen Tätigkeiten verhindert der chirurgische Mund-Nasen-Schutz das Emittieren von Bakterien aus dem Nasen-Rachen-Raum des Behandelnden.

Wichtig: Ein durchfeuchteter Mund-Nasen-Schutz wird für Erreger leicht durchlässig und muss daher umgehend ausgetauscht werden.

FFP-Masken weisen einen höheren Abscheidegrad auf und werden daher zum Schutz vor aerogen übertragenen Erregern für das Personal empfohlen. Mit steigendem Abscheidegrad steigt jedoch auch der Atemwegswiderstand; aus diesem Grund tolerieren Patienten FFP-Masken häufig nicht sehr gut. Werden FFP-Masken von Mitarbeitern verwendet, können Produkte mit Ventilen verwendet werden, die zumindest die Exspirationsphase unbeeinträchtigt lassen und damit den Tragekomfort verbessern. Für kontagiöse Patienten sind FFP-Masken mit einem solchen Ausatemventil natürlich obsolet.

Besteht bei einer Behandlung das Risiko, dass erregerhaltiges Sekret verspritzt werden könnte, wird ein **Augenschutz** empfohlen, denn im Gegensatz zu intakter Haut stellen Schleimhäute eine deutlich schlechtere Barriere gegenüber Infektionserregern dar. **Kopfhauben** werden außerhalb des Operationssaals in der Patientenversorgung hauptsächlich zur Anlage zentraler Gefäßkatheter (ZVK) empfohlen.

21.3.4 Isolierung

Patienten mit **hochkontagiösen** oder **schwer behandelbaren** Erregern werden häufig in Einzelzimmern isoliert; sind sehr viele Patienten von dem gleichen Erreger betroffen, ist ggf. eine Zusammenlegung in Mehrbettzimmern möglich **(Kohortierung)**. Für einzelne Erreger (z. B. MRSA) gibt es in Risikokollektiven sogar Empfehlungen, mit entsprechenden Abstrichen gezielt nach bislang unbekannten Trägern zu suchen **(Screening)**. Dies mindert die Wahrscheinlichkeit von Übertragungen durch unentdeckte Träger. Zudem können Dekolonisationsmaßnahmen ggf. früher begonnen werden.

Werden isolierte Patienten verlegt, so ist die weiterbehandelnde Station oder Rehabilitationseinrichtung über den jeweiligen Trägerstatus zu informieren. Trotz der Empfehlung zur Isolation in einem Einzelzimmer ist der Nachweis von MRSA und vielen anderen multiresistenten Erregern keine Veranlassung, auf erforderliche medizinische Maßnahmen jedweder Art zu verzichten. Es besteht zudem keine Notwendigkeit einer besonderen Positionierung im Operationsplan, und es ist kein Grund für die Verzögerung einer Verlegung.

Für den seltenen Fall, dass es zu einer nach § 30 IfSG amtsärztlich angeordneten **Quarantäne** kommt, ist das weitere Vorgehen mit den zuständigen Gesundheitsbehörden abzusprechen. Dies betrifft derzeit die Lungenpest (Yersinia pestis) sowie das virale hämorrhagische Fieber (VHF).

Geht von einem Patienten keine Infektionsgefahr mehr aus, können Isolationsmaßnahmen beendet werden **(Entisolierung)**. In der Regel erfolgt dies in Absprache mit der Krankenhaushygiene. Die dafür erforderlichen Bedingungen sind abhängig vom ursächlichen Erreger. Für einige Erreger genügt es, dass die Symptomatik mehrere Tage sistiert (z. B. Clostridium difficile), für andere Erreger ist eine Mindestanzahl negativer Kontrolluntersuchungen erforderlich (z. B. mikroskopisch negative Sputumproben bei vormals offener Tuberkulose). Dabei ist zu berücksichtigen, dass es unter einer wirksamen antibiotischen Therapie auch zu falsch-negativen Ergebnissen kommen kann (z. B. bei MRSA), wenn der Erreger zwar unter die Nachweisgrenze gedrückt, jedoch nicht vollständig eradiziert worden ist.

Die **Umkehrisolation** stellt eine Sonderform der Isolation dar. Hier wird nicht die Umgebung vor einem infektiösen Patienten, sondern vielmehr ein immunsupprimierter Patient vor der Umgebung geschützt. Dabei kommen u. a. ein Überdruck aus mehrstufig filternden **raumlufttechnischen Anlagen** zum Schutz vor Erregern aus der Luft sowie **Wasserfilter** zur Anwendung, sofern im Trinkwasserleitungsnetz Erreger in relevanter Keimzahl vorhanden sind.

Der Patient verlässt sein geschütztes Zimmer nur, wenn unbedingt erforderlich, und trägt dann in der Regel zumindest einen chirurgischen Mund-Nasen-Schutz. Häufig wird für diese Patienten zudem eine sog. Kolonisationsüberwachung **(mikrobiologisches Monitoring)** durchgeführt, um etwaig vorhandene (ggf. multiresistente) Erreger bei der Auswahl einer empirischen antiinfektiven Therapie im Falle einer späteren Infektion berücksichtigen zu können.

21.3.5 Flächendesinfektion

Ziel der Flächendesinfektion ist es, die Erregerlast in der Umgebung so weit zu senken, dass von ihr keine Infektionsgefahr mehr ausgeht. Sie erfolgt zumeist routinemäßig in definierten Intervallen bzw. bei offensichtlicher Kontamination unverzüglich nach gründlicher Vorreinigung.

Besonders infektionsrelevant sind alle Flächen in der näheren **Patientenumgebung** inklusive Badezimmer und Toilette, Flächen mit regelmäßigem **Handkontakt** sowie Flächen, auf denen **aseptische Tätigkeiten** ausgeführt werden. Der Fußboden stellt keine Infektionsgefahr dar; daher ist hier in der Regel eine Reinigung ausreichend.

Information zu einzelnen Desinfektionsmitteln inklusive derer Vor- und Nachteile werden in ► Abschn. 21.4 beschrieben.

21.3.6 Chemoprophylaxe

In einigen Fällen wird Personen, die ungeschützt Kontakt zu einem kontagiösen Patienten hatten, eine **postexpositionelle Chemoprophylaxe** empfohlen. Im Klinikalltag betrifft dies am ehesten die Gabe von Rifampicin, Ciprofloxacin oder Ceftriaxon binnen 10 Tagen nach Kontakt zu Patienten mit einer invasiven Infektion (Sepsis und/oder Meningitis) durch Meningokokken (Neisseria meningitidis) bis zum Ablauf von 24 h nach Therapiebeginn.

21.3.7 Impfungen

Für Mitarbeitende im Gesundheitssystem wird zum Eigenschutz sowie zum Schutz der von ihnen versorgten Patienten eine ganze Reihe an Schutzimpfungen empfohlen (z. B. gegen Hepatitis-B-Virus und Influenza-Virus). Sofern Patienten mit impfpräventablen Erregern kolonisiert oder infiziert sind, sollte vorzugsweise entsprechend geimpftes oder anderweitig immunes Personal zu deren Versorgung eingesetzt werden. Weiterführende Informationen dazu sind in den Kapiteln der jeweiligen Erreger sowie in ► Kap. 17 aufgeführt.

21.4 Desinfektion

Definitionsgemäß beschreibt die Desinfektion Maßnahmen zum Abtöten oder zur Keimreduktion von Mikroorganismen um **mindestens 5 log-Stufen**. Dabei muss die Keimreduktion so groß sein, dass der desinfizierte Gegenstand **kein Infektionsrisiko mehr** darstellt. Sichtbare Kontaminationen müssen dabei ggf. vorab durch Reinigung entfernt worden sein, damit das Desinfektionsmittel zu seinem eigentlichen Wirkort vordringen kann und der Erfolg der Desinfektion nicht gefährdet wird.

Haften dem zu desinfizierenden Gegenstand Proteine an, kann der sog. **Eiweißfehler** auftreten, bei dem das Desinfektionsmittel mit Eiweißen reagiert und zur eigentlichen Desinfektion nicht mehr ausreichend zur Verfügung steht. Analog dazu gibt es auch den **Seifenfehler**, bei dem es zum Wirkverlust des Desinfektionsmittels durch den Kontakt zu Tensiden kommt, wenn Desinfektionsmittel und Reiniger ohne vorherige Verträglichkeitsprüfung gemischt werden.

Händedesinfektion Die **hygienische Händedesinfektion** der (gereinigten) Hände erfolgt in der Regel mit alkoholhaltigen Desinfektionsmitteln und soll die transiente Hautflora inaktivieren. Dabei ist eine Einwirkzeit nach Herstellerangaben (oft 30 s) abzuwarten, in der die Hände vollständig benetzt bleiben müssen. Die entsprechenden Indikationen sind in ◘ Tab. 21.4 aufgeführt.

Ziel der **chirurgischen Händedesinfektion** ist es, auch die residente Hautflora zu erfassen. Die Einwirkzeit beträgt daher hier in der Regel je nach Präparat 90 s bis 3 min. Sie erfolgt **vor** Anlegen steriler Handschuhe und umfasst Hände und Unterarme bis zum Ellbogen. Eine Waschphase mit Bürsten der Fingernägel (wie früher häufig praktiziert) unmittelbar vor der chirurgischen Händedesinfektion ist nicht regelhaft erforderlich. Der Abstand zwischen einer Händewaschung und einer chirurgischen Händedesinfektion sollte mehrere Minuten betragen.

Hautdesinfektion Je nach Art des Eingriffs (z. B. Injektion, Operation oder Anlage eines zentralen Gefäßkatheters) werden unterschiedliche Substanzen bzw. -kombinationen (üblicherweise Alkohol zusammen mit Octenidin oder PVP-Jod) und Einwirkzeiten (30 s bis 10 min bei talgdrüsenreicher Haut) empfohlen. Substanzkombinationen vereinen häufig die **schnelle** Wirkung der **alkoholischen** Komponenten mit einer **remanenten** Wirkung des **Kombinationspartners**. Das Desinfektionsmittel kann dabei eingerieben oder aufgesprüht werden.

Schleimhautantiseptik Werden Desinfektionsmittel auf Schleimhäute aufgebracht, ist eine Reduktion um mindestens 5 log-Stufen häufig nicht gegeben, da zahlreiche Faktoren die Wirkung beeinträchtigen, wie z. B. organische Verbindungen und Adsorption des Wirkstoffs an oberflächliche Schichten. Daher ist hier der Begriff „Schleimhautantiseptik" gebräuchlicher. Da alkoholische Präparate in hoher Konzentration auf Schleimhäuten Missempfindungen hervorrufen, werden hier unter der Berücksichtigung allergischer und toxischer Nebenwirkungen häufig PVP-Jod, Octenidin und Chlorhexidin in wässriger Lösung verwendet.

Flächendesinfektion Zur Desinfektion von Flächen werden häufig Aldehyde (z. B. Formaldehyd und Glutaraldehyd), quartäre Ammoniumverbindungen oder Peressigsäure verwendet. Zumeist werden die Substanzen durch Wischen oder Scheuern gleichmäßig und gründlich aufgetragen. Auch hier ist die vom Hersteller vorgegebene Einwirkzeit zu beachten; ggf. werden dabei zusätzlich Maßnahmen zum **Arbeitsschutz** erforderlich, und die Räumlichkeiten müssen anschließend gründlich gelüftet werden. Für kleine und empfindliche Oberflächen können auch alkoholhaltige Präparate verwendet werden.

Instrumentendesinfektion Die manuelle Desinfektion von Instrumenten in einem Tauchbad ist zwar grundsätzlich möglich, doch um das Infektionsrisiko für das Personal zu minimieren, sollte sie vorzugsweise **maschinell** in einem Reinigungsdesinfektionsgerät (**RDG**) erfolgen. Zudem sind maschinelle Verfahren meist zuverlässiger und besser standardisierbar, sofern das Gerät regelmäßig hygienisch-mikrobiologisch und technisch kontrolliert wird (Validierung).

Desinfektion von Ausscheidungen Eine Desinfektion von Ausscheidungen (Fäkalien, Urin, Sekrete, Exkrete) erfolgt mit chlor- oder phenolhaltigen Desinfektionsmitteln. Ihre Notwendigkeit ergibt sich in **Ausnahmefällen** bei einigen meldepflichtigen Krankheiten, wenn bei einer anderen Art der Beseitigung ein Infektionsrisiko gegeben wäre.

Raumdesinfektion Eine Raumdesinfektion mittels Vernebeln oder Verdampfen von Formaldehyd ist ebenfalls nur in sehr seltenen **Einzelfällen** erforderlich. Sie ist nur dann – auf amtsärztliche Anordnung hin – angezeigt, wenn hochkontagiöse und sehr gefährliche Erreger (wie z. B. bei viralem hämorrhagischem Fieber oder Lungenpest) vorliegen.

21.5 Sterilisation

Die Sterilisation umfasst verschiedene Verfahren zur Abtöten **aller** Mikroorganismen auf einem Gegenstand. Auch hier muss eine hohe Ausgangslast ggf. zunächst durch andere Verfahren (z. B. Reinigung oder Desinfektion) gesenkt werden.

Dazu wird das Sterilgut so verpackt, dass es nach dem Sterilisationsvorgang nicht rekontaminiert werden kann. Das **Verpackungsmaterial** muss daher einerseits so beschaffen sein, dass es für das Sterilisationsmedium durchlässig ist, nach Abschluss der Sterilisation jedoch undurchlässig für Mikroorganismen:

- Für Heißluftsterilisation muss ein vollständiger Temperaturausgleich möglich sein.
- Behälter im Autoklaven müssen den Dampfdurchtritt gestatten.
- Verpackungen für die Sterilisation mittels Ethylenoxid und Formaldehyd bestehen aus gasdurchlässigen, aber keimdichten Kunststoffen.
- Bei der Strahlensterilisation stellt die Verpackung bezüglich der Durchdringbarkeit kein Problem dar.

Weiterführende Informationen sind in den Leitlinien der jeweiligen Fachgesellschaften (◻ Tab. 21.2) sowie im Medizinproduktegesetz (MPG) aufgeführt.

Bei sachgerechter **(trockener) Lagerung** und Unversehrtheit der Verpackung gibt es dann **keine zeitliche Begrenzung** der Innensterilität für alle im Krankenhaus oder von der Industrie aufbereiteten Medizinprodukte. Die in Normen festgelegten Lagerfristen von Sterilgut berücksichtigen primär mögliche Materialermüdungseigenschaften.

Zur Qualitätssicherung müssen Sterilisatoren validiert und regelmäßig kontrolliert werden. Diese **Prüfung** erfolgt einerseits bei jedem Sterilisationsvorgang durch die Messung verschiedener **physikalischer Indikatoren** wie Temperatur, Druck, Zeit und Strahlendosis. Darüber hinaus kann mittels Farbumschlag von Behandlungsindikatoren **(Chemoindikatoren)** geprüft werden, ob das Sterilisationsgut dem Verfahren ausreichend lange ausgesetzt war. Die Verwendung bestimmter bakterieller Sporen als **Bioindikatoren** zeigt schließlich den Behandlungserfolg des Verfahrens. Dabei werden Sporenpäckchen an verschiedenen Stellen im Sterilisationsgerät platziert. Nach Abschluss der Sterilisation müssen alle Testkeime inaktiviert worden sein.

Dampfdrucksterilisation (Autoklavierung) Die Autoklavierung mit **gespanntem, gesättigtem Dampf** (meist bei 121–134 °C) ist das im Krankenhaus am **häufigsten** durchgeführte Sterilisationsverfahren. Es wird z. B. zur Sterilisation von Textilien sowie von thermostabilen Geräten aus Gummi, Glas oder Metall verwendet.

Heißluftsterilisation Die Heißluftsterilisation erfordert sogar noch höhere Temperaturen (häufig 160–200 °C), da hier kein Dampf zur Energieübertragung auf das Sterilgut verfügbar ist, und eignet sich nur für thermostabile Materialien. Im Krankenhaus findet sie nur noch selten Anwendung.

Strahlensterilisation Die Strahlensterilisation ist nahezu ausschließlich für **industriell** gefertigte Produkte als Massenartikel, meist Einwegprodukte, geeignet, wie z. B. Spritzen, Kanülen und Verbandstoffe.

Ethylenoxid und Formaldehyd Für die Sterilisation **thermolabiler** Produkte können Ethylenoxid und Formaldehyd verwendet werden. Dazu ist es erforderlich, das Sterilgut in **gasdurchlässige Folien** zu verpacken, Maßnahmen zum **Arbeitsschutz** zu treffen (Toxizität und Kanzerogenität) und nach der Sterilisation eine Phase der Ausgasung abzuwarten.

Plasmasterilisation Ein weiteres Verfahren bei niedriger Temperatur – aber ohne (!) toxische Rückstände – ist die Sterilisation durch ionisiertes H_2O_2-Gas (Plasma). Es ist besonders gut geeignet für Instrumente mit optischen und elektronischen Komponenten.

In Kürze: Prävention von Bakterien- und Virusinfektionen

- Erregerreservoir und Übertragungswege bedingen die Hygienemaßnahmen.
- Der häufigste und wichtigste Übertragungsweg von Erregern im Krankenhaus sind die Hände des Personals.
- Die Händedesinfektion ist die wichtigste hygienische Einzelmaßnahme in Klinik und Praxis.
- Die Desinfektion reduziert die Erregerlast um mindestens 5 log-Stufen.
- Die Sterilisation inaktiviert bzw. tötet alle Erreger ab.
- Sichtbare Verschmutzungen können den Erfolg einer Desinfektion bzw. Sterilisation gefährden.

Krankenhaushygiene

Petra Gastmeier

Bei etwa jedem siebten Krankenhauspatienten ist eine Infektion anzutreffen. Circa drei Viertel dieser Infektionen liegen bereits bei der Aufnahme in das Krankenhaus vor und sind eventuell der Grund für die Krankenhausaufnahme. Ein Viertel entwickelt sich erst in zeitlicher Assoziation zum Krankenhausaufenthalt als sog. nosokomiale Infektion.

22.1 Definition und Abgrenzung der nosokomialen Infektion

Unter einer **„nosokomialen Infektion"** oder „Krankenhausinfektion" versteht man eine Infektion, die bei Aufnahme in die Einrichtung – also Krankenhaus, ambulante medizinische Einrichtung, Alten- und Pflegeheim – weder vorhanden noch in Inkubation war. Für die Charakterisierung einer Infektion als nosokomial ist also lediglich der zeitliche Aspekt entscheidend, nicht ein ursächlicher Zusammenhang zur Tätigkeit des medizinischen Personals.

Trotz der unterschiedlichen Inkubationszeiten diverser nosokomialer Infektionen hat man sich darauf geeinigt, ein festes Zeitintervall zwischen Aufnahme in die Einrichtung und Infektionsdiagnose für die Surveillance nosokomialer Infektionen festzulegen:

- Eine Infektion wird dann als nosokomial bezeichnet, wenn der Infektionstag (= Tag mit den ersten Symptomen) frühestens der Tag 3 des Einrichtungsaufenthalts ist. Dabei gilt der Aufnahmetag als Tag 1 und der Tag mit den ersten (spezifischen oder unspezifischen) Infektionszeichen als Infektionstag.
- Infektionen, bei denen die ersten Symptome bereits *vor* der Aufnahme in die Einrichtung oder an den Tagen 1 oder 2 des Aufenthalts vorhanden sind, werden nicht als nosokomiale Infektionen, sondern als mitgebrachte Infektionen klassifiziert.

Während man den Begriff nosokomiale Infektion früher nur auf die Patienten im Krankenhaus anwendete, wird er heute auch auf Patienten im ambulanten Bereich und in Alten- und Pflegeheimen ausgedehnt.

Neben dieser allgemeinen Definition existieren spezielle Definitionen für die spezifischen nosokomialen Infektionen, die durch das Krankenhaus-Infektions-Surveillance-System (KISS) herausgegeben wurden. Sie dienen der einheitlichen Beurteilung von Symptomkomplexen bei der Diagnose nosokomialer Infektionen und sollen die Vergleichbarkeit von Surveillance-Daten sicherstellen. Sie beruhen auf den Definitionen des amerikanischen National Healthcare Safety Network (NHSN) der Centers for Disease Control and Prevention (CDC).

22.2 Pathogenese nosokomialer Infektionen

Nosokomiale Infektionen können durch die körpereigene Flora des Patienten entstehen **(primär endogene Infektionen)**, aber auch dadurch, dass die körpereigene Flora aus den normalerweise besiedelten Körperregionen in andere Körperregionen verschoben wird **(sekundär endogene Infektionen)**. Darüber hinaus existieren die **exogenen nosokomialen Infektionen**, bei denen es zur Übertragung der Erreger von einem Patienten zum anderen oder aus der unbelebten Umgebung kommt. Während diese letzte Gruppe generell vermieden werden muss, lassen sich sekundär endogen bedingte nosokomiale Infektionen nur teilweise verhindern. Bei den primär endogen bedingten Infektionen ist eine Vermeidung nur eingeschränkt möglich (◘ Tab. 22.1).

Der Anteil der exogen bedingten nosokomialen Infektionen wird in Mitteleuropa auf 5–15 % geschätzt, sekundär endogene Infektionen haben wahrscheinlich einen Anteil von bis zu 50 % aller nosokomialen Infektionen. Hinsichtlich der Verteilung der 3 Pathogenesearten an der Gesamtzahl nosokomialer Infektionen existieren erhebliche Unterschiede nach Patientengruppen, Behandlungseinrichtungen und -umständen.

S. Suerbaum et al. (Hrsg.), *Medizinische Mikrobiologie und Infektiologie*,
https://doi.org/10.1007/978-3-662-61385-6_22

Tab. 22.1 Wichtigste Wege der Entstehung nosokomialer Infektionen

	Primär endogene Infektionen	Sekundär endogene Infektionen	Exogen bedingte Infektionen
Erläuterung	Körpereigene Erreger gelangen ohne externe Manipulation in primär sterile Körperregionen	Körpereigene Erreger gelangen durch Manipulation, „devices", Instrumente in primär sterile Körperregionen	Körperfremde Erreger gelangen durch Manipulation oder Instrumente von einem Patienten zum anderen
Beispiele	Postoperative Pneumonie bei nichtbeatmeten Patienten	Harnweginfektion nach Katheterisierung, Sepsis nach Legen eines zentralen Gefäßkatheters	Norovirus-Ausbruch, MRSA-Infektion beim Kontaktpatienten eines MRSA-Patienten
Maßnahmen	Vermeidung medizinischer Maßnahmen, die zu Atelektasen und Immobilität führen	Händedesinfektion zwischen verschiedenen Manipulationen bei einem Patienten, restriktiver Umgang mit „devices"	Händedesinfektion zwischen Kontakt zu verschiedenen Patienten, Desinfektion und Sterilisation

22.3 Risikofaktoren nosokomialer Infektionen

Eingriffsabhängige Risikofaktoren Bei den Wundinfektionen ist die Art der vorausgegangenen Operation entscheidend für die postoperative Wundinfektionsrate. Bei Pneumonie, Sepsis und Harnweginfektionen sind Intubation bzw. Anwendung von Gefäß- und Harnwegkathetern die wichtigsten Risikofaktoren für das Zustandekommen der Infektionen. Deshalb werden im Krankenhaus-Infektions-Surveillance-System (KISS), der Referenzdatenbank für nosokomiale Infektionen in Deutschland, die Wundinfektionsraten nach der OP-Art stratifiziert und die nosokomialen Infektionsraten für Pneumonie, Sepsis und Harnweginfektion nach der entsprechenden „Device"-Anwendung standardisiert.

Patientenabhängige Risikofaktoren Alter, Geschlecht, Geburtsgewicht, Grundkrankheiten, Immunsuppression etc. beeinflussen zusätzlich das Zustandekommen nosokomialer Infektionen, ebenso weitere Faktoren der medizinischen Behandlung, z. B. Aufenthaltsdauer, Anzahl und Intensität der Manipulationen, Chemotherapie.

22.4 Aktuelle Epidemiologie nosokomialer Infektionen

Nosokomiale Infektionen gehören zu den häufigsten Komplikationen der medizinischen Behandlung. Im Rahmen einer nationalen Querschnittstudie wurde bei 13,5 % der Patienten eine Infektion beobachtet, jede vierte davon war nosokomial. Nach den Daten der nationalen Prävalenzstudie 2016 ist damit zu rechnen, dass jährlich in Deutschland ca. 500.000 nosokomiale Infektionen auftreten.

Häufigste nosokomiale Infektionen sind:
- Infektionen der unteren Atemwege (24 %)
- Postoperative Wundinfektionen (22 %)
- Harnweginfektionen (22 %)
- Clostridium difficile-Infektionen (10 %)
- Primäre Sepsis (5 %)

22.4.1 Erregerspektrum

Die meisten Erreger nosokomialer Infektionen gehören zur Gruppe der fakultativ pathogenen Erreger, die regelmäßig Haut, Schleimhaut oder Gastrointestinaltrakt des Menschen besiedeln. Tab. 22.2 zeigt die häufigsten Erreger nosokomialer Infektionen auf Intensivstationen.

Das Besondere an nosokomialen Infektionserregern ist, dass ein großer Anteil von ihnen zu den **multiresistenten Erregern** gehört. Hintergrund dafür ist einerseits die Selektion bereits bestehender resistenter Flora eines oder mehrerer Patienten durch die häufige antimikrobielle Therapie im Krankenhaus. Andererseits existiert im Krankenhaus das Risiko der **Kreuzübertragung** der multiresistenten Erreger, v. a. bei Hochrisikopatienten, deren Behandlung in der Regel viele Manipulationen erfordert. Nach den Daten der nationalen Prävalenzstudie 2016 sind ca. 27.000 nosokomiale Infektionen pro Jahr durch multiresistente Erreger bedingt.

Im Allgemeinen treten nosokomiale Infektionen **endemisch** auf einem bestimmten Niveau auf. Darüber hinaus kann es auch zum **epidemischen Auftreten** kommen, wenn ausgehend von einer meistens nicht erkannten Infektionsquelle mehrere Patienten oder Mitarbeiter betroffen werden. Solche Ausbrüche werden häufig bei Gastroenteritiden ausgehend von einem Indexpatienten beschrieben, aber auch Sepsisfälle durch kontaminierte Lösungen werden nicht

Tab. 22.2 Anteil der wichtigsten Erreger nosokomialer Infektionen pro 100 nosokomiale Infektionen bei Intensivpatienten in Deutschland (KISS 2017)

Erreger	Anteil der Erreger nosokomialer Infektionen (in %)		
	Atemweginfektionen	Sepsis	Harnweginfektionen
S. aureus	17,3	11,8	–
E. coli	13,9	5,4	38,0
P. aeruginosa	15,0	–	16,2
Enterokokken	–	21,9	23,2
Koagulasenegative Staphylokokken	–	24,3	–
Klebsiella spp.	15,6	5,5	13,0

selten beobachtet. Vermutlich treten <5 % aller nosokomialen Infektionen im Zusammenhang mit solchen Ausbrüchen auf.

Nosokomiale Infektionen können erhebliche Konsequenzen für Patienten und Einrichtung haben. Die Wichtigste ist die **Letalität:** Verstirbt ein Patient mit einer nosokomialen Infektion, ist es häufig sehr schwierig zu differenzieren, ob die Infektion ursächlich für den letalen Ausgang der Behandlung war oder lediglich zum Tode beigetragen hat. Nach der Literatur ist anzunehmen, dass die nosokomialen Infektionen in ca. 15–20 % dieser Todesfälle die direkte Todesursache sind.

In den meisten Fällen führen nosokomiale Infektionen zu einer **Verlängerung der Verweildauer** im Krankenhaus und sind damit gleichzeitig ein wichtiger Faktor für zusätzliche Behandlungskosten. Beispielsweise vermutet man bei beatmungsassoziierten Pneumonien und mit zentralen Venenkathetern assoziierten Sepsisfällen auf Intensivstationen um 6 bzw. 3 Tage verlängerte Verweilzeiten auf der Intensivstation, bei postoperativen Wundinfektionen durchschnittlich Verlängerungen um ca. 1 Woche.

22.5 Maßnahmen zur Prävention nosokomialer Infektionen

22.5.1 Präventionspotenzial

Entsprechend der Pathogenese der nosokomialen Infektionen haben die Präventionsmaßnahmen v. a. 3 Ansatzpunkte:

- Verhinderung von Kreuzübertragungen
- Verhinderung des Eindringens körpereigener Erreger in andere Körperregionen
- Vermeidung der Immunsuppression des Patienten

Die Maßnahmen zur Vermeidung von Kreuzübertragungen werden in ► Kap. 22.4.1 ausführlich besprochen. In den letzten Jahrzehnten ist durch Verbesserung der Compliance zur Händedesinfektion und Perfektionierung der Desinfektions- und Sterilisationsmaßnahmen sowie überwiegenden Einsatz von Einmalartikeln eine Reduktion der exogen bedingten nosokomialen Infektionen gelungen.

Durch Ausweitung der Patientengruppen, die invasive „devices" wie Gefäß- oder Harnwegkatheter oder Intubation benötigen, ist der Anteil endogen bedingter nosokomialer Infektionen eher gestiegen. Die wichtigste Präventionsmaßnahme ist in diesen Fällen die strenge Indikationsstellung für die Anwendung dieser „devices" sowie das tägliche Überprüfen, ob sie noch immer notwendig sind. Darüber hinaus hat man in den letzten Jahren wiederholt zeigen können, dass durch eine stringente Umsetzung der wichtigsten Maßnahmen im Umgang mit Gefäßkathetern, Harnwegkathetern und Beatmungszubehör die nosokomialen Infektionsraten signifikant reduziert werden konnten. Dasselbe trifft auch für die Reduktion postoperativer Wundinfektionen zu (Einsatz von Maßnahmenbündeln).

Auch die Zahl der Patienten mit Immunsuppression hat eher zugenommen. Inzwischen ist bekannt, dass bei diesen Patienten nosokomiale Infektionen oft durch Verletzung der Mukosabarriere entstehen. Beispielsweise kommen ca. 45 % der Blutstrominfektionen bei hämatologischen, onkologischen oder Patienten mit Stammzelltransplantation auf diesem Wege zustande.

22.5.2 Kernkomponenten der Infektionsprävention der WHO

Häufig mangelt es beim Auftreten nosokomialer Infektionsprobleme nicht am Wissen über Präventionsmaßnahmen, sondern es liegt ein Umsetzungsproblem vor. Die WHO hat deshalb 2017 Leitlinien zu den Kernkomponenten der Infektionsprävention herausgegeben (Tab. 22.3).

■ **Tab. 22.3** Acht Kernkomponenten zur nosokomialen Infektionsprävention der WHO

Kernkomponenten	Empfehlung
Existenz eines Programms zur Infektionsprävention	Infektionspräventionsprogramm mit speziell ausgebildetem Team in jeder Einrichtung
Vorhandensein hauseigener Standards zur Infektionsprävention	Evidenzbasierte Standards zur Reduktion von nosokomialen Infektionen und Antibiotikaresistenz in allen Krankenhäusern entwickeln und einzuführen (Hygienepläne)
Fortbildung und Training zur Infektionsprävention	Fortbildungen etablieren auf dem Gebiet der Infektionsprävention für alle Mitarbeiter in Akutkrankenhäusern unter Nutzung team- und aufgabenbasierter Strategien zur Reduktion von nosokomialen Infektionen und Antibiotikaresistenz, die partizipativ sein und bettseitiges bzw. Simulationstraining einschließen sollten
Surveillance on nosokomialen Infektionen	Stations- bzw. einrichtungsbezogene Surveillance nosokomialer Infektionen (auch mit multiresistenten Erregern) durchführen mit zeitnahem Feedback der Ergebnisse und im Kontext nationaler Surveillance-Netzwerke
Multimodale Strategien	Strategien für die Implementierung von Infektionspräventionsmaßnahmen einsetzen, um die Maßnahmen zu verbessern und nosokomiale Infektionen und Antibiotikaresistenz zu reduzieren
Monitoring von Maßnahmen zur Infektionsprävention und für Feedback	Einhaltung von Standards zur Infektionsprävention regelmäßig überprüfen und Feedback an alle beobachteten Personen auf dem Level der Einrichtung geben; Feedback an alle beobachteten Personen und relevante Mitarbeiter
Arbeitsbelastung, Personalausstattung und Bettenbelegung	Berücksichtigung von Faktoren zur Reduktion nosokomialer Infektionen und der Verbreitung der Antibiotikaresistenz: – Bettenbelegung nur bis Standardkapazität der Einrichtung, nicht darüber – Personalausstattung adäquat zur mit Patientenzahl und -art verbundenen Arbeitsbelastung
Bauliche Umgebung, Materialien und Equipment für die Infektionsprävention	– Notwendige Materialien für die Händehygiene unmittelbar am Behandlungsort zur Verfügung stellen – Ausreichende Anzahl von Einzelzimmern bereithalten

22.5.3 Gesetzliche Regelungen in Deutschland

Die entscheidende gesetzliche Grundlage für die Maßnahmen zur Infektionsprävention im Krankenhaus ist das Infektionsschutzgesetz (IfSG), insbesondere der § 23. Hier ist festgelegt, dass die beim Robert Koch-Institut angesiedelte Kommission für Krankenhaushygiene und Infektionsprävention (KRINKO) Empfehlungen zur Prävention nosokomialer Infektionen sowie zu betrieblich-organisatorischen und baulich-funktionellen Maßnahmen der Hygiene in Krankenhäusern und anderen medizinischen Einrichtungen erarbeitet und regelmäßig weiterentwickelt.

Die Leiter der Krankenhäuser haben sicherzustellen, dass die nach dem Stand der medizinischen Wissenschaft erforderlichen Maßnahmen (in der Regel die aktuellen KRINKO-Empfehlungen) getroffen werden, um nosokomiale Infektionen zu verhüten und die Weiterverbreitung von Krankheitserregern, insbesondere solcher mit Resistenzen, zu vermeiden. Außerdem ist nach dem IfSG jedes Krankenhaus verpflichtet, eine Surveillance von nosokomialen Infektionen und multiresistenten Erregern durchzuführen. Zusätzlich wird die Organisation der Infektionsprävention in den Krankenhäusern in den Landehygieneverordnungen der Bundesländer geregelt.

Darüber hinaus wird im IfSG die Meldepflicht geregelt. Nach § 6 ist dem Gesundheitsamt das gehäufte Auftreten nosokomialer Infektionen unverzüglich mitzuteilen, wenn ein epidemischer Zusammenhang wahrscheinlich ist oder vermutet wird, und nichtnamentlich als Ausbruch zu melden. Weiterhin existiert eine Meldepflicht für invasive MRSA-Infektionen und für Enterobacteriaceae-Infektionen oder Kolonisation bei Carbapenem-Resistenz bzw. Nachweis der Carbapenemase-Determinante.

Ein weiteres zu beachtendes Gesetz ist das Medizinproduktegesetz (MPG; ▶ Kap. 21). Es regelt die Aufbereitung von bestimmungsgemäß keimarm oder steril zur Anwendung kommenden Medizinprodukten und beschreibt die nach Inbetriebnahme zum Zwecke der erneuten Anwendung durchzuführende Reinigung, Desinfektion und Sterilisation sowie die notwendigen Arbeitsschritte zur Prüfung und Wiederherstellung der technisch-funktionellen Sicherheit (▶ Kap. 21).

22.5.4 Organisation der Infektionsprävention im Krankenhaus

Nach dem Infektionsschutzgesetz sind die Leiter der medizinischen Einrichtungen für die Infektionsprävention verantwortlich. Je nach Größe und Einrichtungsprofil sind Krankenhäuser verpflichtet, zur Umsetzung der Präventionsmaßnahmen Hygienefachkräfte und Krankenhaushygieniker zu beschäftigen. Als Bindeglied zwischen den Mitarbeitenden des Hygienefachpersonals sind in den Abteilungen bzw. Stationen hygienebeauftragte Ärzte und Pflegekräfte zu etablieren. Ihre wesentliche Aufgabe ist die Unterstützung bei der Umsetzung der o. g. WHO-Kernkomponenten.

Auch dem mikrobiologischen Labor kommt in diesem Zusammenhang eine wichtige Aufgabe zu. Die Mitarbeiter der Krankenhaushygiene benötigen einen direkten Zugang zu allen relevanten mikrobiologischen Befunden. Dabei sollte möglichst die Möglichkeit strukturierter Abfragen zum Auftreten bestimmter Erreger in bestimmten Zeitperioden bestehen. Darüber hinaus muss das Labor den mit dem „Antibiotic Stewardship (ABS)" beauftragten Kollegen wichtige Informationen liefern, etwa die Resistenzstatistiken.

Die in ▶ Kap. 21 beschriebenen Basismaßnahmen zur Infektionsprävention sind umzusetzen. Darüber hinaus soll das Hygieneteam des Krankenhauses nach den klassischen Prinzipien des Qualitätsmanagements arbeiten: Erkennen von Problemen → Problemanalyse → Intervention → Evaluation.

Übertragen auf den Bereich der Krankenhaushygiene bedeutet das: Das Hygieneteam führt zumindest in den Bereichen mit den meisten bzw. gravierendsten nosokomialen Infektionen und in Bezug auf die wichtigsten multiresistenten Erreger eine Surveillance durch. Mit ihrer Hilfe können Veränderungen im zeitlichen Ablauf erkannt werden, und es kann entsprechend reagiert werden. Darüber hinaus ist es wichtig, das endemische Niveau der eigenen Stationen/Abteilungen im Vergleich zu anderen Stationen/Abteilungen mit ähnlichem Patientenprofil zu vergleichen.

Zu diesem Zweck ist es notwendig, einheitliche Definitionen für nosokomiale Infektionen und einheitliche Protokolle für die Durchführung der Surveillance zu verwenden. Deshalb hat das Nationale Referenzzentrum für die Surveillance nosokomialer Infektionen das Krankenhaus-Infektions-Surveillance-System (KISS) aufgebaut, das solche Surveillance-Definitionen und -Protokolle für Patienten auf Intensivstationen, Normalstationen, neonatologischen Intensivstationen, hämatologisch-onkologischen Stationen bereitstellt. Zusätzlich existieren Surveillance-Komponenten für multiresistente Erreger und C. difficile-Infektionen sowie für Indikatoren zur Händehygiene. Die Surveillance-Daten müssen regelmäßig mit dem Team der Station/Abteilung analysiert werden, und es müssen Schlussfolgerungen für die Infektionsprävention abgeleitet werden.

In Kürze: Krankenhaushygiene

- **Definition:** Unter einer „nosokomialen" oder „Krankenhausinfektion" versteht man eine Infektion, die bei Aufnahme in die Klinik oder das Alten- oder Pflegeheim weder vorhanden noch in Inkubation war.
- **Epidemiologie:** Die 4 wichtigsten nosokomialen Infektionen sind Wundinfektionen, Pneumonie, Sepsis und Harnweginfektionen. Meistens treten sie vereinzelt auf (endemisches Niveau), teilweise werden auch Ausbrüche (epidemisches Niveau) beobachtet.
- **Pathogenese:** Neben den exogen bedingten Infektionen sind die primär und sekundär endogen bedingten Infektionen zu unterscheiden, welche die Mehrheit der nosokomialen Infektionen ausmachen.
- **Erreger:** Die häufigsten Erreger nosokomialer Infektionen sind S. aureus, E. coli, P. aeruginosa und Enterokokken. Im Zusammenhang mit nosokomialen Infektionen ist bei ihnen häufig mit Multiresistenz zu rechnen.
- **Übertragung:** Am häufigsten erfolgt sie bei exogen bedingten Infektionen durch Kontakt, gefolgt von Tröpfchen- und aerogener Infektion.
- **Prävention:** Die wichtigsten Maßnahmen sind eine hohe Compliance zur Händedesinfektion sowie ein infektionsbewusster Umgang mit invasiven „devices". Durch Surveillance der nosokomialen Infektionen sollte zumindest in den wichtigsten Risikobereichen ein kontinuierlicher Überblick über das Auftreten nosokomialer Infektionen und multiresistenter Erreger existieren.

Bakteriologie

Inhaltsverzeichnis

Bakterien: Definition und Aufbau

Christine Josenhans und Helmut Hahn

Bakterien sind einzellige Mikroorganismen mit einem für Prokaryoten typischen Zellaufbau (◘ Tab. 23.1). So fehlt bei Bakterien im Vergleich zu den eukaryotischen Zellen die Kernmembran. Weiterhin sind bei Bakterien Nucleolus, endoplasmatisches Retikulum, Golgi-Apparat, Lysosomen, Chloroplasten, Mitochondrien und Mikrotubuli nicht vorhanden. Andererseits besitzen Bakterien eine komplexe Zellhülle, die den Eukaryoten fehlt. Die Größe der meisten Bakterien liegt – bezogen auf den kleineren Durchmesser – zwischen 0,2 und 2 µm.

23.1 Morphologische Grundformen

Die Gestaltvielfalt der meisten auch infektionsmedizinisch relevanten Bakterien, die eigentlich immer zu den Eubakterien (nicht Archaea) gehören, lässt sich auf folgende 3 Grundformen zurückführen:
- Kokken
- Stäbchen
- schraubenförmige Bakterien

▪ Kokken (gr.: Kugeln, Beeren)

Dies sind runde oder leicht ovale Bakterien. Ihr Durchmesser liegt bei ungefähr 1 µm. Aus der Flüssigkultur präpariert, zeigen Kokken häufig eine **typische Lagerung** zueinander. Sie können in Paaren (Diplokokken), in Vierergruppen (Tetraden), in Achtergruppen (Sarcinen), in größeren Haufen oder in Trauben- (Staphylokokken) oder Kettenform (Streptokokken) gelagert sein.

▪ Stäbchen

Bei diesen ist eine **Achse** länger als die andere, sodass eine klare Polarität entsteht. Die Achsenlängen liegen zwischen 0,5 µm (Querschnitt) und 2–5 µm (Längsachse). Man kennt plumpe (kokkoide) und schlanke Stäbchen; Escherichia (E.) coli ist z. B. plump, Mycobacterium tuberculosis schlank. An ihren Polen sind die Stäbchen entweder zugespitzt (z. B. fusiforme [lat.: spindelförmige] Bakterien), abgerundet (z. B. E. coli) oder abgeplattet bis fast rechteckig (z. B. Milzbrandbakterien).

Hinsichtlich ihrer **Lage** zueinander bieten die Stäbchen entweder das Bild von isoliert liegenden Einzelzellen, z. B. im Falle der Typhusbakterien, oder aber von typischen Ketten, z. B. bei Milzbrandbakterien. In anderen Fällen bietet sich das Bild palisadenförmig aneinander gelagerter Stäbchen, z. B. Pseudodiphtheriebakterien, zopfförmiger Gruppen (z. B. Mycobacterium tuberculosis) oder aber von Stäbchen, die zueinander spitze oder rechte Winkel bilden (Diphtheriebakterien – Corynebacterium diphtheriae).

Andere Stäbchen zeigen bei gewissen Färbemethoden eine zentrale Aufhellung; man spricht von bipolarer Färbung (Sicherheitsnadelform). Dieses Bild ist charakteristisch für den Pesterreger (Yersinia pestis).

Bazillen (lat. „bacillus“: Stäbchen) sind sporenbildende, aerob wachsende Bakterien in Stäbchenform. Sie gehören meistens der Gattung Bacillus an. Clostridien sind obligat anaerob wachsende, sporenbildende Stäbchen. Es muss also heißen: Milzbrandbazillen, Gasbrandclostridien.

▪ Schraubenförmige Bakterien

Schraubenförmige Bakterien, die voll ausgebildete Windungen zeigen, gliedern sich in folgende 4 Gruppen:
- **Spirillen** zeigen sich im Lebendpräparat als starre, sehr schlanke Gebilde mit mehreren weiten Windungen (lat. „spirillum“: Windung).
- **Borrelien** sind flexible, äußerst schlanke Gebilde mit mehreren weiten Windungen (Borrel, französischer Bakteriologe).
- **Treponemen** zeigen bei extremer Schlankheit zahlreiche enge Windungen (Korkenziehermuster, hervorgerufen durch periplasmatische Geißeln – Flagellen) und sind zum blitzschnellen Abknicken in der Längsachse fähig, was sie auch für Richtungsänderungen bei der Bewegung benutzen. Prototyp ist der Syphiliserreger Treponema pallidum (gr. „treponema“: gedrehter Faden).
- **Leptospiren** sind aktiv-flexible, kleiderbügelförmige, extrem schlanke Fäden, die äußerst feine, kaum wahrnehmbare Primärwindungen und grobe Sekundärwindungen zeigen. Prototyp ist Leptospira interrogans, der Erreger der Leptospirosen (gr. „leptos“: klein, schmal, zart).

S. Suerbaum et al. (Hrsg.), *Medizinische Mikrobiologie und Infektiologie*,
https://doi.org/10.1007/978-3-662-61385-6_23

Tab. 23.1 Funktionelle und strukturelle Gemeinsamkeiten und Unterschiede zwischen Eukaryoten und Bakterien

Merkmal	Eukaryoten	Prokaryoten
Kernmembran	+	–
Histone/histonartige Proteine in Chromosomen	+	+
Vorhandensein von:		
– Nukleolus	+	–
– Endoplasmatischem Retikulum (ER)	+	–
– Golgi-Apparat	+	–
– Lysosomen	+	–
– Chloroplasten	+	–
– Ribosomen: Untereinheiten rRNA-Moleküle	80 S und 70 S 4 rRNA-Moleküle: 28, 18 und 6 S	70 S 3 rRNA-Moleküle: 23, 16 und 5 S
– Mikrotubuli	+	–
– Peptidoglykan in der Zellwand	–	+
Prokaryotische Geißeln (Flagellen – Beweglichkeitsorganellen)	–	+
Prokaryotische Pili und Fimbrien (Beweglichkeit, Anheftung)	–	+
Phagozytose	+	–
Pinozytose	+	–
Zytoplasmafluss und amöboide Bewegung	+	+ (möglich)
Lysosomen	+	–
Zytoplasmatische Membran	+	+
Sterole in der Membran	+	+ (selten)

S, Svedberg-Einheit

23.2 Aufbau

Die Architektur der Bakterienzelle unterscheidet sich in mehrfacher Hinsicht von den eukaryotischen Zellen. Der Bakterienzelle **fehlen** viele der membrangebundenen und als intrazelluläre Organellen bezeichneten Bestandteile einer eukaryotischen Zelle sowie eine **Kernmembran.** Das ist bei der Wirksamkeit bzw. für die Entwicklung bakterienspezifischer Antibiotika von größter Bedeutung.

Andererseits weisen Bakterienzellen gewisse Bestandteile auf (z. B. die Fortbewegungsorganelle **Flagellum** oder **Geißel**), die in der animalen Zelle nicht vorkommen. So unterscheiden sich Bakterien von animalen Zellen auch durch den Besitz einer relativ **starren Zellwand** (Exoskelett), die mehrschichtig ist und als „Stützkorsett" die charakteristische Form der meisten Bakterien bestimmt und verhindert, dass die Bakterien aufgrund des in ihnen herrschenden hohen osmotischen Druckes platzen.

23.2.1 Kernäquivalent

Die merkmalkodierende DNA (Erbsubstanz) ist nicht wie bei der eukaryotischen Zelle in einem membranumgebenen Zellkern (Eukaryot = „echter" Kern) lokalisiert, sondern liegt als **zirkuläre oder lineare doppelsträngige DNA** vor. Dieser ist ähnlich wie bei einer eukaryotischen DNA strukturell kompaktiert und mehrfach spiralisiert (helikale und superhelikale Struktur) und mithilfe spezieller histonähnlicher Proteine gefaltet. **Spiralisierung und Faltung** (DNA-Topologie) können sich in Abhängigkeit von der Wachstumsphase oder den Wachstumsbedingungen ändern.

Ein derartiges **„Bakterienchromosom"** (Bakterien können auch mehrere Chromosomen besitzen) liegt ohne Kernmembran (sozusagen schutzlos) im Zytoplasma und ist an einer oder an mehreren Stellen mit der Zytoplasmamembran verbunden, was eine große Rolle bei der DNA-Replikation und der bakteriellen

Zellteilung spielt. Es ist das Genom der Bakterienzelle und wird auch als **Kernäquivalent** oder **Nukleoid** bezeichnet.

- **Bakterienchromosom**

Genetische Information kann in Bakterien in verschiedenen DNA-Formen gespeichert sein. Die eigentliche bakterielle (Haupt-)DNA, welche die für das jeweilige Bakterium charakteristischen und für sein Überleben wichtigen Gene trägt, wird als Bakterienchromosom bezeichnet. Einige bakterielle Krankheitserreger, so z. B. Vibrio cholerae, besitzen sogar 2 Chromosomen. Heute ist eine sehr große Zahl von Bakterien (mehrere 10.000 Genome in Datenbanken) vollständig sequenziert, darunter auch die meisten infektiologisch relevanten Spezies und ihre Varianten bzw. Unterarten (z. B. Streptococcus pneumoniae und S. pyogenes, Haemophilus influenzae, Mycobacterium tuberculosis, Helicobacter pylori, Yersinia pestis, Salmonella enterica, Campylobacter ssp., Clostridium ssp.).

Diese Kenntnisse ermöglichen es, die genomische Variation und die Evolution innerhalb der Bakterienspezies, die Anordnung der Gene, ihre Aktivierung und Abschaltung (Genregulation) zu studieren sowie die 3D-Struktur bakterieller Proteine computerunterstützt zu untersuchen. Ebenfalls kann durch gezielte Herstellung von Bakterienmutanten der Beitrag bestimmter Gene in ihren Genomen zur krankheitsauslösenden Wirkung dieser Bakterien genau untersucht werden („molekulare Koch-Postulate"; ▶ Abschn. 3.1). Hierdurch können sich Ansatzpunkte für die gezielte Entwicklung neuer Chemotherapeutika mit definierten Angriffspunkten ergeben.

Bakterielle Chromosomen haben eine relativ variable Größe zwischen ca. 1000 Kilobasenpaaren (1000 kbp = 10^6 bp; z. B. Mycoplasma-Spezies) bis hin zu über 6000 Kilobasenpaaren (z. B. bestimmte E. coli- oder Pseudomonas-Spezies). Bakterielle Chromosomen können durch einen modularen Aufbau sehr stark variabel in Inhalt und Größe sein. Dies gilt sogar für Subtypen einer bestimmten Spezies (z. B. verschiedene pathogene E. coli). Die Variation von DNA-Stücken in den bakteriellen Chromosomen kann z. B. durch den Austausch großer DNA-Fragmente mithilfe von Bakteriophagen (▶ Abschn. 23.2.3) geschehen (eine Möglichkeit des „horizontalen Gentransfers"). Unterschiede im Gehalt von Genen innerhalb ein und derselben bakteriellen Spezies können auch ein drastisch unterschiedliches pathogenes Potenzial bedingen.

23.2.2 Plasmide

Hierbei handelt es sich um **zirkulär-doppelsträngige DNA-Moleküle,** deren Größe und Anzahl pro Bakterium sehr unterschiedlich sind. Die kleinsten bekannten Plasmide haben nur etwa 800 Basenpaare, die größten bis zu 300.000 Basenpaare. Während die großen Plasmide häufig nur in einer bis zu wenigen Kopien pro Bakterienzelle vorliegen, können von den kleinen Plasmiden bis zu 100 und in Ausnahmefällen bis zu 1000 Kopien vorkommen. Die Replikationshäufigkeit dieser kleinen Plasmide ist unabhängig von der der chromosomalen DNA. Bei der Zellteilung werden die vorhandenen Plasmide mehr oder weniger zufällig mit dem Zytoplasma auf die beiden Tochterzellen verteilt.

Die genetische Information der Plasmide ist für das Überleben der Bakterien unter normalen Bedingungen im Allgemeinen entbehrlich. Man kann plasmidfreie Bakterien isolieren, die sich in geeignetem Milieu normal vermehren. Häufig tragen Plasmide **Gene,** die Bakterien in einer feindlichen Umgebung einen **Selektionsvorteil** gegenüber den plasmidfreien Bakterien verleihen. Hierzu gehören:

- Resistenz gegen Antibiotika und Schwermetalle
- die Fähigkeit zur Produktion von Toxinen, die andere Bakterien abtöten
- die Fähigkeit, auf ungewöhnlichen chemischen Verbindungen zu wachsen und diese abzubauen
- Virulenzeigenschaften, die sie dazu befähigen, in bestimmten Wirten (Arthropoden, Säuger) oder unter bestimmten Umgebungsbedingungen besser zu überleben oder eine verbesserte Transmission zu zeigen (z. B. Virulenzplasmide pathogener Yersinia ssp.).

Viele der größeren Plasmide tragen zusätzliche Gene, die ihre Übertragung auf andere Bakterien derselben oder einer verwandten Spezies ermöglichen.

Zu den medizinisch bedeutsamen Plasmiden gehören die sog. **Resistenztransferfaktoren (RTF).** Sie tragen Gene, die Bakterien resistent gegen Antibiotika machen, z. B. gegen Penicillin, Tetracyclin, Streptomycin, Sulfonamide. Häufig tragen die RTF Gene für mehrere derartiger Resistenzen auf einmal. Resistenzgene kodieren für Enzyme, die die Antibiotika modifizieren und dadurch inaktivieren. So beruht z. B. die Resistenz gegen Penicilline auf der Synthese eines plasmidkodierten Enzyms, das spezifisch den β-Laktam-Ring der Penicilline und Cephalosporine spaltet.

Auch durch **Veränderungen in ihrer Membran** können Bakterien Resistenz gegen Antibiotika entwickeln, wenn hierdurch die Aufnahme der Antibiotika in die Bakterien unterbunden wird. Plasmide können darüber hinaus Gene enthalten, die einer bakteriellen Spezies eine bestimmte Pathogenität verleihen oder bestimmte Übertragungsweisen ermöglichen. So enthält z. B. von den pathogenen Yersinia-Spezies nur Yersinia (Y.) pestis, der Pesterreger, das Plasmid pFra (auch pMT1 oder pYT), das dem Bakterium das Überleben im Rattenfloh, seinem Insektenwirt bzw. Arthrophodenvektor, ermöglicht und auf diese Weise der Übertragung auf den Menschen und damit der Erzeugung der Pestsymptome Vorschub leistet. Y. pestis enthält auch das Plasmid pPla (auch pYP, pCP1 oder pPst genannt) mit der genetischen Information für das Plasminogen aktivierende Protein Pla, das der Ausprägung der Pesterkrankung im Menschen zugrunde liegt.

Hier liegt auch ein hervorragendes Beispiel für die kürzlich erworbene **Virulenz** von Bakterien vor. Denn der Pesterreger ist evolutionsgeschichtlich relativ „jung" und stammt von der wesentlich weniger pathogenen Spezies Y. pseudotuberculosis ab, von der er sich, u. a. durch die Aufnahme des pPla-Plasmids, genetisch abgegrenzt hat.

23.2.3 Bakteriophagen

Bakteriophagen sind die Viren der Bakterien. Sie bestehen wie alle Viren aus genetischer Information (in Form von DNA oder RNA) in einer Proteinverpackung, die sich nicht selbstständig replizieren kann. Sie vermehren sich nur in Bakterien und sind hierfür auf den DNA- und Proteinsyntheseapparat der Bakterien angewiesen.

Infiziert ein Phage ein Bakterium, so werden seine DNA oder RNA von der Bakterienzelle aufgenommen, während die Proteinhülle auf der Zellmembran zurückbleibt oder mit der Zellmembran verschmilzt. Wird die genetische Information des Phagen in der Zelle abgelesen, entstehen neue Phagen, welche die Bakterien schließlich zerstören können (lysieren). Es gibt lytische und lysogene (ins Genom integrierte oder sich langsam durch zelluläre Abschnürung vermehrende Bakteriophagen). In der phageninfizierten Bakterienzelle wird zunächst die Phagen-DNA (oder RNA) repliziert, später werden die Proteine der Phagenhülle gebildet, die sich mit der DNA zu Phagenköpfen und schließlich zu kompletten Phagen assoziieren. Durch Lyse der Bakterien oder Abschnürung von der Bakterienzellwand freigesetzte Phagen können weitere Bakterien infizieren, und der ganze Vorgang wiederholt sich (Transduktion). Bakterienviren haben große Ähnlichkeit mit einigen humanpathogenen Viren.

Es sind Bakteriophagen für sehr viele Bakterien bekannt; am besten untersucht sind die Phagen von E. coli. Die einfachsten unter ihnen besitzen nur 4 Gene. Zu den bekanntesten E. coli-Phagen gehört der **Bakteriophage Lambda (λ).** Der Phage λ hat in der Geschichte der Genetik und der Molekularbiologie als Paradigma für die Aufklärung der molekularen Mechanismen zahlreicher genetischer Grundphänomene gedient.

Der Phage λ kann E. coli nicht nur lytisch infizieren. Es kann auch vorkommen, dass nach einer Infektion die gesamte λ-DNA in das Bakterienchromosom integriert und dann wie ein normales E. coli-Gen vererbt wird (**Prophage**). In diesem Zustand (**Lysogenie**) sind die Phagengene abgeschaltet, lediglich der sogenannte **λ-Repressor** wird synthetisiert. Werden solche Bakterien mit UV-Strahlen behandelt, so wird der Repressor inaktiviert und der Prophage „induziert". Die Phagen-DNA wird aus dem Bakterienchromosom ausgeschnitten, und es kommt erneut zu einem Zyklus lytischer Vermehrung. Die Umschaltung zwischen lysogener Integration von λ-DNA und lytischer Vermehrung von λ-Phagen wird durch mehrere genetische Kontrollen reguliert. Bakteriophagen können von Bakterien mithilfe sog. intrinsisch vorhandener und veränderbarer CRISPR-Cas-Genscheren effektiv bekämpft und spezifisch aus den Bakteriengenomen wieder herausgeschnitten werden (minimales adaptives bakterielles Immunsystem). Die Abtötung pathogener Bakterien im menschlichen Körper durch **Phagentherapie** kann bei antibiotikaresistenten Bakterien eine alternative Behandlungsform darstellen (hauptsächlich bei Darm- oder Lungeninfektionen, aber auch bei systemischen Infektionen).

Phagen, die sich ähnlich wie λ verhalten, gibt es auch bei anderen Bakterien:

- So trägt der **Bakteriophage β** das Gen für das Diphtherietoxin. Er kann Corynebacterium diphtheriae entweder lytisch infizieren oder in den toxinproduzierenden Bakterien in Form eines Prophagen vorkommen.
- Ein weiterer Bakteriophage, der an der Virulenz seines Trägerbakteriums stark beteiligt ist, ist der **Choleraphage Chi.** Seine DNA enthält das Gen, das Choleratoxin bilden kann, den wesentlichen Virulenzfaktor von Vibrio cholerae.

23.2.4 Transposons

In der DNA vieler Bakterien gibt es Segmente, die ihren Platz gelegentlich ändern und die sich in Nukleotidsequenzen einschieben, zu denen sie keine oder nur geringe Homologien besitzen. Diese mobilen genetischen Elemente, die es auch in höheren Organismen gibt, heißen **Insertionssequenzen (IS)** oder **Transposons (Tn).** Alle IS- und Tn-Elemente besitzen Gene für ein Enzym, **Transposase,** die alle Schritte der Transposition katalysiert. Außerdem tragen sie charakteristische Sequenzen an ihren Enden, die für die Integration in DNA notwendig sind. Transposons besitzen darüber hinaus weitere Gene, z. B. für Antibiotikaresistenzen, die bei der Transposition mit umgelagert werden.

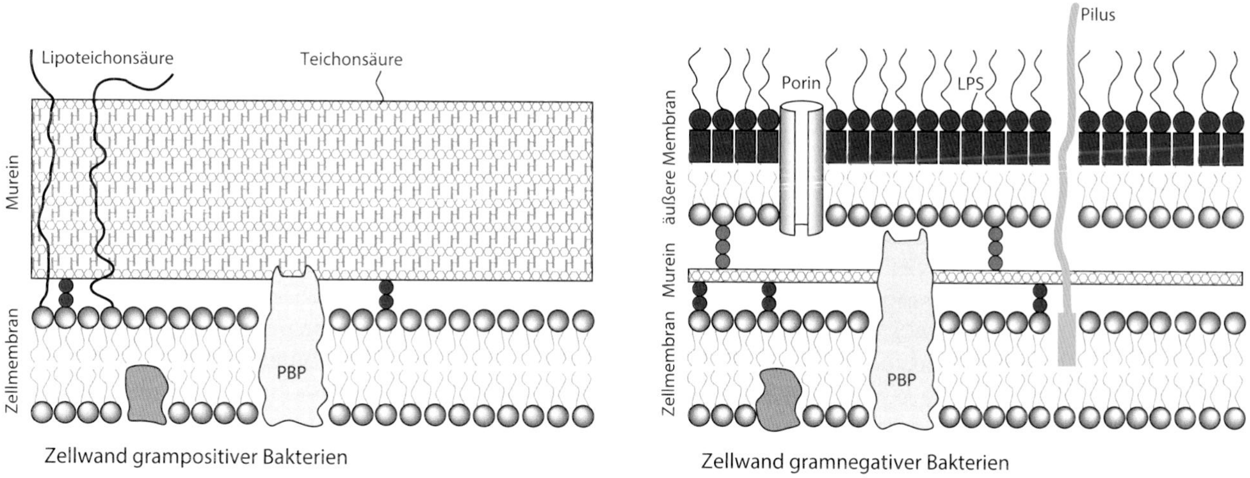

Abb. 23.1 Aufbau bakterieller Zellwände und der darunter liegenden Zytoplasmamembran bei grampositiven *(links)* und gramnegativen Bakterien *(rechts)* (PBP, Penicillin-Bindungsprotein; LPS; Lipopolysaccharid)

Im Zuge der **Transposition** kann entweder eine Kopie des Transposons an einer neuen Stelle in die DNA inseriert werden – dann bleibt das ursprüngliche Transposon an seinem Platz –, oder das Transposon selbst wechselt den Platz und hinterlässt eine Deletion an der alten Stelle. Welcher Mechanismus bevorzugt wird, hängt von dem jeweiligen Transposon ab. Transposons können auch zwischen verschiedenen DNA-Molekülen „springen", z. B. von einem Plasmid in eine Phagen-DNA oder ins Bakterienchromosom.

Große medizinische Bedeutung kommt denjenigen Transposons zu, die **Gene für Antibiotikaresistenzen** tragen. Aufgrund ihrer Mobilität können sich solche Transposons in einer DNA ansammeln, was durch gleichzeitige Anwendung mehrerer Antibiotika in der medizinischen Therapie begünstigt wird. Dies erklärt, warum die Resistenztransferfaktoren meistens mehrere Resistenzgene besitzen.

23.2.5 Zytoplasma

Dem Zytoplasma der Bakterienzelle fehlen Mitochondrien und Chloroplasten. Die bei höheren Organismen mitochondrial lokalisierten **Enzyme der biologischen Oxidation** (Atmungskette bzw. Protonentransport und ATP-Synthese) sind bei Bakterien Bestandteil der **Zytoplasmamembran;** die zur Fotophosphorylierung und zur Fotosynthese befähigten Enzyme sind in Membranstapeln **(Thylakoiden)** lokalisiert.

Die membranös-kanalikuläre Grundstruktur des Zytoplasmas – bei der animalen Zelle als endoplasmatisches Retikulum bekannt – fehlt bei der Bakterienzelle weitgehend, desgleichen der Golgi-Apparat. Die Bakterienzelle besitzt spezielle **Ribosomen** für die Proteinsynthese (70 S- statt der zytoplasmatischen 80 S-Ribosomen bei Eukaryoten). Auch wenn der Bakterienzelle intraplasmatische Membranstrukturen nicht gänzlich fehlen, so lässt sie doch den hohen Grad an Unterteilung in Kompartimente, wie ihn die Eukaryotenzelle aufweist, vermissen.

23.2.6 Zytoplasmamembran (Zellmembran)

Die Zytoplasmamembran der Bakterienzelle entspricht in ihrem Aufbau dem typischen Bild einer **„unit membrane"**, einer Doppelschichtstruktur aus Lipiden mit hydrophoben Fettsäureketten in der Mitte und den hydrophilen Lipidgrenzschichten nach außen (Abb. 23.1). Zahlreiche Membranproteinmoleküle sind in die Doppelschicht eingelagert, die die Membran ganz durchqueren können (Transportproteine) oder ihr aufgelagert sind.

Die bakterielle Zytoplasmamembran unterscheidet sich von derjenigen der Animalzelle in ihrer Lipid-, Protein- und Kohlenhydratzusammensetzung. Sie ist Sitz der Enzyme für den Elektronentransport und für die oxidative oder nichtoxidative Phosphorylierung (ATP-Synthese). Die Zellmembran tritt damit gewissermaßen an die Stelle der Mitochondrien. Die Bakterien-Zytoplasmamembran kann sich an bestimmten Stellen, insbesondere im Bereich präsumptiver Querwände (Septenbildung bei der Bakterienteilung), zu komplexen Membrankörpern einfalten, die als **Mesosomen** (gr. „mesosoma": Zwischenkörper) bezeichnet werden. Sie können autolytische Zellwandenzyme (Mureinhydrolasen) enthalten, die für die Zellteilung wichtig sind.

- **Penicillinbindende Proteine**

Der Zytoplasmamembran aufliegend und durch einen Teil ihres Moleküls in ihr verankert, finden sich bakterienspezifische Enzyme. Einige weisen eine hohe Affinität für β-Laktam-Antibiotika auf. Man nennt sie daher **penicillinbindende Proteine (PBP)** (◘ Abb. 23.1).

Enzymatische Funktionen der PBP sind Carboxypeptidase-, Transpeptidase-, Endopeptidase- und Transglykosylaseaktivität, also Enzymeigenschaften, die für die Synthese und die Modifizierung des Mureins (der Peptidoglykanschicht) bakterieller Zellwände von Bedeutung sind.

Die antibakterielle Wirkung der β-Laktam-Antibiotika setzt voraus, dass sie stabile, kovalente Komplexe mit den PBP bilden. Auf diese Weise kommt eine dauerhafte **Blockierung der PBP** zustande, die v. a. zur Hemmung der Transpeptidierung (▶ Abschn. 23.2.7) sowie zu charakteristischen Fehlern in der Zellwandbiogenese und -morphogenese führen; diese Fehler sind die Ursache für den penicillinbedingten Tod (Lyse) der Bakterien. Sie erklären, warum penicillinähnliche Antibiotika bevorzugt auf in Teilung befindliche und metabolisch aktive Bakterien wirken können und dort Bakterizidie auslösen. Resistenz gegen β-Laktam-Antibiotika kann daher – neben der Bildung von β-Laktamasen – auch darauf beruhen, dass Bakterien veränderte PBP bilden, deren Affinität gegenüber β-Laktam-Antibiotika gering ist. Dieser Mechanismus liegt der **β-Laktam-Resistenz** von MRSA-Stämmen (Staphylococcus aureus, ▶ Kap. 25) bzw. der penicillinresistenten Pneumokokken zugrunde.

23.2.7 Zellhülle

Fast alle Bakterien besitzen eine Zellhülle oder Zellwand, die ihrer Zytoplasmamembran außen aufliegt. Die Zellwände gramnegativer und grampositiver Bakterien unterscheiden sich markant (◘ Abb. 23.1):

- **Grampositive Bakterien** besitzen eine dicke Hülle aus **Peptidoglykan,**
- **gramnegative Bakterien** nur eine dünne Mureinschicht, der sich ganz außen eine weitere lipidhaltige Schicht, die **äußere Membran**, anschließt (s. u.).

Bevor wir auf diese Unterschiede näher eingehen, beschäftigen wir uns eingehender mit der wichtigsten molekularen Grundstruktur der Bakterienzellwand, dem Peptidoglykan oder Murein.

Peptidoglykan

Die Zellhülle der Bakterien enthält als wesentlichen Baustein ein netzwerkartig angelegtes und als Sack ausgebildetes Riesenmolekül (Sakkulus), das entweder als Peptidoglykan oder als Murein (lat. „murus": Mauer) bezeichnet wird.

Um einen Sakkulus zu bilden, müssen Glykopeptidpolymere aus N-Azetyl-Muraminsäure (MurNAc) und N-Azetyl-Glucosamin (GlcNAc) untereinander vernetzt werden. Dies erfolgt an herausragenden Peptidketten („abcd" in ◘ Abb. 23.2). Bei gramnegativen Bakterien und Bazillusarten erfolgt die Quervernetzung direkt durch Peptidbindungen. Bei S. aureus wird die Quervernetzung durch 5 Glycinmoleküle („x") und einen zusätzlichen Amidsubstituenten („y" = NH_2) gebildet. ◘ Abb. 23.2 zeigt gleichzeitig die Angriffspunkte verschiedener Antibiotika.

Beim **Aufbau** des Peptidoglykans werden Polymere aus Aminozuckern durch Peptidseitenketten quer verbunden (◘ Abb. 23.2). Das Peptidoglykan der Bakterienzellwand ist somit ein Heteropolymer: Die Zuckerketten enthalten 2 Grundeinheiten, die im Aufbau des Strangs alternieren: das N-Azetyl-Glucosamin und dessen Milchsäureether,

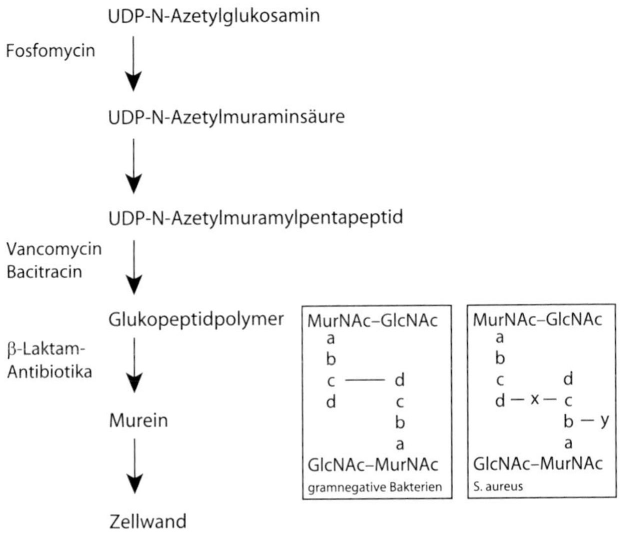

◘ **Abb. 23.2** Zellwand: Peptidoglykansynthese und Angriffspunkte verschiedener Antibiotika

die N-Azetyl-Muraminsäure. Die alternierende Folge dieser glykosidisch verbundenen Bausteine ergibt lineare Zuckerstränge, die in der Regel nur ca. 10–100 Disaccharideinheiten enthalten und damit zu kurz sind, um die gesamte Bakterienzelle zu umspannen.

Für die Stabilität des Netzwerks und dessen Formgebung ist es daher entscheidend, dass die einzelnen Zuckerketten untereinander **durch Oligopeptide querverbunden** werden. Durch die Transpeptidierung dieser Oligopeptide entsteht ein Netzwerk aus miteinander verwobenen Mureinfäden. Es umschließt die Bakterienzelle als eine Art **Riesenmolekül.** Seine Form und die mechanische Stabilität gegenüber dem im Zellinnern herrschenden hohen osmotischen Druck (bis zu 25 bar Überdruck!) sind für zahlreiche Eigenschaften der Bakterienzelle ausschlaggebend.

Chemisch gesehen ist der Ansatzpunkt für die quervernetzenden Oligopeptide an der Zuckerkette die Carboxylgruppe des N-Azetyl-Muramins. Bei der Quervernetzung durch die Oligopeptide spielen die Diaminosäuren Lysin und Ornithin bzw. Diaminobuttersäure sowie die im Tier- und Pflanzenreich fehlende **Diaminopimelinsäure** eine besondere Rolle. Durch Bildung einer Peptidbindung mit dem C-terminalen D-Alanin eines benachbarten Peptidstrangs bewirken sie die Querverbindung. D-Alanin fehlt bei allen Eukaryoten. Da die Energie für diesen Vorgang durch Abspaltung eines weiteren D-Alanins aus der gleichen Peptidkette aufgebracht wird, heißt dieser Vorgang **Transpeptidierung.**

Die Bakterienzellwand kann durch die Peptidoglykanhydrolasen abgebaut werden. Einige dieser Enzyme, die auch von Bakterien selbst gebildet werden können und teilweise eine wichtige Rolle bei der Zellteilung spielen, greifen an den Glykosidbindungen des Mureinfadens an (**Glukosaminidasen** und **Muraminidasen**), andere attackieren die Peptidbrücken **(Endopeptidasen).** Zum ersten Typ gehört das **Lysozym,** das in Tränenflüssigkeit, Speichel und Phagozyten des Menschen vorkommt. Es spielt eine Rolle bei der angeborenen Abwehr des menschlichen Organismus gegen Bakterien. Eine Endopeptidase ist das **Lysostaphin** von Staphylococcus simulans.

Funktionen der Zellhülle

Die Zellhülle ist das formgebende Stützelement **(Exoskelett)** der Bakterienzelle. Sie ist für die Tatsache verantwortlich, dass Bakterien durch Filter einer bestimmten Porengröße ($\leq 0{,}2\ \mu m$) zurückgehalten werden. Zellhüllenlose Bakterien können Filter dieser Art passieren, da sie sich unter Druck verformen. Die Zellhülle bietet **mechanischen Schutz** vor Schwankungen des osmotischen Druckes im Milieu und verhindert, dass die Bakterienzelle infolge des in ihrem Innern herrschenden hohen osmotischen Druckes platzt. Der hohe Innendruck ist auch für die Zelltrennung wichtig.

In gewissem Umfang wirkt die Zellhülle als **Permeabilitätsbarriere** für größere Moleküle. Dies gilt besonders für die Zellhülle gramnegativer Bakterien. Die geringe Permeabilität der äußeren Membran ist dafür verantwortlich, dass manche Antibiotika, die gegenüber grampositiven Bakterien gut wirksam sind, gegen eine Reihe gramnegativer Bakterien überhaupt nicht oder nur in sehr hohen Konzentrationen eine Wirkung entfalten.

Die Zellhülle ist bei fast allen pathogenen Bakterienspezies als Träger von **Virulenzfaktoren** anzusehen. Hierher gehören vornehmlich solche Außenstrukturen, welche die Phagozytose behindern, aber auch die Endotoxine, Sekretionssysteme und spezifische Adhäsine.

Die Zellhülle vermittelt im Falle einer Infektion den ersten und unmittelbaren **Kontakt** mit dem Wirtsorganismus und dessen Abwehrsystem. Es ist daher nicht erstaunlich, dass nahezu alle Zellhüllkomponenten die angeborene Abwehr und das spezifische Immunsystem beeinflussen können. So leitet in vielen Fällen ihr Kontakt mit den Phagozyten die Phagozytose ein, und es wird das Komplementsystem zur Opsonisierung (immunaktive Umhüllung) von Bakterien aktiviert. Lipopolysaccharide (s. u.) und andere Zellhüllbestandteile sind hochwirksame Adjuvanzien: Sie stimulieren primär das angeborene und damit sekundär das adaptive Immunsystem.

Die Zellhülle ist ebenfalls Sitz von Antigenen, die teilweise identisch mit Virulenzfaktoren sein können. Diese sind bei einigen Spezies für die Identifizierung maßgebend. Antikörper, die mit Zellhüllantigenen reagieren, sind mithilfe des Komplementsystems spezifische Auslöseelemente für die serumvermittelte Inaktivierung von Bakterien (Bakteriolyse, Serumbakterizidie).

Bei zahlreichen Bakterien ist die Zellhülle Sitz von Rezeptoren für Bakteriophagen. In manchen Fällen erlaubt das Rezeptormosaik eine von den Antigeneigenschaften unabhängige Feinsttypisierung **(Lysotypie).**

▪ Grampositivität versus Gramnegativität

Die Peptidoglykanschicht der Zellhülle bindet je nach Dicke den Farbstoff Gentianaviolett mit unterschiedlicher Affinität und bestimmt auf diese Weise das Färbeverhalten der Bakterienzelle. Diesen Unterschied hat der dänische Arzt **Hans Chr. J. Gram** (1853–1938) ausgenutzt, als er am Krankenhaus *Am Friedrichshain* in Berlin im Verlauf eines Studienaufenthalts die nach ihm benannte Gramfärbung entwickelte. Sie erlaubt es, die meisten medizinisch relevanten Bakterien je nach

Dicke der Peptidoglykanschicht in 2 Gruppen einzuteilen: grampositive und gramnegative (◘ Abb. 23.1). Diese Einteilung hat sich als sehr nützlich für die medizinische Bakteriologie erwiesen, da sich grampositive und gramnegative Bakterien nicht nur in ihrem Färbeverhalten, sondern auch in ihren Virulenzeigenschaften und in ihrer Antibiotikaempfindlichkeit deutlich voneinander unterscheiden.

Zellhülle gramnegativer Bakterien

Die Zellhülle der gramnegativen Bakterien (◘ Abb. 23.1) zeigt einen mehrschichtigen Aufbau:

▪ Einschichtige bzw. dünne Mureinschicht

Die Mureinschicht besteht – im Gegensatz zu den grampositiven Bakterien – aus einer dünnen oligomolekularen Schicht von Molekülen.

▪ Äußere Membran

Auf die Mureinschicht ist eine äußere Membran aufgelagert. Sie ist im Vergleich zur Zytoplasmamembran hinsichtlich ihrer Lipidmatrix **asymmetrisch.** Während die innere Hälfte ihrer Doppelschicht analog zur Zytoplasmamembran aus **Phospholipiden** aufgebaut ist, liegen in der äußeren Lamellenhälfte die für den Mediziner und Infektiologen hochinteressanten **Lipopolysaccharide** als typischer Bestandteil (◘ Abb. 23.1).

▪ Lipopolysaccharide (LPS)

Die Lipopolysaccharide lassen 3 makromolekulare Anteile erkennen, von außen nach innen als Region I–III bzw. als O-Antigen, Kernpolysaccharid und Lipid A bezeichnet.

Die **O-Antigene** bestehen meist aus 3 bis maximal 20 Hexosemolekülen. Sie weisen eine Individualstruktur auf, die nur bei besonderen Bakterienspezies vorkommt.

Die O-Antigene bedingen die Oberflächenhydrophilie der Bakterienzelle. Bakterien, die O-Antigene besitzen, bilden in flüssigen Kulturmedien eine gleichmäßige hydrophile Suspension und auf festen Kulturmedien glänzende Kolonien. Man nennt O-antigentragende Stämme daher auch S-Formen (engl.: „smooth“, glatt, glänzend). Deren O-Seitenketten sind lang und bieten einen passiven Schutz gegen immunologische Effektoren, insbesondere gegen das Komplementsystem und z. T. auch gegen kationische antimikrobielle Peptide. Glatte Bakterienstämme sind somit in der Regel resistent gegen die Wirkung der terminalen Komplementsequenz (sog. **Serumresistenz**).

Wenn die S-Formen durch Mutation ihre O-Antigene verlieren, so entstehen R-Formen. Diese Varianten exponieren neben der Kernpolysaccharidschicht das hydrophobe Lipid A. Sie wachsen daher in flüssigen Kulturmedien unter Zusammenballung und bilden auf festen Kulturmedien matte, „raue“ (engl.: „rough“) Kolonien (daher der Name R-Formen).

Die für den medizinischen Mikrobiologen und Arzt interessanteste Eigenschaft der O-Antigene besteht darin, dass sie zur Bildung hochspezifischer Antikörper Anlass geben. Diese Antikörper werden als Reagenzien verwendet, um Unterschiede im Antigenaufbau gramnegativer Bakterienarten nachzuweisen. Sie spielen deshalb in der bakteriologischen Routinediagnostik eine Rolle, insbesondere bei der Salmonellendiagnostik.

Das **Kernpolysaccharid** („core“) besteht aus 2 Untereinheiten:

- Der äußere Anteil des Kernpolysaccharids baut sich aus spezifischen Heptosen, Galaktose und N-Azetyl-Glukosamin auf.
- Das innere Kernpolysaccharid enthält als Besonderheit einen LPS-spezifischen Zucker, das Ketodesoxyoktonat (KDO). Es ist für die Funktion der äußeren Zellmembran unentbehrlich; sein Verlust ist mit dem Leben der gramnegativen Bakterienzelle nicht vereinbar.

Das Kernpolysaccharid ist, im Gegensatz zu den O-Antigen-Seitenketten, bei vielen gramnegativen Bakterien weitgehend gleichartig aufgebaut. Bestandteile, z. B. Heptosemoleküle, können auch immunologische Wirkungen ausüben. Ebenfalls kann das Kernpolysaccharid die Bildung von Antikörpern induzieren, die unter Umständen das LPS neutralisieren. Es ist über Ketodesoxyoktonat mit dem Lipidanteil des LPS, dem Lipid A, verbunden.

Die Struktur von **Lipid A** ist bei Enterobacteriaceae und anderen gramnegativen Bakterien weitgehend identisch, kann sich jedoch in den Seitenketten des Zuckermoleküls (z. B. Azetylierungs- und Phosphorylierungsmuster) unterscheiden, was immunmodulatorische Wirkungen vermitteln kann. Lipid A ist für die meisten pathophysiologischen Wirkungen der LPS verantwortlich (endotoxische Wirkung des „Endotoxins“ LPS kommt v. a. durch die Erkennung des Lipid A durch den angeborenen Immunrezeptor Toll-like-Rezeptor TLR4 zustande, der eine wichtige Funktion bei der Lymphozytenaktivierung und Immunabwehr akuter Infektionen durch gramnegative Infektionserreger besitzt); darüber hinaus bildet es den „Membrananker“ des LPS und trägt zu der Funktion der äußeren Membran als Permeationsbarriere entscheidend bei.

Die LPS werden auch als **Endotoxine** bezeichnet. Hierbei bedeutet die Vorsilbe Endo-, dass es sich um integrale Baubestandteile der Bakterienzellen handelt (gr.: „endo“: innen), die erst dann frei werden, wenn die Bakterienzelle zerfällt. Der Begriff Endotoxin hat sich für das gesamte LPS-Molekül eingebürgert, obwohl nur das Lipid A für die toxischen

Wirkungen verantwortlich ist. Bei Infektionen durch opportunistische gramnegative Bakterien oder auch bei der Sepsis ist Endotoxin, im engeren Sinn also das Lipid A, ein wesentlicher Virulenzfaktor.

■ Lipoprotein

Neben dem LPS enthält die äußere Zellmembran Lipoproteine und Proteine (◘ Abb. 23.1). Lipoproteine können eine **Brückenstruktur** zwischen äußerer Membran und dem Mureinnetzwerk ausbilden, wenn es mit seiner Proteinkomponente an den Peptidteil (Diaminopimelinsäure) des Mureins gebunden vorliegt, während seine Lipidkomponente in die äußere Membran eingelagert ist. Auch Lipoproteine werden durch Immunrezeptoren eukaryotischer Zellen erkannt und führen zu Immunaktivierung.

■ Porine

In der äußeren Membran gramnegativer Bakterien finden sich ferner Proteine mit Porenfunktion. Sie werden als Porine bezeichnet (◘ Abb. 23.1) und spielen für die selektive **Permeabilität** der äußeren Membran eine entscheidende Rolle, z. B. für Ionen wie Na^{2+}, K^{+} und Phosphationen (s. u.).

Zellhülle grampositiver Bakterien

■ Mehrschichtige Peptidoglykanschicht

Bei grampositiven Bakterien ist die Peptidoglykanschicht **mehr- oder vielschichtig** angelegt (◘ Abb. 23.1). Ihre Dicke kann diejenige der Peptidoglykanschicht von gramnegativen Bakterien bis zum 40-Fachen übertreffen. Die Zellwand stellt in diesem Falle bis zu 70 % des Trockengewichts dar. Den grampositiven Erregern **fehlt** andererseits die dem Peptidoglykan-Sakkulus aufgelagerte äußere Membran gramnegativer Bakterien und somit auch das immunologisch aktive Lipid A bzw. das LPS.

Dennoch können ihrer Peptidoglykanschicht weitere Schichten aufgelagert sein: So ist der Peptidoglykan-Sakkulus bei den A-Streptokokken nach außen hin von 2 aufeinander folgenden Schichten bedeckt: Unmittelbar auf dem Sakkulus liegt das gruppenbestimmende Polysaccharid. Auf diesem liegt wiederum das typenbestimmende Protein M. Bei Staphylokokken trägt der Sakkulus zusätzlich das Protein A.

Viele Zellwände grampositiver (und einiger gramnegativer) Bakterien sind von kristallinen Proteingittern bedeckt, die z. T. als Molekularsiebe fungieren.

■ Lipoteichonsäure

Ein funktionell bedeutsamer Bestandteil der Zellwand grampositiver Bakterien ist die Lipoteichonsäure (= Polyglyzerolphosphatkette), die über ein Glykolipid in der Außenseite der Zytoplasmamembran verankert ist. Sie spielt bei der **Adhärenz** eine Rolle und kann durch Komplementaktivierung eine Entzündungsreaktion induzieren.

Zellhülle der Mykobakterien

■ Wachshülle

Die Zellwand der Mykobakterien und der Nocardien weist ein typisches Peptidoglykangerüst auf. Die Besonderheit des Zellhüllenaufbaues liegt hier aber in dem sehr hohen **Lipidgehalt:** Lipide stellen einen Gewichtsanteil von 60 %, während ihr Anteil bei gramnegativen Zellhüllen nur 20 % und bei grampositiven Zellhüllen nur 4 % beträgt. Da ein großer Teil der Lipide von Mykobakterien als echte Wachse, d. h. als Fettsäureester langkettiger Alkohole vorliegt, spricht man von der Wachshülle der Mykobakterien.

■ Säurefestigkeit

Die Wachshülle ist verantwortlich dafür, dass sich Mykobakterien fast gar nicht nach Gram färben lassen, da der Farbstoff Gentianaviolett nicht bis zur Peptidoglykanschicht vordringen kann. Erst wenn die Wachshülle erhitzt wird, lässt sie Farbstoffe eindringen, z. B. Karbolfuchsin. Da sich der eingedrungene Farbstoff nach Erkalten der Wachshülle nicht mehr durch ein Säure-Alkohol-Gemisch entfernen lässt, heißen Mykobakterien auch säurefest. Unter Ausnutzung dieser Tatsache wurde die **Ziehl-Neelsen-Färbung** als mykobakterienspezifische Färbung entwickelt.

Zellhüllenlose Bakterien

Ein Abbau der Zellhülle oder die Blockade ihrer Synthese führt bei Bakterien nicht unbedingt zum Zelltod: Bakterien können ohne Zellhülle leben, sich vermehren und sogar Sporen bilden, wenn sie entsprechende Milieubedingungen vorfinden.

■ Sphäroplasten und Protoplasten

Bakterien, bei denen die unvollständige (defekte) **Zellhülle ihre formgebende Funktion verloren hat,** heißen Sphäroplasten. Sphäroplasten tragen noch Zellwandreste auf ihrer Oberfläche. Lässt sich bei den Bakterien keinerlei Zellwandrest mehr nachweisen, spricht man von Protoplasten. Die beiden Termini werden ohne Rücksicht darauf benutzt, ob die betreffenden Bakterien vermehrungsfähig sind oder nicht. Im Experiment lassen sich Sphäroplasten dadurch erzeugen, dass man die Züchtung in Gegenwart von Penicillin vornimmt. Eine Möglichkeit zur Herstellung von Protoplasten besteht darin, grampositive Bakterien mit Lysozym oder Lysostaphin zu behandeln.

■ L-Formen

Bei gewissen zellhüllentragenden Spezies (z. B. Meningokokken, Streptokokken) kommen vermehrungsfähige Spontanmutanten vor, die ihre Zellhülle verloren haben (L-Formen). Mit geeigneten Kulturmedien lassen sich die von diesen Mutanten abstammenden Populationen isolieren und weiterzüchten. Somit sind L-Formen natürlicherweise vorkommende, fortzüchtbare zellhüllenlose Varianten von zellhüllentragenden Bakterienarten.

▪ Mykoplasmen

Es gibt Bakterien, bei denen die Zellhüllenlosigkeit genetisch fixiert und somit ein taxonomisch relevantes Merkmal ist. Die hierher gehörigen Spezies werden als Mykoplasmen bezeichnet (▶ Kap. 49). L-Formen und Mykoplasmen sind gegen β-Laktam-Antibiotika primär resistent, da sie den Antibiotika keinen Angriffspunkt bieten.

23.2.8 Kapseln

▪ Definition und Aufbau

Bei einigen Bakterienarten ist die Zellhülle außen von einer relativ scharf abgegrenzten, u. U. sehr dicken Schicht eines homogenen, stark lichtbrechenden, aber kaum färbbaren Materials umgeben. Diese Schicht wird als Bakterienkapsel bezeichnet. Das Material der Kapsel ist in der Regel ein hochvisköses, aus Zuckern oder Aminosäuren aufgebautes Polymer, das nichtkovalent an die Zellhülle gebunden ist. Die Kapsel ist für die Bakterien im Reagenzglas nicht lebenswichtig, auch kapsellose Mutanten sind vermehrungsfähig.

▪ Kapseln als Virulenzfaktor

Die für Mediziner instruktivsten Beispiele für die Kapselfunktion liefern Pneumokokken und Milzbrandbakterien:

- Die Pneumokokkenkapsel des Typs 3 besteht z. B. aus einem Polymer von Cellobiuronsäure, einem Disaccharid aus Glukose und Glukuronsäure (Zucker- oder Glykankapsel).
- Das Kapselmaterial der Milzbrandbazillen ist ein Polymer aus Glutaminsäure (Aminosäurekapsel).

Die Kapsel ist bei diesen Krankheitserregern entscheidend für deren **Virulenz:** Sie kann die von ihr umschlossene Bakterienzelle vor Phagozytose und dem Angriff von Komplement schützen; kapsellose Pneumokokkenstämme sind stets niedrig virulent.

▪ Kapseln als Antigene

Bei den bekapselten Bakterien ist das Kapselmaterial als starkes Antigen wirksam. Die gegen die Kapsel gerichteten Antikörper leiten nach ihrer Bindung an die Kapsel die Opsonisierung der betroffenen Bakterien ein und erleichtern somit die von der Phagozytose (▶ Abschn. 14.1) getragene **Infektionsabwehr.** Am eindeutigsten lässt sich dies für die Pneumokokken beweisen. Immunogen wirksame Kapseln sind ferner bei Haemophilus influenzae, bei Bordetella pertussis und bei Klebsiella pneumoniae sowie bei einigen Stämmen von E. coli vorhanden. Immunogene Außenstrukturen mit den Eigenschaften einer Kapsel finden sich außerdem bei Meningokokken, Brucellen und Yersinien.

23.2.9 Geißeln

▪ Definition und Aufbau

Bakteriengeißeln, fadenförmige Organellen der Bakterienzelle, erzeugen durch Rotation Vorwärtsbewegung. Sie bestehen aus Basalkörper, Haken und Filament. Der Basalkörper ist aus zahlreichen Proteinen zusammengesetzt und durchspannt die gesamte Zellhülle. Er verankert die Geißel in der Zellhülle und enthält den Flagellenmotor, der einen Natrium- oder Protonengradienten in Rotation umsetzt. Die Drehrichtung des Rotors in der Bakterienmembran kann sich in Antwort auf Substanzgradienten umdrehen, wodurch eine gerichtete Bewegung von Bakterien (Taxis) erst möglich wird. Der Haken, eine stark gebogene Struktur (Länge ca. 55 nm), verbindet Basalkörper und Filament. Letzteres ist ein steifer, helikaler Faden, der eine **Spirale** unterschiedlicher Ausprägung, spezifisch für jede Bakterienspezies, bildet. Das Filament besteht aus polymerisierten Flagellinmolekülen, die, ähnlich wie das Endotoxin, starke Immunreaktionen beim kolonisierten Wirt hervorrufen können.

▪ Formen der Begeißelung

Manche Bakterien besitzen nur eine einzige Geißel; diese sitzt an einem Pol der Bakterienzelle, z. B. bei Vibrio cholerae (**polare** Begeißelung). Bei anderen Bakterien, z. B. bei Pseudomonas, entspringt an einem der beiden Pole ein aus mehreren Geißeln bestehendes Büschel (**lophotriche** Begeißelung). Sitzen Geißeln an jedem der beiden Pole, spricht man von bipolarer Begeißelung **(amphitrich).** Schließlich gibt es Bakterien, die rundum **(peritrich)** begeißelt sind: Salmonellen, E. coli. Geißeln können auch zwischen innerer und äußerer Membran angeordnet sein (bei einigen gramnegativen Bakterien, z. B. Borrelien), als sog. periplasmatische Flagellen.

▪ Geißeln als H-Antigene

Die in den Geißeln der gramnegativen Stäbchen lokalisierten Antigene werden zusammenfassend als H-Antigene bezeichnet. Diese Bezeichnung leitet sich von der Tatsache ab, dass sich die besonders stark

beweglichen Proteusbakterien bei Verimpfung auf feste Agarplatten auf deren Oberfläche ausbreiten und den Eindruck einer angehauchten Glasplatte hervorrufen. Danach heißen sämtliche Geißelantigene H-Antigene (von Hauch), auch wenn die Beweglichkeit der anderen Spezies häufig nicht so stark ausgeprägt ist wie bei Proteus. Analog dazu leitet sich die Bezeichnung O-Antigen von dem Befund „ohne Hauch" ab.

- **Träger der aktiven Motilität**

Die Geißeln dienen der Bakterienzelle als Organellen der aktiven Bewegung. Mithilfe des Mikroskops ist die aktive Bewegung in flüssigem Milieu gut zu beobachten. Die Bakterien bewegen sich stetig und mit erkennbarer Richtung über längere Strecken des Gesichtsfeldes hinweg. Demgegenüber zeigen geißellose Bakterien lediglich ein durch die Brown-Molekularbewegung hervorgerufenes Zittern (passive Bewegung).

Die Bewegung der Bakterien kommt bei der polaren Begeißelung durch eine schiffsschrauben-ähnliche Aktion der Geißeln zustande. Die Rotationsgeschwindigkeit der polaren Geißeln liegt bei circa 40 Umdrehungen/s. Der Bakterienleib dreht sich dabei langsamer im Gegensinne. Die Bewegungsgeschwindigkeit der Bakterienzelle ist hoch. Sie liegt im Allgemeinen bei Werten bis zu 25 μm/s, also beim Mehrfachen ihrer Länge. Bei Vibrionen kann sie ausnahmsweise Werte von 200 μm/s erreichen. Dies liegt daran, dass sich gewundene Bakterien wie Korkenzieher durch das Medium schrauben.

Die bakterielle Beweglichkeit wird durch ein Chemotaxissystem gesteuert, das Gradienten von Lock- oder Schreckstoffen erkennt und diese Informationen über ein Signaltransduktionssystem an den Flagellenmotor weiterleitet, was zu einer Richtungsänderung des Motors führen kann.

23.2.10 Komplexe Sekretionssysteme der Bakterienmembran

Viele gramnegative pathogene Bakterien (Enterobakterien, z. B. Salmonellen, E. coli, Yersinien) enthalten in ihrer Zellhülle komplexe Sekretionsapparate, von denen Typ-III-Sekretionssysteme am besten untersucht sind. **Typ-III-Sekretionssysteme** sind phylogenetisch und strukturell eng verwandt mit dem Flagellenapparat und enthalten einen zentralen Transportkanal. Sie dienen hauptsächlich dazu, Proteine **(Effektoren)** aus der Bakterienzelle in die Umgebung oder durch einen direkten Transfer unmittelbar in Wirtszellen einzuschleusen **(Translokation).** Diese Sekretionssysteme sind für die Virulenz der entsprechenden Bakterien von großer Bedeutung. Ebenfalls beinhalten sie wichtige Bestandteile (Antigene) der bakteriellen äußeren Membran, die sowohl für diagnostische Zwecke als auch für die Entwicklung von Impfstoffen als Zielmoleküle genutzt werden.

Typ-IV- und Typ-VI-Sekretionssysteme sind von ähnlicher Komplexität und von ähnlicher Bedeutung für die Virulenz oder Persistenz der entsprechenden Bakterien. Beispiele sind die Typ-IV-Systeme von Bartonella und Helicobacter pylori sowie die gegen andere konkurrierende Bakterien gerichteten Typ-VI-Systeme von Vibrio cholerae und Pseudomonaden.

23.2.11 Pili und Fimbrien

- **Definition und Aufbau**

Pili sind dünne und im Vergleich zu Geißeln kurze und starre Gebilde, die an der zytoplasmatischen Membran der Bakterienzelle inserieren und durch die Zellhülle hindurch drahtartig ins Milieu hineinragen (◘ Abb. 23.1). Die Pili haben strukturell und genetisch mit den Geißeln nichts gemeinsam. Sie finden sich bei begeißelten Bakterien ebenso wie bei unbegeißelten (z. B. bei kokkoiden Bakterien – Neisserien). Sie sind röhrenförmig ausgebildet und bestehen aus einem als **Pilin** bezeichneten Protein. Ihr Durchmesser liegt bei ca. 5 nm (0,005 μm), ihre Länge zwischen 0,5 und 5 μm. Fimbrien sind ähnliche Gebilde wie Pili, mit Ausnahme der Tatsache, dass ihre Form unregelmäßig und nicht gerade ausgeprägt sein kann.

Zwei Hauptfunktionen werden den Pili zugeschrieben:

- Bei gewissen Arten sind die Pili als Haftungsorganellen **(Adhäsine)** für die Ansiedlung im Wirtsorganismus maßgebend. Bei Gonokokken reagieren sie z. B. spezifisch mit bestimmten Rezeptoren der Wirtszellmembran der Zielzellen und verankern die Bakterienzelle daran. Diese Organellen können durch sequenzielle Haftungsereignisse und wieder Loslösen auch Beweglichkeit auf Oberflächen vermitteln.
- Bei DNA-Austauschvorgängen zwischen Bakterien (Konjugation) dienen spezialisierte, größere Pili **(Sexpili)** als Anhaftungsorganellen der „Sexualpartner", möglicherweise aber auch als Verbindungsröhren zwischen dem (F^+-)DNA-Spender und dem (F^--)DNA-Empfänger. Der **F-Faktor** kodiert die Sexpili; er ist plasmidgebunden. F^+-Zellen besitzen jeweils nur einen bis zwei Sexpili.

23.2.12 Sporen

Sporen (Endosporen) sind Zellformen mit extrem herabgesetztem Stoffwechsel **(hypometabolische Zellformen),** die sich bei manchen Bakteriengattungen, den sog. Sporenbildnern, aus der teilungsfähigen Normalform der Bakterienzelle (der vegetativen Form) entwickeln. Sie sind im Gegensatz zu den vegetativen Formen gegen Austrocknung, Hitze (z. B. mehrstündiges Kochen), Chemikalien und Strahlen widerstandsfähig (jedoch nur mäßig resistent gegen UV-Bestrahlung). Sporen lassen sich als **Dauer- und Überlebensformen** der Bakterienzelle ansehen. Für die Medizinische Mikrobiologie sind nur 2 sporenbildende Gattungen bedeutsam. Beide gehören zu den grampositiven Stäbchen:

- die als **Bazillen** bezeichneten aeroben Sporenbildner und
- die als **Clostridien** bezeichneten obligat anaeroben Sporenbildner.

Im Gegensatz zu den Sporen der Bakterien sind Pilzsporen keine Dauerformen. Sie dienen der Vermehrung und Verbreitung, sind also in dieser Hinsicht dem **Samen** der höheren Pflanzen gleichzusetzen. Bei Protozoen bezieht sich der Ausdruck „Sporulation" nicht auf die Bildung von Dauerformen, sondern auf infektiöse Stadien im Entwicklungszyklus.

▪ Eigenschaften der Sporen

Die Produkte der Versporung fallen durch ihre Resistenz gegen feuchte Hitze deutlich aus dem Rahmen des in der Biologie Gewohnten. Während vegetative Formen bei 80 °C nach einer 10 min dauernden Exposition absterben, widerstehen alle Sporen dieser und anderen, weit höheren Temperaturbelastungen. Einige Sporen halten mehrstündiges Kochen aus. Sporen von Bacillus stearothermophilus werden zur Qualitätskontrolle gasdichter Druckbehälter für die Hitzesterilisierung (Autoklaven; ► Kap. 22) benutzt („Sporenpäckchen"). Die Halbwertszeit einer Sporensuspension beträgt unter natürlichen Temperaturverhältnissen zumindest einige Jahrzehnte. Bei extrem niedrigen Temperaturen (in flüssigem Stickstoff) verlängert sich die **Lebensdauer** vermutlich bis ins Unbegrenzte. Bakteriensporen können sich nicht unmittelbar vermehren. Sie müssen zuerst durch „Auskeimen" eine Vegetativform bilden; erst diese ist vermehrungsfähig.

Thermoresistenz beruht auf folgenden Faktoren:

- Dipicolinsäure (Stabilisator)
- Extreme Wasserarmut der Spore
- Auffallend niedriger Guanosin-Cytosin- oder GC-Gehalt (ca. 25 %)

Bakterielle Sporen sind nur mäßig resistent gegen UV-Licht.

▪ Modus der Sporenbildung

Die Sporenbildung wird durch Verknappung an Nährstoffen und Flüssigkeit oder durch Anhäufung wachstumsbehindernder Metaboliten im Milieu ausgelöst. Sie benötigt komplexe Regulationsphänomene. Die Versporung der Bakterienzelle wird durch eine Einschnürung der Zytoplasmamembran eingeleitet, die das Zytoplasma in 2 ungleiche Teile separiert:

- Der mit dem Zellgenom assoziierte Teil des Zytoplasmas retrahiert sich unter starkem Wasserverlust und bildet einen von der inneren und der äußeren Sporenmembran umgebenen runden Körper, die **Vorspore.** Die innere Sporenmembran bildet dann eine dünne Sporenzellwand, die äußere Sporenmembran die sog. Sporenrinde **(Kortex).** Sporenzellwand und Sporenrinde bilden die innere Sporenhülle.
- Der andere Teil des Zytoplasmas, der sich um die Vorspore herumgelegt hat, hüllt die Vorspore ein und synthetisiert die äußeren Sporenhüllen **(Exosporium).**

Auf diese Weise entsteht in einer Bakterienzelle jeweils nur eine einzige Spore. Diese liegt als rundes oder ovales Gebilde in der Mitte (mittelständig) oder an einem Ende (endständig) der stäbchenförmigen Vegetativform. Deren Zellwand wird nach der Versporung enzymatisch abgebaut.

Die Spore besteht also aus einem **Zytoplasma-DNA-Konzentrat,** das von mehreren festen Schichten umgeben ist. Sie enthält das gesamte Bakteriengenom und eine Reihe von Funktionsträgern des Zytoplasmas, z. B. Enzyme, in stabilisiertem Zustand.

▪ Lage der Sporen

Bei Sporenbildnern kann die Sporenbildung, wie z. B. bei Milzbrandbazillen, mittelständig sein, während sie bei Tetanusclostridien endständig ist: Es entsteht das Bild des Trommelschlegels. Bei anderen sporenbildenden Bakterien setzt sich die endständige Spore nicht scharf geknickt gegen die vegetative Mutterzelle ab, sondern allmählich geschweift: Es entsteht die Tennisschlägerform. Diese ist typisch für Clostridium tetani, den Erreger des Wundstarrkrampfs.

23.2.13 Intrazelluläre Depotgranula

Im Zytoplasma der Bakterienzellen werden bei vielen Spezies Reservestoffe in Form von Granula eingelagert. Neben Glykogen und Stärke finden sich Lipide meist in granulärer Form als Polyhydroxybuttersäure (PHB).

Diese Substanz wird auch als **„Bakterienfett"** bezeichnet, da sie ausschließlich bei Prokaryoten vorkommt.

Die Speicherstoffe werden bei Knappheit des betreffenden Nahrungsstoffs aufgebraucht. Eine gewisse Sonderstellung nehmen Polyphosphatspeicher (direkte Speicherung von ATP/Energie) ein. Ihr morphologischer Ausdruck sind **metachromatische Granula,** die sog. Volutingranula. Diese spielen als charakteristische Strukturelemente der Diphtheriebakterien eine bedeutende Rolle bei deren Diagnose (Polkörperchen oder Babes-Ernst-Granula).

In Kürze: Bakterien – Definition und Aufbau

- **Grundformen der Bakterien:** Kokken, Stäbchen, Schraubenbakterien.
- **Aufbau:** Kernäquivalent (keine Kernmembran), in einigen Fällen Plasmide. Zellhülle bestehend aus Zytoplasmamembran und Zellwand. Mitochondrien und endoplasmatisches Retikulum fehlen.
- **Anordnung des Bakteriengenoms:** Bakterienchromosom (doppelsträngige ringförmige oder lineare DNA) kompaktiert durch histonähnliche Proteine, Plasmide (doppelsträngige ringförmige DNA; extrachromosomal bzw. episomal).
- **Bakteriophagen:** Viren, die Bakterien „infizieren": **lytisch** mit Zerstörung der Wirtszelle oder **lysogen** mit der Integration von Phagen-DNA in das Bakteriengenom als **Prophage.**
- **Transposons:** DNA-Segmente, die gelegentlich ihren Platz im Genom ändern und sich in Nukleotidsequenzen einschieben, zu denen sie keine Homologien besitzen („springende Gene").
- **Zellwandtypen:**
  - **Grampositiv:** Vielschichtiger Mureinsakkulus, Lipoteichonsäure;
  - **Gramnegativ:** Mureinsakkulus aus einer oder wenigen Schichten, äußere Membran mit Porinen und Lipopolysaccharid;
  - **Säurefeste Bakterien:** Wachse in der Zellhülle.
- **Weitere Zellhüllenbestandteile:** Kapseln, Geißeln (Flagellen), Pili, Fimbrien, Sekretionssysteme.
- **Lipopolysaccharid-Hauptwirkungen:** Erkennung von LPS/Lipid A meist durch den Toll-like-Rezeptor TLR4. Als Ergebnis der folgenden 4 Hauptwirkungen kann ein septischer Schock entstehen:
  - Stimulation von Monozyten/Makrophagen führt zur Ausschüttung von Zytokinen, z. B. IL-1, IL-6 und TNF-α, woraus Fieber und die Akutphasereaktion resultieren.
  - Aktivierung des Komplementsystems führt zu einer Entzündungsreaktion.
  - Aktivierung des Bradykininsystems bedingt eine Vasodilatation.
  - Aktivierung von Gerinnung und Fibrinolyse kann zur Verbrauchskoagulopathie führen.
- **Zellwandlose Formen:** Sphäroplasten, Protoplasten, L-Formen, Mykoplasmen.
- **Sporen:** Hypometabolische Dauerformen (aerob: Bacillus spp., anaerob: Clostridium spp.).

Bakterien: Vermehrung und Stoffwechsel

Christine Josenhans und Helmut Hahn

Die Kenntnis der Vermehrung und der Stoffwechseleigenschaften von Bakterien, d. h. ihrer Physiologie, ist für den medizinischen Mikrobiologen zwingend erforderlich, da er den zu diagnostizierenden Erreger möglichst außerhalb des Patienten zur Vermehrung bringen muss, um dessen Eigenschaften zu bestimmen mit dem Ziel, daraus eine Erregerdiagnose stellen, und um dessen Empfindlichkeit bzw. Resistenz gegen antibakterielle wirksame Substanzen prüfen zu können. Im Folgenden werden die Grundlagen der Bakterienphysiologie beschrieben.

24.1 Bakterienvermehrung

▪ Teilung

Die Vermehrung der Bakterienzelle erfolgt bei der Mehrzahl der Spezies durch **binäre Zellteilung**. Die Bakterien teilen sich wiederholt nach einem gewissen Zeitintervall in jeweils 2 Zellen. Auf diese Weise entsteht eine Anzahl primär gleicher Zellen, die sich von einer einzigen Stammzelle herleiten: ein **Stamm** oder **Klon**. Die Bakterien-DNA (Genomäquivalent) ist durch den Polymerasekomplex an die Innenseite der Bakterienmembran angeheftet und vermehrt sich dort. Bei der Teilung wächst die Zellwand an dieser Stelle und nimmt mithilfe von Partitionsproteinen je eines der beiden Tochtermoleküle in die beiden Tochterzellen mit. So ist sichergestellt, dass auf beide Tochterzellen je 1 Genomäquivalent kommt.

24.1.1 Vermehrungskinetik: Vermehrungskurve

▪ Vermehrungsfunktion

Alle neu entstandenen Bakterienzellen teilen sich ihrerseits, sobald sie ein bestimmtes Alter erreicht haben; so ergibt sich unter idealen Wachstumsbedingungen bzw. als Idealfunktion eine **geometrische Progression** des Musters 1, 2, 4, 8, 16, 32 usw. **(exponentielles Wachstum).**

▪ Vermehrungskurve, Vermehrungsstadien

Verimpft man eine kleine Menge reingezüchteter Bakterien in ein neues Kulturmedium und bebrütet dieses bei konstanter Temperatur, so ändert sich die Bakterienzahl in typischer Weise. Bei halblogarithmischer Auftragung der Ergebnisse ergibt sich eine Kurve von 4 Stadien (◘ Abb. 24.1).

- **Latenzphase (Lag-Phase):** Die beim Zeitpunkt Null überimpfte Bakterienmenge bleibt trotz günstiger Wachstumsbedingungen über einen gewissen Zeitraum hinweg konstant (Latenzphase, Lag-Phase). Um die im Milieu vorhandenen Nährstoffe zu verwenden, müssen die Bakterien die dazu notwendigen Enzyme zunächst synthetisieren. Dies geschieht während des Kontakts mit den zu verarbeitenden Substraten im Sinne der **Enzyminduktion** und nimmt Zeit in Anspruch.
- **Logarithmische Phase (Log-Phase):** In dieser, der **exponentiellen Phase,** hat die Vermehrungsgeschwindigkeit ihr Maximum erreicht und verändert sich in dieser Phase nicht.
- **Stationäre Phase:** Nach der Vermehrungsphase sinkt die Vermehrungsgeschwindigkeit auf null. Die Populationsgröße verändert sich nicht. Ursache des Wachstumsstillstands sind verschiedene Faktoren: In vielen Fällen ist der zuerst aufgebrauchte Wuchsstoff im Kulturmedium wachstumslimitierend; in anderen Fällen hemmen sich akkumulierende nichtabbaubare Metaboliten im Milieu das Wachstum, so v. a. die bei der Zuckervergärung anfallenden Säuren.

Absterbephase: In diesem Stadium verringert sich die Anzahl der wiederanzüchtbaren Bakterienzellen ständig. Die Ursache dafür ist weitgehend unbekannt (vermutlich autolytische Aktivität oder metabolische Dormanz).

▪ Vermehrungsgeschwindigkeit

Sie bezeichnet die Zahl der pro Zeiteinheit neu gebildeten Zellen. Als Maß dient die Generationsrate;

S. Suerbaum et al. (Hrsg.), *Medizinische Mikrobiologie und Infektiologie*,
https://doi.org/10.1007/978-3-662-61385-6_24

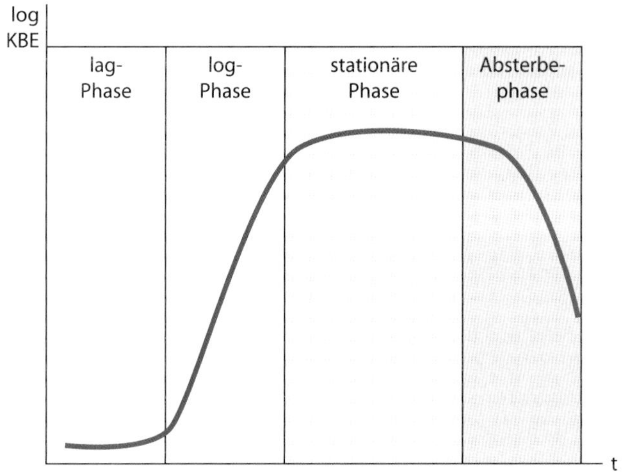

Abb. 24.1 Vermehrungskurve von Bakterien (KBE, koloniebildende Einheit)

sie gibt die Zahl der Verdopplungen pro Zeiteinheit an. Die Teilungsgeschwindigkeit in der logarithmischen Phase hängt von 3 Hauptfaktoren ab:

- Die **Eigenheiten** der gezüchteten Bakterien, insbesondere die Generationszeit, aber auch die Physiologie und der Anspruch an die Ernährungsbedingungen, beeinflussen die Vermehrungsgeschwindigkeit erheblich. In dextrosehaltiger Bouillon vermehren sich zahlreiche Bakterien sehr schnell; z. B. hat S. aureus eine Verdopplungszeit von ca. 15 min, wohingegen die Generationsrate von Tuberkulosebakterien bei ca. 20 h liegt.
- **Zusammensetzung** und **Beschaffenheit des Kulturmediums** sind von Bedeutung. In einem Minimalmedium ist das Wachstum stets langsamer als in einem Optimalmedium. Die meisten Bakterien erreichen ihre maximale Wuchsgeschwindigkeit bei pH 7,4.
- **Bebrütungstemperatur:** Für die meisten medizinisch relevanten Bakterien liegt das Temperaturoptimum bei 36–43 °C. Jenseits dieser Marken nimmt die Wachstumsgeschwindigkeit wieder ab. Bei unter 4 und über 50 °C stellen die meisten Bakterien ihr Wachstum ein.

Einsaatgröße

Einige Bakterienspezies verlangen eine Mindesteinsaat, die nicht unterschritten werden darf, wenn die Verimpfung „angehen" soll. Typisch hierfür sind die Leptospiren: Hier sind auch bei Verwendung von Optimalmedien relativ hohe Einsaatmengen zu verimpfen, wenn es zu einer Vermehrung kommen soll.

Ruhende Kultur

Die Bakterien einer wachsenden Kultur lassen sich durch Entzug der Aufbaustoffe am weiteren Wachstum hindern, ohne abzusterben. Sie können z. B. durch Verwendung der angebotenen Glukose notdürftig ihren **Betriebsstoffwechsel** bestreiten, den **Baustoffwechsel** aber ruhen lassen. Eine Population in diesem Zustand heißt ruhende Kultur. Gibt man zur ruhenden Kultur eine geeignete Lösung von Aufbaustoffen, so geht sie schnell in die logarithmische Wachstumsphase über.

24.2 Bakterienstoffwechsel

24.2.1 Energiebeschaffung: Fototrophie und Chemotrophie

Die für die Lebenserhaltung notwendige Energie beziehen die Bakterien entweder durch direkte Verwertung von Licht mithilfe von Chlorophyll oder durch exoenergetische chemische Reaktionen in Gestalt von Elektronenübertragungen; im 1. Fall spricht man von **fototrophen** (gr.: durch Licht ernährbar), im 2. Fall von **chemotrophen** (gr.: durch chemische Stoffe ernährbar) Bakterien.

Wege der Energiegewinnung bei Krankheitserregern

Die medizinisch bedeutsamen Bakterien sind chemotroph. Da sie als Elektronenquelle nur organisches Material verwerten können, gehören sie innerhalb der chemotrophen zu den organotrophen Energieverwertern, sind also **chemoorganotroph**. Als letzten Elektronenakzeptor benutzen sie beim energieliefernden Abbau organischer Stoffe

- entweder anorganische Verbindungen – respiratorische Energiegewinnung **(Atmung)** –
- oder wiederum organische Stoffe – fermentative Energiegewinnung **(Gärung).**

Daher ist bei vielen Bakterien auch die Versorgung mit Gasen limitierend für ihren Stoffwechsel. Manche Bakterien können ihren Stoffwechsel auf unterschiedliche atmosphärische Bedingungen einstellen (aerob

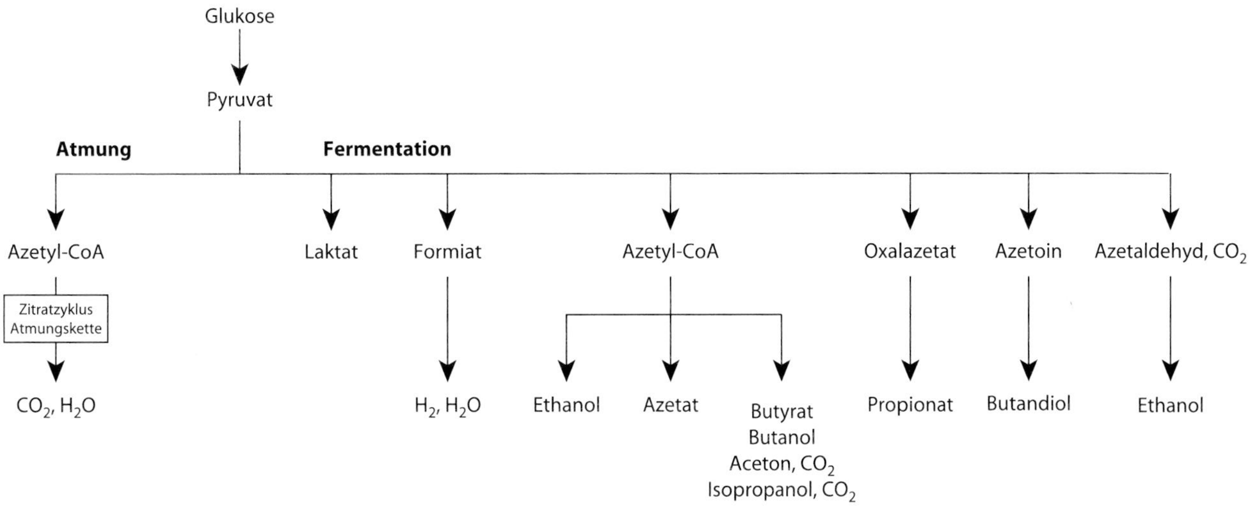

Abb. 24.2 Energiestoffwechsel: Assimilation und Fermentation. Bei der *Assimilation* dient z. B. O_2 als terminaler Elektronenakzeptor, der Aufbaustoffwechsel kann nur unter aeroben Bedingungen stattfinden. Mit der Erzeugung von 36 Molekülen ATP beim Abbau von 1 Molekül Glukose ist die aerobe „Atmung" die ertragreichste Energiegewinnungsmethode: Sie liefert mindestens 6-mal mehr ATP und andere Energieäquivalente als die „anaerob" verlaufende Gärung. Die Fermentation nutzt andere Elektronenakzeptoren, kann daher auch ohne O_2 ablaufen und beschreitet diverse Stoffwechselwege, die bei der Identifizierung genutzt werden. Das bei der Formiatfermentation entstehende H_2 ist im Gegensatz zu CO_2 kaum wasserlöslich und erscheint als Gasblase in einem Durham-Röhrchen. Azetoin lässt sich in der Voges-Proskauer-Reaktion nachweisen und ist typisch für E. coli. Die Azetaldehydfermentation ist bei Bakterien selten, jedoch typisch für Pilze. Die Laktatfermentation schlagen v. a. industriell genutzte Bakterien ein, bei der Käseherstellung z. B. Lactobacillus casei

oder anaerob, z. B. E. coli), andere Bakterien haben sehr strenge Anforderungen an die Versorgung mit atmosphärischen Gasen (z. B. obligat aerober, obligat anaerober oder mikroaerophiler Stoffwechsel).

Beide Fundamentalprozesse liefern schließlich energiereiches ATP. Wird O_2 als Elektronenakzeptor verwendet, liegt **aerobe** Atmung vor, bei Verwendung anorganischer Elektronenakzeptoren (z. B. Nitrat) **anaerobe** Atmung.

Nahezu alle medizinisch wichtigen Bakterien können Glukose als Energiequelle verwerten. Die maximale Ausbeute an Energie ergibt sich durch die **Atmung** (aerober Substratabbau). Zahlreiche Bakterienspezies sind aber zur Atmung unfähig; sie müssen sich auf den anaeroben Abbau der Glukose (Glykolyse) beschränken. Dann entsteht als zentrales Zwischenprodukt zunächst Brenztraubensäure (Pyruvat), anschließend je nach Spezies Milchsäure, Ameisensäure, Essigsäure, Azetoin (3-Hydroxy-2-butanon), Butylalkohol etc. Dieser Prozess wird als **Fermentation** (Gärung) bezeichnet (Abb. 24.2).

Verfügt die Bakterienzelle neben dem zuckervergärenden Enzymsystem noch über das Zytochromsystem, so entstehen aus der im Zuge der Glykolyse anfallenden Brenztraubensäure und mit O_2 als terminalem Elektronenakzeptor schließlich CO_2 und H_2O. Dieser Vorgang heißt **Zellatmung**. Die Energieausbeute ist bei der Atmung wesentlich höher als bei der Vergärung.

Außer der von allen Arten verwertbaren Glukose kommen als organische Energiequelle zahlreiche Aminosäuren, kurze Peptide oder Kohlenhydrate in Betracht, u. a. auch höhere Alkohole und aliphatische Karbonsäuren; letztere entstehen u. a. durch Desaminierung von Aminosäuren. Die Verwertungsmöglichkeiten für solche Energieträger sind von Art zu Art verschieden.

Diagnostische Nutzung der Energiegewinnung

Steht einer wachsenden Bakterienpopulation ein energetisch verwertbarer Zucker zur Verfügung, so wird dieser zunächst im Sinne der Glykolyse zu Säure abgebaut. Bei vielen Krankheitserregern verläuft der darauf folgende Oxidativabbau sehr langsam, er ist unvollkommen oder fehlt gänzlich. Dann häufen sich die bei der Vergärung entstehenden Säuren an.

Dies wird bei der Bestimmung von Merkmalen zur **Speziesdiagnose** ausgenutzt. So können Typhusbakterien typischerweise Laktose nicht verwerten, während E. coli dazu meistens in der Lage ist. Deshalb setzt man einer Nährlösung **Laktose als einziges Kohlenhydrat** zusammen mit einem säureanzeigenden Farbindikator zu: Beim Wachstum von Typhusbakterien bleibt der pH-Wert der Kultur unverändert. Beim Wachstum von E. coli zeigt der Farbumschlag des Indikators hingegen die **Säurebildung** an:

- E. coli spalten durch ihre β-Galaktosidase Milchzucker in 2 Hexosen, D-Glukose und D-Galaktose. So entsteht mit Glukose zumindest ein weiterverwertbares Kohlenhydrat, das sich oxidativ oder fermentativ zu Säuren abbauen lässt.

- Typhusbakterien fehlt β-Galaktosidase: Laktose wird nicht gespalten, die Säurebildung bleibt aus.

Analog zur Laktose lassen sich zur **Merkmalsdifferenzierung** zahlreiche weitere Kohlenhydrate, z. B. Saccharose, Maltose, Mannitol u. a. verwenden.

Im Zuge des Zuckerstoffwechsels kann es zur **Gasbildung** kommen. Das oxidativ entstehende CO_2 ist so stark wasserlöslich, dass es physikalisch nicht in Erscheinung tritt: Die Bildung von Gasblasen bleibt aus. Einige Bakterienspezies (meist aus der Familie der **Enterobacteriaceae**) haben jedoch das Vermögen, die beim anoxischen Zuckerabbau anfallende Ameisensäure in CO_2 und H_2 zu überführen. Der anfallende **Wasserstoff** ist in der Nährbodenflüssigkeit kaum löslich und lässt sich mit einem Gasröhrchen als Gasblase nachweisen. Auf diese Weise lassen sich u. U. die Typhusbakterien von den übrigen Salmonellen abgrenzen und diese ihrerseits von der Mehrzahl der Ruhrbakterien (Shigellen).

Charakteristischerweise bilden **Gasbrandclostridien** große Mengen gasförmigen Wasserstoffs. Dieser erscheint nicht nur als diagnostisch wichtiges Merkmal in der Kultur, sondern auch in vivo: Im vom Gasbrand befallenen Gewebe entstehen zahllose Gasblasen, die bei der Palpation durch das charakteristische Knistern (**Krepitation**, lat.: für „Knarren, Knistern") auffallen.

Im Darm des Menschen entsteht durch bakterielle Umsetzung ebenfalls H_2, daneben durch Reduktion (Hydrierung) von Schwefelverbindungen gasförmiger **Schwefelwasserstoff** (H_2S). Bei der Merkmalsbestimmung von **Darmbakterien**29 wird die Fähigkeit zur H_2S-Bildung diagnostisch bewertet: Salmonellen bilden z. B. fast immer H_2S, Ruhrbakterien (Shigellen, Kap.) sind dazu nicht imstande.

24.2.2 Bedarf an Aufbaustoffen

Für den Aufbaustoffwechsel benötigen alle Bakterien größere Mengen an **Hauptelementen,** wie Wasserstoff, Sauerstoff, Kohlenstoff und Stickstoff. Daneben muss die Nährlösung **Zusatzelemente** (K, Fe, Ca, Mg, P, S und Cl) in Form anorganischer Ionen enthalten. Schließlich werden je nach Spezieseigentümlichkeit noch sog. **Spurenelemente** benötigt, wie Zink, Kobalt oder Mangan. Die Form, in der die Hauptelemente Stickstoff und Kohlenstoff angeboten werden müssen, ist von Spezies zu Spezies sehr verschiedenartig.

■ Autotrophie

Als eine Extremform der Bedürfnislosigkeit gilt die Lebensweise von Bakterien, die Mineralien nicht nur als Energiequelle nutzen (Lithotrophie), sondern ihren Aufbaustoffwechsel gänzlich mit anorganischem Material bestreiten. Diese Bakterien begnügen sich mit Kohlenstoff (CO_2) und anorganischem Stickstoff (z. B. als NH_4^+ oder gar als N_2).

Von den medizinisch wichtigen Bakterien gehört streng genommen keine einzige Spezies zum autotrophen Ernährungstyp, wenn auch einige Spezies diesem Typ nahekommen. So vermag E. coli allein mit anorganischem Stickstoff (in Gestalt von Ammoniak) auszukommen, benötigt aber eine organische Kohlenstoffquelle, z. B. in Gestalt von Glukose.

■ Heterotrophie

Bakterien, die eine Zufuhr organischer Verbindungen benötigen – sei es auch nur einer einzigen – heißen heterotroph (gr. „heteros": andersartig). Sie verfügen nicht über das breite Enzymarsenal der autotrophen, sondern haben in ihrem Syntheseapparat „Fertigungslücken" und können deshalb einige für den Aufbau des Protoplasmas unentbehrliche (essenzielle) Verbindungen nicht synthetisieren. Werden diese der Zelle nicht von außen zugeführt, so ist Wachstum unmöglich.

■ Metaboliten, Wuchsstoffe

Metabolit ist jede Substanz, die im Stoffwechselprozess verarbeitet wird oder anfällt und teilweise von den Bakterien ausgeschieden wird; hierunter fallen u. a. alle Abbau- und Syntheseprodukte:

- **Essenziell** ist ein Metabolit, der für den Ablauf der Stoffwechselprozesse unerlässlich ist. Für autotrophe Bakterien ist z. B. das selbstgefertigte Tryptophan ein essenzieller Metabolit. Das Gleiche gilt auch für die durch Abbau von Zucker anfallende Brenztraubensäure. Für zahlreiche Bakterien (Brucellen, Gonokokken, Streptokokken) ist CO_2 ein essenzieller Metabolit.
- **Nichtessenzielle** Metaboliten sind z. B. Ammoniak für Proteus-Bakterien, Milchsäure für Pneumokokken oder Indol für E. coli. Diese Substanzen fallen als Endprodukte (Schlacken) an und werden nicht weiterverwertet.

Als **Wuchsstoff** bezeichnet man unter Bezugnahme auf einen bestimmten Bakterienstamm einen essenziellen Metaboliten, zu dessen Herstellung die Zelle selbst nicht fähig ist. Die für den betreffenden Stamm als Wuchsstoff erkannte Verbindung muss im Milieu für die Vermehrung verfügbar sein. Für Diphtheriebakterien ist Tryptophan ein Wuchsstoff, für E. coli dagegen nicht. Für beide Spezies ist Tryptophan ein essenzieller Metabolit.

Der Begriff **essenzieller Metabolit** ist hiernach dem Begriff „Wuchsstoff" übergeordnet: Nicht alle essenziellen Metaboliten sind Wuchsstoffe, aber alle Wuchsstoffe sind essenzielle Metaboliten. Für viele intrazelluläre Bakterien ist beispielsweise ATP ein wichtiger Wuchsstoff, den sie selbst nur in geringer Menge oder unter besonderen Bedingungen herstellen können, z. B. bei Chlamydophila pneumoniae.

Der Wuchsstoffbedarf medizinisch wichtiger Bakterien differiert von Spezies zu Spezies, ausnahmsweise sogar von Stamm zu Stamm:

- Einige Bakterienspezies benötigen nur 1 oder 2 Wuchsstoffe **(anspruchslose Keime).**
- Andere verlangen dagegen ein Wuchsstoffangebot, das neben den meisten Aminosäuren noch zahlreiche Verbindungen anderer Art (prosthetische Gruppen für Enzyme, Purine) umfasst. Derartige **„anspruchsvolle Erreger"** sind z. B. Gonokokken, Borrelien, Campylobacter, Helicobacter und die Keuchhustenbakterien.
- Bei einigen Erregern ist das Stoffwechselbedürfnis so beschaffen, dass die in der Praxis verfügbaren Nährböden es nicht decken. Solche auf künstlichen Kulturmedien deshalb **nichtanzüchtbaren Erreger** verursachen z. B.: Syphilis, Lepra, Chlamydieninfektionen, Fleckfieber

Zur Vermehrung sind sie in den lebenden Organismus bzw. auf lebende Zellen zu verimpfen.

24.2.3 Rolle des bakteriellen Stoffwechsels bei der Interaktion pathogener Bakterien und des Menschen

In den letzten Jahren ist die Rolle des bakteriellen Stoffwechsels bei der Entstehung des infektiösen Krankheitsgeschehens intensiv erforscht worden. Dabei ergaben sich starke Hinweise auf eine essenzielle Rolle des an ein Wirtssystem angepassten Stoffwechsels pathogener Bakterien. Dazu gehört eine spezifische Anpassung des Pathogenmetabolismus an die Mangelbedingungen im Wirtsorganismus und an dessen spezifische Nischen.

Die Rolle verschiedener Faktoren pathogener Bakterien in der Wirtschädigung beschränkt sich dabei häufig nicht, wie bisher angenommen, auf einen rein pathogenen Mechanismus. Viele „Pathogenitätsfaktoren" dienen vorwiegend dem Nährstofferwerb des Bakteriums in seiner Wirtsumgebung. Ebenfalls zu nennen ist eine Anpassung des spezifischen Pathogenmetabolismus an Abwehrleistungen des Immunsystems, die die Wuchsumgebung ebenfalls stark beeinflussen, sowie an die metabolische Konkurrenz in der jeweiligen Nische (Lunge, Gastrointestinaltrakt, Haut) durch kommensale Bakterien.

Dies hat zu einer teilweisen Neudefinition der durch Kommensale vermittelten „Kolonisierungsresistenz" des Menschen gegenüber pathogenen Bakterien als „metabolische Immunität" geführt. Ein wichtiges Beispiel hierfür scheint auch Clostridium (Clostridioides) difficile zu sein, das nur nach Depletion der kommensalen Mikrobiota (z. B. nach intensiver Antibiotikatherapie) im Darm des Menschen anwachsen und eine schwerwiegende pseudomembranöse Kolitis auslösen kann. Eine „Fäkal- oder Stuhltransplantation", bei der von einem Spender kommensalen Bakterien übertragen werden, hat sich daher als sehr wirksam gegen schwerwiegende, sonst nicht behandelbare Clostridieninfektionen erwiesen, auch wenn viele Fragen der Applikation einer solchen Therapie noch ungeklärt sind (▶ Abschn. 4.3).

In Kürze: Bakterien – Vermehrung und Stoffwechsel

- Bakterienvermehrung: Sie erfolgt durch Zweiteilung. Die aus einer einzigen Stammzelle hervorgegangene Population heißt Klon. Dies schließt nicht aus, dass es innerhalb kurzer Zeit zu genetischen und phänotypischen Veränderungen kommen kann.
- Vermehrungsgeschwindigkeit: Unter konstanten Bedingungen, die in der Natur oder nach einer Infektion wahrscheinlich nicht vorliegen, jedoch für die Anzucht eines Erregers in Diagnostik und Forschung meist benutzt werden, verläuft die maximale Zunahme der Zellzahl in der Zeit als logarithmische Funktion. Vor der logarithmischen Vermehrungsphase liegt die Latenzphase. Auf sie folgt ein Wachstumsstillstand. Die Vermehrungsgeschwindigkeit wird durch die mittlere Verdopplungszeit charakterisiert. Diese schwankt je nach Wachstumsbedingungen und Bakterienspezies zwischen 15 min und Stunden bis Tagen. Das Temperaturoptimum liegt zwischen 36 und 43 °C.
- Stoffwechsel: Man unterscheidet Bau- und Betriebsstoffwechsel. Für beide ist die Energiegewinnung essenziell. Diese erfolgt bei medizinisch wichtigen Bakterien durch Abbau organischen Materials, vornehmlich von Kohlenhydraten. Aerobe und anaerobe Energiegewinnung unterscheiden sich: Bei der Atmung dient oft O_2 als finaler Elektronenakzeptor, bei der Gärung organische Stoffe; in beiden bildet sich energiereiches ATP. Der aerobe Weg liefert im Vergleich zum anaeroben Weg ein Vielfaches an Energieausbeute. Zahlreiche Bakterienspezies unterscheiden sich hinsichtlich ihrer Energiegewinnung. Dies wird zur Diagnose und bei diagnostischen Methoden genutzt. Für den Stoffwechsel ist zudem die Versorgung mit atmosphärischen Gasen wichtig. Manche Bakterien stellen sehr enge Ansprüche an die atmosphärischen Bedingungen (obligat aerobe, anaerobe oder mikroaerophile Bakterien).

- „Anspruchsvolle“ und „anspruchslose“ Bakterien: Die medizinisch wichtigen Bakterien sind durchweg heterotroph, d. h., sie benötigen die Zufuhr bestimmter organischer Stoffe (Wuchsstoffe) zum Ausgleich funktioneller Lücken ihres Syntheseapparats. Je nach Breite dieser Lücken gibt es „anspruchsvolle“ und „anspruchslose“ Bakterien. Entsprechend weisen die verwendeten Kulturmedien verschiedene Grade der Komplexität auf. In besonderen Fällen (z. B. bei den Erregern der Syphilis und der Lepra) ist eine Züchtung im unbelebten Kulturmedium nicht möglich. Dann gelingt die Züchtung nur in lebenden Zellen.

Staphylokokken

Sören Gatermann

Staphylokokken sind grampositive Kugelbakterien, die sich in Haufen, Tetraden oder Paaren lagern und sowohl aerob als auch anaerob vermehren (▣ Tab. 25.1, ▣ Abb. 25.1). Die Gattung untergliedert sich in zahlreiche Spezies, von denen Staphylococcus aureus (S. aureus) diagnostisch aufgrund der Bildung von freier Koagulase (s. u.) von den übrigen, d. h. koagulase-negativen Staphylokokkenspezies (KNS) abgetrennt wird. Diese Unterscheidung ist von medizinischer Relevanz, weil die KNS-Spezies Krankheitsbilder hervorrufen, die sich in Pathogenese, Klinik, Diagnostik und Therapie von den durch S. aureus hervorgerufenen unterscheiden (▣ Tab. 25.2). Die Bezeichnung leitet sich von griechisch „staphyle" für „Traube" ab; sie bezieht sich auf die traubenförmige Lagerung im mikroskopischen Präparat. „Kugelmikrobien" in Eiter beschrieb 1874 der Chirurg Theodor Billroth, desgleichen Robert Koch 1878; Louis Pasteur brachte sie 1880 in Nährlösung zur Vermehrung, die Namensgebung Staphylococcus prägte 1880 der schottische Chirurg Alexander Ogston.

▣ Tab. 25.1 Staphylococcus: Gattungsmerkmale

Merkmal	Ausprägung
Gramfärbung	Grampositive Kokken (Haufen)
Aerob/anaerob	Fakultativ anaerob
Kohlenhydratverwertung	Fermentativ
Sporenbildung	Nein
Beweglichkeit	Nein
Katalase	Positiv
Oxidase	Negativ

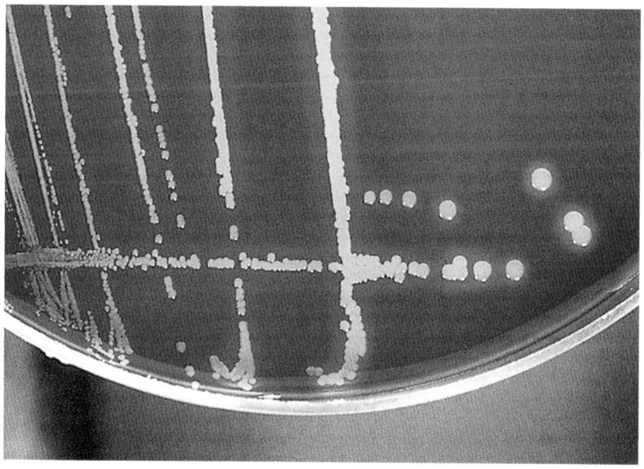

▣ Abb. 25.1 Staphylococcus aureus – auf Blutagar

▣ Tab. 25.2 Staphylokokken: Arten und Krankheiten

Koagulasepositiv	
S. aureus	Lokalinfektionen: – Oberflächlich-eitrig – Invasiv
	Sepsis, Endokarditis
	Toxinbedingte Syndrome:
	– SSSS („staphylococcal scalded skin-syndrome")
	– TSS („toxic shock syndrome")
	– Nahrungsmittelintoxikation
Koagulasenegativ	
S. epidermidis-Gruppe:	
– S. epidermidis	Endoplastitis
	Sepsis
	Peritonitis bei Peritonealdialyse
– S. hominis	
– S. haemolyticus	
– S. warneri	
– S. capitis	
– S. lugdunensis	Endokarditis
	Abszesse
	Empyeme
S. saprophyticus-Gruppe:	
– S. saprophyticus	Harnweginfektionen
– S. xylosus	
– S. cohnii	

S. Suerbaum et al. (Hrsg.), *Medizinische Mikrobiologie und Infektiologie*,
https://doi.org/10.1007/978-3-662-61385-6_25

25.1 Staphylococcus aureus (S. aureus)

Steckbrief

S. aureus verursacht oberflächliche und invasive eitrige Infektionen, Sepsis und Endokarditis sowie Intoxikationen. Bei der Pathogenese wirken zahlreiche Virulenzfaktoren zusammen. Darüber hinaus bilden einige Stämme spezifische Toxine, die jeweils für Brechdurchfall, das „toxic shock syndrome" (TSS) bzw. „staphylococcal-scalded skin syndrome" (SSSS) (Schälblasensyndrom) verantwortlich sind. Außerdem werden Pneumonien sowie Haut- und Weichgewebe-Infektionen mit Staphylococcus-aureus-Stämmen beobachtet, die das Panton-Valentine-Leukozidin exprimieren.

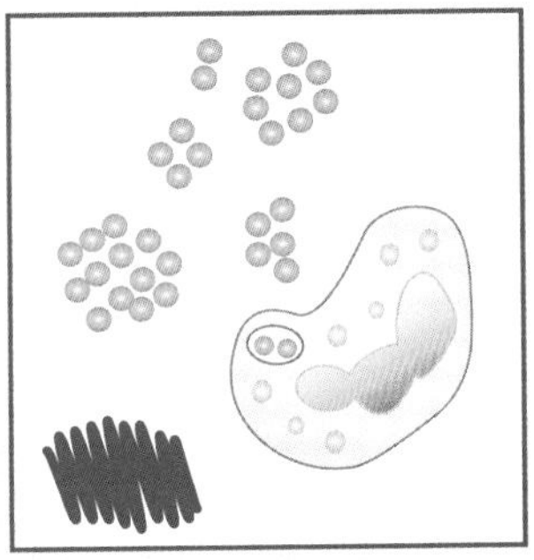

Staphylococcus aureus: grampositive Haufenkokken in Eiter, entdeckt 1878 von Robert Koch, abgegrenzt 1884 von F. J. Rosenbach

25.1.1 Beschreibung

■ **Aufbau**

Dazu gehören:

Zellwand Sie besteht aus einer dicken, mehrlagigen Peptidoglykanschicht. Ein zellwandständiges Protein ist der als Rezeptor für Fibrinogen wirkende „clumping factor" (CF). Als Virulenzfaktor vermittelt er die Bindung von Staphylokokken an Fibrinogen in verletztem Gewebe, auf medizinischen Implantaten sowie Kathetern, an die sich zuvor Fibrinogen angelagert hat.

Die meisten S. aureus-Stämme bilden **Protein A,** das mit der Peptidoglykanschicht verbunden ist. Dieses bindet das Fc-Stück insbesondere von Immunglobulinen der Unterklassen IgG1, IgG2 und IgG4. Dadurch können die Immunglobuline nicht mehr vom Fc-Rezeptor der Phagozyten gebunden werden. Somit behindert Protein A als Virulenzfaktor die Opsonisierung und damit die Phagozytose (▶ Abschn. 14.1).

Kapsel Einige Stämme von S. aureus bilden eine Kapsel aus Polymeren der Glukosaminuronsäure oder Mannosaminuronsäure. Die Kapsel behindert als Virulenzfaktor die Phagozytose.

■ **Extrazelluläre Produkte**

Dazu gehören:

Freie Koagulase Dieses Protein besitzt für sich allein keine Enzymaktivität. Es bindet an Prothrombin und der entstandene Komplex wirkt proteolytisch. Er löst direkt, d. h. unter Umgehung der Thrombinbildung, die Umwandlung von Fibrinogen zu Fibrin aus. Auf diese Weise ist die freie Koagulase als Virulenzfaktor an der Bildung der charakteristischen Fibrinkapsel um Läsionen durch S. aureus herum beteiligt, v. a. beim Abszess. Sie ist somit verantwortlich für das Charakteristikum von S. aureus, lokalisierte Läsionen zu erzeugen. Diagnostisch ist traditionell die Koagulasebildung das Hauptmerkmal für die Speziesbestimmung von S. aureus, aktuell werden aber auch andere, gleichwertige Techniken eingesetzt.

Staphylokinase Dieses Enzym bildet aus Plasminogen Plasmin (Syn.: Fibrinolysin). Plasmin lysiert die Fibrinkapsel, die sich in der frühen Phase um den Abszess durch Koagulasewirkung gebildet hat. Die Staphylokinase ermöglicht als Virulenzfaktor die schubweise weitere Ausbreitung der Erreger im infizierten Gewebe.

DNase Diese thermostabile, DNA- und RNA-spaltende Nuklease erleichtert die Ausbreitung der Erreger im Gewebe. Daneben kommt ihr eine diagnostische Bedeutung zu, da sie nur bei S. aureus und bei wenigen koagulasenegativen Staphylokokkenarten vorkommt.

Lipasen Sie beteiligen sich wahrscheinlich an der Ausbreitung der Erreger im Gewebe.

Hyaluronidase In ähnlicher Weise wie der „spreading factor" der A-Streptokokken (▶ Kap. 26) baut dieses Enzym interzelluläre Hyaluronsäure ab und trägt ebenfalls zur Ausbreitung der Staphylokokkeninfektion bei.

Hämolysine 4 membranschädigende Hämolysine sind bekannt: α-, β-, γ-, δ-Hämolysin (oder -Toxin). Ein Stamm kann 0–4 Hämolysintypen bilden. Als Virulenzfaktoren zerstören sie Erythrozyten, aber auch andere Säugetierzellen und schädigen so das Gewebe. α-Hämolysin zerstört Phagozyten und behindert damit die Phagozytose.

Leukozidin Dieser Virulenzfaktor (Syn.: Panton-Valentine-Leukozidin, PVL) zerstört polymorphkernige Granulozyten und Makrophagen und beeinträchtigt so ebenfalls die Phagozytose.

Staphylokokken-Enterotoxine (SE) Sie verursachen Durchfälle und Erbrechen. Die untereinander homologen 30-kDa-Proteine wirken als Superantigene (Abschn. 12.6 und 15.1.1). Sie werden durch Trypsin im oberen Magen-Darm-Trakt nur geringfügig abgebaut und lassen sich durch Erhitzen bei 100 °C für 30 min nicht sicher inaktivieren. Es gibt 11 immunologische Varianten (SEA, SEB, SEC1-SEC3, SED-SEJ) – SEA ist für die meisten Fälle von staphylokokkenbedingter Nahrungsmittelvergiftung verantwortlich.

Der Wirkungsmechanismus der Enterotoxine ist ungeklärt. Den heftigen Brechreiz würde erklären, dass sie die Endigungen des N. vagus im Magen schädigen. Eine andere Hypothese führt die Wirkungen auf ihre Eigenschaft als Superantigene zurück. So könnten die SE in der Blutbahn über eine polyklonale T-Zell-Aktivierung die Freisetzung von IL-2 aus T-Zellen und von TNF-α aus Makrophagen auslösen. IL-2 verursacht ähnlich wie die SE Erbrechen, Übelkeit und Fieber. SE sind eng verwandt mit den pyrogenen Exotoxinen von Streptokokken (▶ Kap. 26).

Toxic-Shock-Syndrome-Toxin 1 (TSST-1) Dieses Toxin wird von einzelnen, zur TSST-1-Bildung befähigten Stämmen insbesondere in aerobem Milieu und bei Mg^{2+}-Mangel produziert. Auch dieses Toxin ist ein Superantigen, d. h. es bewirkt eine polyklonale CD4-T-Zell-Aktivierung mit unkoordinierter Freisetzung von TNF-α und IL-2: Daraus resultiert das „toxic shock syndrome" (TSS).

Exfoliatine Die Exfoliatine A und B verursachen das „staphylococcal scalded skin syndrome" (SSSS). Diese Serinproteasen binden an Zytoskelettproteine (Filaggrine) und lockern die Desmosomen: Innerhalb der Epidermis löst sich das Stratum corneum vom Stratum granulosum, und es entstehen die für das SSSS charakteristischen Blasen.

▪ Resistenz gegen äußere Einflüsse

S. aureus gehört zu den widerstandsfähigsten humanpathogenen Bakterien überhaupt. Er übersteht Hitzeeinwirkung von 60 °C über 30 min; erst bei höheren Temperaturen bzw. längerer Expositionsdauer wird er abgetötet. S. aureus passiert den Magen und Darm und erscheint lebend im Stuhl. Aus getrockneten klinischen Materialien und aus Staub lassen sich die Erreger noch nach Monaten isolieren („Trockenkeim"). Die hohe Tenazität ist ein Grund für die rasche Verbreitung von S. aureus im Krankenhaus, den **Staphylokokken-Hospitalismus.**

▪ Vorkommen

S. aureus kolonisiert bei 20–50 % der gesunden Normalbevölkerung die Haut, insbesondere im Bereich des vorderen Nasenvorhofs und des Perineums, seltener Kolon, Rektum und Vagina. Häufig erfolgt die Besiedlung bereits in der Neugeborenenperiode.

Besondere Bedeutung kommt dem Erreger deshalb zu, weil über 80 % aller Stämme im Krankenhaus Penicillinase bilden und daher gegen Penicillin G und die meisten seiner Derivate resistent sind. Seit 1962 sind methicillinresistente S. aureus-Stämme, sog. MRSA-Stämme, bekannt, die gegen die meisten β-Laktam-Antibiotika (▶ Kap. 97 bis 100) resistent sind.

25.1.2 Rolle als Krankheitserreger

▪▪ Epidemiologie

S. aureus verursacht 70–80 % aller Wundinfektionen, 50–60 % aller Osteomyelitiden, 15–40 % aller Gefäßprotheseninfektionen, bis zu 30 % aller Fälle von Sepsis und Endokarditis und 10 % aller Pneumonien (ambulant und nosokomial). Er ist damit einer der häufigsten bakteriellen Erreger sowohl ambulant erworbener als auch nosokomialer Infektionen.

▪▪ Übertragung

Typischerweise wird S. aureus durch **Schmierinfektion** übertragen. Im Krankenhaus erfolgt die Übertragung von S. aureus zumeist durch den direkten Kontakt zwischen Patienten, Ärzten und Pflegepersonal über die Hand, z. B. bei der Versorgung von Wunden. Häufiger entstehen die Infektionen allerdings endogen, d. h., sie gehen von der Haut oder Schleimhaut des Patienten selbst aus.

▪▪ Pathogenese

Dazu gehören:

Disponierende Faktoren Lokale und systemische disponierende Faktoren begünstigen Infektionen durch S. aureus. Neben Kathetern, Trachealkanülen und Fremdkörperimplantaten spielen verminderte Granulozytenzahl bei Patienten unter Chemotherapie oder funktionelle Phagozytendefekte, z. B. bei der chronischen Granulomatose, eine Rolle. Auch vorgeschädigte Haut, z. B. bei Psoriasis, atopischer Dermatitis oder Unterschenkelulkus, ist eine potenzielle Eintrittspforte für S. aureus.

Zielgewebe S. aureus kolonisiert primär Haut und Schleimhäute.

Gewebereaktion S. aureus verursacht vorwiegend eitrige Lokalinfektionen der Haut. Von dort ausgehend kann es zur Sepsis mit Befall praktisch aller Organe kommen.

Adhärenz Bei der Verankerung wirken hydrophobe Interaktionen und Adhäsine wie Teichonsäure, der fibrinogenbindende „clumping factor" (▶ Abschn. 25.1.1), thrombin-, fibronektin-, kollagen- und lamininbindende Proteine zusammen. Die Häufigkeit von Wundinfektionen durch S. aureus resultiert daraus, dass in Wunden entsprechende Liganden in hohem Ausmaß vorhanden sind (◘ Abb. 25.2a).

Invasion DNase, Phospholipasen, Kollagenasen, Lipase und Hyaluronidase unterstützen die Invasion: Der Erreger kann tiefer in das Gewebe eindringen und dort mehr Adhäsinliganden erreichen (◘ Abb. 25.2b).

Bestandteile der Zellwand, insbesondere Teichonsäure und Peptidoglykan (Murein), aktivieren Komplement (▶ Kap. 10): Es entstehen die chemotaktischen Faktoren C3a und C5a, sodass in der Folge polymorphkernige Granulozyten in den Herd einwandern und die **Eiterbildung** in Gang bringen (◘ Abb. 25.2c).

Etablierung Bei der Abwehr der Phagozytose im Gewebe kommt der Fibrinkapsel, die durch Koagulasewirkung entsteht, als mechanischer Barriere eine wesentliche Rolle zu. Zudem behindern die Zerstörung von Phagozyten durch Leukozidin und α-Toxin sowie die Blockade des Fc-Rezeptors durch Protein A die Phagozytose (◘ Abb. 25.2c).

Gewebeschädigung Beispielhaft für eine lokal begrenzte S. aureus-Läsion ist der Abszess. Zunächst entsteht durch Koagulasewirkung die Fibrinkapsel, welche die Staphylokokken gegen die Umgebung abgrenzt. Granulozyten gruppieren sich um den Herd. Nachdem sie die Nährstoffe im Inneren des Herdes verbraucht haben, lösen die Staphylokokken mittels Staphylolysin die Fibrinkapsel auf, sodass sie sich weiter ausbreiten können. Dies erlaubt den Granulozyten den Zugriff auf die freigesetzten Bakterien, diesen aber die erneute Vermehrung.

Gleichzeitig baut sich eine neue Fibrinkapsel auf. Im Inneren des Herdes zerstören die bakteriellen Hämolysine, Leukozidin, DNase und Kollagenase sowie gewebeabbauende Substanzen aus den zerfallenden Granulozyten das Gewebe: Es resultiert die charakteristische **Abszesshöhle,** wobei sich der Herd in Schüben vergrößert (◘ Abb. 25.2d).

Persistenz Bei chronischen Infektionen wie Knocheninfektionen (Osteomyelitis), Infektionen von Endoprothesen und einigen Formen der Endokarditis kommen „small colony variants" von S. aureus vor, die sich durch deutlich verzögertes und morphologisch verändertes Wachstum auszeichnen. Dadurch sind sie schwieriger zu diagnostizieren als normale S. aureus-Bakterien. Zurückzuführen ist das langsame und veränderte Wachstum auf Stoffwechseldefekte, die insbesondere zu verändertem Elektronentransport führen, was u. a. eine geringere Empfindlichkeit gegenüber einigen Antibiotika (besonders Aminoglykoside) zur Folge hat.

▪▪ Klinik

S. aureus-Infektionen lassen sich in 3 Gruppen einteilen (◘ Tab. 25.2):

- Lokalinfektionen, die oberflächlich-eitrig, aber auch invasiv verlaufen können
- Sepsis
- Toxinbedingte Syndrome

Pyodermien Häufig spielt sich die Infektion an der Haut oder ihren Anhangsorganen ab und tritt dann als Abszess in Erscheinung. Entwickelt sich die Infektion an der Wurzel eines Haarbalgs (Follikulitis; ◘ Abb. 25.3), entsteht ein Furunkel. Verschmelzen mehrere Furunkel miteinander, entsteht ein Karbunkel. Furunkel und Karbunkel finden sich v. a. an Nacken, Axilla oder Gesäß. Befindet sich der Furunkel im Nasen- oder Oberlippenbereich, besteht wegen der anatomischen Verhältnisse die Gefahr einer lebensbedrohlichen eitrigen Thrombophlebitis der V. angularis. Rezidivierende Furunkel und Karbunkel treten gehäuft bei Patienten mit konsumierenden Grunderkrankungen, Stoffwechselkrankheiten (z. B. Diabetes mellitus) und Immundefekten (z. B. Leukämie) in Erscheinung und können der erste Hinweis auf das Vorliegen solcher Erkrankungen sein. Andererseits sind solche Rezidive auch typisch für Stämme von S. aureus mit PVL-Toxin.

Impetigo contagiosa (Borkenflechte) Diese auch als kleinblasige Form der Impetigo (s. u. Pemphigus) bezeichnete hochkontagiöse oberflächliche Hautinfektion tritt vorwiegend bei Kindern auf. In 80 % aller Fälle wird sie durch A-Streptokokken (▶ Kap. 26) hervorgerufen, in etwa 20 % durch S. aureus. In den Herden können sich auch beide Erreger finden. Typisch sind eitrige Hautbläschen, sog. Impetigopusteln, die bald nach Entstehen unter Hinterlassung einer charakteristischen „honiggelben" Kruste platzen. Die Bläschen enthalten massenhaft Erreger.

Infektionen der Hautanhangsorgane Gefürchtet wegen der Gefahr der schnellen Abszedierung, der Sepsis und der Neugeboreneninfektion ist die Mastitis puerperalis stillender Mütter, eine eitrige Entzündung der Milchgänge der laktierenden Brust.

Die eitrige **Parotitis** ist fast immer durch S. aureus ausgelöst, ebenso die **Dakryozystitis,** eine eitrige Entzündung der Tränendrüse, und das **Hordeolum** (Gerstenkorn), eine akute Infektion der Lidranddrüsen.

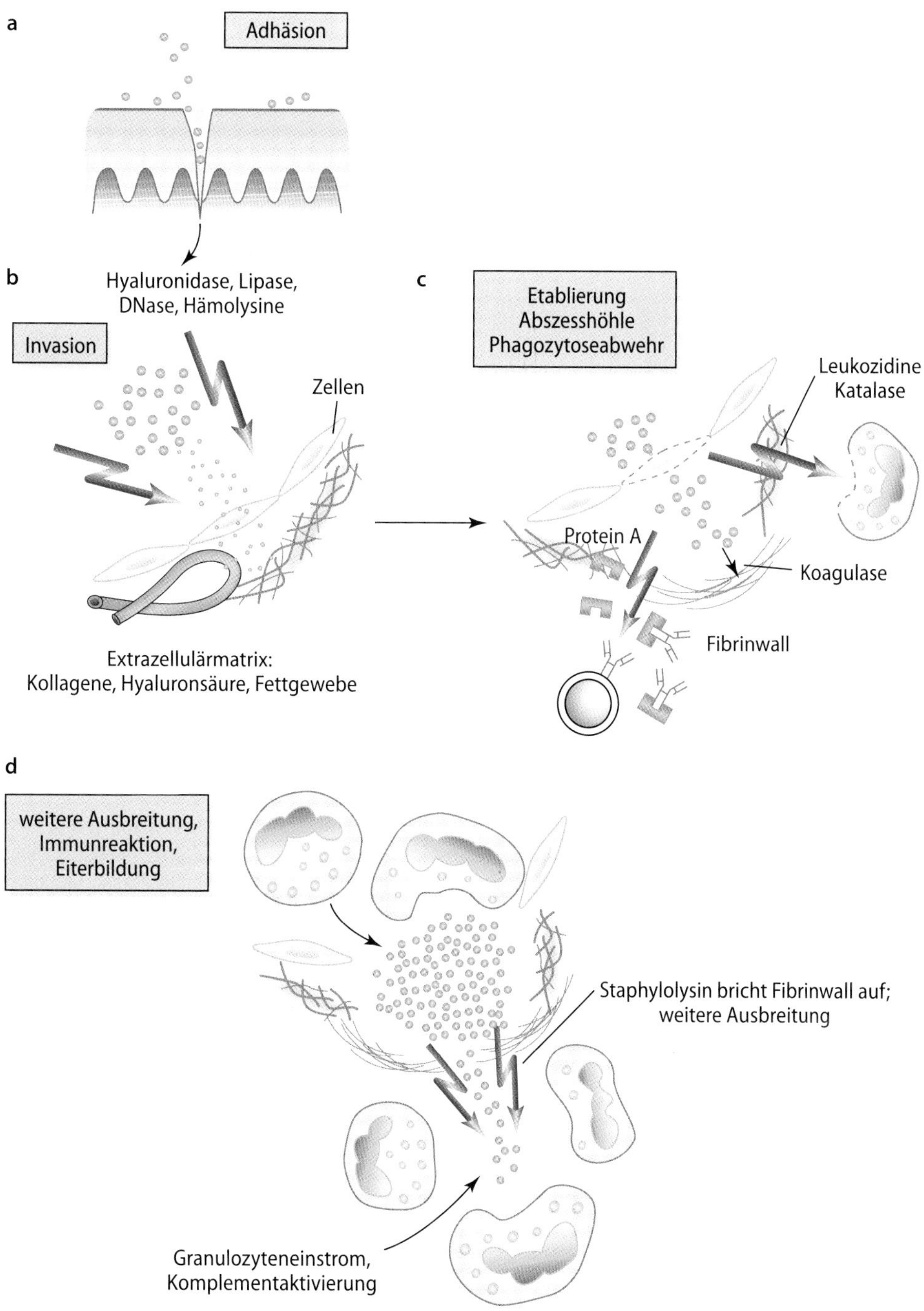

Abb. 25.2 **a–d** Pathogenese der Staphylokokken-Eiterung. **a** Adhärenz; **b** Invasionsfaktoren; **c** Etablierung, Abwehr der Phagozytose; **d** Komplementaktivierung, Eiterbildung

Postoperative und posttraumatische Wundinfektionen Als postoperative Komplikationen sind sie in der Chirurgie gefürchtet. Kurze OP-Dauer und sachgerechtes Operieren tragen dazu bei, postoperative Wundinfektionen zu verhüten.

Osteomyelitis Die Osteomyelitis bei Neugeborenen entsteht meistens hämatogen über infizierte Katheter und befällt vorwiegend das Mark der langen Röhrenknochen der unteren Extremitäten. In 50 % der Fälle lässt sich der Erreger aus Blutkulturen isolieren. Bei Erwachsenen ist eine Osteomyelitis häufig in den langen Röhrenknochen und in den Wirbelkörpern lokalisiert.

Pneumonie, Lungenabszess Dem Lungenabszess und der Pneumonie gehen häufig Schädigungen durch Virusinfektionen, Aspiration, Immunsuppression oder

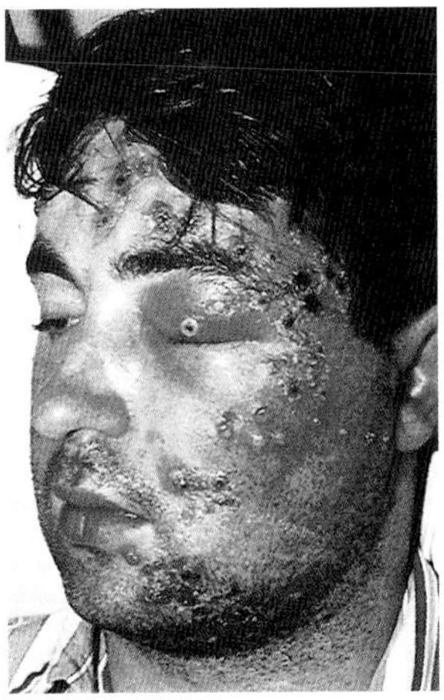

Abb. 25.3 Follikulitis durch Staphylococcus aureus

Trauma voraus. PVL-exprimierende Stämme können besonders dramatisch verlaufende Pneumonien verursachen.

Empyeme Dies sind Eiteransammlungen in natürlichen Körperhöhlen. Am häufigsten sind Pleura-, Perikard-, Peritoneal-, Gelenk-, Nebenhöhlen- und Nierenbeckenempyem. Je nach Lage werden die Empyeme auch als eitrige Pleuritis, Perikarditis etc. bezeichnet.

Sepsis, Endokarditis 30 % aller Sepsisfälle werden von S. aureus hervorgerufen. Die Sepsis kann von primär extravasalen Herden (Abszesse, Wunden, Osteomyelitis, Pneumonie) ausgehen, ihren Ursprung aber auch in intravasalen Herden haben, etwa nach Legen eines i. v. Katheters oder durch kontaminiertes Injektionsbesteck bei i. v. Drogenabusus. Sie entwickelt sich bei Patienten mit intravasalen Kathetern fast immer aus einer sekundär entstandenen eitrigen Thrombophlebitis. Häufig besteht bei S. aureus-Sepsis eine ulzerierende Endokarditis mit destruktiven Klappenveränderungen, sodass bei S. aureus-Sepsis nach einer Endokarditis gesucht werden soll. Eine Endokarditis an der Trikuspidalklappe ist für i.v. injizierende Drogenabhängige typisch.

„Staphylococcal scalded skin syndrome" (SSSS) Im Anschluss an eine Otitis, Pharyngitis oder eitrige Konjunktivitis durch exfoliatinbildende S. aureus-Stämme kann sich am ganzen Körper ein scharlachförmiges Exanthem, nach weiteren 24–48 h eine großflächige Blasenbildung intraepidermal zwischen Stratum corneum und Stratum granulosum ausbilden. Der Inhalt der Blasen ist zunächst klar und trübt sich nach Einwanderung von Zellen schnell ein. Die Blasen platzen und die Haut löst sich ab (Epidermolysis acuta toxica, Schälblasensyndrom, Dermatitis exfoliativa neonatorum Ritter von Rittershain).

Der Name leitet sich ab von „scald" (verbrühen), da die Läsionen verbrühter Haut ähneln. Die Erkrankung tritt im frühen Säuglingsalter auf. Die Blasen enthalten keine Erreger, weil sie durch Fernwirkung der Toxine entstehen (Ausnahme: Pemphigus neonatorum). In seltenen Fällen werden auch immungeschwächte Erwachsene befallen. Als primäre Infektionsquellen kommen staphylokokkentragendes Pflegepersonal oder Patienten mit S. aureus-Infektionen in Betracht, bei Neugeborenen auch die erregertragende Mutter.

Differenzialdiagnostisch ist das SSSS vom Lyell-Syndrom abzugrenzen, das allergisch bedingt und daher ganz anders, d. h. mit Kortikosteroiden, jedoch nicht mit Antibiotika zu behandeln ist.

„Toxic shock syndrome" (TSS) 3 Hauptsymptome definieren das schwere Krankheitsbild (Abb. 25.4):

- Fieber über 38,9 °C
- diffuses makuläres Exanthem, besonders an Handflächen und Fußsohlen, nach 1–2 Wochen übergehend in Hautschuppungen, die sich am ganzen Körper ausbilden können
- Hypotonie (<90 mmHg systolisch)

Zudem sind definitionsgemäß mindestens 3 der folgenden **Organsysteme beteiligt:**

- **Gastrointestinaltrakt:** Erbrechen, Übelkeit, Diarrhö
- **Muskulatur:** Myalgien mit Erhöhung des Serumkreatinins bzw. der Phosphokinase
- **Schleimhäute:** vaginale, oropharyngeale, konjunktivale Hyperämie
- **Nieren:** Erhöhung von Harnstoff und/oder Kreatinin im Serum, Pyurie ohne Nachweis einer Harnweginfektion
- **Leber:** Erhöhung von Transaminasen, Bilirubin und alkalischer Phosphatase
- **ZNS:** Desorientiertheit, Bewusstseinsstörung

Das TSS wurde 1978 in den USA bei jungen Frauen beschrieben. Diese hatten neuartige, hochgradig saugfähige Vaginaltampons benutzt, die seltener gewechselt werden mussten als übliche Tampons. Normalerweise findet sich S. aureus nur in geringen Mengen in der Vaginalflora, da der Erreger sich gegen die Laktobazillenflora nicht behaupten kann. Die Tampons bildeten jedoch eine Nische, in der sich S. aureus vermehren und ggf. TSST-1 produzieren konnte. Das TSST-1 gelangte aus den Tampons in die Blutbahn und löste das TSS aus.

Nachdem die Tampons vom Markt genommen waren, verschwand das TSS jedoch nicht, sondern fand sich auch bei Patienten, die an anderen Stellen mit S. aureus infiziert waren. TSST-1 löst als Superantigen eine „Hyperinflammation" durch die Freisetzung einer Kaskade inflammatorischer und proinflammatorischer Zytokine aus.

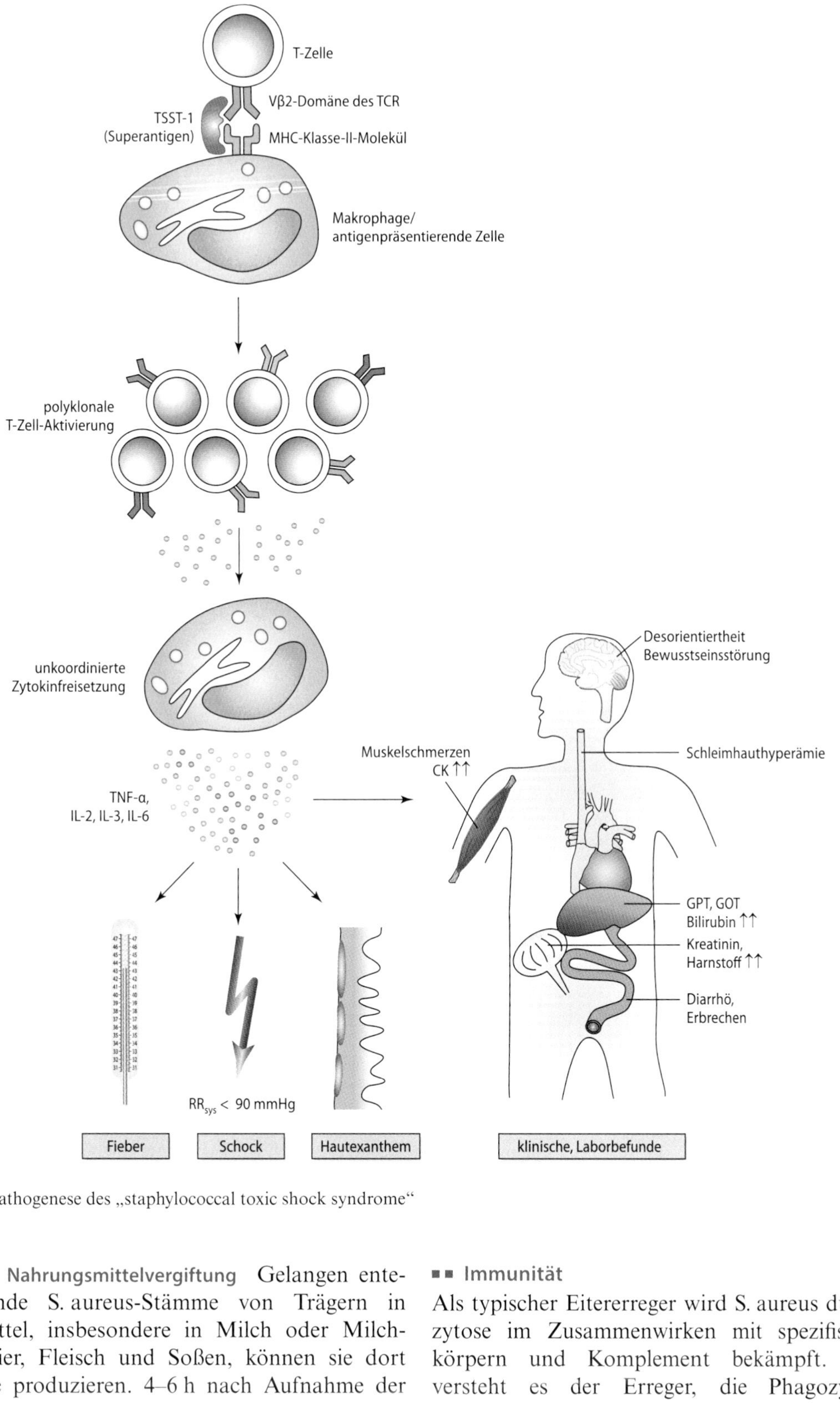

Abb. 25.4 Pathogenese des „staphylococcal toxic shock syndrome"

Staphylogene Nahrungsmittelvergiftung Gelangen enterotoxinbildende S. aureus-Stämme von Trägern in Nahrungsmittel, insbesondere in Milch oder Milchprodukte, Eier, Fleisch und Soßen, können sie dort Enterotoxine produzieren. 4–6 h nach Aufnahme der toxinhaltigen Nahrungsmittel klagen die Patienten über Übelkeit, Erbrechen, Bauchschmerzen und Diarrhö. Am häufigsten ist dafür Enterotoxin A verantwortlich. Gewöhnlich bilden sich die Symptome innerhalb von 24 h zurück.

▪▪ Immunität

Als typischer Eitererreger wird S. aureus durch Phagozytose im Zusammenwirken mit spezifischen Antikörpern und Komplement bekämpft. Umgekehrt versteht es der Erreger, die Phagozyten durch Leukozidin und α-Hämolysin zu schädigen und sich der Phagozytose auf diese Weise oder aber durch Blockade des IgG über Protein A und durch den Aufbau einer Fibrinkapsel mittels Koagulasewirkung zu entziehen. Eine Infektionsimmunität kommt daher nach einer S. aureus-Infektion trotz Vorhandenseins spezifischer Antikörper **nicht** zustande.

■■ Labordiagnose

Der Schwerpunkt der Labordiagnose liegt in der Anzucht des Erregers, dem Nachweis der Koagulasebildung sowie in der Empfindlichkeitsbestimmung.

Untersuchungsmaterialien Je nach Lokalisation des Krankheitsprozesses eignen sich Eiter, Sputum, Abstriche, Blut bzw. Liquor cerebrospinalis sowie entnommene Katheterspitzen bzw. Endoprothesen.

Transport Wegen der hohen Tenazität des Erregers sind keine besonderen Maßnahmen für den Materialtransport erforderlich.

Mikroskopie Die mikroskopische Untersuchung der Proben erlaubt häufig schon eine Verdachtsdiagnose.

Anzucht Das Material wird auf Blutagar angelegt und bei 37 °C für 18–24 h aerob bebrütet.

Differenzierung Sie erfolgt klassisch über den Nachweis der Bildung freier Koagulase: In NaCl-Lösung aufgeschwemmte Staphylokokken werden in EDTA-Plasma von Kaninchen eingebracht. Im positiven Falle koaguliert das Plasma innerhalb von 4 h. Eine häufig genutzte Alternative ist der Nachweis des Fibrinogenrezeptors („clumpingv factor"). Auch die DNase-Bildung wird diagnostisch herangezogen. Heute wird auch vielfach das MALDI-TOF-Verfahren zur Differenzierung genutzt.

Brechdurchfall Finden sich bei entsprechender Anamnese mehr als 10^6 Erreger pro g in Lebensmitteln, gilt eine staphylokokkenbedingte Ätiologie der Nahrungsmittelvergiftung als gesichert. Die Nahrungsmitteluntersuchungen erfolgen v. a. unter forensischen und seuchenhygienischen Gesichtspunkten.

TSS Hier beruht die Diagnose in erster Linie auf der klinischen Symptomatik (s. o.) in Verbindung mit dem Nachweis toxinbildenden S. aureus im Vaginal- bzw. Zervixabstrich oder in sonstigem Material. Entscheidend ist, dass der Arzt die Verdachtsdiagnose klinisch stellt!

■■ Therapie

Dazu gehören Maßnahmen in Abhängigkeit von der Antibiotikaempfindlichkeit des Erregers sowie von der Art der Infektion.

Antibiotikaempfindlichkeit S. aureus ist primär empfindlich gegenüber β-Laktam-Antibiotika, also Penicillinen, Cephalosporinen (Ausnahme: Ceftazidim) und Carbapenemen, des Weiteren gegenüber Makroliden sowie Clindamycin, Fosfomycin, Glykopeptiden (Vancomycin, Teicoplanin), Rifampicin, Fusidinsäure und Linezolid.

Unter dem Selektionsdruck der Penicilline haben sich penicillinasebildende Stämme durchgesetzt, sodass v. a. in Krankenhäusern bis zu 90 % aller Stämme **Penicillinasen** bilden. Sie hydrolysieren sämtliche Penicillinabkömmlinge mit Ausnahme der Isoxazolylpenicilline (Oxacillin, Dicloxacillin, Flucloxacillin). Die Penicillinasebildung ist bei den meisten Stämmen plasmidkodiert. Im Gegensatz zu den β-Laktamasen gramnegativer Bakterien werden die Penicillinasen von S. aureus ins umgebende Medium abgegeben. Durch die Zugabe eines **Penicillinaseblockers** (z. B. Clavulansäure, Sulbactam, Tazobactam) lässt sich die Wirksamkeit der Penicilline gegen S. aureus wiederherstellen.

Ein weiterer Resistenzmechanismus beruht darauf, dass der Erreger ein zusätzliches, meist durch das mecA-Gen kodiertes **penicillinbindendes Protein 2** (PBP2a) besitzt, an das sich β-Laktam-Antibiotika nur schwach binden (► Kap. 23). Diese Form der Resistenz findet sich bei den **MRSA**-Stämmen (Methicillin-resistente Staphylococcus aureus). Letztere sind neben Penicillinen auch gegen Cephalosporine und Carbapeneme resistent. Häufig zeigen MRSA-Stämme zusätzlich Resistenzen gegen Antibiotika anderer Substanzklassen (nicht β-Laktame) und stellen deshalb eine besondere Gefahr in Krankenhäusern dar. Ihr Auftreten schränkt die Therapieoptionen erheblich ein. In Deutschland sind etwa 15 % (Wert schwankt lokal stark) aller Krankenhausisolate von S. aureus MRSA.

Für Infektionen durch MRSA-Stämme stehen als Therapeutika Vancomycin, Teicoplanin und Linezolid zur Verfügung. Die Ausbreitung der Erreger wird durch strenge Hygienemaßnahmen und Isolierung der Patienten vermieden.

Lokale, oberflächliche Eiterungen Die Therapie des Abszesses besteht primär in der chirurgischen Sanierung, d. h. Abszessspaltung bzw. bei Wundinfektionen in der Fremdkörperentfernung; Antibiotikatherapie kann unterstützend wirken.

Invasive Infektionen Sie bedürfen neben evtl. chirurgischen Maßnahmen der systemischen Antibiotikatherapie:

- Zur kalkulierten **Initialtherapie** vor Erregernachweis und Antibiogramm verordnet man, sofern eine Beteiligung von S. aureus vermutet wird, ein Cephalosporin der 1. Generation (z. B. Cefazolin) oder ein gegen β-Laktamase geschütztes Penicillin.
- Zur **gezielten Behandlung** nach Erregernachweis und Erstellung eines Antibiogramms eignet sich in erster

Linie ein penicillinasefestes Penicillin (Oxacillin, Dicloxacillin, Flucloxacillin) oder Cefazolin. Für Infektionen durch **MRSA-Stämme** stehen als Reservemittel Vancomycin, Teicoplanin und Linezolid zur Verfügung.

Gezielte Endokarditistherapie Hier besteht die Therapie der Wahl, sofern S. aureus nachgewiesen ist, in einer Kombination aus einem penicillinasefesten Penicillin (4–6 Wochen) und Gentamicin (3–5 Tage), wobei auf die korrekte Dosierung zu achten ist Bei MRSA-Stämmen gelangen die Reserveantibiotika Vancomycin oder Teicoplanin zum Einsatz (4–6 Wochen) üblicherweise ebenfalls in Kombination mit einem Aminoglykosid.

SSSS Eine Therapie mit penicillinasefesten Penicillinen oder Cephalosporinen bzw. als Reservemittel Vancomycin oder Teicoplanin bei MRSA-Stämmen ist unumgänglich! Außerdem muss der zugrunde liegende Lokalinfektionsherd saniert werden.

TSS Sie besteht in folgenden Maßnahmen:
- Schockbekämpfung durch allgemeine Maßnahmen
- Chirurgischer Herdsanierung und Therapie mit geeignetem Antibiotikum; Clindamycin soll in vitro die Produktion von TSST-1 unterdrücken und wird daher von einigen Autoren zusätzlich empfohlen

Brechdurchfall Eine Kausaltherapie gibt es nicht, die Antibiotikagabe ist sinnlos. Bei sehr alten oder sehr jungen Patienten können kreislaufstabilisierende Maßnahmen erforderlich werden.

Prävention

Allgemeine Maßnahmen Träger von S. aureus (Ärzte und Pflegepersonal) müssen in Operationssälen, Neugeborenenstationen und beim Umgang mit abwehrgeschwächten Patienten besondere Vorsicht walten lassen. Patienten mit Staphylokokkeneiterungen, SSSS oder TSS sind von Risikopatienten fernzuhalten. Hygienische Händedesinfektion, Tragen eines Mund-Nase-Schutz, Sprechdisziplin, Sorgfalt beim Verbandswechsel, Staubbekämpfung, Einwegwäsche und sauberes, rasches und gewebeschonendes Operieren tragen dazu bei, Infektionen durch S. aureus einzuschränken.

MRSA-Problematik MRSA-Stämme stellen den Kliniker wegen ihrer multiplen Antibiotikaresistenz vor besondere Probleme. Es ist üblich, MRSA-tragende Patienten zu isolieren, bei nasaler Kolonisation kann mit Mupirocinsalbe eine (zeitweise) Elimination erreicht werden. Die Besiedlung der Haut kann durch Körperwaschungen mit desinfizierender Seife reduziert werden.

Meldepflicht Der Verdacht auf und die Erkrankung an einer mikrobiell bedingten Lebensmittelvergiftung oder einer akuten infektiösen Gastroenteritis ist namentlich zu melden, wenn (§ 6 IfSG)
- eine Person spezielle Tätigkeiten (Lebensmittel-, Gaststätten-, Küchenbereich, Einrichtungen mit/zur Gemeinschaftsverpflegung) ausübt oder
- zwei oder mehr gleichartige Erkrankungen auftreten, bei denen ein epidemischer Zusammenhang wahrscheinlich ist oder vermutet wird.

MRSA-Infektionen sind zu melden, sofern es sich um Sepsis oder Meningitis handelt oder 2 oder mehr gleichartige Erkrankungen auftreten, bei denen ein epidemischer Zusammenhang wahrscheinlich ist oder vermutet wird.

Patienten mit Impetigo contagiosa (Borkenflechte) dürfen Gemeinschaftseinrichtungen nicht besuchen (§§ 33/34 IfSG).

25.2 Koagulasenegative Staphylokokken (KNS): Staphylococcus epidermidis

Steckbrief

Die koagulasenegativen Staphylokokken (KNS) (■ Tab. 25.1) unterscheiden sich von S. aureus dadurch, dass sie weder Koagulase bilden noch eine Reihe von Virulenzfaktoren exprimieren, die bei S. aureus vorkommen.

Von den zahlreichen KNS-Arten ist S. epidermidis v. a. als Erreger der Endoplastitis, d. h. von Infektionen im Zusammenhang mit der Verwendung von Kunststoffimplantaten, gefürchtet (■ Tab. 25.2).

Staphylococcus lugdunensis ist als Erreger einer besonders schweren Endokarditis gefürchtet. Der Verlauf dieser Infektion ähnelt bei S. lugdunensis eher der durch S. aureus als der durch S. epidermidis.

Staphylococcus saprophyticus ist ein Erreger von Harnweginfektionen insbesondere bei jungen Frauen.

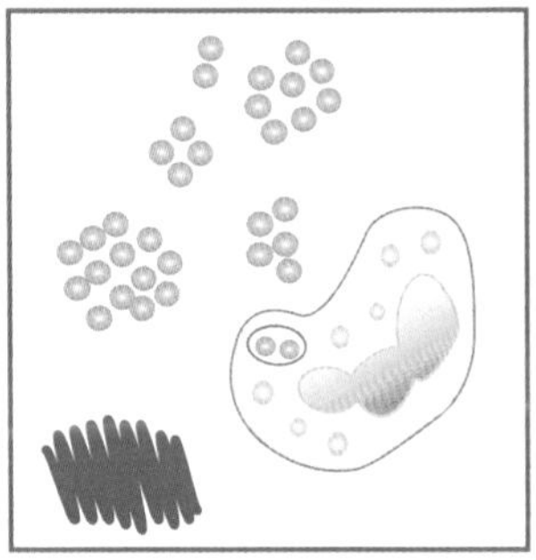

Staphylococcus epidermidis: grampositive Haufenkokken

25.2.1 Beschreibung

▪ **Aufbau**

Dazu zählen:

Murein S. epidermidis besitzt wie S. aureus eine mehrlagige Mureinschicht: Funktionell bedeutsam sind das oberflächliche „polysaccharide intercellular adhesin“ (PIA), Proteine und Hämagglutinine; sie vermitteln die Adhärenz.

Resistenzplasmide Praktisch bedeutsam ist das häufige Vorkommen von Plasmiden mit zahlreichen Genen für Antibiotikaresistenzfaktoren. Diese Plasmide sind auf andere Staphylokokken inklusive S. aureus **übertragbar.**

▪ **Extrazelluläre Produkte**

Dazu gehört:

Polysaccharidschleim S. epidermidis sezerniert nach der Adhärenz an Kunststoffmaterialien Polysaccharide, die am Aufbau eines Biofilms beteiligt sind. In diesem Biofilm ist der Erreger vor Phagozyten und Antibiotika geschützt.

▪ **Resistenz gegen äußere Einflüsse**

S. epidermidis ist ebenso wie S. aureus hochresistent gegen äußere Einflüsse wie Austrocknung, Hitze, und Trockenheit.

▪ **Vorkommen**

S. epidermidis ist ein Hauptbestandteil der physiologischen Haut- und Schleimhautflora.

25.2.2 Rolle als Krankheitserreger

▪▪ **Epidemiologie**

Die Fortschritte der modernen Medizin, welche die Zahl abwehrgeschwächter Patienten stark vermehrt haben, und der Einsatz von Kunststoffmaterialien haben S. epidermidis zu einem fakultativ pathogenen Krankheitserreger im Krankenhaus werden lassen.

Er verursacht bis zu 40 % der Endokarditiden durch künstliche Herzklappen; 10–30 % aller gelegten Katheter werden von S. epidermidis besiedelt, was zur Infektion führen kann. Ebenso verursacht S. epidermidis 50 % der Shunt-assoziierten Meningitiden, 50 % der Peritonitiden bei Peritonealdialyse und 50 % der Gelenkimplantatinfektionen. Zudem ist er ein wichtiger Erreger der Sepsis bei Frühgeborenen.

Erregerreservoir sind patienteneigene sowie vom Krankenhauspersonal getragene Stämme von S. epidermidis.

▪▪ **Übertragung**

Sie erfolgt beim Einbringen von **Implantaten aus Kunststoff,** z. B. Herzklappen, Gelenkprothesen oder Kathetern. Transkutane Katheter können auch nach dem Legen von der physiologischen Flora an der Durchtrittsstelle besiedelt werden: Die Bakterien gelangen rasch entlang der Außenseite des Katheters in die Tiefe des Hauttunnels.

▪▪ **Pathogenese**

Hierzu gehören folgende Phasen:

Adhärenz S. epidermidis adhäriert mittels verschiedener Oberflächenmoleküle, insbesondere des Polysaccharids PIA und des Proteins AtlE an der Katheteroberfläche. Rauigkeiten des Kathetermaterials begünstigen die Adhäsion.

Etablierung Binnen weniger Stunden bildet sich ein Biofilm aus Polysaccharidschleim, in dem sich die Staphylokokken vermehren. Er wirkt als physikalische Barriere gegen die Wirtsabwehr und behindert den Zutritt von Antibiotika.

Invasion Vom besiedelten Implantat/Katheter können sich die Staphylokokken ablösen und ausbreiten. Liegt der Katheter in einer sterilen Körperhöhle (Liquor-Ventrikel-System: AV-Shunt, Peritoneum: Intraperitonealkatheter bei kontinuierlicher ambulanter Peritonealdialyse [CAPD]), entsteht dort eine eitrige Entzündung: Meningitis bzw. Peritonitis (CAPD-Peritonitis). Von intravasalen Kathetern und Implantaten aus kann der Erreger hämatogen generalisieren: katheter- bzw. implantatassoziierte Sepsis. Neben mit Plastikmaterialien assoziierten Infektionen treten Infektionen bei unreifen Neugeborenen auf.

Gewebeschädigung Die lokale Entzündungsreaktion wird wahrscheinlich durch Zellwandbestandteile der Staphylokokken (Murein, Teichonsäure) induziert. Implantate, z. B. künstliche Herzklappen, können aufgrund der Entzündungsreaktion abgestoßen werden.

▪▪ **Klinik**

Die Durchtrittsstelle des Implantats an der Haut weist Entzündungszeichen wie Rötung, Schwellung und Überwärmung auf. Infektionen um tiefer gelegene Implantate äußern sich durch Schmerzen, Lockerungen bzw.

Fehlfunktionen des Implantats. Je nach Lokalisation des Entzündungsprozesses entstehen:

- Shunt-Meningitis mit Kopfschmerzen und Meningismuszeichen
- CAPD-Peritonitis mit Bauchschmerzen und Abwehrspannung
- Endophthalmitis nach Linsenimplantation mit Schmerzen im Auge und Sehstörungen
- Prothesenlockerung nach Gelenkimplantation mit Schmerzen, Schwellung und Fehlstellungen

Bei Sepsis und Endokarditis ist Fieber das Leitsymptom.

▪▪ Immunität

Die Abwehr koagulasenegativer Staphylokokken beruht auf der Phagozytose durch polymorphkernige Granulozyten, unterstützt durch die Opsonisierung durch Komplement und Antikörper.

▪▪ Labordiagnose

Der Schwerpunkt liegt wie bei S. aureus in der Erregeranzucht.

Untersuchungsmaterial Je nach Infektionsort werden Plastikmaterial (Katheterspitze, Implantat), Blutkulturen (durch transkutane Punktion **und** aus dem Katheter), Material vom Implantationsort (Wundabstriche, Peritonealdialysat, Liquor, Kammerwasser) oder Urin an das Labor gesandt.

Anzucht Die Erreger wachsen bei Übernachtbebrütung auf Basiskulturmedien zu sichtbaren Kolonien heran.

Differenzierung Die Abgrenzung zu S. aureus erfolgt durch den fehlenden Nachweis von „clumping factor", Protein A bzw. Plasmakoagulase. Die Empfindlichkeit gegen Novobiocin unterscheidet die S. epidermidis- von der S. saprophyticus-Gruppe (s. u.). Das MALDI-TOF-Verfahren ermöglicht eine Speziesbestimmung.

Interpretation Als Hauptbestandteil der Hautflora treten diese Bakterien häufig als Kontaminanten von Untersuchungsmaterial in Erscheinung, stellen also nicht den eigentlichen Erreger dar. Dies gilt sowohl für Wundabstriche, die bei der Gewinnung mit der Haut in Kontakt kommen, als auch für alle transkutan gewonnenen Punktate.

In enger Zusammenarbeit von Klinikern und Mikrobiologen ist zu klären, ob prädisponierende Faktoren vorliegen und ob der Patient entsprechende klinische Zeichen aufweist.

Für die ätiologische Bedeutung eines Isolats von S. epidermidis sprechen:

- Isolierung des gleichen Isolats aus mehreren unabhängig voneinander gewonnenen Proben
- Isolierung des gleichen Isolats aus Blutkulturen via Katheter und Punktion

▪▪ Therapie

Diese ist abhängig von der Antibiotikaempfindlichkeit des Erregers sowie von Art und Schwere der Infektion.

Antibiotikaempfindlichkeit S. epidermidis weist kein konstantes Antibiotikaresistenzspektrum auf. Im Krankenhaus sind mindestens 80 % aller Stämme penicillin- und oxacillinresistent. Fast immer ist S. epidermidis empfindlich gegenüber Glykopeptiden (Vancomycin, Teicoplanin), Oxazolidinonen (Linezolid), ebenfalls häufig gegenüber Rifampicin und Fosfomycin.

Therapeutisches Vorgehen Mittel der Wahl zur kalkulierten Therapie lebensbedrohlicher Infektionen, bei denen Verdacht auf KNS-Beteiligung besteht, sind Vancomycin, Teicoplanin bzw. Linezolid.

Die **gezielte** Therapie erfolgt nach Antibiogramm, dessen Erstellung sich hier als besonders notwendig erweist, um einem ungerechtfertigten Einsatz der Reserveantibiotika vorzubeugen. Aus dem gleichen Grund sei nochmals die besondere Bedeutung der sachgerechten Interpretation der Anzucht von S. epidermidis erwähnt.

▪▪ Prävention

Für die Verhütung von Infektionen durch KNS ist die sorgfältige Einhaltung der allgemeinen Regeln der Krankenhaushygiene erforderlich. Ebenso müssen die prädisponierenden Faktoren (Katheter!) schnellstmöglich beseitigt oder mindestens reduziert werden.

25.3 Staphylococcus saprophyticus

▪ Harnweginfektionen

Über die Pathogenese bestehen nur bruchstückhafte Kenntnisse. Oberflächenproteine, z. B. Hämagglutinin, sind an der Adhärenz beteiligt, eine Urease an der Invasion.

Der Erreger besiedelt gelegentlich die vordere Urethra und das Rektum. Von dort gelangt er aszendierend in die Harnblase. Dies wird möglicherweise durch mechanische Einflüsse (Geschlechtsverkehr) und andere Faktoren beeinflusst.

Charakteristisch sind Beschwerden einer Zystitis mit Dysurie und Pollakisurie, begleitet von Leukozyturie. Typische Patienten sind junge, sexuell aktive Frauen, weshalb man auch von „Honeymoon-Zystitis" spricht.

25

In Kürze: Staphylokokken (S. aureus und KNS [S. epidermidis, S. lugdunensis, S. saprophyticus])

- **Bakteriologie:** Grampositive Haufenkokken, aerob und anaerob schnellwachsend, anspruchslos. Koagulasebildung grenzt **S. aureus** von KNS ab.
- **Resistenz gegen äußere Einflüsse:** Ausgeprägt gegen Hitze, Salze, Austrocknung.
- **Epidemiologie:** Ubiquitäres Vorkommen auf Haut und Schleimhäuten, S. aureus besonders bei Krankenhauspersonal (Hospitalismus).
  - **S. aureus:** Häufigster Erreger von Wundinfektionen.
  - **S. epidermidis:** Häufigster Erreger der katheterassoziierten Sepsis, häufiger Endoplastitiserreger.
  - **S. lugdunensis:** Schwere Endokarditis.
- **Zielgruppe**
  - **S. aureus:** Patienten mit normaler Abwehr (eitrige Hautinfektionen) und immungeschwächte Patienten (tief-invasive eitrige Infektionen, Sepsis, Endokarditis).
  - **S. epidermidis:** Immunkompromittierte Patienten, Transplantatempfänger, Katheter- und Endoprothesenträger.
  - **S. saprophyticus:** Junge Frauen („Honeymoon-Zystitis").
- **Pathogenese**
  - **S. aureus:** Lokal-oberflächliche und tief-invasive eitrige Entzündungen, Sepsis und Endokarditis, v. a. bei Abwehrgeschwächten, Brechdurchfall, „toxic shock syndrome", „staphylococcal scalded skin syndrome" und Brechdurchfall durch spezifische toxinbildende Stämme.
  - **S. epidermidis:** Ansiedlung auf Plastikmaterial im Körper mit Schleimbildung → Endoplastitis, Sepsis.
- **Pathomechanismen**
  - **S. aureus:** Zusammenwirken von zahlreichen Virulenzfaktoren, insbesondere Hämolysinen, Ausbreitungsfaktoren, antiphagozytären Faktoren und gewebeschädigenden Faktoren. Spezifisch wirksame Toxine: Toxic-Shock-Syndrom-Toxin-1, Exfoliatine A und B, SEA bis SEJ. TSST-1 und SE sind Superantigene.
  - **S. epidermidis:** Besiedlung von Plastikoberflächen.
- **Labordiagnose:** Erregernachweis mikroskopisch und Anzucht, Koagulasebildung, ggf. Toxinnachweis.
- **Therapie:**
  - **Kalkulierte Initialtherapie:** schwerer Infektionen bei Verdacht auf S. aureus-Beteiligung: Isoxazolylpenicilline oder Cephalosporine der 2. Generation (z. B. Cefuroxim). Nicht Ceftazidim. **Gezielte** Weiterbehandlung bei nachgewiesener Empfindlichkeit: Penicillin G, Isoxazolylpenicillin oder Cephalosporin der 2. Generation.
  - **Penicillinasebildende Stämme** (>80 %): penicillinasefeste Penicilline, Cephalosporine der 2. Generation, Erythromycin. Reservemittel bei Infektionen durch MRSA: Vancomycin, Teicoplanin, Clindamycin, Linezolid.
  - **S. epidermidis:** Glykopeptide, Linezolid
- **Immunität:** Trotz Antikörpern, Komplement, Phagozytose keine wirksame Infektionsimmunität.
- **Prävention:** Persönliche Hygiene, v. a. beim Krankenhauspersonal; Vermeiden von Kontakt gefährdeter Patienten mit S. aureus-Trägern; KNS: gründliche Hautdesinfektion, sauberes Operieren.
- **Impfung:** Keine.
- **Meldepflicht:**
  - Durch S. aureus verursachte Lebensmittelvergiftung (Verdacht, Erkrankung und Tod).
  - Bei Impetigo contagiosa (Borkenflechte) dürfen Gemeinschaftseinrichtungen nicht besucht werden (§§ 33/34 IfSG).
  - Bei gehäuftem Auftreten von Infektionen, wenn ein epidemiologischer Zusammenhang wahrscheinlich ist.

Weiterführende Literatur

Ferry T, Perpoint T, Vandenesch F, Etienne J (2005) Virulence determinants in Staphylococcus aureus and their involvement in clinical syndromes. Curr Infect Dis Rep 7:420–428

Foster TJ, Geoghegan JA, Ganesh VK, Höök M (2014) Adhesion, invasion and evasion: the many functions of the surface proteins of Staphylococcus aureus. Nat Rev Microbiol 12:49–62

Kobayashi SD, Malachowa N, DeLeo F (2015) Infectious disease theme issue pathogenesis of Staphylococcus aureus abscesses. Am J Pathol. ▶ https://doi.org/10.1016/j.ajpath.2014.11.030 (S0002-9440(15)00070-X)

Schuchat A, Broome CV (1991) Toxic shock syndrome and tampons. Epidemiol Rev 13:99–112

von Eiff C, Peters G, Heilmann C (2002) Pathogenesis of infections due to coagulase-negative staphylococci. Lancet Infect Dis 2:677–685

Streptokokken

Sören Gatermann

Die Gattung Streptococcus (S.) (Familie: Streptococcaceae) umfasst zahlreiche Spezies grampositiver Kokken, die sich in Ketten oder Paaren lagern und sowohl unter aeroben als auch anaeroben Bedingungen vermehren (◘ Tab. 26.1, ◘ Abb. 26.1 und 26.2). Von den Staphylokokken grenzen sie sich über die negative Katalasereaktion ab. Streptokokken sind typische Schleimhautparasiten.

Fallbeispiel

Ein 45-jähriger Ingenieur stellt sich bei seinem Hausarzt vor, da er seit etwa 3 Monaten einen Leistungsabfall bemerkt hat. Vor einigen Tagen sind Rückenschmerzen mit Ausstrahlung ins linke Bein aufgefallen, dabei sei auch Schüttelfrost aufgetreten. Im Röntgen der Lendenwirbelsäule ergibt sich kein auffallender Befund. Bei anhaltendem Fieber und weiter bestehenden Rückenschmerzen veranlasst der Hausarzt dann eine Kernspintomografie der Lendenwirbelsäule, die entzündliche Veränderungen der Bandscheibe L5/S1 mit Beteiligung der angrenzenden Wirbelkörper sowie Ausbildung eines intraspinalen Abszesses zeigt. Der Prozess wird CT-gesteuert punktiert, die Kultur ergibt Streptokokken der Gruppe B. Es wird die Diagnose einer Spondylodiszitis mit Epiduralabszess durch Streptokokken gestellt.

▪ **Hämolyse**

Auf hammelbluthaltigen festen Kulturmedien zeigen die einzelnen Streptokokkenarten ein unterschiedliches Hämolyseverhalten (◘ Tab. 26.1):

- Die **β-Hämolyse** ist eine vollständige Hämolyse; d. h., der Hämolysehof enthält keine intakten Erythrozyten mehr: Er ist klar durchsichtig („Man kann die Zeitung durch ihn hindurch lesen").
- **α-hämolysierende Streptokokken** bilden H_2O_2, das Fe^{2+} im Hämoglobin zu Fe^{3+} oxidiert. Dies ändert das Absorptionsspektrum des Hämoglobins, sodass die Kolonien von einem grünlichen Hof umgeben sind, der noch intakte Erythrozyten enthält, **vergrünende** Streptokokken (▶ Abschn. 26.5).
- Als **γ-Hämolyse** bezeichnet man fehlende Hämolyse.

◘ **Tab. 26.1** Streptococcus: Gattungsmerkmale

Merkmale	Ausprägung
Gramfärbung	Grampositive Kokken (Ketten)
Aerob/anaerob	Fakultativ anaerob
Kohlenhydratverwertung	Fermentativ
Sporenbildung	Nein
Beweglichkeit	Nein
Katalase	Negativ
Oxidase	Negativ

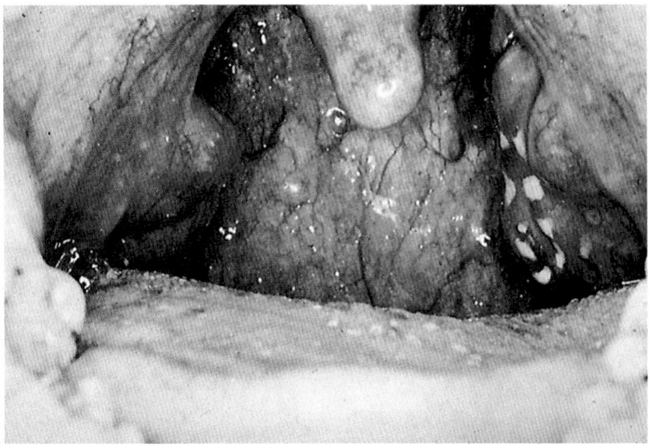

◘ **Abb. 26.1** Streptococcus pyogenes – Streptokokken im Eiter

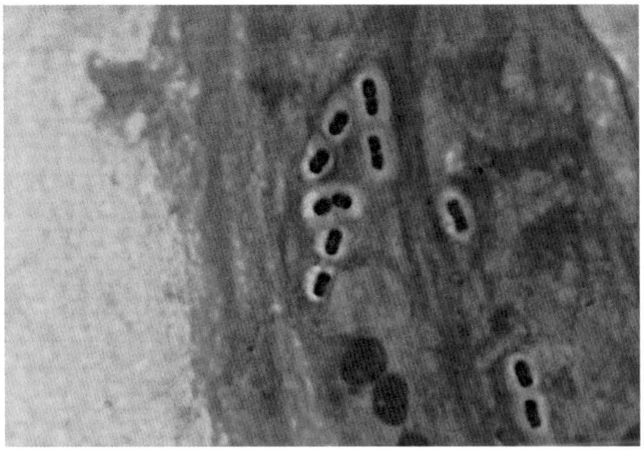

◘ **Abb. 26.2** Streptococcus pneumoniae – bekapselte Diplokokken im Eiter

S. Suerbaum et al. (Hrsg.), *Medizinische Mikrobiologie und Infektiologie*,
https://doi.org/10.1007/978-3-662-61385-6_26

Die Unterteilung der Streptokokken nach dem Hämolyseverhalten ist praktisch relevant:

- Die vergrünenden Arten mit Ausnahme der Pneumokokken gehören zur physiologischen Schleimhautflora und lösen als Opportunisten Krankheiten aus.
- Die meisten β-hämolysierenden Streptokokken sind obligat pathogene Krankheitserreger.

■ **Weitere Einteilung der β-hämolysierenden Streptokokken**

Die β-hämolysierenden Streptokokken werden aufgrund der antigenen Unterschiede des C-Polysaccharids nach Rebecca Lancefield (1895–1981) weiter in **Serogruppen** unterteilt. Die einzelnen Serogruppen werden durch lateinische Großbuchstaben (A–H, K–V) unterschieden (◘ Tab. 26.2) (Lancefield-Schema). Von diesen besitzen die Spezies **S. pyogenes** (Serogruppe A; „A-Streptokokken") und **S. agalactiae** (Serogruppe B; „B-Streptokokken") die größte medizinische Bedeutung.

■ **Einteilung der vergrünenden Streptokokken**

Da die vergrünenden Streptokokken nur ausnahmsweise ein C-Polysaccharid tragen, entfällt die Einteilung in Serogruppen. Hier werden die einzelnen Arten unabhängig vom C-Polysaccharid aufgrund anderer Merkmale bestimmt.

1874 belegten Theodor Billroth (1829–1894) und Paul Ehrlich (1854–1915) kettenbildende Kokken, die sie in infizierten Wunden sahen, mit dem Namen **Streptococcus** (gr. „streptos": gewunden). Die Auftrennung der Streptokokken nach dem Hämolyseverhalten erfolgte 1903 durch Theodor Schottmüller (1867–1937) und die Einteilung der β-hämolysierenden Streptokokken anhand des C-Polysaccharids in Serogruppen durch Rebecca Lancefield (s. o.).

◘ Tab. 26.2 β-hämolysierende Streptokokken: Arten und Krankheiten

Art (Serogruppe)	Krankheiten
S. pyogenes (Gruppe A)	Oberflächliche Eiterungen
	Tiefe Eiterungen
	Sepsis
	Scharlach
	Nachkrankheiten
S. agalactiae (Gruppe B)	Meningitis (Neugeborenes)
	Sepsis (Neugeborenes)
	Eiterungen
Gruppen C, G, F	Eiterungen
	Sepsis

26.1 Streptococcus pyogenes (A-Streptokokken)

Steckbrief

Die β-hämolysierenden Streptokokken der Serogruppe A (A-Streptokokken, S. pyogenes) erzeugen eitrige Lokalinfektionen (Angina tonsillaris, Pharyngitis, Pyodermien), Sepsis, toxinbedingte Erkrankungen (Scharlach, „streptococcal toxic shock syndrome") sowie immunpathologisch bedingte Folgeerkrankungen (akutes rheumatisches Fieber, akute Glomerulonephritis).

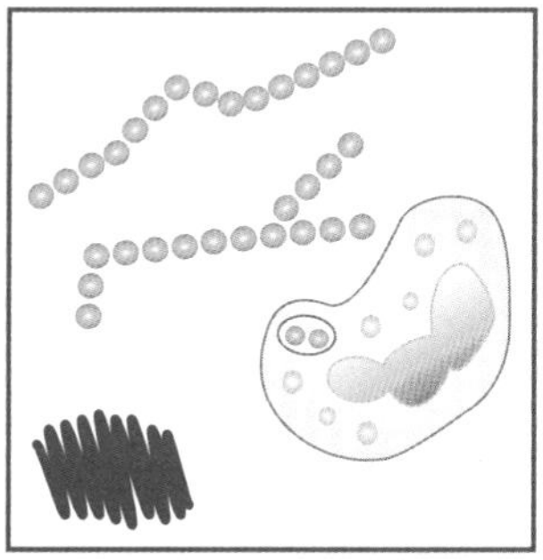

Streptococcus pyogenes, grampositive Kettenkokken in Eiter, entdeckt 1881 von T. Billroth, benannt 1884 von F. Rosenbach

26.1.1 Beschreibung

■ **Aufbau**

Dazu zählen:

Mureinschicht Als grampositive Bakterien besitzen A-Streptokokken eine mehrschichtige Zellwand aus Peptidoglykan.

C-Gruppen-Polysaccharid Auf die Peptidoglykanschicht lagert sich bei den β-hämolysierenden Streptokokken das gruppenspezifische C-Polysaccharid. Die C-Polysaccharide bestehen aus verzweigten Zuckerpolymeren und sind mit dem Peptidoglykan kovalent verbunden. S. pyogenes besitzt das Gruppenantigen A.

M-Proteine Die M-Proteine der A-Streptokokken sind im Peptidoglykan verankert und ragen aus der Oberfläche der A-Streptokokken wie ein feinfädiger Pelzbesatz heraus. Das M-Protein wirkt durch Hemmung der Komplementaktivierung **antiphagozytär** und ist damit ein wichtiger Virulenzfaktor, der das Überleben der Bakterien sichert. M-Protein kommt fast ausschließlich bei A-Streptokokken vor. Es gibt über 80 serologisch unterscheidbare Varianten (Serovare) des M-Proteins, aufgrund derer eine

Einteilung der A-Streptokokken in Serotypen erfolgt. Die Typen werden mit arabischen Zahlen bezeichnet. Man spricht also z. B. von „β-hämolysierenden Streptokokken der Gruppe A, Typ 12" etc.

F-Proteine Diese neu entdeckten Oberflächenproteine werden heute als die wichtigsten Adhäsine angesehen, die die Anheftung an die Epithelzellen des Rachens vermitteln. Sie binden an Fibronektin.

T-Antigen und R-Antigen Die biologische Bedeutung dieser Proteinantigene ist unbekannt. T-Antigene werden gelegentlich bei der Typisierung von Streptokokken mitbestimmt.

Kapsel Viele A-Streptokokken-Stämme tragen eine Kapsel aus Hyaluronsäure. Sie schützt die Erreger vor der Phagozytose, ist also ein Virulenzfaktor.

C5a-Peptidase A-Streptokokken tragen an der Oberfläche eine C5a-Peptidase, die von der chemotaktischen Komplementkomponente C5a proteolytisch deren Bindungsstelle für polymorphkernige Granulozyten abtrennt. Dies zerstört die chemotaktische Wirkung von C5a und mindert der Einstrom von Phagozyten in die Läsion. Die C5a-Peptidase ist also ein weiterer wichtiger antiphagozytärer Virulenzfaktor.

- **Extrazelluläre Produkte**

Dazu zählen:

Streptolysin O und Streptolysin S Die β-Hämolyse durch A-Streptokokken geht auf Streptolysin O (SLO) und Streptolysin S (SLS) zurück.

- Sauerstoff inaktiviert **SLO** reversibel (O = ohne Sauerstoff): Dieses Exotoxin zerstört rote Blutzellen also nur unter Sauerstoffabschluss. Im Patienten löst es die Bildung von Anti-Streptolysin-O-Antikörpern (ASO) aus. Die Bestimmung der ASO ist ein Hilfsmittel zur Diagnose einer abgelaufenen Infektion durch A-Streptokokken. Der ASO-Titer (AST) ist auch bei der Diagnostik des akuten rheumatischen Fiebers nach einer A-Streptokokken-Erkrankung hilfreich. Der molekulare Wirkungsmechanismus des SLO ist in ▶ Kap. 3 beschrieben worden. SLO ist ein Zytolysin. Es zerstört neben Erythrozyten auch andere Körperzellen, insbesondere Granulozyten, deren Granulamembranen sich auflösen, was zu einer Autophagie der Phagozyten führt. SLO wirkt hämolytisch durch Porenbildung (Abb. 26.3).
- Das Peptid **SLS** hämolysiert in Gegenwart von Sauerstoff (S = **Serum,** da sich das Toxin aus intakten A-Streptokokken durch Serum extrahieren lässt). Es wirkt nicht als Antigen (keine Antikörperbildung gegen SLS im Patienten).

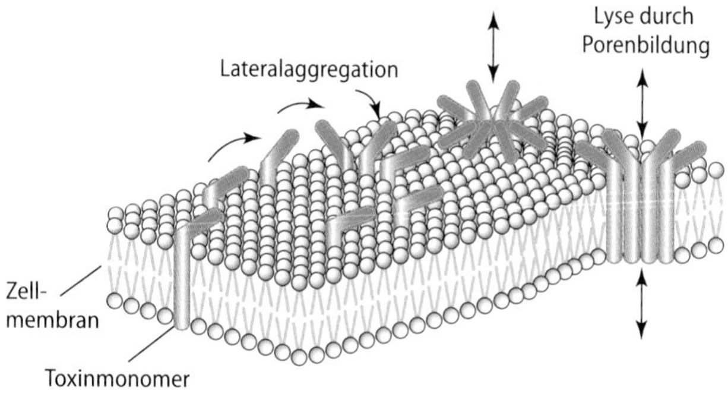

Abb. 26.3 Porenbildung durch SLO: Lateralaggregation von Toxinmonomeren

Ausbreitungsfaktoren Die Hyaluronidase löst Hyaluronsäure als interzelluläre Kittsubstanz auf. Die **DNasen A, B, C** und **D,** auch Streptodornasen genannt, vermindern die Viskosität in Entzündungsexsudaten durch Hydrolyse der Nukleinsäuren. Der serologische Nachweis von Anti-DNase-B-Antikörpern dient neben dem AST der **Diagnose** eines akuten rheumatischen Fiebers.

Streptokinase (SK) Die meisten A-Streptokokken-Stämme sowie einige Stämme der Serogruppen C und G bilden dieses Enzym, das den Plasminogenaktivator aktiviert. Dieser katalysiert die Umwandlung von Plasminogen zu Plasmin, und Plasmin baut Fibrin ab. Streptokinase findet **therapeutischen** Einsatz zur Behandlung akuter Thrombosen, v. a. beim Koronargefäßverschluss.

Erythrogene Toxine (SPEs) Ist ein A-Streptokokken-Stamm durch den Prophagen β lysogen konvertiert worden, dann produziert er eines von 3 Toxinen, die das Exanthem und Enanthem bei Scharlach hervorrufen, die sog. erythrogenen Toxine (ET, auch „streptococcal pyrogenic exotoxins", SPE; „Scharlachtoxine"). Es gibt 3 antigene Varianten von ET:

- **ET-A (SPE-A)** ist ein Superantigen (Abschn. 12.6 und 15.1.1) und gleicht in seiner Wirkungsweise dem TSST-1 von S. aureus (▶ Abschn. 25.1), d. h., neben seiner scarlatinogenen Wirkung ruft es das „streptococcal toxic shock syndrome" hervor, indem es zu einer polyklonalen T-Zell-Aktivierung führt.
- **ET-C (SPE-C)** besitzt ebenfalls Eigenschaften eines Superantigens, es ruft leichtere Scharlachformen hervor.
- **ET-B (SPE-B)** ist eine sezernierte immunglobulinspaltende Protease.

In jüngster Zeit wurden weitere Streptokokkenexotoxine beschrieben (SPE-F, SSA), deren Funktion bisher jedoch ungeklärt ist.

Bakteriozine Einige A-Streptokokken-Stämme produzieren Bakteriozine (▶ Kap. 4). Wahrscheinlich tragen sie dazu bei, dass sich die A-Streptokokken im oberen Respirationstrakt in Konkurrenz mit anderen Bakterien behaupten können (bakterieller Antagonismus).

▪ Resistenz gegen äußere Einflüsse

A-Streptokokken sind gegen äußere Einflüsse im Vergleich zu Staphylokokken weniger resistent. Sie halten sich einige Tage lang im Staub oder in der Bettwäsche vermehrungsfähig, doch die Infektiosität von Erregern aus diesen Quellen ist gering.

▪ Vorkommen

Der Mensch ist der einzige natürliche Wirt für A-Streptokokken. Hier siedeln sie sich v. a. auf der Schleimhaut des Oropharynx an.

26.1.2 Rolle als Krankheitserreger

▪▪ Epidemiologie

A-Streptokokken gehören zu den häufigsten bakteriellen Erregern von Infektionen der Haut und des Respirationstrakts. So lassen sie sich bei **Hautinfektionen** in bis zu 50 % aller Fälle nachweisen. Bei der **Pharyngitis** stehen sie mit 15–30 % ebenfalls an der Spitze der Erregerhäufigkeit.

Bei Sinusitis und Otitis dagegen finden sich A-Streptokokken nur in etwa 3 % aller Fälle. Racheninfektionen durch A-Streptokokken überwiegen in den gemäßigten Zonen, während in tropischen Ländern den Hautinfektionen die größte Bedeutung zukommt (◘ Tab. 26.3).

Sowohl nach apparenten als auch nach inapparenten A-Streptokokken-Infektionen lassen sich die Erreger noch monatelang im Nasenrachenraum nachweisen, d. h., es bildet sich häufig ein Trägerstatus. Träger kommen als Infektionsquelle jedoch weniger häufig in Betracht als frisch erkrankte Patienten.

▪▪ Übertragung

Von den Schleimhäuten des Oropharynx aus werden die A-Streptokokken durch **Tröpfcheninfektion** übertragen. Die Übertragung von Pyodermien erfolgt über direkten Kontakt von Haut zu Haut **(Schmierinfektion).** Die Übertragung von A-Streptokokken wird durch enges Zusammensein von Menschen begünstigt Auch eine Übertragung durch kontaminierte Milch ist möglich.

Nosokomiale Infektionen durch A-Streptokokken kommen in erster Linie durch Tröpfcheninfektion zustande. Als Infektionsquelle kommen erregertragende Pflegepersonen in Betracht.

▪▪ Pathogenese

Die Pathogenese von A-Streptokokken-Infektionen beruht auf dem Zusammenspiel zahlreicher zellgebundener und sezernierter Virulenzfaktoren:

▪▪ Adhäsion

Das F-Protein und andere Oberflächenbestandteile, z. B. Lipoteichonsäure, binden sich an Fibronektin, ein häufiges Wirtszellprotein, das z. B. auf Rachenepithelzellen vorkommt.

Etablierung Obwohl A-Streptokokken von Makrophagen und neutrophilen Granulozyten leicht phagozytiert werden, überleben virulente Stämme im Körper, weil sie eine Reihe antiphagozytärer Mechanismen entwickeln:

- Das **M-Protein** bindet Faktor H des Properdinsystems (▶ Abschn. 10.4) mit höherer Affinität als Faktor B,

◘ **Tab. 26.3** Streptococcus pyogenes: Epidemiologische Unterschiede bezüglich Pyodermie und Pharyngitis

Faktor	Pyodermie	Pharyngitis
Alter	1.–2. Lebensjahr	5.–7. Lebensjahr
Klima	Warm, feucht	Gemäßigt, kühl
Jahreszeit	Sommer, Herbst	Winter, Frühling
Disposition	Trauma	Virusinfektionen Resistenzschwäche
Übertragung	Insektenstiche Hygienemängel Kontaktinfektion	Tröpfcheninfektion
Inkubationszeit	Stunden bis Tage	2–10 Tage
Nachkrankheiten:		
– Glomerulonephritis	Ja	Ja
– Rheumatisches Fieber	Nein	Ja

was zum Abbau von C3b führt. Dies behindert die Opsonisierung der Bakterien und die Bildung von C3-Konvertase. Darüber hinaus scheint die negative Ladung bestimmter Domänen des M-Proteins an der phagozytosehemmenden Wirkung beteiligt zu sein.
- Die **C5a-Peptidase** (s. o.) hydrolysiert C5a (Anaphylatoxin), das chemotaktisch Granulozyten in die Läsion lockt. So gelangen weniger Granulozyten an den Infektionsort und die Phagozytose wird vermindert.
- Die **Streptolysine O** und **S** zerstören die Granulamembran in den Granulozyten. Granuläre Enzyme (▶ Kap. 14) treten aus und bewirken eine Autophagie der Granulozyten.

Invasion A-Streptokokken verursachen sich flächenhaft ausbreitende Infektionen in den Weichgeweben. Hierin werden sie von den Ausbreitungsfaktoren unterstützt:
- **Hyaluronidase** hydrolysiert den interzellulären Gewebekitt Hyaluronsäure.
- **DNasen** senken die Viskosität von Entzündungsexsudaten.
- **Streptokinase** löst die Fibrinschicht um die Erreger auf.

In jüngerer Zeit sind mehrere Ausbrüche hochinvasiver A-Streptokokken-Infektionen (Fasciitis necroticans, Klinik) mit toxischem Schock („streptococcal toxic shock syndrome") beschrieben worden. Hier spielt das erythrogene Scharlachtoxin A **(SPE-A)** eine Rolle, das sowohl als Invasionsfaktor als auch als Superantigen wirkt.

Gewebeschädigung Bei der durch A-Streptokokken bedingten Gewebeschädigung spielen die Streptolysine O und S eine Rolle, da sie neben Erythrozyten auch andere Körperzellen schädigen. Auch die Hyaluronidase ist an der Zerstörung von Bindegewebe beteiligt.

Scharlach kommt durch die Wirkung eines der 3 SPE (s. o.) zustande und das „streptococcal toxic shock syndrome" basiert auf der Superantigenwirkung des SPE-A bzw. SPE-C. Die Hauptwirkungen von SPE-A und SPE-C sind eine polyklonale T-Zell-Aktivierung mit unkoordinierter Zytokinfreisetzung, v. a. von TNF-α und IL-1 (▶ Kap. 3), und, darauf basierend, Schock und Multiorganversagen. Darüber hinaus kann SPE-A direkt zytotoxisch auf Endothelzellen wirken.

Nachkrankheiten Charakteristisch für A-Streptokokken-Infektionen ist ihre Neigung, Nachkrankheiten auszulösen. Diese beruhen auf immunologischen Reaktionen (◘ Abb. 26.4):
- Bei der **akuten Glomerulonephritis** werden in den Glomeruli Immunkomplexe aus A-Streptokokkenantigen und Antikörpern abgelagert, Komplement wird aktiviert, und aus C3 und C5 entstehen die Fragmente C3a und C5a, die chemotaktisch Granulozyten anlocken (◘ Abb. 26.4 oben). Diese setzen beim Zerfall und bei der Phagozytose lysosomale Enzyme und Sauerstoffradikale frei, die das Gewebe in den Glomeruli schädigen. Die Kapillaren der Glomeruli werden im Rahmen der Entzündung durchlässig für Proteine (Proteinurie) und Erythrozyten (Mikrohämaturie). In späteren Stadien wandern Mesangiumzellen (Mesangiozyten) ein, woraus sich eine zunehmende Verminderung der filtrierenden Oberfläche der Glomeruli und eine Minderung der Filtrationsleistung ergeben können.
- Der Pathomechanismus des **akuten rheumatischen Fiebers** ist nicht voll aufgeklärt. Die Patienten bilden kreuzreagierende Antikörper, die einerseits mit verschiedenen Komponenten der A-Streptokokken, andererseits mit bestimmten Gewebeelementen in Gelenken, Myokard, Endokard, Myokardsarkolemm, Gefäßintima und Haut reagieren(◘ Abb. 26.4 unten). Vermutlich lösen sie die Gewebeschädigung über eine Entzündung aus.

◘ **Tab. 26.4** Vergrünende Streptokokken: Arten und Krankheiten

Arten	Krankheiten
S. bovis-Gruppe	Sepsis, Endokarditis
S. mutans-Gruppe	Endokarditis, Karies
S. sanguis-Gruppe	Sepsis, Endokarditis
S. anginosus-Gruppe	Abszesse
	Sinusitis
	Meningitis

▪▪ Klinik
Unterschieden werden:

Tonsillitis (Angina lacunaris) Die Erkrankung beginnt nach 2–4 Tagen Inkubationszeit mit Fieber, Schluckbeschwerden und Halsschmerzen. Die geschwollenen Gaumenmandeln tragen fleckförmige Eiterherde (Stippchen), tief in die Tonsillenkrypten reichende Eiteransammlungen, von denen wie bei einem tiefen See nur die Oberfläche sichtbar ist (Angina lacunaris, lat.: „lacus", See) (◘ Abb. 26.5). Bei tonsillektomierten Personen besteht eine Pharyngitis und ist die Diagnose nicht immer leicht zu stellen. In der Regel heilt die Krankheit nach 5 Tagen ab; es können aber auch Komplikationen auftreten wie akute zervikale Lymphadenitis, Otitis media, Sinusitis, Mastoiditis und Peritonsillarabszess.

Differenzialdiagnostisch kommen virale Pharyngitiden, insbesondere Pfeiffer-Drüsenfieber (EBV; ▶ Kap. 70) in

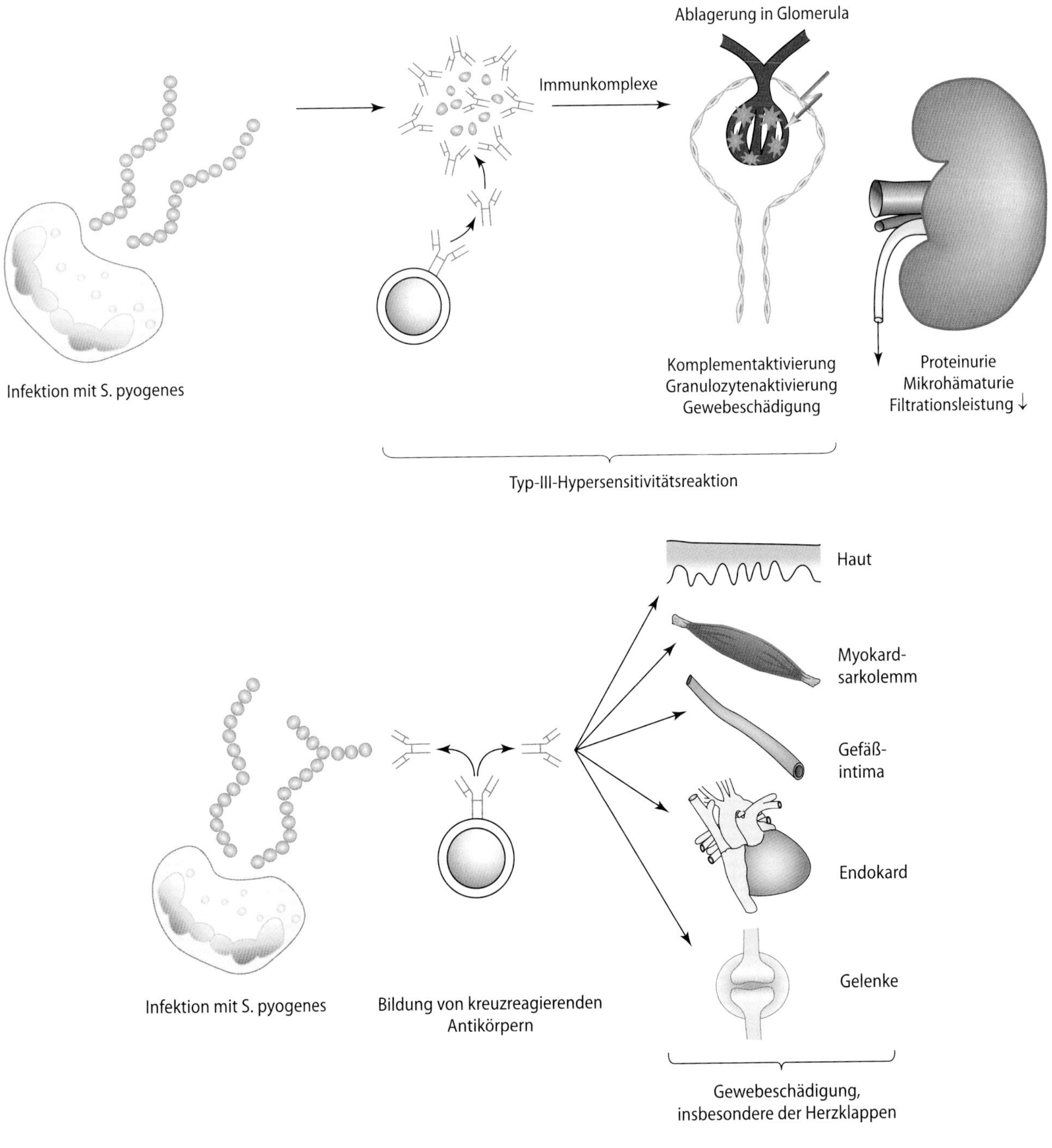

Abb. 26.4 Pathogenese der Streptokokken-Nachkrankheiten

Betracht. **Beachte:** 90 % aller Infektionskrankheiten des Respirationstrakts sind virusbedingt!

Erysipel (Wundrose) Es ist eine ödematöse Entzündung der Lymphspalten der Haut mit charakteristischer, durch Invasivfaktoren der A-Streptokokken (Hyaluronidase, DNasen) begünstigter Ausbreitungstendenz. Die Erreger dringen meist über unauffällige Verletzungen (z. B. Rhagaden des Mundwinkels) in die Haut ein. Nach 1–3 Tagen Inkubationszeit entsteht ein schubweise fortschreitendes, z. T. äußerst schmerzhaftes Erythem. Die Haut ist ödematös gespannt und glänzend. Die Rötungen sind scharf begrenzt, der betroffene Bereich zeigt kerzenflammenartige Ausläufer in gesunde Hautpartien.

Impetigo contagiosa (Eiter-, Krusten-, Pustelflechte, feuchter oder Blasengrind) Infektion der Epidermis, bei der sich nach umschriebener Rötung rasch Blasen bilden, die nach wenigen Stunden platzen. Der Blaseninhalt trocknet zu Krusten ein. Die Impetigo entwickelt sich im Kindesalter unter meist schlechten sozialen

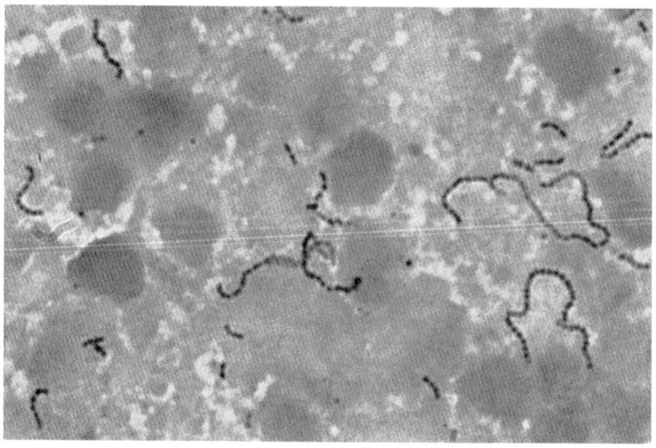

Abb. 26.5 Streptococcus pyogenes – Angina tonsillaris

Verhältnissen. Seltener wird sie auch durch S. aureus hervorgerufen (▶ Abschn. 25.1). Die Blasen enthalten massenhaft Erreger.

Phlegmone Sie ist eine diffuse Eiterung der Haut und des Subkutangewebes, die mit Schmerzen, Schwellung, Rötung und Fieber einhergeht. Phlegmonen sind anders als Abszesse nicht scharf begrenzt; sie breiten sich kontinuierlich aus. Besonders gefürchtet ist die Hohlhandphlegmone, die sich nach kleineren Finger- oder Handverletzungen über die Sehnenscheiden der Hohlhand rasch in alle Finger ausbreitet.

Andere Hautinfektionen Lymphangitiden, Infektionen nach Verletzungen oder von Verbrennungswunden und postoperative Infektionen können ebenfalls durch A-Streptokokken hervorgerufen werden. Gelegentlich entwickeln sich derartige Infektionen nosokomial.

Nekrotisierende Fasziitis Diese in den letzten Jahren häufiger beobachtete invasive A-Streptokokken-Infektion befällt die tieferen Schichten der Subkutis und die Faszien. Die Fasciitis necroticans ist durch ein besonders rasches Fortschreiten der Kolliquationsnekrose (hämorrhagisches, verflüssigtes Gewebe) in diesen Geweben charakterisiert. Die Patienten haben hohes Fieber und zeigen Schocksymptome. Bei diesem Krankheitsbild finden sich besonders invasive Stämme im Blut oder in Körperflüssigkeiten. Diese bilden auch SPE-A, das für die Schocksymptomatik und für die hohe Invasivität verantwortlich ist.

Sepsis Eine A-Streptokokkensepsis kann sich von jedem Streptokokkenherd aus entwickeln.

Das **Puerperalfieber** (Kindbettfieber) entsteht als Sonderform der Sepsis, wenn A-Streptokokken (oder B-Streptokokken, s. u.) bei der Geburt in Endometrium sowie umgebende Vaginalgewebe und von dort in Lymphbahnen und Blutbahn eindringen. In industrialisierten Ländern dank Ignaz Semmelweis (▶ Kap. 2) selten geworden, stellt es in Drittweltländern noch immer ein großes Problem dar.

Scharlach Wird die A-Streptokokken-Infektion durch einen lysogenen Stamm hervorgerufen, der eine der 3 Varianten (A, B, C) des erythrogenen Toxins Spe produziert, so kann sich ein Scharlach entwickeln. Die Fähigkeit zur Scharlachauslösung und die Fähigkeit, eine Eiterung hervorzurufen, sind also voneinander unabhängig.

Ein Scharlach muss nicht mit einer Angina assoziiert sein, er kann auch andere A-Streptokokken-Infektionen, z. B. Impetigo oder Wundinfektionen, begleiten.

Etwa 2 Tage nach Beginn der Eiterung zeigt sich ein Exanthem zunächst an Hals, oberen Brustpartien und Rücken, das sich über Rumpf, Gesicht und Extremitäten ausbreitet. Charakteristisch ist eine periorale Blässe. Das Exanthem wird von einem Enanthem begleitet. Die Zunge weist einen weißen Belag auf, aus dem rote, hypertrophierte Papillen herausragen: „Erdbeerzunge". Am 4.–5. Krankheitstag verschwindet der Belag, die geschwollenen geröteten Papillen imponieren nun als „Himbeerzunge".

„Toxic shock-like syndrome" Das TSLS wird vornehmlich durch SPE-A ausgelöst, weniger häufig auch durch SPE-C (s. o.). Es ist mit 10-fach höherer Letalität (30 %) belastet als das „staphylococcal toxic shock syndrome" (▶ Kap. 25), weil die toxinbildenden Erreger in die Blutbahn gelangen. Die Symptome sind zu einer Falldefinition zusammengefasst:

Hauptkriterien:
- Erregernachweis
- Hypotonie ($\leq$90 mmHg)
- Hautveränderungen (zunächst Exanthem, dann Schuppung)

Nebenkriterien (mindestens 2 aus folgender Liste):
- Weichgewebenekrose
- **ARDS („adult respiratory distress syndrome"**)
- Koagulopathie (<100.000 Thrombozyten/mm^3 oder disseminierte intravasale Gerinnung)
- Niereninsuffizienz (Kreatinin > 177 µmol/l) oder
- Leberbeteiligung (Serumtransaminasen- und Bilirubin-Konzentrationserhöhungen)

Akute Glomerulonephritis Bei 3 % aller eitrigen A-Streptokokken-Erkrankungen folgt auf die eitrige Infektion eine akute nichteitrige Glomerulonephritis. Im Gegensatz zum rheumatischen Fieber geht dieser eine Infektion mit einem der sog. nephritogenen Stämme voraus, die meist zur Serogruppe A, Typ 12, gehören.

Die Zeichen der akuten Glomerulonephritis – Hämaturie, Proteinurie, Ödem und Bluthochdruck –

setzen etwa 3–5 Wochen nach Beginn der akuten Streptokokkeninfektion ein. Die Krankheit geht häufig spontan zurück; eine dialysepflichtige Schrumpfniere resultiert selten aus einer akuten Glomerulonephritis. **Merke:** Läsionen der akuten Glomerulonephritis enthalten **keine** Erreger!

Akutes rheumatisches Fieber Das Krankheitsbild setzt 2–3 Wochen nach Beginn einer A-Streptokokken-Pharyngitis ein. Andere eitrige A-Streptokokken-Infektionen ziehen wohl die akute Glomerulonephritis, aber kein akutes rheumatisches Fieber nach sich. Dieses ist gekennzeichnet durch Polyarthritis, Karditis (Endo-, Myo-, Perikarditis), Chorea minor, Erythema marginatum und subkutane Knötchen. Die Endokarditis führt häufig zu einer narbigen Veränderung der Herzklappen. Dies zieht eine veränderte Hämodynamik nach sich, was seinerseits den Boden für die infektiöse Endocarditis lenta darstellt (◘ Abb. 26.8). Da das akute rheumatische Fieber auf einer infektionsgetriggerten Autoimmunreaktion beruht, gelingt der Erregernachweis aus den Läsionen typischerweise nicht.

Im Gegensatz zur akuten Glomerulonephritis ist das Auftreten des akuten rheumatischen Fiebers **nicht** an die Vorerkrankung durch bestimmte A-Streptokokken-Typen gebunden.

▪▪ Immunität

Es folgen Informationen zu Eiterungen und Scharlach.

Eiterungen Als typische Eitererreger, d. h. extrazelluläre Bakterien, werden A-Streptokokken nach der Phagozytose durch polymorphkernige Granulozyten und mononukleäre Phagozyten prompt abgetötet. Die erworbene Immunität basiert auf protektiven Antikörpern, die sich gegen die M-Substanz richten und im Zusammenwirken mit Komplement ihre antiphagozytäre Wirkung neutralisieren. Die erworbene Immunität ist somit typenspezifisch; sie kann jahrelang bestehen. Dies bedeutet, dass im Bereich einer einmal abgelaufenen Epidemie derselbe Serotyp nicht wieder auftritt.

Bei mehr als 80 Serotypen von A-Streptokokken kann man häufig an A-Streptokokken-Infektionen erkranken. Antikörper gegen die C-Substanz üben keinen Schutz aus.

Scharlach Die erworbene Immunität gegen die Scharlachtoxine basiert auf neutralisierenden Antikörpern und ist dauerhaft. Da es 3 antigene ET-Varianten gibt, kann eine Person höchstens 3-mal an Scharlach erkranken.

Wenngleich Antikörper gegen ET das Auftreten des Exanthems und Enanthems verhindern, so verleihen sie doch keinen Schutz gegen die zugrunde liegende eitrige A-Streptokokken-Infektion.

▪▪ Labordiagnose

Der Schwerpunkt der Labordiagnose eitriger A-Streptokokken-Infektionen liegt in der Anzucht der Erreger aus dem Herd und ihrer serologischen Gruppenbestimmung.

Untersuchungsmaterial Ein sachgemäß entnommener Tonsillenabstrich ist die Voraussetzung für den kulturellen Nachweis von A-Streptokokken bei Angina. Bei andernorts lokalisierten A-Streptokokken-Infektionen werden je nach Standort Blut, Punktate, Biopsiematerial oder Eiter eingesandt.

Transport Der Transport von Abstrichen sollte in einem Transportmedium bei Umgebungstemperatur erfolgen. Eiter und andere Proben werden gekühlt transportiert.

Mikroskopie Der mikroskopische Nachweis der typischen Ketten aus dem Eiter oder aus der Bouillonkultur macht keine Schwierigkeiten. Manchmal allerdings bilden sich nur kurze Ketten aus, was bei der Fasziitis die Diagnose erschweren kann.

Anzucht Die Wachstumsansprüche von A-Streptokokken werden am besten durch Zugabe von Kohlenhydraten sowie Fleischextrakt, Blut oder Serum zum Kulturmedium erfüllt. Um die β-Hämolyse zu erkennen, muss das Untersuchungsmaterial auf schafbluthaltigen Agarplatten ausgeimpft werden. Die Inkubation erfolgt bei 37 °C in 5–10 % CO_2; nach 16–24 h ist mit einer Koloniebildung zu rechnen.

Differenzierung Die Abgrenzung der angezüchteten A-Streptokokken von anderen Serogruppen erfolgt mittels gruppenspezifischer Antikörper gegen das C-Polysaccharid. Hierfür gibt es kommerziell erhältliche Testsätze. Die weitere Unterteilung der A-Streptokokken in Serotypen aufgrund des M-Proteins kommt nur für wissenschaftliche Zwecke infrage.

Serodiagnostik des akuten rheumatischen Fiebers Der Anti-Streptolysin-O-(ASO-)Test dient der Diagnostik des akuten rheumatischen Fiebers. Ein hoch über der Norm liegender Titer weist auf eine kürzlich abgelaufene A-Streptokokken-Infektion hin. Zuverlässigste Ergebnisse liefert die Kombination mit dem Anti-DNase-Test.

▪▪ Therapie

Die Maßnahmen erfolgen in Abhängigkeit von der Antibiotikaempfindlichkeit des Erregers und der Art der Infektion.

Antibiotikaempfindlichkeit A-Streptokokken sind ausnahmslos empfindlich gegenüber Penicillin G und

Cephalosporinen. Makrolide sind Alternativantibiotika, zunehmend treten aber makrolidresistente Stämme auf.

Therapeutisches Vorgehen Bei erwiesener symptomatischer A-Streptokokken-Infektion bzw. bei begründetem Verdacht aus dem klinischen Bild (Angina lacunaris) ist Penicillin G oder V Mittel der Wahl. Patienten mit Penicillinallergie werden mit Makroliden behandelt.

Die Fasziitis, das „streptococcal toxic shock syndrome" und andere invasive A-Streptokokken-Infektionen sind **Notfallsituationen,** die der intensivmedizinischen Behandlung bedürfen! Der Bakterienherd, sofern auffindbar, ist **chirurgisch** zu behandeln, um die Toxinproduktion zu verringern. Die Antibiotikatherapie dient der Erregereliminierung, die Schockbehandlung ist zur Aufrechterhaltung der Organfunktionen entscheidend. Bei den invasiven Streptokokkeninfektionen wird in der Antibiotikatherapie eine Kombination aus β-Laktam-Antibiotikum (meist Penicillin) und Clindamycin eingesetzt. Der Proteinsynthesehemmer Clindamycin dient zur Reduzierung der SPE-Produktion. Bei immunologischen Nachkrankheiten ist eine antiphlogistische Therapie indiziert.

In Kürze: A-Streptokokken

- **Bakteriologie:** Grampositive, fakultativ anaerobe Kettenkokken mit β-Hämolyse, dem Gruppenmerkmal A (Lancefield-Schema). Einteilung in Serotypen aufgrund des M-Proteins.
- **Resistenz gegen äußere Einflüsse:** Vergleichsweise wenig resistent.
- **Vorkommen:** Haut und Schleimhaut des Menschen.
- **Epidemiologie:** A-Streptokokken: weltweit verbreitet, einziger natürlicher Wirt ist der Mensch.
- **Zielgruppe:** Alle Altersgruppen.
- **Übertragung:** Durch Haut und Schleimhautkontakt (Schmierinfektion) sowie aerogen (Tröpfcheninfektion).
- **Zielgewebe:** Haut und Schleimhaut. Nacherkrankungen: Nieren, Herz, Gelenke.
- **Pathogenese:** Haut- bzw. Schleimhautinfektion → lokale nicht abgegrenzte Eiterung (Phlegmone) → u. U. systemische Ausbreitung (Sepsis, Meningitis). Scharlachtoxin bildende Stämme verursachen Scharlach. Nachkrankheiten.
- **Virulenzfaktoren:** M-Protein, Protein F, Leukozidine, Streptolysin, Scharlachtoxin, Streptodornase, Hyaluronidase.
- **Klinik:** Kurze Inkubationszeit. Fieberhafte Manifestationsformen: Pharyngitis, Angina, Otitis, Pyodermie, Puerperalsepsis, Mastitis, Neugeborenensepsis und -meningitis, Erysipel, Impetigo, Phlegmone, Scharlach durch lysogene Stämme. Nacherkrankungen: akute Glomerulonephritis und akutes rheumatisches Fieber.
- **Labordiagnose:** Anzucht auf bluthaltigen Kulturmedien. Identifikation: vollständige Hämolyse, serologische Gruppeneinteilung.
- **Therapie:** Penicillin G, alternativ Makrolide.
- **Immunität:** Ausbildung einer serotypspezifischen, anhaltenden Immunität. Kreuzinfektionen mit anderen Serotypen möglich. Scharlach nur 3-mal möglich.
- **Prävention:** Scharlach: Isolierung erkrankter Personen. Rezidivprophylaxe mit Penicillin V oder Benzathin-Penicillin (1 Jahr). Vakzination: keine.

26.2 Streptococcus agalactiae (B-Streptokokken)

Steckbrief

Die β-hämolysierenden Streptokokken der Gruppe B (B-Streptokokken) bilden die Spezies S. agalactiae. Bei Kühen lösen B-Streptokokken eine eitrige Entzündung des Euters mit Versiegen der Milchproduktion (gelber Galt) aus. Beim Menschen verursachen sie eitrige Lokalinfektionen und Sepsis. Gefürchtet sind sie als Erreger peripartal übertragener Infektionen der Neugeborenen: Sepsis und Meningitis.

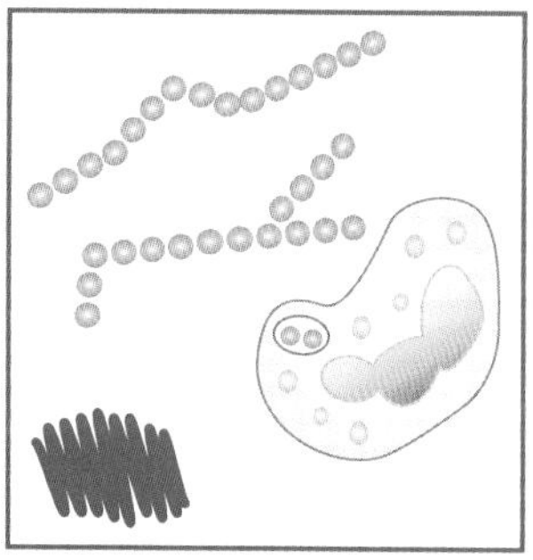

Streptococcus agalactiae: grampositive Kettenkokken in Eiter, Gruppeneinteilung 1928 von R. Lancefield

26.2.1 Beschreibung

Aufbau

Dazu gehören:

C-Polysaccharid B-Streptokokken gleichen in ihrer Grundstruktur den A-Streptokokken. Wie diese besitzen sie ein C-Polysaccharid in ihrer Wand, das über die Gruppenzugehörigkeit entscheidet, jedoch fehlen bei ihnen M-Protein sowie T- und R-Antigen.

Kapsel B-Streptokokken tragen eine antiphagozytäre Polysaccharidkapsel, die in serologisch verschiedener Typenausprägung (I–IV) vorkommt.

C5a-Peptidase Wie A-Streptokokken trägt S. agalactiae eine C5a-Peptidase in der Zellwand. Sie inaktiviert die chemotaktische Komplementkomponente C5a durch proteolytische Spaltung und wirkt so dem chemotaktisch gesteuerten Einstrom von Phagozyten in die Läsion entgegen.

▪ Extrazelluläre Produkte

Der CAMP-Faktor ist ein von B-Streptokokken sezerniertes Protein, das zusammen mit dem β-Hämolysin von S. aureus auf bluthaltigen Kulturmedien eine synergistische Hämolyse verursacht (s. u.).

▪ Resistenz gegen äußere Einflüsse

B-Streptokokken zeigen eine gewisse Resistenz gegenüber Umwelteinflüssen. Versuche mit an Fäden getrockneten Eiterproben deuten auf einen längeren Erhalt der Infektiosität hin.

▪ Vorkommen

B-Streptokokken kommen vorwiegend bei Tieren vor (s. o.). Beim Menschen besiedeln sie die Schleimhäute des Urogenital- und Intestinaltrakts.

26.2.2 Rolle als Krankheitserreger

▪▪ Epidemiologie

Bis zu 40 % aller schwangeren Frauen sind asymptomatische **Trägerinnen** von B-Streptokokken. Bei ca. 50 % der Neugeborenen von Müttern mit positivem Nachweis lässt sich ebenfalls eine Besiedlung nachweisen. Die Inzidenz der Early-Onset-Erkrankung (s. u.) des Neugeborenen liegt bei 0,41 pro 1000 Lebendgeburten, diejenige der Late-Onset-Erkrankung (s. u.) bei 0,26 pro 1000 Lebendgeburten. Serotyp III dominiert bei Neugeboreneninfektionen.

▪▪ Übertragung

Bei der Early-Onset-Infektion infiziert sich das Neugeborene beim Durchtritt durch den Geburtskanal der besiedelten Mutter. Die Übertragung erfolgt umso eher, je größer die Besiedlungsdichte bei der Mutter ist. Beim Late-Onset-Syndrom spielt zusätzlich eine postnatale horizontale Übertragung durch Schmierinfektion (z. B. über kontaminierte Hände) eine Rolle.

▪▪ Klinik

Eingegangen wird auf die Neugeborenen- und die Erwachseneninfektion.

Neugeboreneninfektion Bei Neugeborenen verursachen B-Streptokokken Sepsis und Meningitis. Die Infektion des Neugeborenen kann sich in den ersten postnatalen Stunden und bis 5 Tagen („early onset") als Sepsis, Pneumonie oder Meningitis manifestieren. Sie kann sich aber auch erst nach 7 Tagen und bis zu 3 Monaten Latenzzeit ausbilden („late onset") und äußert sich dann meist als Meningitis. Prädisponierend sind vorzeitiger Blasensprung, Frühgeburt, aufsteigende Infektion (Chorioamnionitis), Zervixinsuffizienz. Insbesondere solche Neugeborene sind gefährdet, deren Mütter bei gleichzeitiger Besiedlung des Geburtskanals mit B-Streptokokken einen niedrigen Spiegel von Antikörpern gegen B-Streptokokken aufweisen, sodass das Neugeborene nur über eine schwache Leihimmunität (s. u.) verfügt.

Erwachseneninfektionen Bei Erwachsenen sind B-Streptokokken typisch Besiedler, können bei entsprechender Disposition aber auch Puerperalinfektionen, Endometritis und Sepsis sowie Harnweginfektionen, Pyelonephritis, Arthritis, Osteomyelitis, Otitis media, Konjunktivitis, Impetigo, Pneumonie, Meningitis und Endokarditis auslösen.

▪▪ Immunität

Als typische Eitererreger werden B-Streptokokken durch Phagozytose beseitigt. **Kapselspezifische Antikörper** kommen bei vielen Menschen vor; sie haben für die Abwehr offenbar eine besondere Bedeutung, denn Kinder von Müttern mit niedrigem Antikörpertiter (Nonresponder), die vor der Geburt von ihrer Mutter keine typenspezifischen Antikörper übertragen bekommen haben (Leihimmunität), sind besonders gefährdet, an einer B-Streptokokken-Infektion zu erkranken (s. o.).

▪▪ Labordiagnose

Der Schwerpunkt der Labordiagnose liegt in der Anzucht des Erregers aus Untersuchungsmaterialien und der anschließenden Gruppenbestimmung.

Untersuchungsmaterialien Je nach Lokalisation des Krankheitsprozesses werden Blut (Sepsis), Liquor (Meningitis), Eiter bzw. Vaginal- oder Zervikalabstriche untersucht.

Anzucht Zur Anzucht dient bluthaltiger Columbia-Agar, auf dem die Erreger einen β-Hämolysehof entwickeln.

Identifizierung Die gewachsenen B-Streptokokken werden meist serologisch durch Nachweis des gruppenspezifischen Zellwandantigens differenziert. Ebenso kann die biochemische Leistungsprüfung zur Identifizierung dienen. Hierbei spielt das CAMP-Phänomen (nach den Erstbeschreibern Christie, Atkins, Munch, Petersen), die pfeilförmige Hämolyseverstärkung durch S. aureus, eine Rolle.

Therapie

Antibiotikaempfindlichkeit: Die Sensibilität der B-Streptokokken entspricht praktisch derjenigen von A-Streptokokken, d. h., es besteht fast ausnahmslos eine volle Empfindlichkeit gegen Penicillin G und gegen Cephalosporine.

Therapeutisches Vorgehen: Die kalkulierte Therapie der Sepsis/Meningitis des Neugeborenen wird entsprechend den Richtlinien der Meningitistherapie durchgeführt, d. h. mit Cefotaxim oder Ceftriaxon. Nach Sicherung der Diagnose B-Streptokokken-Infektion kann gezielt mit Penicillin G (hochdosiert) weiterbehandelt werden.

Prävention

Die **antibiotische Prophylaxe** der B-Streptokokken-Erkrankung des Neugeborenen besteht bei Besiedlung der Mutter in der prä- oder intrapartalen Antibiotikagabe. Die Chemoprophylaxe erfolgt bei kolonisierten Frauen (Prüfung in der 35.–37. SSW), wenn einer der folgenden Risikofaktoren vorliegt:

- Frühgeburt (<37. Woche)
- Vorzeitiger Blasensprung
- Fieber unter der Geburt
- Mehrlingsgeburt
- Mehrere vorherige Geburten

Die Sanierung einer B-Streptokokken-Besiedlung während der Schwangerschaft durch orale Antibiotikagabe ist mit einer Versagerquote von 20–70 % behaftet. Im Gegensatz dazu kann die i. v. Verabreichung von Ampicillin oder Penicillin G (bei Allergie Cefazolin oder Clindamycin) unter der Geburt eine Übertragung von B-Streptokokken auf das Kind erfolgreich verhindern. Da es zurzeit weder eine aktive noch eine passive Immunisierung bei Mutter und Kind gibt, stellt die **i. v. Antibiotikagabe bei der Mutter während der Geburt** bei gesichertem Vorkommen von B-Streptokokken die derzeit verlässlichste Prophylaxe dar.

In Kürze: B-Streptokokken

- **Bakteriologie:** Grampositive, kettenförmige Kokken, β-Hämolyse. Gruppenspezifisches Zellwandantigen B.
- **Vorkommen/Epidemiologie:** Urogenital- und Intestinalschleimhaut. Bei Schwangeren sind bis zu 40 % asymptomatische Trägerinnen. Übertragung durch Schleimhautkontakt (sexuell, während der Geburt).
- **Pathogenese:** Infektion des Neugeborenen beim Durchtritt durch den Geburtskanal kann bei prädisponierenden Faktoren wie mütterlichem Antikörpermangel oder Frühgeburt zu Sepsis oder Meningitis führen.
- **Klinik:** Infektionssymptomatik kann in den ersten 5 Tagen nach Geburt („early onset“) oder erst nach einer Latenzzeit (7 Tage oder länger; „late onset“) auftreten. Manifestation als Sepsis bzw. Meningitis.
- **Labordiagnose:** Anzucht auf bluthaltigen Kulturmedien; β-Hämolyse. Serologische Differenzierung von anderen β-hämolysierenden Streptokokken.
- **Therapie:**
  - **Kalkuliert:** Cefotaxim, Ceftriaxon;
  - **Gezielt:** Penicillin G, alternativ Erythromycin.
- **Immunität:** Asymptomatische Infektion der Schleimhäute führt in der Regel zur Ausbildung einer auf das Neugeborene übertragbaren Immunität. Kinder von Nonrespondern sind stark infektionsgefährdet.
- **Prävention:** Sanierung der Geburtswege präpartal. Bei Besiedlung der Mutter: intrapartale Penicillin-G-Gabe. Keine Immunisierung.
- **Meldepflicht:** Keine.

26.3 Andere β-hämolysierende Streptokokken (C und G)

Streptokokken der Serogruppen C und G können Pharyngitis, Puerperalinfektionen, Sepsis und Endokarditis hervorrufen. Am häufigsten sind Haut- und Wundinfektionen (Tab. 26.2).

Da die Stämme dieser Serogruppen ebenfalls Streptolysin O produzieren, kann es auch nach Infektionen durch C- bzw. G-Streptokokken zu einem Anstieg des ASO-Titers und damit zu Verwechslung mit A-Streptokokken-Infektionen kommen.

Streptokokken der Serogruppen C und G sind Penicillin-G-empfindlich.

26.4 Streptococcus pneumoniae (Pneumokokken)

Steckbrief

Pneumokokken bilden eine α-hämolysierende Spezies innerhalb der Gattung Streptococcus (Tab. 26.1). Sie unterscheiden sich von anderen α-hämolysierenden Streptokokkenspezies durch ihre Lagerung als Diplokokken (Abb. 26.2), die Zusammensetzung des C-Polysaccharids in ihrer Wand und ihre Empfindlichkeit gegen Optochin und Galle.
Als typische Eitererreger erzeugen sie Lobär- und Bronchopneumonien, Meningitis und Sepsis sowie eitrige Infektionen im HNO-Bereich und am Auge.

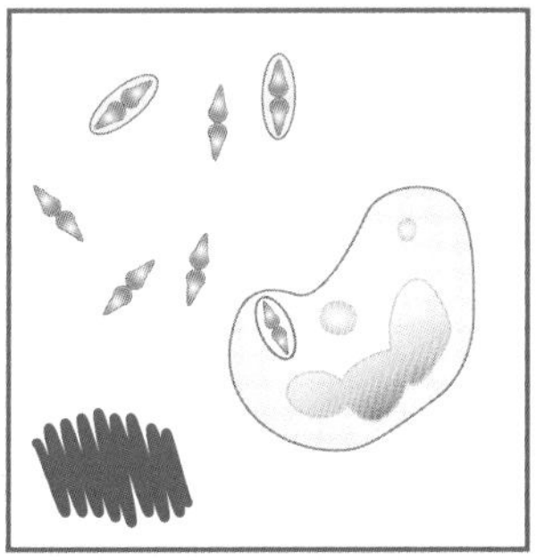

Streptococcus pneumoniae: lanzettförmige grampositive Diplokokken mit/ohne Kapsel, entdeckt 1881 von G. Sternberg und L. Pasteur, isoliert 1885 von L. Fränkel

Pneumokokken und der Beginn der Molekulargenetik
1928 entdeckte Frederick Griffith, dass abgetötete bekapselte Erreger, wenn zusammen mit lebenden unbekapselten Erregern in Mäuse injiziert, letzteren die Fähigkeit zur Kapselbildung übertragen. Er nannte dieses Phänomen Transformation. 1944 identifizierten Oswald Theodore Avery (1877–1955), C. M. MacLeod und Maclyn McCarty das transformierende Prinzip als DNA. Diese Entdeckungen stellten den Beginn der Molekulargenetik dar.

26.4.1 Beschreibung

Aufbau
Dazu zählen:

C-Substanz Die Zellwand der Pneumokokken enthält Peptidoglykan und Teichonsäure. Letztere heißt auch C-Substanz.

Im Serum von Patienten mit akuten Entzündungen tritt ein β-Globulin auf, das die C-Substanz der Pneumokokken bindet. Dieses **C-reaktive Protein** (CRP) gehört zu den Akutphaseproteinen (► Kap. 3). Bildungsort ist die Leber, wo CRP nach Stimulation durch IL-1 gebildet wird. CRP ist ein empfindlicher Entzündungsparameter.

Kapsel Frisch aus Krankheitsprozessen isolierte Pneumokokkenstämme tragen eine Kapsel aus Polysaccharid, von der mehr als 80 verschiedene Serotypen bekannt sind. Die Kolonien von bekapselten Stämmen zeigen einen schleimigen Glanz: S-Formen („smooth": glatt).

Kapseln erschweren die Phagozytose der Pneumokokken: Nur S-Formen sind virulent. Die Virulenz der Pneumokokken ist der Dicke der Kapsel proportional. So sind Pneumokokken vom Kapseltyp III besonders reich an Kapselsubstanz und daher hochvirulent. Schwere Pneumokokkenerkrankungen werden durch Kapseltypen ausgelöst, die Komplement über den alternativen Weg nicht aktivieren: Sie entgehen der komplementvermittelten Phagozytose, was sich besonders nachteilig in der Frühphase der Infektion, d. h. vor der Antikörperbildung, auswirkt.

Kolonien unbekapselter Stämme sind glanzlos, sie wirken wie aufgeraut: **R-Formen** („rough": rau). R-Formen sind avirulent.

Autolysin (Muramidase) Dieses Enzym ist nicht kovalent an Lipoteichonsäure gebunden. Es löst die Quervernetzung des Mureins auf und ist für die Trennung der einzelnen Bakterienzellen bei der Zellteilung sowie für die bei älteren Kulturen zu beobachtende Autolyse der Pneumokokken verantwortlich.

Extrazelluläre Produkte
Dazu zählen Pneumolysin und weitere Produkte:

Pneumolysin Dieses intrazelluläre Hämolysin wird bei der Autolyse der Zellen frei. Es wirkt als thiolaktiviertes Zytolysin, das sich an Cholesterol von Zellmembranen bindet, sich in diese inseriert und durch Oligomerisierung von 20–80 Molekülen eine transmembranöse Pore bildet, was zum Zelltod führt. In sublytischen Dosen hemmt Pneumolysin die Funktion von Phagozyten und Lymphozyten. Es weist weitgehende Homologie mit Streptolysin O (► Abschn. 26.1.1) und Listeriolysin O (LLO, ► Abschn. 37.1.1) auf.

Darüber hinaus aktiviert Pneumolysin das Komplement über den klassischen Weg, indem es sich an die Fc-Region von IgG bindet; aus Monozyten kann es IL-1β und TNF-α freisetzen.

Weitere Produkte Pneumokokken können außerdem Hyaluronidase und IgA1-Protease sezernieren.

Resistenz gegen äußere Einflüsse
Pneumokokken sind sehr empfindlich gegen Kälte, saure und alkalische pH-Werte sowie Austrocknung,

weswegen das Untersuchungsmaterial schnell verarbeitet werden muss. Die ausgeprägte Galleempfindlichkeit der Pneumokokken beruht darauf, dass Galle die Muramidase (s. o.) aktiviert. Sie wird differenzialdiagnostisch im Labor ausgenutzt (▶ Abschn. 26.4.2).

▪ Vorkommen

Pneumokokken kommen beim Menschen sowie bei Affen, Ratten und Meerschweinchen vor. Zwar kolonisieren sie bei 40–70 % aller gesunden Personen die Rachenschleimhaut, wobei die Trägerrate in Kasernen und Kindergärten durch engen Kontakt besonders hoch ist. Die bei Trägern gefundenen Stämme sind im Allgemeinen jedoch unbekapselt, weswegen sie keine unmittelbare Infektionsgefahr darstellen.

26.4.2 Rolle als Krankheitserreger

▪▪ Epidemiologie

Bei Erwachsenen stehen Pneumokokken als Erreger der eitrigen Meningitis an 1. Stelle. In Entwicklungsländern sind Pneumokokkenpneumonien eine häufige Todesursache. Alkoholiker und Milzexstirpierte sind besonders gefährdet, an generalisierenden Pneumokokkeninfektionen (Pneumonie, Sepsis, Meningitis) zu erkranken. Bei Kindern stehen Pneumokokken hinter Neisseria meningitidis als Erreger von eitriger Meningitis an 2. Stelle.

▪▪ Übertragung

Die Pneumokokkeninfektion wird selten von Mensch zu Mensch übertragen; im Allgemeinen handelt es sich um endogene Infektionen.

▪▪ Pathogenese

Dazu gehören:

Adhärenz Nach Übertragung kolonisieren die Pneumokokken zunächst den oberen Respirationstrakt. Mittels bisher nur unzureichend beschriebener Oberflächenmoleküle (z. B. Protein PsaA) bindet der Erreger an Glykokonjugatrezeptoren auf den Epithelzellen. Unlängst beschriebene Neuraminidasen des Erregers könnten durch Sialinsäureabspaltung weitere Rezeptoren freilegen.

Die Freisetzung von Zellwandkomponenten induziert über die Ausschüttung von IL-1β und TNF-α die Ausbildung von PAF-Rezeptoren auf den Pneumozyten und Endothelzellen, an die sich die Pneumokokken ebenfalls heften können.

Invasion Wie der Erreger vom oberen Respirationstrakt in tiefer gelegene Regionen wie die Paukenhöhle (Otitis media), die Nasennebenhöhlen (Sinusitis) und die Lungen (Pneumonie) oder schließlich ins Blut (Sepsis, Meningitis) gelangt, ist nicht bekannt.

Etablierung Im oberen Respirationstrakt muss sich der Erreger der zilienbedingten Elimination erwehren. Pneumolysin ist in der Lage, diesen Abwehrmechanismus zu hemmen und zilientragende Epithelzellen zu zerstören. Ebenso kann Pneumolysin Granulo- und Lymphozyten funktionell beeinträchtigen und in höheren Dosen durch Porenbildung lysieren. Die Polysaccharidkapsel wirkt phagozytosehemmend. IgA1-Protease kann die Etablierung auf der Schleimhaut durch den Abbau von IgA-Antikörpern unterstützen.

Gewebeschädigung Die Schädigung bei Pneumokokkeninfektionen ist entscheidend durch die induzierte Entzündungsreaktion bedingt. Murein, Lipoteichonsäure und Pneumolysin können Komplement aktivieren sowie die Freisetzung von TNF-α und IL-1β induzieren.

Während die Bindung von Komplementkomponenten an der Zellwand der Pneumokokken aufgrund der Kapsel ohne opsonisierenden Effekt ist, bleibt die inflammatorische Wirkung des abgespaltenen C5a und des C3a voll erhalten.

Die besondere Bedeutung der Entzündungsreaktion zeigt sich am typischen Ablauf der **Lobärpneumonie** (◘ Abb. 26.6):

- Im Stadium der Anschoppung sind die Blutgefäße prall gefüllt, in den Alveolen bildet sich entzündliches Exsudat, in dem sich die Bakterien stark vermehren; die Flüssigkeit reduziert den Gasaustausch, woraus Atemnot und reflektorisch Tachypnoe resultieren. Da sich die Bakterien entlang der Kohn-Poren ausbreiten, verbleibt die Entzündung in der Struktur des Lobus.
- Nach 2–3 Tagen strömen polymorphkernige Granulozyten und Erythrozyten ein; in den Alveolen finden sich massenhaft Bakterien, Erythrozyten und Fibrin, die Lunge verliert makroskopisch ihre Konsistenz und wirkt wie Lebergewebe: **rote Hepatisation**.
- Am 4. und 5. Tag strömen weitere Granulozyten ein, die Farbe der Lunge wechselt ins Gräuliche: **graue Hepatisation.** Gleichzeitig setzt die Bildung opsonisierender Antikapselantikörper ein, sodass die Pneumokokken jetzt von polymorphkernigen Granulozyten phagozytiert und abgetötet werden können; es entsteht **Eiter.**
- Allmählich strömen mononukleäre Phagozyten ein und phagozytieren die vorhandenen Zelltrümmer, die Heilungsphase setzt ein, der Prozess löst sich auf: **Lyse.**

Das Pneumolysin hat auch direkte zytotoxische Wirkungen, indem es Poren in cholesterinhaltige Membranen implantiert. Die nach Pneumokokkenmeningitis und -otitis beobachtete Schwerhörigkeit wird auf das Eindringen von Pneumolysin in die

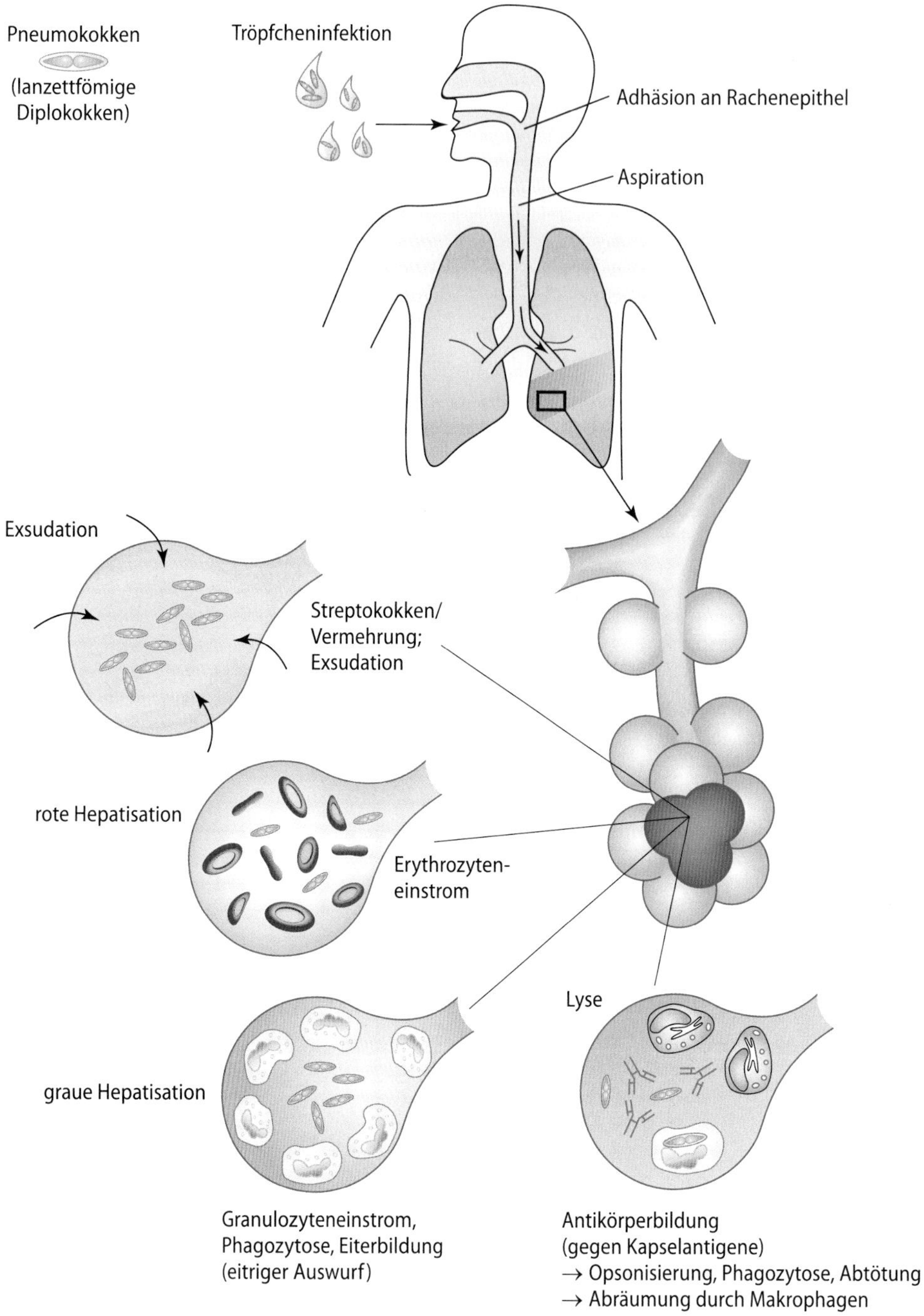

Abb. 26.6 Verlauf der Pneumokokkenpneumonie

Scala tympani und den resultierenden Gewebeschaden zurückgeführt.

Klinik

Dargestellt werden Lobär- und Bronchopneumonie sowie weitere Pneumokokkenerkrankungen.

Lobärpneumonie Nach einer Inkubationszeit von 1–3 Tagen beginnt die Krankheit plötzlich mit Schüttelfrost, Fieber, schwerem Krankheitsgefühl, Husten, Atemnot und, bei einer begleitenden Pleuritis, mit Thoraxschmerzen. Das reichlich vorhandene Sputum ist rostbraun. Das Blutbild zeigt eine Linksverschiebung mit toxischer Granulation. Abb. 26.7 zeigt eine Thoraxaufnahme in p.–a. Projektion, auf der man ein rechtsseitiges Infiltrat im Mittellappen sieht. Die Erkrankung erreicht nach etwa 1 Woche ihren Höhepunkt und geht dann bei günstigem Verlauf in eine „Krise" mit Heilung über.

Bronchopneumonie Sie ist heute in Deutschland häufiger als die Lobärpneumonie und geht mit

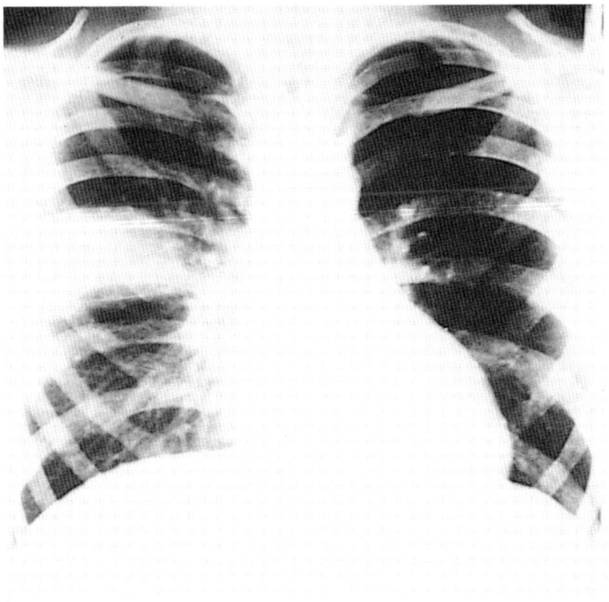

Abb. 26.7 Streptococcus pneumoniae – Lobärpneumonie

multiplem herdförmigem Befall des Lungengewebes einher; die einzelnen Herde sind bis zu kirschgroß. Bronchopneumonien finden sich vorwiegend bei Kindern und bei Senioren, während die Lobärpneumonie typischerweise Jugendliche befällt.

Weitere Pneumokokkenerkrankungen Pneumokokken sind die häufigsten Erreger von eitriger Meningitis bei Erwachsenen. Weitere Erkrankungen sind Lungenabszess, Pleuraempyem, Perikarditis, Endokarditis, Sepsis und Gonarthritis.

Im Rahmen einer direkten Ausbreitung von Pneumokokken vom Nasopharynx aus können eine Otitis media, Sinusitis oder Mastoiditis entstehen.

Pneumokokken werden häufig als Konjunktivitiserreger bei Neugeborenen und Kleinkindern mit Tränenwegstenosen gefunden. Die Pneumokokkenkonjunktivitis aller Altersklassen ist wegen ihres häufigen Übergangs in ein Ulcus serpens corneae gefürchtet. Dieses hat eine Tendenz zur Perforation binnen weniger Tage; die entstehende Endophthalmitis kann zur Erblindung führen.

▪▪ Immunität

Als typische extrazelluläre Bakterien (▶ Abschn. 16.1.2) werden Pneumokokken durch Phagozyten abgetötet. Antikörper gegen Kapselsubstanz verbessern im Zusammenwirken mit Komplement **(C3b)** die Phagozytose. Antikörper gegen die Kapselsubstanz treten wenige Tage nach Infektionsbeginn auf; nach 1 Woche sind hohe Titer erreicht. Zu diesem Zeitpunkt setzt die Phagozytose massiv ein; klinisch imponiert dieses Stadium als Krise. Für die Pneumokokkeninfektion ist demzufolge die spezifische humorale Abwehr entscheidend. Im Gegensatz zu Staphylokokkeninfektionen gibt es bei Pneumokokkeninfektionen eine Infektionsimmunität. Diese ist **typenspezifisch,** d. h., sie richtet sich gegen das jeweilige Kapselmaterial. Auch bildet sie die Grundlage für die **Schutzimpfung** (Abschn. 16.5).

▪▪ Labordiagnose

Der Schwerpunkt der Labordiagnose liegt in der Anzucht des Erregers, bei Meningitis in der Mikroskopie in Verbindung mit dem Direktnachweis von Kapselantigen.

Untersuchungsmaterial Als Untersuchungsmaterialien dienen bei Pneumonie Sputum und Blut, bei Sepsis Blut und Urin, bei Meningitis Liquor und Blut. Bei Lokalisationen in anderen Körperhöhlen gelangen Punktate oder Abstriche zur Untersuchung.

Blut, Liquor oder Gelenkpunktate müssen am Krankenbett in ein Nährmedium gegeben werden (z. B. vorgewärmte Blutkulturflasche); diese ist bei Raumtemperatur aufzubewahren, bis der Abtransport erfolgt. Zwischen Materialentnahme am Krankenbett und Anlage im Labor dürfen nicht mehr als 2 h vergehen. Bei allen Patienten mit schwerer Pneumonie sollten Blutkulturen zusätzlich zur Sputumprobe eingeschickt werden.

Mikroskopie Nur einwandfrei gewonnenes Sputum (reichlich polymorphkernige Granulozyten, <25 Epithelzellen pro Gesichtsfeld) sollte zur Sputumuntersuchung angenommen werden. Ein Grampräparat aus dem Sputum kann erste Hinweise geben, wenn es massenhaft grampositive Diplokokken enthält. Die einzelnen Kokken sind nach einer Seite hin zugespitzt, vergleichbar einer Kerzenflamme oder einer Impflanzette. Da es sich jedoch hierbei auch um vergrünende Streptokokken handeln kann, muss die Mikroskopie durch Anzucht und anschließende Identifizierung abgesichert werden. Sind Kapseln vorhanden, so umgeben sie jeweils ein Kokkenpaar.

Im Liquor cerebrospinalis finden sich mikroskopisch grampositive Diplokokken und polymorphkernige Granulozyten. Die Sensitivität der Mikroskopie liegt bei 25–50 %.

Anzucht Pneumokokken vermehren sich sowohl unter aeroben als auch unter anaeroben Bedingungen. Nach 24 h Bebrütungszeit zeigen sich die charakteristischen vergrünenden Kolonien. Auf Schaf- oder Pferdeblutagar erzeugen Pneumokokken eine **α-Hämolyse**. Pneumokokken wachsen besser bei einer CO_2-Spannung von 5 %. Schon nach 48 h Bebrütung setzt bei den zerfallenden Kolonien eine Autolyse ein, die als zentrale Eindellung ins Auge fällt.

Biochemische Differenzierung Die Optochinempfindlichkeit dient der Abgrenzung von in Kultur gewachsenen Pneumokokken von anderen vergrünenden Streptokokken. **Optochin** (Ethyl-Hydrocuprein) hemmt eine membranständige ATPase der Pneumokokken. Bei Auflegen eines Optochinblättchens auf den beimpften Blutagar entsteht nach 24 h Bebrütung ein Hemmhof. Diesem Test steht die Prüfung auf Gallelöslichkeit gleichwertig gegenüber. Letztere ist nach 15 min ablesbar.

Serologische Identifizierung Die Typenidentifizierung erfolgt mittels Antikörpern in verschiedenen Verfahren. Sie dient zur Klärung epidemiologischer Fragen. Bei der Neufeld-Kapselquellungsreaktion wird das Untersuchungsmaterial mit polyvalenten Antiseren vermischt und nach Inkubation mikroskopiert: Die Antikörper führen typenspezifisch zu einem sichtbaren Aufquellen der Kapsel. Diese Reaktion erlaubt die Identifizierung des Serotyps.

Antigendirektnachweis Der direkte Nachweis von Pneumokokken-Kapselpolysaccharid ist mit Agglutinationstests und mit der Gegenstromelektrophorese möglich. Untersucht werden Sputum, Urin und insbesondere Liquor. Beide Verfahren können zwar schnell die Erregerdiagnose liefern, aufgrund der mangelhaften Sensitivität (23–50 %) sind sie aber kein Ersatz für Anzucht bzw. Mikroskopie.

■■ Therapie

Dargestellt werden Antibiotikaempfindlichkeit und therapeutisches Vorgehen.

Antibiotikaempfindlichkeit Pneumokokken sind primär empfindlich gegen Penicilline und andere β-Laktam-Antibiotika sowie Makrolide, Clindamycin und Glykopeptide. In den letzten Jahren wurden zunehmend Stämme isoliert, die eingeschränkt empfindlich (MHK 0,12–1,0 mg/l) oder resistent (MHK $\geq$ 2 mg/l) gegen Penicillin sind. Leichte Zugänglichkeit und unkritischer Einsatz der Substanz begünstigten dies. Die Resistenzrate betrug 1999 in Frankreich 46 %, in Spanien 42 % und in den USA 28 %, in Deutschland wurden dagegen bisher nur sehr selten resistente Stämme isoliert. Die Resistenz dieser Pneumokokken basiert auf der Veränderung von Penicillinbindungsproteinen (PBP).

Die Resistenz gegen Tetrazykline schwankt lokal zwischen 15 und 70 %, makrolidresistente Stämme machen bis zu 40 % der Isolate aus (Frankreich 58 %, Italien 24 %, Belgien 38 %, Spanien 37 %, USA bis 30 %, Deutschland 25 %).

Therapeutisches Vorgehen Otitis media und Sinusitis werden kalkuliert mit Amoxicillin plus β-Laktamase-Inhibitor (dieser ist für andere Erreger des Spektrums notwendig) behandelt. Zur gezielten Therapie kann die hochdosierte Gabe von Penicillin G notwendig sein.

Mittel der Wahl zur Behandlung der **Pneumokokkenpneumonie** ist Penicillin G. Bei Penicillinallergie können Cephalosporine oder (bei zusätzlicher Cephalosporinallergie) Makrolide gegeben werden.

Zur kalkulierten Therapie der **Pneumokokkenmeningitis** eignet sich Ceftriaxon.

■■ Prävention

Eine **Vakzine** für Risikogruppen (Aspleniker, alle Immunsupprimierten, alle Patienten mit chronischen Atemwegerkrankungen, über 60-Jährige) aus Polysacchariden der häufigsten Kapseltypen (80 % aller bakteriämischen Pneumokokkeninfektionen) steht zur Verfügung. Diese Impfung ist insbesondere bei Kindern nur unsicher immunogen. Deshalb wurde eine Vakzine entwickelt, welche die 13 häufigsten von über 80 bekannten Polysacchariden gekoppelt an Proteine enthält (Konjugatvakzine).

In Kürze: Pneumokokken

- **Bakteriologie:** α-hämolysierende, grampositive lanzettförmige Diplokokken; im Gegensatz zu anderen vergrünenden Streptokokken gallelöslich und optochinempfindlich. Fakultative Anaerobier.
- **Resistenz gegen äußere Einflüsse:** Temperatur-, optochin-, galle- und pH-sensibel.
- **Vorkommen:** Rachenschleimhaut und Konjunktiva von Menschen.
- **Epidemiologie:** Verursacher von Otitiden, Pneumonien und Meningitiden im Kindesalter. Auch bei Erwachsenen Erreger eitriger Meningitiden und Pneumonien.
- **Zielgruppe:** Kinder und ältere Erwachsene, v. a. Alkoholiker und Aspleniker.
- **Übertragung:** Selten von Mensch zu Mensch. Meist endogene Infektion.
- **Pathogenese:** Nach Adhäsion und Vordringen in tiefere Regionen (Nebenhöhlen, Paukenhöhle, Lunge, Blut, Liquor) Induktion einer eitrigen Entzündungsreaktion (Zellwand, Pneumolysin); Etablierung durch Antiphagozytenkapsel, Pneumolysin und IgAase.
- **Klinik:** Lobärpneumonie, Bronchopneumonie, Otitis media, Ulcus serpens corneae. Bei jungen Erwachsenen: Lobärpneumonie; bei alten Patienten und Kindern: Bronchopneumonie, Meningitis.
- **Labordiagnose:** Anzucht der Erreger aus Blut und Sputum, Antigennachweis im Liquor

cerebrospinalis. Bei HNO- und Augeninfektionen Anzucht aus Abstrichmaterial.

- **Therapie:**
  - **Otitis media, Sinusitis:** Kalkuliert mit Amoxicillin plus β-Laktamase-Inhibitor, gezielt mit Penicillin G;
  - **Pneumokokkenpneumonie:** Gezielt mit Penicillin G, bei Penicillinallergie Cephalosporine oder Makrolide; Pneumokokkenmeningitis: kalkuliert mit Ceftriaxon, gezielt mit Penicillin G.
- **Prävention:** Schutzimpfung.

26.5 Sonstige vergrünende Streptokokken (ohne Pneumokokken) und nichthämolysierende Streptokokken

Steckbrief

Diese Spezies α-hämolysierender (Viridans-Streptokokken) und nichthämolysierender Streptokokken gehören zur physiologischen Schleimhautflora des Menschen. Als fakultativ pathogene Erreger sind v. a. S. sanguis und S. mutans für Endocarditis lenta und Karies verantwortlich (◻ Tab. 26.4).

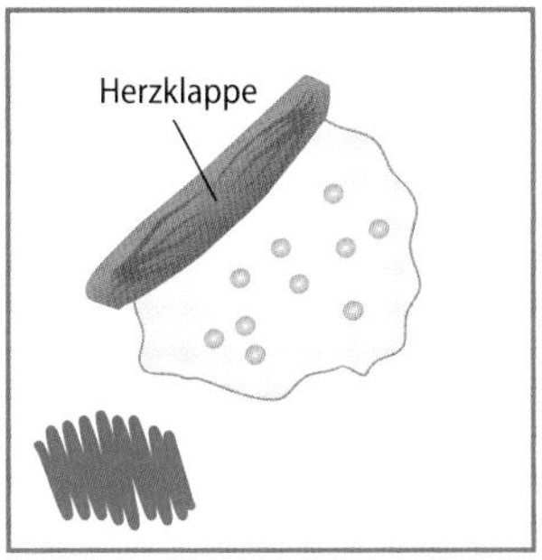

Vergrünende Streptokokken: grampositive Kokken in einer Vegetation an einer Herzklappe

26.5.1 Beschreibung

Aufbau

Vergrünende Streptokokken sind einfacher aufgebaut als β-hämolysierende. So fehlt ihnen bis auf wenige Ausnahmen ein C-Polysaccharid, sodass eine Gruppenbestimmung nach Lancefield nicht vorgenommen wird.

Extrazelluläre Produkte

Manche Spezies (S. mutans) bilden Glukan, das als Matrix der Plaques bei der Kariogenese eine wichtige Rolle spielt.

Resistenz gegen äußere Einflüsse

Viridans-Streptokokken lassen sich mit gängigen Desinfektionsmitteln leicht abtöten.

Vorkommen

S. sanguis und S. mutans sind Bestandteil der physiologischen Bakterienflora auf Haut und Schleimhäuten beim Menschen und bei gewissen Tierspezies. Beim Menschen finden sich S. mutans und S. sanguis v. a. auf Zahnoberflächen und Pharyngealschleimhaut. Ihre Fähigkeit zur anaeroben Vermehrung erklärt, warum sie selbst in tiefen Zahnfleischtaschen zu finden sind.

26.5.2 Rolle als Krankheitserreger

Epidemiologie

Die **Karies** (Zahnfäule) ist eine Volkskrankheit mit sehr hoher Prävalenz (▶ Kap. 126). Ein auffallend kariesfreies Gebiss findet man bei Menschen mit Fruktoseintoleranz.

Endocarditis lenta und andere Infektionen durch vergrünende Streptokokken sind seltene, aber lebensbedrohliche Erkrankungen. Sie setzen prädisponierende Faktoren (Herzklappenschädigung usw.) voraus.

Übertragung

Die Erreger werden bereits im 1. Lebensjahr von der Mutter auf das Kind übertragen.

Pathogenese

Im Fokus stehen die Karies und die Endocarditis lenta.

Karies S. mutans und S. sanguis haben neben einer Reihe weiterer bakterieller Spezies eine besondere Bedeutung bei der Entstehung der Karies (▶ Kap. 126).

Voraussetzung für die Entstehung der Karies ist die Bildung einer **Plaque** auf der Zahnoberfläche: Diese ist von einer dünnen Schicht aus Proteinen und Glykoproteinen, der Cuticula dentis (Schmelzoberhäutchen) überzogen, auf der sich S. sanguis und S. mutans ansiedeln. Sie produzieren Dextrane, die ihnen und anderen Bakterien als Matrix zum Anheften dienen. So entsteht nach mehreren Tagen durch deren Vermehrung eine dicke Schicht, die Plaque, wenn sie nicht durch mechanische Einwirkungen, wie Zahnseide, Interdentalbürsten oder Mundduschen entfernt wird. Die Plaque kalzifiziert schnell und wird zum **Zahnstein.**

Dieses bakterielle Konglomerat zeigt einen überwiegend anaeroben Metabolismus und produziert **Milchsäure,** die den Zahnschmelz zur Auflösung bringt und damit die Kariogenese vorantreibt. Die demineralisierende Milchsäure wird von den

Plaquebakterien aus den Oligosacchariden der Nahrung gebildet. Auch Dextran und andere Polysaccharide spielen in der Kariogenese eine Rolle – nicht nur als mechanischer Faktor, der das Zusammenbacken der Bakterien erleichtert, sondern auch insofern, als die Polysaccharide als Substrat für die Produktion von Oligosacchariden und daraus entstehender Milchsäure dienen (Verlängerung der Azidogenese).

Die Plaquebildung ist dort am stärksten ausgeprägt, wo die Selbstreinigungsmechanismen der Mundhöhle nicht wirksam werden und wo die tägliche mechanische Reinigung nicht ausreicht, also auf Zahnhälsen, in Zahnfleischtaschen, Interdentalräumen und Fissuren.

Endocarditis lenta (subakute Endokarditis) Bei dieser lebensbedrohlichen Erkrankung, auch als Lenta-Sepsis bezeichnet, siedeln sich vergrünende Streptokokken, die bei einer transitorischen Bakteriämie nach kleinen Verletzungen im Mundbereich, z. B. bei Zahnextraktionen oder Taschensanierung in die Blutbahn gelangt sind, auf vorgeschädigten Herzklappen an. Die Herzklappe ist in der Regel narbig verändert, meist aufgrund eines akuten rheumatischen Fiebers im Gefolge einer Infektion mit β-hämolysierenden Streptokokken der Gruppe A.

Dadurch kommt es zu Veränderungen der hämodynamischen Verhältnisse, Thrombozytenzerfall und infolgedessen zu Fibrinablagerungen auf der Klappe. Die vorbeiströmenden Erreger bleiben im Fibrinnetz hängen, wo sie sich vermehren können. Die Vermehrung wird begünstigt, weil die lokale Infektabwehr schwach ist, da die Phagozyten mit dem Blutstrom weggeschwemmt werden, und weil die Fibrinschicht die Bakterien schützt. Die Erreger vermehren sich, weiteres Fibrin lagert sich auf und wenn sich der Zyklus oft genug wiederholt hat, entsteht ein als **Vegetation** bezeichneter Thrombus. Die Vegetationen können sich ablösen und als Thromben **Embolien** mit entsprechender Symptomatik in Hirnarterien, Koronararterien und den Arterien anderer Organe verursachen (◘ Abb. 26.8).

■■ Klinik

Im Fokus stehen wieder Karies und Endokarditis.

Karies Klinisch ist sie durch Defekte im Zahnschmelz gekennzeichnet, die sich auf das Dentin ausbreiten können, das in der Folge aufweicht und das Vordringen der Karies in Richtung Zahnpulpa ermöglicht. (► Kap. 126). Die Irritation der Pulpa (Pulpitis) führt zu Zahnschmerzen.

Endocarditis lenta Manchmal besteht ein anamnestischer Zusammenhang zu vorausgegangenen Zahnextraktionen, Tonsillektomie, Endoskopien oder Blasenkatheterisierungen.

Der klinische Verlauf der Endocarditis lenta ist gewöhnlich subakut. Charakteristisch sind Herzgeräusche und weicher Milztumor. Der Patient klagt

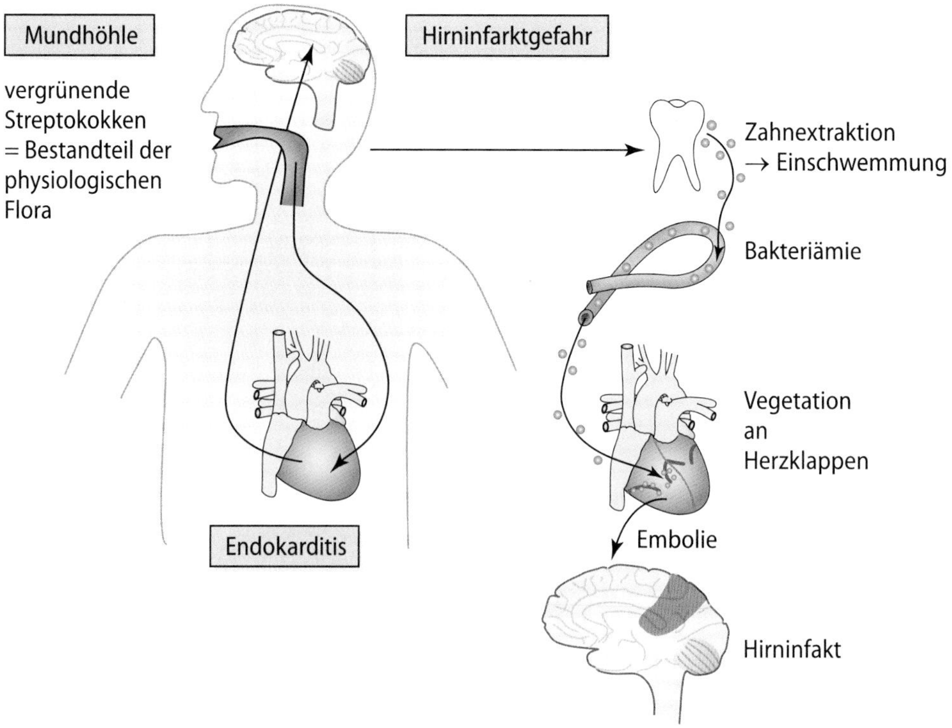

◘ **Abb. 26.8** Pathogenese der Endocarditis lenta

über Abgeschlagenheit, Nachtschweiß und Gelenkschmerzen. Die Körpertemperatur ist oft subfebril und hält wochenlang an. Bei der Untersuchung fallen Herzgeräusche und Pulsbeschleunigung auf, in der Haut petechiale Blutungen. An den Fingerspitzen können sich die sog. **Osler-Knoten** bilden: subkutane, erythematöse Papeln. Unter den Fingernägeln finden sich lineare sog. Splitter- oder Splinterblutungen. Das Gesicht kann eine bräunliche Färbung annehmen **(Café-au-Lait-Gesicht).** Embolien im Hirn äußern sich in apoplektischen Insulten und können, weil die Thromben Bakterien enthalten, zu Hirnabszessen führen. Die zunehmende Klappendestruktion endet in einer Herzinsuffizienz.

An künstlichen Herzklappen sind vergrünende Streptokokken meist als Erreger der Spätendokarditis zu finden, d. h. mehr als 2 Monate nach Implantation der Kunstklappe.

▪▪ Immunität

Gegen vergrünende Streptokokken gibt es keine spezifische Immunität.

▪▪ Labordiagnose

Der Schwerpunkt liegt bei Endocarditis lenta in der Anzüchtung der Erreger aus Blutkulturen und der anschließenden biochemischen Differenzierung.

Untersuchungsmaterial 4–6 Blutproben werden, optimal im Temperaturanstieg, innerhalb von 24 h entnommen und in vorgewärmten Blutkulturflaschen ins Labor gebracht.

Mikroskopie Die vergrünenden Streptokokken erscheinen als Kettenkokken.

Anzucht Die Anzucht gelingt auf Basiskulturmedien, z. B. auf Blutagarplatten, die Schafblut enthalten. Dort bilden die vergrünenden Streptokokken kleine Kolonien mit 0,5–1,0 mm Durchmesser, die von einem α-Hämolysehof umgeben sind.

Biochemische Differenzierung Für die Speziesidentifizierung kommen neben biochemischen Verfahren molekulargenetische zur Anwendung. Differenzialdiagnostisch besonders wichtig ist die Abgrenzung von den Pneumokokken (Optochinempfindlichkeit oder Gallelöslichkeit) und den Enterokokken (Salzresistenz und Äskulinspaltung; ▶ Kap. 27).

▪▪ Therapie

Dargestellt werden Antibiotikaempfindlichkeit und therapeutisches Vorgehen.

Antibiotikaempfindlichkeit Viridans-Streptokokken sind primär empfindlich gegenüber Penicillin G, Aminopenicillinen und Cephalosporinen. Gegenüber Aminoglykosiden sind sie, wenn nicht in Kombination mit β-Laktam-Antibiotika gegeben, unempfindlich.

Therapeutisches Vorgehen Therapie der Wahl bei Endocarditis lenta ist die hochdosierte Gabe von Penicillin G über 4 Wochen in Kombination mit einem Aminoglykosid in den ersten 2 Wochen. Damit wird ein synergistischer bakterizider Effekt erreicht: Penicillin G lockert die Peptidoglykanschicht auf, was den Einstrom von Aminoglykosiden in das Innere der Bakterienzelle erleichtert, sodass die Aminoglykoside nun ihren intrazytoplasmatischen Wirkort an den Ribosomen erreichen. Die genaue Penicillindosis sowie die Therapiedauer und die Notwendigkeit der Kombination mit einem Aminoglykosid hängen von der Penicillin-MHK des Isolates ab, eine MHK s. ▶ Kap. 19.8 muss für die Therapieplanung also vorliegen.

▪▪ Prävention

Im Fokus stehen wieder Karies und Endokarditis.

Karies Zu den wichtigsten vorbeugenden Maßnahmen gehört eine adäquate Mundhygiene (Zähneputzen, Entfernen der Plaque, ▶ Kap. 126).

Endocarditis lenta Patienten mit künstlichen oder vorgeschädigten Herzklappen sollten vor jedem Eingriff, der eine Bakteriämie auslösen könnte – d. h. vor Zahnextraktionen, Taschensanierungen, Operationen, aber auch vor endoskopischen Eingriffen und Katheterisierung – prophylaktisch Amoxicillin erhalten, bei Penicillinallergie Erythromycin oder Clindamycin.

> **In Kürze: Vergrünende Streptokokken und nichthämolysierende Streptokokken**
>
> - **Bakteriologie:** Grampositive, fakultativ anaerob wachsende Kettenkokken mit α-Hämolyse, ohne Gruppenantigen und ohne Kapsel.
> - **Resistenz gegen äußere Einflüsse:** Relativ empfindlich gegen Umwelteinflüsse.
> - **Vorkommen:** Physiologische Bakterienflora auf Haut und Schleimhäuten des Menschen.
> - **Epidemiologie:** Weltweit verbreitet.
> - **Rolle als Krankheitserreger:** Erreger der Karies, der subakuten bakteriellen Endokarditis (E. lenta), dentogener Abszesse.
> - **Zielgruppe:**
>   - **Karies:** Menschen mit mangelnder Zahnhygiene (Plaquebildung).
>   - **Endocarditis lenta:** Menschen mit vorgeschädigten Herzklappen (rheumatische Genese).
> - **Pathogenese:**
>   - **Karies:** Mangelnde Zahnhygiene → Plaquebildung → Erregerabsiedlung und Vermehrung →

26

Matrixbildung → Ansiedlung sekundärer Erreger mit anaerobem Metabolismus → Milchsäureentstehung → Auflösung des Zahnschmelzes.
  - **Endocarditis lenta:** Verletzung im Mundbereich → transiente Bakteriämie → Absiedlung auf vorgeschädigter Herzklappe → Entstehung von Vegetationen → Embolien mit entsprechender Symptomatik.
- **Zielgewebe:**
  - **Karies:** Fissuren, parodontale Taschen.
  - **Endocarditis lenta:** Vorgeschädigte Herzklappen.
- **Klinik:**
  - **Karies:** Zahnfäule, Schmelzdefekte, Pulpitis, Pulpagangrän.
  - **Endocarditis lenta:** Anamnestisch häufig Zahnextraktion, subakuter Verlauf, petechiale Hautblutungen, Herzgeräusch, weicher Milztumor.
- **Labordiagnose:** Wiederholte Blutkulturen.
  - **Erregernachweis:** Anzucht auf bluthaltigen Nährböden.
  - **Identifikation:** Hämolyseverhalten und biochemische Leistungsprüfung.
- **Therapie:**
  - **Karies:** Zahnsanierung.
  - **Endocarditis lenta:** Hochdosierte Penicillin-G-Gabe in Kombination mit einem Aminoglykosid (Synergismus).
- **Prävention:** Endokarditisprophylaxe v. a. bei Zahnextraktion und schon bestehender Herzklappenschädigung mit Amoxicillin.

Weiterführende Literatur

Barnard JP, Stinson MW (1996) The alpha-hemolysin of Streptococcus gordonii is hydrogen peroxide. Infect Immun 64:3853–3857

Jambotkar SM, Shastry P, Kamat JR, Kinare SG (1993) Elevated levels of IgG specific antimyosin antibodies in acute rheumatic fever (ARF): differential profiles of antibodies to myosin and soluble myocardial antigens in ARF, acute glomerulonephritis and group A streptococcal pharyngitis. J Clin Lab Immunol 40(4):149–161

Kirvan CA, Swedo SE, Heuser JS, Cunningham MW (2003) Mimicry and autoantibody-mediated neuronal cell signaling in Sydenham chorea. Nat Med 9:914–920

Metzgar D, Zampolli A (2011) The M protein of group A Streptococcus is a key virulence factor and a clinically relevant strain identification marker. Virulence 2:402–412

Parks T, Smeesters PR, Curtis N, Steer AC (2015) ASO titer or not? When to use streptococcal serology: a guide for clinicians. Eur J Clin Microbiol Infect Dis 34(5):845–849

Enterokokken und weitere katalasenegative grampositive Kokken

Sören Gatermann

Enterokokken bilden eine Gattung grampositiver Kettenkokken und werden nunmehr (Bergeys Manual 2009) der Familie der Enterococcaceae zugeordnet (◘ Tab. 27.1). Durch den Besitz des D-Polysaccharids in der Wand sind sie mit den D-Streptokokken verwandt, verursachen aber keine β-Hämolyse. Die Gattung umfasst die medizinisch relevanten Spezies Enterococcus (E.) faecalis und E. faecium (◘ Tab. 27.2). Enterokokken sind von zunehmender Relevanz wegen der Zunahme antibiotikaresistenter Stämme auf Intensivstationen und wegen der Problematik der Vancomycinresistenz bei E. faecium. Von den Enterokokken sind andere katalasenegative grampositive Kokken abzugrenzen.

27.1 Enterococcus faecalis und Enterococcus faecium

Steckbrief

E. faecalis und E. faecium sind wichtige Erreger meist nosokomialer Harnweginfektionen und von Sepsis sowie gelegentlich Endokarditis (◘ Tab. 27.2).

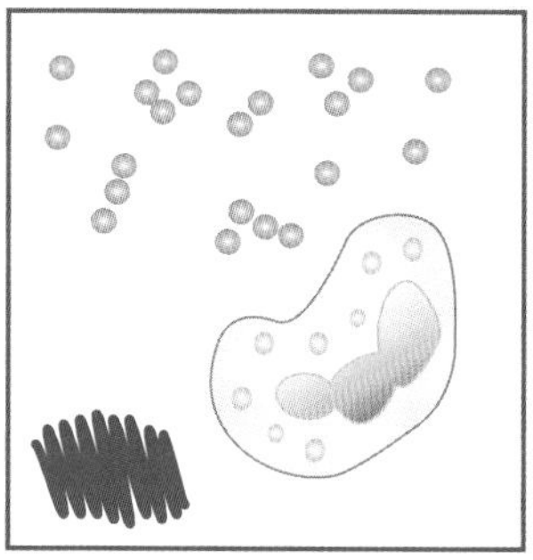

Enterokokken: grampositive Kokken, entdeckt 1899 von Thiercelin (im Darm) und MacCallum und Hastings (bei Endokarditis), Abgrenzung von Streptokokken 1984 von K. H. Schleifer und R. Kilpper-Balz

27.1.1 Beschreibung

▪ **Aufbau**

Dazu gehören:

Murein Enterokokken zeigen den typischen Wandaufbau grampositiver Kokken mit einer mehrlagigen Peptidoglykanschicht (▶ Abschn. 23.2.7).

◘ Tab. 27.1 Enterococcus: Gattungsmerkmale

Merkmal	Ausprägung
Gramfärbung	Grampositive Kokken
Aerob/anaerob	Fakultativ anaerob
Kohlenhydratverwertung	Fermentativ
Sporenbildung	Nein
Beweglichkeit	Nein (Ausnahmen kommen vor)
Katalase	Negativ
Oxidase	Negativ
Besonderheiten	Vermehrung bei 6,5 % NaCl

◘ Tab. 27.2 Enterokokken: Arten und Krankheiten

Art	Krankheiten
E. faecalis, E. faecium	Sepsis
	Endokarditis
	Harnweginfektionen
	Peritonitis
	Cholezystitis, Cholangitis
	Weichgewebeinfektionen
	Wundinfektionen (Brandwunden)
	Katheterassoziierte Infektionen

S. Suerbaum et al. (Hrsg.), *Medizinische Mikrobiologie und Infektiologie*,
https://doi.org/10.1007/978-3-662-61385-6_27

Gruppe-D-Antigen Die meisten Enterokokken besitzen eine Lipoteichonsäure (LTS), das Gruppe-D-Antigen nach Lancefield.

Aggregationssubstanz (AS) Dieses Zellwandprotein bindet sich an Rezeptoren für Fibronektin und Integrine.

- **Extrazelluläre Produkte**

Enterokokken sezernieren mehrere Enzyme, die bei Invasion, Etablierung und Schädigung eine Rolle spielen, so Gelatinase, Hyaluronidase, Zytolysin A.

- **Resistenz gegen äußere Einflüsse**

Enterokokken widerstehen extremen Bedingungen wie Hitze (45 °C), hohem pH (9,6) und hohen Salzkonzentrationen (6,5 % NaCl) sowie Galle. Die Resistenz gegen hohe Salzkonzentrationen wird diagnostisch genutzt.

- **Vorkommen**

Enterokokken bilden einen Teil der physiologischen Dickdarmflora des Menschen und zahlreicher Säugetiere sowie von Vögeln. Sie überleben im Darm aufgrund ihrer Resistenz gegen Galle.

27.1.2 Rolle als Krankheitserreger

■■ Epidemiologie

In 90 % tritt E. faecalis und in 10 % E. faecium als Krankheitserreger in Erscheinung. Durch die Zunahme abwehrgeschwächter Patienten in Krankenhäusern und aufgrund ihrer Selektionierung durch die Therapie mit Cephalosporinen haben sie an Bedeutung gewonnen. Im ambulanten Bereich treten systemische Erkrankungen bei i. v. Drogenabhängigen und bei Patienten mit vorgeschädigten Herzklappen auf; Enterokokken verursachen 5–15 % aller Endokarditiden.

■■ Übertragung

Enterokokkeninfektionen entstehen endogen. Quelle ist der Darm, von dem aus die Bakterien nach Perforationen (Peritonitis) oder durch Schmierinfektionen (Harnweginfektion) zu Infektionen führen können.

■■ Pathogenese

An der Pathogenese der Enterokokkeninfektion ist eine Vielzahl von Virulenzfaktoren beteiligt, deren Zusammenspiel bisher nur unvollständig verstanden wird (Abb. 27.1). Die LTS der Zellwand ist an der Adhärenz sowie über eine Komplementaktivierung an der Entzündung beteiligt.

■■ Klinik

Zu erwähnen sind:

Harnweginfektionen Enterokokken sind nach E. coli das zweithäufigste Isolat bei nosokomial erworbenen Harnweginfektionen.

Peritonitis Bedingt durch ihren natürlichen Standort im Darm können Enterokokken an Infektionen nach Darmtrauma oder -OP beteiligt sein.

Weichgewebeinfektionen Enterokokken werden häufig aus Operationswunden, Dekubitalulzera und diabetisch bedingten Fußinfektionen isoliert, meist zusammen mit gramnegativen Stäbchen und obligaten Anaerobiern. Ihre pathogenetische Relevanz ist dann häufig zweifelhaft.

Sepsis Die Sepsis durch Enterokokken entsteht meist urogen oder enterogen. Bei unreifen Neugeborenen tritt sie gelegentlich als Early-Onset-Syndrom auch mit Meningitis vergesellschaftet auf (▶ Kap. 26).

Endocarditis lenta Ähnlich wie vergrünende Streptokokken befallen Enterokokken bevorzugt vorgeschädigte Herzklappen, werden jedoch auch in zunehmendem Maße von Klappenimplantaten isoliert.

Infektionen des Respirationstrakts Der Nachweis von Enterokokken im Respirationstrakt weist praktisch immer auf eine durch Antibiotika geförderte Kolonisation hin.

■■ Immunität

Antikörper bewirken in vitro die Phagozytose und Abtötung von Enterokokken durch neutrophile Granulozyten.

■■ Labordiagnose

Der Schwerpunkt liegt in der Anzucht der Erreger und ihrer anschließenden biochemischen Differenzierung sowie in der Erstellung eines Antibiogramms.

Untersuchungsmaterialien Je nach Lokalisation des Prozesses eignen sich Urin, Blut, Peritonealexsudat oder Eiter.

Anzucht Enterokokken lassen sich leicht anzüchten. Auf Schafblutagar verursachen sie keine bzw. nur eine leichte α-Hämolyse.

Identifizierung Mikroskopisch imponieren Enterokokken als grampositive Kettenkokken.

Interpretation Ähnlich wie bei koagulasenegativen Staphylokokken ist die richtige Interpretation eines

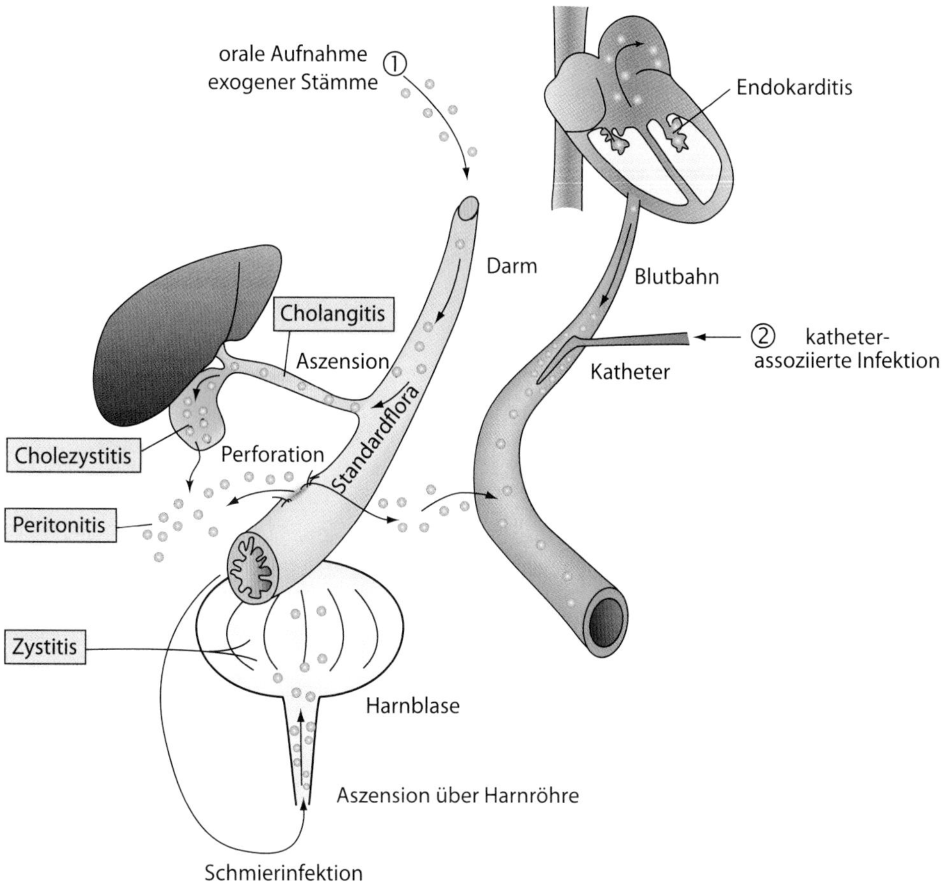

Abb. 27.1 Pathogenese der Enterokokkeninfektionen

Enterokokkenbefundes entscheidend, weil es gilt, Kolonisationskeime von eigentlichen Erregern abzugrenzen. Insbesondere von Intensivpatienten lassen sich Enterokokken häufig isolieren (z. B. aus Respirationstraktsekreten, aus Urin), da sie durch den Einsatz von Cephalosporinen und Aminoglykosiden selektioniert werden (Ersatzflora unter Antibiotikatherapie). Dabei bleibt die Frage häufig ungeklärt, ob das Isolat pathogenetische Bedeutung hat.

▪▪ Therapie

Im Fokus stehen Antibiotikaempfindlichkeit, therapeutisches Vorgehen und die sog. VRE-Problematik.

Antibiotikaempfindlichkeit Enterokokken sind gegenüber Aminopenicillinen und Glykopeptiden empfindlich. Beachte: Alle Cephalosporine und Aminoglykoside sind gegen Enterokokken unwirksam (Enterokokkenlücke), Penicillin G und Gyrasehemmer wirken meist schlecht; auch Clindamycin und Cotrimoxazol sind unwirksam.

Therapeutisches Vorgehen Mittel der Wahl zur Behandlung von Enterokokkeninfektionen ist Ampicillin. Bei Endokarditis setzt man eine Kombination von Ampicillin mit einem Aminoglykosid (z. B. Gentamicin) ein. Diese Kombination wirkt trotz der Primärresistenz von Enterokokken gegen Aminoglykoside synergistisch bakterizid, da das primär unwirksame Aminoglykosid in die Bakterienzelle eindringen kann, wenn die Wand durch die Wirkung des β-Laktams aufgelockert ist. Es kommen jedoch Enterokokkenstämme vor, die zusätzlich zur intrinsischen Resistenz ein Aminoglykosid-inaktivierendes Enzym bilden; bei ihnen wirkt die Kombination dann nicht mehr synergistisch und man muss auf andere Antibiotikakombinationen ausweichen. Reservemittel sind Vancomycin, Teicoplanin oder Linezolid.

VRE-Problematik In den letzten Jahren sind vancomycinresistente Enterokokkenstämme (VRE) häufiger geworden. Diese sind oft auch gegen die anderen enterokokkenwirksamen Antibiotika resistent und stellen daher den Arzt vor schwer lösbare Therapieprobleme. Glykopeptidresistenz beschränkt sich fast vollständig auf E. faecium, E. faecalis-Stämme sind nur sehr selten resistent. VRE-Stämme müssen nach Antibiogramm behandelt werden.

Eine Übertragung der Vancomycinresistenz auf S. aureus, insbesondere MRSA (▶ Kap. 25), ist inzwischen auch bei Patienten beschrieben worden.

Prävention

Patienten mit vorgeschädigten Herzklappen oder mit Kunstklappen sollen bei endoskopischen Maßnahmen und einigen zahnmedizinischen Eingriffen eine Endokarditisprophylaxe (z. B. mit Amoxicillin) erhalten.

Häufig werden VRE-Träger und -Patienten wie MRSA-Träger/-Patienten strikt isoliert (▶ Kap. 21).

27.2 Weitere grampositive Kokken

Neben Staphylo-, Strepto- und Enterokokken existiert eine Reihe weiterer grampositiver Kugelbakterien, die zur Haut- und Schleimhautflora gehören, aber gelegentlich als Krankheitserreger beim Menschen in Erscheinung treten können.

Hierzu zählen die **katalasenegativen** Gattungen:

- Aerococcus (Endokarditis, Harnweginfektion)
- Gemella (selten Endokarditis oder Meningitis)
- Lactococcus (Endokarditis)
- vancomycinresistente Leuconostoc (Sepsis, Meningitis) und Pediococcus (Sepsis, Leberabszess)

Katalasepositiv sind Alloiococcus (chronische Otitis media; Rarität) und Micrococcus (häufig), der allerdings praktisch nie Infektionen verursacht.

In Kürze: Enterokokken

- **Bakteriologie:** Grampositive Kettenkokken. Häufigste medizinisch bedeutsame Arten: E. faecalis und E. faecium.
- **Vorkommen:** Im Dickdarm von Mensch und Tier.
- **Resistenz gegen äußere Einflüsse:** Primärresistenz gegen Cephalosporine (Enterokokkenlücke) und Aminoglykoside. Wachstum in Gegenwart von 6,5 % NaCl und bei pH 9,6; recht resistent gegenüber Umwelteinflüssen.
- **Epidemiologie:** Weltweit vorkommend.
- **Zielgruppe:** Abwehrgeschwächte.
- **Übertragung:** Meist endogene Infektion. Nosokomiale Übertragung möglich.
- **Zielgewebe:** Harntrakt, Herzklappen, Blutbahn.
- **Klinik:** Harnweg-, Abdominalinfektionen, Sepsis, Endokarditis.
- **Immunität:** Enterokokken hinterlassen keine Infektionsimmunität.
- **Diagnose:** Anzucht.
- **Therapie:** Aminopenicilline, bei Sepsis und Endokarditis in Kombination mit Aminoglykosiden; bei Resistenz: Vancomycin, Teicoplanin, Linezolid.
- **Prävention:** Hygienemaßnahmen zur Verhinderung der Schmierinfektion. Patienten mit VRE müssen isoliert werden. Bei Patienten mit vorgeschädigter Herzklappe: Amoxicillinprophylaxe vor endoskopischen Eingriffen.
- **Vakzination:** Nicht möglich.

Neisserien

Johannes Elias

Zum Genus Neisseria zählen die jeweils humanpathogenen Gonokokken und Meningokokken. Daneben existieren zahlreiche meist harmlose, kommensalische Neisserienarten. Neisserien besiedeln diverse Schleimhäute etwa des Respirations- und Gastrointestinaltrakts. Die Übertragung erfordert sehr engen Kontakt, da die diese Bakterien wenig umweltresistent sind und meist nur kurz außerhalb ihres Habitats überleben können. Neisserien stehen über transformationsbedingten horizontalen Genaustausch miteinander in Verbindung, wodurch die Bildung neuer Virulenztypen begünstigt wird. Die Entdeckung ihres ersten Vertreters, Neisseria gonorrhoeae, durch den deutschen Bakteriologen Albert Neisser geht auf das Jahr 1879 zurück. Im Gegensatz zu Gonokokken bilden Meningokokken eine Polysaccharidkapsel aus, die eine Serumresistenz vermittelt. Durch vorübergehendes Abschalten der Kapselbildung vermögen Meningokokken (ebenso wie Gonokokken) epitheliales Gewebe zu infiltrieren. Einmal in der Blutbahn angelangt, können Meningokokken, durch ihre Kapsel geschützt, eine Sepsis (Waterhouse-Friderichsen-Syndrom) auslösen. Neisserien sind Gegenstand der Erforschung grundlegender Pathogenitätsmechanismen wie der antigenen Variation, der Bildung retraktiler Typ-IV-Pili, einer Kapsel und funktionell variabler Oberflächenproteine.

Fallbeispiele

Ein 3 Monate alter männlicher Säugling erkrankt plötzlich mit Fieber und stark reduziertem Allgemeinzustand. Einige Stunden zuvor hat das Kind noch Wohlbefinden gezeigt, dann traten Temperaturen bis 40 °C auf, weiterhin eine Tachydyspnoe. Die Eltern informieren den ärztlichen Notdienst, dieser trifft nach 45 min ein. Dem Notarzt fällt auf, dass das Kind unruhig ist, die Fontanelle ist gespannt, an Stamm und Extremitäten finden sich Petechien. Noch vor Einweisung in die Klinik beginnt der Notarzt eine antibiotische Therapie. Im Krankenhaus lassen sich in Blutkultur und Liquor Neisseria meningitidis nachweisen. Erwähnenswert ist, das ein Geschwisterkind einige Monate zuvor ebenfalls an einer Meningokokkenmeningitis erkrankt war – es wurden daher Untersuchungen in Hinblick auf eine familiäre Disposition – z. B. einen Komplementdefekt – eingeleitet, diese waren negativ ausgefallen.

Steckbrief

Die Mitglieder der Gattung Neisseria (Neisserien) – Familie Neisseriaceae – sind gramnegative Diplokokken. ■ Tab. 28.1 enthält ihre gattungsbestimmenden Merkmale. Die Spezies Neisseria (N.) gonorrhoeae und N. meningitidis sind für den Menschen pathogen (■ Tab. 28.2).

■ Tab. 28.1 Neisseria: Gattungsmerkmale

Merkmal	Ausprägung
Gramfärbung	Gramnegative Kokken (diplo)
Aerob/anaerob	Aerob
Kohlenhydratverwertung	Oxidativ
Sporenbildung	Nein
Beweglichkeit	„twitching motility“ mittels Typ-4-Pili
Katalase	Positiv
Oxidase	Positiv
Besonderheiten	N. gonorrhoeae zeigt Kolonievariationen
	N. meningitidis kann Polysaccharidkapsel bilden

S. Suerbaum et al. (Hrsg.), *Medizinische Mikrobiologie und Infektiologie*,
https://doi.org/10.1007/978-3-662-61385-6_28

Tab. 28.2 Neisserien: Arten und Krankheiten

Art	Krankheit
N. gonorrhoeae	Gonorrhö, disseminierte Gonokokkeninfektion (DGI), Arthritis
N. meningitidis	Meningitis, Sepsis, Waterhouse-Friderichsen-Syndrom
Kommensalische Neisserien	Schleimhautnormalflora

28.1 Neisseria gonorrhoeae (Gonokokken)

Steckbrief

N. gonorrhoeae ist der Erreger der Gonorrhö (GO, „Tripper") und anderer übertragbarer Erkrankungen wie der Gonoblennorrhö des Neugeborenen, eitriger und reaktiver Arthritiden sowie von Sepsis und aufsteigenden Genitalinfektionen („pelvic inflammatory disease", PID). Der Breslauer Dermatologe Albert Neisser (1855–1916) führte 1879 den mikroskopischen Nachweis von Gonokokken im Harnröhreneiter eines Gonorrhöpatienten und im Konjunktivalabstrich bei der gonorrhoischen Säuglingskonjunktivitis.

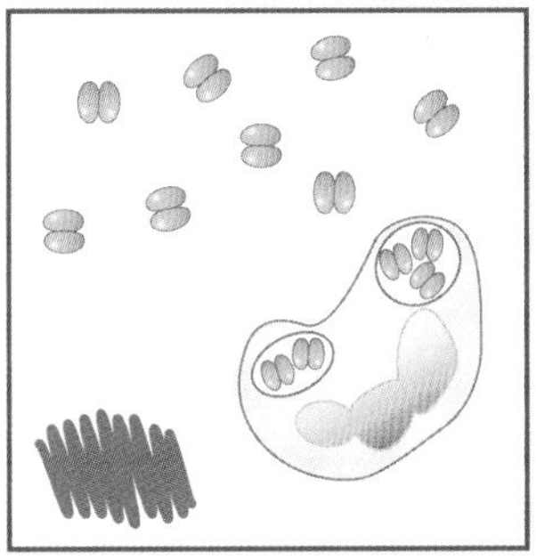

Neisseria gonorrhoeae: semmelförmige gramnegative Diplokokken, z. T. intragranulozytär, entdeckt 1879 von A. Neisser

28.1.1 Beschreibung

Aufbau

Der Aufbau der Gonokokken entspricht dem gramnegativer Bakterien (► Kap. 23). Ein wichtiges Merkmal der Neisserien ist ihre **variable Oberflächenbeschaffenheit.** Mittels antigener Variation entziehen sich die Erreger der humoralen Immunantwort und passen sich mit diesem Prozess optimal an die Bedingungen im menschlichen Wirt an.

Lipooligosaccharide Die äußere Membran enthält variable Lipooligosaccharide (LOS), die an der Auslösung entzündlicher Reaktionen, z. B. nach Initiierung einer Signalkaskade durch den Toll-ähnlichen Rezeptor TLR4, beteiligt sind. Bestimmte variante Formen des LOS können Sialinsäure binden und eine kapselartige Struktur ausbilden, die Serumresistenz vermittelt und für das extrazelluläre Überleben der Gonokokken wichtig ist. Allerdings fehlt den Gonokokken im Gegensatz zu den Meningokokken eine typische Polysaccharidkapsel.

Pili Die Pili der Gonokokken, feine und lange polymere Anhängsel, dienen den Erregern zur initialen Verankerung in der menschlichen Schleimhaut. Gonokokken bilden Typ-IV-Pili aus, die ausgefahren und wieder zurückgezogen werden können. Sie vermitteln die „twitching motility", eine Sonderform der bakteriellen Beweglichkeit. Die Bindung an bisher nicht näher bekannte epitheliale Rezeptoren wird über das an der Pilusspitze positionierte PilC-Protein vermittelt. Darüber hinaus sind die Pili an der Bildung interbakterieller Netzwerke in der Form von Mikrokolonien beteiligt. Die Pili sind zwar stark immunogen, jedoch täuschen sie das Immunsystem durch antigene Variation ihrer Hauptuntereinheit (Pilin, PilE) und verhindern so ihre Erkennung durch Antikörper.

Oberflächenadhäsine Die phasenvariablen Opa-Proteine („opacity-associated") der äußeren Membran vermitteln direkten Kontakt der Erreger mit Wirtszellen und bereiten die Zellinvasion vor. Opa-Proteine binden entweder an Heparansulfat-Proteoglykan-(HSPG-)Rezeptoren oder an Mitglieder der karzinoembryogenen Rezeptorfamilie (CEACAM) auf Epithelzellen, Fibroblasten, Endothelzellen und Phagozyten. Die Expression der Opa-Proteine scheint nicht während des gesamten Infektionszyklus eingeschaltet zu sein. So sind über der Hälfte der Isolate aus infizierten Salpingen Opa-negativ.

Weitere Oberflächenproteine Rezeptoren für Transferrin und Laktoferrin sind für die Zufuhr essenziellen Eisens aus der Umgebung notwendig. Auf Porin, dem Hauptprotein der äußeren Membran, beruhte die Serotypisierung der Gonokokken. Dieser Virulenzfaktor kann auch in die Membran der infizierten Zelle oder in ihre Mitochondrien eingeschleust werden, wo er die Apoptose auszulösen scheinen.

Extrazelluläre Produkte

Das Enzym **IgA1-Protease (IgAase)** vermag menschliche IgA1-Antikörper in der Gelenkregion zu spalten. Durch diesen Mechanismus wird vermutlich die IgA-abhängige lokale Immunität der Schleimhäute gestört und die Etablierung des Erregers erleichtert (◘ Abb. 28.1). Darüber hinaus wurden weitere zelluläre Substrate der IgAase gefunden. Die IgA-Protease scheint jedoch nicht für die Virulenz des Erregers essenziell zu sein.

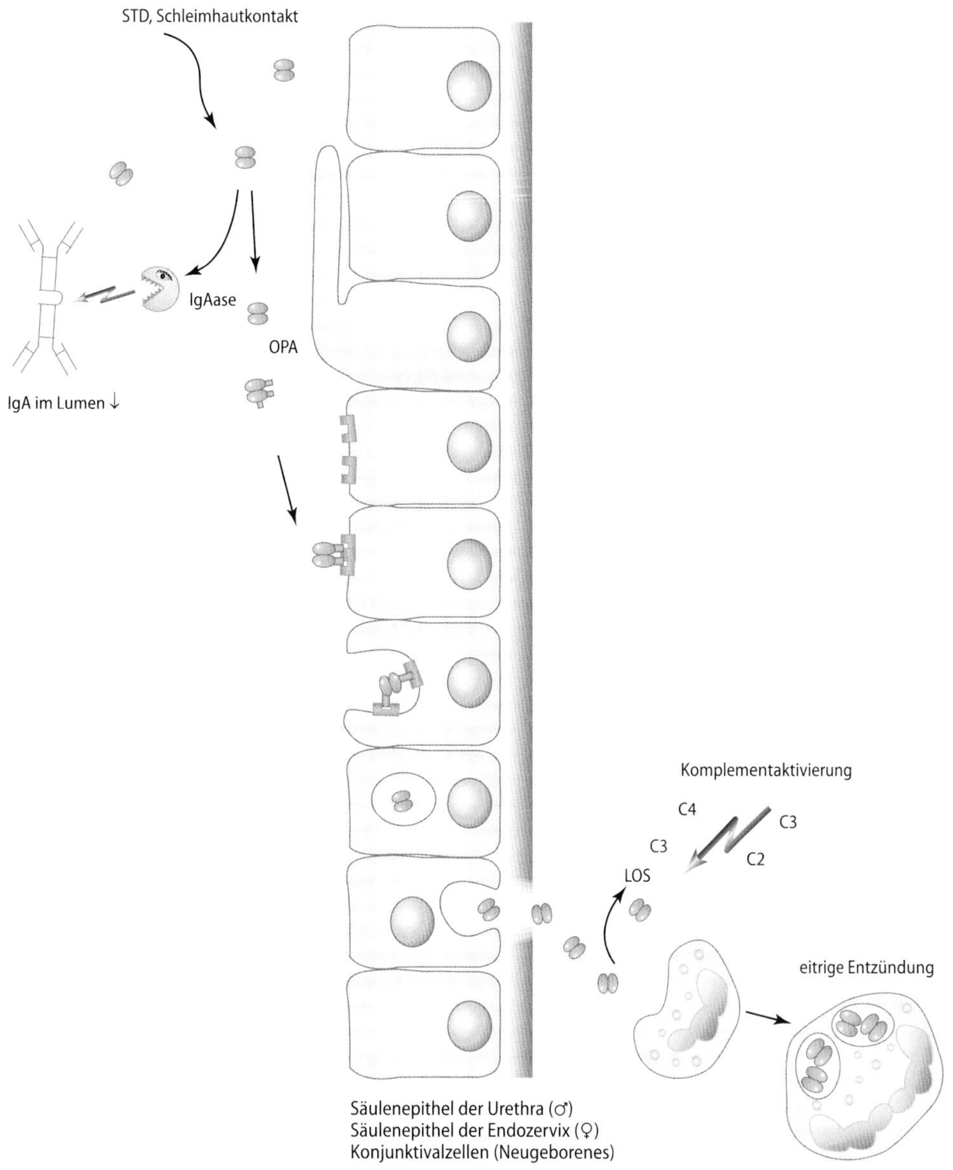

Abb. 28.1 Pathogenese der Gonorrhö (LOS, Lipooligosaccharid; OPA, Oberflächenadhäsin)

Resistenz gegen äußere Einflüsse

Gonokokken sind gegen äußere Einflüsse sehr empfindlich. Bei pH-Werten >8,6 und Temperaturen >41 °C sterben sie ab. Besonders empfindlich sind sie gegen Austrocknung. Deshalb erfordert der kulturelle Nachweis den schnellen Versand in nutritiven oder nichtnutritiven Transportmedien. Neuere Abstrichsysteme können die Lebensfähigkeit der Gonokokken besonders gut erhalten; sie bestehen aus geflockten Nylontupfern, die in flüssigen Amies-Medien transportiert werden.

Vorkommen

Der Mensch ist der einzige Wirt. Dort siedelt sich der Erreger auf Schleimhäuten an.

28.1.2 Rolle als Krankheitserreger

Epidemiologie

Gonokokkeninfektionen sind weltweit verbreitet. Die Inzidenz der Gonorrhö in Deutschland ist aufgrund des Fehlens einer Meldepflicht nicht genau bekannt. Es wird geschätzt, dass in Europa ca. 20 Neuerkrankungen pro 100.000 Einwohner auftreten, wobei hauptsächlich Menschen unter 25 Jahren betroffen sind. Fast die Hälfte der Neuerkrankungen sind Männer, die Sex mit Männern haben (MSM). Im Vergleich zu Europa sind die Inzidenzraten in den USA mehr als 5-mal so hoch, wobei Afroamerikaner überproportional betroffen sind. Bei der Betrachtung der Inzidenzraten ist jedoch in jedem Fall von einer hohen Dunkelziffer auszugehen.

Die Übertragung wird durch asymptomatische Verläufe unterstützt. So sind bis zu 40 % der urethralen Infektionen des Mannes und der Großteil der zervikalen Infektionen der Frau asymptomatisch. Auch pharyngeale und rektale Infektionen sind in der Regel symptomlos. Die Aufdeckung dieser stillen Überträger erfordert eine ausführliche Sexualanamnese und nachfolgende gezielte Untersuchung.

▪▪ Übertragung

Gonokokken werden überwiegend durch engen Schleimhautkontakt, meist im Rahmen des Geschlechtsverkehrs, übertragen. Neugeborene infizieren sich beim Durchtritt durch den Geburtskanal einer infizierten Mutter an den Konjunktiven (Ophthalmia neonatorum).

▪▪ Pathogenese

Im Einzelnen sind folgende Aspekte wichtig:

Gewebereaktion Die Gonokokkenerkrankung ist typischerweise eine eitrige Entzündung.

Adhäsion Beim Mann heften sich die Gonokokken mittels ihrer Pili an die Rezeptoren der Plasmamembran der Säulenepithelzellen der Urethra; bei der Frau an Rezeptoren der Säulenepithelzellen der Endozervix, seltener der Urethra, beim Neugeborenen und bei Schmierinfektionen an die Rezeptoren der Konjunktivalzellen. Auch Schleimhautzellen von Rachen und Mastdarmkönnen infiziert werden (◘ Abb. 28.1).

Invasion Die Gonokokken werden Opa-abhängig von den Epithelzellen endozytiert, in Vakuolen zur Basalmembran transportiert und dort u. a. durch Exozytose in die Lamina propria ausgestoßen (◘ Abb. 28.1).

Gewebeschädigung Durch die Freisetzung von Peptidoglykanfragmenten und Lipooligosaccharid, die als „pathogen associated molecular patterns" (PAMP) beim Zerfall der Gonokokken von Wirtszellen detektiert werden, kommt es zur Aktivierung von Komplement und zur Freisetzung von Entzündungsmediatoren (z. B. C3a, C5a, TNF-α), die ihrerseits Granulozyten anlocken (◘ Abb. 28.1). Es entwickelt sich eine eitrige Entzündung, in deren Verlauf die Granulozyten Gonokokken phagozytieren. Ein Teil der phagozytierten Erreger kann allerdings intrazellulär überleben. Man sieht die Erreger bei frischen Infektionen daher typischerweise intrazellulär in Granulozyten.

Da Gonokokken sehr empfindlich gegen die bakteriolytische Wirkung von Komplement sind, werden die meisten extrazellulär verbliebenen Gonokokken durch Komplementwirkung über den alternativen Weg der Komplementaktivierung (▶ Kap. 10) abgetötet.

▪▪ Klinik

Es gibt diverse unterschiedliche Manifestationen:

Gonorrhö des Mannes 2–6 Tage nach Infektion tritt ein juckendes Gefühl in der Urethra auf, dem ausgeprägte urethritische Symptome und eitriger Fluor folgen (◘ Abb. 28.2). Im Eiter liegen die gramnegativen Diplokokken im Innern polymorphkerniger Granulozyten. Zeichen einer Allgemeininfektion, auch Leukozytose, können fehlen.

Die Entzündung kann über die Schleimhaut aufsteigen und die peri- und bulbourethralen Drüsen, sowie Epididymis, Vesicula seminalis und Prostata befallen. In diesen Fällen entwickeln sich Zeichen einer Allgemeininfektion, z. B. eine Leukozytose.

Unbehandelt verschwindet die Gonorrhö beim Mann im Verlauf einiger Wochen. Allmorgendlicher eitriger Ausfluss kann über Monate bestehen bleiben **(Bonjour-Tröpfchen).**

Die Gonokokkenurethritis kann, insbesondere nach mehrfachen Infektionen, durch Vernarbung der Harnröhre eine Harnröhrenstriktur nach sich ziehen. Die gonorrhoische Epididymitis führt häufig zur **Infertilität.**

Gonorrhö der Frau Bei der Frau entwickelt sich die Entzündung in der Submukosa der Endozervix. Vaginaler Fluor tritt im Mittel 8 (3–21) Tage nach Infektion auf.

Bei der gonorrhoischen Urethritis der Frau können schmerzhafte Miktion und häufiger Harndrang auftreten. Aus der Urethra lässt sich Eiter auspressen. Seltener befallen sind die Bartholin-Drüsen und die Skené-Gänge, aus denen sich ebenfalls Eiter auspressen lässt.

Die typischen Beschwerden einer akuten Gonorrhö treten nur bei 50 % aller infizierten Frauen auf, die übrigen Fälle verlaufen **subklinisch.** Patientinnen mit subklinischer Gonorrhö kommt als potenzielle Infektionsquellen große Bedeutung zu.

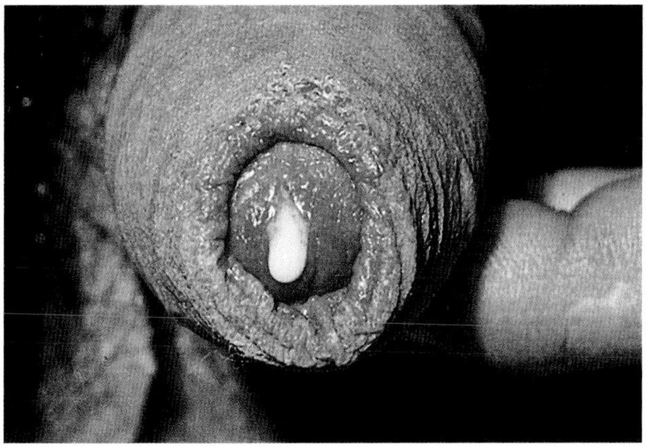

◘ **Abb. 28.2** Neisseria gonorrhoeae – eitrige Urethritis

Aszendierende Genitalinfektion („pelvic inflammatory disease", PID) Bei Frauen mit Zervizitis kann die Infektion von der Endozervix aufsteigen, um eine Endometritis, Salpingitis, Oophoritis, Parametritis oder Beckenperitonitis hervorzurufen. Man spricht in diesem Zusammenhang von der aszendierenden Genitalinfektion.

Die **akute** PID kann durch Gonokokken oder eine Infektion mit Chlamydia trachomatis und/oder Mycoplasma genitalium verursacht werden. Obwohl in Deutschland Gonokokken weitaus seltener als Chlamydien bei PID nachgewiesen werden, ist sowohl das Risiko für die Entstehung einer PID als auch die Erkrankungsschwere der PID ist bei einer Infektion mit Gonokokken höher als bei Chlamydien.

Die PID kann in ein **chronisches** Stadium übergehen, das durch Mischinfektionen mit weiteren, auch obligat anaeroben Erregern, gekennzeichnet ist. Sie hinterlässt Fibrosierungen und Verwachsungen; es folgt häufig **Tubensterilität.** Als weitere, allerdings seltene Komplikation der PID ist die Perihepatitis (Fitz-Hugh-Curtis-[FHC-]Syndrom) zu erwähnen.

Gonorrhö und Schwangerschaft Eine mögliche Manifestation der Infektion bei Schwangeren ist die bei Erwachsenen sonst untypische Kolpitis gonorrhoica. Schwangere sind zudem mit einem erhöhten Risiko einer disseminierten Gonokokkeninfektion (DGI; s. u.) und einer gonorrhoischen Arthritis belastet. Septische Aborte sind möglich, obwohl neuere Erhebungen ein erhöhtes Risiko für eine Chorioamnionitis oder Frühgeburtlichkeit infrage stellen. Die Infektion scheint jedoch mit einem niedrigen Geburtsgewicht assoziiert zu sein.

Bei vaginaler Gonorrhö der Mutter kann das Kind sich unter der Geburt infizieren und eine Pharyngitis oder Ophthalmia neonatorum zuziehen.

Extragenitale Manifestation Bei beiden Geschlechtern kann sich die Gonokokkeninfektion extragenital manifestieren:

- Die **gonorrhoische Pharyngitis** wird durch orogenitalen Verkehr übertragen. Sie verläuft oft subklinisch, kann aber auch mit Schluckbeschwerden, Halsschmerzen, Rötung des Pharynx und mukopurulentem Exsudat einhergehen. Subklinische Pharyngitiden haben eine große Bedeutung als Übertragungsreservoir, da diese auch nach scheinbar erfolgreicher Therapie bestehen bleiben können. Bei entsprechender Sexualanamnese müssen deshalb Pharyngealabstriche gewonnen werden, um die Therapie zu lenken und den Therapieerfolg zu kontrollieren.
- Die **gonorrhoische Proktitis** kann nach Analverkehr oder durch Schmierinfektionen entstehen. Sie kann mit Schmerzen im Bereich des Perineums und rektalem Ausfluss einhergehen, aber auch subklinisch verlaufen. Auch das Rektum ist bei vereinbarer Sexualanamnese auf das Vorhandensein von Gonokokken zu untersuchen.
- Die **gonorrhoische Konjunktivitis** entsteht bei Erwachsenen durch Schmierinfektion. Infiziert das Neugeborene sich beim Durchtritt durch den Geburtskanal der infizierten Mutter, entsteht eine eitrige Keratokonjunktivitis, die **Ophthalmia neonatorum (Gonoblennorrhö).** Wird nicht umgehend therapeutisch eingegriffen, kann die Gonoblennorrhö eine Perforation der Kornea und Erblindung nach sich ziehen. Im 19. Jahrhundert war die Gonoblennorrhö in Europa eine der Hauptursachen von Blindheit.

Disseminierte Gonokokkeninfektion (DGI) Die DGI ist eine seltene Komplikation der Gonorrhö, die ca. 2–3 Wochen nach Primärinfektion auftritt. Für die DGI sind komplementresistente (auch: „serumresistente") Gonokokkenstämme verantwortlich. Es kommt zu undulierendem Fieber und petechialen („vaskulitischen") Exanthemen. Sowohl reaktive als auch septische Arthritiden sind in der Folge möglich. Während Polyarthritiden meist reaktiver Genese sind, ist die Monoarthritis des Hand-, Sprung- oder Kniegelenks häufiger Folge einer bakteriellen Absiedlung. Sehr seltene Komplikationen sind die Osteomyelitis, Endokarditis und Myokarditis. Patienten mit Mangel an späten Komplementkomponenten (C5–C9) können ebenfalls an der generalisierten Gonokokkeninfektion erkranken, selbst wenn es sich bei den Erregern um komplementempfindliche Stämme handelt.

Doppelinfektion In 20–50 % aller Gonorrhöfälle liegt eine Doppelinfektion durch Gonokokken und **Chlamydia trachomatis** (▶ Kap. 50) bzw. **Mycoplasma genitalium** (▶ Kap. 49) vor. In einem solchen Fall können diese Erreger eine Urethritis aufrechterhalten, wenn die Therapie durch ein Cephalosporin lediglich die Gonokokkeninfektion beseitigt hat. Diese Form der Urethritis heißt postgonorrhoische Urethritis (PGU). Daher muss eine bakteriologische Diagnostik bei Gonorrhöverdacht immer auch eine PGU ausschließen.

Auch eine **Syphilis** kann mit einer Gonorrhö vergesellschaftet auftreten und muss daher serologisch ausgeschlossen werden (▶ Kap. 44).

■■ Immunität

Die Gonokokkeninfektion löst eine humorale und zelluläre Immunantwort aus. Gonokokken können jedoch aufgrund ihrer antigenen Variabilität, ihrer Fähigkeit, in Zellen einzudringen, und weiterer Evasionsmechanismen der Immunantwort des menschlichen Wirtes widerstehen. Gonokokkeninfektionen hinterlassen keine schützende Immunität und bei entsprechender Exposition sind wiederholte Infektionen möglich. So ist bisher auch kein Impfstoff verfügbar.

Interessanterweise scheinen aus Vesikeln der äußeren Membran hergestellte Impfstoffe (OMV-Impfstoffe; „outer membrane vesicle" (OMV; ▶ Abschn. 28.2.2)) gegen Meningokokken einen epidemiologisch messbaren protektiven Effekt gegen die Gonokokkeninfektion auszulösen. Die Ursache der Kreuzprotektion ist jedoch bisher nicht genau aufgeklärt.

28

▪▪ Labordiagnose

Die Methoden des Labornachweises umfassen Mikroskopie, kulturelle Anzucht und Nukleinsäurenachweis. Jede dieser Methoden ist für unterschiedliche Materialien geeignet.

Mikroskopie Die Mikroskopie hat beim Nachweis einer Gonokokkenurethritis des Mannes die höchste Spezifität und sollte bei Urethralabstrichen eingesetzt werden. Aus Zervix-, Rachen- oder Rektalabstrich bringt die Mikroskopie meist keine wegweisenden Hinweise. Das mikroskopische Präparat sollte unmittelbar nach Materialentnahme beurteilt werden. Im Gram- oder Methylenblaupräparat liegen Gonokokken typischerweise intrazellulär vor. Die gramnegativen Diplokokken besitzen einen Durchmesser von 0,6–1,0 µm. Meistens sind die einander gegenüberliegenden Seiten der einzelnen Kokken abgeflacht (Semmel- oder Kaffeebohnenform).

Anzucht Für den **kulturellen Nachweis** werden beim Mann Urethralabstrich und bei der Frau Abstriche von der Zervix und ggf. aus der Urethra gewonnen. Je nach Sexualanamnese sind ebenfalls Rektal- und/oder Rachenabstriche abzunehmen, da hierdurch die Sensitivität der Gesamtuntersuchung steigt. Da Gonokokken sehr empfindlich gegenüber Umwelteinflüssen sind, müssen Untersuchungsmaterialien schnell bei Raumtemperatur in Abstrichmedien vom Amies-Typ befördert werden. Neuere Abstrichtupfer mit geflockten Nylonspitzen sind besonders gut für die Kultur von Gonokokken geeignet.

Bei einer **DGI** werden Gelenkpunktat (nativ oder in Blutkulturflaschen) und Blut (in Blutkulturflaschen) gewonnen. Für die Anzucht im Labor eignen sich Spezialmedien vom Thayer-Martin- oder New-York-City-Typ, die Antibiotika zur Hemmung der Begleitflora enthalten. Für Blut, Liquor und Gelenkpunktat benutzt man Kochblutagar ohne Antibiotikazusatz. Die beimpften Kulturmedien werden bei 36 °C und 5–10 % CO_2 mindestens 72 h bebrütet. Auf Selektivmedien wachsende verdächtige Kolonien (glasig und klein), die sich mikroskopisch als gramnegative Diplokokken darstellen und oxidasepositiv sind, sind vorläufig als pathogene Neisserien zu klassifizieren. Die Bestätigung der Art (z. B. N. gonorrhoeae) erfolgt mit Enzym- und Zuckerutilisationstests (◘ Tab. 28.1) sowie mittels Massenspektrometrie (MALDI-TOF, ▶ Abschn. 19.3.1).

Nukleinsäurenachweis Für den **nichtkulturellen Nachweis,** der meist mittels PCR erfolgt, sind die Versandmodalitäten weit weniger stringent, da es nicht erforderlich ist, dass lebende Bakterien im Material bei Ankunft im Labor verbleiben. Aus diesem Grund sind längere Transportzeiten und auch (für den kulturellen Nachweis gänzlich ungeeignete) Untersuchungsmaterialien wie Urin und Vaginalabstrich für viele der kommerziell erhältlichen Nachweiskits validiert.

Kein molekulares Verfahren ist jedoch gegenwärtig für Rachen- oder Rektalabstriche zugelassen, da die Spezifität der DNA-Nachweisverfahren in Körperregionen mit einer hohen Last an kommensalen Neisserien (dies betrifft den Großteil des Respirations- und Gastrointestinaltrakts) zu niedrig ist. Die gleichzeitige Entnahme von Serum für die Syphilisdiagnostik (▶ Kap. 44) und eines Abstrichs für die Chlamydiendiagnostik (▶ Kap. 50) empfiehlt sich wegen der Gefahr von Doppelinfektionen. Fast alle zugelassenen molekularen Verfahren weisen Gonokokken und C. trachomatis gleichzeitig nach.

▪▪ Therapie

Dargestellt werden Antibiotikaempfindlichkeit und therapeutisches Vorgehen.

Antibiotikaempfindlichkeit Die seit den 1970er Jahren zunehmende Häufigkeit der Penicillinasebildung hat zur Entfernung von Penicillin aus der Liste der therapeutisch einsetzbaren Antibiotika geführt. Auch gegen Ciprofloxacin ist inzwischen mindestens jeder zweite Stamm in Deutschland resistent. Azithromycin, dessen Resistenzrate in Deutschland 2019 unter 10 % lag, kann hingegen noch in der empirischen Therapie verwendet werden. Zuletzt wurden in geringem Ausmaß auch Resistenzen gegen Cefixim und sogar Ceftriaxon beobachtet, die meist durch Mutationen im penA-Gen bedingt sind, welches das penicillinbindende Protein (PBP) kodiert.

Therapeutisches Vorgehen Das therapeutische Vorgehen hängt u. a. von der Einschätzung ab, ob der Patient die Therapie zuverlässig einnimmt (Compliance):

- Aufgrund der zunehmenden Resistenzentwicklung wird im Falle einer fraglichen Patientencompliance eine Kombination von Ceftriaxon i. m. oder i. v. und Azithromycin p. o. als Therapie 1. Wahl empfohlen.
- Aufgrund der noch niedrigen Rate an Azithromycinresistenz kann bei erwarteter guter Patientencompliance Ceftriaxon i. m. oder i. v. allein gegeben werden. Die Monotherapie mit Ceftriaxon erfasst aber in keinem Fall Chlamydia trachomatis.

Statt Ceftriaxon i. m. kann auch, als 2. Wahl, Cefixim p. o. verwendet werden. Weitere Antibiotika, wie Ciprofloxacin, Doxycyclin oder Spectinomycin können nur nach vorheriger Resistenztestung eingesetzt werden.

Prävention

Dazu zählenden folgende Maßnahmen:

Expositionsprophylaxe Bei Geschlechtsverkehr mit infizierten Personen verleihen Kondome einen hohen Grad an Schutz. Gonokokken werden sexuell übertragen. Infizierte sollten daher bis zur vollständigen Heilung enthaltsam sein.

Postexpositionsprophylaxe Bei sexuellem Missbrauch durch eine Person mit hohem Verdacht auf Infektiosität, z. B. bei bekannter Gonorrhö, besteht die Möglichkeit einer prophylaktischen Gabe von Ceftriaxon i. m. oder i. v. zusammen mit Azithromycin p. o.

Partneruntersuchung Sexualpartner der Patienten müssen unabhängig davon, ob sie klinische Symptome aufweisen oder nicht, untersucht und ggf. behandelt werden. Bei symptomatischen Patienten sollten die Sexualpartner der letzten 8 Wochen, bei asymptomatischen die der letzten 6 Monate, informiert werden.

Credé-Prophylaxe Diese präventive Maßnahme ist in Deutschland nur noch von historischem Interesse. Durch Eintropfen von 1 % Silbernitratlösung in den Konjunktivalsack Neugeborener unmittelbar nach der Geburt wurde der gefürchteten Konjunktivitis durch Gonokokken vorgebeugt. Der Leipziger Gynäkologe Karl Siegmund Franz Credé (1819–1892) führte 1881 diese Prophylaxe ein. Da ihre Anwendung selbst mit dem Risiko einer (chemischen) Konjunktivitis einhergeht, die maternale Gonorrhö gleichzeitig aber inzwischen sehr selten ist, wird sie in Deutschland nicht mehr empfohlen.

Meldepflicht Für die Gonorrhö besteht nach dem Infektionsschutzgesetz keine Meldepflicht.

In Kürze: Neisseria gonorrhoeae

- **Bakteriologie:** Gramnegative, aerob wachsende, oxidasepositive Diplokokken, anspruchsvoll. Fakultativ intrazellulär.
- **Aufbau und extrazelluläre Produkte:** Variable Oberflächenstrukturen, darunter Pili (primäre Adhärenz), Opa-Proteine (Adhärenz und Zellinvasion) und Lipooligosaccharide (Modifikation durch Sialinsäure). Extrazelluläre IgA1-Protease.
- **Resistenz gegen äußere Einflüsse:** Sehr empfindlich gegen Austrocknung und Temperaturschwankungen.
- **Vorkommen:** Mensch als einziger Wirt. Symptomarmer Verlauf bei zervikaler, rektaler oder pharyngealer Infektion begünstigt die Verbreitung.
- **Epidemiologie:** Weltweit. Die Inzidenzrate liegt in Europa bei 20 Neuerkrankungen pro 100.000 Einwohner.
- **Übertragung:** Schleimhautkontakt, Geschlechtsverkehr, sub partu.
- **Pathogenese:** Adhäsion durch Pili und Oberflächenproteine → zelluläre Invasion durch Opa-Proteine → lokale Gewebeinfiltration und eitrige Entzündung → Störung der lokalen Immunität durch antigene Variation und IgA1-Protease → Narbenbildung und Strikturen → evtl. Dissemination der lokalen Infektion (DGI).
- **Klinik:** Urethritis mit eitrigem Ausfluss beim Mann, Zervizitis mit Aszensionstendenz (PID) bei der Frau → sekundäre Sterilität.
- **Cave:** Doppelinfektion mit C. trachomatis oder M. genitalium mit der Folge einer PGU nach β-Laktam-Therapie. Proktitis und Pharyngitis sind als Begleiterkrankung möglich. Gonoblennorrhö des Neugeborenen durch Übertragung sub partu mit der Folge einer Keratokonjunktivitis mit hoher Perforationsgefahr. DGI als seltene Komplikation durch komplementresistente Stämme mit Exanthemen und Organabsiedlung ca. in 1 %. DGI auch bei Komplementdefekt.
- **Immunität:** Keine.
- **Labordiagnose:** Mikroskopie (gramnegative semmelförmige Diplokokken, intrazellulär), Kultur (nährstoffhaltiger Agar) und DNA-Nachweis.
- **Therapie:** Ceftriaxon, eventuell in Kombination mit Azithromycin. Partnerbehandlung.
- **Prävention:** Kondome. Postexpositionsprophylaxe in ausgewählten Fällen (z. B. bei sexuellem Missbrauch).
- **Meldepflicht:** Keine.

28.2 Neisseria meningitidis (Meningokokken)

Steckbrief

Meningokokken verursachen eitrige Meningitis, Sepsis und in ihrer schwersten Ausprägung das Waterhouse-Friderichsen-Syndrom.

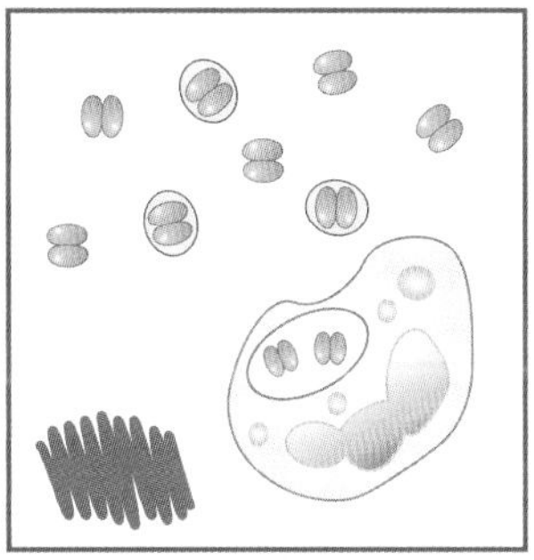

Neisseria meningitidis: semmelförmige gramnegative Diplokokken, z. T. intragranulozytär, entdeckt 1887 von A. Weichselbaum

28.2.1 Beschreibung

▪ Aufbau

Der Aufbau der Meningokokken entspricht dem der Gonokokken, d. h., sie besitzen ein variables Lipooligosaccharid (LOS) und prägen für die Adhärenz an menschliche Zellen variable Pili und Oberflächenadhäsine (Opa, Opc) aus. Als Besonderheit, die den Gonokokken fehlt, tragen sie eine **Polysaccharidkapsel.** Die Kapsel, von der 12 unterschiedliche Arten beschrieben sind, bestimmt die sog. Serogruppe der Erreger.

▪ Extrazelluläre Produkte

Meningokokken bilden wie Gonokokken eine IgA1-Protease. Durch „Blebbing" (Bläschenbildung; engl.: „bleb" für Bläschen) werden endotoxinreiche Membranvesikel freigesetzt.

▪ Resistenz gegen äußere Einflüsse

Meningokokken sind sehr empfindlich gegen Kälte, Hitze, pH-Änderungen und Austrocknung.

▪ Vorkommen

Meningokokken kommen ausschließlich beim Menschen vor. Bei Gesunden können sie die Schleimhaut des Nasopharynx besiedeln, ohne Krankheitserscheinungen auszulösen.

28.2.2 Rolle als Krankheitserreger

▪▪ Epidemiologie

Meningokokken sind weit verbreitet. Circa 10 % aller Personen sind **symptomlose Meningokokkenträger.** Das Trägertum ist abhängig von Alter (Maximum im jungen Erwachsenenalter), niedrigem sozioökonomischem Status, beengten Wohnverhältnissen und verhaltensabhängigen Faktoren wie Besuch von Clubs, Rauchen und Küssen. Das Risiko einer invasiven Erkrankung, meist in Form einer Meningitis oder Sepsis, ist bei Kleinkindern und jungen Erwachsenen erhöht. Die Inzidenzrate der Meningokokkenerkrankung hat in den letzten Dekaden, auch unabhängig von Impfung, stetig abgenommen und beträgt in Deutschland weniger als 0,5 Neuerkrankungen pro 100.000 Einwohner.

Weltweit werden mehr als 90 % aller invasiven Meningokokkeninfektionen durch die Serogruppen A, B, C, W, X und Y hervorgerufen. Bei Trägern findet man andere Serogruppen und auch kapsellose Isolate. In Deutschland herrscht die **Serogruppe B** vor. Zuletzt wurde die Gruppe C durch W als zweithäufigste Serogruppe ersetzt. Meningokokkenerkrankungen häufen sich im 1. Quartal des Jahres, und Assoziationen mit zuvor erworbener Influenza wurden beschrieben. Sie treten meist sporadisch auf.

Die Letalität der Meningokokkenerkrankung liegt durchschnittlich trotz antibiotischer Therapie bei 10 %. Meningokokkeninfektionen sind weltweit verbreitet, besonders häufig im sog. **Meningokokkengürtel,** der sich von West- bis Ostafrika (Gambia bis Äthiopien) erstreckt.

▪▪ Übertragung

Die Übertragung erfolgt durch engen Kontakt und Küssen. Meningokokken werden zwar durch Tröpfcheninfektion übertragen, ihr Besiedelungsort (vorzugsweise hinterer Rachen) bedingt aber, dass der Erreger im Gegensatz zu Mycobacterium tuberculosis oder Influenzavirus in relativ großen Tröpfchen transportiert wird, die schnell zu Boden fallen. Eine räumliche Übertragung über einen Meter Distanz ist deshalb wenig wahrscheinlich.

▪▪ Pathogenese

Sie erfolgt in folgenden Phasen:

Adhäsion Die Erreger heften sich mit ihren Typ-IV-Pili (Pilin, PilC) und anderen Oberflächenproteinen (Opa, Opc) an Epithelzellen der Nasopharyngealschleimhaut. Dort können sie wochen- oder monatelang verbleiben, ohne klinische Symptome zu verursachen (Trägerstatus).

Invasion Wenn die adhärenten Meningokokken große Mengen Opc mit den passenden Varianten von Opa bilden, werden sie von der Epithelzelle über einen phagozytoseähnlichen Prozess aufgenommen und durch die Zelle in das subepitheliale Bindegewebe transportiert (◘ Abb. 28.3). Dieser Schritt gelingt jedoch nur dann, wenn sie sehr wenig oder keine Kapselsubstanz bilden. Für eine nachfolgende hämatogene Dissemination müssen die Meningokokken Kapselpolysaccharid exprimieren.

Etablierung Der Erreger schützt sich durch seine antiphagozytäre Kapsel vor der Phagozytose. Auch vermittelt die Kapsel Schutz gegen die Zerstörung des Erregers durch Komplement. Des Weiteren schützen sich Meningokokken möglicherweise auch mittels der von ihnen gebildete IgA1-Protease gegen die Abwehr durch lokales IgA (◘ Abb. 28.3). Darüber hinaus unterliegen viele der Oberflächenproteine (z. B. PorA, PorB, Opa, Pili) einer Phasen- und Antigenvariation.

Gewebeschädigung und Interaktion mit Endothel In die Blutbahn eingedrungene Meningokokken haben die Fähigkeit, sich mittels verschiedener Adhäsionsmoleküle (Pili, Opc) an das Endothel anzuheften und

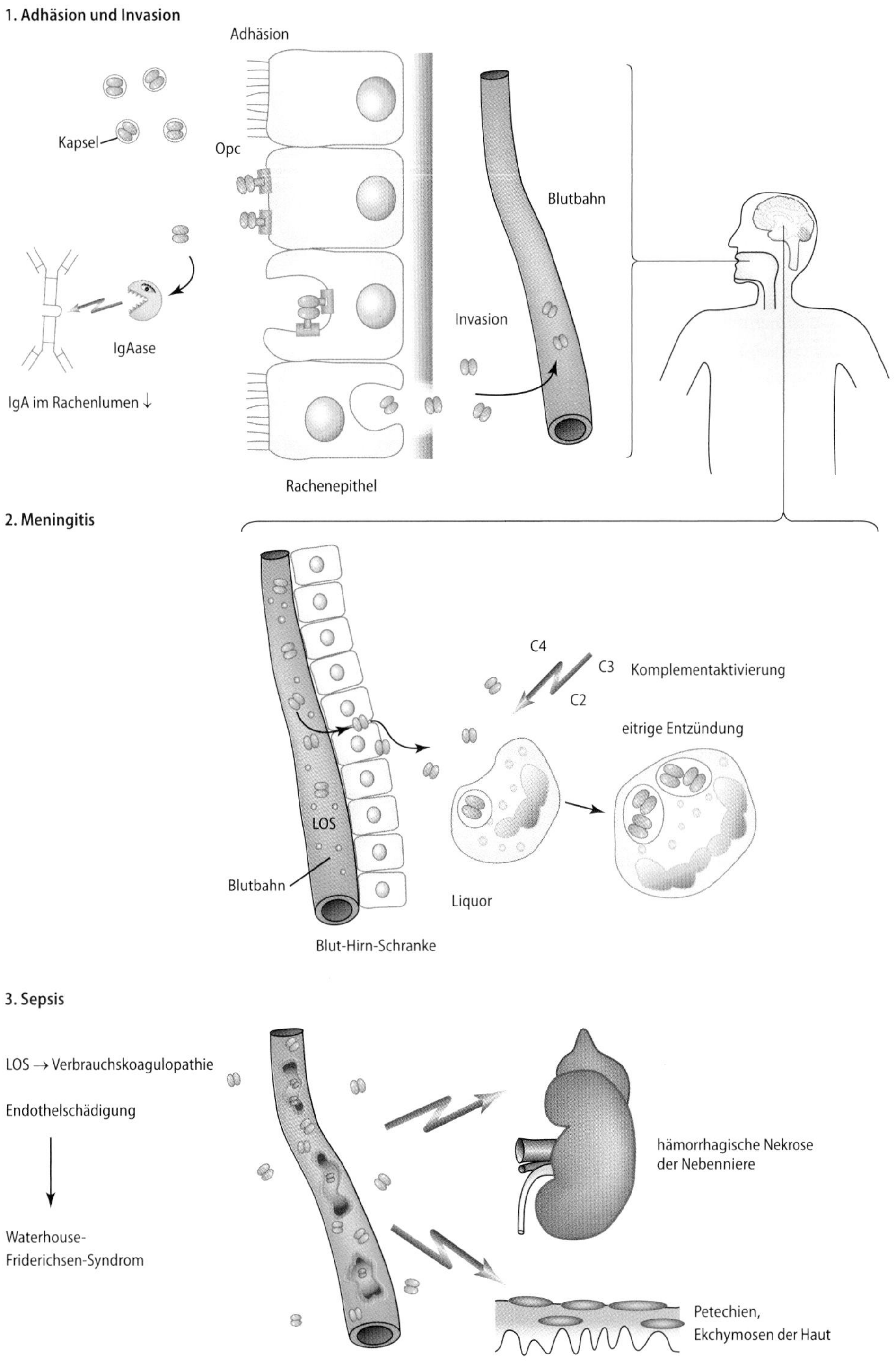

Abb. 28.3 Pathogenese der Meningokokkeninfektion: Meningitis, Sepsis, Waterhouse-Friderichsen-Syndrom (LOS, Lipooligosaccharid; Opc, Oberflächenadhäsin)

dadurch eine Reihe von Folgeschäden zu induzieren. Durch eine prothrombotische Wirkung der Bakterien werden Thrombosen in kleinsten Gefäßen mit Hämorrhagien ausgelöst, die als **Purpura** bzw. in der maximalen Ausprägung als **Purpura fulminans** bezeichnet wird.

Hautblutungen treten vorwiegend akral auf, können aber prinzipiell an allen Körperstellen auftreten. Ihr frühes Erkennen ist für die Therapielenkung überaus wichtig. Daher ist die **Untersuchung des entkleideten Patienten** unbedingt erforderlich: **Petechien** sind im Gegensatz zu viralen Exanthemen nicht wegdrückbar,

d. h., ein transparentes Trinkglas, das gegen die fragliche Stelle gedrückt wird, führt nicht zur Verblassung.

Petechien treten zwar ebenfalls bei invasiven Infektionen durch S. pneumoniae, S. pyogenes u. a. bakteriellen Erregern auf, sind aber bei Meningokokkenerkrankungen besonders häufig: 50–70 % der Patienten mit invasiver Meningokokkenerkrankungen zeigen petechiale, purpuraähnliche oder sogar konfluierende Blutungen.

In der Folge kann es, begünstigt durch für bakterielle Erkrankungen überaus hohe Erregerlasten von bis zu 10^8/ml Blut, zu einer unkontrollierten Aktivierung des Gerinnungs- und Komplementsystems kommen. Weitere mögliche Folgen sind **Schock** und **disseminierte intravasale Koagulopathie (DIC)**, die in der Extremform als **Waterhouse-Friderichsen-Syndrom** bezeichnet wird und mit hämorrhagischen Nekrosen der Nebennieren und anderer innerer Organe einhergeht.

Übertritt ins ZNS Der Erreger kann nach Überwindung der Blut-Hirn-Schranke in den Subarachnoidalraum vordringen. Auch dieser Prozess wird durch die Interaktion mit Endothelzellen vermittelt. Meningokokken sind in der Lage, sich an zerebrale Endothelzellen zu heften (Pili, Opc) und einen Prozess auszulösen, der in der Transzytose der Bakterien mündet.

Haben die Erreger den Subarachnoidalraum einmal erreicht, können sie sich unkontrolliert vermehren. In der normalen Zerebrospinalflüssigkeit ist die Konzentration von Immunglobulinen und Komplementfaktoren gering, und es gibt dort nahezu keine Phagozyten. Durch Endotoxinwirkung setzen Astrozyten, Makrophagen und Endothelzellen TNF-α und IL-1 frei, die eine **meningeale Entzündungsreaktion** induzieren.

Die Zytokine fördern auf Endothelzellen die Expression von Adhäsionsmolekülen (ICAM1, ICAM2, P-Selektin, ELAM1) und auf Leukozyten von Integrinen (CD18). Dadurch kommt es zur Einwanderung von Granulozyten in den Subarachnoidalraum und ins Hirngewebe. Im Subarachnoidalraum setzen die Granulozyten entzündungsaktive Substanzen frei, wie Proteasen, freie Sauerstoffradikale und Arachidonsäure. Die Permeabilität der Blut-Liquor-Schranke wird gesteigert. Dies ist die pathophysiologische Grundlage des **vasogenen Hirnödems.** Im weiteren Verlauf kann sich eine kapilläre Minderperfusion, entweder auf dem Boden der Leukozytenadhäsion oder auftretender Vasospasmen, mit nachfolgender Ischämie mit **Hirnödem** und Zellnekrosen ausbilden.

Durch das Hirnödem steigt bei der bakteriellen Meningitis häufig der **intrakranielle Hirndruck** an, der, wenn nicht rechtzeitig korrigiert, irreversible neuronale Schädigungen hervorrufen und den **Tod durch Atemlähmung** zur Folge haben kann.

▪▪ Klinik

Die Inkubationszeit der Meningokokkenerkrankung beträgt meist wenige Tage. Zu Beginn werden bei 50 % der Erkrankungen in der Inkubationsphase Infektionen der oberen Luftwege, z. B. eine **Pharyngitis,** berichtet, die aber vermutlich meist viraler Genese sind und die Entstehung einer Invasion begünstigen können. (Für manche virale Erreger, wie Influenzavirus, wurde eine zeitliche Abhängigkeit gezeigt.) Die andere Hälfte der Patienten erkrankt aus voller Gesundheit.

Die Meningokokkenerkrankung tritt häufig bei jüngeren Menschen ohne relevante Komorbidität auf. Bei Kindern und jungen Erwachsenen mit Verdacht auf Sepsis, deren Zustand sich in kurzer Zeit verschlechtert, muss immer die Frage gestellt werden: „Könnte es sich um eine invasive Meningokokkeninfektion handeln?" Meningokokkenerkrankungen können so fulminant verlaufen, dass sie einen zuvor Gesunden binnen weniger Stunden ad exitum bringen.

Meningitis Die eitrige Meningokokkenmeningitis entwickelt sich als klassische Manifestation bei >50 % der apparenten Meningokokkeninfektionen, wobei die Eiterung sich hauptsächlich über die Konvexität der Hirnhaut erstreckt (Haubenmeningitis). Die Patienten zeigen häufig Zeichen einer meningealen Reizung bis hin zum ausgeprägten Meningismus. Weitere Symptome sind Lichtscheu und Übelkeit.

Unbehandelt beträgt die Letalität der Meningokokkenmeningitis 85 %. Im Gegensatz dazu hat die behandelte, isolierte Meningitis (ohne Sepsis) eine Sterblichkeit von 3 %. Aufgrund intrakranieller Verklebung kommt es in ca. 15 % zu Spätschäden in Form von Hörminderung, Hörverlust, verzögerter Sprachentwicklung, Intelligenzminderung, Bewegungsstörungen, Zerebralparesen, Hirnnervenlähmungen, Epilepsie oder Verlust der Gliedmaßen.

Sepsis Die **Frühzeichen** der Meningokokkensepsis, wie Fieber, Gliederschmerzen, Hautverfärbungen und Krankheitsgefühl, sind **vollkommen unspezifisch.** Kinder können aufgrund der heftigen Gliederschmerzen z. B. eine Gehunwilligkeit oder sogar Durchfall an den Tag legen. Jeder zweite Patient, der sich in der Frühphase im Krankenhaus vorstellt, wird als virale Erkrankung fehlklassifiziert. Am wichtigsten ist deshalb die Sicherstellung einer eventuell **erneuten Kontaktaufnahme** zu jeder Tag- und Nachtzeit, da eine Verschlechterung sich innerhalb von Stunden ereignen kann. Spätere, spezifischere Zeichen der Meningokokkensepsis sind Hypotonie, Schock, Leukozytose und petechiales Exanthem.

Das **Waterhouse-Friderichsen-Syndrom** ist die fulminant verlaufende Form mit massiven Blutungen in Haut und Schleimhäuten sowie inneren Organen, septischem Schock und Verbrauchskoagulopathie

(◘ Abb. 28.4). Typischerweise entwickeln sich Blutungen in beiden Nebennierenrinden mit nachfolgender Nekrose. Die Kombination von Extravasaten, septischem Schock und intravasaler Verbrauchskoagulopathie ist mit einer hohen Letalität verbunden. Eine Herzbeteiligung im Sinne einer toxischen myokardialen Depression ist ebenfalls im Rahmen der Sepsis beschrieben.

Bei 13 % aller Patienten verläuft die Meningokokkensepsis als Waterhouse-Friderichsen-Syndrom. Dieses ist mit einer Letalität von über 40 % belastet.

Sonstige Formen Die übrigen Manifestationen der Meningokokkenerkrankung bzw. ihre Lokalisationen machen zusammen ca. 5 % aller Meningokokkenerkrankungen aus. Selten verlaufen Bakteriämien durch Meningokokken gutartig und sogar selbstlimitierend (sog. benigne Meningokokkämie). Auch sind bei MSM Urethritiden durch Meningokokken beschrieben geworden.

▪▪ Immunität

Die Abwehr von Meningokokken beruht auf der Phagozytose im Zusammenwirken von opsonisierenden Antikörpern und Komplement (▶ Kap. 10). Mit Ausnahme der Serogruppe B ist die Kapselsubstanz immunogen und Antikörper gegen die Kapselsubstanz üben als Opsonine eine schützende Wirkung aus.

Die Antikörperbildung gegen Kapselpolysaccharid B ist schwach, weil dieses Antigen gemeinsame Epitope mit humanen Gewebebestandteilen besitzt, gegen die eine natürliche Eigentoleranz besteht. Deshalb zielen Impfungen, die gegen Meningokokken der Serogruppe B schützen, auf die Immunantwort gegen Oberflächenproteine wie z. B. Faktor-H-bindendes Protein (FHbP) ab.

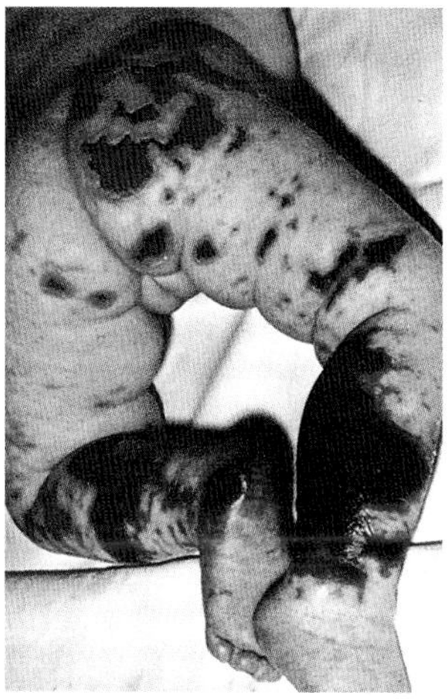

◘ **Abb. 28.4** Neisseria meningitidis – Waterhouse-Friderichsen-Syndrom

Das **Komplementsystem** ist für die Abwehr von Neisserien wesentlich. Personen mit Defekten des Properdinsystems oder angeborenem Mangel an den späten Komplementkomponenten C5–C9 neigen in besonderem Maße an Meningokokkeninfekten. Deshalb empfiehlt sich eine Untersuchung auf angeborene Komplementdefekte, wenn bei einem Individuum oder in einer Familie gehäuft invasive Infektionen auftreten.

▪▪ Labordiagnose

Aufgrund der möglichen raschen Progredienz kommt jede Labordiagnose für das Therapiemanagement zu spät. Die Einleitung der Therapie darf deshalb niemals durch labordiagnostische Bemühungen verzögert werden! Im Falle von plötzlicher Sepsis oder Meningitis bei zuvor gesunden jungen Menschen ist die Meningokokkenerkrankung in die Differenzialdiagnose aufzunehmen (s. o.) und im Zweifel in den Behandlungspfad zu integrieren. Empirische Therapieschemata zu bakterieller Meningitis und Sepsis erfassen in der Regel Meningokokken.

Schwerpunkt der mikrobiologischen Labordiagnose liegt im mikroskopischen Sofortnachweis, in der Anzucht und im Nachweis meningokokkenspezifischer DNA. Die Diagnostik der eitrigen Meningitis ist eine **Notfalldiagnostik,** d. h., sie muss unmittelbar nach Einlieferung des Patienten in die Klinik erfolgen.

Untersuchungsmaterial und Transport Zum Erregernachweis eignen sich Blut und Liquor, Petechienaspirate und evtl. Gelenkpunktate. Liquor sollte bei Raumtemperatur in kurzer Zeit in das mikrobiologische Labor transportiert werden. Ist dies nicht möglich, wird ein Teil der Probe in Blutkulturflaschen gegeben. Der Rest der Liquorprobe dient dann der mikroskopischen und molekularbiologischen Untersuchung. Petechienaspirate und Gelenkpunktate werden nur bei speziellen Fragestellungen untersucht. Prinzipiell haben sich aber gerade für antibiotisch vorbehandelte Patienten Nukleinsäure-Amplifikationsverfahren durchgesetzt, mit denen Meningokokken in Liquor, EDTA-Blut oder Serum nachgewiesen werden können (s. u.).

Mikroskopie Im Labor wird die Liquorprobe sofort zentrifugiert, nach Gram gefärbt und mikroskopiert. Die gramnegativen Kokken lassen sich nicht immer nachweisen.

Anzucht Zur Anzucht wird die Liquorprobe auf Blut- und Kochblutplatten angelegt und bei 5 % CO_2 und 35 °C bebrütet. Auf Kochblutagar bilden Meningokokken glatte, durchscheinende Kolonien mit 2–3 mm Durchmesser. Bei Verdacht auf Meningokokken müssen Untersuchungen wie Oxidase und Gramfärbung unter der Sicherheitswerkbank durchgeführt werden. Die Bestätigung der Spezies erfolgt mit Enzym- und

Zuckerutilisationstests sowie zunehmend mittels Massenspektrometrie (MALDI-TOF).

Nukleinsäurennachweis Es existieren bewährte Genloci (z. B. Fragmente des Kapseltransportgens *ctrA*), die in In-House-PCR-Verfahren für den Nachweis von Meningokokken zum Einsatz kommen. Daneben existieren Kits von kommerziellen Anbietern, die neben Meningokokken andere Erreger aus Liquor detektieren können. Der Nukleinsäurenachweis ist sinnvoll aus primär sterilem Material (z. B. EDTA-Blut, Liquor, Serum) nach Beginn einer antibiotischen Therapie, da dann die Anzucht meist erfolglos bleibt. Neben dem Nachweis ist die weitere Typisierung der Meningokokken aus Nativmaterial oft erfolgreich.

Serogruppierung und Typisierung Die für epidemiologische Erhebungen bedeutsame Bestimmung der Serogruppe erfolgt durch Objektträgeragglutination oder Amplifikation und Sequenzierung von Kapselgenen. Häufigste Serogruppe in Deutschland ist B, gefolgt von W. Mittels Genomsequenzierung können weitere Merkmale, wie z. B. Oberflächenproteine und Haushaltsenzyme, charakterisiert werden. Die Durchführung der Serogruppierung und Typisierung sollte spezialisierten Laboren (z. B. Referenzzentren) vorbehalten werden.

▪▪ Therapie

Dargestellt werden Antibiotikaempfindlichkeit und therapeutisches Vorgehen.

Antibiotikaempfindlichkeit Meningokokken sind oft empfindlich gegenüber Penicillin G sowie gegen Cephalosporine. Eine reduzierte Penicillinempfindlichkeit wird in 20 % der invasiven Isolate nachgewiesen und beruht auf Mutationen im penicillinbindenden Protein (PBP).

Therapeutisches Vorgehen Bei Verdacht auf eine invasive Meningokokkeninfektion muss aufgrund des nicht selten foudroyanten Verlaufs umgehend mit der kalkulierten Initialtherapie begonnen werden. Man verordnet Ceftriaxon i. v. über mindestens 5 Tage, weil dieses Mittel neben Meningo- und Pneumokokken die inzwischen seltenen H. influenzae und (meist) E. coli erfasst, eventuell in Kombination mit Ampicillin (▶ Kap. 116). Insbesondere septische Verlaufsformen benötigen spezialisierte intensivmedizinische Behandlung.

▪▪ Prävention

Dazu zählen folgende Maßnahmen:

Isolierung Die Ansteckungswahrscheinlichkeit in Gesundheitseinrichtungen ist gering. Trotzdem sollte der Erkrankte bis zu 24 h nach Therapiebeginn isoliert werden. Die Verwendung eines Mund-Nasen-Schutzes und ggf. einer Schutzbrille wird bei der Betreuung innerhalb dieser Zeitspanne empfohlen.

Chemoprophylaxe Sie kommt bei Kontaktpersonen invasiver Erkrankungsfälle zum Einsatz und verhindert die Besiedlung mit invasiven Meningokokken und somit Sekundärfälle der Erkrankung. Sie erfolgt bis 10 Tage nach Kontakt zum Indexpatienten. Gegenwärtig ist von einem Übergebrauch der Chemoprophylaxe auszugehen. Zielgruppe der chemotherapeutischen Prophylaxe der Meningokokkenmeningitis sind exponierte Familienmitglieder, die mit dem Erkrankten in einem Haushalt leben, und andere enge Kontaktpersonen (z. B. Sexualpartner). Indirekte Kontaktpersonen sind in keinem Fall dem Kreis der Prophylaxeempfänger zuzuordnen. Das Gesundheitsamt, nicht der Kliniker, sollte die Bestimmung des zu behandelnden Personenkreises koordinieren. Kliniker sollten bei Drängen von Familienmitgliedern die Entscheidung an das Gesundheitsamt delegieren.

Zur Prophylaxe wird Rifampicin p. o. eingesetzt, bei Personen über 18 Jahren alternativ Ciprofloxacin p. o. Für Schwangere steht Ceftriaxon i. m. oder i. v. zur Verfügung.

Schutzimpfung Seit 2006 empfiehlt die STIKO in Deutschland die Impfung aller Kinder mit Konjugatvakzine gegen Meningokokken der Serogruppe C im 2. Lebensjahr. Für Reisende, beruflich exponierte Personen (z. B. Labormitarbeiter) und gesundheitlich Gefährdete sind tetravalente konjugierte Impfstoffe gegen die Serogruppen A, C, W und Y verfügbar. Gegen die in Deutschland vorherrschende Serogruppe B gibt es seit Kurzem 2 zugelassene Impfstoffe, die rekombinant hergestellte äußere Membranproteine (Factor H binding Protein, FHbP) und teilweise Vesikel der äußeren Membran („outer membrane vesicle", OMV) beinhalten.

Meldepflicht Namentlich zu melden sind Verdacht, Erkrankung sowie Tod an Meningokokkenmeningitis und -sepsis (§ 6 IfSG). Ebenso ist der direkte Nachweis von Neisseria meningitidis aus Liquor, Blut, hämorrhagischen Hautinfiltraten oder anderen normalerweise sterilen Substraten meldepflichtig (§ 7 IfSG).

In Kürze: Neisseria meningitidis

- **Bakteriologie:** Gramnegative, semmelförmige Diplokokken. Polysaccharidkapsel bestimmt Serogruppe. Wachstum auf reichhaltigen Kulturmedien.
- **Vorkommen:** Ausschließlich humanpathogen. Trägertum verbreitet.
- **Resistenz gegen äußere Einflüsse:** Empfindlich gegen Hitze, Kälte und Austrocknung.
- **Epidemiologie:** Weltweite Verbreitung. In Deutschland vorwiegend Serogruppe B, gefolgt von Serogruppe W. Epidemische Ausbreitung im „Meningitisgürtel" in Afrika.
- **Übertragung:** Tröpfcheninfektion.
- **Pathogenese:** Adhäsion an Nasopharynxepithel, Invasion, hämatogene Streuung, Endothelschädigung (Hämorrhagie in Haut und inneren Organen), Induktion einer eitrigen Entzündungsreaktion (Meningitis), Sepsis.
- **Klinik:** Inkubationszeit wenige Tage. Fieber, Meningismus, Vigilanzstörung, petechiale Hautblutungen.
- **Labordiagnose:** Mikroskopischer Nachweis aus Liquor. Kultureller oder DNA-Nachweis aus Liquor oder Blut. Identifizierung der Isolate durch biochemische Verfahren und MALDI-TOF.
- **Therapie:** Kalkuliert mit Cephalosporin der 3. Generation (z. B. Ceftriaxon); gezielt mit Penicillin G.
- **Immunität:** Bildung schützender Antikörper gegen kapsuläre (Polysaccharid) oder subkapsuläre (Protein) Antigene.
- **Prävention:** Isolierung. Chemoprophylaxe bei Indexpatient und engen Kontaktpersonen. Schutzimpfungen zur Verhütung von Infektionen mit Meningokokken der Serogruppen A, C, W, Y verfügbar. Impfung gegen Serogruppe B mit proteinbasierten Impfstoffen. Seit 2006 empfiehlt die STIKO die Impfung aller Kinder mit Konjugatvakzine gegen Meningokokken der Serogruppe C im 2. Lebensjahr.
- **Meldepflicht:** Verdacht, Erkrankung und Tod sowie der direkte Erregernachweis aus sonst sterilen Substraten.

28.3 Übrige Neisseria-Arten

Andere Neisseria-Arten wie N. lactamica, N. cinerea, N. mucosa, N. flavescens u. a. finden sich als **Schleimhautkommensalen** auf den Schleimhäuten im Nasopharynx sowie im Urogenitaltrakt. Sie können mit obligat pathogenen Neisserien verwechselt werden können und mit diesen genetisches Material über Transformation austauschen (Erzeugung von Erregervarianten). Nur in sehr seltenen Fällen sind diese Arten an Krankheiten beteiligt.

Weiterführende Literatur

Elias J, Frosch M, Vogel U; Neisseria (2019) In: Carroll KC, Pfaller MA, Landry MK, McAdam AJ, Patel R, Richter SS, Warnock DW (Hrsg) Manual of clinical microbiology, 12. Aufl. ASM Press, Washington, DC

Enterobakterien

Sebastian Suerbaum, Mathias Hornef und Helge Karch

Die Familie der Enterobakterien (Enterobacteriaceae; gr. „enteron": Darm) setzt sich aus zahlreichen Gattungen gramnegativer Stäbchen zusammen (◘ Tab. 29.2). Gemeinsame Kennzeichen sind, dass sie sich sowohl unter aeroben als auch unter anaeroben Bedingungen vermehren und Glukose sowie andere Zucker unter Bildung von Säure sowohl oxidativ als auch unter Sauerstoffausschluss (fermentativ) metabolisieren (◘ Tab. 29.1). Einige Enterobakteriengattungen (z. B. Klebsiella, Proteus, Escherichia) gehören zur physiologischen Mikrobiota des Darms. Nur wenn sie in andere Körperregionen verschleppt werden oder von außen dorthin gelangen, werden sie zu Krankheitserregern: Sie sind also fakultativ pathogen oder Opportunisten (◘ Tab. 29.2). E. coli ist das meistbenutzte Bakterium in der molekularbiologischen Forschung und dient als Produktionsorganismus in der Biotechnologie. Von den fakultativ pathogenen Enterobakterien sind die obligat pathogenen Gattungen Salmonella, Shigella und Yersinia sowie die darmpathogenen Stämme von E. coli zu unterscheiden. Sie gehören nicht zur physiologischen Mikrobiota des Darms, sondern verursachen Enteritiden oder nach Ausbreitung systemische Infektionen. Darmpathogene E. coli werden in 5 Pathovare unterteilt (◘ Tab. 29.2), die sich hinsichtlich Erkrankung, Epidemiologie und Pathogenitätsmechanismen unterscheiden. Sie werden jährlich weltweit für ca. 160 Mio. Durchfallerkrankungen und 1 Mio. Todesfälle verantwortlich gemacht. In ca. zwei Dritteln der Fälle sind Kinder unter 5 Jahren in den Entwicklungsländern betroffen. Weitere E. coli mit pathogenem Potenzial sind die uropathogenen E. coli (UPEC) sowie die Meningitiserreger des Neugeborenen mit dem Kapseltyp K1.

Fallbeispiel

Im Yosemite-Nationalpark in den USA wird ein Wildhüter tot in seiner Hütte aufgefunden. Kollegen berichten, dass der Mann bis vor Kurzem gesund war, dann aber vor einigen Tagen hohes Fieber, Schüttelfrost, Muskelschmerzen und blutigen Husten bekommen habe. In einer Notaufnahme sei eine Influenza ausgeschlossen worden – man habe aber keine weitere Diagnostik veranlasst. Bei der Autopsie finden sich hämorrhagische Infiltrate in beiden Lungen. Weitere Nachforschungen ergeben, dass der Wildhüter einige Tage zuvor einen toten Berglöwen aufgefunden und eine Autopsie ohne Schutzhandschuhe durchgeführt hatte. Aufgrund dieser Vorgeschichte werden Lymphknoten des toten Berglöwen und Lungengewebe des Wildhüters auf Yersinia pestis getestet – mit positivem Befund. Kontaktpersonen des Wildhüters erhalten eine Chemoprophylaxe.

29.1 Escherichia coli (fakultativ pathogene Stämme)

Steckbrief

E. coli wurde erstmals als darmspezifisches Bakterium von Theodor Escherich 1885 beschrieben (◘ Abb. 29.1). Die Spezies E. coli umfasst apathogene, fakultativ pathogene und obligat pathogene Stämme, wobei sich die beiden letztgenannten durch den Besitz spezifischer Virulenzfaktoren auszeichnen. Die apathogenen und fakultativ pathogenen Stämme sind Bestandteil der physiologischen Darmflora von Warmblütern. E. coli wird als Indikator für fäkale Verunreinigungen verwendet, z. B. von Wasser und Lebensmitteln, und ist das „Arbeitstier" in der molekularen (weißen) Biotechnologie.

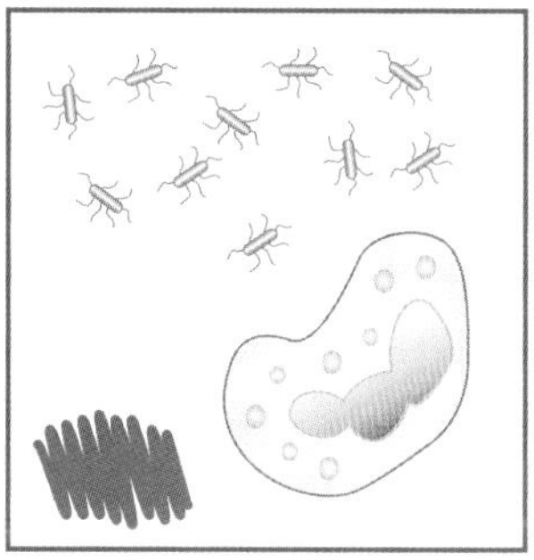

S. Suerbaum et al. (Hrsg.), *Medizinische Mikrobiologie und Infektiologie*,
https://doi.org/10.1007/978-3-662-61385-6_29

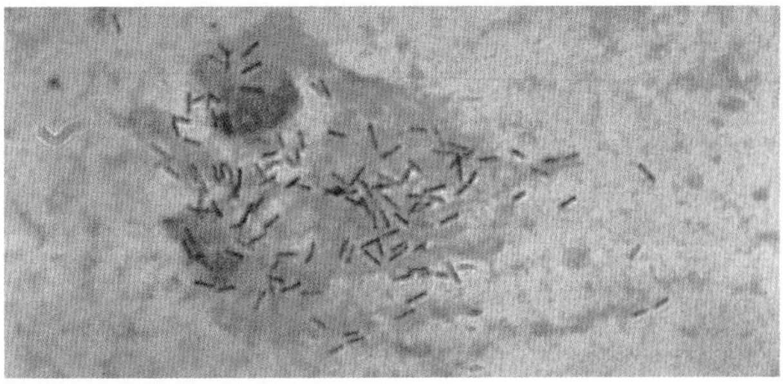

■ Abb. 29.1 **Escherichia coli:** gramnegative Stäbchen in Eiter, entdeckt 1885 von T. Escherich

29

■ Tab. 29.1 Enterobacteriaceae (Enterobakterien): Familienmerkmale

Merkmal	Ausprägung
Gramfärbung	Gramnegative Stäbchen
Aerob/anaerob	Fakultativ anaerob
Kohlenhydratverwertung	Fermentativ/oxidativ
Sporenbildung	Nein
Beweglichkeit	Je nach Spezies positiv oder negativ
Katalase	Positiv
Oxidase	Negativ
Besonderheiten	Nitratreduktion zu Nitrit

29.1.1 Beschreibung

■ Aufbau

Dazu zählen:

Lipopolysaccharide (LPS) Gramnegative Bakterien, einschließlich E. coli, besitzen eine komplexe, mehrschichtige Zellhülle, die sich aus einer inneren Membran, einer äußeren Membran und einem dazwischen liegenden wässrigen Zellkompartiment, dem Periplasma, zusammensetzt (▶ Kap. 23). Die äußere Membran ist aus Phospholipiden, Proteinen („outer membrane proteins", OMP) und LPS aufgebaut. LPS bestehen aus einem hydrophoben Membrananker (Lipid A) und einem hydrophilen Oligosaccharidteil. Dieser setzt sich aus einem konservierten Kernoligosaccharid und variablen Oligosacchariden (O-Antigene) zusammen. Derzeit sind bei E. coli 188 verschiedene O-Antigene bekannt, von denen jedes eine eigene Serogruppe definiert (O1–O188). Die Freisetzung von LPS (Endotoxinen) ist bei extraintestinalen Infektionen die Ursache für Fieber, hypotonen Schock, Komplementaktivierung, Verbrauchskoagulopathie und freigesetzte Entzündungsmediatoren (TNF-α, IL-1β, IL-6 etc.).

■ Tab. 29.2 Enterobakterien: Arten und Krankheiten

Arten	Krankheiten
Escherichia coli (E. coli) (fakultativ pathogen)	Sepsis
	Harnweginfektionen
	Meningitis
	Wundinfektionen
	Peritonitis
	Cholezystitis/Cholangitis
EPEC (enteropathogene Stämme)	Säuglingsenteritis
EAEC (enteroaggregative Stämme)	Persistierende Enteritis
ETEC (enterotoxikogene Stämme)	Reisediarrhö
EIEC (enteroinvasive Stämme)	Ruhrartige Enterokolitis
EHEC (enterohämorrhagische Stämme)	Enteritis, hämorrhagischeKolitis, hämolytisch-urämisches Syndrom (HUS)
Klebsiellen (K. pneumoniae)	Pneumonie, Atemweginfektionen
	Sepsis
	Harnweginfektionen
K. ozaenae	Stinknase (Ozaena)
K. rhinoscleromatis	Rhinosklerom
Proteus mirabilis	Harnweginfektionen
P. vulgaris	Sepsis
	Wundinfektionen
Enterobacter cloacae	Atemweginfektionen
Cronobacter (Enterobacter) sakazakii	Harnweginfektionen
	Wundinfektionen
	Sepsis, Meningitis, nekrotisierende Enterokolitis bei Frühgeborenen
Serratia marcescens	Atemweginfektionen
	Sepsis
	Harnweginfektionen
	Wundinfektionen
Salmonella Typhi	Typhus
S. Paratyphi (A, B, C)	Paratyphus
S. Enteritidis, S. Typhimurium und weitere ca. 2600 Salmonella-Serovare	Gastroenteritis, Sepsis (vorwiegend bei Immundefizienten), Abszesse
Shigella dysenteriae	Ruhr
S. flexneri	Ruhr, Enterokolitis
S. boydii	Ruhr, Enterokolitis
S. sonnei	Ruhr, Enterokolitis
Yersinia enterocolitica	Enterokolitis, Infektarthritis, Pseudoappendizitis
Y. pseudotuberculosis	Infektarthritis
Y. pestis	Pest

Flagellen E. coli-Bakterien sind in der Regel begeißelt und dadurch beweglich. Zurzeit sind 56 verschiedene H-Antigene (Flagellinantigene) bekannt.

Kapseln Zahlreiche E. coli-Stämme synthetisieren extrazelluläre Polysaccharide, die als loser Schleim der äußeren Membran aufgelagert sind. Hierbei handelt es sich um saure Polysaccharide, die kapselartige Strukturen ausbilden und demzufolge als Kapsel-(K-) Antigene bezeichnet werden. Bisher sind 67 verschiedene K-Antigene bekannt, die im Gegensatz zu den LPS beim Menschen keine Immunreaktion auslösen. Für diese Toleranz sind wahrscheinlich Strukturhomologien (molekulares Mimikry) zwischen bakteriellen K-Antigenen und humanen körpereigenen Glykostrukturen verantwortlich. Bekanntes Beispiel sind langkettige, in Kapseln vorkommende Poly-N-Azetylneuraminsäuren, die mit humanen neuronalen Strukturen identisch sind. Schwerwiegende Erkrankungen beim Menschen beruhen auf Infektionen mit K1-tragenden E. coli-Stämmen. Dazu gehören Neugeborenensepsis und die Meningitis sowie Pyelonephritis.

Fimbrien (Pili) Die Mehrzahl der E. coli besitzt an ihrer Zelloberfläche Fimbrien (lat.: „fimbria“: Franse, Troddel), auch Pili (lat.: „pilus“: Haar, Faser) genannt. Diese sind maßgeblich an der Adhäsion pathogener E. coli an Epithelzellen des Darms und des Urogenitaltrakts beteiligt. Sie bestehen aus etwa 1000 Proteinuntereinheiten und sind ca. 2 µm lang sowie 2–8 nm dick. Sie zeigen eine hohe Heterogenität und zeichnen sich durch eine Wirts- und Organspezifität aus. Die 30 bekannten Fimbrientypen binden z. B. an lipid- oder proteingebundene Glykane (Glykolipide oder -proteine).

Sezernierte Pathogenitäts- und Resistenzfaktoren Zahlreiche E. coli produzieren im Laufe der Darmkolonisation oder einer Infektion verschiedene biologisch wirksame Komponenten und geben sie in das umgebende Milieu ab. Dabei unterscheidet man folgende Stoffe:
- Wirtsschädigende Substanzen
- Bakterizide Komponenten
- Interbakterielle Kommunikationsstoffe
- Eisenaufnahmesysteme

Zu den ausgeschleusten wirtsschädigenden Stoffen gehören z. B. Hämolysine (α-Hämolysin, EHEC-Hämolysin), Cyclomoduline, Serinproteasen (EspP, Pic), Shiga-Toxine und Enterotoxine. Colicine zählen zu den Bakteriozinen, während die interbakteriellen Kommunikationsstoffe eine große Gruppe niedermolekularer Signalmoleküle umfassen. Diese werden erst bei hoher Bakteriendichte produziert („quorum sensing“) und bewirken die Expression von Pathogenitätsfaktoren.

Resistenzfaktoren

Zu den wichtigsten E. coli-Resistenzfaktoren zählen die **β-Laktamasen,** die Penicilline und Cephalosporine inaktivieren können und somit eine Resistenz gegenüber diesen Antibiotika bewirken. Neben chromosomal lokalisierten β-Laktamase-Genen sind in den vergangenen Jahren zunehmend plasmidkodierte β-Laktamasen nachgewiesen worden, die teilweise ein erweitertes Resistenzspektrum bewirken. Hierbei handelt es sich um die sog. „extended-spectrum beta lactamases“ (ESBL), die nicht nur innerhalb einer Bakterienspezies, sondern auch speziesübergreifend innerhalb der großen Gruppen der Enterobakterien und weiterer gramnegativer Erreger (wie z. B. Acinetobacter oder Pseudomonas) übertragen werden können. In Kombination mit anderen Resistenzdeterminanten können sich dann die gefürchteten multiresistenten Erreger mit nur noch sehr eingeschränkten Therapieoptionen ausbilden.

Resistenz gegen äußere Einflüsse

E. coli ist ein mesophiler Keim und hat sein Wachstumsoptimum mit Generationszeiten von 20 min bei 37 °C, wächst aber auch im psychrophilen Bereich (4 °C) und bei erhöhter Temperatur (bis 46 °C). Bei hoher Substratfeuchte und Temperaturen über 60 °C werden E. coli-Bakterien innerhalb weniger Minuten, bei Temperaturen über 70 °C schon innerhalb weniger Sekunden abgetötet.

Vorkommen

E. coli kommt typischerweise im Darm von Mensch und Tier vor. Obwohl er weniger als 1 % der gesamten Bakterienmasse im Darm ausmacht, ist der Keim das klassische **Indikatorbakterium** für eine fäkale Kontamination in Lebensmitteln und Trinkwasser.

Molekularbiologie

Die charakteristische Genomgröße des apathogenen Laborstamms K-12 beträgt 4,64 Mb. Das Genom der fakultativ pathogenen Stämme ist im Mittel 5,1 Mb und das der obligat pathogenen Stämme 5,5 Mb groß. Somit besitzen die fakultativ und obligat pathogenen Stämme ein um 500–1000 Gene erweitertes Genom. Die zusätzliche genetische Information kodiert u. a. Fitness- und Virulenzfaktoren und ist auf Plasmiden, Phagen und Pathogenitätsinseln lokalisiert.

29

29.1.2 Rolle als Krankheitserreger

▪▪ Extraintestinale Infektionen/Pathogenese

Man unterscheidet extraintestinale von intestinalen Infektionen, die auf unterschiedliche E. coli-Stämme zurückgehen. Beispielsweise vermag ein E. coli aus der Darmflora eine **Harnweginfektion** zu verursachen, vorausgesetzt, er verfügt über spezifische Pathogenitätsfaktoren (z. B. P-Fimbrien, Hämolysine), um als Opportunist das Epithel der Harnwege zu besiedeln und zu schädigen. Dies ist kein seltenes Ereignis, da opportunistische E. coli ca. 80 % aller Harnweginfektionen verursachen. Auch **Entzündungen des Bauchraums** (Appendizitis, Peritonitis, Cholangitis) sind überwiegend endogenen Ursprungs.

Urethritis, Zystitis und Pyelonephritis sind klassische Erkrankungen aufgrund von **Schmierinfektionen.** Die Erreger können auch nach diagnostischen oder chirurgischen Eingriffen bzw. Traumen im Bereich des Bauchraums oder Urogenitaltrakts **iatrogen** in die Blutbahn gelangen.

An der Krankheitsentwicklung können verschiedene Pathogenitätsfaktoren beteiligt sein, wobei unterschiedliche Kombinationen möglich sind. So vermitteln verschiedene Adhäsine die Adhärenz an Epithelien. Weiterhin wird der Infektionsprozess durch Toxine und andere sezernierte Virulenzfaktoren, wie z. B. Eisenchelatoren (▶ Abschn. 29.1.1), forciert. Zahlreiche extraintestinal pathogene E. coli können in Epithel- oder Endothelzellen invadieren, um so der Immunantwort des Wirtes zu entgehen oder Barrieren (z. B. Blut-Hirn-Schranke) zu überwinden.

Daneben steht E. coli mit einem Anteil von 30 % an der Spitze der Verursacher von **Sepsis** durch gramnegative Bakterien (◻ Abb. 29.2). Bei Neugeborenen ist E. coli sogar der häufigste Erreger von Sepsis und Meningitis. Nosokomiale Pneumonien und postoperative Wundinfektionen gehen ebenfalls auf fakultativ pathogene E. coli zurück.

▪▪ Disponierende Faktoren

E. coli-Harnweginfektionen finden sich häufig bei Patienten, bei denen der normale Harnfluss durch anatomische Anomalien (Reflux, Prostata-Adenom), Schwangerschaft oder Instrumentalbehandlung (Katheter) gestört ist, aber auch bei Kleinkindern.

▪▪ Klinik

Fakultativ pathogene Stämme können Harnweginfektionen, Wundinfektionen, Peritonitis, Appendizitis, Cholezystitis/Cholangitis und Sepsis sowie bei Säuglingen Meningitis hervorrufen, wenn sie aus dem Darm in die entsprechenden Körperregionen gelangen.

Obligat pathogene Stämme verursachen leichte bis schwere Durchfallerkrankungen und werden entsprechend ihrer Epidemiologie, Klinik und Ausstattung mit unterschiedlichen Virulenzfaktoren in **5 Pathotypen** unterteilt (◻ Tab. 29.2).

▪▪ Labordiagnose

Fakultativ pathogene E. coli werden durch Anzucht und biochemische Identifizierung diagnostiziert. Als Untersuchungsmaterialien dienen Proben aus dem jeweiligen Infektionsherd (Urin, Eiter, Wundsekret, Liquor, Blut). Der Erreger ist anspruchslos und lässt sich auf einfachen Kulturmedien anzüchten. Selektiv- und Differenzialmedien können die Diagnostik beschleunigen. Die Erreger lassen sich durch Differenzialdiagnostik von anderen Enterobakterien unterscheiden. Eine serologische Feintypisierung anhand der O-, K- und H-Antigene erfolgt in Speziallaboren im Rahmen epidemiologischer Studien.

▪▪ Therapie

Antibiotikaempfindlichkeit: E. coli ist meist empfindlich gegen Cephalosporine der 2. und 3. Generation, Carbapeneme, Gyrasehemmer und Cotrimoxazol. Gegen Ampicillin und in etwas geringerem Maße Piperacillin sind zahlreiche Stämme resistent. Viele β-Laktamasen von E. coli (s. o.) sind durch β-Laktamase-Inhibitoren hemmbar (▶ Kap. 99).

Therapeutisches Vorgehen: Bei Harnweginfektionen eignet sich Cotrimoxazol zur kalkulierten Therapie unkomplizierter Fälle, Gyrasehemmer bei komplizierten Fällen. Die kalkulierte Sepsistherapie richtet sich nach den Empfehlungen der Paul-Ehrlich-Gesellschaft.

29.2 Enteropathogene E. coli-Stämme (EPEC)

29.2.1 Beschreibung

EPEC sind Auslöser von Darminfektionen, die v. a. Früh- und Neugeborene sowie Säuglinge betreffen, seltener Erwachsene. EPEC sind gekennzeichnet durch die chromosomal kodierte Pathogenitätsinsel LEE („locus of enterocyte effacement"). Auf ihr liegen die Gene eines Typ-3-Sekretionssystems (T3SS) sowie des Adhärenzproteins Intimin, das vom eae-Gen kodiert wird. Einige EPEC-Stämme tragen einen plasmidkodierten „bundle-forming pilus", der die Erreger zur Adhäsion an Oberflächenrezeptoren von Dünndarmepithelzellen befähigt.

▪ Reservoir

Der Mensch ist das einzig bekannte Erregerreservoir.

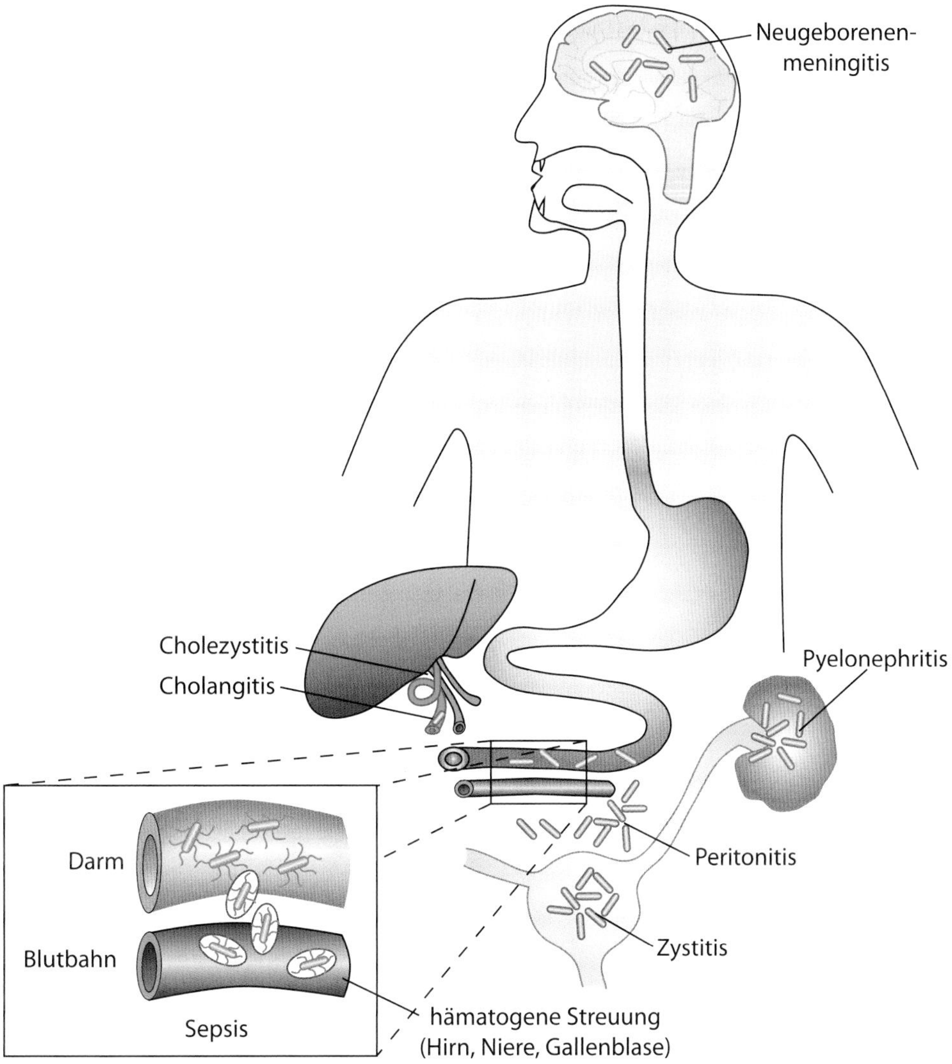

■ **Abb. 29.2** Pathogenese der Infektionen durch fakultativ pathogene Escherichia coli

29.2.2 Rolle als Krankheitserreger

■■ Epidemiologie

EPEC sind weltweit verbreitet und als Verursacher der Säuglingsdiarrhö – v. a. auf Säuglingsstationen und in Kindertagesstätten – gefürchtet. Heutzutage sind sie jedoch aufgrund verbesserter Hygiene selten geworden. Sporadische Erkrankungen in Industrieländern kommen zwar noch vor, jedoch deutlich seltener als in Entwicklungsländern. Dort verursachen EPEC bis zu 20 % der Durchfallerkrankungen bei Säuglingen und führen nicht selten zum Tod.

■■ Übertragung

Eine Übertragung erfolgt hauptsächlich durch Schmierinfektionen oder kontaminierte Nahrungsmittel.

■■ Pathogenese

EPEC kolonisieren den Dünndarm mithilfe des plasmidkodierten „bundle-forming pilus" und schädigen das Dünndarmepithel (■ Abb. 29.3). Die Adhärenz an die Wirtszelle wird durch das bakterielle Membranprotein Intimin verstärkt. Als Intimin-Rezeptor dient das TIR-Protein („translocated intimin receptor"), das von EPEC synthetisiert, in die Wirtszelle injiziert und anschließend von der Wirtszelle präsentiert wird. Über diesen Mechanismus generieren EPEC ihren eigenen Rezeptor auf der Wirtszelle.

Als Folge der Adhärenz kommt es zur Induktion eines Typ-3-Sekretionssystems, das die Erreger zur Injektion von Effektorproteinen in die Epithelzellen befähigt. Die finale Schädigung besteht in der lokalen Konglomeration der Aktinfasern des Zytoskeletts und der Zerstörung des Bürstensaums.

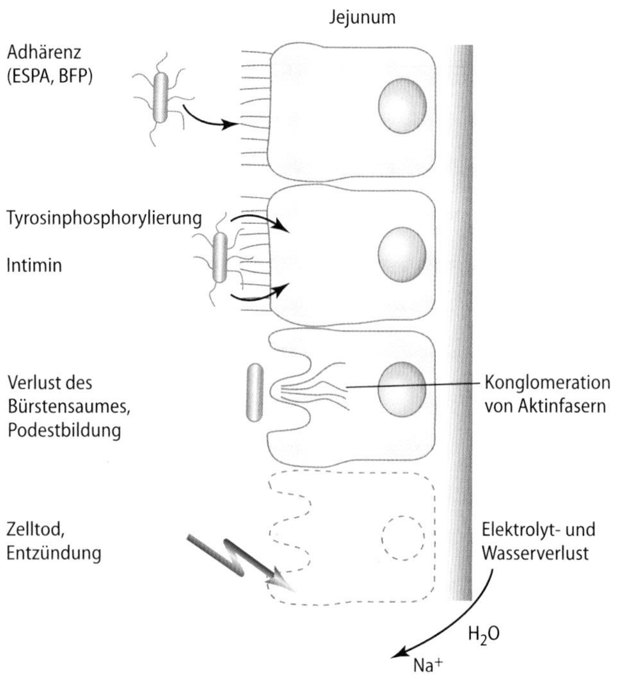

Abb. 29.3 Pathogenese der EPEC-Infektion

Klinik

Bei Säuglingen <1 Jahr verursachen EPEC breiige bis wässrige Durchfälle mit nichtblutigen Schleimbeimengungen, die bis zur Toxikose führen können. Vor allem in tropischen Ländern verstärken disponierende Faktoren wie Mangelernährung und Begleitinfektionen die Symptomatik.

Labordiagnose

Der übliche Nachweis stützt sich auf die **Bestimmung der O-Serogruppe** von EPEC-Isolaten aus Stuhlkulturen. Allerdings erlaubt die Serotypisierung keine eindeutige Aussage zur Pathogenität, da innerhalb eines Serovars pathogene und apathogene E. coli gleichermaßen vorkommen, mit folgenden Konsequenzen:

- Notwendigkeit von Adhäsionstests in Zellkulturen und parallel durchzuführende Aktinfärbungen und/oder
- Molekularbiologischer Nachweis EPEC-spezifischer Virulenzgene mittels PCR oder DNA-Kolonie-Blot-Hybridisierung

Therapie

Der Flüssigkeitsverlust des Erkrankten wird durch Verabreichung von Elektrolytlösungen substituiert.

Prävention

Die Verbreitung von EPEC-Infektionen lässt sich durch verbesserte Hygiene bei der Nahrungszubereitung und Vermeidung von Schmierinfektionen eindämmen.

29.3 Enterotoxinogene E. coli-Stämme (ETEC)

29.3.1 Beschreibung

ETEC verursachen in allen Altersgruppen wässrige Durchfälle, vorwiegend in subtropischen und tropischen Ländern (Reisediarrhöen). Zwei hitzelabile **Enterotoxine** (LT I, LT II) und ein hitzestabiles Enterotoxin (ST) charakterisieren diese Erreger. Plasmidkodierte Fimbrien (CFA I und CFA II, „colonisation factor antigens") verhindern über ihre relativ feste Anheftung an das Darmepithel eine Eliminierung selbst bei der während der Diarrhö gesteigerten Darmperistaltik (Abb. 29.4). Diese feste Adhäsion ermöglicht den ETEC eine hocheffiziente Wirkung ihrer Enterotoxine.

Reservoir

Dies ist bei humanpathogenen ETEC ausschließlich der Mensch. Tierpathogene ETEC unterscheiden sich von den humanpathogenen Stämmen und führen nicht zu Erkrankungen des Menschen.

29.3.2 Rolle als Krankheitserreger

Epidemiologie

ETEC sind in warmen und subtropischen Ländern an ca. 25 % der Enteritiden im Säuglings- und Kleinkindalter beteiligt. Bei Touristen in diesen Ländern sind sie eine häufige Ursache für Reisediarrhöen. In Mittel- und Nordeuropa spielen ETEC nur als von Touristen importierte Infektionen eine Rolle.

Übertragung

Hauptfaktoren einer Übertragung sind fäkal kontaminierte Lebensmittel und verunreinigtes Trinkwasser.

Pathogenese

ETEC-Stämme zeichnen sich durch einen Tropismus für den proximalen, normalerweise bakterienarmen Abschnitt des Dünndarms aus. Dort heften sie sich mittels CFA I und CFA II an die Rezeptoren der Epithelzellen. Eine charakteristische Eigenschaft der ETEC ist ihre Fähigkeit zur Produktion von LT I und LT II und/oder ST. Die Diarrhö ist vom sekretorischen Typ.

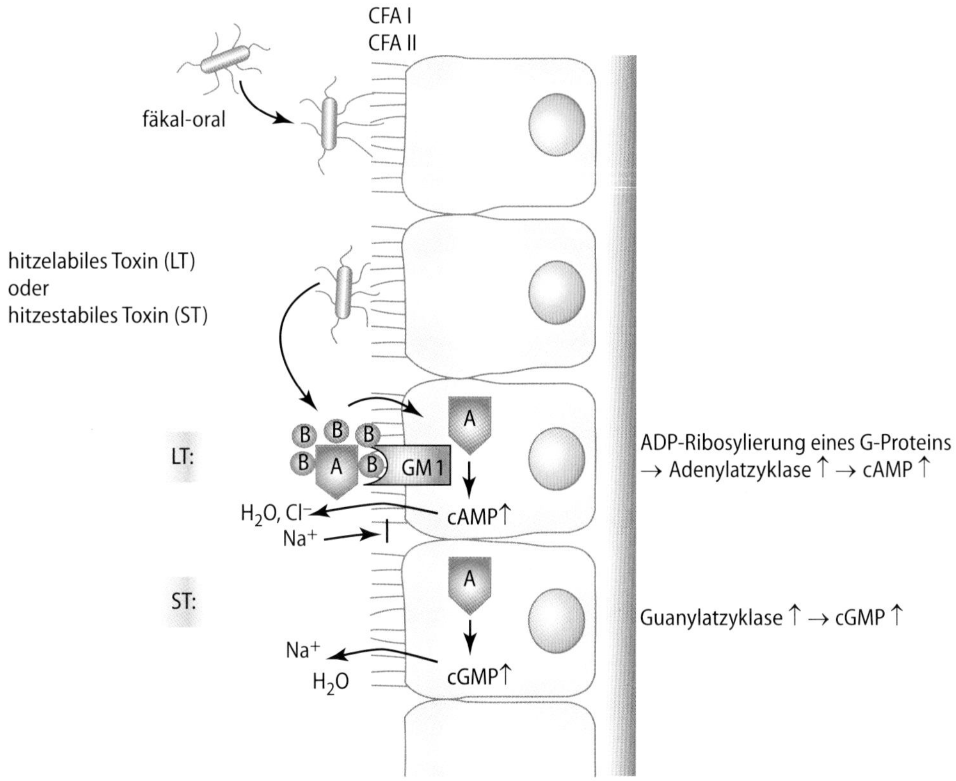

Abb. 29.4 Pathogenese der ETEC-Infektion

LT I ist ein Toxin vom Typ AB_5 mit 80 %iger Homologie zum Choleratoxin (▶ Abschn. 30.1.2). Der Rezeptor für die B-Untereinheit ist das Gangliosid GM1 (Abb. 29.4), ein saures Glykosphingolipid, bestehend aus einem Lipidanker (Ceramid) und einem Oligosaccharidanteil (Abb. 29.5). Für die Bindung ist eine N-Azetylneuraminsäure essenziell. Die A-Untereinheit aktiviert die Adenylatzyklase, was eine Anreicherung von cAMP in den Epithelzellen zur Folge hat. Daraus resultiert eine sekretorische Diarrhö bei gleichzeitiger Hemmung der Mechanismen einer Rückresorption.

Das hitzestabile **Enterotoxin ST** ist heterogen und variiert in seiner kurzen Peptidkette (18 bzw. 19 Aminosäuren). Die Wirkung besteht in der Aktivierung einer Guanylatzyklase, was zum Anstieg von cGMP und als Folge zu Elektrolyt- und Flüssigkeitsverlusten führt.

Klinik

ETEC-Infektionen führen zu leichten wässrigen Durchfällen bis zu choleraähnlichen Diarrhöen, die in der Regel 5 Tage andauern. Je nach Virulenz kann es zu hohen Flüssigkeitsverlusten und erheblichen Elektrolytverschiebungen kommen. Als Begleitsymptome können Übelkeit, Abdominalkrämpfe und subfebrile Temperaturen auftreten.

Labordiagnose

Zum Nachweis der ETEC-Toxine stehen immunologische Tests zur Verfügung. Latex-Koagglutinationstests dienen zum Nachweis von LT. Weiterhin gibt es einen Immundiffusionstest und einen ELISA zur Detektion von ST. Der Nachweis der Virulenzgene erfolgt molekularbiologisch z. B. durch PCR und DNA-Kolonie-Blot-Hybridisierung.

Therapie

In der Regel sind ETEC-Infektionen selbstlimitierend. Die Therapie besteht in einer Flüssigkeits- und Elektrolytsubstitution. Lediglich schweren Verlaufsformen sollte eine antibiotische Therapie vorbehalten sein. Hierfür bieten sich ein Chinolon wie Ciprofloxacin oder Azithromycin an.

Prävention

Bei Reisen in warme Länder sind Hygieneregeln bei Speisen und Getränken zu beachten.

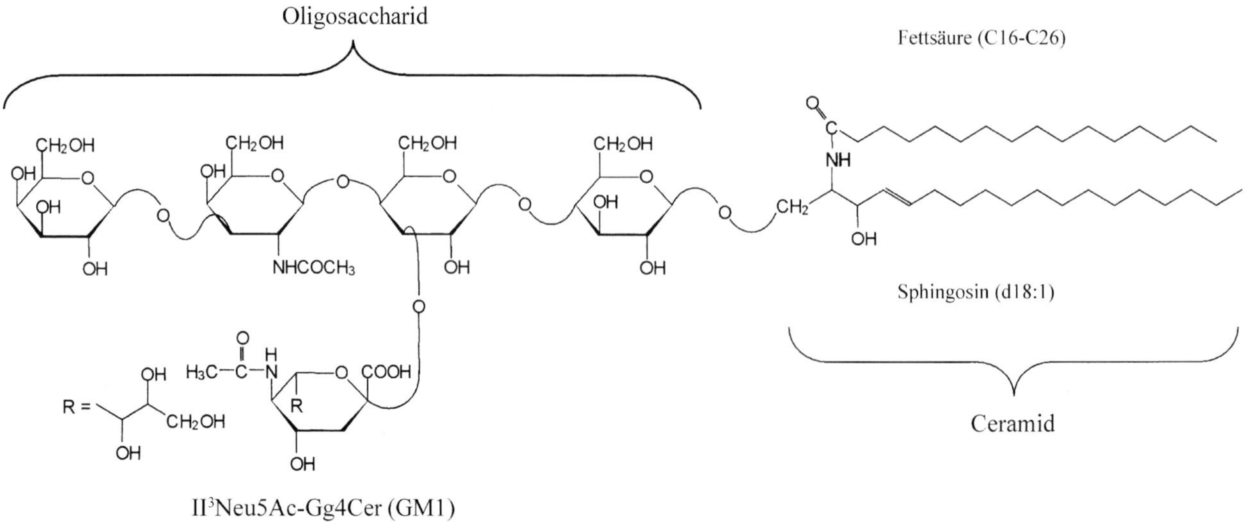

Abb. 29.5 Hitzelabiles Enterotoxin; LT-Rezeptor GM1

29.4 Enteroaggregative E. coli-Stämme (EAEC)

29.4.1 Beschreibung

Die Namensgebung von EAEC beruht auf ihrer Autoaggregationsfähigkeit. Sie verursachen häufig chronische Durchfälle bei Menschen aller Altersgruppen und sind weltweit verbreitet. Sie exprimieren aggregative Adhärenzfimbrien (AAF), sind zur Biofilmbildung befähigt und produzieren unter anderem Serinproteasen (Pic) und hitzestabile Enterotoxine (EAST).

▪ **Reservoir**

Der Mensch ist das einzig bekannte Erregerreservoir.

29.4.2 Rolle als Krankheitserreger

▪▪ **Epidemiologie**

EAEC sind weltweit verbreitet und verursachen in Europa ca. 5 % der bakteriell bedingten Durchfallerkrankungen. Etwa ein Drittel der Infektionen wird in außereuropäischen Ländern erworben.

▪▪ **Übertragung**

Sie erfolgt durch Schmierinfektion und über kontaminierte Lebensmittel.

▪▪ **Pathogenese**

Nach Adhäsion an das Dünndarmepithel mittels spezifischer Fimbrien erfolgt eine durch das EAST-Enterotoxin verursachte Diarrhö vom sekretorischen Typ (Abb. 29.6). Die Biofilmbildung der Erreger und die erhöhte Schleimproduktion des Darmepithels (Mukosazellen) sind charakteristisch für eine EAEC-Infektion, wobei der Schleim den Bakterien als Nische dient. Eine retardierte Ausscheidung ist die Folge.

▪▪ **Klinik**

EAEC verursachen einerseits akute Durchfallerkrankungen, werden aber andererseits auch für sich über Wochen hinziehende und chronisch rezidivierende Diarrhöen verantwortlich gemacht. Bei den Patienten kommt es dabei zu wässrigem Durchfall mit Schleimbeimengungen oder auch Blut im Stuhl, häufig begleitet von Fieber und Erbrechen. Bei Immunsupprimierten, wie z. B. HIV-Patienten, zählen EAEC zu den häufigsten bakteriellen Enteritiserregern.

▪▪ **Labordiagnose**

Der Nachweis erfolgt nach Anzucht aus dem Stuhl im Zellkulturtest, z. B. mit HeLa-Zellen. Lichtmikroskopisch nachweisbare Bakterienaggregate auf den Epithelzellen sind typisch für EAEC-Erreger. Die Gene für Virulenzmarker (EAST, Pic, AAF) werden mittels PCR nachgewiesen.

▪▪ **Therapie**

Zusätzlich zur Flüssigkeits- und Elektrolytsubstitution erfolgt je nach Schwere der Erkrankung eine antibiotische Therapie. Die größte Empfindlichkeit zeigen EAEC-Stämme gegenüber neueren Fluorchinolonen, aber auch gegenüber Carbapenemen und dem Aminoglykosid-Antibiotikum Gentamicin. Alle EAEC sind resistent gegen Sulfamethoxazol-Trimethoprim, meist auch gegen Ampicillin, Tetracyclin, Streptomycin und Kanamycin. Auch multiresistente Keime wurden schon häufig nachgewiesen.

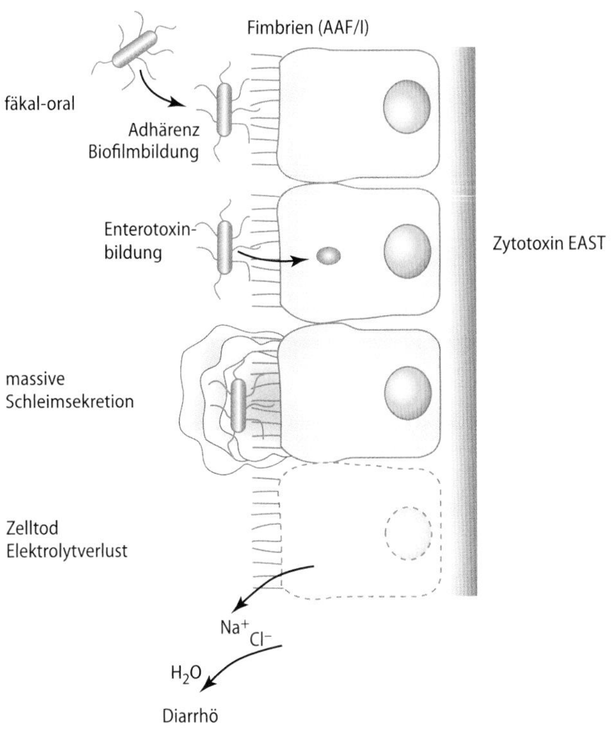

Abb. 29.6 Pathogenese der EAEC-Infektion

■■ Prävention

Eine Prävention ist durch Einhaltung hygienischer Standards, insbesondere bei der Lebensmittelzubereitung, möglich.

29.5 Enteroinvasive E. coli-Stämme (EIEC)

29.5.1 Beschreibung

EIEC verursachen ruhrähnlichen Durchfall und besitzen als Besonderheit die Fähigkeit zur Zellinvasion und intrazellulären Vermehrung.

■ Reservoir

Der Mensch ist das einzige bisher bekannte Erregerreservoir.

29.5.2 Rolle als Krankheitserreger

■■ Epidemiologie

EIEC-Infektionen treten bei Patienten aller Altersgruppen auf und kommen in Ländern warmer Klimazonen mit einer Häufigkeit von 2–6 % vor. In Deutschland werden sie in erster Linie bei Reiserückkehrern nachgewiesen.

■■ Übertragung

In der Regel erfolgt die Infektion über kontaminierte Lebensmittel oder verunreinigtes Trinkwasser. Übertragungen von Mensch zu Mensch (Schmierinfektion) sind dokumentiert.

■■ Pathogenese

Nach oraler Aufnahme dringen EIEC in die Epithelzellen des Kolons ein. Dort vermehren sie sich und können aufgrund ihrer Fähigkeit zur **intrazellulären Bewegung** durch fokale Kondensation von Aktin der Wirtszelle in benachbarte Epithelzellen eindringen (wie auch Listerien und Shigellen). Nach Zerstörung der Enterozyten, einhergehend mit entzündlichen Reaktionen, bilden sich Ulzerationen mit Absonderungen von Blut, Schleim und Granulozyten (Abb. 29.7). Weiterhin sind sie in der Lage, **Enterotoxine** zu sezernieren, die eine Elektrolyt- und Wassersekretion verursachen.

■■ Klinik

Das Krankheitsbild ähnelt dem der Shigellenruhr mit Fieber, wässrigen und blutig-schleimigen Durchfällen. Häufig verläuft die Symptomatik aber in abgeschwächter Form als wässrige Diarrhö.

■■ Labordiagnose

Die bakteriologische Diagnostik beruht auf der Anzüchtung der Erreger aus dem Stuhl. Die Invasionsfähigkeit wird im Zellkulturtest nachgewiesen. Der molekularbiologische Nachweis basiert auf Kolonie-Blot-Hybridisierung und PCR. Aufgrund genetischer und biochemischer Gemeinsamkeiten sind EIEC leicht mit Shigellen zu verwechseln. Daher ist für eine eindeutige Identifizierung die Serovarzugehörigkeit der EIEC mittels Agglutinationstests abzusichern.

■■ Therapie

Die Therapie besteht im Ausgleich der Flüssigkeits- und Elektrolytverluste. Kleinkinder und Säuglinge erhalten eine Antibiotikatherapie mit Cotrimoxazol; Erwachsene können mit Ciprofloxacin oder Cotrimoxazol behandelt werden.

■■ Prävention

Die Prävention erfolgt über hygienische Zubereitung von Speisen und Einhalten der Kühlkette.

29

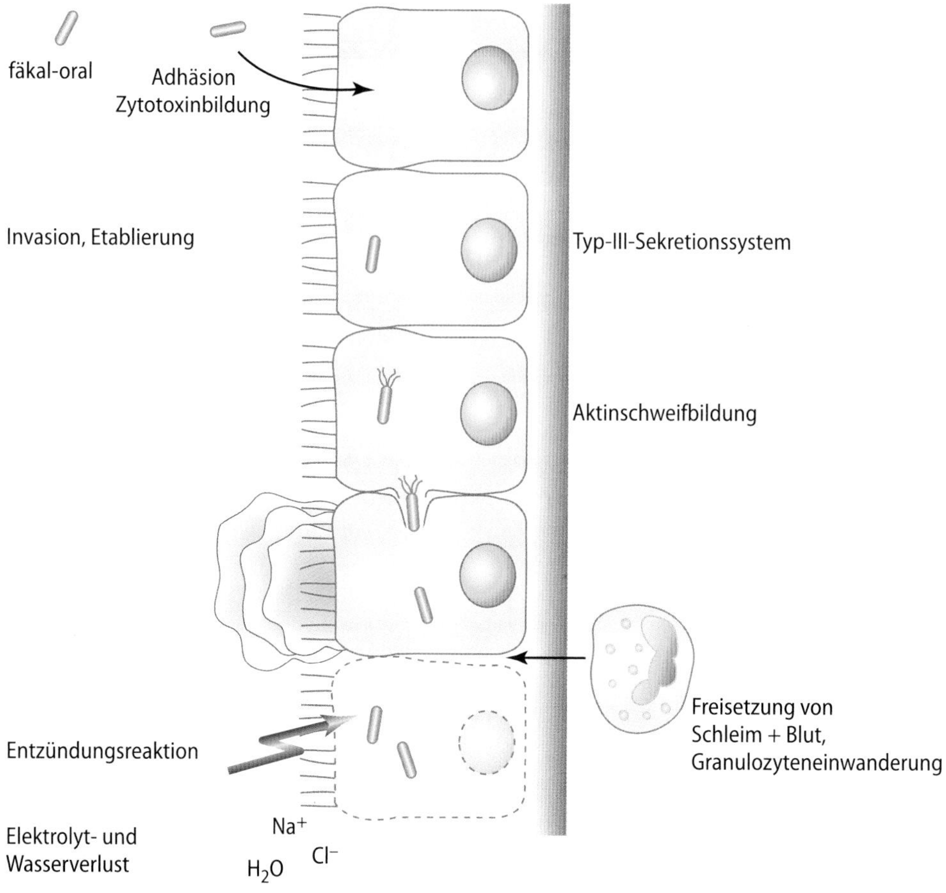

Abb. 29.7 Pathogenese der EIEC-Infektion

29.6 Enterohämorrhagische E. coli-Stämme (EHEC)

29.6.1 Beschreibung

EHEC verursachen je nach Schweregrad der Erkrankung wässrige oder blutige Durchfälle (hämorrhagische Kolitis). Als schwere Komplikation kann ein hämolytisch-urämisches Syndrom (HUS) auftreten, verbunden mit hämolytischer Anämie, Thrombozytopenie und Nierenversagen. Außerdem kann es zu akuten zerebralen Krampfanfällen und – besonders gefürchtet – Infarkten mit anhaltenden zentralnervösen Funktionsausfällen (Lähmungen, Sehverlust) kommen.

Ein Charakteristikum der EHEC ist ihre Produktion der nach ihrem Entdecker Kiyoshi Shiga benannten **Shiga-Toxine** (Stx). EHEC repräsentieren eine Subgruppe Stx-produzierender E. coli (STEC). In Deutschland bezeichnet man alle STEC aus humanen Isolaten als EHEC. Aufgrund der Säureresistenz der EHEC-Bakterien ist die Infektionsdosis für den Menschen mit <100 sehr niedrig.

Die überwiegende Anzahl der EHEC-Stämme ist zoonotischen Ursprungs, während eine kleinere Anzahl ausschließlich den Menschen als Reservoir benutzt. Hierzu gehört der im Mai/Juni 2011 in Deutschland identifizierte Ausbruchsstamm EHEC O104:H4, der für mehr als 4000 Erkrankungen mit 855 bestätigten HUS-Fällen und 53 Todesfällen verantwortlich war.

29.6.2 Rolle als Krankheitserreger

Epidemiologie

Die Erreger sind, von wenigen Ausnahmen abgesehen, typische Bewohner des Darms von Wiederkäuern, bei denen sie jedoch keine Erkrankungen verursachen (Abb. 29.8). Neuesten Untersuchungen zufolge treten sie auch bei Wildtieren und sogar Insekten auf. EHEC stellen ernährungsbedingt ein Problem insbesondere in den Industriestaaten dar. Im Jahr 2018 wurden in Deutschland 2226 Fälle von EHEC-Infektionen (ohne HUS) sowie 68 Fälle von enteropathischem HUS gemeldet.

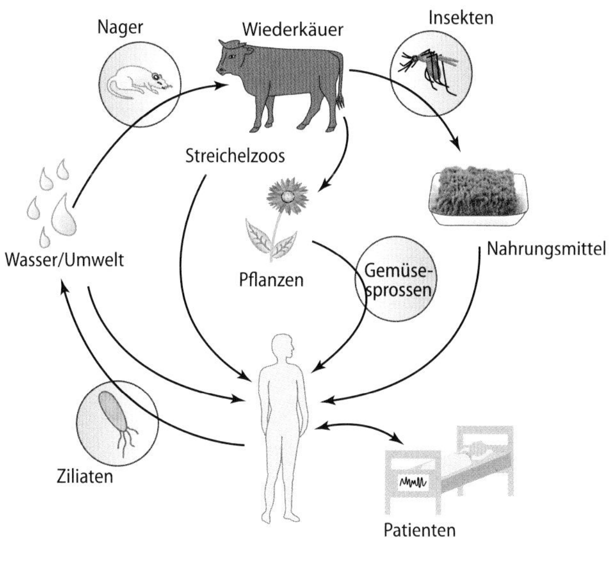

Abb. 29.8 EHEC sind in der Umwelt weit verbreitet

Übertragung

Durch Kontamination von Fleischwaren während der Tierschlachtung bzw. der Gewinnung von Tierprodukten (Rohmilch) mit EHEC-haltigen Tierfäzes gelangen die Erreger in die Nahrungskette. Nichtpasteurisierte Milch und Fruchtsäfte sowie unzureichend gegartes Fleisch und Rohwurst sind die Hauptverursacher EHEC-bedingter Lebensmittelvergiftungen.

Tierkontakte (Streichelzoos) stellen weitere Infektionsrisiken dar. Die direkte Mensch-zu-Mensch-Übertragung wurde nachgewiesen. Verunreinigtes Trinkwasser sowie fäkaliengedüngte Pflanzen (Spinat, Sprossen), die als Rohkost verzehrt wurden, haben ebenfalls zu EHEC-Erkrankungen geführt. Der Ausbruch im Jahre 2011 ist höchstwahrscheinlich auf kontaminierte Sprossen, die aus Bockshornkleesamen ägyptischen Ursprungs gekeimt sind, zurückzuführen.

Pathogenese

Das von der Pathogenitätsinsel LEE kodierte Protein Intimin vermittelt die Adhärenz der meisten EHEC-Bakterien an das Darmepithel. LEE besitzt auch die genetische Information für ein Typ-3-Sekretionssystem, über das Effektorproteine in die Epithelzellen eingeschleust werden.

Neben den am intensivsten untersuchten Shiga-Toxinen (Abb. 29.9) gibt es weitere potenzielle **Pathogenitätsfaktoren.** Diese gehören zu den Familien der Zytolysine (EHEC-Hämolysin), Serinproteasen (EspP), Lymphotoxine (Efa-1) und Cyclomoduline („cytolethal distending toxin", CDT). Deren kodierende Gene liegen auf Pathogenitätsinseln (eae, efa-1) oder sind in Phagen (stx, cdt) und Plasmiden (EHEC-hlyA, espP) inseriert.

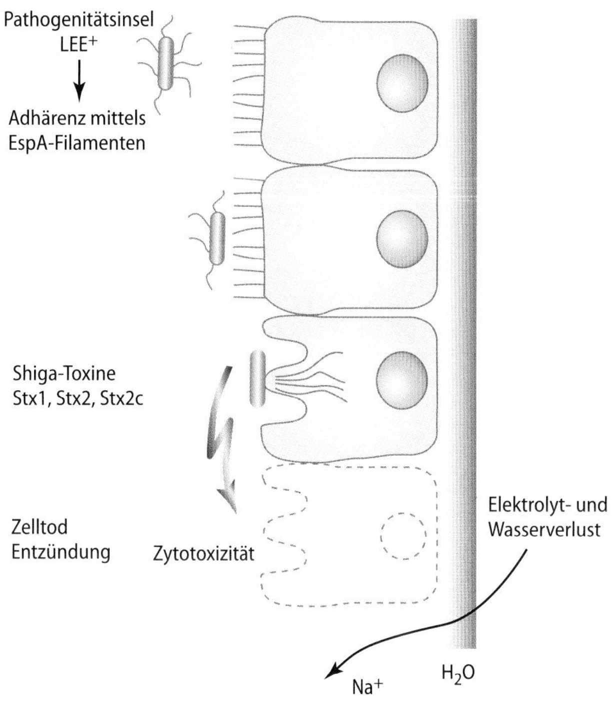

Abb. 29.9 Pathogenese der EHEC-Enteritis und des hämolytisch-urämischen Syndroms (HUS)

Der Ausbruchsstamm EHEC O104:H4 des Jahres 2011 ist ein seltener Hybridstamm mit Eigenschaften von EAEC (▶ Abschn. 29.4) und EHEC. Diese Chimäre besitzt die Autoaggregationseigenschaften von EAEC und weist zudem ein typisches EAEC-Zelladhärenzmuster auf. Aufgrund der charakteristischen Stx-Produktion wird der Hybridstamm gemäß IfSG als EHEC eingestuft.

Dem hämolytisch-urämischen Syndrom (HUS) geht eine durch **Shiga-Toxine** verursachte Schädigung des mikrovaskulären Nierenendothels voraus. Stx gehören zu den AB_5-Toxinen. Man unterscheidet derzeit die Shiga-Toxine in die beiden Typen Stx1 und Stx2 mit den zugehörigen Subtypen Stx1a, Stx1c und Stx1d sowie Stx2a, Stx2b, Stx2c, Stx2d, Stx2e, Stx2f und Stx2g. Innerhalb der jeweiligen Subtypen treten durch genetische Variabilität (vorwiegend Punktmutationen) stammspezifische Varianten auf, die nach ihrem O-Antigen und durch Zusatz der Stammbezeichnung unterschieden werden (Beispiel für eine Stx1a-Variante: Stx1a-O157-EDL933).

Die bislang im Detail untersuchten Subtypen Stx1a, Stx2a und Stx2e weisen Unterschiede hinsichtlich ihrer Bindungsspezifitäten gegenüber ihren Glykosphingolipid-Rezeptoren auf. Die pentamere B-Untereinheit von Stx1a bindet bevorzugt an das Glykosphingolipid Globotriaosylceramid (Gb3Cer), erkennt aber auch in erheblichem Maße das Glykosphingolipid Globotetraosylceramid (Gb4Cer) (Abb. 29.10).

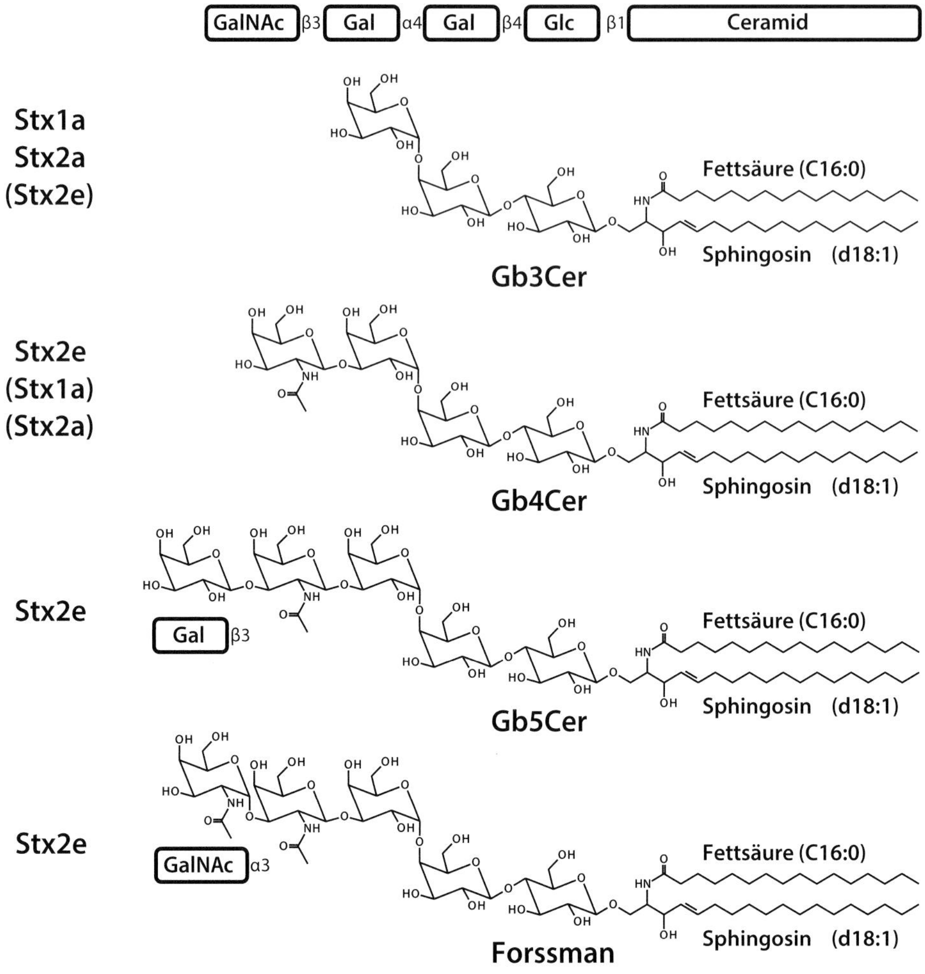

Abb. 29.10 Shiga-Toxin-Rezeptoren Gb3Cer, Gb4Cer, Gb5Cer und Forssman-Glykosphingolipid

Stx2a interagiert präferenziell mit Gb3Cer und nur sehr schwach mit Gb4Cer, wohingegen Stx2e bevorzugt an Gb4Cer und – im Unterschied zu Stx1a und Stx2a – Gb5Cer und das Forssman-Glykosphingolipid spezifisch erkennt. Nach Aufnahme des Toxins durch rezeptorvermittelte Endozytose und anschließendem retrogradem Transport durch den Golgi-Apparat erfolgt die proteolytische Spaltung der A-Untereinheit durch Furin in das A1- und A2-Fragment, wobei das A1-Fragment über seine N-Glykosidase-Aktivität einen Adeninrest der rRNA abspaltet. Dies führt zur Inhibition der Proteinbiosynthese und damit zum Zelltod (Abb. 29.11).

Klinik

Nach 2–5 Tagen Inkubationszeit tritt zunächst ein wässriger, dann ein wässrig-blutiger Durchfall auf, begleitet von krampfartigen Bauchschmerzen mit oder ohne Fieber und Erbrechen. Bei 50 % der Patienten geht der Durchfall in eine profuse hämorrhagische Diarrhö über, die ein Risikofaktor für anschließende Komplikationen ist.

Je nach Virulenz des Erregers tritt in 5–15 % der Fälle etwa 1 Woche nach Beginn der Durchfallerkrankung ein HUS auf, einhergehend mit akutem Nierenversagen, Thrombozytopenie und intravasaler Hämolyse mit Nachweis fragmentierter Erythrozyten (Fragmentozyten). Abb. 29.12 illustriert den klinischen Verlauf der EHEC-Infektion bei Kindern. Zusätzlich können sowohl bei Kindern als auch Erwachsenen neurologische Ausfallerscheinungen auftreten.

Labordiagnose

Die EHEC-Diagnostik beruht entweder auf dem Nachweis der zytotoxischen Aktivität der Stx in der Zellkultur oder dem immunologischen Nachweis der Stx mittels ELISA oder Latex-Agglutinationstest. Alternativ erfolgt der stx- und eae-Gennachweis mittels Real-Time-PCR. Bei positivem Befund werden die EHEC-Bakterien aus Stuhlproben isoliert und weiter serotypisch und molekularbiologisch charakterisiert (z. B. Multilocus-Sequenz-Typisierung, MLST,

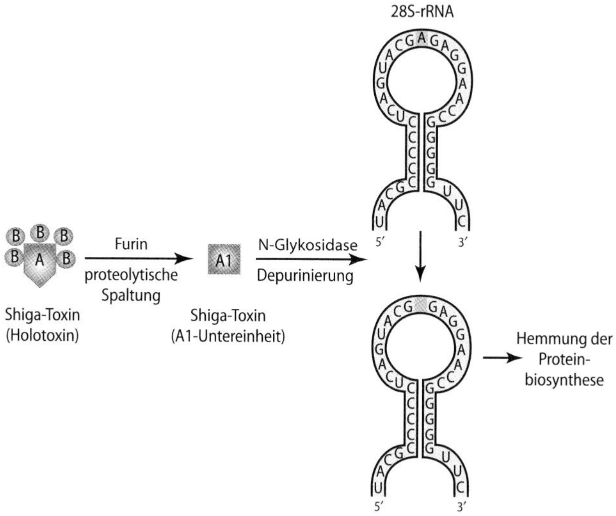

Abb. 29.11 Biologische Aktivität von Shiga-Toxinen

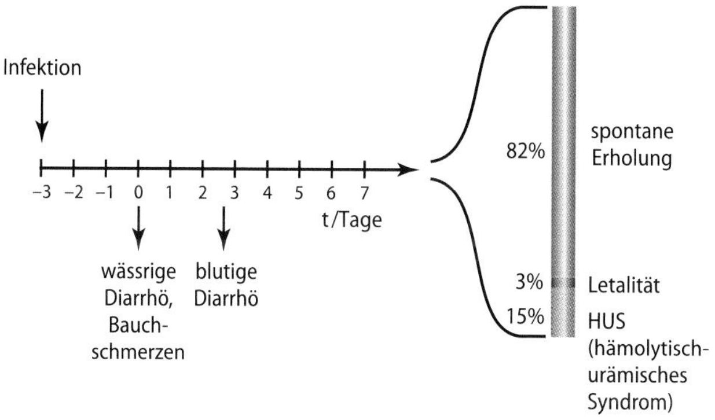

Abb. 29.12 Klinischer Verlauf der EHEC-Infektion bei Kindern

▶ Abschn. 19.3.2; Genomsequenzierungen mittels Next-Generation-Sequencing, NGS; ▶ Abschn. 19.7.5).

Bei ca. einem Drittel der HUS-Patienten ist jedoch mit dem Einsetzen von HUS der Erreger im Stuhl nicht mehr nachweisbar. In diesen Fällen kann der Nachweis von O-Antigen-spezifischen Antikörpern retrospektiv zur Absicherung der Ursache beitragen.

Therapie

Bisher gibt es weder eine kausale Therapie der durch EHEC verursachten Krankheitsbilder noch einen Impfstoff. Trotz Empfindlichkeit des Erregers gilt eine **antibiotische Therapie** zumindest während der akuten Krankheitsphase (Durchfall) als **kontraindiziert.** Grund dafür ist, dass Antibiotikagaben die Produktion und Freisetzung von Stx unter Umständen verstärken und damit die Gefahr des akuten Nierenversagens steigern. Einige Antibiotika verursachen in den Bakterien eine Stressantwort, die zur Induktion von Bakteriophagen führt. Da die stx-Gene im Genom der Phagen inseriert sind, kommt es zur verstärkten Transkription und Produktion der Stx. Durch phageninduzierte Bakterienlyse erfolgt zudem eine exponentielle Freisetzung der Stx.

Die Behandlung beschränkt sich daher auf einen Ersatz von Flüssigkeit und Elektrolyten sowie bei renaler Schädigung auf Dialyse und Korrektur von Blutelektrolyten.

Durch Langzeitbeobachtungen von HUS-Patienten wurde deutlich, dass bis zu 30 % von ihnen Langzeitschäden in Form von Proteinurie, arteriellem Bluthochdruck und/oder neurologischen Ausfällen aufweisen. Etwa 3 % der akuten Komplikationen führen zum Tod.

Prävention

EHEC-Infektionen sind in erster Linie auf mangelhafte Hygiene bei der Herstellung und Zubereitung von Lebensmitteln tierischen Ursprungs zurückzuführen. Weiterhin werden EHEC durch Schmierinfektionen übertragen, was sich durch strikte Händehygiene vermeiden lässt.

Wesentlich ist die Hygiene bei der Herstellung von Lebensmitteln und Speisen tierischer und pflanzlicher Herkunft, insbesondere vom Rind, sowie von anderen landwirtschaftlichen Produkten, die fäkal kontaminiert sein können (Sprossen, Salat etc.). Vor dem Verzehr von Rohmilch und unzureichend gegartem oder rohem Rindfleisch (Tatar!) muss gewarnt werden. Der Kontakt mit Patienten sowie mit Wiederkäuern (Rinder, Schafe, Ziegen) in der Landwirtschaft oder in Streichelzoos kann zur direkten Übertragung führen. Strikte Händehygiene ist in diesen Fällen notwendig.

Meldepflicht Der Verdacht auf und die Erkrankung an einer mikrobiell bedingten Lebensmittelvergiftung oder an einer akuten infektiösen Gastroenteritis ist namentlich zu melden, wenn a) die betroffene Person spezielle Tätigkeiten (Lebensmittel-, Gaststätten- und Küchenbereich sowie Einrichtungen mit/zur Gemeinschaftsverpflegung) ausübt oder b) 2 oder mehr gleichartige Erkrankungen auftreten, bei denen ein epidemischer Zusammenhang wahrscheinlich ist oder vermutet wird (§ 6 IfSG).

Krankheitsverdacht, Erkrankung sowie Tod an enteropathischem HUS ist ebenfalls namentlich zu melden (§ 6 IfSG).

Darüber hinaus ist der direkte oder indirekte Nachweis von EHEC-(STEC-)Stämmen und anderen darmpathogenen E. coli namentlich meldepflichtig, soweit die Nachweise auf eine akute Infektion deuten.

In Kürze: Obligat pathogene E. coli-Stämme

- **Bakteriologie:** Morphologisch und in den Wachstumsansprüchen besteht kein Unterschied zu den apathogenen und fakultativ pathogenen Stämmen. Aufgrund ihrer unterschiedlichen Pathomechanismen erfolgt die Einteilung in 5 Gruppen:
  - Enteropathogene (EPEC)
  - Enteroaggregative (EAEC)
  - Enteroinvasive (EIEC)
  - Enterotoxinogene (ETEC)
  - Enterohämorrhagische (EHEC)
- **Vorkommen:** Gehören nicht zur physiologischen Darmflora des Menschen. Weltweit verbreitet, EPEC und ETEC vorwiegend in Entwicklungsländern. Hauptreservoir ist der Mensch, für EHEC sind es Rinder und andere Wiederkäuer, seltener der Mensch.
- **Epidemiologie:**
  - EPEC: Säuglingsenteritis (Entwicklungsländer).
  - EAEC: Wässrige, gelegentlich blutige, persistierende Enteritis.
  - EIEC: Ruhrähnliches Krankheitsbild.
  - ETEC: Diarrhöen im Kleinkindalter und bei Touristen (Reisediarrhö) in südlichen Ländern.
  - EHEC: Alle Altersgruppen, v. a. Kinder, in den Industrienationen.
- **Übertragung:** Schmierinfektionen und über kontaminierte Nahrungsmittel.
  - EHEC: Auch direkte Übertragung.
- **Pathogenese**
  - EPEC: Adhärenz und Zerstörung des Bürstensaums.
  - EAEC: Adhärenz, Schleimbildung, Schädigung der Enterozyten mit Diarrhö.
  - EIEC: Invasion der Epithelzellen des Kolons → Zerstörung der Epithelzellen → blutig-schleimige und wässrige Diarrhö.
  - ETEC: Anheftung an proximale Dünndarmepithelien (keine Invasion) → Toxinbildung mit Störung des intestinalen Elektrolyt- und Wassertransports → sekretorische Diarrhö.
  - EHEC: Toxinvermittelte wässrige oder hämorrhagische Kolitis, bei Kleinkindern häufiger systemische Komplikationen (HUS).
- **Virulenzfaktoren**
  - EPEC: Adhäsine, sekretorische Proteine.
  - EAEC: Adhäsine, Zytotoxin, Enterotoxin.
  - EIEC: Invasine, sekretorische Proteine.
  - ETEC: Fimbrien und plasmidkodierte Toxine (LT und ST).
  - EHEC: Adhäsine, Shiga-Toxine 1 und 2, Hämolysin, sekretorische Proteine.
- **Klinik:** Diarrhöen, die (mit den pathophysiologischen Folgen der Dehydratation und Malabsorption) je nach Virulenzmechanismus des Erregers vom sekretorischen oder blutig-schleimigen (ruhrähnlichen) Typ sein können.
- **Labordiagnose:** Untersuchungsmaterial: Stuhl bzw., bei dünndarmbesiedelnden Stämmen (EPEC, ETEC), mit Dünndarmsonde gewonnenes Material. Erregernachweis durch Anzucht auf laktosehaltigen Indikatornährböden. E. coli-Identifizierung mittels „bunter Reihe“ (◘ Abb. 29.13). Differenzierung säuglingspathogener und enteroinvasiver Stämme durch molekularbiologische Methoden und serologische Bestimmung der O-Antigene. Toxinnachweis mittels ELISA-Tests, Zellkulturen oder molekularbiologischer Methoden.
- **Therapie:** Flüssigkeits- und Elektrolytsubstitution. Antibiotika nur in Ausnahmefällen. Motilitätshemmer bei invasiven/blutigen Formen kontraindiziert.
- **Prävention:** Vermeidung fäkaler Kontamination von Nahrungsmitteln und Wasser. Abkochen von Speisen und – zwecks Vermeidung nachträglicher Kontamination – rascher Verzehr (cave: Kühlketten!). EHEC: Händewaschen (oder Desinfektion) nach Patienten- und Tierkontakt.
- **Meldepflicht:** Verdacht, Erkrankung an akuter Gastroenteritis (spezielle Voraussetzungen): namentlich; Verdacht, Erkrankung und Tod an enteropathischem HUS: namentlich; direkter oder indirekter Nachweis von EHEC oder anderen darmpathogenen E. coli: namentlich.

29.7 Klebsiellen

Klebsiellen sind Erreger von eitrigen Lokalinfektionen (v. a. Pneumonie, Harnweginfektionen) und Sepsis. Diese Gattung ist nach dem Bakteriologen Edwin Klebs (1834–1913) benannt. Der Pathologe Carl Friedländer (1847–1887) beschrieb 1883 Klebsiella (K.) pneumoniae als Erreger der Lobärpneumonie. Sie teilen viele Gemeinsamkeiten mit Enterobacter und Serratia und werden mit diesen zur **KES-Gruppe** zusammengefasst.

Klebsiellen besitzen keine Geißeln und sind daher unbeweglich. Die meisten Stämme tragen **Fimbrien** und bilden eine **dicke Polysaccharidkapsel,** die antiphagozytär wirkt. Es gibt über 70 verschiedene Kapseltypen.

Klebsiellen kommen in der Erde, auf Pflanzen und im Wasser vor; bei 30 % der gesunden Bevölkerung und in noch höherem Prozentsatz bei Krankenhauspersonal finden sie sich auch im Darm und im oberen Respirationstrakt.

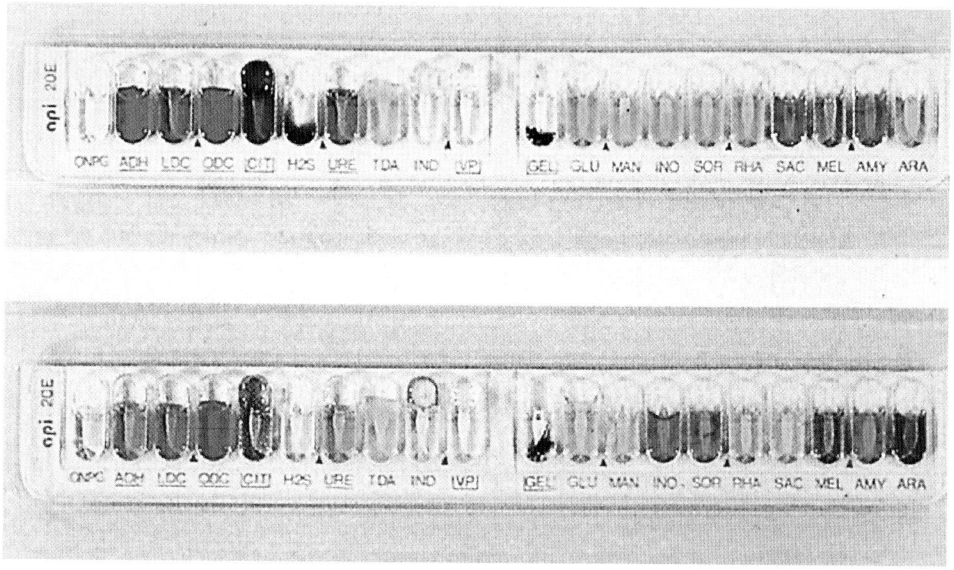

Abb. 29.13 Enterobakterien Identifizierung mittels „bunter Reihe"

29.7.1 Klebsiella pneumoniae

Die wichtigste Erregerspezies in der Gattung Klebsiella ist K. pneumoniae. K. pneumoniae kann Pneumonien (sog. Friedländer-Pneumonie) bei immunkompetenten Personen auslösen. Häufiger befällt K. pneumoniae aber abwehrgeschwächte Personen, entweder im ambulanten Bereich (z. B. häufig bei Alkoholikern) oder als Hospitalismuserreger (z. B. Patienten auf Intensivstationen und in onkologischen Abteilungen). Die häufigsten Manifestationen einer Klebsielleninfektion im nosokomialen Bereich sind Harnweginfektionen, Pneumonien, schwere Weichgewebeinfektionen und Sepsis. Neben der Pneumonie können Klebsiellen Exazerbationen chronischer Bronchitiden hervorrufen.

Zwischenfälle treten auf, wenn mit Klebsiellen kontaminierte Infusionen oder Blutkonserven verabreicht werden. Als Quelle für die Kontamination derartiger Materialien kommen erregertragende Personen (Krankenhauspersonal) in Betracht. Klebsielleninfektionen können auch über pflanzliche Lebensmittel zustande kommen, z. B. Salate.

Viele Stämme von K. pneumoniae sind **multiresistent** (z. B. durch ESBL-Bildung [„extended spectrum beta-lactamase"]) und sehr schwer zu therapieren. Besonders große Probleme bereiten in letzter Zeit multiresistente Klebsiellen, die KPC-Carbapenemasen bilden und häufig auch gegen viele andere Antibiotikaklassen resistent sind.

K. pneumoniae **ssp. ozaenae** und **ssp. rhinoscleromatis** verursachen eine auf die Nasenschleimhaut begrenzte atrophische Rhinitis, die durch Borkenbildung und übel riechendes Sekret gekennzeichnet ist („Stinknase"). Ein weiteres Krankheitsbild ist die granulomatöse Infektion der Nasenschleimhaut, die sich auf Kehlkopf und Trachea ausbreiten kann. Beide Krankheitsbilder verlaufen chronisch.

29.7.2 Weitere humanpathogene Klebsiellen-Arten

Klebsiella oxytoca Diese Spezies kann ein ähnliches Spektrum von Erkrankungen hervorrufen wie K. pneumoniae (v. a. nosokomiale Harnweginfekte), wird aber deutlich seltener isoliert.

Klebsiella aerogenes Diese Spezies (bis 2017 „Enterobacter aerogenes" genannt) wird ebenfalls als Erreger nosokomialer Infektionen an verschiedenen Lokalisationen bei immunsupprimierten Patienten isoliert.

Klebsiella granulomatis Es handelt sich um den Erreger chronisch genitaler Geschwüre (Donovanose), der besonders in den Tropen vorkommt und nicht auf künstlichen Nährböden anzüchtbar ist.

29.8 Enterobacter

Vertreter der Enterobacter teilen viele Gemeinsamkeiten mit Klebsiella und Serratia und werden mit diesen zur **KES-Gruppe** zusammengefasst. Sie unterscheiden sich von den Klebsiellen im Wesentlichen durch ihre

Begeißelung, die ihnen Beweglichkeit verleiht. Darüber hinaus bilden sie weniger Kapselsubstanz aus. Hinsichtlich Differenzierung, Identifizierung und Krankheitsspektrum ähneln sie ebenfalls den Klebsiellen. Wichtige Spezies, die gelegentlich als Erreger nosokomialer Infektionen bei Immunsupprimierten isoliert werden, sind **E. cloacae** und **E. aerogenes**. Die häufigste Lokalisation solcher Infektionen ist der Urogenitaltrakt; auch Bakteriämien kommen vor.

Cronobacter (früher „Enterobacter") **sakazakii** kann bei Frühgeborenen zu Sepsis, Meningitis und nekrotisierender Enterokolitis führen. Die Krankheit endet häufig mit Defektheilungen oder tödlich. Die Übertragung erfolgt über kontaminierte Säuglingsnahrung. Der Erreger lebt in der Umwelt v. a. auf Pflanzen und findet sich häufig in Lebensmitteln pflanzlicher Herkunft. Er bildet ein gelbes Pigment und zeichnet sich durch erhöhte Hitzeresistenz aus.

Problematisch ist die hohe Rate der Ausbildung **sekundärer Antibiotikaresistenzen** bei der gesamten KES-Gruppe, insbesondere die zunehmende Tendenz zur **Multiresistenz** durch Bildung von ESBL, Cephalosporinase und Carbapenemase.

29.9 Serratia

Vertreter der Gattung Serratia teilen viele Gemeinsamkeiten mit den Gattungen Klebsiella und Enterobacter und werden mit diesen zur **KES-Gruppe** zusammengefasst. Auch Serratia-Arten ähneln hinsichtlich ihrer Ansprüche an das Kulturmedium und des Krankheitsspektrums den Klebsiellen.

Sie unterscheiden sich von allen anderen Enterobakterien durch ihre Fähigkeit zur Produktion dreier **hydrolytischer Enzyme:** DNase, Gelatinase und Lipase.

Serratia (S.) rubidaea und einige Stämme von S. marcescens produzieren bei Lichtabschluss ein rotes Pigment, Prodigiosin. Diese Pigmentbildung durch Serratien soll für einige der überlieferten **Hostienwunder** („Bluthostien") verantwortlich sein (◻ Abb. 29.14).

Serratia-Arten kommen in der Erde, auf Pflanzen und in Wasserproben vor. Gelegentlich, jedoch seltener als Klebsiella oder Enterobacter, werden sie aus dem menschlichen Darm oder dem Respirationstrakt isoliert.

Bei abwehrgeschwächten Patienten im Krankenhaus und bei Drogenabhängigen verursachen S. marcescens und S. liquefaciens Sepsis, Endokarditis, Infektionen der Harnwege und des Respirationstrakts, Wundinfektionen, Meningitis sowie Infektionen bei Endoprothesenoperationen. Serratia marcescens wird in

◻ **Abb. 29.14** Serratia marcescens – Wilsnacker Blutwunder

den letzten Jahren auch zunehmend als Erreger von Infektionen (z. B. Late-Onset-Sepsis) bei Neu- und Frühgeborenen beobachtet. Die übrigen Serratia-Arten sind weit seltener für Krankheitsprozesse verantwortlich.

29.10 Proteus

Proteus ist im Vergleich zu den anderen Enterobakterien **besonders stark begeißelt** und damit außerordentlich beweglich. Proteusstämme besitzen Fimbrien und sind nicht bekapselt. Charakteristisch ist die Bildung von **Urease.**

Auf festen Kulturmedien können Proteusstämme schwärmen: Durch Hemmung der Septumbildung bilden sich lange Bakterienfilamente mit mehreren Kernäquivalenten, die sehr stark begeißelt sind (Schwärmerzellen). Ein Auslöser für diese Umwandlung von der Schwimmer- in die Schwärmerform scheint beeinträchtigte freie Geißelbeweglichkeit zu sein. Die Schwärmerzellen zeigen ein koordiniertes Bewegungsverhalten: Phasen des Schwärmens wechseln sich mit Phasen der Konsolidierung ab. Konsequenz dieses zyklischen und koordinierten Verhaltens sind die konzentrischen Schwärmringe, die um Einzelkolonien von Proteus bzw. um eine punktförmige Inokulationsstelle herum entstehen (◻ Abb. 29.15).

Proteus findet sich als Fäulniserreger massenhaft in Erdproben, Abwässern, auf Tierkadavern und in manchen Lebensmitteln, z. B. in überreifem Käse. Sehr häufig kommt Proteus in der Darmflora gesunder Personen vor.

Proteusarten rufen extraintestinale Opportunisteninfektionen, v. a. Harnweginfektionen, aber auch systemische Infektionen hervor (◻ Tab. 29.2). Die beim Menschen am häufigsten isolierten Arten sind Proteus mirabilis und Proteus vulgaris.

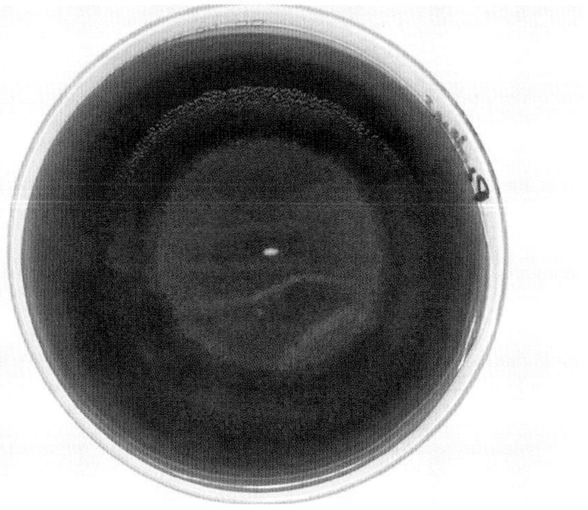

Abb. 29.15 Enterobakterien – schwärmender Proteus mirabilis auf Blutagar

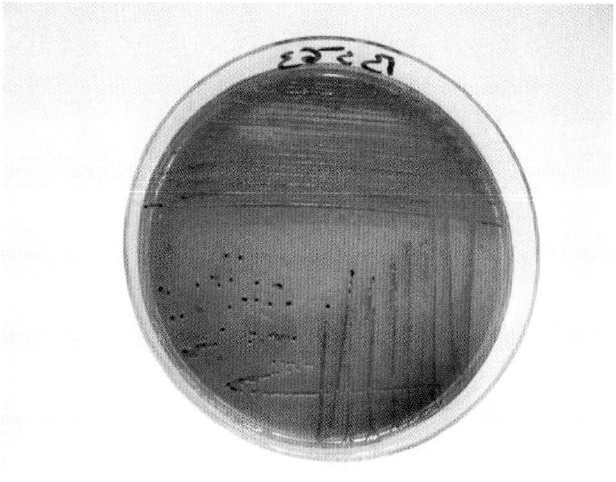

Abb. 29.16 Salmonella auf Önoz-Agar

Harnweginfektionen durch Proteus finden sich bei Patienten mit obstruktiven Veränderungen oder nach operativen Eingriffen der Harnwege sowie bei länger liegenden Blasenkathetern. Die für Proteus charakteristische Ureasebildung scheint bei Harnweginfektionen als Virulenzfaktor eine Rolle zu spielen: Urease spaltet Harnstoff in CO_2 und NH_3. Hierdurch kommt es zu einem Anstieg des pH-Werts im Gewebe. Dies kann zur Etablierung der Bakterien beitragen und spielt bei der Nierensteinbildung eine Rolle.

Sepsis und **Endokarditis, Meningitis** und **Infektionen von Verbrennungswunden** können ebenfalls proteusbedingt sein.

29.11 Sonstige wichtige fakultativ pathogene Enterobakterien

Auch andere fakultativ pathogene Enterobakterien (Tab. 29.2) können, insbesondere bei stark abwehrgeschwächten Patienten, opportunistische Infektionen hervorrufen. Meistens entstehen diese nosokomial. Relativ häufig sind Morganellen, Providencia- und Citrobacter-Arten, die normale Darmbewohner sind.

- **Citrobacter freundii** kann auch durch Bildung von plasmidkodiertem hitzestabilen Enterotoxin (ST, weitgehend identisch mit E. coli-ST) oder phageninduziertem Shiga-Toxin Enteritiden verursachen.
- **Edwardsiella tarda** und **Plesiomonas shigelloides** haben ihren natürlichen Standort im Wasser. Sie kommen insbesondere in den warmen Klimazonen vor und können eine Enteritis verursachen.

29.12 Salmonellen

Salmonellen sind obligat pathogene bewegliche gramnegative Stäbchenbakterien aus der Familie der Enterobakterien (Abb. 29.16). Sie werden nach klinischen Gesichtspunkten unterteilt in

- die große Gruppe der **Enteritis-Salmonellen,** die primär selbst-limitierende Durchfallerkrankungen verursachen (▶ Abschn. 29.12.2) und
- die **typhösen Salmonellen,** die septische Allgemeinerkrankungen wie Typhus und Paratyphus mit einer signifikanten Mortalität hervorrufen (▶ Abschn. 29.12.3).

Benannt wurden sie nach dem nordamerikanischen Bakteriologen Daniel E. Salmon, in dessen Labor Theobald Smith 1886 die Enteritis-Salmonellen entdeckte.

Die Taxonomie der Salmonellen ist komplex. Das Genus Salmonella besteht aus nur 2 Spezies, S. enterica und S. bongori. Anders als S. enterica besitzt S. bongori nur sehr geringe humanmedizinische Bedeutung.

S. enterica wird in 5 **Subspezies** (ssp.) oder Gruppen unterteilt:

- Die weitaus meisten klinischen Isolate von Warmblütern (einschließlich des Menschen) gehören zur Subspezies **enterica** (Gruppe I);
- zur Subspezies **salamae, houtenae** und **arizonae** (Gruppen II, IV und III) gehören kommensale Bakterien des Darmtrakts vieler Kaltblüter (Reptilien wie z. B. Schildkröten, Schlangen). Diese lösen v. a. bei kleinen Kindern nach Exposition gelegentlich Enteritiden aus.

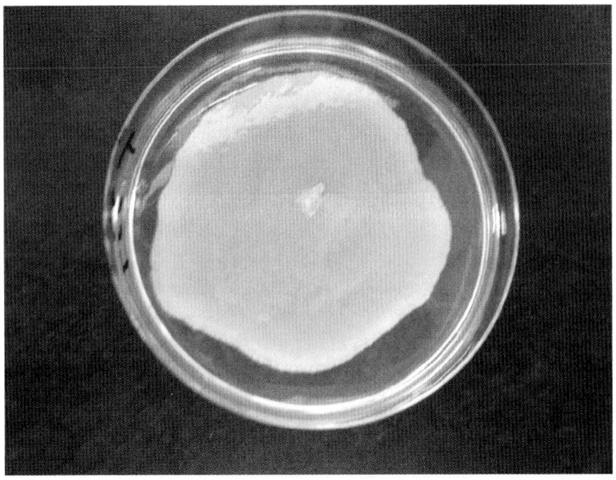

Abb. 29.17 Schwärmplatte zur Identifizierung der 2. H-Phase von Salmonellen

- Die Subspezies **indica** (Gruppe V) spielt keine humanmedizinische Rolle. Die Spezies und Subspezies lassen sich durch die Testung weniger biochemischer Eigenschaften differenzieren.

29.12.1 Kauffmann-White-Schema und Phasenvariation

Im Kauffmann-White-Schema werden die Salmonellen seit 1929 durch die Kombination der verschiedenen antigenen Eigenschaften des O-Antigens (Teil des Lipopolysaccharids in der äußeren Zellmembran, O-Antigen), der Geißeln (H-Antigen) und der Anwesenheit einer Polysaccharidkapsel (Virulenz oder Vi-Antigen) in etwa 2600 Serovare (sv.) unterteilt. Auch wenn die Antigentypisierung nach dem Kauffmann-White-Schema nach wie vor den Standard darstellt, sind Genomsequenz-basierte Methoden zur Stammtypisierung in der Entwicklung. Die verschiedenen Serovare tragen Namen, die ihre Wirtsspezifität oder den Ort der Erstbeschreibung kennzeichnen.

Aus historischen Gründen wird die taxonomisch korrekte Benennung (z. B. Salmonella enterica ssp. enterica sv. Typhimurium) häufig durch den Namen des Serovars ersetzt (hier also: Salmonella Typhimurium). Dabei zeigt die **Großschreibung** von „Typhimurium" an, dass es sich **nicht** um einen Speziesnamen handelt.

Fast alle Salmonellen sind peritrich begeißelt (Ausnahmen: S. Gallinarum oder S. Pullorum). Eine Besonderheit ist die Fähigkeit zur **Phasenvariation der Geißel-(H-)Antigene.** Dazu besitzen Salmonellen 2 verschiedene Gene für den Grundbaustein der Geißeln (Flagellin). Von diesen kann zu jedem Zeitpunkt immer nur eines transkribiert werden, weil gemeinsam mit dem 2. Flagellingen ein Repressor für das 1. Flagellingen exprimiert wird. Die Expression des Flagellin/Repressor-Operons wird von einem auf einem invertierbaren DNA-Fragment lokalisierten Promotor kontrolliert. Jede einzelne Salmonellenzelle besitzt daher entweder Geißeln der Phase 1 oder der Phase 2.

In einer größeren Salmonellenpopulation findet sich wegen der hohen Inversionsfrequenz der Promotorregion immer eine Subpopulation in der jeweils anderen H-Phase. Selektionsdruck (z. B. durch Bildung von Antikörpern gegen eine H-Phase) kann einen Phasenwechsel der Population herbeiführen – im Rahmen der Diagnostik wird zur Bestimmung beider H Phasen ein solcher Phasenwechsel mittels einer **Schwärmplatte** (Abb. 29.17) erzwungen.

29.12.2 Enteritis-Salmonellen

Steckbrief

Enteritis-Salmonellen gehören zu den häufigsten bakteriellen Durchfallerregern. Sie führen zu lokalen, selbstlimitierenden Infektionen des Darmgewebes. Bei Abwehrgeschwächten und Neugeborenen sind septische Infektionen mit Ausbreitung in verschiedene Organe möglich.

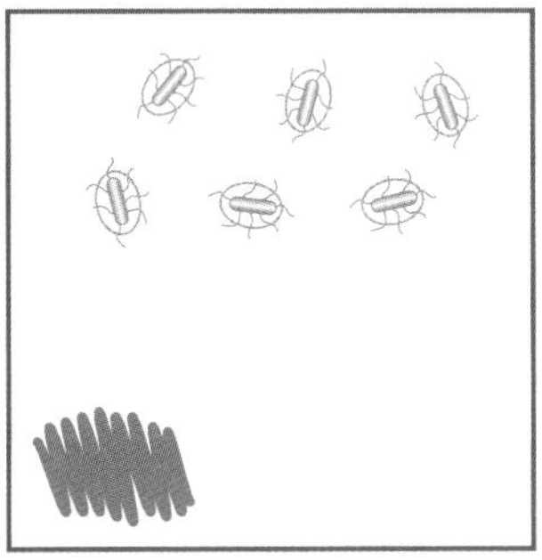

Beschreibung

Der mit Abstand größte Teil der etwa 2600 Serovare von S. enterica wird zu den Enteritis-Salmonellen gezählt.

- **Extrazelluläre Produkte**

„Klassische" Exotoxine wurden bei Enteritis-Salmonellen nicht beschrieben. Salmonellen sezernieren Salmochelin, ein Eisen-Siderophor, das im entzündeten Gewebe Lipocalin-unabhängig die bakterielle Eisenaufnahme ermöglicht.

■ Resistenz gegen äußere Einflüsse
Salmonellen vermehren sich bei Temperaturen zwischen 4 und 45 °C, einzelne Stämme bei bis zu 54 °C. Die Überlebensdauer in Abwasser beträgt je nach Temperatur mehrere Wochen bis Monate, in Schlamm und Erdboden mehrere Monate bis Jahre. Im trockenen Milieu, z. B. in Staub oder Lebensmitteln (Trockenmilch, Gewürze u. a.), können Salmonellen über Monate bis mehrere Jahre überleben. Bei 70 °C werden Salmonellen innerhalb von Minuten zuverlässig abgetötet.

■ Vorkommen
Enteritis-Salmonellen gehören zu den **zoonotischen Erregern:** Als tierische Wirte kommen Wildtiere, Nutz- und Haustiere sowie Amphibien und Reptilien infrage. **Kontaminiertes Fleisch** und **Geflügel** sowie kontaminierte **Roheiprodukte** und direkter Tierkontakt (selten) kommen als Infektionsquelle infrage.

Rolle als Krankheitserreger

■■ Epidemiologie
Enteritis-Salmonellen kommen weltweit vor. Im Jahr 2018 wurden in Deutschland 13.460 Fälle von Salmonellen-Enteritis gemeldet. Bei 10-fach höherer Dunkelziffer ist jährlich allein in Deutschland mit über 150.000 menschlichen Infektionen zu rechnen. Der sehr starke Rückgang der Zahl der Salmonellosen in den letzten 15 Jahren (2004: 56.947 gemeldete Fälle) wird überwiegend auf die systematische Impfung von Hühnerbeständen zurückgeführt und ist ein gutes Beispiel für das „One-Health-Konzept" (▶ Kap. 5).

Die Ausbreitung der Enteritis-Salmonellen wird durch Massentierhaltung, Gemeinschaftsverpflegung, große Produktionschargen und unzureichende Hygiene bei der Lebensmittelverarbeitung im Haushalt (unzureichende Kühlung bei der Lagerung, mangelhafte Erhitzung) begünstigt. Salmonellosen können endemisch gehäuft auftreten. Regelmäßig werden auch kleinere und größere meist lebensmittelbedingte Ausbrüche beobachtet. Am häufigsten erkranken Kinder unter 6 Jahren.

■■ Übertragung
Die zur Infektion notwendige **Erregermenge** ist für Erwachsene in der Regel hoch (ca. 10^6 koloniebildende Einheiten, KBE). Infektionen entstehen daher meist nach Vermehrung der Bakterien in kontaminierten Nahrungsmitteln. Bei Säuglingen und Kleinkindern oder abwehrgeschwächten Patienten sind dagegen Erkrankungen bei Aufnahme von weniger als 100 Salmonellen beobachtet worden. Dies ermöglicht eine Übertragung von Mensch zu Mensch durch Schmierinfektion. Infizierte Patienten scheiden u. U. große Mengen Enteritis-Salmonellen mit dem Stuhl aus.

■■ Pathogenese
Dazu zählen:

Adhäsion Salmonellen adhärieren mittels Fimbrien an M-Zellen im Bereich des unteren Dünndarms.

Kolonisationsresistenz Im Darm müssen sich Salmonellen gegenüber den bereits etablierten kommensalen Darmbakterien durchsetzen. Dies ermöglicht eine Reihe von bakteriellen Faktoren und Eigenschaften. So sind Salmonellen, nicht aber viele kommensale Bakterien, gegenüber durch die Entzündungsreaktion freigesetzten Enzymen sowie Sauerstoff- und Stickstoffradikalen relativ resistent. Sie können sogar das dabei entstehende Tetrathionat und Nitrat als Elektronenakzeptor bei der Energiegewinnung nutzen. Auch profitieren sie von der metabolischen Umstellung des Darmepithels sowie von durch kommensale Bakterien freigesetzten energiereichen Substraten. Salmochelin ermöglicht auch in Gegenwart von Lipocalin die Aufnahme des für die bakterielle Vermehrung essenziellen Eisens (Fe^{3+}).

Invasion Das auf der Pathogenitätsinsel SPI1 kodierte Typ-3-Sekretionssystem injiziert Effektor- und Regulationsproteine in die Darmepithelzellen, die diese dazu veranlassen, die Salmonellen aufzunehmen. Nach Aufnahme liegen die Salmonellen durch eine Doppelmembran umschlossen in einer Vakuole. Ein zweites, intrazellulär aktives und auf der Salmonella-Pathogenitätsinsel 2 (SPI2) kodiertes Typ-3-Sekretionssystem ermöglicht die intrazelluläre Vermehrung. Weitere Eintrittspforten sind die M-Zellen dem Bereich der Peyer-Plaques sowie dendritische Zellen. Im subepithelialen Gewebe werden Salmonellen von Phagozyten aufgenommen. SPI2 ermöglicht auch eine Vermehrung und das Überleben der Bakterien in professionellen Immunzellen wie z. B. Makrophagen in der Darmschleimhaut.

Gewebeschädigung Die entzündliche Reaktion von Zellen der Darmschleimhaut löst Störungen des Flüssigkeits- und Elektrolyttransports im unteren Dünndarm aus. Die ausgeschiedenen großen Flüssigkeitsmengen übersteigen das Rückresorptionsvermögen des Dickdarms, sodass es zu einem Nettoverlust von Wasser und Elektrolyten kommt (◻ Abb. 29.18a). Die Stühle enthalten weder Eiterzellen noch Blut; es finden sich aber Makrophagen. Die Infektion mit Enteritis-Salmonellen beschränkt sich beim Immungesunden auf das Darmgewebe.

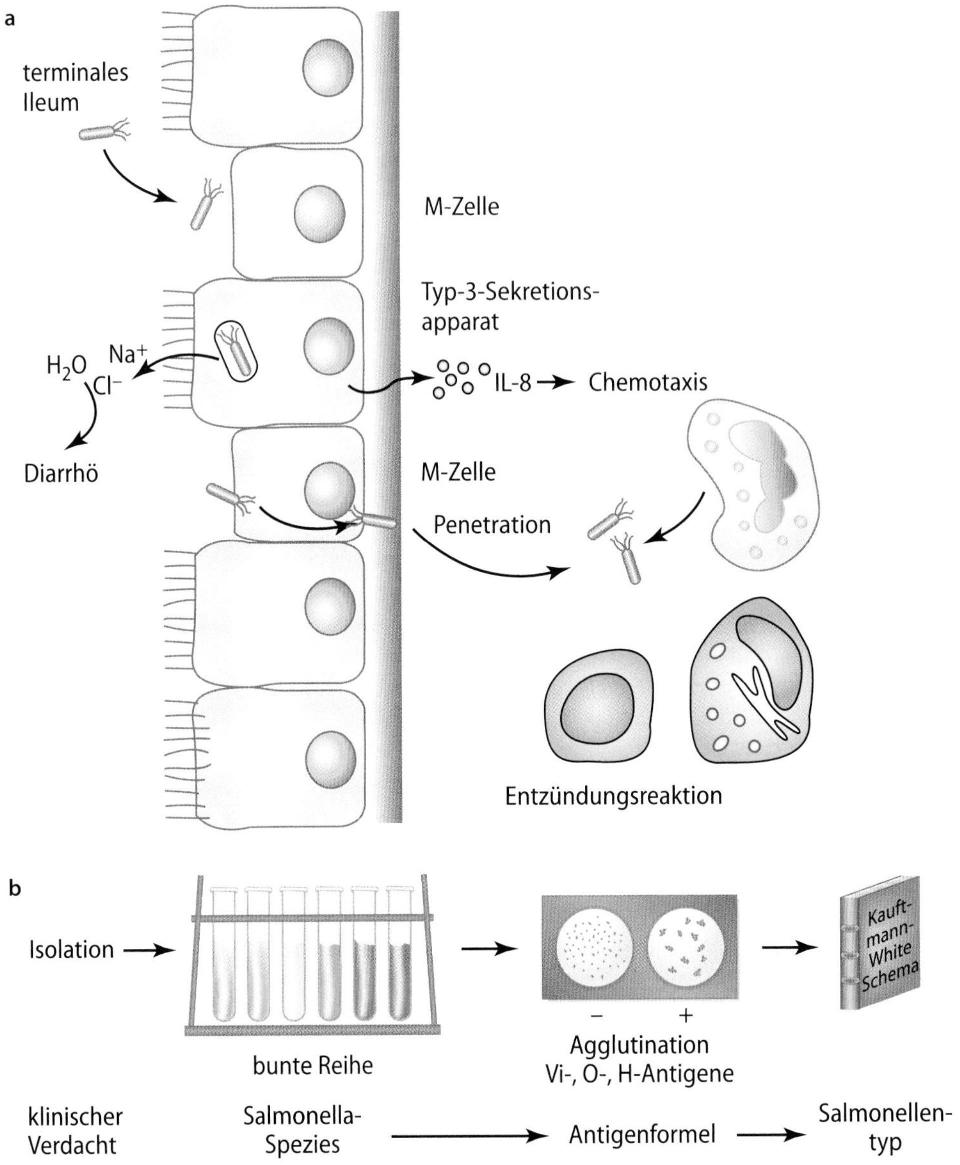

Abb. 29.18 a, b Pathogenese (**a**) und Diagnostik (**b**) der Salmonellen-Enteritis

Klinik

Die **Salmonellenenteritis** beginnt 12–36 h (selten 6–72 h) nach Aufnahme der Erreger mit Durchfall, Brechreiz oder Erbrechen und mäßigem Fieber (38–39 °C). Der Durchfall ist meist wässrig, selten auch schleimig-blutig. Das Krankheitsbild hält 4–10 Tage an. Die Bakterien sind in der Regel noch 4–6 Wochen nach Beendigung der Krankheit im Stuhl nachweisbar, bei Säuglingen sogar über Monate. Dauerausscheider sind aber selten.

Bei immungeschwächten Patienten können Enteritis-Salmonellen über das Darmgewebe hinaus in den Blutkreislauf gelangen und **extraintestinale Manifestationen** wie Gelenkempyeme, Osteomyelitiden, Meningitiden, Pleuritiden, Abszesse und Harnweginfektionen auslösen. Risikogruppen sind Neugeborene und alte Menschen, abwehrgeschwächte (z. B. AIDS-)Patienten, Patienten mit kardiovaskulären Erkrankungen oder Sichelzellanämie. Auch bei extraintestinal verlaufenden Formen stellt der Darm die ursprüngliche Eintrittspforte für die Salmonellen dar.

Immunität

Eine Salmonellenerkrankung bewirkt nur eine begrenzte, auf den Serovar beschränkte Immunität. Wiederholte Infektionen sind möglich.

Labordiagnose

Der Schwerpunkt bei Enteritis-Salmonellosen liegt in der Anzucht der Erreger aus Stuhlproben und ihrer anschließenden biochemischen oder MALDI-TOF-massenspektrometrisch vermittelten

Identifikation (▶ Abschn. 19.3.1) und serologischen Typisierung (Kauffmann-White-Schema). Methoden zum Nachweis salmonellenspezifischer Antikörper spielen bei der Diagnose von Durchfallerkrankungen keine Rolle. Bei extraintestinal lokalisierten Infektionen lassen sich Enteritis-Salmonellen aus Blut, Abszess- oder Empyempunktaten, Liquor oder Urin isolieren.

Biochemische Differenzierung Auf selektiven Kulturmedien wachsende Kolonien mit verdächtiger Koloniemorphologie werden einer biochemischen Leistungsprüfung („bunte Reihe", ◘ Abb. 29.18b) unterzogen.

Serologische Differenzierung (Kauffmann-White-Schema) Mittels Objektträgeragglutination werden O- und beide H-Antigene sowie das Vi-Antigen bestimmt. Mit dieser Antigenformel kann der Name des Serovars im Kauffmann-White-Schema abgelesen werden.

Therapie

Dargestellt werden Antibiotikaempfindlichkeit und therapeutisches Vorgehen.

Antibiotikaempfindlichkeit Im Antibiogramm erweisen sich Salmonellen in Deutschland meist empfindlich gegenüber Ampicillin, Mezlocillin, Ceftriaxon, Chloramphenicol, Cotrimoxazol und Ciprofloxacin. Weltweit wird eine Zunahme der Resistenz v. a. gegenüber Ampicillin, Tetracyclin, Ciprofloxacin und Cotrimoxazol beobachtet.

Therapeutisches Vorgehen Eine Antibiotikabehandlung ist bei immunkompetenten Patienten und unkompliziertem Verlauf nicht indiziert. Sie verkürzt die Krankheitsdauer nicht, erhöht aber die Wahrscheinlichkeit von Rezidiven und verlängert die Ausscheidung. Starker Flüssigkeitsverlust wird durch orale oder parenterale Gabe von Elektrolytlösung behandelt.

Im Gegensatz zur Enteritis müssen extraintestinale Manifestationen einer Salmonelleninfektion unbedingt antibiotisch behandelt werden. So werden Patienten mit erhöhtem Risiko einer systemischen Bakterienausbreitung – u. a. Kinder <1 Jahr, Patienten >70 Jahre, Patienten mit hämolytischen Anämien (Sichelzellanämie) oder mit angeborenen oder erworbenen Immundefekten wie AIDS – zur Verhütung einer septischen Generalisierung bzw. des Meningenbefalls einer Antibiotikatherapie unterzogen. Bei Erwachsenen kommt Ceftriaxon oder Ciprofloxacin, bei Kindern je nach Empfindlichkeit Ampicillin oder Cotrimoxazol zum Einsatz. Dauerausscheider sind nach einer Salmonellen-Gastroenteritis extrem selten.

Prävention

Dazu gehören:

Allgemeine Maßnahmen Lebensmittel, insbesondere Fleisch, Eier oder Teigwaren mit Cremefüllung, sollten, wenn möglich, gut erhitzt und auch in gekochtem Zustand nicht über mehrere Stunden bei Raumtemperatur aufbewahrt werden; aufgetautes Geflügel oder Fleisch sofort kochen oder braten! Nach dem Hantieren mit rohem Geflügelfleisch Hände waschen und Auftauwasser entsorgen, bevor andere Küchenarbeiten begonnen werden! Für bestimmte Lebensmittelzubereitungen (Mayonnaise), die in Gaststätten oder im Handel angeboten werden, ist der Zusatz bakteriostatischer Stoffe oder die Verwendung pasteurisierter Eier, Milch, Sahne o. a. vorgeschrieben. Ein Impfstoff gegen Enteritis-Salmonellen existiert nicht.

Meldepflicht Der direkte oder indirekte Nachweis von Salmonellen ist meldepflichtig (§ 7 IfSG). Darüber hinaus ist der Verdacht auf und die Erkrankung an einer mikrobiell bedingten Lebensmittelvergiftung oder an einer akuten infektiösen Gastroenteritis namentlich zu melden, wenn a) eine Person spezielle Tätigkeiten (Lebensmittel-, Gaststätten-, Küchenbereich, Einrichtungen mit/zur Gemeinschaftsverpflegung) ausübt oder b) 2 oder mehr gleichartige Erkrankungen auftreten, bei denen ein epidemischer Zusammenhang vermutet wird (§ 6 IfSG). Nach dem Infektionsschutzgesetz dürfen Salmonellenerkrankte und -ausscheider berufsmäßig nicht mit Lebensmitteln umgehen.

In Kürze: Enteritis-Salmonellen

- **Bakteriologie:** Peritrich begeißelte, gram- und laktosenegative Stäbchen aus der Familie der Enterobakterien mit O- und H-Antigenen.
- **Rolle als Krankheitserreger:** Enteritis-Salmonellen verursachen als obligat pathogene Erreger Lokalinfektionen des Darms. Bei Abwehrgeschwächten können sie auch systemische Infektionen auslösen.
- **Vorkommen:** Ubiquitäre Zoonosen, Erregerreservoir im Tierreich, Infektionen v. a. durch mit tierischen Ausscheidungen kontaminierte Nahrungsmittel.
- **Epidemiologie:** Weltweite Verbreitung. Endemisches Vorkommen und Ausbrüche. Ausbreitung durch Massentierhaltung, Gemeinschaftsverpflegung und Fehler bei der Lebensmittelverarbeitung begünstigt.
- **Übertragung:** Durch kontaminierte Nahrungsmittel: „Salmonellen isst und trinkt man."
- **Pathogenese:** Ansiedlung im unteren Dünndarm. Entzündliche Reaktion in der Darmschleimhaut

mit Störung des Elektrolyt- und Flüssigkeitstransports.
- **Klinik:** Kurze Inkubationszeit (6–72 h), typischerweise nichtblutiger Durchfall, Erbrechen und u. U. Fieber. Im Gegensatz zum Typhus/Paratyphus sind Dauerausscheider sehr selten.
- **Labordiagnose:** Kultureller Erregernachweis aus dem Stuhl: Anzucht auf Selektiv- und Differenzialkulturmedien. Identifizierung mittels biochemischer Leistungsprüfung oder MALDI-TOF-MS und Serotypisierung nach dem Kauffmann-White-Schema.
- **Therapie:** Flüssigkeits-Substitutionstherapie. Bei schwerem klinischen Verlauf oder Immunschwäche zusätzlich Antibiotika (Kinder: Ampicillin, Cotrimoxazol; Erwachsene: Ciprofloxacin, Ceftriaxon). Bei extraintestinaler Manifestation immer antibiotische Therapie, mit Ceftriaxon oder Ciprofloxacin.
- **Prävention:** Lebensmittel- und Küchenhygiene. Nach dem IfSG Beschäftigungsverbot für Ausscheider bei der Herstellung von Lebensmitteln.
- **Meldepflicht:** Nach dem IfSG Verdacht, Erkrankung, Tod, direkte und indirekte Erregernachweise; namentlich.

Steckbrief

Die typhösen Salmonellen Salmonella (S.) Typhi sowie S. Paratyphi A, B und C verursachen beim Menschen die zyklischen Allgemeininfektionen Typhus abdominalis bzw. Paratyphus A, B und C. Der Pathologe Eberth beschrieb 1880 in Zürich S. Typhi in Gewebeschnitten. Der Koch-Schüler Gaffky züchtete S. Typhi 1884 in Reinkultur.

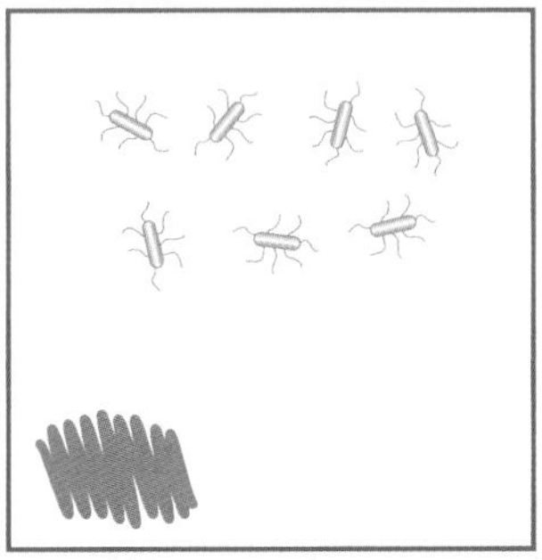

Salmonella Typhi: gerade gramnegative Stäbchen mit Körper-(O-), Geißel- (H-) und Kapsel-(Vi-)Antigen, erstmals isoliert 1884 von G. Gaffky

29.12.3 Typhöse Salmonellen: Salmonella Typhi, Salmonella Paratyphi A, B, C

Im Gegensatz zu Enteritis-Salmonellen (▶ Abschn. 29.12.2) verursachen typhöse Salmonellen (Typhus und Paratyphus) systemische Infektionen. Typhöse Salmonellen gehören zur Subspezies enterica (Gruppe I) von Salmonella enterica.

Beschreibung

▪▪ Aufbau

S. Typhi und S. Paratyphi A, B und C folgen in ihrem Aufbau dem allgemeinen Bauplan der Enterobakterien. Zusätzlich zu den bei allen Salmonellen vorkommenden O- und H-Antigenen tragen gewisse Stämme von S. Typhi und S. Paratyphi C das **Vi-Kapselantigen** („Vi" ursprünglich für „Virulenz"). Vi entspricht den K-Antigenen anderer Enterobakterien; es ist ebenfalls ein Polysaccharid.

▪▪ Extrazelluläre Produkte

S. Typhi produziert ein DNA-schädigendes Exotoxin (CdtB), das intrazellulär synthetisiert und aus infizierten Zellen herausgeschleust wird. Seine Bedeutung für den Infektionsverlauf ist jedoch unklar.

▪▪ Resistenz gegen äußere Einflüsse

S. Typhi kann lange Zeit im Wasser überleben. Praktisch bedeutsam ist seine Resistenz gegen Galle. Dagegen lässt sich der Erreger durch Kochen oder Pasteurisieren sowie mit den gebräuchlichen Desinfektionsmitteln sicher abtöten.

▪▪ Vorkommen

S. Typhi und S. Paratyphi A finden sich nur beim Menschen. Dauerausscheider, bei denen sich die Erreger noch in Gallenblase und Gallengängen der Leber aufhalten, sowie subklinisch Infizierte stellen das Erregerreservoir dar.

Rolle als Krankheitserreger

Epidemiologie

Typhus befällt jährlich weltweit mehr als 11 Mio. Menschen, vorwiegend in Entwicklungsländern; dort erkranken hauptsächlich Kinder und junge Erwachsene. In industrialisierten Ländern tritt Typhus überwiegend bei Reisenden auf, die aus Entwicklungsländern zurückkehren. Von den **Paratyphuserregern** ist nur S. Paratyphi B in Deutschland endemisch. S. Paratyphi A und C kommen hier sehr selten als importierte Infektionen vor. Im Jahr 2018 wurden in Deutschland 58 Fälle von Typhus abdominalis und 29 Fälle von Paratyphus gemeldet. Seit 2017 besteht eine Empfehlung der WHO zur Impfung von Kindern jünger als 6 Monate in Endemiegebieten. Möglicherweise wegen der vermehrt eingesetzten Typhus-Impfung nimmt in vielen asiatischen Ländern derzeit die Zahl von Paratyphus A Fällen auf Kosten der Typhus Inzidenz zu.

Übertragung

S. Typhi gelangt durch fäkal kontaminierte Nahrungsmittel oder kontaminiertes Wasser in den Gastrointestinaltrakt; die Ausscheidung erfolgt über den Stuhl sowie über Urin. Die minimale **Infektionsdosis** ist kleiner als bei Enteritis-Salmonellen. Deshalb kommen direkte Trinkwasserinfektionen vor. Bei resistenzgeschwächten Personen können geringe Keimzahlen eine Erkrankung verursachen.

Pathogenese

Typhus abdominalis ist eine **zyklische Allgemeininfektion,** die in Stadien abläuft (▣ Abb. 29.12). Zielzellen von S. Typhi sind die Zellen des mononukleär-phagozytären Systems (MPS) derjenigen Organe, in denen sich die Erreger nach hämatogener Ausbreitung ansiedeln. Erkrankungen durch S. Paratyphus A, B oder C zeigen einen ähnlichen aber milderen Verlauf und eine niedrigere Sterblichkeitsrate.

Adhäsion und Invasion (Inkubation) Die Aufnahme der Bakterien im Darm verläuft ähnlich wie bei den Enteritis-Salmonellen. Allerdings bleibt eine Infektion mit S. Typhi, S. Paratyphi A, B oder C nicht auf das Darmgewebe beschränkt. Ein Teil der Bakterien dringt über die Lymphbahnen in die Mesenteriallymphknoten und von dort in die Blutbahn vor. Die Bakteriämie führt zur hämatogenen Ausbreitung in verschiedene Organe.

Etablierung Die Erreger werden von Zellen des mononukleär-phagozytären Systems aufgenommen und vermehren sich dort (▣ Abb. 29.19).

Generalisierung Aus mononukleären Zellen freigesetzte Bakterien treten erneut in die Blutbahn über und führen zu einer sekundären Bakteriämie, in deren Verlauf die Bakterien sich in den mononukleären Phagozyten von Leber, Milz, Knochenmark, quer

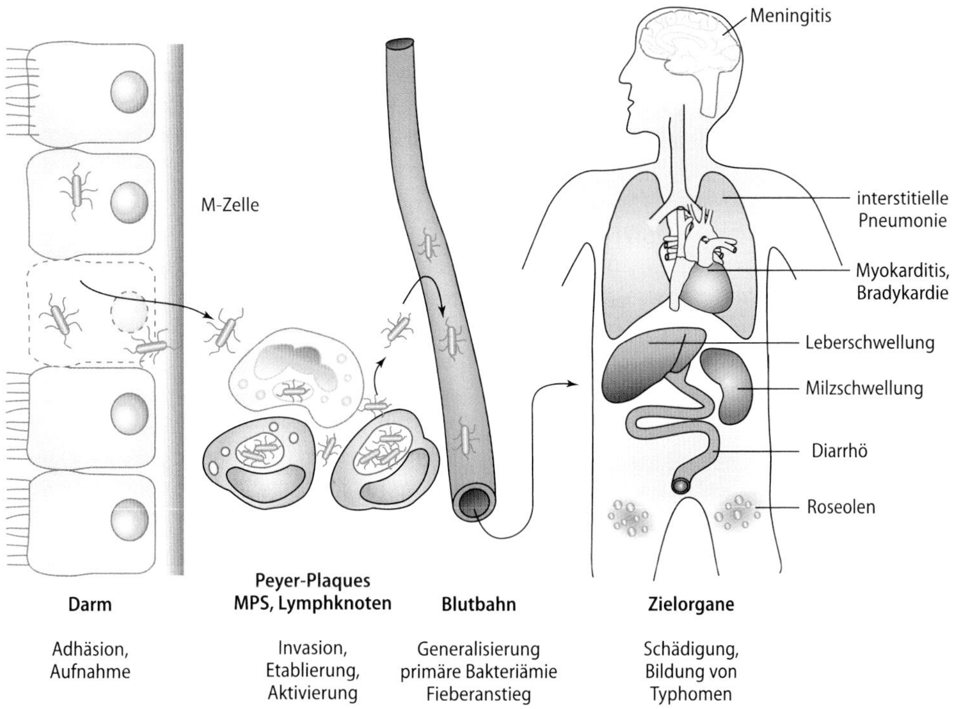

▣ **Abb. 29.19** Pathogenese des Typhus abdominalis

gestreifter Muskulatur, Herz, Gehirn, Haut, Nieren, Gallenblase sowie erneut in den Peyer-Plaques des Dünndarms ansiedeln (◘ Abb. 29.19). Die sekundäre Bakteriämie ist im Vergleich zur 1. Einschwemmung stärker ausgeprägt und die Zahl der in die Organe gelangenden Bakterien höher. Diese Generalisierungsphase dauert etwa 1 Woche und geht mit klinischen Erscheinungen einher.

Gewebeschädigung Gegen Ende der 1. Woche nach Krankheitsbeginn erscheinen Antikörper im Blut. Diese verbessern die Phagozytose, sodass die Bakterien im Verlauf der 2. Krankheitswoche aus der Blutbahn verschwinden und sich nur noch in den Makrophagen der Organe finden. In den befallenen Organen entwickeln sich Granulome aus Makrophagen und Lymphozyten, sog. Typhome („typhoid nodules"). Typhome können einschmelzen, wenn Makrophagen in den Granulomen unter der Wirkung der zellulären Immunreaktion aktiviert werden und überschießend Entzündungsmediatoren wie TNF-α ausschütten. Dies kann zu lebensgefährlichen Komplikationen führen.

▪▪ Klinik

Die Betrachtung erfolgt chronologisch.

Inkubationszeit Sie dauert 10–21 Tage; Extremfälle mit 3–56 Tagen wurden beschrieben. Wenige Tage nach Aufnahme der Erreger kann eine unspezifische Durchfallsymptomatik auftreten. Weitere Krankheitszeichen bestehen während der Inkubationszeit nicht; auch die primäre Bakteriämie verläuft in der Regel unbemerkt.

Generalisierungsstadium In dieser Phase treten erstmals Krankheitserscheinungen auf. Der Patient entwickelt während der 1. Krankheitswoche ansteigendes hohes Fieber mit Bewusstseinstrübung (gr. „typhos": Nebel). Die Fieberkurve geht dann in ein gleich bleibendes Fieberniveau über, die sog. Kontinua, die 7–14 Tage andauert.

Der Puls ist langsamer, als es die Höhe des Fiebers erwarten ließe („relative Bradykardie"). Die Milz schwillt an und wird tastbar; im Blutbild können eine Leukopenie (bei <50 % der Patienten) und/oder eine Eosinopenie auffallen. S. Typhi ist aus dem Blut anzüchtbar.

Organmanifestation In den befallenen Organen entwickeln sich in der 2. Krankheitswoche Typhome. Diese oder ähnliche Strukturen finden sich in diversen Organen: In der quer gestreiften Muskulatur entwickeln sich lymphozytäre Infiltrate, am Herzen entsteht die lymphozytäre Typhusmyokarditis, im Knochenmark zeigen sich Granulombildung oder Nekrosen (Osteomyelitis), in der Lunge eine interstitielle Pneumonie, im ZNS eine Meningitis. In der Haut entstehen in den Kapillarschlingen bakterienhaltige Embolien, die lokale Hautrötungen verursachen, sog. **Roseolen.**

Es entwickeln sich breiige Durchfälle. Gegen Ende des Organmanifestationsstadiums fällt die Fieberkurve ab. Der Patient nimmt wieder Anteil an seiner Umgebung, die verlangsamte Pulsfrequenz normalisiert sich, die Milzschwellung geht zurück: Der Patient erholt sich. Die Typhome können in diesem Stadium einschmelzen, was zu **lebensgefährlichen Komplikationen** führt. Eine Perforation der Peyer-Plaques zieht u. U. eine tödliche Peritonitis oder eine Darmblutung nach sich.

Die dargestellte Symptomatik gilt für die typische Typhuserkrankung. Besonders bei früh begonnener Antibiotikatherapie werden atypische und abgeschwächte Verläufe beobachtet.

Dauerausscheider Bis zu 10 % der unbehandelten Patienten mit Typhus scheiden bis zu 3 Monate lang S. Typhi im Stuhl (und/oder Urin) aus. Bis zu 5 % der unbehandelten Patienten mit Typhus werden zu Dauerausscheidern, d. h., sie scheiden länger als 1 Jahr nach der Erkrankung Salmonellen aus. 2–5 % der Patienten scheiden die Erreger z. T. lebenslang ohne Beeinträchtigung der Gesundheit mit dem Stuhl aus. Sie bilden damit eine stete Infektionsgefahr für ihre Umgebung und dürfen in bestimmten Berufen, z. B. bei der Herstellung von Speisen und Lebensmitteln, nicht beschäftigt werden. Eine Sanierung z. B. durch antibiotische Behandlung kann versucht werden. Die Bakterien persistieren dabei in den Gallenwegen. Dauerausscheider haben ein höheres Risiko, ein Karzinom der Gallenwege zu entwickeln.

Rezidive Sie können nach fieberfreien Intervallen auftreten und die voll ausgebildete Symptomatik der Primärinfektion zeigen.

▪▪ Immunität

S. Typhi sowie S. Paratyphi A, B und C gehören zu den fakultativ intrazellulären Bakterien, d. h., ein Teil dieser Bakterien wird nach Phagozytose nicht abgetötet, sondern überlebt im Innern von Makrophagen. Die Immunität gegen Typhuserreger beruht auf antikörperabhängigen (humoralen) und T-Zell-abhängigen (zellulären) Mechanismen; mindestens 3 unabhängige Mechanismen dürften beteiligt sein.

IgA Ein lokaler, durch IgA-Antikörper auf der Darmschleimhaut beruhender Schutz behindert das Eindringen der Typhuserreger vom Darm aus in den Körper.

IgG IgG-Antikörper in der Blutbahn fördern die Phagozytose und sind dafür verantwortlich, dass die

Erreger im Verlauf der 2. Krankheitswoche von den Makrophagen verschiedener Organe phagozytiert werden und daher aus der Blutbahn verschwinden.

T-Zellen Gleichzeitig mit der Antikörperbildung setzt die T-Zell-Immunität ein. Sie ist dafür verantwortlich, dass in den befallenen Organen die Typhome entstehen. Diese entsprechen den Granulomen bei anderen Infektionen mit fakultativ intrazellulären Bakterien: Sie enthalten mononukleäre Phagozyten und Lymphozyten und entstehen aufgrund der Ausschüttung von MCP-1 (Makrophagen-chemotaktischer Faktor 1) und TNF-α. In den Typhomen werden die Typhuserreger „eingemauert" und an der Ausbreitung gehindert. Die Makrophagen im Inneren der Typhome werden unter dem Einfluss von IFN-γ (▶ Kap. 13) aktiviert, sodass sie die phagozytierten Erreger abtöten können. Damit beginnt der Heilungsprozess. Aber auch die Komplikationen (s. o.) gehen auf zelluläre Immunreaktionen zurück, wenn aktivierte Makrophagen in den Typhomen TNF-α ausschütten und die Granulome einschmelzen.

Eine Typhuserkrankung hinterlässt eine auf ca. 1 Jahr **begrenzte Immunität.**

▪▪ Labordiagnose

Dem Verlauf der Krankheit entsprechend erfolgt der kulturelle Erregernachweis in der 1. Krankheitswoche aus dem Blut (oder Knochenmarkaspirat). Ab der 2. Krankheitswoche werden die Erreger auch im Stuhl und Urin nachweisbar.

Identifizierung Die Identifizierung auf Gattungsebene (Salmonella) erfolgt durch biochemische Leistungsprüfung und Serotypisierung nach dem Kauffmann-White-Schema (▶ Abschn. 29.12.1).

Serologie Die Widal-Reaktion weist Antikörper gegen die O- und H-Antigene im Patientenserum durch Agglutination nach. Ein 4-facher Titeranstieg während der Erkrankung oder ein Titer >160 gelten als Hinweis auf eine bestehende Infektion. Die Aussagefähigkeit der Widal-Reaktion ist beschränkt. So lassen sich nach Impfung jahrelang erhöhte Anti-H-Antikörper nachweisen. Auch in Endemiegebieten finden sich oft hohe Titer von Anti-H- und Anti-O-Antikörpern. Wird eine Therapie frühzeitig eingeleitet, kann ein Antikörpertiteranstieg ausbleiben. Die Widal-Reaktion gilt deshalb nur als Ergänzung zum bakteriologischen Erregernachweis.

▪▪ Therapie

Dargestellt werden Antibiotikaempfindlichkeit und therapeutisches Vorgehen.

Antibiotikaempfindlichkeit Generell hat die Häufigkeit von Resistenzen bei S. Typhi zuerst in Asien und zuletzt auch in Afrika stark zugenommen. Stämme mit Resistenzen gegen die früher häufig verwendeten Antibiotika Ampicillin, Chloramphenicol und Cotrimoxazol werden als „multidrug-resistant" (MDR-Stämme) bezeichnet, Stämme mit zusätzlicher Resistenz gegenüber Cephalosporinen der 3. Generation und Ciprofloxacin als „extensively drug-resistant" (XDR).

Therapeutisches Vorgehen Als Therapie werden Ceftriaxon (Cefotaxim) oder Ciprofloxacin eingesetzt. Wegen zunehmender Resistenzen sollte eine Empfindlichkeitstestung angestrebt werden. Eine Alternative bei Herkunft aus Südasien stellt Azithromycin dar. Rückfälle lassen sich durch angemessene Dosierung und ausreichend lange Behandlungszeiten verhindern. Durch die Antibiotikatherapie ist die Letalität des Typhus von 15–30 % auf <1 % abgesunken.

▪▪ Prävention

Dazu zählen:

Allgemeine Maßnahmen Die wichtigsten allgemeinhygienischen Maßnahmen zur Verhütung von Typhus und Paratyphus sind: Erfüllung der Hygienevorschriften bei der Lebensmittelzubereitung, Nahrungsmittelverteilung sowie v. a. bei der Wasserversorgung und Abwasserbeseitigung.

Schutzimpfung 2 Typhusimpfstoffe stehen zur Verfügung (z. T. in Kombination mit einem Hepatitis-A-Impfstoff):

- Ein Lebendimpfstoff mit dem abgeschwächten Stamm Ty 21a Berna von S. Typhi, der in 3 Dosen, am 1., 3. und 5. Tag oral verabreicht wird und einen etwa 60–90 %igen Impfschutz für 1–3 Jahre verleiht. Eine Auffrischimpfung nach 1 Jahr wird empfohlen.
- Zwei parenterale Impfstoffe (i. m., s. c.) mit Vakzinen aus gereinigtem Vi-Kapselpolysaccharid vom S. Typhi-Stamm Ty 2 als einmalige Dosis bei Erwachsenen und Kindern über 2 Jahren. Der Impfschutz soll etwa 3 Jahre anhalten.

Die Schutzimpfung verhindert nicht die Infektion, sondern **mildert die Schwere der Erkrankung.** Es existiert keine zugelassene Impfung für Kindern <2 Jahre und keine zugelassene Impfung gegen Paratyphus.

Meldepflicht Namentlich zu melden ist der Krankheitsverdacht, die Erkrankung sowie der Tod an Typhus bzw. Paratyphus (§ 6 IfSG) sowie der direkte Nachweis von Salmonella Typhi oder Salmonella Paratyphi (§ 7 IfSG).

29

In Kürze: Typhöse Salmonellen

- **Bakteriologie:** Peritrich begeißelte, gram- und laktosenegative Stäbchen. Neben der typischen Antigenstruktur von Enterobakterien (O- und H-Antigen) tragen gewisse Stämme das Vi- oder Virulenzantigen (entspricht dem K- oder Kapselantigen anderer Enterobakterien). Die Expression des H-Antigens unterliegt der Phasenvariation.
- **Rolle als Krankheitserreger:** Typhöse Salmonellen verursachen als zyklische Allgemeininfektionen den Typhus abdominalis, S. Paratyphi A, B und C eine ähnliche, aber mildere klinische Form, den Paratyphus A, B und C.
- **Vorkommen:** Tritt nur beim Menschen auf, kein tierisches Erregerreservoir.
- **Epidemiologie:** Weltweit erkranken mehr als 11 Mio. Menschen jährlich. Hohe Inzidenz in Entwicklungs- und Schwellenländern.
- **Übertragung:** Fäkal-oraler Infektionsweg, fäkal verunreinigtes Trinkwasser und Nahrungsmittel.
- **Zielgewebe:** Mononukleär-phagozytäres System (Leber, Milz, Peyer-Plaques).
- **Pathogenese:** Zyklische Allgemeininfektion. Inkubationszeit: Invasion der Erreger und Absiedlung im mononukleär-phagozytären System (MPS). Generalisierung: Nach Vermehrung der Erreger im MPS Bakteriämie mit Streuung in Organe. Organmanifestation, Peyer-Plaques: Elimination der Erreger durch humorale und zelluläre (T-Zellen) Abwehrreaktion.
- **Virulenzmechanismus:** Invasivität, intrazelluläres Überleben in Phagozyten mit Granulom-/Typhombildung und Einschmelzung.
- **Klinik:** 1- bis 3-wöchige Inkubationszeit. Zu Beginn der Generalisierung langsamer Fieberanstieg (ca. 1 Woche) mit anschließender Fieberkontinua (7–14 Tage). Es folgt eine langsame Entfieberung. Bis zu 5 % der Kranken werden zu Dauerausscheidern (>1 Jahr). Besonders bei frühzeitiger Antibiotikabehandlung abgemilderte und atypische Verläufe.
- **Labordiagnose:** Während der Inkubationszeit: Nachweis durch Blutkulturen. 1. Krankheitswoche: Nachweis im Blut, Knochenmarkaspirat und Gewebe; ab der 2. Krankheitswoche: Nachweis in Stuhl und Urin. Antikörperanstieg im Verlauf der Erkrankung. Anzüchtung auf Selektivkulturmedien, biochemische Identifizierung und Serotypisierung nach dem Kauffmann-White-Schema.
- **Therapie:** Mittel der Wahl ist Ciprofloxacin oder Ceftriaxon. Alternativ Azithromycin. Bei nachgewiesener Empfindlichkeit auch Cotrimoxazol oder Ampicillin. In Entwicklungsländern wird häufig noch Chloramphenicol eingesetzt.
- **Immunität:** 3 unabhängige Immunmechanismen:
  - Mukosale Immunität durch IgA
  - Systemische humorale Immunität durch IgG
  - T-Zell-vermittelte Immunität
- **Prävention:** Trinkwasser- und Nahrungsmittelhygiene, keine Beschäftigung von Ausscheidern im lebensmittelherstellenden Gewerbe.
- **Vakzination:** 60–90 %iger Impfschutz durch oralen Lebendimpfstoff mit attenuiertem Typhusimpfstamm (Ty21a). Alternativ parenterale Schutzimpfung mit Vakzinen aus gereinigtem Vi-Kapselpolysaccharid. Die Schutzimpfung schützt nicht vor Infektion, sondern mindert die Erkrankungsheftigkeit.
- **Meldepflicht:** Verdacht, Erkrankung und Tod, direkte Erregernachweise; namentlich.

29.13 Shigellen

In genetischer Hinsicht bilden Shigellen und E. coli eine Spezies. Shigellen werden aber wegen ihrer Pathogenität und hohen Infektiosität aus medizinischen und seuchenhygienischen Gründen weiter als eigene Gattung behandelt, die in die Arten S. dysenteriae, S. boydii, S. flexneri und S. sonnei unterteilt wird.

Steckbrief

Shigellen sind eine Gattung obligat pathogener Bakterien aus der Familie der Enterobakterien (◘ Tab. 29.2). Die Gattung lässt sich aufgrund serologischer Unterschiede in die Spezies Shigella (S.) dysenteriae, S. flexneri, S. boydii und S. sonnei unterteilen, die alle die Ruhr hervorrufen, eine auf Invasion der Dickdarmschleimhaut beruhende Kolitis. Der Begriff Ruhr kommt von altdeutsch „ruora“: heftige Bewegung.

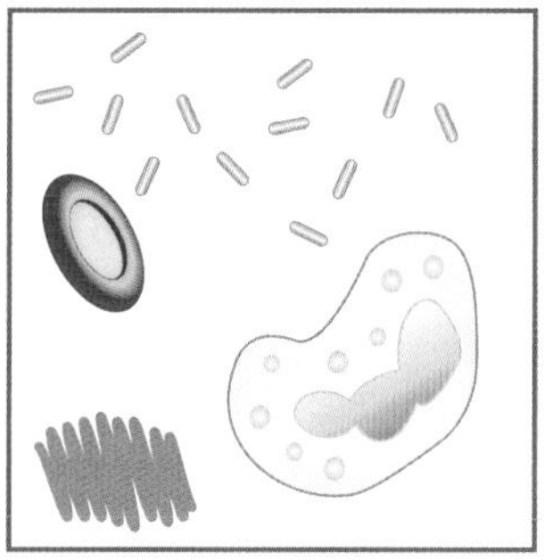

Shigellen: unbegeißelte, gramnegative Stäbchen in blutig-schleimigem Stuhl mit zahlreichen polymorphkernigen Granulozyten, entdeckt 1898 von K. Shiga sowie 1900 von W. Kruse und S. Flexner

29.13.1 Beschreibung

▪ **Aufbau**

Shigellen besitzen keine Geißeln und sind daher unbeweglich. Obwohl sich bei einigen Stämmen K-Antigene nachweisen lassen, bilden sie keine sichtbaren Kapseln. Virulente Shigellen besitzen ein großes Plasmid, auf dem einige für die Virulenz wichtige Gene kodiert sind; weitere Virulenzfaktoren sind chromosomal kodiert.

▪ **Extrazelluläre Produkte**

S. dysenteriae Typ 1 produziert das Shiga-Toxin (Stx), ein neurotropes Zytotoxin. Es handelt sich um ein AB_5-Toxin, das mit dem Shiga-Toxin 1 der EHEC identisch ist (▶ Abschn. 29.6). Shiga-Toxin bindet an einen Glykosphingolipidrezeptor auf der Zellmembran (Gb3Cer, vgl. ◘ Abb. 29.10; CD77), wird durch die zelluläre Protease Furin proteolytisch aktiviert und übt seine eigentliche Wirkung durch Spaltung der 28S-rRNA und die resultierende Hemmung der Proteinbiosynthese aus. Es hat auch eine enterotoxische Wirkungskomponente.

▪ **Resistenz gegen äußere Einflüsse**

Shigellen zeigen eine kurzzeitige, ausgeprägte Säureresistenz. Diese ermöglicht ihnen eine weitgehend ungehinderte Magenpassage und bedingt eine geringe **minimale Infektionsdosis** von 10–200 Bakterien. Bei längerer Einwirkung erweisen sich Shigellen als säureempfindlich und sterben in Stuhlproben, Lebensmitteln und Umweltmaterialien mit pH-Absenkung schnell ab. In der Außenwelt können sie unter optimalen (kühlen, dunklen und feuchten) Bedingungen wochenlang überleben.

▪ **Vorkommen**

Shigellen finden sich nur beim Menschen und bei einigen nichthumanen Primatenarten, wo sie als Krankheitserreger im Stuhl vorkommen.

29.13.2 Rolle als Krankheitserreger

▪▪ **Epidemiologie**

Die **Shigellenruhr** tritt bei schlechten hygienischen Bedingungen durch direkte Übertragung auf, wenn viele Individuen auf engem Raum zusammenleben oder treffen, wie z. B. in Kindertagesstätten, Heimen, Heil- und Pflegeanstalten, Gefängnissen, Kasernen und unter Lagerbedingungen. Shigellosen werden in Deutschland in den meisten Fällen importiert. Allerdings kommt es nach einem solchen Import wegen der großen Infektiosität der Shigellen häufig zu sekundären Fällen durch direkte Übertragung von Mensch zu Mensch. In tropischen Ländern und an Bord von Schiffen sind auch Übertragungen durch kontaminiertes Wasser und Lebensmittel beschrieben worden. 2018 wurden in Deutschland 675 Shigellosefälle gemeldet, die meisten davon ausgelöst durch S. sonnei.

▪▪ **Übertragung**

Die Erreger verbreiten sich durch Schmierinfektion. Die fäkale Kontamination von Lebensmitteln und Trinkwasser ist in den Entwicklungsländern von Bedeutung. In Speisen vermehren sich Shigellen nicht. Rekonvaleszenten und asymptomatische Träger sind die einzigen Erregerreservoire.

▪▪ **Pathogenese**

Nach der Passage durch den Magen gelangen die Shigellen in Dünn- und Dickdarm. Zunächst vermehren sie sich im Dünndarm, wo sie hohe Keimzahlen erreichen (10^7 Keime/ml; ◘ Abb. 29.20). Im Kolon dringen sie über die M-Zellen in die Darmwand ein und werden von den dortigen Makrophagen aufgenommen. Mithilfe von Proteinen, die über ein Typ-3-Sekretionssystem (IpaB-System) sezerniert werden, widerstehen sie der Abtötung im Phagosom, vermehren sich und führen schließlich zum Zelltod der Phagozyten (Apoptose). Hierbei wird IL-1 freigesetzt, das polymorphkernige Leukozyten anlockt, die schließlich zu einer massiven Leukozyteninfiltration des Gewebes führen. Im nun aufgelockerten Gewebe dringen die Erreger dann basolateral in die Darmepithelzellen ein.

Ähnlich den Listerien induzieren Shigellen mithilfe des Proteins IcsA an einem Zellpol eine Aggregation von Aktin der Wirtszelle, die nach Art eines „Kometenschweifs" die Bakterien weitertransportiert und ihnen die Ausbreitung von Epithelzelle zu Epithelzelle ermöglicht. Die befallenen Zellen werden schließlich zerstört (◘ Abb. 29.20).

Durch die Entzündung mit Makrophagen und polymorphkernigen Granulozyten bilden sich im gesamten Kolon geschwürige, eitrige, zu Blutungen neigende Läsionen. Die Geschwüre sind von einer Pseudomembran bedeckt. Die Entzündung erstreckt sich bis in die Submukosa und die Muscularis.

▪▪ **Klinik**

Nach 1–4 Tagen Inkubationszeit beginnt die bakterielle Ruhr mit plötzlich einsetzenden Tenesmen, heftigen kolikartigen Bauchschmerzen, Diarrhö und Fieber. Die Stühle sind zunächst wässrig, werden aber im typischen Fall schleimig-blutig.

Die Dauer der Erkrankung variiert zwischen 1 Tag und 1 Monat; im Durchschnitt beträgt sie 7 Tage. Die Letalität liegt unter 1 %; jedoch gab es auch Epidemien

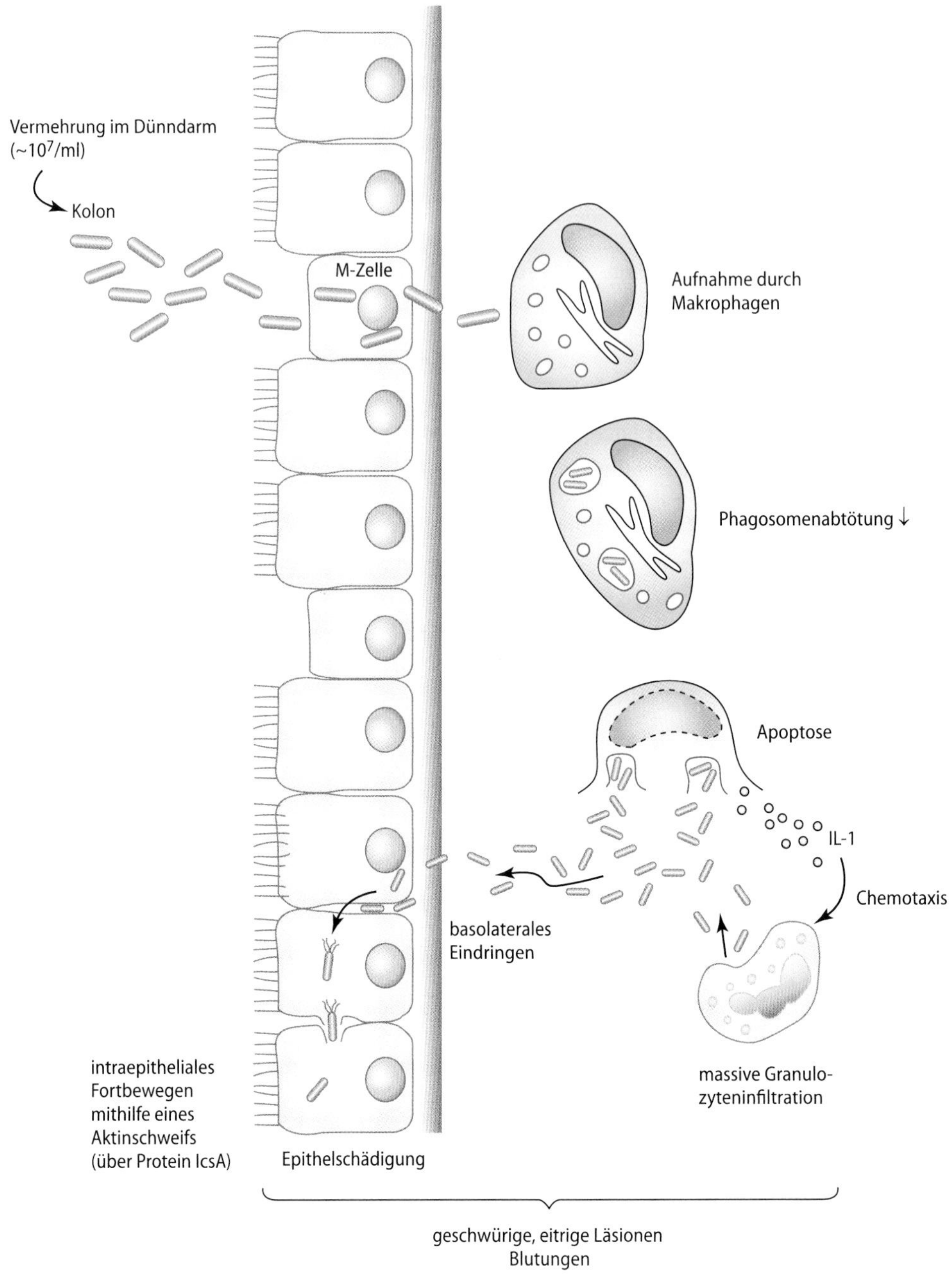

Abb. 29.20 Pathogenese der Shigellenruhr

durch S. dysenteriae mit einer Letalität von 25–50 %. Als **Komplikation** können **Kolonperforationen** auftreten; dadurch entsteht eine lebensbedrohliche Peritonitis. Der Rekonvaleszent kann Ausscheider bleiben, ein Status, der im Regelfall nur wenige Wochen anhält. Als Folge der Shigelleninfektion kann es zur Infektarthritis und bei S. dysenteriae Typ 1 durch Bildung von Shiga-Toxin zum hämolytisch-urämischen Syndrom (HUS) kommen (▶ Abschn. 29.6).

▪▪ Immunität

Eine überstandene Shigellose hinterlässt eine partielle Immunität gegen eine weitere Erkrankung. Diese Immunität beruht auf Antikörpern der IgA-Klasse auf der Darmschleimhaut; Serumantikörper werden erst nach Überwindung der Krankheit nachweisbar und scheinen nur eine geringe Rolle in der Immunität zu spielen. Der Nachweis von Antikörpern gelingt auch nach typischer Erkrankung nicht immer.

Labordiagnose

Der Schwerpunkt der mikrobiologischen Labordiagnose liegt in der Anzucht des Erregers aus dem Stuhl und seiner nachfolgenden biochemischen und serologischen Bestimmung.

Untersuchungsmaterial und Transport Als Untersuchungsmaterial eignen sich neben frischem Stuhl frisch entnommene Rektalabstriche. Shigellen überleben im abgesetzten Stuhl bzw. Rektalabstrich nur für kurze Zeit; daher müssen die Proben in gepuffertem Transportmedium transportiert und im Labor umgehend verarbeitet werden.

Therapie

Dargestellt werden Antibiotikaempfindlichkeit und therapeutisches Vorgehen.

Antibiotikaempfindlichkeit Resistenzen gegen früher in der Therapie gebräuchliche Medikamente (z. B. Cotrimoxazol) haben sich bei Shigellen in den letzten Jahrzehnten stark ausgebreitet.

Therapeutisches Vorgehen Antibiotikabehandlung wird ausdrücklich empfohlen. Sie verkürzt die Krankheit, reduziert die Ausscheidung der Erreger und mindert die Resistenzentwicklung. Für Erwachsene sind Chinolone (z. B. Ciprofloxacin) die Therapie der 1. Wahl; alternativ kommen Azithromycin oder auch Cephalosporine der 3. Generation infrage. Für Kinder wird Cotrimoxazol empfohlen. Wegen der verbreiteten Resistenzen sollte in jedem Fall eine Resistenzbestimmung erfolgen und die Therapie ggf. angepasst werden. Bei geschwächten Patienten kann es zu Flüssigkeitsverlusten kommen, die eine Substitution erforderlich machen.

Prävention

Trinkwasser-, Abwasser- und Lebensmittelhygiene sind allgemeine und hierzulande ausreichend etablierte Präventivmaßnahmen. Bei Ausbrüchen in Gemeinschaftseinrichtungen müssen Erkrankte und Ausscheider isoliert und behandelt werden. Besondere Bedeutung kommt der Händedesinfektion beim Umgang mit den Infizierten zu. Im Krankenhaus sind folgende Maßnahmen zu beachten:

- Einzelzimmer erforderlich, möglichst mit eigener Toilette.
- Betreuendes Personal muss im Zimmer verbleibenden Schutzkittel tragen.
- Haut und Hände nach jedem Kontakt mit infizierten Patienten desinfizieren.
- Sämtliche Gegenstände, mit denen der Patient Kontakt hatte (Geräte, Wäsche, Essensreste, Müll, Kosmetika etc.), vor Entsorgung desinfizieren.

Schutzimpfung Eine Schutzimpfung gibt es bisher nicht.

Meldepflicht Der Verdacht auf und die Erkrankung an einer mikrobiell bedingten Lebensmittelvergiftung oder einer akuten infektiösen Gastroenteritis ist namentlich zu melden, wenn a) eine Person spezielle Tätigkeiten (Lebensmittel-, Gaststätten-, Küchenbereich, Einrichtungen mit/zur Gemeinschaftsverpflegung) ausübt oder b) zwei oder mehr gleichartige Erkrankungen auftreten, bei denen ein epidemischer Zusammenhang wahrscheinlich ist oder vermutet wird (§ 6 IfSG).

Ebenso sind der direkte und indirekte Nachweis von Shigella sp. namentlich meldepflichtig, soweit dies auf eine akute Infektion hinweist (§ 7 IfSG).

In Kürze: Shigellen

- **Bakteriologie:** Gramnegative, unbewegliche Stäbchen. Erreger der bakteriellen Ruhr (Dysenterie).
- **Vorkommen:** Menschen, Menschenaffen.
- **Resistenz:** Kurzzeitig (Stunden) sehr säureresistent, bei längerer Einwirkung einer pH-Absenkung sehr säureempfindlich.
- **Epidemiologie:** Rasche Ausbreitung unter schlechten hygienischen Bedingungen durch direkte Übertragung. In warmen Ländern weit verbreitet und häufig, in Deutschland selten.
- **Zielgruppe:** Menschen, insbesondere Kinder unter 6 Jahre(Kindertagesstätten).
- **Übertragung:** Primär durch Schmierinfektion, ggf. auch Übertragung durch kontaminierte Lebensmittel und Trinkwasser.
- **Pathogenese:** Infektion → Eintritt durch M-Zellen des Dickdarmes → Makrophagen: intrazelluläre Vermehrung und Abtötung → Eindringen, Vermehrung und horizontale Ausbreitung in Epithelzellen → Abtötung, Entzündung, Geschwürbildung.
- **Pathomechanismen:** Virulenzfaktoren sind: kurzzeitige Säureresistenz, Invasivität, intrazelluläre Vermehrungsfähigkeit, Induktion von Entzündung, horizontale Ausbreitung in Kolonepithelzellen und, bei S. dysenteriae Typ 1, Shiga-Toxin-Bildung.
- **Klinik:** Lokalinfektion des Darms. Inkubationszeit: 1–4 Tage. Symptome: Tenesmen, schleimig-blutige Diarrhö, Fieber. Erkrankungsdauer: durchschnittlich 1 Woche. Evtl. Ausscheider oder postinfektiöse Erkrankung (Arthritis, HUS).
- **Labordiagnose:** Untersuchungsmaterial: Stuhl und Rektalabstriche, Transport in gepuffertem Medium. Erregernachweis: Anzucht auf Selektivnährboden.
- **Therapie:** Spontanheilung bei gutem Allgemeinzustand. Antibiotikatherapie (nach Testung) mit

Cotrimoxazol (Kinder), Chinolonen (Erwachsene) sollte bei gesicherter Infektion durchgeführt werden.
- **Immunität:** Lokale Abwehr wird humoral über IgA vermittelt, ist aber nicht dauerhaft.
- **Prävention:** Allgemeinhygienische Maßnahmen, Isolierung Erkrankter und Ausscheider. Schutzimpfung existiert nicht.
- **Meldepflicht:** Verdacht, Erkrankung, Tod, direkte und indirekte Erregernachweise; namentlich.

29.14 Yersinia enterocolitica und Yersinia pseudotuberculosis

Yersinien bilden eine Gattung kokkoider, gramnegativer Stäbchenbakterien aus der Familie der Enterobakterien (◘ Tab. 29.2). Charakteristischerweise werden je nach Umgebungstemperatur eine Reihe von Virulenzfaktoren und anderen Merkmalen exprimiert.
Yersinien sind Zoonosenerreger. Sie befallen das mononukleär-phagozytäre System (MPS). Die Gattung Yersinia enthält 12 Arten, von denen nur Yersinia (Y.) enterocolitica, Y. pseudotuberculosis und Y. pestis humanpathogen sind.
Yersinien sind nach dem Schweizer Bakteriologen Alexandre John Émile Yersin (1863–1943) benannt.

Steckbrief

Y. enterocolitica und Y. pseudotuberculosis rufen Erkrankungen am Dünndarm (Enteritis, Pseudoappendizitis) hervor und befallen die zugehörigen Lymphknoten. Es besteht eine charakteristische Altersabhängigkeit der Krankheitserscheinungen.

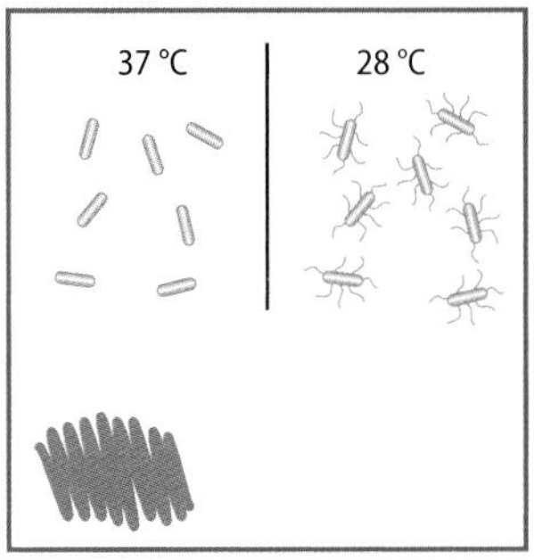

Yersinien: gramnegative Stäbchen mit temperaturabhängiger Begeißelung, entdeckt 1889 von Richard Pfeiffer (Y. pseudotuberculosis)

29.14.1 Beschreibung

▪ Aufbau

Der Aufbau von Yersinien ähnelt in vielen Merkmalen dem anderer Enterobakterien. Sie tragen nur selten Kapseln (Y. enterocolitica).

Geißeln Geißeln bilden sich nur bei einer Wachstumstemperatur zwischen 22 und 28 °C.

Virulenzplasmid-Produkte Beide Yersinia-Arten besitzen ein Virulenzplasmid (pYV; 70–75 kbp) mit den Genen für ein Typ-3-Sekretionssystem, das die Bildung, Translokation und Injektion einer Reihe von Virulenzfaktoren („Yersinia outer proteins", Yops) in die Wirtszelle bewirkt. Das Protein YadA ist ein Membranprotein, das primär für die Adhärenz Bedeutung hat. Die sezernierten Proteine YopE, YopH und YopM haben antiphagozytäre Eigenschaften. Weitere Proteine sind an Bildung und Exkretion der Yops beteiligt (Ysc) bzw. haben regulatorische Funktionen (Lcr). Der Verlust des Virulenzplasmids vermindert die pathogenen Eigenschaften der enteropathogenen Yersinien und verhindert ihre systemische Ausbreitung.

Invasine Chromosomal determinierte Faktoren wie Inv (Invasin) und Ail sind Adhäsine und an der Penetration der Darmwand beteiligt.

Yersiniabactin Dieses auch bei voll virulenten Pestbakterien vorkommende Siderophor fördert die Eisenzufuhr der Erreger; nur bestimmte in Nordamerika vorkommende Stämme von Y. enterocolitica bilden Yersiniabactin.

▪ Extrazelluläre Produkte

Diese umfassen die vorher genannten sezernierten Proteine (Yops). Y. enterocolitica-Stämme bilden meist ein chromosomal kodiertes, hitzestabiles Enterotoxin.

▪ Resistenz gegen äußere Einflüsse

Ein besonderes Kennzeichen der Yersinien ist ihre Fähigkeit, sich auch bei niedrigen Temperaturen (4 °C) zu vermehren. Dies kann zur selektiven Anreicherung der Erreger aus Stuhl- oder Umweltproben dienen. Im Erdreich können sie bis zu 6 Monate vermehrungsfähig bleiben. Gefürchtet ist ihr Vorkommen in Blutprodukten trotz Kühlschranklagerung.

▪ Vorkommen

Y. enterocolitica und Y. pseudotuberculosis finden sich v. a. im Darm von Säugetieren, seltener bei Insekten,

Amphibien und anderen Tierarten. Ihre geografische Verbreitung beschränkt sich weitgehend auf die gemäßigten und subtropischen Klimazonen. In den Tropen sind sie sehr selten.

29.14.2 Rolle als Krankheitserreger

Epidemiologie

In Mitteleuropa geht knapp 1 % aller akuten Durchfallerkrankungen auf **Y. enterocolitica** zurück. Hier herrschen die Serotypen O:3, O:9 und O:5,27 vor, während in den USA O:8 und O:3 überwiegen. Im Jahr 2018 wurden in Deutschland 2384 Fälle von Yersiniosen gemeldet.

Y. pseudotuberculosis kommt primär bei Tieren vor und führt nur selten zu Erkrankungen des Menschen.

Übertragung

Als Infektionsquellen für den Menschen kommen Nahrungsmittel tierischer Herkunft (insbesondere vom Schwein), fäkal kontaminiertes Wasser, Tierkontakt sowie infizierte Personen infrage. Wie eine große Fall-Kontroll-Studie 2009/2010 in 5 deutschen Bundesländern zeigte, war der Verzehr von rohem Schweinehackfleisch („Hackepeter" etc.) mit Abstand der wichtigste Risikofaktor für eine Yersiniose – übrigens in überraschend großer Häufigkeit auch bei Kleinkindern <2 Jahre.

Pathogenese

Yersinien haben einen ausgesprochenen **Tropismus zum lymphatischen System.** Nach oraler Aufnahme befallen sie v. a. das untere Ileum und gelangen über die M-Zellen zu den Phagozyten der Peyer-Plaques. Die über ein Typ-3-Sekretionssystem injizierten Yops-Proteine paralysieren die Phagozytosefähigkeit der Makrophagen und unterdrücken immunologische Prozesse. Es kommt zum Zelltod der Phagozyten und zur extrazellulären Vermehrung der Erreger, die bis in die regionären Lymphknoten vordringen und sich dort vermehren.

Bei folgenden **Risikopatienten** können die Erreger in die Blutbahn gelangen und eine **Sepsis** verursachen:

- Immungeschwächte Patienten
- Patienten mit chronischen Lebererkrankungen
- Patienten mit neoplastischen Prozessen
- Patienten mit hämolytischer Anämie

Klinik

Y. enterocolitica ruft eine akute **Enteritis** oder **Enterokolitis** hervor. Die Erkrankung beginnt nach 4–7 Tagen Inkubationszeit und ist durch dünnbreiige Durchfälle, Fieber, Bauchschmerzen und seltener Erbrechen gekennzeichnet. Der Stuhl enthält mononukleäre Leukozyten, selten Blut und Schleim. Die Krankheit dauert zwischen wenigen Tagen und 1–2 Wochen an. Typischerweise tritt diese Manifestation bei Säuglingen und Kindern bis zum 10. Lebensjahr sowie bei über 30-Jährigen auf.

Y. pseudotuberculosis verursacht sehr selten eine akute Enteritis bei jungen Erwachsenen über 18 Jahren.

Die Infektion durch Y. enterocolitica kann auch eine **mesenteriale Lymphadenitis** und eine **akute terminale Ileitis** nach sich ziehen, die eine Appendizitis vortäuscht **(Pseudoappendizitis).** Anders als die Enterokolitis tritt diese Manifestation am häufigsten bei Patienten zwischen dem 10. und 30. Lebensjahr auf.

Ähnliche Krankheitserscheinungen finden sich bei mit **Y. pseudotuberculosis** infizierten Patienten, bei denen dies die häufigste Verlaufsform ist, insbesondere bei männlichen Patienten zwischen dem 6. und 18. Lebensjahr.

Bei den o. g. Risikopersonen können sowohl Y. enterocolitica als auch Y. pseudotuberculosis eine **Sepsis** erzeugen.

Infektionen mit Y. enterocolitica und Y. pseudotuberculosis können zu **Nachkrankheiten** wie Arthralgie, Arthritis, Myokarditis, Erythema nodosum und Morbus Reiter führen. 85–95 % aller Patienten mit Folgearthritis weisen den HLA-Typ B27 auf. Die Krankheitserscheinungen setzen wenige Tage bis zu 1 Monat nach Auftreten der akuten Krankheit ein und können mehrere Monate andauern.

Immunität

Die spezifische Immunität hängt von T-Zellen ab. Diese aktivieren Makrophagen und induzieren eine Granulombildung. Antikörper werden wenige Tage nach Infektion gebildet und verschwinden 2–6 Monate später. Sie spielen bei der Infektabwehr offenbar eine untergeordnete Rolle, sind aber für die serologische Diagnose zurückliegender Yersinieninfektionen von Nutzen.

Labordiagnose

Schwerpunkt der Labordiagnose enteraler Yersiniosen ist die kulturelle Anzucht. Bei extraintestinalen Folgekrankheiten (Arthritis etc.) ist nur noch der Antikörpernachweis möglich.

Untersuchungsmaterial Zur bakteriologischen Diagnostik eignen sich Stuhl bei enteritischen Symptomen, Resektionsmaterial aus Lymphknoten oder Appendizes von Patienten mit Appendizitis bzw. Lymphadenitis. Bei Sepsis sollte neben Blut der Stuhl bakteriologisch untersucht werden.

Anzüchtung Zur Anzüchtung der Yersinien dienen Selektivkulturmedien und Bebrütung bei 28 °C. Bei

Lymphadenitis und Arthritis können Stuhlproben mit der Kälteanreicherung (4 °C) und anschließender Subkultur auf Selektivkulturmedien versucht werden. Bei Infektionen durch Y. enterocolitica gelingt der Erregernachweis im Stuhl nur während der ersten beiden Krankheitswochen. Bei Infektionen durch Y. pseudotuberculosis ist der Erregernachweis im Stuhl nur selten möglich, häufiger dagegen aus Resektionsmaterial (Lymphknoten).

Identifizierung Die Identifizierung erfolgt anhand biochemischer Leistungsprüfung und Serotypisierung aufgrund der O-Antigene. Bei Y. enterocolitica müssen durch Nachweis des Virulenzplasmids pathogene von apathogenen Stämmen unterschieden werden.

Antikörpernachweis im Serum Zum Antikörpernachweis dient ein Agglutinationstest nach Widal mit hitzeinaktivierten und formalinbehandelten Bakterien und Patientenserum. Zum Nachweis beider enteropathogener Yersinia-Arten in einem Ansatz eignet sich der ELISA bzw. Immunoblot für Antikörper (IgG, IgA) gegen die sezernierten Virulenzproteine (Yops).

▪▪ Therapie

Eine antibiotische Therapie erübrigt sich bei enteritischen und lymphadenitischen Verlaufsformen, sofern sich die Patienten in gutem Allgemeinzustand befinden. Bei chronischem oder besonders heftigem Krankheitsverlauf oder bei Patienten mit einer Sepsis ist eine Antibiotikatherapie erforderlich. Geeignet sind Ciprofloxacin, Cotrimoxazol, Doxycyclin in Kombination mit einem Aminoglykosid sowie alternativ Ceftriaxon.

▪▪ Prävention

Da die enteralen Yersiniosen bezüglich Infektionsquellen und Verlauf den Salmonellosen ähneln, entsprechen auch die hygienischen Maßregeln im Wesentlichen denjenigen, die bei der Verhütung der Salmonellosen zu beachten sind (▶ Abschn. 29.12.2).

Allgemeine Maßnahmen Allgemeine hygienische Maßnahmen im Umgang mit Nahrungsmitteln dürften den besten Schutz vor Yersinia-Infektionen darstellen. Zusätzlich an die Vermehrung von Yersinien bei Kühlschranktemperatur denken!

Meldepflicht Der Verdacht auf und die Erkrankung an einer mikrobiell bedingten Lebensmittelvergiftung oder an einer akuten infektiösen Gastroenteritis ist namentlich zu melden, wenn a) eine Person spezielle Tätigkeiten (Lebensmittel-, Gaststätten-, Küchenbereich, Einrichtungen mit/zur Gemeinschaftsverpflegung) ausübt oder b) zwei oder mehr gleichartige Erkrankungen auftreten, bei denen ein epidemischer Zusammenhang wahrscheinlich ist oder vermutet wird (§ 6 IfSG).

Ebenso sind der direkte und indirekte Nachweis von Yersinia enterocolitica (darmpathogen) namentlich meldepflichtig, soweit dies auf eine akute Infektion hinweist (§ 7 IfSG).

In Kürze: Yersinia enterocolitica/Yersinia pseudotuberculosis

- **Bakteriologie:** Gramnegative, bei Temperaturen unter 30 °C bewegliche Stäbchen. Wachstum auf einfachen Kulturmedien. Optimale Wachstumstemperatur 22–28 °C. Kälteanreicherung bei 4 °C möglich.
- **Vorkommen/Epidemiologie:** Verbreitete Zoonose. Hauptinfektionsquelle für den Menschen sind durch tierische Fäkalien verunreinigte tierische Nahrungsmittel, v. a. vom Schwein („Hackepeter" etc.).
- **Resistenz:** Vermehrungsfähigkeit im Erdreich bis zu 6 Monate erhalten. Widerstandsfähig gegen niedrige Temperaturen, d. h. Vermehrung noch bei 4 °C.
- **Pathogenese:** Orale Aufnahme der Erreger. Invasion der Ileummukosa und der mesenterialen Lymphknoten. Ausbildung geschwüriger Läsionen. Selten Vordringen der Erreger bis in die Blutbahn. Virulenz an plasmid- und chromosomal kodierte Virulenzfaktoren gebunden.
- **Zielgewebe:** Tropismus zum lymphatischen Gewebe: mesenteriale Lymphknoten, terminales Ileum, Appendix vermiformis.
- **Klinik:**
  - **Primärerkrankungen:** Enteritis, Enterokolitis, akute terminale Ileitis, mesenteriale Lymphadenitis, Pseudoappendizitis.
  - **Nachkrankheiten:** Arthritiden, Arthralgien, Morbus Reiter.
- **Immunität:** Granulombildung und Makrophagenaktivierung. IgA- und IgG-Antikörper werden gebildet und diagnostisch genutzt.
- **Labordiagnose:** Untersuchungsmaterial: Stuhl. Anzucht: auf Selektivnährböden. Differenzierung: „bunte Reihe". Unterscheidung pathogener und apathogener Stämme bei Y. enterocolitica. Bei Folgekrankheiten (Arthritis etc.) serologischer Antikörpernachweis.
- **Therapie:** Antibiotische Therapie nur bei besonders heftigem Verlauf und bei Sepsis. Ciprofloxacin, Cotrimoxazol, Doxycyclin sowie alternativ Cephalosporine der 3. Generation und Aminoglykoside.
- **Meldepflicht:** Verdacht, Erkrankung, Tod, direkte und indirekte Erregernachweise; namentlich.

29.15 Yersinia pestis

Steckbrief

Yersinia (Y.) pestis ruft als einzige Krankheit die Pest hervor; diese gehört zu den 3 Quarantänekrankheiten der WHO (Pest, Cholera, virusbedingtes hämorrhagisches Fieber).

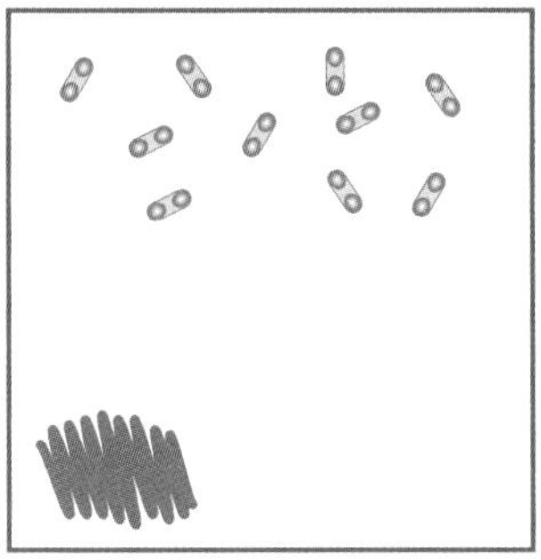

Yersinia pestis: unbegeißelte gramnegative Stäbchen, bipolar anfärbbar in der Wayson-Färbung (Sicherheitsnadelform), entdeckt 1894 von A. Yersin

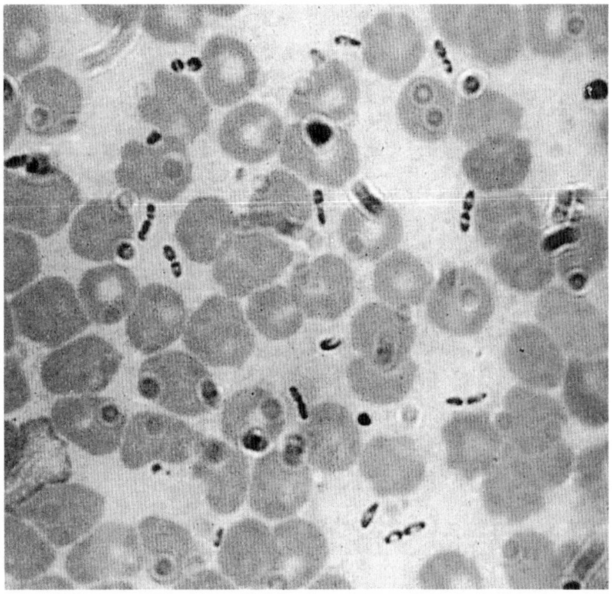

◻ **Abb. 29.21** Yersinia pestis – sicherheitsnadelförmige Erreger im Blutausstrich bei generalisierter Pest

Y. pestis – Der schwarze Tod

Keine Infektionskrankheit hat im Lauf der Geschichte so viel Angst und Schrecken verbreitet wie die Pest. Bekannt und gefürchtet seit der Antike, hat die Seuche im Verlauf etlicher Pandemien mehrfach große Teile der Bevölkerung Europas und des Orients ausgelöscht.
Populationsgenetische Untersuchungen an Y. pestis zeigen, dass diese Spezies vor relativ kurzer Zeit (ca. 5000 Jahren) als ein Klon von Y. pseudotuberculosis entstanden ist. Die erste fassbare Pandemie grassierte vom 6. Jahrhundert n. Chr. an, beginnend mit der Justinianischen Pest (541–544), und vernichtete im Byzantinischen Reich die Hälfte der Bevölkerung.
Die 2. Pandemie wütete von 1347–1351 in Europa und im Nahen Osten; sie rottete etwa ein Drittel der Bevölkerung, d. h. rund 25 Mio. Menschen, aus („Schwarzer Tod"). Zu dieser Pandemie gezählte Ausbrüche gab es bis ins frühe 19. Jahrhundert. Pestepidemien suchten 1679 Wien und 1710–1711 die Mark Brandenburg heim (215.000 Tote); 1710 wurde die Charité in Berlin als Pestkrankenhaus gegründet. Die 3. Pandemie begann 1855 in China und breitete sich durch ganz Asien, Europa, Afrika, Australien, Nord- und Südamerika aus. 1898 wütete die Pest in Indien; 1911 grassierte sie in der Mandschurei und 1964 in Vietnam. 1994 gab es erneut einen Ausbruch in Indien. In den vergangenen 20 Jahren wurden jährlich 1000–5000 Erkrankungen an die WHO gemeldet, davon treten seit einigen Jahren über 90 % in süd- und ostafrikanischen Ländern auf.

Der Schweizer Alexandre Yersin (1863–1943) entdeckte das Pestbakterium im Jahr 1894.

29.15.1 Beschreibung

Aufbau

Y. pestis entspricht im Aufbau anderen Yersinien, besitzt aber eine Kapsel (◻ Abb. 29.21). Die Erreger sind grundsätzlich unbegeißelt. Zusätzlich zum bei allen pathogenen Yersinien vorhandenen **Plasmid** pYV besitzt Y. pestis 2 weitere für die Virulenz wichtige Plasmide:

- ein kleines Plasmid mit 9,5 kb
- ein Plasmid mit 110 kb und Bedeutung insbesondere für die Entwicklung der Erreger im Floh

Kapsel (Fraktion 1, F1) Diese wird bei 37 °C, also erst im Säugerwirt, ausgebildet, nicht aber bei 28 °C, der für Yersinien optimalen Vermehrungstemperatur. Sie besteht aus einem einzigen Protein und ist immunogen.

Extrazelluläre Produkte

Dazu zählen:

Plasminogen-Aktivator-Protein (Pla) Diesem plasmidkodierten Protein wird eine Rolle bei der generalisierten Ausbreitung des Erregers im Wirt zugeschrieben. Es wirkt fibrinolytisch.

Mausletales Toxin Das plasmidkodierte Toxin Ymt ist eine Phospholipase, die für das Überleben der Yersinien im Floh benötigt wird.

Yops Y. pestis sezerniert mithilfe eines Typ-3-Sekretionssystems auch Proteine mit antiphagozytären Eigenschaften.

Resistenz gegen äußere Einflüsse

Y. pestis hält sich in eingetrocknetem Sputum oder in den Fäkalien von Flöhen bei Raumtemperatur, aber auch in Nagetierbauten über längere Zeit am Leben. Im Körperinnern verhält sich Y. pestis als fakultativ intrazelluläres Bakterium, d. h., die Bakterien überleben und vermehren sich nach Phagozytose in nichtaktivierten Makrophagen.

▪ Vorkommen

Die Pest ist eine Zoonose mit Nagern (Ratten, Mäuse, Gerbilliden, Erdhörnchen, Präriehunde etc.) als wichtigstem Reservoir. Über 200 Tierarten sind in unterschiedlichem Maße für die Erreger empfänglich. Die Übertragung erfolgt in erster Linie durch Flöhe, von denen über 80 Arten unterschiedlich effizient die Erreger übertragen können. Die Endemiegebiete liegen heute in Asien, Nord- und Südamerika und v. a. in Zentral-, Ost- und Südafrika.

29.15.2 Rolle als Krankheitserreger

▪▪ Epidemiologie

Die Epidemien der vergangenen Jahrhunderte spielten sich hauptsächlich im urbanen Milieu ab. Typischerweise schleppten infizierte Ratten die Erreger in die Siedlungen ein und infizierten die dortigen Rattenbestände, die an der Infektion verstarben. Die Überträgerflöhe waren so gezwungen, auf neue Wirte auszuweichen und infizierten hierbei den Menschen mit den bekannten katastrophalen Folgen.

Heutzutage spielen sich die Infektionen hauptsächlich im **ländlichen Bereich** ab. Die weltweite Bevölkerungszunahme hat dazu geführt, dass menschliche Siedlungen bis weit in die zoonotischen Endemiegebiete vorgedrungen sind, sodass dort ständig ein direkter oder indirekter Kontakt mit infizierten Tieren möglich ist. Außer Ratten spielen andere Tierarten zunehmend eine Rolle als Reservoire, an denen sich der Mensch u. U. auch ohne Überträgerflöhe infizieren kann (Kontakt mit infizierten Kleintieren im Siedlungsbereich, Verzehr von Nagern in Asien, Afrika und Südamerika bzw. von infizierten Kamelen in Zentralasien. Kontakt mit in der Umwelt infizierten Hauskatzen in den USA).

Die weltweiten Klimaveränderungen führen zur Verschiebung und Ausbreitung der Lebensräume von Reservoirtieren. Die zunehmende Armut der meisten Länder in den Endemiegebieten, z. T. verstärkt durch politische Instabilität, verhindert den Aufbau effizienter Gesundheitssysteme. Die Situation wird zusätzlich verschärft durch das Auftreten multiresistenter Erregerstämme in Südafrika mit der Gefahr schneller Ausbreitung. Die Pest ist also keineswegs eine Seuche der Vergangenheit, sondern bedarf weltweiter Beachtung, da sie als Zoonose mit weitem Wirtsspektrum nicht auszurotten ist.

In den Jahren 2010–2015 wurden weltweit 3248 Fälle menschlicher Erkrankungen an die WHO gemeldet. Die Länder mit der höchsten Zahl an Pestfällen sind aktuell Kongo, Madagaskar und Peru.

▪▪ Übertragung

Y. pestis wird durch den Stich eines Flohs von der Ratte auf den Menschen übertragen. Die Bakterien vermehren sich nach der Blutmahlzeit bei einem infizierten Wirt im Proventrikulus (Vormagen) des Flohs und können dort solche Zahlen erreichen, dass dessen oberer Zugang unpassierbar wird. Eine Biofilmbildung des Erregers begünstigt diese Verstopfung und verhindert die Ösophaguspassage. Befällt der infizierte Floh einen Nager oder Menschen, regurgitiert er Pestbakterien; diese gelangen über die Stichstelle in den neuen Wirt. Dort bildet der Erreger bei 37 °C die Kapsel (F1) aus und sezerniert Proteine (Yops).

Eine aerogene Übertragung von Mensch zu Mensch gibt es nur bei der Lungenpest (s. u.).

▪▪ Pathogenese

Der Fokus liegt hier auf dem Primäraffekt, der Generalisierung und der Pestpneumonie.

Primäraffekt An der Stichstelle, meist an den oberen oder unteren Extremitäten, entwickelt sich der Pest-Primäraffekt: ein Bläschen, in dem sich die Pestbakterien zu hohen Zahlen vermehren. Von dort aus gelangen die Erreger über die afferenten Lymphbahnen zu den lokalen Lymphknoten der Leiste bzw. der Axilla (◘ Abb. 29.22). So entsteht die Pestbeule, der sog. Bubo (gr.: für „Leistendrüse, Unterleib“; ◘ Abb. 29.23).

Auch die Tonsillen und die oropharyngeale Schleimhaut kommen als Eintrittspforte infrage; dann entsteht eine zervikale Bubonenpest. Die befallenen Lymphknoten schwellen schmerzhaft an und vereitern.

Generalisierung Ist die Filterkapazität der Lymphknoten erschöpft, bricht diese Abwehrbarriere zusammen: Die Erreger treten in die Blutbahn über und lösen ein schweres Krankheitsbild mit intravasaler Verbrauchskoagulopathie aus. Hierfür ist das Endotoxin verantwortlich. Hämatogen werden Leber und Milz, Lungen und ggf. auch die Meningen befallen. In den infizierten Organen, insbesondere auch in der Haut, entwickeln sich Hämorrhagien. Häufig entwickelt sich ein septischer Schock (◘ Abb. 29.22; ► Kap. 114).

Pestpneumonie Die sekundäre Pestpneumonie ist besonders häufig. Sie stellt eine überaus gefährliche Infektionsquelle dar, weil die Erreger ausgehustet und durch Tröpfcheninfektion direkt auf andere Menschen übertragen werden. Die Pestbakterien gelangen auf diese Weise direkt in die Lunge der Kontaktperson. Es entwickelt sich bei diesen eine primäre Pestpneumonie (◘ Abb. 29.22).

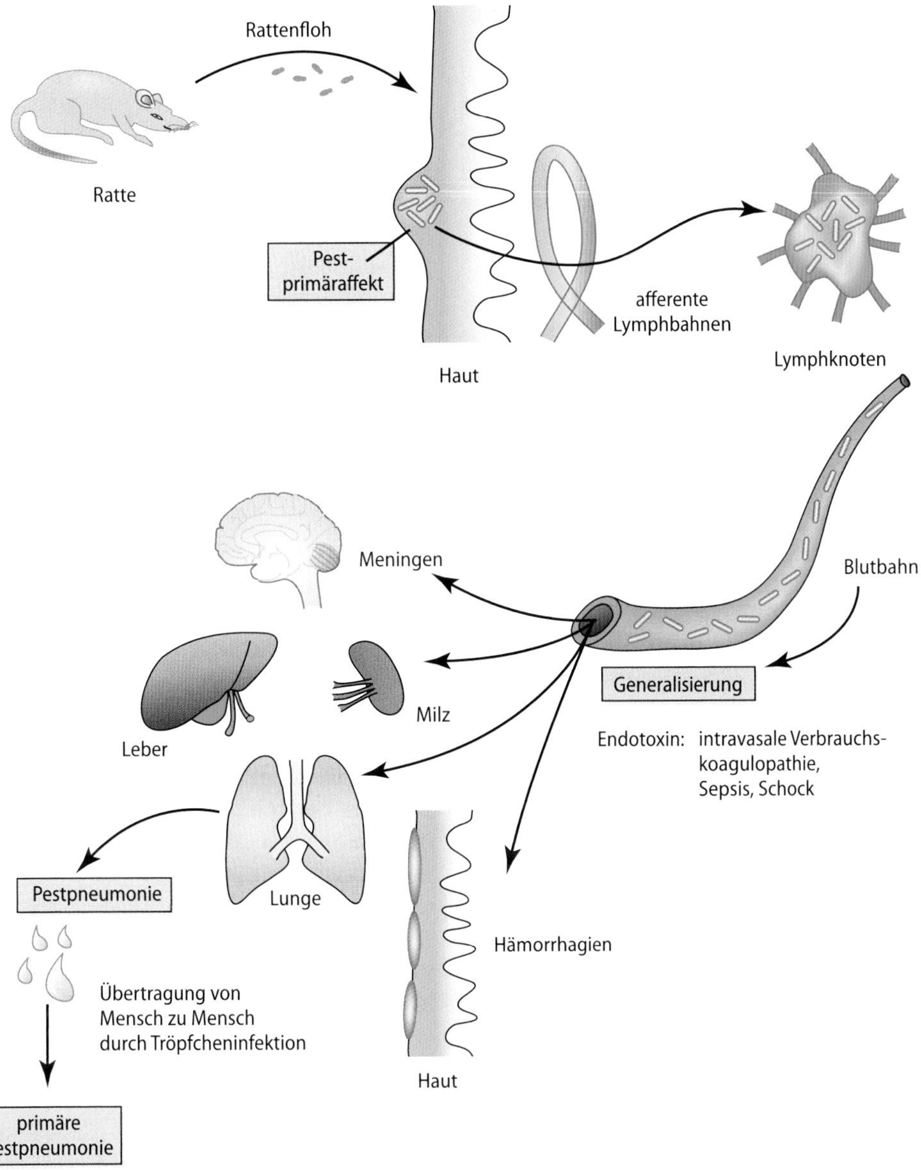

Abb. 29.22 Pathogenese der Pest

Klinik

Die Pest manifestiert sich in 3 Formen: Bubonenpest, Septikämie, sekundäre und primäre Lungenpest:

- Nach 2–6 Tagen Inkubationszeit beginnt die Krankheit plötzlich mit Unwohlsein, Kopfschmerzen und Schüttelfrost. 1 Tag nach Einsetzen dieser Symptome bilden sich die schmerzhaften Pestbeulen (Bubonen) aus, daher der Name **Bubonen- oder Beulenpest** (Abb. 29.22).
- Bei Generalisierung kann es zur **Septikämie** mit Befall von Leber, Milz, Meningen und Lunge kommen.
- Wird im Rahmen der hämatogenen Ausbreitung die Lunge befallen, entwickelt sich innerhalb von 1–3 Tagen eine **sekundäre Pneumonie:** Der Patient leidet an Atemnot und Husten; das Sputum ist hell, blutig gefärbt und purulent. Typischerweise zeigen die Patienten Purpura, die in der Folge nekrotisch werden und zur Gangrän führen kann. Diese Veränderung hat im Verein mit den Ekchymosen zur Bezeichnung „schwarzer Tod" geführt. Der Tod tritt 3–5 Tage nach Auftreten der ersten Symptome ein.
- Die **primäre Lungenpest** endet nach 2 Tagen Inkubationszeit und einer Krankheitsdauer von weiteren 2 Tagen tödlich, sofern nicht rechtzeitig therapeutisch eingegriffen wird.

Immunität

Da Y. pestis ein fakultativ intrazelluläres Bakterium ist, stellen aktivierte Makrophagen einen wichtigen Abwehrfaktor dar. Diese Fähigkeit vermitteln

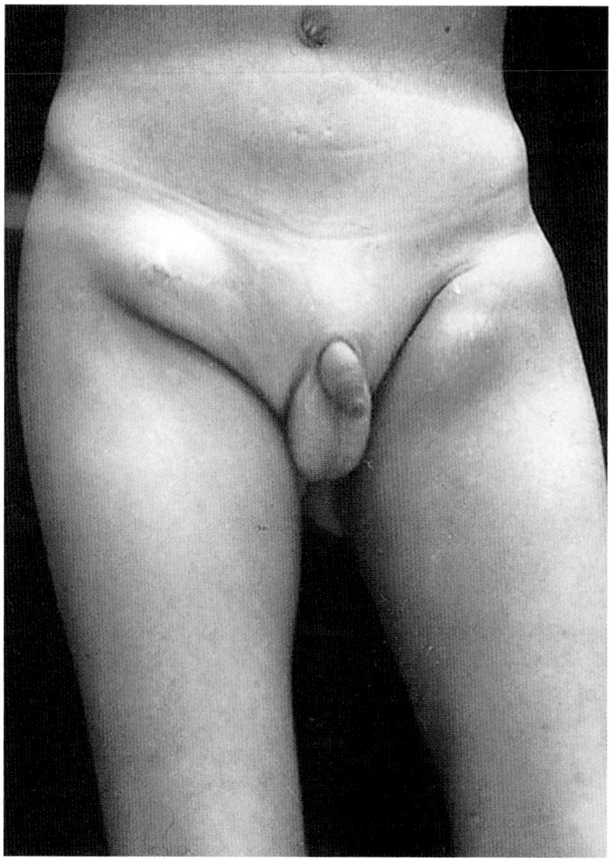

Abb. 29.23 Yersinia pestis – Bubonen in der Leistenbeuge

antigenspezifische T-Lymphozyten den Makrophagen. An der Immunität sind auch Antikörperbeteiligt: Antikörper gegen die Kapsel (F1) sowie Endotoxin vermitteln einen nachweisbaren Schutz.

Die Immunität gegen Y. pestis stellt demnach einen Mischtyp dar: Beteiligt sind sowohl Antikörper als auch antigenspezifische T-Zellen. Die Immunität verleiht Überlebenden einen lang dauernden, aber nicht absoluten Schutz gegen Reinfektionen.

Labordiagnose

Der Schwerpunkt liegt in der Erregeranzucht. Wegen der hohen Infektiosität sind für die Verarbeitung im Labor besondere Sicherheitsrichtlinien vorgeschrieben; daher muss der klinische Verdacht auf Pest dem Laborarzt unbedingt mitgeteilt werden. Die Primäranzucht und Weiterverarbeitung von Y. pestis dürfen nur in **Speziallaboratorien der Sicherheitsstufe 3** erfolgen.

Untersuchungsmaterial Für die bakteriologische Untersuchung eignen sich je nach Lokalisation des Krankheitsprozesses:

- Lymphknotenaspirat bei Beulenpest
- Sputum bei Lungenpest
- Blut bei Pestsepsis

Bei der Sektion Verstorbener entnimmt man Teile der Milz, Blut oder – bei nichtobduzierten Leichen – Milzpunktat.

Vorgehen im Labor Y. pestis präsentiert sich im Grampräparat als kokkoides, gramnegatives Stäbchen. Bei Anfärbung nach Wayson (Methylenblau und Karbolfuchsin) oder mit Methylenblau allein zeigt Y. pestis eine bipolare Struktur: Eine zentrale, nichtanfärbbare Vakuole ergibt ein Bild, das an Sicherheitsnadeln erinnert (Abb. 29.20). Diese bipolare Anfärbbarkeit fehlt den anderen Yersinien.

Häufig lässt sich die Diagnose bereits durch Anfärbung von Lymphknotenaspirat oder Sputum mit fluoreszierenden Antikörpern gegen das Kapselantigen F1 stellen. In vielen Fällen führt auch die Anfärbung von Lymphknotenaspirat, Sputum bzw. Blutausstrichen nach Wayson oder mit Methylenblau zum Erfolg. Sind im Präparat bipolar angefärbte Bakterien zu sehen, lässt sich im Zusammenhang mit dem klinischen Bild die Verdachtsdiagnose Pest rechtfertigen. Der Erreger vermehrt sich auf Blutagar, auf dem er nach 24–48 h Bebrütung braune, nichthämolysierende Kolonien bildet. Die optimale Vermehrungstemperatur beträgt, wie bei anderen Yersinien, 28 °C. Da Y. pestis bei dieser Temperatur keine Kapsel exprimiert, erscheinen die Kolonien rau; bei 37 °C wird reichlich Kapselsubstanz produziert; die Kolonien sind dann glatt.

Biochemie Die biochemische Identifizierung von Y. pestis erfolgt durch die „bunte Reihe“.

Therapie

Gentamicin oder Streptomycin sind die Mittel der Wahl; alternativ kommen für die Therapie Doxycyclin oder Ciprofloxacin infrage. Erste Fälle von Multiresistenz wurden 1995 aus Madagaskar bekannt. Bei prompt einsetzender Behandlung lässt sich die Letalität der Bubonenpest auf 1–5 % senken. Der Erfolg bleibt aus, wenn die Behandlung später als 15 h nach Fieberbeginn einsetzt. Unbehandelt endet die Bubonenpest in 40–70 % tödlich, bei Septikämie und Lungenpest praktisch stets letal.

Prävention

Dazu zählen:

Allgemeine Maßnahmen Hier steht die Rattenbekämpfung im Vordergrund. Meist kommen aber auch andere Reservoire infrage, sodass in Endemiegebieten eine Ausrottung des Erregers nicht möglich ist.

Vakzination Für die Schutzimpfung existieren 2 Totimpfstoffe aus formalinisierten Bakterien, die allerdings nicht kommerziell zur Verfügung stehen: die Haffkine- und die Cutler-Vakzine. Ein Lebendimpfstoff wird aus attenuierten Pestbakterien hergestellt; er vermittelt einen wirksameren Schutz als die Totvakzine. Der Impfschutz ist nicht sicher, v. a. verhindert er nicht die pneumonische Form. Für Kontaktpersonen wird eine Chemoprophylaxe empfohlen.

Quarantäne Die Pest gehört zu den quarantänepflichtigen Krankheiten, deren Abwehr in den Artikeln 49–94 der Internationalen Gesundheitsvorschriften geregelt wird. Jeder Pestfall muss an die WHO gemeldet werden. § 30 IfSG schreibt die Absonderung (Quarantäne) von an Lungenpest Erkrankten in einem Krankenhaus vor.

Meldepflicht Pest ist bei Verdacht, Erkrankung und Tod namentlich zu melden (§ 6 IfSG), ebenso der direkte oder indirekte Nachweis von Yersinia pestis (§ 7 IfSG).

Y. pestis als Biowaffe Eine vorsätzliche Verbreitung von Y. pestis würde auf größere Schwierigkeiten stoßen, da genügend viele Erreger eine größere Zahl von Menschen so massiv infizieren müssten, dass sie mit Lungenpest erkranken, um dann durch direkte Übertragung eine Epidemie auszulösen. Dennoch wird Y. pestis von den Centers for Disease Control (CDC) als Kategorie-A-Biowaffenagens eingestuft (▶ Kap. 130). Ein Einsatz hätte aber schwerwiegende psychologische Folgen, da die Pest als todbringende Seuche fest im Gedächtnis der Menschen verankert ist.

In Kürze: Yersinia pestis

- **Bakteriologie:** Gramnegatives, unbewegliches Stäbchen. Bipolare Anfärbung, „Sicherheitsnadelformen" nach Wayson oder Methylenblaufärbung.
- **Vorkommen:** Enzootisch in Asien, Afrika, Nord- und Südamerika verbreitet bei Nagern. Mensch über Ektoparasiten infiziert.
- **Resistenz:** Lange Persistenz in eingetrockneten Sputen oder Fäkalien von Ektoparasiten.
- **Epidemiologie:** Endemisch in USA, Südost- und Nordasien, Südamerika, Zentral-, Ost- und Südafrika. Befallen werden Bewohner der Endemiegebiete, Soldaten, Jäger, Geologen, Archäologen, Abenteuertouristen.
- **Übertragung:** Vom Tier durch Ektoparasiten (Flohstiche); vom erkrankten Menschen durch Sputum (Tröpfcheninfektion).
- **Pathogenese:** Fakultativ intrazellulärer Erreger, der durch Kapselbildung einen hohen Virulenzgrad erreicht und die natürlichen Abwehrbarrieren nahezu ungehindert durchbricht. Infektion → Primärkomplex (→ schmerzhafte Lymphadenopathie) → Sepsis.
- **Klinik:** 3 Formen: Bubonenpest, Septikämie, sekundäre und primäre Lungenpest. Infektion durch Vektor (z. B. Floh), Inkubationszeit 2–6 Tage, Fieber, Lymphadenopathie, ggf. Sepsis, Pneumonie, Meningitis. Primär pneumonische Verlaufsform: Tröpfcheninfektion durch kontaminiertes Sputum, Inkubationszeit 2 Tage, fulminanter Verlauf.
- **Immunität:** Die erworbene Immunität ist weitgehend, aber nicht absolut. Mischtyp, an dem Antikörper und T-Zellen beteiligt sind.
- **Labordiagnose:** Erregernachweis durch biochemische Differenzierung. Anzucht unter S3-Bedingungen.
- **Therapie:** Gentamicin, Streptomycin, Doxycyclin, Ciprofloxacin, Chloramphenicol. Postexpositionsprophylaxe mit Doxycyclin oder Ciprofloxacin.
- **Prävention:** Eliminierung des Erregerreservoirs (Rattenbekämpfung), Postexpositionsprophylaxe.
  - **Quarantäne:** Die Pest ist eine quarantänepflichtige Krankheit.
  - **Schutzimpfung:** Aktive Impfung durch Tot- oder Lebendimpfstoffe. Immunität nur 6 Monate anhaltend, Impfschutz nicht immer gewährleistet.
- **Meldepflicht:** Verdacht, Erkrankung und Tod, direkte und indirekte Erregernachweise; namentlich.

Weiterführende Literatur

Alikhan NF, Zhou Z, Sergeant MJ, Achtman M (2018) A genomic overview of the population structure of Salmonella. PLoS Genet 14:e1007261

Dyson ZA, Klemm EJ, Palmer S, Dougan G (2019) Antibiotic resistance and typhoid. Clin Infect Dis 68:165–170

Haraga A, Ohlson MB, Miller SI (2008) Salmonella interplay with host cells. Nat Rev Microbiol 6:53–66

Heesemann J, Sing A, Trülzsch K (2006) Yersinia's stratagem: targeting innate and adaptive immune defense. Curr Opin Microbiol 9:55–61

Karch H, Tarr P, Bielaszewska M (2005) Enterohaemorrhagic Escherichia coli in human medicine. Int J Med Microbiol 295:405–418

Müthing J, Meisen I, Zhang W, Bielaszewska M, Mormann M, Bauerfeind R, Schmidt MA, Friedrich AW, Karch H (2012) Promiscuous Shiga toxin 2e and its intimate relationship to Forssman. Glycobiology 22:849–862

Phalipon A, Sansonetti PJ (2007) Shigella's ways of manipulating the host intestinal innate and adaptive immune system: a tool box for survival? Immunol Cell Biol 85:119–129

Scheutz F, Teel LD, Beutin L, Piérard D, Buvens G, Karch H, Mellmann A, Caprioli A, Tozzoli R, Morabito S, Strockbine NA, Melton-Celsa AR, Sanchez M, Persson S, O'Brien AD (2012) Multicenter evaluation of a sequence-based protocol for subtyping Shiga toxins and standardizing Stx nomenclature. J Clin Microbiol 50:2951–2963

Spiga L, Winter SE (2019) Using enteric pathogens to probe the gut microbiota. Trends Microbiol 27:243–253

Vibrionen, Aeromonas

Mathias Hornef

Vibrio cholerae ist ein polar monotrich begeißeltes, kommaförmiges, gramnegatives Stäbchenbakterium (◘ Tab. 30.1). Die humanmedizinisch bedeutsamsten Isolate dieser Spezies gehören den Serogruppen O1 oder O139 an und verursachen die Cholera, eine durch massive wässrige Durchfälle gekennzeichnete Infektion des Dünndarms. Isolate der Serogruppe O1 lassen sich ihrerseits den Biovaren cholerae („klassisch") und El Tor sowie den Serotypen Inaba, Ogawa und Hikojima zuordnen. Ausgehend vom indischen Subkontinent verbreitete sich V. cholerae seit 1816 in mehreren Pandemiewellen über die ganze Welt. Während die Cholera in vielen Ländern Asiens, Afrikas, Mittel- und Südamerikas endemisch ist, kommt es bei Naturkatastrophen und kriegerischen Auseinandersetzungen mit starken Bevölkerungsbewegungen wegen mangelnder hygienischer und sanitärer Voraussetzungen häufig zu Ausbrüchen. In Europa werden lediglich importierte Fälle von Reiserückkehrern beobachtet. Wegen der starken Flüssigkeitsverluste und der daraus resultierenden Störungen des Elektrolyt- und Säurehaushalts ist die Cholera in Ländern mit unzureichender medizinischer Versorgung mit hoher Mortalität assoziiert. Choleradurchfälle werden durch ein bakterielles Enterotoxin ausgelöst. Nach Aufnahme durch die Darmepithelzelle führt das Choleratoxin zur Stimulation der Adenylatzyklase und zur aktiven Sekretion von Ionen und Wasser in das Darmlumen. Die Therapie besteht in erster Linie in Flüssigkeitsersatz und Korrektur des Elektrolyt- und Säurehaushalts. Der Erreger lässt sich auf Selektivmedien kulturell nachweisen. Die Übertragung erfolgt meist über fäkal kontaminiertes Trinkwasser oder Nahrungsmittel. Prophylaktische Maßnahmen sind v. a. eine sorgfältige Nahrungsmittelhygiene wie die Bereitstellung sauberen Trinkwassers sowie die Sicherstellung sanitärer Einrichtungen. Ein oraler Choleraimpfstoff ist verfügbar. Krankheitsverdacht, Erkrankung und Tod sowie die Erregerisolation sind nach dem IfSG meldepflichtig. Neben dem klinischen Bild der durch V. cholerae O1 und O139 ausgelösten Cholera besitzen noch Infektionen mit Nicht-O1/O139-V. cholerae sowie einigen weiteren Vibriospezies wie **V. vulnificus** und **V. parahaemolyticus** medizinische Bedeutung. Sie rufen sowohl enterische als auch lokale und systemische Infektionen hervor (◘ Tab. 30.2). Sie werden durch direkten Kontakt mit kontaminiertem Wasser sowie den Verzehr unzureichend gekochter Meerestiere erworben. **Aeromonas hydrophila** ist v. a. in Gegenden der Welt mit schlechten hygienischen Bedingungen mit Durchfallerkrankungen assoziiert.

Fallbeispiel

Ein 70-jähriger Mann wird in die zentrale Notaufnahme überwiesen, da er seit 2 Tagen Fieber und starke Schmerzen in der linken Hand hat. Die Symptome haben etwa 12 h nach dem Verzehr von Meeresfrüchten eingesetzt. Aus der Vorgeschichte sind ein Diabetes mellitus Typ 2 und ein Hypertonus bekannt, bei chronischem Nierenversagen wird der Patient hämodialysiert. An der Handinnenfläche finden sich große, hämorrhagische Bullae, über dem Handrücken eine erythematöse Schwellung mit konfluierenden Bullae und Ekchymosen. Es erfolgt eine sofortige chirurgische Intervention, in den Bullae lässt sich Vibrio vulnificus nachweisen.

Geschichte

Mit der Cholera vereinbare Krankheitsbilder wurden bereits im 4. Jahrhundert v. Chr. in Indien beschrieben. Seit 1816 fanden von dort ausgehend 7 Cholerapandemien statt, die sich westwärts ausbreiteten und 1830 erstmals Europa erreichten. Sie verursachten in den europäischen Städten starke soziale Spannungen und politische Unruhen. Darüber hinaus waren sie mit einer hohen Mortalität assoziiert. So verursachte die Choleraepidemie 1892 in Hamburg 8600 Tote. Der Londoner Arzt John Snow (1813–1858) konnte als Erster einen mit Fäkalien verunreinigten Brunnen als Quelle der Infektionen identifizieren und damit die Bedeutung sauberen Trinkwassers nachweisen. Trotzdem hielten sich noch lange sehr unklare Vorstellungen von der Übertragbarkeit der Krankheit und möglichen wirksamen Schutzmaßnahmen.

Den Begriff Vibrionen prägte der dänische Forscher Otto-Fredrik Müller (1730–1784) wegen der zitternden (vibrierenden) Bewegung der Bakterien. In Proben von Cholerakranken beschrieb 1854 der italienische Anatom Filipo Pacini (1812–1883) erstmals die gekrümmten beweglichen Stäbchenbakterien. Robert Koch (1843–1910) zusammen mit Bernhard Fischer (1852–1915) und Georg Gaffky (1850–1918) wies den Erreger 1883 aus klinischem Material eines Patienten einer Epidemie in Ägypten kulturell nach.

Alle 6 Cholerapandemien der Vergangenheit wurden durch V. cholerae O1, Biovar cholerae („klassisch") hervorgerufen.

S. Suerbaum et al. (Hrsg.), *Medizinische Mikrobiologie und Infektiologie*,
https://doi.org/10.1007/978-3-662-61385-6_30

30

Tab. 30.1 Vibrio: Gattungsmerkmale

Merkmal	Ausprägung
Gramfärbung	Gramnegative Stäbchen
Aerob/anaerob	Fakultativ anaerob
Kohlenhydratverwertung	Fermentativ
Sporenbildung	Nein
Beweglichkeit	Ja
Katalase	Positiv
Oxidase	Positiv
Besonderheiten	Nitratreduktion, halophil (benötigt NaCl)

Tab. 30.2 Vibrionen: Arten und Krankheiten

Art	Krankheiten
Vibrio cholerae O1 und O139	Enteritis
Nichtagglutinierbare (NAG-)Vibrionen	Wundinfektionen, Harnweginfektionen, Enteritis
Vibrio parahaemolyticus	Enteritis, Wundinfektionen
Vibrio vulnificus	Wundinfektionen, Sepsis, Enteritis

Die derzeitige 7. Pandemie wird durch V. cholerae O1, Biovar El Tor, Serotyp Ogawa, verursacht. Der Name leitet sich von der Quarantänestation El Tor in Ägypten ab, wo der Stamm erstmals 1905 kulturell nachgewiesen wurde. Die Pandemie nahm 1961 in Celebes (heute: Sulawesi), Indonesien, ihren Anfang und breitete sich von dort über Asien und Europa nach Afrika (1970), in den Südpazifik und schließlich 1991 bis Süd- und Mittelamerika aus. Die Cholera war zuvor in Südamerika über 100 Jahre nicht mehr endemisch gewesen. Vor allem in Indien werden zunehmend Ausbrüche durch chimäre Varianten des O1-El-Tor-Biovars nachgewiesen, die das cxtB-Gen des Biovars cholerae (klassisch) tragen.
1992 wurde in Bangladesch ein bis dahin unbekannter virulenter Stamm der Serogruppe O139 Bengal nachgewiesen. Obwohl er auch in Indien und Pakistan isoliert wurde, breitet sich dieser Stamm nicht weiter aus und wird seit 2005 nur noch sporadisch isoliert.
2010 kam es nach dem schweren Erdbeben in Haiti zu einer Choleraepidemie mit V. cholerae **O1, Biovar El Tor, Serotyp Ogawa.** Die Cholera war zuvor seit etwa einem Jahrhundert in Haiti nicht mehr endemisch und könnte von einem zur Katastrophenhilfe entsandten nepalesischen UN-Blauhelmsoldaten eingeschleppt worden sein. Der Ausbruch führte bei mehr als 600.000 Erkrankten zu über 8000 Toten.
2016 kam es im Rahmen der kriegerischen Auseinandersetzungen in Jemen zu einem immer noch andauernden Choleraausbruch durch V. cholerae **O1, Biovar El Tor, Serotyp Ogawa,** mit mehr als 2 Mio. Erkrankten und bisher fast 2800 Toten.

30.1 Vibrio cholerae, Serogruppen O1 und O139

Steckbrief

Vibrio cholerae ist ein fakultativ anaerobes, gramnegatives, fermentierendes Stäbchenbakterium. Es ist der Erreger der Cholera, einer pandemisch auftretenden Durchfallerkrankung, die zu starken, wässrigen Durchfällen führt und durch massiven Flüssigkeitsverlust gekennzeichnet ist. **Vibrio cholerae:** kommaförmige, polar monotrich begeißelte, gramnegative Stäbchen, 1883 erstmals von Robert Koch kulturell nachgewiesen

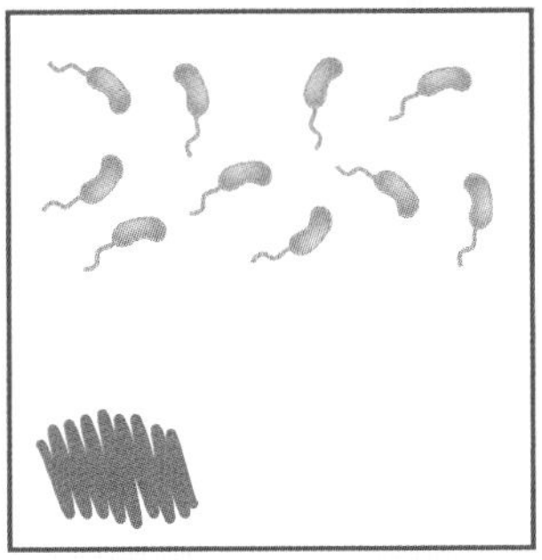

30.1.1 Beschreibung

▪ **Aufbau**

Dazu zählen:

Äußere Zellmembran Wie alle gramnegativen Bakterien enthält die äußere Zellmembran der Vibrionen das immunstimulatorische Lipopolysaccharid (LPS). Die mit dem Glykolipid-Membrananker (Lipid A) kovalent verbundene Kette repetitiver Untereinheiten aus Zuckermolekülen (O-Antigen) erlaubt die serologische Charakterisierung der klinischen Isolate, ähnlich wie bei anderen enteropathogenen gramnegativen Bakterien (z. B. Salmonellen).

Beweglichkeit Vibrionen sind polar monotrich begeißelt (Abb. 30.1), was zu ihrer ausgeprägten und typischen Beweglichkeit führt.

Adhärenz V. cholerae exprimiert einen Typ-IV-Pilus, den sog. Toxin-koregulierten Pilus (TCP). Er induziert

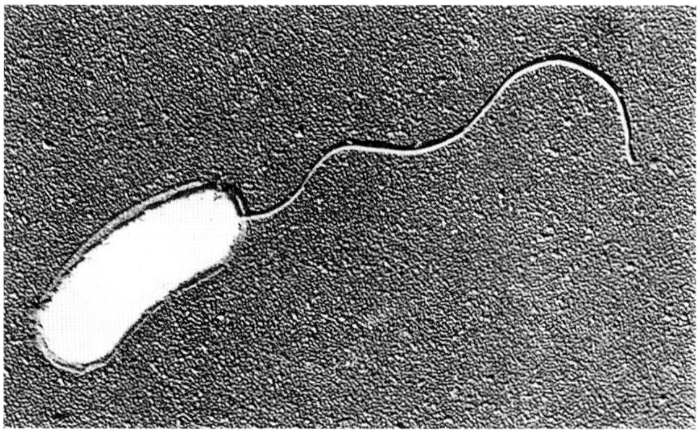

Abb. 30.1 Vibrio cholerae im Transmissionselektronenmikroskop (TEM, Vergr. 16.500:1; aus: Adam et al. (Hrsg.): Die Infektiologie, Springer Verlag 2004)

die Aggregation von Cholerabakterien sowie die Adhäsion und Mikrokoloniebildung auf der Darmepitheloberfläche. Dieser Pilus stellt auch den Rezeptor für den das Choleratoxin kodierenden CTXΦ-Phagen dar (s. u.).

Extrazelluläre Produkte

Dazu zählen:

Muzinase Dieses Enzym erlaubt dem Erreger die Penetration der Mukusschicht und den direkten Kontakt mit der apikalen Epithelzellmembran.

Neuraminidase Sie modifiziert die Zuckerreste auf der Epithelzelloberfläche und schafft damit mehr Bindungsstellen für das Choleratoxin.

Choleratoxin Das phagenkodierte Toxin wird nach Bindung an GM1-Ganglioside an der Epithelzelloberfläche aufgenommen und stört durch Aktivierung der Adenylatzyklase den Ionentransport.

Resistenz gegen äußere Einflüsse

Obgleich Vibrionen relativ empfindlich gegenüber Austrocknung sind, können sie in Umweltgewässern über längere Zeit in infektiöser Form persistieren. Vibrionen sind sehr säureempfindlich, deshalb sinkt die Infektionsdosis bei Menschen mit verminderter Magensäurebildung bzw. der Einnahme von Protonenpumpenhemmern.

Vorkommen

In Süßwasser und küstennahen Meeresgewässern endemischer Gebiete durch Ausscheidung Erkrankter bei fehlender Wasseraufbereitung.

30.1.2 Rolle als Krankheitserreger

Epidemiologie

Die WHO schätzt etwa 3–5 Mio. Erkrankungen und 100.000–120.000 Todesfälle pro Jahr, v. a. in Afrika, Mittelamerika (Haiti, Dominikanische Republik), der Arabischen Halbinsel (Jemen), Indien und Südostasien. Der **Biovar El Tor** ist weltweit der in den Gewässern am häufigsten nachgewiesene Biovar und hat den Biovar cholerae (klassisch) weitgehend verdrängt. Stämme des Biovar cholerae werden regelmäßig nur noch in Indien isoliert. V. cholerae O1 Biovar El Tor lösen verglichen mit Infektionen durch Biovar cholerae (klassisch) ein weniger schweres Krankheitsbild aus, zeigen aber eine höhere Tenazität (Umweltresistenz). Einzelne Erkrankungen wurden auch am Golf von Mexiko in den USA beobachtet. Obwohl viele Serogruppen existieren, wurden bis 1992 alle Ausbrüche durch **O1-positive Stämme** verursacht.

Deshalb erweckte 1992 der Nachweis eines virulenten O139-positiven V. cholerae-Bengal-Stammes in Madras, Kalkutta und Bangladesch große Aufmerksamkeit. **V. cholerae O139 Bengal** produziert ähnliche Mengen Choleratoxin wie O1-Stämme und ruft ein ähnliches klinisches Krankheitsbild hervor. Die Immunität der lokalen Bevölkerung vermittelt gegenüber V. cholerae O139 Bengal keinen ausreichenden Schutz. Deshalb wird befürchtet, er könne eine 8. Pandemie auslösen. Allerdings wurde er bisher nur in Indien und Pakistan beobachtet. V. cholerae ist ausschließlich für den Menschen pathogen.

Übertragung

V. cholerae wird durch fäkal kontaminiertes Trinkwasser, seltener direkt fäkal-oral oder durch unzureichend abgekochte Nahrung wie rohen Fisch und andere Meerestiere übertragen.

Pathogenese

Die starke **Säureempfindlichkeit** des Erregers erfordert beim Gesunden die orale Aufnahme von 10^6–10^{10} Bakterien, damit Vibrionen die Magenpassage überstehen. Eine reduzierte Magensäureproduktion verringert die **Infektionsdosis** drastisch auf nur noch 100–1000 Bakterien. V. cholerae zerstört die Mukusschicht und heftet sich an die apikale Membran der Darmepithelzellen (Abb. 30.2). Die Kolonisation wird durch die Expression eines **Typ-IV-Pilus** (TCP) unterstützt, der die Aggregation und Bildung von Mikrokolonien auf der Darmepitheloberfläche induziert. Dabei werden große Mengen Choleratoxin sezerniert.

Das **Choleratoxin** (CTX) wird ähnlich wie das Diphtherietoxin durch einen Phagen, CTXΦ, kodiert

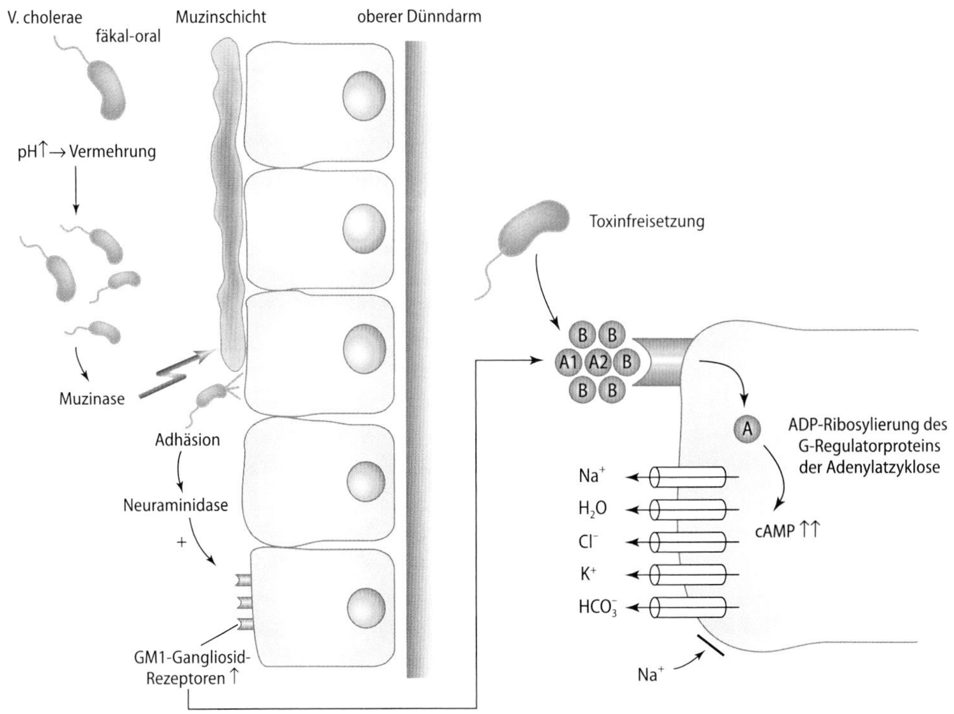

Abb. 30.2 Pathogenese der Cholera

und erst bei hoher Keimdichte induziert. Es handelt sich um ein typisches Zweikomponenten- oder **AB-Toxin** (Abb. 30.2):

- 5 **B-Untereinheiten** des Toxins binden an das GM_1-Gangliosid auf der apikalen Plasmamembran des Darmepithels. Dies induziert die aktive Aufnahme der A-Untereinheit des Toxins in die Zelle.
- Die **A-Untereinheit** katalysiert die ADP-Ribosylierung des regulatorischen Proteins $G_{\alpha}s$, das damit dauerhaft in einen aktiven Zustand übergeht.

Das aktive $G_{\alpha}s$-Protein stimuliert die Adenylatzyklase und erhöht damit die intrazelluläre cAMP-Konzentration. Die hohe cAMP-Konzentration verhindert die Reabsorption von Natrium und stimuliert die Sekretion von Chlorid-, Natriumbikarbonat- und Kaliumionen über die apikale Plasmamembran des Darmepithels. Wegen des hohen osmotischen Druckes im Darmlumen führt das sekundär zur massiven Sekretion von Wasser durch das gesamte Dünndarmepithel. Sehr große Mengen infektiöser Vibrionen werden mit dem Stuhl ausgeschieden.

Klinik

Wenige Tage, bei hoher Infektionsdosis nur wenige Stunden nach Aufnahme, kommt es zu ersten Symptomen, die sich rasch steigern. In den meisten Fällen nimmt eine Infektion mit V. cholerae v. a. bei Infektionen mit dem Biovar El Tor einen leichten Krankheitsverlauf („Cholerine"). Bei schweren Verläufen (10–20 %) kommt es zur Sekretion von bis zu 1 l Flüssigkeit pro Stunde und den typischen Reiswasserstühlen mit einem Volumen von bis zu 20 l pro Tag begleitet von Erbrechen (Abb. 30.3). Die dramatischen Flüssigkeits- und Elektrolytverluste führen zu metabolischer Azidose und Hypokaliämie bis hin zum Schock. Die Durchfälle halten durchschnittlich über 5 Tage an. Infektionen mit V. cholerae verlaufen in 75 % symptomlos; dabei kommt es aber trotzdem zu einer Erregerausscheidung. Dauerausscheider sind selten.

Immunität

Bei der Bevölkerung in endemischen Gebieten findet sich häufig eine Teilimmunität. Die Impfung vermittelt einen Schutz gegenüber einer Infektion mit V. cholerae O1.

Labordiagnose

Vibrionen sind sehr empfindlich gegenüber Austrocknung; ein schneller Transport von Stuhl, Erbrochenem oder Abstrichen in Transportmedium oder alkalischem Peptonwasser (1 % Pepton, 1 % NaCl, pH 8,6) ins mikrobiologische Labor ist deshalb sehr wichtig. Patientenmaterial wird direkt sowie nach 12- bis 18-stündiger Anreicherung in alkalischem Peptonwasser auf Schafblutagar, MacConkey sowie einem Spezialmedium (Thiosulfat-Zitrat-Gallensalz-Sucrose-[TCBS-] Agar) kultiviert.

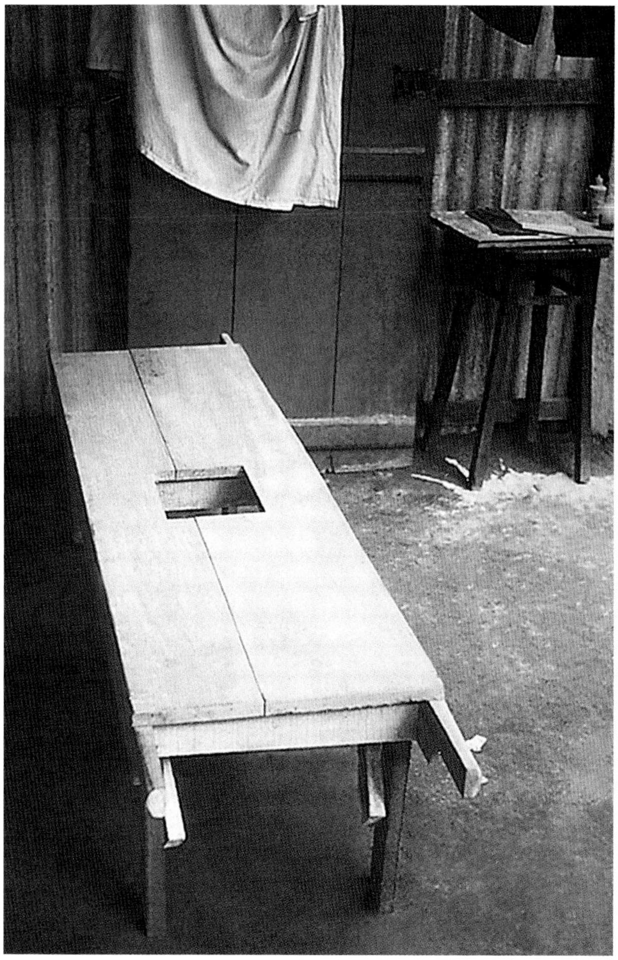

Abb. 30.3 Behelfsbett mit Durchlass für Patienten mit cholerabedingter Diarrhö

Agglutination oxidasepositiver Kolonien mit Antiserum gegen O1 oder O139 bestätigt die Diagnose. Stämme des Biovar El Tor zeigen im Gegensatz zum klassischen Biovar auf Blutagar eine Hämolyse und sind resistent gegen Polymyxin B. Ein kommerzieller Test zum direkten Erregernachweis mittels Immunfluoreszenz ist im Handel verfügbar. Es gibt keinen routinemäßig eingesetzten Antikörpernachweis im Serum zur Diagnose einer Durchfallerkrankung.

Therapie

Die Therapie besteht im Wesentlichen im Ausgleich des Wasser- und Elektrolythaushalts. Die WHO empfiehlt dafür in Gegenden mit ungenügender medizinischer Versorgung die **orale Rehydratationstherapie** (ORT) mit Traubenzucker-Elektrolyt-Lösung (13,5 g Glukose, 2,9 g Natriumzitrat, 2,6 g NaCl und 1,5 g KCl pro Liter Wasser). Wegen des Kotransports von Glukose und Natrium an der apikalen Epithelzellmembran führt die gleichzeitige Gabe von Glukose zu einer verbesserten Natrium- und damit Wasseraufnahme. Bei schweren Verläufen ist eine parenterale Elektrolyt- und Flüssigkeitsgabe nötig. Darüber hinaus muss bei hohen Flüssigkeitsverlusten die Azidose ausgeglichen und die Hypoglykämie behandelt werden.

Eine suffiziente Rehydratationstherapie kann die Letalität der schweren Verlaufsform von etwa 50 auf unter 2 % senken. Eine **Antibiotikatherapie** verkürzt die Durchfallsymptomatik und reduziert die Erregerausscheidung und damit das Übertragungsrisiko. Die Initialtherapie soll sich bei Ausbrüchen an der lokalen Resistenzsituation orientieren. Azithromycin, Tetracyclin, Doxycyclin, Ciprofloxacin oder Erythromycin sind in der Regel wirksam.

Prävention

Dazu zählen:

Choleraschutzimpfung Ein oraler, in Deutschland zugelassener Ganzzellimpfstoff (WC/rBS, Dukoral, SBL Vaccin AB, Stockholm) mit mehreren inaktivierten V. cholerae-O1-Stämmen (Biovar cholerae [„klassisch"] und El Tor, Serotyp Inaba und Ogawa), zusätzlich versetzt mit der rekombinanten B-Untereinheit des Choleratoxins, ist kommerziell erhältlich. Er wird 2-mal im Abstand von 1 Woche eingenommen und vermittelt einen über 60 %igen Schutz vor einer Erkrankung. Zusätzlich besteht wegen der strukturellen Ähnlichkeit zwischen Choleratoxin und dem hitzeempfindlichen Toxin enterotoxischer E. coli ein partieller Schutz vor einer ETEC-Reisediarrhö.

Weitere Totimpfstoffe wie der bivalente, V. cholerae-O1/O139-Ganzzell-Totimpfstoff ohne Toxinzugabe (Shanchol) zeigen ebenfalls einen signifikanten Schutz. Ein neuer, als Einzeldosis verabreichter Lebendimpfstoff von V. cholera O1 Serotyp Inaba (CVD 103-HgR, Vaxchora) wurde kürzlich für Erwachsene in Endemiegebieten von den US-amerikanischen Behörden (FDA) zugelassen.

Massenimpfungen in Flüchtlingslagern oder vor der Regenzeit führten zu verminderten Krankheitszahlen und zeigten zudem eine Herdenimmunität. Eine Impfung von Reisenden ist v. a. bei längerem Aufenthalt sowie engem Kontakt zur lokalen Bevölkerung in endemischen Gebieten und bei verminderter Wirtsabwehr wie etwa bei der Einnahme von Protonenpumpenhemmern und damit einer verminderten Magensäuresekretion zu erwägen.

Allgemeine Maßnahmen Zur Vermeidung fäkal-oral übertragbarer pathogener Mikroorganismen gelten die üblichen Regeln der Expositionsprophylaxe:

- Trinken nur von sauberem bzw. abgekochtem Trinkwasser (Vorsicht bei Eiswürfeln, Straßenverkäufern, nicht durchgekochten Meeresfrüchten und Gemüse sowie Salat!)

- Befolgen des Satzes: „Boil it, cook it, peel it, or forget it!“
- Benutzung adäquater sanitärer Anlagen sowie Händehygiene

Das Cholerarisiko ist beim Einhalten dieser Regeln für den durchschnittlichen Reisenden sehr gering. Bei Aufnahme eines an Cholera Erkrankten im Krankenhaus sind eine strenge Isolation sowie die üblichen Regeln der Krankenhaushygiene zu beachten. Der Erreger wird durch die üblichen Hände- und Flächendesinfektionsmittel zuverlässig abgetötet.

Meldepflicht Krankheitsverdacht, Erkrankung und Tod an Cholera (§ 6 IfSG) sowie der direkte oder indirekte Erregernachweis von V. cholerae (§ 7 IfSG) sind meldepflichtig. Nach § 42 Abs. 1 IfSG dürfen Erkrankte und Ausscheider nicht beim Herstellen, bei der Behandlung sowie dem Inverkehrbringen von Lebensmitteln beschäftigt werden. Die Zahl der gemeldeten importierten Fälle liegt in Deutschland pro Jahr bei 0–3; weltweit ist die Dunkelziffer v. a. in Ländern Asiens wegen befürchteter Einbußen beim Tourismus sehr hoch.

In Kürze: Vibrio cholerae, Serogruppen O1 und O139

- **Bakteriologie:** Fakultativ anaerobe, gebogene, gramnegative Stäbchen. Sie zeichnen sich durch eine polar monotriche Begeißelung und eine starke Motilität aus. Vibrionen sind resistent gegenüber erhöhten Salzkonzentrationen (halophil), aber stark säureempfindlich. Sie lassen sich auf Standardmedien gut kultivieren.
- **Vorkommen:** Toxinproduzierende O1-/O139-positive V. cholerae-Stämme lassen sich in Endemiegebieten aus oberflächlichen Süß- und Salzwasserproben sowie aus Meerestieren wie den zum Zooplankton gehörenden Ruderfußkrebsen (Copepoden), Fischen und Austern isolieren.
- **Resistenz:** Sehr empfindlich gegenüber Austrocknung.
- **Epidemiologie:** In vielen tropischen und subtropischen Gebieten endemisch. Ausbrüche in Kriegs- und Katastrophengebieten wegen mangelndem sauberen Trinkwasser und unzureichenden sanitären Anlagen häufig. In Deutschland nur bei Reiserückkehrern.
- **Übertragung:** Fäkal-oral über kontaminiertes Trinkwasser oder rohe Meerestiere. V. cholerae ist ausschließlich für den Menschen pathogen.
- **Pathogenese:** Besiedlung des Dünndarms. Sekretion des Choleratoxins, das in die Darmepithelzellen aufgenommen wird und intrazellulär zur Anreicherung von cAMP führt. Dadurch vermehrte Natriumbikarbonat- und Kaliumsekretion mit starker Wasserausscheidung in das Darmlumen.
- **Pathomechanismen:** Expression von Adhäsinen (Toxin-koregulierter Pilus, TCP) und Sekretion des Choleratoxins.
- **Klinik:** Abrupt beginnende, massive Durchfälle mit reiswasserartigen Ausscheidungen von bis zu 20 l pro Tag. Störungen im Wasser und Elektrolythaushalt, metabolische Azidose, Hypokaliämie, evtl. Schock.
- **Immunität:** Teilimmunität der lokalen Bevölkerung, nach Impfung.
- **Labordiagnose:** Untersuchungsmaterial: Stuhl, Erbrochenes. Kultur: Anreicherung in alkalischem Peptonwasser. Kultur auf Standardagar sowie TCBS-Selektivagar. Identifizierung: biochemische Differenzierung und Agglutination zur Bestätigung von O1- oder O139-Stämmen.
- **Therapie:** Ausgleich des Wasser- und Elektrolythaushalts und Antibiotikatherapie. Tetracyclin, Chinolone und Trimethoprim-Sulfamethoxazol (TMP/SMX) sind wirksam.
- **Prävention:** Trinkwasserhygiene, genügendes Erhitzen von Meerestieren vor Verzehr und Einrichtung sanitärer Anlagen.
- **Impfung:** Ein wirksamer oraler Impfstoff steht zur Verfügung.
- **Meldepflicht:** Verdacht, Erkrankung und Tod sowie Erregerisolation meldepflichtig nach IfSG.

30.2 Nichtagglutinierbare (NAG-)Vibrionen

Nichtagglutinierbare oder kurz NAG-V. cholerae-Stämme Non-O1- und Non-O139 werden regelmäßig in mitteleuropäischen Seen und Naturbädern sowie in Brackwasser der Nord- und Ostsee nachgewiesen. Sie gelten allgemein als apathogen und gehören zur autochthonen Wasserflora. Ihr Nachweis in Umweltgewässern ist nicht mit erhöhten Werten fäkaler Indikatorkeime (coliformer Keime) assoziiert, wird aber verstärkt bei Wassertemperaturen über 20 °C beobachtet.

Vor allem in den warmen Sommermonaten kommt es gelegentlich besonders bei immunkompromittierten Patienten zu Infektionen durch NAG-V. cholerae. Nach direkter Exposition wurden Gastroenteritiden sowie Wund-, Augen- Ohr- und Harnwegsinfektionen beschrieben. NAG-V. cholerae produzieren kein Choleratoxin, bei einigen Stämmen wurde aber die Expression von anderen Enterotoxinen und Fimbrien nachgewiesen. Die Bedeutung der Isolation von NAG-V. cholerae ist nur unter Berücksichtigung des klinischen Bildes zu interpretieren. Doxycyclin, Ciprofloxacin und Carbapeneme sind zur antibiotischen Therapie wirksam. Erregernachweis und Erkrankung sind nicht meldepflichtig.

30.2.1 Vibrio parahaemolyticus

Neben V. cholerae gibt es weitere 34 Spezies in der Gattung Vibrio. Die Mehrzahl davon sind Umweltkeime, die v. a. in den Gewässern der Tropen und Subtropen vorkommen. Wenige Spezies wie V. parahaemolyticus wurden mit Gastroenteritiden nach Verzehr unzureichend erhitzter Meeresfrüchte (v. a. Schalentiere wie Muscheln) sowie mit Wundinfektion nach Kontakt mit kontaminiertem Wasser oder Meerestieren assoziiert.

Die Pathogenese von V. parahaemolyticus-Infektionen wurde noch wenig untersucht. V. parahaemolyticus besitzt β-hämolytische Aktivität sowie 2 Typ-3-Sekretionssysteme. Es löst wässrige, manchmal blutige Durchfälle mit abdominellen Krämpfen und Erbrechen aus. Der Verlauf ist meist milde und eine spontane Heilung tritt nach 2–3 Tagen ein. Die Therapie besteht aus Flüssigkeitsersatz; bei schweren Verläufen und Wundinfektionen sind Doxycyclin, Carbapeneme sowie Chinolone wirksam. Es besteht keine Meldepflicht.

Gastroenteritiden, Konjunktivitiden und Weichgewebeinfektionen wurden auch nach Infektion mit V. alginolyticus, V. fluvialis, V. hollisae, V. mimicus, V. metschnikovii, V. cincinnatiensis und V. damsala beschrieben. Eine Interpretation des kulturellen Nachweises dieser Vibriospezies ist nur unter Berücksichtigung des klinischen Bildes möglich.

30.2.2 Vibrio vulnificus

Der opportunistische Erreger Vibrio vulnificus (früher CDC-Gruppe EF-3) stellt eine der häufigsten Ursachen von Infektionen durch Verzehr ungenügend erhitzter Meerestiere (v. a. roher Austern) dar. Betroffen sind besonders Patienten mit reduziertem Immunstatus sowie mit Erkrankungen der Leber. Der Nachweis von V. vulnificus in Umweltgewässern ist mit Wassertemperaturen über 20 °C, nicht jedoch mit einer fäkalen Verunreinigung assoziiert. V. vulnificus gehört damit zur natürlichen bakteriellen Flora küstennaher Meeresgewässer und wurde auch bei Muscheln, Krabben und Fischen nachgewiesen.

Eine Infektion durch kontaminierte Nahrungsmittel kann zu Durchfall und Übelkeit ggf. mit septischer Streuung und Weichteilinfektion mit kutaner Blasenbildung führen. Darüber hinaus ist V. vulnificus ein häufiger Erreger bei durch Meerwasserkontakt erworbenen Wundinfektionen. Diese sind mit einer hohen Mortalität assoziiert. V. vulnificus produziert mehrere Enzyme wie Muzinasen, Proteasen, Lecithinasen, Lipasen, DNAsen; bei einigen Stämmen wurde die Bildung einer Kapsel nachgewiesen. Nur sehr selten werden Gastroenteritiden beobachtet.

Der Erregernachweis gelingt in den herkömmlichen Blutkulturmedien. Neben einer unter Umständen nötigen aggressiven chirurgischen Intervention bei progressiver Weichgewebeinfektion wird eine antibiotische Therapie mit Doxycyclin plus Ceftazidim empfohlen. Alternativen sind andere Cephalosporine der 3. Generation, Aminoglykoside, Carbapeneme oder ein Chinolon. Es besteht keine Meldepflicht.

30.3 Aeromonas

Aeromonaden sind fakultativ anaerobe, polar monotrich begeißelte, gramnegative Stäbchenbakterien. Ihr natürliches Reservoir sind Süß- und Seewasser, sie wurden als Krankheitserreger bei verschiedenen wechselwarmen Tieren (v. a. Fischen und Reptilien) identifiziert.

Der Nachweis von Aeromonas hydrophila, aber auch A. caviae und A. veronii Biovar sobria in Stuhlproben wird mit dem Auftreten von Gastroenteritiden assoziiert. Allerdings ist die Bedeutung von Aeromonaden als Ursache für Gastroenteritiden umstritten: So wurden Aeromonaden auch im Stuhl Gesunder nachgewiesen. Es wurden weiterhin keine Ausbrüche durch klonale Stämme nachgewiesen und die Mensch-zu-Mensch-Übertragungsrate ist sehr gering. Auch führte die orale Gabe eines Typstammes von A. hydrophila beim Menschen zu keinerlei Krankheitszeichen. Daneben wurde Aeromonas spp. bei verschiedenen Wundinfektionen sowie Harnweginfektionen v. a. bei immunkompromittierten Patienten nachgewiesen.

Aeromonas hydrophila wächst auf dem zur Anzucht enteropathogener Yersinien verwendeten CIN-(Cefsoludin-Irgasan-Nalidixin-)Agar in kleinen Kolonien mit zentralem dunkelrotem Punkt. Aeromonaden sind oxidase- sowie katalasepositiv und produzieren eine Reihe hochaktiver Enzyme (Proteasen, Esterase, Amylasen). Der kulturelle Nachweis von Aeromonas spp. ist unter Berücksichtigung des klinischen Bildes kritisch zu beurteilen. Mittel der Wahl ist Ciprofloxacin. A. hydrophila bildet häufig β-Laktamasen. β-Laktam-Antibiotika sollten daher nur nach Testung eingesetzt werden. Es besteht keine Meldepflicht.

Weiterführende Literatur

Baker-Austin C, Oliver JD, Alam M, Ali A, Waldor MK, Qadri F, Martinez-Urtaza J (2018) Vibrio spp. infections. Nat Rev Dis Primers 4(1):8

Barzilay EJ, Schaad N, Magloire R, Mung KS, Boncy J, Dahourou GA, Mintz ED, Steenland MW, Vertefeuille JF, Tappero JW (2014) Cholera surveillance during the Haiti epidemic – the first 2 years. N Engl J Med 368(7):599–609

Robins WP, Mekalanos JJ (2014) Genomic science in understanding cholera outbreaks and evolution of Vibrio cholerae as a human pathogen. Curr Top Microbiol Immunol 379:211–229

Schuetz AN (2019) Emerging agents of gastroenteritis: Aeromonas, Plesiomonas, and the diarrheagenic pathotypes of Escherichia coli. Semin Diagn Pathol 36(3):187–192

Weill FX, Domman D, Njamkepo E, Almesbahi AA, Naji M, Nasher SS, Rakesh A, Assiri AM, Sharma NC, Kariuki S, Pourshafie MR, Rauzier J, Abubakar A, Carter JY, Wamala JF, Seguin C, Bouchier C, Malliavin T, Bakhshi B, Abulmaali HHN, Kumar D, Njoroge SM, Malik MR, Kiiru J, Luquero FJ, Azman AS, Ramamurthy T, Thomson NR, Quilici ML (2019) Genomic insights into the 2016–2017 cholera epidemic in Yemen. Nature 565(7738):230–233

Nichtfermentierende Bakterien (Nonfermenter): Pseudomonas, Burkholderia, Stenotrophomonas, Acinetobacter

Ivo Steinmetz

Die Gattungen Pseudomonas, Burkholderia, Stenotrophomonas und Acinetobacter umfassen eine Vielzahl gramnegativer, nichtsporenbildender Stäbchenbakterien, von denen einige bedeutende Infektionserreger für den Menschen sind (◘ Tab. 31.1). Bakterien dieser Gattungen können Glukose fermentativ nicht abbauen und werden daher als „Nonfermenter" bezeichnet. Aufgrund klinisch-infektiologischer und mikrobiologischer Gemeinsamkeiten (◘ Tab. 31.2) wird diese Gruppe von Erregern im vorliegenden Kapitel zusammengefasst.

Fallbeispiel

In einem Militärkrankenhaus im Mittleren Osten wird ein 26-jähriger US-Soldat mit einer Kriegsverletzung aufgenommen. Er hat eine Schussverletzung im Bereich der rechten Schulter sowie eine offene Unterschenkelfraktur links, diese wird mittels Fixateur externe versorgt. Eine perioperative Antibiotikaprophylaxe wird durchgeführt. In den nächsten Tagen entwickelt sich eine Haut- und Weichgewebeinfektion im Bereich der Schusswunde. Die Haut ist induriert mit kleinen Bläschen. Die Chirurgen setzen die antibiotische Behandlung fort, sehen aber keinen Anlass für ein Debridement. Einen Tag später finden sich hämorrhagische Bullae, und der Patient ist septisch. Einige Stunden später verstirbt er. In den Blutkulturen lassen sich multiresistente Acinetobacter nachweisen.

31.1 Pseudomonas aeruginosa

Steckbrief

Pseudomonas aeruginosa ist ein opportunistischer Infektionserreger, dessen natürliches Reservoir Feuchthabitate in der Umwelt sind. Das gramnegative Bakterium gehört weltweit zu den häufigsten Ursachen nosokomialer Pneumonien bei Beatmung, Wund- und Harnweginfektionen. Ein Charakteristikum von P. aeruginosa ist die hohe intrinsische Antibiotikaresistenz und das Auftreten multiresistenter Stämme. Nosokomiale Pneumonie und Sepsis sind mit einer hohen Letalität assoziiert.

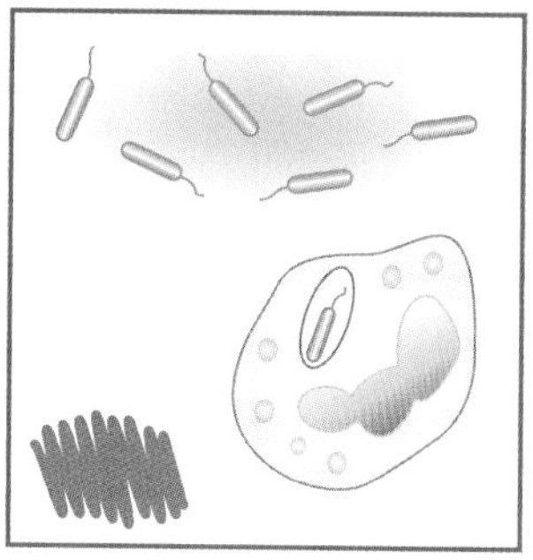

31.1.1 Beschreibung

■ **Aufbau und extrazelluläre Produkte**

Pseudomonas aeruginosa (◘ Abb. 31.1) ist ein gramnegatives Stäbchenbakterium (Länge: 1–3 µm, Breite:

S. Suerbaum et al. (Hrsg.), *Medizinische Mikrobiologie und Infektiologie*,
https://doi.org/10.1007/978-3-662-61385-6_31

Tab. 31.1 Nonfermenter: Gattungen, Arten und Krankheiten

Gattung bzw. Art	Krankheiten
Pseudomonas aeruginosa	Atemweg-, Harnweg-, Wundinfektionen, Sepsis, Otitis externa, Dermatitis, Keratitis
Andere Pseudomonas-Arten	Atemweg-, Harnweg-, Wundinfektionen, Unterscheidung zwischen Kolonisation und Infektion oft schwierig
Burkholderia-cepacia-Komplex	Atemweg-, Harnweg-, Wundinfektionen, Sepsis
Burkholderia pseudomallei	Melioidose
Burkholderia mallei	Rotz
Stenotrophomonas	Pneumonie, Bakteriämie, Harnweginfektionen, Phlegmone, Keratitis
Acinetobacter	Atemweg-, Harnweginfektionen, Bakteriämie, Phlegmone

31

Tab. 31.2 Nonfermenter: Gemeinsame Merkmale

Merkmal	Ausprägung
Gramfärbung	Gramnegative Stäbchen
Aerob/anaerob	Fakultativ anaerob (u. a. Nitratatmung)
Kohlenhydratverwertung	Ja, keine Glukosefermentation
Sporenbildung	Nein
Beweglichkeit	Je nach Spezies positiv oder negativ
Katalase	Positiv
Oxidase	Je nach Spezies positiv oder negativ
Besonderheiten	Umweltreservoir (Ausnahme Burkholderia mallei)

0,5–1,0 µm). Das Bakterium ist monotrich polar begeißelt. An seiner Oberfläche befinden sich Pili und das Exopolysaccharid Alginat, dessen Überproduktion bei chronischen Infektionen zu mukösen Kolonieformen führt.

Die Produktion von Pigmenten, insbesondere von Pyocyanin und Pyoverdin (Fluoreszein), führt zu typischen grünlich-blauen, metallisch-glänzenden Kolonien auf Kulturmedien. P. aeruginosa sezerniert ein Rhamnolipid und eine Vielzahl von Exoenzymen, von denen einige für die Pathogenese (s. u.) von Bedeutung sind.

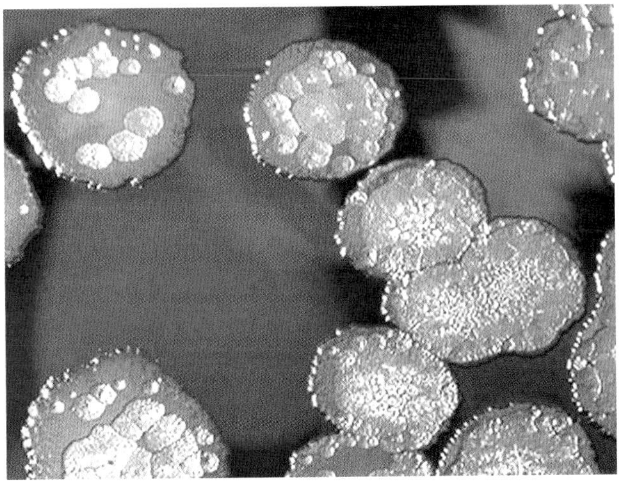

Abb. 31.1 Pseudomonas aeruginosa: Kultur

- **Genomstruktur**

Die hohe Anpassungsfähigkeit an verschiedenste Lebensräume in der Umwelt und die Fähigkeit, nicht nur beim Menschen, sondern auch bei anderen Spezies Infektionen zu verursachen, spiegeln sich in dem sehr großen Genom (6,5–6,7 Mbp) wider. Es kodiert eine extrem große Zahl von Außenmembranproteinen, die u. a. Sekretionssysteme für Virulenzfaktoren und Effluxpumpen mit Bedeutung für die Antibiotikaresistenz darstellen.

- **Vorkommen und Resistenz gegen äußere Einflüsse**

P. aeruginosa ist ein typischer Feuchtkeim mit hoher Umweltresistenz und kommt in Kliniken in Waschbecken, Toiletten, Duschen und Blumenvasen vor. Instrumente, Waschlotionen und Nahrungsmittel können kontaminiert sein und so zur Kolonisation und ggf. Infektion von Patienten führen. P. aeruginosa kann sich sogar in manchen Desinfektionslösungen vermehren.

Außerhalb der Klinik kommt P. aeruginosa im Erdboden, in Gewässern und auf Pflanzen vor. In der gesunden Bevölkerung kann ein kleiner Prozentsatz in Rachen, Nase und Stuhl kolonisiert sein, sodass möglicherweise auch endogene Infektionen in der Klinik eine Rolle spielen.

Pseudomonas aeruginosa kann nicht nur aerob, sondern auch anaerob in Gegenwart von Nitrat als terminalem Elektronenakzeptor wachsen.

31.1.2 Rolle als Krankheitserreger

- - **Epidemiologie**

Pseudomonas aeruginosa gehört weltweit zu den häufigsten Erregern nosokomialer Pneumonien, Wund- und Harnweginfektionen.

Übertragung

Infektionen mit P. aeruginosa kommen in erster Linie durch Kontakt mit dem Erreger in der Umwelt zustande. Innerhalb von Kliniken spielt auch die Übertragung von Patient zu Patient eine Rolle.

Pathogenese

Im Fokus stehen Wirts- und bakterielle Virulenzfaktoren.

Wirtsfaktoren Die Tatsache, dass P. aeruginosa-Infektionen vorwiegend nosokomial auftreten und bei Patienten mit Grunderkrankungen, z. B. Mukoviszidose, und anderen prädisponierenden Faktoren vorkommen, lässt bereits vermuten, dass eine verminderte Wirtsabwehr eine wichtige Voraussetzung für das Entstehen einer Infektion ist. Der **Verlust der Integrität von Haut- und Schleimhautbarrieren** ist hierbei besonders wichtig. Pseudomonas aeruginosa kann sich auf geschädigtem oder totem Gewebe der lokalen angeborenen Immunabwehr, z. B. der Wirkung von Defensinen entziehen (▶ Kap. 14). Die lokale Bakterienpopulation kann sich dadurch so stark vermehren, dass die P. aeruginosa-Virulenzfaktoren (s. u.) derart hohe Konzentrationen erreichen, dass die Komponenten der lokalen Immunabwehr, z. B. das Komplementsystem (▶ Kap. 10), auch im angrenzenden, per se intakten Gewebe überwunden werden. Dies kann zu einer invasiven Infektion führen.

Neutrophile Granulozyten sind bei der Abwehr von P. aeruginosa von herausragender Bedeutung. Sowohl beim Menschen als auch in tierexperimentellen Untersuchungen stellt die Neutropenie einen Hauptrisikofaktor für eine schwere P. aeruginosa-Infektion dar. Die Rolle von Makrophagen und T-Zellen lässt sich bisher nicht abschließend beurteilen. Epithelzellen scheinen ebenfalls eine wichtige Funktion bei der Abwehr von P. aeruginosa zu haben (▶ Exkurs „Chronische Infektion").

Bakterielle Virulenzfaktoren Auch wenn die Beeinträchtigung der lokalen Immunabwehr eine wichtige Bedingung für das Entstehen einer Infektion darstellt, ist P. aeruginosa allein durch die Ausstattung mit einer extrem großen Zahl von Virulenzfaktoren in der Lage, eine Infektion an verschiedensten Stellen im menschlichen Körper zu initiieren. Der Erreger besitzt auf seiner Oberfläche **Pili** und **Flagellen,** die neben ihrer Bedeutung für die Motilität und Biofilmbildung auch Adhärenz an Wirtszellen vermitteln. Das Exopolysaccharid **Alginat** schützt das Bakterium vor Phagozytose. Die Überproduktion von Alginat hat besondere Bedeutung bei chronischen Infektionen (▶ Exkurs „Chronische Infektion"). Neben den endotoxischen Eigenschaften des **LPS** (▶ Kap. 6) vermitteln die langen O-Seitenketten Schutz vor Lyse durch das Komplementsystem.

P. aeruginosa hat primär ein extrazelluläres Habitat und produziert eine Vielzahl von **Proteasen,** die Wirtszellproteine wie Komplementfaktoren, Immunglobuline und deren Rezeptoren spalten können. Das **Exotoxin A** hemmt die Proteinbiosynthese mit einem dem Diphtherietoxin vergleichbaren Wirkmechanismus. Das Pigment **Pyocyanin** führt zu oxidativem Stress und Apoptose. Besondere Bedeutung im Rahmen der Pathogenese haben die Toxine **ExoS, ExoT, ExoU** und **ExoY,** die ein Typ-3-Sekretionssystem (▶ Kap. 3) in die Wirtszelle injiziert, um dort u. a. zytotoxisch zu wirken und das Aktinzytoskelett zu beeinflussen. Die Phospholipase **ExoU** ist für die zytotoxische Wirkung und Virulenz von besonderer Bedeutung.

Klinik

Dargestellt werden nosokomiale und ambulante Infektionen.

Nosokomiale Infektionen Die nosokomial erworbene akute Pneumonie bei beatmeten Patienten ist ein weltweit gefürchtetes Krankheitsbild mit hoher Letalität. Bei diesen Patienten geht der Infektion des unteren Respirationstrakts häufig eine Kolonisation des oberen Respirationstrakts mit P. aeruginosa voraus.

Harnweginfektionen mit P. aeruginosa kommen meist als Komplikation bei Harnwegkathetern, Obstruktionen oder instrumentellen Manipulationen am Urogenitaltrakt vor.

Lokale Infektionen der Haut, des Respirations- oder Urogenitaltrakts können Ursprung einer **P. aeruginosa-Sepsis** sein, die mit hoher Letalität behaftet ist. Chemotherapie, Antibiotikabehandlung oder chirurgische Eingriffe sind Risikofaktoren für eine Sepsis. Verbrennungswunden sind mit einem hohen Risiko für P. aeruginosa-Infektionen assoziiert. Im Rahmen einer Sepsis kann es zu nekrotischen Hautläsionen nach hämatogener Streuung kommen (Ecthyma gangraenosum).

Ambulante Infektionen Im ambulanten Bereich kann P. aeruginosa nach Exposition in feuchten Habitaten, wie z. B. Bädern, zu Haut- („whirl-pool dermatitis") und Nagelinfektionen führen. Im äußeren Gehörgang begünstigt feuchte, mazerierte Haut eine Otitis externa durch P. aeruginosa („swimmers ear") mit z. T. chronischen Verläufen. Für Kontaktlinsenträger besteht das Risiko einer ulzerativen Keratitis, wenn z. B. die Kontaktlinsenlösung mit P. aeruginosa kontaminiert ist. Zur Endophthalmitis kann es nach Verletzung oder chirurgischem Eingriff kommen.

Nach i. v. Injektion kontaminierter Lösungen kann P. aeruginosa bei Drogenabhängigen zu einer

Endokarditis führen. Die chronische Infektion der Atemwege mit P. aeruginosa ist die Hauptursache für Morbidität und Mortalität bei Mukoviszidose (▶ Exkurs „Chronische Infektion").

Chronische Infektion mit P. aeruginosa bei Mukoviszidose
Mukoviszidose (Syn.: zystische Fibrose, CF) ist die häufigste autosomal-rezessiv vererbte Erkrankung der kaukasischen Bevölkerung. Durch Mutationen im Cystic-Fibrosis-Transmembrane-Conductance-Regulator- oder CFTR-Gen, kommt es zu einer generalisierten Dysfunktion aller sekretorischen Epithelien mit gestörtem Wasser- und Salztransport. Dieser Defekt führt zu hochviskosem Sekret sowie Sekretstau und prädisponiert für chronische bakterielle Infektionen des Respirationstrakts.
Die chronische Infektion mit P. aeruginosa stellt für Mukoviszidosepatienten das größte und therapeutisch noch immer nicht gelöste Problem dar (◻ Abb. 31.2). Die frustrane Immunantwort gegen die bakteriellen Antigene dieser Erreger führt zu chronischer Entzündung mit Gewebedestruktion und respiratorischer Insuffizienz, nicht jedoch zur Elimination der Bakterien. Patienten, die neben P. aeruginosa auch mit Vertretern des B. cepacia-Komplexes (▶ Abschn. 31.3) infiziert sind, haben deutlich schlechtere klinische Verläufe. Die chronischen Infektionen mit wiederholten Antibiotikatherapien zur Senkung der Keimlast führen regelmäßig zur Selektion multiresistenter Stämme.

Eine Besonderheit der chronischen P. aeruginosa-Infektion ist das Auftreten unterschiedlicher Kolonievarianten, sog. Morphotypen, die in der Regel aus einem P. aeruginosa-Klon entstehen. Die einzelnen **Morphotypen** zeigen z. T. durch Mutationen hervorgerufene Unterschiede in der Expression von Virulenzfaktoren sowie der Antibiotikaresistenz und spiegeln die **hohe Adaptationsfähigkeit** von P. aeruginosa an unterschiedliche Nischen in der Mukoviszidoselunge wider. Der muköse Morphotyp ist durch eine Überproduktion von Alginat gekennzeichnet und hat möglicherweise eine besondere Funktion bei der Entstehung von Biofilmen in den Bronchien der Mukoviszidosepatienten.

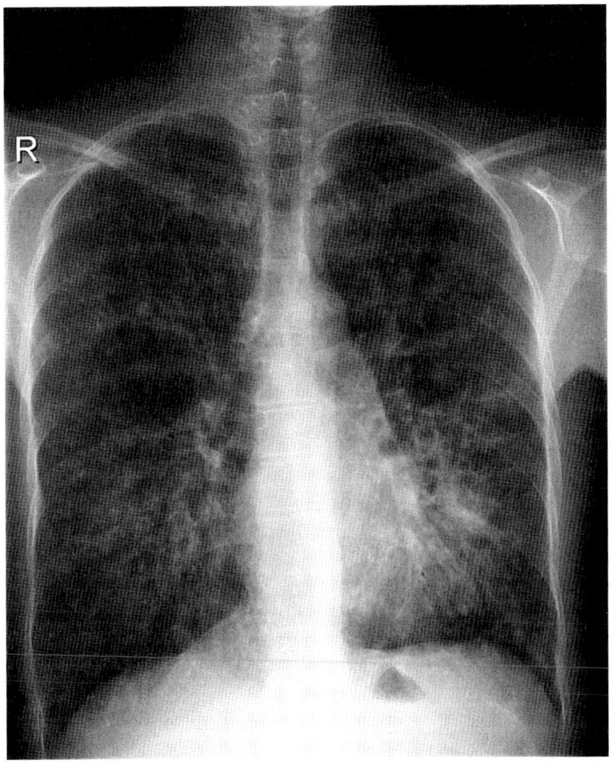

◻ **Abb. 31.2** Chronische Pseudomonas aeruginosa-Infektion der Lunge bei einem Patienten mit Mukoviszidose im Thorax-Röntgenbild

▪▪ Labordiagnose
P. aeruginosa stellt keine hohen Ansprüche an die Kulturbedingungen. Seine Anzucht gelingt daher auf einer Vielzahl von Nährböden. Gramfärbung, typische Koloniemorphologie (metallisch-glänzend, blaugrüne Pigmentproduktion), süßlich-aromatischer „lindenblütenartiger" Geruch und positive Oxidasereaktion lassen eine Verdachtsdiagnose zu. Das Wachstum bei 42 °C unterscheidet P. aeruginosa von nah verwandten Pseudomonaden. Biochemische oder massenspektrometrische Verfahren (MALDI-TOF) dienen der endgültigen Identifizierung.

▪▪ Therapie
P. aeruginosa besitzt eine hohe intrinsische Resistenz gegen die meisten β-Laktam-Antibiotika und andere Antibiotikaklassen, z. B. Makrolide und Folsäureantagonisten. Die Empfindlichkeit prinzipiell P. aeruginosa-wirksamer Azylaminopenicilline, Cephalosporine, Aminoglykoside etc. sollte immer überprüft werden. Eine schnelle Resistenzentwicklung unter Therapie wird häufig beobachtet.

▪▪ Prävention
In der Klinik ist es essenziell, Umweltreservoire (z. B. Waschbecken) von P. aeruginosa auszuschalten. Hier hat sich u. a. der Einsatz bakteriendichter Filter bei Wasserhähnen auf Intensivstationen bewährt. Bei einer Häufung von Infektionen ist es notwendig, Umwelt- und Patientenisolate mit molekularen Methoden zu typisieren, um mögliche Infektionsquellen schnell zu lokalisieren. Neben der Dekontamination und Desinfektion von Umweltreservoiren ist die hygienische Händedesinfektion von großer Bedeutung.

Derzeit werden verschiedene Strategien bei der Entwicklung eines Impfstoffs gegen P. aeruginosa für Mukoviszidosepatienten verfolgt. Ein zugelassener Impfstoff ist nicht verfügbar.

In Kürze: Pseudomonas aeruginosa
- **Bakteriologie:** Gramnegatives Stäbchen, begeißelt, oxidasepositiv, bläulich-grüne Pigmentbildung, geringe Ansprüche an Kulturbedingungen, wächst aerob und anaerob (Nitratatmung).
- **Vorkommen und Resistenz:** Weltweites ubiquitäres Vorkommen, typischer Feuchtkeim, hohe Umweltresistenz.
- **Epidemiologie und Übertragung:** Einer der häufigsten Erreger von nosokomialen

Beatmungspneumonien, Wund- und Harnweginfektionen. Infektionen erfolgen aus dem Umweltreservoir, Übertragungen von Patient zu Patient kommen vor.
- **Zielgruppe:** In erster Linie Patienten mit Immunsuppression oder anderen prädisponierenden Faktoren.
- **Pathogenese:** Verlust der Integrität von Haut- und Schleimhautbarrieren mit Gewebeuntergang. Adhärenz und lokale extrazelluläre Proliferation. Zellschädigung durch eine Vielzahl zytotoxischer Virulenzfaktoren.
- **Klinik:** Nosokomial: Pneumonie beim beatmeten Patienten, Harnweginfektionen, Wundinfektionen und Sepsis. Ambulant: Otitis externa, Dermatitis, Keratitis (Kontaktlinsenträger), chronische Pneumonie bei Mukoviszidose.
- **Labordiagnose:** Kultureller Erregernachweis. Biochemische oder massenspektrometrische Identifizierung (MALDI-TOF).
- **Therapie:** Hohe intrinsische Antibiotikaresistenz, Empfindlichkeitsprüfung von gegen P. aeruginosa wirksamen Antibiotika ist notwendig, da multiresistente Stämme vorkommen.
- **Immunität:** Die Infektion hinterlässt keine Immunität. Impfstoffe in der experimentellen Erprobung.
- **Prävention:** Krankenhaushygienische Maßnahmen.

31.2 Andere Pseudomonas-Arten

Neben P. aeruginosa kommt eine Vielzahl anderer Pseudomonas-Arten in der Umwelt vor. Einige dieser Arten, z. B. P. fluorescens, P. stutzeri, und P. alcaligenes, können gelegentlich auch nosokomiale opportunistische Infektionen hervorrufen und werden dann aus Blutkulturen, Sputum, Wundabstrichen und Urin etc. isoliert. Aufgrund des verglichen mit P. aeruginosa deutlich geringeren pathogenen Potenzials dieser Spezies ist im Einzelfall die Bewertung eines Nachweises als Kolonisation oder Infektion besonders schwierig.

31.3 Burkholderia-cepacia-Komplex

Die Gattung Burkholderia umfasst eine Vielzahl pflanzen-, tier- und humanpathogener Spezies. Für Infektionen beim Menschen haben Vertreter des B. cepacia-Komplexes, B. pseudomallei (▶ Abschn. 31.4) und B. mallei (▶ Abschn. 31.5) die größte Bedeutung.

Steckbrief

Der B. cepacia-Komplex umfasst eine Gruppe von mehr als 20 sehr nah verwandten gramnegativen Spezies (u. a. zurzeit B. cepacia, B. cenocepacia, B. multivorans, B. stabilis, B. vietnamiensis), die ubiquitär vorkommen. Vertreter dieser Gruppe sind Infektionserreger bei Pflanzen (z. B. Erreger der Zwiebelfäule) und können beim Menschen opportunistische Infektionen hervorrufen. Dazu gehören katheterassoziierte Bakteriämien und Pneumonien bei beatmeten Patienten, Wund- und Weichgewebeinfektionen sowie katheterassoziierte Harnweginfekte. Besondere pathogene Bedeutung hat der B. cepacia-Komplex bei chronischen Pneumonien von Mukoviszidosepatienten. Die Antibiotikatherapie erweist sich wegen der häufigen Multiresistenz als sehr schwierig.

31.3.1 Beschreibung

▪ **Aufbau und extrazelluläre Produkte**

Die Vertreter des B. cepacia-Komplexes sind gramnegative Stäbchenbakterien. Auf ihrer Oberfläche besitzen sie Flagellen. Für eine Reihe von Spezies wurde die Produktion von Pili, Exopolysacchariden, Lipasen und Proteasen nachgewiesen.

▪ **Genomstruktur**

Vertreter des B. cepacia-Komplexes haben sehr große Genome (ca. 5,0–8,5 Mbp) mit in der Regel 2–3 Chromosomen. Dies erklärt u. a. die hohe Anpassungsfähigkeit an sehr unterschiedliche Umwelthabitate.

▪ **Vorkommen und Resistenz gegen äußere Einflüsse**

Bakterien des B. cepacia-Komplexes kommen ubiquitär in der Umwelt vor und können aus Wasser, Erdboden und Pflanzen isoliert werden. In Kliniken findet man die Bakterien in kontaminierten Desinfektionslösungen, auf Instrumenten und Materialien.

31.3.2 Rolle als Krankheitserreger

▪▪ **Epidemiologie und Übertragung**

Vertreter des B. cepacia-Komplexes verursachen primär nosokomiale Infektionen. Die Infektion erfolgt in erster Linie aus dem Umweltreservoir der Erreger. Der Übertragungsweg von Mensch zu Mensch kommt vor. Ausbrüche von Infektionen sind auch durch kontaminierte Lösungen beschrieben worden, z. B. durch Infusionslösungen. Ambulant erworbene

Infektionen kommen bei Patienten mit Immundefekten oder mit Mukoviszidose vor. Einige Spezies, z. B. B. cepacia, B. cenocepacia, B. multivorans, werden häufiger als andere bei Patienten isoliert.

■ ■ Pathogenese

Es gibt Hinweise, dass die Virulenz der Spezies innerhalb des B. cepacia-Komplexes große Unterschiede aufweist. Die Ursachen für diese **Virulenzunterschiede** sind bisher weitgehend unklar. Einige Spezies, z. B. B. cenocepacia, können sich intrazellulär replizieren und persistieren. Patienten mit chronischer Granulomatose sind empfänglich für Infektionen mit Vertretern des B. cepacia-Komplexes, aber auch für andere Burkholderia-Arten. Diese Beobachtung weist darauf hin, dass die Produktion von Sauerstoffradikalen durch die NADPH-Oxidase in Granulozyten und Makrophagen bei der Abwehr dieser Erreger von Bedeutung ist.

■ ■ Klinik

Vertreter des B. cepacia-Komplexes verursachen katheterassoziierte Bakteriämien und Pneumonien bei beatmeten Patienten. Immunsupprimierte Patienten, z. B. nach Transplantation, oder onkologische Patienten haben ein erhöhtes Risiko zu erkranken. Wund- und Weichgewebeinfektionen sowie katheterassoziierte Harnweginfekte kommen vor.

Besondere Bedeutung hat der B. cepacia-Komplex bei Patienten mit Mukoviszidose (▶ Exkurs „Chronische Infektion" in ▶ Abschn. 31.1.2).Patienten, deren Atemwege neben P. aeruginosa auch mit B. cepacia-Komplex infiziert sind, haben deutlich schlechtere klinische Verläufe **(Cepacia-Syndrom).** Die Besiedlung der Atemwege mit Bakterien aus dem B. cepacia-Komplex verschlechtert zudem die Prognose nach Lungentransplantation.

■ ■ Labordiagnose

Die Erreger des B. cepacia-Komplexes können auf Selektivmedien angezüchtet werden. Die biochemische Identifizierung und der Nachweis einer Resistenz gegen Polymyxine ermöglichen in den meisten Fällen eine Zuordnung zum B. cepacia-Komplex. Eine endgültige Speziesdifferenzierung erfolgt molekulargenetisch.

■ ■ Therapie

Die Antibiotikatherapie erweist sich wegen der **häufigen Multiresistenz** als sehr schwierig. Therapeutisch wirksame Substanzen müssen durch Empfindlichkeitsprüfungen ermittelt werden.

■ ■ Prävention

Infektionen lassen sich durch hygienische Maßnahmen, wie die Dekontamination von Gegenständen und Lösungen, verhindern. Händehygiene ist von besonderer Bedeutung (▶ Abschn. 31.1.2).

In Kürze: Burkholderia-cepacia-Komplex

- **Bakteriologie:** Gramnegative Stäbchen, begeißelt, oxidasepositiv, variable Pigmentbildung, geringe Ansprüche an Kulturbedingungen. Zurzeit sind mehr als 20 verschiedene Spezies bekannt.
- **Vorkommen und Resistenz:** Ubiquitäres Vorkommen in Erdboden und Wasser, hohe Umweltresistenz.
- **Epidemiologie und Übertragung:** Nosokomiale Infektionen erfolgen primär aus der Umwelt, Übertragungen von Patient zu Patient kommen vor.
- **Zielgruppe:** Vor allem Patienten mit Immunsuppression oder anderen prädisponierenden Faktoren.
- **Pathogenese:** Erreger können intra- wie extrazellulär proliferieren. Die Ursachen für die Virulenzunterschiede der einzelnen Spezies sind nicht definiert.
- **Klinik:** Pneumonie beim beatmeten Patienten; Harnweginfektionen, Wundinfektionen, Sepsis und chronische Pneumonie bei Mukoviszidose.
- **Labordiagnose:** Kultureller Erregernachweis. Molekularbiologische Speziesidentifizierung.
- **Therapie:** Hohe intrinsische Antibiotikaresistenz, Empfindlichkeitsprüfung von Antibiotika ist notwendig, da multiresistente Stämme vorkommen.
- **Immunität:** Die Infektion hinterlässt keine Immunität.
- **Prävention:** Krankenhaushygienische Maßnahmen.

31.4 Burkholderia pseudomallei

Steckbrief

Melioidose bezeichnet alle durch den saprophytären Bodenkeim Burkholderia pseudomallei hervorgerufenen Infektionen bei Mensch und Tier. Die Erkrankung ist in den Tropen und Subtropen endemisch. Pneumonie und Sepsis mit hoher Letalität sind am häufigsten, aber in Endemiegebieten wahrscheinlich massiv unterdiagnostiziert. Die Einordnung von B. pseudomallei in die Kategorie B potenzieller Biowaffen durch die Centers for Disease Control (CDC, Atlanta, USA) hat das Interesse für diesen Erreger weltweit erhöht.

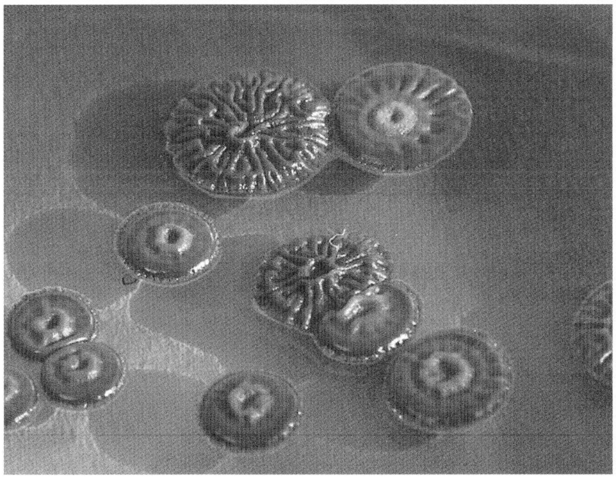

Abb. 31.3 Burkholderia pseudomallei: Kultur auf Ashdown-Agar

Abb. 31.4 Natürliches Habitat von Burkholderia pseudomallei (Reisfeld)

31.4.1 Beschreibung

Aufbau und extrazelluläre Produkte

Burkholderia pseudomallei (Abb. 31.3) ist ein gramnegatives Stäbchenbakterium, das polar begeißelt ist. Das Bakterium sezerniert ein Rhamnolipid, Proteinasen und Lipasen und produziert mehrere Exopolysaccharide.

Genomstruktur

Burkholderia pseudomallei besitzt ein großes (ca. 4 Mbp) und ein kleineres Chromosom (ca. 3 Mbp). Das sehr große Genom spiegelt auch das extrem breite Wirtsspektrum und die Fähigkeit, in sehr unterschiedlichen Umwelthabitaten zu überleben, wider.

Vorkommen und Resistenz gegen äußere Einflüsse

Das natürliche Reservoir von B. pseudomallei sind Erdboden und Oberflächengewässer in tropischen und subtropischen Gebieten. B. pseudomallei toleriert extreme pH-Bedingungen und kann unter Nährstoffmangel lange Zeit überleben. Eine asymptomatische Kolonisierung der Schleimhäute mit B. pseudomallei wurde bisher weder bei Tieren noch beim Menschen beschrieben.

31.4.2 Rolle als Krankheitserreger

Epidemiologie

Das Auftreten der Melioidose ist eng mit dem Vorkommen von B. pseudomallei in der Umwelt verknüpft. Südostasien, hier insbesondere Thailand, und Nordaustralien sind die zurzeit bestuntersuchten Endemiegebiete. B. pseudomallei gehört dort zu den häufigsten Erregern, die aus Blutkulturen bei ambulant erworbenen Septikämien isoliert werden. Melioidosefälle sind jedoch auch aus Teilen Südamerikas und Afrikas sowie Indien und China berichtet worden. Der **arbeitsbedingte Kontakt mit Erde und Wasser,** z. B. bei Reisbauern (Abb. 31.4), ist ein wichtiger Risikofaktor, ebenso wie bestehende **Grunderkrankungen** (▶ Klinik). Burkholderia pseudomallei verfügt über ein extrem breites Wirtsspektrum. Neben Infektionen beim Menschen wurden Infektionen bei einer Vielzahl von Tieren beschrieben.

Übertragung

Infektionen erfolgen entweder durch Kontakt mit B. pseudomallei in der Umwelt durch Inokulation oder Kontamination kleiner Wunden bzw. Abschürfungen oder aber durch Kontamination der Schleimhäute mit erregerhaltigem Wasser oder erregerhaltiger Erde. Trotz des extrem breiten Wirtsspektrums sind Tier-Mensch-Übertragungen bisher kaum beschrieben worden. Ebenso scheint die Mensch-Mensch-Übertragung extrem selten zu sein. Dies unterscheidet B. pseudomallei von seinem nahen Verwandten B. mallei, dem Erreger des Rotzes (▶ Abschn. 31.5).

Pathogenese

Burkholderia pseudomallei besitzt neben B. mallei innerhalb der Gattung das größte pathogene Potenzial für den Menschen, der klinische Verlauf ist sehr variabel.

Die histopathologischen Läsionen bei Melioidose sind ebenfalls extrem variabel und nicht gewebespezifisch. Sie reichen von akuten, nekrotisierenden Entzündungen mit Abszessbildung bis hin zu chronisch granulomatösen Prozessen mit dem Auftreten von Riesenzellen.

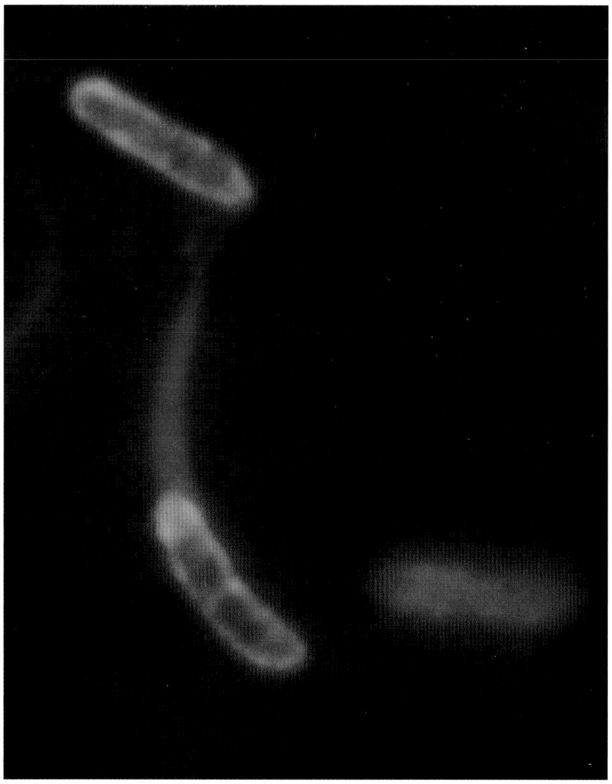

Abb. 31.5 Burkholderia pseudomallei induziert intrazellulär Aktinschweife

Burkholderia pseudomallei ist ein **fakultativ intrazellulärer** Organismus. Ein Typ-3-Sekretionsapparat (► Kap. 3) von B. pseudomallei ist für das intrazelluläre Überleben von Bedeutung. Burkholderia pseudomallei ist in der Lage, ins Zytoplasma der Wirtszelle zu gelangen, sich dort zu replizieren und eine gerichtete Aktinpolymerisation zu induzieren (ähnlicher Mechanismus wie bei Listerien, Shigellen und Rickettsien), die für die intrazelluläre Motilität der Bakterien verantwortlich ist (Abb. 31.5). Das Auftreten mehrkerniger Riesenzellen ist das Resultat von B. pseudomallei-induzierten Zellfusionen, die durch ein Typ-6-Sekretionssystem (► Kap. 3) und die aktinvermittelte Motilität ermöglicht werden.

Klinik

Infektionen mit B. pseudomallei können akut oder chronisch, lokal oder disseminiert sein. Die klinischen Formen können in die jeweils andere übergehen. Wahrscheinlich verläuft die Mehrheit aller Infektionen sehr mild oder asymptomatisch und nur ein kleiner Teil führt zur klinischen Symptomatik. Die häufigste klinische Form ist eine **schwere, progressiv verlaufende Sepsis** mit hoher Letalität.

Bekannte **Risikofaktoren** sind Grunderkrankungen wie z. B. chronische Nieren- und Lungenerkrankungen sowie Typ 2 **Diabetes**. Bei Letzterem handelt es sich um den bedeutendsten Risikofaktor.

Bei der **lokalisierten** Form der Melioidose ist die **Lunge** das am häufigsten betroffene Organ: Das Erscheinungsbild reicht von akuter Bronchitis oder schwerer nekrotisierender Pneumonie bis zu einer subakuten, kavernenbildenden Pneumonie mit Gewichtsverlust, die klinisch häufig einer Tuberkulose ähnelt. Die akute eitrige Parotitis ist eine charakteristische Manifestation der Melioidose im Kindesalter. Die lokalisierte Melioidose kann praktisch jedes Organ befallen und reicht von kutanen und subkutanen Abszessen über Lymphadenitis, Osteomyelitis, septische Arthritis, Leber- und/oder Milzabszessen, Zystitis, Pyelonephritis, Prostataabszess, Epididymoorchitis und Keratitis bis hin zum Hirnabszess und zu Gefäßaneurysmen.

Die Inkubationszeit reicht in der Regel von wenigen Tagen bis zu mehreren Wochen. Es werden jedoch auch **latente Infektionen,** die z. T. erst Jahrzehnte nach der Primärinfektion klinisch auffällig werden, beschrieben. Der Ausbruch der Erkrankung ist häufig mit Phasen einer nicht näher charakterisierten Immunsuppression assoziiert.

Labordiagnose

Burkholderia pseudomallei wächst auf den üblichen Kulturmedien. In der Gramfärbung erscheint B. pseudomallei häufig bipolar. Die meisten Stämme lassen sich durch eine positive Oxidasereaktion, den Einsatz biochemischer oder massenspektrometrischer Verfahren (MALDI-TOF) , den Nachweis spezifischer Antigene mittels Latexagglutinationstests und den Nachweis einer Gentamicin- und Polymyxinresistenz sowie einer Empfindlichkeit gegenüber Amoxicillin/Clavulansäure identifizieren.

Der Nachweis spezifischer Antikörper kann für die Diagnosestellung genutzt werden.

Therapie

Burkholderia pseudomallei besitzt eine komplette intrinsische Resistenz gegenüber Aminoglykosiden und Penicillin, einer in den Tropen häufig eingesetzten empirischen Antibiotikakombination. Für die Therapie der schweren Melioidose werden Ceftazidim, Imipenem oder Meropenem empfohlen. Eine orale Anschlusstherapie mit der Kombination Trimethoprim/Sulfamethoxazol (TMP/SMX) oder der Kombination Amoxicillin/Clavulansäure über einen Zeitraum von $\geq$ 3 Monate senkt die Frequenz häufig auftretender Rezidive.

Prävention

Da B. pseudomallei in Endemiegebieten in der Umwelt vorkommt, gibt es für die in der Landwirtschaft tätige Bevölkerung kaum Möglichkeiten, einen Kontakt mit dem Organismus zu vermeiden. Da man aufgrund der epidemiologischen Daten Personen identifizieren kann, die ein erhöhtes Risiko aufweisen, an einer Melioidose zu erkranken, könnten in gefährdeten Regionen primäre Zielgruppen (z. B. Diabetiker) für den Einsatz eines Impfstoffs definiert werden. Die Entwicklung einer Vakzine erscheint notwendig, um die Inzidenz der Melioidose in Zukunft zu senken.

In Kürze: Burkholderia pseudomallei

- **Bakteriologie:** Gramnegatives Stäbchen, begeißelt, oxidasepositiv, variable Pigmentbildung, geringe Ansprüche an Kulturbedingungen.
- **Vorkommen und Resistenz:** Reservoir sind Erdboden und Oberflächengewässer in tropischen und subtropischen Gebieten, tatsächliche weltweite Verbreitung ist unbekannt, hohe Umweltresistenz.
- **Epidemiologie und Übertragung:** In bekannten Endemiegebieten eine der häufigsten Ursachen für ambulant erworbene Sepsis mit hoher Letalität. Infektion durch Kontakt mit erregerhaltiger Erde und Wasser; Tier-zu-Mensch- oder Mensch-zu-Mensch-Übertragung spielt nach derzeitigem Kenntnisstand praktisch keine Rolle.
- **Zielgruppe:** Patienten mit prädisponierenden Faktoren, z. B. Diabetes mellitus oder chronischen Nierenerkrankungen, sind besonders gefährdet. Infektionen bei Patienten ohne erkennbare Risikofaktoren kommen vor.
- **Pathogenese:** Fakultativ intrazelluläres Bakterium, induziert im Zytoplasma der Wirtszelle eine gerichtete Aktinpolymerisation und die Fusion von Wirtszellen, die zur Ausbreitung und mehrkernigen Riesenzellen führt. Nekrotisierende Entzündungen, Abszessbildungen und granulomatöse Prozesse kommen vor.
- **Klinik:** Akute oder chronische, lokale oder disseminierte Infektionen. Sepsis ist die häufigste klinische Präsentation, Pneumonie ist die häufigste lokale Form; praktisch jedes Organ kann Infektionsherde aufweisen; latente Infektionen.
- **Diagnose:** Kultureller Erregernachweis. Biochemische oder massenspektrometrische Verfahren. Nachweis einer Gentamicin- und Polymyxinresistenz sowie einer Empfindlichkeit gegenüber Amoxicillin-Clavulansäure, Nachweis spezifischer Antikörper.
- **Therapie:** Ceftazidim oder Imipenem/Meropenem bei schwerer Infektion, orale Anschlusstherapie mit z. B. Trimethoprim/Sulfamethoxazol (TMP/SMX).
- **Immunität:** Die Infektion hinterlässt keine Immunität.
- **Prävention:** Expositionsprophylaxe in ländlichen Endemiegebieten schwer durchzuführen. Impfstoffe in der experimentellen Erprobung.

31.5 Burkholderia mallei

Steckbrief

Burkholderia mallei ist der Erreger des **Rotzes,** einer Infektionserkrankung, die primär bei Einhufern wie Eseln, Mauleseln, Maultieren und Pferden vorkommt und auf den Menschen übertragen werden kann. Der Rotz gehört damit zu den Zoonosen. Im Gegensatz zu B. pseudomallei hat B. mallei kein Umweltreservoir. Wie B. pseudomallei hat auch B. mallei aufgrund der Einordnung in die Kategorie B potenzieller Biowaffen durch die Centers for Disease Control (CDC, Atlanta, USA) neue Aufmerksamkeit erfahren.

31.5.1 Beschreibung

Aufbau und extrazelluläre Produkte

Burkholderia mallei ist ein gramnegatives Stäbchenbakterium, das mit B. pseudomallei eng verwandt ist. B. mallei produziert ein Exopolysaccharid und ist im Gegensatz zu B. pseudomallei unbeweglich.

Genomstruktur

Die sequenzierten Genome unterstützen die Hypothese, dass B. mallei mit seinem engen Wirtsspektrum aus dem Umweltbakterium B. pseudomallei, das ein extrem breites Wirtsspektrum hat (► Abschn. 31.4), hervorgegangen ist. Das reduzierte Wirtsspektrum und der Verlust des Umwelthabitats spiegeln sich auch in einem vergleichsweise deutlich kleineren Genom (Chromosom 1: ca. 3,5 Mbp, Chromosom 2: ca. 2,3 Mbp) wider.

31.5.2 Rolle als Krankheitserreger

Epidemiologie

Noch vor einigen Jahrzehnten war der Rotz in Europa endemisch. Tierseuchenhygienische Maßnahmen haben dazu geführt, dass die Erkrankung in Europa nicht mehr auftritt und nur noch Fälle in Asien, Afrika, dem Mittleren Osten, Zentral- und Südamerika beschrieben werden.

Übertragung

Bei infizierten Pferden kommt es bei einer akuten Erkrankung zu eitrigen, hochinfektiösen Absonderungen aus der Nase. B. mallei kann durch direkten Kontakt mit infizierten Tieren durch kleine Hautläsionen und über die Schleimhäute auf den Menschen übertragen werden.

Pathogenese

Es gibt eine Reihe von Ähnlichkeiten mit der Pathogenese von B. pseudomallei, inklusive der Fähigkeit einer gerichteten aktinbasierten Motilität im Zytosol infizierter Zellen und der Bildung von Riesenzellen durch Zellfusionen. Die Inkubationszeit reicht von wenigen Tagen bis zu mehreren Wochen. In Analogie zur Melioidose kann es zur Reaktivierung latenter Infektionen nach mehreren Jahren kommen. Für die Virulenz von B. mallei sind u. a. ein Typ-3- und ein Typ-6-Sekretionssystem (▶ Kap. 3) sowie ein Exopolysaccharid von Bedeutung.

Klinik

Wie bei Melioidose sind die klinischen Erscheinungen akut oder chronisch. Sie reichen von lokalisierten Infektionen der Haut über akute abszedierende Pneumonien, chronische Formen mit Abszessen in Subkutis, Muskeln, Milz und Leber bis hin zu Sepsis mit hoher Letalität (◘ Abb. 31.6).

Labordiagnose

Burkholderia mallei ist oxidasepositiv und wächst auf Standardmedien. Biochemische und massenspektrometrische Identifizierungssysteme sind wie bei B. pseudomallei nicht immer zuverlässig. Die Kolonien ähneln B. pseudomallei. B. mallei ist colistinresistent und sensibel gegenüber Amoxicillin/Clavulansäure, aber im Gegensatz zu B. pseudomallei gentamicinsensibel. Eine endgültige Identifizierung kann z. B. über recA-Gen-Sequenzanalysen erfolgen. Serologische Tests zeigen eine starke Kreuzreaktivität mit B. pseudomallei.

Therapie

Die Therapieempfehlungen entsprechen denen der Melioidose (▶ Abschn. 31.4).

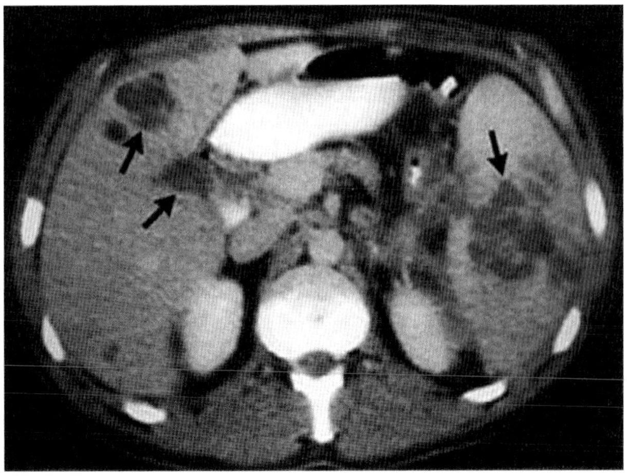

◘ **Abb. 31.6** Multiple Milz- und Leberabszesse (Pfeile) im CT eines Patienten nach Infektion mit Burkholderia mallei. (Aus Srinivasan et al., NEJM 2001; 345: 256–258)

Prävention

An erster Stelle steht die Kontrolle des Reservoirs bei Einhufern. Da Mensch-zu-Mensch-Übertragungen vorkommen, müssen Patienten isoliert werden. An der Entwicklung einer Vakzine wird gearbeitet.

31.6 Stenotrophomonas

Steckbrief

Stenotrophomonas maltophilia ist innerhalb der Gattung Stenotrophomonas der wichtigste humanpathogene Erreger. Es handelt sich um ein Bakterium, das ubiquitär in der Umwelt vorkommt und opportunistische Infektionen verursacht. Die nosokomiale Pneumonie und Bakteriämie gehören zu den häufigsten klinischen Manifestationen. Zu den Risikofaktoren für eine Infektion gehören künstliche Beatmung, zentralvenöser Katheter, vorausgegangene Antibiotikatherapie und Neutropenie. Ein besonderes Merkmal von S. maltophilia ist die intrinsische Resistenz gegen Carbapeneme und das Vorkommen multiresistenter Stämme.

31.6.1 Beschreibung

Aufbau und extrazelluläre Produkte

Stenotrophomonas maltophilia ist ein gram- und oxidasenegatives Stäbchenbakterium, das an seiner Oberfläche Flagellen trägt. Die Produktion von Pigmenten führt auf Kulturmedien häufig zu gelblich-grünlichen Kolonien. S. maltophilia sezerniert zytotoxische Proteasen und Lipasen, die für die Virulenz von Bedeutung sind.

Vorkommen und Resistenz gegen äußere Einflüsse

S. maltophilia kommt ubiquitär in der Umwelt vor und kann aus Wasser, Erdboden und Pflanzen isoliert werden. In Kliniken findet man das Bakterium in kontaminierten Desinfektionslösungen sowie auf Instrumenten und Materialien, die direkten Kontakt mit Patienten haben. Das Bakterium kann bei Patienten in erster Linie aus dem Respirationstrakt und aus dem Stuhl isoliert werden.

31.6.2 Rolle als Krankheitserreger

Epidemiologie und Übertragung

Stenotrophomonas maltophilia verursacht nosokomiale Infektionen. Vermutlich kommen Kolonisation und Infektion in erster Linie durch Umweltkontakt mit dem Erreger zustande. Die direkte

Übertragung von Patient zu Patient wurde ebenfalls beschrieben.

■■ Pathogenese

S. maltophilia ist ein opportunistischer Erreger, der bei immunsupprimierten Patienten mit z. B. Tumorerkrankungen und Chemotherapie bzw. bei Patienten mit Neutropenie Infektionen verursacht. Weitere Risikofaktoren sind lange Hospitalisierung, vorausgegangene Antibiotikatherapien, liegende Katheter und die künstliche Beatmung auf Intensivstationen.

■■ Klinik

Die nosokomiale Pneumonie und Bakteriämie gehören zu den häufigsten klinischen Manifestationen. Des Weiteren kommen Harnweginfektionen und Infektionen der Haut als primäre oder metastatische Zellulitis (Ecthyma gangraenosum) vor. Eine Konjunktivitis oder Keratitis kann z. B. durch kontaminierte Kontaktlinsenlösungen verursacht werden. Stenotrophomonas maltophilia kann den Respirationstrakt von Mukoviszidosepatienten chronisch kolonisieren.

■■ Labordiagnose

Die Isolierung von S. maltophilia gelingt auf einer Vielzahl von Nährböden. Die Identifizierung erfolgt mithilfe biochemischer Tests.

■■ Therapie

S. maltophilia-Stämme sind häufig hochgradig resistent gegen β-Laktam-Antibiotika und Aminoglykoside. Eine Besonderheit stellt die intrinsische Resistenz gegen Carbapeneme dar. Trimethoprim-Sulfamethoxazol zeigt eine gute Aktivität gegen die meisten Stämme.

■■ Prävention

Infektionen lassen sich durch hygienische Maßnahmen, welche die Kontamination von Gegenständen und Lösungen, die in Kontakt mit Patienten kommen, verhindern. Händehygiene ist von besonderer Bedeutung (▶ Abschn. 31.1.2).

31.7 Acinetobacter

Steckbrief

Acinetobacter spp. sind opportunistische Erreger, die ubiquitär in der Umwelt sowie auf Haut und Schleimhäuten vorkommen. Die größte medizinische Bedeutung haben Vertreter des Acinetobacter-calcoaceticus-Acinetobacter-baumannii-Komplexes: Sie verursachen nosokomiale beatmungsassoziierte Pneumonien, Bakteriämien, Harnweginfektionen, Zellulitiden und Wundinfektionen. Nosokomial erworbene Stämme sind häufig hochgradig resistent. Schwere ambulant erworbene Pneumonien kommen in erster Linie in subtropischen und tropischen Regionen vor.

■ Aufbau und extrazelluläre Produkte

Acinetobacter spp. sind gramnegative, oxidasenegative Bakterien, die eine stäbchenförmige bis kokkoide Struktur aufweisen und keine Flagellen besitzen. Die Bakterien produzieren ein Exopolysaccharid, Phospholipasen und Proteasen.

■ Vorkommen und Resistenz gegen äußere Einflüsse

Acinetobacter spp. kommen ubiquitär in der Umwelt vor und können in trockenen wie in feuchten Habitaten überleben. Ihr Nachweis gelingt aus Nahrungsmitteln, tierischen Ausscheidungen, Wasser- und Erdbodenproben und einer Vielzahl von Instrumenten und Materialien in Kliniken.

Beim Menschen können die Bakterien häufig von der Haut isoliert werden. Pharynx, Gastrointestinaltrakt, Urethra, Konjunktiva und Vagina können transient mit Acinetobacter spp. kolonisiert sein.

31.7.1 Rolle als Krankheitserreger

■■ Epidemiologie und Übertragung

Infektionen mit Acinetobacter spp. kommen weltweit vor. Exogene Infektionen kommen durch Kontakt mit dem Erreger in der Umwelt zustande. Bei nosokomialen Infektionen spielt auch die Übertragung von Patient zu Patient eine Rolle. Aufgrund der physiologischen Kolonisierung mit Acinetobacter spp. sind endogene Infektionen möglich. Die größte medizinische Bedeutung haben pathogene Spezies, die man dem **Acinetobacter-calcoaceticus-Acinetobacter-baumannii-Komplex** zuordnen kann (A. baumannii, A. nosocomialis, A. pittii, A. seifertii, A. dijkshoorniae).

■■ Pathogenese

Acinetobacter spp. gehören ebenfalls zu den opportunistischen Erregern, deren eingeschränkte Virulenz nur bei eingeschränkter Immunabwehr zur Infektion führt. Risikofaktoren für ambulante Infektionen sind u. a. chronische Lungenerkrankungen und Diabetes mellitus. Risikofaktoren für nosokomiale Infektionen sind, wie bei anderen opportunistischen Erregern, lange Hospitalisierung, vorausgegangene Antibiotikatherapien, liegende Katheter und die mechanische Beatmung auf Intensivstationen. Acinetobacter baumannii ist sehr wahrscheinlich die medizinisch bedeutendste Spezies. Zu den Virulenzfaktoren von A. baumannii gehören ein Exopolysaccharid, zytotoxische Phospholipasen und Außenmembranproteine, die u. a. Apoptose induzieren.

▪▪ Klinik

Die nosokomiale, beatmungsassoziierte Pneumonie und Bakteriämie stehen im Vordergrund. Acinetobacter spp. können auch Harnweginfektionen, Zellulitiden an Kathetereintrittsstellen sowie Wundinfektionen auslösen. Ambulant erworbenen Tracheobronchitiden und Pneumonien kommen vor.

▪▪ Labordiagnose

Acinetobacter unterscheidet sich von anderen Mitgliedern der Familie der Moraxellaceae durch geringe Ansprüche an die Kulturbedingungen und die negative Oxidasereaktion. Das Wachstum erfolgt auf einer Vielzahl von Nährböden. Eine exakte taxonomische Zuordnung von Spezies des A. calcoaceticus-A. baumannii-Komplex ist mithilfe molekulargenetischer und massenspektrometrischer Untersuchungen möglich.

▪▪ Therapie

Acinetobacter-Stämme sind häufig **hochgradig resistent.** Die Therapie erfolgt nach Antibiogramm.

▪▪ Prävention

Wichtig sind hygienische Maßnahmen, welche die exogenen Infektionen durch Acinetobacter-kontaminierte Hände, Gegenstände und Lösungen verhindern (▶ Abschn. 31.1.2).

Weiterführende Literatur

Brooke JS (2012) Stenotrophomonas maltophilia: an emerging global opportunistic pathogen. Clin Microbiol Rev 25(1):2–41

Harding C, Hennon S, Feldman M (2018) Uncovering the mechanisms of Acinetobacter baumannii virulence. Nat Rev Microbiol 16:91–102

Limmathurotsakul D, Golding N, Dance D et al (2016) Predicted global distribution of Burkholderia pseudomallei and burden of melioidosis. Nat Microbiol 1:15008

Mc Guigan L, Callaghan M (2015) The evolving dynamics of the microbial community in the cystic fibrosis lung. Environ Microbiol 17(1):16–28

Ruhnke M, Anrold R, Gastmeier P (2014) Infection control issuses in patients with haematological malignancies in the era of multidrug-resistant bacteria. Lancet Oncol 15(13):e606–e619

Sawa T, Shimizu M, Moriyama K et al (2014) Association between Pseudomonas aeruginosa type III secretion, antibiotic resistance, and clinical outcome: a review. Crit Care 18:668

Wiersinga W, Virk H, Torres A et al (2018) Melioidosis. Nat Rev Dis Primers 4:17107

Campylobacter

Christine Josenhans und Sebastian Suerbaum

Die Gattung Campylobacter aus der Familie der Campylobacteriaceae umfasst gramnegative, spiralig gebogene Stäbchen. Von den Enterobakterien unterscheiden sie sich u. a. durch die positive Oxidase- und Katalasereaktion (◘ Tab. 32.1). Sie verursachen in erster Linie Durchfallerkrankungen (◘ Tab. 32.2).

32.1 Campylobacter jejuni

Steckbrief

Campylobacter jejuni ist mit Abstand die häufigste Campylobacter-Art und verursacht in erster Linie Durchfallerkrankungen, sowohl in Industrienationen als auch in Entwicklungsländern. Er wird durch Lebensmittel und Tiere übertragen. Zusammen mit den Salmonellen ist er in Europa und anderen Regionen weltweit häufigster bakterieller Durchfallerreger. Postinfektiös können sich Nachkrankheiten, z. B. eine reaktive Arthritis oder ein Guillain-Barré-Syndrom, entwickeln.

Campylobacter jejuni: gramnegative, mikroaerophile, spiralig gekrümmte Stäbchen mit polaren Geißeln; persistierendes Überleben im Darmtrakt verschiedener Säugetiere und Vögel

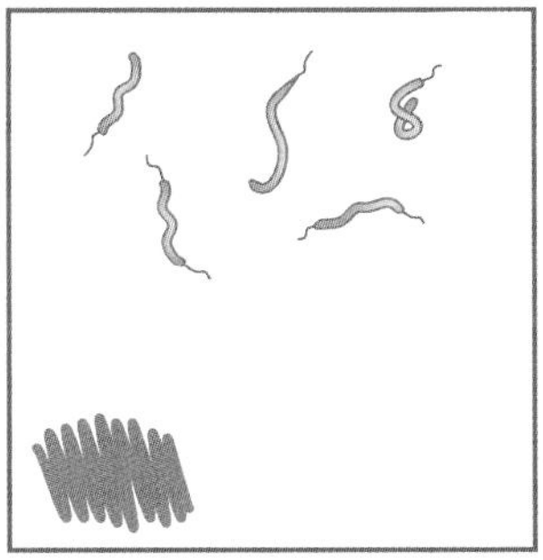

32.1.1 Beschreibung

■ **Aufbau**

Campylobacter jejuni, das wie Helicobacter pylori zu den Epsilon-Proteobakterien und nicht zu den Enterobacteriaceae zählt, ist mit 0,2–0,9 µm Durchmesser und 0,5–5 µm Länge deutlich kleiner als andere enteropathogene Bakterien. C. jejuni trägt eine **polare Geißel** an einem oder beiden Zellpolen. Die Geißeln verleihen dem Bakterium **hohe Beweglichkeit,** wodurch es sich schneller als E. coli oder Salmonella spp. fortbewegen kann. Die **geringe Zellgröße,** eine **spiralig gebogene Stäbchenform** (◘ Abb. 32.1) und hohe Beweglichkeit befähigen C. jejuni dazu, die viskose Mukusschicht des Darms effizient zu durchdringen und tief in die Darmkrypten der Wirtsorganismen, z. B. des Menschen, vorzudringen.

Auffällig ist die **Zellwand** von C. jejuni, die **hochvariable Zuckerstrukturen** enthält. Neben Lipooligosacchariden (LOS) und Kapselpolysacchariden (CPS) werden mehrere sezernierte und oberflächenassoziierte Proteine durch N- oder O-Glykosylierung modifiziert, was für die Immunevasion von Bedeutung sein könnte.

■ **Molekularbiologie**

Campylobacter spp. haben relativ **kleine Genome** (1,6–1,8 Mio. bp) mit niedrigem GC-Gehalt (30 %). Die Größenvariationen der Genome ist Folge von integrierten Prophagen und Plasmidfragmenten. Auffällig sind die **mosaikartigen Strukturen** der Campylobacter-Genome

Ungefähr 30 % der C. jejuni-Stämme tragen selbstreplizierende **Plasmide** mit 2–160 kb. Einige dieser Plasmide können durch Konjugation übertragen werden und kodieren Antibiotikaresistenzen. Zwischen den Spezies C. coli und C. jejuni gibt es **bidirektionalen Gentransfer durch Konjugation.** Dieser Austausch wird durch die natürliche Transformationskompetenz von C. jejuni und C. coli zusätzlich gefördert. Insgesamt fällt zwischen verschiedenen Isolaten von C. jejuni oder C. coli eine große genetische Variabilität auf, die teilweise durch eine starke genetische Rekombinationsfähigkeit, innerhalb einer Spezies oder zwischen den beiden Spezies, verursacht wird.

■ **Spezielle physiologische Eigenschaften**

C. jejuni hat besondere physiologische Eigenschaften, die diesen Krankheitserreger von anderen enteropathogenen Bakterien unterscheiden (◘ Tab. 32.1):

S. Suerbaum et al. (Hrsg.), *Medizinische Mikrobiologie und Infektiologie*,
https://doi.org/10.1007/978-3-662-61385-6_32

Tab. 32.1 Campylobacter: Gattungsmerkmale

Merkmal	Ausprägung
Gramfärbung	Schlanke, gebogene oder spiralige gramnegative Stäbchen
Aerob/anaerob	Mikroaerophil
Kohlenhydratverwertung	Begrenzt möglich (z. B. Fukose, teilweise auch Glukose)
Sporenbildung	Nein
Beweglichkeit	Ja
Katalase	Positiv
Oxidase	Positiv (Zytochromoxidase)
Besonderheiten	Nitratreduktion
	Hippurathydrolyse bei C. jejuni

32

- Atmosphärische Sauerstoffkonzentration verringert die Vitalität von C. jejuni. Deshalb sind **mikroaerophile Anzuchtbedingungen** mit verringertem Sauerstoffgehalt und erhöhtem CO_2-Gehalt für die Isolierung dieses Pathogens erforderlich.
- Zudem kann außer dem Wachstum bei 37 °C eine **erhöhte Temperatur** von 42 °C für die Anzucht dieses Bakteriums genutzt werden.
- Als bevorzugte Nährstoffquelle dienen nicht die Verwertung von Glukose und anderen Zuckern durch Glykolyse, sondern der **Katabolismus von Aminosäuren,** die ebenfalls zur Glukoneogenese benutzt werden, und die Verstoffwechselung von **Intermediaten des Zitratzyklus.**

Extrazelluläre Produkte

Das einzige bisher charakterisierte Toxin von C. jejuni ist ein Zytotoxin, das **„cytolethal distending toxin"** oder **CDT:** Es besteht aus 3 Untereinheiten, der katalytischen Untereinheit CdtB und den rezeptorbindenden Untereinheiten CdtA und CdtC. CDT hemmt die Zellteilung unterschiedlicher Zelltypen. Die B-Untereinheit des CDT besitzt DNase-Aktivität und verursacht Einzelstrangbrüche in der chromosomalen DNA eukaryotischer Zellen. Dadurch wird eine Blockierung des Zellzyklus in der G2-Phase hervorgerufen und die Vermehrung der Zellen gestört. Es handelt sich also um ein **zytostatisches Toxin.** Tierexperimente zeigen, dass CDT an der Pathogenese von C. jejuni beteiligt sein kann, indem es Entzündungszeichen im infizierten Darmgewebe verstärkt.

C. jejuni synthetisiert eine durch Alcianblau anfärbbare **Kapsel.** Die Kapselsynthesegene können zwischen verschiedenen C. jejuni-Isolaten variieren, sodass sich die Kapselstrukturen stammspezifisch stark unterscheiden können. Die Serotypisierung von C. jejuni anhand des Penner-Typisierungsschemas basiert auf einem lange Zeit nicht identifizierten hitzestabilen (HS-) Antigen durch passive Hämagglutination. Die variablen Kapselstrukturen von C. jejuni-Stämmen sind die strukturelle Basis für diese Serotypisierung. Die Kapsel scheint auch an der direkten Interaktion von C. jejuni mit dem Wirt beteiligt zu sein; Kapselmutanten zeigen im Tierinfektionsmodell reduzierte Virulenz.

Das **Lipooligosaccharid** (LOS) von C. jejuni weist erhebliche stammspezifische Variabilität auf. Ähnlich wie bei der Produktion von Kapselpolysacchariden sind mehrere phasenvariable Gene an der LOS-Synthese beteiligt. Der Lipid-A-Anteil des LOS unterscheidet sich strukturell vom LPS der Enterobakterien: Charakteristisch für das **Lipid A** von C. jejuni sind längere sekundäre Azylketten und die Maskierung von 2 Phosphatgruppen durch Phosphoethanolamin, was zu den abgeschwächten immunstimulierenden Eigenschaften dieses LOS beiträgt. Die Kohlenhydratketten der LOS einiger C. jejuni-Stämme sind strukturell identisch mit den GM1-Gangliosiden von Nervenzellen und können dadurch eine Autoimmunreaktion hervorrufen (siehe unten).

Resistenz gegen äußere Einflüsse

C. jejuni ist nur bedingt an das Wachstum außerhalb des Wirtsorganismus angepasst. Dennoch besitzt das Bakterium mehrere Mechanismen, um unterschiedliche Umweltstressfaktoren wie Hitzeschock, oxidativen oder osmotischen Stress, Nährstoffmangel oder Säurestress zu überleben. Wichtig für die Persistenz von C. jejuni unter Stress und außerhalb des Wirtes scheint die Ausbildung von Biofilmen zu sein. Außerdem kommt es bei C. jejuni durch Umweltstress und unvorteilhafte Wachstumsbedingungen zur Umwandlung der Zellmorphologie: von der gewundenen, stäbchenförmigen zu kokkoiden Zellformen, die jedoch keine Sporen darstellen.

Vorkommen

C. jejuni ist Teil der intestinalen Mikrobiota von Hühnern und anderen Vogelarten. Des Weiteren findet man C. jejuni im Darmtrakt von Haus- und Nutztieren (Tab. 32.2) Als mikroaerophiles Bakterium ist C. jejuni im Vergleich zu Enterobacteriaceae deutlich empfindlicher gegen Umwelteinflüsse. Deswegen und infolge der eingeschränkten physiologischen Eigenschaften vermag es sich außerhalb des Wirtsorganismus nicht effizient zu vermehren. Allerdings kann C. jejuni in der Umwelt persistieren. Somit stellen neben Tieren auch der Erdboden, verunreinigtes Trinkwasser oder Lebensmittel Reservoire dar. In Rohmilch oder Wasser kann C. jejuni bei 4 °C mehrere Wochen überleben. Einfrieren reduziert die Bakterienzahl drastisch um mehrere Zehnerpotenzen, dennoch überleben infektiöse Bakterien bei −20 °C mehrere Monate.

Tab. 32.2 Campylobacter: Arten und Krankheiten

Art(en)	Krankheit(en)
C. jejuni (ssp. jejuni)/C. coli	Enteritis
	Pseudoappendizitis
	Hämorrhagische Kolitis bei Neugeborenen
	Sepsis, Meningitis, Endokarditis
	Reaktive Arthritis
	Guillain-Barré-Syndrom, Miller-Fisher-Syndrom (neurologische Erkrankungen)
C. fetus (ssp. fetus)	Sepsis, Enteritis
	Endo-/Perikarditis
	Thrombophlebitis
	Septischer Abort
	Meningitis
C. upsaliensis	Enteritis
C. lari	Enteritis
C. hyointestinalis	Enteritis
C. sputorum	Abszesse
C. concisus	Periodontitis

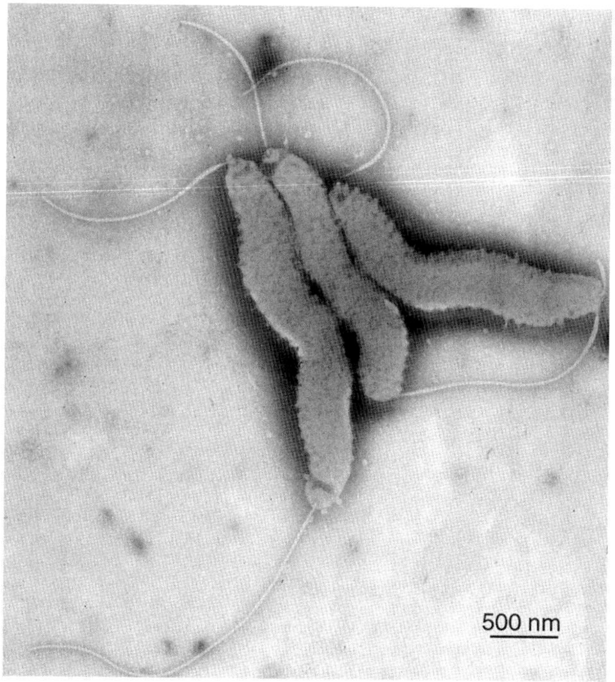

Abb. 32.1 Campylobacter jejuni im Elektronenmikroskop (TEM)

32.1.2 Rolle als Krankheitserreger

■■ Epidemiologie

Die Infektion mit C. jejuni ist eine weit verbreitete Zoonose. Campylobacter ist wahrscheinlich weltweit die häufigste bakterielle Ursache von Enteritiden. Auch in Deutschland nahmen die gemeldeten Fälle von Campylobacter-Enteritis in den letzten Jahren deutlich zu (2006: 52.035; 2014: 70.972, 2018: 67.653 Fälle), sodass inzwischen Campylobacter-Infektionen noch vor den Salmonellosen die am häufigsten gemeldeten bakteriell ausgelösten Intestinalinfektionen darstellen.

■■ Übertragung

Die Übertragung erfolgt in erster Linie über **kontaminierte Lebensmittel** wie Milch und rohes Fleisch (v. a. Geflügel). Im Gegensatz zu Salmonellen vermehren sich Campylobacter-Arten kaum in Lebensmitteln, daher sind große Ausbrüche selten. Übertragungen durch kontaminiertes Trinkwasser und direkte Übertragung von Haustieren auf Menschen kommen ebenfalls vor. Die direkte Übertragung von Mensch zu Mensch ist selten.

Die **Infektionsdosis** ist **gering;** freiwillige Versuchspersonen erkrankten schon nach Aufnahme von 500 Bakterien. Sie verringert sich noch, wenn die Infektion über kontaminierte Lebensmittel, v. a. Milch, geschieht.

■■ Pathogenese

Involviert sind:

Zielgewebe Nach Überwindung der Magenpassage vermehrt sich C. jejuni beim Menschen im oberen Dünndarm. Der Erreger schädigt Gewebe im Jejunum, Ileum und Kolon gleichermaßen (■ Abb. 32.2). Seine systemische Ausbreitung oder längerfristige Persistenz ist beim Menschen selten und beschränkt sich meist auf immunsupprimierte Patienten.

In seinen primären Wirten, den Geflügeltieren, besiedelt C. jejuni in erster Linie das Zäkum, kann aber auch extraintestinal, z. B. in Leber und Tonsillen, persistieren.

Gewebereaktion Makroskopisch präsentiert sich eine blutig-ödematöse, exsudative Enteritis, mikroskopisch eine unspezifische entzündliche Infiltration mit neutrophilen Granulozyten, mononukleären Zellen und Eosinophilen in der Lamina propria; im späteren Stadium degeneriert und atrophiert die Darmschleimhaut; zudem entwickeln sich Kryptenabszesse, die zu Ulzerationen des Epithels führen können (■ Abb. 32.2).

Etablierung Essenziell für die Ausbreitung und Etablierung von Campylobacter sind Motilität und Chemotaxis, mit deren Hilfe der Erreger gerichtet in die das Darmepithel überziehende Mukusschicht

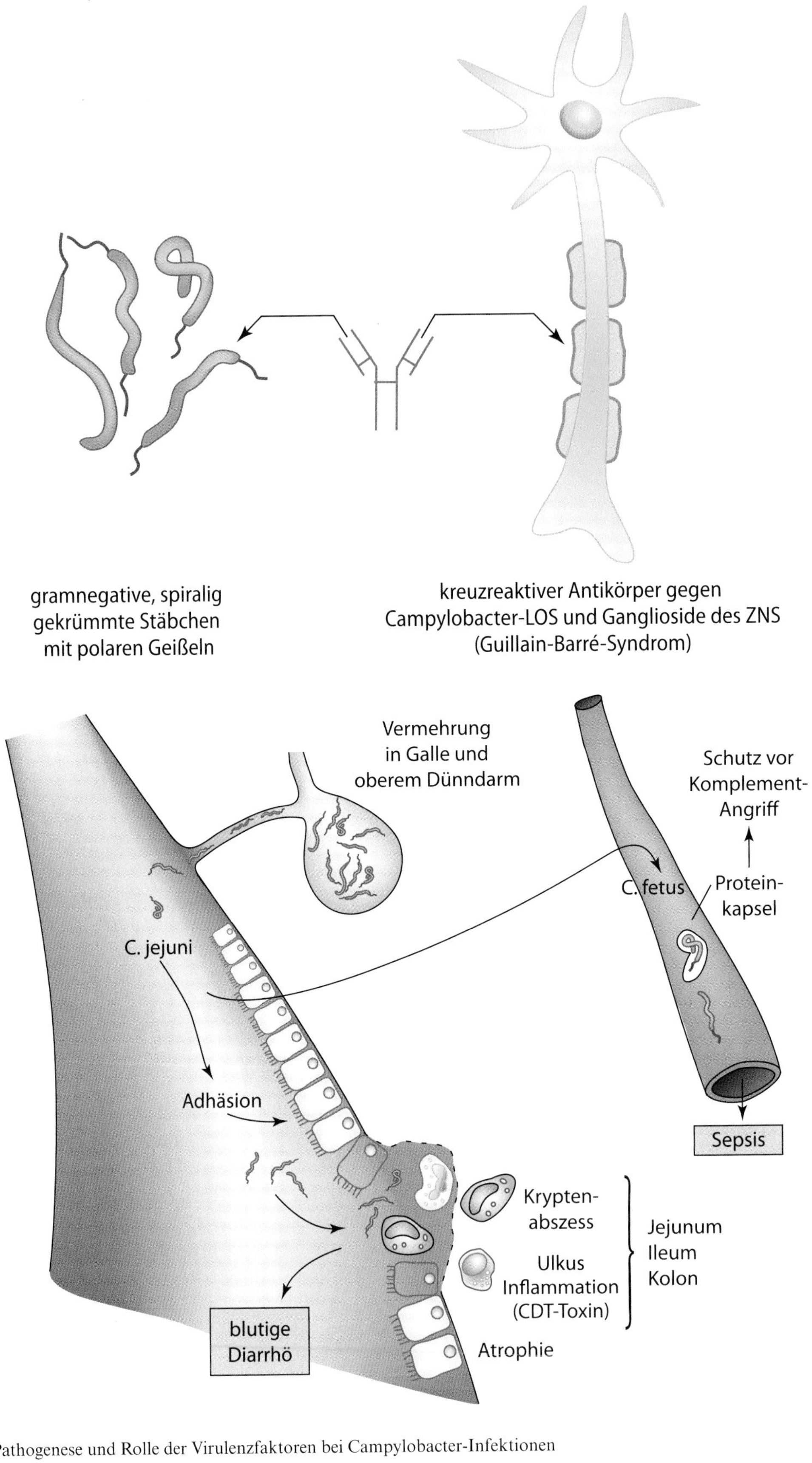

Abb. 32.2 Pathogenese und Rolle der Virulenzfaktoren bei Campylobacter-Infektionen

eindringen sowie tief in die Darmkrypten vordringen kann. Die Resistenz von C. jejuni gegen Gallenflüssigkeit ist für die Besiedlung des Darms von Bedeutung.

Adhäsion Campylobacter-Isolate können effizient an Darmepithelzellen adhärieren, allerdings findet man die Mehrheit der Bakterienpopulation in der Mukusschicht.

Invasion Einige C. jejuni-Stämme sind in der Lage, effizient in eukaryotische, nichtphagozytotische Zellen einzudringen. Diese Invasivität ist in Zellkultursystemen und Infektionsexperimenten mit Tieren nachgewiesen worden. Sie ist motilitätsabhängig. Die Bedeutung der Invasionsfähigkeit von C. jejuni für den Infektionsverlauf beim Menschen ist ungeklärt, doch scheinen invasive C. jejuni-Stämme eine stärkere Immunstimulierung zu verursachen. Neben Zellinvasion ist C. jejuni offenbar auch in der Lage, mittels Transzytose Darmepithel und Lamina propria zu durchdringen, was die Voraussetzung für einen systemischen Infektionsverlauf ist.

▪▪ Klinik

Nach oraler Aufnahme von C. jejuni beginnt die Erkrankung nach einer Inkubationszeit von 1,5–5 Tagen (typisch: 3 Tage) Inkubationszeit als akute Enteritis, die 1–7 Tage anhält. Klinisch zeigen sich anfangs wässrige, später oft blutige Durchfälle und heftige, schmerzhafte Bauchkrämpfe. Die meisten Patienten haben auf dem Höhepunkt der Erkrankung 10 oder mehr Stuhlentleerungen pro Tag. Asymptomatische Infektionen sind häufig. Die Campylobacter-Infektion hat eine hohe Spontanheilungsrate; allerdings treten bei 10–20 % der Patienten protrahierte Verläufe auf und in 5–10 % kommt es zu Rückfällen. Gelegentlich kommt es zum Übertritt in die Blutbahn, sodass C. jejuni septisch generalisiert.

In wenigen Fällen entwickelt sich als **Spätfolge** der Infektion eine **postinfektiöse reaktive Arthritis** wie nach Yersinien-, Salmonellen- und Shigellen-Infektionen. Postinfektiöse Beteiligungen des Nervensystems nach einer Campylobacter-Infektion können sich als **Guillain-Barré-Syndrom** (GBS), einer peripheren, überwiegend motorischen Polyneuropathie, die mit peripheren Lähmungen oder Hirnnervenschäden einhergehen kann, oder als eine seiner Varianten (z. B. Miller-Fisher-Syndrom) manifestieren.

Die neurologischen Symptome werden hauptsächlich durch kreuzreagierende Antikörper zwischen bakteriellen Oberflächenzuckern und humanen Gangliosiden (Glykolipiden), etwa dem Gangliosid GM1, hervorgerufen, wodurch es zur komplementvermittelten Zellzerstörung kommt. Insbesondere bei schweren Formen des Syndroms findet man Antikörper gegen Membranganglioside des Nervensystems (z. B. GM1, GM2), die mit dem Kernoligosaccharid des LOS (Lipooligosaccharids) von C. jejuni kreuzreagieren (◘ Abb. 32.2). Stämme, die GBS verursachten, unterscheiden sich genetisch nicht generell von Isolaten aus Enteritispatienten. Möglicherweise sind bei der Ausprägung neurologischer Krankheitsformen die Wirtsreaktion oder auch die phänotypische Variation der Bakterien verantwortlich.

▪▪ Immunität

Im Rahmen einer Infektion mit C. jejuni werden spezifische IgG-, IgM- und IgA-Antikörper gebildet. Als immundominante Proteine wurden u. a. Flagellin A, das Flagellenprotein FlgE2, das äußere Membranprotein PorA und das periplasmatische aminosäurebindende Protein Peb1A identifiziert. Wie die variablen LOS- und CPS-Oberflächenstrukturen besitzen auch diese Proteine eine hohe Variabilität bei unterschiedlichen C. jejuni-Isolaten. Bisher wurde keine dauerhafte Immunität gegen C. jejuni-Infektionen beobachtet.

Spezifische Charakteristika von C. coli und C. jejuni, die bei der effizienten Kolonisierung möglicherweise eine Rolle spielen, sind Mechanismen, die angeborene Immunabwehr (▶ Kap. 5 und 13) zu unterlaufen. So sind beispielsweise die Geißelproteine, die bei anderen Bakterien über Toll-like-Rezeptoren (TLR, ▶ Kap. 13) die Säugerimmunabwehr anregen, bei Campylobacter ssp. keine klassischen TLR-Liganden und aktivieren daher auch nicht die Immunabwehr.

▪▪ Labordiagnose

Der Schwerpunkt der Labordiagnose liegt in der Anzucht des Erregers. C. jejuni hat **hohe Nährstoffansprüche** und benötigt eine **mikroaerobe Atmosphäre.** Er wird daher nur bei gezielter Suche gefunden (spezielle Anforderung!). Als Untersuchungsmaterial eignen sich Stuhlproben, die auf Selektivnährböden ausgestrichen werden, die durch Zugabe verschiedener Antibiotika die Begleitflora unterdrücken (z. B. Karmali-Agar). Zusätzlich ist vor Anzucht auf Festnährböden eine Anreicherung in selektivem Flüssigmedium möglich (z. B. Preston-Bouillon).

Auch die Fähigkeit von C. jejuni, bei 42 °C zu wachsen, wird diagnostisch genutzt. **Phänotypische Eigenschaften** von C. jejuni (◘ Tab. 32.1) sind der Abbau von Wasserstoffperoxid, Nitratreduktion, Pyrazinamidase-Aktivität, Abbau von Hippurat, Resistenz gegenüber Cephalothin und die Hydrolyse von Indoxylazetat. Ebenfalls ist die Identifizierung des Erregers mittels Massenspektrometrie möglich.

Differenzierung C. jejuni bildet weißlich-bräunliche, teils stark schwärmende Kolonien auf Blutagarplatten sowie blutfreien Aktivkohleplatten und schwach rötlich durchscheinende Kolonien auf Brucella-Agar-Platten. Zur Differenzierung zwischen C. jejuni und C. coli wird die Fähigkeit zur Hippurathydrolyse verwendet (in der Regel positiv bei C. jejuni). Um epidemiologische Fragestellungen zu klären und mögliche Infektketten aufzudecken, sind verschiedene Methoden der molekularen Typisierung unabdingbar. Denn phänotypische Einordnungen (z. B. durch Serotypisierung) sind zwar nützlich, können jedoch genetische Verwandtschaftsbeziehungen teilweise nicht zuverlässig darstellen. Derzeit dienen als **molekulargenetische Methoden** der Typisierung:

- Goldstandard: Multilocus-Sequenztypisierung (MLST); seit Neuerem genombasierte gMLST
- „flaA-" oder „flaB typing": genetische Darstellung variabler Teile der Geißelgene
- AFLP („amplified fragment length polymorphism"): amplifizierte [Restriktions-]Fragment-Längen-Polymorphismen
- RAPD („rapid analysis of polymorphic DNA"): „PCR-Fingerabdruck"

32

▪▪ Therapie

Im Vordergrund steht die Wasser- und Elektrolytsubstitution, da die Enteritis meistens selbstlimitierend ist.

Bei schweren Verläufen (blutige Diarrhö, hohes Fieber, mehr als 8 Stuhlentleerungen pro Tag), lang anhaltenden Beschwerden (>1 Woche), systemischer Infektion und bei Immunsupprimierten ist eine **antibiotische Therapie** erforderlich. C. jejuni zeigt in der Regel gute Empfindlichkeit gegenüber Erythromycin, Fluorchinolonen, Tetracyclin, Aminoglykosiden und Clindamycin. Bei der Behandlung von Campylobacter-Infektionen werden bevorzugt Makrolide, speziell Azithromycin oder Erythromycin, oder Gyrasehemmer wie Ciprofloxacin eingesetzt.

Allerdings nimmt die **Resistenz** von C. jejuni gegen einige der genannten Antibiotika weltweit zu. C. jejuni-Isolate sind primär resistent gegen Penicilline, Cephalosporine, Trimethoprim und Sulfamethoxazol, Rifampicin und Vancomycin. Weitere Resistenzen können auf Plasmiden von Campylobacter kodiert sein; dies gilt für Tetracyclin-, Kanamycin- und Chloramphenicol-Resistenzen, während Determinanten für Streptomycin-, Erythromycin- und Ampicillinresistenzen auf dem Chromosom lokalisiert sind.

▪▪ Prävention

Vorrangig sind hygienische Maßnahmen, wie die sachgerechte Verarbeitung von Lebensmitteln in Schlachthöfen und die Zubereitung von Lebensmitteln, um den fäkal-oralen Übertragungsweg zu unterbinden. Verstärkt wird versucht, die Keimzahl von C. jejuni in Hühnern, anderen tierischen Wirten und Risikolebensmitteln (z. B. Hühnerfleisch) zu reduzieren. Momentan existiert keine Impfung.

Meldepflicht Der Verdacht auf und die Erkrankung an einer mikrobiell bedingten Lebensmittelvergiftung oder an einer akuten infektiösen Gastroenteritis ist namentlich zu melden, wenn a) eine Person spezielle Tätigkeiten (Lebensmittel-, Gaststätten-, Küchenbereich, Einrichtungen mit/zur Gemeinschaftsverpflegung) ausübt oder b) zwei oder mehr gleichartige Erkrankungen auftreten, bei denen ein epidemischer Zusammenhang wahrscheinlich ist oder vermutet wird (§ 6 IfSG). Ebenso sind der direkte und indirekte Nachweis von C. jejuni und C. coli namentlich meldepflichtig, soweit dies auf eine akute Infektion hinweist (§ 7 IfSG).

32.2 Übrige Campylobacter-Arten

Die übrigen Campylobacter-Spezies (◘ Tab. 32.2) verursachen zum einen **Enteritiden** (C. coli, C. lari, C. hyointestinalis), zum anderen vor allem bei Immunsupprimierten **systemische oder lokalisierte Infektionen** (C. fetus, C. sputorum, C. concisus), oder sie werden mit der Entstehung von **Parodontitis** in Verbindung gebracht (C. rectus, C. concisus).

Wie C. jejuni tragen die übrigen Campylobacter-Arten eine polare Geißel, die ihnen eine ausgeprägte Beweglichkeit vermittelt. Zusätzlich ist **C. fetus** von einer kapselartigen Proteinhülle (S-Layer) umgeben, welche die Bindung des Komplementfaktors C3b verhindert und C. fetus so Serumresistenz verleiht. Die Kapsel von C. fetus scheint die systemische Ausbreitung zu unterstützen (◘ Abb. 32.2). C. coli und C. fetus können ebenfalls bei Haustieren isoliert werden; C. fetus führt zu Spontanaborten bei Rindern und Schafen.

Die übrigen Campylobacter-Arten (◘ Tab. 32.2) kommen ebenfalls weltweit vor und werden fäkal-oral, durch direkten Tierkontakt oder kontaminierte Lebensmittel auf den Menschen übertragen:

- **C. coli** verursacht eine akute Enteritis, löst aber weit seltener als C. jejuni Erkrankungen des Menschen aus.
- **C. lari** und **C. hyointestinalis** lösen meist nur milde Diarrhöen aus.
- **C. fetus** befällt vorwiegend abwehrgeschwächte Patienten und Neugeborene, bei denen er als opportunistischer Infektionserreger septische Infektionen und Enteritiden, aber auch einen Befall des ZNS hervorrufen kann. Infektionen mit dieser Symptomatik sind dringend behandlungspflichtig mittels Antibiotikagabe.
- **C. sputorum** wurde aus Abszessen, **C. concisus** aus parodontalen Entzündungsprozessen isoliert.

Zur Diagnostik eignen sich Stuhlproben, Wundabstriche und Blutkulturen, wobei für die Anzucht eine CO_2-angereicherte Atmosphäre vonnöten ist. Therapeutisch wird Erythromycin als Mittel der Wahl eingesetzt. Zur Prävention eignen sich lebensmittelhygienische Maßnahmen.

In Kürze: Campylobacter jejuni und Campylobacter coli

- **Bakteriologie:** Gramnegatives, begeißeltes Stäbchen, mikroaerophiles Wachstum.
- **Resistenz:** Relativ resistent, überlebensfähig in Nahrungsmitteln, Trinkwasser.
- **Epidemiologie:** Zoonoseerreger. Weltweite Verbreitung als Kommensale bei Geflügel, Rindern, Schafen, Schweinen und anderen Tieren (C. jejuni) bzw. Schweinen (C. coli). Häufigster bakterieller Durchfallerreger (C. jejuni).
- **Zielgruppe:** Haus- und Wildtiere, Mensch.
- **Übertragung:** In erster Linie über kontaminierte Lebensmittel (rohes Fleisch, v. a. Geflügel, unpasteurisierte Milch).
- **Pathogenese:** Adhärenz an Darmepithelzellen. Invasion der Darmschleimhaut und Transzytose. Bildung eines Zytotoxins (CDT). Endotoxinbildung.
- **Klinik:** Akute Enteritis; selten systemische Infektionen. Postinfektiöses Guillain-Barré-Syndrom.
- **Labordiagnose:** Anzucht aus Stuhl, Blut, Eiter auf Selektivnährböden.
- **Therapie:** Nur bei schweren Verläufen sowie Schwangeren, Immunsupprimierten und systemischen Infektionen: Makrolide, Ciprofloxacin.
- **Immunität:** Keine.
- **Prävention:** Hygienische Maßnahmen.
- **Meldepflicht:** Namentliche Meldung direkter oder indirekter Erregernachweise. Zusätzliche Meldepflicht bei Ausbrüchen oder speziellen Personengruppen (z. B. Küchenpersonal).

Weiterführende Literatur

Butzler JP (2004) Campylobacter, from obscurity to celebrity. Clin Microbiol Infect 10:868–876

Gölz G, Rosner B, Hofreuter D, Josenhans C, Kreienbrock L, Löwenstein A, Schielke A, Stark K, Suerbaum S, Wieler LH, Alter T (2014) Relevance of Campylobacter to public health – the need for a one health approach. Int J Med Microbiol 304:817–823

Hofreuter D (2014) Defining the metabolic requirements for the growth and colonization capacity of Campylobacter jejuni. Front Cell Infect Microbiol 4:137

Janssen R, Krogfelt KA, Cawthraw SA, van Pelt W, Wagenaar JA, Owen RJ (2008) Host-pathogen interactions in Campylobacter infections: the host perspective. Clin Microbiol Rev 21:505–518

Nothaft H, Szymanski CM (2010) Protein glycosylation in bacteria: sweeter than ever. Nat Rev Microbiol 8:765–778

Rosner BM, Schielke A, Didelot X, Kops F, Breidenbach J, Willrich N, Gölz G, Alter T, Stingl K, Josenhans C, Suerbaum S, Stark K. (2017) A combined case-control and molecular source attribution study of human Campylobacter infections in Germany, 2011–2014. Sci Rep 7:5139.

Si Ming Man (2011) The clinical importance of emerging Campylobacter species. Nat Rev Gastroenterol Hepatol 8:669–685

Young KT, Davis LM, Dirita VJ (2007) Campylobacter jejuni: molecular biology and pathogenesis. Nat Rev Microbiol 5:665–679

Helicobacter

Sebastian Suerbaum

Die Gattung Helicobacter umfasst gramnegative, mikroaerophile, gebogene oder spiralförmige Stäbchen (■ Tab. 33.1). Die meisten der über 25 bekannten Helicobacter-Spezies zeichnen sich durch starke Produktion von Urease aus. Humanmedizinisch wichtigster Vertreter ist Helicobacter (H.) pylori; weitere humanpathogene Spezies sind „H. heilmannii", H. cinaedi und H. fennelliae, die anderen Helicobacter-Arten sind in erster Linie tierpathogen (■ Tab. 33.2).Die Spezies H. pylori wurde 1982 erstmals angezüchtet. Angesichts starker Vorbehalte der Fachwelt, dass eine bakterielle Infektion die häufigsten Magenkrankheiten verursachen könne, bewies einer der Erstbeschreiber (Barry Marshall) 1983 im Selbstversuch, dass der Erreger eine akute Gastritis auslöst. Marshall und Robin Warren erhielten für ihre Entdeckung 2005 den Medizin-Nobelpreis.

33.1 Helicobacter pylori

Steckbrief

Helicobacter pylori löst eine chronische Gastritis aus; er ist wesentlicher Mitverursacher der Ulkuskrankheit. Außerdem ist er als Karzinogen kausal an der Entstehung maligner Erkrankungen des Magens beteiligt. Der Name Helicobacter pylori leitet sich von „helix" für Schraube und „pylorus" für Magenausgang ab. H. pylori ist ein gramnegatives, gekrümmtes Stäbchen mit polaren Geißeln und wurde 1982 von Robin Warren und Barry Marshall entdeckt.

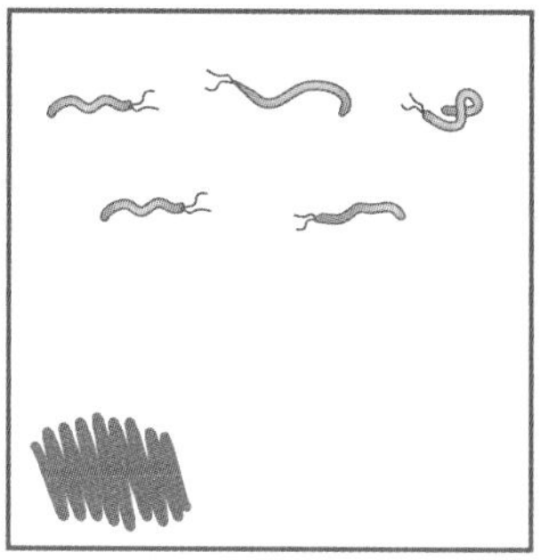

33.1.1 Beschreibung

■ **Aufbau**

H. pylori ist ein gebogenes oder spiralförmiges, stark bewegliches, gramnegatives Stäbchen, das an einem Pol 4–7 Geißeln trägt (■ Abb. 33.1). Unter ungünstigen Umwelt- oder Kulturbedingungen nehmen die Bakterien eine kokkoide Form an.

■ **Molekularbiologie**

H. pylori hat mit 1,65 Mio. bp ein relativ kleines Genom. Das Genom der meisten von Patienten mit Ulkuskrankheit oder Malignomen isolierten Stämme enthält eine sog. Pathogenitätsinsel: eine DNA-Region mit ca. 40.000 bp, die ein System zur Sekretion von Virulenzfaktoren (Typ-4-Sekretionssystem; T4SS) kodiert (■ Abb. 33.2). Die genetische Variabilität innerhalb der Spezies H. pylori ist sehr hoch, sodass sich von unterschiedlichen Patienten isolierte Stämme mit genetischen Methoden (z. B. Multilocus-Sequenztypisierung, MLST) leicht voneinander unterscheiden lassen. Zu dieser Variabilität tragen eine hohe Mutationsrate und die Fähigkeit zum DNA-Austausch (Rekombination) zwischen H. pylori-Bakterien während einer Koinfektion mit mehreren Stämmen bei. Plasmide kommen vor, über ihre Funktion ist aber nichts bekannt. Die Gene für alle bekannten Virulenzfaktoren und Antibiotikaresistenzen sind auf dem Chromosom lokalisiert.

■ **Extrazelluläre Produkte**

Neben der charakteristischen starken Ureaseproduktion, die auch diagnostisch genutzt wird, produzieren viele H. pylori-Stämme ein Zytotoxin **(VacA-Zytotoxin)**, das wahrscheinlich an der Ulkusentstehung beteiligt ist. Patienten, die mit toxinbildenden Stämmen infiziert sind, entwickeln häufiger eine Ulkuskrankheit als mit nichttoxinbildenden Stämmen Infizierte. Zu den vom VacA-Toxin ausgelösten Effekten gehören die Auslösung von Apoptose in Magenepithelzellen und die lokale Hemmung der T-Zell-Aktivierung.

S. Suerbaum et al. (Hrsg.), *Medizinische Mikrobiologie und Infektiologie*,
https://doi.org/10.1007/978-3-662-61385-6_33

Tab. 33.1 Helicobacter: Gattungsmerkmale

Merkmal	Ausprägung
Gramfärbung	Gramnegative Stäbchen
Aerob/anaerob	Mikroaerophil
Kohlenhydratverwertung	Nein
Sporenbildung	Nein
Beweglichkeit	Ja
Katalase	Positiv
Oxidase	Positiv
Besonderheiten	H. pylori: Urease stark positiv

Tab. 33.2 Helicobacter: Arten und Krankheiten

Art	Krankheiten
H. pylori	Chronisch-aktive Gastritis (Mensch)
	Ulkuskrankheit (Mensch)
	Magenkrebs (Mensch)
	Malignes MALT-Lymphom (Mensch)
„H. heilmannii"	Gastritis (Hund, Katze, Mensch)
H. cinaedi	Durchfall, Bakteriämien (Mensch, meist Immunsupprimierte)
H. fennelliae	Durchfall (Mensch, meist Immunsupprimierte)

33

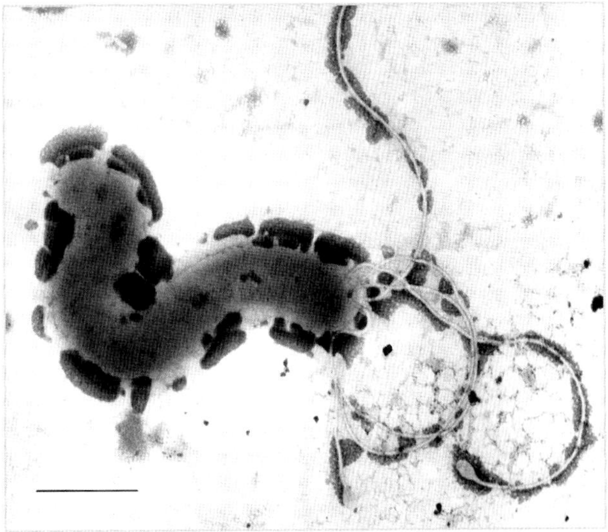

Abb. 33.1 Helicobacter pylori im Elektronenmikroskop (mit freundlicher Genehmigung von Prof. Dr. C. Josenhans): Am rechten Zellpol befindet sich das unipolare Bündel von Geißeln, die jeweils von einer Membranhülle umgeben sind (Balken = 0,5 µm)

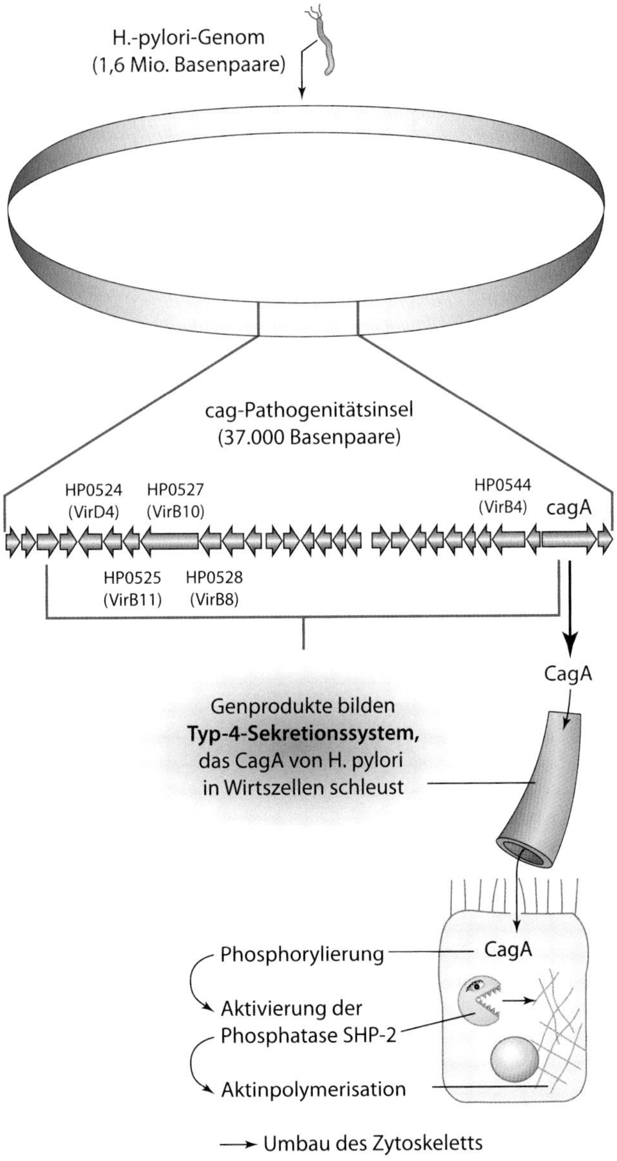

Abb. 33.2 cag-Pathogenitätsinsel von H. pylori

Resistenz gegen äußere Einflüsse

H. pylori ist empfindlich gegen Kälte, Austrocknung und Sauerstoffeinwirkung. In nicht ausreichend desinfizierten Endoskopen kann der Erreger kurzfristig überleben und daher durch Endoskope von Patient zu Patient übertragen werden.

Vorkommen

Wichtigster Wirt von H. pylori ist der Mensch, bei dem er sich in der Schleimhaut des Magenepithels ansiedelt. Selten wurden die Erreger auch bei einigen Affenarten und Katzen gefunden, die sich wahrscheinlich durch Kontakt mit Menschen infiziert hatten. Ein Umweltreservoir ist nicht bekannt.

33.1.2 Rolle als Krankheitserreger

■■ **Epidemiologie**

Mehr als die Hälfte der Menschheit ist mit H. pylori infiziert. Die Prävalenz in verschiedenen Ländern variiert stark, von 30–40 % in westlichen Industrieländern bis zu über 90 % in vielen Entwicklungsländern. Die Infektionsrate ist in den westlichen Industrieländern in den letzten Jahrzehnten stark gesunken. So sank die Prävalenz in den Niederlanden von 48 % bei den zwischen 1935 und 1946 geborenen Blutspendern auf 16 % bei den zwischen 1977 und 1987 Geborenen. Die Infektion wird meist im Kindesalter erworben und persistiert lebenslang, wenn keine Therapie erfolgt. Alle Infizierten entwickeln eine Entzündungsreaktion der Magenschleimhaut (chronisch-aktive Gastritis, Typ-B-Gastritis). Die meisten Infektionen verlaufen dennoch symptomlos oder mit unspezifischen Oberbauchbeschwerden („nichtulzeröse Dyspepsie"). Bei ca. 10–20 % der Infizierten kommt es zu Folgekrankheiten wie Ulkuskrankheit oder Magenmalignomen (1 %). Patienten mit Ulcus duodeni sind zu fast 100 % mit H. pylori infiziert, Patienten mit chronisch-atrophischer Gastritis zu 80 %, mit Ulcus ventriculi zu 70 %; beim Magenkarzinom liegt in 60 % eine H. pylori-Infektion vor.

Nobelpreis alten Stils: 100 Jahre nach Robert Koch erhalten Wissenschaftler die Auszeichnung für die Entdeckung von Helicobacter pylori

Dem australischen Pathologen Robin Warren am Royal Perth Hospital in Westaustralien fielen im Juni 1979 erstmals bei der mikroskopischen Beurteilung von Magenbiopsien bakterienartige Strukturen auf. Bald begann er sie mit dem Vorkommen einer Entzündungsreaktion in der Magenschleimhaut zu assoziieren. Gemeinsam mit dem jungen Gastroenterologen Barry Marshall versuchte er die Rolle dieser Bakterien als Krankheitserreger nachzuweisen. Alle Versuche, die Bakterien kulturell anzuzüchten, missglückten zunächst, bis den beiden der Zufall zu Hilfe kam und die Agarplatten 1982 wegen des Osterwochenendes länger als üblich im Brutschrank blieben und danach kleine Kolonien sichtbar wurden.

Die Rolle von H. pylori als Krankheitserreger wurde zunächst heftig angezweifelt. Marshall griff daraufhin zum drastischen Mittel eines Selbstversuchs, um Robert Kochs Postulate zu erfüllen: Er trank eine Bakterienkultur und entwickelte innerhalb weniger Tage eine heftige Gastritis, die er mit mehreren Endoskopien dokumentierte. Der endgültige Durchbruch gelang mit großen klinischen Studien, in denen die Eradikation von H. pylori mit Antibiotika die Rezidivrate des Duodenalgeschwürs praktisch auf null reduzierte.

Die Entdeckung von H. pylori revolutionierte die Gastroenterologie, weil sie die Ulkuskrankheit, eine weit verbreitete lebensgefährliche Erkrankung, die bis dahin nur durch lebenslange Medikamenteneinnahme oder sogar durch chirurgische Maßnahmen (z. B. „selektiv proximale Vagotomie") zu behandeln war, zu einer mit Antibiotika vergleichsweise leicht und dauerhaft heilbaren Erkrankung machte. Die beiden Australier, die ihre Forschung in einem „normalen" Krankenhaus ganz ohne Hightech-Methoden betrieben, wurden für ihren Einsatz belohnt: 2005, genau 100 Jahre nach der Verleihung des Nobelpreises an Robert Koch für die Entdeckung des Tuberkuloseerregers, erhielten sie für ihre bahnbrechende Entdeckung den Nobelpreis für Medizin (■ Abb. 33.3). Ihre Entdeckung hat seitdem Tausenden von Patienten das Leben gerettet.

■ **Abb. 33.3** Barry Marshall (links) und Robin Warren (rechts) feiern den Nobelpreis. (Foto: Luke Marshall 2006)

■■ **Übertragung**

Es wird eine fäkal-orale und/oder oral-orale Übertragung von Mensch zu Mensch angenommen, da innerhalb von Familien häufig derselbe Stamm gefunden wird und die Erreger in Einzelfällen im Stuhl (Kultur und PCR) und in Zahnplaque (nur durch PCR) nachweisbar sind. Einzelheiten zum Übertragungsmechanismus sind nicht bekannt.

■■ **Pathogenese**

Betrachtet werden Kolonisation, Entzündungsreaktion und Gewebeschädigung sowie der Zusammenhang von H. pylori-Infektion und Magenphysiologie.

Kolonisation Die Urease ermöglicht H. pylori, die Magensäure in seiner Mikroumgebung durch Freisetzung von Ammoniak aus Harnstoff zu neutralisieren. Der Erreger kann durch seine Beweglichkeit und seine Spiralform in den hochviskösen Magenschleim eindringen, sich orientieren und sich mittels mehrerer Adhäsine fest an Magenepithelzellen anheften (■ Abb. 33.4). Die meisten dieser Adhäsine werden von einer Familie verwandter (paraloger) Gene kodiert (hop-Gene). Die beiden am besten charakterisierten Adhäsine (BabA und SabA) sind Bestandteil der Bakterienoberfläche und erlauben es H. pylori, an Glykoantigene (Lewis b, Sialyl-Lewis x) der Epithelzelloberfläche zu binden, die Bestandteil von Blutgruppenantigenen sind. Die Fähigkeit, Jahrzehnte zu persistieren, geht wahrscheinlich darauf zurück, dass ein Teil der Bakterien ein Reservoir im

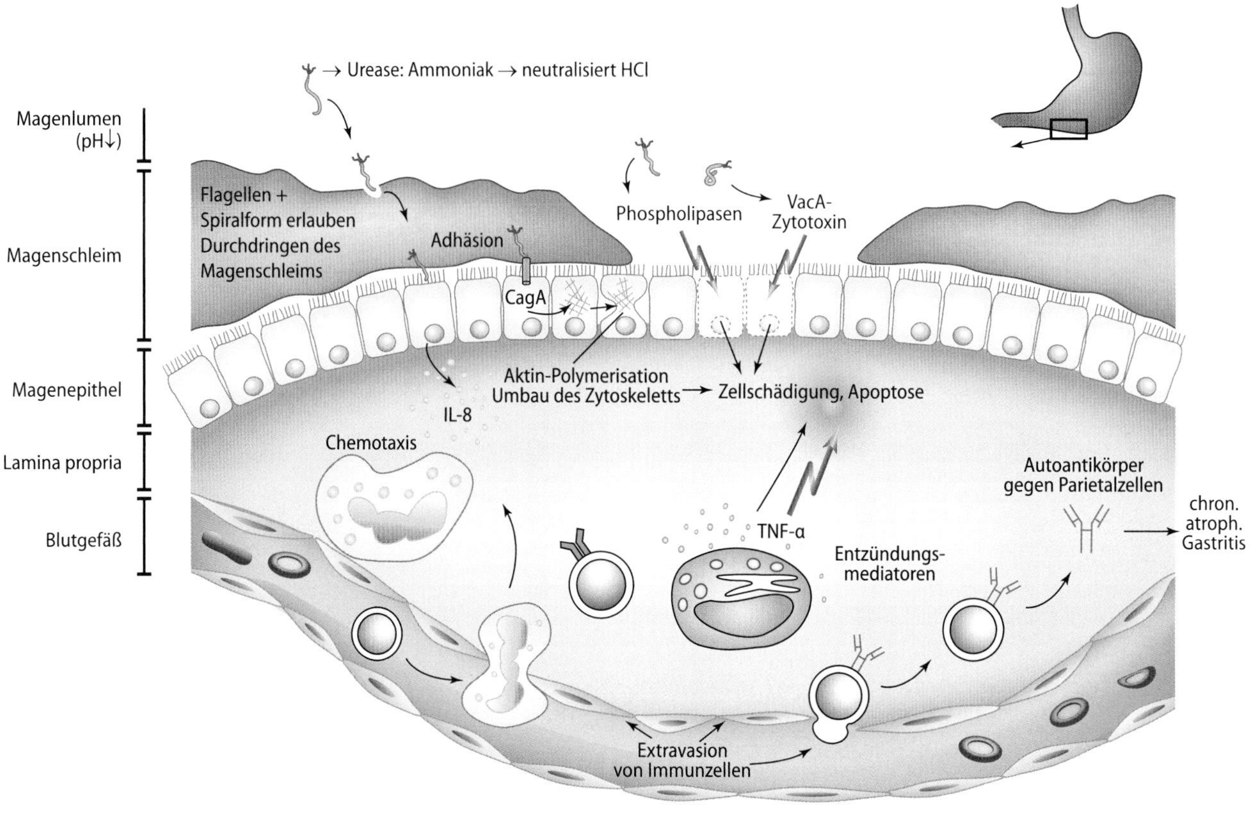

Abb. 33.4 Pathogenese und Rolle der Virulenzfaktoren bei der Helicobacter-pylori-Infektion

Magenschleim bildet und ein anderer Teil fest an die Epithelzellen gebunden bleibt.

H. pylori unterläuft die Erkennung durch das angeborene Immunsystems partiell dadurch, dass Oberflächenbestandteile der Bakterien, die bei anderen Bakterienspezies die Musterrezeptoren (z. B. Toll-ähnliche Rezeptoren, TLR) stimulieren, in der Evolution so verändert wurden, dass sie nur eine geringe Aktivierung dieser Rezeptoren auslösen. Hierzu gehören sowohl das Lipopolysaccharid (LPS) von H. pylori als auch seine Flagelline, die kaum an TLR4 (LPS) bzw. TLR5 (Flagellin) binden.

Entzündungsreaktion und Gewebeschädigung Invasion der Bakterien in Epithelzellen wird nur selten beobachtet. Die Schleimhautschädigung ist das Resultat einer direkten toxischen Wirkung bakterieller Produkte und der chronischen Entzündungsreaktion der Magenschleimhaut. Die Freisetzung von Urease, VacA-Zytotoxin und wahrscheinlich weiterer extrazellulärer Produkte (z. B. Phospholipasen) bewirkt eine direkte toxische Schädigung der Epithelzellen (Abb. 33.4).

Cag$^+$-Stämme können nach Anheftung an Epithelzellen das Protein CagA in diese Zellen injizieren. Das erfolgt durch eine „molekulare Spritze" (Typ-4-Sekretionssystem, T4SS), deren Komponenten ebenfalls von Genen auf der Pathogenitätsinsel kodiert werden. CagA wurde als bakterielles Onkoprotein bezeichnet, weil es in der Wirtszelle mit multiplen Bindungspartnern (dem zellulären Onkoprotein SHP-2, den Kinasen Csk, PAR1b und c-Met etc.) interagiert und eingreifende Veränderungen von zellulären Signaltransduktionsprozessen auslöst. Diese **Umprogrammierung zellulärer Signalwege** trägt sehr wahrscheinlich zur malignen Transformation der Wirtszellen und somit zur Krebsentstehung bei. Als weiterer Mechanismus der H. pylori-induzierten Krebsauslösung gilt die Beeinflussung von DNA-Reparatursystemen der Wirtszelle, welche die Mutationsraten erhöht.

Der Kontakt mit H. pylori bewirkt weiterhin eine vermehrte Produktion von **IL-8** im Magenepithel, die zum Einstrom von Granulozyten in die Lamina propria führt. Außerdem werden Entzündungsmediatoren wie **TNF-α** und **IL-1** verstärkt gebildet. H. pylori-Infizierte produzieren zudem häufig **Autoantikörper** gegen Parietalzellen. Diese Autoimmunität spielt möglicherweise eine Rolle bei der Entwicklung der chronisch-atrophischen Gastritis, einer Vorstufe des Magenkarzinoms.

H. pylori-Infektion und Magenphysiologie Die akute Infektion mit H. pylori führt zunächst zu einer verminderten Magensäuresekretion (Hypochlorhydrie), die über einige Wochen bis Monate anhält und sich dann bei den meisten Patienten normalisiert (◘ Abb. 33.4). Bei der chronischen H. pylori-Infektion lassen sich Patientengruppen mit erhöhter Säuresekretion (häufig bei Ulkuspatienten) und solche mit verminderter Säuresekretion (häufig bei Karzinompatienten) identifizieren.

▪▪ Klinik

Dargestellt werden die akute Infektion und die chronische Gastritis sowie die Folgekrankheiten.

Akute Infektion und chronische Gastritis Die akute Infektion mit H. pylori äußert sich durch Erbrechen, Übelkeit und Oberbauchbeschwerden. Da die Symptome uncharakteristisch sind und die akute Infektion in der Regel in der Kindheit erfolgt, wird sie selten diagnostiziert. Die Beschwerden bilden sich auch ohne Behandlung innerhalb einer Woche zurück. Der Keim persistiert bei den meisten Infizierten und löst eine (häufig symptomlose) Entzündungsreaktion der Magenschleimhaut aus, die vorwiegend im Magenantrum lokalisiert und durch ein Infiltrat aus Granulozyten, Lymphozyten und Plasmazellen gekennzeichnet ist: chronisch-aktive Gastritis. Im Duodenum kann H. pylori nur Bereiche besiedeln, in denen eine gastrische Metaplasie (Ersatz des Duodenalepithels durch gastrisches Epithel, meist als Folge peptischer Läsionen) vorliegt.

Folgekrankheiten Auf dem Boden der Gastritis können verschiedene Folgekrankheiten entstehen (◘ Abb. 33.5): Häufigste Komplikation der H. pylori-Infektion ist die gastroduodenale Ulkuskrankheit. Duodenalulzera sind praktisch immer mit H. pylori assoziiert, während bei 30–40 % der Patienten mit Magenulzera keine H. pylori-Infektion vorliegt (Ursache z. B. Einnahme nichtsteroidaler Antiphlogistika).

Die Infektion mit H. pylori erhöht das Risiko, an einem **Adenokarzinom des Magens** zu erkranken, um das 4- bis 6-Fache. 1994 hat die WHO H. pylori erstmals als Karzinogen der Klasse I (definitives Karzinogen) eingestuft und diese Einstufung 2009 aufgrund vieler neuer Befunde bekräftigt. Jährlich erkranken in Folge einer H. pylori-Infektion mehr als 700.000 Menschen an Magenkrebs. H. pylori ist damit für ca. 6 % aller Krebsfälle beim Menschen verantwortlich, mehr als durch humane Papillomviren oder krebserregende Hepatitisviren (HBV, HCV) ausgelöst werden.

Zu den weiteren möglichen Langzeitfolgen der H. pylori-Infektion gehört das Einwachsen von mukosaassoziiertem lymphatischem Gewebe (MALT), das Ausgangspunkt für die Entstehung eines **malignen MALT-Lymphoms des Magens** sein kann. Für die unterschiedlichen klinischen Manifestationen der H. pylori-Infektion sind wahrscheinlich Virulenzfaktoren des Erregers, aber auch genetische Prädisposition und Umwelteinflüsse (Ernährung, Stress) relevant.

▪▪ Immunität

Die H. pylori-Infektion induziert eine lokale und systemische spezifische Immunantwort, die aber nicht zur Elimination des Erregers führt. Der Nachweis von IgG-Antikörpern kann zur serologischen Diagnose der Infektion genutzt werden; die diagnostische Bedeutung von IgM- und IgA-Nachweisen ist gering.

▪▪ Labordiagnose

Dazu zählen:

Ureasenachweis Die Diagnose einer H. pylori-Infektion wird in der Regel schon unmittelbar nach der Endoskopie durch einen Ureaseschnelltest gestellt: Hierzu wird eine Biopsie in ein Urease-Testmedium eingebracht; wegen der hohen Ureaseaktivität der in der Schleimhaut vorhandenen Erreger kommt es bei Vorliegen einer Infektion meist innerhalb 1 h zu einem Farbumschlag des Indikators.

Histologischer Nachweis Ein Nachweis der Infektion ist auch mittels Spezialfärbungen (z. B. Warthin-Starry-Silberfärbung) im histologischen Schnitt einer Magenbiopsie möglich.

Anzucht Die Anzucht erfolgt aus Magenbiopsien, die unmittelbar nach Entnahme auf Spezialkulturmedien überimpft oder in ein spezielles Transportmedium eingebracht werden müssen. Die Bebrütung wird 5–7 Tage in mikroaerober Atmosphäre vorgenommen. H. pylori wächst in kleinen, glasigen Kolonien, die oxidase- und katalasepositiv sind. Ausreichend zur Bestätigung sind Grampräparat und Ureasereaktion, die binnen Minuten positiv wird.

Die Anzucht ist Voraussetzung für die Durchführung einer **Antibiotikaresistenzprüfung.** Sie sollte nach der ersten fehlgeschlagenen Therapie erfolgen, sofern eine erneute Endoskopie durchgeführt wird. Nach 2 fehlgeschlagenen Therapieversuchen sollte in jedem Fall eine kulturelle Anzüchtung mit Resistenzprüfung vorgenommen werden, bevor ein weiterer Therapieversuch erfolgt.

Molekularbiologische Nachweismethoden Die Erreger können in Magenbiopsien auch mittels PCR nachgewiesen werden. Molekularbiologische Methoden erlauben auch den Nachweis einiger Antibiotikaresistenzen (z. B. Clarithromycin) aus Magenbiopsien, wenn eine Kultur nicht erfolgreich ist.

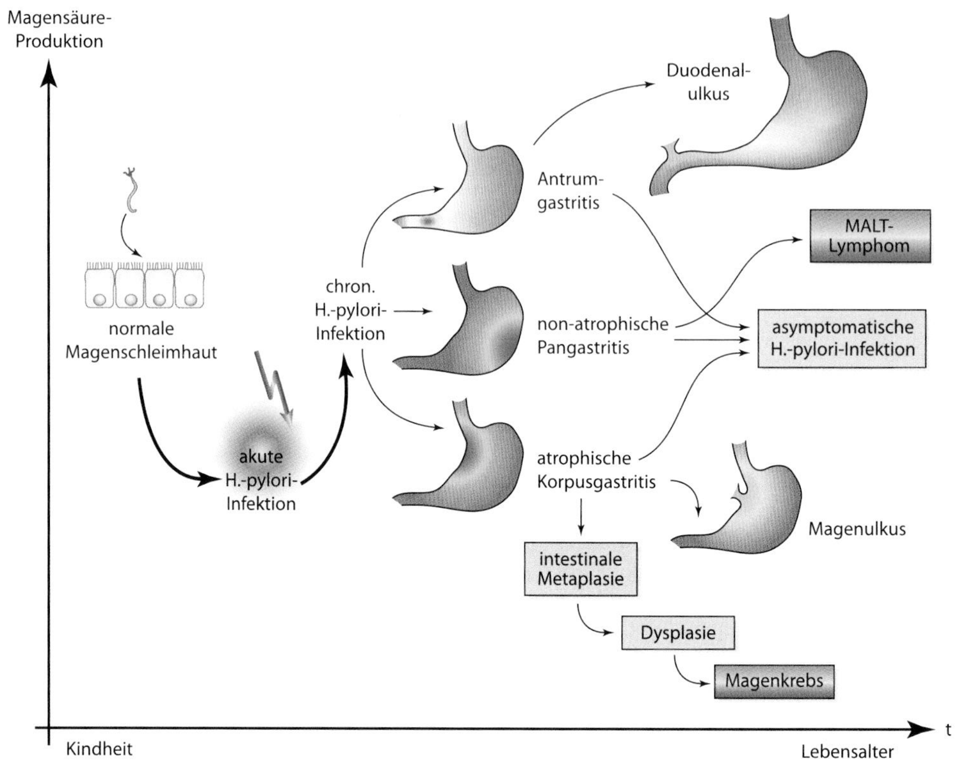

Abb. 33.5 H. pylori-Infektion und ihre Folgekrankheiten

Verlaufskontrolle Nach Eradikationstherapie bietet sich der ^{13}C-Harnstoff-Atemtest an, der die Spaltung von mit dem stabilen Kohlenstoffisotop ^{13}C markiertem Harnstoff durch die H. pylori-Urease nachweist. Bei H. pylori-Infizierten ist das aus ^{13}C-Harnstoff freigesetzte markierte CO_2 ($^{13}CO_2$) in der Ausatmungsluft nachweisbar. Alternativ kann ein H. pylori-Antigennachweis aus dem Stuhl erfolgen.

▪▪ Therapie

Zur Therapie der H. pylori-Infektion werden Antibiotika mit Säuresekretionshemmern kombiniert. Ein effektives Therapieschema ist die Kombination von Clarithromycin mit Amoxicillin (alternativ Metronidazol) und einem Protonenpumpenhemmer (z. B. Omeprazol, Pantoprazol oder Lansoprazol). Diese **Tripeltherapie** wird über mindestens 7 Tage verabreicht. Eine weitere effektive Therapieoption ist die sog. **Quadrupeltherapie** über 10–14 Tage (Protonenpumpenhemmer + Metronidazol + Tetracyclin oder Tinidazol + Wismut). Ob eine Tripeltherapie als primäre empirische Therapie Erfolg versprechend ist, hängt wesentlich von der Häufigkeit der Clarithromycin-Resistenz in der Bevölkerung ab.

Therapieziel ist die vollständige Eradikation der Erreger, die sich frühestens 4 Wochen nach Ende der Therapie feststellen lässt. Mit den zurzeit verfügbaren Therapieschemata gelingt die Eradikation in ca. 90 %. Gelingt eine komplette Eradikation von H. pylori, liegt die Reinfektionsrate unter 1 % pro Jahr.

Die Eradikation der H. pylori-Infektion führt zur Abheilung der Gastritis und zur drastischen Verminderung von Ulkusrezidiven. Mehreren großen Studien zufolge lässt sich das Magenkarzinomrisiko durch frühzeitige H. pylori-Therapie reduzieren. Frühe Stadien des H. pylori-assoziierten MALT-Lymphoms konnten durch Eradikation der H. pylori-Infektion in eine komplette Remission gebracht werden. Ob dies zu einer dauerhaften Heilung der Patienten mit MALT-Lymphom führt, wird noch untersucht.

▪▪ Prävention

Die Einhaltung der Vorgaben für die Hygiene und Gerätedesinfektion im Endoskopiebereich ist zur Vermeidung der Übertragung essenziell. Eine Impfung steht bisher nicht zur Verfügung. Seit gezeigt wurde, dass eine H. pylori-Eradikation zur Prävention von Magenkrebs beiträgt, habe einige Länder (v. a. in Asien) begonnen, systematisch Patienten mit einer H. pylori-Infektion zu identifizieren und die Infektion zu behandeln, um die Prävalenz der Erkrankung zu reduzieren (sog. Screen-und-Treat-Programme).

In Kürze: Helicobacter pylori

- **Bakteriologie:** Gramnegatives, bewegliches, spiralförmiges oder einfach gebogenes Stäbchen, mikroaerophil, starke Ureaseaktivität.
- **Umweltresistenz:** Wahrscheinlich gering. *Cave:* Übertragung durch ungenügend desinfizierte Gastroskope möglich.
- **Epidemiologie:** Weltweites Vorkommen. Infektion vorwiegend im Kindesalter. Höhere Prävalenz in Regionen mit niedrigem Hygienestandard (wahrscheinlich fäkal-orale und/oder oral-orale Übertragung).
- **Zielgruppe:** Alle Menschen.
- **Pathogenese:** Urease und Beweglichkeit essenziell für Etablierung der Infektion (Kolonisation). Adhärenz an Epithelzellen. Translokation von CagA-Protein in Epithelzellen via Typ-4-Sekretionsapparat. Epithelschädigung und T-Zell-Inaktivierung durch VacA-Zytotoxin. Induktion von Autoantikörpern gegen Parietalzellen. Beeinflussung der Magenphysiologie (Gastrinspiegel, Magensäuresekretion). Extrem hohe genetische Diversität.
- **Klinik:** Chronisch-aktive Gastritis, Ulcus ventriculi, Ulcus duodeni, Magenadenokarzinom, malignes Lymphom des mukosaassoziierten Lymphgewebes (MALT-Lymphom).
- **Diagnose:** Biopsie-Ureasetest, ^{13}C-Harnstoff-Atemtest, Erregeranzucht aus Magenbiopsien mit Antibiotikaresistenzbestimmung, Antikörpernachweis, Antigennachweis aus dem Stuhl.
- **Therapie:** Kombinationstherapie (Tripeltherapie) von 2 Antibiotika (z. B. Clarithromycin + Amoxicillin oder Clarithromycin + Metronidazol) mit Säuresekretionshemmern (Protonenpumpenhemmern). Alternativ z. B. Quadrupeltherapie (Wismut + Metronidazol + Tetracyclin + Protonenpumpenhemmer).
- **Immunität:** Keine protektive Immunität.
- **Prävention:** Hygienische Maßnahmen, besonders im Endoskopiebereich. Keine Impfung verfügbar.

33.2 „Helicobacter heilmannii"

Die Bezeichnung „H. heilmannii" (früher: „Gastrospirillum hominis") fasst verschiedene Bakterienarten zusammen, die sich von H. pylori morphologisch durch eine regelmäßig gewundene Spiralform („Korkenzieherform") unterscheiden. Die Bakterien sind in der Magenbiopsie aufgrund ihrer charakteristischen Form und gruppenweisen Lagerung leicht mikroskopisch nachweisbar, ließen sich aber bisher nicht auf künstlichem Nährboden anzüchten.

Bei der **„H. heilmannii"-Gastritis** handelt es sich wahrscheinlich um eine primäre Zoonose, die von Hunden und Katzen auf den Menschen übertragen wird (◘ Tab. 33.2). H. heilmannii-Infektionen sind sehr viel seltener als H. pylori-Infektionen (Prävalenz unter 1 %) und nur von einer sehr leichten Gastritis begleitet. Die Assoziation mit der Ulkuskrankheit ist seltener als bei H. pylori. Eine erosive Gastritis wird bei der H. heilmannii-Infektion nur beobachtet, wenn gleichzeitig Salizylate oder nichtsteroidale Antirheumatika eingenommen werden.

Weiterführende Literatur

Fischbach W et al (2016) S2k-Leitlinie Helicobacter pylori und gastroduodenale Ulkuskrankheit. Z Gastroenterol 54:327–363

Malfertheiner P et al (2017) Management of Helicobacter pylori infection-the Maastricht V/Florence Consensus Report. Gut 66:6–30

Polk DB, Peek RM Jr (2010) Helicobacter pylori: gastric cancer and beyond. Nat Rev Cancer 10:403–414

Suerbaum S, Josenhans C (2007) Helicobacter pylori evolution and diversification in a changing host. Nat Rev Microbiol 5:441–452

Suerbaum S, Michetti P (2002) Helicobacter pylori infection. N Engl J Med 347:1175–1186

van Blankenstein M et al (2013) The prevalence of Helicobacter pylori infection in the Netherlands. Scand J Gastroenterol 48:794–800

Haemophilus

Thiên-Trí Lâm und Ulrich Vogel

Die Arten der Gattung Haemophilus gehören wie die Genera Pasteurella, Mannheimia, Aggregatibacter und Actinobacillus zur Familie der Pasteurellaceae. Haemophilus spp. sind pleomorphe, gramnegative Stäbchen und stellen hohe Anforderungen an die Nährmedien (◘ Tab. 34.1). Sie wachsen bevorzugt in feuchter Luft bei 37 °C sowie erhöhtem CO_2-Anteil (5 %) und sind oxidase-positiv. Die meisten Haemophilus-Arten werden im Nasen-Rachen-Raum des Menschen und von Tieren gefunden. Insbesondere H. influenzae besitzt pathogenes Potenzial beim Menschen (◘ Tab. 34.2). Entdeckt wurde H. influenzae von Richard Pfeiffer (1858–1945) in der fälschlichen Annahme, das Bakterium sei für die Virusinfluenza ursächlich. Der Speziesname erinnert weiterhin an diese Tatsache, auch wenn dies nicht nur für medizinische Laien verwirrend sein kann. Neben H. influenzae, der Sepsis, Meningitis, Endokarditis, Konjunktivitis, Sinusitis und Otitis media auslöst, sind H. ducreyi und Aggregatibacter aphrophilus (früher: H. aphrophilus und H. paraphrophilus) humanpathogen, gelegentlich auch H. parainfluenzae.

Fallbeispiel

Ein 32-jähriger heterosexueller Mann stellt sich etwa 6 Wochen nach einer Reise auf verschiedene Inseln im Pazifik in einer tropenmedizinischen Ambulanz vor. Es hatten sich einige Tage nach Rückkehr 2 kleine, aber sehr schmerzhafte Geschwüre am Penis entwickelt. Sexualkontakte während der Reise werden dementiert. Der Hausarzt hatte eine Herpes simplex-Infektion vermutet und eine Behandlung mit Aciclovir eingeleitet, die PCR-Untersuchung auf Herpesviren war allerdings negativ. Da es zu keiner Besserung kam, stellte der Patient sich bei einem Dermatologen vor. Dieser konnte mittels Dunkelfelduntersuchung eine Lues ausschließen und verordnete erneut Aciclovir. Hierunter nahmen die Schmerzen weiter stark zu. Bei der jetzigen Vorstellung lassen sich 3 kleine Ulzera an der Glans nachweisen, mit gelblich purpulentem Exsudat. Außerdem finden sich schmerzhaft geschwollene Lymphknoten inguinal. In der Kultur (Abstrich von den Ulzera) lässt sich Haemophilus ducreyi nachweisen.

34.1 Haemophilus influenzae

Steckbrief

Haemophilus influenzae ist ein gramnegatives, teils kokkoides, teils fadenförmiges Stäbchen. Es benötigt zum Wachstum auf festen Nährböden die Nährstoffe Hämin (Faktor X) und Nikotinamidadenindinukleotid (NAD) (Faktor V). Bei Kochblutagar ist eine Supplementierung von Wachstumsfaktoren nicht nötig. Auf Blutagar wächst H. influenzae als Satellit in der Nähe von S. aureus-Kolonien, da dort durch Hämolyse die Faktoren X und V in ausreichender Menge zur Verfügung stehen: Ammenphänomen. Es sind 6 Kapselserotypen (a–f) bekannt. Darüber hinaus sind unbekapselte (sog. nicht-typisierbare, NTHi) Stämme verbreitet. H. influenzae verursacht lokale Infektionen (Konjunktivitis, Otitis media, Sinusitis) sowie lebensbedrohliche invasive Erkrankungen (Sepsis, Meningitis, Epiglottitis, Phlegmone, Osteomyelitis, septische Arthritis). Nach Einführung der Kapselpolysaccharid-Konjugatvakzine gegen H. influenzae Serotyp b (Hib) sank deren Inzidenz deutlich. In Deutschland werden heutzutage invasive Infektionen v. a. durch NTHi verursacht.

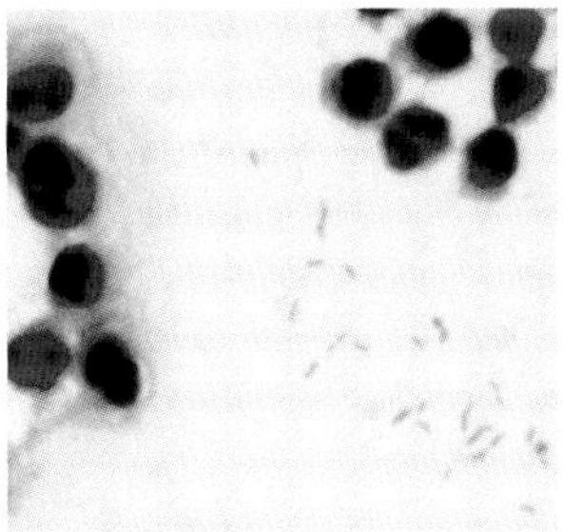

34.1.1 Beschreibung

▪ **Aufbau**

Haemophilus influenzae ist ein gramnegatives, pleomorphes Stäbchen. Wichtigster Pathogenitätsfaktor

S. Suerbaum et al. (Hrsg.), *Medizinische Mikrobiologie und Infektiologie*,
https://doi.org/10.1007/978-3-662-61385-6_34

Tab. 34.1 Haemophilus: Gattungsmerkmale

Merkmal	Ausprägung
Gramfärbung	Pleomorphe, gramnegative Stäbchen
Aerob/anaerob	Fakultativ anaerob
Kohlenhydratverwertung	Fermentativ
Sporenbildung	Nein
Beweglichkeit	Nein
Besonderheiten	Bedarf an den Wachstumsfaktoren Hämin und NAD

Tab. 34.2 Haemophilus: Arten und Krankheiten

Art	Krankheiten
H. influenzae:	
– Kapselserotyp b	Meningitis, Sepsis, Epiglottitis, Arthritis, Pneumonie
– Kapselserotypen a, c–f und unbekapselte Varianten	Otitis media, Sinusitis, Konjunktivitis, Pneumonie, Tracheobronchitis, Sepsis, Meningitis
H. parainfluenzae	Üblicherweise kommensal, nur selten schwere Infektionen
H. ducreyi	Ulcus molle
Aggregatibacter aphrophilus (früher: Haemophilus aphrophilus und H. paraphrophilus)	Endokarditis, Hirnabszess

ist das **Kapselpolysaccharid**. Jeder der 6 Serotypen a–f ist durch den individuellen Zuckeraufbau der Kapsel serologisch und biochemisch unterscheidbar. H. influenzae Serotyp b (Hib) besitzt eine Polyribitolphosphat-Kapsel. Er war vor Einführung der Hib-Kapselpolysaccharid-Konjugatimpfung der deutlich dominante Serotyp.

Unbekapselte Stämme, sog. nichttypisierbare H. influenzae (NTHi), werden bei lokalen Infektionen, zunehmend aber auch bei invasiven Infektionen älterer Menschen und von Neugeborenen beobachtet.

▪ Resistenz

H. influenzae ist ein Erreger mit geringer Umweltresistenz. Die Übertragung erfolgt durch direkten Kontakt zwischen Menschen oder durch große respiratorische Tröpfchen.

▪ Vorkommen

Erregerreservoir ist der Mensch. Die Trägerraten in der allgemeinen Bevölkerung betragen bis zu 50 %. Der Serotyp b wird allerdings nur selten bei gesunden Individuen gefunden. Ein Umweltreservoir ist nicht bekannt.

34.1.2 Rolle als Krankheitserreger

▪▪ Epidemiologie

Haemophilus influenzae wird durch engen Kontakt zwischen Menschen übertragen, wobei Familien und Betreuungseinrichtungen im Vordergrund stehen. Patienten mit Defekten in der Funktion des Komplementsystems sowie splenektomierte Patienten haben ein höheres Risiko, an einer H. influenzae-Infektion zu erkranken. Der vor Einführung der Impfung auch in Deutschland häufige Serotyp b (Hib) verursacht weltweit pro Jahr über 3 Mio. Fälle invasiver Erkrankungen mit einer Sterblichkeit von 5 % in hochentwickelten Ländern und 40 % in Entwicklungsländern. Betroffen sind v. a. Kinder unter 5 Jahren.

Seit Einführung der **Hib-Konjugatvakzine** Ende der 1980er Jahre ist die invasive Hib-Infektion in Westeuropa und Nordamerika eine Rarität: Die **Inzidenz** von Erkrankungen durch Hib ging in den USA nach 1990 in der Altersgruppe unter 5 Jahren von über 80 auf unter 0,5/100.000 zurück.

In Deutschland wird die Impfung gegen Hib seit 1990 allgemein empfohlen. Der Nachweis des Keims aus Blut oder Liquor ist **gesetzlich meldepflichtig.** Im Jahr 2018 wurden in Deutschland lediglich 8 invasive Hib-Fälle bei unter 5-Jährigen gemeldet. Dies entspricht einer Inzidenz von 0,21/100.000 für diese Altersgruppe. Zum Vergleich betrug die Gesamtzahl der H. influenzae-Meldungen für alle Serotypen und alle Altersgruppen 851 (Inzidenz: 1,03/100.000). Den größten Teil dieser Fälle machen invasive Infektionen durch NTHi, die unbekapselt sind, bei Patienten im Alter von über 60 Jahren aus.

Insgesamt kann also festgestellt werden, dass in Deutschland durch die Einführung der Hib-Impfung ein epidemiologischer Wandel stattgefunden hat. Invasive Infektionen durch H. influenzae werden in Deutschland heutzutage durch **NTHi** hervorgerufen und betreffen **überwiegend ältere Menschen.** Dies steht im Kontrast zur Situation in Ländern ohne allgemeine Hib-Impfung. Hier erkranken weiterhin v. a. Kinder an Hib.

▪▪ Pathogenese

Wichtigster Pathogenitätsfaktor von H. influenzae ist das **Kapselpolysaccharid,** das den Erreger vor dem Angriff durch Serumkomplement und Phagozyten schützt. Das **Lipopolysaccharid** unterstützt wie das Kapselpolysaccharid den Übertritt der Bakterien vom Nasen-Rachen-Raum in die Blutbahn. Der Erreger kann sich an den Wirt und die jeweiligen Lebensbedingungen optimal anpassen:

- Zum einen besitzt H. influenzae eine Reihe von Genen, die durch **Phasenvariation** an- und ausgeschaltet werden können. Phasenvariation beruht

auf repetitiven DNA-Elementen, deren Anzahl bei der Replikation variiert.
- Des Weiteren kann H. influenzae DNA aus der Umgebung aufnehmen und in sein Genom integrieren. Diese mit **natürlicher Kompetenz** bezeichnete Eigenschaft hilft den Bakterien dabei, der Immunantwort des Wirtes auszuweichen (Immunevasion, „immune escape").

Ein weiterer Pathogenitätsfaktor, der streng genommen die Kolonisierung des Wirtes verbessert, ist die **IgA1-Protease** von H. influenzae. IgA1 agglutiniert H. influenzae auf der Schleimhaut und erlaubt die physische Entfernung der Bakterien. Diesen Mechanismus kann die IgA1-Protease unterbrechen.

H. influenzae kann bei bestimmten Infektionen (Otitis media) **Biofilme** ausbilden. Biofilme sind mikrobielle Konsortien, die sich, zumeist eingebettet in eine Matrix, auf einer festen Oberfläche etablieren. Biofilmbildung kann die Behandlung von Infektionen mit Antibiotika erschweren.

Klinik

Neben Sepsis und Meningitis sind Epiglottitis, Phlegmone, Osteomyelitis, Endokarditis und septische Arthritis als **invasive Infektionen** zu nennen.

Die **Epiglottitis** ist eine Entzündung des Kehldeckels (◘ Abb. 34.1) und wird meist durch Hib bei Kindern hervorgerufen wird. Die Infektion beginnt plötzlich mit Fieber und Halsschmerzen. Die Patienten zeigen eine kloßige Sprache und vermehrten Speichelfluss. Durch Verlegung der Atemwege kann es zu inspiratorischem Stridor und Zyanose kommen. Es besteht Erstickungsgefahr. Aufgrund des akuten, oft fulminanten Verlaufs handelt es sich um einen **lebensbedrohlichen Notfall.**

Häufig, dafür weniger gefährlich sind Otitis media, Konjunktivitis und Sinusitis. Diese werden meist durch unbekapselte Stämme hervorgerufen, ebenso wie Infektexazerbationen der tiefen Atemwege bei chronischen Atemwegerkrankungen wie chronisch-obstruktiver Lungenerkrankung (COPD) oder Mukoviszidose (zystischer Fibrose). Eine Meningitis kann von Ohrinfektionen ihren Ausgang nehmen! Auch eine Pneumonie kann eine Sepsis und Meningitis begleiten und verschlechtert die Prognose. Als typische Folgeerkrankung nach nichtletaler H. influenzae-Meningitis ist die **Innenohrschwerhörigkeit** zu nennen. Eine Infektion mit Hib hinterlässt eine Immunität.

Labordiagnose

Hierzu gehören:

Präanalytik H. influenzae wird aus primär sterilen Materialien (Blut, Liquor) und aus nichtsterilen Materialien (Atemwegmaterialien, Mittelohrsekret nach spontaner Trommelfellruptur oder Tympanozentese, Abstriche der Konjunktiven) gewonnen. Primär nichtsterile Materialien müssen sorgfältig entnommen werden, um z. B. bei Einsendung eines Atemwegmaterials eine Unterdrückung des Wachstums von H. influenzae durch Begleitflora des oberen Respirationstrakts zu vermeiden.

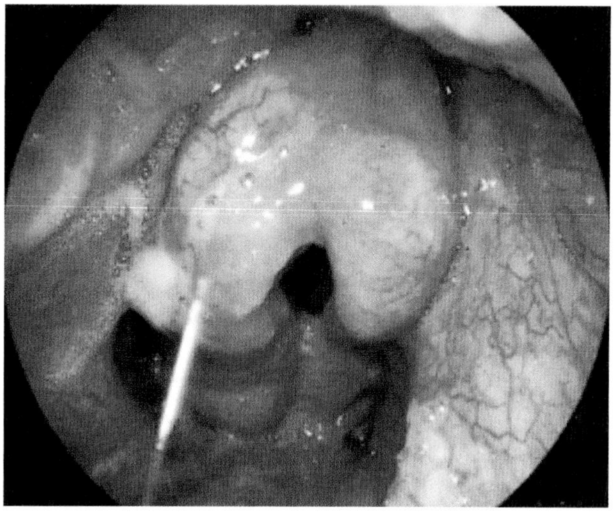

◘ **Abb. 34.1** Epiglottitis mit Abszess. (Aus: Boenninghaus, Springer Verlag 2007)

Direktnachweis Eine direkte Gramfärbung wird z. B. bei Liquor oder Gelenkpunktat mit Verdacht auf H. influenzae-Infektion durchgeführt, um die vorläufige Diagnose zu stellen. Sie kann H. influenzae auch in Sputum und bronchoalveolärer Lavage darstellen, allerdings ist die Abgrenzung von der Standortflora schwierig. Der direkte Nachweis des Kapselpolysaccharids durch Latexagglutination besitzt eine geringe Sensitivität und Spezifität und wird kaum noch durchgeführt. Stattdessen stehen Protokolle zum Nachweis von H. influenzae-DNA zur Verfügung. Diese werden ggf. als Multiplex-PCR zum gleichzeitigen Nachweis von H. influenzae, S. pneumoniae und N. meningitidis angeboten. Die PCR ist eine sensitive und spezifische Nachweismethode. Sie ist insbesondere dann erforderlich, wenn der Patient vor Materialentnahme bereits Antibiotika erhielt, die eine Anzucht der Bakterien unmöglich machen.

Anzucht Haemophilus influenzae gehört zu den **anspruchsvoll wachsenden Bakterien,** da er zur Vermehrung Hämin (Faktor X) und NAD (Faktor V) benötigt. Daher kann er nicht ohne Weiteres auf Blutagar kultiviert werden. Zur sicheren Anzucht aus Patientenmaterialien wird Kochblutagar verwendet, da dieser die Faktoren X und V in ausreichender

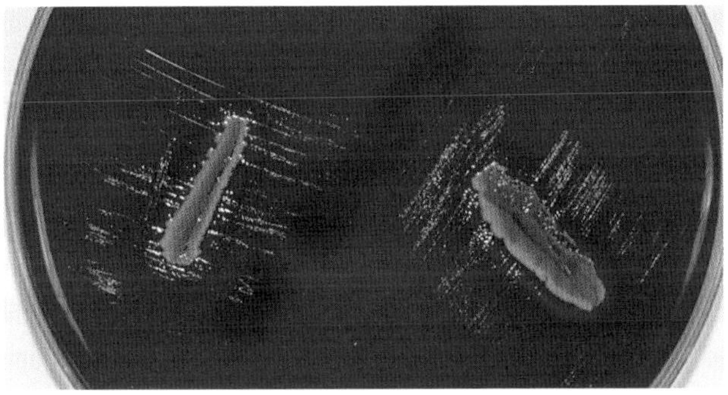

Abb. 34.2 Ammenphänomen bei H. influenzae: In der Nähe von Staphylococcus aureus wird Faktor X (Hämin) und Faktor V (NAD) aus Erythrozyten freigesetzt. Zusätzlich trägt S. aureus durch NAD-Produktion selbst vermutlich zum Ammenphänomen bei. Die Konzentrationen von Faktor X und Faktor V reichen aus, um in der Nähe des S. aureus-Impfstrichs Wachstum von H. influenzae auf Blutagar zu erlauben

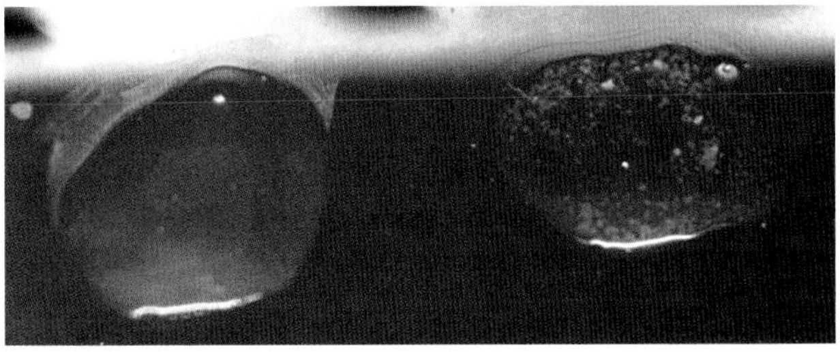

Abb. 34.3 Objektträgeragglutination zum Nachweis des Serotyp-b-Kapselpolysaccharids von H. influenzae. Mit Antiserum gegen das Kapselpolysaccharid agglutinieren die Bakterien (rechts). Die Negativkontrolle (physiologische Kochsalzlösung; links) belegt, dass keine unspezifische Autoagglutination vorliegt

Menge zur Verfügung stellt. Zur Unterdrückung von Begleitflora kann der Agarplatte das Antibiotikum Bacitracin zugefügt werden.

Speziesdiagnose Der Verdacht auf Haemophilus influenzae kann bei charakteristischen Kolonien gestellt werden, die nur auf Kochblut-, nicht aber auf Blutagar wachsen. Ein **Ammenphänomen** auf Blutagar weist auf die Gattung Haemophilus hin. Hierbei wächst H. influenzae auf Blutagar in der Nähe eines Impfstrichs mit Staphylococcus aureus, da nur dort ausreichende Mengen der Wachstumsfaktoren bereitstehen (Abb. 34.2). Die Abhängigkeit von den beiden Faktoren X und V ist charakteristisch für H. influenzae und wird zur Unterscheidung von anderen Haemophilus spp. beim **Faktorentest** nachgewiesen: Hierbei werden auf einem Nähragar 3 Blättchen aufgelegt, von denen eines nur mit Hämin, ein anderes nur mit NAD und das dritte mit beiden Faktoren beladen ist. H. influenzae wächst nur in Umgebung des Blättchens, das Faktor X und V zur Verfügung stellt. Die vorläufige Speziesdiagnose wird durch biochemische oder massenspektrometrische Testverfahren (MALDI-TOF) bestätigt. In unklaren Fällen kann der Nachweis spezifischer Gene durch PCR die teilweise schwierige Unterscheidung zwischen H. influenzae und nahe verwandten Spezies herbeiführen. Allerdings ist dies nur in spezialisierten Laboratorien möglich.

Kapseltypisierung Sie erfolgt durch Objektträgeragglutination (Abb. 34.3) und PCR-Nachweis serotypspezifischer Gene.

Resistenztestung Die Resistenztestung von H. influenzae gegenüber Antibiotika ist notwendig, da Resistenzen insbesondere gegenüber Ampicillin, einer Leitsubstanz der antibiotischen Therapie, auftreten (s. u.). Die Ampicillinresistenz wird zumeist durch β-Laktamasen verursacht. Die Produktion von β-Laktamasen lässt sich mittels chromogener Schnelltests nachweisen, die auf der Umsetzung eines Substrats beruhen.

Serologische Untersuchungen Sie kommen zur Überprüfung des Hib-Impferfolgs durch ELISA-Verfahren zur Anwendung. Sie sind indiziert, wenn Patienten geimpft werden, die aufgrund von Vorerkrankungen möglicherweise eine reduzierte Immunantwort gegenüber Kapselpolysaccharid-Impfstoffen aufweisen.

Therapie

Vorgehensweisen und Maßnahmen werden vor dem Hintergrund der Antibiotikaempfindlichkeit besprochen.

Antibiotikaempfindlichkeit Gegenüber Ampicillin, einer Leitsubstanz der antibiotischen Therapie, treten Resistenzen auf. Diese sind entweder durch β-Laktamase-Bildung oder durch Mutationen in Genen penicillinbindender Proteine bedingt, die für die Zellwandsynthese bedeutend sind und β-Laktam-Antibiotika binden. Die meisten Stämme, die invasive Infektionen hervorrufen, sind gegenüber Cephalosporinen der 3. Generation sensibel.

Therapeutisches Vorgehen Invasive Infektionen mit H. influenzae werden empirisch aufgrund von Ampicillin-Resistenzraten bis zu 20 % i. v. mit Cephalosporinen der 3. Generation behandelt. Alternativ kann bei Komplikationen z. B. Meropenem verwendet werden. Bei der im Kindesalter häufigen Otitis media sollte die Therapie, die meist ohne mikrobiologische Diagnostik eingeleitet wird, unter Berücksichtigung mehrerer Faktoren sorgfältig abgewogen werden. Bei leichten Fällen ist eine antibiotische Therapie verzichtbar. Als empirische

Erstlinientherapie der behandlungsbedürftigen Otitis media ist Amoxicillin geeignet. Wegen einer möglichen β-Laktamase-Bildung durch H. influenzae kann die zusätzliche Gabe von β-Laktamase-Inhibitoren wie z. B. Clavulansäure sinnvoll sein.

Prävention

Der beeindruckende Erfolg der Hib-Konjugatimpfstoffe und die Tatsache, dass der Häufigkeitsgipfel der Hib-Meningitis vor Einführung der **Kapselpolysaccharid-Konjugatimpfung** im 6.–7. Lebensmonat lag, sind wichtige Gründe, die Hib-Konjugatimpfung gemäß den Empfehlungen der STIKO konsequent nach dem Schema 2., 3., 4. und 11.–14. Lebensmonat vorzunehmen. Die „Boosterimpfung" im 11.–14. Lebensmonat muss erfolgen, um üblicherweise rasch abfallende Impftiter anzuheben. Für Erwachsene mit anatomischer oder funktioneller Asplenie wird die einmalige Gabe einer Hib-Impfung empfohlen. Die Impfung wirkt nicht gegen andere Serotypen oder unbekapselte Stämme.

Eine weitere Säule der Prävention ist die **Verhinderung von Sekundärfällen** bei ungeimpften engen Kontaktpersonen von an invasiven Hib-Infektionen erkrankten Kindern. Diese üblicherweise mit Rifampicin über 4 Tage durchgeführte präventive Maßnahme sollte im Einklang mit den Empfehlungen der STIKO und nach Absprache mit den Gesundheitsämtern erfolgen.

Kampf gegen die bakterielle Meningitis bei Kindern: H. influenzae als Vorreiter

Kapselpolysaccharide sind bei ausgereiftem Immunsystem effektive Antigene. Sie wirken aber schlecht bei kleinen Kindern. Geringe Antikörpertiter und fehlende Gedächtnisantwort ließen erste Ansätze mit gereinigtem Hib-Polysaccharid in dieser Altersgruppe scheitern. Ein Trick half aus: Das Polysaccharid wurde an Proteine gekoppelt (konjugiert). Auf diese Weise konnten auch in Säuglingen schützende Antikörper und ein immunologisches Gedächtnis induziert werden, und dies nur, weil der Proteinanteil aus einem T-Zell-unabhängigem Antigen, dem Kapselpolysaccharid, ein T-Zell-abhängiges Antigen macht. Die Einführung der Vakzine in den 1980er und 1990er Jahren ließ die H. influenzae-Meningitis mit erstaunlicher Effektivität weitgehend verschwinden.
Schon bald wurde dem Einfluss von Impfstoffen mit z. B. Diphtherie- oder Tetanustoxoid als Konjugationspartner auf die nasopharyngeale Hib-Trägerrate besondere Aufmerksamkeit gewidmet. Die Trägerrate nahm deutlich ab, und dies verhinderte im Sinne eines Herdeneffekts Erkrankungsfälle bei Nichtgeimpften.

Diese 3 Vorteile – Schutz kleiner Kinder, immunologisches Gedächtnis und Herdenimmunität – stimulierten die Entwicklung vergleichbarer Impfstoffe bei anderen bakteriellen Meningitiserregern, den Pneumo- und Meningokokken. Mittlerweile finden sich im deutschen Impfkalender Konjugatimpfstoffe für alle 3 Erregergruppen. Und die Entwicklung ist nicht zu Ende: Die Einführung einer Serogruppe-A-Meningokokken-Konjugatvakzine in Afrika birgt – anders als die bisher verwendeten reinen Polysaccharidimpfstoffe – das Potenzial, das Übel der Epidemien im afrikanischen Meningitisgürtel wirksam an der Wurzel zu fassen. Die Arbeit des „Meningitis Vaccine Project", einer nichtkommerziellen Organisation, ist einer der Glanzlichter einer Entwicklung, die ihren Anfang mit H. influenzae nahm.

H. influenzae als Modellorganismus in der Grundlagenforschung

Haemophilus influenzae ist aufgrund mehrerer Entdeckungen ein bedeutsamer Organismus der molekularen Genetik. Es ist das zweite Bakterium nach den Pneumokokken, bei dem die sog. **natürliche Kompetenz** entdeckt wurde. Hierbei handelt es sich um die Fähigkeit, freiliegende DNA aus der Umgebung aufzunehmen. Forschungsarbeiten zu H. influenzae führten zur Entdeckung von Restriktionsendonukleasen, Enzymen, die DNA an speziellen Sequenzmotiven spalten. Restriktionsenzyme sind mittlerweile wichtige Werkzeuge der Gentechnologie, die aus der molekulargenetischen Forschung nicht mehr wegzudenken sind.

Schließlich ist H. influenzae der erste selbstständig lebende Organismus, dessen Genom vollständig entschlüsselt wurde. Der Entdecker der Restriktionsenzyme Hamilton Smith hatte bereits ausführlich mit H. influenzae gearbeitet und war ein führender Forscher im Projekt von The Institute for Genomic Research (TIGR). Dies war der Start einer revolutionären Entwicklung, die bis 2020 zur Entschlüsselung der Erbsubstanz von mehr als 250.000 Bakterien führte.

In Kürze: Haemophilus influenzae

- **Bakteriologie:** Gramnegatives, pleomorphes Stäbchenbakterium; Kapselpolysaccharid wichtigster Pathogenitätsfaktor.
- **Umweltresistenz:** Gering.
- **Vorkommen:** Nasen-Rachen-Raum des Menschen.
- **Epidemiologie:**
  - **Länder ohne Impfprogramm:** Bei Kleinkindern häufig invasive Infektionen (Meningitis, Pneumonie, Sepsis, Epiglottitis) durch H. influenzae Serotyp b.
  - **Länder mit Impfprogramm:** Zunehmend invasive Infektionen (Pneumonie, Sepsis, Meningitis) bei älteren Menschen meist durch nichttypisierbare Stämme. Atemweginfektionen, Sinusitis und Otitis durch H. influenzae werden durch Hib-Impfung wenig beeinflusst.
- **Pathogenese:** Kapsel und Lipopolysaccharid begünstigen invasive Infektionen, IgA1-Proteasen die Besiedlung.
- **Labordiagnose:** Abhängigkeit von den Faktoren Hämin (Faktor X) und NAD (Faktor V). Ammenphänomen. β-Laktamase-Nachweis. Direktnachweis aus Liquor durch PCR.
- **Therapie:** Invasive Infektionen: Cephalosporine der 3. Generation. Sinusitis oder Otitis media werden meist ohne mikrobiologische Diagnostik unter Annahme einer möglichen Beteiligung von H. influenzae und Berücksichtigung einer möglichen Ampicillinresistenz behandelt.
- **Prävention:** Impfung mit H. influenzae-Serotyp-b-Kapselkonjugatimpfstoff. Ggf. Prävention von Sekundärfällen bei ungeimpften engen Kontaktpersonen durch Rifampicin.

34.2 Haemophilus parainfluenzae

H. parainfluenzae gilt als vornehmlich harmloser Kommensale der oberen Atemwege. Nur selten ruft diese Spezies schwere Infektionen hervor. H. parainfluenzae benötigt zum Wachstum Faktor V, im Gegensatz zu H. influenzae jedoch nicht Faktor X.

34.3 Aggregatibacter aphrophilus (ältere Klassifikation: H. aphrophilus und H. paraphrophilus)

A. aphrophilus wurde aus dem Genus Haemophilus entfernt, u. a. da viele Stämme weder Faktor X noch V benötigen. Diese Art findet sich ebenfalls als Besiedler im humanen oberen respiratorischen Trakt, sie kann aber eine seltene Ursache von Endokarditis und Hirnabszess sein. A. aphrophilus wird zu den schlecht anzüchtbaren gramnegativen Endokarditiserregern gezählt (**HACEK-Gruppe**: H, H. aphrophilus (jetzt: A. aphrophilus); A, Aggregatibacter actinomycetemcomitans; C, Cardiobacterium hominis; E, Eikenella corrodens; K, Kingella kingae; ▶ Abschn. 50.4). Die Therapie sollte ein Cephalosporin der 3. Generation einschließen.

34

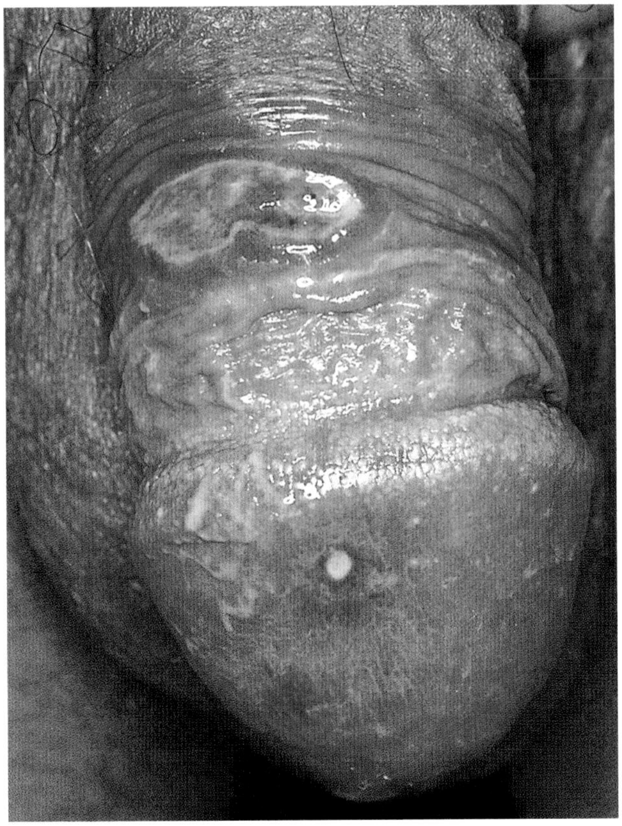

Abb. 34.4 Ulcus molle: multiple Herde. (Aus: Braun-Falco, Springer Verlag 2005)

34.4 Haemophilus ducreyi

Im Gegensatz zu Erkrankungen durch andere Haemophilus-Arten handelt es sich bei dem durch H. ducreyi verursachten **Ulcus molle** um eine sexuell übertragbare Infektionskrankheit (STI), die insbesondere bei sozioökonomisch benachteiligten Bevölkerungsgruppen in tropischem Klima zu beobachten ist. In Deutschland sind H. ducreyi-verursachte Infektionen selten.

Die Genitalulzera des auch als „weichen Schanker" bezeichneten Ulcus molle formen sich über einen Zeitraum von 2 Tagen aus einer Papel und sind schmerzhaft (Abb. 34.4). Die Papel wird durch Abstriche vom Rand und von der Basis der Ulkus bakteriologisch untersucht. Die Abstriche können durch Aspirate inguinaler geschwollener Lymphknoten ergänzt werden, um trotz der geringen Sensitivität der kulturellen Untersuchung einen Keimnachweis zu führen. Das Material wird mikroskopisch mittels Gramfärbung untersucht. Das Vorhandensein „fischzugartig" gelagerter, kokkoider gramnegativer Stäbchen ist hinweisend für den Erreger. Die kulturelle Untersuchung ist nicht einfach und sollte reichhaltige Medien unter Zusatz von Antibiotika zum Unterdrücken der Begleitflora umfassen. H. ducreyi braucht zum Wachstum insbesondere Faktor X, nicht jedoch Faktor V.

Bei der **Therapie** mit Cephalosporinen der 3. Generation, Azithromycin (beide auch als Einmaltherapie) oder Gyrasehemmern muss der Sexualpartner mitbehandelt werden. Doppelinfektionen mit Treponema pallidum (▶ Kap. 44) oder anderen STI-Erregern sind möglich.

Bordetella

Carl Heinz Wirsing von König und Marion Riffelmann

Bakterien der Gattung Bordetella (◘ Tab. 35.1) sind gramnegative, kurze Stäbchen (◘ Tab. 35.2). Die bekannteste Art ist B. pertussis, der Erreger des Keuchhustens (Pertussis). B. parapertussis erzeugt ein keuchhustenähnliches Bild.

35.1 Bordetella pertussis

Steckbrief

B. pertussis ist ein kleines, gramnegatives Stäbchenbakterium, das Virulenzfaktoren wie Pertussis-Toxin, filamentöses Hämagglutinin, Trachea-Zytotoxin, und Adenylatzyklase-Toxin bildet. B. pertussis ist der Erreger des Keuchhustens.

Bordetella pertussis: gramnegative Stäbchen, Struktur und Virulenzfaktoren; 1906 erstmals von Bordet und Gengou beschrieben

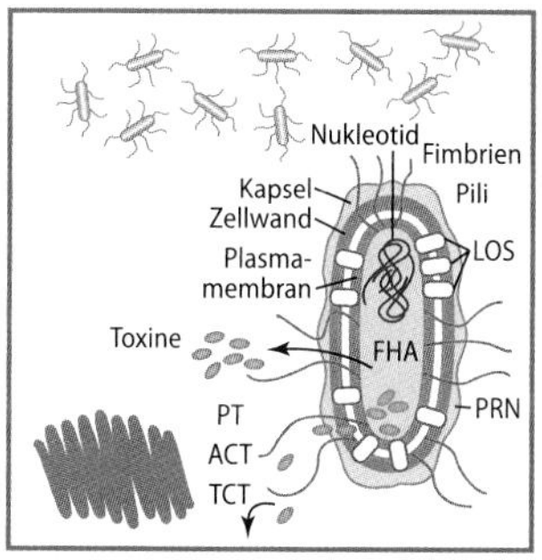

35.1.1 Beschreibung

Aufbau

B. pertussis ist ein kleines, unbewegliches, bekapseltes, aerobes, gramnegatives Stäbchenbakterium, das eine Reihe von gut charakterisierten **Virulenzfaktoren** bildet:
- Filamentöses Hämagglutinin (FHA)
- Pertussis-Toxin (PT)
- Trachea-Zytotoxin (TCT)
- Adenylatzyklase-Toxin (ACT)

◘ **Tab. 35.1** Bordetella: Arten und klinische Relevanz

Art	Klinische Bedeutung
B. pertussis	Erreger von Pertussis (Keuchhusten)
B. parapertussis	Erreger von Parapertussis: pertussisähnliche Erkrankung
B. bronchiseptica	Respiratorische Erkrankungen (viele Tiere, selten Mensch)
B. avium	Selten aus respiratorischen Materialien
B. hinzii	Selten aus klinischen Materialien
B. pseudohinzii	Selten aus klinischen Materialien
B. trematum	Selten aus Wundinfektionen)
B. holmesii	Selten aus klinischen Materialien
B.flabilis	Selten aus klinischen Materialien
B. ansorpii	Allgemeininfektionen bei Immunsupprimierten
B. bronchialis	Selten aus respiratorischen Materialien
B. sputigena	Selten aus respiratorischen Materialien
B. petrii	Umweltkeim
B. muralis	Umweltkeim
B. tumbae	Umweltkeim
B. tumulicola	Umweltkeim

◘ **Tab. 35.2** Bordetella: Gattungsmerkmale

Merkmal	Ausprägung
Gramfärbung	Gramnegative Stäbchen
Aerob/anaerob	Aerob
Kohlenhydratverwertung	Nein
Sporenbildung	Nein
Beweglichkeit	Variabel
Katalase	Positiv
Oxidase	Variabel
Besonderheiten	Einige Spezies zeigen kein Wachstum auf konventionellen mikrobiologischen Medien

S. Suerbaum et al. (Hrsg.), *Medizinische Mikrobiologie und Infektiologie*,
https://doi.org/10.1007/978-3-662-61385-6_35

Wie bei allen gramnegativen Stäbchen enthält die Zellwand Lipopolysaccharide (LPS). B. pertussis besitzt ferner, wie z. B. Yersinia spp., ein sog. Typ-3-Sekretionssystem, das durch seine nadelförmige Struktur Proteine direkt in eukaryote Zellen transportieren kann. Auf der Oberfläche des Bakteriums befinden sich weitere Membranproteine wie Pertactin (PRN) und Fimbrien (FIM). Weitere in der Pathogenese der Erkrankung wichtige und als „Autotransporter" bezeichnete Proteine sind z. B. Tracheal colonizing factor A (TcfA), Bordetella resistance to killing A, (BrkA) und Virulence associated gene 8 (Vag8).

Pertussis-Toxin (PT) als der wesentliche Virulenzfaktor ist nach dem A-B-Modell bakterieller Toxine aus den Untereinheiten S1–S5 aufgebaut, wobei die B-Untereinheit (S2–S5) an die Zelle bindet und die A-Untereinheit (S1) die enzymatische Aktivität einer Alpha-Ribosyltransferase besitzt. Als Substrate fungieren verschiedene regulatorische G-Proteine der Wirtszelle, deren Ribosylierung die intrazelluläre Signalverarbeitung stört.

Antigenvariation, Molekularbiologie

35

Die Genome von B. pertussis, B. parapertussis und anderen Bordetellen sind vollständig sequenziert. Während der Anpassung von B. pertussis an den menschlichen Wirtsorganismus vollzog sich eine Verkleinerung des bakteriellen Genoms. So umfasst das Genom von B. pertussis gut 4 Mio. Basenpaare (bp), das von B. parapertussis 4,8 Mio. bp, während das Genom des wahrscheinlich gemeinsamen Vorläufers B. bronchiseptica 5,3 Mio. bp groß ist.

Der Genombereich BvgA/BvgS steuert die Expression bestimmter Virulenzfaktoren in Abhängigkeit von der Umweltsituation (z. B. Temperatur). Daraus resultiert, dass die Bakterien in verschiedenen „Phasen" vorkommen, die sich je nach Expression der Virulenzfaktoren unterscheiden.

Für die epidemiologische Typisierung bakterieller Isolate werden unterschiedliche Verfahren eingesetzt, die alle auf Genomfragmentanalysen oder Gensequenzierung beruhen (▶ Kap. 19).

Die Bakterien zirkulieren auch in geimpften Populationen und scheinen sich kontinuierlich sowohl genotypisch als auch phänotypisch zu verändern, sodass sich z. B. Isolate mit veränderten Toxin-Promotoren (ptx-p3) weltweit verbreitet haben und in manchen Ländern Isolate ohne PRN-Expression gefunden werden, was eine kontinuierliche Überwachung der Wirksamkeit der Impfstoffe erforderlich macht.

35.1.2 Rolle als Krankheitserreger

Hintergrundinformation

Die Pertussis scheint eine relativ „neue" menschliche Erkrankung zu sein und wurde 1609 erstmals mit ihrer typischen Symptomatik von Guillaume de Baillou beschrieben. Aufgrund der Hustenattacken bezeichnete Thomas Sydenham gegen 1670 die Erkrankung nach dem lateinischen Wort für starken Husten als „pertussis". In Deutschland wurde Pertussis auch „Stickhusten" genannt, die Bezeichnung Keuchhusten (früher „Keichhusten") ist allgemein gebräuchlich. In den englischsprachigen Ländern wird die Erkrankung nach dem typischen Einziehen am Ende der Hustenanfälle als „whooping cough" bezeichnet, in Frankreich nach der gleichen Symptomatik als „coqueluche" (Hahnenschrei). Aufgrund des lang andauernden Hustens heißt die Erkrankung auf Spanisch „tos ferina" (wilder Husten) oder auch „quinte" (50-Tage-Husten).

Wegen der schlechten Behandelbarkeit und der langen Hustendauer wurden eine Reihe alternativer Therapien versucht, deren Wirksamkeit jedoch nie nachgewiesen werden konnte. Hierzu gehörten von den Krankenkassen bezahlte „Keuchhustenflüge", bei denen erkrankte Kinder im Flugzeug einer niedrigen Sauerstoffspannung ausgesetzt waren, oder der Aufenthalt in feuchten Bergwerkstollen bzw. Brauereikellern mit dem Ziel, die quälenden Hustenattacken zu lindern.

■ ■ Epidemiologie

Der Mensch ist der einzige Wirt von B. pertussis; B. parapertussis kann beim Menschen und bei Schafen isoliert werden; B. bronchiseptica ist bei einer Vielzahl von Tierspezies verbreitet. Es wird daher angenommen, dass B. pertussis sich vor relativ kurzer Zeit vom tier- zum humanpathogenen Bakterium entwickelt hat.

B. pertussis-Infektionen kommen trotz hoher Durchimpfungsraten ganzjährig mit periodischen Wellen etwa alle 3–5 Jahre endemisch vor. Länder mit hohen Impfraten im Säuglings- und Kleinkindalter zeigen bei insgesamt niedriger Inzidenz eine relative Häufung bei ungeimpften oder nicht ausreichend geimpften Säuglingen sowie bei älteren Kindern, Jugendlichen und Erwachsenen. Erwachsene spielen eine wichtige Rolle bei der Verbreitung des Erregers auf ungeschützte Säuglinge. Die von der Mutter übertragenen Antikörper reichen meist nicht als Nestschutz aus, sodass Pertussis bereits bei sehr jungen Säuglingen auftreten kann. Weder eine durchgemachte Erkrankung noch eine Impfung hinterlässt eine lang dauernde Immunität, daher tritt Pertussis in allen Altersgruppen auf.

Das Risiko, eine schwere und unter Umständen lebensbedrohliche Infektion zu entwickeln, ist bei ungeimpften Säuglingen in den ersten 6 Monaten am höchsten.

B. pertussis zirkuliert weltweit, wobei die meisten Todesfälle (>80.000 pro Jahr) in Ländern Afrikas und Asiens auftreten. In den meisten Ländern gehört

Pertussis zu den meldepflichtigen Erkrankungen. In industrialisierten Ländern hat die Zahl der gemeldeten Pertussisfälle im vergangenen Jahrzehnt wieder deutlich zugenommen. Es ist unklar, ob die **Zunahme der Meldungen** durch ein vermehrtes Auftreten der Erkrankung, durch verbesserte diagnostische Möglichkeiten, durch Veränderung des bakteriellen Genoms oder durch größere Aufmerksamkeit in der Bevölkerung bedingt ist bzw. ob eine Kombination mehrerer Faktoren eine Rolle spielt.

▪▪ Übertragung

Die Übertragung von B. pertussis erfolgt durch ausgehustete, bakterienhaltige Tröpfchen. Pertussis ist hochkontagiös; bis zu 90 % der engen, empfänglichen Kontaktpersonen erkranken. Bereits eine Keimdosis von etwa 100 koloniebildenden Einheiten (KBE) kann beim Erstkontakt zur Ansteckung führen, bei erneuter Exposition ist die Infektionsdosis höher.

▪▪ Pathogenese

Die Bakterien haften zunächst im Nasopharynx, die Vermehrung von B. pertussis und B. parapertussis erfolgt dann auf dem zilientragenden Epithel der tieferen Atemwegschleimhäute (◘ Abb. 35.1).

Obwohl der genaue Mechanismus der Pathogenese und des anfallartigen Hustens ungeklärt ist, sind die **Virulenzfaktoren** an der Pathogenese als Adhäsine (FHA, FIM, PRN) oder als Toxine (PT, ACT, TCT) beteiligt:

- Das von den Bakterien sezernierte **FHA** bindet an zilientragende Zellen im gesamten Respirationstrakt, an die auch die Fimbrien andocken können.
- **PRN** bindet an diverse Zelltypen über das sog. RGD-Motiv (Aminosäureabfolge Arg–Gly–Asp), das auch körpereigene Substanzen wie Fibrinogen als Bindungsort verwenden.
- Nur B. pertussis bildet tatsächlich **PT.** B. parapertussis und B. bronchiseptica besitzen zwar das entsprechende ptx-Gen, diesem fehlt jedoch jeweils der Promotor. PT verursacht eine Lymphozytose. Zur Umgehung der Körperabwehr unterdrückt PT die Chemotaxis, den „oxidative burst" und andere Abwehrmechanismen der neutrophilen Granulozyten und Makrophagen.
- **ACT** legt die Aktivität der phagozytierenden Zellen auf einem anderen Weg lahm.
- **TCT** sorgt für eine Ziliostase.

▪▪ Klinik

Die „klassische" Symptomatik des Keuchhustens lässt sich in **3 Stadien** unterteilen (◘ Tab. 35.3).

In einer weitgehend geimpften Bevölkerung wird das Vollbild der Erkrankung v. a. bei Ungeimpften, mitunter aber auch bei etwas älteren, geimpften Kindern beobachtet.

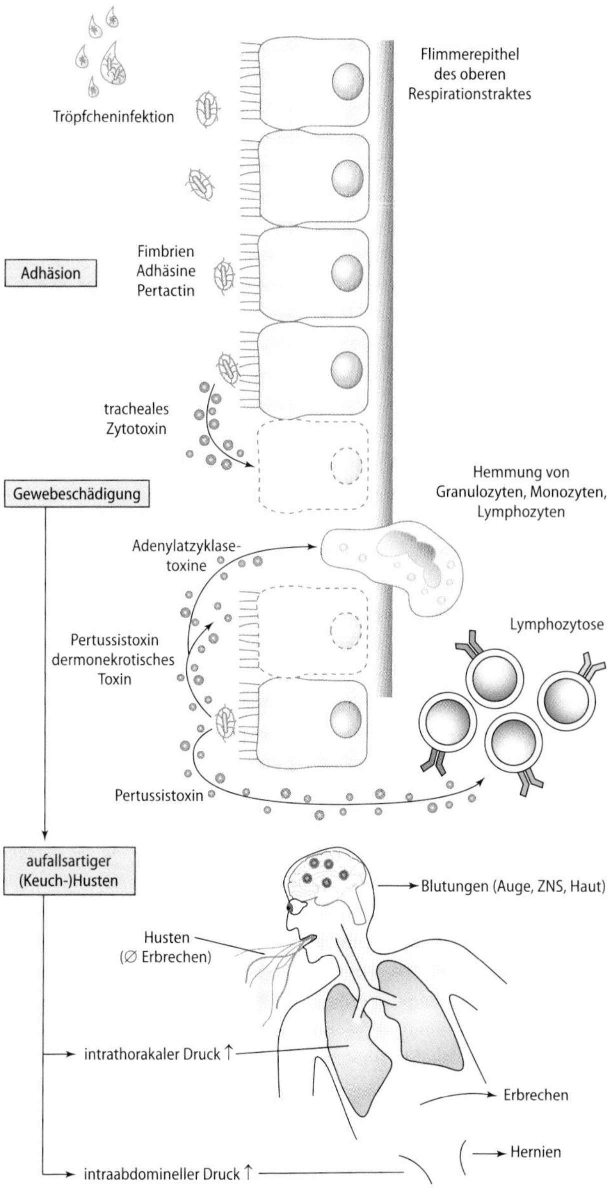

◘ **Abb. 35.1** Pathogenese des Keuchhustens (Pertussis)

Bei Neugeborenen und jungen Säuglingen fehlen möglicherweise die typischen Hustenattacken, unspezifische respiratorische Symptome und v. a. Apnoen sind dagegen häufig. Bei Jugendlichen und Erwachsenen leiden je nach epidemiologischen Zyklus des Keuchhustens etwa 5–20 % aller Patienten, die mehr als 1–2 Wochen husten, an Pertussis. Das primäre Symptom ist lang anhaltender Husten, in 70–90 % anfallartig auftretend. Die mittlere Hustendauer beträgt etwa 6 Wochen.

Bei Neugeborenen und ungeimpften Säuglingen sind **schwere Komplikationen** wie Apnoen, Enzephalopathien und Pneumonien am häufigsten. Bei unter 6 Monate alten, stationär behandelten Säuglingen wurde in 75 % eine Pneumonie, in 25 % eine

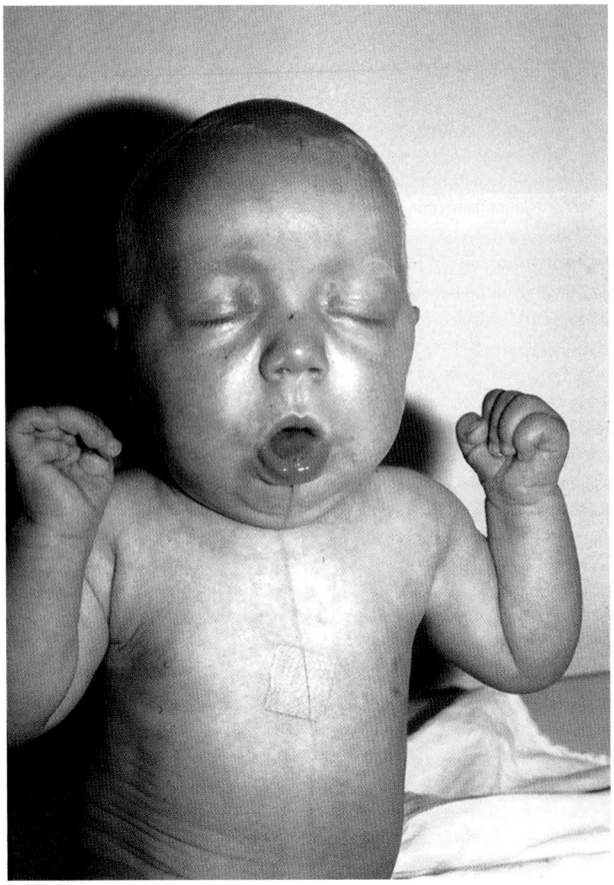

Abb. 35.2 Säugling (3,5 Monate alt) nach Keuchhustenanfall. Charakteristisch ist das gedunsene Gesicht, Tränen- und Speichelfluss und die Erschöpfung des Kindes nach dem Hustenanfall. (Mit freundlicher Genehmigung von Dr. H. Moll, Papenburg)

beatmungspflichtige Apnoe, in 14 % Krampfanfälle und in 5 % eine Enzephalopathie diagnostiziert.

Pro Jahr werden in Deutschland etwa 1–2 Todesfälle gemeldet, die v. a. junge Säuglinge betreffen. Es ist von einer erheblichen Dunkelziffer mit einer größeren Zahl von Todesfällen auszugehen.

Immunität

Eine Infektion mit B. pertussis sichert nur für etwa 3–12 Jahre einen Schutz vor Reinfektion. Diese kann je nach Abstand zur Vorinfektion und möglicherweise abhängig von der Infektionsdosis als banaler Infekt der oberen Atemwege, als sehr lang dauernder, quälender Husten oder als „klassischer" Keuchhusten mit allen Symptomen ablaufen.

Gegen Pertussis Geimpfte können nach Keuchhustenkontakt bei einem Ausbruch vorübergehend Bordetellen ausscheiden, ohne selbst zu erkranken. Ein lang dauernder **asymptomatischer Trägerstatus** bei Gesunden ist allerdings bisher nicht bekannt.

Labordiagnose

Die Labordiagnose der Pertussis erfolgt durch Nachweis des Erregergenoms mittels PCR, durch kulturelle Anzucht und/oder durch den Nachweis von Antikörpern gegen Pertussis-Toxin (PT).

Der direkte Erregernachweis erfolgt aus nasopharyngealen Aspiraten oder tiefen nasopharyngealen Abstrichen. Videos zur Entnahmetechnik sind z. B. auf der Webseite der Centers for Disease Control (CDC) zu finden:

- Abstrich: ▶ https://www.youtube.com/watch?v=zqX56LGItgQ
- Aspirat: ▶ https://www.youtube.com/watch?v=wktn17tjPaE

Die Sensitivität der **PCR** ist bei Säuglingen mit etwa 70–80 % ausreichend, bei älteren geimpften Kindern, bei Jugendlichen und Erwachsenen mit 5–20 % unbefriedigend, da mit der Hustendauer die Bakteriendichte abnimmt. Die **Kultur** hat eine deutlich geringere Sensitivität.

Ein Anstieg der Antikörper gegen PT um das Doppelte oder der einmalige Nachweis eines deutlich erhöhten Titers von Anti-PT-IgG kann die Diagnose sichern. **Serologische** Untersuchungen sind nach einer Impfung mit azellulären Impfstoffen für etwa

Tab. 35.3 Klinische Stadien der B. pertussis-Infektion

Stadium	Symptomatik	Dauer
Stadium catarrhale	Beginn mit allgemeinen Symptomen einer Infektion der oberen Atemwege, wie Rhinorrhö, aber meist ohne Fieber, Ansteckungsfähigkeit besonders groß	ca. 1–2 Wochen
Stadium convulsivum	Vollbild des Keuchhustens mit geringem Fieber, paroxysmalen, evtl. mehrfach aufeinander folgenden, stakkatoartigen Hustenattacken (besonders nachts), inspiratorischem Ziehen am Ende der Attacken („whoop"), Würgen und Erbrechen (Abb. 35.2); Petechien, Konjunktivalblutungen und Zungenbandgeschwüre können auftreten	3–6 Wochen
Stadium decrementi	Intensität und Frequenz der Hustenattacken nehmen langsam ab	2–6 Wochen, bis zu 10 Wochen und länger möglich

12 Monate nur sehr eingeschränkt zu interpretieren, da nicht zwischen Antikörpern nach Infektion bzw. nach Impfung unterschieden werden kann.

Neben B. pertussis und B. parapertussis können auch **andere Erreger** pertussiforme Symptome verursachen, so z. B. Adenoviren, Respiratory-Syncytial-Viren (RSV), humane Parainfluenzaviren, Rhinoviren aber auch Mycoplasma pneumoniae. Infektionen mit mehr als einem Erreger sind nicht selten, Doppelinfektionen mit RSV und B. pertussis sind bei Säuglingen häufig.

▪▪ Therapie

Eine **antibiotische Behandlung** führt bei Kindern nur im frühen Stadium zu einer Linderung der Symptome und einer Verkürzung der Krankheitsdauer. Bei Jugendlichen und Erwachsenen hat eine antibiotische Therapie wegen des späten Beginns meist keinen Einfluss auf den Verlauf, sie ist aber bis zu 4 Wochen nach Hustenbeginn sinnvoll, um weitere Übertragungen zu verhindern. Nach antibiotischer Therapie mit Erythromycin oder Clarithromycin über 7 Tage (bzw. 3–5 Tage bei Azithromycin) ist eine Übertragung unwahrscheinlich.

Die antibiotische Behandlung erfolgt in der Regel mit einem Makrolid. Bei Neugeborenen und jungen Säuglingen wird nach wie vor mit Erythromycin behandelt. Erythromycin und Clarithromycin sind als Saft und i. v. Lösung einsetzbar, Azithromycin ist für Kinder ab 6 Monaten zugelassen.

Für Kleinkinder, Schulkinder, Jugendliche und Erwachsene sind Clarithromycin und Azithromycin gleich wirksam wie Erythromycin, aber besser verträglich. Die empfohlene Therapiedauer beträgt bei Erythromycin und Clarithromycin 7 Tage, bei Azithromycin 3–5 Tage.

Die Wirksamkeit einer **Chemoprophylaxe** bei Kontaktpersonen ist umstritten. Wegen der Wirksamkeit gegenüber einer Übertragung wird eine prophylaktische Antibiotikagabe jedoch dann empfohlen, wenn im Haushalt junge, ungeimpfte Säuglinge leben. Die Empfehlungen für die Dauer und Dosierung der Prophylaxe gleichen denen der Therapie.

▪▪ Prävention

Bereits zu Beginn des 20. Jahrhunderts wurden die ersten **Keuchhustenimpfstoffe** erprobt. Ein aus abgetöteten Bakterienzellen aus Flüssigkulturen hergestellter Impfstoff wurde in den 1940er und 1950er Jahren entwickelt und ist gering modifiziert in vielen Ländern nach wie vor in Gebrauch (Ganzzellimpfstoff, „whole cell vaccine“). Die Pertussis-Komponente wird fast immer zusammen mit Tetanus- und Diphtherie-Toxoid an Aluminiumsalze adsorbiert und als **Kombinationsimpfstoff DTwP** (wP: „whole cell pertussis“) angewendet. Mitunter werden weitere Antigene kombiniert (s. u.).

Die DTwP-Impfung ist Bestandteil der von WHO und UNICEF weltweit koordinierten Impfprogramme. Die primäre Impfstrategie besteht in einer Grundimmunisierung mit 3 Dosen bei Säuglingen und, wo immer möglich, einer weiteren Auffrischimpfung. Informationen sind auf der Website der WHO abrufbar: ▶ https://www.who.int/immunization/diseases/pertussis/en/.

In Deutschland werden Ganzzellimpfstoffe nicht mehr vertrieben, sie wurden durch **azelluläre Impfstoffe** ersetzt. Diese werden aus gereinigten Proteinantigenen eines bestimmten Stammes von B. pertussis (Stamm Tohama) hergestellt. Für Impfstoffe können PT, FHA, PRN und eine Mischung aus Typ-2- und Typ-3-Fimbrienantigen (FIM 2 und FIM 3) verwendet werden.

Die in Deutschland zugelassenen und vertriebenen azellulären Pertussis-Impfstoffe enthalten alle PT, die meisten FHA und PRN und manche noch FIM 2/3. Die Antigene werden zusammen mit Diphtherie-Toxoid und Tetanus-Toxoid an Aluminiumsalze adsorbiert und als **DTaP-Impfstoff** vertrieben (aP: „acellular pertussis“). Der **DTaP-Impfstoff** wird häufig mit inaktivierten Polioviren (IPV), Polyribositolphosphat von Haemophilus-influenzae-Typ b (Hib) und Hepatitis-B-Antigen (HBsAg) kombiniert, sodass 4-, 5- und 6-fach-Impfstoffe entstehen. Die Antigendosis in den Kombinationsimpfstoffen variiert, je nachdem ob sie zur Grundimmunisierung mit höherem Antigengehalt (DTaP) oder zur Auffrischimpfung mit reduziertem Antigengehalt (Tdap) vorgesehen sind.

Die Empfehlungen der STIKO (◘ Tab. 35.4) für die Impfung gegen Pertussis beziehen sich auf **Kombinationsimpfstoffe.** Die **Grundimmunisierung** wird mit 3 Impfungen im Alter von 2, 4 und 11 Monaten durchgeführt.

Die **Auffrischung** im 5./6. Lebensjahr erfolgt mit Kombinationsimpfstoffen, die einen reduzierten Antigengehalt aufweisen (Tdap). (Kleinbuchstaben in den Abkürzungen weisen auf den verminderten Antigengehalt hin.) Eine weitere Auffrischung erfolgt in der Adoleszenz (9–14 Jahre) erneut mit antigenreduzierten Kombinationsimpfstoffen. Eine generelle Auffrischung bei Erwachsenen wird in Deutschland wie in anderen Ländern empfohlen. Ziele der Auffrischimpfung bei Erwachsenen sind die Reduktion der Krankheitslast, die Reduktion der Erkrankungen bei ungeimpften Säuglingen und eine insgesamt verbesserte „Herdenimmunität“. Ungeimpfte Säuglinge können auch effektiv durch die empfohlene Impfung von Schwangeren im 3. Trimester geschützt werden.

Tab. 35.4 Empfehlungen der STIKO zur Impfung gegen Pertussis

Alter	Immunisierungsschritt
Lebensmonate 2, 4 und 11	Grundimmunisierung mit Kombinationsimpfstoff (DTaP)
Lebensjahr 5–6	Auffrischung mit reduzierter Dosis (Tdap)
Lebensjahr 9–14	Auffrischung mit reduzierter Dosis (Tdap-IPV)
Erwachsenenalter	Eine Auffrischung mit reduzierter Dosis (TdaP)
Schwangere	Impfung mit reduzierter Dosis (Tdap) zu Beginn des 3. Trimenon

Personal im Gesundheitsdienst sowie in Gemeinschaftseinrichtungen für das Vorschulalter und in Kinderheimen sollte gegen Pertussis geimpft werden. Laut Biostoffverordnung (BioStoffV) muss der Arbeitgeber in Einrichtungen, bei denen ein Risiko für einen Kontakt mit dem Keuchhustenerreger besteht, für das dort beschäftigte Personal eine Impfung anbieten.

Die Impfstoffe haben eine Schutzwirkung von etwa 80–90 %, die **Schutzdauer** bleibt für 3–4 Jahre auf dem nach 3 Grundimmunisierungen erreichten Niveau, um dann abzufallen. Ein einfach messbares Korrelat für die Schutzwirkung von Pertussis-Impfstoffen existiert nicht.

Hinsichtlich der Nebenwirkungen sind DT- bzw. Td-Impfungen nicht von DTaP- bzw. Tdap-Impfstoffen zu unterscheiden. In einigen Fällen kommt es zu Rötungen und Schmerzen an der Impfstelle sowie zu leichten Allgemeinreaktionen. Die Rate der lokalen Nebenwirkungen nimmt mit der Anzahl der Impfdosen zu.

Meldepflicht/Public Health Die europäischen Impfstrategien sind auf der Website des ECDC zusammengefasst (▶ http://vaccine-schedule.ecdc.europa.eu/Pages/Scheduler.aspx). Pertussis ist nach dem Infektionsschutzgesetz in Deutschland meldepflichtig. Bei der Falldefinition für Pertussis beweist der direkte Erregernachweis mittels Kultur oder positivem Nukleinsäurenachweis (PCR) eine Infektion. Für den serologischen Nachweis wird ein Anstieg der Antikörper zwischen 2 Proben oder ein einmalig hoher alleiniger Nachweis von IgG-Antikörpern gegen PT gefordert. Die aktuellen Meldedaten können auf der Website des Robert Koch-Instituts (▶ www.rki.de) eingesehen werden.

In Kürze: Bordetella pertussis

- **Bakteriologie:** Gramnegatives, kurzes, bekapseltes Stäbchen, aerob und unbeweglich.
- **Epidemiologie:** Weltweit zu allen Jahreszeiten mit 3- bis 5-jährigen Häufungen vorkommend. Übertragung durch Tröpfchen, Krankheitslast in Ländern Afrikas und Asiens am höchsten.
- **Zielgruppe:** Alle Altersgruppen, bereits Neugeborene können erkranken.
- **Pathogenese:** Bakterien haften im Nasopharynx und besiedeln anschließend die Atemwege. Husten und andere Symptome werden durch eine Vielzahl von Virulenzfaktoren wie z. B. Pertussis-Toxin hervorgerufen.
- **Klinik:** Lang dauernder und häufig anfallartiger Husten, zusammen mit inspiratorischem Einziehen, Erbrechen und Würgen.
- **Labordiagnose:** Nachweis der Bordetella-DNA mittels PCR, Nachweis von Antikörpern gegen Pertussistoxin, kulturelle Anzucht.
- **Therapie:** Mit Makroliden. Wirksam gegen Symptome nur bei frühem Beginn und v. a. bei Kindern. Antibiotikatherapie unterbricht Übertragung.
- **Impfung:** Kombinationsimpfung mit azellulären Pertussis-Impfstoffen (DTaP) mit Grundimmunisierung im Säuglingsalter und regelmäßigen Auffrischimpfungen auch für Erwachsene (Tdap).
- **Immunität:** Protektive Immunität nach Infektion und Impfung hält einige Jahre und nimmt dann kontinuierlich ab.

35.2 Bordetella parapertussis

B. parapertussis ist eng mit B. pertussis verwandt, produziert jedoch kein PT und besitzt andere Fimbrienantigene. Im Gegensatz zu B. pertussis ist B. parapertussis oxidasenegativ (Tab. 35.2).

B. parapertussis ruft ein keuchhustenähnliches Bild hervor, das sich klinisch zunächst nicht von Keuchhusten durch B. pertussis unterscheiden lässt. Die Hustendauer ist jedoch in der Regel kürzer.

Die Diagnostik erfolgt durch eine für B. parapertussis spezifische PCR oder durch Anzucht des Erregers. Eine serologische Diagnostik ist bei B. parapertussis derzeit nicht möglich. Azelluläre Pertussis-Impfstoffe schützen nur begrenzt gegen B. parapertussis.

35.3 Andere Bordetella spp

Die übrigen Bordetella Arten sind hauptsächlich tierpathogen.

B. bronchiseptica verursacht respiratorische Krankheiten bei Hunden, Katzen und Nutztieren. Bei Hunden können u. a. Bordetella spp. den sog. Zwingerhusten und bei Katzen den sog. Katzenschnupfen hervorrufen. In seltenen Fällen wird B. bronchiseptica auf den Menschen übertragen und kann dann eine Erkrankung der oberen Atemwege verursachen, jedoch ohne „pertussistypische" Symptomatik. Die Diagnostik besteht im kulturellen Nachweis der Bakterien. Hunde, Katzen und Nutztiere können gegen B. bronchiseptica geimpft werden.

Andere Bordetella-Arten können in Einzelfällen, v. a. bei immunsupprimierten Patienten, lokale Infektionen und Allgemeininfektionen verursachen. Die Diagnostik besteht im kulturellen Nachweis der Bakterien, die aus klinischem Untersuchungsmaterial als sog. gramnegative Nonfermenter differenziert werden.

Einige der Spezies wie B. petrii, B. muralis, B. tumbae oder B. tumulicola sind Umweltkeime, die für menschliche Infektionen keine Rolle spielen.

Weiterführende Literatur

Edwards KM, Decker MD (2017) Pertussis Vaccines. In: Plotkin S et al (Hrsg) Plotkin's Vaccines, 7. Aufl. Saunders, Philadelphia, S 711–761

Kilgore PE, Coenye T (2019) Bordetella and related genera. In: Carroll KC, Pfaller MA (Hrsg) Manual of clinical microbiology, 12. Aufl. ASM Press, Washington DC, S 858–870

Legionellen

Christian Lück und Markus Petzold

Legionellen sind Wasserbakterien, die in natürlichen und artifiziellen aquatischen Standorten weit verbreitet sind. In der Umwelt (Flüsse, Seen) und im kalten Wasser (<20 °C) der technisierten Umgebung kommen sie nur selten und in geringen Mengen vor und stellen keine hygienische Gefahr dar. Werden sie jedoch in Warmwassersysteme eingetragen, so finden sie und ihre Wirte bei 30–45 °C optimale Vermehrungstemperaturen. Legionellen können dann häufig aus Wasserversorgungssystemen, Schwimmbädern, Rückkühlwerken, selten auch aus Beatmungs- und Inhalationsapparaten, Eismaschinen, Dentaleinheiten und anderen technischen Wassersystemen isoliert werden. Der intrazelluläre Lebenszyklus der Legionellen in Amöben ist der Schlüssel für das Überleben dieser Bakterien in nährstoffarmer Umgebung und dient als Transportvehikel bei der Übertragung auf den Menschen. Die Alveolarmakrophagen sind die Zielzellen für die intrazelluläre Vermehrung bei Erkrankungen des Menschen. Sie sind im epidemiologischen Sinne eine Sackgasse. Legionellosen sind eine ausschließlich aus der Umwelt auf den Menschen übertragene Erkrankung.

Fallbeispiel

Ein 66-jähriger Mann erkrankte 4 Monate nach einer Nierentransplantation an einer Legionella-Pneumonie, nachdem er das Krankenhaus 18 Tage zuvor verlassen hatte. Die Infektion wurde durch Kultur von L. pneumophila-Serogruppe 10 bestätigt. In Umweltproben aus dem Krankenhaus wurden L. pneumophila-Serogruppe 1, monoklonaler Subtyp Bellingham (MAb3-1-negativ) und Serogruppe 9 in Mengen von 1000–2000 KbE/100 ml isoliert. Im häuslichen Umfeld war der verursachende Stamm nachweisbar, allerdings in sehr geringer Menge von 3 und 28 KbE/100 ml (weniger als der technische Maßnahmewert von 100 KbE/100 ml. An diesem Beispiel werden das grundsätzliche Problem der Legionella-Keimzahl und ihre hygienische Relevanz deutlich. Umweltuntersuchungen erfolgen immer retrograd, und die Menge kann zum Zeitpunkt der Infektion deutlich höher gewesen sein. An ein und derselben Untersuchungsstelle kann sie um den Faktor 10–100 schwanken. Fazit: Bei vorgeschädigten Personen können geringe Mengen von Legionella relevant sein. Andererseits waren die höheren Keimzahlen im Krankenhaus in diesem Fall ohne Bedeutung.

36.1 Legionella-Spezies

Steckbrief

Legionella pneumophila und 61 weitere Legionella-Spezies sind gramnegative Umweltbakterien, die über die Verneblung von Wasser mit kleinen Wassertröpfchen die Lungenalveolen erreichen können, von Alveolarmakrophagen aufgenommen werden und sich in diesen Wirtszellen vermehren. Aus der Infektion resultiert eine Pneumonie, die als „Legionärskrankheit" immer wieder mit schwersten klinischen Verläufen verbunden sein kann. Die epidemiologisch wichtigste Spezies L. pneumophila wird in 15 Serogruppen unterteilt. Im ambulanten Bereich wurde bei Patienten am häufigsten die L. pneumophila-Serogruppe 1 nachgewiesen. Bei immunsupprimierten Patienten verursachen neben L. pneumophila (alle Serogruppen) auch andere Legionellenspezies z. T. schwer verlaufende Pneumonien.

36.1.1 Beschreibung

Die Legionellen wurden erst 1976 durch Josef McDade nach einem Ausbruch unter Veteranen der US-Armee als Erreger entdeckt. Diese waren Mitglieder der „American Legion", die schlussendlich zum Namen „Legionella" führte. Gründe für die späte Entdeckung sind die schlechte bzw. schwache Anfärbbarkeit der gramnegativen Bakterien und ihre speziellen Wachstumsbedingungen (◘ Tab. 36.1).

S. Suerbaum et al. (Hrsg.), *Medizinische Mikrobiologie und Infektiologie*,
https://doi.org/10.1007/978-3-662-61385-6_36

Tab. 36.1 Legionella: Gattungsmerkmale

Merkmale	Ausprägung
Gramfärbung	Gramnegative Stäbchen
Aerob/anaerob	Aerob
Besonderheit	Wachstum nur auf Spezialnährböden (Aminosäuren: insbesondere Cystein; Fe-Quelle), keine Kohlenhydratverwertung

Tab. 36.2 Häufigste Legionellen-Arten und Krankheiten

Art	Krankheiten
L. pneumophila	Legionärskrankheit, Pontiac-Fieber
L. bozemanii	Legionärskrankheit, Pontiac-Fieber
L. longbeachae	Legionärskrankheit, Pontiac-Fieber
L. micdadei	Legionärskrankheit, Pontiac-Fieber
L. anisa	Legionärskrankheit
L. cincinatiensis	Legionärskrankheit
L. dumoffii	Legionärskrankheit
Andere Legionella-Spezies	Legionärskrankheit (selten)

Legionella-Spezies verursachen Pneumonien, einige Spezies das sog. Pontiac-Fieber (Tab. 36.2). Die klinischen Bilder beider Krankheiten unterscheiden sich signifikant (▶ Abschn. 36.1.2).

In der Familie der Legionellaceae sind heute 62 Spezies mit 86 Serogruppen beschrieben, wobei Legionella pneumophila der Serogruppe 1 einen Großteil der Erkrankungen verursacht. Die Untergruppen von Serogruppe 1, die mit dem monoklonalen Antikörper MAb 3–1 reagieren, gelten als besonders virulent, da sie auch bei immunkompetenten Menschen zu schweren Pneumonien führen können Solche Stämme verursachen auch Häufungen und Epidemien.

Andere Serogruppen von L. pneumophila und Non-Pneumophila-Spezies wie L. bozemanii, L. micdadei, L. longbeachae verursachen hingegen fast ausschließlich Erkrankungen bei vorgeschädigten Patienten. Ein Großteil der Non-Pneumophila-Spezies ist bisher noch nicht als Erreger von Pneumonien (Legionärskrankheit) oder des Pontiac-Fiebers als nichtpneumonische Verlaufsform in Erscheinung getreten.

■ Lebenszyklus

Der intrazelluläre Lebenszyklus der Legionellen in Einzellern wie Amöben (▶ Abschn. 85.5) ist der Schlüssel für das Überleben dieser Bakterien in nährstoffarmer Umgebung und als Transportvehikel bei der Übertragung auf den Menschen. Legionellen sind **weltweit im Süßwasser** (Seen, Flüsse etc.) verbreitet. In diesen aquatischen Standorten sind leben nicht frei im Wasser, sondern intrazellulär in verschiedensten Einzellern (Amöben, z. B. Akanthamöben und Hartmannella spp.) (Abb. 36.1).

Amöben ernähren sich normalerweise von Bakterien. Über ein Typ-4-Sekretionssystem applizieren Legionellen jedoch Effektormoleküle in ihre Wirtszelle. Diese wird dadurch so beeinflusst, dass die Legionellen dem intrazellulären Abbau entkommen und die Wirtszelle für ihre Vermehrung nutzen können. Auch der Transport über das Trinkwassernetz und die weitere Vermehrung der Legionellen in technischen Wassersystemen (Warmwasserversorgung, Schwimmbäder, Rückkühleinrichtungen, Dentaleinheiten) verläuft in der **Lebensgemeinschaft mit Amöben.** Trockenphasen und schädliche Umwelteinflüsse, z. B. Desinfektionsmittel, überleben die intrazellulären Legionellen in Amöbenzysten ebenfalls besser als andere aquatische Bakterien. Die Fähigkeit der Legionellen, sich in nährstoffarmem Wasser intrazellulär in Amöben zu vermehren, hat den Legionellen neue Biotope in den vom Menschen eingerichteten wasserführenden Installationen eröffnet.

Nach aerogener Übertragung dienen die Alveolarmakrophagen des Menschen als Vermehrungsort. So führen sie zu Pneumonien unterschiedlichen Schweregrades (Abb. 36.2). Sie sind gleichzeitig Endstation im Infektionszyklus. Die weitere Infektionskette ist jedoch unterbrochen, da eine Übertragung von Mensch zu Mensch nicht stattfindet.

36.1.2 Rolle als Krankheitserreger

■■ Epidemiologie

Legionella-Pneumonien besitzen eine niedrige Manifestationsrate. Daher sind die meisten Infektionen sporadische Einzelerkrankungen. Bei Gruppenerkrankungen gehen die Infektionen meist von defekten oder schlecht gewarteten Wassersystemen, Rückkühltürmen oder Whirlpools aus. Künstlich angelegte Sprinkler-, Wasserfall- und Teichanlagen in Eingangshallenbereichen oder Dentaleinheiten sind ebenfalls nachgewiesene, jedoch seltene Infektionsquellen (Abb. 36.3).

Die Zahl der gemeldeten Fälle steigt in Deutschland, aber auch in ganz Europa weiter an.

Zwei nosokomiale Legionellose-Ausbrüche in einem Klinikum in Brandenburg

In einem neu gebauten Klinikum ereigneten sich innerhalb eines halben Jahres 2 Ausbrüche mit 7 bzw. 5 Patienten. Alle Infektionen waren durch den Antigennachweis im Urin detektiert worden. Sofern die Legionellose durch eine Kultur bestätigt werden konnten, war L. pneumophila Serogruppe 1, monoklonaler Subtyp Knoxville (MAb 3–1 positiv), Sequenztyp 182 nachweisbar.

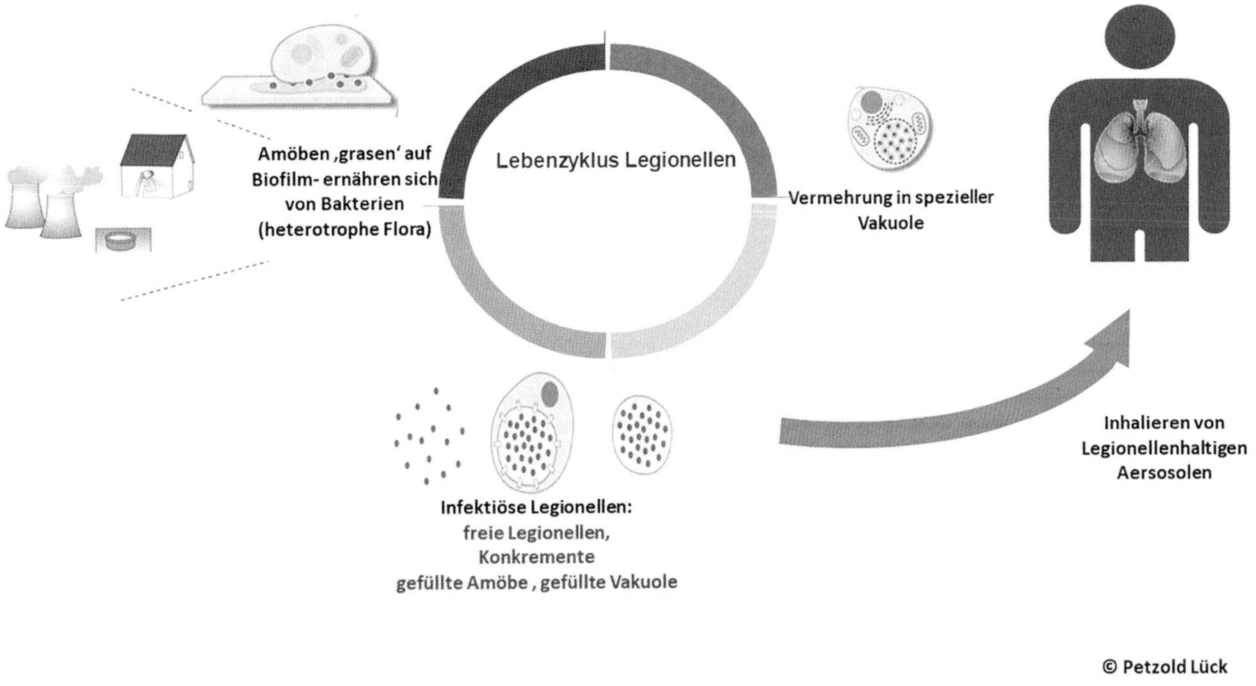

Abb. 36.1 Intrazelluläre Vermehrung in natürlichen Wirtszellen und Übertragung auf den Menschen

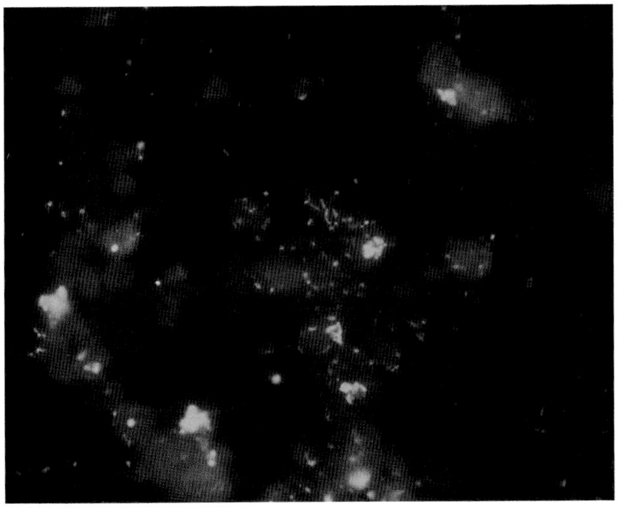

Abb. 36.2 Mit fluoreszenzmarkierten Antikörpern sichtbar gemachte Legionellen, Nachweis sowohl extra- als auch intrazellulär in Alveolarmakrophagen bei einem Patienten mit Pneumonie

Beim ersten Geschehen betrug die Legionella-Keimzahl im Wasser bis zu 20.000 KbE/100 ml. Neben dem verursachenden Stamm waren noch andere Stämme von Serogruppe 1, 6, sowie weitere Legionella-Spezies nachweisbar. Nachdem das Wassersystem thermisch desinfiziert wurde, sind keine weiteren Erkrankungen registriert worden.
Ein halbes Jahr später traten erneut Erkrankungen auf, diesmal in einem anderen Gebäude. Ursächlich war wieder das Wassersystem, wobei auch die Kaltwasserversorgung mit hoher Temperatur von bis zu 28,7 °C als Quelle berücksichtigt werden muss. Im Warmwasser waren bis zu 20.000 KbE/100 ml und im Kaltwasser bis zu 2700 KbE/100 ml kultivierbar. Zu Beginn der Bekämpfungsmaßnahmen wurden bakteriendichte Filter an allen Auslässen angebracht sowie eine Chlordioxidanlage installiert.

Weitere Erkrankungen sind seit diesem Zeitpunkt nicht gemeldet worden. Auch wenn der Übertragungsweg nicht in jedem Fall nachvollziehbar war, so muss doch davon ausgegangen werden, dass die Übertragung aus der Wasserversorgung ursächlich war. Bemerkenswert ist, dass bei der Mehrzahl der von Legionellose betroffenen Patienten keine der Hochrisikofaktoren wie Kortikosteroidtherapie, Gabe von TNF-α-Antikörpern oder Organtransplantation zutrafen.

▪▪ Übertragung

Einziger Übertragungsweg ist das legionellenhaltige Wasseraerosol. Es ist davon auszugehen, dass die Legionellen im Aerosol nicht homogen verteilt sind, sondern in den Wassertröpfchen Cluster bilden. Diese gehen auf die eng gepackte Lagerung der an das intrazelluläre Überleben angepassten Legionellen in Amöbenpartikeln/Phagosomen zurück. Hier ist der Vergleich mit „trojanischen Pferden" zutreffend.

▪▪ Pathogenese

Disponierende Faktoren: Infektionen durch Legionellen können bei allen Menschen zur Erkrankung führen. Schätzungen zufolge werden ca. 4 % aller ambulant erworbenen Pneumonien durch Legionellen verursacht. Ein erhöhtes Risiko haben Patienten mit Grundleiden, hohem Alter und unter immunsuppressiver Therapie. Männer erkranken 2- bis 3-mal häufiger. Den negativen Einfluss von Kortison oder einer TNF-α-Antagonisten-Therapie erklärt man damit, dass die Makrophagen unter antiinflammatorischer

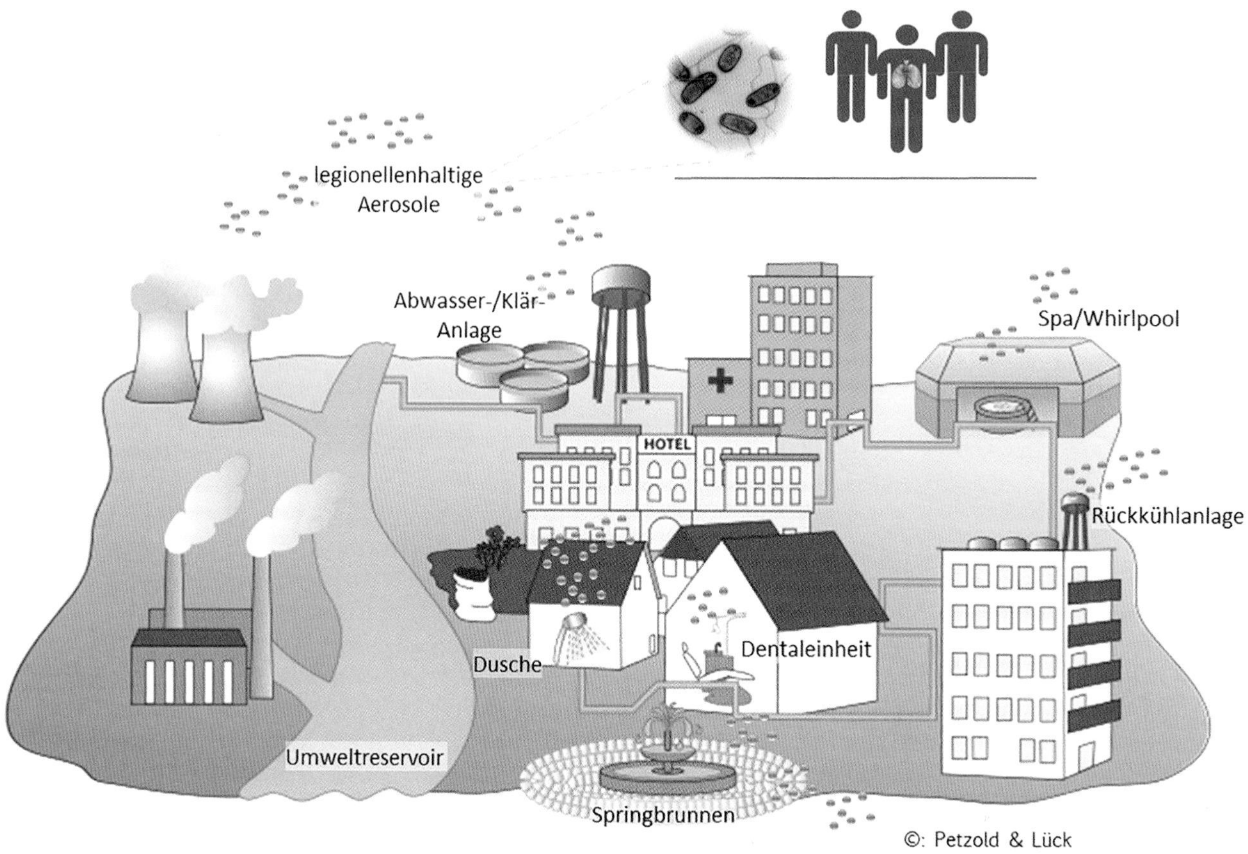

Abb. 36.3 Übertragung von Legionellen in der Umwelt

Therapie nicht in der Lage ist, die zelluläre Abwehr über proinflammatorische Zytokine so zu mobilisieren. So werden mit Legionellen infizierte Zellen nicht oder ungenügend aktiviert, um die Abtötung von Legionellen zu ermöglichen.

▪▪ Klinik

Aus der Exposition gegenüber legionellenhaltigen Aerosolen und dem Beginn der Klinik sind **Inkubationszeiten** von 2–10 Tagen (selten bis 20 Tagen) errechnet worden. Das Pontiac-Fieber hat eine kürzere Inkubationszeit von nur 1–2 Tagen. Die Inkubationszeit ist möglicherweise abhängig von der Bakterienlast im inhalierten Aerosol.

Es werden **2 respiratorische Krankheitsbilder** mit unterschiedlichem Schweregrad, jedoch mit fließenden Übergängen zwischen beiden Manifestationen unterschieden:

- **Pontiac-Fieber:** Nichtpneumonische Form mit eher grippeähnlichen Symptomen
- **Legionärskrankheit:** Klinisches Vollbild einer Pneumonie

Beide Krankheitsbilder beginnen mit nichtcharakteristischen klinischen Symptomen wie trockenem Husten, Kopfschmerz und Fieber. Die klinischen Verläufe einer Pneumonie sind meist schwer. Je nach individuellen Risikofaktoren schwankt die Letalität von Patienten mit Legionärskrankheit selbst unter adäquater Therapie zwischen 2 und 20 %.

Das Pontiac-Fieber verläuft dagegen nie letal, eine spezifische antimikrobielle Therapie ist nicht notwendig.

In letzter Zeit werden immer häufiger **extrarespiratorische Infektionen** beschrieben (Arthritis, Wundinfektionen, Endokarditis). Bei dieser Infektion ist die Diagnostik schwierig, da nicht nach Legionellen gesucht wird. Daher muss man wohl von einer erheblichen Mindererfassung ausgehen.

▪▪ Labordiagnose

Als nichtinvasives diagnostisches Verfahren steht der **Antigennachweis im Urin** zur Verfügung. Hierbei werden Legionellenantigene nachgewiesen, die nach Übertritt in den Blutkreislauf über die Niere ausgeschieden werden. Diese relativ stabilen Antigene sind LPS-Strukturen der Legionellenzellwand. Hierdurch bedingt, weist der Urin-Antigentest nur Infektionen durch **L. pneumophila-Serogruppe 1** mit ausreichender Empfindlichkeit nach.

Diese Serogruppe ist für über 85 % der ambulant erworbenen Legionellenpneumonien und über 95 % der reiseassoziierten Legionellosen (Unterbringung in Hotelanlagen) verantwortlich. Der Urinantigentest deckt also die meisten, aber nicht alle Legionelleninfektionen im ambulanten Bereich ab. Zum Überwachen nosokomialer Infektionen ist er nur einsetzbar, wenn im Wassersystem des Krankenhauses L. pneumophila-Serogruppe 1 vorkommt. Nosokomiale Legionellenpneumonien sind nur zu etwa 50 % auf diese Serogruppe zurückzuführen. Hier sind vielfach andere Serogruppen und Spezies mit geringerer Virulenz die Erreger bei immunsupprimierten Patienten.

Einsendung von Bronchiallavage, Bronchialsekret, Sputum oder andere respiratorischen Proben sind daher bei schwerem klinischem Verlauf im stationären Bereich zwingend. Diese Proben werden mittels **PCR-Methoden** untersucht, um in der Akutphase zu einer schnellen Diagnose zu kommen. In Zukunft wird der direkte Nachweis (PCR, Gesamtgenomsequenzierung) in respiratorischen Proben erheblich an Bedeutung gewinnen.

Die **kulturelle Anzucht** auf cysteinhaltigen Aktivkohle-Hefeextrakt-Nährböden erfordert eine bis zu 10-tägige Bebrütung, die für die Erstdiagnosestellung und Therapie oft wenig relevant ist. Für die Umgebungsuntersuchung und den Abgleich mit angezüchteten Legionellen aus wasserführenden Systemen als möglichen Infektionsquellen ist ein Patientenisolat aber von hoher Bedeutung. Die Typisierung erfolgt mit MALDI-TOF, Antikörpern sowie mit genotypischen Verfahren bis hin zur Gesamtgenomsequenzierung.

Der Nachweis spezifischer Antikörper in der Akutphase hat keine Bedeutung, da ein Antikörperanstieg erst 10–20 Tagen nach Erkrankungsbeginn im Zweitserum zu erwarten ist.

■ ■ Therapie

Die Behandlung einer Legionellose erfordert die Hemmung der intrazellulären Vermehrung der Legionellen. Hierzu werden primär **Fluorchinolone** (Levofloxacin) eingesetzt, die eine hohe intrazelluläre Anreicherung zeigen. Alternativ kommen neuere **Makrolide** zum Einsatz. Eine Kombination mit Rifampicin wird nicht mehr empfohlen. Die **Therapiedauer** von 7–10 Tagen sollte sich am klinischen Verlauf orientieren. Bei immunsupprimierten Patienten liegt die Empfehlung bei bis zu 3 Wochen.

Da Legionellen keinem Antibiotikaresistenzdruck im Trinkwasser oder anderen wasserführenden Systemen unterliegen und auch keine Infektionskette von Mensch zu Mensch aufbauen können, sind resistente Legionellen aus Patientenmaterialien bisher sehr selten. Diese Entwicklung muss allerdings aufmerksam verfolgt werden.

■ ■ Prävention

Wasserführende Systeme legionellenfrei zu halten oder legionellenhaltige Anlagen zu dekontaminieren ist bis heute eine technische Herausforderung. Wasseranlagen, die nach allgemein anerkannten technischen Regeln geplant und gebaut werden, sind selten mit Legionellen kontaminiert. Legionella-Konzentrationen >100 KBE/100 ml (technischer Maßnahmewert nach Trinkwasserverordnung) im **häuslichen Trinkwassersystem** kommen in 20–40 % der Installationen vor. Sehr hohe Kontaminationen (>10.000/100 ml) sind sehr selten.

Für Rückkühlwerke und ähnliche Anlagen, die Ausgangspunkt für Epidemien sein können, gelten analoge Regel nach der 42. Bundesimmissionsschutzverordnung (BImSchV).

Bei Überschreitung des technischen Maßnahmewertes muss z. B. versucht werden, die Kesseltemperatur der Warmwasserheizung und damit das zirkulierende Wasser immer wieder kurzfristig auf über 60–70 °C zu erhitzen und ggf. die endständigen Leitungen durchzuspülen (cave: Verbrühungsgefahr!).

Im **stationären Bereich** behilft man sich neben zentralen keimzahlreduzierenden Maßnahmen lokal im Patientenzimmer mit endständig aufgesetzten Filtereinheiten an Duschköpfen und Wasserhähnen. Diese teuren, wartungsintensiven Maßnahmen zur Abgabe legionellenfreien Wassers werden in Risikobereichen wie z. B. Transplantationseinheiten für abwehrgeschwächte Patienten oder generell zur sofortigen Gefahrenabwehr bei hoher Kontamination ergriffen.

Die **namentliche Meldepflicht** eines Pneumoniepatienten mit Legionellennachweis nach § 7 IfSG ermöglicht Umgebungsuntersuchungen der Gesundheitsämter, um die Infektionsquelle zu identifizieren und Maßnahmen zur Sanierung einzufordern. Hierbei sollten alle wasserführenden Systeme, die Ausgangspunkt für die Infektion und weitere Erkrankung sein könnten, untersucht und die angezüchteten Legionellen in aufwendigen Typisierungsansätzen bis hin zur Gesamtgenomsequenzierung mit dem (den) Isolat(en) des/der Patienten verglichen werden, um bei Nichtunterscheidbarkeit gezielte Sanierungsmaßnahmen einzuleiten. Diese Forderung ist zwingend bei Ausbrüchen und Gruppenerkrankungen.

In Kürze: Legionellen

- **Bakteriologie:** Intra- und extrazellulär in Amöben und anderen Einzellern sich vermehrende gramnegative Stäbchen. Sie bilden keine Sporen aus und sind polar begeißelt.
- **Vorkommen:** Natürliche und artifizielle Süßwasserreservoire. Übertragung in das Trinkwassersystem über den intrazellulären Transport in Amöben; weitere Vermehrung und Anreicherung in wasserführenden technischen Anlagen.
- **Übertragung:** Einatmen aerolisierter Wassertröpfchen. Mikroaspiration bei abwehrgeschwächten Patienten. Keine Übertragung von Mensch zu Mensch.
- **Pathogenese:** In den Lungenbläschen infizieren die Legionellen Alveolarmakrophagen, seltener Lungenepithelzellen als Ersatzwirte.
- **Klinik:** Einerseits die als Legionärskrankheit bezeichnete Pneumonieform, andererseits das Pontiac-Fieber mit „grippeähnlicher" Klinik ohne röntgenologisch nachgewiesene Lungeninfiltrate.
- **Immunität:** T-Zell-vermittelte Aktivierung von Makrophagen, um intrazelluläre Legionellen abtöten zu können.
- **Labordiagnose:** Bronchoalveoläre Lavagen als Voraussetzung zur Anzüchtung von Legionellen bzw. zum PCR-Direktnachweis. Antigennachweise (nur L. pneumophila Serogruppe 1) aus dem Urin bei ambulant erworbenen oder reiseassoziierten Legionellosen.
- **Therapie:** Neuere Fluorchinolone aufgrund der hohen intrazellulären Anreicherung; alternativ neuere Makrolide.
- **Prävention:** Planung und Bau von Wassersystemen nach neuestem technischem Standard. Wartung der wasserführenden technischen Anlagen, endständige Wasserfilter an Duschköpfen und Wasserhähnen in stationären Hochrisikobereichen mit immunsupprimierten Patienten und generell zur sofortigen Gefahrenabwehr bei hoher Kontamination.
- **Meldepflicht:** Mikrobiologisch mit direkten oder indirekten Methoden bestätigte Pneumonien sind meldepflichtig (§ 7 IfSG), ebenso Häufungen. Dies gilt für ambulant erworbene und nosokomiale Infektionen, nicht jedoch für die nicht-pneumonische Form (Pontiac-Fieber).

Weiterführende Literatur

Benitez AJ, Winchell JM (2016) Rapid detection and typing of pathogenic nonpneumophila Legionella spp. isolates using a multiplex real-time PCR assay. Diagn Microbiol Infect Dis 84(4):298–303

Buchholz U, Dullin J, Lück C et al (2019) Ausbruch ambulant erworbener Legionellosen in Bremen 2015 und 2016 – Erfahrungen, Ergebnisse, Entscheidungen. EpidBulletin 28:251–7

Ewig S, Giesa C (2017) Update: Guidelines for the treatment and prevention of adult community-acquired pneumonia 2016: what is new? MMW Fortschr Med 159(3): 51–52. ▶ http://www.awmf.org/leitlinien/detail/ll/020-020.html.

Kolditz M, Lück C (2019) Legionella und Legionellose. Dtsch Med Wochenschr 144(15):1030–3

RKI-Ratgeber für Ärzte (2019) ▶ https://www.rki.de/DE/Content/Infekt/EpidBull/Merkblaetter/Ratgeber_Legionellose.html

Umweltbundesamt (2019) Systemische Untersuchungen von Trinkwasser-Installationen auf Legionellen nach Trinkwasserverordnung – Probennahme, Untersuchungsgang und Angabe des Ergebnisses. Bundesgesundheitsblatt – Gesundheitsforschung – Gesundheitsschutz 62(8): 1032–1037.

Anthropozoonoseerreger ohne Familienzugehörigkeit: Listerien, Brucellen, Franciseller und Erysipelothrix

Martin Mielke und Roland Grunow

In diesem Kapitel werden Vertreter von 4 Gattungen von Bakterien zusammengefasst, die zurzeit taxonomisch nicht einer Familie zugeordnet werden und deren gemeinsames Merkmal die Verursachung von Anthropozoonosen ist (■ Tab. 37.1).

Fallbeispiel

Eine 35-jährige Patientin wird mit Kopfschmerzen und krampfähnlichen Anfällen stationär auf der Intensivstation aufgenommen. Aus der Vorgeschichte ist ein systemischer Lupus erythematodes (SLE) mit Haut-, Gelenk- und Nierenbefall bekannt, es erfolgt eine Therapie mit Prednisolon und Cyclophosphamid. Die Patientin hat hohes Fieber, und es kommt zu einer raschen Verschlechterung des Bewusstseinszustands bei deutlichem Meningismus. Im Liquor findet sich eine Pleozytose mit einer vermehrten Zahl mononukleärer Zellen. Das CT des Schädels zeigt einen Hydrocephalus occlusus mit Erweiterung aller 4 Ventrikel. In Blut- und Liquorkultur können grampositive Stäbchen angezüchtet werden. Diese lassen sich als Listeria monocytogenes identifizieren.

37.1 Listerien

Steckbrief

Von den 17 bekannten Arten verursacht die bedeutendste humanpathogene Spezies, Listeria (L.) monocytogenes, Allgemein- und Lokalinfektionen bei Tieren und Menschen, v. a. bei abwehrgeschwächten Erwachsenen, Schwangeren, Ungeborenen (intrauterin) und Neugeborenen (peripartal).

Listeria monocytogenes: temperaturabhängige Begeißelung

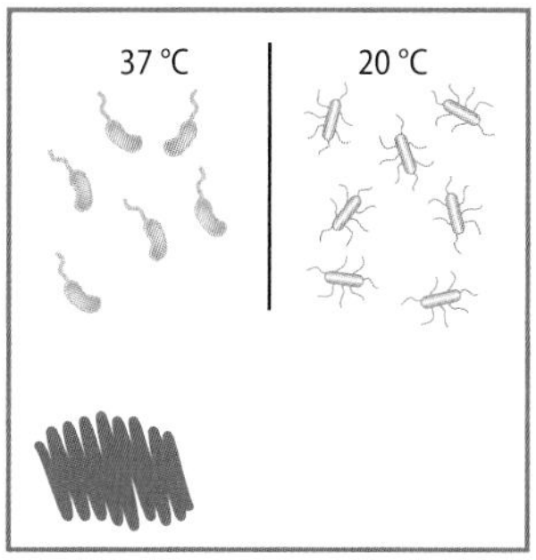

Listerien sind eine Gattung grampositiver, beweglicher, nichtsporenbildender Stäbchenbakterien, die sich aerob und anaerob vermehren (■ Tab. 37.2). Die von Listeria (L.) monocytogenes hervorgerufene Listeriose beschrieb erstmalig Henle 1893 in Unkenntnis des Erregers als „Pseudotuberkulose bei neugeborenen Zwillingen". 1926 isolierten E. G. D. Murray und Mitarbeiter in Cambridge das Bakterium als Erreger einer Sepsis bei Kaninchen und Meerschweinchen. 1929 beobachtete Nyfeldt die gleichen Bakterien als Krankheitserreger beim Menschen. Die heute gültige Bezeichnung erfolgte zu Ehren des englischen Chirurgen Joseph Lister (1827–1912), des Begründers der Antiseptik. Der Begriff „monocytogenes" bedeutet monozytoseerzeugend und drückt aus, dass die septischen Formen der Listeriose bei Nagern (in der Regel nicht beim Menschen) von einer Monozytose begleitet werden.

S. Suerbaum et al. (Hrsg.), *Medizinische Mikrobiologie und Infektiologie*,
https://doi.org/10.1007/978-3-662-61385-6_37

Tab. 37.1 Anthropozoonoseerreger: Arten und Krankheiten

Art	Krankheit
Listeria monocytogenes	Listeriose, Sepsis, Granulomatosis infantiseptica, Meningoenzephalitis
Brucella abortus	Morbus Bang, Brucellose
B. melitensis	Malta-Fieber, Brucellose
B. suis	Brucellose
B. canis	Brucellose
Francisella tularensis	Tularämie
Erysipelothrix rhusiopathiae	Erysipeloid (Schweinerotlauf), Endokarditis

Tab. 37.2 Listeria: Gattungsmerkmale

Merkmal	Ausprägung
Gramfärbung	Grampositive Stäbchen
Aerob/anaerob	Fakultativ anaerob
Kohlenhydratverwertung	Fermentativ
Sporenbildung	Nein
Beweglichkeit	Ja
Katalase	Positiv
Oxidase	Negativ
Besonderheiten	Wachstum bei 4 °C Acetoin-Produktion (VP-Reaktion, Äskulinspaltung)

37

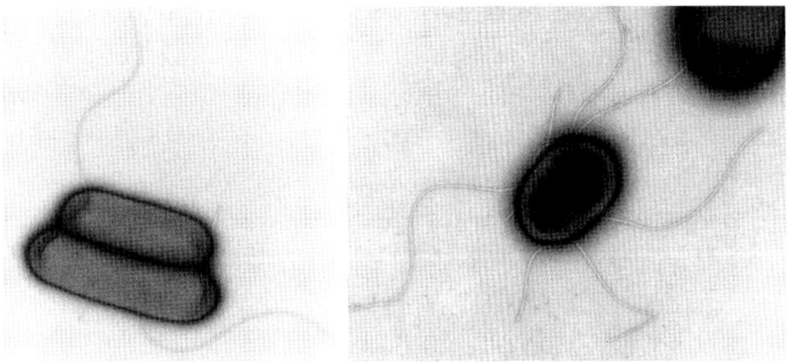

Abb. 37.1 Listeria monocytogenes: grampositive Stäbchen, temperaturabhängige Begeißelung (links: polar; rechts: peritrich), entdeckt 1926 von Murray bei Tieren und 1929 von Nyfeldt beim Menschen. (Mit freundlicher Genehmigung von R. Reissbrodt und H. Gelderblom, Robert Koch-Institut)

37.1.1 Beschreibung

Aufbau

Listerien bilden Geißeln aus, jedoch keine Sporen oder Kapseln (Abb. 37.1). Bei 20 °C Wachstumstemperatur sind die Geißeln peritrich angeordnet, was eine charakteristische End-über-End-Beweglichkeit zur Folge hat. Bei 37 °C hingegen entwickeln sich die Geißeln nur unvollständig und die Beweglichkeit ist lediglich schwach ausgebildet.

Extrazelluläre Produkte

L. monocytogenes sezerniert ein porenbildendes Toxin, das **Listeriolysin O** (LLO). Es ruft die β-Hämolyse auf bluthaltigen Nährböden hervor, die virulente von avirulenten Spezies oder Stämmen zu unterscheiden erlaubt. Pathogenetisch ist dies für das Überleben der Bakterien im Inneren von Phagozyten und anderen Zellen entscheidend. LLO ist homolog zum Streptolysin O von A-Streptokokken und zum Pneumolysin von Pneumokokken (► Abschn. 26.4).

Resistenz gegen äußere Einflüsse

Listerien sind sehr widerstandsfähig gegen äußere Einflüsse. So überleben sie in Kulturmedien bei 4 °C für 3–4 Jahre; in Heu, Erde, Stroh, Silofutter und Milch halten sie sich über mehrere Wochen oder Monate. Auch gegenüber Hitze sind die Erreger relativ resistent. Diese Eigenschaft ist bei der Pasteurisierung von Milch bedeutsam, da sie die Infektion über Milchprodukte (insbesondere Käse) erklärt. Die Fähigkeit zum Wachstum bei niedrigen Temperaturen (z. B. 4 °C; Spanne von −0,4 bis +45 °C) hat darüber hinaus zur Folge, dass sich L. monocytogenes in kontaminierten Speisen (Käse, Salat, kontaminiertes Fleisch) auch im Kühlschrank vermehren kann. Die ausgeprägte Tenazität der Erreger hat auch Bedeutung für die Weiterverbreitung durch kontaminierte Geräte z. B. in der Lebensmittelindustrie.

Vorkommen

Listerien kommen im Darm von Haus- und Wildtieren sowie des Menschen vor. Sie lassen sich ubiquitär aus Erdproben, Wasser, Abfällen und pflanzlichem Material isolieren.

37.1.2 Rolle als Krankheitserreger

Epidemiologie

Listerien verursachen typischerweise Infektionen bei beruflich Exponierten (Metzger, Landwirte, Veterinäre), bei Personen mit geschwächter Immunität (z. B. durch Einnahme von Kortison, Anti-TNF-Antikörper-Behandlung bzw. bei soliden oder hämatogenen Tumoren, Leberzirrhose), bei über 60-Jährigen sowie Schwangeren und deren Frucht.

Die Listeriose tritt im Allgemeinen sporadisch auf; nach Verzehr kontaminierter Nahrungsmittel können aber auch akute oder protrahierte, länderübergreifende Ausbrüche entstehen. In Deutschland liegt die **Prävalenz** der Listeriose bei etwa 1–2 Fällen pro 1 Mio. Einwohner und Jahr. Hier und in Frankreich ist die Listeriose neben Röteln und Toxoplasmose die häufigste pränatale Infektion. Neben Sepsis bzw. Meningitis durch B-Streptokokken und E. coli-Meningitis ist sie die häufigste schwere bakterielle Infektion des Neugeborenen. Im Jahr 2018 wurden 701 Listeriosefälle an das Robert Koch-Institut übermittelt. 2017 betrug die Zahl 769.

■ ■ Übertragung

Erwachsene infizieren sich entweder beim Umgang mit infizierten Tieren oder durch Aufnahme kontaminierter Tierprodukte wie Milch oder Käse. Daneben ist auch eine Aufnahme durch kontaminierte Nahrungsmittel (Fertiggerichte, Salate, Rohwürste, Räucherlachs) möglich. Die Infektion geht daher in der Regel vom Darm aus. Die Infektionsdosis ist nicht genau bekannt. Sie wird in Abhängigkeit von der Disposition des betroffenen Menschen zwischen 10^5 und 10^9 geschätzt. Zeichen der Infektion können noch Wochen nach Aufnahme der Listerien auftreten.

Da Listerien ubiquitär vorkommen, ist es im Einzelfall schwierig, die Quelle einer Infektion ausfindig zu machen. Laborinfektionen sind beschrieben, ebenso Infektionen bei Ärzten und Hebammen anlässlich der Geburt eines listerieninfizierten Kindes.

Erfolgt die Infektion während der Schwangerschaft, so ist eine transplazentare Übertragung auf den Fetus bzw. Embryo möglich.

■ ■ Pathogenese

Je nach Eintrittsort und Immunstatus des Patienten unterscheidet man:

Lokale Listeriose Patienten mit lokaler Listeriose infizieren sich, meist berufsbedingt, beim Umgang mit kontaminierten Tiermaterialien. Der Erreger gelangt über kleine Verletzungen der Haut oder über die Konjunktiva in den Körper und ruft an der Eintrittsstelle eine eitrige Entzündung hervor. Der lokale Lymphknoten wird in das Geschehen einbezogen und schwillt an (z. B. okuloglanduläre Form). Da die Patienten in der Regel über eine normale Abwehr verfügen, kann die Infektion auf dieser Stufe begrenzt werden und die Erreger gelangen nicht in nennenswerten Mengen in die Blutbahn.

Systemische Listeriose Patienten mit systemischer Listeriose sind typischerweise immungeschwächt: alte Patienten, Feten und Neugeborene, Alkoholiker oder Patienten unter medikamentöser Immunsuppression wie Transplantatempfänger oder Tumorpatienten. Kortison ist bei medikamentös Immungeschwächten der wesentliche prädisponierende Faktor. Der Darm stellt die hauptsächliche Eintrittspforte dar. Die Aufnahme der Erreger erfolgt mit kontaminierter Nahrung (s. o.).

Vom Darm ausgehend dringt L. monocytogenes meist über die **M-Zellen der Peyer-Plaques** im Dünndarm oder direkt durch **Invasion von Enterozyten** in den Wirtsorganismus ein (◘ Abb. 37.2).

Entweder frei oder in infizierten Makrophagen erreichen sie über die Lymphbahnen des Mesenteriums die regionären (mesenterialen) Lymphknoten. Da die unspezifische Infektabwehr bei Abwehrgeschwächten zur Eradikation der Bakterien unfähig ist, dringen die Erreger über den Ductus thoracicus in die Blutbahn vor. Bei ihrer Passage durch Milz und Leber werden freie Listerien von residenten Makrophagen aufgenommen. Mittels des porenbildenden Toxins **Listeriolysin,** das sich an das Cholesterol von Zellmembranen anlagert, verlassen die Bakterien das Phagosom und dringen in das Zytoplasma vor, wo sie sich ungehemmt vermehren. Die Infektion der Wirtszellen führt zur Ausschüttung chemotaktischer Faktoren mit nachfolgender Akkumulation neutrophiler Granulozyten in kleinen Abszessen. Die angelockten Phagozyten können die infizierten Zellen erkennen und lysieren. Die darauf folgende Vermehrung und Aktivierung spezifischer T-Zellen, welche die folgenden 4 Tage in Anspruch nimmt, führt über die Optimierung der Antigenerkennungsmechanismen sowie der phagozytären Effektormechanismen zur endgültigen Überwindung der Infektion. Diese ist typischerweise mit einer Allergie vom verzögerten Typ und Granulombildung verbunden.

Patienten, die an einer Listeriose **versterben,** zeigen als Ausdruck der mangelhaften Immunantwort überwiegend **Mikroabszesse** und **keine Granulome** in den infizierten Organen. Ist die bakteriämische Phase ausgeprägt, z. B. bei mangelhafter Funktion der residenten Makrophagen in der Leber bei Leberzirrhose, so kommt es zum direkten Befall von Leberzellen sowie zum Übergang der Bakterien im Plexus chorioideus in die Liquorräume des Gehirns und schließlich zur Meningitis/Meningoenzephalitis.

Ein Sonderfall von temporärer Immunsuppression ist die **Schwangerenlisteriose** mit nachfolgender Infektion des Fetus bzw. Neugeborenen. Dabei kommt es bei der Mutter in den meisten Fällen nur zu einer symptomarmen Bakteriämie. Nach diaplazentarer Übertragung auf das Ungeborene entwickelt dieses jedoch eine schwere Sepsis, die **Granulomatosis infantiseptica.**

Rolle der Virulenzfaktoren Der bedeutsamste Virulenzfaktor von L. monocytogenes ist das Listeriolysin. LLO erzeugt Poren in der Membran der Phagosomen und bahnt dem Bakterium freien Zugang zum Zytoplasma. Auf diesem Mechanismus basiert der intrazelluläre Parasitismus der Listerien. Nach Eintritt in das Zytoplasma führt die polare Bildung eines aktinbindenden Proteins zur Anhäufung

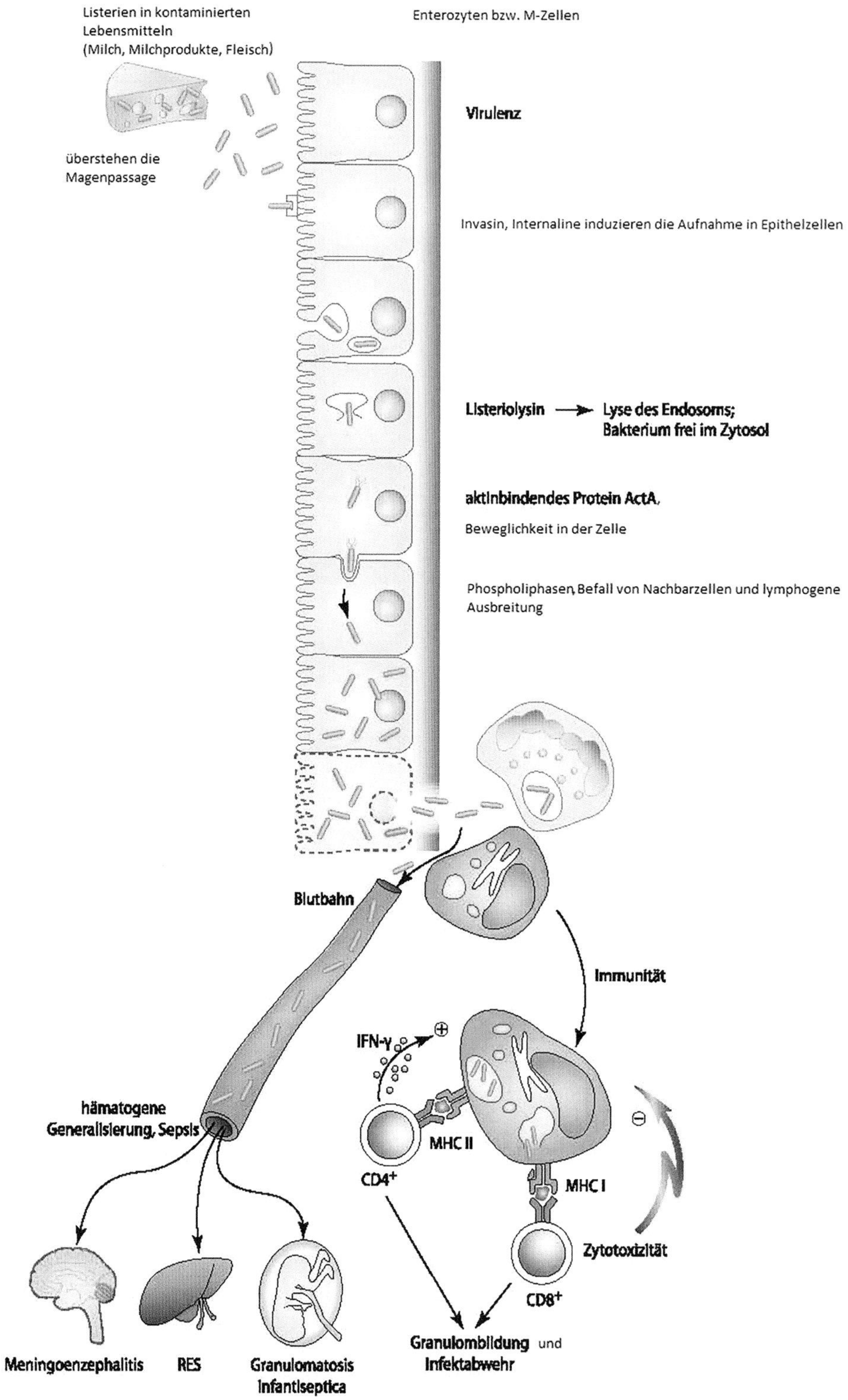

Abb. 37.2 Pathogenese und Rolle der Virulenzfaktoren bei der Listeriose

wirtszellulären Aktins. Es bildet sich ein Schweif aus polymerisiertem Aktin, der die Erreger im Zytoplasma voranschiebt. Mit diesem Mechanismus formt das Bakterium Ausstülpungen der Wirtszelle und induziert die Aufnahme durch die Nachbarzelle. So breiten sich die Bakterien von Zelle zu Zelle aus, ohne jeden Kontakt mit extrazellulären Abwehrmechanismen wie Komplement oder spezifischen Antikörpern (■ Abb. 37.2).

■■ Klinik

„Bei der Listeriose können lokale von generalisierenden Infektionen unterschieden werden." Wenn zu wenig Platz vorhanden ist, dann „Unterscheidung von lokalen und generalisierenden Infektionen:"

Lokale Listeriosen Je nach Eintrittspforte des Erregers kommen folgende Formen vor:

- Die **zervikoglanduläre Form** entsteht, wenn die Erreger oral aufgenommen werden. Es entwickeln sich Lymphknotenschwellungen im Hals- und Rachenbereich.
- Die **okuloglanduläre Form** äußert sich als eitrige Konjunktivitis und entwickelt sich, wenn die Erreger mit der Augenschleimhaut in Kontakt gelangen.
- Bei der **lokalen Listeriose der Haut** kommt es zu einer eitrig-pustulösen Erkrankung mit Lymphangitis.

Sepsis Patienten mit Listeriensepsis zeigen die allgemeinen Symptome einer Sepsis (Fieber, Milztumor, Hypotonie und Schock mit Multiorganversagen). Listerien lassen sich in diesen Fällen häufig aus dem Blut anzüchten. Die Erkrankung ist mit einer Letalität von über 50 % belastet.

Meningitis Im Rahmen einer bakteriämischen Streuung kann sich eine Meningitis entwickeln, die sich klinisch nicht von anderen Formen bakterieller Meningitis unterscheidet. Der Erreger lässt sich aus dem Liquor anzüchten. Die Letalität schwankt zwischen 12 und 43 %. Entscheidend ist das frühzeitige Einleiten einer Ampicillintherapie. In seltenen Fällen kommt es im Rahmen einer Listeriose zur Rhombenzephalitis oder zum Hirnabszess.

Listeriosen anderer Organe Neben dem ZNS können im Rahmen einer systemischen Listeriose auch andere Organe befallen werden. Es resultieren Hepatitis, Bronchitis, Pneumonie, Glomerulonephritis, Orchitis, Epididymitis, Peritonitis, Cholezystitis oder Endokarditis.

Schwangerenlisteriose Sie ist die häufigste Ausprägung der Listerieninfektion und deshalb von besonderer Bedeutung, weil sie für den Fetus tödlich sein kann. Listerieninfektionen können in jeder Phase der Schwangerschaft entstehen; sie häufen sich aber im 3. Trimenon. Bei der Mutter entwickeln sich häufig lediglich Fieber und Rückenschmerzen, sodass diese Symptome als „grippaler Infekt" oder als andere Bagatellinfektion abgetan werden. Fieber und Schmerzen können ohne Therapie abklingen. Eine **positive Blutkultur** ist der einzige Beweis für die Schwangerenlisteriose. Sie wird aber nur selten durchgeführt, weil die Verdachtsdiagnose selten gestellt wird. Die Listerieninfektion der Schwangeren kann sich als **Plazentitis** oder **Endometritis** äußern, die ihrerseits einen Abort nach sich ziehen kann.

Transplazentare Listerieninfektion (Granulomatosis infantiseptica) Erfolgt die Infektion der Schwangeren nach dem 3. Schwangerschaftsmonat, d. h. wenn der Plazentarkreislauf ausgebildet ist, kann es transplazentar zur Listeriose des Fetus kommen. Betroffene Feten entwickeln ein typisches Krankheitsbild mit multiplen Infektionsherden in Leber, Milz, Lungen, Nieren und Hirn, die z. T. eitrig, z. T. granulomatös imponieren. Ein durch Infektion in utero vorgeschädigtes **Neugeborenes** kann Läsionen im Schlund und in der Haut in Form von Papeln oder Ulzerationen aufweisen. Auch Konjunktivitis oder Meningitis bzw. Meningoenzephalitis kommen vor. Die Letalität beträgt fast 100 %; Heilungen bei frühzeitig einsetzender Therapie sind jedoch beschrieben worden.

Perinatale Listerieninfektion Ist der mütterliche Geburtskanal mit L. monocytogenes besiedelt und sind perinatale Komplikationen aufgetreten, die eine Infektion des Neugeborenen begünstigen (z. B. vorzeitiger Blasensprung), kann sich das Neugeborene unter der Geburt infizieren und eine Sepsis und/oder Meningitis entwickeln. Diese Erkrankungen treten unmittelbar nach der Geburt auf („early onset").

Postnatale Listerieninfektion In diesem Fall stammen die Erreger aus der Umgebung des Neugeborenen. Bei dieser Form kommt es meist zu einer Meningitis, die Erkrankung setzt einige Tage nach der Geburt ein („late onset").

■■ Immunität

Die Fähigkeit, in Epithelzellen einzudringen und sich von Zelle zu Zelle auszubreiten, ohne das intrazelluläre Milieu zu verlassen, hat zur Folge, dass Antikörper bei der Überwindung der Infektion ohne Bedeutung sind. Die strenge Abhängigkeit der Erregerabwehr von spezifischen T-Zellen hat die Infektion zu einem **Modell für die Analyse T-Zell-vermittelter Mechanismen** werden lassen. Unspezifische Abwehrmechanismen in Form einer **Mikroabszessbildung** setzen zwar schon 24 h nach Infektion ein, sind jedoch lediglich zu einer Hemmung des exponentiellen Wachstums der Bakterien in Milz und Leber in der Lage.

Ohne die Entwicklung spezifischer T-Zellen, die mindestens 4 Tage benötigt, kommt es regelhaft zu akut letalen oder chronischen Infektionen. Die **Aktivierung von $CD4^+$-T-Zellen** geht mit der Ausschüttung von TNF-α und IFN-γ einher, die über die Aktivierung von Chemokinsekretion und Hochregulierung von Adhäsionsmolekülen auf der Oberfläche benachbarter Endothelzellen zur Akkumulation von Monozyten in den Granulomen führen. Erst die **Aktivierung von Makrophagen** durch $CD4^+$-T-Zellen sowie die Lyse infizierter parenchymaler Zellen durch $CD8^+$-T-Zellen führt zur Überwindung der Infektion (◘ Abb. 37.2) und zu lang andauernder Immunität gegen eine Zweitinfektion.

▪▪ Labordiagnose

Die Diagnose der Listeriose beruht auf dem Erregernachweis mittels Anzucht.

Untersuchungsmaterialien, Transport Je nach Lokalisation des Krankheitsprozesses sind geeignet: Liquor, Blut, Fruchtwasser, Mekonium, Plazenta, Lochien, Menstrualblut, Eiter oder Gewebeproben (Knochenmark, Lymphknoten). Beim Transport sind außer der Verwendung eines Transportmediums keine besonderen Maßnahmen zu beachten, um das Überleben von L. monocytogenes zu sichern.

Anzucht Listerien vermehren sich unter aeroben und anaeroben Bedingungen. Die optimale Wachstumstemperatur liegt zwischen 30–37 °C, Vermehrung kann jedoch auch bei 4 °C erfolgen. Bei der Isolierung von Listerien aus Materialien, die eine Mischflora enthalten, nutzt man diese Eigenschaft aus (Kälteisolierung); allerdings sind spezielle Selektivmedien besser geeignet.

Listerien gedeihen am besten auf bzw. in komplex zusammengesetzten **Kulturmedien** wie Blutagar oder Tryptikase-Soja-Bouillon. Auf Blutagar bilden Listerien innerhalb von 24 h kleine, weißliche Kolonien. Die Kolonien virulenter Stämme sind von einem kleinen β-Hämolyse-Hof umgeben. In flüssigen Kulturmedien zeigen Listerien bei Zimmertemperatur eine charakteristische Beweglichkeit, bei der sich die Bakterien aufgrund der peritrichen Begeißelung „purzelbaumartig" bewegen (Nachweis im hängenden Tropfen).

Mikroskopie Die grampositiven Stäbchen sind 1–3 µm lang bei 0,5 µm Durchmesser. In frischen Patientenisolaten erscheinen Listerien oft kokkoid und sind in Paaren gelagert, sodass sie mit Pneumo- oder Enterokokken verwechselt werden können. Die Gefahr der Verwechslung mit Enterokokken besteht umso mehr, als beide Gattungen resistent gegen Cephalosporine sind. Weitere Verwechslungen sind mit Korynebakterien, Erysipelothrix rhusiopathiae und Streptokokken möglich.

Biochemische Leistungsprüfung Typisch für die Gattung Listeria ist die **Äskulinspaltung.** Eine Differenzierung zwischen den Arten der Gattung Listeria erfolgt aufgrund des **Hämolyseverhaltens** sowie der biochemischen Leistungsprüfung **(bunte Reihe),** die sich v. a. auf das Zuckerspaltungsmuster stützt.

Serologische Gruppenbestimmung Mithilfe von Antiseren gegen somatische und Geißel-(H-)Antigene lässt sich L. monocytogenes in Serogruppen einteilen. Die Bedeutung der Serotypisierung für epidemiologische Fragestellungen ist jedoch gering, da die überwiegende Zahl klinischer Isolate nur 3 weit verbreiteten Serotypen (1/2a, 1/2b und 4b) angehört. Die größte Diskriminierungsfähigkeit hat die Ganzgenomsequenzierung mit anschließender Analyse der Gene, die allen Listerien Isolaten gemeinsam sind (core genome).

Serologie Serologische Methoden zum Nachweis einer Listerieninfektion haben keinen allgemeinen Eingang in die Routinediagnostik gefunden.

▪▪ Therapie

Aminopenicilline (Ampicillin) sind die Mittel der Wahl. Auch Ureidopenicilline sind wirksam. In schweren Fällen sollte man ein Aminopenicillin mit einem Aminoglykosid kombinieren. Bei Penicillinallergie kann mit Trimethoprim/Sulfamethoxazol (TMP/SMX) behandelt werden. Die Dauer der Behandlung richtet sich nach dem Krankheitsbild. Sie sollte bei Enzephalitis 6 Wochen, bei Endokarditis 4–6 Wochen betragen.

▪▪ Prävention

Dazu zählen:

Allgemeine Maßnahmen Angesichts der ubiquitären Verbreitung von Listerien sind Maßnahmen zur Eradikation des Erregers in der Umwelt wenig erfolgreich. **Schwangere** sollten nichtpasteurisierte Milch und Weichkäse sowie Rohwürste meiden und die Regeln der Küchenhygiene besonders sorgfältig beachten. Es empfiehlt sich auch, ungekochte Milchprodukte oder Salat nicht über längere Zeit im Kühlschrank zu halten. In Krankenhäusern besteht die Gefahr eines **Hospitalismus** bei Geburt eines listerieninfizierten Kindes. In einem solchen Fall müssen Wöchnerin und Neugeborenes isoliert und die üblichen Desinfektionsmaßnahmen durchgeführt werden.

Meldepflicht Der direkte Nachweis von L. monocytogenes aus Liquor, Blut oder anderen normalerweise sterilen Substraten sowie aus Abstrichen von Neugeborenen ist namentlich meldepflichtig (§ 7 [1] IfSG).

In Kürze: L. monocytogenes

- **Bakteriologie:** Grampositives, bewegliches, nichtsporenbildendes, zartes Stäbchen. Fakultativ anaerob, Wachstum bei 37 °C, aber auch bei 4 °C.
- **Vorkommen:** Ubiquitär in der Umwelt und im Darm von Mensch und Tier.
- **Resistenz gegen Umwelteinflüsse:** Hoch.
- **Übertragung:** Orale Aufnahme mit kontaminierten Lebensmitteln bzw. endogen vom Darm ausgehend. Von der infizierten Mutter diaplazentar auf den Fetus oder perinatal (vaginal) auf das Neugeborene.
- **Epidemiologie:** Inzidenz 1–2 pro 1 Mio. Einwohner in Deutschland. Einer der häufigsten bakteriellen Erreger perinataler Infektionen. Zielgruppe: Schwangere, Feten, Neugeborene, beruflich Exponierte (Veterinäre), Immunsupprimierte, alte Menschen.
- **Pathogenese:** Lokale oder systemische Allgemeininfektion, die durch zunächst eitrige, später granulomatöse Reaktionen in befallenen Organen gekennzeichnet ist.
- **Virulenzfaktoren:** Ausgeprägte Invasivität und Fähigkeit zur Evasion aus der Phagozytosevakuole sowie Ausbreitung von Zelle zu Zelle aufgrund der Bildung von Invasin, Listeriolysin und aktinbindendem Protein.
- **Zielgewebe:** Makrophagenreiche Organe wie Milz, Leber, Knochenmark.
- **Klinik:** Uncharakteristische Symptome einer Allgemeininfektion, Sepsis, Meningitis, Abort, Früh- und Totgeburten.
- **Immunität:** T-Zell- und makrophagenabhängig.
- **Diagnose:** Erregernachweis durch Anzucht.
- **Therapie:** Aminopenicilline oder Ureidopenicilline, ggf. in Kombination mit einem Aminoglykosid.
- **Prävention:** Expositionsprophylaxe durch Vermeidung erregerhaltiger Nahrungsmittel.
- **Meldepflicht:** Direkter Erregernachweis aus sterilen Substraten oder Abstrichen von Neugeborenen.

37.2 Brucellen

Brucellen sind eine Gattung gramnegativer, kurzer Stäbchen; sie sind unbeweglich und bilden keine Sporen (◻ Tab. 37.3).

◻ **Tab. 37.3** Brucella: Gattungsmerkmale

Merkmal	Ausprägung
Gramfärbung	Gramnegative Stäbchen (kurz)
Aerob/anaerob	Aerob, kapnophil
Kohlenhydratverwertung	Oxidativ
Sporenbildung	Nein
Beweglichkeit	Nein
Katalase	Positiv
Oxidase	Positiv
Besonderheiten	Ureaseproduktion

Die Gattung Brucella (B.) umfasst eine Spezies, B. melitensis, mit verschiedenen **Biovaren,** denen aus historischen Gründen der Rang einer Spezies mit bestimmten, jeweils bevorzugten Wirten (z. B. Rindern, Schafen, Ziegen, Schweinen, Hunden) eingeräumt wird.

Die Brucellose wurde 1859 erstmalig als Entität beschrieben. Der Erreger des „Malta-Fiebers“, B. melitensis, wurde 1887 vom australischen Bakteriologen Sir David Bruce (1855–1931) aus der Milz eines verstorbenen britischen Soldaten auf Malta isoliert. Der dänische Bakteriologe Bernhard Lauritz Frederik Bang (1848–1932) entdeckte 1896 B. abortus bei Kühen, die an seuchenhaftem Verkalben erkrankt waren. B. suis wurde 1914 aus einem Schweinefetus angezüchtet.

Steckbrief

Die obligat pathogenen Zoonoseerreger B. abortus (Morbus Bang, Rinder), B. melitensis (Malta-Fieber, Schafe und Ziegen) und B. suis (Schweine) verursachen akute oder chronische Allgemeininfektionen beim Menschen, die durch undulierendes Fieber oder eine Kontinua und durch granulomatöse Gewebereaktionen gekennzeichnet sind.

Brucellen

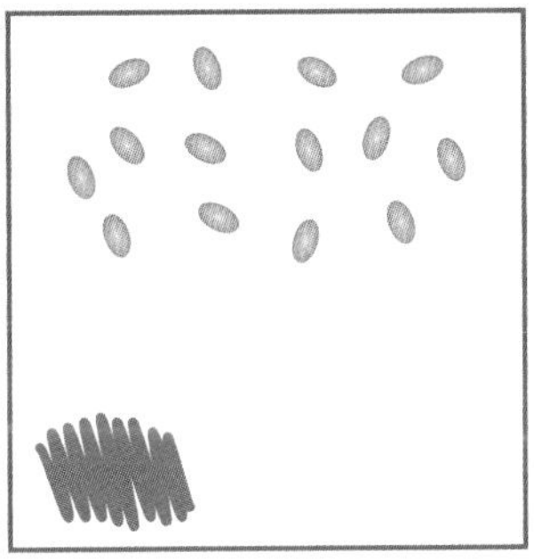

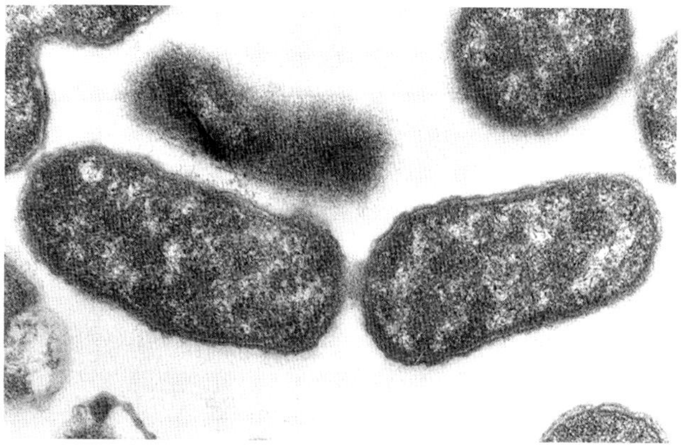

■ Abb. 37.3 Brucellen: gramnegative, kokkoide Stäbchen, entdeckt 1887 von D. Bruce (B. melitensis), 1896 von Bang (B. abortus). (Mit freundlicher Genehmigung von Mielke, Wecke, Finke, Madela; Robert Koch-Institut)

37.2.1 Beschreibung

■ Aufbau

Brucellen folgen dem allgemeinen Bauplan gramnegativer Bakterien. Geißeln, Fimbrien oder eine Kapsel fehlen (■ Abb. 37.3). Aufgrund von Unterschieden im Aufbau des LPS ist dessen toxische Potenz geringer als bei anderen gramnegativen Bakterien.

■ Extrazelluläre Produkte

Bei Brucellen sind keine aktiv sezernierten Toxine bekannt. Während des Wachstums werden jedoch lösliche Bestandteile mit antigenen Eigenschaften, wie z. B. die im periplasmatischen Spalt lokalisierte Superoxiddismutase (SOD), an das umgebende Milieu abgegeben. Zu erwähnen ist auch ein Typ-4-Sekretionssystem, das als Virulenzfaktor beschrieben wurde.

■ Resistenz gegen äußere Einflüsse

Brucellen sind gegen die Einwirkung von Hitze und Desinfektionsmitteln empfindlich. Sie werden in wässriger Suspension durch Temperaturen >60 °C innerhalb von 10 min abgetötet. Bei Umgebungstemperaturen überleben sie Tage bis Wochen in Blut, Urin, Staub, Wasser und Erde. Ebenso halten sie sich lange in Milch und Milchprodukten. Diese Tatsache ist epidemiologisch bedeutsam, da infizierte Tiere die Bakterien über die Brustdrüse in der Milch bzw. mit der Plazenta ausscheiden.

■ Vorkommen

Die Brucellose ist eine **Zoonose.** Die Bakterien finden sich insbesondere im Urogenitaltrakt von Rindern (B. abortus), Schweinen (B. suis), Ziegen und Schafen (B. melitensis). Dort verursachen sie eine Plazentitis mit Abort bzw. Sterilität. Die Plazenta dieser Tiere begünstigt das Wachstum der Brucellen durch ihren Gehalt an Erythritol. Die in hohen Konzentrationen in der Plazenta vorkommenden Bakterien führen mit der Nachgeburt zur Kontamination des Bodens. Die Tiere können eine chronische Infektion mit lebenslanger Persistenz der Erreger, insbesondere in den Brustdrüsen, und folglich lang dauernder Ausscheidung in der Milch aufrechterhalten.

37.2.2 Rolle als Krankheitserreger

■■ Epidemiologie

Weltweit werden jährlich etwa 500.000 Fälle von Brucellose des Menschen geschätzt. Infektionen durch B. melitensis kommen vorwiegend in Bulgarien, den Anrainerländern des Mittelmeers, in Lateinamerika und Asien vor. Infektionen durch B. abortus waren früher in Mitteleuropa häufig; heute sind sie dank effektiver Kontrollmaßnahmen und Tötung von Brucellen betroffener Rinderbestände nahezu verschwunden.

In Deutschland treten Fälle von Brucellose (2018: 37 gemeldete Fälle; 2017: 41 Fälle, kein Todesfall) im Wesentlichen durch **Verzehr importierter Milchprodukte** aus Ländern, in denen die Brucellose endemisch ist (z. B. Ziegen- oder Schafskäse aus Bulgarien, Griechenland oder der Türkei) oder bei Reiserückkehrern bzw. Migranten auf. Voraussetzung für die Kontamination ist, dass nichtpasteurisierte Milch zur Verarbeitung kommt.

Die endemische Brucellose findet sich expositionsbedingt vorwiegend bei Landwirten, Metzgern, Veterinären, Molkerei- und Schlachthausarbeitern. Bei diesem Personenkreis erfolgen Schmierinfektionen beim Umgang mit infizierten Tieren. Brucellen können Ursache von Laborinfektionen sein, da sie häufig zunächst nicht erkannt werden und entsprechende Sicherheitsmaßnahmen in Routinelaboren unzureichend sind oder zu spät ergriffen werden.

■■ Übertragung

Brucellen werden von infizierten Tieren mit der **Milch** (wichtigster Übertragungsweg für den Menschen), dem Urin, den Fäzes oder mit der Plazenta bei Geburt oder Abort ausgeschieden. Durch die Plazenta erfolgen die Kontamination der Umwelt und die Übertragung auf andere Tiere, aber auch auf Landwirte und Veterinäre. Alle Infektionen des Menschen lassen sich direkt oder indirekt (Verzehr kontaminierter Speisen) auf **Tierkontakt** zurückführen. Eine Übertragung von Mensch zu Mensch findet in aller Regel nicht statt (Ausnahmen: Knochenmarktransplantation, Bluttransfusion, Milch infizierter Mütter). Laborinfektionen sind beschrieben.

Pathogenese

Dazu zählen:

Invasion Die Erreger gelangen durch kleine Hautverletzungen, die Konjunktiven oder über den Magen-Darm-Trakt, in seltenen Fällen nach Inhalation über die Lunge, in den Körper. Dort werden sie zunächst von polymorphkernigen Granulozyten und in der Folge von Makrophagen aufgenommen und zu den nächstgelegenen Lymphknoten transportiert. Von dort können Brucellen über die Lymphe in die Blutbahn gelangen und sich hämatogen ausbreiten in makrophagenreiche Organe wie Milz, Leber, Knochenmark und Lungen. Auch Testes, Gallenblase und Prostata sowie ZNS können befallen werden. Normales Serum zeigt aufgrund des Komplementgehalts antibakterielle Aktivität gegen Brucellen, wobei B. melitensis weniger empfindlich ist als die anderen Spezies, was zur höheren Virulenz dieses Erregers beitragen könnte.

Gewebeschädigung In befallenen Organen bilden sich nach Aktivierung spezifischer T-Zellen entzündliche Granulome aus Makrophagen und Lymphozyten. Insgesamt ähnelt die Pathogenese der Brucellosen derjenigen anderer Krankheiten durch fakultativ intrazelluläre Bakterien, etwa Tuberkulose, Typhus oder Tularämie.

Klinik

Brucellosen, und zwar sowohl Morbus Bang als auch das Malta-Fieber, sind zyklische Allgemeininfektionen, die jedes Organ betreffen und die subklinisch, akut oder chronisch verlaufen können. Häufig sind die Symptome uncharakteristisch.

Subklinischer Verlauf Bis zu 90 % aller Infektionen verlaufen subklinisch. Sie lassen sich nur über den Nachweis brucellen-spezifischer Antikörper beim Patienten erkennen und sind Ausdruck erfolgreicher humoraler und zellulärer Abwehrreaktionen des Wirtsorganismus.

Akuter bis subakuter Verlauf Bei klinisch apparenten Verläufen beginnen die Symptome nach einer von 2–3 Wochen bis zu einigen Monaten dauernden Inkubationszeit entweder schleichend (meist bei B. abortus) oder abrupt (häufiger bei B. melitensis). Krankheitszeichen sind Fieber, Übelkeit, Müdigkeit, Kopfschmerzen, Nachtschweiß. Der Fieberverlauf erstreckt sich über 7–21 Tage und kann von 2- bis 5-tägigen fieberfreien Intervallen unterbrochen sein: „febris undulans" (wellenförmiges Fieber). Häufig besteht eine psychische Veränderung im Sinne einer Depression. Objektivierbare Krankheitszeichen wie Lymphknoten-, Milz-, Leberschwellung sind bei dieser Form gering ausgeprägt.

Chronischer Verlauf Etwa 5 % aller Patienten mit symptomatischer Brucellose erleiden nach Abklingen der akuten Krankheitserscheinungen einen Rückfall. Rückfälle können bis zu 2 Jahre nach primärer Erkrankung auftreten. Auch in chronischen Fällen (Krankheitsdauer >1 Jahr) zeigen die Patienten häufig nur uncharakteristische Symptome. Beobachtet werden Affektlabilität, Depression und Schlaflosigkeit. Gelegentlich verkennt der Arzt derartige Fälle und tut sie unter der Fehldiagnose einer Hypochondrie ab. Bei chronischen Verläufen besteht häufig eine Hepatosplenomegalie.

Lokalisierte Infektionen Chronische Verläufe können sich als persistierende Infektionsloci in Knochen, Leber oder Milz manifestieren. Obwohl die Leber nahezu immer betroffen ist, fehlen meist Zeichen einer deutlichen Leberschädigung. Beobachtet wird eine Hepatitis mit leichten Transaminasenanstiegen, evtl. eine granulomatöse Hepatitis. In sehr seltenen Fällen können Brucellen eine Cholezystitis, Pankreatitis oder Peritonitis auslösen. Häufiger ist der Befall von Knochen und Gelenken, insbesondere in Form einer Sakroiliitis und Spondylitis. Andere Manifestationen sind Arthritis und Bursitis sowie Orchitis. Neurologische Komplikationen treten in weniger als 5 % der symptomatischen Patienten als Meningitis mit lymphozytärer Pleozytose auf. Kardiovaskuläre Komplikationen (<2 % der symptomatischen Patienten) manifestieren sich als Endokarditis. Bei Befall des Knochenmarks resultieren Anämie, Leuko- und Thrombopenie.

Der Befall der **Lunge** kann mit Husten und Dyspnoe einhergehen. Die hilären und paratrachealen Lymphknoten können anschwellen. Meist handelt es sich um eine interstitielle Pneumonie. Pleuraexsudate gehören gelegentlich zum Bild der pulmonalen Brucellose.

Letale Verläufe Todesfälle aufgrund von Morbus Bang kommen fast nie vor. B. melitensis-Infektionen können aufgrund der Endokarditis zum Tod führen.

Immunität

Die Wirtsreaktion auf Brucellen ist zunächst unspezifisch und später sowohl humoraler als auch zellulärer Natur. Dabei kommt den **T-Zellen** die entscheidende Rolle bei der Überwindung der Infektion zu: Sie sind für die Bildung der Granulome verantwortlich. Im Verlauf der Infektion werden **Antikörper** der Klassen IgM, IgA und IgG gebildet:

- **IgM** mit Spezifität für Brucellen-LPS treten bereits während der 1. Woche nach Infektion auf. Der IgM-Titer fällt anschließend ab und gibt in der 3.–4. Woche nach Infektion einem ansteigenden spezifischen **IgG**-Spiegel Raum.
- Bei chronischen Brucellosen bestehen erhöhte **IgG**-Titer über lange Zeit.

Die Antikörper wirken **opsonisierend** und **verstärken die Phagozytose** durch Kupffer-Zellen der Leber. Bei Zweitinfektion hat dies einen bevorzugten Befall der Leber zur Folge. Sie sind u. a. gegen freigesetzte Brucella-Antigene und überwiegend gegen LPS-O-Antigene gerichtet. Eine Besonderheit von Brucellen besteht in ihrer ausgeprägten Fähigkeit, **Antikörper T-Zell-unabhängig** zu **induzieren.** Hierfür ist die besondere Struktur der O-Antigene des Brucellen-LPS verantwortlich.

Die Ausbildung eines protektiven **immunologischen Gedächtnisses** lässt sich anhand des Schutzes gegenüber einer Zweitinfektion demonstrieren, in deren Verlauf die Granulombildung und Typ-IV-Allergie rascher als bei der Erstinfektion erfolgen.

Nach Infektion lassen sich Monokine (IL-1, MIP-1α und β, IL-6, TNF-α, IL-12) sowie IFN-γ in der Milz und Leber infizierter Tiere nachweisen. Die **Zytokinproduktion** erreicht mit dem Gipfel der Erregerlast in Milz und Leber ihr Maximum, danach fällt sie rasch ab. Die von spezifischen T-Zellen produzierten Zytokine entsprechen einem TH1-Muster (viel IFN-γ, kein IL-4).

▪▪ Labordiagnose

Die Diagnose einer Brucellose beruht auf der **Anzucht** der Erreger, die häufig aus der Blutkultur erfolgt, dem Nachweis der Erreger-DNA mittels molekulargenetischer Methoden **(PCR)** direkt in klinischen Probenmaterialien sowie dem Nachweis spezifischer Antikörper (Serologie). Zur Diagnostik eignen sich je nach Lokalisation des Infektionsprozesses Blut, Knochenmark, Liquor, Urin oder Gewebeproben bzw. Serum.

37

Der **Nachweis gramnegativer Bakterien in der Blutkultur** bei entsprechenden anamnestischen Hinweisen sollte zu einer erhöhten Aufmerksamkeit des Laborpersonals und der Weiterbearbeitung der Proben mindestens unter einer mikrobiologischen Sicherheitswerkbank führen.

Brucellen lassen sich auf komplex zusammengesetzten Kulturmedien, z. B. Tryptikase-Soja-Bouillon oder Agar, anzüchten. Sie sind nicht besonders anspruchsvoll vermehren sich aber langsam unter aeroben Bedingungen bei Temperaturen zwischen 20–40 °C; das Optimum liegt bei 37 °C. 5–10 % CO_2 in der Atmosphäre können das Wachstum bei Anzucht aus Primärmaterial begünstigen.

Bei Verdacht auf eine Brucellose sollte die Kultur mindestens 2 Wochen beobachtet werden. Sichtbare Kolonien sind frühestens nach 2-tägiger Bebrütung zu erwarten. Im Grampräparat frisch angezüchteter Bakterien finden sich gramnegative, kokkoide Stäbchen.

Brucellen gehören zur **Risikogruppe 3,** und der gezielte Umgang mit ihnen erfordert besondere Schutzmaßnahmen gemäß Biostoffverordnung (BioStoffV). Laborinfektionen (insbesondere mit B. melitensis) wurden beschrieben.

Die Identifizierung der Brucellen erfolgt vorzugsweise mittels **PCR,** die auch zwischen den Spezies unterscheiden kann, oder mittels **MALDI-TOF.**

Für die **Serologie** steht ein Agglutinationstest unter Verwendung schonend abgetöteter Brucellen zur Verfügung, der dem Nachweis von Antikörpern im Patientenserum (Brucellen-Widal) dient. Mit dieser Methode sind Antikörper frühestens 2–3 Wochen nach Infektion nachzuweisen. Ein sensitiverer Nachweis bedient sich des ELISA-Verfahrens.

In der Veterinärmedizin kommt ein intradermaler Hauttest mit Brucellenantigen (Brucellergen) zur Auslösung einer spezifischen Typ-IV-Allergie zur Anwendung. Eine positive Reaktion beweist das Vorhandensein spezifischer T-Helfer-Zellen und damit eine vorausgegangene Infektion.

▪▪ Therapie

Antibiotikaempfindlichkeit: Brucellen sind empfindlich gegen Streptomycin, Gentamicin, Tetracycline, Ampicillin, Rifampicin, Cotrimoxazol und Chinolone. Gegen Penicillin G sind sie resistent.

Therapeutisches Vorgehen: Therapie der Wahl ist die orale Applikation von Doxycyclin (200 mg/d) und Rifampicin (600 mg/d, in Einzelfällen höhere Dosierung) für 6 Wochen, um Rückfälle zu vermeiden. Beide Medikamente haben eine gute Penetrationsfähigkeit in befallene Zellen. Bei Kindern und Schwangeren ist eine Therapie mit Cotrimoxazol sowie mit Rifampicin möglich. Obwohl Chinolone eine gute In-vitro-Wirksamkeit zeigen, ist ihre alleinige Anwendung mit einer hohen Rückfallrate belastet. Befall von Knochen oder Herzklappen kann eine chirurgische Therapie erfordern.

▪▪ Prävention

Dazu zählen:

Allgemeine Maßnahmen Bei der Bekämpfung der Brucellose stehen Tötung infizierter Tierbestände, Kadaververnichtung, Importkontrolle von Tieren und Tierprodukten etc. im Vordergrund. Damit kommt der Diagnose in der Veterinärmedizin eine besondere Bedeutung zu. Eine wichtige lebensmittelhygienische Maßnahme ist das Pasteurisieren von Milch. An Brucellose erkrankte Frauen dürfen nicht stillen.

Impfung 2 Lebendimpfstoffe sind für die Veterinärmedizin verfügbar: B. abortus Stamm 19 und B. melitensis Stamm Rev-1. Da die Brucellose in Deutschland nicht vorkommt, findet diese Schutzimpfung hier keine Anwendung. Ein pharmazeutisch verfügbarer Impfstoff für den Menschen existiert nicht.

Meldepflicht Der direkte oder indirekte Nachweis von Brucella spp. ist namentlich meldepflichtig, soweit der Nachweis auf eine akute Infektion hinweist (§ 7 IfSG).

Brucella als Biowaffe Brucellen fallen in die Kategorie B der CDC-Einteilung potenzieller Biowaffenerreger.

In Kürze: Brucellen

- **Bakteriologie:** Gramnegative, kokkoide, unbewegliche und aerob wachsende Stäbchen. Benötigen für die Anzucht komplexe Kulturmedien und ggf. CO_2-haltige Atmosphäre. Werden durch biochemische Reaktionen und spezifische Antikörper identifiziert. 3 wichtige humanpathogene Arten: B. abortus, B. melitensis, B. suis.
- **Resistenz gegen Umwelteinflüsse:** Hohe Resistenz gegen Austrocknung, lange Überlebenszeit in Erde, Wasser, Fäzes, Kadavern, Milchprodukten, aber hitzeempfindlich.
- **Vorkommen:** Urogenitaltrakt trächtiger Schafe, Rinder und Ziegen. Brustdrüse chronisch infizierter Tiere, kontaminierter Boden.
- **Epidemiologie:** Weltweit verbreitete Zoonose. In einigen Ländern endemisch, in Deutschland selten.
- **Übertragung:** In Deutschland hauptsächlich durch importierte Milchprodukte und bei Touristen in Mittelmeer-Anrainerländern durch Milch, Schafs- und Ziegenkäse. Bei beruflich Exponierten (Bauern, Veterinäre, Schlachthausarbeiter, Metzger, Laborpersonal) Umgang mit Geweben oder Ausscheidungen infizierter Tiere.
- **Pathogenese:** Fakultativ intrazelluläre Erreger. Vom Primäraffekt aus Vordringen in Lymphknoten, danach Generalisation und Befall innerer Organe. Dort granulomatöse, bei B. melitensis auch eitrige Reaktionen.
- **Virulenzfaktoren:** Weitgehend unbekannt; Endotoxin.
- **Zielgewebe:** Makrophagenreiche Organe (Milz, Leber, Knochenmark).
- **Klinik:** Generalisierte Infektion mit verschiedenen Organmanifestationen. Undulierendes Fieber. Akute, chronische und subklinische Verlaufsformen, letztere am häufigsten (90 %).
- **Immunität:** Überwiegend T-Zell-abhängig, lang anhaltend.
- **Diagnose:** Erregeranzucht aus Blut, Gewebebiopsiematerial. Immunologischer Hauttest (Brucellergen-Reaktion), Serologie (z. B. Agglutinationsreaktion mit Patientenserum, Brucellen-Widal).
- **Therapie:** Aminoglykoside, Tetracycline, Rifampicin.
- **Prävention:** Überwachung und Tötung infizierter Tierbestände, Kadaververnichtung, Importaufsicht, Pasteurisierung von Milch als allgemeine Hygienemaßnahmen.
- **Meldepflicht:** Direkter oder indirekter Erregernachweis.

37.3 Francisellen

Die Vertreter der Gattung Francisella (F.; derzeit 10 Spezies, relevant für den Menschen Spezies Francisella tularensis und davon 2 Subspezies) sind pleomorphe, gramnegative, geißel- und sporenlose Stäbchenbakterien mit besonderen Ansprüchen (z. B. Cystein) an das Kulturmedium (◘ Tab. 37.4). Wildstämme haben eine Kapsel. Exotoxine sind nicht bekannt.

Steckbrief

Francisella (F.) tularensis ist der obligat pathogene Erreger der Tularämie (Hasenpest). Die Manifestation beim Menschen ist abhängig von der Eintrittspforte, am häufigsten kommen Hautulzera, Oropharyngitis und Pneumonien mit Granulombildung vor. Die höher virulente Subspezies tularensis tritt nur in Nordamerika auf, die etwas weniger virulente Subspezies holarctica ist in der nördlichen Hemisphäre einschließlich Deutschland verbreitet.
Francisella tularensis: gramnegative Stäbchen, entdeckt 1911/12 von G. W. McCoy und C. W. Chapin; bei Tularämiekranken 1914 von Wherry und Lamb (Auge) und 1921 von Francis

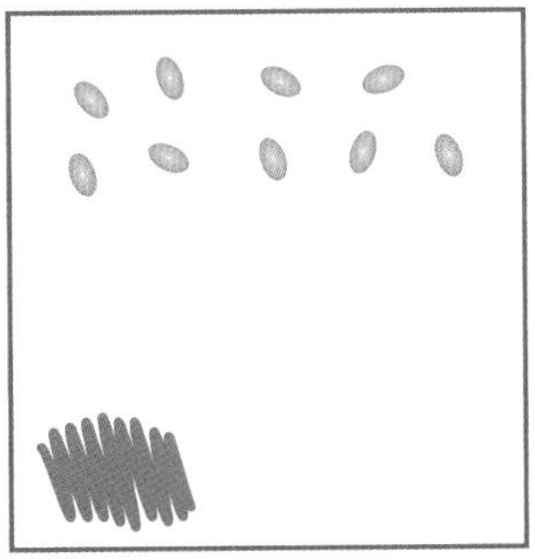

37.3.1 Beschreibung

Der Name F. tularensis kommt von Tulare County, Kalifornien, dem Ort der Erstentdeckung 1912, und von Edward Francis, der 1921 den ätiologischen Zusammenhang mit der Hasenpest aufdeckte.

Tab. 37.4 Francisella: Gattungsmerkmale

Merkmal	Ausprägung
Gramfärbung	Gramnegative (schwach anfärbbare), sehr feine, pleomorphe, kurze Stäbchen oder kokkoide Formen, einzeln liegend
Aerob/anaerob	Aerob, kapnophil
Kohlenhydratverwertung	Oxidativ, fermentativ
Sporenbildung	Nein
Beweglichkeit	Nein
Katalase	Schwach positiv
Oxidase	Negativ
Besonderheiten	Benötigt Cystein

▪ Aufbau

Francisellen besitzen den allgemeinen Bauplan **gramnegativer, unbeweglicher** Bakterien. Das LPS ist stark immunogen (Antikörperinduktion), aber wenig toxisch.

▪ Extrazelluläre Produkte

Für Francisellen sind keine aktiv sezernierten Toxine bekannt.

▪ Resistenz gegen äußere Einflüsse

Francisellen sind gegen die Einwirkung von Hitze und gängigen Desinfektionsmitteln empfindlich. Sie werden in wässriger Suspension durch Temperaturen >60 °C innerhalb 30 min abgetötet. Bei kühlen Temperaturen überleben sie Tage bis Wochen in klinischen Proben, Kadavern und Wasser.

37

▪ Vorkommen

F. tularensis wurde von mehr als 100 verschiedenen Wildsäugetieren und Haustierarten sowie Arthropoden isoliert. Die für den Menschen wichtigsten Infektionsquellen sind Kaninchen, Hasen, Kleinnager und Arthropoden.

37.3.2 Rolle als Krankheitserreger

▪▪ Epidemiologie

F. tularensis ssp. tularensis kommt nur in Nordamerika vor, während F. tularensis ssp. holarctica auf der gesamten nördlichen Hemisphäre verbreitet ist. In Amerika werden regulär Fälle in den USA und Kanada gemeldet, die von beiden Subspezies hervorgerufen werden können. Die Tularämie wird in Russland sowie zentral- und ostasiatischen Ländern, wie Mongolei, China und Japan, beobachtet. In Europa sind insbesondere die skandinavischen Länder Schweden, Norwegen und Finnland betroffen, wo Ausbrüche mit mehreren hundert bis tausend Fälle registriert wurden. Neben Südosteuropa hat sich die Tularämie in den letzten Jahrzehnten immer mehr in das westliche Europa ausgebreitet, wo Frankreich, Spanien und Portugal besonders betroffen sind.

In Deutschland ist die Tularämie relativ selten, allerdings ist ein kontinuierlicher Anstieg der an das Robert Koch-Institut gemeldeten Fälle von 15 in 2008 auf 54 in 2018 zu verzeichnen. Eine erhebliche Dunkelziffer kann nicht ausgeschlossen werden. Zudem wurden auch in Deutschland Ausbrüche der Erkrankung beobachtet, zuletzt in 2016 und 2018 in Bayern und Rheinland-Pfalz.

▪▪ Übertragung

Der Mensch infiziert sich meistens durch Kontakt mit infizierten Säugetieren (Hasen) oder durch Arthropodenstiche, seltener durch Tierbisse, ferner durch Inhalation von Aerosolen oder Aufnahme von kontaminiertem Wasser oder unzureichend gegartem Fleisch. Der Kontakt zu infizierten Hasen und die orale Aufnahme von kontaminiertem, frisch gepresstem Traubensaft waren die Ursachen für die zuletzt gemeldeten Tularämieausbrüche in Deutschland. Jäger sowie Beschäftigte in der Land- und Forstwirtschaft sind besonders häufig betroffen.

Die Ansteckung von Mensch zu Mensch ist bisher nicht beschrieben, es wurde aber eine Übertragung der Krankheit durch Organtransplantationen beobachtet.

▪▪ Pathogenese

Die Pathogenese ähnelt jener der Brucellose. Typische Eintrittspforten sind kleine Hautläsionen, Konjunktiven, Mund und Atemwege. Allerdings können Francisellen auch vektoriell (Zecken, Mücken) sowie durch Kontakt mit kontaminiertem Wasser übertragen werden.

Die Ausbreitung im Körper kann lymphogen, hämatogen oder bronchogen erfolgen. Die Francisella-Pathogenitätsinsel im Genom besitzt einen Typ-6-Sekretionsapparat, mit dessen Hilfe die Erreger sich nach ihrer Phagozytose aus den Phagosomen befreien und im Zytoplasma der Makrophagen vermehren. In befallenen Organen, wie Leber und Milz, aber auch in der Lunge können sich nach Aktivierung des Immunsystems mit einer spezifischen T-Zellantwort Granulome bilden.

▪▪ Klinik

Je nach Infektionsdosis, Infektionsweg und Virulenz des Erregerstammes beträgt die Inkubationszeit 1–14 Tage, meist 3–5 Tage. Selten sind auch Inkubationszeiten von mehreren Wochen beschrieben. Die Tularämie tritt je nach Eintrittspforte in einer ulzeroglandulären, oropharyngealen, okuloglandulären und pulmonalen Form auf:

- Nach Inhalation kommt es zu Fieber, Kopfschmerzen, Krankheitsgefühl und trockenem Husten mit oder ohne radiologische Zeichen der Pneumonie **(pulmonale Form).** Röntgenologische Veränderungen können mit Tuberkulose und Lungenkarzinom verwechselt werden. Die pulmonale Form kann auch sekundär nach hämatogener Streuung auftreten. Ohne lokalisierte Symptome wird diese Verlaufsform als **typhoid** bezeichnet.
- Bei der **ulzeroglandulären Form** bildet sich ein primäres Ulkus. Die Erkrankung geht mit Fieber und einer lokalen Lymphknotenschwellung einher. Bei spätem Therapiebeginn können die Lymphknoten abszedieren und nekrotisieren.
- Die orale Aufnahme kann eine Entzündung der Rachenschleimhaut hervorrufen oder eine uncharakteristische fieberhafte Erkrankung mit Halsschmerzen und Schwellung der regionalen Lymphknoten **(oropharyngeale Form).**

Bei schweren Verlaufsformen kommt es zu einer Septikämie, und der Erreger wird in der Blutkultur nachweisbar.

▪ Differenzialdiagnose (◘ Tab. 37.5)

▪▪ Immunität

Da es sich um einen fakultativ intrazellulären Erreger handelt, liegt das Hauptgewicht der Abwehr auf einer T-Zell-abhängigen Immunität, die ähnlich wie bei Listeria- und Brucella-Infektionen die Abwehrleistung über Granulombildung und Makrophagenaktivierung erbringt. Die obligate humorale Antwort (Antikörperbildung) kann zur Eliminierung extrazellulärer Bakterien beitragen.

▪▪ Labordiagnose

In der Diagnostik liegt das Hauptgewicht auf dem **Antikörpernachweis beim Patienten,** da häufig die Verdachtsdiagnose erst spät und oft bereits nach Beginn einer Antibiotikatherapie gestellt wird und der lebende Erreger dann nicht mehr nachweisbar sein kann. Aus entsprechendem klinischen Abstrich- oder Punktatmaterial kann allerdings der Nachweis der Erreger-DNA mittel molekulargenetischer Methoden erfolgen **(PCR).**

Zudem bedingt die erhebliche Infektionsgefährdung des Laborpersonals bei Anzucht des Erregers die Einhaltung aufwendiger Schutzmaßnahmen (vgl. die Biostoffverordnung, F. tularensis ssp. holarctica ist in Risikogruppe 2 und ssp. tularensis in Risikogruppe 3 eingestuft).

Der **Nachweis gramnegativer Bakterien in der Blutkultur** bei entsprechenden anamnestischen Hinweisen sollte zu einer erhöhten Aufmerksamkeit des Laborpersonals und der Weiterbearbeitung der Proben mindestens unter einer mikrobiologischen Sicherheitswerkbank führen.

Die gezielte **Anzucht** erfordert spezielle Nährmedien, die den besonderen Ansprüchen der Erreger (Nährböden mit Blut- und Cysteinzusatz wie bei Legionella [▶ Abschn. 36.1.2], ◘ Abb. 37.4) gerecht werden. Sie sollte nur in Speziallaboratorien (Schutzstufe 2 oder 3) nach ausdrücklicher Nennung der Verdachtsdiagnose erfolgen.

Die Identifizierung nach Anzucht erfolgt mittels PCR und/oder massenspektroskopischer Analyse (MALDI-TOF). Eine weitergehende Charakterisierung kann auf der Basis von **Genomsequenzierungen** erfolgen. Obwohl gegen Antibiotika der 1. Wahl bisher kaum Resistenzen beschrieben wurden, ist die Durchführung eines Antibiotikaempfindlichkeitstests in Speziallaboratorien angezeigt.

▪▪ Therapie und Prophylaxe

Antibiotika der 1. Wahl sind Ciprofloxacin, Doxycyclin und Chloramphenicol. Bei schweren Verläufen wird eine Kombination aus Gentamicin und Ciprofloxacin empfohlen. Kinder sollten mit Ciprofloxacin oder in schweren Fällen in Kombination mit Gentamicin behandelt werden.

Für eine Postexpositionsprophylaxe kommt Ciprofloxacin und Doxycyclin infrage. Die Behandlung soll je nach Schweregrad 10–21 Tage andauern. Einen zugelassenen Impfstoff gibt es für die Tularämie in Deutschland nicht. In Deutschland existieren Behandlungszentren, die hinsichtlich der Therapie und des Umgangs mit den Patienten besonders erfahren sind (Ständiger Arbeitskreis der Kompetenz- und Behandlungszentren für Krankheiten durch hochpathogene Erreger, STAKOB).

◘ **Tab. 37.5** Differenziert nach lokalisierten und typhoiden Formen kommen u. a. folgende Infektionen als Differenzialdiagnosen in Betracht

Lokalisierte Formen	**Typhoide Form**
Infektionen durch Mykobakterien (z. B. M. marinum)	Typhus
Sporotrichose	Brucellose
Katzenkratzkrankheit	Legionellose
Anthrax	Lymphome
Pest	Q-Fieber
Syphilis	Psittakose
Lymphogranuloma venereum	Toxoplasmose
Toxoplasmose	Tuberkulose
Listeriose	Rickettsiosen
Staphylokokkeninfektionen	Systemische Mykosen

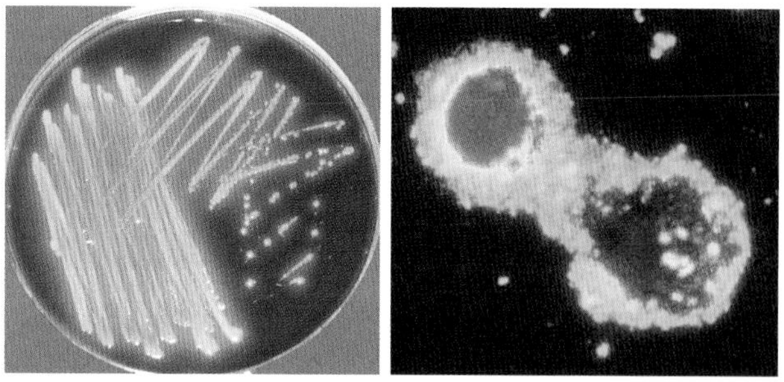

Abb. 37.4 Francisella tularensis auf Blut-Herz-Cystein-Agar (links) und in humanen myeloiden Zellen (rechts). (Mit freundlicher Genehmigung von R. Grunow, Robert Koch-Institut)

Meldepflicht

Der direkte oder indirekte Nachweis von Francisella tularensis ist namentlich meldepflichtig, soweit er auf eine akute Infektion hinweist (§ 7 IfSG). Francisellen zählen zu der Gruppe möglicher bioterroristischer Agenzien und unterliegen deshalb einem besonderen Sicherheitsinteresse.

37.4 Erysipelothrix rhusiopathiae

Steckbrief

37

Erysipelothrix rhusiopathiae ist ein grampositives, unbewegliches, nichtsporenbildendes, aerob und anaerob wachsendes Stäbchen (Tab. 37.6). Der Erreger verursacht den Schweinerotlauf, eine Zoonose, die sich beim Menschen als Erysipeloid (eine Hautinfektion) manifestiert, in seltenen Fällen auch als Sepsis und Endokarditis. Infiziert werden vorzugsweise Metzger und Köche, die mit dem Fleisch infizierter Schweine arbeiten. Allerdings kommen auch Fisch oder Geflügel (Ente/Pute) als Infektionsquelle in Betracht.

Erysipelothrix rhusiopathiae: grampositive Stäbchen, entdeckt 1882 von Pasteur, Löffler und schließlich Rosenbach

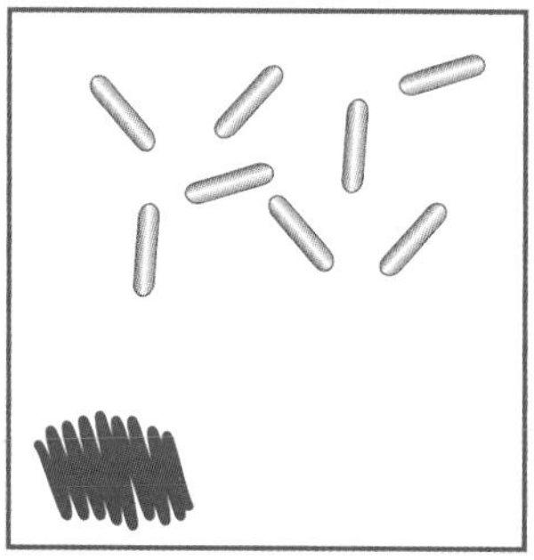

Tab. 37.6 Erysipelothrix: Gattungsmerkmale

Merkmal	Ausprägung
Gramfärbung	Grampositive Stäbchen
Aerob/anaerob	Fakultativ anaerob, mikroaerophil
Kohlenhydratverwertung	Fermentativ
Sporenbildung	Nein
Beweglichkeit	Nein
Katalase	Negativ
Oxidase	Negativ
Besonderheiten	H_2S-Bildung

Erysipelothrix kommt v. a. im landwirtschaftlichen und veterinär-medizinischen Bereich vor. Erysipelothrix findet sich in Materialien tierischer Herkunft, auch in den Fäkalien gesunder Schweine.

Der **Schweinerotlauf** des Menschen ist vorwiegend eine Berufsinfektion bei Landwirten, Veterinären, Fischern bzw. Fischhändlern, Metzgern und Hausfrauen, auf die er durch direkten Kontakt über kleine Hautläsionen übertragen wird.

Klinik: Nach Infektion (Inkubationszeit 2–7 Tage) bildet sich lokal ein entzündliches epidermales Ödem (Erysipeloid; Phlegmone/Lymphangitis), in seltenen Fällen kommt es zur hämatogenen Streuung mit Sepsis oder Endokarditis.

Die Erkrankung hinterlässt eine erregerspezifische Immunität.

Die **Diagnose** erfolgt durch Anzucht (Hautbiopsie) und Differenzierung des Erregers. Bei Endokarditis- oder Sepsisverdacht werden Blutkulturen entnommen. Serologische Untersuchungen haben keine Bedeutung.

Für die **Therapie** stehen β-Laktam-Antibiotika sowie Erythromycin, Clindamycin und Doxycyclin zur Verfügung.

Die **Prävention** besteht im hygienischen Umgang mit Tieren bzw. deren Produkten und in der Vermeidung von Hautverletzungen.

Eine **Schutzimpfung** mit lebenden attenuierten Bakterien des Stammes von Pasteur und Thuillier ist möglich. Sie kommt für gefährdete Personengruppen in Betracht.

Die Erkrankung ist nicht meldepflichtig.

Weiterführende Literatur

Listeria

Craig AM, Dotters-Katz S, Kuller JA, Thompson JL (2019) Listeriosis in pregnancy: a review. Obstet Gynecol Surv 74(6):362–368

Desai AN, Anyoha A, Madoff LC, Lassmann B (2019) Changing epidemiology of Listeria monocytogenes outbreaks, sporadic cases, and recalls globally: a review of ProMED reports from 1996 to 2018. Int J Infect Dis 84:48–53.

Disson O, Lecuit M (2012) Targeting of the central nervous system by Listeria monocytogenes. Virulence 3(2):213–221

de Noordhout CM, Devleesschauwer B, Angulo FJ, Verbeke G, Haagsma J, Kirk M, Havelaar A, Speybroeck N (2014) The global burden of listeriosis: a systematic review and meta-analysis. Lancet Infect Dis 14(11):1073–1082

Pizarro-Cerdá J, Cossart P (2018) Listeria monocytogenes: cell biology of invasion and intracellular growth. Microbiol Spectr 6(6): GPP3-0013-2018.

Robert Koch-Institut. RKI Ratgeber,Listeriose ▶ https://www.rki.de/DE/Content/Infekt/EpidBull/Merkblaetter/Ratgeber_Listeriose.html

Brucella

de Figueiredo P, Ficht TA, Rice-Ficht A, Rossetti CA, Adams LG (2015) Pathogenesis and Immunobiology of Brucellosis. Review of Brucella-Host Interactions. Am J Pathol 185:1505–1517

Grillo M-J, Blasco JM, Gorvel JP, Moriyón I, Moreno E (2012) What have we learned from brucellosis in the mouse model? Vet Res 43:29

Moreno E (2014) Retrospective and prospective perspectives on zoonotic brucellosis. Front Microbiol 5:213

Robert Koch-Institut. RKI-Ratgeber Brucellose. ▶ https://www.rki.de/DE/Content/Infekt/EpidBull/Merkblaetter/Ratgeber_Brucellose.html

Francisella

Boisset S, Caspar Y, Sutera V, Maurin M (2014) New therapeutic approaches for treatment of tularaemia: a review. Front Cell Infect Microbiol 4:40

Faber M, Heuner K, Jacob D, Grunow R (2018) Tularemia in Germany-A re-emerging zoonosis. Front Cell Infect Microbiol 16(8):40

Maurin M, Gyuranecz M (2016) Tularaemia: clinical aspects in Europe. Lancet Infect Dis 16(1):113–124

Robert Koch-Institut. RKI Ratgeber Tularämie. ▶ https://www.rki.de/DE/Content/Infekt/EpidBull/Merkblaetter/Ratgeber_Tularaemie.html

Steiner DJ, Furuya Y, Metzger DW (2014) Host-pathogen interactions and immune evasion strategies in Francisella tularensis pathogenicity. Infect Drug Resist 7:239–251

Erysipelothrix

Tan EM, Marcelin JR, Adeel N, Lewis RJ, Enzler MJ, Tosh PK (2017) Erysipelothrix rhusiopathiae bloodstream infection – A 22-year experience at Mayo Clinic, Minnesota. Zoonoses Public Health 64:65–72

Wang Q, Chang BJ, Riley TV (2010) Erysipelothrix rhusiopathiae. Vet Mricrobiol 140:405–417

Corynebakterien

Anja Berger und Andreas Sing

Das Genus Corynebacterium (C.) umfasst derzeit über 100 Spezies, von denen mehr als die Hälfte als medizinisch relevant gelten. Der Name dieser grampositiven, unregelmäßig geformten, unbeweglichen und sporenlosen Stäbchenbakterien leitet sich von der zum Teil vorhandenen keulenförmige Auftreibung am Zellende ab (gr.: „coryne", Keule). Für die Gattung ebenso charakteristisch ist eine an chinesische Schriftzeichen oder in Y- bzw. V-Formationen erinnernde Gruppierung der Bakterien im Grampräparat (◘ Abb. 38.1). ◘ Tab. 38.1 zeigt wesentliche Gattungsmerkmale. Viele Corynebakterien gelten als Kommensalen der Haut und Schleimhaut bei Mensch und Säugetieren, können jedoch bei lokaler oder generalisierter Abwehrschwäche opportunistische Infektionen wie Wundinfektionen, Sepsis und Endokarditis hervorrufen (◘ Tab. 38.2). Die aus infektiologischer und klinischer Sicht relevantesten Vertreter sind die potenziell Diphtherietoxin-(DT-) tragenden Spezies: C. diphtheriae sowie die beiden zoonotischen Erreger C. ulcerans und – sehr viel seltener – C. pseudotuberculosis, die auch heutzutage die seit der Antike bekannte lebensbedrohliche Diphtherie (von gr. „diphthera", Lederhaut) verursachen können. In Europa beobachten wir seit über 10 Jahren eine stetige Zunahme humaner C. ulcerans-Fälle, wobei die zoonotische Übertragung von Haustieren auf den Menschen die wichtigste Rolle spielt.

Fallbeispiel

In den USA stellt sich ein Patient aus Äthiopien in der Notaufnahme vor. Er war wenige Tage zuvor von einem 6-wöchigen Heimaturlaub an der Grenze nach Eritrea zurückgekehrt. Die Vorstellung erfolgt wegen eines Hautgeschwürs am linken Unterschenkel, schmierig-eitrig belegt. Der Versicherte berichtet, zuvor an dieser Stelle einen Insektenstich bemerkt zu haben. Im Abstrich lassen sich Streptokokken und Corynebakterien nachweisen. Die weitere mikrobiologische Untersuchung mittels MALDI-TOF ergibt C. diphtheriae. Mittels PCR wird das Gen für Diphtherietoxin nachgewiesen. Somit wird die Diagnose Hautdiphtherie gestellt. Nicht festgestellt werden kann, ob der Patient gegen Tetanus/Diphtherie geimpft ist. Eine antibiotische Behandlung wird initiiert, und der Patient wird mittels Nasen- und Rachenabstrich auf C. diphtheriae-Trägerstatus untersucht; das Untersuchungsergebnis ist negativ. Ebenso sind Abstriche von drei Haushaltskontakten – abgenommen vor prophylaktischer Behandlung mit Penicillin – negativ. Enge Kontaktpersonen werden im Hinblick auf respiratorische oder kutane Symptome überwacht.

38.1 Corynebacterium diphtheriae

Steckbrief

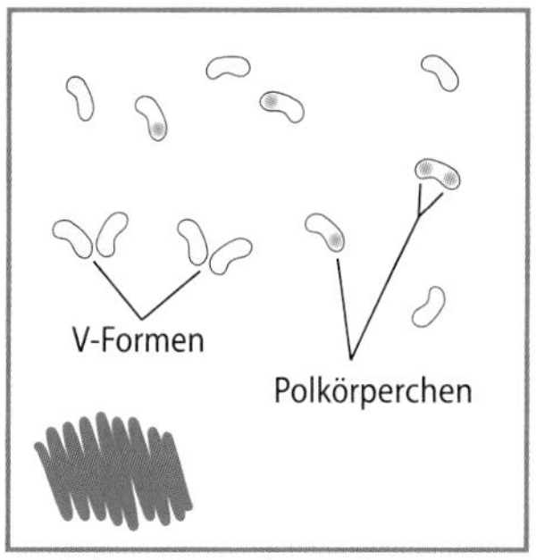

Corynebakterien sind grampositive keulenförmig aufgetriebene Stäbchenbakterien. Metachromatische Granula in der Neisser- oder Loeffler-Färbung gelten als pathognomonisch für C. diphtheriae. 1873 wurde der Erreger erstmals von Edwin Klebs in histologischen Schnitten beschrieben, 1884 erstmals von Friedrich Loeffler kulturell angezüchtet: der Erreger wurde daher anfänglich als Klebs-Loeffler-Bazillus bezeichnet. Das 1888 von Roux und Yersin nachgewiesene Diphtherietoxin ist das erste wissenschaftlich identifizierte bakterielle Toxin. 1926 wurde erstmals ein durch C. ulcerans verursachtes diphtheria like disease (DLD) beim Menschen in Zusammenhang mit dem Verzehr von Rohmilch beschrieben.

S. Suerbaum et al. (Hrsg.), *Medizinische Mikrobiologie und Infektiologie*,
https://doi.org/10.1007/978-3-662-61385-6_38

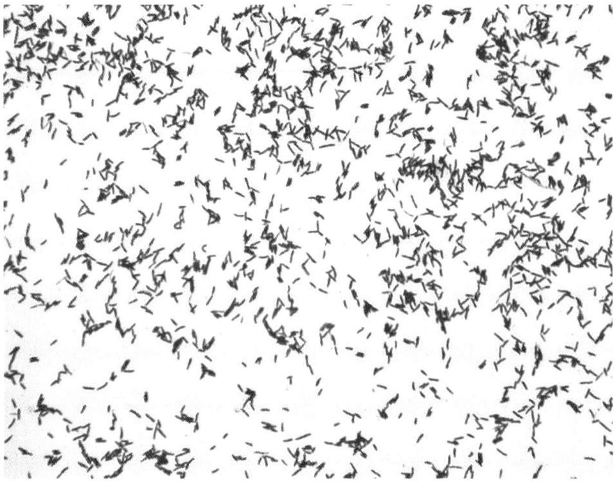

Abb. 38.1 C. diphtheriae-Grampräparat

Tab. 38.1 Gattungsmerkmale von Corynebakterien

Merkmal	Ausprägung
Gramfärbung	Grampositive Stäbchen
Aerob/anaerob	Mikroaerophil (Zusatz von 5 % CO_2), fakultativ anaerob
Kohlenhydratverwertung	Fermentativ oder oxidativ
Sporenbildung	Nein
Beweglichkeit	Nein
Katalase	Ja (schießende Katalasereaktion)
Oxidase	Nein (diagnostisch nicht relevant)
Besonderheiten	Für die Diphtheriediagnostik relevante Verfahren: Neisser- oder Loeffler-Färbung zur Anfärbung der metachromatischen Granula („Polkörperchen"). Spezialmedien mit Tellursalz zur Anzucht: Schwarzfärbung der Kolonien und Unterdrückung der Begleitflora. Diphtherietoxin (Exotoxin) wird nur von Stämmen produziert, die das phagenkodierte tox-Gen tragen

38

38.1.1 Beschreibung

- **Aufbau**

Corynebakterien gehören zu den Actinobacteria, einem Phylum grampositiver Bakterien mit hohem Guanin- und Cytosingehalt (51–70 %) und enormer Diversität innerhalb des Genus. Im Gegensatz zu anderen grampositiven Erregern enthält ihre dicke Zellwand (ein wesentlicher Pathogenitätsfaktor) zusätzlich kurzkettige Mykolsäuren, die sonst nur bei Mykobakterien und partiell säurefesten Stäbchenbakterien wie Nokardien vorkommen. Corynebakterien sind unbekapselt und unbeweglich.

Tab. 38.2 Häufigste durch Corynebakterien-Spezies verursachte Infektionen

Art	Krankheit
Potenziell toxigene Corynebacterium-Spezies	
C. diphtheriae	Toxinpositive Stämme (in der Regel in Endemiegebieten erworben): Diphtherie (Nase-, Rachen-, Kehlkopf-, Wund-); toxinnegative Stämme: Endokarditis, Bakteriämie, Tonsillitis, Wundinfektionen
C. ulcerans	Zoonoseerreger (Abszess, Mastitis, Pneumonie bei Nutz- und Haustieren): in der Regel hierzulande erworbene humane Infektionen meist durch tox^+-Stämme: Wunddiphtherie, „diphtheria-like disease" (DLD); selten: Bakteriämie, Lymphadenitis, Pneumonie
C. pseudotuberculosis	Zoonoseerreger (verkäsende Lymphadenitis bei Tieren), sporadische humane Fälle bei beruflicher Exposition zu Nutztieren (Schäfer, Metzger): Wunddiphtherie, DLD, Abszesse
Andere klinisch relevante Corynebacterium-Spezies:	
C. accolens	Endokarditis
C. amycolatum	Wund-, Harnweg-, fremdkörperassoziierte Infektionen, Bakteriämie, Sepsis
C. auricomucosum	Urogenitale Infektionen (insbesondere bei Frauen)
C. durum	Pathogenität unklar, Spezies häufig im oberen Respirationstrakt bei Gesunden nachgewiesen
C. glucuronolyticum	Urogenitale Infektionen (insbesondere bei Männern)
C. jeikeium	Weichgewebe-, Fremdkörper-assoziierte Infektionen, Sepsis, Endokarditis, häufig diverse Antibiotikaresistenzen
C. kroppenstedti	Granulomatöse lobuläre Mastitis
C. magcinley	Augeninfektionen
C. minutissimum	Erythrasma, Atemweg-, Harnweg-, Wundinfektionen
C. pseudodiphtheriticum	Atemweginfektion, Endokarditis
C. resistens	Bakteriämie
C. riegelii	Harnweginfektionen (v. a. bei Frauen)
C. striatum	Wund-, fremdkörperassoziierte Infektionen, Atemweginfektionen
C. tuberculostearicum	Katheterinfektionen, Bakteriämie, Wundinfektionen, Endokarditis
C. urealyticum	Harnweginfektionen, Bakteriämie, Wundinfektionen

■ Molekularbiologie

Das Genom von C. diphtheriae besteht aus einem einzelnen zirkulären Chromosom und ist etwa 2,49 Mio. bp groß. Es enthält Pathogenitätsinseln (PAI), die Systeme zur Sekretion zahlreicher Pathogenitäts- und Virulenzfaktoren kodieren (v. a. Fimbriengene, Adhäsine, Eisenaufnahmesysteme). Das phagenkodierte tox-Gen wird durch Transduktion in das Bakteriengenom integriert und durch das chromosomale dtxR-Gen reguliert. Bei intrazellulärem Eisenmangel entfällt die DtxR-vermittelte tox-Repression, sodass Diphtherietoxin (DT) produziert und freigesetzt werden kann. Zur Speziesbestimmung eignet sich bei Corynebakterien die Sequenzierung des rpoB-Gens. Epidemiologische Zusammenhänge können durch Bestimmung des Sequenztyps mittels Multilocus-Sequenz-Typisierung (MLST) und Ganzgenomsequenzierung (next generation sequencing [NGS]) dargestellt werden (▶ Kap. 19).

■ Extrazelluläre Produkte

Die Virulenz von C. diphtheriae, C. ulcerans und seltener C. pseudotuberculosis beruht vor allem auf dem DT, einem der wirksamsten bekannten Zellgifte. Das DT-kodierende tox-Gen wird durch lysogene Bakteriophagen (βtox$^+$-Corynephagen) ins Kerngenom eingeschleust. Daher können nur phagentragende (tox$^+$) C. diphtheriae-Stämme DT produzieren. Im Gegensatz zu anderen Corynebakterien können C. ulcerans und C. pseudotuberculosis ein weiteres Exotoxin, die Phospholipase D (PLD) produzieren, das sowohl für die Erregerdissemination als auch diagnostisch relevant ist.

■ Resistenz gegen äußere Einflüsse

Die Tenazität der Erreger ist relativ hoch. In trockener, lichtgeschützter Umgebung können infektiöse Erreger monatelang überleben. Durch Hitze über 50 °C und durch geeignete Desinfektionsmittel werden sie zuverlässig abgetötet.

■ Vorkommen

Die oben genannten fakultativ pathogenen Corynebakterien sind Kommensalen der Haut und Schleimhaut bei Mensch und Säugetieren. Das einzige relevante Erregerreservoir für tox$^+$ und häufiger tox$^-$-C. diphtheriae ist der Mensch, wobei Haut und Schleimhaut (vor allem Nasen- und Rachenraum) kolonisiert sein können. Die Erregerübertragung erfolgt über Tröpfcheninfektion, direkten Hautkontakt oder unbelebte kontaminierte Gegenstände oder Oberflächen. Kürzlich wurde erstmals ein Fall sexuell übertragener Diphtherie nach Fellatio beschrieben. Sporadisch konnte C. diphtheriae extrem selten bei Tieren (Hund, Katze, Pferd, Rind, Fuchs) nachgewiesen werden, wobei meist ein Übertragungsweg vom infizierten Menschen auf das Tier angenommen wird.

1926 wurde erstmals ein durch C. ulcerans verursachtes DLD beim Menschen in Zusammenhang mit dem Verzehr von Rohmilch beschrieben. Das tierische Erregerreservoir von C. ulcerans ist, wie noch bis in die 1990er Jahre vermutet, nicht nur auf Rinder begrenzt, sondern weit größer als ursprünglich angenommen (Nachweis z. B. bei Hund, Katze, Hausschwein, Wildschwein, Wasserratte, Eule, Fuchs, Reh, Fischotter, Löwe, Orca, Maulwurf, Igel). Die Tiere können dabei sowohl asymptomatisch kolonisiert als auch erkrankt sein (z. B. Abszess, Ulzera etc.).

C. pseudotuberculosis (ehemals „C. ovis") ist v. a. bei kleinen Wiederkäuern in den USA, Australien und Großbritannien verbreitet. Haupterregerreservoir sind Schafe und Ziegen. Die Erregerübertragung erfolgt hauptsächlich über Schmierinfektion, aber auch oral, aerogen und omphalogen. Humane Infektionen sind extrem selten und meist durch berufliche Exposition bedingt.

38.1.2 Rolle als Krankheitserreger

■■ Epidemiologie

Die Diphtherie ist eine weltweit vorkommende Infektionskrankheit, die noch Anfang des 20. Jahrhunderts als führende Todesursache bei Kleinkindern (allein in Deutschland etwa 60.000 Todesfälle/Jahr) und wegen ihrer Symptomatik und hohen Letalität als „Würgeengel der Kinder" gefürchtet war.

Durch die von Emil von Behring und Kitasato entwickelte Serumtherapie, die auf dem gegen das DT gerichteten Antitoxin beruhte und für die Behring 1901 den ersten Medizin-Nobelpreis erhielt, konnte die Letalität der Diphtherie deutlich gesenkt werden. Nach Einführung der auf dem Diphtherietoxoid beruhenden, äußerst wirksamen Impfung kam es rasch zu einer dramatischen Reduktion von Inzidenz und Mortalität der Diphtherie.

Krisensituationen und instabile gesellschaftliche Verhältnisse mit kriegsbedingter Migration und dem Zusammenbruch des Gesundheitssystems führen aber bis heute zu Diphtherieausbrüchen und Epidemien, z. B. nach dem 2. Weltkrieg in Europa, nach dem Zusammenbruch der ehemaligen Sowjetunion in den 1990er Jahren, nach der Erdbebenkatastrophe 2010 auf Haiti oder in den Bürgerkriegsregionen in Syrien, Jemen oder Venezuela.

In Deutschland ist die Diphtherie nach wie vor sehr selten (Inzidenz < 1/1 Mio. Einwohner). Zu beachten sind jedoch niedrige Durchimpfungsraten durch fehlende Impfboosterung bei Erwachsenen und die zunehmende Impfskepsis in den Industrienationen. In anderen Ländern ist die Diphtherie nach wie vor endemisch (z. B. Indien, Russland, Afghanistan, Brasilien, Indonesien, einige afrikanische Länder). Ähnlich wie in anderen westlichen Industrienationen treten Infektionen durch den klassischen Diphtherieerreger C. diphtheriae in Deutschland meist in Zusammenhang mit Auslandsaufenthalten auf (ca. 1–8 Fälle/Jahr), wobei die Haut- bzw. Wunddiphtherie heute häufiger ist als die „klassische" Diphtherie.

In den letzten 10 Jahren wurden in westlichen Industrienationen zunehmend toxigene zoonotische C. ulcerans-Stämme beim Menschen nachgewiesen, die vor allem mit Kontakt zu Haustieren wie Hunde und Katzen, aber auch zu Nutztieren wie Schweinen assoziiert waren. In Deutschland beobachten wir derzeit ca. 10–20 Fälle/Jahr, wobei mittels stammvergleichender Analysetechniken wie Multilocus Sequence Typing (MLST) oder Ganzgenomsequenzierung eine zoonotische Übertragung mehrfach bewiesen werden konnte. Toxigene und nichttoxigene C. ulcerans-Isolate werden in Deutschland analog zu nichttoxigenen C. diphtheriae-Stämmen zunehmend aus Wunden und chronischen Hautläsionen isoliert, aber auch bei Patienten mit einer Diphtherie der oberen Atemwege.

Der klinische Verdacht auf eine Diphtherie bzw. der Nachweis eines potenziell toxigenen Corynebakteriums kann mikrobiologische Laboratorien, behandelnde Kliniker und das Gesundheitswesen hinsichtlich einer zuverlässigen Erregerdiagnostik, einer zeitnahen und adäquaten Therapie sowie des Managements von Umgebungsuntersuchungen und Verabreichung einer Umgebungsprophylaxe vor Herausforderungen stellen. Neben der veränderten Epidemiologie einschließlich zoonotischer Übertragungswege ist, wenn auch noch nicht in Deutschland, die Beobachtung einzelner multiresistenter (MDR) C. diphtheriae-Stämme von Bedeutung, die Resistenzen gegen Erythromycin, Clindamycin, Tetrazyklin und Trimethoprim-Sulfamethoxazol aufwiesen.

▪▪ Übertragung

Die Erregerübertragung potenziell toxigener C. diphtheriae erfolgt über Tröpfcheninfektion bei engem Kontakt mit einem Kranken oder einem asymptomatischen Bakterienträger (bzw. einem Tier im Falle von C. ulcerans und C. pseudotuberculosis). Schmierinfektion, direkter Hautkontakt und unbelebte kontaminierte Gegenstände stellen weitere Übertragungsquellen dar. In tropischen Regionen ist die Wunddiphtherie bei Kratzwunden von Insektenstichen („tropisches Ulcus"; ◻ Abb. 38.3) verbreitet.

Kürzlich wurde erstmals ein Fall sexuell übertragener Diphtherie nach Fellatio beschrieben. Eine Übertragung von Mensch zu Mensch konnte bei C. ulcerans noch nicht eindeutig nachgewiesen werden, Fälle mit möglicher Mensch-zu-Mensch-Übertragung wurden aber beschrieben.

▪▪ Pathogenese

Die typischen Krankheitsformen der Diphtherie werden nicht direkt durch den Erreger, sondern durch die Wirkung des Diphtherietoxins (DT) hervorgerufen. Ähnlich wie andere Bakterientoxine handelt es sich bei DT um ein AB-Toxin, dessen größere B- und kleinere A-Kette über eine Disulfidbrücke verbunden sind.

Die B-Kette enthält eine Rezeptorbindungsstelle (R-Domäne), die an das häufig auf humanen Zellen befindliche Vorläufermolekül des heparinbindenden epidermalen Wachstumsfaktors (HB-EGF) bindet. HB-EGF befindet sich in unterschiedlicher Dichte auf humanen Zellen, weshalb nach Invasion der oberen Atemwege und Erregerstreuung Herz- und Nervenzellen mit hoher Rezeptordichte bevorzugt befallen werden.

Mittels rezeptorvermittelter Endozytose wird DT in die Zelle aufgenommen. Nach Spaltung des AB-Toxins im Phagolysosom katalysiert die freigesetzte A-Kette die Riboseanheftung an den Histidinteil des Elongationsfaktors EF-2, inhibiert diesen dadurch und führt so durch den Abbruch der Proteinbiosynthese zum Zelltod. Die zytotoxische Schädigung zeigt sich klinisch vor allem lokal in Form von Pseudomembranen (dicke, graue Beläge aus Fibrinnetz mit Bakterien, Leukozyten und Zellmaterial), die sich im gesamten Nasen-Rachen-Raum ausbilden können, sowie mit möglicher Latenzzeit auch systemisch an Herzmuskel- und Nervenzellen durch Herzversagen oder Lähmung peripherer Nerven.

DT ist sehr potent: Ein einziges Molekül reicht aus, um eine Zelle zu töten! DT ist ein hitzelabiles Protein mit 62 kD Molekülmasse und serologisch einheitlich. Die Diphtherietoxine von C. diphtheriae und C. ulcerans unterscheiden sich auf Basen- bzw. Aminosäuresequenzebene um ca. 5 %, wobei die DT-Wirkung toxigener C. ulcerans-Stämme um ca. 100- bis 1000-fach geringer zu sein scheint als diejenige von C. diphtheriae.

▪▪ Immunität

DT-spezifische Antikörper werden ab der 2. Krankheitswoche gebildet und neutralisieren zirkulierendes DT unter Ausbildung von Immunkomplexen, die über die Leber ausgeschieden werden. Bereits zellgebundenes Toxin kann jedoch nicht mehr neutralisiert werden. Die durchgemachte Diphtherie hinterlässt keine sichere, lang anhaltende Immunität und ist nur gegen das Toxin gerichtet. Somit besteht kein Schutz vor Erregerkolonisation. Die wirksamste präventive

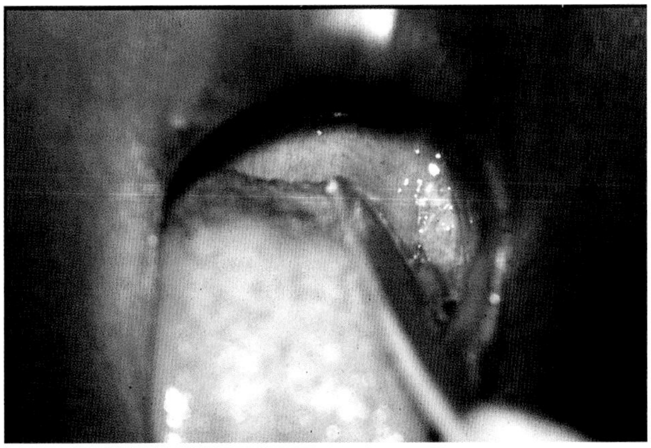

Abb. 38.2 Rachendiphtherie eines jungen Patienten in Zimbabwe. (Mit freundlicher Genehmigung von Prof. Dr. August Stich, Würzburg)

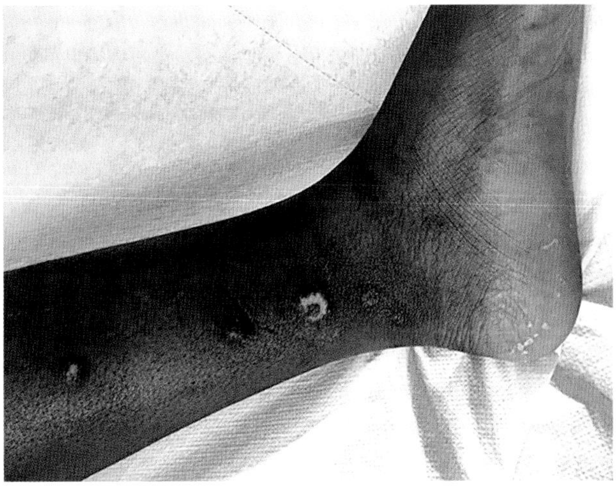

Abb. 38.3 C. diphtheriae-Wundinfektion nach Somaliareise (superinfizierte Insektenstiche). (Mit freundlicher Genehmigung von Dr. Tilmann Schober und Dr. Johannes Hübner, München)

Maßnahme ist daher die Schutzimpfung, auch nach durchgemachter Infektion.

Klinik

Man unterscheidet klassische und systemisch verlaufende Diphterie, Wunddiphtherie sowie weitere durch C. diphtheriae verursachte Infektionen:

Klassische Diphtherie Nach einer Inkubationszeit von 2–5 (1–10) Tagen äußert sich die klassische Rachendiphtherie mit plötzlichen und rasch progredienten Halsschmerzen und Schluckbeschwerden bei meist niedriggradigem Fieber und Abgeschlagenheit. Als pathognomonischer Untersuchungsbefund gilt das Auftreten grauweißer, später durch Einblutungen bräunlich verfärbter Beläge auf den Tonsillen (Pseudomembranen, Abb. 38.2), die sich nur schwer entfernen lassen und dabei eine blutende Schleimhaut freigeben. Auch ein süßlich-fauliger Mundgeruch gilt als typisch. Cave: Differenzialdiagnostisch ist hier vor allem an Mundsoor zu denken.

Bei der **Nasendiphtherie** kann ein blutig-seröser Schnupfen vorliegen.

Die **Kehlkopfdiphtherie** (echter Krupp) ist durch zunehmende Heiserkeit bis hin zu Aphonie, bellenden Husten, Dyspnoe mit inspiratorischem Stridor, Zyanoseanfälle sowie ausgeprägte Unruhe und Ängstlichkeit gekennzeichnet. Abgelöste Pseudomembranen können zur lebensbedrohlichen Verlegung der Atemwege führen. Durch Ausbildung eines peritonsillären Ödems und die Beteiligung regionaler Lymphknoten kann es zu einer teigigen Schwellung des Halses mit „mumpsartigen“ Aussehen kommen („Cäsarenhals“).

Insbesondere bei Geimpften kann die Diphtherie nur mit tonsillitis- oder pharyngitisähnlicher Symptomatik einhergehen. Auch das durch tox^{+}-C. ulcerans verursachte Krankheitsbild „diphtheria-like disease“ (DLD) kann klinisch deutlich milder verlaufen.

Haut- oder Wunddiphtherie Sie ist heutzutage die in westlichen Industrienationen häufigste Diphtherieform. Sie entsteht oft nach einem Bagatelltrauma oder Insektenstich (Abb. 38.3) und wird im Falle von C. diphtheriae meist aus dem Ausland (Tropen, Subtropen) importiert. Dagegen werden C. ulcerans-Infektionen hauptsächlich durch heimischen Tierkontakt oder Tierbisse erworben. Die ulzerativen Läsionen einer klassischen und oft primären Hautdiphtherie werden typischerweise als ausgestanzt („punched-out“; Ecthyma) beschrieben, können mit Pseudomembranen belegt sein und im Heilungsprozess eine Eschar- oder Wallbildung aufweisen. Deutlich häufiger finden sich jedoch weniger typische Verläufe, die aufgrund ihres oft unspezifischen klinischen Bildes und häufig vorliegender Mischinfektionen mit anderen bakteriellen Erregern wie z. B. S. aureus und S. pyogenes klinisch schwieriger zu diagnostizieren sind.

Bei der Haut- und Wunddiphtherie kommt es deutlich seltener zu schweren toxischen Erscheinungen, da in der Regel nur wenig DT systemisch freigesetzt wird. Durch Schmierinfektionen kann es jedoch zu Nasen- oder Rachenbesiedlungen kommen, sodass die Hautdiphtherie Ausgangspunkt einer Rachendiphtherie bei Kontaktpersonen sein kann. In Entwicklungsländern stellt die Nabeldiphtherie eine nach wie vor schwerwiegende Infektionskrankheit bei Neugeborenen dar.

Systemischer Verlauf der Diphtherie Dieser entwickelt sich meist sekundär bei vorliegender Rachendiphtherie, kann aber auch direkt im Rahmen einer Primärmanifestation entstehen. Neben Zeichen einer schweren Allgemeinerkrankung mit kardiovaskulärer Dysregulation können mukokutane Blutungen, Proteinurie und Hepatomegalie auftreten. Eine toxische Schädigung des Myokards kann ab der 2. Krankheitswoche bis zu einer Latenz von 6 Wochen auftreten. Klinisch äußert sie sich durch Herzrhythmusstörungen, die zur kardialen Dekompensation mit Linksherzversagen und plötzlichem Herztod führen können. Neurologische Begleitsymptome sind Schluckstörungen durch Gaumensegelparese, Augenmuskel- und Fazialislähmungen sowie die akut lebensbedrohliche Zwerchfelllähmung im Rahmen der Landry-Paralyse mit Parästhesien und ausgedehnten schlaffen Lähmungen der Körpermuskulatur. Die neurologischen Symptome sind reversibel. Die Letalität der Erkrankung beträgt heute bei adäquater klinischer Versorgung (Verfügbarkeit von Antitoxin, supportive Therapie) ca. 5 %, in Ländern mit mangelnder medizinischer Versorgung 40–60 %, wobei die meisten Todesfälle in der 1. Krankheitswoche auftreten.

Weitere durch C. diphtheriae verursachte Infektionen **Nicht-toxigene C. diphtheriae-Stämme** können aufgrund der fehlenden DT-Produktion keine Diphtherie verursachen, werden hierzulande aber zunehmend als Verursacher von Bakteriämie, Endokarditis und Wundinfektionen vor allem bei Risikogruppen (intravenös Drogen- oder Alkoholabhängigen, Personen ohne festen Wohnsitz) nachgewiesen. In Wundabstrichen werden diese häufig neben Staphylococcus aureus, A-Streptokokken und Enterobakterien nachgewiesen. Tonsillitisfälle durch tox-negative Stämme bei jungen Patienten sind beschrieben. Deutlich seltener wird der Erreger bei primär Gesunden aus primär sterilen Untersuchungsmaterialien wie Gelenkpunktaten isoliert.

Differenzialdiagnostisch von einer Diphtherie **abzugrenzen** sind u. a. streptokokkeninduzierte oder virale Pharyngitis/Tonsillitis, orale Candidiasis, infektiöse Mononukleose, akute Epiglottitis, Pseudokrupp, Angina Plaut-Vincenti, orale Syphilis und Adenovirusinfektionen. Bei der Wunddiphtherie sind Impetigo, Wundinfektionen und Ulzera anderer Genese differenzialdiagnostisch in Betracht zu ziehen.

▪▪ Diagnostik

Die Diphtherie wird in erster Linie klinisch diagnostiziert! Der labordiagnostische Nachweis des Erregers aus Rachenabstrichen (Probenentnahme unter der Pseudomembran), Nasen- oder Wundabstrichen **vor Antibiotikagabe** sollte jedoch stets angestrebt werden. Sollte sich der Probentransport verzögern, sind die Abstrichtupfer in ein geeignetes Transportmedium einzubringen. Da eine Anzucht auf Spezialnährböden erforderlich ist, muss dem Labor die Verdachtsdiagnose Diphtherie unbedingt vorab mitgeteilt werden, um zeitliche Verzögerungen in der Diagnostik zu vermeiden.

Mikroskopie, Kultur und Resistenztestung Im mikroskopischen Direktpräparat (Gramfärbung) findet man massenhaft grampositive Stäbchenbakterien in charakteristischer V- oder Y-förmiger Lagerung, die an chinesische Schriftzeichen erinnern. In der Neisser-Färbung kann der Nachweis metachromatischer Granula (Polkörperchen) hinweisend sein. Hierbei wird die Bakterienzelle gelb angefärbt, während die endständigen Polkörperchen schwarzblau angefärbt sind („Streichhölzer"). Cave: diese können ggfs. bei C. imitans und C. pseudodiphtheriticum vorhanden sein.

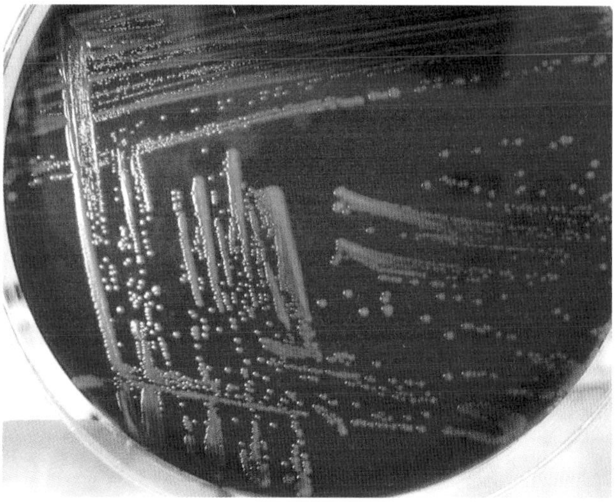

◻ **Abb. 38.4** Corynebacterium diphtheriae auf Blutagar

Der kulturelle Erregernachweis erfolgt über Anreicherungs- und Selektivmedien zur Unterdrückung der möglichen Begleitflora (Anzucht auf serumhaltigen und tellurithaltigen Kulturmedien bei 37 °C, Zusatz von 5 % CO_2; ◻ Abb. 38.4) und dauert bis zur MALDI-TOF-MS-gestützten (oder heutzutage seltener: biochemischen Differenzierung) 2–4 Tage.

Anhand verschiedener Kriterien basierend auf Koloniemorphologie und Zuckerfermentation können 3 Biotypen (Biovar mitis, gravis, intermedius) unterschieden werden. C. belfantii (ehemals als 4. Biotyp C. diphtheriae biovar Belfanti beschrieben) wurde inzwischen als separate Spezies von C. diphtheriae abgegrenzt. Aufgrund der Beobachtung einzelner multiresistenter (MDR) C. diphtheriae-Stämme mit Resistenzen gegen Erythromycin, Clindamycin, Tetrazyklin und Trimethoprim-Sulfamethoxazol sollte stets eine Empfindlichkeitsprüfung gemäß EUCAST (bzw. ggf. CLSI) erfolgen. C. ulcerans ist im Gegensatz zu C. diphtheriae in vitro regelmäßig resistent gegen Clindamycin.

Toxinnachweis und Feintypisierungsverfahren Von jedem kulturell nachgewiesenen potenziell toxigenen Corynebacterium sollte unmittelbar der Toxingennachweis (DT-Nachweis mittels tox-PCR) angeschlossen werden. Mittels Elek-Ouchterlony-

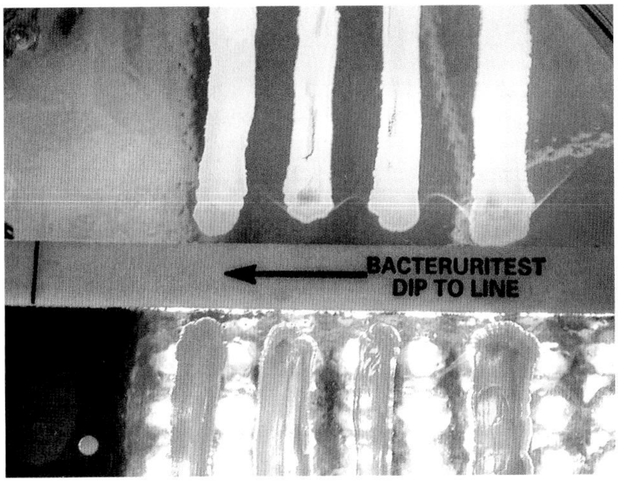

Abb. 38.5 Elek-Ouchterlony-Test mit Präzipitationsbanden

Immunpräzipitationstest im Speziallabor kann die Toxinproduktion des Stammes nachgewiesen werden (Abb. 38.5). Für Ausbruchsuntersuchungen und Feintypisierungen wurde eine C. diphtheriae- und C. ulcerans-Multilokus-Sequenzanalyse (MLST) etabliert, in Referenzlaboratorien stehen auch Verfahren zur Ganzgenomsequenzierung zur Verfügung.

Antikörpernachweis Spezifische Antikörper gegen Toxoid (entgiftetes Toxin) können im Serum mit kommerziellen Tests quantifiziert werden, als Goldstandard gelten jedoch Neutralisationstests auf Zellkulturen. Diese Tests sind hauptsächlich für epidemiologische Fragestellungen von Bedeutung und sollten nur im Ausnahmefall zur Überprüfung des Impfstatus angewendet werden. Eine natürliche Infektion bewirkt nur eine kurzzeitige Antikörperantwort, der Antikörpernachweis sollte daher nicht zur Diagnose einer akuten Diphtherie eingesetzt werden.

Therapie

Schon bei Verdacht auf Diphtherie muss der Patient aufgrund möglicher Komplikationen und wegen bestehender Infektiosität unmittelbar **stationär** eingewiesen und **isoliert** werden. Bei drohender Larynxstenose sowie systemischer Beteiligung z. B. zur Behandlung von Herzinsuffizienz oder Herzrhythmusstörungen kann eine frühzeitige Intubation und intensivmedizinische Betreuung notwendig werden.

Die **Antitoxingabe** muss bereits bei klinischem Verdacht und **notfallmäßig** erfolgen, da die Neutralisation des freien, noch nicht zellgebundenen DT für den klinischen Therapieerfolg entscheidend ist. Das aus Pferdeserum hergestellte Antitoxin (cave: anaphylaktische Reaktionen!) kann über die Notfalldepots der Landesapothekerkammern bezogen werden, allerdings gibt es auch in Europa immer wieder Engpässe bei der Verfügbarkeit von Antitoxin. Bei der Hautdiphtherie ist eine starke DT-Freisetzung unwahrscheinlich, sodass eine Antitoxingabe lediglich bei großen Ulzera (>2 cm^2) mit Pseudomembranbildung in Betracht gezogen werden sollte.

Eine **antibiotische Therapie** (Erythromycin oder Penicillin über 14 Tage) dient zusätzlich der Erregereradikation. Da Immunität nach durchgemachter Infektion nur kurzzeitig anhält, wird eine anschließende Impfung empfohlen.

Prävention

Die wirksamste Infektionsprophylaxe ist die **Impfung** gegen Diphtherie, die entsprechend den geltenden STIKO-Empfehlungen im Kindesalter durchgeführt, alle 10 Jahre (z. B. in Form eines Kombinationsimpfstoffs gegen Tetanus und ggf. zusätzlich gegen Pertussis) aufgefrischt werden sollte, jedoch im zunehmenden Erwachsenenalter häufig vergessen wird. Ungeimpfte profitieren von einem guten, durch die hohen Impfraten der Kinder bedingten Herdenschutz, der jedoch bei Reisen in Endemiegebiete entfällt.

Die Impfung verhindert keine Erregerkolonisation im Nasen-Rachen-Raum. Daher müssen enge Kontaktpersonen des Erkrankten ermittelt werden, die eine **antibiotische postexpositionelle Prophylaxe (PEP)** erhalten sollten. Die Gabe einer PEP ist sinnvoll, solange sich die enge Kontaktperson noch innerhalb der möglichen Inkubationszeit befindet.

Da der Impfstoff auf C. diphtheriae-DT basiert und Sequenzunterschiede im Toxin von C. diphtheriae und C. ulcerans bestehen, ist zum jetzigen Zeitpunkt nicht klar, wie gut der Impfstoff auch gegen durch tox^+-C. ulcerans ausgelöste Erkrankungen schützt. Eine Protektion durch kreuzreagierende Antikörper wird allerdings vermutet.

Weitere Präventivmaßnahmen für die zoonotischen Diphtherieerreger sind das Vermeiden von Tierkontakt und des Verzehrs von Rohmilch sowie die Behandlung erkrankter bzw. kolonisierter Tiere.

Meldepflicht Gemäß § 6 Abs. 1 Nr. 1 Infektionsschutzgesetz (IfSG) wird dem zuständigen Gesundheitsamt Krankheitsverdacht, Erkrankung sowie der Tod an Diphtherie sowie gemäß § 7 Abs. 1 IfSG der Nachweis von toxinbildenden Corynebacterium spp. namentlich und innerhalb von 24 h nach erlangter Kenntnis gemeldet. Die Labormeldepflicht umfasste bis vor Kurzem nur den Nachweis von tox^+-C. diphtheriae-Stämmen und wurde im Jahr 2017 aufgrund zunehmender tox^+-C. ulcerans-Fälle auf alle tox^+-Corynebacterium spp. erweitert.

38.2 Andere, nichttoxigene Corynebakterien

Corynebakterien sind ubiquitär in der Umwelt verbreitet. Dabei gelten die in ◘ Tab. 38.2 genannten humanmedizinisch relevanten Corynebakterien bei Tieren und Menschen zum Großteil als Kommensalen der (Schleim-)Haut und können als fakultativ pathogene Erreger eine Vielzahl von Infektionen hervorrufen, insbesondere bei Immunsuppression und therapeutischem Einsatz von Fremdkörpern (ZVK, Stents u. a.).

Da das Probenmaterial bei der Entnahme mit den Erregern der Standortflora kontaminiert sein kann (z. B. bei unzureichender Hautdesinfektion vor Blutkulturentnahme), gestaltet sich die mikrobiologische und klinische Beurteilung einzelner Erregernachweise teilweise schwierig. Gegebenenfalls sollte erneut Probenmaterial angefordert werden. Bei Nachweisen aus primär sterilen Materialien (z. B. Gelenkpunktaten, Blutkulturen mit mehrfachem Nachweis, Liquor), intraoperativ gewonnenen Abstrichen/Biopsaten (z. B. Herzklappe) oder Urinkulturen mit signifikanter Keimzahl sollte für den behandelnden Kliniker in jedem Fall eine vollständige Erregerdifferenzierung mit Antibiogrammerstellung erfolgen.

Die Antibiotikasensibilität ist sehr variabel. Insbesondere C. jeikeium ist häufig multiresistent, jedoch empfindlich gegenüber dem Glykopeptidantibiotikum Vancomycin.

38

In Kürze: Corynebakterien

Humanmedizinisch relevant sind grampositive, katalasepositive, z. T. keulenförmige, unbekapselte und unbewegliche Stäbchen. Es gibt fermentierende und nichtfermentierende Spezies. Sie sind zum Großteil Bestandteil der physiologischen Haut- und Schleimhautflora des Menschen und fakultativ pathogene Krankheitserreger, die häufig Antibiotikaresistenzen aufweisen. Davon abzugrenzen sind potenziell toxigene Corynebacterium sp., die Diphtherie verursachen können.

- **Diphtherie:** Lokal oder systemisch, potenziell lebensbedrohlich verlaufende, impfpräventable meldepflichtige Infektionskrankheit.
- **Epidemiologie:** Weltweite Verbreitung. Lokale Diphtherieausbrüche und Epidemien in Regionen mit schlechten sozioökonomischen Bedingungen und mangelndem Impfschutz.
- **Erreger:** Diphtherietoxin-(DT-)produzierende C. diphtheriae und zoonotische Erreger C. ulcerans (oder sehr selten C. pseudotuberculosis).
- **Übertragung:** Tröpfchen- oder Schmierinfektion bei Reisen in Endemiegebiete bzw. Kontakt zu infizierten/kolonisierten Menschen bzw. Tieren.
- **Pathogenese:** Lokale Erregeransiedlung (v. a. Nasen-Rachen-Raum), Exotoxinbildung (DT), Hemmung der Proteinbiosynthese, Zelltod.
- **Klinik:** Inkubationszeit 2–5 (1–10) Tage. Plötzlicher Krankheitsbeginn mit Halsschmerzen, Angina, Fieber, Schluckbeschwerden, Cäsarenhals, Pseudomembranbildung, bellender Husten (Krupp). Komplikationen: Stridor, Verlegung der Atemwege, Myokarditis, Herzrhythmusstörungen, Nierenschädigung, periphere Nervenlähmungen (mit zeitlicher Latenz bis zu mehreren Wochen).
- **Diagnostik:** Erregerkultur v. a. aus Nasen-, Rachen-, Wundabstrichen auf Spezialnährmedien und DT-Nachweis mittels PCR und Elek-Ouchterlony-Test.
- **Therapie:** Bereits bei klinischem Verdacht auf Diphtherie Gabe von Diphtherieantitoxin aus Pferdeserum (Neutralisation zirkulierenden DTs) und gezielte Antibiotikatherapie (Erythromycin, Penicillin). Die Erkrankung hinterlässt nur kurze Immunität, daher Impfung nach durchgemachter Infektion anschließen.
- **Prävention:** Isolierung der Erkrankten. Sanierung von Keimträgern, Überwachung enger Kontaktpersonen, Schutzimpfung. Bei zoonotischen Erregern Vermeiden von Tierkontakt und Rohmilchgenuss sowie Behandlung erkrankter bzw. kolonisierter Tiere.
- **Meldepflicht:** Verdacht, Erkrankung und Tod sowie Nachweis toxinbildender Corynebacterium-Spezies.

Weiterführende Literatur

Berger et al (2010) Corynebacterium diphtheriae. In: Mikrobiologisch-infektiologische Qualitätsstandards (MiQ) 13b: Infektionen des Mundes und der oberen Atemwege, Teil II. 2., neu bearbeitete Aufl. Urban & Fischer, München, S. 107–113

Berger A et al (2013) Diphtherie als Zoonose: zum Vorkommen toxigener Corynebakterien bei Mensch und Tier. Hyg Med 38:300–305

Public Health England (PHE) (2015) Diphtheria Guidelines Working Group: Public health control and management of diphtheria (in England and Wales) Guidelines

Robert Koch-Institut (RKI) RKI-Ratgeber Diphtherie. ▶ www.rki.de/diphtherie

Bacillus

Silke Klee und Roland Grunow

Bakterien der Gattung Bacillus (B., lat. für „Stäbchen") sind überwiegend aerob wachsende, sporenbildende Stäbchen, die sich meist grampositiv, selten gramlabil anfärben (◼ Tab. 39.1). Sie sind bezüglich Größe und Sporenbildung sehr variabel. Die zahlreichen Arten kommen häufig als Umweltkeime vor; Hauptreservoir ist der Erdboden. Aufgrund ihrer Fähigkeit zur Sporenbildung sind sie sehr resistent gegenüber Hitze, Bestrahlung, Austrocknung und Desinfektionsmitteln. Die Bakterienspezies aus der sog. B. cereus-Gruppe (◼ Tab. 39.2) sind relativ eng verwandt. Zu dieser Gruppe gehören auch die beiden wichtigsten Krankheitserreger, B. anthracis und B. cereus. Seltener werden Erkrankungen durch andere Bacillus-Arten beschrieben.

39.1 Bacillus anthracis

Steckbrief

B. anthracis ist obligat pathogen und ruft Milzbrand hervor, eine zoonotische Erkrankung, die von Tieren auf Menschen übertragen wird. Eine Übertragung von Mensch zu Mensch ist sehr unwahrscheinlich. Wegen der Schwere der Erkrankung, aber auch aufgrund des Potenzials zur Biowaffe, werden Wildtypstämme von B. anthracis in die Risikogruppe 3 gemäß Biostoffverordnung eingestuft. In den letzten Jahren wurden untypische B. cereus-Stämme beschrieben, die ähnliche Erkrankungen wie B. anthracis hervorrufen können (z. B. Bacillus cereus biovar anthracis in afrikanischen Urwaldregionen).

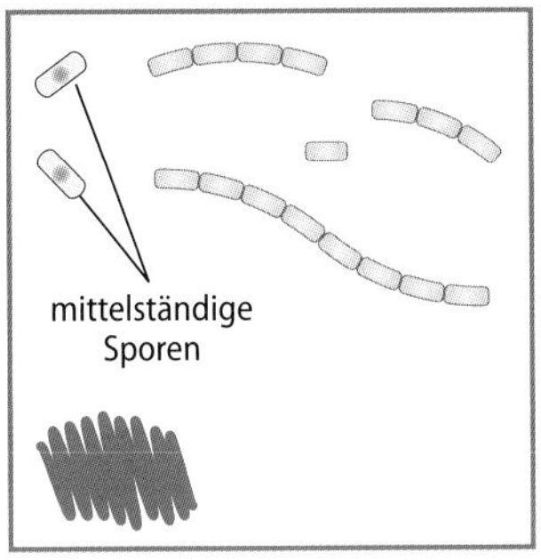

Bacillus anthracis: Kolonie vegetativer, kettenbildender Bakterien (Rasterelektronenmikroskopische [REM-]Aufnahme, Maßstab = 5 µm. mit freundlicher Genehmigung des Robert Koch-Instituts)

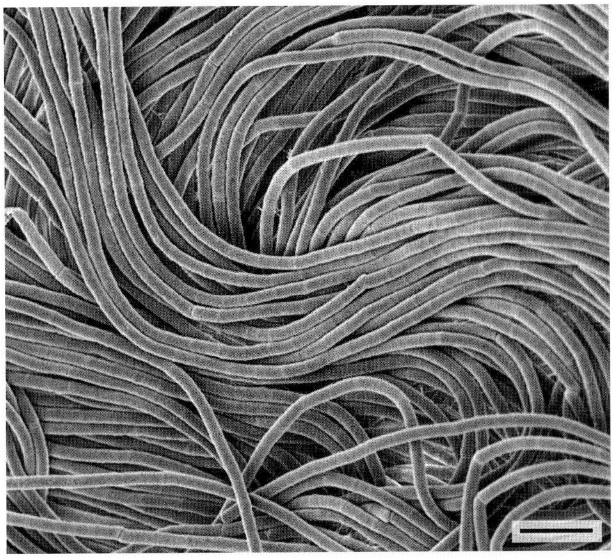

B. anthracis-Sporen mit Exosporium (äußere Hülle der Spore) (REM-Aufnahme, Maßstab = 500 nm. mit freundlicher Genehmigung des Robert Koch-Instituts)

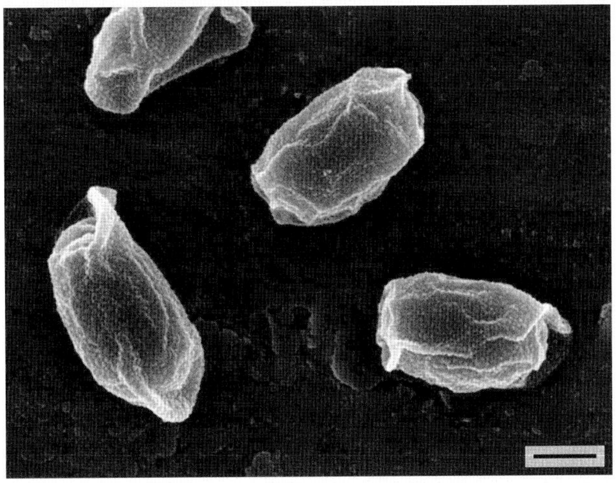

S. Suerbaum et al. (Hrsg.), *Medizinische Mikrobiologie und Infektiologie*,
https://doi.org/10.1007/978-3-662-61385-6_39

Tab. 39.1 Bacillus: Gattungsmerkmale

Merkmal	Ausprägung
Gramfärbung	Grampositive Stäbchen
Aerob/anaerob	Fakultativ anaerob
Kohlenhydratverwertung	Verschieden
Sporenbildung	Ja
Beweglichkeit	Verschieden
Katalase	Positiv
Oxidase	Verschieden
Kapselbildung	Verschieden

Tab. 39.2 Bacillus cereus-Gruppe: Arten und Krankheiten

Art	Krankheit
B. anthracis	Milzbrand
B. cereus	Lebensmittelvergiftung, Wundinfektionen, Endophthalmitis systemische Ausbreitung möglich
B. thuringiensis	Insektenpathogen, beim Menschen evtl. opportunistische Erkrankungen
B. weihenstephanensis	Lebensmittelvergiftung
B. cytotoxicus	Lebensmittelvergiftung

Der Name B. anthracis kommt von gr. „anthrax" für Kohle, da die kutane Form zu schwarz verfärbten Hautläsionen führt. Der Name Milzbrand bezieht sich darauf, dass die Milz befallener Tiere nekrotisch zerfällt und wie verbrannt aussieht. 1850 entdeckte Pierre Rayer die Bakterien im Blut erkrankter Schafe, aber erst 1876 gelang es Robert Koch, den Erreger außerhalb des Wirtstiers zu kultivieren und seinen Lebenszyklus zu beschreiben. Erstmals konnten so für einen Erreger die Koch-Postulate erfüllt werden.

39

39.1.1 Beschreibung

▪ **Aufbau und Lebenszyklus**

Zu beachten sind:

Kapsel Die vegetativen Zellen sind relativ große Stäbchen mit einer Länge von ca. 4 µm und einer Breite von 1 µm. Im Wirtsorganismus und in Kultur bei erhöhter CO_2-Konzentration (5–10 %, sog. wirtsähnliche Bedingungen) bildet B. anthracis eine Kapsel aus Poly-D-Glutaminsäure.

Sporen Unter ungünstigen Lebensbedingungen werden Endosporen gebildet. Die freigesetzten Sporen sind elliptisch und haben eine Größe von ca. 1 × 2 µm. Sie keimen wieder zu vegetativen Zellen aus, sobald sie sich in einer geeigneten Umgebung befinden (z. B. Blut oder Nährmedium).

Molekularbiologie B. anthracis besitzt ein relativ großes Chromosom mit etwa 5,23 Mio. bp. Die wesentlichen Virulenzfaktoren für die Toxin- und Kapselproduktion sind auf den Plasmiden pXO1 (ca. 182 kb) und pXO2 (ca. 95 kb) kodiert (Abb. 39.1). Die Stämme weisen nur eine geringe genetische Variabilität auf.

▪ **Extrazelluläre Produkte**

B. anthracis produziert das Milzbrandtoxin (Anthraxtoxinkomplex, Abb. 39.1) aus drei plasmidkodierten Exotoxinkomponenten: Protektives Antigen (PA), Letalfaktor (LF) und Ödemfaktor (EF). Daraus gebildetes Letaltoxin (PA + LF) und das Ödemtoxin (PA + EF) sind letztendlich verantwortlich für die lokale Ödembildung und die nekrotische Gewebeschädigung.

▪ **Resistenz gegen äußere Einflüsse**

Die Sporen von B. anthracis sind sehr resistent gegenüber Hitze, UV-Licht, Chemikalien und somit auch Desinfektionsmitteln; alkoholische Desinfektionsmittel sind nicht wirksam gegen Sporen. Im Boden können Sporen unter geeigneten Bedingungen bis zu Jahrzehnten keimungsfähig bleiben. Vegetative Zellen sind empfindlich gegenüber den gängigen Desinfektionsmitteln für grampositive Bakterien.

▪ **Vorkommen**

B. anthracis kann im Prinzip alle Säugetiere infizieren, wobei Pflanzenfresser (v. a. Huftiere) am empfindlichsten sind. Diese infizieren sich beim Grasen mit Sporen aus dem Boden. Risikogebiete für das Vorkommen von Sporen stellen z. B. Weideflächen mit bekannten Milzbrandfällen bei Vieh oder auch ehemalige Gerbereistandorte dar, wo Häute infizierter Tiere verarbeitet wurden. Das Infektionsrisiko für Menschen muss im Einzelfall abgeschätzt werden und ist gering, da eine relevante Infektionsdosis in der Umwelt eher nicht erreicht wird.

39.1.2 Rolle als Krankheitserreger

▪▪ **Epidemiologie**

Milzbrand kommt weltweit vor, jedoch bevorzugt in wärmeren Klimazonen (Südosteuropa, Südamerika, Afrika, Südostasien), und die Erkrankung ist in den meisten Industrieländern heutzutage sehr selten. In Deutschland wurden in den Jahren 2000 bis 2014 vier Milzbrandausbrüche bei Tieren angezeigt. Den letzten humanen Fall von Hautmilzbrand gab es 1994.

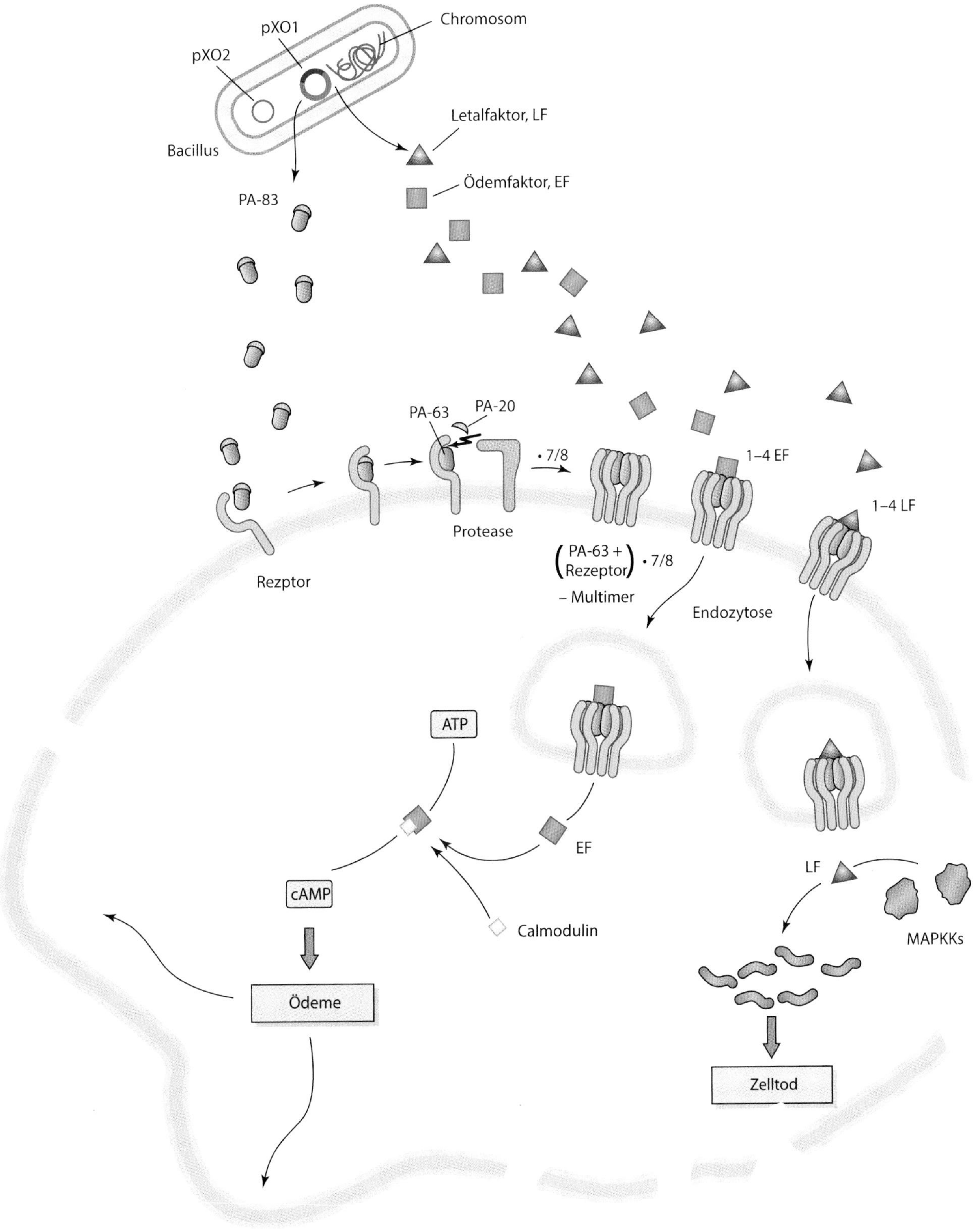

Abb. 39.1 Virulenzplasmide von B. anthracis und Details zur Pathogenese und zum Anthraxtoxinkomplex

In den Jahren 2009 bis 2012 gab es mehrere Fälle von Injektionsmilzbrand bei Drogenkonsumenten in Deutschland und weiteren europäischen Ländern, wobei die Ursache höchstwahrscheinlich mit Anthrax-Sporen kontaminiertes Heroin war.

▪▪ B. anthracis als Biowaffe

B. anthracis ist in betroffenen Ländern aus Tierkadavern relativ leicht zugänglich und bildet sehr resistente Sporen, die sich prinzipiell gut lagern und ausbringen lassen. Darum wird er als Biowaffe oder als bioterroristisch relevanter Erreger gefürchtet:

- 1979 kam es zur unbeabsichtigten Freisetzung von B. anthracis-Sporen aus einer Fabrik für biologische Kampfstoffe im russischen Swerdlowsk (heute Jekaterinburg). In der Folge erkrankten in der Abwindzone der Fabrik mindestens 77 Personen an Lungenmilzbrand, von denen 66 verstarben.
- Auch die Anschlagsserie in den USA im Oktober 2001, als per Post hochreine Milzbrandsporen als „weißes Pulver" verschickt wurden, zeigte mit 22 bestätigten Fällen (11 Fälle von Lungenmilzbrand – davon 5 Todesfälle, 11 Fälle von Hautmilzbrand), dass B. anthracis als Biowaffe einsetzbar ist. In der Folge wurden auch in Deutschland von Nachahmungstätern Hunderte von Briefen mit „weißem Pulver" verschickt, die zwar nur harmlose Materialien enthielten, die betroffene Bevölkerung aber in Angst versetzten.

▪▪ Übertragung

39

Ein hohes Infektionsrisiko tragen Personen, die mit infizierten Tieren oder kontaminierten tierischen Produkten in Berührung kommen. Die Aufnahme der Sporen erfolgt am häufigsten über kleine Verletzungen der Haut (Hautmilzbrand), seltener durch die Nahrung (Darmmilzbrand) oder durch Inhalation (Lungenmilzbrand). Als Folge einer Injektion einer mit Milzbrandsporen verunreinigten Substanz (z. B. Heroin) kann es zu Injektionsmilzbrand kommen. Anekdotisch kam es zu Milzbrandinfektionen bei der Verarbeitung von Tierhäuten für Trommeln.

▪▪ Pathogenese

Nach Eintritt in den Körper keimen die Sporen an der Infektionsstelle aus und bilden eine Kapsel, die sie vor Phagozytose schützt. Nach Aufnahme der Sporen in die Lunge entweichen diese aus den Alveolen und gelangen in die regionalen Lymphknoten, wo sie auskeimen und in den lymphatischen Kreislauf und von hier in die Blutbahn des Körpers gelangen. Welche Zellen dabei mit welcher Funktion einbezogen sind, wird noch untersucht. Neben den Alveolarmakrophagen scheinen auch dendritische Zellen und Alveolarepithelzellen eine wichtige Rolle zu spielen. Es ist möglich, dass die Sporen in den Lymphknoten mit starker zeitlicher Verzögerung auskeimen, weshalb für eine Postexpositionsprophylaxe nach bestätigter aerogener Exposition eine Antibiotikagabe für 60 Tage empfohlen wird.

Nach der Keimung bilden die vegetativen Bazillen die 3 Toxinkomponenten PA, LF und EF. PA bindet an Rezeptoren auf der Zelloberfläche und bildet ein Multimer, an das LF oder EF bindet. In weiteren Schritten werden LF und EF ins Zytoplasma freigesetzt. Der Ödemfaktor wirkt als Calmodulin-abhängige Adenylatzyklase, die ATP in cAMP umwandelt. Durch den hohen cAMP-Spiegel scheiden die betroffenen Zellen viel Wasser aus, was zu den für Hautmilzbrand typischen massiven Ödemen führt. Der Letalfaktor ist eine Protease, die Enzyme aus der Familie der MAP-Kinase-Kinasen (MAPKK) spaltet, wodurch es zu einer starken Freisetzung von Zytokinen sowie zu Apoptose (Zelltod) kommt.

In der frühen Phase der Infektion wirken LF und EF auf Makrophagen, Neutrophile und dendritische Zellen und blockieren so das Immunsystem des Wirts, wodurch sich die Infektion zu einem akuten Stadium mit Fieber, Durchfall und Erbrechen entwickeln kann. Im weiteren Verlauf kann es zu einer systemischen Infektion kommen, bei der sich die Bakterien in Lymphknoten und Blut sehr stark vermehren und zu einem letalen Schock führen.

▪▪ Klinik

Unterschieden werden:

Hautmilzbrand Hautmilzbrand ist mit 95 % aller Infektionen die häufigste Form. Durch direkten Kontakt mit betroffenen Tieren oder kontaminierten Tierprodukten infizieren sich die Personen hauptsächlich an Händen, Armen, Hals und im Gesicht. An der Infektionsstelle entsteht eine schmerzlose Papel (Pustula maligna) mit Rötung und Schwellung, gefolgt von einem flüssigkeitsgefüllten Vesikel, das in ein mit schwarzem Schorf bedecktes nekrotisches Geschwür (Milzbrandkarbunkel) übergeht. Auch dieses ist nicht schmerzhaft, unbehandelt kann sich die Entzündung aber über die Lymphbahnen ausbreiten und zu einer Sepsis führen, wodurch Hautmilzbrand in 10–40 % tödlich verläuft. Bei rechtzeitiger Gabe von Antibiotika kann er allerdings gut behandelt und geheilt werden.

Lungenmilzbrand Nach einem Initialstadium mit grippeähnlichen Symptomen kommt es innerhalb von 1–3 Tagen nach Inhalation des Erregers zu einem schweren Krankheitsbild mit akuter Pneumonie, Ödembildung im Mediastinum, Atemnot und hohem Fieber bis hin zu einer Sepsis und Kreislaufversagen. Wegen der raschen Progredienz und der Schwere der

Erkrankung ist die frühzeitige Therapie besonders wichtig. Bei ca. 50 % der Infizierten entwickelt sich eine meist letale Meningitis. Die Mortalität bei unbehandeltem Lungenmilzbrand liegt bei 100 %.

Darmmilzbrand Symptome alimentärer Aufnahme des Erregers sind Bauchschmerzen, in der Regel mit blutigem Erbrechen bzw. blutigem Durchfall, gefolgt von Fieber und Anzeichen einer Sepsis. Infektionen des oberen Gastrointestinaltrakts sind durch oropharyngeale Ulzerationen mit Halslymphknotenschwellung und Fieber gekennzeichnet. Unbehandelt verläuft die gastrointestinale Infektion in der Regel letal.

Abb. 39.2 Kolonien von B. anthracis (links) und B. cereus (rechts) nach eintägiger Inkubation bei 37 °C auf Blutagar. Im Gegensatz zu B. cereus zeigt B. anthracis keine Hämolyse. (Mit freundlicher Genehmigung des Robert Koch-Instituts)

Injektionsmilzbrand Typisch ist hier die Entwicklung einer ausgedehnten Haut-Weichgewebe-Infektion mit diffuser Beteiligung des subkutanen Fettgewebes, ausgedehntem Erythem, massiver Ödembildung, Kompartmentsyndrom und einer nekrotisierenden Fasziitis in der Region der Injektionsstelle. Die Letalität liegt bei 50 %.

Immunität

Nach einer Infektion entwickelt sich in der Regel eine humorale Immunität, die im Wesentlichen auf Antikörpern gegen PA, LF und EF beruht. Über die Dauer der Immunität gibt es nur wenige Daten. Zudem entwickelt sich eine zelluläre (T-Zell-)Immunität mit Bildung eines proinflammatorischen Zytokinmusters.

Labordiagnose

Klinische Proben mit Verdacht auf B. anthracis dürfen gemäß Biostoffverordnung als „ungezielte Tätigkeit" in einem Sicherheitslabor der Schutzstufe 2 diagnostiziert werden. Nach Bestätigung von B. anthracis dürfen weitere Untersuchungen der Isolate (z. B. Resistenzbestimmung) nur in einem Sicherheitslabor der Stufe 3 durchgeführt werden.

Als Untersuchungsmaterial kommen u. a. Wundabstriche oder seröser Bläscheninhalt (Hautmilzbrand), Sputum oder Bronchiallavage (Lungenmilzbrand), Stuhl (Darmmilzbrand), EDTA-Blut oder Blutkulturen (Sepsis) sowie Sektionsmaterial (Herzblut, Milz, Lunge) infrage.

Anzucht B. anthracis ist anspruchslos und wächst innerhalb eines Tages aerob auf einfachen Kulturmedien. Die großen, weißlichen Kolonien besitzen eine raue Oberfläche und zeigen auf Blutagar keine Hämolyse (Abb. 39.2).

Direkter und indirekter Nachweis Mittels PCR können aus klinischem Material oder aus Isolaten die Virulenzplasmide und chromosomale Gene nachgewiesen werden. Dadurch können auch untypische Erregervarianten diagnostiziert werden. Auch ein antikörperbasierter Antigennachweis (z. B. der Kapsel mittels IFT oder von PA mit cELISA) ist möglich. Eine Diagnostik mittels MALDI-TOF-MS gelingt zurzeit nur unter Verwendung der sog. Bruker-SR-Datenbank (security relevant, SR), da sonst fälschlicherweise B. cereus ausgegeben wird. Der Nachweis spezifischer Antikörper (meistens gegen PA) im Serum spricht für eine akute oder abgelaufene Milzbrandinfektion.

Therapie

Zur Therapie stehen je nach Symptomatik und Schwere des Krankheitsbildes unterschiedliche Antibiotika zur Verfügung. In der Regel ist B. anthracis empfindlich gegenüber Ciprofloxacin, Tetracyclinen und Penicillin G.

Prävention

Zu den Maßnahmen gehören Schutzimpfung und Expositionsprophylaxe einerseits und die Meldepflicht andererseits:

Schutzimpfung und Expositionsprophylaxe In Deutschland ist seit 2013 ein azellulärer Impfstoff zugelassen, dessen Wirkung auf der Antikörperinduktion gegen PA beruht. In einigen endemischen Ländern wird für Nutztiere ein attenuierter Lebendimpfstoff eingesetzt. Zur Vorbeugung einer natürlichen Übertragung sollte ein ungeschützter Kontakt mit erkrankten Tieren oder entsprechenden Tierprodukten vermieden werden. Tierkadaver müssen sicher entsorgt, in der Regel verbrannt werden. Das Risiko einer Übertragung von Mensch zu Mensch ist grundsätzlich sehr gering. Trotzdem müssen bei Kontakt mit Erkrankten alle Maßnahmen der Standardhygiene (inkl. sicherer Abfallentsorgung) streng umgesetzt werden.

Meldepflicht Dem Gesundheitsamt wird gemäß § 6 Abs. 1 Nr. 1 IfSG Krankheitsverdacht, Erkrankung sowie Tod an Milzbrand sowie gemäß § 7 Abs. 1 IfSG der direkte oder indirekte Nachweis von B. anthracis, soweit er auf eine akute Infektion hinweist, namentlich gemeldet.

In Kürze: Bacillus anthracis

- **Bakteriologie:** Grampositive, kastenförmige Stäbchen mit Endosporen; häufig in Ketten
- **Resistenz:** Hohe Umweltresistenz durch Sporenbildung
- **Epidemiologie:** Weltweit verbreitete Zoonose, in Industrieländern selten
- **Risikogruppe:** Personen mit Kontakt zu Tieren oder Tierprodukten
- **Pathogenese:** Keimung der Sporen – Kapsel- und Toxinbildung – Blockierung des Immunsystems – systemische Infektion
- **Klinik:**
  - *Hautmilzbrand:* Flüssigkeitsgefüllte Vesikel, nekrotisches, schwarzes Geschwür
  - *Lungenmilzbrand:* Erst grippeähnliche Symptome, dann schwere Pneumonie
  - *Darmmilzbrand:* Blutiges Erbrechen/Durchfall, evtl. oropharyngeale Ulzerationen
  - *Injektionsmilzbrand:* Ausgedehnte Haut-Weichgewebe-Infektion, massive Ödembildung, Kompartmentsyndrom
- **Labordiagnose:** Anzucht, PCR, evtl. MALDI-TOF-MS
- **Therapie:** Ciprofloxacin, Doxycyclin, Penicillin; in schweren Fällen i. v.
- **Immunität:** Antikörper gegen PA, Dauer unklar
- **Prävention:** Schutzimpfung für Exponierte, Verbrennen von Tierkadavern
- **Meldepflicht:** Krankheitsverdacht, Erkrankung, Tod; direkter oder indirekter Nachweis

39

39.2 Bacillus cereus

Steckbrief

Die Bakterien kommen üblicherweise im Boden, oft auch in der Rhizosphäre von Pflanzen vor. Die Sporen können im Boden auskeimen, als vegetative Zellen wachsen und wieder sporulieren, weisen also einen saprophytischen Lebenszyklus auf. Sporen und vegetative Zellen ähneln denen von B. anthracis, aber die Kettenbildung ist weniger stark ausgeprägt.

39.2.1 Beschreibung

Die ubiquitär verbreiteten Sporen können z. B. zusammen mit pflanzlichem Material in die Lebensmittelproduktion gelangen, wo sie aufgrund ihrer Resistenz Pasteurisierung oder Gammabestrahlung überleben können.

B. cereus produziert eine Vielzahl von **Virulenzfaktoren** wie Hämolysine, Proteasen, Phospholipasen/Lecithinasen und Kollagenase, wodurch Zellen permeabilisiert und Bindegewebsfasern zerstört werden. Außerdem produzieren die Bazillen Toxine, die mit Lebensmittelvergiftungen assoziiert sind. Drei Enterotoxine wirken als porenbildende Zytotoxine im Dünndarm und verursachen dadurch Diarrhö:

- **Hämolytisches Enterotoxin (Hämolysin BL, HBL)**
- **Nichthämolytisches Enterotoxin (NHE)**
- **Zytotoxin K**

Diese Toxine sind hitzelabil und proteolytisch inaktivierbar. Im Gegensatz dazu ist das emetische Toxin **Cereulid** gegenüber Hitze, Säure und Proteolyse extrem resistent. Cereulid wird bereits im kontaminierten Lebensmittel gebildet, wobei häufig stärkehaltige Lebensmittel betroffen sind, in denen sich die Bakterien stark vermehren können.

39.2.2 Rolle als Krankheitserreger

B. cereus verursacht in der Regel selbstlimitierende **Lebensmittelinfektionen,** die sich je nach Toxinwirkung in ein emetisches und ein Diarrhösyndrom untergliedern. Darüber hinaus wurden invasive Lokalinfektionen beschrieben.

Die im Dünndarm gebildeten Enterotoxine zerstören der Plasmamembran der Epithelzellen und führen zu Bauchschmerzen, wässrigem Durchfall und gelegentlich Übelkeit und Erbrechen. Die Inkubationszeit liegt im Bereich von 6–18 h, und die Erkrankung dauert normalerweise 12–24 h an. Symptome des emetischen Syndroms sind Übelkeit und Erbrechen nur wenige Stunden nach der Mahlzeit (0,5–6 h). Die Krankheitsdauer beträgt normalerweise 6–24 h.

Die lebensmittelassoziierten Erkrankungen (Diarrhö und Erbrechen) sind normalerweise mild und selbstlimitierend und werden nur symptomatisch behandelt (► Abschn. 124.1, Gastroenteritis). Sie müssen gemäß § 6 IfSG unter bestimmten Bedingungen gemeldet werden (► Kap. 20). In seltenen Fällen kann es zu Komplikationen bis hin zum Tod kommen. Cereulid kann zu einer lebensbedrohlichen Schädigung der Leber führen.

Neben den Lebensmittelinfektionen kann B. cereus durch das Eindringen der Sporen in Wunden auch **lokale Infektionen** hervorrufen. Besonders gefährlich ist die rasch fortschreitende Augeninfektion (Endophthalmitis). Als Folge einer **systemischen Ausbreitung** kann es zu ZNS-Infektionen (Meningitis, Meningoenzephalitis) oder zu einer Endokarditis kommen.

Die **Labordiagnostik** beruht auf der Anzucht des Erregers aus Stuhl, Erbrochenem oder Lebensmitteln bzw. aus den Läsionen oder Blutkultur bei systemischer Infektion. Auf Blutagar wächst B. cereus häufig mit Hämolyse (Abgrenzung gegen B. anthracis; ◻ Abb. 39.2). Zum Nachweis der Toxingene werden verschiedene PCR-Assays genutzt. Die HBL- und NHE-Toxine lassen sich mittels Lateral-Flow-Test nachweisen, das emetische Toxin Cereulid wird massenspektrometrisch detektiert.

Aufgrund der **Bildung von β-Laktamasen** ist B. cereus häufig resistent gegenüber Penicillin und Cephalosporinen. In der Regel sind die Stämme sensibel gegenüber Ciprofloxacin, Imipenem, Gentamicin, Tetracyclin und Vancomycin, was aber mittels Antibiogramm verifiziert werden sollte.

39.3 Weitere Bacillus-Arten

Infektionen mit Bacillus-Arten sind in erster Linie opportunistisch. Die Übertragung erfolgt hierbei durch Aufnahme der ubiquitär vorhandenen Sporen. Manche Arten können Lebensmittelinfektionen hervorrufen, u. a. B. pumilus, B. subtilis und B. licheniformis. B. pumilus wurde auch schon bei Fällen von Wundinfektionen, Sepsis und Endokarditis nachgewiesen. Durch B. subtilis kann es in seltenen Fällen bei Augenverletzungen und Eindringen der Bakterien zu Endophthalmitis kommen. Generell können Bacillus-Infektionen lokalisiert (Wundinfektion, Endophthalmitis) oder systemisch (Sepsis, Meningitis, Endokarditis) verlaufen.

Die Diagnose erfolgt durch Erregeranzucht und Differenzierung aus Abstrichen, Stuhl- und Blutkulturen. Aufgrund der Produktion von β-Laktamasen sollte die Therapie mit ähnlichen Antibiotika wie gegen B. cereus erfolgen und durch ein Antibiogramm abgesichert werden.

Weiterführende Literatur

Booth JL, Duggan ES, Patel VI, Langer M, Wu W, Braun A, Coggeshall KM, Metcalf JP (2016) Bacillus anthracis spore movement does not require a carrier cell and is not affected by lethal toxin in human lung models. Microbes Infect 18:615–626

Ehling-Schulz M, Lereclus D, Koehler TM (2019) The Bacillus cereus group: Bacillus species with pathogenic potential. Microbiol Spectrum 7(3):GPP3-0032-2018

Goel AK (2015) Anthrax: a disease of biowarfare and public health importance. World J Clin Cases 3:20–33

Grunow R, Klee SR, Beyer W, George M, Grunow D, Barduhn A, Klar S, Jacob D, Elschner M, Sandven P, Kjerulf A, Jensen JS, Cai W, Zimmermann R, Schaade L (2013) Anthrax among heroin users in Europe possibly caused by same Bacillus anthracis strain since 2000. Euro Surveill 18(13):20437

Hugh-Jones M, Blackburn J (2009) The ecology of Bacillus anthracis. Mol Aspects Med 30:356–367

Moayeri M, Leppla SH, Vrentas C, Pomerantsev AP, Liu S (2015) Anthrax pathogenesis. Annu Rev Microbiol 69:185–208

Pilo P, Frey J (2018) Pathogenicity, population genetics and dissemination of Bacillus anthracis. Infect Genet Evol 64:115–125

RKI Ratgeber Milzbrand (Anthrax). (2013) ► https://www.rki.de/DE/Content/Infekt/EpidBull/Merkblaetter/Ratgeber_Anthrax.html

WHO (2008) Anthrax in humans and animals (4th Aufl). Geneva: World Health Organization. ► https://www.who.int/csr/resources/publications/AnthraxGuidelines2008/en/

Obligat anaerobe, sporenbildende Stäbchen (Clostridien)

Catalina-Suzana Stingu und Arne C. Rodloff

Obligat anaerobe, grampositive Stäbchen, die Endosporen bilden, wurden bisher in der Gattung Clostridium zusammengefasst (◘ Tab. 40.1). Aufgrund neuerer molekularbiologischer Untersuchungen sind weitere in der Infektionsmedizin medizinisch relevante Gattungen, (z. B. Clostridioides, Paraclostridium, Paeniclostridium, weitere s. u.) etabliert worden. Clostridien sind in der Natur ubiquitär verbreitet und häufig im Intestinaltrakt des Menschen zu finden. Durch Clostridien (gr.: „closter", Spindel) hervorgerufene Erkrankungen waren bereits im Altertum bekannt. Sie verursachen eine Reihe schwerer Krankheitsbilder, z. B. Botulismus, Tetanus und Gasbrand (Clostridienmyositis), können aber auch an eiterbildenden Infektionen beteiligt sein oder intestinale Infektionen hervorrufen, z. B. die antibiotikaassoziierte Diarrhö, die pseudomembranöse Kolitis und das toxische Megakolon (◘ Tab. 40.2).

Fallbeispiel

Zwei Tage nach Weihnachten treten bei einem 12-jährigen Jungen plötzlich Somnolenz und Hämatemesis auf. Über die Weihnachtstage war er noch völlig gesund und beschwerdefrei, zum Fest er hatte eine große Menge Fleisch sowie Kutteln verspeist. Bei der Aufnahme im Krankenhaus fällt ein massiv geblähtes Abdomen auf. Das Labor ergibt folgende Befunde: BZ 1500 mg/dl (Diabetes bekannt), Leukozyten 11.000/µl, Na 105 mmol/l, Kreatinin 5,8 mg/dl. Im Röntgenbild erkennt man Luft in der Darmwand. Bei der explorativen Laparotomie finden sich blutiger Aszites und ein nekrotischer Darm vom proximalen Jejunum bis Mitte Ileum, es erfolgt die Resektion mit Jejunostomie und Ileostomie. Die Histologie zeigt eine Koagulationsnekrose, in der Gramfärbung grampositive Bazillen. Es wird die Diagnose einer Enteritis necroticans (Darmbrand) durch Clostridium perfringens gestellt. Der Junge überlebt die Operation.

Beispiele molekularbiologisch abgegrenzter neuer Spezies sind:

- Syntrophospora bryantii
- Paenibacillus durum
- Caloramator ferfidus
- Sedimentibacter hydroxybenzoicus
- Anaerosporobacter mobilis
- Oxalophagus oxalicus
- Oxobacter pfennigii
- Dendrosporobacter quercicolus
- Moorella thermoacetica
- Thermoanaerobacter thermosaccharolyticum
- Filifactor villosus

40.1 Clostridium perfringens

Steckbrief

Clostridium (C.) perfringens ist der hauptsächliche, aber nicht der einzige Erreger der clostridialen Myonekrose (Gasbrand), die meist eine Wunde als Eintrittspforte aufweist. Da die Sporen im Erdboden ubiquitär verbreitet sind, ist die Gasbrandinfektion besonders in Kriegszeiten sehr gefürchtet. Daneben kann dieser obligat anaerobe Sporenbildner an eitrigen Infektionen beteiligt sein sowie verschiedene Infektionen des Darms hervorrufen. C. perfringens (lat. „perfringere": durchbrechen; alter Name: Welch-Fraenkel-Gasbazillus) wurde 1892 von W. H. Welch und G. H. F. Nuttall, Baltimore, beschrieben.

S. Suerbaum et al. (Hrsg.), *Medizinische Mikrobiologie und Infektiologie*,
https://doi.org/10.1007/978-3-662-61385-6_40

Clostridium perfringens: kastenförmige, grampositive Stäbchenbakterien (Sporen nicht sichtbar!) ohne Granulozyten bei Gasbrand, entdeckt 1892 von W. H. Welch und G. H. F. Nutall, umbenannt 1898 von Veillon und Zuber

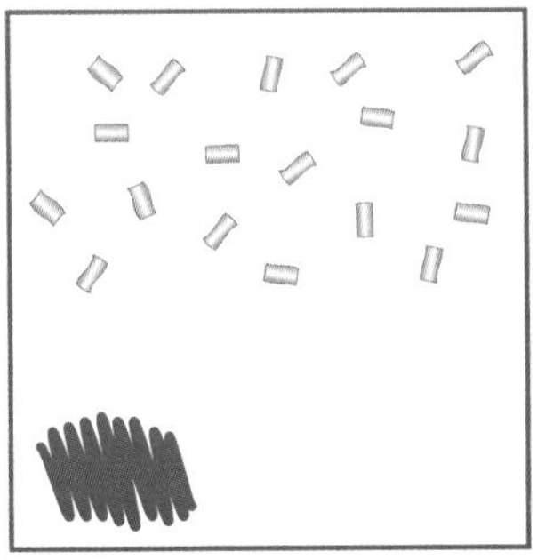

40.1.1 Beschreibung

▪ Aufbau

Clostridien entsprechen dem allgemeinen Wandaufbau grampositiver Bakterien. Für einzelne Arten sind spezielle Peptidoglykanbausteine beschrieben worden. Etwa 75 % aller C. perfringens-Isolate weisen eine Polysaccharidkapsel auf. Während die übrigen Clostridien peritrich begeißelt und somit beweglich sind, fehlt C. perfringens diese Eigenschaft.

▪ Extrazelluläre Produkte

Für das Krankheitsgeschehen verantwortliche Virulenzfaktoren sind zahlreiche von C. perfringens gebildete Toxine. Diese werden allerdings nicht von allen Stämmen gleichermaßen produziert. So werden je nach Vorhandensein der wesentlichsten Toxine (α, β, ε, ι, CPE und NetB) die C. perfringens-Typen A–G unterschieden. Andere Clostridien bilden z. T. ähnliche, z. T. in der Wirkung unterschiedliche Toxine.

▪ Resistenz gegen äußere Einflüsse

Clostridien haben die Eigenschaft, während ihres Wachstums **Endosporen** zu bilden. Geht die Zelle unter, so bleibt die Spore als Dauerform (Überlebensform) bestehen. Sie ist sehr resistent gegen Hitze und Austrocknung sowie gegen Desinfektionsmittel. Die Sporenbildung erlaubt den Clostridien, außerhalb eines anaeroben Milieus zu überleben.

▪ Vorkommen

Clostridien sind in der Natur ubiquitär verbreitet. Ihre Sporen bzw. vegetativen Formen finden sich im Erdboden, Staub, Wasser und als Standortflora im Intestinaltrakt von Säugetieren einschließlich des Menschen.

Tab. 40.1 Clostridium: Gattungsmerkmale

Merkmal	Ausprägung
Gramfärbung	Grampositive Stäbchen
Aerob/anaerob	Obligat anaerob
Kohlenhydratverwertung	Fermentativ
Sporenbildung	Ja
Beweglichkeit	Ja, außer C. perfringens
Katalase	Negativ
Oxidase	?

Tab. 40.2 Clostridium: Arten und Krankheiten

Art	Krankheit(en)
Clostridium perfringens	Gasbrand, Lebensmittelvergiftung (Typ A), nekrotisierende Enterokolitis (Typ C), Peritonitis
Clostridium novyii	Gasbrand
Clostridium septicum	Gasbrand, Enterokolitis
Clostridium histolyticum	Gasbrand
Clostridium botulinum	Botulismus
Clostridium tetani	Tetanus
Clostridium neonatale	Frühgeborene nekrotisierende Enterokolitis
Clostridioides difficile	Antibiotikaassoziierte Diarrhö, pseudomembranöse Kolitis
Paraclostridium bifermentans	Wundinfektionen
Clostridium sporogenes	
Clostridium fallax	
Clostridium ramosum	

40.1.2 Rolle als Krankheitserreger

▪▪ Epidemiologie

Clostridiale Wundinfektionen (inkl. Tetanus) sind meist exogener Natur. In der vorantiseptischen Zeit wurden die Erreger häufig iatrogen von Wunde zu Wunde verschleppt. Heute erfolgt eine Übertragung von Patient zu Patient in der Regel nicht, sodass entsprechende Infektionen in Industrieländern auf Einzelfälle beschränkt bleiben. 1997 wurden in Deutschland 122 Fälle von Gasbrand gemeldet (letztmalige Veröffentlichung von Clostridium-Inzidenzdaten durch das RKI).

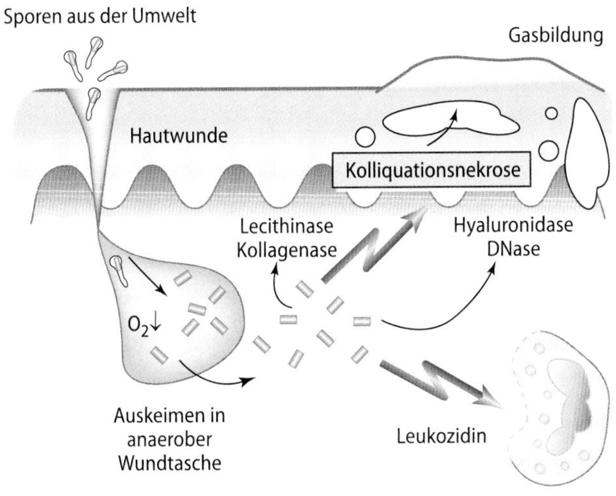

Abb. 40.1 Pathogenese und Rolle der Virulenzfaktoren bei Gasbrand

Übertragung

Clostridien sind ubiquitär in der Umwelt vorhanden, besonders aber im Erdboden. Dementsprechend treten Infektionen v. a. bei verschmutzten Wunden auf.

Pathogenese

Unterschieden werden die clostridiale Myonekrose (Gasbrand) und intestinale Infektionen:

Clostridiale Myonekrose (Gasbrand) Ursächlich für den Gasbrand sind meist C. perfringens-Stämme vom Typ A. Ihr α-Toxin, eine Lecithinase, spaltet membranständiges Lecithin in Phosphorylcholin und Diazylglyzerol und wirkt dadurch membranzerstörend (Abb. 40.1).

Die Kontamination einer Wunde mit Clostridien oder Clostridiensporen kann exogen aus der Umwelt, z. B. aus dem Staub, oder endogen durch Clostridien der physiologischen Bakterienflora entstehen. Voraussetzung für das Auskeimen der Sporen bzw. die Vermehrung der Clostridien in der Wunde ist ein **Absinken des Redoxpotenzials des Gewebes,** z. B. durch Durchblutungsstörungen, Sekretansammlungen oder Nekrosen. Mischinfektionen mit anderen Erregern sind nicht selten. Toxine bestimmen dann das weitere Krankheitsgeschehen.

Ähnlich wie bei anderen Anaerobiern können Infektionen durch Clostridien nur auftreten, wenn die Erreger **anaerobe Bedingungen** vorfinden. Entsprechend sind folgende Faktoren **prädisponierend** für eine Infektion:

- Schlecht durchblutete Wunden (Quetschung)
- Verschmutzte Wunden (Schürfung im Straßenstaub)
- Große Wundhöhlen (Amputation)
- Fremdkörper im Gewebe (Pfählung)

Intestinale Infektionen Im Intestinaltrakt finden Clostridien ausreichend anaerobe Bedingungen, sodass sie hier als Saprophyten vorkommen. Besitzen sie jedoch bestimmte Virulenzfaktoren, Enterotoxin von C. perfringens-Typ F bzw. das porenbildende β-Toxin von C. perfringens-Typ C, kann die Darmwand geschädigt werden (Abb. 40.2).

Immunität

Es wird keine Immunität ausgebildet.

Klinik

Unterschieden werden wieder die clostridiale Myonekrose (Gasbrand) und intestinale Infektionen:

Clostridiale Myonekrose (Gasbrand) Die schwerste Form der Wundinfektion ist die Clostridienmyositis/ Myonekrose (Gasbrand). Sie entwickelt sich nach Verletzungen z. B. im Garten und im landwirtschaftlichen Bereich. Sie tritt meist nach ca. 2 Tagen Inkubationszeit perakut, aber auch nach Bissverletzungen oder Amputationen mit heftigen Schmerzen, Unruhe des Patienten und Blutdruckabfall auf. Das Infektionsgebiet ist geschwollen und bräunlich-livide verfärbt. Bei der Palpation lässt sich ein Knistern (Krepitation, Gasbildung im Gewebe) feststellen. Aus der Wunde entleert sich meist eine stinkende (flüchtige Fettsäuren!), u. U. Bläschen enthaltende, seröse Flüssigkeit. Die chirurgische Exploration der Wunde ergibt einen nekrotischen Zerfall der befallenen Muskulatur. Unbehandelt kann die Infektion aufgrund eines toxininduzierten Schocks innerhalb von Stunden zum Tod des Patienten führen.

Eiterbildende Infektionen C. perfringens kann auch an eitrigen Infektionen ohne Gasbildung beteiligt sein. Meist handelt es sich um Mischinfektionen mit Enterobakterien und anderen obligat anaeroben Bakterien.

Intestinale Infektionen Intestinale Toxininfektionen werden durch C. perfringens-Stämme vom Typ A und F hervorgerufen. Die Übertragung erfolgt meist durch Fleisch (Geflügel) und Fleischprodukte. Das Enterotoxin verursacht Übelkeit, krampfartige Beschwerden und wässrige Diarrhöen; Fieber und Erbrechen sind selten.

Der **Darmbrand** (Enteritis necroticans) ist eine schwere nekrotisierende Infektion des Jejunums, die durch β-Toxin-bildende C. perfringens-Stämme vom Typ C hervorgerufen werden kann. Sie verläuft häufig tödlich. Die tatsächlichen Pathomechanismen, insbesondere der Zusammenhang mit ungenügend gegartem Schweinefleisch, sind noch weitgehend unklar.

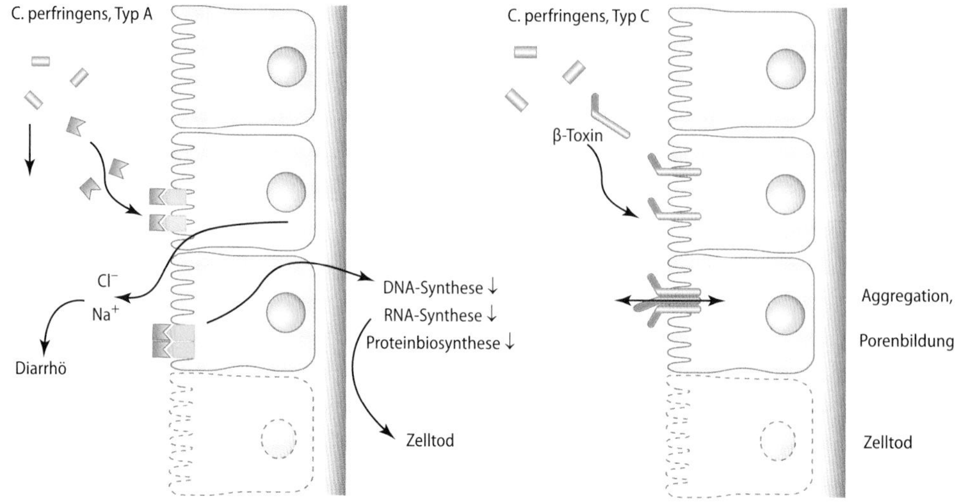

Abb. 40.2 Pathogenese und Rolle der Virulenzfaktoren bei enteralen C. perfringens-Infektionen

Diagnostik

Unterschieden werden auch hier die clostridiale Myonekrose (Gasbrand) und intestinale Infektionen:

Clostridiale Myonekrose (Gasbrand) Die Diagnose „Gasbrand" ist zunächst klinisch zu stellen. Allerdings können auch andere Erreger (z. B. Streptokokken, Enterobakterien, Bacteroides-Spezies) ähnliche Erscheinungen hervorrufen. Aufgrund der eingreifenden chirurgischen Therapie (s. u.), die meist nur beim „echten" Gasbrand erforderlich ist, ist eine möglichst schnelle (notfallmäßige!) mikrobiologische Sicherung der klinischen Diagnose anzustreben. Dazu ist die sofortige mikroskopische Untersuchung klinischer Materialien wie Wundsekret oder Muskelexzisat mittels Gramfärbung geeignet, mit der sich die morphologisch typisch aussehenden Erreger (dicke, grampositive Stäbchen) innerhalb von Minuten nachweisen lassen. Ein histologisches Präparat zeigt charakteristischerweise die nekrotische, durch Gasbildung aufgelockerte („gefiederte") Muskulatur.

40

Ca. 80 % der Gasbrandfälle werden durch C. perfringens, die übrigen 20 % durch C. novyi und C. septicum, selten durch andere Clostridien hervorgerufen (Tab. 40.2). Die α-Toxin-Bildung lässt sich in vitro mit dem **Nagler-Test** nachweisen: Die Clostridien werden auf einem eigelbhaltigen Nährboden angezüchtet, der die Lecithinasebildung als Trübung rund um die Bakterienkolonie anzeigt. Bestreicht man einen Teil des Kulturmediums mit einem Antikörper gegen α-Toxin (Antitoxin), bleibt die Trübung aus.

Kultur Clostridien stellen erhebliche Ansprüche an das Kulturmedium: Ihre Anzucht erfordert meist bluthaltige Medien oder nährstoffreiche Bouillons (z. B. Leberbouillon):

- **C. perfringens** vermehrt sich zwischen pH 5,5 und 8, bei Temperaturen von 20–50 °C (optimal bei 45 °C) und ist relativ aerotolerant. Unter geeigneten Bedingungen beträgt die Generationszeit nur 30 min; bereits nach 8- bis 10-stündiger Kultur bilden sich sichtbare Kolonien.
- **Andere Clostridien** sind hinsichtlich der Kulturbedingungen empfindlicher (strikte Anaerobier, Temperaturoptimum bei 37 °C); sie benötigen mindestens 48 h zur Koloniebildung (C. tetani, C. botulinum etc.).

Morphologie Die Form der Bakterienzellen ist sehr unterschiedlich. Während C. perfringens dicke, plumpe Zellen (Ziegelsteinform) aufweist, imponiert C. tetani durch lange, schlanke Zellen, die durch Sporen terminal ausgeweitet sein können (Tennisschlägerform). Die Stellung der Sporen (mittel- oder endständig) kann einen Hinweis auf die Clostridienart geben.

Identifikation Wie bei anderen bakteriellen Infektionserregern auch ist die Identifizierung der Clostridien durch biochemische Leistungsprüfungen und gaschromatografische Analyse der gebildeten Fettsäuren durch das schnellere MALDI-TOF-Verfahren abgelöst worden. Darüber hinaus können zur genauen Speziesidentifikation Sequenzierungen der DNA erforderlich sein. Von großer diagnostischer Bedeutung ist der Nachweis der von den Organismen gebildeten Toxine.

Intestinale Infektionen Der Nachweis, dass es sich bei einer entsprechenden Krankheit um eine clostridienbedingte Toxininfektion handelt, ist schwierig zu führen, da (semi)quantitative Stuhlkulturen erforderlich sind und die Enterotoxinproduktion demonstriert werden sollte.

Therapie

Aufgrund des perakuten Verlaufs muss die Therapie des Gasbrands ohne Verzögerung eingeleitet werden. Sie besteht v. a. in einer chirurgischen **Wundrevision** mit Entfernung aller Nekrosen. Nicht selten ist bei peripheren Infektionen eine Amputation erforderlich. Daneben werden **hohe Dosen Penicillin G** verabreicht, um verbliebene Clostridien abzutöten. Diese adjuvante Chemotherapie kann aber nur in vitalem Gewebe zur Wirkung kommen, weil nekrotische Bezirke von der Zirkulation ausgeschlossen sind und damit keine ausreichenden Antibiotikaspiegel erreicht werden. Bei Mischinfektionen müssen auch die weiteren Erreger erfasst werden. Weiterhin kann der Patient ggf. in einer Druckkammer eine hyperbare Sauerstofftherapie erhalten.

Bei Darminfektionen steht der Flüssigkeits- und Elektrolytersatz im Vordergrund, bei einer nekrotisierenden Enterokolitis ist u. U. chirurgisches Eingreifen erforderlich.

Prävention

Patienten mit stark verschmutzten Wunden (z. B. Zustand nach Verkehrsunfall) sind besonders häufig von Clostridieninfektionen betroffen. Bei diesen sind daher eine entsprechende Wundrevision sowie eine präventive Gabe von Antibiotika unerlässlich. Eine solche kurzzeitige (!) Antibiotikaprophylaxe (Gasbrandprophylaxe) ist auch bei Amputationen von Extremitäten unerlässlich.

Meldepflicht Die Meldepflicht wird aufgrund von § 15 Abs. 3 Satz 1 IfSG in einer Landesverordnung geregelt.

40.2 Clostridium tetani

Steckbrief

C. tetani ist der Erreger des Tetanus (Wundstarrkrampf). Er ist in der Natur (Erdboden) ubiquitär verbreitet; es existiert eine wirksame Schutzimpfung. In den 1890er Jahren entdeckten Carle und Rattone, Nicolaier, Rosenbach, Kitasato C. tetani (gr. „tetanos“: Krampf) als Erreger des Wundstarrkrampfs.

Clostridium tetani: tennisschlägerförmige, grampositive Stäbchen mit endständigen Sporen, entdeckt 1890 von Kitasato (Reinkultur), 1884 Übertragung mit Wundsekret durch Carle und Rattone bzw. mit Erde (und mikroskopischer Nachweis) durch Nicolaier.

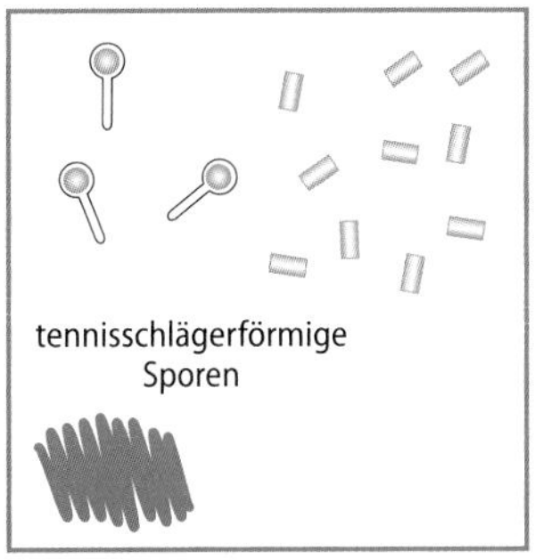

40.2.1 Beschreibung

Aufbau

C. tetani ist wie alle anderen Clostridien aufgebaut und bildet Endosporen.

Extrazelluläre Produkte

Der Erreger produziert das Tetanustoxin, das für die Krankheitserscheinungen ursächlich ist.

Umweltresistenz

Durch die Sporenbildung ist C. tetani sehr umweltresistent.

Vorkommen

Tetanussporen kommen ubiquitär im Erdboden vor.

40.2.2 Rolle als Krankheitserreger

Epidemiologie

Tetanus ist in Ländern mit hoher Durchimpfungsrate selten geworden; 1997 wurden in Deutschland 11 Fälle gemeldet. Bei mangelhaftem Impfstatus, v. a. in Entwicklungsländern, ist er noch immer eine häufige Todesursache nach Verletzungen und bei Neugeborenen. Weltweit wird die Zahl der Tetanustoten auf 1 Mio. pro Jahr geschätzt.

Übertragung

Der Erreger ist in der Natur weit verbreitet und gelangt als exogene Kontaminante in die Wunde.

Pathogenese

Die Erreger vermehren sich lediglich lokal an der Eintrittspforte und produzieren dort das **Tetanustoxin** oder **Tetanospasmin** (Abb. 40.3). Es wird durch Autolyse freigesetzt und erreicht retrograd entlang den Nervenbahnen oder hämatogen die Vorderhornzellen der grauen Substanz des Rückenmarkes, um dort seine Wirkung zu entfalten. Das Toxin spaltet proteolytisch Synaptobrevine

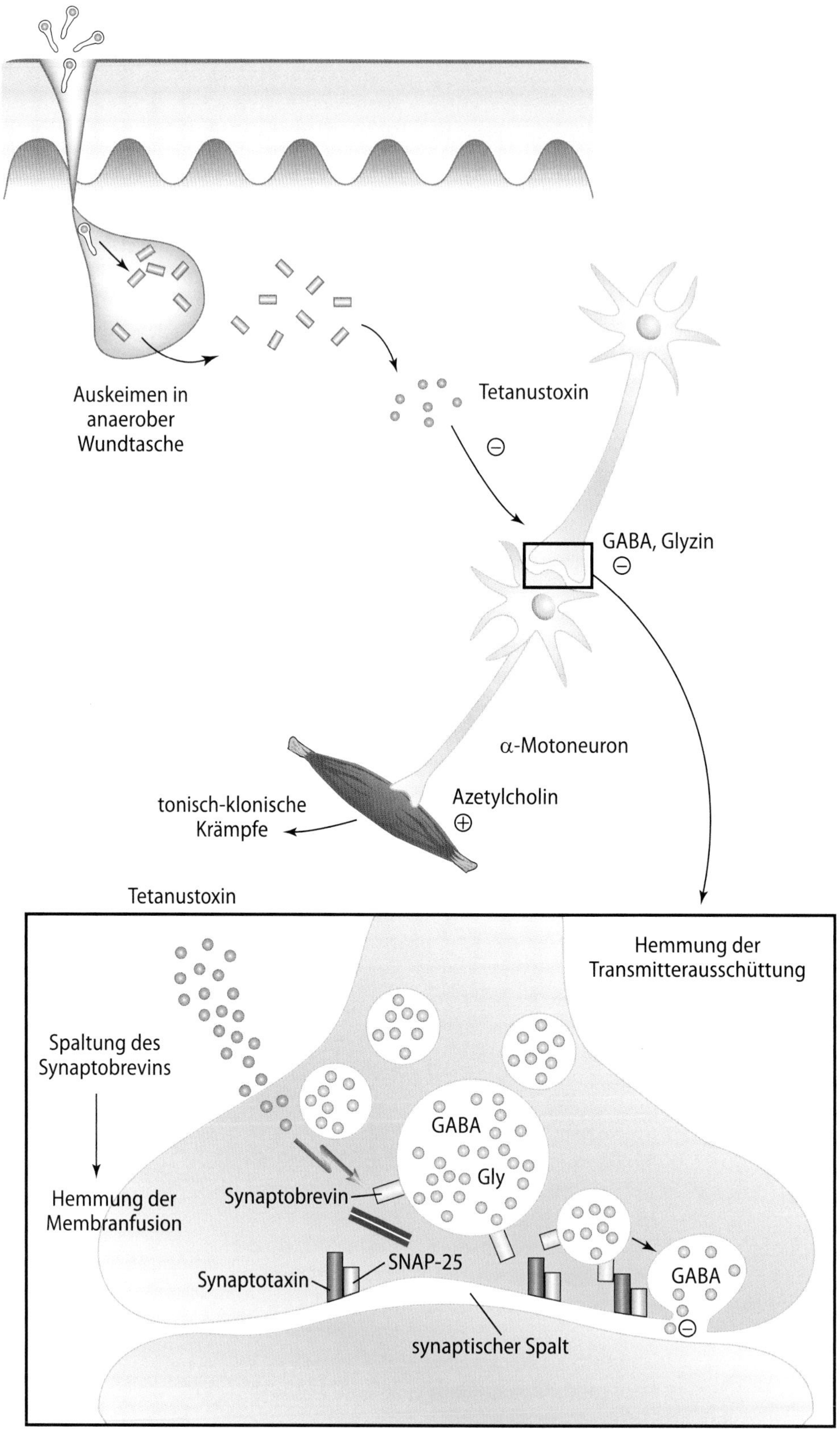

40

Abb. 40.3 Pathogenese des Tetanus

(VAMP), das sind Vesikelmembranproteine. Diese sind an der Ausschüttung des für die hemmenden Neuronen essenziellen Neurotransmitters Gamma-Aminobuttersäure (GABA) in den synaptischen Spalt beteiligt. Hierdurch wird an inhibitorischen Synapsen der spinalen Motoneuronen die Signalübertragung der hemmenden Neuronen blockiert: Es entsteht eine spastische Lähmung mit strychninartigen, tonisch-klonischen Krämpfen.

▪▪ Immunität

Als Folge eines Tetanus bildet sich eine unsichere antitoxische Immunität aus. Eine sichere Immunität wird nur durch eine aktive Schutzimpfung erreicht, die alle 10 Jahre aufgefrischt werden muss.

▪▪ Klinik

Der Tetanus stellt eine durch C. tetani hervorgerufene Wundinfektion dar, bei der die toxische Schädigung des Nervensystems im Vordergrund steht. Infektionen treten bereits im Rahmen verschmutzter Bagatellverletzungen, insbesondere bei im Gewebe verbliebenen kleinsten Fremdkörpern (z. B. Holzsplitter, Dornen) auf. Eine besonders gefürchtete Form, der Tetanus neonatorum, kann nach Kontamination der Nabelschnur (z. B. durch unsterile Instrumente) beim Neugeborenen entstehen.

Klinische Krankheitszeichen treten nach einer Inkubationszeit von wenigen Tagen bis zu 3 Wochen auf. Sie beginnen mit Kopfschmerzen und gesteigerter Reflexauslösbarkeit. Charakteristischerweise kommt es zur Ausbildung des sog. **Trismus** (Tonuserhöhung der Kaumuskulatur, die zu einer Kieferklemme führt). Die Kontraktion der mimischen Muskulatur führt zu einem Gesichtsausdruck, der als **Risus sardonicus** oder **Teufelsgrinsen** bezeichnet wird. Im weiteren Verlauf entwickeln sich tonisch-klonische Krampfzustände, die auch die Atmungsmuskulatur erfassen können und damit lebensbedrohlich werden.

▪▪ Labordiagnostik

Eine Anzucht des Erregers misslingt häufig. Die Diagnose erfolgt aufgrund des klinischen Bildes sowie des Nachweises des Tetanustoxins im Patientenserum.

Mäuseschutzversuch Zum Toxinnachweis ist ein Tierversuch erforderlich. Der Nachweis gilt als geführt, wenn Mäuse, die mit unterschiedlichen Mengen an Patientenserum inokuliert wurden (meist 0,5 und 1 ml), in „Robbenstellung" (Starrkrampf der Hinterbeine) versterben, während die Mäuse der Kontrollgruppe, die Patientenserum und Antitoxin erhielten, überleben.

▪▪ Therapie

Die Therapie des Tetanus besteht aus der Verabreichung von **Antitoxin** (humane Anti-Tetanustoxin-Antikörper) sowie aus der Herdsanierung (chirurgisch und antibiotisch). Zusätzlich können **symptomatische Maßnahmen,** z. B. Gabe krampflösender Medikamente, u. U. auch von Muskelrelaxanzien, ggf. künstlicher Beatmung bei Lähmung der Atemmuskulatur, erforderlich sein.

▪▪ Prävention

Dazu gehören:

Schutzimpfung Da die Letalität beim voll ausgebildeten Krankheitsbild des Tetanus auch heute noch hoch ist (nicht zuletzt komplikationsbedingt), kommt der Impfprophylaxe größte Bedeutung zu. Die aktive Schutzimpfung gegen Tetanus beruht auf der immunisierenden Wirkung des formalinisierten Toxins (Toxoid). Sie wird meist in Verbindung mit der Schutzimpfung gegen Diphtherie (Zweifachimpfung DT; ▶ Kap. 39) oder zusätzlich mit der Pertussisimpfung (Dreifachimpfung DTP; ▶ Kap. 36) und Haemophilus influenzae-Typ-b-Impfung (▶ Kap. 34) durchgeführt. Ggf. lässt sich der Impfstatus bzw. die Notwendigkeit zur Auffrischung durch Bestimmung des Antikörpertiters im Serum ermitteln.

Meldepflicht Die Meldepflicht wird aufgrund des § 15 Abs. 3 Satz 1 IfSG in einer Landesverordnung geregelt.

40.3 Clostridium botulinum

Steckbrief

C. botulinum verursacht toxinvermittelt den Botulismus. Die Toxine werden meist mit nicht ausreichend konservierten Lebensmitteln aufgenommen. Botulinustoxine (auch: „Botulinum-/Botulismustoxine") verursachen motorische Lähmungen und führen rasch zum Tode. C. botulinum wurde zuerst von van Ermengem 1896 im Zusammenhang mit einer tödlichen Lebensmittelvergiftung isoliert und mit dem Namen Bacillus botulinus (lat. „botulus": Wurst) versehen.

Clostridium botulinum: grampositive Stäbchen, entdeckt 1896 von van Ermengem

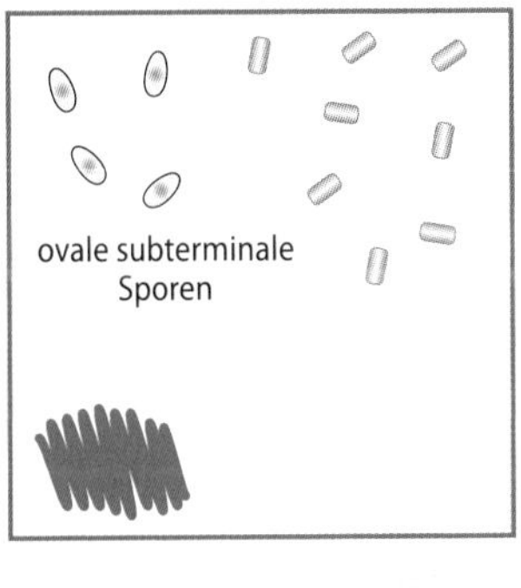

40.3.1 Beschreibung

▪ Aufbau

C. botulinum ist wie andere Clostridien aufgebaut und hat die Fähigkeit zur Endosporenbildung.

▪ Extrazelluläre Produkte

C. botulinum (bzw. C. argentinense, C. butyricum, C. baratii) kann jeweils eines der immunologisch verschiedenen Neurotoxinen (A, B, C1, C2, D, E, F, G, H) aufweisen und nach Autolyse freisetzen. Humane Botulismusfälle werden durch die Typen A, B, E und selten F und H verursacht.

▪ Resistenz gegen äußere Einflüsse

Wegen der Endosporenbildung ist C. botulinum äußerst umweltresistent.

▪ Vorkommen

Der Botulismus kommt heute nur noch selten vor, wird aber bei älteren Patienten leicht mit anderen neurologischen Erkrankungen verwechselt.

40.3.2 Rolle als Krankheitserreger

▪▪ Epidemiologie

Der Botulismus tritt sporadisch oder in Form von Kleinepidemien auf. 2017 wurden in Deutschland 3 Fälle gemeldet.

▪▪ Übertragung

Der Botulismus entsteht nach enteraler Aufnahme botulinustoxinhaltiger Lebensmittel. Fehlerhaft hergestellte Konserven und unsachgemäß haltbar gemachte Fleischprodukte (Wurst, Schinken) sowie Fisch (Räucherfisch) können für C. botulinum ideale Bedingungen hinsichtlich der Anaerobiose und des Nährstoffangebots bieten.

40

▪▪ Pathogenese

Die Bakterien produzieren beim Wachsen Toxine, die dann mit dem Nahrungsmittel aufgenommen werden (◘ Abb. 40.4). Eine Kolonisation oder gar eine Infektion mit dem Erreger ist nicht notwendig. Somit handelt es sich beim Botulismus nicht um eine Infektion im eigentlichen Sinne, sondern um eine **Intoxikation.** Im Unterschied dazu entsteht der Säuglingsbotulismus durch eine Kolonisation des Intestinaltrakts mit C. botulinum mit anschließender Toxinproduktion und Resorption. Auch Wundinfektionen mit C. botulinum können zum Botulismus führen.

Die Toxine sind AB-Toxine und für den Menschen außerordentlich giftig: Bereits 1 ng/kg wirkt letal. Ähnlich dem Tetanustoxin spalten sie Synaptobrevine und andere Proteine, die an der Verschmelzung transmitterhaltiger (Azetylcholin) synaptischer Vesikel mit der synaptischen Membran beteiligt sind. Hierdurch wird die Azetylcholinfreisetzung z. B. an der motorischen Endplatte gehemmt, sodass schlaffe Lähmungen ent-stehen (◘ Abb. 40.4).

▪▪ Immunität

Es entsteht keine Immunität.

▪▪ Klinik

12–36 h nach Toxinaufnahme kommt es zunächst zu Funktionsstörungen der Augenmuskulatur (Augenflimmern, Doppeltsehen, Akkommodationsstörungen durch Abduzens- bzw. Okulomotoriuslähmung). Dann treten durch Lähmung weiterer Hirnnerven Mundtrockenheit, Sprach- und Schluckstörungen hinzu. Später werden auch periphere Nerven erfasst, sodass es u. a. zum Atemstillstand kommen kann.

▪▪ Labordiagnostik

Die Diagnose wird durch Nachweis des Toxins in Patientenmaterialien (Serum, Mageninhalt, Erbrochenes) oder ggf. im kontaminierten Nahrungsmittel gestellt. Dazu ist ein Tierversuch erforderlich ähnlich dem zum Nachweis von Tetanospasmin.

▪▪ Therapie

Die Therapie besteht aus der Verabreichung von **Antitoxin** sowie symptomatischen Intensivmaßnahmen (bis hin zur künstlichen Beatmung und Anlage eines Herzschrittmachers).

▪▪ Prävention

Dringend zu warnen ist vor Konserven, die durch Gasbildung ausgebeult („bombiert") sind. Zu warnen ist u. U. auch vor eingewecktem Gemüse (Bohnen, Spargel) aus häuslicher Eigenproduktion. Auch geräucherter Fisch (z. B. Lachs) kann mit Botulismussporen kontaminiert sein. Da das Botulinustoxin hitzelabil ist, wird es durch 10-minütiges Kochen zerstört.

Meldepflicht Namentlich zu melden sind der Krankheitsverdacht, die Erkrankung sowie der Tod an Botulismus (§ 6 IfSG). Direkte oder indirekte Nachweise von Clostridium botulinum oder von Botulinustoxinen sind ebenfalls namentlich meldepflichtig, soweit der Nachweis auf eine akute Infektion hinweist (§ 7 IfSG).

Botulinustoxin als Biowaffe Da keine Immunität gegen Botulinustoxin oder C. botulinum besteht, eignet sich das Toxin als möglicher Biokampfstoff zur Verseuchung von Trinkwasser. Deshalb fällt es in die

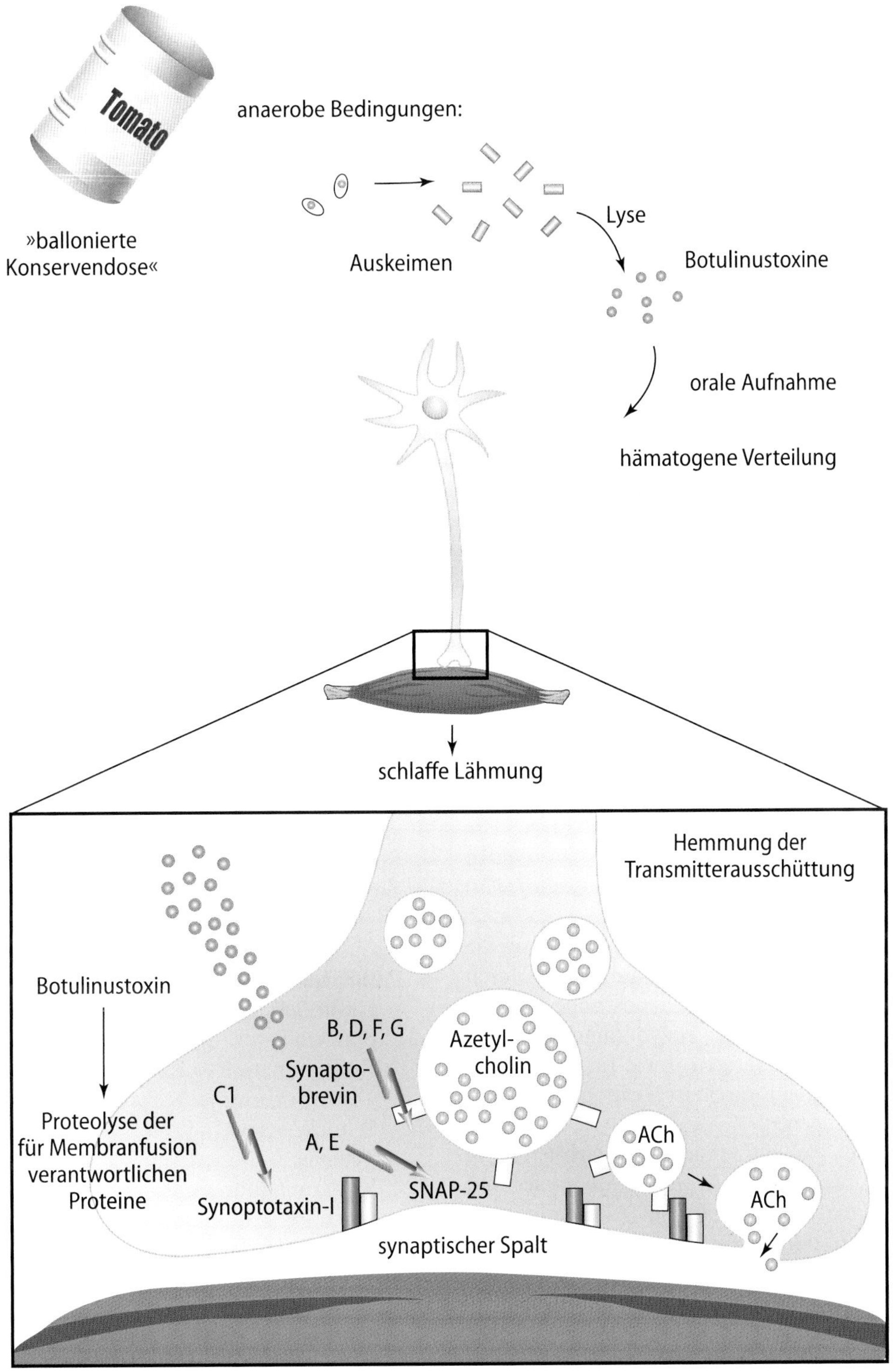

Abb. 40.4 Pathogenese des Botulismus. A, B, C1, D, E, F, G, die 7 immunologisch verschiedenen Neurotoxine von C. botulinum

Kategorie A der CDC-Einteilung potenzieller humanpathogener Biowaffenerreger. Die hohe Toxinwirkung macht Botulinustoxin zwar gefährlich, jedoch würden sich das Ausbringen und die Verteilung sehr schwierig gestalten.

Botulinustoxin als Therapeutikum Botulinustoxin (u. a. Botox) wird seit Anfang der 1980er-Jahre als Therapeutikum in der Behandlung fokaler Dystonien eingesetzt. Erfolgreich behandelt werden können insbesondere:

- Blepharospasmus (Lidkrampf),
- Oromandibuläre Dystonie (Mund-Zungen-Schlund-Krampf)
- Torticollis spasmodicus (Schiefhals)
- Spasmodische Dysphonie (Stimmbandkrampf).

Weitere Anwendungsgebiete sind z. B. Strabismus (Schielen), Behandlung von Spannungskopfschmerzen und Migräne, Hyperhidrose (übermäßige Schweißproduktion), Achalasie sowie diffuser Ösophagusspasmus. Breite Anwendung findet Botulinustoxin in der kosmetischen Korrektur von Gesichtsfalten.

40.4 Clostridioides difficile

C. difficile ist ein Erreger der antibiotikaassoziierten Diarrhö, ursächlich für die pseudomembranöse Kolitis und kann in seltenen Fällen zum toxischen Megakolon führen. Seine ätiologische Rolle deckten 1977 Bartlett und Mitarbeiter auf.

Voraussetzung für das Infektionsgeschehen ist in der Regel eine vorangegangene antibiotische Therapie, die die Vermehrung von Clostridioides difficile begünstigt hat. Der Erreger kann fäkal-oral übertragen werden und zu Ausbruchssituationen in Krankenhäusern, aber auch Altenpflegeheimen führen. Die Krankheitserscheinungen werden durch die beiden gebildeten Toxine A (Enterotoxin) und B (Zytotoxin) bedingt.

40

Goldstandard der **Diagnostik** ist nach wie vor die Kultur mit Nachweis der Enterotoxinbildung durch einen Zytotoxizitätstest. Für die diagnostische Routine sind mehrere Assays verfügbar: Enzymimmunassay für Glutamatdehydrogenase-Antigen sowie für die Toxine A und B und Nukleinsäureamplifikationstests zum Nachweis von Toxingenen.

Die **Therapie** besteht (nach Möglichkeit) im Absetzen der ursächlichen Antibiotikatherapie und in der oralen Gabe von Vancomycin. Alternativ kann Metronidazol oral oder ggf. i. v. eingesetzt werden. Eine Therapie mit Fidaxomicin ist ebenfalls wirksam und kann die Zahl der sonst häufig auftretenden Rezidive reduzieren.

In den letzten Jahren wird über einen besonders virulenten Stamm (NAP1, 027) berichtet, der vermehrt letale Verläufe verursacht. Diese Erreger traten zunächst in Nordamerika auf, sind aber mittlerweile auch in Europa in Erscheinung getreten. Inzwischen wird eine vermehrte Virulenz auch bei anderen Stämmen beobachtet. Bei schweren rezidivierenden Verläufen kann die Übertragung von Darmbakterien freiwilliger Spender („Stuhltransplantation") therapeutische Erfolge erzielen. Bezlotoxumab, ein monoklonaler Antikörper der intravenös verabreicht wird, hat ebenfalls das Potenzial, die Rezidivrate zu senken.

Um Ausbrüchen vorzubeugen, sollten betroffene Patienten isoliert werden. Präventiv wirken die strenge Indikationsstellung für eine Antibiotikatherapie und die Einhaltung allgemeiner Hygienemaßnahmen. Da die Sporen alkoholresistent sind, kommt dem Händewaschen vor der hygienischen Händedesinfektion besondere Bedeutung zu.

Arztmeldepflicht: Nur Erkrankung und Tod bei klinisch schwerem Verlauf nach § 1 Abs. 2 IfSG.

40.5 In Kürze: Obligat anaerobe, sporenbildende Stäbchen (Clostridien)

- **Bakteriologie:** Endosporen bildende, grampositive, obligat anaerobe Stäbchen, die zur Toxinbildung befähigt sind. Peritriche Begeißelung (außer C. perfringens). Kulturelles Wachstum nur auf bluthaltigen Nährmedien unter anaeroben Bedingungen. Lange Generationszeit (nicht C. perfringens). Erreger von Wundinfektionen, Tetanus, Botulismus und enteralen Toxininfektionen.
- **Resistenz:** Durch Endosporenbildung sehr resistent gegenäußere Einflüsse.
- **Epidemiologie:** In der Natur ubiquitär verbreitet.
- **Zielgruppe:** Patienten mit verschmutzten Wunden (Gasbrand, Tetanus) oder nach Antibiotikatherapie (pseudomembranöse Kolitis).
- **Pathogenese:**
  - **Gasbrand:** Wunde → vermindertes Redoxpotenzial im Wundbereich → exogene Kontamination → Keimvermehrung und Toxinbildung → Nekrose → toxininduzierter Schock → Tod.
  - **Tetanus:** Wunde → exogene Kontamination → Vermehrung an der Eintrittspforte → Toxinbildung (Tetanospasmin) → Dissemination des Toxins ins ZNS → Blockade der Dämpfung spinaler Motoneuronen → Krampferscheinungen → Tod.
  - **Botulismus u. a. enterale Toxininfektionen:** Kontamination von Lebensmitteln mit C. botulinum → Toxinproduktion (z. B. in Konserven) → enterale Aufnahme des Toxins → Blockade der Azetylcholinfreisetzung an den motorischen Endplatten → schlaffe Lähmung der quer gestreiften Muskulatur → Atemlähmung → Tod.
- **Klinik:**
  - **Gasbrand:** Inkubationszeit ca. 2 Tage. Schwerstes toxisches Krankheitsbild. Perakute Schwellung

mit bräunlicher Verfärbung und Entleerung einer stinkenden Flüssigkeit; Gewebeknistern.
  - **Tetanus:** Nach Kontamination einer Bagatellverletzung Inkubationszeit von wenigen Tagen bis zu 3 Wochen. Anfänglich gesteigerte Reflexauslösung geht über in Krampferscheinungen mit generalisierten tonisch-klonischen Krampfzuständen.
  - **Botulismus u. a. enterale Toxininfektionen:** 12–36 h nach Aufnahme des Toxins zunächst leichte Lähmungserscheinungen der Augenmuskulatur, Mundtrockenheit, Sprach- und Schluckstörungen. Später Lähmung der Atemmuskulatur und Atemstillstand.
- **Labordiagnose:** Mikroskopisch dicke, gramlabile Stäbchen im Wundabstrich. Anzucht von C. perfringens innerhalb von 8–10 h möglich. Identifikation durch MALDI-TOF oder klassisch durch biochemische Leistungsprüfung und Gaschromatografie.
  - **Tetanus:** Toxinnachweis aus Patientenserum im Tierversuch
  - **Botulismus:** Toxinnachweis aus Serum und Lebensmitteln im Tierversuch
  - **Antibiotikaassoziierte Kolitis:** Toxinnachweis aus Stuhlfiltrat im ELISA sowie Anzucht der Erreger mit anschließendem Toxinnachweis
- **Therapie:**
  - Chirurgische Wundrevision, Antibiotika (Mittel der Wahl: Penicillin G), u. U. hyperbare O_2-Therapie bei Gasbrand
  - Krampflösende Medikamente, Muskelrelaxanzien, mechanische Beatmung, humane Anti-Tetanustoxin-Antikörper, chirurgische Herdsanierung bei Tetanus
  - Symptomatisch, Antitoxingabe bei Botulismus
  - Vancomycin oral, Metronidazol oder Fidaxomicin bei antibiotikaassoziierter Diarrhö
- **Immunität:** Unsichere antitoxische Immunität bei Tetanus.
- **Prävention:** Wundrevision und prophylaktische Antibiotikagabe bei Gasbrand, Impfprophylaxe gegen Tetanus. Strenge Einhaltung hygienischer Vorschriften bei der Herstellung von Nahrungsmittelkonserven.

Obligat anaerobe, nichtsporenbildende Bakterien

Catalina-Suzana Stingu und Arne C. Rodloff

Obligat anaerobe nichtsporenbildende Bakterien umfassen viele Gattungen mit klinischer Relevanz. Sie sind wichtige Bestandteile der normalen Flora von Mund, Darm- und Genitaltrakt, als Opportunisten sind sie aber auch an der Ätiologie verschiedener Krankheitsbilder beteiligt.

Fallbeispiel

Ein 18-jähriger Mann stellt sich in der Notaufnahme vor mit Fieber, Halsschmerzen und Abgeschlagenheit, die seit einer Woche bestehen. Seit 3 Tagen hat er außerdem pleuritische Brustschmerzen und einen produktiven Husten. Die Anamnese ist ohne Besonderheiten, keine Auslandsaufenthalte, keine Drogen. Bei der Untersuchung ist der Patient in einem schlechten Allgemeinzustand mit einer Sauerstoffsättigung von 88 % bei Raumluft. Im Thoraxröntgen zeigen sich Infiltrate und ein Pleuraerguss. Ein CT des Halses zeigt Füllungsdefekte der rechten V. jugularis interna. In einer anaeroben Blutkultur wird Fusobacterium necrophorum nachgewiesen. Es wird die Diagnose eines Lemierre-Syndroms gestellt.

41.1 Obligat anaerobe, gramnegative Stäbchen (Bacteroidaceae)

Steckbrief

Bacteroidaceae sind eine Familie gramnegativer Stäbchenbakterien, die zum Wachstum eine sauerstoffarme Atmosphäre benötigen (obligat anaerobe Bakterien). Sie stellen einerseits einen erheblichen Teil der physiologischen Standortflora des Menschen dar, andererseits sind sie häufige Infektionserreger.

Bereits 1898 beschrieben Veillon und Zuber Bacteroides (B.) fragilis (damals: „Bacillus fragilis") als Erreger der Appendizitis. Eine genauere Beschreibung erfolgte jedoch erst 1922 durch Knorr. Seither hat die Taxonomie der Bacteroidaceae häufige Veränderungen erfahren; insbesondere haben molekularbiologische Untersuchungen zuletzt eine Vielzahl neuer Spezies hervorgebracht. ◘ Tab. 41.1 listet medizinisch bedeutsame Spezies auf.

41.1.1 Beschreibung

▪ Aufbau

Obwohl sich der Zellwandaufbau aller gramnegativen Bakterien grundsätzlich ähnelt, unterscheiden sich die Lipopolysaccharide (LPS) der Bacteroides-Arten in ihrem Aufbau erheblich von denen der Enterobakterien. Dies dürfte ein Grund dafür sein, dass Bacteroides-LPS im Wirtsorganismus geringere Wirkungen (Toxizität) entfaltet als das LPS aerob wachsender, gramnegativer Stäbchen.

Kapsel Bacteroidaceae, die als Erreger aus Infektionsprozessen isoliert werden, tragen häufig eine Polysaccharidkapsel. Die Ausprägung dieser Kapsel stellt einen wesentlichen Virulenzfaktor der Bakterien dar.

▪ Extrazelluläre Produkte

In Bacteroidaceae sind eine Reihe von **Enzymen** (Hämolysin, Fibrinolysin, Heparinase, Leukozidin, Mukopolysaccharidasen, Kollagenasen etc.) nachgewiesen worden, die zur Virulenz der Bakterien beitragen. Weiterhin sind einzelne enterotoxinbildende Stämme beschrieben worden.

▪ Umweltresistenz

Aufgrund ihrer Sauerstoffempfindlichkeit sind gramnegative, nichtsporenbildende Anaerobier gegenüber Umwelteinflüssen empfindlicher als viele andere

S. Suerbaum et al. (Hrsg.), *Medizinische Mikrobiologie und Infektiologie*,
https://doi.org/10.1007/978-3-662-61385-6_41

Tab. 41.1 Gattungen und Arten obligat anaerober, gramnegativer Stäbchen

Gattung	Art
Bacteroides fragilis-Gruppe	fragilis, caccae, coagulans, eggerthii, ovatus, stercoris, thetaiotaomicron, uniformis, vulgatus
Parabacteroides	distasonis, merdae, goldsteinii, gordonii, johnsonii, acidifaciens, faecis
Pseudoflavonifractor	capillosus
Prevotella	melaninogenica, bivia, buccae, buccalis, denticola, disiens, intermedia, heparinolytica, loeschii, nigrescens, oralis, oris, oulorum, veroralis, jejuni, tannerae, micans, histicola, pallens, multiformis, multisaccharivorax, colorans, bergensis, rara, amnii, peluritidis, oryzae, saccharolytica, aurantica, maculosa, timonensis, salivae, shahii, baroniae, marshii, nanceiensis, fusca, scopos
Porphyromonas	asaccharolytica, canoris, circumdentaria, endodontalis, gingivalis, salivosa, bennoris, pasteri, crevioricanis, levii
Fusobacterium	nucleatum, gonidiaformans,mortiferum, naviforme, necrogenes, necrophorum, varium, ulcerans, periodonticum, russii, perfoetens, prausnitzii
Acetobacteroides, Anaerobiospirillum, Anaerorhabdus, Anaerovibrio, Butyrivibrio, Centipeda, Desulfovibrio, Dialister, Dichelobacter, Fibrobacter, Leptotrichia, Megamonas, Phocaeicola, Propionispora, Megaspaera, Sebaldella, Succinimonas, Tannerella	

Bakterien. Deshalb müssen bei Materialgewinnung, Transport und Bearbeitung im Labor besondere Vorsichtsmaßnahmen eingehalten werden.

▪ **Vorkommen**

Bacteroidaceae und andere Anaerobier stellen den vorherrschenden Teil der physiologischen Bakterienflora von Mensch und Tier. Ein Mensch (ca. 10^{13} körpereigene Zellen) beherbergt schätzungsweise ca. 10^{14} (adhärente) Anaerobier auf Haut- und Schleimhäuten.

Tab. 41.2 Häufigkeit einer Beteiligung nichtsporenbildender Anaerobier bei verschiedenen Infektionskrankheiten

Krankheit	Häufigkeit (in %)
Sepsis	5–10
Hirnabszess	90
Otolaryngologische Infektionen	50
Dentogene Infektionen	>90
Aspirationspneumonie	>90
Lungenabszess, Pleuraempyem	50–90
Leberabszess	50–90
Appendizitis	50–100
Peritonitis	>80
Wundinfektion nach Bauchoperationen	50–100
Adnexitis	25–50
Endometritis, septischer Abort	45–67
Vaginose	>50

Die Gesamtzahl der Anaerobier beträgt zwischen dem 5-Fachen (Vagina) und 1000-Fachen (Dickdarm) der dort vertretenen fakultativ anaeroben Standortflora; so ist etwa Bacteroides vulgatus im Stuhl in viel größeren Mengen vorhanden als E. coli. Im Dickdarm werden bis zu 10^{13} Anaerobier pro Gramm Stuhl gefunden. Außerhalb ihrer natürlichen Standorte sind die Bacteroidaceae aufgrund ihrer Sauerstoffempfindlichkeit selten zu finden.

41.1.2 Rolle als Krankheitserreger

▪▪ **Epidemiologie**

Tab. 41.2 fasst die Häufigkeit der Beteiligung von Anaerobiern bei verschiedenen Infektionen zusammen. Den Erregern der Bacteroides-fragilis-Gruppe kommt dabei die größte Bedeutung zu.

▪▪ **Übertragung**

Die Übertragung erfolgt meist endogen.

▪▪ **Pathogenese**

Als typische Opportunisten sind Bacteroidaceae an ihren **physiologischen Standorten für den Menschen nichtpathogen.** Vielmehr dürfte die Kolonisation von Haut- und Schleimhäuten mit Anaerobiern der Ansiedlung pathogener Mikroorganismen vorbeugen (Kolonisationsresistenz).

Zu Infektionserregern können Bacteroidaceae erst dann werden, wenn sie aus ihrem normalen Habitat in üblicherweise sterile Bereiche verschleppt werden. Dies setzt in der Regel eine **Störung der Integrität der Haut-/Schleimhautbarriere,** z. B. durch eine Nekrose, ein Trauma oder einen chirurgischen Eingriff voraus.

Eine Vermehrung der Anaerobier im Gewebe ist erst möglich, wenn die Sauerstoffversorgung beeinträchtigt und damit das normalerweise hohe Redoxpotenzial von ca. +120 mV vermindert wird. In diesem Sinne können Hypoxie, Hämostase oder ins Gewebe eingedrungene Fremdkörper für eine Infektion prädisponieren.

Im Falle polybakterieller Infektionen kommt es vermutlich zunächst zur Vermehrung der aerob wachsenden Erreger. Diese können durch Sauerstoffverbrauch das Redoxpotenzial im betroffenen Gewebe so weit senken, dass auch Vermehrung von Anaerobiern möglich wird. Andere für Anaerobierinfektionen **prädisponierende Faktoren** sind Diabetes mellitus, Angiopathien mit Durchblutungsstörungen, Malignome, Alkoholismus sowie immunsuppressive Therapieformen (z. B. Zytostatika, Kortikosteroide).

Der am häufigsten vorkommende anaerobe Infektionserreger ist **Bacteroides fragilis.** Im Unterschied zu anderen (aeroben) gramnegativen Bakterien scheint sein Lipopolysaccharid (LPS) keine entscheidende Bedeutung für die Pathogenese zu haben, da die biologische (toxische) Aktivität dieses Endotoxins im Vergleich zu LPS anderer Herkunft (z. B. Salmonella Enteritidis) erheblich geringer ist.

Von pathogenetischer Relevanz ist die von verschiedenen Bacteroides-Arten gebildete **Polysaccharidkapsel.** Sie wird in ausgeprägter Weise meist bei aus Infektionsprozessen isolierten Erregern gefunden, während ihre Ausbildung nach mehreren Subkulturen im Labor zurückgeht.

Über die Rolle extrazellulärer Enzyme von Bacteroidaceae als Virulenzfaktoren ist bisher wenig bekannt.

Klinik

Obligat anaerobe, gramnegative Stäbchen sind als **Opportunisten** an der Ätiologie verschiedener Krankheitsbilder beteiligt. Sie treten meist gemeinsam mit anderen Anaerobiern (z. B. beim Hirnabszess) und mit fakultativ anaeroben Bakterien auf.

Etwa 5–10 % der von gramnegativen Stäbchen verursachten Sepsisfälle werden durch Bacteroides-Arten hervorgerufen.

Anaerobierinfektionen sind in der Regel **nicht übertragbar** (Ausnahme: Infektionen durch Clostridien, ▶ Kap. 40), sie entstehen vielmehr „endogen", d. h. durch Verschleppung von physiologischer Standortflora in normalerweise sterile Körpergebiete.

Bacteroidaceae sind häufig im Zusammenhang mit nekrotisierenden Infektionen (z. B. diabetische Gangrän) bzw. nekrotisierenden/gasbildenden Weichgewebeinfektionen (Gasphlegmone, nicht identisch mit Gasbrand!) zu finden.

Ein Verdacht auf die ätiologische Beteiligung nichtsporenbildender Anaerobier sollte immer dann aufkommen, wenn folgende Faktoren eine Rolle spielen:

- Typische (schleimhautnahe) Infektionslokalisation
- Zustand nach Verletzung oder Operation
- Zustand nach Aspiration (Verschleppung von Standortflora)
- Gestörte Blutzirkulation
- Ausgedehnte Nekrosen, Gangränbildung (Sauerstoffversorgung ↓)
- Übel riechende Sekretionen (fötider Eiter; Fettsäuren der Anaerobier)
- Knistern im Gewebe (Gasbildung)
- Schwarze Verfärbung (pigmentbildende Bacteroidaceae)
- Septische Thrombophlebitis (gerinnungsfördernde Enzyme)
- Sepsis mit Gelbsucht (Leberabszess durch Anaerobier)

Bacteroidaceae treten als Erreger nur selten allein auf (z. B. bei Sepsis, Leberabszess), meist sind sie Teil einer **polybakteriellen Mischinfektion.**

Immunität

Eine erworbene Immunität nach Infektionen mit Bacteroidaceae entwickelt sich nicht, obwohl häufig spezifische Antikörper gebildet werden. Diese finden sich jedoch auch bei Gesunden – möglicherweise als Ausdruck der ständigen Auseinandersetzung mit der Fäkalflora. In der Diagnostik haben Antikörpernachweise keine Bedeutung.

Allerdings gibt es Hinweise darauf, dass die **zelluläre Immunität** bei der Abwehr von Anaerobierinfektionen eine Rolle spielt. Experimentell übertragene, spezifisch reagible T-Lymphozyten vermögen vor Abszessbildung durch B. fragilis zu schützen. Andererseits scheinen Bacteroides-Spezies die zelluläre Immunität des Wirts zu beeinträchtigen und so die Abwehr auch gegen andere Erreger zu stören.

Labordiagnose

Der Nachweis einer Infektion mit Bacteroidaceae gelingt durch Anzucht der Erreger.

Untersuchungsmaterial Viele Materialproben, z. B. Sputum, Vaginalsekret u. Ä., enthalten Anaerobier der physiologischen Standortflora, sodass eine eindeutige Bewertung der ätiologischen Bedeutung der angezüchteten Bacteroidaceae oft nicht möglich ist. Geeignete Materialien müssen daher durch Punktion (Eiter, Blut, Liquor) oder intraoperativ (z. B. bei Peritonitis, Adnexitis) gewonnen werden.

Transport Wegen der begrenzten Sauerstofftoleranz der Anaerobier müssen Kulturen unmittelbar nach der Entnahme des Untersuchungsmaterials angelegt werden. Ist ein Transport der Probe unvermeidlich, so kann die Überlebenszeit der Erreger durch die Verwendung eines Transportmediums verlängert werden. Beträgt die Transportzeit mehr als 6 h, muss mit dem Absterben besonders empfindlicher Spezies (z. B. Prevotella, Porphyromonas) gerechnet werden. Transportmedien erhalten die Vitalität von Anaerobiern nicht nur durch ihre reduzierenden Eigenschaften, sie verhindern auch, dass die Anaerobier durch schnell wachsende fakultativ anaerobe Keime verdrängt werden.

Anzucht Zur Kultur obligat anaerober Bakterien eignen sich flüssige und feste Kulturmedien, vorausgesetzt, sie werden den besonderen Nährstoffansprüchen der Anaerobier gerecht:

- Als **flüssige** Medien finden z. B. Schaedler- oder supplementierte Thioglykolat-Bouillon Verwendung.
- Als **feste** Kulturmedien kommen z. B. Schaedler-, Columbia- oder Brucella-Agar jeweils mit Zusatz von 10 % Blut in Betracht.

Die Medien sollten Hämin und Vitamin K enthalten; diese Substanzen beschleunigen das Wachstum gewisser Anaerobier.

Medien zur **selektiven Anzucht** obligat anaerober, gramnegativer Stäbchen enthalten häufig Antibiotika wie Kanamycin (hemmt gramnegative Aerobier), Vancomycin (hemmt grampositive Bakterien) und evtl. Nystatin (hemmt Pilze).

Die Inkubation muss unter anaeroben (sauerstoffreduzierten) Bedingungen erfolgen. Hierzu eignen sich spezielle Brutschränke, in denen die Luft durch ein Gasgemisch aus N_2, H_2 und CO_2 ersetzt ist; brauchbar sind auch luftdicht schließende Gefäße (Anaerostaten), in denen ein sauerstoffverbrauchender chemischer Prozess das anaerobe Milieu erzeugt.

Anaerobe Kulturen müssen mindestens 48 h bebrütet werden. Einige Bakterien benötigen sogar eine Inkubationszeit von bis zu 7 Tagen, bis sichtbare Kolonien entstehen.

Mikroskopischer Erregernachweis Im Grampräparat fällt bei Bacteroidaceae ihre Pleomorphie auf; Fusobakterien erscheinen im Grampräparat häufig als lange, fusiforme (spindelförmige) Bakterien, die u. U. Auftreibungen des Zellleibs aufweisen.

Für alle obligat anaeroben, gramnegativen Erreger gilt, dass sie sich nur schwach anfärben. Ein Schnellnachweis der häufig vorkommenden Keime der Bacteroides-fragilis-Gruppe und von Prevotella melaninogenica kann im mikroskopischen Präparat durch Immunfluoreszenz (Verwendung fluoreszenzmarkierter gruppenspezifischer Antikörper) versucht werden.

Biochemischer Erregernachweis Die biochemische Leistungsprüfung umfasst Reaktionen wie Äskulinspaltung, Indolbildung, Nitratreduktion und Kohlenhydratspaltung (Fermentation verschiedener Zucker). Die Testmethodik erfordert Inkubationszeiten von 48 h bis zu 12 Tagen. Einige kommerzielle Tests beschränken sich auf die Untersuchung präformierter (bereits vorhandener) Enzyme. Damit kann eine Identifizierung in nur 4 h gelingen.

Anaerobier bilden als Stoffwechselendprodukte verschiedene Fettsäuren und Alkohole, die sich gaschromatografisch nachweisen lassen und ebenfalls zur Identifizierung herangezogen werden können. Solche Untersuchungen sind v. a. dann von Nutzen, wenn der zu identifizierende Erreger keine oder nur wenige Kohlenhydrate spaltet (z. B. Porphyromonas asaccharolytica). Mittlerweile können auch Bacteroidaceae einfach und schnell mittels MALDI-TOF-Verfahrens identifiziert werden. Einige Bacteroidaceae bilden typischerweise ein schwarzes Pigment (Prevotella melaninogenica).

▪▪ Therapie

Antibiotikaempfindlichkeit: Gegen eine Reihe von Antibiotika sind Anaerobier primär resistent. Dies gilt v. a. für die Aminoglykosidantibiotika. Darüber hinaus bilden verschiedene Bacteroidaceae potente β-Laktamasen, die v. a. Cephalosporine, aber auch Penicilline abbauen.

Antibiotika mit guter Wirkung gegen Bacteroidaceae sind Nitroimidazole (z. B. Metronidazol), Carbapeneme (z. B. Imipenem) sowie durch β-Laktamase-Inhibitoren geschützte Penicilline (z. B. Piperacillin/Tazobactam) (◘ Tab. 41.3). Allerdings sind Resistenzmechanismen für alle genannten Antibiotika beschrieben. Diese breiten sich aber offenbar langsamer aus als bei fakultativ anaeroben Bakterien. Die Beurteilung der einzelnen Antibiotika hinsichtlich ihrer Aktivität gegen Bacteroidaceae ist zusammenfassend in ◘ Tab. 41.3 dargestellt.

Therapeutisches Vorgehen: Aufgrund des meist erheblichen Zeitbedarfs für die bakteriologische Diagnostik von Anaerobiern muss eine gegen Anaerobier wirksame Therapie bereits bei entsprechendem klinischem Verdacht eingeleitet werden.

Chirurgische Maßnahmen: Voraussetzung für eine erfolgreiche Chemotherapie kann insbesondere bei Anaerobierinfektionen eine chirurgische Revision des Infektionsgebiets sein. Dies gilt v. a. in dem Fall, dass ausgedehnte Nekrosen oder abgekapselte Abszesse die Diffusion der Antibiotika behindern und somit ausreichende Wirkspiegel im Infektionsgebiet nicht erreicht würden.

Tab. 41.3 Wirksamkeit verschiedener Antibiotika gegen Bacteroidaceae

	Bacteroides-Arten	Porphyromonas-Prevotella-Gruppe	Fusobacterium-Arten
Metronidazol	+++	+++	+++
Clindamycin	+	+++	++
Imipenem	+++	+++	+++
Piperacillin/Tazobactam	+++	+++	+++
Cefoxitin	+	+++	+++
Tetracyclin	+	++	++
Penicillin G	–	+	+

Wirkung: +++ sehr gut; ++ gut; + mäßig; – unzuverlässig

Prävention

Ein erheblicher Teil der Anaerobierinfektionen ist in der Vergangenheit nach operativen Eingriffen insbesondere im Bauchraum entstanden. Der prophylaktische Einsatz von **Antibiotika** konnte die Zahl dieser postoperativen Infektionen dramatisch reduzieren: Eine einmalige (bei längeren Operationen 2-malige) **perioperative Gabe** reicht aus, um im Operationsgebiet Wirkspiegel zu erreichen, welche die kontaminierenden Mikroorganismen erfassen und damit das Entstehen der Infektion verhindern. Ggf. ist darauf zu achten, dass die zur Prophylaxe ausgewählten Substanzen gegen Anaerobier wirksam sind.

Meldepflicht Es besteht keine Meldepflicht.

In Kürze: Obligat anaerobe, gramnegative Stäbchen

- **Bakteriologie:** Pleomorphe, schwach anfärbbare, gramnegative Stäbchen. Wachstum nur unter anaeroben Bedingungen. Lange Generationszeit.
- **Resistenz:** Gegenüber Umwelteinflüssen (insbesondere O_2) sehr empfindlich.
- **Epidemiologie:** Opportunistische Krankheitserreger, die sich aus der physiologischen Schleimhautflora rekrutieren und bei eitrigen und/oder abszedierenden Infektionsgeschehen beteiligt sein können.
- **Pathogenese:** Veränderung des physiologischen Standortmilieus oder Verschleppung in normalerweise sterile Bereiche → opportunistische Proliferation, wenn O_2-Spannung und Redoxpotenzial vermindert sind → Eiterbildung → Abszedierung.
- **Klinik:** Beeinträchtigte O_2-Zufuhr, z. B. nach Trauma oder Thrombophlebitis, begünstigt Anaerobierinfektionen. Symptomatik: nekrotisierende übel riechende Weichgewebeinfektionen mit schwärzlicher Verfärbung und/oder Gasbildung. Meist polybakterielle Mischinfektion.
- **Pathogenese:** Polysaccharidkapsel als bedeutendster Virulenzfaktor. Im Gegensatz zu anderen gramnegativen Bakterien spielt das Lipopolysaccharid der Bacteroides-Arten in der Pathogenese eine untergeordnete Rolle.
- **Labordiagnose:**
  - **Untersuchungsmaterial:** Aspirierter Eiter, Blut, Liquor, Gewebebioptat, Peritonealflüssigkeit. Transport muss in geeigneten Medien stattfinden.
  - **Kulturelle Anzucht** ist die Methode der Wahl, direkte Immunfluoreszenz möglich.
  - **Identifikation:** MALDI-TOF, biochemische Leistungsprüfung, Gaschromatografie.
- **Therapie:** Wirksame Antibiotika: Nitroimidazole, z. B. Metronidazol; Piperacillin-Tazobactam, Imipenem. Chirurgische Wundrevision ist Voraussetzung für erfolgreiche Antibiotikatherapie.
- **Immunität:** Keine.
- **Prävention:** Allgemein-hygienische Maßnahmen. Perioperative Antibiotikaprophylaxe.
- **Meldepflicht:** Keine.

41.2 Gattung Capnocytophaga

Capnocytophaga-Spezies sind gramnegative Stäbchen, die in anaerober Atmosphäre wachsen, aber auch in mikroaerophiler (kapnophiler), d. h. CO_2-angereicherter Atmosphäre. Sie sind also **nicht obligat anaerob** und wurden daher von den Bacteroidaceae abgegrenzt. Sie treten im Rahmen anaerober Mischinfektionen auf, insbesondere im HNO-Bereich sowie bei Lungeninfektionen. Monobakterielle septische Infektionen durch Capnocytophaga ochracea sind v. a. bei granulozytopenischen Patienten beschrieben worden. Das fusiforme Stäbchen Capnocytophaga canimorsus (▶ Abschn. 51.7) ist Teil der normalen Rachenflora bei Hunden und Katzen und wird v. a. bei Bissverletzungen übertragen.

Capnocytophaga-Spezies sind gegenüber Penicillinen, Clindamycin und Metronidazol sensibel.

41.3 Obligat anaerobe und mikroaerophile, nichtsporenbildende, grampositive Stäbchen

Steckbrief

Obligat anaerobe und mikroaerophile, nichtsporenbildende, grampositive Stäbchen sind für den Menschen v. a. als physiologische Standortflora im Oropharynxbereich, im Intestinaltrakt und auf der Genitalschleimhaut von Bedeutung. Propionibacterium-Arten stellen den Hauptanteil der Hautflora.

41.3.1 Beschreibung

Die Gattungen Actinomyces, Arachnia, Bifidobacterium und einige andere (z. T. obligat aerobe) Gattungen wurden früher zur Ordnung Actinomycetales (Strahlenpilze) zusammengefasst. Der Name entstand im 19. Jahrhundert, als man die Aktinomyzeten wegen ihrer Verzweigungen für Fadenpilze (Hyphomyzeten) hielt. Dies hat zu dem irreführenden Namen geführt. Aktinomyzeten sind im Gegensatz zu Pilzen jedoch Prokaryonten.

Aufbau

Anaerobe und mikroaerophile, nichtsporenbildende Stäbchen weisen einen für grampositive Bakterien typischen Zellwandaufbau auf.

41

Extrazelluläre Produkte

Auch diese Bakterien bilden Fettsäuren in unterschiedlichem Ausmaß.

Umweltresistenz

Wegen der Sauerstoffempfindlichkeit sterben anaerobe und mikroaerophile, grampositive Stäbchen unter aeroben Verhältnissen rasch ab, können sich aber in anaeroben Mischinfektionen (Aktinomykose, Cholesteatom) gut vermehren. Im Vergleich zu anderen Anaerobiern (z. B. Clostridium tetani) sind die grampositiven Stäbchen relativ aerotolerant.

Vorkommen

Die obligat anaeroben und mikroaerophilen, nichtsporenbildenden, grampositiven Stäbchen stellen einen erheblichen Teil der physiologischen Bakterienflora des Menschen. Actinomyces-Arten finden sich regelmäßig in der Mundhöhle, gelegentlich auch im Verdauungs- oder Genitaltrakt.

Eubacterium- und Bifidobacterium-Arten gehören zur **Stuhlflora,** während Propionibacterium und Cutibacterium den überwiegenden Teil der **Hautflora** ausmacht. Lactobacillus-Arten kommen in **Oropharynx** und **Intestinaltrakt** vor; als „Döderlein-Stäbchen" beherrschen sie die normale **Vaginalflora.** Sie sind verantwortlich für die Umsetzung des unter Hormoneinfluss angereicherten Glykogens zu Laktat und damit für das saure Scheidenmilieu, das der Ansiedlung anderer pathogener Bakterien vorbeugt. Mobiluncus spp. finden sich im Genitaltrakt von Menschen und Primaten.

41.3.2 Rolle als Krankheitserreger

Epidemiologie

Obligat anaerobe und mikroaerophile, nichtsporenbildende, grampositive Stäbchen sind physiologischer Bestandteil der menschlichen Haut und Schleimhaut.

Übertragung

Die Übertragung erfolgt in der Regel endogen. Lediglich die Erreger der Aktinomykose werden offenbar auch aerogen akquiriert.

Pathogenese

Über die Virulenzfaktoren dieser Gruppe von Bakterien ist wenig bekannt.

Klinik

Mit Ausnahme der Actinomyces-Arten sind die hier besprochenen Bakterien nur selten an Infektionsprozessen beteiligt.

Bifidobacterium- und Lactobacillus-Arten werden von vielen Autoren als apathogen angesehen. Insbesondere nach exzessiver Zufuhr (bakterienhaltige Magen-Darm-Therapeutika, bakterienangereicherte Milchprodukte) können sie jedoch **bei immunsupprimierten Patienten** zu Endokarditiden Anlass geben.

Auch Eubakterien und v. a. Propionibacterium und Cutibacterium sind als Erreger von **Endokarditiden** in Erscheinung getreten und gewinnen in diesem Zusammenhang zunehmend an Bedeutung. Cutibacterium acnes wird bei der Entstehung der **Acne vulgaris** eine Rolle zugeschrieben. Außerdem ist es mit dem echten **SAPHO-Syndrom** (Synovitis, Akne,

Tab. 41.4 Medizinisch wichtige obligat anaerobe und mikroaerophile, grampositive Stäbchen-Gattungen

Verhältnis gegenüber atmosphärischem Sauerstoff		
Obligat anaerob	**Obligat anaerob bis aerotolerant**	**Anaerob bis mikroaerophil**
Bifidobacterium, Eubacterium, Mobiluncus, Butyrivibrio, Lachnospira, Turicibacter, Cryptobacterium, Tissierella, Oribacterium, Moryella, Slackia, Collinsella, Mogibacterium, Paenibacillus, Atopobium, Eggerthela	Propionibacterium Acidiopropionibacterium Cutibacterium Pseudopropionibacterium	Lactobacillus Actinomyces

Pustulose, Hyperostose und Osteomyelitis) assoziiert. Propionibacterium, Cutibacterium werden zunehmend bei **Infektionen von Implantaten** (Hüft- und Kniegelenke, Schulter) gefunden. In Tab. 41.4 sind einige humanmedizinisch wichtige Gattungen zusammengestellt.

Aktinomykose Actinomyces israelii ist zusammen mit anderen Anaerobiern ätiologisch an der Aktinomykose beteiligt. Diese Infektionen treten häufiger bei Männern als bei Frauen auf, Kinder unter 10 Jahren sind nicht betroffen. Der Infektion geht häufig eine Verletzung oder eine lokale Infektion mit anderen Erregern voraus. Alle diese Krankheitsbilder entstehen in der Regel endogen, sofern prädisponierende Faktoren vorliegen; sie sind nicht übertragbar. Bei der Prädisposition spielen vorausgehende Infektionen besonders dann eine Rolle, wenn ihre Erreger ein negatives Redoxpotenzial erzeugen; dies begünstigt das Angehen der Actinomyces-Infektion („Keime der Vorinfektion als Quartiermacher der eigentlichen Infektion").

Klinisch verläuft die Aktinomykose meist als subchronischer bis chronischer Infektionsprozess, der durch infiltratives Fortschreiten, multiple Abszessbildung, Fistelungen und Bildung eines vielkammerigen Höhlensystems gekennzeichnet ist. Aus den Fisteln entleert sich typischerweise dünnflüssiger Eiter, der stecknadelkopfgroße derbe Körnchen (**Drusen**, „Schwefelkörnchen") enthält. Über 50 % der Erkrankungen betreffen die Zervikofazialregion, während ein Befall der Lunge oder der Abdominalorgane nur in jeweils 20 % vorkommt. Daneben wird auch über Aktinomykosen des Uterus berichtet, die mit der Anwendung von Intrauterinpessaren einhergehen.

Der klinische Verdacht einer Aktinomykose kann bereits durch die **mikroskopische Untersuchung** der Drusen bestätigt werden. Charakteristischerweise findet sich im gramgefärbten Quetschpräparat ein dickes Konvolut aus grampositiven Stäbchen, z. T. in Fadenform („Druse").

Der **kulturelle Nachweis** kann einige Wochen benötigen, da die Primärkultur u. U. erst nach 14 Tagen Wachstum zeigt. Darüber hinaus handelt es sich bei der Aktinomykose immer um eine Mischinfektion, sodass Subkulturen zur Isolierung der einzelnen Bakterienarten notwendig werden.

Neben Actinomyces israelii in seltenen Fällen kommen auch andere Actinomyces-Arten sowie Pseudopropionibacterium propionicum (eng verwandtes, aber fakultativ anaerob wachsendes, grampositives Stäbchen) als Erreger infrage.

Ein fakultativ anaerobes bzw. mikroaerophiles, gram-negatives Stäbchen, das häufig Teil der polymikrobiellen Ätiologie der Aktinomykose ist, heißt aufgrund dieser Tatsache **Aggregatibacter actinomycetemcomitans** (früher Actinobacillus actinomycetemcomitans) (▶ Abschn. 51.4).

Immunität

Es entsteht keine Immunität.

Labordiagnose

Der Schwerpunkt der Labordiagnose liegt auf der Anzucht und der biochemischen oder mittels MALDI-TOF bzw. molekularbiologischen Identifizierung des Erregers.

Anzucht Die Kultur der obligat anaeroben und mikroaerophilen Stäbchen erfolgt meist auf Optimalnährböden mit Blutzusatz. Es finden aber auch Selektivmedien (für Lactobacillus und Bifidobacterium) Verwendung. Die Primärkultur muss unter anaeroben Bedingungen erfolgen, für die Subkultur reicht häufig ein CO_2-angereichertes Milieu aus.

Der kulturelle Nachweis von Bifidobacterium, Eubacterium, Propionibacterium oder Lactobacillus ist meist auf eine **Kontamination des Untersuchungsmaterials** mit physiologischer Flora, mithin auf einen Fehler bei der Materialgewinnung, zurückzuführen. Erst wenn diese Mikroorganismen wiederholt aus sorgfältig entnommenen klinischen Materialien isoliert werden, ist eine ätiologische Bedeutung zu diskutieren. Dies gilt auch für aus Blutkulturen endokarditisverdächtiger Patienten isolierte Propionibakterien.

Morphologie Obwohl die Bakterien der hier zu besprechenden Gattungen zu den grampositiven Organismen gehören, sind sie im mikroskopischen Präparat häufig gramlabil, d. h., es finden sich sowohl rot als auch blau angefärbte Erreger. Eubacterium- und Lactobacillus-Arten erscheinen meist als gerade, Propionibacterium-Arten als gebogene Stäbchen, Bifidobacterium- und v. a. Actinomyces-Arten weisen häufig Verzweigungen auf.

Biochemie Die Identifizierung erfolgt aufgrund der biochemischen Leistungsprüfung (Katalase-, Indolbildung, Nitratreduktion, Äskulinspaltung, Kohlenhydratfermentation) sowie mithilfe des gaschromatografischen Nachweises gebildeter Fettsäuren.

Therapie

Die in Tab. 41.4 genannten grampositiven Stäbchen sind in der Regel gegen Penicillin G sensibel. Bei der Therapie der Aktinomykose ist zu berücksichtigen, dass Penicillin G die Begleitkeime häufig nicht erfasst. Daher sollten Penicillinderivate mit erweitertem Spektrum, z. B. Ampicillin, in Kombination mit einem β-Laktamase-Inhibitor eingesetzt werden. Darüber hinaus können chirurgische Maßnahmen (Abszessdrainage) notwendig werden.

Prävention

Die Prävention besteht in der Anwendung allgemeinhygienischer Maßnahmen.

Meldepflicht Es besteht keine Meldepflicht.

In Kürze: Obligat anaerobe und mikroaerophile, nichtsporenbildende, grampositive Stäbchen

- **Bakteriologie:** Zellwandaufbau entspricht dem für gram-positive Bakterien typischen Muster. Hohe Anforderungen an Kulturbedingungen und -medien.
- **Resistenz:** Gering wegen Sauerstoffempfindlichkeit.
- **Epidemiologie:** Teil der physiologischen Haut- und Schleimhautflora.
- **Zielgruppe:** Immunsupprimierte Patienten.
- **Pathogenese:** Nicht bekannt.
- **Klinik:** Bifidobacterium- und Lactobacillus-Arten: meist apathogen. Eubakterien, Propionibacterium und Cutibacterium: Erreger von Endokarditiden. Actinomyces: Aktinomykose. Mit Ausnahme der Actinomyces-Arten spielen diese Keime als Krankheitserreger eine untergeordnete Rolle.
- **Aktinomykose:** Subakuter bis chronischer eitriger Infektionsprozess der Zervikofazialregion, gekennzeichnet durch Abszessbildung und Fistelung.
- **Labordiagnose:** Aktinomykose: mikroskopisch im Fisteleiterfädige, verzweigte Bakterienzellen. Kulturelles Wachstum kann maximal einige Wochen benötigen. Kultureller Nachweis von Bifidobakterien, Eubakterien, Propionibakterien oder Laktobazillen lässt nur bei wiederholten Isolierungen eine ätiologische Bedeutung dieser Erreger zu.
- **Therapie:** Mittel der Wahl ist Penicillin G bzw. eine Kombination aus Penicillin und β-Laktamase-Inhibitor.
- **Immunität:** Keine.
- **Prävention:** Hygienische Maßnahmen.
- **Meldepflicht:** Keine.

41.4 Obligat anaerobe Kokken

Steckbrief

Die obligat anaeroben und mikroaerophilen (kapnophilen) Kokken stellen eine recht heterogene Gruppe von Bakterien dar (Tab. 41.5). Gemeinsam ist ihnen, dass sie in Gegenwart von O_2 auf festen Nährböden keine Kolonien ausbilden. Die meisten anaeroben und mikroaerophilen Kokken können Teil der physiologischen Flora des Menschen sein; viele sind aber auch im Rahmen mono- oder polybakterieller Infektionen in Erscheinung getreten.

41.4.1 Beschreibung

Aufbau

Über den Aufbau der gramnegativen, anaeroben Kokken (Veillonellaceae) ist wenig bekannt. Ihre Zellwände enthalten Endotoxin (Lipopolysaccharide) mit entsprechender biologischer Aktivität. Die Zellwände der grampositiven, anaeroben oder mikroaerophilen Kokken entsprechen dem Grundbauplan grampositiver Bakterien.

Extrazelluläre Produkte

Fast alle anaeroben und mikroaerophilen Kokken produzieren unterschiedliche Fettsäuren, die den typischen Geruch der Anaerobier verursachen.

Resistenz gegen Umwelteinflüsse

Sauerstoff ist für anaerobe Kokken toxisch; ihre Überlebensfähigkeit außerhalb ihrer natürlichen Standorte ist dementsprechend limitiert.

Vorkommen

Obligat anaerobe und mikroaerophile Kokken gehören zur physiologischen Standortflora von Haut und Schleimhäutendes Menschen. Im Stuhl kommen sie in Keimzahlen von 10^{10}–10^{11}/g vor.

41

Tab. 41.5 Medizinisch wichtige obligat anaerobe und mikroaerophile Kokken

Kokkengruppe	Familie	Gattung und Art
Obligat anaerob, gramnegativ	Veillonellaceae	Veillonella parvula, V. atypica, V. dispar, V. seminalis, V. denticariosi, V. tobetsuensis, V. rogosae, V. infantium, V. montpellierensis
		Acidaminococcus fermentans, A. intestini
		Megasphaera elsdenii, M. indica, M. micromuciformis
		Anaeroglobus germinatus
Obligat anaerob, grampositiv	Peptococcaceae	Peptococcus niger
		Peptostreptococcus anaerobius
		Peptoniphilus asaccharolyticus, P. harei, P. indolicus, P. duerdenii, P. lacrimaris, P. ivorii
		Gallicola barnesae
		Anaerococcus hydrogenalis, A. prevotii, A. tetradius, A. lactolyticus, A. vaginalis, A. octavius
		Finegoldia magna
		Parvimonas microa
		Blautia producta

41.4.2 Rolle als Krankheitserreger

Anaerobe und mikroaerophile Kokken kommen physiologisch auf der Haut und Schleimhaut sowie im Gastrointestinal- und Urogenitaltrakt vor. Von hier aus können sie Infektionen auslösen oder mitverursachen. Besonders häufig gefunden werden sie im Rahmen von gynäkologischen Infektionen sowie Hirn- und Lungenabszesse (nach Aspiration). Sie kommen aber auch als Erreger von Endokarditiden und Weichgewebeinfektionen vor.

Epidemiologie
Anaerobe und mikroaerophile Kokken lösen **endogene Infektionen** aus, da sie dem Milieu der körpereigenen physiologischen Flora entstammen. Besonders betroffen sind Patienten nach Operationen im Oropharynx sowie im Bauchraum oder nach gynäkologischen Eingriffen und Geburten.

Übertragung
Die Übertragung erfolgt endogen aus der körpereigenen Standortflora.

Pathogenese
Voraussetzung für die Infektion sind meist prädisponierende Faktoren wie Trauma, Abwehrschwäche etc. Die Bakterien verhalten sich damit als **Opportunisten.** Polymikrobielle Assoziationen unter Beteiligung von Bacteroidaceae, aber auch aerob-anaerobe Mischinfektionen sind häufig: So laufen etwa 25 % der durch Anaerobier (mit)bedingten Infektionen unter Beteiligung der hier beschriebenen Kokken ab.

Klinik
Die klinischen Zeichen der Infektionen durch obligat anaerobe oder mikroaerophile Kokken sind meist uncharakteristisch. In Mischinfektionen können sie zusammen mit Eitererregern zu nekrotisierenden Weichgewebeinfektionen mit Gasbildung führen. Sie müssen deshalb von dem durch Clostridien verursachten Gasbrand (▶ Kap. 40) abgegrenzt werden.

Immunität
Es entsteht keine Immunität.

Labordiagnose
Während die mikroaerophilen Kokken zum Wachstum lediglich eine erhöhte CO_2-Konzentration (5–10 %) in der Atmosphäre benötigen, können die obligat anaeroben Kokken in Gegenwart von Luftsauerstoff nicht wachsen. Das Untersuchungsmaterial, Wundsekret oder gynäkologische Abstriche, muss in speziellen Transportmedien eingeschickt werden, welche die Keime vor dem Einfluss von Sauerstoff schützen. Die Überimpfung auf Spezialnährböden sollte zügig erfolgen. Die Bebrütung erfolgt in anaerober Atmosphäre.

Aufgrund der langsamen Generationszeit ist die Ausbildung sichtbarer Kolonien erst nach 2- bis 5-tägiger Bebrütungsdauer zu erwarten. Peptococcus niger kann dunkel pigmentierte Kolonien ausbilden. Zur Identifizierung ist das Grampräparat unerlässlich.

Veillonellaceae sind gramnegative Kokken mit unterschiedlichen Durchmessern (Veillonella 0,3–0,5 µm, Acidaminococcus 0,6–1,0 µm, Megasphaera um 2 µm), die meist als Diplokokken gelagert sind. Die grampositiven Kokken sind 0,5–2 µm groß und einzeln, in Haufen oder in Ketten gelagert.

Die obligat anaeroben und mikroaerophilen Kokken ähneln sich z. T. so sehr in ihrer Enzymausstattung, dass sie sich allein durch biochemische Leistungsprüfung nicht differenzieren lassen. Selbst MALDI-TOF und Sequenzierungen können nicht immer sichere Identifizierungsergebnisse liefern.

Die verschiedenen Veillonella-Arten sind mit herkömmlichen Methoden überhaupt nicht zu unterscheiden. Eine sichere Artenzuordnung kann nur aufgrund von DNA/DNA-Hybridisierung bzw. mittels PCR erfolgen. Die anaeroben Kokken sind unbeweglich.

Die Taxonomie der obligat anaeroben Kokken ist häufig geändert worden; auch der gegenwärtige Stand ist nicht unumstritten und lässt zukünftige Änderungen erwarten. ◘ Tab. 41.5 gibt eine Übersicht der medizinisch wichtigen Arten der obligat anaeroben Kokken.

▪▪ Therapie

Gegen Penicillin bestehen mittlerweile nicht unerhebliche Resistenzen. Cephalosporine und Clindamycin sind meist wirksam, Vancomycin ist gegen Veillonellaceae unwirksam. Gegen Tetracycline bestehen erhebliche Resistenzen, sie sind daher zur Therapie nicht geeignet. Manche anaerobe Kokken weisen eine Metronidazolresistenz auf.

▪▪ Prävention

Endogene Infektionen infolge iatrogener Eingriffe lassen sich durch allgemeinhygienische Maßnahmen weitgehend vermeiden.

Meldepflicht Es besteht keine Meldepflicht.

41.5 In Kürze: Obligat anaerobe Kokken

- **Bakteriologie:** Heterogene Gruppe sowohl grampositiver (z. B. Peptococcaceae) als auch gramnegativer Kokken (z. B. Veillonellaceae), denen die Unfähigkeit, auf festen Nährböden in Gegenwart von O_2 Kolonien auszubilden, gemeinsam ist. Bestandteil der physiologischen Schleimhautflora des Menschen.
- **Resistenz:** Gering wegen Sauerstoffempfindlichkeit.
- **Epidemiologie:** In der Regel endogene, opportunistische Infektionen.
- **Zielgruppe:** Patienten nach orofazialen, gastrointestinalen und gynäkologischen Operationen.
- **Pathogenese:** Prädisponierende Faktoren (z. B. Trauma) → Standortverschiebung mit Veränderung der mikrobiellen Umgebung → opportunistische Vermehrung → eitrige, meist abszedierende Entzündung. Mischinfektion häufig.
- **Klinik:** Meist unspezifische Infektionszeichen. Nekrotisierende Weichgewebeinfektionen mit Gasbildung durch Mischinfektionen mit anaeroben und/oder mikroaerophilen Kokken müssen aufgrund der unterschiedlichen Therapieerfordernisse differenzialdiagnostisch vom „echten" Gasbrand (Clostridien) abgegrenzt werden.
- **Labordiagnose:**
  - **Untersuchungsmaterial:** Gewebebioptate, Abszessmaterial, Blut.
  - **Erregernachweis:** Anzucht auf komplexen Nährböden in sauerstoffarmer Atmosphäre.
  - **Identifizierung:** Biochemisch, MALDI-TOF, gaschromatografisch.
- **Therapie:** Mittel der Wahl: Clindamycin. Veillonellaceae sind gegen Vancomycin resistent.
- **Immunität:** Keine.
- **Prävention:** Hygienische Maßnahmen.
- **Meldepflicht:** Keine.

Mykobakterien

Franz-Christoph Bange, Helmut Hahn, Stefan H. E. Kaufmann, Christoph Lange und Timo Ulrichs

Das Genus Mycobacterium (M.) ist die einzige Gattung der Familie der Mycobacteriaceae. Mykobakterien unterscheiden sich von den meisten anderen Bakterien durch ihren Gehalt an Wachsen in der Zellwand sowie, dadurch bedingt, durch eine hohe Festigkeit gegen Säuren und Basen. Sie können deshalb mit besonderen Färbemethoden (Ziehl-Neelsen, Auramin) angefärbt werden. Mykobakterien vermehren sich nur in Gegenwart von Sauerstoff, d. h., sie sind obligate Aerobier (◘ Tab. 42.1). Unter anaeroben Bedingungen stellen Mykobakterien das Wachstum ein. Dabei verändern sie die Genexpression dramatisch. Die eng verwandten Spezies M. tuberculosis, M. bovis und M. africanum (DNA-DNA-Homologie >95 %) sind Mitglieder des sog. M. tuberculosis-Komplexes. Sie verursachen beim Menschen die Tuberkulose (TB), wobei Infektionen mit M. africanum und M. bovis selten sind. Weiter gehören zur Gattung die große Gruppe (>100 Spezies) der nichttuberkulösen Mykobakterien und M. leprae, der Erreger der Lepra; dieser ist im Gegensatz zu allen anderen Mykobakterien in vitro nicht kultivierbar. Die nichttuberkulösen Mykobakterien kommen in der Umwelt vor, sind weniger virulent und verursachen in der Regel opportunistische Infektionen (◘ Tab. 42.2). Die Vorsilbe „Myko" bezeichnet eigentlich eine Zugehörigkeit zu Pilzen (gr.: „mykes", Pilz). Der Begriff Mykobakterien wurde gewählt, weil sich M. tuberculosis wegen seiner hydrophoben Lipidschicht auf der Oberfläche flüssiger Kulturmedien vermehrt. Dadurch entsteht der Eindruck eines schimmelpilzähnlichen Bewuchses. In der Folge wurde die Bezeichnung auf alle Bakterien dieser Gattung ausgedehnt, auch wenn sie nicht schimmelpilzartig auf flüssigen Kulturmedien wachsen.

Fallbeispiel

Ein 28-jähriger Asylbewerber, der 6 Monate zuvor aus Sri Lanka gekommen ist, wird seitens der Erstaufnahmeeinrichtung zum Internisten überwiesen, da er über ein schlechtes Allgemeinbefinden und eine Gewichtsabnahme von 10 kg in den letzten 6 Monaten klagt (dokumentiert), außerdem über eine erhöhte Stuhlfrequenz mit gelegentlichem Blutabgang. Der Internist veranlasst eine Koloskopie, in der sich makroskopisch eine Ileokolitis zeigt. Histologisch findet sich eine Entzündung mit Granulomen, gut passend zu einem Morbus Crohn. Es wird eine immunsuppressive Behandlung mit Kortison und Azathioprin eingeleitet. Hierunter kommt es zu einer Verschlechterung der Symptome, sodass eine Krankenhauseinweisung nötig wird. In der Klinik wird bei nebenbefundlich aufgefallener generalisierter Lymphadenopathie ein zervikaler Lymphknoten exstirpiert. Die Histologie zeigt eine nekrotisierende granulomatöse Entzündung, es lassen sich säurefeste Stäbchen nachweisen. Im histologischen Nachbefund der Darmbiopsien werden dann Granulome mit zentralen Nekrosen beschrieben, Bakterienfärbungen für säurefeste Stäbchen fallen positiv aus. Der Patient hat keinen Morbus Crohn, sondern eine Darmtuberkulose.

Geschichte

Den Begriff Phthisis (Schwindsucht) prägte Hippokrates (ca. 460–375 v. Chr.), um damit eine Krankheit zu kennzeichnen, die mit einem allgemeinen Verfall einhergeht. 1689 verwendete der englische Arzt Thomas G. Morton in seiner „Phthisiologia" für die charakteristischen Läsionen der Lungenschwindsucht den Ausdruck „Tuberkel" (Höcker, Knötchen). Davon leitete Johann Lucas Schönlein (1793–1864) im Jahre 1832 den Begriff „Tuberkulose" ab. Als „Skrofulose" wurde die damals häufige Form der tuberkulösen Lymphadenitiden bezeichnet. Im 16./17. Jahrhundert ging ein Viertel aller Todesfälle bei Erwachsenen in Europa auf die TB zurück.

Besonders stark breitete sich die Krankheit im 19. Jahrhundert aus, eine Folge der Urbanisierung im Rahmen der industriellen Revolution. Als **„Weiße Pest"** (in Anlehnung an das Hautkolorit anämischer Patienten) war sie die häufigste Todesursache in Europa. Bei einer Mortalität von mehr als 1000 pro 100.000 Menschen verstarben etwa 30 % der erwachsenen Bevölkerung an einer Tuberkulose. 65 % aller Patienten mit offener Lungen-TB verstarben innerhalb weniger Jahre nach Diagnosestellung.

Die Entdeckung des TB-Erregers (1882) ist mit dem Namen des deutschen Arztes Robert Koch (1843–1910) untrennbar verbunden, der unter Anwendung der Henle-Koch-Postulate den zwingenden Nachweis der Erregernatur der TB führte.

S. Suerbaum et al. (Hrsg.), *Medizinische Mikrobiologie und Infektiologie*,
https://doi.org/10.1007/978-3-662-61385-6_42

Tab. 42.1 Mykobakterien: Gattungsmerkmale

Merkmal	Ausprägung
Säurefestigkeit (z. B. Ziehl-Neelsen-Färbung)	Positiv
Aerob/anaerob	Obligat aerob, mikroaerophiles Wachstum möglich
Kohlenhydratverwertung	Oxidativ
Sporenbildung	Nein
Beweglichkeit	Nein
Katalase	Verschieden (M. tuberculosis: positiv)
Oxidase	Negativ
Besonderheiten	Langsames Wachstum (mit wenigen Ausnahmen)

Tab. 42.2 Mykobakterien: Arten und Krankheiten (Auswahl)

Art	Krankheit
M. tuberculosis	Tuberkulose
M. bovis	Tuberkulose
M. africanum	Tuberkulose
M. leprae	Lepra
M. avium/M. intracellulare	Lymphadenitis (bei Kindern)
	Chronische Lungeninfektionen, z. B. bei Patienten mit Bronchiektasen
	Systemische Infektionen (bei Immunsupprimierten)
M. abscessus, M. boletti, M. massliense	Chronische Lungeninfektionen, Haut-, Weichgewebeinfektionen
M. chelonae, M. fortuitum	Haut-, Weichgewebeinfektionen, seltener chronische Lungeninfektionen
M. kansasii	Chronische Lungeninfektionen, sehr ähnlich der Tuberkulose
M. marinum⁺, M. ulcerans*	Haut-, Weichgewebeinfektionen (⁺Schwimmbadgranulom, *Buruli-Ulkus)
M. malmoense	Chronische Lungeninfektionen, z. B. bei Patienten mit Bronchiektasen
M. xenopi	Chronische Lungeninfektionen, z. B. bei Patienten mit Bronchiektasen

Seit der Entwicklung des Thiosemikarbazons 1943 durch Gerhard Domagk (1895–1964, Nobelpreis 1939), des Streptomycins 1946 durch Selman Abraham Waksman (1888–1973, Nobelpreis 1952) und des Isoniazids 1952 durch 3 verschiedene Forschergruppen sowie des Rifampicins, Ethambutols und Pyrazinamids lässt sich der Großteil aller Fälle chemotherapeutisch behandeln: Die Therapie der TB hat sich in Deutschland von den Lungensanatorien hin zum Allgemeinkrankenhaus, ja sogar zur Praxis des niedergelassenen Arztes verlagert.

42.1 Mycobacterium tuberculosis

Steckbrief

Mycobacterium tuberculosis ist ein obligat aerobes, säurefestes Stäbchenbakterium (Abb. 42.1). Es ist der Erreger der Tuberkulose (TB), die durch Knötchenbildung (Granulome) und Gewebezerstörung (Kavernen) in der Lunge und in anderen Organen gekennzeichnet ist.

Mycobacterium tuberculosis: säurefeste Stäbchen mit Cordfaktor, entdeckt 1882 von Robert Koch

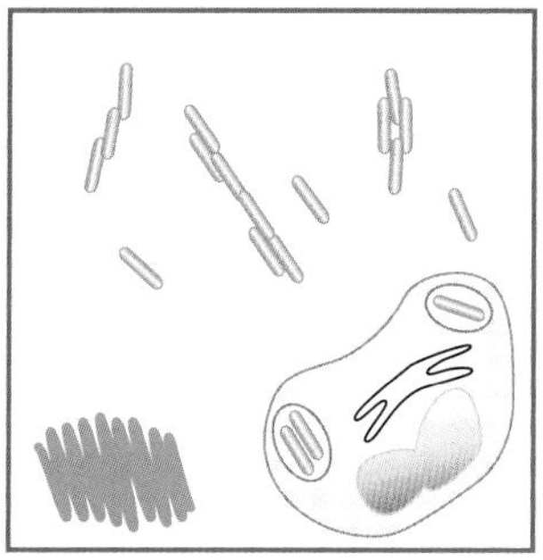

42.1.1 Beschreibung

- **Aufbau**

Unterschieden werden:

Peptidoglykanschicht Die Zellwand der Mykobakterien besitzt wie die anderer Bakterien eine Peptidoglykanschicht.

Lipide Die Zellwand ist besonders lipidreich; etwa 60 % ihres Trockengewichts sind Lipide. Die Lipidschicht ist der Grund für die besonders stark ausgeprägte Resistenz der Mykobakterien gegenüber äußeren Einflüssen. Die wichtigsten Lipide der Mykobakterien sind:

- Mykolsäuren, langkettige gesättigte Fettsäuren aus 60–90 °C-Atomen
- Mykoside, mykolsäurehaltige Glykolipide oder Glykolipidpeptide

Ein für die Virulenz der Tuberkulosebakterien wichtiges Mykosid ist das **Trehalose-6,6-dimykolat,** auch Cordfaktor genannt. Hierauf geht die Neigung

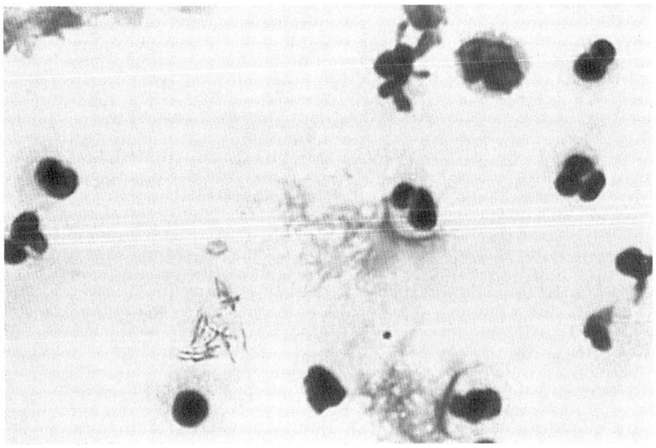

Abb. 42.1 Mycobacterium tuberculosis – säurefeste Stäbchen (Ziehl-Neelsen-Färbung)

dieser Bakterien zurück, sich in Kultur zu zopfartigen Strängen aneinanderzulagern.

Glykolipide, z. B. Lipoarabinomannan, bestehen – ähnlich wie die Lipopolysaccharide gramnegativer Bakterien – aus Lipid- und Zuckerbausteinen. Sie besitzen eine hohe immunmodulatorische Aktivität.

Wachs D enthält Mykolsäure, Peptide und Polysaccharide.

Proteinantigene Neben den Lipiden tragen Mykobakterien zahlreiche Proteinantigene, die Transportfunktionen entlang der Zellwand übernehmen.

Umweltresistenz

Dazu zählen:

UV-Licht Mykobakterien sind gegen UV-Licht unterhalb von 300 nm Wellenlänge ebenso empfindlich wie andere Bakterien.

Säure Mykobakterien werden durch die Magensalzsäure nur langsam abgetötet, sodass sie sich lebend im Magensaft von TB-Patienten nachweisen lassen.

Austrocknung M. tuberculosis ist gegen Austrocknung resistent. Daher können die Erreger im Staub monatelang überleben.

Temperatur Mykobakterien sind gegen Kälte unempfindlich; sie überleben beispielsweise im Labor jahrelang bei −70 °C. Dagegen sind sie gegen Hitze relativ empfindlich, d. h., bei längerer Einwirkung (>30 min) von Temperaturen über 65 °C sterben sie ab, was die Grundlage des Pasteurisierens der Milch ist. (Pasteurisieren: Kurzzeiterhitzen der Milch zur Abtötung von Bakterien bei Erhalt der Eigenschaften des Ausgangsmaterials.)

Körpereigene Abwehr Mykobakterien werden durch die antibakteriellen Mechanismen der polymorphkernigen Granulozyten und ruhender, nichtstimulierter Makrophagen nicht abgetötet. Sie können nach Aufnahme im Innern dieser Zellen weiterleben und sich dort vermehren, sind also fakultativ intrazelluläre Bakterien.

Vorkommen

M. tuberculosis kommt hauptsächlich beim Menschen vor. Der natürliche Wirt von M. bovis ist das Rind.

42.1.2 Rolle als Krankheitserreger

Epidemiologie

In Mitteleuropa ist die TB seit dem Beginn des 20. Jahrhunderts im Rückgang begriffen. Die Morbidität ist in den Industrieländern durch die verbesserte Hygiene zurückgegangen und die Letalität durch die Chemotherapie. Die **BCG-Impfung** hingegen konnte nicht zum weltweiten Rückgang der Tuberkulosezahlen beitragen, obwohl sie die am häufigsten applizierte Impfung ist (▶ Prävention). Eine eindeutige Wirkung der BCG-Impfung konnte für die Verhinderung schlimmer Verlaufsformen der TB im Kindesalter (Miliartuberkulose und tuberkulöse Meningitis; ▶ Pathogenese) belegt werden.

Im Jahre 2018 wurden in **Deutschland** 5429 Neuerkrankungen an TB gemeldet. Das entspricht einer **Inzidenz** von 6,5 pro 100.000 Einwohner. Nachdem sich die kontinuierliche Abnahme der Erkrankungszahlen seit 2009 verlangsamt hat, stagnieren die Fallzahlen mittlerweile bzw. sind wieder leicht angestiegen. Die **Letalität** in Deutschland beträgt gegenwärtig 2,4 %, im Jahr 2018 gab es 129 Todesfälle. Die Tuberkulose in Deutschland stellt immer noch ein ernst zu nehmendes Gesundheitsproblem dar. Der Anteil der Tuberkulosepatienten mit Migrationshintergrund steigt; in über 100 Fällen werden multiresistente Stämme von M. tuberculosis isoliert (s. u.).

In den **Entwicklungsländern** ist die TB ein medizinisches Problem ersten Ranges. Der WHO-Report von 2018 weist für 2017 ca. 10 Mio. Neuerkrankungen und ca. 1,6 Mio. Todesfälle aus, und dies dürften Minimalschätzungen sein. Mehr als 80 % aller Tuberkulosepatienten leben in Afrika südlich der Sahara und in Asien. Die WHO hat 22 Hochprävalenzländer definiert, zu denen nicht nur Entwicklungsländer gehören, sondern auch Russland und Länder Zentralasiens.

Weltweit ist die TB immer noch die Infektionskrankheit mit den meisten Todesfällen durch einen einzelnen bakteriellen Erreger. Die Tuberkulose wird durch die **Koinfektion mit HIV** kompliziert. Beide Erkrankungen begünstigen sich gegenseitig (▶ Immunität). 0,9 Mio. der 10 Mio. Menschen, die 2017 an einer Tuberkulose erkrankten, waren gleichzeitig mit M. tuberculosis und HIV infiziert – 7 von 10 HIV-positiven Tuberkulosekranken leben in Afrika. Jährlich gehen 300.000 Todesfälle auf diese Doppelinfektion zurück.

In Russland und in den Nachfolgestaaten der ehemaligen Sowjetunion sind hohe Tuberkulosezahlen und die **Resistenzbildung** die wichtigsten Probleme bei der Tuberkulosekontrolle. In einigen Nachfolgestaaten der Sowjetunion, z. B. Russland, Weißrussland, der Republik Moldau und der Ukraine, sind mehr als ein Viertel aller Tuberkulosepatienten von einer multiresistenten Tuberkulose betroffen.

- Von **multiresistenten** Erregern („multidrug-resistant", **MDR**) wird gesprochen, wenn Resistenzen mindestens gegen Isoniazid und Rifampicin vorliegen (s. u.: ▶ Therapie).
- **Extensiv-resistente** („extensively drug-resistant", **XDR**)-Stämme sind außerdem noch gegenüber mindestens einem Fluorchinolon und mindestens einem der 3 injizierbaren Medikamente Amikacin, Capreomycin, Kanamycin resistent.

In vielen Ländern Osteuropas steigt die Rate multiresistenter Erreger (s. o.) sowie in der HIV-TB-Koinfektion (s. u.). Bereits **1993 erklärte die WHO die Tuberkulose zum globalen Gesundheitsnotstand.** Im Rahmen der Millenniumsentwicklungsziele („millenium developmental goals", MDG) und der nachhaltigen Entwicklungsziele („sustainable development goals", SDG; Laufzeit bis 2030) gab und gibt es Bestrebungen, durch gesundheitspolitische Maßnahmen die Tuberkulose global zu bekämpfen. Zuletzt wurde 2018 auf einem Treffen sämtlichen Staats- und Regierungschefs bei den Vereinten Nationen eine Erklärung abgegeben mit dem Ziel, die Tuberkulose endlich zu besiegen.

Auch in Zentralasien steigt die Anzahl von Menschen, die mit dem HI-Virus infiziert sind und in der Folge die Zahl HIV-TB-Koinfektionen. Zusammen mit den immer resistenter werdenden Erregern bildet sich eine explosive Mischung, die für die Nationalen Tuberkulosekontrollprogramme (NTP) schwer beherrschbar wird. Die Entwicklung und Einführung neuer Tuberkulosemedikamente, die Entwicklung und Testung neuer Impfstoffkandidaten und die Stärkung des öffentlichen Gesundheitswesens in den Hochprävalenzländern sind dringend geboten.

▪▪ Übertragung

Wird M. tuberculosis ausgeschieden, so spricht man von einer **offenen Tuberkulose.** Grundsätzlich ist jeder Patient mit einer offenen TB kontagiös. Die Ausscheidung erfolgt mit dem Sputum bei Lungen-TB, mit dem Urin bei Harnweg-TB und mit dem Stuhl bei Darm-TB. Auch Kehlkopf-TB, Haut-TB sowie Gebärmutter-TB sind kontagiöse Formen. Eine Übertragung ist jedoch am häufigsten die Folge einer offenen Lungen-TB, da hier im besonderen Maße die infektiösen Aerosole entstehen. Die massivste Ausscheidung erfolgt aus Kavernen, die Anschluss an das Bronchialsystem gefunden haben.

Etwa die Hälfte aller neu diagnostizierten erwachsenen Patienten mit aktiver TB wird als „offen" eingestuft und gilt damit als kontagiös. In Deutschland dürfte jeder kontagiöse Patient mit offener TB 2–10 neue Sekundärinfektionen verursachen; in Ländern mit hoher Prävalenz und Inzidenz liegt diese Zahl wesentlich höher.

Die Übertragung erfolgt in der häuslichen Umgebung, aber auch am Arbeitsplatz, in Schulen und öffentlichen Verkehrsmitteln etc. M. tuberculosis gelangt durch **Inhalation** erregerhaltiger Aerosole (Tröpfchenkerne: Durchmesser $<10\,\mu m$) in die Alveolen. Dorthin müssen die Erreger vordringen, damit die Alveolarmakrophagen sie aufnehmen können. Größere Partikel spielen für die Übertragung eine geringe Rolle, da das mukoziliäre System der oberen Luftwege sie abfängt und nach außen transportiert. Schon wenige Erreger können eine Infektion verursachen.

▪▪ Pathogenese

Die TB ist eine chronische, in Zyklen (Stadien) ablaufende Allgemeininfektion. Man trennt die **Primär-TB** einerseits von der **Postprimär-TB** (Reaktivierungskrankheit). Letztere ist in den meisten Fällen bei Erwachsenen die eigentliche Krankheit, während bei Immundefizienz (Kleinkinder, AIDS-Patienten) die Erkrankung sich auch im Rahmen der Primär-TB entwickeln kann. Die Krankheitserscheinungen sind die Folge immunologischer Reaktionen zwischen den spezifischen T-Lymphozyten des infizierten Wirtes und den Antigenen des Erregers (◘ Abb. 42.2).

Primär-TB Die Erreger werden nach Inhalation in erregerhaltigen Aerosoltröpfchen in den Lungenalveolen von Alveolarmakrophagen und dendritischen Zellen phagozytiert. Da diese die Erreger wegen deren dicker Lipidschicht zunächst nicht abtöten können und die Erreger überdies die Phagosom-Ansäuerung sowie die Verschmelzung von Lysosomen und Phagosomen verhindern, vermehren sie sich im Innern der Makrophagen und dendritischen Zellen. Sterben die bakterienhaltigen Zellen ab, werden die Bakterien freigesetzt und von anderen Makrophagen phagozytiert. Beim Zerfall geben die Makrophagen und dendritischen Zellen entzündungsfördernde Stoffe

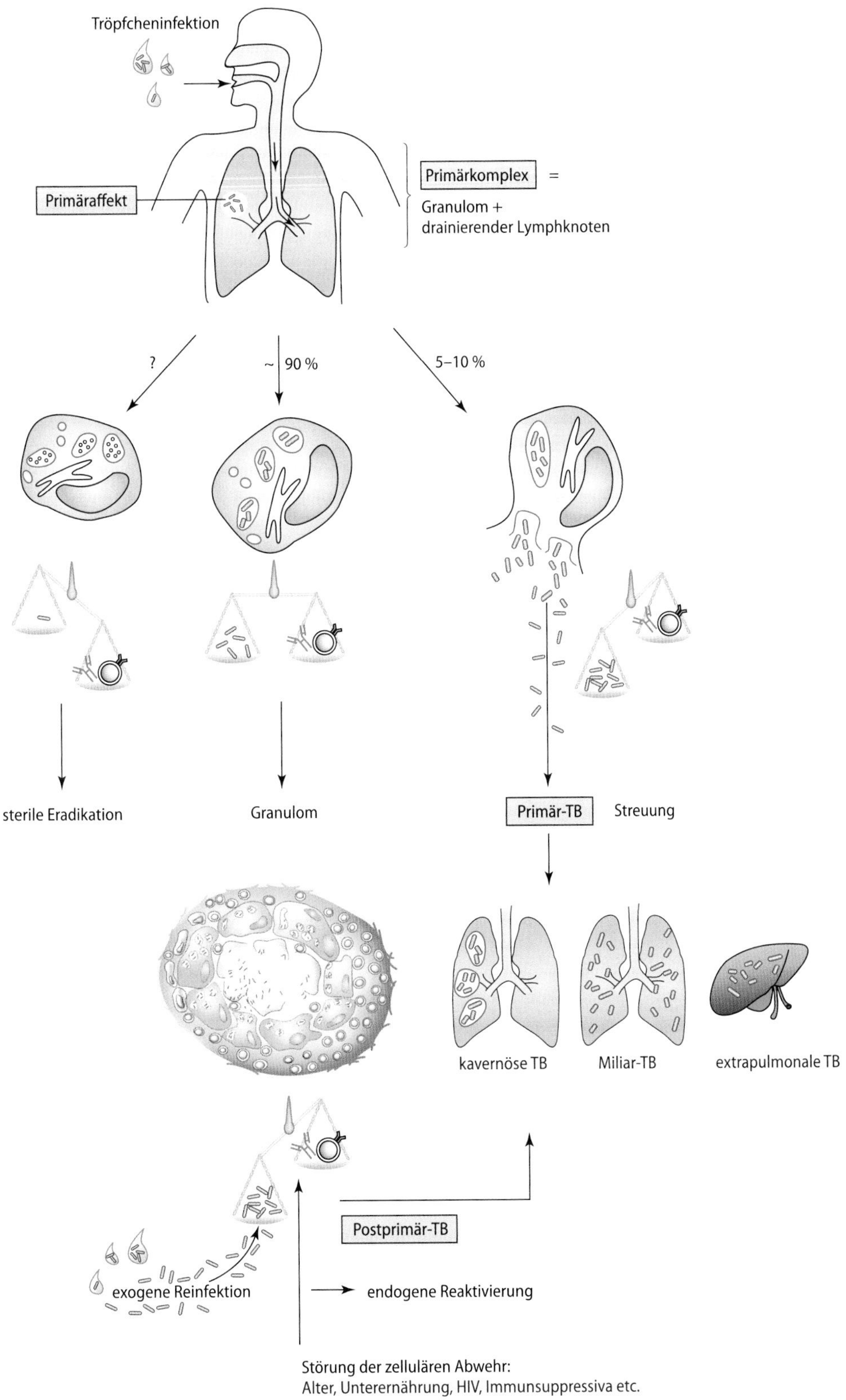

Abb. 42.2 Pathogenese der Tuberkulose

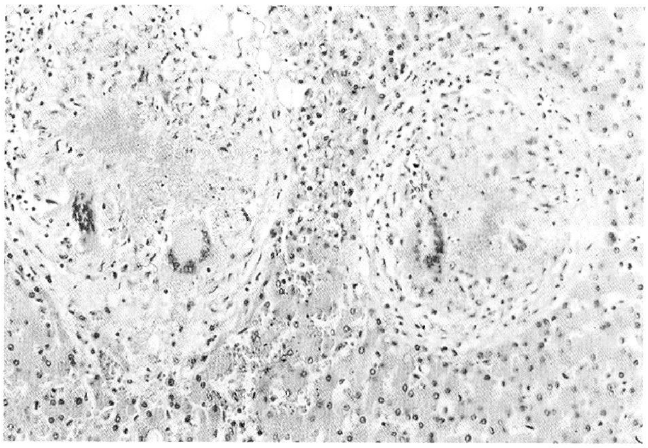

Abb. 42.3 Mycobacterium tuberculosis – Granulombildung mit Langhans-Riesenzellen in der Leber

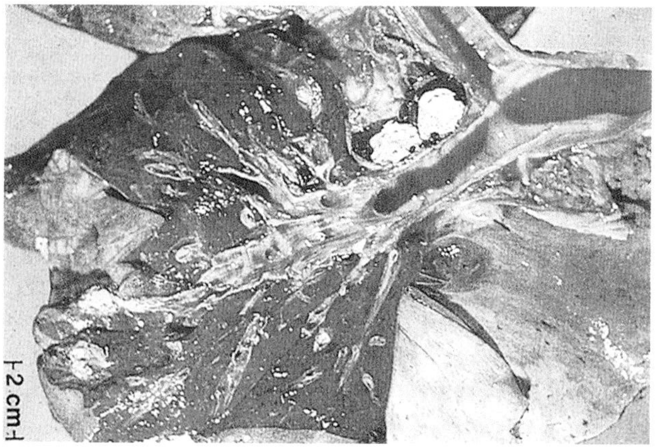

Abb. 42.4 Mycobacterium tuberculosis – verkalkter Lymphknoten an der Bifurcatio

in die Umgebung ab: Es entwickelt sich ein lokaler Entzündungsherd, **Primäraffekt (PA)** genannt. Der PA entwickelt sich innerhalb von 10–14 Tagen nach Aufnahme des Erregers. Aus dem PA gelangt M. tuberculosis über die ableitenden Lymphbahnen zu den regionalen Lymphknoten, d. h. im Falle der Lunge zu den Hiluslymphknoten.

In den lokalen Lymphknoten vermehren sich die Erreger und stimulieren eine zelluläre Immunantwort, in deren Gefolge T-Lymphozyten mit Spezifität gegen Antigene von M. tuberculosis entstehen. Als direkte Folge der T-Zell-Vermehrung schwillt der Lymphknoten an. Wahrscheinlich werden die Erreger von den dendritischen Zellen dorthin verschleppt.

PA und der in die Infektion einbezogene lokale Lymphknoten bilden zusammen den **Primärkomplex (PK),** auch Ghon-PK genannt.

Zeitgleich mit der Bildung des PK kommt es charakteristischerweise zur Bildung von Granulomen (Abb. 42.3), zur Aktivierung von Makrophagen und zur Ausbildung einer Tuberkulinallergie.

Diese Veränderungen sind das Ergebnis spezifischer Reaktionen zwischen den mykobakteriellen Antigenen einerseits und den neu gebildeten, spezifischen T-Zellen, d. h., es beginnt jetzt die immunologisch determinierte Phase der Primär-TB (6.–14. Woche nach Infektion).

Bei über 90 % aller Infektionen bleibt die Infektion im Stadium des PK stehen; PA und PK vernarben und verkalken (Abb. 42.4). Es besteht keine Krankheit im klinischen Sinne, denn die bestehende Immunität verhindert Vermehrung und Ausbreitung der Erreger. Nichtsdestoweniger können die verkalkten und vernarbten Herde lebenslang vermehrungsfähige Mykobakterien enthalten und Ausgangsherde für eine Postprimär-TB (s. u.) darstellen.

Sonderfälle der Primär-TB In Ausnahmefällen nimmt die Primär-TB unmittelbar einen fortschreitenden Verlauf:

- Bei schlecht ausgebildeter T-Zell-Immunität kann sich bald nach Infektion ein primär verkäsender (nekrotisierender) Prozess entwickeln, ohne dass sich ein PK ausbildet. Ein solches Ereignis sieht man gelegentlich bei Kindern und jungen Erwachsenen. Man nennt diesen Prozess **progressive Primär-TB der Lunge.**
- Bei abwehrschwachen Patienten entsteht, vom PA ausgehend, eine massive lymphogen-hämatogene Aussaat, die **primäre Miliar-TB.** Die befallenen Organe sind mit zahlreichen kleinen, knötchenförmigen Herden durchsetzt, deren Aussehen sich mit Hirsekörnern vergleichen lässt (lat. „milium“: Hirsekorn). Häufig sind die Meningen, die Leber und das Knochenmark betroffen. Zwar werden Granulome gebildet, ihre große Zahl und weite Ausbreitung sind aber Ausdruck der geringen Eingrenzungskapazität des Immunsystems. Die Tuberkulinreaktion (s. u.) fällt in einem Viertel aller Fälle negativ aus. Die Erkrankung entwickelt sich meistens innerhalb von 3 Monaten nach Primärinfektion. Die primäre Miliar-TB ist ein schweres, ohne Behandlung tödlich endendes Krankheitsbild („galoppierende Schwindsucht“).
- Bei besonders immungeschwächten Patienten kann sich eine akute, sepsisartige Verlaufsform entwickeln, die sog. **Landouzy-Sepsis.** Hier findet überhaupt keine Granulombildung mehr statt – die Ausbreitung der Mykobakterien geht ungehemmt vonstatten.
- Im Rahmen der Primär-TB können auf hämatogenem Wege die Meningen befallen werden, und eine **primäre tuberkulöse Meningitis** kann sich entwickeln. Diese Komplikation tritt vorwiegend im Kleinkindalter auf. Charakteristisch ist der allmähliche Beginn. Im Liquor finden sich vermehrt Lymphozyten. Im Unterschied zu den eitrigen Meningitiden (Haubenmeningitis) ist nicht die Konvexität, sondern die Schädelbasis befallen.

Primäre Streuherdbildung Dabei kann ein kleiner Teil der Erreger den Lymphknoten bereits im Stadium des PA passieren, über die Lymphwege die Blutbahn erreichen und sich in verschiedenen inneren Organen ablagern: Nierenparenchym, Knochenepiphysen, Milz und apikale Lungenabschnitte sind bevorzugte Stellen. Sie enthalten, oft über Jahre, persistierende Bakterien. Die im apikalen Lungenabschnitt entstandenen primären Streuherde heißen Simon-Spitzenherde. Sie sind für den weiteren Verlauf der Erkrankung von Bedeutung, denn sie können noch nach Jahrzehnten reaktiviert und dann zum Ausgangspunkt des Postprimärstadiums (s. u.) werden.

Reaktivierungskrankheit (Postprimär-TB) Bei knapp 10 % der Infizierten bricht das Gleichgewicht zwischen Erreger und Abwehr nach Entwicklung des PK zusammen. Es entwickelt sich dann die eigentliche Krankheit, die Postprimär-TB, auch Reaktivierungskrankheit genannt. In der Regel nimmt die Postprimär-TB von einem Simon-Spitzenherd im apikalen Lungenabschnitt ihren Ausgang, seltener von einem PK.

Bei ca. 5 % der Infizierten entwickelt sich die Postprimär-TB in den ersten 2 Jahren nach Entwicklung des PK, bei den anderen 5 % später. Der Postprimär-TB liegt eine **Schwächung der Immunität** zugrunde, die durch zahlreiche Faktoren verursacht sein kann: Unterernährung, Stress, starke körperliche Belastungen und Masern, weitere Umstände sind Kortison- und Strahlenbehandlung, Diabetes mellitus, Alkoholismus, Drogenabusus, Silikose, hohes Alter, aber auch Pubertät und eine erworbene Immunschwäche im T-Zell-Bereich. Gerade bei der HIV-Infektion und unter Therapie mit TNF-Antagonisten wird ein PK reaktiviert. Bei der Diagnose einer Tuberkulose sollte auch an eine HIV-Infektion gedacht werden.

Die Superinfektion einer Primär-TB mit M. tuberculosis kann ebenfalls zu einer Postprimär-TB führen (exogene Reinfektion).

Die Postprimär-TB beginnt mit einer **käsigen Nekrotisierung** der Granulomzentren. Die käsige Nekrose kann sich verflüssigen; dabei entsteht eine mit Flüssigkeit teilweise gefüllte Höhle, die **Kaverne.** Die Nekrose entsteht als Folge einer Reaktion zwischen T-Zellen und Antigenen von M. tuberculosis: Spezifisch stimulierte T-Zellen aktivieren über IFN-γ und andere Zytokine Makrophagen, die ihrerseits Tumornekrosefaktor TNF-α (▶ Kap. 15) und andere Zytokine freisetzen, die schließlich die Nekrosen erzeugen.

Kavernenbildung M. tuberculosis produziert keine Faktoren, denen sich mit Sicherheit eine Rolle bei der Gewebeschädigung, insbesondere der Kavernenbildung, zuschreiben ließe. Die Gewebeschäden bei der Tuberkulose sind indirekt bedingt, d. h. Folge überschießender Reaktionen der T-Zellen auf die Antigene von M. tuberculosis.

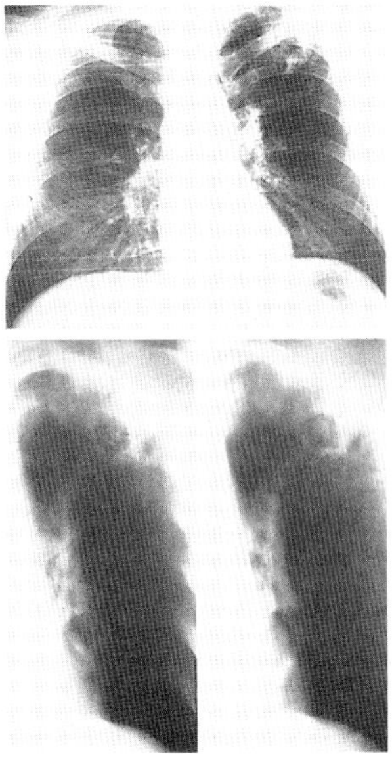

Abb. 42.5 Mycobacterium tuberculosis – Kavernenbildung in der Lunge

Kommt es zu einer Überaktivierung der Makrophagen im Granulom durch eine verstärkte Immunreaktion, setzen die aktivierten Makrophagen verstärkt TNF-α und die aktivierten T-Zellen IFN-γ frei. Dies kann z. B. der Fall sein bei einer erneuten Antigenbelastung im Rahmen einer Reinfektion oder bei einer aus Unachtsamkeit durchgeführten BCG-Schutzimpfung bereits Infizierter. In großer Menge freigesetzte lytische Enzyme zerstören die Zellen im Granulom. Das Granulom nekrotisiert („verkäst") und verflüssigt sich. Es entsteht eine Kaverne mit Flüssigkeitsspiegel (Abb. 42.5). Die Kavernenflüssigkeit ist ein hervorragendes Vermehrungsmedium für M. tuberculosis. Dies führt zu weiter verstärkter Antigenexposition, sodass der einmal in Gang gekommene Prozess sich weiter aufschaukelt.

- Findet der nekrotisierende Prozess Anschluss an einen Bronchus, so breiten sich die Erreger bronchogen in der Lunge aus und werden nach außen abgehustet: offene Lungen-TB.
- Zieht der Prozess ein Blutgefäß in Mitleidenschaft, streuen die Erreger hämatogen und verursachen Metastasierungen in verschiedenen Organen: Organ-TB.
- Das aus dem arrodierten Blutgefäß in die Läsion gelangte Blut wird abgehustet: Hämoptysen.

Klinik

Die Klinik der Tuberkulose ist unspezifisch und präsentiert sich oft mit **Husten, Fieber, Gewichtsverlust und Nachtschweiß.** In Westeuropa ist die Erkrankung in ca. 75 % auf die Lungen beschränkt. Extrapulmonale Manifestationen sind in der Regel die Folge einer hämatogenen Streuung nach abgelaufener Infektion der Lungen. In Deutschland sind

- Lymphknotentuberkulosen (9 % extrathorakal, 5 % intrathorakal) die häufigste extrapulmonale Manifestation der Tuberkulose,
- Pleuratuberkulosen mit ca. 5 % der Erkrankungen die zweithäufigste extrapulmonale Manifestation der Tuberkulose,
- Manifestationen an Knochen/Wirbelkörpern und Gelenken mit ca. 3 % die dritthäufigste extrapulmonale Manifestation der Tuberkulose,
- tuberkulöse Meningitiden, Urogenitaltuberkulosen und tuberkulöse Perikarditiden selten (jeweils ≥ 1 % der Krankheitsfälle).

Die **Organmanifestationen der Tuberkulose** werden hier eher knapp abgehandelt. Ausführlichere Informationen finden sich in den überwiegend organbezogenen klinischen Kapiteln in Sektion X „Krankheitsbilder" (▶ Kap. 113 bis 130).

Erkrankung der Lunge Die Lungentuberkulose ist die häufigste klinische Manifestation. Sie beginnt oft schleichend über Wochen, manchmal auch Monate mit Husten, Fieber, Nachtschweiß und Gewichtsverlust. Das **Krankheitsbild** kann **sehr variabel** sein – oft sind nicht alle Symptome vorhanden. Besteht eine direkte Verbindung zwischen infiziertem Gewebe und Bronchialsystem, lassen sich im Sputum in der Regel säurefeste Stäbchen nachweisen. Bei einem ausreichenden Hustenstoß kann diese offene Form der Lungen-TB zur Entstehung infektiöser Aerosole führen. Wenn ein Blutgefäß in den entzündlichen Prozess einbezogen ist, können Hämoptysen (Bluthusten) bis hin zum „Blutsturz" auftreten.

Erkrankung der Pleura Zunächst wird eine akute Pneumonie anderer Genese vermutet. Von Fieber begleitete pleuritische Schmerzen sind häufig und können im Rahmen einer Begleitentzündung der Pleura auftreten. Der Pleuraerguss ist fast immer einseitig.

Erkrankungen der extrathorakalen Lymphknoten Lokale Symptome sind die Folge der vergrößerten Lymphknoten. Am häufigsten betroffen sind die zervikalen Lymphknoten, gefolgt von axillären, inguinalen und hilären Lymphknoten.

Erkrankung des Urogenitaltrakts Die Beschwerden beginnen meistens als rezidivierende Blasenentzündungen. Die Erkrankung ist auf eine Niere beschränkt und bleibt lange symptomlos.

Erkrankungen des Skelettsystems Die Wirbelsäule ist am häufigsten betroffen, und die Patienten klagen über Hals- bzw. Rückenschmerzen. Gangschwäche oder andere neurologische Zeichen finden sich bei 30 % der Betroffenen.

Erkrankungen des ZNS Es kommt zu einer über Tage bis mehrere Wochen verlaufenden Meningitis. Neben Kopfschmerzen und Übelkeit beobachtet man Bewusstseinsstörungen, Erbrechen, Nackensteifigkeit und neurologische Ausfälle.

Erkrankungen des Darmtrakts Bei 20 % der Patienten treten chronische Bauchschmerzen, Übelkeit und Gewichtsverlust sowie Durchfall auf.

Miliartuberkulose Sie wird auch als disseminierte TB bezeichnet und verdankt ihren Namen dem Auftreten zahlreicher hirsekorngroßer Infiltrate in Lunge oder in anderen Organen, z. B. Leber oder Milz. Die Klinik wird bestimmt durch die oft gleichzeitige Erkrankung mehrere Organsysteme, wobei Lunge und ZNS am häufigsten betroffen sind. Bei synchronem „Wachstum" der miliaren Herdsetzungen können die infektiösen Herde unbehandelt in kurzer Zeit an vielen Stellen der Lunge gleichzeitig in die Alveolen einbrechen. Dabei kann sich innerhalb von wenigen Stunden eine akute respiratorische Insuffizienz mit schwerer, z. T. beatmungspflichtiger Alveolitis entwickeln. Diese Situation ist in Deutschland selten.

■■ Immunität

Mykobakterien sind typische fakultativ intrazelluläre Bakterien. Wegen ihres dicken Lipidpanzers werden sie nach Phagozytose von den Makrophagen zunächst nicht abgetötet, sondern persistieren intrazellulär und vermehren sich in ihnen.

Nach Infektion werden spezifische T-Zellen an den Ort der Infektion rekrutiert. Die T-Zellen sind entscheidend für Abwehr und Gewebeschädigung, während Antikörper keinen protektiven Effekt ausüben. Dabei handelt es sich in erster Linie um $CD4^{+}$-T-Zellen vom TH-1-Typ. Aber auch $CD8^{+}$-T-Zellen sind am Schutz beteiligt.

Granulombildung Das Granulom ist die typische Gewebereaktion bei Infektionen durch M. tuberculosis (◘ Abb. 42.3). Angelockt durch Chemokine und proinflammatorische Zytokine, wandern Blutmonozyten aus der Blutbahn in den Infektionsherd ein. Dort gelangen sie unter den Einfluss makrophagenstimulierender Faktoren, insbesondere des von spezifisch stimulierten T-Zellen im Verlauf der Immunreaktion freigesetzten IFN-γ (▶ Kap. 13), und differenzieren sich zu Makrophagen. Vereinzelt finden sich in den Herden auch T-Lymphozyten. Die zunächst lockeren Anhäufungen von Makrophagen und T-Lymphozyten verfestigen sich zu Granulomen, ein Vorgang, an dem TNF-α beteiligt ist. Im Laufe der Zeit verschmelzen im Granulom mehrere Makrophagen miteinander zu vielkernigen Riesenzellen, den Langhans-Riesenzellen (nach dem deutschen Pathologen Theodor Langhans, 1839–1915). Makrophagen in der Randzone eines Granuloms entwickeln sich zu sog. Epitheloidzellen (◘ Abb. 42.6).

Makrophagenaktivierung Im Granulom werden die Makrophagen unter dem Einfluss von IFN-γ aus antigenstimulierten T-Lymphozyten aktiviert (▶ Kap. 7). Dies äußert sich in einer Steigerung ihrer physiologischen Aktivitäten, insbesondere der antibakteriellen Aktivität: Aktivierte Makrophagen hindern die phagozytierten Mykobakterien an der Vermehrung und töten einige von ihnen ab (◘ Abb. 42.6). Darüber hinaus setzen sie TNF-α frei.

Granulombildung und Makrophagenaktivierung sind also entscheidende Vorgänge bei der Abwehr von M. tuberculosis. Dies wird insbesondere dann klar, wenn diese Vorgänge durch Verlust der CD4-T-Lymphozyten versagen, z. B. bei AIDS. Es kommt zu insuffizienter Granulombildung und unzureichender Makrophagenaktivierung, und die Patienten können an einer unkontrolliert verlaufenden, generalisierten TB unter dem Bild einer sog. Landouzy-Sepsis (s. o.) versterben.

HIV/AIDS und TB begünstigen sich gegenseitig: Die Verminderung spezifischer CD4-T-Zellen am Ort der mykobakteriellen Infektion kann die Granulombildung und -integrität beeinträchtigen und zum Ausbruch der TB führen. Im Gegenzug sorgt die Infektion mit M. tuberculosis bei einem HIV-Patienten dafür, dass viele T-Zellen aktiviert sind. Die HIV-Infektion aktivierter T-Zellen führt ihrerseits zu rascherer Vermehrung der HI-Viren und damit zu schnellerer Ausbildung des AIDS-Vollbildes. HIV-M. tuberculosis-Koinfektionen sind v. a. in Afrika ein großes Problem, aber zunehmend auch in Ländern der ehemaligen Sowjetunion (s. o.).

Im Granulom ist die Makrophagenaktivierung am stärksten ausgeprägt (◘ Abb. 42.6); gleichzeitig wird M. tuberculosis an der Ausbreitung gehindert. Überdies ist die Sauerstoffspannung im Granulom niedrig; es kommt zur Bildung toxischer Stoffwechselprodukte sowie reaktiver Sauerstoff- und Stickstoffmetaboliten durch aktivierte Makrophagen. All dies hemmt die Vermehrung von M. tuberculosis. Das Granulom stellt somit den eigentlichen Ort der Auseinandersetzung zwischen den Erregern und den Abwehrfunktionen des infizierten Wirts dar. Die Immunität ist **lokal begrenzt,** d. h. auf das Granulom beschränkt.

Im Granulom bildet sich also ein dynamisches Gleichgewicht zwischen der Aktivität des Immunsystems und der Replikation des Erregers aus. Dieses Gleichgewicht verhindert in ca. 90 % der Infektionen einen Ausbruch der Tuberkuloseerkrankung. Wird das Gleichgewicht gestört, z. B. durch Schwächung der zellulären Immunantwort (HIV, immunsuppressive Medikamente, Alter, Unterernährung), können die Mykobakterien aus dem Granulom ausbrechen und andere Bereiche im Wirt infizieren bzw. eine offene TB verursachen (s. o.).

Weitere T-Zell-Aktivitäten Neben der Makrophagenaktivierung spielen auch zytolytische T-Zell-Aktivitäten eine wichtige Rolle bei der Tuberkuloseabwehr. Diese werden in erster Linie von $CD8^+$-T-Lymphozyten getragen: Sie können Makrophagen lysieren und besitzen zudem die Fähigkeit, Mykobakterien direkt abzutöten. Für die Makrophagenlyse ist hauptsächlich Perforin, für die Bakterienabtötung in erster Linie Granulysin verantwortlich. Die Vernichtung von Mykobakterien in Makrophagen gelingt durch das Zusammenspiel beider Moleküle. Außerdem werden Mykobakterien aus Makrophagen freigesetzt; diese können zusammen mit Zelltrümmern von kompetenteren Phagozyten, etwa dendritischen Zellen, aufgenommen und effizienter abgetötet werden.

Tuberkulin-Hauttest Als Tuberkulin bezeichnete Robert Koch den durch Kochen eingedickten, gefilterten, proteinhaltigen Überstand aus Flüssigkulturen von M. tuberculosis (Alt-Tuberkulin). Die durch Behandlung des Alt-Tuberkulins mit Ammoniumsulfat ausgefällten Proteine heißen gereinigtes Tuberkulin (GT). GT dient als Testantigen bei der Tuberkulosediagnostik:

Injiziert man einer mit M. tuberculosis infizierten Person nach Entwicklung des PK, also 6–14 Wochen nach Infektionsbeginn, geringe Mengen von GT intrakutan, so weist die Injektionsstelle 24–72 h später eine Schwellung mit Rötung auf. Im Reaktionsherd finden sich mononukleäre Phagozyten und T-Zellen in vorwiegend perivaskulärer Anordnung. Es handelt sich hierbei um eine allergische Reaktion vom Typ IV oder vom verzögerten Typ („delayed-type hypersensitivity", DTH, **Tuberkulinreaktion**).

Träger der Tuberkulinreaktion sind tuberkulinspezifische $CD4^+$-T-Zellen vom TH1-Typ. Die Erlangung dieser Fähigkeit ist die **Konversion.** Eine Konversion kann sowohl aufgrund einer natürlichen Infektion mit M. tuberculosis oder mit Umweltmykobakterien als auch nach BCG-Impfung erfolgen. Bei einer Infektion mit M. tuberculosis entsteht sie zeitgleich mit der Granulombildung und der Ausbildung eines PK.

Tuberkulin wird durch streng intrakutane Injektion in die Haut eingebracht

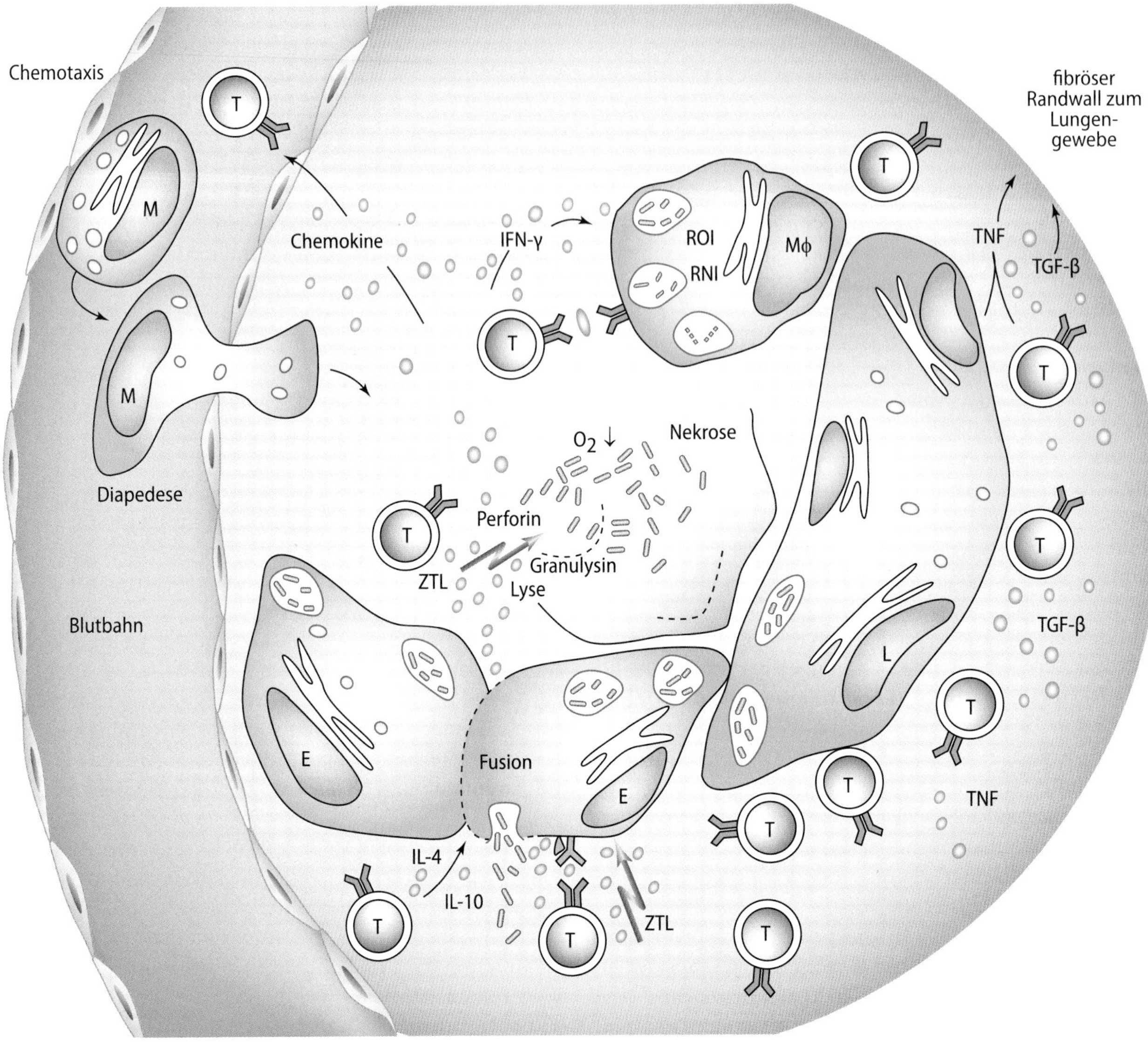

Abb. 42.6 Granulombildung – wichtigste Zytokine und zelluläre Interaktionen: E, Epitheloidzelle; IL, Interleukin; INF, Interferon; L, Langhans-Riesenzelle; MΦ, Makrophage; M, Monozyt; RNI, „reactive nitrogen intermediate"; ROI, „reactive oxygen intermediate"; TGF-β, transformierender Wachstumsfaktor („transforming growth factor"); TNF, Tumornekrosefaktor; ZTL, zytolytischer T-Lymphozyt

(Mendel-Mantoux-Test). Dieser Test dient der semiquantitativen Bestimmung der Tuberkulinallergie. Die einmal erlangte Fähigkeit zur Ausbildung einer Tuberkulinreaktion besteht sehr lange, oft jahrelang. Eine positive Tuberkulinreaktion besagt, dass ein Individuum mit Mykobakterien infiziert oder mit BCG (s. u.) aktiv immunisiert wurde. Ein frisch Infizierter in der Inkubationszeit, der noch keinen PK und damit noch keine spezifischen T-Zellen ausgebildet hat, ist zur Ausbildung einer Tuberkulinreaktion noch nicht befähigt.

Eine **positive Tuberkulinreaktion** sagt **nichts** darüber aus,

- ob eine Person klinisch an TB erkrankt ist,
- ob sie sich lediglich infiziert hat oder
- ob der positive Ausfall der Reaktion aufgrund einer BCG-Schutzimpfung oder Sensibilisierung durch nichttuberkulöse (Umwelt-)Mykobakterien erfolgte.

Der eigentliche **Krankheitsbeweis** beruht auf klinischen und röntgenologischen Befunden in Verbindung mit dem mikrobiologischen Nachweis des Erregers. Goldstandard der Diagnostik ist der **kulturelle Nachweis von M. tuberculosis aus Geweben, Knochen, Sekreten, Ergüssen oder Liquor.**

Sowohl die Tuberkulinreaktion als auch der antibakterielle Schutz werden von T-Zellen vermittelt. Daher ist eine tuberkulinreaktive Person gleichzeitig **geschützt** – durch den Besitz spezifischer T-Zellen – und **gefährdet** – durch die bestehende Infektion.

Bleibt die **Tuberkulinreaktion** bei Infizierten oder BCG-Immunisierten **negativ**, so spricht man von **Anergie.** In dieser Situation sind keine tuberkulinspezifischen T-Zellen zur Ausbildung einer Tuberkulinreaktion verfügbar. Die Anergie kann durch „Verbrauch" der spezifischen T-Lymphozyten oder durch deren Schädigung (z. B. durch Infektion mit HIV oder Masernviren), aber auch durch eine angeborene oder erworbene Immundefizienz verursacht sein. So verschiebt sich bei der HIV-Infektion das Verhältnis von $CD4^+$- zu $CD8^+$-T-Zellen, und es kommt zu einer $CD4^+$-T-Zell-Insuffizienz. Eine Anergie gilt als **prognostisch ungünstiges** Zeichen.

IFN-γ-Release-Assay (IGRA) Die Infektion mit dem Tuberkuloseerreger führt zur Aktivierung und Vermehrung von T-Zellen, die mykobakterielle Antigene erkennen (▶ Immunität). Beim IFN-γ-Release-Assay (IGRA) wird dem Patienten Blut entnommen. Anschließend wird im Labor die IFN-γ-Produktion erregerspezifischer T-Zellen mithilfe von Antigenen, die bei M. tuberculosis vorkommen, nicht jedoch bei den meisten nichttuberkulösen Mykobakterien (NTM, ▶ Abschn. 42.2; Ausnahmen: M. kansasii, M. szulgai, M. marinum) oder beim M. bovis-BCG-Impfstamm (▶ Prävention), stimuliert und gemessen. Der IGRA ist im Vergleich zum Tuberkulin-Hauttest spezifischer für eine Exposition mit M. tuberculosis.

Labordiagnose

Unterschieden werden:

Schwerpunkt Zu jeder Labordiagnostik gehören mindestens die Färbung der Patientenprobe nach Ziehl-Neelsen oder Kiyoun sowie die kulturelle Anlage des Probenmaterials:

- Der **mikroskopische Nachweis** benötigt nur Stunden. Er ist wenig sensitiv, und die Verwechslung mit anderen säurefesten Stäbchenbakterien ist möglich.
- Der **kulturelle Nachweis** ist deutlich sensitiver, dauert aber mehrere Wochen.

Der **molekulare Nachweis** des Erregers mittels DNA-Amplifikation (s. u.) kann automatisiert innerhalb von 90 min erfolgen, ist sensitiver und spezifischer als die Sputummikroskopie und gehört zum Standardrepertoire der Tuberkulosediagnostik.

Untersuchungsmaterialien Die mikrobiologische Diagnose der Lungen-TB erfordert 2–3 an verschiedenen Tagen gewonnene spontane Morgensputen. Produziert der Patient kein Sputum, lässt es sich durch Inhalation von 5 %igem Kochsalz provozieren. Gelingt dies nicht, ist eine bronchoalveoläre Lavage möglich. Für die Diagnostik der **extrapulmonalen TB** ist grundsätzlich jedes Material (Stuhl, Urin, Punktate, Biopsien) geeignet. Die Diagnostik der **Kleinkind-TB** stellt sich als besonders schwierig dar, denn bei Neugeborenen und Kleinkindern ist die Gewinnung von Sputum äußerst schwierig. Daher werden in den Entwicklungsländern in über 90 % der TB-Fälle bei Kleinkindern die Diagnosen klinisch gestellt.

Materialtransport Das Material sollte **gekühlt** transportiert werden, da Mykobakterien unempfindlich gegen Kälte sind und sonst die kontaminierende, zahlenmäßig meist weit überwiegende Begleitflora schnell wachsender Bakterien die langsam wachsenden Mykobakterien überwuchert. Die Verwendung von Transportmedien ist nicht erforderlich.

Mikroskopie Das eingesandte Material wird nach Ziehl-Neelsen oder mit Auramin (Fluoreszenzfärbung) gefärbt. Diese Methoden nutzen die Säurefestigkeit der Mykobakterien aus. Das Präparat sollte mehrere Minuten lang mikroskopiert werden, um mindestens 100 Gesichtsfelder durchzumustern.

Der mikroskopische Nachweis säurefester Stäbchen ist bei hochgradigem Verdacht auf eine TB die Indikation für eine sofortige Isolierung des Patienten. Wegen der geringen Sensitivität besagt eine negative mikroskopische Untersuchung jedoch nicht, dass M. tuberculosis im Material nicht vorhanden sind. Denn erst ab Konzentrationen von 10^4–10^5 Bakterien pro ml Untersuchungsmaterial ist ein Erreger pro Gesichtsfeld zu erwarten.

Molekularer Nachweis Aus dem Patientenmaterial wird selektiv mittels spezifischer Primer ein mykobakterielles Gen amplifiziert (Nukleinsäureamplifikations-Test, NAT). Bei mikroskopischem Nachweis säurefester Stäbchen aus humanen Proben wird in aller Regel zur Bestätigung einer Tuberkulose ein M. tuberculosis-spezifischer NAT durchgeführt:

- Ist das NAT-Ergebnis negativ, handelt es sich wahrscheinlich um eine Infektion mit nichttuberkulösen Mykobakterien (NTM, ▶ Abschn. 42.2).
- Sind mikroskopisch keine säurefesten Stäbchen sichtbar, sinkt die Sensitivität der NAT auf 70 % und kann durch die Verwendung von 3 unabhängigen Proben auf ca. 90 % gesteigert werden.
- Falsch-positive Testergebnisse können durch zurückliegende Tuberkuloseerkrankungen auftreten, in deren Folge auch nach Ausheilung der Erkrankung noch Monate später M. tuberculosis-spezifische DNA in Atemwegsekreten/Sputum oder Lymphknoten nachweisbar sein kann.
- Dennoch gilt: Ein negativer Befund schließt eine Tuberkulose **nicht** aus!

Ca. 10 % der M. tuberculosis-Isolate in Deutschland sind resistent gegenüber Isoniazid und ca. 2–3 % resistent gegenüber Rifampicin. Mit molekularen Verfahren sind die meisten Mutationen im rpoB-Gen, die zu einer Rifampicin-Resistenz führen, nachweisbar. Mehr als 90 % der Rifampicin-resistenten Stämme sind gegenüber Isoniazid resistent. Umfangreiche Informationen über das Vorliegen von resistenzassoziierten Mutationen bietet die Gesamtgenomsequenzierung. Damit können praktisch alle genetischen Veränderungen, die zu Antibiotikaresistenzen führen, erkannt werden.

Anzucht Zunächst erfolgt eine Homogenisierung des Untersuchungsmaterials. Dann wird die Begleitflora durch Alkalibehandlung abgetötet. Die Bebrütung erfolgt bei 37 °C in feuchtigkeitsgesättigter Atmosphäre.

Die kulturelle Anzucht auf Löwenstein-Jensen-Agar bildet immer noch den Goldstandard der Tuberkulosediagnostik. Die Sensitivität ist mit ca. 10 Bakterien pro ml hoch. Die Detektionszeit verkürzte sich mit Einführung flüssiger Nährböden von 3–4 Wochen auf 10–14 Tage. Insgesamt dauert die Anzucht mit anschließender Resistenztestung bei M. tuberculosis ca. 4–6 Wochen. Zur Unterscheidung von M. tuberculosis, M. bovis, M. africanum und nichttuberkulösen Mykobakterien aus positiven Kulturen dienen heute fast ausschließlich molekulare Verfahren.

Das Ergebnis der Kultur gilt als negativ, wenn nach 8 Wochen Bebrütungsdauer kein Wachstum erfolgt ist.

▪▪ Therapie

Unterschieden werden:

Indikation Entscheidungen zur Einleitung einer Therapie werden in der Regel anhand der Ergebnisse der mikroskopischen Untersuchungen und v. a. der molekularbiologischen Untersuchungen getroffen. Gibt es Hinweise für eine Antibiotikaresistenz der Bakterien, wird zunächst eine kalkulierte Therapie eingeleitet, die ggf. nach Erhalt weiterer Testergebnisse (kultureller Resistenztestung, Gesamtgenomsequenzierung) modifiziert werden muss. In aller Regel wird die Therapie unter stationären Bedingungen eingeleitet, um die Verträglichkeit der Medikamente zu prüfen und die Übertragung von M. tuberculosis zu vermeiden. Patienten mit einer offenen Lungentuberkulose bleiben in der Regel 14–21 Tage hospitalisiert, bevor die Behandlung ambulant fortgesetzt wird.

Die Chemotherapie muss folgenden Anforderungen genügen:

- Rasche Sanierung offener Läsionen und damit Ausschaltung der Infektionsquelle
- Rasche und vollständige Erregervernichtung in den befallenen Organen
- Vernichtung sowohl extra- als auch intrazellulärer Erreger durch Verwendung von Antibiotika, die in Makrophagen eindringen
- Wirksamkeit der Medikamente im neutralen **und** sauren pH-Bereich (intrazellulär herrscht ein saurer pH-Wert vor!)
- Verhinderung oder Verzögerung einer Resistenzentwicklung durch Mehrfachkombination
- Ausreichend lange Behandlungszeiten, um alle Bakterien abzutöten

Antibiotika zur Therapie der Tuberkulose Als erstes Mittel fand Streptomycin im Jahre 1946 therapeutischen Einsatz. Heute werden v. a. Isoniazid (INH), Rifampicin (RMP), Ethambutol (EMB) und Pyrazinamid (PZA) verwendet. Um der Resistenzentwicklung unter Chemotherapie vorzubeugen, gibt man mehrere Antituberkulotika gleichzeitig **(Kombinationstherapie).** Für die Standardtherapie der Lungentuberkulose beim Fehlen von Resistenzen gilt:

- In den **ersten 2 Monaten** tägliche Therapie mit 4 Medikamenten (Rifampicin, Isoniazid, Ethambutol und Pyrazinamid),
- in der **Erhaltungsphase,** d. h. ab dem 3. Monat nach Krankheitsbeginn, für mindestens 4 weitere Monate Therapie mit 2 Medikamenten (Rifampicin und Isoniazid).

Sicherung des Therapieerfolgs Um der WHO-Definition einer Heilung zu entsprechen, müssen mindestens 2 Sputumproben im Verlauf der Therapie mikroskopisch oder kulturell negativ sein; eine dieser Proben muss im letzten Monat der Therapie entnommen worden sein.

Bei ausgeprägtem Erkrankungsbild oder Nichtkonversion der Sputumkulturen nach 2 Monaten sollte die Dauer der Erhaltungstherapie verlängert werden (insgesamt mind. 9 Monate Therapiedauer). Die Dauer der Therapie einer extrapulmonalen Tuberkulose ist in den meisten Fällen ähnlich wie bei einer Lungentuberkulose. Ausnahmen stellen die ZNS- und die Knochentuberkulose dar. Bei fehlendem Therapieansprechen sollten die Wirkspiegel der Medikamente im Blut kontrolliert werden. Gegebenenfalls sind Dosisanpassungen notwendig.

Bei schweren, lokal begrenzten Erkrankungen, die nicht adäquat auf eine medikamentöse Therapie ansprechen, sollte eine chirurgische Intervention an einem erfahrenen Zentrum erwogen werden.

Eine wichtige Voraussetzung für eine erfolgreiche Therapie stellt die Mitarbeit der Patienten (Compliance) dar. Bei fehlender Compliance der

Medikamenteneinnahme ist eine Einnahme der Medikamente unter Aufsicht ratsam.

Die Behandlung von Patienten mit einer multiresistenten Tuberkulose ist langwierig und durch häufige Nebenwirkungen der Therapie gekennzeichnet (MDR, XDR, ▶ Epidemiologie). Hier entstehen bei einzelnen Patienten z. T. sehr hohe Behandlungskosten von mehreren 100.000 EUR. Die Empfehlungen zur Pharmakotherapie werden aktuell von der WHO in kurzen Zeitabständen überarbeitet. Patienten mit MDR-TB oder XDR-TB sollten an spezialisierten Zentren behandelt werden und werden in Deutschland bis zum Nachweis negativer Kulturergebnisse hospitalisiert.

▪▪ Prävention

Unterschieden werden:

BCG-Schutzimpfung Bei der Impfung gegen TB setzt man einen virulenzgeschwächten, lebenden Stamm von M. bovis, den Stamm BCG, ein. BCG ist die Abkürzung von Bacille Calmette-Guérin, benannt nach 2 französischen Bakteriologen, die einen Stamm von M. bovis auf Kartoffel-Glyzerin-Medium mit Rindergalle durch jahrelange Passagen (1908–1920) für Impfzwecke dauerhaft attenuierten.

Die BCG-Impfung erfolgt intrakutan. Sie wurde in Deutschland im Säuglingsalter durchgeführt, wird aber von der STIKO derzeit nicht empfohlen (▶ www.rki.de → Infektionsschutz → Impfen). **Nebenwirkungen** der BCG-Schutzimpfung sind:

- Ungewöhnlich heftige Reaktionen und länger dauernde Gewebereaktionen an der Impfstelle
- Zur Abszedierung neigende regionale Lymphadenitis (0,5–3 % der Säuglingsimpfungen)
- Osteomyelitis (etwa 1:100.000)
- Lupus
- Generalisierte Aussaat mit manchmal tödlichem Ausgang bei angeborenen oder erworbenen Immundefekten.

BCG schützt Kleinkinder vor tuberkulöser Meningitis und Miliartuberkulose; gegen die häufigste Form der Erkrankung, die Lungentuberkulose in allen Altersklassen, ist der Schutz dagegen ungenügend. In vielen Ländern wird BCG weiterhin Kleinkindern gegeben. Mit ca. 4 Mrd. Verabreichungen stellt die BCG-Impfung die häufigste Impfung überhaupt dar.

Allgemeine Maßnahmen Personen mit nichtdiagnostizierter offener Lungen-TB sind die wichtigste Ansteckungsquelle. Eine schnelle Diagnostik, die Isolierung des Patienten sowie ein unverzüglicher Therapiebeginn führen zur raschen Unterbrechung der Infektionskette. Als Hygienemaßnahmen gelten regelmäßiges Lüften der Räume, ggf. auch die Unterbringung in Unterdruckräumen, Bestrahlung der Atemluft mit UV-Licht und das Tragen von FFP2-Masken von Personal und Besuchern (Patienten tragen „chirurgische Masken").

Desinfektion Da M. tuberculosis sehr widerstandsfähig gegen Austrocknung ist, erfordert die Desinfektion besondere Aufmerksamkeit. Sie sind gegen viele Desinfektionsmittel widerstandsfähiger als andere Bakterien; daher dürfen nur solche Mittel eingesetzt werden, deren Wirksamkeit gegen Mykobakterien gesondert geprüft worden ist. Diese Mittel sind in der Desinfektionsmittelliste des Robert Koch-Instituts gesondert ausgewiesen.

Meldepflicht Die klinisch diagnostizierte Tuberkulose und/oder der mikrobiologische Direktnachweis von M. tuberculosis sind meldepflichtig. Gesetzliche Grundlage ist das Infektionsschutzgesetz (IfSG). Das Robert Koch-Institut empfiehlt entsprechend: „Nach dem IfSG ist der feststellende Arzt nach § 6 Abs. 1 verpflichtet, die Erkrankung sowie den Tod an einer behandlungsbedürftigen Tuberkulose zu melden, auch wenn ein bakteriologischer Nachweis nicht vorliegt. In der Praxis wird somit jeder Fall meldepflichtig, bei dem eine antituberkulöse Kombinationstherapie eingeleitet wurde … Gemäß § 7 IfSG besteht für das Labor eine Meldepflicht für den direkten Erregernachweis von M. tuberculosis-Komplex außer BCG sowie nachfolgend für das Ergebnis der Resistenzbestimmung. Vorab ist bereits der Nachweis säurefester Stäbchen im Sputum an das zuständige Gesundheitsamt zu melden.

In Kürze: Mycobacterium tuberculosis

- **Bakteriologie:** Obligat aerobes (mikroaerophiles Wachstum möglich), langsam wachsendes, säurefestes Stäbchen mit Vorliebe für lipidhaltige Nährböden. In flüssigen Nährmedien „schimmelpilzähnliches" Oberflächenwachstum mit Klumpenbildung.
- **Vorkommen:** Einziges natürliches Reservoir ist der Mensch.
- **Resistenz:** Vermehrungsfähigkeit in feuchtem oder ausgetrocknetem Sputum kann bis zu 6 Wochen erhalten bleiben.
- **Epidemiologie:**
  - **Weltweit** ca. 10 Mio. neue Tuberkulose-Erkrankungsfälle und ca. 1,6 Mio. Todesfälle pro Jahr. Begünstigend für eine rasche Krankheitsausbreitung sind: beengte Wohnraumverhältnisse, Übertragung durch Aerosole und eine niedrige genetische oder erworbene Resistenzlage in der Bevölkerung.

- **Deutschland:** 5486 Neuerkrankungen und 102 Tote im Jahr 2017.
- **Manifestationen:** Häufigste (ca. 75 %): Lungentuberkulose. Andere: Lymphknoten, Pleura, Knochen, ZNS, Urogenitalsystem u. a.).
- Tuberkulose-(TB-)Kontrolle: weltweit durch Zunahme antibiotikaresistenter M. tuberculosis-Stämme erschwert.

- **Übertragung:** Von Mensch zu Mensch über Aerosole.
- **Pathogenese:** Inhalation des Erregers → Phagozytose in den terminalen Bronchioli und Alveolen durch Alveolarmakrophagen → intraphagozytäre Vermehrung und Persistenz → Infiltration lokaler hilärer und mediastinaler Lymphknoten → Ausbildung einer zellulären Immunität. Konsolidierung des Primärkomplexes. Bei mangelnder Immunabwehr Dissemination und Manifestation in verschiedenen Organsystemen → Reaktivierung des Primärkomplexes möglich (z. B. durch Immunsuppression).
- **Pathomechanismen:** Intrazellulär persistierender Erreger. Pathologie primär immunologisch bedingt.
- **Klinik:** Chronisch verlaufende Infektionskrankheit. Inkubationszeit 4–6 Wochen, z. T. auch deutlich länger.
  - **Verlauf:** Primärstadium, Postprimärstadium.
  - **Manifestationsformen:** Lungen-TB, Lymphknoten-TB, Pleuritis-TB, Knochen-TB, ZNS-TB, Miliar-TB etc.
- **Immunität:** Zelluläre Immunität: Begleitet von einer Allergie vom verzögerten Typ. Ausbildung antigenspezifischer T-Lymphozyten-Populationen, die über die Aktivierung mononukleärer Phagozyten via Zytokine, insbesondere IFN-γ und TNF-α, zur Riesenzell- und Granulombildung führt.
- **Labordiagnose:**
  - **Untersuchungsmaterial:** Sputum, bronchoalveoläre Lavage, Urin, Stuhl, Punktate, Biopsien.
  - **Erregernachweis:** Lichtmikroskopisch in der Ziehl-Neelsen-Färbung, fluoreszenzmikroskopisch in der Auraminfärbung, molekulare Methoden.
  - **Kultur:** Nach Anreicherung und Abtötung der Begleitkeime Wachstum auf Fest- und in Flüssignährmedien über 2–4 Wochen.
  - **Identifizierung:** Molekulare Verfahren, Resistenzbestimmung.
- **Therapie:**
  - **Lungen-TB ohne Antibiotikaresistenzen:**
    - Vierfachkombination mit Isoniazid (INH), Rifampicin (RMP), Ethambutol (EMB) und Pyrazinamid (PZA) für 2 Monate
    - Dann Zweifachkombination mit INH und RMP für weitere 4 Monate.
    - Eventuell Therapieänderung nach Antibiogramm und Schwere der Erkrankung.
- **Prävention:** Schnelle Diagnose und Therapie, Isolation von Patienten, Kontaktpersonen schützen sich mit aerosoldichten Masken und anderen Hygienemaßnahmen.
- **Impfung:** BCG-Impfung ist möglich, der Schutz ist jedoch unzureichend. Sie wird in Deutschland nicht empfohlen.
- **Meldepflicht:** Erkrankung und Tod, Behandlungsabbruch bzw. -verweigerung, direkter Erregernachweis inklusive mikroskopischem Nachweis säurefester Stäbchen und Resistenzbestimmung.

42.2 Nichttuberkulöse Mykobakterien

Steckbrief

Viele nichttuberkulöse Mykobakterien (NTM) sind fakultativ pathogen. Man unterscheidet langsam wachsende Spezies, die mehr als 7 Tage für sichtbares Wachstum benötigen, und schnell wachsende Spezies, die weniger als 7 Tage benötigen. Sie verursachen Erkrankungen des Respirationstrakts und der Haut, lokale Lymphadenitiden sowie systemische Erkrankungen bei Immunsupprimierten.

M. avium/intracellulare: kurze säurefeste Stäbchen

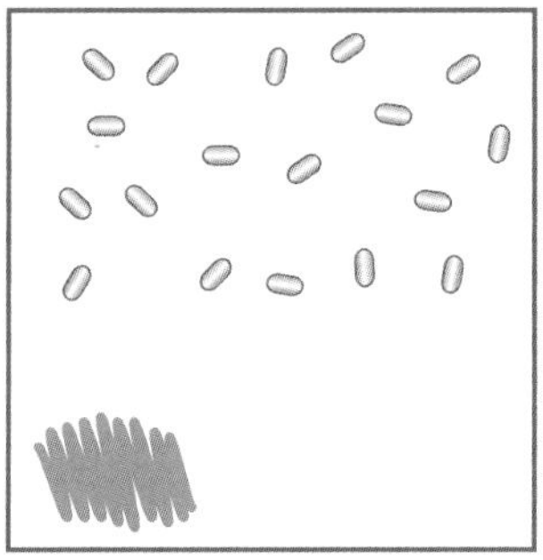

42.2.1 Beschreibung

Aufbau

Der Aufbau der NTM unterscheidet sich nicht grundsätzlich von M. tuberculosis.

Extrazelluläre Produkte

Pathogenetisch relevante Sekretionsprodukte wurden bisher nicht identifiziert.

42

■ Resistenz gegen äußere Einflüsse

Mykobakterien sind gegen Umwelteinflüsse außergewöhnlich resistent. So kann z. B. M. phlei 4 h bei 60 °C überleben. Häufig besteht eine erhebliche Resistenz gegenüber Desinfektionsmitteln.

■ Vorkommen

Nichttuberkulöse Mykobakterien kommen in der Natur ubiquitär vor. Oft findet man sie in Boden- oder Wasserproben. Einige nichttuberkulöse Mykobakterien sind auf bestimmte Standorte begrenzt; z. B. ist M. ulcerans nur in Afrika und im südöstlichen Pazifik verbreitet.

42.2.2 Rolle als Krankheitserreger

■■ Epidemiologie

In den letzten Jahren ist das Wissen über die Epidemiologie von NTM-Lungenerkrankungen deutlich gewachsen. Für Deutschland wird eine Inzidenz von 2,6/100.000 angegeben, das entspricht etwa der Hälfte der Fälle an Tuberkuloseerkrankungen im Jahr. Risikofaktoren sind v. a. Bronchiektasenerkrankungen und inhalatives Zigarettenrauchen. Im Gegensatz zu M. tuberculosis ist nicht jede Isolation einer NTM-Art aus humanen Proben ein Indiz für eine Erkrankung

■■ Übertragung

Direkte Übertragungen von NTMs von Mensch zu Mensch sind bislang nicht belegt. Für M. abscessus werden aber Übertragungen von Mensch zu Mensch bei Patienten mit einer zystischen Fibrose vermutet.

■■ Pathogenese

Ähnlich wie M. tuberculosis sind auch nichttuberkulöse Mykobakterien fakultativ intrazellulär. Ebenfalls vergleichbar mit der TB ist das Auftreten einer granulomatösen Entzündung. Bezüglich der Virulenz können sich die Spezies stark voneinander unterscheiden:

- M. kansasii ist praktisch immer pathogen.
- M. gordonae ist praktisch nie pathogen.
- Dazwischen gibt es ein breites Spektrum.
- Vermutlich pathogen sind M. abscessus, M. avium, M. intracellulare, M. chimaera, M. malmoense und M. xenopi.

■■ Klinik

Die Differenzierung einer Infektion mit NTM von einer Erkrankung durch NTM ist im klinischen Alltag oft sehr schwierig. (◘ Tab. 42.2). Für eine Erkrankung sprechen folgende Faktoren:

1. Wiederholter Nachweis derselben Spezies
2. Hohe Bakterienlast, Darstellung säurefester Stäbchen in der Mikroskopie
3. Pathogene Spezies, z. B. M. kansasii im Gegensatz zu M. gordonae
4. Abnahme der Probe aus sterilem Kompartiment, z. B. aus einem Lymphknoten oder aus Lungengewebe
5. Immunsuppression des Wirts

Viele NTM können **chronische Lungenerkrankungen vom nodulär-bronchiektatischen oder vom fibrösen-kavitären Typ** verursachen, z. B. M. kansasii, M. avium, M. intracellulare, M. malmoense, M. xenopi und zahlreiche andere. M. avium, M. intracellulare und M. kansasii können insbesondere bei Patienten mit chronischen Lungenerkrankungen **pulmonale Infektionen** verursachen.

Isolierte Lymphadenitiden mit M. avium werden bei Kindern beobachtet. **Disseminierte Infektionen** mit M. avium unter Beteiligung des **Gastrointestinaltrakts** findet man bei immunsupprimierten Patienten, v. a. bei Patienten mit AIDS.

Infektionen der **Haut** werden auch durch M. marinum (Schwimmbadgranulom) und M. ulcerans (Buruli Ulkus; in den Tropen) verursacht. Schnell wachsende Spezies wie M. chelonae, M. abscessus und M. fortuitum oder langsam wachsende Mykobakterien wie M. kansasii können ebenfalls **Hautinfektionen** verursachen.

■■ Labordiagnose

Unterschieden werden:

Mikroskopie Nichttuberkulöse Mykobakterien sind säurefeste Stäbchenbakterien, deren mikroskopisches Erscheinungsbild sehr verschiedenartig sein kann (Pleomorphie): Ketten, palisadenartige Lagerung und Verzweigungen.

Anzucht Sie gelingt bei nichttuberkulösen Mykobakterien auf den gleichen Nährböden, die auch für M. tuberculosis geeignet sind (z. B. Löwenstein-Jensen-Medium).

Identifizierung Die Differenzierung nichttuberkulöser Mykobakterien erfolgt mit molekularbiologischen Methoden.

■■ Therapie

Die Therapie von Infektionen durch NTM ist nicht einheitlich, und die Behandlungsergebnisse sind sehr davon abhängig, um welche Bakterienart es sich handelt. Die Behandlung ist immer eine Kombinationstherapie. Die Wahl der Antibiotika wird durch die Ergebnisse der Empfindlichkeitstestung im Labor geleitet.

Für fast alle Lungenerkrankungen durch NTM wird eine Kombinationstherapie aus mindestens 3 wirksamen Medikamenten für 12 Monate über den Zeitpunkt der Kulturkonversion hinaus empfohlen. In einzelnen Fällen kann sich die chirurgische Sanierung des Infektionsherdes als hilfreich erweisen.

Empfehlungen zur Behandlung geben die Leitlinien der folgenden Organisationen:
- European Society of Clinical Microbiology and Infectious Diseases (ESCMID)
- European Respiratory Society (ERS)
- Infectious Diseases Society of America (IDSA)
- American Thoracic Society (ATS)

Prävention
Aufgrund des ubiquitären Vorkommens sind Präventionsmaßnahmen schwierig. Die Isolierung erkrankter Patienten ist nicht sinnvoll. Ein Impfstoff steht nicht zur Verfügung. Eine wirksame Präventionsmaßnahme ist die schnellstmögliche Beseitigung einer disponierenden Abwehrschwäche.

In Kürze: Nichttuberkulöse Mykobakterien (NTM)
- **Bakteriologie:** Säurefeste Stäbchen, Unterteilung nach Wachstumsgeschwindigkeit.
- **Vorkommen:** Ubiquitär in Boden und Wasser.
- **Epidemiologie:** Immunsuppression erhöht das Risiko einer Infektion.
- **Übertragung:** Nicht von Mensch zu Mensch. Infektion aus der Umwelt.
- **Pathogenese:** Intrazelluläre Erreger, granulomatöse Entzündung.
- **Klinik:** Lunge, Haut, Verletzungen. Disseminierte Form häufig bei HIV-Infizierten.
- **Diagnose:** Säurefest im Präparat, Anzucht z. B. auf Ziehl-Neelsen-Agar, molekularbiologischer Nachweis.
- **Therapie:** Wegen häufiger Multiresistenz Kombination von 3–6 Antituberkulotika notwendig, z. B. Clarithromycin, Ethambutol und Rifabutin.
- **Prävention:** Eine geeignete Prävention ist nicht bekannt.
- **Meldepflicht:** Keine.

42

42.3 Mycobacterium leprae

Fallbeispiel

Ein 45-jähriger Patient aus Thailand, der schon seit 18 Jahren in Deutschland lebt und zwischenzeitlich nicht in Thailand war, stellt sich bei einem Dermatologen vor. Er hat in den letzten 8 Monaten mehrere gut abgegrenzte, asymmetrische, trockene, leicht schuppige Hautveränderungen entwickelt. Der Hautarzt vermutet zunächst eine Lepra, schließt diese Diagnose dann aber aus, da der Patient seit 18 Jahren nicht mehr außerhalb von Europa war, weil er keine verdickten Nerven tasten kann und weil in den Hautläsionen keine Sensibilitätsstörungen bestehen. Lues-Serologie und Tuberkulintest sind negativ. Zunächst erfolgt keine weitere Diagnostik. Vier Monate später stellt sich der Patient erneut vor, seine Hautläsionen sind größer geworden. Eine Hautbiopsie ergibt jetzt eine granulomatöse Dermatitis, in der Biopsie lässt sich mittels PCR M. leprae, nicht aber M. tuberculosis nachweisen. Der Fall zeigt, dass eine Lepra oft sehr verzögert diagnostiziert wird.

Steckbrief

M. leprae ist ein leicht gebogenes, 0,3 µm breites, 1–5 µm langes, säurefestes Stäbchen. Es ruft die Lepra (gr.: Aussatz) hervor.

Mycobacterium leprae: säurefeste Stäbchen in Bündeln innerhalb Schwann-Scheiden, entdeckt 1869 von G. A. Hansen

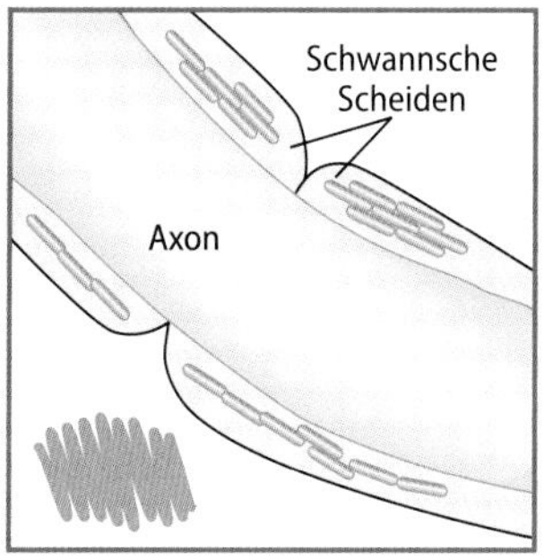

Die Lepra war bereits im Altertum bekannt. Als früheste Hauptherde gelten Ägypten, Ostasien und Indien. Durch römische Soldaten, Völkerwanderung und Kreuzzüge wurde die Lepra nach Europa eingeschleppt. Der Norweger G. Armauer Hansen (1841–1912) entdeckte 1869 den Erreger.

42.3.1 Beschreibung

Aufbau
Ähnlich wie M. tuberculosis enthält M. leprae in der Zellwand reichlich Lipide und Wachse, außerdem die für Mykobakterien typischen Mykolsäuren.

Extrazelluläre Produkte
Sezernierte Produkte sind bisher nicht isoliert worden.

■ Resistenz gegen äußere Einflüsse

M. leprae kann mehrere Tage außerhalb des Wirtes infektiös bleiben, unter tropischen Bedingungen bis zu 9 Tage.

■ Vorkommen

Einziges Erregerreservoir ist nach bisherigen Erkenntnissen der unbehandelte, leprakranke Mensch. Echte Lepra im Tierreich ist nicht bekannt; das Neunbinden-Gürteltier (engl.: „armadillo") ist der einzige bekannte nichtmenschliche, natürliche Wirt.

42.3.2 Rolle als Krankheitserreger

■■ Epidemiologie

Laut WHO wurden 2018 weltweit noch 208.619 neue Leprafälle diagnostiziert, 71 % davon in Südostasien. Auf Indien allein entfielen mehr als die Hälfte aller berichteten Fälle (120.334). Aus Südamerika wurden 28.660 Neuerkrankungen gemeldet, 93 % davon aus Brasilien. In Deutschland wurde 2018 kein Fall und 2017 ein Fall von lepromatöser Lepra gemeldet.

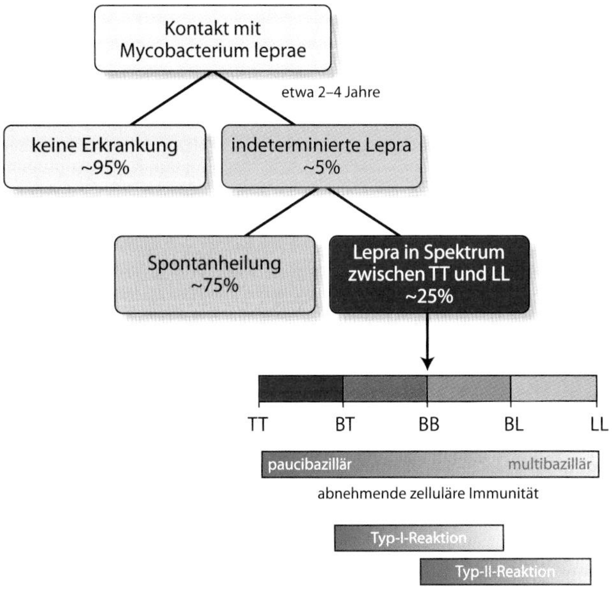

■ **Abb. 42.7** Klinisches Spektrum der Lepra (TT, tuberkuloid; BT, borderline-tuberkuloid; BB, borderline; BL, borderline-lepromatös; LL, lepromatös)

■■ Übertragung

Übertragen wird der Erreger vorwiegend durch engen **Haut-zu-Haut-Kontakt,** wobei erregerhaltiges Nasenschleimhautsekret eine Rolle spielen dürfte. Eine andere Infektionsquelle ist die stark erregerhaltige **Brustmilch** leprakranker Frauen. Infektion und Weiterverbreitung des Erregers setzen ein **länger dauerndes Zusammenleben** voraus. Am häufigsten sind Länder mit niedrigem Lebensstandard betroffen.

■■ Pathogenese

M. leprae ist ein obligat intrazellulärer Erreger, der sich in Makrophagen und Schwann-Zellen vermehrt. Der antibakteriellen Aktivität der Makrophagen entzieht er sich u. a. dadurch, dass er in Makrophagen die Verschmelzung der Lysosomen mit Phagosomen hemmt. Das Erscheinungsbild der Erkrankung steht und fällt mit der Ausprägung einer protektiven zellvermittelten Immunität:

- Bei fehlgeleiteter Immunität existiert eine „anergische" Form, die **lepromatöse,** sog. **maligne Lepra.**
- Gegenstück ist die **tuberkuloide, benigne Lepra** der Patienten mit einer zum Schutz gerüsteten Immunität.

Lepromatöse Lepra Bei der anergischen Form finden sich im befallenen Gewebe keinerlei Entzündungszeichen; die Makrophagen sind prall mit Erregern gefüllt. In den Läsionen fehlen CD4-T-Zellen weitgehend und es finden sich fast ausschließlich CD8-T-Zellen. Diese T-Zell-Verteilung lässt sich auch im peripheren Blut nachweisen. Die lepromatöse Lepra lässt sich bezüglich des Immunstatus mit der Miliartuberkulose vergleichen. Im Gegensatz zur tuberkuloiden Lepra fehlt bei der lepromatösen Lepra eine Tendenz zur Selbstheilung.

Tuberkuloide Lepra Bei ihr finden sich in den Läsionen organisierte Epitheloid- und Riesenzellgranulome mit einzelnen Erregern oder deren Fragmenten bei Überwiegen der CD4-T-Zellpopulation. Hierbei handelt es sich fast ausschließlich um IFN-γ produzierende CD4-T-Zellen vom TH1-Typ als Ausdruck weitgehend effizienter Zellularabwehr. Diese Form lässt sich mit der Primärtuberkulose vergleichen. Die tuberkuloide Form hat eine starke Selbstheilungstendenz (bis zu 90 %).

■■ Klinik

■ Abb. 42.7 illustriert das klinische Spektrum der Lepra.

Lepromatöse Lepra (LL-Form) Im Vordergrund der Symptomatik stehen knotige Infiltrate, die sog. Leprome, an Ellenbogen, Knien, Gesicht und Ohren. Die Lepraherde befinden sich vorzugsweise an kühlen Körperpartien. Die Infiltrationen im Gesichtsbereich zusammen mit beidseitiger Keratokonjunktivitis bedingen das charakteristische Bild der Facies leonina (Löwengesicht). Häufig ist die Nasenschleimhaut befallen mit chronischem Schnupfen und

Nasenbluten. Durch Destruktionen kommt es zur charakteristischen Kleeblattnase. Typisch ist ein Verlust der lateralen Augenbrauen (Madarosis). Die Augen sind häufig betroffen unter dem Bild der Konjunktivitis, Iridozyklitis und Keratitis. Im Vergleich zur tuberkuloiden Lepra stehen Nervenbeteiligung mit Paralysen und Muskelatrophien eher im Hintergrund.

Tuberkuloide Lepra (TT-Form) Sie verläuft im Vergleich zur lepromatösen Lepra langsamer und ohne systemische Beteiligung, aber mit einer Tendenz zur spontanen Regression: Untersuchungen in Indien und den Philippinen haben eine Selbstheilungsrate von 77–90 % gezeigt. Die tuberkuloide Lepra betrifft fast ausschließlich die Haut und periphere Nerven:

- Die **Hauterscheinungen** zeigen sich als Papeln oder Maculae, die unter Hinterlassung depigmentierter Herde zentral abheilen. Verstümmelnde Hautveränderungen können vorkommen. Sensibilitätsstörungen sind häufig.
- Eine **Nervenbeteiligung** bei der tuberkuloiden Lepra ist meist schwerwiegend. Die befallenen peripheren Nerven sind als verdickte Stränge tastbar; es entwickeln sich Parästhesien, Paresen und Muskelatrophien. Im Gesicht beobachtet man, bedingt durch Fazialisparese und Ptosis, die charakteristische **Facies antonina** (Mönchsgesicht). An den Füßen imponieren ulzeröse Läsionen als „mal perforant".

Beteiligung der inneren Organe kommt nicht vor. Der Lepromintest fällt positiv aus.

Borderline-Lepra (BB-Form) Diese 3. Haupterscheinungsform der Lepra stellt einen Zustand zwischen den beschriebenen Formen dar. Sie kann sich in eine der beiden Formen weiterentwickeln.

Leprareaktionen Dies sind episodisch auftretende, immunologisch vermittelte Entzündungsreaktionen, die durch ödematöse, erythematöse, schmerzhafte Hautläsionen und Neuritiden charakterisiert sind, welche zu dauernder Nervenschädigung führen können. Es handelt sich somit um medizinische Notsituationen:

- **Typ-I-Reaktionen** („reversal reaction") beruhen auf Änderungen in der zellvermittelten Immunität und führen oft zu einem Shift von der Borderline-Lepra zur tuberkuloiden Lepra.
- **Typ-II-Reaktionen,** auch als **Erythema nodosum leprosum** (ENL) bezeichnet, beruhen auf humoraler Hypersensitivität bei Patienten mit lepromatöser Lepra, ausgelöst durch die Therapie, aber auch durch Stimulation des Immunsystems, z. B. bei Impfungen. Es können schmerzhafte Hautknoten, Neuralgien, Fieber, Vaskulitis, Lymphadenitis, Proteinurie, Orchitis und/oder Daktylitis auftreten.

42

Immunität

Entscheidend für die Abtötung der Bakterien und für eine schutzvermittelnde Immunantwort ist eine intakte zelluläre Immunität, die von IFN-γ produzierenden TH1-Zellen getragen wird. Sie ist bei der tuberkulösen Lepra stark, bei der lepromatösen Lepra schwach ausgebildet. Dies geht auf eine Hemmung der protektiven T-Zell-Antwort durch T-Zellen zurück, die Zytokine vom TH2-Typ bilden. Zwar werden massiv Antikörper gegen M. leprae gebildet, jedoch sind diese nicht in der Lage, eine wirksame Immunität aufzubauen.

Labordiagnose

Bei der Labordiagnose ist die histologische Beurteilung von Gewebeproben in Verbindung mit der Darstellung säurefester Stäbchen entscheidend.

Untersuchungsmaterial Biopsien aus dem Rand von Läsionen erhöhen die Sensitivität des Erregernachweises.

Mikroskopie Lichtmikroskopisch stellen sich die Erreger in der Ziehl-Neelsen-Färbung als 0,3–1,5 µm lange, typischerweise in Bündeln gelagerte, säurefeste Stäbchen dar. In der histologischen Beurteilung finden sich bei der tuberkuloiden Form der Lepra Granulome, wohingegen bei der lepromatösen Form Histiozyten (Schaumzellen) und intrazelluläre Aggregate von säurefesten Stäbchen zu sehen sind.

Anzucht Bisher ist es nicht gelungen, M. leprae in vitro zu kultivieren.

Molekularer Nachweis Aus dem Patientenmaterial wird selektiv mittels spezifischer Primer ein Gen spezifisch für M. leprae amplifiziert. Dieses Verfahren setzt eine entsprechende Laborausstattung voraus, die in Endemiegebieten typischerweise nicht vorhanden ist. Daher spielt die molekulare Diagnostik praktisch nur eine untergeordnete Rolle.

Therapie

Die Behandlung der Lepra ist standardisiert. Ähnlich wie bei der Tuberkulose werden Kombinationen (MDT = „multiple drug therapy") eingesetzt, um die Entstehung von Resistenzen zu verhindern. Gemäß WHO-Empfehlung wird die paucibazilläre Lepra (TT) mit einer Zweierkombination aus Dapson (Diaminodiphenylsulfon) und Rifampicin behandelt, die multibazilläre (BB und LL) zusätzlich mit

Clofazimin (Lampren). Die Medikamente sind über die WHO zu beziehen. Man rechnet mit Rückfallraten von ca. 1 % nach Therapie. Insgesamt hat diese von der WHO empfohlene Standardtherapie die Leprаprävalenz weltweit stark verringert. Sind nur einzelne Läsionen vorhanden, reicht eventuell auch die einmalige Gabe von Rifampicin + Ofloxazin + Minocycl in aus.

Leprareaktionen sind oft schwer zu beherrschen, die Patienten sollten an eine Klinik mit entsprechender Erfahrung überwiesen werden. **Typ-I-Reaktionen** werden mit Prednisolon therapiert, das **ENL** eventuell – unter der Beachtung der Kontraindikationen – auch mit Thalidomid. Nichtteratogene Thalidomidderivate befinden sich in der Erprobung.

▪▪ Prävention

Unterschieden werden:

Allgemeine Maßnahmen Wichtig sind Verbesserungen der hygienischen Lebensverhältnisse bei ausreichender Ernährung. Eine genaue Beobachtung verletzungsgefährdeter Körperteile bei Infizierten und Kontaktpersonen soll eine frühzeitige Therapie gewährleisten. Isolierungsmaßnahmen sind für tuberkuloid Erkrankte nicht erforderlich, ebenso wenig für lepromatös Erkrankte, sobald die Therapie (mit Rifampicin) begonnen wurde.

Meldepflicht Namentlich zu melden sind direkte und indirekte Nachweise von M. leprae (§ 7 IfSG).

In Kürze: Mycobacterium leprae

- **Bakteriologie:** Säurefestes Stäbchen mit dem für Mykobakterien typischen Zellwandaufbau. In-vitro-Anzüchtung des Erregers bisher noch nicht gelungen. Anzucht nur in immunsupprimierten Mäusen und Gürteltieren.
- **Vorkommen:** Einziges Erregerreservoir ist der Mensch.
- **Epidemiologie:** Weltweit ca. 250.000 Leprakranke (2009, Tendenz fallend), 2018 wurden 208.619 neue Leprafälle diagnostiziert.
- **Übertragung:** Erfolgt überwiegend durch engen, lang andauernden Haut- und Schleimhautkontakt.
- **Pathogenese:** Obligat intrazellulärer Erreger → Persistenz in Makrophagen und Schwann-Zellen → Aktivierung der zellvermittelten Immunität → lymphohistiozytäre Infiltration infizierter Gewebe → je nach Resistenzlage des Patienten tuberkuloide Form (günstige Prognose) oder lepromatöse Lepra (schlechte Prognose).
- **Zielgewebe:** Haut- und Schleimhaut, Nervengewebe, Makrophagen, Schwann-Zellen der Nervenscheiden.
- **Klinik:** Sehr variable Inkubationszeit, oft jahrelang. Je nach Resistenzlage Manifestation als tuberkuloide, Borderline- oder lepromatöse Lepra.
- **Therapie**: Dreifachkombination mit Dapson, Clofazimin und Rifampicin.
- **Immunität:** T-Zell-abhängig. Bei der lepromatösen Form Induktion supprimierender Immunmechanismen durch M. leprae.
- **Prävention:** Allgemeine Verbesserung der hygienischen und sozialen Verhältnisse insbesondere in Entwicklungsländern. Individuelle Expositionsprophylaxe v. a. im Kindesalter. Immunisierung nicht möglich.
- **Meldepflicht:** Direkter und indirekter Erregernachweis, namentlich.

Weiterführende Literatur

Kaufmann SHE, Britton WJ (2008) Handbook of tuberculosis, Bd 2. Immunology and cell biology. Wiley-VCH, Weinheim

Kaufmann SHE, Rubin E (2008) Handbook of tuberculosis, Bd 1. Molecular genetics and biochemistry. Wiley-VCH, Weinheim

Kaufmann SHE, van Helden PD (2008) Handbook of tuberculosis, Bd 3. Clinics, diagnostics and epidemiology. Wiley-VCH, Weinheim

WHO Global Tuberculosis Report 2019 (2019) World Health Organization, Geneva. ► https://www.who.int/tb/global-report-2019

Nocardien und andere aerobe Aktinomyzeten

Franz-Christoph Bange

Bei der Bezeichnung „aerobe Aktinomyzeten" handelt es sich um einen nichtsystematischen Sammelbegriff für grampositive, verzweigte Stäbchenbakterien, die mehreren Gattungen angehören, darunter die Gattung Nocardia. Alle Vertreter dieser Gruppe enthalten Mykolsäuren und sind phylogenetisch mit den Mykobakterien verwandt. Wie diese vermehren sie sich bevorzugt unter aeroben Bedingungen (▣ Tab. 43.1). Die Differenzierung innerhalb der Gruppe ist wegen der Vielfalt morphologischer und physiologischer Merkmale schwierig, sodass heute molekularbiologischen Methoden (z. B. Sequenzierung) zur Identifizierung im Vordergrund stehen. Aerobe Aktinomyzeten findet man in der Umwelt. Eintrittspforte ist der Respirationstrakt oder die verletzte Haut. Übertragungen von Mensch zu Mensch kommen nicht vor. Nur wenige aerobe Aktinomyzeten sind klinisch relevant (▣ Tab. 43.2).

▣ Tab. 43.1 Aerobe Aktinomyzeten: Gattungsmerkmale

Merkmal	Ausprägung
Färbung	Grampositive Stäbchen, verzweigt
Aerob/anaerob	Aerob
Kohlenhydratverwertung	Oxidativ
Sporenbildung	Nein
Beweglichkeit	Nein
Katalase	Positiv
Besonderheiten	Partiell säurefest, Luftmyzel, Mykolsäuren

▣ Tab. 43.2 Durch verschiedene Aktinomyzeten verursachte Krankheiten

Art	Krankheit
Nocardia asteroides	Pneumonien
Nocardia farcinica	Abszesse (besonders intrazerebral)
Nocardia nova	Disseminierte Infektionen
Nocardia brasiliensis	Myzetom
Nocardia pseudobrasiliensis	
Nocardia otitidiscaviarum	
Nocardia transalvensis	
Actinomadura madurae	Myzetom
Actinomadura pelletieri	
Streptomyces somaliensis	
Tsukamurella spp.	Sepsis, Pneumonie
Rhodococcus equi	Pneumonie, Sepsis

Fallbeispiel

Eine 19-jährige Studentin stellt sich in der Universitätsklinik im Zentrum für Zahn-, Mund- und Kieferheilkunde vor. Der Patientin waren 2 Monate zuvor 2 Zähne entfernt worden, anschließend hatte sich ein Abszess entwickelt, der antibiotisch behandelt und von intraoral gespalten wurde. Im weiteren Verlauf trat aber eine schmerzhafte, livide Schwellung

S. Suerbaum et al. (Hrsg.), *Medizinische Mikrobiologie und Infektiologie*,
https://doi.org/10.1007/978-3-662-61385-6_43

der rechten Wange auf, etwa erbsengroß. Vergrößerte Lymphknoten waren nicht tastbar. Das indurierte Gewebe wurde exzidiert, bei der Operation war Sekret nachweisbar mit weißen, etwa 1 mm großen Granula. Bei der mikrobiologischen Untersuchung ließ sich Actinomyces israelii nachweisen. Es handelte sich somit um eine zervikofaziale Aktinomykose (vgl. ► Abschn. 41.3.2).

43.1 Nocardien

Steckbrief

Nocardien sind lange, verzweigte, aerob wachsende Stäbchenbakterien. Das Genus Nocardia umfasst mehr als 30 Spezies, von denen ein Drittel humanpathogen ist. Die Erreger führen insbesondere bei immunsupprimierten Patienten zu lokal abszedierenden Infektionen (z. B. Hirnabszess).
Nocardien wurde 1888 von Edmond Nocard (1850–1903) erstmalig von einem Rind mit eitrigen Lymphadenitiden isoliert.

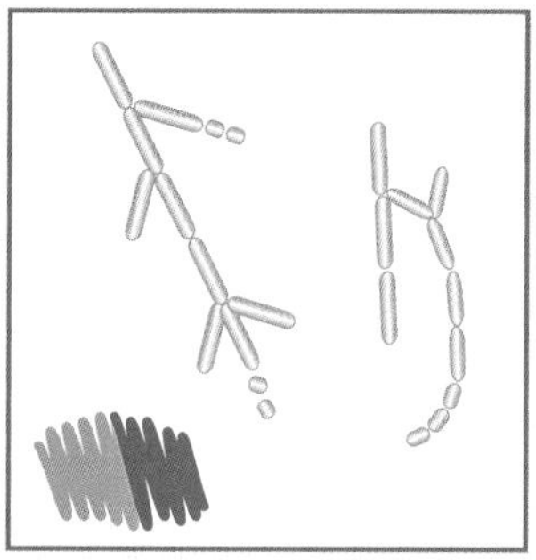

43.1.1 Beschreibung

Aufbau

Die Zellwand von Nocardien umfasst neben einer Peptidoglykanschicht Mykolsäuren, Tuberkulostearinsäuren sowie die Zucker Arabinose und Galaktose.

Resistenz gegen äußere Einflüsse

Nocardien sind vergleichsweise unempfindlich gegenüber äußeren Einflüssen.

Vorkommen

Nocardien kommen in der Umwelt vor. Gelegentlich werden sie auch aus dem Respirationstrakt des Menschen isoliert, ohne dass eine Erkrankung vorliegt.

43.1.2 Rolle als Krankheitserreger

Epidemiologie

Das Myzetom hervorgerufen durch Nocardia brasiliensis ist die häufigste Nocardiose in tropischen Regionen sowie Südamerika und Australien. Weltweit verursachen insbesondere Nocardia asteroides und Nocardia farcinica Infektionen des Respirationstrakts sowie disseminierte Infektionen. Die häufigste Nocardiose bei Tieren ist die Rindermastitis.

Übertragung

Übertragungen von Mensch zu Mensch oder von Tier zu Mensch sind nicht beschrieben. Infektionen entstehen durch direkte Inokulation von Hautwunden und durch Inhalation des Erregers aus der Umwelt.

Pathogenese

Nocardien verursachen akute, eitrige Infektionen. Sie blockieren die antibakteriellen Mechanismen von Makrophagen und neutrophilen Granulozyten. Die Virulenz wird durch bakterielle Zellwandbestandteile mitbestimmt, wie z. B. toxische Glykolipide. Nocardien besitzen Trehalose-6,6-dimykolat (Cordfaktor). Dieses proinflammatorische Glykolipid findet man auch bei Mycobacterium tuberculosis, wobei die Länge der Mykolsäuren zwischen Mykobakterien und Nocardien variiert.

- Nocardia asteroides verursacht ca. 80 % aller systemischen Nocardiosen und Nocardiosen des ZNS.
- Infektionen mit Nocardia farcinica kommen seltener vor, haben aber eine schlechte Prognose. In tierexperimentellen Untersuchungen ist diese Spezies besonders virulent. Darüber hinaus zeichnet sie sich durch zahlreiche Resistenzen aus.

Zunächst etabliert sich eine lokale Infektion in der Lunge und/oder im Bereich der Haut bzw. des Weichgewebes. Die Disseminierung ist möglich und damit die Entwicklung einer systemischen Erkrankung mit sekundären Absiedlungen des Erregers im ZNS (◘ Abb. 43.1).

Jede 2. Nocardiose ist mit einer **Immunsuppression** des Wirtes assoziiert. Als Risikofaktoren sind z. B. Alkoholmissbrauch, Diabetes, Organtransplantation und AIDS bekannt. Nocardien werden daher häufig als opportunistische Erreger bezeichnet.

Klinik

Infektionen der Haut und Weichgewebe sind die Folge von Verletzungen. Bedingt durch eine heftige eitrige Entzündungsreaktion sind sie selbstlimitierend und werden nicht selten als „Staphylokokken-Infektionen“ falsch diagnostiziert. Im Gegensatz dazu steht das

43

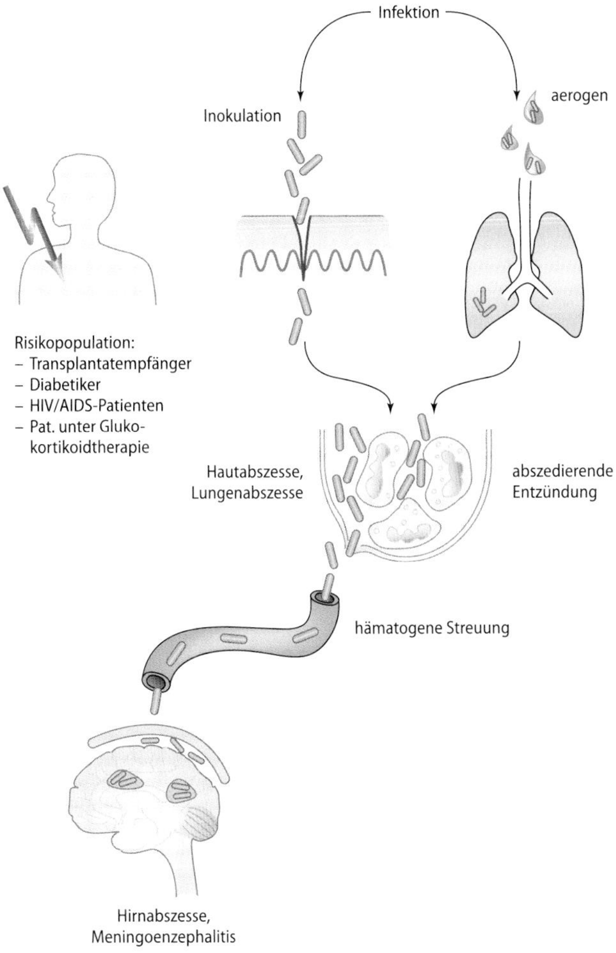

Abb. 43.1 Pathogenese der Nocardiose

Myzetom, ein chronisch destruierender Prozess im Bereich der distalen Gliedmaßen. Es handelt sich um eine schmerzlose, nekrotisierende Schwellung des Weichteilgewebes mit zahlreichen Fisteln und progressiver Fibrosierung. Myzetome werden auch von anderen aeroben Aktinomyzeten wie z. B. Actinomadura madurae, Actinomadura pelletieri und Streptomyces somaliensis verursacht.

Pneumonien durch Nocardien sind von eitrigen, granulomatösen oder gemischten Entzündungsreaktionen begleitet. Radiologisch können retikulonoduläre Infiltrate, die sich zu Kavernen entwickeln, oder diffuse Infiltrate auftreten. Patienten klagen über Husten und Auswurf sowie atmungsabhängige Schmerzen.

Das ZNS ist bei systemischen Nocardiosen häufig (in bis zu 50 %) mit betroffen. Die klinische Symptomatik wird durch **intrazerebrale Abszess- und Granulombildung** bestimmt. Die Erkrankung schreitet langsam über Monate oder Jahre fort und umfasst eine breite Palette fokaler neurologischer Defizite sowie Veränderungen im Verhalten oder psychiatrische Auffälligkeiten.

▪▪ Immunität

Die protektive Immunität ist T-Zell-vermittelt. Die humorale Abwehr spielt nur eine untergeordnete Rolle. Daher sind Patienten mit zellulärer Immunsuppression besonders gefährdet, an einer Nocardiose zu erkranken.

▪▪ Labordiagnose

In der **Mikroskopie** von Patientenmaterialien sind grampositive, verzweigte Stäbchen sichtbar.

Die definitive Diagnose der Nocardiose gelingt über die **Anzucht** des Erregers aus Gewebebiopsien, Wundabstrichen sowie Respirationsmaterialien. Die Inkubationsdauer sollte auf 7 Tage verlängert werden, da Nocardien mindestens 3 Tage für sichtbares Wachstum auf Festnährböden benötigen. Einige Arten wachsen deutlich langsamer und bilden erst nach 2–3 Wochen Kolonien auf Festnährböden. Geeignet für die Kultur der Bakterien sind Blut-, Kochblut- und Thayer-Martin-Agar.

Die Speziesdiagnose von Kulturisolaten gelingt mithilfe molekularer Methoden.

▪▪ Therapie

Je nach Schweregrad der Erkrankung werden für die Behandlung der Nocardiosen Sulfonamide, Cephalosporine sowie Imipenem in Kombination mit dem Aminoglykosid Amikacin eingesetzt. Lokale, begrenzte Infektionen oder Pneumonien werden mit Cotrimoxazol therapiert. Disseminierte Infektionen sowie Infektionen des ZNS erfordern eine intravenöse Kombinationstherapie. Immunkompetente Patienten werden 6 Monate, immunsupprimierte Patienten 12 Monate behandelt.

▪▪ Prävention

Eine Impfung steht nicht zur Verfügung. Es besteht keine Meldepflicht. Spezifische Präventionsmaßnahmen gegen die Infektion mit Nocardien werden nicht durchgeführt.

In Kürze: Nocardien

- **Bakteriologie:** Aerobe, verzweigte, grampositive Stäbchenbakterien; partiell säurefest.
- **Vorkommen:** In der Umwelt.
- **Epidemiologie:** Verursacht weltweit Infektionen bei Menschen und Tieren.
- **Übertragung:** Aus der Umwelt durch direkt Inokulation oder Inhalation der Erreger.
- **Pathogenese:** Der lokalen Infektion des Erregers folgt insbesondere bei immunsupprimierten Patienten eine systemische Erkrankung mit sekundären Herden im ZNS.
- **Klinik:** Bronchopneumonie, Hirnabszesse, Haut-/Weichgewebeabszesse.
- **Immunität:** T-Zell-vermittelte Immunität.
- **Labordiagnose:** Kultur des Erregers aus Gewebebiopsien, Respirationsmaterialien sowie Wundabstrichen; verlängerte Kulturdauer.
- **Therapie:** Cotrimoxazol, Cephalosporine, Imipenem, Amikacin.
- **Prävention:** Keine Impfung, keine spezifischen Präventionsmaßnahmen, keine Meldung.

Treponemen

Anja Berger, Ute Eberle, Nikolaus Ackermann, Volker Fingerle und Andreas Sing

Die Gattung Treponema umfasst sehr dünne Schraubenbakterien aus der Familie der Spirochaetaceae. Zu diesen sog. Spirochäten gehört auch die Gattung Borrelia (▶ Kap. 45). Der Name Treponema (gr.: „trepomai", sich drehen; „nema", Faden) bezieht sich auf die korkenzieherartigen Drehbewegungen dieser Bakterien. ◘ Tab. 44.1 fasst die wichtigsten Merkmale der Treponemen zusammen. Die wichtigste humanpathogene Art ist Treponema (T.) pallidum ssp. pallidum, der Erreger der Syphilis (Lues). Das Attribut pallidum (lat.: blass, bleich) verweist auf die schlechte Anfärbbarkeit dieser sehr filigranen Erreger mittels herkömmlicher Methoden. Die Erreger nur regional auftretender, sog. endemischer Treponematosen, die vom Syphiliserreger mit herkömmlichen Labormethoden nicht abgrenzbar sind, werden als T. pallidum-Subspezies bzw. im Falle des fast verschwundenen T. carateum als eigene Spezies klassifiziert (◘ Tab. 44.2). Der in der Mundschleimhaut aufzufindenden Art T. denticola wird eine Rolle bei der Entstehung der Parodontitis zugeschrieben. Andere schleimhautassoziierte Arten gelten als Bestandteil der Normalflora von Oral-, Anogenital- oder Intestinaltrakt. Tierpathogene Arten und Umwelttreponemen sind ebenfalls bekannt.

◘ Tab. 44.1 Treponema: Gattungsmerkmale

Merkmal	Ausprägung
Färbung	Spezialfärbung erforderlich
Aerob/anaerob	Mikroaerophil; keine Anzucht möglich
Kohlenhydratverwertung	Ja (diagnostisch nicht relevant)
Sporenbildung	Nein
Beweglichkeit	Ja
Katalase	Nein (diagnostisch nicht relevant)
Oxidase	Nein (diagnostisch nicht relevant)
Besonderheiten	Durchmesser: 0,1–0,2 µm, Länge: 6–20 µm
	Windungen: 6–14; Windungsdurchmesser („Amplitude"): 0,3 µm; „Wellenlänge": 1,1 µm

◘ Tab. 44.2 Treponemen: Arten und Krankheiten

Art	Krankheit
T. pallidum ssp. pallidum	Syphilis
T. pallidum ssp. endemicum	Bejel
T. pallidum ssp. pertenue	Frambösie
T. carateum	Pinta
T. vincentii	Angina Plaut-Vincenti

Fallbeispiel

Eine 26-jährige Patientin entwickelt 8 Wochen nach Rückkehr von einem Bali-Urlaub ein fein-makulöses, nichtjuckendes, generalisiertes Exanthem. Im Rahmen der Abklärung fallen deutlich erhöhte Leberwerte auf: GPT 145 U/l, GOT 140 U/l. Die übrigen Laborwerte sind unauffällig, keine Cholestase. Wegen des vorausgegangenen Bali-Aufenthalts werden zunächst tropenspezifische Erkrankungen wie Dengue-Fieber und Rickettsiosen ausgeschlossen (obwohl die Inkubationszeit hierfür weit überschritten ist). Untersuchungen auf Hepatitis A, B, C und E verlaufen negativ, ebenso auf EBV und CMV. Bei einer Kontrolluntersuchung sind die Leberwerte im Wesentlichen unverändert. Die Patientin informiert sich im Internet und kommt zu dem Schluss, dass sie eine Parvo-B19-Infektion hat – die Serologie ist aber negativ. Bei einer erneuten körperlichen Untersuchung fällt dann auf, dass auch Handinnenflächen und Fußsohlen betroffen sind. In der Lues-Serologie zeigt sich ein positiver Befund, es wird eine syphilitische Hepatitis diagnostiziert.

S. Suerbaum et al. (Hrsg.), *Medizinische Mikrobiologie und Infektiologie*,
https://doi.org/10.1007/978-3-662-61385-6_44

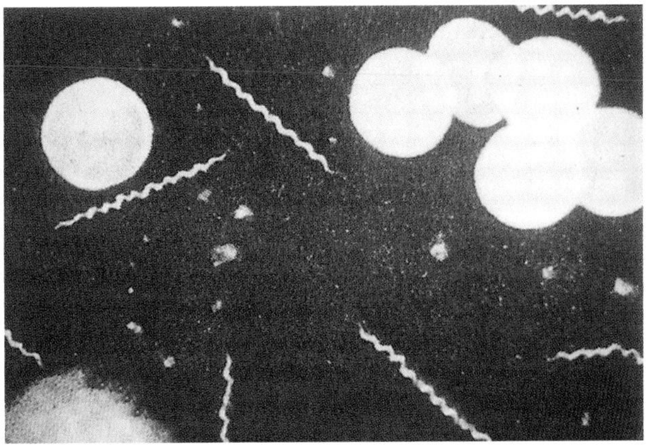

Abb. 44.1 Treponema pallidum – Schraubenbakterien im Nativpräparat

44.1 Treponema pallidum ssp. pallidum

Steckbrief

Treponema pallidum ssp. pallidum ist der Erreger der Syphilis (Lues). T. pallidum ist ein sehr dünnes Schraubenbakterium, das sich im Dunkelfeld- oder Fluoreszenzmikroskop darstellen lässt (Abb. 44.1). Die Erstbeschreibung gelang dem Protozoenforscher Fritz Schaudinn und dem Dermatologen Erich Hoffmann 1905 in der Hautklinik der Berliner Charité. Die Übertragung erfolgt meist über sexuelle Kontakte, selten transplazentar von der Mutter auf das Ungeborene. Die Infektion verläuft typischerweise in 3 Stadien. Meist erfolgt die Diagnostik indirekt über Antikörpernachweismethoden. Nach Diagnosestellung kann die Erkrankung mit einer antibiotischen Therapie geheilt werden.

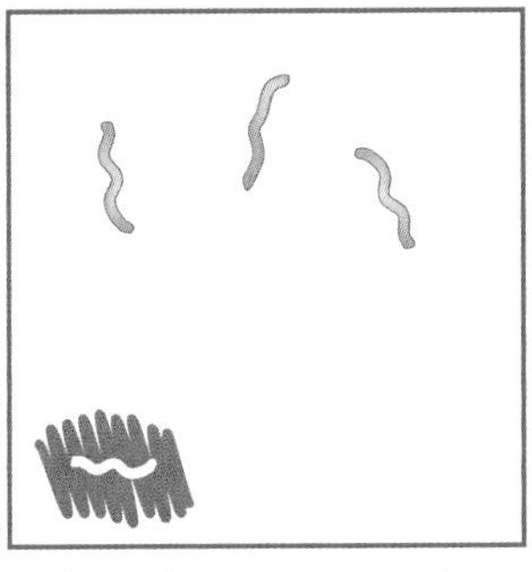

44

44.1.1 Beschreibung

Aufbau

T. pallidum ist ein gleichmäßig spiralig gewundenes Bakterium (Amplitude der Windungen: 0,3 μm). 3–6 an den beiden Bakterienenden befestigte Endoflagellen, die sich in der Zellmitte überkreuzen, ermöglichen im Dunkelfeldmikroskop sichtbare Beuge- sowie Rotationsbewegungen um die Längsachse. Die 6–20 μm langen und 0,1–0,2 μm breiten Bakterien besitzen nur eine dünne Peptidoglykanschicht. Die äußere Membran weist kein LPS und nur sehr wenige Transmembranproteine auf (ca. 1 % derer von E. coli). T. pallidum ist im Routinelabor nicht anzüchtbar, für Forschungszwecke wird T. pallidum im Kaninchenhoden oder in Zellkulturen vermehrt. Die Generationszeit in vivo ist mit über 30 h sehr lang.

Molekularbiologie

Die **Genome** der 6 bislang sequenzierten Stämme von T. pallidum ssp. pallidum sind mit 1,14 Mio. Basenpaaren und 1041 Genen im Vergleich zu anderen Bakterien **sehr klein.** Auffallend ist der Mangel an metabolischen Proteinen, das Fehlen einer Elektronentransportkette, einer eigenen Aminosäure- und Fettsäuresynthese sowie die Abhängigkeit von der Glykolyse als wichtigster ATP-Quelle. Dies erklärt u. a. das langsame Wachstum von T. pallidum.

Als obligater Parasit des Menschen mit begrenzten biosynthetischen Fähigkeiten weist T. pallidum stattdessen eine Reihe von Transportproteinen auf. Weiter fehlen klassische Virulenzfaktoren wie Exotoxine, ein Eisenaufnahmesystem sowie LPS als Agonist des „Toll-ähnlichen Rezeptors" TLR-4. Aufgrund seiner nur wenigen, sich teilweise verändernden Oberflächenmoleküle und der daraus resultierenden geringen Antigenität wurde T. pallidum als **Tarnkappenerreger** („stealth pathogen") bezeichnet.

Extrazelluläre Produkte

Extrazelluläre Produkte sind bislang nicht beschrieben.

Resistenz

Eine Resistenz gegen Penicillin ist nicht bekannt. T. pallidum ist empfindlich gegenüber Trockenheit, Kälte, Hitze, pH-Schwankungen, oxidierenden Substanzen und hoher Sauerstoffspannung. Außerhalb des menschlichen Körpers überlebt T. pallidum nur kurzzeitig. Auch wenn T. pallidum sich in bei 4 °C gekühltem Zitratblut noch bis zu 5 Tage lang vital nachweisen lässt, sind Übertragungen sehr selten und im Wesentlichen auf Frischblut beschränkt. Eine Übertragung durch Blut, das länger als 48 h bei 4 °C gelagert wurde, ist bisher nicht publiziert. In Deutschland, wo alle Blutspenden auf Syphilisantikörper untersucht werden, liegt die letzte dokumentierte Übertragung durch Bluttransfusion mehr als 20 Jahre zurück.

Vorkommen

Der Mensch ist der einzige natürliche Wirt von T. pallidum und seiner Subspezies. Der Erreger der Syphilis besiedelt die Schleimhäute.

44.1.2 Rolle als Krankheitserreger

■■ Epidemiologie

Weltweit infizieren sich ca. 6 Mio. Menschen pro Jahr neu mit Syphilis. Nach Einführung des Penicillins als Therapie sank die Zahl der gemeldeten Syphilisfälle in Deutschland wie in anderen westlichen Industrieländern besonders seit Ende der 1970er Jahre drastisch und erreichte Ende der 1990er Jahre ihren niedrigsten Stand (1,4 pro 100.000 Einwohner). Seit 2010 steigt die Zahl der in Deutschland gemeldeten Neuerkrankungen deutlich an (2010: ca. 4000 gemeldete Fälle; 2014: ca. 5800 gemeldete Fälle; 2017: ca. 7500 gemeldete Fälle, 2018: ca. 7300 gemeldete Fälle, entsprechend einer Inzidenz von 8,8 pro 100.000 Einwohnern): Bei Männern liegt die Syphilisinzidenz mit 17,1 pro 100.000 Einwohnern um ein Vielfaches höher als bei Frauen mit 1,1 pro 100.000 Einwohner. Die bundesweit höchsten Inzidenzen wurden in den großen Städten Berlin, Hamburg, Köln, München, Trier, Frankfurt, Mannheim, Düsseldorf und Stuttgart gemeldet (21–39/100.000 Einwohner).

Der Inzidenzanstieg beruht hauptsächlich auf einer **Zunahme der Neuerkrankungen bei homosexuellen Männern** (Männer, die Sex mit Männern haben, MSM). Infektionen von MSM werden v. a. aus großstädtischen Ballungsräumen berichtet und machen über 80 % der gemeldeten Fälle mit bekannter Risikoanamnese aus. Die Zahl der Neuerkrankungen bei Frauen und Männern mit heterosexuellen Risikokontakten blieb relativ konstant. Während in den 1970er bis 1990er Jahren Männer etwa doppelt so häufig wie Frauen erkrankten, liegt der Anteil der Männer unter den gemeldeten Fällen mittlerweile bei über 90 %. Am häufigsten sind Männer im 3. Lebensjahrzehnt betroffen, bei den Frauen die 20- bis 29-jährigen.

Syphilis-HIV-Koinfektionen treten ebenfalls auf, da syphilitische Ulzera einerseits das Zustandekommen einer HIV-Infektion begünstigen und andererseits eine floride Syphilis und eine HIV-Infektion sich wechselseitig ungünstig beeinflussen. Bei einem Drittel der Syphilispatienten aus dem Jahr 2017 wurde gleichzeitig eine HIV-Infektion angegeben, 80 % der HIV-Infizierten haben Treponemenantikörper.

Konnatale Syphilisinfektionen sind in Deutschland sehr selten: In den Jahren 2001 bis 2018 lag die Zahl gemeldeter konnataler Fälle zwischen 1 und 6 pro Jahr, was für die Wirksamkeit des Schwangeren-Screenings spricht.

■■ Übertragung

Da T. pallidum außerhalb des menschlichen Körpers rasch abstirbt, kann der Erreger nur direkt übertragen werden, über Schleimhautkontakte aller Art, am häufigsten beim **Geschlechtsverkehr.** Eine Infektion kann sowohl über die unverletzte als auch über die verletzte **Schleimhaut** erfolgen. Die Übertragungswahrscheinlichkeit wird mit bis zu 60 % pro penil-vaginalem Geschlechtsakt (bzw. – vorsichtiger – pro infiziertem Sexualpartner) angegeben und ist im Vergleich zu anderen sexuell übertragenen Erkrankungen sehr hoch.

Patienten bzw. deren Schleimhaut- und Hautmanifestationen im Stadium I sind hochinfektiös, im Stadium II infektiös. Bei entsprechender Lokalisation ist auch eine Übertragung über Küssen möglich. Im Stadium III besteht keine Infektiosität. Die Übertragung kann auch durch **Hautmikroläsionen** geschehen, über die intakte Haut ist ein Eindringen der Erreger extrem unwahrscheinlich.

Bereits 10 Treponemen waren in Versuchen mit Freiwilligen ausreichend, nach intradermaler Inokulation einen Primärschanker zu verursachen; bei Kaninchen genügt bereits eine einzige Treponeme, um eine Läsion hervorzurufen.

Zweithäufigster Infektionsmodus (weniger als 10 Fälle pro Jahr in Deutschland) ist die **diaplazentare** Übertragung. Sie kann bei unbehandelter Syphilis ab der 12. Schwangerschaftswoche erfolgen. Die Übertragungswahrscheinlichkeit nimmt dabei mit zunehmendem Abstand zum Infektionszeitpunkt der Mutter ab, kann aber bei frischer Infektion innerhalb der Schwangerschaft bis zu 100 % betragen.

Eine Übertragung über Gegenstände ist extrem unwahrscheinlich, über kontaminierte Injektionsnadeln oder Bluttransfusionen sehr selten.

■■ Pathogenese

Die Syphilis ist eine Infektionskrankheit, die in unterschiedlichen, im Wesentlichen klinisch definierten Stadien verläuft. Pathogenetisch lassen sich am ehesten Stadien der Adhäsion, Invasion, lokalen Etablierung, Generalisation und Organmanifestation voneinander abgrenzen (◘ Abb. 44.2).

Adhäsion Im Gegensatz zu apathogenen Treponemen können Syphilistreponemen u. a. an Epithel- und Endothelzellen adhärieren. Als Wirtszellrezeptoren werden Integrine vermutet. Außerdem kann T. pallidum mittels definierter Proteine an Fibronektin und Laminin binden.

Invasion Experimentell finden sich Treponemen schon wenige Minuten nach intradermaler Inokulation und wenige Stunden nach mukosaler Applikation im Blut. Bei der Invasion scheinen ihre Beweglichkeit, die Fähigkeit zur Detektion chemotaktisch wirksamer Gradienten sowie eine induzierte Wirtskollagenase eine Rolle zu spielen.

Etablierung An der Inokulationsstelle wandern zunächst im Vergleich zu anderen akuten bakteriellen

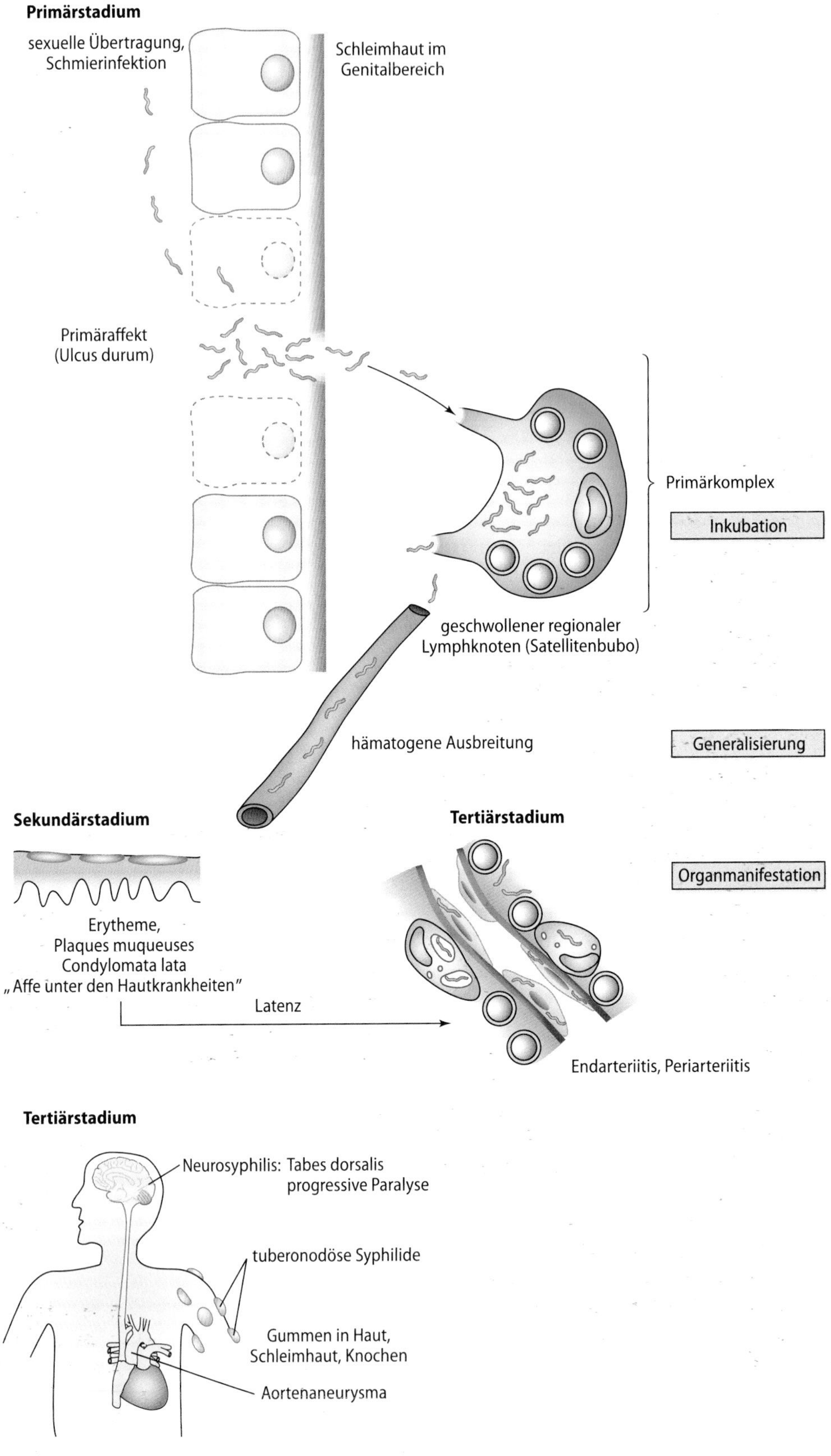
Primärstadium
sexuelle Übertragung,
Schmierinfektion
Schleimhaut im
Genitalbereich
Primäraffekt
(Ulcus durum)
Primärkomplex
Inkubation
geschwollener regionaler
Lymphknoten (Satellitenbubo)
hämatogene Ausbreitung
Generalisierung
Sekundärstadium
Tertiärstadium
Organmanifestation
Erytheme,
Plaques muqueuses
Condylomata lata
„Affe unter den Hautkrankheiten"
Latenz
Endarteriitis, Periarteriitis
Tertiärstadium
Neurosyphilis: Tabes dorsalis
progressive Paralyse
tuberonodöse Syphilide
Gummen in Haut,
Schleimhaut, Knochen
Aortenaneurysma

Abb. 44.2 Pathogenese der Syphilis

Infektionen wenige polymorphnukleäre Lymphozyten ein. Die relativ spät einsetzende und schwache Entzündungsreaktion kann eine Erregerausbreitung nicht effektiv verhindern und ist unter anderem durch das Fehlen des TLR4-Agonisten LPS zu erklären. Nach mehreren Tagen wandern T-Zellen sowie Makrophagen an den Infektionsort ein und räumen die weitestgehend extrazellulären Treponemen großteils ab. Wenige phagozytoseresistente Treponemen scheinen vor Ort zu persistieren.

Generalisation T. pallidum disseminiert sehr schnell über das Blutsystem in unterschiedliche Organe (Lymphknoten, Leber, Niere, Liquor). Die weit verstreute Absiedlung in verschiedene Organe und das sehr langsame Wachstum insbesondere in der Latenzphase der Syphilis begünstigen die Immunevasion.

Organmanifestation Die pathologischen Veränderungen bei Syphilis beruhen in allen Stadien im Wesentlichen auf einer Endarteriitis bzw. Periarteriitis der kleinen Arterien. Aus der Verengung des Gefäßlumens resultiert eine Minderversorgung des befallenen Gewebes mit Nekrose.

Bei einer **Gumma** des Tertiärstadiums handelt es sich um ein Granulom, das sich im Rahmen einer T-zell-abhängigen Immunreaktion bildet. Es besteht aus einer zentralen Nekrose, Makrophagen, gelegentlich Riesenzellen und peripherem Bindegewebe und enthält nur sehr wenige lebende Treponemen. Die gutartige Raumforderung kann durch verdrängendes Wachstum Nachbarorgane schädigen.

■■ Klinik

Traditionell ist die Syphilis nach dem französischen Arzt Philippe Ricord seit 1838 in 3 klinische Stadien eingeteilt worden, die häufig um eine Latenzphase und ein Quartärstadium, die Neurosyphilis, ergänzt sowie zur Früh- und Spätsyphilis zusammengefasst worden sind (◘ Tab. 44.3).

◘ Tab. 44.3 Klinische Stadieneinteilungen der Syphilis

Primärstadium	Lues I	Frühsyphilis (bis 1 Jahr nach Infektion)
Sekundärstadium	Lues II	
Latenzphase		
Tertiärstadium	Lues III	Spätsyphilis
Neurosyphilis	Lues IV	

Im „natürlichen" **Verlauf der unbehandelten Syphilis** (◘ Tab. 44.4) beträgt die Dauer von Lues I vom Auftreten bis zum Abheilen des Primärschankers durchschnittlich 12 Tage (gelegentlich bis zu 6 Wochen). Die in der Regel 6–8 Wochen (2 Wochen bis 6 Monate) nach Infektion einsetzende Sekundärlues dauert im Mittel 3–4 Monate (Spannweite: 1–12 Monate). 25 % der Patienten erleiden innerhalb eines Jahres eine 2. Lues-II-Episode. Knapp ein Drittel der unbehandelten Syphilitiker entwickelt eine Spätsyphilis (kardiovaskuläre Syphilis: 14 % der Männer und 8 % der Frauen; Neurosyphilis: 10 % der Männer und 5 % der Frauen).

Primärstadium Nach einer meist 2- bis 3-wöchigen Inkubationszeit (10–90 Tage) entsteht an der Erregereintrittsstelle eine derbe, indurierte Papel, aus der sich ein schmerzloses, etwa 0,3–3 cm großes Ulkus mit meist scharf abgesetztem, wallartigem, derbem Rand und sauberem Grund (harter Schanker, Ulcus durum, Primäraffekt [PA]) entwickelt. Häufigste Lokalisationen sind Glans penis und Sulcus coronarius beim Mann (◘ Abb. 44.3), die Labien bei der Frau.

Etwa 1 Woche nach Auftreten des hochkontagiösen Primäraffekts (Erregerlast: bis 10^7 Treponemen pro g Gewebe) vergrößert sich der regionale Lymphknoten. Dieser gut verschiebliche, harte, schmerzlose, nicht einschmelzende Satellitenbubo und der Primäraffekt bilden den **Primärkomplex**. Extragenitale Läsionen (anorektal; oral: meist an Lippe oder Zunge; tonsillar: Angina specifica) weisen häufiger eine atypische Morphologie auf und sind öfter schmerzhaft. Nach 3–6 Wochen heilt der Primäraffekt unter Narbenbildung spontan aus, die Schwellung der Satellitenbubonen kann monatelang andauern.

Differenzialdiagnostisch abzugrenzen sind:
- Das schmerzhafte Ulcus molle (Erreger: Haemophilus ducreyi)
- Das schmerzlose Lymphogranuloma venereum (Erreger: Chlamydia trachomatis L1–L3; Bubo meist schmerzhaft und ggf. konfluierend)
- Das schmerzlose Granuloma inguinale mit rötlichem Granulationsgewebe (auch Granuloma venereum oder Donovanosis; Erreger: Klebsiella granulomatis [früher: Calymmatobacterium granulomatis]; Vorkommen vorwiegend in den Tropen und Subtropen, keine Lymphknotenschwellung, aber infiltrativ wachsende Pseudobubonen.

Sekundärstadium Nach hämatogener Aussaat gelangen die Treponemen in verschiedene Organe und können dort weitere Entzündungsreaktionen, z. B. in Form einer cholestatischen Hepatitis oder Immunkomplex-Glomerulonephritis, verursachen. Ein Drittel der Patienten weist noch den PA auf, während bei mehr als der Hälfte der Patienten kein PA erinnerlich ist. Neben möglichen Allgemeinsymptomen wie Fieber, Müdigkeit, Kopf-, Gelenk- und Muskelschmerzen treten spezifische syphilitische Exantheme und Enantheme, sog. Syphilide auf, die leicht mit anderen dermatologischen Erkrankungen zu verwechseln sind. Daher erklärt sich der bekannte Satz: „Die Syphilis ist der Affe unter den Hautkrankheiten."

Tab. 44.4 Syphilis: Stadien, Symptome, Inkubationszeiten

Stadium	Symptome	Inkubationszeit
I	Schanker, regionale Lymphadenopathie	2–3 Wochen (10–90 Tage)
II	Exanthem, Fieber, Malaise, Lymphadenopathie, muköse Plaques, Condylomata lata, Alopezie, Meningitis, Kopfschmerzen	2–12 Wochen (2 Wochen bis 6 Monate)
Latenz	Asymptomatisch	Frühlatenz: <1 Jahr Spätlatenz: >1 Jahr
III:		
Kardiovaskulär	Aortenaneurysma, Aorteninsuffizienz	10–30 Jahre
Neurosyphilis:	Asymptomatisch	12–18 Monate
– Akute syphilitische Meningitis	Kopfschmerz, meningeale Reizung/Meningismus, Konfusion	<2 Jahre
– Meningovaskulär	Hirnnervenlähmungen, Parästhesien, Paresen, Plegien	Meist 4–7 Jahre
– Progressive Paralyse	Prodromi: Kopfschmerz, Schwindel, Persönlichkeitsveränderungen; gefolgt von fokalen Symptomen	5–25 Jahre
	Demenz, Müdigkeit, Halluzinationen, Intentionstremor, Verlust des Gesichtsmuskeltonus	5–25 Jahre
– Tabes dorsalis	Lanzierende Schmerzen, Dysurie, Ataxie, Argyll-Robertson-Pupille, Areflexie, Verlust der Propriozeption	15–25 Jahre
Gummen	Je nach Organbefall	1–46 Jahre (meist 15 Jahre)
Kongenital:		
– Frühstadium (Lues connata praecox)	Disseminierte Infektion	Intrauterin bis 2. Lebensjahr
– Spätstadium (Lues connata tarda)	Hutchinson-Trias (Innenohrschwerhörigkeit, interstitielle Keratitis, Tonnenzähne), Säbelschienbeine, Hydrozephalus, Hirnnervenausfälle, Krampfanfälle	Ab 2. Lebensjahr

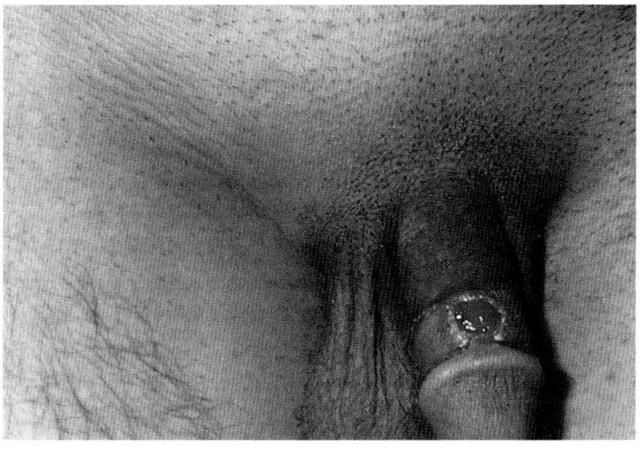

Abb. 44.3 Treponema pallidum – Primäraffekt

Vor allem in feuchten Effloreszenzen sind viele Erreger vorhanden. In der Regel finden sich gleichzeitig multiple, verhärtete, vergrößerte Lymphknoten, die im Gegensatz zum Stadium I keinen Bezug zum befallenen Hautareal haben.

Das Erscheinungsbild der Hautmanifestationen kann sehr subtil sein und leicht übersehen werden. Am häufigsten ist ein masernähnliches, fein-makulöses, nichtjuckendes Exanthem, das zunächst stammbetont ist **(Roseola syphilitica).** Auch proximale Extremitäten, Handinnenflächen (Abb. 44.4) und Fußsohlen können betroffen sein. Insbesondere bei Rezidivexanthemen kommen auch lichenoide und konfluierende Hautmanifestationen vor (serpiginöses Syphilid, Lichen syphiliticus, korymbiformes Syphilid).

Die Exantheme heilen narbenlos nach 2–3 Wochen aus, Hypo- oder Hyperpigmentierungen können zurückbleiben. Als „Halsband der Venus" (Corona Veneris) werden papuläre Syphilide oder postinflammatorische Depigmentierungen am Stirnhaaransatz umschrieben. In intertriginösen Arealen, im Perineum und um den Anus können sich nässende, flache Papelbeete bilden **(Condylomata lata),** die zahlreiche Erreger enthalten und hochkontagiös sind.

Im Kopfhaarbereich kommt es bei ca. 7 % der Patienten zu mottenfraßartigem Haarausfall (Alopecia specifica areolaris), im Bereich des behaarten Kopfes

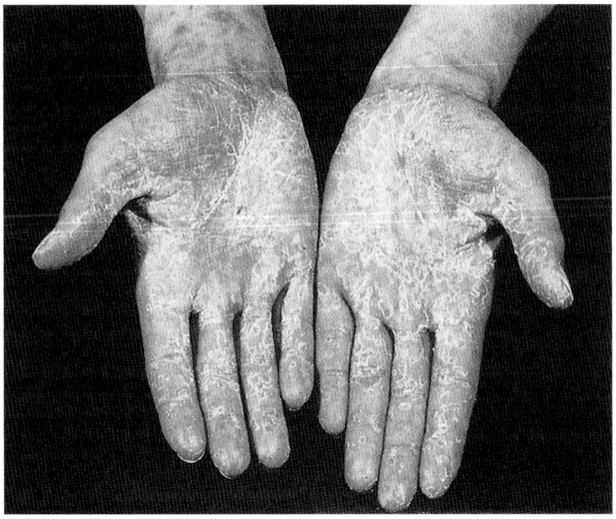

Abb. 44.4 Treponema pallidum – Primäreffloreszenzen an den Handinnenflächen

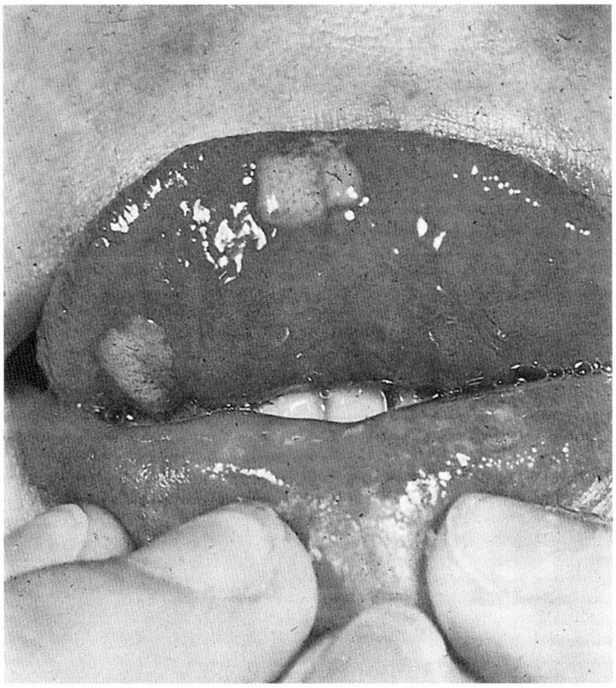

Abb. 44.5 Treponema pallidum – Plaques muqueuses (Zungenunterseite und Unterlippeninnenseite)

und besonders im Bartbereich zu himbeer- bis blumenkohlähnlichen Papillomen **(frambösiformes Syphilid).**

Die syphilitischen Enantheme (weißliche flache Papeln, **Plaques muqueuses;** Abb. 44.5) finden sich bei 5–20 % der Patienten und können oral auch gefurcht (Plaques lisses) oder als derbe, weißliche Leukoplakia oris vorliegen. Begleitend kann eine **Angina specifica** auftreten.

Von neurologischer Seite sind Meningitis, Polyradikulitis und – selten – vaskuläre Hirnstammsyndrome möglich.

Latenz Die asymptomatische Latenz ist die Periode zwischen Verschwinden der Stadium-II-Symptome und therapeutischer Heilung oder dem Beginn der Stadium-III-Symptome (Tab. 44.4):
- Die **Frühlatenz** wird auf 1 Jahr datiert; Patienten gelten in dieser Phase noch als kontagiös.
- Danach spricht man von **Spätlatenz:** In dieser Phase sind die Patienten über direkten Haut- oder Schleimhautkontakt nicht mehr infektiös, diaplazentare Übertragung und Übertragung durch Blutspende sind jedoch möglich.

Tertiärstadium Nach unterschiedlich langen Latenzphasen (Jahre bis Jahrzehnte; Tab. 44.4) manifestiert sich die unbehandelte Syphilis im Spätstadium vorrangig in 3 Organsystemen:
- **Tuberonodöse Syphilide der Haut:** braunrote, derbe, erhabene Knötchen; betreffen meist Streckseiten der oberen Extremitäten, Rücken, Gesicht.
- **Kardiovaskuläre Veränderungen** durch Endarteriitis obliterans mit Schwinden der elastischen Fasern in der Aortenwand (Mesaortitis luetica) und Entstehung eines syphilitischen Aneurysmas meist in der Aorta ascendens.
- **Neurosyphilis** (auch als „Quartärsyphilis" bezeichnet) nach initialer Invasion der Treponemen in den Liquorraum (15–40 % der unbehandelten Syphilitiker). Diese lässt sich in einander häufig überlappende 5 Kategorien einteilen:
  - **Asymptomatische Neurosyphilis:** lediglich Liquorveränderungen wie Leukozytose, Proteinerhöhung und reaktiver Lipoidantikörpertest (z. B. VDRL- oder RPR-Test) im Liquor, meist 12–18 Monate nach Infektion
  - **Meningeale Neurosyphilis:** Symptome einer aseptischen Meningitis (heftige Kopfschmerzen, Übelkeit, Konfusion, Nackensteifigkeit ohne Fieber), z. T. Hirnnervenbeteiligung, meist noch während des Exanthems einer Sekundärsyphilis
  - **Meningovaskuläre Neurosyphilis:** Symptome einer diffusen Enzephalitis, z. T. mit fokalen Auffälligkeiten, Parästhesien bzw. Paraplegie, Hemiparesen oder -plegie, Aphasie oder Krampfanfällen; meist 4–7 Jahre nach Infektion
  - **Parenchymatöse Neurosyphilis:** chronisch-progrediente Enzephalitis in 2 alternativen Formen:
    - als **progressive Paralyse** (Dementia paralytica; 5–25 Jahre nach Infektion) mit zahlreichen neurologischen (typisch ist bei ca. 50 % der Patienten das Argyll-Robertson-Phänomen: reflektorische Pupillenstarre bei erhaltener Konvergenzreaktion, Miosis) und psychiatrischen Auffälligkeiten (hirnorganisches Psychosyndrom mit Demenz, Größenwahn, Halluzinationen, Sprachstörungen)

  - als **Tabes dorsalis** (15–25 Jahre nach unbehandelter Infektion; betrifft v. a. Männer): Degeneration der Rückenmarkhinterstränge; typisch sind in Unterbauch und Beine blitzartig einschießende („lanzierende") Schmerzen, Sensibilitätsverluste, Areflexie, Verlust des Temperatur- und Vibrationsempfindens, Gangataxie, Blasenentleerungsstörung, Impotenz
- **Gummatöse Neurosyphilis:** polytope raumfordernde Granulome (typischerweise von den Meningen der Hirnkonvexität ausgehend), je nach Lokalisation klinisch stumm oder mit Herdsymptomatik

Bei den **Gummen** handelt es sich um charakteristische Manifestationen des Tertiärstadiums, die prinzipiell alle Organe betreffen können, vorzugsweise aber Knochen, Haut und Schleimhäute.

Aufgrund der Vielfalt ihrer klinischen Symptome, die insbesondere in den Stadien II und III verschiedene Organsysteme betreffen können, wird die Syphilis – ähnlich wie die Tuberkulose – auch als **Chamäleon oder Imitator** („great mimicker", „great imitator") bezeichnet.

Angeborene Syphilis (Lues connata) Die transplazentare Infektion des Fetus kann in jedem Schwangerschafts- und Lues-Stadium der nicht oder ungenügend behandelten Mutter erfolgen. Die intrauterine Infektion führt ohne Therapie in 30–40 % der Fälle zu Abort, Totgeburt, Tod in der Perinatalphase oder Frühgeburt. Bei der angeborenen Syphilis unterscheidet man 2 Phasen (Tab. 44.4):

- **Frühstadium** oder **Lues connata praecox** (Neugeborene und Säuglingsalter):
  - Etwa 50–60 % der infizierten Kinder sind bei Geburt klinisch unauffällig. Nur ein kleiner Teil (meist Frühgeborene) zeigt direkt post partum klinische Symptome. Häufigstes Erstsymptom ist dabei der erregerreiche „syphilitische Schnupfen" (Koryza) mit weißem, manchmal blutig-tingiertem Nasenausfluss. Weitere Symptome sind Atemnot, Ödeme, Hydrops, Hepato- bzw. Hepatosplenomegalie, Hauteffloreszenzen, geblähtes Abdomen, Anämie und Ikterus.
  - Ab der 3.–10. Lebenswoche treten Symptome ähnlich der Lues II im Erwachsenenalter auf: Fieber, makulopapulöse oder vesikuläre Effloreszenzen meist an Handinnenflächen und Fußsohlen („Pemphigus syphiliticus"), Condylomata lata, aber auch Ikterus, Ödeme, Hepato- bzw. Hepatosplenomegalie, Rhinitis, Laryngitis, Periostitis mit schmerzbedingten Pseudoparesen oder eine Osteochondritis langer Röhrenknochen mit resultierender Parrot-Pseudoparalyse (Epiphysenlösung).
  - Klinische Symptome einer Meningitis treten meist erst zwischen dem 3. und 6. Lebensmonat auf.
  - Diese Kinder sind hochkontagiös.
- **Spätstadium** oder **Lues connata tarda** (ab dem 2. Lebensjahr): Klassische Manifestationen sind die sog. Hutchinson-Trias (Keratitis parenchymatosa mit der Gefahr der Erblindung, Innenohrschwerhörigkeit, gerundete und eingekerbte „Tonnenzähne"), Sattelnase, Veränderungen an Tibia (sog. Säbelschienbeine), Gaumen oder Stirn, Hydrozephalus, Hirnnervenausfälle oder Krampfanfälle. Diese Kinder sind nicht kontagiös.

Syphilis bei HIV Bei schlechter immunologischer Abwehrlage können deutlich größere und schmerzhaftere PA und im Stadium II frühzeitig ulzerierende und nekrotisierende Herde auftreten **(Lues maligna).** Die Progression zur Neurosyphilis scheint bei HIV-Infektion deutlich rascher zu sein.

■■ Immunität

Eine durchgemachte Syphilis hinterlässt keine dauerhafte Immunität. Reinfektionen nach entsprechender Exposition sind möglich. Eine Impfung steht nicht zur Verfügung. Die primäre Prävention zielt auf Empfehlungen zur Expositionsprophylaxe, insbesondere einer Reduzierung von sexuellem Risikoverhalten.

■■ Labordiagnose

Die Anzucht von T. pallidum auf Kulturmedien ist bislang nicht möglich. Erregervermehrung gelingt in Kaninchenhoden und speziellen Zellkulturen, ist für die Diagnostik aber irrelevant. Serologische Verfahren sind in der Luesdiagnostik unverzichtbar. Antikörper sind frühestens 1–3 Wochen nach Infektion nachweisbar.

Untersuchungsmaterialien **Indirekter Erregernachweis** (Antikörperdiagnostik): Serumproben, ggf. gepaarte Serum-Liquor-Probe vom selben Untersuchungstag bei Verdacht auf Neurolues (2 ml Liquor); **direkter Erregernachweis:** Reizsekret aus Primär- oder Sekundäreffloreszenzen, Gewebeproben (Haut, Schleimhaut).

Direkter Erregernachweis Dieser gelingt in der Regel nur im Frühstadium aus frischem Reizsekret:

- Die **Dunkelfeldmikroskopie** sollte nur aus Genital- oder Hautläsionen erfolgen, da nichtpathogene Spirochäten der physiologischen Standortflora des Oral- und Gastrointestinaltrakt nicht abzugrenzen sind. Reizsekret ist wegen der Umweltempfindlichkeit der Treponemen unmittelbar (innerhalb 20 min) nach Probengewinnung zu mikroskopieren

44

(◻ Abb. 44.1). Typisch ist bei der Mikroskopie die schnelle Abknick- und Streckbewegung in der Mitte des Treponemenkörpers. Ein negativer mikroskopischer Befund schließt eine Infektion nicht aus; die serologische Diagnostik hat in jedem Fall zu erfolgen.

- Der **direkte Immunfluoreszenztest** (DFA-TP bzw. DFAT-TP bei Untersuchung von Gewebeproben) unter Einsatz FITC-markierter mono- oder polyklonaler Antikörper erlaubt die weniger zeitkritische und spezifischere Detektion von T. pallidum in luftgetrockneten Präparaten bzw. Gewebeproben (z. B. Nabelschnur, Gehirn, Plazenta).
- Die von Speziallaboratorien angebotene T. pallidum-**PCR** ermöglicht den spezifischen Erregernachweis aus verschiedenen Materialien (z. B. Amnionflüssigkeit, Vollblut) bei jedoch sehr unterschiedlicher Sensitivität.

Antikörpernachweis (indirekter Erregernachweis) – Erregerspezifische Antikörper IgM-Antikörper sind ca. 7–14 Tage nach der Infektion nachweisbar und verschwinden rasch. IgG-Antikörper treten 14 Tage nach Infektion auf und bleiben jahrelang, auch nach klinischer Heilung, nachweisbar. Beispiele für entsprechende mikrobiologische Tests zum Nachweis solcher Antikörper (s. u.) sind:

- Fluoreszenz-Treponemen-Antikörper-Absorptionstest (FTA-Abs)
- Treponema-pallidum-Partikel-Agglutination (TPPA)
- **Enzymimmunassay** (EIA).

Lipoidspezifische Antikörper Neben treponemenspezifischen Antikörpern werden während einer Syphilisinfektion kreuzreagierende treponemenunspezifische Antikörper gebildet, die mit lipidhaltigen Antigenen der Mitochondrien reagieren. Diese sind keinesfalls spezifisch für die Syphilisinfektion, sondern werden bei Gewebezerfall z. B. im Rahmen einer Tumorerkrankung, Malaria, Tuberkulose, Kollagenose und in der Schwangerschaft vermehrt gebildet. Ihr Auftreten ist jedoch sehr charakteristisch für die Syphilisinfektion (nach ca. 4–6 Wochen), weshalb sie einen festen Bestandteil der serologischen Infektionsdiagnostik darstellen. Der Lipoidantikörpertest eignet sich zur Therapiekontrolle, da der Titer bei erfolgreicher Therapie abfällt (◻ Tab. 44.5, ◻ Abb. 44.6).

Serologische Stufendiagnostik Die Luesdiagnostik erfolgt üblicherweise als serologische Stufendiagnostik (◻ Abb. 44.6), bei der zunächst ein Suchtest durchgeführt wird. Ist dieser negativ, entfallen weitere Untersuchungen. Bei anhaltendem klinischem Verdacht auf Frühsyphilis sollte nach 2 Wochen eine Serumkontrolluntersuchung erfolgen. Bei positivem Ausfall des Suchtests wird ein Bestätigungstest angeschlossen. In der 3. Stufe gilt es zu unterscheiden, ob es sich um eine aktive Infektion oder einen serologischen „Überrest" („Seronarbe") handelt, der keine Behandlung erfordert:

- Der Treponema-pallidum-Hämagglutinations-(TPHA-)Test und der Treponema-pallidum-Partikelagglutinations-(TPPA-)Test sind häufig verwendete **Suchtests,** die sich aufgrund der Antigenträger (Schaferythrozyten bzw. Gelatinepartikel) unterscheiden. Alternativ können andere Suchtests, z. B. ELISA oder Chemilumineszenztests, mit vergleichbarer Sensitivität und Spezifität eingesetzt werden.
- Der **Bestätigungstest** erfolgt in der Regel mit einem indirekten Immunfluoreszenztest (z. B. IgG-spezifischer Fluoreszenz-Treponema-Antikörper-Absorptionstest, FTA-Abs) bzw. mittels Immunoblot. Hierbei werden aus dem Patientenserum Antikörper gegen körpereigene Treponemen, z. B. der physiologischen Mundflora, vorabsorbiert mit dem Ziel, dass lediglich T. pallidum-spezifische Antikörper detektiert werden. Bei einem Screening mit polyvalenten Immunassays (ELISA oder Chemilumineszenztests) kann auch der TPPA-/TPHA-Test als Bestätigungstest eingesetzt werden. Ist auch der Bestätigungstest positiv, gilt die stattgehabte Infektion als gesichert. Da diese Tests sehr lange, auch nach erfolgreicher Therapie, positiv bleiben, reichen sie für die Diagnostik nicht aus.
- Die Beurteilung der **Krankheitsaktivität** und **Behandlungsbedürftigkeit** erfolgt anhand der quantitativen Bestimmung luesunspezifischer Lipoidantikörper (z. B. RPR; VDRL; Kardiolipin-Mikroflockungstest; Kardiolipin-KBR) und des Nachweises treponemenspezifischer IgM-Antikörper.

Befundinterpretation Jeder Laborbefund muss insbesondere in Hinblick auf die Therapiebedürftigkeit stets im Zusammenhang mit der aktuellen klinischen Symptomatik und Behandlungsanamnese interpretiert werden. Die häufigsten serologischen Befundkonstellationen sind in ◻ Tab. 44.5 zusammengestellt: Eine Luesinfektion gilt als gesichert, wenn Suchtest und Bestätigungstest positiv sind. Bei negativer Behandlungsanamnese sind ein positiver Lipoidantikörperbefund und/oder ein positiver spezifischer IgM-Antikörperbefund hinweisend auf eine Behandlungsbedürftigkeit. Da bei Reinfektionen oder Spätsyphilis der IgM-Nachweis negativ sein kann, schließt ein negativer IgM-Antikörperbefund eine Behandlungsbedürftigkeit nicht aus.

Tab. 44.5 Serologische Diagnostik der Syphilis

Untersuchung[a]	Ergebnis (Titer)	Befund	Bewertung
TPPA-Test	<1:80	Nicht reaktiv	Keine Antikörper gegen T. pallidum nachweisbar. Optionen: 1. Keine Infektion mit T. pallidum 2. Frische Infektion mit T. pallidum, Antikörper noch nicht nachweisbar (diagnostisches Fenster) → bei klinischem Verdacht: Verlaufskontrolle 3. Patient kann keine Antikörper bilden
	≥1:80	Reaktiv mit Titerangabe	Wahrscheinliche Infektion mit T. pallidum (frisch oder zurückliegend), weitere Untersuchungen notwendig
FTA-Abs-Test	Nicht reaktiv	Nicht reaktiv	Keine Bestätigung des TPPA Kontrolle (mit neuer Serumprobe) bei Verdacht auf frische Infektion notwendig; in seltenen Fällen mit „Seronarbe" bei niedrigem Antikörpertiter im TPPA vereinbar
	Reaktiv	Reaktiv	Bestätigung des TPPA Infektion mit T. pallidum, Zeitpunkt der Infektion nicht bestimmbar; Feststellung der Behandlungsbedürftigkeit oder Therapiekontrolle erfordert zusätzliche Tests
Lipoidantikörper-Test[b, c]	Nicht reaktiv	Nicht reaktiv	Bei positivem TPPA- und FTA-Abs-Test: Infektion mit T. pallidum nicht behandlungsbedürftig („Seronarbe"); keine weiteren Untersuchungen nötig
	≥1:8	Reaktiv mit Titerangabe	Bei positivem TPPA- und FTA-Abs-Test: behandlungsbedürftige Infektion mit T. pallidum (Ausnahme: kurz zurückliegende adäquate Therapie)
	1:2, 1:4	Reaktiv mit Titerangabe	Keine eindeutige Aussage möglich, zusätzliche Untersuchungen (Verlaufskontrolle nach 10–14 Tagen oder Bestimmung spezifischer IgM-Antikörper) notwendig
IgM-Nachweis	Nicht reaktiv	Kein Nachweis spezifischer IgM	Bei positivem TPPA- und FTA-Abs-Test und negativem Lipoidantikörpertest: Infektion mit T. pallidum meist nicht behandlungsbedürftig („Seronarbe")
	Reaktiv	Nachweis spezifischer IgM	Behandlungsbedürftige Infektion mit T. pallidum (Ausnahme: kurz zurückliegende adäquate Therapie)
Verlaufskontrolle (10–14 Tage nach Erstuntersuchung):			
TPPA-, FTA-Abs-Test, Lipoidantikörpertest	Reaktiv	Titeranstieg um mind. 3 Titerstufen	Frische, behandlungsbedürftige Infektion (Ausnahme: kurz zurückliegende adäquate Therapie)
	Reaktiv	Kein Titeranstieg	Infektion mit T. pallidum nicht behandlungsbedürftig („Seronarbe"); Ausnahme: länger bestehende Syphilis (z. B. Neurolues; dann meist deutlich erhöhte Titer im Lipoidantikörpertest)
Überprüfung des Therapieerfolgs (3 und 6 Monate sowie jährlich nach Therapie):			
Lipoidantikörpertest	Reaktiv bzw. nicht mehr reaktiv	Titerabfall um mind. 3 Titerstufen	Hinweis auf erfolgreiche Therapie (Ausnahme: Patient kann keine Antikörper bilden)

[a] Für alle serologischen Untersuchungen gilt: Titerschwankungen um 1 Titerstufe sind nicht relevant. Ein Anstieg um 3 Titerstufen spricht für eine frische Infektion, ein Anstieg um 2 Titerstufen ist verdächtig für eine frische Infektion (Kontrolle erforderlich). Bei immunkompromittierten Personen sind serologische Tests nur begrenzt aussagefähig

[b] Der Lipoidantikörpertest wird meist innerhalb eines Jahres nach erfolgreicher Therapie negativ (nicht reaktiv). Ein Titerabfall um mindestens 3 Titerstufen innerhalb 6–18 Monaten nach Therapie zeigt eine erfolgreiche Behandlung an

[c] Der Lipoidantikörpertest kann auch bei Krankheiten mit Zellzerfall (z. B. Malignome, Lupus erythematodes) oder bei Schwangerschaft erhöhte Titer aufweisen

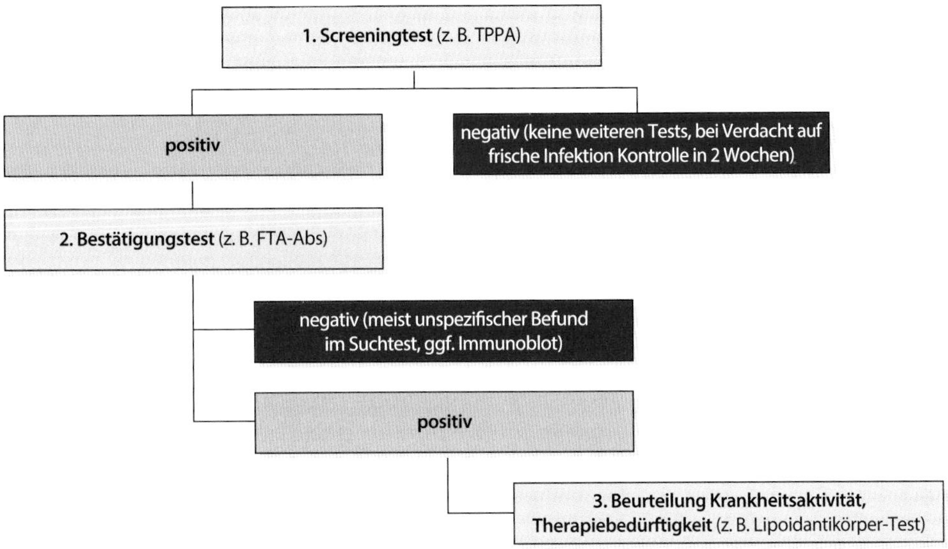

Abb. 44.6 Serologische Stufendiagnostik

Tab. 44.6 Nichtvenerische Treponematosen (NVT)

Krankheit	Erreger
Endemische Syphilis („Bejel")	T. pallidum ssp. endemicum
Frambösie, „yaws"	T. pallidum ssp. pertenue
Pinta	T. carateum

Syphilisserologie in der Schwangerschaft Neben der bereits dargestellten Diagnostik und Interpretation von Befunden ist bei Schwangeren zu beachten: Schwangere mit IgM-negativen Befunden sind nicht grundsätzlich nicht therapiebedürftig. Insbesondere bei spätlatenten Infektionen können hochpositive TPPA- und Lipoidantikörpertests bei negativen spezifischen IgM-Antikörpertitern auftreten. Daher wird empfohlen, Schwangere bei negativem IgM-Titer mit TPPA-/TPHA-Titer $\geq$1:5120 und/oder positivem Lipoidantikörperbefund bei unklarer Behandlungsanamnese sicherheitshalber zu behandeln. Bei Neugeborenen mit Verdacht auf Lues connata ist der Nachweis luesspezifischer IgM-Antikörper z. B. aus Venenblut des Kindes beweisend für die intrauterine Infektion. Erforderlich ist immer die vergleichende **Untersuchung der Serumproben von Mutter und Kind** sowie ggf. von Liquorproben des Kindes mit quantitativen Tests (TPPA, Lipoidantikörpertest, 19S-IgM-FTA-Abs). IgG-Antikörper der Mutter (Leihantikörper) können im Gegensatz zu IgM-Antikörpern die Plazenta passieren und somit im Serum des Neugeborenen nachweisbar sein. Diese werden mit 21 Tagen Halbwertzeit eliminiert.

Neurosyphilis Der Nachweis spezifischer im Liquor gebildeter Antikörper ist entscheidend für die Diagnose. Bei der Diagnostik sind die Serumantikörper, die Funktionalität der Blut-Hirn-Schranke und die Antikörpersynthese im ZNS zu berücksichtigen. Dazu werden aus einer gepaarten Serum-Liquor-Probe mittels TPPA-Test die treponemenspezifischen IgG-Antikörper bestimmt und dann der Index intrathekal produzierter T. pallidum-Antikörper **(ITpA-Index)** errechnet nach der Formel:

$$\text{ITpA-Index} = \frac{\text{TPPA-Titer (Liquor)} \times \text{Gesamt-IgG (Serum)}\ [\text{mg/l}]}{\text{TPPA-Titer (Serum)} \times \text{Gesamt-IgG (Liquor)}\ [\text{mg/l}]}$$

Diese Formel darf nur bei fehlender intrathekaler IgG-Synthese angewendet werden.

- Bei fehlender spezifischer Antikörperproduktion im ZNS liegt der ITpA-Index bei 0,5–2,0.
- Ein Wert >2,0 deutet auf spezifische Antikörpersynthese im ZNS hin.
- Ein Wert >3,0 ist beweisend.

Die Antikörperspezifitätsindizes (ASI) normalisieren sich auch nach adäquater Therapie erst innerhalb von Jahren bis Jahrzehnten und eignen sich daher nicht als Aktivitätsparameter.

Therapie

Im 15. Jahrhundert wurde die Syphilis lokal mit Quecksilber, Anfang des 20. Jahrhunderts mit Arsen behandelt. Den therapeutischen Durchbruch brachte die Entdeckung des Penicillins. Deutsche, europäische und US-amerikanische Empfehlungen weichen geringfügig voneinander ab. Wegen der langen

Generationszeit der Spirochäten ist für den Therapieerfolg ein kontinuierlicher Serumspiegel des Antibiotikums notwendig.

Antibiotikaempfindlichkeit Mittel der Wahl ist Penicillin, bislang sind keine Resistenzen beschrieben worden. T. pallidum ist auch empfindlich gegenüber Tetracyclinen, Makroliden und Cephalosporinen. Tetracycline sind in der Schwangerschaft und bei Kindern unter 9 Jahren wegen einer Gelbfärbung der Zähne kontraindiziert. Azithromycinresistenz wurde in den letzten Jahren mehrfach beschrieben.

Therapeutisches Vorgehen (Empfehlung der Deutschen STI-Gesellschaft [DSTIG 2014])

- Zur Behandlung von Früh- und Spätsyphilis (Unterscheidung vgl. ◘ Tab. 44.3) ist ein Langzeitdepot-Penicillin wie Benzathin-Penicillin G Mittel der 1. Wahl, da es auch bei wöchentlicher Applikation kontinuierliche Wirkstoffspiegel gewährleistet. Für die Behandlung der Neurosyphilis ist Benzathin-Penicillin G jedoch nicht geeignet, da kein ausreichender Wirkstoffspiegel im Liquor erreicht wird.
- **Frühsyphilis:**
  - Benzathin-Benzylpenicillin 2,4 Mio. IE i. m. (glutäal li/re je 1,2 Mio. IE) als Einzeldosis
  - Ceftriaxon 2 g/Tag als Kurzinfusion über 10 Tage
  - alternativ bei Penicillinallergie, 2-mal täglich 100 mg Doxycyclin p. o. für 14 Tage oder Erythromycin 4-mal 0,5 g/Tag p. o. über 14 Tage
- **Spätsyphilis** (>1 Jahr post infectionem):
  - Benzathin-Benzylpenicillin 2,4 Mio. IE i. m. (glutäal li/re je 1,2 Mio. IE) als Einzeldosis an den Tagen 1, 8, 15
  - Bei Penicillinallergie alternativ:
    - Doxycyclin 2-mal täglich 100 mg p. o. für 28 Tage
    - Erythromycin 4-mal 0,5 g/Tag p. o. für 28 Tage
    - Ceftriaxon 2 g/Tag i. v. (Kurzinfusion) für 14 Tage

Die Therapie der 1. Wahl bei **Neurosyphilis** ist Penicillin G täglich i. v. mit 4-mal 6 Mio. IE, 3-mal 10 Mio. IE oder 5-mal 5 Mio. IE verabreicht über 14 Tage. Alternativen sind Ceftriaxon 2 g/Tag i. v. über 14 Tage (Initialdosis 4 g). Als Therapie 2. Wahl kann Doxycyclin (2-mal 200 mg/Tag p. o. über 28 Tage) gegeben werden.

Die Therapie bei **HIV-Koinfektion** erfolgt stadiengerecht wie bei HIV-negativen Personen. Ab dem Sekundärstadium muss sorgfältig auf eine ZNS-Beteiligung untersucht werden, bei schwerer Immundefizienz sollte auch ohne Symptomatik eine Lumbalpunktion durchgeführt werden.

Bei der **konnatalen Syphilis** sind **tägliche Einzelgaben** notwendig, da Depotpräparate keine ausreichenden Wirkspiegel erreichen. Empfohlen wird die i. v. Gabe von Penicillin G in wässriger Lösung, 200.000–250.000 IE/kg KG pro Tag für 14 Tage (altersabhängig in 2–4 Einzeldosen); bei HIV-Koinfektion evtl. länger.

Die **Therapie in der Schwangerschaft** erfolgt stadienabhängig mit Benzathin-Benzylpenicillin, bei Neurosyphilis mit Penicillin G. Die Wirksamkeit von Cephalosporinen ist bei Schwangeren mit Syphilis nicht ausreichend belegt, sodass bei Penicillinallergie eine Penicillintherapie nach Desensibilisierung empfohlen wird und nur ausnahmsweise Ceftriaxon eingesetzt werden soll. Tetrazykline sind in der Schwangerschaft kontraindiziert. Makrolide sollen in der Schwangerschaft nicht eingesetzt werden, da sie nicht plazentagängig und nicht ausreichend wirksam sind.

Jarisch-Herxheimer-Reaktion Als seltene Komplikation der Antibiotikatherapie der Syphilis können durch raschen, massiven Erregerzerfall große Mengen toxischer Bakterienbestandteile freigesetzt werden. Dies gilt v. a. für die Erstbehandlung einer treponemenreichen Phase (Frühsyphilis, Sekundärstadium, Lues connata). Typische Symptome setzen 2–8 h nach Therapiebeginn mit Intensivierung oder Neuauftreten eines Exanthems sowie Fieber, Schüttelfrost und Kopfschmerzen ein. Die Prophylaxe besteht aus einer einmaligen Gabe p. o. von 1 mg Prednisolon-Äquivalent/kg KG 30–60 min vor der 1. Antibiotikagabe.

Therapiekontrolle (◘ Tab. 44.5) Für die Therapiekontrolle sind quantitative Tests geeignet.

- 2–4 Wochen nach Abschluss der Antibiotikatherapie sollte eine Verlaufskontrolle als Ausgangswert für weitere Verlaufskontrollen erfolgen, da es unter Therapie zu Titererhöhungen kommen kann.
- Der Behandlungserfolg wird 3, 6 und 12 Monate nach Therapieende kontrolliert. Ein Abfall des Lipoidantikörpertests um 3–4 Titerstufen innerhalb von 6–12 Monaten spricht für eine erfolgreiche Therapie.
- Es schließen sich 1-mal jährliche Kontrollen über einige Jahre an. Risikogruppen für sexuell übertragbare Erkrankungen sind vierteljährlich zu kontrollieren.
- Nach der Therapie der **Spätsyphilis** kommt es in der Regel nicht zu kurzfristigen Änderungen der Antikörpertiter. Halbjährliche Verlaufskontrollen nach dem 1. Jahr nach Therapie sollten durchgeführt werden. Eine erfolgreiche Behandlung syphilitischer ZNS-Komplikationen ist erkennbar am Rückgang der Liquorpleozytose innerhalb mehrerer Wochen sowie an der Normalisierung der Blut-Liquor-Schranke innerhalb weniger Monate

(*cave:* kann bei HIV-Koinfektion dauerhaft gestört sein). Die treponemenspezifischen IgM-Antikörper im Serum sind in der Regel innerhalb von 6–12 Monaten verschwunden, längeres Persistieren wird aber beobachtet.

▪▪ Prävention

Dazu gehören:

Expositionsprophylaxe Auf sie gründet sich die primäre Prävention, und zwar speziell auf die Reduzierung von sexuellem Risikoverhalten, z. B. durch Anwendung von Kondomen (cave: Übertragung beim Küssen bei oralem Ulkus). Untersuchungshandschuhe schützen vor Infektion bei Kontakt mit kontagiösen Hautveränderungen. Der Lues connata kann durch Screening im Rahmen der Mutterschaftsvorsorge und ggf. rechtzeitige Behandlung der Mutter wirksam vorgebeugt werden. Im Blutspendewesen bieten Vorauswahl der Spender und Screening der Spenden Schutz vor einer Übertragung infektiösen Blutes.

Impfung Eine Impfung steht nicht zur Verfügung.

Meldepflicht Der direkte oder indirekte Nachweis von T. pallidum ist nach § 7 Abs. 3 IfSG nichtnamentlich direkt an das Robert Koch-Institut meldepflichtig, wenn es sich um eine akute oder eine zuvor nicht erkannte aktive und behandlungsbedürftige Infektion handelt. Der einsendende Kliniker ist verpflichtet, die Labormeldung durch demographische Angaben, Angaben zum klinischen Erscheinungsbild und zum wahrscheinlichen Übertragungsweg zu unterstützen. Eine namentliche Meldung erfolgt nicht, da das Gesundheitsamt im Einzelfall nicht unmittelbar tätig werden muss. Syphilis als einzige aus dem ehemaligen Gesetz zur Bekämpfung der Geschlechtskrankheiten verbliebene meldepflichtige Erkrankung dient v. a. als epidemiologischer Surrogatmarker für das Auftreten sexuell übertragbarer Erkrankungen.

Geschichte: Ursprung der Syphilis

Als 1493 Kolumbus und seine Mannen nach der Entdeckung Amerikas aus dem heutigen Haiti zurückkehrend in Spanien landeten, brachten sie die in Europa bislang unbekannte, fulminant und rasch tödlich verlaufende Krankheit mit. Die Initialzündung für deren explosionsartige Verbreitung in Europa war die kampflose Übernahme des damals aragonesischen Neapels durch die Söldner des französischen Königs Karl VIII. im Jahr 1494: Nachdem die sich anschließenden 3-monatigen Ausschweifungen ideale Bedingungen für die neue Seuche geboten hatten, trugen die fliehenden Landsknechte die Krankheit durch ganz Europa.

Wie häufig in der Geschichte stigmatisierender, insbesondere sexuell übertragener Krankheiten wollte niemand die Verantwortung für diese „Lustseuche" übernehmen. Allein in den ersten 100 Jahren ihres Auftretens in Europa wurden über 450 verschiedene Krankheitsbezeichnungen mit einer nationalen Zuschreibung des Übels kreiert: Die Franzosen nannten sie „Mal de Naples", die Italiener „Mal francese" bzw. „Mal gallico", die Engländer „French pox", die Holländer „spanske Pocken", die Polen „deutsche Krankheit" und die Russen „polnische Krankheit"... Vor allem in der wissenschaftlichen Terminologie des 19. Jahrhunderts taucht als Synonym für Syphilis der simple Begriff „Lues" (lat.: Seuche) auf, manchmal auch zur „Lues venerea" erweitert.

Probleme der Forschung – problematische Forschung

Die Vielfältigkeit der Syphilissymptome stellte die Wissenschaft vor zahlreiche Probleme. Insbesondere die Abgrenzung zu anderen sexuell übertragenen Erkrankungen war anfangs von Bedeutung. Als Beispiel sei der heroische Selbstversuch des schottischen Chirurgen John Hunter (1728–1793) genannt, der Syphilis und Gonorrhö als unterschiedliche Ausformung einer einzigen Krankheit zu belegen versuchte: Nach Selbstinokulation mit dem gonorrhoischen Eiter eines Patienten entwickelten sich bei Hunter neben einer Gonorrhö auch syphilitische Symptome, wodurch der gemeinsame Ursprung beider Krankheitsphänomene bewiesen schien.

Erst Jahrzehnte nach dem Tod Hunters, der an den Spätfolgen seines Experiments verstorben war, konnte zunächst Philippe Ricord (1800–1889) aufgrund von über 2500 „therapeutischen" Autoinokulationen – dazu wurde den Patienten Ulkus- bzw. Harnröhreneitermaterial in den eigenen Oberschenkel appliziert – Syphilis und Gonorrhö als verschiedene Entitäten voneinander abgrenzen. Endgültig entschied jedoch erst 1879 Neissers mikroskopischer Gonokokkennachweis den Streit zwischen den sog. Unitaristen und Dualisten.

Ethisch überaus problematisch war die nach einem Ort in Alabama/USA benannte „Tuskegee Study of Untreated Syphilis in the Negro Male", in der von 1932–1972 der Verlauf der latenten Syphilis an 399 schwarzen Männern untersucht wurde. Diese waren nicht darüber informiert, dass sie an einer Studie teilnahmen (kein „informed consent") und ihnen das seit den 1940er Jahren zur Behandlung empfohlene Penicillin vorenthalten wurde. 1997 entschuldigte sich US-Präsident Clinton für diese Studie staatlicher Gesundheitsbehörden.

Therapeutische Erfolge

Die Syphilis wurde zunächst mit der von südamerikanischen Indios übernommenen Guajak-Rinde und später bis zum Ende des 19. Jahrhunderts mit dem toxischen Quecksilber behandelt. Die erste chemisch synthetisierte antibiotisch wirksame Substanz war das von Paul Ehrlich entwickelte Arsenderivat Salvarsan („heilsames Arsen"). Dieses war seit 1910 für die Behandlung der Syphilis verfügbar, allerdings nicht gegen die Neurosyphilis wirksam.

Auf der Suche nach einer Therapie der Neurosyphilis wählte der österreichische Arzt Julius von Wagner-Jauregg (1857–1940) einen empirischen Ansatz: Aufgrund der Beobachtung, dass in malariaverseuchten Gebieten kaum Fälle von Neurosyphilis auftraten, wagte er die Infektion eines Lues-Paralytikers mit Malaria tertiana und erzielte eine beachtliche Remission. 10 Jahre später, 1927, erhielt er für diese danach weltweit eingesetzte **Malariatherapie der Neurosyphilis** den bislang einzigen Medizin-Nobelpreis für einen Psychiater. Der Wirkmechanismus dieser nicht mehr zulässigen Therapie ist unbekannt; wahrscheinlich spielen immunologische Faktoren und die Temperaturerhöhung, die den hitzeempfindlichen Treponemen schadet, eine Rolle.

44.2 Andere Treponemen

Die 4 T. pallidum-Subspezies sind serologisch und morphologisch nicht unterscheidbar. Zwischen der venerischen Subspezies pallidum und den 3 nichtvenerischen Subspezies bestehen genetische

Unterschiede, nicht jedoch zwischen den 3 nichtvenerischen Subspezies untereinander. Aufgrund ihrer Ähnlichkeit wird daher diskutiert, ob nicht epidemiologische, ökologische, klimatische und genetische Bedingungen die unterschiedlichen Symptome der **nichtvenerischen Treponematosen** (NVT; ◘ Tab. 44.6) bedingen.

Wie die Syphilis weisen die NVT Hautmanifestationen und Rückfälle auf. Im Gegensatz zur Syphilis werden NVT nichtsexuell übertragen, kommen nicht in Großstädten vor, finden sich als über die Haut, aber auch evtl. über Gegenstände übertragene Armutskrankheiten hauptsächlich in ressourcenschwachen Gebieten und bei Kindern (mangelnde Hygiene, Fehlen von Kleidung, beengte Wohnverhältnisse), werden nicht diaplazentar übertragen und haben keinen neurosyphilisähnlichen Verlauf. Therapeutisch wird bei allen NVT Penicillin eingesetzt.

T. pallidum ssp. endemicum Die endemische Syphilis (arab.: „bejel“) tritt derzeit überwiegend bei nomadischen Bevölkerungsgruppen in trockenen, ariden Gebieten (Sahelzone, Zentralafrika, Beduinenvölker der arabischen Halbinsel des Nahen Ostens) auf. Die Krankheit kommt v. a. bei 2- bis 15-jährigen Kindern vor und wird durch oralen Kontakt (Küssen, Stillen und über Gegenstände) übertragen. Im Primärstadium bleiben die kleinen, schmerzlosen Schleimhautläsionen meist unbemerkt. Die Sekundärläsionen bilden flache, ebenfalls schmerzlose Flecken, außerdem können Condylomata lata in intertriginösen Arealen sowie eine Knochen- und Knorpelbeteiligung in Form einer Ostitis/Osteochondritis auftreten. Heilt die Krankheit nach dem Stadium II nicht aus, kann es nach 6 Monaten bis Jahren zu gummatösen Veränderungen der Haut, des Nasopharynx (Gangosa) und der Knochen kommen.

T. pallidum ssp. pertenue Die Frambösie (frz. „framboise“: Himbeere; → himbeerähnliche Primärläsion) ist die häufigste NVT. Gebräuchlicher ist die englische Bezeichnung „yaws“. „Yaws“ kommt in tropischen Gebieten mit starkem Regen und Temperaturen über 27 °C vor. Trotz anfänglich erfolgreicher Behandlungskampagnen ließ sich die Erkrankung, die in den 1960er Jahren bis zu 100 Mio. Menschen betraf, bislang nicht ausrotten. In den 1990er Jahren wurde die Prävalenz auf 2,5 Mio. Infizierte geschätzt, aktuell werden jährlich mehrere 1000–10.000 Neuinfektionen gemeldet, insbesondere aus Südostasien (v. a. Indonesien und Timor), Afrika und Papua-Neuguinea.

Die Übertragung erfolgt v. a. zwischen Kindern unter 15 Jahren über direkten Hautkontakt zu offenen Verletzungen, aber auch über Bisse. Die **Primärläsion** („mother yaw“, z. T. rötlich-feucht und himbeerähnlich) an der vorverletzten kutanen Inokulationsstelle ist schmerzlos, kann aber jucken. Sie kann mehrere Monate bestehen, um dann als depigmentierte Narbe zu verheilen. Im **Sekundärstadium** können sich kleinere „daughter yaws“ meist in der Nähe von Schleimhäuten bilden, z. T. auch ulzerieren. Palmoplantare, hyperkeratotische Plaques und eine Knochenbeteiligung sind möglich, häufig finden sich Allgemeinsymptome wie Arthralgien, Lymphknotenschwellungen, Unwohlsein und Abgeschlagenheit. Nach 5–10 Jahren entwickeln 10 % der Patienten z. T. großflächige, gummatöse Veränderungen, die denen bei Syphilis (z. B. Sattelnase, Säbelschienbeine) sehr ähnlich sind **(Tertiärstadium).**

T. carateum Die am blandesten verlaufende NVT heißt Pinta (span.: Fleck), betrifft ebenfalls hauptsächlich unter 15-Jährige und war v. a. in Mittel- und Südamerika und der Karibik verbreitet. Heute wird sie nur noch in wenigen abgeschiedenen Regionen Mexikos und im Amazonasgebiet gefunden. Im Gegensatz zu den anderen NVT verursacht sie ausschließlich Hautmanifestationen, die im Stadium I „yaws-ähnlich“ sind, im Stadium II aus großflächigen Plaques bestehen, um sich dann im Stadium III zu fleckenartigen Pigmentanomalien unterschiedlichster Farbe (u. a. „enfermedad azul“, blaue Krankheit) zu entwickeln.

T. vincentii Diese Treponemen werden zusammen mit Fusobakterien bei der Angina Plaut-Vincenti gefunden, einer meist einseitigen, nekrotisierenden Angina oder einer ulzerösen Gingivastomatitis. Im mikroskopischen Präparat lassen sich beide Bakterienarten massenhaft nachweisen.

Apathogene Treponemen Auf der Genital- und Mundschleimhaut lassen sich im Wesentlichen apathogene Treponemen nachweisen, die zur physiologischen Flora des Menschen gehören, wie T. denticola, T. minutum und andere. T. denticola wird eine Rolle bei der Pathogenese der Parodontitis zugeschrieben (▶ Kap. 126).

In Kürze: Treponemen

- **Bakteriologie:** In der Gramfärbung kaum bis gar nicht darstellbare, spiralig gewundene, gramnegative Bakterien (lat.: „pallidum“, bleich), zur Familie der Spirochäten gehörend. Mikroskopisch mit Spezialfärbung (z. B. FITC-markierte mono- oder polyklonale Antikörper) nachweisbar bzw. im Dunkelfeld sichtbar. Anzucht von T. pallidum auf herkömmlichen Nährmedien nicht möglich (Vermehrung in Kaninchenhoden zur Antigengewinnung möglich).

44

- **Umweltresistenz:** Treponemen sind äußerst empfindlich gegenüber Austrocknung, Temperatur- und pH-Schwankungen sowie gegenüber Sauerstoff (mikroaerophil). In gekühlten Blutkonserven überleben Treponemen mehrere Tage.
- **Vorkommen:** Der Mensch ist der einzige natürliche Wirt für T. pallidum und seine Subspezies. Humanpathogen sind neben T. pallidum ssp. pallidum die Erreger der nichtvenerischen Treponematosen, die außerhalb Europas vorkommen (T. pallidum ssp. endemicum, T. pallidum ssp. pertenue, Treponema carateum). Nichtpathogene Arten (z. B. T. denticola) gehören zur Normalflora des Oral- und Gastrointestinaltrakts.
- **Epidemiologie:** Weltweit verbreitete Infektionskrankheiten. Ende der 1990er Jahre erreichte die Inzidenz in Deutschland mit 1,4 pro 100.000 Einwohner ihren niedrigsten Stand. Seit 2010 steigt die Zahl der gemeldeten Neuerkrankungen deutlich an (2018: ca. 7300 gemeldete Fälle, entspricht einer Inzidenz von 8,8 pro 100.000 Einwohnern. Männer > Frauen); Hauptzunahme bei homosexuellen Männern in Großstädten.
- **Zielgruppe:** Personen mit häufig wechselnden Geschlechtspartnern.
- **Übertragung:** Horizontal (v. a. Schleimhautkontakt, Eindringen des Erregers durch Mikroläsionen) und vertikal (transplazentar). Infektiös sind Patienten im Stadium I und II; keine Infektiosität in Stadium III. Übertragungen durch kontaminierte Nadeln selten, Übertragungen durch Bluttransfusionen durch systematische Testung aller Spenden in Deutschland seit über 20 Jahren nicht mehr berichtet.
- **Pathogenese:** Infektionskrankheit mit durchschnittlich 14–24 (10–90) Tagen Inkubationszeit, die zu einer Endarteriitis obliterans und Minderperfusion befallener Gewebe führt. Neben humoraler v. a. T-Zell-vermittelte Immunantwort mit Ausbildung von Granulomen (Gummen).
- **Zielgewebe:** Schleimhaut, Haut, ZNS, lymphatisches Gewebe, Gefäße.
- **Klinik:** 3 Formen: erworben, angeboren (Lues connata), nichtvenerisch übertragen.
  - **Frühsyphilis** (bis 1 Jahr nach Infektion): Lues I mit lokalen und Lues II mit generalisierten Krankheitserscheinungen.
  - **Spätsyphilis** (>1 Jahr nach Infektion): Lues III und Neurosyphilis (auch „quartäre Syphilis“).
  - **Konnatale Syphilis:** Lues connata praecox (Neugeborenen- und Säuglingsalter), Lues connata tarda (Manifestation ab dem 2. Lebensjahr).
- **Labordiagnose:** Selten Untersuchung von Reizsekret aus Primär- und Sekundärläsionen mittels Dunkelfeldmikroskopie. Üblich ist die serologische Stufendiagnostik mittels TPPA, FTA-Abs, Lipoidantikörper und spezifischem IgM-Nachweis.
- **Therapie:** Therapie der 1. Wahl ist in allen Stadien bis heute Penicillin, eine Resistenz von T. pallidum ist bisher nicht bekannt (cave: Jarisch-Herxheimer-Reaktion).
- **Prävention:** Expositionsprophylaxe, Reduzierung von sexuellem Risikoverhalten, Screening von Schwangeren und Blutkonserven.
- **Meldepflicht:** Direkter und indirekter Erregernachweis (nichtnamentlich) durch das untersuchende Labor. Der Meldebogen hat einen 2. Teil, auf dem der einsendende Arzt die demographischen und klinischen Angaben vervollständigen muss.

Weiterführende Literatur

AWMF-Leitlinie: Diagnostik und Therapie der Syphilis Aktualisierung und Aufwertung S2k 2014 (Stand 07/2014) Deutsche STI Gesellschaft (DSTIG), AWMF-Register Nr. 059/002

Arlene CS et al (2015) Treponema and Brachyspira, human host-associated spirochetes. In: Jorgensen JH et al (Hrsg) Manual of clinical microbiology, 11. Aufl. ASM press, Washington

Hagedorn HJ (2012) MiQ: qualitätsstandards in der mikrobiologisch-infektiologischen Diagnostik: Syphilis. Heft 16. Urban & Fischer, München

RKI (2007) RKI-Ratgeber für Ärzte: Syphilis (Lues). Robert Koch-Institut, Berlin

RKI (2015) Weiter starker Anstieg der Syphilis bei MSM in Deutschland im Jahr 2014. Epidemiol Bull 49:515–528

RKI (2018) Anstieg von Syphilis-Infektionen bei Männern, die Sex mit Männern haben, setzt sich weiter fort. Epidemiol Bull 46:493–504

RKI (2019) Infektionsepidemiologisches Jahrbuch meldepflichtiger Krankheiten für 2018. Robert Koch-Institut, Berlin

Borrelien

Klaus-Peter Hunfeld

Borrelien sind eine Gattung gramnegativer, flexibler und beweglicher Spiralbakterien aus der Familie der Spirochaetaceae. Von den ebenfalls zu den Spirochäten zählenden Treponemen (▶ Kap. 44) und Leptospiren (▶ Kap. 46) unterscheiden sie sich durch die größere Länge, die lockeren, irregulären Windungen und die lichtmikroskopische Darstellbarkeit nach Anfärbung mit Anilinfarben. Borrelien lassen sich unter mikroaerophilen Bedingungen in komplexen serumhaltigen Kulturmedien anzüchten. Wegen der langen Generationszeit von etwa 15 h werden Kulturen frühestens nach über 1-wöchiger Kulturdauer positiv (◘ Tab. 45.1). Humanmedizinisch bedeutsam sind Borrelia (B.) burgdorferi, B. mayonii, B. garinii, B. bavariensis, B. afzelii und B. spielmanii als Erreger der Lyme-Borreliose sowie B. recurrentis, B. duttoni, B. hermsii und andere Borrelienarten, die das Rückfallfieber auslösen (◘ Tab. 45.2). Der Gattungsname leitet sich vom französischen Bakteriologen Amédée Borrel (1867–1936) ab.

Fallbeispiel

Ein 56-jähriger Patient wird mit einer Bradykardie stationär eingewiesen. Der Patient fühlt sich seit einigen Tagen unwohl, mit grippeähnlichen Symptomen und einer Belastungsdyspnoe. Fraglich ist eine Synkope aufgetreten, die dann zur Einweisung geführt hat. Aus der Vorgeschichte erwähnenswert: Herzinfarkt vor 8 Jahren, Stentversorgung, gut eingestellter Hypertonus. Der Versicherte ist Landschaftsgärtner und hat häufiger Zeckenstiche bemerkt. Bei der Aufnahmeuntersuchung ergeben sich folgende Befunde: Herzfrequenz, 44/min; RR 144/84 mmHg; Atemfrequenz 20/min; Troponin: negativ. Im EKG zeigt sich ein AV-Block 2. Grades, wechselnd zwischen Mobitz-Typ 1 und -Typ 2 mit einem PR-Intervall von 300 ms. Die Ejektionsfraktion bei einer transthorakalen Echokardiografie liegt im Normbereich. Der Patient wird zur Überwachung auf die kardiologische Intensivstation aufgenommen. Hier muss am Folgetag ein temporärer Schrittmacher gelegt werden. Aufgrund der Berufsanamnese wird auch eine Borrelienserologie veranlasst, sowohl im ELISA als auch im Western-Blot lassen sich IgG- und IgM-Antikörper nachweisen. Nach umfassendem diagnostischem Ausschluss anderer kardialer Ursachen wird abschließend die Diagnose einer Lyme-Karditis gestellt und eine antibiotische Therapie mit Ceftriaxon eingeleitet.

45.1 Borrelia-burgdorferi-Komplex

Steckbrief

B. burgdorferi, B. mayonii, B. garinii, B. bavariensis, B. afzelii und B. spielmanii gehören zum B. burgdorferi-Komplex und sind die Erreger der Lyme-Borreliose (◘ Tab. 45.2), einer vorwiegend durch Schildzecken übertragenen Allgemeininfektion mit vielfältigen klinischen Früh- und Spätmanifestationen (◘ Tab. 45.3).

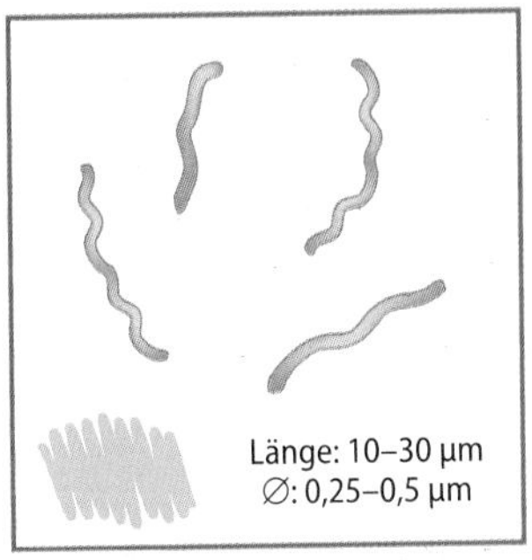

B. burgdorferi, B. mayonii, B. garinii, B. afzelii, B. bavariensis und B. spielmanii: gramnegative Spiralbakterien, erstmals 1982 entdeckt von Willy Burgdorfer

Old Lyme und die Lyme-Borreliose – Entdeckung einer neuen Spirochäte

Erreger aus dem B. burgdorferi-Komplex wurden erstmals von Willy Burgdorfer in den USA in Zecken nachgewiesen. In den Ortschaften Lyme und Old Lyme, Connecticut (USA), häuften sich 1974 und 1975 Fälle von Arthritis bei Kindern, die zunächst als juvenile rheumatoide Arthritis fehlgedeutet wurden.

S. Suerbaum et al. (Hrsg.), *Medizinische Mikrobiologie und Infektiologie*,
https://doi.org/10.1007/978-3-662-61385-6_45

Tab. 45.1 Borrelia: Gattungsmerkmale

Merkmal	Ausprägung
Färbung	Gramnegativ
Aerob/anaerob	Mikroaerophil
Kohlenhydratverwertung	Glukosefermentierung zu Milchsäure
Sporenbildung	Keine
Beweglichkeit	Ja, Zellkörper zudem flexibel
Katalase	Negativ
Oxidase	Negativ
Besonderheiten	Komplexe serumhaltige Kulturmedien, lange Generationszeit

Tab. 45.2 Humanpathogene Borrelien: Arten und Krankheiten

Art	Krankheit
Borrelia burgdorferi-Komplex: B. burgdorferi, B. mayonii, B. garinii, B. bavariensis, B. afzelii, B. spielmanii	Lyme-Borreliose (Vektoren: v. a. Schildzecken)
Borrelia recurrentis	Rückfallfieber (Vektoren: Läuse)
Borrelia hermsii, B. duttoni, B. miyamotoi (und mind. 20 weitere Borrelienarten)	Rückfallfieber (Vektoren: Leder- und Schildzecken)

Epidemiologische Untersuchungen erbrachten einen Zusammenhang mit vorausgegangenen Zeckenstichen. Auffallend viele Patienten mit „Lyme-Arthritis“ berichteten über charakteristische Hauterscheinungen sowie über neurologische und kardiale Beschwerden, die der Gelenkerkrankung vorausgegangen waren. Darüber hinaus waren die jahreszeitliche Häufung der Hauterscheinungen zwischen Juni und September und eine deutlich erhöhte Erkrankungsrate in waldreichen Gebieten auffällig.

Burgdorfer gelang 1982 zunächst aus Schildzecken (Ixodidae) und später auch aus Krankheitsherden infizierter Patienten die Anzucht einer bis dahin unbekannten Spirochäte, die nach ihm B. burgdorferi genannt wird. Die Beobachtung, dass Patienten mit Lyme-Arthritis Antikörper gegen das isolierte Bakterium besaßen, erhärtete den vermuteten kausalen Gesamtzusammenhang.

Bald erwies sich B. burgdorferi als Erreger einer vielgestaltigen Multisystemerkrankung, die heute als Lyme-Borreliose bekannt ist. Dabei waren typische Manifestationen wie das Erythema migrans und die Meningoradikulitis zwar auch schon zuvor in Europa beobachtet worden, ihr nosologischer Zusammenhang war allerdings bis dahin unklar geblieben. In Europa wurden bislang neben B. burgdorferi 4 weitere Borrelienspezies (B. garinii, B. bavariensis, B. afzelii, B. spielmanii) eindeutig als humanpathogen identifiziert. Zuletzt ist in den USA im Mittleren Westen noch B. mayonii, benannt nach der entdeckenden Institution (Mayo Clinic, Rochester, Minnesota) hinzugekommen (Tab. 45.2).

45.1.1 Beschreibung

▪ Aufbau

Borrelien sind gramnegative, flexible Spiralbakterien, 10–30 µm lang und mit 0,25–0,5 µm Durchmesser, mit unregelmäßig ausgebildeten Windungen. Diese entstehen durch Flagellenbündel aus bis zu 18 Flagellen, die den Protoplasmazylinder umgeben und an beiden Enden verankert sind. Die Kontraktion dieser Flagellen ziehen die Bakterien flexibel zusammen und versetzen sie in eine rotierende Bewegung.

Protoplasmazylinder und Flagellen sind von einer äußeren Membran umhüllt. Diese besitzt verschiedene Lipoproteine, sog. **„outer surface proteins“** (Osp), denen z. T. als Immunogenen diagnostische Bedeutung zukommt (z. B. OspC, VlsE), die z. T. aber auch als Pathogenitätsfaktoren fungieren (z. B. OspA, VlsE).

▪ Extrazelluläre Produkte

Sezernierte Produkte mit signifikanter Bedeutung für die Pathogenese der Erkrankung sind nicht bekannt.

▪ Resistenz gegen äußere Einflüsse

Borrelien sind ausgesprochen empfindliche Mikroorganismen mit geringer Umweltpersistenz und sterben außerhalb ihrer spezifischen Wirte bzw. Vektoren rasch ab.

▪ Vorkommen

Reservoirwirte: Das Hauptreservoir für die humanpathogenen Vertreter des B. burgdorferi-Komplexes sind v. a. Rotwild und kleine, wild lebende Nager, aber auch Vögel. Nur dort sind sie überlebensfähig. Bei diesen infizieren sich Zecken während des Saugaktes, um die Erreger dann ihrerseits im Verlauf der weiteren Entwicklung auf Reservoirwirte bzw. auf den Menschen zu übertragen. Auch einige Vogelarten dienen als Reservoirwirte und können durch den Transport infizierter Zecken über große Distanzen selbst neue Infektionsgebiete erschließen.

Vektoren: Schildzecken (Ixodidae) sind die Hauptvektoren für Infektionen des Menschen. Die wichtigsten Vertreter sind Ixodes ricinus in Europa, I. inopinatus im westlichen Mittelmeerraum, I. scapularis sowie Ixodes pacificus in Nordamerika und I. persulcatus in Osteuropa und Asien. Eine hohe Zeckenaktivität findet sich in Mitteleuropa hauptsächlich zwischen März und Oktober. Allerdings können bei zunehmend wärmerer Witterung (Klimawandel!) durchaus auch in den späten Herbst und Wintermonaten Aktivitäten beobachtet werden. Die weiblichen Schildzecken entwickeln sich nach je einer Blutmahlzeit (3-wirtige Zecken) und klimatischen Verhältnissen binnen 2–6 Jahren über Larven- und Nymphenstadien zu adulten Zecken. Nymphen und ausgewachsene Zecken, die wichtigsten Entwicklungsstadien für die Übertragung auf den Menschen, sind je nach Landstrich zu etwa 10 % (Nymphen) bzw. 20–30 % (adulte Zecken) mit Borrelien infiziert.

Der sog. **B. burgdorferi-Komplex** umfasst derzeit 21 Genospezies, von denen 6 für den Menschen gesichert als pathogen gelten (◘ Tab. 45.2). Mit Borrelien infizierte Zecken sind in ganz Deutschland präsent und können die in Europa verbreiteten humanpathogenen Spezies B. burgdorferi, B. garinii, B. bavariensis, B. afzelii und B. spielmanii übertragen. In Nordamerika sind in Zecken v. a. B. burgdorferi, aber auch – neu beschrieben – B. mayonii als gesichert humanpathogene Genospezies nachweisbar.

45.1.2 Rolle als Krankheitserreger

▪▪ Epidemiologie

Die Lyme-Borreliose kommt weltweit in den gemäßigten Breiten der nördlichen Hemisphäre vor und ist dort die häufigste durch Arthropoden übertragene Zoonose. In Deutschland kommt es jährlich zu ca. 60.000–200.000 Neuerkrankungen; Waldarbeiter, Förster, zeltende Touristen und Wanderer sind besonders gefährdet. Die Behandlungskosten allein in Deutschland werden auf über 80 Mio. EUR geschätzt und bis zu 7500 Patienten müssen jährlich wegen einer Lyme-Borreliose stationär behandelt werden. Die Antikörperprävalenz beträgt in der Normalbevölkerung ca. 15 %, kann aber in Risikogruppen bis auf über 30 % steigen.

▪▪ Übertragung

Die Mehrzahl der Patienten wird von Ende April bis Ende September im Rahmen des Saugaktes von den nur 1,5 mm großen Ixodes-Nymphen infiziert. Das Körpervolumen der Zecken steigt dabei während des 12–36 h Saugaktes um das 100- bis 200-Fache an. Bei Temperaturen <10 °C und >35 °C sind Zecken zunehmend inaktiv. Infizierte Zecken kommen im Alpenraum je nach klimatischen Gegebenheiten bis zu einer Höhe von ca. 1000–1500 m vor. Beliebte Aufenthaltsorte der Zecken sind buschige Wald- und Wegränder, lichte Wälder mit Unterwuchs, aber auch urbane Parkanlagen und Gärten.

Zecken sitzen bis zu einer Höhe von ca. 1,2 m an Gräsern, Farnen und niedrig hängendem Unterholz. Erwachsene werden daher v. a. in der unteren Körperhälfte, Kinder auch im Kopf- und Halsbereich befallen. Der Stich der Zecke wird nur in etwa 50 % bemerkt, weil Zecken sehr klein sind und der Speichel lokalanästhetisch, gerinnungshemmend und antiinflammatorisch wirksame Substanzen enthält. Borrelien wandern zuvor während der Blutmahlzeit der Nymphen oder der adulten Zecken aus deren Mitteldarm in die Speicheldrüsen und gelangen dann mit dem Speichel in die Haut der Wirte.

Die Übertragungswahrscheinlichkeit steigt nach etwa 12–24 h Saugdauer deutlich an, sodass präventiv eine **schnelle Entfernung der Zecken** anzustreben ist. Das Erkrankungsrisiko nach Zeckenstich ist insgesamt relativ gering, da je nach lokaler Epidemiologie nur etwa 1 % der Gestochenen eine symptomatische Lyme-Borreliose entwickelt.

▪▪ Pathogenese

Nach dem Stich infizierter Zecken vermehren sich die Borrelien zunächst lokal und breiten sich zumeist konzentrisch um den Infektionsort herum aus (lokalisierte Infektion: frühe Manifestation). Bereits früh kann es zu einer Streuung der Erreger (disseminierte Infektion: frühe Manifestation) in andere Körperregionen kommen.

Bei Persistenz der Erreger sind noch Monate bis Jahre nach der Erstinfektion späte Manifestationen möglich. Die **äußeren Membranproteine** (**Osp**, s. o.) der Borrelien, besonders OspA und OspC, haben einen großen Einfluss auf die Entwicklung der Lyme-Borreliose, da sie die Invasion fördern, Entzündungsreaktionen induzieren und den Erreger vor der natürlichen Wirtsabwehr (z. B. Komplement) schützen.

Für die lange Persistenz (disseminierte, persistierende Infektion: späte Manifestation) von Borrelien im infizierten Wirt scheint bedeutungsvoll zu sein, dass diese Bakterien durch die Variabilität ihrer äußeren Membranproteine (z. B. VlsE) die humorale Immunabwehr unterlaufen können (Immunevasions- oder „Immune-escape"-Mechanismus). Dabei besteht ein **relativer Organ(o)tropismus**, dessen Ursachen unbekannt sind:

- Bevorzugte Erreger für die Hautmanifestationen der Lyme-Borreliose sind B. afzelii und B. spielmanii.
- Die Neuroborreliose, der Befall des Nervensystems, wird v. a. durch B. garinii und B. bavariensis verursacht.
- Die Arthritis wird überwiegend durch B. burgdorferi hervorgerufen.
- B. mayonii vermag neben den genannten Symptomen auch Übelkeit und Erbrechen auszulösen und ist in peripheren Blutausstrichen diagnostisch nachweisbar.

▪▪ Klinik

Die klinischen Symptome der Lyme-Borreliose sind sehr vielgestaltig (◘ Tab. 45.3).

Frühmanifestationen der Erkrankung können spontan ausheilen oder selten in eine persistierende Infektion mit typischen Spätmanifestationen übergehen. Zwischen Infektion und klinischer

Tab. 45.3 Klinische Manifestation bei Lyme-Borreliose (häufigste Manifestationen in *Kursivschrift*)

Frühmanifestationen: Lokalisierte Infektion, Tage bis Wochen nach Zeckenstich	
Allgemeine Symptome	Fieber, Kopfschmerzen, Müdigkeit, allgemeines Krankheitsgefühl
Haut	*Erythema migrans*
Augen	Konjunktivitis
Bewegungsapparat	Arthralgien
Frühmanifestationen: Disseminierte Infektion, Wochen bis Monate nach Zeckenstich	
Haut	Multiple Erytheme, Borrelien-Lymphozytom
Nervensystem („Neuroborreliose")	*Meningoradikulitis* (Garin-Bujadoux-Bannwarth-Syndrom):
	– Meningoradiculitis spinalis
	– Meningoradiculitis cranialis
	– Meningoradiculitis cranialis et spinalis
	Meningitis, Meningoenzephalitis
Bewegungsapparat	Myalgien, Arthralgien, Arthritis (selten)
Herz	Karditis, atrioventrikulärer (AV-)Block
Augen	Konjunktivitis, Keratitis, Papillenödem, Chorioretinitis, Neuritis n. optici
Spätmanifestationen: Persistierende Infektion, Monate bis Jahre nach Zeckenstich	
Haut	Acrodermatitis chronica atrophicans
Nervensystem („Neuroborreliose")	Polyneuropathie, chronische Enzephalomyelitis
Bewegungsapparat	*Chronische Arthritis*

Manifestation können dabei Tage bis Jahre vergehen. Im Krankheitsverlauf werden aber nicht zwangsläufig sämtliche Manifestationen stadienhaft durchlaufen (Tab. 45.3):

Frühmanifestationen (lokalisierte Infektion) Wenige Tage bis Wochen nach Infektion kann sich im typischen Falle eine von der Eintrittsstelle ausgehende und in die Umgebung vordringende konzentrische Hautrötung mit zentraler Abblassung, das klassische Erythema migrans bilden (Abb. 45.1a). Atypische Hautrötungen kommen allerdings ebenfalls vor und sind dann z. T. schwieriger als borrelieninduziertes Erythem zu diagnostizieren. Das betroffene Hautareal kann schmerzhaft oder überempfindlich sein. Das Erythema migrans ist die häufigste Manifestation der Lyme-Borreliose (>80 % der Erkrankungsfälle) und heilt zumeist auch unbehandelt innerhalb von Wochen folgenlos aus. Allgemeinsymptome wie Fieber, Myalgien, Müdigkeit, Kopfschmerzen können auftreten. In etwa 10 % geht die lokalisierte Infektion in eine frühe disseminierte Infektion über. Insbesondere die im Mittleren Westen der USA neu beschriebene B. mayonii ist typischerweise in peripheren Blutausstrichen nachweisbar und löst zusätzlich Übelkeit und Erbrechen aus! Grundsätzlich können Symptome bei früher disseminierter Infektion auch dann auftreten, wenn zuvor kein Erythema migrans beobachtet wurde.

Frühmanifestationen (frühe disseminierte Infektion) In Europa ist die Neuroborreliose in Form einer lymphozytären Meningoradikulitis (syn.: Garin-Bujadoux-Bannwarth-Syndrom) die häufigste klinische Manifestation der frühen disseminierten Infektion. 2–12 Wochen nach dem Zeckenstich beginnt das Krankheitsbild mit anhaltenden, quälenden polyradikulären Schmerzen, die v. a. nachts unerträglich werden können. (Differenzialdiagnostisch ist z. B. an einen Bandscheibenvorfall zu denken.) Später treten Gefühlsstörungen und Lähmungen auf. Viele Patienten mit spinaler Meningoradikulitis entwickeln Hirnnervenausfälle, vornehmlich des N. facialis (Meningoradiculitis spinalis et cranialis). Kinder zeigen in der Regel keine radikuläre Symptomatik, sondern ein- oder beidseitige Fazialisparesen (Abb. 45.1b) sowie Meningitiszeichen (Meningoradiculitis cranialis). Es können auch ophthalmologische Symptome, Hörstörungen oder eine Herzbeteiligung (Lyme-Karditis) vorkommen (Tab. 45.3).

Weitere allerdings sehr seltene Manifestationen sind multiple Erytheme und das Borrelien-Lymphozytom (Abb. 45.1c), eine Hautmanifestation, bei der bevorzugt an Ohrläppchen, Mamille oder Skrotum derbe bläulich-rötliche Knoten im Sinne eines Pseudolymphoms auftreten.

Symptome am Bewegungsapparat sind in dieser Phase selten und manifestieren sich als Gelenk- und Muskelschmerzen. Müdigkeit und ein deutliches Krankheitsgefühl sind dagegen oft vorhanden.

Obwohl transplazentaren Übertragung von Borrelien im Rahmen der Dissemination des Erregers bei **Schwangeren** möglich sind, wurde intrauterine Manifestationen bisher nicht nachgewiesen. Dennoch sollte jede Manifestation der Lyme-Borreliose bei Schwangeren präemptiv behandelt werden.

Spätmanifestationen (disseminierte persistierende Infektion) Sie sind durch einen persistierenden Infektionsverlauf von mehr als 6 Monaten charakterisiert, wobei die Erstinfektion Monate bis Jahre zurückliegen kann. Betroffen ist v. a. der Bewegungsapparat (Lyme-Arthritis); aber auch die Haut (Acrodermatitis chronica atrophicans) und sehr selten das Nervensystem (progressive Enzephalomyelitis) (Tab. 45.3):

- Die **Lyme-Arthritis** ist die häufigste Manifestation in diesem Stadium (Abb. 45.1d). Die

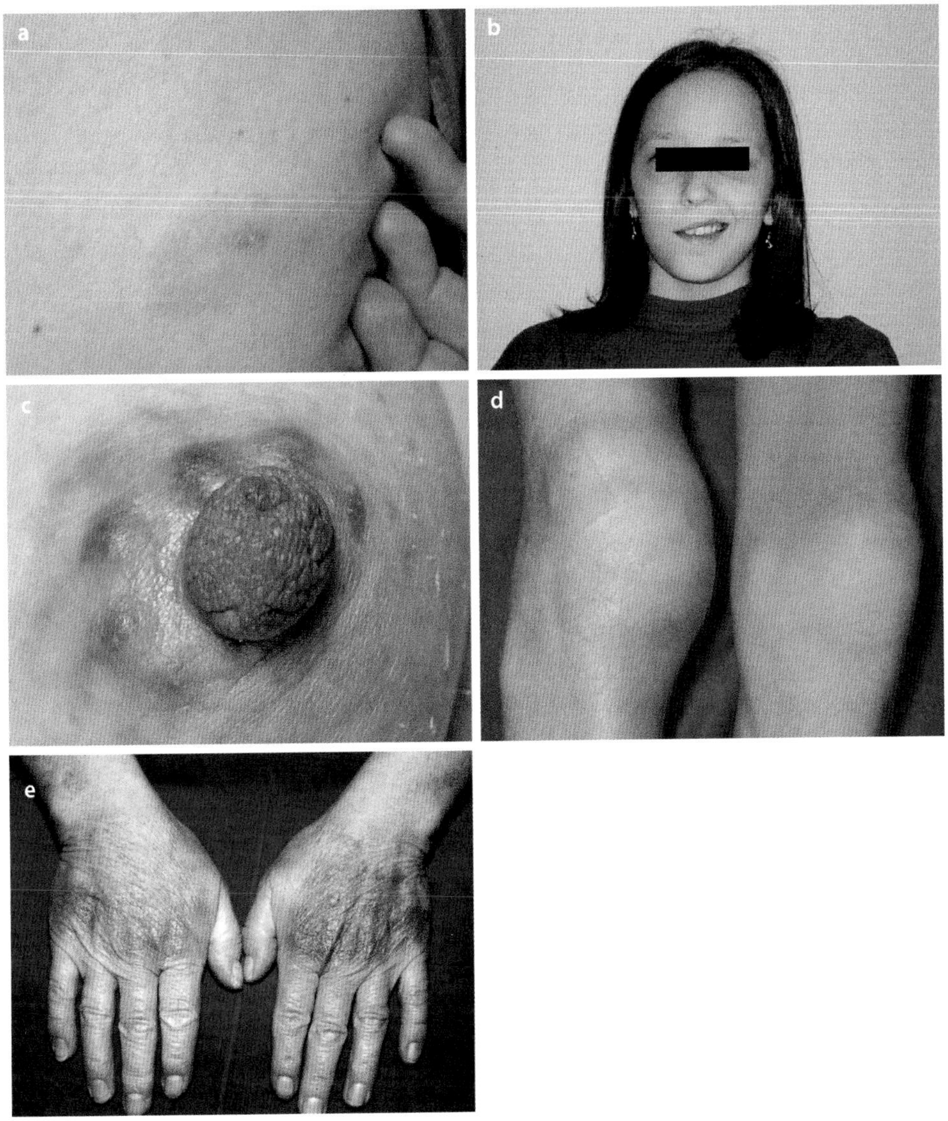

Abb. 45.1 a–e Klinische Manifestationen der Lyme-Borreliose. **a** Erythema migrans (mit freundlicher Genehmigung von Dr. M. Ernst, Dreieich); **b** Fazialisparese (mit freundlicher Genehmigung von Prof. Dr. S. Zielen, Frankfurt/Main); **c** Lymphozytom, Mamille, **d** Lyme-Arthritis (mit freundlicher Genehmigung von Prof. Dr. G. M. Burmester, Berlin); **e** Acrodermatitis chronica atrophicans

Symptomatik äußert sich typischerweise in Form rezidivierender Mono- und Oligoarthritiden der großen Gelenke der unteren Extremitäten. Progrediente Verläufe betreffen überwiegend das Kniegelenk, in dem sich ausgeprägte Gelenkergüsse entwickeln. Darüber hinaus sind auch Entzündungen des Schulter- oder Ellenbogengelenks sowie selten polyartikuläre Verläufe mit Befall kleiner Gelenke beschrieben. Eine rheumatologische Differenzialdiagnostik muss bei Verdacht auf Lyme-Arthritis immer erfolgen, da es sich in vielen Fällen um eine Ausschlussdiagnose handelt.

- Die **Acrodermatitis chronica atrophicans** (Abb. 45.1e) und die progressive Enzephalomyelitis zeigen typische Efloreszenzen der Haut (zunächst ödematös entzündliche und schließlich atrophische Veränderungen) bzw. am peripheren Nervensystem (periphere Polyneuropathie und progressive Lähmungserscheinungen).

Immunität

Die Infektion hinterlässt keine sichere Immunität, sodass Reinfektionen vorkommen.

Labordiagnose

Die Labordiagnose der Lyme-Borreliose (Tab. 45.4) beruht auf dem **serologischen Nachweis spezifischer Antikörper (Stufendiagnostik)**. Der Erregernachweis mittels PCR oder Kultur ist zwar grundsätzlich möglich, sollte sich aber auf spezielle Fragestellungen beschränken.

Tab. 45.4 Klinische Falldefinitionen und laboratoriumsmedizinische Untersuchungsindikationen. (Modif. nach Stanek et al. 2011)

Symptom	Falldefinition	Labormedizinische Bestätigung	Unterstützende labormedizinische und klinische Information
Erythema migrans	Ausbreitung eines blauroten Ringes (>5 cm im Durchmesser)[a] mit oder ohne zentrale Aufhellung; Rand oft intensiv gefärbt und deutlich abgrenzbar, aber nicht erhaben	Bei *typischer* Wanderröte **nicht (!)** notwendig!	Detektion von B. burgdorferi mittels Kultur und/oder PCR aus Hautbiopsien Serologie bei atypischem Verlauf; ggf. Verlaufskontrolle
Borrelien-Lymphozytom	Schmerzlose, blaurote Knoten oder Plaques, üblicherweise an Ohrläppchen, Ohrhelix, Mamille oder Skrotum; häufiger bei Kindern (besonders am Ohr) als bei Erwachsenen	Serokonversion oder positive Serologie[b]	Histologie in unklaren Fällen, Detektion von B. burgdorferi mittels Kultur und/oder PCR aus Biopsiematerial, kurzfristig zurückliegendes Erythema migrans
Acrodermatitis chronica atrophicans	Lange vorbestehende rötliche oder blaurötliche Läsion, üblicherweise im Bereich der Extremitäten; initial ödematöse Schwellung, später zunehmende Atrophie, z. T. mit derben Indurationen oder fibrösen Knoten über Gelenken oder Knochenvorsprüngen	Stark positiver IgG-Antikörper-Befund	Histologie, Nachweis von B. burgdorferi mittels Kultur oder PCR aus Biopsiematerial
Lyme-Neuroborreliose	Bei Erwachsenen meist Meningoradikulitis (Bannwarth-Syndrom), Meningitis, selten Enzephalitis oder Myelitis, sehr selten zerebrale Vaskulitis Bei Kindern meist symptomarme Meningitis oder Fazialisparese	Pleozytose, Nachweis der intrathekalen Synthese spezifischer Antikörper[c]	Detektion von B. burgdorferi mittels Kultur und/oder PCR aus Liquor; intrathekal gesteigerte autochthone Gesamt-IgM und/oder IgG- und/oder IgA-Synthese; Nachweis borrelienspezifischer Immunantwort im Serum; kurzfristig zurückliegendes oder aktuell bestehendes Erythema migrans
Lyme-Arthritis	Rezidivierende oder persistierende Gelenkschwellung eines oder weniger großer Gelenke; Differenzialdiagnosen müssen ausgeschlossen sein	Üblicherweise hochpositiver IgG-Antikörper-Befund	Analyse der Synovialflüssigkeit, Detektion von B. burgdorferi mittels PCR und/oder Kultur aus Synovialflüssigkeit oder Biopsat
Lyme-Karditis (selten)	Akuter Beginn eines AV-Blocks 1.–3. Grades; Rhythmusstörungen, gelegentlich Myokarditis oder Pankarditis bei Ausschluss anderer Ursachen	Spezifische Antikörperantwort im Serum	Detektion von B. burgdorferi mittels Kultur und/oder PCR von endomyokardialem Biopsiematerial; kurzfristig zurückliegendes oder aktuell bestehendes Erythema migrans und/oder typische neurologische Symptome
Augenmanifestation (selten)	Konjunktivitis, Uveitis, Papillitis, Episkleritis oder Keratitis	Spezifische Antikörperantwort im Serum	Kurzfristig zurückliegende oder aktuell bestehende Lyme-Borreliose-Manifestation und Nachweis von B. burgdorferi mittels Kultur und/oder PCR aus Kammerwasser

[a] Sofern Durchmesser <5 cm, ist zusätzlich der Hinweis auf Zeckenstich in der Anamnese, ein zeitlich verzögertes Auftreten um mind. 2 Tage nach dem Biss und eine Zunahme der Effloreszenz an der Stelle des Bisses erforderlich

[b] Primär- und Folgeuntersuchungen im Serum bei Verdachtsfällen sollten regelhaft parallel mit demselben Assay-System untersucht werden

[c] In frühen Fällen von Neuroborreliose kann eine intrathekale spezifische Antikörpersynthese noch fehlen

Untersuchungsmaterial Für die Standarddiagnostik ist Serum, bei Verdacht auf Neuroborreliose zusätzlich Liquor vom selben Tag für eine Paralleluntersuchung zur Bestimmung des borrelienspezifischen Liquor-Serum-Antikörperindex zu gewinnen. Blutkulturen, Biopsien, Punktate oder andere Materialien eignen sich für die Spezialdiagnostik mittels PCR und Kultur für den direkten Erregernachweis. Urin ist nicht geeignet!

Antikörpernachweis Der Nachweis spezifischer Antikörper erfolgt üblicherweise durch eine Stufendiagnostik mittels Suchtest (Immunassay, z. B. ELISA) sowie Bestätigungstest (z. B. Dot-Blot, Multiplex-Assay, Immunblot oder 2. ELISA) (◘ Tab. 45.4). Um die Sensitivität und Spezifität der Untersuchung zu erhöhen, kommen zunehmend Tests mit rekombinant hergestellten Antigenpräparationen (z. B. VlsE) zum Einsatz. IgM-Titer sind 3–6 Wochen nach Krankheitsbeginn am höchsten, der IgG-Titer erreicht seinen Gipfel langsamer. Nach frühzeitiger Therapie kann eine Serokonversion ganz ausbleiben bzw. bei initial positiver IgM-Antwort ein IgM-IgG-Switch der Immunantwort fehlen. Nach Ausheilung der Infektion bzw. nach Therapie bildet sich die spezifische IgM-Antwort zögerlich zurück, sodass IgM-Antikörper u. U. noch Monate bis Jahre nachweisbar bleiben. International empfehlen manche Experten deshalb die IgM-Testung bei einer Symptomdauer >6 Wochen zur Vermeidung falsch-positiver Ergebnisse nicht mehr. In der Lyme-Borreliose-Serodiagnostik fehlt bislang ein eindeutiger Aktivitätsmarker, der es analog zur Syphilisserologie erlauben würde, Krankheitsverlauf und Therapieerfolg ausschließlich mit serologischen Testergebnissen hinreichend sicher zu beurteilen.

Etwa 50 % der Patienten mit Erythema migrans sind zunächst seronegativ. Eine Serodiagnostik bei typischer Manifestation ist daher nicht hilfreich bzw. erforderlich. Auch Patienten mit einer Neuroborreliose können während der ersten Wochen seronegativ sein. Bei unklaren Symptomen und Verdacht auf diese Frühmanifestationen sind daher ggf. serologische Verlaufskontrollen angeraten. Bei Patienten mit Verdacht auf eine **Neuroborreliose** ist zudem zwecks Paralleluntersuchung von Serum und Liquor eine Lumbalpunktion durchzuführen. In der Frühphase einer Borreliose des ZNS zeigen sich auch bei seronegativen Patienten im Liquor praktisch immer entzündliche Veränderungen inklusive einer lymphozytären Pleozytose. Die Borrelienätiologie wird dann in der Regel durch den Nachweis einer **spezifischen intrathekalen Antikörperproduktion** eindeutig belegt (erhöhter Liquor-Serum-Antikörperindex). Im Gegensatz dazu können aber bei rein peripheren neurologischen Symptomen im Rahmen der Lyme-Borreliose (z. B. periphere Polyneuropathie) entzündliche Liquorveränderungen und eine spezifische intrathekale Antikörpersynthese fehlen. Bei längerer Krankheitsdauer (>2 Monate) gelingt der Antikörpernachweis beim immunkompetenten Patienten aber praktisch immer. Ein neuer spezieller Marker (das Lymphokin CXCL13) der Neuroborreliose ist durchaus vielversprechend und z. T. bereits vor der intrathekalen Antikörperantwort im Liquor nachweisbar. Allerdings ist die diagnostische Wertigkeit dieses Parameters für die Routinediagnostik noch nicht abschließend evaluiert, zumal bisher einheitliche Cut-off-Definitionen fehlen und Lymphome auch andere Erkrankungen wie die Neurosyphilis mit CXCL-13 Erhöhungen einhergehen können!

Prinzipiell gilt für die **Befundinterpretation:** Positive Ergebnisse in der Antikörperdiagnostik erlauben keine Aussage über die Aktivität der Infektion, da nachgewiesene Antikörper sowohl Ausdruck einer aktiven, behandlungsbedürftigen Erkrankung als auch einer durchgemachten bzw. ausreichend therapierten Borrelieninfektion (Seronarbe) sein können. Die Diagnose einer Lyme-Borreliose basiert deshalb vorwiegend auf dem klinischen Bild und erst in 2. Linie auf den Ergebnissen der bestätigenden Labordiagnostik.

Wegen der langen Persistenz einmal gebildeter Antikörper lässt sich auch der Therapieerfolg nicht allein anhand des Antikörper-Titerverlaufs überprüfen. Hierfür bedarf es zusätzlicher Informationen zum klinischen Verlauf. Die Anwendung weiterer bisher nicht validierter pseudodiagnostischer Tests wie z. B. des Lymphozyten-Transformationstests (LTT), des ELISPOT, oder des CD57þ/CD3-Lymphozyten-Subpopulationstests zur Primärdiagnostik und Verlaufsbeurteilung wird derzeit wegen mangelnder Sensitivität und Spezifität ebenso wenig empfohlen wie der immundiagnostische Nachweis von Borrelienantigenen aus dem Urin!

Anzucht Möglichkeiten und Indikationen für den Erregernachweis sind in ◘ Tab. 45.4 zusammengefasst.

■ ■ Therapie

Obwohl humanpathogene Borrelien in vitro gegenüber vielen Antibiotika empfindlich sind, berücksichtigen die Empfehlungen bislang nur einige bewährte Substanzen:

- Für frühe lokalisierte Manifestationen werden für die Therapie bevorzugt Doxycyclin, Amoxicillin und Cefuroxim eingesetzt. Die Behandlungsdauer beträgt üblicherweise 14 Tage. Bestehen Kontraindikationen für diese Substanzen, kommt als therapeutische Alternative auch die Gabe von Azithromycin für mind. 5 Tage in Betracht.
- Für **leichte Verläufe bei frühen disseminierten Manifestationen** sind Doxycyclin und Amoxicillin in gleicher Weise zur Therapie geeignet (Therapiedauer: 2–3 Wochen).

- Für die Therapie der **Neuroborreliose** werden v. a. Cephalosporine der 3. Generation eingesetzt (Cefotaxim, Ceftriaxon; Therapiedauer: 2–3 Wochen).
- Späte Manifestationen wie **Lyme-Arthritis** und **Acrodermatitis chronica atrophicans** (persistierende Infektion) werden mit Amoxicillin oder Cephalosporinen der 3. Generation über 3–4 Wochen behandelt. Auch die Gabe von Doxycyclin für 3–4 Wochen ist wirksam.
- In der **Schwangerschaft** eignen sich grundsätzlich β-Laktam-Antibiotika oder – bei Penicillinallergie – Makrolide wie Clarithromycin und Azithromycin. **Die Gabe von Roxithromycin ist wegen einer außerordentlich hohen Versagerquote nicht angezeigt.**
- Jarisch-Herxheimer-artige Reaktionen mit Fieber nach Therapie mit β-Laktam-Antibiotika sind selten.

Auch nach suffizienter Therapie kann je nach Infektionsdauer und Manifestation (z. B. Akrodermatitis) aufgrund eines Organschadens eine vollständige Restitutio ad integrum ausbleiben, oder es können wie bei vielen Infektionskrankheiten postinfektiös für einige Zeit andauernde unspezifische Symptome auftreten. Gerade für die Lyme-Arthritis sind fortdauernde Symptome mit nachlaufenden Ergüssen über 3–6 Monate nicht ungewöhnlich. Dabei handelt es sich typischerweise um symptomatisch zu behandelnde immunologische Folgereaktionen (Reizergüsse) und nicht um eine antibiotisch behandlungsbedürftige fortdauernde Infektion.

Für chronisch fortschreitende, therapierefraktäre Verläufe – wie in der Laienpresse oft diskutiert – gibt es hingegen bislang keine evidenzbasierten Belege. Auch führt eine wiederholte oder gar über Wochen fortgeführte Antibiotikatherapie bei diesen Patienten unter kontrollierten Studienbedingungen zu keiner Besserung ihrer subjektiven unspezifischen Beschwerden und ist daher auch wegen möglicher schwerer Nebenwirkungen abzulehnen.

▪▪ Prävention

Eine **Schutzimpfung** ist derzeit in der Humanmedizin nicht verfügbar. Insofern verbleiben klassische Präventionsstrategien wie das Tragen **langer Kleidung,** v. a. im Bereich der unteren Extremitäten. Meist wandern die Zecken von dort zu warm-feuchten Stellen des Körpers (Achsel, Leistengegend, Mammae), sodass sich auch eine **sorgfältige Untersuchung des Körpers auf Zecken,** insbesondere nach Wanderungen, Aufenthalt im Garten etc. empfiehlt. Bei Kindern sollte besonders der Kopf-Hals-Bereich abgesucht werden. Festgesaugte Zecken sind schnellstmöglich zu entfernen, da die Wahrscheinlichkeit einer Übertragung von Borrelien nach kurzer Saugdauer (<12–24 h) relativ gering ist.

Einige **Repellents** sind gegen Zecken wirksam, allerdings für den Dauergebrauch bei Langzeitexposition kaum praktikabel. Eine routinemäßige prophylaktische Antibiotikagabe nach Zeckenstich wird unter anderem wegen des relativ geringen Erkrankungsrisikos in Europa abgelehnt.

Meldepflicht In Deutschland besteht nach dem IfSG für die Lyme-Borreliose keine bundesweite Meldepflicht. Einige Bundesländer (z. B. Sachsen, Bayern) haben aber auf Landesebene eine Meldepflicht erlassen.

45.2 Borrelia recurrentis und andere Rückfallfieber-Borrelien (Borrelia spp.)

Fallbeispiel

In einer Erstaufnahmeeinrichtung für Asylbewerber wird ein junger Mann aus Eritrea gesehen. Er klagt über Fieber und berichtet, er habe schon während der Flucht über Libyen mehrfach Fieberschübe gehabt. Das Blutbild ist unauffällig, die Leberwerte sind leicht erhöht, ansonsten findet sich kein wegweisender Befund. Eine Malaria wird ausgeschlossen. Es wird daraufhin eine antibiotische Therapie mit einem Penicillin angesetzt, darunter verschlechtert sich das Allgemeinbefinden akut mit Gliederschmerzen und Schüttelfrost. Bei einer erneuten Untersuchung auf Malaria fallen im Blutausstrich langgestreckte, schraubenförmige Strukturen auf. Es wird die Diagnose eines Läuse-Rückfallfiebers gestellt.

Steckbrief

B. recurrentis und eine Vielzahl (mindestens 19) anderer Borrelienarten (Borrelia spp.) rufen das Rückfallfieber hervor (▣ Tab. 45.2). Für diese Krankheit sind wiederholt auftretende Fieberschübe im Wechsel mit fieberfreien Intervallen charakteristisch. B. recurrentis ist weltweit verbreitet und verursacht das besonders in Kriegszeiten epidemisch auftretende Läuse-Rückfallfieber, wohingegen andere z. T. nur regional verbreitete Borrelienarten (z. B. B. hermsii, B. duttonii) durch Lederzecken (Argasidae), seltener durch Schildzecken auf den Menschen übertragbar sind und das endemische Zecken-Rückfallfieber auslösen. Die Vektoren und Erreger des Rückfallfiebers sind bereits seit mehr als 100 Jahren bekannt.

45.2.1 Beschreibung

Aufbau

B. recurrentis und die anderen Borrelienarten zeigen morphologisch den gleichen Aufbau wie B. burgdorferi (► Abschn. 45.1.1). Im Vergleich zu B. burgdorferi weisen die Rückfallfieber-Borrelien eine wesentlich größere Variabilität der Oberflächenproteine auf, die für die Immunevasion der Erreger von besonderer Bedeutung sind (Pathogenese).

Extrazelluläre Produkte

Extrazelluläre Produkte mit Einfluss auf das Krankheitsgeschehen sind nicht bekannt.

Vorkommen

Die Rückfallfieber-Borrelien sind nur in ihren Vektoren (Läuse, Zecken), in Reservoirwirten und in Erkrankten überlebensfähig. Das natürliche Reservoir für B. recurrentis ist ausschließlich der Mensch. Der Erreger wird durch Läuse direkt auf den Menschen übertragen. Die anderen Rückfallfieber-Borrelien befallen ein breites Spektrum wild lebender Säugetiere, insbesondere Nagetiere, bei denen die Infektion in der Regel asymptomatisch verläuft. Aus diesem Reservoir infizieren sich Zecken (v. a. Lederzecken: Ornithodoros spp.; daneben Schildzecken: Ixodes spp.), die beim Saugakt die Erreger auf andere Tiere, aber auch auf den Menschen, verbreiten.

45.2.2 Rolle als Krankheitserreger

Epidemiologie

Epidemiologisch lassen sich die **weltweit** vorkommenden, durch Läuse (B. recurrentis) und durch Zecken der Gattung Argas übertragenen Borrelien (B. anserina; nicht human-, sondern vogelpathogen) einerseits sowie die **endemischen** und in Abhängigkeit von ihren Reservoirwirten z. T. nur **regional** vorkommenden Rückfallfieber-Borrelien andererseits unterscheiden.

Letztere werden wiederum in die durch **Lederzecken** (Ornithodoros spp.) übertragenen Spezies der Alten Welt (B. duttoni, B. caucasica, B. hispanica u. a.) und der Neuen Welt (Nord- und Südamerika: B. parkeri, B. hermsii, B. brasiliensis, u. a.) einerseits und in die durch **Schildzecken** übertragenen Rückfallfieber-Borrelien (z. B. B. miyamotoi) andererseits eingeteilt.

Das epidemische, durch Läuse übertragene weltweit vorkommende Rückfallfieber tritt v. a. in Kriegs- und Krisenzeiten bei schlechten Hygieneverhältnissen, z. B. in Zusammenhang mit Sammelunterkünften, auf. In Europa gab es zuletzt in Osteuropa während des 1. und 2. Weltkriegs größere Epidemien. In Afrika (Äthiopien, Sudan, Somalia) und in Südamerika (Bolivien, Peru) ist die Krankheit auch heute noch präsent, während sie in Europa v. a. als Reiseinfektion vorkommt. Aktuell sind Deutschland aber auch einzelne Fälle von Rückfallfieber besonders bei Flüchtlingen aus Afrika im Rahmen der vermehrten Migration der letzten Jahre zu beobachten gewesen.

Weltweit kommt das endemische Zecken-Rückfallfieber entsprechend der lokalen geografischen Verbreitung der Reservoirtiere unabhängig von Krisenzeiten vor. In diesem Zusammenhang ist die kürzlich erfolgte Identifizierung einer weiteren in großen Teilen der nördlichen Hemisphäre vorkommenden zeckenübertragenen Rückfallfieber-Borrelie als Auslöser seltener fieberhafter Allgemeininfektionen in Europa, Asien und den USA interessant: **B. miyamotoi sensu lato.** Ihre Verbreitung entspricht dabei dem Verbreitungsgebiet ihrer typischen Vektoren (Schildzecken: I. ricinus, I. persulcatus, I. scapularis), die auch die Lyme-Borreliose übertragen können. Bislang sind für B. miyamotoi 3 verschiedenen Genotypen beschrieben worden.

Übertragung

Bei dem durch Kleiderläuse übertragenen epidemischen Rückfallfieber wird B. recurrentis mit dem Läusekot auf der Haut abgelagert. Wenn der Patient sich kratzt, werden die Erreger über kleine Verletzungen in die Haut eingerieben. Bei dem durch Lederzecken und seltener durch Schildzecken übertragenen endemischen Rückfallfieber werden Borrelien direkt in die Haut injiziert. Übertragungen durch infizierte Blutprodukte sind, wenn auch sehr selten, möglich.

Pathogenese

Der akute Krankheitsausbruch geht mit hohem Fieber einher. In dieser Phase sind die Borrelien im Blut nachweisbar. In der anschließenden afebrilen Phase sind die Borrelien komplett in innere Organe (Niere, Herz etc.) abgewandert, um dann bei einem Rückfall nach mehreren Tagen wieder im Blut zu erscheinen. Febrile und afebrile Phasen wiederholen sich mehrfach.

Der Grund für die rezidivierenden Fieberattacken liegt darin, dass Antikörper gegen die auf linearen Plasmiden kodierten variablen Membranantigene („variable major proteins", VMP) der Rückfallfieber-Borrelien gebildet werden. Die VMP lassen sich in „variable large protein" und „variable small proteins" unterscheiden, die phylogenetisch mit OspC und VlsE von B. burgdorferi verwandt sind. Durch Antikörperwirkung werden die Borrelien mittels Phagozytose zunächst aus der Blutbahn eliminiert. Da die genetische Information für die immundominanten

Oberflächenantigene in speziellen Genkassetten organisiert ist und in den inneren Organen während der afebrile Phasen einer raschen Rekombination unterliegt, kommen Rückfälle zustande, wenn Borrelien mit rekombinanten VMP (Antigenvariation) in die Blutbahn gelangen und dann von den bereits gebildeten Antikörpern nicht länger erkannt und neutralisiert werden. Diese Phase wird erst durch die Produktion von Antikörpern gegen die neu aufgetretenen Antigene beendet.

Das Geschehen setzt sich über Tage bis Wochen fort. Erreicht das Antikörperrepertoire des Wirtes einen ausreichenden Umfang, klingen die Rückfälle ab. Der Befall der inneren Organe ist von schweren entzündlichen Reaktionen, Blutungen und Nekrosen begleitet.

Für die Persistenz gegenüber dem humanen Immunsystem spielt bei B. miyamotoi ähnlich wie bei anderen Borrelien die Komplementresistenz als Pathogenitätsfaktor eine wichtige Rolle.

■■ Klinik

Die Inkubationszeit beträgt 4–14 Tage. Im Vordergrund der Erkrankung stehen **schwere Fieberanfälle** (39–41 °C) mit Schüttelfrost, starken Kopf-, Gelenk- und Muskelschmerzen und allgemeinem Kräfteverfall. Die Fieberanfälle halten durchschnittlich 3–6 Tage an und sind von 6- bis 10-tägigen fieberfreien Intervallen unterbrochen. In der Regel kommt es unbehandelt zu 2 oder 3 Rückfällen, bei endemischem Rückfallfieber sogar bis zu 13 Rückfällen! Die Infektion heilt schließlich aus. Persistierende Infektionen beim Menschen sind nicht belegt.

Der Krankheitsverlauf kann durch Schädigung von Lunge, Herz, Leber und ZNS kompliziert werden. Die Patienten versterben v. a. an den Folgen einer Herzinsuffizienz aufgrund einer Myokarditis, an zerebralen Blutungen oder Leberversagen. Unbehandelt liegt die Letalität beim Läuse-Rückfallfieber bei 40 % und beim Zecken-Rückfallfieber als der milder verlaufenden Form der Erkrankung bei 5 %.

Infektionen des Fetus in der Schwangerschaft kommen vor und können von Plazentaschädigung mit fetaler Retardierung über eine fetale Infektion (70 %) bis hin zu Frühgeburtlichkeit oder Abort führen. Eine antibiotische Behandlung der Mutter ist insofern bei Diagnosestellung umgehend erforderlich!

Hingegen kommt es bei Infektionen mit B. miyamotoi nach Zeckenstich häufig sogar nur zu subklinischen Verläufen oder unspezifischen fieberhaften Allgemeininfektionen und nicht zwingend zur typischen Rückfallfiebersymptomatik. Insbesondere bei immunsupprimierten Patienten können jedoch auch schwere Verläufe mit hohem Fieber und – wegen des relativen Neurotropismus der Spirochäte – mit komplikativen neurologischen Symptomen wie z. B. Meningitis auftreten.

■■ Immunität

Immunität gegen die Erkrankung beruht auf protektiven Antikörpern. Ein tragfähiger Schutz setzt allerdings ein umfangreiches Repertoire spezifischer Antikörper voraus, da Rückfallfieber-Borrelien durch Antigenvariation außerordentlich wandlungsfähig sind.

■■ Labordiagnose

Die Diagnostik des Rückfallfiebers beruht auf der **mikroskopischen Betrachtung** eines nach Giemsa oder Wright gefärbten, während einer Fieberphase gewonnenen Blutausstrichs. Zwischen den Erythrozyten liegen die gewundenen Borrelien. In 70 % ist diese Untersuchung positiv. Der diagnostische Erfolg ist steigerbar, wenn man die Blutausstriche mit Acridinorange färbt und im Fluoreszenzmikroskop betrachtet.

Kultur und PCR stehen als Spezialdiagnostik nur in Forschungslaboratorien zur Verfügung. Eine serologische Diagnose hat sich nicht durchgesetzt. Antikörper gegen Rückfallfieber-Borrelien können z. B. bei Reiserückkehrern über Kreuzreaktionen mit Antigenen von B. burgdorferi zu falsch positiven Resultaten in der Lyme-Borreliose-Serologie führen.

Für den Nachweis von B. miyamotoi stehen spezielle experimentelle GlpQ-Antigen-basierte serologische Antikörpertests und molekularbiologische Assays zur Verfügung, da derartige Antikörper mit den gängigen Tests der Lyme-Borreliose-Serologie nicht erfasst werden.

■■ Therapie

Läuse-Rückfallfieber ist mit einer Einmalgabe von Doxycyclin behandelbar. Die Behandlung des Zecken-Rückfallfiebers erfordert Doxycyclin, Ceftriaxon oder Erythromycin über 5–10 Tage. Infektionen durch B. miyamotoi heilen offensichtlich auch unbehandelt in einem hohen Prozentsatz aus. Unter antibiotischer Therapie kann es insbesondere bei der Behandlung des Läuse-Rückfallfiebers u. U. zu lebensbedrohlichen immunologischen Nebenwirkungen (Jarisch-Herxheimer-Reaktion) kommen.

■■ Prävention

Die Verhütung der Krankheit beruht auf der Bekämpfung von Läusen, der Ausräumung insbesondere auch von in Gebäuden vorkommenden Ornithodoros-Kolonien und der Gewährleistung eines guten Hygienestandards. Patienten mit Läuserückfallfieber müssen isoliert und entlaust werden. Schutz vor endemischem Rückfallfieber setzt die konsequente Vermeidung von Zeckenbefall voraus. Hierfür gelten die gleichen Maßnahmen wie bei der Lyme-Borreliose.

Meldepflicht Der Erregernachweis von B. recurrentis ist namentlich meldepflichtig.

In Kürze: Borrelien

- **Bakteriologie:** Spiralbakterien mit den medizinisch bedeutsamen Erregern der *Lyme-Borreliose* (B. burgdorferi, B. mayonii, B. garinii, B. bavariensis, B. afzelii und B. spielmanii), des *Läuse-Rückfallfiebers* (B. recurrentis) und des *Zecken-Rückfallfiebers* (B. hermsii, B. miyamotoi etc.). Anzucht in Spezialkulturmedien unter mikroaerophilen Bedingungen mit z. T. langer Kulturdauer möglich, aber von geringer diagnostischer Bedeutung.
- **Vorkommen/Epidemiologie:** Zoonosen. Reservoire sind Rotwild und Nagetiere (Lyme-Borreliose) sowie Nagetiere, Läuse und Zecken (Rückfallfieber).
  - **Lyme-Borreliose:** Weltweite Verbreitung in den gemäßigten Klimazonen.
  - **Läuse-Rückfallfieber:** Epidemien in Krisenzeiten (Krieg, Hungersnot etc.), weltweit in einigen Ländern noch endemisch; hierzulande als Erkrankung bei Reiserückkehrern und bei Migranten vorkommend.
  - **Zecken-Rückfallfieber:** Weltweit in Abhängigkeit vom Reservoir sporadisch vorkommend
- **Übertragung:** Schildzecken beim B. burgdorferi-Komplex, Läuse bei B. recurrentis sowie Lederzecken und seltener Schildzecken bei Rückfallfieber-Borrelien (B. duttoni, B. hermsii, B. miyamotoi etc.).
- **Pathogenese:**
  - Lyme-Borreliose: Lokalisierte Infektion durch Zeckenstich mit möglicher nachfolgender Multisystemerkrankung nach Ausbreitung der Erreger in der Haut, lymphohämatogene Dissemination mit Organbefall, Ausheilung oder fortdauerndem Infektionsprozess bei Erregerpersistenz. Keine Infektionen in der Schwangerschaft oder durch Blutprodukte beschrieben!
  - Rückfallfieber: Initiale Spirochätämie mit Fieber, Sequestrierung der Erreger in diverse Organe (afebrile Periode), erneute Bakteriämie durch periodisch antigenetisch modifizierte Borrelien mit Fieber; zyklische Wiederholung dieses Prozesses bis zur endgültigen Erregerelimination durch breites Antikörperrepertoire. Organbefall kann zu schweren lebensbedrohlichen Funktionsstörungen führen. Infektionen durch infizierte Blutprodukte und in der Schwangerschaft möglich.
- **Virulenzmechanismen:**
  - B. burgdorferi: Initiierung eines entzündlichen Prozesses mit möglichem Übergang in einen chronischen Verlauf bei Erregerpersistenz (Immunevasion).
  - **B. burgdorferi, B. miyamotoi:** Komplementresistenz als möglicher Mechanismus der Immunevasion.
  - B. recurrentis: Schwere Funktionsstörungen der infizierten Organe. Periodische Antigenvariation (Vmp) als wirksamer Mechanismus der Immunevasion.
- **Klinik:**
  - Lyme-Borreliose: Häufigste Frühmanifestation der frühen lokalisierten Infektion: Erythema migrans. Häufigste Manifestation der frühen disseminierten Infektion: Meningoradikulitis (Garin-Bujadoux-Bannwarth-Syndrom). Häufigste Manifestation der persistierenden Infektion: chronische Monarthritis. Keine letalen Verläufe.
  - Rückfallfieber: Remittierendes Fieber mit mehrtägigen fieberfreien Intervallen. Myokarditis, ZNS-Beteiligung, zerebrale Blutungen und Leberversagen als Ursache für letale Verläufe (5–40 % bei unbehandelten Patienten). Je nach Erreger kommen auch leichte Verläufe mit nur unspezifischen Symptomen vor.
- **Labordiagnose:**
  - B. burgdorferi: Nachweis spezifischer Antikörper durch Immunassays (Stufendiagnostik). Spezialdiagnostik: Kultur und PCR.
  - B. recurrentis u. a. Rückfallfieber-Borrelien: Mikroskopie des nach Giemsa oder Wright gefärbten Blutausstrichs. Spezialdiagnostik: Serologie (B. miyamotoi), Kultur und PCR.
- **Therapie:**
  - **Lyme-Borreliose:** Doxycyclin, Amoxicillin; Cephalosporine der 3. Generation (Cefotaxim, Ceftriaxon; besonders Neuroborreliose).
  - Rückfallfieber-Borreliosen: Primär mit Doxycyclin.
- **Prävention:** Vermeidung von Zeckenbefall bzw. Kontakt und ggf. rasche Zeckenentfernung. Vermeidung von Läusebefall. Repellents sind prinzipiell wirksam!
- **Impfung:** Derzeit ist kein humaner Impfstoff gegen Lyme-Borreliose oder Rückfallfieber verfügbar.
- **Meldepflicht:** Generelle Meldepflicht nur für Rückfallfieber (direkter Erregernachweis). Eine Reihe von deutschen Bundesländern hat eine länderbezogene Meldepflicht für Lyme-Borreliose eingeführt.

Weiterführende Literatur

Cutler S, Vayssier-Taussat M, Estrada-Peña A, Potkonjak A, Mihalca AD, Zeller H (2019) A new Borrelia on the block: Borrelia miyamotoi – a human health risk? Euro Surveill. May, 24(18). ▶ https://doi.org/10.2807/1560-7917.es.2019.24.18.1800170.

Lohr B, Fingerle V, Norris DE, Hunfeld KP (2018) Laboratory diagnosis of Lyme borreliosis: current state of the art and future perspectives. Crit Rev Clin Lab Sci 2:1–27

Lohr B, Mueller I, Mai M, Norris DE, Schoeffski O, Hunfeld KP (2015) Epidemiology and cost of hospital care for Lyme borreliosis in Germany: lessons from a health care utilization database analysis. Ticks Tick Borne Dis 6:56–62

Hofmann H, Fingerle V, Hunfeld KP, Huppertz HI, Krause A, Rauer S, Ruf B, Consensus group (2018) Cutaneous Lyme borreliosis: Guideline of the German Dermatology Society. Ger Med Sci. 5:15 Doc14. ▶ https://doi.org/10.3205/000255

Rauer S, Kastenbauer S, Hofmann H, Fingerle V, Huppertz HI, Hunfeld KP, Krause A, Ruf B, Dersch R, Consensus group (2020) Guidelines for diagnosis and treatment in neurology – Lyme neuroborreliosis. Ger Med Sci 18: Doc03 (20200227). ▶ https://www.egms.de/static/de/journals/gms/2020-18/000279.shtml

Stanek G, Fingerle V, Hunfeld KP, Jaulhac B, Kaiser R, Krause A et al (2011) Lyme borreliosis: clinical case definitions for diagnosis and management in europe. Clin Microbiol Infect 17(1):69–79

Talagrand-Reboul E, Boyer PH, Bergström S, Vial L, Boulanger N (2018) Relapsing fevers: neglected Tick-Borne diseases. Front Cell Infect Microbiol 4(8):98. ▶ https://doi.org/10.3389/fcimb.2018.0009. Review

Leptospiren

Anja Berger, Bianca Treis, Nikolaus Ackermann, Volker Fingerle und Andreas Sing

Die Leptospirose ist eine weltweit verbreitete, von verschiedenen Leptospirenarten verursachte Zoonose mit breitem klinischem Spektrum, das von subklinischen Verläufen bis zu tödlichem Multiorganversagen reicht. Historisch wurden Leptospiren aufgrund serologischer und Wachstumseigenschaften in 2 Spezies eingeteilt: die pathogenen L. interrogans mit über 200 Serovaren und die saprophytären Umweltleptospiren, L. biflexa, mit über 60 Serovaren. Mit der Verfügbarkeit molekularbiologischer Differenzierungsmethoden wurden über 60 Genospezies taxonomisch definiert, die mit der ursprünglichen Einteilung der beiden Spezies, deren Serogruppen und Serovaren sowie der korrespondierenden Einteilung nach Pathogenität nicht deckungsgleich sind. Neben L. interrogans umfassen die wichtigsten pathogenen Spezies (nach neuer Taxonomie) L. alexanderi, L. alstonii, L. borgpetersenii, L. kirschneri, L. noguchi, L. santarosai und L. weilii. Auch in Zukunft werden serologische und molekularbiologische Einteilungsmethoden noch parallel nebeneinander bestehen (müssen).

Fallbeispiel

Ein 35-jähriger athletischer Mann stellt sich mit Fieber und Muskelschmerzen vor, außerdem ist ihm eine leichte Gelbfärbung der Augen aufgefallen. Es ist vor 4 Tagen von einem Urlaub auf Borneo zurückgekommen, wo er an einem Wildwasser-Rafting teilgenommen hatte. Er berichtet, er habe gehört, dass 2 weitere Teilnehmer an dem Rafting ebenfalls erkrankt seien. Bei der körperlichen Untersuchung fällt ein Sklerenikterus auf, der Patient ist hochfebril und in einem reduzierten Allgemeinzustand. Ein Test auf Malaria ist negativ. Laborchemisch fallen insbesondere erhöhte Transaminasen, ein erhöhter Kreatininwert und eine erhöhte Kreatinkinase (CK) auf. In der Erregerdiagnostik wird eine Leptospirose festgestellt.

◘ Tab. 46.1 listet die relevanten Gattungsmerkmale auf.

◘ Tab. 46.1 Leptospira: Gattungsmerkmale

Merkmal	Ausprägung
Färbung	Spezialfärbung erforderlich
Aerob/anaerob	Aerob
Kohlenhydratverwertung	Nein (diagnostisch nicht relevant)
Sporenbildung	Nein
Beweglichkeit	Ja
Katalase	Ja (diagnostisch nicht relevant)
Oxidase	Ja (diagnostisch nicht relevant)
Maße und Morphologie	Durchmesser: 0,1–0,2 µm
	Länge 6–30 µm, Windungen: >18
	Amplitude (= Windungsdurchmesser): 0,1–0,15 µm
	Enden hakenförmig abgewinkelt

46.1 Leptospira interrogans

Steckbrief

Leptospira interrogans ist die wichtigste pathogene Spezies in der Gattung Leptospira, Ordnung Spirochaetales, Familie der Leptospiraceae. Es handelt sich um obligat aerobe, flexible Schraubenbakterien. Sie wird in über 200 Serovare untergliedert. Beim Menschen können Leptospiren die hochfieberhafte Leptospirose verursachen, die u. a. als „seröse (lymphozytäre)" Meningitis imponieren kann und in schweren Fällen (Morbus Weil) mit Hämorrhagien, Ikterus, Splenomegalie und Nephritis bis zum Nierenversagen einhergeht.

Leptospiren: kleiderbügelförmige Schraubenbakterien, fragezeichenähnliche Lagerung; elektronenmikroskopische Aufnahme von L. borgpetersenii Serovar Hardjo (mit freundlicher Genehmigung von Franziska Horvath, LGL Oberschleißheim 2006)

S. Suerbaum et al. (Hrsg.), *Medizinische Mikrobiologie und Infektiologie*,
https://doi.org/10.1007/978-3-662-61385-6_46

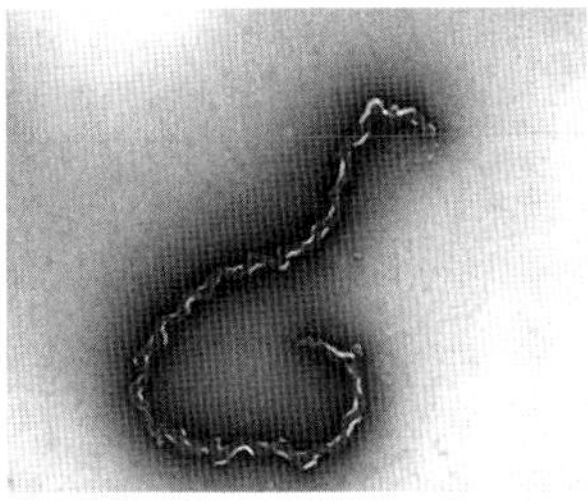

46.1.1 Beschreibung

■ Aufbau

Die 6–30 µm langen und ca. 0,1–0,2 µm breiten Leptospiren sind eng gewundene Schraubenbakterien mit mehr als 18 Windungen (Amplitude: 0,1–0,15 µm) und häufig hakenförmig abgebogenen Enden, die ihnen ein kleiderbügel- oder fragezeichenähnliches Aussehen („question-mark shaped bacterium“) verleihen. Sie vermehren sich durch Querteilung.

Wie andere Spirochäten (Treponemen, ▶ Kap. 44; Borrelien: ▶ Kap. 45) weisen Leptospiren eine Doppelmembran mit engem Kontakt zwischen Zytoplasmamembran und Peptidoglykan-Zellwand auf, umgeben von einer äußeren Membran, in der sich zahlreiche Antigene (insbesondere LPS) befinden, die für eine serologische Differenzierung herangezogen werden. Zwei im periplasmatischen Raum lokalisierte axiale Endoflagellen sind für die schnelle Beweglichkeit der Leptospiren verantwortlich. Das LPS der Leptospiren hat einen ähnlichen Aufbau wie das anderer gramnegativer Bakterien, ist allerdings weniger toxisch.

Molekularbiologie Das Genom besteht aus 2 zirkulären Chromosomen (ca. 4 Mio. und 0,35 Mio. Bp) mit einem G+C-Gehalt von 35–41 mol%. Der Vergleich der Genomsequenzen pathogener (L. interrogans) und apathogener Leptospiren (L. biflexa) erlaubt die Identifikation möglicher Virulenzfaktoren. Die meisten von ihnen sind Oberflächenproteine, vor allem Lipoproteine (u. a. LipL32), äußere Membranproteine wie Loa22, immunmodulatorische Proteine (Lsa25, Lsa 33 etc.) oder immunglobulinähnliche Proteine (LigA, B und C), aber auch Proteasen und Hämolysine. Weiter könnte Chemotaxisproteinen und Eisenaufnahmesystemen eine pathogenetische Bedeutung zukommen.

Extrazelluläre Produkte Extrazelluläre Produkte sind zumindest bei humanpathogenen Serovaren bislang nicht bekannt.

46

■ Resistenz

L. interrogans hat zahlreiche Gene freilebender Leptospiren bewahrt. Der Erreger kann bei warmen Temperaturen sowie in Gewässern bei einem pH-Wert über 7,0 wochenlang vermehrungsfähig bleiben. Gegen Ansäuerung, Austrocknung, Salzwasser und Desinfektionsmittel sind Leptospiren sehr empfindlich.

■ Vorkommen

Verschiedene Serovare können unterschiedlichen Reservoirtieren wie Schweinen, Rindern, Hunden und Nagetieren zugeordnet werden, L. interrogans Serovar icterohaemorrhagiae z. B. den Ratten. In diesen persistieren die Erreger oft lebenslang asymptomatisch in den proximalen Nierentubuli und werden mit dem Urin in die Umgebung ausgeschieden (ca. 10^7 Erreger/ml Rattenurin). Der Mensch ist lediglich ein akzidenteller Fehlwirt, der im Gegensatz zu den verschiedenen Reservoirwirten („maintenance hosts“) keinen Trägerstatus erwirbt und damit für die Aufrechterhaltung eines Lebenszyklus der Erreger epidemiologisch keine Rolle spielt.

46.1.2 Rolle als Krankheitserreger

■■ Epidemiologie

Die Leptospirose gilt als die weltweit am weitesten verbreitete Anthropozoonose. Ihre Inzidenz ist in den Tropen und Subtropen (10–100/100.000 Einwohner) am höchsten. In gemäßigten Zonen liegt bei geringerer Inzidenz eine saisonale Erkrankungshäufung im Sommer und Frühherbst vor. Jährlich werden der WHO insgesamt ca. 500.000 Erkrankungen gemeldet; die Dunkelziffer ist hoch.

Ursprünglich als Berufserkrankung nach Exposition zu erregerhaltigem Urin beschrieben (Bergbau, Kanalisationsbau, Landwirtschaft, Metzger, Tierärzte, Fischerei, Militär) tritt die Leptospirose mittlerweile häufiger bei entsprechender Umweltexposition in feuchtwarmen Regionen mit Urbanisierung bei ärmlichen Hygieneverhältnissen oder nach heftigen Regenfällen mit Überschwemmungen auf. Slumbewohner, Reisbauern oder Plantagenarbeiter gehören zur Risikogruppe, aber auch Freizeitaktivitäten (Wassersport, Triathlon, Kajaking, Rafting, Adventure Racing), Reisen und Heimtierhaltung („fancy rats“, selten Infektion durch Rattenbiss) stellen ein zunehmendes Erkrankungsrisiko dar.

In Deutschland wurden dem RKI seit 2001 jährlich zwischen 25 und 166 menschliche Infektionen gemeldet. Im Jahr 2018 waren es 117 Fälle, vorwiegend Männer (68 %). Circa 40 % wurden in Deutschland erworben. Die meisten Fälle treten sporadisch auf, größere Ausbrüche sind häufig mit Outdoor-Wettbewerben in Feuchtbiotopen (z. B. „mud races") oder Gewässern (z. B. Triathlon, Wassersport) verbunden.

■■ Übertragung

Der Mensch infiziert sich über leptospirenhaltigen Urin von Reservoirwirten, meist über kontaminiertes Wasser oder das feuchte Erdreich. Eintrittspforten sind (meist) geringfügige Hautverletzungen, aber auch die Konjunktiven und Schleimhäute (z. B. über Verschlucken von Wasser oder die Inhalation von Aerosolen). Infektionen durch Tierbisse sind möglich; Mensch-zu-Mensch-Übertragungen über Urin (der saure pH des menschlichen Urins tötet Leptospiren in der Regel ab) oder Sexualkontakt, diaplazentar bzw. über Muttermilch wurden lediglich anekdotisch berichtet.

■■ Pathogenese

Das klinische Spektrum der Leptospireninfektion ist sehr vielgestaltig und reicht von subklinischen Verläufen bis zu Ikterus, Nierenversagen und pulmonalen Hämorrhagien. Trotz reger Forschung ist das Verständnis der Pathogenese von Leptospiren noch eingeschränkt. Wirtsfaktoren, Inokulum und die (größtenteils noch nicht identifizierten spezifischen) Virulenzeigenschaften der unterschiedlichen Serogruppen bzw. Serovare dürften für die Symptomausprägung von Bedeutung sein.

Invasion Nach Eindringen des Erregers über kleinste Hautverletzungen, Konjunktiven oder Schleimhäute gelangt der Erreger wohl insbesondere aufgrund seiner schnellen Beweglichkeit und durch diverse Chemotaxisproteine sehr rasch in die Blutbahn.

Generalisierung In der ca. 1 Woche anhaltenden Leptospirämie entziehen sich die Erreger dem Immunsystem, insbesondere der Komplementabwehr; ihr relativ inaktives LPS, das in erster Linie über den Toll-ähnlichen Rezeptor TLR2 (statt ausschließlich über den „klassischen" TLR4 der meisten gramnegativen Erreger) wirkt, verursacht in der Regel keine sepsisähnlichen Symptome. Im Verlauf der Generalisierungsphase gelangen die Erreger in verschiedene Organe, vor allem in Leber und Niere, aber auch in Lunge und in den Liquorraum (hierbei meist asymptomatisch, selten als aseptische Meningitis).

Organmanifestation Symptome und Organmanifestationen treten erst mit dem Erscheinen spezifischer Antikörper auf. Die Organpathologie ist im Wesentlichen auf eine Immunreaktion zurückzuführen. Histopathologisch lassen sich eine Gefäßendothelschädigung mit Einblutungen und ggf. Vaskulitis sowie die entzündliche Einwanderung von Monozyten, Plasmazellen und Neutrophilen feststellen. Interstitielle Nephritis, intrahepatische Cholestase bei makroskopisch relativ unauffälliger Leber, aseptische Meningitis, alveoläre Infiltrate und interstitielle Myokarditis werden beobachtet. Uveitis und das erst seit Ende der 1980er Jahre bekannte **„leptospirosis-associated pulmonary haemorrhage syndrome" (LPHS)** werden als Autoimmunphänomene gedeutet.

Bei Reservoirwirten wird die asymptomatische Besiedelung der Nierentubuli unter anderem durch die Ausbildung eines Biofilms begünstigt.

Klinik Die Leptospirose verläuft als **zyklische Allgemeininfektion** mit **breitem klinischem Spektrum,** das von subklinischen Verläufen bis zu tödlichem Multiorganversagen (Letalität von Morbus Weil: 5–15 %, von LPHS bis 50 %) reicht. Schweregrad und Symptomausprägung sind unter anderem mit Serogruppe bzw. Serovar des zugrunde liegenden Erregers assoziiert. Den klassischen Morbus Weil verursacht häufig L. interrogans Serovar icterohaemorrhagiae.

Die Infektion verläuft in der Regel biphasisch:

1. **„Septische Phase":** Nach einer Inkubationszeit von 7–13 (2–30) Tagen treten akutes Fieber und grippale Allgemeinsymptome wie z. T. sehr heftige Muskelschmerzen (vor allem im Rücken und an den unteren Extremitäten) und Kopfschmerzen (häufig retroorbital und mit Fotophobie) auf (akute leptospirämische Phase), die nach 3–8 Tagen abklingen. Bei einem Viertel der Fälle findet sich eine aseptische, häufig asymptomatische Meningitis (Nachweis von Leptospiren im lymphozytären Liquor).
2. **„Immunphase":** Mit Auftreten neutralisierender Antikörper und der Ausscheidung von Leptospiren im Urin beginnt die von einem abermaligen Fieberanstieg begleitete 2. Phase. Hier sind eine Leberbeteiligung, Nephritis, Meningitis, Myokarditis, Splenomegalie, Hämorrhagien und eine Beteiligung des Respirationssystems möglich.
   - **Anikterische Formen** verlaufen in der Regel problemlos.
   - Die sich in 5–10 % entwickelnden **ikterischen Formen** enden in bis zu 15 % letal. Der Ikterus resultiert aus einer intrahepatischen Cholestase, nicht aus einer Leberzellschädigung (hohe Bilirubinspiegel bei moderatem Transaminasenanstieg und nur mäßiger Erhöhung der alkalischen Phosphatase). Die Leberfunktion normalisiert sich meist über Wochen folgenlos. Akutes Nierenversagen (in 15–40 %) und

thrombozytopenisch bedingte Hämorrhagien (in bis zu 50 %) definieren zusammen mit dem Ikterus die Trias des klassischen **Morbus Weil,** der entweder biphasisch verläuft oder ohne Zäsur akut fortschreitet.

Lungenbeteiligung mit Husten, Dyspnoe und Hämoptyse (radiologisch sind alveoläre Infiltrate sichtbar) wurde in Fallserien bei bis zu zwei Dritteln der Patienten beschrieben. Das fulminante LPHS verläuft durch akutes Lungenversagen mit massiven Lungenblutungen häufig tödlich. Eine Myokarditis schlägt sich in 10–50 % in EKG-Veränderungen nieder.

Eine **Augenbeteiligung** findet sich bei schweren Verläufen. Die Kombination von Sklerenikterus und subkonjunktivalen Blutungen gilt bei einigen Autoren sogar als pathognomonisch für Morbus Weil. Eine vordere Uveitis (3 % der Fälle) kann noch Wochen bis Monate nach Ende der akuten Krankheitsphase manifest werden und gelegentlich zur Erblindung führen.

Mit Ausnahme der Uveitis treten chronische Formen – wie von anderen Spirochäteninfektionen bekannt – im Allgemeinen nicht auf.

▪▪ Immunität

Antikörper werden ca. 5–7 Tage nach Einsetzen der klinischen Symptomatik gebildet. Die höchsten der serovarspezifischen Antikörpertiter werden meist in der 2.–4. Krankheitswoche erreicht. Über die Interaktionen der Leptospiren mit den T-Zellen der Immunabwehr ist noch zu wenig bekannt. Immunpathologische Mechanismen scheinen in der 2. Phase der Krankheit („Immunphase") eine Rolle zu spielen.

▪▪ Labordiagnose

Der Erregernachweis wird meist indirekt über den Nachweis von Antikörpern im Serum geführt. Der direkte Erregernachweis kann mittels Mikroskopie, Erregerkultur in Flüssigmedium und PCR erfolgen.

Untersuchungsmaterial Gepaarte Serumproben für den Antikörpernachweis und zur Beurteilung des Titerverlaufs. Direkter Erregernachweis in Blut, Liquor und Dialysat (1. Krankheitswoche), danach in Urin und Gewebeproben (auch histologisch). Untersuchungsmaterialien sollten möglichst bei bestehendem Fieber und in jedem Fall vor Beginn der Antibiotikatherapie abgenommen werden. EDTA-Blut-Röhrchen eignen sich für den Bluttransport bei Raumtemperatur und den PCR-Nachweis. Generell ist eine rasche Probenbearbeitung (für direkten Erregernachweis innerhalb 1 h nach Entnahme) erforderlich.

46

Indirekter Erregernachweis (Serologie) Agglutinierende Antikörper sind ca. 5–7 Tage nach Krankheitsbeginn im Serum nachweisbar. Die 1. Serumprobe sollte schnellstmöglich nach Erkrankungsbeginn entnommen werden, die 2. Serumprobe zur Beurteilung des Titerverlaufs ca. 3–5 Tage später. Referenzmethode und Goldstandard ist die **Mikroagglutinationsreaktion** (MAR, engl.: MAT), bei der zwecks Typisierung lebende Kulturleptospiren verschiedener Serovare mit spezifischen Antikörpern im Patientenserum agglutiniert werden. Die Agglutination (kugelförmig oder landkartenähnlich) wird unter dem Mikroskop im Dunkelfeld beurteilt. Antikörpertiter ≥1:100 werden als positiv gewertet und sind hinweisend auf eine Infektion (Serumkontrolle je nach Klinik und Anamnese nach 8–14 Tagen), ein 4-facher Titeranstieg bzw. Serokonversion beweist eine frische Infektion. Alternativ erfolgt der Antikörpernachweis mittels ELISA (Vorteil: früherer Antikörpernachweis als im MAR, quantifizierbare und untersucherunabhängige Messung, Nachweis der Antikörperklassen IgM und IgG). Hinweis: Bei frühzeitiger Antibiotikatherapie können Serokonversion und Titeranstieg ausbleiben. Niedrige Titer können u. U. jahrelang persistieren.

Direkter Erregernachweis

- Der **mikroskopische Erregernachweis** im Untersuchungsmaterial erfolgt im Dunkelfeld (▪ Abb. 46.1) oder mittels Immunfluoreszenz. Die mikroskopische Beurteilung erfordert allerdings viel Erfahrung und ausreichende Keimzahlen (≥10^4 Leptospiren/ml Probe, um eine Zelle pro Gesichtsfeld zu detektieren). Auch Experten können Artefakte wie Fibrinfäden, die eine Brown-Molekularbewegung zeigen, mit Leptospiren verwechseln (sog. Pseudospirochäten). Eine weitere Absicherung der Diagnose ist deshalb unerlässlich.
- **Erregerkultur:** Durchführung nur in Speziallaboratorien aus gerinnungsgehemmtem Blut (cave: Zitrat ungeeignet) und Liquor die ersten 7–10 Tage, danach aus Urin (Tage 7–21) mit Spezialnährmedium (z. B. EMJH-Medium). Die Kultur erfordert aerobe Bedingungen, das Wachstumsoptimum der Leptospiren liegt bei 28–30 °C, der optimale pH-Wert bei 7,2–7,6. Die Kulturen müssen aufgrund der langen Generationszeiten (mind. 6–8 h) bis zu 16 Wochen lang bebrütet und wöchentlich mittels Dunkelfeldmikroskopie auf Wachstum untersucht werden (▪ Abb. 46.1) und haben für die Akutdiagnostik somit keine Bedeutung. Für eine epidemiologische Stammtypisierung werden vor allem MLVA (Multi-Locus-VNTR-Analysen) oder MLST (Multilocus-Sequenztypisierung) eingesetzt.
- **PCR-Diagnostik:** In den letzten Jahren wurde eine Reihe geeigneter PCR-Protokolle für den Nachweis ab dem 1. Infektionstag von Leptospiren-DNA aus allen klinisch relevanten Untersuchungsmaterialien

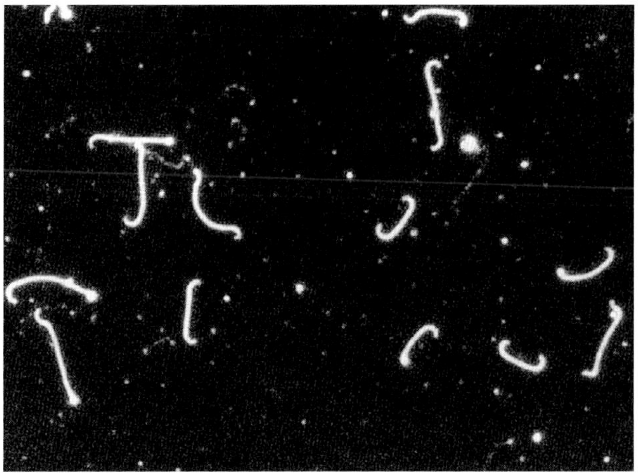

Abb. 46.1 Dunkelfeldmikroskopische Aufnahme von L. interrogans mit typischer Kleiderbügel- und Fragezeichen-Morphologie. Aufgrund der gewählten Belichtungszeit ist die schraubenartige Struktur nicht zu sehen (Aufnahme: NRZ für Borrelien am LGL)

veröffentlicht, die sich als sensitiver als die Erregerkultur erwiesen, sogar bei antibiotischer Vorbehandlung. Durch inhibitorische Effekte in Urin- und Organproben (z. B. Niere) können dennoch Sensitivitätsverluste und falsch negative Ergebnisse resultieren. Da kein kommerzieller Test verfügbar ist, wird die Untersuchung lediglich in Speziallaboratorien durchgeführt.

- Alle im direkten Nachweis (PCR, Kultur, Mikroskopie) erhobenen positiven Befunde sprechen für das Vorliegen einer Leptospireninfektion.

Stufendiagnostik Im Routinelabor generierte positive ELISA-Ergebnisse sollten im Konsiliarlabor mittels MAR verifiziert werden. Bei Anzucht von Leptospiren aus einer klinischen Probe sollte das Isolat im Konsiliarlabor serotypisiert werden.

▪▪ Therapie

Schwere und Prognose der Erkrankung sind abhängig von der Virulenz des Erregers, einem frühen Behandlungsbeginn (innerhalb der ersten 7 Tage der Erkrankung) sowie dem Alter des Patienten (ungünstiger bei Älteren). Aufgrund der schlechten Prognose des Morbus Weil sollte bei klinischem Verdacht (unter anderem hoher CRP- und CK-Wert) frühzeitig mit einer Antibiotikatherapie begonnen werden.

Es stehen keine einheitlichen Leitlinien zur Leptospirosetherapie zur Verfügung: Als Mittel der 1. Wahl gelten Doxycyclin für leichte und Penicillin G für schwere Verläufe. Auch Amoxicillin/Ampicillin und Ceftriaxon gelten als gut wirksam. Des Weiteren sind Leptospiren empfindlich gegen Makrolide, Fluorchinolone und Streptomycin. Bei schweren pulmonalen Verlaufsformen kann der therapeutische Einsatz von Methylprednisolon die Letalität senken.

Vereinzelt wurde in den ersten Stunden nach Therapiebeginn das Auftreten einer Jarisch-Herxheimer-Reaktion beobachtet (Fieber, Schüttelfrost, Kopfschmerzen, Myalgie).

▪▪ Prävention

Dazu gehören:

Expositionsprophylaxe Individuelle Maßnahmen bestehen im Schutz vor Kontakt mit Urin entsprechender Reservoirtiere (Nagetiere, Hunde, Rinder) bzw. tierurinkontaminierten Gewässern (Gummistiefel, Schutzkleidung, kein Baden in stehenden oder langsam fließenden Gewässern bei Zutritt von Reservoirtieren).

Eine Chemoprophylaxe – prä- oder postexpositionell – kann derzeit nicht empfohlen werden.

Bekämpfung Allgemeine Maßnahmen betreffen die Bekämpfung von Reservoirwirt-Populationen (Ratten, Mäuse) an Orten mit erhöhtem Expositionsrisiko. Die Leptospirose als vernachlässigte „emerging disease", die besonders unter Armutsbedingungen lebende Menschen in (sub)tropischen Entwicklungsländern betrifft, kann dort nur durch einen umfassenden Maßnahmenkatalog eingedämmt werden (z. B. Schutz vor Überschwemmungen, Bekämpfung der Reservoirwirte, Verbesserung der Wasserhygiene, Durchbrechung der Übertragungszyklen in Slums). Für Hunde existiert eine Impfung (relevant insbesondere für L. interrogans Serovar canicola).

Impfung In Deutschland besteht aktuell keine Zulassung eines Impfstoffs im Humanbereich.

Meldepflicht Nach § 7 IfSG ist der direkte oder indirekte Labornachweis von Leptospira interrogans meldepflichtig, soweit dieser auf eine akute Infektion hinweist.

Geschichte

Die von Leptospira (L.) interrogans Serovar icterohaemorrhagiae verursachte schwere Verlaufsform der Leptospirose beschrieb erstmals der Heidelberger Internist Adolf Weil 1886 als „eigentümliche, mit Milztumor, Ikterus und Nephritis einhergehende akute Infektionskrankheit". Sie wurde nachfolgend als Morbus Weil bezeichnet.

Der erste mikroskopische Nachweis eines mit dem Krankheitsbild assoziierten Erregers gelang Stimson 1907 in den Nierentubuli eines an fieberhaftem Ikterus verstorbenen Patienten; aufgrund ihrer fragezeichenähnlichen Form nannte er den Erreger Spirochaeta interrogans (lat. „interrogare": fragen). 1915 wurden die Erreger von japanischen (Inada und Ido) und deutschen Gruppen unabhängig voneinander im Blut von Bergleuten mit infektiöser Gelbsucht bzw. von deutschen Soldaten, die in den Schützengräben der Westfront „mit den Ratten in der innigsten Berührung lebten", isoliert. Einige Jahre später gelangen den deutschen Gruppen von E. A. Huebner und H. Reiter bzw. P. Uhlenhut und W. Fromme die Übertragung des Erregers auf Meerschweinchen. Die Bedeutung der Ratte als Reservoirtier wies 1917 der Japaner Ido nach.

Aufgrund von Reiters Rolle im Nationalsozialismus wird diskutiert, die Termini Reiter-Syndrom (Konjunktivitis, Urethritis und Arthritis) und Reiter-Spirochäten (Treponema phagedenis, in der Syphilisserologie eingesetzte apathogene Erreger) umzubenennen.

In Kürze: Leptospira

- **Bakteriologie:** Aerobe Spirochäten, gewundene Bakterien mit axialen Filamenten. Zwei Spezies:
  - **L. interrogans sensu lato** mit über 200 Serovaren (humanpathogene Serovare z. B. icterohaemorrhagiae (Morbus Weil), grippotyphosa („Feldfieber"), bataviae, canicola, pomona), die ihrerseits in 25 Serogruppen zusammengefasst werden.
  - **L. biflexa sensu lato** (überwiegend apathogene Serovare).
  - Derzeit sind mindestens 20 Genospezies molekularbiologisch, d. h. auf der Basis der genetischen Verwandtschaft, definiert. Wachstum in flüssigen Spezialmedien (Temperaturoptimum 28–30 °C) innerhalb mehrerer Wochen.
- **Vorkommen/Epidemiologie:** Anthropozoonose, weltweit verbreitet, aber in Deutschland selten (2018: 117 gemeldete Fälle, Inzidenz ca. 0,1/100.000 Einwohner; 25–166 gemeldete Fälle pro Jahr zwischen 2001 und 2018).
  - **Erregerreservoir:** Nagetiere, Tiere (z. B. Hund, Rind, Schwein, Pferd, Igel).
  - **Übertragung:** Durch direkten oder indirekten Kontakt mit Urin infizierter Tiere; Leptospirose nach Rattenbiss beschrieben.
  - **Anerkannte Berufskrankheit** bei berufsbedingter Exposition (z. B. Kanal- und Feldarbeiter, Metzger, Tierarzt, Stallpersonal).
- **Umweltresistenz:** Empfindlich gegenüber pH-Wert-Schwankungen (optimaler pH-Wert: 7,2–7,6), Hitze und Austrocknung.
- **Pathogenese:** Zyklische Allgemeinerkrankung. Aufnahme des Erregers über Mikroläsionen der Haut und Schleimhaut (z. B. Konjunktiven), Erregervermehrung in regionalen Lymphknoten, Bakteriämie und Organbesiedlung.
- **Zielgewebe:** Niere, Leber, ZNS.
- **Klinik:** Inkubationszeit durchschnittlich 7–14 Tage (2–30 Tage). 2-phasiger Verlauf mit unterschiedlichem Schweregrad der Erkrankung:
  - **1. septische Phase** (3–8 Tage) mit grippeähnlichen Symptomen und plötzlichem, hohem Fieber, Myalgien (v. a. Wadenschmerzen), Retrobulbärschmerzen, Konjunktivitis, Meningismus (Liquor: aseptische Meningitis).
  - **2. Immunphase** mit Organmanifestation (4–30 Tage) mit erneuten Myalgien, hohem Fieber, Hauteffloreszenzen (Zeichen generalisierter Vaskulitis), Nephritis, Myokarditis, Fotophobie mit lymphozytärer Meningitis/Enzephalitis im Verlauf (in 20 %) *(anikterischer Verlauf);* seltener *schwere ikterohämorrhagische Symptomatik* mit hepatorenaler Manifestation, Splenomegalie (Morbus Weil in 5–10 %) oder diffusen pulmonalen Hämorrhagien (LPHS), evtl. mit respiratorischem Versagen.
  - **Wochen bis Monate nach Ausheilung:** Schmerzhafte Uveitis (in 3 %, davon bei 16 % bleibende Visusminderung).
- **Labordiagnose:** Antikörpernachweis (5–7 Tage nach Erkrankungsbeginn). Direkter Erregernachweis aus Blut und Liquor (1. Krankheitswoche), Urin (2. Krankheitswoche), mikroskopische Untersuchung im Dunkelfeld oder mittels Immunfluoreszenz.
- **Therapie:** Penicillin G, Ceftriaxon oder Doxycyclin. Frühzeitige Therapie beeinflusst den Verlauf positiv.
- **Prävention:** Vermeidung der Exposition, Kontrolle des Erregerreservoirs (v. a. Ratten, Mäuse), ggf. regelmäßige Vakzination von Hunden.
- **Meldepflicht:** Namentlich, bei direktem und indirektem Erregernachweis.

Weiterführende Literatur

Levett PN (2015) Leptospira. In: Jorgensen JH et al (Hrsg) Manual of clinical microbiology, 11. Aufl. ASM press, Washington

RKI (2015) Ratgeber für Ärzte: Leptospirose. Robert Koch-Institut, Berlin

RKI (2018) Infektionsepidemiologisches Jahrbuch meldepflichtiger Krankheiten für 2017. Robert Koch-Institut, Berlin

WHO (2003) Human Leptospirosis: Guidance For Diagnosis, Surveillance And Control. WHO, Genf

Rickettsiaceae (Rickettsia, Orientia), Anaplasmataceae (Anaplasma, Ehrlichia, Neoehrlichia, Neorickettsia) und Coxiellaceae

Christian Bogdan

Bakterien der Familien Rickettsiaceae (Genera Rickettsia und Orientia), Anaplasmataceae (Genera Anaplasma, Ehrlichia, Neoehrlichia und Neorickettsia) und Coxiellaceae (Genus Coxiella) sind kleine, gramnegative Stäbchen, die sich primär in Wirtszellen vermehren und deshalb als obligat intrazellulär gelten (◘ Tab. 47.1). Rickettsiaceae und Anaplasmataceae sind genetisch verwandt und gehören zur Ordnung der Rickettsiales innerhalb der Klasse der α-Proteobakterien. Hingegen werden Coxiellaceae den genetisch weit entfernten γ-Proteobakterien zugeordnet und nur aus historischen Gründen zusammen mit den Rickettsiales besprochen. Howard T. Ricketts erkannte 1909 die Rickettsien als Auslöser des Felsengebirgsfiebers. Arnold Theiler entdeckte 1910 Anaplasma marginale als Ursache einer fieberhaften, hämolytischen Erkrankung bei Rindern. A. Donatien und F. Lestoquard beschrieben 1935 die Ehrlichien, die wohl erstmals 1888 in Leukozyten von Meerschweinchen im Labor von Paul Ehrlich gesehen worden waren, als Erreger einer fieberhaften Erkrankung nach Zeckenstich bei Hunden. Zuvor hatten W. Gordon und J. MacLeod bereits 1932 einen rickettsienähnlichen Organismus als Ursache für das Zeckenfieber bei schottischen Ziegen postuliert. DNA von Candidatus Neoehrlichia mikurensis wurde von M. Kawahara et al. 1998–2003 in Ratten und Zecken der Insel Mikura im Süden Japans nachgewiesen. Die Entdeckung von Coxiella burnetii als Erreger der Q-Fieber-Pneumonie beim Menschen (1937) und die Isolation des Bakteriums aus Zecken (1938) geht auf die Arbeiten von Edward Holbrook Derrick und Frank MacFarlane Burnet in Australien sowie Herald Rea Cox und Gordon Davis in den USA zurück (◘ Tab. 47.2).

Fallbeispiel

Ein 51-jähriger Patient stellt sich in der Notaufnahme vor. Er hat seit ca. einer Woche Fieber, das der Hausarzt zunächst unter dem Verdacht auf einen grippalen Infekt symptomatisch behandelt hat. Sein Allgemeinzustand hat sich jedoch im Verlauf dramatisch verschlechtert, er leidet nun unter Schüttelfrost, unproduktivem Husten und ausgeprägter Schwäche. Es hat sich außerdem ein atemabhängiger linksseitiger Brustschmerz, insbesondere bei tiefer Inspiration, eingestellt. Der Patient ist Zoologe und arbeitet in der Zucht von Hochlandrindern. Aus der Vorgeschichte ist ein Aortenklappenersatz mit einer Bioklappe erwähnenswert. Laborchemisch finden sich mäßig erhöhte Entzündungsparater und leicht erhöhte Transaminasen. In der Bildgebung kann ein retrokardiales Infiltrat links mit minimalem Pleuraerguss nachgewiesen werden, ein Erregernachweis gelingt zunächst nicht. Aufgrund der Berufsanamnese wird eine Q-Fieber-Serologie veranlasst, es lassen sich Phase-II-Antikörper nachweisen. Aufgrund eines Herzgeräuschs erfolgt eine Echokardiografie, in welcher der Verdacht auf eine Endokarditis geäußert wird.

Steckbrief

Rickettsiales (Rickettsiaceae und Anaplasmataceae) werden durch Arthropoden übertragen und können zu schweren systemischen Erkrankungen führen (bei Rickettsiaceae typischerweise mit Exanthem).

S. Suerbaum et al. (Hrsg.), *Medizinische Mikrobiologie und Infektiologie*,
https://doi.org/10.1007/978-3-662-61385-6_47

◘ **Tab. 47.1** Rickettsiaceae, Anaplasmataceae und Coxiellaceae: Familienmerkmale

Merkmal	Ausprägung
Gramfärbung	Nicht anfärbbar (gramnegativer Zellwandaufbau)
Morphologie	(Kokkoide) Stäbchen
Aerob/anaerob	–
Kohlenhydratverwertung	–
Sporenbildung	–
Beweglichkeit	–
Katalase	–
Oxidase	–
Besonderheiten	Obligat intrazellulär

Infektionen des Menschen mit Coxiella burnetii erfolgen meist aerogen und manifestieren sich als akute Pneumonie oder Hepatitis (akutes Q-Fieber) oder als chronisch-persistierende Organinfektion (früher: chronisches Q-Fieber). Rickettsien, Anaplasmen, Ehrlichien und Coxiellen zeigen einen gramnegativen Zellwandaufbau, lassen sich aber diagnostisch durch Gramfärbung nicht darstellen.

Rickettsia spp.: pleomorphe gramnegative Stäbchen, α-Proteobakterien, befallen primär Endothelzellen, brechen aus dem Phagosom ins Zytosol aus

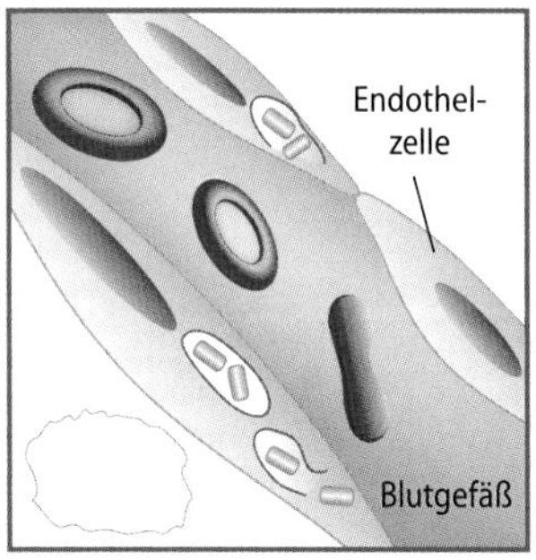

Anaplasma phagocytophilum: pleomorphes, gramnegatives Stäbchen, α-Proteobakterium, befällt neutrophile Granulozyten, bildet Einschlüsse in Endosomen (Morulae)

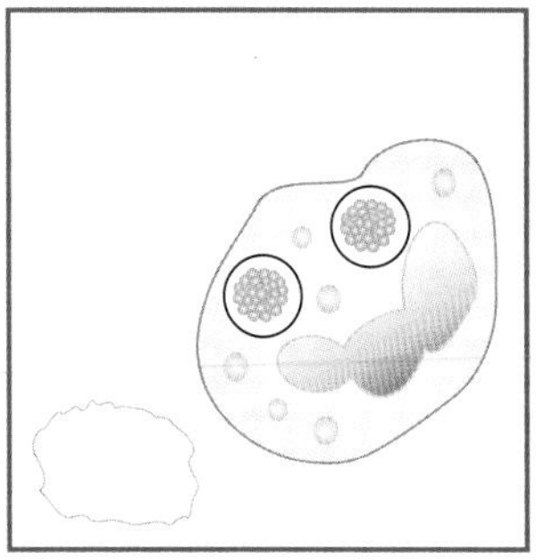

◘ **Tab. 47.2** Rickettsiaceae, Anaplasmataceae und Coxiellaceae: Arten und Krankheiten (Auswahl)

Art	Krankheiten
Rickettsia prowazekii	Epidemisches Fleckfieber (Läusefleckfieber), Morbus Brill-Zinsser
R. typhi	Endemisches Fleckfieber (murines Fleckfieber)
R. africae	Afrikanisches Zeckenstichfieber
R. akari	Rickettsienpocken
R. conorii	Mittelmeerfleckfieber („mediterranean spotted fever", MSF; Boutonneuse-Fieber; Alt-welt-Zeckenstichfieber)
R. felis	Flohfleckfieber (Katzenflohtyphus)
R. helvetica	Fieber, Myalgien, Zephalgien ohne Exanthem (aneruptives Zeckenstichfieber)
R. monacensis	Fieber, Myalgien, Zephalgien, ggf. Exanthem und/oder Eschar
R. parkeri	„American boutonneuse fever" (amerikanisches oder Neuwelt-Zeckenstichfieber)
R. rickettsii	Felsengebirgsfleckfieber („Rocky Mountain spotted fever", RMSF)
R. raoultii, R. slovaca	TIBOLA („tick-borne lymphadenopathy"), DEBONEL („dermacentor-borne necrosis and erythema with lymphadenopathy")
Orientia tsutsugamushi	Tsutsugamushi-Fieber (Japanisches Fleckfieber, Milbenfleckfieber; „scrub typhus")
Anaplasma phagocytophilum	Humane granulozytäre Anaplasmose (HGA)
Ehrlichia ewingii	Humane granulozytäre Ehrlichiose (HGE)
Ehrlichia chaffeensis	Humane monozytäre Ehrlichiose (HME)
„Ehrlichia muris-like agent" (EMLA)	Humane EMLA-Infektion (humane mononukleäre Ehrlichiose)
Candidatus Neoehrlichia mikurensis	Humane Neoehrlichiose
Neorickettsia sennetsu	Sennetsu-Fieber (Lymphdrüsenfieber)
Coxiella burnetii	Q-Fieber

Ehrlichia chaffeensis: pleomorphes, gramnegatives Stäbchen, α-Proteobakterium, befällt Monozyten/Makrophagen, bildet Einschlüsse in Endosomen (Morulae)

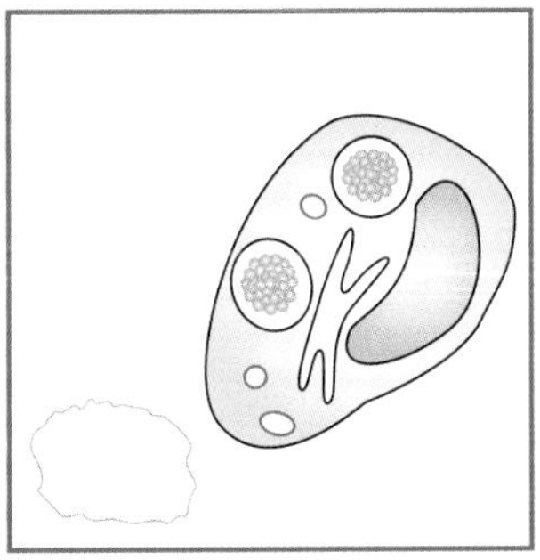

Coxiella burnetii: kleines, pleomorphes, gramnegatives Stäbchen, γ-Proteobakterium, befällt v. a. Makrophagen, repliziert im azidifizierten Phagosom oder sauren Phagolysosom

47.1 Rickettsiaceae

47.1.1 Beschreibung

▪ Aufbau

Rickettsiaceae sind ca. 0,3 × 1–2 µm groß. Gene für die Enzyme des Zitratzyklus und für ATP/ADP-Translokasen sind vorhanden, während die Gene für den Abbau von Zuckern und die Synthese von Lipiden, Nukleotiden und Aminosäuren überwiegend fehlen. Entsprechend sind Rickettsiaceae auf die Versorgung durch die Wirtszelle angewiesen.

Die Zellwand von Bakterien des Genus **Rickettsia** beinhaltet Peptidoglykan, Lipopolysaccharid und äußere Membranproteine und ähnelt damit der von gramnegativen Bakterien. Demgegenüber ließen sich bei **Orientia** tsutsugamushi die Zucker- und Fettsäurekomponenten von Peptidoglykan und Lipopolysacchariden chemisch nicht nachweisen, was die extreme Fragilität und relative Penicillinresistenz dieses Erregers erklärt.

▪ Molekularbiologie

Rickettsien besitzen eines der kleinsten bekannten Genome (1,1–1,6 Mio. Bp). Das Genom von R. prowazekii, das zu 24 % aus nichtkodierenden DNA-Sequenzen besteht, beinhaltet ein Gencluster für ein Typ-4-Proteinsekretionssystem und ähnelt sehr stark dem von Mitochondrien.

Die Einteilung der Rickettsiaceae erfolgt mittlerweile nicht mehr ausschließlich nach serologischen, sondern auch nach phylogenomischen Kriterien (◘ Tab. 47.3).

▪ Sezernierte Produkte

Aus Rickettsien oder rickettsieninfizierten Zellen freigesetzte bakterielle Produkte sind bisher kaum bekannt. Für Fleckfieber-Rickettsien ist die Bildung von Phospholipase D und Hämolysin C nachgewiesen.

▪ Umweltresistenz

Rickettsien gelten als umweltempfindlich und werden durch gebräuchliche Desinfektionsmittel rasch abgetötet. Einige Arten (R. prowazekii) sind im Läusekot längere Zeit infektiös.

▪ Vorkommen

Rickettsiaceae kommen als **obligat intrazelluläre** Bakterien in den Epithelzellen der Speicheldrüsen und des Verdauungstrakts, in der Hämolymphe oder in Fäzes von Arthropoden (z. B. Zecken, Milben, Flöhen und Läusen) vor. Reservoir sind der Mensch, Arthropoden und verschiedene Tiere (◘ Tab. 47.3).

47.1.2 Rolle als Krankheitserreger

▪▪ Epidemiologie

Erkrankungen durch Rickettsiaceae (Rickettsiosen) treten aufgrund der zahlreichen Spezies und Vektoren weltweit auf (◘ Tab. 47.3). Das durch die Körperlaus (Kleiderlaus) übertragene epidemische Fleckfieber war zu Kriegs- und Notzeiten für den Tod Hunderttausender Menschen verantwortlich und findet sich heute v. a. in **Gebieten mit niedrigem Hygienestandard** (z. B. Anden, Burundi, Ruanda, Asien, Regionen von Russland), aber auch unter Obdachlosen in Europa.

In Deutschland werden Rickettsiosen v. a. bei **Reiserückkehrern** diagnostiziert. Allerdings sind verschiedene **Zeckenarten** in Deutschland (Ixodes ricinus: gemeiner Holzbock; Dermacentor marginatus: Schafzecke; Dermacentor reticulatus: Auwaldzecke) zu einem erheblichen Anteil (10–30 %) mit Rickettsien infiziert, sodass mit **autochthonen Fällen von Rickettsiosen** (z. B. Infektionen durch R. helvetica, R. slovaca oder R. raoultii) zu rechnen ist. Diese können auch durch Einschleppung infizierter Zecken aus Endemieländern über Haustiere (Hunde; z. B. Rhipicephalus sanguineus) oder Zugvögel (z. B. Hyalomma-Arten) auftreten. Bei Zecken der Gattung Dermacentor kann

Tab. 47.3 Phylogenomische Einteilung, Vektoren, Reservoir und geografisches Vorkommen von Rickettsiaceae (Auswahl)

Art	Vektor	Reservoir	Geografisches Vorkommen
Epidemische-Fleckfieber-Gruppe („typhus group“)			
R. prowazekii	Körper- bzw. Kleiderlaus	Mensch; Südliches Gleithörnchen	Weltweit
R. typhi	Ratten- und Katzenflöhe	Ratte, Opossum	Weltweit (besonders Tropen und Subtropen, Mittelmeerraum, Texas, Kalifornien)
Zeckenstichfieber-Gruppe („spotted fever group“)			
R. rickettsii[a]	Schildzecken	Nagetiere, Schildzecke	USA
R. parkeri[a]	Schildzecken	Schildzecke; weitere?	Osten und Süden der USA; Südamerika
R. aeschlimannii[a]	Schildzecken	Schildzecke	Afrika, Mittelmeerraum, Europa
R. africae[a]	Schildzecken	Schildzecke; Vieh (?)	Afrika, Mittelmeerraum, Karibik
R. conorii[a]	Schildzecken	Hund	Afrika, Mittelmeerraum, Naher Osten, Russland, Ukraine, Indien
R. helvetica[a]	Schildzecken	Schildzecke	Europa
R. monacensis	Schildzecken	Eidechsen? Schildzecken?	Europa, Russland
R. raoultii[a]	Schildzecken	Schildzecke	Europa, Russland
R. sibirica mongolitimonae	Schildzecken	Schildzecken?	Europa, Afrika, Asien
R. slovaca[a]	Schildzecken	Schildzecke; Wildschwein	Europa
Übergangsgruppe („transitional group“)			
R. felis	Katzenflöhe	Katzenfloh; Hauskatze, Haushund	Europa, Zentral-/Südamerika, Asien
R. akari	Mäusemilben	Maus	New York, Europa, Korea, Südafrika
Tsutsugamushi-Fieber („scrub typhus“)			
Orientia tsutsugamushi[a]	Larven von Laufmilben (Erntemilben)	Laufmilben; Ratte, Maus, Kaninchen, Beuteltiere	Japan, China, Südostasien, Indien, Ozeanien, Nordaustralien; bisher sehr selten in Südamerika und Afrika

[a]Neben der transstadiellen ist auch eine transovarielle Erregerübertragung in den Vektoren nachgewiesen, sodass diese auch als Reservoirwirt fungieren

eine Erregerübertragung auch durch männliche Zecken erfolgen.

Übertragung

Rickettsiaceae werden durch Arthropoden auf den Menschen übertragen (Tab. 47.3). Bei den **Fleckfiebererkrankungen** infiziert sich der Mensch durch Einreiben von infiziertem Floh- oder Läusekot beim Kratzen juckender Stich- bzw. Bissstellen. Infektionen durch Inhalation von rickettsienhaltigem, getrocknetem Läuse- oder Flohkot oder direkt durch den Stich von Flöhen sind ebenfalls möglich. Im Falle der **Zeckenstichfieber** erfolgt die Erregerübertragung durch den Stich infizierter Zecken (z. B. Gattungen Ixodes, Dermacentor, Amblyomma, Rhipicephalus, Hyalomma) oder durch den Kontakt mit infizierter Hämolymphe (z. B. Zerquetschen von Zecken).

Pathogenese

Abgesehen von R. akari, das in vivo v. a. Makrophagen befällt, sind **Endothelzellen** die primären Zielzellen von Rickettsien. Die Aufnahme erfolgt durch induzierte Phagozytose und clathrinbeschichtete Vertiefungen („clathrin-coated pits“) nach Ligand-Rezeptor-Interaktion. Im Falle von R. conorii bindet das äußere Membranprotein rOmpB an die Ku70-Untereinheit der DNA-abhängigen Proteinkinase in der Wirtszellmembran. Rickettsien **brechen**

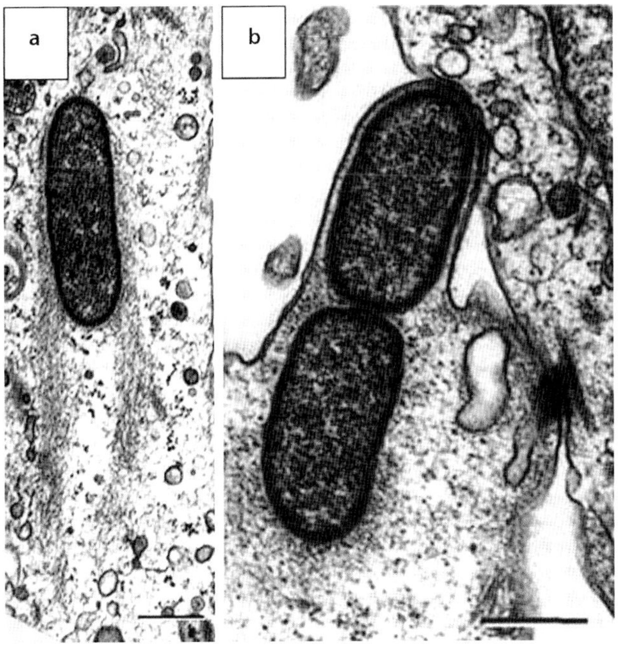

Abb. 47.1 a, b Elektronenmikroskopische Aufnahme von R. conorii in einer Epithelzelllinie. Bildung eines Aktinschweifs an beiden Seiten eines intrazytoplasmatischen Bakteriums (**a**). Ausstülpung der Zellmembran durch R. conorii (**b**). (Aus E. Gouin et al. JCS 1999; 112: S. 1697–1708)

mithilfe einer Phospholipase (PLA2) und eines Hämolysins **aus dem Phagosom** ins Zytosol **aus**. Eindringen in den Zellkern wurde ebenfalls beobachtet.

Die Rickettsien der Zeckenstichfieber-Gruppe lösen mit ihrem RickA-Oberflächenprotein eine Aktinpolymerisation aus, wodurch sie sich im Zytoplasma bewegen und über die Bildung zellulärer Ausstülpungen (Filopodien) in Nachbarzellen gelangen (Abb. 47.1). Damit entspricht der Infektionszyklus dieser Rickettsien dem von Listerien. Fleckfieber-Rickettsien dagegen zeigen wenig oder keine zytoplasmatische Beweglichkeit und vermehren sich im Zytoplasma bis zum Platzen der Wirtszelle.

Rickettsien schädigen Endothelzellen durch die Bildung von Radikalen, Phospholipasen und Proteasen. Dies **erhöht die Gefäßpermeabilität** mit nachfolgender Ödembildung, Hypovolämie und Hypotension. Die **Gefäßschäden** sind praktisch in allen Organen zu beobachten, wodurch es zu interstitiellen Entzündungen und zum peripheren Thrombozytenverbrauch kommt.

Klinik

Leitsymptome und -zeichen von Rickettsiosen sind Fieber, starke Kopf- und Muskelschmerzen und ein Exanthem, das häufig, aber nicht in allen Fällen vorkommt. Manche Krankheitsbilder gehen mit einem Inokulationsgeschwür (Eschar, „Tache noire") oder Lymphadenopathien einher. Fulminante und letal endende Verläufe mit Enzephalitis, Myokarditis, Nephritis und Hämorrhagien sind bekannt.

R. prowazekii: Epidemisches Fleckfieber („Flecktyphus") Nach 1–2 Wochen Inkubationszeit kommt es zu plötzlichem Krankheitsbeginn mit Fieber, Schüttelfrost, Kopfschmerzen, Myalgien, Konjunktivitis und geschwollenem Gesicht („Facies typhosa"). Am 4.–5. Krankheitstag entwickelt sich in 90 % ein Exanthem. Dieses ist stammbetont (Gesicht und Hand-/Fußflächen meist frei) und initial makulös, später makulopapulös mit nichtwegdrückbaren Petechien **(Fleckfieberroseolen).** Ohne Antibiotikatherapie führt die zerebrale Endothelschädigung bei jedem 2. Patienten zu einer ausgeprägten Bewusstseinstrübung (gr.: „typhos", Nebel) und in 10–20 % zum Tod durch Koma (Enzephalitis) und Kreislaufversagen.

Da Rickettsien als intrazelluläre Erreger **lebenslang** in Wirtszellen **persistieren** können, wurden nach Fleckfieberepidemien bei Patienten mit durchgemachter Primärinfektion immer wieder Rückfälle beobachtet (Brill-Zinser Krankheit), wenn die Immunität z. B. altersbedingt nachließ.

R. typhi: Endemisches Fleckfieber („murines Fleckfieber") Die Patienten präsentieren sich nach einer Inkubationszeit von 7–14 Tagen mit hohem Fieber, Kopfschmerzen, Arthralgien, Myalgien und häufig (20–80%) mit einem makulopapulösem, stammbetontem Exanthem (Hand- und Fußflächen frei). Komplikationen (z. B. Endokarditis, Milzruptur, aseptische Meningoenzephalitis, Hemiparese) sind selten. Auch bei adäquater Therapie beträgt die Letalität noch 1 %.

R. rickettsii: Felsengebirgsfleckfieber („Rocky Mountain spotted fever") Das Exanthem, das auch Hand- und Fußflächen erfasst, gilt als typisch, ist aber nicht obligat („spotless fever"). **ZNS-Manifestationen** in Form von Bewusstseinstrübungen, Meningitis oder Meningoenzephalitis zeigen sich bei etwa einem Viertel der Patienten. Auch bei adäquater Therapie beträgt die Letalität ca. 3 %.

R. conorii (selten auch R. aeschlimannii): Mittelmeerfleckfieber („fievre boutonneuse") Typisch ist die Primärläsion am Ort des Zeckenstichs (u. a. Rhipicephalus sanguineus [braune Hundezecke]), die sich von einem papulösen Infiltrat zu einem mit bläulich-schwarzer Kruste belegten Geschwür entwickelt (Eschar oder „Tache noire"; Abb. 47.2), evtl. mit umgebendem Hautausschlag. Später kommt es zu hohem Fieber, starken Kopf- und Gliederschmerzen und einem generalisierten Exanthem. Die Letalität schwerer Verläufe liegt bei 1–2 %.

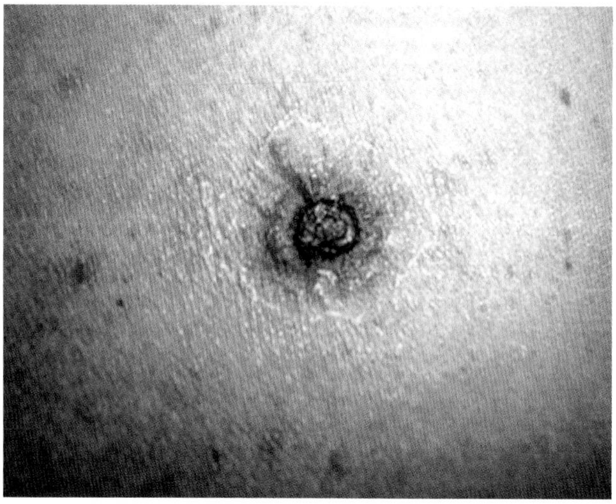

Abb. 47.2 „Tache noire" bei einem Patienten mit Mittelmeerfleckfieber. (Mit freundlicher Genehmigung von Prof. Dr. Winfried Kern, Freiburg)

R. parkeri: Amerikanisches Zeckenstichfieber („american boutonneuse fever") Typisch sind die Escharbildung an der Stichstelle der Zecke (v. a. Amblyomma maculatum), Fieber, Kopf-, Glieder- und Muskelschmerzen sowie ein generalisiertes Exanthem (meist mit Beteiligung der Hand- und Fußflächen). Multiple Escharbildungen sowie Lymphknotenschwellungen sind möglich. Todesfälle sind nicht bekannt.

R. africae: Afrikanisches Zeckenstichfieber Die Krankheit verläuft milder als das Mittelmeerfleckfieber, multiple Eschars sind möglich. Das Begleitexanthem (50 % papulös oder vesikulär) fehlt in der Hälfte der Fälle. Letale Verläufe sind bisher nicht aufgetreten.

R. helvetica: Aneruptives Zeckenstichfieber R. helvetica wurde in Ixodes-ricinus- und Dermacentor-reticulatus-Zecken in verschiedenen Ländern Europas (inkl. Deutschland) nachgewiesen. Die meist milde Erkrankung ist gekennzeichnet durch Fieber, Kopf-, Muskel- und Gliederschmerzen. Ein Exanthem fehlt. Das Auftreten einer Endokarditis und/oder Perimyokarditis wird diskutiert.

R. monacensis Diese Rickettsienart kommt in Ixodes-ricinus-Zecken in Deutschland und anderen europäischen Ländern vor (Prävalenz: 0,5 % [D] bis ca. 50 % [I]). Das milde Krankheitsbild zeichnet sich durch Fieber, Kopf-, Muskel- und Gliederschmerzen aus. Exanthem (mit Hand- und Fußflächenbeteiligung) oder Eschar sind möglich.

47

R. sibirica mongolitimonae Charakteristisch für diese Rickettsieninfektion sind hohes Fieber, Eschar (einzeln oder multipel) mit vergrößerten Lymphknoten im Abflussgebiet, Kopf- und Muskelschmerzen sowie ein makulopapulöses Exanthem.

R. slovaca und R. raoultii: „tick-borne lymphadenopathy" (TIBOLA) (syn.: „Dermacentor-borne necrosis and erythema with lymphadenopathy" [DEBONEL]) Pathognomonisch ist das Auftreten eines Inokulationsulkus (Eschar) am Kopfhaaransatz bzw. auf dem behaarten Kopf und einer zervikalen Lymphknotenschwellung im Abflussgebiet der Läsion 6–7 Tage nach Stich einer Dermacentor-Zecke. Fieber und Exantheme sind selten, eine monatelange Schwäche ist möglich. Fälle von TIBOLA in Deutschland sind beschrieben.

R. akari: Rickettsienpocken Die Erkrankung manifestiert sich typischerweise mit Fieber, Exanthem und Primärläsion (initial Papel, dann Vesikel, schließlich bräunlich-schwarzer Eschar), die von einer schmerzhaften Lymphadenitis begleitet ist. Die Patienten weisen meistens zahlreiche Läsionen auf.

R. felis: Flohfleckfieber („cat flea typhus") Diese Rickettsienart kommt weltweit in Katzenflöhen (Ctenocephalides spp.) vor. Die milde bis mittelschwere Erkrankung ist gekennzeichnet durch Fieber, ausgeprägte Abgeschlagenheit, Kopfschmerzen sowie respiratorische oder gastrointestinale Infektionszeichen. Exanthem und/oder Lokalgeschwür können fehlen.

O. tsutsugamushi: Japanisches Fleckfieber (Tsutsugamushi-Fieber, Milbenfleckfieber, „scrub typhus") Typisch sind Fieber, Kopf- und Muskelschmerzen, Eschar an der Milbenstichstelle (ca. 50 %), makulopapulöses Exanthem (spart Hand-/Fußflächen aus; evtl. flüchtig), generalisierte Lymphadenopathie, Splenomegalie und ggf. eine Meningitis und/oder Enzephalitis. Letalität im Endemieland bis zu 30 %.

Immunität

Zytotoxische T-Zellen, IFN-γ und TNF sind notwendig für die Erregerkontrolle. Rickettsiosen hinterlassen im Allgemeinen keine lebenslange Immunität. Kreuzimmunität zwischen den einzelnen Rickettsienspezies ist möglich, aber bisher nicht gut untersucht.

Labordiagnose

Standardverfahren ist der Nachweis von IgM- und IgG-Antikörpern im Patientenserum durch **ELISA** oder **indirekte Immunfluoreszenz.** Untersucht werden am besten 2 Serumproben im Abstand von 3 Wochen, um ggf. einen Titeranstieg (≥4-fach) zu dokumentieren. Bei Patienten mit Zeckenstichfieber und Primärläsion kann ein Erregernachweis mittels **PCR** und

Sequenzierung in Hautbiopsien erfolgen. Die kulturelle Anzucht von Rickettsien erfordert Speziallaboratorien (Sicherheitsstufe 3).

Therapie

Die Standardtherapie für alle Rickettsiosen ist **Doxycyclin**. Dies gilt auch für Kinder unter 9 Jahren, da aufgrund der Kürze der Therapie (7 Tage) eine Zahnschädigung unwahrscheinlich ist. Alternativ sind Ciprofloxacin oder Chloramphenicol einsetzbar. Die Wirksamkeit von Makroliden (Clarithromycin, Azithromycin) ist bisher nur für das Mittelmeerfleckfieber belegt. β-Laktame, Aminoglykoside und Cotrimoxazol sind unwirksam.

Prävention

Impfstoffe gegen Rickettsien existieren bisher nicht. Die einzige Prophylaxe besteht in der Vermeidung der Exposition gegenüber den Vektoren (Repellents für Zecken; Entlausung). Der direkte und indirekte Nachweis von R. prowazekii ist meldepflichtig (§ 7 IfSG).

47.2 Anaplasmataceae

47.2.1 Beschreibung

Aufbau

Alle Anaplasmataceae sind kleine, pleomorphe Bakterien mit einem gramnegativen Zellwandaufbau. Anaplasma phagocytophilum, Ehrlichia chaffeensis und Neorickettsia sennetsu können jedoch weder Peptidoglykan noch Lipid A synthetisieren. Stattdessen bauen sie Cholesterin aus der Wirtszelle in ihre dünne Zellwand ein. Anaplasma und Ehrlichia spp. besitzen eine Reihe von immundominanten, hochvariablen äußeren Membranproteinen („outer membrane proteins“, OMPs), die teilweise Porinaktivität aufweisen und der Nährstoffaufnahme dienen.

Im Gegensatz zu den Rickettsiaceae sind A. phagocytophilum und E. chaffeensis in der Lage, Nukleotide, die meisten Vitamine und Kofaktoren (z. B. NAD, FAD, Biotin) sowie einige Aminosäuren selbst herzustellen. Wie bei den Rickettsiaceae ist weder eine β-Oxidation von Fettsäuren noch eine Glykolyse möglich.

In infizierten Wirtszellen liegen die Bakterien als kleinere, dichte Zellen (0,2–0,4 µm) vor, die mit Elementarkörperchen von Chlamydien vergleichbar sind, oder als größere Zellen (0,8–1,6 µm), die an Retikularkörperchen erinnern. Beide Formen sind teilungsfähig und entwickeln sich zu lichtmikroskopisch sichtbaren (2–5 µm), maulbeerartigen Einschlüssen (lat.: „morulae“) (◘ Abb. 47.3).

Molekularbiologie

Die Genome von A. phagocytophilum, E. chaffeensis und N. sennetsu sind sequenziert und bestehen aus 1,47, 1,18 bzw. 0,86 Mio. Bp. Der Anteil nichtkodierender DNA-Sequenzen liegt bei 27, 21 bzw. 13 %. Im Genom finden sich die Gene für ein Typ-4-Proteinsekretionssystem, die auf 2 Genloci (virB und virD) verteilt sind. Das Genom von Candidatus (C.) Neoehrlichia mikurensis ist bisher nicht bekannt.

Sezernierte Produkte

AnkA ist eines der Effektorproteine, das vom Typ-4-Sekretionssystem der Anaplasmataceae transportiert wird. AnkA ist für die Replikation von A. phagocytophilum essenziell, interagiert in der Wirtszelle mit der SHP-1-Tyrosinphosphatase und

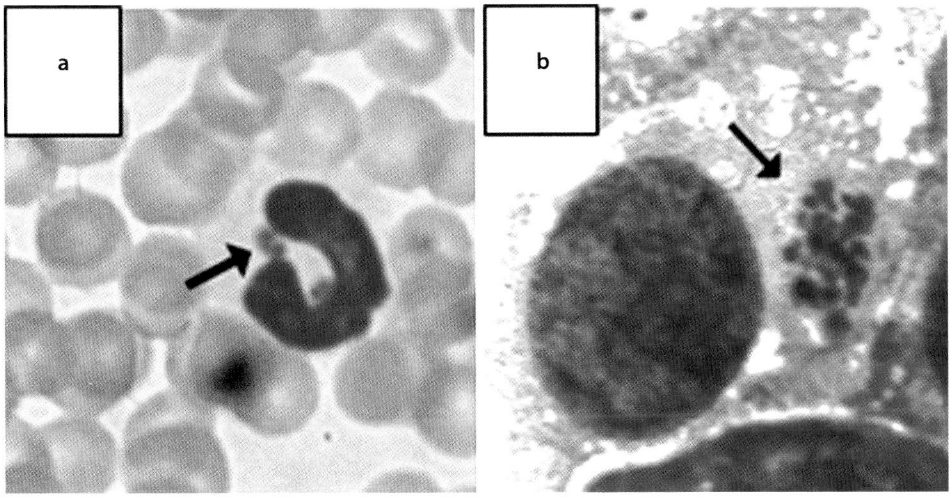

◘ **Abb. 47.3** a, b Morula. Granulozyt im peripheren Blut mit Einschlüssen (Morulae) (**a**). Promyelozyten-Zelllinie mit Morula (**b**). (Mit freundlicher Genehmigung von Priv.-Doz. Dr. Friederike von Loewenich, Institut für Klinische Mikrobiologie und Hygiene, Universitätsmedizin Mainz)

löst – über epigenetische Prozesse – die Herunterregulation verschiedener Wirtsabwehrmechanismen (z. B. NADPH-Oxidase) aus.

▪ Umweltresistenz

Aufgrund der sehr dünnen Zellwand sind Anaplasmataceae extrem empfindlich gegenüber Ultraschall, Einfrieren oder Veränderungen der Osmolarität.

▪ Vorkommen

Anaplasmataceae sind **obligat intrazelluläre Bakterien** und befallen beim Menschen im Blut Granulozyten (A. phagocytophilum, E. ewingii) oder Monozyten/Makrophagen (E. chaffeensis, N. sennetsu). Das „E. muris-like agent" wurde im Mausmodell in mononukleären Zellen und Endothelzellen verschiedener Organe gefunden. Bei C. Neoehrlichia mikurensis werden Granulozyten und Endothelzellen als primäre Zielzellen vermutet. Reservoir für A. phagocytophilum und E. chaffeensis sind verschiedene Gattungen von Zecken, Nagetiere (Maulwürfe, Ratten, Mäuse), Rehe und Hirsche. N. sennetsu findet sich in Wurmparasiten von Fischen. Das mögliche Reservoir für C. Neoehrlichia mikurensis sind verschiedene Nagetiere (z. B. Mäuse, Ratten, Maulwürfe) und Igel.

47.2.2 Rolle als Krankheitserreger

▪▪ Epidemiologie

Die **humane granulozytäre Anaplasmose (HGA)** wurde erstmals 1994 in den **USA** (Neuengland) beschrieben. Mit Inzidenzen von bis zu 58 Erkrankungen pro 100.000 Einwohnern ist sie heute in den Staaten der Ostküste, des Mittleren Westens und in Nordkalifornien nach der Borreliose die zweithäufigste zeckenübertragene Erkrankung.

Die Zahl der dokumentierten Erkrankungen in **Europa** ist bisher gering. Akute Fälle von HGA wurden u. a. in Schweden, Norwegen, den Niederlanden, Polen und Slowenien beobachtet. Trotz bisher fehlendem direkten Erregernachweis bei akut Erkrankten sprechen seroepidemiologische Untersuchungen dafür, dass Infektionen beim Menschen auch in Deutschland und anderen Ländern Europas sowie in Asien auftreten. In Deutschland beträgt die Prävalenz von Serumantikörpern gegen A. phagocytophilum unter Risikopersonen (z. B. Waldarbeitern) 10–20 %.

Die humane monozytäre Ehrlichiose (HME) wurde erstmals 1986 in den USA beobachtet. Der Nachweis von E. chaffeensis in Zecken und das Auftreten der HME sind bisher auf die USA (besonders hohe Inzidenz in den Bundesstaaten Missouri, Arkansas, New York und Virginia) beschränkt. Antikörper gegen E. chaffeensis wurden auch bei Patienten in Afrika, Israel, Russland und Europa gefunden, was durch frühere Exposition in den USA oder durch serologische Kreuzreaktionen bedingt sein kann.

Die **humane granulozytäre Ehrlichiose (HGE)** durch E. ewingii und **Infektionen mit „E. muris-like agent"** wurden 1999 bzw. 2011 erstmalig beschrieben und treten bis heute ebenfalls nur in den USA auf.

Der 1. Fall einer klinisch manifesten **humanen Neoehrlichiose** wurde 2007 in Deutschland diagnostiziert. Infektionen wurden seitdem auch aus anderen Ländern (u. a. Schweden, Tschechien, Schweiz, Polen, China) berichtet.

▪▪ Übertragung

Mit Ausnahme von Bakterien der Spezies N. sennetsu, die durch den Verzehr trematodeninfizierter Fische aufgenommen werden, werden Anaplasmataceae durch den **Stich infizierter Zecken** auf den Menschen übertragen:

- **A. phagocytophilum:** Ixodes scapularis, I. pacificus und I. ricinus
- **E. chaffeensis:** Amblyomma americanum, Dermacentor variabilis und I. pacificus
- **E. ewingii:** A. americanum und D. variabilis
- **E. muris-like agent:** I. scapularis
- **Candidatus Neoehrlichia mikurensis:** I. ricinus und andere Ixodes-Spezies.

In Süddeutschland sind je nach Region 1,6–17,4 % der I. ricinus-Zecken mit A. phagocytophilum und ca. 2–25 % mit C. Neoehrlichia mikurensis infiziert, während humanpathogene Ehrlichia-Spezies in heimischen Zecken nicht vorkommen. Übertragungen durch infiziertes Blut, Blutprodukte, Organtransplantate oder diaplazentar während der Schwangerschaft sind bisher extrem selten.

▪▪ Pathogenese

A. phagocytophilum bindet an Granulozyten über den P-Selectin-Glykoprotein-Liganden PSGL-1 und wird anschließend über Caveolae endozytiert. Der Erreger vermehrt sich in Endosomen, die nicht mit Lysosomen fusionieren, und in frühen Autophagosomen. Infizierte neutrophile Granulozyten zeigen eine reduzierte spontane Apoptose und sezernieren proinflammatorische Chemokine (CCL2, CCL3) und Zytokine (IL-1, IL-6, IL-8, TNF), während ihre Fähigkeit zur Sauerstoffradikalproduktion und zur Antwort auf IFN-γ im Vergleich zu nichtinfizierten Zellen deutlich reduziert ist. Die Anlockung weiterer Entzündungszellen führt zu Gewebeschäden.

E. chaffeensis repliziert in frühen Endosomen von Makrophagen. Das Bakterium kann auf Wirtszellen in vitro zytotoxisch wirken. In vivo scheint hingegen die massive proinflammatorische Wirkung von

E. chaffeensis mit Freisetzung von Zytokinen (z. B. TNF und IFN-γ) für die Erkrankung verantwortlich zu sein. A. phagocytophilum und E. chaffeensis werden durch Exozytose oder durch Wirtszelllyse freigesetzt.

Das „E. muris-like agent" verursacht im Mausmodell einen akuten Leberschaden. Über die Pathogenese der humanen E. ewingii-Infektion und der C. Neoehrlichia mikurensis-Infektion ist kaum etwas bekannt, da beide Erreger bisher nicht angezüchtet wurden. E. ewingii scheint die Apoptose von Granulozyten zu hemmen.

C. Neoehrlichia mikurensis löst möglicherweise durch Infektion von Endothelzellen thromboembolische Ereignisse aus.

Klinik

An eine **HGA, HGE, HME** oder eine Infektion mit dem **„E. muris-like agent"** ist zu denken, wenn innerhalb 4–14 Tagen nach einem Zeckenstich Fieber, Abgeschlagenheit, Kopf-, Muskel- und Gliederschmerzen, Blutbildveränderungen (Leukopenie, Thrombopenie, seltener leichte Anämie) und Transaminasenerhöhungen auftreten. Bei der **HME**, weniger bei der HGA, kommt es zu verschiedenen Organsymptomen (z. B. Übelkeit, Erbrechen, Bauchschmerzen; respiratorische Insuffizienz; Nierenversagen; Lymphknotenschwellung, Splenomegalie; Verwirrtheitszustände, Meningoenzephalitis). Exantheme sind selten. Schwere Krankheitsverläufe mit Schocksyndrom können letal enden (HME 3 %, HGA 0,7 %).

Die **humane Neoehrlichiose** tritt v. a. bei immunsupprimierten Patienten auf und ist durch hohes Fieber (bei negativer Blutkultur), Schüttelfrost, Nachtschweiß, wandernde Muskel-, Nacken- und Gelenkschmerzen sowie das Auftreten vaskulärer/thromboembolischer Komplikationen (z. B. tiefe Venenthrombose) gekennzeichnet. Ein Hautausschlag ist möglich. Bei immunkompetenten Patienten sind milde Verläufe (mit Fieber, Übelkeit, Kopfschmerzen und Meningismus) oder asymptomatische Infektionen beschrieben.

Das nur in Fernost (Japan, Malaysia) vorkommende **Sennetsu-Fieber** ähnelt klinisch einer infektiösen Mononukleose (Fieber, Zephalgien, Myalgien, Lymphadenopathie, Splenomegalie, initial Leukopenie, dann Lymphozytose).

Immunität

Die Erregerkontrolle von Ehrlichien und Anaplasmen ist T-Zell-abhängig. Weder die HME noch die HGA führt zu bleibender Immunität. Reinfektionen sind beschrieben. Ein Risikofaktor für Infektionen durch C. Neoehrlichia mikurensis ist die Depletion von B-Lymphozyten im Rahmen einer Anti-CD20-Therapie von Autoimmunerkrankungen.

Labordiagnose

Akute Infektionen mit Anaplasmataceae lassen sich am sichersten durch **PCR** und **Sequenzierung** diagnostizieren. Bei akuter HGA, HME oder Infektion mit „E. muris-like agent" ist mitunter auch der Nachweis des Erregers (Morulae) im peripheren Blut oder Gewebe mittels Giemsa-Färbung (◘ Abb. 47.3) möglich. Die kulturelle Anzucht in Wirtszellen ist nur in Speziallabors möglich. Bei Infektionen mit A. phagocytophilum oder E. chaffeensis kann eine retrospektive Diagnose durch die Detektion spezifischer Antikörper (IFT, ELISA, Western-Blot) mit einem mindestens 4-fachen Titeranstieg zwischen Akut- und Rekonvaleszenten-Serum gestellt werden.

Therapie

Mittel der Wahl bei allen Anaplasmataceae ist **Doxycyclin** (auch bei Kindern unter 9 Jahren; s. o.). Bei absoluter Kontraindikation (Schwangerschaft) kann Rifampicin eingesetzt werden. β-Laktame, Aminoglykoside, Makrolide und Chloramphenicol sind unwirksam, bei Ehrlichia spp. auch Gyrasehemmer.

Prävention

Es existiert kein Impfstoff. Einzige Prophylaxe ist der Schutz vor Zeckenstichen. Frühzeitige Therapie bei Erkrankung verhindert schwere Verläufe. Meldepflicht nach dem IfSG besteht nicht.

47.3 Coxiellaceae

47.3.1 Beschreibung

Aufbau

Coxiella burnetii, der einzige bekannte humanpathogene Vertreter der Familie der Coxiellaceae, ist ein kleines (0,3–0,7 µm), pleomorphes, **obligat intrazelluläres Stäbchenbakterium,** das in der Wirtszelle einen morphologischen Entwicklungszyklus (nichtreplizierende kleine Bakterien, replizierende große Bakterien, endosporenähnliche Partikel) durchläuft. Die Zellwand hat einen gramnegativen Aufbau und ist Grundlage der Phasenvariation von C. burnetii:
- Phase-I-Bakterien (virulent) besitzen ein LPS mit intakter O-Polysaccharid-Seitenkette.
- Phase-II-Bakterien (avirulent) synthetisieren infolge einer chromosomalen Mutation nur ein stark trunkiertes LPS (ohne O-Antigen).

Molekularbiologie

Das Genom von C. burnetii (1,99 Mio. Bp) weist eine ungewöhnlich hohe Anzahl (29) verstreut liegender

■ Abb. 47.4 a, b Zeckenbefallene Schafherde, Schwärzung des Vlieses am Halsbereich (a). Zecken der Spezies Dermacentor marginatus (Schafzecke) und Zeckenkot im Vlies eines Schafs (b). (Mit freundlicher Genehmigung von Prof. Dr. Georg Baljer, Institut für Hygiene und Infektionskrankheiten der Tiere, Universität Gießen)

Insertionssequenzen auf. Gene für Pili und andere Adhäsine fehlen. Komponenten für Typ-1-, Typ-2- und Typ-4-Proteinsekretionssysteme sind vorhanden.

■ Sezernierte Produkte

Es gibt genetische und biochemische Hinweise für die Produktion einer sauren Phosphatase. Untersuchungen in einem Surrogatbakterium ergaben, dass das Typ-4-Sekretionssystem von C. burnetii zum Transport einer Vielzahl von Proteinen befähigt ist, welche die Wirtszelle modulieren (sog. Effektorproteine, z. B. AnkG, IcaA).

■ Umweltresistenz

C. burnetii ist extrem resistent gegen Umwelteinflüsse (z. B. UV-Strahlung, Temperatur, Austrocknung, Druck, saurer pH, osmotischer und oxidativer Stress). Bei 15–20 °C kann es bis zu 10 Monate überleben, wozu möglicherweise die vermutete Sporenbildung beiträgt.

■ Vorkommen

C. burnetii repliziert im infizierten Menschen primär in myeloischen Zellen (s. u.). Eine Erregervermehrung findet auch in freilebenden Amöben sowie in den Magen- und Darmepithelzellen von Zecken statt, die große Mengen hochinfektiöser Coxiellen (Phase I) mit den Fäzes ausscheiden. Das Reservoir bilden neben Zecken v. a. Paarhufer (Schafe, Ziegen und Rinder), die den Erreger über verschiedene Wege ausscheiden (s. u.).

47.3.2 Rolle als Krankheitserreger

■■ Epidemiologie

Das **Q-Fieber** (Query-Fieber: unklares Fieber) ist eine weltweit verbreitete Anthropozoonose. Infektionsgefährdet sind Menschen, die beruflich bedingt direkten Kontakt mit Reservoirtieren und deren Ausscheidungen haben (z. B. Veterinäre, Schlachtereiarbeiter, Landwirte, Schäfer).

In Deutschland sind die regelmäßig auftretenden Q-Fieber-Ausbrüche meist auf **infizierte Schafherden** zurückzuführen (z. B. durch Weiden nahe Wohngebieten oder Besuch von Schafhöfen). In den letzten 20 Jahren wurden in Deutschland jährlich 80–420 Q-Fieber-Erkrankungen gemeldet. 2009 kam es v. a. im Süden der Niederlande zu einem Massenausbruch mit 2361 Erkrankungsfällen, die teilweise in einem geografischen Zusammenhang mit Ziegenfarmen standen.

■■ Übertragung

Der Mensch infiziert sich durch direkten Kontakt mit **Organen oder Ausscheidungen infizierter Tiere** (z. B. Amnionflüssigkeit/Plazenta/Lochien, Milch, Urin, Stuhl) oder indirekt durch Inhalation von erregerhaltigem **Bodenstaub** oder getrocknetem **Zeckenkot,** der sich durch Windeinwirkung oft kilometerweit verbreitet. Die Infektionsdosis liegt bei unter 10 Bakterien. Epidemiologisch besonders relevant sind die Reste von Geburtsprodukten auf Schaf- und Ziegenweiden sowie der Zeckenkot im Vlies von Schafen (■ Abb. 47.4).

Infektionen können bei trächtigen Tieren zu Aborten führen.

Die Übertragung durch Rohmilch oder Rohmilchprodukte scheint epidemiologisch von untergeordneter Bedeutung zu sein. Eine Übertragung von Mensch zu Mensch ist auf Sondersituationen beschränkt (z. B. Kontakt mit infizierten gebärenden Frauen, Knochenmarktransplantation, intrauterine Infektion des Fetus, Sexualkontakte mit Infizierten).

▪▪ Pathogenese

C. burnetii wird von Makrophagen durch Phagozytose unter Beteiligung des CR3-Rezeptors und/oder des $\alpha_v\beta_3$-Integrins aufgenommen. Das Bakterium ist azidophil und repliziert (Verdopplungszeit 12–45 h) im Gegensatz zu den meisten anderen Bakterien in einem späten azidifizierten Phagosom oder einem Phagolysosom, da die sauren Bedingungen (pH 4,5–5,2) seine Aminosäure- und Nukleinsäuresynthese stimulieren.

Die intrazelluläre Vermehrung von C. burnetii wird begünstigt durch die Hemmung der Wirtszellapoptose (z. B. durch AnkG). Des Weiteren lösen virulente Isolate im Gegensatz zu avirulenten Stämmen nur eine geringe proinflammatorische Zytokinantwort in Makrophagen und dendritischen Zellen aus, was möglicherweise zum Überleben des Erregers in einem an sich immunkompetenten Wirt beiträgt. Bei Patienten mit persistierenden Organinfektionen ist die Produktion von TNF (kompensatorisch auch von IL-10) gesteigert. Im entzündeten Gewebe finden sich Makrophagen, Riesenzellen, Lympho- und Granulozyten, die Granulome mit einem zentralen Freiraum („doughnut granuloma") ausbilden.

▪▪ Klinik

Etwa 50–60 % der Infektionen verlaufen asymptomatisch. Milde Infektionen imponieren durch erkältungsähnliche Symptome. Ein klinisch **akutes Q-Fieber** manifestiert sich nach 2–3 Wochen Inkubationszeit als interstitielle **Pneumonie** oder **Hepatitis** mit heftigen Kopf- und Gliederschmerzen. Kardiale (Myo-, Endo- oder Perikarditis) oder neurologische Manifestationen (Meningoenzephalitis) kommen nur bei jeweils 2 % der akut Erkrankten vor. Ein Q-Fieber in der Schwangerschaft führt besonders im 1. Trimenon zu Abort bzw. Frühgeburt.

Etwa 1 % der Patienten entwickelt **eine persistierende Organmanifestation** („chronisches Q-Fieber"), die als Endokarditis (60–70 %; oft ohne sonografisch erkennbare Klappenvegetationen), Gefäßinfektion (20–30 %), Knochen-/Gelenkinfektion (Osteomyelitis) oder Lymphadenitis in Erscheinung tritt. Eine Q-Fieber-Endokarditis entwickelt sich fast nur bei vorbestehender Herzklappenanomalie (klinisch asymptomatische Anomalien reichen aus, z. B. Mitralklappenprolaps, bikuspide Aortenklappe) oder Immunsuppression. Ebenso sind Gefäß- oder Gelenkprothesen Risikofaktoren.

Die persistierenden Organmanifestationen sind streng zu unterscheiden von einem chronischen Erschöpfungssyndrom **(„Q-fever fatigue syndrome")**, das nach einem akuten Q-Fieber auftreten kann.

▪▪ Immunität

Wie Mausmodelle zeigten, sind T-Zellen, IFN-γ, TNF und B-Zellen für die Erregerkontrolle und die Verhinderung eines Gewebeschadens notwendig. Die Erkrankung hinterlässt eine zelluläre und humorale Immunität. Erregerpersistenz ist möglich, sodass es bei Schwangerschaft oder Immunsuppression zu endogenen Reaktivierungen kommen kann.

▪▪ Labordiagnose

Methode der Wahl ist der Immunfluoreszenztest zum **Nachweis von Antikörpern** gegen C. burnetii. Bei akutem Q-Fieber herrschen Antikörper gegen Phase-II-Antigene vor, während chronische Organmanifestationen durch hohe Titer gegen Phase-I-Antigene gekennzeichnet sind. Aus Gewebeproben kann der Erreger auch mittels Nukleinsäureamplifikation (PCR) nachgewiesen werden. Die Anzucht in Wirtszellen (Laborsicherheitsstufe 3) oder die zellfreie Anzucht von C. burnetii in axenischen Kulturmedien bleibt Speziallabors vorbehalten.

▪▪ Therapie

Mittel der Wahl beim **akuten Q-Fieber** ist Doxycyclin (200 mg/Tag) für 3 Wochen. Bei Meningoenzephalitis können Fluorchinolone oder Chloramphenicol zum Einsatz kommen. In der Schwangerschaft können durch Gabe von Cotrimoxazol (plus Folinsäure) Plazentainfektionen mit nachfolgendem Abort, intrauterinem Fruchttod oder intrauteriner Wachstumsverzögerung sowie die Entwicklung einer chronischen Organmanifestation bei der Mutter verhindert werden.

Bei **persistierenden Organmanifestationen** wird Doxycyclin mit Hydroxychloroquin kombiniert, um durch eine Alkalisierung des Phagolysosoms die Wirksamkeit des Doxycyclins zu erhöhen. Die Therapie dauert mindestens 18–24 Monate.

▪▪ Prävention

Bisher existieren nur experimentelle Vakzinen für Mensch und Tier (in Deutschland nicht zugelassen). Akute Infektionen des Menschen lassen sich nur durch Expositionsprophylaxe verhindern (z. B. Ablammen/Abkalben im Stall, geschlossene Entsorgung von Geburtsprodukten, Distanz zu Schafherden, Behandlung von Schafen gegen Ektoparasiten).

Zur Prophylaxe persistierender Organmanifestationen nach akutem Q-Fieber ist ein frühzeitiges Risikofaktor-Screening (z. B. Echokardiografie) und im positiven Fall eine 12-monatige Antibiotikagabe (Doxycyclin/Hydroxychloroquin) indiziert.

Der direkte und indirekte Erregernachweis ist meldepflichtig (§ 7 IfSG).

In Kürze: Rickettsiaceae, Anaplasmataceae, Coxiellaceae

- **Taxonomie:** Rickettsiaceae (Genera Rickettsia und Orientia) und Anaplasmataceae (Genera Anaplasma, Ehrlichia, Neoehrlichia und Neorickettsia) gehören zur Klasse der α-Proteobakterien, Coxiellaceae zu den genetisch weit entfernten γ-Proteobakterien.
- **Bakteriologie:** Kleine, gramnegative Bakterien. Bei O. tsutsugamushi, A. phagocytophilum, E. chaffeensis, N. sennetsu und wahrscheinlich auch C. Neoehrlichia mikurensis weder Peptidoglykan noch Lipid A. Bei Rickettsiaceae, Anaplasmataceae und Coxiella burnetii finden sich Gene für ein Typ-4-Proteinsekretionssystem.
- **Umweltresistenz:** Große Empfindlichkeit von Rickettsien und Anaplasmataceae, dagegen hohe Umweltresistenz von Coxiella burnetii.
- **Vorkommen:** Als Erreger von Zooanthroponosen kommen Rickettsiaceae, Anaplasmataceae und Coxiellaceae in Arthropoden (fungieren als Vektoren), in Nage- und Säugetieren (Reservoirwirte) und im erkrankten Menschen vor.
- **Epidemiologie:** Vertreter der 3 Familien sind weltweit verbreitet. Erkrankungen sind an Vektoren und Reservoirwirte gebunden. Endemisch in Deutschland: Q-Fieber, humane granulozytäre Anaplasmose (HGA), R. helvetica-, R. slovaca-, R. raoultii- und R. monacensis-Infektionen. Importierte Rickettsiosen.
- **Übertragung:** Durch Stiche oder Einreiben bzw. Inhalation von Kot von Arthropoden (Zecken, Läuse, Milben), im Falle des Q-Fiebers auch durch Inhalation kontaminierten Bodenstaubs.
- **Pathogenese:** Obligat intrazelluläre Bakterien. Vermehrung in Endothelzellen (Rickettsia, Orientia; C. Neoehrlichia mikurensis?; „E. muris-like agent"?), Granulozyten (A. phagocytophilum, E. ewingii; C. Neoehrlichia mikurensis?), Monozyten (E. chaffeensis, N. sennetsu; „E. muris-like agent"?) oder Makrophagen (C. burnetii). Befall von Endothelzellen erhöht die Gefäßpermeabilität (Ödem- und Exanthembildung), Befall myeloischer Zellen führt zur Freisetzung proinflammatorischer Zytokine.
- **Klinik:**
  - **Rickettsiosen:** Fieber, Kopf-/Muskelschmerzen, Exanthem (nicht obligatorisch), evtl. Inokulationsgeschwür (Eschar) und/oder Lymphadenopathie. Letalität je nach Spezies <1–20 %.
  - **Humane granulozytäre Anaplasmose (HGA;** A. phagocytophilum), **humane granulozytäre Ehrlichiose (HGE;** E. ewingii), **humane monozytäre Ehrlichiose (HME;** E. chaffeensis), **Infektion mit „E. muris-like agent":** (Hohes) Fieber, Abgeschlagenheit, Kopf-/Muskelschmerzen, Leukopenie, ggf. Thrombopenie und Anämie, Transaminasenerhöhung, evtl. weitere Organsymptome. Letalität 0,7 % (HGA) bzw. 3 % (HME).
  - **Humane Neoehrlichiose** (C. Neoehrlichia mikurensis):
    - **Bei Immunsupprimierten** hohes Fieber, Myalgien, Arthralgien, vaskuläre/thromboembolische Komplikationen, evtl. Exanthem.
    - **Bei Immunkompetenten** milder oder asymptomatischer Verlauf.
  - **Q-Fieber:** Interstitielle Pneumonie oder Hepatitis (akutes Q-Fieber); persistierende Organmanifestationen („chronisches Q-Fieber") wie z. B. Endokarditis oder Osteomyelitis.
- **Labordiagnose:** Nachweis erregerspezifischer Antikörper. Erregernachweis im Blut bei HGA/HGE/HME (Giemsa-Färbung, PCR) und bei Neoehrlichiose (PCR), in Hautläsionen bei Rickettsien-Zeckenstichfieber (PCR) oder in Herzklappen bei Q-Fieber-Endokarditis (PCR).
- **Therapie:** Doxycyclin (bei Q-Fieber mit persistierenden Organmanifestationen kombiniert mit Hydroxychloroquin).
- **Immunität:** Keine bleibende Immunität bei Rickettsiaceae und Anaplasmataceae (exogene Reinfektionen möglich). Bei C. burnetii ausgeprägte Immunität, endogene Reaktivierungen jedoch möglich.
- **Prävention:** Keine zugelassene Impfung. Expositionsprophylaxe und Elimination der Vektoren. Meldepflicht bei direktem oder indirektem Nachweis von R. prowazekii und von C. burnetii.

Weiterführende Literatur

Barry AO, Mege J-L, Ghigo E (2011) Hijacked phagosomes and leukocyte activation: an intimate relationship. J Leukoc Biol 89:373–382

Baumgarten BU, Röllinghoff M, Bogdan C (2000) Ehrlichien – durch Zecken übertragbare Erreger. Dtsch Arzteblatt 97:B2099–2108

Dumler JS, Madigan JE, Pusterla N, Bakken JS (2007) Ehrlichioses in humans: epidemiology, clinical presentation, diagnosis, and treatment. Clin Infect Dis 45(Suppl 1):45–51

Eldin C, Mélenotte C, Mediannikov O, Ghigo E, Million M, Edouard S, Mege JL, Maurin M, Raoult D (2017) From Q fever to Coxiella burnetii infection: a paradigm change. Clin Microbiol Rev 30:115–190

von Loewenich FD, Geissdörfer W, Disque C, Matten J, Schett G, Sakka SG, Bogdan C (2010) Detection of »Candidatus Neoehrlichia mikurensis« in two patients with severe febrile illnesses: evidence for a European sequence variant. J Clin Microbiol 48:2630–2635

Parola P, Paddock CD, Socolovschi C, Labruna MB, Mediannikov O, Kernif T, Abdad MY, Stenos J, Bitam I, Fournier P-E, Raoult D (2013) Update on tick-borne rickettsioses around the world: a geographic approach. Clin Microbiol Rev. 26:657–702

Rikihisa Y (2010) Anaplasma phagocytophilum and Ehrlichia chaffeensis: subversive manipulators of host cells. Nat Rev Microbiol 8:328–339

van Schaik EJ, Chen C, Mertens K, Weber MM, Samuel JE (2013) Molecular pathogenesis of the obligate intracellular pathogen bacterium Coxiella burnetii. Nat Rev Microbiol 11:561–573

Walker DH, Ismail N (2008) Emerging and re-emerging rickettsioses: endothelial cell infection and early disease events. Nat Rev Microbiol 6:375–386

Wennerås C (2015) Infections with the tick-borne bacterium Candidatus Neoehrlichia mikurensis. Clin Microbiol Infect 21(7):621–630

Bartonellen

Silke M. Besier und Volkhard A. J. Kempf

Die Gattung Bartonella umfasst gramnegative, fakultativ intrazelluläre, stäbchenförmige Bakterien (◘ Tab. 48.1), die nach dem peruanischen Bakteriologen Alberto Leonardo Barton benannt wurden. Sie sind phylogenetisch eng mit den Genera Rickettsia (► Kap. 47) und Brucella (Abschn. 37.2) verwandt. Zurzeit sind über 30 *Bartonella-Spezies* beschrieben. Die wichtigsten Erreger sind B. henselae, B. quintana und B. bacilliformis. Die Krankheitsbilder reichen von leichten lokalen bis hin zu schwersten systemischen Infektionsverläufen (◘ Tab. 48.2). Bartonellen sind die einzigen Bakterien, die pathologisches Blutgefäßwachstum auslösen können.

◘ Tab. 48.1 Bartonella: Gattungsmerkmale

Merkmal	Ausprägung
Gramfärbung	Gramnegative Stäbchen
Aerob/anaerob	Mikroaerophil
Kohlenhydratverwertung	Ja
Sporenbildung	Nein
Beweglichkeit	Uneinheitlich
Katalase	Negativ
Oxidase	Negativ
Besonderheiten	Langsames Wachstum auf reichhaltigen Festnährmedien

Fallbeispiel

Ein 13-jähriges Mädchen wird von den besorgten Eltern beim Hausarzt vorgestellt. Das Mädchen fühlt sich seit einigen Tagen schlecht und hat den Schulbesuch verweigert, am Vortag ist eine Schwellung in der rechten Achselhöhle aufgefallen. Die frühere Vorgeschichte ist unauffällig. Der Hausarzt tastet einen weichen, stark druckdolenten, 2 × 2,5 cm großen Lymphknoten rechts axillär, die Haut darüber ist gerötet. Die Körpertemperatur ist leicht erhöht, sonst finden sich keine pathologischen Befunde, auffallend sind lediglich ein paar Kratzer am Unterarm. Auf Nachfrage stellt sich heraus, dass die Kratzspuren von jungen Katzen stammen, die das Mädchen während eines Urlaubs auf einem Bauernhof gestreichelt hatte. Der Hausarzt vermutet eine Katzenkratzkrankheit und veranlasst eine Antikörperdiagnostik. Der Befund trifft nach einigen Tagen ein, der Anti-Bartonella-henselae-IgG Titer ist 1:1280, Leukozyten 10.000 pro Mikroliter. Dem Mädchen geht es inzwischen schon wieder besser, es wird daher keine antibiotische Therapie angesetzt, sondern lediglich Paracetamol verordnet. Nach 6 Wochen ist das Mädchen wieder völlig beschwerdefrei.

48.1 Bartonella henselae

Steckbrief

B. henselae ist der Erreger der Katzenkratzkrankheit (KKK) und verursacht bei Immunsupprimierten (z. B. AIDS-Patienten) die vaskuloproliferativen (gefäßneubildenden) Erkrankungen bazilläre Angiomatose (BA) und Peliosis hepatis (PH). Auch als Erreger der „kulturnegativen" Endokarditis spielt B. henselae eine wichtige Rolle („kulturnegativ" bedeutet, dass ein Erregernachweis mittels Kultur nur äußerst selten gelingt). Die Spezies wurde erst 1990 von David Relman entdeckt.

48.1.1 Beschreibung

▪ **Aufbau**

B. henselae ist ein kleines, pleomorphes, gramnegatives Stäbchen, das von einem dichten Saum des **Bartonella-Adhäsins A (BadA)** bedeckt ist (◘ Abb. 48.1). Obwohl der Erreger den Zellwandaufbau gramnegativer Bakterien besitzt, lässt er

S. Suerbaum et al. (Hrsg.), *Medizinische Mikrobiologie und Infektiologie*,
https://doi.org/10.1007/978-3-662-61385-6_48

Tab. 48.2 Bartonella: Natürliches Vorkommen, Überträger und Erkrankungen des Menschen

Art	Reservoir	Vektor	Erkrankung(en), Symptom
B. bacilliformis	Mensch	Sandfliege	Carrión-Krankheit: Oroya-Fieber, Verruga peruana
B. quintana	Mensch, Hund?	Körperlaus	Wolhynisches Fieber, bazilläre Angiomatose, Endokarditis
B. henselae	Katze, andere Säugetiere?	Katzenfloh, Zecke (?)	Katzenkratzkrankheit, bazilläre Angiomatose, Endokarditis, Neuroretinitis
B. rochalimae	Mensch (?), Füchse, Kojoten, Waschbären	Flöhe (?)	Fieber, Splenomegalie

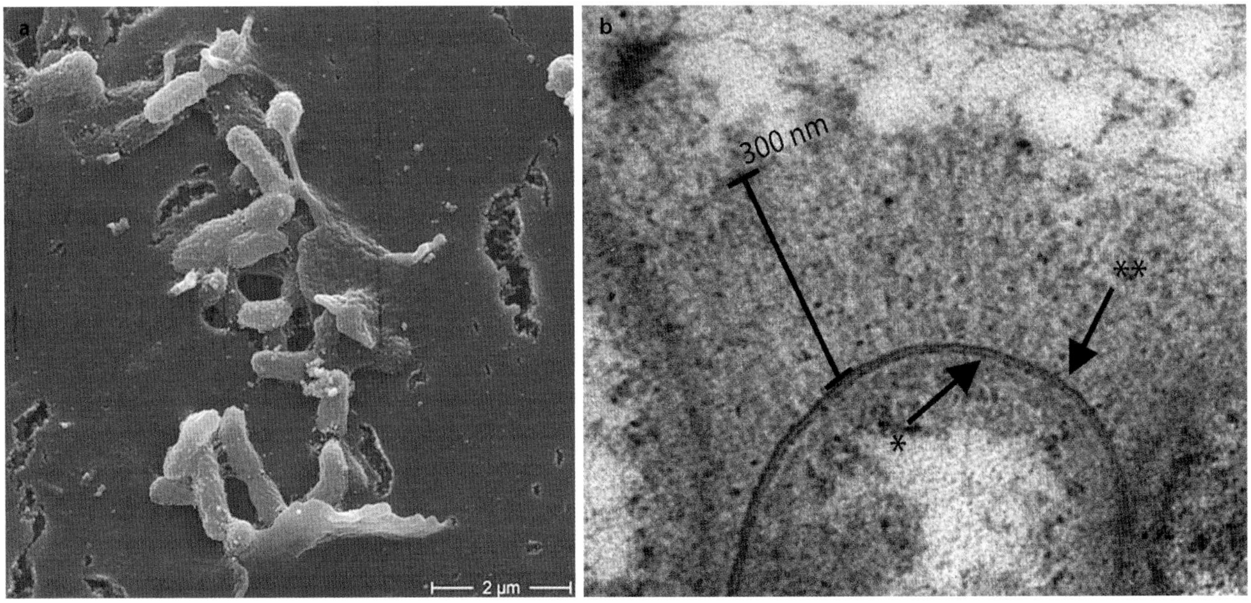

Abb. 48.1 Elektronenmikroskopische Darstellung von B. henselae. *Links:* Kolorierte Rasterelektronenmikroskopie von Endothelzell-infizierenden B. henselae (Bakterien grün, Endothelzellen rot). *Rechts:* Teilaufnahme von B. henselae. Zu erkennen sind die innere (*) und äußere (**) Membran sowie die ca. 300 nm langen Adhäsine

sich mittels Gramfärbung kaum anfärben; der diagnostische Nachweis erfolgt daher meist mittels molekularer Verfahren oder Spezialfärbungen.

Das Genom von B. henselae (ca. 1,93 Mio. Bp) umfasst etwa 2000 Gene. Im Gegensatz zu den eng verwandten Rickettsien (▶ Kap. 47), die sich nur intrazellulär vermehren können und ihren ATP-Bedarf aus dem Zytoplasma der infizierten Wirtszelle decken, besitzen Bartonellen die Fähigkeit zur Glykolyse und ATP-Synthese. Dem Außenmembranprotein BadA kommt im Infektionsprozess entscheidende Bedeutung zu, ebenso dem VirB/VirD4-Typ-4-Proteinsekretionssystem (T4SS; ▶ Kap. 33, Abb. 33.2). Dieses bildet einen nadelartigen Pilus („molekulare Injektionsnadel"), durch den Effektorproteine (Beps; s. u.) in Wirtszellen „injiziert" werden. Möglicherweise spielen diese Pathogenitätsfaktoren (▶ Kap. 3) zu unterschiedlichen Zeitpunkten im Infektionsverlauf (Kolonisierung, intrazelluläres Wachstum, Immunevasion) eine Rolle. Plasmide sind nicht bekannt.

Extrazelluläre Produkte

Bartonella-translozierte Effektorproteine (Beps) werden über das VirB/VirD4-T4SS in Wirtszellen injiziert. Dabei scheint die Expression von BadA diesen Vorgang zu verhindern:

- BepA verursacht die Inhibition der Endothelzellapoptose, eine proinflammatorische Aktivierung und Zytoskelettumlagerungen.
- BepE scheint an der durch dendritische Zellen der Haut vermittelten Dissemination der Bakterien aus der Haut in den Blutstrom beteiligt zu sein.
- BepC, F, G interferieren mit der Aufnahme bakterieller Aggregate.

■ Umweltresistenz

B. henselae ist gegenüber hohen und niedrigen Temperaturen sowie Desinfektionsmitteln empfindlich und kann nur unter mikroaerophilen Bedingungen überleben.

■ Vorkommen

Der wichtigste Wirt von B. henselae sind junge Katzen, die eine transiente asymptomatische Bakteriämie aufweisen. In jüngster Vergangenheit wurde der Erreger jedoch auch in vielen anderen Säugetieren (z. B. Hunden) gefunden. Auch in Katzenflöhen und Zecken kommt B. henselae vor.

48.1.2 Rolle als Krankheitserreger

■■ Epidemiologie

B. henselae-Infektionen des Menschen kommen weltweit vor. 80 % der Patienten sind Kinder im Alter zwischen 2 und 14 Jahren. Die Antikörperprävalenz liegt bei ca. 6–10 % der gesunden Bevölkerung. Eine Studie in Süddeutschland zeigte, dass 14 % aller unklaren Schwellungen im Kopf-Hals-Bereich durch B. henselae verursacht sind. Die Bartonella-Bakteriämierate bei jungen Katzen in Deutschland liegt zwischen 13–90 %.

■■ Übertragung

Wahrscheinlich infiziert sich der Mensch durch Kratzer oder Bisse bakteriämischer Katzen, zwischen Katzen wird der Erreger durch Katzenflöhe übertragen. Welche Bedeutung der Nachweis von B. henselae in anderen Säugetieren (z. B. Hunden) im Hinblick auf Infektionen des Menschen hat, ist unklar. Obwohl es einige Hinweise gibt, dass Zecken als Vektor fungieren könnten, kann die Übertragung von Bartonellen durch Zecken auf den Menschen keinesfalls als gesichert angesehen werden.

■■ Pathogenese

Bartonellen gehören zu den fakultativ intrazellulären Pathogenen, d. h., sie können sowohl extrazellulär als auch in Wirtszellen replizieren.

Pathogenese der Katzenkratzkrankheit Nach Inokulation der Erreger (z. B. über Katzenkratzer) wird B. henselae über das lymphatische System in die regionären Lymphknoten drainiert. Die starke Immunreaktion führt zu einer follikulären Hyperplasie, im Zentrum der Follikel können sich Mikroabszesse bilden.

Pathogenese der bazillären Angiomatose und Peliosis hepatis BA und PH sind durch das ausgeprägte Wachstum von Blutgefäßen gekennzeichnet und das Resultat einer chronischen B. henselae-Infektion; eine antibiotische Therapie führt zur kompletten Rückbildung. Vermutlich tragen verschiedene Mechanismen zur Stimulation des Gefäßwachstums bei, z. B. Hemmung der Endothelzellapoptose sowie Sekretion vaskuloproliferativ wirksamer Zytokine aus infizierten Wirtszellen.

■■ Klinik

Bei immunkompetenten Patienten manifestiert sich eine B. henselae-Infektion in der Regel als lokalisierte, selbstlimitierende Erkrankung (z. B. KKK oder Lymphadenopathie), während bei Immunsupprimierten (z. B. AIDS-Patienten) lang anhaltende und systemische Infektionen (z. B. BA) zu beobachten sind.

Katzenkratzkrankheit Vor allem Kinder und Jugendliche sind betroffen. An der Eintrittspforte des Erregers (Biss- oder Kratzwunde) entwickelt sich innerhalb 1 Woche eine kleine, verkrustete, nichtjuckende Papel (■ Abb. 48.2), die über Monate bestehen kann. Ein Teil der Infizierten leidet an Fieber, Kopf- und Gliederschmerzen, Übelkeit, Arthralgien, Exanthemen oder Thrombopenie. Nach Tagen bis Wochen bildet sich eine regionäre Lymphadenitis aus (typisch: axillär, supraklavikulär oder zervikal). Dabei können die betroffenen Lymphknoten >5 cm Durchmesser erreichen. Histopathologisch finden sich die Zeichen einer retikulären Abszedierung, selten kommt es zur Einschmelzung. In der Regel heilt die Lymphadenitis innerhalb von 2–4 Monaten folgenlos aus. Selten tritt ein okuloglanduläres Syndrom nach Parinaud (Kombination aus nichteitriger Konjunktivitis und Lymphadenitis) auf.

Bazilläre Angiomatose und Peliosis hepatis Die vaskuloproliferativen Krankheitsbilder bazilläre Angiomatose (BA; kutane Manifestation: ■ Abb. 48.3) und Peliosis hepatis (PH; hepatische Manifestation) betreffen vorwiegend Immunsupprimierte (AIDS-Patienten) und können zu Komplikationen (starken Blutungen) führen. Histopathologisch sind diese Erkrankungen durch das Auftreten von mit Endothel ausgekleideten lobulären Kapillarproliferationen charakterisiert. Eine antibiotische Therapie resultiert in der kompletten Rückbildung dieser Vaskuloproliferationen, Rückfälle sind jedoch häufig.

Andere Krankheitsbilder Selten entwickeln sich neurologische Manifestationen (z. B. Enzephalitis, Neuroretinitis) oder eine „kulturnegative" Endokarditis. Bei Immunsupprimierten disseminieren B. henselae-Infektionen häufiger und können zu Abszessen oder Leber- und Lungengranulomen führen. Ob andere Krankheitsbilder (rheumatisch, neurologisch, psychiatrisch) mit B. henselae-Infektionen in Verbindung gebracht werden können, ist gegenwärtig

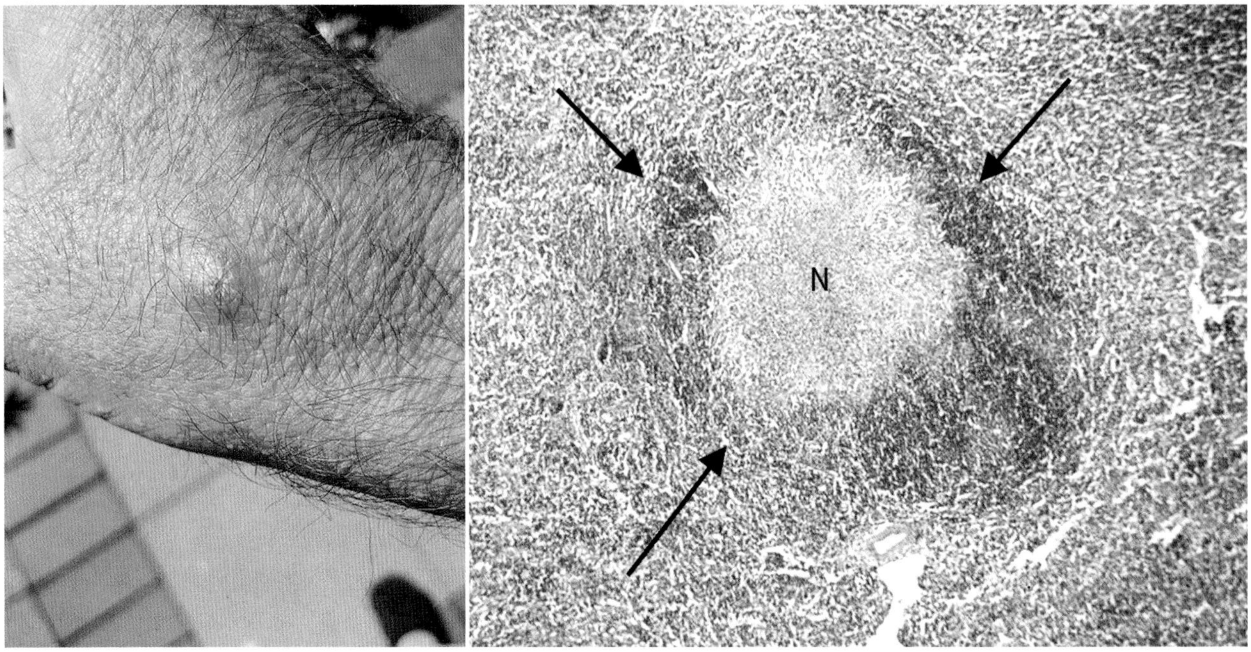

Abb. 48.2 *Links:* Eintrittspforte von B. henselae am Unterarm bei KKK mit anamnestischer Angabe „Katzenkratzer". *Rechts:* Histologie eines betroffenen Lymphknotens; die Pfeile deuten auf die granulomatöse Entzündung mit zentraler Nekrose (N) (Aus Kempf, V., Der Mikrobiologe, 2007, S. 171–180)

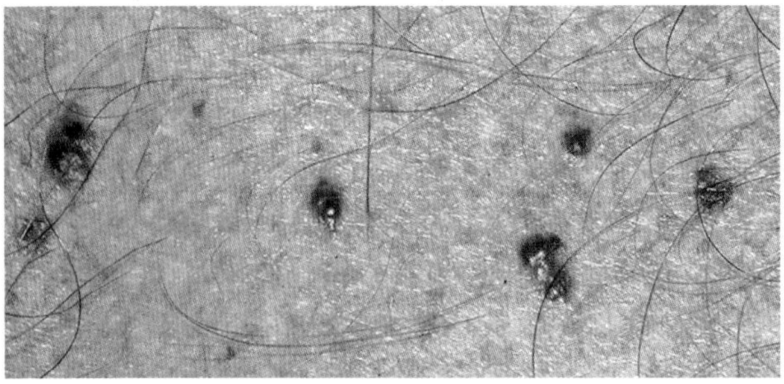

Abb. 48.3 AIDS-Patient (37-jährig) mit bazillärer Angiomatose (Brustwand). (Aus Kempf, V., Der Mikrobiologe, 2007, S. 171–180)

unklar. Diese Krankheitsbilder rühren zumeist aus Einzelfallbeschreibungen, die wissenschaftliche Evidenz bleibt oftmals umstritten.

Immunität

Verlässliche Daten zur Immunität nach stattgehabter Infektion liegen nicht vor.

Labordiagnose

Das am besten geeignete Verfahren zur Diagnose von B. henselae-Infektionen sind **Immunfluoreszenztests** zum serologischen Nachweis spezifischer Antikörper. Seit kurzer Zeit ist auch ein ELISA-basierter Test verfügbar. Ein **direkter Erregernachweis** sollte immer dann angestrebt werden, wenn die Serologie nicht zu einer eindeutigen Diagnose führt oder wegen Immunsuppression unzuverlässig erscheint. Dabei stellt die Amplifikation Bartonella-spezifischer DNA mittels **PCR** die zuverlässigste Methode des direkten Erregernachweises dar. Weiterhin sind „Versilberungsfärbungen" in der histopathologischen Diagnostik gängig, die aber keinesfalls Erreger-spezifisch sind.

Eine Biopsie zum Ausschluss maligner Erkrankungen sowie Untersuchungen auf mykobakterielle Infektionen (▶ Kap. 42) oder Toxoplasmose (insbesondere nach Katzenkontakt, Abschn. 85.8) sind zu empfehlen. Der kulturelle Nachweis von B. henselae ist aufgrund des langsamen Wachstums meistens nicht Erfolg versprechend. Neu beschriebene Flüssigmedien lassen erwarten, dass die Anzucht der Erreger in Zukunft häufiger möglich sein wird.

Therapie

Wegen des prognostisch günstigen Verlaufs der KKK ist in der Regel keine Therapie nötig. Die Diagnostik einer Bartonellose erspart den Patienten jedoch anderweitige und belastende differenzialdiagnostische Prozeduren oder unnötige Therapien. Lediglich bei mehreren Wochen anhaltenden und belastenden Infektionen, ausgeprägtem Organbefall mit klinisch relevanter Dysfunktion oder bazillärer Angiomatose wird die Gabe von Azithromycin (alternativ: Roxithromycin oder Doxycyclin), evtl. in Kombination mit Rifampicin, für mindestens 5 Tage (bis hin zu Monaten) empfohlen.

Prävention

Bei Immungesunden ist eine Prophylaxe nicht erforderlich. Immunsupprimierte und HIV-infizierte Patienten sollten den Kontakt zu Katzen meiden.

Molekulare Erregerdiagnostik – ein Paradigmenwechsel in der Mikrobiologie
Exakt 100 Jahre nach den „Koch-Postulaten" (▶ Abschn. 3.1) führte David Relman (Stanford, USA) 1990 am Beispiel der bazillären Angiomatose die Identifizierung vormals unbekannter humanpathogener Erreger in die Infektionsmedizin ein. War man 100 Jahre lang darauf angewiesen, Erreger in mikrobiologischen Laboratorien zunächst anzuzüchten und danach zu charakterisieren, etablierte Relman den Nachweis sowie die Identifizierung von bis dato nicht zu kultivierenden humanpathogenen Bakterien durch kulturunabhängige, molekularbiologische Verfahren. Dazu machte er sich 2 Entdeckungen zunutze:
- die Entwicklung der Polymerasekettenreaktion (PCR) durch Kary Mullis im Jahr 1983 (▶ Kap. 19),
- die Entdeckung von Carl Woese im Jahr 1987, dass ribosomale Gene (insbesondere die 16S-rDNA) konservierte und variable Regionen besitzen, die eine eindeutige Erregeridentifikation auf Basis der amplifizierten 16S-rDNA Sequenz erlauben.

Relman konstruierte Primer, die komplementär zu 2 bei allen Eubakterien vorhandenen konservierten Regionen der 16S-rDNA sind, und amplifizierte die dazwischen liegende variable (erregerspezifische) bakterielle 16S-rDNA. Somit sollte, so die Theorie, eine PCR mit diesen Primern die 16S-rDNA aller in der Medizin relevanten Bakterien amplifizieren können. Zusätzlich sollten sich über die Sequenzierung der amplifizierten Genabschnitte bislang unbekannte Erreger aufspüren und molekular eindeutig identifizieren lassen.
Tatsächlich wies Relman aus Biopsaten bazillärer Angiomatosen durch Amplifikation des bakteriellen 16S-rDNA-Gens und nachfolgende Sequenzierung eine Gensequenz nach, die der damals bereits bekannten Gensequenz von B. quintana ähnlich war. Dies führte zur Identifikation der Spezies B. henselae. 2 Jahre später identifizierte er mit diesem Verfahren den bis dahin unbekannten und nichtkultivierbaren Erreger des Morbus Whipple, Tropheryma whipplei (▶ Abschn. 51.1).

Dieses diagnostische Verfahren wird heutzutage als eubakterielle PCR oder „universelle Bakterien-PCR" bezeichnet und routinemäßig zur mikrobiologischen Diagnostik bei Patientenmaterialien eingesetzt, die nicht mit Begleitflora kontaminiert sind (z. B. Liquor, Abszesspunktat etc.).

48.2 Bartonella quintana

Steckbrief

Bartonella quintana ist der Erreger des Wolhynischen Fiebers (auch Schützengraben- oder Fünftagefieber). Die Erkrankung ist seit dem 1. Weltkrieg bekannt, als mehr als 1 Mio. Soldaten wegen der schlechten hygienischen Bedingungen an der durch Läuse übertragenen Erkrankung litten. Mit zunehmender Häufigkeit werden bei immunsupprimierten Patienten und Obdachlosen mit schlechtem Gesundheitszustand und Exposition gegenüber diesen Vektoren Bakteriämien mit B. quintana diagnostiziert. Die B. quintana-Infektion kann sich auch als bazilläre Angiomatose (▶ Abschn. 48.1.2) manifestieren. Kürzlich wurde B. quintana-DNA in einem 4000 Jahre alten Zahn nachgewiesen. Dies belegt, dass Bartonella-Infektionen kein Phänomen der Neuzeit sind. Auch Napoleons Armee litt unter B. quintana-Infektionen. Der Erreger wurde 1917 von Alexander Schmincke identifiziert.

48.2.1 Beschreibung

▪ **Aufbau**

B. quintana ist ein kleines, gramnegatives Stäbchen, das an der Oberfläche Adhäsionsmoleküle („variably expressed outer membrane proteins", Vomp) exprimiert. Das vollständig bekannte Genom von B. quintana (1,58 Mio. Bp) ist deutlich kleiner als das von B. henselae und umfasst ca. 1700 Gene, unter anderem für ein VirB/VirD4-T4SS und für die BadA-homologen Vomp.

▪ **Extrazelluläre Produkte**

Homologe Gensequenzen für die aus B. henselae bekannten Bep (Substrate des T4SS) sind vorhanden.

▪ **Umweltresistenz**

B. quintana ist gegenüber hohen und niedrigen Temperaturen sowie Desinfektionsmitteln empfindlich.

▪ **Vorkommen**

B. quintana ist weltweit verbreitet. Der Mensch galt lange Zeit als einziges Erregerreservoir. Neuen Untersuchungen zufolge können auch Hunde infiziert sein.

48.2.2 Rolle als Krankheitserreger

▪▪ **Epidemiologie und Übertragung**

B. quintana-Infektionen galten lange Zeit als Rarität. Das **Wolhynische Fieber** (Schützengrabenfieber, Fünftagefieber) ist an unhygienische Lebensbedingungen geknüpft und war während des 1. Weltkriegs weit verbreitet. Seit Mitte der 1990er Jahre häufen sich Berichte über B. quintana-bedingte **Endokarditiden** und **Bakteriämien,** insbesondere bei HIV-Infizierten und Obdachlosen. Letztere sind oft von Läusen befallen; die Übertragung von Mensch zu Mensch erfolgt durch Läusekot.

▪▪ **Pathogenese**

Die Mechanismen, die zur intraerythrozytären Bakteriämie mit B. quintana führen, wurden an einem experimentellen Ratten-Infektionsmodell mit dem eng verwandten Bakterium B. tribocorum aufgeklärt:

Nach primärer Infektion verschwindet B. quintana sehr schnell aus der Blutbahn und besiedelt eine bislang unbekannte Nische. Einige Tage später kommt es zu einer massiven intraerythrozytären Bakteriämie (d. h.,

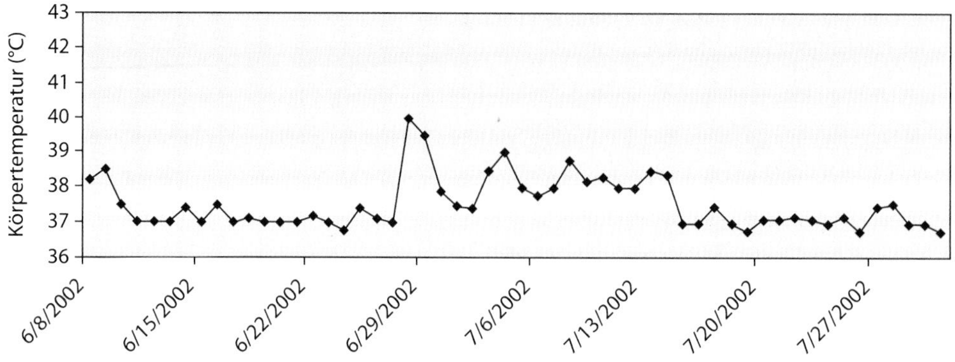

Abb. 48.4 Verlauf eines Wolhynischen Fiebers, das im Abstand von ca. 5 Tagen periodisch wiederkehrt. („Fünftagesfieber"; aus: Foucault, C., et al. J Clin Microbiol. 2004; 42, S. 4904–4906)

die Erreger befinden sich in Erythrozyten), die sich zyklisch alle 5 Tage wiederholt. In den während der Fieberschübe nachweisbaren infizierten Erythrozyten überlebt B. quintana, ohne eine signifikante Hämolyse auszulösen (Unterschied zu B. bacilliformis).

Einige Monate nach Infektion kommt es zur spontanen Heilung. Dies ist Ausdruck einer beginnenden humoralen Immunität: Spezifische Antikörper verhindern die Reinfektion der unbekannten Nische.

Immunität

Verlässliche Daten zur Immunität nach stattgehabter Infektion liegen nicht vor.

Klinik

Man unterscheidet:

Wolhynisches Fieber (Schützengraben- oder Fünftagefieber) Charakteristisch sind 3–5 plötzlich einsetzende Fieberschübe von jeweils etwa 5 Tagen Dauer, die von Schüttelfrost, prätibialen Schmerzen, Arthralgien und Kopfschmerzen begleitet werden (Abb. 48.4). Infizierte Erythrozyten sind im Krankheitsschub nachweisbar. Die Inkubationszeit beträgt bis zu 5 Wochen, die Erkrankung kann Monate persistieren und heilt in der Regel spontan aus.

Bazilläre Angiomatose, Peliosis hepatis Bei Immunsupprimierten (z. B. HIV-Patienten) können (wie bei B. henselae-Infektionen) vaskuloproliferative Krankheitsbilder entstehen.

Endokarditis Neben den Bakterien der HACEK-Gruppe (Abschn. 51.4) ist B. quintana ein weiterer Erreger der „kulturnegativen" Endokarditis. Häufig sind Obdachlose betroffen.

Diagnostik

Der Nachweis spezifischer IgG-Antikörper mittels **Immunfluoreszenztests** stellt das am weitesten verbreitete Verfahren dar. Zum Nachweis der intraerythrozytären Bakteriämie (z. B. mittels Giemsa-Färbung, Acridinorangefärbung) sind frisch angefertigte Blutausstriche geeignet; der Erreger lässt sich aus Blutkulturen anzüchten. Der Nachweis erregerspezifischer DNA mittels PCR (z. B. aus Herzklappen) ist Standard.

Therapie

Wolhynisches Fieber und Endokarditis werden mit Doxycyclin kombiniert mit Gentamicin behandelt.

Prävention

Die Bekämpfung der Läuse (z. B. Wäschewechsel, Körperhygiene) steht im Vordergrund.

48.3 Bartonella bacilliformis

Steckbrief

Bartonella bacilliformis ist der Erreger der biphasischen Carrión-Krankheit, einer schweren, fieberhaften hämolytischen Anämie (Oroya-Fieber), und des vaskuloproliferativen Krankheitsbildes Verruga peruana. Alberto Barton wies den Erreger 1905 aus dem Blut eines an Oroya-Fieber leidenden Patienten mikroskopisch nach.

Bau der Eisenbahnstrecke von Lima nach La Oroya

Die in Südamerika (v. a. Peru) endemischen Erkrankungen sind seit den Zeiten der Inka-Dynastie bekannt. Beim Bau der Eisenbahnstrecke von Lima in das 5000 m hoch gelegene Minengebiet La Oroya Ende des 19. Jahrhunderts erreichten sie traurige Berühmtheit: Etwa 8000 Menschen starben an „Oroya-Fieber", Überlebende entwickelten Monate später warzenartige Vaskuloproliferationen (Verruga peruana). Der Name eines Viadukts („Puente de Verrugas") dieser Bahnstrecke erinnert noch heute an die Toten; man sagt, jede Schwelle dieser Eisenbahnstrecke habe ein Menschenleben gekostet.

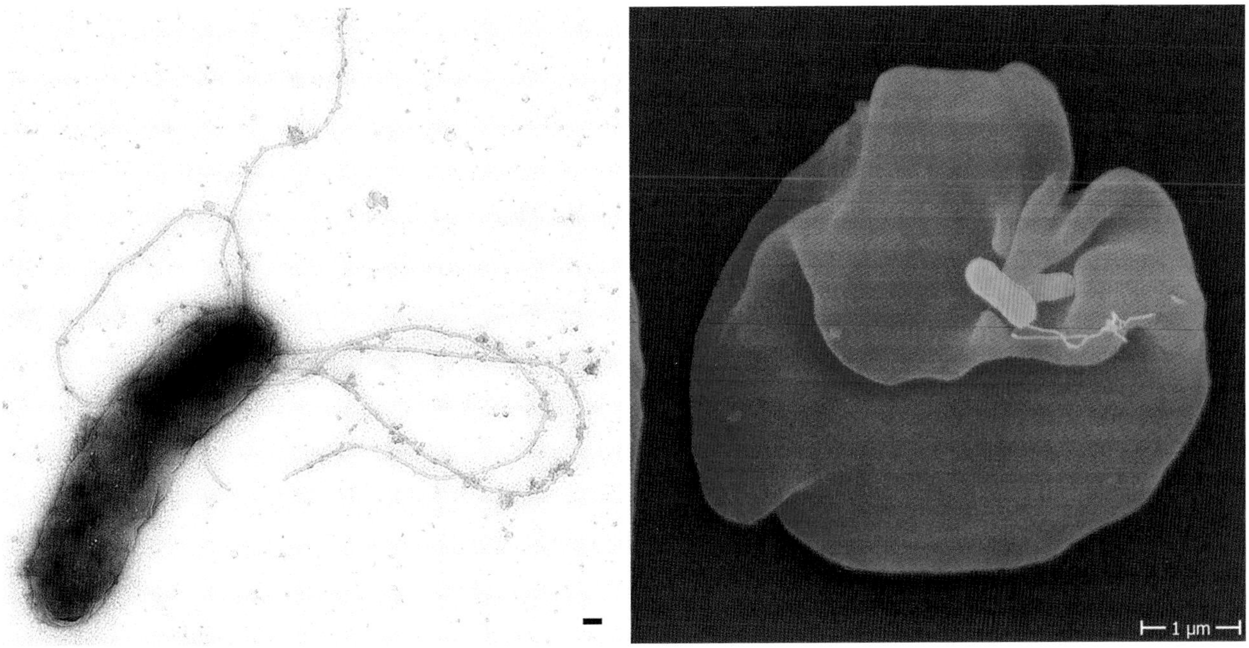

Abb. 48.5 Bartonella bacilliformis: Gramnegatives Stäbchen mit polaren Flagellen (*links;* mit freundlicher Genehmigung von M. Schaller und B. Fehrenbacher, Eberhard Karls-University, Tübingen), das einen menschlichen Erythrozyten infiziert (*rechts;* mit freundlicher Genehmigung von K. Hipp und J. Berger, Max-Planck-Institut für Entwicklungsbiologie, Tübingen). Man beachte die Flagellen sowie die Deformation des Erythrozyten

48.3.1 Beschreibung

▪ Aufbau

B. bacilliformis entspricht im Aufbau den anderen Bartonellen, Flagellen verleihen dem Erreger Beweglichkeit, Adhäsine vermitteln wahrscheinlich die Adhärenz an humane Zellen (Abb. 48.5).

Das sequenzierte Genom (1,45 Mio. Bp) umfasst ca. 1400 Gene.

▪ Extrazelluläre Produkte

Ein (bislang nicht charakterisiertes) Deformin führt zu Verformung der Erythrozytenmembran und Aufnahme des Bakteriums in Erythrozyten. Ein T4SS ist nicht vorhanden, ein Hämolysin wurde bislang nicht identifiziert.

▪ Umweltresistenz

Hierzu existieren keine verlässlichen Daten.

48.3.2 Rolle als Krankheitserreger

▪▪ Epidemiologie und Vorkommen

Das Verbreitungsgebiet von B. bacilliformis ist Südamerika, hier v. a. die Hochtäler der Anden (Peru, Kolumbien, Ekuador, Bolivien, Chile). Asymptomatische bakteriämische Patienten stellen das einzige Erregerreservoir dar. Ein Drittel der gesunden Bevölkerung aus den Endemiegebieten Perus besitzt Antikörper gegen B. bacilliformis.

▪▪ Übertragung

Sandmücken der Gattung Lutzomyia verrucarum, die in den Andentälern in Höhen zwischen 500 und 3000 m vorkommen, übertragen B. bacilliformis durch Aufnahme infektiösen Blutes asymptomatischer Patienten. Kürzlich wurde von einer diaplazentaren Übertragung während einer Schwangerschaft berichtet.

▪▪ Pathogenese

Bislang wurde v. a. die Interaktion von B. bacilliformis mit Erythrozyten und Endothelzellen untersucht. B. bacilliformis invadiert menschliche Erythrozyten und repliziert sich dort. Sezerniertes Deformin, die flagellinbedingte Motilität sowie die Expression von Invasinen führen zur Infektion der Erythrozyten. Ein bislang nicht identifiziertes Hämolysin scheint am Untergang der Erythrozyten beteiligt zu sein. Die Infektion mit B. bacilliformis führt zur Proliferation von Endothelzellen. Genetische Analysen lassen die Expression von BadA-homologen Proteinen auf der Oberfläche der Erreger vermuten, ein VirB/VirD4-Typ-4-Proteinsekretionssystem (T4SS, ▶ Kap. 33) existiert nicht.

▪▪ Klinik

Infektionen durch B. bacilliformis verlaufen typischerweise biphasisch: Im Rahmen des akuten

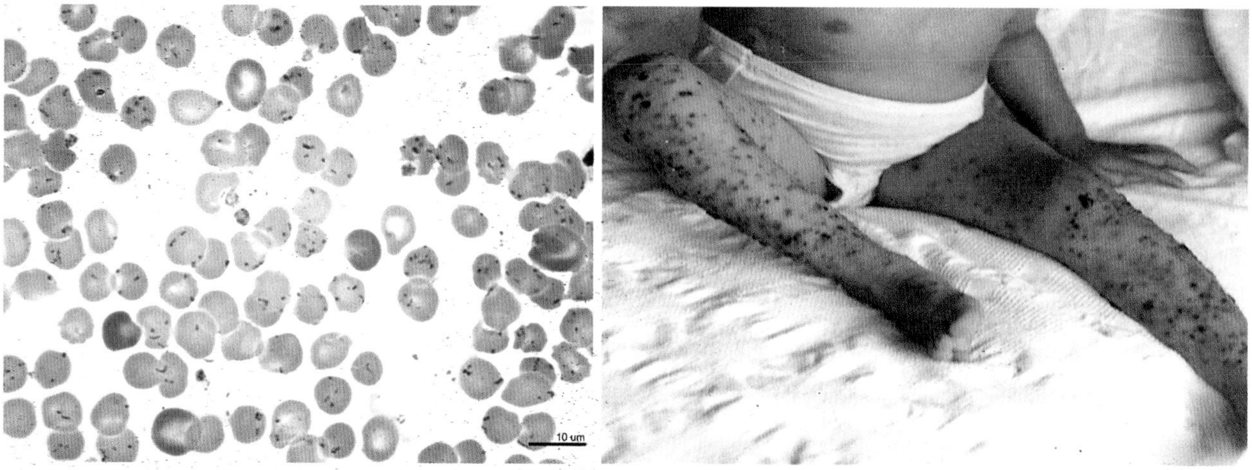

Abb. 48.6 Klinischer Verlauf von Bartonella bacilliformis-Infektionen: massive intraerythrozytäre Bakteriämie bei Oroya-Fieber (links; mit freundlicher Genehmigung von P. Ventosilla und M. Montes, Universidad Peruana Cayetano Heredia, Lima, Peru), vaskuloproliferative Läsionen (Verruga peruana) bei einem neunjährigen Mädchen aus Peru (rechts; mit freundlicher Genehmigung von C. Maguiña, Universidad Peruana Cayetano Heredia, Lima, Peru)

Oroya-Fiebers tritt hohes Fieber als Ausdruck einer massiven, intraerythrozytären und hämolytischen Bakteriämie auf. Wird diese 1. Krankheitsphase überstanden, kann der Erreger nach einigen Monaten das vaskuloproliferative Krankheitsbild Verruga peruana (noduläre neovaskuläre Proliferationen) auslösen (Abb. 48.6):

- **Oroya-Fieber** (akutes Stadium der Carrión-Krankheit): Es handelt sich um die akute, systemische Verlaufsform einer B. bacilliformis-Infektion. Nach ca. 3 Wochen Inkubationszeit treten zunächst starkes Krankheitsgefühl, hohes Fieber, Schüttelfrost, Kopf- und Gelenkschmerzen auf. Die ausgeprägte hämolytische Anämie wird durch den massiven Befall der Erythrozyten mit B. bacilliformis verursacht. Diese 1. Krankheitsphase hält über ca. 4 Wochen an. Unbehandelt liegt die Letalität bei 40–90 %.
- **Verruga peruana:** Ein bis mehrere Monate nach dem akuten Stadium treten diese kutan lokalisierten, vaskuloproliferativen und hämangiomähnlichen Hautveränderungen auf, die sich insbesondere an den Extremitäten finden, aber auch an Schleimhäuten. Die Läsionen sind schmerzlos, bluten leicht, persistieren über 3–4 Monate und heilen danach meist spontan ab.

Daniel A. Carrións Experiment

Nach dem peruanischen Medizinstudenten Daniel Alcides Carrión (1857–1885) ist die Carrión-Krankheit benannt. Als Student an der Medizinischen Fakultät der San Marcos-Universität in Lima (Peru) wählte Carrión die „Peruanische Warze" (Verruga peruana) als Thema einer wissenschaftlichen Arbeit und beschrieb Inkubationszeit und Prodromi. Ein Selbstversuch erschien ihm am sinnvollsten, obwohl Freunde und Professoren ihm davon abrieten. Um nicht wertvolle Studienzeit zu vergeuden, versuchte Carrión am 27. August 1885 (in den Semesterferien!), sich selbst mit Blut aus der Verruga peruana der 14-jährigen Patientin Carmen Paredes zu infizieren. Da die Selbstinfektion scheiterte, bat er seinen Kollegen Evaristo M. Chávez, ihm behilflich zu sein.

Bereits am 17. September fühlte Carrión sich fiebrig, schnell entwickelten sich hohes Fieber, Krämpfe, Knochenschmerzen und eine schwere hämolytische Anämie. Noch im Krankenbett soll er ausgerufen haben, ihm sei jetzt klar geworden, dass diese später als Oroya-Fieber bezeichnete akute Erkrankung und die Verruga peruana eine gemeinsame Ätiologie besitzen. Am 5. Oktober 1885 starb Carrión an den Folgen der Erkrankung. Sein Kollege Chávez wurde beschuldigt, ihn ermordet zu haben.

Immunität

Verlässliche Daten zur Immunität nach stattgehabter Infektion liegen nicht vor.

Labordiagnose

Die Diagnose einer Bartonellose erfolgt in Speziallaboratorien durch den mikroskopischen Nachweis intraerythrozytärer Erreger im Giemsa-gefärbten Blutausstrich, durch Erregeranzucht aus Blut oder Hautläsionen, serologisch durch den Nachweis von Antikörpern (nicht standardisiert) oder molekularbiologisch durch PCR-Amplifikation der Erreger-DNA.

Therapie

Antibiotika der Wahl sind Chloramphenicol, Tetracyclin oder Erythromycin. Bei rechtzeitigem Einsatz führt eine Therapie zu schnellem Fieberabfall, trotz Behandlung beträgt die Letalität noch ca. 8 %.

Zur Behandlung der Verruga peruana werden Streptomycin, Rifampicin oder Tetracyclin eingesetzt.

Prävention

Schutz vor Mückenstichen (Schutzkleidung, Repellents) sowie die Bekämpfung der Sandmücken sind geeignete Präventionsmöglichkeiten.

48.4 Bartonella rochalimae

Steckbrief

Bartonella rochalimae wurde 2007 als Erreger einer schweren intraerythrozytären Infektion identifiziert. Der Erreger scheint Füchse und Waschbären als Reservoirwirte zu nutzen. Die Entdeckerin ist Jane Koehler (2007).

Im Juni 2007 berichtete ein US-Team aus San Francisco von einer Patientin mit einer neuartigen Infektionserkrankung: 2 Wochen nach einer Urlaubsreise durch Peru, die für sie mit zahlreichen Insektenstichen verbunden war, litt die Patientin unter hohem Fieber, Muskelschmerzen, Erbrechen, Kopfschmerzen und Husten. Später kamen eine deutliche Splenomegalie sowie eine (mikroskopisch nachgewiesene) intraerythrozytäre Bakteriämie hinzu. Die Patientin entfieberte unter 5-tägiger Levofloxacin-Therapie.

Als auslösendes Agens wurde die neue Spezies B. rochalimae identifiziert. Auch dieser neu entdeckte Erreger aus dem Genus Bartonella verursacht eine bakteriämische Erkrankung mit offensichtlichen Ähnlichkeiten zum Oroya-Fieber. B. rochalimae wurde auch in Grau- und Rotfüchsen, Kojoten und Waschbären nachgewiesen. Möglicherweise übertragen Flöhe B. rochalimae von infizierten Tieren auf den Menschen.

48.5 Bartonella schoenbuchensis

Steckbrief

Bartonella schoenbuchensis wurde erstmals im Jahre 1999 (in Rehen) aus dem Schönbuch (Waldgebiet zwischen Stuttgart und Tübingen) nachgewiesen.

Neue Untersuchungen zeigen, dass B. schoenbuchensis-DNA bei bis zu 70 % der Hirschlausfliegen (Lipoptena cervi) nachweisbar ist. Hirschlausfliegen sind in Europa, Nordamerika und Sibirien endemisch, sie fliegen von August bis November zu ihren Wirten (hauptsächlich Hirschen), um Blut zu saugen. Manchmal werden auch Menschen von Hirschlausfliegen gestochen. Danach kann sich eine „deer ked-dermatitis" (also Hirschlausfliegen-Dermatitis) entwickeln, ein Zusammenhang mit einer B. schoenbuchensis-Infektion ist gegenwärtig nicht bewiesen. Die humanmedizinische Bedeutung des Erregers ist vollkommen unklar, eine spezifische (Sero-) Diagnostik nicht verfügbar.

In Kürze: Bartonellen

- **Bakteriologie:** Bartonellen sind gramnegative Stäbchen, die auf herkömmlichen Nährmedien nicht oder sehr langsam wachsen.
- **Vorkommen:** B. henselae ist ein Zoonoseerreger und kommt bei Mensch und Tier (v. a. Katzen) vor. B. quintana galt lange als humanspezifisch, wurde jedoch bei Hunden nachgewiesen. Für B. bacilliformis stellt der Mensch nach wie vor das einzige anerkannte Erregerreservoir dar.
- **Übertragung:** B. henselae wird von Katzen und möglicherweise anderen Tieren auf den Menschen übertragen, Flöhe und evtl. Zecken kommen als Überträger infrage. Körperläuse übertragen B. quintana von Mensch zu Mensch, Sandmücken fungieren als Vektor für B. bacilliformis.
- **Pathogenese:** Die Katzenkratzkrankheit (KKK) stellt letztlich eine ausgeprägte gegen B. henselae gerichtete Immunreaktion dar. Für die Auslösung chronischer Krankheitsbilder durch B. henselae und B. quintana (Bakteriämien, Vaskuloproliferationen) scheinen spezielle Adhäsine (z. B. Bartonella-Adhäsin A) sowie Substrate des VirB/VirD4-T4SS eine entscheidende Rolle zu spielen.
- **Klinik:** Typischerweise erkranken immunkompetente Patienten (v. a. Kinder) an der Katzenkratzkrankheit. Vaskuloproliferative Krankheitsbilder (bazilläre Angiomatose, Peliosis hepatis) werden durch B. henselae und B. quintana vorwiegend bei AIDS-Patienten verursacht. Beide Erreger können eine „kulturnegative" Endokarditis verursachen (v. a. B. quintana, seltener B. henselae). B. quintana verursacht das bakteriämische Krankheitsbild des Wolhynischen Fiebers, B. bacilliformis das des Oroya-Fiebers sowie der Verruga peruana.
- **Labordiagnose:** Die Infektionsdiagnostik von Bartonellosen erfolgt in erster Linie serologisch sowie über molekulare Erregernachweisverfahren (PCR).
- **Therapie:** Bei der KKK ist in der Regel keine antibiotische Therapie erforderlich. Andere durch B. henselae und B. quintana hervorgerufene Infektionen (z. B. bazilläre Angiomatose) sollten z. B. mit Makroliden oder Tetracyclin und solche durch B. bacilliformis mit Chloramphenicol behandelt werden.

Literatur

Foucault C, Rolain JM, Raoult D, Brouqui P (2004) Detection of Bartonella quintana by direct immunofluorescence examination of blood smears of a patient with acute trench fever. J Clin Microbiol 42(10):4904–4906

Kempf VAJ (2007) Bartonella-Infektionen des Menschen: Neue Erkrankungen durch einen alten Erreger. Der Mikrobiologe 5:171–180

Weiterführende Literatur

Eremeeva ME, Gerns HL, Lydy SL, Goo JS, Ryan ET, Mathew SS, Ferraro MJ, Holden JM, Nicholson WL, Dasch GA, Koehler JE (2007) Bacteremia, fever, and splenomegaly caused by a newly recognized bartonella species. N Engl J Med 356(23):2381–2387

Garcia-Quintanilla M, Dichter A, Guerra H, Kempf VA.J (2019) Carrion's disease: more than a neglected disease. Parasites & Vectors 26 12(1):141. 10.1186/s13071-019-3390-2

Relman DA, Loutit JS, Schmidt TM, Falkow S, Tompkins LS (1990) The agent of bacillary angiomatosis. An approach to the identification of uncultured pathogens. N Engl J Med 6,323(23):1573–1580

Riess T, Andersson SG, Lupas A, Schaller M, Schäfer A, Kyme P, Martin J, Wälzlein JH, Ehehalt U, Lindroos H, Schirle M, Nordheim A, Autenrieth IB, Kempf VA (2004) Bartonella adhesin A mediates a proangiogenic host cell response. J Exp Med 200(10):1267–1278

Schmid MC, Scheidegger F, Dehio M, Balmelle-Devaux N, Schülein R, Guye P, Chennakesava CS, Biedermann B, Dehio C (2006) A translocated bacterial protein protects vascular endothelial cells from apoptosis. PLoS Pathog 2(11):e115

Spach DH, Kanter AS, Dougherty MJ, Larson AM, Coyle MB, Brenner DJ, Swaminathan B, Matar GM, Welch DF, Root RK, Stamm WE (1995) Bartonella (rochalimea) quintana bacteremia in inner-city patients with chronic alcoholism. N Engl J Med 16,332(7):424–428

Mykoplasmen und Ureaplasmen

Roger Dumke und Enno Jacobs

Die Klasse der Mollicutes („Weichhäutigen") umfasst Bakterien, die sich durch die Besonderheit einer komplett fehlenden genetischen Ausrüstung zum Aufbau einer Zellwand von den gramnegativen und grampositiven Bakterien unterscheiden. Mollicutes sind ähnlich wie eukaryontische Zellen nur durch eine Zytoplasmamembran begrenzt. Aufgrund der fehlenden Zellwand sind sie damit gegen β-Laktam-Antibiotika primär resistent. Die Klasse der Mollicutes umfasst die humanrelevanten Gattungen Mycoplasma und Ureaplasma (◘ Tab. 49.1). Ihr Genom ist mit bis zu einem Fünftel der Genomgröße von Enterobacteriaceae das kleinste Genom einer Bakterienzelle, die sich noch extrazellulär vermehren kann. Mollicutes haben eine filamentöse Form (0,2–0,3 μm breit, bis zu 2,0 μm lang) und können sich aufgrund der fehlenden rigiden Zellwand gleitend auf der Oberfläche einer Wirtszelle fortbewegen. Ihre parasitäre Lebensweise hat dazu geführt, dass sie sich strikt an einen Wirt anpasst und sich entweder auf die Besiedlung der Epitheloberflächen des Respirations- oder des Urogenitaltrakts spezialisiert haben.

Fallbeispiel

Ein 16-jähriges Mädchen klagt über subfebrile Temperaturen und einen unproduktiven Husten. Der Hausarzt verordnet ein Antibiotikum ohne weitere Diagnostik. Die Eltern des Mädchens suchen trotzdem einen befreundeten Radiologen auf, dieser veranlasst eine Röntgenthorax-Untersuchung mit dem Befund „Verdacht auf flaues Infiltrat im rechten Mittellappen". Vier Tage später, noch während der antibiotischen Behandlung, treten Blässe, Müdigkeit, Leistungsschwäche und Belastungsdyspnoe auf, außerdem Akrozyanosen. Der Hb-Wert liegt bei 8 g/dl, der Urin ist dunkel, der periphere Abstrich zeigt verklumpte Erythrozyten, und die Anzahl der Retikulozyten ist hoch. Nachdem eine autoimmunhämolytische Anämie durch einen Antiglobulintest bestätigt wurde, werden weitere Untersuchungen zur Differenzierung zwischen einer hämolytischen Anämie durch Wärmeantikörper und einer Kälteagglutininkrankheit veranlasst – es finden sich Kälteagglutinine. Ein serologischer Test auf Mykoplasmen fällt positiv aus.

Die **genomische Reduktion** der Mollicutes hat bei allen auf den Schleimhäuten des Menschen lebenden Mykoplasmen und Ureaplasmen enge Überlebensgemeinschaften mit dem Wirt entstehen lassen. Damit verknüpft war die **Reduktion vieler enzymatischer Synthese- und Abbauwege,** die dazu geführt hat, dass die Mollicutes komplette Bausteine wie Nukleinsäuren, Aminosäuren oder Fettsäuren aus nächster Umgebung aufnehmen müssen, um ihre Defizite im anabolen und katabolen Stoffwechsel auszugleichen. Dabei nehmen diese Bakterien auch **Cholesterin** auf und bauen diesen für Bakterien ungewöhnlichen Baustein in ihre Zytoplasmamembran ein, um deren Membranfluidität zu erhöhen und eine pleomorphe (kokkoide bis filamentöse) Zellgestalt zu erreichen.

Die Abhängigkeit von Bausteinen des Wirtes führt zwangsläufig zur Verlangsamung der Zellteilung der Mykoplasmen (6- bis 20-fach langsamer als E. coli). Mit dem besonderen Anspruch an die angebotenen Nährstoffe und der langsamen Teilung der Mikroorganismen verknüpft sind die **Schwierigkeiten der Laboranzucht** von Mykoplasmen und Ureaplasmen; nur der Einsatz serumhaltiger Nährböden ermöglicht es, diese Bakterien anzuzüchten. Während sich die aus dem Urogenitaltrakt zu isolierenden Spezies M. hominis, U. urealyticum und U. parvum noch innerhalb von 2–3 Tagen vermehren lassen, braucht M. pneumoniae dafür zwischen 7 Tagen und 2 Wochen. Die Anzucht von M. genitalium ist noch langwieriger und wird nur in wenigen Speziallabors durchgeführt. Daher ist hier die Kultur für die Diagnostik nur von geringem Wert. Heute schließen indirekte Nachweismethoden die diagnostische Lücke.

Die fehlende Zellwand macht diese Bakterien sehr **empfindlich gegen Umwelteinflüsse:** Sie trocken rasch aus und sterben auf Tupfern schnell ab, sodass die zu untersuchenden Patientenmaterialien in speziellen Mykoplasmennährmedien auf kurzem Wege zu transportieren sind.

S. Suerbaum et al. (Hrsg.), *Medizinische Mikrobiologie und Infektiologie*,
https://doi.org/10.1007/978-3-662-61385-6_49

Tab. 49.1 Mycoplasma und Ureaplasma: Gattungsmerkmale

Merkmal	Ausprägung
Gramfärbung	Negativ; Peptidoglykanschicht und Zellwand fehlen; begrenzende Zytoplasmamembran
Aerob/anaerob	Aerob: M. pneumoniae
	Anaerob: M. hominis, U. urealyticum, U. parvum
Kohlenhydrat-verwertung	Fermentativ
Sporenbildung	Nein
Beweglichkeit	M. pneumoniae: gleitende Bewegung
Katalase	Negativ
Oxidase	Negativ
Besonderheiten	„Spiegeleikolonie" auf serumhaltigem Agarnährboden

Tab. 49.2 Mykoplasmen, Ureaplasmen: Arten und Krankheiten

Art	Krankheiten
Mycoplasma pneumoniae	Interstitielle (atypische) Pneumonie
	Tracheobronchitis
	Extrapulmonale Komplikationen: hämolytische Anämie, neurologische und dermatologische Begleitreaktionen
Mycoplasma genitalium	Häufig asymptomatische Kolonisierung
	Urethritis, Zervizitis, pelvic inflammatory disease (PID)
Mycoplasma hominis	Häufig asymptomatische Kolonisierung
	Unspezifische Urogenitalinfektionen
	Aszendierende Genitalinfektionen
	Pyelonephritis, Salpingitis
	Wundinfektion und Sepsis unter der Geburt
Ureaplasma urealyticum, U. parvum	Häufig asymptomatische Kolonisierung
	Urethritis, Epididymitis, Prostatitis
	Fertilitätsstörungen
	Chorioamnionitis
	Abort, Frühgeburt
	Neugeborenenpneumonie
	Neugeborenenmeningitis, -sepsis

Die **Therapieoptionen** sind aufgrund der fehlenden Zellwand eingeschränkt. Es sind nur Antibiotika geeignet, die die Aminosäuresynthese der Ribosomen inhibieren oder die DNA-Synthese blockieren können.

Die wichtigsten humanpathogenen Mykoplasma- und Ureaplasma-Arten sind in Tab. 49.2 zusammengefasst.

Steckbrief

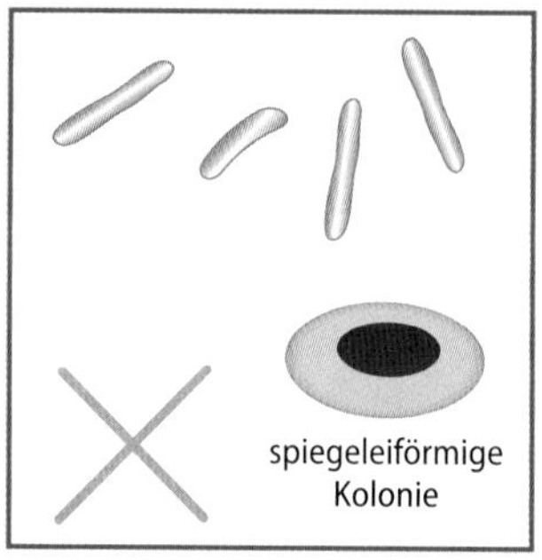

Mycoplasma pneumoniae löst eine Tracheobronchitis bzw. eine interstitielle Pneumonie aus. Die ambulant erworbenen respiratorischen Infektionen sind besonders häufig im Kindesalter und bei Jugendlichen zu finden.

Mykoplasmen: Spiegeleiförmige Kolonien auf pferdeserumhaltigen Kulturmedien, entdeckt 1898 von Nocard und Roux bei Rindern, 1937 von Dienes und Edsall beim Menschen.

49.1 Mycoplasma pneumoniae

49.1.1 Beschreibung

Aufbau

M. pneumoniae ist ein Bakterium, das sich im Aerosol eher abrundet und nach Kontakt mit dem Epithel des Respirationstraktes eine filamentöse Form annimmt (Abb. 49.1). Nach Kontaktaufnahme mit den Zilien des Flimmerepithels bildet sich eine Spitzenstruktur heraus, in die Adhärenzkomplexe konzentriert werden, die aus dem P1-Adhäsin und weiteren akzessorischen Helferproteinen bestehen und die Funktion haben, das Bakterium an die sich bewegenden Zilien des Respirationstrakts zu heften. Dieser Erstkontakt löst eine für Bakterien einzigartige Gleitbewegung entlang der Zilie in die Ziliengrube aus. Hier ist das filamentöse Bakterium von Zilien umgeben und gegenüber der Phagozytose durch Alveolarmakrophagen geschützt.

Extrazelluläre Produkte

Der Mechanismus der Aufnahme von Substraten ist bisher unklar. Von Bedeutung scheint die Produktion von H_2O_2 und eines dem Pertussistoxin strukturell ähnlichen Exotoxins zu sein. Sie wird dafür verantwortlich gemacht, dass die Epithelzelle geschädigt wird, Substrate freigibt und die Zilienbewegung einstellt, die für den Abtransport von Schleim, Abbaumaterial und Bakterien verantwortlich ist.

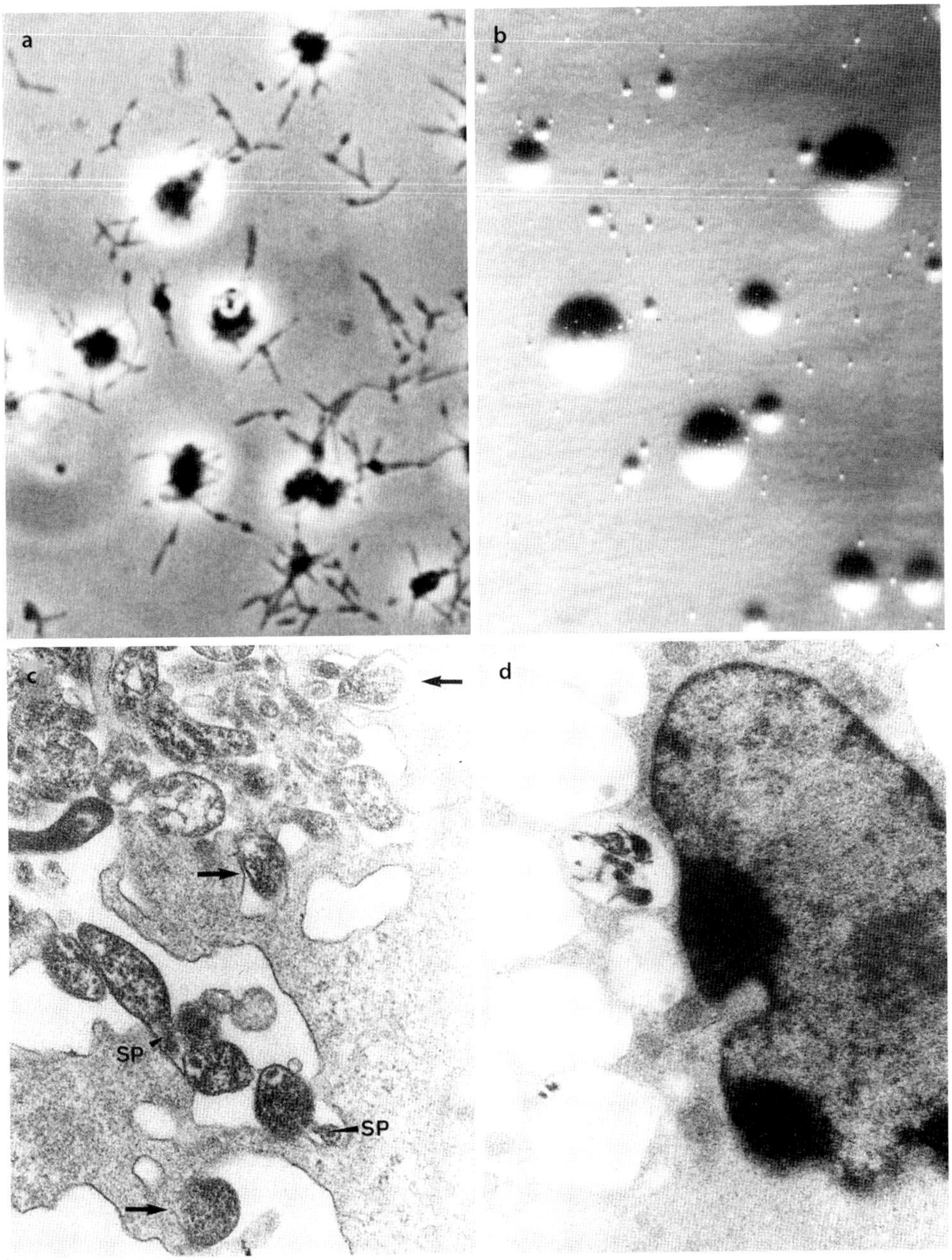

Abb. 49.1 a–d Mycoplasma pneumoniae. **a** M. pneumoniae fehlt die für Bakterien charakteristische Zellwand, es ist eher pleomorph und hat auf Oberflächen eine filamentöse Morphologie (Phasenkontrastmikroskopie einer Flüssigmediumkultur, Vergr. 1000-fach). **b** Charakteristisch sind die spiegeleiförmigen Kolonien mit Wachstum in den Nährboden (Auflichtmikroskopie eines Festnährbodens mit Lichtschrägeinfall, Vergr. 10-fach). **c** Die Bakterien adhärieren über eine Spitzenstruktur („SP") an Zelloberflächen (elektronenmikroskopische Dünnschnitttechnik, Vergr. 50.000-fach). **d** Alveolarmakrophagen phagozytieren mit spezifischen Antikörpern opsonisierte Mykoplasmen. Ausschnitt eines Makrophagen mit Zellkern und phagozytierte, z. T. abgebaute Mykoplasmen in einem Phagolysosom (elektronenmikroskopische Dünnschnitttechnik, Vergr. 20.000-fach)

Resistenz gegen äußere Einflüsse

Mykoplasmen sind sehr austrocknungsempfindlich, sodass sie nur auf direktem Weg von Mensch zu Mensch über Aerosol übertragen werden können.

Vorkommen

Der Mensch ist das einzige Reservoir von M. pneumoniae. Das Bakterium vermehrt sich zunächst auf Flimmerepithelzellen des Respirationstrakts. Nach Erkrankung, aber auch nach asymptomatischer Kolonisierung werden die Mykoplasmen durch die sich aufbauende spezifische Immunabwehr in den Oropharynx verdrängt und überleben bei einem Teil der Probanden in geringer Keimzahl als Kommensalen im Mund-Rachen-Bereich.

49.1.2 Rolle als Krankheitserreger

■■ Epidemiologie und Übertragung

Infektionen durch M. pneumoniae sind weltweit verbreitet. Sie werden durch Tröpfcheninfektion übertragen, und zwar dort besonders effektiv, wo Menschen auf engem Raum zusammenleben: in Familien und Kindergärten, Schulen, Militäreinrichtungen oder Wohngemeinschaften. Bei Kleinkindern unter 5 Jahren verlaufen die Erstinfektionen mit M. pneumoniae meist subklinisch oder als Tracheobronchitis. Bei Schulkindern und Jugendlichen wird die Beteiligung des unteren Respirationstrakts häufiger gesehen. Möglicherweise führen erst wiederholte Infektionen mit M. pneumoniae zu einer ausgeprägteren Klinik, die sich als interstitielle Pneumonie manifestiert.

Allerdings sind Pneumonien mit M. pneumoniae in allen Altersgruppen **mit Superinfektionen assoziiert:** M. pneumoniae ist an den bakteriellen Superinfektionen nach oder unter z. B. einer durch das Influenza-Virus bedingten Grippe oder einer vorangegangenen Infektion mit RSV oder Adeno-Viren beteiligt und kompliziert klinisch unter dieser Zweitinfektion das Bild einer interstitiellen Pneumonie.

Insgesamt dürfte der Anteil ambulant erworbener, mykoplasmenbedingter Pneumonien in Deutschland in allen Altersgruppen saisonunabhängig bei 3–5 % liegen. Neben den Kleinraumausbrüchen ist alle 3–7 Jahre mit europaweit registrierten **Epidemien** (mit bis zu 40 % der Fälle an ambulant erworbenen Pneumonien) zu rechnen, die auch zu **Pandemien** mit zeitlicher Verzögerung von 1–2 Jahren andere Kontinente erreichen oder von dort nach Europa importiert werden. Die sich ausbreitenden Epidemiestämme lassen sich durch kleine genomische Veränderungen im P1-Adhäsin in spezifische Subtypen von M. pneumoniae einteilen und so epidemiologisch-molekularbiologisch verfolgen.

■■ Pathogenese

Hier wird auf die Zielgewebe, die Adhäsion sowie auf Entzündungsreaktion und Gewebeschädigung eingegangen.

Zielgewebe Zielzellen sind die Flimmerepithelzellen des Respirationstraktes. Sie bieten den Mykoplasmen in den Flimmergruben zunächst Schutz vor Phagozytose durch Alveolarmakrophagen und dienen als Nährstofflieferanten. Nach Einstellen der Flimmerbewegung der Zilien werden die Wirtszellen jedoch derart von den Bakterien geschädigt, dass sie aus dem Zellverband herausgelöst werden.

Adhäsion Sie erfolgt über P1-Adhäsin-Proteinkomplexe, die am terminalen Ende des filamentösen Erregers in einer Spitzenstruktur konzentriert werden und M. pneumoniae an neuraminsäurehaltige Glykoproteinrezeptoren der Flimmerepithelzellen binden, um von dort über Gleitbewegung an die Zilienbasis des Respirationsepithels zu gelangen.

Entzündungsreaktion und Gewebeschädigung Die Ziliostase, die Vermehrung der Mykoplasmen und die Zerstörung der Wirtszelle führen zur Aktivierung von Alveolarmakrophagen. Einzelne Mykoplasmen werden phagozytiert, in den Phagolysosomen der Makrophagen abgebaut (■ Abb. 49.1d) und als Fremdantigene präsentiert. Das Einsetzen der spezifischen Immunabwehr verläuft zunächst verzögert: Erst 1–2 Wochen nach Infektion bzw. Inkubationszeit und eine weitere Woche nach Beginn der klinischen Symptome sind spezifische Antikörper gegen M. pneumoniae nachweisbar. Diese opsonisieren die Mykoplasmen und beschleunigen damit die Phagozytose und die Eradikation der Erreger aus dem oberen und unteren Bronchialtrakt.

Die spezifischen Antikörper hinterlassen jedoch keinen Schutz vor einer erneuten Infektion. Es wird diskutiert, ob die Variationen im P1-Adhäsin für die Lücke in der Immunabwehr verantwortlich sind. Bei einer **Zweitinfektion** ist eine gesteigerte Invasion von Abwehrzellen ins Interstitium des Lungengewebes festzustellen, die den Wirt eher mehr schädigen als die Erreger selbst. Darüber hinaus interferiert M. pneumoniae auf bisher unbekannte Weise mit dem Immunsystem und löst folgende mögliche Reaktionen aus:

- Induktion von Kälteagglutininen
- Polyklonale B-Zell-Aktivierung
- Zirkulierende Immunkomplexe
- Unterdrückung einer Tuberkulinreaktion
- T-Zell-Stimulation

■■ Klinik

Zu unterscheiden ist hier zwischen Tracheobronchitis und Pneumonie einerseits und Begleitreaktionen andererseits.

Tracheobronchitis und Pneumonie M. pneumoniae ruft in den meisten Fällen eine Tracheobronchitis und in 5–10 % die primär „atypische" (interstitielle) Pneumonie hervor. Daneben sind asymptomatische Infektionen oder klinisch nur gering ausgeprägte Verläufe bekannt. Da die Erkrankung nach einer Inkubationszeit von 12–20 Tagen erst schleichend und in den meisten Fällen nicht mit hohem Fieber, Kopfschmerzen und starkem Krankheitsgefühl beginnt, wird die Infektion in den ersten Tagen unterschätzt. Erst ein sich steigernder und dann quälender Hustenreiz sowie Antriebsschwäche,

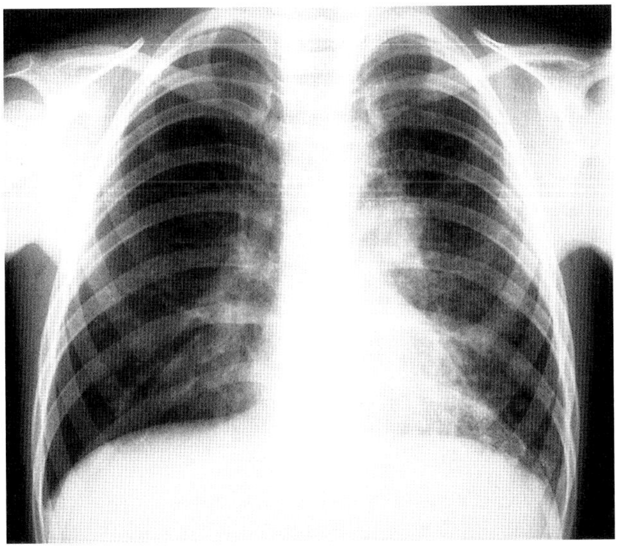

Abb. 49.2 Röntgen-Thoraxaufnahme eines 7-jährigen Schülers mit ausgeprägter interstitieller Pneumonie und Nachweis von Mycoplasma pneumoniae im Nasopharyngealsekret

subfebrile und langsam ansteigende Temperaturen sind Anlass, sich untersuchen zu lassen. Die produzierte Sputummenge ist eher gering und anfänglich glasig-zähflüssig.

Es fehlen bei Beteiligung des unteren Respirationstrakts die sonst für bakteriell verursachte Pneumonien typischen grobblasigen **Rasselgeräusche.** Bei Mykoplasmenpneumonien sind sie eher diskret, sehr feinblasig und in den unteren Quadranten zu finden. Erst das **Thorax-Röntgenbild** gibt Aufschluss über das Ausmaß der interstitiellen Pneumonie (Abb. 49.2).

Die Krankheit heilt in den meisten Fällen nach einer **langen Rekonvaleszenzphase** mit abnehmender Hustenfrequenz und Leistungseinschränkung innerhalb von 2–6 Wochen aus. Schwere und akute Notfallsituationen sind selten. **Differenzialdiagnostisch** sind Chlamydieninfektionen, Q-Fieber, Legionellen-Infektionen und vor allem Viruspneumonien zu berücksichtigen.

Begleitreaktionen Im Rahmen von M. pneumoniae-Infektionen werden eine Reihe weiterer Symptome bzw. Begleitreaktionen beschrieben. Die Induktion von Kälteagglutininen ist in der Frühphase häufig, jedoch nehmen die messbaren Titer schnell ab. Selten und eher bei Patientinnen können hohe Titer auftreten, die mit einer klinisch relevanten Hämolyse einhergehen, zu Sauerstoffunterversorgung führen und die Überwachung des Patienten auf einer Intensivstation notwendig machen können. Häufiger ist mit postinfektiösen neurologischen, dermatologischen, aber auch gastrointestinalen und kardialen Begleitreaktionen zu rechnen, die jedoch alle nicht für diesen Erreger spezifisch sind und auch bei anderen Infektionen auftreten. So werden verschiedene Symptome gesehen, die mit immunpathologischen Prozessen in Verbindung gebracht werden, z. B. meningoenzephalitische Reaktionen, das Guillain-Barré-Syndrom, eine Karditis, aber auch myelitische und arthritische Beschwerden.

„Primär atypische Pneumonie"
Aufgrund der schwierigen Anzüchtung von M. pneumoniae wurde der Erreger der primär atypischen Pneumonie erst sehr spät entdeckt. Das Röntgenbild (Abb. 49.2), der Krankheitsverlauf und der fehlende Therapieerfolg nach Penicillingabe führten dazu, dass man diese „atypische", heute besser als interstitiell zu bezeichnende Pneumonie röntgenologisch von der durch Pneumokokken hervorgerufenen Lobärpneumonie abtrennte.

Die Suche nach einem infektiösen Agens für die häufig bei Kindern und Jugendlichen im ambulanten Bereich registrierte „atypische" Pneumonie, die mit dem Laborparameter einer Kälteagglutininbildung einherging, führte 1962 zum Erfolg: Chanock und Mitarbeiter züchteten auf einem serumhaltigen Agarmedium Kolonien an, die sich durch eine bisher nicht bekannte Spiegeleiform mit Wachstum in den Nährboden (Abb. 49.1b) auszeichneten und sich in der Gramfärbung nicht darstellen ließen. Wie weitere Forschungsarbeiten an diesem ungewöhnlichen infektiösen Agens zeigten, handelte es sich um ein filamentöses Bakterium ohne Zellwand, das später Mycoplasma pneumoniae genannt wurde.

Immunität

Hauptträger der Immunität bei Mycoplasma-Infektionen sind **lokale IgA-Antikörper** auf den Schleimhäuten des Respirationstrakts. Messbar sind im Kindesalter und bei Jugendlichen zunächst IgM-, dann IgG-Antikörper im Serum. Bei Erwachsenen wird die Testung auf spezifische IgA-Antikörper empfohlen, da bei wiederholten Infektionen mit M. pneumoniae eher ein IgA-Titer-Anstieg zu erwarten ist. Trotz messbarer spezifischer Antikörper baut der Körper keinen vollständigen Schutz gegen eine weitere Infektion auf. Allerdings nimmt im höheren Erwachsenenalter die Zahl der registrierten M. pneumoniae-Infektionen langsam ab, sodass von einer Teilimmunität gesprochen wird. Eine Schutzimpfung gegen M. pneumoniae gibt es nicht.

Labordiagnose

Zu unterscheiden ist hier zwischen Untersuchungsmaterial und Labormethoden, Therapie und Prävention.

Untersuchungsmaterial und Labormethoden Die klinisch-chemischen Laborparameter sind nicht diagnoseweisend: Häufig ist, wie bei einer viralen respiratorischen Infektion, das CRP nicht oder gering und die Granulozytenzahl nur zum Teil erhöht. Auch das zähglasige Sputum enthält wenige polymorphkernige Granulozyten und Makrophagen.

Aufgrund der aufwendigen Anzüchtung erfolgt die Diagnostik zum schnellen Nachweis von

M. pneumoniae heute molekularbiologisch mittels **Real-time-PCR-Verfahren.** Es ist jedoch wichtig, **geeignetes Probenmaterial** einzusenden, in dem der Erreger zu finden ist:

- Bei **Kindern** ist die Probeentnahme im Nasopharynx durch Sekretabsaugung durchzuführen, da im Kindesalter im Retropharynx noch Flimmerepithelien vorhanden sind, an die Mykoplasmen adhärieren können.
- Im **Erwachsenenalter** ist dort der Flimmerepithelbesatz degeneriert. Daher versucht man beim Erwachsenen, Sputum zu provozieren oder Sekret aus dem Bronchialtrakt abzusaugen (am besten durch gezielte Bronchoskopie).

Ist die Gewinnung respiratorischen Sekrets nicht möglich, lässt sich die Diagnose über ein im Abstand von 5–7 Tagen abgenommenes Serumpaar **serologisch mit ELISA-Testen** erheben. Cave: Die spezifischen Antikörper sind aufgrund der Verzögerung der Immunantwort manchmal erst im Zweitserum bzw. 1 Woche nach Symptombeginn nachzuweisen.

Therapie M. pneumoniae-Infektionen sind ausschließlich mit Doxycyclin, Makroliden und neueren Chinolonen zu behandeln. Bei Kindern stehen aufgrund möglicher Nebenwirkungen nur Makrolide (z. B. Erythromycin, Clarithromycin) zur Verfügung.

Cave: β-Laktam-Antibiotika sind wegen des Fehlens einer Peptidoglykan-Zellwand unwirksam.

Die Therapie verkürzt die symptomatische Phase. Um einem Rezidiv bei zu kurzer Therapiedauer vorzubeugen, sollte die Therapie mit Makroliden oder Doxycyclin 10–14 Tage dauern. Die Makrolidresistenz liegt in Deutschland unter 5 %. Eine molekulare Resistenztestung ist jedoch insbesondere bei Therapieversagen sinnvoll.

Prävention Da die M. pneumoniae-Infektion durch Tröpfchen übertragen wird, sind präventive Maßnahmen kaum möglich. Eine Schutzimpfung existiert nicht.

49.2 Mykoplasmen des Urogenitaltrakts

▪▪ Pathogenese und Klinik

Im Gegensatz zu M. pneumoniae sind M. genitalium, M. hominis, U. urealyticum und U. parvum im Urogenitaltrakt sowohl als kolonisierende Bakterien als auch als Krankheitserreger einzustufen (fakultativ pathogene Bakterien). Erst nach Ausschluss der wahrscheinlicheren Erreger von Urogenitalinfektionen (z. B. Chlamydia trachomatis, Neisseria gonorrhoeae, bakterielle Vaginose) sollten sie als ursächliche Krankheitserreger in Betracht gezogen werden.

Sexuell übertragbare Infektionen mit M. genitalium werden durch den Einsatz molekularbiologischer Verfahren immer häufiger nachgewiesen. In den letzten Jahren haben Studien gezeigt, dass der kausale Zusammenhang mit der nichtgonorrhoischen **Urethritis** als gesichert und die Assoziation mit Zervizitis und pelvic inflammatory disease (PID) als wahrscheinlich anzusehen ist. Der häufige Nachweis bei Urethritispatienten und der klinische Erfolg nach gezielter Antibiotikumtherapie geben den Klinikern recht, M. genitalium als Pathogen einzustufen. Der Erreger ist in 1–3 % der Normalbevölkerung und bis zu 35 % in Risikopopulationen (Männer die Sex mit Männern haben [MSM], AIDS- und Urethritispatienten) nachzuweisen.

U. urealyticum und U. parvum sind eher beim Mann, M. hominis ist häufiger bei der Frau auf den Epithelzellen des Urogenitaltrakts zu finden, beide Spezies können einen Wirt jedoch auch gemeinsam kolonisieren. M. hominis und die Ureaplasmen werden vor allem durch sexuellen Kontakt übertragen. Sie sind aber auch beim Neugeborenen, bedingt durch den engen Kontakt mit einer kolonisierten Mutter (Schmierinfektion), bereits kurz nach der Geburt nachweisbar. Häufiger Partnerwechsel ist für die Kolonisierung mit z. B. M. hominis auf der Urogenitalschleimhaut mitverantwortlich (bei sexuell enthaltsam lebenden Probanden unter 1 %, bei Prostituierten bis 60 % nachweisbar).

Erkrankungen des Urogenitaltraktes, an denen M. hominis und die Ureaplasmen beteiligt sind, sind die **Urethritis** und **Prostatitis** beim Mann sowie die **Zervizitis** und **Salpingitis** bei der Frau. Eher selten sind sie als ätiologisches Agens z. B. bei einer Pyelonephritis verantwortlich. Die klinische Bewertung wird durch die hohen Nachweisraten der Erreger (bis zu 80 %) in asymptomatischen Patienten erschwert.

Infektionen in der Schwangerschaft Studien mit kleinen Fallzahlen zeigen eine Assoziation zwischen einem Ureaplasmennachweis bei einer Chorioamnionitis mit Abortfolge bzw. Frühgeburtlichkeit. Unter Geburtsbedingungen kann es zu einer Sepsis der Gebärenden und Wundinfektionen mit diesen Bakterien kommen. Frühgeborene mit einem Geburtsgewicht unter 1 kg gehören zu den Problempatienten, bei denen eine konnatale Pneumonie mit Ureaplasmen radiologisch nicht von einem primären Atemnotsyndrom zu unterscheiden ist. In diesen Fällen ist unbedingt ein Erregernachweis aus abgesaugtem Trachealsekret zu führen. Eine Generalisierung mit der Folge des Auftretens von Sepsis und Meningitis ist beschrieben.

▪▪ Labordiagnose

Die Diagnostik erfolgt aus Abstrichen aus dem Urogenitaltrakt, der 1. (!) Urinportion oder Trachealsekret aus dem Bronchialtrakt von Neugeborenen.

Bei symptomatischen MSM kann ein Rektalabstrich empfehlenswert sein. M. genitalium ist in der Praxis ausschließlich molekularbiologisch nachzuweisen. M. hominis und Ureaplasmen lassen sich dagegen auf serumhaltigen Spezialnährböden innerhalb von 2–4 Tagen anzüchten. Die **Speziesidentifizierung** erfolgt aufgrund der Koloniemorphologie (Spiegelei) und biochemisch: Ureaplasmen spalten Harnstoff, M. hominis hydrolysiert Arginin.

Die Keimzahl aus Urogenitalproben ist zu bestimmen:
- Geringe Keimzahlen deuten eher auf eine Kolonisierung hin.
- Keimzahlen $>10^4$/ml Sekret weisen auf eine Beteiligung am klinischen Bild hin.

Aufgrund der weit verbreiteten Kolonisierung in der Bevölkerung und damit verbunden sehr breiten Basistiterverteilungen sind serologische Untersuchungen zum Nachweis einer Beteiligung dieser Bakterien am klinischen Bild nicht sinnvoll.

Therapie

Die Therapie von **U. urealyticum-** und **U. parvum-**Infektionen erfolgt mit Erythromycin, neueren Makroliden, Doxycyclin und Chinolonen. Die Erreger sind resistent gegen Clindamycin.

M. hominis-Infektionen werden mit Doxycyclin, neueren Chinolonen und Clindamycin behandelt. M. hominis ist primär resistent gegen alle Makrolide.

Zur Behandlung von **M. genitalium**-Infektionen können Makrolide (Azithromycin) und Chinolone (Moxifloxacin) eingesetzt werden. Doxycyclin zeigt dagegen nur eine begrenzte klinische Effizienz. Aufgrund der stark zunehmenden Resistenz gegenüber Makroliden und Chinolonen ist eine molekulare Resistenztestung zu fordern.

In Kürze: Mykoplasmen, Ureaplasmen

- **Bakteriologie:** Zellwandlose Bakterien, die in einem Grampräparat aufgrund fehlender Anfärbbarkeit einer mikroskopischen Befundung entgehen, hohe Nährbodenansprüche stellen und nur verzögertes Wachstum auf Spezialnährböden zeigen.
- **Vorkommen:** Extrazellulär auf Schleimhautzellen des Respirations- oder des Urogenitaltrakts.
- **Resistenz gegen äußere Einflüsse:** Empfindlich gegenüber osmotischen Druckschwankungen und Austrocknung. Daher sind vom Labor spezielle Transportmedien anzufordern.
- **Epidemiologie:** Weltweites Vorkommen.
- **Zielgruppe:** Ausschließlich der Mensch.
- **Übertragung:** Tröpfcheninfektion (M. pneumoniae); Geschlechtsverkehr und intrapartal (M. genitalium, M. hominis, U. urealyticum, U. parvum).
- **Pathogenese:** Obligat pathogene M. pneumoniae adhärieren an und vermehren sich auf den Flimmerepithelien des Respirationstraktes. M. genitalium und die fakultativ pathogenen Spezies M. hominis, U. urealyticum und U. parvum sind auf den Urogenitaltrakt spezialisiert und können nach Aspiration unter der Geburt bei Neugeborenen im Respirationstrakt nachgewiesen werden.
- **Klinik:** Die von M. pneumoniae verursachte primär atypische Pneumonie ist eine interstitielle Pneumonie. Differenzialdiagnostisch sind vor allem virale, aber auch bakterielle Erreger abzugrenzen, z. B. Chlamydia pneumoniae, Legionella pneumophila. Bei einer nichtgonorrhoischen Urethritis, Zervizitis sind Ureaplasmen, M. genitalium und M. hominis zu berücksichtigen. Frühgeborene können eine Pneumonie mit U. urealyticum entwickeln.
- **Diagnose:** Zum Nachweis von M. pneumoniae und M. genitalium eignen sich Real-time-PCR-Verfahren. Weiterhin dienen serologische Methoden zum Nachweis erhöhter spezifischer Anti-M.-pneumoniae-IgM- oder -IgA-Antikörper im ELISA. Im Gegensatz dazu werden bei M. hominis und U. urealyticum kulturelle Verfahren und Keimzahlbestimmung eingesetzt; Serologie ist bei urogenitalen Infektionen nicht hilfreich, da M. hominis und die Ureaplasmen in der Bevölkerung weit verbreitet den Urogenitaltrakt kolonisieren. Für M. genitalium sind keine serologischen Verfahren etabliert.
- **Therapie:** Tetracycline, Makrolide (Ausnahme M. hominis), neuere Chinolone (z. B. Moxifloxacin).

Chlamydien

Andreas Klos

Chlamydien sind intrazelluläre Bakterien mit einem reduzierten Genom aus etwa 1000 Genen. Sie haben im Laufe der Evolution Schlüsselenzyme für einige Synthesewege verloren (◻ Tab. 50.1). Die humanpathogenen Spezies der Familie Chlamydiaceae werden wieder alle der Gattung Chlamydia (C.) zugeordnet. Chlamydien befallen zunächst die Mukosa, können aber auch streuen. Je nach Serovar verursacht C. trachomatis Erkrankungen des Urogenitaltrakts und des Auges und selten des Kolons und Pharynx. Typisch sind symptomarme subakute oder chronische Verläufe, deren langfristige Komplikationen, v. a. Infertilität und Trachom, gefürchtet sind. C. pneumoniae ist häufiger Erreger meist milder Atemwegserkrankungen und mit Gefäßerkrankungen assoziiert. Von Vögeln (Ornithose) auf Menschen übertragene C. psittaci-Stämme können zu lebensbedrohlichen, im deutschsprachigen Raum aber eher seltenen Pneumonien mit systemischer Streuung führen (◻ Tab. 50.2). C. abortus stellt weltweit bei schwangeren Frauen nach Kontakt mit erkrankten Schafen, Ziegen, Kühen oder Schweinen ein zoonotisches Risiko dar.

◻ Tab. 50.1 Chlamydia: Gattungsmerkmale

Merkmal	Ausprägung
Gramfärbung	Keine Anfärbung (trotz rudimentärer Peptidoglykanschicht)
Aerob/anaerob	(Intrazellulär)
Kohlenhydratverwertung	(Intrazellulär)
Sporenbildung	Nein
Beweglichkeit	(Intrazellulär)
Katalase	–
Oxidase	–
Besonderheiten	Intrazelluläres Bakterium, das Schleimhäute befällt; Elementarkörperchen und Retikularkörperchen in Einschlüssen (sowie aberrante Körperchen)

Fallbeispiel

Ein 53-jähriger Mann stellt sich ein einer proktologischen Praxis vor, da er befürchtet, an Dickdarmkrebs erkrankt zu sein. Er berichtet, seit 3 Wochen rektale Blutabgänge bemerkt zu haben, außerdem klagt er über Tenesmen und eine leichte Gewichtsabnahme. Die Frage nach wesentlichen Vorkrankheiten wird verneint. Bei der flexiblen Sigmoidoskopie zeigt sich bis zur Höhe von 15 cm eine ödematöse, entzündete Schleimhaut mit Kontaktblutungen. Die Biopsien ergeben eine plasmazelluläre Entzündung mit Nekrosen, kein Anhalt für maligne Zellen, keine säurefesten Stäbchen oder Pilze in den Biopsien. Die Stuhlmikroskopie ist negativ für E. coli, Salmonella, Shigellen, Campylobacter und Cryptosporidium parvum. Die Computertomografie zeigt eine Verdickung der Rektalwand und Lymphknoten im perirektalen Fettgewebe.

Bei erneuter Befragung berichtet der Versicherte, homosexuell zu sein und rezeptiven Analverkehr zu haben, er sei HIV-positiv. Eine daraufhin durchgeführte PCR-Untersuchung auf C. trachomatis ist positiv, und es wird die Diagnose einer Lymphogranuloma-venereum-assoziierten Proktitis gestellt.

Chlamydien weisen viele Gemeinsamkeiten zwischen den einzelnen Spezies auf. Das betrifft ihren Reproduktionszyklus und die Formen, die diese intrazellulären Bakterien dabei annehmen, die Infektion der Mukosa, Pathomechanismen und die Immunantwort. Auch wenn vieles davon bisher nur für einzelne Chlamydienstämme gezeigt wurde, so liegen doch ähnliche Mechanismen für andere Isolate und verwandte Arten nahe. Daher werden hier zunächst Gemeinsamkeiten der Chlamydien benannt. Dabei wird bereits auf einige wichtige spezies- oder serovarabhängige Unterschiede hingewiesen.

S. Suerbaum et al. (Hrsg.), *Medizinische Mikrobiologie und Infektiologie*,
https://doi.org/10.1007/978-3-662-61385-6_50

50

Tab. 50.2 Chlamydien: Arten, Serovare und Krankheiten

Arten	Krankheiten
C. trachomatis:	
– Serotypen A, B, Ba, C	Trachom (rezidivierende Augeninfekte → schwere Keratokonjunktivitis, unbehandelt Erblindung)
– Serotypen D–K	Urethritis, Zervizitis
	Aufsteigende Infektionen des Genitaltraktes mit Entzündung des kleinen Beckens → Infertilität und ektope Schwangerschaft
	Konjunktivitis, Ophthalmia neonatorum
	Pneumonie (Neugeborene)
	Reaktive Arthritis
– Serotypen L1–L3	Lymphogranuloma venereum (wie D–K plus regionale Lymphknoten; öfter auch Proktokolitis und Pharyngitis)
C. pneumoniae	Atemweginfekte, COPD, Pneumonie
	Assoziation mit koronarer Herzkrankheit, Herzinfarkt und anderen Gefäßerkrankungen
C. psittaci	Zoonose: Psittakose (Papageienkrankheit, Ornithose), lebensbedrohliche systemische Infektion, v. a. Pneumonie
C. abortus	Zoonose: Schwere Infektionen und Fehlgeburten bei schwangeren Frauen nach Kontakt mit erkrankten Schafen, Ziegen, seltener Kühen oder Schweinen

50.1 Gemeinsamkeiten aller humanpathogenen Chlamydienarten: C. trachomatis, C. psittaci, C. pneumoniae und (sehr selten) C. abortus

Steckbrief

Chlamydien enthalten wie alle Bakterien DNA, RNA, Ribosomen sowie eine Zytoplasmamembran. Sie weisen eine rudimentäre Peptidoglykanschicht auf, die prinzipiell der von gramnegativen Bakterien entspricht. Chlamydien sind auf Eukaryonten als Wirtszellen angewiesen. Sie lassen sich daher nur in Zellkultur vermehren, werden aber üblicherweise mittels DNA-Amplifikationsverfahren nachgewiesen. Im biphasischen Reproduktionszyklus liegen Chlamydien sowohl als extrazelluläre „Elementarkörperchen" als auch als „Retikularkörperchen" in intrazellulären „Einschlüssen" vor.

1966 wurde klar, dass Chlamydien intrazelluläre Bakterien sind und keine Viren. Sie lassen sich bisher genetisch (z. B. zur funktionellen Analyse von Virulenzfaktoren) nur sehr schlecht gezielt modifizieren. Allerdings gehören sie gerade deshalb zu den am häufigsten sequenzierten Bakterien.

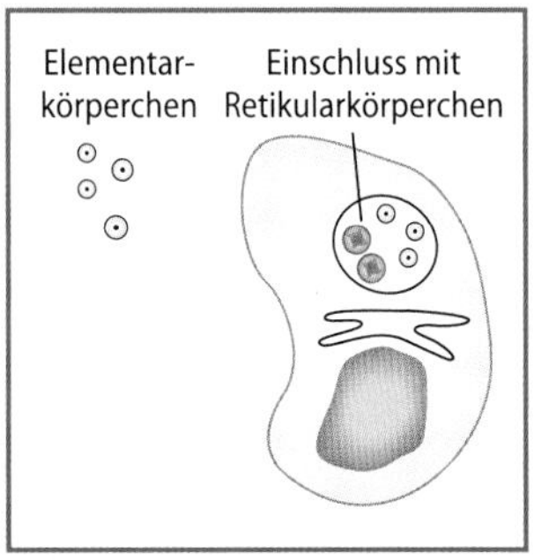

50.1.1 Beschreibung

▪ **Aufbau und Formen sowie Umweltresistenz**
Dazu gehören:

Elementarkörperchen Die extrazelluläre, infektiöse Form besitzt nur einen geringen Durchmesser von 0,2–0,3 μm. Kondensierte DNA und Proteine werden von einer rigiden Hülle (aus über Disulfidbrücken quer vernetzten Membranproteinen) geschützt. Elementarkörperchen besitzen nur einen minimalen Stoffwechsel. Bei später geplanter Anzucht benötigt man wegen dieses Basisenergieverbrauchs ein spezielles, gekühltes Transportmedium. Die Umweltresistenz der chlamydialen Elementarkörperchen variiert speziesabhängig: Sie ist bei C. trachomatis am geringsten (sexuell-übertragene Erkrankungen mit Schleimhaut-Schleimhaut-Kontakt), bei C. pneumoniae bereits ausgeprägter (Tröpfcheninfektion) und bei C. psittaci mit Abstand am größten (Sekrete, Staub von Vogelkot).

Retikularkörperchen Hierbei handelt es sich um die intrazelluläre und stoffwechselaktive Form. Ihr Durchmesser beträgt 1 μm. Die „Retikularkörperchen" teilen sich (wie andere Bakterien) binär, allerdings befinden sie sich dabei innerhalb einer modifizierten Vakuole, dem „chlamydialen Einschluss".

Aberrante Körperchen Diese intrazelluläre chlamydiale Dauerform kann in Zellkultur durch suboptimale

Wachstumsbedingungen induziert werden. Sie ist teilweise reaktivierbar, kann sich also unter Umständen wieder zu infektiösen Elementarkörperchen umformen. Wegen ihres reduzierten Stoffwechsels lässt sie sich durch eine herkömmliche Antibiotikatherapie kaum eliminieren. Eine medizinische Bedeutung der Persistenz konnte bisher jedoch nur für die reaktive Arthritis durch den Nachweis kurzlebiger RNA-Intermediate von C. trachomatis in Synoviabiopsien aufgezeigt werden.

Chlamydien weisen eine **rudimentäre, nur schwer nachweisbare Peptidoglykansynthese** auf. Die vorhandenen Enzyme der Zellwandsynthese sind anscheinend selbst für einen intrazellulären Erreger unverzichtbar, da sie auch für die Bildung des kontraktilen Rings bei der binären Teilung benötigt werden. Dies erklärt die „Chlamydienanomalie", die lange bekannte Hemmung des chlamydialen Wachstums durch β-Laktam-Antibiotika bei auf herkömmlicher Weise nicht nachweisbarer Zellwand. Typisch für den **meist relativ symptomarmen Verlauf einer chlamydialen Infektion** ist auch die durch das atypische Lipid-A-Molekül bedingte, vergleichbar geringe biologische Aktivität des chlamydialen Lipopolysaccharids (LPS).

- **Infektions- und Reproduktionszyklus**

Dazu gehören:

Infektion Die Aufnahme des Elementarkörperchens (◘ Abb. 50.1, 50.2) besteht aus 2 Schritten:

1. Zunächst kommt es zu einer reversiblen, elektrostatisch vermittelten Anheftung, der vermutlich eine Interaktion der chlamydialen Außenmembranproteine mit Heparansulfatproteoglykan (HSPG) der Wirtszelle zugrunde liegt.
2. Bei diesem irreversiblen Schritt binden Außenmembranproteine an Wirtszelloberflächenmoleküle wie Mannoserezeptor, CFTR oder an einen Östrogenrezeptorkomplex, was dann über eine Aktivierung des Zytoskeletts zur Invagination und clathrinvermittelten Endozytose führt.

Intrazelluläre Etablierung und Vermehrung Die Chlamydien verhindern die Fusion des Phagosoms mit den Lysosomen und bleiben in der modifizierten Vakuole, dem Einschluss. Die eingedrungenen Chlamydien werden metabolisch stark aktiv und verändern den Vesikeltransport im Golgi-Apparat. Etwa 6–8 h nach Infektion bilden sich die eingedrungenen Elementarkörperchen zu Retikularkörperchen um (◘ Abb. 50.1, 50.2). Nach etwa 12 h beginnt deren Teilung über bis zu 10 Verdopplungsrunden in der sich rasch ausdehnenden Vakuole. Nach etwa 24 h beginnen sich die Retikularkörperchen wieder zu infektiösen

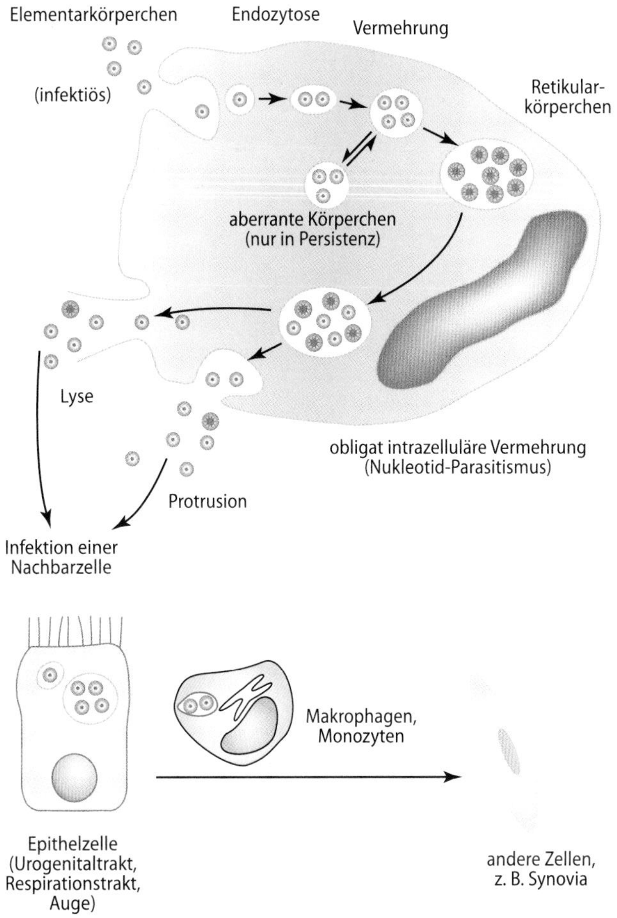

◘ **Abb. 50.1** Chlamydien weisen einen virusähnlichen biphasischen Entwicklungszyklus auf. Infektiöse Elementarkörperchen lassen sich von Schleimhautzellen aufnehmen und verhindern die Phagolysosomfusion. Sie entwickeln sich in Einschlüssen zu metabolisch aktiven Retikularkörperchen weiter und teilen sich in diesem Vesikel, bis bei einer solchen produktiven Infektion nach etwa 3 Tagen eine neue Generation infektiöser Elementarkörperchen freigesetzt wird. Dies geschieht entweder durch Lyse oder Protrusion, eine spezielle Form der Ausschleusung. Chlamydien können sekundär andere Zellen infizieren, beispielsweise Monozyten, mit deren Hilfe sie sich im Körper ausbreiten

Elementarkörperchen umzuwandeln. Gegen Ende des 2- bis 3-tägigen Produktionszyklus kommt es entweder durch Zelllyse oder ohne Untergang der Wirtszelle mittels Protrusion zur Freisetzung hunderter neuer infektiöser Elementarkörperchen.

Zur **Anzucht in der Forschung** eignen sich humane Tumorzelllinien wie HeLa, McCoy oder HEp-2. Chlamydien können selbst ATP bilden, sind aber insbesondere in frühen Stadien auch auf Wirtszell-ATP angewiesen. Sie sind daher keine reinen „Energieparasiten", wie man früher dachte. Allerdings fehlen ihnen Schlüsselenzyme der Aminosäure- und Nukleotidsynthese. Das kompensieren sie durch Membrantransportsysteme, mit denen sie sich aus der Wirtszelle versorgen. Ungünstige

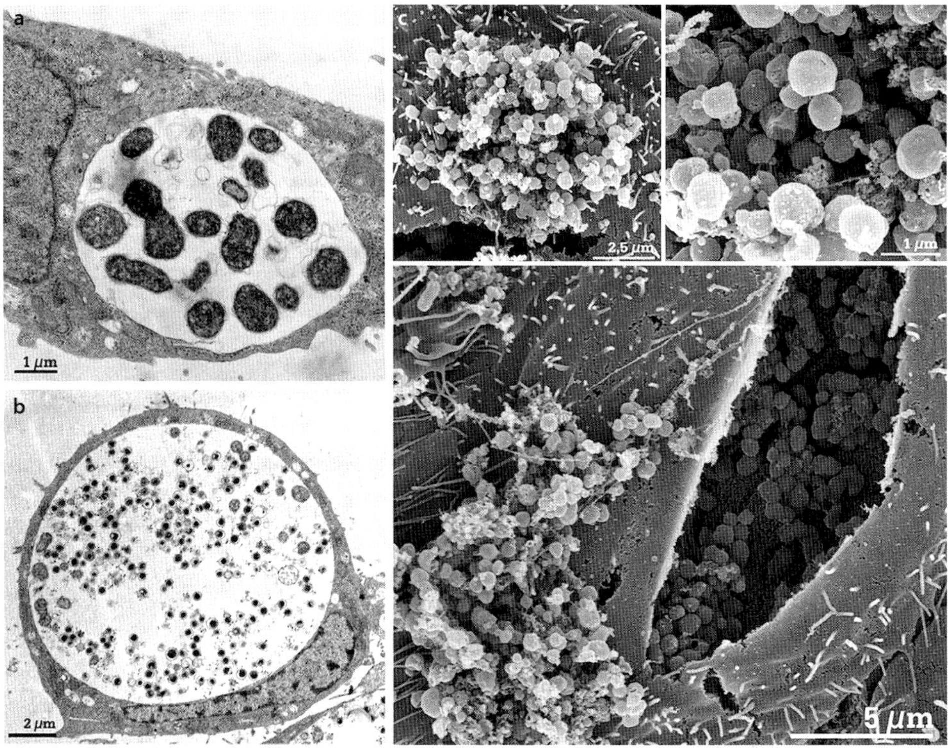

Abb. 50.2 **a–c** Elektronenmikroskopische Darstellung von Retikularkörperchen und sich in Einschlüssen neu entwickelnden Elementarkörperchen bei C. trachomatis: 24 h (**a**) bzw. 48 h nach Infektion (**b, c**) (mit freundlicher Genehmigung von Dr. M. Rohde, HZI-Braunschweig)

Wachstumsbedingungen induzieren **„aberrante Körperchen"**, eine intrazelluläre, persistierende Form mit reduziertem Stoffwechsel und veränderter Morphologie.

▪ Pathogenitätsfaktoren und Typ-3-Sekretionsapparat

Chlamydien besitzen wie einige andere gramnegative Bakterien einen **Typ-3-Sekretionsapparat,** mit dessen Hilfe sie ihre Wirtszelle umprogrammieren können. Bereits 1981 waren diese kanülenartigen Oberflächenstrukturen erstmals, allerdings damals nicht in ihrer Funktion erkannt, an Chlamydien von Matsumoto beschrieben worden. Elementarkörperchen benötigen diesen Sekretionsapparat zum Eindringen in nicht-professionelle Phagozyten, insbesondere Schleimhautzellen. Aber auch Retikularkörperchen nutzen ihn ein weiteres Mal in den Einschlüssen. Mit dieser Nano-Injektionsmaschine, aber auch mittels anderer Sekretionswege translozieren Chlamydien eine Reihe von bisher nur teilweise charakterisierten Effektorproteinen ins Zytosol ihrer Wirtszelle (Abb. 50.3).

Bei der Infektion kommt es zu zahlreichen **biologischen Zellantworten,** die teilweise durch die von den Chlamydien orchestrierten Effektorproteine vermittelt werden. Zum Teil geschieht dies aber auch im Rahmen der angeborenen Immunantwort durch „pathogen-associated molecular pattern" wie LPS und die zugehörigen Rezeptoren, wie TLR2, TLR4 oder NOD-Moleküle:

- Modifikation intrazellulärer **Signalwege der Wirtszelle,** wie NFκB-Weg oder Ras/Erk-Signalling
- Veränderter **Vesikeltransport** im Golgi-Apparat und dadurch bessere Versorgung im Einschluss
- Teilweise verminderte, teilweise aber auch erhöhte Freisetzung von **Entzündungsmediatoren und Zytokinen**
- Änderung am **Wirtszellzytoskelett** zur Steuerung der Aufnahme von Elementarkörperchen und vermutlich auch zur Störung des Schleimhautverbundes
- Hemmung des **programmierten Zelltods,** am Ende des Produktionszyklus aber wahrscheinlich auch Apoptoseinduktion
- Modifikation der **zellulären Immunantwort**
- **Aktivierung des Komplementsystems** mit dadurch vermittelte Verstärkung der adaptiven Immunantwort
- Wirtszellschädigung mit **Lyse**

50.1.2 Rolle als Krankheitserreger

▪▪ Klinik und Erkrankungen

Siehe hierzu die einzelnen Erregern in ► Abschn. 50.2.2 bis 50.5.2.

Auffällig ist, dass die ausschließlich humanpathogenen intrazellulären Chlamydien typischerweise relativ milde und oft chronische Entzündungsreaktionen

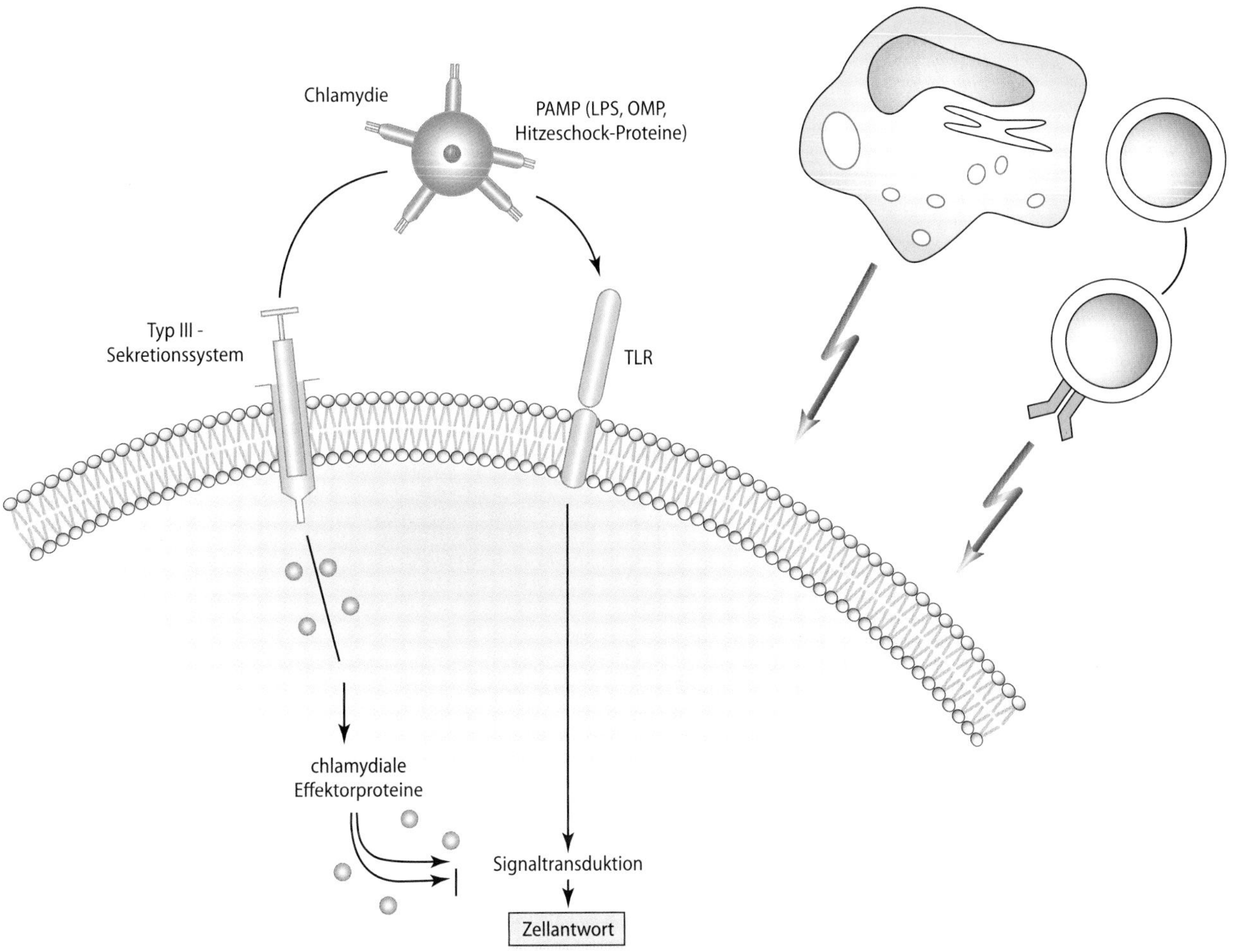

Abb. 50.3 Prinzip wichtiger Pathomechanismen: Die Beeinflussung der Wirtszelle kann sowohl von außen durch Elementarkörperchen als auch später in der Infektion durch Retikularkörperchen in den zytosolischen Einschlüssen erfolgen (PAMP, „pathogen-associated molecular pattern" (wie LPS); TLR, „Toll-like receptor"; OMP, „outer membrane protein"). Zusätzlich spielt in der Pathogenese die Immunantwort gegenüber den infizierten Wirtszellen eine große Rolle

auslösen. Dieses Verhalten ist für einen obligat intrazellulären Erreger, der für sein Überleben schon Jahrzehntausende auf die menschliche Wirtszelle angewiesen ist, leicht nachvollziehbar. Allerdings können länger bestehende unerkannte Infektionen oder Rezidive zu Gewebeumbau und Funktionseinschränkung führen. Bei dieser langfristigen Schädigung spielt vermutlich die Immunreaktion des Wirtes gegenüber infizierten Zellen eine zentrale Rolle (Immunpathologie).

Zu dieser phylogenetischen Sichtweise passt auch der akute, oft tödliche Verlauf bei den relativ seltenen Erkrankungen durch C. psittaci nach Transmission des Erregers von erkrankten Vögeln (Hauptwirt) auf den Menschen.

▪▪ Labordiagnose

Im Einzelnen sind dies folgende Verfahren:

DNA-Amplifikationsverfahren Die Diagnostik einer Chlamydieninfektion erfolgt heute in der Regel über die empfindliche PCR oder Ligasekettenreaktion. Je nach Erreger und klinischem Befund kommen dafür zellhaltige Abstriche/Materialien der Urethra, Konjunktiva, Atemwege oder des Rektums infrage. Bei Urogenitalinfektion durch C. trachomatis ist der DNA-Nachweis auch im Erststrahlurin möglich. Speziallaboratorien können Unterschiede in MOMP-Oberflächenproteinen und der zugehörigen DNA von C. trachomatis-Serovaren zu deren Differenzierung mittels PCR und Sequenzierung nutzen.

DNA-Hybridisierung mit Gensonden (ohne Amplifikation) Dieses Verfahren ist deutlich weniger empfindlich.

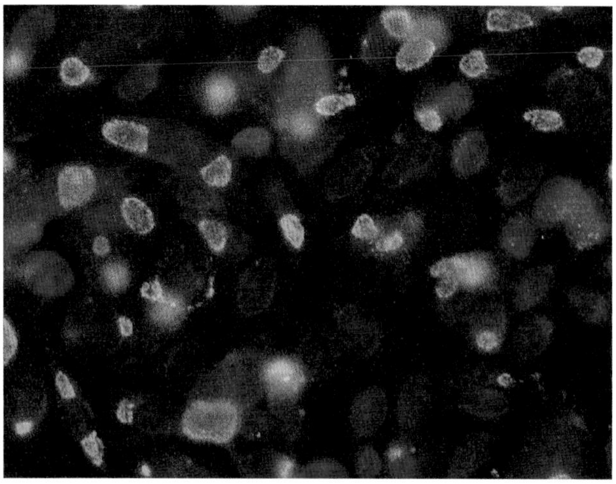

Abb. 50.4 Immunfluoreszenz von in Zellkultur gezüchteten Chlamydien (24 h nach Infektion). Chlamydiale Einschlüsse, die Retikularkörperchen enthalten, sind grün gefärbt. Epitheliale HeLa-Wirtszellen sind rot gegengefärbt

Immunfluoreszenz zum Antigennachweis im Direktmaterial Mikroskopische Diagnostik mittels fluoreszenzmarkierter spezifischer Antikörper zur Sichtbarmachung der Chlamydien in Material, das Schleimhautzellen enthält (z. B. Bronchiallavage). Hierzu eignen sich monoklonale Antikörper gegen das hitzestabile LPS in der Zellwand. Da es überwiegend genusspezifische Epitope enthält, ist eine Speziesdifferenzierung nur eingeschränkt möglich. Zusätzlich ist die Sensitivität dieser Methode relativ gering. Neben dem LPS enthält die Zellwand auch Antigene, im Wesentlichen äußere Membranproteine, die sowohl zur Spezies- als auch zur Typenidentifikation genutzt werden können. Die dazu benötigten Antiseren liegen jedoch nur Speziallabors vor.

Zellkulturen Man kann Chlamydien auch in Zellkulturen vermehren und dann mittels Immunfluoreszenz, wie für den Nachweis im Primärmaterial geschildert, mikroskopisch nachweisen (Abb. 50.4). Wegen der Anforderungen an den Materialtransport, des großen Aufwands, der geforderten mehrfachen Blindpassagen sowie des höheren Anteils falsch negativer Resultate ist diese Methode allerdings mittlerweile in der Diagnostik ungebräuchlich.

Bei C. psittaci-Erkrankungen kommen Sicherheitsaspekte hinzu (L3-Labor).

Serologie Der Nachweis spezifischer Antikörper hat bei C. pneumoniae und C. trachomatis hauptsächlich seroepidemiologische Bedeutung, etwa zur Ermittlung des Durchseuchungsgrades oder der statistischen Korrelation einer zurückliegenden Chlamydieninfektion mit bestimmten Erkrankungen. Sinnvoll erscheint ihre Anwendung am einzelnen Individuum bei Verdacht auf reaktive Arthritis durch C. trachomatis (persistierendes IgA). Bei C. psittaci-Infektionen können Antikörper nachgewiesen werden, die bei den derzeit beschränkten Alternativen oft diagnostisch verwertet werden.

Merke: Chlamydien sind mittels Gramfärbung oder anderen herkömmlichen Färbungen nicht darstellbar. Außerdem sind diese obligat intrazellulären Bakterien auf zellfreien Nährböden, wie Columbia-Schafsblut-Agar, nicht kultivierbar.

Allgemeine Überlegungen zur Therapie

Chlamydien sind im Allgemeinen gegen Makrolide, Tetracycline und Chinolone – Antibiotika, die sich intrazellulär anreichern – empfindlich. Eine echte Resistenzentwicklung (z. B. durch Mutation) ist bei Chlamydien klinisch kaum bedeutend. Das nicht selten zu beobachtende Therapieversagen ist meist anders begründet: Reinfektion (unbehandelter Sexualpartner) oder Rezidive, v. a. bei unreifem Immunsystem (Frühgeborene) oder unvollständiger Erregerelimination (Persistenz).

Immunantwort, Schutzimpfung

Dieser Erreger vermehrt sich intrazellulär, führt zur Freisetzung von Entzündungsmediatoren und schädigt die infizierte Wirtszelle sowie indirekt auch benachbarte Zellen. Die Abwehr der intrazellulären Chlamydien beruht v. a. auf $CD4^+$- und $CD8^+$-T-Zellen sowie aktivierten Makrophagen. Schlüsselzytokine sind dabei IFN-γ und TNF-α. Dagegen sind Antikörper, die nur die extrazelluläre Form erreichen können, bei der Abwehr von Chlamydien von untergeordneter Bedeutung.

Der ohnehin zu beobachtende eingeschränkte Schutz vor Reinfektion wird im Fall von C. trachomatis zusätzlich durch die Vielzahl seiner Serovare erschwert. Vermutlich trägt die Immunantwort gegen die infizierten Wirtszellen bei chronischen oder rezidivierenden Infektionen zum Gewebeumbau mit Vernarbung bei.

Eine zugelassene wirksame Schutzimpfung existiert noch nicht, ihre Entwicklung ist schwierig. Vor allem gegen C. trachomatis wäre ein solcher Schutz wegen der ungewollten Infertilität als Folgeschaden wünschenswert.

50.2 Spezifisches zu Chlamydia trachomatis, Serotypen A–C

Steckbrief

Die Serotypen A–C von C. trachomatis haben v. a. in wenig entwickelten Ländern noch eine große

Bedeutung. Bei wiederholten Infektionen kommt es zum Trachom, einer chronisch-granulomatösen Entzündung der Augenbindehaut, die nach einigen Jahren zur Erblindung führt. Nach Schätzungen der WHO (2019) ist das Trachom bei 1,8 Mio. Menschen für einen teilweisen oder vollständigen Sehverlust verantwortlich. Mit relativ geringen finanziellen Mitteln kann eine Erblindung verhindert werden. Die Augenerkrankung wird nach Stadien klassifiziert und therapiert.
Schon im Altertum war das zur Erblindung führende Trachom bekannt. Durch verbesserte Hygiene und Therapie wurde es im letzten Jahrhundert in ärmere Regionen zurückgedrängt. 1907 hatten Halberstaedter und von Prowazek in Java Orang-Utans mit Konjunktivalabschabungen von Trachomapatienten (durch C. trachomatis A–C) infiziert, wobei sie „Chlamydozoa" benannte Einschlüsse fanden (gr.: „chlamys", Mantel).

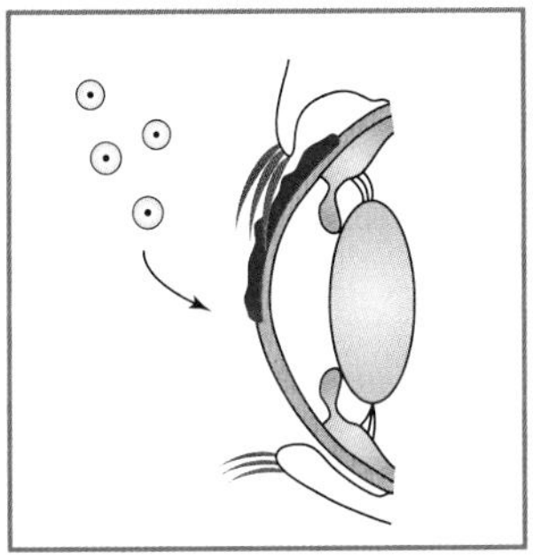

50.2.1 Beschreibung

■ Vorkommen

Erregerreservoir ist ausschließlich der Mensch. Siehe auch ▶ Abschn. 50.1.

50.2.2 Rolle als Krankheitserreger

■■ Epidemiologie

Auch wenn das zur Erblindung führende Trachom in deutschsprachigen Ländern kaum mehr eine Rolle spielt, so ist es weltweit von großer Bedeutung. Es findet sich v. a. bei der armen Bevölkerung in ländlichen Gebieten mit geringen Hygienestandards und ohne ausreichende Gesundheitsversorgung.

Laut WHO (Global Health Observatory 2019) bleibt diese vernachlässigte tropische Erkrankung in 43 Ländern ein gesundheitliches Problem. Das Trachom ist bei 1,8 Mio. Menschen für einen teilweisen oder vollständigen Sehverlust verantwortlich. Im Jahre 2017 bekamen 83,5 Mio. Menschen wegen dieser Erkrankung Antibiotika und 231.000 wurden wegen des letzten, sonst zur Erblindung führenden Stadiums operiert.

■■ Übertragungsweg

Die Übertragung von C. trachomatis A–C auf das Konjunktivalepithel des Auges erfolgt als Schmierinfektion und durch Fliegen.

■■ Pathogenese und Klinik

Chronische (s. u.) follikuläre Keratokonjunktivitis nach Erstinfektion mit C. trachomatis A, B, Ba, C bereits im Kleinkind- oder Schulkindalter sowie rezidivierende oder chronischen Infektionen in den Folgejahren. Die chronische Entzündung führt teilweise über mechanische Schädigung **stadienweise** (WHO) zum Umbau des Gewebes und zur Erblindung (◻ Abb. 50.5):

- **„Trachomatous inflammation – follicular" (TF):** ≥5 Follikel (graue, glasige Körner aus Makrophagen und Lymphozyten) mit mindestens 0,5 mm Durchmesser in der oberen tarsalen (inneren) Konjunktiva.
- **„Trachomatous inflammation – intense" (TI):** Chronisch entzündliche Verdickung der tarsalen Konjunktiva mit Trübung von mehr als der Hälfte der tiefen Gefäße.
- **„Trachomatous conjunctival scarring" – (TS):** Sichtbare Narben auf der tarsalen Konjunktiva → Augenlid und Wimpern beginnen sich augenwärts zu verziehen.
- **„Trachomatous trichiasis" – (TT):** Mindestens eine Wimper schabt beim Lidschlag auf der Kornea (Trichiasis); eventuell auch bereits Verlust von nach innen gerichteten Wimpern (Entropium) → schmerzhafte korneale Erosionen mit Sekundärinfektionen durch eitererregende Bakterien.
- **„Corneal opacity" (CO):** Leicht sichtbare opake Trübung auf Höhe der Pupille, sodass mindestens ein Teil des Pupillenrandes nicht mehr sichtbar ist → Erblindung meist im 3. oder 4. Lebensjahrzehnt: Die Kornea wird durch eine dünne Schicht von Granulationsgewebe (Pannus) überzogen.

■■ Labordiagnose

DNA-Amplifikation (z. B. PCR) bietet die höchste Nachweisempfindlichkeit. Prinzipiell ist auch ein direkter mikroskopischer Nachweis mittels Immunfluoreszenz oder eine Anzucht in Zellkultur möglich.

Das Trachom wird wegen der eingeschränkten diagnostischen Möglichkeiten in den betroffenen Ländern oft nur klinisch diagnostiziert.

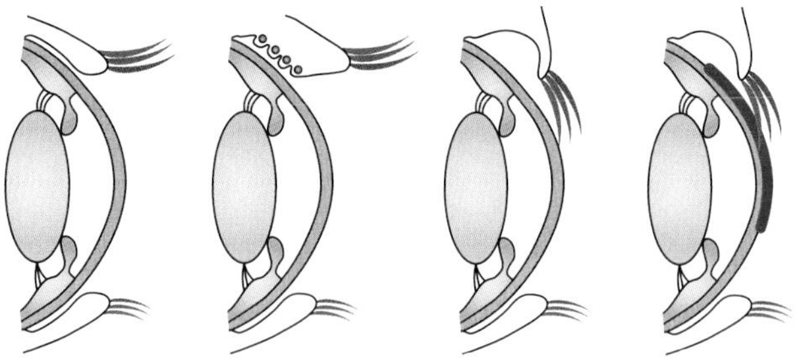

Abb. 50.5 Pathogenese des Trachoms

Therapie

Die WHO empfiehlt die einmalige Gabe von Azithromycin (oder vergleichbarer Makrolide mit langer biologischer Halbwertszeit). Auch Chinolone sind grundsätzlich wirksam. Die mehrwöchige Gabe von Tetracyclin-Augentropfen zeigt nur geringen Erfolg. In fortgeschrittenen Stadien (Trichiasis) ist zusätzlich eine operative Korrektur des Augenlides notwendig.

Prävention und von der WHO geplante Elimination

Dazu gehören:

Allgemeine Maßnahmen Eine effektive Prophylaxe in betroffenen Regionen kann derzeit nur in der persönlichen Hygiene bestehen. Vor allem gilt es Kinder vor der Infektion zu schützen. Bei bereits Erkrankten liegt das Schwergewicht auf der Verhinderung von Progression mit Pannusbildung und Erblindung. Unter Ägide der WHO läuft das „Global Programme for the Elimination of Trachoma“ mit der SAFE-Strategie.

Man hoffte damit das Trachom bis zum Jahr 2020 weitgehend zu eliminieren. Allerdings hat sich der Zeitplan dieses ambitionierten Programms trotz einiger Erfolge als unrealistisch erwiesen. SAFE steht für eine Kombination aus:

- „Surgery“: Operation der Augenlider, um ggf. die mechanische Beschädigung der Hornhaut zu beenden
- Antibiotika, wobei bei höherer Durchseuchung die ganze Dorfgemeinschaft gleichzeitig therapiert werden muss
- „Facial cleanliness“: Sauberkeit am Kopf, unter anderem getrennte Handtücher zur Vermeidung von Schmierinfektionen
- „Environmental improvement“: Verbesserung der allgemeinen Hygiene inkl. Bereitstellung sauberen Wassers sowie Verminderung der Fliegen im Haushalt

Meldepflicht Es besteht in Deutschland **keine Meldepflicht** für das Trachom sowie für Lymphogranuloma venereum (LGV) oder für Einzelfälle anderer Erkrankungen durch C. trachomatis. Das ist insofern problematisch, als Veränderungen, wie das Auftreten modifizierter Stämme, so kaum auffallen. Unter derartigen Umständen verbreitete sich beispielsweise in Skandinavien in den Jahren 2005/2006 eine Variante von C. trachomatis mit einem spontanen Verlust eines kürzeren Genabschnitts im Plasmid, der Grundlage einiger damals weit verbreiteter PCR-Nachweisverfahren war. Dies fiel in Schweden nur durch einen scheinbaren, unplausibel erscheinenden Abfall an gemeldeten Urogentialerkrankungen auf.

Ausnahme: Laut der 2010 aktualisierten Fassung des „Epidemiologischen Bulletins“ des RKI 12/2001 besteht nach dem Infektionsschutzgesetz in Deutschland eine Meldepflicht, wenn 2 oder mehrere gleichartige Erkrankungen an Trachom oder LGV auftreten, bei denen ein epidemiologischer Zusammenhang wahrscheinlich ist.

50.3 Spezifisches: Chlamydia trachomatis, Serotypen D–K und L1–L3

Steckbrief

Die **Serotypen D–K** von C. trachomatis besitzen eine sehr große Bedeutung als Erreger von Urogenitalinfektionen: In der westlichen Welt sind diese Chlamydien derzeit der häufigste bakterielle Verursacher sexuell übertragbarer Infektionen (STI). Bei Erwachsenen können diese Serovare eine meist relativ harmlose Konjunktivitis hervorrufen. Vor allem bei Männern kommt es manchmal als Spätfolge der Genitalinfektion zur in der Regel selbstlimitierenden „reaktiven Arthritis“, bei der persistierende Chlamydien im Gelenk länger nachweisbar sind. Bleibt die Genitalinfektion unbehandelt, drohen bei Frauen Salpingitis, Perihepatitis, ektope Schwangerschaft und Infertilität. Im Geburtskanal erkrankter Frauen kann das Neugeborene infiziert werden (Augeninfektionen, Pneumonie).

Die **Serotypen L1–L3** von C. trachomatis verursachen das Lymphogranuloma venereum (inguinale; LGV). Dieses ist zusätzlich zu den bei den Serovaren D–K auftretenden Symptomen mit einer Vergrößerung der regionalen Lymphknoten sowie Proktokolitis und Pharyngitis verbunden. Das LGV ist in den letzten Jahren auch in Europa v. a. unter homosexuellen Männern gehäuft aufgetreten.

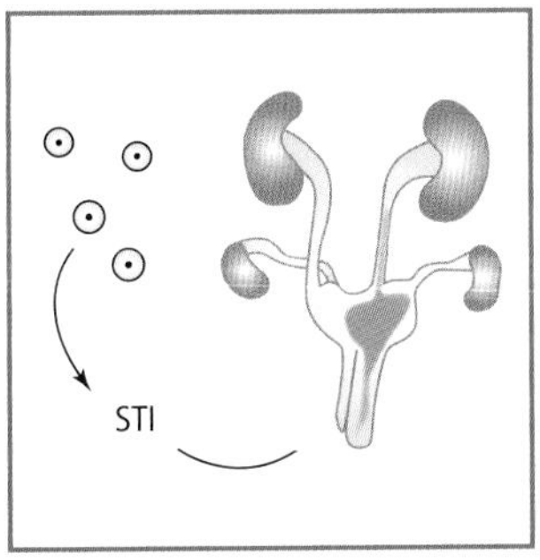

Merke: Koinfektionen mit anderen Erregern (z. B. Gonokokken) sind bei sexuell übertragenen Erkrankungen häufig. Nur die Serovare A–C von C. trachomatis verursachen das namensgebende Trachom.

50.3.1 Beschreibung

Siehe dazu auch ▶ Abschn. 50.1.

▪ Extrazelluläre Produkte/Pathogenitätsfaktoren

Da Chlamydien genetisch nur sehr eingeschränkt gezielt manipulierbar sind, sind Funktionsanalysen einzelner Gene schwierig. Die meisten Forschungsarbeiten wurden bisher an C. trachomatis D–K und L1–L3 sowie an C. pneumoniae durchgeführt. Welche Faktoren den unterschiedlichen Organtropismus bedingen ist noch weitgehend unklar. Wahrscheinlich ist aber ein Großteil der **Virulenzmechanismen** bei C. trachomatis, C. pneumoniae und C. psittaci prinzipiell ähnlich. Es folgen einige Beispiele für bisher identifizierte chlamydiale Virulenzfaktoren:

- **Tarp** („translocated actin-recruiting phosphoprotein") von C. trachomatis wird bei Kontakt von Elementarkörperchen mit der Wirtszelloberfläche über Typ-3-Sekretion ins Zytosol der Wirtszellen transloziert. Dann gelangt es zur zytosolischen Seite der Wirtszellmembran und wird rasch durch Tyrosinkinasen des Wirts phosphoryliert. Es induziert in der Wirtszelle die Polymerisierung von Aktin und trägt zur Aufnahme der Chlamydien in die Wirtszelle bei. Dabei sind kleine Rho-GTPasen wie Rac1-GTPase und der Arp2/3-Komplex bedeutsam. Weiterhin beeinflusst Tarp vermutlich verschiedene Signalwege in der Wirtszelle.
- **Incs** („inclusion membrane proteins") finden sich in der Membran des chlamydialen Einschlusses. Sie verändern diesen sowie das angrenzende Wirtszellzytosol. So beeinflussen sie über Rab-GTPasen den Vesikeltransport.
- **CT166** (C. trachomatis protein 166) aus Serovar D–K kann nach experimenteller Überexpression in Wirtszellen einen Kollaps des Zytoskeletts verursachen. Während der Infektion verhindert es eine überschießende Rac1-vermittelte Signaltransduktion, beeinflusst aber auch eine Reihe anderer Signalwege in der Wirtszelle.
- Chlamydien scheinen sich ihrem menschlichen Wirt als alleinigem Erregerreservoir bei C. trachomatis und C. pneumoniae evolutionär so weit angepasst zu haben, dass sie oft nur geringe Entzündungsreaktionen hervorrufen. Das chlamydiale Protein **CT441** spaltet proteolytisch den Transkriptionsfaktor NFκB (p65), der eine Rolle bei der Regulation von Entzündungsreaktionen und Apoptose spielt.
- Ein (ehemals kryptisch genanntes) **Plasmid** beherbergt bei einigen Arten die Baupläne für weitere Faktoren, welche die Virulenz erhöhen.

50.3.2 Rolle als Krankheitserreger

▪▪ Vorkommen, Resistenz gegen äußere Einflüsse, Übertragungsweg

Erregerreservoir für C. trachomatis ist der Mensch. Die relativ empfindlichen Elementarkörperchen der Serotypen D–K sowie L1–L3 von C. trachomatis werden durch Geschlechtsverkehr und seltener durch Schmierinfektion übertragen.

Außerdem kann das Neugeborene im Geburtskanal infiziert werden (→ Schwangerschaftsscreening).

▪▪ Epidemiologie

Es wird unterschieden zwischen:

Urogenitale Chlamydieninfektion (durch die Serovare D–K) Diese ist derzeit weltweit unter den bakteriell verursachten sexuell übertragenen Erkrankungen die häufigste. Vor allem Teenager und junge Erwachsene sind betroffen, Mädchen etwas früher und, wohl wegen der geringeren Symptome, auch häufiger als junge Männer. Wegen der Symptomarmut und ausbleibenden antibiotischer Behandlung kommt es bei Frauen häufig zu chronisch-persistierenden Infektionen. Daraus resultieren in den USA jährlich etwa 100.000 Fälle von ungewollter **Infertilität** mit geschätzten 3 Mrd. US$ Folgekosten.

Lymphogranuloma venereum (LGV) Es wird durch die Serovare L1–L3 verursacht und kommt in Afrika, Asien, Südamerika und der Karibik relativ häufig vor. Allerdings ist es mittlerweile auch in Europa v. a. unter homosexuellen Männern gehäuft anzutreffen.

Pathogenese

Genitale Chlamydieninfektion neigen zu Reinfektionen und unbehandelt zur Chronifizierung und Narbenbildung. Sie sind eine häufige Ursache der sekundären Sterilität oder ektopen Schwangerschaft. Die LGV-Serovare von C. trachomatis besitzen die Fähigkeit, die Basalmembran der Schleimhaut zu durchdringen und bis zu den regionalen Lymphkoten (meist der Leiste) vorzudringen, die dann durch die Entzündung anschwellen.

Klinik

Dazu gehören:

Genitale Infektion Nach 2–6 Wochen Inkubationszeit entwickelt sich beim **Mann** eine akut bis chronisch verlaufende eitrige Urethritis; die Nebenhoden sind nur selten beteiligt (schmerzhafte Epididymitis), die Prostata ist es vermutlich gar nicht.

Bei der **Frau** ruft C. trachomatis eine akute oder subakute eitrige Urethritis, eine Entzündung der Bartholin-Drüsen und in der Folge aufsteigend Zervizitis und Salpingitis hervor. Häufig verlaufen die Infektionen bei Frauen subklinisch. Salpingitiden durch C. trachomatis gehen oft einer aufsteigenden Genitalinfektion („pelvic inflammatory disease", PID) oder Perihepatitis voraus. Sie sind eine häufige Ursache der erworbenen ungewollten Unfruchtbarkeit.

(Schwimmbad-)Konjunktivitis In Zusammenhang mit Genitalinfektionen kann es auch zu einer Konjunktivitis kommen. Der im Begriff „Schwimmbad-Konjunktivitis" implizierte Übertragungsweg wird vielfach angezweifelt.

Reaktive Arthritis Als Folge einer akuten C. trachomatis-Genitalinfektion entstehen Wochen später in 1–3 %, v. a. bei Männern mit bestimmtem genetischen Hintergrund (z. B. HLA-B27), reaktive Arthritiden mit einem Symptomenkomplex aus Urethritis, Arthritis und Konjunktivitis (Reiter-Trias). Befallen werden insbesondere die kleineren, distalen Gelenke und die kleinen Wirbelgelenke. Der Verlauf dieser reaktiven Arthritis ist gutartig und selbstlimitierend. Nur in Einzelfällen lässt sich der Erreger noch nach Jahren im Gelenk nachweisen. In der Synovia der befallenen Gelenke sind während der reaktiven Arthritis persistierende Chlamydien in geringer Zahl nachweisbar (PCR sowie RT-PCR kurzlebiger RNA-Transkripte).

Neugeboreneninfektionen Eine Übertragung unter der Geburt führt bei Neugeborenen zu Konjunktivitis oder Pneumonie. Die Einschlusskonjunktivitis nimmt in der Regel einen gutartigen Verlauf; sie heilt nach 3–16 Monaten spontan, bei Therapie jedoch innerhalb weniger Tage aus. Während die interstitielle Pneumonie bei reifen Neugeborenen verhältnismäßig gutartig verläuft, sind Frühgeborene durch die Pneumonie jedoch stark gefährdet. Da in Deutschland Schwangere seit einigen Jahren auf C. trachomatis gescreent werden, sind Infektionen von Neugeborenen bei uns selten geworden.

Lymphogranuloma venereum als Genitalinfektion mit verstärkter Symptomatik Zusätzlich zu den für die Serovare D–K oben beschriebenen Symptomen der lokalen Urogenitalinfektion schwellen hier 2–6 Wochen später die inguinalen Lymphknoten an (Bubo), verschmelzen miteinander durch entzündlich verändertes Bindegewebe und vereitern schließlich. Äußeres Genital und Perineum zeigen häufig schwere granulomatöse Veränderungen. Auch eine weitergehende systemische Streuung ist bei den LGV-Serovaren möglich. Bei Analverkehr kann es über Infektion des Rektums zur Kolitis und Proktitis kommen. Eine Pharyngitis ist in diesem Zusammenhang auch relativ häufig.

Labordiagnose

Schwerpunkt der mikrobiologischen Labordiagnose ist der **DNA-Nachweis mit sensitiven Amplifikationsverfahren (PCR).**

Eine diagnostische Differenzierung zwischen den Serovaren D–K und den LGV-Serovaren können nur wenige spezialisierte Labors nach PCR-Amplifikation und Sequenzierung der OMP-Gene („outer membrane proteins") über serovarspezifische Sequenzen leisten. Zu anderen, weniger sensitiven Verfahren vgl. ► Abschn. 50.1.

In Zellkultur können prinzipiell auch serotypspezifische OMP-Antiseren in der Immunfluoreszenz eingesetzt werden.

Untersuchungsmaterialien Bei einer genitalen Chlamydieninfektion gewinnt man bei der Frau einen Zervixabstrich, beim Mann einen Urethralabstrich. Bei Anwendung molekularbiologischer Nachweisverfahren mit hoher Sensitivität und Spezifität eignet sich auch eine Urinprobe. Wegen der Lokalisation der Chlamydien in der Urethra sollte es hier anders als bei Harnweginfekten der Erststrahlurin sein. Zum Nachweis des Erregers bei okulären Chlamydieninfektionen dienen Konjunktivalabstriche. Eine Pneumonie bei Neugeborenen wird durch Analysen von Atemwegmaterial wie Bronchialsekret nachgewiesen. Beim LGV kommen Aspirate aus den Lymphknoten dazu. Eventuell ist auch ein Rektal- oder Rachenabstrich (mit für PCR geeigneten speziellen Tupfern) in Betracht zu ziehen.

Therapie

Unkomplizierte Urogenitalerkrankungen werden mit einer **Einmalgabe von Azithromycin** oral therapiert.

Sexualpartner müssen immer mitbehandelt werden. Wegen Rezidiv- und/oder Reinfektionsraten von etwa 10 % wird eine PCR-Kontrolle nach 3 Monaten empfohlen. Zum gleichen Erfolg, aber bei größerem Aufwand, führt eine 7-tägige orale Therapie mit Erythromycin, Doxycyclin, Ofloxacin oder Levofloxacin. Dabei sind Gyrasehemmer für Kinder und Jugendliche ungeeignet und bei Schwangeren (wie auch Doxycyclin) kontraindiziert.

Das CDC empfiehlt bei Schwangeren Azithromycin oder Erythromycin. Das bei Schwangeren wegen der guten Verträglichkeit ebenfalls empfohlene Amoxicillin (nicht Cephalosporine) stellt nur einen Kompromiss dar, denn es ist unklar, inwieweit Penicilline über eine temporäre Wachstumshemmung hinaus den Erreger eliminieren.

Beim Lymphogranuloma venereum, aber auch bei komplizierten Verläufen ist eine längere Antibiotikatherapie notwendig. Hier wird meist noch Doxycyclin über 3 Wochen empfohlen, wobei höchstwahrscheinlich – allerdings bei fehlenden Studien – auch die 3-malige wöchentliche Gabe von Azithromycin gleichwertig sein dürfte.

Bei eingeschränktem Immunsystem (Frühgeborene) ist der Therapieerfolg bei der Neugeborenen-Pneumonie schlechter. Selbst bei 2- bis 3-wöchiger Antibiotikagabe (oral mit Erythromycin-Base oder Ethylsuccinat) ist mit einer Rückfallrate >20 % zu rechnen. Dies legt nahe, dass auch das Immunsystem zur Elimination dieser intrazellulären Bakterien benötigt wird.

Merke: Man muss wegen der häufigen Koinfektion mit Gonokokken diese, insbesondere bei Entzündungen des kleinen Beckens, therapeutisch berücksichtigen. Daher wird beim relativ einfachen Nachweis von Gonokokken empfohlen, eine Therapie zu wählen, die Chlamydien miterfasst.

■■ Prävention

Eine sexuelle Übertragung lässt sich durch Expositionsprophylaxe, v. a. Kondome, verhindern. Schmierinfektionen lassen sich durch Hygienemaßnahmen reduzieren. Zur Vermeidung von „Pingpongeffekten" ist die **Behandlung aller Sexualpartner erforderlich.**

Zur Vermeidung der Infektion im Geburtskanal sollte in der **Schwangerschaft** routinemäßig ein Screening mittels PCR auf C. trachomatis erfolgen. Dieses ist seit 1995 in Deutschland Bestandteil der Mutterschaftsvorsorge der Gesetzlichen Krankenversicherung. Zusätzlich wird seit 2008 sexuell aktiven Frauen unter 25 Jahren ein Chlamydien-Screening empfohlen, das von den Krankenkassen (unter bestimmten Voraussetzungen) erstattet wird.

50.4 Spezifisches: Chlamydia psittaci

Steckbrief

C. psittaci ist der umweltresistente Erreger der Psittakose (Ornithose, „Papageienkrankheit"), einer lebensbedrohlichen Pneumonie mit systemischer Streuung, die typischerweise beim Kontakt mit Ziervögeln und Vogelkot (Händler, Halter) auftritt. Die verantwortlichen aviären C. psittaci-Stämme werden zu den L3-Organismen gezählt. Sie müssen im Labor entsprechend vorsichtig gehandhabt werden. Man geht davon aus, dass der Erreger nicht von Mensch zu Mensch übertragen wird. Isolate aus anderen Nutztieren wie Rind oder Schaf gelten für den Menschen als kaum gefährlich (bei Laborarbeiten daher L2-Organismen).
Von Ritter stammte 1879 die Erstbeschreibung einer bei 3 Patienten tödlichen Psittakose. Bei der (C. psittaci-)Pandemie 1929–1930, die einige hundert schwer Erkrankte nach Kontakt mit importierten Papageien betraf, fanden Levinthal, Coles und Lillie kleine filtrierbare infektiöse Partikel, sog. „LCL-Körperchen". 1932 postulierte Bedson den biphasischen chlamydialen Produktionszyklus.

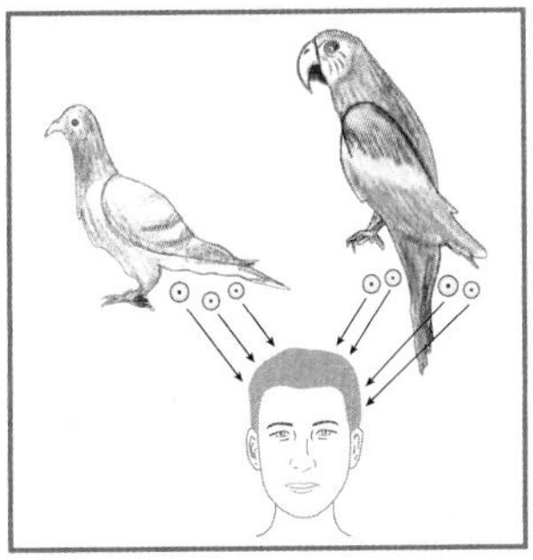

50.4.1 Beschreibung

Vgl. ► Abschn. 50.1.

■ Aufbau

Aufbau und Vermehrungszyklus entsprechen dem von C. trachomatis (► Abschn. 50.1).

■ Vorkommen, Resistenz gegen äußere Einflüsse

Vögel, besonders Papageien, Wellensittiche, Tauben oder Truthähne, stellen das natürliche Reservoir für C. psittaci dar.

Die Elementarkörperchen von C. psittaci bleiben in der Umwelt über Wochen infektiös.

50

In Europa findet man relativ häufig bei Rindern, Schafen und anderen Nutztieren auch C. psittaci-Stämme, die dort v. a. leichtere chronische Atemweginfektionen oder Abort hervorrufen und von wirtschaftlicher Bedeutung sind. Jedoch scheint es keine Übertragung dieser nichtaviären Stämme auf den Menschen mit nachfolgender Erkrankung zu geben.

50.4.2 Rolle als Krankheitserreger

▪▪ Epidemiologie

Die Häufigkeit der Psittakose wird in Deutschland mit einigen hundert Fällen pro Jahr angegeben. Aktuelle Untersuchungen legen nahe, dass dieser Erreger mit 2–3 % bei ambulant erworbenen Pneumonien in Deutschland mindestens genauso häufig vorkommt wie C. pneumoniae. Im Regelfall handelt es sich um Einzelerkrankungen oder kleinere Ausbrüche von Psittakose. Hauptsächlich sind dabei Personen betroffen, die mit Vögeln umgehen (Anamnese).

▪▪ Übertragung

Neben respiratorischem Sekret bei engem Tierkontakt stellt eingeatmeter Staub von Vogelkot ein Risiko dar. Ein hohes Gefährdungspotenzial besteht beim illegalen Import von Vögeln oder bei Tätigkeit in Geflügelzuchtbetrieben oder Schlachthöfen. Mit einer Transmission des Erregers von Mensch zu Mensch muss nicht gerechnet werden; falls überhaupt möglich, ist dieser eine Rarität.

▪▪ Pathogenese

Die Histologie weist darauf hin, dass durch Befall der Epithelien der Bronchiolen und durch Infektion der Alveolen eine eitrige interstitielle Reaktion der Lunge ausgelöst wird. Dieser Erreger streut typischerweise von der Lunge aus in andere Organe.

▪▪ Klinik

Die Psittakose beginnt mit plötzlich auftretendem Fieber, Kopfschmerzen, Husten und den röntgenologischen Zeichen einer beidseitigen interstitiellen Pneumonie. Vorübergehend kann ein feinfleckiges Exanthem nachgewiesen werden. Systemische Komplikationen mit Myokarditis, Enzephalitis oder Hepatitis (und Hepatosplenomegalie) sind beschrieben.

▪▪ Labordiagnose

Als Untersuchungsmaterialien kommen Sputum, Trachealsekret und Bronchiallavage infrage.

Der hochspezifische und empfindliche Nachweis von C. psittaci durch **PCR ist in Speziallaboratorien** (an einigen Unikliniken) möglich. Allerdings gibt es leider derzeit noch keine zugelassenen kommerziellen Tests für diese Spezies.

Die Anzucht dieses Erregers aus respiratorischen Sekreten durch Zellkulturen ist theoretisch möglich. Sie ist allerdings risikobehaftet und muss in L3-Speziallaboratorien erfolgen.

Antikörper gegen C. psittaci, die bei der systemischen Infektion (mit zeitlichem Verzug) entstehen, lassen sich durch eine KBR nachweisen. Jedoch ist bei einem starken Antikörpertiter mit einer **Kreuzreaktivität mit C. pneumoniae** zu rechnen, die manchmal zu Fehldiagnosen führt. Der Nachweis speziesspezifischer Antikörper mittels Mikroimmunfluoreszenz wird nur in wenigen spezialisierten Laboratorien durchgeführt.

▪▪ Therapie

Bei der Psittakose gilt Doxycyclin über mehrere Wochen als Mittel der Wahl. Vermutlich gleichwertige, aber durch Studien noch nicht gesicherte Alternativen sind Makrolide wie Azithromycin, Erythromycin oder Chinolone.

▪▪ Prävention

Der Bekämpfung der Psittakose dienen die Ausrottung infizierter Tierbestände und strikte Einfuhrkontrollen mit prophylaktischer Antibiotikagabe bei Vögeln, insbesondere bei Papageien und Wellensittichen. Näheres ist in einer Psittakose-Verordnung festgelegt.

▪▪ Meldepflicht

Im Infektionsschutzgesetz (§ 7) ist der Nachweis von C. psittaci bei Vorliegen einer akuten Erkrankung meldepflichtig.

50.5 Spezifisches: Chlamydia pneumoniae

Steckbrief

C. pneumoniae ist häufiger Verursacher von Atemweginfektionen, z. B. von Bronchitis, Sinusitis und einer meist leicht verlaufenden atypischen Pneumonie. Seroepidemiologische Analysen zeigen, dass es weltweit bis zum Rentenalter zu einer hohen Durchseuchung von bis zu 80 % kommt. Der Erregernachweis im Gewebe korreliert mit entzündlichen Gefäßerkrankungen wie der Arteriosklerose. Es ist denkbar, dass C. pneumoniae dabei als ein zusätzlicher Risikofaktor wirkt, der das entzündliche Geschehen verschlechtert. Genauso gut möglich ist aber, dass die Chlamydien in infizierten Monozyten/Makrophagen, die ins entzündlich veränderte Gefäß eingewandert sind, nur „unbeteiligte Zeugen" des Geschehens sind („Innocent-Bystander-Hypothese").

1986 kultivierte Grayston erstmals C. pneumoniae, wobei die neue Spezies zunächst nur als neuer „Taiwan acute respiratory agent" (TWAR-)Stamm von C. psittaci aufgefasst wurde.

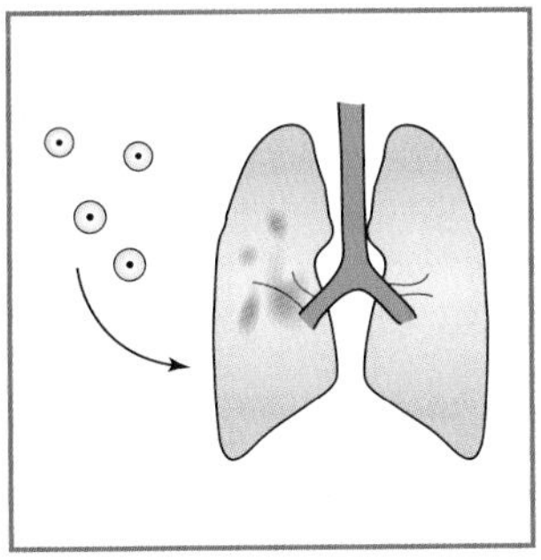

50.5.1 Beschreibung

Vgl. ▶ Abschn. 50.1.

■ **Aufbau**
Aufbau und Vermehrungszyklus entsprechen denen anderer Chlamydien (▶ Abschn. 50.1).

■ **Umweltresistenz**
Die Elementarkörperchen von C. pneumoniae sind relativ empfindlich und sterben außerhalb der Wirtszelle rasch ab.

■ **Vorkommen**
Die relevanten Isolate von C. pneumoniae kommen nur beim Menschen vor.

Verwandte C. pneumoniae-Stämme aus Koala, Schlangen usw. scheinen für den Menschen nicht pathogen zu sein.

50.5.2 Rolle als Krankheitserreger

■■ **Epidemiologie**
Infektionen durch C. pneumoniae kommen sowohl endemisch als auch epidemisch vor. Die im Kindesalter beginnende Durchseuchung erreicht (nach serologischen Daten) mit 20 Jahren etwa 60 %. In späteren Lebensjahren steigt der Anteil auf >80 %. Unter den ambulant erworbenen Pneumonien ist C. pneumoniae zurzeit in Deutschland eher selten.

■■ **Übertragung**
Die Übertragung von C. pneumoniae geschieht nur von Mensch zu Mensch bei engem Kontakt durch Tröpfchen. Kontagiosität besteht vermutlich auch noch in der symptomfreien Ausheilungsphase.

■■ **Pathogenese**
Auch bei diesem Erreger kommt es zur Freisetzung von Entzündungsmediatoren und gewebeumbauenden Enzymen sowie zur möglicherweise wirtschädigenden zellulären Abwehr.

1992 entbrannte eine Diskussion darüber, inwieweit C. pneumoniae ursächlich an der koronaren Herzkrankheit beteiligt ist. Auslöser waren Publikationen über eine Korrelation von erhöhten Antikörpertitern gegen C. pneumoniae mit Atherosklerose. Es war gelungen, C. pneumoniae in atheromatösen Plaques mittels PCR, Immunhistochemie und vereinzelt sogar kulturell nachzuweisen. Deshalb wurden Therapiestudien zur Behandlung einer möglichen vaskulären Chlamydieninfektion initiiert, jedoch ohne sichtbaren Erfolg. Trotzdem lässt sich derzeit noch nicht ausschließen, dass C. pneumoniae ein zusätzlicher, untergeordneter Risikofaktor bei vaskulären Erkrankungen ist.

In jedem Fall ist aber eine antibiotische Therapie bei Koronarinfarkt unangebracht. Selbst bei einer pathogenetischen Mitverantwortung von C. pneumoniae sind die derzeit eingesetzten Antibiotika unwirksam. Eine Elimination des Erregers käme bei fortgeschrittener Gefäßerkrankung nach erfolgtem Gewebeumbau ohnehin viel zu spät.

■■ **Klinik**
C. pneumoniae verursacht **Atemweginfekte (Bronchitis, Tracheitis, Sinusitis) bis hin zur Pneumonie,** die allerdings zumeist relativ milde verläuft. Der Erreger ist relativ **häufig bei COPD** nachweisbar. Ob er bei Kindern Asthma triggern kann, ist umstritten. Infektionsbegleitend werden vereinzelt passagere Arthralgien beobachtet.

■■ **Immunität**
Wie bei C. trachomatis sind in der Bekämpfung des Erregers $CD4^+$- und $CD8^+$-T-Zellen von zentraler Bedeutung.

■■ **Labordiagnose**
Der Schwerpunkt der Labordiagnose liegt im **molekularbiologischen DNA-Nachweis (PCR).** Als Untersuchungsmaterial kommt v. a. Bronchialsekret infrage.

Serologie Bei der C. pneumoniae-Infektion entstehen seroepidemiologisch verwertbare Antikörper. Spezifische IgA, IgG und IgM lassen sich durch einen gattungsspezifischen Enzymimmunassay nachweisen. Insbesondere mithilfe der Mikroimmunfluoreszenz

50

(MIF) ist eine optimale Speziesidentifikation in Speziallabors möglich. Die diagnostische Bedeutung der C. pneumoniae-Serologie für den Einzelnen ist beim hohen Durchseuchungsgrad der Bevölkerung allerdings gering.

Therapie

Klinische Multicenter-Studien bei Pneumonien zeigten Erfolgsraten >70 % bei Azithromycin, Clarithromycin, Erythromycin, Levofloxacin oder Moxifloxacin. Therapien von bis zu 14 oder 21 Tagen werden empfohlen. Allerdings bleibt der Erreger trotz des klinischen Erfolgs häufig noch länger kulturell nachweisbar.

In Kürze: Chlamydien

- **Bakteriologie:** Chlamydien können wie Viren nur in eukaryoten Wirtszellen überleben. Sie befallen primär die Mukosa. Sie sind aber echte Bakterien mit relativ kleinem Genom. In ihren Stoffwechselwegen fehlen einige Schlüsselenzyme. Man unterscheidet extrazelluläre Elementar- und intrazelluläre Retikularkörperchen sowie persistierende „aberrante Körperchen". Chlamydien besitzen eine Zellwand mit rudimentärer Peptidoglykanschicht.
- **Vorkommen:** Speziesspezifisches Wirtsspektrum, optimale Anpassung an den Wirt, Vermehrung nur in intrazellulären Einschlüssen. C. trachomatis und (relevante Stämme von) C. pneumoniae nur beim Menschen. C. psittaci und C. abortus als Zoonosen.
- **Umweltresistenz:** Außerhalb lebender Zellen gering; Ausnahme mit wochenlangem Überleben: C. psittaci.
- **Epidemiologie:**
  - **Unspezifische Genitalinfektionen** (C. trachomatis D–K): weltweit.
  - **Trachom** (C. trachomatis A–C): insbesondere Afrika, Indien, Ägypten.
  - **Lymphogranuloma venereum** (C. trachomatis L1–L3): Asien und Afrika, bei homosexuellen Männern auch in Europa und USA.
  - **C. pneumoniae-Infektionen** (weltweit) und **Psittakose** (weltweit, v. a. bei Kontakt mit Vögeln).
- **Zielgruppe:**
  - Berufsbedingt (Geflügelzucht, Schlachtbetriebe, Tierhandel): C. psittaci.
  - Personen mit häufig wechselndem Geschlechtspartner: C. trachomatis D–L3.
  - Kinder, Jugendliche, junge Erwachsene: C. pneumoniae.
- Zielgewebe abhängig von Spezies und Serovar: Schleimhaut in Auge, Genitalien, Lunge (sowie selten Kolon bei C. trachomatis).
- **Übertragung:** Enger Kontakt (C. trachomatis), Tröpfchen (C. pneumoniae), Staub aus Vogelkot oder Tröpfchen (C. psittaci).
- **Klinik:**
  - **Auge:** Trachom mit Keratokonjunktivitis, Konjunktivitis durch C. trachomatis (und vereinzelt C. pneumoniae).
  - **Urogenitalsystem:** Nur C. trachomatis. Lymphogranuloma venereum (L. inguinale, LGV), nichtgonorrhoische Urethritis, Epididymitis, Zervizitis, Endometritis, Salpingitis, Perihepatitis, Entzündung des kleinen Beckens → Infertilität, ektope Schwangerschaft.
  - **Lunge:** Pneumonie des Neugeborenen durch C. trachomatis. Pneumonien durch C. pneumoniae und C. psittaci (Psittakose).
- **Diagnose:** Goldstandard, da am sensitivsten: molekulare DNA-Amplifikationsverfahren (wie PCR). Kultureller Nachweis in Speziallaboratorien möglich, Antigen- (IF-) und Gennachweis bei C. trachomatis aus Patientenmaterial, Antikörpernachweis durch KBR (genusspezifisch), bevorzugt ELISA oder Mikroimmunfluoreszenztest (speziesspezifisch).
- **Therapie:** Azithromycin und Erythromycin, Doxycyclin, Chinolone. Mitbehandlung des Sexualpartners bei C. trachomatis D–L3. Echte Resistenzentwicklung selten, trotzdem relativ häufig Rezidive. β-Laktam-Antibiotika hemmen chlamydiales Wachstum, provozieren aber möglicherweise Persistenz.
- **Immunität:** Kein dauerhafter Schutz vor Reinfektion. Unbehandelt oft chronische Verläufe. Zelluläre Immunität gegen intrazellulären Erreger wesentlich. Antikörper (Serologie) in der Abwehr (und Diagnostik) nur von untergeordneter Bedeutung.
- **Prävention:** Allgemeine Maßnahmen: persönliche Hygiene (Trachom), „safer sex" (Genitalinfektionen), Kontrolle von Vogelbeständen; prophylaktische Tetracyclingabe beim Import exotischer Vögel (Psittakose). Schutzimpfung existiert noch nicht. Namentlich meldepflichtig. Erregernachweise von C. psittaci, aber nur im Zusammenhang mit einer Erkrankung.

Weiterführende Literatur

Bavoil PM, Wyrick PB (2006) Chlamydia: genomics and Pathogenesis. Horizon Biosci. ▶ https://books.google.de/books?id=BuF_NfyQtWMC&source=gbs_ViewAPI&redir_esc=y

Burton MJ, Mabey DC, Mabey W (2009) The global burden of trachoma: a review. PLoS Negl Trop Dis 3(10):e460

Knittler MR, Berndt A, Böcker S, Dutow P, Hänel F, Heuer D, Kägebein D, Klos A, Koch S et al (2014) Chlamydia psittaci: new insights into genomic diversity, clinical pathology, host–pathogen interaction and antibacterial immunity. Int J Med Microbiol 304:877–893

Mandell, Douglas, and Bennett's (2014) Principles and Practice of Infectious Diseases. Elsevier Saunders, 8th ed. Vol. 2: S. 2154–2182

Tan M, Bavoil PM (Hrsg) (2012) Intracellular Pathogens I: Chlamydiales. ASM Press, Washington

Tan M, Hegemann JH, Sütterlin C (Hrsg) (2019) Chlamydia biology: from genome to disease. Caister Akademic Press, Norfolk, UK

https://www.rki.de/DE/Content/Infekt/EpidBull/Merkblaetter/Ratgeber_Chlamydiosen_Teil1.html

https://www.rki.de/DE/Content/Infekt/EpidBull/Merkblaetter/Ratgeber_Chlamydiosen_Teil2.html

Weitere medizinisch bedeutsame Bakterien

M. Hornef

In diesem Kapitel werden verschiedene humanmedizinisch wichtige, taxonomisch nicht verwandte Bakterien vorgestellt, die keiner größeren Gruppe zugeordnet werden können: **Tropheryma whipplei** ist der langsam wachsende, schwer kultivierbare Erreger des Morbus Whipple, einer als „intestinale Lipodystrophie" bezeichneten chronischen Multisystemerkrankung mit Gelenkbeschwerden, Gewichtsverlust, Durchfällen und neurologischen Beschwerden. **Pasteurella multocida** und **Capnocytophaga canimorsus** sind Bestandteil der physiologischen Rachenflora von Hunden und Katzen und können nach Tierkontakt wie z. B. einer Bissverletzung zu eitrigen lokalen und systemischen Infektionen führen. **Moraxella catarrhalis** findet sich in der Rachenflora von Kindern und verursacht Infektionen des oberen und unteren Respirationstrakts. Die in der sog. **HACEK-Gruppe** zusammengefassten, schwer anzüchtbaren Erreger Haemophilus parainfluenzae, Aggregatibacter aphrophilus, Aggregatibacter actinomycetemcomitans, Cardiobacter hominis, Eikenella corrodens und Kingella kingae sind Bestandteil der Rachenflora und können Endokarditiden hervorrufen. **Streptobacillus moniliformis** und **Spirillium minus** werden durch Bissverletzung v. a. nach Nagetierkontakt übertragen und verursachen in Asien und den USA das Rattenbissfieber. **Gardnerella vaginalis** wird vermehrt bei Frauen mit bakterieller Vaginose als Zeichen einer Störung der Zusammensetzung der physiologischen Vaginalflora isoliert.

51.1 Tropheryma whipplei

▪▪ Beschreibung und Epidemiologie

Tropheryma whipplei ist ein sehr langsam wachsendes, ubiquitär in der Umwelt vorkommendes, entfernt mit den Aktinomyzeten verwandtes Stäbchenbakterium. Es zeigt elektronenmikroskopisch eine ungewöhnliche **trilaminäre Plasmamembran** mit einer zusätzlichen Glykanschicht unterhalb des Mureingeflechts.

Erst 1997 gelang die Anzucht von T. whipplei aus klinischem Material in Kokultur mit Eukaryontenzellen. Obwohl strukturelle Analysen Ähnlichkeiten mit gramnegativen Stäbchen zeigen, verweisen genetische Analysen auf eine Verwandtschaft mit grampositiven Bakterien wie den Aktinomyzeten. Molekularbiologische Verfahren weisen eine hohe Prävalenz von T. whipplei im Boden, Umgebungswasser und bei Pflanzenproben nach. T. whipplei wurde in Stuhl und Speichel gesunder Individuen nachgewiesen.

▪▪ Pathogenese und Klinik

Eine Infektion mit T. whipplei verursacht den **Morbus Whipple,** eine 1907 von dem amerikanischen Pathologen George Hoyt Whipple (1878–1976) als „intestinale Lipodystrophie" beschriebene, sehr seltene chronische Multisystemerkrankung. Sie tritt vermehrt bei Männern bei landwirtschaftlicher Exposition im mittleren bis hohen Alter auf.

Die Pathogenese der T. whipplei-Infektion ist nur unvollständig verstanden. Wegen der niedrigen Inzidenz und des ubiquitären Vorkommens des Erregers wird bei erkrankten Personen ein bisher nicht identifizierter Defekt der zellulären Immunität angenommen. Es besteht eine Assoziation mit dem HLA-B27-Allel. Auffällig ist darüber hinaus die fehlende Entzündungsreaktion und die Eigenschaft des Erregers, den lysosomalen Abbau in Makrophagen zu hemmen und intrazellulär zu persistieren.

Hauptsymptome sind Gelenkbeschwerden, Gewichtsverlust, chronische Durchfälle mit Bauchschmerzen, Fieber sowie neurologische Beschwerden. Die nichtdestruierenden und wandernden Arthralgien der großen Gelenke gehen anderen Symptomen oft um Jahre voraus. Der Befall der Darmmukosa kann zu starken Durchfällen mit massivem Gewichtsverlust und Malabsorption führen. Wegen der irreversiblen Schädigung hat der zentralnervöse Befall eine besondere Bedeutung. Neben Störungen der Erinnerungsfähigkeit bis zur Demenz werden v. a. Augenmotilitätsstörungen und Ataxie beschrieben. Darüber hinaus wurde T. whipplei als kausaler Erreger bei kulturnegativen Perikarditiden und Endokarditiden identifiziert.

S. Suerbaum et al. (Hrsg.), *Medizinische Mikrobiologie und Infektiologie*,
https://doi.org/10.1007/978-3-662-61385-6_51

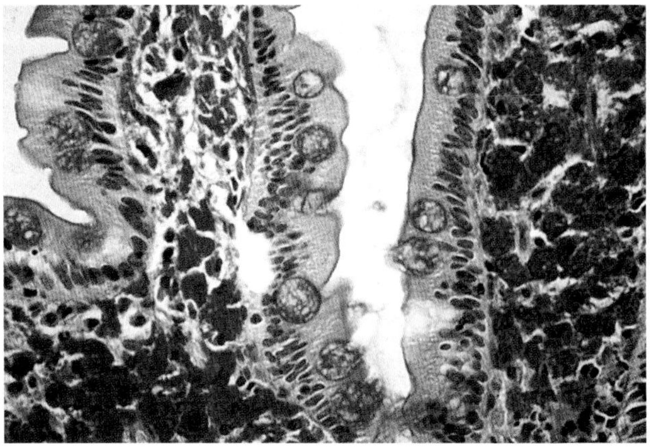

■ **Abb. 51.1** Für Morbus Whipple pathognomonische PAS-positive Zellen in der Lamina propria des Dünndarms. (Mit freundlicher Genehmigung von Dr. M. Solomon-Looijen, Pathologie, Homburg/Saar; aus Adam et al. [Hrsg.]: Die Infektiologie. Springer 2004)

▪▪ Labordiagnose

T. whipplei lässt sich nur in Speziallaboratorien nach mehrmonatiger Kultur anzüchten. Der Erreger lässt sich nicht nach Gram anfärben. Der **histologische Befund der Dünndarmmukosa** zeigt den intra- wie extrazellulär vorliegenden Erreger sowie verbreiterte Dünndarmzotten mit Fettablagerungen, starker Makrophageninfiltration und Lymphektasien. Bei Färbung mit Perjodsäure-Schiff- oder PAS-Reagenz („periodic acid-Schiff") zeigen die Makrophagen der Lamina propria eine charakteristische **PAS-positive Anfärbbarkeit** durch abgebaute bakterielle Bestandteile (■ Abb. 51.1). Allerdings wurden ähnliche histologische Veränderungen auch bei Infektion mit Mycobacterium avium intracellulare, Rhodococcus equi, Bacillus cereus, Korynebakterien sowie Histoplasma capsulatum und anderen Pilzen beschrieben.

Zusätzlich zur Dünndarmhistologie stehen heute der immunhistologische Nachweis des Erregers selbst sowie der molekularbiologische Nachweis per PCR mit anschließender Sequenzierung von T. whipplei-DNA zur Verfügung. T. whipplei-spezifische Antikörper sind jedoch noch nicht kommerziell erhältlich. Wegen der Verbreitung des Erregers in der Umwelt muss ein molekularbiologischer Nachweis vorsichtig interpretiert werden.

▪▪ Therapie

Empfindlichkeitsstudien zeigten eine Wirksamkeit von Doxycyclin, Sulfamethoxazol, Makroliden und Rifampicin. Wegen des Fehlens der Dihydrofolatreduktase im Genom von T. whipplei ist keine Aktivität von Trimethoprim zu erwarten.

Empfohlen wird eine initiale parenterale 14-tägige Induktionstherapie mit einem Cephalosporin der 3. Generation (alternativ: Penicillin G, ein Carbapenem oder Chloramphenicol) und anschließender mindestens 1-jähriger, oraler Erhaltungstherapie mit Trimethoprim-Sulfamethoxazol (TMP/SMX), Sulfadiazin, oder Doxycyclin plus Hydrochloroquin. Chloroquin erhöht den pH in den Phagolysosomen der Makrophagen und verstärkt die Aktivität des Doxycyclins. Die lange Therapie ist durch die hohe Rezidivgefahr v. a. neurologischer Manifestationen begründet. Ein promptes Ansprechen der Darmsymptome auf die Therapie wird erwartet.

Es besteht keine Meldepflicht nach IfSG.

51.2 Pasteurella multocida

▪▪ Beschreibung und Epidemiologie

Pasteurellen (nach dem französischen Chemiker und Bakteriologen Louis Pasteur, 1822–1895) sind kleine, unbewegliche, fakultativ anaerob wachsende, gramnegative Stäbchen. Sie verursachen v. a. nach Tierkontakt beim Menschen Infektionen. Der humanmedizinisch wichtigste Vertreter ist Pasteurella multocida mit den 3 Subspezies multocida, septica und gallicida. P. multocida ist bei Warmblütern wie v. a. den meisten Hauskatzen sowie bei fast der Hälfte der Hunde, aber auch bei Rindern, Pferden und Nagetieren im Rachenraum nachweisbar. Die Übertragung geschieht meist durch Biss, Kratzen oder Lecken.

Neben P. multocida gehören P. canis, P. dagmatis und P. stomatis zur gleichen Gruppe. Von dieser lassen sich die aviären Pasteurellen wie P. avium oder P. gallinarum abgrenzen.

▪▪ Pathogenese und Klinik

Die Synthese einer Polysaccharidkapsel schützt Pasteurella vor Aufnahme durch phagozytierende Zellen und Bindung von Komplementfaktoren. Die Produktion des immunstimulatorischen Zellwandbestandteils Lipopolysaccharid (LPS), die Expression verschiedener Adhäsine und die Sekretion von eisenbindenden Proteinen sowie einer Reihe gewebezerstörender Enzyme ermöglichen die Ausbreitung des Erregers im Gewebe.

Bei dieser Anthropozoonose kommt es nach Tierkontakt zu eitrigen, phlegmonösen bis abszedierenden Infektionen. Typischerweise entwickelt sich nach Exposition rasch eine schmerzhafte Schwellung und Rötung des betroffenen Gewebes, evtl. mit Entleerung seröser oder purulenter Flüssigkeit. Fieber und Schüttelfrost sowie regionale Lymphknotenschwellung sind möglich. Lokale Komplikationen sind Osteomyelitis, septische Arthritis und Tendovaginitis. Seltener kommt es zu systemischer Erregerausbreitung mit Sepsis und Endokarditis.

Wegen der durch die spitzeren Zähne tiefer penetrierenden Verletzungen finden sich nach

Katzenbiss v. a. im Bereich der Hände häufiger Osteomyelitiden und septische Arthritiden. Bei Menschen mit beruflicher Exposition mit tierischem Gewebe wurden auch respiratorische Infektionen beschrieben. Weiterhin wurde P. multocida in Stuhl, Urin sowie nasopharyngealen oder vaginalen Abstrichen gesunder Menschen nachgewiesen. Beim Nachweis von P. multocida sollte eine Anamnese auf Tierkontakt erhoben werden.

▪▪ Labordiagnose

P. multocida lässt sich auf komplexen, bluthaltigen Standardmedien wie Blut- oder Kochblutagar gut kultivieren und bildet nach Übernachtbebrütung bei 36 °C 1–2 mm große, meist grauweiße, bei einigen Stämmen schleimige Kolonien. Das Wachstum ist unter mikroaerophilen Bedingungen beschleunigt. Im Grampräparat erscheinen Pasteurellen als kokkoide bis stäbchenförmige gramnegative Bakterien; die Leitreaktionen Oxidase und Katalase sind bei allen Pasteurellen positiv.

▪▪ Therapie

Fast alle Stämme sind hochempfindlich gegenüber Penicillin. Allerdings wurde eine Produktion von β-Laktamasen bei einzelnen Isolaten nachgewiesen. Alternativen sind Amoxicillin plus Clavulansäure, Tetracyclin, Chinolone, Trimethoprim-Sulfamethoxazol (TMP/SMX) oder Cephalosporine der 2. oder 3. Generation. Nicht genügend wirksam sind Cephalosporine der 1. Generation, Clindamycin oder Aminoglykoside. Gegenüber Makroliden besteht häufiger eine Resistenz.

Wegen der nach Tierbiss häufigen polymikrobiellen Infektion mit verschiedenen Anaerobiern, Capnocytophaga canimorsus oder Staphylococcus aureus ist die Kombination von Amoxicillin und Clavulansäure bei Bisswunden Mittel der Wahl. Bei Allergie wird TMP/SMX plus Clindamycin empfohlen. Neben der Antibiotikagabe ist meist eine chirurgische Wundreinigung und -versorgung nötig.

Es gibt keine beim Menschen zugelassene Impfung; Meldepflicht besteht nicht.

51.3 Moraxella catarrhalis

▪▪ Beschreibung und Epidemiologie

Moraxellen leiten ihren Namen von dem schweizerisch-französischen Ophthalmologen Victor Morax (1866–1935) ab, der 1896 zusammen mit dem deutschen Ophthalmologen Karl-Theodor Axenfeld (1867–1930) den „Morax-Axenfeld-Bacillus" als Erreger einer Konjunktivitis beschrieb. Moraxellen erscheinen zwar mikroskopisch als gramnegative, häufig als Diplokokken gelagerte Kokken bis kurze Stäbchen, gehören aber phylogenetisch zusammen mit Acinetobacter zu den γ-Proteobakterien. Ihr humanmedizinisch wichtigster Vertreter ist Moraxella catarrhalis. Dieser wird häufig im Nasen-Rachen-Raum gesunder Kinder nachgewiesen.

▪▪ Pathogenese und Klinik

Durch Ausbreitung auf den mukosalen Oberflächen des Mittelohres, der Konjunktiven sowie der oberen Luftwege kommt es mittels Freisetzung des immunstimulatorischen Zellwandbestandteils Lipooligosaccharid (LOS), Expression einer Reihe von Adhäsinen, Biofilmbildung sowie Hemmung der Komplementaktivierung zur Erregerpersistenz und Stimulation einer lokalen Entzündungsreaktion:

- Bei **Kindern** gehört Moraxella catarrhalis neben Pneumokokken und Haemophilus influenzae zu den häufigsten Ursachen von Otitis media, Konjunktivitis, Dakryozystitis und Sinusitis maxillaris.
- Bei **Erwachsenen** wird M. catarrhalis im Rahmen von Laryngitiden, Bronchitiden oder Pneumonien v. a. bei Patienten mit Vorschädigung der Atemwege wie COPD isoliert.

▪▪ Labordiagnose

M. catarrhalis wächst auf Blut- oder Kochblutagar nach Übernachtbebrütung bei 36 °C in 1–3 mm großen, grauweißen Kolonien. M. catarrhalis ist oxidase- und katalasepositiv, asaccharolytisch und sezerniert eine DNase. Wegen der hohen asymptomatischen Trägerrate in Materialien des oberen Respirationstrakts ist eine Interpretation des Kulturbefundes nur bei Kenntnis des klinischen Bildes möglich.

▪▪ Therapie

M. catarrhalis-Isolate bilden häufig eine durch Clavulansäure hemmbare β-Laktamase, die sie resistent gegenüber Penicillin und Ampicillin macht. Resistenzen gegenüber anderen Antibiotikagruppen sind selten. Empfohlen werden die Kombination aus Ampicillin und Clavulansäure, Cephalosporine der 2. oder 3. Generation oder Trimethoprim-Sulfamethoxazol (TMP/SMX).

Es gibt keine beim Menschen zugelassene Impfung; Meldepflicht besteht nicht.

51.4 HACEK-Gruppe

▪▪ Beschreibung und Epidemiologie

Der Begriff HACEK-Gruppe ist ein Akronym und beinhaltet taxonomisch nichtverwandte, schwer anzüchtbare, langsam wachsende, kapnophile, gramnegative Bakterien, die als **Erreger von Endokarditiden** identifiziert wurden. Sie gehören der Normalflora des oberen Respirationstrakts an und verursachen zusammen etwa 1–3 % aller Endokarditiden. Prädisponierende Faktoren sind schlechter Zahnstatus und zahnärztliche Eingriffe sowie eine Vorschädigung der Herzklappen.

Zu dieser Gruppe zählen:

- Haemophilus parainfluenzae
- Aggregatibacter actinomycetemcomitans, A. aphrophilus und A. segnis
- Cardiobacter hominis und C. valvarum
- Eikenella corrodens
- Kingella kingae und denitrificans

Haemophilus parainfluenzae gehört zur physiologischen Flora des Respirationstrakts und ist der häufigste Verursacher von Endokarditiden aus der HACEK-Gruppe. Es sind nichtbewegliche, pleomorphe, gramnegative Stäbchenbakterien, die Nicotinamid zum Wachstum benötigen.

Aggregatibacter actinomycetemcomitans, A. aphrophilus und **A. segnis** sind Teil der physiologischen Flora der Mundhöhle und darüber hinaus an oralen Infektionen wie Gingivitis und Parodontitis beteiligt. **A. actinomycetemcomitans** wird häufig zusammen mit Actinomyces spp. bei chronisch-abszedierenden, eitrigen Infektionen der Kopf-Hals-Region isoliert, **A. aphrophilus** gelegentlich bei Infektionen im Kopfbereich (Sinusitiden, Otitiden). Die Erreger wachsen auf Blut- und Kochblutagar nach verlängerter Bebrütung und sind oxidase- und katalasepositiv.

Cardiobacter hominis und **C. valvarum** zeigen eine geringe Pathogenität und gehören zur physiologischen Flora des Nasen- und Rachenraums sowie des weiblichen Urogenitaltrakts. Sie wachsen auf Blut- und Kochblutagar nach verlängerter Bebrütung und sind oxidasepositiv, aber katalasenegativ.

Eikenella corrodens ist abhängig von Häminsupplementierung und wächst auf bluthaltigen Medien in flachen, sich eingrabenden Kolonien. Er ist mit Parodontitis, Gingivitis und Wurzelkanalinfektionen sowie abszedierenden Infektionen des Halses und Hirnabszessen assoziiert und wird typischerweise bei Infektionen nach Menschenbiss isoliert. Er wächst auf Blut- und Kochblutagar nach verlängerter Bebrütung und ist oxidasepositiv aber katalasenegativ.

Kingella kingae und **K. denitrificans** gehören zur oralen und urogenitalen Bakterienflora. K. kingae verursacht Knochen- und Gelenkinfektionen bei Kleinkindern häufig im Anschluss an respiratorische Infekte. Beide Erreger wachsen auf Blut- und Kochblutagar nach verlängerter Bebrütung mit Hämolyse und sind oxidasepositiv, aber katalasenegativ.

▪▪ Labordiagnose

Die Erreger der HACEK-Gruppe lassen sich in neueren kommerziellen Blutkultursystemen in der Regel in 5–10 Tagen anzüchten und durch MALDI-TOF-MS identifizieren. Ein Transport von Direktmaterial sollte in Anaerobier-Transportmedium erfolgen. HACEK-Erreger wachsen nicht auf herkömmlichen festen Nährböden für gramnegative Bakterien wie etwa MacConkey-Agar und benötigen auf bluthaltigen Medien eine mikroaerophile oder kapnophile Atmosphäre und verlängerte Inkubationszeit.

▪▪ Therapie

Eine standardisierte Empfindlichkeitstestung für diese Bakterien existiert nicht. Wegen des gelegentlichen Nachweises von β-Laktamasen wird eine Therapie mit Ampicillin plus Sulbactam und Gentamicin bzw. Cephalosporinen der 3. Generation empfohlen. Wirksam sind außerdem Chinolone.

Es besteht keine Meldepflicht.

51.5 Streptobacillus moniliformis, Spirillum minus

▪▪ Beschreibung und Epidemiologie

Das **Rattenbissfieber** ist eine zoonotische Erkrankung und wird durch die beiden bakteriellen Erreger Streptobacillus moniliformis und Spirillum minus verursacht, die sich in ihrer geografischen Verteilung sowie klinischen Manifestation unterscheiden:

- Infektionen mit Streptobacillus moniliformis werden weltweit, v. a. aber in den USA beobachtet. S. moniliformis ist ein sehr pleomorphes, filamentöses mit Auftreibungen versehenes, unbewegliches, gramnegatives Stäbchenbakterium.
- Spirillum minus ist der Erreger des im asiatischen Raum unter der Bezeichnung **Sodoku** bekannten klinischen Bildes. Es handelt sich um ein kurzes, spiralförmiges, bewegliches, gramnegatives Bakterium.

Beide Erreger wurden v. a. im Nasopharynx, aber auch im Urin und anderen Körperflüssigkeiten von Ratten, aber auch bei Mäusen, Eichhörnchen, Meerschweinchen, Katzen, Hunden und anderen Säugetieren nachgewiesen. Die Tiere sind dabei meist asymptomatisch. Während das Rattenbissfieber früher v. a. bei in Armut lebenden Kindern auftrat, sind heute wegen der Zunahme von Nagetieren als Haus- und Labortiere vermehrt Kinder, Tierpfleger in Zoohandlungen und Laborangestellte betroffen. Es wurde auch über Ausbrüche nach Verzehr von mit S. moniliformis-kontaminierter, nicht-pasteurisierter Milch berichtet, die zu einem Krankheitsbild („Haverhill fever") mit plötzlichem fieberhaftem Beginn, Kopfschmerzen, Erbrechen, Gelenkbeschwerden und Exanthem führten.

▪▪ Pathogenese und Klinik

Die Inokulation beider Erreger verhindert das rasche initiale Verheilen der Bisswunde nicht.

Bei Infektion mit **S. moniliformis** kommt es nach meist weniger als 1 Woche (3–20 Tage) zum abrupten Auftreten von Fieber, Kopfschmerzen, Angina und Gliederschmerzen. Die lokale Bisswunde ist zu diesem Zeitpunkt meist bereits verheilt. In der Mehrzahl der Fälle findet sich darauf ein morbilliformes oder petechiales Exanthem v. a. an den Extremitäten einschließlich der Handflächen und Fußsohlen sowie dem Rumpf. In der Hälfte der Fälle entwickeln sich wandernde Polyarthralgien und eitrige Arthritiden der kleinen und großen Gelenke. Komplikationen sind Endokarditis, Myokarditis, Meningitis, Enteritis und Pneumonie. Unbehandelt finden sich häufig rezidivierende Fieberschübe; eine Letalität von etwa 10 % wurde berichtet.

Die Inkubationszeit einer **S. minus-Infektion** ist mit 1–3 Wochen (bis 4 Monaten) variabel. Die initial oft bereits verheilte Bisswunde schwillt ödematös und schmerzhaft ggf. unter Ausbildung eines Ulkus an. Eine starke Vergrößerung regionaler Lymphknoten, Fieber, Kopfschmerzen und Schüttelfrost begleiten das Wiederaufkeimen der Infektion. Es folgen rezidivierende Fieberschübe. Ein zartes juckendes Exanthem sowie Arthralgien, Endokarditis, Hepatitis und Meningitis sind weniger häufig. Die Letalität der unbehandelten Erkrankung ist geringer als nach einer S. moniliformis-Infektion.

Wegen der geringen Inzidenz und der niedrigen Letalität von S. moniliformis- und S. minus-Infektionen ist wenig über die molekularen Grundlagen der Pathogenese bekannt.

▪▪ Labordiagnose

Anzucht aus Gelenkflüssigkeit, Eiter oder Blut. **S. moniliformis** ist sehr anspruchsvoll, wächst langsam und benötigt zur Anzucht eine hohe Aszites- oder Serumsupplementierung. S. moniliformis kann in den meisten kommerziellen Natriumpolyanetholsulfonat-(SPAS-)freien Blutkulturmedien angezüchtet werden.

S. minus ist nicht kultivierbar. Der Nachweis von S. minus im Wundsekret kann mittels Darstellung der kurzen, spiralförmigen, beweglichen Bakterien im Dunkelfeldmikroskop oder durch histologische Färbung nach Giemsa oder Wright erfolgen. Unterstützend kann der serologische Nachweis agglutinierender Antikörper eingesetzt werden.

Bei Patienten mit Rattenbissfieber kann der Veneral-Disease-Research-Laboratory- oder VDRL-Test, ein Aktivitätstest auf Syphilis, falsch positiv ausfallen; ein treponemenspezifischer Test schließt in diesem Fall eine Syphilis aus.

▪▪ Therapie

Penicillin ist Mittel der Wahl. Alternativen sind Streptomycin und Tetracyclin, unter Makrolidgabe wurde über Therapieversagen berichtet. Bei Endokarditis wird eine Kombination aus Penicillin und Streptomycin oder Gentamicin empfohlen.

In-vitro-Empfindlichkeit von S. moniliformis gegenüber Penicillinen, Cephalosporinen, Carbapenemen, Clindamycin, Makroliden und Tetracyclin, eine verminderte Empfindlichkeit gegenüber Aminoglykosiden und Chinolonen und eine Resistenz gegenüber Trimethoprim-Sulfamethoxazol (TMP/SMX) wurde gezeigt.

Es besteht keine Meldepflicht nach IfSG.

51.6 Gardnerella vaginalis

▪▪ Beschreibung und Epidemiologie

Gardnerella vaginalis ist ein erst 1955 beschriebenes, unbewegliches, fakultativ anaerob wachsendes, kokkoides Stäbchenbakterium und die einzige Spezies im Genus Gardnerella. Phylogenetische DNA-basierte Untersuchungen zeigen das Vorliegen von 4 Subgruppen. Obwohl die Analysen der Zellwandzusammensetzung G. vaginalis zu den grampositiven Bakterien zählen lassen, erscheint es in der Gramfärbung meist gramlabil. G. vaginalis lässt sich bei einer signifikanten Anzahl asymptomatischer Frauen sowie bei Männern in anorektalen und urogenitalen Abstrichen nachweisen. Die Übertragung des Erregers durch Geschlechtsverkehr ist gut dokumentiert.

▪▪ Pathogenese und Klinik

Ergebnisse kultureller Untersuchungen und Fluoreszenz-in-situ-Hybridisierungen (FISH) weisen auf eine zentrale Rolle von G. vaginalis bei der Pathogenese der **bakteriellen Vaginose** hin. Allerdings wurden bei Patientinnen mit bakterieller Vaginose auch andere Bakterien wie verschiedene Clostridiales, Prevotella bivia, Atopobium vaginae, Megasphaera spp. etc. vermehrt nachgewiesen. Es könnte sich also bei der bakteriellen Vaginose auch um eine Störung des Gleichgewichts der vaginalen Bakterienflora mit Reduktion der protektiven Besiedlung durch verschiedene Lactobacillus-Arten handeln.

G. vaginalis produziert Typ-1- und Typ-2-Pili (Fimbrien), welche die Adhärenz an die Vaginalschleimhaut (s. u.) ermöglichen. Zur Pathogenese tragen zudem die Biofilmbildung, die Expression von

Eisenaufnahmesystemen sowie die Sekretion eines cholesterinabhängigen Zytolysins (Vaginolysin) und mukusdegradierender Enzyme bei.

Patientinnen mit bakterieller Vaginose zeigen eine erhöhte Anfälligkeit gegenüber anderen sexuell übertragbaren Infektionskrankheiten. Auch wurde eine Assoziation mit vorzeitigem Blasensprung und Frühgeburtlichkeit beschrieben.

▪▪ Labordiagnose

Die Diagnose der bakteriellen Vaginose basiert primär auf klinischen Angaben. Zusätzlich findet sich im Vaginalsekret ein erhöhter pH-Wert (>4,5) sowie der typische Fischgeruch nach Zugabe von 10 % Kalilauge (KOH). Mikroskopisch beobachtet man im Vaginalsekret sog. Schlüsselzellen („clue cells"), abgelöste Zellen des Vaginalepithels, an die massenhaft gramvariable, kokkoide Stäbchen adhärieren.

Material zum Nachweis von G. vaginalis muss in einem speziellen Transportmedium (z. B. für Anaerobier) versendet werden. G. vaginalis lässt sich auf komplexen Standardmedien kultivieren und bildet nach 24–48 Std. unter anaeroben oder mikroaerophilen Bedingungen auf Humanblutagar kleine (0,5 mm), glasige, hämolysierende Kolonien. Die diagnostische Bedeutung eines G. vaginalis-Nachweises ist nur im Zusammenhang mit dem klinischen Bild zu interpretieren.

▪▪ Therapie

Standardtherapie der bakteriellen Vaginose ist Metronidazol oral oder lokal für 7 Tage. Allerdings sind Rezidive sehr häufig. Der Nutzen einer sich anschließenden langfristigen lokalen Anwendung von Metronidazol wird derzeit in Studien untersucht. Metronidazol beeinflusst nicht die residente, protektive Flora mit Laktobazillen. Eine Alternative ist Clindamycin. Therapeutische Versuche mit lokal azidifizierenden Essigsäure- oder milchsäurehaltigen Substanzen zeigten keine überzeugenden Ergebnisse.

Es besteht keine Meldepflicht nach IfSG.

51.7 Capnocytophaga canimorsus

▪▪ Beschreibung und Epidemiologie

Capnocytophaga canimorsus (lat.: „canis", Hund; „morsus", Biss) ist ein gramnegatives, fusiformes Stäbchenbakterium. Es ist Teil der normalen Rachenflora bei Hunden und Katzen und wird v. a. bei Hundebissverletzungen übertragen.

▪▪ Pathogenese und Klinik

Nach Inokulation durch häufig nur kleine Bissverletzungen kommt es verzögert zu einer invasiven Weichgewebeinfektion bis hin zu einer schwer verlaufenden systemischen Infektion mit Sepsis und Multiorganversagen bei oftmals nur geringem Lokalbefund an der Inokulationsstelle. Auch Meningitiden, Endokarditiden, Pneumonien und Arthritiden wurden beschrieben. Bevorzugt, aber nicht ausschließlich sind immunkompromittierte Patienten (v. a. bei Asplenie, hämatologischen Erkrankungen, Alkoholismus) betroffen.

Die hohe Pathogenität von C. canimorsus beim Menschen ist nur unvollständig verstanden. Als Virulenzfaktoren gelten die Phagozytose- und Komplementresistenz. C. canimorsus entzieht sich darüber hinaus der Erkennung durch das angeborene Immunsystem und hemmt aktiv die bakteriziden Mechanismen von Makrophagen.

▪▪ Labordiagnose

C. canimorsus wächst in kommerziellen Blutkultursystemen sowie auf komplexen Festmedien (Schafblutagar, Kochblutagar, nicht jedoch MacConkey-Agar) unter anaeroben, mikroaerophilen oder kapnophilen (5–10 % CO_2) Bedingungen innerhalb von 1–2 Tagen zu flachen, unregelmäßigen, auf dem Agar adhärierenden Kolonien heran. Im Gegensatz zu den meisten anderen Spezies des Genus ist C. canimorsus oxidase- und katalasepositiv. In der Gramfärbung erscheinen die Bakterien langgestreckt mit spitzen Enden. Eine Identifikation erfolgt durch biochemische Testung, MALDI-TOF-MS oder molekularbiologische Methoden.

▪▪ Therapie

Die Kombination aus Ampicillin und Clavulansäure ist Mittel der Wahl, bei β-Laktamase-negativen Stämmen ist Penicillin G wirksam. Alternativen sind Cephalosporine der 3. Generation oder Carbapeneme. Auch Tetracycline, Chinolone, Clindamycin und Makrolide sind meist wirksam. Resistenz besteht gegenüber Aminoglykosiden, Fusidinsäure, Fosfomycin und Trimethoprim-Sulfamethoxazol (TMP/SMX).

Es besteht keine Meldepflicht nach IfSG.

Weiterführende Literatur

Blakeway LV, Tan A, Peak IRA, Seib KL (2017) Virulence determinants of Moraxella catarrhalis: distribution and considerations for vaccine development. Microbiology 163(10):1371–1384

Butler T (2015) Capnocytophaga canimorsus: an emerging cause of sepsis, meningitis, and post-splenectomy infection after dog bites. Eur J Clin Microbiol Infect Dis 34(7):1271–80

Dolmans RA, Boel CH, Lacle MM, Kusters JG (2017) Clinical Manifestations, Treatment, and Diagnosis of Tropheryma whipplei Infections. Clin Microbiol Rev 30(2):529–555

Gaastra W, Boot R, Ho HT, Lipman LJ (2009) Rat bite fever. Vet Microbiol 133(3):211–28

Mogilner L, Katz C (2019) Pasteurella multocida. Pediatr Rev 40(2):90–92

Revest M, Egmann G, Cattoir V, Tattevin P (2016) HACEK endocarditis: state-of-the-art. Expert Rev Anti Infect Ther 14(5):523–530

Schellenberg JJ, Patterson MH, Hill JE (2017) Gardnerella vaginalis diversity and ecology in relation to vaginal symptoms. Res Microbiol 168(9–10):837–844

Schwebke JR, Muzny CA, Josey WE (2014) Role of Gardnerella vaginalis in the pathogenesis of bacterial vaginosis: a conceptual model. J Infect Dis 210(3):338–343

Virologie

Inhaltsverzeichnis

Viren – allgemeine Prinzipien

Thomas F. Schulz

Viren sind einfach aufgebaute Lebensformen, die, je nach Virusfamilie, als Träger der genetischen Information nicht nur DNA wie Pro- oder Eukaryonten, sondern auch RNA verwenden können. Diese Nukleinsäuren sind in einem aus Proteinen und z. T. aus Lipiden bestehenden Partikel verpackt. Viren haben keinen eigenen Stoffwechsel und vermehren sich deshalb ausschließlich innerhalb von Zellen, deren Stoffwechselapparat sie zur Replikation verwenden. Noch einfacher aufgebaut als Viren sind Viroide bzw. Virusoide, die nur eine umhüllte RNA als Träger der genetischen Information aufweisen, im Fall der Virusoide im Verbund nur mit einzelnen Proteinen im infektiösen Partikel, und die deshalb in Zellen allein nicht replikationsfähig sind, sondern ein „Helfervirus" benötigen. Es gibt nur ein humanpathogenes Virusoid, das Hepatitis-Delta-Virus. Prionen sind infektiöse Agentien, die nur aus einem fehlgefalteten zellulären Protein bestehen. Dieses zwingt seine fehlerhafte Konformation dem physiologisch gefalteten zellulären „normalen" Protein auf und propagiert so seine pathogenen Eigenschaften. Viren haben keinen eigenen Stoffwechsel und sind deshalb strikt intrazelluläre Parasiten, welche die metabolische Maschinerie der Zelle ausnutzen, um neue Virusnachkommen zu bilden. Es gibt akute, persistierende und latente Virusinfektionen. Die pathogenen Eigenschaften eines Virus können bedingt sein durch direkt vom Virus ausgelöste Schäden in den infizierten Zellen und indirekt durch die Auswirkungen der Immunantwort auf die Virusinfektion. Bei erstmaligem Viruskontakt lösen Mechanismen der angeborenen Immunität (Basisabwehr) eine Entzündung aus, welche die adaptive Immunität anregt; gemeinsam blockieren sie die weitere Replikation und Ausbreitung. Bei einer Zweitinfektion reagiert die adaptive Immunität („Immungedächtnis") schnell fast ohne Entzündungen.

52.1 Aufbau von Viren

52.1.1 Merkmale von Viren

Viren sind **einfach aufgebaut.** Ein einzelnes Viruspartikel **(Virion)** enthält eine oder mehrere Nukleinsäuren als Träger der genetischen Information. Diese können, im Unterschied zu allen Pro- und Eukaryonten, entweder **DNA** oder **RNA** sein. Umschlossen werden die Nukleinsäuren von Proteinen und, bei manchen Virusfamilien, von Lipiden (▶ Abschn. 52.1.2). Es fehlen alle komplexen Strukturelemente einer pro- oder eukaryotischen Zelle, wie Kern, Ribosomen und Mitochondrien. Die Größe von Viren liegt zwischen 22 nm (Parvovirus B19) und 300 nm (Pockenviren).

Viren sind **obligate Zellparasiten:** Aufgrund ihres einfachen Aufbaus fehlen z. B. Enzyme zum Aufbau eines eigenen Stoffwechsels. Ihre **Vermehrung** erfolgt ausschließlich unter Ausnutzung des Stoffwechsels der infizierten Wirtszelle; Viren können sich deshalb außerhalb lebender Zellen nicht vermehren. Die Maschinerie der Wirtszelle zur Produktion neuer Proteine und zur Replikation von DNA (bei Viren, die DNA als Träger der genetischen Information verwenden) wird dafür ausgenutzt, unter Ablesung der vom Virusgenom bereitgestellten genetischen Information, neue Virusproteine bzw. Nukleinsäuren zu synthetisieren und zu einem kompletten Viruspartikel zusammenzubauen.

Während das Viruspartikel für die Übertragung eines Virus von Zelle zu Zelle oder von einem infizierten Wirt auf einen nichtinfizierten benötigt wird, können manche Viren (z. B. Retro-, Herpes-, Papillomaviren) auch in bestimmten Zellen für lange Zeit persistieren, ohne neue Viruspartikel zu bilden. Diesen Zustand bezeichnet man als **Latenz.** Die molekulare Grundlage der Latenz wird in den folgenden Kapiteln im Einzelnen beschrieben.

Da der Zusammenbau von Viruspartikeln oft unvollständig oder mit Fehlern behaftet ist, kann es zur Bildung **inkompletter Viruspartikel** kommen, die z. T. in großen Mengen gebildet werden. Diese sind **nichtinfektiös,** können aber z. B. bei der Auseinandersetzung des Virus mit dem Immunsystem eine Rolle spielen (z. B. Abfangen von Antikörpern) oder in der Diagnostik von Bedeutung sein. So beruht z. B. das im Serum vorkommende Oberflächenantigen (HBsAg) des Hepatitis-B-Virus (HBV) auf den großen Mengen an inkompletten HBV-Partikeln, die während einer

S. Suerbaum et al. (Hrsg.), *Medizinische Mikrobiologie und Infektiologie*,
https://doi.org/10.1007/978-3-662-61385-6_52

aktiven Infektion mit diesem Virus gebildet werden und zum diagnostischen Nachweis der Replikation dieses Virus dienen können (▶ Kap. 71).

52.1.2 Bestandteile und Struktur des Virions

Die 3 wichtigsten **Bauelemente** eines Viruspartikels sind:

- Die **Nukleinsäure** als Genom des Virus und damit Träger der genetischen Information. Im Prinzip gibt es, je nach Virusfamilie, 5 verschiedene Formen des viralen Genoms: doppel- oder einzelsträngige DNA oder RNA unterschiedlicher Polarität (s. u.). Virale DNA-Genome können darüber hinaus, je nach Virusfamilie, linear oder ringförmig sein. Bei einigen Viren ist die RNA segmentiert, vergleichbar den – allerdings aus DNA bestehenden – Chromosomen der eukaryotischen Zelle.
- Das **Kapsid** dient als Schutzmantel der Nukleinsäure.
  - Es ist zusammengesetzt aus mehreren, aus **Protein** bestehenden, Kapsiduntereinheiten, den **Kapsomeren**. Der Komplex aus Nukleinsäure und Kapsid wird als **Nukleokapsid** bezeichnet. Kapsidproteine werden häufig von virusspezifischen Antikörpern und/oder T-Zellen erkannt, d. h. sie wirken als **Antigene**.
  - Kapside können faden- (◘ Abb. 52.1a) oder kugelförmig (◘ Abb. 52.1b) strukturiert sein, eine **Ikosaederstruktur** aufweisen, wie in ◘ Abb. 52.1c, d sowie in ◘ Abb. 52.2d–g am Beispiel eines Parvo-, Entero- (Polio-), Adeno- oder Herpesvirus gezeigt. Weitere Beispiele für unterschiedliche Morphologien finden sich in ◘ Abb. 52.2.
- M- oder **Matrixproteine** als eine Art „Innenauskleidung" unterhalb der Lipidmembran finden sich nur bei bestimmten Virusfamilien (z. B. Retroviren, Ortho- und Paramyxoviren; ◘ Abb. 52.1b).
- Der Begriff **Tegument** eines Virus wird nur bei Viren aus der Familie der Herpesviren verwandt und bezeichnet eine Ansammlung von Proteinen zwischen Kapsid und Lipidmembran (◘ Abb. 52.1d).
- Die **Hülle** („envelope") (◘ Abb. 52.1b, d und ◘ Abb. 52.2) kommt nur bei einigen Virusfamilien vor und umgibt das Kapsid von außen. Das Hüllmaterial besteht in der Regel aus Lipiden, in die Proteine und Glykoproteine eingelagert sind. Da

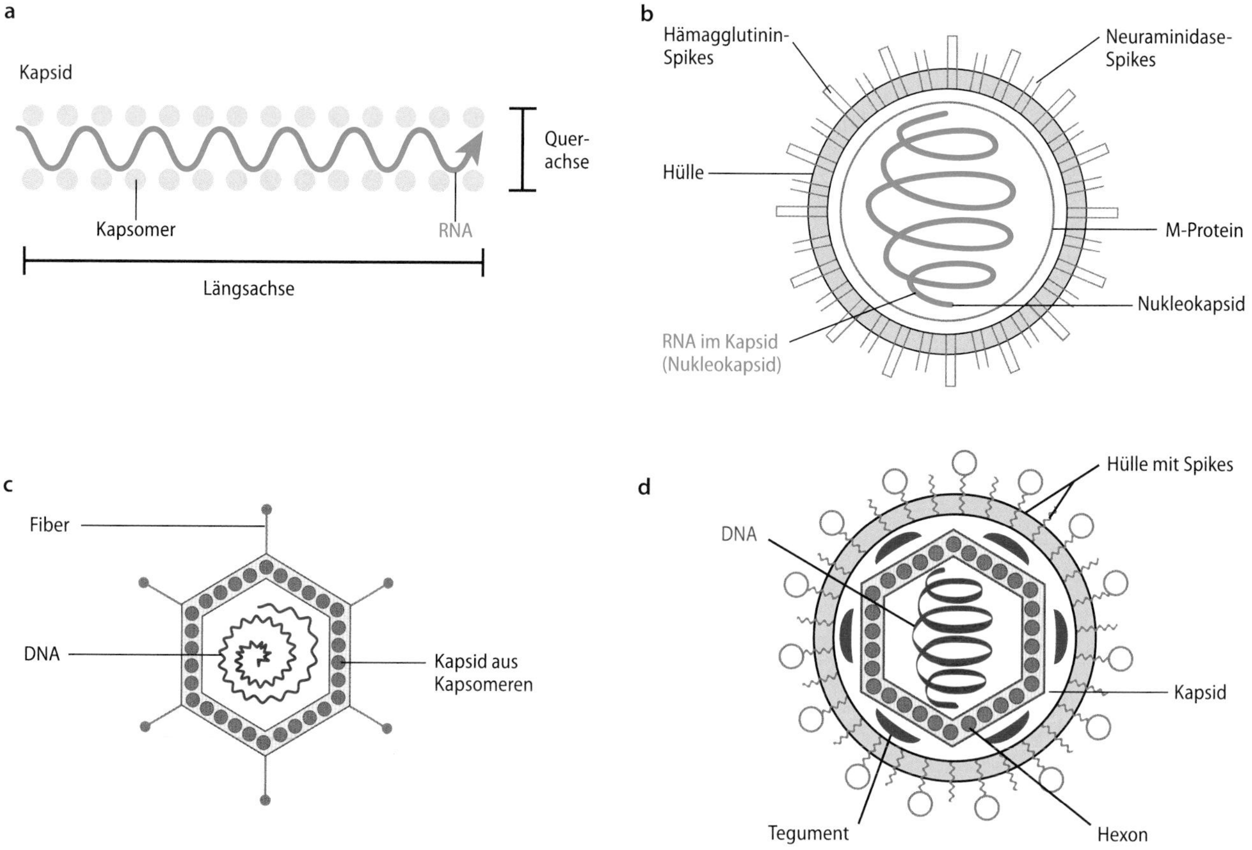

◘ **Abb. 52.1** **a–d** Aufbau von Viren. **a** helikales Nukleokapsid, **b** Paramyxoviren, **c** Adenovirus, **d** Herpesvirus

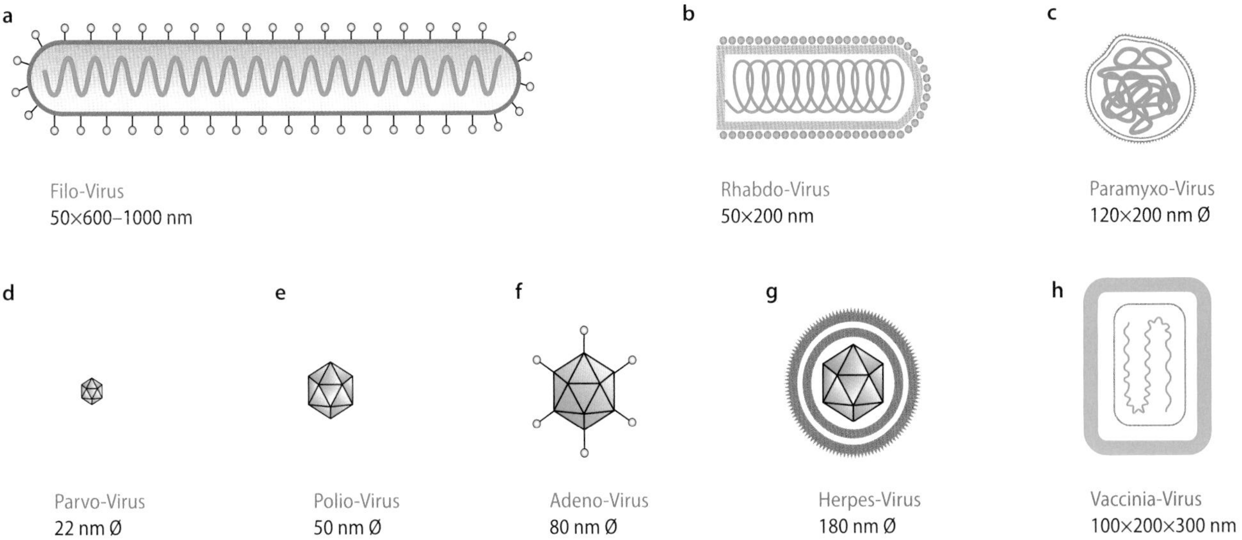

Abb. 52.2 **a–h** Einige Virustypen mit Größenangaben: **a** Filovirus; **b** Rhabdovirus; **c** Paramyxovirus; **d** Parvovirus; **e** Poliovirus; **f** Adenovirus; **g** Herpesvirus; **h** Vacciniavirus

letztere aus der Virushülle herausragen, werden sie auch als Spikes bezeichnet (Abb. 52.1). Sie wirken ebenfalls oft als Antigene.

- **Beispiele für Viruspartikel**

Diese Prinzipien des Virusaufbaus lassen sich an 3 Beispielen illustrieren:

Paramyxovirus (Abb. 52.1b) Virus mit Einzelstrang-RNA-Genom negativer Polarität („Negativstrang-RNA-Virus"; s. u.), Kugelstruktur (80–150 nm Durchmesser), Lipidhülle und aufgeknäueltem, helikalem Nukleokapsid, das die genomische RNA enthält. Unter der Hülle befindet sich eine Matrix (M-Protein), in der Hülle Spikes.

Adenovirus (Abb. 52.1c, f und 52.3a) Ikosaeder (kugelförmiger symmetrischer 20-Flächner; 80 nm Durchmesser) Kapsid enthaltend doppelsträngige DNA. Aus dem Kapsid ragen antennenartig 12 feine Stäbchen (Fibern) heraus. Die Kapsomere sind so regelmäßig aufgebaut und angeordnet, dass sich die Kapsidoberfläche aus 20 gleichen Dreiecken zusammensetzt.

Herpesvirus (Abb. 52.1d, g und 52.3b) Ebenfalls Ikosaeder Kapsid mit doppelsträngiger DNA, das außen noch von einer Lipidhülle („envelope") umgeben, in die virale Glykoproteine (Spikes) integriert sind. Zwischen Kapsid und Hülle liegt das Tegument. Durchmesser ca. 180 nm.

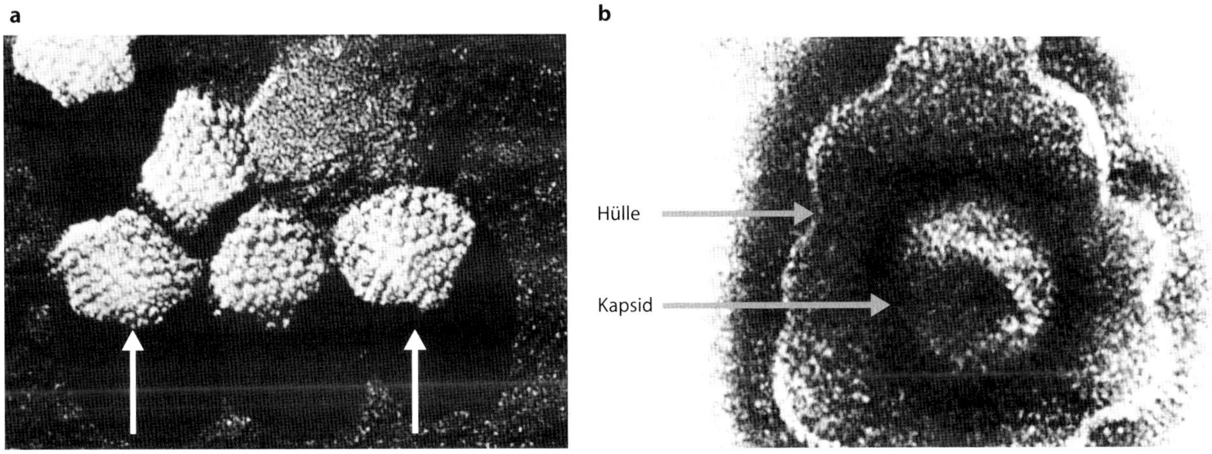

Abb. 52.3 **a, b** Elektronenmikroskopische Virusaufnahmen. **a** Adenovirus, **b** Herpes-simplex-Virus

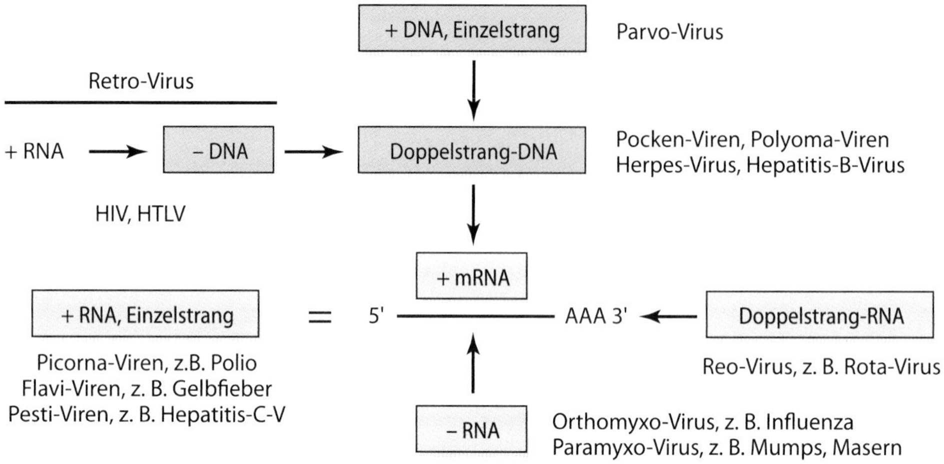

Abb. 52.4 Baltimore-Klassifikation der Viren

52.1.3 Einteilung der Viren

Die **Taxonomie** (systematische Einteilung) der Viren erfolgt nach den Kriterien:

- **Art des Genoms** (Nukleinsäuretyp)
- An- oder Abwesenheit einer **Lipidhülle**
- Charakteristika der Replikation
- Grad der Verwandtschaft der **viralen Genomsequenz**

Diese Kriterien führen zu einer Einteilung in die üblichen taxonomischen Kategorien wie Ordnung, Familie, Subfamilie, Genus, Art. So sind z. B. alle Herpesviren in einer Familie zusammengefasst, α-, β-, γ-Herpesviren stellen jeweils eine Subfamilie dar und individuelle Herpesviren (z. B. das humane Zytomegalievirus) sind als Art (Spezies) klassifiziert. Für die offizielle Klassifizierung verantwortlich ist das International Committee for the Taxonomy of Viruses.

Typ der Nukleinsäure Wie oben bereits erwähnt, unterscheiden sich Viren u. a. in der Art der Nukleinsäure, die sie als Träger der genetischen Information einsetzen. Es gibt 5 verschiedene Formen viraler Genome (Abb. 52.4):

- Doppelstrang-DNA (dsDNA; wie pro- und eukaryontische Genome)
- Einzelsträngige („single-stranded“, ss) DNA positiver Polarität [(+)Strang-ssDNA]
- Einzelsträngige RNA positiver Polarität [(+)Strang-ssRNA]
- Einzelsträngige RNA negativer Polarität [(–)Strang-ssRNA]
- Doppelstrang-RNA (dsRNA)

Das **Baltimore-Klassifikation** ordnet diese verschiedenen Genomformen unter dem Gesichtspunkt, dass zur Synthese viraler Proteine im Rahmen der viralen Replikation eine mRNA gebildet werden muss, von der diese Proteine dann an zellulären Ribosomen translatiert werden (Abb. 52.4):

- Am „einfachsten“ haben es deshalb Viren, deren RNA-Genom schon die Eigenschaften einer mRNA (positive Polarität, Cap oder IRES-Struktur am 5’-Ende, Poly-A-Schwanz am 3’-Ende) aufweisen. Dieses ist u. a. bei Picornaviren (z. B. Poliovirus), Flaviviren (z. B. Gelbfiebervirus), Pestiviren (z. B. Hepatitis-C-Virus) der Fall (Abb. 52.4).
- Alle Viren mit anderen Genomformen müssen erst eine derartige mRNA herstellen:
  - Bei Viren mit Doppelstrang-DNA (z. B. Herpesviren) geschieht dies genau wie bei zellulären Genen mithilfe einer zellulären DNA-abhängigen RNA-Polymerase.
  - Ein Virus mit Einzelstrang-DNA (z. B. Parvovirus) muss zunächst eine Doppelstrang-DNA herstellen.
  - Ein Retrovirus (z. B. HIV) muss zuvor mithilfe seiner reversen Transkriptase sein RNA-Genom in eine doppelsträngige DNA umwandeln.
  - Ein Negativstrang-RNA-Virus (z. B. das Orthomyxovirus Influenzavirus) muss erst seine Negativstrang-RNA mithilfe einer viralen RNA-abhängigen RNA-Polymerase in eine Positivstrang-mRNA kopieren.

Transfektion viraler Genome und gentechnische Herstellung von Virusmutanten

Wie aus dem Baltimore-Schema (Abb. 52.4) ableitbar, können diejenigen „nackten“ viralen Nukleinsäuren die Bildung viraler Partikel bewirken, die von der zellulären Translationsmaschinerie allein translatiert werden können (d. h. Positiv-Einzelstrang-RNA-Moleküle mit mRNA-Charakter) oder von der Zelle transkribiert werden können (Positiv-Einzelstrang-DNA oder Doppelstrang-DNA-Moleküle). Dies wird experimentell ausgenutzt: Die Transfektion, das künstliches Einbringen viraler Nukleinsäuren in Zellkulturen, kann Virusproduktion auslösen. Im Fall von Negativ Strang RNA Viren, deren genomische RNA nicht direkt translatiert werden kann, müssen neben der viralen RNA noch Expressionsvektoren zur Produktion von viralen Replikationsproteinen transfiziert werden. Diese Techniken erlauben es, die Auswirkung experimentell in Virus-DNA oder -RNA eingeführter Mutationen auf die Funktion eines Virus zu untersuchen („Reverse Genetik").

Serologische Eigenschaften des Kapsids und der Glykoproteine der Hülle (Spikes) können innerhalb einer Virusspezies zur feineren Klassifizierung dienen. Eine große Rolle spielen hier neutralisierende (d. h. die Virusinfektion hemmende) und hämagglutinationshemmende Antikörper (d. h. Antikörper, welche die durch Proteine der Virusoberfläche ausgelöste Verklumpung von Erythrozyten hemmen). Durch Verwendung entsprechender Antikörper und Seren lassen sich Viren mancher Spezies in verschiedene Serogruppen einteilen, die durch bestimmte Antikörper neutralisiert oder in ihrer hämagglutinierenden Fähigkeit gehemmt werden. Obwohl diese Art der Typisierung mehr und mehr durch eine Klassifizierung auf der Basis viraler Genomsequenzen ersetzt wird, spielt sie in der Praxis immer noch eine Rolle, z. B. wenn das Vorliegen einer Immunität gegen ein bestimmtes Virus festgestellt oder untersucht werden soll, ob ein neu aufgetretener Virusstamm von einem vorhandenen Impfstoff abgedeckt wird.

52.1.4 Ungewöhnliche Viren und Prionen

Riesenviren („giant viruses") In den letzten Jahren wurden, zunächst in Amöben, dann zunehmend auch in anderen einzelligen Lebewesen und Umweltproben, sehr große, deshalb nichtfiltrierbare Viren entdeckt. Diese scheinen morphologisch und phylogenetisch eine Zwischenstellung zwischen Bakterien und Viren einzunehmen. Sie besitzen ein doppelsträngiges DNA-Genom. Ein Beispiel mit möglicher, aber noch unsicherer humanmedizinischer Bedeutung ist die Familie der Mimiviren. Deren Prototyp, das Acanthamoeba polyphaga-Mimivirus wurde zunächst für eine Kokkenart gehalten. Es ist 700 nm groß, besitzt ein doppelsträngiges DNA-Genom mit 1,2 MB (also 4- bis 5-mal größer als das größte „klassische" humanpathogene Virus und kodiert eine Reihe von Enzymen, die man bisher nur in Bakterien kannte. Darunter sind Enzyme, die die Synthese von LPS-ähnlichen Kohlenhydratstrukturen und Peptidoglykanen erlauben. Vermutlich haben sich diese Riesenviren im Lauf der Evolution durch Genverlust aus hochkomplexen Vorläufern (Bakterien?) entwickelt.

Viroide, Virusoide Sehr einfach aufgebaute Viren, die nur mithilfe eines Helfervirus replizieren können, da sie nur ein RNA-Genom ohne Protein in einer Lipidhülle enthalten. Viroide sind z. B. die Erreger der Exocortis-Krankheit von Zitrusbäumen, von Erkrankungen der Kartoffeln, der Tabakpflanzen etc. Ihre RNA ist ein ringförmiges Molekül aus 200–400 Basen, das sich zu einer kleeblattähnlichen Struktur zusammenfaltet. Viroide sind sehr stabil gegenüber Erhitzung und organischen Lösungsmitteln und lassen sich kaum durch Ribonukleasen zerstören.

Virusoide benötigen ebenfalls ein Helfervirus, enthalten aber neben RNA 1–2 Proteine. Einzig bekanntes humanpathogenes Beispiel ist das Hepatitis-Delta-Virus (HDV; ▶ Abschn. 71.3.3). Die semantische Unterscheidung zwischen Viroiden und Virusoiden ist nicht streng, und Virusoide werden manchmal auch als Viroide bezeichnet.

Prionen Prion steht für „proteinaceous infectious particle". Prionen enthalten keine Nukleinsäuren, sondern bestehen nur aus einer fehlgefalteten Variante (PrP^{sc}, sc für Scrapie, eine durch Prionen hervorgerufene Erkrankung des Schafs) eines zellulären Proteins (PrP^{c}) mit 33–35 kD Molmasse. PrP^{sc} „zwingt" seine fehlerhafte Konformation dem normalen PrP^{c} auf und propagiert so seine pathogenen Eigenschaften analog manchen „Amyloiderkrankungen". Auf diese Weise kann sich ein fehlerhaftes Protein auch ohne einen klassischen Träger der genetischen Information (RNA oder DNA) „vermehren" und infektiöse Eigenschaften erwerben. Prionen sind die Erreger der übertragbaren, spongiformen Enzephalopathien wie Scrapie von Schafen und Ziegen sowie des Kuru, der Creutzfeldt-Jakob-Krankheit des Menschen und des Rinderwahnsinns (BSE). Nähere Informationen dazu in ▶ Kap. 73.

52.1.5 Bakteriophagen

Bakteriophagen sind die Viren von Bakterien. Es gibt RNA- und DNA-Phagen; stäbchenförmige, kugelartige und sog. T-Phagen. Die virale Nukleinsäure wird von außen in das Bakterium injiziert; es folgt die **Integration als Prophage** in das Genom des Wirts. In den letzten Jahren wurden auch „Virophagen" entdeckt, die andere Viren, speziell die oben erwähnten „Riesenviren" dadurch infizieren, dass sie ihr Genom, ähnlich dem eines Prophagen, in das Genom des Riesenvirus integrieren.

In Kürze: Aufbau von Viren

- Viren sind filtrierbare infektiöse Partikel ohne eigenen Stoffwechsel. Sie sind deshalb obligate Zellparasiten.
- Als Träger der genetischen Information enthalten Viren entweder RNA oder DNA, die in einem Kapsid verpackt ist, das seinerseits in manchen

Fällen zusätzlich durch eine Lipidhülle geschützt wird. An der Oberfläche von Viren finden sich bei manchen Virusfamilien herausragende Proteine oder Glykoproteine (Spikes), die dem Andocken an und Eindringen in die jeweilige Zielzelle dienen. Bei Viren mit einer Lipidhülle sind diese Hüllglykoproteine in die Lipidmembran eingelassen.

- Viroide und Virusoide sind RNA-haltige infektiöse Partikel, die allein in Zellen nicht replikationsfähig sind und ein Helfervirus zur Vermehrung benötigen. Beide enthalten eine zirkuläre RNA als Träger der genetischen Information. Der – nicht streng eingehaltene – semantische Unterschied zwischen Viroiden und Virusoiden ist, dass erstere nur RNA und letztere daneben noch zusätzlich 1–2 Proteine enthalten. Einziges humanpathogenes Virusoid/Viroid ist das Hepatitis-Delta-Virus (HDV).
- Riesenviren, z. B. das Mimivirus, nehmen eine Zwischenstellung zwischen Viren und Bakterien ein, ihre humanmedizinische Bedeutung ist noch unsicher.
- Prionen bestehen nur aus einem fehlgefalteten zellulären Protein und sind infektiös. Prionen erzeugen Krankheiten bei Tieren (Scrapie, BSE) und beim Menschen (Kuru, Creutzfeldt-Jakob-Krankheit etc.).
- Bakteriophagen sind Bakterienviren mit RNA- oder DNA-Genom, Virophagen infizieren die Genome mancher Riesenviren.

52.2 Vermehrung von Viren

52.2.1 Replikationszyklus von Viren

Folgende Phasen des Replikationszyklus werden unterschieden (■ Abb. 52.5 und 52.6):

1. Andocken des Viruspartikels an die Zelle
2. Eintritt in die Zelle und Auspacken des viralen Genoms
3. Synthese neuer viraler Nichtstrukturproteine („früher“ Virusproteine)
4. Replikation des viralen Genoms
5. Synthese der Strukturproteine (Kapsid- und Hüllproteine)
6. Zusammenbau und Ausschleusung

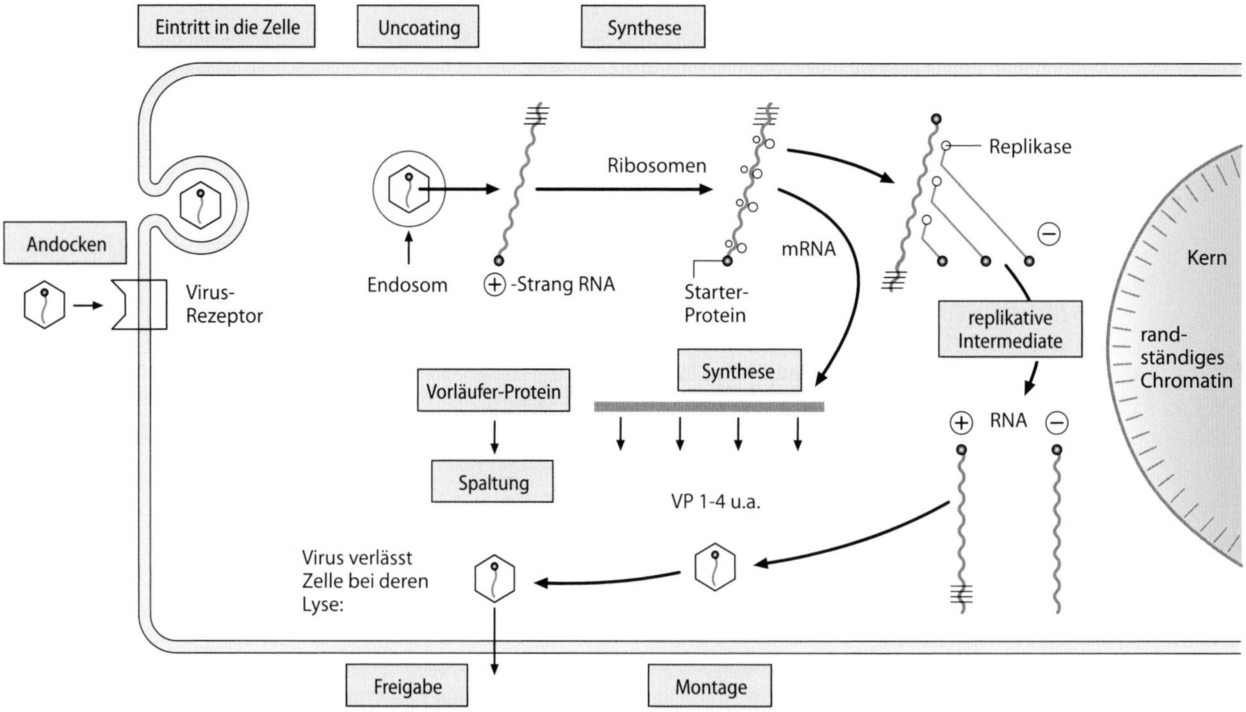

■ **Abb. 52.5** Phasen der Replikation eines nichtumhüllten Positivstrang-RNA-Virus (z. B. Poliovirus). Nach dem Andocken des Poliovirus an die entsprechenden Rezeptoren erfolgen die Aufnahme in die Zelle durch Endozytose sowie das „Auspacken“ des Genoms („Uncoating“) bei saurem pH in den Endosomen. Die (+)ss- oder Positivstrang-RNA mit mRNA-Eigenschaften kann direkt an zellulären Ribosomen translatiert werden. Die mRNA wird zunächst zu einem Vorläuferprotein translatiert, dieses wird dann durch eine eigene Protease gespalten (VP1–4 etc.). Die Montage der Strukturproteine zum Kapsid erfolgt in mehreren Zwischenstufen. Die Virionen werden beim Zerfall der Zellen freigesetzt

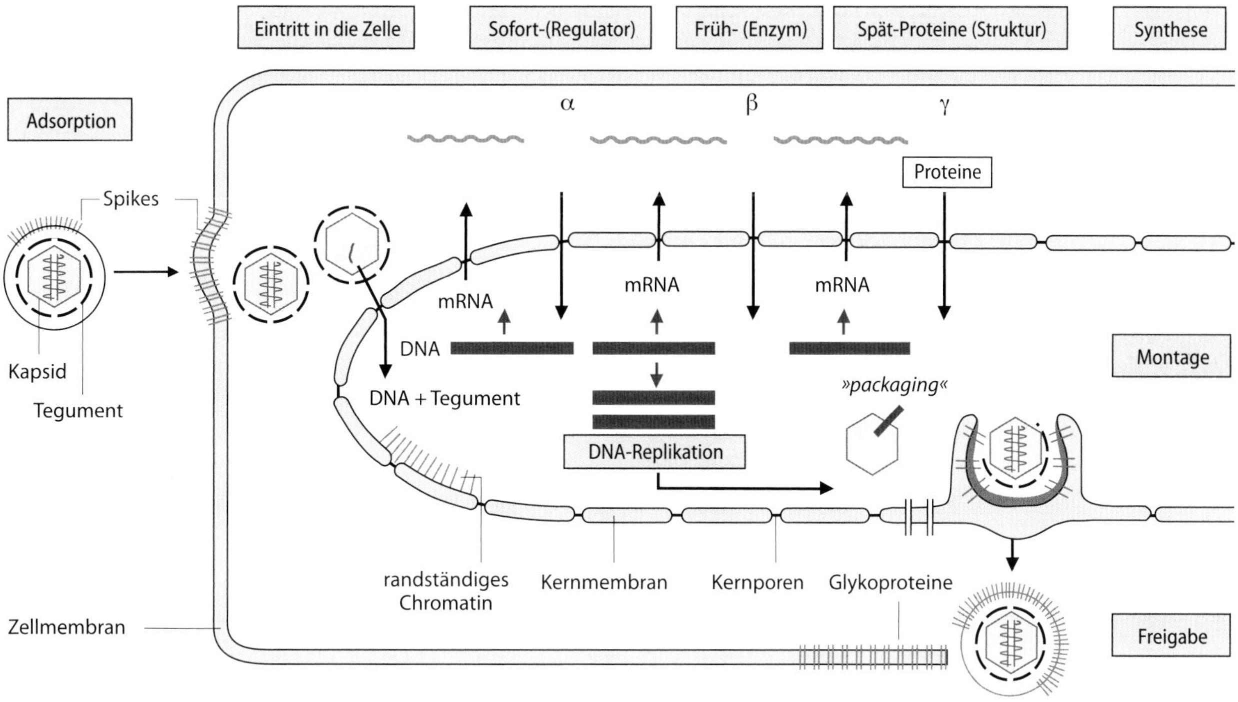

Abb. 52.6 Replikation eines umhüllten DNA-Virus (Herpes-simplex-Virus). Nach der Adsorption und Penetration durch Fusion der Virushülle mit der Zellmembran erfolgt der Transport des Kapsids auf Mikrotubuli im Zytoplasma zum Zellkern. Die DNA tritt (gemeinsam mit dem Transaktivatorprotein) durch die Kernporen in den Kern ein. Dort beginnt die in 3 Abschnitten ablaufende Transkription („sofortige", „frühe" und „späte" Transkripte); die Proteine werden im Zytoplasma bzw. am rauen ER (Membranproteine) synthetisiert und z. T. in den Kern transportiert. Die Montage der Virionen erfolgt in 2 Stufen: Zuerst bilden sich im Zellkern die Kapside, welche die DNA aufnehmen. Durch Bildung von Einstülpungen und Abschnürung der Partikel erfolgt deren Ausschleusung zunächst aus dem Kern ins Zytoplasma. Nach Verlust der von der inneren Kernmembran abgeleiteten primären Hülle erfolgt im Zytoplasma die Umkleidung der Kapside mit viralen Tegumentproteinen, anschließend durch „Knospung" an der Zellmembran oder an der Membran des ER die Freisetzung neuer infektiöser Virionen aus der Zelle

52.2.2 Andocken an die Zelle

Beim Andocken des Viruspartikels an die Membran der zu infizierenden Zelle reagiert ein außen liegendes Strukturelement des Virions (Kapsid oder Hüllglykoprotein) als **Ligand** mit einem oder mehreren **Rezeptoren** der Membran animaler Zellen. Dadurch werden die Partikel an die Zelle gebunden. Beispiele sind der C3d-Rezeptor (CD21) (▶ Kap. 70) als Anheftungsstelle für das Epstein-Barr-Virus und das CD4-Oberflächenmolekül sowie die Chemokinrezeptoren CCR5 und CXCR4 als Rezeptoren für HIV (▶ Kap. 65). Die Auswahl der Rezeptoren entscheidet mit über den **Tropismus** des Virus für unterschiedliche Zelltypen. Während der Andockungsphase ist das Virus noch auf der Zelloberfläche zugänglich und durch Antikörper neutralisierbar.

52.2.3 Eintritt in die Zelle und Auspacken des viralen Genoms

Der Eintritt des angedockten Virus in die Zelle erfolgt je nach Virusart und Wirtsspezies durch verschiedene Mechanismen.

Endozytose Durch rezeptorvermittelte Endozytose wird das Viruspartikel nach der Adsorption durch Einstülpung der Membran ins Innere der Zelle befördert. Es befindet sich dann in einem Endosom im Zytoplasma. Die Einstülpung der Zellmembran erfolgt auf ein Signal des Rezeptors, das bei der Adsorption ausgelöst wird (Abb. 52.5).

Fusion der Virushülle mit der Zellmembran Bei Viren mit einer Lipidhülle vermag diese mit der – ebenfalls aus Lipiden bestehenden – Zellmembran an der Zelloberfläche zu „verschmelzen". Bei manchen umhüllten Viren (z. B. Influenza) geschieht dieser Prozess auf der Ebene der Membran des Endosoms, nach Endozytose des Virus. In beiden Fällen wird das Kapsid ins Zytoplasma eingeschleust.

Für die Fusion der Virushülle mit der Zellmembran sind spezielle virale Hüllglykoproteine notwendig, die sich je nach Virus unterscheiden (z. B. das gp41-TM-Protein von HIV oder die HA2-Untereinheit des Influenza-Hämagglutinins). Die Aktivierung des Fusionsmechanismus kann durch Kontakt der Virushüllproteine mit bestimmten Oberflächenrezeptoren (z. B. CCR5 oder CXCR4 bei HIV) oder den niedrigen pH des Endosoms (z. B. Influenza-Hämagglutinin) erfolgen und stellt bei manchen Viren einen therapeutischen Angriffspunkt dar.

Auspacken des viralen Genoms (Uncoating) Um die Information der Virusnukleinsäure freizusetzen und zu nutzen, muss zunächst die „Verpackung", das Kapsid, aufgelöst werden. Bei durch Endozytose aufgenommenen, nichtumhüllten Picorna- und Adenoviren bewirkt ein niedriger endosomaler pH von 5,0 den Zerfall bzw. den enzymatischen Abbau der Kapside und die Freisetzung der RNA. Bei viralen Kapsiden, die – nach Fusion der Virushülle mit der Zellmembran oder der Membran des Endosoms – im Zytoplasma angekommen sind, sind posttranslationale Modifikationen (Phosphorylierung, Ubiquitinierung) der Kapside an deren Destabilisierung beteiligt. Der gesamte Prozess wird als **Uncoating** (Entkleidung, Auspacken) der Virusnukleinsäure bezeichnet.

52.2.4 Synthese „nichtstruktureller" Virusproteine

Nicht-strukturelle Virusproteine sind Proteine, die kein Bestandteil des fertigen Viruspartikels sind, die das Virus aber während seiner Replikation und seines Aufenthalts in der Zelle benötigt, um z. B. ein virales RNA-Genom zu replizieren (die hierfür notwendige RNA-abhängige RNA-Polymerase kommt in der Zelle normalerweise nicht vor) oder die verschiedenen Komponenten des Immunsystems abzuwehren. Hierzu gehören z. B. virale Proteine, welche die Induktion oder Wirkung von antiviralem Interferon antagonisieren, die Apoptose hemmen oder die Präsentation von Antigenen verhindern. Viele dieser Proteine werden bei manchen Viren früh im Infektionszyklus gebildet, vor der Synthese der Strukturproteine. Letztere sind Bestandteile des Viruspartikels („Virions").

Bei **Positivstrang-RNA-Viren** hat das virale Genom die Eigenschaften einer mRNA [(+)-Einzelstrang = (+) ssRNA, Polyadenylierung am 3'-Ende; ◘ Abb. 52.5] und kann deshalb direkt an Ribosomen translatiert werden. Beispiele hierfür sind Polio-, Hepatitis-A- und Hepatitis-C-Virus.

Bei **Negativstrang-RNA-Viren** entspricht die genomische Virus-RNA [= (–)ssRNA] nicht einer mRNA und ist demzufolge nicht zur direkten Translation fähig. In diesen Fällen muss zuerst eine Transkription erfolgen. Erst hierdurch entsteht eine translationstüchtige (+)Strang-RNA. Dieser Vorgang wird durch eine in die Viruspartikel eingepackte und deshalb nach Eintritt des Virus in die Zelle sofort verfügbare, **virale RNA-abhängige RNA-Polymerase** katalysiert. Beispiele sind Myxoviren und das Tollwutvirus.

Bei **DNA-Viren** dient die genomische DNA als Matrize für die Synthese von viralen mRNAs, die anschließend im Zytoplasma an zellulären Ribosomen in Proteine translatiert werden. Bei den meisten DNA-Viren findet die Replikation und die Synthese viraler mRNAs im Kern statt (◘ Abb. 52.6), bei Viren der Pockengruppe und den „Riesenviren" (► Abschn. 52.1.4) im Zytoplasma. Bei Herpesviren wird ein transaktivierendes Protein aus dem Virion frei, das sogleich seine Funktion als Aktivator der Transkription viraler Gene aufnimmt. Bei Herpesviren bezeichnet man derartige, schon vor der Synthese neuer Proteine verfügbare virale Proteine als **„Sofortproteine"**.

Die als Erste gebildeten Nichtstrukturproteine bezeichnet man als sog. **frühe Proteine**. Zu dieser Kategorie rechnet man diejenigen Enzyme des Virus, die zur Replikation der Virus-DNA unentbehrlich sind. Zu den frühen Proteinen werden v. a. die **DNA-Polymerasen** gezählt, aber auch andere Enzyme, z. B. die Thymidinkinase und die Ribonukleotidreduktase. Manche frühen Proteine der Adeno- und Papillomviren wirken als Transformationsproteine (► Kap. 53, 68 und 69).

52.2.5 Replikation des viralen Genoms

Mit der Bereitstellung der nichtstrukturellen Virusproteine sind wichtige Voraussetzungen für die Replikation der Virusnukleinsäure gegeben. Für die Synthese neuer Virusnukleinsäure müssen folgende Elemente zur Verfügung stehen:

- **Energiereiche Nukleotide:** Sie werden von der Zelle, z. T. unter Mithilfe viruskodierter Enzyme (Thymidinkinase), geliefert.
- **Nukleinsäuremuster:** Es wird ein Muster (Matrize) benötigt, nach dessen Bauplan die Herstellung der Kopien erfolgt. Diese Aufgabe erfüllt die genomische Virusnukleinsäure (DNA oder RNA).
- Eine **virale Polymerase**, z. B.:

- **DNA-abhängige DNA-Polymerase** für die DNA-Synthese mancher DNA-Viren, z. B. Viren der Herpes- oder Pockengruppe
- **RNA-abhängige RNA-Polymerase** („Replikase") für die RNA-Synthese bei RNA-Viren
- **RNA-abhängige DNA-Polymerase** (reverse Transkriptase) bei Retroviren

Positivstrang-RNA-Viren Die positive Einzelstrang RNA [(+)ssRNA] hat die Charakteristika einer mRNA [(+)Strang, 5'-CAP oder IRES („internal ribosomal entry site"), 3'-poly-A-Schwanz] und kann deshalb direkt an Ribosomen translatiert werden. Gleichzeitig dient sie als Matrize für die Bildung einer (–)Strang-Kopie, von der ausgehend wieder neue (+) strängige RNA-Moleküle gebildet werden, die dann als neue Genome in die neu gebildeten Viruspartikel eingebaut werden. Die Komplexe, die sich aus (+)- bzw. (–)Strängen, ferner aus Replikasemolekülen und schließlich aus unterschiedlich langen Strängen der neu gebildeten RNA zusammensetzen, werden als replikative Intermediate bezeichnet. Als Nebenprodukte fallen Doppelstrang-RNA-Moleküle an, die als Interferon-Induktoren wirken (▶ Kap. 111; ◘ Abb. 52.5).

Negativstrang-RNA-Viren Einzelstrang-RNA-Viren mit Negativstrang-RNA [=(–)ssRNA] enthalten eine Replikase. Die Synthese der (+)Strang-RNA wird durch dieses Enzym ausgehend von der als Matrize dienenden genomischen Virus-RNA vorgenommen. Anschließend verläuft die Synthese der mRNA und der neuen genomischen (–)Strang-RNA wie bei den (+) Strang-Viren.

DNA-Viren Je nach Virusfamilie wird die Replikation der viralen DNA durch virale oder zelluläre DNA Polymerasen bewerkstelligt und findet meistens im Zellkern statt (Ausnahme: Pockenviren und Riesenviren (▶ Abschn. 52.1.4). Hierbei wird die nach Eintritt des Virus in den Zellkern als geschlossener Zirkel vorliegende virale DNA „immer im Kreis herum" kopiert: „Rolling-circle"-Mechanismus. Herpes- und Adenoviren (doppelsträngige DNA als virales Genom) benutzen für die DNA Synthese ihre eigene DNA Polymerase, Papillomviren zellkodierte Polymerasen. Die Parvoviren (einzelsträngige DNA) synthetisieren im Kern mithilfe zellulärer Polymerasen ihre Doppelstrang-DNA; sie dient als Matrize für die mRNA. Später wird die DNA in Kapside eingebaut. Die Viren der Pockengruppe replizieren sich ausschließlich im Zytoplasma und müssen deshalb dort eigene Enzyme für den DNA-Stoffwechsel und die DNA-Replikation verwenden.

Retroviren Das Umschreiben der retroviralen RNA in DNA erfolgt durch die reverse Transkriptase in mehreren Schritten. Zuerst wird während der Passage des sich auflösenden viralen Kapsids durch das Zytoplasma von der (+)-strängigen viralen RNA ein (–)-DNA-Strang kopiert, der dann als Matrize für die Anfertigung des 2. DNA-Stranges dient („Präintegrationskomplex"). Die jetzt vorliegende doppelsträngige DNA wird zu einem Ringmolekül geschlossen; hiervon ausgehend erfolgt die Integration ins Zellgenom. Die integrierte virale DNA wird als Provirus bezeichnet, von dem mRNA und virale RNA durch die zelluläre RNA-Polymerase II abgelesen wird.

Varianten dieser allgemeinen Replikationsprinzipien werden in den Kapiteln zu den einzelnen Viren (ab ▶ Kap. 54) behandelt.

Einfluss der Virusreplikation auf den Stoffwechsel der Zelle Um ihre eigene Vermehrung gegenüber der Synthese zellulärer Proteine zu begünstigen, haben verschiedene Viren Abläufe entwickelt, welche die Expression zellulärer Gene hemmen. Hierzu gehört z. B. der Abbau zellulärer mRNAs durch virale Nukleasen („host-shutoff" = „Abschaltung" der Wirtszelle) oder die präferenzielle Translation viraler mRNA dank spezieller viraler Strukturen (IRES, „cap-stealing").

52.2.6 Synthese viraler Strukturproteine

Strukturproteine sind virale Proteine, die für den Zusammenbau neuer Virionen benötigt werden, also Proteine des Kapsids und ggf. der Virushülle, der Matrix und des Teguments (◘ Abb. 52.6). Bei Herpesviren beginnt ihre Synthese, wenn die Replikation der Virusnukleinsäure in Gang gekommen ist. Auch hier gilt, dass **DNA-Viren** ihr Kapsid- bzw. Hüllmaterial über eine neu gebildete mRNA synthetisieren lassen, während die **Positivstrang-RNA-Viren** ihre eigenen Nukleinsäurekopien (Tochter-RNA) oder entsprechende Teile davon als mRNA benutzen. Viele Positivstrang-RNA-Viren synthetisieren zunächst einen oder mehrere Vorläuferproteine, die dann von viralen Proteasen in Untereinheiten gespalten werden, um individuelle Strukturproteine zu generieren. Beispiele hierfür sind die Core- und Hüllproteine des Hepatitis-C-Virus und des HIV sowie die Kapsidproteine der Enteroviren.

Viruskodierte Glykoproteine werden in die Zellmembran eingebaut. Darüber hinaus können virale Proteine wieder in Proteasomen abgebaut und die dadurch entstandenen Peptide durch MHC-Typ-I- oder MHC-Typ-II-Moleküle auf der Zelloberfläche präsentiert werden (▶ Abschn. 52.3). Auf diese Wiese kann die virusproduzierende Zelle vom Immunsystem als fremd erkannt und ggf. eliminiert werden.

52.2.7 Zusammenbau und Ausschleusung

Je nach Virustyp erfolgt der Zusammenbau der Viren im Kern, im Zytoplasma und/oder an der Plasmamembran der infizierten Zelle. Als generelle Prinzipien lassen sich festhalten:

- Umhüllte Viren erhalten ihre (Lipid-)Hülle von zellulären Membranen, indem bereits geformte Kapside oder Kapsidvorläufer sich beim Durchtritt durch zelluläre Membranen mit deren Lipiddoppelschicht „umhüllen“ (◘ Abb. 52.6). Das „Umhüllen“ geschieht bevorzugt dort, wo virale Glykoproteine in Membranareale integriert wurden. So gelangen virale Glykoproteine in die Virushülle.
- Bei vielen Viren werden elektronenmikroskopisch als Viruspartikel identifizierbare Strukturen erstmals an der Zytoplasmamembran während des „Ausschleusens“ aus der Zelle sichtbar. Zu diesem Zeitpunkt verdichten sich die Kapsidstrukturen durch Umlagern der beteiligten Proteine so, dass sie darstellbar werden. Dieser Prozess wird als **„budding“** oder **Knospung** bezeichnet.
- Die „Umhüllung“ kann je nach Virustyp an der Zellmembran (z. B. HIV, Influenza), an zytoplasmatischen Membrankompartimenten (z. B. Tollwutvirus am ER) und Kernmembranen stattfinden. Manche Viren verwenden sogar mehrere Kompartimente: So erfolgt bei Herpesviren eine primäre Umhüllung von im Kern gebildeten Kapsiden durch die innere Kernmembran; diese geht nach Eintritt des Viruspartikels ins Zytoplasma wieder verloren und wird durch die endgültige, von der Plasmamembran abgeleitete Hülle ersetzt.
- In manchen Fällen geht die Zelle nach Beendigung der Montage zugrunde und die Viren werden passiv durch Zelllyse entlassen (Picornaviren).

52.2.8 Fehlerhafte Replikation und ihre Bedeutung

Inkomplette Virionen können entstehen, wenn bei der Montage der eine oder andere Baustein fehlt, durch Mutationen fehlerhaft wird oder die Replikation unvollständig abläuft. Dabei entstehende defekte Viruspartikel sind nicht nur „Abfall“, sondern können eine Bedeutung in der Auseinandersetzung des Wirtes mit einer Virusinfektion haben. So kann ein Überschuss an defekten Viruspartikeln etwa neutralisierende Antikörper „abfangen“ – man spricht von **defekten, interferierenden Partikeln.**

52.2.9 Quasispezies

Diesen Begriff verwendet man bei manchen sehr schnell mutierenden Viren. Hier liegt nicht eine einheitliche Virussequenz bei allen im Organismus zirkulierenden Virionen vor, sondern ein „Schwarm“ von Viruspartikeln mit leicht oder deutlich unterschiedlicher Sequenz. Da man in diesem Fall nicht von einem einheitlichen Virus sprechen kann, beschreibt der Begriff Quasispezies, dass unterschiedliche Viren in diesem „Schwarm“ verschiedene Eigenschaften haben können, so z. B.:

- Unterschiedliche Fähigkeiten, gewisse Zelltypen zu infizieren
- Unterschiedliche Resistenz gegenüber antiviralen Substanzen
- Unterschiedliche Suszeptibilität gegenüber neutralisierenden Antikörpern oder virusspezifischen T-Zellen

Dieses Phänomen spielt bei HIV und HCV eine große Rolle. Gründe für die hohen Mutationsraten dieser RNA-Viren sind das Fehlen einer „Korrekturlesefunktion“ der RNA-abhängigen Polymerasen und die extrem hohen Replikationsraten, welche die Fehlerwahrscheinlichkeit bei der Replikation massiv erhöhen.

In Kürze: Vermehrung von Viren

Die Replikation lässt sich einteilen in:

1. Andocken des Virus an einen oder mehrere Rezeptoren auf der Zelloberfläche
2. Eintritt in die Zelle durch Fusion der Virushülle mit der Zellmembran an der Zelloberfläche oder durch Endozytose mit anschließender Fusion der Virushülle mit der Membran des Endosoms (umhüllte Viren) oder Durchdringen des Membran des Endosoms (nichtumhüllte Viren), sowie anschließendem „Auspacken“ des viralen Genoms (Uncoating)
3. Synthese nichtstruktureller oder „früher“ Proteine, die für die Replikation des viralen Genoms benötigt werden.
4. Replikation der viralen genomischen RNA oder DNA
5. Synthese neuer Strukturproteine
6. Zusammenbau neuer Viruspartikel (Montage)
7. Ausschleusung

Bei der Replikation können inkomplette Partikel entstehen (abortive Vermehrung); v. a. bei den RNA-Viren kommt es aufgrund häufiger Mutationen zur Ausbildung einer Quasispezies und defekter interferierender Partikel. Während der Virusreplikation wird der Zellstoffwechsel umgesteuert um eine präferenzielle Synthese viraler Proteine zu erlauben.

52.3 Unterschiedliche Verläufe von Virusinfektionen

Eine Virusinfektion kann **apparent** (mit klinischen Symptomen) oder **inapparent** verlaufen. In dieser Hinsicht weisen einzelne Virusarten einen unterschiedlichen **Manifestationsindex** auf:

- Die Masern sind fast immer apparent.
- Mumps- und Influenza-Infektionen verlaufen zu etwa 50 % apparent.
- Die primäre Infektion mit Herpes-simplex-Virus ist nur bei etwa 5–10 % der Fälle apparent.
- Die Poliomyelitis ist bei weniger als 1 % der Infizierten apparent.

Der Grund, warum im Einzelfall beim Patienten eine Infektion apparent oder symptomlos verläuft, ist in den meisten Fällen unklar.

52.3.1 Akute Infektion mit Viruselimination

Bei der akuten Infektion entsteht eine erkennbare, zeitlich begrenzte, **klinisch apparente** oder **inapparente** Infektion. Es kommt zur Virusvermehrung und zur Ausscheidung infektiöser Viruspartikel. Die Infektion kann im Sinne einer **Lokalinfektion** auf die Eintrittspforte und deren Umgebung beschränkt bleiben, wie beim banalen Schnupfen, oder sich über den gesamten Organismus ausbreiten und eine **generalisierte, in mehreren Phasen verlaufende Infektionskrankheit** wie die Masern hervorrufen. In beiden Fällen reagiert das Immunsystem: Es werden Antikörper, zytotoxische T-Zellen (CTL) und Gedächtniszellen gebildet, der Patient erwirbt eine Immunität. Am Ende der Krankheit enthält der Wirtsorganismus kein infektiöses Virus mehr, d. h., das Virus ist eliminiert (◘ Abb. 52.7).

52.3.2 Persistierende Infektion

In diesem Fall wird das Virus nach der apparent oder inapparent verlaufenden Primärinfektion nicht vollständig aus dem Organismus eliminiert und repliziert sich kontinuierlich weiter, allerdings in geringerem Umfang als während der akuten Primärinfektion. Zunächst entstehen dabei keine Symptome. Diese treten erst dann auf, wenn durch die – oft jahrelange – kontinuierliche Virusreplikation ein ausgeprägter Schaden in einem Organ entstanden ist. Beispiele hierfür sind HIV, Hepatitis-B- und Hepatitis-C-Viren (◘ Abb. 52.7).

Während der Persistenz hat sich ein „Gleichgewicht“ zwischen viraler Replikation und antiviraler Immunität eingestellt. Zwar hält das Immunsystem das Ausmaß der viralen Replikation unter Kontrolle und die Menge an replizierendem Virus **(Viruslast)** ist deutlich niedriger als in den frühen Phasen der Erstinfektion (oder, im Fall des HIV, in den Spätphasen der Erkrankung, nach Zusammenbruch des Immunsystems), aber es kommt nicht zur Elimination des Virus.

Die Gründe für die Unfähigkeit des Immunsystems, das Virus vollständig zu eliminieren, sind nur partiell verstanden; die Fähigkeit von HIV und HCV, sehr rasch neue Mutanten zu entwickeln (Quasispezies; ▶ Abschn. 52.2.9), die zytotoxischen T-Zellen „entkommen“ können (Immunevasion), und eine eingeschränkte Fähigkeit des infizierten Wirtes, gewisse virale Epitope zu erkennen, tragen zur Persistenz bei.

Die Bedeutung eines ausgereiften Immunsystems für die Elimination mancher prinzipiell zur Persistenz fähiger Viren wird an einer Reihe klinischer Beobachtungen deutlich:

- So führt die Infektion mit **HBV** in der Perinatalphase oder in der frühen Kindheit häufiger zur lebenslangen Persistenz dieses Virus als die Infektion im Erwachsenenalter. Dafür verläuft die Infektion im frühen Lebensalter weniger häufig mit den klinischen Symptomen einer Hepatitis, die Ausdruck der Immunreaktion gegen infizierte Zellen der Leber ist (s. u.). Der Preis, den man dank eines kompetenteren Immunsystems für eine effizientere Elimination des Virus zahlt, ist eine stärker ausgeprägte Primärerkrankung.
- Ein weiteres Beispiel ist die lange auf hohem Niveau persistierende Ausscheidung von **Zytomegalievirus** durch intrauterin (also zu einem Zeitpunkt, zu dem das Immunsystem noch nicht ausgereift ist) infizierte Neugeborene.

52.3.3 Latente Infektion

Der Organismus ist und bleibt lebenslang infiziert, jedoch ohne klinische Symptome zu zeigen und ohne dass Virus im Regelfall nachweisbar ist: Das Virus „ist in den Untergrund gegangen“ (z. B. HSV in die Ganglien der Hirnnerven). Im Unterschied zur persistierenden Infektion findet über lange Zeiträume keine aktive Virusreplikation mit Bildung neuer Viruspartikel statt. Das Virus begnügt sich damit, sehr wenige Proteine zu bilden, die gerade noch für die Erhaltung seines Genoms in der latent infizierten Zelle benötigt werden:

- Beim **Epstein-Barr-Virus** (EBV) und beim **Kaposi-Sarkom-Herpes-Virus/Humanen Herpesvirus (HHV-8),** die ihre Latenz in sich teilenden

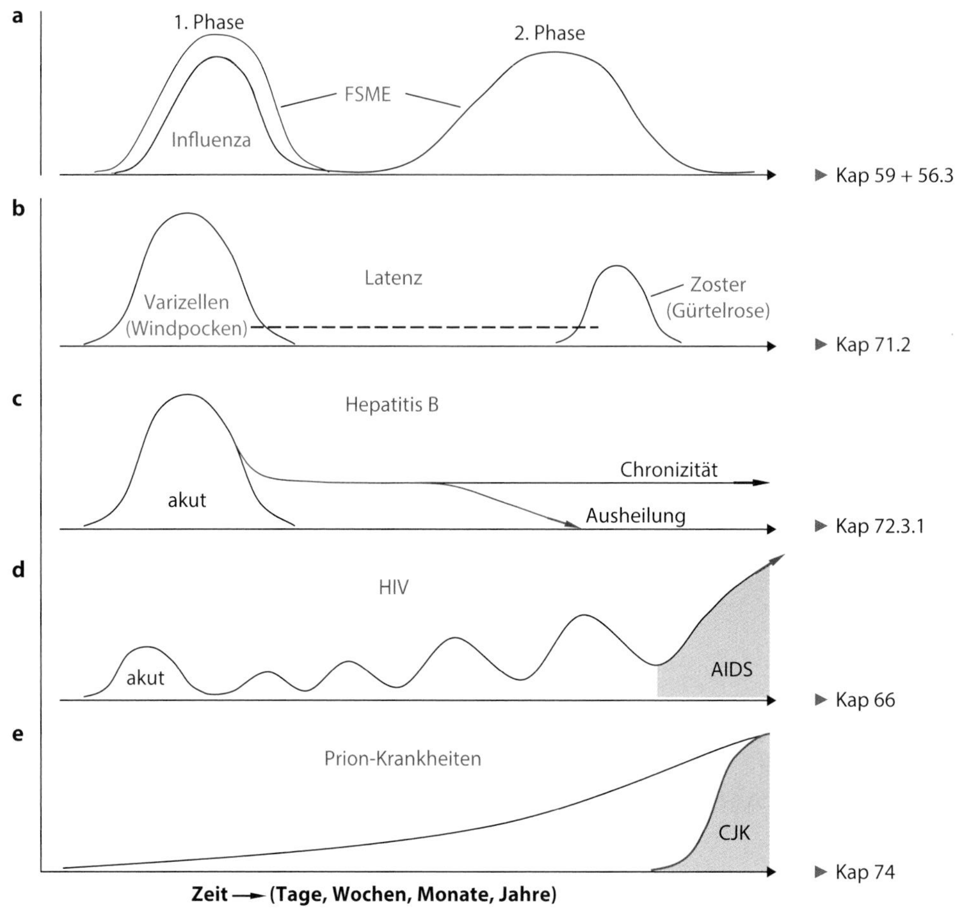

Abb. 52.7 **a–e** Beispiele für Verlaufsformen von Infektionserkrankungen. Die schwarze Linie gibt jeweils das Ausmaß der Virusreplikation („Viruslast") wieder. **a** Akute, selbstlimitierte Infektion: Das Immunsystem schafft es, das Virus aus dem Körper zu eliminieren. Es kommt temporär zur Virusausscheidung, die nach Ende der akuten Phase der Erkrankung beendet ist (FSME, Frühsommer-Meningoenzephalitis). **b** Latente Infektion: Bei dieser etabliert das Virus ein minimales Programm der Genexpression, das es ihm erlaubt, nur sein Genom in der infizierten Zelle zu erhalten. In dieser Phase ist in den üblichen Untersuchungsmaterialien allgemein kein Virus nachweisbar. Gelegentlich kann es zur Reaktivierung mit Produktion infektiöser, kompletter Viruspartikel kommen. **c–d** Persistierende Infektion: Bei dieser schafft es das Immunsystem nicht, das Virus zu eliminieren. Lange Zeit oder auf Dauer findet Virusreplikation auf niedrigem Niveau statt, deren Ausmaß das Immunsystem reguliert. Deshalb nimmt die HIV-Replikation nach Zusammenbruch des Immunsystems wieder zu (▶ Kap. 65). **e** Prionen vermehren sich sehr langsam. Die dadurch bedingte Erkrankung, vCJK (Variante der Creutzfeldt-Jakob-Krankheit [vCJD], hat eine mehrjährige Inkubationszeit

(B-)Zellen etablieren, muss der minimale Satz viraler Proteine dafür sorgen können, dass sich das als zirkuläres Plasmid vorliegende virale Genom bei jeder Zellteilung einmal repliziert und auf die Tochterzellen verteilt wird, um in sich teilenden Zellen „nicht verloren zu gehen".
- Im Fall von **Herpes-simplex-Virus,** das in teilungsunfähigen ausdifferenzierten Neuronen latent vorliegt, wird nur eine nichttranslatierte RNA (LAT) exprimiert, die als Vorläufer von miRNAs (mikroRNAs) dient, welche die Expression anderer viraler Gene antagonisieren.
- Das **Varicella-Zoster-Virus** (VZV) etabliert seine Latenz ebenfalls in Neuronen, während das **Zytomegalievirus** Zellen der myelomonozytären Reihe bevorzugt.

Bei der Erhaltung dieses latenten Zustands spielt das Immunsystem ebenfalls eine wichtige Rolle. Das latente Stadium der Infektion wird jedoch gelegentlich unterbrochen von einem **Rezidiv.** Klassisches Beispiel sind durch Herpes Simplex Virus bedingte Lippenbläschen und die Gürtelrose (Varicella-Zoster-Virus). Dabei erfolgt, bedingt durch externe Einflüsse (z. B. Schwächung des Immunsystems, UV-Exposition, hormonelle Schwankungen) eine **Reaktivierung des Virus,** das dann in einer **infektionstüchtigen Form** gebildet wird (Abb. 52.7 und 52.8).

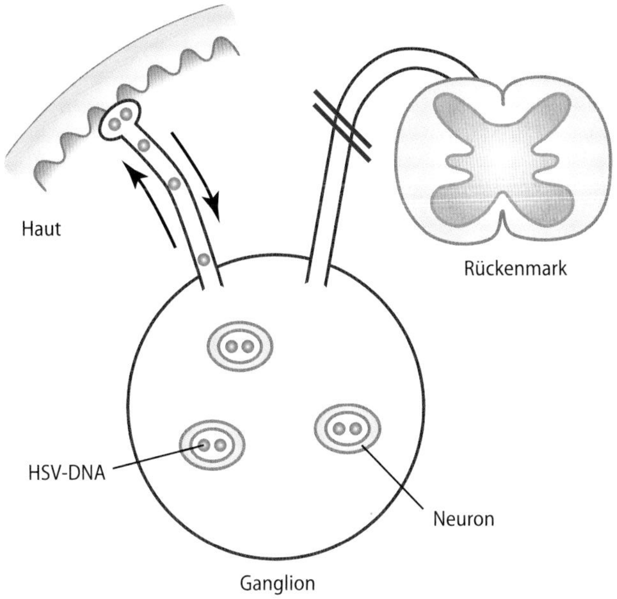

Abb. 52.8 Latenz des Herpes-simplex-Virus (HSV) in Neuronen. HSV und Varicella-Zoster-Virus etablieren ihre Latenz in sensorischen Ganglien. Reaktivierung des Virus in diesen Zellen führt zur Bildung neuer Viruspartikel und zu deren Transport entlang den Fortsätzen der Neuronen zu den von ihnen innervierten Hautarealen und zur Infektion von Zellen der Mukosa oder Haut. Dies ergibt die „Fieberbläschen" auf der Lippe (HSV) bzw. auf bestimmte Dermatome beschränkte Bläschen beim Herpes Zoster

52.4 Ausbreitung im Organismus

Virusinfektionen des Menschen oder der Tiere können auf die Region der Eintrittspforte begrenzt bleiben (**Lokalinfektion,** z. B. bei Rhinoviren), aber auch in den Organismus vordringen und eine **systemische Infektionskrankheit** auslösen (z. B. Röteln, Masern).

▪ Eintrittspforten

Viren treten über die Haut, die Konjunktiven, die Mundhöhle, den Nasen-Rachen-Raum, den Gastrointestinaltrakt oder das Genitale in den Organismus ein. Primärer Ansiedlungsort für Papillomviren und Herpes-simplex-Virus ist das Epithel der Haut oder Schleimhaut; Gelbfieberviren gelangen durch den Stich eines Insekts direkt in das Blut, das Tollwutvirus durch eine Bisswunde in den Körper.

An diesen Eintrittspforten kann sich das Virus vermehren, in die regionalen Lymphknoten wandern und sich replizieren oder Zugang zu den Nervenendigungen finden (HSV, Tollwut). Warzen entstehen direkt im Epithel der Haut, HSV erzeugt bei der Primärinfektion Bläschen in der Mundschleimhaut. Viele Viren erzeugen lokale Erkältungskrankheiten (Schnupfen, Pharyngitis etc.).

▪ Virämie

Von den lokalen Lymphknoten gelangt das Virus in die Blutbahn und verursacht eine primäre Virämie, wodurch es in Endothelzellen sowie ins Knochenmark gelangt und sich vermehren kann. Von dort aus erzeugt es eine sekundäre Virämie, die schließlich zur Organmanifestation führt (z. B. Beteiligung von Gehirn, Meningen, Haut, Schleimhäute, Speicheldrüsen, B-Zellen etc.). Dieser biphasische Verlauf mancher Viruserkrankungen (Zweigipfligkeit der Virusausbreitung) spiegelt sich manchmal in Fieberschüben wider. Die Ausbreitung des Virus im Blut kann frei oder zellgebunden erfolgen.

Der **Organbefall** erfolgt hämatogen (Leber etc.) bzw. im Falle des ZNS (Gehirn, Meningen) hämatogen (FSME) oder neurogen (HSV, Tollwut). Auch die Haut wird hämatogen besiedelt (Masern, Röteln, Varizellen), wobei die Exantheme die Folge von Entzündungen als Reaktion auf die Präsenz von Viren sind (Abb. 52.7).

▪ Andere Arten der Virusausbreitung

HSV wandert von der Eintrittspforte der Lippen entlang der Axone retrograd in die sensorischen Ganglien, VZV gelangt virämisch in die Haut und von dort axonal in die Spinalganglien. Das Tollwutvirus wandert von den Wunden aus via Nervenfasern ins Rückenmark und weiter ins Gehirn. Virusinfektionen der oberen Luftwege können sich von der Eintrittspforte in den Bronchialbaum und die Lunge ausbreiten. So wandert das Influenzavirus zur Lunge, indem es sich in den Zellen der Tracheal- und Bronchialschleimhaut vermehrt.

▪ Virusausscheidung

Diese kann vom Ort der Primäransiedlung (Schnupfen, Influenza, Masern etc.) oder vom Manifestationsort in der Haut (Pocken, Varizellen) aus erfolgen. HAV gelangt über die Gallenwege in den Darm, Entero- und Rotaviren werden nach der Infektion im Darm mit dem Stuhl ausgeschieden. HBV und HCV werden aus der Leber in großen Mengen ins Blut abgegeben und durch Blutkontakte übertragen (Tab. 52.1).

52.5 Pathogenität

Der Begriff **Pathogenität** gibt an, ob ein Virus in einer Spezies krankmachend wirkt oder nicht.

Der Begriff **Virulenz** hingegen kennzeichnet den unterschiedlichen Grad der krankmachenden Wirkung von Virusmutanten oder -varianten einer Virusspezies. In der Natur kommen bei ein und derselben Virusart Varianten einer Virusspezies mit sehr

52

▪ **Tab. 52.1** Ort der Virusausscheidung bei diversen Virusinfektionen des Menschen

Virus	Ort der Ausscheidung
Herpes-simplex-Virus 1 und 2	Wiederholte Ausscheidung im Speichel, Genitalsekret und aus Herpesbläschen
Humanes Zytomegalievirus	Intermittierende Ausscheidung in Urin, Speichel, Sperma, Muttermilch
Epstein-Barr-Virus	Ausscheidung im Speichel
Adenoviren	Nasen/Rachensekret, Stuhl, Urin
Papillomviren	Freigabe aus Warzen etc., Condylomata acuminata und Genitalsekreten
Polyomaviren (BKV, JCV)	Urin, Stuhl
Parvovirus	Respirationstrakt, Blut
Hepatitis-B-Virus	Blut, Sperma, Speichel, Körpersekrete
Hepatitis-C-Virus	Blut, Sekret
Retroviren (HIV1/2, HTLV-I, -II)	Blut, Sperma, Speichel, Muttermilch, andere Körpersekrete; HTLV-I nur in infizierten Zellen übertragbar

verschiedenartiger Virulenz vor. So unterscheiden sich die Subtypen der Influenza A erheblich hinsichtlich ihrer Virulenz. Dem hochvirulenten H1N1-Subtyp der Pandemie 1918 („Spanische Grippe", 20–40 Mio. Todesfälle) steht der weniger virulente Subtyp H2N2 (Asiatische Grippe) aus der Pandemie 1957 oder der Subtyp H1N1sw 2009 aus der Pandemie 2009 gegenüber. Bei HIV entstehen im Organismus zahlreiche **Quasispezies** (▶ Abschn. 52.2.9) mit unterschiedlichen Eigenschaften bezüglich Tropismus, Suszeptibilität gegenüber neutralisierenden Antikörpern und zytotoxischen T-Zellen.

Die für die Pathogenität verantwortlichen Einzelfunktionen des Virusgenoms werden als **Virulenzfaktoren** bezeichnet.

52.5.1 Wirtsspektrum und Organtropismus

Viren unterscheiden sich auch in ihrer Fähigkeit, verschiedene Spezies zu infizieren **(Wirtsspektrum).** Ein Beispiel für ein Virus mit einem breiten Wirtsspektrum ist das Tollwutvirus, das praktisch alle Warmblüter infiziert. Extrem eng hingegen ist das Wirtsspektrum des Epstein-Barr-Virus und des Kaposi-Sarkom-Herpes-Virus, die sämtlich nur für den Menschen infektiös sind.

Viren unterscheiden sich ebenfalls in ihrer pathogenen Wirkung auf bestimmte Organe bzw. Organsysteme **(Organtropismus).** Selbst innerhalb einer Virusart gibt es z. B. **neurotrope** und **viszerotrope Varianten.** Diese **Organspezifität** wird durch eine besonders gute Replikationsfähigkeit in bestimmten Zellarten determiniert. Sie hängt ab vom Vorkommen der entsprechenden zellulären Rezeptoren für die Aufnahme des Virus in die Zelle, aber auch von anderen zellulären Faktoren, die z. B. im Rahmen des intrazellulären Transports oder der Virusreplikation mit Virusbestandteilen interagieren müssen. Ferner kann der Aktivierungs- und/oder Differenzierungsgrad einer Zelle einen Einfluss auf die Replikationsfähigkeit eines Virus haben: So repliziert z. B. HIV nur dann produktiv in Lymphozyten, wenn diese aktiviert sind, und die produktive Replikation der Papillomviren steigt mit zunehmendem Differenzierungsgrad der infizierten Epithelzelle in der zervikalen Mukosa.

Während manche Viren einen sehr engen Organtropismus aufweisen (z. B. das Tollwutvirus, das bevorzugt die Zellen des ZNS schädigt), können andere in nahezu allen Organen des infizierten Wirtsorganismus Schäden setzen (z. B. bei der Zytomegalie und beim Herpes neonatorum). Ein Immundefekt begünstigt das Ausbreiten einer Virusinfektion auf Organe, die bei einem immunkompetenten Wirt nicht oder nur selten befallen werden.

Die Eigenschaft der **Neuroinvasivität** erlaubt es Viren, die Blut-Hirn-Schranke zu überwinden und ins Hirngewebe vorzudringen. Neurotrope Viren durchqueren die Blut-Hirn-Schranke auch als „blinde Passagiere", z. B. in Makrophagen.

52.5.2 Direkte Auswirkungen des Virus auf die infizierte Zelle

Manche Viren richten die Zelle dadurch zugrunde, dass sie deren Syntheseapparat intensiv für die eigene Vermehrung in Anspruch nehmen. Damit kann die Zelle ihren eigenen Metabolismus nicht aufrechterhalten und geht zugrunde. Andererseits gibt es virale Infektionen, bei denen die infizierte Zelle sich der doppelten Belastung gewachsen sieht und es zu keinem sichtbaren Zellschaden kommt.

Während der Replikation dominiert das Virus die Transkriptions- und Translationsmaschinerie der Zelle und sorgt dafür, dass „seine" Proteine präferenziell gebildet werden. Das Abschalten oder Unterdrücken der Translation zellulärer Proteine bezeichnet man als „host-shutoff". Manche Viren besitzen Nukleasen, die bestimmte Klassen zellulärer mRNAs zerstören. Bei anderen Viren kann bereits die Interaktion des Virus mit Rezeptoren der Zellmembran Signalketten in der Zelle anregen, die ihm Vorteile bei der Aufnahme in die Zelle und bei der Passage durch das Zytoplasma verschaffen.

Die **in der Zellkultur** als Folge der Virusinfektion hervorgerufenen typischen Veränderungen der Zellmorphologie werden als **zytopathischer Effekt** („cytopathic effect", CPE) bezeichnet. In der **virologischen Diagnostik** wird das Auftreten eines CPE in einer mit Patientenmaterial inokulierten Zellkultur als Hinweis auf die erfolgreiche Anzüchtung eines Virus gewertet. Vermutlich liefern die Erscheinungen des CPE in der Zellkultur ein Spiegelbild der Verhältnisse im infizierten Organismus. Tatsächlich treten z. B. Riesenzellen auch **in vivo** bei Masern- und RSV-Infektionen auf, und die für CMV typischen, als Eulenaugen bezeichneten nukleären Einschlusskörperchen kann man manchmal in der Lunge von Patienten mit CMV-Pneumonie beobachten.

Typische CPE-Manifestationen sind (▫ Abb. 52.9a–c):
- Zellabkugelung
- Riesenzellbildung
- Einschlusskörperchen
- Apoptose

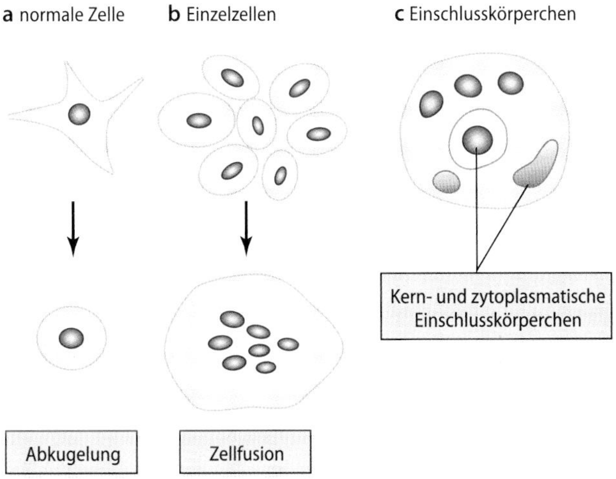

▫ **Abb. 52.9** **a–c** Zytopathischer Effekt. Die Infektion von Zellen kann zur Abkugelung und Lyse (**a**), zur Fusion von Zellen (**b**) und ggf. zur Bildung von Einschlusskörperchen (**c**) in Kern oder Zytoplasma, je nach dem Ort der Virusreplikation, führen

Zellabkugelung Die in der nichtinfizierten Kultur polygonal oder länglich aussehenden, mit Fortsätzen versehenen Zellen runden sich ab (▫ Abb. 52.9a und 52.10); Beispiele hierfür sind mit Herpes-simplex-, Adeno- oder Poliovirus infizierte Zellen.

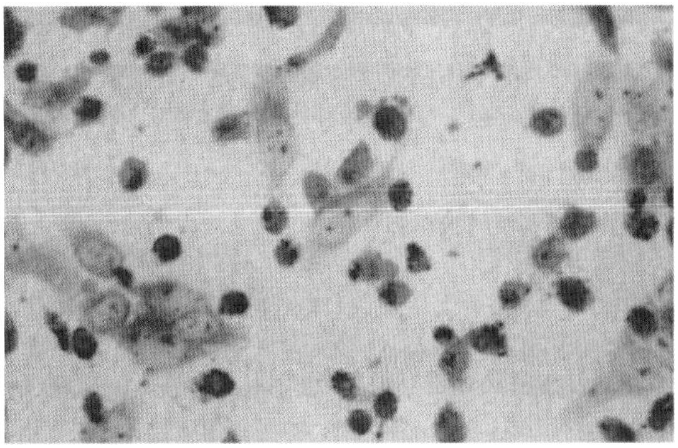

▫ **Abb. 52.10** Zellabkugelung durch ECHO-12 in FL-Zellen. (Mit freundlicher Genehmigung von Prof. Dr. Dietrich Falke, Mainz)

Riesenzellbildung Eine virusinfizierte Zelle fusioniert mit benachbarten, nichtinfizierten Zellen, sodass es zur Ausbildung großer, mehrkerniger Gebilde, sog. Riesenzellen oder Synzytien, kommt (▫ Abb. 52.9b und 52.11). Man beobachtet dies v. a. bei umhüllten Viren. Hier finden sich auf der Oberfläche der virusproduzierenden Zelle virale Hüllglykoproteine, welche die Verschmelzung der Viruslipidhülle mit der Membran der zu infizierenden Zelle vermitteln und in diesem Fall die Fusion der Plasmamembran der infizierten Zelle mit den benachbarten Zellen bewirken. Typische Beispiele sind mit RSV (Respiratory Syncytial Virus) oder manchen Paramyxoviren infizierte kultivierte Zellen.

Einschlusskörperchen Im Kern und/oder im Zytoplasma der befallenen Zelle treten rundliche Strukturen auf, die in typischer Weise färbbar und lichtmikroskopisch leicht erkennbar sind. Ihre Größe beträgt 2–10 µm. Ihre Lokalisation entspricht den Montageorten in der Spätphase des Vermehrungszyklus (▫ Abb. 52.9c und 52.12). Beispiele sind die Guarnieri-Körperchen (basophil) bei Pocken und die Negri-Körperchen bei Tollwut im Zytoplasma, sowie Einschlusskörperchen im Zellkern bei den Viren der Herpes-Gruppe (nukleär).

Gentoxische Effekte Die Anwesenheit von Viren in einer Zelle kann Schäden an der zellulären DNA hinterlassen. Dazu gehören DNA-Strangbrüche und Chromosomenaberrationen, die z. B. durch die in der infizierten Zelle gebildeten Sauerstoffradikale ausgelöst werden, ferner DNA-Mutationen, die durch die virusvermittelte Inaktivierung von DNA-Reparaturmechanismen entstehen. Als Folge

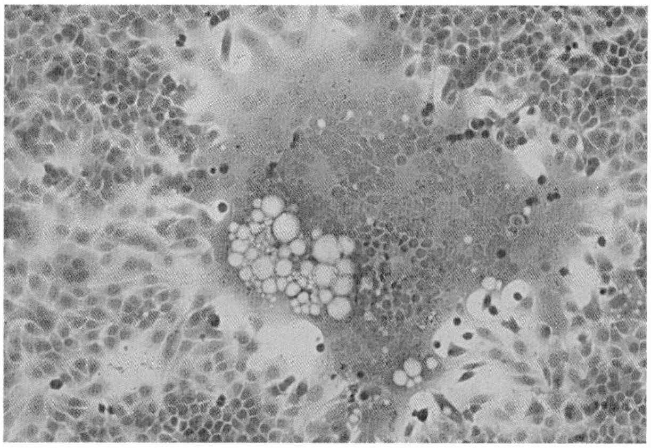

■ **Abb. 52.11** Riesenzellbildung durch HSV. (Mit freundlicher Genehmigung von Prof. Dr. Dietrich Falke, Mainz)

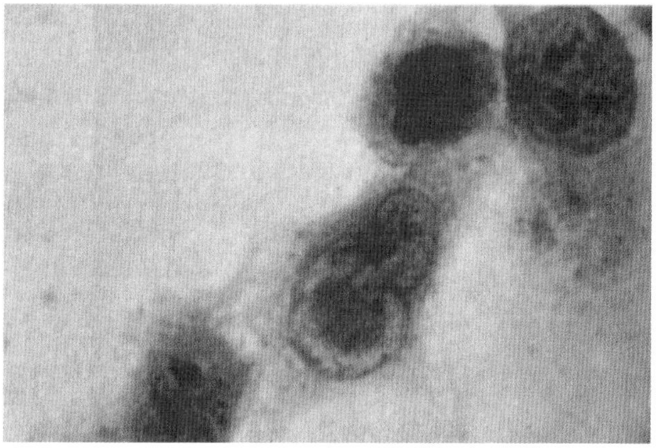

■ **Abb. 52.12** Kern-Einschlusskörperchen nach HSV-Infektion. (Mit freundlicher Genehmigung von Prof. Dr. Dietrich Falke, Mainz)

der Integration viraler DNA in die zelluläre DNA, wie sie typischerweise bei Retroviren vorkommt, kann es zur unkontrollierten Aktivierung zellulärer Gene in der Nachbarschaft der Integrationsstelle und damit zum Entstehen maligner Erkrankungen kommen. Dieser Mechanismus tritt klassisch bei leukämogenen murinen Retroviren auf, wurde aber auch als Folge des gentherapeutischen Einsatzes retroviraler Vektoren beobachtet (▶ Kap. 53).

Apoptose Sie spielt als Folge einer Virusinfektion neben der Nekrose eine wichtige Rolle bei der Entstehung des virusinduzierten Zellschadens. Die Apoptose wird durch komplexe Mechanismen, z. B. nach der Anlagerung des Fas-Liganden (Fas-L) an den Fas-Rezeptor, ausgelöst (▶ Kap. 3, ■ Abb. 3.13; ▶ Kap. 53, ■ Abb. 53.6) und dient der Limitierung oder Verstärkung der Virusausbreitung im Organismus.

52.5.3 Schäden durch die Virusabwehr im infizierten Gewebe

Neben den in ▶ Abschn. 52.5.2 besprochenen Schäden durch das Virus selbst beobachtet man im infizierten Gewebe auch solche Schäden, die als Ergebnis der Immunantwort auf das eingedrungene und sich vermehrende Virus entstehen. Zum einen spielen hier Mechanismen der angeborenen Immunität, wie **Interferone** und **inflammatorische Zytokine** wie IL-1, TNF-α etc., eine Rolle bei den für primäre Virusinfektionen typischen klinischen Symptomen (Fieber, Muskelschmerzen etc.). Diese können das Krankheitsgeschehen dominieren und sogar für den Tod des infizierten Wirtes verantwortlich sein. Ein Beispiel hierfür ist der **„cytokine storm"**, also die überschießende Ausschüttung inflammatorischer Zytokine. Diese werden etwa von hochpathogenen Influenza-Stämmen, wie dem H1N1-Virus („Spanische Grippe" von 1918) oder dem glücklicherweise nur sehr selten auf den Menschen übertragenen H5N1-Influenza Virus („Vogelgrippe") in großen Mengen induziert und sind für die hohe Virulenz dieser Viren mitverantwortlich.

Ferner lassen sich manche mit viralen Infektionen verbundenen Gewebeschädigungen auf die Auswirkungen zytotoxischer T-Zellen oder NK-Zellen zurückführen, die beim Versuch, infizierte Zellen zu eliminieren, auch gesunde Parenchymzellen schädigen (z. B. Hepatitis). Außerdem können im Verlauf der Infektion gebildete Antikörper pathogen wirken: Im Gefolge der Infektion mit HCV kann die Synthese von Kryoglobulinen angeregt werden (▶ Kap. 71). Beim EBV entstehen heterophile Antikörper mit weitgehend unbekannter Spezifität (▶ Kap. 70) oder es entstehen „Autoantikörper" (HBV, ▶ Kap. 71).

Es gibt ferner Hinweise darauf, dass manche **virale Infektionen als Auslöser von Autoimmunerkrankungen** dienen können, bei denen eine fehlgeleitete Immunantwort sich gegen gesundes körpereigenes Gewebe richtet. Beispiele hierfür sind der juvenile insulinabhängige Diabetes mellitus (IDDM), das Guillain-Barré-Syndrom oder die Myokarditis/Kardiomyopathie.

Im Fall des Coxsackie-Virus (CV), das mit manchen Fällen von Typ-I-Diabetes und Myokarditis in Verbindung gebracht wird, bewirken normalerweise Typ-I- und Typ-II-Interferone des angeborenen Immunsystems sowie CD4- und CD8-Zellen bzw. Antikörper des erworbenen Immunsystems die Elimination des Coxsackie-Virus. Besitzt die infizierte Person jedoch bestimmte HLA-Moleküle, die in dendritische Zellen aufgenommene zelluläre Antigene aus zerstörten Kardiomyozyten und β-Zellen präsentieren können, kann ein **Autoimmunprozess** in Gang gesetzt werden, der zur chronischen Organschädigung führt. Hierzu kann beitragen, dass die Stimulation bestimmter Toll-ähnlicher Rezeptoren (TLR) durch virale RNA oder DNA die Sekretion von Interferonen, TNF-α und anderen Interleukinen induziert und damit die Expression von MHC-II-Molekülen sowie die Antigenpräsentation auch auf Kardiomyozyten und β-Zellen induziert (◘ Abb. 52.13), die normalerweise kein Antigen präsentieren und dann aber durch zytotoxische T-Lymphozyten (CTL) angreifbar werden.

52.5.4 Prä- und perinatale Infektionen

Eine besondere Situation liegt vor, wenn eine Virusinfektion auf den Embryo oder Fetus übertritt, wie es z. B. bei CMV, beim Röteln- und beim Parvovirus der Fall ist (◘ Tab. 52.2).

- Viren lösen **Embryopathien** aus, wenn die Infektion auf bestimmte sensible Differenzierungsstadien der Organe in der 3.–12. SSW einwirkt: Die Folgen sind Fehlbildungen (CMV, Rötelnvirus).
- **Fetopathien** entstehen bei Infektionen nach der 12. SSW und schließen entzündungsbedingte Entwicklungsstörungen ein (CMV) oder sind Ausdruck einer akuten Organschädigung (Parvovirus B19).
- **Perinatale Infektionen** liegen vor, wenn die Infektion kurz vor, unter oder kurz nach der Geburt erfolgt (HIV, HSV, HBV, VZV, Coxsackie-Viren). Die Ursache der schweren Verläufe perinataler Infektionen (HSV etc.) ist in der mangelhaften Abwehrfunktion des Immunsystems beim Ungeborenen/Neugeborenen zu sehen.

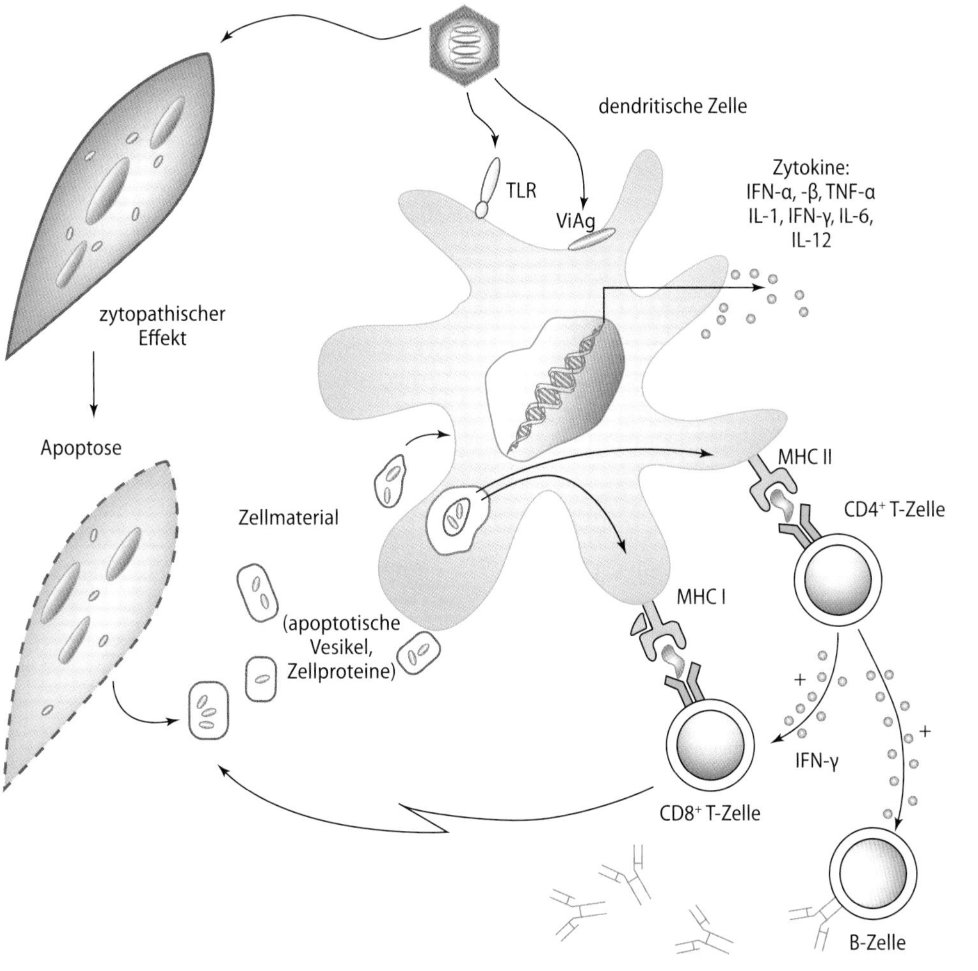

◘ **Abb. 52.13** Virusinduzierte Autoimmunität. Coxsackie-Viren infizieren und zerstören Kardiomyozyten (und β-Zellen des Pankreas); die Zerfallsprodukte werden durch dendritische Zellen (DC) präsentiert. Virale RNA bindet an Toll-ähnliche Rezeptoren (TLR) des angeborenen Immunsystems der DC; dadurch ausgelöste Signalwege resultieren in der Bildung von Zytokinen (IFN, IFN-α, IL-1, -6, -12 etc.). DC präsentieren ebenfalls Virusproteine (ViAg). CD4-Zellen stimulieren B-Zellen und geben IFN-γ ab, welches zusätzlich CD8-Zellen aktiviert. So werden CTL (zytotoxische Lymphozyten) aktiviert, die β-Zellen und Kardiomyozyten zerstören, und B-Zellen bilden (Auto-)Antikörper gegen Virus- und Zellproteine

Tab. 52.2 Embryopathien, Fetopathien und perinatale Infektionen

Virus	Art der Schädigung	Besonderheiten
Röteln	Embryopathie	Taubheit, Herzfehler, Katarakt, Retinopathie, Diabetes mellitus, Thrombozytopenie, Meningoenzephalitis etc
CMV	Embryo-, Fetopathie	Selten bei Reaktivierung, meist bei Primärinfekt
HSV	Fetopathie, perinatale Infektion	Wegen hoher Durchseuchungsrate ist Fetopathie selten; Herpes neonatorum als Ausdruck einer generalisierten Infektion des Neugeborenen
VZV	Embryopathie; perinatale Infektion: schwere Varizellen des Neugeborenen	Geringe Embryopathogenität (selten); Varizellen der Neugeborenen und der Mutter
HBV	Perinatale Infektion	Perinatale Infektion am Ende der Schwangerschaft, führt langfristig zum Trägerstatus und zu chronischer Hepatitis
Parvo B19	Hydrops fetalis, Abort	Fetopathie
Masern	–	Keine Embryopathie, jedoch Aborte und Totgeburten; perinatal: Masern (Letalität 30 %)
Mumps	–	Keine Embryopathie bekannt, Aborte im 1. Trimenon
Vaccinia	Abort/Totgeburt	–
HIV1	–	Infektion von 5–30 % der Kinder in utero während der späten Schwangerschaft und perinatal sowie durch Stillen
Coxsackie (CV)	–	Neugeborenen-Myokarditis, selten
ECHO	–	Allgemeininfektion nach perinataler Infektion
HEV	Mutter	Gefahr für Schwangere (Letalität 20 %)
HCV	–	Perinatale Übertragung möglich, viruslastabhängig

52.6 Abwehrmechanismen bei Virusinfektionen

Wie in Sektion 2 dieses Buches (► Kap. 6–17) ausführlich dargestellt, verfügt der menschliche Organismus über vielfältige Möglichkeiten, virale Infektionen abzuwehren. Die beiden wichtigsten Kategorien sind:

- die **angeborene Abwehr,** d. h. Abwehrmechanismen, die ohne früheren Kontakt mit einem Virus sofort zur Verfügung stehen, z. B. Komplement, Interferone, durch Aktivierung von „pattern recognition receptors" wie TLR (Toll-like-Rezeptoren), MDA-5, cGAS-induzierte Entzündungsmechanismen, NK-Zellen;
- die **adaptive Abwehr,** die im Verlauf einer Erstinfektion individuell „auf Viren trainierte" B- oder T-Zellen ausbildet.

Umgekehrt haben Viren im Verlauf ihrer Evolution viele Wege entwickelt, um den Einwirkungen des Immunsystems zu entgehen. Beispiele für solche Mechanismen der **Immunevasion** sind:

- Die Bildung von Interferon oder seine Wirkung wird auf vielfältige Weise blockiert (► Kap. 111).
- Komplementfaktoren werden gezielt durch viruskodierte Inhibitoren ausgeschaltet.
- Manche viralen Genome kodieren Homologe von Zytokinen („Virokine") oder Zytokinrezeptoren, die die Immunreaktivität beeinträchtigen (EBV: vIL-10; KSHV-8/HHV8: vIL-6) oder beeinflussen die Synthese dieser Substanzen positiv oder negativ in DC, Endothelzellen etc.
- Viren verhindern die Präsentation von Oligopeptiden auf MHC-Molekülen und sind in der Lage, Kosignale u. a. Signalketten von Zellen bei der Antigenerkennung abzuschalten.
- Zellen mit wichtiger Funktion der Immunantwort werden infiziert und durch die Virusreplikation zerstört (z. B. HIV: $CD4^+$-T-Zellen).
- Viren entziehen sich dem Angriff von Antikörpern und zytotoxischen T-Zellen durch Antigenwandel (Antigendrift, -shift, Quasispeziesbildung).

Bei **Neugeborenen und Säuglingen** sind die antiviralen Abwehrmechanismen des Immunsystems noch nicht ausgereift. Sie sind deswegen für einige Viren (HSV, HBV, Masern, Coxsackie) besonders empfindlich. Aber auch besondere Eigenschaften des Wirtes (z. B. **Polymorphismen** von Chemokinrezeptoren oder besondere **HLA-Konstellationen)** beeinflussen im Einzelfall den Verlauf von Viruskrankheiten positiv oder negativ. Virusinfektionen können selber **immunsuppressiv** wirken, z. B. bei den Masern, bei Infektionen mit CMV und HIV. Besondere Situationen liegen bei Transplantationen und HIV-Infektionen vor (▶ Kap. 67).

52.7 Lebend- und Totimpfstoffe

52.7.1 Lebendimpfstoff

Pathogenität und **Virulenz** von Viren für einen bestimmten Wirt sind im Virusgenom determiniert. Dies nutzt man bei der Entwicklung von Lebendimpfstoffen, die klassischerweise infolge zahlloser Passagen in Versuchstieren oder Zellkulturen durch zufällige Mutationen verändert wurden und so ihre Virulenz weitgehend verloren haben. Bei den 3 abgeschwächten Typen des Poliovirus z. B. kennt man die charakteristischen Mutationen in den Struktur- und Nichtstrukturregionen des Genoms. Beispiele für Virusimpfstoffe dieser Art sind die Lebendimpfstoffe gegen **Gelbfieber, Masern, Mumps, Röteln, Varizellen** und **Poliomyelitis** (Sabin-Vakzine) sowie gegen **Rotavirus**-Infektionen.

Die attenuierten Viren behalten ihre Antigenstruktur. Ihre Fähigkeit, in bestimmte Zellen einzudringen und sich dort zu vermehren, hat sich jedoch geändert. Die Abschwächung hat also lediglich die Fähigkeit zur Schädigung besonders sensibler Zellen herabgesetzt: Der Impfling macht eine künstlich hervorgerufene, klinisch inapparente Infektion durch, eine sog. **stille Feiung.**

Scheidet der Impfling das verimpfte Virus in großen Mengen aus, so kann seine Umgebung damit infiziert werden. Dies wirkt sich z. B. bei der Impfung gegen Poliomyelitis mit dem Lebendimpfstoff (Sabin-Vakzine) günstig auf die Gesamtzahl der geschützten Personen aus und erleichtert die Eradikation des Poliomyelitisvirus aus einer Bevölkerung. Theoretisch besteht aber die Gefahr, dass bei Passagen des Impfvirus von Mensch zu Mensch die Virulenz im Sinne einer Selektion von Rückmutanten wieder ansteigt. Dies kommt beim Lebendimpfstoff für Poliomyelitis auch sehr selten vor und ist der Grund dafür, dass heute in vielen industrialisierten Ländern vorwiegend der Totimpfstoff für Poliomyelitis (Salk-Vakzine) zum Einsatz kommt.

52.7.2 Totimpfstoff

Zu den Totimpfstoffen gehören sowohl Impfstoffe auf der Basis abgetöteter (inaktivierter) Viren als auch aus Untereinheiten bestimmter Viren hergestellte Vakzinen:

- Beispiele **inaktivierter Viren** sind der „Spaltimpfstoff" des Influenzavirus und die Inaktivierung des Salk-Poliovirus-Impfstoffs durch chemische Verfahren.
- Beispiele für Vakzine auf der Basis **gentechnologisch hergestellter einzelner Virusproteine** sind die Impfstoffe gegen Hepatitis-B-Virus (HBV) oder bestimmte Typen humaner Papillomviren (HPV). Bei der HBV-Vakzine handelt es sich um das Oberflächenantigen (HBsAg), während beim HPV-Impfstoff aus einem einzigen Kapsidprotein bestehende „virus-like particles" ohne DNA verwendet werden.

52.7.3 Aktive und passive Immunisierung

Die Impfung mit Lebend- und Totimpfstoffen wird als **aktive Immunisierung** bezeichnet.

Die **passive Immunisierung** erfolgt zur Verhinderung oder Abschwächung einer Erkrankung nach Exposition (z. B. Röteln bei seronegativer Schwangerer; Hepatitis-B-Virus bei Neugeborenen HBV-ausscheidender Mütter) oder als Infektionsprophylaxe. Hierfür werden **polyklonale Antikörper** für die Passivimpfung aufbereitet. Daneben finden auch **monoklonale Antikörper** Anwendung, etwa bei RSV-Infektionen oder als eine Möglichkeit der Prophylaxe gegen das SARS-Coronavirus.

In Kürze: Infektionsverlauf, Pathogenität und Virulenz, Abwehrmechanismen bei Virusinfektionen und Impfstofftypen

- **Infektionsverlauf:**
  - Akute Infektion mit Viruselimination
  - Persistente Infektion ohne Viruselimination
  - Latente Infektion ohne Viruselimination
- **Ausbreitungswege:** Eintrittspforten: Nase, Mundhöhle, Konjunktiven, Gastrointestinaltrakt, Genitale, Hautläsionen, Blutbahn
  - **Ausbreitung:** Replikation an Eintrittspforte, Eindringen in Lymphknoten und Lymphbahnen: primäre Virämie; dadurch Ansiedelung in Endothelien und myelomonozytären Zellen sowie erneute Replikation: sekundäre Virämie
  - **Organmanifestation:** Beteiligung viszeraler Organe (z. B. Lunge, Leber, Herz, Darm, Gehirn)
  - **Ausscheidung:** Nase/Rachen, Stuhl, Urin, Tränenflüssigkeit, Speicheldrüsen, Sperma, Zervixsekret; Übertragung durch Blut oder Blutprodukte
- **Pathogenität:** Eigenschaft einer Virusspezies, in einer Wirtsspezies eine Krankheit zu erzeugen

- **Virulenz:** Ausmaß der Pathogenität verschiedener Varianten eines Virus, die sich aufgrund geringfügiger genetischer Unterschiede (Mutationen) in ihrer krankmachenden Wirkung unterscheiden; Eigenschaften des Virus und der Wirtszelle determinieren die Organ- und Zellspezifität (Tropismus)
- **Direkte Auswirkungen des Virus auf die infizierte Zelle:**
  - Folgen des Dominierens des zellulären Metabolismus durch das replizierende Virus, z. B. „host-shutoff", gentoxische Schäden, Apoptose oder Nekrose
  - Die mikroskopisch sichtbaren Schäden in einer virusinfizierten Zelle wie Zellabkugelung, Synzytienbildung, nukleäre oder zytoplasmatische Einschlusskörperchen werden als zytopathischer Effekt (CPE) bezeichnet und lassen sich in Zellkultur, in bestimmten Fällen (Riesenzellpneumonie bei Masern, Eulenaugenzellen bei CMV-Infektion) aber auch in vivo beobachten.
- **Indirekte Folgen der Virusinfektion auf das befallene Organ:** Infolge der Immunreaktion auf das Virus ausgelöste Schäden, z. B. Zellschädigung durch das Immunsystem, Beeinflussung der Zytokinsynthese, Lyse von Zellen durch Antikörper und/oder Komplement
- **Virusinduzierte Autoimmunprozesse:** Werden im Verlauf akuter und chronischer Krankheiten ausgelöst und können z. B. durch autoreaktive zytotoxische T-Zellen (Typ-I-juveniler Diabetes im Gefolge einer Virusinfektion, Guillain-Barré-Syndrom) oder Immunkomplexe (Arteriitis und Glomerulonephritis) vermittelt werden.
- **Abwehrmechanismen bei Virusinfektionen:**
  - Angeborene Immunität: Interferone, Zytokine, Makrophagen, NK-Zellen
  - Adaptiv-spezifische Abwehr: Antikörper, B-Zellen, T-Effektor-Zellen
- **Impfstoffe:**
  - Lebendimpfstoffe entstehen durch Selektion von Mutanten mit geringer Virulenz
  - Totimpfstoffe entstehen durch Inaktivierung von Viruspräparationen oder Reinigung bzw. gentechnische Herstellung einzelner Virusproteine.

Weiterführende Literatur

Arvin A, Campadelli-Fiume G, Mocarski E, Moore PS, Roizman B, Whitley R, Yamanishi K (2007) Human herpesviruses. Biology, therapy and immunoprophylaxis. Cambridge University Press, Cambridge

Flint SJ, Enquist LW, Racaniello VR, Skalka AM (2004) Principles of virology, 2. Aufl. ASM Press, Washington

Knipe DM, Howley PM, Griffin DE, Lamb RA, Martin MA, Roizman B, Straus SE (2007) Fields virology, vol I+II, 5. Aufl. Lippincott, Williams & Wilkins, New York

Mandell GL, Bennett JE, Dolin R (2004) Principles and practice of infectious diseases, 6. Aufl. Elsevier-Churchill-Livingstone, Philadelphia

Mertens T, Haller O, Klenk HD (2004) Diagnostik und Therapie von Viruskrankheiten, 2. Aufl. Urban & Fischer, Berlin

Nathanson N (2007) Viral Pathogenesis and Immunity, 2. Aufl. Academic Press, Burlington

Strauss JH, Strauss EG (2007) Viruses and human disease, 2. Aufl. Academic Press, Burlington

Zuckerman AJ, Banatvala JE, Pattison JR, Griffiths PD, Schoub BD (2008) Principles and practice of clinical virology, 6. Aufl. Wiley, Chichester

Humane onkogene Viren

Thomas F. Schulz

Weltweit werden ca. 17 % aller malignen Erkrankungen durch Infektionserreger ausgelöst. Neben anderen bekannten Ursachen der Krebsentstehung (v. a. Karzinogene, die Umweltfaktoren sind oder sich aus dem Lebensstil ergeben, z. B. Rauchen, radioaktive Strahlung) nehmen onkogene Infektionserreger demnach einen wichtigen Platz ein. Da Infektionen zumindest z. T. durch Vermeidung der Exposition oder Entwicklung eines Impfstoffs vorgebeugt werden kann, ergibt sich hier ein erhebliches Potenzial zur Verminderung der Krebsrate. Zudem hat die Forschung anhand der Mechanismen, die bei der Entstehung von durch Viren verursachten Tumoren beteiligt sind, immer wieder grundlegende Einblicke in die molekularen Grundlagen der Onkogenese erhalten. So gehen Schlüsselentdeckungen wie das Konzept der Onkogene auf die Beschäftigung mit onkogenen Viren zurück. Die WHO hat beim Menschen 7 Viren als onkogene Agenzien anerkannt.

Nobelpreise für die Entdeckung viraler Karzinogenese

Dass manche Viren Krebs auslösen können, wurde zuerst in Tierexperimenten demonstriert. Bereits 1911 zeigte F. P. Rous die Übertragbarkeit des Hühnersarkoms durch zell- und bakterienfreie Filtrate aus Tumorgewebe. Erst fast 60 Jahre später, 1970, entdeckte man das prototypische Onkogen, vSRC, in diesem Virus, dem Rous-Sarkomvirus (RSV); 1976 zeigten H. Varmus und M. Bishop, dass vSRC von einem zellulären Gen, dem Protoonkogen SRC, abstammte. Damit war das Konzept des zellulären Onkogens als eines an der Kontrolle des Zellwachstums beteiligten Gens geboren, das aufgrund von Mutationen oder genetischen Rearrangements unkontrolliert exprimiert oder aktiviert wird und damit das unkontrollierte Wachstum der Zelle auslöst. Seine Entdecker, Varmus und Bishop, wurden 1989 mit der Verleihung des Nobelpreises geehrt. Für die Entdeckung der Ursache des Zervixkarzinoms, einer Gruppe von „Hochrisiko-Papillomviren", erhielt Harald zur Hausen 2008 den Nobelpreis.

53.1 Tumorerzeugende Viren des Menschen

Zu den von der WHO anerkannten onkogenen humanen Viren zählen:

- Mehrere Mitglieder der Familie der **Papillomviren** (▶ Kap. 68),
- das **Epstein-Barr-Virus** (EBV) und das **Kaposi-Sarkom-Herpesvirus/Humane Herpesvirus 8 (KSHV/HHV-8)** aus der Familie der Herpesviren (▶ Kap. 70)
- das **Humane T-lymphotrope Virus 1 (HTLV-1,** ▶ Kap. 66)
- das **Hepatitis-B-Virus (HBV,** ▶ Kap. 71)
- das **Hepatitis-C-Virus (HCV,** ▶ Kap. 71)
- das **Merkel-Zell-Polyomavirus (MCPyV,** ▶ Kap. 68)

Darüber hinaus zeigen Lymphome, die bei mit retroviralen Gentherapievektoren behandelten Patienten aufgetreten sind, dass bestimmte von tierischen Retroviren bekannte Mechanismen der Onkogenese unter diesen Bedingungen auch beim Menschen eine Rolle spielen können. ◘ Tab. 53.1 gibt einen Überblick.

53.2 Mechanismen der viralen Onkogenese

53.2.1 Insertionsmutagenese

Die Insertionsmutagenese kommt „in der Natur" nur bei manchen onkogenen Retroviren verschiedener Tierspezies vor. Beim Menschen können prinzipiell ähnliche Abläufe aber eine Rolle bei Lymphomen spielen, die selten nach Behandlung mit retroviralen Gentherapievektoren auftreten.

Wie in ◘ Abb. 53.1 dargestellt, integriert sich zunächst das provirale (DNA-)Genom (▶ Kap. 65 und 66) eines Retrovirus in der Nähe eines zellulären **Protoonkogens.** Protoonkogene sind zelluläre Gene, deren Proteine eine Rolle bei der Kontrolle des Zellwachstums spielen und deren Mutation zu unkontrolliertem Wachstum der Zelle führt. Durch Integration eines retroviralen Provirus in der Nachbarschaft eines zellulären Protoonkogens kommt dieses unter den Einfluss des retroviralen LTR („long terminal repeat"; ◘ Abb. 53.1). Die U3-Region des retroviralen LTR (normalerweise am „linken" oder 5'-Ende des Provirus) dient als Promotor für die Transkription der viralen Gene. Der am „rechten" oder 3'-Ende des Provirus gelegene LTR kann die Expression benachbarter zellulärer Gene beeinflussen. Hierdurch kommt es zur

S. Suerbaum et al. (Hrsg.), *Medizinische Mikrobiologie und Infektiologie*,
https://doi.org/10.1007/978-3-662-61385-6_53

■ **Tab. 53.1** Tumorerzeugende Viren des Menschen

Virus	Genomische Nukleinsäure (Virusfamilie/Gattung)	Zielzellen	Tumortyp
Humane Papillomviren (HPV)	DNA (Papillomviren)	Hautepithel, Schleimhautepithel	Gutartig: Warzen, Condylomata acuminata Bösartig: Zervix-, Anal-, Vulva-, Penis-, Tonsillenkarzinom; Hautkarzinome (bei E. verruciformis)
Epstein-Barr-Virus (EBV)	DNA (Herpesviren)	B-Lymphozyten	Burkitt-Lymphom (v. a. endemische Form) Großzellige Lymphome bei AIDS-Patienten und Transplantatempfängern Morbus Hodgkin
		Epithelzellen	Nasopharyngealkarzinom Seltene Fälle des Magenkarzinoms
Kaposi-Sarkom-Herpesvirus/Humanes Herpesvirus 8 (KSHV/HHV-8)	DNA (Herpesviren)	Endothelzellen	Kaposi-Sarkom
		B-Zellen	Primäres Effusionslymphom
			Multizentrischer Morbus Castleman (Plasmazellvariante)
Humanes T-lymphotropes Virus (HTLV)	RNA (Retroviren/BLV-HTLV-Retroviren)	T-Lymphozyten	Adulte T-Zell-Leukämie (ATL)
Hepatitis-B-Virus (HBV)	DNA (Hepadnaviren/Orthohepadnaviren)	Hepatozyten	Leberzellkarzinom
Hepatitis-C-Virus (HCV)	RNA (Flaviviren/Hepaciviren)	Hepatozyten	Leberzellkarzinom
Merkel-Zell-Polyomavirus	DNA (Polyomaviren)	Neuroendokrine Zellen	Merkel-Karzinom

nicht mehr regulierten Expression des Protoonkogens und damit zur Aktivierung von Signalwegen oder Transkriptionsfaktoren, die das Wachstum der Zelle begünstigen.

53.2.2 Transduktion eines mutierten Onkogens

Bei der Transkription des in der Nähe eines solchen Protoonkogens integrierten Provirus kann es auch zu Spleiß- oder „Durchlese"-Vorgängen kommen, durch die das „Verpackungssignal" der retroviralen RNA Bestandteil der zellulären Protoonkogen-mRNA wird (■ Abb. 53.1). Zusätzlich entstehen andere Veränderungen (Mutationen, Trunkationen) in der Protoonkogensequenz, die eine unregulierte Aktivierung des von ihr kodierten Proteins bewirken – dieses wird dann als **Onkogen** bezeichnet.

Nach dem „Verpacken" der veränderten zellulären Onkogen-mRNA mittels des „Verpackungssignals" in das neu entstehende Retrovirus kann diese auf neue Zellen übertragen werden (■ Abb. 53.1b, c). In dieser Zelle kommt es dann zur dauerhaften Aktivierung des übertragenen („transduzierten") Onkogens und damit zur andauernden Stimulierung intrazellulärer Signalketten, die Wachstumssignale an die Zelle vermitteln. Je nach Onkogen kann dies direkt zur malignen Entartung („Transformation") der Zelle führen oder es müssen noch weitere genetische „Unfälle" auftreten, bevor die Zelle unkontrolliert zu wachsen beginnt. Ein Beispiel für dieses Szenario stellt das **Src-Gen** dar, dessen Produkt eine membranständige Tyrosinkinase ist, die in mutierter Form im Rous-Sarkomvirus gefunden wird.

Bei den (sehr seltenen) durch retrovirale Gentherapie Vektoren ausgelösten Lymphomen beim Menschen scheinen beide Mechanismen – Insertion des Gentherapievektors an einer „sensitiven" Stelle des zellulären Genoms und die mittels dieses Vektors beabsichtigte Transduktion der cDNA eines Wachstumsfaktors – gleichzeitig stattfinden zu müssen, damit es zur Tumorentstehung kommt. Laufende Bemühungen zielen darauf hin, „sichere" Integrationsorte im Genom zu identifizieren und die Vektoren zu verbessern, um auf diese Weise diese Art der Gentherapie möglich und sicher zu machen.

53.2.3 Beeinflussung des Zellzyklus

Angetrieben wird der Zellzyklus von regulatorischen Proteinen, den **Cyclinen** (■ Abb. 53.2). Die verschiedenen Cycline (D, E, A, B) werden in bestimmten

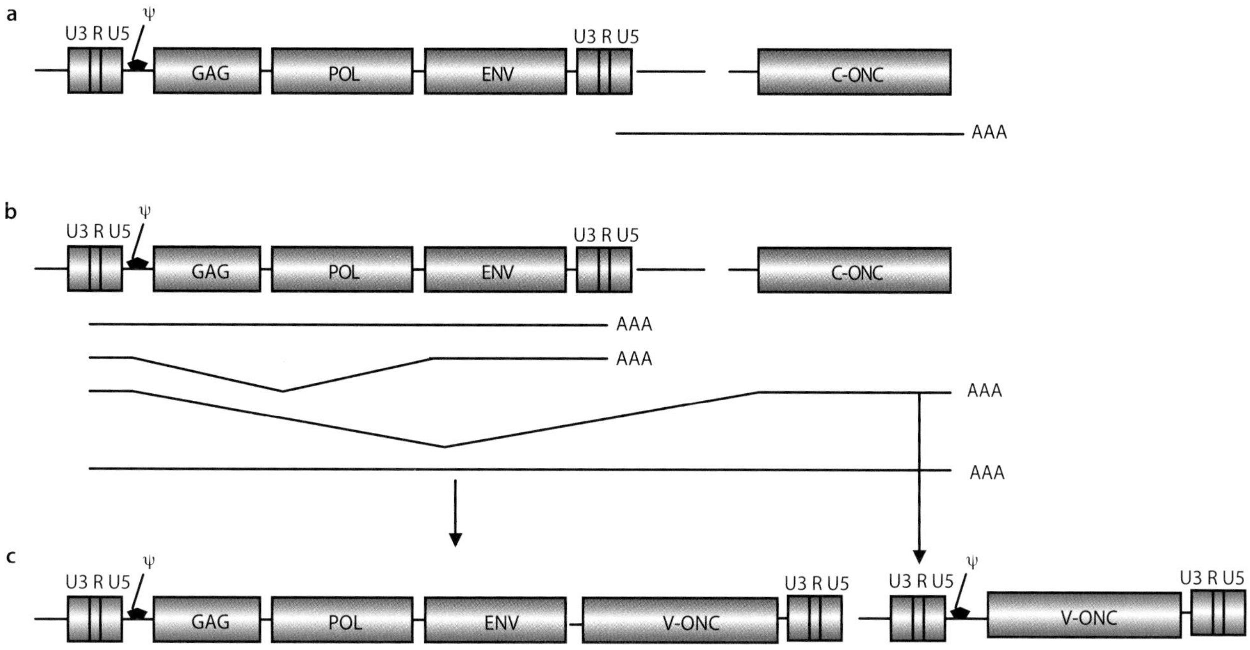

Abb. 53.1 **a–c** Darstellung eines in der Nachbarschaft eines zellulären Protoonkogens (c-Onc) integrierten retroviralen Provirus (d. h. einer DNA-Kopie des retroviralen RNA-Genoms; ► Kap. 65 und 66). **a** Aktivierung des zellulären Promotors eines zellulären Protoonkogens durch einen in der Nähe integrierten retroviralen LTR. Die U3-Region des LTR enthält Promotoreigenschaften und steuert, wie hier gezeigt, die Transkription einer Protoonkogen mRNA. Deren Expression unterliegt nicht mehr den normalen zellulären Rückkopplungsmechanismen: Es kommt zur unkontrollierten Expression des zellulären Onkogens und zum deregulierten Zellwachstum. **b** Neben den 2 typischen retroviralen mRNAs (ungespleißt für die Translation der gag/pol-abgeleiteten Kapsid- und Enzymproteine [Kap. 65 und 66]; gespleißt für die Translation der Hüllproteine [env]) kommt es zum „Durchlesen" der mRNA in das benachbarte c-Onc-Gen bzw. zu Spleißvorgängen, die Teile der retroviralen mRNA mit der des c-Onc verbinden. Durch die „Verpackungsstelle" (ψ) kommt es zum Einpacken dieser mRNA-Moleküle ins virale Genom. **c** Nach Transduktion dieser artifiziellen mRNAs in die neu infizierte Zelle werden diese durch die reverse Transkriptase des Virus in DNA umgeschrieben und ins zelluläre Genom integriert. So entsteht eine Variante des zellulären Protoonkogens (v-Onc). Das davon abgeleitete Protein ist konstitutiv aktiv und regt die Zelle zu unkontrolliertem Wachstum an

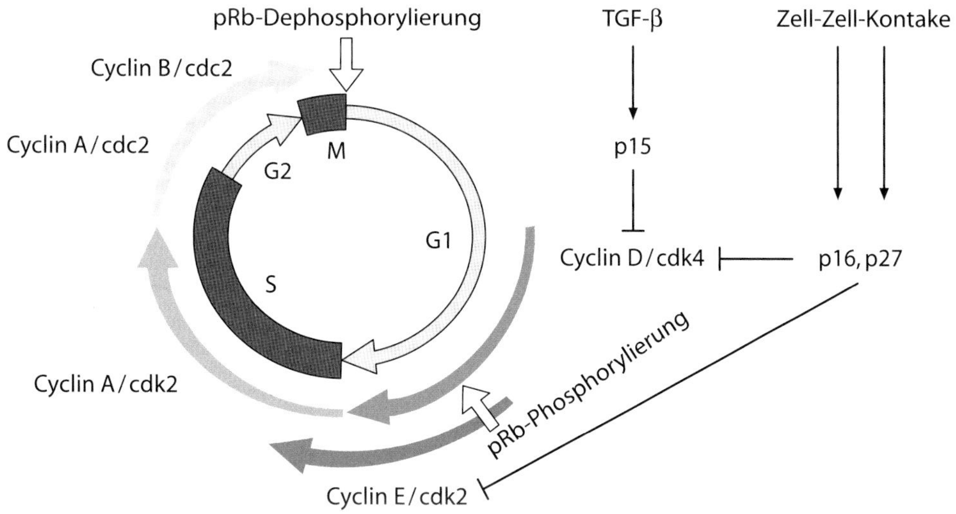

Abb. 53.2 Regulation des Zellzyklus durch Cycline, cyclinabhängige Kinasen (cdk) und deren Inhibitoren (cdk-Inhibitoren). Cyclinabhängige Kinasen werden in definierten Abschnitten des Zellzyklus durch Bildung eines Komplexes mit Cyclinen aktiviert und regulieren den Ablauf des Zellzyklus. So phosphoryliert und inaktiviert z. B. der Cyclin-D/cdk4-Komplex pRb und ermöglicht damit den Eintritt in die S-Phase. Extrazelluläre Einflüsse, z. B. sezernierte Faktoren wie TGF-β oder Zell-Zell-Kontakte, führen zur Hemmung der cyclinabhängigen Kinasen durch cdk-Inhibitoren (p15, p16, p27), wodurch der Zellzyklus in der G1-Phase angehalten wird

Abschnitten des Zellzyklus synthetisiert und aktivieren durch spezifische Assoziation sog. **cyclinabhängige Kinasen** („cyclin-dependent kinases"; cdk). Diese phosphorylieren dann die zu dem jeweiligen Zeitpunkt notwendigen Proteine. Die Regulation der Cycline gewährleistet damit den geordneten Ablauf des Zellzyklus.

Phosphorylierung des Retinoblastomproteins (pRb)

Am Übergang zwischen der G1- und S-Phase des Zellzyklus findet – unter dem Einfluss von durch Wachstumsfaktoren ausgelösten intrazellulären Signalwegen – die pRb-Phosphorylierung durch den Cyclin-D/cdk4- oder Cyclin-D/cdk6-Komplex statt. Im hypophosphorylierten Zustand bindet pRb an zelluläre Promotoren und verhindert durch Rekrutierung von Histon-Deazetylasen (HDAC) die Transkription vieler Gene, u. a. der E2F-Familie transkriptioneller Regulatoren. Die durch Cyclin-D/cdk4 bzw. zu einem etwas späteren Zeitpunkt durch Cyclin-E/cdk2 vermittelte Phosphorylierung von pRb bewirkt dessen Inaktivierung und damit die Freigabe des Eintritts in die S-Phase (◘ Abb. 53.2).

Zellzyklusbeeinflussende Signale

Zu den Signalwegen, die physiologischerweise die Aktivierung des Zellzyklus bewirken, gehören z. B. der Ras-MEK/Erk-Signalweg. Umgekehrt inhibieren andere lösliche Faktoren, z. B. TGF-β, und Zell-Zell-Kontakt, den Eintritt in den Zellzyklus unter Beteiligung von cdk-Inhibitoren wie p15, p16, p27 (◘ Abb. 53.2). Ferner kann die Zelle den Zellzyklus anhalten, wenn es zu Schäden in der DNA, z. B. durch ionisierende Strahlung oder während vorhergehender DNA-Replikation, gekommen ist. Hier spielt das p53-Protein eine wichtige Rolle: Nachdem es durch Sensormechanismen aktiviert wurde, die das Auftreten eines DNA-Schadens erkennen, kann es durch Rekrutierung der cdk-Inhibitoren p21 und p27 den Eintritt in die S-Phase blockieren (◘ Abb. 53.2 und 53.3) oder den programmierten Zelltod (Apoptose) auslösen.

Mechanismen onkogener Viren

Viele onkogene Viren haben Strategien entwickelt, diese Kontrollmechanismen zu unterlaufen (◘ Abb. 53.3). So ist das zelluläre p53 ein beliebter Angriffspunkt für Proteine verschiedener Viren:

- Die **E6-Proteine** der verschiedenen Papillomviren binden an p53; die E6-Proteine der „Hochrisiko"-Papillomviren, z. B. HPV-16 und HPV-18, der Erreger des Zervixkarzinoms (▸ Kap. 68), bewirken durch Rekrutierung einer Ubiquitinligase, E6AP, die Ubiquitinierung des p53 und damit dessen Abbau im Proteasom. Sie „zerstören" damit einen wichtigen Kontrollmechanismus im Zellzyklus und schaffen so die Voraussetzung für unkontrolliertes Zellwachstum.
- Andere virale Proteine, z. B. die E6-Proteine der „Niedrig-Risiko"-Papillomviren, das LANA-Protein und die vIRF-1- bzw. vIRF-3-Proteine des Kaposi-Sarkom-Herpesvirus (KSHV), das Tax-Protein des Humanen T-lymphotropen Virus 1 (HTLV-1), zerstören das p53-Protein nicht, antagonisieren aber dessen Funktion auf z. T. noch nicht genau verstandene Weise.

Angesichts der zentralen Rolle, welche die Phosphorylierung und Inaktivierung des **Rb-Proteins** beim Übergang von der G1- in die S-Phase des Zellzyklus spielt, ist es nicht verwunderlich, dass mehrere onkogene Viren ebenfalls an diesem Punkt angreifen (◘ Abb. 53.3):

- Ein Paradebeispiel dieses Mechanismus stellen auch hier wieder die Papillomviren dar, deren E7-Protein an pRb bindet und dieses inaktiviert.
- Ähnlich bindet auch das LANA-Protein des KSHV an pRb und antagonisiert dessen Funktion. Zusätzlich verfügt KSHV aber noch über einen anderen Mechanismus, der an derselben Stelle angreift: Eines seiner latenten Proteine, v-cyc, ist ein Homolog eines D-Cyclins und verbindet sich mit cdk6, um, ähnlich wie das zelluläre Cyclin-D, die Phosphorylierung und Inaktivierung von pRb zu bewirken.
- In vergleichbarer Weise können das Tax-Protein des HTLV-1 sowie die EBNA-LP und EBNA-2-Proteine des Epstein-Barr-Virus (EBV) die Wirkung der zellulären Cyclin-D/cdk4,6-Komplexe und damit die Phosphorylierung von pRb befördern. Das Tax-Protein von HTLV-1 kann darüber hinaus die Wirkung eines Inhibitors der Cyclin-D/cdk-Komplexe, p16, antagonisieren und damit die Aktivität der Cyclin-D/cdk4,6-Komplexe steigern.

53.2.4 Eingreifen in intrazelluläre Signalwege

Viele Viren, nicht nur onkogene, „bedienen sich" in verschiedenen Abschnitten ihres Lebenszyklus intrazellulärer Signalkaskaden, um ihre eigene Replikation zu fördern oder ihr langfristiges Überleben in latent infizierten Zellen zu ermöglichen. In einigen Fällen kann dies dazu führen, dass eine Zelle infolge einer deregulierten Stimulation unkontrolliert zu proliferieren beginnt und sich daraus, nach Auftreten weiterer genetischer „Unfälle" (z. B. Mutationen, Chromosomenaberrationen) ein Tumor entwickelt.

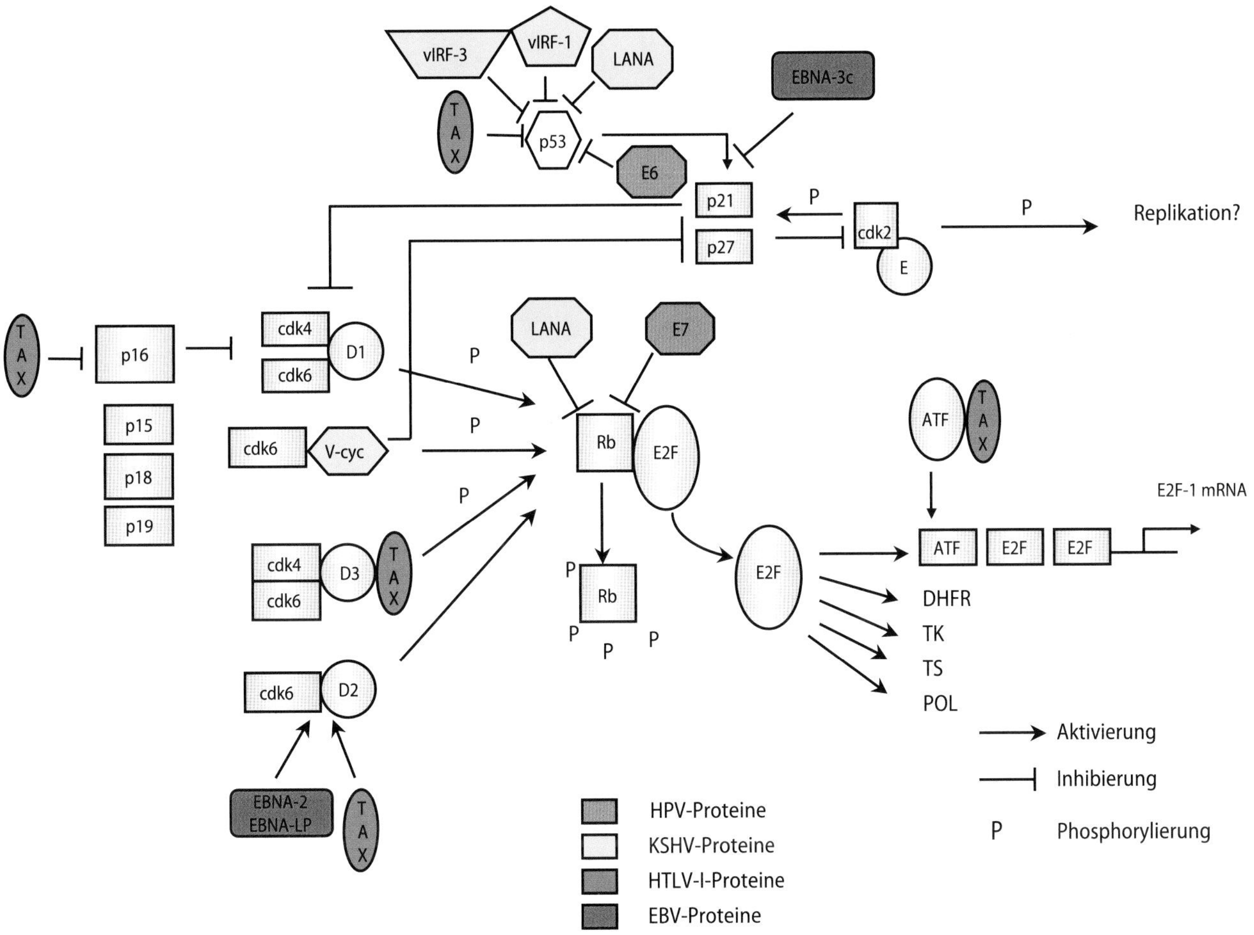

Abb. 53.3 Angriffspunkte viraler Proteine in der Regulation des Zellzyklus – Netzwerks der Regulation des pRb-Proteins, dessen Phosphorylierung durch zelluläre Cyclin-D/cdk4- oder Cyclin-D/cdk6-Komplexe den Übergang von der G1- in die S-Phase des Zellzyklus reguliert (Abb. 53.2). Die Proteine verschiedener Viren sind in unterschiedlichen Farben dargestellt. Details im Text

Epstein-Barr-Virus (EBV)

EBV liefert ein typisches Beispiel für dieses Szenario (▶ Kap. 70). Es infiziert mehr als 90 % aller Erwachsenen und wird für eine Reihe menschlicher Tumoren verantwortlich gemacht (Tab. 53.1). Beim Morbus Hodgkin, einem der häufigsten Tumoren im jungen Erwachsenenalter, findet sich EBV in den **Reed-Sternberg-(RS-)Zellen** von etwa der Hälfte der Fälle dieses Lymphoms (ca. 25–50 % in industrialisierten Ländern; mehr als 65 % in Entwicklungsländern).

Die RS-Zellen stammen von B-Lymphozyten des Keimzentrums ab, die nach dem Rearrangement der Immunglobulingene und somatischer Mutation in der Antigenerkennungsregion des B-Zell-Rezeptors Fehler aufweisen, aufgrund derer sie eigentlich durch Apoptose eliminiert werden sollten (▶ Kap. 13). Man nimmt an, dass das in den RS-Zellen vorhandene EBV Wachstumssignale induziert, die eigentlich vom B-Zell-Rezeptor nach dessen Kontakt mit Antigen bereitgestellt werden und damit der antigenerkennenden B-Zelle das langfristige Überleben und die Entwicklung zur B-Gedächtniszelle garantieren.

Diese Wachstumssignale werden von 2 EBV-Proteinen, LMP-1 und LMP-2a (latente Membranproteine 1 und 2a), vermittelt, die während der latenten Persistenz des EBV in den RS-Zellen exprimiert sind (Abb. 53.4):

- **LMP-1** rekrutiert intrazelluläre Signalmoleküle (TRAF, TRADD) und induziert Signalketten (NFκB, JNK etc.), die für das zelluläre CD40-Molekül typisch sind. CD40 vermittelt normalerweise ein kostimulatorisches Signal, das die B-Zelle zusätzlich zum durch den B-Zell-Rezeptor vermittelten Signal für ihre Proliferation und Expansion benötigt.
- Das **LMP-2a** Molekül des EBV imitiert das durch den B-Zell-Rezeptor vermittelte Signal.

Zusammen „täuschen" die beiden viralen Proteine der B-Zelle vor, sie habe Kontakt mit ihrem Antigen

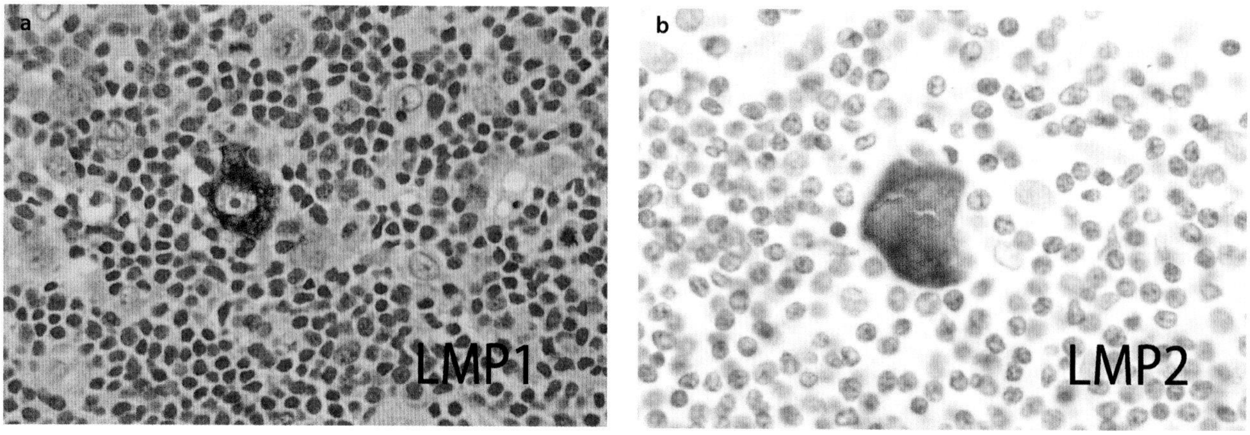

Abb. 53.4 **a, b** Reed-Sternberg-Zellen bei EBV-positivem Fall eines Morbus Hodgkin. Die Färbung mit Antikörpern macht die Expression von LMP-1 (**a**) und LMP-2a (**b**) in den RS-Zellen sichtbar (mit freundlicher Genehmigung von Prof. L. Young, Birmingham)

gehabt und solle expandieren. Für EBV dient diese Strategie dazu, latent infizierte B-Zellen am Leben zu erhalten, in denen es ja langfristig persistiert (Abb. 53.5; ▶ Kap. 70). Als „Nebenwirkung" kommt es dabei gelegentlich zum Auftreten von durch EBV verursachten Lymphomen wie dem Morbus Hodgkin.

Der gleiche Mechanismus spielt mit großer Sicherheit auch eine Rolle bei der Entstehung von B-Zell Lymphomen bei immunsupprimierten AIDS-Patienten

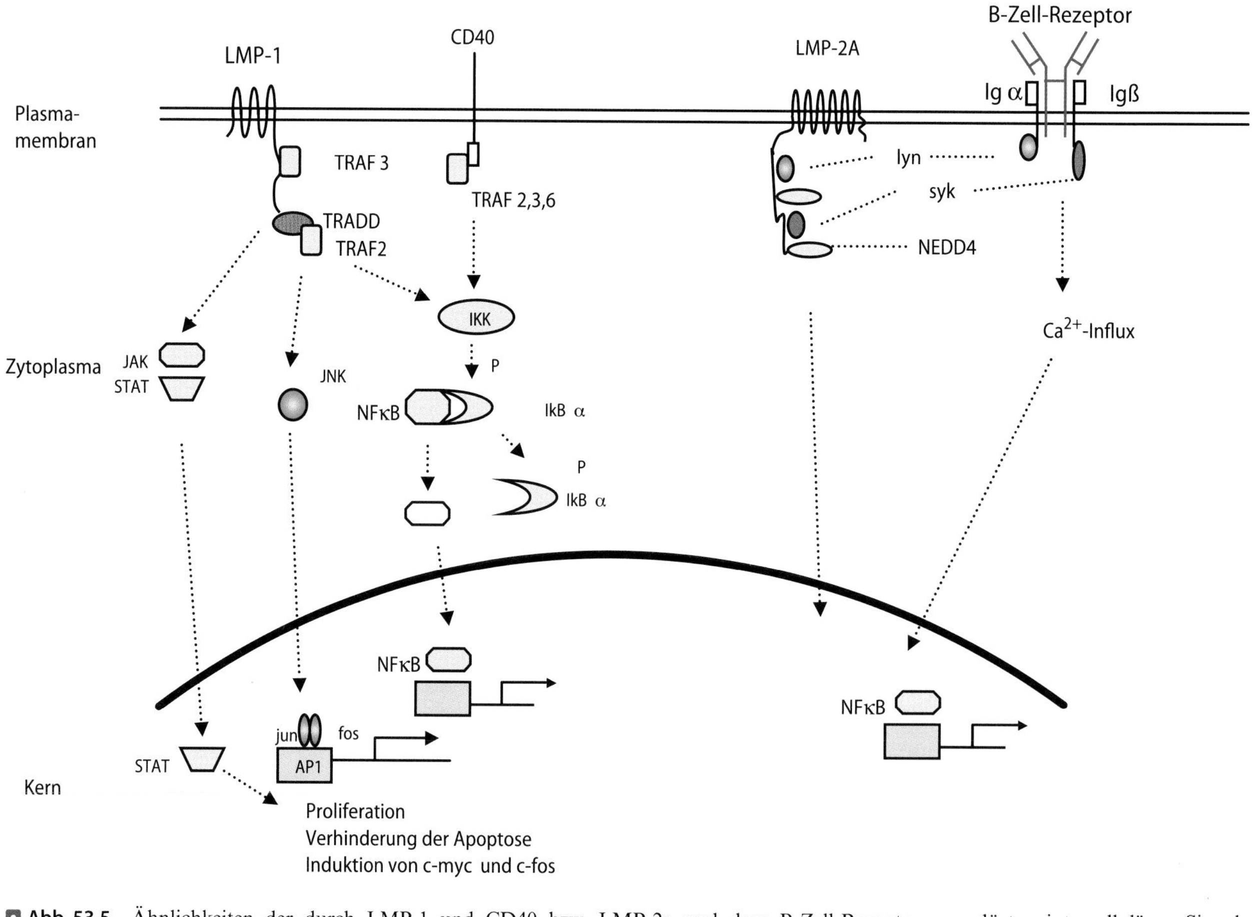

Abb. 53.5 Ähnlichkeiten der durch LMP-1 und CD40 bzw. LMP-2a und dem B-Zell-Rezeptor ausgelösten intrazellulären Signalkaskaden. Auf diese Weise „suggeriert" EBV der B-Zelle, sie habe den physiologischen Kontakt mit Antigen durchlaufen (Signal durch B-Zell-Rezeptor) und ein kostimulatorisches Wachstumssignal der antigenpräsentierenden Zelle (Signal durch CD40) erhalten

oder Empfängern von Organ- oder Knochenmarktransplantaten.

53.2.5 Gegen zelluläre Apoptose gerichtete Mechanismen

Apoptose, der programmierte Zelltod, stellt eine Form des kontrollierten Untergangs einer Zelle dar, der bei der Elimination nicht mehr benötigter Zellen zur Anwendung kommt, z. B. wenn beim „Abflauen" einer Immunantwort die expandierten, gegen bestimmte Antigene gerichteten B- oder T-Zellen wieder eliminiert werden. Hierbei läuft ein kontrolliertes Programm ab, bei dem bestimmte zelluläre Proteasen, sog. Caspasen, aktiviert werden, die dann Bestandteile der Zelle zerstören, wie Kern- und Zytoplasmamembran bzw. das Zytoskelett (▶ Abschn. 3.4 und 13.11). Dieses Programm wird auf 2 Wegen ausgelöst (◘ Abb. 53.6):

- auf dem **extrinsischen Weg,** bei dem die Stimulation von Rezeptoren auf der Zelloberfläche (z. B. Fas) durch lösliche Liganden (z. B. Fas-L) oder Zell-Zell-Kontakte die Aktivierung von Procaspase 8 in Gang setzt
- auf dem **intrinsischen Weg,** bei dem die Aktivierung der Apoptosekaskade vom Mitochondrium ausgeht; dieser Weg wird z. B. durch DNA-Schäden, zytotoxische Medikamente, Entzug von Wachstumsfaktoren ausgelöst (◘ Abb. 53.6)

In ihrem Bemühen, die infizierte Zelle so lange wie möglich am Leben zu erhalten, um sie möglichst lang

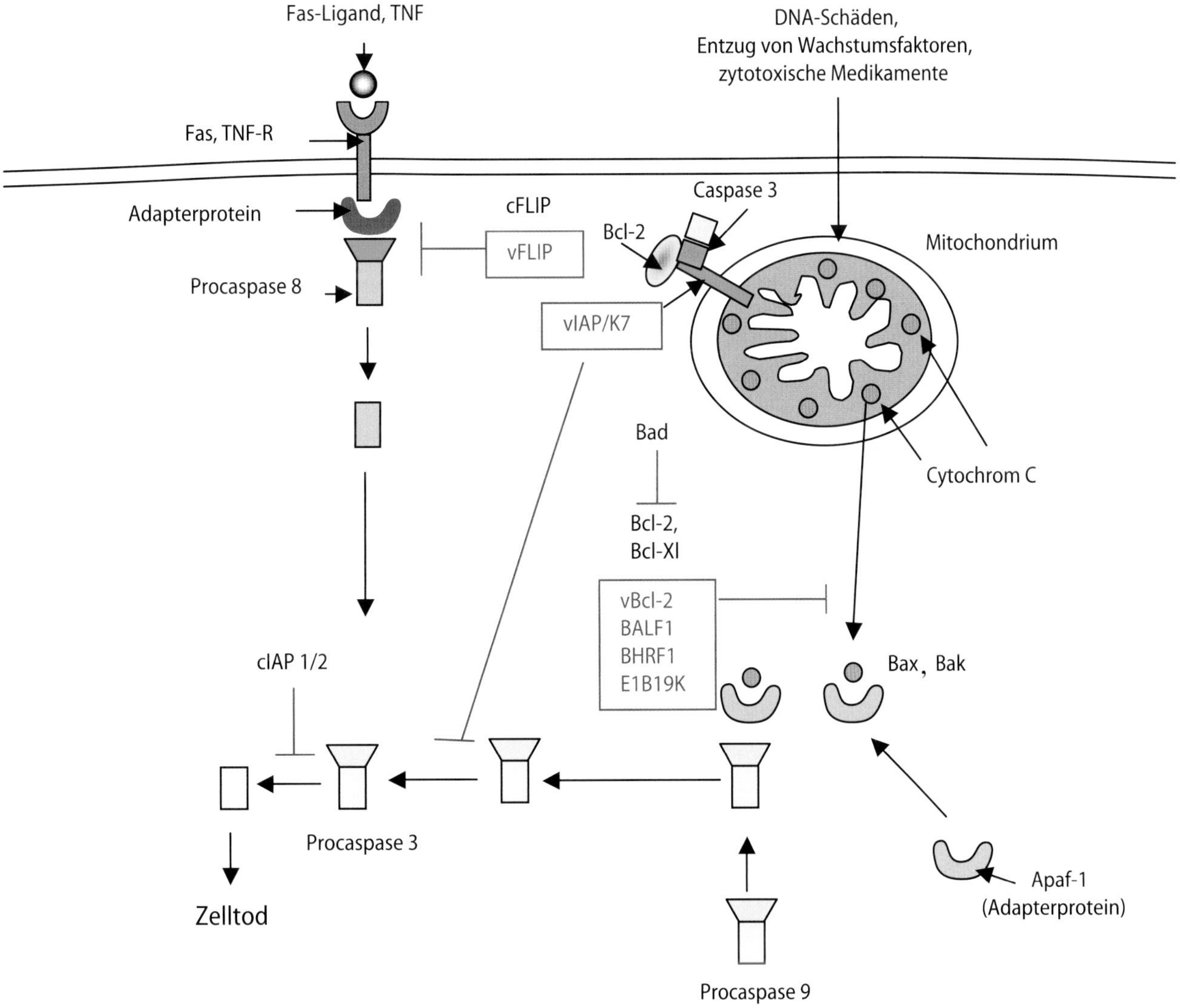

◘ **Abb. 53.6** Aktivierungswege der Apoptose und Beispiele für virale Proteine, die in die Regulation dieser Signalwege eingreifen. Dargestellt sind der durch Zelloberflächenrezeptoren (z. B. Fas) induzierte „extrinsische" und der von Mitochondrien ausgehende „intrinsische Apoptoseweg". Die viralen Proteine vBCL2 (von KSHV/HHV-8), BALF1 sowie BHFR1 (von EBV), vFLIP, vIAP/K7 (beide von KSHV/HHV-8) und E1B19K (Adenovirus) greifen in diese Signalwege ein und blockieren damit die Apoptose

als Ort der eigenen Replikation nutzen zu können, haben viele Viren Mechanismen entwickelt, mit denen sie den Ablauf der Apoptosewege blockieren können. Hierzu gehören z. B. die **viralen Homologe des zellulären Anti-Apoptose-Regulators bcl-2.** Seine Bedeutung für die Kontrolle der Expansion von B-Zellen unterstreicht die Beobachtung, dass das zelluläre bcl-2 bei manchen B-Zell-Lymphomen mutiert ist und dadurch deren Proliferation nicht unter Kontrolle halten kann. Beide menschlichen onkogenen Herpesviren, EBV und KSHV/HHV-8, enthalten virale Gene, die Ähnlichkeiten mit dem zellulären bcl-2-Gen aufweisen und deren Proteine funktionell als **Apoptoseinhibitoren** wirken (◘ Abb. 53.6). Die beiden viralen Bcl-2 Homologe BALF1 und BHRF1 sind für die Transformation von B-Zellen durch EBV wichtig.

Als Beispiel für ein virales Protein, das den extrinsischen Weg der Apoptoseaktivierung blockiert, dient das vFLIP-Protein von KSHV/HHV-8, ein Homolog des zellulären Inhibitors FLIP (◘ Abb. 53.6). Auch andere Viren, z. B. das Adenovirus (E1B19K-Protein), enthalten Regulatoren der Apoptosekaskaden.

Neben viralen Proteinen, deren Aufgabe spezifisch die Regulation der Apoptosekaskade zu sein scheint, kann auch die Aktivierung mancher zellulären Signalwege, z. B. des NFκB-Weges, durch virale Proteine (s. o.) antiapoptotische Wirkung haben.

53.2.6 Immunsuppression

Eine Reihe von durch Viren verursachten Tumoren (aber nicht alle) treten bei immunsupprimierten Patienten deutlich häufiger auf als in der gesunden Bevölkerung. Das wohl dramatischste Beispiel hierfür ist das durch KSHV/HHV-8 verursachte **Kaposi-Sarkom,** das bei AIDS-Patienten mehr als 1000-mal häufiger vorkommt als in der Normalbevölkerung (► Kap. 65). Auch bei Transplantatempfängern tritt dieser Tumor ca. 300-mal häufiger auf.

Ferner findet sich das durch EBV verursachte **großzellige B-Zell-Lymphom** bei AIDS-Patienten und Transplantatempfängern gehäuft. Wie sich aus diesen epidemiologischen Daten ableiten lässt, spielt das Immunsystem eine wichtige Rolle bei der Kontrolle der beiden onkogenen Herpesviren EBV und KSHV/HHV-8. Die bei Immungeschwächten gesteigerte Reaktivierung dieser latenten Viren trägt offenbar zur Entstehung dieser Tumoren bei.

Im Fall von EBV kann man zeigen, dass in Abwesenheit EBV-spezifischer T-Zellen vermehrt virale Proteine exprimiert werden, die das Wachstum der EBV-infizierten B-Zellen durch Eingreifen in den Zellzyklus (◘ Abb. 53.3) oder Aktivierung verschiedener zellulärer Gene befördern. Viele dieser viralen Proteine werden von EBV-spezifischen T-Zellen erkannt, können also in Anwesenheit eines intakten Immunsystems nicht exprimiert werden, ohne dass die betreffende Zelle durch EBV-spezifische T-Zellen zerstört wird.

Das für Immunsupprimierte typische EBV-positive großzellige B-Zell-Lymphom enthält EBV-infizierte B-Zellen im **Latenzstadium III,** d. h. mit Expression der viralen Proteine EBNA-2,3 A,B,C und EBNA-5 (◘ Abb. 53.7). Dieses Latenzstadium III findet sich ebenfalls bei in vitro experimentell durch EBV transformierten und kontinuierlich wachsenden B-Zell-Linien. Man kann sich deshalb vorstellen, dass dieselben Mechanismen, mit denen EBV in vitro B-Zellen transformieren kann (Expression von LMP-1, EBNA-2), auch bei immungeschwächten Personen zur Anwendung kommen.

53.2.7 Autokrine und parakrine Mechanismen

Manche onkogenen Viren enthalten Gene, die mit denen für zelluläre Wachstumsfaktoren verwandt sind. In manchen Fällen zeigen die von diesen viralen Genen kodierten Wachstumsfaktoren ein sehr viel breiteres Wirkungsspektrum als der entsprechende zelluläre Wachstumsfaktor und regen deshalb zusätzliche oder andere Zellpopulationen zum Wachstum an. Als Beispiel dient **vIL-6**, das IL-6-Homolog des KSHV/HHV-8.

Zelluläres IL-6 ist ein Wachstumsfaktor für B-Zellen und muss für seine Wirkung mit einem aus 2 Ketten bestehenden Rezeptorkomplex (α-Kette, gp80; β-Kette, gp130) interagieren. Hierbei vermittelt die Interaktion mit der α-Kette die Spezifität, während die mit intrazellulären Signalkomponenten interagierende β-Kette die Signalübertragung gewährleistet. Diese β-Kette teilt der IL-6-Rezeptor mit anderen verwandten Rezeptoren für zelluläre Wachstumsfaktoren.

Im Unterschied zum zellulären IL-6 ist das **virale IL-6** in der Lage, direkt an die β-Kette zu binden, und damit ein breiteres Spektrum von Wachstumsfaktorrezeptoren zu aktivieren (◘ Abb. 53.8). Vermutlich regt KSHV/HHV-8 mittels vIL-6 auf diese Weise die Proliferation infizierter sowie benachbarter B-Zellen an und zusätzlich durch Induktion z. B. des vaskulären endothelialen Wachstumsfaktors (VEGF) die Angiogenese, die charakteristisch für die beim Morbus Castleman gefundene Lymphadenopathie ist.

EBV enthält ebenfalls ein Homolog eines zellulären Interleukins: Sein BCRF1-Gen kodiert ein Homolog des zellulären IL-10 (vIL-10).

Bei manchen Viren führt die Induktion zellulärer Signalkaskaden durch virale Proteine (s. o.) dazu, dass zelluläre Wachstumsfaktoren in der induzierten Zelle induziert und eine Rolle in der Pathogenese spielen.

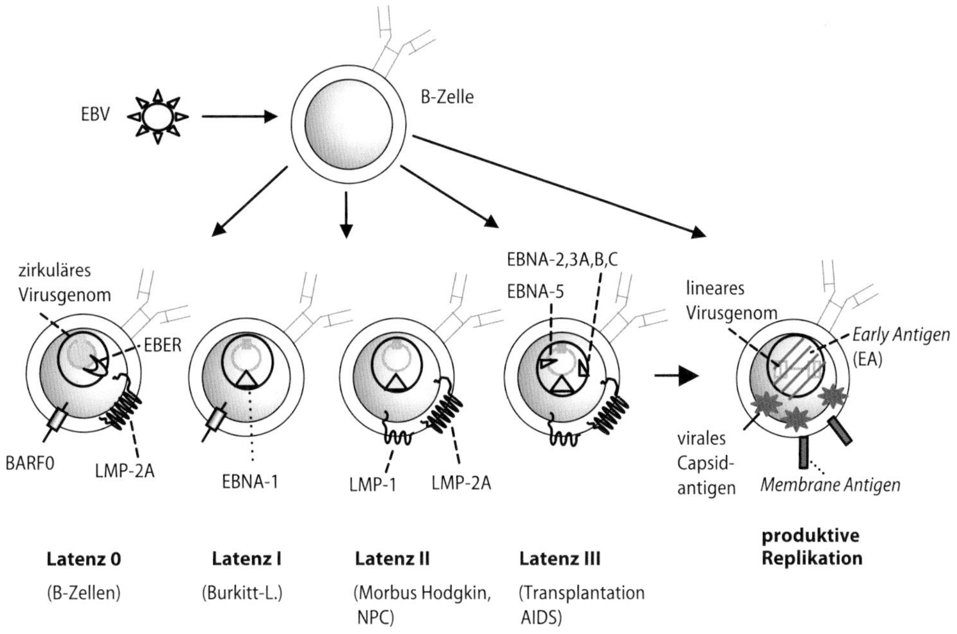

Abb. 53.7 Verschiedene Latenzstadien des EBV und deren Beziehung zu EBV-assoziierten Tumoren. Nach Infektion einer B-Zelle durch EBV etabliert das Virus zunächst eine lang anhaltende Persistenz, bei der nur ein Minimalbestand an viralen Genen exprimiert wird. In B-Zellen des peripheren Blutes liegt Latenz 0 oder I vor (nur Expression von LMP-2 A, BARF0 und EBER bzw. EBNA-1). In B-Zellen des Keimzentrums liegt wahrscheinlich Latenz II vor (Expression von LMP-1 und LMP-2 A; Abb. 53.5). Die Expression dieser beiden viralen Proteine ist typisch für die RS-Zellen des Morbus Hodgkin (Abb. 53.4) und das Nasopharyngealkarzinom (NPC). In Abwesenheit EBV-spezifischer T-Zellen kann sich das Virus die Expression weiterer nukleärer Proteine (EBNA-2 bis -5) „leisten" (Latenz III; siehe Text). Diese tragen zur Transformation der B-Zellen bei und sind typischerweise in den großzelligen B-Zell-Lymphomen der AIDS-Patienten und Transplantierten zu finden. Schließlich kann das Virus einen vollständigen produktiven Replikationszyklus durchlaufen (▶ Kap. 70); soweit bekannt ist, spielt dieser keine Rolle bei der EBV-verursachten Onkogenese

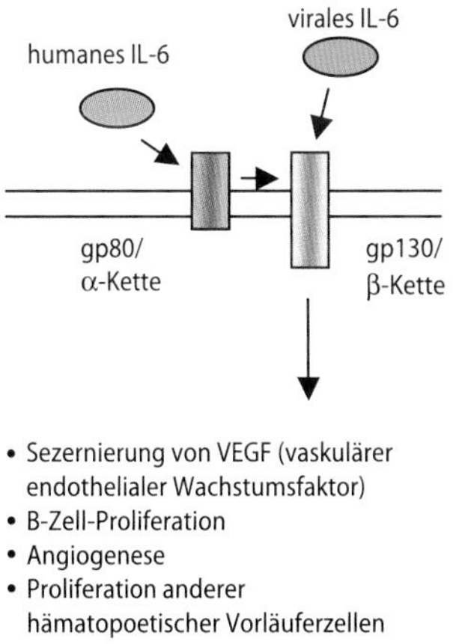

Abb. 53.8 Wirkungsmechanismus des viralen IL-6-Homologs von KSHV/HHV-8 im Vergleich zum zellulären B-Zell-Wachstumsfaktor IL-6: Während zelluläres IL-6 zur Auslösung von Wachstumssignalen in der Zelle an einen aus 2 Ketten bestehenden Rezeptorkomplex binden muss, ist vIL-6 allein durch Bindung an die β-Kette/gp130 in der Lage, die Signalübertragung nicht nur in B-Zellen, sondern auch auf anderen Zellen zu induzieren, die dieselbe β-Kette als Teil anderer Wachstumsfaktoren exprimieren. vIL-6 wirkt damit sehr viel pleiotroper als zelluläres IL-6

53.2.8 Interferenz mit DNA-Reparaturmechanismen

Von manchen Viren ist bekannt, dass sie mit zellulären Mechanismen der DNA-Reparatur interferieren können. Als Folge erhöht sich die Rate der Mutationen und chromosomalen Aberrationen in infizierten Zellen. Zu den dabei beteiligten Mechanismen gehört zum einen die schon geschilderte **Inaktivierung des p53-Proteins** durch verschiedene onkogene Viren. Dieses spielt als „Wächter des Genoms" eine wichtige Rolle bei der Überwachung der Integrität der zellulären Replikationsprozesse (▶ Abschn. 53.2.3). Zum anderen können verschiedene virale Proteine mit Komponenten der DNA-Reparatur-Maschinerie (DNA-Mismatch-, Basenexzisions-, Einzelstrangbruch-Reparatur) interagieren:

- So interagiert das **X-Protein von Hepatitis-B-Virus** mit DDB1, einem zellulären Protein, das eine Rolle im Basenexzisionsreparaturprozess spielt.
- Das **E6-Protein** der Humanen Papillomviren HPV-1, -8, -16 bindet an XRCC1, ein bei der Reparatur von Einzelstrangbrüchen beteiligtes zelluläres Protein.

Der Grund dafür, dass Viren die Fähigkeit entwickelt haben, diese zellulären Reparaturmechanismen zu unterlaufen, liegt wahrscheinlich in der folgenden Überlegung: Viele Viren, auch nicht als onkogen eingestufte, induzieren als Folge ihrer Replikation in der Zelle eine **„DNA-damage response“.** Da die infizierte Zelle die sich replizierenden viralen DNA-Moleküle als abnorme DNA-Strukturen erkennt, initiiert sie unter Vermittlung der zellulären Proteine ATM, ATR und p53 zum Selbstschutz die Aktivierung von Zellzyklus-Kontrollpunkten oder Apoptose (s. o.; ◻ Abb. 53.2 und 53.3). Um ihre Replikation fortsetzen zu können, brauchen DNA-Viren aber die S-Phase des Zellzyklus und haben deshalb Mechanismen zur **Abschaltung** der „DNA-damage response“ der Zelle entwickelt.

In den Fällen, in denen die Virusreplikation zum Tod der Zelle führt, hat dies keine langfristigen Konsequenzen. Überleben hingegen latent infizierte Zellen, wie sie bei den meisten onkogenen Viren vorkommen (B-Zellen bei EBV; B-Zellen und Endothelzellen beim KSHV/HHV-8; Zellen der Basalschicht des Zervixepithels beim HPV; T-Zellen beim HTLV-1) für längere Zeit, hat bei diesen die „Abschaltung“ der „DNA-damage response“ folgende Konsequenz: Bei der Zellteilung findet keine Überwachung auf Mutationen in zellulären Genen mehr statt. Vermutlich begünstigt dies das Auftreten von Mutationen in „kritischen“ zellulären Genen und damit das Auftreten von Tumoren.

53.3 Steigerung der viralen Onkogenese durch chemische Karzinogene

Die im vorhergehenden Abschnitt erläuterte Interferenz mancher Viren mit zellulären DNA-Reparaturmechanismen lässt erwarten, dass manche onkogene Viren mit anderen Umweltkarzinogenen zusammenwirken können: Durch Umweltkarzinogene ausgelöste DNA-Schäden würden in einer mit einem onkogenen Virus infizierten Zelle, in der der DNA-Reparaturmechanismen „abgestellt“ sind, schlechter repariert und die Wahrscheinlichkeit der Entstehung eines Tumors stiege an.

In der Tat gibt es für mehrere durch onkogene Viren verursachte Tumoren epidemiologische Hinweise auf einen derartigen Zusammenhang. So tritt z. B. das **EBV-assoziierte Nasopharynxkarzinom** (lymphoepitheliales Karzinom, Schmincke-Tumor) gehäuft im Südosten Chinas, an der nordafrikanischen Mittelmeerküste (Maghreb) und in Alaska auf und ist in der Welt ansonsten sehr selten, obwohl EBV weltweit über 90 % aller Erwachsenen infiziert. Epidemiologische Studien legen nahe, dass **Karzinogene in der Nahrung** (geräucherter Fisch, Gewürze?) hier als Kofaktoren wirken.

Ein weiteres Beispiel stellt das **Zusammenwirken von HBV und Aflatoxinen** bei der Entstehung des **Leberzellkarzinoms** dar. Dies führt in manchen Ländern Afrikas zu einem früheren Gipfel in der Altersverteilung des Leberzellkarzinoms: Während dieser Tumor in westlichen Ländern und in China bei über 65-Jährigen am häufigsten auftritt, liegt der Altersgipfel z. B. in Mosambik bei den 25- bis 35-Jährigen – das Umweltkarzinogen beschleunigt also das Auftreten dieses Tumors.

53.4 Zusammenwirken mit anderen Infektionen

Neben Umweltkarzinogenen können auch andere Infektionen das onkogene Potenzial mancher onkogener Viren verstärken.

53.4.1 Burkitt-Lymphom

Man unterscheidet beim Burkitt-Lymphom 3 Varianten:

- **Endemisches Burkitt-Lymphom in Afrika**

Bei dieser Variante ist fast immer EBV im Tumor nachweisbar; es ist typisch für Gebiete, in denen Malaria sehr häufig ist, d. h. den „Malariagürtel“ von West- über Zentral- nach Ostafrika. Es gibt gute Hinweise dafür, dass die massive Aktivierung und Replikation von B-Zellen, wie sie im Rahmen einer Malariainfektion vorkommt, in EBV-infizierten Zellen die Chancen für Chromosomentranslokationen erhöht, die für das Burkitt-Lymphom typisch sind. Dabei kommt es zur Translokation des c-myc-Gens von Chromosom 8 in die Nachbarschaft eines der 3 Immunglobulingene (H-Kette auf Chromosom 14, L-Ketten auf den Chromosomen 2 und 22; ▶ Kap. 9). Auf diese Weise gerät das zelluläre c-myc-Gen, dessen Protein die Zellproliferation beeinflussen kann, in die Nachbarschaft eines Immunglobulingen-Promotors oder -Enhancers und seine Expression unterliegt nicht mehr der physiologischen Kontrolle durch seinen eigenen Promotor.

- **Burkitt-Lymphom bei AIDS und Burkitt-Lymphom in westlichen Ländern**

Im Unterschied dazu ist das ebenfalls bei AIDS-Patienten gehäuft vorkommende Burkitt-Lymphom in nur in etwa der Hälfte der Fälle mit EBV assoziiert (▶ Kap. 65, ▶ Abschn. 70.5), während EBV bei in westlichen Ländern „spontan“ vorkommenden Burkitt-Lymphomen in nur 20–40 %

im Tumor gefunden wird. Allen diesen Varianten ist aber die c-myc-Translokation in die Nähe eines Immunglobulinlocus gemeinsam. Sie ist also der entscheidende pathogene Schritt und sein Auftreten wird von EBV, in Verbindung mit Malaria, entscheidend gefördert.

▪ Kaposi-Sarkom

Ein weiteres dramatisches Beispiel für das Zusammenwirken eines onkogenen Virus mit einer anderen Infektionserkrankung stellt das AIDS-assoziierte Kaposi-Sarkom dar. In der Abwesenheit von HIV ist das – dann in westlichen Ländern „klassisch" genannte Kaposi-Sarkom (▶ Kap. 65) – sehr selten: In zu ca. 20–30 % mit KSHV/HHV-8 infizierten Bevölkerungen Südeuropas finden sich jedes Jahr ca. 1–3 klassische Kaposi-Sarkom-Fälle pro 100.000 Einwohner. Im Unterschied dazu entwickelt etwa jeder 2. HIV-Infizierte, wenn er sich zusätzlich mit KSHV/HHV-8 infiziert, innerhalb von 5–10 Jahren ein Kaposi-Sarkom (▶ Kap. 65). Diese Zahlen zeigen eindrücklich, wie eine weitere Infektionserkrankung, hier HIV, das onkogene Potenzial eines ansonsten nicht sehr „gefährlichen" Virus dramatisch steigert.

Bei den dabei beteiligten Mechanismen spielt zum einen sicher die durch HIV bedingte **Immunsuppression** eine Rolle: Da KSHV/HHV-8, wie andere Herpesviren, durch virusspezifische T-Zellen „in Schach" gehalten wird, kann es als Folge der HIV-induzierten Immunsuppression verstärkt replizieren und sich ausbreiten (s. o.). Zum anderen wird angenommen, dass bestimmte HIV-Proteine, z. B. HIV-Tat, oder im Rahmen der AIDS Pathogenese gebildete, entzündlich wirkende Zytokine potenzierend wirken.

53.5 Rolle der Geweberegeneration

Die in den ▶ Abschn. 53.2 erläuterten Mechanismen erklären zumindest teilweise die Wirkung von onkogenen DNA-Viren wie EBV, KSHV/HHV-8, HPV, HBV oder von Retroviren (HTLV-1, anderen onkogenen Retroviren bzw. davon abgeleiteten Gentherapievektoren), die latent in der infizierten Zelle persistieren können und ihre onkogene Wirkung wahrscheinlich zumindest zum großen Teil aus diesem latenten Stadium heraus entfalten. Hingegen treffen sie wahrscheinlich für HCV, ein RNA-Virus (▶ Kap. 73) **nicht** zu, da dieses nicht in der infizierten Zelle persistiert.

Vermutlich erhöht die Regeneration des Lebergewebes im Rahmen der – durch HBV und/oder HCV ausgelösten – chronischen Hepatitis und Zirrhose die Wahrscheinlichkeit, dass Mutationen in der Leberzelle auftreten und damit die Rate der malignen Entartung steigt.

In Kürze: Humane onkogene Viren

- **Onkogene Viren:** Von der WHO anerkannt sind: Humane Papillomviren (Hochrisikotypen), Hepatitis-B-Virus, Hepatitis-C-Virus, Epstein-Barr-Virus, Kaposi-Sarkom-Herpesvirus/Humanes Herpesvirus 8, Humanes T-lymphotropes Virus 1 und das humane Merkel-Zell-Polyomavirus.
- **Pathogene Mechanismen:** Onkogene Viren greifen ein in die Kontrolle des Zellzyklus, in DNA-Reparaturmechanismen, intrazelluläre Signalübertragung, Regulation der Apoptose, Sekretion von Zytokinen. Dadurch können sie das Wachstum der permanent latent infizierten Zelle beeinflussen. Bei manchen Viren (z. B. HCV, HBV) spielt die überschießende Regeneration des im Rahmen der chronischen Infektion durch das Immunsystem zerstörten Lebergewebes eine Rolle.
- **Epidemiologie, Übertragung, Lebenszyklus, Diagnose, Therapie:** ▶ Kap. 54–73 zu einzelnen Viren und Virusfamilien.

Weiterführende Literatur

Chang Y, Moore PS, Weiss RA (2017) Human oncogenic viruses. Nature and discovery. Phil Trans R Soc Lond B, Bio Sci 372: pii 20160264. ▶ https://doi.org/10.1098/rstb.2016.0264
Damania B, Pipas JM (2009) DNA tumor viruses. Springer, Berlin

Picornaviren

Albert Heim

Die zur Familie der Picornaviridae („pico“ = klein; rna = „ribonucleic acid“) gehörenden Entero- und Rhinoviren sind die häufigsten Erreger von Virusinfektionen des Menschen, da jeder Mensch aufgrund der großen Zahl ihrer Typen (über 200) multiple Infektionen durchmacht. Obwohl die meisten Picornavirus-Infektionen nur milde Erkrankungen verursachen, haben einige Enterovirustypen eine große klinische und epidemiologische Bedeutung, so z. B. die Polioviren als Erreger der Poliomyelitis („Kinderlähmung“). Zahlreiche andere Enteroviren (inkl. Coxsackie-Virus, ECHO-Virustypen) und die Parechoviren sind die Ätiologie einer Vielzahl von Krankheitsbildern wie z. B. von aseptischer Meningitis, Sommergrippe, Enzephalitis und Myokarditis. Auch eine Reihe schwerer Erkrankungen (Diabetes mellitus Typ 1, dilatative Kardiomyopathie) wird bei genetisch prädisponierten Individuen wahrscheinlich durch Enterovirus-Infektionen ausgelöst. Außerdem gehört zu den Picornaviridae eine Vielzahl von Rhinoviren. Diese sind die häufigsten Erreger von Erkältungskrankheiten („common cold“), können können aber bei immunsupprimierten Patienten gelegentlich schwere respiratorische Infekte des unteren Respirationstrakts verursachen. Der Erreger der Hepatitis A ist ebenfalls ein Picornavirus, wird aber bei den Hepatitisviren in ► Kap. 71 näher beschrieben.

Fallbeispiel

Eine 68-jährige Frau wird mit linksseitigen Thoraxschmerzen stationär aufgenommen. Diese bestehen seit 2 Tagen, ein Trauma ist nicht erinnerlich. Aus der Vorgeschichte sind Hypertonus und Dyslipidämie erwähnenswert. Die Schmerzen sind atemabhängig und sehr stark bei tiefer Inspiration. Bei der körperlichen Untersuchung fallen subfebrile Temperaturen und leichte Tachykardie auf, außerdem findet sich links ein Pleurareiben. Laborchemisch leicht erhöhte Entzündungsparameter, sonst keine auffälligen Befunde, insbesondere Troponin und CK im Normbereich. Im EKG normaler Stromkurvenverlauf. Röntgenologisch kleine Pleuraergüsse beidseits. Bei unklaren Thoraschmerzen wird ein CT zum Ausschluss einer Lungenembolie veranlasst mit unauffälligem Befund. Bei der Suche nach seltenen Ursachen von Thoraxschmerzen schließlich Nachweis von Coxsackie-Virus B Typ 5 mittels PCR und Sequenzierung des Amplikons. Es wird die Diagnose einer epidemischen Pleurodynie (Bornholm-Krankheit) gestellt.

Steckbrief

Sehr kleine (25–30 nm Durchmesser), ikosaedrische Viren mit nur ca. 7,5 kb langer Einzelstrang-RNA als Genom. Die genomische ssRNA dient unmittelbar als mRNA („Plus-Strang“) und besitzt partiell doppelsträngige Sekundärstrukturen, die direkt an Ribosomen binden („internal ribosomal entry site“, IRES). Enteroviren sind säurestabil und können deshalb respiratorische und gastrointestinale Infektionen verursachen. Rhinoviren sind hingegen nicht säurestabil und verursachen lediglich Infektionen des – meist nur oberen – Respirationstrakts.

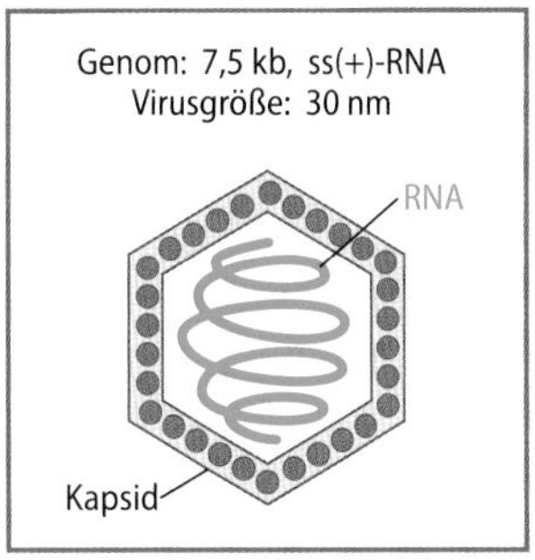

Geschichte

Ein Patient mit typischen Folgeschäden der Poliomyelitis wurde schon auf einem antiken ägyptischen Relief dargestellt. Die Poliomyelitis wurde aber erst durch ihr epidemisches Auftreten im 20. Jahrhundert zu einer wegen ihrer Folgeschäden („Kinderlähmung“) weltweit gefürchteten Virusinfektion. Bei ihrer Erforschung wurden grundlegende virologische Techniken (z. B. Virusisolation auf Zellkulturen)

Frühere Version von D. Falke

S. Suerbaum et al. (Hrsg.), *Medizinische Mikrobiologie und Infektiologie*,
https://doi.org/10.1007/978-3-662-61385-6_54

entwickelt und zahlreiche andere Viren entdeckt, z. B. die sehr ähnlichen Coxsackie- und ECHO-Viren, aber auch die Adenoviren (► Kap. 69). Coxsackie ist ein Ort im US-Bundesstaat New York, in dem die Erstisolierung erfolgte; ECHO ist das Akronym für „enteric, cytopathic, human, orphan (= Waise)", also für in Zellkultur identifizierbare, humane enterische Viren, die bei ihrer Entdeckung ohne Krankheitsbezug waren.

▪ Einteilung

Man unterscheidet bei den Picornaviren (neben zahlreichen nur veterinärmedizinisch bedeutenden Virengruppen) **8 Genera,** die eine Vielzahl humanpathogener Viren beinhalten:

- Enteroviren:
  - Rhinoviren (► Abschn. 54.3)
  - Polioviren (► Abschn. 54.1)
  - ECHO- und Coxsackie-Viren (► Abschn. 54.2)
- Parechoviren (► Abschn. 54.4)
- Saliviren (Salivirus und Klassevirus, Gastroenteritiserreger)
- Hepatoviren (Hepatitis-A-Virus, ► Kap. 71)
- Kobuviren (mit Aichivirus, einem Gastroenteritiserreger) (► Abschn. 54.6)
- Cardioviren (► Abschn. 54.7):
  - Vilyuisk Human Encephalomyelitis Virus (VHEV)
  - Saffoldvirus (SAFV)
- Rosaviren (► Abschn. 54.9)
- Cosaviren (► Abschn. 54.10)

Selten werden beim Menschen Zoonosen mit Viren des Genus Aphthovirus (dazu gehört das Maul-und-Klauenseuche-Virus (MKSV) [„foot and mouth disease virus", FMDV], einem veterinärmedizinisch sehr bedeutenden Erreger) beobachtet.

▪ Genom

Die RNA liegt im Virion als **einzelsträngige Plusstrang-RNA** [(+)ssRNA] vor, die als mRNA dient und an deren 5'-Ende ein kleines virales Peptid (VPg) gebunden ist. Das Genom besteht aus einer nichtkodierenden Region am 5'-Ende, einer kodierenden Region für ein Polyprotein sowie einer nichtkodierenden Region am 3'-Ende des Moleküls, gefolgt von einer Poly-A-Sequenz. Die nichtkodierenden Regionen bilden partiell doppelsträngige Sekundärstrukturen aus, mit denen die 5'-nichtkodierende Region direkt an das Ribosom bindet („internal ribosomal entry site", IRES) und die Translation der genomischen RNA startet. **Virulenzeigenschaften** des Genoms sind in der nichtkodierenden Region und der Kapsidregion lokalisiert.

▪ Morphologie

Alle Picornaviren bestehen aus einem unbehüllten Kapsid in Ikosaederform und einer linearen Plusstrang-RNA als Genom. Bei der Translation des Genoms entsteht zunächst ein Polyprotein, das sich autokatalytisch in die 4 Strukturproteine VP1–4 und die Nichtstrukturproteine spaltet. Die Strukturproteine VP1–3 bilden die Oberfläche des ikoseadrischen Kapsids, das charakteristische canyonartige Vertiefungen aufweist, die jeweils die 5-fache Symmetrieachse umgeben. Mit der Canyonstruktur binden Picornaviren an ihre zellulären Rezeptoren. Das VP4-Protein befindet sich auf der Kapsidinnenseite.

▪ Züchtung

Polio-, Coxsackie-B-, ECHO-, Entero- und die meisten Coxsackie-A-Viren lassen sich gut auf Affennierenzellen züchten. Einige Coxsackie-A-Viren können nur im Tierversuch (Babymäuse) isoliert und dann auf Zellkulturen passagiert werden.

▪ Resistenz

Die **Enteroviren** sind empfindlich gegenüber Austrocknung und mäßigem Erhitzen (50 °C), sie sind jedoch etherresistent und sehr säurestabil (Magenpassage). In Abwässern lassen sie sich lange Zeit nachweisen. **Rhinoviren** sind im Gegensatz dazu nur bei pH 6,0–7,5 stabil und sehr temperaturempfindlich.

54.1 Polioviren

Polioviren sind die Erreger der spinalen Kinderlähmung oder Poliomyelitis (Polio) und sollen durch ein weltweites WHO-Impfprogramm ausgerottet werden (Polioeradikation). Die 3 Poliovirustypen werden der Spezies Enterovirus C zugeordnet. Poliovirus Typ 2 ist inzwischen ausgerottet, Typ 3 wurde seit 2012 auch nicht mehr nachgewiesen. Poliovirus Typ 1 wurde noch in einigen Ländern Afrikas und Asiens (Nigeria, Pakistan, Afghanistan) nachgewiesen, allerdings im Jahr 2018 nur noch in 33 Fällen. Europa und Amerika sind inzwischen poliofrei, es besteht aber noch die Gefahr von Einschleppungen aus Endemiegebieten. Viele Infektionen verlaufen inapparent. Es gibt 2 Impfstoffe: IPV und OPV (inaktivierte bzw. orale attenuierte Poliovakzine).

Geschichte

Die spinale Kinderlähmung wurde 1840 als Heine-Medin-Krankheit beschrieben. 1909 übertrugen Landsteiner und Popper das damals weit verbreitete Virus auf Affen. 1920 erkrankte der spätere US-Präsident Franklin D. Roosevelt an Poliomyelitis. Ihm ist die Gründung einer Stiftung zu verdanken, die für die Bekämpfung der Poliomyelitis und darüber hinaus für die Entwicklung der Virologie entscheidend war.

1949 gelang es den späteren Nobelpreisträgern Enders, Weller und Robbins, Poliovirus in nichtneuralen Zellen (Affennieren-Zelllinien) zu züchten und erstmals dessen „zytopathischen Effekt" (CPE) in diesen Zellkulturen nachzuweisen. Erst diese Entdeckung machte die Züchtung der Viren in vitro und die Entwicklung von Impfstoffen durch Salk (IPV) und Sabin (OPV) möglich.

54.1.1 Rolle als Krankheitserreger

■■ Vorkommen

Virusreservoir und alleinige Infektionsquelle sind der Nasen-Rachen-Raum und der Darmkanal von Menschen. Entsprechend der Ausscheidung des Virus in Fäkalien findet sich das Virus in Abwässern und gelegentlich in Freibädern.

■■ Epidemiologie

Sommer und Frühherbst waren bei der Ausbreitung des Poliovirus in den gemäßigten Klimazonen die bevorzugten Jahreszeiten. Die Poliomyelitis ist das Musterbeispiel einer Krankheit mit hoher Quote an stiller Durchseuchung bei niedrigem Manifestationsindex. In Ländern mit niedrigem Hygienestandard und ohne Schutzimpfung wurden bereits die Kleinkinder voll durchseucht. Bei etwas besserem Hygienestandard (in den Industrieländern im frühen 20. Jahrhundert) wurden vor allem Vorschul- und Schulkinder infiziert und es kam trotz niedrigem Manifestationsindex zum gefürchteten epidemischen Auftreten der „Kinderlähmung". Bei noch besseren Lebensverhältnissen verschob sich das Lebensalter der Erstinfektion mit dem Virus zur Adoleszenz hin und die von der Infektion verschonten Kinder können als Erwachsene erkranken: „Erwachsenenlähmung".

Durch Anwendung des Salk-Impfstoffs (IPV) sank schließlich die Inzidenz in den Jahren 1955–1960 von 13,9 auf 0,5 Fälle pro 100.000 Einwohner. Die weltweite Anwendung der Sabin-Schluckimpfung (OPV) im Rahmen des WHO-Polioeradikationsprogramms hat die Zahl weiter reduziert: 2010 gab es nur noch 1349 Erkrankungen weltweit (!), betroffen waren hauptsächlich West- und Zentralafrika, Pakistan und Afghanistan. Durch Impfverweigerung im islamischen Westafrika kam es primär regional zu einem Ausbruch von Typ-1-Polioinfektionen, die auch durch Hadschpilger in der islamischen Welt verbreitet wurden. Durch Einführung einer Polioimpfpflicht für Hadschpilger und weitere Impfinitiativen kam dieser Ausbruch unter Kontrolle, 2018 gab es weltweit nur noch 33 Nachweise von Poliovirus Typ 1.

■■ Übertragung

Die Übertragung erfolgt direkt von Mensch zu Mensch meist fäkal-oral. Als Vehikel dienen verunreinigte Hände, Gebrauchsgegenstände (Schmierinfektion), Wasser (in Ländern mit schlechtem Hygienestandard Trinkwasser, sonst oft auch Badegewässer) und Fliegen. Die Verbreitungspotenz des Virus ist sehr groß. Auch spielt die Infektion durch Speichel im Sinne einer Schmier- und Tröpfcheninfektion eine wichtige Rolle. Die Ausscheidung des Virus im Stuhl dauert nach apparenter und inapparenter Infektion etwa 6–8 Wochen, gelegentlich mehrere Monate, bei Immundefekten mehrere Jahre.

■■ Pathogenese

Die Poliomyelitis ist das Musterbeispiel für die Entstehung einer Viruskrankheit durch einen **direkten virusbedingten Zellschaden.**

Das Poliovirus ist primär enterotrop, es infiziert nur selten das ZNS. Seine Rezeptoren auf der Zellmembran hat man als Moleküle der Immunglobulin-Superfamilie (CD155) identifiziert. Den „host-protein-shutoff" (▶ Kap. 52) löst eine viruskodierte Protease aus, die einen Initiationsfaktor für die Translation zerstört, wohingegen die virale mRNA durch direkte Bindung ihrer nichttranslatierten 5'-Region ans Ribosom („internal ribosomal entry site", IRES) translatiert wird. Die Zelle stirbt durch Apoptose.

Hinsichtlich der Virusausbreitung im Organismus lassen sich **5 Stadien des Infektionsverlaufs** unterscheiden (◘ Abb. 54.1):

1. **Lokale Infektion:** Vermehrung des Virus in den Zellen der Rachen- und Darmschleimhaut sowie in Tonsillen und Peyer-Plaques. Die Schleimhäute des Nasenrachens und des Darms scheiden das Virus aus.
2. **Invasion** durch Einbruch des Virus in die Lymphknoten und in die Blutbahn (primäre Virämie): „Vorkrankheit". Hierbei fängt das Immunsystem viele Viren ab und baut sie ab. In einem 2. Schub gelangt das Virus nach Vermehrung in den Lymphknoten erneut in die Blutbahn (sekundäre Virämie) und besiedelt das Rückenmark.
3. **Befall des „Zielorgans"** mit erneuter Vermehrung. Das Virus gelangt durch die Blut-Liquor-Schranke in den Meningealraum. Über die Endothelien kleiner Gefäße infiziert es die motorischen Vorderhornzellen des Rückenmarks und vermehrt sich darin. Dies führt zur Schädigung und zum Untergang der Motoneurone („Neuronophagie") und damit zu schlaffen Lähmungen z. B. eines Beines (spinale Form der Poliomyelitis). Pathohistologisch findet man in den befallenen Bezirken des ZNS perivaskuläre Infiltrate. Die nekrotischen Ganglienzellen sind von Infiltraten monozytärer Zellen umgeben. Polioviren können das ZNS auch durch Transport **entlang von Nervenfasern** erreichen. Wunden im Rachenraum (Tonsillektomie) ermöglichen den Eintritt in die Nervenfasern und können die gefürchteten **Bulbärparalysen** (bulbäre Form der Poliomyelitis) hervorrufen. In seltenen Fällen kann das Hinterhorn der grauen Rückenmarkssubstanz und aszendierend das Gehirn befallen werden (→ Enzephalitis mit nahezu 100 %iger Letalität). Zusätzlich zur ZNS-Infektion beobachtet man bei der Poliomyelitis manchmal eine Infektion des Myokards.

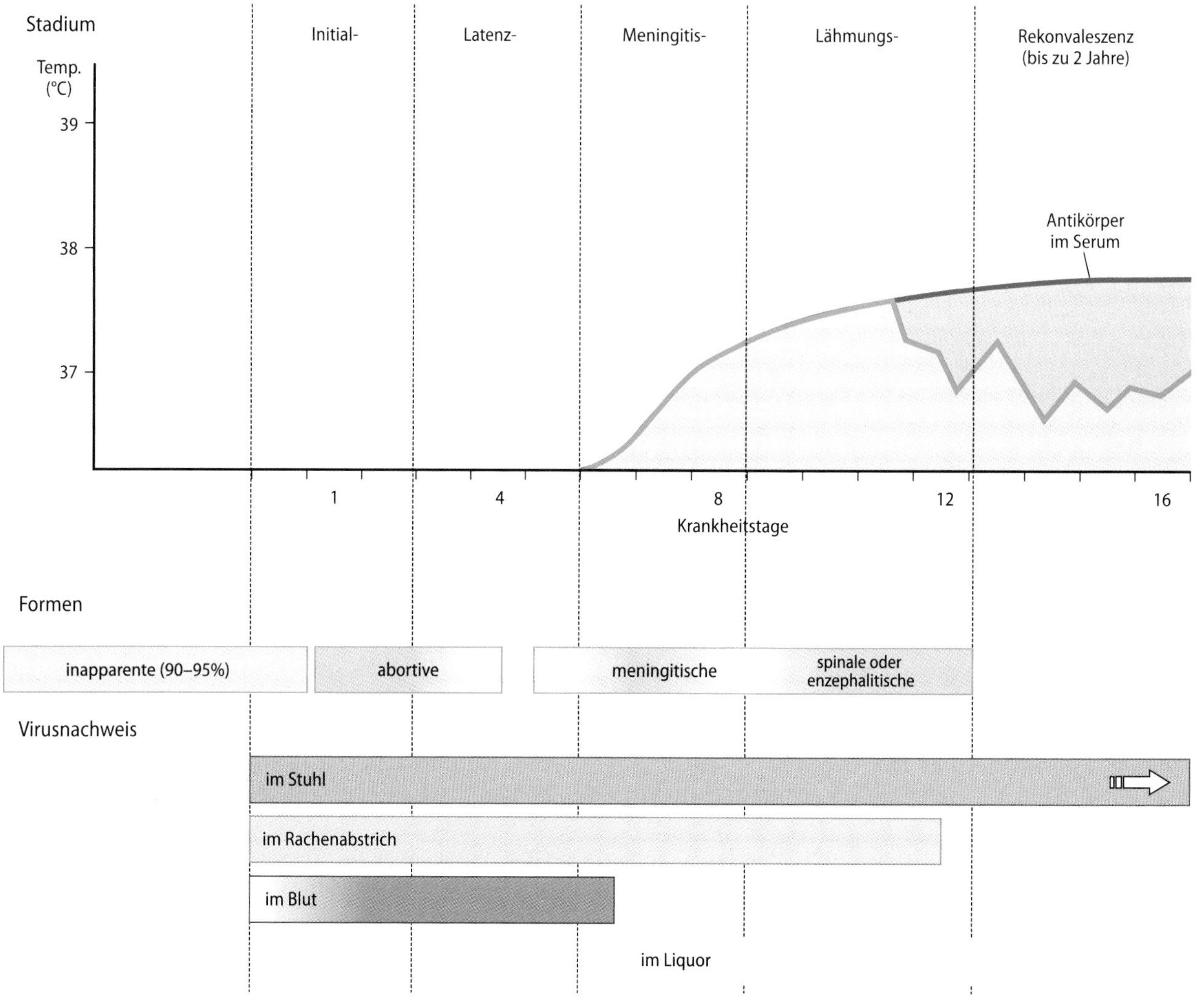

Abb. 54.1 Pathogenese der Poliomyelitis. Dargestellt sind der Verlauf der Körpertemperatur, Symptome, Vorhandensein von Virus und Virusausscheidung sowie Antikörperbildung

4. **Viruselimination** in der Rekonvaleszenz. Diese ist bei der Polio und den übrigen Picornavirus-Infektionen vollständig. Hierfür sind neben Interferon v. a. humorale Antikörper verantwortlich. Ihre Bedeutung geht aus dem mangelhaften Impfschutz und aus Einzelfällen von Polioviruspersistenz bei Agammaglobulinämie hervor.
5. **Persistierende Infektionen** mit Virusausscheidung (Polio-, Coxsackie-, ECHO-Viren) hat man bei Patienten defektem humoralem Immunsystem festgestellt (z. B. bei „common variable immunodeficiency", CVID).
6. **Rekonstitution bzw. Defektheilung:** Bei milden Verlaufsformen kann sich die Parese eines Muskels bzw. einer Muskelgruppe scheinbar vollständig zurückbilden, wenn intakte, nicht untergegangene Motoneurone kompensatorisch benachbarte Muskelfaszikel stimulieren. Häufig sind aber Defektheilungen mit Paresen und trophischen Störungen. Selten ist das **Postpoliosyndrom**, d. h. fortschreitende Lähmungen viele Jahre nach der Erstlähmung. Es entsteht nach Jahren durch Überlastung und Schädigung der erhaltenen Motoneuronen.

Klinik

Die Inkubationszeit beträgt für die klinisch manifesten Fälle 5–10 Tage, sonst 1–2 Wochen. Nach dem Schweregrad des Krankheitsbildes unterscheidet man 4 Verlaufsformen (Abb. 54.1):

- **Inapparenter Verlauf** – weitaus am häufigsten (90–95 %)
- **Abortiver Verlauf:** katarrhalische Symptome **(„minor illness")** – leichte, uncharakteristische Symptome einer „Sommergrippe" und Gastroenteritis (4–8 %)

- **Meningitis ohne Lähmungen:** lymphozytäre Zellvermehrung im klaren Liquor („aseptische Meningitis") (1–2 %)
- **Paralytische Form** (0,1–2 %): Charakteristisch sind schlaffe Lähmungen, vornehmlich an der Extremitätenmuskulatur, aber auch an den Atemmuskeln **(„major illness").** In schweren Fällen verläuft die Poliomyelitis als Meningoenzephalomyelitis. Der Tod kann durch Atemlähmung oder Herzversagen eintreten. Die Lähmungen bilden sich, sofern der Patient überlebt, häufig zurück. Infektionen verlaufen bei älteren Kindern und Erwachsenen oft schwerer als bei Kleinkindern.
- **Postpoliosyndrom:** nach Jahrzehnten treten Lähmungen auf, die auf einem zunehmenden Ausfall subklinisch vorgeschädigter Neuronen beruhen (selten).

Immunität

Die nach einer natürlichen Polioinfektion auftretende Immunität ist humoral und typenspezifisch. Vor Einführung der Schutzimpfung hat in Mitteleuropa ein großer Teil der Bevölkerung eine inapparente Infektion mit Wildstämmen durchgemacht und dadurch eine „stille Feiung" erworben.

Im 1. Lebenshalbjahr schützt meist noch mütterliches IgG gegen eine Erkrankung (Leihimmunität). Die durch Infektion mit Wildstämmen erworbene Immunität kann auf zweierlei Weise wirksam werden:

- **IgA:** lokal auf der Schleimhaut des Darms und des oberen Respirationstrakts, verhindert die Infektion
- **IgG:** systemisch; verhindert vor allem die Virämie und Infektion des ZNS

Die lange Dauer der natürlichen Polioimmunität beruht vermutlich darauf, dass beim Nachlassen der Immunität unbemerkt verlaufende Neuinfektionen als „Booster" wirken.

Prävention

Dazu zählen:

Impfstoffe Für die Schutzimpfung stehen 2 Impfstoffe zur Verfügung, IPV (inaktivierte Poliovakzine) und OPV (orale Poliovakzine). In Deutschland wird jetzt routinemäßig nur noch IPV angewendet, OPV steht in Deutschland nur noch für Riegelungsimpfungen bei (seit vielen Jahren glücklicherweise nicht mehr beobachteten) Polioeinschleppungen bzw. -ausbrüchen zur Verfügung.

IPV Nach seinem Entwickler auch **Salk-Vakzine** genannter Totimpfstoff. Er besteht aus formalininaktiviertem, gereinigtem Poliovirus der 3 Typen („trivalent"). Die Anwendung erfolgt durch intramuskuläre Injektion. IPV ist auch als Kombinationsimpfstoff mit anderen Antigenen (z. B. Tetanus und Diphtherie) erhältlich.

OPV Dieser nach seinem Entwickler auch **Sabin-Vakzine** genannte Impfstoff ist seit 1961 als „Schluckimpfung" in Gebrauch. Er besteht aus lebenden, durch Mutation und Selektion abgeschwächten (attenuierten) Polioviren, früher aller der 3 Typen („trivalent"), Typ 2 wurde nach dessen Eradikation aus der Vakzine entfernt, sodass diese heute nur noch bivalent ist. Die Neurovirulenz der attenuierten Impfstämme ist stark reduziert, während Infektiosität und Antigenität erhalten bleiben. Vorteilhaft ist die gute Induktion einer IgA-Schleimhautimmunität.

Das **WHO-Polioeradikationsprogramm** verwendet weltweit OPV, lediglich in hochentwickelten, bereits poliofreien Regionen wird IPV eingesetzt. Grund dafür ist, dass es bei Patienten mit Immundefekten (insbesondere Agammaglobulinämien) zu einer mehrjähriger Impfviruspersistenz und Ausscheidung und schließlich auch zur Rückmutationen des OPV zu neurovirulenten Viren und Lähmungen kommt. OPV ist deshalb bei Immundefekten und Immunsuppression kontraindiziert.

Die WHO hofft, die Polio ausrotten zu können und überwacht die Polioepidemiologie durch Erfassung schlaffer Lähmungen („acute flaccid paresis", AFP) und gezielte Labordiagnostik (Polionachweis in Stuhlproben) bei diesem Krankheitsbild. Eine Gefahr erwächst jedoch aus der zunehmenden **Impfmüdigkeit** in den schon poliofreien Regionen und der Einschleppung von Polio-Wildvirus aus den verbleibenden Endemiegebieten, etwa durch Auslandsreisende und Migranten.

Labordiagnose

Die WHO fordert bei Polioverdacht die **Untersuchung von Stuhlproben** (ggf. auch Analabstrichen) durch Virusanzucht auf Zellkulturen (z. B. Affennierenzellen) oder durch RT-PCR. Bei einer Poliovirusinfektion lässt sich das Virus meist für einige Monate im Stuhl nachweisen. Mittels der sensitiveren RT-PCR kann z. B bei unklaren Fällen von Lähmungen auch der Poliovirusnachweis im Liquor cerebrospinalis oder in Materialien aus dem oberen Respirationstrakt gelingen.

Typspezifische Anstiege der Antikörper gegen die 3 Poliovirustypen lassen sich durch den **Neutralisationstest** bestimmen. Diese Methode ist insbesondere auch für Immunitätsbestimmungen nach IPV-Impfung bei Immunsupprimierten sinnvoll. Andere serologische Methoden (KBR, IgM-, IgA- und IgG-ELISA) haben wegen unklarer Kreuzreaktivitäten und multiplen sequenziellen Infektionen mit unterschiedlichen Typen nur geringe diagnostische Bedeutung.

Therapie

Die Therapie ist symptomatisch. Bei Beeinträchtigung der Atemfunktion wird künstlich beatmet (früher: „eiserne Lunge"). Notwendig sind lang dauernde Rehabilitationsmaßnahmen.

Meldepflicht Bei Verdacht, Erkrankung oder Tod an Poliomyelitis; bei Erregernachweis sowie bei allen Erkrankungen mit schlaffen Lähmungen (AFP).

In Kürze: Polioviren

- **Virus:** Genus Enterovirus; Spezies Enterovirus C. (+)ssRNA-Virus Typ 1, 2 und 3. Ikosaeder mit 25–30 nm Durchmesser. Etherresistent. Virus in Umwelt sehr stabil, transportstabil.
- **Vorkommen:** Virusreservoir sind Nasen-Rachen-Raum und Darmkanal. Ausscheidung als Tröpfchen sowie im Stuhl. Virus in Abwässern, fäkal verunreinigtem Trinkwasser und Badegewässern. Meist nur im Sommerhalbjahr.
- **Epidemiologie:** Weltweit nur noch wenige Länder mit endemischem Poliovirus Typ 1, aber Einschleppung in „poliofreie" Länder durch Reiseverkehr möglich. Hierbei stellt „Impfmüdigkeit" bzw. Ablehnung von Impfungen aus „weltanschaulichen Gründen" ein Problem dar.
- **Übertragung:** Schmutz- und Schmierinfektion, Übertragung durch Tröpfchen, fäkal verunreinigtes Trinkwasser bzw. Badegewässer.
- **Pathogenese:** Ausbreitung von Nasen-Rachen-, Magen- und Darmschleimhaut über Lymph- und Blutgefäße mit dem Blut (2 Virämiephasen), Eindringen und Replikation in Rückenmark und Gehirn. Virusbedingte Schäden an motorischen Vorderhornzellen führen zur typischen schlaffen Lähmung. Inkubationsperiode 5–10 Tage. Weniger als 1 % der Infizierten erkranken an Lähmungen, Infektionen meist inapparent.
- **Klinik:** Typisches Leitsymptom: schlaffe Lähmungen („major illness"), in schweren Fällen auch Atemlähmung, selten Enzephalitis mit hoher Letalität; Defektheilungen mit persistierenden Paresen, Postpoliosyndrom. Abortive Verläufe aber am häufigsten, manchmal „Sommergrippe" („minor illness").
- **Immunität:** IgG-, und IgA-Schleimhaut-Antikörper. Keine Kreuzimmunität zwischen den Poliovirustypen bzw. zu anderen Enteroviren. Bedeutung der zellulären Immunität eher gering bzw. umstritten.
- **Diagnose:** Virusisolierung in Zellkulturen und/oder RT-PCR aus Stuhlproben (WHO-Empfehlung), auch aus Liquor, Rachenspülwasser und Rachenabstrichen. Antikörperbestimmung im Neutralisationstest meist nur zur Immunitätsbestimmung genutzt. DD: andere Enteroviren, West-Nil-Virus u. v. a. Meningoenzephalitiserreger.
- **Therapie:** Keine spezifische Therapie, symptomatisch, künstliche Beatmung, Rehabilitationsmaßnahmen.
- **Prävention:** Grundimmunisierung mit trivalentem IPV-(Salk-)Impfstoff, Auffrischungen mit Salk-(IPV-)Impfstoff insbesondere bei Reisen in Endemiegebiete. In fixen Impfstoffkombinationen erhältlich zur Vereinfachung der Impfschemata.
- **Meldepflicht:** Verdacht, Erkrankung, Tod. Erregernachweis, schlaffe Lähmungen!

54.2 Enterovirus Spezies A–D (Nicht-Polio-Enteroviren inkl. Coxsackie- und ECHO-Viren)

Zu den 4 Enterovirus-Spezies A–D gehören neben den besonders bedeutenden 3 Poliovirustypen (▶ Abschn. 54.1) über 100 andere Enterovirustypen. Die klinische Bedeutung dieser Viren reicht von asymptomatischen Verläufen bis zu tödlichen Erkrankungen, wobei Tropismus und Virulenz zumindest teilweise typassoziiert sind. Häufig werden Enteroviren bei Erkältungskrankheiten und Sommergrippe mit Gastroenteritis nachgewiesen. Sie sind auch die häufigste Ätiologie der aseptischen Meningitis. Es kann je nach Typ auch zu Konjunktivitis, Myositis und Exanthemen kommen. Ein weiteres typisches Krankheitsbild ist die Hand-, Fuß- und Mundkrankheit. Eine Enterovirus-(Peri-)Myokarditis kann chronisch verlaufen und zum Tod durch Herzinsuffizienz oder Rhythmusstörungen führen. Es gibt auch Hinweise darauf, dass ein Teil der Typ-1-Diabetes-mellitus-Erkrankungen durch Enterovirus-Infektionen ausgelöst wird.

54.2.1 Beschreibung und Rolle als Krankheitserreger

Definition und Einteilung

Die früher übliche Unterteilung in Entero-, Coxsackie- und ECHO-Viren ist heute zugunsten einer phylogenetisch korrekteren Einteilung in 4 Enterovirusspezies A–D aufgegeben worden, die alle humanpathogenen Enteroviren umfassen. Dabei werden jedoch die traditionellen Serotypnamen wie z. B. Coxsackie-Virus B3 weiterverwendet. Die in neuerer Zeit entdeckten Enteroviren werden lediglich den 4 Spezies zugeordnet und mit fortlaufenden Typnummern als Enterovirus bezeichnet.

Auch die Polioviren (▶ Abschn. 54.1) und Rhinoviren (▶ Abschn. 54.3) gehören zum Genus Enterovirus, werden aber aufgrund ihrer unterschiedlichen klinischen Bedeutung in eigenen Unterkapiteln besprochen. Das Genus Enterovirus wird aufgrund molekularphylogenetischer Kriterien in 7 humanpathogene Spezies eingeteilt:

- Humanes Enterovirus **A** (mit 25 humanpathogenen Typen; darunter Coxsackie-A-Typen)
- Humanes Enterovirus **B** (mit 63 humanpathogenen Typen; darunter Coxsackie-A-, ECHO- und alle Coxsackie-B-Typen)
- Humanes Enterovirus **C** (mit 23 humanpathogenen Typen; darunter die Polio- [Abschn. 54.1] und Coxsackie-A-Typen)
- Humanes Enterovirus **D** (mit 5 humanpathogenen Enterovirustypen)
- Humanes Rhinovirus **A** (mit 80 humanpathogenen Rhinovirustypen, ▶ Abschn. 54.3)
- Humanes Rhinovirus **B** (mit 32 humanpathogenen Rhinovirustypen) ▶ Abschn. 54.3)
- Humanes Rhinovirus **C** (mit 54 humanpathogenen Rhinovirustypen) ▶ Abschn. 54.3)

Ursprünglich wurden die Typen durch Kreuzneutralisation als Serotypen definiert. Die neueren Typen werden jedoch aufgrund von Sequenzdaten (Neutralisationsepitop im Kapsidprotein VP1) eingeteilt. Eine genaue und aktuelle Zusammenstellung der Typen der Spezies Enterovirus findet sich unter ▶ www.picornaviridae.com/enterovirus/enterovirus.htm.

◘ Tab. 54.1 gibt einen Überblick über die von Enteroviren verursachten Erkrankungen.

▪▪ Epidemiologie

Die verschiedenen Enterovirusspezies sind in der ganzen Welt verbreitet. Innerhalb eines Haushalts ist eine Ausbreitung meist unvermeidlich, sobald sich ein Familienmitglied infiziert. In einer Population können mehrere Typen gleichzeitig zirkulieren. **Kinder** sind ein wichtiges **Reservoir.** Gefürchtet sind nosokomiale Ausbrüche auf Neugeborenenstationen, bei denen es häufig zu lebensbedrohlicher Myokarditis kommt. Die meisten Infektionen verlaufen aber symptomlos oder mit milder Symptomatik und werden deshalb oft nicht diagnostiziert.

▪▪ Übertragung

Die Viren werden noch Monate nach der Erkrankung mit dem Stuhl ausgeschieden. Ihre Übertragung erfolgt von Mensch zu Mensch auf **fäkal-oralem** Wege oder

◘ Tab. 54.1 Krankheiten durch Coxsackie-, ECHO- und Enteroviren (Enterovirus-Spezies A–D)

Krankheit	Virustyp
ZNS:	
Aseptische Meningitis	Zahlreiche Coxsackie-, Echo- und Enterovirus-Typen, in den letzten Jahren oft Entero 71 und ECHO-Virus 30
Lähmung (AFP)	Poliovirus 1–3, zahlreiche andere Enteroviren (aber sehr niedriger Manifestationsindex)
Enzephalitis; Meningoenzephalitis	Entero 70, 71; ECHO 2, 6, 9, 19
Skelett- und Herzmuskel:	
(Peri-)Myokarditis	Typen der Spezies humanes Enterovirus B, insbesondere Coxsackie-Virus B3
Pleurodynie (Bornholm-Krankheit)	Typen der Spezies humanes Enterovirus B, insbesondere Coxsackie-B-Typen
Haut und Schleimhaut:	
Herpangina	Coxsackie A2–6, 8, 10
Hand-Fuß-Mund-Krankheit	Entero 71, Coxsackie A6, 16, etc
Makulopapulöses Exanthem	ECHO 2, 4, 5, 9,11, 16, 18 u. v. a., mehrere Coxsackie-A-Typen
Luftwege:	
Schnupfen	Coxsackie A21 u. 24, A1, A11 etc
Sommergrippe	Coxsackie A und B1–5, ECHO 11, 20, Entero 68 etc
Pneumonie	Entero 68, 74, 78; Coxsackie A16
Auge:	
Akute hämorrhagische Konjunktivitis	Entero 70, Coxsackie A24
Perinatal:	
Myokarditis, Hepatitis, Enzephalitis	Coxsackie A und B, ECHO 11 etc

bei Infekten der oberen Luftwege (und der Augen) durch **Tröpfcheninfektion,** letzteres ist insbesondere bedeutend für die Übertragung von Enterovirus Typ 68.

▪▪ Pathogenese

Eintrittspforten sind der Nasen-Rachen Raum und der Dünndarm. Es kommt hier wie bei der Poliomyelitis zur lokalen Vermehrung der Viren in den Schleimhäuten mit oft typischer Symptomatik (grippale Symptome, Gastroenteritis). Anschließend kann es zur Generalisierung, zur sekundären Virämie und zur Virusreplikation in den Zielorganen (Muskeln, Meningen, Pankreas, Herz und Haut) kommen, die zu verschiedenen Krankheitsbildern führt. Viele Enterovirustypen benutzen das Transmembranprotein CAR (Coxsackie-Adenovirus-Rezeptor) als zellulären Rezeptor. Die Zellzerstörungen erfolgen durch „host-(protein-)shutoff" und Aktivierung des Apoptoseweges. Die Infektionen sind in der Regel akut und selbstlimitierend.

Infektionen mit Enteroviren (insbesondere Coxsackie-B-Viren) sind aber auch für die Entstehung einer chronischen **Myokarditis** und der **dilatativen Kardiomyopathie** bedeutsam. Mehrere Regionen der viralen RNA sind für die Kardiovirulenz verantwortlich. Im Myokard ist persistierende Enterovirus-RNA nachgewiesen worden. Bei den familiären Formen der dilatativen Kardiomyopathie entsteht die Erkrankung aber ohne Virusinfektion auf genetischer Basis.

▪▪ Klinik

Die Inkubationsperiode variiert von 1 Tag bis zu 2–3 Wochen. Die klinisch wahrnehmbare Infektion verläuft **fieberhaft** und manchmal mit einer der folgenden Manifestationen, wobei sich diese oft mit einigen Typen assoziieren lassen (◘ Tab. 54.1):

Schnupfen und Pharyngitis Viele Enterovirustypen erzeugen als Krankheitsbild einen banalen Schnupfen oder eine fieberhafte Pharyngitis bei Infektion der Schleimhäute. Das Krankheitsbild wird oft als **Sommergrippe** beschrieben. Charakteristisch ist dabei neben der fieberhaften Infektion der oberen Luftwege im Frühjahr, Sommer und Frühherbst oft eine milde Gastroenteritis. Insbesondere bei Entero-68-Infektionen dominiert die respiratorische Symptomatik.

Exantheme Generalisiert, manchmal rötelnähnlich, manchmal als sog. **Hand-Fuß-Mund-Krankheit** (Bläschen auf Mundschleimhaut, Fußsohle und Handinnenfläche; ◘ Abb. 54.2). Erreger ist oft Enterovirus 71, aber auch einige andere Coxsackie-A-Typen. Nicht verwechselt werden sollte die Hand-Fuß-Mund-Krankheit mit der durch FMDV (ein Aphthovirus) verursachten Maul- und Klauenseuche, die sehr selten auf den Menschen übertragen wird.

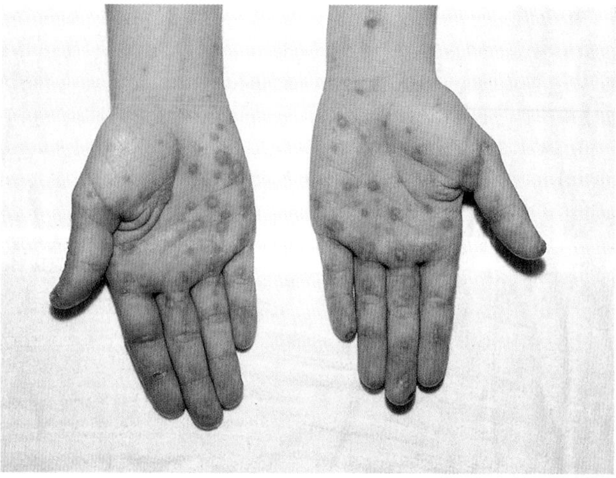

◘ **Abb. 54.2** Hand-Fuß-Mund-Krankheit infolge Infektion mit bestimmten Enterovirustypen. (Mit freundlicher Genehmigung von Prof. Stögmann, Wien)

Herpangina Mit sehr kleinen Bläschen (meist am weichen Gaumen) einhergehende fieberhafte, sehr schmerzhafte Rachenentzündung verbunden mit Schluckbeschwerden. Erreger sind meist Coxsackie-A-Typen, z. B. 2–6, 8 und 10 (◘ Abb. 54.3).

Aseptische Meningitis Es kommt zu akut auftretendem Meningismus mit Fieber, Nackensteifheit, Kopfschmerzen und Erbrechen, das oft Kinder und junge Erwachsene betrifft. Das klinische Bild ist primär mit einer Meningokokkenmeningitis zu verwechseln. Im Gegensatz zu dieser aber nur geringgradige Zellvermehrung im Liquor (Lymphozyten, bei sehr früher Punktion aber Granulozyten); selten

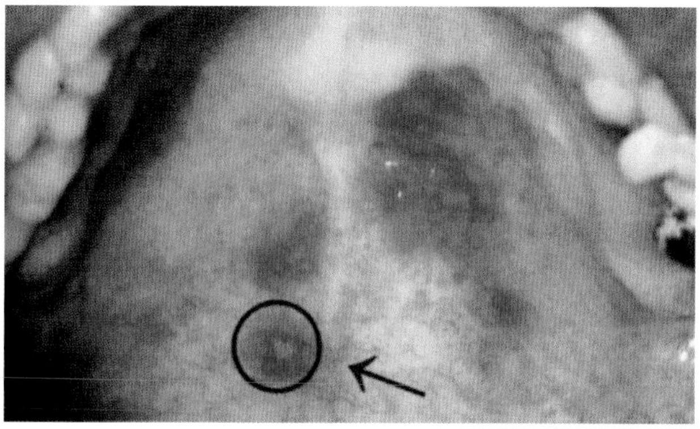

◘ **Abb. 54.3** Herpangina durch Coxsackie-Virus. (Mit freundlicher Genehmigung von Prof. Dr. Dietrich Falke, Mainz)

beobachtet man passagere Pseudoparesen aufgrund myalgischer Muskelschwäche. Fast immer benigner Verlauf der Meningitis mit Ausheilung in wenigen Tagen. In den letzten Jahren war oft Entero 71 und ECHO-Virus 30 bei aseptischer Meningitis nachzuweisen, das Krankheitsbild kann aber auch durch viele andere Enterovirustypen ausgelöst werden. Bei Entero-68-Infektionen wurde häufiger Meningoenzephalitis beschrieben.

Enzephalitis, Lähmungen Ähnlich wie die verwandten Polioviren (► Abschn. 54.1) können einige andere Enteroviren selten Enzephalitis und periphere schlaffe Lähmungen („acute flaccid paralysis"; AFP), sehr selten auch Bulbärparalysen hervorrufen.

Hämorrhagische Konjunktivitis Das Coxsackie-A24-Virus und Enterovirus 70 erzeugen ausgedehnte Epidemien von akuter, meist hämorrhagischer Konjunktivitis. Die Erkrankungen treten pandemisch/epidemisch vorzugsweise in dicht bevölkerten Städten und tropischen Regionen (Nord- und Südamerika, Japan, Indien und südpazifische Inselwelt) auf.

Pleurodynie (Bornholm-Erkrankung, epidemische Myalgie) Die Patienten klagen über plötzlich auftretendes Fieber mit heftigen Thoraxschmerzen durch eine trockene Pleuritis, z. T. auch über Leibschmerzen. Erreger sind meist Coxsackie-B-Typen.

Myokarditis Hauptsymptome sind Zyanose, Dyspnoe und Tachykardie. Bei Neugeborenen und Säuglingen verursachen oft Coxsackie-B-Typen, aber auch andere Enteroviren eine Myokarditis mit hoher Letalität (Säuglingsmyokarditis) z. B. in Kinderkliniken. Tritt der Tod nicht ein, so erholen sich die Kinder vollständig. Vermutlich können Enteroviren auch Aborte (bei Infektion der Mutter in der Schwangerschaft) verursachen und eine Herzschädigung des infizierten Fetus herbeiführen. Die Datenlage ist aber unbefriedigend. Beim Erwachsenen kommt es zu einer akuten Myokarditis bzw. Myoperikarditis, deren Symptomatik manchmal an einen Herzinfarkt erinnert. Coxsackie-Virus B3 wird dabei häufig nachgewiesen und gilt als kardiotrop. Schätzungsweise 5 % aller apparent verlaufenden Infektionen durch Enteroviren gehen mit subklinischer Beteiligung des Herzens einher. Die Prognose der Erkrankung beim Erwachsenen ist besser als beim Neugeborenen, allerdings beobachtet man hier auch Fälle chronischer Myokarditis, die als Endstadium zu einer dilatativen Kardiomyopathie führen kann.

Akuter Typ-1-Diabetes-mellitus Coxsackie-B4- und Coxsackie-B5-Infektionen stehen in enger Beziehung zum „insulinabhängigen Diabetes mellitus" (IDDM). CVB4 kann in den Inselzellen des Pankreas replizieren. Autoantikörper gegen Inselzellantigene treten nach Coxsackie-Virusinfektionen auf; die PCR erlaubt auch häufig den Nachweis von Coxsackie-Viren im Blut. Für die Entstehung des Typ-1-Diabetes macht man Autoimmunprozesse in Verbindung mit bestimmten fördernden HLA-Konstellationen (DQA-DQB-DRB) verantwortlich. Die epidemiologischen Daten sprechen für einen Infektionsprozess nach dem Hit-and-Run-Prinzip, dem sich immunpathologische Vorgänge gegen Inselzellantigene, Glutaminsäure-decarboxylase etc. anschließen.

■■ Immunität

Die durch Überstehen der Krankheit erworbene typspezifische Immunität ist relativ dauerhaft, sodass ältere Personen seltener infiziert werden.

■■ Labordiagnose

Dazu zählen:

Züchtung und RNA-Nachweis mittels RT-PCR Während der akuten Phase der Erkrankung untersucht man mehrere Proben von Rachenspülwasser (RSW), Liquor (nur bei ZNS-Symptomatik) und Stuhl (ggf. auch Analabstriche) auf die Anwesenheit des Virus. Bei Herpangina und Hand-Fuß-Mund-Krankheit ist der Nachweis auch aus Bläschenflüssigkeit möglich. Nach Enterovirusinfektionen lässt sich das Virus für einige Monate im Stuhl nachweisen. Mittels der sensitiveren RT-PCR lassen sich bei unklaren Fällen von Lähmungen oder bei Meningitis in Liquor cerebrospinalis und Stuhl viel häufiger Enteroviren nachweisen als früher. Die Untersuchung von Herzbiopsien mittels RT-PCR ist differenzialdiagnostisch bei Patienten mit Myokarditis hilfreich.

Nachweis von Antikörpern Serologische Methoden (KBR, IgM-, IgA- und IgG-ELISA) haben wegen unklarer Kreuzreaktivitäten und multiplen sequenziellen Infektionen mit unterschiedlichen Typen nur geringe diagnostische Bedeutung.

Therapie Nur symptomatische Therapie der meist selbstlimitierenden Erkrankungen. Bei manchen Enteroviren ist Pleconaril virostatisch wirksam, das sich in die Tasche des VP1-Kapsidproteins einlagert und das Andocken an den Rezeptor bzw. das Uncoating hemmt. Die therapeutische Breite in klinischen Studien war aber unbefriedigend, deshalb ist keine Zulassung erfolgt. Die Anwendung von Interferon bei Enterovirus-Myokarditis wird in klinischen Studien untersucht.

Schutzimpfung, allgemeine Maßnahmen Es gibt keine Schutzimpfungen. Allgemeine Hygienemaßnahmen sind empfehlenswert. **Meldepflicht** besteht nur bei unklaren schlaffen Lähmungen (acute flaccid paralysis, AFP) (► Abschn. 54.1).

In Kürze: Enterovirusspezies A–D (Nicht-Polio-Enteroviren inkl. Coxsackie- und ECHO-Viren)

- **Virus:** Genus Enterovirus der Picornaviren. (+) ssRNA-Virus wie Polio, transportstabiles Virus.
- **Vorkommen:** Virusreservoir sind der Nasen-Rachen-Raum und der Darmkanal des Menschen. Ausscheidung als Tröpfchen sowie im Stuhl und Urin. Virus in Abwässern und Freibädern. Meist im Sommerhalbjahr.
- **Epidemiologie:** Weltweite endemische Verbreitung und frühzeitige Durchseuchung. Epidemisches Auftreten einzelner Typen. Multiple Infektionen mit unterschiedlichen Typen im Lauf des Lebens.
- **Übertragung:** Ausscheidung mit dem Stuhl, fäkal-orale Übertragung sowie Tröpfcheninfektion.
- **Pathogenese:** Ausbreitung im Organismus wie Polio. Häufigster Erreger der aseptischen Meningitis. Myokardbefall kann zu Kardiomyopathie führen.
- **Klinik:** Inkubationsperiode 6–12 Tage. Herpangina, Schnupfen, Pharyngitis, „Sommergrippe", Bornholm-Erkrankung, Myoperikarditis, dilatative Kardiomyopathie, Meningitis, Exantheme, Konjunktivitis, Säuglingsmyokarditis, IDDM. DD: Herzinfarkt.
- **Immunität:** Relativ dauerhafte Immunität, serologische Kreuzreaktionen, aber kaum Kreuzimmunität.
- **Diagnose:** Direkter Nachweis mit RT-PCR und/oder Isolierung in Zellkulturen und aus der Babymaus, aus Rachenspülwasser, Stuhl, Liquor, Herzmuskelbiopsie. Typisierung im Neutralisationstest bzw. durch Sequenzierung.
- **Therapie:** Symptomatisch.
- **Prävention:** Keine Schutzimpfung. *Cave:* nosokomiale Infektion (Neugeborenen-, Säuglingsstationen).

54.3 Rhinovirus

Die 3 Rhinovirusspezies sind die Haupterreger des Schnupfens („common cold") und für etwa 50 % der Fälle verantwortlich. Trotz ihrer Säurelabilität werden sie taxonomisch auch dem Genus Enterovirus zugeordnet. Die meisten Rhinovirusinfektionen verlaufen zwar harmlos und bleiben auf die oberen Luftwege beschränkt, sie sind aber für einen hohen Anteil an Arbeitsausfällen verantwortlich. Jeder Mensch macht im Leben multiple Rhinovirusinfektionen durch, die in der kalten Jahreszeit epidemisch auftreten. Die Replikation der Rhinoviren erfolgt bei bevorzugt bei 32 °C im Epithel des oberen Respirationstrakts. Das Sekret ist seromukös mit vielen Granulozyten. Klinisch bedeutendere Erkrankungen der unteren Luftwege (Bronchitis, Pneumonien) werden gehäuft bei Spezies-C-Rhinovirus-Infektionen und bei immunsupprimierten Patienten beobachtet.

54.3.1 Beschreibung

Die zahlreichen humanpathogenen Rhinovirustypen bilden **3 Spezies,** die zum Genus Enterovirus gehören:

- Humanes Rhinovirus A (mit 80 Typen)
- Humanes Rhinovirus B (mit 32 Typen
- Humanes Rhinovirus C (mit 57 Typen)

Rhinoviren gleichen im Aufbau den anderen Picornaviridae, besiedeln jedoch wegen ihrer Säurelabilität (pH < 6,0) vorwiegend den Nasen-Rachen-Raum, bei hoher Virulenz bzw. Immunsuppression auch den tiefen Respirationstrakt, nicht jedoch den Gastrointestinaltrakt. Sie verwenden vorwiegend 2 zelluläre Rezeptoren: das interzelluläre Adhäsionsmolekül 1 (ICAM-1) und den LDL-Rezeptor.

54.3.2 Rolle als Krankheitserreger

Vorkommen, Übertragung und Epidemiologie

Rhinoviren kommen nur beim Menschen vor. Sie sind zwar ganzjährig sporadisch nachweisbar, epidemisch treten sie aber im Gegensatz zu den anderen Enteroviren in der kälteren Jahreszeit auf, insbesondere im Herbst. Die Übertragung erfolgt überwiegend indirekt durch Hände oder Gegenstände als **Schmierinfektion,** zum kleineren Teil auch durch **Tröpfcheninfektion.** Die Durchseuchung ist hoch, multiple Infektionen durch unterschiedliche Typen im Lauf des Lebens die Regel.

Pathogenese

Rhinoviren befallen nur die **Epithelzellen** des Respirationstrakts. Sie rufen im Allgemeinen nur begrenzte Schädigungen hervor. Es kommt fast nie zu einer Generalisierung, andere Schleimhäute werden nicht befallen. Schnupfen durch Rhino- und Coronaviren läuft in gleicher Weise ab. Man nimmt daher an, dass ihnen ein gleichartiger Entzündungsmechanismus zugrunde liegt. Die Symptome beruhen auf einer Hyperämie mit Hypersekretion seromukösen Schleims sowie einer akuten Entzündung der Schleimhaut. Die größte Menge an Rhinovirus lässt sich nachweisen, wenn die seröse Sekretion maximal ist.

Bei Rhinovirusinfektionen werden lokal IL-1, -6, -8, RANTES und TNF-α freigesetzt. Hierdurch wird die Adhärenz der Granulozyten erhöht und diese werden wie auch T-Lymphozyten angelockt. Infolge der gesteigerten Gefäßdurchlässigkeit treten Albumin und andere Serumbestandteile ins Sekret über. Auch die Nebenhöhlen werden oft befallen, deshalb ist eine Sinusitis bei Rhinovirusinfektion primär nicht mit Antibiotika behandlungsbedürftig. Zellschäden mit Entzündung der Eustachi-Röhre und eine Störung ihrer Funktion prädisponieren aber bei Kindern häufig für eine bakterielle Infektion des Mittelohrs.

▪▪ Klinik

Nach 1–3 Tagen Inkubationszeit entwickeln sich typische Symptome: Ausfluss aus der Nase, Niesen, Husten, Kopfdruck, verstopfte Nase und Halsschmerzen (Pharyngitis). Im Gegensatz zu Influenzavirus-Infektionen mit dem typischen schlagartigen Beginn werden die Symptome innerhalb von 2–3 Tagen ausgeprägter, sie bleiben dann 2–3 Tage maximal und gehen langsam zurück. Fieber fehlt meist bzw. ist nur niedrig nachweisbar. Bronchitis sowie Pneumonien können bei besonders gefährdeten Patienten (Senioren, Knochenmarktransplantierten, Immundefekten etc.) auftreten, Rhinoviren der Spezies C sind mit diesen Infektionen des unteren Respirationstrakts assoziiert.

Komplikationen sind Otitis media, Sinusitis und Auslösung von Asthmaanfällen.

▪▪ Immunität

Die Antigenität der Rhinoviren ist gering, sodass keine dauerhafte Immunität entsteht. IgG- und IgA-Antikörper bewirken einen begrenzten und typspezifischen Immunschutz, sodass immer wieder Infektionen mit unterschiedlichen Rhinovirustypen stattfinden. Auch spezifisch sensibilisierte TH1-Lymphozyten sind nachweisbar.

▪▪ Labordiagnose

Rhinoviren können in menschlichen embryonalen Zellen bei 32 °C gezüchtet werden. Bei besonders gefährdeten Patienten, insbesondere bei Infektionen des tiefen Respirationstrakts, empfiehlt sich eine RT-PCR Diagnostik. Eine Routinediagnostik wird bei der Mehrzahl der Fälle (banaler Schnupfen, „common cold“) aber nicht durchgeführt. Die zahlreichen Typen lassen sich klassisch durch den Neutralisationstest unterscheiden. Heute werden hierzu aber meist Sequenzierungen der Neutralisationsdeterminante verwendet.

▪▪ Therapie

Rezeptfreie Kombinationen eines Antihistaminikums (z. B. Chlorpheniramin) mit einem Entzündungshemmer (z. B. Ibuprofen) werden als symptomatische Therapie oft angewandt, sind aber umstritten. Abschwellende Nasentropfen sollten nur über wenige Tage eingesetzt werden.

▪▪ Prävention

Die beste Präventivmaßnahme ist die Befolgung allgemeiner Hygieneregeln, also v. a. oftmaliges Händewaschen und die Benutzung von Einmaltaschentüchern. Impfstoffe sind nicht verfügbar.

In Kürze: Rhinoviren

- **Virus:** Picornavirus. 3 Spezies, mehr als 100 Typen (+)-RNA-haltiger Viren, relativ temperaturempfindlich.
- **Vorkommen:** Ganzjährig, nur beim Menschen.
- **Übertragung:** Durch virushaltige Hände (Nasensekret), seltener Tröpfcheninfektion.
- **Epidemiologie:** Mehrere (4–6) Infektionen pro Jahr, gehäuft im Herbst und Frühjahr.
- **Pathogenese:** ICAM-1 dient z. T. als Rezeptor auf der Zelle. Lokale Schleimhautinfektionen, kaum Generalisierung. Zerstörung einzelner Schleimhautzellen.
- **Klinik:** Banaler Schnupfen, 1–3 Tage nach Ansteckung. Otitis media und Sinusitis.
- **Immunität:** Kurz dauernde Immunität durch IgA-Antikörper. Keine Kreuzimmunität.
- **Diagnose:** Züchtung in Zellkulturen bei 32 °C (nicht gebräuchlich), bei schweren Fällen: RT-PCR.
- **Therapie:** Symptomatisch.
- **Prävention:** Händewaschen. Hygienisches Verhalten bei Schnupfen.

54.4 Parechoviren

Das Genus Parechovirus der Familie Picornaviridae umfasst **4 Spezies,** wobei nur die Spezies Parechovirus A (HPeV) mit 19 humanpathogenen Typen medizinische

Bedeutung hat. In ihren klinischen Manifestationen unterscheiden sich die Parecho-A-Viren nicht wesentlich von den Enteroviren und sind u. a. für **Gastroenteritis, Erkältungen, Exantheme, Myokarditis, Enzephalitis** und **schlaffe Lähmungen** verantwortlich. Häufig werden Infektionen bei Neugeborenen und Kleinkindern beschrieben, die mit Fieber, Exanthem und Berührungsempfindlichkeit einhergehen („red, hot and angry" babies). Bei Infektionen mit Typ 3 werden häufiger Krampfanfälle, Meningoenzephalitis und schwere sepsisartige Verläufe berichtet. Die Durchseuchung mit Parechoviren ist hoch.

Die Spezies Parechovirus B wurde von Wühlmäusen in Nordschweden isoliert. Dort scheint die Zahl der Nagetiere (Maximum alle 3–4 Jahre) mit der Häufigkeit des Auftretens von Guillain-Barré-Syndrom, insulinabhängigem Diabetes mellitus und Myokarditis beim Menschen zu korrelieren, sodass eine Bedeutung als Zoonosenerreger vermutet wird.

54.5 Hepatovirus

Das **Hepatitis-A-Virus** stellt den einzigen humanen Vertreter des Picornavirus-Genus Hepatovirus dar. Es wird in ► Kap. 71 abgehandelt.

54.6 Kobuvirus

Das Genus Kobuvirus enthält mit der Spezies **Aichivirus A** einen humanpathogenen Gastroenteritiserreger (nur ein Serotyp), der oft durch roh verzehrte Meeresfrüchte (insbesondere Austern) übertragen wird. Seroepidemiologische Studien zeigten in Regionen mit hohem Konsum roher Meeresfrüchte (Japan, Frankreich) eine Durchseuchung von 85 % der Erwachsenen. Das Aichivirus wurde auch als Gastroenteritiserreger in (sub)tropischen Regionen mit relativ niedrigem Hygienestandard (Pakistan, Bangladesch) beschrieben.

54.7 Cardiovirus

Das **Vilyuisk Human Encephalomyelitis Virus [VHEV]** wurde bereits 1963 als Enzephalitiserreger beschrieben, ist aber nur in einer kleinen Region Russlands endemisch und wird heute dem Genus Cardiovirus (Spezies Cardiovirus B) zugeordnet. Zu dieser gehören auch die erst vor wenigen Jahren entdeckten 11 Genotypen des **Saffoldvirus**, die weltweit vorkommen und (ähnlich den Enteroviren) als Erreger von Pharyngitis, Gastroenteritis und aseptischer Meningitis klinische Bedeutung haben.

54.8 Salivirus

Das Genus **Salivirus** umfasst bislang nur eine Spezies (Salivirus A) mit 2 erst vor Kurzem entdeckten humanpathogenen Gastroenteritiserregern, dem Salivirus NG-JI und dem Klassevirus 1. Beide wurden bislang bei Kindern nachgewiesen, ihre klinische Bedeutung ist noch nicht vollständig geklärt.

54.9 Rosavirus

Obwohl die Rosaviren Nagetiere als Hauptwirte haben, wurde der Typ 2 der Spezies Rosavirus A auch im Stuhl westafrikanischer Kinder nachgewiesen, seine Bedeutung als Gastroenteritiserreger ist noch unklar.

54.10 Cosavirus

Das neue Genus Cosavirus mit 5 Spezies (A, B, D, E und F) wurde als Gastroenteritiserreger bei Kindern in Südostasien entdeckt. Neuere Daten belegen seine weltweite Zirkulation, in Einzelfällen wurden diese Viren auch als Ätiologie lang anhaltender Durchfälle bei immunsupprimierten Patienten beschrieben.

Flaviviren

Ilona Glowacka

Beim Gelbfiebervirus (Genus Flavivirus, Familie der Flaviviridae) wurde erstmals ein von Insekten (Aedes spp.) abhängiger Übertragungsweg beschrieben. Dieser gelbsuchtverursachende Erreger war namensgebend für die Familie und das Genus (lat. „flavus": gelb). Zahlreiche humanpathogene Vertreter der Flaviviren werden durch eine Reihe infizierter Arthropoden wie Insekten (z. B. Stechmücken) oder Spinnentiere (z. B. Zecken) übertragen. Unter dem Begriff Arboviren, abgeleitet von „*ar*thropod-*bo*rne viruses", werden Viren aus unterschiedlichen Virusfamilien zusammengefasst, die durch Arthropoden als Vektoren über einen Stich oder Biss übertragen werden. Arboviren kommen vor allem in den tropischen und subtropischen Klimazonen vor. Flavivirus-Infektionen stellen zudem Zoonosen dar, die bei ihren natürlichen Wirten (Reservoir) oft keine Erkrankung hervorrufen. Zu diesen zählen Vertebraten wie Vögel, Nagetiere, Fledermäuse und Affen. Eine große Ausnahme unter den Flaviviren sind Dengue-Viren, die an den Menschen adaptiert sind und über Stechmücken von Mensch zu Mensch übertragen werden. Klinische Manifestationen bei einer Flavivirus-Infektion können je nach Erreger Fieber mit oder ohne Exanthem, hämorrhagisches Fieber, Arthritis, aseptische Meningitis bis hin zur Enzephalitis, Nephritis und/oder Hepatitis sein.

Fallbeispiel

Eine 20-jährige deutsche Studentin kommt von einer Thailandrundreise zurück. 2 Tage nach Rückkehr tritt Fieber auf, und es tritt eine zunehmende Bewusstseinsstörung auf. Der mitreisende Freund berichtet, dass sie häufiger in Reisanbaugebieten im Zelt geschlafen hätten. Im Krankenhaus fällt bei der körperlichen Untersuchung lediglich ein positives Kernig-Zeichen auf. In der Kernspinuntersuchung werden Hyperintensitäten beidseits in den Thalami und in der Substantia nigra sichtbar. Die Lumbalpunktion ergibt eine leichte Pleozytose (67 Zellen/µl). Ein Konsiliararzt beschreibt ein leichtes Erythem der Haut am Stamm und vermutet eine Enzephalitis im Rahmen eines Dengue-Fiebers. Erhöhter Hämatokrit, Thrombozytopenie oder erhöhte Transaminasen lassen sich nicht nachweisen, ein Dengue-Antigen-Test ist negativ. Ein zweiter Konsiliararzt vermutet aufgrund der Befunde in der Bildgebung eine Japanische Enzephalitis und veranlasst eine Antikörperdiagnostik im Liquor, das IgM ist positiv, damit ist die Diagnose bestätigt. Die Patientin ist mittlerweile komatös, erholt sich aber in den nächsten 3 Monaten weitgehend unter supportiver Behandlung.

Steckbrief

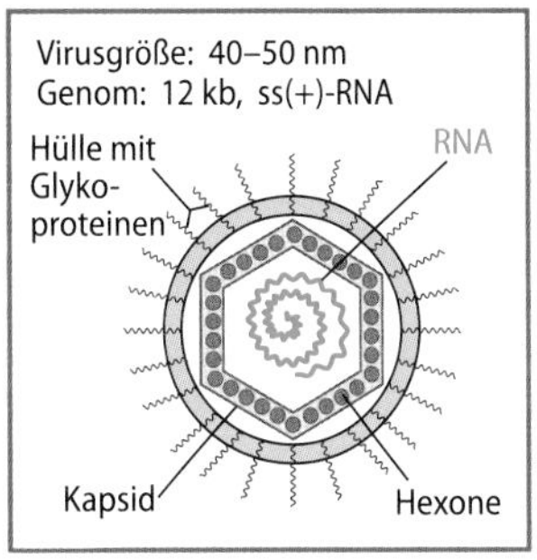

■ Genom

Das Genom der Flaviviren besteht aus einer Einzelstrang-RNA positiver Polarität [ss(+)-RNA] und hat, je nach Virus, eine Länge von 9–12 kb. Die RNA enthält einen großen offenen Leserahmen, der in ein einziges Vorläuferpolyprotein translatiert wird. Im Infektionsverlauf wird dieses in die einzelnen Struktur- und Nichtstrukturproteine gespalten.

■ Morphologie

Flaviviren haben einen Durchmesser von 40–50 nm. Das ikosaedrische Nukleokapsid besteht aus nur einem viralen Kapsidprotein C und der ss(+)-RNA. Die lipidumhüllten Viren tragen auf ihrer Oberfläche 2 membranassoziierte Proteine, M (für Membran) und E (für „envelope").

Frühere Versionen von D. Falke

S. Suerbaum et al. (Hrsg.), *Medizinische Mikrobiologie und Infektiologie*,
https://doi.org/10.1007/978-3-662-61385-6_55

Tab. 55.1 Humanpathogene Viren in der Familie der Flaviviridae

Genus	Virusspezies
Flavivirus	Dengue-Virus
	Frühsommer-Meningoenzephalitis-Virus (FSME-Virus)
	Gelbfiebervirus
	Japan-Enzephalitisvirus
	St.-Louis-Enzephalitisvirus
	West-Nil-Virus
	Zikavirus
Hepacivirus	Hepatitis-C-Virus

Einteilung

Die Familie der Flaviviridae umfasst 4 Genera; humanpathogene Vertreter finden sich in den Genera der Flaviviren und der Hepaciviren (Tab. 55.1). Das Genus der Flaviviren umfasst nach Angaben des International Commitee for the Taxonomy of Viruses aus dem Jahr 2018 insgesamt 53 Virusspezies (tier- und humanpathogene Viren) mit zahlreichen Sub- und Genotypen. Das Genus der Hepaciviren enthält die 6 Genotypen des humanen Hepatitis-C-Virus, das im ► Kap. 71 beschrieben wird.

Das Genus der Pestiviren umfasst bisher nur tierpathogene Erreger. Erst 2012 wurde das neue Genus der Pegiviren klassifiziert.

Übertragung

Studien zeigten, dass in den letzten Jahren klimatische, aber auch ökologische Faktoren das Auftreten von Infektionskrankheiten und Ausbrüchen signifikant beeinflusst haben. Davon sind u. a. auch Flavivirus-Infektionen betroffen (Tab. 55.2), da an deren Übertragung Arthropoden beteiligt sind und deren Populationsstärke und Übertragungspotenzial in großem Maße von Klimafaktoren beeinflusst werden. Ein gutes Beispiel ist das West-Nil-Virus, das sich, nach Einschleppung aus dem Nahen Osten, zwischen 1999 und 2004 über die gesamte USA ausbreitete und mittlerweile dort endemisch ist.

55.1 Frühsommer-Meningoenzephalitis-Virus

Steckbrief

Die Frühsommer-Meningoenzephalitis (FSME) wird durch das FSME-Virus (internat.: „tick-borne encephalitis virus", TBEV) verursacht und ist das wichtigste durch Zecken übertragene humanpathogene Flavivirus. Klinisch relevante Fälle der FSME wurden erstmals Anfang der 1930er Jahre in Österreich und im fernöstlichen Teil Russlands beobachtet. Heutzutage werden gemäß der geografischen Verbreitung 3 nahverwandte Subtypen beschrieben. In Süddeutschland kommt das FSME-Virus endemisch vor. Es verursacht akute Entzündung des Gehirns, des Rückenmarks und der Hirnhäute.

Tab. 55.2 Reservoir, Vektoren, Vorkommen und Krankheitsbilder der Flaviviren

Virus	Reservoir	Vektoren	Vorkommen	Krankheitsbild(er)
Dengue-Virus	Menschen, Affen	Aedes aegypti, Aedes albopictus	Tropen, Subtropen, Mittelmeerraum, Frankreich, Kroatien	Dengue-Fieber, hämorrhagisches Dengue-Fieber bzw. Dengue-Schocksyndrom
FSME-Virus	Nagetiere, Rehe, Schafe	Ixodes spp.	Ost-, Mittel- und Nordeuropa, Nordasien	Aseptische Meningitis, Enzephalitis, Myelitis
Gelbfiebervirus	Affen, Menschen	Aedes spp., Haemagogus spp.	Afrika (Subsahara), Zentral/Südamerika	Gelbfieber
Japanisches Enzephalitisvirus	Wasservögel, Schweine	Culex spp.	Südostasien, Südasien	Aseptische Meningitis, Meningoenzephalitis, Enzephalitis
St.-Louis Enzephalitis-virus	Vögel	Culex spp.	USA, Kanada, Karibik, Zentral- und Südamerika	Aseptische Meningitis, Enzephalitis
West-Nil-Virus	Vögel	Culex spp., Aedes spp.	Afrika, Australien, Südasien, Süd- und Osteuropa, Nord- und Südamerika	Aseptische Meningitis, Enzephalitis, Myelitis, Arthritis
Zikavirus	Menschen	Aedes aegypti, Aedes albopictus	Afrika, Asien, Südamerika	Fieber, Gliederschmerzen, Ausschlag

55.1.1 Rolle als Krankheitserreger

Epidemiologie und Übertragung

Die Verbreitungsgebiete des FSME-Virus erstrecken sich über Ost-, Mittel-, Nordeuropa und Nordasien. Die 3 Subtypen werden entsprechend ihres geografischen Vorkommens als europäischer, sibirischer und fernöstlicher Subtyp beschrieben. Wesentliche Verbreitungsgebiete in Deutschland liegen in Baden-Württemberg und Bayern. Einzelne Risikogebiete liegen auch in Hessen (Odenwald), Rheinland-Pfalz, Sachsen, Thüringen und im Saarland. Die meisten Infektionen erfolgen vom Frühjahr bis in den Spätherbst mit einem Gipfel in den Sommermonaten insbesondere nach Freizeitaktivitäten. Im Jahr 2018 wurden in Deutschland 583 FSME-Fälle gemeldet.

Der europäische Subtyp wird durch Zecken der Spezies Ixodes ricinus übertragen, der sibirische und fernöstliche durch Ixodes persulcatus. Je nach Region sind 0,1–5 % der Zecken mit dem Virus infiziert. Das Erregerreservoir sind kleine Nagetiere des Waldes und der Wiesen, insbesondere Mäuse, aber auch Vögel, Rehe und Rotwild. Zecken sind auf Gräsern und Büschen zu finden und werden meist beim Vorbeigehen abgestreift. Nimmt die Zecke bei einer Blutmahlzeit FSME-Viren von einem virämischen Tier auf, vermehrt sich der Erreger, akkumuliert in ihren Speichelzellen und kann somit beim nachfolgenden Stich auf empfängliche Wirte übertragen werden.

Innerhalb der Zeckenpopulation ist auch eine transstadiale oder transovarielle Infektion möglich. Die Übertragung der FSME-Viren erfolgt innerhalb der ersten Stunden nach dem Zeckenstich. In seltenen Fällen wurden Übertragungen durch unpasteurisierte virusinfizierte Milch bzw. Milchprodukte von Ziegen und Schafen (gelegentlich durch Kuhmilch) beschrieben.

Pathogenese

Nach der Inokulation durch den Zeckenstich vermehrt sich das Virus zunächst lokal in den Langerhans-Zellen und Makrophagen und gelangt anschließend zu den Lymphknoten. Aus dem lymphatischen System gelangt das Virus ins Blut. Während dieser 1. Phase mit Virämie werden extraneurale Gewebe wie Milz und Leber infiziert. Neben der Infektion von Lymphozyten zeigt das FSME-Virus einen ausgeprägten Neurotropismus. Während der Virämie erreicht der Erreger auch das Gehirn.

In der 2. Phase kommt es zur Organmanifestation in Meningen und Gehirn. Zu diesem Zeitpunkt werden Gehirnödeme und lokal begrenzte Blutungen beobachtet. Histopathologisch lassen sich entzündliche Veränderungen in der Umgebung der Blutgefäße, neuronale Degeneration und Nekrosen im Bereich des Hirnstammes, der Basalganglien, des Rückenmarks sowie der Groß- und Kleinhirnrinde erkennen. Durch den Befall der Rückenmarkzellen kann es zur Lähmung der oberen Extremitäten kommen.

Immunität

Neutralisierende FSME-IgG-Antikörper sind nach Infektion lebenslang im Serum nachweisbar. Die aktive Immunisierung schützt gegen alle 3 Subtypen. Nach Angaben der Impfstoffhersteller beträgt die Schutzdauer nach vollständiger Immunisierung 3–5 Jahre.

Klinik

Ein signifikanter Anteil der FSME-Virus-Infektionen verläuft inapparent. Die klinische Manifestationsrate liegt bei ca. 10–30 %. Die Inkubationszeit beträgt gewöhnlich 7–14 Tage, max. 28 Tage. Der Krankheitsverlauf ist biphasisch (◘ Abb. 55.1) und beginnt mit unspezifischen, grippeähnlichen Beschwerden wie Kopf- und Gliederschmerzen sowie Fieber um 38 °C

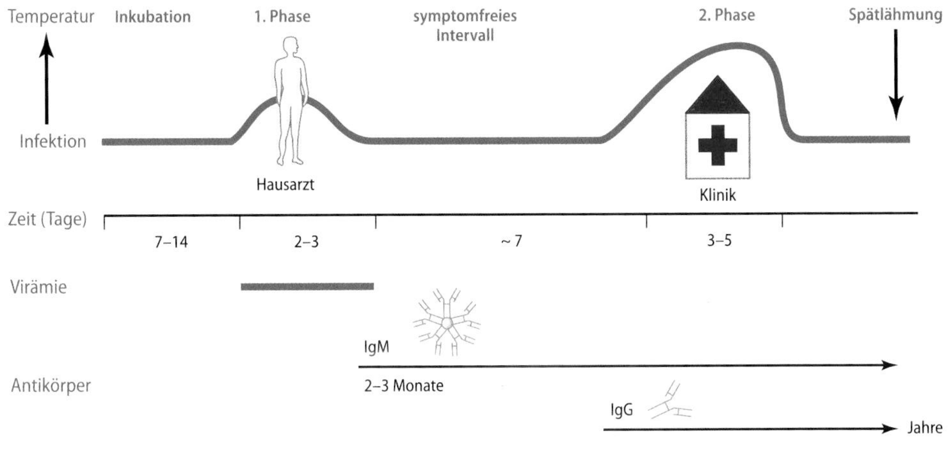

◘ **Abb. 55.1** Ablauf einer FSME-Infektion: biphasischer Verlauf und Spätlähmung, Virusnachweis und Antikörperbildung

und gelegentlich gastrointestinalen Symptomen. In dieser 1. Phase findet sich das Virus im Blut (Virämie). Dieser meist etwa 2- bis 3-tägigen Prodromalphase folgt ein symptomfreies Intervall von etwa einer Woche (bis zu 20 Tagen). Dieses kann in Einzelfällen fehlen.

Der Übergang in die 2. Phase erfolgt in 20–30 % (bei Kindern seltener) und ist durch einen erneuten Fieberanstieg (>38 °C) und ZNS-Manifestation gekennzeichnet. Finden sich neurologische Symptome, so liegt die Wahrscheinlichkeit für eine aseptische Meningitis bei ca. 50 %, für eine Meningoenzephalitis bei ca. 40 % und für eine Meningoenzephalomyelitis bei ca. 10 %.

Die **Meningitis** heilt zumeist nach 3–5 Tagen ohne Folgeschäden aus. Die enzephalitische Verlaufsform geht einher mit Bewusstseins- und Koordinationsstörungen sowie Lähmungen von Extremitäten und Hirnnerven. Bei der **Meningoenzephalomyelitis** finden sich insbesondere Schluck- und Sprechstörungen, Lähmungen der Gesichts- und Halsmuskulatur sowie Atemlähmungen. Häufig bleiben nach einem enzephalitischen Verlauf kognitive und fokale Restzustände wie schlaffe Lähmungen sowie Kopfschmerzen zurück.

Die Letalitätsrate der FSME in Europa liegt unter 2 %. Bei Doppelinfektionen mit Borrelia burgdorferi sind die Verläufe häufig schwerwiegend. Differenzialdiagnostisch sind Herpes- und Enteroviren sowie der Borrelia-burgdorferi-Komplex zu berücksichtigen.

Labordiagnose

Die Diagnose der FSME erfordert die anamnestische Abklärung mit Aufenthalt in einem Endemiegebiet und Zeckenstich. Methode der Wahl ist der Nachweis spezifischer IgM- und IgG-Antikörper in Serum mittels ELISA. Antikörper können zum Zeitpunkt der neurologischen Symptomatik bzw. der Hospitalisierung (2. Phase) fast immer detektiert werden (◘ Abb. 55.1). In der virämischen Phase ist der Virusdirektnachweis aus Blut und Liquor mittels RT-PCR möglich. Da die Virämie allerdings nur kurz anhält, schließt ein negativer Befund eine FSME-Infektion nicht aus. Darüber hinaus erfolgt die Hospitalisierung und somit die Indikation zur Diagnostik gewöhnlich erst in der 2. Phase.

Probleme Nach Impfung gegen das FSME-Virus können IgM-Antikörper über mehrere Monate nachweisbar bleiben. Eine Fehldiagnose kann dann nicht sicher ausgeschlossen werden, wenn die serologische Diagnose der FSME nach den ersten beiden Teilimpfungen erfolgt. Bei dieser anamnestischen Konstellation ist auch an einen Impfdurchbruch (allerdings sehr selten) zu denken. Weiterhin ist die Antikörper-Kreuzreaktivität mit anderen Flaviviren, z. B. nach Impfung gegen das Gelbfiebervirus, zu beachten.

Therapie

Erfolgt symptomatisch, da keine spezifische Therapie verfügbar ist.

Prävention

Dazu zählen:

Allgemeine Maßnahmen Zur Expositionsprophylaxe bei Aufenthalt in Endemiegebiet bieten das Tragen geschlossener Kleidung und die Verwendung von Repellents keinen ausreichenden Schutz. Daher ist die Impfung als Indikationsimpfungen für Risikogruppen mit erhöhtem Expositions- und Erkrankungsrisiko, aufgrund eines erhöhten beruflichen Risikos sowie bei Reisen in Endemiegebiete zu empfehlen.

Schutzimpfung Die Grundimmunisierung mit dem Totimpfstoff besteht aus 3 Teilimpfungen. Die 1. Auffrischimpfung wird von den Impfstoffherstellern nach 3 Jahren empfohlen. Für weitere Auffrischimpfungen muss die Fachinformation beachtet werden, da die empfohlenen Impfabstände zwischen den Impfstoffherstellern variieren.

Meldepflicht Gemäß § 7 IfSG namentliche Meldung des direkten oder indirekten Nachweises bei akuter Infektion.

In Kürze: Frühsommer-Meningoenzephalitis-Virus (FSME-Virus)

- **Virus:** Internat.: „tick-borne encephalitis virus" (TBEV), 3 Subtypen.
- **Epidemiologie:** Europa und Nordasien. Verbreitungsgebiete in Deutschland: v. a. Baden-Württemberg und Bayern. Zumeist vom Frühjahr bis in den Spätherbst mit Gipfel in den Sommermonaten, insbesondere nach Freizeitaktivitäten. Je nach Region 0,1–5 % der Zecken infiziert.
- **Übertragung:** Mittels Zecken von kleinen Nagetieren auf den Menschen.
- **Pathogenese:** Initial lokale Vermehrung an der Stichstelle anschließend in den Lymphknoten. Während der Virämie Ausbreitung in Milz und Leber nachfolgend Organmanifestation im ZNS.
- **Immunität:** Lebenslange humorale Immunität. Schutzdauer nach vollständiger aktiver Immunisierung 3–5 Jahre.
- **Klinik:** Häufig inapparent. Inkubationszeit 7–14 Tage. Krankheitsverlauf biphasisch, Prodromalphase mit Virämie, symptomfreies Intervall, Übergang in 2. Phase in 10–30 % mit erneuten Fieberanstieg und Manifestation im ZNS (Meningitis, Meningoenzephalitis, Meningoenzephalomyelitis).

- **Diagnostik:** Anamnese: Aufenthalt in einem Endemiegebiet, Zeckenstich. IgM- und IgG-Bestimmung, Antikörper-Kreuzreaktivität mit anderen Flaviviren.
- **Therapie:** Symptomatisch.
- **Prävention:** Schutzimpfung für Personen mit Expositionsrisiko nach STIKO.

55.2 Dengue-Virus

Steckbrief

B. Rushs Beschreibung eines Ausbruchs des „break-bone fever" in Philadelphia im Jahr 1780 war die erstmalige Beschreibung des Dengue-Fiebers. Heutzutage ist es die sich am schnellsten verbreitende durch Mücken übertragene Erkrankung weltweit. Jährlich werden insgesamt ca. 390 Mio. Dengue-Virus-Infektionen mit den 4 Serotypen geschätzt, die sich als Dengue-Fieber, hämorrhagisches Dengue-Fieber und Dengue-Schocksyndrom äußern können.

55.2.1 Rolle als Krankheitserreger

Epidemiologie und Übertragung

Das Dengue-Virus kommt global in allen tropischen und subtropischen Regionen zwischen den Breitengraden 35°N und 35°S vor. Die Ausbreitung des Dengue-Virus spiegelt das geografische Vorkommen der Vektormücke wider. Somit kommt dem Vektoraufkommen ein wichtiger Vorhersagewert für Epidemien zu. Laut WHO ist die Inzidenz in den letzten 50 Jahren um das 30-Fache gestiegen.

Über 100 Länder zählen mittlerweile zu den Endemiegebieten. In fast allen Risikogebieten kozirkulieren alle 4 Serotypen und entsprechend sind Mehrfachinfektionen möglich. In Deutschland ist die Infektion mit Dengue-Viren die häufigste importierte Infektion mit 613 gemeldeten Fällen in 2018.

Wichtigstes Virusreservoir ist der Mensch. Das Dengue-Virus zirkuliert zwischen Mücken (Aedes aegypti) und Menschen einerseits (urbaner Zyklus) und andererseits zwischen Mücken (Aedes albopictus) und Affen (sylvatischer Zyklus, in Asien und Afrika). Jedoch dienen Affen eher als Amplifikationswirte und sind bei Epidemien nicht von Bedeutung.

Das Dengue-Virus persistiert vertikal in Mücken, da innerhalb der Mückenpopulation eine transstadiale oder transovarielle Übertragung möglich ist. In einigen Risikogebieten sind Aedes aegypti ganzjährig aktiv. Zudem ist ein saisonaler Anstieg der Vektoraktivität z. B. durch Regenfälle zu verzeichnen. Aedes albopictus ist mittlerweile in Südeuropa verbreitet, sodass eine weitere Ausbreitung des Dengue-Virus anzunehmen ist.

Pathogenese

Das Dengue-Virus dringt durch die Haut über den Stich infizierter Mücken während einer Blutmahlzeit ein und repliziert in den lokalen Lymphknoten. In der akuten Phase zirkuliert das Virus im Blut in Makrophagen. Die humorale und zelluläre Immunantwort bewirkt den Rückgang der Virämie durch neutralisierende Antikörper, der mit der Entfieberung koinzidiert. Im Bereich des Exanthems treten Schwellungen der Endothelien, perivaskuläre Ödeme und Monozyteninfiltrate auf.

Der Pathogenese des hämorrhagischen Dengue-Fieber und Dengue-Schocksyndrom liegen die Erhöhung der Gefäßwandpermeabilität, Gerinnungsstörungen und in der Folge Plasmaverlust zugrunde. Der **Infektionsverlauf** hängt von Faktoren wie Alter und sequenzieller Infektion mit heterologen Serotypen in Abhängigkeit von der Infektionsfolge ab (z. B. schwerer Verlauf, wenn auf Serotyp-1-Infektion Serotyp 2 folgt).

Vermutlich spielt **„antibody-dependent enhancement (ADE)"** bei den schweren Verläufen eine Rolle: Durch eine frühere Infektion mit einem anderen Serotyp werden nichtneutralisierende kreuzreaktive Antikörper induziert. Diese binden bei einer späteren Infektion mit einem anderen Serotypen an das zirkulierende Virus. Dies fördert über die Aufnahme von Virus-Antikörper-Komplexen in Fc-Rezeptor-tragende Zellen die Virusreplikation und führt somit zu einer höheren Virämie und einer starken Immunantwort. Die Folge ist eine stärkere Ausschüttung von Zytokinen wie TNF-α, IFN-γ, IL-10 und -12 im Blut sowie, bei Schock, von RANTES und IL-8.

Immunität

Die 4 distinkten Serotypen hinterlassen eine lebenslange serotypspezifische Immunität. Sequenzielle Infektionen mit allen 4 Serotypen sind möglich, da keine lang anhaltende Kreuzimmunität aufgebaut wird.

Klinik

Die meisten Dengue-Virus-Infektionen verlaufen subklinisch bzw. selbstlimitierend. Nach einer Inkubationszeit von 3–14 Tagen (gewöhnlich 4–7 Tage) kann es zu einem breiten Spektrum an klinischen Symptomen kommen. Individuelle Risikofaktoren wie Zweit-/Mehrfachinfektion, Alter (bei Kleinkindern und älteren Patienten schwere Verläufe) und Virusserotyp bestimmen den Grad der Erkrankung.

Das klassische **Dengue-Fieber (DF)** beginnt abrupt mit hohem Fieber (Dauer 2–7 Tage, häufig 2-gipfelig), Kopfschmerzen, Arthralgien und Erythem. Dem folgen starke Muskel- und Gliederschmerzen („break-bone fever"). Weitere Manifestationen sind Erbrechen, Übelkeit, Konjunktivitis, Pharyngitis, trockener Husten und gelegentlich Begleithepatitis. Nach vorübergehender Entfieberung (3.–5. Erkrankungstag) tritt bei der Hälfte der Patienten ein makulopapulöses oder erythematöses Exanthem auf. Mit erneutem Fieberanstieg entwickelt sich eine generalisierte Lymphadenopathie, Leukopenie und Hyperästhesie. Seltene Manifestationen sind in diesem Stadium Petechien, Myokarditis oder Beteiligung des ZNS. Die Symptome klingen meist nach 7 Tagen folgenlos ab.

Das **hämorrhagische Dengue-Fieber (DHF)** definiert sich durch Thrombozytopenie, hämorrhagische Manifestationen und Hämatokritanstieg. Beim **Dengue-Schocksyndrom (DSS)** stehen hypovolämischer Schock durch Flüssigkeitsaustritt ins Gewebe und Hypotension im Vordergrund.

DHF und DSS treten gehäuft bei Kindern (<15 Jahre) und nach Zweitinfektionen auf und beginnen wie das klassische DF. Jedoch kommt es während des vorübergehenden Fieberabfalls zu einer massiven Verschlechterung mit Tachykardie, peripherer Vasokonstriktion, Aszites, Pleuraergüssen, Erbrechen, Hautblutungen in Form von Petechien und Ekchymosen sowie gastrointestinalen Blutungen.

Warnzeichen für einen schweren Verlauf (DHF/DSS) sind abdominale Schmerzen, Lethargie und anhaltendes Erbrechen. Der Übertritt in die Schocksymptomatik zeichnet sich aus durch Unruhe, Kreislaufversagen sowie schwachen Puls. Zudem sind kaltfeuchte Extremitäten und Hypotension charakteristisch. Der Schock in Kombination mit Thrombozytopenie, Hypoxie und Azidose kann zu multiplem Organversagen führen. Ohne intensivmedizinische Behandlung beträgt die Letalitätsrate dieser Patienten bis zu 50 %, behandelt bei 1 %.

Differenzialdiagnostisch sind je nach Reiseanamnese andere fieberhafte Erkrankungen wie Infektionen mit West-Nil-Virus, Hantaviren, Chikungunya-Virus, Leptospira ssp. sowie Malaria zu berücksichtigen.

■■ Labordiagnose

Eine Verdachtsdiagnose erfordert die Reiseanamnese sowie entsprechende Klinik und kann bei unklarem Fieber nach Tropenaufenthalt gestellt werden. Während der akuten Phase ist die RT-PCR am sensitivsten und dient gleichzeitig zur Typisierung. Jedoch ist die kurze Virämie von 3–5 Tagen nach Symptombeginn zu beachten. Zum Nachweis einer akuten Infektion kann zudem ein Antigen-ELISA (NS1-Protein) durchgeführt werden. Spezifische IgM-Antikörper können ab dem 5.–7. Erkrankungstag und IgG-Antikörper erst ab dem 10. Erkrankungstag nachgewiesen werden. Zur Diagnosesicherung sind im Abstand von 2 Wochen abgenommene Blutproben zu fordern (Serokonversion und/oder signifikanter Titeranstieg). Die Bestimmung der serotypspezifischen Immunität erfolgt mittels Neutralisationstest.

Probleme Nach einer Dengue-Virus-Infektion können IgM-Antikörper über 6 Monate persistieren. Nach Zweitinfektion sind häufig spezifische IgM-Antikörper nicht nachweisbar, aber dafür ein hoher IgG-Titeranstieg. Weiterhin ist die Antikörper-Kreuzreaktivität mit anderen Flaviviren, z. B. nach Infektion oder Impfung (FSME-Virus, Gelbfiebervirus), zu beachten.

■■ Therapie

Erfolgt symptomatisch, ggf. Bluttransfusionen bei DHF und DSS.

■■ Prävention

Dazu zählen:

Allgemeine Maßnahmen Im Vordergrund steht der Schutz gegen die auch tagaktiven Mücken durch Tragen hautbedeckender Kleidung, Verwendung von Repellents, Imprägnierung der Kleidung mit Insektiziden, Kühlung in Räumen oder alternativ das Schlafen unter einem mit Insektiziden imprägnierten Moskitonetz.

Schutzimpfung Seit Oktober 2018 ist ein attenuierter Lebensimpfstoff, gerichtet gegen alle 4 Serotypen, durch die Europäische Arzneimittelbehörde zugelassen. Die Beschränkungen der Zulassung beziehen sich auf Personen zwischen 9 und 45 Jahren, die eine vorherige laborbestätigte Dengue-Virus-Infektion durchgemacht haben und in Endemiegebieten leben (Fachinformation des Herstellers beachten).

Meldepflicht Namentlich gemäß § 6 IfSG Krankheitsverdacht, Erkrankung und Tod an virusbedingtem hämorrhagischen Fieber sowie gemäß § 7 IfSG Meldung des direkten oder indirekten Nachweises von Dengue-Virus bei akuter Infektion.

In Kürze: Dengue-Virus

- **Virus:** Spezies Dengue-Virus, 4 Serotypen.
- **Epidemiologie:** Global in allen tropischen und subtropischen Regionen. Kozirkulation aller 4 Serotypen in fast allen Risikogebieten. In Deutschland häufigste importierte Tropenkrankheit.
- **Übertragung:** Durch Mücken der Gattung Aedes ssp. Urbaner Zyklus für Menschen bei Epidemien von Bedeutung. Affen (sylvatischer Zyklus) dienen eher als Amplifikationswirte.
- **Pathogenese:** Virus zirkuliert im Blut in Makrophagen. DHF und DSS mit Erhöhung der Gefäßwandpermeabilität, Gerinnungsstörungen und Plasmaverlust. „Antibody-dependent enhancement" (ADE): Bindung nichtneutralisierender Antikörper an heterologes Serotypvirus bedingt verstärkte Virusaufnahme, Zytokinfreisetzung und Gefäßschaden.
- **Immunität:** Serotypspezifisch lebenslang. Keine lang anhaltende kreuzprotektive Immunität.
- Klinik: Häufig subklinisch bzw. selbstlimitierend. Klassisches DF mit hohem Fieber und starken Muskel- und Gliederschmerzen. DHF mit Thrombozytopenie, hämorrhagischen Manifestationen und Hämatokritanstieg. DSS zusätzlich mit hypovolämischem Schock und Hypotension.
- **Diagnostik:** Anamnese: Tropenaufenthalt. RT-PCR in akuter Phase (Virämie 3–5 Tagen). Dengue-Virus-NS1-Antigennachweis ab dem 1. Krankheitstag. Spezifische IgM-Antikörper ab dem 5.–7. und IgG-Antikörper ab dem 10. Erkrankungstag. Serokonversion und/oder signifikanter Titeranstieg in Folgeprobe.
- **Therapie:** Symptomatisch.
- **Prävention:** Mückenschutzmaßnahmen (hautbedeckende Kleidung, Repellent, Insektizid, Moskitonetz). Schutzimpfung nur für in Endemiegebieten lebende Personen nach laborbestätigter Dengue-Virus-Erstinfektion.

55.3 Gelbfiebervirus

Steckbrief

Gelbfieber wurde erstmals bei einem Ausbruch in Mexiko um 1648 beschrieben. Molekularbiologische Analysen und geschichtliche Aufzeichnungen zeigen, dass das Gelbfiebervirus („yellow fever virus", YFV) seinen geografischen Ursprung wahrscheinlich in Afrika hat. Um 1900 wurde die Übertragung durch Aedes aegypti und um 1928 der Erreger beschrieben. Das Gelbfiebervirus kommt in den tropischen Regionen Afrikas und Amerikas vor. M. Theiler entwickelte in den 1930er Jahren den attenuierten 17D-Impfstoff.

55.3.1 Rolle als Krankheitserreger

Epidemiologie und Übertragung

Das Gelbfiebervirus kommt laut WHO endemisch in Subsahara-Afrika (15° N bis15° S) und im tropischen Mittel- und Südamerika (20° N bis 40° S) mit insgesamt 42 betroffenen Ländern vor. Gelbfieber wurde in Asien bisher noch nicht beobachtet. Geschichtlich sind Epidemien des Gelbfiebers auch in nichttropischen Gebieten wie New York und Boston, aber auch Spanien beschrieben, die vermutlich auf Handelsrouten und Sklavenhandel zurückgehen.

Die Übertragung erfolgt über Mücken der Gattungen Aedes und Haemagogus (Südamerika). Als Virusreservoir fungieren Affen und Menschen. In Afrika werden 3 Transmissionszyklen beschrieben:

- Im Rahmen des sylvatischen Zyklus können sich im Regenwald aufhaltende Menschen wie Waldarbeiter als Nebenwirt infizieren **(„Dschungelgelbfieber")**.
- Ausschlaggebend für Epidemien ist der urbane Zyklus, der auf der Viruszirkulation zwischen Aedes aegypti und Mensch **(„urbanes Gelbfieber")** beruht.
- Der **intermediäre Zyklus** (nicht in Amerika) beschreibt die Verbindung zwischen beiden Zyklen, wenn Menschen in waldnahen Dörfern und Affen eng nebeneinander leben. Es ist die häufigste Ursache kleiner Epidemien in Afrika.

Pathogenese

Nach der Transmission vermehrt sich das Virus in den regionalen Lymphknoten. Von dort gelangt es ins Blut und infiziert in der virämischen Phase primär die Leber (Kupffer-Sternzellen und Hepatozyten; 1. Phase). In der 2. Phase kann es zur Tubulusnekrose der Niere und zum Befall des ZNS kommen. Die Hämorrhagien beruhen auf der verminderten Synthese von Gerinnungsfaktoren aufgrund von Leberzellschädigung, Verbrauchskoagulopathie und Thrombozytenfunktionsstörung.

Immunität

Es existiert nur 1 Serotyp, der eine lebenslange Immunität hinterlässt. Nach aktiver Immunisierung hält der Impfschutz gemäß neuesten Erkenntnissen und Empfehlungen der Internationalen Gesundheitsvorschriften der WHO lebenslang.

55

Klinik

Die meisten Gelbfiebererkrankungen verlaufen mild mit anschließender Genesung. Nach 3–6 Tagen Inkubationszeit kann es zu einem breiten Spektrum klinischer Symptome kommen. Die biphasische, schwere Verlaufsform beginnt akut mit Fieber (39–40 °C), Schüttelfrost, Kopfschmerzen, Myalgien, Übelkeit, Erbrechen und Bradykardie (Faget-Zeichen). Nach 3–4 Tagen (virämische Phase) kann es zu einer kurzen Remission kommen. Die Intoxikationsphase schließt sich bei 15 % der Patienten mit erneutem Fieberanstieg, hämorrhagischer Diathese, Albuminurie und Leber- und Nierenschäden an, die zu verstärktem Ikterus, Leber- und Niereninsuffizienz führen. Zudem können ZNS-Störungen auftreten. Letztlich entwickelt sich ein Schocksyndrom mit Hypotension und metabolischer Azidose. Der Tod tritt dann meist 7–10 Tage nach Erkrankungsbeginn ein.

Die durchschnittliche Letalität des Gelbfiebers beträgt 10–20 %. Differenzialdiagnostisch sind Infektionen anderer Erreger hämorrhagischen Fiebers, Hepatitis A, B, C, D, Leptospirose, Malaria und Typhus zu berücksichtigen.

Labordiagnose

Bei entsprechender Reiseanamnese sowie Klinik kann während der akuten Phase bis maximal 10 Tage nach Krankheitsbeginn die RT-PCR aus Blut durchgeführt werden. Spezifische IgM- und IgG-Antikörper können ca. 7 Tage nach Symptombeginn mittels ELISA oder IFT nachgewiesen werden. Die Impfanamnese ist zu beachten. Nach Impfung lassen sich Antikörper mittels Neutralisationstest nachweisen.

Probleme Nach Gelbfiebervirus-Infektion oder Schutzimpfung können IgM-Antikörper über Monate persistieren. Weiterhin sind die Antikörper-Kreuzreaktivität mit anderen Flaviviren zu beachten.

Therapie

Erfolgt symptomatisch, bei schwerem Verlauf mit intensivmedizinischer Behandlung.

Prävention

Dazu zählen:

Allgemeine Maßnahmen Eine wichtige Rolle spielt die Vektorbekämpfung. Zudem sind Schutzmaßnahmen wie das Tragen hautbedeckender Kleidung, die Verwendung von Repellents und das Schlafen unter einem Moskitonetz zu beachten.

Schutzimpfung Die Wirksamkeit des attenuierten Lebendimpfstoffs 17D hält mindestens 10 Jahre an, laut neuer Bewertungen der WHO im Jahre 2014 vermutlich lebenslang. Es kann unterschieden werden zwischen medizinischer Indikation bei Reisen in Risiko- bzw. Endemiegebiete und formaler Indikation bei Einreise aus einem Endemiegebiet. Die formale Auffrischimpfung in 10-jährigen Intervallen bei Einreise ist aufgrund der neuen Empfehlungen der WHO nicht mehr notwendig. Da die Umsetzung der Änderungen noch andauern kann, sollten Hinweise zu Einreisebestimmungen (→ WHO) berücksichtigt werden.

Meldepflicht Namentlich gemäß § 6 IfSG Krankheitsverdacht, Erkrankung und Tod an virusbedingtem hämorrhagischem Fieber sowie gemäß § 7 IfSG Meldung des direkten oder indirekten Nachweises von Gelbfiebervirus bei akuter Infektion.

In Kürze: Gelbfiebervirus

- **Virus:** Gelbfiebervirus, „yellow fever virus" (YFV).
- **Epidemiologie:** Kommt endemisch in Subsahara-Afrika und im tropischen Südamerika vor.
- **Übertragung:** Über Mücken der Gattungen Aedes und Haemagogus. Virusreservoir: Affen und Menschen. Dschungelgelbfieber und urbanes Gelbfieber, zudem intermediärer Zyklus.
- **Pathogenese:** Virusvermehrung in den regionalen Lymphknoten. In der virämischen Phase Hauptzielorgan Leber. Massive Hämorrhagien. Histopathologische Veränderungen von Niere, Leber, Myokard, Gehirn.
- **Immunität:** Lebenslange Immunität nach Infektion oder Impfung. Auffrischimpfungen in 10-jährigen Intervallen nicht mehr gefordert.
- **Klinik:** Inkubationszeit 3–6 Tage. Häufig milder Verlauf. Biphasische, schwere Verlaufsform mit fieberhafter Erkrankung. Nach Remission Intoxikationsphase mit erneutem Fieberanstieg, hämorrhagischer Diathese, Ikterus. Letztlich ZNS-Störung, Schocksyndrom mit Hypotension und metabolischer Azidose.
- **Diagnostik:** Reise- und Impfanamnese. Bis 10 Tage nach Krankheitsbeginn RT-PCR. Antikörpernachweise ab Tag 7.
- **Therapie:** Symptomatisch.
- **Prävention:** Schutzimpfung. Vektorbekämpfung.

55.4 Weitere humanpathogene Flavivirus-Spezies

55.4.1 Japanisches Enzephalitisvirus

Der Erreger wurde 1934 in Japan aus Patientenmaterial isoliert. Die Japanische Enzephalitis ist die häufigste virale Enzephalitis weltweit mit ca. 70.000 Fällen pro Jahr. Die Endemie- und Epidemiegebiete erstrecken sich heutzutage über ganz Süd- und Südostasien bis Australien und einige pazifische Inseln.

Wasservögel und Schweine dienen als Virusreservoir und Amplifikationswirte. Die Übertragung auf den Menschen erfolgt durch nachtaktive Stechmücken der Gattung Culex. Die Verbreitung hängt vor allem vom Reisanbau (Mückenbrutplätze) und von der Schweinezucht ab. Je nach Klima erfolgt die Übertragung saisonal (nach der Monsunzeit) oder ganzjährig in dauerfeuchten Regionen.

Nach abgelaufener Infektion besteht eine lebenslange Immunität, daher nimmt die Durchseuchung im Alter zu. Somit erkranken in Endemiegebieten häufiger Kinder. Die Infektion verläuft meist mild mit Fieber und Kopfschmerzen oder asymptomatisch. Nur etwa eine von 500 Erkrankungen führt zur enzephalitischen Form mit schwerem Verlauf.

Nach 4–15 Tagen Inkubationszeit zeichnet sich die Prodromalphase mit Fieber, Myalgien, Kopfschmerzen und gastrointestinalen Beschwerden aus. Anschließend treten Bewusstseinstrübungen, Nackensteifigkeit, Krampfanfälle und motorische Lähmungen auf. Die Letalitätsrate der enzephalitischen Verläufe beträgt bis zu 30 %. Neurologische Folgeschäden (motorisch, kognitiv) sind häufig (20–30 %).

In der akuten Phase ist die RT-PCR aus Liquor aussagekräftig, da die Virämie nicht ausgeprägt ist. Bei Antikörpernachweisen sind Kreuzreaktionen zu berücksichtigen. Präventive Maßnahmen sind Impfung und Mückenschutz.

55.4.2 St.-Louis-Enzephalitisvirus

Ausbrüche mit dem Erreger kommen hauptsächlich in USA vor. Das Verbreitungsgebiet erstreckt sich jedoch über Kanada bis Argentinien. Das Virus zirkuliert zwischen Moskitos der Gattung Culex und Vögeln. Formen der klinischen Manifestationen sind febriles Kopfschmerzsyndrom, aseptische Meningitis und Enzephalitis.

55.4.3 West-Nil-Virus

Das Virus ist weltweit verbreitet. In Europa werden saisonale Ausbrüche beobachtet. Verschiedene Spezies der Gattungen Culex und Aedes zählen zu den Vektoren. Das Virusreservoir sind Vögel. Des Weiteren sind Übertragungen gelegentlich über Organtransplantationen, Bluttransfusionen, Laborarbeit, Muttermilch oder transplazentar möglich. Sollte sich das Virus in den kommenden Jahren auch in Deutschland ausbreiten, müssten Blutspenden in Zukunft mittels PCR auch auf West-Nil-Virus getestet werden.

Meist verläuft die Infektion inapparent oder in 20 % als fieberhafte Erkrankung (Inkubationszeit 2–6, max. 14 Tage). Symptome des „West-Nil-Fiebers" sind hohes Fieber, Gelenk-, Kopf- und Rückenschmerzen, gastrointestinale Beschwerden, in 50 % ein makulopapulöses Exanthem und eher seltener Hepatitis, Hepatomegalie oder Splenomegalie.

Bei weniger als 1 % der Infizierten (insbesondere bei über 50-Jährigen) tritt eine Meningitis, Meningoenzephalitis/Enzephalitis mit Lähmungen oder sehr selten Myelitis auf. Die Letalitätsrate liegt zwischen 4–14 %, bei älteren Patienten jedoch höher.

Diagnostik der Wahl ist zum Zeitpunkt der neurologischen Symptomatik der Antikörpernachweis (IgM auch aus Liquor) mittels ELISA oder indirektem IFT (Kreuzreaktion beachten!). Diagnostisch bedeutsam ist eine IgG-Serokonversion bzw. ein signifikanter Titeranstieg (2 serielle Proben im Abstand von 7 Tagen). Der Nachweis des Virusgenoms mittels RT-PCR ist ebenfalls möglich und wird bei der Testung von Blutspenden in einigen Ländern bereits angewandt.

Es steht keine kausale Therapie zur Verfügung. Zur Expositionsprophylaxe gehören Mückenschutzmaßnahmen.

55.4.4 Zikavirus

Obwohl bereits im Jahr 1947 in Affen in Afrika entdeckt, verursachte das Virus lange Zeit nur seltene sporadische Infektionen. In den letzten Jahren verbreitete es sich zunächst von Afrika nach Asien (Ozeanien) und von dort nach Südamerika, wo es sich seit 2015 schnell ausbreitet. Im Rahmen dieser Epidemie erfolgt die Übertragung von Mensch zu Mensch, vorwiegend über Stechmücken (A. aegypti), gelegentlich auch über Sexualkontakte. Es wird befürchtet, dass sich das Virus weiter ausbreitet.

Das klinische Bild präsentiert sich wie eine milde Dengue-Virus-Infektion (Fieber, Gliederschmerzen, Hautausschlag) und ist in der Regel selbstlimitierend. Zeitgleich mit der Zikavirusepidemie in Südamerika nahm die Zahl der Fälle von Mikrozephalie bei Neugeborenen massiv zu. Ein ursächlicher Zusammenhang mit dem Zikavirus konnte mittlerweile bewiesen werden. Ferner wird eine Beteiligung des Zikavirus an gestiegenen Fallzahlen von Guillain-Barré-Syndrom in Ozeanien und Südamerika diskutiert.

Der Virusnachweis erfolgt, am besten innerhalb der ersten 7 Tage nach Auftreten klinischer Symptome, aus peripherem Blut und Urin mittels RT-PCR. Zusätzlich zum Nukleinsäurenachweis kann vom 8.–27. Tag nach Symptombeginn eine Serologie aus Serum (IgM und IgG) erfolgen.

Es besteht keine kausale Therapie. Zur Expositionsprophylaxe gehören Mückenschutzmaßnahmen.

Weiterführende Literatur

Bhatt S et al (2013a) The global distribution and burden of dengue. Nature 496(7446):504–507

Bhatt S, Gething PW, Brady OJ, Messina JP, Farlow AW, Moyes CL, Drake JM, Brownstein JS, Hoen AG, Sankoh O, Myers MF, George DB, Jaenisch T, Wint GR, Simmons CP, Scott TW, Farrar JJ, Hay SI (2013b) The global distribution and burden of dengue. Nature 25(496):504–507. ▶ https://doi.org/10.1038/nature12060

Diener HC, Weimer C (2012) Leitlinien für Diagnostik und Therapie in der Neurologie, 5. Aufl. Georg Thieme, Stuttgart

Doerr HW, Gerlich WH (2010) Medizinische Virologie, 2. Aufl. Georg Thieme, Stuttgart

International Committee on Taxonomy of Viruses (2018) Virus taxonomy release 2018b. ICTV, EC 50, Washington, DC.

Löscher T, Burchard GD (2010) Tropenmedizin in Klinik und Praxis, 4. Aufl. Georg Thieme, Stuttgart

Mandell GL, Bennett JE, Dolin R (2010) Principles and practice of infectious diseases, 7. Aufl. Elsevier Churchill-Livingstone, Philadelphia

Mertens T, Haller O, Klenk HD (2004) Diagnostik und Therapie von Viruskrankheiten, 2. Aufl. Urban & Fischer, München

Mlakar J, Korva M, Tul N, Popović M, Poljšak-Prijatelj M, Mraz J, Kolenc M, Resman Rus K, Vesnaver Vipotnik T, Fabjan Vodušek V, Vizjak A, Pižem J, Petrovec M, Avšič Županc T (2016) Zika Virus associated with microcephaly. N Engl J Med 374:951–958. ▶ https://doi.org/10.1056/NEJMoa1600651

Modrow S, Falke D, Truyen U, Schätzl H (2010) Molekulare Virologie, 3. Aufl. Spektrum Akademischer Verlag, Heidelberg

Robert Koch-Institut (2011) Steckbriefe seltener und importierter Infektionskrankheiten. Robert Koch-Institut, Berlin

Robert Koch-Institut (2018) RKI-Ratgeber für Ärzte. ▶ https://www.rki.de/DE/Content/Infekt/EpidBull/Merkblaetter/Ratgeber_FSME.html

Robert Koch-Institut (2019) Infektionsepidemiologisches Jahrbuch meldepflichtiger Krankheiten für 2018. Robert Koch-Institut, Berlin

Ständige Impfkommission am Robert Koch-Institut (2019) Empfehlungen der Ständigen Impfkommission, Epidemiol Bulletin 34

World Health Organization (2009) Dengue: Guidelines for diagnosis, treatment, prevention and control. WHO Library Cataloguing-in-Publication Data, Geneva

▶ https://www.bnitm.de/aktuelles/mitteilungen/954-empfehlungen-zur-diagnostik-der-zika-virus-infektion/

Rötelnvirus

Corinna Schmitt

Die Röteln zählen zu den „klassischen Kinderkrankheiten", die durch Einführung der Rötelnimpfung in den 1970er Jahren in Deutschland selten geworden sind. Während die Röteln im Kindesalter in der Regel eine harmlose Infektionskrankheit darstellen, kann die Infektion einer seronegativen Frau in der Schwangerschaft zur gefürchteten Rötelnembryopathie führen, die mit einer hohen Fehlbildungsrate beim Neugeborenen einhergeht.

Steckbrief

Das Rötelnvirus ist ein RNA-Virus aus der Familie der Togaviridae. Die Bedeutung des Rötelnvirus als Verursacher schwerer Embryopathien nach Rötelninfektion der Mutter in der Schwangerschaft wurde 1941 von dem australischen Augenarzt Sir Normann Gregg erkannt.

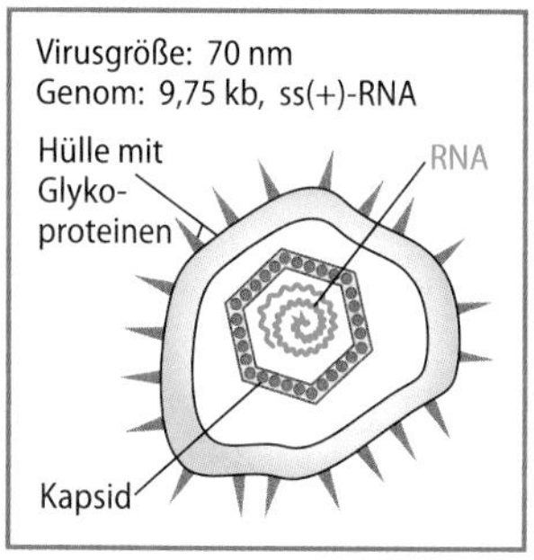

56.1 Beschreibung

Aufbau/Morphologie

Das Rötelnvirus (Rubellavirus) ist ein RNA-Virus aus der Familie der Togaviridae, Genus Rubivirus. Das ikosaedrische Nukleokapsid wird von einer lipidhaltigen Hülle umgeben, in welche die Strukturproteine E1 und E2 eingelagert sind, die Zielstrukturen für neutralisierende Antikörper darstellen. E1 besitzt zusätzlich eine Hämagglutinin-Funktion, die diagnostisch zur Immunitätsbestimmung im Hämagglutinations-Hemmtest (HHT) ausgenutzt wird.

Vorkommen

Der einzige Wirt des Rötelnvirus ist der Mensch.

56.2 Rolle als Krankheitserreger

Epidemiologie

In der Ära vor Beginn der nationalen Impfkampagne in Deutschland traten die Röteln vornehmlich im Frühjahr auf. Epidemische Häufungen von Röteln beobachtete man alle 3–5 Jahre, ausgedehnte Epidemien meist alle 6–9 Jahre. Der Großteil der Infektionen erfolgte im Kindesalter, jedoch waren noch im Schnitt 10 % der Frauen im gebärfähigen Alter seronegativ und damit potenziell gefährdet, eine Rötelninfektion in der Schwangerschaft zu erwerben. Seit Einführung der Impfung im Kindesalter ist der Anteil seronegativer Frauen im gebärfähigen Alter auf <3 % gesunken. Eine hohe Durchimpfungsrate muss aufrechterhalten werden, um die Rötelninfektionen in der Schwangerschaft erfolgreich zu verhindern.

Übertragung

Infizierte Personen scheiden hohe Virusmengen in nasopharyngealen Sekreten aus. Die Infektion erfolgt entsprechend bei engem Kontakt von Mensch zu Mensch, in der Hauptsache durch Tröpfcheninfektion. Die Infektiosität beginnt bereits 7 Tage vor Ausbruch des Exanthems und dauert bis zu 7 Tage nach Auftreten des Exanthems. Auch asymptomatisch Infizierte sind infektiös.

Pathogenese

Eintrittspforte ist der Nasen-Rachen-Raum. Nach Vermehrung in der Schleimhaut des Nasopharynx und den regionalen Lymphknoten kommt es zur Generalisierung des Virus auf dem Lymph- und

Frühere Version von D. Falke

S. Suerbaum et al. (Hrsg.), *Medizinische Mikrobiologie und Infektiologie*,
https://doi.org/10.1007/978-3-662-61385-6_56

Blutweg und zur Infektion vieler Organe inklusive der Plazenta bei Vorliegen einer Schwangerschaft.

▪▪ Immunität

Das Rötelnvirus ist mit nur einem Serotyp antigenetisch stabil. Die humorale und zelluläre Immunität nach Infektion (◘ Abb. 56.1) oder Impfung verhindern erneute symptomatische Erkrankungen. Meist asymptomatische Reinfektionen v. a. nach Impfung sind möglich, aber selten. IgG-Antikörper werden von der Mutter auf das Kind übertragen und verleihen diesem über einen Zeitraum von 3–6 Monaten einen „Nestschutz".

▪▪ Klinik

Eine **Erstinfektion** verläuft bei Kindern in bis zu 50 %, bei Jugendlichen und Erwachsenen in über 30 % der Fälle mit wenigen oder keinen Symptomen. Die symptomatische Rötelnerkrankung beginnt nach einer Inkubationszeit von 14–21 Tagen und unspezifischen Prodromi wie Kopfschmerzen, Katarrh und subfebrilen Temperaturen mit charakteristischer Schwellung der postaurikulären, zervikalen und subokzipitalen Lymphknoten und **feinfleckigem Exanthem**. Dieses beginnt hinter den Ohren und breitet sich über das Gesicht auf Körper und Extremitäten aus. Es ist etwa 1–3 Tage sichtbar, oft aber auch nur wenige Stunden (◘ Abb. 56.1). Vor allem bei erwachsenen Frauen kann es im Anschluss zu Arthralgien besonders der kleinen Fuß- und Handgelenke kommen. Schwerwiegende Komplikationen wie z. B. eine Beteiligung des ZNS in Form einer Meningoenzephalitis oder eine thrombozytopenische Purpura sind sehr selten.

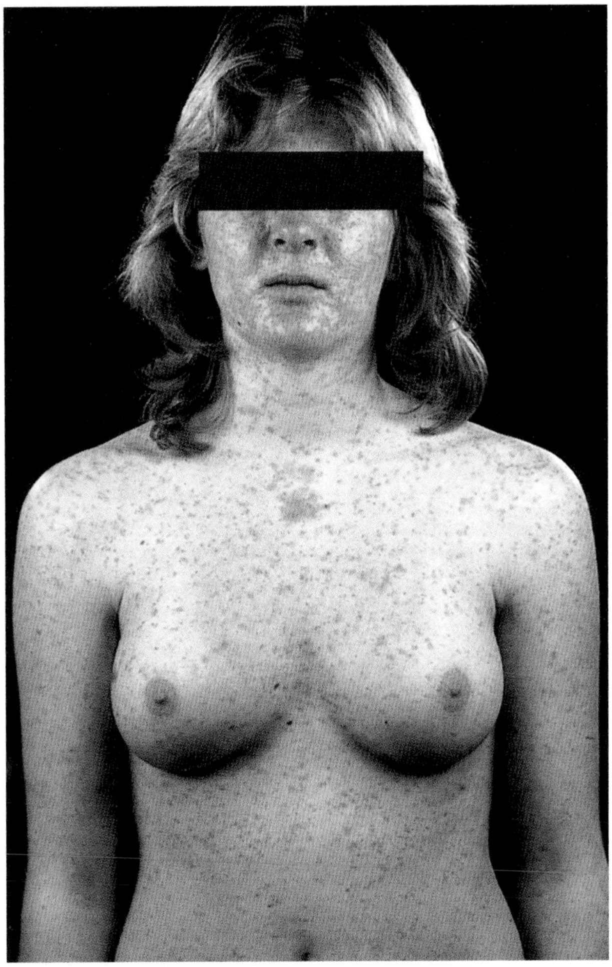

◘ **Abb. 56.1** Rötelnexanthem. (Mit freundlicher Genehmigung von Prof. Dr. Dietrich Falke, Mainz)

Nach abgelaufener Rötelninfektion gibt es in der Regel keine Viruspersistenz. Ausnahme ist die **konnatale Rötelninfektion,** bei der das Neugeborene noch monatelang infektiöses Virus in Urin und Rachensekreten ausscheidet. Eine Diagnosestellung allein aufgrund des klinischen Bildes ist unsicher.

Röteln in der Schwangerschaft Bei einer erstmaligen Infektion kann es im Rahmen der Virämie zur Übertragung des Virus auf Embryo bzw. Fetus kommen, und zwar unabhängig davon, ob die Infektion der Mutter symptomatisch oder asymptomatisch verläuft. Art, Schwere und Wahrscheinlichkeit der Erkrankung des Ungeborenen sind abhängig vom **Zeitpunkt der mütterlichen Infektion:**

- Bei Infektion vor der 12. SSW besteht ein hohes Risiko (bis zu 90 %) für die Entwicklung einer **klassischen Rötelnembryopathie** (Gregg-Syndrom) mit Gehörschäden, Augendefekten (z. B. Katarakt, Glaukom), Herz- und anderen Organfehlbildungen.
- Bis zur 20. SSW sinkt das Fehlbildungsrisiko auf unter 20 %, wobei hier isolierte Gehörschäden beim Kind im Vordergrund stehen.
- Nach der 20. SSW gilt das Risiko eines kindlichen Schadens als gering.

Reinfektionen während der Schwangerschaft nach früher durchgemachter Wildvirusinfektion oder nach Impfung führen in den allermeisten Fällen nicht zu einer Embryopathie.

▪▪ Diagnostik

Dazu gehören:

Antikörpernachweis Die Diagnostik der Wahl bei Verdacht auf akute Infektion ist der Antikörpernachweis in 2 im Abstand von 10–14 Tagen entnommen Serumproben. Eine Serokonversion im Röteln-IgG ist hierbei beweisend für eine akute Rötelninfektion. Der Nachweis von Röteln-IgM-Antikörpern ist ein zusätzlicher Hinweis auf das Vorliegen einer frischen Infektion und in der Regel einige Tage nach Exanthembeginn möglich. Jedoch kann es auch bei einer Reinfektion vorübergehend zu einem positiven IgM-Nachweis

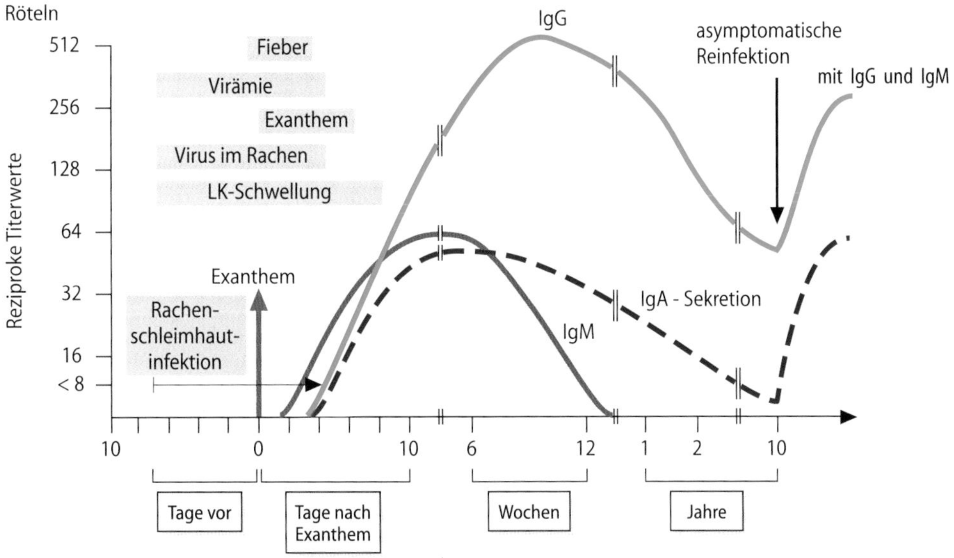

Abb. 56.2 Ablauf einer Rötelninfektion mit Antikörperverlauf, Virusausscheidung und klinischen Daten

kommen (Abb. 56.2). Bei Feten ab der 22. SSW und Neugeborenen gibt nur ein positives IgM Hinweis auf eine intrauterin erworbene Infektion, da mütterliche IgG-Antikörper diaplazentar übertragen werden.

Virusnachweis Der Virusdirektnachweis, in der Regel durch RT-PCR, findet schwerpunktmäßig in der Diagnostik der intrauterin erworbenen Infektion seine Anwendung. Pränatal kann der Virusnachweis z. B. aus Chorionzottenbiopsien, Fruchtwasser oder fetalem Blut erfolgen, bei Neugeborenen ebenfalls aus Blut oder Urin und Rachensekreten. Ein positiver Virusnachweis ist in diesen Fällen beweisend für eine Rötelninfektion des Fetus bzw. Neugeborenen. Aber auch bei Verdacht auf Rötelninfektion im Kindes- oder Erwachsenenalter spielt der Virusdirektnachweis aus Rachenabstrich und Urin zunehmend eine wichtige Rolle, da bei sinkender Erkrankungsprävalenz der positiv prädiktive Wert eines IgM-Nachweises gering ist.

Immunitätsbestimmung Der Immunitätsnachweis, beispielsweise im Rahmen der Mutterschaftsvorsorge, sollte in erster Linie über eine Impfbuchkontrolle erfolgen. Bei dokumentierter 2-maliger Impfung kann Immunität vorausgesetzt werden. Bei unklarer oder unvollständiger Impfanamnese kann bei positivem Röteln-IgG-Nachweis von Schutz ausgegangen werden.

Schwangerschaft Bei der Diagnose einer erstmaligen Rötelninfektion in der Frühschwangerschaft erfolgt aufgrund der hohen Fehlbildungsrate häufig ein Schwangerschaftsabbruch. In der Praxis ist der genaue Infektionszeitpunkt jedoch schwer zu bestimmen, da z. B. IgM-Antikörper über lange Zeit persistieren können. Auch die Unterscheidung zwischen Erst- und Reinfektion kann schwierig sein, wenn kein Vergleichsserum von vor der Schwangerschaft vorliegt. Deshalb sollten diese Untersuchungen nur in Speziallaboratorien erfolgen, die zusätzliche diagnostische Möglichkeiten zur Eingrenzung des Infektionszeitpunkts bieten. In der Frühschwangerschaft seronegative Frauen sind im weiteren Verlauf der Schwangerschaft auf das Auftreten von Antikörpern zu kontrollieren.

Therapie

Bisher existiert keine spezifische antivirale Therapie.

Prävention

Dazu zählen:

Schutzimpfung Die 1. Impfung erfolgt nach STIKO-Empfehlungen bei allen Kindern im Alter von 11–14 Monaten. Die 2. Impfung sollte bis zum 2. Lebensjahr abgeschlossen sein. Bei fehlendem Impfschutz kann die Impfung jedoch in jedem Lebensalter nachgeholt werden. Da es sich bei der Rötelnimpfung um einen Lebendimpfstoff handelt, ist während der Schwangerschaft die Impfung kontraindiziert. Bis 4 Wochen nach einer Schutzimpfung sollte eine Schwangerschaft vermieden werden. Allerdings sind bisher keine Embryopathien durch das Impfvirus bekannt geworden. Bei einer akzidentellen Rötelnimpfung in der Schwangerschaft besteht demnach auch keine Indikation für einen Schwangerschaftsabbruch.

Passive Prophylaxe Die Gabe von Immunglobulinen an seronegative Schwangere mit Rötelnkontakt wird nicht empfohlen, da die Wirksamkeit in Bezug auf Verhinderung einer Rötelnembryopathie unklar ist.

Meldepflicht Nach §§ 6, 7 IfSG Meldepflicht für behandelnden Arzt schon bei Verdacht auf Röteln bzw. für Labore bei Hinweis auf akute Infektion.

In Kürze: Rötelnvirus

- **Virus:** Rubellavirus (Genus: Rubivirus, Familie: Togaviridae. ss(+)-Strang-RNA-Virus, bestehend aus ikosaedrischem Kapsid und Lipidhülle, nur 1 Serotyp.
- **Vorkommen und Übertragung:** Weltweit, Mensch als alleiniger Wirt. Übertragung mittels Tröpfcheninfektion durch symptomatisch oder asymptomatisch Infizierte.
- **Epidemiologie:** In ungeimpfter Population erfolgt der Großteil der Infektionen im Kindesalter mit kleineren und größeren Epidemien alle paar Jahre.
- **Pathogenese:** Initial lokale Vermehrung in Nasopharynx und regionalen Lymphknoten, dann Generalisierung. Keine Viruspersistenz.
- **Klinik:** Häufig asymptomatisch. Inkubationszeit 14–21 Tage, dann Exanthem und zervikale und nuchale Lymphadenopathie. Gefahr der Embryopathie (Gregg-Syndrom: Auge, Ohr, Gehirn, Herz) bei Infektion seronegativer Frauen in der Frühschwangerschaft.
- **Immunität:** Nach Wildvirusinfektion lebenslange Immunität. Auch nach Impfung ist mit jahrzehntelanger Immunität zu rechnen, die erreichten Antikörpertiter sind jedoch im Schnitt niedriger als nach Wildvirusinfektion. Asymptomatische Reinfektionen sind möglich.
- **Diagnose:** Klinisch nicht immer eindeutig. Antikörpernachweis (IgG, IgM) und Virusdirektnachweis bei Verdacht auf akute Infektion. **DD:** Masern, Enterovirusinfektion, infektiöse Mononukleose, Exanthema subitum, Erythema infectiosum, Scharlach, Arzneimittelexantheme.
- **Therapie:** Symptomatisch.
- **Prävention:** Schutzimpfung mit attenuierter Lebendvakzine nach STIKO für alle Kinder im 2. Lebensjahr empfohlen. Zum Schutz vor einer Rötelnembryopathie sollten alle Frauen mit Kinderwunsch 2-mal gegen Röteln geimpft worden sein.

Coronaviren

John Ziebuhr

Man unterscheidet 7 humanpathogene Coronaviren, die entweder zum Genus Alphacoronavirus oder zum Genus Betacoronavirus gehören (Subfamilie Orthocoronavirinae, Familie Coronaviridae). Das vorläufig letzte, 7. humanpathogene Coronavirus, SARS-CoV-2 (Genus Betacoronavirus), wurde im Winter 2019/2020 entdeckt. Humane Coronaviren (◘ Tab. 57.1) verursachen akute respiratorische Erkrankungen, die meist problemlos verlaufen, gelegentlich jedoch zu schweren Pneumonien führen, insbesondere bei bestehender Komorbidität oder bei Infektionen mit spezifischen humanen Betacoronaviren wie SARS-CoV, MERS-CoV und SARS-CoV-2. Eine ursächliche Beteiligung an Gastroenteritiden ist möglich, spielt jedoch klinisch und zahlenmäßig keine große Rolle. Die zahlreichen bekannten animalen Coronaviren verursachen in der Regel respiratorische und gastrointestinale Erkrankungen, insbesondere bei Säugetieren und Vögeln (◘ Tab. 57.1). Der Name der Viren leitet sich vom typischen elektronenmikroskopischen Erscheinungsbild der Virusoberfläche ab, die an eine Krone (lat. „corona“) erinnert. Die Fortsätze dieser Krone werden von den viralen Glykoproteinen, sog. Spikes, gebildet, die in die Virushülle eingelagert sind. Coronaviren sind Plusstrang-RNA-Viren mit den größten Genomen (30 kb) unter allen bekannten RNA-Viren. Sie haben einen Durchmesser von etwa 120 nm. Das helikale Kapsid wird von einer Lipidhülle umgeben, in die mindestens 3 Strukturproteine (Spike-Protein S, Hüllprotein E, Membranprotein M) eingelagert sind.

Fallbeispiel

Ein 60-jähriger Geschäftsmann aus Korea reist beruflich nach Kuwait. Neben Besprechungsterminen ist auch Zeit für einen eintägigen Kamelritt in die Wüste. Aus der Vorgeschichte sind ein Hypertonus und ein Diabetes mellitus Typ 2 erwähnenswert. Gegen Ende der 3-wöchigen Reise treten an 2 Tagen wässrige Diarrhöen auf. Bei Rückkehr in Seoul klagt der Patient über zunehmende Schwäche, weiterhin bestehende leichte Durchfälle und leichten, trockenen Husten. Er geht vom Flughafen sofort in die Notaufnahme eines Krankenhauses. Im Röntgen-Thorax zeigen sich interstitielle Infiltrate, und der Patient wird sofort auf eine Isolierstation verlegt. Eine quantitative Real-time-PCR aus dem Sputum ist positiv auf MERS-CoV.

57.1 HCoV-229E, HCoV-OC43, HCoV-NL63, HCoV-HKU1

Infektionen mit den humanen Coronaviren (HCoV) NL63, 229E, OC43 und HKU1 treten vor allem in den Wintermonaten auf und sind für etwa 5–30 % aller **akuten respiratorischen Erkrankungen** verantwortlich. Infektionen führen typischerweise zu **Rhinitis, Konjunktivitis, Pharyngitis,** gelegentlich auch zu einer **Otitis media** oder **Laryngotracheitis.**

Die **Inkubationszeit** beträgt 2–4 Tage, Krankheitssymptome klingen meist nach 1 Woche ab. Eine Mitbeteiligung der unteren Atemwege ist häufiger als noch vor wenigen Jahren angenommen. Stationäre Behandlungen von Patienten mit akuten Infektionen des unteren Respirationstrakts (Pneumonie, Bronchiolitis, Bronchitis) sind bei Kindern in etwa 8 % (bei Erwachsenen 5 %) auf Coronaviren zurückzuführen. Infektionen im Kleinkindalter mit HCoV-NL63 führen häufig auch zu einer Laryngotracheitis (Pseudokrupp). Akute Exazerbationen von Asthma bronchiale infolge Coronavirus-Infektionen sind häufig beschrieben worden.

Typisch ist die zyklische Wiederkehr bestimmter Coronavirus-Stämme im Abstand weniger Jahre. **Koinfektionen** von Coronaviren mit anderen respiratorischen Viren (v. a. Rhino-, Entero- und Parainfluenzaviren) sind relativ häufig und führen dann zu einem deutlich schwereren Krankheitsbild, nicht selten auch zu einer stationären Behandlung.

Mehr als 80 % aller Erwachsenen besitzen Antikörper gegen humane Coronaviren. Vorausgegangene Infektionen hinterlassen jedoch keine lang anhaltende Immunität, sodass Reinfektionen mit dem gleichen Erreger bereits nach 1 Jahr möglich sind. Neugeborene besitzen meist Coronavirus-spezifische Antikörper, die nach 3 Monaten nicht mehr nachweisbar sind. Die Serokonversion erfolgt in der Regel vor Abschluss des 3. Lebensjahres.

S. Suerbaum et al. (Hrsg.), *Medizinische Mikrobiologie und Infektiologie*,
https://doi.org/10.1007/978-3-662-61385-6_57

Tab. 57.1 Humane und ausgewählte animale Coronaviren

Genus Virusspezies/-stamm	Kürzel	Wirt	Zellulärer Rezeptor	Krankheiten
Alphacoronavirus:				
Virus der übertragbaren Gastroenteritis	TGEV	Schwein	Aminopeptidase N	Gastroenteritis
Felines Coronavirus	FCoV, FIPV	Katze	Aminopeptidase N	Enteritis, Peritonitis
Humanes Coronavirus 229E	HCoV-229E	Mensch	Aminopeptidase N	ARE
Humanes Coronavirus NL63	HCoV-NL63	Mensch	Angiotensin-konvertierendes Enzym 2 (ACE2)	ARE, Laryngotracheitis (Pseudokrupp)
Virus der porcinen epidemischen Diarrhö	PEDV	Schwein	Aminopeptidase N	Enteritis
Betacoronavirus:				
Maus-Hepatitisvirus	MHV	Maus	Mit karzinoembryonalen Antigen (CEA) verwandte Zelladhäsionsmoleküle (CEACAM)	Enteritis, ARE, Hepatitis, Enzephalitis (spezielle Stämme)
Bovines Coronavirus	BCoV	Rind	Sialinsäure	Enteritis, ARE
Humanes Coronavirus OC43	HCoV-OC43	Mensch	Sialinsäure	ARE
Humanes Coronavirus HKU1	HCoV-HKU1	Mensch	Nicht bekannt	ARE
SARS-Coronavirus	SARS-CoV	Bestimmte Fledermausarten, Mensch	Angiotensin-konvertierendes Enzym 2 (ACE2)	Schweres akutes Atemwegssyndrom (SARS)
MERS-Coronavirus	MERS-CoV	Kamel, Mensch	Dipeptidylpeptidase 4 (DPP4)	Pneumonie, ARDS
SARS-Coronavirus 2	SARS-CoV-2	Mensch, Tierreservoir noch unbekannt	Angiotensin-konvertierendes Enzym 2 (ACE2)	„Coronavirus Disease 19" (COVID-19), ARE, teilweise auch Pneumonie, ARDS
Gammacoronavirus:				
Virus der infektiösen Bronchitis	IBV	Huhn	Sialinsäure	Bronchitis, Pneumonie, Nephritis, Infektion des Intestinal- und Genitaltrakts

ARDS, „acute respiratory distress syndrome" (akutes Lungenversagen, akutes Atemnotsyndrom)
ARE, akute respiratorische Erkrankung

Coronaviren können beim Menschen auch zu intestinalen Infektionen führen, deren klinische Bedeutung jedoch gering ist. Für eine gelegentlich diskutierte Rolle humaner Coronaviren bei akuten und chronischen Erkrankungen des ZNS gibt es bisher keinen überzeugenden Beweis, wenngleich RNA von HCoV-229E und HCoV-OC43 in einigen Fällen im ZNS nachgewiesen wurde. Ein überzeugender kausaler Zusammenhang mit einer spezifischen ZNS-Erkrankung wurde bisher nicht hergestellt.

57.2 SARS-Coronavirus, MERS-Coronavirus und SARS-Coronavirus 2

Zwei in den letzten beiden Dekaden neu entdeckte Betacoronaviren (SARS-Coronavirus und MERS-Coronavirus) haben besonderes Interesse hervorgerufen, da sie zu akuten Erkrankungen der Atemwege führen können, die mit einer für humane Coronaviren ungewöhnlich hohen Pathogenität und Letalität einhergehen:

- Zu Beginn des Jahres 2003 löste das SARS-Coronavirus (SARS-CoV) eine weltweite Epidemie aus, die ihren Ausgang in Südchina nahm, sich innerhalb weniger Wochen weltweit ausbreitete, v. a. in China, Südostasien und Kanada, und in ihrem weiteren Verlauf zu etwa 8000 Infektionen führte, an denen mehr als 800 Menschen verstarben.
- MERS-CoV wurde erstmals im Jahre 2012 bei einem Patienten in Saudi-Arabien nachgewiesen, der infolge einer schweren respiratorischen Erkrankung verstorben war. In den folgenden Jahren (bis 2019) wurden mehr als 2400 Infektionen mit diesem Erreger nachgewiesen, die zu etwa 850 Todesfällen führten.

Infektionen mit diesen beiden Viren können zu einem schweren akuten respiratorischen Syndrom (**„acute respiratory distress syndrome“**, ARDS) führen, das im Falle des SARS-CoV die Namensgebung bestimmte (**„severe acute respiratory syndrome“**, SARS). MERS-CoV führt zu einem ähnlichen Krankheitsbild. In diesem Fall verweist der Virusname auch auf die geografische Häufung dieser respiratorischen Erkrankung im Nahen und Mittleren Osten, insbesondere in Saudi-Arabien (**„middle east respiratory syndrome“**, MERS).

Im Dezember 2019 wurde ein weiteres neues Betacoronavirus bei Patienten mit schweren, z. T. tödlich verlaufenden Atemwegserkrankungen (Pneumonie) entdeckt. Die ursprüngliche Beschreibung erfolgte in Wuhan, China. Bereits Anfang 2020 wurden einige exportierte Fälle in anderen asiatischen Ländern (Thailand, Japan) beschrieben, die sich nach Wuhan zurückverfolgen ließen. In den folgenden Monaten kam es dann zu einer massiven weltweiten Ausbreitung, welche die WHO im März 2020 als Pandemie einstufte. Das neu aufgetretene Virus ist sehr eng mit dem im Jahre 2003 zirkulierenden SARS-Coronavirus verwandt und wird deshalb als SARS-Coronavirus 2 (SARS-CoV-2) bezeichnet. SARS-CoV und SARS-CoV-2 gehören zur gleichen Virusart (severe acute respiratory syndrome-related coronavirus), während alle anderen humanen Coronaviren eine jeweils eigene Virusspezies in den Gattungen Alpha- oder Betacoronavirus repräsentieren.

Herkunft

Nahe Verwandte von SARS-CoV und SARS-CoV-2 haben ihr natürliches Reservoir in bestimmten Fledermausarten, von denen sie unter Beteiligung weiterer Zwischenwirte auf den Menschen übertragen wurden. Ein Bindeglied bei der Übertragung von Fledermäusen auf den Menschen war im Falle von SARS-CoV vermutlich der Larvenroller (Paguma larvata), eine Schleichkatzenart, die in einigen Regionen Chinas als kulinarische Delikatesse gilt. Einen vergleichbaren Beitrag zur Anpassung an den Menschen könnte im Fall von SARS-CoV-2 eine zwischenzeitliche Vermehrung des Virus im Schuppentier (Pangolin) geleistet haben.

Nach einer Anpassungsphase in infizierten Personen erwarb offenbar ein SARS-CoV-Vorläufervirus zu Beginn des Jahres 2003 die Fähigkeit, von Mensch zu Mensch übertragen zu werden. Durch konsequente gesundheitspolitische Maßnahmen konnte jedoch die weitere Ausbreitung von SARS-CoV bereits nach wenigen Monaten gestoppt werden, sodass es seit 2004 keine neuen Infektionen gab. Auch wenn dieses Virus über viele Jahre nicht mehr in der menschlichen Population zirkulierte, wurde eine erneute Übertragung des Erregers aus seinem natürlichen Reservoir auf den Menschen für möglich gehalten. Diese Vermutung hat sich durch die kürzlich erfolgte Übertragung eines genetisch eng verwandten Virus (SARS-CoV-2) bestätigt. Trotz der engen genetischen Verwandtschaft gibt es zwischen den beiden Viren deutliche Unterschiede hinsichtlich der Übertragbarkeit von Mensch zu Mensch und des Verlaufs der Erkrankung.

Im Falle des MERS-CoV gibt es Hinweise, dass dieses Virus sein natürliches Reservoir in Dromedaren hat und von diesen Tieren auf den Menschen übertragen werden kann. Infektionen mit MERS-CoV führen bei Dromedaren in der Regel zu relativ unauffälligen respiratorischen Erkrankungen, die auf die oberen Atemwege beschränkt bleiben.

Serologische Untersuchungen von Dromedaren auf der Arabischen Halbinsel, aber auch in Ost-, Nord- und Westafrika haben ergeben, dass ein hoher Anteil von (gesunden) Dromedaren MERS-CoV-spezifische Antikörper besitzt. Spezifische Antikörper wurden auch in archivierten Dromedar-Seren aus den frühen 1990er Jahren nachgewiesen, was darauf hindeutet, dass MERS-CoV oder ein nah verwandtes Virus bereits seit längerer Zeit in diesen Tieren zirkuliert.

Studien der letzten Jahre haben gezeigt, dass Fledermäuse ein bedeutsames Reservoir für Coronaviren darstellen. Unter den zahlreichen neu entdeckten Fledermaus-Coronaviren finden sich auch extrem nahe Verwandte der oben genannten humanen Coronaviren, einschließlich SARS-CoV, SARS-CoV-2, MERS-CoV, HCoV-NL63 und HCoV-229E. Man vermutet daher, dass auch in Zukunft Fledermaus-Coronaviren ein wichtiger Ausgangspunkt für neuartige Virusinfektionen des Menschen oder anderer Säugetiere sein werden.

Steckbrief

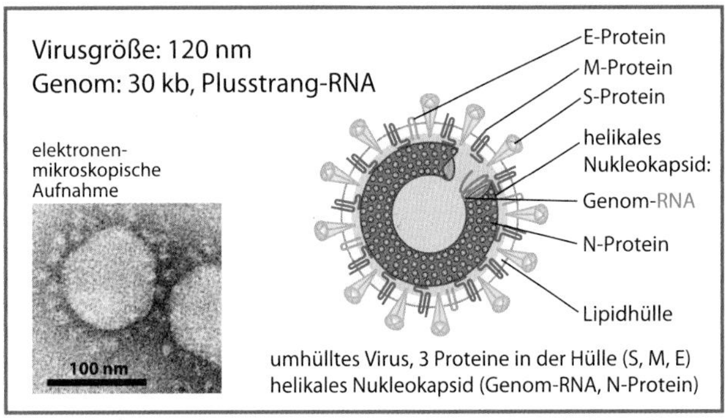

57.3 Molekularbiologie und Eigenschaften

▪ Genomstruktur und -expression

Coronaviren sind **Plusstrang-RNA-Viren** und besitzen die größten RNA-Genome (30 kb) aller derzeit bekannten Viren. Neben der Replikation ihres Genoms synthetisieren die Viren (je nach Virusspezies) 4–9 mRNA-Moleküle (◘ Abb. 57.1), deren 5'- und 3'-Enden mit denen des Genoms identisch sind. Diese „geschachtelten" mRNAs werden auch als „nested set of mRNAs" bezeichnet und haben zur Namensgebung der übergeordneten Virusordnung, Nidovirales (lat. „nidus": Nest), beigetragen.

Die mRNAs kodieren die viralen **Strukturproteine:** Spike-Glykoprotein (S), Hüllprotein (E, „envelope") und Membranprotein (M). Einige Coronaviren (z. B. HCoV-OC43) kodieren außerdem ein Hämagglutinin-Esterase-Protein (HE) als weiteres Strukturprotein sowie eine unterschiedliche Anzahl akzessorischer Proteine, die die Replikation in bestimmten Wirten begünstigen oder zur viralen Pathogenität beitragen.

Zahlreiche viruskodierte **Enzyme und Hilfsproteine** steuern die coronavirale RNA-Synthese. Die meisten dieser Proteine werden vom Replikase-Gen kodiert, das aus 2 großen Leserahmen (1a, 1b; ◘ Abb. 57.1) besteht. Coronaviren nutzen **ungewöhnlich komplexe Mechanismen der viralen Genexpression.** Dazu gehören eine programmierte ribosomale Leserasterverschiebung während der Translation, die für die Expression des 1b-Leserahmens erforderlich ist, sowie eine umfangreiche proteolytische Prozessierung der viralen Polyproteine, an denen mehrere Virusproteasen beteiligt sind und die zur Freisetzung von insgesamt 16 Nichtstrukturproteinen aus diesen Polyproteinen führt.

▪ Stabilität

Die meisten Coronaviren sind in der Umwelt relativ beständig (bis zu mehreren Tagen). Sie sind empfindlich gegen die im Krankenhaus üblichen Desinfektionsmittel, z. B. auf alkoholischer Basis, und lassen sich leicht durch Erhitzen inaktivieren.

▪ Epidemiologie, Übertragung und Hygienemaßnahmen

Coronaviren sind für einen großen Teil der akuten respiratorischen Erkrankungen in den Wintermonaten verantwortlich. Sie werden relativ leicht von Mensch zu Mensch durch **Tröpfchen** und **Aerosole** übertragen, was nur durch konsequente Hygienemaßnahmen zu verhindern ist. Einige Coronaviren einschließlich SARS-CoV können auch mit Stuhl, Urin und Sekreten ausgeschieden und übertragen werden.

Im Gegensatz zu anderen humanen Coronaviren werden SARS-CoV und MERS-CoV in der Regel erst in einem späten Stadium der Erkrankung übertragen. Dies erklärt einerseits die besonders hohen Infektionsraten bei medizinischem Personal auf Intensivstationen, die an der Pflege dieser Patienten beteiligt sind, erleichtert aber andererseits die Erkennung und Isolierung infizierter Patienten, um somit die weitere Ausbreitung des Erregers zu verhindern. Demgegenüber kann ein mit SARS-CoV-2 infizierter Patient das Virus bereits 1–2 Tage vor Auftreten von Symptomen übertragen, was dessen Übertragung auf Kontaktpersonen begünstigt und zur raschen Ausbreitung von SARS-CoV-2 im Jahr 2020 beigetragen hat. Die Inkubationszeit bei SARS-CoV-2 beträgt im Mittel 5 Tage mit einer Spannbreite von 3–14 Tagen.

▪ Pathogenese

Coronaviren dringen über den Nasen-Rachen-Raum ein und vermehren sich dort. Infektionen mit konventionellen Coronaviren (HCoV-229E, HCoV-NL63, HCoV-OC43, HCoV-HKU1) verlaufen in den meisten

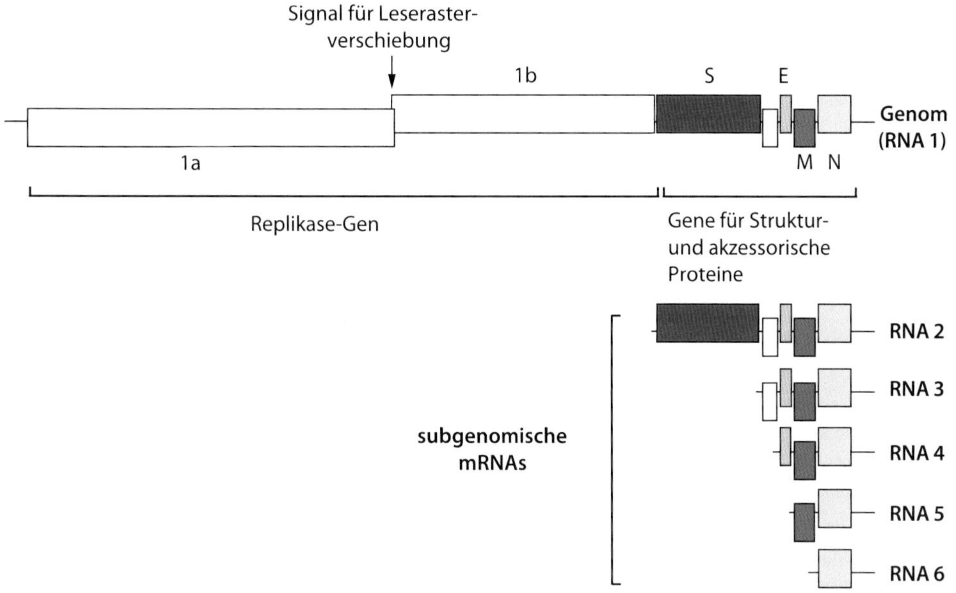

Abb. 57.1 Coronavirus-Genom und subgenomische RNAs. *Oberer Bildteil:* Die ssRNA (ca. 30 kb) enthält in ihrem 5'-Bereich 2 große Leserahmen (1a und 1b), die man zusammenfassend als Replikase-Gen bezeichnet. Dieses kodiert 2 Polyproteine (pp1a und pp1ab), die von viralen Proteasen in 16 reife Nichtstrukturproteine gespalten werden (nicht dargestellt). Die Expression des 1b-Leserahmens erfordert eine Verschiebung des ribosomalen Leserasters kurz vor Erreichen des Translations-Stopp-Kodons im 1a-Leserahmen. Die Replikase-Gen-kodierten viralen Proteine lagern sich zu einem Proteinkomplex zusammen, der die virale RNA-Synthese steuert und spezifische Wirtszellfunktionen moduliert. Neben einer RNA-abhängigen RNA-Polymerase und einigen RNA-bindenden Proteinen enthält dieser Komplex eine Reihe von Enzymen, z. B. Helikase, Proteasen, Ribonukleasen und Methyltransferasen. *Unterer Bildteil:* In virusinfizierten Zellen werden außerdem virale subgenomische RNAs synthetisiert, die für die Expression des 3'-Bereichs des Genoms benötigt werden. Da normalerweise in der eukaryotischen Zelle nur der erste, am 5'-Ende einer mRNA gelegene Leserahmen translatiert werden kann, erfordert die Expression der Strukturproteine S, E, M und N (farblich markiert) jeweils eine eigene subgenomische RNA. Gleiches gilt für die Translation anderer in diesem Genomabschnitt kodierter Proteine (weiß dargestellt): So wird beispielsweise das S-Protein von der subgenomischen RNA 2 exprimiert (S-Leserahmen rot markiert), die subgenomische RNA 5 wird für die Expression des M-Proteins benötigt (M-Leserahmen blau markiert) und die subgenomische RNA 3 dient zur Expression eines akzessorischen Nichtstrukturproteins

Fällen als typische **„Erkältung"**: Husten, Schnupfen, Konjunktivitis, Pharyngitis, gelegentlich auch Laryngotracheitis oder Bronchitis. Es besteht ein allgemeines Krankheitsgefühl mit Müdigkeit, Kopf- und Gliederschmerzen, gelegentlich auch mit Fieber bis 38,5 °C.

Infektionen des unteren Respirationstrakts sind möglich und erfolgen insbesondere bei Koinfektionen mit anderen respiratorischen Erregern (insbesondere Rhinoviren, Enteroviren, RSV, Parainfluenzaviren). Schwere Krankheitsverläufe werden vor allem beobachtet bei vorbestehenden Erkrankungen, insbesondere des kardiopulmonalen Systems, und im Zusammenhang mit Transplantationen (Immunsuppression).

Infektionen mit SARS-CoV, SARS-CoV-2 und MERS-CoV können typischerweise zu einem schweren, häufig auch lebensbedrohlichen Krankheitsbild führen, das als **schweres akutes Atemwegssyndrom** („severe acute respiratory syndrome", **SARS**) oder auch **ARDS** („acute respiratory distress syndrome") bezeichnet wird. Typische Symptome sind plötzlich einsetzendes hohes Fieber, Myalgien, trockener Husten, schweres Krankheitsgefühl und Schüttelfrost. Im weiteren Verlauf der Erkrankung kommt es zu Atemnot wegen mangelhafter Sauerstoffsättigung im Blut, die häufig eine intensivmedizinische Behandlung einschließlich künstlicher Beatmung erfordert. Die Letalität variiert relativ stark zwischen den 3 Erregern: ca. 0,5–1 % bei SARS-CoV-2, 10 % bei SARS-CoV und bis zu 35 % bei MERS-CoV.

Die Viren infizieren in erster Linie die Epithelzellen des Respirationstraktes und der Lunge (Typ-I- und Typ-II-Pneumozyten), sind jedoch häufig auch in anderen Organen wie Niere und Darm nachweisbar. Die Ursachen der **massiven Lungenschädigung** sind bisher nicht vollständig geklärt, und es gibt interessante Unterschiede in der Pathogenese von Infektionen mit SARS-CoV, SARS-CoV-2 und MERS-CoV. In allen Fällen spielen jedoch immunpathologische Mechanismen eine zentrale Rolle.

Für SARS-CoV (aber auch andere Coronaviren) wurde gezeigt, dass die ansonsten übliche Induktion einer Typ-I-Interferon-Antwort in virusinfizierten Zellen durch spezifische virale Proteine unterdrückt werden kann. Man vermutet daher, dass das Versagen der Sofortantwort des Immunsystems eine hocheffiziente Virusreplikation während der ersten Tage der Infektion begünstigt, die wiederum eine erhöhte

Ausschüttung von proinflammatorischen Zytokinen und Chemokinen bedingt und zu einem massiven Einstrom von T-Zellen und neutrophilen Granulozyten führt.

Das histopathologische Bild ist gekennzeichnet durch eine **diffuse alveoläre Schädigung**, die Ablösung von Pneumozyten, den Verlust alveolärer Strukturen und Funktionen (Gefäßschädigung, Ödeme, Exsudat- und Fibrinbildung in den Alveolen, Hämorrhagien, Fibrosierung, hyaline Membranen etc.). Die massive Schädigung der Lungenalveolen verhindert den Gasaustausch und gilt als Hauptursache der hohen Letalität.

SARS-CoV-2 vermehrt sich (im Gegensatz zu SARS-CoV) sehr stark im Rachenraum und ist deshalb viel leichter übertragbar als SARS-CoV, das sich vor allem im unteren Respirationstrakt vermehrt. Das Spektrum der klinischen Symptomatik bei SARS-CoV-2-Infizierten ist variabel und reicht von nahezu asymptomatischen Verläufen über typische Erkältungssymptome (v. a. Husten und Fieber) bis zu schweren Pneumonien mit tödlichem Ausgang. Für diese sehr variable Erkrankung hat die WHO den Begriff COVID-19 eingeführt. Komplikationsreiche Verläufe von SARS-CoV-2-Infektionen sind häufig mit hohem Alter und vorbestehenden kardiopulmonalen Erkrankungen assoziiert.

57.4 Diagnostik und Therapie

Antikörper gegen Coronaviren lassen sich in verschiedenen Verfahren nachweisen, sind jedoch meist von geringer Aussagekraft. Die Diagnose einer akuten Infektion erfolgt mittels **RT-PCR,** z. B. aus Nasen-Rachen-Abstrichen, BAL oder Stuhl. PCR-basierte Multiplex-Testverfahren zum Nachweis humaner Coronaviren und anderer respiratorischer Viren finden zunehmend Anwendung. Die **Anzucht** humaner Coronaviren ist häufig schwierig und wird deshalb nicht routinemäßig durchgeführt. SARS-CoV, SARS-CoV-2 und MERS-CoV lassen sich hingegen problemlos in Zellkultur vermehren.

DD: Influenza, RSV-Bronchiolitis, Pneumonien anderer Ätiologie, u. a. Metapneumovirus, Paramyxoviren, Rhinoviren, Enteroviren, Chlamydia pneumoniae.

Die **Therapie** erfolgt symptomatisch bzw. beschränkt sich auf die Behandlung möglicher bakterieller Superinfektionen und (bei hochpathogenen Coronaviren) die Erhaltung vitaler Funktionen durch intensivmedizinische Maßnahmen. Therapieversuche wurden bei SARS mit Ribavirin und Typ-I-Interferonen unternommen, eine therapeutische Wirksamkeit war jedoch nicht überzeugend nachweisbar. Für SARS-CoV-2 gibt es erste Hinweise auf eine begrenzte Wirksamkeit von Remdesivir, einem ursprünglich für das Ebola-Virus entwickelten Inhibitor der viralen RNA-abhängigen RNA-Polymerase.

57.5 Prävention

Allgemeine Maßnahmen Gegen die Übertragung der hochpathogenen humanen Coronaviren SARS-CoV, SARS-CoV-2 und MERS-CoV helfen strikte Hygienemaßnahmen wie regelmäßiges Händewaschen, Tragen von Mund-Nasen-Schutz, Einhalten von Abstandsregeln. Infizierte Personen sollten für 2 Wochen isoliert werden, bei leichten klinischen Verläufen reicht die häusliche Isolation. Für Kontaktpersonen 1. Grades gilt in der Regel ebenfalls eine 2-wöchige Quarantäne. Bei Arbeiten am infizierten Patienten im Krankenhaus muss Schutzkleidung (Überkittel, Handschuhe, FFP2-Maske, Gesichtsschutz) getragen werden.

Schutzimpfung Bis jetzt gibt es noch keinen wirksamen Impfstoff gegen eines der hochpathogenen humanen Coronaviren. An der Entwicklung eines Impfstoffs gegen MERS-CoV und SARS-CoV-2 wird mit Hochdruck gearbeitet. SARS-CoV ist seit 2003 nicht mehr aufgetreten.

Meldepflicht Für COVID-19: Erkrankung, Verdacht auf Erkrankung (typische klinische Symptome im Zusammenhang mit Kontakt zu einer erkrankten Person, Auftreten von 2 oder mehr Pneumonien in medizinischer Einrichtung oder Alters-/Pflegeheim), Tod.

In Kürze: Coronaviren

- **Molekularbiologie:** 7 humane Coronaviren sind bekannt, die entweder zum Genus Alphacoronavirus (HCoV-229E, HCoV-NL63) oder zum Genus Betacoronavirus (HCoV-OC43, HCoV-HKU1, SARS-CoV, MERS-CoV, SARS-CoV-2) gehören. ss(+)-RNA-Virus mit helikalem Kapsid. Lipidhülle mit mindestens 3 eingelagerten viralen Proteinen, von denen das Spike-Protein zur typischen Struktur („Corona") im Elektronenmikroskop beiträgt. Größtes bekanntes RNA-Genom. Ungewöhnlich komplexe Replikationsstrategie mit speziellen RNA-Synthesemechanismen und zahlreichen Enzymen, die zum überwiegenden Teil bei anderen Viren nicht vorhanden sind.
- **Vorkommen:** Coronaviren sind typische Erreger von Atemwegserkrankungen.

- SARS-CoV wurde 2002/2003 auf den Menschen übertragen (ursprünglich von Fledermäusen, wahrscheinlich auf Umweg über bestimmte Schleichkatzen), danach durch Reisende in viele Länder verbreitet. Es zirkuliert in der menschlichen Population nicht mehr. Es gibt jedoch bedeutsame tierische Reservoire verschiedenster Coronavirus-Arten der Gattungen Alpha- und Betacoronavirus, insbesondere auch in zahlreichen Fledermausarten (weltweit), sodass auch in Zukunft mit neuartigen zoonotischen Infektionen durch Coronaviren gerechnet werden muss.
- Ein weiteres Beispiel ist MERS-CoV, das sein natürliches Reservoir in Dromedaren hat und von diesen auf den Menschen übertragen und lebensbedrohliche Infektionen hervorrufen kann. Die weitere Übertragung von Mensch zu Mensch ist (bisher) relativ ineffizient.
- Das jüngste Beispiel ist das im Winter 2019/20 zuerst in Wuhan, China, beobachtete neue humanpathogene Betacoronavirus SARS-CoV-2, das die bisher größte Pandemie eines hochpathogenen Coronavirus ausgelöst hat.

- **Übertragung:** Durch Tröpfchen und Aerosole. Bei SARS-CoV und einigen anderen Coronaviren auch durch Sekrete und Stuhl.
- **Pathogenese und Klinik:** Eindringen über den Nasen-Rachen- in den Bronchialraum. Bei den 4 endemischen humanen Coronaviren: Erkrankungen der oberen Luftwege (Schnupfen, Pharyngitis, Laryngotracheitis, Bronchitis), gelegentlich auch Pneumonien.
  - **COVID-19** (ausgelöst durch SARS-CoV-2): In der Regel Erkrankung der oberen Atemwege, bei etwa 5 % auch Beteiligung des unteren Respirationstrakts einschließlich ARDS mit möglicher Todesfolge in einem Teil der Fälle.
  - **SARS, MERS:** Schwere Pneumonie, hämatogene Streuung, virus- und immunpathologisch bedingte Schädigung der Lungenalveolen.
- **Diagnose:** RT-PCR. Bei den herkömmlichen humanen Coronaviren (229E, NL63, OC43, HKU1) ist der Antikörpernachweis zwar möglich, aber meist nicht aussagekräftig, da Serokonversion bereits im frühen Kindesalter erfolgt, die jedoch keinen wirksamen Schutz vor Reinfektionen bietet. Bei SARS-CoV, SARS-CoV-2 und MERS-CoV kann der Nachweis von Antikörpern in der Diagnostik genutzt werden.
- **Prävention:** Bei SARS, COVID-19, MERS: Isolierung von Infizierten, Kranken und Kontaktpersonen, strikte Hygienemaßnahmen, Einhalten von Abstandsregeln.

Orthomyxoviren: Influenza

Stefan Pöhlmann und Corinna Schmitt

Die Verursacher der Influenza („Grippe"), Influenzavirus A, B und C, gehören zur Familie der Orthomyxoviren. Während man umgangssprachlich als „Grippe" oder „grippalen Infekt" relativ leicht verlaufende Erkrankungen bezeichnet, die durch verschiedene „respiratorische Viren" ausgelöst werden, ist die „echte Grippe", insbesondere nach Infektion mit dem Influenza-A-Virus, eine schwere Erkrankung. Die jährlich im Winter wiederkehrenden Grippewellen verursachen eine statistisch erfassbare Erhöhung der Sterblichkeit („Übersterblichkeit") v. a. älterer Patienten. Neben älteren Personen sind Patienten mit chronischen Erkrankungen wie z. B. Lungen- oder Herzkrankheiten, aber auch Kleinkinder und Schwangere besonders gefährdet.

Steckbrief

Influenzaepidemien sind seit Jahrhunderten bekannt. Patrick Laidlaw und Kollegen gelang es 1933 erstmalig, die Erkrankung über Inokulation sterilfiltrierten Rachenspülwassers Erkrankter auf Frettchen zu übertragen und damit ein filtrierbares Agens, ein Virus, als Ursache der Erkrankung zu identifizieren.

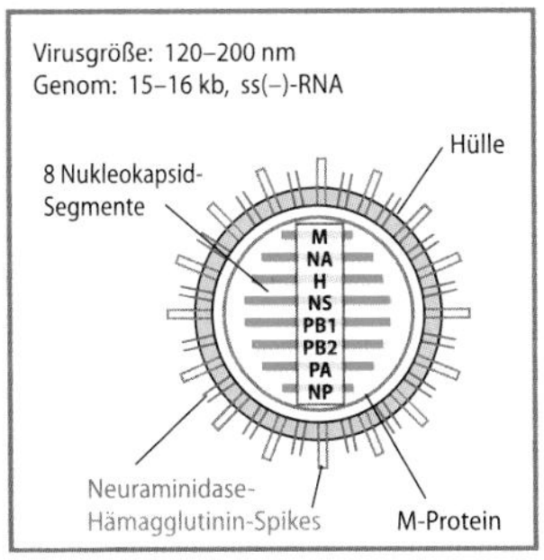

Frühere Version von D. Falke

S. Suerbaum et al. (Hrsg.), *Medizinische Mikrobiologie und Infektiologie*,
https://doi.org/10.1007/978-3-662-61385-6_58

58.1 Beschreibung

58.1.1 Charakteristika der Orthomyxoviren

Die Genera Alpha-, Beta-, Gamma- und Deltainfluenzavirus gehören zur Familie der Orthomyxoviren und enthalten jeweils eine Virusspezies, Influenza-A-, Influenza-B-, Influenza-C- und Influenza-D-Virus. Influenzaviren besitzen ein segmentiertes (–)ssRNA-Genom. Die **Segmentierung des Genoms** (8 Segmente bei Influenza-A- und Influenza-B-Viren, 7 Segmente bei Influenza-C- und -D-Viren) ist neben der **hohen Mutationsfrequenz** eine wichtige Grundlage für die **enorme genetische Variabilität** der Influenzaviren.

Während Influenza-B- und Influenza-C-Viren in der Regel nur beim Menschen vorkommen, haben Influenza-A-Viren ihr Reservoir in Wasservögeln. Darüber hinaus können sie neben dem Menschen noch viele andere Säugetierspezies infizieren. Influenza-C-Viren spielen als Krankheitserreger keine nennenswerte Rolle. Influenza-D-Viren infizieren Rinder und Schweine. Ob sie auf den Menschen übertragen werden und Krankheit auslösen können, ist gegenwärtig unklar.

58.1.2 Influenza-A-Viren

- **Aufbau und Klassifikation**

Das Genom des Influenza-A-Virus besteht aus 8 Segmenten, die 10 essenzielle Proteine sowie weitere virusstammspezifische Proteine kodieren. Jedes dieser einzelsträngigen RNA-Segmente bildet zusammen mit dem **Nukleoprotein** (NP) und den Polymeraseproteinen (PB1, PB2, PA) einen helikalen Ribonukleoproteinkomplex, das **Nukleokapsid**. Es sind die antigenen Eigenschaften des NP und der

Matrixproteine, die die Zuordnung eines Virus zu den 4 Genera Influenza A, B, C oder D bestimmen. Die 8 Ribonukleoproteinkomplexe werden von einer von der Wirtszellmembran abgeleiteten Lipidhülle umgeben.

Die dominierenden viruseigenen Proteine in der **Virushülle** sind 2 Glykoproteine, das Hämagglutinin und die Neuraminidase, die als sog. Spikes über die Virusoberfläche hinausragen. Das 3. virale Protein der Virushülle ist das M2-Protein, das einen Ionenkanal bildet. Die Innenseite der Virushülle wird vom **Matrixprotein** M1 ausgekleidet. Im Inneren der Viren befinden sich die Nukleokapside. Das Genom der Influenzaviren kodiert auch die sog. **Nichtstrukturproteine** NS1 und NS2, die nicht in Viruspartikel eingebaut werden, aber vielfältige Funktionen u. a. während der Virusreplikation erfüllen.

- Das **Hämagglutinin** (HA) enthält die Antigendeterminanten, die für die Virusneutralisation und für die Hämagglutinationshemmung maßgebend sind. Sie bestimmen die serologische Spezifität der Subtypen. Das HA-Molekül besteht aus 2 **Untereinheiten,** HA1 und HA2, die durch Proteasen des Wirtes aus einem gemeinsamen Proteinvorläufer generiert werden („cleavage"). Durch die Spaltung von HA wird das Influenzavirus infektiös.
- HA1 ist für die Bindung an den Virusrezeptor (neuraminsäuretragende Plasmamembranproteine oder Lipide) auf der Zelloberfläche verantwortlich.
- HA2 ist für die Fusion der Virushülle mit der Membran des Endosoms zuständig.
- Die **Neuraminidase** (NA) entfernt endständige Neuraminsäurereste von Wirtszellmembran, Virushülle und Mukus und ist damit essenziell für die Freisetzung und Verbreitung der Viruspartikel.

Bei Wasservögeln, dem natürlichen Reservoir der Influenza-A-Viren, hat man bisher 16 verschiedene HA-Subtypen (H1–16) und 9 verschiedene NA-Subtypen (N1–9) gefunden, mehr als 110 verschiedene HA/NA-Kombinationen wurden beschrieben. Außerdem wurden weitere HA- und NA-Subtypen in Fledermäusen identifiziert. Bei der Infektion des Menschen durch saisonale und pandemische Influenza-A-Viren (s. u.) spielen dagegen bisher nur die HA-Subtypen H1–H3 und die NA-Subtypen N1 und N2 eine Rolle. Bei der **Bezeichnung von Influenzaviren,** wie z. B. A/Hongkong/1/68 (H3N2), werden folgende Informationen berücksichtigt:

- Speziesbezeichnung (A)
- Ort der Virusisolierung (Hongkong)
- Nummer des isolierten Virusstammes (1)
- Isolierungsjahr (68)
- HA- bzw. NA-Subtyp (H3N2).

■ **Replikationszyklus**

Der 1. Schritt im Replikationszyklus ist die **Adsorption** infektiöser Viruspartikel an die Epithelzellen des Respirationstraktes. Dabei bindet die HA1-Untereinheit des Hämagglutinins an terminale Neuraminsäurereste von Glykoproteinen oder -lipiden, die den **zellulären Rezeptor** der Influenza-A-Viren darstellen. Die Spezifität von Influenzaviren für α-2,3- bzw. α-2,6-verknüpfte Neuraminsäure (s. u.) bestimmt sowohl die Zielzellen für die Infektion als auch die Wirtsspezifität.

Nach Aufnahme des Virions durch **rezeptorvermittelte Endozytose** und pH-Absenkung im **Endosom** kommt es zu einer Umfaltung des HA1/HA2-Komplexes, die eine Insertion des Fusionspeptids der HA2-Untereinheit in die endosomale Membran und die Verschmelzung der Virushülle mit der Endosommembran bewirkt. Außerdem kommt es über den M2-Ionenkanal zu einer pH-Absenkung im Innern des Viruspartikels. Dies ist eine wichtige Voraussetzung für die Aufhebung von Interaktionen zwischen Matrix und Ribonukleoproteinkomplexen und ermöglicht die **Freisetzung der Ribonukleoproteinkomplexe** ins Zytoplasma der Wirtszelle.

Danach erfolgt der Transport in den **Zellkern,** in dem **Transkription** und **RNA-Replikation** ablaufen. Die virale mRNA dient als Matrize für die Synthese der viralen Proteine mithilfe der Translationsmaschinerie der Wirtszelle. Die Zusammenlagerung der Nukleoproteinkomplexe erfolgt im Zellkern. Die Proteine der Virushülle werden am rauen ER gebildet und nach posttranslationaler Modifikation im Golgi-Apparat zur Zellmembran transportiert, an der die neuen Viruspartikel gebildet werden. Nach der Knospung der neuen Viruspartikel muss die viruseigene NA noch die Bindung der HA-Spikes an zelluläre Neuraminsäuren lösen, bevor die infizierte Zelle Viruspartikel freisetzen kann.

58.2 Rolle als Krankheitserreger

■■ **Epidemiologie**

In der Folge wird auf Antigendrift und Antigenshift, Influenza-Pandemien und aviäre Influenzaviren eingegangen.

Antigendrift und Antigenshift Die wichtigste Grundlage für die Epidemiologie der Influenza-A-Viren ist ihre hohe genetische Variabilität. Zum einen kommt es durch eine hohe Fehlerrate der viruseigenen RNA-abhängigen RNA-Polymerase bei der RNA-Replikation zu zahlreichen Mutationen. Dabei werden unter dem Einfluss des Immunsystems des Wirtes besonders Mutationen, die zu veränderten antigenen Eigenschaften führen, selektioniert: **Antigendrift**. Dieser Prozess ist wesentlich für die jährlichen Grippewellen, die saisonale Influenza, verantwortlich.

Zum anderen bildet das segmentierte Genom die Voraussetzung für einen Austausch von Genomsegmenten, wodurch ein Virus mit neuen antigenen oder virulenzbeeinflussenden Eigenschaften ausgestattet werden kann – die Voraussetzung für eine Influenza-Pandemie. Werden dabei die Genomsegmente, die für die Oberflächenproteine HA oder NA kodieren, ausgetauscht, spricht man von **Antigenshift**.

Bleibt jedoch der HA- und NA-Subtyp erhalten, spricht man von **intrasubtypischer Reassortierung**. Damit ein Austausch von Genomsegmenten stattfinden kann, muss eine Zelle mit mindestens 2 verschiedenen Influenzaviren infiziert sein. Solche **Mischinfektionen** können auch zum Austausch von Genomsegmenten zwischen Viren mit eigentlich unterschiedlicher Wirtsspezifität führen, wenn eine Tierspezies für beide Viren empfänglich ist. Ein bekanntes „Mischgefäß" ist das Schwein, das nicht nur von „klassischen" Influenza-A-Viren des Schweines infiziert werden kann, sondern auch von humanen und aviären Influenza-A-Viren: Bei gleichzeitiger Infektion können reassortierte Viren entstehen, die Eigenschaften humaner, porciner und aviärer Influenzaviren vereinen. Dies geschieht wahrscheinlich besonders in den Gegenden der Welt, wo Menschen, Schweine und Geflügel auf engem Raum zusammenleben, wie z. B. in Südostasien.

Influenza-Pandemien Trifft ein Virus mit stark veränderten oder vollständig neuen antigenen Eigenschaften auf eine immunologisch naive Bevölkerung ohne schützende neutralisierende Antikörper, so kann es zur Pandemie kommen, d. h., das Virus breitet sich in kurzer Zeit weltweit aus und führt zur Erkrankung eines beträchtlichen Teils der Bevölkerung (◘ Abb. 58.1). Da in der Bevölkerung keine partielle Immunität vorhanden ist, kommt es nicht nur zu einer hohen Erkrankungsrate, sondern häufig auch zu schwereren klinischen Verläufen. Interpandemische Phasen sind durch eine zunehmende Immunität der Bevölkerung und damit einer Abnahme der jährlichen Krankheitswelle gekennzeichnet. Durch geringere antigene Veränderungen, z. B. im Rahmen von Antigendrift oder intrasubtypischer Reassortierung, kommt es immer wieder zu kleineren Epidemien oder pandemieähnlichen Ereignissen (◘ Abb. 58.1).

Die 1. und zugleich verheerendste Influenza-Pandemie des 20. Jahrhunderts war die **Spanische Grippe**, die 1918/19 weltweit mindestens 20–40 Mio. Todesopfer forderte. Schätzungsweise 30 % der damaligen Weltbevölkerung waren an der Grippe erkrankt. Sequenzanalysen aus Lungenbiopsien von 1918 Verstorbenen, deren Leichen im Permafrostboden konserviert waren, haben gezeigt, dass der Erreger der Spanischen Grippe ein Influenza-A-Virus mit **Subtyp H1N1** war. Das H1N1-Virus zirkulierte mit verschiedenen Driftvarianten und intrasubtypischen Reassortanten bis 1957 in der menschlichen Bevölkerung (◘ Abb. 58.1).

Mit dem Auftreten eines neuen **Subtyps H2N2** (Antigenshift) im Jahre 1957 kam es erneut zu einer Pandemie der sog. „Asiatischen Grippe". Dieses Virus wurde 1968/69 durch ein Virus des **Subtyps H3N2** (Erreger der „Hongkong-Grippe") abgelöst, das bis heute (Stand 2019) weltweit zirkuliert. Im Jahre 1977 kam es aus nicht abschließend geklärter Ursache zusätzlich zum Wiederauftreten eines H1N1-Virus mit sehr ähnlichen antigenetischen Eigenschaften wie das 1957 verschwundene Virus (◘ Abb. 58.1).

Im Jahr 2009 trat ausgehend von Mexiko ein neues Influenza-A-Virus auf, das ebenfalls den Subtyp H1N1 hat, aber im Vergleich zu den bis dahin zirkulierenden H1N1-Viren deutlich unterschiedliche antigene Eigenschaften aufwies. Das neue Virus [Influenza A (H1N1)pdm09] breitete sich rasch pandemisch aus und löste die bis dahin zirkulierenden H1N1-Viren ab. Influenza A (H1N1)pdm09 ist vermutlich eine Reassortante aus klassischen Schweineinfluenzaviren (Gensegmente HA, NP, NS), eurasischen Schweineinfluenzaviren (NA, M), aviären Influenzaviren (PB2, PA) und dem zirkulierenden H3N2 (PB1).

Aviäre Influenzaviren Bei der **„Vogelgrippe"** unterscheidet man je nach Krankheitsverlauf bei infizierten Hühnern niedrigpathogene von hochpathogenen Influenzavirus-Subtypen. Ursache für die unterschiedliche Pathogenität

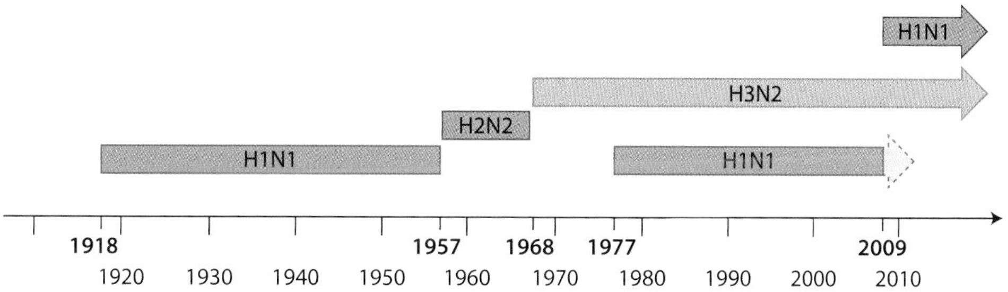

◘ **Abb. 58.1** Influenzapandemien des 20. und 21. Jahrhunderts

bei Vögeln sind Mutationen in der Hämagglutinin-Spaltstelle, die dazu führen, dass nicht nur Proteasen im Gastrointestinaltrakt der Vögel, sondern auch ubiquitär vorkommende Proteasen das Hämagglutinin spalten können, sodass die Infektion bei hochpathogenen Subtypen **nicht auf den Gastrointestinaltrakt beschränkt** bleibt.

Von den vielen Influenza-A-Subtypen der Vögel sind bisher u. a. die hochpathogenen H5N1- und H7N7-Viren und die niedrigpathogenen H9N2-und H7N9-Viren in Einzelfällen direkt auf den Menschen übertragen worden, wobei die meisten Fälle aus Südostasien und Ägypten berichtet wurden. Voraussetzung für die Übertragung ist ein sehr enger Kontakt zu erkrankten Vögeln.

Aviäre Influenzaviren erkennen als Rezeptoren v. a. Neuraminsäurereste, die α-2,3-glykosidisch an Galaktose gebunden sind. Diese kommen im menschlichen Respirationstrakt nur in geringem Umfang und nur in den tiefen Atemwegen vor. (Humane Influenzaviren bevorzugen an α-2,6-Gal-gebundene Neuraminsäurereste.) Daher ist nicht nur die Übertragung der Viren von infizierten Tieren auf den Menschen sehr ineffizient, sondern die Viren werden auch extrem selten von Mensch zu Mensch übertragen.

58

Ist der Mensch jedoch erst einmal infiziert, kommt es aufgrund der Replikation in den tiefen Atemwegen häufig zu einer schweren Erkrankung mit hoher Letalität. Sollten Varianten aviärer Influenzaviren entstehen, die effizient von Mensch zu Mensch übertragen werden können, so ginge von diesen aviären Viren ein bedeutendes pandemisches Risiko aus, da die Bevölkerung immunologisch naiv ist.

▪▪ Virulenzfaktoren

Der Schweregrad der durch die diversen Influenza-A-Viren hervorgerufenen Krankheitsbilder variiert beträchtlich. So war die „Spanischen Grippe" 1918 mit einer deutlich höheren Letalität verbunden als die nachfolgenden Grippepandemien in den Jahren 1957, 1968 und 2009. Die Ursachen für die unterschiedliche Virulenz sind vielfältig und noch nicht bis ins Detail verstanden.

Damit ein Influenza-A-Virus auf den Menschen übertragen werden kann, sich im Menschen vermehren und effizient von Mensch zu Mensch ausbreiten kann, müssen verschiedene Bedingungen erfüllt sein. Wichtigste Voraussetzung ist sicher die **Rezeptorspezifität:** Humane Influenzaviren benutzen Proteine oder Lipide, die α-2,6-verknüpfte Neuraminsäurereste tragen, als zelluläre Rezeptoren. Die entsprechenden Glykoproteine oder -lipide werden hauptsächlich im Epithel der oberen Atemwege des Menschen exprimiert.

Ob die Sequenz und Struktur der **Hämagglutinin-Spaltstelle,** die für die Virulenz aviärer Influenzaviren entscheidend ist, auch bei menschlichen Infektionen eine wichtige Rolle spielt, ist noch nicht abschließend geklärt. Die Beobachtung, dass weder das Influenzavirus, das für die Spanische Grippe verantwortlich ist, noch andere pandemische Influenza-A-Viren eine optimierte Spaltstelle aufweisen, wie sie in hochpathogenen aviären Influenzaviren gefunden wird, deutet jedoch darauf hin, dass bei humanen Influenzaviren kein direkter Zusammenhang zwischen Spaltstelle und Virulenz besteht. Einige Stämme von z. B. Staphylococcus aureus oder Aerococcus viridans sezernieren Proteasen, die das Influenza-Hämagglutinin zu aktivieren vermögen, sodass eine Koinfektion mit diesen Bakterien zu einem schwereren Krankheitsbild führen könnte.

Auch unterschiedliche **Replikationsraten,** bedingt z. B. durch Mutationen im viralen Polymerase-Komplex (PA, PB1, PB2), können eine Rolle bei der Virulenz der Influenza-A-Viren spielen. Wichtig sind auch virale Faktoren, welche die Immunantwort des Wirtes beeinflussen, wie z. B. das NS1-Protein, das unter anderem die IFN-α/β-Antwort des angeborenen Immunsystems des Wirtes antagonisiert. Von PB1-F2 einiger Influenza-Stämme ist bekannt, dass es in der Lage ist, Apoptose in Monozyten/Makrophagen zu induzieren und damit wichtige Zellen in der Aktivierung der adaptiven Immunantwort ausschalten kann.

▪▪ Übertragung

Influenzaviren werden hauptsächlich über größere Tröpfchen übertragen, wie sie z. B. beim Niesen oder Sprechen entstehen, die auf die respiratorischen Schleimhäute einer Kontaktperson gelangen. Auch eine Übertragung durch Kontakt z. B. der Hände mit virushaltigen Sekreten (Händeschütteln!) und anschließendem Mund-/Nasenkontakt ist möglich.

▪▪ Klinik

Eine Influenzavirusinfektion kann asymptomatisch oder nur mit leichter unspezifischer Symptomatik ablaufen. Im Falle einer symptomatischen Infektion beginnt das typische Krankheitsbild nach einer Inkubationszeit von 1–2 Tagen abrupt mit **hohem Fieber** (>38,5 °C), **Kopf- und Gliederschmerzen, starkem Krankheitsgefühl** und **trockenem Reizhusten.** Auch Übelkeit/Erbrechen und Durchfall können auftreten. Die Beschwerden bilden sich bei unkomplizierten Verläufen innerhalb von 3–7 Tagen spontan zurück.

Eine gefürchtete Komplikation mit hoher Letalität ist die **Pneumonie**, die entweder als rein virale Pneumonie auftritt oder als Folge einer bakteriellen Superinfektion, v. a. mit Streptococcus pneumoniae,

Haemophilus influenzae oder Staphylococcus aureus. Weitere seltenere Komplikationen sind Myokarditiden und Myositiden. Bei Kindern treten zusätzlich gehäuft eine Otitis media und Laryngitiden (Pseudokrupp) auf, auch Enzephalopathien werden beschrieben.

▪▪ Immunität

Die humorale Immunantwort richtet sich im Wesentlichen gegen Epitope der beiden Glykoproteine der Virushülle, gegen das Hämagglutinin und die Neuraminidase. Jedoch können nur **Antikörper gegen Hämagglutinin** die Infektion verhindern, d. h., nur sie sind in der Lage, das Virus zu neutralisieren. Wie bei anderen respiratorischen Infektionen kommt v. a. der über sekretorische IgA-Antikörper vermittelten **Schleimhautimmunität** eine besondere Bedeutung beim Schutz vor einer Reinfektion zu.

Die angeborene zelluläre Immunantwort spielt eine wichtige Rolle bei der Kontrolle der initialen Virusreplikation in den Epithelien der respiratorischen Schleimhaut und bei der Initiierung und Regulation der adaptiven T- und B-Zell-Antwort.

▪▪ Diagnostik

Die Diagnostik der Wahl bei **Verdacht auf Influenza** ist der **Virusdirektnachweis** aus Materialien des oberen Respirationstraktes (Rachen- und Nasenabstriche, Rachenspülwasser), am besten innerhalb der ersten 4 Krankheitstage. Bei Beteiligung der unteren Atemwege kann der Nachweis z. B. auch aus einer bronchoalveolären Lavage erfolgen. Besonders geeignete schnelle Verfahren sind der **Immunfluoreszenztest** (IFT), bei dem fluoreszenzmarkierte Antikörper virale Antigene in Zellen des Patientenmaterials nachweisen (◘ Abb. 58.2), und der Nachweis des viralen Genoms mittels **RT-PCR.** Auch **ELISA-Verfahren** zum Antigennachweis sind etabliert. Die Virusanzucht in Zellkultur wird in spezialisierten Laboratorien durchgeführt, hat aber aufgrund des höheren Zeitbedarfs ihre Bedeutung eher im Rahmen der Influenza-Surveillance.

Antikörpernachweise spielen in der Diagnostik der akuten Influenza keine Rolle, da 2 Seren im Abstand von 14 Tagen zur Diagnosesicherung notwendig sind (signifikanter Titeranstieg). Goldstandard für die **Immunitätsbestimmung** ist der Nachweis neutralisierender Antikörper, entweder mit Neutralisationstests oder Hämagglutinations-Hemmtests.

▪▪ Therapie

Eine unkomplizierte Influenzavirusinfektion wird in der Regel symptomatisch behandelt. Salizylate (Aspirin) sind bei Kindern wegen der Gefahr eines Reye-Syndroms kontraindiziert. Komplikationen im Sinne bakterieller Superinfektionen müssen entsprechend der infrage kommenden Erreger antibiotisch behandelt werden.

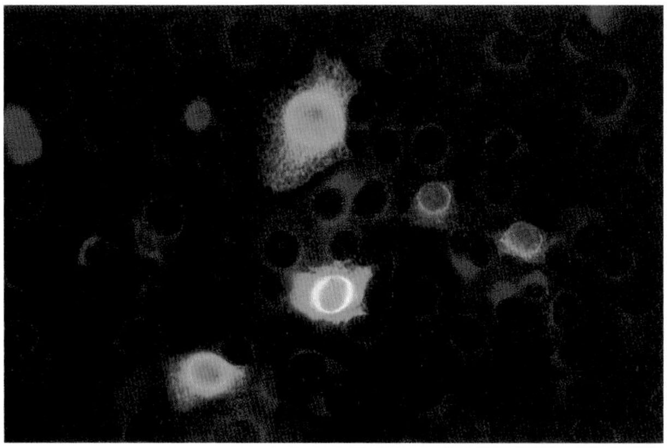

◘ **Abb. 58.2** Nachweis von mit Influenzavirus infizierten Zellen im Rachenabstrich (Immunfluoreszenztest). Bei Verdacht auf eine Influenzainfektion wird Material eines Rachenabstrichs auf einen Objektträger aufgetragen und mithilfe von mit Fluoreszenzfarbstoff markierten Antikörpern gegen Influenzaantigene gefärbt. Der Nachweis von Influenzavirus produzierenden Zellen erlaubt die Diagnosestellung. (Mit freundlicher Genehmigung von Prof. Dr. Dietrich Falke, Mainz)

Eine spezifische Therapie der Influenza ist bei Personen mit einem erhöhten Risiko für Komplikationen oder bei schwerem Verlauf der Influenzavirus-Infektion indiziert. Zwei Substanzklassen sind für die Therapie der Influenza zugelassen: Neuraminidasehemmer (Oseltamivir und Zanamivir) und M2-Membranprotein-Hemmer (Adamantane). Die Therapie sollte innerhalb von 48 h begonnen werden, um noch wirksam zu sein. Bei sehr schweren Verläufen kann auch zu einem späteren Zeitpunkt ein Therapieversuch unternommen werden.

- **Neuraminidasehemmer** verhindern über eine Blockade der viralen Neuraminidase die Freisetzung neu gebildeter Viren. Die Schwere und Dauer der Erkrankung lässt sich dadurch deutlich reduzieren. Die Wirksamkeit umfasst sowohl Influenza-A- als auch Influenza-B-Viren. Oseltamivir wird oral verabreicht, Zanamivir ist nur für die inhalative Anwendung zugelassen. Allerdings sollte vor einem klinischen Einsatz die aktuelle Resistenzsituation überprüft werden, Informationen diesbezüglich finden sich z. B. auf der Homepage des Robert Koch-Instituts.
- **Adamantane** spielen in der Therapie der Influenza zurzeit keine Rolle. Sie sind ausschließlich gegen Influenza-A-Viren wirksam, die aktuell (Stand 2019) zirkulierenden Influenza-A-Subtypen A(H1N1) pdm09 und A(H3N2) sind jedoch ausnahmslos gegen Adamantane resistent. Problematisch ist auch das ungünstige Nebenwirkungsprofil.

58

Prävention

Sowohl Adamantane als auch Neuraminidasehemmer sind auch zur **Prophylaxe** der Influenza zugelassen. Auch hierbei ist die aktuelle Resistenzlage zu beachten. Indiziert ist die medikamentöse Prophylaxe beispielsweise für ungeimpfte enge Kontaktpersonen, die ein erhöhtes Risiko für einen schweren Krankheitsverlauf haben.

Die wirksamste Maßnahme zur Prävention der Influenza besteht jedoch in der Schutzimpfung. Diese sollte wegen der schnellen Veränderung der Influenzaviren jedes Jahr vor Beginn der Influenza-Saison durchgeführt werden. Verfügbar sind Totimpfstoffe, entweder in der Form von Spaltimpfstoffen oder sog. Untereinheitenvakzinen. Das Virus für Impfstoffe wird in der Regel im bebrüteten Hühnerei, in Ausnahmefällen (z. B. bestimmte Pandemieimpfstoffe) in Zellkultur gezüchtet. Seit 2012 ist in Deutschland zusätzlich ein attenuierter Lebendimpfstoff verfügbar, der als Nasenspray angewendet wird. Dieser Lebendimpfstoff ist allerdings nur für Kinder von 2–17 Jahren zugelassen.

Mittlerweile werden von der STIKO tetravalente Influenzaimpfstoffe empfohlen. Diese enthalten HA- und NA-Bestandteile der beiden momentan zirkulierenden Driftvarianten der Influenza-A-Subtypen H3N2 und H1N1(pdm09) und HA-Bestandteile der beiden zirkulierenden Influenza-B-Linien. Die WHO gibt jedes Jahr eine Empfehlung für die Zusammensetzung des Impfstoffs entsprechend der sich verändernden epidemiologischen Situation heraus. Die Schutzwirkung der Impfung liegt bei gesunden jungen Erwachsenen und guter Übereinstimmung der Impfviren mit den tatsächlich zirkulierenden Viren bei 70–90 %. Bei älteren Personen ist die Schutzwirkung durchschnittlich geringer als bei jüngeren.

Die STIKO empfiehlt die Impfung für alle Personen über 60 Jahre, für Kinder und Erwachsene mit erhöhter Gefährdung aufgrund einer chronischen Erkrankung (z. B. Diabetes mellitus, chronische Atemwegerkrankungen etc.), für alle Schwangere bevorzugt ab dem 2. Trimenon und für Personen mit erhöhter Exposition, z. B. medizinisches Personal.

Meldepflicht Nach § 7 IfSG muss der direkte Erregernachweis vom untersuchenden Labor gemeldet werden.

In Kürze: Orthomyxoviren: Influenza

- **Virus:** Familie Orthomyxoviridae, (–)ssRNA-Genom, 8 Genomsegmente, Lipidhülle mit Spikes (Hämagglutinin, Neuraminidase).
- **Vorkommen:** Mensch, viele Säugetierspezies, Reservoir in Wasservögeln (Influenza-A-Viren).
- **Epidemiologie:** „Antigendrift“ und „Antigenshift“ führen zu hoher antigener Variabilität, die einen epidemie- oder pandemieartigen Verlauf der Influenzaerkrankungen in Abhängigkeit von der Bevölkerungsimmunität zur Folge hat.
- **Übertragung:** Durch Tröpfchen von Mensch zu Mensch.
- **Klinik:** Ein Drittel der Fälle verläuft asymptomatisch. Symptomatische Verläufe gekennzeichnet durch plötzliches hohes Fieber, Kopf- und Gliederschmerzen und Reizhusten. Gefürchtete Komplikation: Viruspneumonie, sekundäre bakterielle Pneumonien.
- **Immunität:** Humorale Immunantwort richtet sich gegen Epitope von Hämagglutinin und Neuraminidase. Schleimhautimmunität über sekretorische IgA.
- **Diagnostik:** Virusdirektnachweis aus Materialien des oberen und unteren Respirationstrakts (RT-PCR, Antigennachweis im Immunfluoreszenztest oder ELISA). Antikörpernachweis spielt keine Rolle.
- **Therapie:** Symptomatisch. Für Personen mit erhöhtem Risiko für Komplikationen stehen Neuraminidaseinhibitoren zur Verfügung. Aktuelle Resistenzsituation beachten!
- **Prophylaxe:** Schutzimpfung mit Spalt- oder Untereinheitenvakzinen, jährlich Anpassung der Impfstoffkomponenten an die epidemiologische Situation. Medikamentöse Prophylaxe mit Neuraminidaseinhibitoren prä- und postexpositionell möglich.
- **Meldepflicht:** Direkter Erregernachweis durch untersuchendes Labor nach § 7 IfSG meldepflichtig.

Paramyxoviren

Annette Mankertz

Die Familie der Paramyxoviridae umfasst mehrere human- und tierpathogene Krankheitserreger. Es sind mittelgroße, behüllte, pleomorphe Viren mit einem Durchmesser von 120–200 nm. Das RNA-Genom besitzt negative Polarität und ist per se nicht infektiös, denn die Replikation beruht auf einer viruskodierten RNA-abhängigen RNA Polymerase. Zu den wichtigsten humanpathogen Vertretern dieser Virusfamilie gehören die Erreger klassischer Kinderkrankheiten wie das Masernvirus und das Mumpsvirus. Auch die weltweit verbreiteten Parainfluenza- und Metapneumoviren sowie das Respiratorische Synzytial-Virus (RSV) gehören dazu, die als Auslöser respiratorischer Infekte eine große Rolle spielen. Weniger bekannt, aber für den Menschen hochpathogen sind Infektionen mit zoonotischen Hendraviren und Nipahviren, die in Südostasien und Australien in den letzten 20 Jahren zu Ausbrüchen schwerer Enzephalitiden geführt haben. In der Tierwelt spielen durch Paramyxoviren (Newcastle-Disease-Virus und Rinderpestvirus) ausgelöste Erkrankungen eine bedeutende Rolle.

Fallbeispiel

Ein 18-jähriger Patient stellt sich bei seinem Hausarzt vor, da er seit 3 Tagen Fieber hat (Temperatur nicht gemessen). Außerdem hat er das Gefühl, seine rechte Gesichtsseite sei leicht angeschwollen. Am meisten beunruhigt ihn aber, dass der rechte Hoden seit einem Tag angeschwollen ist und schmerzt. Bei der körperlichen Untersuchung fällt eine Schwellung der Ohrspeicheldrüse auf, der Mund kann nicht ganz geöffnet werden. Der rechte Hoden ist auf eine Größe von 8 × 7 × 7 cm angeschwollen, druckdolent und hart. Laborchemisch finden sich eine leichte Leukozytose und ein CRP-Anstieg auf 27 mg/dl. Der Hausarzt vermutet eine Mumpsorchitis und überweist den Patienten zum Urologen, dieser schließt sonografisch eine Hodentorsion und einen Abszess aus. Durch den Nachweis von Mumpsantikörpern der Klasse IgM und von Mumpsvirusgenomen per RT-PCR wird die Diagnose gesichert. Zwei Jahre später wird bei dem Patienten eine Hodenantrophie festgestellt.

Steckbrief

Virusgröße: 120–200 nm
Genom: ~15–16 kb, ss(-)-RNA

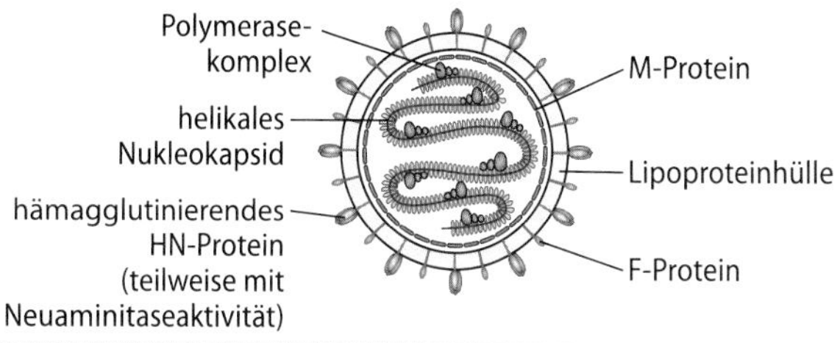

Genom und Morphologie

Paramyxoviren enthalten ein nichtsegmentiertes, Einzelstrang-RNA-Genom negativer Polarität [ss(–)-RNA-Genom] mit 15–20 kb Länge, das in ein helikales Nukleokapsid verpackt ist. Dieses ist seinerseits in eine Matrix aus M-Proteinen eingebettet und von einer äußeren Lipoproteinhülle umgeben. Die pleomorphen Virionen enthalten eine RNA-abhängige RNA-Polymerase, die das Negativstranggenom translatiert und repliziert. Dabei werden mRNAs und ss(+)-Antigenome erzeugt. Das Genom von Paramyxoviren ist aufgrund der Abhängigkeit von der viralen Polymerase nicht infektiös. In die Membranhülle sind je nach Subfamilie unterschiedliche virale Oberflächenproteine, **„Spikes“**, eingelagert:

- Das **F-Protein** vermittelt die Membranfusion.
- Das hämagglutinierende **H-Protein** weist beim Parainfluenzavirus und beim Mumpsvirus als **HN-Protein** auch eine Neuraminidaseaktivität auf.

Einteilung

Die Familie der Paramyxoviridae gehört zur Ordnung der Mononegavirales und unterteilt sich in 4 **Subfamilien** mit jeweils mehreren Gattungen (◘ Tab. 59.1).

S. Suerbaum et al. (Hrsg.), *Medizinische Mikrobiologie und Infektiologie*,
https://doi.org/10.1007/978-3-662-61385-6_59

Tab. 59.1 Einteilung der Paramyxoviren

Subfamilie	Gattung	
Paramyxoviridae	Masernvirus (Morbillivirus)	► Abschn. 59.1
	Mumpsvirus (Rubulavirus)	► Abschn. 59.2
	Parainfluenzaviren (Respirovirus)	► Abschn. 59.3
	Hendravirus, Nipahvirus und Menangle-Virus (Henipavirus)	► Abschn. 59.6
Pneumoviridae	Respiratorisches Synzytial-Virus (RSV) x	► Abschn. 59.4
	Metapneumovirus	► Abschn. 59.5

Einige **Unterscheidungsmerkmale** und Eigenschaften dieser Viren, wie z. B. die **Neuraminidaseaktivität** oder die Fähigkeit zur **Hämagglutination** (Bindung an und Vernetzung von Erythrozyten) sind in Tab. 59.2 zusammengefasst.

59.1 Masernvirus

59

Steckbrief

Das Masernvirus ist ein hochkontagiöses Paramyxovirus; die Masern sind eine fieberhafte Erkrankung mit makulopapulösem Exanthem. Als Komplikation von Masern treten v. a. Pneumonien und Enzephalitiden auf. In Industrieländern stirbt ein Erkrankter von 1000. Der attenuierte Lebendimpfstoff wird seit den 1960ern verimpft und schützt sicher und effektiv. In Deutschland empfiehlt die STIKO die MMR-Impfung für Kinder und nach 1970 geborene Erwachsene. Eine Impfempfehlung für Personal in humanmedizinischen Heilberufen ist wie das Masernschutzgesetz 2020 in Deutschland in Kraft getreten. Da Masernviren nur den Menschen infizieren, kann das Virus ausgerottet werden, wenn weltweit Immunität bei >95 % der Bevölkerung vorliegt.

59.1.1 Rolle als Krankheitserreger

Epidemiologie

Das Masernvirus ist weltweit verbreitet. Obwohl ein Impfstoff zur Verfügung steht, kam es nach Schätzungen der WHO im Jahr 2017 weltweit zu 110.000 Todesfällen durch Masern, v. a. in wenig entwickelten Ländern. Masernviren sind antigenisch stabil und bilden nur einen Serotyp, das einzige Reservoir ist der akut an Masern erkrankte Mensch.

Nach Einführung der Masernimpfung in westlichen Ländern hat sich die Epidemiologie der Masern geändert: Die Zahl der Masernerkrankungen ist zurückgegangen, während das Alter der Erkrankten gestiegen ist. In Gruppen mit niedriger Durchimpfung kommt es immer wieder zu Ausbrüchen. In Deutschland wurden 2016 2452 Masernfälle gemeldet, 2019 nur 514. Masern sind aufgrund der hohen Ansteckungsfähigkeit und der schwerwiegenden Komplikationen eine ernst zu nehmende Erkrankung: Die Impfung mit der Kombinationsvakzine für Masern, Mumps und Röteln (MMR) wird deshalb von der STIKO empfohlen. Impflücken bestehen insbesondere bei Jugendlichen und jungen Erwachsenen. Kindern ungeimpfter Mütter fehlt der Nestschutz; das Risiko einer subakuten sklerosierenden Panenzephalitis (SSPE) ist bei Erkrankung im Säuglingsalter besonders hoch.

Übertragung

Das Masernvirus ist ein hochinfektiöses Virus (R0=12–18). Es wird über Tröpfcheninfektion und Kontakt mit infektiösen Sekreten auf suszeptible Personen übertragen. Kontagions- und Manifestationsindex liegen bei ca. 100 %, d. h. die Exposition nichtimmuner Personen führt nahezu immer zur Ansteckung und klinischer Manifestation. Erkrankte scheiden das Virus 3–5 Tage vor und bis 4 Tage nach Auftreten des Exanthems aus.

Pathogenese

Das Virus dringt aerogen in den Respirationstrakt ein, in regionalen Lymphknoten repliziert es in B- und T-Zellen und wird über dem Lymph- und Blutweg (zellgebundene Virämie) systemisch verbreitet. Es kommt trotz einer starken adaptiven Immunantwort durch Depletion von Immunzellen zu einer transienten Immunsuppression (Masern-Paradox), die Wochen bis Monate anhält. In dieser Zeit sind die Patienten anfällig für vorwiegend bakterielle Superinfektionen. Durch die Zerstörung der dendritischen Zellen resultiert ein Mangel an IL-12, der ein Überwiegen der TH2-Zellen bewirkt (► Kap. 14). Zusätzlich wirken das Nukleoprotein und das Hämagglutinin des Masernvirus immunsuppressiv. Hieraus resultiert

Tab. 59.2 Eigenschaften der Paramyxoviren

	Masernvirus	**Mumpsvirus**	**Parainfluenzavirus**	**Respiratorisches Synzytial-Virus**	**Metapneumovirus**	**Henipaviren**
Anzahl Typen	1	1	5	2	2	2
Hämagglutination	+	+	+	–	–	–
Neuraminidase	–	+	+	–	–	–
Zellfusion	+	+	+	+	–	+
Wirtsspezies	Mensch	Mensch	Mensch, Maus, Rind	Mensch, Affe	Mensch	Flughunde, Schweine, Pferde[a]
Inkubationszeit (Tage)	10–14	15–18	2–4	2–8	4–5	5–8
Symptome	Makulopapulöses Exanthem, Pneumonie, Enzephalitis	Parotitis, Meningoenzephalitis, Orchitis, Oophoritis	Laryngotracheobronchitis, Bronchiolitis Pseudokrupp, Pneumonie	Bronchiolitis, oberer/ tiefer Atemwegsinfekt	Oberer/tiefer Atemwegsinfekt	Enzephalitis, Pneumonie
Diagnose	RT-PCR, IgM/IgG	RT-PCR, IgM/IgG	RT-PCR, Virusantigennachweis	RT-PCR, Virusantigennachweis	RT-PCR Virusantigennachweis	RT-PCR
Immunisierung	Aktiv, passiv	Aktiv	–	Passiv	–	–
Immunität	Dauerhaft	Dauerhaft[b]	Kurz andauernd[c]	Kurz andauernd[c]	Kurz andauernd[c]	?

[a]Mensch ist kein natürlicher Wirt
[b]Erkrankungen bei Geimpften sind bekannt
[c]Symptomatik bei Reinfektionen deutlich milder

eine Unterfunktion der NK- und T-Zell-Abwehr, welche die Ursache der allgemeinen **Abwehrschwäche von Masernkranken** ist. Die T-Zellen reagieren wenig auf mutagene Stimuli (Lektine, Masernantigen), die „delayed-type hypersensitivity" (DTH) fehlt. Dies kann sich z. B. in einem während einer Masernerkrankung vorübergehend negativen Tuberkulin-Hauttest zeigen.

Das Exanthem geht auf eine Entzündung im Bereich der Hautkapillaren unter Mitwirkung zytotoxischer T-Lymphozyten (CTL) zurück, wo sich Endothelzellen zu Warthin-Finkeldey-Riesenzellen umbilden, von denen die Entzündung auf die Epidermis übergreift. Diese Riesenzellen im Gewebe sind pathognomonisch für die Replikation des Virus (◘ Abb. 59.1).

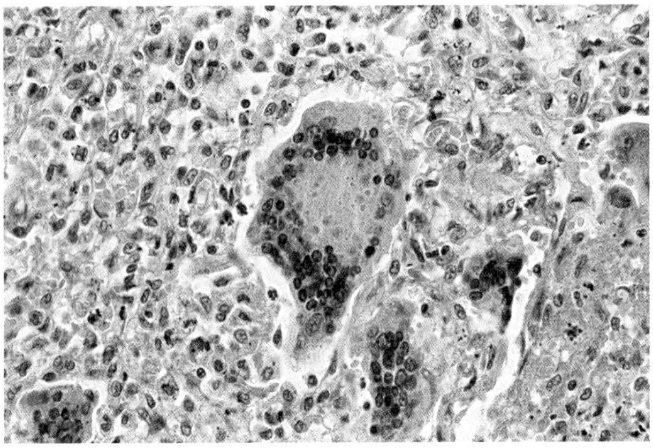

◘ **Abb. 59.1** Warthin-Finkeldey-Riesenzelle bei Masern mit Immundefekt. (Mit freundlicher Genehmigung von J. Podlech, Mainz)

Pneumonien sind als Komplikation häufig; sie entstehen überwiegend sekundär-bakteriell. Wegbereiter ist – analog der Influenza – der primär virusbedingte Zellschaden am Bronchialepithel (▶ Kap. 58).

▪▪ Klinik

Nach 8–12 Tagen Inkubationszeit kommt es zu einem etwa 4-tägigen **katarrhalischen Prodromalstadium** mit Fieber, Husten, Schnupfen und Konjunktivitis mit Lichtscheu (◘ Abb. 59.2). Häufig werden kalkspritzerartigen **Koplik-Flecken** an der Wangenschleimhaut der Mundhöhle beobachtet: weißliche, 1–2 mm messende, flache Bläschen mit nekrotischer Oberfläche. Die Patienten sind in dieser Phase schon hochgradig infektiös.

Nach dem präexanthematisch-katarrhalischen Prodromalstadium tritt der Ausschlag auf; er beginnt hinter den Ohren und im Gesicht und breitet sich in 1–2 Tagen über den ganzen Körper aus. Im Gegensatz zum Scharlach ist das **Masernexanthem** grobfleckig erhaben **(makulopapulös).** Zwischen den bräunlich-rosafarbenen, z. T. konfluierenden, linsengroßen Herden ist unveränderte Haut sichtbar (DD: Scharlach). Höhepunkt der klinischen Symptome ist meist am 2. oder 3. Exanthemtag, danach kommt es zu Entfieberung und Verblassen des Ausschlags. Dabei kann die Haut schuppen. Die Symptome

59

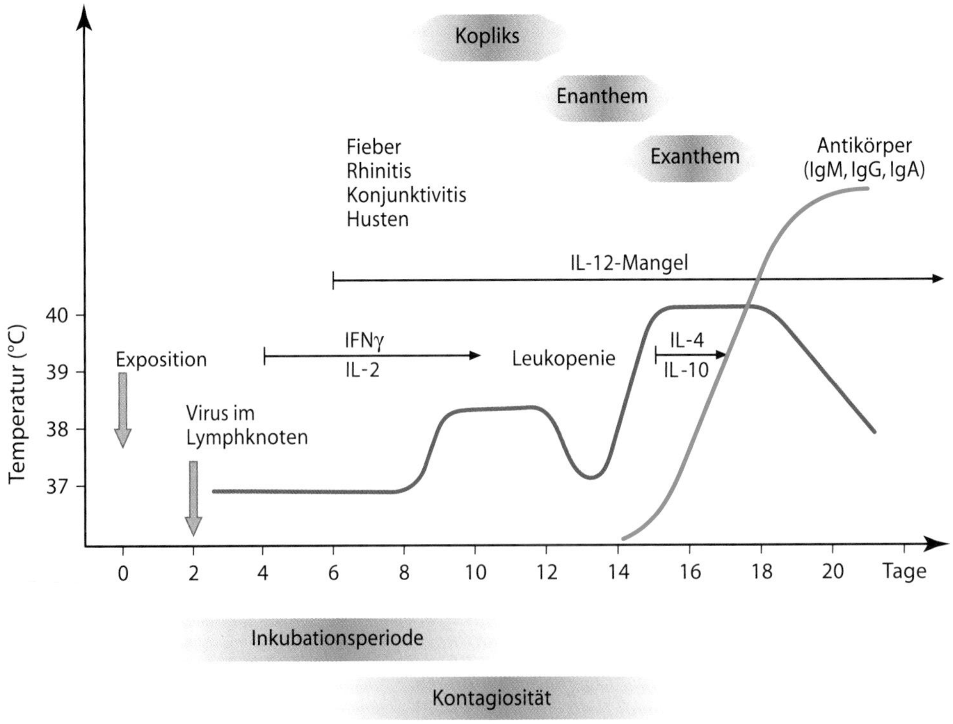

◘ **Abb. 59.2** Ablauf einer Masernerkrankung

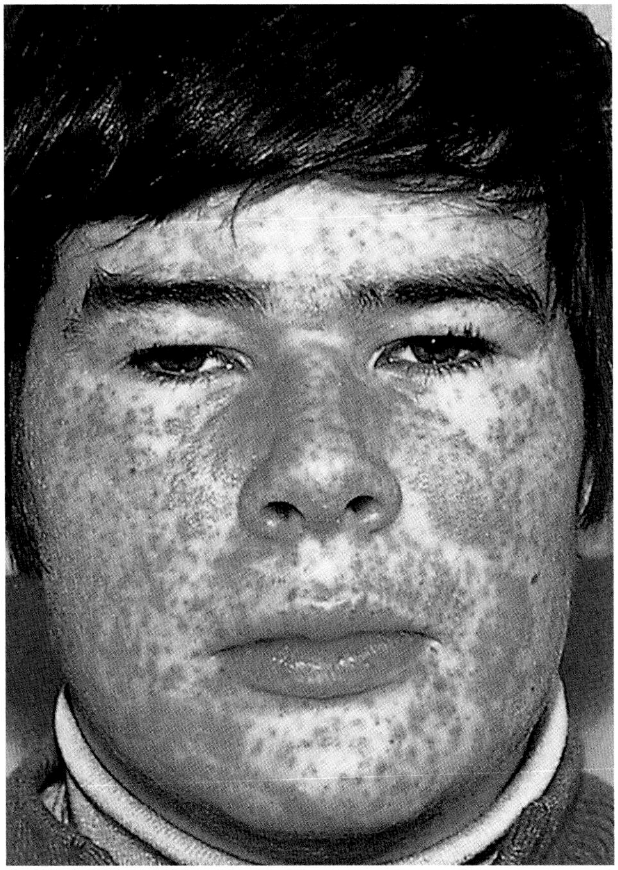

Abb. 59.3 Masernexanthem mit Lichtscheu. (Mit freundlicher Genehmigung von Prof. Dr. Dietrich Falke, Mainz)

sind zwar charakteristisch (Abb. 59.3), es kommt dennoch zu Verwechslungen mit anderen fieberhaften und exanthematischen Erkrankungen wie Röteln, Parvovirus-B19-Infektionen oder Scharlach.

Die virusbedingten **Komplikationen** treten als kindlicher Pseudokrupp, schwere Bronchitis, interstitielle Viruspneumonie oder Bronchopneumonie auf. Häufig kommen Otitis media und Diarrhö hinzu. Bei Vorliegen zellulärer Immundefekte (z. B. bei Leukämien) beobachtet man das Bild der **Hechtschen Riesenzellpneumonie.**

Neben der Pneumonie ist die **Enzephalitis** eine weitere schwere und potenziell tödliche Komplikation. Man unterscheidet 3 Formen der Enzephalitis; alle werden durch die Impfung verhindert:

- Gleichzeitig oder im Anschluss an die exanthematöse Erkrankung kann es zur **para-** oder **postinfektiösen Enzephalitis** (PIE; 1:1000) kommen. Ursache hierfür ist eine Entmarkung der Markscheiden infolge von Autoimmunprozessen. Die Letalität beträgt etwa 15 %. Die Überlebenden zeigen häufig psychotische Persönlichkeitsveränderungen und Lähmungen.
- Die **subakute Einschlusskörperchen-Enzephalitis** („measles inclusion body encephalitis", MIBE, ► Kap. 114; Häufigkeit 1:1 Mio.) tritt vorwiegend wenige Monate nach den Masern bei Vorliegen eines Immundefekts auf.
- Die stets tödlich verlaufende, seltene **subakute sklerosierende Panenzephalitis** (SSPE) tritt 5–10 Jahre nach den Masern infolge Persistenz eines defekten Masernvirus im ZNS auf. Die Häufigkeit wird für Deutschland mit 1:1700 bis 1:3300 angegeben. Das Risiko einer SSPE sinkt mit steigendem Lebensalter bei Infektion, männliche Säuglinge oder Kleinkinder sind häufiger betroffen.

Auch bei komplikationslos verlaufenden Masernerkrankungen finden sich häufig EEG-Veränderungen, die darauf hindeuten, dass das ZNS in Mitleidenschaft gezogen wird.

Immunität

Nach Erkrankung und Impfung wird eine dauerhafte Immunität aufgebaut, die lebenslang anhält. Reinfektionen können vorkommen, sind aber seltene Ereignisse. IgG-Antikörper gegen Hämagglutinin und Fusionsprotein verhindern die Generalisierung, IgA-Antikörper schützen vor Reinfekten, und CTL bewirken die Elimination des Virus. Diaplazentar übertragene mütterliche Antikörper schützen den Säugling während der ersten 1–6 Monate nach der Geburt vor einer Masernvirusinfektion, je nach Antikörpertiter der Mutter.

Das Wildvirus zirkuliert seit Jahrzehnten parallel zur Anwendung des attenuierten Lebendimpfstoffs. Es kommt zu geringfügigen Epitopveränderungen, bislang wurde aber kein Impfdurchbruch beobachtet. Dies legt nahe, dass die durch den Impfstoff erzeugten Antikörper essenzielle Funktionen des viralen Replikationszyklus wie z. B. das Andocken an die zellulären Rezeptoren neutralisieren. Bei Vorliegen einer Hypo- und Agammaglobulinämie resultiert ein normaler Krankheitsverlauf, während bei Defekten der zellulären Immunität schwere Verläufe auftreten (Riesenzellpneumonie, Einschlusskörperchen-Enzephalitis).

Zur Immunitätsbestimmung soll das Impfbuch herangezogen werden: Sind 2 MMR-Impfungen dokumentiert, kann von Immunität ausgegangen werden. Ein protektives Korrelat ist definiert und liegt bei 120 mIU IgG/ml im Plaqueneutralisationstest bzw. 200 mIU/ml im ELISA.

Labordiagnose

Die Labordiagnose soll vorrangig über den Nachweis des Virusgenoms per RT-PCR von Nasen- und Rachenabstrichen, bronchoalveolärer Lavageflüssigkeit oder Urin erfolgen. Spätestens 3 Tage nach Exanthembeginn sind masernspezifische IgM-Antikörper nachweisbar, nach 7 Tagen treten masernspezifische IgG-Antikörper im Serum auf, beide können über einen Ligandenassay nachgewiesen werden. Im Blutbild findet sich eine Lymphopenie.

▪▪ Therapie

Eine antivirale Chemotherapie für die Maserninfektion gibt es nicht. Die bakteriellen Sekundärinfektionen (eitrige Otitis und Bronchopneumonie) werden mit Antibiotika behandelt.

▪▪ Prävention

Dazu zählen:

Impfung Da der Mensch der einzige Wirt des Masernvirus ist und ein geeigneter Lebendimpfstoff zur Verfügung steht, besteht ein WHO-Eliminationsziel für Masern. Für die Elimination ist aufgrund der hohen Infektiosität des Virus eine Durchimpfung von über 95 % notwendig. Die Impfeffektivität nach 2 Dosen liegt bei über 99 %, die Antikörper sind bei 95 % der 2-mal Geimpften 10–20 Jahre nach Impfung noch nachweisbar. In Deutschland sind die Impfquoten für Kinder bei Schulbeginn meist gut, die 2. MMR-Impfung erreicht aber nicht den Zielwert von 95 % (Schuleingangsuntersuchungen EpiBull). Impflücken bestehen bei Jugendlichen und jungen Erwachsenen. Die STIKO empfiehlt die 2-malige MMR-Impfung für Kinder im Alter von 11–14 Monaten bzw. zum Ende des 2. Lebensjahres. Weiterhin gibt es eine Impfempfehlung für nach 1970 geborene Erwachsene mit unklarem Impfstatus, ohne Impfung oder mit nur einer Impfung in der Kindheit sowie für Beschäftigte im Gesundheitsdienst. Das 2020 in Kraft getretene Masernschutzgesetz schreibt die Impfung von Personen in Kitas, Schulen und Asylunterkünften vor. Die Titer nach Impfung sind im Mittel niedriger als nach einer durchgemachten Infektion. Deswegen ist bei Kindern geimpfter Mütter von einer kürzeren Dauer des Nestschutzes auszugehen (ca. 1–3 Monate) als bei Kindern von Müttern mit einer vor der Schwangerschaft durchgemachten Infektion (ca. 3–6 Monate). Für Risikopatienten wie Säuglinge, Schwangere und Immunsupprimierte empfiehlt die STIKO nach Masernkontakt die Gabe von Immunglobulinen (400 mg IgG/kg KG).

Meldepflicht Masern gehören zu den nach IfSG meldepflichtigen Erkrankungen. Meldepflichtig sind sowohl der Verdacht, die Erkrankung und der Tod an Masern als auch der Labornachweis.

59

In Kürze: Masernvirus

- **Virus:** Paramyxovirus, behüllt, (–)RNA-Genom, keine Neuraminidase. Ein Serotyp, 23 Genotypen.
- **Vorkommen:** Nur beim Menschen, weltweit.
- **Epidemiologie:** Hohe Infektiosität, hoher Kontagionsindex, keine inapparenten Infektionen.
- **Übertragung:** Aerogen und direkter Kontakt.
- **Pathogenese:** Systemische Infektion mit hämatogener Ausbreitung: Exanthem ist immunbiologisch bedingt. Durch Flimmerepithelschäden schwere Bronchitis, Masernvirus Pneumonien, Warthin-Finkeldey-Riesenzellen.
- **Klinik:** Inkubationsperiode bis Exanthem 10–14 Tage. Schwerwiegende Erkrankung, die aufgrund von Impflücken v. a. Jugendliche und junge Erwachsene sowie die Säuglinge ungeimpfter Mütter betrifft. Exanthem, Koplik-Flecken, Konjunktivitis, Otitis media, Bronchitis, primäre Viruspneumonie und sekundäre bakterielle Pneumonie. Postinfektiöse Enzephalitis (PIE), SSPE. Bei Immunschaden: Hechtsche Riesenzellpneumonie und subakute Einschlusskörperchen-Enzephalitis (MIBE).
- **Immunität:** Dauerhafte Immunität, CTL, Antikörperbildung, Suppression der zellulären Immunität.
- **Diagnose:** RT-PCR in respiratorischen Materialien, Urin oder Lymphozyten. IgM- und IgG-ELISA.
- **Therapie:** Symptomatisch.
- **Prävention:** Aktive Schutzimpfung mit Lebendimpfstoff, Immunglobulingabe für Säuglinge, Schwangere und Immundefiziente nach Exposition empfohlen.
- **Meldepflicht:** Verdacht, Erkrankung, Tod, direkter und indirekter Erregernachweis.

59.2 Mumpsvirus

Steckbrief

Mumps wurde bereits im 5. Jahrhundert v. Chr. von Hippokrates beschrieben. Das Mumpsvirus, ein neuraminidasehaltiges Paramyxovirus, ist der Erreger des Mumps oder Ziegenpeters („epidemische Parotitis"), einer fieberhaften Erkrankung mit schmerzhafter Entzündung der Gl. parotidea. Als häufige Komplikationen treten Orchitis und Meningitis auf. Der MMR-Kombinationsimpfstoff erreicht nach 2-maliger Verimpfung eine hohe Serokonversionsrate. Mumps-Infektionen bei Geimpften sind aber beschrieben; Ausmaß und Ursachen sind unklar.

59.2.1 Rolle als Krankheitserreger

▪▪ Epidemiologie

Das Mumpsvirus ist auf der ganzen Welt endemisch. Vor Einführung der Lebendvakzine kam es alle 2–5 Jahre zu größeren Epidemien, sodass über 90 % der Kinder über 14 Jahre natürlich erworbene Antikörper gegen das Mumpsvirus hatten. Durch Einführung der MMR-Impfung ist die Zahl der Erkrankungen gesunken. Mumpsausbrüche bei 2-mal geimpften Personen sind beschrieben; sie treten v. a. dann auf, wenn über Stunden enger Kontakt bestand und die Impfungen schon länger zurückliegen. Als Ursache werden Nachlassen der natürlichen Boosterung, Absinken von Antikörpertitern oder Antigenveränderungen der aktuell zirkulierenden Mumpsviren diskutiert.

▪▪ Übertragung

Die Übertragung erfolgt durch Tröpfcheninfektion, direkten Kontakt und über mit Speichel kontaminierte Gegenstände. Das Virus wird auch über Muttermilch und Urin ausgeschieden. Mumpsvirus hat einen mittleren Kontagionsindex (R0=5–7), der Kontakt muss relativ eng sein. Die Patienten sind 3–5 Tage vor Ausbruch der Erkrankung und bis ca. 1 Woche nach Symptombeginn infektiös.

▪▪ Pathogenese

Das Mumpsvirus dringt in Mundhöhle und Nasen-Rachen-Raum ein, vermehrt sich dort lokal (primäre Replikation) und gelangt über die drainierenden Lymphknoten ins Blut (Virämie). Von dort disseminiert es ins Parenchym sekretorischer Drüsen (Parotis, Pankreas, Schilddrüse, Mammae), ins ZNS sowie in den Urogenitaltrakt (Nieren, Hoden und Ovarien), wo es zu einer 2. Replikationsphase kommt. Das Ende der Virusausscheidung im Speichel korreliert mit dem Auftreten von virusspezifischem sekretorischem IgA im Speichel, das Ende der Virämie mit dem Auftreten mumpsspezifischer IgG-Antikörper im Serum.

▪▪ Klinik

Mumps ist eine akute, selbstlimitierende Erkrankung. Die Inkubationszeit der Mumpsinfektion beträgt im Durchschnitt 16–18 Tage. Etwa 30–50 % der Infektionen verlaufen inapparent. Schwere Verläufe kommen vor, Todesfälle durch Mumps gibt es kaum. Die klinisch manifeste Infektion beginnt meist mit einer uncharakteristischen Prodromalphase mit Fieber, Unwohlsein und Kopfschmerzen und respiratorischen Symptomen. Danach kommt es zu einer einseitigen (20–30 %) oder doppelseitigen (70–80 %) schmerzhaften **Parotitis,** die an der Abhebung des Ohrläppchens zu erkennen ist.

Es gibt aber auch Mumpsfälle ohne erkennbare Parotisschwellung, zuweilen sind die Submaxillaris und Sublingualis oder der Pankreas betroffen. Ein kausaler Zusammenhang zwischen einer Mumpsinfektion und der Entwicklung eines juvenilen insulinabhängigen Diabetes mellitus (IDDM) ist nicht belegt.

Der häufigste extraglanduläre Manifestationsort ist eine Beteiligung des ZNS. Bei etwa jedem 2. Mumpspatienten lässt sich eine Pleozytose im Liquor nachweisen, ohne dass Zeichen einer Meningitis vorliegen. Teilweise kommt es zu einer transienten Taubheit im Hochfrequenzbereich. Eine klinisch manifeste **Meningitis** liegt in etwa 1–10 % vor und heilt meist folgenlos aus. Nur 0,01–0,25 % der Mumpspatienten entwickeln eine Meningoenzephalitis. Häufigste Komplikation ist hier die permanente unilaterale Taubheit, für die eine Häufigkeit von 1:100.000 beschrieben ist.

Eine meist einseitige **Epididymoorchitis** entwickelt sich in 15–30 % der erwachsenen Mumpspatienten. Diese Komplikation ist vor der Pubertät sehr selten. Eine Sterilität entwickelt sich auch bei bilateraler Mumpsorchitis nur sehr selten. Ebenso heilt die Oophoritis bei Frauen meist folgenlos aus. Berichte aus den 1960er Jahren über eine erhöhte Abortrate nach Mumpsinfektion innerhalb des 1. Trimenon haben sich nicht bestätigt. Ein teratogener Effekt von Mumps ist nicht bekannt.

▪▪ Labordiagnose

Die klinische Diagnose ist schwierig, wenn die Parotisbeteiligung nicht manifest ist. Bei nichtbakteriellen Meningoenzephalitiden sollte differenzialdiagnostisch auch an Mumps gedacht werden. Die Speicheldrüsen-α-Amylase ist erhöht, nicht aber die Lipase (nur bei Pankreatitis). Der Labornachweis erfolgt mittels Mumpsvirusgenomnachweis durch RT-PCR. Bei ungeimpften Personen sind nach 3 bzw. 7 Tagen mumpsspezifische IgM- und IgG-Antikörper im Serum über Ligandenassays nachweisbar. Bei Vorhandensein einer Seronarbe reagiert das IgM oft nur schwach oder gar nicht; in Anbetracht der hohen Seroprävalenz für Mumps in Deutschland ist die IgM-Serologie deshalb kein sicheres Nachweisverfahren für eine Mumpsinfektion. Das IgG steigt bei erneutem Erregerkontakt stark an, sodass die IgG-Titerbewegung (> Faktor 4) von 2 im zeitlichen Abstand von 14 Tagen gewonnenen Seren zur Diagnosesicherung herangezogen werden kann.

▪▪ Immunität

Immunität baut sich nach manifester Erkrankung wie auch nach inapparenter Infektion auf. Diaplazentar übertragene mütterliche Antikörper schützen den Säugling während der ersten 1–6 Monate nach der Geburt vor der Infektion. Die Serokonversionsrate nach einer Dosis MMR-Impfstoff liegt bei 64 % (95 %-CI:

40–78 %), nach 2 MMR-Impfungen bei 88 % (95 %-CI: 62–96 %). Mumps-IgG ist bei 74–95 % der Geimpften auch 10–20 Jahre nach Impfung noch nachweisbar. Die Korrelation zwischen im Ligandenassay nachgewiesenen IgG-Antikörpern und neutralisierenden Antikörpern ist schlecht. Ein protektiver Titer ist nicht definiert. Deswegen wird die dokumentierte, 2-fache MMR-Impfung und nicht die Titerbestimmung als Nachweis für bestmöglichen Schutz angesehen.

■ ■ Prävention und Therapie

Eine spezifische Therapie gegen Mumpsinfektionen gibt es nicht. Eine Schutzimpfung wird mit einem **Lebendimpfstoff** durchgeführt und erfolgt in der Regel als 2-fache Impfung in den ersten 2 Lebensjahren gemeinsam mit dem MMR-Kombinationsimpfstoff Masern, Mumps und Röteln (MMR) ggf. Windpocken (MMRV). Eine Impfempfehlung besteht für nach 1970 Geborene mit unklarem Impfstatus, ohne Impfung oder mit nur einer Impfung in der Kindheit, die in Gesundheitsdienstberufen oder in Gemeinschaftseinrichtungen tätig sind.

Seit 2013 besteht eine namentliche **Meldepflicht** nach §§ 6 und 7 IfSG, d. h., Erkrankung und Labornachweis sind meldepflichtig.

In Kürze: Mumpsvirus

- **Virus:** Typisches Paramyxovirus mit Neuraminidase.
- **Vorkommen und Übertragung:** Virusreservoir ist der akut infizierte Mensch. Übertragung über Tröpfcheninfektion und virushaltige Sekrete.
- **Epidemiologie:** Weltweit verbreitet, abnehmende Inzidenzen durch Einführung der Impfung. Ausbrüche in geimpften Gruppen beschrieben.
- **Pathogenese:** Primäre Replikation im Nasen-Rachen-Raum, hämatogene Streuung und 2. Replikation in sekretorischen Drüsen (z. B. Parotis, Testes).
- **Klinik:** 16–18 Tage Inkubationszeit. Ein- oder beidseitige Parotitis, Mening(oenzephal)itis, meist einseitige Orchitis, 30–50 % inapparente Verläufe.
- **Immunität:** Lebenslange Immunität durch zytotoxische Lymphozyten und IgA-, IgM- und IgG-Antikörper. Erkrankung von Geimpften kommt vor.
- **Diagnose:** RT-PCR aus Rachenabstrich und Urin. IgM und IgG im ELISA (*cave:* Mumps-IgM ist nur bei Personen ohne Seronarbe ein verlässlicher Marker!).
- **Therapie:** Symptomatisch.
- **Prävention:** Mumps-Schutzimpfung.
- **Meldepflicht:** Verdacht, Erkrankung, Tod, Erregernachweis.

59.3 Parainfluenzaviren

Steckbrief

Parainfluenzaviren sind weltweit vorkommende neuraminidasehaltige Paramyxoviren, die Erkältungskrankheiten verursachen. Parainfluenzaviren betreffen ausschließlich die Atemwege. Die Erstinfektion im Säuglings- und Kleinkindalter kann mit Bronchiolitis, Pseudokrupp und Pneumonie einhergehen. Bei Immunsupprimierten kann es zu schweren, ggf. tödlichen Verläufen kommen.

59.3.1 Rolle als Krankheitserreger

■ ■ Epidemiologie

Es gibt **5 Serotypen** der Parainfluenzaviren (Typ 1, 2, 3, 4 A und 4B), die weltweit verbreitet sind. Sie führen im Herbst, Winter und Frühjahr zu gehäuften Erkrankungen. Die Typen 1 und 2 zeigen die höchste Aktivität meist im Herbst und Winter, während Typ 3 bei ganzjährigem Nachweis den Aktivitätsgipfel im Winter und Frühjahr aufweist.

Die Typen der Parainfluenzaviren unterscheiden sich epidemiologisch. Die meisten Kinder machen in den ersten 6 Lebensmonaten eine Infektion mit Typ 3 durch. Die Durchseuchung mit den anderen Typen erfolgt später, bis zum Alter von 5 Jahren haben praktisch alle Kinder eine Infektion mit allen Serotypen durchgemacht. Da die Immunität gegen Parainfluenzavirus nach Infektion sehr schnell nachlässt, kommen Reinfektionen lebenslang vor. Diese verlaufen milder als die Erstinfektionen.

■ ■ Übertragung

Die Übertragung erfolgt durch Tröpfchen und Kontakt mit infektiösen Sekreten.

■ ■ Pathogenese

Eintrittspforte ist der Nasen-Rachen-Raum. Dort vermehrt sich das Virus in den Flimmerepithelien der oberen und unteren Atemwege. Wie bei den Orthomyxoviren ist die Hämagglutininaktivität des HN-Proteins wichtig für den Eintritt in die Zelle. Beim Erwachsenen entsteht das Bild der katarrhalischen Entzündung. Bei Kleinkindern, besonders bei Erstinfektion, kann sich die Infektion in die Tiefe des Bronchialbaums ausbreiten, wobei peribronchioläre Infiltrate und Ödeme entstehen können. Die Replikation des Virus erfolgt im Zytoplasma der Wirtszelle, die Ausschleusung der Partikel durch Ausknospung an der Zellmembran. Dabei spielt die Neuraminidaseaktivität des HN-Proteins eine wichtige Rolle. Ein Hinweis auf eine zusätzliche immunvermittelte Pathogenese der Parainfluenzavirus-Infektion gibt die Beobachtung, dass Kinder mit Pseudokrupp einen erhöhten Gehalt an IgE-Antikörpern und Histamin im Bronchialsekret aufweisen. Persistente Infektionen mit Parainfluenza-Typ 3 sind bei Immunsupprimierten beschrieben.

▪▪ Klinik

Parainfluenzaviren verursachen ein weites Spektrum an respiratorischen Erkrankungen:

- Bei immungesunden Kindern kommt es nach einer Inkubationsperiode von 2–4 Tagen zu einer **Rhinitis** oder **Laryngitis,** die häufig **mit** einer **Otitis media assoziiert** ist.
- Bis zu 15 % der (Erst-)Infektionen manifestieren sich im unteren Respirationstrakt, am häufigsten mit einer Bronchiolitis (Typ 2 und 3) oder mit **Pseudokrupp** (Typ 1), einem bellenden Husten mit Heiserkeit und Stridor (DD: Epiglottitis durch H. influenzae!).
- Beim gesunden Erwachsenen bewirkt die Infektion wegen der Restimmunität meist einen relativ leichten Infekt der oberen Luftwege.
- Infektionen bei Patienten mit Immundefekten oder nach Transplantationen sind häufig lang andauernd und schwer. **Interstitielle Pneumonien,** aber auch **disseminierte Erkrankungen** mit Beteiligung von Leber, Herz und Meningen sind in dieser Patientengruppe beschrieben.

▪▪ Immunität

Die kurz dauernde Immunität ist durch die in den Bronchialschleim ausgeschiedenen IgA-Antikörper **lokal vermittelt.**

▪▪ Labordiagnose

Die Labordiagnose erfolgt durch den Direktnachweis des Virus in Nasen-/Rachenabstrichen, meist als Genomnachweis per RT-PCR oder als Antigennachweis im Immunfluoreszenztest. Der Nachweis von Antikörpern im Serum spielt aufgrund der hohen Durchseuchung keine Rolle für den Nachweis von akuten Erkrankungen.

In Kürze: Parainfluenzavirus

- **Virus:** Paramyxovirus, 5 Serotypen.
- **Vorkommen und Übertragung:** Weltweites Vorkommen. Tröpfcheninfektion.
- **Epidemiologie:** Erkrankungen während des gesamten Jahres, gehäuft in der Erkältungszeit Herbst bis Frühjahr.
- **Pathogenese:** Infektionen der oberen und unteren Atemwege mit peribronchiolären Ödemen. Zellschäden auch durch das Immunsystem vermittelt.
- **Klinik:** Katarrhalische Entzündungen der oberen und unteren Luftwege mit Fieber. Bei Erstinfektion Pseudokrupp, Bronchiolitis und interstitielle Pneumonie möglich.
- **Immunität:** Schleimhautimmunität mit typenkreuzenden sekretorischen IgA-Antikörpern. Zellvermittelte Immunität.
- **Diagnose:** Virusdirektnachweis mittels RT-PCR meist als Multiplexansatz in respiratorischen Materialien oder im Immunfluoreszenztest.
- **Therapie:** Symptomatisch.
- **Prävention und Meldepflicht:** Keine.

59.4 Respiratorisches Synzytial-Virus (RSV)

Steckbrief

RSV verursacht akute Erkrankungen der oberen und unteren Atemwege in jedem Lebensalter, die Infektion von Säuglingen und Kleinkindern führt häufig zu ernsten respiratorischen Infekten. Das Virus ist in Sekreten über Stunden stabil, nosokomiale Infektionen sind deshalb häufig. RSV verursacht verschiedene pulmonale Erkrankungen, deren Ausprägung von Alter und Vorerkrankungen beeinflusst werden: Neben Frühgeborenen erkranken Kinder mit Herzfehlern oder bronchopulmonalen Dysplasien besonders schwer. Den Namen „Respiratorisches Synzytial-Virus" hat RSV aufgrund eines Paramyxovirus-typischen Effekts in der Zellkultur erhalten: Die Viren induzieren das Verschmelzen zu mehrkernigen Riesenzellen (Synzytien). Es gibt 2 Subtypen, RSV A und B.

59.4.1 Rolle als Krankheitserreger

▪▪ Epidemiologie

Das Virus wurde 1956 während eines Ausbruchs isoliert, bei dem in Gefangenschaft gehaltene Schimpansen an Schnupfen erkrankten. Später wurde klar, dass sich die Tiere an ihrem erkälteten Wärter angesteckt hatten. Der Mensch stellt das hauptsächliche Reservoir für RSV dar. RSV-Infektionen sind die häufigste Ursache schwerer Atemwegserkrankungen im Kleinkindalter und ein Hauptanlass für Klinikeinweisungen mit Erkrankungen der Atemwege in dieser Altersgruppe.

Die höchste Morbidität tritt bei den unter 2-Jährigen auf. Bei Säuglingen löst die Infektion vorrangig Apnoen aus, später steht die RSV-Bronchiolitis im Vordergrund, ältere Kinder erkranken überwiegend an einer obstruktiven Bronchitis. Besonders gefährdet sind Frühgeborene und Kinder mit kongenitalen Herzfehlern und bronchopulmonalen Dysplasien: Diese erkranken an Pneumonien und Bronchiolitiden und haben mit bis zu 2 % eine sehr hohe Letalität. Doch auch im Alter oder bei Personen mit Immundefizienz, z. B. nach Knochenmarktransplantation, kann es zu schweren Erkrankungen und Exazerbationen einer chronischen Lungenerkrankung kommen.

Es gibt 2 Serogruppen, A und B, die jeden Winter epidemisch kozirkulieren.

▪▪ Übertragung

Die Übertragung erfolgt durch Schmier- und Tröpfcheninfektion sowie Kontakt mit Nasenrachensekret. Überträger sind Erkrankte und Personen mit abgeklungenem Immunschutz. Das hochinfektiöse Virus wird bis zu 3 Wochen lang ausgeschieden, wobei die Virusausscheidung bereits vor Symptombeginn beginnt. Das Virus ist in Sekreten über Stunden stabil; es kommt zur Übertragung durch kontaminierte Flächen, Stethoskope und Kittel.

▪▪ Pathogenese

RSV dringt in die Konjunktiven und Nasenschleimhäute ein und breitet sich dann direkt durch **Synzytienbildung** (Zellfusion mit Bildung vielkerniger Riesenzellen mit eosinophiler Einschlusskörperchen) in den unteren Respirationstrakt aus. In den Bronchien und Bronchiolen entsteht eine Entzündung mit interstitiellen Infiltraten und ausgeprägten Ödemen.

Diese Ödeme führen gerade bei Säuglingen zu einer überproportionalen Verkleinerung der ohnehin kleinlumigen Atemwege und zu einer entsprechenden Zunahme des Atemwiderstands. Atemnot ist die Folge. Säuglinge mit Bronchiolitis haben häufig virusspezifische IgE-Antikörper und viel Histamin im Bronchialsekret. Dies ist im Sinne einer TH2-Reaktion zu deuten. Kinder nach schweren RSV- und hMPV-Infektionen (▶ Abschn. 59.5) haben eine erhöhte Wahrscheinlichkeit, später im Leben an „allergischer Bronchitis", Asthma oder einer chronisch-obstruierenden Lungenkrankheit (COPD) zu leiden.

▪▪ Klinik

Eine „klassische" RSV-Symptomatik gibt es nicht. Im Allgemeinen beginnt eine RSV-Infektion nach einer Inkubationsperiode von 3–6 Tagen mit Rhinitis oder Pharyngitis. Eine Bindehaut- oder Mittelohrentzündung tritt bei bis zu einem Drittel der Kinder auf. Im Verlauf entwickelt sich bei ca. 30–50 % der Patienten eine Tracheobronchitis oder **Bronchiolitis,** selten auch ein Pseudokrupp. Das klinische Bild der Bronchiolitis ist durch Zyanose, Fieber, keuchenden Husten und zunehmende Dyspnoe gekennzeichnet. Häufigste Komplikationen sind Pneumonien. In den ersten 6 Lebensmonaten und bei Frühgeborenen kann eine RSV-Infektion vorrangig Apnoen verursachen. Die RSV-Bronchiolitis tritt meist im 1. Lebensjahr auf, ältere Kinder entwickeln häufig eine obstruktive Bronchitis. Ein hohes Risiko besteht für Immunsupprimierte oder Personen mit schweren angeborenen Immundefekten, es können tödlich verlaufende Pneumonien auftreten.

▪▪ Immunität

Der Gehalt an IgA-Antikörpern im oberen Respirationstrakt geht mit Immunschutz einher, in der Lunge schützen Serum-IgG. Kinder mit angeborenem T-Zell-Defekt scheiden das RSV monatelang aus. Der Nestschutz ist nur gering ausgeprägt. Die Elimination des RSV erfolgt durch virusspezifische zytotoxische T-Lymphozyten (CTL).

▪▪ Labordiagnose

Der Labornachweis erfolgt durch RT-PCR aus Nasopharyngealsekret meist im Multiplexverfahren für verschiedene respiratorische Erreger und einfach zu handhabende antigenbasierte Schnelltests.

▪▪ Therapie und Prävention

Eine wirksame kausale Behandlung existiert nicht, die Therapie ist symptomatisch: ausreichende Flüssigkeitszufuhr zur Sekretmobilisation, ggf. Sauerstoffgabe, Freihalten der Atemwege, ggf. Gabe von Bronchodilatatoren und Kortikosteroiden. Die inhalative **Ribavirin**-Behandlung wird nicht mehr empfohlen.

Für Frühgeborene, die zu Beginn der RSV-Saison jünger als 6 Monate sind, und für Kinder unter 2 Jahren mit bronchopulmonaler Dysplasie oder hämodynamisch relevantem angeborenem Herzfehler ist eine **passive Immunisierung** mit Palivizumab, einem humanisierten monoklonalen IgG-Antikörper, der das A-Epitop des RSV-Fusionsproteins bindet, verfügbar. Einen aktiven Impfstoff gibt es derzeit nicht.

Prävention erfolgt über Hygienemaßnahmen: Händedesinfektion, Kittelpflege, Hustenetikette; Schulung von Personal und Besuchern.

Eine **Meldepflicht** besteht bei gehäuftem nosokomialen Auftreten.

In Kürze: Respiratorisches Synzytial-Virus (RSV)

- **Virus:** Paramyxovirus aus der Gruppe der Pneumoviren. 2 Subtypen, RSV A und B.
- **Vorkommen und Übertragung:** Weltweites Vorkommen; Tröpfcheninfektion, Schmierinfektion durch Nasopharyngealsekrete über kontaminierte Hände und Gegenstände.
- **Epidemiologie:** Erkrankungen vorwiegend im Winter. Hohe Durchseuchung bis zum Ende des 2. Lebensjahres.
- **Pathogenese:** Replikation im mittleren und unteren Respirationstrakt. Schwere Entzündung mit Flimmerepithelschäden am Kehlkopfepithel. Bronchiolitis.
- **Klinik:** Katarrhalische Entzündung mit Bronchitis, Laryngitis, Pseudokrupp, Otitis media; bei Risikopatienten: lebensbedrohliche Bronchiolitis/Pneumonie.
- **Immunität:** CTL bewirken Immunität; IgA im oberen, IgG im unteren Respirationstrakt wirken neutralisierend.
- **Diagnose:** RT-PCR meist als Multiplexansatz aus respiratorischen Untersuchungsmaterialien, Antigenschnelltests oder direkter Immunfluoreszenztest.
- **Therapie:** Symptomatisch; humanisierte Antikörper zur Prophylaxe bei Risikopatienten.
- **Prävention:** Hygienemaßnahmen.
- **Meldepflicht:** Bei gehäuftem Auftreten.

59.5 Humanes Metapneumovirus (hMPV)

Steckbrief

Das humane Metapneumovirus (hMPV) verursacht Infektionen der oberen und unteren Atemwege bei Patienten aller Altersgruppen. Der Erreger ist weltweit verbreitet. Risikofaktoren für einen schweren Verlauf sind Frühgeburtlichkeit, angeborene Herzfehler, Asthma bronchiale und Immunsuppression.

59.5.1 Rolle als Krankheitserreger

■■ Epidemiologie

Das humane Metapneumovirus ist wie sein naher Verwandter RSV weltweit verbreitet. Die meisten hMPV-Infektionen treten bei Kindern unter 5 Jahren auf. Kleinkinder unter 2 Jahren sind besonders gefährdet, eine schwere, tiefe Atemwegsinfektion durchzumachen. Im Allgemeinen sind Patienten bei Erstinfektion mit hMPV älter als bei Infektion mit RSV. Der Verlauf ist milder, und Todesfälle kommen im Gegensatz zu RSV bei Immungesunden praktisch nicht vor. Die Durchseuchung ist mit dem 5. Lebensjahr nahezu komplett (>90 %). Der Anteil von hMPV an Atemwegserkrankungen variiert mit dem Patientenkollektiv von 4–30 %. Bei Patienten mit Immundefekten oder hämatologischen Tumoren sowie bei Senioren kommen schwere, potenziell tödliche Verläufe vor. Die Erkrankung zeigt einen saisonalen Verlauf mit Erkrankungsgipfeln im Winter bzw. Frühling.

Es gibt 2 Subtypen, hMPV-A und hMPV-B, die sich in die Untergruppen A1/A2 und B1/B2 aufteilen.

■■ Klinik

Wie bei RSV gibt es keine distinktive klinische Symptomatik. Nach 3–6 Tagen Inkubationszeit kann es zu Symptomen einer **klassischen Erkältungskrankheit** wie Rhinitis und Pharyngitis kommen, die in einem Drittel der Fälle durch das Auftreten einer Otitis media kompliziert werden. Tiefe Atemwegserkrankungen gehen mit Bronchiolitis, Pneumonie, Pseudokrupp oder der Exazerbation einer chronischen Atemwegserkrankung einher. Komplizierte Verläufe mit schweren Bronchitiden, Pneumonien und sogar Enzephalitis und Tod sind bei immunkompromittierten Patienten beschrieben.

■■ Labordiagnose

Die Labordiagnose erfolgt aus respiratorischen Materialien wie Nasopharyngealsekret, Rachenabstrich oder -spülwasser über die RT-PCR. Häufig werden Multiplextests eingesetzt, die den Nachweis mehrerer respiratorischer Erreger kombinieren. Die Serologie ist aufgrund der hohen Durchseuchung nicht aussagekräftig.

■■ Therapie und Prävention

Es gibt keine spezifische Therapie. Ribavirin ist in vitro aktiv gegen hMPV. Einzelfallberichte weisen darauf hin, dass bei schweren Verläufen wie z. B. nach Transplantation von Organen oder Stammzellen die Gabe von Ribavirin und unspezifischen Immunglobulinen hilfreich sind, es fehlen jedoch belastbare Daten zum klinischen Einsatz. Wichtigste präventive Maßnahme ist die Basishygiene sowohl beim Patienten (Händewaschen, Hustenetikette) als auch beim medizinischen Personal (Hände- und Flächendesinfektion).

In Kürze: Humanes Metapneumovirus (hMPV)

- **Virus:** Paramyxovirus.
- **Vorkommen und Übertragung:** Weltweit vorhanden. Tröpfcheninfektion; Erreger stabil in Sekreten, nosokomiale Transmissionen.
- **Epidemiologie:** Erkrankungen vorwiegend im Winter und Frühling. Hohe Durchseuchung bis zum Ende des 5. Lebensjahres.
- **Pathogenese:** Wahrscheinlich wie RSV. Nur Zellkulturdaten vorhanden.
- **Klinik:** Klassische Erreger von Atemwegsinfekten. Schwerer Verlauf bei Risikofaktoren (Frühgeburtlichkeit, Immunsuppression u. a.) möglich.
- **Diagnose:** RT-PCR aus respiratorischen Abstrichen.
- **Therapie:** Keine spezifische Therapie. Keine passive oder aktive Impfung.

59.6 Henipaviren

Zur Gattung der Henipaviren gehören 2 der gefährlichsten humanen Krankheitserreger:

- Das **Hendravirus** verursachte 1994 in Brisbane, Australien, einen Ausbruch von schwerer Pneumonie und Enzephalitis bei Pferden, die Erkrankung griff auch auf Menschen über.
- Das **Nipahvirus** war Ende des 20. Jahrhunderts für zahlreiche Ausbrüche von Enzephalitis und Atemwegserkrankungen in Indien, Bangladesch und Südostasien verantwortlich. Bei einigen Epidemien lag die Letalität um die 75 %.

Bei Infektionen mit Henipaviren handelt es sich um Zoonosen. Meist werden Menschen durch engen Kontakt zu Tieren infiziert: Pferde übertragen das Hendravirus, Schweine sind Wirt des Nipahvirus. Die Mensch-zu-Mensch-Übertragung ist für Nipah beschrieben. Der natürliche Wirt sind Flughunde (Fruchtfledermäuse), die das Virus über den Urin ausscheiden. Sie weisen eine hohe Durchseuchung auf, erkranken aber selber nicht. Die Bedeutung der Henipaviren für Westeuropa ist gering.

Weiterführende Literatur

RKI-Ratgeber für Ärzte. ► www.rki.de/DE/Content/Infekt/EpidBull/Merkblaetter/merkblaetter_node.html

Empfehlung der Ständigen Impfkommission. ► www.rki.de/DE/Content/Kommissionen/STIKO/Empfehlungen/Impfempfehlungen_node.html

Stellungnahme der STIKO (2017) Fachliche Anwendungshinweise zur Masern-Postexpositionsprophylaxe bei Risikopersonen. Epid Bull 2:17–25. ► https://doi.org/10.17886/EpiBull-2017-002

Tollwutvirus

Ilona Glowacka und Thomas Müller

Das Tollwutvirus bzw. Rabiesvirus gehört zur Familie der Rhabdoviridae und dem Genus Lyssavirus. Neben dem Rabiesvirus umfasst der Genus Lyssavirus derzeit 17 weitere, meist Fledermaus-assoziierte Lyssavirus-Spezies. Die Tollwut ist eine bereits seit dem Altertum bekannte Zoonose, die über infektiösen Speichel durch Biss- bzw. Kratzverletzungen infizierter Tiere auf den Menschen übertragen wird. Die Sterblichkeit der Tollwut beträgt fast 100 %. Das natürliche Reservoir für das Rabiesvirus sind Säugetiere, v. a. Mesokarnivore (Fleischfresser) sowie Fledermäuse in Nord- und Südamerika. Durch systematische Bekämpfungsmaßnahmen (Köder-Lebendimpfstoff für Füchse) gelten Deutschland und weitere west- und mitteleuropäische Länder als frei von terrestrischer Tollwut. Zu beachten ist weiterhin das Infektionsrisiko durch Fledermäuse (global) und durch andere Tiere (v. a. Hunde) bei Reisen in Endemiegebiete. Laut Schätzungen der WHO versterben ca. 59.000 Menschen weltweit an Tollwut, insbesondere in Afrika und Asien.

Fallbeispiel

Der letzte Fall einer Tollwut wurde in Deutschland im Jahr 2007 gesehen: Ein 55-jähriger Mann war seit dem 23.01.2007 in Begleitung seiner Ehefrau und eines 13-jährigen Hundes (Deutsch-Drahthaar-Jagdhund) mit dem Caravan durch verschiedene Länder Nordafrikas gereist. Am 04.03.2007 wurde der Hund in Marokko von einem streunenden Hund angegriffen. Beim Versuch, die beiden Tiere zu trennen, biss der streunende Hund dem Mann in die linke Hand. Bei der Versorgung der Wunde vor Ort wurde das Risiko einer Tollwutinfektion offensichtlich nicht bedacht, sodass eine entsprechende Postexpositionsprophylaxe (PEP) nicht eingeleitet wurde. Die Wunde heilte komplikationslos ab. Das Ehepaar traf am 29.03.2007 wieder in Deutschland ein. Am 14.04.2007 suchte der Mann erstmals wegen Missempfindungen und eines Taubheitsgefühls im linken Arm und in der linken Hand im Bereich der inzwischen verheilten Wunde eine Klinik auf, verließ das Klinikum jedoch gegen ärztlichen Rat wieder. Am 16.04.2007 erschien der Patient erneut in der Ambulanz der Klinik und klagte zusätzlich über Kopfschmerzen und Fieber sowie zunehmende Schwäche. Es wurde der Verdacht einer Tollwutinfektion gestellt. Am 18.04.2007 bestätigten eine positive Rabies-PCR im Speichel und in der Tränenflüssigkeit den Tollwutverdacht. Der Patient wurde in ein künstliches Koma versetzt und verstarb trotz aller intensivmedizinischen Bemühungen am 13.05.2007.

Steckbrief

Das Tollwutvirus ist ein neurotroper Erreger und verursacht eine fatal verlaufende Enzephalitis nicht nur bei Menschen, sondern auch bei anderen Säugetieren. Bereits 1882 gelang es Louis Pasteur, durch attenuierte Tollwutviren erste Konzepte zur Schutzimpfung zu etablieren. Etwa 99 % der humanen Tollwutfälle weltweit resultieren aus der Übertragung durch Hunde.

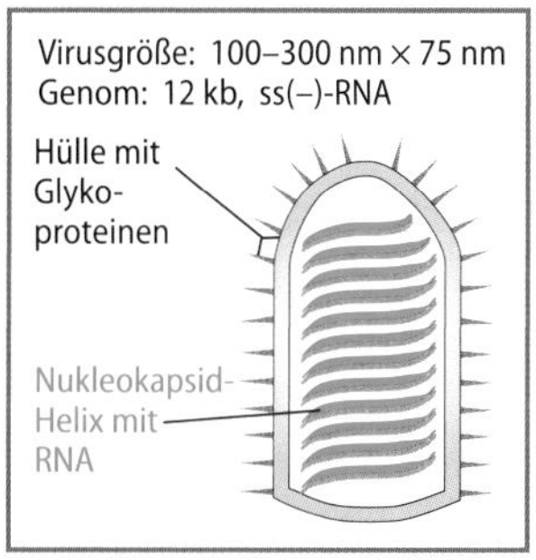

Genom

Das Genom der Lyssaviren besteht aus einer Einzelstrang-RNA negativer Polarität [ss(−)-RNA] und hat eine Länge von ungefähr 12 kb. Es enthält 5 offene Leserahmen, die 5 verschiedene Proteine kodieren: Nukleo-, Phospho-, Matrix-, Glykoprotein sowie die RNA-abhängige RNA-Polymerase.

Morphologie

Das Virus besitzt eine geschossförmige Gestalt mit einer Länge von etwa 100–300 nm bei einem

Frühere Versionen von D. Falke

S. Suerbaum et al. (Hrsg.), *Medizinische Mikrobiologie und Infektiologie*,
https://doi.org/10.1007/978-3-662-61385-6_60

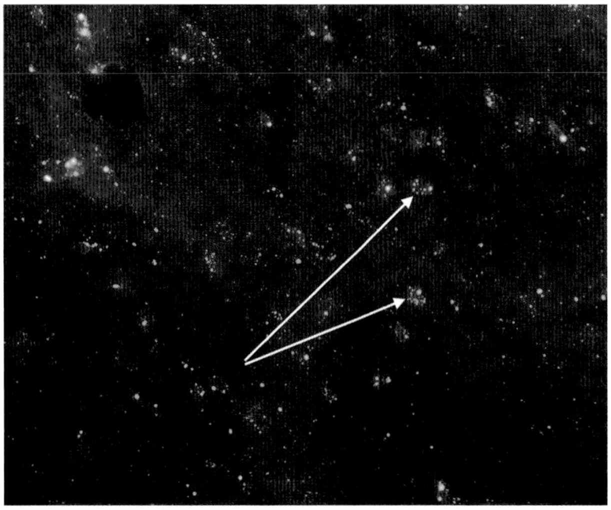

Abb. 60.1 Zytoplasmatische Einschlusskörperchen (Pfeile) beim fluoreszenzmikroskopischen Antikörpertest mit Fluoreszein-Isothiozyanat-[FITC-]markiertem Anti-Nukleoprotein-Antikörperkonjugat

Durchmesser von 75 nm. Die virale RNA ist in einem schraubenförmig angeordneten, helikalen Ribonukleoproteinkomplex (RNP) enthalten, bestehend aus N, P und L. Der RNP ist von einer Hüllmembran (Innenseite der Membran mit M-Protein assoziiert) umgeben, in welche die Glykoproteine (G-Proteine) eingebettet sind. Die Replikation des Virus erfolgt im Zytoplasma von Neuronen, in denen sich zytoplasmatische Einschlusskörperchen („Virusfabriken“) anfärben lassen (Abb. 60.1). Das Virus ist chemisch und thermisch wenig stabil.

60

■ Einteilung

Die Rhabdoviridae werden in mindestens 9 Genera unterteilt. Die human relevanten Rhabdoviren finden sich im Genus Lyssavirus. Bisher wurden 18 Lyssavirus-Spezies beschrieben. Parallel existiert die Einteilung der Lyssaviren in Phylogruppen (I–III). Die klassische Tollwut beim Menschen wird durch die Spezies Rabiesvirus/Tollwutvirus (Phylogruppe I) ausgelöst. Jedoch liegen einzelne Fallberichte mit Todesfolge nach Transmission beispielsweise des „Europäischen Fledermaus-Lyssavirus (EBLV) 1 und 2“, „Duvenhage-(Lyssa)virus“, „Irkut-Lyssavirus“, „Mokola-Virus“ und „Australisches Fledermaus-Lyssavirus“ (ABLV)) vor.

60.1 Rolle als Krankheitserreger

■■ Epidemiologie und Übertragung

Die klassische Tollwut ist weltweit verbreitet. Laut WHO sind etwa 150 Länder betroffen, insbesondere in Asien und Afrika. Jährlich versterben ca. 59.000 Menschen an Tollwut; 40–50 % der Verstorbenen sind jünger als 15 Jahre. Durch systematische Gegenmaßnahmen wie die Immunisierung der Füchse und Hunde gelten heutzutage viele europäische Länder als „frei von terrestrischer Tollwut“ (aktuelle Situation online unter: ► www.who-rabies-bulletin.org). In Osteuropa kommt die Tollwut bei Wild- und Haustieren endemisch vor, und jährlich werden vereinzelt Übertragungen auf den Menschen gemeldet. Mit importierten Erkrankungen, die in Endemiegebieten erworben wurden, muss gerechnet werden.

Bei der klassischen Tollwut ist epidemiologisch die **sylvatische** und urbane Tollwut zu unterscheiden. Bei Ersterer sind wild lebende Karnivore (Füchse, Marderhunde, Waschbären, Skunks, Mangusten, Schakale) die hauptsächlichen Virusreservoire und somit für die Erhaltung und Ausbreitung der Tollwut verantwortlich. In Osteuropa ist der Fuchs die häufigste Infektionsquelle, wobei auch andere Expositionstiere die Tollwut auf den Menschen übertragen können.

Bei der **urbanen Tollwut** sind Hunde das Hauptreservoir und Expositionstier für andere Tiere und den Menschen. Auch Katzen sowie Weidetiere (Rinder) spielen eine Rolle. Nagetiere oder Hasenartige sind keine Reservoirtiere und daher nicht von Bedeutung.

Etwa 99 % der humanen Tollwutfälle weltweit resultieren aus der Übertragung durch Hunde. Generell sind regionale Unterschiede bezüglich Reservoirtieren und Infektionszyklen zu beachten. In Europa wurden 1954 erstmals Lyssaviren in Fledermäusen gefunden. Heutzutage ist bekannt, dass Fledermäuse bzw. Flughunde weltweit fast allen Lyssaviren als Reservoir dienen. Grundsätzlich muss, wie bei der klassischen Tollwut, von einem gleichen Risiko bezüglich der Transmission ausgegangen werden. (Laut WHO besteht nach Exposition durch eine Fledermaus die Indikation zur Postexpositionsprophylaxe.)

Gewöhnlich erfolgt die Übertragung durch Biss- bzw. Kratzverletzung über den Speichel infizierter Tiere, jedoch auch bei direktem Kontakt mit infektiösem Material über Hautverletzungen oder Schleimhäute. Seltene Fälle der Übertragung des Tollwutvirus durch transplantierte Organe eines unerkannt infizierten Spenders kommen vor.

■■ Pathogenese

Das Tollwutvirus hat ein extrem breites Wirtsspektrum.

Nach Eindringen in Wunden oder Hautdefekte repliziert das Virus wahrscheinlich zunächst lokal in Muskel- oder Bindegewebezellen, ehe es Zugang zu den Nervenendigungen findet. Der Erreger wandert dann mit Überspringen der Synapsen axonal zum ZNS, vermehrt sich dort und gelangt zentrifugal unter anderem in die Speicheldrüsen, in denen eine starke Vermehrung erfolgt. Aufgrund seines starken Neutropismus entzieht sich das Tollwutvirus dem Immunsystem; das Immunsystem wird meist erst stimuliert, wenn es sich bereits stark im ZNS vermehrt hat, d. h. am Ende der klinisch manifesten Erkrankung.

Pathologisch-anatomische Schädigung Diese betrifft nur die Neuronen des ZNS, und zwar vornehmlich die Gegenden des Hippokampus (Ammonshorn), der Medulla und des Kleinhirns. Später werden auch die übrigen Regionen der Großhirnrinde und des Pons betroffen. Die Infektion und lokale Vermehrung des Virus im Zytoplasma führt zum Auftreten von Einschlusskörperchen, auch in Epithelzellen der Speicheldrüsen und Konjunktivalzellen.

▪▪ Immunität

Schützende Antikörper können nur nach vollständiger Immunisierung entstehen. Nach Angaben der Impfstoffhersteller beträgt die Schutzdauer 2–5 Jahre, vermutlich sogar länger.

▪▪ Klinik

Die Inkubationszeit beträgt in 75 % der Fälle 1–3 Monate, in Extremfällen kann sie aber auch weniger als 5 Tage oder bis zu 10 Monate (in Einzelfällen wohl auch Jahre) dauern. Die Zeit bis zum Ausbruch der klinischen Symptomatik ist abhängig unter anderem von der Lokalisation der Bissstelle. Bei ZNS-nahen Verletzungen/Bissen wurden kürzere Inkubationszeiten beobachtet. Zwischen den ersten Symptomen und dem tödlichen Ausgang liegen bei Patienten ohne Intensivbehandlung 7–10 Tage. Beim Menschen verläuft die Tollwut in mehreren Stadien:

Prodromalstadium Beim Menschen besteht eine Hyperästhesie im Bereich der Bisswunde: lokales Brennen und Jucken. Fieber mit uncharakteristischen Krankheitsbeschwerden, Kopfschmerzen und gastrointestinalen Beschwerden tritt auf. Dieses Stadium dauert 2–10 Tage an.

Danach entwickelt sich in 80 % ein akutes **enzephalitisches Syndrom** oder in 20 % ein **paralytisches Syndrom.**

Exzitationsstadium („rasende Wut", enzephalitische Phase) Der Patient bekommt Angstgefühle und wird motorisch unruhig. Es beginnen durch den Schluckakt ausgelöste Krämpfe der Schluckmuskulatur. Der Patient vermeidet entsprechend das Schlucken mit der Folge einer Hypersalivation. Zur motorischen Unruhe kommen abwechselnd aggressive und depressive Zustände sowie Benommenheit hinzu. Charakteristisch ist die Aero- und Hydrophobie. Schon die visuelle oder auditorische Wahrnehmung von Wasser führt zu Unruhe und Krämpfen, die sich auf die gesamte Muskulatur erstrecken können.

Paralyse („stille Wut") Es treten fortschreitende Paresen mit Hypophonie, Polyneuropathie oder Tetraparesen auf. Zudem kann eine Meningitis beobachtet werden.

Im weiteren Verlauf kommt es zum Koma und Exitus im Rahmen eines Multiorganversagens.

Erkrankung bei Tieren Beim Hund beobachtet man verändertes Verhalten, blinde Aggressivität, heiseres Bellen und Heulen. Beim Wild fällt das Fehlen der natürlichen Scheu vor dem Menschen in Kombination mit Aggressivität auf.

▪▪ Labordiagnose

Eine Verdachtsdiagnose erfordert in Zusammenhang mit der entsprechenden Klinik die anamnestische Abklärung nach einem Aufenthalt in einem Tollwutendemiegebiet bzw. über eventuelle Expositionen (tollwutverdächtiges Tier). Die Probenentnahme ist immer mit dem zuständigen Konsiliar- oder Referenzlabor abzusprechen.

Cave: Diagnostische Nachweise zu Lebzeiten aufgrund mehrerer Faktoren wie der fehlenden/intermittierenden Virusausscheidung, des Antikörperstatus, der Probenqualität oder des Erkrankungsstadiums erzeugen oft negative Ergebnisse. An eine serielle Probenentnahme ist zu denken (WHO Expert Consultation on Rabies 2012). Eine Infektion von Mensch und Tier kann durch den Nachweis tollwutspezifischer Antikörper grundsätzlich nicht nachgewiesen werden.

Der **Nachweis viraler Antigene** erfolgt mittels direkter Immunfluoreszenztechnik aus Nackenhautbiopsien (Haarfollikel mit peripheren Nerven), post mortem zusätzlich aus Hirngewebe (Hirnstamm, Kleinhirn, Ammonshorn) (◘ Abb. 60.1). Intra vitam ist die RT-PCR zum Nachweis viraler RNA v. a. in Nackenhautbiopsien und Speichel, aber auch Liquor und Korneaproben die Methode der Wahl. Die **Virusisolierung** dient zur Bestätigung und zur Anreicherung eines Isolats zur weiterführenden Diagnostik wie der Charakterisierung.

Virusneutralisierende Antikörper können aus Serum und Liquor mit dem „rapid fluorescent focus inhibition test" (RFFIT) nachgewiesen werden. Dieser Test eignet sich zur Überprüfung der Immunität nach Schutzimpfung. (Zur Indikation für Laborpersonal siehe die jährlich aktualisierten STIKO-Empfehlungen.) Zur Bestimmung von Antikörpern gegen Glykoproteine des Tollwutvirus kann auch ein ELISA durchgeführt werden.

▪▪ Therapie

Es gibt keine kausale Therapie. Die Behandlung erfolgt symptomatisch mit intensivmedizinischer Betreuung.

▪▪ Prävention

Dazu zählen:

Allgemeine Maßnahmen Vermeidung der Exposition gegenüber Fledermäusen und potenziell infizierten Hunden und Wildtieren.

Schutzimpfung Die Grundimmunisierung zur Prophylaxe (Reisende, Laborpersonal) besteht aus 3 Teilimpfungen an den Tagen 0, 7 und 21 oder 28. Die Indikation zur Schutz- und Auffrischimpfung ist den offiziellen STIKO-Empfehlungen zu entnehmen. Beispielsweise erhält mit Tollwutvirus arbeitendes Laborpersonal eine Auffrischimpfung, wenn der Titer der neutralisierenden Antikörper unterhalb 0,5 IE/ml liegt (halbjährliche Testung).

Postexpositionsprophylaxe Diese ist in Abhängigkeit von der epidemiologischen Verbreitung, der Tierart und vom Expositionsgrad zu wählen (◘ Tab. 60.1). Nach einer Bissverletzung durch ein tollwutverdächtiges Tier (Expositionsgrad III) sollte eine sofortige Wundreinigung mit Seife, Wasser und anschließender Desinfektion durchgeführt werden.

Die Tollwutprophylaxe besteht aus der simultanen Gabe der postexpositionellen aktiven Tollwut-Immunisierung und einer Dosis Tollwut-Immunglobulin (◘ Tab. 60.1, Fachinformationen beachten). Die aktive Immunisierung erfolgt i. m. (M. deltoideus bei Erwachsenen) nach dem Essen-Schema an den Tagen 0, 3, 7, 14 und 28 (Tetanusprophylaxe bei Bedarf). Bereits vollständig geimpfte Personen bekommen 2 Dosen an den Tagen 0 und 3. Von der Gesamtmenge des Tollwut-Immunglobulins sollte möglichst viel tief in und um die Wunde herum appliziert werden. Der Rest wird i. m. verabreicht (Injektionsort entfernt vom M. deltoideus).

Meldepflicht Namentlich gemäß § 6 IfSG Krankheitsverdacht, die Erkrankung sowie der Tod an Tollwut, ebenso die Verletzung eines Menschen durch ein tollwutkrankes, -verdächtiges oder -ansteckungsverdächtiges Tier sowie die Berührung eines solchen Tieres oder Tierkörpers. Gemäß § 7 IfSG Meldung des direkten oder indirekten Nachweises des Tollwutvirus.

In Kürze: Tollwutvirus

- **Virus:** Tollwutvirus bzw. Rabiesvirus, Genom: ss(–)-RNA. Morphologie: geschossförmige Gestalt, Länge 100–300 nm, Durchmesser 75 nm.
- **Epidemiologie:** Weltweit verbreitet. Breites Wirtsspektrum. Deutschland „frei von terrestrischer Tollwut". In Osteuropa Tollwut endemisch. Sylvatische Tollwut (wild lebende Tiere) und urbane Tollwut (Hunde). 99 % humaner Tollwutfälle bedingt durch Hundekontakt. Weltweites Risiko der Fledermaustollwut.

◘ **Tab. 60.1** Indikation zur Postexpositionsprophylaxe in Abhängigkeit der Expositionsart und -grad (STIKO)

Grad der Exposition	Art der Exposition durch tollwutverdächtiges oder tollwütiges Wild- oder Haustier oder Fledermaus	Art der Exposition durch einen Tollwut-Impfstoffköder	Empfohlene Immunprophylaxe[a]	
			Nicht oder nur unvollständig vorgeimpfte Personen	Vollständig grundimmunisierte Personen
I	Berühren/Füttern, Belecken intakter Haut	Berühren von Impfstoffködern bei intakter Haut	Keine Impfung	Keine Impfung
II	Nichtblutender, oberflächlicher Kratzer oder Hautabschürfung, Lecken oder Knabbern an nichtintakter Haut	Kontakt mit Impfflüssigkeit eines beschädigten Impfstoffköders an nicht-intakter Haut	Vollständige aktive Grundimmunisierung bzw. Vervollständigung begonnener Impfserien	Tollwut-Schutzimpfung mit 2 Dosen im Abstand von 3 Tagen
III	Biss- oder Kratzwunde, Kontakt von Schleimhäuten oder Wunden mit Speichel, Verdacht auf Biss oder Kratzer durch Fledermaus oder Kontakt der Schleimhäute mit Fledermaus	Kontamination von Schleimhäuten und frischen Hautverletzungen mit Impfflüssigkeit eines beschädigten Impfstoffköders	Tollwut-Schutzimpfung (vollständige aktive Grundimmunisierung bzw. Vervollständigung begonnener Impfserien) und einmalig mit der 1. Dosis simultane Verabreichung von Tollwut-Immunglobulin (20 IE/kg KG)	Tollwut-Schutzimpfung mit 2 Dosen im Abstand von 3 Tagen

[a]Dosierungsschema nach Angaben in den Fachinformationen

- **Übertragung:** Zoonose. Übertragung durch Biss- bzw. Kratzverletzung über den Speichel infizierter Tiere, auch bei direktem Kontakt über Hautverletzungen oder Schleimhäute.
- **Pathogenese:** Primäre Replikation in Muskel- oder Bindegewebezellen an der Bissstelle, danach Verbreitung axonal zum ZNS (Hippokampus, Medulla, Kleinhirn), Wanderung zentrifugal zu den Speicheldrüsen.
- **Immunität:** Schützende Antikörper nur nach vollständiger Immunisierung, Schutzdauer 2–5 Jahre.
- **Klinik:** Inkubationszeit 1–3 Monate, Prodromalstadium mit Hyperästhesie an der Bisswunde, Fieber mit uncharakteristischen Symptomen. 80 % „rasende Wut" mit Aero- und Hydrophobie und 20 % „stille Wut" mit Paresen. Anschließend Koma und Tod im Rahmen eines Multiorganversagens.
- **Diagnostik:** Anamnese: Aufenthalt in Endemiegebiet, Tierexposition. Nachweis viraler Antigene mittels direktem IFT aus Nackenhautbiopsien, post mortem aus Hirngewebe. RT-PCR aus Biopsien (Nackenhaut), Liquor oder Speichel zum Nachweis viraler RNA. Virusneutralisierende Antikörper aus Serum und Liquor mittels RFFIT.
- **Therapie:** Symptomatisch mit intensivmedizinischer Behandlung.
- **Prävention:** Schutzimpfung für Personen mit Expositionsrisiko nach STIKO. Postexpositionsprophylaxe bestehend aus simultaner Gabe des Tollwut-Impfstoffs und des Tollwut-Immunglobulins.

Weiterführende Literatur

Bourhy H, Dacheux L, Strady C, Mailles A (2005) Rabies in Europe in 2005. Euro Surveill 10(11):213–216

Diener HC, Weimer C (2012) Leitlinien für Diagnostik und Therapie in der Neurologie, 5. Aufl. Kommission „Leitlinien" der Deutschen Gesellschaft für Neurologie. Georg Thieme, Stuttgart

Doerr HW, Gerlich WH (2010) Medizinische Virologie, 2. Aufl. Georg Thieme, Stuttgart

Fooks AR et al (2017) Rabies. Nat Rev Dis Primers 3(17091):1–19

International Committee on Taxonomy of Viruses (2018) Virus taxonomy release 2018b. ICTV, EC 50, Washington, DC.

Löscher T, Burchard GD (2010) Tropenmedizin in Klinik und Praxis, 4. Aufl. Georg Thieme, Stuttgart

Mandell GL, Bennett JE, Dolin R (2010) Principles and Practice of Infectious Diseases, 7. Aufl. Elsevier, Churchill-Livingstone, Philadelphia

Mertens T, Haller O, Klenk HD (2004) Diagnostik und Therapie von Viruskrankheiten, 2. Aufl. Urban & Fischer, München

Modrow S, Falke D, Truyen U, Schätzl H (2010) Molekulare Virologie, 3. Aufl. Spektrum Akademischer Verlag, Heidelberg

Robert Koch-Institut (2005) Epidemiol Bull. 7/2005

Koch-Institut Robert (2011) Steckbriefe seltener und importierter Infektionskrankheiten. RKI, Berlin

Koch-Institut Robert (2014) Infektionsepidemiologisches Jahrbuch meldepflichtiger Krankheiten für 2013. RKI, Berlin

Robert Koch-Institut (2014) RKI-Ratgeber für Ärzte. ► www.rki.de/DE/Content/Infekt/EpidBull/Merkblaetter/merkblaetter_node.html

Ständige Impfkommission am Robert Koch-Institut (2019) Empfehlungen der Ständigen Impfkommission. Epidemiol Bull 34/2019

World Health Organization (2018) WHO Expert consultation on rabies: third report (WHO technical report series no. 1012: 195). WHO Library Cataloguing-in-Publication Data

Arenaviren

Stefan Pöhlmann

Arenaviren tragen ein segmentiertes RNA-Genom, das Leserahmen mit beiden Polaritäten enthält (Ambisense-Kodierungsstrategie). Die Viren werden von Nagetieren auf den Menschen übertragen und können schwere Erkrankungen auslösen. Das Lassa-Virus und weitere afrikanische und südamerikanische Arenaviren verursachen hämorrhagische Fieber mit zum Teil tödlichem Verlauf. Das Lymphozytäre Choriomeningitisvirus (LCMV) kommt weltweit vor und kann bei immunkompetenten Personen eine aseptische Meningitis auslösen. Nach LCMV-Übertragung auf immunsupprimierte Patienten kommt es zu tödlichen Verläufen, die kongenitale Infektion kann zu Fehlbildungen des fetalen Gehirns führen. LCMV ist außerdem ein wichtiges Modellpathogen für immunologische Studien.

Fallbeispiel

In einem Distriktkrankenhaus in Nigeria stellt sich eine 25-jährige multigravide Frau in der 29. Schwangerschaftswoche mit Fieber und Bauchschmerzen vor. Sie ist in einen schlechten Allgemeinzustand, anikterisch, nichtdehydriert, Herzfrequenz 105/min, Atemfrequenz 27/min, Temperatur 38,6 °C und RR 90/50 mmHg. Die gynäkologische Untersuchung ist unauffällig, fetale Herzfrequenz 157/min. Klinisch wird eine Malaria in der Schwangerschaft diagnostiziert und eine antiparasitäre Therapie eingeleitet, zusätzlich werden ein Antibiotikum und Paracetamol verordnet. Der Allgemeinzustand verschlechtert sich aber weiter, und am nächsten Tag tritt eine vaginale Blutung auf. Laboruntersuchungen sind nur beschränkt möglich, es werden aber eine Proteinurie und ein erhöhter Wert der Glutamat-Pyruvat-Transaminase (GPT; 449 U/l) gemessen. Es wird die Verdachtsdiagnose eines viralen hämorrhagischen Fiebers (VHF) gestellt, ein Barrier-Nursing eingerichtet und Ribavirin angesetzt. Am nächsten Tag kommt es zum vorzeitigen Blasensprung und zur vaginalen Entbindung eines gesunden Jungen. Das Blut der Mutter wird in ein Zentrum gebracht, hier ist eine RT-PCR auf Lassa-Virus positiv. Die Mutter erholt sich in den nächsten Wochen, die RT-PCR-Untersuchungen beim Baby sind mehrfach negativ.

Steckbrief

Arenaviren sind membranumhüllte RNA-Viren mit 50–300 nm Durchmesser. Sie werden von Nagern auf den Menschen übertragen und sind in Afrika und Südamerika für Ausbrüche von hämorrhagischem Fieber verantwortlich.

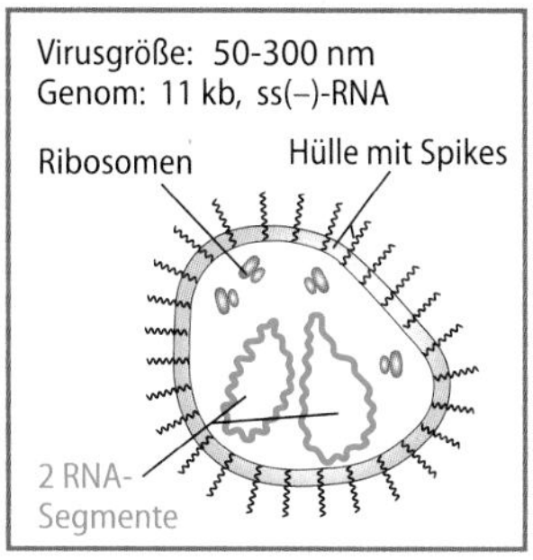

61.1 Aufbau und Vermehrungsstrategie

Aufbau von Viruspartikeln

Arenaviruspartikel sind pleomorph, ihr Durchmesser variiert zwischen 50 und 300 nm. Sie tragen eine Hüllmembran, die von der Wirtszelle stammt. Das Virusinnere enthält neben viralen Proteinen und Nukleinsäuren auch Ribosomen, die ihren Ursprung in der Wirtszelle haben und für den Namen der Viren verantwortlich sind: Bei elektronenmikroskopischer Betrachtung verleihen sie den Viruspartikeln ein sandiges (lat.: „arenosus“) Aussehen.

Frühere Version von D. Falke

S. Suerbaum et al. (Hrsg.), *Medizinische Mikrobiologie und Infektiologie*,
https://doi.org/10.1007/978-3-662-61385-6_61

Genomstruktur

Die Membranhülle der Arenaviren umschließt ein einzelsträngiges RNA-Genom. Die genomische Information ist auf ein kleines (small, S) und ein großes Segment (large, L) verteilt. Jedes Segment kodiert 2 Proteine: Die Leserahmen für das Glykoprotein (GP) und das Nukleoprotein (NP) liegen auf dem S-Segment, während die Leserahmen für die Polymerase (L-Protein) und das Z-Protein auf dem L-Segment lokalisiert sind.

Eine Besonderheit der Arenaviren ist, dass die beiden Leserahmen eines jeden Segments eine gegenläufige Polarität aufweisen. Man spricht daher von einer **Ambisense-Kodierung**. Zwischen den Leserahmen liegen intergenische Regionen (IGR), die ausgeprägte Sekundärstrukturen ausbilden und als Terminatoren der Transkription fungieren. An den Enden der genomischen Segmente findet man hochkonservierte, weitgehend komplementäre, nichttranslatierte Bereiche, die pfannenstielähnliche Strukturen ausbilden und als Promotoren für mRNA-Synthese und Genomreplikation dienen.

Funktion viraler Proteine

Das **Glykoprotein** (GP) ist für den Eintritt von Arenaviren in Zellen verantwortlich. Es wird als Vorläuferprotein GPC synthetisiert und durch Wirtszellproteasen in das Signalpeptid und die Untereinheiten GP1 und GP2 gespalten. Die proteolytische Prozessierung ist für die virale Infektiosität wichtig. Ungewöhnlich ist die Rolle des Signalpeptids in der Arenavirusvermehrung: Es weist eine hohe Stabilität auf und ist für die normale GP-Expression und -Funktion notwendig.

Das **Nukleoprotein** (NP) bindet an die genomische RNA und ist Bestandteil des Nukleokapsids. Das L-Protein ist als RNA-abhängige RNA-Polymerase für die Bildung von mRNAs und für die Genomreplikation zuständig. Das Z-Protein fungiert als Matrixprotein und ist für die Bildung neuer Viren wichtig.

Vermehrung

Das GP-Protein vermittelt den ersten Schritt im viralen Vermehrungszyklus, die Bindung von Arenaviren an Zielzellen sowie die Fusion der viralen Hülle mit einer endolysosomalen Membran. Die Membranfusion erlaubt das Einschleusen des viralen Nukleokapsids in das zelluläre Zytoplasma, den Ort der viralen Replikation, die durch das L-Protein getrieben wird. Da die Leserahmen für NP und L negative Polarität aufweisen und die genomische RNA – trotz positiver Polarität der Leserahmen für GP- und Z-Protein – nicht als mRNA dienen kann, ist die Aufnahme von L-Protein in Arenaviruspartikel für die virale Infektiosität essenziell.

Das Z-Protein fungiert als negativer Regulator der Genomreplikation und der mRNA-Synthese und vermittelt Zusammenbau und Abschnürung neuer Viruspartikel von der Zytoplasmamembran.

61.2 Einteilung, Übertragung und Rolle als Krankheitserreger

Einteilung und natürliches Reservoir

Die Familie Arenaviridae gehört zur Ordnung Bunyavirales und enthält 4 Genera, Antennavirus (Viren infizieren Fische), Hartmanivirus und Reptarenavirus (Viren infizieren Schlangen) sowie Mammarenavirus (Viren infizieren Säugetiere). Aufgrund ihrer serologischen Eigenschaften werden Arenaviren auch in **Altwelt-Arenaviren** (Lassa/ Lymphozytäre Choriomeningitis-Serokomplex) und **Neuwelt-Arenaviren** (Tacaribe-Serokomplex, 3 Untergruppen) unterteilt ◘ Tab. 61.1). Nagetiere sind, mit wenigen Ausnahmen, das natürliche Reservoir der Mammarenaviren.

Arenavirales hämorrhagisches Fieber

Die Altwelt-Arenaviren Lassa- und Lujo-Virus sowie mehrere Neuwelt-Arenaviren der Gruppe B, u. a. **Junin-Virus** (JUNV) und Guanarito-Virus (GTOV)], können **hämorrhagisches Fieber** (HF) auslösen. Die Fähigkeit, HF auszulösen, scheint bei Neuwelt-Arenaviren mit der Rezeptornutzung assoziiert zu sein: Viren, die HF verursachen, können das Protein Transferrin-Rezeptor 1 (TfR1) für den Eintritt in menschliche Zellen nutzen. Diese Eigenschaft haben die Viren vermutlich während der Koevolution mit ihren Nagerwirten erworben. Es ist möglich, dass TfR1 eine direkte Rolle in der viralen Pathogenese spielt: Zellen, die sich schnell teilen, zeigen eine verstärkte TfR1-Expression. Die Teilung von Immunzellen im Zuge des Aufbaus einer antiviralen Immunantwort könnte daher zur Produktion neuer Zielzellen für humanpathogene Arenaviren führen. Ein Zusammenhang zwischen Rezeptornutzung und Pathogenese wurde auch für das Altwelt-Arenavirus Lassa-Virus (LASV) vorgeschlagen, das α-Dystroglykan für den Eintritt in Zielzellen verwendet. α-Dystroglykan interagiert mit der extrazellulären Matrix, und diese Interaktion könnte durch das Virus gestört werden.

Lymphozytäre Choriomeningitis-Virus-Infektion

Im Gegensatz zu den HF-assoziierten Arenaviren ist das **Lymphozytäre Choriomeningitis-Virus (LCMV)** weltweit verbreitet, seine klinische Bedeutung ist aber gering. Die kongenitale LCMV-Infektion kann jedoch zur permanenten Schädigung von Retina und Gehirn führen, und die LCMV-Infektion von immunsupprimierten Patienten nach Organübertragung kann mit schwerer Symptomatik und tödlichem Verlauf verbunden sein.

■ **Tab. 61.1** Familie der Arenaviren, Genus Mammarenavirus. (Ausgewählte Vertreter)

Spezies	Reservoir	Vorkommen	Erkrankung des Menschen
Altwelt-Arenaviren (Lassa/Lymphozytäre-Choriomeningitis-Serokomplex)			
Lassa-Virus (LASV)	Natal-Vielzitzenmaus	Westafrika	Hämorrhagisches Fieber
Mopeia-Virus (MOPV)	Natal-Vielzitzenmaus	Mosambik, Simbabwe	Nicht beschrieben
Lymphozytäres Choriomeningitisvirus (LCMV)	Haus- und Waldmaus	Weltweit	Meningitis, Enzephalitis, kongenitale Fehlbildungen, multiples Organversagen nach Transplantation
Neuwelt-Arenaviren (Tacaribe-Serokomplex)			
Gruppe A			
Pichindé-Virus (PICV)	Reisratte	Kolumbien	Nicht beschrieben
Gruppe B			
Junín-Virus (JUNV)	Vespermäuse, Azara-Grasmaus	Argentinien	Hämorrhagisches Fieber
Gruppe C			
Oliveros-Virus (OLVV)	Argentinische Bolomaus	Argentinien	Nicht beschrieben
Gruppe D			
Bear Canyon-Virus	Großohr-Buschratte	USA	Nicht beschrieben

Im Labor ist LCMV ein wichtiges Werkzeug: Am Beispiel der LCM wurde die Existenz von zytotoxischen T-Lymphozyten und deren MHC-Restriktion nachgewiesen (Zinkernagel und Doherty, Medizin-Nobelpreis 1996) und die virusbedingte Immuntoleranz entdeckt. Außerdem wurden Immunkomplexerkrankungen und die Rolle von T-Zell-Antworten bei chronischen Virusinfektionen erfolgreich im LCM-Modell untersucht.

■ Interferonantagonismus als Pathogenitätsfaktor?

Eine Reihe von Altwelt- und Neuwelt-Arenaviren wie Mopeia- und Pichinde-Virus werden nicht mit Erkrankungen im Menschen in Verbindung gebracht, obwohl die Möglichkeit zur zoonotischen Übertragung auf den Menschen gegeben scheint. Eine Studie mit Zellkultursystemen liefert eine mögliche Erklärung: Die Z-Proteine pathogener Arenaviren wurden als Inhibitoren der Interferonproduktion identifiziert, während die Proteine apathogener Arenaviren inaktiv waren.

61.2.1 Ausgewählte Vertreter

Lassa-Virus (LASV)

■■ Epidemiologie

Die erste Lassa-Fieber-Erkrankung wurde 1969 bei einer Krankenschwester in der Stadt Lassa in Nigeria dokumentiert. Heute ist bekannt, dass LASV in Westafrika endemisch ist, insbesondere in Sierra Leone, Guinea, Liberia und Nigeria. Man schätzt, dass sich in Westafrika jährlich bis zu 500.000 Personen mit LASV infizieren und etwa 5000 Patienten an der Infektion versterben. Aufgrund der hohen Seroprävalenz in verschiedenen Regionen ist davon auszugehen, dass das Virus deutlich häufiger auf den Menschen übertragen wird, jedoch ein substanzieller Teil der Infektionen asymptomatisch oder nur mit milden Symptomen verläuft.

■■ Übertragung

Das natürliche Reservoir von LASV sind Nagetiere der Gattung Mastomys (Natal-Vielzitzenmaus), die persistent und asymptomatisch mit dem Virus infiziert sind und das Virus über Urin und Kot ausscheiden. Die Übertragung auf den Menschen erfolgt über den Kontakt mit virushaltigen Ausscheidungen oder über Aerosole, die z. B. beim Reinigen kontaminierter Flächen entstehen können. Außerdem kann die Übertragung durch Verzehr kontaminierter Nahrung oder von infizierten Tieren erfolgen.

Eine Mensch-zu-Mensch-Übertragung ist bei Kontakt mit virushaltigem Gewebe, Körperflüssigkeiten und Exkreten möglich und erfolgt insbesondere in Krankenhäusern in denen grundlegende hygienische Schutzmaßnahmen nicht angewendet werden bzw. die entsprechenden Ressourcen dafür fehlen.

■■ Klinik

Die Inkubationszeit beträgt 7–21 Tage. Danach stellen sich grippeähnliche Symptome ein wie Fieber,

Schwäche und Kopfschmerzen. Gastrointestinale Beschwerden wie Übelkeit und Diarrhö sind ebenfalls häufig. Die unspezifische Symptomatik erschwert die korrekte Diagnose der Erkrankung.

Eine hohe Viruslast weist auf einen schweren Verlauf hin. In diesen Fällen kommt es ab dem 6. Tag nach Beginn der Symptomatik zu einer raschen Verschlechterung des Zustands der Patienten, die u. a. akute Atemschwierigkeiten, Enzephalopathie und Schleimhauteinblutungen entwickeln können. Taubheit wird in der späten Phase sowie bei Rekonvaleszenten beobachtet. 10–20 % der Patienten mit schweren Verläufen sterben an der Infektion. Das Risiko für einen tödlichen Verlauf steigt bei einer Schwangerschaft, insbesondere im 3. Trimester.

▪▪ Prävention, Therapie und Labordiagnose

Eine Schutzimpfung steht nicht zur Verfügung, Präventionsmaßnahmen zielen daher auf die Vermeidung des Kontakts mit Nagern ab. Ribavirin wird zur Behandlung von Lassa-HF eingesetzt, die Wirksamkeit ist jedoch begrenzt, und ein Therapieerfolg wird nur bei früher Gabe erzielt. Der Einsatz von Favipiravir, das eine breite Wirkung gegen RNA-Viren aufweist, könnte eine Option von Lassa-HF darstellen.

Die Labordiagnostik sollte durch ein Speziallabor erfolgen (Arbeiten mit LASV müssen in einem Labor der Sicherheitsstufe 4 durchgeführt werden) und ist auf den Nachweis von viralem Antigen, viraler RNA und Anti-LASV-Antikörpern durch IFT, PCR, bzw. ELISA fokussiert. Aufgrund der hohen Sequenzvariabilität zwischen LASV-Isolaten fallen jedoch bis zu 30 % der Antikörpernachweisreaktionen falsch negativ aus und der Aufbau einer RT-PCR, die alle LASV-Isolate erkennt, ist schwierig.

Junin-Virus (JUNV)

▪▪ Epidemiologie

JUNV induziert das Argentinische Hämorrhagische Fieber (AHF), das 1953 erstmals beschrieben wurde. AHF tritt hauptsächlich bei Landarbeitern in Nord- und Zentralargentinien während der Erntezeit auf. Seit seiner Entdeckung wurden jährlich AHF-Ausbrüche mit 300–1000 Fällen registriert. Nach Einführung einer Impfung gingen die Fallzahlen um das 10-Fache zurück.

▪▪ Übertragung

Vespermäuse und die Azara-Grasmaus sind das natürliche Reservoir für JUNV. Die Tiere entwickeln eine persistente Infektion und scheiden das Virus über Speichel, Urin und Kot aus. Die Übertragung von JUNV auf den Menschen erfolgt bei Kontakt verletzter Hautstellen mit kontaminiertem Material oder durch Einatmen virushaltiger Aerosole. Die nosokomiale Übertragung von JUNV wurde beschrieben.

▪▪ Klinik

Die Inkubationszeit beträgt 6–12 Tage. Anschließend entwickeln die Patienten Fieber und grippeähnliche Symptome, ähnlich wie nach LASV-Infektion. In der 2. Woche treten häufig Petechien im Achselbereich, Enantheme der Mundschleimhaut und Zahnfleischbluten auf. Das Fieber bleibt bestehen, eine ZNS-Beteiligung ist möglich. Bei schweren Verläufen kommt es zu Krämpfen, Delirium und Schock. Die Sterblichkeitsrate unbehandelter AHF-Patienten liegt bei 15–30 %.

▪▪ Prävention, Therapie und Labordiagnose

Ein attenuierter Lebendimpfstoff steht zur Verfügung. Die Transfusion von Plasmen von Rekonvaleszenten führt zur markanten Reduktion der AHF-bedingten Sterblichkeit. Sie kann mit neurologischen Spätfolgen behaftet sein, dem sog. **späten neurologischen Syndrom** („late neurological syndrome“, LNS), dessen Ursache gegenwärtig unklar ist. Die Behandlung mit Ribavirin ist wirksam. Virale RNA und Proteine sind während der akuten Phase der Erkrankung nachzuweisen, anschließend können Antikörper detektiert werden.

Lymphozytäres Choriomeningitisvirus (LCMV)

▪▪ Epidemiologie

Das LCMV wurde 1933 erstmals isoliert. Die Gefahr einer LCMV-Infektion besteht weltweit, da das natürliche Reservoir des Virus weltweit verbreitet ist. Obwohl das Virus u. a. Meningitis in immunkompetenten Personen induzieren kann, ist die Datenlage zu LCMV-Seropositivität in der Bevölkerung sowie in Patienten mit ZNS-Symptomatik ungenügend. Untersuchungen in den USA und Deutschland deuten darauf hin, dass etwa 5–10 % der Bevölkerung Antikörper gegen LCMV tragen. Die kongenitale LCMV-Infektion hat schwere Konsequenzen für den Fetus, doch belastbare Zahlen zur Häufigkeit stehen auch hier kaum zur Verfügung.

▪▪ Übertragung

Hausmäuse stellen das wichtigste natürliche Reservoir für LCMV dar. Auch Hamster können als Reservoir dienen. Die vertikale Übertragung des Virus vom Muttertier auf die (noch nicht immunkompetenten) Nachkommen führt bei den meisten Nagern zu einer persistenten Infektion, da die Tiere keine wirksame Immunantwort gegen das Virus entwickeln können, man spricht von **Immuntoleranz.**

Infizierte Tiere scheiden lebenslang große Mengen an LCMV über Urin, Fäzes und Speichel aus. Die Übertragung auf den Menschen erfolgt nach direktem Kontakt mit den Ausscheidungen, Aufnahme kontaminierter Nahrung sowie über virushaltige Aerosole.

Bei Übertragung des Virus auf immunkompetente Mäuse entwickelt sich eine robuste Antwort zytotoxischer T-Zellen (CTL). Die CTL-Antwort eliminiert zwar virusbefallene Zellen, ist jedoch auch für die nach LCMV-Infektion beobachtete Gewebeschädigung verantwortlich. Die Virusinfektion allein ist nicht zytopathogen.

Das Virus kann kongenital sowie bei Organtransplantation von Mensch zu Mensch übertragen werden.

▪▪ Klinik

Vermutlich verläuft die LCMV-Infektion bei immunkompetenten Personen häufig asymptomatisch. Symptomatische Verläufe sind biphasisch, analog zur Infektion mit anderen Arenaviren: Nach 1–2 Wochen Inkubationszeit stellt sich zunächst eine fiebrige Erkrankung ein, anschließend können Patienten neurologische Symptome entwickeln, insbesondere eine aseptische Meningitis. Die Prognose ist jedoch gut, und die Verläufe sind meistens mild.

Bei den sehr seltenen schweren Verläufen kommt es zu einer stärkeren ZNS-Symptomatik wie Enzephalitis und Guillain-Barré-Syndrom. Andere Organe können auch betroffen sein, so wurden u. a. Orchitis, Myokarditis und Parotitis dokumentiert. Auch tödliche Verläufe sind möglich.

Die kongenitale LCMV-Infektion ist mit schweren Folgen behaftet wie Spontanaborte und Hirnschädigungen (Hydrozephalus, Chorioretinitis) beim Neugeborenen. Ein meist tödlicher Verlauf wurde bei LCMV-Infektion nach Organtransplantation beobachtet, Grund ist die intensive Immunsuppression. Ähnliche Befunde wurden für ein LCMV-verwandtes Arenavirus, das Dandenong-Virus, berichtet.

▪▪ Prävention, Therapie und Labordiagnose

Zentrale Präventionsmaßnahme ist die Vermeidung des Kontakts mit Nagerausscheidungen. Dies sollte insbesondere von schwangeren Frauen befolgt werden. Eine Impfung steht nicht zur Verfügung. Ribavirin ist in Zellkultur wirksam, es gibt aber nur begrenzte Daten zum klinischen Nutzen bei LCMV-infizierten Patienten. Die Labordiagnostik erfolgt über Virusisolation und Erregernachweis via RT-PCR, die Bildung von Antikörpern gegen LCMV wird mittels IFT und ELISA nachgewiesen.

In Kürze: Arenaviren

- **Virus:** Membranumhüllt, (–)ssRNA, 2 Segmente, Ambisense-Kodierungsstrategie.
- **Epidemiologie und Übertragung:** Arenaviren, die hämorrhagisches Fieber induzieren: Lassa-Virus in Afrika, jährlich bis zu 500.000 Infektionen. Junín-Virus u. a. in Südamerika. Lymphozytäre Choriomeningitisvirus ist weltweit verbreitet. Nagetiere sind das natürliche Reservoir, die Übertragung auf den Menschen erfolgt über virushaltigen Speichel, Urin und Fäzes.
- **Klinik:** Biphasischer Verlauf: Inkubationszeit 1–3 Wochen. In der 1. Phase grippeähnliche und häufig auch gastrointestinale Symptomatik. In der 2. Phase hämorrhagisches Fieber mit Multiorganbeteiligung, insbesondere ZNS-Symptomatik (Lassa-Virus, Junín-Virus und weitere südamerikanische Arenaviren). Meningitis nach Infektion mit Lymphozytäre Choriomeningitisvirus, schwere Verläufe bei Immunsuppression. Infektion während der Schwangerschaft kann bei Neugeborenen zu schweren Gehirnschäden führen.
- **Labordiagnose:** Virusisolierung, Immunfluoreszenztest, ELISA, RT-PCR.
- **Therapie:** Ribavirin, Plasmatransfusion bei Infektion mit Junín-Virus.
- **Prävention:** Bekämpfung von Nagern und Beseitigung der Ausscheidungen. Attenuierter Lebendimpfstoff gegen Junín-Virus-Infektion.
- **Meldepflicht:** Direkter oder indirekter Nachweis des Lassa-Virus. Generell: Krankheitsverdacht, Erkrankung und Tod an virusbedingtem hämorrhagischem Fieber.

Weiterführende Literatur

Bonthius DJ (2012) Lymphocytic choriomeningitis virus: an underrecognized cause of neurologic disease in the fetus, child, and adult. Semin Pediatr Neurol 19(3):89–95

Fischer SA et al (2006) Transmission of lymphocytic choriomeningitis virus by organ transplantation. N Engl J Med 354(21):2235–2249

Gómez RM et al (2011) Junín virus. A XXI century update. Microbes Infect. 13:303–311

McLay L, Liang Y, Ly H (2014) Comparative analysis of disease pathogenesis and molecular mechanisms of new world and old world arenavirus infections. J Gen Virol 95:1–15

Palacios GA (2008) A new arenavirus in a cluster of fatal transplant-associated diseases. N Engl J Med 358(10):991–998

Radoshitzky SR (2015) Past, present, and future of arenavirus taxonomy. Arch Virol 160:1851–1874

Sarute N (2017) Ross SR (2017) New World Arenavirus Biology. Annu Rev Virol 4(1):141–158

Sogoba N, Feldmann H, Safronetz D (2012) Lassa fever in West Africa: evidence for an expanded region of endemicity. Zoonoses Public Health 59(Suppl2):43–47

Vela E (2012) Animal models, prophylaxis, and therapeutics for arenavirus infections. Viruses 4:1802–1829

Xing J, Hinh L, Liang Y (2015) The Z proteins of pathogenic but not nonpathogenic arenaviruses inhibit RIG-i-like receptor-dependent interferon production. J Virol 89(5):2944–2955

Yun NE, Walker DH (2012) Pathogenesis of lassa fever. Viruses 4:2031–2048

Zhou X et al (2012) Role of lymphocytic choriomeningitis virus (LCMV) in understanding viral immunology: past, present and future. Viruses 4:2650–2669

Bunyaviren

Stefan Pöhlmann und Martin Spiegel

Im Zuge einer taxonomischen Neueinteilung im Jahr 2017 wurde die bisherige Familie der Bunyaviren (Bunyaviridae) zur Ordnung der Bunyaviren (Bunyavirales) erweitert. In diesem Taxon sind neben den früheren Mitgliedern der Familie Bunyaviridae auch die Arenaviren (▶ Kap. 61) sowie zahlreiche neu entdeckte Virusspezies zusammengefasst. Die Ordnung der Bunyaviren umfasst derzeit 12 Virusfamilien mit 287 Spezies, ihre Mitglieder sind RNA-Viren mit 2- bis 5-fach segmentiertem Genom. Alle bisher bekannten humanpathogenen Bunyaviren besitzen ein 2- (Arenaviridae) oder 3-fach segmentiertes Genom. Die beim Menschen durch Bunyaviren ausgelösten Erkrankungen reichen von relativ milden grippeähnlichen Krankheitsbildern bis zu tödlich verlaufenden hämorrhagischen Fiebern. Mit Ausnahme der Arena- und Orthohantaviren, die einen aerogenen Übertragungsweg besitzen, werden humanpathogene Bunyaviren durch Arthropoden (z. B. Stechmücken oder Zecken) auf den Menschen übertragen („*ar*thropod-*bo*rne viruses"; ▶ Kap. 55).

Fallbeispiel

Ein 28-jähriger Förster, der in der Nähe von Osnabrück wohnt, erkrankt aus völligem Wohlbefinden heraus plötzlich mit Kopfschmerzen, Gliederschmerzen, Schüttelfrost und Schmerzen in beiden Flanken. Der Patient denkt, er sei an Grippe erkrankt und geht zunächst nicht zum Arzt. Bei Verschlechterung des Allgemeinzustands bringt ihn seine Ehefrau dann aber 3 Tage später doch zum Hausarzt. Dieser findet auffällige Laborbefunde (Thrombozyten 55.000/μl, Kreatinin 2,4 mg/dl, CRP 49 mg/dl) und weist den Patienten stationär ein. Aufgrund einer beginnenden Niereninsuffizienz mit einem Kreatininwert von jetzt 3,9 mg/dl wird der Patient sofort auf die Intensivstation verlegt und mittels forcierter Diurese behandelt. Es wird an eine Sepsis mit sekundärer Nierenbeteiligung oder an eine Leptospirose gedacht. Auslandsaufenthalte haben nicht stattgefunden. Bei serologischen Untersuchungen auf verschiedene Erreger ist dann der hochtitrige Nachweis von IgG- und IgM-Antikörpern gegen das Hantavirus vom Typ Puumala wegweisend.

Steckbrief

Virusgröße: 100 nm
Genom: 12 kb, ss(–)-RNA

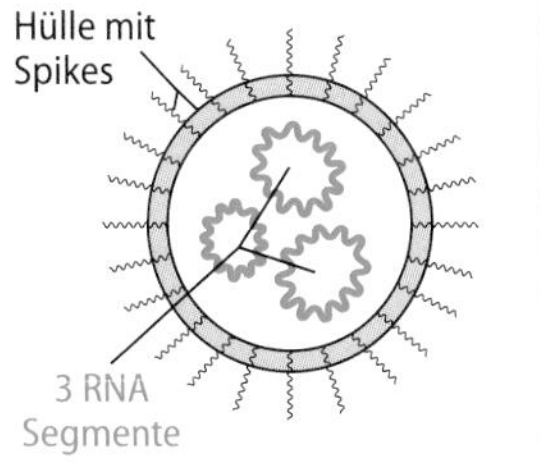

Geschichte

Im Jahr 1931 wurde ein Rift-Valley-Fieber-Ausbruch in Kenia (ausgelöst durch das Rift-Valley-Fever-Virus, Genus Phlebovirus, Familie Phenuiviridae) beschrieben. Dies dokumentierte erstmals eine durch Bunyavirusinfektion ausgelöste Erkrankung.

1944/1945 kam es auf der Krim-Halbinsel unter sowjetischen Soldaten zum Ausbruch eines hämorrhagischen Fiebers, das durch die Infektion mit dem sog. Crimean-Congo hemorrhagic fever virus (CCHFV), einem Orthonairovirus aus der Familie Nairoviridae hervorgerufen wird.

1934 wurde erstmals in Skandinavien eine Infektionserkrankung beschrieben, die grippeähnlich beginnt und zu einer transienten Niereninsuffizienz führt. Diese Erkrankung, „Nephropathia epidemica" genannt, wird durch ein Orthohantavirus, das Puumula-Virus hervorgerufen.

Während des Koreakrieges (1950–1953) trat bei US-amerikanischen Truppen eine Nephropathia-epidemica-ähnliche, aber schwerer verlaufende Erkrankung auf. 1977 konnte ein weiteres Orthohantavirus, das Hantaan-Virus, das nach dem koreanischen Fluss Hantan benannt ist, als Auslöser identifiziert werden.

Diese und andere Erkrankungen (einschließlich der Nephropathia epidemica), die von Orthohantaviren in Europa, Afrika und Asien hervorgerufen werden, werden unter dem Begriff „hämorrhagisches Fieber mit renalem Syndrom" (HFRS) zusammengefasst.

In Nord-, Mittel- und Südamerika auftretende Orthohantaviren können das Hantavirus-assoziierte (kardio)pulmonale Syndrom

Frühere Versionen von D. Falke

S. Suerbaum et al. (Hrsg.), *Medizinische Mikrobiologie und Infektiologie*,
https://doi.org/10.1007/978-3-662-61385-6_62

(HPS/HCPS) auslösen, das erstmals 1993 in den USA diagnostiziert wurde. Es ist durch abrupten Beginn eines interstitiellen Ödems der Lunge mit Versagen von Atmung und Herz charakterisiert und verläuft in ca. 30 % tödlich.

Im Jahr 2011 wurden 2 neue humanpathogene Vertreter der Familie Phenuiviridae beschrieben, die schwere Erkrankungen beim Menschen auslösen können: das Severe-fever-with-thrombocytopenia-syndrome-Virus (SFTSV) in China sowie das Heartland-Virus in den USA.

62.1 Beschreibung des Virus

■ Genom

Humanpathogene Bunyaviren der Familien Peribunyaviridae, Hantaviridae, Phenuiviridae und Nairoviridae enthalten (–)ssRNA (einzelsträngige RNA mit negativer Polarität) als genomische RNA, die in 3 verschieden großen Segmenten mit insgesamt 12–18 kb vorliegt:

- Das größte Segment (L) kodiert die virale RNA-abhängige RNA-Polymerase,
- das mittlere Segment (M) die viralen Hüllproteine und
- das kleine Segment (S) das Nukleoprotein.

Bei einigen Bunyaviren mit 3-fach segmentiertem Genom befindet sich auf dem S-Segment ein zusätzliches Gen für ein Nichtstrukturprotein (NSs), das als Pathogenitätsfaktor wirkt. Terminal invertierte Sequenzen (TIS) halten die RNA-Segmente quasi zirkulär in pfannenstielähnlicher Form zusammen.

62

■ Morphologie und Resistenz

Die Hüllmembran des Virus enthält das virale Glykoprotein, das sich aus 2 Untereinheiten, Gn und Gc, zusammensetzt. Im Virusinnern befinden sich 3 mit der viralen Polymerase assoziierte helikale Nukleokapside (Komplexe aus genomischer RNA und Nukleoprotein). Bunyaviruspartikel sind sphärisch oder oval, ihr Durchmesser beträgt etwa 100 nm.

Bunyaviren können unter geeigneten Umweltbedingungen lange infektiös bleiben. So übersteht das Rift-Valley-Fever-Virus in infizierten Moskitoeiern ausgedehnte Trockenperioden, ohne seine Infektiosität zu verlieren, und die Exkremente von Orthohantavirus-infizierten Mäusen bleiben über Tage infektiös.

■ Züchtung

Humanpathogene Bunyaviren lassen sich in Mäusen oder in Zellkultur züchten. Der Syrische Goldhamster kann als Modell für das HCPS nach Andes-Virusinfektion dienen. Die experimentelle Infektion von Javaneraffen mit Puumala-Virus induziert eine Nephropathia-epidemica-ähnliche Symptomatik.

■ Einteilung

Die Ordnung der Bunyaviren (Bunyavirales) enthält 5 Familien mit humanpathogenen Vertretern (◘ Tab. 62.1):

- Arenaviridae (► Kap. 61)
- Peribunyaviridae
- Hantaviridae
- Nairoviridae
- Phenuiviridae

Allen humanpathogenen Bunyaviren ist gemeinsam, dass sie nicht nur den Menschen infizieren, sondern mindestens eine weitere Säugetierspezies, die als Virusreservoir fungiert. Die Übertragung auf den Menschen erfolgt im Wesentlichen auf 2 Wegen:

- Orthobunya-, Orthonairo- und Phlebo- und Banyangviren werden als sog. **Arboviren** (abgeleitet von „*ar*thropod-*bo*rne viruses"; ► Kap. 55) durch Arthropoden auf den Menschen übertragen.
- Die Übertragung der Orthohantaviren (und Arenaviren -> ► Kap. 61) erfolgt aerogen über Nagerexkremente.

Eine direkte Übertragung von Mensch zu Mensch ist für einige Bunyaviren nachgewiesen, spielt aber für ihre Verbreitung keine wesentliche Rolle.

62.2 Rolle als Krankheitserreger

62.2.1 Orthohantaviren

■ ■ Epidemiologie

Nagetiere sind das natürliche Reservoir der Orthohantaviren. **Das Auftreten von Hantaviruserkrankungen deckt sich geografisch mit der Verbreitung der jeweiligen Reservoirspezies.** Neueren Arbeiten zufolge können auch Maulwürfe und Fledermäuse als Reservoir für Orthohantaviren dienen. Ob die entsprechenden Viren jedoch für den Menschen pathogen sind, ist noch unklar.

Die Infektion der Reservoirspezies erfolgt persistent und vermutlich asymptomatisch. Allerdings gibt es Hinweise darauf, dass sie die Fähigkeit der Tiere verringert, die Wintermonate zu überleben. Trotz einer neutralisierenden Antikörperantwort kommt es zur deutlichen Virusvermehrung in den infizierten Tieren, und die Viren werden über Fäzes, Urin und Speichel ausgeschieden.

Jährlich kommt es weltweit schätzungsweise zu 150.000–200.000 Hantaviruserkrankungen beim Menschen, die überwiegende Mehrheit davon betrifft China. Die Fallzahlen in Deutschland schwanken (n = 281 im Jahr 2016, n = 1731 im Jahr 2017), am häufigsten wird die Infektion mit dem Puumala-Virus beobachtet.

■■ Übertragung

Die Übertragung von Orthohantaviren auf den Menschen erfolgt über Aerosole aus virushaltigen Fäzes, Urin und Speichel sowie durch Bisse. Orthohantaviren werden mit Ausnahme des Andes-Virus nicht von Mensch zu Mensch übertragen.

■■ Klinik und Pathogenese

Die Infektion mit Altwelt-Hantaviren (z. B. Hantaan-Virus, Puumala-Virus, Seoul-Virus, Dobravavirus) hemmt die Nierenfunktion und verursacht das **hämorrhagische Fieber mit renalem Syndrom (HFRS),** während Neuwelt-Hantaviren (z. B. Sin-Nombre-Virus, Andes-Virus) eine kardiopulmonale Erkrankung auslösen, das **(Hantavirus-assoziierte (kardio)pulmonale Syndrom) (HPS/(HCPS).**

Bei **HFRS** beobachtet man nach einer Inkubationszeit von häufig 2–3 Wochen einen abrupten Beginn der Erkrankung: Die Patienten entwickeln hohes Fieber, gefolgt von relativ unspezifischen Symptomen wie Schüttelfrost und Gliederschmerzen. Anschließend kommt es zu einem Abfall des Blutdrucks bis hin zum kardiogenen Schock, außerdem entwickeln die Patienten Einblutungen der Bindehaut des Auges und anderer Schleimhäute.

Das weitere Fortschreiten der Krankheit ist durch eine Einschränkung der Nierenfunktion gekennzeichnet, die bis zur Niereninsuffizienz gehen kann. Die Letalität hängt vom Virusstamm ab und beträgt bis zu 10 %. In Deutschland wird meist eine abgeschwächte Form des HFRS beobachtet, **Nephropathia epidemica,** die sich durch grippeähnliche Symptome mit Beeinträchtigung der Nierenfunktion auszeichnet.

Der Verlauf des **HPS/HCPS** ist zunächst dem des HFRS ähnlich: Nach einer Inkubationszeit (typischerweise 2 Wochen) treten unspezifische Symptome auf, anschließend entwickeln die Patienten Hypotension und es besteht die Gefahr eines tödlichen kardiogenen Schocks. Die HPS/HCPS-spezifische Symptomatik umfasst Atemnot, Husten, Tachykardie und erniedrigten Blutdruck, es treten Lungenödeme und unter Umständen Lungenversagen auf. Die Letalität liegt bei bis zu 40 %.

Zentrale Ursache für die Entwicklung von HFRS und HPS/HCPS ist die Interferenz der Virusinfektion mit der Barrierefunktion des mikrovaskulären Endothels in Niere und Lunge (sowie in weiteren Organen). **Orthohantaviren befallen Endothelzellen, sie induzieren jedoch keine offensichtlichen zytopathischen Effekte.** Wie die Infektion das Endothel schädigt, ist unklar. Diskutiert werden eine Interferenz mit der Integrinfunktion sowie eine Schädigung des Endothels durch die virusinduzierte Immunantwort. Außerdem bemerkenswert:

- Pathogene Hantaviren unterdrücken die Typ-I-Interferonantwort.
- Alpha-Interferon (IFN-α) kann vor einem Verlust der Barrierefunktion des vaskulären Endothels schützen.

■■ Immunantwort

Mit Orthohantavirus infizierte Patienten bilden neutralisierende Antikörper, die Reinfektionen verhindern und über Jahrzehnte nachgewiesen werden können. Warum die Antikörper trotz des akuten Verlaufs der Hantavirusinfektion über lange Zeiträume gebildet werden, ist gegenwärtig unklar. Auch der Beitrag der T-Zell-Antwort zur Kontrolle der Hantavirusinfektion ist ungenügend verstanden.

■■ Labordiagnose

Der Nachweis von IgM/IgG Antikörpern gegen das Nukleokapsidprotein spielt eine zentrale Rolle in der Diagnostik. Als Nachweissysteme werden u. a. ELISA, IFT und Immunoblot eingesetzt. Außerdem ist der Nachweis von viraler RNA durch RT-PCR möglich. Der RT-PCR-basierte Nachweis viraler Sequenzen aus Vollblut liefert im Infektionsverlauf früher positive Ergebnisse als antikörperbasierte Nachweise. Der Test ist daher besonders geeignet, um z. B. eine mögliche Infektion nach Hantavirusexposition zeitnah abzuklären.

■■ Therapie und medikamentöse Prophylaxe

Es steht keine spezifische antivirale Therapie zur Verfügung. Ribavirin kann den Verlauf von HFRS mildern, scheint jedoch bei HPS/HCPS keine therapeutische Wirkung zu haben. Die Applikation von Antikörpern, die Hantaviren neutralisieren, hat in Tiermodellen eine schützende Wirkung.

■■ Impfung

In Deutschland ist kein Hantavirusimpfstoff zugelassen. Inaktivierte Viren werden zur Impfung in einigen asiatischen Ländern eingesetzt, es gibt jedoch widersprüchliche Berichte zum Impferfolg. So lange kein Impfstoff verfügbar ist, stellt die Vermeidung des Kontakts mit infizierten Tieren bzw. ihren Ausscheidungen den wirksamsten Schutz gegen die Hantavirusinfektion dar.

62.2.2 Weitere humanpathogene Bunyaviren (▫ Tab. 62.1)

Orthobunyaviren

Die **California-Virus-Enzephalitis** ist eine in den USA sehr selten auftretende Erkrankung, seit 1945 sind nur 4 zweifelsfreie Fälle dokumentiert worden.

Das **La-Crosse-Virus** verursacht im Südosten sowie im mittleren Westen der USA ca. 100 Enzephalitiden pro Jahr, vorwiegend bei Kindern und Jugendlichen bis 16 Jahren. Die überwiegende Anzahl an La-Crosse-Virusinfektionen verläuft inapparent oder mit Fieber, Kopfschmerzen, Abgeschlagenheit sowie Übelkeit und Erbrechen. Nur ein Bruchteil der klinisch apparenten Fälle nimmt einen neuroinvasiven Verlauf, der zur Enzephalitis führt, die mit Krampfanfällen, Lähmungen und Koma verbunden sein kann. Vektoren sind Stechmücken (Aedes spp.), Kleinsäuger wie Streifenhörnchen dienen als Virusreservoir.

Das **Tahyna-Virus** kommt in Mittel- und Südeuropa sowie Asien vor. In Endemiegebieten wie z. B. Mähren sind bis zu 80 % der Einwohner seropositiv. Vektoren sind Moskitos (Aedes, Culex spp. etc.), das Virusreservoir Igel, Hasen und Kaninchen. Das Krankheitsbild ist leicht („Sommergrippe“, Pharyngitis, Brechreiz, Erbrechen und Leibschmerzen). Eine aseptische Meningitis ist leicht und selten und tritt wie bei La-Crosse-Virusinfektionen bevorzugt bei Kindern auf. Im Gegensatz zu La-Crosse-Virusinfektionen sind für Tahyna-Virusinfektionen keine tödlichen Verläufe beschrieben.

Eine insbesondere im brasilianischen Amazonasgebiet häufig (auch epidemisch) auftretende Orthobunyavirusinfektion wird durch das **Oropouche-Virus** hervorgerufen, das u. a. durch Gnitzen (Culicoides paraensis) übertragen wird. Als Virusreservoir dienen insbesondere Faultiere und Vögel, bis zu einem gewissen Grad aber auch der Mensch.

Nach einer Inkubationszeit von 4–8 Tagen tritt eine Dengue-Fieber-ähnliche Erkrankung auf, die als **Oropouche-Fieber** bezeichnet wird und die durch plötzlich einsetzendes Fieber, Schüttelfrost, Kopf- und Gliederschmerzen sowie Appetitlosigkeit und Erbrechen gekennzeichnet ist. In seltenen Fällen kann es zu Exanthemen und dem Auftreten von Meningitiden kommen. Die Erkrankung ist selbstlimitierend und heilt in der Regel ohne Spätfolgen aus. Eine Impfung oder spezifische antivirale Therapie existiert nicht.

Orthonairoviren

Das Krim-Kongo-hämorrhagisches-Fieber-Virus (**Crimean-Congo hemorrhagic fever virus**, CCHFV) ist ein hauptsächlich von Schildzecken der Gattung Hyalomma übertragenes Orthonairovirus, das in Südosteuropa, Afrika und Asien auftritt. Während es bei infizierten Säugetieren (Schafe, Ziegen, Rinder, Hasen) nicht zu einer Erkrankung kommt, tritt beim Menschen nach 3–7 Tagen Inkubationszeit in 20 % ein hämorrhagisches Fieber auf.

Die Erkrankung beginnt mit plötzlich einsetzendem hohen Fieber, Muskelschmerzen und Benommenheit. Etwa 4 Tage nach Krankheitsbeginn beginnt die eigentliche hämorrhagische Phase. Am häufigsten treten Nasenbluten und Blutungen in Gastrointestinaltrakt, Uterus sowie Harn- und Atemwegen auf. Die Ausprägung der Hämorrhagien reicht von Petechien bis zu ausgedehnten Hämatomen.

Etwa 30 % der Patienten versterben an dem durch CCHFV ausgelösten hämorrhagischen Fieber in der 2. Woche der Erkrankung. Bei überlebenden Patienten beginnt die Rekonvaleszenzphase ca. 10 Tage nach Krankheitsbeginn. Es existiert weder ein Impfstoff noch eine wirksame antivirale Therapie.

Phleboviren

Das **Rift-Valley-Fever-Virus (RVFV)** infiziert Nutztiere (Rinder, Büffel, Schafe, Ziegen und Kamele), Wildtiere und den Menschen. Ursprünglich traten Infektionen nur in afrikanischen Ländern südlich der Sahara auf. Zwischenzeitlich hat sich das Virus jedoch fast auf dem gesamten afrikanischen Kontinent ausgebreitet. Im Jahr 2000 kam es auf der Arabischen Halbinsel (Saudi-Arabien und Jemen) erstmals zu einem Rift-Valley-Fieber-Ausbruch außerhalb Afrikas.

Verschiedene Faktoren dürften zur Ausbreitung von RVFV beitragen: ein ungenügend kontrollierter Handel mit Nutztieren, die große Anzahl an Stechmückenarten, die als RVFV-Vektoren geeignet sind, aber auch Klimaveränderungen.

Die Ansteckung erfolgt beim Menschen entweder durch Insektenstiche oder durch Kontakt mit Blut oder Organen infizierter Tiere, sowohl parenteral als auch über Aerosole. Viele Infektionen verlaufen inapparent. Bei symptomatischen Verlaufsformen tritt in der überwiegenden Zahl der Fälle nach einer Inkubationszeit von 2–6 Tagen eine grippeähnliche Erkrankung mit plötzlich einsetzendem Fieber, Muskel-, Gelenk- und Kopfschmerzen auf, die nach ca. einer Woche wieder abklingt.

In 0,5–2 % der symptomatischen Fälle kommt es zu schweren Verlaufsformen, die zu Blindheit, Meningoenzephalitis mit bleibenden Schäden oder Hepatitis und hämorrhagischem Fieber führen. Etwa die Hälfte der Patienten, bei denen die hämorrhagische Verlaufsform auftritt, verstirbt an der Infektion. Ein zugelassener Impfstoff steht für Menschen nicht zur Verfügung, für den veterinärmedizinischen Bereich gibt es aber sowohl Lebend- als auch Totimpfstoffe.

Tab. 62.1 Ausgewählte humanpathogene Vertreter der Ordnung Bunyavirales mit 3-fach segmentiertem Genom

Spezies§	Subspezies	Erkrankung	Vektor	Reservoir	Vorkommen
Familie Peribunyaviridae, Genus Orthobunyavirus					
California encephalitis	California encephalitis	Enzephalitis	Stechmücken (Aedes und Culex spp.)	Streifenhörnchen Eichhörnchen Feldhasen Kaninchen	USA (Kalifornien)
	La Crosse	Enzephalitis	Stechmücken (Aedes spp.)	Streifenhörnchen Füchse	USA
	Tahyna	Grippaler Infekt, Meningitis	Stechmücken (Aedes und Culiseta spp., Culex pipiens)	Eichhörnchen Igel Kaninchen	Mittel- und Osteuropa
Oropouche	Oropouche	Oropouche-Fieber	Stechmücken (Aedes und Culex spp.) Gnitzen (Culicoides paraensis)	Faultiere Vögel	Karibik, Panama, Brasilien
Familie Hantaviridae, Genus Orthohantavirus					
Hantaan	Hantaan	HFRS	Speichel sowie Aerosole von Kot, Urin	Waldmäuse	Korea, China
Seoul	Seoul	HFRS		Ratten	Weltweit
Dobrava-Belgrad	Dobrava	HFRS		Waldmäuse	Mittel- und Südeuropa
Puumala	Puumala	NE (milde Form des HFRS)		Rötelmäuse	Mittel-, Ost-, und Nordeuropa
Sin Nombre	Sin Nombre	HPS/HCPS		Hirschmäuse	Nord-, Mittel- und Südamerika
Andes	Andes	HPS/HCPS		Zwergreisratten	
Familie Nairoviridae, Genus Orthonairovirus					
CCHF	CCHF	HF	Schildzecken (Hyalomma spp., Haemaphysalis spp.)	Schafe Ziegen Rinder Hasen	Südosteuropa, Afrika, Asien
Familie Phenuiviridae, Genus Phlebovirus					
Rift-Valley-Fever	Rift-Valley-Fever	Grippaler Infekt Hepatitis Enzephalitis HF	Stechmücken (Aedes und Culex spp.)	Schafe Ziegen Rinder	Afrika, Arabische Halbinsel
Sandfly-Fever-Naples	Sandfly-Fever-Naples	Fieber	Sandmücken (Phlebotomus spp.)	Phlebotomus spp.	Mittelmeerregion
	Toskana	Meningitis Enzephalitis		Fraglich: Hunde	

Tab. 62.1 (Fortsetzung)

Spezies§	Subspezies	Erkrankung	Vektor	Reservoir	Vorkommen
Familie Phenuiviridae, Genus Banyangvirus					
Huaiyangshan	SFTS	Fieber Durchfall Erbrechen Thrombozytopenie Leukopenie	Schildzecken (Haemaphysalis longicornis, Rhipicephalus microplus)	Rinder Schafe Ziegen Hunde Katzen	China, Japan, Südkorea

CCHF, Crimean Congo hemorrhagic fever; HF, hämorrhagisches Fieber; HFRS, hämorrhagisches Fieber mit renalem Syndrom; HPS/HCPS, Hantavirus-assoziiertes (kardio)pulmonales Syndrom;
NE, Nephropathia epidemica; SFTS, Severe Fever with Thrombocytopenia Syndrome
§ Der vollständige Speziesname setzt sich zusammen aus dem Eigennamen gefolgt vom Namen der Gattung, z. B. California encephalitis orthobunyavirus

Verschiedene **Sandmückenfieber-Viren** zeigen eine unterschiedliche geografische Verteilung und rufen je nach Region und Typ leicht unterschiedliche Erkrankungen hervor, die unter dem Begriff Phlebotomus-Fieber (oder Papatacci-Fieber) zusammengefasst werden.

Als Beispiel sei hier das Toskanafieber genannt, das in der Toskana, in Sizilien, Neapel und den Mittelmeerländern vorkommt. Es wird vom **Toskanavirus**, einer Subspezies des **Sandfly-Fever-Naples-Virus** hervorgerufen. Von Spring- oder Rennmäusen wird es durch Phlebotomen (Sandmücken) auf den Menschen übertragen. Die Inkubationsperiode beträgt 2–6 Tage, es folgt eine grippeähnliche Erkrankung, dann eine Remission von 7 Tagen mit anschließender 7-tägiger (gutartiger) Meningitis. Viele Infektionen verlaufen asymptomatisch.

Banyangviren

Das **Severe Fever with Thrombocytopenia Virus** (SFTSV); Huaiyangshan banyangvirus) ist der Erreger einer seit 2006 in China vorwiegend bei älteren Personen nachweisbaren Erkrankung, die auch in Japan und Südkorea auftritt. Die Erkrankung beginnt mit plötzlich einsetzendem hohem Fieber, verbunden mit gastrointestinalen Beschwerden oder influenzaähnlichen Symptomen. Typisch ist die damit einhergehende Thrombozytopenie sowie Leukopenie. Im Verlauf der Erkrankung kann es zu akutem Nierenversagen, Arhythmien, Myokarditis und hämorrhagischen Manifestationen kommen, die zum Tod der Patienten führen können. Der Anteil tödlich verlaufender Infektionen ist regional unterschiedlich und liegt zwischen 16 und 30 %.

In Kürze: Humanpathogene Bunyaviren

- **Virus:** (–)ssRNA, 3 Segmente, niedrig- und hochvirulente Stämme des Genus Orthohantavirus. In Europa Puumala- und Dobravavirus, in Asien Hantaan-Virus, in Nordamerika Sin-Nombre-Virus. Ferner 4 andere humanpathogene Genera der Bunyaviren: Orthobunya-, Phlebo-, Banyang- und Orthonairovirus.
- **Vorkommen, Übertragung, Epidemiologie:**
  - **Orthohantaviren:** Weltweit, Ausscheidung mit Kot und Urin von Ratten und Mäusen, Staubinfektion, Durchseuchung etwa 1 %.
  - **Orthobunya-, Phlebo-, Banyang- und Orthonairoviren:** Weltweit, Übertragung durch Arthropoden.
- **Klinik:**
  - **Orthohantaviren:** Inkubationsperiode 2–4 Wochen. 1. Phase: Fieber, Kopf- und Muskelschmerzen; 2. Phase: Nephropathie, Hämorrhagien, Pneumonie. Hantavirus-assoziierte (kardio)pulmonales Syndrom (HPS/HCPS), Nephropathia epidemica (NE), hämorrhagisches Fieber mit renalem Syndrom (HFRS).
  - **Orthobunya-, Phlebo, Banyang- und Orthonairoviren:** Inkubationsperiode ca. 1 Woche.
    - Milde Verlaufsformen: grippeähnliche Erkrankung, Meningitis.
    - Schwere Verlaufsformen: Enzephalitis, hämorrhagisches Fieber.
- **Labordiagnose:** Immunfluoreszenztest, Western-Blot, RT-PCR.
- **Prävention:**
  - **Orthohantaviren:** Bekämpfung von Ratten und Mäusen und Beseitigung der Ausscheidungen.

- **Orthobunya-, Phlebo-, Banyang- und Orthonairoviren:** Schutz vor Mücken- und Zeckenstichen, Beseitigung von Brutstätten für Stechmücken (z. B. offene Wasservorratsbehälter).
- **Therapie:** Keine spezifischen antiviralen Medikamente verfügbar, eventuell Ribavirin (Nukleosidanalogon) als Polymerasehemmer.
- **Meldepflicht:** Verdacht, Erkrankung und Tod. Erregernachweis.

Weiterführende Literatur

Daubney R, Hudson JR, Graham PC (1931) Enzootic hepatitis of Rift Valley fever, an undescribed virus disease of sheep, cattle and man from East Africa. J Pathol Bacteriol 34:545–579

Elliott RM (2014) Orthobunyaviruses: recent genetic and structural insights. Nat Rev Microbiol 12(10):673–685

Elliott RM, Brennan B (2014) Emerging phleboviruses. Curr Opin Virol 5:50–57

Ergonul O (2012) Crimean-Congo hemorrhagic fever virus: new outbreaks, new discoveries. Curr Opin Virol 2(2):215–220

Figueiredo LT et al (2014) Hantaviruses and cardiopulmonary syndrome in South America. Virus Res 187:43–54

Gerlach P et al (2015) Structural insights into bunyavirus replication and its regulation by the vRNA promoter. Cell 161(6):1267–1279

Hepojoki J, Vaheri A, Strandin T (2014) The fundamental role of endothelial cells in hantavirus pathogenesis. Front Microbiol 5:727

Horne KM, Vanlandingham DL (2014) Bunyavirus-vector interactions. Viruses 6(11):4373–4397

Krautkramer E, Zeier M (2014) Old world hantaviruses: aspects of pathogenesis and clinical course of acute renal failure. Virus Res 187:59–64

Kruger DH et al (2015) Hantaviruses – globally emerging pathogens. J Clin Virol 64:128–136

Lasecka L, Baron MD (2014) The molecular biology of nairoviruses, an emerging group of tick-borne arboviruses. Arch Virol 159(6):1249–1265

Lei XY et al (2015) Severe fever with thrombocytopenia syndrome and its pathogen SFTSV. Microbes Infect 17(2):149–154

Maes P et al (2018) Taxonomy of the order Bunyavirales: second update 2018. Arch Virol 164(3):927–941

Papa A et al (2015) Recent advances in research on Crimean-Congo hemorrhagic fever. J Clin Virol 64:137–143

Pepin M et al (2010) Rift Valley fever virus (Bunyaviridae: Phlebovirus): an update on pathogenesis, molecular epidemiology, vectors, diagnostics and prevention. Vet Res 41(6):61

Tufan ZK (2013) Sandfly fever: a mini review. Virol Mycol 02(01):2161

Vaheri A et al (2013) Uncovering the mysteries of hantavirus infections. Nat Rev Microbiol 11(8):539–550

Walter CT, Barr JN (2011) Recent advances in the molecular and cellular biology of bunyaviruses. J Gen Virol 92(Pt11):2467–2484

Filoviren

Stephan Becker

Zur Familie der Filoviren gehören das Marburg- und das Ebola-Virus. Sie verursachen schweres, oft tödlich verlaufendes hämorrhagisches Fieber (HF). Beide Viren wurden durch spektakuläre Krankheitsausbrüche bekannt. Filoviren sind fadenförmige, 80 × 1000 nm große Partikel, bestehend aus helikalem Kapsid, Replikase, Matrixprotein und Hülle mit Spikes. Das Genom besteht aus (–)ss-RNA, umfasst 19,1 kb und kodiert 7 Gene (Ebola: 8).

63.1 Marburg- und Ebola-Virus

Marburg- und Ebola-Virus bilden die Familie der **Filoviren.** Sie verursachen schweres, oft tödlich verlaufendes **hämorrhagisches Fieber** (HF). Beide Viren wurden durch spektakuläre Krankheitsausbrüche bekannt:

- 1967 traten in Marburg, Frankfurt und Belgrad schwere Erkrankungen bei Tierpflegern von Grünen Meerkatzen (Chlorocebus pygerythrus oder Chlorocebus tantalus) aus Uganda auf; von 32 erkrankten Personen starben 7. Als auslösendes Agens isolierten Slenczka und Siegert in Marburg das **Marburg-Virus**, das Peters in Hamburg elektronenmikroskopisch darstellte. Im Jahr 2008 wurde infektiöses Marburg-Virus aus offensichtlich gesunden Nilflughunden (Rousettus aegyptiacus) isoliert, die seither als Reservoir für Marburg-Virus angesehen werden.
- 1976 wurde in Zaire (heute Demokratische Republik Kongo) und Sudan bei dramatischen Ausbrüchen von hämorrhagischen Fiebern das **Ebola-Virus** isoliert; die Letalität lag bei 89 %. Ein Subtyp des Ebola-Virus (Reston-Ebola-Virus) wurde 1989 in erkrankten Makaken (Macaca mulatta) entdeckt, die aus den Philippinen stammten. Hier wurde im Jahr 2008 das Reston-Ebola-Virus auch in Schweinen nachgewiesen. Dieses scheint für Menschen nicht hochpathogen zu sein.
- RNA-Sequenzen eines weiteren Filovirus wurden 2011 in Spanien in Fledermäusen (Miniopterus schreibersii) entdeckt. Die vollständige Virusgenomsequenz erlaubte die Klassifizierung des neuen Lloviu-Virus als neue Filovirusgattung Cuevavirus (2011).
- 2014 ereignete sich in Westafrika der bislang schwerste Ausbruch von Ebola-Virus. Die am stärksten betroffenen Länder waren Guinea, Liberia und Sierra Leone. Das initiale Ausbruchsgebiet liegt im Osten Guineas mit einem lebhaften Personen- und Warenaustausch mit den angrenzenden Ländern Liberia und Sierra Leone. Bis März 2016 wurden über 28.000 Fälle und mehr als 11.000 Todesfälle gemeldet. Vermutet wird, dass der Ausbruch durch einen einmaligen Eintrag des Ebola-Virus von Flughunden in die menschliche Bevölkerung begann und alle weiteren Erkrankungen durch Mensch-zu-Mensch-Kontakte verursacht wurden.

Filoviren sind fadenförmige Partikel von 80 × 1000 nm, bestehend aus helikalem Kapsid, Replikase, Matrixprotein und Hülle mit Spikes. Das Genom besteht aus (–)ss-RNA, umfasst 19,1 kb und kodiert 7 Gene (Ebola: 8).

Steckbrief

Genom: 19,1 kb, ss(–)-RNS
Virusgröße: 80×1000 nm

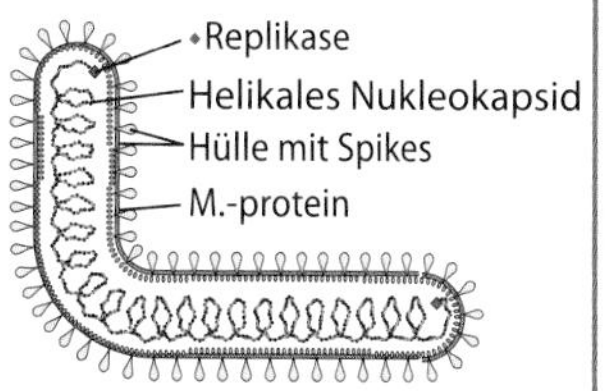

63.1.1 Rolle als Krankheitserreger

Übertragung

Die Übertragung erfolgt durch engen Kontakt (Blutspritzer, Verletzungen, Hautkontakt, Augen). Das

Frühere Version von D. Falke

S. Suerbaum et al. (Hrsg.), *Medizinische Mikrobiologie und Infektiologie*,
https://doi.org/10.1007/978-3-662-61385-6_63

Erregerreservoir in Afrika sind wahrscheinlich Flughunde. Marburg-Virus wurde im Nilflughund, Rousettus aegyptiacus, nachgewiesen. Einige Ebola-Virus-Ausbrüche wurden durch Zubereitung und Verzehr von kontaminiertem Affenfleisch („bush meat“) ausgelöst. Dies scheint aber ein eher seltenes Ereignis zu sein. Für das Ausmaß der bisher beobachteten Ausbrüche ist die Übertragung von Mensch zu Mensch entscheidend.

■■ Pathogenese und Klinik

Die Erkrankung verläuft systemisch. Primäre Zielzellen sind einerseits Makrophagen, deren Infektion mit unkontrollierter Zytokinausschüttung und in der Folge dem Verlust der Barrierefunktion des Endothels verbunden ist, und andererseits dendritische Zellen, deren Infektion zum Verlust der kostimulierenden Aktivität für T-Zellen führt. In Milz, Lymphknoten, Leber und Lunge lassen sich demzufolge bereits frühzeitig große Virusmengen nachweisen. In den Geweben, v. a. in der Leber, fallen fokale Nekroseherde auf und nur wenige Entzündungszellen.

Bei etwa einem Viertel der Infizierten treten spät im Verlauf Hämorrhagien in Gastrointestinaltrakt, Mund und serösen Häuten auf. Hämorrhagien finden sich darüber hinaus in vielen Organen, einschließlich des ZNS. Klinisch wichtig ist das schwere **Schocksyndrom** und ein Multiorganversagen.

Ursache dürfte in einer Schädigung des Gefäßsystems bestehen. Diese beruht auf einer Schädigung der Endothelzellen, die zu einer Permeabilitätssteigerung, dem Zusammenbruch des Gefäßtonus und zu Gerinnungsstörungen führt. Die Endothelien werden spät im Krankheitsverlauf durch direkte Infektion geschädigt. Die Barrierefunktion wird aber zusätzlich durch die hohen Titer an proinflammatorischen Zytokinen gestört, die infizierte Endothelzellen und Makrophagen freisetzen.

Die **Inkubationsperiode** beträgt im Durchschnitt 7 Tage (3–21 Tage). Die Symptome sind eher unspezifisch: Schüttelfrost, Muskelschmerzen, Exanthem, Erbrechen, Blutungen, Hypotension und Apathie.

■■ Immunität

Infizierte Personen bilden Antikörper und spezifische T-Zellen. Hinsichtlich der protektiven Immunität nach überstandener Infektion ist die Datengrundlage unbefriedigend.

■■ Diagnose

Entscheidend für die Diagnose ist der Virusnachweis. Dieser erfolgt durch den Nachweis viraler RNA mittels PCR aus Serum oder Blut. In späten Phasen der Erkrankung lassen sich Filoviren in allen Körperflüssigkeiten nachweisen. In Uveal- und Samenflüssigkeit werden noch viele Monate nach der Genesung virale RNA und infektiöse Viren nachgewiesen. In vereinzelten Fällen kam es dadurch zur sexuellen Übertragung von Filoviren.

Filoviren lassen sich in Affennierenzellen anzüchten. Die charakteristische Gestalt der Viren erlaubt den elektronenmikroskopischen Nachweis im Serum. Serologische Methoden spielen vorwiegend bei epidemiologischen Untersuchungen eine Rolle, da die Antikörperproduktion bei schwer verlaufenden Fällen nur schwach ausgeprägt ist. Arbeiten mit humanpathogenen Filoviren sind auf Hochsicherheitslabore (Kategorie 4) beschränkt, die in Deutschland in Hamburg, Marburg, Berlin und auf der Insel Riems zur Verfügung stehen. Entscheidend für den Verdacht auf eine Filovirusinfektion ist die Reiseanamnese (Afrika 10 Grad nördlich und südlich des Äquators; Kontakt zu Erkrankten, z. B. bei medizinischem Personal; intensiver Kontakt mit Flora und Fauna) innerhalb der letzten 3 Wochen vor Krankheitsausbruch.

■■ Therapie

Eine zugelassene spezifische Therapie existiert nicht.

Während des Ebola-Ausbruchs in Westafrika wurde eine Vielzahl von Therapien getestet. Unter anderem wurden präklinische Studien mit hochkonzentrierten Cocktails neutralisierender und nichtneutralisierender monoklonaler Antikörper durchgeführt. Diese zeigten, dass die Antikörpergabe prophylaktisch und kurze Zeit nach der Infektion schützen kann. Außerdem wurden verschiedene direkt wirkende Ebola-Virus-Inhibitoren in präklinischen Untersuchungen sehr erfolgreich getestet.

Während des Ebola-Virusausbruchs in der Demokratischen Republik Kongo 2018 und 2019 erwiesen sich humane monoklonale Antikörper gegen das Ebola-Virus-Glykoprotein als besonders geeignet, die Mortalität der Ebola-Viruserkrankung zu senken.

■■ Prävention

Dazu zählen:

Impfung Gegen Filoviren wurden Impfstoffe entwickelt, die im Tiermodell (Maus, Meerscheinchen, Affen) sicher schützten. Eine klinische Testung dieser Kandidatenvakzine wurde erst während des Ebola-Virusausbruchs in Westafrika begonnen. Inzwischen sind einige Vektorimpfstoffe und rekombinante Proteine in Kombination mit Adjuvanzien an Probanden in Europa, USA und Afrika getestet worden und haben sich als sicher und immunogen erwiesen.

Ein Impfstoff, der auf einem rekombinanten vesikulären Stomatitisvirus basiert, welches das Ebola-Virus-Oberflächenprotein exprimiert, erwies sich in einer klinischen Phase-3-Studie (Ringvakzinierungsstudie) in Guinea als schützend. Dieser Impfstoff wurde daraufhin 2018 und 2019 während zweier Ebola-Virusausbrüche in der Demokratischen Republik Kongo eingesetzt. Der Impfstoff wurde durch die Europäische Kommission auf Empfehlung der Europäischen Arzneimittel-Agentur 2019 zugelassen.

Meldepflicht Bei Verdacht, Erkrankung und Tod. Erregernachweis, Hochsicherheitslabor!

In Kürze: Filoviren

- **Virus:** Familie Filoviridae: fadenförmige, umhüllte, (–)ss-RNA-Viren mit helikalem Kapsid; 2 Genera: Ebola- und Marburg-Virus.
- **Vorkommen:** Afrika, Ostasien.
- **Epidemiologie und Übertragung:** Zoonotische Übertragung von Primaten (Gorilla, Schimpanse, Grüner Meerkatze, Makake) und Flughunden auf den Menschen. Eigentliches Reservoir sind wahrscheinlich Flughunde. Übertragung durch Blutspritzer, Verletzungen, Haut- und Schleimhautkontakt.
- **Pathogenese:** Systemische Verbreitung des Virus; Infektion von Makrophagen führt zu unkontrollierter Zytokinausschüttung, dadurch Verlust der Barrierefunktion des Endothels, Infektion dendritischer Zellen führt zum Verlust der kostimulierenden Aktivität für T-Zellen; Hämorrhagien in Gastrointestinaltrakt, Mund, serösen Häuten, viszeralen Organen, ZNS. Schweres Schocksyndrom, Multiorganversagen.
- **Klinik:** Beginn mit „grippeähnlichen" Symptomen, Fieber, Schüttelfrost; teilweise Progredienz zu hämorrhagische Manifestationen.
- **Immunität:** Bildung von Antikörpern und spezifischen T-Zellen in infizierten Personen. Keine guten Daten hinsichtlich protektiver Immunität nach überstandener Infektion.
- **Diagnose:** Direktnachweis des Virus mittels RT-PCR. Anzucht in Kultur. Antikörpernachweis mittels IFT, ELISA, Western-Blot. Alle Tests nur in Speziallaboratorien vorhanden. Reiseanamnese!
- **Therapie:** Symptomatisch sowie neue humane monoklonale Antikörper gegen das Ebola-Virus-Oberflächenglykoprotein.
- **Prävention:** Schutzkleidung, Handschuhe, Vermeidung der Exposition. Impfstoffe in der klinischen Erprobung
- **Meldepflicht:** Bei Verdacht, Erkrankung und Tod.

Weiterführende Literatur

- https://www.niaid.nih.gov/news-events/independent-monitoring-board-recommends-early-termination-ebola-therapeutics-trial-drc
- https://www.ema.europa.eu/en/news/first-vaccine-protect-against-ebola

Virale Gastroenteritiserreger

Sandra Niendorf

Gastroenteritiden gehören zu den häufigsten Erkrankungen des Menschen und sind mit einer hohen Krankheitslast und Mortalität verbunden. Besonders betroffen sind Säuglinge und Kleinkinder in den Tropen, wo jährlich schätzungsweise 1–2 Mio. Kinder an einer Gastroenteritis versterben. Viren gehören zu den häufigsten Auslösern dieser Erkrankungen. Seit der elektronenmikroskopischen Entdeckung des Norovirus 1972 wächst die Zahl der bekannten Erreger (◘ Tab. 64.1).

Fallbeispiel

Auf einem US-amerikanischen Kreuzschiff in der Karibik erkrankt ein Reisender an schwallartigem heftigem Erbrechen und starken Durchfällen. Es entwickelt sich ein ausgeprägtes Krankheitsgefühl mit abdominalen Schmerzen, Kopfschmerzen, Übelkeit und Mattigkeit. Einige Stunden später und am Folgetag stellen sich weitere 45 Reisende mit ähnlicher Symptomatik beim Schiffsarzt vor, mehr als 2 % aller Reisenden. Einige klagen auch über Husten. Der Schiffarzt vermutet einen Norovirusausbruch. Er hat ein Norovirus-Testkit an Bord (was nicht alle Schiffe haben) und bestätigt die Diagnose. Er ordnet eine Quarantäne für Erkrankte und ihre Kontaktpersonen an. Diese dürfen bis 48 h nach Sistieren der klinischen Symptome die Kabine nicht mehr verlassen. Am Buffet gibt es keine Selbstbedienung mehr. Viele Reisende beschweren sich und verlangen, dass sie per Hubschrauber von Bord geholt werden, einige drohen damit, ins Wasser zu springen. Nach Ende der Reise verklagen 10 Reisende die Kreuzschifffahrtsgesellschaft auf Schadenersatz.

64.1 Rotaviren

Steckbrief

Rotaviren gehören zu den häufigsten Ursachen schwerer, dehydrierender Gastroenteritiden bei Säuglingen und Kleinkindern unter 5 Jahren sowie häufig auch bei über 70-Jährigen. Obwohl Kinder in allen Teilen der Welt gleich häufig an dieser Infektion erkranken, kommen Todesfälle meist in Gebieten mit niedrigem sozioökonomischem Standard vor.

64.1.1 Beschreibung

▪ **Morphologie**

Rotaviren gehören zur Familie der Reoviridae. Die ca. 70 nm großen Virionen bestehen aus 3 konzentrischen Proteinschichten. Die 2 inneren Proteinschichten werden als Core zusammengefasst. Dieses enthält das virale Genom, das aus 11 doppelsträngigen RNA-Segmenten besteht. In der Negativkontrastierung (EM) ergibt sich das Bild eines **Rades mit Speichen,** daher der Name (lat.: „rota", Rad). An der Oberfläche trägt das Rotaviruspartikel kurze, dicke sog. Spikes, die für die Viruseinteilung wichtig sind und hämagglutinierende Eigenschaften aufweisen (◘ Abb. 64.1).

▪ **Einteilung**

Das Genus der Rotaviren wird anhand der Antigenspezifität des Core (bestehend aus den inneren beiden Proteinschichten) in die **Gruppen A–H** eingeteilt, wobei die Gruppe A die klinisch wichtigste ist. Die Viren werden weiter aufgrund der Antigenspezifität der äußeren Proteinhülle (vermittelt durch das Glykoprotein, G-Typen) und durch die proteasesensiblen Spikes (P-Typen) differenziert. Dabei können die **G- und P-Antigentypen** variabel kombiniert werden, bestimmte Konstellationen kommen jedoch gehäuft vor. Die Benennung ergibt so z. B. G1P[8]. Im Menschen wurden bislang 16 G-Typen und 19 P-Typen beschrieben. 90 % aller Rotavirusinfektionen werden durch die Viren G1P[8], G2P[4], G3P[8], G4P[8], G9P[8] und G12P[8] ausgelöst.

Mehrere Virustypen kozirkulieren in einer Saison und können durch Austausch einzelner Segmente

Frühere Versionen von D. Falke

S. Suerbaum et al. (Hrsg.), *Medizinische Mikrobiologie und Infektiologie*,
https://doi.org/10.1007/978-3-662-61385-6_64

Tab. 64.1 Erreger viraler Gastroenteritiden

Virus	Familie	Besonderheiten
Rotavirus	Reoviridae	Segmentiertes dsRNA-Genom Betrifft besonders Säuglinge, Kleinkinder und ältere Menschen Impfpräventabel
Norovirus/Sapovirus	Caliciviridae	Klassischer Ausbruchserreger, ausgeprägte Saisonalität in den Wintermonaten
Adenovirus, Spezies F	Adenoviridae (▶ Kap. 69)	▶ Abschn. 64.3.1
Astrovirus	Astroviridae	▶ Abschn. 64.3.2
Coronavirus	Coronaviridae (Coronaviren; ▶ Kap. 57)	▶ Abschn. 64.3.3
Picobirnavirus	Picobirnaviridae	
Aichivirus, Enteroviren	Picornaviridae (▶ Kap. 54)	
CMV, EBV	Herpesviridae (▶ Kap. 70)	Gastroenteritiden fast nur bei Immunsupprimierten

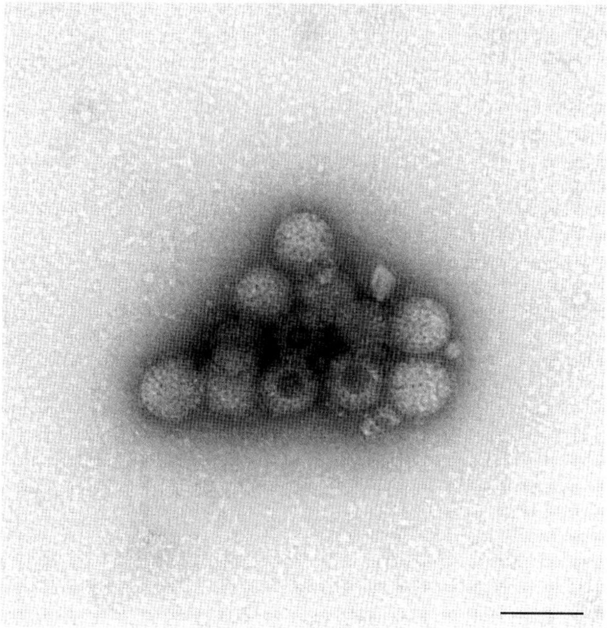

Abb. 64.1 Humanes Rotavirus – Elektronenmikroskopische (EM-)Aufnahme

(Reassortment) und Punktmutationen (Antigendrift, ▶ Abschn. 58.2) sehr schnell neue Typenspezifitäten bilden.

64.1.2 Rolle als Krankheitserreger

Epidemiologie

Infektionen mit Rotaviren sind mit ca. 258 Mio. Fällen jährlich weltweit der häufigste Grund einer schweren dehydratisierenden Diarrhö im Kindesalter. Obwohl die Inzidenz der Rotavirus-Gastroenteritis weltweit einheitlich ist, konzentriert sich die Mortalität durch die Erkrankung auf die Schwellen- oder Entwicklungsländer. Im Jahr 2016 starben etwa 128.500 Kinder weltweit an einer Rotavirusinfektion. Seit Einführung der Rotavirusimpfung im Jahr 2006 nimmt die Anzahl der schweren Rotavirusinfektionen deutlich ab, die Anzahl der Todesfälle sank weltweit um 50 %.

Die hohe Tenazität der Rotaviruspartikel, kombiniert mit ihrer hohen Konzentrationsdichte im Stuhl (bis zu 10^{11} infektiöse Partikel/ml) und der geringen Infektionsdosis (10 Viruspartikel wirken bei Kleinkindern infektiös), sind Gründe für die **frühe Durchseuchung** mit Rotaviren im Kindesalter. Bereits im Alter von 2–3 Jahren besitzen fast alle Kinder Serumantikörper gegen Rotaviren.

Jugendliche und Erwachsene können lebenslang erneut infiziert werden. Sie erkranken aber seltener und fungieren so als asymptomatische Ausscheider und Überträger. Im Alter nimmt der Anteil symptomatischer Erkrankungen dagegen wieder zu.

In gemäßigten Klimazonen zeigt die Rotavirus-Gastroenteritis eine ausgesprochene **Saisonalität.** Die Infektionen erfolgen überwiegend von Februar bis Mai. In den Tropen hingegen sind Infektionen mit Rotaviren das ganze Jahr über verbreitet.

Übertragung

Die Übertragung von Rotaviren erfolgt fäkal-oral und durch direkten Kontakt zu erkrankten Personen. Eine Übertragung durch kontaminierte Lebensmittel ist zudem möglich.

Pathogenese

Rotaviren infizieren die reifen Enterozyten an den Spitzen der Mikrovilli. Nach Fusion der äußeren Proteinschicht mit der Plasmamembran der Wirtszelle werden die Rotavirus-Cores ins Zytoplasma freigesetzt.

Die Cores funktionieren als Replikationsmaschinen, aus denen die fertige virale mRNA ausgeschleust wird, die ihrerseits im Zytoplasma der Wirtszelle translatiert und in neue genomische dsRNA umgeschrieben wird. Neu gebildete Cores knospen ins ER und erhalten dort ihre äußere Hülle. Die Freisetzung der Viren erfolgt durch Lyse der Wirtszelle.

Der Mechanismus der Rotavirusdiarrhö ist noch nicht vollständig verstanden: Sowohl eine Malabsorption durch den rotavirusinduzierten Mukosaschaden (Disaccharide und Fette werden nicht absorbiert) als auch die Expression des polyfunktionellen **Nichtstrukturproteins NSP4**, das als **Enterotoxin** wirkt, spielen eine Rolle. Zusätzlich gibt es Hinweise darauf, dass Rotaviren eine Ausschüttung des Neurotransmitters Serotonin induzieren können. Serotonin löst Signale aus, die zu Erbrechen und Durchfall führen. Der starke Wasserverlust bewirkt eine Dehydrierung des Körpers, die durch Elektrolytverschiebungen weitere Komplikationen nach sich ziehen kann.

▪▪ Klinik

Anhand der Symptome lässt sich eine Rotavirus-Gastroenteritis nicht von anderen Gastroenteritiden unterscheiden. Im Allgemeinen kommt es nach 1–3 Tagen Inkubationsperiode zur Trias aus **Diarrhö, Erbrechen** und **Fieber.** Bauchschmerzen sind eher selten. Die Erkrankung dauert etwa 4–7 Tage. Charakteristisch erkranken Säuglinge und Kleinkinder im Alter von 3–36 Monaten sowie ältere Menschen (◘ Tab. 64.2). Auch viele asymptomatische Infektionen werden beobachtet. Die Rate der asymptomatischen Verläufe steigt mit der Häufigkeit der durchgemachten Infektionen.

Der nichtblutige Durchfall und das Erbrechen führen zu einer metabolischen Azidose und einer isotonen Dehydrierung, die ihrerseits zu schweren Elektrolytverschiebungen führen kann. Herzrhythmusstörungen bis zum Herzstillstand können die Folge sein. Auch Krampfanfälle oder Aspirationen sind beschrieben worden. Eine systemische Infektion mit Virämie ist die häufigste extraintestinale Manifestation (65 % im Kindesalter). Rotaviren können auch Nieren und Leber infizieren.

Die Virusausscheidung stoppt bei Immungesunden nach etwa 10–14 Tagen. Immunkompromittierte leiden häufig an chronischen Verläufen mit monatelangen Durchfällen und Virusausscheidung.

▪▪ Immunität

Die Immunität gegen Rotavirusinfektionen ist ebenfalls noch unklar und von relativ kurzer Dauer. Das Auftreten virusspezifischer neutralisierender Antikörper im Serum korreliert mit einem Schutz gegen eine Erkrankung; diese scheinen jedoch nicht der primäre Effektor des Schutzes zu sein. Verantwortlich für die Immunität sind wahrscheinlich sekretorische IgA-Antikörper im Darm.

▪▪ Labordiagnose

Da anhand der Symptomatik nicht auf die Ätiologie der Durchfallerkrankung geschlossen werden kann, empfiehlt sich die Bestätigung der Rotavirusinfektion im Labor. Eine Möglichkeit ist der Nachweis von Core-Antigen im Stuhl mit dem **Enzym-Immun-Test** (EIA). Molekularbiologische Verfahren, z. B. **RT-PCR,** sind deutlich sensitiver. Positive EIA-Befunde korrelieren besser mit symptomatischen Rotavirusinfektionen als positive PCR-Befunde, sofern diese nur qualitativ vorliegen. Beim Nachweis hoher Kopienzahlen des Rotavirusgenoms in einer quantitativen RT-PCR besteht hingegen eine gute Korrelation zur Symptomatik. PCR-Verfahren können zudem durch weitere Differenzierungsschritte mögliche Infektketten aufdecken oder ausschließen.

Eine Feintypisierung, z. B. zur Differenzierung zwischen den Wild- und Impfviren bei einer impfassoziierten Diarrhö ist in Speziallabors möglich.

▪▪ Therapie und Prävention

Die Prognose der Erkrankungen ist in den Industriestaaten gut. Entscheidend ist die rechtzeitige **Substitution von Wasser und Elektrolyten.** In den Entwicklungsländern sind Rotavirusinfektionen in Verbindung mit oft fehlender medizinischer Versorgung und mangelhafter Ernährung eine wichtige Ursache für die hohe Säuglingssterblichkeit.

Die Prävention einer Rotavirusinfektion ist bedingt durch die extreme Umweltstabilität der Rotaviren schwierig: Eine hohe Compliance zu **Barrieremaßnahmen** (Absonderung erkrankter Personen, Verwendung persönlicher Schutzausrüstung wie Handschuhe, Schutzkittel etc. bei der Versorgung etc.) ist entscheidend. Zur Desinfektion sollten nur Präparate mit nachgewiesener viruzider Wirksamkeit verwendet werden.

Seit Sommer 2006 sind in Deutschland 2 orale **Lebendimpfstoffe** gegen Rotaviren zugelassen, die von der STIKO seit 2013 als Standardimpfung empfohlen werden:

- Der eine Impfstoff enthält ein durch Zellkulturpassagen attenuiertes humanes Rotavirus (G1P[8]).
- Der andere Impfstoff besteht aus 5 Reassortanten der Serotypen G1, G2, G3, G4 und P[8] in ein bovines Rotavirus.

Beide Impfstoffe sind effektiv und hoch wirksam. Auch das Risiko einer durch die Impfung ausgelösten Darminvagination wird, im Gegensatz zu bereits vom Markt genommenen Impfstoffen, als nur noch gering eingeschätzt.

Nach § 7 IfSG ist der **Erregernachweis** von Rotaviren **meldepflichtig,** sofern der Nachweis auf eine

Tab. 64.2 Klinisch wichtige Daten von Erkrankungen durch Rota-, Noro- Adeno-, Astro- und Coronaviren

	Rotaviren	Noroviren	Adenoviren	Astroviren	Coronaviren
Genom	dsRNA, segmentiert	ss(+)-RNA	dsDNA	ss(+)-RNA	ss(+)-RNA
Stabilität	Stabil	Stabil	Stabil	Stabil	Nicht stabil
Inkubationsperiode (Tage)	1–3	1–3	8–10	2–3	3
Dauer der Krankheit (Tage)	4–7	2–3	7–10	2–4	?
Saisonalität	Winter/Frühjahr; Tropen: ganzjährig	Winter, vereinzelt ganzjährig	Ganzjährig	Winter	Ganzjährig
Säuglinge und Kleinkinder	Häufig	Häufig	Häufig	Häufig	Häufig
Kinder, Jugendliche und Erwachsene	Selten	Häufig	Selten	Selten	
Symptome	Wässrige Diarrhö, Erbrechen (88 %), Fieber (77 %), Dehydrierung, Bauchschmerzen (selten)	Übelkeit, wässrige Diarrhö, schwallartiges Erbrechen, Fieber, Krämpfe	Wässrige Diarrhö, Erbrechen, Fieber, Dehydrierung, respiratorische Symptome	Wässrige Diarrhö, Erbrechen (leicht), Übelkeit, Bauchschmerzen	Diarrhö (wässrig oder blutig)
Diagnose	Antigen-ELISA, RT-PCR	Antigen-ELISA, RT-PCR	Antigen-ELISA, PCR	Antigen-ELISA, RT-PCR	RT-PCR
Impfstoff	+	–	–	–	–

akute Infektion hinweist. Zudem müssen Krankheitsverdacht und/oder Erkrankungen bei gehäuftem Auftreten dem örtlichen Gesundheitsamt gemeldet werden.

In Kürze: Rotaviren

- **Virus:** dsRNA-Virus (11 Segmente) mit Doppelkapsid, elektronenmikroskopisch „Rad mit Speichen".
- **Vorkommen und Übertragung:** Rotaviren sind im Tierreich weit verbreitet, beim Menschen meist Gruppe A mit mehreren Typen. Schmutz- und Schmierinfektion.
- **Epidemiologie:** Vorwiegend bei Kleinkindern und Älteren, v. a. im Winter und Frühjahr, sporadische Infektionen ganzjährig, Reassortment, Rearrangement und Antigendrift als Ursache von Epidemien und Endemien.
- **Pathogenese:** Malabsorption, Flüssigkeitsverlust durch Dünndarmzottenverlust, Enterotoxin NSP4, Serotonin.
- **Klinik:** Inkubationsperiode 1–3 Tage. Diarrhö, Fieber, Erbrechen, Wasserverlust.
- **Immunität:** Sekretorische IgA-Antikörper.
- **Diagnose:** Virusantigennachweis im Stuhl (EIA), RT-PCR.
- **Therapie:** Symptomatisch, Flüssigkeits- und Elektrolytsubstitution.
- **Prävention:** Orale Lebendimpfung empfohlen.
- **Meldepflicht:** Erregernachweis und bei gehäuftem Auftreten.

64.2 Noroviren

Steckbrief

Infektionen mit Noroviren sind die häufigste Ursache einer epidemischen Gastroenteritis und für 90 % der Ausbrüche viraler Gastroenteritiden verantwortlich. Infektionen mit Noroviren können das ganze Jahr über auftreten, mit einem ausgeprägten saisonalen Gipfel in der kalten Jahreszeit, daher der alte Name „winter vomiting disease".

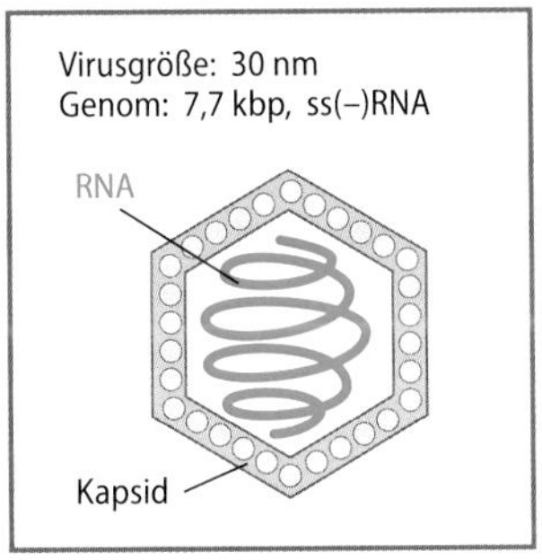

64.2.1 Beschreibung

Einteilung

Noroviren (früher: „Norwalk-like viruses") sind zusammen mit den **Sapoviren** die humanpathogenen Vertreter der Familie der Caliciviridae. Anhand von Sequenzunterschieden werden humanpathogene Noroviren in die 5 Genogruppen GI, GII, GIV, GVIII und GIX und 35 verschiedenen Genotypen unterteilt. Viren des Genotyps GII.4 sind für die größte Anzahl an Ausbrüchen weltweit verantwortlich. Der Austausch von Genomfragmenten durch Rekombinationen ist sehr häufig, was die extreme Variabilität und Wandlungsfähigkeit dieser Viren erklärt.

Genom und Morphologie

Caliciviren enthalten eine einzelsträngige RNA positiver Polarität [ss(+)-RNA] von 7,3–7,7 kb Länge. Es handelt sich um kleine, nichtbehüllte Viren mit 27–30 nm Durchmesser. In der elektronenmikroskopischen Darstellung mit Negativkontrastierung (◘ Abb. 64.2) erinnert die Oberfläche der Virionen an ein Muster, das wie eine kreisförmige Anordnung von nach außen gerichteten Tassen aussieht, daher der Name (lat.: „calix", Kelch).

64.2.2 Rolle als Krankheitserreger

Epidemiologie und Übertragung

Noroviren sind weltweit verbreitet. Ihre extreme Umweltstabilität, ihre hohe Resistenz gegenüber

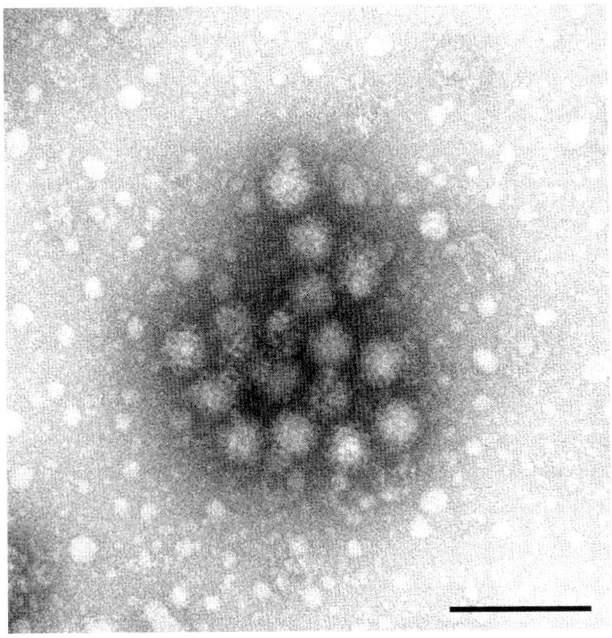

◘ **Abb. 64.2** Humanes Norovirus – EM-Aufnahme

alkoholischen Desinfektionsmitteln, die hohe Viruskonzentration in Stuhl und Erbrochenem, verbunden mit der sehr niedrigen minimalen Infektionsdosis von 10–100 Viruspartikeln, erklären ihr immenses Potenzial, eine Gastroenteritisepidemie auszulösen. Auch die große genetische Virusvielfalt und die nur kurzfristige Immunität gegen diese Viren spielen dabei eine wichtige Rolle. Noroviren führen sehr häufig zu Ausbrüchen in Gemeinschaftseinrichtungen, wie Krankenhäusern, Pflegeheimen, Schulen und Kindertagesstätten, sowie auf Kreuzfahrtschiffen. Über 90 % der viralen Gastroenteritisausbrüche weltweit und 75 % aller nosokomialen Ausbrüche in Deutschland werden durch Noroviren verursacht.

Infektionen mit Noroviren kommen in allen Altersstufen vor, besonders betroffen sind Kleinkinder und über 70-Jährige. Seit der Einführung der Rotavirusimpfung sind Noroviren die häufigste Ursache viraler Gastroenteritiden in allen Altersgruppen. Infektionen können das ganze Jahr über auftreten, werden aber vermehrt in den Wintermonaten, von Oktober bis März, diagnostiziert. Die Übertragung des Virus erfolgt als **Kontaktinfektion** mit fäkal verunreinigten Gegenständen oder durch orale Aufnahme virushaltiger Tröpfchen, die im Rahmen des schwallartigen Erbrechens entstehen.

Ein weiterer wichtiger Übertragungsweg sind **kontaminierte Lebensmittel** (z. B. Salat, Obst, insbesondere Beerenfrüchte, oder Zuckergussgebäck), die vor Verzehr nicht oder nur ungenügend erhitzt wurden. Besonders Meeresfrüchte, wie Muscheln oder Austern, können als Filtrierer Noroviren im Körper anreichern und eine hohe Belastung aufweisen. Auch verunreinigtes Wasser kann der Grund einer Norovirusepidemie sein. Sekundärübertragungen von Mensch zu Mensch sind sehr häufig.

▪▪ Pathogenese

Da ein geeignetes Zellkultursystem für die Propagierung von Noroviren bis vor kurzem fehlte, ist die Pathogenese der Noroviren noch nicht gut untersucht. In Biopsien, die Erkrankten entnommen wurden, erscheinen Magen- und Kolonschleimhaut normal. Die Zotten des Jejunums sind jedoch verbreitert und gestaucht. In der Lamina propria findet sich ein monozytäres Infiltrat. Die jejunale Schleimhaut scheint größtenteils intakt zu sein, jedoch ist ihre enzymatische Aktivität (z. B. alkalische Phosphatase, Sucrase und Trehalase) vermindert. Dies erklärt vermutlich die passagere Malabsorption von Fetten und Kohlenhydraten als Ätiologie der beobachteten nichtblutigen Durchfälle. Nach 2 Wochen sind keine Veränderungen mehr zu erkennen.

▪▪ Klinik

Die Symptome der Norovirus-Gastroenteritis wurden sehr gründlich in Infektionsstudien an freiwilligen Probanden untersucht. Nach einer in der Regel sehr kurzen Inkubationszeit von 6–50 h kommt es initial zu **Übelkeit** und **abdominalen Krämpfen,** gefolgt von **schwallartigem Erbrechen** und **starken nichtblutigen Durchfällen** (▣ Tab. 64.2). Diese können zu einem erheblichen Flüssigkeitsdefizit führen, das weitere Komplikationen wie Herzrhythmusstörungen durch Elektrolytverschiebungen nach sich ziehen kann. Zusätzlich besteht ein ausgeprägtes Krankheitsgefühl mit Kopf- und Muskelschmerzen und Fieber. In einzelnen Fällen kann die Symptomatik auf Erbrechen ohne Diarrhö oder auf Diarrhö ohne Erbrechen beschränkt sein.

Die Erkrankung ist beim Immungesunden nach 2–3 Tagen selbstlimitierend. Allerdings kann die Virusausscheidung noch weitere 1–2 Wochen andauern. Bei Immunsupprimierten werden häufiger persistierende symptomatische Infektionen beschrieben.

Infektionen mit **Sapoviren** lösen im Vergleich zu Noroviren eine meist mildere Symptomatik aus, von der Infektion sind meist Kinder betroffen. Ähnlich wie Noroviren können Sapoviren Gastroenteritis-Ausbrüche meist in Gemeinschaftseinrichtungen auslösen.

▪▪ Immunität

Wie aus Infektionsstudien an freiwilligen Probanden bekannt ist, gibt es nur eine partielle Immunität gegen eine Norovirus-Reinfektion und selbst diese hält nur wenige Monate an. Wie sie vermittelt wird, ist noch unklar, sie scheint aber multifaktoriell bedingt zu sein. Aufgrund eines Enzymdefekts können einige Menschen bestimmte Histoblutgruppenantigene, die als Rezeptoren bestimmter Norovirus-Genotypen gelten, nicht synthetisieren. Dies hat zur Folge, dass diese Menschen resistent gegen Infektionen mit einzelnen Norovirus-Genotypen sind.

▪▪ Labordiagnose

Sie erfolgt am besten durch RT-PCR. Alternativ werden Antigen-ELISA aus Stuhl oder Erbrochenem angeboten, die jedoch eine niedrigere Sensitivität und Spezifität aufweisen.

▪▪ Prävention

Noroviren sind hochinfektiös. Entsprechend schwierig ist die Prävention eines Norovirusausbruchs. Im Falle eines Ausbruchs sollte die Infektionsquelle schnell eingegrenzt und beseitigt werden. Prophylaktisch wichtig sind eine strenge allgemeine und persönliche Hygiene und die Desinfektion kontaminierter Flächen mit viruzid wirksamen Desinfektionsmitteln.

Nach § 7 IfSG ist der **Erregernachweis** von Noroviren **meldepflichtig,** sofern der Nachweis auf eine akute Infektion hinweist. Zudem müssen Krankheitsverdacht und/oder Erkrankungen bei gehäuftem Auftreten dem örtlichen Gesundheitsamt gemeldet werden.

In Kürze: Noroviren

- **Virus:** ss(+)-Strang-RNA-Virus. Große Genomvariabilität mit vielen Rekombinationen.
- **Vorkommen und Übertragung:** Weltweit verbreitet, fäkal-orale Transmission, minimale Infektionsdosis 10–100 Partikel.
- **Epidemiologie:** Typischer Ausbruchserreger, alle Altersstufen betroffen.
- **Pathogenese:** Flüssigkeitsverlust durch Malabsorption bei Dünndarmzottenschädigung.
- **Klinik:** Inkubationsperiode Stunden bis 3 Tage. Schwallartiges Erbrechen, Bauchkrämpfe, wässrige, nichtblutige Diarrhö, Fieber.
- **Immunität:** Kurze Dauer.
- **Diagnose:** Virusantigennachweis im Stuhl (EIA), RT-PCR.
- **Therapie:** Symptomatisch, Flüssigkeits- und Elektrolytsubstitution.
- **Meldepflicht:** Erregernachweis und bei gehäuftem Auftreten in Gemeinschaftseinrichtungen.

64.3 Weitere Gastroenteritisviren

64.3.1 Enteritische Adenoviren (Typ 40 und 41)

Steckbrief

Adenoviren (Abb. 64.3) wurden erstmals 1975 als Ursache einer Gastroenteritis beschrieben. Die Typen 40 und 41, aber auch die Typen 12, 18 und 31 können eine Gastroenteritis auslösen. Bei Letzteren ist allerdings die Gastroenteritis nur ein Nebensymptom.

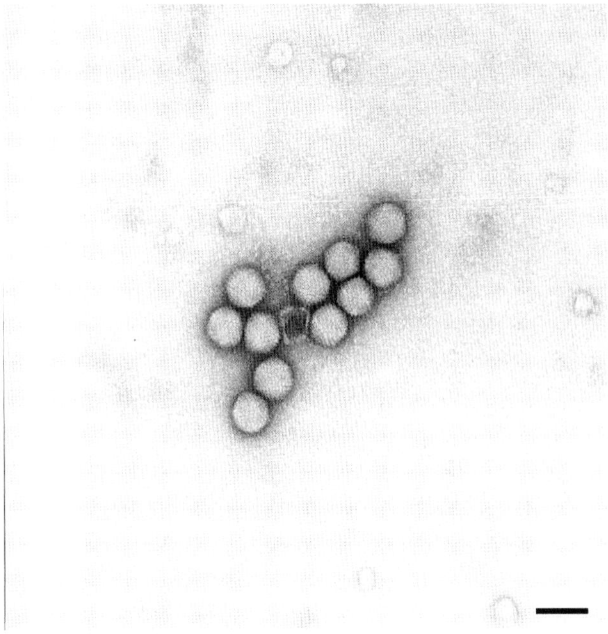

Abb. 64.3 Humanes Adenovirus – EM-Aufnahme

Die enteritischen Adenoviren 40 und 41 (Spezies F) kommen nur beim Menschen vor. Die Übertragung erfolgt fäkal-oral durch Schmierinfektion. Infektionen mit enterischen Adenoviren werden das ganze Jahr über diagnostiziert, sie betreffen vorwiegend Säuglinge und Kleinkinder. Bei 4–12 % aller Stuhlproben von Säuglingen, Kleinkindern und Kindern mit akuter Gastroenteritis sind Adenoviren nachweisbar. Bei Jugendlichen und Erwachsenen sind Erkrankungen seltener.

Leitsymptome sind **Diarrhö** und seltener Erbrechen und Fieber. Die Diarrhö kann bis zu 10 Tage andauern und ist in der Regel selbstlimitierend. Zusätzlich werden respiratorische Symptome beobachtet. Eine Dehydrierung ist selten. Disseminierte Infektionen durch enterische Adenoviren kommen auch bei Immunsupprimierten praktisch nicht vor, allerdings können bei Abwehrschwäche andere Typen eine Gastroenteritis auslösen. Immunsuppression kann ebenfalls zu monatelanger Virusausscheidung führen.

Ursache der Diarrhö ist ähnlich wie bei Rotaviren eine passagere Malabsorption und Flüssigkeitsverlust durch Atrophie der Darmvilli.

Die schnelle Labordiagnose erfolgt durch **Antigen-ELISA** zum Nachweis der Viruspartikel im Stuhl. Sensitiver und spezifischer ist allerdings der Nachweis mittels **PCR.**

Die Therapie erfolgt symptomatisch. Es gibt keine Impfung. Eine **Meldepflicht** nach § 7 IfSG besteht für den Nachweis von Adenoviren im Stuhl nicht. Lediglich bei gehäuftem Auftreten bzw. bei Vorliegen einer akuten Adenovirus-Gastroenteritis bei Küchenpersonal muss eine Meldung erfolgen. Siehe auch ▶ Kap. 69.

64.3.2 Astroviren

Steckbrief

Die Inzidenz von Infektionen mit Astroviren wird, wahrscheinlich bedingt durch die begrenzte Verfügbarkeit sensitiver diagnostischer Nachweismethoden, stark unterschätzt. Nach Rota-, Noro- und Adenoviren sind sie die vierthäufigste Ursache für virale Gastroenteritis-Erkrankungen im Kindesalter.
Die Symptomatik ist im Vergleich zu einer Infektion mit Rotaviren deutlich milder. Dennoch kommen schwere Infektionen bei Immunschwäche vor.

Astroviren wurden 1975 elektronenmikroskopisch im Durchfallstuhl eines Kleinkindes entdeckt. Ein Teil der nur ca. 30 nm große Virionen zeigt eine charakteristische sternartige Oberflächenstruktur (gr.: „astron", Stern; ◘ Abb. 64.4). Es handelt sich um unbehüllte ss(+)-RNA-Viren, die in 3 Genogruppen mit 16 Genotypen unterteilt werden, von denen die klassischen Astroviren (HAstV) am häufigsten detektiert werden. Im Jahr 2009 wurden Astroviren charakterisiert, die sich von den klassischen Astroviren deutlich unterschieden. Diese MLB- bzw. VA-Astroviren (Melbourne, MLB; Virginia, VA) wurden zuerst bei Patienten mit neurologischen Symptomen beschrieben. Ob die Astroviren dieser Gruppen auch akute Gastroenteritiden verursachen, wir zurzeit in der Literatur kontrovers diskutiert.

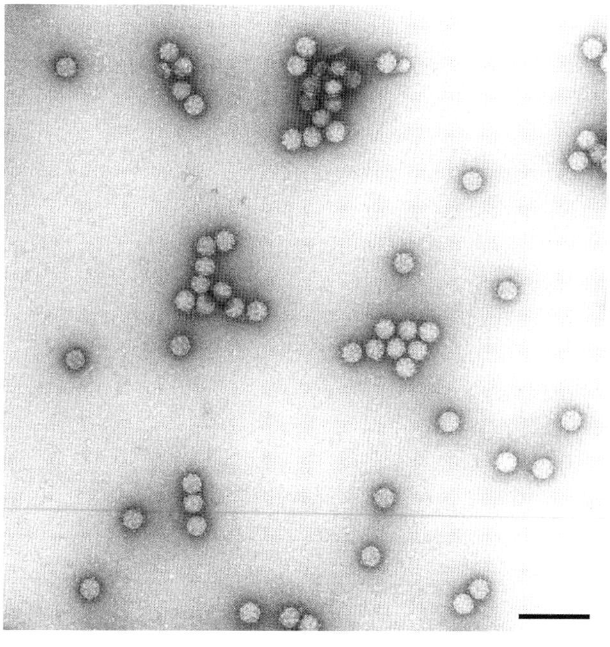

◘ **Abb. 64.4** Humanes Astrovirus – EM-Aufnahme

Astroviren kommen weltweit bei Tieren und Mensch vor. Besonders junge Kinder erkranken an Gastroenteritis. Die in Studien ermittelten Detektionsraten liegen bei 2–7 %. Die tatsächlichen Infektionsraten sind weitgehend unbekannt, da nur wenige Labors auf Astroviren untersuchen und wenn, dann meist nur beschränkt auf die klassischen Astroviren. Deshalb ist eine Unterrepräsentation der anderen beiden Genogruppen wahrscheinlich. Der Nachweis gelingt mit Antigen-ELISA im Stuhl, die RT-PCR ist jedoch empfindlicher.

Die Infektion wird fäkal-oral übertragen. Nach 1–4 Tagen Inkubationsperiode treten leichte Symptome mit wässriger Diarrhö, Erbrechen und schwachem Fieber auf, die Erkrankung ist nach 2–4 Tagen selbstlimitierend. Insgesamt ist die Symptomatik deutlich milder als bei anderen Gastroenteritiserregern. Asymptomatische Verläufe kommen vor. Immunsupprimierte hingegen zeigen schwere, teilweise sogar letal endende Erkrankungen, bei denen auch neurologische Symptome beobachtet werden können.

64.3.3 Coronaviren

Steckbrief

Bereits 1984 wurden Coronaviren, die in erster Linie als Erkältungserreger mit häufig eher leichten respiratorischen Symptomen bekannt sind, als Ursache von Gastroenteritiden beschrieben.

In der Veterinärmedizin sind Vertreter der Familie der Coronaviridae seit Langem als Durchfallerreger bekannt. So war es nicht überraschend, als man auch in humanen Durchfallstuhl die 80–120 nm großen, mit Spikes ausgestatteten Virionen entdeckte, die entfernt an eine Krone (lat.: „corona", Krone) erinnern. **Coronaviren** können gastrointestinale Infektionen hervorrufen. Es gibt leichte und schwere Verlaufsformen. Der Stuhl kann dabei **wässrig oder blutig** sein. Betroffen sind vorwiegend Kinder. In schweren Fällen kann es zu einer nekrotisierende Enterokolitis kommen.

Einzelheiten über Coronaviren finden sich in ► Kap. 57.

Weiterführende Literatur

Empfehlung der Ständigen Impfkommission. ► www.rki.de/DE/Content/Kommissionen/STIKO/Empfehlungen/Impfempfehlungen_node.html

RKI-Ratgeber für Ärzte. ► www.rki.de/DE/Content/Infekt/EpidBull/Merkblaetter/merkblaetter_node.html

Rotavirus vaccine WHO position paper (2013). ► www.who.int/immunization/topics/rotavirus/en/

Humane Immundefizienzviren (HIV-1, HIV-2)

Thomas F. Schulz und Georg Behrens

HIV-1 und HIV-2 sind zwei Virusspezies im Genus Lentivirus in der Familie der Retroviren. Retroviren sind (+)Strang-RNA-Viren, deren RNA-Genom kurz nach Eintritt in die Zelle durch eine virale Polymerase, die reverse Transkriptase, in eine DNA-Kopie umgewandelt wird (Baltimore--Schema, ▶ Kap. 52, ◼ Abb. 52.4). Der „Fluss" der genetischen Information erfolgt bei diesen Viren also von RNA zu DNA, d. h. umgekehrt wie bei allen anderen Lebewesen, daher der Begriff „Retrovirus". Das Genus Lentivirus umfasst eine Gruppe von Retroviren mit komplexem Genomaufbau, die bei Primaten, Pferden, Schafen, Ziegen, Rindern und Katzen vorkommen. Die beiden humanpathogenen Immundefizienz-Retroviren sind HIV-1 und HIV-2.

Fallbeispiel

Ein 56-jähriger Mann, der aus Kenia stammt und seit vielen Jahren in Hamburg lebt, unternimmt eine Reise in sein Heimatdorf in Kenia. Zwei Wochen nach Rückkehr stellt er sich mit Fieber und Halsschmerzen vor, es besteht auch Fieber. Die Reise hatte er gemeinsam mit seiner Ehefrau unternommen. Eine Malariaprophylaxe wurde mit Atovaquon/Proguanil durchgeführt. Bei der körperlichen Untersuchung fällt eine leicht gerötete Rachenhinterwand auf, und es finden sich generalisiert vergrößerte, indolente Lymphknoten. Im Labor zeigt sich ein CRP von 32 mg/l, die Transaminasen sind minimal erhöht, der dicke Tropfen auf Plasmodien ist negativ. Man vermutet eine Mononukleose, trotz unauffälliger Anamnese in Hinblick auf das sexuelle Risikoverhalten wird aber auch eine HIV-Diagnostik veranlasst: HIV-ELISA negativ, HIV-PCR 10 Mio. Kopien/ml, CD4-Zellzahl 310/µl. Es wird eine akute, primäre HIV-Infektion diagnostiziert und eine antiretrovirale Therapie eingeleitet.

Geschichte des HIV, Epidemiologie und Bedeutung für die Forschung

Als Klinikern in New York und San Francisco im Jahr 1981 die ungewöhnliche Häufung von Pneumocystis jirovecii-Pneumonien, anderen opportunistischen Infektionen und einer aggressiven Variante des Kaposi-Sarkoms bei jungen Männern, die Sex mit Männern haben („Men who have Sex with Men", MSM), auffiel, hätten sie wohl nicht im Traum daran gedacht, dass sich diese Erkrankung als eine der großen Seuchen des 20. Jahrhunderts erweisen würde. Die WHO schätzt, dass im Jahr 2018

- ca. 38 Mio. Menschen mit HIV infiziert waren,
- ca. 1,7 Mio. Personen neu infiziert wurden und
- ca. 0,8 Mio. an den Folgen dieser Infektion starben.

Der größte Teil dieser Infektionen findet in ärmeren Ländern, v. a. in den Ländern Afrikas südlich der Sahara und in Asien statt. In manchen dieser Länder hat HIV die Bevölkerungsstruktur und allgemeine Lebenserwartung bereits signifikant geändert: Es sterben vorwiegend Erwachsene in einem Alter, in dem sie als Erwerbstätige und Erzieher der jüngeren Generation einen wichtigen Beitrag zum Erhalt ihrer Familien und der Gesellschaft insgesamt leisten sollten.
Angesichts der globalen Bedeutung von HIV für öffentliche Gesundheitssysteme wurden zuvor nicht gekannte Anstrengungen unternommen, einen Impfstoff und neue Medikamente gegen dieses Virus zu entwickeln. Während die Suche nach einem wirksamen Impfstoff bis jetzt erfolglos geblieben ist, verfügen wir heute über mehr als 20 verschiedene Chemotherapeutika gegen HIV, die verschiedene Schritte im Lebenszyklus des Virus inhibieren.
Die mit diesen Substanzen gewonnene klinische und virologische Erfahrung hat auch wertvolle neue Anstöße für die Behandlung anderer viraler Erkrankungen geliefert: Einige der gegen HIV entwickelten Substanzen hemmen auch die Replikation anderer Viren (z. B. 3TC/Lamivudin bei HBV). Zudem finden neue Konzepte der antiviralen Therapie (Kombinationstherapie, Bedeutung der Viruslast als prädiktiver Parameter für Therapieerfolg, molekularbiologische Methoden der Resistenztestung) heute auch bei anderen Viruserkrankungen Anwendung.
Der Erfolg der antiretroviralen Therapie (ART; ▶ Abschn. 65.3) erlaubt die langfristige Unterdrückung der Virusreplikation und damit eine fast normale Lebenserwartung infizierter Patienten. Ferner werden ART-Medikamentenkombinationen auch erfolgreich zur Reduzierung der Anzahl von Neuinfektionen und zur Infektionsprophylaxe bei exponierten Personen eingesetzt. Dies hat dazu geführt, dass die Zahl der Neuinfektionen und Todesfälle durch HIV/AIDS weltweit langsam abnimmt, bei einer gleich bleibenden oder leicht steigenden Anzahl von Personen, die mit einer HIV-Infektion leben.

S. Suerbaum et al. (Hrsg.), *Medizinische Mikrobiologie und Infektiologie*,
https://doi.org/10.1007/978-3-662-61385-6_65

Schließlich stellt die HIV-Epidemie, angesichts des Ursprungs von HIV-1 in Schimpansen (▶ Abschn. 65.1) ein Paradebeispiel für eine vom Tier auf den Menschen übertragene Zoonose und eine „emerging infectious disease" dar. Sie illustriert eindrücklich, dass „neue" Infektionskrankheiten auch in Zukunft das Potenzial für eine ernsthafte Bedrohung der gesamten Weltbevölkerung haben können.

Steckbrief

HIV-1 und HIV-2 sind Erreger des erworbenen Immundefizienzsyndroms AIDS („acquired immunodeficiency syndrome"). Während HIV-1 sich nach seiner „Entstehung" in Afrika global verbreitet hat und für die weltweite AIDS-Epidemie verantwortlich ist, ist HIV-2 auch heute noch im Wesentlichen auf Westafrika und solche Länder beschränkt, die mit Westafrika Kolonialbeziehungen hatten. Während im Afrika südlich der Sahara, in Asien und Südamerika alle Bevölkerungsteile betroffen sind, spielen in Europa und Nordamerika, z. T. auch in Asien, bestimmte Risikogruppen (MSM, Abhängige von i. v. Drogen) eine wichtige Rolle in der Epidemiologie des HIV-1.

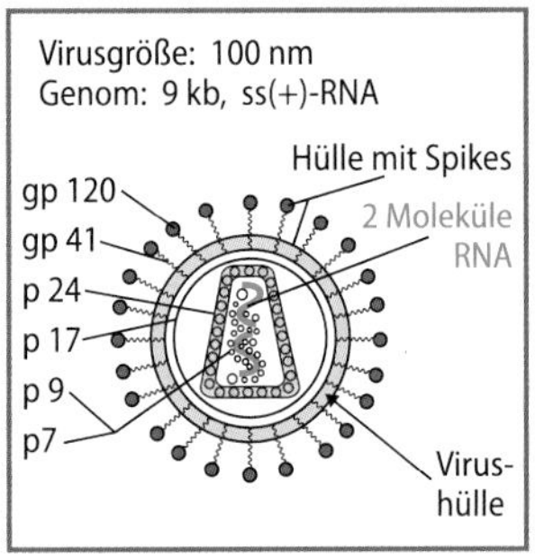

HIV-1: Schematischer Aufbau

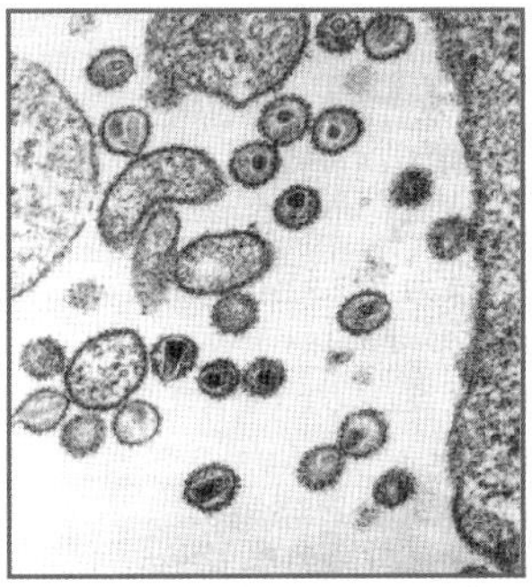

HIV-1: Elektronenmikroskopische Aufnahme (mit freundlicher Genehmigung von Dr. Gelderblom, Berlin)

65.1 Entstehung von HIV

Warum ist HIV erst vor ca. 40 Jahren „erschienen"? Gab es dieses Virus schon früher bzw. woher kommt es? Diese Frage hat HIV-Forscher seit der Entdeckung des Virus beschäftigt und auch in der populärwissenschaftlichen Presse zu vielen Spekulationen geführt.

Nach jahrelangen Anstrengungen haben wir mittlerweile recht genaue Vorstellungen über den Ursprung der beiden humanen Immundefizienzviren, HIV-1 und HIV-2.

65.1.1 HIV-1

HIV-1 hat sich aus einem Lentivirus entwickelt, das bei in Zentral-/Westafrika (Kamerun und Umgebung) lebenden Schimpansen vorkommt (▶ Abschn. 65.2). Dieses Virus des Schimpansen, SIVcpz (Simian Immunodeficiency Virus chimpanzee), entstand seinerseits durch Rekombination anderer Lentiviren von Mangaben („red capped mangabey") und Cercopithecus-Affen, vermutlich als Folge von deren Übertragung auf Schimpansen, die diese Affen jagen.

Die Übertragung des SIVcpz auf den Menschen dürfte in der 1. Hälfte des 20. Jahrhunderts, am ehesten in den 1920er Jahren in Zentralafrika, im Bereich des heutigen Gabun und der Demokratischen Republik Kongo, geschehen sein. Dabei fanden offenbar mehrere solcher Übertragungsereignisse statt. Eines dieser Ereignisse führte zur Entstehung der M-Gruppe der HIV-Isolate (s. u.), die für die weltweite HIV-1-Epidemie verantwortlich sind.

Die früheste heute bekannte HIV-Sequenz stammt aus einer 1959 in der damaligen belgischen Kolonie Kongo (heute Demokratische Republik [DR] Kongo) abgenommenen Blutprobe; diese Sequenz liegt phylogenetisch noch sehr am Anfang der Evolution von HIV. Sie deutet darauf hin, dass die enorme Diversifizierung der heute weltweit vorkommenden HIV-Sequenzen zum großen Teil nach 1959 stattgefunden hat. HIV-1 Gruppe M hat sich dann zunächst in Zentralafrika weiter ausgebreitet, bevor einzelne Subgruppen der Gruppe M, z. B. die heute weltweit dominierende Subgruppe B, durch nicht genau bekannte Kontakte „exportiert" wurden und sich dann in anderen Ländern „weiterentwickelt" haben.

Weitere, unabhängige Übertragungsereignisse vom Schimpansen auf den Menschen führten zur Entstehung der HIV-1 der Gruppen O und N; diese sind im Wesentlichen auf Westafrika (Kamerun, Gabun) beschränkt geblieben.

Vermutlich erfolgte die Übertragung vom Schimpansen auf den Menschen durch Kontakt mit Blut im Rahmen von Verletzungen bei Jagden auf Schimpansen.

65.1.2 HIV-2

Im Gegensatz zu HIV-1 ist HIV-2 am nächsten verwandt mit einem Virus des westafrikanischen Halsbandmangaben (SIVsmm, „sooty mangabey monkey").

Da es mehrere unterschiedliche Subgruppen von HIV-2 gibt, vermutet man, dass es mehrere Übertragungsereignisse von diesem Affen auf den Menschen gegeben hat.

Damit sind HIV-1 und HIV-2 eindrucksvolle Beispiele dafür, wie aus dem Tierreich stammende Infektionen auf den Menschen übertragen werden und, unter geeigneten Bedingungen, eine weltweite Epidemie auslösen können. Zwei Bedingungen haben die Verbreitung von HIV-1 gefördert:

- die Tatsache, dass schwere Krankheitssymptome erst viele Jahre nach Erstinfektion auftreten, infizierte Personen aber schon zuvor kontagiös sind und das Virus weiterverbreiten
- die gesellschaftlichen Umwälzungen in Afrika im Lauf des 20. Jahrhunderts – z. B. große Bevölkerungsbewegungen, Zwangsrekrutierung von Arbeitern im früheren belgischen Kongo und im französischen Äquatorialafrika, Unabhängigkeitskriege etc.

65.2 Beschreibung

65.2.1 Typen und Subtypen

Es gibt 2 humane Immundefizienzviren, HIV-1 und HIV-2, welche getrennte Spezies darstellen (◘ Abb. 65.1):

- **HIV-1** umfasst 4 Gruppen, M, N, O, P.
  - Gruppe M enthält die überwiegende Zahl der weltweit isolierten Viren, die den Subtypen A–F zugeordnet werden. Von diesen Subtypen hat sich v. a. Subtyp B weltweit verbreitet, Subtyp C kommt im südlichen Afrika vor.
  - Gruppe O enthält eine kleine Gruppe von Isolaten aus West-/Zentralafrika.
  - HIV-1-Isolate der Gruppen N und P finden sich ebenfalls in Ländern der Küste West-/Zentralafrikas, sind aber extrem selten.
- Im Unterschied zu diesen HIV-1-Varianten ist **HIV-2** ein distinktes Lentivirus (getrennte Spezies), das sich von HIV-1 leicht im Aufbau seines Genoms unterscheidet. Es kommt vorwiegend in Westafrika (Senegal, Guinea Bissau, Liberia), Mosambik, Indien und selten in Portugal (frühere Kolonialbeziehungen nach Guinea Bissau und Mosambik!) vor.

65.2.2 Aufbau des Genoms und virale Proteine

Der Genomaufbau des HIV-1 und seine viralen Proteine sind in ◘ Abb. 65.2 dargestellt. HIV-1 und HIV-2 sind umhüllte Viren, deren Lipidhülle 2 virale Glykoproteine enthält, **gp120** (SU, „surface unit“) und **gp41** (TM, „transmembran-“): Während gp120 mit den zellulären Rezeptoren für HIV interagiert, bewerkstelligt gp41 die Fusion der Virushülle mit der Zellmembran (s. u.). Beide Glykoproteine entstehen durch proteolytische Spaltung durch eine zelluläre furinähnliche Protease aus einem Vorläufermolekül, gp160, das seinerseits vom viralen **env**-Gen kodiert wird.

Die inneren Strukturen des HIV bestehen aus einem konischen Kapsid (◘ Abb. 65.2), gebildet aus dem p24-Protein, das 2 Kopien der viralen (+)Strang-RNA enthält, die an die Nukleokapsidproteine p6 und p7 gebunden sind. Im Kapsidinneren findet sich ferner die reverse Transkriptase (RT, inkl. Integrasefunktion) und

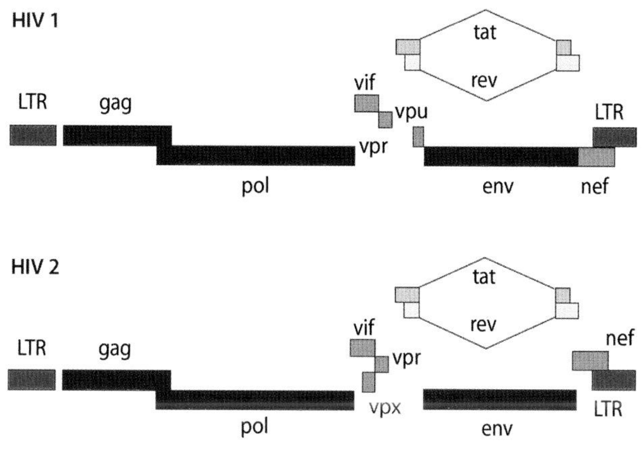

◘ **Abb. 65.1** Genomstruktur von HIV-1 und HIV-2. Die Gene gag, pol, env kodieren Proteine, die für Replikation und Zusammenbau neuer Virionen benötigt werden (Text, Abb. 65.2) und sind für alle Retroviren typisch. Daneben enthalten HIV-1 und HIV-2 weitere akzessorische regulatorische Gene; deren Funktion ist im Text beschrieben. Der Genomaufbau von HIV-1 und HIV-2 unterscheidet sich leicht (vpu bei HIV-1, vpx bei HIV-2). LTR („long terminal repeat“) stellt eine Kontrollregion der Genomexpression dar, die im integrierten Provirus unter anderem Promotorfunktion hat (▶ Abschn. 53.2.1, ◘ Abb. 53.1)

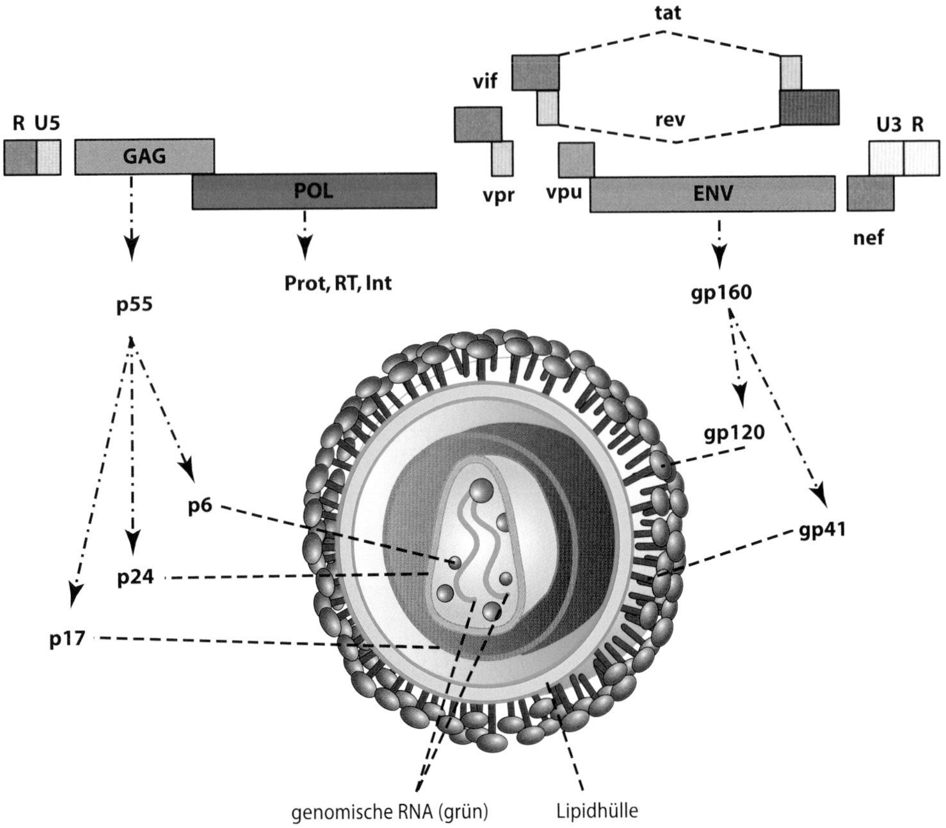

Abb. 65.2 Aufbau des HIV-Virions und Lokalisation der von verschiedenen HIV-Genen kodierten Proteine. Das gag-Gen („group specific antigen") kodiert ein Vorläuferprotein, p55, das durch die virale Protease in das Matrixprotein p17, das große Kapsidprotein p24 sowie die Nukleokapsidproteine p7 und p6 gespalten wird (Text). Das pol-Gen kodiert die enzymatischen Funktionen (Protease, reverse Transkriptase, Integrase) und das env-Gen die beiden Hüllglykoproteine gp120 und gp41. Letztere werden durch eine zelluläre Protease aus dem env-Vorläuferprotein, gp160, freigesetzt. Das Virion enthält ferner 2 Kopien einer genomischen (+)Strang-RNA, die mit Nukleokapsidproteinen assoziiert sind, sowie die reverse Transkriptase, die ihre Funktion kurz nach Aufnahme des Virions in die Zelle aufnimmt (Text), und die virale Protease (beide nicht gezeigt)

die virale Protease. Unterhalb der Lipidhülle ist das Matrixprotein p17 lokalisiert, das als eine Art „Innenauskleidung" der Hülle fungiert (Abb. 65.2). Die inneren Strukturproteine (p24, p17, p6, p7) entstehen durch proteolytische Spaltung von p55, eines vom **gag-Gen** kodierten Vorläuferproteins. Diese Spaltung bewerkstelligt die **virale Protease**.

Da die einzelnen inneren Strukturproteine für die Bildung reifer, infektiöser Viruspartikel benötigt werden, resultiert eine Hemmung der Protease durch dafür entwickelte **Virustatika** (s. u.; ▶ Kap. 111) in der Bildung unreifer, nicht mehr infektiöser Virionen: Die Ausbreitung des HIV im Organismus wird dadurch gestoppt.

Die enzymatischen Funktionen des HIV kodiert das **pol**-Gen. Hierzu zählt zunächst die virale Protease (s. o.), ferner die reverse Transkriptase, die für den Schlüsselschritt der Replikation, das Kopieren des viralen RNA-Genoms in eine doppelsträngige DNA („Provirus"), verantwortlich ist (s. u.). Schließlich findet sich am 3'-Ende des pol-Gens die Integrase, welche die Integration des Provirus in die DNA der Wirtszelle vermittelt (s. u.).

65.2.3 Lebenszyklus des HIV

■ **Aufnahme in die Zelle und Tropismus**

HIV-1 und HIV-2 benutzen beide das CD4-Molekül als primären Rezeptor auf der Zelloberfläche. CD4 findet sich vorwiegend auf T-Helferzellen, dendritischen Zellen, MHC-Klasse II-restringierten T-Effektorzellen und seltenen B-Zellen. CD4 dient nicht nur als „Bindestelle" für HIV, sondern induziert gleichzeitig eine Konformationsänderung im äußeren Hüllglykoprotein, gp120, als dessen Folge dieses dann mit einem 2. Rezeptor auf der Zelloberfläche interagiert. Als 2. Rezeptor benutzen unterschiedliche HIV-1-Varianten entweder CCR5 oder CXCR4, 2 Mitglieder der Chemokinrezeptorfamilie. Da CCR5 und CXCR4 auf unterschiedlichen Zelltypen vorkommen, bestimmt

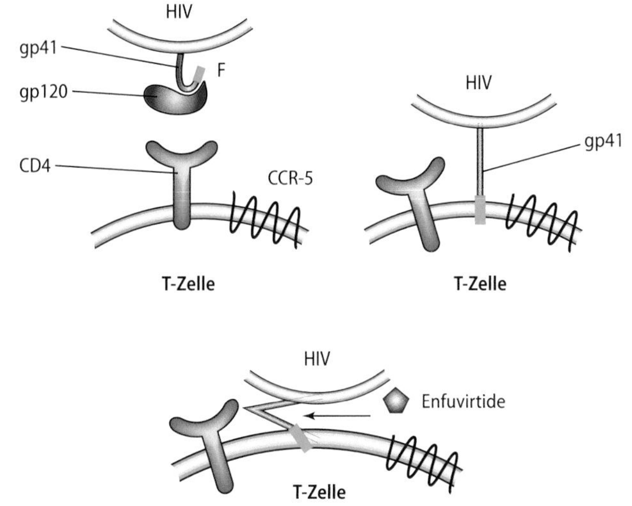

Abb. 65.3 Fusion der HIV-Hülle mit der Zellmembran. Der Hüllproteinkomplex des HIV besteht aus äußerem Hüllprotein gp120 und dem Transmembranprotein gp41. Die Fusionsdomäne („F") des gp41 ist im Inneren des Hüllproteinkomplexes „versteckt". Nach Kontakt des äußeren HIV-Hüllglykoproteins gp120 mit den beiden Rezeptoren auf der Zellmembran, CD4 und CCR5/CXCR4 (Text), wird gp120 „abgeworfen" und das gp41-Transmembranprotein faltet sich auf, sodass seine Fusionsdomäne in die Membran der zu infizierenden Zelle inseriert. In einem 2. Schritt „kollabiert" das gp41 wieder und verringert, da es mit dem einen Ende in der Virushülle, mit dem anderen Ende in der Zellmembran verankert ist, den Abstand der beiden. Dies führt zu deren Fusion. Enfuvirtid (T-20; rotes Symbol) blockiert diesen Mechanismus

die „Auswahl" des 2. Rezeptors den „Tropismus" der betreffenden HIV-1-Variante:

- CCR5 wird z. B. auf dendritischen Zellen in der genitalen Mukosa exprimiert und CCR5-trope Viren sind deshalb besonders gut in der Lage, während eines Sexualkontakts eine Infektion zu bewerkstelligen.
- CXCR4 findet sich auf T-Zellen und CXCR4-trope Viren infizieren diese besonders gut (allerdings können auch CCR5-trope Viren T-Zellen infizieren).

„Naturexperiment"

Die Bedeutung von CCR5 für die sexuell übertragene Infektion wird dadurch unterstrichen, dass das CCR5-Defektallel ΔCCR5, das mit recht hoher Allelfrequenz (ca. 9 %) in kaukasischen Bevölkerungen vorkommt, im homozygoten Zustand eine deutlich verminderte Suszeptibilität gegenüber sexuell übertragenen HIV-Infektionen bewirkt: Große Kohortenstudien an MSM zeigen einen deutlichen Unterschied in der Infektionsrate zwischen Individuen mit homozygoter CCR5-Defizienz und solchen, bei denen dieses Allel heterozygot oder gar nicht vorkommt. Diese Beobachtung illustriert die Bedeutung genetischer Polymorphismen als Determinanten der Suszeptibilität gegenüber viralen Infektionen.

Aufgrund der hohen Variabilität des HIV (s. u.) kann sich der Tropismus eines Virusisolats schnell ändern, d. h., ein CCR5-tropes Virus kann zu einem CXCR4-tropen Virus werden und überlappende Tropismusspektren kommen vor. In den frühen Stadien der Infektion dominieren CCR5-trope Viren, während CXCR4-trope Viren mit der klinischen Progression zu AIDS an Bedeutung zunehmen.

Kontakt des gp120 mit CD4 und entweder CCR5 oder CXCR4 bewirkt ein „Abstreifen" des gp120 von dem darunter liegenden gp41. Dadurch „klappt" das normalerweise zusammengefaltete gp41 „auf", und zwar dergestalt, dass sein im Ruhezustand „verstecktes" aminoterminales Ende in Richtung der Membran der zu infizierenden Zelle „schnellt" und sich mit der hydrophoben Fusionsdomäne in diese einbettet (Abb. 65.3).

In einem 2. Schritt „klappt" das jetzt mit einem Ende in der Virushülle, mit dem anderen Ende in der Zellmembran verankerte gp41 wieder „zusammen", sodass die beiden Lipidmembranen zusammengezogen werden und anschließend miteinander verschmelzen. Dieser Prozess kann, je nach Zelltyp, an der Oberfläche der zu infizierenden Zelle oder während den frühen Stadien der Endozytose stattfinden.

Therapeutische Angriffspunkte

Angriffspunkt Viruseintritt: Hier bestehen 2 Möglichkeiten:

- Antagonisten des CCR5 wie z. B. **Maraviroc** finden in der Therapie von HIV Anwendung. Diese Substanz blockiert den Eintritt CCR5-troper Viren.
- **Enfuvirtid** (T-20), ein Vertreter der Klasse von Fusionsinhibitoren, ist ein kurzes Peptid. Es wurde von der Sequenz des gp41 im Bereich des „Scharniers" abgeleitet, welches das „Auf- und Zuklappen" des gp41 erlaubt (Abb. 65.3). T-20 „blockiert" dieses „Scharnier" und verhindert dadurch die Fusion der Virushülle mit der Zellmembran und den Viruseintritt in die Zelle.

Reverse Transkription und Integration

Nach Fusion der Virushülle mit der Zellmembran oder der Membran früher Endosomen liegt das HIV-Kapsid im Zytoplasma vor und „löst sich" durch nicht genau verstandene Mechanismen „auf". Ein aus mehreren

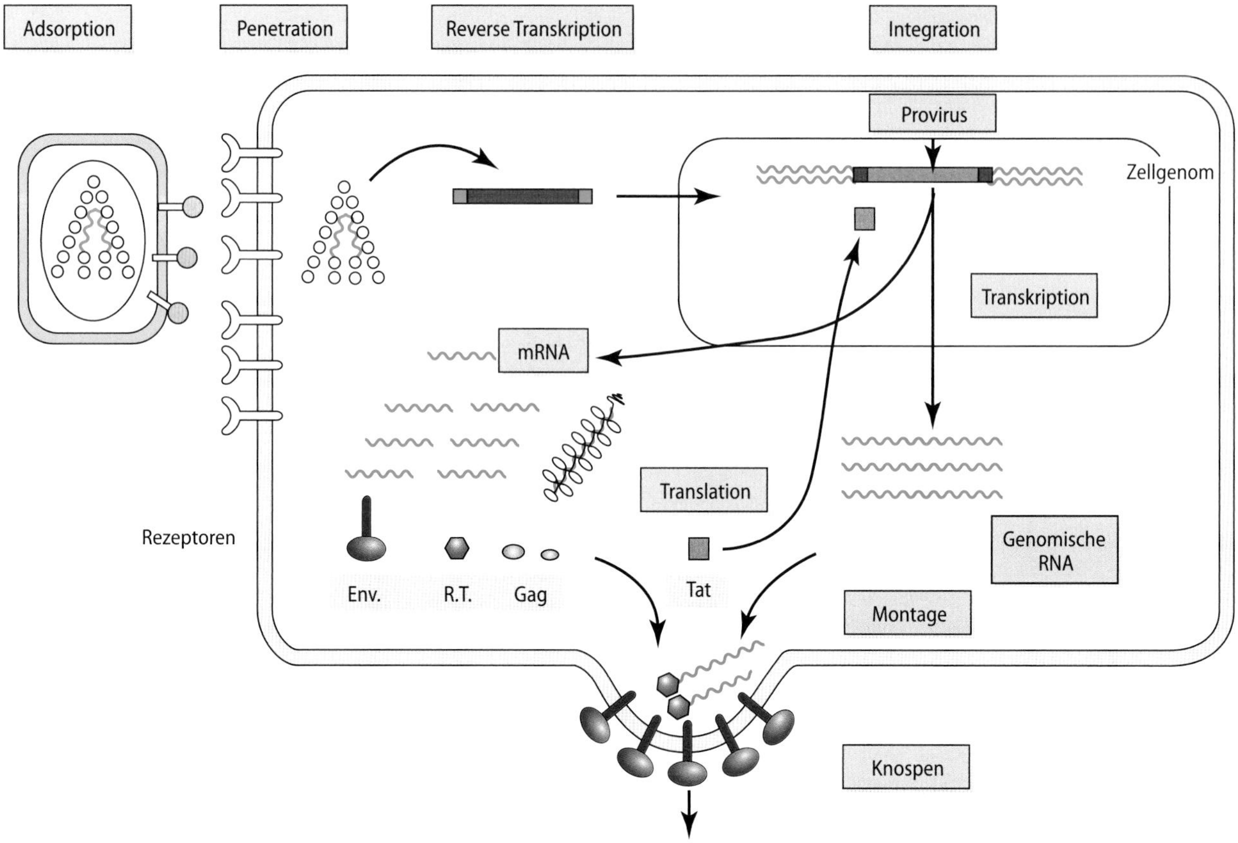

Abb. 65.4 Lebenszyklus des HIV. Nach Bindung an die beiden HIV-Rezeptoren CD4 und CCR5 (bzw. CXCR4; Text) erfolgt die Fusion der Virushülle mit der Zellmembran (Abb. 65.3). Danach startet die reverse Transkription und Bildung des „Provirus" (DNA-Kopie der viralen genomischen RNA). Dieses wird in den Kern importiert und mittels der viralen Integrase ins Wirtsgenom integriert. Die Transkription des Provirus liefert neue virale mRNA, deren Translation im Zytoplasma zur Bildung neuer Virusproteine führt. Durch Zusammenbau dieser Proteine und Verpacken der neuen genomischen viralen RNA entstehen neue Virionen an der Zelloberfläche („Knospung"). Deren Reifung zu infektiösen Partikeln erfolgt nach ihrer Freisetzung (Text)

viralen Proteinen (u. a. p17, reverse Transkriptase) und den beiden Kopien der viralen genomischen RNA bestehender „Präintegrationskomplex" wird zum Kern transportiert. Während dieses Transports erfolgt noch im Zytoplasma die reverse Transkription der viralen RNA in eine doppelsträngige DNA-Kopie, das sog. Provirus (Abb. 65.4). Hierbei „startet" die reverse Transkriptase unter Verwendung einer tRNA als Primer an einem zwischen „linkem" LTR („long terminal repeat") und gag-Gen gelegenen Punkt („primer binding site") und kopiert zunächst die 5' von diesem Punkt gelegenen Genomabschnitte (R und U5 des „linken" LTR; Abb. 65.2) in eine kurze einzelsträngige DNA. Diese „springt" dann zum 3'-Ende der viralen RNA, hybridisiert dort mit der ebenfalls am 3'-Ende vorkommenden R-Sequenz und dient als „Primer" für die Verlängerung dieser DNA in Richtung des 5'-Endes der genomischen RNA. Anschließend erfolgt die Synthese des 2. DNA-Strangs; hierbei dient der 1. DNA-Strang als Matrize.

Die Enden des „Provirus" (dsDNA-Kopie des viralen Genoms) werden verbunden, sodass ein **zirkuläres DNA-Molekül** entsteht, das in den Zellkern importiert wird. Danach vermittelt die virale Integrase – sie findet sich am 3'-Ende des HIV-pol-Gens – die **Insertion** der proviralen DNA in die zelluläre DNA. Die provirale DNA wird damit zum Bestandteil des Wirtsgenoms. Die Integration der proviralen DNA ins Wirtsgenom ist die Voraussetzung für die langfristige Persistenz des HIV im infizierten Organismus.

Therapeutische Angriffspunkte

Angriffspunkt reverse Transkription: Es gibt mittlerweile zahlreiche therapeutisch genutzte Inhibitoren der reversen Transkriptase; diese bilden das Rückgrat der Anti-HIV-Therapie. Man unterscheidet 2 Wirkungsprinzipien:

- **NRTI**, die **nukleosidischen Reverse-Transkriptase-Inhibitoren**, werden anstelle der physiologischen Nukleotide in den neu synthetisierten DNA-Strang eingebaut und hemmen den

Fortschritt der DNA-Synthese – sie wirken als Substratanaloga und hemmen **kompetitiv.** Beispiele sind Azidothymidin (AZT) oder Lamivudin (3TC).

- **NNRTI**, die **nichtnukleosidischen RT-Inhibitoren**, greifen an anderen Stellen der RT an und verschlechtern deren Enzymkinetik – sie wirken **allosterisch** oder nichtkompetitiv. Beispiele sind Nevirapin oder Rilpivirin.
- Für weitere Details und Verbindungen siehe ▶ Kap. 111.

Angriffspunkt Integration: Hemmstoffe der HIV-Integrase (z. B. Raltegravir, Dolutegravir) finden therapeutische Anwendung. Sie verhindern die langfristige „Besiedlung" einer Zelle mit dem HIV-Genom und reduzieren damit, in Kombination mit anderen HIV-Virustatika, die Vermehrung des HIV.

■ Bildung neuer Viruspartikel

Das nun in die Wirtszelle integrierte provirale HIV-Genom wird zukünftig wie ein zelluläres Gen von der DNA-Polymerase II der Wirtszelle transkribiert. Diese Transkription resultiert in der Produktion ungespleißter und gespleißter viraler mRNAs, die, nach dem Export aus dem Kern, entweder an zellulären Ribosomen translatiert oder als neue genomische Virus-RNA in entstehende Viruspartikel eingebaut werden. Die Translation des Vorläufers der Kapsidproteine vollzieht sich im Zytoplasma an freien Ribosomen. Die Synthese des viralen Glykoproteinvorläufers gp160 hingegen und dessen anschließende Prozessierung zu gp120 (SU) und gp41 (TM) finden in ER bzw. Golgi-Apparat statt. So gelangen die HIV-Hüllglykoproteine – analog zu zellulären membranständigen Glykoproteinen – in bestimmte Areale der zellulären Plasmamembran. Hier „treffen" sie sich mit dem – an diese Areale rekrutierten – Kapsidproteinvorläufer (p55) und einem Fusionsprotein zwischen Kapsidproteinvorläufer und viraler Protease. Dies führt zum Zusammenbau zunächst unreifer, nichtinfektiöser Viruspartikel, die nach anschließender Prozessierung des Kapsidproteinvorläufers durch die virale Protease ihre typische Morphologie und Infektionstüchtigkeit erreichen (◘ Abb. 65.4).

Therapeutische Angriffspunkte

Angriffspunkt Virusreifung: Hemmstoffe der viralen Protease, sog. Proteasehemmer wie z. B. Darunavir, Lopinavir, Atazanavir, etc. (▶ Kap. 111), verhindern die Virusreifung. In Anwesenheit dieser Substanzen unterbleibt die Prozessierung des gag-Vorläuferproteins zum Kapsidprotein (p24), zum Matrixprotein (p17) und zu den Nukleokapsidproteinen. Das Virus kann die im „Steckbrief" und in ◘ Abb. 65.2 gezeigte typische Morphologie nicht ausbilden und ist nicht infektiös. Hemmstoffe der viralen Protease verhindern also die Produktion neuer infektiöser Viruspartikel.

65.2.4 Akzessorische HIV-Proteine

Während die **Strukturproteine** (Kapsid- und Hüllglykoproteine) und **Enzyme** (Protease, reverse Transkriptase, Integrase) bei allen Retroviren vorkommen, verfügt HIV über eine Reihe zusätzlicher Proteine, denen regulatorische Aufgaben im Lebenszyklus des Virus zukommen:

Tat Dieses Protein entsteht aus einer gespleißten mRNA und reguliert die Transkription der im LTR („long terminal repeat"; ◘ Abb. 65.1) initiierten viralen mRNAs.

Rev Dieses Protein entsteht ebenfalls aus einer gespleißten mRNA und fördert den Export nichtgespleißter viraler RNAs (welche die Exportmaschinerie des Zellkerns sonst zurückhalten würde) aus dem Zellkern ins Zytoplasma.

Vif Dieses Protein erhöht die Infektiosität von HIV-Partikeln, indem es als Gegenspieler von APOBEC 3G wirkt, einer zellulären Cytidindesaminase. Durch Desaminierung von Cytidinen im 1. Strang der von der reversen Transkriptase synthetisierten cDNA induziert APOBEC 3G G–A-Hypermutationen im viralen Genom und steigert damit die Frequenz defekter viraler Genome. Dieser Mechanismus gilt als evolutionär alte Form der Zellabwehr gegen virale Erreger. Die Entstehung von vif (das bei allen Lentiviren der Primaten vorkommt) stellt demnach eine „Gegenstrategie" der Lentiviren gegen diesen alten Abwehrmechanismus dar.

Nef Dieses Protein reduziert die Expression von MHC- und CD4-Molekülen auf der Zelloberfläche und hat damit möglicherweise immunmodulatorische (aber auch andere) Funktionen. Nef-defekte Viren sind weniger pathogen.

Vpu Dieses Protein spielt eine Rolle bei der Freisetzung viraler Partikel von der Zelloberfläche, indem es als Antagonist des interferoninduzierten zellulären Proteins „Tetherin" dient. In Abwesenheit von Vpu verhindert Tetherin die Freisetzung viraler Partikel (sowie anderer Viren als HIV).

Vpr Dieses Protein reguliert den Zellzyklus und beeinflusst damit die HIV-Replikation.

65.3 Rolle als Krankheitserreger

■■ Übertragung

HIV wird durch **Geschlechtsverkehr, kontaminiertes Blut oder Blutprodukte** sowie von der **Mutter auf das Kind** übertragen. Ausreichende Mengen an Virus („Viruslast") für eine Übertragung finden sich in **Sperma** und **Vaginalsekret, Blut, Plasma, Serum** und **Muttermilch.**

Sexuelle Kontakte und Nadelstichverletzungen Die Wahrscheinlichkeit der Infektion mit HIV nach einem einzigen Kontakt variiert sehr und wird beeinflusst von der Viruslast in der übertragenen Körperflüssigkeit, deren Volumen sowie Art und Tiefe einer Verletzung. Sie liegt im Mittel im unteren Prozentbereich für sexuelle Kontakte und Nadelstich- und andere Verletzungen. Bei letzteren spielen Tiefe der Verletzung und Durchmesser der – mit infiziertem Blut gefüllten – Injektionsnadel eine Rolle. Oberflächliche Verletzungen oder Wunden im Genitalbereich (z. B. aufgrund von Traumata oder anderen sexuell übertragenen Erkrankungen) erhöhen das Risiko.

Für in der Gesundheitsversorgung Arbeitende besteht die Gefahr der Infektion mit HIV durch Stich- oder Schnittverletzungen beim Hantieren mit kontaminierten Injektionsnadeln, Skalpellen etc. Während der Kontakt HIV-enthaltender Körperflüssigkeiten mit intakter Haut wohl ungefährlich ist, erhöhen kleine Verletzungen, Abschürfungen und Ekzeme die Infektionsgefahr.

Umgekehrt stellt sich oft die Frage der Gefährdung eines Patienten durch HIV-infiziertes ärztliches oder Pflegepersonal. Es gibt hierfür weltweit nur sehr wenige dokumentierte Fälle (Exkurs „Florida-Zahnarzt"), sodass das Risiko insgesamt als sehr niedrig einzustufen ist. Trotzdem sollte HIV-infiziertes Krankenhauspersonal keine Tätigkeiten vornehmen, die mit einer erhöhten Verletzungsgefahr und damit einer Gefährdung des Patienten verbunden sein könnten, z. B. Operationen mit eingeschränktem Überblick über das Operationsfeld (z. B. in Körperhöhlen), Operationen unter Einsatz spitzer Drähte (z. B. MKG-Chirurgie), Krafteinsatz (z. B. orthopädische Operationen).

„Florida-Zahnarzt"
Eine Untersuchung der US-amerikanischen Centers for Disease Control (CDC) im Jahr 1990 ergab deutliche Hinweise darauf, dass ein Zahnarzt in Florida in den späten 1980er Jahren 6 Patienten mit HIV infiziert hatte. Die Argumente für einen Zusammenhang zwischen diesen 6 Patienten und dem Zahnarzt waren:

- Alle 6 Patienten waren vom selben Zahnarzt behandelt worden und hatten anscheinend keine oder keine signifikanten anderen Risikofaktoren oder Expositionsmöglichkeiten.
- Die Sequenzen der bei 5 Patienten gefundenen HIV-Varianten ähnelten der HIV-Sequenz des Zahnarztes, unterschieden sich aber von den Sequenzen von 35 Kontrollisolaten aus derselben geografischen Region.

Wie die Übertragung von diesem Zahnarzt auf seine Patienten geschah, ließ sich nie genau klären. Aufgrund dieses Falls durchgeführte Überwachungsuntersuchungen bei anderen HIV-infizierten Zahnärzten haben nie wieder eine ähnliche „Übertragungskette" zutage gefördert. Obwohl dieser Fall deshalb die Möglichkeit der HIV-Übertragung von einem Zahnarzt auf seine Patienten illustriert, ist das Risiko eines solchen Ereignisses als sehr gering einzustufen. In dieser Hinsicht unterscheidet sich HIV deutlich vom Hepatitis-B-Virus: Immer wieder übertragen Ärzten oder Krankenpflegepersonal HBV auf Patienten; und in der Krankenversorgung Tätige, einschließlich Laborpersonal, infizieren sich nicht selten mit HBV.

Mutter-Kind-Übertragung Ihre Wahrscheinlichkeit liegt in Schwellenländern bei 20–30 %, in westlichen Ländern bei 5–10 % und wird sehr stark von der Viruslast der Mutter und der Art der Entbindung beeinflusst: Eine Vaginalgeburt ist wegen des Kontakts des Neugeborenen mit Blut und Genitalsekreten mit einem höheren Risiko verbunden als ein unter kontrollierten Bedingungen ablaufender Kaiserschnitt. Bei der Mutter-Kind-Transmission spielen, neben der Übertragung während der Geburt, auch die diaplazentare Übertragung in den letzten Wochen der Schwangerschaft sowie die Übertragung durch Muttermilch eine Rolle. Das Risiko, HIV durch Stillen zu übertragen, liegt in mehreren Studien aus Afrika bei etwa 15 %. Hierbei steigt das Risiko, wenn Kinder länger als 9–12 Monate gestillt werden; dieser Effekt wurde allerdings nicht in allen Studien beobachtet. Erkrankungen der Brust, z. B. Mastitis oder wunde Brustwarzen, erhöhen das Übertragungsrisiko. In westlichen Ländern bzw. überall dort, wo Alternativen zum Stillen infrage kommen, sollten HIV-infizierte Mütter deshalb ihre Kinder nicht stillen. In Afrika empfiehlt die WHO ausschließliches Stillen, sofern andere Ernährungsmöglichkeiten nicht unter ausreichenden hygienischen Bedingungen garantiert werden können. Die Übertragung von HIV kann durch die ART der Mutter fast vollständig verhindert werden. Die WHO empfiehlt deshalb, alle schwangeren oder stillenden HIV-infizierten Frauen mit antiretroviraler Kombinationstherapie zu behandeln.

Bluttransfusion Bei einer Transfusion von HIV-kontaminiertem Blut liegt das Risiko aufgrund des großen Volumens sehr hoch (bei bis zu 100 %). Um die Übertragung von HIV durch Transfusionen oder Blutprodukte (z. B. Faktor VIII, humanes Albumin) zu verhindern, müssen Blutspenden in vielen Ländern heute auf Antikörper gegen HIV und mittels PCR auf HIV-RNA getestet werden.

▪▪ Pathogenese

Im Fokus stehen hier die wichtigsten Zielzellen von HIV und die HIV-Latenz in überlebenden infizierten Zellen.

Bedeutung der dendritischen Zellen Nach Infektion durch einen Sexualkontakt infiziert HIV zunächst in der Mukosa angesiedelte dendritische Zellen; hierbei spielen CCR5-trope Virusvarianten eine besondere Rolle (► Abschn. 65.2). Die physiologische Funktion dieser dendritischen Zellen ist es, Fremdantigene aufzunehmen, diese zu prozessieren und in regionale Lymphknoten zu transportieren, um sie in Keimzentren entsprechenden T-Zellen zu „präsentieren". So wird eine spezifische T-Zell-Antwort gegen diese Antigene induziert. Wie es ihrer Aufgabe entspricht, wandern HIV-infizierte dendritische Zellen deshalb in regionale Lymphknoten ein. Ferner bindet HIV mittels des zellulären Moleküls DC-SIGN an die Oberfläche dendritischer Zellen und kann auf diese Weise (auch ohne in dendritische Zellen einzudringen) in regionale Lymphknoten transportiert werden. Dies bietet HIV die Gelegenheit, die hier vorhandenen CD4-positiven T-Helferzellen zu infizieren. Man vergleicht deshalb die Rolle der dendritischen Zellen in der HIV-Infektion mit der des „trojanischen Pferdes" bei der Eroberung Trojas durch die Griechen.

Bedeutung der $CD4^+$-T-Helferzellen HIV repliziert massiv in CD4-positiven T-Helferzellen und zerstört sie dabei. Schon früh nach der Infektion geht der Großteil der CD4-positiven T-Helferzellen in der Darmschleimhaut verloren. Die resultierende Störung der mukosalen Barrierefunktion im Darm trägt zu einer chronischen Entzündungsreaktion und Immunschwäche der Patienten bei. Man schätzt, dass im Verlauf einer aktiven HIV-Infektion pro Tag 10^8–10^9 $CD4^+$-T-Lymphozyten neu infiziert werden und dass deren mittlere Überlebensdauer dadurch auf 1,1 Tage reduziert wird. Da $CD4^+$-T-Helferzellen eine Schlüsselrolle bei der Induktion sowohl einer T-Zell- wie auch einer B-Zell-Antwort spielen (▶ Kap. 13 und 14), führt die fortlaufende Zerstörung dieser wichtigen Immunzellen langfristig zu einer „Lähmung" der spezifischen, v. a. T-Zell-vermittelten Immunität. Dabei ist das regenerative Potenzial des menschlichen Knochenmarks und der hämatopoetischen Stammzellen so groß, dass die fortlaufende massive Zerstörung von $CD4^+$-T-Zellen über viele Jahre durch Nachreifung von $CD4^+$-Zellen kompensiert wird. Erst wenn dieses Regenerationspotenzial erschöpft ist, kommt es zu zunehmendem Abfall von $CD4^+$-Lymphozyten im peripheren Blut (◘ Abb. 65.5), zunehmendem Versagen des Immunsystems und den damit verbundenen klinischen Symptomen (s. u.: Klinischer Verlauf, ◘ Abb. 65.6).

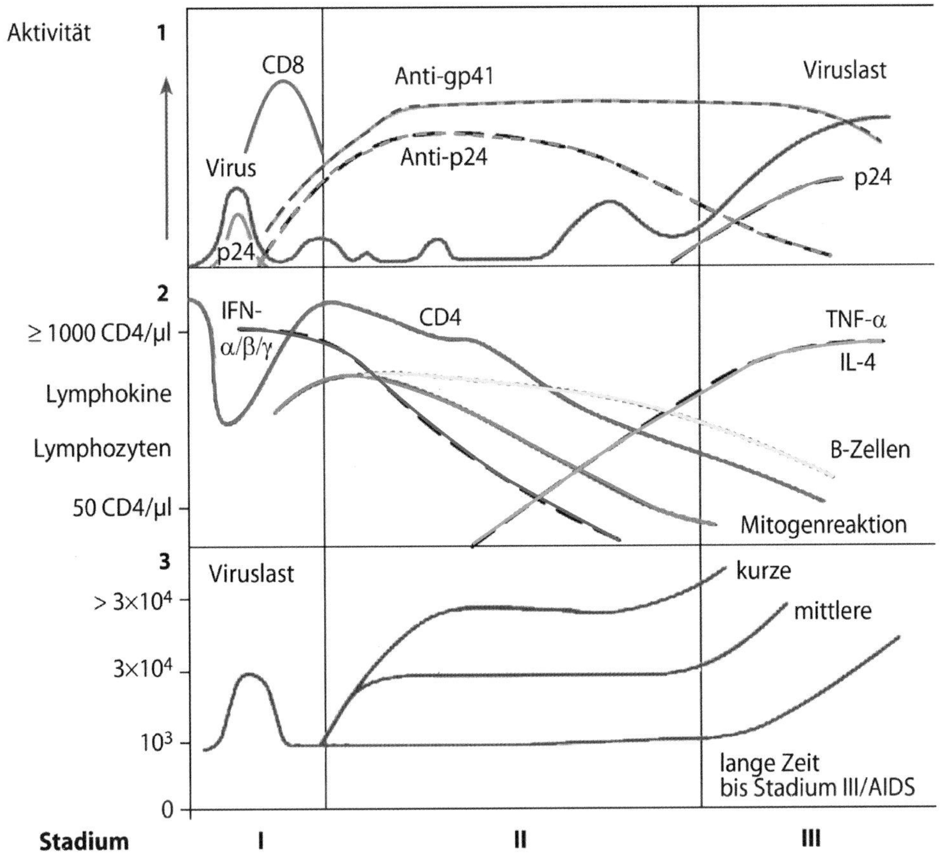

◘ **Abb. 65.5** Pathogenese der HIV-Infektion. In oberen Grafikteil 1 sind Virusreplikation, Antikörperbildung und Bildung virusspezifischer zytotoxischer T-Lymphozyten (CD8) dargestellt. In Stadium I ist der Nachweis von Antikörpern oft erst nach Abklingen der akuten Virämie (hohe „Viruslast"; Nachweis des p24-Kapsidantigens) möglich („diagnostisches Fenster"; Text). Grafikteil 2 zeigt den Abfall von CD4-Zellen und andere immunologische Parameter, der untere Grafikteil 3 die unterschiedliche Dauer der klinisch asymptomatischen Phase in Abhängigkeit von der Viruslast

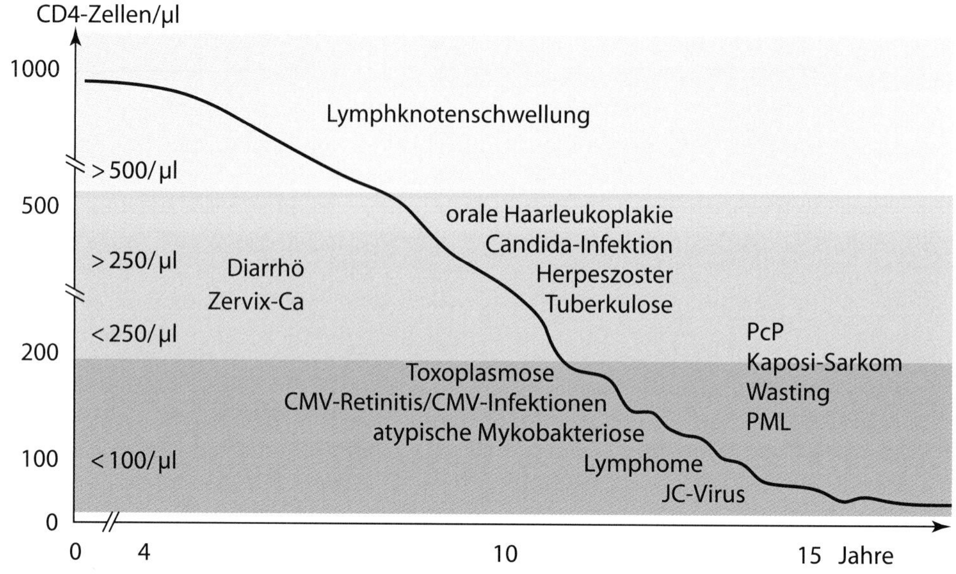

Abb. 65.6 AIDS-definierende Erkrankungen in Abhängigkeit vom Immunstatus (Zahl der $CD4^+$-Zellen)

Die **Zerstörung HIV-infizierter Lymphozyten** ist möglich durch
- **direkten zytopathischen Effekt** (CPE; ▶ Abschn. 52.5.2), ausgelöst durch die HIV-Replikation,
- **zytotoxische T-Lymphozyten,** die im Rahmen der HIV-Infektion gebildet werden (s. u.),
- **Apoptose**, die z. B. ausgelöst werden kann durch HIV-Glykoprotein gp120, Lymphozytenaktivierung bzw. ein verändertes Zytokin- und Chemokinmilieu.

Infektion anderer Zellen Neben $CD4^+$-T-Helferzellen und dendritischen Zellen kann HIV eine Reihe anderer $CD4^+$-Zellen infizieren: Hierzu zählen v. a. Monozyten und ihre Verwandten, d. h. Makrophagen und Mikrogliazellen des ZNS. Mittels dieser Zellen kann HIV z. B. auch das ZNS befallen.

65

Überleben infizierter Zellen Obwohl alle diese Zellen nach Infektion neue Viruspartikel produzieren können, überleben infizierte Monozyten, dendritische Zellen und $CD4^+$-T-Zellen lange Zeit und dienen daher als „Reservoir". Ferner kann HIV, nach Integration des proviralen Genoms in das Genom einer langlebigen Wirtszelle, längere Zeit ohne die Bildung neuer Viruspartikel in einem „latenten" Zustand persistieren. Da in diesem Zustand keine neuen Viruspartikel gebildet werden und keine reverse Transkription stattfindet, ist das als „Provirus" persistierende HIV durch keines der heute verfügbaren Virustatika „angreifbar". Aus diesem Zustand kann es wieder in einen „produktiven" Replikationszyklus wechseln. Derartig „latent" infizierte Zellen bilden deshalb eine „Zufluchtsstätte" des HIV, die dessen langfristige Persistenz trotz – gegen die Virusproduktion und De-novo-Infektion gerichteter – antiviraler Therapie ermöglicht. Daher lässt sich HIV bis heute selbst durch Medikamentenkombinationen nicht aus dem Körper eliminieren und nur seine aktive (produktive) Replikation unterdrücken.

Evolution in vivo

Die massive Replikation des HIV, kombiniert mit einer gewissen Fehlerrate der reversen Transkriptase (im Mittel eine Nukleotidsubstitution pro repliziertes Genom, d. h. ca. 10.000 Nukleotide), bedingt eine der charakteristischen Eigenschaften des HIV, seine sehr **hohe Variabilität.** So entstehen 10^9–10^{11} **neue Virusmutanten** pro Tag!

Viele dieser Mutanten sind nicht oder nur eingeschränkt „lebensfähig" (da z. B. Mutationen in essenziellen Abschnitten eines Proteins dessen Funktion stören). Dennoch entsteht auf diese Weise ein Repertoire an funktionstüchtigen Mutanten, die z. B. einen geänderten Tropismus oder eine verstärkte Resistenz gegen immunologische Abwehrmechanismen oder ein virustatisches Medikament aufweisen. Daher findet sich in einem infizierten Individuum auch nicht „eine" HIV-Sequenz, sondern eine Sammlung unterschiedlicher viraler Sequenzen, eher vergleichbar einem „Mückenschwarm" als einer Infektion mit einem einheitlichen Keim. Diese rasche In-vivo-Evolution hat zum Begriff „Quasispezies" für eine HIV-Population in einem Individuum geführt.

Immunantwort gegen HIV

Dazu zählen die T-Zell-Antwort und die Antikörperbildung.

T-Zell-Antwort Eine Infektion mit HIV löst eine starke Immunantwort aus, bei der mehrere Ebenen des Immunsystems beteiligt sind. Gegen virale

Proteine gerichtete CD8-positive zytotoxische T-Zellen (Definition CTL in ▶ Kap. 13) werden innerhalb von 1–3 Wochen nach Erstinfektion gebildet und sind für eine Eindämmung der initialen Virusreplikation verantwortlich. Diese initiale Vermehrung korreliert mit der akuten Phase der HIV-Erkrankung (s. u.) und die für diese Phase typische Lymphknotenschwellung spiegelt die massive Expansion von T-Zellen in den lymphatischen Organen wider. Als Ergebnis dieser starken T-Zell-Antwort sinkt die initial sehr hohe Menge an im Plasma nachweisbaren HIV-Partikeln („Viruslast") sehr schnell wieder ab (◻ Abb. 65.5). Je stärker dieser Abfall und je niedriger die Viruslast unmittelbar nach der akuten Phase der Erkrankung, desto länger ist das symptomfreie Überleben. Somit bestimmt die Stärke der initialen HIV-spezifischen T-Zell-Antwort die Prognose. Das Niveau, auf das sich die Viruslast unmittelbar nach der akuten Phase der Erstinfektion einpendelt, wird aufgrund seiner prognostischen Bedeutung als „set point" bezeichnet.

Gegen HIV gerichtete $CD8^+$-CTL erkennen eine Reihe von Epitopen in strukturellen (z. B. Kapsid- oder Hüllproteine), enzymatischen (z. B. reverse Transkriptase) oder regulatorischen Nichtstrukturproteinen (z. B. Tat) des HIV. Da diese Epitope z. T. von unterschiedlichen HLA-A- bzw. -B-Molekülen präsentiert werden (▶ Kap. 13), hängt die Fähigkeit einer Person, bestimmte Epitope zu erkennen, von ihrer genetisch determinierten **Ausstattung mit geeigneten HLA-A- und HLA-B-Allelen** ab. Die Ausstattung mit bestimmten HLA-Allelen hat deshalb einen Einfluss auf die Überlebensrate:

- Kaukasische Patienten mit HLA-B27 überleben im Durchschnitt länger als solche ohne dieses Allel.
- Homozygotie ist für gewisse HLA-Allele im Vergleich zu Heterozygotie von Nachteil, da bei ersterer das Repertoire an Allelen, die zur Erkennung von HIV-Proteinen verfügbar sind, eingeschränkt ist.

Gegen HIV-Proteine gerichtete $CD8^+$-T-Zellen spielen also eine wichtige Rolle bei der Eindämmung der Virusreplikation und damit beim Langzeitüberleben. Dennoch ist es immer noch umstritten, ob ihnen auch eine protektive Funktion zukommt, d. h. ob HIV-spezifische T-Zellen gegen eine Neuinfektion schützen können. Hinweise für eine derartige Funktion kommen von Studien an Prostituierten in Afrika, die trotz multipler Exposition gegenüber HIV über lange Jahre nichtinfiziert geblieben waren und bei denen eine HIV-spezifische $CD8^+$-T-Zell-Antwort nachweisbar war.

Antikörperbildung Neben der T-Zell-Antwort werden in den Wochen nach einer HIV-Erstinfektion Antikörper gegen eine Reihe viraler Proteine gebildet, insbesondere gegen das Kapsidprotein p24 (◻ Abb. 65.5, Teil 1), das Matrixprotein p17, die beiden Hüllglykoproteine gp120 und gp41 und die reverse Transkriptase (◻ Abb. 65.7). Antikörper gegen das äußere Hüllglykoprotein gp120 können die Virusinfektion neutralisieren. Allerdings schützten sich in Patienten vorkommende Virusvarianten sehr effektiv vor einer Neutralisierung durch Antikörper, indem sie z. B. die Bindungsstellen für derartige Antikörper im Hüllglykoproteinkomplex durch extensive Glykosylierung blockieren. Die meisten neutralisierenden Antikörper hemmen nur wenige Virusvarianten. Es gibt aber sehr seltene, nur bei wenigen Patienten auftretende, sog **„breit neutralisierende" Antikörper**, die oft erst nach jahrelanger Infektion mit HIV entstehen. Diese können heute gentechnisch hergestellt und therapeutisch appliziert werden. In Kombination gegeben, können solche Antikörper die Virusreplikation für mehrere Monate unterdrücken. Ein möglicher Einsatz in der Infektionsprophylaxe wird zurzeit diskutiert. Auf der anderen Seite ist es noch nicht gelungen, Vakzinekandidaten zu entwickeln, die solche „breit neutralisierenden" und damit gegen eine Primärinfektion schützenden Antikörper in geimpften Personen induzieren können.

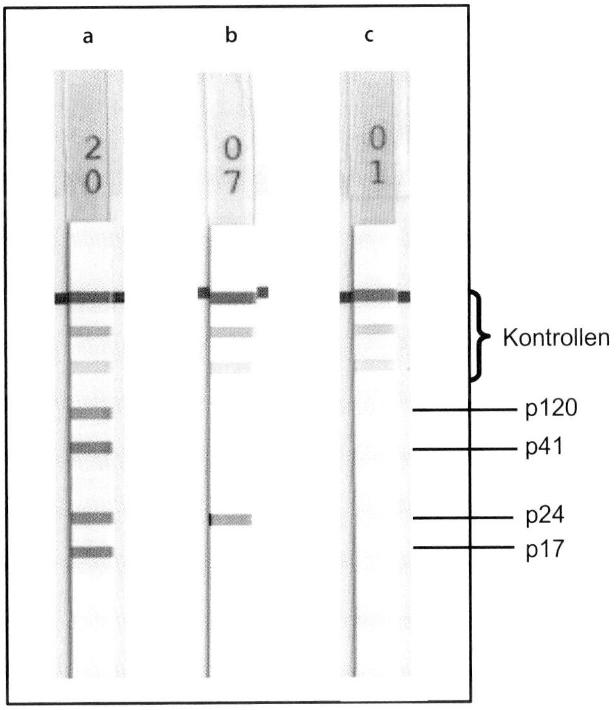

◻ **Abb. 65.7** a–c Western-Blot zum Nachweis von Antikörpern gegen HIV. **a** Beispiel für „positiven" Western-Blot: Das hier mit dem Testreifen inkubierte Serum zeigt eine Reaktion mit den Banden für gp120, gp41, p24, p17. **b** Beispiel für ein Serum, das nur die p24-Bande erkennt – dieses Reaktionsmuster gilt als undefiniert, kann aber in frühen Stadien der Infektion vorkommen. **c** „Negativer" Western-Blot, bei dem nur Kontrollbanden sichtbar sind

Klinischer Verlauf

Der klinische Verlauf einer HIV-Infektion wird in 3 Stadien unterteilt. Diese Einteilung berücksichtigt:
- die klinischen Symptome
- die AIDS-definierenden Erkrankungen
- die Anzahl der $CD4^+$-T-Zellen im peripheren Blut

Akute Infektion (Stadium I) Klinische Symptome treten in etwa 50–90 % ca. 10–30 Tage nach Erstinfektion auf (Abb. 65.5). Dazu können gehören Fieber, Abgeschlagenheit, makulopapulöser Ausschlag, „grippale" Muskelschmerzen, Kopfschmerzen, Halsschmerzen, zervikale Lymphknotenschwellung, Arthralgien, Ulzera oder Soor im Mund. In etwa 20 % der Infektionen fügen sich diese Symptome zum Bild einer infektiösen Mononukleose zusammen. Selten kann es in diesem Stadium zu einer HIV-Meningoenzephalitis kommen.

Die Symptome der akuten Infektion dauern meistens weniger als 14 Tage. Wenn sie nicht ausgeprägt sind, erinnern sich Patienten im Rückblick oft nicht mehr an diese Phase. Selten können die Symptome andauern; dies entspricht dann oft einer schlechten Kontrolle der Virusreplikation durch das Immunsystem (s. o.: „Immunantwort gegen HIV") und ist mit schnellerer Progression assoziiert.

Dieses Stadium ist durch massive Virusreplikation und entsprechend sehr hohe Viruslasten ($\geq 10^6$ HIV-Kopien/ml) gekennzeichnet. Die Anzahl der CD4 T-Zellen im peripheren Blut kann aufgrund ihrer Zerstörung durch replizierendes HIV reduziert sein. Das Verhältnis von CD4- zu CD8-Zellen („CD4/CD8 ratio") ist oft erniedrigt, bedingt v. a. durch den Anstieg virusspezifischer zytotoxischer CD8 T-Zellen (s. o.: Immunantwort gegen HIV). Antikörper gegen HIV können nachweisbar sein, aber auch noch fehlen, d. h. ein HIV-Test kann in diesem Stadium noch falsch negativ sein („diagnostisches Fenster"). Oft sind als erste Antikörper solche gegen das p24-Kapsidprotein nachweisbar (Abb. 65.7).

65

Asymptomatische Phase (Stadium II) Die HIV-Replikation dauert auf einem niedrigeren Niveau an (Abb. 65.5). Patienten sind, obwohl meistens ohne Symptome, deshalb kontagiös. Die etwa 6–12 Monate nach Primärinfektion im Plasma gemessene Viruslast korreliert mit der anschließenden Progression (s. o.: „Immunantwort gegen HIV"; „setpoint").

Symptomatische Phase, AIDS (Stadium III) AIDS („acquired immunodeficiency syndrome") ist das Endstadium der HIV-Infektion (Abb. 65.5). Es tritt unterschiedlich schnell (1–15 Jahre) nach Erstinfektion auf und ist charakterisiert durch die Auswirkungen eines geschwächten Immunsystems. Dazu gehören opportunistische Infektionen oder typische Tumoren wie das Kaposi-Sarkom, Non-Hodgkin-Lymphome, zerebrale Lymphome etc. (Tab. 65.1).

Opportunistische Infektionen Ihre Häufigkeit bei AIDS-Patienten hängt von der Prävalenz der jeweiligen Erreger in verschiedenen geografischen Regionen ab. So finden sich Pilzinfektionen wie Histoplasmose vorwiegend bei Patienten aus Ländern, in denen dieser Keim endemisch ist (► Kap. 83). Opportunistische Infektionserreger bei AIDS-Patienten lassen sich unterteilen in Erreger, die
- bei einem immunkompetenten Wirt keine Erkrankung auslösen (z. B. Pneumocystis jirovecii),
- beim immunkompetenten Wirt im Allgemeinen nur milde Erkrankungen hervorrufen,
- auch bei immunkompetenten Personen schwerwiegende Erkrankungen hervorrufen können, z. B. M. tuberculosis, die aber bei immungeschwächten Personen noch sehr viel ausgedehnter verlaufen.

Während in westlichen Ländern Pneumocystis jirovecii-Pneumonie und Kaposi-Sarkom häufige Manifestationen bei AIDS darstellen, stehen z. B. in Afrika

Tab. 65.1 AIDS-definierende Erkrankungen bei HIV-infizierten Personen (Centers for Disease Control 1993)

Opportunistische Infektionen	Pneumocystis jirovecii-Pneumonie
	Zytomegalievirus-(CMV-)Erkrankungen
	Candidiasis (außer oralem Befall)
	Kryptokokkose (extrapulmonal)
	Mycobacterium avium (disseminiert)
	Mycobacterium kansasii (disseminiert)
	Mycobacterium tuberculosis (disseminiert)
	Kryptosporidiose (>1 Monat)
	Histoplasmose (extrapulmonal)
	Toxoplasmose
	Nocardiose
	Wiederholte disseminierte Salmonellose
	Strongyloidose (extraintestinal)
	Wiederholte bakterielle Pneumonien
	Kokzidiodomykose (extrapulmonal)
	Isosporose (>1 Monat)
	HIV-Demenz
Tumoren	Kaposi-Sarkom
	Primäres zerebrales Lymphom
	Non-Hodgkin-Lymphom
	Invasives Zervixkarzinom

M. tuberculosis, Kaposi-Sarkom und gastrointestinale Infektionen im Vordergrund.

Die **Pneumocystis jirovecii-Pneumonie** beginnt mit mildem, andauerndem Husten sowie zunehmender Abgeschlagenheit und Atemnot und ist bei Personen mit einer CD4-Zahl >200/µl selten. Infiltrate der Lunge sind auf einer Röntgenaufnahme der Lunge zu sehen. Die Diagnose erfolgt durch den Nachweis des P. jirovecii im induzierten Sputum oder durch bronchoalveoläre Lavage. Die Behandlung erfolgt mit Cotrimoxazol, Atovaquon oder Pentamidin. Die Einführung der prophylaktischen Antibiotikabehandlung von Patienten mit einer CD4-Zahl <200/µl hat die Häufigkeit dieser Erkrankung deutlich reduziert.

Cryptococcus neoformans kann Meningitis, Pneumonie und eine systemische Infektion mit Fieber, Granulozytopenie, thrombozytopenischer Purpura, makulopapulösen Ausschlägen und ulzerierenden gastrointestinalen Läsionen verursachen. Die Behandlung erfolgt mit Fluconazol oder Amphotericin B (▶ Kap. 107).

Toxoplasma gondii verursacht raumfordernde Läsionen im ZNS und evtl. eine Chorioretinitis. Die serologische Diagnose ist unzuverlässig; der Nachweis von Toxoplasma mittels PCR aus befallenem Gewebe ist vorzuziehen.

Mycobacterium avium und **M. intracellulare** (MAI) sind nah verwandte, ubiquitär in der Umwelt vorkommende Organismen, die bei AIDS-Patienten mit typischerweise < 50 CD4-Zellen/µl nach Inhalation eine systemische Erkrankung auslösen. Die Symptome sind unspezifisch und umfassen Abgeschlagenheit, Fieber, Nachtschweiß, Gewichtsverlust, abdominale Schmerzen und Durchfall. Die Erreger können aus Blutkulturen angezüchtet werden, die Bestätigung erfolgt mittels PCR (▶ Kap. 42). Die Behandlung erfolgt mit einer Kombination antituberkulöser Antibiotika. Die Bedeutung dieser Keime bei AIDS-Patienten nimmt zu; multiresistente Isolate bereiten zunehmend Probleme.

Die Besiedlung der Mundhöhle und der Speiseröhre mit **Candida albicans** manifestiert sich als Schluckbeschwerden und retrosternales Brenngefühl. Die Diagnose lässt sich oft klinisch stellen, ggf. hilft ein Abstrich oder eine Biopsie. Die Behandlung erfolgt nach Möglichkeit lokal, bei refraktären Fällen auch mit der systemischen Gabe von Fungistatika. Andere Pilzerkrankungen, z. B. durch **Aspergillus**, können lebensbedrohliche Atemwegerkrankungen hervorrufen. Die Diagnose erfolgt durch Anzucht in der Kultur (▶ Kap. 79) und die Behandlung mit Itraconazol oder Amphotericin B. Gelingt es nicht, die Immunitätslage durch die antiretrovirale Therapie zu verbessern, ist die Prognose schlecht.

Zu den wichtigsten viralen opportunistischen Erregern zählen mehrere **Herpesviren** (HSV, VZV, CMV, KSHV), das JC-Polyomavirus sowie humane Papillomaviren: Die klinischen Manifestationen von HSV und VZV-Infektionen ähneln denen bei immunkompetenten Personen (▶ Kap. 70), verlaufen aber häufig ausgeprägter und schwerer. Insbesondere eine Beteiligung des Auges beim Herpes zoster (Zoster ophthalmicus) ist gefürchtet, da sie zur Erblindung führen kann. Auch andere generalisierte Verläufe einer VZV-Reaktivierung (generalisierter Herpes zoster) können vorkommen.

Zytomegalievirus (CMV) ist die häufigste Ursache der progressiven Chorioretinitis bei AIDS-Patienten. Sobald die perivaskulären Exsudate und Hämorrhagien in der Netzhaut die Makula erfassen, kommt es zu signifikanten Einschränkungen der Sehfähigkeit bis hin zur Erblindung. Ferner können andere Manifestationen einer systemischen CMV-Erkrankung, wie gastrointestinale Ulzerationen, Adrenalitis oder Enzephalitis vorkommen. Hingegen ist die CMV-Pneumonitis bei AIDS-Patienten eher selten, möglicherweise weil bei ihrer Pathogenese CMV-spezifische T-Zellen eine Rolle spielen, diese aber bei AIDS-Patienten in ihrer Zahl und Funktion eingeschränkt sind. Die Behandlung erfolgt mit Ganciclovir und Foscarnet (▶ Kap. 111); die Einführung der HIV-Kombinationstherapie (HAART) hat die Häufigkeit dieser Manifestation deutlich seltener werden lassen.

Das **JC-Polyomavirus** (JCPyV) verursacht als ZNS-befallender opportunistischer Erreger die progressive multifokale Leukoenzephalopathie (PML; ▶ Abschn. 68.2.2). Die Diagnose erfolgt am besten mittels PCR aus Liquor oder (falls unter dem Verdacht eines zerebralen Lymphoms durchgeführt) einer Hirnbiopsie.

Andere virale (z. B. Herpes simplex) oder bakterielle Enzephalitiden können bei AIDS-Patienten vorkommen. HIV selbst ist die Ursache einer progressiven Enzephalopathie, die durch entzündliche Foci in der grauen und weißen Substanz charakterisiert ist, die HIV produzierende Mikroglia, Makrophagen und multinukleäre Riesenzellen enthalten.

Zu den von **humanen Papillomaviren** verursachten Manifestationen gehören eine erhöhte Rate früher und schwerer Dysplasien der Zervix (CIN I–III) sowie des invasiven Zervix- und Analkarzinoms (s. u.).

Durch **Molluscum contagiosum,** ein Pockenvirus, verursachte Dellwarzen (▶ Kap. 72) finden sich ebenfalls gehäuft bei AIDS-Patienten.

Persistierende wässrige oder auch blutige, z. T. schwere **Diarrhöen** treten ebenfalls häufig auf. Zu den infektiösen Ursachen zählen Giardia lamblia, Entamoeba histolytica, Shigella, Salmonella und Campylobacter, Cryptosporidium parvum, Mycobacterium avium, M. intracellulare, Isospora belli, Microsporidia spp. (z. B. Enterocytozoon bieneusi, Encephalitozoon intestinalis).

AIDS-assoziierte Tumoren Eine Reihe maligner Tumoren treten bei AIDS-Patienten signifikant häufiger auf als in der Normalbevölkerung desselben Landes. Einen Hinweis auf deren Pathogenese gibt die Tatsache, dass die meisten dieser Tumoren viralen Ursprungs sind. Tumoren treten in den fortgeschrittenen Stadien von AIDS auf, zu einem Zeitpunkt, an dem das Immunsystem schon deutlich geschwächt ist und damit die Reaktivierung von normalerweise latenten Viren erlaubt. Häufigster AIDS-definierender Tumor ist das Kaposi-Sarkom, gefolgt von Non-Hodgkin-Lymphomen und anogenitalen Karzinomen.

Ursache des **Kaposi-Sarkoms** ist das Kaposi Sarkom-assoziierte Herpesvirus (KSHV) oder Humane Herpesvirus 8 (HHV-8) (▶ Kap. 70). Wie andere Herpesviren etabliert KSHV/HHV-8 eine lebenslange Latenz nach der primären Infektion. Neben viralen Faktoren trägt das Immunsystem des Wirtes zur Erhaltung der Latenz bei: Es zerstört Zellen, in denen das Virus reaktiviert wurde, mittels virusspezifischer T-Zellen. Eine Schwächung des Immunsystems führt deshalb zur Reaktivierung des KSHV/HHV-8 und zum Auftreten des Kaposi-Sarkoms. Man unterscheidet 4 **klinische Varianten** des Kaposi-Sarkoms:

- **Klassisches Kaposi-Sarkom:** Diese Variante, ursprünglich 1872 von Moritz Kaposi beschrieben, findet sich in manchen Mittelmeerländern und manchen osteuropäischen Ländern und ist **nicht** mit HIV assoziiert. Sie ist selbst in diesen Ländern und Populationen selten (Inzidenz<3/100.000), tritt deutlich häufiger bei älteren Männern als bei Frauen auf, ist charakterisiert durch das Auftreten einzelner Tumorläsionen meistens an den unteren Extremitäten und verläuft langsam. Die Gründe für die Reaktivierung des KSHV/HHV-8 speziell bei älteren Männern sind unbekannt.
- **Endemisches Kaposi-Sarkom:** Diese Variante wurde in den frühen 1960er Jahren, also ebenfalls vor der Verbreitung von HIV, in Ost- und Zentralafrika beschrieben. Sie verläuft klinisch aggressiver als die klassische Variante; innere Organe (Darm, Lunge, Lymphknoten) sind häufig beteiligt. Auch hier ist unklar, wie es zur Reaktivierung des Virus und zum damit verbundenen Auftreten des Kaposi-Sarkoms kommt.
- **Iatrogenes Kaposi-Sarkom** bei Transplantatempfängern: Dieser Tumor tritt häufiger bei Transplantatempfängern aus Ländern auf, in denen KSHV/HHV-8 endemisch ist (Afrika, einige Mittelmeerländer) als bei solchen aus Ländern mit niedriger KSHV/HHV-8-Prävalenz.
- **AIDS-assoziiertes Kaposi-Sarkom:** In westlichen Ländern tritt dieses deutlich häufiger bei HIV-infizierten MSM auf als bei anderen HIV-Risikogruppen (i. v. Drogenabhängigen; Rezipienten von Bluttransfusionen oder Blutprodukten, z. B. von Faktor VIII; Partnern von HIV-Infizierten). Diese Verteilung spiegelt die Tatsache wider, dass es schon vor der Verbreitung von HIV in der MSM-„Community" zur Verbreitung des KSHV/HHV-8 mit daraus resultierenden deutlich höheren KSHV/HHV-8-Prävalenzraten als in der Allgemeinbevölkerung gekommen war. Hingegen ist die Prävalenz des KSHV/HHV-8 in vielen Ländern Afrikas auch in der Allgemeinbevölkerung sehr hoch (▶ Kap. 70); deshalb tritt das AIDS-assoziierte Kaposi-Sarkom in Afrika ohne Zusammenhang mit sexueller Orientierung auf. Ursache für die Reaktivierung des KSHV/HHV-8 in diesen Patienten ist die Zerstörung des Immunsystems durch HIV. Klinisch ist das AIDS-assoziierte Kaposi-Sarkom oft sehr aggressiv und verläuft unter Beteiligung viszeraler Organe.

65

Die **Non-Hodgkin-Lymphome** Burkitt-Lymphom und immunoblastisches Lymphom sind bei AIDS-Patienten ca. 50- bis 100-mal häufiger als in der Allgemeinbevölkerung. Während das Burkitt-Lymphom seinen Altersgipfel bei den 10- bis 20-Jährigen hat, ist das immunoblastische Lymphom in der Gruppe der 50- bis 60-Jährigen am häufigsten. Weniger als die Hälfte der bei AIDS-Patienten gefundenen Burkitt-Lymphome sind mit EBV infiziert. Bei den immunoblastischen Lymphomen liegt diese Zahl höher, insbesondere bei den ZNS-Lymphomen, die fast immer EBV-positiv sind. Diese Beobachtungen deuten darauf hin, das EBV eine wichtige, aber wohl nicht die alleinige Rolle bei der Entstehung dieser Lymphome bei Patienten mit geschwächtem Immunsystem spielt.

KSHV/HHV-8 verursacht 2 seltene Lymphome: die Plasmazellvariante des multizentrischen Morbus Castleman und das primäre Effusionslymphom (▶ Kap. 70).

Schnell progrediente **Anal- und Zervixkarzinome** treten ebenfalls bei HIV-infizierten Personen gehäuft auf. Direkte Ursache sind humane Hochrisiko-Papillomaviren, besonders HPV-16 und HPV-18 (▶ Kap. 68), die bei immungeschwächten HIV-Infizierten eine verstärkte Wirkung entfalten.

▪▪ Labordiagnose

Die Diagnose einer HIV-Infektion erfolgt in erster Linie durch den **Nachweis von Antikörpern** gegen HIV. Die diagnostische Treffsicherheit lässt sich durch den Nachweis von HIV-RNA oder proviraler DNA mittels PCR steigern. Bei der Steuerung der Therapie spielt die quantitative Messung der Virusmenge im Plasma oder Serum eine wichtige Rolle.

Antikörpernachweis im ELISA Dieser erfolgt mit einem ELISA („HIV-Test"), der virale Proteine, insbesondere das Kapsidprotein p24 und die Hüllglykoproteine gp120 und gp41 als Antigen verwendet, um gegen sie gerichtete Antikörper nachzuweisen. In letzter Zeit finden zunehmend Kombinationstests Verwendung, bei denen zusätzlich zum Nachweis von Antikörpern auch im Serum zirkulierendes p24-Antigen nachgewiesen wird. Der Nachweis des p24-Antigens ist aber nicht so sensitiv wie der PCR-Nachweis viraler RNA (s. u.). Bei der Interpretation der Ergebnisse des HIV-ELISA sind folgende Aspekte im Auge zu behalten:

- **Diagnostisches Fenster:** Die Bildung von Antikörpern gegen HIV erfolgt erst ca. 3–6 Wochen nach Erstinfektion; in Einzelfällen wurden Antikörper erst bis zu 6 Monaten nach Erstinfektion nachgewiesen. Ein negatives ELISA-Ergebnis in den ersten Wochen nach einer vermuteten Exposition schließt also eine HIV-Infektion nicht aus! In dieser Situation bieten Antikörper-Antigen-Kombinationstests den Vorteil, dass sich das im Rahmen der starken Virusreplikation kurz nach der Erstinfektion (s. o.) evtl. zirkulierende p24-Antigen (Kapsidprotein) schon vor den Antikörpern nachweisen lässt. Auch hier ist der PCR-Nachweis viraler RNA aber sensitiver (◘ Abb. 65.5).
- Obwohl die heute verfügbaren HIV-ELISA exzellente Testcharakteristika haben (Sensitivität und Spezifität >99 %), kann es zu **falsch positiven und falsch negativen Ergebnissen** kommen. Als Beispiel würde ein Test mit einer Spezifität von 99,9 % ein falsch positives Ergebnis auf 1000 Untersuchungen produzieren. Da die Prävalenz von HIV in der deutschen Allgemeinbevölkerung im unteren Promillebereich liegt, kommt es häufig vor, dass z. B. bei Tests von Blutspendern positive ELISA-Ergebnisse sich als „falsch positiv" herausstellen. Ein positives Testergebnis im ELISA muss deshalb immer erst bestätigt werden, bevor die Diagnose „HIV-Infektion" ausgesprochen wird! Als **Bestätigungstests** können andere ELISA-Verfahren oder der Western-Blot dienen.

Antikörpernachweis im Western-Blot Der Western-Blot dient der Beantwortung der Frage: Beruht das positive ELISA-Ergebnis auf einer Reaktion von Patientenantikörpern mit HIV-Antigenen oder auf einer unspezifischen Reaktion? Hierzu werden einzelne virale Proteine getrennt auf eine Membran aufgetragen („Blot"). Solche kommerziell erhältlichen Immunoblots werden mit Patientenserum inkubiert. Die evtl. Bindung von Patientenantikörpern an einzelne Proteinbanden wird dann mit einem enzymmarkierten 2. Antikörper gegen humanes IgG und einem geeigneten Substrat dargestellt. Entsprechen die so von Patientenantikörpern erkannten Banden HIV-Proteinen, so gilt der Test als positiv, d. h., es werden wirklich HIV-Proteine von Patientenantikörpern erkannt. Hierbei gilt die Regel: Mindestens 2 von verschiedenen HIV-Genom-Abschnitten (z. B. p24-Kapsid und gp41-Hüllprotein; ◘ Abb. 65.2 und 65.7) kodierte HIV-Protein-Banden müssen markiert werden, bevor der Test als positiv gewertet wird.

In der Frühphase der HIV-Infektion liegen oft nur Antikörper gegen p24-Kapsidprotein vor (◘ Abb. 65.7). Ein Western-Blot in dieser Phase wäre deshalb gemäß dieser Regel nicht positiv, obwohl eine HIV-Infektion vorliegt. Die Wiederholung des Western-Blot im Abstand von 2–3 Wochen würde dann in den meisten Fällen auch Antikörper gegen andere HIV-Proteine nachweisen.

PCR-Nachweis viraler RNA und DNA Da es sich bei HIV um ein Retrovirus handelt (s. o.), lässt sich sowohl genomische RNA („freies Virus" z. B. im Plasma) wie provirale DNA („integriertes Provirus" in Zellen) mittels PCR nachweisen. In der Praxis hat sich der Nachweis viraler RNA aus Serum und Plasma als empfindlicher herausgestellt; hierzu wird die virale RNA erst durch eine reverse Transkriptase in cDNA umgeschrieben, bevor diese mittels PCR amplifiziert wird (▶ Kap. 19). Heute erfolgt der Nachweis der viralen RNA meistens mittels Echtzeit-PCR-Verfahren **(RT-PCR):** Mit ihnen lässt sich die Menge an viraler RNA in Plasma oder Serum quantifizieren und damit die sog. Viruslast bestimmen. Der Nachweis proviraler DNA in infizierten Zellen mittels PCR spielt für diagnostische Zwecke nur noch in Ausnahmefällen eine Rolle.

Der Nachweis HIV-genomischer RNA mittels **RT-PCR** findet in den folgenden Situationen Anwendung:

- Bestätigung einer Diagnose, insbesondere im „diagnostischen Fenster" kurz nach Erstinfektion, wenn der Nachweis von Antikörpern noch unsicher oder nicht möglich ist (s. o.).
- Blutspenden müssen in Deutschland routinemäßig auf das Vorliegen von HIV-RNA getestet werden, um die HIV-Übertragung durch im „diagnostischen Fenster" abgenommene Blutspenden zu vermeiden.
- Vor Beginn einer HIV-Kombinationstherapie und zur Überprüfung ihrer Wirksamkeit wird die Viruslast quantifiziert.

▪▪ Therapie

Heute stehen mehr als 20 Medikamente gegen HIV zur Verfügung, die an unterschiedlichen Stellen im Lebenszyklus des HIV angreifen (◘ Abb. 65.4; ▶ Abschn. 65.2, Exkurse „Therapeutische Angriffspunkte"). Die wichtigsten Substanzen sind in ▶ Kap. 111 aufgeführt. Bei ihrer Verwendung sind die folgenden Prinzipien und Fakten im Auge zu behalten:

Kontrolle der HIV-Replikation Es ist heute nicht möglich, eine HIV-Infektion zu „heilen", d. h. das HIV aus dem Körper zu eliminieren. Ziel der Therapie ist es deshalb, die HIV-Replikation so unter Kontrolle zu halten, dass es nicht zur Zerstörung des Immunsystems kommt.

Unterbindung der HIV-Übertragung Antiretrovirale Medikamente können durch langfristige Unterdrückung der Virusreplikation das Risiko der Übertragung z. B. auf einen Sexualpartner einer behandelten HIV-infizierten Person auf nahe null reduzieren. Ferner sind antiretrovirale Medikamentenkombinationen bei Nichtinfizierten, aber Exponierten (z. B. Sexualpartner einer infizierten Person) als Prophylaxe wirksam und verhindern eine Infektion des HIV-negativen Partners mit hoher Wahrscheinlichkeit.

Resistente HIV-Varianten Eine insuffiziente HIV-Therapie (d. h. eine HIV-Therapie, welche die Virusreplikation nicht deutlich blockiert), erzeugt resistente HIV-Varianten (▶ Abschn. 65.2: In-vivo-Evolution). Die Entstehung resistenter HIV-Varianten lässt sich mittels genotypischer Testung verfolgen. Hierbei wird das Auftreten typischer Mutationen in der reversen Transkriptase oder Protease von HIV mittels Sequenzierung oder Hybridisierung mit mutationsspezifischen Oligonukleotiden festgestellt („HIV-Resistenztest"). Das Ergebnis dieses Tests kann die weitere Auswahl von Medikamenten steuern.

Kombinationstherapie Nur sie kann eine länger anhaltende Reduktion der Viruslast erreichen, Kombinationen von 3 Substanzen sind die Norm. Eine typische Kombination enthält folgende Wirkstoffe:
- Zwei NRTI (nukleosidische Reverse-Transkriptase-Hemmer; ▶ Kap. 111)
- einen NNRTI (nichtnukleosidischen Reverse-Transkriptase-Hemmer) oder einen Proteasehemmer oder einen Integrasehemmer

65

Regelmäßige Einnahme von Medikamenten Eine gute Adhärenz des Patienten (planmäßige Einnahme der Medikamente) ist essenziell für den Therapieerfolg: Unregelmäßige Einnahme der Medikamente führt zu schwankenden Wirkstoffspiegeln und erlaubt die Entwicklung resistenter HIV-Varianten.

Langfristiger Therapieerfolg Bei erfolgreicher Therapie (konsequenter Senkung der Viruslast, guter Adhärenz) kann HIV langfristig unterdrückt werden. HIV-infizierte Patienten können heute bei rechtzeitiger Diagnose eine fast normale Lebenserwartung erreichen. Zunehmend stehen die mit der langfristigen Verwendung von HIV-Medikamenten verbundenen Nebenwirkungen und das gestiegene Lebensalter im Zentrum der Betreuung dieser Patienten.

In Kürze: Humane Immundefizienzviren (HIV-1, HIV-2)

- **Virus:** Lentivirus (ein Genus in der Familie der Retroviren); ss(+)RNA-Virus (2 Genomkopien!) mit konischem Kapsid und Hülle. Man unterscheidet HIV-1 und HIV-2; zwei distinkte Lentiviren mit verschiedener Herkunft, leicht unterschiedlichem Genomaufbau und unterschiedlicher Pathogenität.
- **Vorkommen:** HIV-1 kommt weltweit vor, ist häufig (ca.10–30 % der Bevölkerung) in mehreren Ländern Afrikas südlich der Sahara, in Afrika bestehen aber erhebliche regionale Unterschiede. Weit verbreitet ist es in manchen Ländern Südostasiens und Südamerikas. Prävalenz in westlichen Ländern meist im unteren Promillebereich. HIV-2 ist auf einige Länder Westafrikas, ehemalige portugiesische Kolonien Westafrikas und Mosambik sowie westliche Länder mit Beziehungen zu diesen beschränkt und kommt zudem in Indien vor.
- **Ursprung:** HIV-1 durch Übertragung eines Lentivirus des Schimpansen, SIVcpz, auf den Menschen und anschließende schnelle Evolution im Menschen. HIV-2 durch Übertragung eines Lentivirus des Halsbandmangaben, SIVsmm, auf den Menschen.
- **Übertragung:** Sexualkontakte, Kontakte mit Blut (Verletzungen, i. v. Injektionen, Bluttransfusionen, gereinigte Blutfaktoren), unter der Geburt, Muttermilch, diaplazentar.
- **Lebenszyklus:** Infektion von dendritischen Zellen, Monozyten, T-Lymphozyten. Tropismus durch die Rezeptoren CD4 und CCR5 bzw. CXCR4 bestimmt. Reverse Transkription des viralen RNA-Genoms in eine DNA-Kopie („Provirus") nach Eintritt in die Zelle. Integration des Provirus in das Wirtsgenom. Expression neuer viraler RNA und Proteine durch Transkription des Provirus mittels zellulärer DNA-abhängiger Polymerase. Zusammenbau neuer Virionen an der Zellmembran. Reifung der Virionen nach Freisetzung aus der Zelle durch Prozessierung des Kapsidvorläuferproteins in Kapsidprotein p24, Matrixprotein p17 und Nukleokapsidproteine durch die virale Protease. Die neuen Virionen werden erst durch diese Reifung infektiös.
- **Pathogenese:** Massive Replikation in $CD4^{+}$-T-Helferzellen und Zerstörung derselben – dadurch bedingte zunehmende Immundefizienz. Auch länger lebende Zellen (z. B. Monozyten) werden infiziert. Langfristige Persistenz durch Integration des „Provirus" in langlebige Lymphozyten; diese bilden ein „Virusreservoir", das therapeutisch schwierig zu erreichen ist.

- **Klinik:** Ca. 1–4 Wochen zwischen Infektion und Auftreten erster Symptome (Primärerkrankung); in dieser Zeit hohe Virämie, Antikörper manchmal noch nicht nachweisbar – „Serokonversion" meistens 3–6 Wochen nach Infektion. Nach Ende der Primärerkrankung oft jahrelanger (1–15 Jahre) symptomfreier Verlauf. Danach zunehmende Manifestation der Immunschwäche durch opportunistische Infektionserkrankungen und bestimmte Tumoren.
- **Immunität:** Trotz massiver Antwort des Immunsystems, v. a. der virusspezifischen zytotoxischen T-Zellen, wird die Replikation des Virus nur eingedämmt, das Virus aber nie eliminiert. Zusätzlich erfolgt eine starke B-Zell-Antwort mit ausgeprägter Antikörperbildung, allerdings werden meist nur niedrigtitrige neutralisierende Antikörper gebildet. „Breit neutralisierende Antikörper" kommen selten vor und können heute, nach gentechnischer Herstellung, therapeutisch in Studien genutzt werden. Trotz der ausgeprägten Immunreaktion besteht wahrscheinlich kein oder nur ein geringer Schutz gegen zusätzliche Infektionen mit HIV-1 und/oder HIV-2, da Mehrfachinfektionen beobachtet wurden.
- **Labordiagnose:** Antikörpernachweis mit ELISA, Bestätigung der Diagnose mit 2. unabhängigem Testverfahren, meist Western-Blot, notwendig. Im Western-Blot wird der Nachweis von Antikörpern gegen mehrere aus verschiedenen Genomabschnitten stammenden virale Proteine gefordert (z. B. gegen p24-Kapsid- und gp41-Transmembranprotein). In den ersten Wochen nach Infektion kann der Antikörpernachweis u. U. nicht gelingen – diagnostisches Fenster.
- **PCR:** Nachweis von „freiem" Virus in Serum oder Plasma mit RT-PCR; im Rahmen der Therapiesteuerung Anwendung quantitativer PCR-Methoden zur Bestimmung der Virämie (Viruslast). Nachweis des Provirus in Zellen mittels PCR möglich, aber in der Routine nicht üblich.: Züchtung in Zellkultur: Anzüchtung in menschlichen Lymphozytenkulturen möglich, aber in der Routinediagnostik selten (z. B. phänotypische Resistenztests).
- **Testung auf Medikamentenresistenz:** Heute meistens genotypische Tests, bei denen entweder reverse Transkriptase, Protease oder Integrase des HIV aus Serum oder Plasma mittels PCR amplifiziert wird und darin enthaltene Mutationen mittels Sequenzierung oder Hybridisierung mit mutationsspezifischen Oligonukleotiden erkannt werden.
- **Therapie:** Mehr als 20 Hemmstoffe der HIV-Replikation (▶ Kap. 111), die an verschiedenen Stadien des viralen Lebenszyklus angreifen: Andocken an den Rezeptor, Eintritt in die Zelle, reverse Transkription, Integration des Provirus, Reifung neuer Virionen. Therapie in der Regel mit Dreifachkombination von Wirkstoffen, typischerweise von RT-Inhibitoren und Protease- oder Integraseinhibitoren.
- **Prävention:** Vermeidung der Exposition oder präventive Einnahme von RT-Inhibitoren (Tenofovir-DF/Emtricitabin). Bei Verletzung und Kontakt mit HIV-infiziertem Blut (und ggf. anderen Körperflüssigkeiten) nach Abwägung der Risikokonstellation medikamentöse Expositionsprophylaxe (Dreifachkombination antiretroviraler Medikamente für 4 Wochen).
- **Meldepflicht:** Erkrankung und Labordiagnose, nicht namentlich an das Robert Koch-Institut.

Weiterführende Literatur

Knipe DM, Howley PM, Griffin DE, Lamb RA, Martin MA, Roizman B, Straus SE (2013) Fields virology, vol I + II, 6. Aufl. Lippincott, Williams & Wilkins, Philadelphia

Levy AJ (2007) HIV and the Pathogenesis of AIDS, 3. Aufl. ASM Press, Washington, DC

Zuckerman AJ, Banatvala JE, Pattison JR, Griffiths PD, Schoub BD (2008) Principles and practice of clinical virology, 6. Aufl. Wiley, Chichester

Humane T-lymphotrope Viren HTLV-1, HTLV-2

Thomas F. Schulz

Die humanen T-lymphotropen Viren HTLV-1 und HTLV-2 repräsentieren die 2. Gruppe der beim Menschen vorkommenden exogenen Retroviren. Während HIV-1 und HIV-2 zu den Lentiviren zählen, gehören HTLV-1 und HTLV-2 zum Genus Deltaretrovirus (BLV-HTLV-Retroviren). HTLV-1 wurde 1981 in T-Zell-Linien entdeckt, die von Patienten mit adulter T-Zell-Leukämie (ATL) etabliert worden waren. Neben ATL verursacht HTLV-1 eine neurologische Erkrankung, die Tropische Spastische Paraparese (TSP). In analoger Weise wurde HTLV-2 in den Zellen eines seltenen Falles von T-Zell-Sezary-Syndrom gefunden; allerdings besteht zwischen HTLV-2 und dem Sezary-Syndrom kein ursächlicher Zusammenhang.

Steckbrief

HTLV-1 ist die Ursache der seltenen adulten T-Zell-Leukämie (ATL) und von etwa 50 % der Fälle von tropischer spastischer Paraparese (TSP), einer demyelinisierenden ZNS-Erkrankung. Obwohl nah verwandt mit HTLV-1, ist HTLV-2 nach heutigem Kenntnisstand mit keiner menschlichen Erkrankung assoziiert.

Fallbeispiel

Es stellt sich ein 38-jähriger Patient vor, der aus Peru stammt und seit etwa 15 Jahren in Deutschland lebt. Er berichtet, dass kurz nach seiner Einreise nach Deutschland erstmals eine Verschlechterung des Gangbildes aufgefallen war, dann einige Zeit später auch eine Harndrangsymptomatik. Neurologisch fand sich eine Muskeltonuserhöhung in beiden Beinen. In damals durchgeführten MRT-Aufnahmen zeigten sich T2-hyperintensive Läsionen in Medulla oblongata und Mittelhirn. Eine weiterführende Diagnostik insbesondere in Hinblick auf eine multiple Sklerose war negativ. In den folgenden Jahren hat sich langsam eine Paraparese entwickelt, sodass der Patient seither nur noch mit Rollator gehen kann. Aufgrund einer zunehmenden Blasenentleerungsstörung musste ein Dauerkatheter gelegt werden, es besteht schon länger eine erektile Dysfunktion. Im Liquor findet sich eine geringgradige lymphozytäre Pleozytose. Nach einer Steroidstoßtherapie erkrankt der Patient an einer Diarrhö. Aufgrund der Herkunft aus Peru wird eine parasitologische Stuhluntersuchung durchgeführt. Dabei finden sich Strongyloides stercoralis. Erst daraufhin erfolgt eine HTLV-1-Serologie, die positiv ausfällt. Eine semiquantitative Testung ergibt eine hohe provirale HTLV-1-Viruslast im Blut. Es wird die Diagnose einer tropischen spastischen Paraparese gestellt.

66.1 Herkunft

HTLV-1 und HTLV-2 sind sehr viel „älter" als HIV: Wie die phylogenetischen Beziehungen zwischen HTLV-1-Isolaten aus verschiedenen geografischen Regionen nahelegen, kommt dieses Virus seit mindestens 20–30.000 Jahren in manchen menschlichen Bevölkerungen vor. HTLV-1-Sequenzen, die bei den Ainu, den „Ureinwohnern" der nördlichen Teile Japans gefunden wurden, ähneln den bei mittel- und südamerikanischen Indianerbevölkerungen beobachteten HTLV-1-Varianten. Dies lässt darauf schließen, dass HTLV-1 schon vor der Besiedlung des amerikanischen Kontinents von Asien aus über die Behring-Straße (ca. 30.000 v. Chr.) in menschlichen Populationen existiert haben muss.

Ursprünglich stammt **HTLV-1** aus Altweltprimaten und z. B. in Afrika kommen auch heute noch immer wieder Übertragungen HTLV-1-ähnlicher Primatenviren auf den Menschen vor. HTLV-1 findet sich in Afrika, der Karibik und Teilen Japans; in Europa kommt es in Ländern mit Immigrationshistorie aus der Karibik und Afrika vor, in Deutschland ist dieses Virus extrem selten.

S. Suerbaum et al. (Hrsg.), *Medizinische Mikrobiologie und Infektiologie*,
https://doi.org/10.1007/978-3-662-61385-6_66

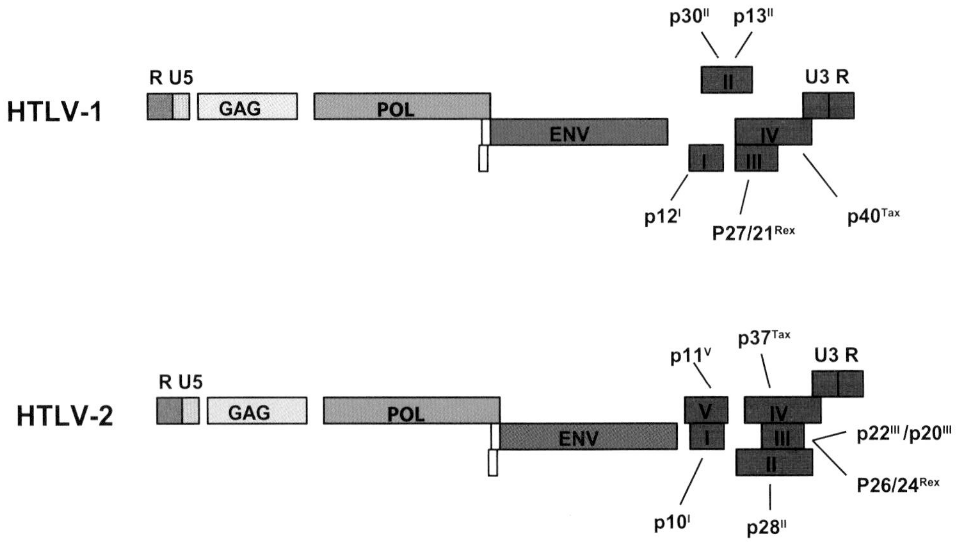

Abb. 66.1 Genomstruktur von HTLV-1 und HTLV-2. Neben den für alle Retroviren typischen Genen gag (Kapsid- und Matrixproteine), pol (reverse Transkriptase, Protease, Integrase), env (Hüllglykoproteine) enthalten HTLV-1 und HTLV-2 weitere akzessorische Gene mit regulatorischer Funktion. Hervorzuheben ist hier das Tax-Protein (p40 bei HTLV-1, p37 bei HTLV-2), das in die Regulation der viralen und zellulären Transkription sowie in die Zellzykluskontrolle eingreift und damit bei der Pathogenese der T-Zell-Transformation eine Rolle spielt. Die Rex-Proteine (p21/p27 bei HTLV-1, p24/p26 bei HTLV-2) regulieren den Export ungespleißter viraler RNA. Der „Gegenstrang" der integrierten proviralen HTLV-I-DNA kodiert am „rechten" Ende ein weiteres Protein, HBZ, das mit der Pathogenese der ATL in Verbindung gebracht wird (nicht gezeigt)

HTLV-2 findet sich in manchen Stämmen der Ureinwohner Nordamerikas; es hat sich in manchen Ländern (z. B. Norditalien) bei i.v. Drogenabhängigen ausgebreitet und verursacht nach heutigem Kenntnisstand keine Erkrankungen.

66.2 Beschreibung

66.2.1 Klassifikation und Genomaufbau

HTLV-1 und HTLV-2 werden zu den Deltaretroviren (BLV-HTLV-Retroviren) gerechnet. Der Genomaufbau von HTLV-1 und HTLV-2 entspricht der Grundstruktur eines retroviralen Genoms (▶ Kap. 65) mit folgenden Genen (Abb. 66.1):

- **gag** für Kapsid-, Nukleokapsid-, Matrixproteine
- **pol** für reverse Transkriptase, Integrase, Protease
- **env** für Hüllglykoproteine

Die **akzessorischen Proteine** unterscheiden sich von denen des HIV-1 und HIV-2: Tax- und Rex-Protein von HTLV haben ähnliche Funktionen wie Tat und Rev von HIV (positive Regulation der viralen Genexpression bzw. Export ungespleißter viraler mRNAs; ▶ Kap. 65), funktionieren aber im Detail etwas anders. Dagegen fehlen den HTLV funktionelle Äquivalente von nef, vif, vpu, vpr, vpx. Stattdessen finden sich bei ihnen weitere akzessorische Proteine (p12I, p30II, p13II etc.; Abb. 66.1. Zudem kodiert der „Gegenstrang" des integrierten HTLV-I Provirus an seinem „rechten" Ende (Abb. 66.1) ein weiteres Protein, HBZ, das eine Rolle in der Pathogenese der ATL spielt.

66.2.2 Lebenszyklus und Tropismus

Der Lebenszyklus ähnelt im Prinzip dem des HIV und umfasst, wie bei letzterem (▶ Kap. 65), die Stadien Andocken an einen zellulären Rezeptor, Eintritt in die Zelle, reverse Transkription, Import des Provirus in den Zellkern, Integration des Provirus ins Genom der Wirtszelle, Expression neuer viraler mRNA durch Transkription des Provirus mittels zellulärer DNA-abhängiger RNA-Polymerase, Zusammenbau und Reifung neuer Viruspartikel unter Beteiligung der viralen Protease bei der Prozessierung des Kapsidproteinvorläufers.

Allerdings bestehen im Detail wichtige Unterschiede: HTLV-1 und -2 verwenden einen anderen zellulären Rezeptor (GLUT-1, membranständiger Glukosetransporter). Die Ausbreitung von HTLV-1 und -2 erfolgt im Wesentlichen direkt von Zelle zu Zelle. Zellfreies Virus ist kaum infektiös, und epidemiologischen Untersuchungen zufolge erfolgt die Übertragung von HTLV-1 im Wesentlichen durch infizierte Zellen, aber nicht durch zellfreies Virus.

Obwohl HTLV-1 im Unterschied zu HIV die meisten Zelltypen in Zellkultur infizieren kann, werden in vivo vorwiegend T-Zellen infiziert. Während die Replikation von HIV in CD4-positiven T-Lymphozyten im Regelfall in deren Zerstörung resultiert, kann HTLV-1 T-Zellen zu kontinuierlichem Wachstum anregen; dieser Prozess wird als Immortalisierung bezeichnet (s. u.).

66.3 Rolle als Krankheitserreger

■■ Epidemiologie

HTLV-1 kommt in niedriger Prävalenz in Zentralafrika, Japan, Südamerika und der Karibik vor. In anderen Ländern der Welt ist es extrem selten, allerdings finden sich als Folge von Bevölkerungsmigrationen manchmal HTLV-1-Infektionen in bestimmten Bevölkerungsgruppen. So kommt HTLV-1 gelegentlich bei Einwanderern und deren Kindern aus der Karibik in England vor. Nach Südamerika und in die Karibik ist HTLV-1 auf 2 Wegen gekommen; neben den bei amerindianischen Ureinwohnern gefundenen HTLV-1-Varianten finden sich afrikanische Varianten, die als Folge der Verschleppung afrikanischer Sklaven vom 16. bis Anfang des 19. Jahrhunderts in die Neue Welt gekommen sind.

■■ Übertragung

Die Übertragung erfolgt durch Muttermilch, Sexualkontakte, i.v. Drogengebrauch und Bluttransfusionen. Im Unterschied zu anderen Viren, z. B. HIV oder HBV, geschieht die Übertragung durch infizierte Zellen. So können zwar Bluttransfusionen, aber nicht aus Plasma gereinigter Faktor VIII HTLV-1 übertragen. In Japan wird HTLV-1-infizierten Müttern seit mehr als 30 Jahren geraten, ihre Kinder nicht zu stillen; als Folge dieser Maßnahme geht dort die HTLV-1-Prävalenz zurück.

HTLV-2 kommt endemisch bei manchen amerindianischen Stämmen im Süden der USA und in Südamerika vor. Daneben hat es sich unter i.v. Drogenabhängigen inzwischen weltweit verbreitet; allerdings schwankt seine Prävalenz von Region zu Region sehr stark (in Südeuropa ist sie z. B. höher).

■■ Pathogenese und Klinik

HTLV-1 verursacht 2 Erkrankungen: die adulte T-Zell-Leukämie (ATL) und die tropische spastische Paraparese, auch HTLV-1-assoziierte Myelopathie genannt und daher TSP/HAM abgekürzt. HTLV-2 ist nach heutigem Kenntnisstand nicht sicher mit einer menschlichen Erkrankung assoziiert.

Ein zentraler Aspekt in der Pathogenese des HTLV-1 ist seine Fähigkeit, infizierte humane T-Lymphozyten zu immortalisieren, d. h. zu unkontrolliertem Wachstum anzuregen. Das **Tax-Protein** von HTLV-1 spielt hierbei eine wichtige Rolle: Es greift an mehreren Stellen in die Kontrolle der zellulären Transkription und des Zellzyklus ein (▶ Abschn. 53.2) und kann damit die Zelle vermutlich transformieren. In vivo eliminieren Tax-erkennende zytotoxische T-Zellen sehr schnell HTLV-1-infizierte, Tax-exprimierende Zellen. Aus diesem Grund persistiert HTLV-1 in infizierten Zellen meistens in einem latenten Zustand. Ferner spielt das **HBZ-Protein** eine wichtige Rolle in der Pathogenese der ATL und ist, im Unterschied zu anderen HTLV-I-Proteinen, in Leukämiezellen regelmäßig exprimiert.

Zwischen der Infektion mit HTLV-1 und dem Auftreten der **adulten T-Zell-Leukämie** (ATL) liegen oft mehrere Jahrzehnte (40–50 Jahre sind keine Seltenheit); allerdings gibt es auch Berichte von (seltenen) ATL-Fällen im Kleinkindalter. In einem dem ATL-Ausbruch vorhergehenden Stadium werden HTLV-1-infizierte T-Zell-Klone langsam häufiger und wenige Klone beginnen zu dominieren – die ursprüngliche oligoklonale Verteilung HTLV-1-infizierter Zellen wird zunehmend monoklonal. Liegen in diesem Stadium schon morphologisch atypische T-Zell-Blasten vor, spricht man von „schwelender" oder **chronischer ATL.** Mit dem Auftreten der typischen T-Zell Blasten mit multilobulärem „blumenähnlichen" Kernen („flower cells") in größerer Zahl ist das Stadium der **akuten ATL** erreicht; diese ist in den meisten Fällen nach wenigen Monaten tödlich.

Die zweite mit HTLV-1 assoziierte Erkrankung, **TSP/HAM,** ist charakterisiert durch eine fokale ZNS-Demyelinisierung v. a. im Bereich des Rückenmarks und den damit verbundenen langsam zunehmenden und aufsteigenden Lähmungen. In der Pathogenese dieser Erkrankung spielen HTLV-1-spezifische T-Zellen eine wichtige Rolle: Nach deren Infiltration in das ZNS kommt es durch Ausschüttung von Zytokinen zur lokalen Schädigung von Oligodendrogliazellen.

■■ Labordiagnose

Der Nachweis von Antikörpern geschieht mittels ELISA und Western-Blot (▶ Kap. 65). Bei der Interpretation der Ergebnisse ist zu beachten, dass Antikörper gegen HTLV-1 mit HTLV-2 kreuzreagieren (und vice versa); eine Differenzierung ist mithilfe von HTLV Western-Blots möglich, die Hüllglykoprotein-Antigene beider Viren enthalten.

Mittels PCR lässt sich das in Lymphozyten integrierte Provirus nachweisen. Es gibt PCR-Protokolle, die sowohl HTLV-1- wie HTLV-2-Sequenzen amplifizieren, und in denen sich beide nah verwandten Viren mittels anschließender Hybridisierung mit spezifischen Proben oder durch Restriktionsverdau unterscheiden lassen.

Therapie

Aufgrund der Tatsache, dass die Ausbreitung von HTLV-1 in vivo vorwiegend in Form persistent infizierter Lymphozytenklone erfolgt und weniger in Form neu produzierter Virionen und damit neu infizierter Zellen wie bei HIV-1 (▶ Kap. 65), ist die Verwendung von Inhibitoren der Reversen Transkriptase in ihrer Effektivität limitiert. In der Therapie der ATL kommt eine Kombination von AZT und IFN-α zum Einsatz.

In Kürze: Humane T-lymphotrope Viren (HTLV-1, HTLV-2)

- **Virus:** HTLV-1, HTLV-2, nah verwandte Deltaretroviren.
- **Vorkommen:** HTLV-1: Afrika, Karibik, Nord- und Südjapan, europäische Länder mit Immigration aus Afrika oder Karibik. HTLV-2: bei manchen Stämmen der Urbevölkerung Nordamerikas, in Südeuropa bei i.v. Drogenabhängigen.
- **Ursprung:** Übertragung von HTLV-1- und HTLV-2-ähnlichen Primatenviren auf den Menschen. HTLV-1 und -2 existieren seit mindestens 30.000 Jahren in manchen menschlichen Populationen.
- **Übertragung:** Muttermilch, sexuelle Übertragung, i.v. Drogengebrauch, Bluttransfusionen. Erfordert die Übertragung virusinfizierter Zellen, minimales Risiko für zellfreie Übertragung (z. B. Faktor VIII).
- **Lebenszyklus:** Typischer Lebenszyklus eines Retrovirus in T-Zellen.
- **Pathogenese:** HTLV-1 immortalisiert humane T-Zellen – diese können nach Jahrzehnten zu leukämischen Klonen auswachsen: ATL. In der Pathogenese der TSP spielen vermutlich von antiviralen T-Zellen oder virusinfizierten Zellen ausgeschüttete Zytokine eine Rolle, die zur Demyelinisierung im ZNS beitragen.
- **Labordiagnose:** Nachweis von Antikörpern mittels ELISA und Western-Blot. Nachweis des Virus mit RT-PCR bzw. virusinfizierter Zellen mit PCR.
- **Therapie:** Wenige Optionen. Versuch einer Therapie mit AZT und IFN-α bei ATL, aber Ergebnisse unbefriedigend. Therapie der ATL mit aggressiven Chemotherapieprotokollen für Lymphome.

Weiterführende Literatur

Knipe DM, Howley PM, Griffin DE, Lamb RA, Martin MA, Roizman B, Straus SE (2013) Fields virology, vol I+II, 6. Aufl. Philadelphia, Lippincott, Williams & Wilkins

Zuckerman AJ, Banatvala JE, Pattison JR, Griffiths PD, Schoub BD (2008) Principles and practice of clinical virology. Wiley, Chichester

Parvoviren

Tina Ganzenmüller und Wolfram Puppe

Parvoviren sind kleine (lat.: „parvus", klein), unbehüllte Viren und tragen ein ca. 5 kb großes Einzelstrang-DNA-Genom. Zu den beim Menschen bekannten Parvoviren gehören u. a. das Parvovirus B19, humane Bocaviren sowie adenoassoziierte Viren. Das Parvovirus B19 verursacht die Ringelröteln (Erythema infectiosum) und kann zu Komplikationen beim ungeborenen Kind sowie bei Patienten mit hämatologischen Grunderkrankungen führen. Viele Infektionen mit den 2005 entdeckten humanen Bocaviren (HBoV) sind vermutlich asymptomatisch. Als ursächliches Virus sind sie v. a. bei Erstinfektion von Kleinkindern mit Erkrankungen des Respirationstrakts und auch des Gastrointestinaltrakts nachweisbar.

Steckbrief

Parvovirus B19: Wie alle Mitglieder der Familie der Parvoviren ist das Parvovirus B19 ein kleines, unbehülltes Virus mit einzelsträngigem DNA-Genom. Klinisch ist es mit den Ringelröteln, intrauterinem Fruchttod oder Hydrops fetalis sowie Arthritiden und hämatologischen Komplikationen (transiente aplastische Krisen, Anämie) assoziiert.
Bocavirus: Infektionen mit dem Bocavirus (4 Spezies, HBoV-1 bis HBoV-4) verlaufen vermutlich meist asymptomatisch. HBoV-1 ist v. a. in respiratorischem Material von Kleinkindern mit Atemwegerkrankungen zu finden, HBoV-2 bis -4 hingegen sind vorwiegend in Stuhlproben nachweisbar.

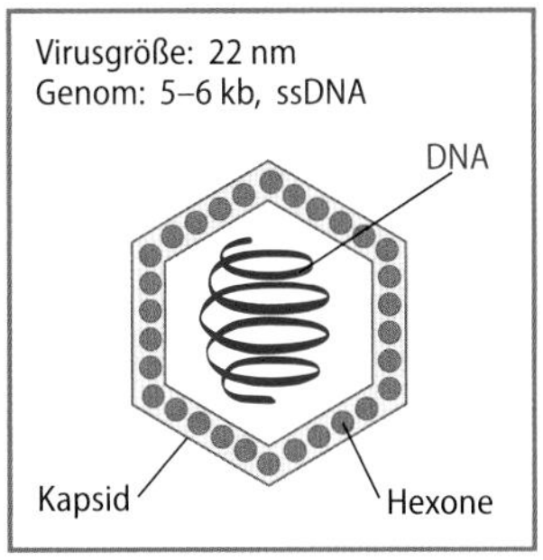

Fallbeispiel

Eine 30-jährige Frau erkrankt plötzlich mit Fieber, Gelenkschmerzen, Halsschmerzen und einem rötlichen Hausausschlag. Drei Tage später tritt ein Ikterus auf, und die Patientin stellt sich bei ihrem Hausarzt vor. Es finden sich folgende Laborwerte: GOT 76 U/l, GPR 367 U/l, AP 171 U/l, Bilirubin normal, das Blutbild ist unauffällig. Die Diagnostik auf Virushepatitiden ist negativ, ebenso die Diagnostik auf Autoimmunkrankheiten der Leber. Der Hausarzt überweist die Patientin an ein medizinisches Versorgungszentrum zur Leberbiopsie. Diese ergibt eine unspezifische Entzündung. Aufgrund der Gelenkschmerzen und des vorausgegangenen makulösen Exanthems wird vom MVZ-Arzt eine Serologie auf Parvovirus B19 angefordert, diese ist positiv. Im Biopsiematerial lässt sich dann mittels PCR ebenfalls eine Parvovirus-B19-Infektion sichern.

67.1 Parvovirus B19

▪ Morphologie und Resistenz

Das Virus enthält ein ca. 5 kb großes Einzelstrang-DNA-Genom. Der Durchmesser des Ikosaederkapsids beträgt 22 nm. Parvoviren sind schwer inaktivierbar und mangels Lipidhülle lipidlösungsmittelresistent.

67.1.1 Rolle als Krankheitserreger

▪▪ Vorkommen und Epidemiologie

Das Parvovirus B19 wurde 1974 im Rahmen einer Studie in einer Serumprobe entdeckt und nach der Position der Probe („B19") innerhalb der Testreihe benannt. Infektionen mit dem nur beim Menschen vorkommenden, weltweit verbreiteten Virus erfolgen meist im Spätwinter bis Frühjahr und treten typischerweise in der Kindheit auf. Die Durchseuchung bis zum 15. Lebensjahr beträgt ca. 50 %, die Seroprävalenz bei gebärfähigen Frauen in Deutschland ca. 70 %. Man

Frühere Versionen von D. Falke

S. Suerbaum et al. (Hrsg.), *Medizinische Mikrobiologie und Infektiologie,*
https://doi.org/10.1007/978-3-662-61385-6_67

schätzt, dass etwa 3000–4000 Schwangere pro Jahr in Deutschland eine akute Parvovirus-B19-Infektion durchmachen. In ca. 30 % der frischen Infektionen kommt es dabei zur vertikalen Übertragung auf das Kind. Man rechnet mit ca. 70–80 fetalen Todesfällen (Spontanabort und tödlicher Hydrops fetalis) pro Jahr.

▪▪ Übertragung

Die Übertragung erfolgt v. a. als Tröpfcheninfektion über Nasen-Rachen-Sekrete, aber auch als Schmierinfektion, durch Blutprodukte sowie diaplazentar. Bereits vor Symptombeginn finden sich große Virusmengen in Speichel, Blut und anderen Körperflüssigkeiten. Gelegentlich kommt es zu Ausbrüchen in Kindertageseinrichtungen und Schulen, selten gibt es nosokomiale Übertragungen.

▪▪ Pathogenese

Das Parvovirus B19 benutzt als Rezeptor u. a. das P-Antigen, das v. a. auf erythroiden Vorläuferzellen vorkommt. Die Replikation der viralen DNA in der S-Phase in Erythroblasten verursacht eine **Hemmung der Erythropoese** für ca. 7–11 Tage. Im Knochenmark werden sog. Riesenpronormoblasten als pathologisches Korrelat beobachtet. Durch die eingeschränkte Erythropoese kommt es bei gesunden Personen zu einer moderaten Anämie, bei vorbestehenden Störungen der Erythropoese (wie z. B. bei Thalassämie, Kugelzellanämie etc.) kann dies aber auch zu schweren transienten aplastischen Krisen führen. Während der Virämie findet man sehr hohe Viruslasten mit bis zu 10^{13} Virionen pro ml Blut.

Das **Exanthem,** das gleichzeitig mit der Entwicklung virusspezifischer Antikörper erscheint, wird wahrscheinlich durch Virus-Antikörper-Komplexe hervorgerufen. Die manchmal lang anhaltenden **Arthralgien und Arthritiden** kommen vermutlich durch Immunkomplexe und Entzündungsreaktionen in der Synovialflüssigkeit zustande. Parvovirus-DNA persistiert lebenslang in vielen Geweben (z. B. im Myokard); ein Zusammenhang dieser latenten Virusgenome mit Erkrankungen ist jedoch unbekannt.

Die akute diaplazentare Infektion des Fetus kann zum Fruchttod oder **Hydrops fetalis** führen. Durch die lytische (produktive) Vermehrung des Virus in den erythropoetischen Vorläuferzellen zusammen mit dem erhöhten Erythrozytenumsatz im Fetus kommt es zur ausgeprägten Anämie mit O_2-Mangel und Ödembildung. Eventuell verursacht zusätzlich auch eine direkte Infektion des Myokards die kardiovaskuläre Dekompensation mit z. T. massiven Flüssigkeitsansammlungen im Gewebe.

67

▪▪ Klinik

Die Inkubationsperiode beträgt 1–2 Wochen. Viele Infektionen verlaufen subklinisch, in den anderen Fällen ist ein biphasischer Verlauf beobachtbar (◘ Abb. 67.3):

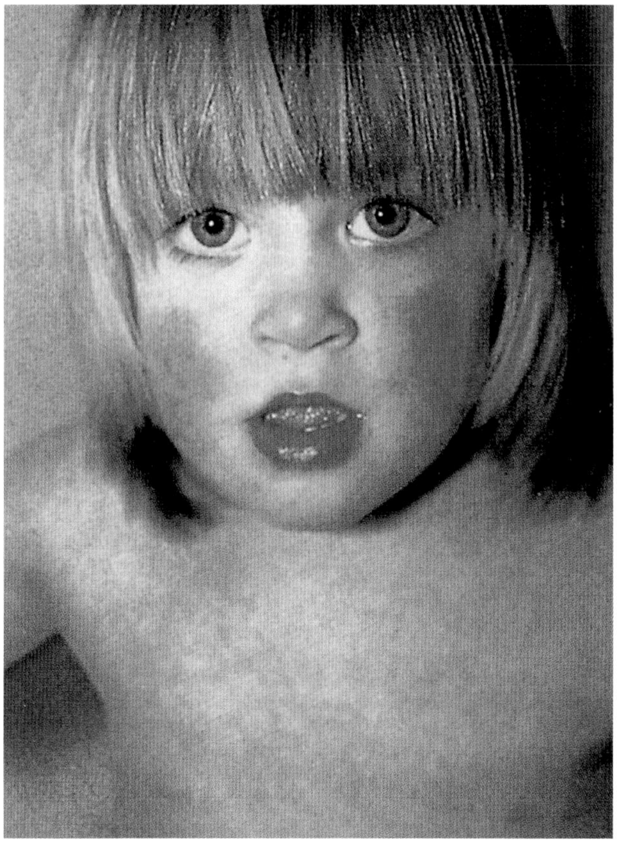

◘ **Abb. 67.1** Schmetterlingsexanthem („Ohrfeigengesicht") bei Ringelröteln. (Parvovirus B19; mit freundlicher Genehmigung von Prof. Dr. Dietrich Falke, Mainz)

- In der **1. Phase** der Krankheit, in der der Patient hochvirämisch ist, bilden sich grippeähnliche Symptome mit Fieber, Kopf- und Muskelschmerzen sowie Anämie mit Abfall des Hämoglobinwerts und Retikulozytopenie aus.
- In der **2. Phase,** einige Tage später, werden virusspezifische Antikörper gebildet. Es kann erneut zu Fieber und dem typischen makulopapulösen Exanthem kommen: an den Wangen in Schmetterlingsform **(„Ohrfeigengesicht")** und später v. a. am Stamm sowie an Armen und Beinen in Girlandenform. Dieses namensgebende **Erythema infectiosum** **(Ringelröteln**, „fifth disease"; ◘ Abb. 67.1 und 67.2) tritt allerdings nicht in allen Fällen auf oder kann sehr diskret ausfallen.

Bei normalem Verlauf wird nur eine passagere Störung der Erythropoese beobachtet (◘ Abb. 67.3). **Arthralgien** und **Arthritiden** treten einige Wochen nach Krankheitsbeginn auf und können lange andauern. Eine Präsentation als **Hepatitis** kann vorkommen.

Primärinfektionen mit Parvovirus B19 können bei Personen mit vorgeschädigter Erythropoese schwere **transiente aplastische Krisen** bis hin zur

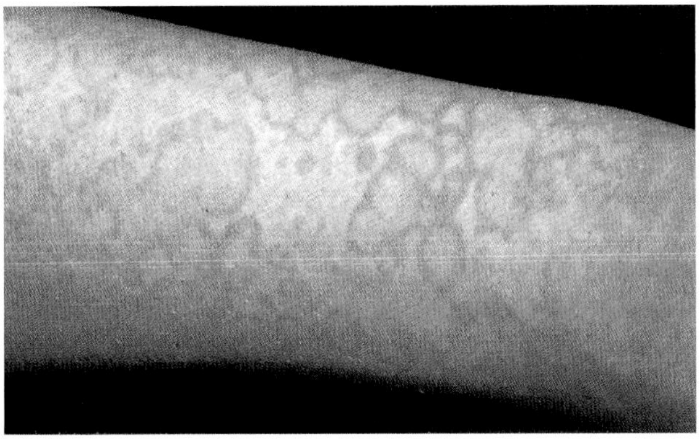

Abb. 67.2 Ringelröteln am Arm. (Parvovirus B19; mit freundlicher Genehmigung von Prof. Dr. Dietrich Falke, Mainz)

Transfusionspflichtigkeit auslösen. Bei Immungeschwächten kann es zu **persistierenden Anämien** mit dauerhaftem Nachweis von Virus-DNA im Blut kommen.

Fetale Komplikationen in Form von Spontanaborten, intrauterinem Fruchttod oder **Hydrops fetalis** sind v. a. bei mütterlichen Infektionen vor der 20. SSW zu erwarten. Der Hydrops fetalis tritt dann bei ca. 4 % der akuten Parvovirus-B19-Infektionen mit 4–8 Wochen Verzögerung nach der mütterlichen Infektion auf. Bei gesicherten Infektionen in der Frühschwangerschaft (6.–8. SSW) sind vermehrt Spontanaborte zu beobachten. Es werden jedoch nach einer durch das Kind überstandenen intrauterinen Parvovirusinfektion **keine Embryopathie** oder angeborene Fehlbildungen beobachtet.

Immunität

Virusspezifische Antikörper und die T-Zell-Antwort vermitteln eine Immunität für viele Jahre.

Labordiagnose

Der Nachweis von IgM- und IgG-Antikörpern erfolgt im ELISA und Western-Blot, kann aber gelegentlich falsch-negativ ausfallen. Die PCR dient zum Virusnachweis in Speichel, Blut, Fruchtwasser, Nabelschnurblut, Liquor oder Gewebe. Mittels quantitativer PCR lassen sich bei der akuten Infektion hohe Viruslasten im Blut finden. Eine intrauterine Parvovirus-B19-Infektion fällt häufig durch verdächtige Doppler- oder Ultraschallbefunde auf.

Prävention und Therapie

Derzeit existiert weder ein wirksames Virostatikum noch ein Impfstoff. **Die Verhinderung einer Exposition** gefährdeter Personen (immunsupprimierte hämatologische Patienten und seronegative Schwangere) ist daher wichtig. Schwangeren mit Kontakt zu Kindern im Alter unter 6 Jahren bzw. zu Immunsupprimierten (diese scheiden u. U. lange Zeit hohe Parvovirus-B19-Mengen aus) wird empfohlen, möglichst frühzeitig den Parvovirus-B19-Immunstatus zu klären, da ihr Expositionsrisiko besonders hoch ist.

Der Abbruch einer Schwangerschaft wegen einer Parvovirusinfektion ist nicht indiziert. Eine intrauterine Infektion mit klinisch relevanter fetaler Anämie bzw. Hydrops fetalis kann durch eine rechtzeitige **intrauterine Erythrozytentransfusion** mittels Punktion der Nabelschnur behandelt werden.

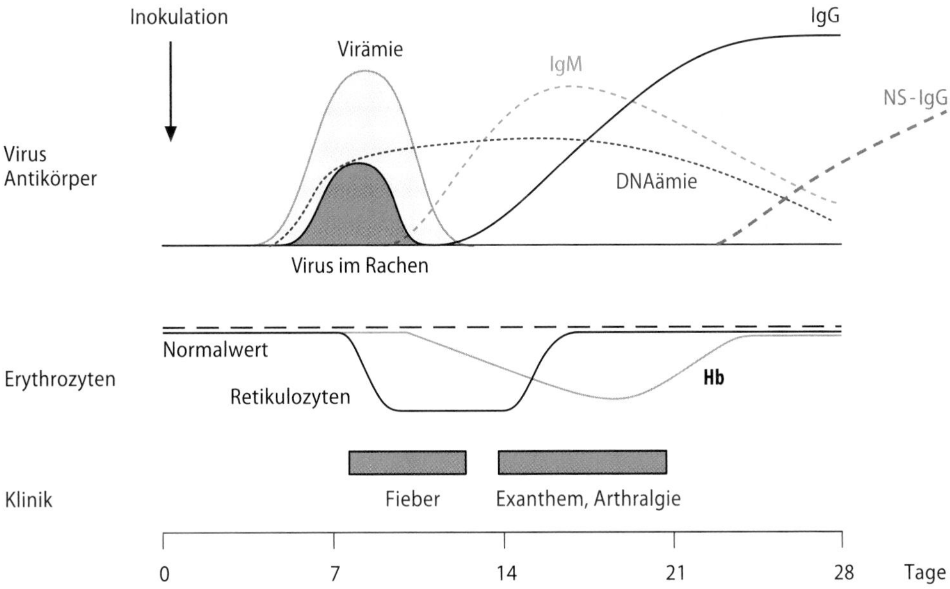

Abb. 67.3 Ablauf einer Parvovirus-B19-Infektion: Virämie, Antikörperbildung (NS-IgG: IgG gegen Nichtstrukturprotein), Erythrozytenzahl, Temperatur und Exanthem sowie Arthralgie

In Kürze: Parvovirus B19

- **Virus:** Kleines (+)-ssDNA-Virus (Genomgröße 5–6 kb).
- **Übertragung:** Tröpfchen- und Schmierinfektion, Transfusionen. Intrauterine Übertragung.
- **Epidemiologie:** Typische Infektion im Kindesalter. Hohe Durchseuchung.
- **Pathogenese:** Replikation in Erythrozytenvorstufen, sehr hohe Viruslast. Bildung von Immunkomplexen. Hemmung der Erythropoese kann zu Anämie, aplastischen Krisen und Hydrops fetalis führen.
- **Klinik:** Inkubationsperiode 1–2 Wochen. Grippeähnliche Symptome, Fieber, „Ohrfeigengesicht" und Erythema infectiosum (Ringelröteln), Arthritis, aplastische Krisen, persistierende Anämie, Hydrops fetalis, Abort oder Totgeburt.
- **Immunität:** Antikörper und T-Zellen.
- **Diagnose:** PCR zum DNA-Nachweis. IgM- und IgG-ELISA. Fetale Ultraschalluntersuchung. DD: Andere exanthematische Krankheiten.
- **Therapie:** Symptomatisch, ggf. intrauterine Austauschtransfusion des Fetus bei ausgeprägter Anämie.
- **Prävention:** Expositionsprophylaxe. Keine Meldepflicht.

67.2 Humane Bocaviren (HBoV)

Morphologie und Resistenz Bocaviren sind im Durchmesser ca. 20 nm große, unbehüllte Viren mit ikosaedrischem Kapsid und ssDNA-Genom mit 5 kb. Sie sind hochgradig umweltresistent.

Geschichte

Das Humane Bocavirus wurde 2005 in Schweden von Tobias Allander durch „molekulares Virus-Screening" in respiratorischem Material von Patienten mit Atemwegerkrankungen entdeckt, in dem keine der bis dahin bekannten Bakterien oder Viren nachzuweisen waren. Nach Bioinformatikanalyse der in diesem Material angereicherten Sequenz konnte jeweils große Ähnlichkeiten einer Sequenz zum **bo**vinen Parvovirus und zum **ca**ninen Minute-Virus festgestellt werden. Dies führte zu der Namensgebung humanes **Boca**virus. Die Entdeckung des humanen Bocavirus ist ein Beispiel dafür, wie moderne molekularbiologische Verfahren zum Auffinden neuer Viren genutzt werden können.

67

67.2.1 Rolle als Krankheitserreger

▪▪ Epidemiologie und Vorkommen

Bocaviren sind weltweit verbreitet und werden mittels PCR in 2–19 % der Proben aus dem oberen und unteren Respirationstrakt (Spezies HBoV-1) von Patienten mit Atemwegsbeschwerden nachgewiesen. Die Viren sind bei Kindern unter 2 Jahren häufiger als bei älteren Patienten zu finden und vermehrt in den Wintermonaten und im Frühjahr nachweisbar. Die Spezies HBoV-2, -3, -4 hingegen sind bei gastrointestinalen Erkrankungen in Stuhlproben zu finden.

▪▪ Übertragung und Pathogenese

Zur Pathogenese und zum Replikationszyklus der Bocaviren ist wenig bekannt, da es bisher keine geeigneten Tiermodelle oder Kulturverfahren gibt. Die primäre Replikation des HBoV-1 findet vermutlich nach Tröpfcheninfektion in den Epithelzellen der Atemwegsorgane statt. Anschließend könnte das Virus über das Blut in den Gastrointestinaltrakt gelangen, da es dort auch nachweisbar ist. Eine Übertragung durch Blut oder Schmierinfektion ist folglich nicht auszuschließen. Eine intrauterine Übertragung ist bedingt durch die hohe Seroprävalenz recht unwahrscheinlich.

▪▪ Klinik und Immunität

Der Nachweis von Bocaviren mittels PCR ist mit Krankheitsbildern wie Husten, Rhinitis, Pharyngitis, Otitis media und Fieber, aber auch mit Pneumonie, Bronchiolitis sowie gastrointestinalen Erkrankungen assoziiert. Das Virus persistiert im Menschen. Die Seroprävalenz bzw. Durchseuchung in der Altersgruppe zwischen 6–12 Monaten ist gering, steigt mit zunehmendem Alter und liegt in der adulten Bevölkerung bei über 94 %. Nach Primärinfektion dürfte daher eine lebenslange Immunität vorliegen.

▪▪ Labordiagnose

Die Diagnostik erfolgt mittels PCR. Aufgrund der Persistenz ist die virale DNA lange nachweisbar Zur Beurteilung der klinischen Relevanz ist daher die Viruslast des Bocavirus und das eventuelle Vorhandensein weiterer respiratorische Erreger mit hoher Viruslast (z. B. RSV, hMPV, Enteroviren, Rhinoviren etc.) in Betracht zu ziehen.

Aufgrund der hohen Koinfektionsrate der Bocaviren (bis zu 84 %) ist genau abzuwägen, welcher Erreger für den Infekt verantwortlich sein könnte. Eine Ursächlichkeit ist beim alleinigen Bocavirusnachweis mit hoher Viruslast insbesondere bei Kleinkindern im Zuge einer Primärinfektion am wahrscheinlichsten, hingegen bei einer Koinfektion mit geringer Viruslast bei Erwachsenen eher unwahrscheinlich.

Therapie und Prävention

Eine gezielte Therapie oder Prävention gibt es nicht, sodass symptomatische Behandlung und Vermeidung von Exposition anzuraten sind.

In Kürze: Bocavirus

- **Virus:** Kleines (+)-ssDNA-Virus (Genomgröße 5–6 kb).
- **Übertragung:** Tröpfcheninfektion, Schmierinfektion.
- **Epidemiologie:** Hohe Durchseuchung, weltweite Verbreitung.
- **Pathogenese:** Wahrscheinlich zunächst primäre Replikation in Zellen des Respirationstrakts.
- **Klinik:** Husten, Fieber und (tiefe) Atemwegsinfekte sowie gastrointestinale Erkrankungen.
- **Immunität:** Wahrscheinlich lebenslang nach durchgemachter Erstinfektion im Kindesalter.
- **Diagnose:** PCR zum DNA-Nachweis. DD: Alle übrigen Erreger von Atemwegerkrankungen/Koinfektionen.
- **Therapie:** Symptomatisch, keine gezielte Therapie.
- **Prävention:** Vermeidung der Exposition.

67.3 Adenoassoziierte Viren (AAV)

AAV-2, -3 und -5 des Menschen zählen zum Genus Dependoviren; es sind defekte Viruspartikel, die Adeno- oder Herpesviren als Helfer bei der Replikation benötigen. AAV-DNA ist in embryonalem und Uterusgewebe nachgewiesen, aber bislang mit keiner klinischen Erkrankung in Verbindung gebracht worden.

Papillomviren und Polyomaviren

Tina Ganzenmüller und Thomas Iftner

Papillomviren und Polyomaviren sind kleine Doppelstrang-DNA-Viren ohne Lipidhülle. Diese im Tierreich weit verbreiteten, epitheliotropen Viren bilden die Virusfamilien der Papillomaviridae und Polyomaviridae. Die Familie der **Papillomviren** beinhaltet mehr als 225 humane Papillomviren (HPV). HPV ruft beim Menschen gutartige Tumoren wie Warzen und Kondylome, aber auch bösartige Karzinome des Anogenitalbereichs (z. B. Zervixkarzinom) und das Oropharynxkarzinom hervor. Das Zervixkarzinom ist weltweit die vierthäufigste Krebsart bei Frauen. Die Beteiligung von HPV an der Entstehung von Hautkrebs wird diskutiert. Die Familie der **Polyomaviren** wächst kontinuierlich. Inzwischen sind 14 humane Polyomaviren bekannt. Humane Polyomaviren spielen klinisch bislang v. a. bei Patienten mit Immundefizienz eine Rolle, während sie bei immunkompetenten Personen v. a. als apathogene Erreger vorkommen und in die Umwelt ausgeschieden werden. Das JC-Polyomavirus ruft die progressive multifokale Leukenzephalopathie (PML) hervor, während das BK-Polyomavirus bei Transplantatempfängern eine Nephropathie und hämorrhagische Zystitis verursachen kann. Das 2008 entdeckte Merkel-Zell-Karzinom-Polyomavirus ist mit dem Merkel-Zell-Karzinom, einem aggressiven Hauttumor, assoziiert.

Fallbeispiel

Ein 46-jähriger Mann erkrankt an einer transversen Myelitis. Bei den umfangreichen Untersuchungen fallen eine Leukopenie und antinukleäre Antikörper auf, es wird ein systemischer Lupus erythematodes (SLE) mit neurologischer Beteiligung diagnostiziert. Unter Glukokortikoidbehandlung kann zunächst eine Remission erreicht werden. Es kommt aber zu einem Rückfall, der letztlich erst durch eine Therapie mit Glukokortikoiden, Ciclosporin A, Cyclophosphamid und Rituximab zu beherrschen ist. Zwei Monate danach entwickelt der Patient eine progressive Dysarthrie und eine rechtsseitige Hemiplegie. Im MRT zeigen sich fokale Läsionen in der weißen Substanz der Temporallappen, vorwiegend links. Es wird keine Diagnose gestellt. Nach 1½ Monaten wird das MRT wiederholt, die Läsionen haben sich ausgedehnt. Eine PCR aus dem Liquor auf JC-Polyomavirus ist positiv.

68.1 Papillomviren des Menschen

Steckbrief

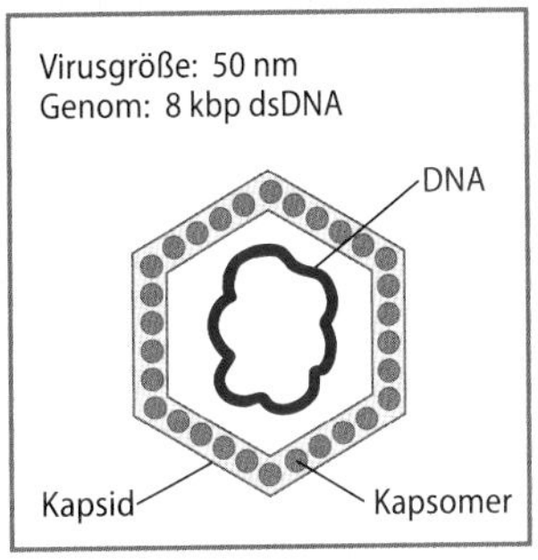

Die Übertragbarkeit warzenförmiger Hauterscheinungen von Mensch zu Mensch wurde bereits 1893 gezeigt. Mitte des 20. Jahrhunderts konnten Viruspartikel in Haut- und Genitalwarzen nachgewiesen werden. Neben HPV-induzierten, meist harmlosen Warzen können jedoch auch Karzinome entstehen, wie das Zervix-, Vulva-, Vagina-, Penis- und Anuskarzinom sowie das Oropharynxkarzinom. Ferner wird ein Zusammenhang mit der Entstehung von Hauttumoren (nichtmelanozytärer Hautkrebs) vermutet.

In den 1980er Jahren belegte Harald zur Hausen den Zusammenhang von HPV und der Entstehung des Zervixkarzinoms und wurde dafür 2008 mit dem Medizin-Nobelpreis geehrt. Seit 2006 stehen HPV-Impfstoffe zur Verfügung, durch deren prophylaktische Anwendung sich die Entstehung eines Großteils der zervikalen intraepithelialen Neoplasien und höchstwahrscheinlich auch der Karzinome verhindern lässt.

Frühere Versionen von D. Falke

S. Suerbaum et al. (Hrsg.), *Medizinische Mikrobiologie und Infektiologie*,
https://doi.org/10.1007/978-3-662-61385-6_68

Tab. 68.1 Humane Papillomviren und assoziierte Krankheitsbilder

Assoziierte Krankheitsbilder	Genus, Spezies bzw. Papillomvirustypen (Beispiele)
Hautwarzen, z. B. Verrucae vulgares, Plantarwarzen	Typen HPV-1, -2, -4, -10, -27, -57, -65
Larynxpapillome	Typen HPV-6, -11
Genitale Kondylome	Typen HPV-6, -11, -16, -42, -44, -54
Zervikale intraepitheliale Neoplasie (CIN)	Spezies alpha 1, 3, 5, 6, 7, 9, 10, 11, 13, 14 sowie „High-Risk"-Spezies (s. u.)
Zervixkarzinome	V. a. „High-Risk"-Spezies alpha 5, 6, 7 und 9
	Typen HPV-16, -18, -31, -33, -35, -39, -45, -51, -52, -56, -58, -59, -68
Hautkarzinome bei Patienten mit Epidermodysplasia verruciformis (EV)	Typen HPV-5, -8; Genus beta
Benigne und möglicherweise maligne Hauttumoren bei Immunsupprimierten und -kompetenten	Typen HPV-1, -2, -4, -12, -14, -17, -38, -48, -50, -57, -63; Spezies beta 2

Die Aufklärung des Mechanismus der Immortalisierung und Entartung von Epithelzellen durch die Onkogene E6 und E7 von HPV haben entscheidend zur Entdeckung der „Tumorsuppressorgene" beigetragen.

68.1.1 Beschreibung

Genom und Morphologie

Das Papillomvirusgenom liegt als etwa 8 kbp langes, ringförmiges **dsDNA**-Molekül vor. Man unterscheidet frühe regulatorische Gene („early genes", z. B. E1, E2, E6, E7) von späten Genen („late genes": L1 und L2), die Strukturproteine kodieren. Die Viruspartikel bestehen aus einem ikosaedrischen Kapsid mit ca. 50 nm Durchmesser, das die DNA enthält. Durch das Fehlen einer Lipidhülle sind HPV relativ resistent und bleiben in der Umwelt über längere Zeit infektiös.

Einteilung

Man kennt inzwischen mehr als 225 verschiedene Typen humaner Papillomviren (HPV). Ihre Einteilung beruht auf dem Grad der **Ähnlichkeit ihrer genomischen L1-Gensequenzen:** Ein eigenständiger **„Papillomvirustyp"** muss mehr als 10 % Sequenzabweichung zum nächstverwandten Typ zeigen. Papillomvirustypen mit bis zu 60 % Sequenzübereinstimmung lassen sich **Gattungen** (Genera) zuordnen, die sich wiederum in **Spezies** (60–70 % Sequenzübereinstimmung) unterteilen lassen. Humane Papillomvirustypen findet man in den Gattungen alpha, beta, gamma, mu, nu.

68

Eine andere Einteilung beruht auf dem **Gewebetropismus** bestimmter HPV-Typen für verhornendes Epithel (**„kutane"** Typen; z. B. HPV-1, -2, -5, -8) einerseits und Schleimhaut (historisch als **„genitale"** Typen z. B. HPV-6, -11, -16, -18 bezeichnet) andererseits. Allerdings sind Ausnahmen möglich, und DNA genitaler Viren wird auch in Läsionen außerhalb des Anogenitaltrakts gefunden.

Die alpha-HPV-Typen werden zudem anhand ihres Vermögens, Malignome zu verursachen, in **Hochrisiko- und Niedrigrisiko-HPV** („high-risk vs. low-risk") eingeteilt:

- Die Infektion des Genitaltrakts mit Low-Risk-HPV-Typen (z. B. HPV-6, -11, -40) ist extrem selten mit der Entwicklung maligner Tumoren assoziiert.
- Von High-Risk-HPV-Typen verursachte Läsionen können über dysplastische Vorstufen bis zum Karzinom fortschreiten. Die WHO hat 13 Hochrisiko-HPV-Typen (HPV-16, -18, -31, -33, -35, -39, -45, -51, -52, -56, -58, -59, -68) aus den Spezies 5, 6, 7, und 9 des Genus alpha als Karzinogene der Gruppe I–IIa anerkannt, hierunter auch die Typen HPV-16 und -18, die weltweit ca. 70 % der Zervixkarzinome verursachen.
- Tab. 68.1 zeigt eine Übersicht der von humanen Papillomvirustypen verursachten Krankheitsbilder.

68.1.2 Rolle als Krankheitserreger

Übertragung

Die Übertragung humaner Papillomviren erfolgt durch direkten Hautkontakt sowie sexuell (oral, genital) oder indirekt durch kontaminierte Gegenstände oder Fußböden, z. B. in Schwimmbädern. Auf dem vertikalen Übertragungsweg kann HPV auch perinatal von der Mutter an das Neugeborene weitergegeben werden.

Epidemiologie

Je nach HPV-Typ beginnt die Durchseuchung frühzeitig im Leben. So finden sich bereits bei Schulkindern Hautwarzen (Prävalenzrate 4–20 %) an Händen und

Füßen. Die Durchseuchung mit sexuell übertragbaren HPV-Typen beginnt mit der sexuellen Aktivität und erreicht in Deutschland bei Frauen den Gipfel von 24 % im Alter von 22 Jahren. Condylomata acuminata (Feigwarzen) stellen die am häufigsten sexuell übertragene Viruserkrankung dar. Die meisten Frauen infizieren sich im Laufe ihres Lebens mit Hochrisiko-HPV, aber nur wenige erkranken an Krebs, da die Mehrzahl der Infektionen spontan innerhalb von 1–2 Jahren wieder abheilt. Viele Infektionen verlaufen also inapparent, sind jedoch für die HPV-Verbreitung mitverantwortlich.

Bei einem kleineren Prozentsatz der Infektionen kommt es zur Persistenz der Viren, die zur Entwicklung von Dysplasien bis hin zum Karzinom führen kann. Die **Durchseuchung mit Hochrisiko-HPV** beträgt in Deutschland bei unter 30-jährigen Frauen zwischen 9 und 24 %, bei über 30-jährigen etwa 3–8 % abhängig vom Alter. Viele junge Frauen weisen also transiente Infektionen auf. Bei Älteren ist die Persistenzrate höher und damit mit einem höheren Risiko für die **Entstehung des Zervixkarzinoms** verknüpft. Die meisten Zervixkarzinome treten im Alter von 35–55 Jahren (Gipfel ca. 52 Jahre) auf, Vorstufen findet man aber schon bei den 20- bis 30-Jährigen. In Deutschland erkranken jährlich ca. 4500 Frauen neu an einem Zervixkarzinom, ca. 1500 sterben daran. Weltweit gibt es jährlich ca. 14 Mio. neue Krebsfälle bei Männern und Frauen. Davon sind ca. 5 % durch HPV verursacht. HPV-bedingte Krebserkrankungen machen bei Frauen weltweit ca. 9 % aller Krebsfälle aus und sind insbesondere in Entwicklungsländern eine der häufigsten tumorassoziierten Todesursachen.

In über 99 % der Zervixkarzinome werden **Hochrisiko-HPV**-Typen (s. o.) gefunden, wobei HPV-16 weltweit vorherrschend ist. Die HPV-Prävalenz in Analkarzinomen liegt bei bis zu 90 %, in Vulva- und Peniskarzinomen je nach Art des Tumors bei bis zu 50 %.

Bei **immungeschwächten Individuen** (z. B. AIDS-Patienten oder Transplantierte) findet man gehäuft multiple HPV-Infektionen, Warzen und Kondylome sowie Frühstadien der Zervixkarzinomentwicklung (CIN II, III; s. u.) oder anderer anogenitaler Tumoren.

Eine **Beteiligung sog. „kutaner" HPV** (v. a. aus Genus beta2 und gamma) an der Entstehung von Hauttumoren, insbesondere dem **nichtmelanozytären Hautkrebs** („weißer" Hautkrebs), einem der häufigsten Tumoren bei Menschen mit hellem „westlichen" Hauttyp, wird diskutiert. Beispielsweise ist die Inzidenz von Hautkarzinomen bei Organtransplantierten mit langjähriger Immunsuppression stark erhöht. In einem hohen Prozentsatz dieser Karzinome wurde HPV-DNA gefunden. Allerdings ist der ursächliche Zusammenhang von HPV-Infektion und Hautkarzinomen nicht so deutlich wie beim Zervixkarzinom.

▪▪ Pathogenese

Papillomviren zeichnen sich durch einen strikten Gewebetropismus aus, d. h., die Virusvermehrung findet nur im differenzierten Plattenepithel von Haut und Schleimhaut statt. HPV gelangen durch **Mikrotraumen** der Haut oder an Grenzen unterschiedlicher Epitheltypen (z. B. Platten- vs. Drüsenepithel) ins Basalepithel. In den **Basalzellen,** die wenige Kopien episomaler DNA enthalten, erfolgt die Expression der frühen Proteine, die die Zellteilung stimulieren und die Replikation des episomalen Genoms steuern; auf diese Weise erfolgt eine vermehrte Epithelproliferation mit **Akanthose** (Verdickung), **Parakeratose** (Stratum granulosum) und **Hyperkeratose** (Stratum corneum).

Nur in differenzierten Epithelien erfolgt der komplette HPV-Lebenszyklus mit Viruspartikelbildung. Häufig findet sich ein zytopathischer Effekt (CPE) in Form von großen Zellen mit aufgehelltem Zytoplasma, den sog. **Koilozyten** (gr. „koilos", leer). Diese Vorgänge können nach Monaten zur **Warzen-** bzw. **Papillombildung** führen, wobei infektiöse Viren nur in den differenzierten Keratinozyten der obersten Schichten freigesetzt werden.

Den **molekularen Mechanismus der Papillombildung** stellt man sich folgendermaßen vor: Da die fehlende Teilungsaktivität der differenzierten Epithelzellen den Viren keine Replikation ermöglichen würde, können HPV die Zellen über ihre frühen Proteine zum Eintritt in die DNA-Synthesephase anregen. Hierbei binden die frühen Proteine E6 und E7 an die Tumorsuppressorproteine p53 bzw. pRB und greifen so in die Regulation des Zellzyklus ein (◘ Abb. 53.3). Gleichzeitig sorgen die E1- und E2-Proteine für die Replikation der HPV-DNA über die Induktion von DNA-Reparaturmechanismen, was einen Arrest des Zellzyklus in der G2-Phase bewirkt und somit eine Proliferation der betroffenen Zellen verhindert. Durch eine verzögerte Differenzierung des Epithels kommt es zur massiven Epithelverbreiterung, die für die makroskopische Erscheinung der Papillome verantwortlich ist. Die Produktion der späten Strukturproteine L1 und L2 wird erst in den oberen, differenzierten Epithelschichten „angeschaltet", sodass erst hier komplette Partikel gebildet werden können. So entstehen Papillome, aus denen komplette, infektiöse Viren frei werden.

HPV-assoziierte **Karzinome** enthalten zu 70 % **integrierte HPV-DNA.** Karzinome, die mit Hochrisiko-Papillomviren (v. a. HPV-16, -18; ◘ Tab. 68.1) infiziert wurden und in denen es durch die Integration des viralen Genoms zur Zerstörung des viralen E2-Gens (verantwortlich für die Regulation der frühen Onkogene) gekommen ist, zeigen eine verstärkte Expression der E6- und E7-Proteine. Letztere sind für die Inaktivierung der zellulären Anti-Onkogene p53 und pRB verantwortlich. Außerdem wirkt die **Integration**

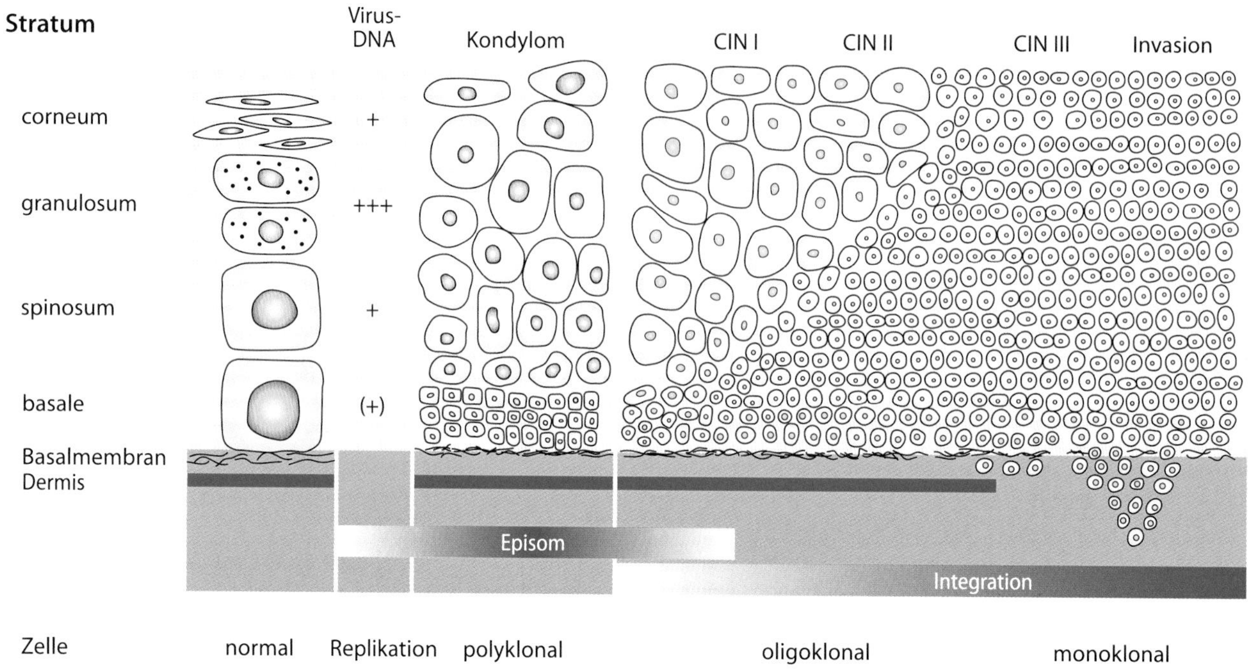

Abb. 68.1 Durch HPV ausgelöste zelluläre Atypien bei Kondylom, CIN I–III und der Progression zum Zervixkarzinom. In den Basalzellen findet HPV-Replikation auf niedrigem Level statt, um das virale Genom in diesen sich teilenden Zellen zu erhalten. Im Stratum granulosum erfolgt die Vermehrung der viralen DNA für neue Viruspartikel, die in den oberen Epithelschichten gebildet und an die Umwelt abgegeben werden. Durch die Virusvermehrung in den oberen Schichten kommt es zu Zellatypien, die abgeschilfert werden und im Zervikalabstrich nachweisbar sind (Früherkennungsuntersuchung!). Bei Kondylomen resultiert die Proliferation von Epithelzellen in der Warzenbildung. Beim Zervixkarzinom hingegen kommt es nach Ausschaltung von Tumorsuppressorproteinen (p53, pRb) durch die E6- und E7-Proteine der Hochrisiko-HPV und mutagenisierende Effekte zur Entartung und Entstehung eines prämalignen Tumors (Carcinoma in situ), der schließlich die Basalmembran durchbricht und damit zum invasiven Zervixkarzinom wird (rechts unten)

der HPV-DNA mutagenisierend auf bislang nur z. T. identifizierte zellteilungsregulierende Gene (▶ Kap. 53). **Niedrigrisikotypen** (z. B. HPV-6, -11) integrieren nicht; ihre E6- und E7-Proteine binden zwar z. T. an p53 und immer an pRb, führen aber nicht zu deren Abbau.

Häufig findet man Karzinome an Übergangszonen im Epithel: beim Zervixkarzinom zwischen Endo- und Ektozervix, beim Analkarzinom zwischen Darmepithel und verhorntem Plattenepithel. Die **Karzinomentstehung**, hier am Beispiel des Zervixkarzinom, läuft **mehrschrittig** ab: Analog zu den durch HPV verursachten Veränderungen in der Haut induzieren die HPV-Typen im Genitalbereich Zellatypien. Mit zunehmender Schwere werden diese als zervikale intraepitheliale Neoplasie („cervical intraepithelial neoplasia" = CIN) I–III bezeichnet:

68

Während bei CIN I und II sowohl Niedrigrisiko- als auch Hochrisiko-Papillomviren gefunden werden (Abb. 68.1), machen Hochrisiko-HPV im Stadium CIN III und im metastasierenden Karzinom über 90 % aus. Man schätzt, dass zwischen Primärinfektion mit **Hochrisiko-HPV-Typen** und Tumorentstehung 10–20 Jahre vergehen. Im Allgemeinen liegt die HPV-DNA in den Frühstadien (Zellatypien, CIN I, II) in episomaler Form vor, während sie in den Spätstadien der Neoplasie und in Karzinomen häufig ins Zellgenom integriert ist.

Als weitere geringe **Kofaktoren** bei der Progression zum Zervixkarzinom nach Infektion mit Hochrisiko-HPV gelten **Rauchen, eine hohe Zahl an Geburten** sowie **Immundefekte,** wie z. B. eine HIV-Infektion.

Klinik

Sowohl gut- als auch bösartiger HPV-induzierte Tumoren können an verschiedenen **Lokalisationen** auftreten. Man unterscheidet Tumoren der Haut, der Schleimhaut außerhalb des Genitalbereichs (insbesondere Oropharynx- und Kehlkopfbereich) und der Schleimhaut des Anogenitalbereichs.

Hautwarzen Hautwarzen sind mit spezifischen HPV-Typen (wie HPV-1, -2, -3) assoziiert und gutartig. Anhand der Morphologie sind verschiedene Arten von Warzen unterscheidbar:

- Die sehr häufigen **gewöhnlichen Warzen** (Verrucae vulgares, Abb. 68.2) treten nach einer Inkubationsperiode von 2–4 Monaten v. a. an Händen und Füßen auf. Diese über das Hautniveau erhabenen papulösen Knötchen mit z. T. derber, unregelmäßiger Oberfläche bilden sich in der überwiegenden Anzahl

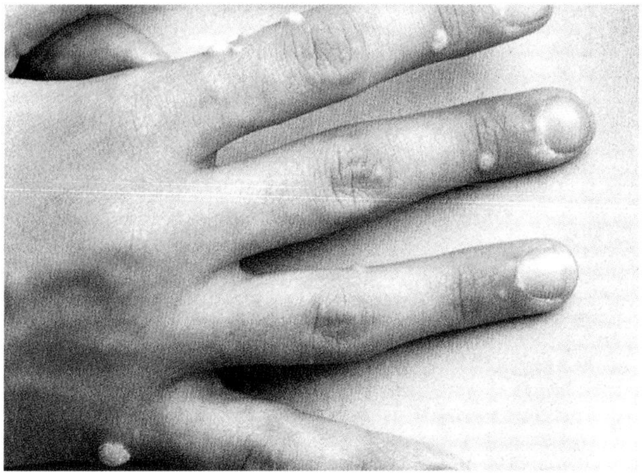

■ Abb. 68.2 Hautwarzen. (Verrucae vulgares; mit freundlicher Genehmigung von Prof. Dr. Dietrich Falke, Mainz)

spontan zurück. Als filiforme Warzen findet man sie auch im Gesichtsbereich, z. B. am Augenlid.
- **Flachwarzen** (Verrucae planae juveniles) treten als flache, ovale Papeln an verschiedenen Körperstellen (perioral, Stirn, Arme und Beine) auf.
- **Plantarwarzen** (Fußsohlenwarzen) sind als hyperkeratotische Plaques an den Fußsohlen beschrieben und äußerst rezidivfreudig.

Epidermodysplasia verruciformis (EV) Infolge eines seltenen, autosomal-rezessiven vererbten Defekts der zellulären Immunität entstehen bei betroffenen Patienten multiple Warzen und makulöse Hautveränderungen, die lebenslang persistieren und fast die gesamte verhornende Hautoberfläche bedecken können. Die zunächst gutartigen Läsionen können sich in bis zu 60 % über dysplastische Stadien zu Plattenepithelkarzinomen entwickeln, in denen in über 90 % sog. EV-assoziierte HPV-Typen (HPV-5, -8, -14, -17, -20, -47) des Genus beta nachweisbar sind und die fast ausschließlich an sonnenexponierten Stellen entstehen. Für die Entartung macht man daher die zusätzliche Einwirkung von **UV-Licht** verantwortlich.

Nichtmelanozytärer Hautkrebs Eine Rolle von HPV bei der Entstehung von nichtmelanozytärem („weißem") Hautkrebs und seinen Vorstufen ist bisher nicht bewiesen, wird aber durch experimentell gewonnene Daten unterstützt. Auch hier spielt die UV-Strahlung als Kofaktor eine wichtige Rolle. Häufig lässt sich DNA von HPV-Typen v. a. der Spezies beta-2 in Plattenepithelkarzinomen der Haut sowie in Krebsvorstufen (aktinische Keratosen oder Morbus Bowen) nachweisen. Insbesondere bei immunsupprimierten Patienten, die ein vielfach erhöhtes Risiko für die Entwicklung kutaner Plattenepithelkarzinome aufweisen, findet man in bis zu 90 % der Tumoren kutane HPV-Typen.

Tumoren des Kopf-Hals-Bereichs Die **rekurrierende respiratorische Papillomatose** ist eine seltene Erkrankung bei Kindern und jungen Erwachsenen, die durch HPV-assoziierte Papillome im oberen Respirationstrakt gekennzeichnet ist. Der Übergang vom Plattenepithel des Larynx zum respiratorischen Epithel scheint eine Prädilektionsstelle für das Auftreten zu sein, gelegentlich können sich die Papillome aber auch auf Trachea oder Bronchien ausbreiten. Die prinzipiell benignen Papillome bereiten aufgrund ihrer häufigen Wiederkehr und ihres z. T. aggressiven Wachstums Probleme und erfordern wiederholte operative Eingriffe.

Risikofaktoren für die Entwicklung von **Plattenepithelkarzinomen im Kopf-Hals-Bereich** („head-and-neck cancers") sind bei HPV-negativen Tumoren Alkohol- und Tabakkonsum, während die HPV-positiven Karzinome v. a. im Oropharynxbereich (v. a. an Tonsillen und Zungengrund) lokalisiert sind und andere Risikofaktoren aufweisen. Die Inzidenz HPV-positiver Tumoren im Kopf-Hals-Bereich scheint zuzunehmen, und die betroffenen Patienten scheinen jünger zu sein als Patienten mit HPV-negativen Tumoren. Häufig werden die Tumoren erst spät beim Auftreten von Lymphknotenmetastasen diagnostiziert. Die Prognose für HPV-positive Tumoren ist mit einer 5-Jahres-Überlebensrate von bis zu 60 % besser als für HPV-negative Tumoren.

Anogenitale Tumoren Bis zu 90 % aller **Genitalwarzen** (Condylomata acuminata, Feigwarzen; ■ Abb. 68.3) werden durch die Niedrigrisikotypen HPV-6 und -11 verursacht. Die Läsionen können an der Schleimhaut oder Haut von Penis, Vagina oder Vulva sowie im Analbereich mit sehr variablem klinischem Bild auftreten. Zunächst entstehen kleine Papeln, die dann beetartig konfluieren und papillomatöse Tumoren bilden können. **Flache Kondylome** (Condylomata plana) finden sich im Bereich der Zervix. Eine maligne Entartung ist selten. **Riesenkondylome** (Condylomata gigantea, Buschke-Löwenstein-Tumoren) des Genitalbereichs sind ebenfalls meist HPV-6 und -11 positiv und können destruktiv ins Bindegewebe einwachsen.

Zu den **bösartigen Tumoren des Anogenitalbereichs** gehören **Karzinome von Zervix, Penis, Vulva und Vagina** sowie der Analregion. In nahezu allen Zervixkarzinomen findet man Hochrisiko-HPV, in den übrigen anogenitalen Tumoren in bis zu 50 % (v. a. HPV-16). Die Karzinome entstehen über dysplastische Vorstufen verschiedener Schweregrade, eingeteilt als intraepitheliale Neoplasien der Zervix uteri (CIN), Vulva (VIN), Penis (PIN) usw.

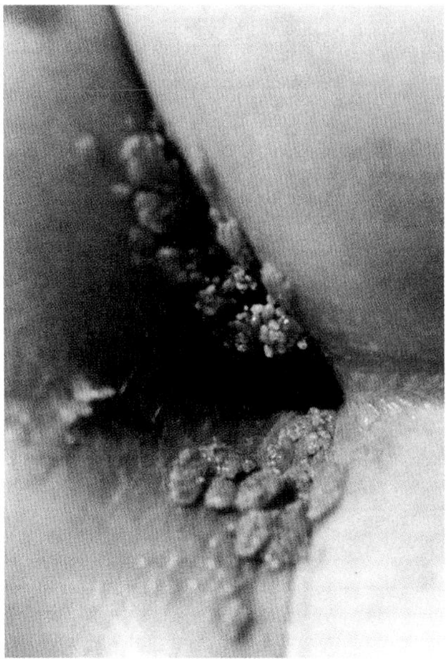

Abb. 68.3 Condylomata acuminata. (Mit freundlicher Genehmigung von Prof. Dr. Dietrich Falke, Mainz)

Das **Zervixkarzinom** entwickelt sich über die Vorstufen CIN I–III (Abb. 68.1), wobei sich die Dysplasien in allen verschiedenen CIN-Stadien zurückbilden können. Die Prävalenz dieser Krebsvorstufen ist daher höher als die der invasiven Karzinome. Von der HPV-Infektion bis zum manifesten Karzinom können Jahrzehnte vergehen.

Klinisch bleiben die **Frühstadien** des Zervixkarzinoms meist **symptomlos** und werden nur zufällig bzw. bei Früherkennungsuntersuchungen entdeckt. Erst im fortgeschrittenen Stadium können Symptome wie abnorme Blutungen oder lumbosakrale Schmerzen auftreten. Durch kontinuierliche Ausbreitung kann das Zervixkarzinom den Uterus und seinen Halteapparat, die Vagina sowie Harnblase und Rektum **infiltrieren.** Weiterhin können sich **Lymphknoten- und Fernmetastasen** finden. Die 5-Jahres-Überlebensrate liegt für die Frühstadien (Tumor begrenzt auf die Zervix) bei etwa 80 % und verschlechtert sich auf unter 20 % für Spätstadien (Infiltration von Blase oder Rektum).

Immunität

Hauptakteure der Immunabwehr gegen HPV sind vermutlich die **T-Zellen.** Bei **zellulären Immundefekten** (HIV, Transplantationen) beobachtet man **vermehrt HPV-bedingte Neoplasien,** v. a. der frühen Stadien (CIN I–III) oder Analkarzinome. **Typspezifische Antikörper** gegen ein Kapsidprotein (L1) treten während der akuten Durchseuchung nur bei zwei Drittel der Infizierten auf, bei Karzinomträgerinnen stellt man vermehrt Antikörper gegen L1 sowie gegen die Frühproteine E6 und E7 fest, wobei die E7-Antikörper mit der Tumorlast korrelieren. Die Antikörperbildung erfolgt verzögert in ca. 50–90 % der infizierten Patienten und geht zurück, wenn das Virus eliminiert wird.

Labordiagnose

Die meisten Warzenarten lassen sich klinisch diagnostizieren. Schwierigkeiten bereitet die Diagnose der Epidermodysplasia verruciformis oder flacher Kondylome der Zervix. Der Nachweis von HPV-Antikörpern (z. B. mittels ELISA-Technik) hat sich in der Routinediagnostik bislang nicht bewährt. Die **Detektion von HPV-DNA** erfolgt über PCR, Hybridisierungstechniken oder Signalamplifikation.

Der Nachweis von Hochrisiko-HPV-DNA (HPV-16, -18 etc.) im Zervixmaterial spielt bei der Prävention des Zervixkarzinoms eine zunehmende Rolle und kann die herkömmliche **Färbung des Zervikalabstrichs nach Papanicolaou** (zytologische Klassifikation Pap I–V, siehe Fachliteratur) ergänzen bzw. ablösen. Letztere hat zwar einen deutlichen Rückgang der Häufigkeit invasiver Zervixkarzinome bewirkt, konnte diese aber nicht vollständig verhindern. Studien zeigen, dass ein auf dem HPV-Test basierendes Screening bei Frauen über 30 Jahren zu einer niedrigeren Rate von Neuerkrankungen am Zervixkarzinom im Vergleich zu einem allein zytologiebasierten Screening führt.

Bei einem auffälligen Pap-Befund und zusätzlichem Nachweis von Hochrisiko-HPV-DNA kann beispielsweise das Intervall bis zur nächsten Kontrolle verkürzt oder die betroffene Patientin direkt in eine „Dysplasie-Sprechstunde“ überwiesen werden. Außerdem erlaubt der HPV-Test eine individualisierte Risikoabschätzung. Aus der Routineanwendung der HPV-DNA-Nachweisverfahren können sich aber auch Probleme ergeben: Beispielsweise finden sich gerade bei jungen Frauen unter 30 Jahren häufig vorübergehende HPV-Infektionen, sodass hier bei Nachweis von Hochrisiko-HPV eine Überdiagnostik und Übertherapie von ansonsten spontan ausheilenden, milden Dysplasien zu befürchten wäre. Deshalb wurde in vielen Ländern inzwischen der Nachweis von Hochrisiko-HPV bei Frauen über 30–35 Jahre mit Screeningintervallen von 3–5 Jahren in die nationalen Leitlinien zur Krebsfrüherkennung für das Zervixkarzinom aufgenommen.

Therapie

Warzen und milde Dysplasien der Schleimhaut heilen oft spontan aus. Zur lokalen chemischen Behandlung von Warzen eignen sich **5'-Fluoruracil, Salizylsäure** oder **Trichloressigsäure.** Alternativ kann eine **Kryotherapie** oder die **chirurgische Abtragung** (Kürettage, Laser, Loop-Exzision etc.) erfolgen. Juvenile Larynxpapillome verschwinden oft durch Behandlung mit IFN-α, rezidivieren jedoch häufig.

Auch **HPMPC** (Cidofovir, ▶ Kap. 111) hat sich bei lokaler Behandlung anogenitaler Kondylome und direkt in juvenile Kehlkopfpapillome injiziert als wirksam erwiesen. **Imiquimod**-Creme (▶ Kap. 111) hat infolge lokaler Zytokininduktion bei über 50 % der Kondylome eine völlige Abheilung bewirkt, auch bei HIV-Patienten mit anogenitalen Warzen ist es wirksam.

Höhergradige Dysplasien z. B. der Zervix müssen in der Regel operativ entfernt werden (Schlingenresektion [loop electrosurgical excision procedure, LEEP], Konisation), um einem Fortschreiten zum Karzinom vorzubeugen. Für die Therapie invasiver Karzinome kommen stadienabhängig die **operative Entfernung** sowie **Bestrahlung** und **Chemotherapie** infrage.

▪▪ Prävention

Gegen Hautwarzen gibt derzeit es keine effektiven Präventionsmethoden. Kondome schützen nur unvollständig gegen die sexuelle Übertragung von HPV. Zytologische Untersuchungen (Pap-Abstrich) mit zusätzlichem HPV-DNA-Nachweis sind die Basis der Sekundärprävention für das Zervixkarzinom. In Deutschland wird Frauen über 35 Jahren künftig statt der jährlichen zytologischen Früherkennungsuntersuchung alle 3 Jahre eine Kombinationsuntersuchung aus einem HPV-Test und Zytologie angeboten.

Seit 2006 stehen **rekombinante Impfstoffe** gegen genitale HPV-Typen zur Verfügung, die einen sehr effektiven Schutz gegen die persistierende Infektion mit diesen Viren sowie die Entwicklung von Frühstadien des Zervixkarzinoms (CIN II und III, Carcinoma in situ) und anderer anogenitaler Dysplasien bieten. Um die Wirkung auf die Entwicklung invasiver Karzinome beurteilen zu können, müssen allerdings noch einige Jahrzehnte vergehen.

Die bisher zugelassenen Impfstoffe bestehen aus **„virus-like particles“** (VLP), das sind „leere“ Kapside nur aus rekombinant hergestellten L1-Proteinen verschiedener HPV Typen (bi-, quatro- oder nonavalenter Impfstoff). **Alle aktuellen Impfstoffe** enthalten die Hochrisiko-HPV-Typen 16 und 18. Der nonavalente Impfstoff enthält 5 weitere der weltweit am häufigsten im Zervixkarzinom vorkommenden Typen (Typen 31, 33, 45, 52 und 58). Zwei Impfstoffe beinhalten zusätzlich VLP der Typen 6 und 11 und bieten daher auch Schutz gegen 80–90 % der Genitalwarzen.

Gemäß Empfehlung der STIKO (Stand 2019) sollten alle **Mädchen und Jungen von 9–14 Jahren** möglichst vor der ersten HPV-Infektion, also vor Aufnahme der sexuellen Aktivität, 2-mal **geimpft** werden. Bis zum 18. Lebensjahr können Impfungen nachgeholt werden, dann wird derzeit eine 3. Dosis empfohlen. Die Impfempfehlung wurde 2018 in Deutschland für Jungen erweitert. Man erwartet hierdurch eine verbesserte **Herdenimmunität,** die durch die beobachtete niedrige Impfrate bei Mädchen mit ca. 40 % im Mittel nicht erreicht werden kann.

Die Dauer der Immunität nach Impfung ist noch unklar. In bisherigen Studien zeigten sich nach 12 Jahren keine Hinweise auf Abnahme des Impfschutzes. Bisher sind dem Impfstoff keine wesentlichen unerwünschten Wirkungen zuzuschreiben. Die Impfung wirkt rein **prophylaktisch** und hat keinen therapeutischen Nutzen. Ein bis zu 100-prozentiger Impfschutz vor der Entwicklung von durch HPV-16 oder HPV-18 verursachten Zervixdysplasien (CIN) wurde bei Frauen festgestellt, die zum Zeitpunkt der vollständigen Immunisierung negativ für die HPV-Impfgenotypen waren. Es konnte auch gezeigt werden, dass die Impfstoffe durch Kreuzprotektion vermutlich einen breiteren Schutz als nur gegen die im Impfstoff enthaltenen HPV-Typen bieten.

Allerdings verhindert sogar der nonavalente Impfstoff nur ca. 92 % aller Zervixkarzinome und -Frühstadien, da ein Teil durch andere HPV-Typen verursacht wird. Die regelmäßige Früherkennungsuntersuchung ist also weiterhin nötig. Dass die HPV-Impfstoffe effektiv gegen die Frühstadien des Zervixkarzinoms wirken, unterstreicht eindrücklich die kausale Rolle dieser Viren bei der Entstehung dieses Tumors.

In Kürze: Papillomviren

- **Virus:** Unbehüllt. Zirkuläres dsDNA-Genom. Ikosaederkapsid. Mehr als 200 Typen humaner Papillomviren. Sehr umweltstabil.
- **Vorkommen und Übertragung:** Weltweites Vorkommen. Übertragung durch Haut- oder Sexualkontakt sowie im Geburtskanal.
- **Epidemiologie:** Hohe Durchseuchung. Genitale HPV-Infektionen junger Frauen in der Mehrzahl transiente Infektionen. Zervixkarzinom weltweit vierthäufigste Krebsart bei Frauen. Über 99 % aller Zervixkarzinome enthalten Hochrisiko-HPV-Typen (HPV-16, -18 etc.). Assoziation kutaner HPV mit Hautkrebs möglich.
- **Pathogenese:** Gutartige Tumoren der Haut und des Genitalbereichs durch kutane HPV (Genus beta und gamma) bzw. genitale Low-Risk-HPV-Typen (z. B. HPV-6 und -11) induziert. Maligne Tumoren (z. B. Zervixkarzinom) eng mit High-Risk-HPV (Genus alpha) assoziiert und entwickeln sich über Vorstufen (z. B. CIN I–III).
- **Klinik:** Hautwarzen, rekurrierende Larynxpapillomatose, Genitalwarzen, Epidermodysplasia verruciformis, Hautkarzinome. Anogenitale Tumoren wie Zervix-, Vulva-, Penis-, und Analkarzinom sowie deren Vorstufen.
- **Immunität:** Antikörperbildung gegen Kapside und Frühproteine nach natürlicher Infektion bietet

keinen Schutz vor Reinfektion; Immunität durch zytotoxische T-Lymphozyten.
- **Labordiagnose:** Nukleinsäurenachweis, Hybridisierung. Typendifferenzierung mittels PCR.
- **Therapie:** Lokale Behandlung von Warzen oder Kondylomen; alternativ chirurgische Abtragung. Operative Entfernung höhergradiger Dysplasien, bei Karzinomen zusätzlich Bestrahlung und Chemotherapie.
- **Prophylaxe:** Impfung mit (nona-, quadri- und bivalenten) HPV-Impfstoffen.

68.2 Humane Polyomaviren (HPyV)

Steckbrief

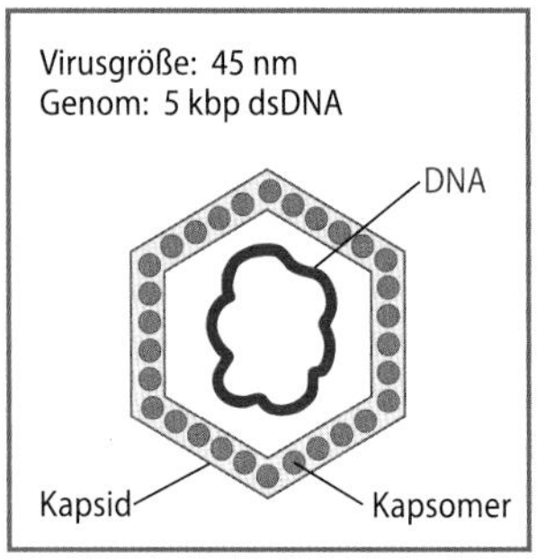

Inzwischen sind mindestens 14 humane Polyomaviren (HPyV) bekannt (Stand 2019). BK- und JC-Polyomavirus (BKPyV und JCPyV) wurden bereits in den 1970er Jahren entdeckt und können bei Immunsupprimierten schwere Krankheitsbilder auslösen. Weitere humane Polyomaviren wurden erst jüngst entdeckt: MC, WU-, KI-, TS-, STL-, NJ-, LI-Polyomavirus, HPyV-6, -7, -9, -10 und -12. Während für die meisten dieser „neuen" Polyomaviren bislang keine klare Verbindung zu Krankheiten gezeigt werden konnte, ist das 2008 entdeckte **Merkel-Zell-Polyomavirus** (MCPyV) mit dem Merkel-Zell-Karzinom assoziiert. Das Affenpolyomavirus SV40 dient seit vielen Jahren als Modellsystem für die onkogene Transformation.

68.2.1 Beschreibung

■ Genom und Morphologie

Polyomaviren sind kleine, **unbehüllte dsDNA-Viren** (Genomlänge 5 kbp) mit Ikosaederkapsid und 45 nm Durchmesser. Man unterscheidet frühe regulatorische Proteine wie das große und das kleine T-Antigen („large and small T antigen") von späten Strukturproteinen (VP1, VP2 und VP3). Durch das Fehlen einer Hülle sind Polyomaviren relativ umweltresistent.

■ Einteilung

Die Virusfamilie der **Polyomaviridae** beinhaltet zurzeit mindestens 14 humane Polyomaviren sowie verschiedene Tierpolyomaviren. Die Namensgebung der humanen Polyomaviren erfolgt häufig nach den Initialen des Patienten, bei dem das Virus zuerst isoliert wurde (z. B. BK-Polyomavirus), bzw. der Institution, die das Virus entdeckt hat (z. B. KI für Karolinska-Institut, Stockholm), z. T. aber auch mittels Nummerierung (z. B. HPyV-6).

68.2.2 Rolle als Krankheitserreger

■■ Epidemiologie und Übertragung

Die Übertragung der Polyomaviren ist noch nicht vollständig geklärt. Sie erfolgt vermutlich v. a. im Kindesalter über **Tröpfchen- oder Schmierinfektion,** aber auch über Bluttransfusionen oder Organtransplantation. Die **Durchseuchung** mit BKPyV und JCPyV bei Erwachsenen ist weltweit mit Seroprävalenzen von über 90 bzw. 50–80 % **sehr hoch.** Erste seroepidemiologische Studien zeigen, dass auch die neu entdeckten humanen Polyomaviren bis auf wenige Ausnahmen weit in der menschlichen Population verbreitet sind.

■■ Pathogenese

Nach der meist asymptomatischen Primärinfektion **persistieren** HPyV lebenslang symptomlos in verschiedenen Organen wie Urogenital- oder Verdauungstrakt, ZNS oder hämatopoetischem System. BKPyV und JCPyV persistieren bevorzugt in den Zellen des Urogenitaltrakts (Ausscheidung im Urin) bzw. ZNS. Bei dauerhafter **Immunsuppression** hingegen kann es zur **Reaktivierung** der Polyomaviren kommen und die virale Replikationsrate in den Zielorganen gesteigert sein, wodurch es zur lytischen Infektion und **organspezifischen Symptomen** kommt. BKPyV beispielsweise verursacht bei Reaktivierung v. a. die hämorrhagische Zystitis oder eine Nephropathie mit massiver Virurie. Bei der JCPyV-assoziierten progressiven multifokalen Leukoenzephalopathie (PML), einer schweren ZNS-Erkrankung, verursacht die lytische (produktive) Infektion der Myelin produzierender Oligodendroglia und Astrozyten multifokale Demyelinisierungen in Gehirn und Rückenmark.

■■ Klinik

Das JC-Polyomavirus **(JCPyV)** ist der Erreger der **progressiven multifokalen Leuk(o)enzephalopathie (PML).** Diese tritt bei **stark immunsupprimierten**

Patienten auf, z. B. bei Transplantatempfängern, AIDS-Patienten oder auch Patienten, die mit bestimmten immunmodulatorischen Medikamenten behandelt werden (z. B. Natalizumab bei multipler Sklerose; Ciclosporin A – siehe Fallvignette). Die ersten klinisch-neurologischen Anzeichen einer PML sind Sprachstörungen und Demenz. Lähmungen, Sensibilitätsstörungen und Rindenblindheit bestimmen das sonst variable, zum Tod führende klinische Bild. Sehr selten kann JCPyV auch eine Nephropathie auslösen.

Das BK-Polyomavirus **(BKPyV)** kann leichte respiratorische Infekte oder eine Zystitis bei Kindern hervorrufen. Bei Immunsupprimierten, wie z. B. Stammzell- oder Organtransplantierten, ist die BKPyV-assoziierte hämorrhagische Zystitis eine wichtige Komplikation. Nach Nierentransplantation kennt man außerdem eine **polyomavirusassoziierte Nephropathie** (PVAN), die sich durch lytische BKPyV-Infektion der Nierenzellen mit Tubulusnekrosen auszeichnet und zum Verlust der Spenderniere führen kann.

Das **Merkel-Zell-Polyomavirus** (MCPyV) wurde 2008 in Biopsien des **Merkel-Zell-Karzinoms** gefunden, eines seltenen hochaggressiven Hauttumors. Dieses Karzinom, das aus den Merkel-Zellen hervorgeht, tritt v. a. bei älteren und immunsupprimierten Menschen auf. Interessanterweise wurde in den Tumoren häufig eine Integration ins Wirtsgenom mit spezifischen Mutationen gefunden, die zur Replikationsdefizienz des Virus führen, aber gleichzeitig die transformierenden Eigenschaften des MCPyV-Large-T-Antigens erhalten. Das MCPyV ist mit der Tumorentstehung assoziiert und stellt damit ein weiteres humanes Tumorvirus dar.

Dank moderner molekularer Techniken wurden in den letzten Jahren viele bislang unbekannte humane Polyomaviren (HPyV) entdeckt:
- Das KI- und das WU-Polyomavirus wurden 2007 in Nasenabstrichen von Kindern mit Atemwegsinfekten detektiert und sind vermutlich weltweit verbreitet.
- HPyV-6,-7 und LIPyV wurden in Hautabstrichen gefunden,
- TS-Polyomavirus in Läsionen der seltenen Hautkrankheit Trichodysplasia spinulosa.
- HPyV-9 wurde zuerst im Serum eines nierentransplantierten Patienten entdeckt.
- HPyV-10, ST-Polyomavirus sowie HPyV-12 detektierte man im Gastrointestinaltrakt, NJ-Polyomavirus in Muskelbiopsien.

Viele dieser neu entdeckten HPyV finden sich auch in weiteren diagnostischen Materialien (z. B. Hautabstrichen, Urin, Blut, Stuhl, Liquor), ihre klinische Bedeutung ist jedoch zurzeit noch unklar.

Diagnostik

Bei einer PML findet man in der MR-Bildgebung v. a. Läsionen in der weißen Substanz, meist kortexnah. Zur Diagnosestellung im Labor werden Hirnbiopsien oder Liquor mittels PCR auf JCPyV untersucht.

BKPyV wird v. a. von Immunsupprimierten mit dem Urin ausgeschieden. Mit der polyomavirusassoziierten Nephropathie oder der hämorrhagischen Zystitis geht häufig eine massive BK-Virurie, aber auch eine BK-Virämie einher. Die BKPyV-DNA bzw. Viruslast lässt sich dann durch quantitative PCR bestimmen. Zur Diagnose der Nephropathie werden außerdem Nierenbiopsien histopathologisch untersucht. Polyomavirus-Antikörper lassen sich z. B. mittels ELISA-Technik feststellen.

Therapie

Es existiert keine spezifische antivirale Therapie. Die Reduktion der immunsuppressiven Therapie und damit die Erholung des Wirtsimmunsystems ist daher die einzige Interventionsmöglichkeit. Im Gefolge einer HIV-Therapie (HAART) bessert sich häufig auch die progressive multifokale Leukenzephalopathie.

In Kürze: Polyomaviren

- **Virus:** Unbehüllt. Zirkuläres dsDNA-Genom. JC- und BK-Polyomavirus seit Langem bekannt. 12 weitere humane Polyomaviren neu entdeckt. Sehr umweltstabil.
- **Vorkommen und Übertragung:** Hohe Durchseuchung. Tröpfchen- oder Schmierinfektion meist im Kindesalter.
- **Pathogenese:** Persistenz in verschiedenen Organen, bei Immunschwäche Reaktivierung.
  - **JC-Polyomavirus:** Erreger der progressiven multifokalen Leukoenzephalopathie (PML).
  - **BK-Polyomavirus:** Ursache von hämorrhagischer Zystitis und Nephropathie bei Transplantatempfängern. Ausscheidung mit dem Urin.
  - **MCPyV:** 2008 in Merkel-Zell-Karzinomen entdecktes, neues humanes Tumorvirus.
  - **Weitere humane Polyomaviren:** Vorkommen in verschiedenen Materialien. Klinische Relevanz zurzeit weitgehend unklar.
- **Therapie:** Verbesserung der Wirtsimmunitätslage.

Weiterführende Literatur

Arbeitsgemeinschaft der Wissenschaftlichen Medizinischen Fachgesellschaften (AWMF), Arbeitskreis „Krankenhaus- und Praxishygiene" (2013) S3-Leitlinie zur Impfprävention HPV-assoziierter Neoplasien. ▶ http://www.awmf.org/leitlinien/detail/ll/082-002.html

DeCaprio JA, Garcea RL (2013) A cornucopia of human polyomaviruses. Nat Rev Microbiol 11(4):264–276

Doerr HW, Gerlich WH (2010) Medizinische virologie, 2. Aufl. Georg Thieme, Stuttgart

Grassmann R, Iftner T, Fleckenstein B (2010) Kanzerogenese durch Viren. In: Hiddemann W, Bartram CR (Hrsg) Die Onkologie, 2. Aufl. Springer, Heidelberg

Haedicke J, Iftner T (2013) Human papillomaviruses and cancer. Radiother Oncol 108(3):397–402

International Agency for Research on Cancer (IARC) Section of Cancer Surveillance, Fact sheet on cervical cancer. ► https://gco.iarc.fr/today/data/factsheets/cancers/23-Cervix-uteri-fact-sheet.pdf

Kamminga S et al (2018a) Development and evaluation of a broad bead-based multiplex immunoassay to measure IgG seroreactivity against human polyomaviruses. J Clin Microbiol 56:e01566–17

Kamminga S et al (2018b) Seroprevalence of fourteen human polyomaviruses determined in blood donors. PLoS ONE 13:e0206273

Knipe DM, Howley PM, Cohen JI, Griffin DE, Lamb RA, Martin MA, Racaniello VR, Roizman B (2013) Fields virology, vol I + II, 6. Aufl. Philadelphia, Lippincott, Williams & Wilkins

Leitlinienprogramm Onkologie (Deutsche Krebsgesellschaft, Deutsche Krebshilfe, AWMF): Prävention des Zervixkarzinoms, Langversion 1.0, 2017, AWMF Registernummer: 015/027OL. ► http://www.leitlinienprogramm-onkologie.de/leitlinien/zervixkarzinom-praevention/

Leitlinienprogramm Onkologie (Deutsche Krebsgesellschaft, Deutsche Krebshilfe, AWMF): S. 3-Leitlinie Diagnostik, Therapie und Nachsorge der Patientin mit Zervixkarzinom, Kurzversion 1.0, 2014, AWMF Registernummer: 032/033OL. ► http://leitlinienprogramm-onkologie.de/Leitlinien.7.0.html

Mandell GL, Bennett JE, Dolin R (2010) Principles and practice of infectious diseases. Elsevier Churchill-Livingstone, Philadelphia

Robert-Koch-Institut (RKI), Zentrum für Krebsregisterdaten. ► https://www.krebsdaten.de/Krebs/DE/Content/Krebsarten/Gebaermutterhalskrebs/gebaermutterhalskrebs_node.html

Ständige Impfkommission am Robert Koch-Institut (2018) Empfehlungen der Ständigen Impfkommission. Epid Bulletin 34/2018

Webseite des Paul-Ehrlich-Instituts, Impfstoffe. ► https://www.pei.de/DE/arzneimittel/impfstoff-impfstoffe-fuer-den-menschen/hpv-humane-papillomviren-gebaermutterhalskrebs/hpv-humane-papillomviren-gebaermutterhalskrebs-node.html

Adenoviren

Albert Heim

Alle Adenoviren sind unbehüllte DNA-Viren mit ca. 35 kb großem Genom. Die über 100 Typen unterscheiden sich genetisch stark und verursachen je nach Typ akute Erkältungskrankheiten, Pharyngitis, Konjunktivitis, Keratokonjunktivitis, Gastroenteritis, hämorrhagische Zystitis, Pneumonien, selten auch Meningitis und Enzephalitis. Adenoviren interferieren mit dem Angriff des Immunsystems auf infizierte Zellen und persistieren mehrere Jahre asymptomatisch in den Tonsillen („Adenoiden") und im Lymphgewebe des Darms. Bei Immunsuppression können sie reaktivieren und lebensbedrohlich disseminieren.

Geschichte

Als 1953 für die Polioforschung Zellkulturen aus explantiertem adenoiden Gewebe von gesunden Kindern angelegt wurden, beobachtete man, dass einige dieser Zellkulturen Wochen oder Monate nach ihrer sterilen Kultivierung plötzlich „degenerierten", d. h. einen für Virusreplikation typischen zytopathischen Effekt zeigten und schließlich abstarben. Zuerst wurde der Begriff „adenoid degenerating agens" geprägt, bis die so gewonnenen Virusisolate 1956 die Bezeichnung „Adenoviren" erhielten. Damit war erstmals beobachtet worden, dass Viren in Menschen (und aus menschlichem Gewebe abgeleiteten Zellkulturen) lange Zeit asymptomatisch persistieren können. Dafür wurde der Begriff **„Latenz"** geprägt, der heute aber fast ausschließlich bei Herpesviren verwendet wird. Das später entdeckte Adenovirus Typ 12 war das erste humanpathogene Virus, für das man Onkogenität beim Versuchstier nachweisen konnte. Eine ursächliche Beteiligung von Adenoviren bei menschlichen Neoplasien ist bis heute aber nicht gesichert.

Steckbrief

Doppelstrang-DNA-Genom von ca. 35 kb, ikosaedrisches Kapsid (Durchmesser ca. 80 nm) mit charakteristischen hervorstehenden Fiberproteinen an den Vertices, >100 genetisch sehr verschiedene Typen (eingeteilt in 7 humanpathogene Spezies A–G) mit unterschiedlicher klinischer Bedeutung. Da die Typnummern historisch in der Reihenfolge der Entdeckung vergeben wurden, genetisch und meist auch pathogenetisch ähnliche Adenovirustypen aber der gleichen Spezies angehören, ist ◻ Tab. 69.1 nach den Adenovirusspezies gegliedert.

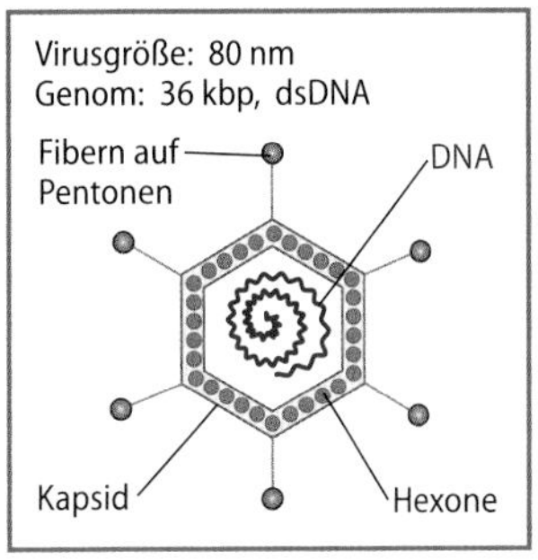

69.1 Beschreibung

■ **Morphologie und Resistenz**

Der Durchmesser des Virions beträgt 80 nm. Das Ikosaederkapsid besteht aus 252 Untereinheiten (Kapsomeren). Hiervon zeigen 240 eine 6-eckige Form; diese **Hexone** tragen das bei allen Adenoviren vorkommende gruppenspezifische Antigen und eine typspezifische Neutralisationsdeterminante. Die 12 Kapsomere an den Vertices („Ecken") sind 5-eckig **(Pentone)** und tragen jeweils eine „Fiber". Fibern und die Pentonbasisproteine binden an zelluläre Rezeptoren und besitzen spezies- und typenspezifische Antigene (▶ Kap. 9). Das unbehüllte DNA-Virus ist ether- und umweltstabil, aber empfindlich gegenüber mäßigem Erhitzen (60 °C).

■ **Einteilung**

Adenoviren des Menschen gehören zum Genus Mastadenovirus, sie werden nach phylogenetischen Kriterien in die **Spezies A–G** eingeteilt und genauer als **104 Typen** differenziert (◻ Tab. 69.1).

Von den 104 Typen wurden die Typen 1–51 durch Neutralisation als Serotypen definiert, die neueren Typen aufgrund genomischer Kriterien. Die meisten

Frühere Version von D. Falke

S. Suerbaum et al. (Hrsg.), *Medizinische Mikrobiologie und Infektiologie*,
https://doi.org/10.1007/978-3-662-61385-6_69

Tab. 69.1 Einteilung der Adenoviren nach phylogenetischen Kriterien in Spezies und Typen. Die Typen 1–8 und 40–41 stellen 90 % aller Isolate

Spezies	Typen
A	12, 18, 31, 61
B	3, 7, 11, 14, 16, 21, 34, 35, 50, 55, 66, 68, 76–79
C	1, 2, 5, 6, 57, 89
D	8–10, 13, 15, 17, 19, 20, 22–30, 32, 33, 36–39, 42–49, 51, 53, 54, 56, 58–60, 62–65, 67, 69–75, 80–88, 90–103
E	4
F	40, 41
G	52

dieser neuen Adenovirustypen sind durch multiple Rekombination aus den bereits bekannten Typen entstanden. Viele dieser Typen lassen sich nur durch genomische Komplettsequenzierung (!) oder durch die Sequenzierung dreier Gene (Hexon, Penton, Fiber) typisieren, da sie die gleiche Neutralisationsdeterminante wie ältere Serotypen besitzen. In der Routine wird aber meist nur die Sequenzierung der Neutralisationsdeterminante des Hexons zur Typisierung verwendet, und mehrere neue (Geno-)Typen werden dann einem alten Serotyp zugeordnet. Auch die früher als Referenzmethode zur Typisierung dienende Neutralisation macht den gleichen Fehler. Die Hämagglutinationsinhibition zur Typisierung hat nur noch historische Bedeutung.

69.2 Rolle als Krankheitserreger

▪▪ Vorkommen

Adenoviren kommen bei Mensch und Tier vor, sie sind jedoch weitgehend speziesspezifisch. Lediglich zwischen Menschen und Affen kam (und kommt) es in der Evolution der Adenovirustypen zu Übertragungen.

▪▪ Epidemiologie

Im Alter von 5 Jahren haben viele Kinder mindestens eine Adenovirusinfektion durchgemacht. Etwa 50 % der Infektionen im Kindesalter verlaufen inapparent.

▪▪ Übertragung

Adenoviren werden von Mensch zu Mensch durch **Tröpfcheninfektion** v. a. in der kalten Jahreszeit, aber auch durch **Stuhl,** Augensekrete und Urin **(Schmutz- und Schmierinfektion)** übertragen.

Infektionsquelle ist der akut Erkrankte und in weitaus geringerem Maße der persistent infizierte Gesunde. Akut Erkrankte scheiden das Virus in großen Mengen aus, persistent Infizierte nur fluktuierend und in geringen Mengen in Speichel und Stuhl.

Einige Typen der Adenoviren treten in hohen Konzentrationen im Stuhl auf, z. B. die typischen Gastroenteritiserreger der Spezies F (Typen 40 und 41, ▶ Kap. 64).

Gefürchtet sind bei Augenärzten, in **Augenkliniken** und bei Betriebsärzten **nosokomiale Epidemien** insbesondere mit den Keratokonjunktivitistypen 8, 37, 53, 54 und 64 (nach alter Taxonomie: 19a). Die Assoziation von Typ 56 mit Keratokonjunktivitis ist ebenfalls beschrieben, aber bislang nicht bestätigt worden. Die Infektionen breiten sich schnell aus, wenn z. B. Tropfpipetten mehrfach benutzt werden. In Augenkliniken sind ungenügend sterilisierte Geräte, z. B. Tensiometer, eine weitere Ansteckungsquelle. Auch wenn diese Hygienefehler abgestellt werden, kann es durch Schmierinfektionen, die vom Patienten ausgehen, der am schmerzenden Auge reibt, zu weiteren Übertragungen kommen.

▪▪ Pathogenese

Eintrittspforten sind der Nasen-Rachen-Raum und die Konjunktiven. Adenoviren replizieren vorwiegend auf den Schleimhäuten der Luftwege (Nase, Rachen, Larynx, Konjunktiven, Bronchien) bzw. des Gastrointestinaltrakts, der Harnblase und in zugehörigen Lymphknoten. Zur Infektion innerer Organe (z. B. Leber, Niere, Pankreas, Lunge, Meningen, Gehirn) kommt es meist nur bei Immunsuppression.

Adenoviren der Spezies C können über mehrere Jahre in den Tonsillen und anderen lymphatischen Geweben des Respirations- und Gastrointestinaltrakts persistieren (meist bei Kindern), einige Adenovirustypen der Spezies B auch im Urogenitaltrakt (meist bei Erwachsenen), ohne Symptome zu verursachen und zeitweise auch ohne Virusausscheidung. Diese **persistierende Infektion** wird auch **latente Infektion** genannt, obwohl sie im Gegensatz zur Herpesviruslatenz gelegentlich mit Virusausscheidung einhergeht und nicht lebenslang besteht. Sie bleibt trotz der Anwesenheit von humoralen Antikörpern und CTL bestehen, da Adenoviren über Mechanismen zur Herunterregulierung von MHC-Klasse-I-Antigenen auf der Zellmembran der infizierten Zelle verfügen. Bei persistierender Infektion lassen sich geringe Mengen adenoviraler DNA auch in Blutlymphozyten nachweisen.

Persistierende Adenovirusinfektionen reaktivieren unter Immunsuppression. Am häufigsten wird dies nach Knochenmarktransplantation (KMT) beobachtet, seltener nach Organtransplantation, in Einzelfällen sogar im Verlauf der Masern.

▪▪ Klinik

Die Inkubationsperiode beträgt 10 (2–15) Tage. Adenoviren verursachen eine **Vielfalt von Krankheitsbildern** (Tab. 69.2), v. a. bei Kindern. Die Symptomatik ist zwar im Wesentlichen, aber nicht streng typgebunden.

Tab. 69.2 Krankheiten durch Adenoviren

Krankheit	Altersgruppe	Häufige Typen (der Spezies)	Seltene Typen	Nachweis
Respirationstraktinfekte				
Pharyngitis	Junge Kinder	1, 2, 5 (C) 3, 7 (B)	4 (E) 6 (C) 11, 21 (B)	Rachen
Akutes respiratorisches Syndrom (ARDS)	Jugendliche	4 (E) 7, 14p1, 55 (B)	3, 14, 21 (B)	Rachen, BAL
Pneumonie	Jugendliche	4 (E) 7, 14p1 (B)	21 (B)	Rachen, BAL
	Junge Kinder	3, 7 (B)	1, 2, 5 (C) 4 (E) 21 (B)	Rachen, BAL
Augeninfekte				
Pharyngokonjunktivalfieber	Kinder	3, 7 (B)	1 (C) 11,14,16 (B) 4 (E) 19, 37 (D)	Rachen, Auge
Epidemische Keratokonjunktivitis	Alle Altersstufen	8, 37, 53, 54, 64 (früher: Subtyp 19a) (D)	3, 7, 21 (B); 4 (E) 56 (D)	Auge
Genital-/Urogenitalinfekte				
Zervizitis	Erwachsene	2 (C) 37 (D)	1, 5 (C) 7, 11 (B) 18, 19 (D)	Genitalsekrete
Urethritis	Erwachsene	37 (D)		
Hämorrhagische Zystitis	Junge Kinder und immunsupprimierte Erwachsene	7, 11 (B)	21, 34, 35 (B)	Urin
Enteritische Infekte				
Gastroenteritis	Junge Kinder	40, 41 (F)	12, 31 (A) 1, 2, 5 (C)	Stuhl
Infekte bei Immundefekten				
Enzephalitis/Meningitis[a]	Alle Altersstufen	11, 34, 35 (B)	7 (B) 12 (A)	Liquor
Pneumonie	V. a. bei AIDS	Alle Typen		Lunge
Gastroenteritis	V. a. bei AIDS		43–47 (D)	Stuhl
Dissemination, oft mit schwerer Hepatitis	Alle Altersstufen, v. a. bei Kindern nach Knochenmarktransplantation	1, 2, 5 (C) 31 (A)	6 (C) 11 (B) 12 (A) 34, 35 (B)	Blut

[a]Meningoenzephalitiden sind selten
BAL, bronchoalveoläre Lavage

Akute fieberhafte Pharyngitis Sie wird vorzugsweise bei Kindern beobachtet. Die Symptome sind Husten, verstopfte Nase, entzündeter Rachen und geschwollene Zervikallymphknoten. Der Tonsillenbefund ähnelt oft der Streptokokkenangina. Adenoviren der Spezies B und C (meist Typen 1, 2, 3, 5, 6 und 7) sind für diese meist sporadischen Infektionen verantwortlich.

Akutes respiratorisches Syndrom Dieses ist durch Fieber, Pharyngitis, Bronchitis, Husten, Krankheitsgefühl und Lymphadenitis colli charakterisiert. Es tritt in epidemischer Form bei Adoleszenten auf. Man findet vorwiegend die Typen 3, 4, 7, und 14 (Spezies B und E). Die Erkrankungen sind meist gutartig und bleiben auf die oberen Luftwege beschränkt, können sich aber bis zur lebensbedrohlichen interstitiellen Viruspneumonie steigern. Bei Soldaten in den USA wurde wiederholt ein lebensbedrohliches „acute respiratory distress syndrome, ARDS“ beobachtet. In den USA ist 2007 erstmals auch eine hochvirulente Variante von Typ 14

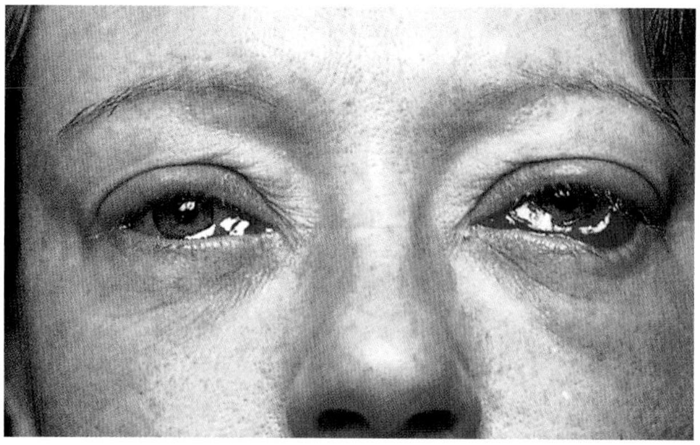

■ Abb. 69.1 Keratoconjunctivitis epidemica durch Adenoviren. (Mit freundlicher Genehmigung von Prof. Dr. Dietrich Falke, Mainz)

(14p1) aufgetreten, die (Broncho-)Pneumonien und ARDS auch außerhalb der militärischen Risikogruppe hervorruft.

Pharyngokonjunktivalfieber Dieses tritt epidemisch in Schulen und Kindergärten meist durch Infektion mit Adenoviren der Spezies B auf. Die Symptome sind Pharyngitis, Fieber und allgemeines Krankheitsgefühl. Bei den Typen 3 und 7 (sowie weiteren) steht als charakteristisches Symptom eine **follikuläre Konjunktivitis** im Vordergrund. Die Infektion erfolgt in diesen Fällen häufig in **Schwimmbädern** durch nichtgechlortes Wasser („Schwimmbadkonjunktivitis" – differenzialdiagnostisch ist an die ebenfalls Schwimmbadkonjunktivitis genannte Chlamydieninfektion zu denken). Selten ist eine chronisch papilläre Konjunktivitis, die persistierend Adenovirus enthält.

Keratoconjunctivitis epidemica Die Typen 8, 37, 53, 54 und 64 (früher Subtyp 19a) der Spezies D nehmen eine Sonderstellung ein: Nach einer Inkubationsperiode von 8–10 Tagen verursachen sie eine Keratokonjunktivitis. Ihre Schmerzhaftigkeit ist ein differenzialdiagnostisches Merkmal: Die Herpesvirus-Keratitis verläuft demgegenüber schmerzlos. Im Verlauf der Entzündung treten Hornhauttrübungen auf, die trotz ihrer längeren Dauer gutartig sind. Typisch für dieses Krankheitsbild ist die Schwellung der präaurikulären Lymphknoten. Die Keratoconjunctivitis epidemica trat früher häufig bei Werft- und Metallarbeitern auf („shipyard eye"), heute meist epidemisch als nosokomiale Infektion in Augenkliniken etc. (■ Abb. 69.1).

69

Disseminierte Infektionen Diese lebensbedrohlichen Infektionen (Letalität 20–50 %) werden nur bei Patienten mit Immundefekten bzw. unter Immunsuppression beobachtet. Am häufigsten sind sie bei Kindern nach allogener Stammzell- bzw. Knochenmarktransplantation. Typisch sind hohe Viruskonzentrationen im Blut (>1 Mio., oft >1 Mrd. Adenovirusgenome pro ml) und eine sepsisartige Symptomatik mit Multiorganversagen (Gastroenteritis, Pneumonie, Meningoenzephalitis, Hepatitis, Myokarditis). Meist werden Adenoviren der Spezies C (Typen 1, 2, 5) nachgewiesen, bei Kindern auch Typ 31 (Spezies A). Etwa 5 % der pädiatrischen Patienten nach einer Knochenmarktransplantation verstarben an Adenovirusinfektionen. Diese hohe Mortalität konnte in den letzten Jahren durch wöchentliches Screening auf DNAämien und frühzeitige Reduktion der Immunsuppression sowie experimentelle antivirale Therapie gesenkt werden.

Otitis media Als Folge einer Adenovirusinfektion des oberen Respirationstrakts kann es auch zu einer Otitis media kommen, die meist durch eine bakterielle Superinfektion gekennzeichnet ist.

Meningitis Eine Meningitis durch Adenoviren (Typen 3, 4, 7, 12) ist selten.

Hämorrhagische Zystitis Eine hämorrhagische Zystitis (Typen 11, 34, 35 der Spezies B) tritt gehäuft bei Immunsuppression auf. Adenoviren kommen auch als Erreger einer Urethritis und einer Zervizitis (Typen 19, 37 der Spezies D) vor.

Mesenterialadenitis Sie täuscht eine Appendizitis vor. Adenoviren der Typen 1, 2, 3 und 5 können bei Kindern Invaginationen des Darms hervorrufen.

Gastroenteritis Eine akute Gastroenteritis bei Kleinkindern wird meist ausgelöst durch die Typen 40 und 41 (Spezies F), bei älteren Kindern v. a. durch die Typen 12, 18 und 31 der Spezies A. Auch bei den Infektionen des oberen Respirationstrakts mit Adenoviren der Spezies C (Typen 1, 2, 5 und 6) kommt es gelegentlich zu einer Gastroenteritis (► Kap. 64).

Myokarditis Sie wird gelegentlich bei Kindern beobachtet, der Adenovirus-DNA-Nachweis in Myokardbiopsien bei dilatativer Myokarditis ist umstritten, weil er auch durch latente Infektionen bedingt sein kann.

Tumoren Bei Glioblastomen und akuten Leukämien des Kindesalters gibt es Berichte über eine mögliche ätiologische Beteiligung von Adenoviren, die aber noch nicht allgemein akzeptiert sind und durch weitere Studien bestätigt werden müssen.

■■ Immunität

Adenovirusinfektionen verursachen eine relativ dauerhafte (sero)typspezifische Immunität. Es bilden sich neutralisierende und nichtneutralisierende Antikörper, Monozyten und NK-Zellen werden aktiviert, und CD4-positive zytotoxische Lymphozyten (CTL) entstehen. Kinder zeigen wegen der geringen Anzahl der vorausgehenden Infekte nur wenig typspezifische Immunität und auch nur wenige Kreuzreaktionen.

Labordiagnose

Die **PCR** kann den direkten Virusnachweis bei allen Adenovirusinfektionen (je nach Erkrankung aus Rachenspülwasser, Konjunktivalsekret, Urin oder Stuhl) sehr viel schneller erbringen als die **Virusisolierung** auf Zellkulturen und ist deshalb heute vorzuziehen. Bei einer sensitiven PCR kann es zu diagnostisch irreführenden, scheinbar falsch positiven Ergebnissen durch geringe Adenovirus-DNA-Mengen bei Viruspersistenz („Latenz") kommen, was sich aber durch quantitative PCR differenzieren lässt.

Für die Diagnostik der disseminierten Infektion bei immunsupprimierten Patienten ist die Untersuchung von Blutproben durch quantitative PCR vorteilhaft **(„Viruslast")**. Disseminierte Infektionen bei knochenmarktransplantierten Kindern sind oft Reaktivierungen latenter Adenovirusinfektionen, wobei zuerst oft eine hohe Viruslast im Stuhl nachweisbar ist. Für diese Patienten wird ein wöchentliches Viruslastscreening empfohlen.

Die Typisierung von Adenovirusisolaten erfolgt heute auch durch PCR und Sequenzierung, früher durch Neutralisationstests mit typspezifischen Antiseren. Für die genaue Typisierung ist heute eine genomische Komplettsequenzierung erforderlich, meist wird aber nur die Neutralisationsdeterminante sequenziert und dann werden ggf. neuere Genotypen einem alten Serotyp zugeordnet.

Bei Gastroenteritisverdacht kann ein Antigen-ELISA eingesetzt werden, dessen Sensitivität und Spezifität aber nicht ganz befriedigend ist (▶ Kap. 64). Dieser ist auch nicht geeignet zum Adenovirusnachweis in Stuhlproben von immunsupprimierten Patienten, da er nicht zuverlässig alle bei diesen vorkommenden Typen erfasst.

Adenovirusspezifische Antikörper lassen sich mit der KBR oder IgM-/IgG-ELISA nachweisen, die diagnostische Bedeutung der **Serologie** ist aber gering.

Therapie

Eine durch kontrollierte klinische Studien etablierte antivirale Therapie gibt es nicht. Bei beginnenden disseminierten Infektionen (alle Typen) ist ein Therapieversuch mit Cidofovir und Brincidofovir möglich. Ribavirin ist nicht gegen alle Typen aktiv.

Prävention

Dazu gehören:

Allgemeine Maßnahmen Schmutz- und Schmierinfektionen lassen sich durch Allgemeinhygiene reduzieren. In Schwimmbädern verhindert Chlorierung des Wassers lokale Epidemien. In Augen- und Kinderkliniken sind strengste Hygiene einzuhalten und zumindest bei Ausbrüchen viruzide Desinfektionsmittel zu verwenden.

Vakzination Zur Verhütung der akuten Atemwegerkrankungen wurde in den USA nur für Soldaten ein nichtattenuierter (!) Lebendimpfstoff entwickelt (Adenovirustypen 4 und 7). Man appliziert ihn in Gelatinekapseln, wodurch ein Angehen der Infektion im Nasen-Rachen-Raum verhindert wird, im Gastrointestinaltrakt replizieren die Viren und stimulieren dort eine typspezifische Immunität.

Meldepflicht Erregernachweis bei epidemischer Keratokonjunktivitis.

In Kürze: Adenoviren

- **Virus:** dsDNA-Viren in Ikosaederkapsid mit Fibern an den 12 Pentonen an den Eckpositionen; 240 Hexone; 70 Typen. CPE in menschlichen Zellen.
- **Vorkommen:** Bei vielen Tierspezies und beim Menschen, weitgehend artspezifisch.
- **Epidemiologie:** Weit verbreitet, frühzeitige Durchseuchung.
- **Übertragung:** Tröpfcheninfektion, Schmier-, Nosokomialinfektion. Das Virus ist relativ stabil.
- **Pathogenese:** Akute Erkrankung durch primären Zellschaden. Manche Adenoviren persistieren über Jahre latent ohne Erkrankung in den Tonsillen und im Lymphgewebe des Darms.
- **Klinik:** 2- bis 15-tägige Inkubationsperiode: Fieberhafte Pharyngitis, Pharyngokonjunktivalfieber, akutes respiratorisches Syndrom, schmerzhafte Keratokonjunktivitis, Meningitis, Pneumonie etc., lebensbedrohlich bei Immundefekten (disseminierte Infektion).
- **Immunität:** Relativ dauerhaft, weitgehend typspezifisch. IgG, IgA, CTL (zytotoxische antivirale T-Effektorzellen).
- **Labordiagnose:** PCR, Virusisolierung in einigen Labors, quantitative PCR insbesondere zur Messung der „Viruslast" bei immunsupprimierten Patienten, Sequenzierung zur Typendifferenzierung (früher auch Neutralisationstest), Antikörpernachweis mittels KBR oder ELISA (IgG/IgM) hat nur geringe diagnostische Bedeutung.
- **Therapie:** Allgemein keine spezifische Therapie. Bei generalisierten Infektionen (Immunsupprimierte!); Versuch mit Cidofovir, evtl. Ribavirin.
- **Prävention:** Verhütung von nosokomialen Infektionen sowie Infektionen in Schwimmbädern und z. B. Kasernen. Impfstoff nicht verfügbar.
- **Meldepflicht:** Erregernachweis bei epidemischer Keratokonjunktivitis.

Herpesviren

Beate Sodeik, Martin Messerle und Thomas F. Schulz

Beim Menschen sind 9 Vertreter aus der Familie der Herpesviren bekannt. Gemeinsam ist ihnen die Fähigkeit, in besonderen Zielzellen in den Zustand einer lebenslangen Latenz zu treten, aus der sie durch unterschiedliche externe und interne Stimuli reaktiviert werden. Auf diese Weise persistieren alle Herpesviren trotz der Anwesenheit neutralisierender Antikörper und zytotoxischer Gedächtniszellen lebenslang. Sowohl Primärinfektionen als auch Reaktivierungen verursachen eine Vielzahl von Symptomen und Krankheiten, einschließlich, im Fall von 2 Mitgliedern dieser Familie, maligne Erkrankungen (als Ergebnis einer latenten Infektion). Die Infektionsfolgen bei Immunsuppression (Transplantation, Krebstherapie, angeborene Immundefekte, AIDS) sind gefürchtet und oft lebensbedrohlich. Bisher gibt es nur gegen das Windpockenvirus Impfstoffe. Akute Infektionen oder Reaktivierungen einiger Herpesviren lassen sich mit antiviralen Medikamenten behandeln.

Fallbeispiel

Der 62-jährige Ingenieur stellt sich wegen des Verdachts auf einen Schlaganfall vor. Morgens beim Aufstehen hat er ein Hängen des linken Mundwinkels bemerkt. Beim Frühstück sei ihm Tee aus dem Mund gelaufen. Auch das linke Auge sei gereizt. Bereits seit 3 Tagen bestünden linksseitige Ohrschmerzen. Bei der neurologischen Untersuchung findet sich eine Fazialisparese vom peripheren Typ mit inkomplettem Lidschluss, beeinträchtigtem Stirnrunzeln und Geschmacksstörung der vorderen beiden Zungendrittel. Otoskopisch finden sich im Gehörgang und am Trommelfell vesikuläre Effloreszenzen. Bei regelrechten Serumwerten besteht ein entzündliches Liquorsyndrom mit 56 Zellen, aber normalen Glukose- und Laktatwerten. Es wird die Diagnose eines Zoster oticus gestellt und eine Therapie mit Aciclovir eingeleitet.

Steckbrief

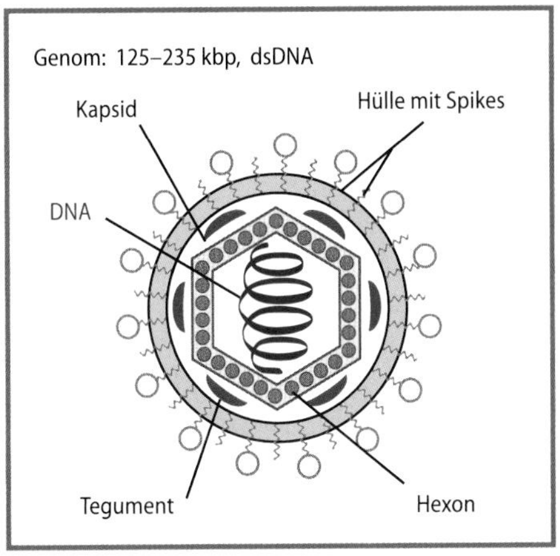

Genom

Die linearen Doppelstrang-DNA-Genome der Herpesviren sind mit 125–235 kbp sehr groß. Sie kodieren, je nach Virus, etwa 90–200 Proteine. Während der Latenz liegen die Herpesvirusgenome in der Regel episomal (d. h. als zirkuläre, extrachromosomale DNA) im Zellkern vor und nur sehr wenige virale Gene werden exprimiert. Die Funktion der während der Latenz gebildeten viralen RNA und Proteine besteht darin, das latente Genom in der Zelle zu erhalten.

Um neue Viruspartikel zu bilden, benutzen Herpesviren den „produktiven" oder „lytischen" Replikationszyklus, bei dem die Zelle zugrunde geht. Die Synthese der während der „lytischen" Infektion gebildeten Proteine erfolgt in einer 3-stufigen Kaskade (▶ Kap. 52):

- Die **Sofortproteine** werden unmittelbar nach Beginn des lytischen Replikationszyklus gebildet und haben Regulationsfunktionen.
- Die **Frühproteine** sind zumeist Enzyme der DNA-Synthese (DNA-Polymerase, Thymidinkinase, Ribonukleotidreduktase etc.).

Frühere Version von D. Falke

S. Suerbaum et al. (Hrsg.), *Medizinische Mikrobiologie und Infektiologie*,
https://doi.org/10.1007/978-3-662-61385-6_70

- **Spätproteine** werden erst spät in der Infektion synthetisiert und dienen vorzugsweise als Strukturproteine der Viren.

▪ Morphologie und Stabilität

Herpesviren verpacken ihr DNA-Genom in einem Ikosaederkapsid. Dieses ist von einer lipidhaltigen Hülle umgeben, die viele verschiedene virale Glykoproteine (Spikes) trägt. Zwischen Hülle und Kapsid befindet sich das **Tegument**, das regulatorische und für den intrazellulären Transport der viralen Kapside wichtige Proteine enthält und ein typisches Strukturmerkmal aller Herpesviren ist.

▪ Replikation

Die behüllten Herpesviren treten über die Fusion mit einer Wirtsmembran in die Zellen ein. Dadurch gelangen die Kapside ins Zytosol und werden zu den Kernporen transportiert, wo sie ihr Genom für die virale Transkription und Replikation in das Nukleoplasma freisetzen. Neu synthetisierte virale Genome werden im Zellkern in ebenfalls neu synthetisierte Kapsidvorläufer verpackt. Diese Kapside verlassen den Zellkern durch eine primäre Umhüllung an der inneren Kernmembran (◘ Abb. 52.6). Diese erste, vorläufige Virushülle wird durch Fusion mit der äußeren Kernmembran wieder entfernt.

Die zytosolischen Kapside werden zu Wirtsorganellen transportiert, wo sie zusammen mit dem Tegument bei der zweiten Umhüllung von einer Doppelmembran umschlossen werden. Die innere Membran dieser Doppelmembran wird zur endgültigen Virushülle, während die äußere mit der Plasmamembran verschmilzt, wodurch die Virionen aus der Zelle freigesetzt werden.

Viele Struktur- und Nichtstrukturproteine der Herpesviren lösen spezifische humorale und zelluläre Immunreaktionen aus. Andererseits kodieren alle Herpesviren viele Proteine, welche die Immunantworten des Wirtes verhindern, reduzieren oder neutralisieren (Immunevasion), z. B. durch Hemmung der Präsentation von Peptiden durch den MHC-Komplex, durch Sezernierung von Proteinen mit Zytokineigenschaften oder durch Hemmung spezifischer Interaktionen zwischen den verschieden spezialisierten Immunzellen.

▪ Einteilung

◘ Tab. 70.1 zeigt die Systematik der humanpathogenen Herpesviren.

70.1 Herpes-simplex-Virus 1 und 2 (HSV-1, HSV-2)

Steckbrief

HSV-1, auch als „orales" Herpes-simplex-Virus bezeichnet, findet sich meistens, aber nicht ausschließlich, in der Mundhöhle und infiziert weltweit mehr als 90 % aller Erwachsenen. HSV-2, das „genitale" Herpes-simplex-Virus, findet sich vorwiegend im Genitalbereich, ist aber, je nach sozioökonomischen Lebensbedingungen, sehr viel seltener als HSV-1.

Die Infektion mit HSV-1 verläuft in 90–95 % inapparent und bleibt das ganze Leben über als latente Infektion bestehen. Aus dieser Situation entwickeln sich wiederholt kurz dauernde Exazerbationen, meistens als bläschenförmige, harmlose Hauteruptionen. In Einzelfällen verursachen HSV-1 und HSV-2 aber lebensbedrohliche Krankheiten (Enzephalitis, Herpes neonatorum), sei es als direkte Folge einer Primärinfektion (Primärerkrankung) oder als Rezidiv, besonders bei Immunsuppression (Transplantation, AIDS).

◘ **Tab. 70.1** Einteilung humanpathogener Herpesviren

Gruppe	Vertreter	Systematische Nomenklatur
α-Herpesviren	Herpes-simplex-Virus Typ 1 (HSV-1) Herpes-simplex-Virus Typ 2 (HSV-2)	HHV-1 HHV-2
	Varicella-Zoster-Virus (VZV)	HHV-3
β-Herpesviren	Zytomegalievirus (CMV)	HHV-5
	Humanes Herpesvirus 6A Humanes Herpesvirus 6B	HHV-6A HHV-6B
	Humanes Herpesvirus 7	HHV-7
γ-Herpesviren	Epstein-Barr-Virus (EBV)	HHV-4
	Kaposi-Sarkom-Herpesvirus (KSHV)	HHV-8

70.1.1 Beschreibung

Morphologie und Genom

Wie alle Herpesviren haben die Kapside von HSV-1 und HSV-2 die Form eines Ikosaeders, eine amorphe Schicht aus Tegumentproteinen und eine Virushülle mit vielen Glykoproteinen (Steckbrief). Die Genome von HSV-1 und HSV-2 umfassen je 152 kbp, werden in eine kurze Untereinheit U_S und eine lange U_L unterteilt und sind zu etwa 85 % homolog.

70.1.2 Rolle als Krankheitserreger

Epidemiologie

Die weltweit verbreiteten HSV-1 und HSV-2 kommen nur beim Menschen vor. Die Durchseuchung mit HSV-1 beginnt im Kindesalter und erreicht weltweit 60–90 % bei Erwachsenen. Hingegen ist die Prävalenz von HSV-2 niedriger und abhängig von sozioökonomischen Lebensbedingungen; als vorwiegend sexuell übertragenes Virus ist seine Prävalenz bei Personen mit häufig wechselnden Sexualpartnern höher als in der Allgemeinbevölkerung.

Übertragung

HSV-1 wird vorwiegend durch Speichel über engen Schleimhaut- oder Hautkontakt übertragen: von Mund zu Mund (Küssen), über ein Vehikel (z. B. Finger, gemeinsam benutztes Essbesteck); weiterhin durch Geschlechtsverkehr sowie während der Geburt. Bei **HSV-2** spielt die sexuelle Übertragung und die Übertragung unter der Geburt die größere Rolle.

Noch nicht vollständig eingetrocknete „Fieberbläschen" im Rahmen eines HSV-Rezidivs (s. u.) stellen eine wichtige Quelle von infektiösem Virus dar. Auch Personen ohne Symptome können HSV-1 im Speichel ausscheiden. Bei einer **Primärinfektion,** die in den meisten Fällen ohne klinische Symptome verläuft, wird das Virus etwa 3 Wochen lang in Speichel, Stuhl oder Genitalsekreten ausgeschieden. 10–15 % aller Menschen älter als 6 Jahre scheiden während ihres Lebens HSV für kürzere oder längere Zeit in Speichel, Tränenflüssigkeit oder Genitalsekret aus.

HSV-2 (sowie HSV-1) kann unter oder kurz nach der Geburt von der Mutter auf das Neugeborene übertragen werden. Dies gilt auch für Mütter ohne offensichtliche Symptome eines HSV-Rezidivs.

Pathogenese

Etablierung der latenten Infektion Nach der Aufnahme über die verletzte Haut oder Schleimhaut und einer lokalen Replikation in Keratinozyten und Epithelzellen treten die Viren in die sensorischen Nervenendigungen des zuständigen Dermatoms ein. Über den axonalen Transport gelangen die Kapside innerhalb von 1–2 Tagen im Falle einer oralen Infektion meist in die Trigeminusganglien und bei einer genitalen Infektion in die Lumbosakralganglien. Dort persistieren die viralen DNA-Genome lebenslang im Zellkern der Nervenzellen als extrachromosomale Episome, wobei nur das Gen für die „latency-associated transcripts" (LAT) transkribiert wird. Damit hat sich das Stadium der Latenz herausgebildet, in dem keine infektiösen Viren nachweisbar sind (Abb. 70.1).

Reaktivierung Nach einer Reaktivierung werden in einigen Neuronen der Spinalganglien HSV-Partikel neu gebildet. Diese wandern über die Axone zurück zur Peripherie. Das Virus verlässt die Nervenendigungen

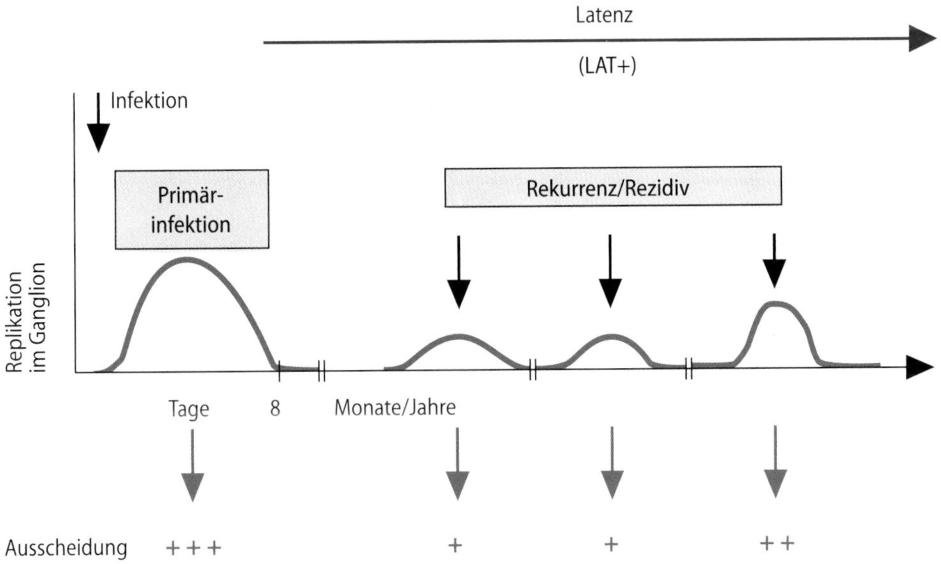

Abb. 70.1 Verlauf einer HSV-Infektion: Primärinfektion, Rezidive

und wird wieder in Keratinozyten und Epithelzellen vermehrt. Treten bei der Reaktivierung einer persistenten HSV-Infektion klinische Symptome auf, so spricht man von Rekurrenz oder Rezidiv (◘ Abb. 70.1).

▪▪ Immunität

Im Verlauf einer **primären** HSV-Infektion entstehen zunächst wenige Tage nach der Erkrankung IgM-Antikörper. Es folgen neutralisierende und komplementbindende Antikörper der Klasse IgG sowie IgA-Antikörper. Die IgG-Antikörper lassen sich lebenslang nachweisen. Ihr Titer im Serum ist weitgehend stabil. Vermutlich wird das Immunsystem durch **Reaktivierung** des Virus wiederholt geboostet. IgM-Antikörper können auch während eines Rezidivs auftreten.

▪▪ Klinik

Grundsätzlich wird zwischen **Primärerkrankungen** und **Rezidiven** unterschieden. Die Inkubationsperiode beträgt bei der Primärinfektion 2–12, im Mittel etwa 6 Tage. Ein Großteil der Primärerkrankungen durch HSV sind **Kinderkrankheiten.**

Fieberhafte Infekte, Sonnenbrand, Röntgenbestrahlung, Menstruation, akute Gastritis sowie insbesondere Immunsuppression (AIDS, Transplantation) können **Rezidive auslösen.** Die Bezeichnung „Schreckblase" deutet auf eine mögliche Auslösung einer Exazerbation durch psychische Einwirkungen und Stress hin. Bei einem Großteil der HSV-bedingten Erkrankungen dominiert die **Bläschenbildung** auf der Haut und den Schleimhäuten. Daneben gibt es aber auch schwere Erkrankungen der Augen, des Gehirns, der inneren Organe und des Gastrointestinaltraktes.

▪▪ Erkrankungen der Haut und Schleimhäute

Gingivostomatitis herpetica ist eine Manifestation der Primärinfektion mit (meistens) HSV-1. Die mit Bläschenbildung und gelegentlich Ulzeration einhergehende Entzündung der Mundschleimhaut und des Zahnfleischs betrifft den Bereich der vorderen Mundhöhle. Weitere mögliche Symptome sind Rhinitis, Tonsillitis oder Pharyngitis mit Lymphknotenschwellungen, Fieber und Meningitis (◘ Abb. 70.2).

Herpes labialis stellt die mit Abstand häufigste Manifestation einer rezidivierenden HSV-1 Infektion dar. Etwa 15–30 % der Bevölkerung leiden an mehr oder weniger regelmäßigen Rezidiven. Klinisch zeigen sich an den Übergangsstellen zwischen Haut und Schleimhaut stark juckende Papeln, die sich schnell zu prallen 1–3 mm großen Bläschen entwickeln, platzen und entweder unter Krustenbildung abheilen oder sich sogar zu Geschwüren entwickeln. Betroffen ist v. a. die Nasolabialregion (Herpes labialis, Herpes facialis; ◘ Abb. 70.3).

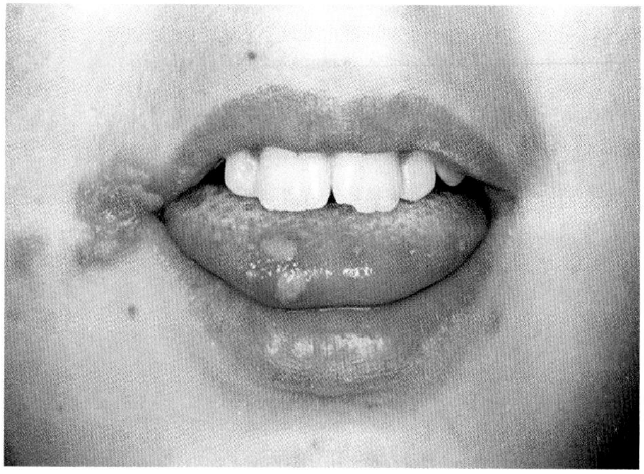

◘ **Abb. 70.2** Gingivostomatitis herpetica. (Mit freundlicher Genehmigung von Prof. Dr. Dietrich Falke, Mainz)

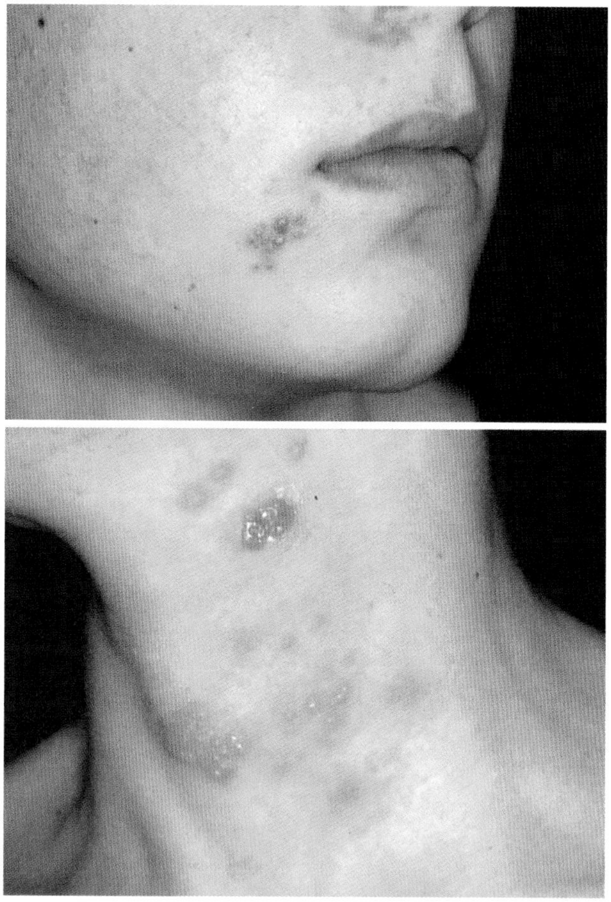

◘ **Abb. 70.3** Herpes labialis und Herpes facialis nach Reaktivierung. (Mit freundlicher Genehmigung von Prof. Dr. Thomas Werfel, Hannover)

Herpes genitalis ist Ausdruck der Primärinfektion mit oder der Reaktivierung von meistens HSV-2 (70 %) oder seltener HSV-1 bei Jugendlichen und Erwachsenen.

Als eine der häufigsten sexuell übertragenen Infektionen führt er zur Entzündung des weiblichen Genitales einschließlich der Zervix (Vulvovaginitis herpetica). Er geht mit weißen, scharf abgegrenzten plaqueartigen Herden einher, die an Aphthen erinnern. Auch am Penis gibt es Bläschenbildungen. Nur 20–40 % aller genitalen HSV-2-Primärinfektionen sind apparent. Herpes genitalis ist, wie auch andere Genitalinfektionen, ein starker **Risikofaktor für die sexuelle HIV-Übertragung:** HIV findet in HSV-induzierten Läsionen eine durchbrochene Schleimhautbarriere und eine entzündliche Umgebung vor, die dann eine Infektion mit HIV begünstigen.

Eczema herpeticatum Bei Patienten mit atopischem Ekzem können sich die sonst lokal verbleibenden Herpeseffloreszenzen sowohl nach Primärinfektion wie auch nach Reaktivierung auf ausgedehnte Hautbezirke ausbreiten und ein Eczema herpeticatum verursachen (◘ Abb. 70.4). Bei der Abheilung bilden sich dicke Krusten. Es ist eine sehr seltene, aber ohne Behandlung lebensbedrohliche Erkrankung.

▪▪ Erkrankungen der Augen

Bei der **Keratoconjunctivitis herpetica** entsteht eine Hornhauttrübung mit Bläschenbildung im Epithel der Kornea und auf der Bindehaut, die keine Schmerzen auslöst. Auf der Kornea kann es zu verschiedenartig geformten dendritischen Ulzera kommen (◘ Abb. 70.5). Die Infektion kann aber auch nach einiger Zeit in die Tiefe vordringen, wobei eine interstitielle Herpes-Stroma-Keratitis zustande kommt.

▪▪ Erkrankungen des Nervensystems

Die durch **HSV-1** (selten HSV-2) verursachte **Herpes-simplex-Enzephalitis** tritt meistens im Rahmen einer Primärinfektion auf und ist eine lebensbedrohliche Erkrankung. Klinisch finden sich die allgemeinen Symptome einer Enzephalitis (Erbrechen, Krämpfe, Anfälle, Bewusstseinstrübung, Fieber, Kopfschmerzen, Lähmungen, Koma). Bei Überlebenden sind häufig Langzeitschäden feststellbar. Durch HSV-1 verursachte Läsionen finden sich typischerweise im Temporallappen des Gehirns (◘ Abb. 70.7). Die Seltenheit der Herpes-simplex-Enzephalitis (3–4 Fälle pro 10^6 Einwohner/Jahr) trotz hoher Durchseuchung mit HSV-1 (s. o.) deutet darauf hin, dass bei den betroffenen Patienten ein milder Immundefekt vorliegt, der sich insbesondere im ZNS manifestiert. Bei einem Teil der Patienten wurden spontane oder vererbte Mutationen im Gen des Toll-ähnlichen Rezeptors TLR3 (eines Sensors der angeborenen Immunität; ► Abschn. 14.4, ◘ Abb. 14.3) und des für die TLR3-Funktion wichtigen Unc93b-Proteins gefunden.

Die Symptome einer **Herpesmeningitis** sind Kopfschmerzen und Nackensteifigkeit. Wie auch bei andere viralen Meningitiden erholen sich die meisten Patienten.

▪▪ Erkrankungen des Fetus oder Neugeborenen

HSV-Primärinfektionen während der Schwangerschaft können zu Spontanaborten, kongenitalem oder neonatalem Herpes oder zu einer disseminierten Infektion der Mutter führen. HSV-bedingte Embryopathien sind fraglich.

Herpes neonatorum Eine perinatale Infektion mit HSV-2 (seltener HSV-1) erfolgt meist während der Geburt. Besonders gefährdet sind frühgeborene Kinder. Die Infektion kann von symptomatischen (Bläschen im Genitalbereich) und auch von asymptomatischen Müttern ausgehen. Das Übertragungsrisiko

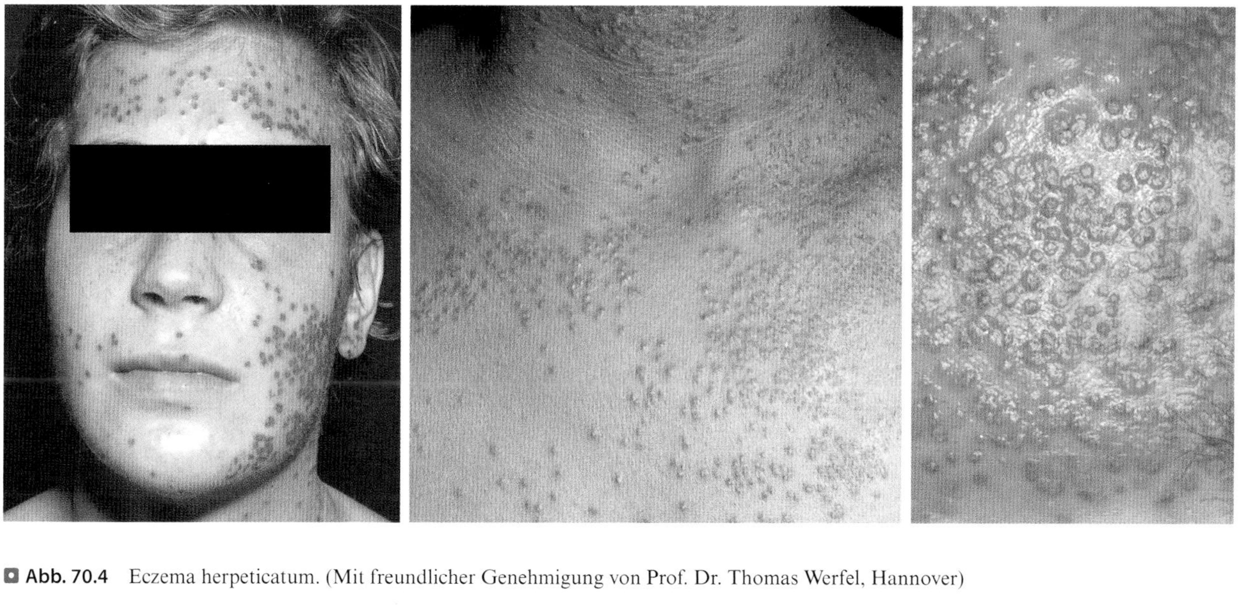

◘ **Abb. 70.4** Eczema herpeticatum. (Mit freundlicher Genehmigung von Prof. Dr. Thomas Werfel, Hannover)

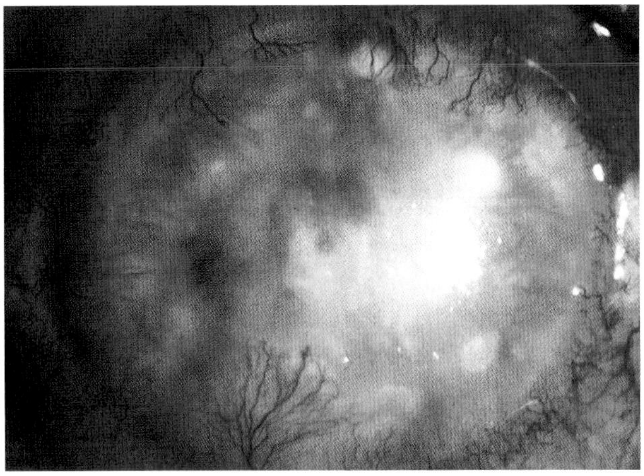

■ **Abb. 70.5** HSV-Keratokonjunktivitis. (Mit freundlicher Genehmigung von Prof. Dr. Dietrich Falke, Mainz)

bei einer Erstinfektion der Mutter beträgt etwa 50 %, weil noch keine Immunität entwickelt wurde, bei einem apparenten oder inapparenten Rezidiv nur etwa 5 %. Die klinischen Manifestationen reichen von lokalen Symptomen (Bläschen auf der Haut, im Mund und am Auge) bis zur generalisierten „Herpessepsis“ mit unter anderem Splenomegalie, Ikterus, Enzephalitis. Mütterliche Antikörper verleihen einen gewissen Schutz vor der Infektion und Erkrankung. Schwerste septische Infektionen können bei Neugeborenen seronegativer Mütter auftreten. Der generalisierte Herpes neonatorum führt unbehandelt meist zum Tode (80 %).

■■ Seltene Erkrankungen

Seltenere Formen der primären Herpesinfektion sind Bläschenbildungen am Stamm oder an den Fingern, z. B. beim Pflegepersonal (Herpes whitlow) oder bei

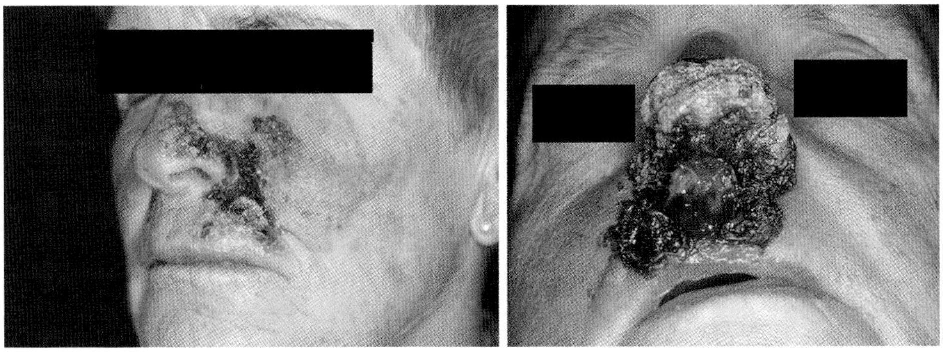

■ **Abb. 70.6** Nekrotisierende Herpesläsionen bei Patienten mit gestörter Immunabwehr. (Mit freundlicher Genehmigung von Prof. Dr. Thomas Werfel, Hannover)

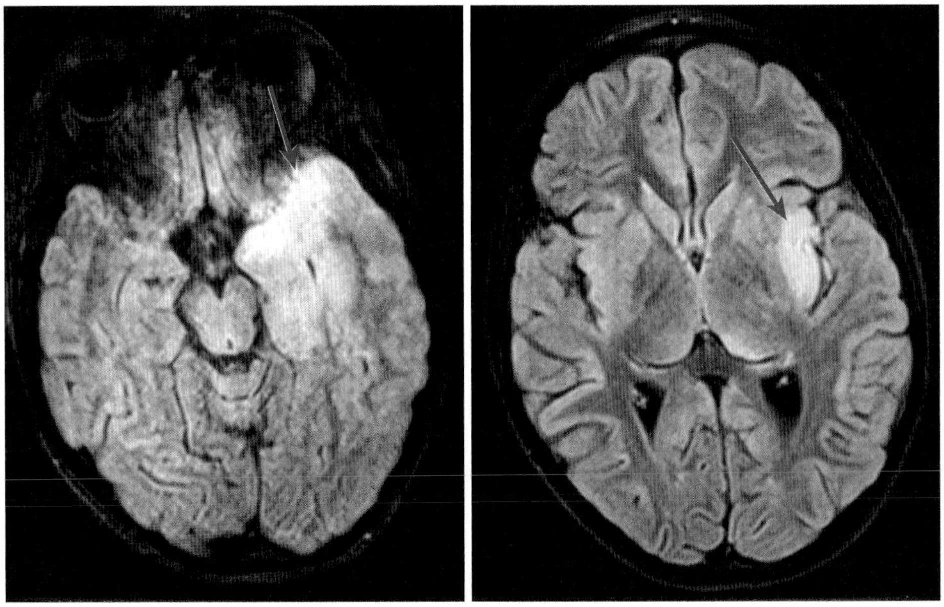

■ **Abb. 70.7** Herpes-simplex-Enzephalitis. Die Magnetresonanztomografien zeigen eine Enzephalitis im Temporallappen und im insulären Kortex einer 6-Jährigen. (*Links:* MRT, *rechts:* FLAIR-MRT; mit freundlicher Genehmigung von Prof. Dr. Heiner Lanfermann, Hannover)

Ringkämpfern (Herpes gladiatorum). Bei Patienten mit gestörter Immunabwehr kommt es zu ausgedehnten, schlecht heilenden Haut- und Schleimhautläsionen (◘ Abb. 70.6), auch mit viszeraler Beteiligung (Pneumonie, Ösophagitis, Hepatitis).

▪▪ Diagnostik

Die **PCR** als hochsensitive Methode zum Nachweis viraler DNA ist heutzutage die Methode der Wahl. Mittels PCR lässt sich virale DNA in Bläschenflüssigkeit, Abstrichen, Liquor (bei Verdacht auf Enzephalitis) oder peripherem Blut (bei generalisierten HSV-Infektionen) nachweisen. Ebenso möglich sind der Nachweis HSV-infizierter Zellen mittels **Immunfluoreszenztest** (IFT) aus Bläschen oder Rachenabstrich sowie eine **Virusisolierung** zum Nachweis aktiver Erreger aus Bläschen, Rachenabstrich oder Flüssigkeit nach bronchoalveolärer Lavage. Aus Bläschenmaterial lässt sich das Virus gut im **Elektronenmikroskop** darstellen.

Der **Antikörpernachweis** aus dem Serum erfolgt meistens durch IgG-, IgM- oder IgA-spezifische ELISA oder IFT. Nur deutliche Titeranstiege sind verwertbar; sie kommen fast nur bei Erstinfektionen vor und können bei der Betreuung Schwangerer nützlich sein.

Die **Herpesenzephalitis** wird bei entsprechenden klinischen Symptomen (Kopfschmerzen, Fieber, Somnolenz, Sprachschwierigkeiten, Lähmungen, evtl. Koma) zusätzlich durch bildgebende Verfahren (MRT, ◘ Abb. 70.7) diagnostiziert. Die Veränderungen betreffen vornehmlich den Temporallappen.

▪▪ Therapie

Aciclovir (ACV) und das oral besser verfügbare Valaciclovir sind die Mittel der Wahl bei HSV-Infektionen. Haut- und Schleimhautinfektionen werden oral, schwere Infektionen besonders bei Immunsuppression i.v. behandelt. Bei Augen- und Gesichtsinfektionen kommen lokale Therapien mit Salben und Cremes zur Anwendung.

Die Folgen einer Herpesenzephalitis lassen sich durch **rechtzeitigen Beginn der Behandlung** deutlich abschwächen. Deshalb wird mit der Therapie schon bei Verdacht, vor der virologischen Bestätigung der Diagnose, aber nach Entnahme des relevanten Untersuchungsmaterials (Liquor) mit einer i.v. Aciclovir-Therapie begonnen. Auch Herpes neonatorum und Eczema herpeticatum lassen sich durch Aciclovir behandeln.

▪▪ Prävention

Dazu zählen folgende Maßnahmen:

Allgemeine hygienische Maßnahmen Nosokomiale Infektionen von Neugeborenen und immunsupprimierten Patienten in Krankenhäusern lassen sich durch allgemeine Hygiene vermeiden.

Medikamentöse Prophylaxe Aciclovir wird transplantierten Patienten in den ersten Wochen nach der Transplantation prophylaktisch verabreicht, in manchen Fällen auch nach hochdosierter Zytostatikatherapie.

Schutzimpfung Keine verfügbar.

In Kürze: Herpes-simplex-Virus 1 und 2 (HSV-1, HSV-2)

- **Virus:** dsDNA Virus aus Ikosaederkapsid mit Spike-besetzter Hülle. In Zellkultur leicht anzüchtbar. 2 Typen: oral (HSV-1) und genital (HSV-2).
- **Epidemiologie:**
  - HSV-1: Durchseuchung bei Erwachsenen 60–90 %;
  - HSV-2: Niedrigere und variable Prävalenz je nach geografischer Region und sozioökonomischen Lebensbedingungen; Prävalenz höher in Risikogruppen für sexuell übertragene Erkrankungen.
- **Übertragung:** Kontakt mit Speichel, Küssen, Geschlechtsverkehr, Verletzungen, bei der Geburt. Virus in Speichel, Genitalsekreten, Bläschen.
- **Pathogenese:** Orale und genitale Primärinfektion, Wanderung zu sensorischen Spinalganglien, Latenz in Neuronen, Reaktivierung durch Stress, UV-Strahlen etc.
- **Klinik:** Manifestation der Primärinfektion als Gingivostomatitis herpetica, Herpes genitalis (Vulvovaginitis herpetica), Keratokonjunktivitis, Eczema herpeticatum, Meningitis, Meningoenzephalitis, Herpes neonatorum. Rezidivierend als Herpes labialis bzw. genitalis. Rezidive auch bei Keratokonjunktivitis. Bei Immundefekten (AIDS) Gefahr der Generalisierung.
- **Immunität:** Bedeutung des angeborenen Immunsystems; Antikörper, zellvermittelte Immunität.
- **Labordiagnose:** PCR, IFT aus Nasen-/Rachenabstrich, Bläschenmaterial. Virusisolierung. IgM-, IgG-ELISA/IFT. Bei Verdacht auf Enzephalitis und systemische Manifestationen: PCR aus Liquor, Bläschenflüssigkeit, peripherem Blut.
- **Therapie:** Aciclovir, bei Enzephalitis bereits bei Verdacht. Oral: Valaciclovir oder Famciclovir.
- **Prävention:** Screening von Frauen vor Geburt auf HSV im Genitalbereich zur Verhinderung des Herpes neonatorum. Orale Gabe von Aciclovir.

70.2 Varicella-Zoster-Virus (VZV)

Steckbrief

Das Varicella-Zoster-Virus ruft die Windpocken (Varizellen) als Manifestation der Primärinfektion hervor. VZV persistiert lebenslang in den Spinalganglien. Bei Reaktivierung entwickelt sich Zoster (Gürtelrose). VZV kommt nur beim Menschen vor. Bei Immundefekten treten schwere Generalisationserkrankungen auf. Gegen VZV als dem einzigen humanen Herpesvirus gibt es Impfstoffe.

70.2.1 Beschreibung

■ Morphologie und Genom

VZV-Virionen haben die typische Morphologie der Herpesviren und ein Genom mit 125 kbp.

70.2.2 Rolle als Krankheitserreger

■■ Epidemiologie

Der weitaus größte Teil der Kinder macht die Windpocken bis zum 15. Lebensjahr durch, die Infektion verläuft stets apparent. Die Infektion besitzt eine hohe Kontagiosität. Das Ansteckungsmaximum liegt bei 2- bis 6-jährigen Kindern. Varizellen treten gehäuft im Winter und Frühjahr auf.

■■ Übertragung

Die Infektion erfolgt von Mensch zu Mensch als Tröpfcheninfektion aerogen oder durch direkten Kontakt mit Bläschenmaterial. Varizellen gehören zu den kontagiösesten Krankheiten, die wir kennen: die Bezeichnung **„Windpocken"** spiegelt die Tatsache wider, dass sie über größere Entfernungen und Luftzug übertragen werden können. Der Infizierte wird 2 Tage vor Ausbruch der Erkrankung kontagiös und scheidet das Virus dann für etwa 1 Woche massiv aus. Die Kontagiosität erlischt erst mit dem Abfallen der Krusten auf den Hautläsionen.

■■ Pathogenese

Das Virus verbleibt nach der Primärinfektion lebenslang latent, erzeugt eine Immunität und kann später Rezidive hervorrufen. Unter diesen ist der bei Erwachsenen auftretende **Zoster (Gürtelrose)** die wichtigste Erscheinungsform.

70

Eintrittspforten sind der Nasen-Rachen-Raum und die Konjunktiven/Schleimhäute. Das Virus gelangt von der Eintrittspforte über eine Replikationsphase in den Lymphknoten, generalisiert von dort im Rahmen einer Virämie und besiedelt so Haut und Schleimhäute; dort verursacht es das typische **Exanthem** und **Enanthem**.

Vermutlich gelangt das Virus während der akuten Erkrankung von der Haut neurogen in die Spinalganglien. Besiedelt werden die sensorischen Ganglien entlang der Wirbelsäule bzw. die Ganglien der Hirnnerven. Das Genom verbleibt nur in den Kernen der Neuronen, wobei mehrere Genregionen transkribiert werden. Zoster wird durch die Reaktivierung aus der Latenz verursacht. Die in den beteiligten Spinalganglien ablaufenden Entzündungsprozesse sind wahrscheinlich für die nicht selten monatelang anhaltenden Post-Zoster-Schmerzen verantwortlich.

■■ Immunität

Im Verlauf der Varizelleninfektion entstehen IgM- und IgG-Antikörper die sich im ELISA nachweisen lassen. Durch eine Exazerbation in Form des Zosters erfolgt ein sehr deutlicher „Booster" der Antikörperbildung mit IgM-Reaktion. Eine antikörpervermittelte Leihimmunität des Neugeborenen besteht 6 Monate. Bestimmend für den Schutz vor Reaktivierung ist die T-Zell-vermittelte Immunität.

■■ Klinik

Die Inkubationszeit beträgt 16–21, die Dauer der Erkrankung ca. 10 Tage. Zunächst bilden sich kleine Papeln, dann streichholzkopfgroße, einzeln stehende Bläschen mit anfänglich wässrig-klarem, später trübem Inhalt, die große Mengen Virus enthalten. Die Bläschen der Haut und auf der Zunge (◘ Abb. 70.8) sind von einem roten Saum umgeben; sie jucken und werden von Patienten oft zerkratzt. In späteren Stadien zeigen die unverletzten und größeren Bläschen eine zentrale Delle. Die **Bläschen entstehen in Schüben.** Man findet auf der Haut nebeneinander die verschiedenen Entwicklungsstadien der Effloreszenz von der Papel bis zur Kruste („Sternenhimmel", ◘ Abb. 70.9). Die Bläschen können nach Verletzung durch Kratzen bakteriell superinfiziert werden und vereitern, mit nachfolgender Narbenbildung.

Die Infektion der **Kinder** verläuft stets manifest, aber häufig afebril. Der Verlauf ist häufig so leicht, dass die übrigen Symptome nicht beachtet werden („Spielplatz-Varizellen"). Bei seronegativen **Erwachsenen** und **Schwangeren** verlaufen die Varizellen dagegen oft schwer und hämorrhagisch, z. T. mit Pneumonie und Enzephalitis.

Komplikationen In seltenen Fällen entstehen als Komplikationen der Varizellen Otitis, Pneumonie, Hepatitis oder Nephritis oder sogar eine Meningoenzephalitis. Letztere heilt meist ohne Folgen aus. Selten sind eine Fazialisparese und die Polyradikuloneuritis. Eine schwere Neurodermitis kann durch VZV infiziert werden.

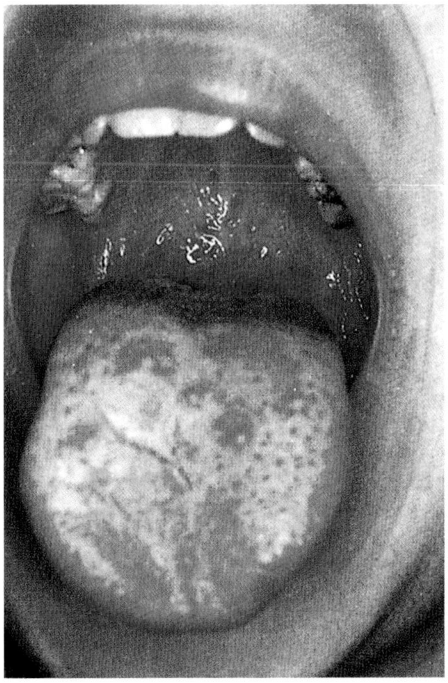

■ **Abb. 70.8** Windpockenbläschen auf der Zunge und am weichen Gaumen. (Mit freundlicher Genehmigung von Prof. Dr. Dietrich Falke, Mainz)

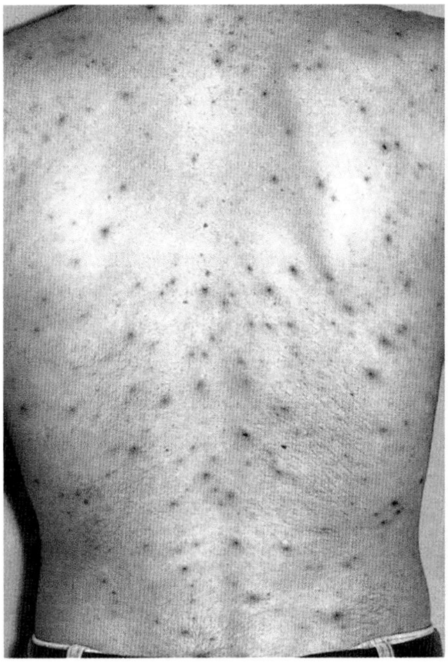

■ **Abb. 70.9** Windpocken. (Mit freundlicher Genehmigung von Prof. Dr. Dietrich Falke, Mainz)

Bei kortisonbehandelten Kindern und Erwachsenen, Leukämiepatienten, immunsupprimierten Transplantatempfängern und AIDS-Kranken verläuft die Krankheit oft generalisiert. Die hierbei auftretenden **VZV-Pneumonien** sind gefürchtet. Bei immunsupprimierten Patienten oder solchen mit Immundefekt (Morbus Hodgkin, AIDS, Leukämien, Knochenmarktransplantierten) kann ein generalisierter Zoster mit einer signifikanten Letalität verbunden sein.

Varizellenerkrankung von Schwangeren Die VZV Erstinfektion tritt wegen der frühzeitigen, hohen Durchseuchung nur selten bei Schwangeren auf. Das Virus kann auf den Embryo übertragen werden, das Risiko für eine intrauterine Schädigung (hypoplastische Gliedmaßen, Hautläsionen, ZNS- und Augenschäden) bei Infektion vor der 20. SSW ist allerdings gering. Gegen Ende der Schwangerschaft auftretende Primärinfektionen der Mutter können das Kind in utero infizieren. Hierbei ist eine generalisierte Infektion des Ungeborenen/Neugeborenen mit signifikanter Letalität möglich.

Herpes Zoster (Gürtelrose) Das latente Virus kann bei Nachlassen der Immunität Rezidive verursachen. Diese entwickeln sich meist ohne erkennbare Ursache; in einzelnen Fällen kann man dafür Kachexien, Tumoren, Abwehrinsuffizienz, etwa durch Leukämie, AIDS oder zytostatische bzw. immunsuppressive Therapie, verantwortlich machen. Die Rezidive verlaufen, bedingt durch die noch bestehende **Teilimmunität,** nicht als generalisiertes Exanthem, sondern als lokal begrenzte Neuroradikulitis mit Bläschen (Zoster oder Gürtelrose, ■ Abb. 70.10). In aller Regel treten die Rezidive entlang den Austrittsstellen eines Nervs in der Haut auf, bei Trigeminusbefall im Gesicht (■ Abb. 70.11) als **Zoster ophthalmicus** oder **oticus** an Auge bzw. Ohr, bei Befall von Interkostalnerven als Gürtelrose entsprechend dem Innervationssegment eines Nervs.

Bei stärker reduzierter Immunitätslage kann ein **generalisierter Herpes Zoster mit Pneumonie** auftreten. Heftige „postherpetische" Schmerzen mit Ganglionitis sind bei Senioren häufig. Man kennt auch periphere Fazialislähmungen ohne Bildung von Bläschen. Die Schmerzen können vor dem Auftreten der Bläschen einsetzen.

■■ Diagnostik

Die klinische Diagnose bereitet im Allgemeinen keine Schwierigkeiten. Die Virusisolierung ist in der Routine nicht üblich, hingegen lässt sich virale DNA in Bläschenflüssigkeit, Liquor (Verdacht auf Meningoenzephalitis) oder peripherem Blut (bei generalisierten Infektionen) gut mittels PCR nachweisen. Der Antikörpernachweis erfolgt mit einem IgM- und IgG-ELISA. Bei pränatal infizierten Kindern lassen sich nie IgM-Antikörper nachweisen.

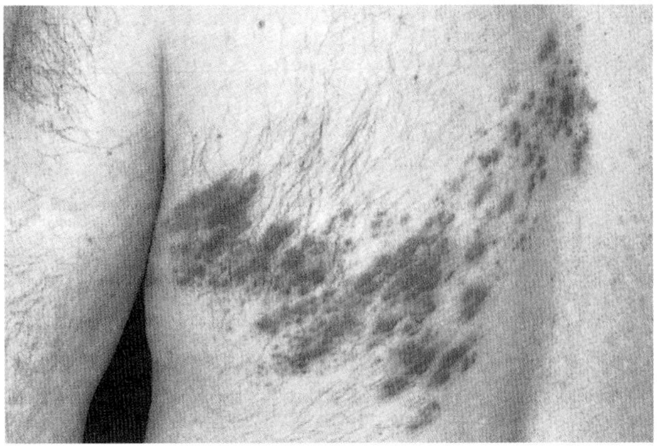

Abb. 70.10 Gürtelrose am Rücken. (Mit freundlicher Genehmigung von Prof. Dr. Dietrich Falke, Mainz)

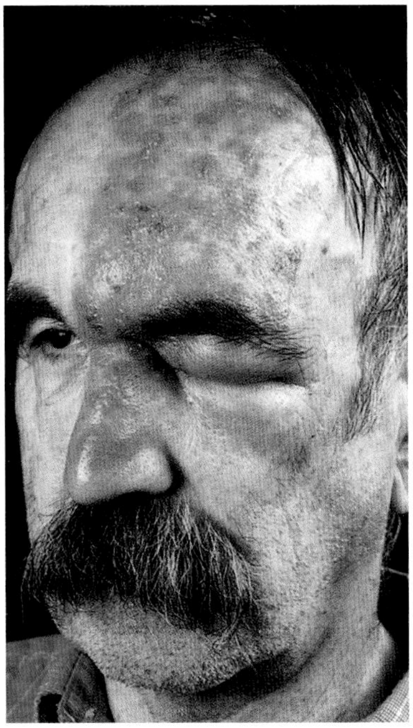

Abb. 70.11 Zoster der linken Gesichtshälfte. (Mit freundlicher Genehmigung von Prof. Dr. Dietrich Falke, Mainz)

Therapie

2 Krankheitsbilder bedürfen der antiviralen Therapie: **Zoster** und **schwere Varizellenkomplikationen,** wie sie bei Neugeborenen, Erstinfektionen im Erwachsenenalter und bei immunsupprimierten Patienten vorkommen. Im Allgemeinen verabreicht man systemisch hohe Dosen von Aciclovir (ACV). Die zur Beherrschung des VZV notwendigen Wirkstoffkonzentrationen von ACV sind etwa 10-fach höher als für HSV. Für die orale Therapie stehen Valaciclovir (wird zu Aciclovir metabolisiert) und Famciclovir (wird zu Penciclovir metabolisiert) zur Verfügung. Eine in Deutschland zugelassene Alternative ist orales Brivudin (BvdU). Zoster und Postzosterneuralgien werden **frühzeitig** mit Valaciclovir, Famciclovir oder Brivudin behandelt. Beim Vorliegen einer Immundefizienz ist die Behandlung dringlich. Bei leichtem Zoster ohne Schmerzen erübrigt sich eine Therapie.

Bei Auftreten von **Varizellen bis 5 Tage vor der Geburt** wird eine Immunglobulin-Präparation mit hohen Antikörpertitern gegen VZV (Zoster-Immunglobulin, ZIG) für Mutter und Kind verabreicht; treten Varizellen bis 2–4 Tage nach der Geburt auf, sollten Mutter und Kind ACV sowie das Kind ZIG erhalten. Eine **VZV-Pneumonie** der Schwangeren nach der 20. SSW erfordert vom Tage des Exanthems an hochdosiert i.v. ACV.

Prävention

Allgemeine Maßnahmen Alle Säuglingspflegekräfte sind auf das Vorhandensein von Antikörpern gegen VZV zur Verhinderung von Infektion und Übertragung zu testen. Varizellenkranke Kinder müssen isoliert oder ggf. aus der Klinik entlassen werden.

Ig-Prophylaxe bei Schwangeren und Neugeborenen Der Nachweis einer frischen (IgM-positiven) VZV-Infektion in der Frühschwangerschaft ist keine strenge Indikation zu einem Schwangerschaftsabbruch, da nur ein geringer Prozentsatz der Neugeborenen von Schwangeren mit primärer VZV-Infektion Schäden zeigen. Die gesund geborenen Kinder sollten jedoch serologisch kontrolliert und hinsichtlich ihrer geistigen Entwicklung beobachtet werden. Um das Risiko möglichst ganz auszuschalten, betreibt man die spezifische Prophylaxe mit Immunglobulin: Ist eine seronegative Schwangere mit einem Varizellenkranken in Kontakt gekommen, ist so schnell wie möglich (innerhalb 72–96 h) die Gabe von VZV-Immunglobulin (ZIG) angezeigt, um Mutter und Kind eine Varizellenerkrankung zu ersparen. Ähnlich ist die Gabe von VZV-Immunglobulin bei Neugeborenen indiziert, deren Mütter bis zu einer Woche vor der Geburt und 3 Tagen nach der Geburt an Varizellen erkrankt sind.

Schutzimpfung Es gibt 2 Impfstoffe gegen VZV:

- Ein attenuierter Lebendimpfstoff auf der Basis des VZV-Stammes Oka wird als Impfung gegen Varizellen im Alter von 11–14 Monaten, mit einem Booster zwischen 15 und 23 Monaten, eingesetzt. Es besteht die Möglichkeit, die Impfung in Kombination mit der Impfung gegen Masern, Mumps und Rubella (MMR) durchzuführen (MMRV-Impfstoff; aktuelle Impfpläne: ► www.rki.de). Wie bei den Masern sinken die Antikörperpegel nach 3–5 Jahren, Wiederholungsimpfungen sind nötig. Das Impfvirus wird latent und kann nach Jahren als leichter Zoster in Erscheinung treten.

Bei schweren Immundefekten oder begonnener zytostatischer Therapie ist die Impfung mit dem Lebendimpfstoff wegen der Gefahr einer generalisierten Infektion kontraindiziert. Zur Prophylaxe und Verhinderung von Herpes Zoster bei älteren Patienten ist eine andere Präparation des attenuierten Lebendimpfstoffs (Zostavax) in einer höheren Dosierung erhältlich.

- Seit 2019 ist ein adjuvantierter Totimpfstoff auf der Basis des VZV-Glykoprotein E als Prophylaxe gegen Herpes Zoster erhältlich. Bei Gesunden empfiehlt die STIKO die Impfung ab 60 Jahren, bei Vorliegen bestimmter anderer Erkrankungen ab 50 Jahren (► www.rki.de).

In Kürze: Varicella-Zoster-Virus (VZV)

- **Virus:** Typisches Virus der Herpesgruppe.
- **Epidemiologie:** Sehr hohe und frühzeitige Durchseuchung. Nur beim Menschen.
- **Übertragung:** Von Bläschen (Windpocken, Zoster) auf Empfängliche, Aerosol („Windpocken").
- **Pathogenese:** Analog HSV, lebenslange Latenz in Spinalganglien; Zoster ist ein Rezidiv einer früheren Windpockeninfektion im Bereich eines Dermatoms.
- **Klinik:** Inkubationszeit 16–21 Tage. „Windpocken" mit sternkartenartig verteilten Bläschen; Zoster am Stamm, Extremitäten, Auge, Ohr.
- **Immunität:** Humorale Antikörper, wichtig sind zellvermittelte Immunreaktionen (Interferon, NK-Zellen, CTL). Bei Nachlassen: Zoster.
- **Labordiagnose:** IgM- und IgG-Antikörperanstieg im ELISA. Virusnachweis mit PCR aus Bläschenmaterial oder peripherem Blut. Gegebenenfalls EM aus Bläschenflüssigkeit.
- **Therapie:** Bei schwerem Zoster und Zosterschmerzen Aciclovir (Acycloguanosin), Valaciclovir, Famciclovir oder Brivudin, ebenso bei der VZV-Pneumonie Immunsupprimierter.
- **Prävention:** Der attenuierte Lebendimpfstoff gegen VZV wirkt gut als Prophylaxe gegen die Windpocken und gehört zur Routineimpfung im Kindesalter. Zur Prophylaxe von Herpes Zoster wird die Impfung mit einem VZV-Glykoprotein-E-basierten Totimpfstoff ab 60 Jahren empfohlen. Expositionsprophylaktisch wirken Immunglobuline bei Immungeschädigten und bei Schwangerschaftsinfektionen.

70.3 Zytomegalievirus (CMV)

Steckbrief

Der Pathologe Ribbert wies 1881 auf große Zellen mit Einschlusskörperchen in den Speicheldrüsen hin. Goodpasture prägte 1921 die Bezeichnung Zytomegalie. Das humane Zytomegalievirus (CMV) kann nur den Menschen infizieren; es erzeugt Embryopathien, mononukleoseähnliche Krankheitsbilder und bei Transplantatempfängern und AIDS-Patienten schwere generalisierte Manifestationen einschließlich Kolitis, Knochenmarkversagen, Pneumonie und Enzephalitis. Bei AIDS-Patienten ist die CMV-bedingte Chorioretinitis gefürchtet. CMV etabliert eine latente Infektion und kann intermittierend ausgeschieden werden.

70.3.1 Beschreibung

■ Morphologie und Genom

Das Zytomegalievirus ist morphologisch ein typisches Mitglied der Herpesfamilie. Sein DNA-Genom ist ca. 235 kbp groß. Einige Virusproteine zeigen erhebliche Unterschiede zwischen verschiedenen CMV-Isolaten. Die klinische Bedeutung dieses **Polymorphismus** ist zurzeit noch unklar.

70.3.2 Rolle als Krankheitserreger

■■ Epidemiologie

Die Infektion kann **horizontal** von Mensch zu Mensch und vor der Geburt auch **vertikal** erfolgen. In entwickelten Ländern beträgt die Seroprävalenz bei der erwachsenen Bevölkerung ca. 40–60 %, in Entwicklungsländern 80–100 %.

■■ Übertragung

Die Übertragung geschieht durch CMV-haltige Körperflüssigkeiten, z. B. Speichel, Urin oder Muttermilch (beim Stillen). In der Regel ist dafür direkter (Schleimhaut-)Kontakt erforderlich. Die Übertragung kann zudem iatrogen, u. U. auch nosokomial, z. B. auf Kinderstationen, und nicht zuletzt sexuell erfolgen. Wiederholte Infektionen mit CMV kommen vor. Eine Übertragung durch Bluttransfusionen ist möglich, aber heute durch die Depletion von Leukozyten aus

Erythrozytenkonzentraten seltener geworden. Eine wichtige Rolle spielt die Übertragung durch transplantierte Organe in der Transplantationsmedizin.

Ein geringer Prozentsatz (<3 %) aller **Neugeborenen** ist **intrauterin** infiziert worden und scheidet bei Geburt das Virus im Urin aus; Kinder bis zu 5 Jahren infizieren sich besonders häufig mit CMV (Kindergarten), entsprechend ist ihre Ausscheidungsquote höher als bei Erwachsenen. Somit sind inapparent infizierte Kinder und Jugendliche, die CMV ausscheiden, eine wichtige Infektionsquelle. Außer in Urin und Speichel lässt sich CMV auch in Sperma, Zervixsekreten und Muttermilch nachweisen.

▪▪ Pathogenese

Dazu zählen:

Primäre Replikation und Ausbreitung Die erste Virusvermehrung findet vermutlich in den Epithelzellen des Oropharynx statt. Die weitere Ausbreitung auf Organe im Organismus erfolgt hämatogen durch Leukozyten, die das Virus intrazellulär transportieren. Das Virus findet sich in Speicheldrüsen, Nieren, Brustdrüsen, Knochenmark, Lunge, Darm und anderen Organen und Geweben. In den Speicheldrüsen repliziert das Virus vorzugsweise in den Epithelien, die die Ausführungsgänge auskleiden („Speicheldrüsenvirus"). In der Niere befindet sich das Virus in den Zellen der Tubuli.

Latente Infektion CMV etabliert seine Latenz in Zellen der myeloischen Reihe sowie in Endothelzellen. Das Genom befindet sich als Episom im Zellkern der latent infizierten Zellen, die virale Genexpression ist stark eingeschränkt. Bei der Reaktivierung wird die Expression der viralen Gene stufenweise reaktiviert (s. o.).

Pathologische Auswirkungen der Infektion Schwerwiegende Auswirkungen treten bei Neugeborenen nach intrauteriner CMV-Infektion auf: Die Zytomegalie ist heute in industrialisierten Ländern die häufigste virale Ursache embryofetaler Schädigungen. Bei Immundefekten des Wirtes verursacht CMV lebensbedrohliche generalisierte Infektionen (s. u.).

▪▪ Klinik

Grundsätzlich unterscheidet man **Primärinfektionen** und **Reaktivierungen** aus der latenten Infektion. Nach der Primärinfektion dauert die Virusausscheidung deutlich länger als nach Reaktivierung. Die **Inkubationszeit** bei der Primärinfektion schwankt zwischen 4 und 12 Wochen.

70

Kinder, Jugendliche, Erwachsene Bei ihnen verläuft nur ein kleiner Teil der primären CMV-Infektionen apparent. Die Symptomatik umfasst ein mononukleoseähnliches Syndrom (EBV-negativ) mit Fieber, leichter Hepatitis, allgemeinem Krankheitsgefühl, Lymphadenopathie (nicht immer) und atypischer Lymphozytose.

Bei schwerem Verlauf kann eine interstitielle **Viruspneumonie** auftreten, v. a. bei Kleinkindern. Schwerwiegende Manifestationen sind eine Anämie, Chorioretinitis (◘ Abb. 70.12) sowie selten Vaskulitis und Purpura. Diese Erscheinungen können sich über Wochen und Monate erstrecken.

Beim **Erwachsenen** kommt es meist nur dann zur manifesten Erkrankung, wenn bei allgemeiner Abwehrschwäche eine Primärinfektion oder Reaktivierung aus der Latenz eintritt. In der Praxis muss man besonders nach Transplantationen, bei Vorliegen von Tumoren oder von AIDS mit einer CMV-Erkrankung rechnen. Die Symptomatik richtet sich nach dem jeweils befallenen Organ.

Intrauterine Infektionen Je nach Durchseuchungsgrad der Bevölkerung werden vermutlich ca. 0,5–3 % aller Neugeborenen intrauterin mit CMV infiziert. Von den konnatal infizierten Kindern weisen bei Geburt etwa 10 % eine erkennbare Schädigung auf, bei weiteren 15 % der anfangs symptomfreien Kinder treten Spätschäden auf (s. u.).

Ein geringer Prozentsatz aller seronegativen Schwangeren infiziert sich während der Schwangerschaft erstmals (primäre Infektion). Bei etwa 10–20 % der seropositiven Schwangeren wird die latente Infektion reaktiviert. Bei Primärinfektionen beträgt die Übertragungsrate auf das Kind 35–50 %, bei Reaktivierungen dagegen nur 0,2–2 %.

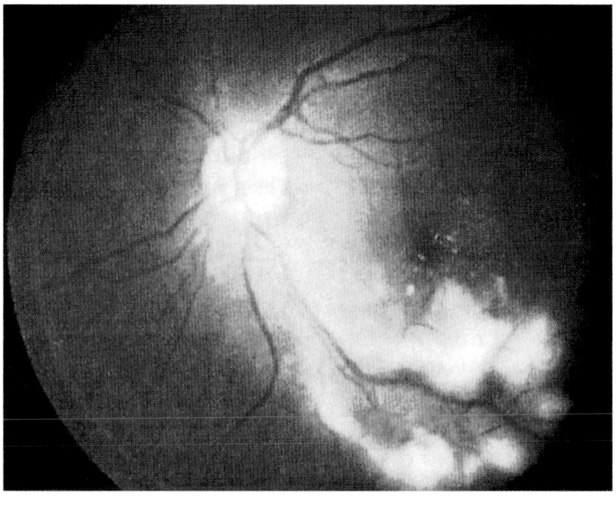

◘ **Abb. 70.12** Chorioretinitis durch Zytomegalievirus bei AIDS-Patienten. (Mit freundlicher Genehmigung von Prof. Dr. Dietrich Falke, Mainz)

Die **intrauterin erworbene Infektion** kann zu schweren Entwicklungsstörungen bis hin zur Totgeburt führen. Schäden am Embryo treten v. a. bei Infektionen im 1. und 2. Trimenon auf. Beim lebend geborenen kranken Kind findet man Mikrozephalie, Optikusatrophie, Katarakte, intrazerebrale Verkalkungen und geistige Retardierung. Ferner können Hepatosplenomegalie, thrombozytopenische Purpura, Chorioretinitis, hämolytische Anämie und Ikterus auftreten. Leichte Schädigungen machen sich oft erst nach einigen Jahren als Entwicklungsstörungen (Gehör, Sprache) oder als Beeinträchtigung der Motorik bemerkbar.

Perinatale Infektionen Als Infektionsquellen für die perinatalen Übertragungen kommen v. a. die infizierten Geburtswege der Mutter und die Muttermilch in Betracht. Etwa ein Drittel aller seropositiven Frauen scheiden das Virus mit der Milch aus. Die perinatale Infektion bleibt für das Kind selbst meist folgenlos: Nur ganz selten wird bei sonst gesunden Neugeborenen eine Pneumonie oder Hepatosplenomegalie mit Hepatitis und Thrombozytopenie beobachtet. Dagegen kann die CMV-Infektion bei Frühgeborenen aufgrund des unreifen Immunsystems lebensbedrohlich sein. Infektionen des Neugeborenen sind ungeachtet der mütterlichen IgG-Antikörper möglich, jedoch ist der Verlauf der Infektion bei Vorliegen mütterlicher Antikörper abgeschwächt.

Transfusionsinfektionen Das Risiko einer Infektion hat sich mit Einführung der Leukozytendepletion in Blutspenden reduziert, ist jedoch nicht völlig eliminiert. Eine Transfusion mit CMV-positivem Blut („Perfusionssyndrom") kann bei einem seronegativen Kind zu schweren Erkrankungen führen. Bei seronegativen Erwachsenen kann es zu einem mononukleoseartigen Krankheitsbild („Transfusionsmononukleose") kommen.

Infektionen bei Immungeschädigten Bei Immungeschädigten verläuft die CMV-Infektion schwerer als bei Normalpersonen und dabei Primärinfektionen schwerer als Reaktivierungen. Je stärker die Immunsuppression, desto gravierender im Allgemeinen die Krankheitsentwicklung. Die wichtigsten Ursachen für eine Immunsuppression sind die iatrogene Immunsuppression bei Transplantation (Niere, Pankreas, Herz, Lunge, Leber, Knochenmark), AIDS oder Zytostatikatherapie von Tumoren (Leukämie, Karzinome). Deshalb ist die laufende Beurteilung der Abwehrlage beim Kranken von großer Bedeutung. Im Rahmen der Überwachung von Transplantatempfängern kontrolliert man die Viruslast im Blut (quantitative PCR, pp65-Nachweis; s. u.).

Zu den schwerwiegenden Manifestationen einer Erstinfektion oder Reaktivierung von CMV bei immunsupprimierten Patienten gehören Fieber, Hepatitis, Pneumonie, Kolitis und Chorioretinitis. Vor Einführung der Kombinationstherapie gegen HIV war die CMV-Infektion die häufigste opportunistische Infektion bei AIDS (▶ Kap. 65).

Bei Empfängern eines soliden Organs (Niere, Lunge, Leber, Herz, Pankreas) ist die Transplantation des Organs eines CMV-seropositiven Spenders in einen seronegativen Empfänger mit dem größtem Risiko verbunden, da eine CMV-Reaktivierung aus dem transplantierten Organ zu einer primären Infektion bei einem Empfänger führt, dessen Fähigkeit zur Entwicklung einer effektiven Immunantwort eingeschränkt ist. Bei Knochenmarktransplantationen ist die Übertragung von Knochenmark eines seronegativen Spenders in einen seropositiven Empfänger mit der höchsten Rate an CMV-Erkrankungen assoziiert, da hier das Spenderknochenmark erst wieder ein funktionierendes Immunsystem aufbauen muss, noch nicht über Gedächtniszellen gegen CMV verfügt und deshalb eine (von infizierten Zellen des Empfängers ausgehende) CMV-Reaktivierung nicht kontrollieren kann.

■■ Immunität

Die Infektion mit dem CMV wird normalerweise durch zellvermittelte und humorale Immunreaktionen unter Kontrolle gehalten. Immunität gegen CMV begrenzt den Grad der Virämie und damit in der Regel auch CMV-bedingte Erkrankungen, schließt jedoch Reaktivierungen und Reinfektion mit CMV nicht aus.

Bei einer Primärinfektion entstehen Antikörper gegen verschiedene virale Proteine, einschließlich **neutralisierender Antikörper** gegen Glykoproteine auf der Oberfläche der Viruspartikel. Neben Antikörpern werden CMV-spezifische T-Zellen gebildet, die eine wichtige Rolle bei der Kontrolle des Virus während des ganzen Lebens des infizierten Individuums spielen. Bei manchen Personen ist ein großer Teil des T-Zell-Repertoires gegen CMV gerichtet und damit beschäftigt, dieses Virus in der Latenz zu halten. Umgekehrt interferieren eine Reihe von CMV-Proteinen mit der Erkennung infizierter Zellen durch **NK-Zellen** und **zytolytische T-Lymphozyten,** etwa durch Hemmung der Antigenprozessierung, Antigenpräsentation oder der Expression von für die Immunantwort wichtigen zellulären Proteinen auf der Zelloberfläche.

Während einer CMV-Infektion können **immunologische Anomalien** auftreten wie zirkulierende Immunkomplexe, Kältehämagglutinine, Rheumafaktoren, antinukleäre Antikörper, ein positiver Coombs-Test etc. Diese Erscheinungen gehen zurück, wenn die

Primärinfektion oder die Reaktivierung immunologisch beherrscht wird.

Labordiagnose

Zum direkten Nachweis viraler DNA mittels PCR eignen sich Blut (antikoaguliert mit EDTA), Urin, bronchoalveoläre Lavageflüssigkeit, Rachenspülwasser, Speichel, Amnionflüssigkeit, Muttermilch. In Zellkulturen anzüchten lässt sich CMV aus bronchoalveolärer Lavage und Urin (bei anderen Materialien ist die Erfolgsrate gering); die Zeitspanne bis zum Auftreten eines zytopathischen Effekts (CPE) nach Beimpfung von Zellkulturen kann 3–4 Wochen betragen, der Nachweis lässt sich aber durch den immunologischen Nachweis von CMV-Frühantigenen mittels fluoreszenzmarkierter Antikörper (IFT) auf wenige Tage verkürzen. Konnatal infizierte Neugeborene scheiden im Urin große CMV-Mengen aus. Ferner lassen sich CMV-spezifische IgG und IgM-Antikörper im ELISA nachweisen.

V. a. bei **Transplantationspatienten** und **Immunsupprimierten** ist die Verlaufskontrolle der Viruslast in Blut bzw. Granulozyten des Blutes wichtig. Dies kann mittels des **pp65-Antigenämie-Tests** oder **quantitativer PCR** geschehen. Virales pp65-Protein befindet sich im Tegument des CMV-Partikels und wird in der späten Phase des Infektionszyklus gebildet. Sein Nachweis in Granulozyten des peripheren Blutes zeigt eine aktive CMV-Replikation im Organismus an. Die Anzahl pp65-positiver Granulozyten dient als sensitives Maß für das Ausmaß der Virusreplikation. Dieser Nachweis erfolgt durch Färbung von Cytospin-Präparaten von Leukozyten des peripheren Blutes mithilfe eines fluoreszenz- oder enzymmarkierten Antikörpers gegen das pp65-Protein (◻ Abb. 70.13).

Der Nachweis viraler DNA im peripheren Blut (Vollblut, Plasma, Serum) mittels **quantitativer PCR** hat sich in der Praxis jedoch als noch empfindlicher als der pp65-Nachweis herausgestellt. V. a. ein Anstieg der mit quantitativer PCR bestimmten Viruslast im peripheren Blut deutet auf eine unkontrollierte und klinisch relevante CMV-Infektion oder Reaktivierung hin.

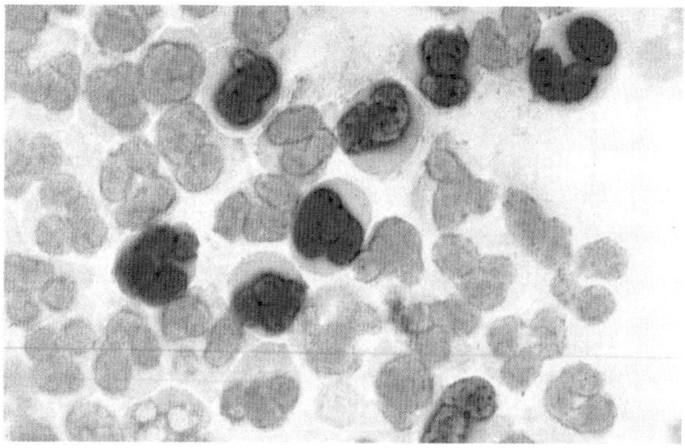

◻ **Abb. 70.13** Granulozyten mit pp65 des CMV. (Mit freundlicher Genehmigung von J. Podlech, Mainz)

Bei CMV-Infektion von Organen kann der Virusnachweis im Blut u. U. negativ sein. Bei entsprechendem Verdacht ist der CMV-Nachweis mit entsprechendem Material aus dem Organ durchzuführen (z. B. Biopsie). Bei Kindern ist ein positiver Virusnachweis im Urin nicht gleichbedeutend mit einer Erkrankung.

Für die Diagnose einer **Primärinfektion der Schwangeren** sind der Nachweis eines Titeranstiegs (ELISA) und der IgM-Nachweis bei fehlendem oder gering aviden IgG im Serum wichtig. (Antikörper mit hoher Affinität für ihre Antigene entstehen erst nach länger bestehender Infektion und „Reifung" der Immunantwort). Bei Verdacht auf primäre Infektion einer Schwangeren ist nach Möglichkeit eine Probe von fetalem Blut und Amnionflüssigkeit zu gewinnen und ein kompletter CMV-Antikörper-Status zu erstellen sowie die PCR durchzuführen. Die Kombination des IgM-Nachweis und/oder niedrig affinen CMV Antikörpern bei der Mutter und Nachweis von CMV im fetalen Blut oder Amnionflüssigkeit mittels PCR liefert zurzeit die besten Ergebnisse.

Therapie

An Medikamenten mit Wirksamkeit gegen CMV sind die Inhibitoren der viralen DNA-Polymerase **Ganciclovir** bzw. **Valganciclovir**, sowie **Foscarnet** und **Cidofovir** verfügbar (▶ Kap. 111). Ferner steht seit Kurzem mit **Letermovir** ein Inhibitor des viralen Terminasekomplexes zur Verfügung. Dieser Komplex wird beim Einbau der neu synthetisierten viralen DNA in vorgefertigte Kapside im Kern der infizierten Zelle benötigt (▶ Kap. 111).

- **Ganciclovir** bzw. das oral verfügbare **Valganciclovir** werden v. a. bei symptomatischen Infektionen von Immunsupprimierten und CMV-infizierten Neugeborenen mit klinischer Symptomatik als Mittel der 1. Wahl eingesetzt.
- **Foscarnet** und **Cidofovir** werden als Mittel der 2. Wahl (vermehrte Nebenwirkungen) bei klinisch signifikanten Infektionen von Immunsupprimierten (v. a. Transplantatempfänger, AIDS-Patienten) eingesetzt.
- Ferner wird **Ganciclovir** oder **Valganciclovir** bei immunsupprimierten Transplantationspatienten in den ersten 3 Monaten nach Transplantation vorbeugend gegeben; hier unterscheidet man eine prophylaktische von einer präemptiven Gabe von Ganciclovir:
  - Bei der **prophylaktischen Anwendung** erhalten alle Patienten mit einem Risikoprofil (CMV-positiver

Spender und CMV-negativer Empfänger bei Transplantation eines soliden Organs; CMV-positiver Empfänger bei CMV-negativem Spender bei Knochenmarktransplantation, s. u.) Ganciclovir oder Valganciclovir für 6–12 Wochen nach Transplantation.
- Bei der **präemptiven Anwendung** wird die CMV-Replikation mittels pp65-Antigenämie-Test (s. o.) oder quantitativer PCR überwacht und Ganciclovir bei Nachweis von replizierendem CMV auch ohne Vorliegen von klinischen Symptomen, die auf eine CMV Erkrankung hindeuten, gegeben.

Letermovir ist für die prophylaktische Anwendung bei Patienten mit Stammzell- bzw. Knochenmarktransplantation zugelassen. Bei diesen Patienten hat es gegenüber Ganciclovir den Vorteil der geringeren Knochenmarktoxizität. Letermovir wird in Einzelfällen auch zur Therapie resistenter CMV-Infektionen bei Immunsupprimierten eingesetzt.

▪▪ Prävention
Dazu zählen:

Schwangerenvorsorge Alle Schwangeren sollten auf das Vorhandensein von CMV-Antikörpern getestet werden (ELISA). Durch geeignete Hygienemaßnahmen (Händewaschen) können seronegative Schwangere beim Umgang mit potenziell CMV-ausscheidenden Kleinkindern das Risiko einer primären Infektion vermindern (Risiko für Erzieherinnen; Pflegepersonal in Kinderkliniken).

Schutzimpfung Ein wirksamer Impfstoff ist nicht verfügbar.

Meldepflicht Keine.

In Kürze: Zytomegalievirus (CMV)
- **Virus:** Typisches Herpesvirus, langsame Replikation in Zellkultur.
- **Epidemiologie:** In industrialisierten Ländern ist etwa die Hälfte der Erwachsenen infiziert, in ärmeren Ländern ist die Seroprävalenz höher (≥80 %). Ausscheidung durch Kinder für Wochen, Monate und Jahre (Speichel). Virus kann auch in der Muttermilch, Urin, Genitalsekrete ausgeschieden werden.
- **Übertragung:** Bei engem Kontakt durch Übertragung von Körperflüssigkeiten auf Schleimhäute (Küssen), intrauterin, perinatal und durch Stillen. Iatrogen durch Organe und Blut.
- **Pathogenese:** Typische Einschlusskörperchen in den Zellkernen und Latenz des Virus in myeloiden Zellen und Endothelzellen. Bei Schwächung des Immunsystems Reaktivierung des Virus.
- **Klinik:** Primärinfektion des Gesunden häufig asymptomatisch, manchmal unter der Entwicklung eines mononukleoseähnlichen Bildes (ähnlich wie bei EBV; ▶ Abschn. 70.5.2). Diese Manifestation tritt auch auf nach Übertragung von CMV durch Bluttransfusion (selten). Intrauterine Infektion bewirkt Embryopathie oder Entwicklungsstörungen, perinatale Infektion meist ohne Folgen. Bei immunsupprimierten Patienten (Transplantierten, AIDS-Patienten) häufig schwerwiegende Organmanifestationen (Pneumonie, Hepatitis, Kolitis, Thrombozytopenie, Leukopenie, Chorioretinitis) als Folge einer Primärinfektion oder (häufiger) einer CMV-Reaktivierung aus der Latenz.
- **Immunität:** Es werden Antikörper und CMV-spezifische T-Zellen gebildet. Diese schützen vor CMV-Krankheit, jedoch nicht vor Reaktivierungen und Reinfektion.
- **Labordiagnose:** IgM- und IgG-ELISA. Virusnachweis mittels quantitativer PCR aus Urin, Sekreten, Lavageflüssigkeit, peripherem Blut, Plasma etc. Nachweis des pp65-Antigens in Granulozyten des Blutes (IFT, Immunperoxidase). Anzucht des Virus möglich, aber in der Routinediagnostik von untergeordneter Bedeutung.
- **Therapie:** Bei CMV-induzierten Erkrankungen ist Ganciclovir bzw. Valganciclovir das Mittel der 1. Wahl, an 2. Stelle Cidofovir, Foscarnet. Zur Prophylaxe bzw. präemptiven Therapie können Ganciclovir, Valganciclovir oder Letermovir eingesetzt werden.
- **Prävention:** Impfstoff fehlt. Testung von Blut- und Organspendern auf CMV-Antikörper.
- **Meldepflicht:** Keine.

70.4 Humanes Herpesvirus 6A, 6B und 7 (HHV-6A, -6B, -7)

Die Humanen Herpesviren 6A, 6B und 7 sind nahe Verwandte des CMV und werden mit diesem zur Unterfamilie der β-Herpesviren gezählt. HHV-6 wurde, ursprünglich unter anderem Namen, 1986 in der Arbeitsgruppe von R. Gallo aus Proben von AIDS-Patienten isoliert. 1988 wurde dann in Japan ein ähnliches Virus aus den Blutlymphozyten von Kindern mit **Exanthema subitum** isoliert und aufgrund seiner Eigenschaften als **HHV-6** bezeichnet. Dieses wurde in die Subtypen

A und B eingeteilt, die aber phylogenetisch genügend Unterschiede aufweisen, um heute als getrennte Viren klassifiziert zu werden. 1990 wurde bei der Züchtung nichtbeimpfter CD4-Zellen eines Gesunden ein weiteres zytopathogenes Agens quasi als blinder Passagier isoliert. Es wurde als Herpesvirus klassifiziert und **HHV-7** genannt.

70.4.1 Humanes Herpesvirus 6A und 6B

Steckbrief

HHV-6B ist der Erreger des Exanthema subitum, auch Dreitagefieber oder Roseola infantum genannt. Es wird zudem für krankheitsbegleitende Fieberkrämpfe verantwortlich gemacht. HHV-6A ließ sich bisher nicht einem bestimmten Krankheitsbild zuordnen. Beide Viren bleiben nach der Primärinfektion latent im Organismus und können reaktiviert werden. Bei Immunsupprimierten kann dies zu Erkrankungen führen (z. B. Hepatitis).

Beschreibung

Morphologie und Genom Als typische Herpesviren enthalten HHV-6A und -6B eine Doppelstrang-DNA mit etwa 160 kbp, die in infizierten Zellen in der Regel, wie bei anderen Herpesviren, als zirkuläres Genom vorliegt. Als Besonderheit des HHV-6 unter den Herpesviren hat sich dessen Fähigkeit herausgestellt, gelegentlich sein Genom in die DNA der Wirtszelle zu integrieren und damit stabil auf die Nachkommen dieser Zelle zu vererben. Dies kann auch Zellen der Keimbahn betreffen. Bei den davon betroffenen Patienten kann dann z. B. in jedem Leukozyten des peripheren Blutes sowie in jeder anderen Körperzelle ein HHV-6-Genom vorliegen.

Züchtung Die Anzüchtung und Vermehrung erfolgen in Lymphozytenkulturen oder bestimmten lymphatischen Zelllinien. Die Viren erzeugen dabei einen zytopathischen Effekt vom Typ der Zellfusion. Einschlusskörperchen lassen sich im Kern und Zytoplasma nachweisen. Die Anzucht spielt in der Routinediagnostik keine Rolle.

Rolle als Krankheitserreger

70

▪▪ Übertragung und Epidemiologie

Die Durchseuchung mit HHV-6A und -B beginnt mit dem Verschwinden der mütterlichen Antikörper 5–6 Monate nach der Geburt. Die Durchseuchung steigt schnell an. Bei Erwachsenen sind 85–100 % Antikörperträger. Die Übertragung erfolgt durch Speichel über engen Kontakt mit der Mutter oder unter Kleinkindern. In der akuten Phase (Primärinfektion oder Reaktivierung) lässt sich das Virus in Plasma, Leukozyten, bronchoalveolärer Lavageflüssigkeit und Speichel nachweisen.

▪▪ Klinik

HHV-6B ist der Erreger des **Dreitagefiebers (Exanthema subitum** oder **Roseola infantum).** Die Inkubationsperiode beträgt 7–14 Tage. Das Exanthem tritt gegen Ende der Fieberphase auf. Man kennt auch Fälle ohne Exanthem nur mit Fieber und inapparente Verläufe sowie eine „infektiöse Mononukleose" bei Jugendlichen und Erwachsenen. Die Erkrankung heilt ohne Folgezustände aus. In seltenen Fällen kann HHV-6 mit Enzephalitis, Fieberkrämpfen, Pneumonie, Hepatitis, Lymphadenopathie und Knochenmarkschädigung assoziiert sein.

HHV-6 persistiert in lymphatischen Zellen, lässt sich aber mittels PCR auch in vielen Organen nachweisen, ohne dass diesem Nachweis immer eine pathologische Bedeutung zukommt. Bei Immunsuppression wird HHV-6 reaktiviert und kann mit „CMV-ähnlichen" klinischen Manifestationen verbunden sein (Fieber, Exantheme, Hepatitis etc.).

▪▪ Labordiagnose

Antikörper der Klassen IgM und IgG lassen sich im Immunfluoreszenztest auf infizierten T-Lymphozyten oder im ELISA nachweisen. Virusnachweis mit PCR in vielen Körperflüssigkeiten. Eine Bestimmung der Viruslast mittels quantitativer PCR spielt bei Immunsupprimierten mit „CMV-ähnlichen" Symptomen (s. o.) eine Rolle.

▪▪ Therapie

Ganciclovir.

70.4.2 Humanes Herpesvirus 7

HHV-7 ist mit keinem klar definierten Krankheitsbild verbunden. Mononukleoseähnliche Krankheitsbilder und unklare Fieberzustände sind sehr selten. Bei Immunsupprimierten kommt es oft zu Reaktivierungen ohne etablierte klinische Bedeutung. Die Größe des DNA-Genoms beträgt ca. 153 kbp. Die Durchseuchung mit HHV-7 beginnt erst nach dem 2. Lebensjahr und erreicht bei 11- bis 13-Jährigen 60 %, bei Erwachsenen 80–90 %. Die Übertragung erfolgt durch Speichel.

In Kürze: Humanes Herpesvirus 6A, 6B und 7 (HHV-6A, -6B, -7)

- **Virus:** Typische Herpesviren. Genomgröße ca. 150–160 kbp.
- **Vorkommen und Übertragung:** Nur beim Menschen. Übertragung durch engen Kontakt (Speichel).
- Epidemiologie: Beginn der Durchseuchung im 6. Lebensmonat (HHV-6) nach Verschwinden der mütterlichen Antikörper bzw. im Alter von 2–3 Jahren (HHV-7). Hohe Durchseuchung im Erwachsenenalter.
- **Pathogenese:** Wahrscheinlich Latenz in Lymphozyten.
- **Klinik:** Dreitagefieber (Exanthema subitum) durch HHV-6B, z. T. Fieberkrämpfe; selten mononukleoseähnliches Krankheitsbild, Pneumonie, Hepatitis und Enzephalitis. Inkubationsperiode 3–15 Tage. Für HHV-7 ist noch keine Krankheit sicher nachgewiesen.
- **Immunität:** Wahrscheinlich lebenslang mit inapparenten Reaktivierungen.
- **Labordiagnose:** Virusnachweis mittels PCR aus peripherem Blut, Biopsien, Liquor oder anderen Körperflüssigkeiten; im Fall von HHV-6 spielt die Bestimmung der Viruslast im peripheren Blut bei Immunsupprimierten mit klinischen Manifestationen eine gewisse Rolle. Nachweis von IgG und IgM im ELISA oder IFT.
- **Therapie:** Ganciclovir, nur bei schweren Manifestationen.
- **Prävention:** Keine.

70.5 Epstein-Barr-Virus (EBV)

Steckbrief

Das Epstein-Barr-Virus ist der Erreger der infektiösen Mononukleose und ein wichtiger ätiologischer Faktor bei der Entstehung des endemischen Burkitt-Lymphoms, des lymphoepithelialen Nasopharynxkarzinoms, von B-Zell-Lymphomen bei Transplantatempfängern und AIDS-Patienten, bestimmten Formen des Hodgkin-Lymphoms sowie selten bei Magenkarzinomen. Es ist von der WHO als humanes Karzinogen der höchsten Stufe (I) und als menschliches Tumorvirus anerkannt. EBV etabliert seine Latenz in B-Zellen.

Geschichte

1889 beschrieb der Kinderarzt Emil Pfeiffer das nach ihm benannte Pfeiffer-Drüsenfieber mit Angina, Lymphknotenschwellungen und gelegentlicher Hepatosplenomegalie. Erst 30 Jahre später wurden die atypischen Lymphozyten entdeckt, die dem Krankheitsbild zur Bezeichnung „infektiöse Mononukleose" verholfen haben. 1932 entdeckten John Rodman Paul und Walls Willard Bunnell die heterophilen Antikörper. 1964 beobachteten Tony Epstein und Yvonne M. Barr in kultivierten Burkitt-Lymphomzellen ein „herpesähnliches" Virus und entdeckten so das erste menschliche Tumorvirus. Schließlich erbrachten Werner und Gertrude Henle 1968 in Philadelphia den Beweis, dass EBV die infektiöse Mononukleose hervorruft.

70.5.1 Lebenszyklus des EBV

Morphologie und Genom

EBV ist ein typisches Virus der Herpesgruppe mit 184 kbp großem DNA-Genom, das etwa 100 Proteine sowie 2 kurze, abundant exprimierte, nichttranslatierte nukleäre RNAs (Epstein-Barr encoded RNAs, EBERs) und mehrere miRNAs kodiert.

Latenz

EBV etabliert seine Latenz in B-Zellen. Nach Übertragung des Virus durch Speichel (s. u.) infiziert EBV B-Zellen im Bereich der Tonsillen und anderer lymphatischer Strukturen des Oropharynx. Die Mehrzahl der B-Zellen in diesen lymphatischen Strukturen sind naive B-Zellen, die noch keinen Kontakt mit Antigen hatten, nur eine Lebensdauer von Tagen haben und deshalb als Ort der langfristigen Persistenz ungeeignet sind.

Um in diesen Zellen langfristig persistieren zu können, induziert EBV zunächst deren Proliferation. Hierfür verwendet es virale, im Kern der infizierten B-Zelle exprimierte Proteine (Epstein-Barr-Virus nukleäre Antigene, EBNAs), speziell EBNA-2, EBNA-3 A, -3B, -3 C und EBNA-LP, sowie 2 virale Membranproteine (latente Membranproteine LMP-1 und LMP-2 A). Diese Proteine sind Bestandteil des **Latenzprogramms III** und manipulieren die Transkription zellulärer Gene durch Beeinflussung zellulärer Transkriptionsfaktoren, epigenetischer Kontrollmechanismen und zellulärer Signalkaskaden. Details zur Funktion einiger dieser Proteine finden sich in ▶ Kap. 53 (◘ Abb. 53.3 bis 53.6).

Die auf diese Weise zur Proliferation angeregten B-Zellen wandern in die Keimzentren der Lymphfollikel. Dort befinden sie sich in einer Umgebung, in der B-Zellen physiologischerweise als Reaktion auf stimulierende Antigene proliferieren (▶ Kap. 8). EBV kann deshalb einen Teil seiner wachstumsstimulierenden

Proteine „abschalten" und exprimiert nur noch EBNA-1 (benötigt zur Replikation und Erhaltung des viralen Genoms während der Latenz), LMP-1 (imitiert normalerweise vom CD40-Rezeptor ausgehende kostimulierende Signale für die B-Zell-Proliferation) und LMP-2 A (imitiert die von B-Zell-Antigen-Rezeptoren ausgehenden Signale). Dieses als **Latenzprogramm II** bezeichnete Portfolio viraler Proteine imitiert damit die Signale, denen die antigenerkennende B-Zelle physiologischerweise im Keimzentrum ausgesetzt wäre – EBV „täuscht" damit der infizierten B-Zelle „vor", sie habe Kontakt mit Antigen gehabt und müsse deshalb proliferieren.

Im Rahmen der normalen B-Zell-Physiologie werden B-Zellen im Keimzentrum durch Kontakt mit ihrem Antigen selektiert, zur Proliferation angeregt und ihr „B-Zell-Rezeptor" „reift" (Rearrangement der Ig-Gene, „Umschalten" von IgM auf IgG, somatische Hypermutation des antigenerkennenden Bereichs im „B-Zell-Rezeptor" zur Erhöhung der Affinität für das erkannte Antigen; ► Kap. 9). Auf diese Weise selektierte und gereifte B-Zellen verlassen das Keimzentrum und werden zu Plasmazellen oder langlebigen Gedächtnis-B-Zellen.

Durch die Stimulation mithilfe seiner Latenzprogramme II und III und Passage durch das Keimzentrum reifen EBV-infizierte B-Zellen auch **ohne Antigenkontakt** zu **Gedächtnis-B-Zellen,** in denen EBV aufgrund von deren langer Lebensdauer eine andauernde Persistenz etablieren kann. Eine Wachstumsstimulation dieser Gedächtnis-B-Zellen ist jetzt nicht mehr notwendig und EBV reduziert deshalb das Spektrum der exprimierten viralen Gene noch weiter: Im Latenzprogramm I werden jetzt nur noch EBNA-1 und nukleäre nichttranslatierte RNAs (EBERs) exprimiert, im Latenzprogramm 0 lediglich das LMP-2 A-Protein (◘ Abb. 70.14)

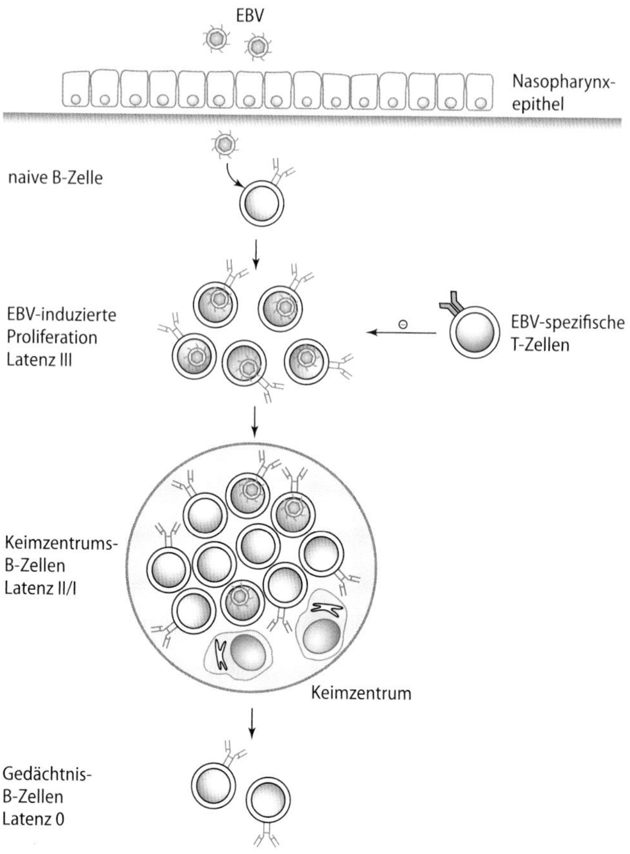

◘ **Abb. 70.14** Etablierung der EBV-Latenz in B-Zellen. EBV infiziert zunächst naive B-Zellen in lymphatischen Organen des Nasen-Rachen-Raumes und induziert in diesen die Proliferation und Reifung zu Gedächtnis-B-Zellen, in denen eine langfristig latente Persistenz möglich ist. Diese Entwicklung beinhaltet 3 verschiedene Latenzprogramme (I–III) des EBV. Details im Text

▪ Reaktivierung und Bildung neuer Viruspartikel

Wie alle Herpesviren muss EBV gelegentlich aus seiner Latenz reaktivieren, um neue Viruspartikel zu bilden und einen neuen Wirt zu infizieren. Hierfür nutzt EBV ebenfalls die normale B-Zell-Physiologie aus (◘ Abb. 70.15). Um Antikörper produzieren zu können, differenzieren gereifte B-Zellen des Keimzentrums oder durch Antigenkontakt „reaktivierte" Gedächtnis-B-Zellen zu Plasmazellen.

Durchläuft eine latent mit EBV infizierte B-Zelle diesen Differenzierungsprozess, so lösen die dabei beteiligten Signalwege eine Reaktivierung des Virus, den produktiven Replikationszyklus und die Bildung neuer Virionen aus. Finden sich solche Zellen in der Mukosa, können neu gebildete EBV-Virionen auf diese Weise in den Oropharynx sezerniert und über den Speichel auf neue Wirte übertragen werden.

▪ Immunität gegen EBV

Das Eindämmen der akuten EBV-Infektion und das Umschalten von Latenzprogramm III auf II (s. o.) vermitteln **EBV-spezifische zytotoxische T-Zellen,** die nach der Infektion gebildet werden. Deren Bedeutung wird dadurch unterstrichen, dass bei der angeborenen X-chromosomal gekoppelten Immundefizienz („X-linked immunodeficiency"), die mit einer Beeinträchtigung der T-Zell-Reifung einhergeht, eine primäre EBV-Infektion zu unkontrollierter B-Zell-Proliferation und schneller Entwicklung eines B-Zell-Lymphoms führt, an dem die Patienten häufig versterben. Diese unkontrolliert proliferierenden B-Zellen enthalten EBV im Latenzprogramm III.

Diese Beobachtung unterstreicht die Bedeutung des Latenzprogramms III für die EBV-vermittelte B-Zell-Proliferation, aber auch die Tatsache, dass zytotoxische T-Zellen einige der Latenz-III-Proteine, insbesondere EBNA-3 A, -3B, -3 C, erkennen und T-Zellen das „gefährliche" Latenzprogramm III, und damit die EBV-induzierte B-Zell-Proliferation, „in Schach" halten.

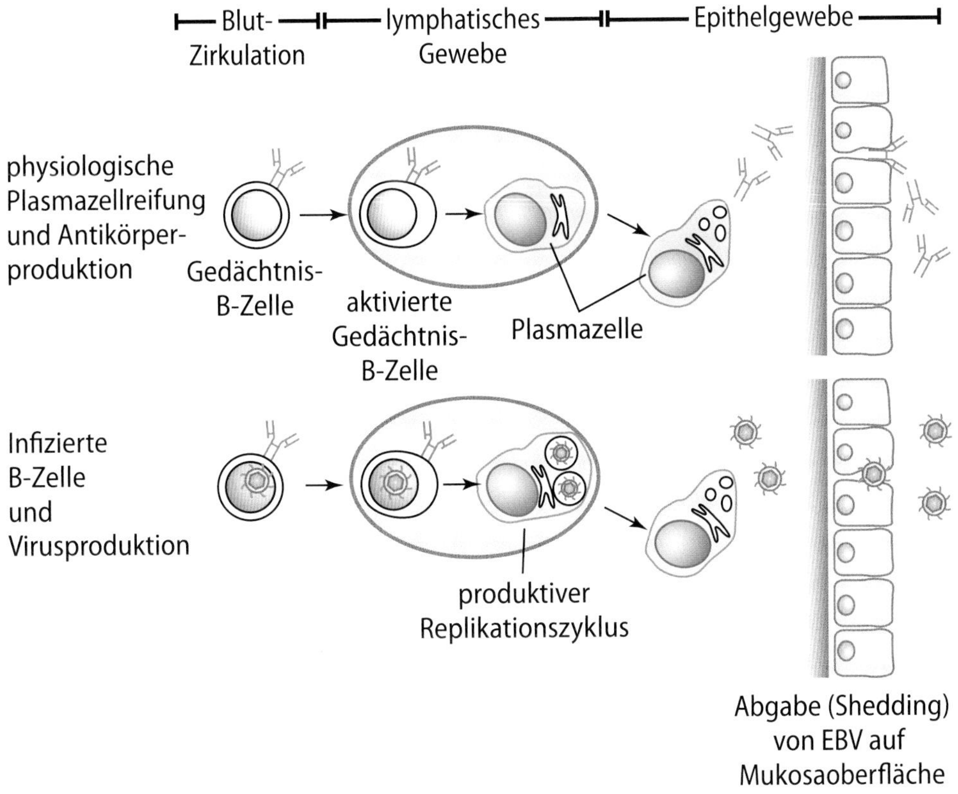

Abb. 70.15 Reaktivierung von EBV aus der Latenz und Produktion neuer Viruspartikel im Rahmen der Differenzierung EBV-infizierter B-Zellen zu Plasmazellen. Details im Text

Ferner werden Antikörper gegen verschiedene EBV-Proteine gebildet, denen eine diagnostische Bedeutung zukommt (s. u.: Labordiagnose).

Züchtung

Das Virus lässt sich durch Kokultivierung auf Nabelschnurlymphozyten übertragen. Dabei werden die B-Zellen durch Wirkung des Latenzprogramms III **immortalisiert** und lassen sich als stabile Zelllinien langfristig kultivieren. In der Routinediagnostik spielt die Anzüchtung von EBV allerdings keine Rolle.

70.5.2 Rolle als Krankheitserreger

Epidemiologie

Die Übertragung des EBV erfolgt oral, meistens durch virushaltigen Speichel, im Rahmen enger Kontakte, z. B. durch Küssen („college disease“, „kissing disease“), aber auch durch die gemeinsame Benutzung von Essbesteck. Die Prävalenz der EBV-Infektion steigt schon vor der Pubertät schnell an (Hinweis auf Übertragung im Kindesalter) und erreicht bei jungen Erwachsenen 90 %. Je niedriger die sozioökonomischen Lebensbedingungen, desto früher im Leben erfolgt die Erstinfektion. Während und nach einer symptomatischen Primärerkrankung (infektiöse Mononukleose, s. u.) scheiden viele Patienten EBV wochen- und monatelang aus. Auch bei einem kleinen Teil gesunder Erwachsener kann man die Virusausscheidung im Speichel nachweisen.

Klinische Manifestationen

Die **infektiöse Mononukleose** (IM, Pfeiffer-Drüsenfieber) ist die klinische Manifestation einer Erstinfektion mit EBV. Sie tritt am häufigsten bei jungen Menschen zwischen 15 und 30 Jahren auf, nicht alle Erstinfektionen mit EBV in dieser Altersgruppe verlaufen aber symptomatisch. Bei Erstinfektionen im Kindesalter sind hingegen asymptomatische Verläufe die Regel. Dies spiegelt die Tatsache wider, dass viele der typischen IM-Symptome (s. u.) Ausdruck der massiven Reaktion des Immunsystems und der rasch expandierenden EBV-spezifischen T-Zellen sind (s. o.). Im Kindesalter verläuft die Reaktion des Immunsystems weniger ausgeprägt.

Die **Angina** führt auf den Tonsillen oft zu graugelben Belägen und gelegentlich zu Ulzera (Abb. 70.16). Häufig ist ein starker Mundgeruch vorhanden. Die **Lymphknotenschwellungen** finden sich zunächst am Hals, dann in der Achsel, in der Leistengegend, aber auch im Hilus. Die Splenomegalie ist

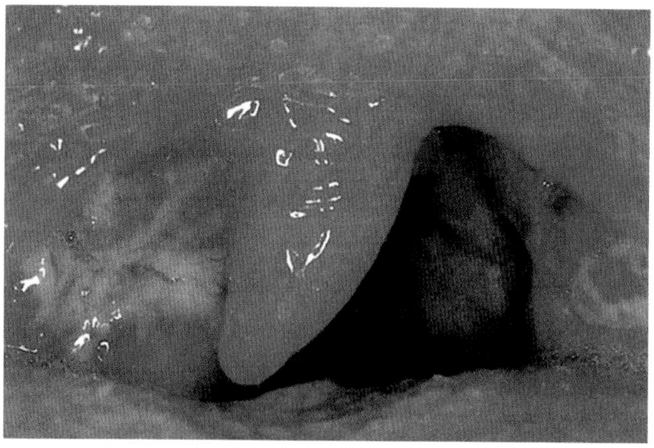

Abb. 70.16 Mononukleose-Angina durch EBV. (Mit freundlicher Genehmigung von Prof. Dr. Dietrich Falke, Mainz)

weich; es besteht die Gefahr einer Milzruptur. Weitere mögliche Symptome der infektiösen Mononukleose sind eine sehr häufige milde **Hepatitis** bzw. **Transaminasenerhöhungen, Meningitis, Exantheme, Thrombozytopenie, Myokarditis, Perikarditis, interstitielle Pneumonie** sowie **Myalgie** und selten eine **Neuropathie.** Die Hepatitis kann das einzige Symptom der Erkrankung sein. Embryopathien sind nicht bekannt.

Differenzialdiagnostisch sind auch die „Mononukleose" durch CMV, HIV oder HHV-6, die Toxoplasmose sowie die Streptokokkenangina in Betracht zu ziehen.

Eine besondere Form der EBV-Infektion ist die **Transfusionsmononukleose**. Sie wird bei EBV-Seronegativen nach Bluttransfusionen oder Organtransplantationen mit EBV-positivem Material beobachtet (selten).

Haarleukoplakie Diese Erkrankung tritt nur bei AIDS-Patienten auf und spiegelt die aufgrund des Immundefekts unkontrollierte produktive EBV-Replikation im Zungenepithel wider. Sie ist durch weiße Beläge am Zungenrand gekennzeichnet.

Chronisch aktive EBV-Infektion Sie ist eine sich monatelang hinziehende EBV-Infektion bei sonst Gesunden, die das Virus aus unbekannten Gründen nicht „unter Kontrolle bekommen". Gekennzeichnet ist sie durch rezidivierendes Fieber, Splenomegalie, Hepatitis, Viruspneumonie, Lymphknotenschwellungen und Arthralgien infolge Infiltration EBV-haltiger B-Lymphozyten. Serologisch fallen hohe Titer gegen Kapsid- und Early-Antigen (s. u.) auf.

Maligne Erkrankungen infolge EBV-Infektion

EBV gehört zu den 7 von der International Agency for the Research against Cancer (IARC, einem WHO-Institut) anerkannten humanen Tumorviren (vgl. ▶ Kap. 53) und wurde in die höchste Karzinogenklasse (I) eingestuft. Es spielt eine ursächliche Rolle bei 5 menschlichen Tumoren:

- Burkitt-Lymphom
- Hodgkin-Lymphom
- Posttransplantationslymphom
- Magenkarzinom (<10 %)
- NK-/T-Zell-Lymphome

Burkitt-Lymphom EBV findet sich in allen Fällen des endemischen (im „Malariagürtel" Afrikas vorkommenden) Burkitt-Lymphoms, aber nur in weniger als der Hälfte der sporadischen Burkitt-Lymphom-Fälle in westlichen Ländern oder der AIDS-assoziierten Burkitt-Lymphome. Charakteristisch für alle Burkitt-Lymphome ist die reziproke Chromosomentranslokationen zwischen Chromosom 8 (Träger des c-myc-Onkogens) und einem der Chromosomen 14, 2 oder 22 (Träger der Gene für die schwere [H] bzw. die beiden leichten Ketten [λ, κ] der Antikörper; ▶ Kap. 9) in B-Zellen. Hierdurch gerät das c-myc-Onkogen unter den Einfluss der Immunglobulingene, die in B-Zellen konstitutiv aktiv sind. Die daraus resultierende unkontrollierte Expression von c-myc erhöht die Proliferation und Apoptoseneigung der betroffenen, proliferierenden B-Zellen.

Das **endemische Burkitt-Lymphom** tritt vorwiegend in Regionen Zentralafrikas auf, in denen Malaria holoendemisch vorkommt. Diese Beobachtung sowie experimentelle Hinweise deuten auf eine wichtige Kofaktorrolle der Malaria bei der Entstehung des endemischen Burkitt-Lymphoms hin. Vermutlich erhöht Malaria, die ebenfalls B-Zellen stark stimuliert, die Wahrscheinlichkeit, dass die für das Burkitt-Lymphom typische Chromosomentranslokationen auftreten. Liegt EBV in latenter Form in einer B-Zelle vor, in der diese Translokation stattgefunden hat, so vermitteln einige seiner Proteine einen Schutz vor der durch c-myc-Überexpression ausgelösten Apoptose und tragen so dazu bei, dass eine B-Zelle mit c-myc-Translokation zu einem Lymphom auswächst. Klinisch stehen Tumoren der Mandibula oder Maxilla im Vordergrund, manchmal auch große Tumoren im Abdominalbereich.

Spontane Burkitt-Lymphome hingegen entstehen ohne Mitwirkung des EBV nur als Folge der c-myc-Translokation. Sie sind sehr viel seltener, was die „tumorbeschleunigende" Wirkung des EBV unterstreicht.

Nasopharynxkarzinom (Schmincke-Tumor) Dieser lymphoepitheliale Tumor tritt vorwiegend in der chinesischen Bevölkerung Südostasiens, aber auch an der Nordküste Afrikas (Maghreb) und in Grönland

(Inuit) auf. Seine Inzidenz beträgt weltweit 0,3/100.000/Jahr. In Deutschland sind 4 % aller bösartigen Tumoren im HNO-Bereich Nasopharynxkarzinome. Im Nasopharynxkarzinom enthalten nur die epithelialen Tumorzellen EBV-DNA in latenter Form (zirkuläre Episome; keine Produktion von Viruspartikeln) und exprimieren transformierende EBV-Proteine (z. B. LMP-1). Die restringierte geografische Verteilung dieses Tumors deutet, bei weltweiter Verbreitung von EBV, auf die Beteiligung weiterer Umweltkarzinogene hin und legt diätetische Faktoren (z. B. Karzinogene in geräuchertem Fisch, Gewürze) oder bestimmte bakterielle Kommensalen in der Mundflora als Kofaktoren nahe.

Hodgkin-Lymphom Etwa die Hälfte der Fälle des Morbus Hodgkin vom gemischten und nodulär-sklerosierenden Typ enthalten EBV-positive Reed-Sternberg-Zellen, die malignen Zellen dieses Tumors. Die EBV-infizierten Reed-Sternberg-Zellen exprimieren oft die latenten Membranproteine LMP-1 und LMP-2 (◘ Abb. 53.4), entsprechend dem Latenzprogramm II des EBV (▶ Abschn. 70.5.1). Ferner weisen Reed-Sternberg-Zellen oft rearrangierte Immunglobulingene und somatische (oft fehlerhafte) Mutationen in der Antigenbindungsregion des membranständigen Antikörpers (des „Antigenrezeptors“ oder „B-Zell-Rezeptors“) auf (▶ Kap. 9). Dies deutet darauf hin, dass Reed-Sternberg-Zellen aus defekten B-Zellen des Keimzentrums entstanden sind, die (wegen ihrer fehlerhaften Antigenbindungsregion des „B-Zell-Rezeptors“) eigentlich hätten eliminiert werden sollen, aber durch die Anwesenheit von EBV und die Wirkung von LMP-1 und LMP-2 A (diese simulieren die Stimulierung der B-Zelle durch Antigenkontakt; ▶ Abschn. 70.5.1) am Leben erhalten wurden.

Fälle von EBV-positivem Morbus Hodgkin treten 5–10 -Jahre nach einer symptomatischen infektiösen Mononukleose signifikant häufiger auf als EBV-negative Fälle. Vermutlich ist diese Erkrankung also auf EBV-infizierte B-Zellen des Keimzentrums zurückzuführen, welche durch die EBV-spezifischen T-Zellen des Patienten nicht eliminiert wurden und so unter dem Einfluss des proliferationsfördernden Latenzprogramms II des EBV (▶ Abschn. 70.5.1) zu malignen Klonen auswachsen konnten.

Posttransplantationslymphom (PTLD) Infolge der reduzierten antiviralen T-Zell-Aktivität bei Organtransplantierten und AIDS-Patienten können, je nach Stärke der Immunsuppression, poly-, oligo- oder monoklonale B-Zell-Lymphoproliferationen auftreten. Diese entstehen aufgrund der o. g. Fähigkeit von EBV, B-Zellen zur Proliferation anzuregen und zu immortalisieren. Besonders gefährdet sind hier Kinder, die nach einer Organ- oder Knochenmark-/Stammzelltransplantation eine Primärinfektion mit EBV durchmachen.

Magenkarzinom Bei einem kleinen Teil (<10 %) der Magenkarzinome finden sich EBV-infizierte epitheliale Tumorzellen. EBV-infizierte Magenkarzinome kommen eher im proximalen Teil des Magens vor und stellen wahrscheinlich eine andere Entität dar als die häufigeren, durch Helicobacter pylori (▶ Kap. 33) verursachten Magenkarzinome.

NK-/T-Zell-Lymphome Sehr selten wird EBV auch in T-Zell-Lymphomen, oft mit einer NK-/T-Zell-Differenzierung, gefunden.

▪▪ Labordiagnose

Eine Reaktivierung des Virus oder die Expansion EBV-positiver Lymphomzellen im peripheren Blut lassen sich heute durch **quantitative PCR** auf peripheren Blutzellen oder Plasma nachweisen. Dies spielt eine Rolle bei der Überwachung von Empfängern von Organ- oder Knochenmarktransplantaten. Allerdings ist der Nachweis einer erhöhten EBV Viruslast bei diesen Patienten nicht beweisend für das Vorliegen einer PTLD, sondern gibt nur einen Hinweis, dem mit anderen diagnostischen Methoden (z. B. bildgebende Verfahren) nachgegangen werden kann.

Diagnostisch wichtige EBV-Proteine Einige der bei der Betrachtung des EBV-Lebenszyklus erwähnten Proteine (▶ Abschn. 70.5.1) sind auch als diagnostische Antigene von Bedeutung. Hierzu zählen die während der Latenz exprimierten nukleären (EBNA-)Proteine sowie das „early antigen“ (EA) und das virale Kapsidantigen (VCA) des produktiven (lytischen) Replikationszyklus. VCA ist Bestandteil neu gebildeter Viruspartikel. Antikörper gegen diese Proteine lassen sich im ELISA oder in Immunfluoreszenztests (IFT) nachweisen. Dabei zeigen IgM-Antikörper gegen VCA eine akute Infektion an, während IgG-Antikörper gegen VCA langfristig persistieren (◘ Abb. 70.17). Antikörper gegen EA finden sich bei frischen Infektionen. IgG-Antikörper gegen EBNA erscheinen verzögert und lassen sich bei latent Infizierten nachweisen. IgA-Antikörper gegen VCA lassen sich schon im Vorfeld der Entstehung eines Nasopharynxkarzinoms nachweisen und haben prognostische Bedeutung.

Diese Verfahren sind spezifischer als der früher übliche Nachweis heterophiler Antikörper im Paul-Bunnell-Test. Im Gewebe lassen sich infizierte Zellen gut durch die Anwesenheit der EBER-RNA im Kern mittels In-situ-Hybridisierung sowie, je nach Latenzmuster, EBNA-1 (Kern) bzw. LMP-1 und LMP-2 A (Zytoplasma) in der Immunhistologie nachweisen (◘ Abb. 53.4).

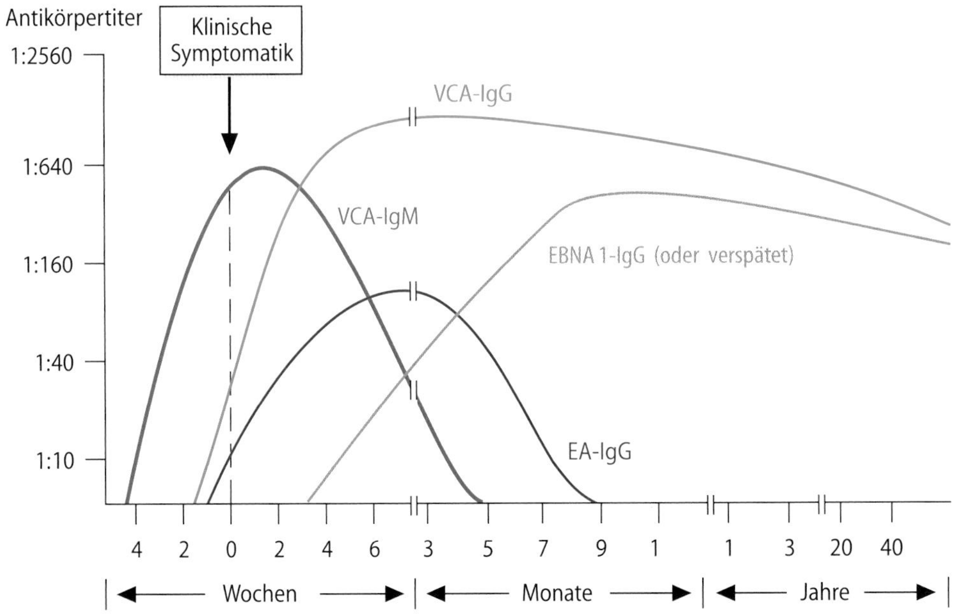

Abb. 70.17 Ablauf einer EBV-Infektion. Dargestellt ist das Auftreten von Antikörpern gegen VCA (Viruskapsidantigen), EBNA-1 und EA

Therapie und Prävention

Bei anderen Herpesviren verwendete Inhibitoren der viralen DNA-Polymerase (Aciclovir, Ganciclovir, Cidofovir, Foscarnet; ► Kap. 111) zeigen keine gute Wirkung, da die meisten EBV-bedingten Erkrankungen (s. o.) auf die Auswirkungen einer latenten EBV-Infektion zurückzuführen sind, die virale DNA-Polymerase aber nur im Rahmen des lytischen (produktiven) Replikationszyklus benötigt wird. Bei der Haarleukoplakie der Zunge, die Ausdruck der lytischen Replikation des EBV bei immunsupprimierten AIDS-Patienten ist, kann Aciclovir (ACV) versucht werden. Eine Impfung gegen EBV steht nicht zur Verfügung.

In Kürze: Epstein-Barr-Virus (EBV)

- **Virus:** Typisches Herpesvirus, infiziert Epithelien und B-Lymphozyten; immortalisiert B-Lymphozyten, das Virus wird dabei latent.
- **Vorkommen:** Beim Menschen weltweit.
- **Epidemiologie:** Durchseuchung hoch, je nach sozioökonomischen Lebensbedingungen, bei Erwachsenen weltweit >90 %.
- **Übertragung:** Übertragung durch Speichel (Küssen, „kissing disease"). Lebenslang intermittierende Ausscheidung im Speichel.
- **Pathogenese:** Primäre Infektion von B-Lymphozyten in lymphatischen Strukturen des Pharynx/Epipharynx. Das Virus regt infizierte B-Zellen zur Proliferation an und lässt sie zu Gedächtnis-B-Zellen werden, in denen es langfristig in latenter Form persistiert.
- **Klinik:** EBV ist die Ursache der infektiösen Mononukleose und verschiedener Tumoren. Hierzu gehören das endemische Burkitt-Lymphom, das Nasopharynxkarzinom, etwa die Hälfte der Fälle von Morbus Hodgkin sowie Lymphoproliferationen bei Immunsupprimierten (PTLD). Seltener spielt es eine Rolle bei Magenkarzinomen und NK-/T-Zell-Lymphomen.
- **Immunität:** CTL kontrollieren die Reaktivierung, Antikörper gegen Kapsid-, EBNA-, Early- und Membran-Antigene. Zweitinfektionen („Überinfektionen") mit einem anderen EBV-Stamm sind möglich, d. h. kein Schutz gegen weitere Infektion mit EBV.
- **Labordiagnose:** Nachweis von IgG gegen VCA-, EA-, EBNA-Antigene mittels IFT oder ELISA, von IgM oder IgA gegen VCA in ELISA oder IFT. Bestimmung der Viruslast im peripheren Blut mittels quantitativer PCR.
- **Therapie:** Symptomatisch. Aciclovir bei Haarleukoplakie.
- **Prophylaxe:** Ein Impfstoff fehlt.

70.6 Humanes Herpesvirus 8 oder Kaposi-Sarkom-Herpesvirus (KSHV/HHV-8)

Steckbrief

Ausgehend von der – epidemiologisch begründeten – Vermutung, dass ein unbekanntes, sexuell übertragbares Agens die Ursache des Kaposi-Sarkoms (KS) sein könnte, gelang Yuan Chang und Patrick Moore 1994 die Entdeckung von „herpesähnlicher DNA" im Kaposi-Sarkom (KS) von AIDS-Patienten; in der Folge wurde das ganze Genom kloniert. Die DNA dieses γ-Herpesvirus umfasst etwa 165 kbp. Sie lässt sich in den Tumorzellen (Spindelzellen) aller KS-Formen (AIDS-KS, iatrogenes KS, afrikanisches „endemisches" KS, „klassisches" KS bei älteren Männern aus dem osteuropäischen oder Mittelmeerraum) nachweisen. KSHV/HHV-8 ist die infektiöse Ursache des KS, des primären Effusionslymphoms und der Plasmazellvariante des Morbus Castleman. Ferner verursacht KSHV/HHV-8 ein durch die Proliferation von B-Zellen und die Ausschüttung von Zytokinen charakterisiertes Syndrom (KICS). Begünstigend wirken eine Immundefizienz, entzündliche Reaktionen und noch unbekannte Faktoren.

70.7 Rolle als Krankheitserreger

■■ Übertragung und Epidemiologie

Die Prävalenz von KSHV/HHV-8 liegt in den Ländern Afrikas südlich der Sahara bei 50–60 %, in Ländern des Mittelmeerraums zwischen 3 und 20 %. Im Gegensatz dazu ist es, mit der Ausnahme mancher Populationen in Südamerika und China, im Rest der Welt selten (im Allgemeinen <3–5 %). In Risikogruppen für sexuell übertragbare Erkrankungen, wie bei Prostituierten, MSM („Men who have Sex with Men"), ist die Prävalenz höher als in der Allgemeinbevölkerung. In westlichen Ländern hat sich KSHV/HHV-8 in diesen Risikogruppen im Rahmen einer von HIV unabhängigen Verbreitungswelle wahrscheinlich zwischen 1960 und 1980 zunächst unerkannt ausgebreitet.

Die Übertragung des KSHV/HHV-8 erfolgt offenbar v. a. durch Speichel. In endemischen Ländern erfolgt ein großer Teil der Durchseuchung im Kindesalter vor der Pubertät. In allen Ländern trägt sexuelle Übertragung zusätzlich zur Ausbreitung bei, wobei diese in den oben erwähnten Risikogruppen eine besonders große Rolle spielt. Antikörper lassen sich bei Patienten mit KS in 90–100 % nachweisen.

■■ Pathogenese

KSHV/HHV-8 etabliert seine Latenz in B-Zellen. Es infiziert ferner Endothelzellen, von denen die Entwicklung des Kaposi-Sarkoms ausgeht, sowie Monozyten/dendritische Zellen. Neben dem KS kann KSHV/HHV-8 zwei Lymphome verursachen: das primäre Effusionslymphom und die Plasmazellvariante des multizentrischen Morbus Castleman. Darüber hinaus ist es die Ursache eines bei HIV-Patienten und Transplantierten vorkommenden, durch produktive Virusreplikation und überschießende Zytokinsekretion charakterisierten Syndroms – „KSHV-associated inflammatory cytokine syndrome" (KICS).

In den meisten Tumorzellen liegt das Virus in latenter Form (episomales Genom, restringierte Genexpression) vor. In diesem Zustand werden nur 4–5 virale Proteine exprimiert; einige von diesen (latenzassoziiertes nukleäres Antigen, LANA; ein D-Typ-Cyclin-Homolog; vFLIP, ein Homolog eines zellulären Apoptoseregulators; mehrere miRNA) beeinflussen Zellfunktionen (Zellzyklus, „Anschalten" zellulärer Gene und Signalketten, Apoptosehemmung, Interaktion mit zellulären Tumorsuppressorproteinen), die eine ursächliche Beteiligung an der Entwicklung der KSHV/HHV-8-assoziierten Tumoren vermuten lassen.

Ferner liegen in einem kleinen Teil der infizierten Tumorzellen die Frühstadien des produktiven Replikationszyklus vor. Diese sind gekennzeichnet durch die Expression viraler Gene, welche die Expression zellulärer entzündlicher Zytokine (IL-6, IL-8) und angiogener Faktoren (IL-8, VEGF) bewirken, virale Zytokine (vIL6, vMIP I–III) darstellen, Apoptose beeinflussen (vbcl), die Interferonkaskade modulieren (vIRFs) und so zu manchen Aspekten der Pathologie (z. B. Gefäßneubildung) beitragen können. Die überschießende Bildung solcher inflammatorischer Zytokine in immunsupprimierten Patienten mit aktiver KSHV/HHV-8-Replikation ist die Ursache von KICS.

Kaposi-Sarkom Das KS ist ein angioproliferativer Tumor und besteht aus spindelzellartigen Elementen, die sich von Endothelzellen ableiten. Es tritt auf der Haut, den Schleimhäuten, in Organen und im Lymphgewebe multizentrisch auf und ist meistens poly- oder oligoklonal. In den frühen Stadien kann es, z. B. bei Reduktion der Immunsuppression oder Hemmung der HIV-Replikation durch HAART (► Kap. 65 und 111) zu Regressionen dieses Tumors kommen. Diese Beobachtung unterstreicht, dass KSHV/HHV-8 die Entwicklung dieses Tumors „treibt" und, zumindest in frühen Stadien, das Wachstum von Tumorzellen noch nicht autonom ist. Wahrscheinlich tragen mehrere KSHV/HHV-8-Proteine zur der KS zugrunde liegenden atypischen Differenzierung von Endothelzellen bei.

KSHV/HHV-8-assoziierte Lymphome Beim **primären Effusionslymphom** (PEL; Körperhöhlenlymphom) finden sich maligne B-Zellen in Exsudaten des

Pleura- und Abdominalraumes, oft in Abwesenheit erkennbarer solider Lymphommassen. Die KSHV/HHV-8-infizierten malignen B-Zellen sind oft, aber nicht immer, ebenfalls EBV-infiziert. Bei der **Plasmazellvariante des multizentrischen Morbus Castleman** finden sich KSHV/HHV-8-infizierte Lymphomzellen in „Pseudokeimzentren" mit ausgeprägter Gefäßreaktion im lymphatischen Gewebe. Viele der infizierten B-Zellen exprimieren ein KSHV/HHV-8-kodiertes Homolog des zellulären IL-6 (vIL-6). vIL-6 ist sehr viel stärker pleiotrop als zelluläres IL-6 und regt unter anderem B-Zellen zum Wachstum an. Drei virale Proteine, vFLIP, vCyc und vIRF3, sind für das Überleben von PEL-Zellen wichtig.

▪▪ Labordiagnose

KSHV/HHV-8 DNA lässt sich in Tumormaterial oder peripherem Blut gut mittels PCR nachweisen. Bei gesunden KSHV/HHV-8-infizierten Personen ist das Virus allerdings derart latent, dass sein Nachweis im peripheren Blut nur bei wenigen infizierten Personen gelingt.

Antikörper gegen KSHV/HHV-8 lassen sich mittels Immunfluoreszenz oder ELISA nachweisen. Hierbei gilt der Nachweis von Antikörpern gegen das latente nukleäre Antigen (LANA) als sehr spezifisch, aber nicht 100 % sensitiv, während der Nachweis von Antikörpern gegen strukturelle Proteine in manchen Verfahren an mangelnder Spezifität leidet. Bewährt haben sich hier der Nachweis von Antikörpern im ELISA gegen LANA und ein virales Glykoprotein, K8.1, sowie der Nachweis von Antikörpern gegen virale Strukturproteine in einem Immunfluoreszenztest, der eine PEL-Zelllinie als Antigen verwendet.

Die Virusanzucht aus Patientenmaterial ist extrem schwierig und wird in der Praxis für diagnostische Zwecke nicht durchgeführt.

▪▪ Therapie

Ganciclovir und Cidofovir hemmen die produktive Replikation des KSHV/HHV-8, sind aber bei etablierten KS-Tumoren unwirksam, da die latenten Proteine des Virus, aber nicht die von diesen beiden Verbindungen gehemmte produktive Replikation, maßgeblich zur Entstehung dieses Tumors beitragen. In einzelnen PEL-Fällen ist in die Körperhöhlen injiziertes Cidofovir erfolgreich eingesetzt worden. Zur Behandlung der KSHV-assoziierten multizentrischen Castleman-Erkrankung, die eher mit produktiver viraler Replikation vergesellschaftet ist, konnte hochdosiertes **Ganciclovir in Kombination** mit **Azidothymidin** (AZT) erfolgreich verwandt werden. Ferner spielt die Behandlung mit **Rituximab**, einem therapeutischen Antikörper gegen das CD20-Molekül auf der Oberfläche von B-Zellen, eine Rolle bei der Behandlung von KSHV-induzierten B-Zell-Lymphomen wie beim PEL und der multizentrischen Castleman-Erkrankung; Rituximab wird bei diesen Erkrankungen oft in Kombination mit Ganciclovir eingesetzt.

In Kürze: Humanes Herpesvirus 8 oder Kaposi-Sarkom Herpesvirus (KSHV/HHV-8)

- **Virus:** Herpesvirus der γ-Subfamilie, DNA ca. 165 kbp (von Isolat zu Isolat variabel).
- **Vorkommen:** Vor allem in den südlich der Sahara gelegenen Ländern Afrikas, im Mittelmeerraum (hier große regionale Unterschiede) und in Südamerika (in bestimmten Populationen). Selten in vielen Ländern, außer in Gruppen mit erhöhtem Risiko für sexuell übertragene Erkrankungen.
- **Übertragung:** In endemischen Ländern Übertragung in der Kindheit durch Speichel von der Mutter auf das Kind und unter Kindern. Im Erwachsenenalter und v. a. in Risikopopulationen sexuelle Übertragung.
- **Pathogenese:** Ursache des Kaposi-Sarkoms, eines poly- bis monoklonalen, multizentrischen Tumors aus endothelartigen Zellen, der meist bei Immungeschädigten auftritt. Ferner beteiligt an der Pathogenese der Plasmazellvariante des multizentrischen Morbus Castleman, des primären Effusionslymphoms und von KICS.
- **Labordiagnose:** PCR für DNA-Nachweis, ELISA zum Nachweis von Antikörpern gegen latente (LANA) und strukturelle Antigene (z. B. K8.1), IFT auf PEL-Zelllinien.
- **Therapie:** Gegebenenfalls Ganciclovir, evtl. Cidofovir, beim PEL und multizentrischen Morbus Castleman; diese Substanzen sind aber bei etablierten KS-Tumoren unwirksam. Möglicher Einsatz einer hochdosierten Kombination von Ganciclovir und Azidothymidin bei KSHV-assoziiertem Morbus Castleman. Rituximab, eventuell in Kombination mit Ganciclovir, beim multizentrischen Morbus Castleman und PEL.

Weiterführende Literatur

Arvin A, Campadelli-Fiume G, Mocarski E, Moore PS, Roizman B, Whitley R, Yamanishi K (2007) Human herpesviruses. Biology, therapy and immunoprophylaxis. Cambridge University Press, Cambridge

Flint SJ, Enquist LW, Racaniello VR, Skalka AM (2004) Principles of Virology, 2. Aufl. ASM Press, Washington

Knipe DM, Howley PM, Griffin DE, Lamb RA, Martin MA, Roizman B, Straus SE (2013) Fields virology, vol I+II, 6. Aufl. Philadelphia, Lippincott, Williams & Wilkins

Mariggio G, Koch S, Schulz TF (2017) Kaposi Sarcoma Herpesvirus Pathogenesis. Phil Trans R Soc B 372:20160275

Mertens T, Haller O, Klenk HD (2004) Diagnostik und Therapie von Viruskrankheiten, 2. Aufl. Urban & Fischer, München

Zuckerman AJ, Banatvala JE, Pattison JR, Griffiths PD, Schoub BD (2008) Principles and practice of clinical virology, 6. Aufl. Wiley, Chichester

Virushepatitis

Benno Wölk

Eine Hepatitis kann durch Viren verschiedener Virusfamilien hervorrufen werden. Am häufigsten geschieht dies durch die primär hepatotropen Hepatitisviren: Hepatitis-A-Virus (HAV), Hepatitis-B-Virus (HBV), Hepatitis-C-Virus (HCV), Hepatitis-Delta-Virus (HDV) und Hepatitis-E-Virus (HEV). HBV, HCV und HDV werden parenteral übertragen und können zu einer chronischen Virushepatitis mit den Spätfolgen Leberzirrhose und hepatozelluläres Karzinom führen. HAV und HEV werden fäkal-oral übertragen und sind selbstlimitierend; als Ausnahme kann bei Immunsupprimierten jedoch auch eine chronische Hepatitis E vorkommen. Gelegentlich können zudem Infektionen mit anderen Viren zu einer Hepatitis führen.

Fallbeispiel

Eine 45-jährige Frau erkrankt plötzlich mit den Symptomen einer Hepatitis, sie klagt über Ikterus, Dunkelfärbung des Urins, Entfärbung des Stuhls, Fieber, Oberbauchbeschwerden, Müdigkeit und Verlust des Appetits. Der Hausarzt stellt deutlich erhöhte Transaminasen fest und schließt serologisch eine Hepatitis A, eine Hepatitis B und eine Hepatitis C aus. Sonografisch findet er eine leicht vergrößerte Milz. Daraufhin veranlasst er Untersuchungen auf Mononukleose und Zytomegalie. Im Laufe der Abklärungen klagt die Patientin zunächst über Geschmacksstörungen und entwickelt dann die Zeichen eines Guillain-Barré-Syndroms. Der Hausarzt weist die Patientin stationär ein. Im Krankenhaus wird noch einmal die Anamnese erhoben. Auslandsaufenthalte haben nicht vorgelegen. Der Ehemann der Patientin ist Jäger. Auf Nachfrage wird berichtet, dass er vor einigen Wochen ein Wildschwein geschossen und zu Hause verarbeitet hat, auch die Patientin hat von dem Fleisch gegessen. In der daraufhin durchgeführten Diagnostik ist Anti-HEV-IgM im Serum positiv, es gelingt auch ein direkter Erregernachweis mittels Nukleinsäure-Amplifikationstechniken (HEV, Genotyp 3) im Blut. Der Ehemann ist asymptomatisch, das Anti-HEV-IgG ist positiv, das IgM und die PCR jedoch negativ.

71.1 Übersicht

71.1.1 Definition

Die Virushepatitis ist eine durch Viren hervorgerufene Entzündung der Leber. Sie kann durch verschiedene Viren hervorgerufen werden, die alle in der Leber replizieren. Zu den Hepatitisviren im engeren Sinne gehören HAV, HBV, HCV, HDV und HEV (◘ Tab. 71.1). Ihre Gemeinsamkeit ist, dass sie **primär hepatotrop** sind. Weitere Zielorgane spielen nur eine untergeordnete Rolle, sodass sich der Krankheitsprozess primär auf die Leber beschränkt und nur sekundär andere Organsysteme betroffen sind.

Eine **Begleithepatitis** findet sich häufig bei Infektionen mit dem Epstein-Barr-Virus oder dem Zytomegalievirus, seltener bei anderen Herpesviren (▶ Kap. 70), mit Flaviviren (▶ Kap. 55), Adenoviren (▶ Kap. 69) und Parvoviren (▶ Kap. 67).

71.1.2 Verlaufsformen der Virushepatitiden

Die primär hepatotropen Hepatitisviren lassen sich in 2 Gruppen einteilen: in fäkal-oral (HAV, HEV) und parenteral (HBV, HCV, HDV) übertragene Viren. Die parenteral übertragenen Hepatitisviren haben die Fähigkeit, im Wirt zu persistieren und so eine chronische Infektion hervorzurufen (◘ Tab. 71.2). Definitionsgemäß spricht man bei einer Infektionsdauer von mehr als 6 Monaten von einer **chronischen Hepatitis.**

71.1.3 Klinik der akuten Hepatitis

Die Symptome einer akuten Infektion sind bei allen Virushepatitiden ähnlich. Die Inkubationszeit beträgt je nach Virus mehrere Wochen bis Monate, in denen das Virus in der Leber repliziert und sich verbreitet. Dieses geht mit einer Virämie und bei HAV und HEV auch mit einer Virusausscheidung im Stuhl einher. Erst mit Einsetzen der Immunantwort kommt es

S. Suerbaum et al. (Hrsg.), *Medizinische Mikrobiologie und Infektiologie*,
https://doi.org/10.1007/978-3-662-61385-6_71

Tab. 71.1 Eigenschaften der primär hepatotropen Hepatitisviren

	HAV	HBV	HCV	HDV	HEV
Familie	Picorna	Hepadna	Flavi	–	Hepe
Genus	Hepato	Orthohepadna	Hepaci	Delta	Orthohepe
Durchmesser	27–32 nm	42–47 nm	55–65 nm	ca. 35 nm	30–34 nm
Hülle	Nein	Ja	Ja	Ja (HBV)	Nein
Genom	(+)ssRNA	partielle dsDNA	(+)ssRNA	(–)ssRNA	(+)ssRNA
Polymerase	RdRp	RT	RdRp	zelluläre DdRps	RdRp
Zytolyse	Nein	Nein	Nein	Nein	Nein
Umweltresistenz	Hoch	Mittel	Niedrig	Mittel	Hoch

DdRps, DNA-abhängige RNA-Polymerasen
RdRp, RNA-abhängige RNA-Polymerase
RT, reverse Transkriptase

durch die Infiltration der Leber mit Lymphozyten zur Inflammation und Leberschädigung, was dann zu den typischen Symptomen einer Hepatitis führen kann.

Prodromalstadium Nach der Inkubationszeit treten zuerst unspezifische, teils grippeähnliche und intraindividuell sehr unterschiedlich ausgeprägte Symptome auf: Appetitlosigkeit, Übelkeit und Erbrechen, Diarrhö, Müdigkeit, Krankheitsgefühl, Fieber, Gelenk-, Muskel- und Kopfschmerzen.

Ikterische Phase Nun entwickeln sich häufig, aber nicht immer hepatitisspezifische Symptome: Ikterus, acholischer Stuhl, dunkler Urin, Pruritus und eine vergrößerte, druckschmerzhafte Leber. Zu diesem Zeitpunkt hat sich das Allgemeinbefinden bereits wieder verbessert.

Fulminante Hepatitis Nur selten verläuft eine akute Hepatitis fulminant mit hohem Fieber, starken Bauchschmerzen, Erbrechen, Versagen der Blutgerinnung und hepatischer Enzephalopathie gefolgt von Koma.

Rekonvaleszenzphase Die Symptome der ikterischen Phase bilden sich über Wochen langsam zurück, bis es zur vollständigen Genesung kommt.

Die akute Hepatitis präsentiert sich jedoch zumeist nur mit einem Teil der Symptome und bei vielen Patienten verläuft sie komplett asymptomatisch!

71.1.4 Klinik der chronischen Hepatitis

Im Fall von HBV, HCV und HDV kann sich auch eine chronische Hepatitis entwickelt. Sie verläuft in den ersten Jahren meist asymptomatisch oder mit nichtspezifischen Symptomen wie Müdigkeit und leichten Abdominalbeschwerden. Ein Teil der Patienten entwickelt dann über Jahrzehnte eine Leberzirrhose, die schließlich zu ausgeprägten Symptomen führen kann: Ikterus, „spider naevi", Palmarerythem, Splenomegalie, Gynäkomastie, Aszites, periphere Ödeme, Ösophagusvarizen mit z. T. letalen gastrointestinalen Blutungen, Foetor hepaticus und Enzephalopathie – schließlich kann es zum Leberversagen kommen. Auf dem Boden einer chronischen Hepatitis entwickelt sich nicht selten ein hepatozelluläres Karzinom (HCC).

71.1.5 Diagnostik

Bei Verdacht auf eine Hepatitis und bei Risikopatienten sollte eine Virushepatitis serologisch und ggf. auch durch direkten Virusnachweis ausgeschlossen werden (▶ Abschn. 71.2 und 71.3). Erhöhte Transaminasen sind ein genereller Hinweis auf eine Leberentzündung. Die Sonografie kommt für die Beurteilung von Hepatomegalie, Leberzirrhose und Aszites zum Einsatz. Mit einer Leberbiopsie können entzündliche Aktivität („Grading") und Fibroseausmaß („Staging") bestimmt werden. Die nichtinvasive Elastografie kann z. B. bei der Verlaufsbeurteilung einer Fibrose helfen.

Bei chronischen Hepatitiden muss regelmäßig der Ausschluss eines HCC mittels Sonografie und ggf. weitergehender Bildgebung erfolgen. Bei der Verlaufsbeurteilung von Auffälligkeiten in der Bildgebung kann der Alpha-Fetoprotein-Spiegel im Serum hilfreich sein.

71.1.6 Differenzialdiagnosen

Neben den oben aufgeführten viralen Erregern können eine Reihe weiterer Infektionserkrankungen eine **Begleithepatitis** hervorrufen, wie z. B. Morbus Weil, konnatale Syphilis, Brucellose, Rickettsiose und Malaria.

Tab. 71.2 Klinische Merkmale der Virushepatitiden

	Hepatitis A	Hepatitis B	Hepatitis C	Hepatitis D	Hepatitis E
Erreger	HAV	HBV	HCV	HDV	HEV
Inkubationszeit	2–7 Wochen	6 Wochen–7 Monate	6–10 Wochen	Koinfektion 5–10 Wochen Superinfektion 3–5 Wochen	3–8 Wochen
Übertragung	Fäkal-oral	Parenteral	Parenteral	Parenteral	Fäkal-oral
Infektiöses Material	Stuhl, kontaminierte Nahrungsmittel und kontaminiertes Wasser	Blut(produkte), Speichel, Sperma, Exsudate	Blut(produkte)	Blut(produkte), Speichel, Sperma, Exsudate	Stuhl, kontaminiertes Wasser und infiziertes Schweinefleisch
Chronizität	0 %	Erwachsene 5–10 % Neugeborene 90 %	50–85 %	Koinfektion 1–3 % Superinfektion 70–90 %	0 % Ausnahme: immundefiziente Patienten
Fulminante akute Hepatitis	<2 %, altersabhängig	0,1–0,5 %	Sehr selten	Koinfektion 1–2 % Superinfektion bis 50 %	0,5–4 % Genotyp 1+2: Schwangere bis 20 %
Prophylaxe	Aktive Impfung, Hepatitis-A-Immunglobulin	Aktive Impfung, HBIG, präemptive antivirale Therapie	–	Aktive Impfung gegen HBV, HBIG	Aktive Impfung bisher nur in China zugelassen
Antivirale Therapie	–	IFN-α, Nukleosid-/Nukleotidanaloga	DAA gegen Protease, NS5A und Polymerase; Ribavirin, IFN-α	IFN-α, ggf. Nukleosid-/Nukleotidanaloga	Ggf. Ribavirin bei chronisch Infizierten

DAA, direkt wirkende antivirale Substanzen („direct acting antivirals"; ► Abschn. 71.3.2)
HBIG, Hepatitis-B-Immunglobulin

Nichtinfektiologische Ursachen für erhöhte Leberenzyme sind z. B. nichtalkoholische Fettleber, Hämochromatose, Alkoholerkrankung, Toxizität von Medikamenten, Autoimmunhepatitis, Morbus Wilson und Alpha-1-Antitrypsin-Mangel.

71.2 Oral übertragene Hepatitiden

71.2.1 Hepatitis-A-Virus (HAV)

Steckbrief

HAV gehört in die Familie der Picornaviridae (▶ Kap. 54). Sein unbehülltes Virion ist 27–32 nm groß. Es hat ein (+)ssRNA-Genom mit ca. 7,5 kb. Wie viele andere Picornaviren wird HAV fäkal-oral übertragen und löst eine akute Hepatitis aus. Die Erkrankung hat eine geringe, altersabhängige Mortalität und chronifiziert nicht. In Ländern mit schlechten Hygienestandards kommt sie jedoch sehr häufig vor. Ein zur Hepatitis A passendes Krankheitsbild beschrieben bereits Griechen und Römer. 1973 stellten Stephen M. Feinstone et al. das Virus erstmals mittels Immunelektronenmikroskopie im Stuhl von Patienten dar.

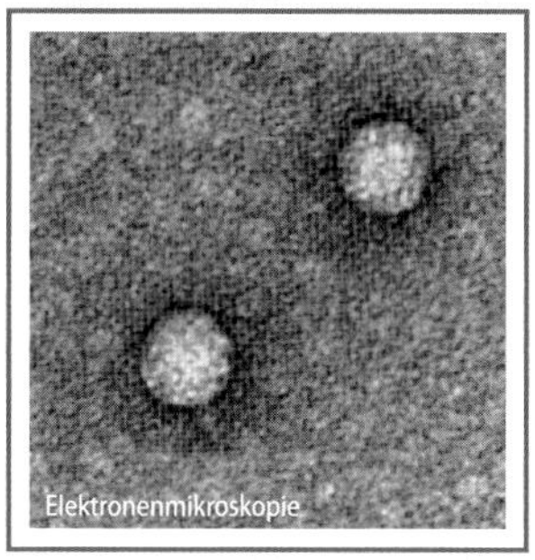

HAV: Elektronenmikroskopische (EM-)Darstellung. (Aus: Silberstein E, Xing L, van de Beek W, Lu J, Cheng H, and Kaplan GG (2003). Alteration of Hepatitis-A-Virus (HAV) particles by a soluble form of HAV cellular receptor 1 containing the immunoglobin and mucin-like regions. J Virol 77, 8765–8774)

Beschreibung

Das HAV gehört zur Familie der Picornaviridae in der es das Genus Hepatovirus bildet. Es sind die 3 Genotypen I, II und III mit den Subtypen A und B bekannt, von denen v. a. die Genotypen IA, IB und IIIA beim Menschen vorkommen, jedoch alle den gleichen Serotyp haben.

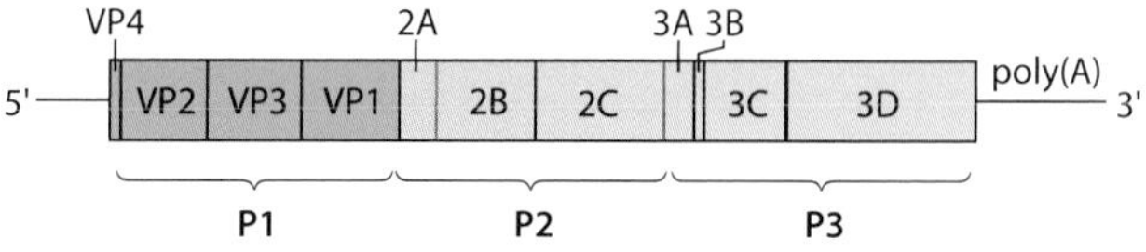

Abb. 71.1 Genom des HAV. Das (+)ssRNA-Genom kodiert ein Polyproteinvorläufer, den die virale $3C^{pro}$-Protease und eine unbekannte zelluläre Protease in die einzelnen viralen Protein prozessieren. Das Genom wird in die Picornaviridae-typischen Regionen P1–P3 eingeteilt. Die P1-Region kodiert die Strukturproteine, die P2- und P3-Region die Nichtstrukturproteine mit der viralen Polymerase $3D^{pol}$

▪ **Aufbau**

HAV ist ein unbehülltes RNA-Virus.

Genom und virale Proteine HAV hat ein einzelsträngiges RNA-Genom positiver Polarität [(+)ssRNA] mit etwa 7,5 kb (Abb. 71.1). Dieses kodiert ein einzelnes offenes Leseraster (ORF). Von ihm wird ein Polyproteinvorläufer translatiert, den die virale Protease $3C^{pro}$ und eine unbekannte zelluläre Protease in die einzelnen Virusproteine prozessieren.

Virion HAV ist unbehüllt. Das ikosaedrische Kapsid (Steckbrief-Abb.) umschließt das virale Genom, ist 27–32 nm groß und formiert sich aus den Strukturproteinen VP0 (VP4–VP2), VP3 und VP1–2A. Bei Infizierten werden diese unbehüllten Virione im Stuhl ausgeschieden. Im Blut finden sich dagegen v. a. infektiöse Viruspartikel, die mit zellulären Membranen umhüllt sind und Exosomen ähneln. Diese als **quasi-enveloped** HAV **(eHAV)** bezeichnete Form ist vor neutralisierenden Antikörpern geschützt.

▪ **Lebenszyklus**

Das Wirtsoberflächenprotein HAVcr1/TIM1 wurde lange als der für die HAV-Aufnahme notwendige Rezeptor angesehen. Neuere Daten deuten jedoch darauf hin, dass TIM1 für die Infektion nicht essenziell ist. Nach schneller Internalisierung wird das virale Genom nur langsam aus dem Kapsid ins Zytoplasma freigesetzt. Vom (+)ssRNA-Genom wird ein Polyproteinvorläufer translatiert, der dann in die einzelnen viralen Proteine prozessiert wird. Die virale Polymerase $3D^{pol}$, eine RNA-abhängige RNA-Polymerase (RdRp), schreibt das Genom in einen Negativstrang um. Dieser dient als Vorlage für die Synthese vieler (+)ssRNA-Kopien. Nach der Verpackung des Genoms verlassen die Virionen die Zelle ohne Lyse.

▪ **Resistenz gegen äußere Einflüsse**

HAV ist in der Umwelt extrem stabil und bleibt in kontaminiertem Süß- und Salzwasser, auf dem Erdboden und in bzw. an verschiedenen Nahrungsmitteln über Wochen infektiös. Es ist gegen erhöhte

Temperaturen, extrem saure Milieubedingungen sowie diverse Lösungsmittel und Detergenzien resistent. Tiefgefrorene Nahrungsmittel bleiben über Jahre infektiös. Im Alltag erfolgt eine wirksame Inaktivierung durch Erhitzen des Virus auf >85 °C für 1 min.

■ Vorkommen

Die Übertragung von HAV erfolgt von Menschen zu Mensch. Das Virus kann auch auf verschiedene höhere Primaten übertragen werden.

Rolle als Krankheitserreger

■■ Epidemiologie

HAV kommt weltweit vor. Das Infektionsrisiko korreliert mit schlechten Hygienebedingungen. In Entwicklungsländern ist die Durchseuchung hoch. Hier haben nahezu alle Kinder bis zu ihrem 9. Lebensjahr eine Infektion durchgemacht, die jedoch meist nicht erkannt wird, da sie in diesem Alter meist asymptomatisch verläuft. Mit zunehmender Hygiene erfolgt die Infektion bei älteren Personen mit dann immer ausgeprägteren klinischen Verläufen.

In hoch entwickelten Ländern sind HAV-Infektionen selten. In Deutschland war die Inzidenz der jährlich gemeldeten Fälle über viele Jahre rückläufig, ist jedoch in den letzten Jahren wieder leicht angestiegen auf nun etwa 1,4/100.000. Diese Zahl unterschätzt jedoch die reale Zahl der Neuinfektionen, die nicht immer gemeldet werden, u. a. aufgrund der häufig inapparenten Verläufe.

■■ Übertragung

HAV wird fäkal-oral übertragen. Dieses kann bei engem Kontakt direkt von Mensch zu Mensch stattfinden. Oft erfolgt die Ansteckung jedoch durch kontaminiertes Trinkwasser und verunreinigte Lebensmittel. Muscheln sind eine häufige Infektionsquelle, aber auch z. B. Gemüse, Beerenfrüchte und Milchprodukte können kontaminiert sein. Das Virus kann in diesen Fällen entweder durch die Bewässerung oder bei der Auf- oder Zubereitung auf die Nahrungsmittel gelangen. Eine Übertragung durch Aerosole ist nicht beschrieben. Größere Epidemien können durch verunreinigtes Trinkwasser z. B. in Katastrophengebieten entstehen. Eine parenterale Übertragung durch i. v. Drogenabusus oder Bluttransfusionen ist selten, aber möglich.

■■ Pathogenese

Bei der Infektion gelangt HAV in den Magen-Darm-Trakt und über einen nicht geklärten Mechanismus in die Leber, wo es primär in Hepatozyten repliziert. Die Replikation führt zu keiner Zerstörung der Wirtszellen. Von der Leber gelangt das Virus über die Gallenwege in den Stuhl. Auf dem Höhepunkt der Ausscheidung enthält der Stuhl etwa 10^9 Viruspartikel pro Gramm (■ Abb. 71.2). Erst nach Wochen kommt es durch Einsetzen der Immunantwort durch $CD8^+$-zytotoxische Lymphozyten zur Leberschädigung, die den Beginn der ikterischen Phase markiert.

■■ Immunität

Eine ausgeheilte Hepatitis A hinterlässt eine lebenslange Immunität.

■■ Klinik

Die Hepatitis A ist eine **akute Erkrankung,** die nicht chronifiziert. Sie lässt sich klinisch nicht von anderen akuten Hepatitiden unterscheiden (▶ Abschn. 71.1). Die Infektion zeigt je nach Alter unterschiedlich ausgeprägte Verläufe: Bei Kindern unter 5 Jahren verlaufen 80–95 % inapparent, bei Erwachsenen nur 20–25 %. Die Inkubationszeit beträgt 15–50 Tage (durchschnittlich 30 Tage); tritt ein Prodromalstadium auf, kann es 1 Tag bis über 2 Wochen (5–7 Tage) dauern. Kurz nach Beginn der ikterischen Phase verschwindet die Virämie. Der Stuhl ist bereits 2 Wochen vor und noch weitere 1–2 Wochen nach Beginn der ikterischen Phase infektiös (■ Abb. 71.2).

Fulminante Verläufe treten etwa bei 0,01-0,1 % der Patienten auf und verlaufen zu 70–90 % letal. Bei Patienten mit Vorerkrankungen der Leber (z. B. Hepatitis B oder C) kann eine Superinfektion mit HAV vermehrt zu schweren, fulminanten Verläufen führen. Die Rekonvaleszenz dauert mehrere Wochen; in dieser Phase kann bei 3–20 % der Patienten ein Rezidiv der Hepatitis auftreten (bimodaler Verlauf). **Protrahierte**

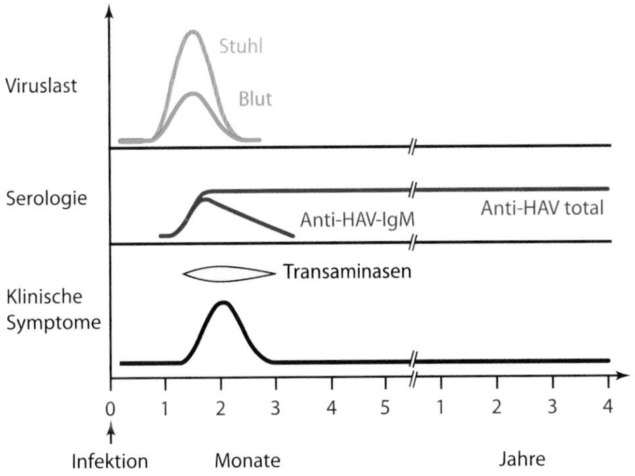

■ **Abb. 71.2** Serologischer Verlauf einer Hepatitis A. Vor dem klinischen Beginn der Erkrankung erreicht die Viruslast im Stuhl und im Blut bereits ihr Maximum. Mit Einsetzen der Immunantwort kommt es zur Leberschädigung, die Transaminasen steigen. Beim Auftreten von Symptomen sind bereits IgM-Antikörper nachweisbar

cholestatische Verläufe über Monate kommen vor, eine Persistenz mit einer Virusausscheidung über 12 Monate jedoch nicht.

Labordiagnose

Bei klinischem und laborbiochemischem Verdacht auf eine akute Hepatitis erfolgt die Diagnose einer Hepatitis A durch den Nachweis von Anti-HAV-IgM und -IgG mit einem Immunassay. IgM und IgG sind bereits beim Auftreten der Symptome nachweisbar (■ Abb. 71.2). Das IgM bleibt für etwa 3–4 Monate positiv.

Bereits 14 Tage vor der klinischen Erkrankung gelingt aus dem Stuhl ein direkter Virusnachweis mittels Antigen-Test oder RT-PCR. Die Rate des direkten Virusnachweises sinkt bei Beginn der klinischen Erkrankung jedoch bereits stark ab. Die Virämie lässt sich ebenfalls mittels RT-PCR nachweisen.

Therapie

Eine spezifische antivirale Therapie existiert nicht. Die Gabe von Medikamenten, die in der Leber verstoffwechselt werden oder sogar hepatotoxisch sind, darf nur sehr bedacht erfolgen Bei den seltenen schweren Verläufen mit akutem Leberversagen kann eine Lebertransplantation notwendig werden.

Prävention

Eine gute individuelle und öffentliche Hygiene, z. B. bei der Wasserversorgung und der Nahrungsmittelzubereitung, verhindert die Verbreitung effizient.

Eine **aktive Impfung** gegen Hepatitis A ist mit einem monovalenten Totimpfstoff möglich, der inaktiviertes HAV enthält. Es existieren Kombinationsimpfstoffe mit Hepatitis B oder Typhus. Die Grundimmunisierung mit dem monovalenten Impfstoff oder der Kombinationsimpfstoff mit Typhus erfolgt in 2 Dosen im Abstand von 6–12 Monaten. Immunität gegen HAV besteht 2 Wochen nach der 1. Impfung und hält nach der vollständigen Grundimmunisierung je nach Impfstoff vermutlich mindestens 25–40 Jahre, ggf. sogar lebenslang. Beim Kombinationsimpfstoff mit Hepatitis B gilt ein anderes Immunisierungsschema, und Immunität besteht erst ab der 2. Dosis.

Die aktive Impfung wird für Personen empfohlen, die ein erhöhtes Infektionsrisiko haben (z. B. Arbeit im Gesundheitswesen, in Kindertagesstätten oder in der Kanalisation und in Klärwerken; Individuen mit häufiger Therapie mit Blutprodukten; Personen mit besonderem Sexualverhalten), für die eine Hepatitis A ein besonderes Risiko darstellt (z. B. bestehende chronische Lebererkrankung) oder die in Länder mit hoher Prävalenz reisen.

Zur **Postexpositionsprophylaxe** (PEP) nach engem Kontakt mit Erkrankten kann der monovalente Impfstoff innerhalb von 14 Tagen nach Exposition gegeben werden. Nur bei Personen, für die eine akute Hepatitis A ein besonderes Risiko darstellt, sollte die 1. aktive Impfung der PEP mit einer **passiven Immunisierung** in Form eines Immunglobulinpräparats kombiniert werden.

In Kürze: Hepatitis-A-Virus (HAV)

- **Virus:** Unbehülltes (+)ssRNA-Virus aus der Familie der Picornaviridae, das im Blut auch als pseudo-behülltes Virus (eHAV) vorliegt. Nur ein Serotyp.
- **Vorkommen:** Mensch.
- **Epidemiologie:** Weltweit. In Ländern mit schlechtem Hygienestandard häufig. In hochentwickelten Ländern selten.
- **Übertragung:** Fäkal-oral durch engen Kontakt mit infizierten Personen oder durch kontaminierte Lebensmittel oder kontaminiertes Trinkwasser. Das Virus ist in der Umwelt und in eingefrorenen Nahrungsmitteln sehr stabil.
- **Pathogenese:** Nach oraler Infektion gelangt das Virus in die Leber, wo es repliziert und über die Gallenwege und den Stuhl ausgeschieden wird. Das Virus ist nicht zytolytisch; die Hepatitis entsteht immunvermittelt.
- **Immunität:** Nach ausgeheilter Infektion lebenslange Immunität.
- **Klinik:** Inkubationszeit im Schnitt 1 Monat, gefolgt von den typischen Stadien einer akuten Virushepatitis. Bei Kindern zu 80–95 %, bei Erwachsenen nur 20–25 % inapparente Verläufe. Schwere des Verlaufs und Letalität erhöht sich mit dem Lebensalter. Keine Chronifizierung.
- **Labordiagnose:** Bei Zeichen einer akuten Hepatitis Diagnosestellung bei positivem Anti-HAV-IgM. Genomnachweis v. a. im Stuhl aber auch im Blut mittels RT-PCR möglich.
- **Therapie:** Keine spezifische Therapie. Eine zusätzliche Leberschädigung muss vermieden werden.
- **Prävention:** Allgemeinhygienische Maßnahmen. Aktive Impfung bei Risikopersonen und als Reiseimpfung mit einem Totimpfstoff. Zur Postexpositionsprophylaxe ebenfalls möglich, ggf. als kombinierte Aktiv-passiv-Immunisierung.
- **Meldepflicht (Deutschland):**
  - **Betreuender Arzt:** Verdachts-, Erkrankungs- und Todesfall durch akute Hepatitis;
  - **Labor:** Direkter oder indirekter Nachweis einer akuten Infektion.

71.2.2 Hepatitis-E-Virus (HEV)

Steckbrief

HEV gehört in die Familie der Hepeviridae. Sein Virion ist unbehüllt und 30–34 nm groß. Es hat ein ca. 7,2 kb langes (+)ssRNA-Genom. HEV ist der Erreger der Hepatitis E, die viele Ähnlichkeiten mit der Hepatitis A hat. Beide Erreger werden fäkal-oral übertragen und führen zu einem ähnlichen klinischen Erscheinungsbild. Hepatitis E wurde bis vor einigen Jahren v. a. als reisemedizinisch relevante Erkrankung angesehen. Mittlerweile ist jedoch klar, dass der zoonotische HEV-Genotyp 3, der in Westeuropa endemisch ist, durch den Verzehr ungenügend gegarten Fleisches zu vielen Infektionen führt, die jedoch meist asymptomatisch verlaufen. Bei Immunsupprimierten können chronische Infektionen vorkommen.
Im Jahr 1980 wurde die Hepatitis E als eigenständige Erkrankung gegenüber der Hepatitis A abgegrenzt. Mikhail Balayan entdeckte 1983 das HEV elektronenmikroskopisch in seinem Stuhl, nachdem er sich freiwillig mit dem Virus infiziert hatte. Nach der Entschlüsselung der Genomsequenz Anfang der 1990er Jahre bekam das Virus dann den Namen HEV.

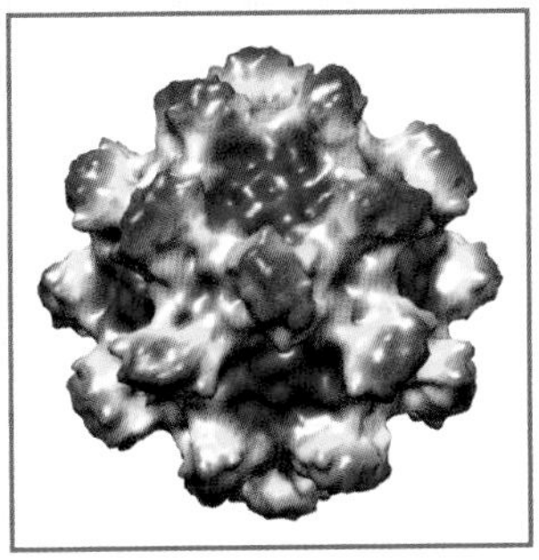

Kryo-EM von HEV: 3D-Rekonstruktion virusähnlicher Partikel. (Aus: Guu TS et al., Structure of the Hepatitis E virus-like particle suggests mechanisms for virus assembly and receptor binding. Proc Natl Acad Sci USA, 2009. 106(31): p. 12.992–7)

Beschreibung

HEV wird der Familie Hepeviridae zugeordnet. Die humanpathogenen Vertreter dieser Familie finden sich im Genus Orthohepevirus in der Spezies Orthohepevirus A. Innerhalb der Spezies unterscheidet man mindestens 7 Genotypen, von denen insbesondere die Genotypen 1–4 klinisch relevant sind. Sie stellen jedoch einen gemeinsamen Serotyp dar. Weiter entfernte Verwandte innerhalb der Hepeviridae finden sich auch bei Vögeln und Fischen.

■ Aufbau

Auch HEV ist ein unbehülltes RNA-Virus.

Genom, virale Proteine HEV hat ein einzelsträngiges RNA-Genom positiver Polarität [(+)ssRNA] mit etwa 7,2 kb Länge (◘ Abb. 71.3).

Virion HEV ist ein unbehülltes Virus mit etwa 30–34 nm Durchmesser. Sein vom ORF2-Protein gebildetes Kapsid hat eine ikosaedrische Struktur (Steckbrief-Abb.). Ähnlich wie bei HAV wurden mittlerweile auch beim HEV behüllte HEV-Partikel gefunden, die als membranassoziierte **quasi-enveloped** Form **(eHEV)** bezeichnet werden. Während das klassische unbehüllte Virion in Galle und Stuhl nachweisbar ist, findet sich eHEV im Blut und ist trotz des Fehlens klassischer viraler Membranproteine über einen ungewöhnlichen Mechanismus infektiös.

■ Lebenszyklus

Am Eintritt des HEV ist eine Reihe von zellulären Faktoren beteiligt; der eigentliche Rezeptor ist jedoch bisher nicht bekannt. Nach der Aufnahme erfolgt die Cap-abhängige Translation der Nichtstrukturproteine des ORF1, und der virale Replikationskomplex formiert sich. Das Genom wird in einen Negativstrang umgeschrieben, von dem dann genomische RNA und 2 subgenomische RNAs transkribiert werden. Von den kürzeren Transkripten werden die ORF2- und ORF3-Proteine translatiert. Die Aufnahme des eHEV scheint einem anderen Weg zu folgen. Beim Austritt nutzt HEV die zelluläre ESCRT-Maschinerie („endosomal

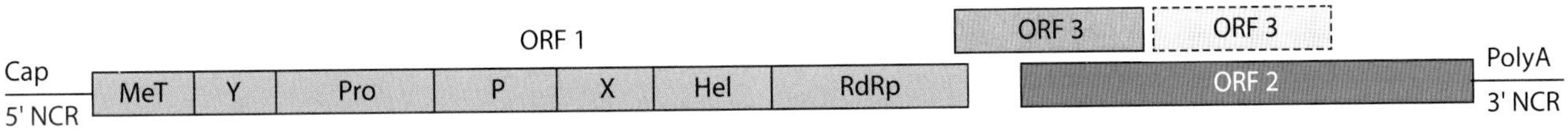

◘ **Abb. 71.3** Genom des HEV. Flankiert von 2 nichtkodierenden Regionen (NCR) am 5'- und 3'-Ende liegen 3 offene Leseraster („open reading frames“, ORF). ORF1 kodiert die Nichtstrukturproteine MeT, Y, Pro, P, X, Hel und RdRp. ORF2 kodiert das Kapsidprotein. ORF3 überlappt mit ORF2 – die genaue Position variiert mit dem Genotyp – und kodiert ein Protein, das eine Rolle bei der Sekretion quasibehüllter HEV-Partikel (eHEV) spielt

sorting complex required for transport"), die auch viele behüllte Viren verwenden. Mithilfe des ORF3-Proteins gelangen virale Kapside in multivesikuläre, späte Endosomen („multivesicular body", MVB), die dann mit der Zellmembran fusionieren und das Virus in Form der eHEV freisetzen. Nur in der Galle verliert eHEV dann seine Membranhülle, und es entstehen nackte Virionen.

▪ Resistenz gegen äußere Einflüsse

Entsprechend seiner Infektionsroute ist HEV gegenüber Säuren und milden Basen relativ resistent. Im Vergleich zu HAV wird HEV durch Erhitzen auf 60 °C für 1 h nahezu vollständig inaktiviert. 5-minütiges Kochen oder Braten inaktiviert HEV in Schweinefleisch komplett.

▪ Vorkommen

Die klinisch relevanten Genotypen 1–4 werden epidemiologisch in 2 Gruppen eingeteilt:

- Die **nichtzoonotischen HEV-Genotypen 1 und 2** infizieren den Menschen und sonst vermutlich nur weitere Primaten.
- Die **zoonotischen HEV-Genotypen 3 und 4** haben einen breiten Wirtsbereich und finden sich bei vielen Vertebraten, auch beim Menschen.

Rolle als Krankheitserreger

▪▪ Epidemiologie

Die nichtzoonotischen HEV-Genotypen sind in vielen subtropischen und tropischen Ländern Asiens, Afrikas, Zentralamerikas und im Nahen Osten endemisch. In diesen Ländern treten in größeren Abständen Epidemien auf. In Europa, Nord- und Südamerika sowie in Australien sind nur die zoonotischen HEV-Genotypen endemisch.

Aufgrund unterschiedlicher Reaktivität verschiedener Immunassays sind die Aussagen zur Verbreitung des HEV nicht eindeutig. In endemischen Ländern sind über 30–50 % der Bevölkerung Anti-HEV-positiv. In Europa schwankt die Seroprävalenz zwischen 2 und 30 % in Abhängigkeit vom verwendeten Antikörpertest.

In Deutschland hat die Zahl der gemeldeten Fälle in den letzten 10 Jahren stark zugenommen (5261 gemeldete Infektionen 2018). Dies liegt aber eher an einer erhöhten differenzialdiagnostischen Sensibilisierung, da die Seroprävalenz seit den 1990er Jahren keine Zunahme zeigt und in der ersten Dekade des 21. Jahrhunderts sogar abgenommen hat. Aktuelle Arbeiten legen nahe, dass allein in Deutschland jährlich 100.000 bis über 400.000 Infektionen vorkommen, die jedoch meist asymptomatisch verlaufen. In Europa geht man von mindestens 2 Mio. Infektionen pro Jahr aus. Als Ursache einer akuten Virushepatitis spielt das HEV vermutlich eine größere Rolle als die übrigen Hepatitisviren.

▪▪ Übertragung

Das Virus wird fäkal-oral übertragen. Bei Epidemien der nichtzoonotischen Genotypen in Entwicklungsländern findet die Übertragung v. a. durch Wasser statt, das mit infektiösem Stuhl kontaminiert ist. Mensch-zu-Mensch-Übertragung spielt im Gegensatz zu HAV nur eine untergeordnete Rolle. Bei den zoonotischen Genotypen in den Industrieländern spielt die Übertragung durch den Verzehr von infiziertem, ungenügend gegartem Fleisch oder Tierkontakt die größte Rolle. Die Transmission durch Blutkonserven virämischer Spender ist möglich.

▪▪ Pathogenese

Über die genaue Pathogenese des HEV ist wenig bekannt: Die Aufnahme geschieht vermutlich fast immer oral durch unbehüllte Virionen. Wie das Virus vom Darm in die Leber gelangt, ist nicht bekannt; spekulativ könnte es primär im Darm replizieren und dann über die Pfortader in die Leber gelangen. Das Virus ist jedoch stark hepatotrop, und die Replikation erfolgt hauptsächlich im Zytoplasma der Hepatozyten. HEV ist jedoch nicht zytopathisch. Die Leberschädigung ist vermutlich immunvermittelt; sie korreliert nicht mit der Virusreplikation, sondern mit dem Einsetzen der Immunantwort.

▪▪ Immunität

Anti-HEV-Antikörper persistieren nach durchmachter HEV-Infektion sehr lange (>14 Jahre) und gehen mit einem Schutz vor erneuter Erkrankung einher. Reinfektionen sind jedoch bei Immunsupprimierten möglich und scheinen auch bei Immungesunden vorzukommen. Im Tiermodell lassen sich Affen erneut infizieren und scheiden dann Virus im Stuhl aus, allerdings ohne selbst zu erkranken.

▪▪ Klinik

Die Klinik der Hepatitis E gleicht der von Hepatitis A und zeigt die typischen Symptome einer **akuten Hepatitis.** Inapparente und subklinische Verläufe sind die Regel. Vor allem im mittleren Lebensalter finden sich vermehrt symptomatische Verläufe. Die Inkubationszeit beträgt 3–8 Wochen (durchschnittlich 40 Tage). Das Virus ist bis zu 2 Wochen nach Beginn der ikterischen Phase im Stuhl nachweisbar.

Üblicherweise heilt eine HEV-Infektion folgenlos aus. Fulminante Verläufe sind selten, kommen aber bei Schwangeren und bei Patienten mit vorbestehender Lebererkrankung deutlich häufiger vor (bis über 20 %) – wobei v. a. Infektionen mit den nichtzoonotischen

Genotypen 1 und 2 in der Schwangerschaft problematisch sind. Insgesamt wird die Letalität für die nichtzoonotischen Genotypen 1 und 2 mit 0,2–4,0 % beziffert.

Bei Immungesunden ist eine HEV-Infektion selbstlimitierend. Bei immunsupprimierten Patienten, z. B. nach Organtransplantation oder infolge einer HIV-Infektion, wird bei etwa 60 % der Infizierten eine Chronifizierung beobachtet, die zu einer Leberschädigung führen kann und nahezu immer durch den Genotyp 3 hervorgerufen wird.

▪▪ Labordiagnose

Der direkte Virusnachweis erfolgt mittels PCR aus Stuhl oder Blut; alternativ kann ein Antigennachweis aus dem Serum erfolgen. Ein positiver Anti-HEV-IgM-Nachweis und eine IgG-Serokonversion deuten indirekt auf eine frische HEV-Infektion hin. Chronische Infektionen bei Immunsupprimierten sollten primär mittels Genomnachweis diagnostiziert werden, da hier die Antikörperantwort ausbleiben kann.

▪▪ Therapie

Eine Hepatitis E bedarf normalerweise keiner Therapie. Bei Immunsupprimierten mit chronischer HEV-Infektion kann eine „Off-label“-Therapie mit Ribavirin über mehrere Wochen zur Viruselimination führen. Ribavirin induziert Fehler bei der viralen RNA-Synthese, wodurch die Virusreplikation gestört wird. Unter der Therapie kann es jedoch zur Selektion von Mutationen im viralen Genom kommen, die mit einem Therapieversagen assoziiert sind.

▪▪ Prävention

Seit Ende 2011 besteht in China die weltweit erste Zulassung für einen Impfstoff gegen Hepatitis E. Dieser Totimpfstoff, der ein rekombinantes Fragment des HEV-Genotyp-1-Kapsidproteins (pORF2) enthält, reduziert die Inzidenz von Neuerkrankungen durch die in China verbreiteten Genotypen 1 und 4 signifikant. Eine passive Impfung mit Immunglobulinen gibt es nicht. In Deutschland und der Schweiz wurde kürzlich im Blutspendewesen das Screening auf HEV-RNA eingeführt.

In Kürze: Hepatitis-E-Virus (HEV)

- **Virus:** Unbehülltes (+)ssRNA-Virus aus der Familie der Hepeviridae.
- **Vorkommen:** Mensch. Zoonotische Genotypen (GT) 3 und 4 auch bei Schweinen und weiteren Vertebraten.
- **Epidemiologie:** Weltweit. In vielen Ländern der Tropen und Subtropen endemisch mit periodischen Epidemien (GT 1+2). In hochentwickelten Ländern meist asymptomatische Infektionen beim Mensch mit vermutlich hoher Inzidenzrate (GT 3+4).
- **Übertragung:** Fäkal-oral meist durch kontaminiertes Trinkwasser (GT 1+2). Verzehr von Fleisch infizierter Tiere (GT 3+4).
- **Pathogenese:** Immunvermittelte Hepatitis bei vermutlich primär nichtzytopathischem Virus.
- **Immunität:** Nach ausgeheilter Infektion längerer Schutz vor symptomatischen Reinfektionen.
- **Klinik:** Inkubationszeit im Schnitt 6 Wochen, gefolgt von typischen Stadien einer akuten Virushepatitis. Sehr häufig inapparente Verläufe, v. a. im mittleren Lebensalter vermehrt symptomatisch. Stark erhöhte Letalität bei Schwangeren im 3. Trimenon (GT 1+2). Unter Immunsuppression chronische Infektionen möglich (insb. GT 3), sonst keine Persistenz.
- **Labordiagnose:** Nachweis von Anti-HEV-IgM und HEV-Antigen mittels Immunassay. Genomnachweis mittels RT-PCR aus dem Stuhl.
- **Therapie:** „Off-label“-Therapie mit Ribavirin kann bei chronisch Infizierten zur Viruselimination führen.
- **Prävention:** Allgemeinhygienische Maßnahmen. Bisher nur in China zugelassener, vielversprechender Totimpfstoff. Keine passive Immunisierung. Screening von Blutprodukten auf HEV-RNA.
- **Meldepflicht (Deutschland):**
  - **Betreuender Arzt:** Verdachts-, Erkrankungs- und Todesfall durch akute Hepatitis;
  - **Labor:** Direkter oder indirekter Nachweis einer akuten Infektion.

71.3 Parenteral übertragene Hepatitiden

71.3.1 Hepatitis-B-Virus (HBV)

Steckbrief

HBV gehört in die Familie der Hepadnaviridae. Das Virion, auch Dane-Partikel genannt, ist behüllt und 42–47 nm groß. HBV hat ein kleines, partiell doppelsträngiges, zirkuläres DNA-Genom mit 3,2 kb. Weltweit sind ca. 257 Mio. Menschen chronisch mit HBV infiziert. Jährlich sterben etwa 130.000 Infizierte an akuter Hepatitis B, über 680.000 chronisch Infizierte sterben an den Spätfolgen Leberzirrhose oder hepatozelluläres Karzinom.
Entscheidend für die Entdeckung des HBV war die zufällige Identifizierung eines bis dahin unbekannten Antigens im Serum eines Aborigines durch Baruch

Samuel Blumberg im Jahr 1963, der später mit dem Medizin-Nobelpreis ausgezeichnet wurde. Dieses zuerst „Australia-Antigen" und nun als Hepatitis-B-Surface-Antigen (HBsAg) bezeichnete Protein fand man auch in Seren von Hepatitispatienten, wodurch sich das HBV schließlich identifizieren ließ.

Hepatitis-B-Virus-Partikel: **a** Dane-Partikel; **b** Filamente; **c** Sphären (EM-Aufnahmen, mit freundlicher Genehmigung von Wolfram H. Gerlich; vgl. ◘ Abb. 71.5)

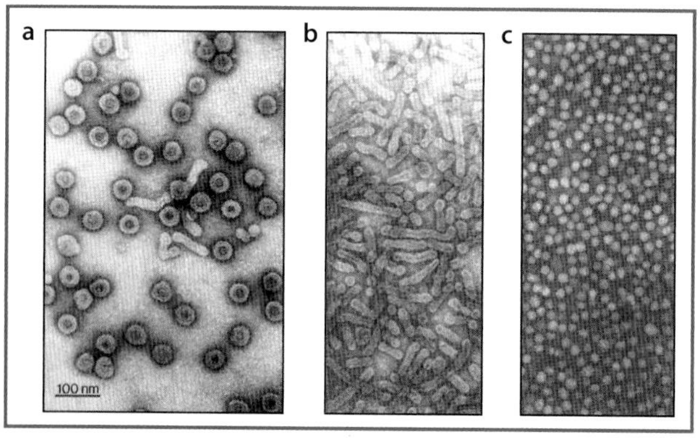

Beschreibung

Das humane HBV gehört zum Genus Orthohepadnavirus. Zusammen mit dem Genus Aviahepadnavirus bildet es die Familie Hepadnaviridae. Beim humanen HBV werden aktuell die 10 Genotypen A–J unterschieden, die sich in ihrer geografischen Verteilung und im Therapieansprechen unterscheiden.

▪ Aufbau

HBV ist ein kleines behülltes DNA-Virus.

Genom HBV hat ein partiell doppelsträngiges, nur 3,2 kb kleines DNA-Genom (◘ Abb. 71.4a). Im Virion hat nur der Negativstrang die komplette Genomlänge, der Plusstrang ist inkomplett und wird erst in der Wirtszelle zur vollen Länge ergänzt (s. u.). Vom Genom werden verschieden lange RNA transkribiert, die an unterschiedlichen Stellen beginnen, aber alle an der gleichen Polyadenylierungssequenz (PolyA) enden. Von ihnen werden 6 verschiedene Virusproteine translatiert (◘ Abb. 71.4b).

Virale Proteine Core (HBcAg) und die 3 Hüllproteine (HBsAg) L, M und S (LHBs, MHBs und SHBs) stellen die Strukturproteine des HBV-Virions dar. Das pre-Core-Protein wird posttranslational prozessiert und wird im Gegensatz zum Core als isoliertes Protein aus der Zelle sezerniert und als HBeAg bezeichnet. Es ist für die Replikation nicht essenziell, aber als Immunmodulator der T-Zellantwort für die Etablierung der Persistenz wichtig. Die Polymerase (Pol) enthält 3 funktionelle Domänen: die terminale Proteindomäne (TP), die als Primer für die Minusstrangsynthese fungiert, die reverse Transkriptase

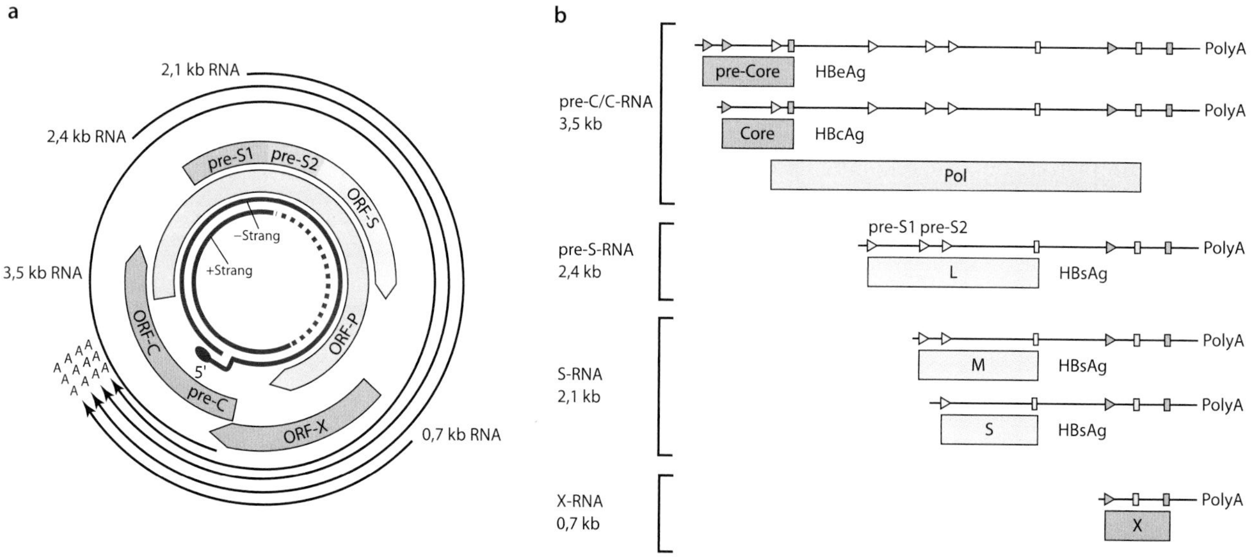

◘ **Abb. 71.4** **a, b** Genom des HBV. **a** Nachdem das partiell doppelsträngige, zirkuläre DNA-Genom (rot) in die kovalent geschlossene ccc-Form übergegangen ist, werden 6 verschieden lange RNA-Spezies transkribiert (schwarz), deren Enden identisch sind. Entsprechend ihrer Größe werden sie in 4 Gruppen eingeteilt (pre-C/C, pre-S, S und X), von denen die Proteine pre-Core (HBeAg), Core (HBcAg), Pol, die Hüllproteine L, M, S (HBsAg) und X translatiert werden. Ihre offenen Leseraster sind stark verschachtelt und liegen auf allen 3 Leserahmen (grün, blau und gelb). **b** Die Translation beginnt zumeist beim 1. Startkodon (Dreiecke) und endet beim nächsten Stoppkodon des gleichen Leserahmens (Rechteck der gleichen Farbe). Die Farbe der Proteine ist passend zum Leserahmen gewählt

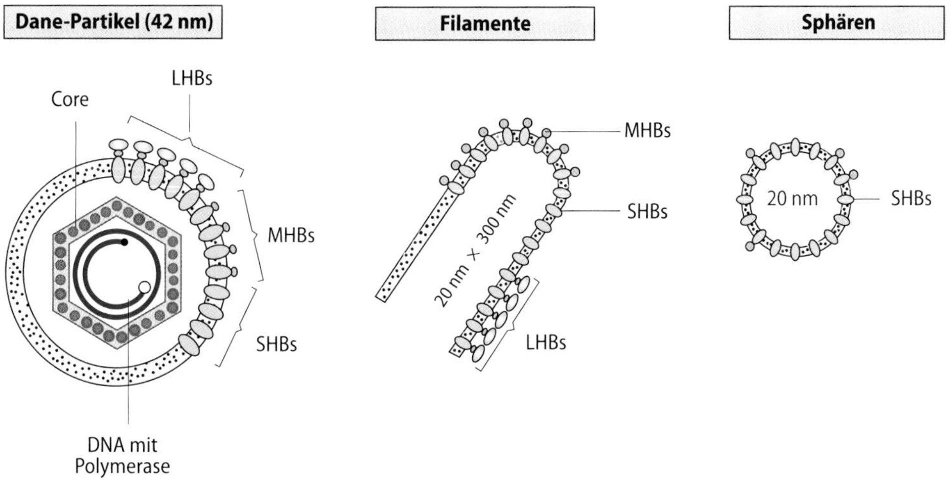

Abb. 71.5 HBV-Partikel. Infizierte Zellen sezernieren 3 verschiedene virale Partikel: Dane-Partikel, Filamente und Sphären (EM-Ansichten Steckbrief-Abb.). Nur Dane-Partikel enthalten das Nukleokapsid und sind infektiös

(RT) und die RNAse H, welche die RNA in RNA-DNA-Heteroduplexen abbaut. Das X-Protein (HBx) ist für die virale Replikation essenziell und erhöht die virale Genexpression. Es interagiert mit einer Reihe von intrazellulären Wirtsfaktoren und spielt bei der Chronifizierung und Karzinogenese eine Rolle.

Virion HBV ist ein behülltes Virus. In seiner Lipidhülle sind die 3 verschiedenen langen Varianten des Hüllproteins HBsAg verankert. Infektiöse Partikel enthalten ein ikosaederförmiges Nukleokapsid, das aus 120 Dimeren des Core-Proteins HBcAg besteht (Abb. 71.5). Das Nukleokapsid verpackt eine einzelne Kopie des viralen partiell doppelsträngigen DNA-Genoms und enthält auch die RT, die kovalent an das 5'-Ende des Minusstrangs des Genoms gebunden ist. Die infektiösen Partikel sind 42–47 nm groß und werden nach ihrem Entdecker auch Dane-Partikel genannt. Sie können im Blut einen Titer von bis zu 10^{10}/ml erreichen.

In Seren infizierter Individuen finden sich zusätzlich filamentöse und sphärische Strukturen mit 22 nm Durchmesser, die **nichtinfektiöse, subvirale Partikel** darstellen (Abb. 71.5). Sie bestehen nur aus einer Hüllmembran, in der HBsAg verankert ist, die jedoch kein Nukleokapsid und kein virales Genom enthalten. Die Sphären können einen Titer von 10^{14}/ml erreichen. Die genaue Funktion der subviralen Partikel im HBV-Lebenszyklus ist nicht bekannt. Möglicherweise dienen sie dazu, neutralisierende Antikörper gegen das HBsAg (Anti-HBs) abzufangen, oder sie vermitteln Immuntoleranz und tragen so zur Persistenz des Virus bei.

Lebenszyklus

Für die **rezeptorvermittelte Aufnahme** des HBV ist die Prä-S1-Region des HBsAg essenziell, die nur in der langen Form des Hüllproteins vorhanden ist (Abb. 71.6). Als essenzieller Wirtsrezeptor wurde das Natrium-Taurocholat-Kotransporter-Polypeptid (NTCP) identifiziert. Nach der Aufnahme folgen das **Uncoating** des Nukleokapsids und der Transport zur Kernpore, wo das Genom freigesetzt wird.

Das partiell doppelsträngige HBV-Genom wird zum kompletten Doppelstrang vervollständigt, der dann ringförmig geschlossen (zirkularisiert) wird. Diese als „covalently closed circular" oder **cccDNA** bezeichnete DNA dient nun als Vorlage für die Synthese der viralen RNA-Transkripte, die alle eine Cap-Struktur tragen und polyadenyliert sind. Das kürzere der beiden 3,5-kb-Transkripte ist nicht nur mRNA für Core und Pol, sondern auch prägenomische RNA (pgRNA). Die Translation des Core-Proteins wird durch die Bindung der RT an die pgRNA unterbunden. Nun beginnen sich aus Core und Polymerase Nukleokapside zusammenzusetzen, in denen initial die pgRNA eingeschlossen ist.

Es folgt die (–)DNA-Synthese, während der die Polymerase bereits kovalent an das 5'-Ende des Negativstrangs gebunden ist. Anschließend wird das RNA-Prägenom abgebaut und die RT vervollständigt den (–) DNA-Strang durch (+)DNA-Synthese zum Doppelstrang. Dies geschieht jedoch nur unvollständig, vermutlich aufgrund sterischer Restriktionen durch die kovalent gebundene RT oder das umgrenzende Nukleokapsid.

Erst infolge der DNA-Synthese kann das Nukleokapsid nun mit dem bereits in intrazellulären Membranen gebundenen L-Protein (der langen

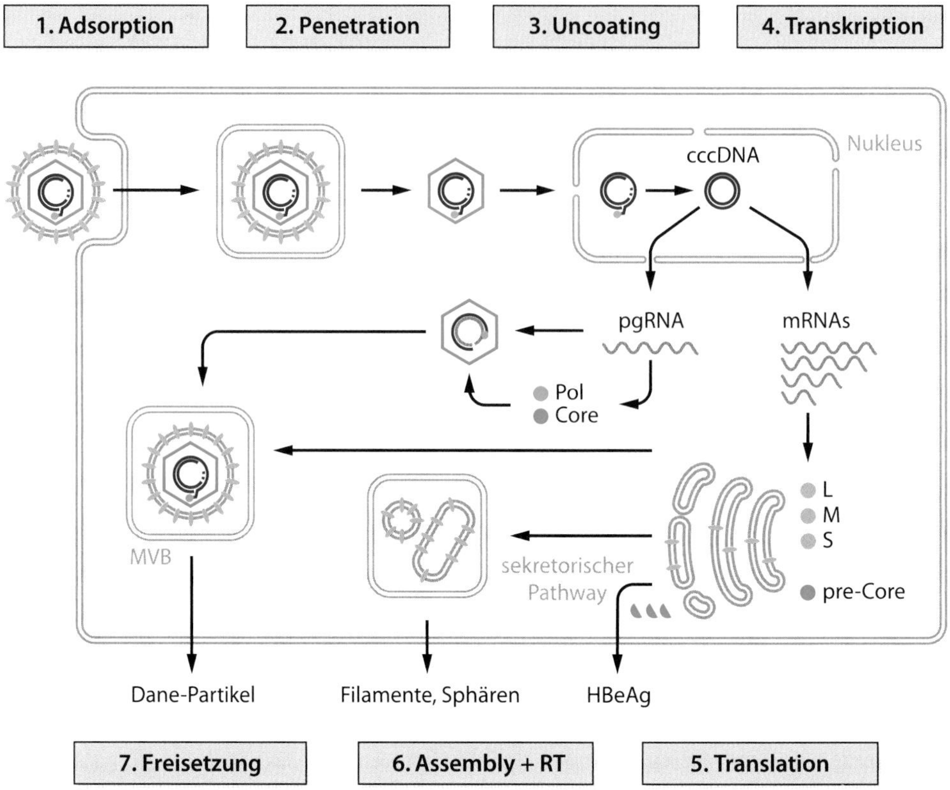

Abb. 71.6 Lebenszyklus des HBV

Variante des HBsAg) interagieren. An der Morphogenese und Sekretion der fertig umhüllten Dane-Partikel sind dann „multivesicular bodies" (MVB) beteiligt. Dagegen werden die kapsidlosen Sphären und Filamente sowie das freie HBeAg über den klassischen sekretorischen Pathway freigesetzt.

▪ Resistenz gegen äußere Einflüsse

HBV ist relativ stabil und bleibt bei 30–32 °C mindestens 6 Monate und eingefroren bei −15 °C mindestens 15 Jahre infektiös. Auch getrocknetes Blut ist mindestens 1 Woche lang noch infektiös. Das Virus lässt sich durch Autoklavieren bei 121 °C für 20 min, bei trockener Hitze von 160 °C für 60 min sowie durch Kontakt mit 0,25 % Natriumhypochlorit (NaClO) für 3 min, mit 70 % Isopropylalkohol oder mit 80 % Ethanol für je 2 min, nicht aber durch Pasteurisieren inaktivieren.

▪ Vorkommen

Das humane HBV infiziert Menschen und kann auf Menschenaffen übertragen werden. Die übrigen Spezies der Orthohepadnaviren infizieren Erdhörnchen, Lemminge und Waldmurmeltiere, Vertreter der Aviahepadnaviren infizieren Enten und Wasservögel.

Rolle als Krankheitserreger

▪▪ Epidemiologie

Rund 40 % der Weltbevölkerung tragen die serologischen Zeichen (Anti-HBc-Positivität, s. u.) einer durchgemachten oder noch bestehenden HBV-Infektion. Geschätzte 257 Mio. Menschen sind chronisch infiziert (HBsAg-Träger, s. u.). Die Prävalenz einer chronischen Infektion liegt in Teilen Afrikas und Asiens bei über 10 %, in Westeuropa und in den USA zwischen 0,1–0,5 %. In Deutschland sind 4–8 % der Bevölkerung Anti-HBc-positiv; die Prävalenz der chronischen Infektion beträgt ca. 0,5 %.

▪▪ Übertragung

HBV wird parenteral übertragen. Kontaminiertes Blut bzw. Blutprodukte, Sperma und Zervixsekret sowie Speichel können das Virus übertragen. Geschlechtsverkehr und i. v. Drogenabusus tragen wesentlich zur Übertragung bei. Da bereits geringste Mengen Blut für die Transmission ausreichen, kommen auch weiterhin nosokomiale Infektionen vor, z. B. durch nicht ausreichend gereinigte medizinische Instrumente, Nadelstichverletzungen oder Blutspritzer ins Auge. Kleinere Verletzungen – wie sie bei kleinen Kindern häufig vorkommen – sind eine weitere Übertragungsursache. Bluttransfusionen spielen seit Einführung der Spendertestung für die Übertragung heutzutage keine Rolle mehr.

Die vertikale Transmission ist in hochendemischen Ländern die wichtigste Infektionsquelle, erfolgt zumeist erst unter der Geburt (s. u.: Prävention) und liegt ohne Prophylaxe bei HBeAg-positiven Müttern bei 90 %.

▪▪ Pathogenese

Die Leberschädigung ist v. a. immunvermittelt. Sie beginnt mit dem Einsetzen der Immunantwort und wird in der akuten und chronischen Hepatitis B v. a. durch $CD8^+$-zytotoxische T-Lymphozyten hervorgerufen. Die Stärke der Immunantwort bestimmt dabei die Schwere der Hepatitis. Bei einer fulminanten akuten Hepatitis B kommt es durch eine heftige Immunantwort zur schweren Leberschädigung; allerdings führt sie auch häufig zur Immunkontrolle (ausgeheilte Hepatitis B).

Bei Neugeborenen führt eine akute Infektion durch das unreife Immunsystem nur zu geringer Leberschädigung; damit wird das Virus nicht eliminiert und es kommt in den meisten Fällen zu einer chronischen Hepatitis B.

Eine starke Immunsuppression kann nach einer ausgeheilten akuten Hepatitis B und bei chronischer Hepatitis B mit nur niedriger oder nicht mehr detektierbarer Virusreplikation zu einer **Reaktivierung** der Replikation und zur erneuten Infektion fast aller Hepatozyten kommen. Bei Rekonstitution der T-Zell-Reaktivität kann es dann zur fulminanten Hepatitis B kommen, die nicht mehr antiviral therapierbar ist. Bei Reaktivierung einer okkulten Infektion erscheinen oft Immune-Escape-Mutanten mit stark verändertem HBsAg.

▪▪ Immunität

Für die Immunität spielt das Anti-HBs die entscheidende Rolle (s. u.: Prophylaxe).

▪▪ Klinik der akuten HBV-Infektion

Die Inkubationszeit einer akuten Hepatitis B ist abhängig von der übertragenen Virusmenge und beträgt 6–12 Wochen, selten bis zu 7 Monaten. Bereits wenige Wochen nach Infektion kommt es, z. T. deutlich, vor Symptombeginn zur Virämie: HBV-PCR, HBsAg und häufig auch HBeAg werden positiv. Die Viruslast erreicht kurz vor Symptombeginn ihr Maximum von häufig 10^9–10^{12} Kopien/ml. Die Patienten sind nun hochinfektiös. Mit Einsetzen der Immunantwort ist Anti-HBc nachweisbar, die Viruslast fällt und die Leberenzyme steigen. Bei 30–50 % kommt es zu den typischen Symptomen einer akuten Hepatitis (▶ Abschn. 71.1), die meist 2–3 Wochen, selten länger anhalten. Die meisten akuten Infektionen verlaufen jedoch inapparent. Weniger als 1 % der akuten Infektionen zeigen einen fulminanten Verlauf, der im Leberversagen enden kann.

Die akute Hepatitis B ist zumeist eine selbstlimitierende Erkrankung. Deutlich über 90 % der immunkompetenten Erwachsenen können die Virusreplikation kontrollieren und es kommt zur **„Ausheilung“** (▣ Abb. 71.7): Spezifische T-Zellen mit zytotoxischer und nichtzytotoxischer antiviraler Aktivität werden gebildet, spezifische B-Zellen werden induziert, die neutralisierende Anti-HBs-Antikörper bilden, und das HBsAg wird negativ **(„durchgemachte Hepatitis B“)**. Trotzdem persistieren geringe Mengen von cccDNA in den Hepatozyten. Bei starker Immunsuppression und insbesondere bei Therapie mit Anti-B-Zell-Antikörpern (z. B. Rituximab) kann es so zu einer gefährlichen Reaktivierung kommen (s. u.: Prophylaxe). Im Kindesalter verläuft die Infektion dagegen zu etwa 90 % und bei Immunkompromittierten zu 30–90 % chronisch.

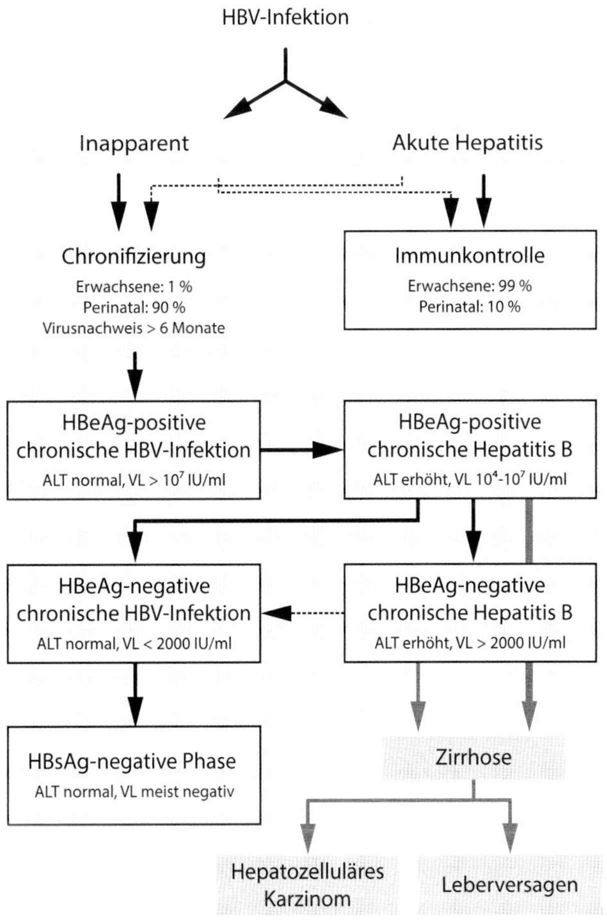

▣ **Abb. 71.7** Klinischer Verlauf einer Hepatitis B (ALT, Alanin-Aminotransferase; VL, Viruslast)

■■ Klinik der chronischen HBV-Infektion

Ist das HBsAg länger als 6 Monate nachweisbar, so spricht man von einer chronischen Infektion. Diese virale Persistenz ist ein dynamischer Prozess, der das Zusammenspiel von Virusaktivität und Immunantwort widerspiegelt und bei dem es zu einem fortschreitenden Funktionsverlust der HBV-spezifischen T-Zellen kommt. Hierbei muss eine chronische Infektion nicht zwingend mit einer **chronischen Hepatitis B (CHB)** einhergehen, in deren Verlauf es zur Leberzellschädigung kommt. Diese zeigt sich durch erhöhte Transaminasen und histologisch in einer Leberbiopsie. Anfangs zeigt die CHB keine oder sehr unspezifische Symptome. Über Jahrzehnte entwickelt sich jedoch eine Leberzirrhose mit den dann typischen Symptomen und Komplikationen (▶ Abschn. 71.1.4).

Die persistierende HBV-Infektion wird entsprechend der European Association for the Study of the Liver in 5 Phasen eingeteilt, basierend auf dem HBeAg-Serostatus, der Viruslast, den Transaminasen (insbesondere die Alanin-Aminotransferase, ALT) und dem Vorliegen einer Leberzellschädigung. Die 5 Phasen können, müssen aber nicht sequenziell ineinander übergehen. (◘ Abb. 71.7):

Phase 1: HBeAg-positive chronische HBV-Infektion Es handelt sich um eine persistierende Infektion mit sehr hoher Viruslast und stark positivem HBsAg und HBeAg ohne oder mit nahezu keiner Leberzellschädigung bei normalen Transaminasen. Diese zuvor auch als **immuntolerante Phase** bezeichnete Form zeigt sich häufiger und länger bei Patienten, die immundefizient sind oder die sich perinatal oder in der frühen Kindheit infiziert haben (Immuntoleranz).

Phase 2: HBeAg-positive chronische Hepatitis B Diese Phase kann sich nach Jahren aus der 1. Phase entwickeln, wobei der Übergang in die 2. Phase bei Infektionen im Erwachsenenalter häufiger und meist schneller geschieht. Diese zuvor als **immunreaktive HBeAg-positive CHB** bezeichnete Phase ist durch eine Leberzellschädigung mit erhöhten Transaminasen gekennzeichnet, bei weiterhin positivem HBsAg und HBeAg sowie hoher Viruslast. Durch die Leberentzündung kann sich zügig eine Leberzirrhose entwickeln. Bei den meisten Patienten kommt es in dieser Phase zu einer HBeAg-Serokonversion und zu einer Kontrolle der Virusreplikation, sodass sie die Phase 3 erreichen. Einige Patienten wechseln jedoch in die Phase 4, da trotz HBeAg-Serokonversion keine ausreichende virale Kontrolle gelingt.

Phase 3: HBeAg-negative chronische Infektion Diese Phase ist durch das Erscheinen von Anti-HBe-Antikörpern, einer niedrigen bis nichtdetektierbaren Viruslast und normalen Transaminasen charakterisiert. Patienten in dieser Phase wurden zuvor als **„inaktive" HBsAg-Träger** bezeichnet. In dieser Phase besteht nur ein geringes Risiko, dass eine Leberzirrhose voranschreitet oder sich ein HCC entwickelt. Bei jährlich etwa 1–3 % der Patienten gelingt spontan ein Wechsel in die Phase 5.

Phase 4: HBeAg-negative chronische Hepatitis B Die Phase der **HBeAg-negativen CHB** ist durch mäßig bis deutlich erhöhte wechselnde Viruslasten und Transaminasen bei negativem HBeAg und meist positivem Anti-HBe gekennzeichnet. Histologisch zeigen sich Zeichen einer Leberzellschädigung und Fibrose. Bei vielen dieser Patienten finden sich HBV-Varianten, bei denen die Expression des HBeAg gestört ist. Spontan findet ein Wechsel in einen günstigeren Verlauf nur selten statt.

Phase 5: HBsAg-negative Phase Bei den Patienten findet sich bei positivem Anti-HBc nun kein HBsAg mehr. Anti-HBs kann, muss aber nicht vorliegen. Die Transaminasen sind nicht erhöht. Diese Phase wird auch als **„okkulte" HBV-Infektion** bezeichnet. Die Viruslast liegt oft unter der Nachweisgrenze. Im Rahmen von Blut- oder Organspenden ist Infektiosität jedoch nicht ausschließbar. Phase 5 ist mit einem geringen Risiko verbunden, eine Zirrhose oder ein HCC zu entwickeln. Hat sich zuvor allerdings bereits eine Zirrhose entwickelt, so besteht die Gefahr, dass sich weiterhin ein HCC entwickelt. Werden Patienten in dieser Phase immunsupprimiert, so kann es zu einer Reaktivierung kommen (s. u.: Prophylaxe).

■■ Labordiagnose

In der Routinediagnostik lassen sich in der Serologie die viralen Antigene HBsAg und HBeAg und die gegen die viralen Proteine gerichteten Antikörper Anti-HBs, Anti-HBc und Anti-HBe nachweisen. Die Quantifizierung der HBV-DNA im Blut (Viruslast) erfolgt mit quantitativen Nukleinsäure-Nachweisverfahren, z. B. quantitativer PCR, und ist für die Zuordnung in einer der 5 Phasen der chronischen Hepatitis B sowie für Therapieplanung und -monitoring notwendig. Die Viruslast korreliert mit der Infektiosität des Blutes. Im Rahmen einer Therapie mit PegIFNα (s. u.) ist ferner die quantitative Bestimmung des HBsAg und die Genotypisierung des Virus relevant.

Die vielfältigen serologischen Parameter erlauben eine differenzierte Aussage über die verschiedenen Phasen der Erkrankung. Für die initiale Basisdiagnostik reichen bereits die 3 wichtigsten Marker aus: HBsAg, Anti-HBs und Anti-HBc. Zur Bestimmung der Phase einer chronischen Infektion, müssen HBeAg,

Tab. 71.3 Diagnostik der Hepatitis B

Infektionsstatus	HBsAg	Anti-HBs	Anti-HBc (total)	Anti-HBc-IgM	HBeAg	Anti-HBe	HBV-DNA [IU/ml]	Leberentzündung, ALT ↑
Keine Infektion	–	–	–	–	–	–	–	Nein
Erfolgreicher Impfstatus	–	+	–	–	–	–	–	Nein
Frische Infektion:								
Inkubationsperiode	+	–	–	–	+	–	Steigend bis sehr hoch	Nein
Frische Hepatitis	+	–	+	+	+	–	Hoch	Ja
Ausheilung:								
Beginnend	+	–	+	+	–	+	Fallend	Ja
In den ersten Jahren	–	+	+	–	–	±	Negativ	–
Nach vielen Jahren	–	±	+	–	–	–	Negativ	–
Phasen der chronischen Infektion:								
HBeAg-**positive** chronische Infektion	+	–	+	–	+	–	$>10^7$	Nein
HBeAg-**positive** chronische Hepatitis	+	–	+	–	+	–	10^4–10^7	Ja
HBeAg-**negative** chronische Infektion	+	–	+	–	–	+	$<2 \times 10^3$, selten bis 2×10^4	Nein
HBeAg-**negative** chronische Hepatitis	+	–	+	–	–	±	$>2\times10^3$	Ja
HBsAg-**negative** Phase	–	±	+	–	–	±	Meist negativ	Nein

ALT, Alanin-Aminotransferase

Anti-HBe und die HBV-Viruslast bestimmt werden (Tab. 71.3 und Abb. 71.8).

HBsAg HBs-Antigen ist der serologische Marker für eine vorliegende HBV-Infektion (Infektiosität). Bei aktiver Virusreplikation gelangt es als Bestandteil der Dane-Partikel, Filamente und Spären ins Blut. Es ist das wichtigste immunisierende Antigen für B-Zellen.

Anti-HBs Anti-HBs-Antikörper sind der serologische Marker für Immunität. Die Antikörper sind gegen das HBsAg gerichtet und wirken neutralisierend, d. h., sie verhindern, dass Dane-Partikel weitere Wirtszellen infizieren. Ihr Nachweis zeigt an, dass das Immunsystem die Infektion unter Kontrolle gebracht hat und ist gleichbedeutend mit einer ausgeheilten Infektion. Eine Hepatitis-B-Impfung mit synthetisch hergestelltem HBsAg induziert ebenfalls die Produktion von Anti-HBs.

Anti-HBc Anti-HBc-Antikörper gelten als Kontaktmarker. Sie werden sowohl in Patienten mit aktiver als auch mit durchgemachter HBV-Infektion gefunden. Im Gegensatz zu Anti-HBs und Anti-HBe ist Anti-HBc auch Jahrzehnte nach Ausheilung nachweisbar. Deshalb ist es auch für epidemiologische Fragestellungen nützlich. Durch eine Impfung werden keine Anti-HBc-Antikörper gebildet.

Bereits mit diesen 3 serologischen Markern lässt sich meist zuverlässig unterscheiden, ob ein Individuum nie Kontakt zu HBV hatte, eine infektiöse Hepatitis B hat, die Infektion ausgeheilt ist oder Impfschutz besteht. Die übrigen serologischen Marker werden für spezielle Fragestellungen verwendet:

Anti-HBc-IgM Anti-HBc-IgM-Antikörper werden in hohen Titern nur während und kurz nach einer akuten HBV-Infektion gebildet. Sie dienen als Nachweis einer frischen Hepatitis B. Selten werden sehr niedrige IgM-Titer auch bei einer chronischen Hepatitis B (CHB) gefunden.

HBeAg Ein positiver HBe-Antigen-Nachweis ist Zeichen einer hochreplikativen HBV-Infektion. Als Faustregel findet sich HBeAg bei Personen mit einer Viruslast >2000 IU/ml (10^5 Genomkopien/ml). Dies trifft bei

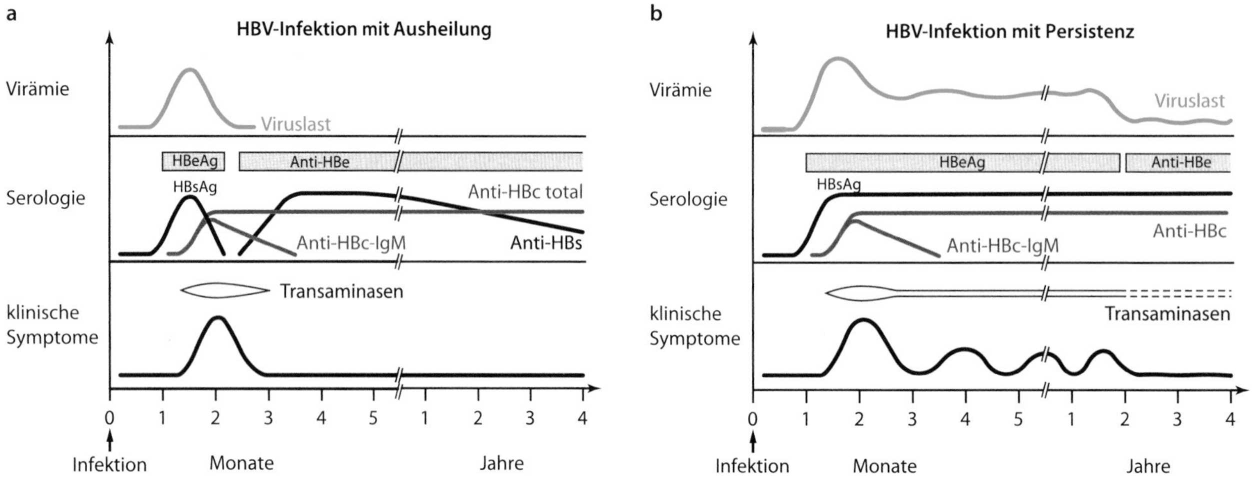

Abb. 71.8 **a, b** Verlauf der Laborparameter bei HBV-Infektion. Anfangs sind HBV-DNA, HBsAg und HBeAg positiv. Mit Einsetzen der Immunantwort werden totales Anti-HBc und Anti-HBc-IgM positiv, es entwickelt sich eine Hepatitis, die Transaminasen steigen. **a** Schafft es das Immunsystem, die Infektion zu kontrollieren, kommt es zur Serokonversion von HBsAg zu Anti-HBs. **b** Bei einer persistierenden Hepatitis B sind HBV-DNA und HBsAg dauerhaft positiv, die Serokonversion zu Anti-HBs bleibt aus. Viruslast, HBeAg-/Anti-HBe-Status und Leberentzündung können je nach Verlauf variieren (siehe Text). Nach Jahren kann jedoch durch Immunkontrolle eine HbsAg-negative Phase erreicht werden

der akuten HBV-Infektion, bei der HBeAg-positiven chronischen HBV-Infektion und bei der HBeAg-positiven CHB zu (Phase 1 und 2, s. o.). Mutationen im pre-Core-Bereich können zu einer HBeAg-negativen, aber dennoch hochreplikativen Hepatitis führen, die nur durch eine erhöhte HBV-Viruslast auffällt (HBeAg-negative CHB bzw. Phase 4, s. o.).

Anti-HBe Der Nachweis von Anti-HBe-Antikörpern geht mit einem negativen Nachweis des HBeAg einher. Bei chronischer Infektion (HBsAg-positiv) ist dies Zeichen für niedrigreplikativen Hepatitis B. Bei ausgeheilter Infektion (Anti-HBs-positiv) ist Anti-HBe nicht regelmäßig nachweisbar, sodass Anti-HBc-Antikörper als Kontaktmarker besser geeignet sind.

HBcAg Das HBc-Antigen findet sich nicht im Serum, sondern nur im Zellkern infizierter Hepatozyten. In der Routinediagnostik wird es nicht verwendet.

HBsAg-Subtypen

Antikörper gegen die sog. „a"-Determinante des HBsAg haben neutralisierende Eigenschaften, d. h., sie können eine Infektion verhindern. Die Epitope der „a"-Determinante sind bei allen Wildtypisolaten konserviert. Daher vermitteln Antikörper gegen die „a"-Determinante Kreuzimmunität zwischen den verschiedenen HBV-Genotypen. Dies wird u. a. bei der HBV-Impfung genutzt.

Darüber hinaus gibt es weitere Antikörper, die gegen HBsAg-Subtypen gerichtet sind. Mit subtypspezifischen Antikörpern lassen sich somit verschiedene HBV-Serotypen identifizieren. Dies wurde historisch z. B. für epidemiologische Fragestellungen verwendet. Bei den Subtypen werden neben der „a"-Determinante die beiden weiteren Determinanten d/y und w/r berücksichtigt, die sich jeweils gegenseitig ausschließen: Die „w"-Determinante wird weiter in die 4 Subspezies w1–w4 unterteilt. Daneben gibt es noch die optionale „q"-Determinante. Bei der Angabe des HBsAg-Subtyps werden alle Determinanten, inklusive der „a"-Determinante angegeben, also z. B. „adw2" oder „ayr". Bei den verschiedenen HBV-Genotypen sind bestimmte HBsAg-Subtypen besonders häufig vertreten.

Heutzutage ist die Bedeutung der Serotypen durch die einfache Möglichkeit, das HBV-Genom zu sequenzieren, in den Hintergrund getreten. Klinisch spielen jedoch weiterhin Escape-Mutationen in der „a"-Determinante eine Rolle, die z. B. zu Impfdurchbrüchen führen oder eine Therapie mit Hepatitis-B-Immunglobulin vereiteln.

▪▪ Therapie

Eine akute HBV-Infektion bedarf normalerweise – aufgrund ihrer hohen Spontanheilungsrate – keiner Therapie. Nur bei schweren, fulminanten Verläufen sollte die Indikation für eine antivirale Therapie evaluiert werden und aufgrund des möglichen Leberversagens die Anbindung an ein Lebertransplantationszentrum erfolgen.

Bei jedem Patienten mit chronischer Hepatitis B ist zu prüfen, ob eine antivirale Therapie indiziert ist. Erhöhte Virusaktivität und/oder Zeichen einer Leberschädigung sprechen für eine Therapie. **Ziel** der Therapie ist, die Morbidität und Letalität zu senken. Als **Therapieerfolg** gelten:

- das dauerhafte Absinken der HBV-Viruslast unter die Nachweisgrenze,
- der Verlust von HBeAg mit oder ohne Anti-HBe-Serokonversion,
- eine Normalisierung der Transaminasen und
- idealerweise der Verlust des HBsAg mit oder ohne Anti-HBs-Serokonversion.

Für die **medikamentöse Therapie** werden pegyliertes Alpha-Interferon (PegIFNα), die Nukleosidanaloga Lamivudin (LAM), Entecavir (ETV) und die Nukleotidanaloga Adefovirdipivoxil (ADV), Tenofovirdisoproxil (TDF) und Tenofoviralafenamid (TAF) verwendet. Die Verwendung von LAM und ADV wird nicht empfohlen, da es hier schnell zu Resistenzmutationen kommen kann. Ein auf Interferon basierendes Therapieschema hat den Vorteil, dass es eine definierte Dauer hat (48 Wochen) und, im Vergleich zur Therapie mit Nukleosid-/Nukleotidanaloga, schneller und/oder häufiger zur HBe- und HBs-Serokonversion führt.

Bei Schwangeren, Stillenden und Patienten mit fortgeschrittener oder dekompensierter Leberzirrhose ist Interferon kontraindiziert, sodass hier Nukleosid-/Nukleotidanaloga zum Einsatz kommen. Diese erfordern jedoch häufig eine Langzeittherapie, die erst bei nicht mehr nachweisbarer HBV-DNA und einer Anti-HBs-Serokonversion beendet werden darf. Bei dieser Therapie ist die Viruslast regelmäßig zu kontrollieren, um die Entwicklung von Resistenzmutationen zu erkennen. Sie machen die Umstellung der Therapie auf andere Nukleosid-/Nukleotidanaloga erforderlich.

In einer 2015 herausgegebenen Leitlinie empfiehlt die WHO für die weltweite Therapie, gerade auch in Regionen mit begrenzten Mitteln, eine primäre Therapie mit TDF oder ETV, da eine Interferontherapie nicht peroral appliziert werden kann, teuer ist, eine Reihe von unerwünschten Nebenwirkungen besitzt und einer engmaschige Überwachung bedarf, die unter einfachen Bedingungen nicht immer gegeben ist.

▪▪ Prävention

Neben einer aktiven Impfung existiert eine passive Impfung – letztere zur Postexpositionsprophylaxe. Unter Immunsuppression kann es zu einer HBV-Reaktivierung kommen.

Aktive Impfung Vor einer HBV-Infektion schützt eine aktive Immunisierung mit einem Totimpfstoff aus rekombinantem HBsAg. Sie gehört zu den von der STIKO empfohlenen Standardimpfungen, die im 2. Lebensmonat begonnen werden – hier allerdings meist als Kombinationsimpfstoff. Eine Impfung ist zusätzlich bei Personen mit erhöhtem Infektionsrisiko indiziert. Die Grundimmunisierung mit dem monovalenten Impfstoff erfolgt in 3 Dosen (0–1–6 Monate) und führt zu einem über 95 %igen Schutz. Eine serologische Kontrolle des Impferfolgs wird nur bei Personen mit erhöhtem Infektionsrisiko (Indikationsimpfung) empfohlen und sollte 4–8 Wochen nach Abschluss der Grundimmunisierung erfolgen:

- Bei **Low-Respondern** (Titer zwischen 10 und 99 IU/l) sollte umgehend mit einer 4. Dosis geboostert und bei weiterhin zu niedrigen Titern eine 5. und ggf. auch 6. Dosis gegeben werden.
- Bei **Non-Respondern** (Titer <10 IU/l) sollten HBsAg und Anti-HBc bestimmt werden, um eine bestehende Hepatitis auszuschließen. Sind beide Parameter negativ, wird wie bei Low-Respondern vorgegangen.

Nach erfolgreicher Grundimmunisierung wird ein Boostern nur bei Patienten mit humoraler Immundefizienz (jährliche Anti-HBs-Kontrolle) und ggf. bei Personen mit besonders hohem individuellem Expositionsrisiko (Anti-HBs-Kontrolle nach 10 Jahren) empfohlen, wenn bei der Kontrolle der Anti-HBs-Titer <100 IU/l ist.

Postexpositionsprophylaxe nach Kontakt zu HBV-haltigem Blut HBV wird sehr leicht durch infiziertes Blut übertragen. Auf peinlich genaue Sterilität aller ärztlichen Instrumente ist zu achten. Bei Blut- und Organspendern werden HBsAg und Anti-HBc-Antikörper überprüft, um Infektiosität auszuschließen. Bei Exposition eines Nichtinfizierten mit HBV-haltigem Material hängt das Vorgehen von der Impfanamnese ab. Bei unvollständig Geimpften und bei vollständig Geimpften, bei denen das Anti-HBs vor >10 Jahren oder nie bestimmt wurde oder mit einem zuletzt gemessenen Anti-HBs zwischen 10–99 IU/l, muss zusätzlich eine aktuelle Anti-HBs-Bestimmung innerhalb von 48 h erfolgen:

- **Keine Prophylaxe** benötigen (a) vollständig Geimpfte mit einem Anti-HBs ≥ 100 IU/l innerhalb der letzten 10 Jahre sowie (b) vollständig und unvollständig Geimpfte mit einem aktuellen Anti-HBs ≥ 100 IU/l.
- Nur eine **aktive Impfung (Boostern)** benötigen alle übrigen vollständig oder unvollständig Geimpfte, die (a) jemals ein Anti-HBs ≥ 100 IU/l hatten oder (b) aktuell ein Anti-HBs zwischen 10–99 IU/l haben.
- Eine kombinierte **Aktiv-/Passiv-Prophylaxe mit Impfstoff und Hepatitis-B-Immunglobulin (HBIG)** benötigen (a) Ungeimpfte sowie (b) alle Geimpften mit einem zuletzt oder aktuell gemessen Anti-HBs <10 IU/l, die nie ein Anti-HBs ≥ 100 IU/l hatten. Hier sollte immer vor der Impfung Blut für eine HBsAg-, Anti-HBc- und Anti-HBs-Bestimmung abgenommen werden, die **Simultanimpfung** jedoch sofort erfolgen.
- Unabhängig davon sollte bei Ungeimpften oder unvollständig Geimpften die **Grundimmunisierung vervollständigt** werden.

Vertikale Transmission Beim Neugeborenen einer HBV-positiven Mütter ist eine kombinierte Aktiv-/Passiv-Impfung innerhalb von 12 h nach Geburt indiziert.

Ist diese durchführbar, besteht keine Indikation für eine Sectio. Ebenso dürfen aktiv/passiv geimpfte Kinder gestillt werden. Bei hochvirämischen Müttern kann die Aktiv-/Passiv-Prophylaxe eine Infektion des Kindes jedoch nicht sicher unterbinden; hier kann eine antivirale Therapie der werdenden Mutter entsprechend aktueller Empfehlungen und Studien das Infektionsrisiko für das Kind reduzieren.

Immunsuppression Bei HBsAg-Trägern ohne Hepatitis, bei isoliert Anti-HBc-Positiven sowie bei okkulter Hepatitis B besteht bei starker Immunsuppression die **Gefahr einer Reaktivierung**. Diese kann im Rahmen einer Chemotherapie, durch eine Immunsuppression im Rahmen einer Tumor- oder Autoimmunerkrankung oder durch eine Immunsuppression nach einer Transplantation auftreten. Ein besonders hohes Risiko besteht bei einer B-Zell-Depletion durch die Gabe von Anti-CD20-Antikörpern (Rituximab). Diagnostik und Therapie sollten abhängig von der Immunsuppression und der Phase der Hepatitis B entsprechend den Leitlinien erfolgen. Bei einigen Therapeutika wird teilweise sogar eine präemptive Therapie mit Nukleosid-/Nukleotidanaloga empfohlen; dasselbe gilt für Patienten mit einer Stammzelltransplantation. Selten kann es auch bei HBV-/HCV-Koinfizierten im Rahmen einer HCV-Therapie mit direkten antiviralen Agenzien (DAA; ▶ Abschn. 71.3.2) zu einer HBV-Reaktivierung kommen.

In Kürze: Hepatitis-B-Virus (HBV)

- **Virus:** Behülltes Virus aus der Familie der Hepadnaviridae mit partiell doppelsträngigem DNA-Genom. Ungewöhnliche Replikation mit reversem Transkriptionsschritt. 10 Genotypen mit Unterschieden der Verbreitung und des Therapieansprechens.
- **Vorkommen:** Mensch.
- **Epidemiologie:** Weltweit ca. 257 Mio. HBsAg-Träger. Prävalenz in Teilen Afrikas und Asiens >10 %, in Westeuropa 0,1–0,5 %.
- **Übertragung:** Durch Blut-zu-Blut-Kontakt, Sexualkontakt und vertikal. Hohe Infektiosität v. a. bei hoher Viruslast bzw. HBeAg-Positivität.
- **Pathogenese:** Über den Blutweg primär nichtzytolytische Infektion der Hepatozyten mit verzögert einsetzender immunvermittelter Hepatitis.
- **Immunität:** Schutz durch Anti-HBs-Antikörper nach erfolgreicher Impfung oder nach ausgeheilter Infektion.
- **Klinik:** Inkubationszeit 2–6 Monate. Klinisches Bild einer akuten Hepatitis B nur bei 30–50 %. Chronifizierung bei <10 % der Erwachsenen, jedoch 90 % bei vertikaler Übertragung und bei Kleinkindern. Chronische Infektion mit unterschiedlich ausgeprägter Leberschädigung. Leberzirrhose mit Risiko des Leberversagens und der Entwicklung eines hepatozellulären Karzinoms (HCC). Extrahepatische Manifestationen bei 1–10 %.
- **Labordiagnose:** Detaillierte serologische Diagnostik möglich: HBsAg zeigt Infektiosität, Anti-HBc bestehende oder ausgeheilte Infektion, Anti-HBs ausgeheilte Infektion oder Zustand nach Impfung an. HBeAg und Anti-HBe werden zusammen mit der Viruslast (z. B. mittels quantitativer PCR bestimmbar) für die Klassifikation der chronischen HBV-Infektion und für die Therapie benötigt, der HBV-Genotyp und die quantitative HBsAg-Bestimmung im Rahmen einer Therapie mit PegIFNα.
- **Therapie:** Bei akuter Infektion meist spontane Ausheilung. Bei chronischer Hepatitis B soweit möglich Therapie mit pegyliertem Interferon-α (PegIFNα). Sonst Nukleosid-/Nukleotidanaloga mit Gefahr von Resistenzmutationen. Lebertransplantation bei Leberversagen und ggf. bei HCC.
- **Prävention:** Aktive Impfung, Screening von Blut- und Organspendern, Sterilität ärztlicher Geräte. Aktiv-/-Passiv-Impfung Neugeborener positiver Mütter und ebenfalls bei der Postexpositionsprophylaxe.
- **Meldepflicht (Deutschland):**
  - **Betreuender Arzt:** Verdachts-, Erkrankungs- und Todesfall durch akute Hepatitis;
  - **Labor:** Direkter oder indirekter Nachweis einer bestehenden Infektion, wenn nicht dokumentiert ist, dass bereits eine Meldung erfolgt ist.

71.0.1 Hepatitis-C-Virus (HCV)

Steckbrief

HCV gehört in die Familie der Flaviviridae. Sein Virion ist behüllt und ca. 55–65 nm groß. Es hat ein (+)ssRNA-Genom mit 9,4 kb. Weltweit sind etwa 70 Mio. Menschen chronisch mit HCV infiziert. Das Virus wurde 1989 erstmals von Qui-Lim Choo et al. beschrieben. Es war das erste mit molekularbiologischen Techniken entdeckte Virus.

Die Mehrzahl der Infizierten entwickelt eine chronische Hepatitis, die über Jahrzehnte zur Leberzirrhose und zum hepatozellulären Karzinom (HCC) führen kann. Leberversagen infolge HCV-Infektion ist eine der führenden Indikationen für eine Lebertransplantation. Seit 2011 haben eine Reihe von direkt antiviralen Agenzien (DAA; s. u.) Einzug in die Klinik genommen, die sehr effektiv sind und die Therapie der Hepatitis C revolutioniert haben.

HCV: Elektronenmikroskopische Darstellung. Der Pfeil zeigt auf einen mit einem Goldpartikel markierten Antikörper, der das HCV-Hüllprotein E2 markiert [aus: Merz A, Long G, Hiet MS, Brugger B, Chlanda P, Andre P, Wieland F, Krijnse-Locker J, and Bartenschlager R (2011) Biochemical and morphological properties of Hepatitis C virus particles and determination of their lipidome. J Biol Chem 286, 3018–3032]

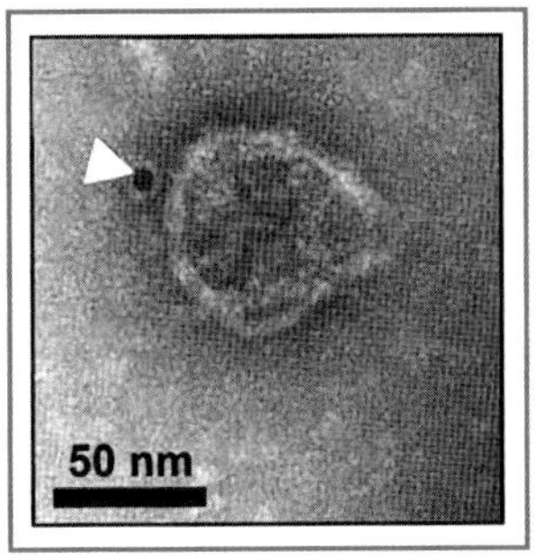

Beschreibung

HCV gehört zum Genus Hepacivirus in der Familie der Flaviviridae. Aktuell werden die Genotypen 1–8 und insgesamt 86 Subtypen unterschieden, die teilweise unterschiedlich auf die Therapie ansprechen (s. u.). Die Genotypen unterscheiden sich jeweils um >30 %, die Subtypen jeweils um >15 % der Nukleotide. Diese starken Sequenzvariationen, die noch ausgeprägter als bei HIV sind, werden durch die hohe Fehlerrate der viralen RNA-abhängigen RNA-Polymerase begünstigt – eine typische Eigenschaft aller RNA-Viren. Dies führt auch im Körper eines Patienten dazu, dass das Virusgenom bereits kurz nach der Infektion in vielen Varianten vorkommt, die sich leicht unterscheiden – man spricht dann von einer **Quasispezies**.

Aufbau

HCV ist ein behülltes RNA-Virus.

Genom Das Virus besitzt ein einzelsträngiges RNA-Genom positiver Polarität [(+)ssRNA] mit 9,4 kb. Es enthält ein langes offenes Leseraster (ORF), das von 2 nichtkodierenden Regionen (NCR) flankiert wird (Abb. 71.9). Beide NCR bilden komplexe Sekundärstrukturen aus und sind für die Replikation essenziell. In der 5'-NCR liegt gleichzeitig eine „internal ribosomal entry site" (IRES), an die Ribosomen direkt binden können und die so eine Cap-unabhängige Translation des viralen Genoms ermöglicht.

Virale Proteine Das ORF kodiert einen etwa 3000 Aminosäuren langen Polyproteinvorläufer. Diesen spalten zelluläre Proteasen und 2 virale Proteasen in die einzelnen viralen Proteine (Abb. 71.9). Aminoterminal liegen die Strukturproteine mit dem Core-Nukleokapsidprotein und den beiden Hüllproteinen E1 und E2 („envelope"). Es folgen p7, ein Viroporin, und NS2, das Teil der

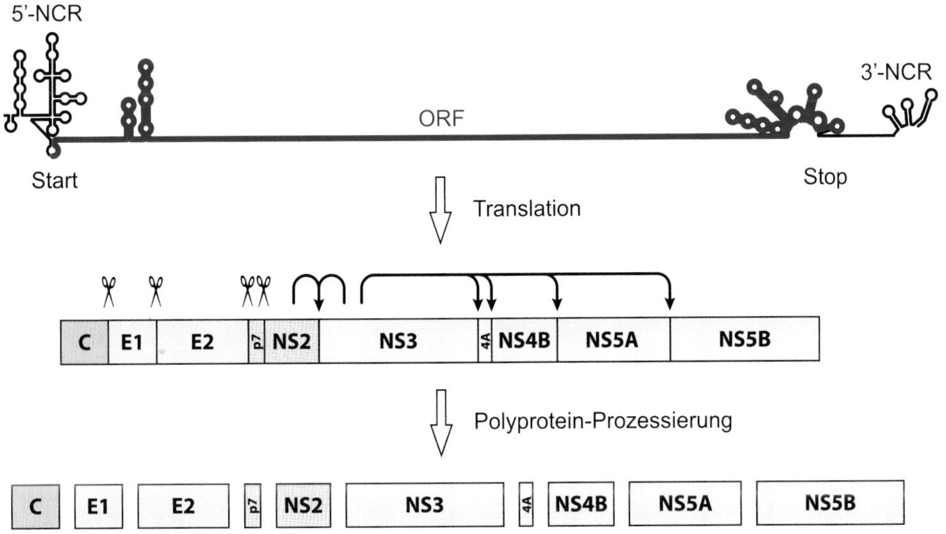

Abb. 71.9 Genom des HCV. Zwei nichtkodierenden Regionen (NCR) flankieren ein langes offenes Leseraster (ORF, rot), von dem ein Polyproteinvorläufer translatiert wird. Dieses wird von zellulären (Scheren) und der viralen NS2/3-Autoprotease und NS3-Serinprotease (kleine Pfeile) in die einzelnen Virusproteine gespalten. Das Core-Protein (C) und die beiden Hüllproteine E1 und E2 bilden das Virion, die Nichtstrukturproteine NS3–NS5B sind für die Replikation des Virusgenoms essenziell. NS3/4A, NS5A und NS5B sind therapeutische Angriffspunkte

NS2/3-Autoprotease ist, welche die NS2/3-Spaltung vollzieht. NS2 und p7 sind für die Produktion infektiöser Virione essenziell, die darauf folgenden Nichtstrukturproteine NS3, NS4A, NS4B, NS5A und NS5B für die Replikation des Genoms. NS3 enthält eine Serinproteasedomäne, die als NS3/4A-Proteinkomplex alle folgenden Nichtstrukturproteine vom Polyproteinvorläufer abspaltet. NS4B induziert spezifische Membranveränderungen, die für die Ausbildung des viralen Replikationskomplexes notwendig sind. NS5A ist ein Phosphoprotein, das an der Replikation und beim Zusammenbau des Virions beteiligt ist. NS5B schließlich ist die eigentliche virale RNA-abhängige RNA-Polymerase (RdRp).

Virion HCV ist ein behülltes Virus mit 55–65 nm Durchmesser. Das Virusgenom bildet zusammen mit dem aus dem Core-Protein bestehenden Kapsid das Nukleokapsid. Letzteres ist von einer Lipidmembran umhüllt, in der die beiden Glykoproteine E1 und E2 als Heterodimer verankert sind. Im Serum zirkuliert HCV als Komplex mit den Lipoproteinen LDL („low-density lipoprotein") und VLDL („very low-density lipoprotein") des Wirtsorganismus. Diese **Lipoviropartikel (LVPs)** sind von endogenen Apolipoproteinen umhüllt, die eine wesentliche Rolle bei der Anheftung und dem Eintritt in die Wirtszelle spielen und die höhere Infektiosität des lipoproteinassoziierten HCV erklären. Ferner helfen die LVP auch, virale Epitope vor dem Immunsystem zu verstecken.

■ Lebenszyklus

An der rezeptorvermittelte Aufnahme ist eine Vielzahl zellulärer Faktoren beteiligt:

1. Als mögliches Modell werden die LVP initial von Heparansulfatproteoglykan (HSPG) und dem LDL-Rezeptor (LDLR) eingefangen. Durch Interaktion mit dem Scavanger-Rezeptor B1 (SR-B1) ändert sich die Konformation des viralen Hüllproteins E1, wodurch das Viruspartikel mit dem Oberflächenprotein CD81 (Cluster of Differentiation 81) interagiert und es zu einer weiteren Konformationsänderung von E1/E2 kommt.
2. Unter der Kontrolle der Rezeptortyrosinkinase EGFR und des Transforming-Growth-Factor-Rezeptors TGFβ-R wird CD81 mit dem Virus zu den Tight-Junctions dirigiert, wo sich ein Komplex mit den beiden zellulären Proteinen Claudin-1 und Occludin-1 bildet, der dann durch Clathrin-vermittelte Endozytose internalisiert wird. Weitere zelluläre Faktoren regulieren diese Prozesse und unterstützen die Virusaufnahme.
3. Nach seiner Freisetzung im Zytosol dient das (+)ssRNA-Genom zuerst als mRNA für die Synthese des Polyproteinvorläufers. Dieser wird in die einzelnen Virusproteine prozessiert (s. o.). Die Nichtstrukturproteine induzieren spezifische Membranveränderungen im Zytoplasma der Wirtszelle – ein allen Plusstrang-RNA-Viren gemeinsames Phänomen. Die Nichtstrukturproteine sind in diesen Membranen verankert und bilden den viralen Replikationskomplex, in dem vom Virusgenom zuerst komplementäre RNA (Negativstrang) produziert wird, die dann als Vorlage für die Synthese vieler Plusstränge (Genome, mRNA) dient.
4. Die neuen Virusgenome bilden zusammen mit dem Core-Protein Nukleokapside, die dann von E1/E2-tragenden Lipidhüllen umschlossen und sezerniert werden. Durch Interaktion mit intrazellulären Lipidtröpfchen („lipid droplets") nutzt HCV einen Teil der VLDL-Biogenese für die Morphogenese seiner LVPs.

■ Resistenz gegen äußere Einflüsse

HCV lässt sich in wässriger Lösung durch Erhitzen auf 60 °C für 10 h oder 100 °C für 2 min, durch Fettlösungsmittel, Detergenzien und Formaldehyd inaktivieren.

■ Vorkommen

Der Mensch ist die einzige Infektionsquelle. Schimpansen sind die einzige andere Spezies, die mit dem HCV infizieren werden kann. In den letzten Jahren wurden verwandte Viren innerhalb des Genus Hepacivirus in Primaten, Pferden, Hunden, Kühen, Fledermäusen und Nagetieren entdeckt.

Rolle als Krankheitserreger

■■ Epidemiologie

Die globale Prävalenz der Hepatitis C wird auf 71,1 Mio. virämische Infektionen geschätzt. Regional schwankt die Prävalenz von unter 1,0 % in Nordeuropa, Kanada und Australien, 1 % in großen Teilen Europas und den USA und z. T. deutlich über 2 % in vielen Ländern Afrikas, Lateinamerikas und Zentral- und Südostasiens. In Deutschland sind etwa 160.000–320.000 Personen (0,2–0,4 %) chronisch mit HCV infiziert.

■■ Übertragung

HCV wird parenteral übertragen. Die wichtigste Infektionsquelle ist kontaminiertes Blut. Dies erklärt die hohe Prävalenz bei Personen mit i. v. Drogenabusus und z. B. bei Dialysepatienten. Vor der Verfügbarkeit der HCV-Testung Anfang der 1990er Jahre war die Übertragung durch Bluttransfusionen und Blutprodukte häufig und hat weltweit zur starken Verbreitung des Virus geführt. Die sexuelle Übertragung ist möglich, aber im Vergleich zu HBV weniger effizient. Ohne Prophylaxe liegt die vertikale Transmission bei 5-10 % und erfolgt vermutlich bereits in utero.

■■ Pathogenese

HCV ist primär nicht zytopathisch – eine Leberdestruktion (Hepatitis) findet in den ersten Tagen und Wochen einer frischen HCV-Infektion nicht statt, sondern verzögert mit Beginn der einsetzenden spezifischen Immunantwort. Eine starke und breite Immunantwort mit $CD8^+$-zytotoxischen T-Zellen (CTL) begünstigt dann eine Ausheilung der Infektion. $CD4^+$-T-Helferzellen unterstützen die CTL-Antwort hierbei.

HCV schafft es jedoch, der angeborenen und der adaptiven Immunantwort in der Mehrzahl der Infektionen zu entgehen. Durch die hohe Mutationsrate bei HCV kommt es schnell zu Escape-Mutationen. Antikörper- und CTL-Antwort sind daher gegen die aktuelle Quasispezies größtenteils nutzlos. Doch selbst spezifische CTL verlieren im Laufe der Erkrankung durch die Erschöpfung des Immunsystem („immune exhaustion") ihre Wirksamkeit.

Warum es bei einigen Patienten zur Ausheilung kommt und bei anderen zur Chronifizierung, lässt sich nicht voraussagen. Vermutlich spielen sowohl Wirtsfaktoren als auch virale Faktoren eine Rolle. So könnten intraindividuelle Unterschiede beim Zusammenspiel verschiedener Interferone und bei der Expression interferonstimulierter Gene (ISG) für die Chronifizierung relevant sein. Aber auch eine unterschiedliche Effizienz, mit der das Virus die zelluläre Interferonantwort blockiert, könnte dazu beitragen. So spaltet die virale NS3/4A-Serinprotease das zelluläre MAVS-Protein, das ein Adapterprotein des zytosolischen RNA-Sensorproteins RIG-I ist, und damit die RIG-I-induzierte Aktivierung des Interferonsystems. Während der chronischen Infektion reagiert das Virus dann kaum mehr auf endogene Interferone – und häufig leider auch nicht mehr auf eine Interferontherapie.

■■ Immunität

Super- und Reinfektionen sind möglich. Jedoch haben Individuen mit ausgeheilter akuter HCV-Infektion bei einer Reinfektion gute Chancen, das Virus erneut schnell zu eliminieren. Dieses wird v. a. durch HCV-spezifische Gedächtnis-$CD4^+$-T-Zellen und $CD8^+$-T-Zellen vermittelt. Die Chancen verringern sich bei Reinfektion mit einem anderen HCV-Genotyp.

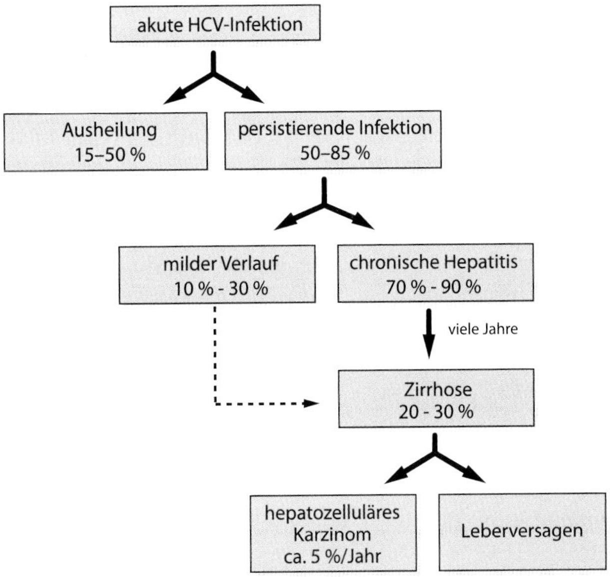

■ **Abb. 71.10** Klinischer Verlauf einer Hepatitis C

■■ Klinik (■ Abb. 71.10)

Es werden akute und chronische Infektion unterschieden.

Akute HCV-Infektion Die Inkubationszeit dauert etwa 6–10 Wochen. HCV-spezifische Antikörper sind erst 12 Wochen bis 6 Monate nach der Infektion nachweisbar. Die typischen Symptome einer akuten Hepatitis (▶ Abschn. 71.1) sind bei einer HCV-Infektion meist nur wenig ausgeprägt. Fulminante Verläufe mit Leberversagen sind sehr ungewöhnlich. Etwa 80 % der Patienten entwickeln überhaupt keine Symptome. Typisch sind fluktuierend erhöhte Transaminasen.

Chronische HCV-Infektion Charakteristisch für die HCV-Infektion ist ihre hohe Chronifizierungsrate – ganz im Gegensatz zur Hepatitis B: Bei 50–85 % der akuten HCV-Infektionen gelingt die Viruselimination nicht. Besteht die HCV-Infektion länger als 6 Monate, spricht man von einer chronischen Hepatitis C.

Klinisch verläuft die chronische Hepatitis C in den ersten Jahren bei etwa 60–80 % der Patienten inapparent oder nur mit unspezifischen Symptomen, wie z. B. gelegentliche Müdigkeit. Bei 30–40 % der chronisch Infizierten finden sich normale Transaminasen, was meistens Ausdruck einer nur wenig progredienten Leberschädigung ist. Diese lässt sich jedoch nur histologisch genau beurteilen.

Etwa 25 % der chronisch HCV-Infizierten entwickeln in Laufe von 10–20 Jahren eine **Leberzirrhose**, von denen etwa knapp ein Viertel an Leberversagen verstirbt. Bei Patienten mit Leberzirrhose beträgt das

Risiko, ein **hepatozelluläres Karzinom** zu entwickeln, je nach Region etwa 1,5–7 % pro Jahr. Leberversagen infolge chronischer HCV-Infektion ist eine der häufigsten Indikationen für eine Lebertransplantation.

Mit einer chronischen HCV-Infektion sind eine Reihe von **Begleiterkrankungen** vergesellschaftet: gemischte Kryoglobulinämie, kryoglobulinämische Vaskulitis, membranoproliferative und membranöse Glomerulonephritiden, Diabetes mellitus Typ I, lymphoproliferative Erkrankungen/Non-Hodgkin-Lymphome, monoklonale Gammopathie, periphere Neuropathie, eingeschränkte Leistungsfähigkeit und depressive Symptome.

Labordiagnose

Der erste Schritt der HCV-Diagnostik ist ein **Screening-Immunassay,** der HCV-spezifische IgG erkennt (Anti-HCV). IgM wird nicht gesondert bestimmt und hat keine diagnostische Bedeutung. Als Screeningtest ist der Immunassay bei größtmöglicher Sensitivität mit einer gewissen Rate falsch positiver Ergebnisse behaftet. Daher muss ein positives Ergebnis durch einen **Immunoblot** bestätigt werden, bei dem HCV-spezifische Antikörper mit verschiedenen räumlich getrennt auf einem Streifen aufgetragenen HCV-Antigenen reagieren und zu einem Bandenmuster führen – hierdurch wird eine hohe Spezifität erreicht.

Der positive Antikörpernachweis weist auf eine infektiöse oder ausgeheilte HCV-Infektion hin. Die Differenzierung muss durch **direkten Virusnachweis** erfolgen. Hierfür stehen ein HCV-Antigentest und die deutlich sensitivere quantitative PCR nach reverser Transkription (qRT-PCR) zur Verfügung, mit der gleichzeitig die Viruslast bestimmt wird. Für die **Genotypisierung** werden PCR-Amplifikate entweder mit typspezifischen Proben hybridisiert oder sequenziert.

Nach lange zurückliegender ausgeheilter Infektion kann der HCV-Serostatus wieder negativ werden, sodass die Durchseuchung theoretisch höher ist als die Zahl der Seropositiven.

Abb. 71.11 zeigt den Verlauf der Laborparameter bei HCV-Infektion mit und ohne Ausheilung.

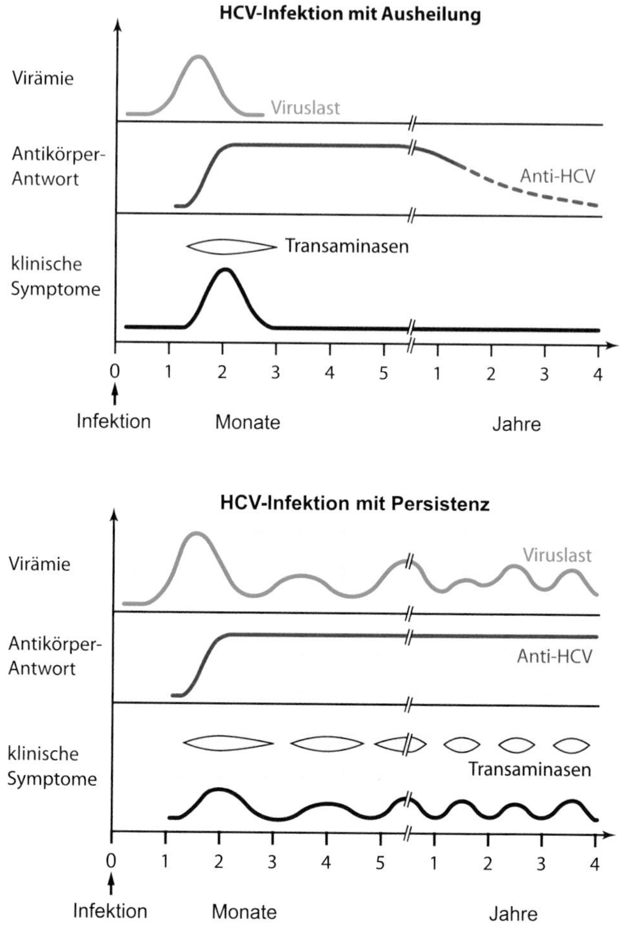

Abb. 71.11 Verlauf der Laborparameter bei Hepatitis C

Therapie

Für eine akute HCV-Infektion wird keine Therapie empfohlen, da sie nicht mit einer erhöhten Mortalität assoziiert ist und spontan in 10–50 % ausheilt. Erst bei einer Infektionsdauer über 6 Monate bestehen per Definition eine chronische Hepatitis und damit die Indikation zur Therapie. Nur in besonderen Fällen kann auch bei einer akuten Hepatitis die Indikation zur Therapie gestellt werden, z. B. im Kontext einer Nadelstichverletzung (s. u.), um eine zeitnahe berufliche Tätigkeit bei verletzungsträchtigen Tätigkeiten zu ermöglichen.

Die Hepatitis-C-Therapie hat sich in den letzten Jahren beeindruckend entwickelt. War bis 2011 die Therapie der Wahl noch eine Kombinationstherapie mit pegyliertem Alpha-Interferon (PegIFNα) und Ribavirin (RBV), so begann mit der Zulassung der ersten NS3/4A-Serinprotease-Inhibitoren das Zeitalter der **direkt wirksamen antiviralen Substanzen („direct acting antivirals", DAA)**.

Neben PegIFNα und RBV werden für die Therapie der Hepatitis C folgende DAA verwendet, die sich entsprechend ihrem Angriffspunkt in folgende 3 Substanzklassen unterteilen lassen:

- **NS3/4A-Serinprotease-Inhibitoren** („-previr"): Glecaprevir, Grazoprevir und Voxilaprevir
- **NS5A-Inhibitoren** („-asvir"): Elbasvir, Ledipasvir, Pibrentasvir und Velpatasvir
- **NS5B-Polymerase-Inhibitoren** („-buvir"): Sofosbuvir

Eine Reihe weiterer zugelassener DAA wurden mittlerweile wieder vom Markt genommen oder sind nicht mehr im gesamten deutschsprachigen Raum verfügbar. Ziel einer Hepatitis-C-Therapie ist die **dauerhafte Viruselimination** auch nach Ende der Therapie. Sie wird auch als **„sustained virological response"** (**SVR**) bezeichnet. Historisch wurde dieses Ziel als negativer Virusnachweis 24 Wochen nach Ende der Therapie definiert (SVR24). Da es unter Verwendung einer PCR mit einer Nachweisgrenze unter 15 IU/ml mit dem Status 12 Wochen nach Therapieende zu mehr als 99 % übereinstimmt, wird mittlerweile die SVR12 gleichbedeutend verwendet. Ist nach Absetzen der Therapie erneut HCV-RNA nachweisbar, so spricht man von einem **Relapse**.

Mit dem Einsatz der DAA liegen die SVR-Raten bei therapienaiven Patienten deutlich über 90 %. Die frühere IFN/Ribavirin-Kombinationstherapie dauerte noch 24–48 Wochen, zeigte je nach HCV-Genotyp SVR-Raten von nur 40–80 % und führte häufig zu unerwünschten Wirkungen, die einen Therapieabbruch notwendig machten.

Die kontinuierliche Zulassung neuer DAA und die Fülle neuer klinischer Studien während der letzten Jahre haben häufig angepasste Therapieleitlinien nach sich gezogen. Mittlerweile wird als Ersttherapie eine sog. DAA-Therapie empfohlen, die als **IFN-freie Kombinationstherapien** mit verschiedenen DAA mit oder ohne Ribavirin definiert ist.

Für Patienten ohne Zirrhose wird mittlerweile eine **RBV-freie DAA-Therapie** bevorzugt. Konnten bisher viele Therapieschemata nicht bei allen HCV-Genotypen eingesetzt werden, so stehen mittlerweile auch **pangenotypische Therapien** zur Verfügung. Je nach Schema dauert die Therapie 8 oder 12 Wochen. Bei der Auswahl des richtigen Therapieregimes müssen neben dem viralen Subtyp vorherige erfolglose Therapieversuche und der Zirrhosestatus des Patienten berücksichtigt werden.

▪▪ Prävention

Aktive und passive Impfungen existieren bisher nicht. Ihre Entwicklung ist aufgrund der hohen Mutationsrate des HCV schwierig. Nach Exposition (z. B. Nadelstichverletzung) wird aufgrund der niedrigen Übertragungswahrscheinlichkeit keine präventive Therapie empfohlen. Beim potenziellen Empfänger sollen unmittelbar nach Exposition Anti-HCV und ALT dokumentiert und nach 2–4 Wochen die HCV-RNA bestimmt werden. Im negativen Fall kann eine Wiederholung 6–8 Wochen nach Exposition erfolgen. ALT und Anti-HCV sollen dann erneut 12 und 24 Wochen nach der Verletzung bestimmt und bei Auffälligkeiten durch eine PCR ergänzt werden. Im Blutspendewesen werden alle Konserven auf Anti-HCV und HCV-RNA gescreent.

In Kürze: Hepatitis-C-Virus (HCV)

- **Virus:** Behülltes (+)ssRNA-Virus aus der Familie der Flaviviridae. 8 Genotypen mit großen Sequenzunterschieden. Hohe Mutationsrate.
- **Vorkommen:** Mensch. Verwandte Hepaciviren in Primaten, Pferden, Hunden, Kühen, Fledermäusen und Nagetieren.
- **Epidemiologie:** Weltweit ca. 71 Mio. chronisch Infizierte. Prävalenz in Europa <2,5 %, in Teilen Afrikas, Lateinamerikas, Zentral- und Südostasiens höher, vereinzelt über 10 %.
- **Übertragung:** Parenteral durch Blut, Intimverkehr, ungenügend sterilisierte Geräte.
- **Pathogenese:** Über den Blutweg primär nichtzytolytische Infektion der Hepatozyten mit verzögert einsetzender immunvermittelter Hepatitis.
- **Klinik:** Akute Infektion oft mit wenigen Symptomen. Im Gegensatz zu Hepatitis B hohe Chronifizierungsrate zwischen 50 und 85 %. Etwa 25 % der chronisch Infizierten entwickeln eine Leberzirrhose mit dem Risiko des Leberversagens und der Karzinomentwicklung.
- **Immunität:** Reinfektion nach ausgeheilter Hepatitis C möglich.
- **Labordiagnose:** Serologisch Screening auf Anti-HCV-Antikörpern mittels Immunassay und Bestätigung durch Immunoblot. Differenzierung ausgeheilter und chronischer Infektion sowie Viruslastbestimmung mittels quantitativer RT-PCR. Genotypisierung für die Therapie.
- **Therapie:** Direkt wirksame antivirale Substanzen (DAA) aus der Gruppe der NS3/4A-Serinprotease-Inhibitoren, der NS5A-Inhibitoren und der NS5B-Polymerase-Inhibitoren, die in Kombination gegeben werden und sehr hohe SVR-Raten zeigen. Mittlerweile existieren für alle Genotypen Therapieoptionen, die ohne Interferon und Ribavirin auskommen. Lebertransplantation bei Leberversagen und ggf. bei einem HCC.
- **Prävention:** Keine aktive oder passive Impfung vorhanden. Screening von Blut- und Organspendern, Sterilität ärztlicher Geräte.
- **Meldepflicht (Deutschland):**
  - **Betreuender Arzt:** Verdachts-, Erkrankungs- und Todesfall durch akute Hepatitis;
  - **Labor:** Direkter oder indirekter Nachweis einer bestehenden Infektion, wenn nicht dokumentiert ist, dass bereits eine Meldung erfolgt ist.

71.0.1 Hepatitis-Delta-Virus (HDV)

▪ **Steckbrief**

Das Hepatitis-D-Virus hat ein zirkuläres (–)ssRNA-Genom mit 1,7 kb. Sein Virion ist behüllt und ca. 35 nm groß. HDV kodiert kein eigenes Hüllprotein, sondern verwendet das HBsAg des HBV, sodass nur HBV-infizierte Zellen neue HDV-Virionen bilden können. Eine Hepatitis D ist daher nur als Ko- oder Superinfektionen bei HBsAg-positiven Patienten möglich. Immunreaktion und Leberentzündung sind in beiden Fällen ausgeprägter als bei einer HBV-Monoinfektion. Mario Rizzetto beschrieb das Hepatitis-D-Antigen (HDAg) erstmals 1977.

Beschreibung

HDV ist der einzige Vertreter des Genus Deltavirus, das bisher keiner Familie zugeordnet wurde. Es gibt mindestens 8 Genotypen. In Europa kommt v. a. der Genotyp 1 vor.

▪ **Aufbau**

HDV ist ein behülltes RNA-Virus.

Genom und virale Proteine HDV hat ein einzelsträngiges, zirkuläres RNA-Genom negativer Polarität [(–)ssRNA], das durch extensive Basenpaarung eine stabförmige Struktur annimmt. Mit seinen nur 1700 Basen ist es das kleinste im Tierreich bekannte Virusgenom. Von der genomischen RNA werden 2 weitere RNA-Spezies synthetisiert: das Antigenom, das ebenfalls zirkulär und komplementär zum Genom ist und als Vorlage für die Genomsynthese dient, sowie eine ca. 800 Basen große, mit einer Cap-Struktur versehene und polyadenylierte mRNA.

Von der mRNA wird nur ein einziges virales Protein translatiert, das **Hepatitis-D-Antigen** (HDAg), von dem eine kurze Form (HDAg-S) und eine um 19 Aminosäuren längere Form (HDAg-L) existiert (s. u.).

Virion HDV ist ein behülltes Virus und ca. 35 nm groß. Das Nukleokapsid besteht aus etwa 70 Kopien HDAg-S und HDAg-L zusammen mit der genomischen RNA. Das Besondere an HDV: In seiner Hüllmembran trägt es die Hüllproteine des Hepatitis-B-Virus (HBsAg). HDV kann daher nur in HBV-infizierten Hepatozyten neue Virionen zusammenbauen. Eine HDV-Infektion ist ohne Hepatitis B nicht möglich. Infektiöse HDV-Partikel werden durch Anti-HBs im Serum inaktiviert.

▪ **Lebenszyklus**

Die Aufnahme wird durch HBsAg vermittelt und entspricht vermutlich der Aufnahme des HBV. Nach der Freisetzung schreibt die zelluläre RNA-Polymerase II das (–)ssRNA-Genom im Nukleus in HDAg-mRNA und Antigenom um. Die Replikation erfolgt hierbei durch einen Laufkreis- oder „Rolling-circle-Mechanismus“, bei dem die Polymerase das zirkuläre Genom kontinuierlich abliest und dabei einen langen Gegenstrang synthetisiert, der sich aus vielen Kopien des Genoms zusammensetzt (Multimer). Auf dem Genom liegt eine Ribozymdomäne, die durch Autokatalyse in der Lage ist, das Multimer in lineare Monomere zu spalten, welche durch Ligation zirkularisiert werden. Das Antigenom dient dann als Vorlage für die Genomsynthese. Während der Replikation kann durch RNA-Modifikation ein Stoppkodon im HDAg-Leseraster mutieren, sodass aus der der kurzen Form des HDAg (HDAg-S) eine um 19 Aminosäuren längere Form (HDAg-L) entsteht: HDAg-S begünstigt die Replikation; HDAg-L ist für die Morphogenese des Virions notwendig.

▪ **Resistenz gegen äußere Einflüsse**

Das Virus wird durch nichtionische Tenside und fettlösende Substanzen schnell inaktiviert.

▪ **Vorkommen**

HDV hat das gleiche Wirtsspektrum wie HBV.

Rolle als Krankheitserreger

▪▪ **Epidemiologie**

Hepatitis D kommt, genau wie Hepatitis B, weltweit vor. Von den ca. 257 Mio. chronisch HBV-Infizierten sind je nach Schätzung zwischen 15 und 72 Mio. mit HDV ko- oder superinfiziert. Die HDV-Infektion ist v. a. im Mittelmeerraum, im Nahen Osten, in Zentralafrika und Teilen Südamerikas endemisch und kann, regional unterschiedlich, mehr als ein Viertel der HBsAg-Träger betreffen. In Deutschland ist die Hepatitis D eher selten (ca. 7 % der chronisch HBV-Infizierten).

▪▪ **Übertragung**

Die Übertragung von HDV erfolgt parenteral durch Blut oder Blutprodukte und – wenngleich nicht sehr effizient – sexuell. Als Risikofaktoren gelten u. a. Drogenabusus, Hämophilie, Promiskuität und Prostitution. Eine vertikale Transmission ist perinatal möglich.

▪▪ **Pathogenese**

Wie bei den übrigen Hepatitisviren entsteht die Leberschädigung bei der Hepatitis D durch die zelluläre Immunantwort. HDV ist in vivo wahrscheinlich nicht direkt zytopathogen.

Immunität

Immunität gegen HBV (durch natürliche Infektion oder Impfung erworben) schützt auch gegen HDV. Es gibt keine Berichte über chronische HBsAg-Träger, die sich nach Ausheilung einer Hepatitis D ein 2. Mal mit HDV infiziert haben, sodass eine ausgeheilte Hepatitis D vermutlich mit einer spezifischen Immunität einhergeht.

Klinik

Entsprechend dem HBV-Status bei HDV-Infektion werden klinisch 2 Infektionsformen unterschieden, welche die typischen Symptome einer akuten bzw. chronischen Hepatitis zeigen (▶ Abschn. 71.1): Koinfektion und Superinfektion.

KoinfektionDabei wird eine HBV-negative Person durch HBV- und HDV-positives Material gleichzeitig mit beiden Viren infiziert. Nach 5–10 Wochen Inkubationszeit entspricht der frühe klinische Verlauf dem einer akuten Hepatitis B. Zuerst kann typischerweise HBsAg detektiert werden. Der Anstieg der HDV-Viruslast gipfelt etwa 1 Woche nach dem Maximum der HBV-Viruslast – vermutlich inhibiert HDV die HBV-Replikation. Die Antikörpertiter gegen HBV verlaufen typisch. Gegen HDV werden oft nur schwache und transiente Antikörpertiter beobachtet. Im Gegensatz zur akuten Hepatitis B verläuft die akute Koinfektion eher fulminant, heilt jedoch meist aus und chronifiziert nur in 1–3 %. Nach Ausheilung sind Anti-HDV-Antikörper oft nur noch wenige Monate nachweisbar.
SuperinfektionDabei wird ein Patient mit chronischer Hepatitis B zusätzlich durch HDV infiziert. In 70–90 % ist eine chronische HDV-Infektion die Folge. Bei **asymptomatischen HBV-Trägern** führt diese nach 3–5 Wochen häufig zu einer akuten Hepatitis. Typisch ist eine fallende HBV-Viruslast bei zunehmender HDV-Replikation. Bei der **symptomatischen** chronischen Hepatitis B bedingt die Superinfektion eine schlechtere Prognose; die Entwicklung einer Leberzirrhose und eines hepatozellulären Karzinoms sind beschleunigt.

Labordiagnose

Die HDV-Diagnostik ist nur bei Patienten mit Hepatitis B sinnvoll. Nachweisbar sind Anti-HDV-IgM und -IgG, HDAg und mittels RT-PCR das Virusgenom. Jeder chronische HBV-Träger sollte mindestens einmal auf Anti-HDV-Antikörper getestet werden. Vor allem bei Risikogruppen, in Ländern mit hoher HDV-Prävalenz und bei plötzlicher Verschlechterung einer chronischen Hepatitis B mit negativem HBeAg-Nachweis (bzw. niedriger HBV-Viruslast) ist immer an eine Superinfektion zu denken. Anti-HDV-Antikörper lassen sich etwa 3–8 Wochen nach Infektion nachweisen. Anti-HDV-IgM ist auch bei chronischer Hepatitis D häufig noch positiv. Ausgeheilte und chronische Infektion sind nur mittels RT-PCR unterscheidbar.

Therapie

Eine Therapie mit PegIFNα führt in etwa bei 25% der Fälle zur HDV-Eradikation. Eine alleinige Therapie mit Nukleosid-/Nukleotidanaloga der HBV/HDV-Koinfektion ist nicht ausreichend, kann aber ggf. zur Kontrolle der Hepatitis B eingesetzt werden. Gibt es keine Kontraindikationen für eine Therapie mit PegIFNα, so zeigt diese eine bessere Langzeitprognose. Eine Reihe von in der Entwicklung befindlichen HBV-Therapeutika, welche die HBsAg-vermittelte Aufnahme, die Virionmorphogenese oder die HBsAg-Sekretion inhibieren, könnte auch gegen HDV wirksam sein.

Prävention

Bei HBV-negativen Personen sind die Maßnahmen zur Prävention einer Hepatitis B ausreichend (▶ Abschn. 71.3.1). Entsprechend wird postexpositionell ebenfalls eine aktive und passive Impfung gegen HBV empfohlen. Chronische HBV-Träger sollten über das Risiko einer Superinfektion und entsprechende Schutzmaßnahmen aufgeklärt werden.

In Kürze: Hepatitis-Delta-Virus (HDV)

- **Virus:** Behülltes (–)ssRNA-Virus mit ringförmigem Genom. Braucht als Hüllprotein HBsAg des HBV, daher nur Infektionen zusammen mit HBV möglich.
- **Vorkommen:** Mensch.
- **Epidemiologie:** Weltweit in den gleichen Regionen und Risikogruppen wie HBV. Kommt nur im Zusammenhang mit einer HBV-Infektion vor. Durchschnittlich sind 5 % der chronischen HBV-Träger auch mit HDV infiziert - in Endemiegebieten sind es bis zu 25 %.
- **Übertragung:** Wie bei HBV parenteral. Primärinfektion zusammen mit HBV oder Superinfektion bei bestehender Hepatitis B.
- **Pathogenese:** Vermutlich nicht zytotoxisch, sondern immunvermittelte Hepatitis.
- **Immunität:** Immunität gegen HBV schützt gegen HDV.
- **Klinik:** Im Vergleich zur HBV-Monoinfektion bei Koinfektion fulminantere akute Hepatitis mit jedoch geringerer Chronifizierungsrate. Bei Superinfektion meist chronischer Verlauf mit schlechterer Prognose als bei [einer] HBV-Monoinfektion.
- **Labordiagnose:** Im Immunassay Antigen- und Antikörper-(IgG-/IgM-)Nachweis. RT-PCR.
- **Therapie:** PegIFNα führt in etwa 25 % zur HDV-Eradikation. Eine Therapie mit Nukleosid-/

Nukleotidanaloga kann ggf. zur Kontrolle der Hepatitis B eingesetzt werden. Lebertransplantation bei Leberversagen und ggf. bei einem HCC.

- **Prävention:** Siehe Hepatitis B.
- **Meldepflicht (Deutschland):**
  - **Betreuender Arzt:** Verdachts-, Erkrankungs- und Todesfall durch akute Hepatitis;
  - **Labor:** Direkter oder indirekter Nachweis einer bestehenden Infektion, wenn nicht dokumentiert ist, dass bereits eine Meldung erfolgt ist.

Weiterführende Literatur

Center for Disease Control and Prevention. Viral hepatitis. ► www.cdc.gov/hepatitis/

Doerr HW, Gerlich WH (2010) Medizinische Virologie, 2. Aufl. Thieme, Stuttgart

European Association for the Study of the Liver (2017). EASL 2017 clinical practice guidelines on the management of hepatitis B virus infection. J Hepatol 67:370–398. ► easl.eu/publication/easl-guidelines-management-of-hepatitis-b/

European Association for the Study of the Liver (2018). EASL recommendations on treatment of hepatitis C 2018. J Hepatol 69:461–511. ► easl.eu/publication/easl-recommendations-treatment-of-hepatitis-c/

European Association for the Study of the Liver (2018). EASL clinical practice guidelines on hepatitis E virus infection. J Hepatol 68:1256–1271. ► easl.eu/publication/hepatitis-e-virus-infection-guideline/

Knipe DM, Howley PM, Cohen, JI, Griffin DE, Lamb RA, Martin MA, Racaniello VR, Roizman B (2013) Fields Virology, 6th Aufl. Bd I + II. Williams & Wilkins, Lippincott

Robert Koch-Institut. Infektionskrankheiten A–Z. ► www.rki.de/DE/Content/InfAZ/InfAZ_marginal_node.html

Robert Koch-Institut (2019) Empfehlungen der Ständigen Impfkommission (STIKO) am Robert Koch-Institut/Stand: August 2019. Epidemiol Bull 34:313–362. ► www.rki.de/DE/Content/Infekt/EpidBull/Archiv/2019/Ausgaben/34_19.pdf

Sarrazin C, Zimmermann T, Berg T, Neumann UP, Schirrmacher P, Schmidt H, Spengler U, Timm J, Wedemeyer H, Wirth S, Zeuzem S (2018) S3-Leitlinie „Prophylaxe, Diagnostik und Therapie der Hepatitis-C-Virus (HCV)-Infektion". AWMF-Register-Nr.: 021/012. Z Gastroenterologie 56:756–838. ► www.awmf.org

WHO (2015) Guidelines for the prevention, care and treatment of persons with chronic hepatitis B infection. ► www.who.int/hepatitis/publications/hepatitis-b-guidelines/en/

Pockenviren

Gerd Sutter

Die Pocken (Variola major) waren eine der meistgefürchtetsten Infektionserkrankungen des Menschen, die erstmals im 4. Jahrhundert n. Chr. in China verlässlich dokumentiert wurde. Das Variolavirus, der Erreger der oft tödlichen Seuche (Letalität ≥30 %), breitete sich von Asien ausgehend über Afrika, Europa und Nordamerika weltweit aus. Die Schutzimpfung, zuerst beschrieben durch Edward Jenner (1801), ist eine Erfindung der Pockenbekämpfung und basierte auf der Verwendung kreuzimmunisierender Orthopockenviren als Lebendimpfstoff. Nach einer weltweiten WHO-Impfkampagne mit Vacciniavirus konnten die Pocken 1980 als 1. Infektionskrankheit des Menschen ausgerottet werden. Heute spielen noch zoonotische Infektionen mit Pockenviren aus Tierreservoiren (zunehmend Monkeypox in Afrika) sowie das humanspezifische Virus des Molluscum contagiosum eine Rolle in der Infektionsmedizin.

Steckbrief

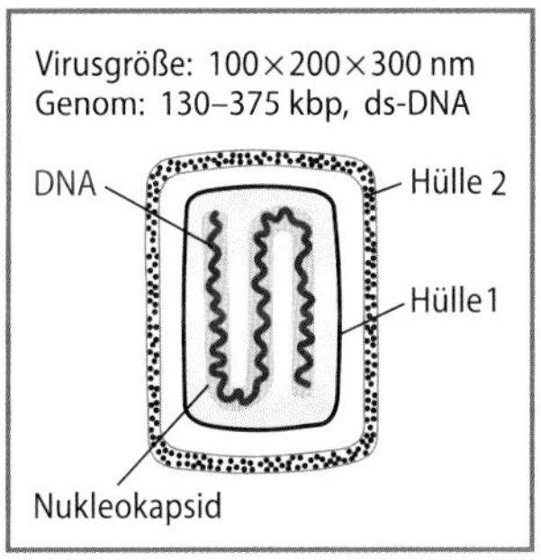

Fallbeispiel

Im September 2018 kehrt ein 35-jähriger Engländer von einer 3-wöchigen Reise nach Nigeria zurück. Er stellt sich 2 Tage später im Blackpool Teaching Hospital vor, da er über Fieber, Lymphknotenschwellungen und ein Exanthem klagt. Er berichtet, dass der Hautausschlag schon in Nigeria begonnen habe, zunächst im Gesicht, dann am ganzen Körper und auch an den Handinnenflächen. Es finden sich jetzt gruppenförmig angeordnete Vesikel, auch an der Mundschleimhaut. In Abstrichen von den Läsionen lässt sich Monkexpox Virus-DNA nachweisen. Der Patient wird isoliert. Die Kontaktpersonen werden überwacht, es tritt aber kein weiterer Fall auf.

Frühere Versionen von D. Falke

S. Suerbaum et al. (Hrsg.), *Medizinische Mikrobiologie und Infektiologie*,
https://doi.org/10.1007/978-3-662-61385-6_72

72.1 Gruppe der Pockenviren

▪ **Einteilung**

Pockenviren sind große DNA-Viren mit ovoider oder rechteckiger Form (ca. 200 × 200 × 300 nm) und charakteristisch strukturierter Oberfläche. Die genomische Doppelstrang-DNA der Viren ist am Genomende kovalent geschlossen und zusammen mit viruseigenen Enzymen und Transkriptionsfaktoren in ein bikonkaves Kapsid verpackt, das von bis zu 2 Lipiddoppelmembranen umgeben ist. Je nach Anzahl der Hüllen unterscheidet man 2 infektiöse Formen der Viren:

- Einfach behüllte intrazelluläre Virionen
- Doppelt behüllte extrazelluläre Virionen

▣ Tab. 72.1 zeigt die **medizinisch relevanten** Vertreter der Pockenviren.

Für den Menschen **apathogen** sind andere tierspezifische Pockenviren unter anderem von Vögeln, Schweinen, Ziegen, Schafen und Hasenartigen.

▪ **Vermehrungszyklus und Resistenz**

Vermehrung und Molekularbiologie der Pockenviren sind am Beispiel des Vacciniavirus am besten untersucht. Die Viren vermehren sich im Zytoplasma und produzieren ihre Nukleinsäuren weitgehend unabhängig von der Wirtszelle mit einer Vielzahl viruseigener Enzyme und Faktoren (virale DNA-Polymerase, DNA-abhängige RNA-Polymerasen, Poly-A-Polymerase etc.).

Etwa ein Drittel des Pockenvirusgenoms dient ausschließlich der viralen Kontrolle des Wirts(zell)stoffwechsels. **„Virulenz-“** bzw. **„Immunevasionsgene“** produzieren z. B. Faktoren zur Modulierung der zellulären Genexpression, Hemmstoffe des

Tab. 72.1 Pockenviren mit medizinischer Bedeutung

Genus	Spezies	Kommentar
Orthopoxvirus (genetisch sehr nah verwandt – Kreuzimmunität!)	Variolavirus	Wirtsspezifisch Mensch, zyklische Allgemeininfektion, Echte Pocken; Variola vera, in der Natur ausgerottet
	Vacciniavirus	Natürlicher Wirt unbekannt, Impfvirus Mensch, meist Lokalinfektionen, auch bei Haustieren, Rind, Pferd
	Kuhpockenviren (mehrere Subspezies)	Nagetierreservoir, Zoonoseerreger in Europa, Lokal- und Allgemeininfektionen, auch bei Haus- und Zootieren
	Monkeypox-Virus	Nagetierreservoir, zunehmende Bedeutung als Zoonoseerreger in Afrika; Lokal- und Allgemeininfektionen, auch bei verschiedenen Tierspezies
	Ektromeliavirus	Nagetierreservoir, wirtsspezifisch Maus, zyklische Allgemeininfektion, bestes Tiermodell für Variola major des Menschen
Parapoxvirus	Bovine Papular Stomatitis Virus (BPSV), Pseudokuhpockenvirus	Rind; seltene Zoonoseerreger, Lokalinfektion, Melkerknoten
	Orf-Virus	Schaf, seltene Zoonoseerreger, Lokalinfektion, Orf (Ecthyma contagiosum)
	Andere Parapockenviren	Rothirsch; Seehund; seltene Zoonoseerreger, Lokalinfektion
Yatapoxvirus	Tanapockenvirus, Yabapockenvirus	Affen, seltene Zoonoseerreger in Zentralafrika; Lokalinfektionen
Molluscipoxvirus	Molluscum contagiosum-Virus	Wirtsspezifisch Mensch; weltweit verbreitet, Lokalinfektion, Molluscum contagiosum

programmierten Zelltods und intrazelluläre bzw. lösliche Inhibitoren des Interferonsystems, der Entzündungs- und Komplementreaktion. Die Viren blockieren dabei besonders effizient die Aktivierung des angeborenen Immunsystems. Dagegen ist die Ausbildung virusspezifischer Antikörper und T-Zell-Immunantworten meist nur wenig beeinträchtigt.

Charakteristisch für die Histomorphologie der pockenvirusinfizierten Zelle sind die **Guarnieri-Einschlusskörperchen**. Sie färben sich im Zytoplasma als basische Gebilde an. Hierbei handelt es sich um die im Zytoplasma abgegrenzten Synthesezentren für virale Nukleinsäuren, Proteine und die intrazellulären Virionen („Virusfabriken"). Pockenviren sind, insbesondere in Verbindung mit Detritus, außerordentlich resistent gegen Austrocknung und werden durch Kontakt (Bekleidung) und aerogen (Staub; Tröpfchen) übertragen.

72.2 Molluscum contagiosum

Steckbrief

Das Molluscum contagiosum (Dellwarze) ist eine Infektionskrankheit des Menschen, gekennzeichnet durch gutartige Hautproliferationen. Es wurde 1814 erstmals beschrieben. 1941 wurde der Erreger erstmals experimentell von Mensch zu Mensch übertragen. Er besitzt die typische Morphologie eines Pockenvirus (s. o.: Steckbrief). Im Zytoplasma entstehen Einschlusskörperchen. Das Virus verhindert mit viralen Inhibitoren von Interleukinen und Chemokinen die Entstehung lokaler Entzündungen (Immunevasion).

Molluscum contagiosum tritt weltweit häufig bei gesunden Kindern und Jugendlichen auf (geschätzte Inzidenz 5–18 %), besonders bemerkt werden kleine Epidemien, z. B. in Kindergärten. Die Infektion wird direkt oder indirekt über Hautkontakt (Mikrotraumen, Schmierinfektion) übertragen.

Das Molluscum contagiosum ist auf die **Epidermis** beschränkt. Die Knötchen enthalten große Mengen Virus. Sie entstehen als strikt intraepidermale Hyperplasie (Akanthom) durch die Proliferation von Keratinozyten, die in den basalen Schichten des Plattenepithels infiziert werden. Die Knötchen mit 2–5 mm durchschnittlichem Durchmesser weisen zentral eine Vertiefung auf, aus der sich virushaltiger Zelldetritus entleert.

Molluscum contagiosum findet sich bei Kindern gehäuft im Gesicht (Augenlid), an Hals, Extremitäten und Rücken, bei Erwachsenen häufiger an Bauch, Oberschenkeln und Genitalien. Die **Inkubationsperiode** kann 2 Wochen bis zu 6 Monaten betragen.

Die Knötchen sind fleischfarben und stellen sich als perlenartige, feste und genabelte Gebilde dar (Abb. 72.1). Sie wachsen im Verlauf von Monaten, verschwinden dann aber meist **spontan.**

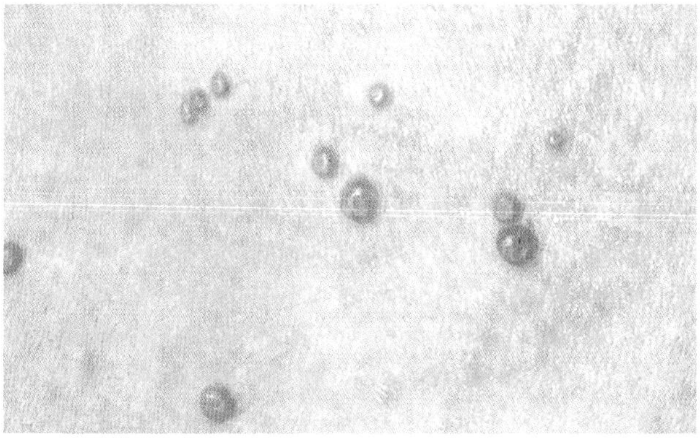

■ **Abb. 72.1** Molluscum contagiosum. (Mit freundlicher Genehmigung von Prof. Dr. Dietrich Falke, Mainz)

Bei immunsupprimierten Patienten (Transplantations-, Tumor-, AIDS-Patienten) finden sich auch große atypische Läsionen und Anhäufungen von **Dellwarzen.** Eine virusspezifische Immunität wird ausgebildet, mit einem IgG-ELISA lassen sich Antikörper nachweisen. Als Therapie können lokal klassische Kürettage, Kryochirurgie, Laserbehandlung, Cidofovir-Gel, Imiquimod-Gel angewendet werden.

Die **Diagnose** erfolgt klinisch sowie mittels Elektronenmikroskop (EM) und PCR.

In Kürze: Molluscum contagiosum

- **Epidemiologie:** Sporadisch beobachtet; kleine Epidemien bei Kindern und Jugendlichen möglich; Übertragung direkt oder indirekt.
- **Pathogenese:** Knötchen sind virushaltig. Proliferationen der Epidermis. Infiziert sind Keratinozyten des Stratum spinosum. Einschlusskörperchen. In der Regel selbstlimitierend nach 6 Monaten bis 5 Jahren durch Ausbildung spezifischer Immunität.
- **Klinik:** Inkubationsperiode einige Wochen. Genabelte Knötchen der Haut. Entleerung von zerfallendem Epithel.
- **Labordiagnose:** Klinisch, EM, PCR.
- **Therapie:** Kürettage/Kryochirurgie, Laserbehandlung, Cidofovir-Gel, Imiquimod-Gel.

72.3 Variolavirus und Vacciniavirus

Steckbrief

Das Variolavirus ist für den Menschen hochvirulent und der Erreger einer zyklisch systemischen Allgemeininfektion mit charakteristischen Hautläsionen, den „Echten Pocken" (Blattern, Variola major, Variola vera, „smallpox"): Es kommt nur beim Menschen vor. Im Gegensatz dazu ist das nah verwandte Vacciniavirus für den Menschen nur schwach virulent; als Erreger von Lokalinfektionen diente es als Impfvirus gegen die Echten Pocken.

Edward Jenner gilt als Begründer der Schutzimpfung; 1796 dokumentierte er erstmals die Übertragung von Kuhpockenmaterial von einer infizierten Melkerin auf James Phipps (8 Jahre) und die Schutzwirkung nach Belastungsinfektion des Jungen mit Variolavirus (Jenner E [1801] „The origin of vaccine inoculation". London: D. N. Shury).

Geschichte

Die Echten Pocken (Variola major) waren seit ihrer Einschleppung in Spanien im 9. Jahrhundert eine endemische Seuche in Europa. Bis Mitte des 19. Jahrhunderts galt die Erkrankung als eine Hauptursache für das Stagnieren der Bevölkerungszahl in Europa trotz hoher Geburtenziffer. Die nach dem 2. Weltkrieg registrierten Ausbrüche in Europa waren von aus Afrika oder Asien importierten Einzelfällen ausgegangen. Nach einer weltweiten Impfkampagne der WHO (1959–1979) sind die Echten Pocken als natürliche Infektion seit 1977 nicht mehr aufgetreten. Sie sind die erste und bisher einzige Infektionskrankheit des Menschen, die ausgerottet werden konnte.

72.3.1 Rolle als Krankheitserreger

■■ Übertragung

Das einzige Reservoir für das Variolavirus als Erreger der Echten Pocken waren kranke Menschen. Die Kontagiosität beginnt mit dem Auftreten erster Symptome und erlischt mit dem Abheilen der verschorften Pusteln. Die Übertragung erfolgt in der Regel durch **Tröpfcheninfektion** (hoher Virusgehalt in Rachensekreten) sowie Kontakt mit **eingetrocknetem Pustelmaterial.** Nach Erscheinen der Pusteln und Krusten ist die Haut des Kranken und dessen Kleidung bzw. Bettwäsche kontagiös. Eintrittspforte ist der Nasen-Rachen-Raum.

■■ Klinik

Die Inkubationszeit beträgt ca. 2 Wochen (12–13 Tage). Man beobachtet bei Beginn der klinischen Erscheinungen schweres Krankheitsgefühl, hohes Fieber, starke Rücken- und Gliederschmerzen sowie Entzündung der Rachenschleimhaut. In diesem Stadium ist der Kranke hochinfektiös. Nach 1–5 Tagen sinkt das Fieber und steigt nach einem Intervall von etwa einem Tag wieder an **(biphasischer Fiebertyp).** Zugleich treten Hauteffloreszenzen auf. Die **Lymphknoten** sind vergrößert.

Bevorzugt vom Exanthem befallen sind Extremitäten und Gesicht (■ Abb. 72.2), weniger der Stamm.

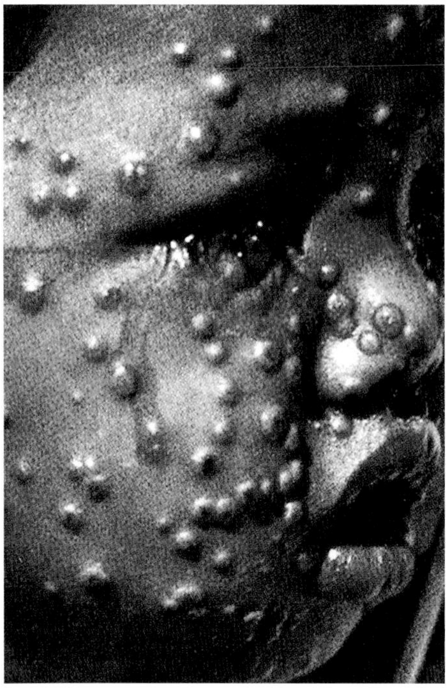

Abb. 72.2 Echte Pocken bei Kleinkind. (Mit freundlicher Genehmigung von Prof. Dr. Dietrich Falke, Mainz)

Es besteht anfangs aus roten Flecken, die sich zu **Knötchen** umbilden: Diese werden in virushaltige Bläschen umgewandelt, die sich bald eintrüben, eintrocknen und schließlich verschorfen. Nach der Abheilung bleibt eine **Narbe** zurück. Vom Auftreten der ersten Krankheitserscheinungen bis zum Abfallen der Krusten vergehen 4–6 Wochen.

Immunität

Nach durchgemachter Pockenerkrankung bleibt eine lang dauernde, aber allmählich nachlassende Immunität zurück. Nach Reinfektionen entstanden mildere Formen der Pocken (**„Variolois“**, auch nach Impfungen). Beschrieben sind auch klinisch inapparente Verläufe oder nur „Pharyngitis“ **(„Variola sine exanthemate“)** aufgrund von noch vorhandener Immunität. Patienten mit derartigen subklinischen Verläufen können das Virus ausscheiden und weiter verbreiten.

Daten aus Tiermodellen belegen, dass eine wirksame Immunabwehr von Erstinfektionen die rasche Vermehrung virusspezifischer CD8- und CD4-positiver Lymphozyten erfordert; virusspezifische Antikörper schützen nach Impfung mit Vacciniavirus und bei Sekundärinfektionen. Bei Patienten mit Defekten des zellulären Immunsystems können bei der Impfung mit vermehrungsfähigem Vacciniavirus Komplikationen auftreten.

Labordiagnose

Genaue Anamnese! **Labordiagnose:** EM, PCR und andere molekularbiologische Verfahren (Differenzierung).

DD: Zoonotische Orthopockenvirus-Infektionen (Kuhpocken, Monkeypox), Vaccinia (auch Laborinfektion), VZV, HSV, Rickettsiose und andere Exantheme.

Therapie

Die Therapie erfolgt symptomatisch. 2018 ist ein neues Chemotherapeutikum zugelassen worden: Tecovirimat (ST-246).

Prävention

Der Schlüssel zur Ausrottung des natürlich vorkommenden Variolavirus war der weltweite Einsatz des Vacciniavirus als Lebendimpfstoff. Die **klassische Impfung mit** der intrakutanen Verabreichung (Skarifizierung) von **Vacciniavirus** (vermehrungsfähigen Stämmen, sog. Impfstoffen der 1. und 2. Generation) bot für mindestens 3 Jahre sicheren Schutz vor Infektionen mit Orthopockenviren.

Der Impfstoff wurde mit einer heute unüblichen Impftechnik mittels Impfnadel in die Epidermis eingebracht. Die dabei gesetzte Lokalinfektion führte zur Vermehrung des Vacciniavirus und zur Ausbildung einer Impfläsion. Dabei konnte es zu einer Übertragung des Impfstoffs auf Kontaktpersonen kommen. Mögliche andere **Komplikationen** waren:
- Vaccinia generalisata
- Eczema vaccinatum
- Vaccinia progressiva
- Postvakzinale Enzephalitis
- Postvakzinale Myokarditis
- Satellitenimpfpocken: Vaccinia secundaria oder Vaccinia inoculata (Autoinokulation ausgehend von der Primärreaktion [Impfläsion], Abb. 72.3)

Daher wurden neue wirksame und besser verträgliche **Pockenschutzimpfstoffe der 3. Generation** entwickelt:
- Seit 2013 ist in Europa und Kanada der Impfstoff „Imvanex“ auf der Grundlage des in menschlichen Zellen nicht vermehrungsfähigen **Modifizierten Vacciniavirus Ankara (MVA)** zur aktiven Immunisierung von Erwachsenen gegen Pocken zugelassen (EMA/490157/2013).
- Seit 2019 ist der gleiche MVA-Impfstoff (Handelsname „Jynneos“) auch in den USA zur Prophylaxe gegen Pocken und Monkeypox zugelassen (US FDA, BLA Approval STN 125678).

Die Zulassungen erfolgten unter außergewöhnlichen Umständen, da es aufgrund der Tatsache, dass die Pocken als Krankheit nicht mehr existieren und Monkeypox-Erkrankungen in Afrika nur sporadisch auftreten, nicht möglich war, vollständige Informationen zur Wirksamkeit des Impfstoffs beim Menschen zu erhalten. Die neuen Impfstoffe sind auch für Menschen mit geschwächtem Immunsystem

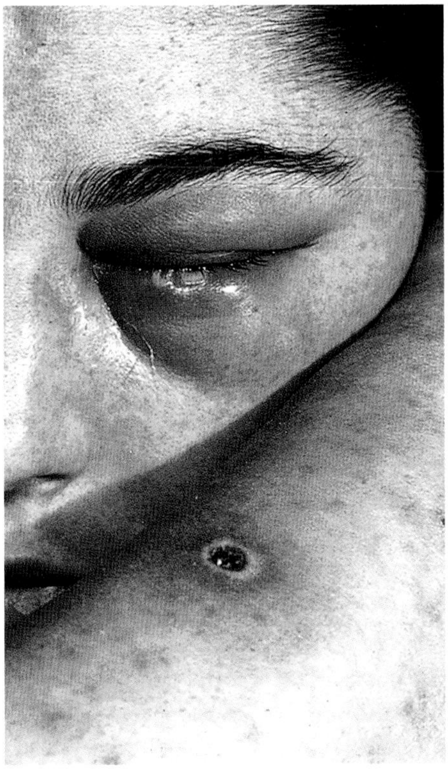

Abb. 72.3 Vaccinia inoculata; versehentliche Autoinokulation des unteren Augenlides mit Vacciniavirus. (Mit freundlicher Genehmigung von Prof. Dr. Dietrich Falke, Mainz)

von Nutzen, die klassische Impfstoffe mit sich replizierenden Vacciniaviren nicht erhalten können.

In Kürze: Variolavirus (Echte Pocken)

- **Virus:** Komplexes Doppelstrang-DNA-Virus mit Kapsid und 2 Hüllen.
- **Vorkommen:** Früher weltweit, heute nur Restbestände in 2 Hochsicherheitslabors (USA und Russland).
- **Epidemiologie:** Alle Infizierten erkranken. Erste durch Schutzimpfung ausgerottete Infektionskrankheit.
- **Übertragung:** Tröpfchen-, Staubinfektion, hohe Tenazität des Virus.
- **Pathogenese:** Replikation im Nasen-Rachen-Raum, zyklisch-systemische Allgemeininfektion, „Pocken" auf der Haut.
- **Klinik:** Inkubationsperiode 12–13 Tage: Variola major. Schwere, fieberhafte Erkrankung mit knötchen-/bläschenförmigem Exanthem. Abgeschwächte Verlaufsformen bei Teilimmunität (z. B. nach Impfung) bzw. Infektion mit weniger virulenten Variolavirusstämmen (Alastrim, Variola minor).
- **Immunität:** Nach Infektion mehrere Jahre, dann partiell. Nach Impfung mind. 2 Jahre.
- **Labordiagnose:** Partikelnachweis im EM, PCR (auch zur weiteren Differenzierung).
- **Therapie:** Symptomatisch. Neues Chemotherapeutikum verfügbar: Tecovirimat (ST-246, Zulassung 2018).
- **Prävention:** Ggf. Schutzimpfung mit Vacciniavirus. Bei konventioneller Immunisierung mit vermehrungsfähigem Vacciniavirus Möglichkeit von Impfkomplikationen. Neue wirksame und besser verträgliche Impfstoffe auf der Basis des replikationsdefizienten Vacciniavirus MVA stehen zur Verfügung, auch zur Kontrolle von Zoonosen nach Infektionen mit anderen Orthopockenviren (Monkeypox) und für Prävention von Laborinfektionen. Zur Verhinderung der Ausbreitung bei Neuauftreten: Impfung, Quarantäne.

72.4 Gibt es ein natürliches Reservoir für spezifisch humanpathogene Pockenviren?

Die Ausrottung der Echten Pocken (Variolavirus) beim Menschen wirft die Frage auf, ob andere in Tieren vorkommende Verwandte des Variolavirus die frei gewordene ökologische Nische besetzen, auf den Menschen übertreten und sich als humanspezifische Pockenerreger adaptieren könnten. Ein solches Ereignis hätte möglicherweise schwerwiegende Folgen, weil der Erreger auf eine immunologisch weitgehend ungeschützte Weltbevölkerung treffen würde.

Besondere Aufmerksamkeit verdienen hier die **Monkeypox Viren**, die eine der Variolavirus-Infektion des Menschen sehr ähnliche Pockenerkrankung auslösen können und in Afrika mit zunehmender Inzidenz Menschen infizieren:

- Das Reservoir für die Viren in Zentral- und Westafrika bilden Eichhörnchen und andere Nagetiere. Der Vergleich der epidemiologischen Daten im Kongo 1980–1985 und 2006–2007 belegt einen 20-fachen Anstieg der Inzidenz an Monkeypox-Infektionen (auf den Wert 5,53 per 10.000 Personen in den Jahren 2006–2007).
- Weitere Fälle wurden in Westafrika nachgewiesen: Von dort wurden 2003 Monkeypox-Viren über den Import von Nagetieren in die USA eingeschleppt und führten zum ersten Ausbruch von Monkeypox bei Menschen und bei als Zootieren gehaltenen Präriehunden außerhalb Afrikas. Seit 2017 wird ein gehäuftes Auftreten von Monkeypox-Fällen in Nigeria beobachtet. In mehreren Fällen kam es bei Reisenden nach Nigeria nach ihrer Rückkehr ins Vereinigte Königreich, nach Israel und nach Singapur zu verschleppten Erkrankungen.

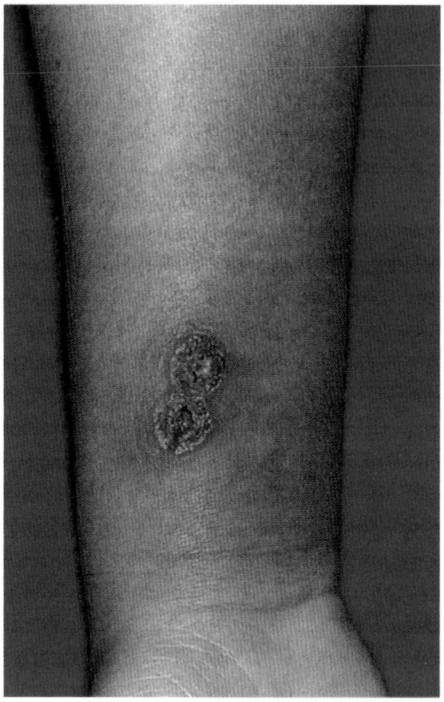

■ **Abb. 72.4** „Katzenpocken". (mit freundlicher Genehmigung von Dr. Vogt, Regensburg)

Es existieren mindestens 2 phylogenetisch verschiedene Gruppen von Monkeypox-Viren mit unterschiedlicher Virulenz: Infektionen des Menschen mit Viren aus Westafrika verlaufen generell weniger schwerwiegend, während bei Monkeypox in Zentralafrika auch sehr schwere Allgemeininfektionen auftreten. Die Mortalität bei der Erkrankung des Menschen schwankt zwischen 1 und 10 %. Internationale Programme zur Überwachung dieser Zoonose sind daher intensiviert worden.

Das **Krankheitsbild** des auf den Menschen übertragenen Monkeypox-Virus kann dem der Echten Pocken sehr ähnlich sein: Es treten schwere Störungen des Allgemeinbefindens, hohes Fieber (häufig für 2–3 Tage) und nachfolgend typische Pockenpusteln in Gesicht, an Körper und Extremitäten auf. Manche Infektionsketten sind durch lokalisiertes Auftreten von nur 1–2 Pockenläsionen charakterisiert (USA 2003, typisch an Händen nach Kontakt mit infizierten Tieren). **Lymphknotenschwellungen** werden bei ca. 90 % der Patienten festgestellt. Die Impfung mit Vacciniavirus (neuer Impfstoff „Jynneos" 2019 in den USA zugelassen) schützt auch gegen Monkeypox.

In Europa und im westlichen Asien übernehmen die **Kuhpockenviren** (historischer Name und eigentlich eine Fehlbezeichnung, da Infektionen bei Rindern heute nicht mehr vorkommen) die Rolle als endemisch auftretende Orthopockenviren und Zoonoseerreger. Lokal- und Allgemeininfektionen werden sporadisch bei verschiedenen Haus- und Zootieren beobachtet und können nach Kontakt auf den Menschen übergehen. Wild lebende Nagetiere dienen als Virusreservoir und **Katzen** sowie als Haustiere gehaltene **Ratten** sind Hauptüberträger auf den Menschen.

Bei Menschen kommt es in der Regel zu lokal begrenzten Kontaktinfektionen („Katzenpocken", ■ Abb. 72.4). Typische Krankheitserscheinungen sind die Entwicklung von Pockenläsionen an Händen und Armen sowie Allgemeinsymptome in Form einer febrilen Lymphangitis und -adenitis. Generalisierende Infektionen mit z. T. letalem Verlauf können bei immunsupprimierten Patienten auftreten.

Abkömmlinge endemischer **Vacciniaviren** bei Rindern und Wasserbüffeln in Brasilien und Indien (Büffelpocken) lösen in den letzten Jahren immer wieder Infektionen bei Menschen (Zoonosen) aus und werden dabei gelegentlich in einer kurzen Infektionskette von Mensch zu Mensch weitergegeben. Die Erkrankungen gleichen symptomatisch den Infektionen mit Kuhpockenvirus. Bei Immundefekten können auch hier schwere, generalisierende Infektionen auftreten.

Aufgrund des Absinkens des Impfschutzes gegen die Echten Pocken – und damit auch gegen andere **Orthopockenviren** – ist weiter mit einem vermehrten Auftreten dieser Infektionen zu rechnen. Ob und wie rasch sich aus ihnen wieder ein auf den Menschen als Wirt spezialisiertes, hochvirulentes Pockenvirus entwickeln kann, ist ungeklärt. Dafür spricht z. B. die besonders anpassungsfähige genetische Ausstattung von Kuhpockenviren, die als „Ur-Pockenviren" gelten. Eine sehr wichtige Frage ist, in welchem Umfang die Viren zur Kontrolle des Immunsystems des Wirtes (Menschen) befähigt sein müssen, um eine substanzielle Weiterverbreitung in der Population und/oder eine Erhöhung der Virulenz zu ermöglichen.

■ **Chemotherapeutika**

Cidofovir, ein zur Behandlung der CMV-Retinitis zugelassenes Nukleotidanalogon (▶ Kap. 111), wurde auch zur Therapie von Infektionen mit Orthopocken- und Parapockenviren eingesetzt. Die Entwicklung neuer, verbesserter Therapeutika ist in den letzten Jahren intensiv vorangetrieben worden. Eine Weiterentwicklung, das Cidofovir-Derivat Hexadecyloxypropyl-Cidofovir (Brincidofovir, CMX001) steht in den USA vor der Marktzulassung. Seit 2018 ist in den USA unter dem Namen „Tpoxx" (Wirkstoff Tecovirimat oder ST-246, Siga Technologies) ein hochspezifischer Inhibitor der Freisetzung vollständig behüllter Orthopoxvirionen als antivirales Arzneimittel zur Therapie von Variolavirusinfektionen zugelassen (US FDA Approval NDA 208627).

Prionen

Corinna Schmitt

Bei Prionenerkrankungen oder transmissiblen spongiformen Enzephalopathien (TSE) handelt es sich um seltene neurodegenerative Erkrankungen, die in der Regel innerhalb weniger Monate nach Krankheitsbeginn zum Tode führen. Die meisten Prionerkrankungen beim Menschen sind sporadische Fälle, ein kleinerer Teil ist genetisch bedingt (familiär). Als Besonderheit können diese Erkrankungen iatrogen von Mensch zu Mensch übertragen werden. Und wie sich seit den 1990er Jahren gezeigt hat, ist auch eine Übertragung von Prionerkrankungen von Tieren auf Menschen möglich: Es kam v. a. in Großbritannien zu Erkrankungsfällen beim Menschen in Zusammenhang mit dem Genuss von Fleischerzeugnissen von Rindern, die an boviner spongiformer Enzephalopathie (BSE) erkrankt waren. Beim infektiösen Agens handelt es sich um die fehlgefaltete Form (PrP^{Sc}) eines physiologischen zellulären Proteins, des sog. Prionproteins (PrP^{C}). PrP^{Sc} induziert seine eigene Vermehrung, indem es eine Konformationsänderung des PrP^{C} bewirkt. Die entstehenden Ablagerungen von Aggregaten aus PrP^{Sc} sind verantwortlich für den Untergang neuronalen Gewebes.

Steckbrief

Stanley Prusiner postulierte 1982 erstmalig die Existenz nukleinsäurefreier sog. „proteinaceous infectious particles", kurz Prionen genannt. Prionen sind die Ursache seltener, immer tödlich verlaufender Erkrankungen des zentralen Nervensystems bei Menschen und verschiedenen Säugetierarten. Sie können iatrogen oder über Aufnahme kontaminierter Nahrungsmittel übertragen werden.

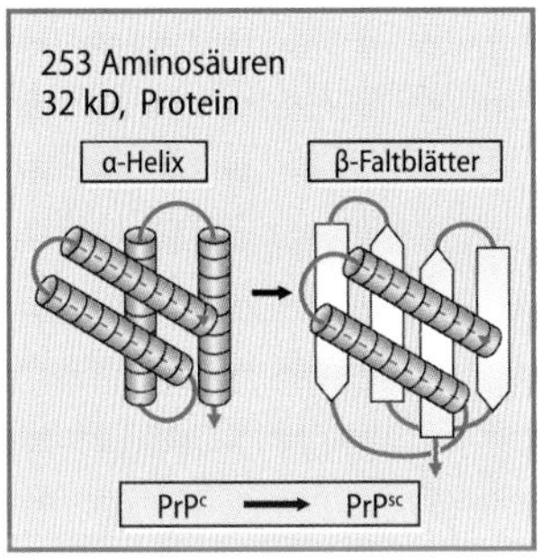

Frühere Versionen von D. Falke

73.1 Beschreibung

Aufbau, Morphologie, Vorkommen

Die physiologische Form des zellulären Prionproteins PrP^{C} ist ein Zellmembranprotein, das hochgradig konserviert bei allen Säugetieren vorkommt. Es wird konstitutiv vor allen in Zellen des ZNS (Neuronen, Oligodendrozyten, Astrozyten) und des retikuloendothelialen Systems (RES) exprimiert, aber auch in Skelettmuskel-, Herz- und Nierenzellen gefunden. Aufgrund unterschiedlicher Glykosilierungsmuster kann PrP^{C} in 2Isoformen vorliegen. Seine genaue physiologische Funktion ist bisher unklar.

Prionerkrankungen sind charakterisiert durch das Vorhandensein einer pathologischen, „scrapieartigen" Isoform des Prionproteins, dem PrP^{Sc}. Dieses PrP^{Sc} unterscheidet sich von PrP^{C} in seiner Sekundär- und Tertiärstruktur: Während PrP^{C} v. a. eine alphahelikale Strukturen zeigt, liegt das pathologische Prionprotein v. a. in Beta-Faltblatt-Struktur vor. Im Gegensatz zu PrP^{C} ist PrP^{Sc} unlöslich und relativ resistent gegen Proteasen (◘ Abb. 73.1). Da PrP^{Sc} nur schlecht durch zelluläre Mechanismen abgebaut werden kann, lagert es sich in Form von Fibrillen und amyloiden Plaques in den betroffenen Zellen ab (◘ Abb. 73.2).

73.2 Rolle als Krankheitserreger

Kuru

In den 1950er Jahren wurden bei Mitgliedern des Stammes der Fore auf Papua-Neuguinea erstmals Symptome einer seltsamen Erkrankung, von den Einheimischen Kuru („Zittern") genannt, beschrieben. Die Betroffenen, vorwiegend Frauen und Kinder, litten an progressiver zerebellärer Ataxie, starkem Tremor und Demenz, die innerhalb weniger Monate unweigerlich zum Tode führten: Das Hirngewebe der Verstorbenen zeigte die damals bereits von der Scrapie der Schafe bekannten spongiformen Veränderungen. Carleton Gajdusek zeigte einige Jahre später, dass die Erkrankung durch Inokulation von Hirngewebe auf Schimpansen übertragen werden konnte. Vermutlich war der bei den Fore verbreitete rituelle Endokannibalismus, bei dem Familienangehörige die Körper Verstorbener inklusive des Gehirns verzehrten, die Ursache für die Verbreitung der Erkrankung. Seit dem Verbot dieser Praktiken ist Kuru fast verschwunden. Aufgrund der in Einzelfällen sehr langen Inkubationszeit können heute noch gelegentlich Fälle der Erkrankung auftreten. Stanley Prusiner identifizierte 2 Jahrzehnte

S. Suerbaum et al. (Hrsg.), *Medizinische Mikrobiologie und Infektiologie*,
https://doi.org/10.1007/978-3-662-61385-6_73

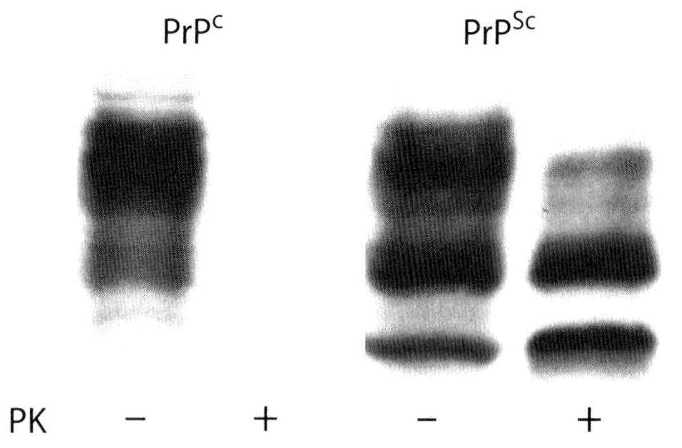

Abb. 73.1 Resistenz von PrP^{C} und PrP^{Sc} gegenüber Proteinase K (PK) – Immunoblotanalyse von mit PK behandelten [„+"] und unbehandelten Zell- bzw. Gewebeextrakten [„–"]: PrP^{Sc} ist partiell resistent, während PrP^{C} völlig abgebaut wird. Ursache der Abbauresistenz ist die veränderte Molekülstruktur des PrP^{Sc} (Steckbrief). (Aus Modrow et al. Molekulare Virologie, 3. Aufl. Spektrum-Verlag 2010)

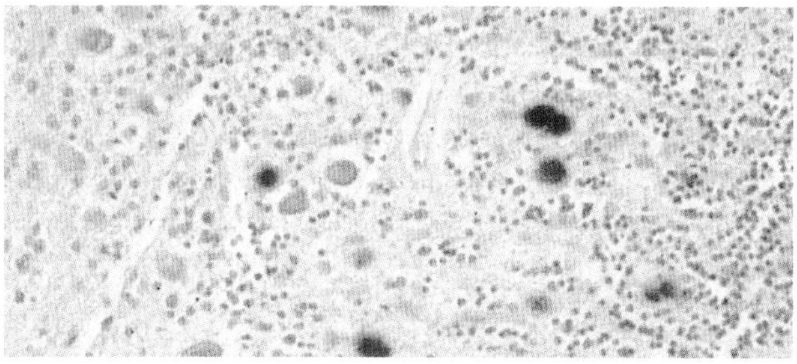

Abb. 73.2 Amyloide Plaques im ZNS bei Creutzfeld-Jakob-Erkrankung. (Mit freundlicher Genehmigung von Dr. Jürgen Bohl, Mainz)

später „proteinartige infektiöse Partikel", Prionen genannt, als Ursache der Scrapie und legte damit auch die Grundlage für das Verständnis der Kuru und anderer Prionenerkrankungen. Beide Wissenschaftler erhielten den Medizin-Nobelpreis für ihre Arbeiten.

Epidemiologie

Prionerkrankungen kommen bei Menschen und Tieren vor (Tab. 73.1). Bereits vor über 250 Jahren wurde die Scrapie beschrieben, eine weltweit verbreitete, immer tödliche Erkrankung bei Schafen, die mit Zittern, Juckreiz und Gangstörungen bis hin zur Ataxie einhergeht. Die Scrapie wird vermutlich durch orale Aufnahme infektiösen Materials (z. B. Ausscheidungen, Nachgeburt) beim Weiden von Tier zu Tier innerhalb einer Herde übertragen. Auch eine vertikale Übertragung vom Mutterschaf auf das Lamm ist wahrscheinlich. Ein in Erscheinungsbild und Übertragungsmodus der Scrapie ähnliches Krankheitsbild, die „chronic wasting disease" (CWD) wird seit den 1960er Jahren bei Hirschen in Nordamerika beobachtet.

In den 1980er Jahren trat eine bis dahin unbekannte Prionerkrankungen bei Rindern in Großbritannien auf, der sog. Rinderwahnsinn (BSE, bovine spongiforme Enzephalopathie), an der in den Folgejahren geschätzte 3 Mio. Rinder erkrankten. Ursache der BSE-Epidemie war vermutlich die Verfütterung von Tierkadavern von an Scrapie verstorbenen Schafen oder von spontan an BSE-erkrankten Rindern in Form von Tiermehl in Kraftfutter. Anders als bei Scrapie oder CWD gibt es bei BSE wohl keine horizontale Übertragung von Rind zu Rind.

Menschliche Erkrankungen durch Prionen kommen weltweit mit einer Inzidenz von ca. 1:1 Mio. Einwohner pro Jahr vor und gehören damit zu den seltenen Erkrankungen:

- Mit ca. 90 % aller Erkrankungsfälle stellen **sporadische Erkrankungen** die große Mehrheit dar (Tab. 73.1). In der Regel handelt es sich hierbei um Fälle der Creutzfeld-Jakob-Erkrankung (sCJD). Der Rest der sporadischen Fälle sind extrem seltene Syndrome wie z. B. die sporadische fatale Insomnie.
- Etwa 10 % der Erkrankungen sind **genetisch bedingt.** Bestimmte autosomal-dominant vererbte Mutationen im Prionprotein-(PRNP-)Gen sind hierbei die Grundlage **familiärer Prionopathien** wie der familiären Creutzfeld-Jakob-Erkrankung (fCJD), der familiären fatalen Insomnie (FFI) und des Gerstmann-Sträussler-Scheinker-Syndroms (GSS).
- Bei einem sehr kleinen Anteil der Prionopathien (<1 %) konnte eine **iatrogene Übertragung krankheitsauslösender Prionen** z. B. über Transplantation von Dura mater erkrankter Personen (Übertragung) nachgewiesen werden.
- Dass auch eine **orale Aufnahme von Prionen über die Nahrung** zur Erkrankung beim Menschen führen kann, zeigte sich in der Folgezeit der BSE-Epidemie, als Fleisch infizierter Rinder in den 1980er und 1990er Jahren massenhaft v. a. in Großbritannien in menschliche Lebensmittel gelangte. Über 200 Fälle einer neuen Variante der Creutzfeld-Jakob-Erkrankung (vCJD) konnten auf den Verzehr dieser kontaminierten Lebensmittel zurückgeführt werden. Auch die Kuru (Exkurs). war letztendlich auf die orale Aufnahme prionenhaltigen Gewebes zurückzuführen.

Übertragung

Humane Prionerkrankungen können nach aktuellem Kenntnisstand nicht durch übliche soziale Kontakte von Mensch zu Mensch übertragen werden. Jedoch wurde in einigen Hundert Fällen eine iatrogene

■ Tab. 73.1 Wichtige Prionenerkrankungen bei Mensch und Tier

Wirt	Entstehung	Erkrankung	Mechanismus
Mensch	Sporadisch (90 %)	Sporadische Creutzfeld-Jakob-Erkrankung (sCJD)	Spontane Umfaltung des PrP^{C} in PrP^{Sc}
		Sporadische fatale Insomnie (SFI)	Spontane Umfaltung des PrP^{C} in PrP^{Sc}
	Genetisch (10 %)	Familiäre Creutzfeld-Jakob-Erkrankung (fCJD)	Mutation im PRNP (E200K, V210I u. a.)
		Fatale familiäre Insomnie (FFI)	Mutation im PRNP (D178N u. a.)
		Gerstmann-Sträussler-Scheinker-Syndrom (GSS)	Mutation im PRNP (P102L u. a.)
	Übertragen (<1 %)	Kuru	Orale Aufnahme erregerhaltigen Materials im Rahmen von Endokannibalismus
		Variante der Creutzfeld-Jakob-Erkrankung (vCJD)	Orale Aufnahme erregerhaltigen Materials über Fleischprodukte von an BSE-erkrankten Rindern
		Iatrogene Creutzfeld-Jakob-Erkrankung (iCJD)	Iatrogenes Einbringen erregerhaltigen Materials ins ZNS oder intramuskulär
Schaf	Übertragen	Scrapie	Horizontale Übertragung über orale Aufnahme erregerhaltigen Materials
Hirsch	Übertragen	„chronic wasting disease" (CWD)	Horizontale Übertragung über orale Aufnahme erregerhaltigen Materials
Rind	Übertragen	Bovine spongiforme Enzephalopathie (BSE)	Orale Aufnahme erregerhaltigen Materials über Kraftfutter, hergestellt aus Tiermehl von Kadavern erkrankter Tiere

Übertragung durch parenterale Behandlung mit Wachstumshormonen aus menschlichen Leichenhypophysen, nach Transplantation von Dura mater und Kornea und durch kontaminierte neurochirurgische Instrumente bewiesen. Bei den sporadischen und familiären Formen geht wahrscheinlich von Gewebe außerhalb des ZNS keine Infektionsgefahr aus, während bei vCJD auch eine Übertragung durch Blutprodukte gezeigt werden konnte. Auch lymphatisches Gewebe (z. B. Tonsillen, Milz, Intestinum) muss bei vCJD im Kontext iatrogener Übertragungsmöglichkeiten als potenziell infektiös angesehen werden.

▪▪ Pathogenese

Das pathogenetische Grundprinzip aller Prionerkrankungen ist die Umwandlung des physiologischen Prionproteins in die pathologische Isoform PrP^{Sc}. Bei den sporadischen und familiären Erkrankungen entsteht das „erste" pathologische Prionprotein vermutlich direkt im ZNS durch spontane Konformationsänderung des PrP^{C}. Die Ursache dieser Konformationsänderung bei den sporadischen Formen ist unklar, bei den familiären Formen liegen bestimmte das Protein destabilisierende Mutationen zugrunde.

Ist erst ein pathologisches PrP^{Sc} entstanden, unterhält es seine eigene Replikation in einer Art Kettenreaktion, indem es dem physiologischen PrP^{C} seine Konformation quasi „aufzwingt". Der genaue Mechanismus ist noch nicht abschließend geklärt. Die entstehenden PrP^{Sc}-Aggregate akkumulieren und führen direkt oder indirekt zu den allen Prionerkrankungen gemeinsamen unterschiedlich ausgeprägten diffusen spongiformen Veränderungen des ZNS. Durch welchen Mechanismus es genau zum neuronalen Zelltod und der beobachteten Mikroglia- und Astrozytenproliferation kommt, ist bisher allerdings unklar.

Bei den übertragenen Formen wie vCJD und Kuru wird das „erste" PrP^{Sc} mit der Nahrung aufgenommen. Prionen sind resistent gegen Magensäure und Verdauungsenzyme und gelangen so unversehrt zu ihrer mutmaßlichen Eintrittspforte, den Peyer-Plaques im Dünndarm. Die weitere Ausbreitung erfolgt mutmaßlich über zellvermittelte Mechanismen, diskutiert wird hierbei eine mögliche Rolle von dendritischen Zellen oder Zellen des lymphatischen Systems. So gelangen die Prionen zu weiteren sekundären lymphatischen Organen wie Milz und Tonsillen, in denen ebenfalls eine Replikation stattfindet. Nach dem Stadium der peripheren Replikation folgt das neuroinvasive Stadium. Vermutlich erreichen die Prionen entlang autonomer Nervenfasern retrograd das ZNS.

▪▪ Immunität

Eine Infektion bzw. Erkrankung mit Prionen führt nicht zu einer messbaren adaptiven Immunantwort.

▪▪ Klinik

Gemeinsam sind allen Prionkrankheiten ein meist relativ kurzer, immer tödlicher Krankheitsverlauf und bei den übertragenen Erkrankungen eine lange Inkubationszeit (Jahre). Die Suszeptibilität für Prionerkrankungen wird durch bestimmte Polymorphismen an Codon 129 des PRNP-Gens beeinflusst.

Bei der **sCJD** steht klinisch eine rasch progrediente Demenz mit neurologischer Begleitsymptomatik wie Ataxie, Myoklonien, Rigor, kortikaler Sehstörung und Pyramidenbahnzeichen im Vordergrund. Je nach Codon-129-Genotyp und bestimmten biochemischen Eigenschaften des Prionproteins werden verschiedene molekulare Subtypen der sCJD unterschieden, die mit unterschiedlichen klinischen und neuropathologischen Phänotypen einhergehen.

Im Unterschied zu sporadischen Formen der CJD sind die Patienten bei **vCJD** deutlich jünger, die Erkrankungsdauer ist länger. Im Vordergrund stehen zu Beginn der Erkrankung eher psychiatrische Auffälligkeiten, später Dysästhesien und Gangunsicherheit, die Demenz tritt erst im weiteren Verlauf auf.

▪▪ Diagnostik

Die definitive Diagnose einer Prionerkrankung kann erst nach dem Tod des Patienten aus der Untersuchung des Gehirns erfolgen. Bestimmte histopathologische Veränderungen wie Vakuolenbildung, Astrozyten- und Mikrogliaproliferation, Neuronenverlust und bei einigen Erkrankungsformen das Auftreten amyloider Plaques (◘ Abb. 73.2) in Zusammenhang mit dem immunhistochemischen Nachweis des pathologischen PrP^{Sc} beweisen das Vorliegen einer Prionerkrankung.

Klinische Diagnosekriterien berücksichtigen neben der richtungsweisenden Symptomatik des Patienten Hinweise aus EEG- und MRT-Untersuchungen. Auch der Nachweis bestimmter neuronaler und astrozytärer Proteine im Liquor wie z. B. Protein 14-3-3 kann eine Verdachtsdiagnose unterstützen, ist jedoch nicht beweisend.

Mittels relativ neuer Methoden der In-vitro-Vermehrung des PrP^{Sc}, wie beispielsweise der sog. RT-QuIC („real-time quaking induced conversion"), kann auch der direkte Nachweis des fehlgefalteten Prionproteins in Gewebeproben mit geringem PrP^{Sc}-Gehalt oder im Liquor gelingen. Bei vCJD kann das PrP^{Sc} häufig auch in peripheren lymphatischen Geweben wie z. B. Tonsillen direkt mittels spezifischer Antikörper nachgewiesen werden. Allerdings wird die Tonsillenbiopsie nicht als Routinemethode empfohlen.

▪▪ Therapie

Bisher existiert keine kausale Therapie.

▪▪ Prävention

Prionen können durch herkömmliche Desinfektions- und Sterilisationsverfahren nicht inaktiviert werden. Besteht bei einem Patienten der Verdacht auf eine Erkrankung durch Prionen oder das erhöhte Risiko, eine solche zu entwickeln, sollten bei chirurgischen Eingriffen bevorzugt Einmalinstrumente verwendet werden. Wenn dies nicht möglich ist, müssen dampfsterilisierbare Instrumente im Anschluss einer speziellen Aufbereitung unterzogen werden (z. B. 1–2 M NaOH für 24 h, im Anschluss Dampfsterilisation bei 134 °C und 3 bar für 1 h). Details sollten den jeweils aktuellen Leitlinien entnommen werden.

EU-weit wurden seit Ende der 1990er Jahre zahlreiche Maßnahmen zur Prävention der vCJD ergriffen. So ist mittlerweile die Verwendung von aus Tierkörpern von Wiederkäuern gewonnenem Protein als Futter für Nutztiere verboten. Bestimmte „Hochrisiko-Körperteile" von Rindern (u. a. Gehirn, Rückenmark, Augen, Darm) dürfen nicht mehr in die Lebensmittelproduktion gelangen.

Meldepflicht Nach § 6 IfSG besteht eine Meldepflicht für den behandelnden Arzt bei Verdacht, Erkrankung sowie Tod an humaner spongiformer Enzephalopathie (außer familiär-hereditäre Formen).

In Kürze: Prionen

- **Erreger** „Infektiöses" Protein (PrP^{Sc}), das eine fehlgefaltete Form eines zellulären Proteins, PrP^{C}, darstellt. Das infektiöse Agens enthält keine Nukleinsäuren.
- **Vorkommen** PrP^{C} kommt hochkonserviert v.a im ZNS und retikuloendothelialen System aller Säugetiere vor.
- **Resistenz** PrP^{Sc} ist außergewöhnlich resistent, die Inaktivierung bedarf spezieller Autoklavierverfahren.
- **Epidemiologie / Übertragung** Prionerkrankungen kommen beim Menschen (v. a. Creutzfeld-Jakob-Krankheit [CJD] als sporadische, familiäre und übertragene Form) und Tieren vor (z. B. Scrapie, „chronic wasting disease", BSE). Eine iatrogene Übertragung des PrP^{Sc} oder Aufnahme über Nahrungsmittel (z. B. über Fleischprodukte von an BSE erkrankten Rindern) ist möglich.
- **Pathogenese** Umfaltung des physiologischen Proteins $PrP^{C} \rightarrow PrP^{Sc}$ ist Grundlage der Pathogenese. PrP^{Sc} kann nur schlecht durch zelluläre Mechanismen abgebaut werden, lagert sich in Form von Fibrillen und Amyloid-Plaques in betroffenen Zellen ab und ist Ursache der neurodegenerativen Veränderungen.

- **Klinik** Prionerkrankungen sind neurodegenerative Erkrankungen mit fortschreitender Demenz und neurologischer Begleitsymptomatik, führen innerhalb weniger Monate zum Tode
- **Diagnose** Definitive Diagnose post mortem durch histopathologische Untersuchung von Hirnbiopsien und immunhistochemischen Nachweis von PrP^{Sc}.
- **Meldepflicht** Verdacht, Erkrankung sowie Tod an humaner spongiformer Enzephalopathie nach § 6 IfSG.

Mykologie

Inhaltsverzeichnis

Allgemeine Mykologie

Grit Walther und Oliver Kurzai

Pilze sind eine eigenständige Organismengruppe. Mit geschätzt über 1 Mio. Arten gibt es keinen Lebensraum ohne Pilze. Überall, wo Spuren organischer Substanz und Feuchtigkeit vorhanden sind, leben Pilze. Pilze spielen eine wichtige Rolle in der Natur. Sie können sich selbst in extremen Lebensräumen wie Wüsten, Geysiren oder Gletschern vermehren. Häufig hängt das Wachstum von Wäldern essenziell von einer Symbiose zwischen Pflanzenwurzeln und spezialisierten Pilzen (Mykorrhiza) ab. Pilze bilden vielfältigste wertvolle Metaboliten, von denen einige in der Medizin als Medikamente dienen – etwa Penicillin und andere Antibiotika, Immunsuppressiva oder Lipidsenker. Als einzige Organismengruppe vermögen Pilze komplexe organische Materialien wie Holz abzubauen. Neben diesen nützlichen Eigenschaften richten sie großen Schaden an. Pilze zählen zu den wichtigsten Erregern von Pflanzenkrankheiten und sind maßgeblich am Verderben von Lebensmitteln beteiligt. Angesichts dieser zentralen Rolle in der Umwelt stellen Pilzkrankheiten des Menschen nur eine kleine Facette dar. Relativ wenige Arten verursachen Infektionen beim Menschen. Der weit überwiegende Teil der menschlichen Pilzerkrankungen sind oberflächlicher Art: Fuß- und Nagelpilz. Insbesondere die Körpertemperatur von 37 °C und das zelluläre Immunsystem schützen Gesunde effizient vor invasiven Pilzinfektionen. Lebensbedrohliche Erkrankungen treffen v. a. Patienten mit eingeschränkter Immunfunktion.

74.1 Was sind Pilze? – Definition und Abgrenzung

Die Klassifizierung von Pilzen war lange weitgehend unklar. Während Carl von Linné die Pilze zu den Vegetabilia (Pflanzen) zählte und von den Animalia (Tieren) unterschied, ordnete Ernst Haeckel (1834–1919) die Pilze den Protista und nicht den Pflanzen zu. Erst seit dem 20. Jahrhundert werden Pilze als eigenständige Organismengruppe (Reich der Fungi) erkannt, die sich von Pflanzen und anderen eukaryotischen Organismen (Protista, Animalia) unterscheiden.

Pilze sind eukaryotische Lebewesen. Im Gegensatz zu Pflanzen sind sie nicht zur Fotosynthese befähigt. Sie leben heterotroph, d. h., sie ernähren sich von organischer Substanz. Anders als Tiere sind Pilze nicht in der Lage, Feststoffe aufzunehmen. Deshalb geben sie Enzyme in ihre Umgebung ab, die organische Substanzen außerhalb des Pilzes abbauen („verdauen"), sodass die Pilze sie in gelöster Form aufnehmen können. Abgesehen von den medizinisch nicht relevanten Chytridiomycota (s. u.) zeigen Pilze im Gegensatz zu den meisten Protozoen keine aktive Beweglichkeit und bilden keine Geißeln.

Pilze besitzen Zellwände. Diese bestehen insbesondere aus Glukanen und Chitin und unterscheiden sich im Aufbau damit erheblich von bakteriellen Zellwänden aus Peptidoglykan und pflanzlichen aus Zellulose. Pilze bilden Sporen. Diese können mitotischen Ursprungs (asexuell) oder meiotischen Ursprungs (sexuell) sein. Obwohl Pilzsporen oft wie bakterielle Sporen unempfindlich gegenüber Umwelteinflüssen wie Austrocknung und UV-Strahlung sind, stellen sie meist keine Dauerformen dar, sondern eine normale Form im vegetativen Zyklus, die der Ausbreitung und Fortpflanzung dient.

Die Mehrheit der Pilze ist aerob, d. h. benötigt Sauerstoff. Viele Hefen haben unter Sauerstoff einen oxidativen Stoffwechsel (Atmung), können aber beim Fehlen von Sauerstoff zur Gärung übergehen, sind also fakultativ anaerob. Nur die Neocallimastigomycetes (Chytridiomycota) sind obligat anaerobe Pilze, die im Magen-Darm-Trakt pflanzenfressender Säugetiere leben.

74.2 Aufbau von Pilzen

▪ Zellkern

Als Eukaryoten besitzen Pilzzellen einen Zellkern, der durch eine Kernmembran vom Zytoplasma abgetrennt ist und das Genom (DNA) enthält. Die DNA ist in mehrere Chromosomen unterteilt und kann in haploider, diploider, in einigen Fällen auch polyploider Kopienzahl vorhanden sein.

S. Suerbaum et al. (Hrsg.), *Medizinische Mikrobiologie und Infektiologie*,
https://doi.org/10.1007/978-3-662-61385-6_74

- **Ribosomen**

Die Ribosomen von Pilzen unterscheiden sich deutlich von bakteriellen Ribosomen und ähneln den Ribosomen des Menschen. Entsprechend sind Antibiotika, die am bakteriellen Ribosom angreifen, nicht gegen Pilze wirksam. Die Gene der ribosomalen RNAs kommen im Pilzgenom oft in mehrfachen Kopien vor. Aus diesem Grund – und wegen der hohen Konservierung der rRNA-Sequenzen – finden sich hier wichtige Sequenzbereiche, die zur Artbestimmung von Pilzen und für die molekulare Infektionsdiagnostik genutzt werden.

Wie bei allen Eukaryoten gibt es 4 verschiedene ribosomale RNAs, die sich in ihrer Länge und ihrem Sedimentationsverhalten, angegeben in Svedberg-(S-) Einheiten, unterscheiden: 18 S (in der Literatur auch „small subunit", SSU), 5,8 S, 28 S („large subunit", LSU) und 5 S. Von 3 der 4 rRNAs (SSU, 5,8 S und LSU) wird zunächst eine Vorläufer-RNA erzeugt, bei der die rRNAs durch 2 intern transkribierte Spacer (ITS1 und ITS2) getrennt sind. Die ITS-Region ist die wichtigste DNA-Region zur molekularen Artbestimmung von Pilzen („Barcode-Region").

- **Zellmembran**

Wie bei allen Eukaryoten besteht die Zellmembran der Pilze aus einer Phospholipid-Doppelschicht, die von verschiedenen Transmembranproteinen durchsetzt ist. Während in Tier- und Pflanzenzellen Cholesterin das wichtigste Zellmembranlipid aus der Gruppe der Sterole ist, enthält die Zellmembran der Pilze Ergosterol. Dieser Unterschied bildet einen wichtigen Ansatzpunkt für die antimykotische Therapie: Substanzen, die die Ergosterolsynthese hemmen (Azol-Antimykotika, Terbinafin) oder mit Ergosterol interagieren (Polyenantimykotika), beeinflussen Fließvermögen und Permeabilität der Membran sowie die Aktivität membranassoziierter Enzyme (▶ Kap. 110, Antimykotika).

- **Zellwand**

Die Pilzzellwand unterscheidet sich im Aufbau erheblich von der bakteriellen Zellwand. Entsprechend sind alle Antibiotika, die die bakterielle Zellwand angreifen, nicht gegen Pilze wirksam. Wesentliche Bausteine, die für die Struktur der Pilzzellwand eine wichtige Rolle spielen, sind Glukane und Chitin.

Glukane Diese fibrillären Glukosepolymere sind über verschiedene glykosidische Verbindungen verknüpft [β-(1,3), β-(1,6), α-(1,4) und andere]. Der Nachweis von β-(1,3)-D-Glukan (BDG) im Serum ist ein wichtiger diagnostischer Marker für das Vorliegen einer invasiven Pilzinfektion (▶ Abschn. 74.7.3). Glukane bilden auch einen wichtigen Ansatzpunkt für die antimykotische Therapie. So hemmen Echinocandine das Enzym 1,3-β-Glukansynthase, wodurch die Glukansynthese zum Erliegen kommt und die Pilzzellwand destabilisiert wird (▶ Kap. 110, Antimykotika).

Chitin Dieses Polymer wird nicht nur von Pilzen, sondern auch von vielen Tiergruppen (z. B. Insekten) gebildet. Es besteht aus N-acetylierten Glukosamineinheiten, die durch β-1,4-glykosidische Bindungen verknüpft sind. Im natürlichen Chitin ist nicht jede Aminogruppe des Glukosamins acetyliert, sodass eine Mischung aus den Monomeren Glucosamin und N-Acetyl-D-Glukosamin vorliegt. Liegt der Azetylierungsgrad unter 50 %, spricht man von Chitosan.

Andere Zellwandbestandteile wie **Mannane** (Mannosepolymere), **Mannoproteine** (mit Mannose glykosilierte Proteine), oder **Galaktomannane** (Mannosepolymere mit Galaktoseseitenketten) sind in den äußersten Schichten der Zellwand lokalisiert. Diese Makromoleküle sind im Gegensatz zum BDG eher artspezifisch und eignen sich damit zum diagnostischen Nachweis bestimmter Pilze (▶ Abschn. 74.7.3):

- Galaktomannane kommen in der Zellwand von Aspergillus-Arten vor und sind im Blut infizierter Patienten serologisch nachweisbar („Aspergillus-Antigen").
- Candida-Arten lassen sich serologisch durch das Vorhandensein bestimmter Mannane und Mannoproteine nachweisen („Candida-Antigen").

- **Kapsel**

Einige Pilze können eine Polysaccharidkapsel ausbilden. Unter den humanpathogenen Pilzen ist dies insbesondere bei Cryptococcus-Arten relevant (▶ Kap. 76) sowohl für die Virulenz des Erregers, als auch diagnostisch (Nachweis von Kapselantigen, ▶ Abschn. 74.7.3).

74.3 Morphologie von Pilzen, morphologiebasierte Artbestimmung und Fortpflanzung der Pilze

Morphologisch unterscheidet man zwischen einzelligen Hefepilzen und filamentösen Pilzen (Schimmelpilzen).

- **Hefepilze**

Hefepilze sind runde bis ovale Einzelzellen (Durchmesser in der Regel 5–15 μm), die sich durch **Sprossung** vermehren. Dabei entsteht aus einer Ausgangszelle eine Tochterzelle (Spore), die sich im Verlauf von der Mutterzelle abschnürt. Die Bildung von Tochterzellen kann unipolar an einer definierten Stelle der Mutterzelle oder multipolar an mehreren Stellen gleichzeitig erfolgen. Die durch Sprossung entstehenden

Tochterzellen werden als **Blastosporen** (auch Blastokonidien) bezeichnet.

Hefepilze bilden in Kultur **Kolonien,** die denen von Bakterien sehr ähnlich sind. Die Artbestimmung bei Hefepilzen erfolgt in der Regel aufgrund biochemischer Tests oder mithilfe der Massenspektrometrie.

- **Schimmelpilze**

Schimmelpilze bestehen aus einem Geflecht filamentöser Zellen **(Hyphen),** das in seiner Gesamtheit als **Myzel** bezeichnet wird. Die Hyphen zeigen ein Spitzenwachstum. Distal von der wachsenden Spitze werden bei den meisten pathogenen Pilzen in regelmäßigen Abständen Querwände (Septen) eingezogen. Da diese Septen Poren besitzen, sind auch septierte Hyphenzellen miteinander verbunden. Die Poren können jedoch durch sog. Plugs verschlossen werden, beispielsweise bei Schädigung eines Teils der Hyphe. Bei sog. zönozytischen Hyphen (z. B. bei Mucorales) kommt es nur selten zum Einzug von Septen.

Innerhalb eines Myzelverbundes bilden Schimmelpilze **Sporen** zur Fortpflanzung. Ist keine Sporenbildung zu beobachten, spricht man von einem sterilen Myzel – dies kommt im diagnostischen Labor immer wieder vor. Eine Artbestimmung aufgrund morphologischer Kriterien ist dann unmöglich. Stattdessen erfolgt die Bestimmung mittels molekularbiologischer Verfahren (z. B. ITS-Sequenzierung, ▶ Abschn. 74.2).

74.3.1 Artbestimmung von Pilzen aufgrund morphologischer Kriterien

Die unglaubliche morphologische Vielfalt von Pilzen füllt umfangreiche Bestimmungsbücher und kann hier nicht erschöpfend dargestellt werden. Bei humanpathogenen Schimmelpilzen ist die **Morphologie** ein wesentliches Kriterium für die Artbestimmung. Beurteilt werden:

- **Makroskopische Morphologie, z. B.:**
  - Art des Myzelwachstums
  - Pigmentierung der Sporen (auch „Konidien" genannt)
  - Bildung diffusibler Pigmente
- **Mikromorphologie:** ◘ Abb. 74.1 zeigt wichtige mikromorphologische Merkmale von Pilzen bezüglich:
  - Sporenbildung
  - Sporenträger
  - Fruchtkörper

Sporenbildung Grundsätzlich ist für die **Mikroskopie** zur morphologischen Artbestimmung insbesondere die Frage wichtig: Wie und wo werden die Sporen bzw. Konidien gebildet?

- **Sporangiosporen** entstehen innerhalb großer Zellen durch Aufteilung des Zytoplasmas (z. B.

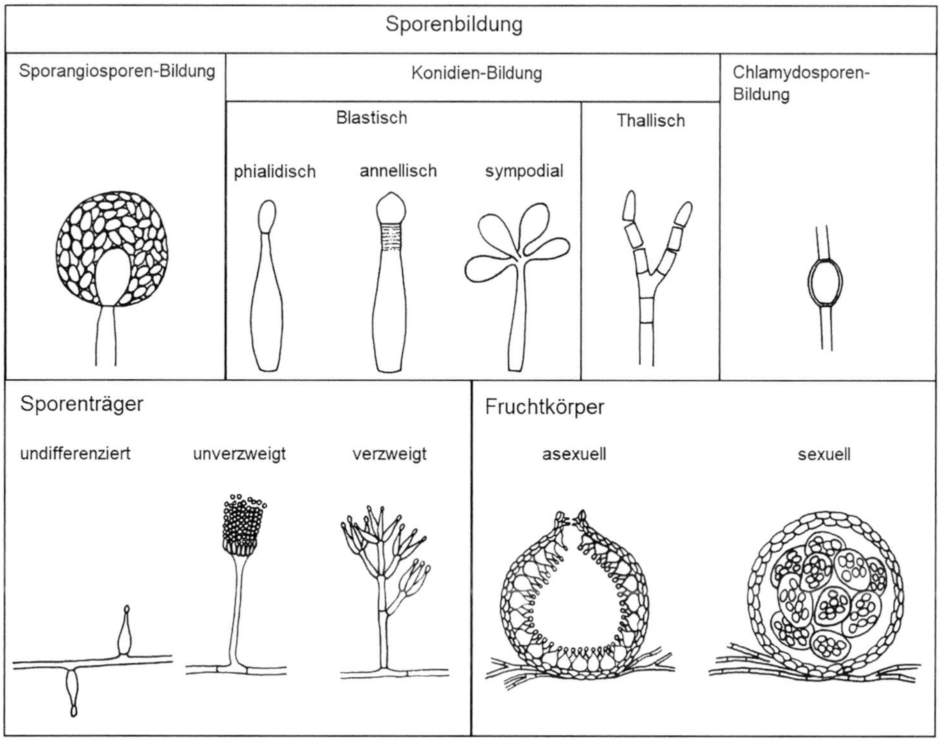

◘ **Abb. 74.1** Wichtige mikromorphologische Merkmale von Pilzen

im Sporangium der Mucorales; ◘ Abb. 74.1 oben links, vgl. auch ◘ Abb. 79.2)

- **Blastokonidien** sind eine Sporenform, die durch exogene Neubildung an einer Mutterzelle (konidiogene Zelle) entsteht (sog. blastische Konidiogenese, z. B. bei Aspergillus, Fusarium, Dermatophyten). Die Bildung von Konidien an einem bestimmten Punkt einer Mutterzelle ähnelt dabei der Sprossung bei Hefen, die ja auch als Blastokonidien bezeichnet werden können. Es gibt zahlreiche Typen konidiogener Zellen (◘ Abb. 74.1 oben Mitte):
  - Die wichtigste ist die **Phialide,** eine meist flaschenförmige Zelle, die an ihrer Spitze eine Reihe von Sporen bildet, ohne dabei zu wachsen.
  - Die ähnliche **Annellide** wächst apikal bei der Bildung jeder weiteren Spore, sodass nach Entstehung mehrerer Sporen eine gebänderte Zone erkennbar wird.

  Blastokonidien können auch an mehreren Punkten der konidiogenen Zelle entstehen. Nacheinander gebildete Konidien können den konidiogenen Zellen eine Zeitlang als Ketten oder Haufen anhängen.

  Viele Pilze besitzen spezialisierte Hyphen, die die sporenbildenden Zellen tragen und einfach oder verzweigt sein können (◘ Abb. 74.1 unten links). Die Gesamtheit aus Trägerhyphe, sporenbildenden Zellen und Sporen wird als **Konidiophor**, Konidienträger oder Sporenträger) bezeichnet.
- **Arthrokonidien** (auch Arthrosporen oder Thallokonidien) entstehen durch Umwandlung von Hyphenzellen (sog. thallische Konidiogenese): Nach dem Einzug von Septen zerfällt die Hyphe dabei in Arthrokonidien (z. B. Trichosporon-Arten, Coccioides-Arten; ◘ Abb. 74.1 oben Mitte rechts; vgl. ◘ Abb. 81.1 und 83.2).

Einige pathogene Pilze bilden Sporen auch in spezialisierten Fortpflanzungsformen (Fruchtkörpern), die z. T. mit bloßem Auge erkennbar sind. Unter Fruchtkörpern versteht man jede Pilzstruktur, bei der die sporenbildenden Zellen durch andere Zellschichten geschützt sind. Bekannte Waldpilze wie Steinpilz oder Pfifferling sind Beispiele für makroskopisch sichtbare Fruchtkörper unterirdisch wachsender Myzelverbünde. In Fruchtkörpern können sowohl asexuelle Sporen als auch sexuelle Sporen gebildet werden (◘ Abb. 74.1 unten rechts).

Für die Bestimmung von Pilzen sind neben der Morphologie des Konidiophors (und ggf. des Fruchtkörpers) auch die Morphologie der Sporen, v. a. deren Form, die Zahl der Zellen, die Pigmentierung und die Beschaffenheit der Sporenwand von Bedeutung.

Neben den Sporen (Konidien, Sporangiosporen), die der Fortpflanzung dienen, bilden viele Pilze auch Sporen zur Überdauerung schlechter Umweltverhältnisse. Diese meist thallisch gebildeten, dickwandigen Sporen werden nicht aktiv freigesetzt und als **Chlamydosporen** bezeichnet (◘ Abb. 74.1 oben rechts).

74.3.2 Fortpflanzung der Pilze

Pilze können sich sowohl sexuell als auch asexuell fortpflanzen; man unterscheidet:

- **Asexuelle** oder **anamorphe** Fortpflanzungsform, kurz **Anamorph-Form;** sie wird in aller Regel im diagnostischen Labor nachgewiesen.
  - Nicht wenige Pilze bilden nicht nur eine, sondern verschiedene Anamorph-Formen, sog. **Synanamorph-Formen**.
- **Sexuelle** oder **teleomorphe** Fortpflanzungsform, kurz **Telemorph-Form**

Pilze, von denen keine Teleomorph-Form bekannt war, bezeichnete man früher als imperfekt (Fungi imperfecti, Deuteromyzeten). Da diese Pilze taxonomisch keine eigene Gruppe bilden und molekulare Methoden eine Zuordnung auch ohne Kenntnis der sexuellen Fortpflanzungsform ermöglichen, ist diese Bezeichnung obsolet.

Die Art der sexuellen Fortpflanzung ist für die taxonomische Einteilung relevant. Pilze sind nur zur sexuellen Fortpflanzung, also zur Bildung von Meiosporen fähig, wenn 2 unterschiedliche und damit kompatible Paarungstypen („mating types") aufeinandertreffen. Der Begriff „Paarungstyp" beschreibt dabei eigentlich das Geschlecht, nur sind die Begriffe „weiblich" und „männlich" für Pilze nicht anwendbar, weil viele Arten über deutlich mehr als 2 Paarungstypen verfügen.

Bei Pilzen gibt es keine geschlechtsspezifischen Chromosomen. Der Paarungstyp ist genetisch über das Vorliegen bestimmter Allele im Mating-Type-Locus (MAT) festgelegt. Die sexuelle Fortpflanzung verläuft über 3 wesentliche Prozesse:

1. Kontakt von Zellen mit kompatiblem Paarungstyp gefolgt von der Auflösung der Zellwände und der Verschmelzung der Zellplasmen (Plasmogamie)
2. Verschmelzung der Kerne (Karyogamie)
3. Meiose mit anschließender Differenzierung der Sporen (Meiosporen)

74.4 Einteilung von Pilzen: Taxonomie

Die Taxonomie hat die schwere Aufgabe, der Vielfalt der Organismen eine Ordnung zu geben (Klassifizierung), die ihren Verwandtschaftsverhältnissen entspricht und praktikabel ist. Schätzungen zufolge ist bisher erst ein Zehntel der existierenden Pilzarten, ungefähr 100.000 Spezies, beschrieben. Durch die Verwendung von **DNA-Sequenzen zur Unterscheidung von Arten** steht eine universell einsetzbare und jederzeit reproduzierbare Methode zur Artbestimmung zur Verfügung. Dadurch werden auch sog. kryptische Arten entdeckt, also Arten, die sich morphologisch nicht von ihren Schwesterarten unterscheiden.

Vor der Verwendung von DNA-Sequenzen stützte sich die Taxonomie v. a. auf morphologische Merkmale (▶ Abschn. 74.3.1). Da Vertreter einer Pilzspezies in verschiedenen **Morphen** auftreten können, wurden diese oft mit verschiedenen Namen beschrieben, so z. B. Coprinopsis cinerea, der Haus-Tintling, und seine Anamorph-Form Hormographiella aspergillata, die 1997 als seltener Erreger von Mykosen beschrieben wurde. Erst mehrere Jahre später konnte durch Sequenzvergleiche der Zusammenhang zwischen beiden Morphen hergestellt werden.

Seit 2013 gilt die Regel „one fungus – one name" für die Nomenklatur der Pilze. Danach darf derselbe Pilz nur noch mit **einem** Namen benannt werden, was zu vielen Umbenennungen bereits beschriebener Arten geführt hat und noch führt. Die Taxonomie vieler Pilzgruppen befindet sich daher derzeit im Wandel.

In einigen deutschsprachigen Lehrbüchern findet sich noch die Empfehlung, Pilze nach dem sog. DHS-System in Dermatophyten, Hefen und Schimmelpilze einzuteilen. Diese Einteilung entbehrt jeder taxonomischen Grundlage und hat auch keinerlei klinische Berechtigung, sodass die DHS-Einteilung heute obsolet ist.

Durch den Vergleich von DNA-Sequenzen ein oder mehrerer Gene oder seit einiger Zeit sogar ganzer Genome ist es möglich, die exakten Verwandtschaftsverhältnisse innerhalb der Pilze zu erkennen und Stammbäume zu erstellen, die die Evolution der Gruppen immer besser nachzeichnen. Auch Vertreter mit untypischen Merkmalen können so zugeordnet werden. Auf dieser Basis lassen sich Pilze in **5 Abteilungen (Divisiones)** unterteilen (◘ Abb. 74.2).

Humanpathogene Pilze finden sich insbesondere bei den **Ascomycota** (Schlauchpilzen), den **Basidiomycota** (Ständerpilzen), den **Mucoromycota** und den **Zoopagomycota,** nicht jedoch bei den Chytridiomycota.

74.4.1 Chytridiomycota

Die Vertreter der Chytridiomycota sind meist Einzeller oder aus wenigen Zellen aufgebaute Mehrzeller, die im Wasser oder feuchter Umgebung leben. Stammesgeschichtlich stellen sie eine basale, sehr alte Gruppe von Pilzen dar, die noch am stärksten an das Leben im Wasser angepasst ist, da sie noch begeißelte Stadien bildet. Als Krankheitserreger für den Menschen spielen Chytridiomycota keine Rolle.

Die Gattung Batrachochytrium (Einschaltbild 17 in ◘ Abb. 74.2 zeigt Rhizoide bildende, inzystierte Zoosporen von B. dendrobatidis) ist für das mittlerweile weltweit beobachtete Amphibiensterben verantwortlich. Neocallimastigomycetes sind eine Familie obligat anaerober Pilze, die im Magen-Darm-Trakt von pflanzenfressenden Säugetieren leben.

74.4.2 Zoopagomycota

Wie auch bei den Mucoromycota (s. u.) erfolgt die sexuelle Fortpflanzung der Zoopagomycota durch Zygosporen. Zygosporen sind dickwandige, pigmentierte Zygoten (befruchtete Keimzellen bei der sexuellen Vermehrung), die durch Verschmelzung von 2 Hyphenenden und anschließende Fusion der Zellkerne entstehen (Einschaltbilder 11, 14 und 16 in ◘ Abb. 74.2).

Die Myzelien der Zoopagomycota und der Mucoromycota bestehen meist aus Hyphen, die nur selten Querwände (Septen) aufweisen (zönozytische Hyphen) und viele Zellkerne enthalten. Die Abteilung Zoopagomycota vereint Pilzgruppen mit diversen Formen der Sporenbildung und unterschiedlichster Ökologie wie bodenbewohnende Saprophyten, Parasiten oder Kommensalen von Tieren wie Insekten, Gliederfüßern, Springschwänzen und Amöben oder anderen Pilzen. Die überwiegende Assoziation zu Tieren unterscheidet die Zoopagomycota von den Mucoromycota.

Aus humanmedizinischer Sicht sind v. a. die Entomophthorales mit den klinisch relevanten Gattungen Basidiobolus und Conidiobolus relevant, die überwiegend in tropischen und subtropischen Ländern chronische Infektionen (Entomophthoromykosen) hervorrufen (▶ Abschn. 81.3.4).

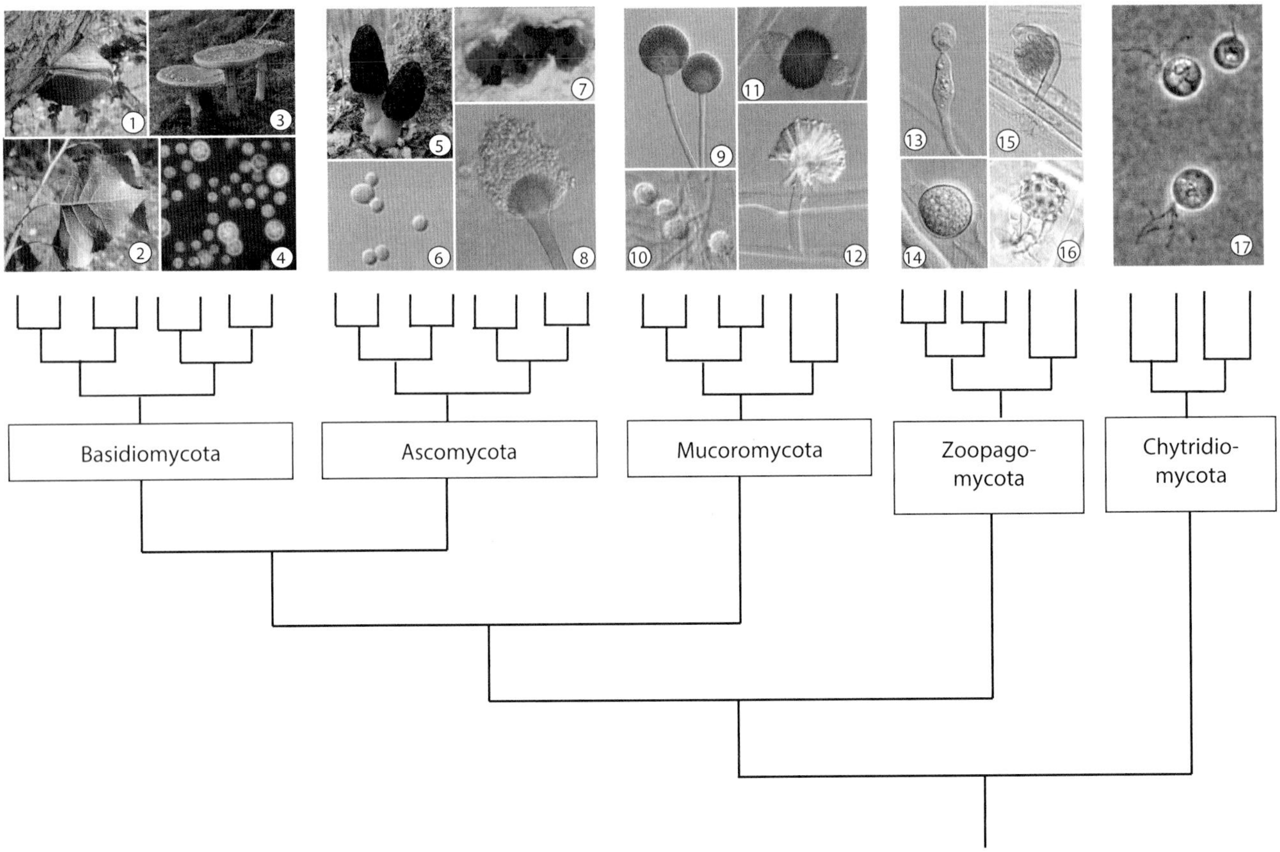

Abb. 74.2 Taxonomische Einteilung von Pilzen und beispielhafte Vertreter der 5 Divisionen. **1** Fruchtkörper des Grauen Feuerschwammes (Phellinus igniarius) an Weide; **2** Uredosporenlager des Kieferndrehrostes (Melampsora populnea) auf Hauptwirt Pappel; **3** Fruchtkörper des Fliegenpilzes (Amanita muscaria), **4** Hefezellen von Cryptococcus neoformans; **5** Fruchtkörper der Spitzmorchel (Morchella elata); **6** Hefezellen von Candida auris; **7** Asci von Pneumocystis jirovecii, **8** Sporenträger von Aspergillus fumigatus; **9** Sporenträger von Rhizopus arrhizus; **10** Sporenträger mit Stylosporen von Mortierella polycephala; **11** Zygospore von Mucor endophyticus, **12** Sporenträger von Syncephalastrum racemosum; **13** Sporenträger mit Konidie von Basidiobolus sp., **14** Zygospore von Basidiobolus sp.; **15** Sporenträger von Syncephalis cornu parasitierend auf Hyphen von Rhizopus arrhizus, **16** Zygospore von Syncephalis cornu; **17** Rhizoide bildende, inzystierte Zoosporen von Batrachochytrium dendrobatidis; mit freundlicher Genehmigung von Tanja Böhning (3), Angela Günther (5) und Sybren de Hoog (17, aus Atlas of Clinical Fungi [1])

74.4.3 Mucoromycota

Wie die Zoopagomycota bilden auch die Mucoromycota zönozytische Hyphen und pflanzen sich sexuell durch Zygosporen fort. Die Mehrheit der Mucoromycota ist pflanzenassoziiert. Die Vertreter der Unterabteilung Glomeromycotina sind Mykorrhizapilze. Sie bilden die nach den bäumchenartigen Strukturen, die die Pilze in der Pflanzenzelle bilden, benannte arbuskuläre Mykorrhiza mit der Mehrheit der krautigen Pflanzen. Sie vermehren sich über dickwandige Sporen (Chlamydosporen). Die Mortierellomycotina und die Mucoromycotina bilden ihre asexuellen Sporen im Inneren großer Zellen (Sporangien).

Wichtige humanpathogene Vertreter: Nur in der Ordnung Mucorales (▶ Kap. 79).

74.4.4 Ascomycota (Schlauchpilze)

Die Ascomycota zeichnen sich durch eine spezielle Form der sexuellen Sporenbildung aus. Nach der Verschmelzung von Hyphen kompatibler haploider Myzelien entstehen Hyphen mit zwei Kernen unterschiedlicher Herkunft (dikaryotische Hyphen). Diese Hyphen wachsen aus und bilden meist eine Vielzahl sackartiger Zellen, die Asci (Einzahl: Ascus), weshalb sie auch als ascogene Hyphen bezeichnet werden. Im Inneren der Asci finden die Verschmelzung der Kerne (Karyogamie), und direkt daran anschließend die Meiose und die Reifung der Ascosporen statt. Asci werden häufig innerhalb von Fruchtkörpern gebildet.

Die Myzelien der Ascomycota weisen in regelmäßigen Abständen Querwände (Septen) auf.

Die Ascomycota sind die artenreichste Abteilung der Echten Pilze und umfassen zahlreiche humanpathogene Vertreter.

Wichtige humanpathogene Vertreter: Candida (▶ Kap. 75), Aspergillus (▶ Kap. 78), Fusarium (▶ Kap. 80), Dermatophyten (Epidermophyton, Microsporum und Trichophyton) (▶ Kap. 82), dimorphe Erreger außereuropäischer Systemmykosen (▶ Kap. 83).

74.4.5 Basidiomycota (Ständerpilze)

Im Gegensatz zu den Ascomycota ist die dikaryotische Phase der Hyphen nicht auf die Bildung der Zygoten beschränkt, sondern stellt die wesentliche Lebensform der Pilze dar. Karyogamie und Meiose erfolgen in spezialisierten Zellen, den Basidien. Anders als bei den Ascomycota entstehen die sexuellen Sporen (Basidiosporen) an Fortsätzen der Basidien. Basidien werden meist in Fruchtkörpern gebildet, wo sie Schichten bilden, die Teile der Fruchtkörper, wie z. B. die Röhren oder Lamellen der Hutpilze überziehen.

Die Myzelien der Basidiomycota sind regelmäßig septiert. Viele Arten bilden an den Septen der dikaryotischen Hyphen schnallenartige Strukturen („clamp connections"). Mit ihrer Bildung stellt der Pilz sicher, dass jede neue Zelle mit je einem Paar von Kernen unterschiedlicher Herkunft ausgestattet wird. Die Basidiomycota enthalten nur wenige pathogene Gattungen.

Wichtige humanpathogene Vertreter: Cryptococcus (▶ Kap. 76), Trichosporon (▶ Abschn. 81.1.1).

74.5 Ökologie der Pilze

74.5.1 Vorkommen und ökologische Bedeutung

Pilze besiedeln nahezu alle Lebensräume der Erde. Das wichtigste Habitat der Pilze ist der Boden, aber sie kommen auch in Süß- und Salzwasser vor. Viele Pilzsporen werden über die Luft verbreitet. Geringste Mengen an organischer Substanz und Feuchtigkeit sind ausreichend, um das Leben von Pilzen zu ermöglichen.

Pilze ernähren sich entweder von toter (saprobisch) oder lebender organischer Substanz (symbiotisch oder parasitisch). Saprobisch lebende Pilze wie z. B. der Champignon oder der holzzerstörende Schwefelporling sorgen dafür, dass die Biomasse abgestorbener Pflanzen abgebaut wird. Die Mykorrhizapilze gehen eine Symbiose mit Pflanzenwurzeln ein – vielleicht die für den Menschen wichtigste Symbiose zwischen Pilz und Pflanze: Die Mehrheit unserer Nutzpflanzen wird auf diese Weise mit Phosphat versorgt. Nahezu alle Baumarten benötigen die Mykorrhiza für ihre Wasserversorgung.

Flechten – eine Symbiose aus Pilzen und Algen – stellen eine eigenständige Lebensform dar, die auch unwirtliche Habitate wie bloßen Fels zu besiedeln vermag. Viele Pflanzen sind auch in ihrem Inneren von Pilzen besiedelt. Ob diese Endophyten eine Bedeutung für die Pflanzen haben, ist noch ungeklärt.

74.5.2 Pilze als Pflanzenpathogene

Pilze sind die wichtigsten Erreger von Pflanzenkrankheiten und damit eine Bedrohung für die Nahrungsmittelproduktion weltweit. Um Erträge zu sichern, werden jährlich großen Mengen an Fungiziden eingesetzt, die z. T. eine ähnliche Struktur wie die Antimykotika der Humanmedizin (z. B. Triazole) aufweisen.

Rost- und Brandpilze (Basidiomycota) befallen wichtige Nutzpflanzen wie Getreide und Mais. Die Echten Mehltaupilze (Erysiphales) aus der Abteilung der Ascomycota bilden weißliche Beläge auf Weinreben und vielen Obst- und Gemüsesorten. Die Gattung Fusarium befällt ein breites Spektrum an Wirten, darunter so wichtige Nutzpflanzen wie Mais, Weizen und Bananen. Da Fusarium-Arten Mykotoxine bilden, birgt der Befall durch diese Gattung besondere Risiken. Einige parasitische Pilze sorgen für das massenhafte Sterben von Bäumen: So wird das derzeit beobachtete Eschensterben durch die sog. Rußrindenkrankheit vom Pilz Cryptstroma corticale hervorgerufen. Ophiostoma novo-ulmi verursacht das seit einigen Jahren beobachtete Ulmensterben und wird durch den Ulmensplintkäfer verbreitet.

74.5.3 Pilze als Pathogene bei Tieren

Einige Erreger von Dermatomykosen des Menschen wie die Gattungen Epidermophyton, Microsporum und Trichophyton besiedeln primär Säugetiere (zoophile Dermatophyten) und können von diesen auf den Menschen übertragen werden. Wichtige Erreger systemischer Mykosen des Menschen können bei Tieren Infektionen verursachen (z. B. Candida albicans, Aspergillus fumigatus und Cryptococcus neoformans. Die in Südamerika verbreiteten Sporotrichosen bei Katzen werden durch Sporothrix brasiliensis verursacht, der auf den Menschen übertragen werden kann. Einige Pilzgruppen haben sich auf den Befall wirbelloser Tiere (z. B. Insekten) spezialisiert. Die Pilze der Gattung Arthrobotrys (Ascomycota) fangen Fadenwürmer (Nematoden). Ihre Hyphen bilden kontraktile Ringe, die sich zusammenziehen, sobald sich ein Fadenwurm darin befindet.

74.6 Bedeutung der Pilze für den Menschen

74.6.1 Pilze in der Nahrungsmittelproduktion

Gärungsprozesse durch Pilze, die zur Bildung von Kohlendioxid, Alkohol oder Säuren führen (Fermentation) werden schon seit dem Altertum durch den Menschen genutzt. Eine zentrale Rolle spielt dabei die fakultativ anaerobe Hefe Saccharomyces cerevisiae (Ascomycota), die auch als Bäckerhefe oder Bierhefe bezeichnet wird:

- Der zum Aufgehen des Brotteigs verwendete Sauerteig besteht aus Milchsäurebakterien und S. cerevisiae. Das von ihnen während des Backvorgangs produzierte Kohlendioxid sorgt für die Lockerung des Teiges.
- Auch zur Herstellung von Bier und Wein werden verschiedene Stämme von S. cerevisiae verwendet, die die Zucker der Maische bzw. des Traubensaftes zu Ethanol vergärt.

Bei der Herstellung bestimmter Käsesorten werden filamentöse Pilze wie Penicillium camemberti und P. roqueforti eingesetzt.

Besonders in Asien werden filamentöse Pilzen wie Rhizopus- und Mucor-Arten, Aspergillus oryzae und Monascus purpureus genutzt, um Sojaprodukte zu fermentieren und Tempeh, Miso oder Sojasoßen herzustellen. Dabei werden entweder Starterkulturen benutzt, oder das Sojaprodukt wird der Luft ausgesetzt und durch die luftgetragenen Pilzsporen spontan inokuliert.

Das ubiquitäre Vorkommen von Pilzen in Nahrungsmitteln ist auch medizinisch relevant: Immunsupprimierte Patienten müssen entsprechende Nahrungsmittel meiden, da ggf. eine Infektionsgefahr besteht.

74.6.2 Pilze in der Biotechnologie

Viele Pilze sind in der Lage, Makromoleküle wie Stärke, Pektin, Proteine, Fette, Zellulose oder Lignin abzubauen. Da Pilze Feststoffe außerhalb des Organismus verdauen, geben sie die dazu notwendigen Enzyme ins Kulturmedium ab. Mehr als die Hälfte aller vermarkteten **Enzyme** stammt von Pilzen. Industriell wichtige **Säuren** wie Zitronensäure oder Apfelsäure werden durch Pilze wie Aspergillus niger und Rhizopus arrhizus produziert. Auch für die Herstellung von **Vitaminen** wie Vitamin B2 und B12 werden Pilze eingesetzt.

Zur Bekämpfung ihrer Nahrungskonkurrenten bilden viele Pilze Stoffe, die in der Medizin als **Antibiotika** und **Antimykotika** und in der Landwirtschaft als **Fungizide** genutzt werden. Beispiele hierfür sind die β-Laktam-Antibiotika wie das Penicillin (Penicillium-Arten) und Cephalosporin C (Acremonium chrysogenum) sowie das Griseofulvin (Penicillium-Arten inkl. P. griseofulvum) und die Echinocandine (Aspergillus nidulans, A. rugulosus).

Auch Immunmodulatoren wie die Ciclosporine werden mithilfe von Pilzen (v. a. Tolypocladium inflatum) hergestellt. Ein medizinisch relevantes Beispiel für den Einsatz von Pilzen in der Biotechnologie ist die gentechnische Produktion des Hepatitis-B-Impfstoffs (HbS-Antigen) in der Bäckerhefe S. cerevisiae.

74.6.3 Pilzvergiftungen

Einige Fruchtkörper von Großpilzen enthalten Giftstoffe und verursachen nach ihrem Verzehr Vergiftungserscheinungen (Myzetismus). Die wichtigsten Giftpilze in Deutschland gehören zur großen Gattung Amanita (Wulstlinge; zu ihnen gehören u. a. auch Fliegenpilz und Knollenblätterpilze). Einige Arten dieser Gattung sind gute Speisepilze wie der Perlpilz (Amanita rubescens), während andere Arten wie der Grüne Knollenblätterpilz (Amanita phalloides) tödlich giftig sind.

Die giftigen Arten bilden zyklische Oligopeptide, die Amatoxine (Alpha-, Beta-, Gamma-Amanitin) und die Phallotoxine. Die für die Vergiftung bedeutsameren Amatoxine blockieren besonders die RNA-Polymerase II von Säugetieren. Etwa 80 % aller Vergiftungen mit dem Grünen Knollenblätterpilz verlaufen infolge eines Leberversagens tödlich. Wie bei vielen anderen Pilzgiften setzt die Wirkung der Amatotoxine erst mehrere Stunden nach ihrem Verzehr ein.

Andere wichtige Pilzgifte sind das Muscarin, das nicht nur im Fliegenpilz (Amanita muscaria; Einschaltbild 3 in ◘ Abb. 74.2), sondern auch in einigen Risspilzen und Trichterlingen vorkommt, das Gyromitrin der Frühlingslorchel (Gyromitra esculenta) und das Orellanin einiger Haarschleierlings-Arten (Cortinarius). Das im Faltentintling (Coprinopsis atramentaria) enthaltene Gift Coprin ist nur wirksam, wenn der Pilz zusammen mit Alkohol eingenommen wird.

74.6.4 Mykotoxine

Mykotoxine sind von Schimmelpilzen gebildete, niedermolekulare Stoffe. Sie können kanzerogene, mutagene, nephrotoxische, hepatotoxische, und neurotoxische Wirkungen haben. Darüber hinaus weisen einige

Mykotoxine hormonelle Aktivität auf. Da Mykotoxine sehr hitzebeständig sind, können sie auch in sterilisierten Lebensmitteln enthalten sein. In Europa existieren für zahlreiche Mykotoxine mittlerweile Grenzwerte, die in Nahrungsmitteln nicht überschritten werden dürfen.

Zu den wichtigsten Mykotoxinbildnern gehören die Gattungen Aspergillus, Penicillium und Fusarium. Die parasitischen Fusarium-Arten produzieren ihre Mykotoxine wie Fumonisine und Trichothecene bereits auf der lebenden Pflanze. Vertreter der Gattungen Aspergillus und Penicillium befallen die Lebensmittel meist erst während ihrer Lagerung.

Die von Aspergillus-Arten der Sektion Flavus gebildeten **Aflatoxine** gehören zu den wirksamsten Giften überhaupt und werden in Zusammenhang mit der Entstehung hepatozellulärer Karzinome in Asien gebracht. **Patulin** wird v. a. von Penicillium-Arten wie P. expansum gebildet, die Fallobst besiedeln. Die ebenfalls von Aspergillus- und Penicillium-Arten gebildeten **Ochratoxine** können sowohl in Lebensmitteln wie Kaffee als auch in Schweine- und Hühnerfleisch sowie im Hausstaub nachgewiesen werden.

Historisch von Bedeutung ist der Mutterkornpilz Claviceps purpurea, der Roggen parasitiert. Die Mykotoxine des Pilzes aus der Gruppe der Indolalkaloide, Ergotamin und Ergometrin, waren die Ursache für die bis ins 20. Jahrhundert häufigen, als Ergotismus (St.-Antonius-Feuer, „ignis sacer") bezeichneten Vergiftungen. Die Giftwirkung führte zu einer starken Verengung von Blutgefäßen und infolgedessen zu Gangrän und Nekrosen. Die von C. purpurea gebildeten Mykotoxine (Ergotalkaloide) werden heute z. B. zur Migränetherapie eingesetzt.

74.6.5 Allergische Erkrankungen durch Pilze

Zahlreiche Pilze können allergische Reaktionen des Menschen auslösen. Bei mehr als 5 % aller Menschen ist eine Sensibilisierung gegen Pilzantigene nachweisbar. Zu den wichtigsten allergenen Arten zählen viele, die nie oder nur selten Infektionen des Menschen verursachen und daher in mikrobiologischen Lehrbüchern nicht erwähnt werden (z. B. Alternaria-Arten). Internationale Datenbanken listen mehr als 250 Pilzarten, die potenziell Allergien auslösen können. Jedoch stehen nur für einige Arten Antigenextrakte zum Nachweis einer Sensibilisierung zur Verfügung.

74.6.6 Infektionen durch Pilze

Von den geschätzt etwa 1 Mio. Arten tritt nur eine geringe Zahl (<700) als Krankheitserreger des Menschen auf. Die überwiegende Zahl der Pilzinfektionen wird von Vertretern weniger Gattungen verursacht. Der weit überwiegende Teil aller Pilzinfektionen sind **oberflächliche Infektionen** der Haut, Hautanhänge (Haare, Nägel) und Schleimhäute.

Bei **subkutanen Infektionen** kommt es zu einer Ausbreitung im subkutanen Gewebe oder entlang lymphatischer Gefäße. Das Risiko eines Übergangs zu einer systemischen Infektion korreliert in der Regel mit dem Immunstatus des Patienten.

Invasive Pilzinfektionen sind in der Regel opportunistische Infektionen, die auf der Basis einer Immunschwäche des betroffenen Patienten entstehen. Nur wenige Pilze befallen regelmäßig auch immungesunde Patienten (z. B. Erreger außereuropäischer Systemmykosen [Kap. 83] oder Cryptococcus gattii [Abschn. 76.2]).

74.7 Diagnostik von Pilzinfektionen

Während oberflächliche Pilzinfektionen oft Blickdiagnosen sind, ist die sichere Diagnose invasiver Pilzinfektionen schwierig. Entsprechend gehören invasive Pilzinfektionen zu den am häufigsten übersehenen Diagnosen auf Intensivstationen.

Die Diagnose invasiver Pilzinfektionen gelingt nur in einer Kombination aus klinischer Befunderhebung, radiologischer Bildgebung und mikrobiologischen Nachweisverfahren. Letztere werden hier im Überblick vorgestellt und in ◘ Tab. 74.1 zusammengefasst. Detaillierte Informationen finden sich in den folgenden erregerspezifischen Kapiteln dieser Sektion VII. Die Resistenztestung von Pilzen wird in ▶ Kap. 110 beschrieben.

74.7.1 Mikroskopischer Nachweis von Pilzen

Die in der Bakteriologie eingesetzte Gramfärbung ist – auch wenn Hefepilze in der Regel grampositiv erscheinen – nicht zur Darstellung von Pilzen geeignet. Die spezifische Darstellung von Pilzen gelingt mithilfe folgender Färbungen und Techniken:

- **Kalilauge-(KOH-)Präparate** werden zur Untersuchung von Gewebeproben hergestellt. Die Behandlung mit KOH (30 %) führt zur Aufhellung des Gewebes. KOH-Präparate werden regelmäßig zur Diagnostik von Hautpilzinfektionen (Haare, Nagelspäne) eingesetzt.
- **Optische Aufheller** (z. B. Calcofluor) binden an den Zellwandbestandteil Chitin und ermöglichen eine fluoreszenzmikroskopische Erkennung von Pilzelementen in Gewebe.

Tab. 74.1 Mikrobiologische Verfahren zum Nachweis von Pilzinfektionen

Gattung	Mikroskopie							Kulturelle Anzucht		Serologie					Molekulare Verfahren	
	Verfahren	Gram	Grocott	Opt. Aufheller	PAS	Immunofluoreszenz	Kommentar	Verfahren	Kommentar	β-D-Glukan (BDG)	Galactomannan (GM)	Kapselantigen	Mannan-Ag/Ak	Kommentar	Stellenwert	Kommentar
Candida	Direktmikroskopie	+	+	+	–	–	Abgrenzung C. albicans von häufigsten Nicht-albicans-Arten über Polymorphismus	Mykolog. Standardkultur, Blutkultur	Diagnost. Sensitivität der Blutkultur nach Literatur <50 %	+	–	–	+	BDG-Testung ist nicht spezifisch, Stellenwert der Mannan-Ag/Ak-Diagnostik ist unklar	(+)	Bestandteil der meisten Sepsispanels, klin. Studienlage unzureichend;
	Histopathologie	–	+	–	+	–										
Aspergillus	Direktmikroskopie	–	+	+	–	–	Keine sichere Differenzierung von anderen Hyphomyzeten Ak für Histopathologie nur eingeschränkt verfügbar	Mykolog. Standardkultur	Bei Mehrzahl der invasiven Infektionen kein Erregernachweis in Kultur und in konvent. Blutkulturen	+	+	–	–	GM-Screening bei Hochrisikopatienten ohne wirksame antimykotische Prophylaxe	+	Referenzprotokolle verfügbar, zahlreiche klin. Studien zeigen diagnost. Nutzen in Kombination mit anderen Verfahren
	Histopathologie	–	+	–	+	(+)										
Mucor	Direktmikroskopie	–	+	+	–	–	Charakterist. Merkmale, jedoch keine sichere Differenzierung von anderen Hyphomyzeten Ak für Histopathologie nur eingeschränkt verfügbar	Mykolog. Standardkultur	Kein Erregernachweis in konvent. Blutkulturen	–	–	–	–	Keine serologische Diagnostik möglich	–	Keine standardisierte molekulare Diagnostik, exp. Protokolle nur in diagnostischen Zentren
	Histopathologie	–	+	–	+	(+)										

(Fortsetzung)

Tab. 74.1 (Fortsetzung)

Gattung	Mikroskopie							Kulturelle Anzucht		Serologie					Molekulare Verfahren	
	Verfahren	Gram	Grocott	Opt. Aufheller	PAS	Immunofluoreszenz	Kommentar	Verfahren	Kommentar	β-D-Glukan (BDG)	Galactomannan (GM)	Kapselantigen	Mannan-Ag/Ak	Kommentar	Stellenwert	Kommentar
Fusarium	Direktmikroskopie	–	+	+	–	–	Keine sichere Differenzierung von anderen Hyphomyzeten	Mykolog. Standardkultur, Blutkultur	Fusarium spp. werden regelmäßig auch in konventi. Blutkulturen als Erreger nachgewiesen	+	(+)	–	–	Keine spezifische serologische Diagnostik möglich, BDG kann positiv ausfallen, GM kann positiv ausfallen	–	Keine standardisierte molekulare Diagnostik, exp. Protokolle nur in diagnost. Zentren
	Histopathologie	–	+	–	+	–										
	In-vivo-Konfokalmikroskopie (Auge / Hornhaut)	–	–	–	–	–	Gute Abgrenzbarkeit von nichtmykotischen Keratitiden, keine Differenzierung von anderen Hyphomyzeten									
Cryptococcus	Direktmikroskopie	+	+	+	–	–	Direktmikroskop. Nachweis auch im Tuschepräparat, in PAS i. d. R. deutliche Kapselfärbung bei C. Neoformans	Mykolog. Standardkultur, Blutkultur	Kultureller Nachweis i. d. R. unproblematisch	(+)	–	+	–	Kapselantigen-Nachweis in Serum und Liquor als diagnostischer Goldstandard BDG kann bei Cryptococcose in Liquor und Serum positiv sein	–	Wegen hochsensitiven Antigennachweises kein Stellenwert in der Routinediagnostik
	Histopathologie	–	+	–	+	–										
Pneumocystis	Direktmikroskopie	–	+	+	–	+	Calcofluor / Grocott: Darstellung der Zysten, Hefe-(Trophozoiten-) Darstellung z. B. in Giemsa	Keine kulturelle Anzucht		+	–	–	–	Hohe Sensitivität des BDG-Nachweises für PcP, jedoch keine Spezifität	+	In-house- und kommerzielle Verfahren, z. T. mit Cut-off-Werten zur Unterscheidung von Besiedelung und Infektion

- **Versilberungstechniken** (z. B. Grocott-Gomori-Färbung) stellen Pilzelemente im Gewebe schwarz dar.
- **Klebestreifenabklatsch-Präparate** dienen der Mikroskopie von angezüchteten Schimmelpilzen. Mithilfe eines transparenten Klebestreifens wird Kulturmaterial entnommen. Die Kontrastierung gelingt durch Zufügen eines Farbstoffs.
- Für ein **Tuschepräparat** wird flüssigen Untersuchungsproben (z. B. Liquor) Tusche beigefügt. Dadurch können bekapselte Hefezellen von Cryptococcus dargestellt werden (Halobildung durch die Kapsel).

74.7.2 Kultureller Nachweis von Pilzen

Die Anzucht von Pilzen aus primär sterilem Material (Liquor, Biopsien) ist beweisend für eine Infektion. Bei Nachweis von Pilzen aus nicht primär sterilen Materialien muss dagegen die klinische Bedeutung immer im Einzelfall beurteilt werden. Schimmelpilze sind in der Umwelt stark verbreitet und können so in klinische Proben (Atemwegmaterialien, oberflächliche Wunden, Stuhlproben) gelangen. Viele potenziell pathogene Hefepilze sind Kommensalen des Menschen und kommen auch beim Gesunden in Atemwegsekreten oder Materialien aus dem Gastrointestinaltrakt vor.

Für die Anzucht von Pilzen im mikrobiologischen Labor stehen spezielle Pilzmedien zur Verfügung.

- **Malzextraktagar** ermöglicht ein optimales Wachstum für viele Pilze, unterdrückt jedoch kaum das Wachstum von Bakterien.
- **Sabouraud-Agar** inhibiert das Wachstum von Bakterien (durch sauren pH-Wert und ggf. Zugabe von Antibiotika).
- Darüber hinaus gibt es zahlreiche Spezial-, Selektiv- und Indikatornährmedien, die hier nicht umfassend dargestellt werden können.

74.7.3 Serologische Verfahren zum Nachweis von Pilzinfektionen

Bei den serologischen Nachweisverfahren ist zwischen Antigen- und Antikörpernachweisen zu unterscheiden. Antikörpernachweise haben lediglich in der Diagnostik außereuropäischer Systemmykosen (▶ Kap. 83), bei bestimmten Formen der Aspergillose (▶ Kap. 78) und bei allergischen Erkrankungen einen gewissen Stellenwert.

Wichtige **Antigennachweise** für die Diagnostik invasiver Pilzinfektionen sind:

- BDG ist ein wichtiger Zellwandbaustein vieler humanpathogener Pilze. Daher kann BDG bei einer Vielzahl von Pilzinfektionen im Serum nachgewiesen werden (Candida, Aspergillus, Pneumocystis). Bei Infektionen durch Mucorales und Cryptococcus fällt der Test in der Regel negativ aus.
- Bestandteile der Kapsel von Cryptococcus werden mit dem Cryptococcus-Antigen-Nachweis detektiert. Dieser kann aus Serum und Liquor erfolgen und ist hochsensitiv und hochspezifisch zum Nachweis einer Kryptokokkose.
- Der Candida-Antigen-Test weist Mannanantigene aus der Zellwand von Candida albicans (und einigen anderen Candida-Arten) nach.
- Galaktomannan ist ein Zellwandbestandteil von Aspergillus fumigatus und dient der Diagnose der invasiven Aspergillose („Aspergillus-Antigen"). Kreuzreaktionen mit anderen Pilzen wurden beschrieben.

74.7.4 Molekularbiologische Verfahren zum Nachweis von Pilzinfektionen

Molekularbiologische Nachweisverfahren für Erreger invasiver Pilzinfektionen sind wenig standardisiert und nur in Speziallabors verfügbar. Am häufigsten kommen Nachweise für Candida-Arten im Rahmen von Multierregernachweisen bei Sepsis sowie Nachweisverfahren für Aspergillus zur Anwendung. Eine wichtige Rolle spielen molekulare Verfahren bei der Artbestimmung von Schimmelpilzen, die morphologisch nicht sicher klassifiziert werden können (z. B. Sequenzierung der ITS-Region, ▶ Abschn. 74.2).

In Kürze: Allgemeine Mykologie

Pilze sind eine eigenständige Organismengruppe, die sich von anderen Eukaryoten erheblich unterscheiden. Mit geschätzt über 1 Mio. Arten zählen sie zu den artenreichsten Lebensformen auf unserem Planeten. Pilze besitzen eine Zellwand, deren Grundgerüst aus Glukanen und Chitin besteht. Die morphologische Vielfalt der Pilze sprengt den Rahmen eines medizinisch-mikrobiologischen Lehrbuchs. Obwohl viele Pilze beide Formen annehmen können, ermöglicht in der medizinischen Mykologie die Unterscheidung zwischen Hefepilzen und filamentösen Pilzen

(Schimmelpilzen) eine erste Unterteilung. Für die Artbestimmung von Schimmelpilzen ist die Beurteilung der Makro- und Mikromorphologie essenziell. Besondere Bedeutung kommt dabei der Beobachtung der Sporen und der sporenbildenden Strukturen zu.

Taxonomisch werden Pilze in 5 Abteilungen (Divisiones) eingeteilt. Die wichtigsten humanpathogenen Vertreter finden sich bei den Ascomycota, Basidiomycota und Mucoromycota.

In der Umwelt spielen Pilze eine zentrale Rolle als Symbionten von Pflanzen und als Saproben (Destruenten) beim Abbau toten organischen Materials. Die wichtigsten Infektionskrankheiten von Pflanzen werden durch Pilze verursacht, und Pilze sind wichtige Krankheitserreger bei vielen Tieren.

Pilze sind unverzichtbar in der Nahrungsmittelproduktion (z. B. Back- und Gärhefen) und in der Biotechnologie (z. B. Produktion des Hepatitis-B-Impfstoffs). Menschen können durch den Verzehr von Giftpilzen oder die Aufnahme von Mykotoxinen zu Schaden kommen. Zahlreiche Pilze können allergische Reaktionen auslösen. Oberflächliche Pilzinfektionen sind extrem häufig, aber nicht lebensbedrohlich. Dagegen kommen invasive Mykosen meist nur bei immunsupprimierten Patienten vor und weisen eine hohe Sterblichkeit auf.

Für die Diagnose von Pilzinfektionen stehen mikroskopische Erregernachweise, kulturelle Anzuchtverfahren, Antigen- und Antikörpernachweise sowie molekulare Verfahren zur Verfügung. Eine Interpretation der mikrobiologischen Befunde ist nur in der Zusammenschau mit klinischen und radiologischen Befunden sinnvoll.

Weiterführende Literatur

de Hoog GS, Guarro J, Gené J, Ahmed S, Al-Hatmi AMS, Figueras MJ, Vitale RG (2019) Atlas of clinical fungi, 4. Aufl. Westerdijk Institute, Universitat Rovira i Virgili, Utrecht/Reus, 3rd Aufl. ▶ https://www.clinicalfungi.org/. Zugegriffen: 21. Apr. 2020

Candida

Oliver Kurzai

Hefepilze der Gattung Candida sind in Europa die häufigsten Erreger invasiver Pilzinfektionen. Noch deutlich häufiger als die invasiven Infektionen sind oberflächliche Candidosen wie der Mundsoor oder die vulvovaginale Candidose. Die beiden wichtigsten pathogenen Arten, Candida albicans und Candida glabrata, sind häufige Kommensalen des Menschen und gehören zur normalen Mikroflora des Darms. Infektionen entstehen in der Regel ausgehend von einer Kolonisierung. Voraussetzung für solche endogenen Infektionen ist eine lokale oder systemische Störung der intestinalen Epithelbarriere und eine reduzierte Immunantwort. Zudem sind viele Candida-Arten in der Lage, effizient Biofilme zu bilden und so Kunststoffoberflächen wie Katheter oder Prothesen zu besiedeln – eine zweite wichtige Eintrittspforte für invasive Infektionen. Candida-Arten zählen zu den wichtigsten Erregern nosokomialer Infektionen. Weil Candida zur Normalflora des Menschen zählen, ist die Unterscheidung zwischen Kolonisierung und Infektion eine der zentralen Herausforderungen in der Diagnostik.

Fallbeispiel

Ein 25-jähriger Patient wird nach einem schweren Motorradunfall auf der Intensivstation des Universitätsklinikums behandelt. Er hat sich neben zahlreichen Frakturen auch Verletzungen der inneren Organe zugezogen, die seit dem Unfall mehrere Operationen erforderlich gemacht haben. An Tag 12 auf der Intensivstation entwickelt der Patient Fieber. Es werden Blutkulturen entnommen, und der Patient erhält eine antibiotische Therapie. Allerdings zeigt er sich klinisch auch am nächsten Morgen in einem unveränderten Zustand. Am nächsten Tag meldet der Mikrobiologe, dass in den positiven Blutkulturen Hefepilze nachgewiesen wurden. In der Blutkultur bilden diese Hefepilze zahlreiche filamentöse Formen – ein charakteristischer Hinweis auf den polymorphen Hefepilz Candida albicans. Auch ein Antigennachweis [β-(1,3)-D-Glukan, BDG] aus einer am Morgen abgenommenen Serumprobe ist positiv. Daraufhin erhält der Patient eine antimykotische Therapie mit einem Echinocandin. Die Hefepilze aus der Blutkultur werden in der Folge massenspektrometrisch als C. albicans identifiziert. Weitere Blutkulturen, die 3 und 7 Tage nach Beginn der antimykotischen Therapie entnommen werden, bleiben negativ. Die antimykotische Therapie wird nach einer Woche auf Fluconazol umgestellt und für insgesamt weitere 14 Tage gegeben.

In einigen Bereichen der alternativen Medizin und auf zahlreichen „alternativmedizinischen" Internetplattformen wird Candida im Darm für eine nahezu endlose Liste von Krankheiten oder Symptomen verantwortlich gemacht und zur Behandlung die Einhaltung diverser Diätpläne („Candida-Diät") empfohlen. Es gibt keine wissenschaftlichen Belege für Zusammenhänge zwischen einer Candida-Besiedelung des Darms und klinischen Symptomen. Jedoch ist erwiesen, dass diätetische Maßnahmen die Besiedelung des menschlichen Darms durch Candida nicht nennenswert beeinflussen. Trotz dieser Fehlinformationen sind Candida Arten wichtige Krankheitserreger.

75.1 Candida albicans

75.1.1 Beschreibung

C. albicans ist ein polymorpher Hefepilz. Je nach Umweltbedingungen kann dieser Erreger seine Morphologie ändern und zwischen der klassischen einzelligen Hefeform und mehrzelligen, filamentösen Formen wechseln. Der Ausbildung filamentöser Formen kommt dabei eine besondere Bedeutung im Verlauf der Infektion zu (vgl. Pathogenese).

In der Hefeform bildet C. albicans rundovale Sprosszellen (Durchmesser 8–12 µm), die sich in der Gramfärbung grampositiv färben. Die Bildung filamentöser Formen (■ Abb. 75.1) kann im Labor durch Anzucht in Serum oder geeignete Kulturbedingungen (z. B. 5 % CO_2 und Kochblutagar) induziert und zur Abgrenzung zwischen C. albicans und anderen Arten genutzt werden („Keimschlauchtest"). In Kultur wächst der Erreger rasch und bildet

S. Suerbaum et al. (Hrsg.), *Medizinische Mikrobiologie und Infektiologie*,
https://doi.org/10.1007/978-3-662-61385-6_75

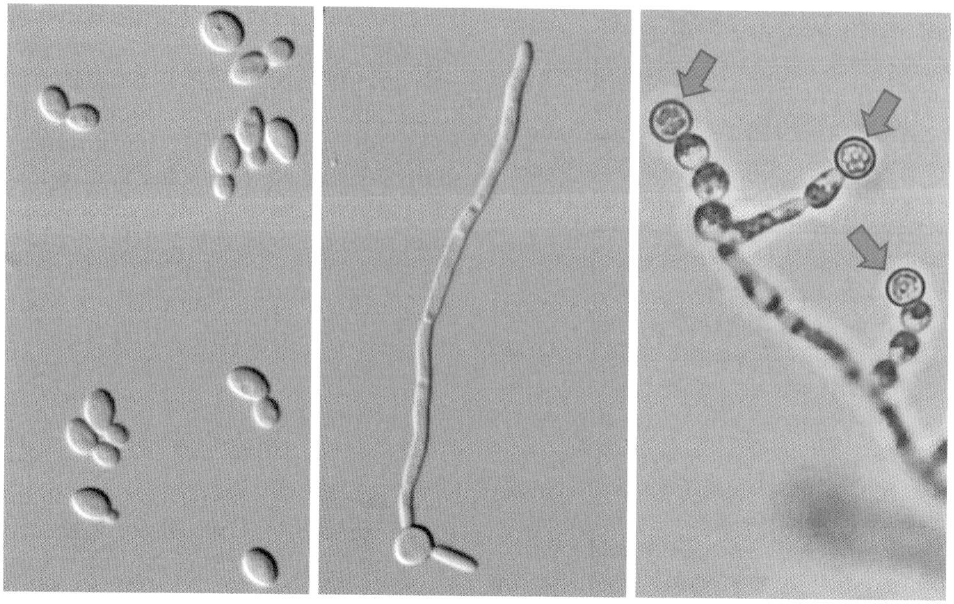

◻ Abb. 75.1 C. albicans als Hefepilz (links) und in filamentöser Form (Mitte). Unter Nährstoff- und Sauerstoffmangelbedingungen (rechts) bildet C. albicans dickwandige Chlamydosporen (Pfeile), die mikroskopisch durch eine deutliche Doppelbrechung auffallen

innerhalb von 24–48 h auf den meisten Nährmedien glatte, cremefarbene Kolonien mit charakteristischem Hefegeruch. Unter Nährstoffmangelbedingungen (z. B. Anzucht auf Reis-Tween-Agar unter einem Deckglas) bildet C. albicans dickwandige Chlamydosporen (◻ Abb. 75.1). Von allen anderen humanmedizinisch relevanten Candida-Arten ist nur Candida dubliniensis ebenfalls in der Lage, Chlamydosporen auszubilden.

75.1.2 Rolle als Krankheitserreger

▪▪ Epidemiologie

C. albicans ist beim überwiegenden Teil der gesunden Bevölkerung Bestandteil der Mikroflora im menschlichen Darm.

Oberflächliche Candida-Infektionen wie Mundsoor (Schätzung: ca. 100.000 Fälle pro Jahr in Deutschland) und vulvovaginale Candidose (Schätzung: rezidivierende Infektionen bei bis zu 9 % aller Frauen) sind häufig. Die Candida-Ösophagitis ist eine AIDS-definierende Erkrankung, kommt aber in Deutschland aufgrund der in der Regel frühzeitigen Diagnose von HIV-Infektionen und einer effizienten antiretroviralen Therapie insbesondere bei Nicht-HIV-Patienten (z. B. nach Organtransplantation, hämatoonkologische Patienten) vor.

Insgesamt werden etwa 2000–12.000 **invasive** Candida-Infektionen pro Jahr in Deutschland geschätzt. Candida spp. zählen zu den häufigsten aus positiven Blutkulturen nachgewiesenen Erregern (etwa 5 % aller positiven Blutkulturen). Die Candida-Peritonitis betrifft insbesondere Patienten nach ausgedehnten chirurgischen Eingriffen.

▪▪ Übertragung

Candida-Infektionen entstehen in aller Regel endogen, d. h. ausgehend von einer Kolonisierung. Durch ihre Fähigkeit zur Biofilmbildung sind auch infizierte Fremdmaterialien (Verweilkatheter, Gelenk-oder Herzklappen-Prothesen) eine mögliche Eintrittspforte. Eine vertikale Übertragung ist bei vaginaler Besiedelung der Mutter möglich und kann insbesondere bei unreif geborenen Kindern zur Neugeborenensepsis führen.

Eine Übertragung von Patient zu Patient kommt bei C. albicans und anderen Arten im Regelfall nicht vor. Eine Ausnahme bildet die 2009 erstmals beschriebene Art Candida auris, die durch Schmierinfektionen effizient übertragen werden kann und zu Krankenhausausbrüchen führt (▶ Abschn. 75.2).

▪▪ Pathogenese

Die morphologische Plastizität des Erregers (Wechsel zwischen Hefeform und filamentösen Formen) spielt in der Pathogenese eine zentrale Rolle. Während lange davon ausgegangen wurde, dass nur filamentöse Formen in der Lage sind, gewebeinvasiv zu wachsen, weiß man heute, dass die Fähigkeit, beide Formen auszubilden, entscheidend ist: Genetische Mutationen, die dazu führen, dass C. albicans ausschließlich die Hefeform oder ausschließlich filamentöse Formen ausbildet, weisen in Infektionsmodellen deutlich reduzierte Virulenz auf.

Einige Virulenzfaktoren von C. albicans werden jedoch spezifisch in den filamentösen Formen des Erregers gebildet (◻ Tab. 75.1). Der Wechsel zu filamentösem Wachstum erlaubt es dem Erreger auch, Immunzellen nach seiner Phagozytose (als Hefe) von

Tab. 75.1 Filamentspezifische Virulenzfaktoren von C. albicans

Faktor (Kürzel)	Name und Funktion
Als 3	Adhäsin, Funktion bei der Aufnahme von Eisen
Hwp1	Adhäsin
Ece1	Dieses Protein wird proteolytisch in mehrere Fragmente gespalten, von denen eines (Candidalysin) als porenbildendes Zytotoxin maßgeblich am durch C. albicans verursachten Zellschaden beteiligt ist
SAP4, 5, 6	Sezernierte Aspartatproteasen, Degradation von Wirtsproteinen

innen heraus zu penetrieren und zu zerstören. Dies geschieht durch eine Kombination aus physikalischer Zerstörung (Durchbohren der Immunzelle durch die Filamente) und der Induktion von Zelltod durch Pilzproteine (z. B. Candidalysin).

Klinik

C. albicans ist in der Lage, ein breites Spektrum an klinischen Bildern zu verursachen, dass von oberflächlichen Infektionen der Haut und Schleimhäute bis hin zu lebensbedrohlichen invasiven Infektionen und Pilzsepsis reicht.

Oberflächliche Infektionen **Mundsoor** Die Infektion der Mundschleimhaut mit Candida kann sowohl bei lokaler Störung der Immunhomöostase als auch bei systemischen Immundefekten auftreten. Beispiele für Risikopatienten sind Kinder unter Antibiotikatherapie (Antibiotikum als orale Suspension stört die normale Mundflora), Asthmapatienten bei fehlerhafter Inhalation von Kortikosteroiden (lokale Immunsuppression), aber auch Patienten mit fortgeschrittener HIV-Infektion oder Leukämie. Daher muss bei initialem Auftreten einer oralen Candidose immer nach der immunologischen Ursache gesucht werden. Insbesondere bei kleinen Kindern muss hierbei ggf. auch an angeborene Immundefekte gedacht werden. Die orale Candidose führt zu einer geröteten, schmerzhaften Mundschleimhaut, auf der sich typische weißliche Beläge (Candida-Rasen) und Schleimhautulzerationen zeigen (Abb. 75.2).

Vulvovaginale Candidose Diese Infektion tritt insbesondere bei Frauen zwischen Menarche und Menopause auf und verursacht Brennen, Juckreiz und vaginalen Ausfluss sowie Schmerzen beim Geschlechtsverkehr und beim Wasserlassen. Risikofaktoren sind Schwangerschaft, Einnahme von oralen Kontrazeptiva, Antibiotikatherapie und Diabetes mellitus.

Infektionen der Haut durch Candida treten beispielsweise als Windelsoor (Infektion der Genital- und Leistenregion bei Säuglingen) oder als intertriginöse Candidose in Hautfalten (z. B. Zehenzwischenräume; vgl. Abb. 82.3) auf. C. albicans und andere Candida spp. können auch Auslöser einer Onychomykose (Infektion von Fuß- oder Fingernägeln) sein.

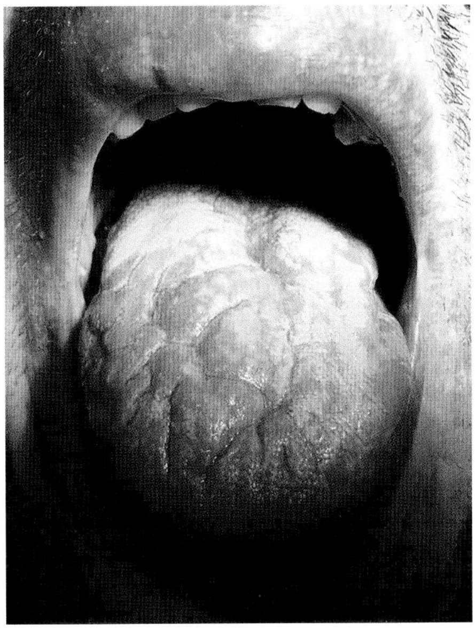

Abb. 75.2 Bei einer oralen Candidose (Mundsoor) zeigt sich das Wachstum von Candida in weißlichen Belägen auf der Zunge, die zu einer erheblichen Begleitentzündung und Schmerzen führen können. (Mit freundlicher Genehmigung von Prof. Oliver A. Cornely, Köln)

Chronische mukokutane Candidose (CMC) Darunter werden diverse genetische Erkrankungen zusammengefasst, die bei den Betroffenen zu persistierenden und/oder rezidivierenden Infektionen der Haut, Nägel und Schleimhäute durch C. albicans (und andere Candida spp.) führen. Eine Behandlung mit Antimykotika bessert zwar vorübergehend die Symptome, führt aber wegen des zugrunde liegenden Immundefekts nicht zu einer Heilung. Problematisch ist die Ausbildung von Resistenzen aufgrund repetitiver Therapiezyklen mit Antimykotika. Die ursächlichen Gendefekte betreffen insbesondere die Aktivierung von T-Zellen (Th17-Immunantwort).

Tiefe Infektionen Die Candida-Ösophagitis (Abb. 75.3) betrifft immer auch die Submukosa und erfordert eine systemische Therapie mit Antimykotika. Es kommt zu einer Infektion der Ösophagusschleimhaut mit Entzündung und Erosion/Ulzeration. Typisch ist der Nachweis weißlicher Beläge (Candida-Rasen) auf der betroffenen Schleimhaut in der Ösophagoskopie.

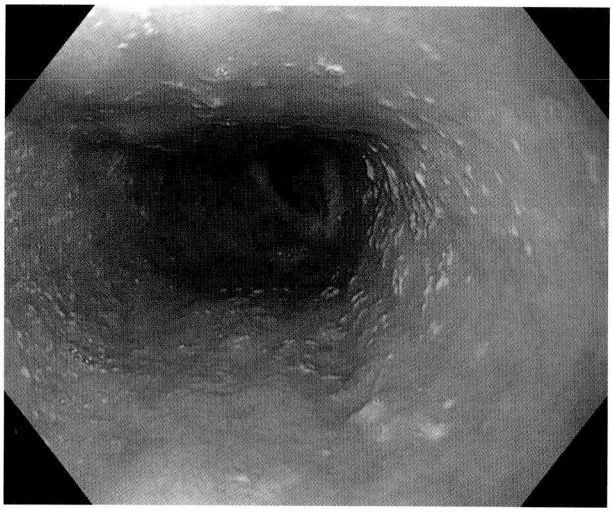

Abb. 75.3 Die Candida-Ösophagitis ist eine AIDS-definierende Erkrankung. In der Speiseröhre finden sich weißliche Beläge (Wachstum von Candida) sowie eine entzündete Mukosa. (Mit freundlicher Genehmigung von Prof. Oliver A. Cornely, Köln)

Leitsymptom ist die Dysphagie. Die Candida-Ösophagitis ist dabei nicht notwendigerweise mit einem Mundsoor assoziiert, sodass eine alleinige Inspektion der Mundhöhle zum Ausschluss nicht ausreichend ist. Sie tritt als AIDS-definierende Erkrankung insbesondere bei HIV-Patienten auf, kann aber auch bei anderen immunsupprimierten Patienten (T-Zell-Defekt, z. B. hämato-onkologische Patienten) vorkommen.

Systemische Infektionen Systemische Infektionen mit C. albicans und anderen Candida spp. entstehen meist entweder durch Translokation des Erregers aus dem Gastrointestinaltrakt (z. B. bei gestörter Epithelbarriere im Rahmen zytostatischer Therapien) oder durch infizierte Fremdmaterialien wie Katheter oder Prothesen. Folgende Formen der systemischen Candidose werden unterschieden:

- Die **akute disseminierte Candidose** entsteht durch hämatogene Streuung des Erregers. Bei Fehlen einer Organbeteiligung spricht man von einer **Candidämie**. Im Rahmen einer akuten disseminierten Candidose können Absiedlungen in verschiedensten Organen (Leber, Niere, Milz, Gelenke, Knochen, Haut u. a.), entstehen. Besonders häufig kommt es zur Endophthalmitis, sodass beim Nachweis von Candida spp. in der Blutkultur regelmäßig eine Untersuchung des Augenhintergrunds empfohlen wird. Bei Patienten mit vorgeschädigten Herzklappen oder Klappenprothesen kann es zur Endokarditis kommen. Sowohl die Candidämie als auch die akute disseminierte Candidose können zu einer Candida-Sepsis führen. Die schwere Candida-Sepsis weist eine Letalität von über 50 % auf.
- Eine **chronische disseminierte Candidose** tritt insbesondere bei Patienten mit schwerer Neutropenie auf. Charakteristisch ist die Bildung septischer Herde in Leber und Milz (hepatolienale Candidose) wenige Wochen nach einer (eventuell auch unbemerkten) Candidämie.

In der Praxis ist jedoch eine klare Abgrenzung oft nicht möglich (und auch nicht notwendig).

Immunität

Die Immunität gegen unterschiedliche Candida-Infektionen unterscheidet sich fundamental: Bei HIV-Patienten/AIDS ($CD4^+$-T-Zell-Defekt) treten mukosale Infektionen des oberen Verdauungstrakts auf (Mundsoor, ösophageale Candidose). Diese Infektionen finden sich auch bei Patienten mit diversen genetischen Defekten (z. B. STAT1 gain of function, STAT3-Defizienz, Defekte in IL-17, IL-17-Rezeptor etc.), die insgesamt verschiedene Ebenen der Th17-Immunantwort betreffen und damit die essenzielle Rolle der Th-17-Immunantwort bei mukosalen Candida-Infektionen bestätigen.

Die Rate an Candida-Blutstrominfektionen ist bei HIV-Patienten nicht nennenswert erhöht, auch vulvovaginale Candidosen treten nicht in erheblich vermehrter Zahl auf. Für eine protektive Immunantwort bei invasiven Infektionen ist insbesondere die zelluläre angeborene Immunität (mononukleäre Phagozyten, neutrophile Granulozyten) von Bedeutung. Neutropenie ist ein wichtiger Risikofaktor für die Ausbildung einer disseminierten Candidose nach Candidämie.

Labordiagnose

Mikroskopisch lässt sich C. albicans sowohl in Abstrichen (Vaginalabstrich, Rachenabstrich) als auch in Gewebeproben mit gängigen Färbungen nachweisen. In der Gramfärbung sind die Pilzelemente überwiegend grampositiv gefärbt. Besser zum Nachweis geeignet sind spezielle Pilzfärbungen (Calcofluor, Grocott). Für C. albicans ist im Gewebe die Bildung filamentöser Formen typisch, sodass hier teilweise die Gefahr der Verwechslung mit Schimmelpilzen besteht. Die meisten anderen Candida-Arten (v. a. C. glabrata – ▶ Abschn. 75.2) liegen dagegen vorwiegend oder ausschließlich in der Hefeform vor.

In der Kultur gelingt der Nachweis sowohl auf universellen Bakteriennährmedien (Blutagar, Kochblutagar) als auch auf speziellen Pilznährböden. Einige Medien erlauben durch die Zugabe chromogener Substrate die Differenzierung zwischen verschiedenen Candida-Arten (Abb. 75.4).

Eine sichere Speziesidentifizierung erfolgt heute mithilfe der **Massenspektrometrie.**

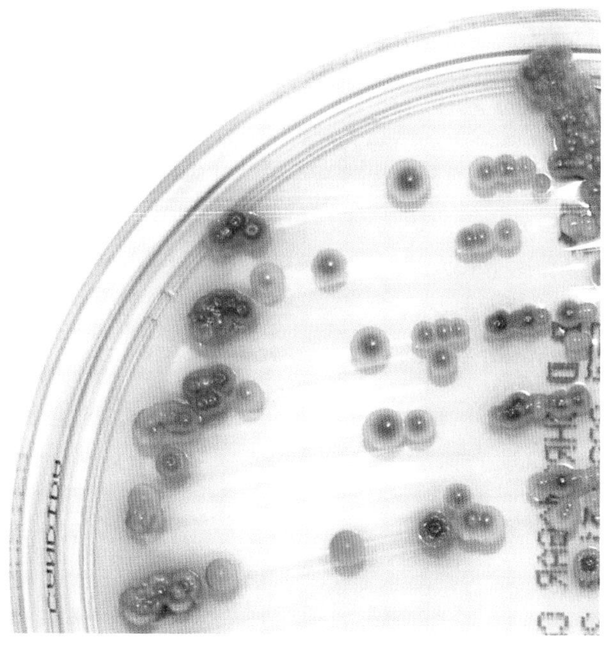

Abb. 75.4 Chromogene Medien zur Speziesdifferenzierung von Candida. Auf chromogenen Medien lassen sich unterschiedliche Candida-Arten aufgrund unterschiedlicher Kolonieeinfärbung, die durch verschiedene artspezifische metabolische Reaktionen entstehen, unterscheiden. Hier: C. albicans (hellgrün), C. glabrata (rosa) und C. tropicalis (dunkelgrün, raue Oberfläche)

C. albicans (und andere Arten) lassen sich bei systemischen Infektionen auch in gängigen Blutkultursystemen nachweisen. Aufgrund der geringen Keimzahlen von Candida im Blut und in der Regel nur intermittierenden Fungämien ist die Sensitivität jedoch niedrig (<50 %).

Der **serologische Nachweis von β-(1,3)-D-Glukan** (BDG) ist bei invasiven Candida-Infektionen in der Regel positiv. Allerdings ist dieser Test nicht spezifisch, sondern kann auch bei anderen Pilzinfektionen, einigen bakteriellen Infektionen oder auch bei ausgeprägten Störungen der Darmbarriere positiv werden.

Antigennachweise, die Mannoproteine/Mannanantigen nachweisen, sind dagegen in der Regel spezifisch, allerdings wenig sensitiv und daher von überschaubarer Aussagekraft. Der Stellenwert von **Antikörpernachweisen** (gegen Mannoproteine/Mannanantigene) ist umstritten und allenfalls in der Kombination mit Antigennachweisen gegeben.

Molekularbiologische Nachweisverfahren spielen aktuell eine untergeordnete Rolle und stehen nur in spezialisierten Laboratorien zur Verfügung. Eine Ausnahme bildet der Nachweis von Candida-DNA aus Blut zur Diagnose einer Candidämie, der mit verschiedenen kommerziellen Testsystemen (häufig im Rahmen von Multierregernachweisen zur Sepsisdiagnostik) möglich ist und eine höhere Sensitivität als die konventionelle Blutkultur aufweist.

Von besonderer Bedeutung beim kulturellen Nachweis von C. albicans ist die Unterscheidung von reiner Kolonisierung ohne Krankheitswert und Infektion: Nur der Nachweis von C. albicans aus **primär sterilen** Materialien (Blut, Liquor, Gelenkpunktat) sichert zweifelsfrei die Diagnose einer Infektion. Der Nachweis von Candida aus Atemwegsmaterialien ist gerade bei intubierten Patienten auf Intensivstation die Regel! Weder weist ein solcher Nachweis auf eine Infektion hin, noch stellt er eine Indikation zur antimykotischen Therapie dar. Pneumonien durch Candida sind eine absolute Rarität. Ebenso kritisch zu bewerten ist der Nachweis von Candida aus der Bauchhöhle. Allerdings gibt es durchaus Candida-Peritonitiden, die behandlungsbedürftig sind.

Therapie

Bei **invasiven** Infektionen durch C. albicans gelten Echinocandine in den meisten Situationen als Erstlinientherapie bei erwachsenen Patienten. Alternativen sind Fluconazol und liposomales Amphotericin B. Bei einer Candidämie sollten wegen der effizienten Biofilmbildung liegende Verweilkatheter möglichst entfernt werden. Unter Therapie müssen zumindest alle 2 Tage Folgeblutkulturen untersucht werden. Die Behandlungsdauer beträgt mindestens 2 Wochen nach negativer Blutkultur. Im Rahmen einer Candidämie sollte aufgrund der möglichen Absiedlung des Erregers im Auge zeitnah eine augenärztliche Untersuchung durchgeführt werden.

Für die Behandlung **oberflächlicher** Candida-Infektionen steht eine Vielzahl lokal applizierbarer Substanzen (Azole, Nystatin) zur Verfügung.

Bei C. albicans – anders als bei anderen Candida-Arten (s. u.) – sind erworbene Resistenzen selten und klinisch aktuell kein relevantes Problem.

75.2 Andere Candida-Arten

Neben C. albicans gibt es etwa 200 weitere Arten, von denen einige als Erreger humaner Infektionen auftreten können. Die Krankheitsbilder gleichen denen, die oben für C. albicans beschrieben wurden. Einige Arten weisen intrinsische Resistenzen gegen bestimmte Antimykotika auf, daher ist die Speziesbestimmung im mykologischen Labor essenziell. Sie erfolgt heute zumeist mithilfe der Massenspektrometrie.

Bei seltenen Arten, die aufgrund fehlender Daten massenspektrometrisch nicht zuverlässig identifiziert werden können, stehen molekulare Verfahren zur Verfügung. Während der BDG-Nachweis bei allen Candida-Infektionen positiv reagiert, reagieren die mannoprotein-/mannanbasierten Antigen-/Antikörper-Tests bei Non-albicans-Arten variabel.

Candida glabrata ist die zweithäufigste pathogene Candida-Art in Europa und Amerika. Phylogenetisch ist diese Art enger mit der apathogenen Bäckerhefe Saccharomyces cerevisiae verwandt als mit C. albicans. Sie kommt ausschließlich in der Hefeform vor und bildet kleine, rundovale Sprosszellen (2–4 × 6–8 µm). Dadurch ist sie auch in histologischen Präparaten gut von C. albicans zu unterscheiden. C. glabrata kann sich intrazellulär in phagozytären Zellen vermehren. Die Art weist eine reduzierte Empfindlichkeit gegenüber Fluconazol auf und kann eine Pan-Azolresistenz entwickeln. Im Gegensatz zu C. albicans (diploid) besitzt C. glabrata ein haploides Genom und kann daher sehr rasch durch einzelne Punktmutationen Resistenzen entwickeln. Dies hat besondere Bedeutung für die Entstehung der Echinocandin-Resistenz unter Therapie durch Punktmutationen in den Zielgenen der Echinocandine (FKS1 und FKS2), welche die BDG-Synthase kodieren.

Candida dubliniensis ist eng mit C. albicans verwandt und weist als einzige Art eine vergleichbare morphologische Plastizität auf. Das Virulenzpotenzial ist insgesamt niedriger als das von C. albicans.

Candida krusei tritt selten als Erreger invasiver Infektionen auf. Diese Art ist resistent gegen Fluconazol und zeigt häufig auch reduzierte Empfindlichkeit gegen andere Azolantimykotika.

Candida parapsilosis wird insbesondere bei pädiatrischen Infektionen und katheterassoziierten Blutstrominfektionen vermehrt nachgewiesen.

Candida tropicalis ist in Europa relativ selten als Erreger zu finden, stellt in Asien und Indien aber die zweithäufigste Art nach C. albicans dar.

Candida auris (Einschaltbild 6 in ◘ Abb. 74.2) wurde 2009 erstmals als Erreger einer Otomykose in Japan beschrieben. Seitdem breitet sich die Art weltweit aus und ist mittlerweile auf allen Kontinenten nachgewiesen worden. Zum jetzigen Zeitpunkt ist völlig unklar, wie das nahezu gleichzeitige, globale Auftreten mehrerer Klone von C. auris erklärt werden kann. C. auris wurde sowohl als Erreger invasiver Infektionen als auch als Besiedler gefunden. Die Art ist in aller Regel gegenüber Fluconazol resistent, kann aber darüber hinaus zahlreiche weitere Resistenzen entwickeln. Resistenzen gegen andere Azolantimykotika, Echinocandine und Amphotericin B wurden beschrieben. Im Unterschied zu allen anderen Candida spp. kann C. auris nosokomial von Patient zu Patient übertragen werden und hat auf diese Weise größere Krankenhausausbrüche – z. B. in Großbritannien oder Spanien – verursacht. In einigen Ländern (Südafrika, Indien) macht C. auris mittlerweile einen relevanten Teil der aus klinischen Proben nachgewiesenen Candida-Arten aus.

In Kürze: Candida

Candida-Arten sind häufige Kommensalen des Menschen. Insbesondere bei Patienten mit eingeschränkter Immunfunktion können sie Infektionen auslösen. Oberflächliche Infektionen durch Candida wie **Mundsoor** und **vulvovaginale Candidose** sind sehr häufig. Invasive Candida-Infektionen treten insbesondere als nosokomiale Infektionen auf. Bei einer **Candidämie** kommt es zu einer hämatogenen Streuung des Erregers. Im Rahmen einer **akuten disseminierten Candidose** können alle Organe des Körpers betroffen sein.

Zur Diagnose von Infektionen können Candida-Arten angezüchtet werden und wachsen bei systemischen Infektionen auch in Blutkulturen. Serologisch stehen neben dem Nachweis von BDG auch Candida-spezifische Antigennachweise zur Verfügung.

Zur Behandlung systemischer Infektionen kommen insbesondere **Echinocandine** und **Azolantimykotika** infrage. Für die Behandlung lokaler Infektionen stehen topisch anwendbare Azole zur Verfügung.

Der häufigste Erreger unter den Candida-Arten ist **Candida albicans,** der sich durch seine Fähigkeit, neben den Hefeformen auch filamentöse Formen auszubilden (Polymorphismus), von anderen Arten unterscheidet. Manche Non-albicans-Arten weisen intrinsische Resistenzen gegen bestimmte Antimykotika auf (z. B. **Candida glabrata** – reduzierte Empfindlichkeit gegenüber Fluconazol; **Candida krusei** – Fluconazol-Resistenz), sodass eine Artidentifizierung diagnostisch relevant ist.

Cryptococcus

Oliver Kurzai

Hefepilze der Gattung Cryptococcus gehören zu den Basidiomyzeten (Basidiomycota) und weisen daher nur eine geringe Verwandtschaft zu Candida auf. Die beiden wichtigsten humanpathogenen Arten Cryptococcus neoformans und Cryptococcus gattii verfügen mit einer Polysaccharidkapsel sowie der Fähigkeit zur Melaninsynthese über klassische Virulenzfaktoren. C. neoformans ist einer der häufigsten Erreger invasiver Pilzinfektionen weltweit, einige Schätzungen gehen von bis zu 1 Mio. Fällen pro Jahr aus. Der Erreger tritt häufig in Zusammenhang mit HIV auf und ist insbesondere in Afrika und Süd-/Lateinamerika ein wichtiger Erreger von Meningoenzephalitiden bei Patienten mit fortgeschrittener HIV-Infektion. Bis zu 15 % der Patienten mit niedrigen CD4-T-Zell-Zahlen in Afrika zeigen einen positiven Antigentest für Cryptococcus. In Afrika fehlt es häufig an essenziellen Medikamenten, und die Patienten können nur unzureichend behandelt werden. In Deutschland ist die invasive Kryptokokkose selten und tritt meist bei iatrogen immunsupprimierten Patienten (z. B. nach Organtransplantation) auf. Die Art C. gattii kann auch bei immunkompetenten Patienten invasive Infektionen verursachen.

Fallbeispiel

Ein 50-jähriger Patient wird wegen Kopfschmerzen in Verbindung mit Sehstörungen stationär aufgenommen. Während die Kopfschmerzen seit mehreren Wochen intermittierend immer wieder auftraten, sind die Sehstörungen akut neu hinzugekommen. Bei der körperlichen Untersuchung zeigt sich auch eine diskrete rechtsseitige Bewegungsstörung beim Gehen (Ataxie). In der durchgeführten Bildgebung finden sich eine zerebrale Raumforderung in der linken Hemisphäre sowie Zeichen einer leptomeningealen Entzündung und für erhöhten intrakraniellen Druck. Im Liquor findet sich eine geringgradige Leukozytose bei einer deutlich erhöhten Proteinmenge. Während alle serologischen Untersuchungen des Liquors negativ sind, wird im Serum Cryptococcus-Antigen nachgewiesen. Trotzdem wird eine neurochirurgische Entfernung der Läsion bei Verdacht auf Neoplasie durchgeführt. Histologisch zeigen sich in dem entnommenen Material zahlreiche Hefezellen, die einen ausgeprägten Randsaum aufweisen. Kulturell lässt sich aus dem entnommenen Material C. gattii anzüchten. Die Patientin gibt mehrere Auslandreisen, u. a. nach Kanada und in die USA an, der Infektionsweg bleibt jedoch unklar.

Die Taxonomie der Gattung Cryptococcus ist immer noch im Fluss. Beide humanmedizinisch relevanten Arten bilden jeweils einen Spezieskomplex. Historisch erfolgte eine Serotypisierung in 4 Serotypen und daraus resultierende „Unterarten" (variatio, abgekürzt var.), die auf geringgradigen antigenen Unterschieden im Glukuronoxylomannan (GXM) der Kapsel beruhen (◘ Tab. 76.1). Moderne molekulare Analysen zeigen, dass innerhalb der Komplexe wohl noch mehrere (2 im C. neoformans-Komplex, 5 im C. gattii-Komplex) separate Arten zu definieren sind. Darüber hinaus gibt es aufgrund der sexuellen Fortpflanzung dieser Arten auch Spezieshybride.

Stämme, die serologisch für A und D positiv reagieren, sind Kreuzungen aus den beiden C. neoformans-Variationen. Andere Cryptococcus-Arten werden selten in klinischen Proben nachgewiesen.

76.1 Cryptococcus neoformans (Artkomplex)

76.1.1 Beschreibung

Im klinischen Labor ist C. neoformans ein Hefepilz und vermehrt sich asexuell durch Sprossung (Einschaltbild 4 in ◘ Abb. 74.2). Charakteristisches Merkmal und wesentlicher Virulenzfaktor ist die Polysaccharidkapsel, die die Hefezellen umgibt und deren Dicke sehr variabel sein kann. Die rundovalen Hefezellen weisen einen Durchmesser von 3–10 µm auf und bilden unter Laborbedingungen keine filamentösen Formen. Die sexuelle Fortpflanzungsform wächst

S. Suerbaum et al. (Hrsg.), *Medizinische Mikrobiologie und Infektiologie*,
https://doi.org/10.1007/978-3-662-61385-6_76

Tab. 76.1 Cryptococcus-Serotypen und daraus resultierende „Unterarten" (variatio, abgekürzt var.) aufgrund antigener Unterschiede im Glukuronoxylomannan der Kapsel

Serotyp	Art (Unterart)
A	C. neoformans var. grubii (oder C. grubii)
B	C. gattii
C	C. gattii
D	C. neoformans var. neoformans

als filamentöser Pilz und kommt in der Umwelt vor. Bei der Infektion spielt sie keine Rolle, und im medizinisch-mykologischen Labor wird sie nicht beobachtet.

76.1.2 Rolle als Krankheitserreger

Epidemiologie

C. neoformans weist eine hohe Umweltresistenz auf und kann auch intrazellulär, z. B. in Amöben, überleben und sich replizieren. Der Erreger kommt weltweit vor. Immer wieder wurde C. neoformans in Assoziation mit Vogelkot (v. a. Tauben) beschrieben. Infektionen treten insbesondere im Zusammenhang mit HIV (<100 CD4-T-Zellen/µl) oder anderen Störungen der T-Zell-Immunität auf. C. neoformans kann auch bei Tieren (z. B. Katzen) Infektionen auslösen.

Übertragung

Die Übertragung von C. neoformans erfolgt aerogen. Es ist aktuell unklar, inwieweit die Hefeform (z. B. extrem ausgetrocknete Hefezellen) zur Übertragung beiträgt, oder ob Sporen der filamentös wachsenden sexuellen Form des Erregers für die Infektion maßgeblich sind. Eine Übertragung von Patient zu Patient findet nicht statt.

Pathogenese

Das Ergebnis einer Infektion durch C. neoformans wird durch 3 wesentliche Faktoren beeinflusst:
- Immunstatus des Wirts
- Erregerdosis
- Individuelle Virulenz des infizierenden Stamms

Bei C. neoformans finden sich neben der Fähigkeit zum Wachstum bei 37 °C einige klassische Virulenzfaktoren, die für die Entstehung und Ausbreitung der invasiven Infektion eine zentrale Rolle spielen:
- Kapsel
- Melaninsynthese
- Intrazelluläres Überleben
- Titanenzellen

Kapsel Die Kapsel von C. neoformans besteht insbesondere aus 2 Polysacchariden, **Glukuronoxylomannan (GXM,** etwa 90 % der Biomasse) und **Galaktoxylomannan (GalXM).** Unbekapselte Mutanten sind apathogen. Im Verlauf einer Infektion kommt es zu erheblichen Variationen der Kapselausprägung, und in der Mikroskopie von Liquorproben finden sich Zellen mit sehr dicker Kapsel neben solchen, die eine kaum erkennbare Kapselschicht aufweisen. Die Kapsel stellt einen wirksamen Phagozytoseschutz dar und verzögert die Aufnahme des Erregers durch Immunzellen erheblich. Durch Ablagerung von Komplement in der Kapsel kommt es zu einer lokalen Komplementdepletion. Die Freisetzung der Kapselpolysaccharide führt zu einer Modulation der Zytokinfreisetzung von Immunzellen und steht in direktem Zusammenhang mit dem häufig bei einer zerebralen Kryptokokkose auftretenden Hirnödem.

Melaninsynthese C. neoformans ist in der Lage, mit dem Enzym Laccase Katecholamine (L-DOPA, Adrenalin, Noradrenalin) zu Melanin abzubauen. Melanin hat antioxidative Eigenschaften und schützt die Hefezellen vor dem oxidativen Burst von Immunzellen.

Intrazelluläres Überleben C. neoformans verfügt über ein breites Repertoire an unterschiedlichen Interaktionen mit Immunzellen. Die Aufnahme des Erregers durch Immunzellen führt daher keinesfalls in allen Fällen zu einer effizienten Abtötung. Vielmehr ist C. neoformans in der Lage, in mononukleären Phagozyten intrazellulär zu replizieren. Die Freisetzung der intrazellulären Hefezellen kann durch Lyse der Wirtszelle oder durch Vomozytose, also Freisetzung lebender intrazellulärer Erreger ohne Schädigung der Wirtszelle erfolgen.

Titanenzellen In einigen Fällen bildet C. neoformans im menschlichen Wirt Riesenzellen, die einen Durchmesser von 75 µm und mehr erreichen können. Diese Zellen werden in der Literatur als „titan cells" (Titanenzellen) bezeichnet. Die Ausbildung von Titanenzellen ist mit einem Schutz des Erregers vor zellulärer Immunantwort und eventuell mit einer erhöhten Resistenz gegen Antimykotika assoziiert.

Klinik

Der primäre Manifestationsort der Kryptokokkose ist die Lunge. Der zweite wichtige Infektionsort ist das ZNS, wo C. neoformans zu einer Meningoenzephalitis führt. Darüber hinaus können bei extrapulmonalen Kryptokokkosen zahlreiche weitere Organe (v. a. Haut, Prostata) betroffen sein. Bei HIV-Patienten kommt es statistisch weitaus häufiger zu extrapulmonalen Manifestationen (insbesondere ZNS).

Pulmonale Kryptokokkose Während die pulmonale Manifestation bei mindestens ein Drittel der Patienten asymptomatisch verläuft (bei HIV-Patienten noch mehr), kann es bei anderen Patienten zu schweren Pneumonien mit Fieber und produktivem Husten kommen. Diese verlaufen typischerweise prolongierter als akute bakterielle Pneumonien. Bei einer auf die Lunge beschränkten Infektion kann der Antigentest in der Diagnostik negativ ausfallen.

Zerebrale Kryptokokkose: Meningitis/Meningoenzephalitis Anders als die bakterielle Meningitis ist die Meningoenzephalitis durch C. neoformans durch einen subakuten Verlauf gekennzeichnet. Entsprechend ist die Bandbreite möglicher Symptome groß. Häufige – aber unspezifische – klinische Zeichen sind Kopfschmerzen, Fieber, Meningismus und Sehstörungen. Bewusstseinsstörungen und epileptische Anfälle treten bei schweren Verlaufsformen auf. Bei einigen Patienten bilden sich auch Abszesse im Hirngewebe, die dann zu fokalen neurologischen Ausfällen führen können. Oft verläuft die Infektion schleichend über Wochen bis Monate – in diesen Fällen können auch diskrete Wesensänderungen diagnostisch wegweisend sein. Die zerebrale Kryptokokkose geht häufig mit massiv erhöhtem intrakraniellem Druck und zerebralem Ödem einher. Klinisch kann sich ein stark erhöhter Hirndruck durch Somnolenz, Kopfschmerzen, Erbrechen oder Hirnnervenlähmung zeigen.

Disseminierte Kryptokokkose Bei einigen Patienten kommt es zu einer septischen Infektion mit hämatogener Streuung des Erregers. Besonders häufig sind Hautläsionen (10–15 % der Patienten). Diese können makulös, papulös oder ulzerierend imponieren – die Variabilität ist erheblich. In seltenen Fällen können Hautläsionen auch die primäre Eintrittspforte des Erregers darstellen (primäre kutane Kryptokokkose). Läsionen durch Erregerabsiedlung im Rahmen einer disseminierten Infektion können sich auch in Auge, Prostata und Knochen/Gelenken finden.

▪▪ Immunität

Nahezu alle invasiven Infektionen durch C. neoformans betreffen immunsupprimierte Patienten. Für eine protektive Immunantwort ist die zelluläre Immunität ausschlaggebend. Eine Th-1-Antwort ist von besonderer Bedeutung für eine effiziente Immunabwehr. Obwohl humane T-Lymphozyten (CD4- und CD8-Zellen) in der Lage sind, das Wachstum des Erregers bei direktem Kontakt zu inhibieren, ist die protektive Immunität wohl insbesondere auf die Aktivierung mononukleärer Phagozyten durch Zytokine zurückzuführen. Bei Patienten mit fortgeschrittener HIV-Infektion steigt das Risiko einer Kryptokokkose erheblich an, sobald die CD4-T-Zellzahl auf Werte <100–50/µl Blut fällt. Die Tatsache, dass gegen das Kapselpolysaccharid gerichtete Antikörper im Tiermodell das Überleben deutlich verbessern, weist darauf hin, dass neben der zellulären Immunantwort auch die Induktion von Antikörpern einen Beitrag zur protektiven Immunität leisten kann.

▪▪ Labordiagnose

Die Diagnose kann durch direkten Erregernachweis in Blutkultur, Liquor, Hautbiopsien oder anderen Materialien gelingen. Mikroskopisch zeigen sich runde Sprosszellen, teilweise ist die Kapsel auch in histopathologischen Präparaten zu sehen, z. B. durch Halobildung oder Färbung mittels PAS.

Aus dem Liquor kann der Erreger mittels eines Tuschepräparats nachgewiesen werden (◘ Abb. 76.1). Die dem Liquorsediment beigefügte Tusche führt zu einer Negativkontrastierung der Kapsel. Wichtig ist die Unterscheidung von Leukozyten, die durch die charakteristische Sprossung des Erregers möglich ist. Das Tuschepräparat ist insbesondere für die Diagnostik bei HIV-Patienten geeignet, da diese in der Regel eine deutlich höhere Erregerlast aufweisen als Nicht-HIV-Patienten. Die Sensitivität der Methode ist gering.

Der kulturelle Erregernachweis gelingt auf Standardmedien für die mykologische Kultur und auch in konventionellen Blutkultursystemen bei ausreichend langer Bebrütung (◘ Abb. 76.1).

Ein wesentliches Standbein der Diagnostik ist der Nachweis von Kapselantigen aus Serum und Liquor. Dieser Test weist eine sehr hohe Sensitivität und Spezifität auf und ist mittlerweile auch in kommerziellen Schnelltestformaten verfügbar. Antigenspiegel korrelieren mit dem Verlauf der Infektion und einem Therapieansprechen. Allerdings kann der Antigentest auch bei erfolgreich behandelten Patienten über Jahre positiv bleiben.

Einige molekularbiologische Testverfahren zur Meningitisdiagnostik weisen in Multierreger-Panels auch C. neoformans nach.

▪▪ Therapie

Die Infektion mit C. neoformans ist unbehandelt letal. Selbst bei optimaler antimykotischer Therapie liegt die Letalität bei 10–20 %.

Die antimykotische Therapie sollte aus einer Kombination von Amphotericin B (auch: liposomalem Amphotericin B, das jedoch in den Hochprävalenzgebieten aktuell kaum verfügbar ist) und Flucytosin bestehen (2 Wochen), gefolgt von einer

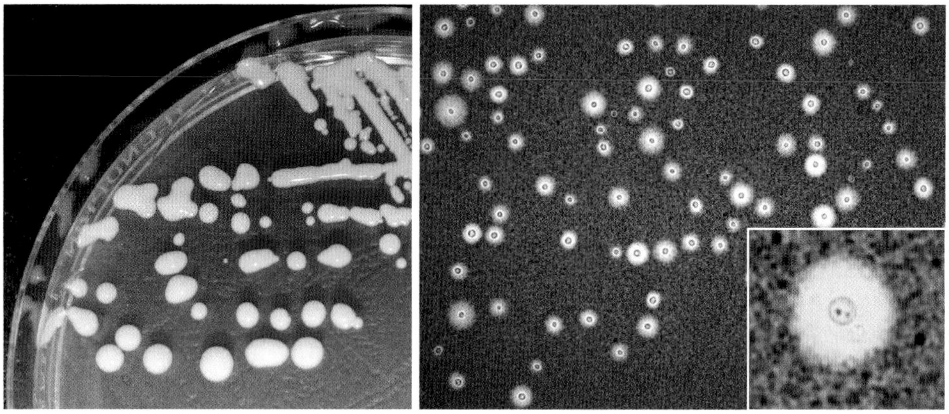

Abb. 76.1 Cryptococcus bildet als wichtigen Virulenzfaktor eine Polysaccharidkapsel. Dies zeigt sich in einer schleimigen Koloniemorphologie (links). Die Kapselbildung kann auch für eine Tuschefärbung (z. B. aus Liquor) genutzt werden (rechts), die die bekapselten Hefezellen in einem klar erkennbaren Halo darstellt. Zur Unterscheidung von Leukozyten ist es wichtig, gezielt nach sprossenden Hefezellen zu suchen (Einschaltbild rechts)

Erhaltungstherapie mit Fluconazol (mindestens 8 Wochen, oder bis zur Regeneration der CD4-T-Zell-Zahl, ggf. lebenslange Sekundärprophylaxe). Insbesondere zu vermeiden ist eine initiale Monotherapie mit Azolantimykotika, da diese mit erheblichen Rezidivraten assoziiert ist. Ist nach 2-wöchiger Kombinationstherapie der Liquor nicht steril, zeigt dies eine erhöhte Rezidivwahrscheinlichkeit und ein mögliches Therapieversagen an.

Klinisch ist ein **erhöhter Liquoreröffnungsdruck** mit schweren Verläufen assoziiert. Der Eröffnungsdruck sollte daher bei der Erstdiagnose und auch bei Folgepunktionen bestimmt und dokumentiert werden. Eine Kontrolle des intrakraniellen Druckes ist entscheidend und kann durch wiederholte Punktion mit Ablassen von Liquor oder in schweren Fällen durch Einlage kontinuierlicher Drainagen oder Shunts erreicht werden.

Ein wichtiges Standbein der Therapie bei HIV-Patienten ist die **Behandlung der zugrunde liegenden Immundefizienz** mit einer antiretroviralen Therapie. Insbesondere bei disseminierter Kryptokokkose tritt nach Einleitung einer antiretroviralen Therapie häufig ein Immunrekonstitutionssyndrom (immune reconstitution inflammatory syndrome, **IRIS**) auf. Symptome der zerebralen Kryptokokkose nehmen hierbei dramatisch zu, es kommt zu Lymphknotenschwellungen und Schmerzsymptomatiken. Die Abgrenzung eines Immunrekonstitutionssyndroms von einer progredienten Infektion kann klinisch schwierig sein. Für schwere Verlaufsformen des IRIS kann eine Therapie mit Kortikosteroiden indiziert sein.

76.2 Cryptococcus gattii (Artkomplex)

76.2.1 Beschreibung

C. gattii unterscheidet sich morphologisch nicht von C. neoformans.

76.2.2 Rolle als Krankheitserreger

▪▪ Epidemiologie

C. gattii kommt insbesondere, aber keinesfalls ausschließlich in tropischen und subtropischen Regionen vor. Eine Assoziation des Erregers mit Eukalyptusarten, später auch mit anderen Bäumen, wurde beschrieben. C. gattii-Infektionen treten anders als C. neoformans-Infektionen regelmäßig auch bei immunkompetenten Personen auf.

Seit dem Jahr 2000 sind in der kanadischen Provinz British Columbia vermehrt Infektionen von Tieren mit C. gattii beschrieben worden. Im Anschluss stiegen auch die Fallzahlen bei menschlichen Patienten. Besonders hohe Fallzahlen sind aus Vancouver Island berichtet worden (bis zu 15 Fälle pro 1 Mio. Einwohner). In den Folgejahren breiteten sich die

Infektionen in die USA aus. Die Ursachen für diese epidemiologischen Veränderungen sind unklar. Es wird vermutet, dass die Fähigkeit des Erregers zur sexuellen Fortpflanzung maßgeblich an der Entstehung eines neuen virulenten Klons beteiligt war, der sich dann geografisch ausbreitete.

▪▪ Übertragung

Die Übertragungswege für C. gattii entsprechen denen von C. neoformans.

▪▪ Pathogenese

Pathogenese und Virulenzfaktoren sind vergleichbar zu C. neoformans.

▪▪ Klinik

Die Krankheitsbilder gleichen denen, die für C. neoformans beschrieben wurden. Die Letalität ist statistisch niedriger, jedoch kommt es häufiger zu neurologischen Folgeschäden. Dies ist auch durch die höhere Neigung von C. gattii zur Bildung von Granulomen (Kryptokokkome) in infizierten Organen erklärbar.

▪▪ Immunität

Vgl. C. neoformans.

▪▪ Labordiagnose

Die Labordiagnose erfolgt wie für C. neoformans beschrieben. C. gattii unterscheidet sich morphologisch nicht von C. neoformans. Die Differenzierung erfolgt molekularbiologisch oder mittels MALDI-TOF.

▪▪ Therapie

Die Therapie von C. gattii-Infektionen ist identisch mit der von Infektionen durch C. neoformans.

76.3 Andere Cryptococcus-Arten

Neben C. neoformans und C. gattii gibt es etwa 70 weitere Arten. Die meisten dieser Cryptococcus-Arten sind nicht in der Lage, bei 37 °C zu wachsen und gelten als nicht humanpathogen. Eine Ausnahme bilden Cryptococcus albidus und Cryptococcus laurentii, die in Einzelfällen aus klinisch relevanten Materialien nachgewiesen werden (z. B. Blut, Liquor).

In Kürze: Cryptococcus

Hefepilze der Gattung Cryptococcus, **C. neoformans** und **C. gattii,** zählen zu den weltweit häufigsten Erregern invasiver Pilzinfektionen.
C. neoformans verursacht insbesondere bei HIV-Patienten in Afrika eine subakut oder chronisch verlaufende **Meningoenzephalitis.** Weltweit treten jährlich bis zu 1 Mio. Fälle auf. C. gattii wird dagegen selten, aber auch bei immungesunden Patienten als Erreger gefunden. Andere klinische Manifestationen sind die **pulmonale Kryptokokkose** sowie **disseminierte Infektionen,** die häufig zu Hautläsionen führen. Mit einer Polysaccharidkapsel, der Fähigkeit zur Melaninsynthese und der Eigenschaft, sich intrazellulär replizieren zu können, verfügen Cryptococcus-Arten über klassische Virulenzfaktoren.
Die Diagnose erfolgt durch mikroskopischen und kulturellen Erregernachweis. Von besonderer Bedeutung ist der hochsensitive und hochspezifische **Nachweis von Kapselantigen** aus Serum oder Liquor.
Therapeutisch kommt **liposomales Amphotericin B in Kombination mit Flucytosin** zum Einsatz. Bei HIV-Patienten ist im Anschluss eine langfristige orale Erhaltungstherapie mit Fluconazol erforderlich.

Pneumocystis

Karl Dichtl und Oliver Kurzai

Pneumocystis jirovecii ist die einzige humanpathogene Spezies aus dem Genus Pneumocystis. Der Erreger wurde ursprünglich als Auslöser von Lungeninfektionen bei Frühgeborenen beschrieben. Im Zusammenhang mit der globalen Ausbreitung von HIV wurde P. jirovecii zu einem wichtigen Erreger pulmonaler Infektionen bei immunkompromittierten Patienten. Die Pneumocystis jirovecii-Pneumonie (PcP) tritt insbesondere bei Patienten mit Defekten der T-zellulären Immunantwort auf und kann rasch zu einer respiratorischen Insuffizienz führen. Da P. jirovecii nicht kulturell anzüchtbar ist, beruht die Diagnose auf dem mikroskopischen oder molekularbiologischen Nachweis. Serologisch führt die PcP zu erhöhten BDG-Spiegeln. P. jirovecii ist einer der wenigen Erreger invasiver Pilzinfektionen, der effizient von Mensch zu Mensch übertragen werden kann.

Fallbeispiel

Ab etwa 1981 wurden in den USA vermehrt Fallserien interstitieller Lungenentzündungen beschrieben. Betroffen waren v. a. homosexuelle Männer aus Großstädten. Aus Atemwegsmaterialien wurde Pneumocystis jirovecii (damals noch „Pneumocystis carinii") nachgewiesen. Dieser Erreger war zuvor in den USA eine absolute Rarität. Die Erstbeschreibung menschlicher Infektionen stammt von dem tschechischen Parasitologen Otto Jirovec, der den Erreger in der Nachkriegszeit bei frühgeborenen, mangelernährten Kindern mit interstitieller Pneumonie beobachtete. Die Patienten in den USA wiesen neben der Pneumocystis-Pneumonie häufig auch andere, zuvor extrem seltene opportunistische Infektionen auf (Kaposi-Sarkom durch das humane Herpesvirus HHV-8, Candida-Infektionen der Speiseröhre) und zeigten schwere zelluläre Immundefekte, deren Ursache zunächst nicht erklärbar war. Die Beschreibung dieser Fallserien markiert den Beginn der AIDS-Pandemie. Wenige Jahre später wurde das humane Immundefizienz-Virus (HIV) als Erreger und Ursache der zugrunde liegenden Immunschwäche nachgewiesen. Auch heute noch ist die P. jirovecii-Pneumonie eine der wichtigsten AIDS-assoziierten Infektionen.

S. Suerbaum et al. (Hrsg.), *Medizinische Mikrobiologie und Infektiologie*,
https://doi.org/10.1007/978-3-662-61385-6_77

77.1 Pneumocystis jirovecii

77.1.1 Beschreibung

P. jirovecii ist ein hefeartiger Pilz, der extrazellulär und obligat wirtsassoziiert auftritt. Ein ökologisches Habitat außerhalb der humanen Lunge ist nicht bekannt. Weitere Pneumocystis-Arten (P. carinii, P. wakefieldiae, P. murina u. a.) sind spezifisch für bestimmte Säugetierarten und spielen humanmedizinisch keine Rolle.

Bei der Erstbeschreibung des Erregers (1909) wurde P. jirovecii für eine wirtsassoziierte Form von Trypanosoma cruzi gehalten. Jahre später wurde erkannt, dass es sich um eine eigene Gattung handelt, und der Name Pneumocystis carinii eingeführt, der lange Zeit gültig war und auch die in der Klinik immer noch weit verbreitete Abkürzung PcP (= Pneumocystis carinii-Pneumonie) begründet. Ab den 1950er Jahren verdichteten sich Hinweise, dass es sich bei Pneumocystis nicht um Protozoen, sondern um Pilze handelt. Zudem wurde gezeigt, dass Pneumocystis wirtsspezifisch ist und sich die aus Maus oder Ratte isolierten Erreger von den humanen unterscheiden. Die humanspezifische Art wurde zu Ehren des Erstbeschreibers humaner Infektionen Pneumocystis jirovecii genannt. Heute wird die Abkürzung PcP daher als Pneumocystis-Pneumonie interpretiert (so auch in diesem Kapitel). Einige Kliniker sprechen alternativ auch von PjP (P. jirovecii-Pneumonie).

P. jirovecii stellt höchste Ansprüche an die Wachstumsbedingungen und kann unter Standardbedingungen nicht kultiviert werden. Untersuchungen zum Lebenszyklus des Erregers (◘ Abb. 77.1) sind daher nur bedingt möglich und viele Fragen nach wie vor ungeklärt.

Während der Infektion werden v. a. Hefeformen (früher: „Trophozoiten") von Pneumocystis beobachtet. Diese unregelmäßig geformten Zellen enthalten ein Mitochondrium sowie einen üblicherweise haploiden Zellkern. Die Vermehrung im Rahmen der Zellteilung erfolgt mittels Mitose. Unter bestimmten Bedingungen können 2 Hefeformen zu einer diploiden

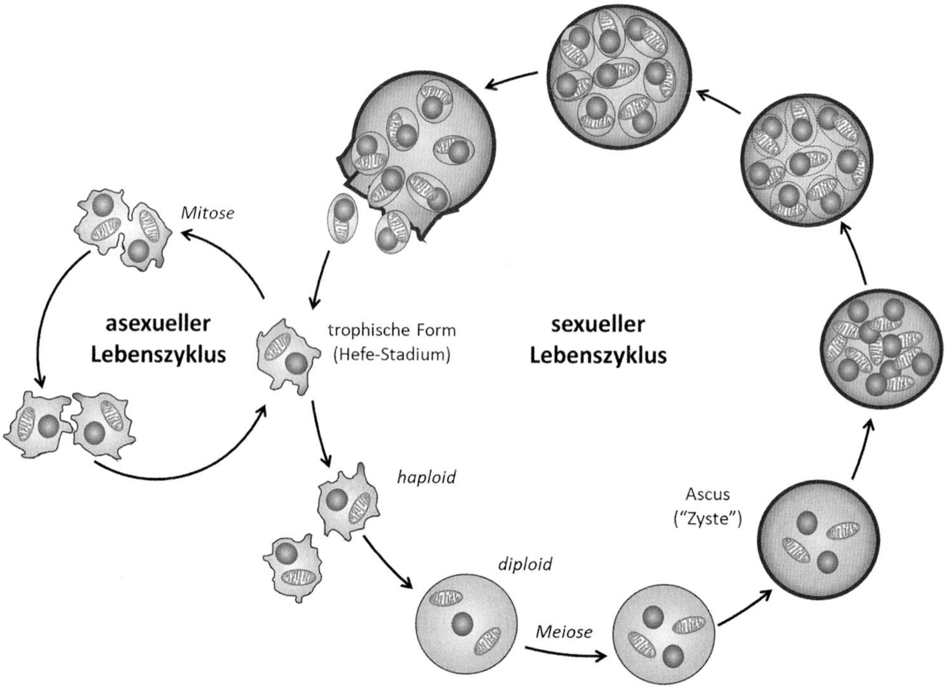

Abb. 77.1 Lebenszyklus von P. jirovecii. Bei einer Infektion sind sowohl die zystischen Asci, die im Verlauf des sexuellen Lebenszyklus gebildet werden, als auch trophische Formen („Hefestadium") nachweisbar. Da es sich bei P. jirovecii um einen strikt humanspezifischen Erreger handelt, spielt sich der gesamte Lebenszyklus in der menschlichen Lunge ab

Zelle verschmelzen (sexueller Lebenszyklus). Der durch die Verschmelzung entstandene Ascus (früher auch Präzyste, Zyste und Sporozyt genannt) ist kugelig und enthält nur noch einen Zellkern. Im Rahmen der weiteren Reifung des Ascus werden durch Meiose- und Mitoseprozesse üblicherweise 8 Sporen gebildet. Sie werden von der dicken β-(1,3)-D-Glukan-(BDG-)reichen Ascuswand umgeben. Es wird vermutet, dass der Erreger in diesem Entwicklungsstadium von Mensch zu Mensch übertragen wird. In der Alveole werden die Ascosporen schließlich freigesetzt, um sich dann als trophische Formen weiter zu vermehren.

77.1.2 Rolle als Krankheitserreger

▪▪ Epidemiologie

Die meisten Menschen werden schon im frühen Kindesalter mit P. jirovecii infiziert. Üblicherweise kommt es aber bei immunkompetenten Personen nicht zu symptomatischen Krankheitsverläufen.

Bei Immunschwäche und insbesondere bei einer fortgeschrittenen HIV-Infektion kann sich die Infektion als lebensbedrohliche interstitielle Pneumonie äußern. Weltweit ist von jährlich 400.000 PcP-Fällen auszugehen. Vor Etablierung der hochaktiven antiretroviralen Therapie (HAART) erkrankte nahezu die Hälfte der HIV-Infizierten an PcP. Auch heute noch ist die PcP die häufigste AIDS-definierende Erkrankung, die zur Erstdiagnose einer HIV-Infektion führt. In ihrer maximalen Verlaufsform, die eine intensivmedizinische Versorgung sowie invasive Beatmung erfordert, weist die PcP eine Letalität von bis zu 80 % auf.

Zunehmend wird PcP auch bei hämatologischen, onkologischen und rheumatologischen Patienten diagnostiziert. Dies ist auf den Einsatz von immer leistungsfähigeren immunsuppressiven Therapien zurückzuführen:

- hoch dosierte Kortikosteroide
- Zytostatika (z. B. Cyclophosphamid, Methotrexat, Azathioprin)
- Calcineurin-Inhibitoren (z. B. Ciclosporin, Sirolimus, Tacrolimus)
- immunmodulatorische Biologicals (z. B. Rituximab oder TNF-Inhibitoren wie Infliximab)

▪▪ Übertragung

Die initiale Infektion erfolgt mutmaßlich asymptomatisch und bereits im Kleinkindalter: Antikörper gegen Pneumocystis können bereits bei 90 % der unter 2-Jährigen nachgewiesen werden. Auch bei Menschen ohne Anzeichen einer PcP kann mittels hochsensitiver PCR-Protokolle zum Teil P. jirovecii-DNA aus Proben des Respirationstrakts nachgewiesen werden.

P. jirovecii wird aerogen von Mensch zu Mensch übertragen. Tierexperimentelle Studien zeigen, dass hierfür bereits eine kurze Expositionszeit genügt

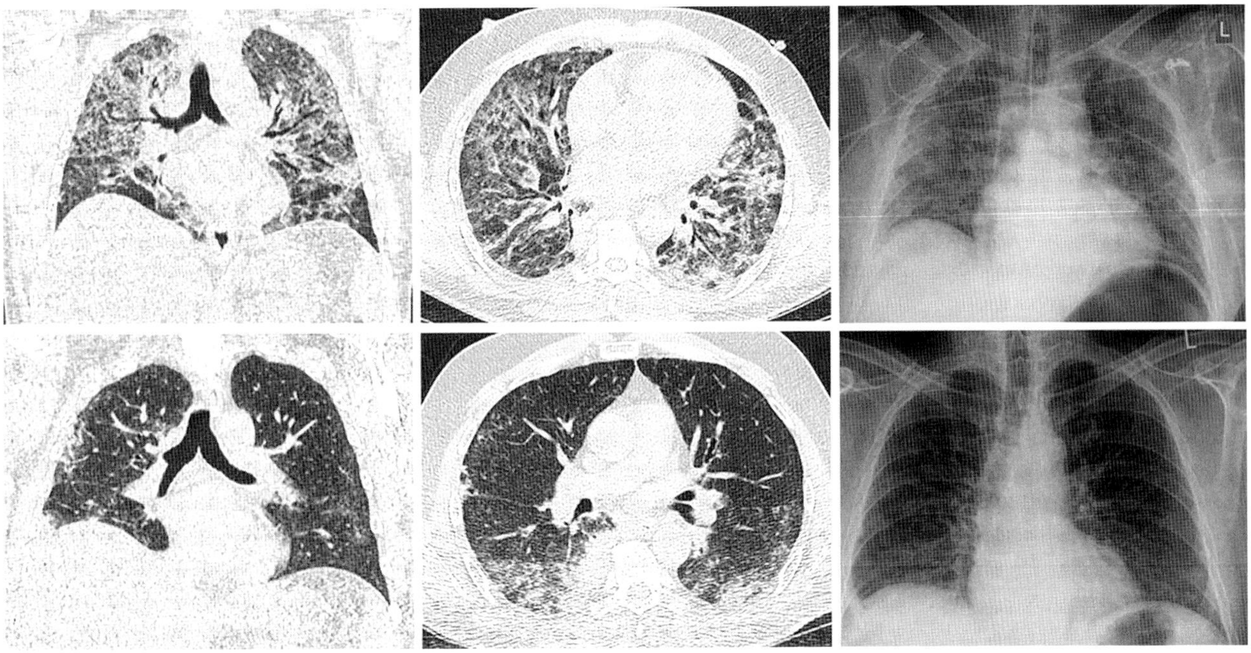

Abb. 77.2 Radiologische Entwicklung einer PcP. Obere Reihe: Lungenbildgebung zum Zeitpunkt der Diagnosestellung; untere Reihe: Befundbesserung 5 Wochen nach Therapiebeginn. (Mit freundlicher Genehmigung von PD Dr. Schmid-Tannwald, München)

und weniger als 10 Erreger ausreichend sind. Ein besonderes Übertragungsrisiko besteht bei nichttherapierten HIV-Patienten mit PcP, da diese eine besonders hohe Keimlast aufweisen.

Bei Zusammentreffen entsprechender Risikofaktoren (immunsupprimierte Patienten, räumliche Nähe) ist das Auftreten nosokomialer Ausbrüche möglich (z. B. auf Transplantations-Stationen). Das Vorliegen einer Ausbruchssituation kann durch eine Genotypisierung der Erreger (identischer Genotyp bei allen Patienten) bewiesen werden.

Pathogenese

Die PcP kann sich sowohl durch die aerogene Übertragung von Asci (früher: „Zysten") als auch durch die Reaktivierung von P. jirovecii aus einer latenten, asymptomatischen Infektion entwickeln. Die trophischen Zellen (Hefeform des Pilzes, früher: „Trophozoiten") adhärieren über Filopodien an Typ-I-Pneumozyten. Die Vermehrung erfolgt primär asexuell durch Mitose, nur ein geringer Anteil der Keimlast geht auf die Bildung von Asci zurück. Die Zellen bilden Cluster, die schließlich die Alveolen ausfüllen. Es kommt zu einem interstitiellen Ödem mit gestörtem Gasaustausch und reduzierter Compliance des Lungengewebes.

Klinik

P. jirovecii ist Erreger einer interstitiellen Lungenentzündung (Abb. 77.2). Die Primärinfektion bei Immungesunden verläuft üblicherweise unbemerkt. Bei Patienten mit Immunschwäche kommt es zu Symptomen wie nichtproduktivem Husten, Dyspnoe, Brustschmerzen, niedrig- bis mittelgradigem Fieber, Tachypnoe. In der Regel kommt es nicht zu Hämoptysen.

Im Röntgen-Thorax zeigt sich das pathognomonische Bild eines schmetterlingsförmigen, diffusen Infiltrats. In der hochauflösenden Computertomografie wirkt das Lungengewebe milchglasartig verschattet. Ein rascher Krankheitsverlauf mit fulminanter klinischer Verschlechterung und der Notwendigkeit der maschinellen Beatmung wird insbesondere bei HIV-negativen Patienten beobachtet.

Extrapulmonale Manifestationen einer Pneumocystis-Infektion stellen eine äußerst seltene Komplikation dar, die nahezu ausschließlich im Rahmen einer präfinalen Krankheitsphase, einer sog. „end-stage disease" auftritt.

Immunität

Die Prädisposition von AIDS-Patienten für die P. jirovecii-Pneumonie zeigt die zentrale Bedeutung einer intakten T-Zell-Antwort für die Immunabwehr. Das Risiko einer PcP bei diesen Patienten korreliert invers mit ihrer CD4-T-Zellzahl. Bei HIV-Patienten gelten CD4-T-Zellzahlen über 200/mm^3 als protektiv gegen die Pneumocystis-Infektion. Die PcP ist eine AIDS-definierende Erkrankung, bei deren Vorliegen der Patient in die klinische Kategorie C des Schemas der Centers for Disease Control (CDC) eingruppiert wird.

Im Gegensatz zu anderen Mykosen gibt es bei PcP auch klinische Evidenz für eine wichtige Rolle der

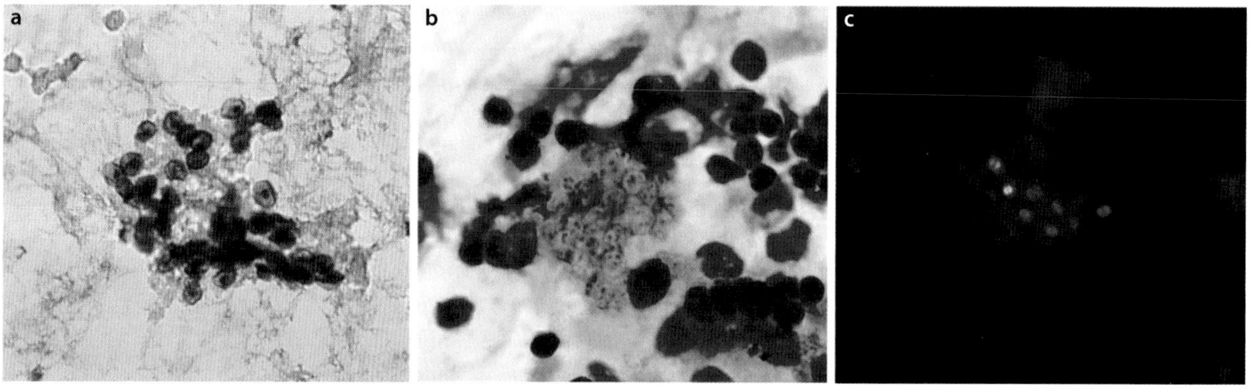

Abb. 77.3 a–c Mikroskopischer Nachweis von P. jirovecii in Atemwegsmaterial: **a** Mit der Grocott-Gomori-Versilberungstechnik werden insbesondere die Asci (Zysten) dargestellt. Sie weisen eine typische „kaffeebohnenartige" Form und in der Regel gut erkennbare intrazystische Strukturen auf. **b** In der Giemsa-Färbung sind die Asci nur schematisch zu erkennen, dafür zeigt sich das klassische Bild einer „Wolke" aus trophischen Formen (Mitte), die von gut erkennbaren, insbesondere monozytären Immunzellen umgeben sind. **c** Mithilfe der Calcofluor-Färbung (fluoreszenzmikroskopische Markierung von Chitin in der Zellwand) sind die Asci und insbesondere deren innere Strukturen gut zu erkennen. (Mit freundlicher Genehmigung von PD Dr. Wieser, München)

humoralen Immunantwort. B-Zell-defiziente Mäuse weisen eine erhöhte Empfindlichkeit für Pneumocystis-Infektionen auf. Eine Therapie mit B-Zell-depletierenden Anti-CD20-Antikörpern stellt einen wichtigen Risikofaktor dar. Es bleibt unklar, ob die Rolle der B-Zellen v. a. in der Antikörperbildung oder evtl. in ihrer Funktion als antigenpräsentierende Zellen (APC) besteht.

Auch nach durchgemachter Infektion besteht keine Immunität, sodass bei weiterhin bestehender Immunschwäche eine Sekundärprophylaxe notwendig ist, um eine erneute PcP zu verhindern.

▪▪ Labordiagnose

Die Diagnose einer PcP wird primär über den **direkten Erregernachweis** aus Material der unteren Atemwege (bronchoalveoläre Lavage, BAL) gestellt. Aufgrund der geringeren Keimlast in Sputum oder Trachealsekret sind diese Proben nur eingeschränkt geeignet.

Da Pneumocystis unter Standardbedingungen nicht angezüchtet werden kann, spielt die Kultur in der PcP-Diagnostik keine Rolle.

Der Erregernachweis kann **mikroskopisch** mithilfe der folgenden Färbungen erfolgen (Abb. 77.3):

- Grocott-Gomori-Versilberung (schwarze Färbung der Ascuswand)
- Calcofluor-Fluoreszenzfärbung (je nach Filter bläulich oder grünlich fluoreszierende Färbung der Ascus-Wand)
- Giemsa-Färbung (rote Zellkerne und schaumiges, hellblaues Zytosol der trophischen Zellen)

Diese Methoden sind allerdings nicht spezifisch für den Erreger. Im Gegensatz dazu kommt bei der indirekten Immunfluoreszenz ein spezifischer monoklonaler (Primär-)Antikörper gegen Pneumocystis zum Einsatz. Der gegen diesen gerichtete Sekundärantikörper ist mit einem Fluoreszenzmarker gekoppelt und markiert so spezifisch den Erreger.

Molekularbiologische Verfahren weisen eine höhere Sensitivität und Spezifität als die Mikroskopie auf. Ein rein qualitatives Ergebnis (Nachweis von P. jirovecii-DNA positiv bzw. negativ) erlaubt jedoch nicht die essenzielle Unterscheidung von Kolonisation und Infektion. Quantitative PCR-Verfahren (qPCR) ermöglichen eine Abschätzung der Pilzlast, die bei der Infektion tendenziell höher ist.

Serologisch kann bei der PcP aus Serum- oder Plasmaproben β-1,3-D-Glukan (BDG) nachgewiesen werden. Ein positiver BDG-Test ist jedoch nur in Zusammenhang mit dem klinischen Bild auswertbar, da BDG in der Zellwand verschiedener Pilze enthalten ist (z. B. *Candida, Aspergillus*). Ein erster Hinweis auf das Vorliegen einer PcP kann ein erhöhter Laktatdehydrogenase-(LDH-)Spiegel sein. Dieser Marker ist allerdings nicht spezifisch für die PcP, da er ein allgemeines Zeichen für Zellschäden ist.

▪▪ Therapie und Prävention

Die Tatsache, dass die PcP in Gegensatz zu anderen Pilzinfektionen primär mit Antibiotika und Antiparasitika behandelt wird, unterstreicht noch einmal die besondere Biologie des Erregers. Therapie der Wahl ist die Gabe von **hoch dosiertem Trimethoprim/Sulfamethoxazol (Cotrimoxazol).**

Als weitere Therapieoptionen stehen das Antiprotozoikum Pentamidin, die Kombination von Primaquin (Antimalaria-Therapeutikum) und Clindamycin (Antibiotikum) sowie Atovaquon (Antimalaria-Therapeutikum) zur Verfügung. Der Einsatz von Antimykotika aus der

Wirkstoffgruppe der Echinocandine (Inhibitoren der BDG-Synthase) bleibt wegen der begrenzten Datenlage umstritten. Je nach Schwere der Erkrankung beträgt die Therapiedauer 2–3 Wochen.

Begleitend zur antiinfektiösen Therapie sollte die Entzündungsreaktion in Abhängigkeit vom Ausmaß der respiratorischen Insuffizienz durch die Gabe von **Kortikosteroiden** eingedämmt werden.

Zwar wurden Mutationen, die mit einer Resistenz gegen Cotrimoxazol assoziiert sind, bei P. jirovecii nachgewiesen. Die klinische Relevanz dieses Befundes ist allerdings unklar, und auch Patienten, die unter einer Cotrimoxazol-Prophylaxe eine PcP entwickelten, konnten erfolgreich mit therapeutischen Dosen von Cotrimoxazol behandelt werden.

Bei Patienten mit hohem Infektionsrisiko besteht die Indikation für eine medikamentöse Prophylaxe. Es kommen Cotrimoxazol p.o. oder inhalatives Pentamidin zum Einsatz.

In Kürze: Pneumocystis

Pneumocystis jirovecii ist ein opportunistisch pathogener Pilz, der aufgrund seiner biologischen Eigenschaften lange Zeit für einen Parasiten gehalten wurde. Der Erreger verursacht eine **interstitielle Pneumonie (PcP).** Gefährdet sind Immunsupprimierte und insbesondere HIV-Patienten mit niedriger CD4-T-Zellzahl. Die PcP ist eine AIDS-definierende Erkrankung. Da der Keim unter Standardbedingungen nicht kultivierbar ist, erfolgt der Nachweis primär mittels PCR oder Mikroskopie aus Materialien der tiefen Atemwege oder serologisch durch Nachweis von BDG aus Serum. Therapie der Wahl ist hoch dosiertes Cotrimoxazol. Bis zur Immunrekonstitution ist bei HIV-Patienten eine Sekundärprophylaxe notwendig, um Rezidive zu verhindern.

Aspergillus

Johannes Wagener und Oliver Kurzai

Schimmelpilze der Gattung Aspergillus kommen ubiquitär in unserer Umwelt vor. Die Verbreitung erfolgt über luftgetragene Konidien, die überall in von Menschen bewohnten Gebieten in der Luft zu finden sind. Vermutlich atmet jeder Mensch täglich mehrere Hundert Aspergillus-Sporen ein. Die Bandbreite der assoziierten Krankheitsbilder ist enorm und reicht von allergischen Reaktionen auf Pilzbestandteile (allergische bronchopulmonale Aspergillose, exogene allergische Alveolitis) über die nichtinvasive Kolonisierung von Hohlräumen mit Luftanschluss (Nasennebenhöhlen, Lungenkavernen; z. B. Aspergillom) bis hin zu invasiven und häufig tödlichen Infektionen (invasive Aspergillose). Die invasiven Infektionen treten v. a. bei schwer immunsupprimierten Patienten, z. B. mit hämatoonkologischen Grunderkrankungen oder nach Lungentransplantationen, auf. In den letzten Jahren wurden neue Risikokollektive identifiziert, darunter Patienten, die wegen einer schwer verlaufenden Influenza intensivmedizinisch behandelt werden, oder solche mit ausgeprägter chronisch-obstruktiver Lungenerkrankung (COPD). Besorgniserregend ist das seit den 1980er Jahren beobachtete Auftreten von Resistenzen gegen Azolantimykotika bei der wichtigsten humanpathogenen Art Aspergillus fumigatus.

Fallbeispiel

Eine 46-jährige Patientin mit bekannter akuter myeloischer Leukämie wird für eine allogene Stammzelltransplantation stationär aufgenommen. Nach der Konditionierungstherapie und anschließender Gabe der Stammzellen ist die Patientin neutropen. An Tag 12 nach der Transplantation entwickelt sie Fieber und Schmerzen in der Brust. Seit Tag 5 hat sie bereits immer wieder Fieberspitzen bis 38,5 °C. In der sofort durchgeführten Computertomografie der Lunge zeigen sich Verschattungen im linken Oberlappen. Rasch wird eine Therapie mit Breitspektrumantibiotika angesetzt. Nach 48 Stunden zeigen sich weiterhin Fieberspitzen und eine unveränderte Symptomatik. In der serologischen Diagnostik sind die Nachweise für β-(1,3)-D-Glukan und Galaktomannan (Aspergillus-Antigen) positiv. Daraufhin erfolgt eine Behandlung mit Voriconazol. Weitere 2 Tage später sind erstmals wieder neutrophile Granulozyten im Blut der Patientin nachweisbar. Es kommt zunächst zu einer klinischen Verschlechterung, radiologisch zeigt sich eine deutliche Größenprogredienz der Herde. In der radiologischen Befundung ist jetzt von „pilztypischen Infiltraten" die Rede. Die Therapie mit Voriconazol wird über insgesamt 8 Wochen weitergeführt. Ab der 3. Woche bessert sich der Zustand der Patientin, die Infiltrate sind in einer weiteren Kontrolluntersuchung deutlich rückläufig.

78.1 Aspergillus fumigatus

78.1.1 Beschreibung

Aspergillus fumigatus ist der mit Abstand am häufigsten nachgewiesene Krankheitserreger der Gattung Aspergillus. Etwa 90 % aller invasiven Aspergillosen werden durch diesen Erreger verursacht. A. fumigatus ist ausgesprochen thermotolerant und kann bei Temperaturen bis zu 52 °C wachsen. Diese Thermotoleranz wird auch zur selektiven Anzucht des Erregers, beispielsweise aus Umweltproben, genutzt.

Wie auch bei anderen Aspergillus-Arten findet die Verbreitung von A. fumigatus über asexuelle Sporen (Konidien) statt. Gelangen die Konidien in eine ausreichend feuchte und substratreiche Umgebung, so keimen sie innerhalb weniger Stunden aus und bilden ein schnell wachsendes, septiertes Myzel mit Verzweigungen, die meist etwa einen Winkel von 45 Grad bilden. A. fumigatus ist dabei relativ anspruchslos hinsichtlich der verfügbaren Nährstoffe und Wachstumsbedingungen. Bereits nach 1–2 Tagen können neue Konidiophoren (Sporen- oder Konidienträger) gebildet werden, an denen rasch neue Sporen entstehen.

S. Suerbaum et al. (Hrsg.), *Medizinische Mikrobiologie und Infektiologie*,
https://doi.org/10.1007/978-3-662-61385-6_78

78

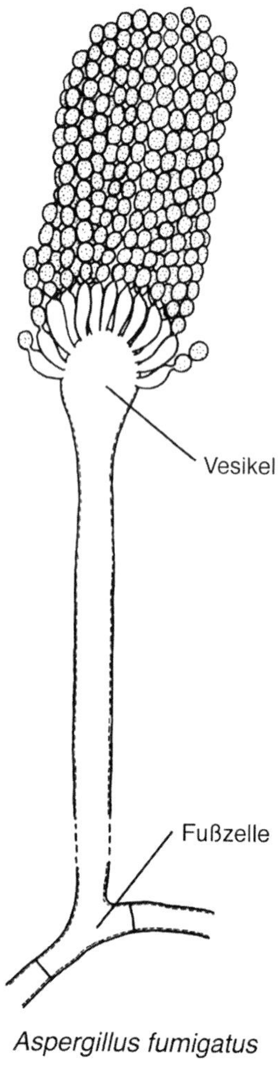

Abb. 78.1 Morphologie von A. fumigatus: Mikroskopisch zeigt sich am Ende des Konidiophors ein Vesikel. Dieses ist auf den oberen zwei Drittel, nicht jedoch am hyphennahen Anteil einreihig mit Phialiden besetzt, an denen die Konidien gebildet werden. Die Phialiden neigen sich dabei nach zentral, sodass parallele Sporenketten entstehen

Eine wichtige Voraussetzung für die Bildung der Konidiophoren und Konidien ist dabei der Kontakt des Myzels zur Luft. Der genaue Aufbau des Konidiophors sowie die Pigmentierung der Konidien sind charakteristisch für einzelne Aspergillus-Arten, und beides wird in mikrobiologischen Laboratorien zur Differenzierung der Spezies herangezogen.

Alle Aspergillus-Arten bilden Vesikel mit zahlreichen Phialiden und werden aufgrund dieser Morphologie auch als Gießkannenschimmel bezeichnet. A. fumigatus-Konidien zeichnen sich durch eine typische graugrüne Farbe aus. Das Vesikel des A. fumigatus-Konidiophors trägt nur im distalen Teil Phialiden, die sich zum Vesikel neigen, sodass die von ihnen gebildeten Konidienketten wie eine kompakte Säule aussehen (Abb. 78.1).

78.1.2 Rolle als Krankheitserreger

Epidemiologie

In Deutschland erkranken schätzungsweise 1000–5000 Personen pro Jahr an der schwersten durch Aspergillus-Arten verursachten Infektion, der **invasiven Aspergillose (IA).** In 90 % ist A. fumigatus der Erreger. Die invasive Aspergillose verläuft trotz Therapie in mehr als 30 % der Fälle tödlich. Hinzu kommt eine unbekannte Zahl an **Aspergillomen** und anderweitigen Besiedelungen sowie eine vielfach höhere Zahl an allergischen Erkrankungen, die maßgeblich durch Aspergillus-Arten mitverursacht werden (z. B. allergische bronchopulmonale Aspergillose (ABPA)). Weltweit soll es pro Jahr zu mehr als 200.000 lebensbedrohlichen Infektionen durch Aspergillus-Arten kommen.

Wichtigster Risikofaktor für eine invasive Aspergillose sind Grunderkrankungen oder Therapien, die mit Immunsuppression oder Immundefekt einhergehen. Zu den Risikofaktoren zählen daher insbesondere hämatoonkologische Grunderkrankungen (z. B. akute Leukämie), allogene Stammzelltransplantation, Organtransplantation (insbesondere Lungentransplantation), Steroidtherapie sowie länger (≥10 Tage) anhaltende Neutropenie. Neben diesen klassischen Risikopatienten wurden auch bei intensivpflichtigen Patienten mit schwer verlaufender Influenza-Infektion sowie chronisch obstruktiver Lungenerkrankung (COPD) erhöhte Fallzahlen beobachtet.

Zu den **angeborenen Immundefekten** mit deutlich erhöhtem Risiko einer invasiven Aspergillose zählen u. a.:

- Septische (oder chronische) Granulomatose (Gendefekt führt zu einer gestörten Funktion der NADPH-Oxidase und damit zu einer verringerten Sauerstoffradikalbildung)
- MonoMAC-Syndrom (Monozytopenie und Mykobakterien-Infektionssyndrom; genetischer Defekt der Zellreifung von Monozyten im Knochenmark)
- Hyper-IgE-Syndrom (Immundefekt mit vermehrter IgE-Bildung)

Übertragung

Die Infektion erfolgt in den meisten Fällen durch Inhalation von Sporen (Konidien) über die Atemwege. Nur in sehr seltenen Fällen kommt es durch direkte Inokulation mit Sporen zur Infektion (z. B. kutane Aspergillose oder Aspergillus-Osteomyelitis nach Trauma). Eine Übertragung von Mensch zu Mensch ist nur in ungewöhnlichen Ausnahmefällen vorstellbar (bei Sporulation des Erregers; z. B. kutane invasive Aspergillose oder Besiedelung von Hohlräumen mit

Luftanschluss). Vorbestehende nichtinvasive Besiedelungen (z. B. Aspergillom) können bei Eintritt einer Immunsuppression oder eines Immundefekts in invasive Formen übergehen.

▪▪ Pathogenese

Das angeborene Immunsystem des Immungesunden kann inhalierte Aspergillus-Sporen und auskeimende Hyphen hocheffizient eliminieren. Von zentraler Bedeutung bei der Abwehr sind dabei Alveolarmakrophagen, die inhalierte Konidien phagozytieren, sowie neutrophile Granulozyten, die auch ausgekeimte Aspergillus-Hyphen abtöten können.

Die Etablierung der invasiven Infektion setzt deshalb im Allgemeinen eine unzureichende Immunabwehr voraus, insbesondere das Fehlen funktioneller neutrophiler Granulozyten. Im Falle nichtinvasiver Aspergillosen (allergische bronchopulmonale Aspergillose, Aspergillom) verhindern physiologische oder anatomische Gegebenheiten die erfolgreiche Elimination des Erregers. Zugleich kann der Erreger aber nicht in das Gewebe eindringen, da es vom angeborenen Immunsystem effektiv geschützt wird.

Die Virulenz des Erregers ist multifaktoriell. Beispielsweise verhindern bestimmte Oberflächenstrukturen [z. B. aus α-(1,3)-Glukan, Hydrophobin] die Erkennung der Aspergillus-Sporen oder -Hyphen durch Immunzellen. A. fumigatus unterscheidet sich von anderen Aspergillus-Arten u. a. durch seine Thermotoleranz und das Wachstumsoptimum bei 37 °C.

▪▪ Klinik

Der Begriff Aspergillose umfasst ein breites Spektrum unterschiedlicher Erkrankungen, die in erster Linie durch A. fumigatus, aber auch durch weitere Aspergillus-Arten (▶ Abschn. 78.2) verursacht werden. Übergänge zwischen den verschiedenen Formen sowie nichtinvasive Aspergillus-Besiedelungen mit klinischer Relevanz **(chronische pulmonale Aspergillose)** sind möglich. Zu den wichtigsten klinischen Manifestationen zählen:

- Aspergillom
- Allergische bronchopulmonale Aspergillose (ABPA)
- Invasive Aspergillose (IA)

Aspergillom Das Aspergillom ist ein Pilzball, der sich nach längerer Besiedelung einer Körperhöhle bildet, typischerweise in Nasennebenhöhlen oder Hohlräumen der Lunge, z. B. Kaverne nach durchgemachter Tuberkulose. Es besteht aus größtenteils abgestorbenem Gewebe und kann beachtliche Dimensionen aufweisen. Im Röntgenbild imponiert das Aspergillom durch seine lageabhängige Position und ein Luftsichelzeichen. Aspergillome sind häufig asymptomatisch und werden im Rahmen von radiologischen Untersuchungen als Zufallsbefund entdeckt.

Allergische bronchopulmonale Aspergillose (ABPA) Diese Erkrankung tritt in erster Linie bei Patienten mit Asthma oder Mukoviszidose auf. Der Mukus der Atemwege wird hier von nichtinvasiv wachsendem Aspergillus besiedelt. Die dabei freigesetzten Pilzantigene führen zu einer allergischen Reaktion (Typ-I- und Typ-III-Allergie), die wiederum langfristig die Atemwege schädigt. Zu den Symptomen zählen Asthma, produktiver Husten, Fieber und Hämoptysen.

Invasive Aspergillose (IA) Gelingt es den auskeimenden Aspergillus-Hyphen, ins menschliche Gewebe einzudringen, liegt eine invasive Aspergillose vor. In den meisten Fällen manifestiert sich die Erkrankung initial in der Lunge. Die Symptome sind unspezifisch, häufig zu finden sind (antibiotikarefraktäres) Fieber, atemabhängige Brustschmerzen und Hämoptysen. Im weiteren Verlauf kann es – meist über den Blutkreislauf – zu Absiedlungen des Pilzes in anderen Organen wie Haut, Niere, Leber und ZNS kommen (disseminierte invasive Aspergillose). Die Symptome sind allgemein wenig spezifisch. Viele invasive Aspergillosen werden deshalb zu spät oder gar nicht erkannt. Unbehandelt verläuft die invasive Aspergillose tödlich.

▪▪ Immunität

Von zentraler Bedeutung für die Abwehr invasiver Schimmelpilzinfektionen ist das angeborene Immunsystem. Alveolarmakrophagen sind initial bei der Elimination inhalierter Konidien wichtig. Größte Bedeutung kommt den neutrophilen Granulozyten zu, da diese auch größere nichtphagozytierbare Hyphen abtöten können.

Darüber hinaus ist eine zelluläre Th1-Antwort wichtig für eine protektive Immunität. Erkrankungen oder Therapien, die die Funktion der neutrophilen Granulozyten einschränken, führen zu einer besonderen Anfälligkeit für Aspergillus-Infektionen. Beispielsweise ist bei der septischen Granulomatose (CGD) aufgrund von Genmutationen die Funktion der NADPH-Oxidase gestört. Dieses Enzym ist wichtig für die Bildung von Sauerstoffradikalen in Granulozyten. Patienten mit septischer Granulomatose haben ein sehr hohes Risiko, im Laufe ihres Lebens an einer invasiven Aspergillose, häufig mit Disseminierung (ZNS) und oft auch durch atypische Arten (z. B. Aspergillus nidulans) verursacht, zu erkranken.

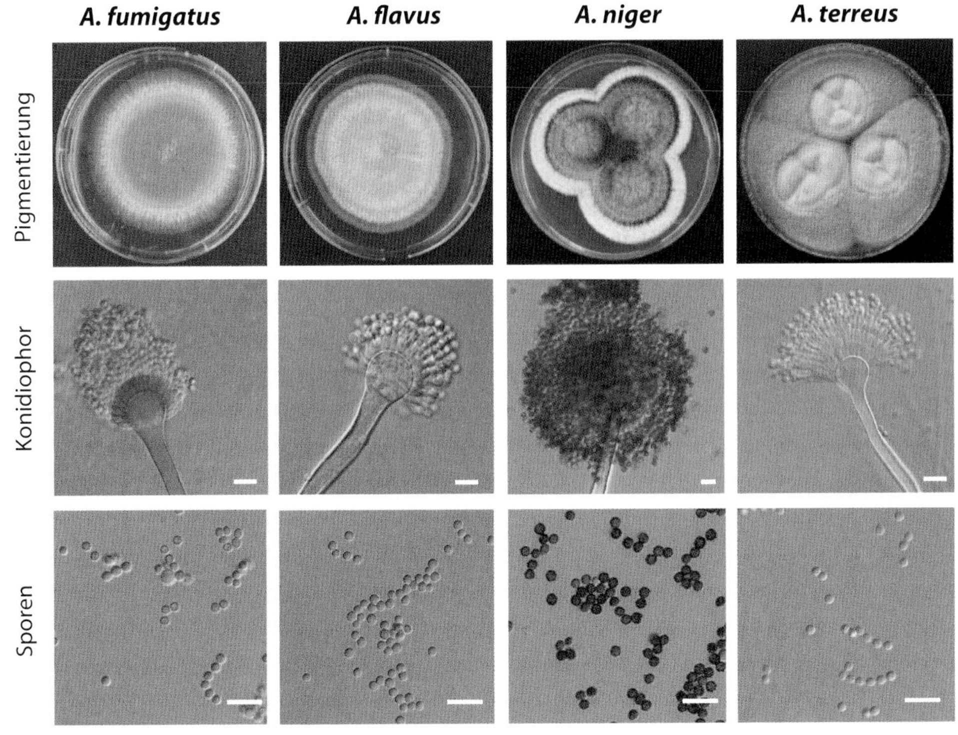

Abb. 78.2 Wichtige Aspergillus-Artkomplexe können morphologisch, anhand von Pigmentierung der Konidien, Aussehen des Konidiophors und Sporenmorphologie unterschieden werden

Labordiagnose

Die Bandbreite der mit Aspergillus assoziierten Krankheitsbilder erfordert sehr unterschiedliche diagnostische Herangehensweisen, die sich methodisch nur teilweise überschneiden.

Aspergillom Der Verdacht auf ein Aspergillom ist meist radiologisch begründet. Charakteristisch sind hierbei das Luftsichelzeichen („air crescent", Monod-Zeichen) sowie die Position des Pilzballs in der Körperhöhle, die jeweils in der Computertomografie am besten zu sehen sind. Aspergillus-Antigen ist bei diesen Patienten im Serum meist nicht nachweisbar, allerdings sind Antikörpernachweise regelmäßig positiv. Die kulturelle Erregeranzucht kann aus Biopsien oder Atemwegsmaterial gelingen.

Allergische bronchopulmonale Aspergillose (ABPA) Zur Diagnose der ABPA wird eine Kombination verschiedener Kriterien verwendet. Neben passender Grunderkrankung (z. B. Asthma, Mukoviszidose) und klinisch-radiologischen Zeichen (passagere Lungeninfiltrate, Bronchiektasen) zählen hierzu der Nachweis von Aspergillus-spezifischen IgE- und IgG-Antikörpern, erhöhtes Serum-IgE, kutane Sofortreaktion auf Aspergillus-Antigene sowie Eosinophilie. Der kulturelle Nachweis von Aspergillus ist hingegen kein entscheidendes Diagnosekriterium.

Invasive Aspergillose (IA) Sie ist eine unmittelbar lebensbedrohliche Erkrankung. Ihre Diagnose ist schwierig und beruht meist auf einer Kombination klinischer, radiologischer, histologischer und mikrobiologischer Befunde. In der Schnittbildgebung (Lunge: Computertomografie [CT]; ZNS: Kernspintomografie [MRT]) finden sich typische noduläre bzw. ringförmige Läsionen. Beweisend für eine invasive Aspergillose ist der kulturelle, mikroskopische oder histologische Nachweis von Aspergillus bzw. Aspergillus-Hyphen aus primär sterilen Materialien. Da Aspergillus-Arten in der Umwelt ubiquitär vorkommen, ist der kulturelle Nachweis aus nichtsterilen Materialien nicht beweisend für eine invasive Aspergillose. Zur Erhärtung des Verdachts sowie zur Überwachung von Hochrisikopatienten stehen Aspergillus-spezifische PCRs und Antigentests (Galaktomannan-Test) zur Verfügung. Der β-(1,3)-D-Glukan-(BDG-)Antigentest ist zwar weniger spezifisch, kann aber verbunden mit passender Symptomatik und Bildgebung richtungsweisend sein.

Speziesdifferenzierung Nach kultureller Anzucht erfolgt die genaue Speziesdifferenzierung traditionell über morphologische Kriterien (Abb. 78.1 und 78.2). Eine exakte Differenzierung auf Speziesebene ist in der Regel nur mit molekularbiologischen Methoden möglich.

Therapie

Die Methode der Wahl zur Behandlung eines **Aspergilloms** ist die chirurgische Resektion. Auch Entfernungen durch Bronchoskopie wurden bereits erfolgreich durchgeführt. Der Stellenwert von Antimykotika bei der Therapie ist unklar.

Die **allergische bronchopulmonale Aspergillose (ABPA)** wird mit Glukokortikoiden (Prednisolon; Erstlinientherapie) sowie, in manchen Fällen, durch systemische Gabe eines Antimykotikums (z. B. Itraconazol) behandelt.

Bei der **invasiven Aspergillose (IA)** sind neue Azole (Voriconazol, Isavuconazol) Therapie der Wahl. Liposomales Amphotericin B ist eine Alternative. Echinocandine haben in vitro nur eine partiell fungizide und größtenteils fungistatische Wirkung gegen A. fumigatus. Fluconazol ist nicht wirksam gegen Aspergillus-Arten. In bestimmten Fällen kann die chirurgische Sanierung des Infektionsherds sinnvoll sein.

Ein Problem bei der Therapie von A. fumigatus-Infektionen ist das zunehmende Auftreten von Azolresistenzen (► Kap. 110). Die Häufigkeit dieser Resistenzen ist regional sehr unterschiedlich und sollte bei der Therapieentscheidung berücksichtigt werden.

78.2 Andere Aspergillus-Arten

Neben A. fumigatus gibt es mehrere Hundert weitere Aspergillus-Arten, von denen aber die wenigsten von humanmedizinischer Bedeutung sind. Verschiedene eng verwandte Aspergillus-Arten, die sich anhand ihrer Morphologie und Sporenpigmentierung kaum unterscheiden lassen, werden auch als „kryptische" Spezies bezeichnet und in „Komplexe" zusammengefasst. Da sich die verschiedenen Arten in einem Komplex in ihrer Empfindlichkeit gegenüber Antimykotika teilweise unterscheiden, kann eine genaue (molekularbiologische) Differenzierung der Spezies zur Wahl geeigneter Therapien hilfreich sein (◘ Abb. 78.2).

Aspergillus fumigatus-Komplex

Neben A. fumigatus zählen zu diesem Komplex Aspergillus lentulus, Aspergillus udagawae, Aspergillus pseudofischeri und weitere Spezies. Mehrere dieser Spezies zeigen in vitro reduzierte Empfindlichkeiten gegen Azol- oder Polyenantimykotika, die klinisch mit Therapieversagen in Zusammenhang gebracht wurden. Die Häufigkeit kryptischer Spezies im Vergleich zu A. fumigatus unterscheidet sich regional sehr deutlich.

Aspergillus terreus-Komplex

Zu diesem Komplex zählen mindestens 14 Arten, von denen bisher allerdings nur Aspergillus terreus sensu stricto, Aspergillus citrinoterreus und wenige weitere Spezies medizinisch in Erscheinung getreten sind. Bemerkenswert ist, dass Aspergillus terreus in einigen wenigen Regionen die medizinisch bedeutendste Art noch vor Aspergillus fumigatus ist. Aspergillus terreus ist intrinsisch resistent gegen Amphotericin B.

Aspergillus niger-Komplex

Zu diesem Komplex zählen zahlreiche Spezies. In Isolaten des Nationalen Referenzzentrums (NRZ) ist A. niger eine Seltenheit, häufig sind dagegen A. tubingensis und A. welwitschiae. A. niger wird industriell zur Produktion von Zitronensäure sowie einer Vielzahl von Enzymen eingesetzt. Medizinisch tritt er u. a. als ein häufiger Erreger der Otomykose, einer durch Pilze verursachten Otitis externa, in Erscheinung.

Aspergillus flavus-Komplex

Ebenso wie A. fumigatus und die anderen oben genannten Aspergillus-Arten bzw. Komplexe kann A. flavus Verursacher einer invasiven Aspergillose sein. Zusätzlich ist A. flavus ein bekannter Produzent krebserregender Aflatoxin-Mykotoxine. Diese können über die Nahrungskette (kontaminierte Gewürze, Nüsse, Tierfutter) wie auch durch Inhalation in den menschlichen Körper gelangen und dort insbesondere in Leberzellen kanzerogen wirken (► Abschn. 74.6.4).

Aspergillus nidulans-Komplex

Aspergillus nidulans ist der wichtigste Vertreter dieses Komplexes. Die Kolonien sind meistens grün bis braun. A. nidulans spielt nur sehr selten als Krankheitserreger eine Rolle. In der Grundlagenforschung findet diese Spezies als Modellorganismus Verwendung. Medizinisch bedeutend ist seine Rolle als zweithäufigster Erreger der invasiven Aspergillose bei Patienten mit septischer Granulomatose (chronic granulomatous disease, CGD). A. nidulans und eng verwandte Arten werden hier in ca. 40–50 % nachgewiesen.

In Kürze: Aspergillus

Aspergillus-Arten verursachen eine **Vielzahl unterschiedlicher Krankheitsbilder.** In **90 %** werden die Erkrankungen durch **Aspergillus fumigatus** verursacht. Die Infektion erfolgt aerogen über die **Inhalation von Pilzsporen.**

Das **Aspergillom** ist eine nichtinvasive chronische Besiedelung einer Körperhöhle durch einen Aspergillus-Pilzball. **Therapie: chirurgische Entfernung.**

Die **allergische bronchopulmonale Aspergillose (ABPA)** tritt in erster Linie bei Patienten mit Asthma oder Mukoviszidose auf.

Die **invasive Aspergillose (IA)** ist eine lebensbedrohliche Erkrankung, die bei **immunsupprimierten Patienten** – insbesondere bei **Neutropenie** – auftreten kann und **unbehandelt praktisch immer tödlich** verläuft. Eine besondere Herausforderung ist die rechtzeitige Diagnose, die aufgrund der unspezifischen Symptomatik oft zu spät erfolgt. **Zur Therapie werden insbesondere Voriconazol und Isavuconazol,** alternativ auch liposomales Amphotericin B eingesetzt.

Mucorales

Grit Walther und Oliver Kurzai

Die Ordnung Mucorales enthält zahlreiche humanpathogene Pilze, die sich genetisch und in ihrem sexuellen Fortpflanzungsmechanismus stark von anderen Schimmelpilzen (Asco-, Basidiomyzeten) unterscheiden. Allen Mucorales ist gemein, dass sie rasch wachsen und dabei typische, nicht oder wenig septierte Hyphen bilden. Charakteristisch ist die Ausbildung von Zygosporen, dickwandigen, pigmentierten Zygoten (befruchteten Keimzellen bei der sexuellen Vermehrung), die durch Verschmelzung von 2 Hyphenenden und anschließende Fusion der Zellkerne entstehen (Einschaltbild 11 in ◘ Abb. 74.2). Obwohl die Zygosporenbildung zentrales Kriterium der taxonomischen Eingruppierung dieser Pilze ist, wird im klinisch-mykologischen Labor nie beobachtet, sondern lässt sich nur unter besonderen Kulturbedingungen induzieren. Trotzdem haben sich auch in der Medizin Namen wie „Zygomyzeten" für diese Pilzgruppe oder „Zygomykose" für die assoziierten Krankheitsbilder gehalten. Taxonomisch korrekt sind die Begriffe „Mucorales" und „Mukormykose". Mucorales kommen ubiquitär in der Umwelt vor – insbesondere in feuchtem, verrottendem Material. Sie werden oft auf verdorbenen Lebensmitteln („Schimmel") gefunden. Einige Arten werden insbesondere in Asien bei der Lebensmittelfermentation eingesetzt. Humanmedizinisch am bedeutsamsten sind die Gattungen Rhizopus, Lichtheimia und Mucor. Voraussetzung für die Invasivität ist eine ausreichende Thermotoleranz, die ein Wachstum bei 37 °C ermöglicht.

Fallbeispiel

Eine 70-jährige Patientin, die vor über 10 Jahren eine Nierentransplantation erhalten hatte, stellt sich in der Ambulanz vor. Sie ist aktuell unter immunsuppressiver Therapie und hat vor 2 Wochen intraartikuläre Kortisoninjektionen in mehrere Gelenke der linken Hand erhalten. Sie beschreibt initial 2 subkutane, knotige Läsionen am linken Arm. Im weiteren Verlauf sind die Läsionen am Arm rasch größer geworden und ulzerierten. Es kommt zur Ausbildung schwarzer, nekrotischer Bereiche. In einer Biopsie zeigen sich neben entzündlichen Infiltraten und Granulombildung unregelmäßige, nichtseptierte Pilzhyphen. In der Kultur kann Rhizopus microsporus nachgewiesen werden. Daraufhin wird sofort eine chirurgische Entfernung der Läsionen eingeleitet. Die Nekrosen werden dabei mit ausreichendem Sicherheitsabstand entfernt. Parallel erfolgt eine antimykotische Therapie mit liposomalem Amphotericin B in hoher Dosierung. Da die Patientin im Verlauf aufgrund der nephrotoxischen Wirkung von Amphotericin B ein beginnendes Nierenversagen entwickelt, wird die antifungale Therapie auf orales Posaconazol umgestellt. Nach sekundärer Spalthauttransplantation kommt es zu einer vollständigen Abheilung der Läsionen.

79.1 Rhizopus, Lichtheimia, Mucor

79.1.1 Beschreibung

Diese 3 Gattungen kommen weltweit und ubiquitär vor und können im Boden, verrottendem organischen Material, aber auch auf Nahrungsmitteln nachgewiesen werden. Ein wichtiges Merkmal dieser Pilze ist ihr schnelles Wachstum mit asexueller Sporenbildung, die zu einer effizienten Verbreitung der Sporangiosporen führt (◘ Abb. 79.1 und 79.2). Die asexuellen Sporen werden jeweils in einer großen, oft mit bloßem Auge erkennbaren, kugeligen Zelle (Sporangium) durch Aufteilung des Zytoplasmas gebildet, die von einer Trägerhyphe (Sporangiophor) getragen wird.

▪ **Rhizopus-Arten**

Die Gattung Rhizopus stellt bei Weitem die häufigsten Erreger von Mukormykosen. Charakteristisch für diese Gattung sind die braun pigmentierten, unverzweigten Trägerhyphen, die in kleinen Bündeln (Wirteln) gebildet werden. Ebenfalls typisch sind die direkt unterhalb dieser Wirtel angeordneten wurzelähnlichen

S. Suerbaum et al. (Hrsg.), *Medizinische Mikrobiologie und Infektiologie*,
https://doi.org/10.1007/978-3-662-61385-6_79

Abb. 79.1 Kultur von Mucorales – das rasche Wachstum in der Kultur führt zu einem hohen watteartigen Myzel, das nach längerer Inkubation den Deckel der Kulturschale anheben kann („lid-lifter-[„Deckelheber"-]Phänomen)

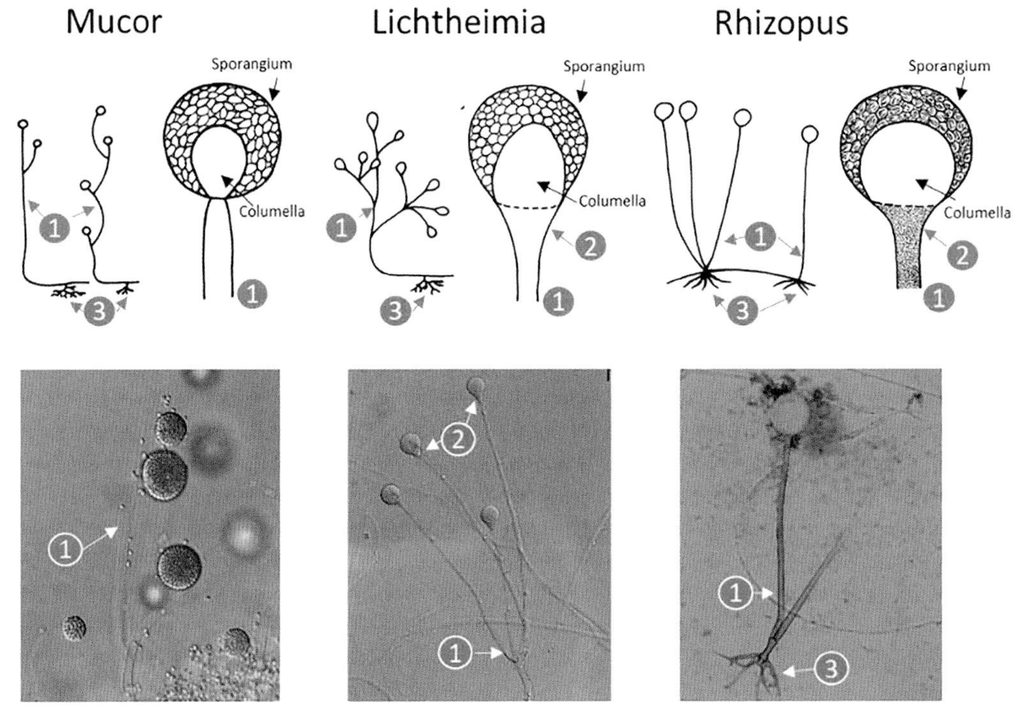

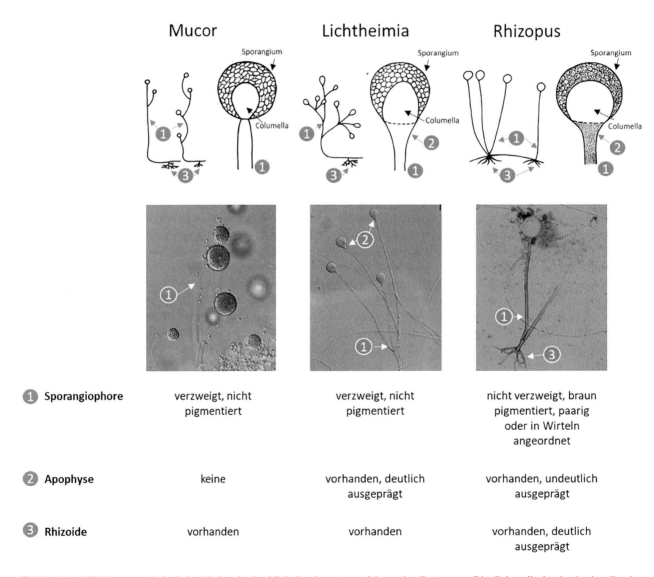

	Mucor	Lichtheimia	Rhizopus
① Sporangiophore	verzweigt, nicht pigmentiert	verzweigt, nicht pigmentiert	nicht verzweigt, braun pigmentiert, paarig oder in Wirteln angeordnet
② Apophyse	keine	vorhanden, deutlich ausgeprägt	vorhanden, undeutlich ausgeprägt
③ Rhizoide	vorhanden	vorhanden	vorhanden, deutlich ausgeprägt

Abb. 79.2 Wichtige morphologische Merkmale der klinisch relevantesten Mucorales-Gattungen. Die Columella ist der in den Fruchtkörper vieler Pilze hereinragende sterile Fortsatz des Fruchtkörperstiels

Hyphen (Rhizoide), und eine Erweiterung der Trägerhyphen unterhalb des Sporangiums (Apophyse) (◘ Abb. 79.2).

Rhizopus arrhizus ist der wichtigste Erreger aus der großen Gruppe der Mucorales. Die Art unterscheidet sich von der zweithäufigsten pathogenen Spezies R. microsporus durch deutlich längere Sporangiophoren und größere Sporangien. R. microsporus ist im Gegensatz zu R. arrhizus in der Lage, bei 45 °C zu wachsen (Thermoresistenz).

▪ Lichtheimia-Arten

Im Gegensatz zu Rhizopus-Arten haben Lichtheimia-Arten unpigmentierte, verzweigte Sporangiophoren mit einer deutlich ausgeprägten Apophyse (◘ Abb. 79.2). Die wichtigsten pathogenen Arten L. corymbifera und L. ramosa lassen sich nur durch ihre Wachstumsrate bei höheren Temperaturen zuverlässig unterscheiden.

▪ Mucor-Arten

Anders als Rhizopus- und Lichtheimia-Arten verursachen Mucor-Arten v. a. kutane Infektionen. Wie die Gattung Lichtheimia besitzt die Gattung Mucor unpigmentierte Sporangiophoren und unpigmentierte, meist glatte Sporangiosporen, was nicht selten zu Verwechslungen führt. Im Gegensatz zu Lichtheimia zeigen Mucor-Sporangiophoren keine Erweiterung unterhalb des Sporangiums (Apophyse) (◘ Abb. 79.2). Eine sichere Unterscheidungsmöglichkeit bilden die maximalen Wachstumstemperaturen: Während pathogene Lichtheimia-Arten bei 43 °C noch in der Lage sind zu wachsen, wird diese Temperatur von keiner Mucor-Art toleriert.

Der wichtigste pathogene Mucor-Artkomplex in Europa ist Mucor circinelloides. Die morphologischen Unterschiede zwischen den nah verwandten Arten des Mucor circinelloides-Artkomplexes sind gering, und im Labor findet in der Regel keine Unterscheidung statt. Mucor irregularis verursacht v. a. im asiatischen Raum chronische Infektionen exponierter Köperregionen.

▪▪ Epidemiologie

Die klassische klinische Präsentation der Mukormykose ist die rhinoorbitale Form. Diese tritt insbesondere bei Patienten mit schlecht eingestelltem Diabetes mellitus auf und ist daher in Deutschland selten. In anderen Regionen (z. B. Indien) stellt diese Infektion nach wie vor ein erhebliches Problem mit hoher Sterblichkeit (etwa 50 %) dar.

In Deutschland (Europa, USA) treten Mukormykosen zumeist bei Patienten mit ausgeprägten Einschränkungen der zellulären Immunantwort auf. In diesem Kollektiv ist die Mukormykose nach der Aspergillose die zweithäufigste invasive Schimmelpilzinfektion (bis zu 3 % Inzidenz in Hochrisikokollektiven wie Patienten mit akuter myeloischer Leukämie). Sie manifestiert sich meist als pulmonale Infektion.

Neben den genannten Formen treten nekrotisierende Haut- und Weichgewebeinfektionen, auch im Zusammenhang mit Traumata und Verbrennungen, auf. Die Inzidenz der Mukormykose in Europa und den USA wird auf etwa 1 pro 1 Mio. Personen und Jahr geschätzt.

Ein lokal gehäuftes Auftreten von Infektionen durch Mucorales wurde im Zusammenhang mit kontaminierten Produkten (z. B. Holzspatel) oder bei aerogener Verteilung von Sporen beobachtet. Zudem treten Infektionen mit Mucorales gehäuft im Zusammenhang mit Naturkatastrophen (z. B. Tsunamis) auf.

▪▪ Übertragung

Die Übertragung erfolgt insbesondere durch Sporen der Erreger. Wichtige Infektionswege sind die Inhalation oder die lokale Inokulation (z. B. im Zusammenhang mit einem Trauma).

▪▪ Pathogenese

Hohe Eisen- und Zuckerspiegel des Blutes sind Risikofaktoren für Mukormykosen. Ohne ausreichende Versorgung mit Eisen kann der Pilz den menschlichen Körper nicht besiedeln. Eisen liegt im menschlichen Körper überwiegend in proteingebundener Form vor. Ein niedriger pH-Wert des Blutes, z. B. infolge einer diabetischen Ketoazidose in Verbindung mit einem erhöhten Blutzuckerspiegel, führt zur Erhöhung des freien Eisens im Blut und damit zu einem gesteigerten Infektionsrisiko.

Unter diesen Bedingungen wird ein Teil des GRP78 (Glucose-Regulated-Protein 78) vom Zellinneren an die Oberfläche verlagert, wo es als Rezeptor für Mucorales fungiert, der für das Eindringen der Hyphen ins Gewebe von Bedeutung ist.

Außerdem bewirkt Hyperglykämie die Hochregulation des Pilzproteins CotH, das an GRP78 bindet und damit die Invasion der Pilzhyphen vermittelt. Hohe Zuckerkonzentrationen verursachen zudem Defekte in der Funktion von Phagozyten. Mucorales sind in der Lage, fremde Eisenchelatoren wie das bakterielle Deferoxamin zu nutzen, sodass Deferoxamin-Gaben ebenfalls das Infektionsrisiko steigern.

▪▪ Klinik

Unterschieden werden:

Rhinozerebrale Mukormykose Die schmerzhafte und häufig von Allgemeinsymptomen wie Fieber und Kopfschmerzen begleitete rhinozerebrale Mukormykose beginnt typischerweise in den Nasennebenhöhlen und

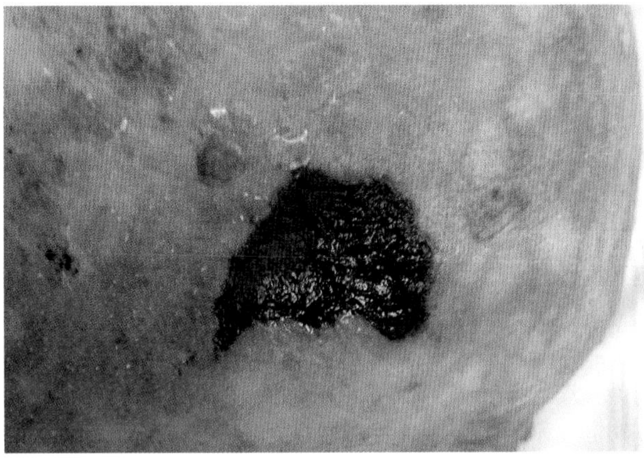

■ **Abb. 79.3** Kutane Mukormykose. Charakteristisch sind nekrotisierende Läsionen mit Entzündung im Randbereich, die schnell größer werden können (mit freundlicher Genehmigung von Prof. O. A. Cornely, Köln)

breitet sich dann lokal aus. Betroffen sind neben den Weichgeweben des Gesichts knöcherne Strukturen wie Gaumen und Orbita. Es handelt sich um ein rasch fortschreitendes Krankheitsbild mit erheblicher Gewebedestruktion, das insbesondere bei Patienten mit entgleister diabetischer Stoffwechsellage auftritt.

Pulmonale Mukormykose Die klinische Präsentation der pulmonalen Mukormykose ist unspezifisch und vergleichbar mit der invasiven pulmonalen Aspergillose (prolongiertes antibiotikarefraktäres Fieber, Husten, Dyspnoe). Die Letalität ist hoch, auch weil häufig sehr spät eine adäquate Therapie eingeleitet wird. Die pulmonale Mukormykose ist die häufigste Manifestation bei onkologischen Patienten.

Kutane Mukormykose Bei kutaner Infektion kommt es zu lokalisierten, nekrotisierenden Läsionen, die sich per continuitatem ausbreiten (■ Abb. 79.3). Ein besonderes Risiko besteht für Patienten mit Verbrennungen und schweren Verletzungen. Die kutane Mukormykose tritt aber auch bei immunsupprimierten Patienten auf. Ausgehend von einer kutanen Mukormykose kann es zu einer Disseminierung kommen.

Gastrointestinale Mukormykosen Sie sind selten, entstehen durch orale Aufnahme von Sporen und können zu Blutungen und Perforationen von Ileum und Kolon führen.

Disseminierte Mukormykosen Sie können im Rahmen einer hämatogenen Streuung alle Organe (ZNS, Leber, Milz, Herz, u. a.) betreffen.

■■ Immunität

Die Immunität gegenüber Mucorales wird insbesondere durch das zelluläre angeborene Immunsystem bestimmt. Lang dauernde Neutropenie ist ein wichtiger Risikofaktor bei immunsupprimierten Patienten. Darüber hinaus spielen verschiedene metabolische Situationen eine entscheidende Rolle: Rhinozerebrale Mukormykosen treten insbesondere bei Patienten mit langfristig entgleister diabetischer Stoffwechsellage auf. Auch eine Behandlung mit Eisenchelatoren kann das Risiko einer Mukormykose erhöhen, da einige Eisenchelatoren (z. B. Deferoxamin) den Pilzen die Aufnahme von Eisen erleichtern.

■■ Labordiagnose

Die Labordiagnostik der Mukormykosen beruht insbesondere auf dem kulturellen Nachweis der Erreger im infizierten Gewebe. Eine zuverlässige Artdiagnostik wird oft nur in Referenzlabors angeboten und beruht meist auf DNA-Sequenzanalysen.

Mikroskopisch zeigen sich im histopathologischen Präparat dünnwandige, bandförmige, oft fragmentierte Hyphen mit sehr variablem Durchmesser, die sich morphologisch oft deutlich von anderen Schimmelpilzen unterscheiden. Charakteristisch ist auch das weitgehende Fehlen einer Septierung. Die Morphologie der Hyphen kann einen wichtigen Hinweis auf das Vorliegen einer Mukormykose geben, ist jedoch kein sicheres Kriterium.

Serologische Verfahren spielen in der Diagnostik keine Rolle, v. a. da Mukormykosen nicht durch den Nachweis von β-1,3-D-Glukan (BDG) diagnostiziert werden können. Ursache hierfür ist ein Zellwandaufbau, der sich von anderen Pilzen unterscheidet.

Molekularbiologische Verfahren können einen Erregernachweis ermöglichen, stehen aber meist nur in Referenzlabors zur Verfügung.

■■ Therapie

Von zentraler Bedeutung ist die chirurgische Resektion infizierten Gewebes, soweit diese möglich ist.

Die Erreger der Mukormykosen unterscheiden sich auch in ihren Empfindlichkeitsprofilen gegenüber Chemotherapeutika. Alle Mucorales sind resistent gegen Voriconazol, während Posaconazol und Isavuconazol wirksam sein können. Aktuell wird meist mit liposomalem Amphotericin B in sehr hoher Dosierung (mindestens 5 mg/kg KG, bei ZNS-Befall 10 mg/kg) therapiert. Wirksame Azole können alternativ oder in Kombination mit Amphotericin B eingesetzt werden.

Die Prognose der invasiven Infektionen ist insgesamt schlecht.

79.2 Andere Mucorales

Neben Rhizopus, Lichtheimia und Mucor sind auch Vertreter anderer Mucorales-Gattungen in der Lage, Infektionen auszulösen. Die Gattungen Apophysomyces und Saksenaea sind in tropischen und subtropischen Ländern verbreitet. Arten dieser Gattungen lösen auch beim gesunden Menschen Infektionen aus, wenn sie über Wunden, z. B. durch Unfälle oder Insektenstiche, in den Körper gelangen. Infektionen mit der weltweit verbreiteten Art Cunninghamella bertholletiae oder anderen Cunninghamella-Arten treten vergleichsweise selten auf, haben aber hohe Mortalitätsraten aufgrund der Pan-Azolresistenz dieser Pilze. Infektionen durch Syncephalastrum racemosum (Einschaltbild 12 in ◘ Abb. 74.2 zeigt einen Sporenträger) und Cokeromyces recurvatus werden nur selten beschrieben.

In Kürze: Mucorales

Mukormykosen ist ein Oberbegriff für Infektionen, die durch Schimmelpilze aus der großen Gruppe der Mucorales verursacht werden. Zu den wichtigsten Vertretern gehören Arten der Gattungen Rhizopus, Lichtheimia und Mucor. Allen Mucorales ist gemein, dass sie rasch wachsen und dabei typische, nicht oder wenig septierte Hyphen bilden.

Klinisch bedeutsame Manifestationen sind insbesondere die **rhinozerebrale Mukormykose,** die v. a. bei Patienten mit entgleister diabetischer Stoffwechsellage auftritt, sowie die **pulmonale Mukormykose,** die v. a. immunsupprimierte onkologische Patienten betrifft. **Kutane Mukormykosen** führen zu lokalisierten nekrotischen, oft rasch größenprogredienten Läsionen. Sie können bei immunsupprimierten Patienten, aber auch nach Traumata oder Verbrennungen auftreten.

Die Diagnose von Mukormykosen beruht auf dem **Erregernachweis in Histologie und Kultur.**

Für die Behandlung eignen sich, ggf. auch in Kombination, **liposomales Amphotericin B** sowie **Posaconazol** und **Isavuconazol.** Insbesondere bei Weichgewebeinfektionen ist die chirurgische Entfernung infizierten Gewebes notwendig.

Fusarium

Grit Walther und Oliver Kurzai

Die Gattung Fusarium bildet eine artenreiche Gruppe pflanzenassoziierter Schimmelpilze. Charakteristisch für Kulturen der Gattung sind rote Farbstoffe und bananenförmige, mehrzellige Konidien, die oft neben kleinen, einzelligen Konidien gebildet werden. Die von ihnen produzierten Mykotoxine sind für die Lebensmittelsicherheit von großer Bedeutung. Die wichtigste von Fusarium spp. hervorgerufene Erkrankung ist die Keratitis, die in tropischen und subtropischen Ländern v. a. durch Verletzungen mit pflanzlichem Material, in gemäßigten Breiten dagegen durch unsachgemäßes Tragen von Kontaktlinsen verursacht wird. Bei Patienten mit stark eingeschränkter zellulärer Immunantwort kommt es selten zu systemischen Infektionen, die hämatogen disseminieren und zu sekundären Hautläsionen führen können. Der Nachweis erfolgt in der Regel kulturell oder im Falle der Keratitis über In-vivo-Konfokalmikroskopie. Die wirksamsten Antimykotika sind Amphotericin B, Voriconazol und Natamycin (nur bei Keratitis).

Fallbeispiel

Im Februar 2006 wurden in Singapur und Hongkong mehrere Fälle von Schimmelpilzkeratitis berichtet. Als Erreger wurden in den meisten Fällen Schimmelpilze der Gattung Fusarium isoliert. Nahezu alle Patienten waren Kontaktlinsenträger. Am 8. März 2006 wurden in den USA die ersten 3 Fälle von Fusarium-Keratitis berichtet. Nach stark steigenden Zahlen von Fallberichten in den USA (insgesamt 164 bestätigte Fälle) konnte die US-Gesundheitsbehörde CDC in einer umfangreichen Fall-Kontroll-Studie zeigen, dass die überwiegende Zahl der Betroffenen eine einzige Kontaktlinsen-Pflegelösung angewandt hatte. Diese wurde vom Markt genommen. Daraufhin ging die Zahl der Schimmelpilzkeratitiden deutlich zurück. Wie sich in nachfolgenden Untersuchungen herausstellte, war die Kontaktlinsenlösung zwar steril produziert worden. Jedoch war im Bemühen, eine möglichst verträgliche Pflegelösung herzustellen, ein Produkt entstanden, in dem sich Fusarium-Arten fast ungehindert vermehren konnten. Durch sekundäre Kontamination der Lösung während der Anwendung kam es dadurch zu einer Vielzahl von Infektionen.

80.1 Fusarium

Die Gattung Fusarium umfasst eine große Gruppe von Schimmelpilzen (mehr als 300 Arten), die weltweit in Erdboden und organischem Material vorkommen. Viele Fusarium-Arten sind mit bestimmten Pflanzen assoziiert, und einige Vertreter zählen zu den wichtigsten Schadpilzen von Nutzpflanzen weltweit.

Fusarium-Arten sind Toxinbildner und können mehrere Mykotoxine bilden. Die wichtigsten Toxingruppen sind die Fumonisine, Zearalenon (ZEA oder ZON) und Desoxynivalenol. Die von Fusarium-Arten gebildeten Mykotoxine stellen auch eine Gefahr für die Lebensmittelsicherheit von Getreide- und Maisprodukten dar.

80.1.1 Beschreibung

Fusarium-Arten wachsen in der Kultur als klassische Schimmelpilze und bilden häufig Pigmente in unterschiedlichen Rottönen (◘ Abb. 80.1**d** und **e**). Die Pilze sind durch 2 Formen von Konidien gekennzeichnet, die von Phialiden gebildet werden (▶ Abschn. 74.3):

- Die **Mikrokonidien** (◘ Abb. 80.1**a**) sind unspezifisch, klein und in der Regel einzellig.
- Die langen, mehrfach septierten **Makrokonidien** weisen meist eine typische Bananenform auf und sind charakteristisch für die Gattung (◘ Abb. 80.1**b** und **c**). Klinische Isolate bilden häufig nur Mikrokonidien.

Die Einteilung der Gattung Fusarium in Arten ist noch im Fluss. Unterschiedliche Autoren favorisieren für einige Arten aktuell verschiedene Bezeichnungen. Klinisch erfolgt oft nur eine Identifizierung auf Gattungsebene, anzustreben ist zumindest eine

S. Suerbaum et al. (Hrsg.), *Medizinische Mikrobiologie und Infektiologie*,
https://doi.org/10.1007/978-3-662-61385-6_80

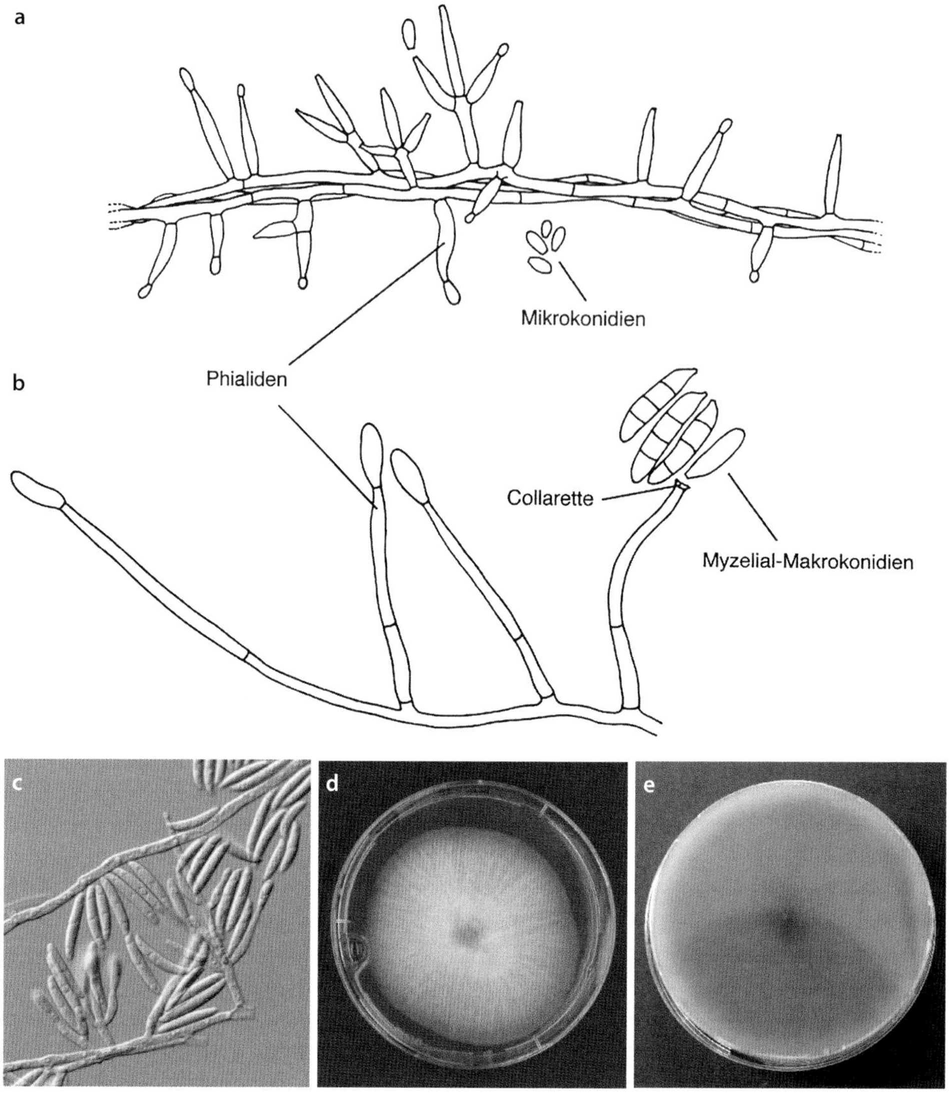

Abb. 80.1 **a–e** Kleine einzellige Mikrokonidien (**a**) und Makrokonidien (**b, c**) können an Phialiden gebildet werden, die direkt am Myzel ansetzen. Die bananenförmigen Makrokonidien sind typisch für die Gattung. In der Kultur zeigt sich rasch wachsendes Myzel, bei einigen Arten mit gelber oder roter Pigmentierung der Kolonierückseite (**d, e**)

80

Identifizierung bis auf Artkomplexebene. Die wichtigsten Artkomplexe sind in Tab. 80.1 zusammengefasst. Eine Unterscheidung der Arten ist meist nur mittels molekularer Verfahren (DNA-Sequenzierung) möglich.

80.1.2 Rolle als Krankheitserreger

Epidemiologie

Bei der **Schimmelpilzkeratitis** sind Fusarium-Arten die wichtigsten Erreger und machen 50–70 % aller Fälle aus. Dies gilt sowohl für die traumaassoziierte Schimmelpilzkeratitis, die insbesondere in tropischen und subtropischen Regionen häufig ist, als auch für die Kontaktlinsen-assoziierte Keratitis.

Die **systemische Fusariose** ist eine Rarität, die auch bei Hochrisikopatienten nur selten auftritt. Hauptrisikofaktoren sind eine ausgeprägte Schwächung

Tab. 80.1 Die 3 bedeutendsten Fusarium-Artkomplexe mit ihren wichtigsten Vertretern

Artkomplex	Wichtige Arten
Fusarium solani species complex (FSSC)	F. solani sensu stricto F. keratoplasticum F. petroliphilum F. falciforme
Fusarium oxysporum species complex (FOSC)	F. oxysporum
Fusarium fujikuroi species complex (FFSC)	F. proliferatum F. musae

der zellulären Immunantwort, insbesondere bei lang andauernder, schwerer Neutropenie. Neben onkologischen Patienten sind Patienten in ambulanter Dialysebehandlung, Patienten mit schweren Verbrennungen oder Organtransplantaten häufiger von einer invasiven Fusariose betroffen.

▪▪ Übertragung

Die Infektion durch Fusarium spp. kann auf unterschiedlichen Wegen erfolgen:

Trauma: Verletzungen (z. B. am Auge), oft mit pflanzlichem Material (Äste, Stroh, Dornen) können zu einer Infektion führen (pflanzenassoziierte Arten).

Inokulation mit Kontaktlinsen: Betroffen sind hier v. a. Träger weicher Kontaktlinsen. Entscheidende Faktoren sind neben der zum Teil sehr unterschiedlichen fungistatischen/fungiziden Aktivität der Kontaktlinsenlösung v. a. Defizite im Umgang mit den Kontaktlinsen, wie zu langes Tragen, z. B. auch beim Schlafen, Übertragen von Kontaktlinsen, die nur für eine kurzfristige Anwendung gedacht sind, sowie unzureichende Hygiene bei der Pflege der Kontaktlinsen.

Die Infektionswege bei **systemischer Fusariose** sind oft unklar. Eine systemische Störung kann von Lunge, Verdauungstrakt oder Hautläsionen ausgehen.

▪▪ Pathogenese

Über die Pathogenese der Fusarium-Arten ist wenig bekannt. Bei der Keratitis kommt es rasch zu einer Infiltration tieferer Schichten der Hornhaut sowie zum Einbruch in die vordere Augenkammer und in der Folge zu einer Endophthalmitis. Bei der systemischen Fusariose spielen auch die von den Erregern gebildeten Toxine eine Rolle und können zu ausgeprägten Gewebeschäden führen. Fusarium-Arten können hämatogen disseminieren und werden bei systemischen Infektionen auch in Blutkulturen gefunden.

▪▪ Klinik

Dazu zählen die Fusarium-Keratitis und systemische Fusarium-Infektionen.

Fusarium-Keratitis Die Infektion der Hornhaut durch Schimmelpilze ist in tropischen und subtropischen Regionen häufig und dort in der Regel mit Verletzungen des Auges assoziiert. In Deutschland und Europa tritt diese Form der Keratitis v. a. als Kontaktlinsen-assoziierte Keratitis in Zusammenhang mit dem Tragen weicher Kontaktlinsen auf.

Patienten klagen über Fremdkörpergefühl, Schmerzen und Visusverlust. Bei der Untersuchung zeigen sich eine Bindehautinjektion (Hervortreten der Blutgefäße der Konjunktiva; „rotes Auge"), epitheliale Auflagerungen auf der Hornhaut, Hypopyon sowie ein

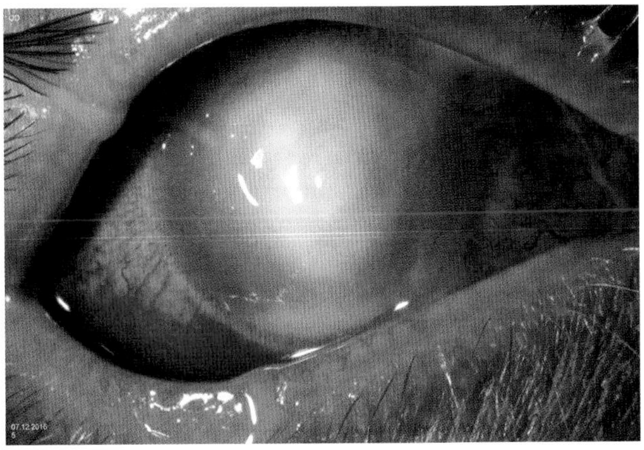

◘ Abb. 80.2 Klinischer Aspekt einer Fusarienkeratitis: erhebliche Infektion der Kornea mit teilweise erhabenem Infiltrat, das eine „ausgefranste" Randkonfiguration zeigt. Deutlich zu sehen ist das Hypopyon (Eiteransammlung in der Vorderkammer) sowie die Begleitkonjunktivitis. (Mit freundlicher Genehmigung von Prof. G. Geerling, Dr. M. Roth, Düsseldorf)

Infiltrat, oft mit ausgefranster Randkonfiguration und Satellitenherden (◘ Abb. 80.2).

Weitere Erreger der Schimmelpilzkeratitis sind Aspergillus spp. (▶ Kap. 78), Purpureocillium spp. (▶ Abschn. 81.3.2) und zahlreiche andere Arten. Eine wichtige Differenzialdiagnose ist die Keratitis durch Akanthamöben (▶ Kap. 117). Neben Schimmelpilzen treten auch Hefepilze – insbesondere Candida-Arten als Keratitiserreger auf. Diese sind jedoch eher mit Keratitis aufgrund chronisch-entzündlicher Prozesse am Auge oder lokaler Oberflächendefekte in Kombination mit einem Immundefekt assoziiert.

Systemische Infektionen durch Fusarium spp. Fusarium-Arten können über die Blutbahn disseminieren und nahezu jedes Organ befallen. Charakteristisch für die systemische Fusariose sind ausgeprägte Gewebeschädigungen, die teilweise auch durch die vom Erreger gebildeten Toxine verursacht werden, sowie sekundäre Hautläsionen, aus denen der Erreger auch nachgewiesen werden kann.

▪▪ Immunität

Eine protektive Immunantwort gegen Fusarium spp. gründet insbesondere auf einer funktionierenden zellulären Immunantwort. Entsprechend treten systemische Infektionen fast ausschließlich bei schwer immunsupprimierten Patienten auf. Besondere Bedeutung als Risikofaktor hat die ausgeprägte und lang andauernde Neutropenie.

Die Pathogenese der Kontaktlinsen-assoziierten Keratitis ist nach wie vor weitgehend unklar. Neben Mikrotraumen als Eintrittspforte können eine Behinderung der Zirkulation der Tränenflüssigkeit sowie eine verminderte Sauerstoffdiffusion eine Rolle spielen.

▪▪ Labordiagnose

Klinisch ist die Diagnose einer Schimmelpilzkeratitis auch über eine **In-vivo-Konfokalmikroskopie der Hornhaut** möglich. Diese erlaubt jedoch keine genaue Identifizierung des Erregers, und die Sensitivität hängt stark von der Erfahrung des Untersuchers ab.

Die Labordiagnose erfolgt in der Regel durch **kulturellen Erregernachweis.** Bei Keratitis sollte dafür Material aus tiefen Hornhautschichten entnommen werden (Abradat, Scraping), da die Erreger tief im Hornhautgewebe wachsen können. In diesem Material können die Erreger mikroskopisch und kulturell nachgewiesen werden.

Im Gegensatz zu Aspergillus spp. werden Fusarium spp. bei systemischen Infektionen regelmäßig in **Blutkulturen** nachgewiesen.

Serologisch kann bei systemischen Infektionen durch Fusarium spp. der β-(1,3)-D-Glukan-(BDG-) Nachweis positiv sein. Ebenso sind Kreuzreaktionen mit dem Galaktomannan-Test (Aspergillus-Antigen) beschrieben.

Molekulare Verfahren stehen nur in Referenzlabors zur Verfügung.

▪▪ Therapie

Alle Fusarium-Arten sind intrinsisch resistent gegenüber Echinocandinen. Aus der Gruppe der Azole sind nur Voriconazol sowie ggf. Isavuconazol und Posaconazol bei einigen Spezies wirksam. Terbinafin kann bei einigen Arten wirksam sein. Die Arten des Fusarium solani-Komplexes sind gegenüber Terbinafin immer und gegenüber Voriconazol in den meisten Fällen resistent.

Die wirksamsten Antimykotika gegen Fusarium spp. sind **Amphotericin B** und **Voriconazol** sowie das nur lokal anwendbare **Natamycin,** das bei Fusarium-Keratitis zum Einsatz kommt und in der lokalen Therapie (Augentropfen in 5 %iger Konzentration) eine bessere Wirkung zeigt als andere Substanzen.

Die mykotische Keratitis zeichnet sich durch eine schwierige Behandlung und eine schlechte Prognose aus. Die Therapie erfolgt initial mit Augentropfen (z. B. 5 % Natamycin), die rund um die Uhr in Abständen von 30–60 min appliziert werden. Zusätzlich sollte eine systemische Therapie (z. B. mit Voriconazol erfolgen).

In mehr als der Hälfte aller Fälle ist eine **Hornhauttransplantation** erforderlich, in etwa 10 % der Fälle muss das betroffene Auge operativ entfernt werden.

In Kürze: Fusarium

Schimmelpilze aus der Gattung **Fusarium** kommen weltweit vor. Einige Arten zählen zu den wichtigsten Pflanzenschädlingen. Die Taxonomie der Gattung ist nicht vollständig analysiert. Die Unterscheidung einzelner Arten wird nur in spezialisierten Labors durchgeführt.

Die häufigste Fusarien-Infektion bei Menschen ist die **Keratitis.** Sie entsteht insbesondere nach einer Verletzung am Auge oder bei Trägern weicher Kontaktlinsen, oft bei schlechter Hygiene im Umgang mit den Linsen. Die Diagnose erfolgt durch **Erregernachweis aus Hornhautmaterial.** Klinisch können ein typischer Befund sowie der Nachweis filamentöser Strukturen mit der **In-vivo-Konfokalmikroskopie** auf die Diagnose einer Schimmelpilzkeratitis hinweisen. Die Behandlung erfolgt lokal (Natamycin-Augentropfen) und systemisch (Voriconazol).

Systemische Fusariosen sind selten und treten v. a. bei Patienten mit schweren Defekten der zellulären Immunantwort auf. Sie werden durch Erregernachweis (z. B. Blutkultur, Biopsien aus Hautläsionen) diagnostiziert. Für die systemische Therapie kommen v. a. **Voriconazol** und **liposomales Amphotericin B** infrage.

Weitere pathogene Pilze

Oliver Kurzai

Neben den in den vorangegangenen Kapiteln behandelten Arten werden zahlreiche und diverse andere Pilze in seltenen Fällen als Erreger von Infektionen des Menschen isoliert. Morphologisch lassen sich dabei im Routinelabor Hefepilze von Schimmelpilzen unterscheiden. Bei den Schimmelpilzen unterscheidet man solche mit nichtpigmentierten Hyphen (Hyalohyphomyzeten) von solchen mit pigmentierten Hyphen (Phäohyphomyzeten). Die genaue Bestimmung sehr seltener Arten ist oft nur in Referenzlabors zuverlässig möglich. Gerade bei schweren Krankheitsbildern und Patienten mit extrem eingeschränkter Immunantwort ist auch die Therapieentscheidung schwierig, da für die seltenen Arten oft wenig zu Resistenz oder gar klinischem Therapieansprechen bekannt ist. Historisch werden auch Infektionen durch mikroskopisch hefeähnliche Algen im mykologischen Labor diagnostiziert. Beschreibungen sehr seltener Arten sind der einschlägigen Fachliteratur vorbehalten. An dieser Stelle beschränkt sich die Darstellung auf Pilze, die regelmäßig im klinisch-mykologischen Labor nachgewiesen werden.

Fallbeispiel

Eine 40-jährige Patientin wird wegen einer schweren Pneumonie auf die Intensivstation aufgenommen. Nach Initiierung einer Antibiotikatherapie entwickelt sie Durchfälle und wird zunächst mit Probiotika behandelt. Zwei Tage später zeigt die Patientin eine Leukozytose und subfebrile Temperaturen. In zwei Blutkulturen findet sich die Bäckerhefe Saccharomyces cerevisiae. Es stellt sich heraus, dass das eingesetzte Probiotikum als Hauptbestandteil Bäckerhefe enthält. Die probiotische Therapie wird beendet, und die Patientin wird – trotz des Fehlens weiterer Symptome – mit Fluconazol behandelt. In der Folge zeigen sich keine weiteren Probleme, und die Patientin kann wenige Tage später gesund entlassen werden.

81.1 Seltene pathogene Hefepilze

81.1.1 Trichosporon-Arten

- T. asahii
- T. inkin
- T. mycotoxinivorans

Die Gattung Trichosporon umfasst Hefen, die – wie Cryptococcus spp. – zu den Basidiomyzeten zählen. Sie kommen ubiquitär in der Umwelt vor und können Bestandteil der Normalflora von Tieren, aber auch des Menschen sein. Von den über 30 Arten werden in der Klinik insbesondere T. asahii, T. inkin und T. mycotoxinivorans (neuer Name: Apiotrichum mycotoxinivorans) gefunden. Trichosporon spp. wachsen in Kultur rasch auf Standardnährmedien. Neben Hefezellen, als die sie oft nur in der Primärkultur auftreten, bilden sie auch filamentöse Formen, die häufig in Arthrokonidien zerfallen (thallische Konidiogenese, ◘ Abb. 81.1; vgl. ◘ Abb. 74.1).

Charakteristisches klinisches Bild ist die **weiße Piedra**, bei der granuläre Strukturen an Haarschäften entstehen (Trichosporon = „Sporen am Haar"). Neben oberflächlichen Infektionen v. a. der behaarten Haut können diese Arten systemische Infektionen verursachen. Betroffen sind insbesondere schwer immunsupprimierte Patienten (z. B. Neutropenie).

T. mycotoxinivorans wird in Atemwegsmaterialien von Patienten mit Mukoviszidose gefunden, die klinische Relevanz ist meist unklar. Es wurden jedoch bei diesen Patienten auch invasive Infektionen beschrieben. Die Therapie von Infektionen durch Trichosporon wird durch Resistenzen erschwert, insbesondere treten regelmäßig Resistenzen gegen Amphotericin B auf, sodass typischerweise Azolantimykotika (Voriconazol) als Erstlinientherapie zum Einsatz kommen.

S. Suerbaum et al. (Hrsg.), *Medizinische Mikrobiologie und Infektiologie*,
https://doi.org/10.1007/978-3-662-61385-6_81

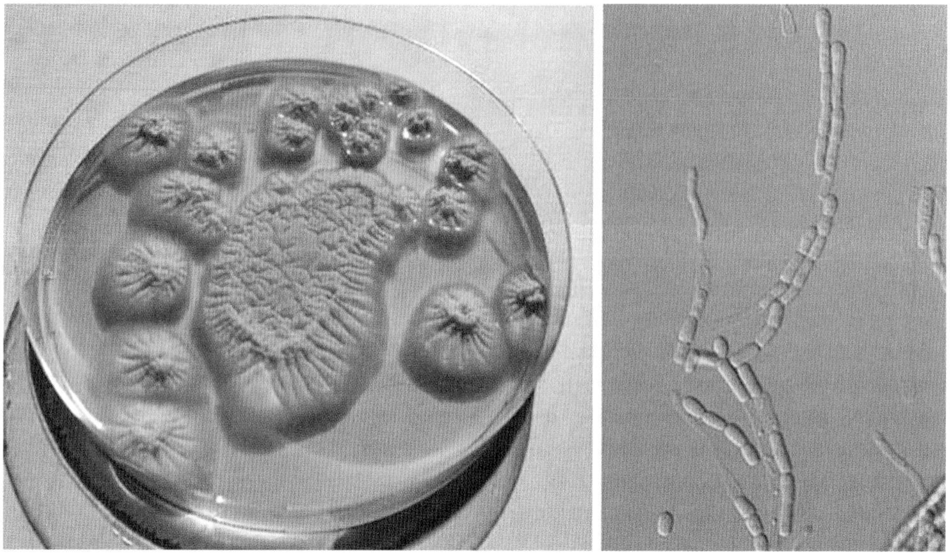

Abb. 81.1 Trichosporon asahii in Kultur (links); mikroskopisch (rechts) zeigen sich die typischen Arthrokonidien, die durch Zerfall des Myzels entstehen

81.1.2 Saccharomyces cerevisiae

Saccharomyces cerevisiae ist die klassische Bäckerhefe und wird als apathogen eingestuft. Einige Stämme – früher als eigene Art Saccharomyces boulardii eingestuft, taxonomisch jedoch zu S. cerevisiae gehörend – werden als Probiotikum eingesetzt.

In seltenen Fällen – meist bei schwer immunsupprimierten Patienten – wird S. cerevisiae auch aus klinischen Materialien isoliert. Es sind Fälle schwer immunsupprimierter Patienten bekannt, die nach Therapie mit S. cerevisiae-Probiotika eine Fungämie entwickelt haben. Darüber hinaus wurden wenige Fälle beschrieben, bei denen Personen sich in autoaggressiver Absicht S. cerevisiae intravenös injizierten. Der klinische Verlauf ist in der Regel aufgrund der fehlenden Virulenz des Erregers blande. Eine eventuelle antimykotische Therapie wird durch die reduzierte Empfindlichkeit des Erregers gegenüber Fluconazol erschwert.

81.1.3 Malassezia-Arten

- M. furfur
- M. pachydermatis
- M. sympodialis

Hefepilze der Gattung Malassezia (früher auch als Pityrosporum-Arten bezeichnet) sind die zahlenmäßig häufigsten Pilze in der menschlichen Hautflora und lassen sich bei allen Erwachsenen auf der Haut nachweisen. Sie bilden rundovale Sprosszellen und zählen zu den basidiomyzetären Hefen. Auch in Kultur sind sie auf die Zugabe langkettiger Fettsäuren angewiesen (obligat lipophil), sodass eine kulturelle Anzucht (mit Ausnahme von M. pachydermatis) nur auf Spezialmedien (z. B. Zugabe von Olivenöl) gelingt. Die wichtigsten humanpathogenen Arten sind M. furfur, M. pachydermatis und M. sympodialis, daneben gibt es weitere Arten, die selten im mykologischen Labor angezüchtet werden.

Malassezia spp. sind Erreger der **Pityriasis versicolor** (Kleienflechte, Abb. 81.2), bei der es zu einer lokalen Vermehrung der Hefepilze mit der Ausbildung filamentöser Formen und einer begleitenden Entzündungsreaktion kommt. Klinisch kommt es zu Pigmentierungsstörungen (hypo- und hyperpigmentierte Areale). Die Therapie erfolgt lokal mit Azolantimykotika.

Die **Malassezia-Follikulitis** betrifft in der Regel prädisponierte Patienten (z. B. Diabetes mellitus, chronische Nierenerkrankungen, Immunsuppression) und äußert sich durch gerötete papulopustulöse Effloreszenzen am Körperstamm und den oberen Extremitäten mit ausgeprägtem Juckreiz.

Ein kausaler Zusammenhang zwischen Malassezia-Arten und dem seborrhoischen Ekzem ist nicht abschließend geklärt. Diese chronisch-entzündliche Erkrankung tritt insbesondere bei HIV-Patienten auf und betrifft die seborrhoischen Areale der Haut (behaarte Kopfhaut, Gesicht, Gehörgänge, oberer Stamm). Sie äußert sich mit Erythem, Juckreiz und Schuppung. Die Therapie erfolgt lokal mit Azolantimykotika.

Systemische Infektionen durch Malassezia spp. treten als katheterassoziierte Sepsis v. a. bei Frühgeborenen

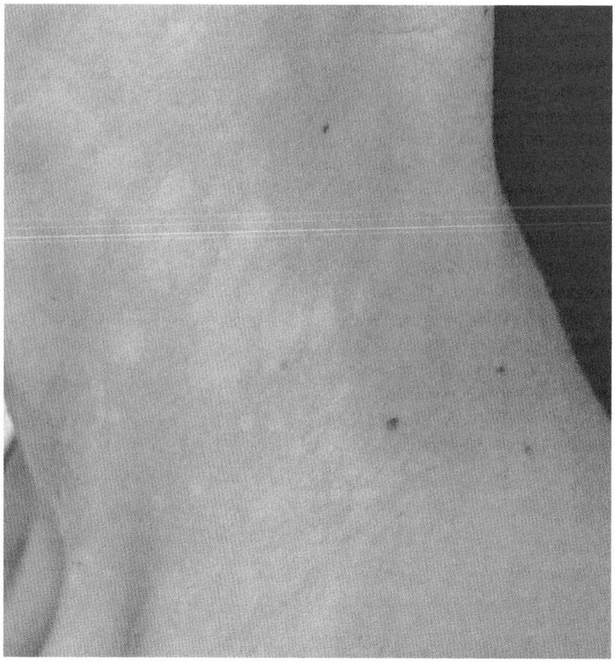

Abb. 81.2 Klinisches Bild einer Pityriasis versicolor (Kleienflechte) mit landkartenartig verteilten, hypo- und hyperpigmentierten Arealen. (Mit freundlicher Genehmigung von PD Dr. Annette Kolb-Mäurer, Würzburg)

(lipidhaltige Ernährung über einen Katheter als Prädisposition) sowie bei schwer immunsupprimierten Patienten auf.

81.2 Humanpathogene Algen

81.2.1 Prototheca-Arten

- P. wickerhamii
- P. zopfii

Chlorophyllfreie Algen aus der Gattung Prototheca ähneln mikromorphologisch Hefezellen, vermehren sich jedoch nicht durch Sprossung, sondern durch intrazelluläre Bildung von Sporen, die anschließend durch eine Lyse der Mutterzelle freigesetzt werden. Die rundlichen Zellen sind im Durchmesser recht variabel (3–40 µm). Prototheca-Arten kommen – auch aufgrund einer erhöhten Resistenz gegen Chlorradikale – weltweit in Süßwasser- und Salzwasserreservoiren vor, wurden aber auch aus tierischen und humanen Proben isoliert.

Die wichtigsten humanpathogenen Arten sind Prototheca wickerhamii (kleinere Zellen: 3–10 µm) und Prototheca zopfii (größere Zellen: 7–40 µm). Infektionen durch Prototheca spp. entstehen regelmäßig durch Kontamination von Wunden mit verschmutztem Wasser, andere Infektionen wurden in Zusammenhang mit chirurgischen Eingriffen beschrieben.

Am häufigsten werden unkomplizierte, meist chronisch verlaufende kutane Infektionen beobachtet, die v. a. bei immunsupprimierten Patienten auftreten. Es kommt zu vesikulären oder bullösen, teilweise ulzerierenden und im Verlauf verkrustenden Läsionen.

Fälle von Bursitis (häufig am Olekranon) sind in der Regel mit einem lokalen Trauma assoziiert und treten auch bei immunkompetenten Personen auf.

Demgegenüber kommt es in der Regel nur bei schwer immunkompromittierten Patienten zu systemischen Infektionen. Bei einer disseminierten Prototheca-Infektion können diverse innere Organe betroffen sein.

Prototheca-Arten werden initial häufig mit Hefepilzen verwechselt, können jedoch mit biochemischen Verfahren oder massenspektrometrisch identifiziert werden. Mikroskopisch ist das komplette Fehlen von Sprosszellen auffällig.

Zur Behandlung werden Azolantimykotika (bei kutanen Infektionen auch lokal) oder Amphotericin B eingesetzt.

81.3 Schimmelpilze mit nichtpigmentierten Hyphen (Hyalohyphomyzeten)

81.3.1 Acremonium-Arten

- A. sclerotigenum
- A. kiliense

A. sclerotigenum, A. kiliense und andere Arten sind langsam wachsende Schimmelpilze, die v. a. bei immunsupprimierten Patienten zu septischen Infektionen führen können. Diese Erreger werden ähnlich wie auch Fusarium spp. regelmäßig in der Blutkultur nachgewiesen. Häufig findet sich eine Assoziation zu Fremdmaterial wie künstlichen Herzklappen. Darüber hinaus gibt es mehrere Fallberichte zu lokalisierten Infektionen (Haut und Nägel) sowie zu Keratitis.

Die Taxonomie dieser Pilze hat sich in den letzten Jahren durch molekulare Studien erheblich verändert, sodass zahlreiche Arten, die früher als Acremonium geführt wurden, heute zu anderen Genera gehören (Sarocladium, Phialemonium u. a.). Alle diese Arten weisen häufig Resistenzen gegen zahlreiche Antimykotika, u. a auch Amphotericin B, auf.

81.3.2 Paecilomyces und Purpureocillium-Arten

- Purpureocillium lilacinum
- Paecilomyces variotii

P. lilacinum (früher: Paecilomyces lilacinus) zählt zu den häufigeren Erregern bei Augeninfektionen mit Schimmelpilzen. Die Art kann, ebenso wie P. variotii, auch kutane Infektionen und – bei immunsupprimierten Patienten – systemische Infektionen verursachen. Bei beiden Arten können Resistenzen gegen Voriconazol oder Amphotericin B vorliegen, sodass eine Therapieentscheidung ohne Resistenztestung schwierig ist.

81.3.3 Penicillium- und Talaromyces-Arten

Obwohl einige wenige invasive Infektionen zumeist bei schwer immunsupprimierten Patienten beschrieben wurden, sind die ubiquitär vorkommenden Penicillium spp. bei der Anzucht im mykologischen Labor in aller Regel als Laborkontaminanten zu werten.

Eine Ausnahme bildet die früher als Penicillium marneffei bekannte Art, die heute in die neue Gattung Talaromyces eingeordnet wird (▶ Abschn. 83.5).

81.3.4 Entomophthorales

- Conidiobolus-Arten
- Basidiobolus-Arten

Erreger aus den Gattungen Basidiobolus und Conidiobolus verursachen überwiegend in tropischen und subtropischen Ländern chronische Infektionen (Entomophthoromykosen).

Conidiobolus-Arten führen typischerweise zu rhinofazialen Infektionen bei immunkompetenten Patienten. Bei immunsupprimierten Patienten können sich disseminierte Infektionen entwickeln.

Infektionen durch Basidiobolus spp. (die Einschaltbilder 13 und 14 in ◘ Abb. 74.2 zeigen einen Sporenträger mit Konidie bzw. eine Zygospore) entstehen durch Aufnahme des Erregers über kleine Verletzungen und führen zu subkutanen Infektionen. Darüber hinaus kann es zu schwerwiegenden gastrointestinalen Infektionen kommen.

Die Diagnose erfolgt über den Erregernachweis aus Gewebe. Für die Therapie kommen insbesondere Azolantimykotika infrage, oft sind zudem chirurgische Maßnahmen erforderlich.

81.4 Schimmelpilze mit pigmentierten Hyphen (Phäohyphomyzeten).

81.4.1 Scedosporium-Arten und Lomentospora prolificans

- S. apiospermum
- S. boydii
- S. aurantiacum
- S. dehoogii
- L. prolificans

Scedosporium-Arten können lokalisierte und systemische Infektionen verursachen. Infektionen wurden v. a. im Zusammenhang mit Verletzungen (z. B. Verkehrsunfällen) beschrieben. Nach Beinahe-Ertrinkungsunfällen werden vermehrt Hirnabszesse durch Scedosporium spp. beobachtet.

Besonders gefährdet sind auch Patienten mit Mukoviszidose, bei denen es zu einer Besiedlung der Lunge kommen kann. Diese kann zu einer Pneumonie und nachfolgender hämatogener Disseminierung führen. Insbesondere in Zusammenhang mit Lungentransplantationen ist das klinische Management von Mukoviszidosepatienten bei Besiedlung/Infektion mit diesen Erregern aufgrund der hohen intrinsischen Resistenz gegen alle Antimykotika komplex.

Die Art S. apiospermum wird im Labor teilweise auch in der teleomorphen Form angezüchtet, die früher den Namen Pseudallescheria boydii trug. Nach der Regel „one fungus – one name" (▶ Abschn. 74.4) wird die Art heute als S. apiospermum bezeichnet.

Lomentospora prolificans (früher: Scedosporium prolificans) wurde aufgrund von genetischen Analysen in eine eigene Gattung eingeordnet. Dies wird auch durch unterschiedliche Resistenzmuster gestützt: Scedosporium spp. sind regelmäßig resistent gegen Amphotericin B, oft auch gegen weitere Antimykotika. In der Regel kommen Azolantimykotika (z. B. Voriconazol) zum Einsatz, oft auch in Mehrfachkombination mit anderen Substanzen. Im Gegensatz dazu zeigt L. prolificans üblicherweise neben der Amphotericin-B-Resistenz eine Pan-Azolresistenz.

81.4.2 Sporothrix-Arten

- S. schenckii
- S. brasiliensis
- S. globosa
- S. luriei

Sporothrix schenckii sensu stricto und andere zum S. schenckii-Komplex gehörende Arten sind Erreger der Sporotrichose. Die Erreger kommen weltweit im Boden und auf lebendem oder verrottendem Pflanzenmaterial vor. Neben der Infektion über kontaminierte Wunden kommen auch zoonotische Infektionen durch Kontakt mit infizierten Tieren (z. B. Katzen) vor.

S. schenckii ist ein dimorpher Pilz, der bei 25 °C eine filamentöse Form mit hyalinen Hyphen und braunen, dickwandigen Konidien bildet. Bei höheren Temperaturen (35–37 °C) wächst S. schenckii in der Hefeform.

Die **kutane Sporotrichose** tritt in der Regel nach Verletzungen und direkter Inokulation des Pilzes auf. Besonders betroffen sind Gärtner (Verletzungen an Rosengewächsen oder Berberitzen, sog. „Rosenhändlerkrankheit") oder Waldarbeiter (◘ Abb. 81.3). Auch der direkte Kontakt zu Tieren (Jagd-, Nutz- und Haustiere) wurde als Infektionsweg beschrieben. Die lokale Form ist durch einzelne oder multiple, häufig ulzerierte Läsionen an der Eintrittsstelle (meist an der Hand) gekennzeichnet.

Durch Ausbreitung entlang der Lymphbahnen entsteht eine **lymphokutane Sporotrichose.** Zum Befall innerer Organe (Knochen/Gelenke, Lunge, ZNS) kommt es selten und in der Regel nur bei schwer immunsupprimierten Patienten (z. B. im Rahmen von AIDS). Neben der Haut können auch Schleimhäute (Schleimhaut der Nase, Bindehaut) betroffen sein. Im Gewebe findet sich die zigarrenförmige Hefeform des Erregers, die Erregerdichte ist jedoch in aller Regel gering.

Zur Therapie der Sporotrichose wird Itraconazol, alternativ auch Amphotericin B eingesetzt.

Sporothrix-Arten können auch bei Tieren schwere Infektionen verursachen.

81.4.3 Exophiala-Arten

- E. dermatitidis
- E. jeanselmii

Pilze der Gattung Exophiala (>20 Arten) werden auch als „schwarze Hefen" bezeichnet, sind morphologisch aber in der Regel Schimmelpilze (nur einzelne Arten wachsen solitär in der Hefeform; ◘ Abb. 81.4). E. dermatitidis ist eine extrem umweltresistente Art (breite Temperaturtoleranz, halotolerant, UV-tolerant und sogar weitgehend tolerant gegen radioaktive Strahlung). Entsprechend wurde sie in einem breiten Spektrum an Habitaten nachgewiesen, das von Gletscherschmelzwasser über Mineralwasser bis hin zu Spülmaschinen und Duschkabinen reicht. Diese Art kann lokale Hautinfektionen und in seltenen Fällen invasive Infektionen bei schwer immunsupprimierten Patienten auslösen. E. dermatitidis wird regelmäßig in Atemwegsmaterialien von Mukoviszidosepatienten gefunden, die klinische Relevanz ist meist unklar.

E. jeanselmii ist ein Erreger des Eumyzetoms (s. u.).

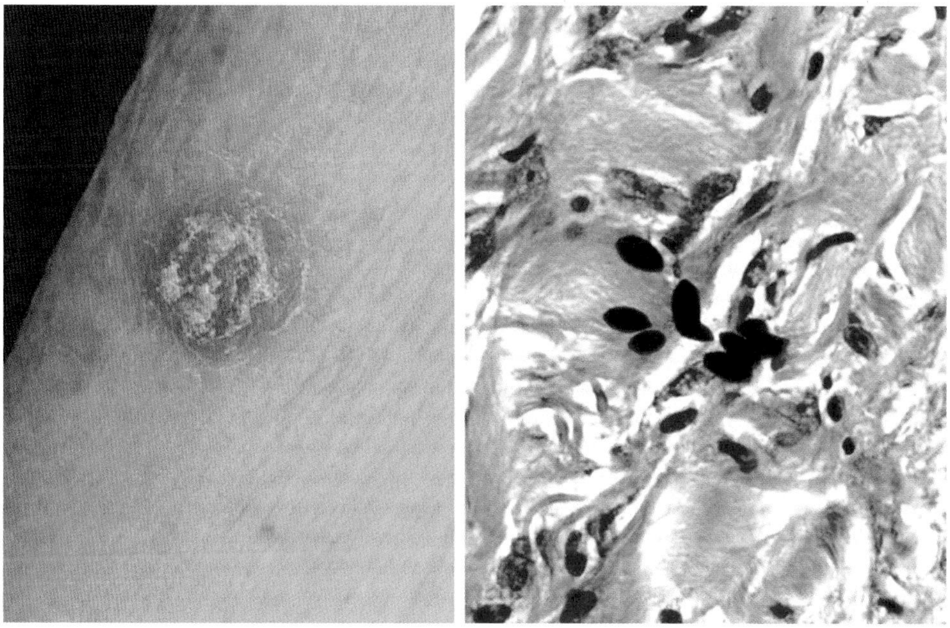

◘ **Abb. 81.3** Kutane Sporotrichose. Links: Läsion am Arm der betroffenen Patientin; rechts: histopathologisch Nachweis von Hefezellen (Versilberung nach Grocott), die nach kultureller Anzucht als S. schenckii identifiziert werden konnten

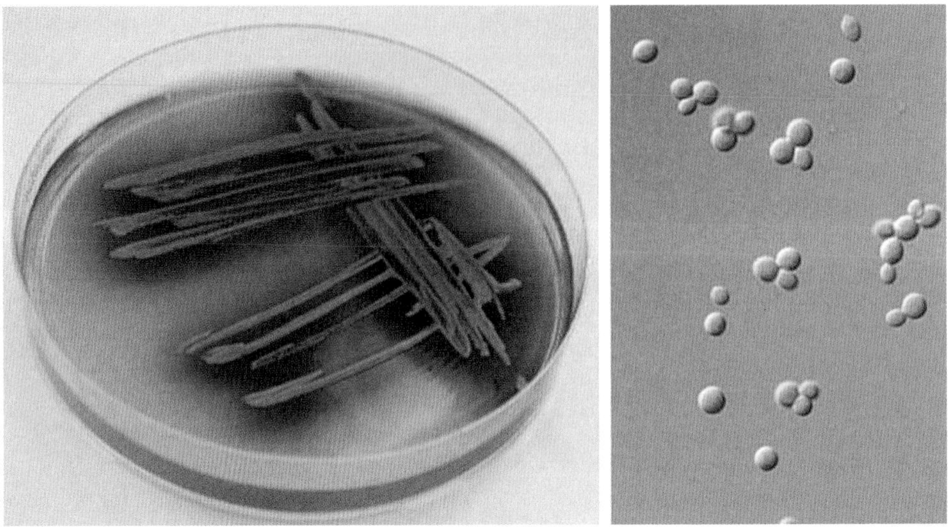

◘ **Abb. 81.4** E. dermatitidis bildet in Kultur (links) schwarzes Pigment, mikroskopisch (rechts) zeigen sich Hefezellen

81.5 Erreger des Eumyzetoms

Als Eumyzetom bezeichnet man eine chronische, lokalisierte granulomatöse Entzündung der Haut und der subkutanen Weichgewebe. Im Verlauf kommt es auch zu einer Zerstörung von Knochengewebe. Die Entzündung ist initial oft weitgehend schmerzlos und führt zur Bildung von Fisteln, aus denen sich körnig-eitriges Sekret entleert. Prädilektionsstellen sind insbesondere Füße („Madurafuß", ◘ Abb. 81.5) und Hände. Ausgangspunkt sind oft Bagatellverletzungen.

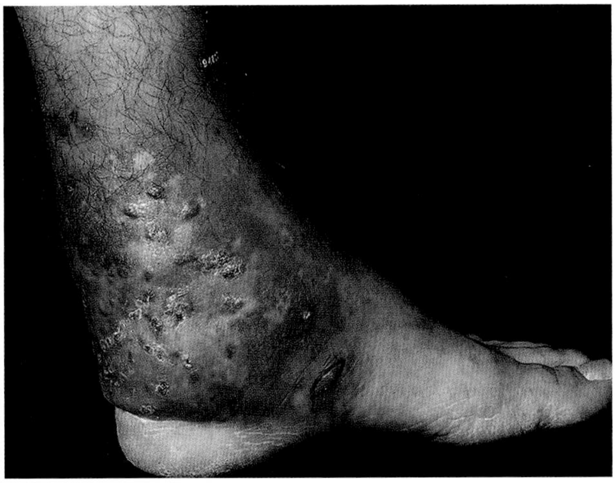

◘ **Abb. 81.5** Myzetom – Madurafuß: derbe Schwellung von Knöchelregion und Unterschenkel mit multiplen Fistelöffnungen

Das durch Pilze verursachte Eumyzetom ist abzugrenzen von klinisch ähnlichen Infektionen durch Aktinomyzeten (Aktinomyzetom; ► Kap. 43) und tritt insbesondere in tropischen Regionen auf. Als Erreger kommen eine Vielzahl saprophytischer (d. h. in der Umwelt auf verrottendem Material oder im Boden vorkommende Pilze) infrage. Regelmäßig handelt es sich um Mischinfektionen. Häufige Erreger des Eumyzetoms sind Acremonium spp., Curvularia spp. Exophiala jeanselmii, Fusarium falciforme, Madurella spp. (M. mycetomatis, M. pseudomycetomatis), Phaeoacremonium spp. und Scedosporium spp.

Der Nachweis der Erreger erfolgt mikroskopisch und kulturell, idealerweise aus chirurgisch gewonnenem Probenmaterial. Die Behandlung erfolgt in der Regel mit einer Kombination aus chirurgischer Resektion und antimykotischer Therapie (Azolantimykotika).

81.6 Weitere pathogene Pilze

Die Zahl der im Rahmen von Fallberichten beschriebenen Pilze, die nur in wenigen Fällen als Erreger von humanen Infektionen beschrieben wurden, steigt ständig. An spezialisierten Referenzzentren werden darüber hinaus regelmäßig Erreger isoliert, die nicht sicher einer bekannten Art zugeordnet werden können. Von besonderer Bedeutung ist in solchen Fällen die molekularbiologische Artbestimmung (z. B. über die ITS-Sequenzbereiche (► Abschn. 74.2).

In Kürze: Weitere pathogene Pilze

Eine Vielzahl von Pilzen kann in seltenen Fällen Infektionen des Menschen verursachen. Die Identifizierung dieser (im klinischen Labor) seltenen Arten ist dabei oft nur in Speziallabors möglich und erfolgt heute meist molekularbiologisch. Prinzipiell kann man aufgrund des Wachstumsverhaltens zwischen **Hefepilzinfektionen** und **Schimmelpilzinfektionen** unterscheiden, die Übergänge sind aber oft schwer festzumachen. Bei Schimmelpilzen kann zwischen Arten mit nichtpigmentierten Hyphen (**Hyalohyphomyzeten**) und Arten mit pigmentierten Hyphen (**Phäohyphomyzeten**) unterschieden werden.

Die Therapieentscheidung richtet sich nach der Art des nachgewiesenen Erregers. Die wichtigsten Optionen bei seltenen Erregern sind **Azolantimykotika der neueren Generation (Voriconazol, Isavuconazol, Posaconazol)** oder **liposomales Amphotericin B.**

Dermatophyten

Annette Kolb-Mäurer und Oliver Kurzai

Dermatophyten verursachen Pilzinfektionen der Haut, Haare und Nägel, die zu den häufigsten Infektionen des Menschen zählen. Sie können – wie im unten geschilderten Fall – auch von Mensch zu Mensch übertragen werden. Die Behandlung dieser Infektionen erfolgt in der Regel topisch, in einigen Fällen ist eine systemische Behandlung erforderlich. Der mit Abstand wichtigste Erreger in Deutschland ist Trichophyton rubrum.

Fallbeispiel

Innerhalb von 2 Tagen werden dem Gesundheitsamt 2 Fälle von Pilzinfektionen des behaarten Kopfes (Tinea capitis) bei Kindern, die gemeinsam eine Kindertagesstätte besuchen, gemeldet. Als Erreger wird der anthropophile Dermatophyt Microsporum audouinii nachgewiesen. Weitere 5 Fälle treten während der nächsten Woche am selben Ort in anderen Betreuungseinrichtungen auf. Das Gesundheitsamt veranlasst daraufhin eine Untersuchung aller Kinder und Mitarbeiter in den betroffenen Einrichtungen. Es werden Haarproben und Hautschuppen von über 900 Personen untersucht. Alle 30 Personen, bei denen der Erreger nachgewiesen wird, werden unabhängig von dem Vorliegen einer symptomatischen Infektion mit systemischer antimykotischer Therapie und lokal mit antimykotischen Shampoos behandelt. Betroffene Kinder dürfen erst eine Wochen nach Behandlungsbeginn wieder ihre Betreuungseinrichtung besuchen. Alle Einrichtungen werden komplett gereinigt und desinfiziert.

82.1 Dermatophyten

82.1.1 Beschreibung

Dermatophyten sind keratinophile Pilze, die keratinhaltige Strukturen wie Haut, Nägel und Haare (Kopf-, Körper- und Barthaare) als Kohlenstoffquelle verwerten können. Dermatophyten verursachen somit Infektionen der Haut und/oder ihrer keratinisierten Anhangsgebilde. Die Krankheitsbilder werden auch als Dermatophytosen bezeichnet.

82.1.2 Einteilung

Traditionell werden die Dermatophyten in die 3 Genera Epidermophyton, Microsporum und Trichophyton unterteilt. Wie neuere molekulare Analysen zur Taxonomie jedoch zeigten, sind die Genera Microsporum und Trichophyton polyphyletisch, also taxonomisch nicht einheitlich. Daher wurden die neuen Gattungen Arthroderma und Nannizzia sowie die aus medizinischer Sicht weniger relevanten Gattungen Lophophyton und Paraphyton definiert. Nicht zuletzt wegen dieser Neudefinitionen und den damit verbundenen zahlreichen Namenswechseln einiger Dermatophyten in den letzten Jahren ist die taxonomische Situation nach wie vor komplex. In der Literatur herrscht aktuell aufgrund dieser taxonomischen Revision nomenklatorisches Chaos. Einige Arten finden sich unter einer Vielzahl von Synonymen (z. B. Paraphyton cookei = Microsporum cookei = Nannizzia cookei = Arthroderma cajetani).

Epidemiologisch relevant ist die Unterscheidung zwischen anthropophilen, zoophilen und geophilen Arten, die jedoch nicht mit der taxonomischen Einteilung korreliert (vgl. Übertragung):

- **Anthropophile Arten** sind am besten an den Menschen adaptiert und werden von Mensch zu Mensch übertragen. Entsprechend findet sich bei Infektionen mit diesen Arten oft eine wenig ausgeprägte Entzündungsreaktion, und es kommt häufig zu chronischen, langwierigen Infektionen. Trotz ihrer Adaptation an den Menschen können anthropophile Arten in der Umwelt auch für längere Zeiträume überleben. Sie haben ihre Fähigkeit zur sexuellen Fortpflanzung verloren und sind deswegen weitgehend klonal.
- **Zoophile Arten** sind mit definierten (Säugetier-) Arten assoziiert und werden vom Tier auf den Menschen übertragen (und umgekehrt). Dadurch

S. Suerbaum et al. (Hrsg.), *Medizinische Mikrobiologie und Infektiologie*,
https://doi.org/10.1007/978-3-662-61385-6_82

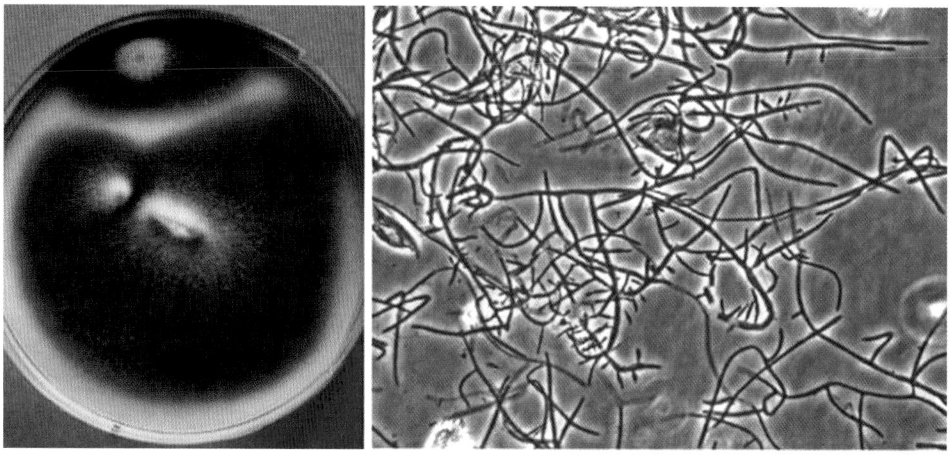

■ Abb. 82.1 T. rubrum. In der Kultur zeigt sich das charakteristische rote Pigment (das jedoch bei einigen Isolaten fehlen kann und nur unter bestimmten Kulturbedingungen gebildet wird). Die Mikroskopie ist häufig unscheinbar, Konidien können komplett fehlen, oder es finden sich, wie rechts im Bild, wenige Mikrokonidien

lässt sich beim Nachweis zoophiler Arten oft auf eine mögliche Infektionsquelle (z. B. Haustier) schließen. In der Regel ist die Mitbehandlung des (symptomatisch oder asymptomatisch) befallenen Tiers wichtig, um eine Reinfektion zu verhindern. Bei Infektionen mit zoophilen Arten kommt es häufig zu einer ausgeprägten Entzündungsreaktion.
- **Geophile Arten** treten insgesamt selten als Erreger humaner Infektionen auf und werden typischerweise im Boden/Staub gefunden. Diese Arten zeigen eine hohe genetische Diversität und vermehren sich sowohl asexuell als auch sexuell. Wenn es zu einer Infektion des Menschen kommt, ist die lokale Entzündungsreaktion oft sehr ausgeprägt.

Trichophyton

Unter den insgesamt 16 Trichophyton-Arten finden sich die mit Abstand häufigsten humanpathogenen Erreger. Typisch für diese Gattung ist die reichliche Bildung von Mikrokonidien und gekammerten, glattwandigen, zylindrisch geformten Makrokonidien. Die Unterscheidung der verschiedenen Arten erfolgt morphologisch oder molekularbiologisch.

In Deutschland werden über 80 % aller Dermatomykosen, insbesondere Tinea pedis, Tinea unguium und Tinea corporis, durch die anthropophile Art Trichophyton rubrum verursacht (■ Abb. 82.1). Trichophyton benhamiae ist der häufigste Erreger zoophiler Dermatomykosen bei Kindern und Jugendlichen in Deutschland. Wichtige humanpathogene Arten finden sich in ■ Tab. 82.1.

Microsporum

Diese Gattung umfasst 3 Arten:
- Microsporum audouinii ist ein anthropophiler Erreger von Infektionen der Haut und Haare (Tinea capitis; Fallbeispiel) und kann aufgrund der Übertragbarkeit von Mensch zu Mensch auch zu schwer kontrollierbaren Ausbrüchen, z. B. in Kinderbetreuungseinrichtungen führen.
- Microsporum canis ist als zoophiler Erreger relevant – Quelle sind (anders als durch den Artnamen canis impliziert) meist Katzen und eher selten Hunde (■ Abb. 82.2).
- Microsporum ferrugineum tritt selten als Erreger humaner Infektionen auf.

Microsporum-Arten bilden spindelförmige Makrokonidien und in unterschiedlichem Maß auch Mikrokonidien.

Epidermophyton

Die einzige Art in dieser Gattung ist die anthropophile Art Epidermophyton floccosum. Dieser Erreger bildet glattwandige, keulenförmige Makrokonidien, die häufig in Gruppen angeordnet sind, und keine Mikrokonidien. In Deutschland tritt E. floccosum nur selten

■ Tab. 82.1 Wichtige Trichophyton-Arten

Art	Ökologie	Befall von
T. rubrum	Anthropophil	Haut, Nägel
T. benhamiae	Zoophil	Haut, Nägel
T. tonsurans	Anthropophil	Haut, Haare
T. schoenleinii	Anthropophil	Haare, Haut
T. mentagrophytes	Zoophil	Haut, Nägel, Haare
T. erinacei	Zoophil	Haut
T. verrucosum	Zoophil	Haare, Haut

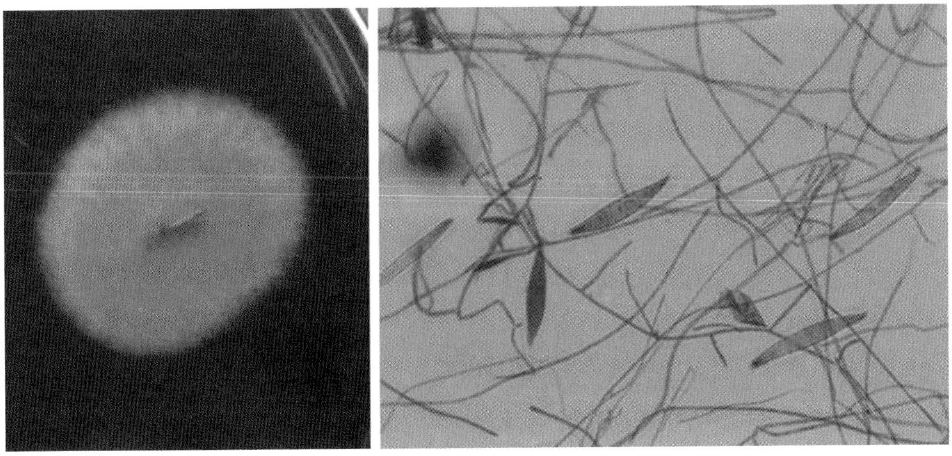

Abb. 82.2 Microsporum canis: Die zoophile Art bildet in Kultur ein gelbes Pigment (links). Mikroskopisch zeigen sich die charakteristischen großen, mehrkammerigen, spindelförmigen Makrokonidien

als Erreger von Infektionen der Haut und Nägel, nicht jedoch der Haare auf.

- Arthroderma

Die Gattung Arthroderma umfasst zahlreiche Arten von untergeordneter medizinischer Bedeutung. Der zwischenzeitlich als Arthroderma benhamiae (Name veraltet) geführte zoophile Erreger ist heute als Trichophyton benhamiae klassifiziert.

- Nannizzia

Diese Gattung umfasst mehrere Arten, darunter die geophile Art Nannizzia gypsea (früher: Microsporum gypseum), die gelegentlich Infektionen des Menschen verursacht.

- Paraphyton, Lophophyton

Die geophilen Arten Paraphyton cookei, Paraphyton cookiellum und Paraphyton mirabile sowie Lophophyton gallinae treten nur selten als Erreger von humanen Infektionen auf.

82.1.3 Rolle als Krankheitserreger

Epidemiologie

Dermatophytosen gehören weltweit zu den häufigsten Infektionskrankheiten. Etwa 10–20 % der Weltbevölkerung leiden unter einer Hautpilzerkrankung durch Dermatophyten, jedoch existieren keine genauen Zahlen zur Prävalenz. Kulturelle, geografische und sozioökonomische Bedingungen lassen bestimmte Hautmykosen dominieren. Während Fußpilz (Tinea pedis) und Nagelpilz (Onychomykose) in den Ländern der westlichen Welt die häufigsten Mykosen darstellen, so ist es in den ärmeren Ländern die Tinea capitis.

Das Erregerprofil der Dermatomykosen zeigt unterschiedliche geografische Verteilungsmuster und variiert im Laufe der Zeit. Migration wird als ein Grund für den Wandel des Erregermusters in den letzten Jahrzehnten diskutiert und wird in Zukunft eine noch weit größere Bedeutung erlangen. Als weitere Ursachen für den Wechsel des Erregerspektrums kommen u. a. veränderte Lebensumstände, wie die Haltung von Haustieren, Freizeitaktivitäten und Tourismus, infrage.

Übertragung

Dermatophytosen zählen zu den wenigen von Mensch zu Mensch übertragbaren Pilzinfektionen. Dieser direkte Übertragungsweg findet sich bei anthropophilen Erregern. Zoophile Arten werden als Zoonosen durch Kontakt zu Tieren (Tab. 82.2) und geophile Erreger durch Kontakt zu kontagiöser Erde übertragen. Asymptomatische Träger (Mensch und Tier) sind mögliche Infektionsquellen. Durch die Ansteckung von Mensch zu Mensch kommt es zu Ausbrüchen innerhalb eines sozialen Umfelds (z. B. Tinea capitis in Kindergärten).

Bei bestimmten Sportarten (z. B. Jogging – Risikofaktor für Onychomykose; Ringer – Tinea corporis gladiatorum) sind gehäuft auftretende Dermatophytosen bekannt. Bei einigen Berufsgruppen können Dermatophytosen eine Berufskrankheit darstellen (z. B. zoonotische Infektionen bei Landwirten/Jägern). Indirekte Übertragungswege durch unbelebte Gegenstände wie Haarbürsten, Handtücher, Teppichböden, Schuhe etc. sind ebenfalls denkbar.

Pilzsporen der Dermatophyten sind außerordentlich resistent gegenüber Umwelteinflüssen und bleiben mehrere Jahre infektiös. Infektionsquellen zoophiler Dermatophyten stellen neben Haustieren auch Nutztiere dar. Unter den zoophilen Dermatophyten

Tab. 82.2 Zoophile Dermatophyten – Beispiele

Wirt	Übertragener Erreger
Hund	Microsporum canis (eher selten!)
Katze	Microsporum canis (häufigste Quelle)
Kühe	Trichophyton verrucosum
Meerschweinchen, Goldhamster, Chinchilla, Ratten, Mäuse	Trichophyton mentagrophytes, Trichophyton benhamiae
Pferd	Trichophyton equinum
Igel	Trichophyton erinacei

ist M. canis in Europa der am häufigsten isolierte Dermatophyt. Für die Übertragung spielt der Kontakt zu streunenden Katzen während eines Auslandaufenthalts im südeuropäischen Raum eine wichtige Rolle. Als asymptomatische Überträger können die Tiere den Erreger ohne klinische Symptomatik in ihrem Fell beherbergen.

▪▪ Pathogenese und Immunität

Durch ihre Fähigkeit, Keratin abzubauen, sind Dermatophyten in der Lage, Haut, Haare und Nägel zu infizieren. Die klinische Ausprägung der Erkrankung wird sowohl durch erregerabhängige Faktoren als auch durch die Wirtsantwort beeinflusst. Zum Durchdringen der keratinhaltigen Strukturen helfen dem Pilz Keratinasen und andere Enzyme (Proteinasen, Peptidasen).

Über eine Infektion der Haarfollikel gelingt es dem Erreger, bis zur Dermis vorzudringen. Die Zerstörung der epidermalen Barriere ruft eine Proliferation der Epidermis mit Schuppenbildung hervor. Zusätzlich erfolgt eine unterschiedlich stark ausgeprägte Aktivierung der angeborenen (neutrophile Granulozyten, Makrophagen) und erworbenen Immunabwehr (Antikörper, T-Zellen). Th2-assoziierte Immunantworten mit Nachweis spezifischer Antikörper gegen Dermatophyten scheinen jedoch mit einer persistierenden Infektion einherzugehen.

Eine dem allergischen Kontaktekzem ähnliche, verzögerte Th1-Immunreaktion ist möglicherweise die Ursache für das gelegentlich auftretende **Mykid,** eine infektassoziierte sterile Fernreaktion, die meist bei ausgeprägten Befallsmustern und im Rahmen einer antimykotischen Therapie auftritt. Das Mykid ist durch symmetrisch auftretende Bläschen an Händen und Füßen, aber auch durch Exantheme an den Extremitäten gekennzeichnet. Es besteht die Gefahr einer Verwechslung mit arzneimittelinduzierten Exanthemen.

Generell gilt, dass die Infektion des Hauptwirts meist milder, aber langwieriger als bei anderen Wirten verläuft. Dermatophytosen mit zoophilen oder geophilen Erregern führen beim Menschen als Fehlwirt zu starken inflammatorischen Reaktionen. Bei entsprechender Disposition des Wirts wie z. B. Immunsuppression können sich Dermatophyten bis in die Subkutis ausbreiten und so zu schweren granulomatösen Infektionen führen. Systemische Infektionen treten – auch aufgrund der geringen Temperaturoptima der Dermatophyten – nicht auf.

▪▪ Klinik

Dermatophytosen werden mit „Tinea" (lat. für „Motte", „Holzwurm") und einem Attribut bezeichnet, das die infizierte Körperstelle beschreibt (z. B. Tinea pedis – Fuß, Tinea unguium – Nagel, Tinea corporis – Körperstamm etc.). Die Infektion kann grundsätzlich in eine oberflächliche Tinea superficialis und in eine tiefere Hautschichten betreffende Tinea profunda unterteilt werden.

Infektionen der Haut Eine Infektion der freien Haut, die alle Dermatophyten-Gattungen hervorrufen können, manifestiert sich klinisch als scheibchenartige, scharf begrenzte, randbetont schuppende erythematöse Herde (◘ Abb. 82.3a, b). Charakteristisch sind die anamnestisch zu erfragende zentrifugale Ausbreitung und Juckreiz. Die Ausprägung reicht von wenig geröteten, leicht schuppenden Maculae bis zu eitrig-abszedierenden, granulomatösen Veränderungen.

Die Tinea pedis kann sich als Interdigitalmykose (◘ Abb. 82.3c), Mokassinmykose (hyperkeratotische Form der Fußsohle) und dyshidrosiforme Mykose manifestieren. Verschiedene Risikofaktoren, wie eine familiäre Disposition, Systemerkrankungen wie Diabetes mellitus, Tragen luftundurchlässigen Schuhwerks und der Besuch öffentlicher Bäder, begünstigen die Entstehung einer Fuß- oder Nagelmykose. Okklusion und Mazeration schaffen im Bereich der Zehenzwischenräume Eintrittspforten und günstige Wachstumsbedingungen für die Keime. Wichtigster Erreger ist T. rubrum.

Infektionen der Haare – Tinea capitis Die Tinea capitis ist eine Infektion der Haarfollikel am Kopf sowie der umgebenden Kopfhaut (◘ Abb. 82.3d). Die Erkrankung ist weltweit verbreitet und betrifft

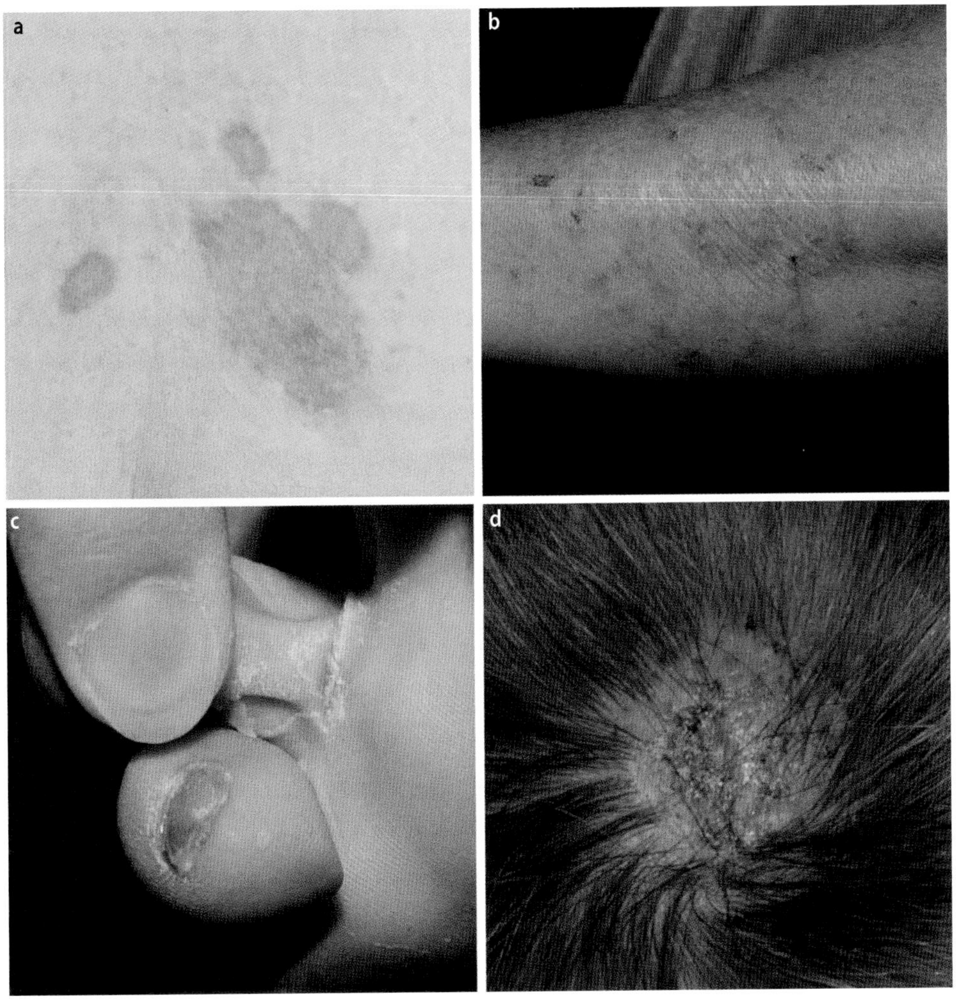

Abb. 82.3 **a–d** Klinische Manifestationen von Dermatophyteninfektionen. **a** Tinea corporis mit klar erkennbarer zentrifugaler Ausbreitung (initiale Läsion und 3 sekundäre Läsionen). Eine Sicherung der Blickdiagnose kann hier durch Entnahme von Hautschuppen aus dem Randbereich der Läsion (nicht: zentral) erfolgen; **b** ausgeprägte Tinea corporis am Arm; **c** Tinea pedis; **d** Tinea capitis mit Alopezie und Vernarbung

vorwiegend Kinder. Eine Infektion der Haare wird nur von den Gattungen Microsporum und Trichophyton verursacht. Man unterscheidet ektotriches Wachstum, bei dem das Haar von außen durch den Pilz bewachsen ist, von endotrichem Wachstum mit Durchdringung des gesamten Haars.

Das Erregerspektrum, das zoophile und anthropophile, selten auch geophile Dermatophyten umfasst, variiert geografisch und zeitlich. Während im 19. Jahrhundert in Deutschland der anthropophile, hochkontagiöse Dermatophyt M. audouinii der dominierende Erreger der Tinea capitis war, wird heutzutage hierzulande meist M. canis gefunden. Klinisch manifestiert sich eine Tinea capitis sehr variabel in Abhängigkeit vom Erreger und Immunstatus des Betroffenen. Anthropophile Dermatophyten zeigen in der Regel eine endotriche Haarinfektion mit nur gering ausgeprägter entzündlicher Veränderung. Tief infiltrierende Entzündungen im Bereich der Kopfhaut werden als Kerion Celsi bezeichnet und beispielsweise durch T. schoenleinii oder T. verrucosum verursacht.

Infektionen der Nägel – Tinea unguium (Onychomykose) Häufig tritt eine Onychomykose in Assoziation mit einer Tinea pedis auf. Im Bereich der Nagelplatte sind Abwehrmechanismen des Wirts nicht zugänglich, sodass Infektionen zur Persistenz neigen. Klinisch existieren unterschiedliche Krankheitsbilder. Die Klinik reicht von gering gelblichen Verfärbungen bis zu einem totalen krümeligen Zerfall der Nagelplatte. Die distolaterale subunguale Onychomykose ist mit Abstand die häufigste Form, die v. a. Erwachsene, aber auch schon Kleinkinder betreffen kann. Der häufigste Erreger ist T. rubrum.

Labordiagnose

Die mykologische Diagnostik von Dermatophyten beruht auf dem mikroskopischen und kulturellen

Erregernachweis. Da die Kultur mehrere Tage bis Wochen erfordert, wurden molekulare Nachweisverfahren entwickelt, die eine schnelle Erregeridentifizierung erlauben. Als Untersuchungsmaterial werden Hautschuppen (aus dem Randbereich der Läsion), Haare (Epilation mit Haarwurzel) und Nagelspäne verwendet.

Direktmikroskopie (KOH-Präparat) Das konventionelle Nativpräparat aus Hautschuppen, Nagelmaterial oder Haaren dient dem Direktnachweis des Pilzerregers. Eine Aussage über die Gattung kann anhand des Nativpräparats jedoch nicht erfolgen. Für die mikroskopische Untersuchung wird das zerkleinerte Untersuchungsmaterial durch Zugabe von Kalilauge (KOH) transparent gemacht, sodass Pilzstrukturen aufgrund ihrer stärkeren Lichtbrechung im Mikroskop sichtbar werden. Die Sensitivität kann durch Zugabe eines Fluoreszenzfarbstoffs, der selektiv chitinhaltige Pilzhyphen anfärbt (z. B. Calcofluor), gesteigert werden.

Kulturelle Diagnostik Eine Bestimmung der Dermatophytenspezies erfordert die kulturelle Anzucht. Die Inkubationsdauer der Dermatophyten beträgt bis zu 4 Wochen. Die klassischen Differenzierungsverfahren beruhen auf der Beurteilung ihrer makroskopischen und mikroskopischen Morphologie, ergänzt durch die Prüfung biochemischer und phänotypischer Eigenschaften. Die primäre Unterscheidung erfolgt makroskopisch nach Kolonieform, -farbe und -oberfläche. Neben dem Aussehen der Kultur wird auch das mikroskopische Bild beurteilt. Mikromorphologische Charakteristika sind die Ausbildung von Makrokonidien, Mikrokonidien und anderen Strukturen wie Spiralhyphen und Chlamydosporen.

Molekulare Diagnostik Zur Differenzierung von Dermatophyten sind hochsensitive und hochspezifische molekulare Methoden entwickelt worden, die die extrahierte DNA aus dem klinischen Material nutzen. Die Realtime-PCR und kommerziell erhältliche PCR-Kits ermöglichen ein rasches Ergebnis, in der Regel am Tag der Untersuchung.

▪▪ Therapie und Prävention

Grundsätzlich sollte jeder antimykotischen Therapie eine mykologische Diagnostik (nativ und kulturell) vorausgehen. Der Pilznachweis mit Differenzierung ist entscheidend für die Wahl des Antimykotikums, die Dauer der Behandlung und die Dosis und somit für eine erfolgreiche Therapie. Bei Nachweis eines zoophilen Erregers muss das Tier identifiziert und behandelt werden.

Lokale Therapie Die Tinea corporis kann häufig mittels Anwendung eines topischen Antimykotikums wie Ciclopiroxolamin, Imidazole, Allylamine über 2 Wochen ausreichend behandelt werden. Je nach Ausdehnung, bei immunsupprimierten Patienten und nach mehrwöchiger erfolgloser Lokaltherapie kann eine zusätzliche systemische Therapie erforderlich sein. Eine topische Monotherapie ist bei der Onychomykose auf einen Nagelbefall unter 50 % beschränkt. Sind mehrere Nägel befallen, optimiert eine Kombinationsbehandlung aus topischer und systemischer Therapie den Erfolg.

Systemische Therapie Ausgeprägte Manifestationen sowie die Tinea capitis müssen zusätzlich zur topischen Therapie immer systemisch behandelt werden. Die Kombinationsbehandlung erfolgt über mehrere Wochen. Ziel der Therapie ist die mykologische Heilung. Dabei ist die Auswahl des oralen Antimykotikums abhängig vom Erreger. Neben dem bereits im Kindesalter zugelassenen Griseofulvin sind moderne orale Antimykotika (Itraconazol, Terbinafin, Fluconazol) zur Behandlung der Tinea capitis bei Kindern wirksam und gut verträglich. Nach Einleitung einer geeigneten systemischen und adjuvanten topischen Therapie können Erkrankte die Schule bzw. Kindertagesstätte wieder besuchen. Bei Infektionen durch anthropophile Erreger sollte eine einwöchige Karenz erfolgen.

Mehrere **Impfstoffe** zum Schutz vor Dermatophyteninfektionen sind in Deutschland für Rinder, Pferde, Hunde und Katzen zugelassen. Die Impfung führt beim Tier zu einer schnelleren klinischen Heilung. Für den Menschen stehen keine Impfstoffe zur Verfügung.

82.2 Andere Erreger von Mykosen der Haut, Haare und Nägel

Malassezia-Arten sind Erreger der Kleienflechte Pityriasis versicolor (◘ Abb. 81.2). Zudem gibt es Anzeichen für eine kausale Beteiligung am seborrhoischen Ekzem (► Abschn. 81.1.3).

Candida-Arten sind häufige Erreger oberflächlicher Infektionen. Meist sind Schleimhäute betroffen (orale und vaginale Mukosa), es treten aber auch Hautinfektionen (z. B. Windelsoor, intertriginöse Candidose oder Onychomykosen auf (► Kap. 75).

Neben den Dermatophyten ist eine Reihe von Schimmelpilzen in der Lage, Onychomykosen zu verursachen. Beispiele hierfür sind u. a. Fusarium spp. (► Kap. 80) oder Aspergillus spp. (► Kap. 78).

In Kürze: Dermatophyten

Dermatophyten sind in der Lage, Keratin abzubauen, und verursachen daher **Infektionen der Haut, Haare und Nägel.** Diese oberflächlichen Infektionen betreffen 10–20 % der Weltbevölkerung und zählen somit zu den **häufigsten Infektionen überhaupt.** Die wichtigsten Erreger finden sich in den Gattungen Trichophyton (häufigster Erreger in Deutschland: **Trichophyton rubrum,** verantwortlich für ~ 80–90 % aller Dermatophytosen in Deutschland), Microsporum und Epidermophyton.

Einige Dermatophytosen werden im Gegensatz zu den meisten anderen Pilzinfektionen von Mensch zu Mensch (anthropophile Arten) übertragen, bei anderen handelt es sich um klassische Zoonosen (zoophile Arten), und die Mitbehandlung der übertragenden Tiere ist erforderlich. In seltenen Fällen werden Dermatophyten aus der Umwelt (geophile Arten) als Erreger humaner Infektionen gefunden.

Dermatophytosen werden mit „Tinea“ und einem Attribut, das die infizierte Körperstelle beschreibt, bezeichnet. Häufigste klinische Manifestationen sind die **Tinea pedis** (am Fuß), **Tinea unguium** (Fuß-/Fingernägel) sowie die **Tinea corporis** (Körperstamm oder Extremitätenoberfläche).

Die Diagnosesicherung erfolgt durch **Erregernachweis** in der Direktmikroskopie (KOH-Präparat), kulturelle Anzucht (kann mehrere Wochen dauern) oder molekularbiologischen Erregernachweis.

Therapeutisch wird mit **lokal applizierbaren Antimykotika** behandelt, bei ausgeprägten Bildern und einigen klinischen Manifestationen (Tinea capitis mit Befall des behaarten Kopfes) auch systemisch.

Erreger außereuropäischer Systemmykosen

Oliver Kurzai

In diesem Kapitel werden wichtige Erreger außereuropäischer Systemmykosen zusammenfassend dargestellt. Charakteristisch für diese Infektionen ist, dass a) sie regelmäßig auch bei immunkompetenten Patienten auftreten (mit Ausnahme von Talaromyces marneffei), b) sie v. a. außerhalb Europas vorkommen und c) die Erreger in Abhängigkeit von der Temperatur in unterschiedlichen Formen (z. B. Schimmelpilzform bei 25 °C, Hefepilzform bei 37 °C) wachsen – man spricht von temperaturabhängigem Dimorphismus.

Fallbeispiel

Eine sport- und naturbegeisterte Medizinstudentin verbringt ihr PJ-Tertial in Chirurgie an einem Krankenhaus in Arkansas. Während ihres USA-Aufenthalts erkundet sie mit entsprechender Ausrüstung mehrere Höhlen. Zwei Wochen nach ihrer Rückkehr nach Deutschland stellt sie sich mit den Symptomen einer leichten Lungenentzündung beim Arzt vor. Sie fühlt sich insgesamt schwach und klagt über ständige Müdigkeit. Eine antibiotische Behandlung bringt keine Verbesserung, und die im initialen Röntgenbild sichtbaren radiologischen Infiltrate nehmen zu. Daraufhin wird erstmals eine Reiseanamnese erhoben, bei der die Studentin angibt, dass einige der besuchten Höhlen von Fledermäusen besiedelt waren. Einen Atemschutz hat sie bei den Höhlentouren nicht getragen. In einer Sputumprobe zeigen sich mikroskopisch intrazellulär liegende, kleine Hefepilze. Daraufhin wird die Verdachtsdiagnose einer Histoplasmose gestellt, die durch einen molekularen Erregernachweis und später auch durch kulturelle Anzucht des Erregers Histoplasma capsulatum bestätigt werden kann. Eine Behandlung mit Itraconazol führt zu einer vollständigen Ausheilung der Infektion.

83.1 Histoplasma

Die wichtigste pathogene Art Histoplasma capsulatum ist insbesondere im Mittleren Westen und im Südosten der USA verbreitet und dort mit einer Inzidenz von 1–4 pro 100.000 Einwohner eine Ursache für pulmonale Infektionen.

83.1.1 Beschreibung

H. capsulatum gehört zu den Ascomycota (Schlauchpilzen). Charakteristisch ist der temperaturabhängige Dimorphismus:

- Bei unter 35 °C wächst der Erreger als Schimmelpilz und bildet neben kleinen Mikrokonidien charakteristische 5–15 µm große, morgensternförmige Makrokonidien. Diese Form des Erregers ist hochinfektiös (Labor der Sicherheitsstufe 3).
- Bei Temperaturen ab 37 °C wächst der Erreger in der Hefeform.

Entsprechend findet sich bei menschlichen Infektionen im Gewebe immer die Hefeform mit kleinen Sprosszellen mit 2–6 µm Durchmesser, die häufig intrazellulär in Makrophagen vorliegen.

83.1.2 Rolle als Krankheitserreger

Epidemiologie

H. capsulatum wurde weltweit nachgewiesen, und Fälle können weltweit auftreten. Allerdings ist die Infektion insbesondere im Mittleren Westen (Flusstäler von Ohio und Mississippi) und Südosten der USA häufig und wird daher – nicht ganz korrekt – auch als „endemische Mykose" bezeichnet. Gebiete außerhalb der USA mit relevanten Fallzahlen sind Zentral- und Südamerika, die Karibik, Afrika, Indonesien und Australien.

S. Suerbaum et al. (Hrsg.), *Medizinische Mikrobiologie und Infektiologie*,
https://doi.org/10.1007/978-3-662-61385-6_83

In Afrika ist neben H. capsulatum die nah verwandte Art Histoplasma duboisii verbreitet, die ebenfalls Infektionen des Menschen verursachen kann. Die beiden Arten können durch die Größe der Hefezellen unterschieden werden (H. duboisii = großzellige Variante). Weitere Arten mit aktuell zum Teil unklarer Relevanz wurden beschrieben.

▪▪ Übertragung

Histoplasma kommt im Boden vor. Besonders hohe Konzentrationen finden sich in getrocknetem Kot von Vögeln (asymptomatische Träger) und Fledermäusen (gastrointestinale Infektion). Die Übertragung auf den Menschen erfolgt durch Inhalation von Konidien oder Myzelfragmenten. Entsprechend gibt es zahlreiche Berichte von Infektionen nach dem Besichtigen von Fledermaushöhlen („cave disease"). Die Lunge ist in der Regel als erstes Organ betroffen.

▪▪ Pathogenese

Nach Aufnahme des Erregers über die Atemwege kommt es temperaturinduziert zur Ausbildung der Hefeform. Diese wird über Integrinrezeptoren von Makrophagen und anderen Phagozyten internalisiert. In Makrophagen – nicht jedoch in dendritischen Zellen – kann H. capsulatum überleben und proliferieren. Das Ausmaß des intrazellulären Wachstums hängt dabei entscheidend vom Aktivierungszustand der Zelle ab.

83

▪▪ Klinik

Die weitaus meisten Infektionen mit H. capsulatum bei immungesunden Patienten verlaufen klinisch asymptomatisch oder sehr mild (>90 %). Eine symptomatische Manifestation tritt insbesondere bei Inhalation großer Erregermengen (z. B. beim Besuch von Fledermaushöhlen) auf.

Pulmonale Histoplasmose In der Regel entwickelt sich innerhalb von 2 Wochen nach der Infektion eine symptomatische Pneumonie mit begleitender hilärer Lymphknotenschwellung. Durch die Ausbreitung des Erregers im retikuloendothelialen System kann es auch zu (in der Regel diskreten) Manifestationen in anderen Organen (z. B. Perikarditis) kommen. Chronische pulmonale Infektionen ähneln im klinischen Verlauf einer Tuberkulose.

Disseminierte Histoplasmose In seltenen Fällen (<1:1000) kommt es – insbesondere bei HIV-infizierten Patienten – zu einer disseminierten Histoplasmose. Dabei kann eine vorherige pulmonale Symptomatik fehlen. Alternativ kann eine disseminierte Histoplasmose im Rahmen einer Reaktivierung persistierender Erreger bei einer neu aufgetretenen Immunsuppression entstehen. Die disseminierte Histoplasmose kann akut mit Fieber, Schwäche, Panzytopenie, Hepatosplenomegalie und Lymphknotenschwellungen verlaufen. Davon abzugrenzen sind subakute Verlaufsformen, bei denen der Organbefall (Leber, Milz, ZNS, Gastrointestinaltrakt, Nebenniere) im Vordergrund steht, und chronische Verlaufsformen. Charakteristisch insbesondere bei subakuten und chronischen Verlaufsformen sind Schleimhautulzera im Oropharynx und/oder restlichen Gastrointestinaltrakt.

„Afrikanische Histoplasmose" Die ausschließlich in Afrika vorkommende Art H. duboisii verursacht klinisch häufiger Läsionen in Haut und Knochen. In Afrika treten jedoch auch H. capsulatum-Infektionen auf.

▪▪ Immunität

Eine protektive Immunantwort gegen H. capsulatum erfordert die Aktivierung von Makrophagen und anderen Phagozyten, um so die intrazelluläre Vermehrung des Erregers zu verhindern. Hierfür ist die Ausbildung einer CD4-T-Zell-Antwort notwendig, die über Zytokine (IFN-γ, IL-12) aktivierter T-Zellen diese Phagozytenaktivierung ermöglicht. Entsprechend kommt es bei Patienten mit fortgeschrittener HIV-Infektion, bei denen eine entsprechende T-Zell-Antwort nicht ausgebildet werden kann, zu schweren Krankheitsverläufen. Auch nach einer klinischen Ausheilung können lebende H. capsulatum-Zellen im Körper persistieren und Jahre später bei Eintritt einer Immunsuppression (insbesondere bei HIV-Infektion/AIDS) zu einer Reaktivierung führen.

▪▪ Labordiagnose

Von besonderer Bedeutung bei Patienten in Deutschland mit Verdacht auf Histoplasmose ist die Reiseanamnese. Die Diagnose erfolgt durch Erregernachweis. Mikroskopisch zeigen sich in Atemwegsmaterial, bei systemischen Verläufen auch in anderen Materialien (Knochenmark, Organbiopsien) kleine, intrazellulär in Makrophagen liegende Hefezellen (◘ Abb. 83.1).

Ein kultureller Erregernachweis kann aus Atemwegsmaterial, bei disseminierten Infektionen auch aus Biopsien (Schleimhautulzera), Blut oder Knochenmark erfolgen. Der Erreger wächst langsam, sodass die Kulturen mehrere Wochen inkubiert werden müssen. Im mykologischen Labor kann der temperaturabhängige Dimorphismus durch Anzucht bei unterschiedlichen Bebrütungstemperaturen (25 und 37 °C) beobachtet werden. Der Umgang mit Kulturen von H. capsulatum (insbesondere in der Schimmelpilzform) erfordert ein Sicherheitslabor der Stufe 3.

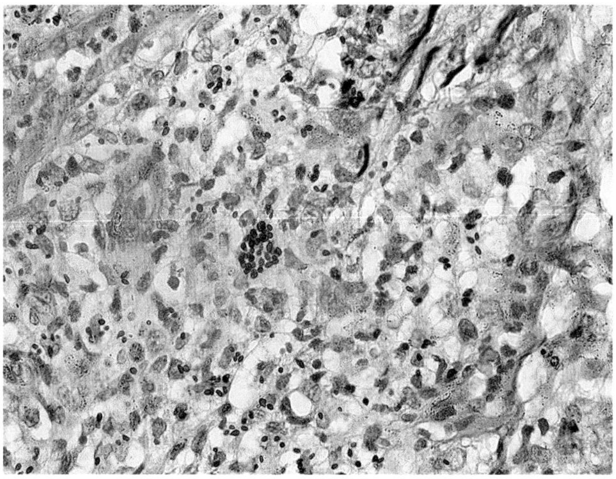

Abb. 83.1 Histoplasma. Histopathologisch zeigen sich bei einer Histoplasmose sehr kleine (2–6 µm), oft intrazellulär gelagerte Hefezellen. (Mit freundlicher Genehmigung von PD Dr. V. Rickerts und Dr. K. Seidel, Berlin)

Serologisch stehen Antigen- und Antikörpernachweise zur Verfügung (in Deutschland nur in spezialisierten Labors), in Referenzlabors kann im Verdachtsfall ein molekularbiologischer Erregernachweis erfolgen.

Therapie

Mittel der Wahl zur Therapie einer Histoplasmose ist Itraconazol. Fluconazol zeigt keine ausreichende Wirksamkeit. Als Alternative und bei schweren Verläufen wird mit liposomalem Amphotericin B therapiert.

83.2 Coccidioides

Die beiden pathogenen Arten Coccidioides immitis und Coccidioides posadasii sind Erreger der Kokzidioidomykose, auch bekannt als „valley fever“. Diese Bezeichnung geht auf die frühe Beschreibung von Fällen im San Joaquin Valley (Kalifornien, USA) zurück.

83.2.1 Beschreibung

Coccidioides ist eng mit Histoplasma (▶ Abschn. 83.1) und Blastomyces (▶ Abschn. 83.3) verwandt und zeichnet sich wie diese durch einen temperaturabhängigen Dimorphismus aus:

- Bei Umgebungstemperatur bildet sich die Schimmelpilzform. Nach etwa einer Woche kommt es bei den Zellen, die eine Hyphe bilden, alternierend zur Autolyse oder zur Ausprägung einer hydrophoben Außenschicht. Dadurch zerfällt das Myzel, und die verbleibenden Zellen bilden sog. **Arthrokonidien** (thallische Konidiogenese, vgl. ▶ Abschn. 74.3 und Abb. 74.1) (Abb. 83.2). Arthrokonidien sind hochinfektiös (Labor der Sicherheitsstufe 3).
- Bei 37 °C – und damit im Gewebe – bildet Coccidioides sog. **Sphärulen**, das sind bis zu 75 µm große Strukturen mit dicker Zellwand, die mehrere mit Endosporen gefüllte Kammern aufweisen (Abb. 83.2). Nach einigen Tagen kommt es zur Ruptur der Sphärulenwand mit Freisetzung der Endosporen und weiterer Ausbreitung des Erregers.

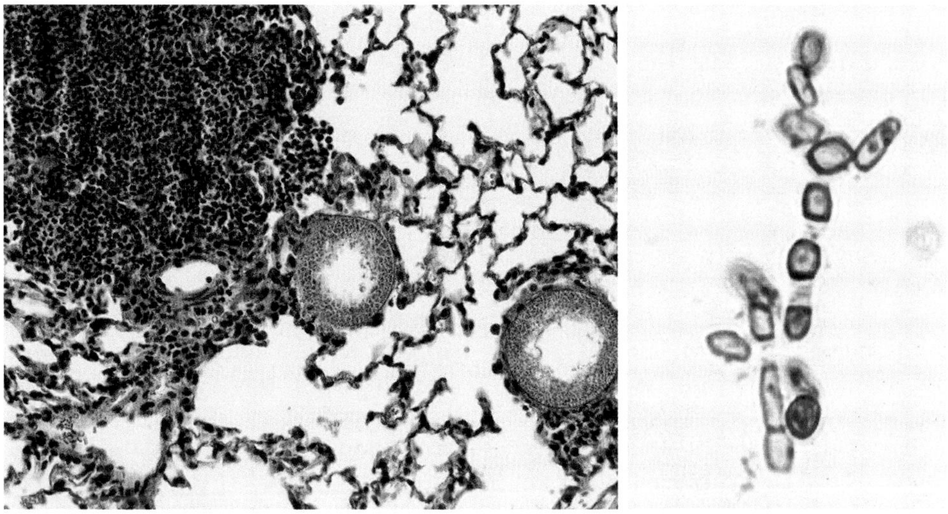

Abb. 83.2 Coccidioides-Arten bilden im Gewebe große Sphärulen (links). Das Myzel der Schimmelpilzform, die im Labor aus diagnostischen Proben angezüchtet wird, zerfällt in „fassförmige“ Arthrokonidien (rechts). (Mit freundlicher Genehmigung von Prof. B. Barker, Flagstaff, AZ, USA)

Die beiden genetisch sehr eng verwandten Arten, C. immitis und C. posadasii, sind phänotypisch und klinisch nicht sicher zu unterscheiden.

83.2.2 Rolle als Krankheitserreger

▪▪ Epidemiologie

Die pathogenen Coccidioides-Arten sind insbesondere in trockenen Gebieten im Süden der USA (Kalifornien, Arizona, Texas, New Mexico) sowie in Mittel- und Südamerika verbreitet. Der Erreger vermehrt sich während der regnerischen Monate im Wüstenboden. Trockenheit begünstigt die aerogene Verbreitung der Arthrokonidien, und Infektionen treten saisonal insbesondere im trockenen Sommer/Herbst auf.

In Kalifornien kommt insbesondere C. immitis vor, während C. posadasii v. a. außerhalb der USA in Südamerika gefunden wird. In Endemiegebieten lassen sich bei bis zu 50 % der Bevölkerung Antikörper gegen Coccidioides nachweisen. Seit 1998 kam es in den USA zu einer erheblichen Zunahme der Fallzahl, der von den CDC auch auf den Klimawandel zurückgeführt wird. Dieser führt zu einer Erweiterung der klimatischen Regionen, die aufgrund eines (semi)ariden Klimas die Verbreitung von Coccidioides begünstigen.

▪▪ Übertragung

Die Übertragung erfolgt durch Inhalation der umweltresistenten Arthrokonidien, die durch autolytischen Zerfall des Myzels entstehen. Die Lunge ist in der Regel als erstes Organ betroffen. Es gibt einzelne Fallberichte zu primär kutanen Infektionen durch Inokulation von erregerhaltigem Material in Wunden.

▪▪ Pathogenese

Eintrittspforte des Erregers ist die Lunge, von der aus es sekundär zu einer Disseminierung des Erregers kommt. Über die genaue Pathogenese ist wenig bekannt.

▪▪ Klinik

Bei der Kokzidioidomykose werden verschiedene Verlaufsformen unterschieden:

Pulmonale Kokzidioidomykose („valley fever ") Die Primärinfektion der Lunge verläuft in mindestens der Hälfte der Fälle ohne nennenswerte klinische Symptomatik. Bei weiteren Fällen treten unspezifische Symptome einer Atemwegsinfektion mit grippeartigen Symptomen (Fieber, Husten) auf. In einigen Fällen entwickelt sich eine schwere Lungenentzündung. Bei vielen Patienten kommt es zusätzlich zu kutanen Manifestationen, die von einem transienten, makulopapulösen Ausschlag bis hin zu Erythema nodosum oder Erythema multiforme (insbesondere bei Patientinnen) reichen können. Häufig tritt auch eine Begleitarthritis auf, die vorwiegend Knie- und Fußgelenke betrifft. Die Bezeichnung „desert rheumatism" beschreibt die Kombination aus Arthritis, Erythema nodosum und Fieber bei Kokzidioidomykose. Bei intaktem Immunsystem heilt die Primärinfektion in der Regel folgenlos aus, es können jedoch pulmonale Rundherde (radiologische Differenzialdiagnose: Tumor) oder Kavernen zurückbleiben (etwa 4 % der symptomatischen Fälle).

Disseminierte Kokzidioidomykose Bei < 1 % der Patienten kommt es zu einer disseminierten Infektion, bei der die Lunge oft kaum betroffen ist. Ein deutlich erhöhtes Risiko für eine Disseminierung besteht bei Immunsuppression (fortgeschrittene HIV-Infektion, immunsuppressive Therapie nach Organtransplantation, Therapie mit Kortikosteroiden). Die disseminierte Infektion führt zu Granulom- und Abszessbildung im gesamten Körper. Besonders betroffen ist die Haut (charakteristische Lokalisation: nasolabial). Es bilden sich zum Teil ulzerierende Granulome und Abszesse. Ebenfalls häufig sind Läsionen in Knochen und Entzündungen von Gelenken. Darüber hinaus kann es zu einer Meningitis kommen, die in ihrem schleichenden Verlauf der tuberkulösen Meningitis ähnelt.

▪▪ Immunität

Eine protektive Immunantwort hängt maßgeblich von einer intakten CD4-T-Zell-Antwort ab. Entsprechend erhöhen alle Faktoren, die zu einer reduzierten T-Zell-Funktion (HIV/AIDS, Immunsuppression nach Organtransplantation, Kortikosteroidtherapie) führen, das Risiko für schwere Verlaufsformen. Von besonderer Bedeutung ist die Induktion einer Th1-Antwort, die zu einer effizienten Aktivierung mononukleärer Phagozyten führt. Diese tragen maßgeblich zur Eliminierung des Erregers bei.

▪▪ Labordiagnose

Eine Reiseanamnese gibt erste Hinweise auf das mögliche Vorliegen einer Kokzidioidomykose. Die Diagnose erfolgt durch Erregernachweis aus Atemwegsmaterial oder Biopsien. Mikroskopisch zeigen sich große Sphärulen mit Endosporen (◘ Abb. 83.2). Für die Darstellung sind Gewebefärbungen oder spezielle Pilzfärbungen nötig. In einer Gramfärbung stellen sich die Strukturen nicht sicher dar. Die kulturelle Anzucht des Erregers erfordert ein Sicherheitslabor der Stufe 3. Für die serologische Diagnostik können Antigen- und Antikörpernachweise eingesetzt werden (in Deutschland nur in Speziallabors verfügbar). In Referenzlabors stehen molekularbiologische Nachweisverfahren zur Verfügung.

▪▪ Therapie
Mittel der Wahl zur Therapie einer Kokzidioidomykose ist in der Regel Itraconazol. Bei schweren Verläufen wird liposomales Amphotericin B eingesetzt. Die Therapie erfolgt über mehrere Wochen.

83.3 Blastomyces

Die wichtigste pathogene Art Blastomyces dermatitidis ist Erreger der Blastomykose. Mittlerweile wurden mindestens 3 weitere pathogene Spezies beschrieben.

83.3.1 Beschreibung

B. dermatitidis gehört zu den Ascomycota und ist eng mit Histoplasma und Coccidioides verwandt. Auch dieser Erreger weist einen temperaturabhängigen Dimorphismus auf und wächst bei Umgebungstemperaturen in der infektiösen Schimmelpilzform (Labor der Sicherheitsstufe 3 erforderlich). Bei 37 °C bildet sich die die 8–15 µm große, breitbasig sprossende Hefezellform aus.

83.3.2 Rolle als Krankheitserreger

▪▪ Epidemiologie
Blastomyces kommt insbesondere in den USA vor, wo die Verbreitungsgebiete denen von Histoplasma ähneln. Mittlerweile wurden jedoch nichtimportierte Fälle in zahlreichen anderen Regionen der Welt (Afrika, Indien, Arabische Halbinsel) beschrieben.

▪▪ Übertragung
Die Übertragung erfolgt durch Inhalation von Konidien oder Myzelfragmenten. Die Lunge ist in der Regel als erstes Organ betroffen, die Lungeninfektion bleibt bei der Blastomykose jedoch oft inapparent.

▪▪ Pathogenese
Eintrittspforte des Erregers ist die Lunge, von der aus es sekundär zur Disseminierung des Erregers kommt. Über die genaue Pathogenese ist wenig bekannt.

▪▪ Klinik
Nach Aufnahme des Erregers über die Atemwege kann sich nach einer Inkubationszeit von 30–45 Tagen eine akute, in der Regel **selbstlimitierende Lungenentzündung** mit Fieber, Husten und Dyspnoe ausbilden. Die akute Lungeninfektion kann in eine **chronische pulmonale Blastomykose** übergehen, die klinisch einer Tuberkulose ähnelt.

Bei einer **Disseminierung** können alle Organe betroffen sein. Häufig betroffen sind Haut, Skelett und Urogenitaltrakt. An der Haut können sich warzenähnliche Läsionen (v. a im Gesicht und an der oberen Extremität) bilden, die auch mit Plattenepithelkarzinomen verwechselt werden. Neben diesen Läsionen kommt es auch zur Bildung tiefer Ulzera – beide Formen der Läsionen können beim selben Patienten auftreten. Im Skelettsystem sind insbesondere die langen Röhrenknochen sowie Wirbel und Rippen von osteolytischen Läsionen betroffen. Im Verlauf kommt es bei der disseminierten Blastomykose auch zu Allgemeinsymptomen (Schwäche, Gewichtsverlust) und weiteren Organmanifestationen.

▪▪ Immunität
Eine protektive Immunantwort hängt von einer intakten T-Zell-Antwort (Th1) ab, die zu einer Aktivierung phagozytärer Zellen führt. Ähnlich wie bei Kokzidioidomykose und Histoplasmose kommt es daher bei Patienten mit T-Zell-Defekten häufiger zu einer Disseminierung und zu schweren Verläufen.

▪▪ Labordiagnose
Die Diagnose erfolgt durch Erregernachweis. Mikroskopisch zeigen sich große, breitbasig sprossende Hefezellen, histopathologisch kommt es zu einer granulomatösen Entzündung. In der kulturellen Anzucht kann der temperaturabhängige Dimorphismus nachgewiesen werden (Labor der Sicherheitsstufe 3). In spezialisierten Labors gibt es serologische Nachweisverfahren (Antigen- und Antikörpernachweise) sowie die Möglichkeit eines molekularbiologischen Erregernachweises.

▪▪ Therapie
Mittel der Wahl zur Therapie einer Blastomykose ist Itraconazol. Bei schweren Verläufen wird mit liposomalem Amphotericin B therapiert.

83.4 Paracoccidioides

Paracoccidioides brasiliensis und die eng verwandte Art Paracoccidioides lutzii sind die Erreger der Parakokzidioidomykose.

83.4.1 Beschreibung

Die Erreger gehören zu den Ascomycota und weisen einen **temperaturabhängigen Dimorphismus** auf:
- Bei Temperaturen unter 26 °C wachsen sie langsam als Schimmelpilz (Labor der Sicherheitsstufe 3).

Die Art der Konidiogenese hängt von den Inkubationsbedingungen ab.
- Bei 37 °C und im Gewebe bildet der Erreger die Hefeform. Die Hefezellen sind in der Größe sehr variabel (4–40 µm), zeigen oft eine doppelbrechende Zellwand und intrazelluläre Einschlüsse (Lipidtröpfchen). Charakteristisch ist auch die multipolare Sprossung, die dazu führt, dass eine Mutterzelle von zahlreichen, in alle Richtungen abgehenden Tochterzellen umgeben sein kann.

83.4.2 Rolle als Krankheitserreger

■■ Epidemiologie

P. brasiliensis kommt nur in Latein- und Südamerika vor (Argentinien, Brasilien, Ekuador, Kolumbien, Mexiko, Venezuela). Am häufigsten ist die Infektion in Brasilien (Inzidenz: 10–30 pro 1 Mio. Einwohner). Fälle außerhalb dieses Endemiegebiets treten nur als importierte Infektionen auf. P. lutzii wurde in Brasilien und Ecuador gefunden. Das Umweltreservoir der Erreger ist bisher nicht eindeutig geklärt.

■■ Übertragung

Alle Konidien sowie Myzelfragmente gelten als potenziell infektiös. Die Lunge ist in der Regel als erstes Organ betroffen, die Inkubationszeit kann sehr lang sein und unter Umständen mehrere Jahre betragen.

■■ Pathogenese

Über die Pathogenese ist wenig bekannt. Nach Aufnahme des Erregers über die Atemwege kommt es initial zur Adhäsion an pulmonale Epithelzellen. In der Lunge erfolgt rasch eine Aufnahme durch Makrophagen. Die Zellwand des Erregers enthält größere Anteile an α-Glukan, das im Gegensatz zu β-Glukan nicht zu einer Aktivierung über Dectin-1 führt (Immunevasion).

■■ Klinik

Die Parakokzidioidomykose ist in der Regel eine chronische Infektion, die über viele Jahre progredient verläuft. Man unterscheidet zwischen der adulten und der juvenilen (<15 % der Fälle) Verlaufsform.

Adulte Parakokzidioidomykose Die – häufigere – adulte Form ist durch eine Kombination aus einer (chronischen) **Pneumonie** und extrapulmonalen Manifestationen gekennzeichnet. Die Infektion der Lunge führt zu Husten, teilweise auch zu (blutigem) Auswurf und Atemnot. Sie resultiert langfristig in einem fibrotischen Umbau der Lunge. **Extrapulmonale** Manifestationen treten v. a. kutan (im Gesicht und an den Extremitäten) und an Schleimhäuten (Oro- und Nasopharynx) auf. Sie sind durch warzenartige, zum Teil ulzerierende Läsionen gekennzeichnet, die insbesondere an den Schleimhäuten schmerzhaft sind. Bei einem Teil der Patienten kommt es zu einer Infektion der Nebennieren, der bis hin zu einer Addison-Krise führen kann.

Juvenile Parakokzidioidomykose Bei jungen und/oder immunsupprimierten Patienten kann es zu subakuten systemischen Verläufen kommen, die durch eine rasche Ausbreitung des Erregers im retikuloendothelialen System gekennzeichnet sind.

■■ Immunität

Eine zelluläre Th-1-Antwort gilt als protektiv. Je weniger stark diese ausgeprägt ist, desto schwerer verläuft die Erkrankung. Bei Patienten mit der schweren, juvenilen Verlaufsform der Parakokzidioidomykose findet sich in der Regel eine ausgeprägte Th-2-Antwort mit stark erhöhten Antikörperspiegeln, niedrigen Spiegeln von IFN-γ und erhöhten Spiegeln von IL-4, IL-5 und IL-10.

■■ Labordiagnose

Die Diagnose erfolgt durch Nachweis des Erregers aus Atemwegsmaterial oder mukokutanen Läsionen. Mikroskopisch können die charakteristischen Hefezellen mit multipolarer Sprossung nachgewiesen werden.

Der kulturelle Erregernachweis ist möglich, jedoch aufgrund des langsamen Wachstums des Erregers (mehrere Wochen) nicht für eine schnelle Diagnostik geeignet (Labor der Sicherheitsstufe 3). In spezialisierten Labors gibt es serologische Nachweisverfahren (Antigen- und Antikörpernachweise) sowie die Möglichkeit eines molekularbiologischen Erregernachweises. Serologisch besteht keine sichere Kreuzreaktivität zwischen P. brasiliensis und P. lutzii.

■■ Therapie

Mittel der Wahl zur Therapie einer Parakokzidioidomykose ist Itraconazol. Bei schweren Verläufen wird mit liposomalem Amphotericin B therapiert. Prinzipiell wirksam ist auch Cotrimoxazol. Die Therapiedauer beträgt in der Regel mindestens 6 Monate, häufig mehrere Jahre.

83.5 Talaromyces marneffei

Talaromyces marneffei war früher in die Gattung Penicillium eingeordnet (Penicillium marneffei). Der dimorphe Pilz verursacht in Südostasien Infektionen, die v. a. Patienten mit fortgeschrittener HIV-Infektion betreffen.

83.5.1 Beschreibung

T. marneffei weist einen temperaturabhängigen Dimorphismus auf. Bei 30 °C und niedrigeren Temperaturen wächst der Erreger als Schimmelpilz und gleicht mikromorphologisch der Gattung Penicillium (▶ Abschn. 81.3.3, ◘ Abb. 83.3). Bei 37 °C und im Gewebe bildet der Erreger Hefeformen.

83.5.2 Rolle als Krankheitserreger

■ ■ Epidemiologie

T. marneffei kommt endemisch in Südostasien (China, Thailand, Vietnam, Indonesien) vor. Das einzige, bislang bekannte, natürliche Reservoir sind Bambusratten. Die meisten Infektionen betreffen Patienten mit fortgeschrittener HIV-Infektion. In Thailand zählt die Infektion mit T. marneffei neben der Tuberkulose und der Kryptokokkose zu den wichtigsten AIDS-definierenden Erkrankungen. In der Umwelt kommt T. marneffei in Assoziation mit verschiedenen Bambusrattenarten vor.

■ ■ Übertragung

Die Übertragung erfolgt durch Inhalation von Konidien oder Myzelstücken. Die Bedeutung eines zoonotischen Infektionsweges (über Bambusratten) ist unklar.

■ ■ Pathogenese

Nach Aufnahme des Erregers über die Atemwege kann es – insbesondere bei immunkompromittierten Patienten – zu einer Disseminierung kommen.

■ ■ Klinik

Eine klinisch relevante **Talaromykose** manifestiert sich insbesondere bei immunsupprimierten Patienten. Sie ist durch eine Disseminierung des Erregers gekennzeichnet. Neben Allgemeinsymptomen (Fieber, Abgeschlagenheit, Hepatosplenomegalie und Anämie) bilden sich insbesondere Hautläsionen, die papulös, als Abszesse oder als Knoten imponieren. Im Rahmen der systemischen Streuung können sich Läsionen in nahezu allen Organen bilden.

■ ■ Immunität

Eine intakte Immunantwort schützt in der Regel vor einer klinisch relevanten Infektion. Von besonderer Bedeutung ist dabei die zelluläre (Th1-)Antwort.

■ ■ Labordiagnose

Die Diagnose erfolgt durch Erregernachweis. Mikroskopisch zeigen sich intrazelluläre Hefezellen.

Die Kultur gelingt aus Atemwegsmaterial oder Hautbiopsien. Der Erreger wächst auf Standardnährmedien rasch und kann auch in Blutkulturen angezüchtet werden. In der kulturellen Anzucht kann der temperaturabhängige Dimorphismus nachgewiesen werden:

Die Schimmelpilzform ist mikromorphologisch nicht sicher von Penicillium-Arten zu unterscheiden (◘ Abb. 83.3). Charakteristisch für sie ist ein leuchtend rotes Pigment. Dieses ist jedoch nicht spezifisch für T. marneffei, sondern kann auch von nichtpathogenen Penicillium-Arten gebildet werden.

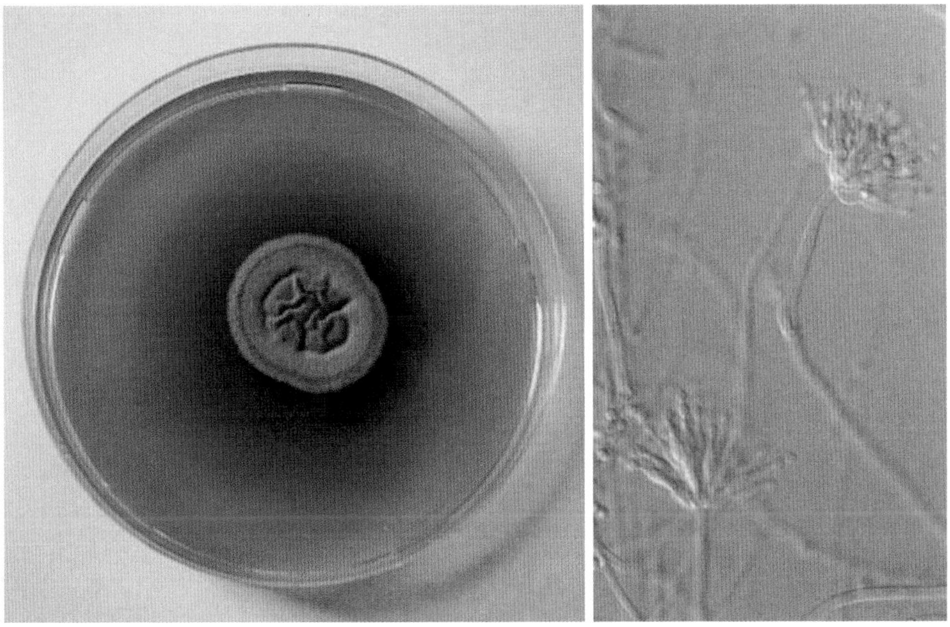

◘ **Abb. 83.3** Talaromyces marneffei wächst bei 30 °C als Schimmelpilz und bildet häufig ein charakteristisches rotes Pigment (links), mikroskopisch zeigt sich ein Pinselschimmel wie bei Penicillium-Arten

Die Ausbildung einer Hefeform bei 37 °C unterscheidet T. marneffei von Penicillium-Arten.

Serologische Nachweisverfahren befinden sich noch in Entwicklung. Molekularbiologische Verfahren stehen in spezialisierten Labors zur Verfügung.

▪▪ Therapie

Mittel der Wahl sind Itraconazol oder liposomales Amphotericin B.

In Kürze: Erreger außereuropäischer Systemmykosen

Histoplasma capsulatum (und H. duboisii), Coccidioides immitis (und C. posadasii), Blastomyces dermatitidis und Paracoccidioides brasiliensis (und P. lutzii) sind Erreger systemischer Infektionen des Menschen. Diese Infektionen treten auch bei immunkompetenten Patienten auf. Bei immungeschwächten Patienten ist die Wahrscheinlichkeit einer schweren klinischen Manifestation jedoch deutlich höher. Obwohl einige dieser Erreger mittlerweile weltweit gefunden wurden, treten die meisten Infektionen auf dem amerikanischen Kontinent auf. Neben einer pulmonalen Infektion kann es zu disseminierten Verläufen kommen.

Talaromyces marneffei ist ein wichtiger Erreger von Infektionen bei Patienten mit fortgeschrittener HIV-Infektion in Südostasien.

In Deutschland treten alle diese Infektionen in der Regel nur als importierte Infektionen nach Auslandsaufenthalt auf. Alle genannten Erreger zeigen einen temperaturabhängigen Dimorphismus, d. h., sie wachsen in Abhängigkeit von der Temperatur in unterschiedlichen Formen (z. B. Schimmelpilzform bei 25 °C, Hefepilzform bei 37 °C).

Die Diagnose erfolgt durch **mikroskopischen und kulturellen Erregernachweis.** Für die Anzucht ist (außer bei T. marneffei) ein Labor der **Sicherheitsstufe 3** erforderlich. **Serologische und molekularbiologische Verfahren** stehen in Deutschland in Speziallabors zur Verfügung.

In der Behandlung kommen insbesondere **Itraconazol** oder **liposomales Amphotericin B** zum Einsatz.

Parasitologie

Inhaltsverzeichnis

Allgemeine Parasitologie

Ralf Ignatius und Gerd-Dieter Burchard

„Unter Parasiten verstehen wir solche Lebewesen, die zeitweise oder ständig ganz oder zum Teil auf Kosten eines anderen, in der Regel größeren Organismus, des sog. Wirtes leben, von ihm Nahrung, unter Umständen auch Wohnung oder ähnlichen Nutzen gewinnen und ihn bei geringer Anzahl nicht töten." (Gerhard Piekarski).

Parasiten (gr.: „parasitos", Mitesser, Schmarotzer) sind weltweit verbreitet und lassen sich einteilen in **Endoparasiten**, also im Darm, Blut oder Gewebe vorkommende Protozoen (Einzeller) und Helminthen (Würmer), sowie äußerlich am Wirt schmarotzende **Ektoparasiten** (Insekten, Spinnentiere).

Die Häufigkeit von Parasiten nimmt vom Äquator zu den Polen ab. Gründe hierfür sind einerseits Ansprüche der Erreger an Temperatur oder andere Umweltbedingungen, andererseits sozioökonomische Faktoren, die zu unzureichender Hygiene und Gesundheitsvorsorge führen und dadurch die Verbreitung von Infektionserregern begünstigen.

Infektionen durch Parasiten (**Parasitosen**) sind daher **in Entwicklungsländern** von besonderer Bedeutung. Dies spiegelt sich zum einen in einer z. T. sehr hohen Mortalität wider (z. B. Malaria). Zum anderen können auch chronische, nichtletale Parasitosen (z. B. Hakenwurminfektionen) zu Wachstums- und Entwicklungsstörungen bei Kindern und eingeschränkter Leistungsfähigkeit bei Erwachsenen führen.

Im Gegensatz hierzu spielen Parasitosen **in Industrieländern** eine Rolle als durch Reiseverkehr oder Nahrungsmittelimporte eingeführte Infektionen, die sich dann aber in der Regel nicht weiter ausbreiten. Darüber hinaus kommen einige Parasiten (z. B. Toxoplasmen, Lamblien, Echinokokken) auch in gemäßigten Klimazonen vor, manche (z. B. Kryptosporidien) bedrohen immunsupprimierte Patienten als opportunistische Krankheitserreger.

Im Gegensatz zu Parasiten schaden **kommensalisch** lebende Protozoen (z. B. Entamoeba coli im Darm) dem Wirt nicht, ziehen selbst jedoch einen Vorteil aus der Lebensgemeinschaft.

Die **Übertragung** der Erreger auf den Menschen erfolgt häufig als orale Infektion; wie andere Infektionserreger sind Parasiten jedoch auch vektoriell, sexuell oder diaplazentar übertragbar. Die Inkubationszeit von Parasitosen, also die Zeit zwischen Infektion und ersten Krankheitserscheinungen, kann länger, aber auch kürzer sein als die Zeit zwischen Infektion und erstem diagnostisch nachweisbaren Auftreten des Erregers (**Präpatenzzeit**) (z. B. Malariaparasiten im Blut).

Das klinische Bild von Parasitosen kann sehr variieren und wird von der Virulenz des Parasiten und der Prädisposition des Wirtes bestimmt. Die immunologische Abwehr von Parasiten ist oft sehr komplex und basiert meist sowohl auf humoralen als auch auf zellulären Immunmechanismen. Einige Parasiten haben Mechanismen entwickelt, die es ihnen ermöglichen, der Wirtsabwehr zu entkommen (z. B. immunologische Mimikry, Antigenvariation).

Faszinierend sind durch Parasiten induzierte Verhaltensänderungen befallener Wirte, die die Erregerübertragung in den Folgewirt begünstigen. So verlieren mit Toxoplasma infizierte Nagetiere ihre natürliche Furcht vor Katzenurin. Bekannt ist auch, dass sich mit den Larven des kleinen Leberegels infizierte Ameisen abends an Grashalmspitzen verbeißen, anstatt ins Nest zurückzukehren. So können sie am folgenden Morgen leichter von Huftieren, den Wirten der adulten Egel, aufgenommen werden.

84.1 Definitionen

84.1.1 Protozoen

Dies sind einzellige Eukaryonten. Sie kommen als vegetative Formen (Trophozoiten) und Dauerformen (Zysten, Oozysten) vor. Protozoen ähneln in ihrem Aufbau Wirtszellen, weisen darüber hinaus aber spezielle Zellorganellen, z. B. Kinetoplast oder Apikomplex, auf. Flagellen, Zilien oder Pseudopodien dienen der Fortbewegung, aufgrund derer sich 5 Gruppen (Stämme) humanpathogener Protozoen unterscheiden lassen (◘ Tab. 84.1).

Protozoen vermehren sich je nach Spezies **asexuell** durch Zwei- oder Mehrfachteilung oder **sexuell** durch

S. Suerbaum et al. (Hrsg.), *Medizinische Mikrobiologie und Infektiologie*,
https://doi.org/10.1007/978-3-662-61385-6_84

Tab. 84.1 Einteilung der Protozoen

Stamm/Gruppe	Klasse/Gruppe	Subklasse	Ordnung	Gattung
Euglenozoa			Kinetoplastida	Leishmania, Trypanosoma
Metamonada	Fornicata		Diplomonadida	Giardia
	Parabasalia		Trichomonadida	Trichomonas
Amoebozoa	Archamoebae			Entamoeba
Apicomplexa	Aconoidasida		Haemosporida	Plasmodium
			Piroplasmida	Babesia
	Conoidasida	Coccidia	Eucoccidiorida	Toxoplasma, Cryptosporidium, Cyclospora, Isospora
Ciliophora	Litostomatea		Vestibuliferida	Balantidium

Verschmelzung weiblicher und männlicher Gameten zur Zygote. Wirte, in denen die sexuelle Vermehrung stattfindet, werden als **Endwirte** bezeichnet, während im **Zwischenwirt** die asexuelle Vermehrung erfolgt.

Der Stamm Microspora steht genetisch den Pilzen nahe; bis zur eindeutigen taxonomischen Zuordnung werden Mikrosporidien weiterhin bei den Protozoen besprochen (▶ Abschn. 85.10).

84.1.2 Helminthen (Würmer)

84

Dies sind mehrzellige Organismen, die in Rundwürmer (Nematoden) und Plattwürmer (Plathelminthes) unterteilt werden. Letztere werden wiederum in Egel (Trematoden) und Bandwürmer (Zestoden) aufgeteilt. Die Vermehrung erfolgt in der Regel sexuell mit Produktion von Eiern oder lebenden Larven, selten auch asexuell (z. B. Trematoden). Sie definiert wie bei Protozoen End- oder Zwischenwirte (s. o.). **Fehlwirte** sind akzidentell besiedelte Wirte, die normalerweise nicht zur Vollendung des parasitären Vermehrungszyklus beitragen (z. B. Mensch für Echinococcus). In **paratenischen Wirten** („Stapelwirten") kommt es über die Zeit zu einer Ansammlung, jedoch nicht zur Weiterentwicklung oder Vermehrung der Parasiten (z. B. Raubfische bei Diphyllobothrium latum).

84.1.3 Ektoparasiten

Zu ihnen zählen Arthropoden (Gliederfüßer), die sich weiter in Insekten (Läuse, Flöhe, Wanzen, Mücken, Fliegen) und Spinnentiere (Milben, Zecken) einteilen lassen. Sie können selbst Erkrankungen verursachen oder als Vektoren Infektionserreger auf den Menschen übertragen.

Protozoen

Ralf Ignatius und Gerd-Dieter Burchard

Parasitäre Protozoen leben in Abhängigkeit von ihrem Wirt. Sie gehören zu den einfachsten Organismen. Protozoen sind einzellige Eukaryonten, von einer Membran umschlossen, und besitzen meist einen, selten mehrere Zellkerne. Sie vermehren sich im Wirtsorganismus entweder asexuell oder sexuell. Einige Parasiten, wie z. B. Plasmodien, machen sowohl asexuelle als auch sexuelle Vermehrungszyklen durch. Beim Menschen werden Infektionen durch intestinale (z. B. Amöben, Lamblien), Blut- (z. B. Plasmodien, Trypanosomen) und Gewebeprotozoen (z. B. Toxoplasmen, Leishmanien) unterschieden. Infektionen durch Protozoen verursachen beim Menschen enorme Morbidität und Mortalität.

Fallbeispiel

Ein 25-jähriger Mann unternimmt eine 2-wöchige Geschäftsreise nach Peking. Eine Woche nach Rückkehr erkrankt er an Fieber und klagt über leichten Husten. Der Hausarzt verordnet ein Antibiotikum. Hierunter kommt es zu keiner Besserung, der Hausarzt veranlasst eine weitere Diagnostik (inzwischen sind seit der Rückkehr 3½ Wochen vergangen): CT-Thorax ohne pathologischen Befund, in der Abdomensonografie leichte Splenomegalie, im Labor mäßig erhöhte Entzündungsparameter, leichte Leuko- und Thrombozytopenie sowie erhöhte Transaminasen (GOT 178 U/l, GPT 175 U/l). Serologische Untersuchungen auf EBV, CMV, Hantaviren, Adenoviren, Parvo-B19, Hepatitis E, Leptospirose, Brucellose, Q-Fieber sind negativ. Wegen der Splenomegalie erfolgt eine Knochenmarkaspiration, eine hämatologische Systemerkrankung kann ausgeschlossen werden. Untersuchungen auf tropenspezifische Erkrankungen werden nicht veranlasst, da der Patient sich nur in Peking aufgehalten hat. Bei unklarer Diagnose und jetzt 6 Wochen nach Rückkehr wird eine Leberpunktion durchgeführt, bei der es zu einer transfusionsbedürftigen Blutung kommt. Die Histologie ergibt lediglich eine unspezifische Entzündung. Der Patient wird stationär eingewiesen, der Aufnahmearzt erhebt noch einmal die Anamnese. Der Patient berichtet jetzt, vor der Geschäftsreise nach China eine Urlaubsreise nach Griechenland unternommen zu haben. Bei weiter bestehenden subfebrilen Temperaturen, Splenomegalie sowie Leuko- und Thrombozytopenie ergibt sich der Verdacht auf eine viszerale Leishmaniasis – bei einer erneuten Knochenmarkaspiration lassen sich Leishmanien in den Makrophagen nachweisen.

85.1 Trypanosomen

Steckbrief

Trypanosomen sind Protozoen, die je nach Art und Stadium begeißelt und/oder unbegeißelt vorkommen und durch Insekten übertragen werden. Trypanosoma (T.) brucei gambiense und T. brucei rhodesiense sind die Erreger der Schlafkrankheit in Afrika. Benannt wurde diese Spezies nach David Bruce, der diese 1895 erstmals in Rindern beobachtete. Den Entwicklungszyklus der Tsetsefliege beschrieb 1909 Karl Kleine, ein Mitarbeiter Robert Kochs. T. cruzi verursacht in Mittel- und Südamerika die Chagas-Krankheit. Der Erreger wurde 1907 von Carlos Chagas in Raubwanzen nachgewiesen, später auch im Blut von Kindern.

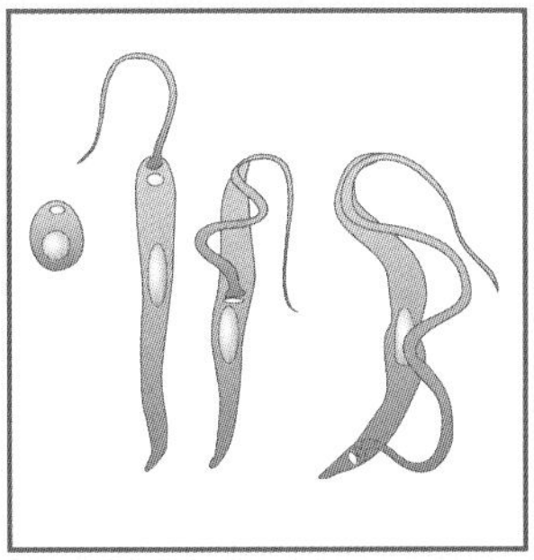

Trypanosomen: amastigote, promastigote, epimastigote und trypomastigote Form

S. Suerbaum et al. (Hrsg.), *Medizinische Mikrobiologie und Infektiologie*,
https://doi.org/10.1007/978-3-662-61385-6_85

85.1.1 Beschreibung

▪ **Morphologie und Aufbau**

Die im Blut auftretende **trypomastigote Form** der Trypanosomen ist 16–35 µm lang und weist einen mittelständigen Kern und einen endständigen Kinetoplasten auf. Aus dem mit diesem assoziierten Basalkörper entspringt eine Geißel, die zunächst mit der Zelloberfläche über Mikrotubuli verbunden ist (erscheint als Häutchen oder „undulierende Membran") und dann als freie Geißel das Vorderende überragt. Bei T. cruzi gibt es daneben eine unbegeißelt erscheinende, rundliche Form im Gewebe, bei der lichtmikroskopisch Kern und Kinetoplast nachweisbar sind. Diese wird als **amastigote Form** bezeichnet.

▪ **Entwicklung**

Die Darstellung erfolgt erregerspezifisch.

T. brucei gambiense und T. brucei rhodesiense Die Erreger der Schlafkrankheit werden mit dem Speichel von Tsetsefliegen als trypomastigote Formen (metazyklische Stadien) beim Blutsaugen auf den Menschen übertragen bzw. von den Fliegen aufgenommen (◘ Abb. 85.1). Im Vektor wandern sie dann vom Darm in die Speicheldrüse, vermehren sich dabei durch Zweiteilung und wandeln sich über die epimastigote in die infektiöse (metazyklische) trypomastigote Form um.

T. cruzi Der Erreger der Chagas-Krankheit wird ebenfalls als metazyklische, trypomastigote Form übertragen, als Vektoren dienen hier blutsaugende Raubwanzen. T. cruzi hält sich als begeißelte (trypomastigote) Form in der Blutbahn auf, im Gewebe erfolgen die Umwandlung in die intrazelluläre amastigote Form und die Vermehrung durch Zweiteilung (◘ Abb. 85.2).

▪ **Vorkommen**

T. brucei gambiense kommt in Zentral- und Westafrika vor, Hauptreservoir ist der Mensch. Nebenwirte sind verschiedene Säugetiere (Schwein, Hund) (◘ Abb. 85.1). T. brucei rhodesiense tritt in Ost- und Südafrika auf, dort sind Wild- und Nutztiere die hauptsächlichen Wirte.

T. cruzi kommt in Mittel- und Südamerika vor. Reservoire sind neben dem Menschen Haus- und Wildtiere, wobei Raubwanzen (Triatoma, Rhodnius, Panstrongylus) als wechselseitige Überträger dienen (◘ Abb. 85.2).

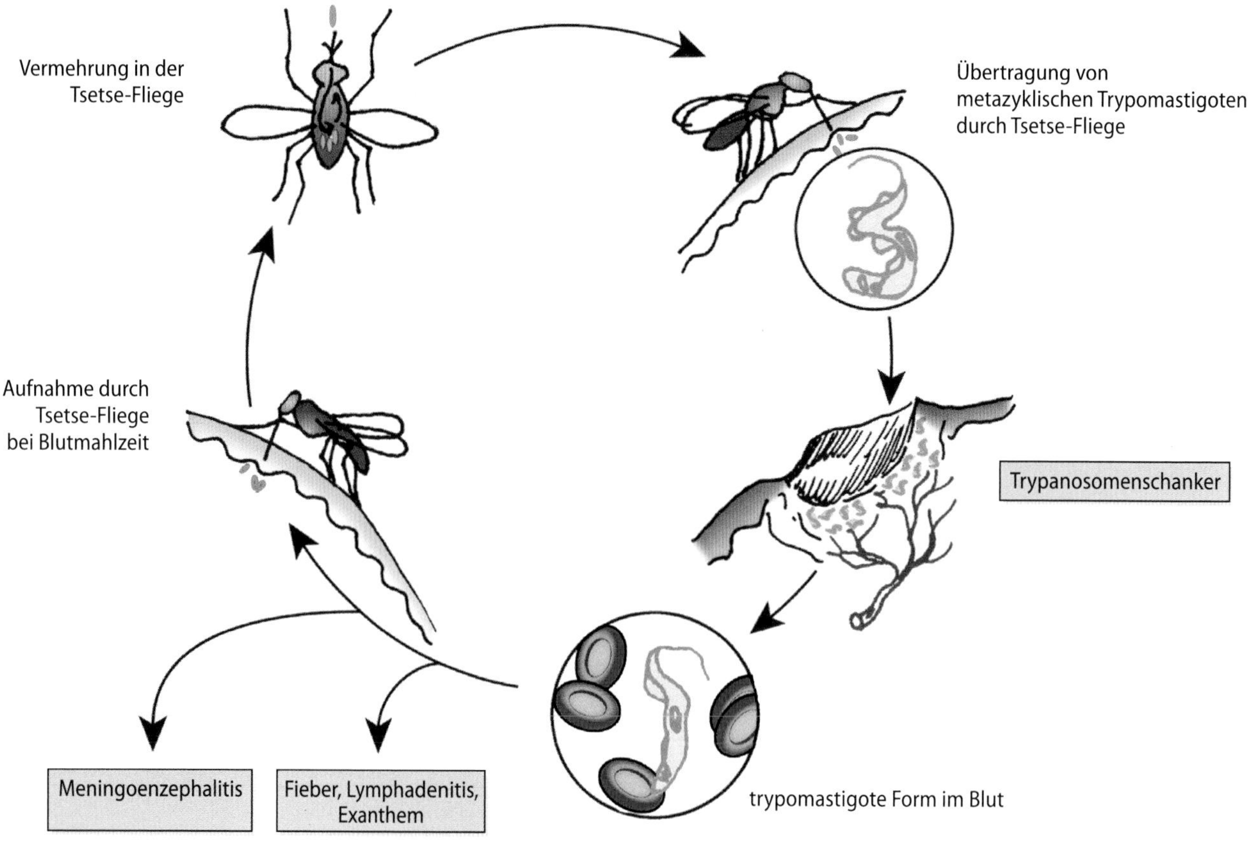

◘ **Abb. 85.1** Zyklus von Trypanosoma brucei gambiense

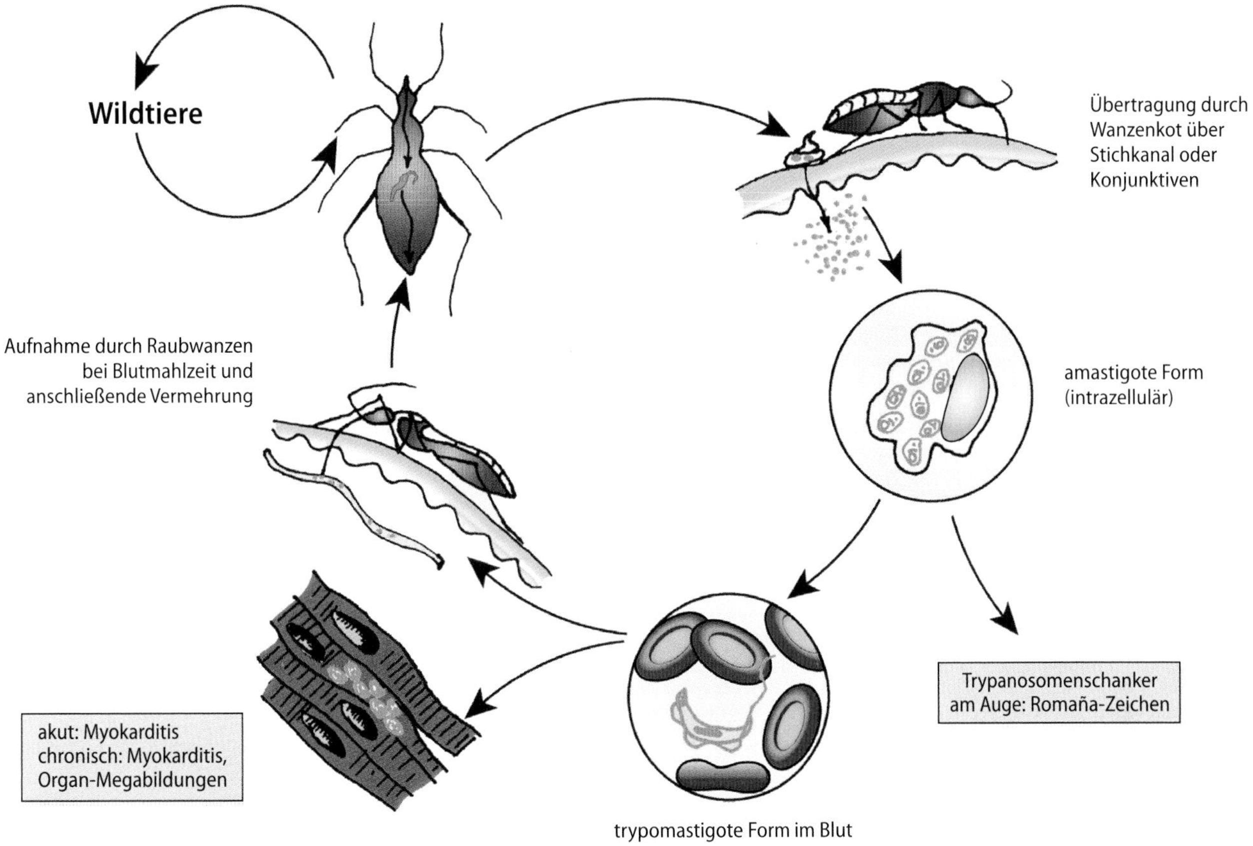

Abb. 85.2 Zyklus von Trypanosoma cruzi

85.1.2 Rolle als Krankheitserreger

Epidemiologie

Nach neueren Schätzungen sind in Afrika weniger als 10.000 Menschen mit einem der beiden Schlafkrankheitserreger infiziert. Aufgrund nachhaltiger Kontrollmaßnahmen sank die Zahl der Neuerkrankungen nach Angaben der WHO seit 2009, für 2017 wurden noch 1446 Neuerkrankungen gemeldet.

Die Chagas-Krankheit ist in Mittel- und Südamerika weit verbreitet, die Hauptlast der Erkrankung trägt die ärmere Bevölkerung, die in einfachen Behausungen den nachtaktiven Raubwanzen ausgesetzt ist. Die Anzahl der Infizierten wird auf 6–7 Mio. geschätzt; im Jahr 2015 verstarben ca. 8000 Patienten im Rahmen der akuten oder an den Folgen der chronischen Chagas-Krankheit. Zunehmend wird die Chagas-Krankheit auch in Europa und Nordamerika bei Migranten aus Lateinamerika diagnostiziert.

Übertragung

Beide T. brucei-Unterarten werden vektoriell, durch den Stich männlicher und weiblicher tagaktiver Tsetsefliegen (Glossina), übertragen. Die Tsetsefliege ist aggressiv, der Stich schmerzhaft. T. brucei gambiense ist für ca. 90 % der gemeldeten Fälle verantwortlich.

T. cruzi wird vektoriell bei der Blutmahlzeit der nachtaktiven Raubwanzen übertragen, indem diese erregerhaltigen Kot absetzen. Die Erreger werden dann vom Menschen in den Stichkanal, in Mikroläsionen der Haut oder die Schleimhäute (besonders Konjunktiven) eingerieben. Infektionen durch erregerhaltige Blutkonserven, perorale Infektionen durch kontaminierte Lebensmittel und pränatale Infektionen sind ebenfalls möglich. Laborinfektionen wurden häufiger beschrieben.

Pathogenese

Dazu gehören:

Schlafkrankheit Pathologische Veränderungen bei der Schlafkrankheit betreffen das hämolymphatische und das Immunsystem. Entzündungsreaktionen treten in verschiedenen Organen auf (z. B. Myokard, ZNS). Diese sind durch perivaskuläre Infiltrate aus Monozyten, Lymphozyten und Plasmazellen gekennzeichnet. Pathognomonisch ist darin der Nachweis besonders großer Plasmazellen, sog. Mott-Zellen. An der Eintrittspforte, der Stichstelle der Glossinen, kann als lokale entzündliche Reaktion ein Trypanosomenschanker auftreten (v. a. bei T. brucei rhodesiense).

Die Erreger vermehren sich extrazellulär durch Zweiteilung, verbreiten sich in Blut und Lymphe und dringen schließlich in das ZNS ein. Die oft bestehende Anämie und Thrombozytopenie sind wahrscheinlich auf vermehrten Abbau und verminderte Neubildung der betroffenen Zellen zurückzuführen. Die Immunantworten auf immer wieder wechselnde Erregervarianten führen zur ausgeprägten B-Zell-Proliferation und Bildung von unspezifischem IgM durch Mitogene (Anstieg der Serumimmunglobuline führt zu prominenter Gammaglobulin-Vermehrung in der Serumelektrophorese). Daneben sind die Proliferation von T-Zellen und die Fähigkeit von Makrophagen, T-Zellen Antigene zu präsentieren, supprimiert. Eine generalisierte Immunsuppression ist Grundlage der häufig auftretenden Sekundärinfektionen.

Die entzündlichen ZNS-Veränderungen, wiederum durch perivaskuläre Infiltrate gekennzeichnet, gehen einher mit einer Störung der Blut-Hirn-Schranke (◘ Abb. 85.3). Die Ablagerung von Immunkomplexen mit Aktivierung von Komplement mag ebenfalls zur Gewebeschädigung beitragen. ZNS-spezifische Autoantikörper können im Serum von Patienten nachweisbar sein. Im Spätstadium wird eine Aktivierung der Astrozyten beobachtet, die durch die Sekretion schlafregulierender Substanzen möglicherweise direkt das klinische Bild beeinflussen. Eine akute, oft tödlich verlaufende Myokarditis mit Ausbreitung auf alle Herzwandschichten kommt bei der Infektion mit T. brucei rhodesiense vor.

85

Chagas-Krankheit Zunächst kommt es zur Vermehrung der Erreger in Pseudozysten im Muskelgewebe (besonders Herz) ohne zelluläre Infiltration. Erst im weiteren Verlauf entstehen Entzündungsreaktionen mit Beteiligung von Mono- und Lymphozyten und anschließender Nekrose des Gewebes. Im chronischen Stadium stehen chronische Myokarditis, dilatative Kardiomyopathie und apikale Aneurysmabildung sowie Megabildungen im Gastrointestinaltrakt (besonders Ösophagus und Kolon) im Mittelpunkt. Sie sind durch degenerative Veränderungen der autonomen Nervenzellen in den entsprechenden Ganglien gekennzeichnet.

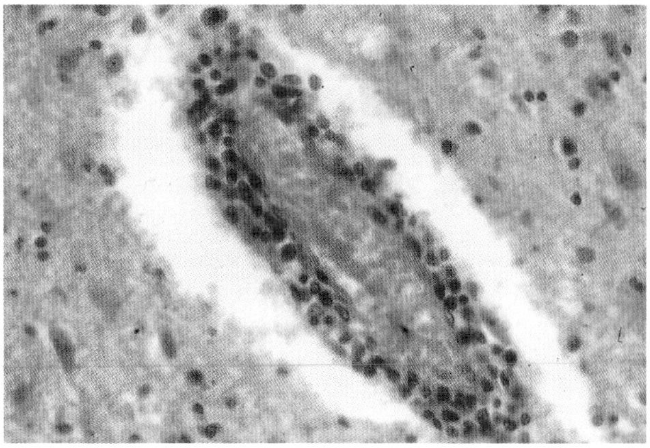

◘ **Abb. 85.3** Schlafkrankheit – postmortale histologische Untersuchung des Gehirns: dichte perivaskuläre Zellinfiltrate. (Mit freundlicher Genehmigung von Prof. Dr. W. Bommer, Göttingen)

Sensitive Nachweismethoden (PCR, Immunhistochemie) belegen eine Persistenz der Erreger in den Bereichen zellulärer Infiltrate im Gewebe und sprechen gegen eine wesentliche Bedeutung von Autoimmunreaktionen bei der Pathogenese der chronischen Chagas-Krankheit. Klinische Ergebnisse stützen diese Befunde: Eine Immunsuppression von Patienten im chronischen Stadium führt eher zur Exazerbation der Infektion als zu einer günstigen Beeinflussung der Erkrankung.

▪▪ Klinik

Dazu gehören:

Schlafkrankheit Nach normalerweise 2–3 Wochen Inkubationszeit kann sich an der Stichstelle eine lokale, relativ schmerzlose, ödematöse Schwellung (Trypanosomenschanker) in Verbindung mit einer regionären Lymphknotenschwellung bilden. Nach 2–4 Wochen kommt es in der Phase der Generalisierung (hämolymphatische Phase) zu intermittierendem Fieber, Splenomegalie, Lymphadenitis, Exanthembildung, Ödemen, Hyperästhesie und Tachykardie. Die westafrikanische Form (T. brucei gambiense) geht häufig mit einer prall-elastischen, indolenten Schwellung der nuchalen Lymphknoten (Winterbottom-Zeichen) einher.

Die **meningoenzephalitische Phase** ist durch starkes Schlafbedürfnis, aber auch Schlaflosigkeit, Umkehr des Schlaf-Wach-Rhythmus und allgemeine Schwäche gekennzeichnet (◘ Abb. 85.4). Diese Phase stellt sich bei der ostafrikanischen Form (T. brucei rhodesiense) schneller (nach einigen Wochen bis Monaten) als bei der westafrikanischen ein (hier erst nach mehreren Monaten bis einigen Jahren); sie endet ohne Behandlung mit dem Tod. Ein akuter, tödlicher Verlauf durch Myokarditis ohne das Auftreten einer chronischen Meningitis kommt bei der ostafrikanischen Form vor.

Chagas-Krankheit Sie beginnt ebenfalls mit einer lokalen Hautreaktion und Anschwellung der regionalen Lymphknoten. Wenn die Region eines Auges betroffen ist (transkonjunktivale Infektion), führt dies zur unilateralen Augenlidschwellung mit Konjunktivitis (**Romaña-Zeichen**, ◘ Abb. 85.6). Nach 2–4 Wochen kommt es zur Generalisierung mit Fieber, Exanthem, Lymphadenitis und Hepatosplenomegalie.

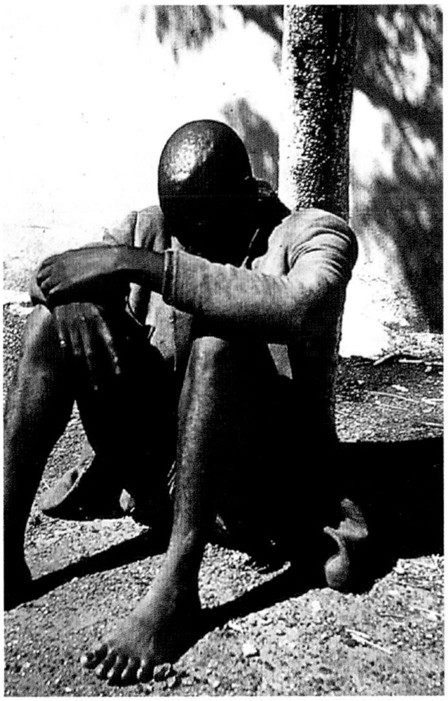

■ **Abb. 85.4** Schlafkrankheit – Patient im meningoenzephalitischen Stadium. (Mit freundlicher Genehmigung von Prof. Dr. W. Bommer, Göttingen)

Tachykardien und andere, evtl. schwerwiegende Herzrhythmusstörungen sind Ausdruck einer **akuten Myokarditis.** Die akute Infektion führt bei bis zu 10 % der Patienten zum Tod oder geht in ein asymptomatisches Stadium über.

Etwa ein Drittel der Patienten entwickelt später eine klinisch manifeste, chronische Chagas-Krankheit, häufiger als **dilatative Kardiomyopathie,** seltener mit pathologischen Vergrößerungen und Dysfunktionen von Abschnitten des Gastrointestinaltrakts (**Megaösophagus, -kolon,** ■ Abb. 85.6). Diese Störungen treten regional mit unterschiedlicher Häufigkeit auf. Die Kardiomyopathie führt zur Herzinsuffizienz mit Stauungszeichen, Thrombosen mit Gefahr von Embolien oder zur Aneurysmabildung mit der Gefahr der Myokardruptur und Herzbeuteltamponade.

■■ Immunität

Dazu gehören:

Schlafkrankheit An der Abwehr von T. brucei sind Antikörper maßgeblich beteiligt. Dadurch kann sich eine Teilimmunität ausbilden, die jedoch durch neue Erregervarianten durchbrochen wird. Diese beruhen auf Änderungen der Glykokalyx, eines schützenden Außenmantels von T. brucei, der sich noch vor Übertragung auf den Menschen in der Tsetsefliege ausbildet. Einzelne Polypeptidketten der Glykokalyx sind in hohem Grad variabel. Das beruht auf der Anzahl von Strukturgenen und Rekombinationsmöglichkeiten von Teilstücken derselben. Dadurch entstehen neue Epitopmuster („variant surface glycoproteins", **VSG**).

Während die Erreger mit einem nichtveränderten Muster abgetötet werden, wenn der Wirt dagegen Antikörper gebildet hat, führen diejenigen mit neuen Oberflächenantigenen durch Zweiteilung zu einem erneuten Ansteigen der Parasitämie. Diese zyklischen Variations- und Lysisvorgänge wiederholen sich. Das bedeutet jedoch auch, dass die Entwicklung eines Impfstoffs, der vor sämtlichen Erregervarianten schützt, schwierig ist.

Chagas-Krankheit Die Abwehr von T. cruzi wird sowohl von humoralen (antikörperabhängige zellvermittelte Zytotoxizität, ADCC) als auch zellvermittelten Mechanismen (T-Zellen, aktivierte Makrophagen) getragen.

■■ Labordiagnose

Dazu gehören:

Schlafkrankheit Während der Fieberphase werden möglichst Blutausstriche und Dicke Tropfen angefertigt und nach Giemsa gefärbt. Die Erreger sind extrazellulär zu finden (■ Abb. 85.5 und 85.6). Die Trypanosomen sind auch in Ausstrichen aus Schanker, Liquor, Lymphknoten und Knochenmark nachweisbar. PCR-Verfahren sind ebenfalls verfügbar.

Chagas-Krankheit Blutausstriche und Dicke Tropfen werden auch bei akuter Chagas-Krankheit untersucht. Bei der chronischen Erkrankung ließ man früher trypanosomenfreie Raubwanzen Patientenblut saugen (Xenodiagnose), der Kot der Wanzen wurde 1–2 Wochen später auf Trypanosomen untersucht. Diese Methode wird heute aufgrund des hohen methodologischen Aufwands sowie von Bedenken in

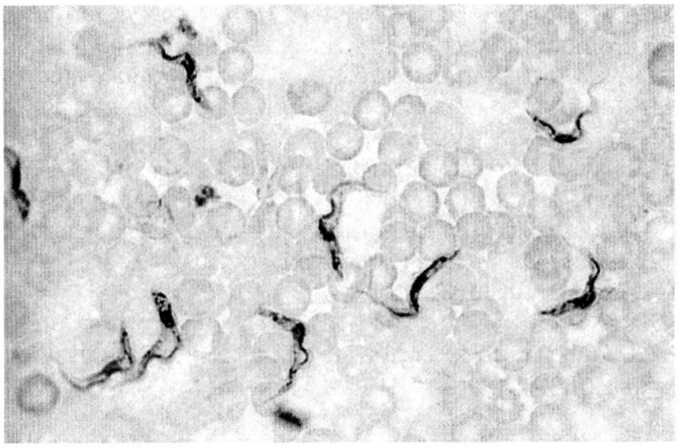

■ **Abb. 85.5** Trypanosoma brucei rhodesiense im Blutausstrich. (Aus: Springer Lexikon Medizin 2004)

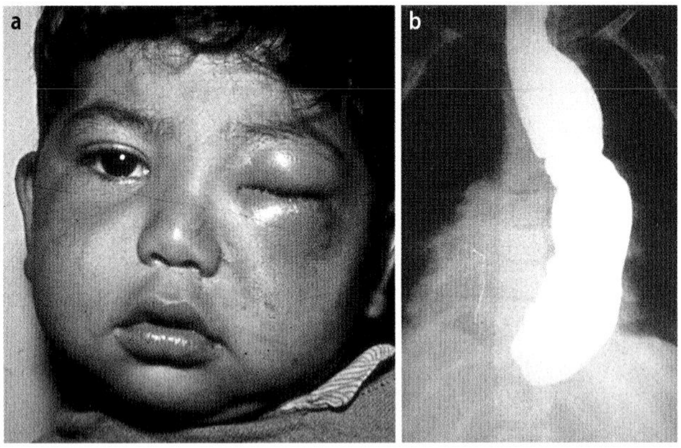

Abb. 85.6 **a, b** Romaña-Zeichen bei einem Kind mit akuter Chagas-Krankheit (**a**). Megaösophagus bei chronischer Chagas-Krankheit (**b**)

Bezug auf Laborsicherheit nicht mehr angewandt. Die PCR-Untersuchung von Gewebe spielt insbesondere zur Abklärung fraglicher chronischer Fälle eine wichtige Rolle; aus dem Blut kann sie bei unklaren serologischen Ergebnissen hilfreich sein.

Für die Labordiagnose beider Erkrankungen gibt es auch Verfahren zum Nachweis spezifischer Antikörper im Serum (IF, EIA, HA).

▪▪ Therapie

Dazu gehören:

Schlafkrankheit Die frühen Stadien sowie milde Infektionen mit Enzephalitis (<100 Leukozyten/µl im Liquor) der westafrikanischen Schlafkrankheit (T. b. gambiense) werden bei Patienten ab 6 Jahren und ≥20 kg Körpergewicht mit Fexinidazol, die übrigen frühen mit Pentamidin und schwerere Infektion im späten Stadium mit Nifurtimox plus Eflornithin behandelt. Zur Behandlung der ostafrikanischen Schlafkrankheit (T. b. rhodesiense) werden Suramin bzw. Melarsoprol eingesetzt. Der Erfolg hängt vom möglichst frühzeitigen Therapiebeginn ab und wird von den z. T. beträchtlichen Nebenwirkungen beeinflusst. Die bei 5–10 % der Patienten im Verlauf einer Melarsoprol-Behandlung auftretende reaktive Enzephalopathie verläuft häufig tödlich. Eine Zunahme der Resistenz der Erreger, besonders gegen Melarsoprol, wurde beschrieben.

Chagas-Krankheit Im akuten Stadium sollten die Patienten mit dem relativ toxischen Nifurtimox oder mit Benznidazol behandelt werden, deren Wirkung in der chronischen Phase weitaus geringer ist. Bradyarrhythmien oder eine Herzinsuffizienz werden symptomatisch behandelt. Chirurgische Interventionen können im chronischen Stadium mit intestinaler Megabildung indiziert sein.

▪▪ Prävention

Dazu gehören:

Schlafkrankheit Die Prävention der Schlafkrankheit stützt sich auf die Kontrolle der tagaktiven Tsetsefliege. Mit Insektizid imprägnierte Tsetsefallen sind hilfreich bei der fokalen und regionalen Vektorreduktion. Der Einsatz steriler Männchen wurde erfolgreich erprobt. Früherkennung sowie Surveillance sind weitere wichtige Maßnahmen.

Chagas-Krankheit Da sich die Vektoren tagsüber in Wandspalten aufhalten, beruhen gegenwärtige Eradikationsprogramme überwiegend auf dem Aussprühen der Wohnhäuser mit Insektiziden). Sinnvoller ist die Verbesserung der sozialen Verhältnisse, z. B. durch Schaffung von Wohnraum ohne Wandspalten. Blutkonserven in Endemiegebieten sollten wegen der Gefahr der Kontamination routinemäßig kontrolliert werden.

In Kürze: Trypanosomen

- **Parasitologie:** Flagellaten der Gattung Trypanosoma, die begeißelt im Blut und Liquor (T. brucei gambiense, T. brucei rhodesiense) oder im Falle von T. cruzi begeißelt im Blut und unbegeißelt im Gewebe vorkommen.
- **Entwicklung:** T. brucei wird durch Tsetsefliegen und T. cruzi durch Raubwanzen übertragen, Vermehrung im Menschen extrazellulär durch Zweiteilung.
- **Epidemiologie:** Neben dem Menschen dienen Säugetiere als Erregerreservoire.
- **Pathogenese:**
  - **Schlafkrankheit:** Perivaskuläre Infiltrate besonders in Myokard und ZNS. Zyklisch wechselnde Erregervarianten. Immunsuppression.
  - **Chagas-Krankheit:** Akute Myokarditis mit zellulärer Infiltration und Nekrose. Chronisches Stadium: chronische Myokarditis, degenerative Veränderungen der autonomen Nervenganglien, besonders in Herz (Kardiomyopathie) und Gastrointestinaltrakt (Megabildungen).
- **Klinik:**
  - **Schlafkrankheit:** ggf. Trypanosomenschanker an Stichstelle, regionäre Lymphknotenschwellung, Generalisierung mit Fieber, Splenomegalie, Lymphadenitis, Ödemen, Tachykardie. Chronische Meningoenzephalitis.
  - **Chagas-Krankheit:** Lokale Schwellung an Erregereintrittsstelle, regionäre Lymphknotenschwellung. Generalisierung mit Fieber, Lymphadenitis, Hepatosplenomegalie, akuter Myokarditis. Chronisches Stadium: chronische Myokarditis

mit Myokardinsuffizienz und Aneurysmabildung, Gefahr der Myokardruptur, Thrombosen und Embolien. Kardiomyopathie. Megakolon, -ösophagus.
- **Labordiagnose:** Blutausstriche und Dicke Tropfen, Ausstriche von Liquor (T. brucei): Giemsa-Färbung; Gewebehistologie, PCR sowie Antikörpernachweise.
- **Therapie:** Suramin, Pentamidin, Eflornithin, Melarsoprol, Fexinidazol, Nifurtimox (T. brucei); Nifurtimox, Benznidazol (T. cruzi).

85.2 Leishmanien

Steckbrief

Leishmanien sind fakultativ intrazelluläre Protozoen, die nur in den übertragenden Insekten begeißelt, im Menschen jedoch unbegeißelt vorkommen. Die Infektion manifestiert sich je nach Art des Erregers entweder als Erkrankung des mononukleär-phagozytären Systems (MPS), der Haut oder von Haut und Schleimhaut.
Leishman und Donovan entdeckten die Erreger 1903 unabhängig voneinander in Milzpunktaten. Beschreibungen von Krankheiten, die durch Leishmanien verursacht gewesen sein könnten, sind z. T. jahrhundertealt.

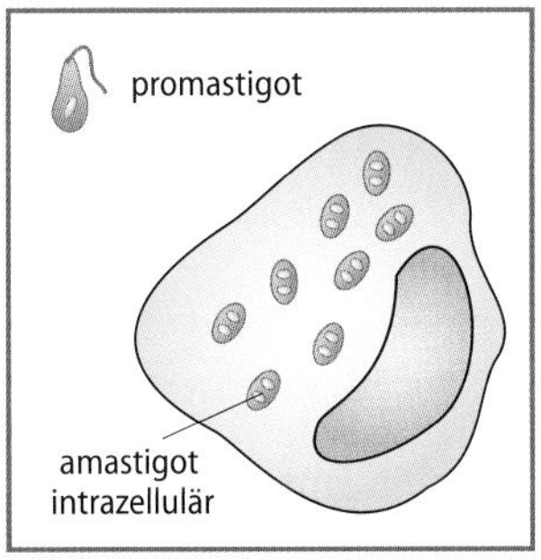

Leishmanien: intra- und extrazellulär

85.2.1 Beschreibung

Die taxonomische Zuordnung der Leishmanien ist uneinheitlich. Durch molekularbiologische Studien (DNA-Analyse) ist künftig eine fundierte Einteilung zu erwarten. Folgende Gliederung erscheint hier als ausreichend:
- **Leishmania-Arten der „Alten Welt“** (Afrika, Asien, Europa): Leishmania (L.) donovani, L. infantum, L. tropica, L. major, L. aethiopica
- **Leishmania-Arten der „Neuen Welt“** (Mittel- und Südamerika): L. braziliensis-Komplex, L. mexicana-Komplex, L. chagasi (wahrscheinlich identisch mit L. infantum)

Morphologie und Aufbau

Im Überträger (Sandmücken der Gattungen Phlebotomus und Lutzomyia) und in Kulturmedien sind die Protozoen 10–20 µm lang, schlank und begeißelt **(promastigote Form).** Im Menschen geht der Erreger in das intrazelluläre Stadium der Leishmanien mit lichtmikroskopisch nicht sichtbarer, rudimentärer Geißelanlage **(amastigote Form)** über.

Entwicklung

Während der Blutmahlzeit nehmen die Sandmücken Leukozyten mit den amastigoten Stadien der Erreger auf (Abb. 85.7). Die Parasiten durchlaufen dann in begeißelter, promastigoter Form einen Entwicklungszyklus und gelangen in die Mundwerkzeuge der Mücken. Die Leishmanien können nun bei weiteren Stichen wieder auf Menschen übertragen werden. Sofort nach Inokulation phagozytieren Makrophagen, Monozyten oder Langerhans-Zellen die übertragenen Parasiten, die sich dabei in die amastigote Form umwandeln. Die Parasiten befinden sich intrazellulär in einer parasitophoren Vakuole in Phagolysosomen bei pH 4,5–5,0 und vermehren sich durch Zweiteilung.

Vorkommen

Das Auftreten der Leishmaniasen in den Tropen und Subtropen ist an das Vorkommen der Überträger gebunden, die u. a. in einfach gebauten Häusern und Ställen leben, wo es Vegetation und faulendes organisches Material gibt.

Die Leishmania-Arten der „Neuen Welt“ sind in weiten Teilen Mittel- und Südamerikas, diejenigen der „Alten Welt“ in Europa, Afrika und Asien bis nach China verbreitet. Das Verbreitungsgebiet in Südeuropa erstreckt sich vom Mittelmeergebiet nordwärts bis zum Südrand der Alpen. Während einige Leishmania-Arten (L. donovani, L. tropica) ausschließlich den Menschen befallen, dienen anderen verschiedene Säugetiere als Erregerreservoire; so v. a. Hunde für L. infantum (L. chagasi), Nagetiere für L. major und L. mexicana und Klippschliefer für L. aethiopica.

85.2.2 Rolle als Krankheitserreger

Epidemiologie

Es wird mit 4–12 Mio. Infizierten gerechnet; nach WHO-Schätzung beträgt die jährliche Zahl von Neuerkrankungen 0,6–1 Mio. Fälle kutaner bzw. mukokutaner und 50.000–90.000 Fälle viszeraler

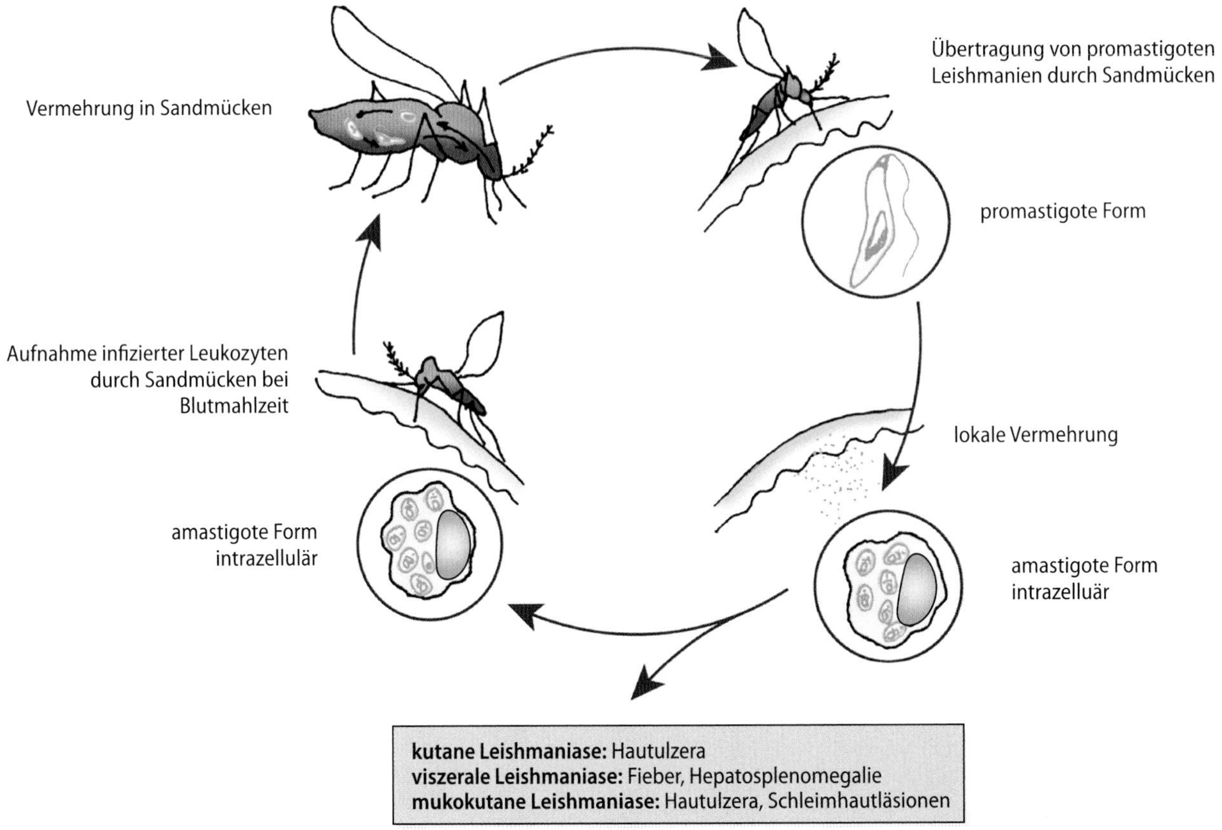

Abb. 85.7 Zyklus von Leishmanien

Leishmaniase. 2015 verstarben ca. 24.000 Patienten an einer viszeralen Leishmaniase.

▪▪ Übertragung

Die Übertragung erfolgt vektoriell durch den Stich infizierter Sandmücken. Selten wurden Übertragungen durch Bluttransfusion oder „needle sharing" bei i. v. Drogenkonsum beschrieben. Leishmanien können auch durch Organ- oder Knochenmarktransplantation und sehr selten während der Schwangerschaft auf den Fetus übertragen werden.

▪▪ Pathogenese

Dazu gehören:

Viszerale Leishmaniase (L. donovani, L. infantum, L. chagasi) Zunächst vermehren sich die Parasiten in der Haut und im regionalen Lymphknoten. Belastende Faktoren, z. B. zusätzliche Infektionen, Immunschwäche oder Eiweißmangel, scheinen die Generalisierung zu begünstigen. Diese beginnt mit dem Einbruch der Erreger in die Blutbahn. Die weitere Vermehrung erfolgt in den Zellen des MPS (Milz, Leber, Knochenmark, Lymphknoten). Es folgt eine weitgehende Abtötung der Erreger durch die einsetzende zellvermittelte Immunantwort, verbunden mit der Induktion einer granulomatösen Entzündungsreaktion.

Bei unzureichender Immunreaktion hingegen vermehren sich die Parasiten ungehindert in den betroffenen Organen ohne zelluläre Reaktion. Hieraus resultieren die typischen Organvergrößerungen, insbesondere von Leber und Milz (Hepatosplenomegalie). Im weiteren Verlauf kommt es zur Panzytopenie durch Hypersplenismus, Knochenmarksuppression und unspezifischer B-Zell-Stimulation mit polyklonaler IgG-Erhöhung. Die entstehende Immunsuppression prädisponiert für bakterielle Sekundärinfektionen. Im Anschluss an eine viszerale Leishmaniase können erregerbedingte, fleckige oder knotige Hautveränderungen **(Post-Kala-Azar-Leishmanoid)** auftreten.

Kutane Leishmaniase (L. tropica, L. major, L. aethiopica, L. mexicana-Komplex) An der Stichstelle entsteht eine papulöse Entzündung, die häufig ulzeriert mit der Bildung trockener oder feuchter, bis in die Subkutis reichender Geschwüre (Abb. 85.8). Diese können verkrustet sein und sind von einem erhabenen, rötlichen Rand umgeben, in dem sich infizierte und nichtinfizierte Makrophagen, Lymphozyten und Plasmazellen finden. Die verschiedenen klinischen

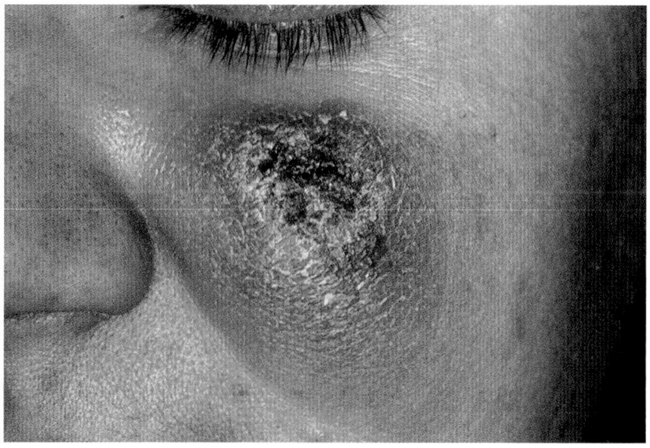

Abb. 85.8 Kutane Leishmaniase mit Läsion im Gesicht

und histologischen Bilder werden vom Erreger und der Immunreaktion des Patienten bestimmt; sie reichen von einem anergen Verlauf mit massiver Vermehrung der Protozoen ohne zelluläre Infiltration und ohne Ulzeration bis zur hyperergen Reaktion mit ausgeprägter granulomatöser Entzündung und Langhans-Riesenzellen.

Mukokutane Leishmaniase (L. braziliensis-Komplex) Je nach Art des Parasiten und der Immunantwort des Patienten verläuft die Infektion einerseits als selbstheilende Hautleishmaniase mit ausgedehnter Geschwür- und Narbenbildung. Andererseits können auch Monate bis Jahre nach Abheilung der Primärläsionen Spätrezidive an den Schleimhäuten (Nase, Mund, Rachen) auftreten. Sie sind durch ausgeprägte Infiltration mononukleärer Zellen, geringe Parasitendichte und fortschreitende Gewebedestruktion gekennzeichnet.

Klinik

Dazu gehören:

Viszerale Leishmaniase (Kala-Azar) Während die Mehrzahl der Fälle asymptomatisch verläuft, tritt bei einem Teil der Infektionen nach einer mehrere Wochen bis Monate dauernden Inkubationszeit zunächst remittierendes Fieber auf, später sind es **unregelmäßige Fieberperioden.** Es kommt zur **Milz-, Leber-** und gelegentlich **Lymphknotenschwellung.** Typisch ist eine **Panzytopenie** (Leukopenie, Anämie, Thrombopenie). Ikterus, Aszites- oder Ödembildung sind als prognostisch ungünstig zu werten. Kachexie sowie selten eine dunkle Pigmentierung der Haut (Kala-Azar = schwarze Krankheit) sind weitere Zeichen der Erkrankung. Hinzu können Komplikationen in Form von Bronchopneumonien und Hämorrhagien kommen. Unbehandelt tritt der Tod nach 1,5–2 Jahren ein. Akute Manifestationen und Reaktivierungen subklinischer Infektionen werden bei Patienten mit Unterernährung oder Immunsuppression beobachtet.

Kutane Leishmaniase (u. a. Orientbeule, Chiclero-Ulkus, Uta) Einige Wochen bis Monate nach dem Stich entsteht eine Papel, aus der sich ein **Ulkus** entwickelt. Die Ulzera sind meist von einer zentralen Kruste bedeckt. Auch flächige oder warzenförmige Effloreszenzen kommen vor. Die Prozesse finden sich meistens an den nicht bedeckten Körperstellen und heilen nach etwa 1 Jahr unter Narbenbildung ab. Mitunter kann es zu einem Rezidiv kommen. Je nach Art des Erregers und der Immunantwort des Patienten können klinisches Bild und Verlauf erheblich variieren. Grundsätzliche Ausnahmen von diesem Verlauf sind die chronischen, knorpeldestruierenden Infektionen beim Befall des Ohres durch L. mexicana (Chiclero-Ulkus) und die bei L. mexicana und L. aethiopica geografisch anteilmäßig unterschiedlich auftretenden disseminierenden Infektionen (diffuse kutane Leishmaniase).

Mukokutane Leishmaniase Schleimhaut-Leishmaniasen kommen am häufigsten in Südamerika vor **(Espundia).** Inkubationszeit und Lokalisation entsprechen denen der kutanen Leishmaniase. Auch können die regionären Lymphknoten beteiligt sein. Primäre mukokutane Leishmaniasen kommen selten vor. Häufiger jedoch kommt es nach Selbstheilung oder Therapie der kutanen Läsionen, häufig ausgehend vom Befall der Nase und des Nasenseptums, zu Ulzerationen (typischerweise Zerstörung des Nasenseptums) und Bildung von Granulationsgewebe mit infiltrativer Ausdehnung und polypösen Schleimhautwucherungen. Oropharynx und Larynx können beteiligt sein. Das klinische Bild kann durch erhebliche Verstümmelungen bis zur Zerstörung des Gesichts geprägt sein. Todesursachen sind Sekundärinfektionen (z. B. Aspirationspneumonie), Kachexie oder Erstickung bei Pharynxbefall.

In seltenen Fällen kann es auch im Rahmen einer viszeralen Leishmaniase, sowohl während der akuten Infektion als auch als **Post-Kala-Azar-Leishmanoid,** zu mukosalen Läsionen kommen (häufiger oropharyngeal). Im Gegensatz zur mukokutanen Leishmaniase ist das Nasenseptum jedoch in der Regel nicht zerstört.

Immunität

Dazu gehören:

Viszerale Leishmaniase Die Ausbildung der vielen und z. T. ineinander übergehenden Verlaufsformen der Leishmaniasen ist sowohl vom Parasiten als auch von der individuellen Immunantwort des Wirtes abhängig. Im Rahmen der viszeralen Leishmaniase tritt eine **unspezifische Immunsuppression** auf (so ist der

Tuberkulintest bei diesen Patienten negativ), Serumantikörper sind nachweisbar. Eine gleichzeitige unspezifische B-Zell-Stimulation führt zu einer polyklonalen IgG-Vermehrung. Wesentliche Mediatoren protektiver Immunität sind spezifische T-Lymphozyten, die durch Sekretion von IFN-γ Makrophagen aktivieren. Kommt es zu einer Suppression dieser T-Zell-vermittelten Immunmechanismen (z. B. HIV-Infektion, Kortikosteroidgabe), kann eine inapparente Leishmaniase aktiviert werden.

Kutane und mukokutane Leishmaniase Hier werden neben der normalen Verlaufsform mit zellulär vermittelter Immunantwort, die zur Heilung der Läsionen führt, auch anerge oder hypererge Verläufe beobachtet. Nach Abheilung der Läsionen besteht in der Regel eine lebenslange Immunität. Die immunpathologischen, möglicherweise hyperergen Immunreaktionen, die bei den Spätrezidiven der mukokutanen Form zu den ausgedehnten Schleimhautläsionen führen, sind bislang, auch wegen des Fehlens eines geeigneten Tiermodells, nur unzureichend bekannt.

■■ Labordiagnose

Bei der viszeralen Leishmaniase werden Punktate von Knochenmark, aber auch Milz, Leber oder Lymphknoten ausgestrichen und nach Giemsa gefärbt oder histologisch aufgearbeitet (◘ Abb. 85.9). Bei Haut- oder Schleimhautläsionen wird Material vom Rand der Prozesse gewonnen, ausgestrichen und ebenfalls nach Giemsa gefärbt. Die Parasiten sind intrazellulär in myelomonozytären Zellen zu finden, bei Ausstrichpräparaten können sie extrazellulär liegen (wenn Zellen beim Ausstreichen platzen).

85

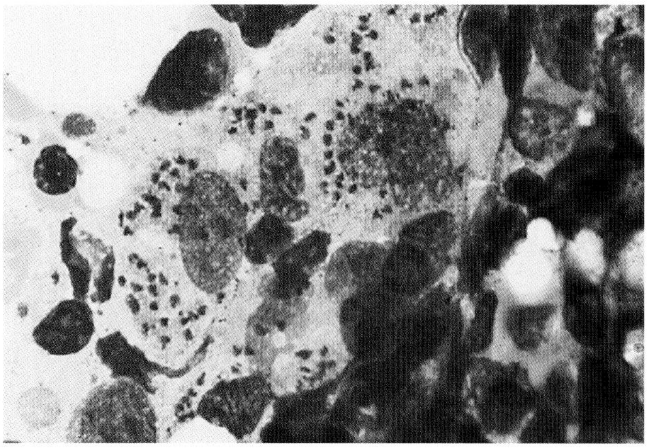

◘ **Abb. 85.9** Viszerale Leishmaniase – Knochenmarkbiopsie mit zahlreichen Leishmanien in mononukleären Zellen. (Mit freundlicher Genehmigung von Prof. Dr. W. Bommer, Göttingen)

Heutzutage erfolgen Diagnose und Speziesdifferenzierung bei allen Formen der Leishmaniasis meist mittels PCR.

Bei Verdacht auf viszerale Leishmaniase kann auch auf Serumantikörper untersucht werden (IF, EIA, HA), die Diagnose sollte aber durch den direkten Erregernachweis gesichert werden.

■■ Therapie

Dazu gehören:

Viszerale Leishmaniase Mittel der Wahl sind liposomales **Amphotericin B,** das intravenös gegeben wird, oder oral verabreichtes **Miltefosin.** Kombinationstherapien mit beiden Medikamenten werden gegenwärtig geprüft. Fünfwertige Antimonpräparate (Pentostam, Glucantime) sind mittlerweile wegen ihrer Toxizität Mittel der 3. Wahl. Bei zunehmender Resistenz gegen Antimonpräparate (insbesondere L. donovani in Indien) wird auch Paromomycin eingesetzt.

Kutane Leishmaniase Hier können Paromomycin topisch angewandt oder Antimonpräparate lokal injiziert werden. Eine orale Therapie mit Ketoconazol oder Itraconazol ist ebenfalls möglich; im Allgemeinen heilen die Läsionen aber spontan ab. Kleinere Läsionen lassen sich operativ entfernen. Ausgedehntere Prozesse oder Primärinfektionen aus Regionen, in denen mukokutane Rezidive möglich sind, bedürfen einer systemischen Therapie analog der viszeralen Leishmaniase.

Mukokutane Leishmaniase Die Therapie erfolgt parenteral und kann bei kleineren Läsionen mit Antimonpräparaten versucht werden. Bei schlechtem Ansprechen oder ausgedehnteren Prozessen sollte liposomales Amphotericin B gegeben werden. Einige Studien zeigen auch einen erfolgreichen Einsatz von Miltefosin. Plastisch-chirurgische Korrekturen sollten nach einem zeitlichen Sicherheitsabstand erfolgen.

■■ Prävention

Prävention ist möglich durch den Bau von Häusern, die mückenfrei gehalten werden können, durch Vernichtung der Mücken in Schlafräumen (z. B. durch Aufbringen von Insektiziden auf die Innenwände) und Verhinderung weiteren Einflugs sowie durch Verwendung engmaschiger, möglichst insektizidbehandelter Moskitonetze. Zusätzlich sollten die Brutstätten der Insekten (z. B. Abfallhaufen) in Wohngebieten beseitigt und Reservoirtiere (Nager und streunende Hunde) bekämpft werden.

In Kürze: Leishmanien

- **Parasitologie:** Flagellaten der Gattung Leishmania, die unbegeißelt in mononukleären Zellen im Blut bzw. Gewebe vorkommen.
- **Entwicklung:** Übertragung durch Sandmücken, Vermehrung im Menschen durch Zweiteilung.
- **Epidemiologie:** Neben dem Menschen dienen einigen Säugerarten (Hunde, Nagetiere, Klippschliefer) als Erregerreservoire.
- **Pathogenese:**
  - **Viszerale Leishmaniase:** Von der Infektionsstelle ausgehend Dissemination und Zerstörung der Zellen des MPS; Panzytopenie; Immunsuppression.
  - **Hautleishmaniase:** Papulöse, ulzerierende Entzündung an der Stichstelle, zelluläre Infiltration im Randwall.
  - **Haut- und Schleimhautleishmaniase:** Primärläsion wie bei Hautleishmaniase, Spätrezidive als progressiv gewebedestruierende Geschwüre mit zellulärer Infiltration im Übergangsbereich Haut–Schleimhaut (Nase, Oropharynx), geringe Parasitendichte.
- **Klinik:**
  - **Viszerale Leishmaniase:** Fieber, Panzytopenie, Milz-, Leber-, ggf. Lymphknotenvergrößerung, bakterielle Sekundärinfektion.
  - **Hautleishmaniase:** Hautulzera, i. d. R. selbstheilend unter Narbenbildung.
  - **Haut- und Schleimhautleishmaniase:** Primärläsion wie bei Hautleishmaniase, Spätrezidive als chronisch-infiltrative Ulzerationen mit Granulationsgewebe, oft ausgehend vom Nasenseptum.
- **Labordiagnose:** Ausstriche entsprechenden Materials, Giemsa-Färbung, PCR, Serodiagnostik.
- **Therapie:** (Liposomales) Amphotericin B, 5-wertige Antimonpräparate, Miltefosin, Pentamidin, Paromomycin, Azole.

85.3 Trichomonas

Steckbrief

T. vaginalis ist ein Protozoon mit 5 Geißeln. Es ruft eine Entzündung des Urogenitaltrakts bei Frauen und Männern hervor.

85.3.1 Beschreibung

▪ **Morphologie und Aufbau**

Der Parasit ist oval bis rund und 7–20 µm lang. Er besitzt am vorderen Pol 4 Geißeln, eine fünfte verläuft in einer Membranfalte (undulierende Membran). Diese tritt jedoch nicht frei aus, sondern endet in der Zellmitte. Am gegenüberliegenden Pol ragt der Achsenstab heraus, der den Zellleib durchzieht. Der Achsenstab verleiht dem Parasiten zusammen mit dem im vorderen Teil liegenden Kern ein charakteristisches Aussehen.

▪ **Entwicklung**

Trichomonaden besiedeln die Schleimhäute des Urogenitaltrakts und vermehren sich durch longitudinale Zweiteilung.

▪ **Umweltresistenz**

Da der Parasit keine Zysten bildet, stirbt er bei trockener Umgebung ab. In nichtgechlortem Wasser überlebt er mehrere Stunden.

▪ **Vorkommen**

Trichomonas vaginalis kommt weltweit nur beim Menschen vor. Eng verwandte Spezies sind in der Natur weit verbreitet und verursachen bei Tieren Urogenitalinfektionen.

85.3.2 Rolle als Krankheitserreger

▪▪ **Epidemiologie**

Nach WHO-Schätzungen betrug 2015 die weltweite Inzidenz ca. 141 Mio. Fälle. In einigen Regionen sind bis zu 20 % aller Frauen im gebärfähigen Alter infiziert.

▪▪ **Übertragung**

Trichomonas vaginalis wird durch Geschlechtsverkehr übertragen. Bis zu 15 % der infizierten Schwangeren übertragen die Infektion perinatal auf ihre Neugeborenen. Epidemiologisch ist die Verbreitung der Infektion durch asymptomatisch Infizierte (meist Männer) von Bedeutung. Das Risiko der Infektion steigt mit der Zahl der Sexualpartner und mangelnder Hygiene.

▪▪ **Pathogenese**

Die detaillierte Pathogenese ist weitgehend ungeklärt. Neben Stoffwechselleistungen, die Ähnlichkeiten mit anaeroben Bakterien aufweisen, sind Adhäsine bekannt. Der Parasit induziert eine transiente lokale und systemische IgA-Antwort. Polymorphkernige Granulozyten werden durch den Parasiten angelockt und können ihn abtöten.

▪▪ **Klinik**

Nach 5–20 Tagen Inkubationszeit entwickelt sich bei der Frau eine Kolpitis mit übel riechendem, vaginalem

Ausfluss oder Zervizitis, beim Mann eine Urethritis, selten auch eine Epididymitis oder Prostatitis. Daneben ist der Erreger mit Frühgeburt, entzündlicher Beckenerkrankung (PID) sowie Infertilität assoziiert. Übel riechender Ausfluss und Irritationen der Schleimhaut sind die häufigsten Symptome, die jedoch auch bei anderen Infektionen auftreten können. Die Infektion verläuft bei Frauen in 20–40 % asymptomatisch, bei Männern in bis zu 90 %.

▪▪ Immunität
Die Infektion induziert eine transiente lokale und systemische humorale Immunantwort. Inwieweit diese vor einer erneuten Infektion schützt, ist nicht bekannt.

▪▪ Labordiagnose
Die mikroskopische Diagnose aus Vaginalsekret bei der Frau bzw. Erststrahlurin oder Urethralabstrichen beim Mann ist nur eingeschränkt sensitiv. Besser gelingt der Nachweis mittels Immunfluoreszenz oder kultureller Anzucht in Spezialmedien, die höchste Sensitivität besitzt die PCR.

▪▪ Therapie
Für die orale (und bei der Frau zusätzliche vaginale) Behandlung werden Imidazolpräparate (z. B. Metronidazol, einmalig 2 g oral) verwendet, die allerdings in der Frühschwangerschaft kontraindiziert sind. Geschlechtspartner müssen mitbehandelt werden.

▪▪ Prävention
Die Prävention der Infektion mit Trichomonaden entspricht der anderer sexuell übertragbarer Erkrankungen.

In Kürze: Trichomonas

- **Parasitologie:** Flagellaten mit 5 Geißeln und Achsenstab, im Urogenitaltrakt vorkommend.
- **Entwicklung:** Direkt durch Zweiteilung, kein Zystenstadium, keine Zwischenwirte.
- **Epidemiologie:** Sexuell übertragen, nur der Mensch ist Reservoir.
- **Pathogenese:** Weitgehend ungeklärt.
- **Klinik:** Kolpitis mit Ausfluss bei der Frau, Urethritis beim Mann. Häufig asymptomatischer Verlauf selten Komplikationen.
- **Labordiagnose:** Mikroskopischer Nachweis im Vaginalsekret oder Urethralabstrich, Kultur, PCR.
- **Therapie:** Metronidazol.

85

85.4 Giardia

Steckbrief

Giardia lamblia ist ein begeißeltes Protozoon, das als Trophozoit oder Zyste vorkommt. Es ruft die Lambliasis hervor, eine häufig vorkommende Ursache akuter oder chronischer Magen-Darm-Beschwerden, ggf. mit Malabsorptionssymptomen.

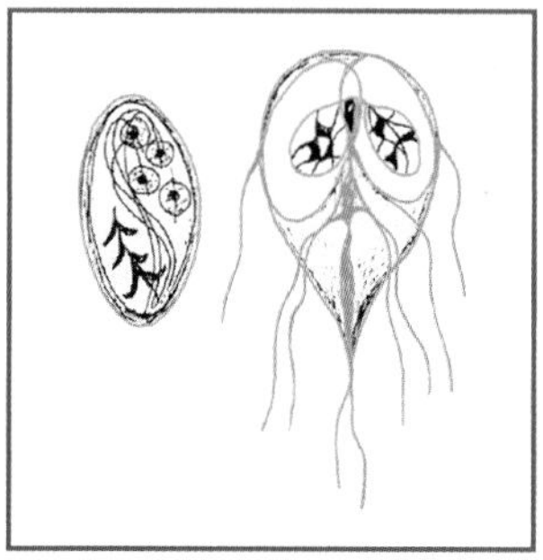

85.4.1 Beschreibung

▪ Morphologie und Aufbau
Giardia lamblia kommt in 2 Formen vor:

- **Trophozoiten** sind vegetative Stadien, 10–20 µm lang und von birnenförmiger Gestalt. Sie besitzen 8 Geißeln, 2 beidseits der Längsachse gelegene Kerne sowie eine saugnapfartige Vertiefung an der Seite, die als Adhärenzscheibe fungiert.
- **Zysten** sind oval, 10–14 µm lang und besitzen 4 Kerne, sichelförmige Mediankörper und Geißeln.

▪ Entwicklung
Nach der oralen Aufnahme von Zysten erfolgt die Exzystierung im Magen und Umwandlung in Trophozoiten im Dünndarm. Trophozoiten wandeln sich nach 3–4 Wochen in Zysten um, die mit dem Stuhl ausgeschieden werden.

▪ Umweltresistenz
Mit dem Stuhl ausgeschiedene Zysten sind in feuchter Umgebung wochen- bis monatelang lebensfähig.

▪ Vorkommen
Giardia lamblia kommt weltweit beim beim Menschen und in anderen Subtypen auch bei Tieren vor. Ähnliche Lamblien-Spezies (G. muris, u. a.) sind im Tierreich

weit verbreitet. Der Mensch scheint das wichtigste Erregerreservoir darzustellen, die Bedeutung tierischer Reservoire ist wahrscheinlich gering.

85.4.2 Rolle als Krankheitserreger

Epidemiologie

Giardia lamblia gehört zu den häufigsten intestinalen Parasiten. Während für Entwicklungsländer Prävalenzen von bis zu 30 % berichtet wurden, liegt die Prävalenz in Industrieländern bei bis zu 5 %.

Übertragung

Die Parasiten werden v. a. durch verunreinigte Nahrung und kontaminiertes Wasser, seltener auch direkt von Mensch zu Mensch übertragen. Die minimale Infektionsdosis beträgt 10–25 Zysten. Giardia lamblia ist ein häufiger Erreger trinkwasserassoziierter Ausbrüche.

Pathogenese

Nach oraler Aufnahme besiedeln die Erreger den proximalen Dünndarm. Die Zysten wandeln sich unter Einfluss von Magensäure und Pankreasenzymen in Trophozoiten um. Diese heften sich mit einer Adhärenzscheibe an Enterozyten besonders des Jejunums an, ohne jedoch in die Mukosa einzudringen. Für Durchfälle könnte eine Enterozytenbarrierestörung verantwortlich sein. Eine Enterotoxinproduktion ist bislang nicht beschrieben worden. Histologisch imponieren bei einigen Patienten eine Kryptenhyperplasie und Zottenatrophie.

Klinik

Bei einem Teil der Fälle kommt es innerhalb von 2–10 Tagen nach Infektion plötzlich zu breiig-wässrigem Durchfall, der von Oberbauchbeschwerden, Magenkrämpfen, Meteorismus und Flatulenz begleitet ist. Die voluminösen Stühle sind übel riechend und eher entfärbt. Erbrechen, Blutbeimengungen oder Fieber werden in der Regel nicht beobachtet. Das klinische Spektrum reicht von asymptomatischen Ausscheidern über akute, selbstlimitierende Verläufe bis hin zu chronischer Lambliasis mit Malabsorption und Gewichtsverlust. In letzteren Fällen können Symptome verschwinden und nach Tagen bis Wochen wieder auftreten, was die Diagnosestellung oft erschwert.

Immunität

Die Infektion resultiert in einer lokalen und systemischen Immunantwort. Angeborenes wie erworbenes Immunsystem sind beteiligt. Neben Paneth-Zellen, die Defensine produzieren, sind sekretorische IgA-Antikörper nachweisbar. In Tiermodellen führt die Abwesenheit von $CD4^+$-T-Zellen zu einer Chronifizierung der Infektion. Antikörper spielen bei der Abwehr eine zentrale Rolle: In der Muttermilch vermitteln sie einen wirksamen Schutz gegen G. lamblia. Patienten mit gestörter Antikörperproduktion, z. B. IgA-Mangel, erkranken häufiger an einer Lambliasis.

Labordiagnose

Die Diagnosestellung erfolgt oft bereits durch mikroskopischen Nachweis der charakteristischen 2-kernigen Trophozoiten oder Zysten im Stuhl. Sensitiver als die Lichtmikroskopie ist der Nachweis spezifischer Antigene mittels direkter Immunfluoreszenz oder ELISA, noch sensitiver ist die PCR. Die Untersuchung von Duodenalsekret auf das Vorhandensein von Trophozoiten ist möglich, aber nicht sensitiver als wiederholte gezielte Stuhluntersuchungen.

Therapie

Zur Anwendung kommen Imidazolpräparate (z. B. Metronidazol). Auch Paromomycin, Nitazoxanid oder Albendazol können eingesetzt werden. Nicht selten treten nach Behandlung erneut Beschwerden auf, u. U. sind auch Erreger wieder nachweisbar. Dann bieten sich Kombinationsbehandlungen (z. B. Metronidazol plus Mebendazol plus Chloroquin) oder prolongierte Therapieregimes an.

Prävention

Die Prävention der Lambliasis beruht auf Hygiene. Aufgrund der weiten Verbreitung sollte bei Reisen in tropische Länder unbehandeltes Trinkwasser vermieden werden.

Meldepflicht Der direkte oder indirekte Nachweis von Giardia lamblia ist namentlich meldepflichtig, soweit der Nachweis auf eine akute Infektion hinweist (§ 7 IfSG).

> **In Kürze: Giardia**
>
> - **Parasitologie:** Protozoen, als begeißelte Trophozoiten und Zysten vorkommend.
> - **Entwicklung:** Orale Aufnahme der Zysten, Trophozoiten an der Darmwand adhärierend, Zysten werden mit dem Stuhl ausgeschieden.
> - **Epidemiologie:** Weltweit einer der häufigsten intestinalen Parasiten, häufigste meldepflichtige Parasitose in Deutschland.
> - **Pathogenese:** Anheftung der Erreger an Enterozyten, Kryptenhyperplasie und Zottenatrophie.
> - **Klinik:** Akute oder chronische Durchfälle, häufig symptomlos, ggf. Malabsorption

- **Labordiagose:** Mikroskopischer Nachweis, Antigennachweis mittels direkter Immunfluoreszenz oder ELISA, ggf. Trophozoitennachweis im Duodenalsekret, PCR.
- **Therapie:** Metronidazol, Paromomycin u. a.

85.5 Amöben

Steckbrief

Amöben sind Protozoen, die sich im beweglichen Stadium (Trophozoiten) mit sog. Scheinfüßchen fortbewegen. Die rundlichen Zysten stellen Dauerstadien dar. Wie der Name dieses Protozoons schon verrät, kann Entamoeba histolytica, im Gegensatz zu apathogenen Amöben, Gewebe zerstören und so zu ggf. lebensbedrohlichen Infektionen (Amöbenruhr, Amöbenleberabszess) führen.

Verschiedene Amöbenarten finden sich weltweit im Darm des Menschen. Als apathogene Arten sind häufig Entamoeba coli, E. dispar, E. hartmanni oder Endolimax nana nachweisbar. Von diesen abzugrenzen ist die pathogene Art **Entamoeba histolytica,** die akute Erkrankungen des Dickdarms sowie extraintestinale Abszesse verursachen kann, meist in der Leber. Morphologisch sind Entamoeba histolytica und E. dispar nicht zu unterscheiden.

85.5.1 Beschreibung

Morphologie und Aufbau

Trophozoiten von E. histolytica können einen Durchmesser zwischen 10 und 50 µm haben. An der Oberfläche werden in Bewegungsrichtung bruchsackartige Scheinfüßchen (Pseudopodien) ausgebildet, die der Fortbewegung und Nahrungsaufnahme dienen. Im Zytoplasma befindet sich ein lichtmikroskopisch ringförmig erscheinender Kern, der ein zentrales Kernkörperchen beinhaltet und an dem Chromatingranula liegen. Trophozoiten können Gewebe auflösen und Erythrozyten sowie Bakterien aufnehmen. Formen mit phagozytierten Erythrozyten wurden früher als „Magnaformen", kleinere Formen im Darmlumen als „Minutaformen" bezeichnet. Zysten sind kugelförmig und unbeweglich, besitzen eine widerstandsfähige Hülle und haben einen Durchmesser von 10–15 µm.

Entwicklung

Mit dem Stuhl ausgeschiedene Zysten sind anfangs 1-, später 2-kernig und im infektiösen Stadium 4-kernig. Nach oraler Aufnahme reifer Zysten wird die Zystenwand eröffnet und aus der Zyste gehen 4 bzw. nach Teilung 8 einkernige Trophozoiten hervor. Diese sind zur Invasion der Darmmukosa befähigt. Im Darmlumen lebende Trophozoiten vermehren sich und differenzieren sich zu Zysten, die mit dem Stuhl ausgeschieden werden.

Umweltresistenz

In feuchter, kühler Umgebung sind die Zysten über mehrere Monate infektiös. Eintrocknung oder Temperaturen über 55 °C töten die Erreger ab.

Vorkommen

Entamoeba histolytica kommt weltweit, v. a. in tropischen Regionen, beim Menschen vor. Der Mensch ist, abgesehen von wenigen Affenspezies, Hauptwirt von E. histolytica.

85.5.2 Rolle als Krankheitserreger

Epidemiologie

Die Seroprävalenz beträgt je nach geografischer Region bis zu 80 %. Die WHO schätzt die Zahl der Neuerkrankungen pro Jahr auf bis zu 50 Mio. mit 40.000–80.000 Todesfällen – aktuelle Daten liegen aber nicht vor, und wahrscheinlich ist die Inzidenz rückläufig. In den USA und Europa sind vorwiegend importierte Infektionen von Bedeutung.

Übertragung

Asymptomatische E. histolytica-Infizierte sind als Überträger wichtiger als Erkrankte. Durch mangelhafte hygienische Bedingungen gelangt E. histolytica ins Trinkwasser und/oder in Nahrungsmittel. Eine direkte fäkal-orale Übertragung von Mensch zu Mensch kommt ebenfalls vor. Fliegen und andere Insekten können die Erreger auf Nahrungsmittel übertragen.

Pathogenese

Nach oraler Aufnahme der Zysten kommt es zur Exzystierung im Darmlumen und zur Adhärenz

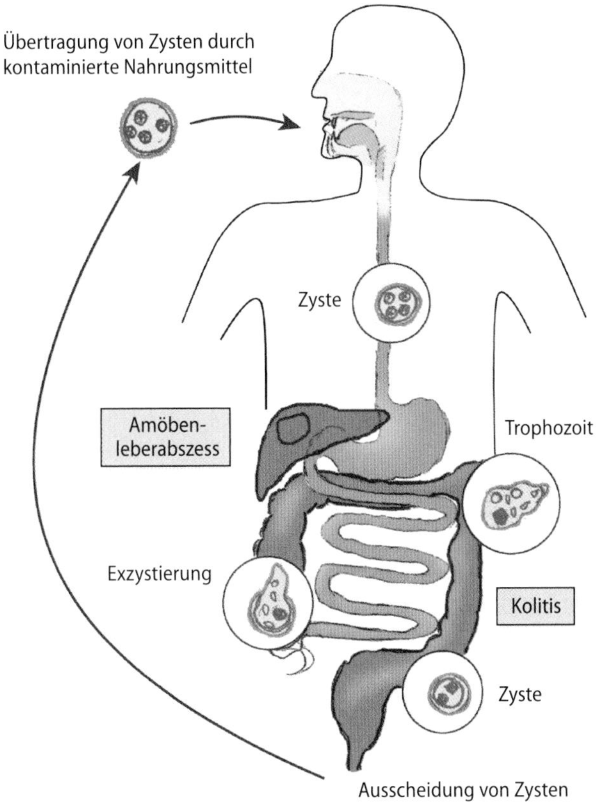

Abb. 85.10 Zyklus von Entamoeba histolytica

an Enterozyten im Dickdarm (Abb. 85.10). Diese ist vermittelt durch ein Galaktose- und N-Azetyl-D-Galaktosamin-spezifisches Lektin. Der Trophozoit kann Zellen der Mukosa invadieren und charakteristische **Virulenzfaktoren** produzieren, die initial zu einer oberflächlichen, erosiven Läsion führen: Neben Amöbapore, einem porenbildenden Protein, sind Cysteinproteinasen, welche die Extrazellulärmatrix auflösen und die IL-1-Produktion stimulieren, von Bedeutung. Mittels Caspasen wird die Apoptose, mittels anderer Virulenzfaktoren die Nekrose von Zielzellen, auch Zellen des Immunsystems, induziert. Neutrophile Granulozyten sind v. a. in der Frühphase der invasiven Amöbiasis nachweisbar und tragen zur Entzündungsreaktion und Gewebenekrose bei. In der späteren Phase kommt es zu tiefen Ulzerationen.

Vom Darm ausgehend können hämatogen die Leber, seltener auch Gehirn, Milz oder andere Organe befallen werden. Darin imponiert die Amöbiasis als Kolliquationsnekrose („Abszess"), die beträchtliche Ausmaße annehmen kann.

▪▪ Klinik

Bei der Infektion mit E. histolytica unterscheidet man 3 Verlaufsformen. Neben dem **asymptomatischen Ausscheidertum** kommt es bei 4–10 % der Infizierten zur **invasiven intestinalen** und/oder **invasiven extraintestinalen Verlaufsform.**

Invasive intestinale Form Diese Form verläuft nach einer variablen Inkubationszeit von meist Wochen bis Monaten als Enteritis (Amöbenruhr). Neben krampfartigen Bauchschmerzen stellen sich Gewichtsverlust, bei bis zu 40 % der Infizierten auch Fieber ein. In seltenen Fällen kann die intestinale Amöbiasis als nekrotisierende Enterokolitis mit hoher Letalität verlaufen. Schwangerschaft und Immunsuppression (u. a. Kortikosteroideinnahme) sind hierfür Risikofaktoren. Als Komplikationen sind ein toxisches Megakolon, Amöbome (entzündungsvermittelte tumorartige Verdickungen der Darmwand mit Narbenbildung), Perforationen sowie perianale Ulzerationen und Fisteln beschrieben worden. Die Mukosa des Dickdarms ist durch ödematöse bis nekrotische Areale gekennzeichnet, der Stuhl ist initial breiig, später blutig tingiert.

Invasive extraintestinale Form Diese Form tritt häufig als Amöbenleberabszess (ALA), meist Monate oder Jahre nach der Infektion auf (Abb. 85.11), oft fehlen in der Anamnese Hinweise auf eine vorherige intestinale Amöbiasis. Fieber, Schmerzen im rechten Oberbauch, Hepatomegalie und allgemeine Schwäche entwickeln sich. Komplikationen sind Rupturen in Peritoneum, Pleura oder Perikard. Die extraintestinale Form ist nur selten mit gleichzeitigen intestinalen Symptomen wie Übelkeit und Durchfall assoziiert. Männer sind 10-mal häufiger als Frauen betroffen. Durch hämatogene Streuung können Abszesse selten auch in anderen Organen wie Milz, Lunge, Gehirn und Haut auftreten.

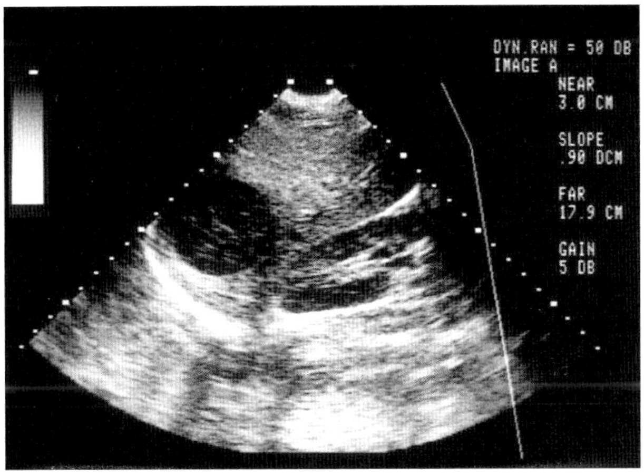

Abb. 85.11 Amöbenleberabszess in der Sonografie

Immunität

Der Mukus im Kolon inhibiert die Adhärenz der Parasiten an Enterozyten und hemmt die parasitäre Beweglichkeit. Nur die invasive (intestinale und extraintestinale) Verlaufsform führt zu einer systemischen Antikörperantwort. Mukosales IgA (v. a. gegen das galaktosespezifische Lektin) vermindert die Häufigkeit einer Reinfektion im 1. Jahr nach Infektion. Bei Patienten mit Amöbenleberabszess sind auch zelluläre Immunmechanismen beschrieben worden, deren protektive oder pathogenetische Rolle jedoch nicht im Detail geklärt sind.

Labordiagnose

Der Nachweis von E. histolytica erfolgt aus dem Stuhl. Frischer, warmer Stuhl wird mit physiologischer Kochsalzlösung verdünnt und im Direktpräparat mikroskopiert. Die charakteristische, durch Pseudopodien verursachte Beweglichkeit der vegetativen Stadien und der mikroskopische Nachweis hämatophager Trophozoiten („Magnaformen“; Trophozoiten mit phagozytierten Erythrozyten) erlauben in Zusammenhang mit der Klinik die Diagnose. Apathogene Amöben phagozytieren keine Erythrozyten.

Mehrfache Untersuchungen steigern die Sensitivität der Mikroskopie auf über 60 %. Zysten von E. histolytica sind auch im fixierten Stuhl nachweisbar, jedoch nicht von der apathogenen Spezies E. dispar zu unterscheiden. Der Nachweis E. histolytica-spezifischer Antigene im Stuhlüberstand per ELISA ist zwar sensitiv (Sensitivität ca. 90 %), jedoch unterscheiden nicht alle angebotenen Tests zwischen E. histolytica und E. dispar. Die sehr sensitive und spezifische PCR kann Amöbenspezies sicher differenzieren. Auch zur Therapiekontrolle ist sie hilfreich.

Bei invasiver Amöbiasis, v. a. bei extraintestinalem Verlauf, besitzt der Antikörpernachweis eine Sensitivität von ca. 70 bis über 90 %.

Therapie

Zur Behandlung der invasiven intestinalen und extraintestinalen Form der Amöbiasis werden Imidazolpräparate (Metronidazol) angewendet. Da die Parasiten im Darmlumen in bis zu 60 % persistieren, sollte eine Therapie mit Paromomycin zur Rezidivprophylaxe angeschlossen werden. Paromomycin dient auch zur Behandlung der asymptomatischen Träger von E. histolytica. Diese sollten grundsätzlich behandelt werden, um einer späteren invasiven Amöbiasis vorzubeugen. Die Besiedlung mit E. dispar ist nicht behandlungsbedürftig.

Beim Amöbenleberabszess ist nur in Ausnahmefällen eine chirurgische Intervention oder Punktion/Drainage erforderlich (z. B. bei Perforationsgefahr). Das Ansprechen auf die medikamentöse Therapie ist auch bei sehr großen oder multiplen Abszessen gut.

Prävention

Die Vermeidung der fäkalen Kontamination von Lebensmitteln und Trinkwasser stellt die wichtigste Präventivmaßnahme dar. Chemoprophylaxe oder Impfstoffe liegen nicht vor.

85.5.3 Frei lebende Amöben

Frei lebende Amöben (Naegleria fowleri, Acanthamoeba spp. und Balamuthia mandrillaris) kommen in Süßwasser und Boden vor und verursachen seltene, häufig letal verlaufende Meningitiden bzw. Enzephalitiden. Infektionen mit Akanthamöben können zudem, v. a. bei Kontaktlinsenträgern, zur Keratitis führen.

Die Diagnose erfolgt durch den Erregernachweis mittels Mikroskopie, Kultur oder PCR. Die therapeutischen Möglichkeiten sind, insbesondere bei Meningitis/Enzephalitis, limitiert. Bei der Keratitis werden antimikrobielle Substanzen (Chlorhexidin u. a.) topisch eingesetzt, eine perforierende Keratoplastik kann erforderlich sein.

In Kürze: Amöben

- **Parasitologie:** Protozoen, als Trophozoiten (beweglich durch Scheinfüßchen) und Zysten vorkommend.
- **Entwicklung:** Orale Aufnahme reifer Zysten, Freisetzung invasiver Trophozoiten. Zysten werden mit dem Stuhl ausgeschieden.
- **Epidemiologie:** Seroprävalenz je nach geografischer Region bis zu 80 %. Pro Jahr bis zu 50 Mio. Neuerkrankungen. In den USA und Europa vorwiegend importierte Infektionen.
- **Pathogenese:** Adhärenz an Enterozyten im Dickdarm. Invasion von Zellen der Mukosa. Produktion eines porenbildenden Proteins, von Cysteinproteinasen und Aktivierung von Caspasen.
- **Klinik:** Asymptomatisches Ausscheidertum, invasive intestinale (Kolitis) und/oder invasive extraintestinale (v. a. Amöbenleberabszess) Verlaufsform.
- **Immunität:** Mukosales IgA vermindert transient die Häufigkeit der Reinfektion. Bei Patienten mit invasiven Infektionen Nachweis systemischer humoraler und zellulärer Immunmechanismen.
- **Labordiagnose:** Zystennachweis im Stuhl (cave: keine Unterscheidung von E. dispar möglich). Nachweis von Trophozoiten im warmen Stuhl. Nachweis E. histolytica-spezifischer Antigene im Stuhlüberstand mittels ELISA. PCR. Bei invasiver Amöbiasis Antikörpernachweis aus dem Serum.
- **Therapie:** Behandlung der invasiven intestinalen und extraintestinalen Amöbiasis mit Metronidazol.

Therapie lumenständiger Formen und asymptomatischer Träger mit Paromomycin.
- **Prävention:** Vermeidung der fäkalen Kontamination von Lebensmitteln und Trinkwasser.

85.6 Plasmodien

Steckbrief

Plasmodien sind Protozoen, die je nach Entwicklungsstadium in Erythrozyten und in Leberparenchymzellen vorkommen und durch weibliche Mücken der Gattung Anopheles übertragen werden. Sie gehören zu den Apicomplexa, stehen also Toxoplasma nahe. Von den zahlreichen bekannten Plasmodienarten sind die folgenden humanpathogen:
- Plasmodium (P.) falciparum (Malaria tropica)
- P. vivax (Malaria tertiana)
- P. ovale (Malaria tertiana)
- P. malariae (Malaria quartana)
- P. knowlesi

Während die ersten 4 Spezies seit langem als Malariaerreger des Menschen bekannt sind, wurde erst 2004 registriert, dass P. knowlesi (vorwiegend bei Affen vorkommend) in Teilen Asiens für eine relevante Anzahl der menschlichen Malariafälle verantwortlich ist.
Der Name „Malaria" leitet sich aus dem Italienischen ab und steht im Zusammenhang mit der Vorstellung von krank machender „schlechter Luft" in Sumpfgebieten („mal aria"). P. falciparum wurde 1880 von Alphonse Laveran entdeckt, die Übertragung 1895 von Ronald Ross aufgeklärt.

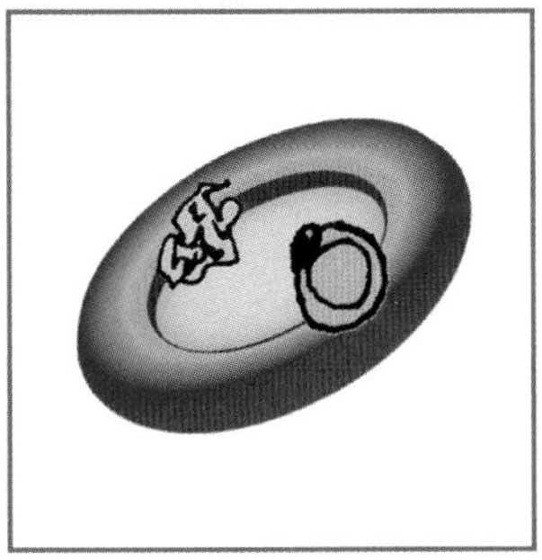

Plasmodium falciparum: intraerythrozytäre Ringform

85.6.1 Beschreibung

Morphologie und Aufbau

Plasmodien sind je nach Art und Entwicklungsstadium rundliche bis längliche Protozoen, die im Blut so groß werden können, dass sie einen befallenen Erythrozyten ausfüllen und z. T. noch vergrößern. Es gibt ein- bis vielkernige Stadien.

Entwicklung

Dazu gehören:

Schizogonie Gleichzeitig mit der Blutmahlzeit injiziert die Mücke mit dem Speichel **Sporozoiten** (Abb. 85.12). Diese dringen in Leberparenchymzellen ein und vermehren sich dort ungeschlechtlich durch Vielteilung (Vorgang: Schizogonie; dadurch entstandenes Stadium: Schizont). Die durch Teilung der Schizonten entstandenen **Merozoiten** (präerythrozytäre Schizogonie, Gewebeschizogonie) werden nach mehreren Tagen in Vakuolen („Merosomen") aus der Leber in die Blutbahn transportiert (Ende der Präpatenzzeit), dringen in Erythrozyten ein und vermehren sich dort ebenfalls durch Vielteilung (erythrozytäre Schizogonie, Blutschizogonie). Durch Zerfall der Erythrozyten werden wieder Merozoiten frei, die ihrerseits andere Erythrozyten befallen. Bei P. vivax und P. ovale können Schizonten auch ohne Bildung von Merozoiten in der Leber persistieren (Hypnozoiten). Diese sind Ursache für Rezidive oder Spätmanifestationen einer Malaria tertiana.

Gamogonie Je nach Spezies differenzieren sich nach 5–23 Tagen in den Erythrozyten einige Merozoiten in weibliche (Makrogametozyten) und männliche Geschlechtsstadien (Mikrogametozyten).

Sporogonie Die Gametozyten werden bei erneutem Stich von der Mücke aufgenommen und vereinigen sich im Magen der Mücke zur Zygote (Ookinet), welche die Magenwand durchdringt. In der sich dann außerhalb des Magens bildenden Oozyste entstehen Sporozoiten, die in die Speicheldrüsen der Mücke wandern. Je nach Temperatur dauert die Entwicklung in der Mücke 1–2 Wochen.

Umweltresistenz

Plasmodien kommen unter natürlichen Bedingungen nur im Wirt oder in Vektoren vor. Unterhalb von 13 °C und oberhalb von 33 °C findet in der Mücke keine Sporogonie statt; die Temperaturtoleranz innerhalb dieser Grenzen ist von Art zu Art unterschiedlich.

Vorkommen

Während die übertragende Anopheles-Mücke in weiten Teilen der Welt vorkommt, beschränkt sich das Verbreitungsgebiet der Plasmodien heutzutage auf die Tropen und Subtropen (Süd- und Mittelamerika, Afrika, Nah- und Fernost). Am weitesten verbreitet sind P. falciparum und P. vivax, während P. ovale vorwiegend in Westafrika und P. malariae sporadisch in

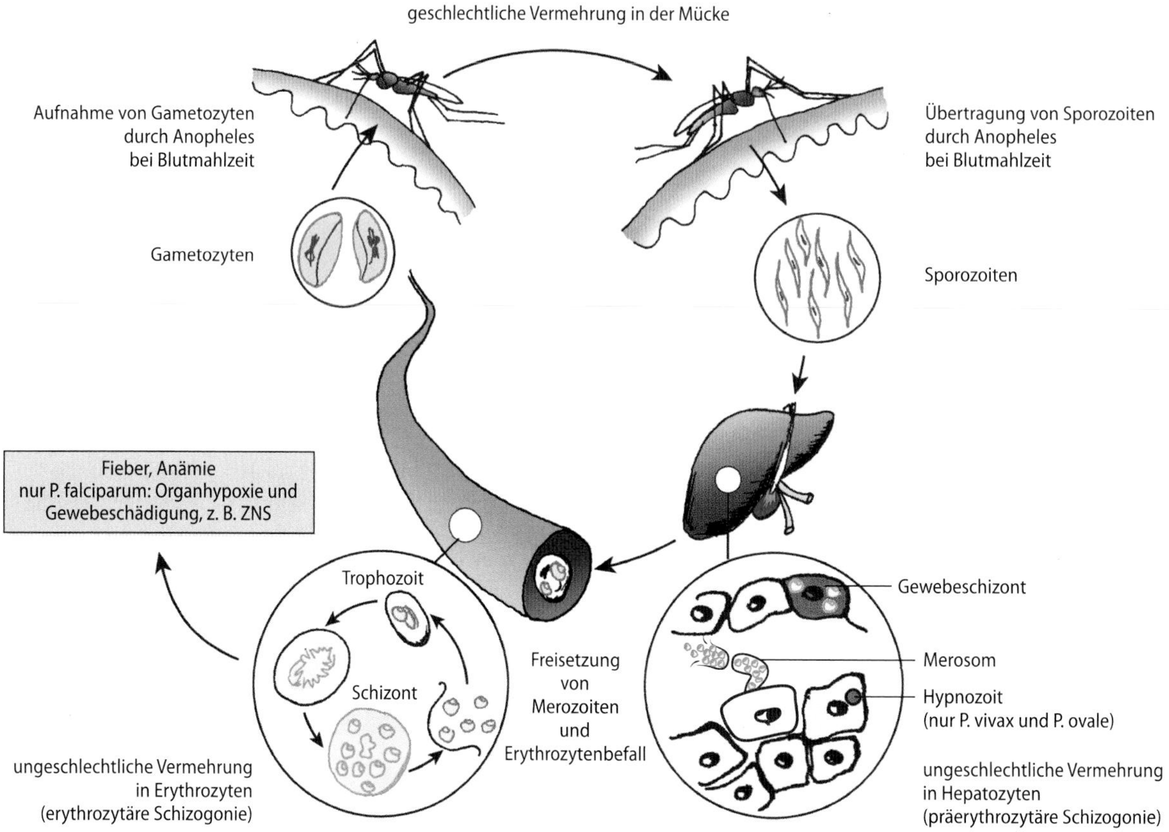

Abb. 85.12 Zyklus humanpathogener Plasmodien

den Malariagebieten vorkommen. P. knowlesi kommt in Südostasien vor.

85.6.2 Rolle als Krankheitserreger

Epidemiologie

In Europa konnte die Malaria nach dem Zweiten Weltkrieg ausgerottet werden, letzte Fälle autochthoner Malaria tertiana wurden z. B. im Emsland noch bis in die 1950er Jahre registriert. Die heute in Deutschland diagnostizierten Fälle werden aus Malariaendemiegebieten mitgebracht. Der Grad der Verbreitung in den Endemiegebieten hängt von vielen Faktoren ab, u. a. von Art und Verbreitung des Vektors, Immunitätslage der Menschen und deren Exposition sowie den Bekämpfungsmaßnahmen.

Plasmodien sind die Ursache von jährlich ca. 200 Mio. klinischen Episoden mit 435.000 Todesfällen, die in der überwiegenden Mehrzahl auf Infektionen mit P. falciparum zurückzuführen sind und vorwiegend Kinder im subsaharischen Afrika betreffen.

Substanzielle Mittel werden international mit dem Ziel der Eradikation dieser Erkrankung investiert. Angesichts aktueller Daten erscheint dieses Ziel jedoch noch weit entfernt.

Übertragung

Plasmodien werden hauptsächlich vektoriell durch den Stich der weiblichen Anopheles-Mücke übertragen. Übertragungen sind auch durch Transfusionen, Injektionen bei Drogenabhängigen, Transplantationen und perinatal möglich.

Pathogenese

Kardinalsymptom der Malaria, unabhängig von der Art des Parasiten, ist **Fieber.** Dieses wird auf die Ruptur reifer Schizonten, eine damit verbundene Freisetzung von Glykosylphosphatidylinositol und anderer Pyrogene und die darauf folgende Sekretion von TNF-α zurückgeführt. Findet der Erythrozytenzerfall synchronisiert statt (bei Malaria tertiana und quartana oft nach einigen parasitären Vermehrungszyklen), kommt es zum klassischen **Malariaanfall.** Diese Synchronisation erfolgt **nicht** bei der Malaria tropica!

Die u. U. sehr ausgeprägte **Anämie** entwickelt sich im Verlauf und ist einerseits auf den Zerfall befallener Erythrozyten zurückzuführen, andererseits aber durch Hypersplenismus, Autoantikörper und Myelosuppression bedingt. Der Hypersplenismus kann darüber hinaus auch zu Neutro- und Thrombopenie führen. Die Milz spielt auch eine zentrale Rolle beim Abbau parasitierter Erythrozyten. Das dabei anfallende Malariapigment ist in den Organen des mononukleär-phagozytären Systems (MPS), insbesondere der Milz, nachweisbar. Es kommt zur Splenomegalie.

Das intraerythrozytäre Wachstum von P. falciparum ist verbunden mit der Expression parasitärer Moleküle (z. B. Plasmodium falciparum-Erythrozyten-Membranprotein 1, PfEMP-1) an der Erythrozytenoberfläche („knobs"). Diese Moleküle bewirken die Bindung an Rezeptoren von Endothelzellen (ICAM-1 etc.) und wohl auch andere befallene und nichtbefallene Erythrozyten („Rosettenbildung"). Dadurch kommt es zu **Mikrozirkulationsstörungen** (◘ Abb. 85.13b) und **Gewebehypoxie** mit petechialen Blutungen und Nekrosen in den betroffenen Organen, v. a. in Gehirn (zerebrale Malaria), Lunge und Nieren, die innerhalb weniger Tage zum Tode führen können. Die Sekretion von TNF-α induziert zudem eine vermehrte Expression der erforderlichen Endothelrezeptoren und trägt somit zu den Mikrozirkulationsstörungen bei.

Ebenfalls an der Ausbildung der zerebralen Malaria beteiligt ist wohl eine metabolische Enzephalopathie aufgrund eines erhöhten Glukoseverbrauchs und Laktatanfalls. Schwere intravasale Autoimmunhämolyse mit Hämoglobinämie und -urie kennzeichnen das **Schwarzwasserfieber,** eine seltene Komplikation der Malaria tropica.

Eine unspezifische Suppression der humoralen und zellulären Immunität kann auftreten und die Schwere des Verlaufs anderer Infektionen, z. B. Masern oder Pneumonien, beeinflussen. Diese **Immunalterationen** sind möglicherweise auch für das gehäufte Auftreten des EBV-assoziierten Burkitt-Lymphoms in Malariaendemiegebieten verantwortlich. Bei der Malaria tertiana und Malaria quartana stehen Fieber und eine, verglichen mit der Malaria tropica, minderschwere Anämie und Splenomegalie im Vordergrund.

▪▪ Klinik

Je nach Plasmodienart beträgt die Inkubationszeit meist 7–30 Tage. Erste klinische Anzeichen können Mattigkeit, Appetitlosigkeit, Durchfälle, Erbrechen, Kopf- und Gliederschmerzen sein. Zum klassischen Malariaanfall, der durch Schüttelfrost, Fieberanstieg und -abfall mit Schweißausbrüchen gekennzeichnet ist, kommt es bei der Malaria tertiana alle 48 h, bei der Malaria quartana alle 72 h. Das Fieber bei Malaria tropica ist wegen der ausbleibenden Synchronisation der Erreger unregelmäßig. Der Replikationszyklus bei der P. knowlesi-Malaria ist kürzer als der anderer humanpathogener Erreger und beträgt nur etwa einen Tag.

Die **Malaria tropica** ist die **gefährlichste Malariaform.** Neben der Anämie bestehen oft eine Splenomegalie, Thrombozytopenie und gelegentlich ein Ikterus als Ausdruck der Leberbeteiligung (◘ Abb. 85.13a). Schwere und oft tödlich verlaufende **Komplikationen** sind die Entwicklung einer zerebralen Malaria, Lungenödem, Schock und Multiorganversagen, Hypoglykämie (besonders bei Schwangeren) und Nierenversagen. Eine Milzruptur ist selten. Durch persistierende Parasiten im Blut (in der Zahl oft unterhalb der mikroskopischen Nachweisgrenze = subpatent) kann es bei semiimmunen Patienten noch bis zu etwa 2 Jahre nach der Infektion zu Rückfällen (Rekrudeszenz) kommen.

Malaria tertiana und **quartana** sind durch Fieber, Anämie und Splenomegalie gekennzeichnet und verlaufen im Vergleich zur Malaria tropica deutlich gutartiger. Bei der P. vivax-Malaria können jedoch Milzrupturen eine u. U. tödliche Komplikation darstellen. Bei der Malaria tertiana können durch

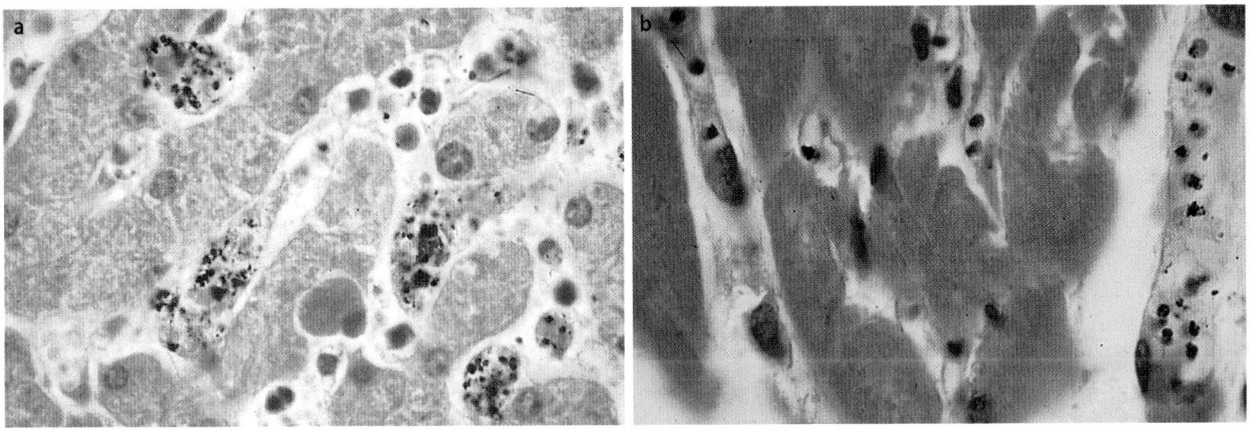

◘ **Abb. 85.13** **a, b** Malaria tropica. Postmortale Diagnose durch Nachweis parasitierter Erythrozyten in Kapillaren des Herzmuskels (**a**) bzw. von Pigmentanreicherungen in den Kupffer-Sternzellen der Leber (**b**). (Mit freundlicher Genehmigung von Prof. Dr. W. Bommer, Göttingen)

Hypnozoiten verursachte Rezidive mehrere Jahre nach Erstinfektion auftreten.

■■ Immunität

Die Ausbildung einer **Semiimmunität,** die nicht vor der Infektion, jedoch vor einem schweren Verlauf schützen kann, ist in **Endemiegebieten** durch ständige Reinfektionen möglich. Fällt diese natürliche immunologische Boosterung weg (z. B. nach Auswanderung aus Malariaendemiegebieten), kann es zu einer erneuten schweren Erkrankung kommen. Diese Semiimmunität ist sowohl humoral als auch zellulär bedingt, korreliert jedoch nicht mit bestehenden Antikörpertitern.

Hämoglobinopathien verleihen eine gewisse **natürliche Resistenz** gegen schwere Erkrankungen: So sind heterozygote Träger des Sichelzellgens weitgehend gegen schwere Krankheitsverläufe geschützt. Dieses beruht auf unwirtlichen Bedingungen für den Parasiten in den Erythrozyten (niedriger pH, geringere Sauerstoffbeladung) und einem schnelleren Abbau befallener Erythrozyten. Den vollständigsten Schutz vor der Infektion stellt das Fehlen des für die Invasion der Merozoiten erforderlichen Rezeptors auf der Erythrozytenoberfläche dar (Duffy-Antigen für P. vivax, daher v. a. P. ovale in Westafrika).

Impfstoffe, die momentan allerdings eher in Endemiegebieten als bei Reisenden hilfreich sein können, befinden sich in der klinischen Prüfung.

85

■■ Labordiagnose

Cave: Bei **Patienten mit Fieber, die sich in Malariagebieten aufgehalten haben,** muss – unabhängig davon, ob diese eine Malariaprophylaxe durchgeführt haben – eine **Malaria ausgeschlossen** werden!

Blutausstrich und Dicker Tropfen Der Ausschluss einer Malaria geschieht durch mehrere Blutausstriche und Dicke Tropfen (◘ Abb. 85.14). Methanolfixierte Ausstriche werden nach Giemsa gefärbt und mit Ölimmersion sehr gründlich durchgemustert, da auch Mischinfektionen mit verschiedenen Plasmodienarten vorkommen können.

Dicke Tropfen (nur geringfügig ausgestrichene Tropfen Blut auf einem Objektträger) werden gut getrocknet, vor der Giemsa-Färbung jedoch nicht fixiert. Bei der Färbung kommt es zur Hämolyse und Entfärbung der Erythrozyten, sodass mehrere übereinander liegende Erythrozytenschichten beurteilt werden können.

Insbesondere bei niedriger Parasitämie, z. B. bei anbehandelten oder semiimmunen Patienten oder nach Chemoprophylaxe, gewährleistet die Diagnostik aus dem Dicken Tropfen die Möglichkeit der Untersuchung größerer Mengen Blut in kürzerer Zeit, setzt allerdings bei der Beurteilung und Differenzierung der Arten mehr Erfahrung als bei der Beurteilung von Ausstrichen voraus. Bei negativem Ergebnis und weiter bestehendem Verdacht auf Malaria sollten kurzfristig weitere Blutproben entnommen und untersucht werden.

Die **Speziesdifferenzierung** erfolgt durch Beurteilung der Größe und Form der befallenen Erythrozyten sowie der intraerythrozytären Erreger und einer möglicherweise vorhandenen Tüpfelung oder Fleckung. Daneben sollte bei der Malaria tropica die **Parasitenzahl pro mm^3** durch Korrelation der Parasiten- und Leukozytenzahl in den Gesichtsfeldern mit der Gesamtleukozytenzahl bestimmt werden, da sie ggf. einen Risikofaktor für einen komplizierten Verlauf darstellt.

Serologische Untersuchungen **Cave** Diese sind wegen des verzögerten Ansteigens der Antikörper im Serum zur Diagnose einer akuten Erkrankung nicht geeignet! Sie kommen v. a. bei Fällen, bei denen trotz starken Verdachts auf das Vorliegen einer Malaria wiederholt keine Parasiten im Blut nachgewiesen werden können, bei der Untersuchung von Blutspendern und bei arbeitsmedizinischen Untersuchungen von

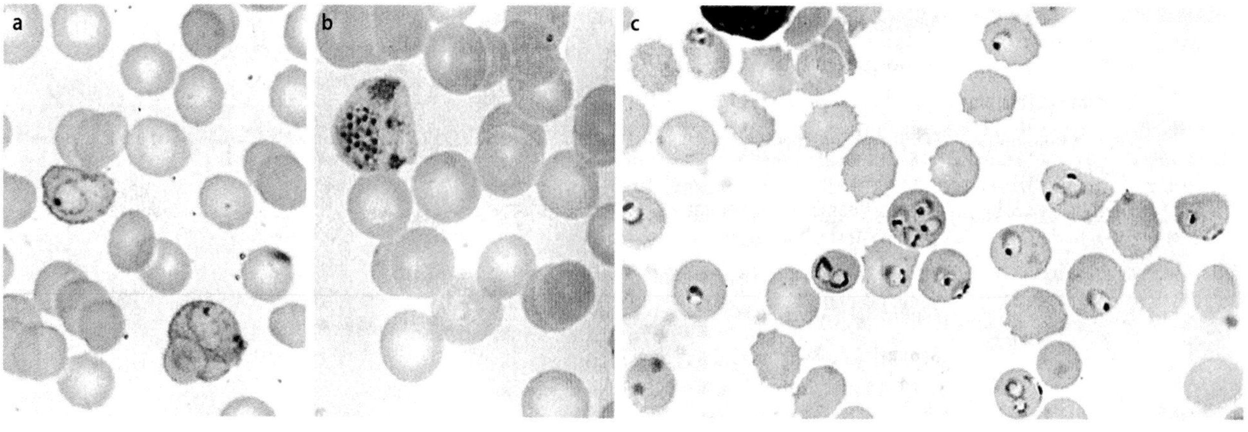

◘ **Abb. 85.14** **a–c** Plasmodium vivax (**a, b**), Plasmodium falciparum (**c**) im Blutausstrich. (Aus: Springer Lexikon Medizin 2004)

Tropenrückkehrern zur Anwendung. Daneben sind sie notwendig zur Diagnostik des malariaassoziierten tropischen Splenomegaliesyndroms und hilfreich bei der Durchführung epidemiologischer Studien. Es wird v. a. der indirekte Immunfluoreszenztest unter Verwendung von P. falciparum als Antigen eingesetzt.

Antigentests Kommerziell erhältliche Malariaschnelltests basieren auf dem Nachweis plasmodienspezifischer Antigene mittels auf Teststreifen fixierter monoklonaler Antikörper. Sie sind hinsichtlich Sensitivität und Spezifität bei P. falciparum-Infektionen besser, bei Infektionen mit den übrigen Spezies (wahrscheinlich einschließlich P. knowlesi) gleich gut oder schlechter als die Mikroskopie. Da jedoch falsch negative Befunde vorkommen, Therapiekontrollen nicht sicher möglich sind (wegen der langen Persistenz von Malariaantigen auch nach erfolgreicher Therapie) und eine Bestimmung der Parasitämie nicht möglich ist, ist die Expertenmikroskopie weiterhin der diagnostische Goldstandard. In Endemiegebieten wird die Umstellung auf Antigentests wegen fehlender Ressourcen im Rahmen von Studien untersucht.

Molekularbiologische Verfahren Die in spezialisierten Zentren verfügbare PCR steht für diagnostische (z. B. Speziesdifferenzierung bei niedrigen Parasitendichten), wissenschaftliche (z. B. Resistenzentwicklung) oder forensische Fragestellungen zur Verfügung. Sie ist zudem wichtig für die Diagnostik von P. knowlesi-Infektionen (bei Patienten aus Südostasien).

▪▪ Therapie

Die Therapie der **Malaria tropica** erfolgt bevorzugt mit Artemisinin-Verbindungen (Artemether/Lumefantrin oder Dihydroartemisinin-Piperaquin) oder mit Atovaquon/Proguanil, in schweren Fällen ggf. auch i. v. mit Artesunat (nicht zugelassen, Informationen unter ▶ www.dtg.org) **oder** Chinin und Doxycyclin (bei Kindern Chinin mit Clindamycin). In bestimmten Fällen, z. B. bei Schwangeren oder kleinen Kindern, hat auch Mefloquin weiterhin Bedeutung.

Bei **Malaria quartana** gibt man Chloroquin, bei **Malaria tertiana** ebenfalls die vorgenannten Artemisinin-Kombinationspräparate (Off-Label-Gebrauch!). Bei Malaria tertiana schließt sich eine Behandlung mit Primaquin zur Rezidivprophylaxe durch Eradikation evtl. vorhandener Hypnozoiten in der Leber an. Eine Alternative ist Tafenoquin mit längerer Halbwertszeit, dieses ist aber in Deutschland bisher nicht zugelassen. Ein Mangel an Glukose-6-Phosphat-Dehydrogenase (G6PDH) muss zur Vermeidung u. U. schwerer Hämolysen vor der Gabe von Primaquin oder Tafenoquin ausgeschlossen werden. Atovaquon/Proguanil besitzt als einziges Schizontenmittel eine gewisse Wirksamkeit gegen Plasmodien in der Leber.

Zunehmende Bedeutung hat die Resistenz besonders von P. falciparum gegen eines oder mehrere Therapeutika erlangt. Resistenzen gegen Artemisinin-Verbindungen werden insbesondere in Südostasien beobachtet. Artemisininresistente Erreger verstoffwechseln weniger Hämoglobin und produzieren so weniger Hämoglobinabbauprodukte, die jedoch für die Aktivierung des Artemisinin bedeutsam sind. Zur Therapie der P. knowlesi-Infektion wird ein therapeutisches Vorgehen – je nach Schweregrad – wie bei der Malaria tropica (s. o.) empfohlen.

Aktuelle Therapieempfehlungen der Deutschen Gesellschaft für Tropenmedizin und Internationale Gesundheit sind unter ▶ www.dtg.org erhältlich.

▪▪ Prävention

Die Bekämpfung der Überträger ist wegen der zunehmenden Resistenz der Mücken gegen Insektizide deutlich erschwert worden. Reisende sollten eine **Mückenstichprophylaxe** durchführen v. a. mittels Moskitonetzen in den Schlafräumen, aber auch durch Tragen entsprechender Kleidung, die Anwendung von Repellents und durch Vermeiden des Aufenthalts im Freien während der Dämmerung.

Zusätzlich kann eine **Chemoprophylaxe** notwendig sein. Für den Fall des Auftretens von Fieber im Reisegebiet und Fehlen eines Arztes kann dem Reisenden zur Notfallbehandlung ein geeignetes Medikament („Stand-by-Behandlung") mitgegeben werden. Jährlich aktualisierte, länderspezifische Empfehlungen finden sich unter ▶ www.dtg.org.

Meldepflicht Der direkte oder indirekte Nachweis von Plasmodien ist nichtnamentlich meldepflichtig (§ 7 IfSG).

In Kürze: Plasmodien

- **Parasitologie:** Apicomplexa der Gattung Plasmodium, in Erythrozyten und Leberzellen vorkommend.
- **Entwicklung:** Übertragung durch Anopheles-Mücken. Präerythrozytäre Entwicklung und Teilung in Leberzellen, dann erythrozytäre Entwicklung und Vermehrung im Blut.
- **Pathogenese:** Zerfall der Erythrozyten und Freisetzung endogener Pyrogene. Anämie. Belastung des MPS durch Erythrozytenzerfall und Parasitenstoffwechselprodukte. Malaria tropica: Mikrozirkulationsstörungen, Gewebshypoxie, petechiale Blutungen, Nekrosen. Immunsuppression.
- **Klinik:** Fieber, Anämie, Splenomegalie. Evtl. Milzruptur. Malaria tropica: keine periodischen Fieberanfälle, Ikterus, Schock, zerebrale Malaria, Multiorganversagen. Malaria tertiana: u. U. Rezidive durch Hypnozoiten.

- **Immunität:** Erworbene zelluläre und humorale Semiimmunität.
- **Labordiagnose:** Blutausstriche und Dicke Tropfen, Giemsa-Färbung, Antigennachweis, PCR.
- **Therapie:** Malaria tropica: Je nach Erkrankungsschwere und ggf. Resistenz des Erregers: Artesunat, Chinin plus Doxycyclin, Artemether/Lumefantin, Dihydroartemisinin-Piperaquin, Atovaquon/Proguanil, Mefloquin. Malaria tertiana: Artemether/Lumefantin oder Dihydroartemisinin-Piperaquin, anschließend Primaquin. Malaria quartana: Chloroquin. P. knowlesi: Wie Malaria tropica.
- **Prävention:** Mückenabwehr und Medikamente (je nach geografischer Region).

85.7 Babesien

Mit Plasmodien verwandt sind Babesien, Blutparasiten bei Mensch und Tier. Verschiedene Spezies können durch Zecken, aber auch Bluttransfusionen auf den Menschen übertragen werden. Die beiden wichtigsten sind Babesia divergens, die v. a. in Europa vorkommt, und B. microti, überwiegend in den USA.

Die meisten Infektionen verlaufen offenbar asymptomatisch. In seltenen Fällen entwickeln Infizierte nach wenigen Wochen Inkubationszeit Fieber, Schüttelfrost, Abgeschlagenheit und eine hämolytische Anämie. Fatale Verläufe wurden v. a. bei splenektomierten Patienten nach Infektion mit B. divergens beschrieben.

Die Diagnose erfolgt durch mikroskopischen Nachweis der Erreger in Blutausstrichen oder Dicken Tropfen. Therapeutisch kommen Clindamycin und Chinin oder Azithromycin plus Atovaquon zum Einsatz. Bei splenektomierten Patienten mit sehr hoher Parasitämie können Austauschtransfusionen erwogen werden.

85.8 Toxoplasma

Steckbrief

Toxoplasma (T.) gondii ist ein Protozoon (Apicomplexa), das als Trophozoit oder Zyste in Geweben vom Menschen und warmblütigen Tieren sowie als Oozyste bei Katzenartigen vorkommt. Es kann vom Tier auf den Menschen übertragen werden (Anthropozoonose). Die Infektion verläuft meistens symptomlos (Toxoplasma-Infektion), seltener mit Krankheitserscheinungen (Toxoplasmose).

Toxoplasma gondii: gebogene Trophozoiten (gr.: „toxon", Bogen), entdeckt 1908 von Charles J. H. Nicolle und Louis H. Manceaux im Nagetier Gondi

85.8.1 Beschreibung

Morphologie und Aufbau

Toxoplasmen treten in 3 Entwicklungsstadien auf.

- **Tachyzoiten** (Trophozoiten) sind sichelförmig gebogene, ca. 4–8 µm lange Einzelparasiten.
- **Zysten** sind bis zu 200 µm große, runde Dauerstadien, die innerhalb der Membran hunderte bis tausende Einzelparasiten (Bradyzoiten) enthalten.
- **Oozysten** sind 10–12 µm große, rundlich-ovale Dauerstadien im Kot von Katzen, die einige Tage nach Ausscheidung sporulieren und dann 2 Sporozysten mit je 4 Sporozoiten enthalten.

Entwicklung

Der Mensch und andere Säugetiere infizieren sich durch **orale Aufnahme** von Gewebezysten (im rohen oder ungenügend gekochten Fleisch) oder von Oozysten (aus Katzenkot oder mit Katzenkot kontaminierter Umwelt). Die Parasiten durchdringen die Darmwand und können über den Blut- und Lymphweg im gesamten Körper disseminieren. Durch ungeschlechtliche, intrazelluläre Zweiteilung entstehen Tachyzoiten. Durch die Abwehrreaktionen des Wirtes kommt es zur Ausbildung von **Zysten,** die vorwiegend in Gehirn und Retina sowie in Skelett- und Herzmuskulatur zu finden sind und lebenslang im Gewebe überdauern. Eine (konnatale) Infektion direkt auf dem Blutweg ist intrauterin möglich.

Bei Hauskatzen und deren nahen Verwandten (Feliden) kann es im Darm zusätzlich zu einer geschlechtlichen Vermehrung mit Ausbildung von Oozysten kommen, die mit dem Kot ausgeschieden werden und nach Sporulation infektiös sind. Katzen dienen daher als Endwirte für den Parasiten (Abb. 85.15).

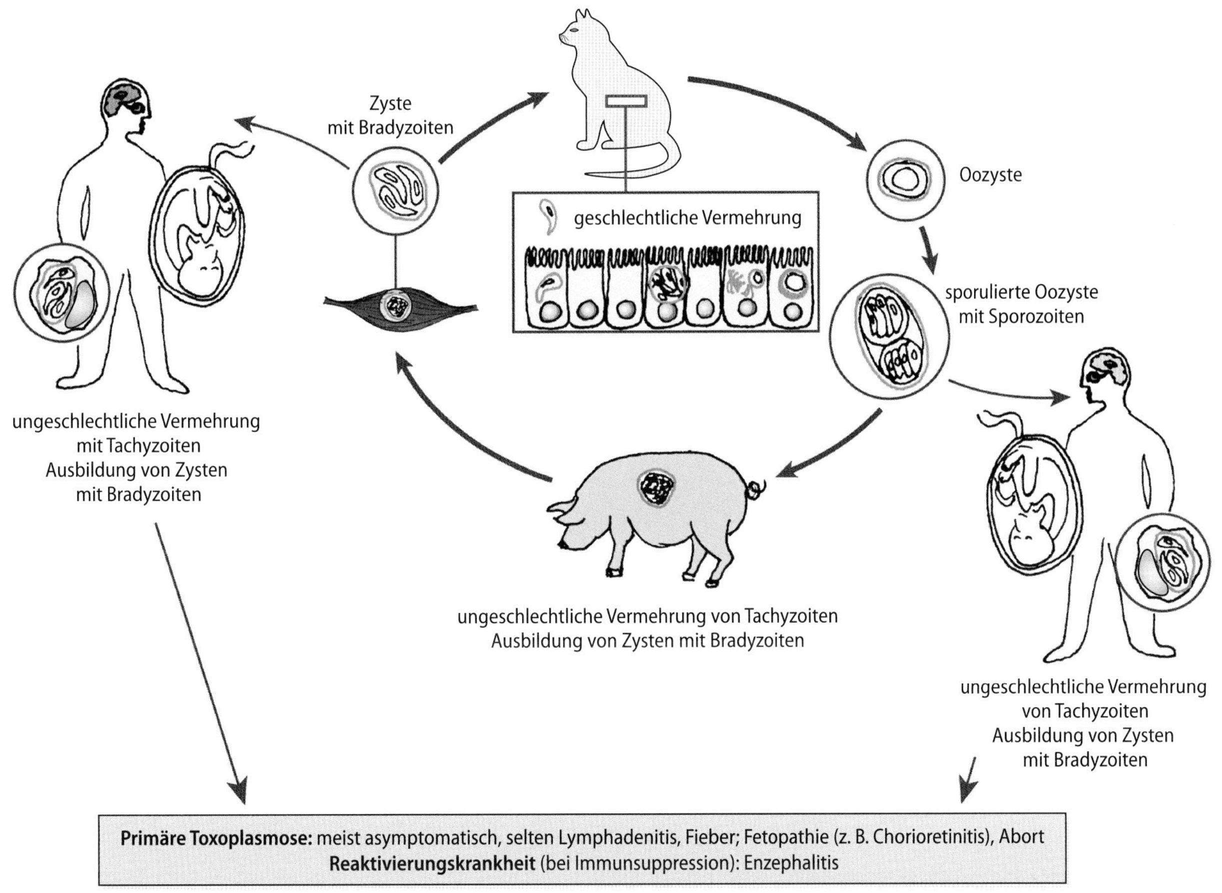

Abb. 85.15 Zyklus von Toxoplasma gondii

Umweltresistenz

Die Trophozoiten sterben bei Austrocknung sehr schnell ab, während die Zysten im gekühlten Fleisch mehrere Wochen lang lebensfähig sind, aber bei Tiefgefrieren absterben. Die Oozysten leben im feuchten Erdboden mehrere Jahre und überstehen dabei Frostperioden.

Vorkommen

Die Infektion ist beim Menschen und bei warmblütigen Tieren weltweit verbreitet. Je nach geografischer Region liegt die Seroprävalenz bei bis zu 80 %.

85.8.2 Rolle als Krankheitserreger

Epidemiologie

Die Durchseuchung beim Menschen nimmt mit jedem Lebensjahrzehnt um ca. 10 % zu und erreicht in der Altersgruppe der 60- bis 65-Jährigen in Deutschland bis zu 70 %.

Konnatale Infektionen beobachtet man bei etwa einer auf 1000–10.000 Lebendgeburten. Aufgrund der hohen Zahl asymptomatisch infizierter Neugeborener ist die Zahl gemeldeter konnataler Infektionen epidemiologisch wenig aussagekräftig.

Übertragung

Die Übertragung auf den Menschen geschieht v. a. durch den Verzehr rohen oder ungenügend erhitzten Fleischs (Hackfleisch). Aus Katzenkot (Katzenstreu, Spielsand, Gartenarbeit, Landwirtschaft) kann es zur oralen Aufnahme von Toxoplasma-Oozysten kommen (Abb. 85.15).

Warmblütige Tiere können sich durch Fressen gewebezystenhaltigen Fleischs (z. B. Futterfleisch, Nagetiere), Aufnahme von Toxoplasma-Oozysten aus Katzenkot oder auf pränatalem Wege infizieren. Die Infektionsraten sind teilweise beträchtlich.

Pathogenese

Die Parasiten vermehren sich intrazellulär durch Zweiteilung. Dadurch kommt es zum Platzen der Wirtszellen und zur Besiedelung weiterer benachbarter Zellen. Bei Infektion der Plazenta kann es zu einer konnatalen Infektion und in deren Folge zu Abort, seltener zu

Totgeburt oder schweren Schäden beim Neugeborenen kommen. Das Aufbrechen von Zysten kann sich beim Immungesunden als rezidivierende Retinochorioiditis manifestieren. Auch eine zelluläre Immunschwäche (z. B. HIV-Infektion/AIDS, Transplantationen) führt zum Aufbrechen der Zysten und zur Reaktivierung der latenten Toxoplasma-Infektion, die sich meist als zerebrale Raumforderung manifestiert.

▪▪ Klinik

Die Infektion verläuft meistens symptomlos (Toxoplasma-Infektion), seltener mit Krankheitserscheinungen (Toxoplasmose). Klinisch sind 2 Verlaufsformen zu unterscheiden: die postnatal und die pränatal erworbene Toxoplasmose:

Postnatal erworbene Toxoplasmose 95 % aller postnatalen Infektionen verlaufen symptomlos. In seltenen Fällen kommt es nach 1–3 Wochen Inkubationszeit zu leichtem Fieber, Mattigkeit, Muskel- und Gelenkschmerzen sowie zervikalen Lymphknotenschwellungen. Eine Retinochorioiditis kann ebenfalls Ausdruck einer frischen Infektion sein. Bei HIV-Infizierten oder Patienten unter Immunsuppression verläuft eine akute Toxoplasma-Infektion meist schwer. Es kommt zu einer interstitiellen Pneumonie, oft mit Beteiligung anderer Organe wie Leber oder Milz. Häufiger als die akute Infektion ist die Reaktivierung einer latenten Toxoplasma-Infektion unter Immunsuppression. Klinisch eindrucksvoll ist eine Enzephalitis mit einer Symptomatik entsprechend der Lokalisation des Herdes.

85

Pränatal erworbene Toxoplasmose (konnatale Toxoplasmose) Infiziert sich eine Frau während der Schwangerschaft erstmalig mit Toxoplasmen, so geht in etwa der Hälfte der Fälle (1. Trimester 15 %, 2. Trimester 30 %, 3. Trimester 60 %) der Parasit auf den Fetus über. Je nach Zeitpunkt und Intensität der Infektion kann es zum Abort, seltener zur Totgeburt oder zu Symptomen wie Hydrozephalus (◘ Abb. 85.16), intrazerebralen Verkalkungen und Retinochorioiditis kommen. Infektionen am Beginn einer Schwangerschaft führen zu schweren Schäden; erfolgen die Infektionen später, so ist das Ausmaß der Veränderungen geringer. Wird ein konnatal infiziertes Kind zunächst klinisch gesund geboren (ca. 85 % aller Fälle), so können nach Monaten oder Jahren doch noch Spätschäden (Entwicklungsstörungen, geistige Retardierung, Retinochorioiditis bis hin zur Erblindung) auftreten.

▪▪ Immunität

Bei einer Toxoplasma-Infektion werden humorale und zelluläre Immunmechanismen induziert. Diese

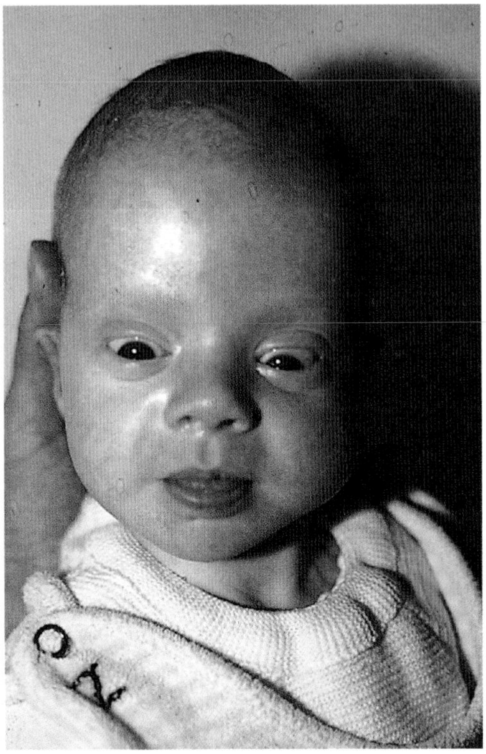

◘ Abb. 85.16 Konnatale Toxoplasmose – ausgeprägter Hydrozephalus nach diaplazentarer Infektion mit Toxoplasma gondii. (Mit freundlicher Genehmigung von Prof. Dr. W. Bommer, Göttingen)

vermitteln einen vermutlich lebenslangen Schutz vor symptomatischen Zweitinfektionen, auch vor der konnatalen Infektion. Spezifische Antikörper sind im Serum nachweisbar, verleihen aber nur einen geringen Schutz; dieser ist v. a. zellulärer Natur. Wesentliche Bedeutung haben T-Zellen und TH1-Typ-Zytokine, v. a. IFN-γ. Für die **Bedeutung der zellulären Abwehr** sprechen neben Ergebnissen von Tierversuchen auch Erfahrungen mit Immunsuppression beim Menschen:

- Bei über 30 % von AIDS-Patienten tritt bei fehlender antiretroviraler Therapie bzw. fehlender Prophylaxe durch Antiparasitika durch Reaktivierung einer latenten Toxoplasma-Infektion eine fokale nekrotisierende Enzephalitis auf. Unbehandelt ist der Verlauf tödlich.
- Durch die Unterdrückung der Immunabwehr bei **Transplantationspatienten** kann es zu Reaktivierungen oder symptomatisch verlaufenden Erstinfektionen kommen, häufig durch das infizierte Spenderorgan. Die Infektion zeigt dann oft das Bild einer Septikämie.

▪▪ Labordiagnose

Der Nachweis des Erregers ist direkt und indirekt möglich.

Größere Bedeutung für die Diagnostik einer Toxoplasma-Infektion besitzen **Tests auf spezifische**

Tab. 85.1 Toxoplasmosediagnostik bei Verdacht auf konnatale Infektion

Zeitpunkt	Diagnostisches Verfahren	Material
Fetus ab 17. SSW	Direktnachweis mittels PCR oder Tierversuch	Fruchtwasser
Fetus ab 22. SSW	Sonografie	
U1	IgG, IgM, IgA mittels ELISA, ISAGA[a] und Immunoblot	Serum (Mutter und Kind)
U1	Direktnachweis mittels PCR	Liquor, Blut
U1	Schädelsonografie, Augenhintergrund-Spiegelung	
Bis U6	IgG[b]	Serum

[a] „Immunosorbent Agglutination Assay"
[b] Bis zur Negativierung zum Ausschluss einer konnatalen Infektion, IgG-Persistenz bei konnataler Infektion

Antikörper. IgG-Antikörper sind bei allen Infizierten nachweisbar. Toxoplasma-IgM-Antikörper-Nachweise und die Avidität Toxoplasma-spezifischer IgG-Antikörper werden zur Differenzierung zwischen einer latenten und aktiven Infektion eingesetzt. Werden IgM-Antikörper nachgewiesen, so bedeutet das nicht zwingend, dass auch eine frische Infektion vorliegt. Bei Neugeborenen sind IgM- und/oder IgA-Antikörper jedoch ein sicherer Hinweis auf einen pränatalen Übergang des Erregers. Der Nachweis von IgG-Antikörpern identifiziert den immunsupprimierten Patienten als Risikopatienten für eine Reaktivierung. Das RKI hält Informationen zur Beurteilung von serologischen Befunden sowie eine Liste von Beratungslaboren bereit (▶ www.rki.de). Tab. 85.1 gibt den aktuellen Stand der Diagnostik der konnatalen Infektion wieder.

Zur direkten Untersuchung können **Gewebeproben aus verschiedenen Organen** (z. B. Lymphknoten, Plazenta, Hirnbioptate) sowie Fruchtwasser verwendet werden. Das Material kann histologisch mit den üblichen klassischen Methoden (z. B. HE-Färbung) oder mit Antikörpern gefärbt werden. Die PCR kommt v. a. beim ungeborenen Kind (Fruchtwasser) und bei immunsupprimierten Patienten (AIDS, Transplantationen) zur Anwendung.

Therapie

Es wird im Allgemeinen nur die Toxoplasmose durch Gabe einer Kombination von Pyrimethamin mit Sulfonamiden oder Clindamycin behandelt. Zur Vorbeugung einer Störung der Hämatopoese ist zusätzlich zu dieser Kombination Folinsäure (nicht Folsäure!) zu verabreichen. Bei einer Erstinfektion während der Schwangerschaft ist eine Behandlung auch ohne Krankheitserscheinungen notwendig. Bis zur 15. SSW werden Spiramycin zur Verringerung der Rate der Übertragung und danach die Kombination Pyrimethamin plus Sulfadiazin (verhindert die Replikation der Parasiten bei Mutter und Fetus) und Folinsäure gegeben.

Prävention

Verhütungsempfehlungen (Expositionsprophylaxe, primäre Prophylaxe) gelten v. a. für **Schwangere,** die nicht mit Toxoplasmen infiziert sind. Auf den Genuss von rohem oder ungenügend erhitztem Fleisch sollte verzichtet werden. Kotkästen von Katzen sind täglich zu reinigen, da evtl. vorhandene Oozysten zu diesem Zeitpunkt noch nicht infektiös sind. Bei und nach Gartenarbeit (Oozysten im Erdboden) sind hygienische Grundregeln zu beachten. Katzen sind von Spielsandkästen fernzuhalten.

Durch serologische Untersuchungen kann das Risiko einer pränatalen Infektion frühzeitig erkannt und mittels Chemotherapie minimiert werden. Bei AIDS-Patienten ist sowohl die primäre als auch die sekundäre Prophylaxe (prophylaktische Therapie bis zur Immunrekonstitution) zu beachten.

Meldepflicht Der direkte oder indirekte Nachweis konnataler Infektionen mit Toxoplasma gondii ist nichtnamentlich meldepflichtig (§ 7 IfSG).

In Kürze: Toxoplasma

- **Parasitologie:** Intrazelluläres Protozoon der Art Toxoplasma gondii, überwiegend im Gewebe vorkommend.
- **Entwicklung:** Tachyzoiten in der akuten Phase, Zysten (mit Bradyzoiten gefüllt) in ZNS und quer gestreifter Muskulatur in der latenten Phase. Oozysten nur im Kot von Katzen.
- **Pathogenese:** Intrazelluläre Vermehrung mit Evasion des Immunsystems. Bei Erstinfektion der Schwangeren konnatale Übertragung. Reaktivierung bei Immunsuppression (v. a. AIDS).
- **Klinik:** Meistens symptomlos, Lymphknotentoxoplasmose, konnatal: Abort, Totgeburt, Enzephalitis, Hydrozephalus, Retinochorioiditis; Enzephalitis bei AIDS-Patienten.
- **Immunität:** Vor allem T-Zell-vermittelt.

- **Labordiagnose:** Serodiagnostik bei Immungesunden, direkter Erregernachweis mittels PCR im Fruchtwasser bei Schwangeren und im ZNS bei Immunsupprimierten.
- **Therapie:** Pyrimethamin plus Sulfadiazin (plus Folinsäure), Spiramycin bis zur 15. Schwangerschaftswoche; bei Erstinfektion in der Schwangerschaft Vorstellung in einer Fachabteilung.
- **Prävention:** Insbesondere nichtimmune Schwangere: kein rohes Fleisch essen, hygienischer Umgang mit Katzen, Antikörpertests zur Erkennung einer Erstinfektion.

85.9 Kryptosporidien

Steckbrief

Die humanpathogenen Kryptosporidien Cryptosporidium (C.) parvum, C. hominis u. a. sind obligat intrazelluläre Protozoen aus der Gruppe der Apicomplexa, die bei immunkompetenten Patienten selbstlimitierende, bei Patienten mit zellulärer Abwehrschwäche (z. B. AIDS-Patienten) hingegen chronische, z. T. lebensbedrohliche Gastroenteritiden verursachen. Kryptosporidien wurden in Tieren 1907 von dem amerikanischen Parasitologen E. E. Tyzzer entdeckt, die ersten Fälle beim Menschen beschrieben 1976 unabhängig voneinander J. L. Meisel sowie F. A. Nime und Mitarbeiter.

85

85.9.1 Beschreibung

Morphologie und Aufbau

Die mit dem Stuhl ausgeschiedenen Oozysten sind rundlich und haben einen Durchmesser von 4–6 µm. Sie enthalten 4 Sporozoiten, die im Gegensatz zu anderen verwandten Kokzidien (Isospora, Cyclospora) freiliegen und nicht in Sporozysten enzystiert sind. Die relativ dicke, widerstandsfähige Wand der Oozyste führte zur Namensgebung (gr.: „kryptein", verbergen).

Entwicklung

Nach oraler Aufnahme der Oozysten werden 4 Sporozoiten freigesetzt, die sich im Dünndarm im Bereich der Mikrovilliregion zunächst an die Enterozyten anlagern. Es kommt zur Ausbildung einer parasitophoren Vakuole, bestehend aus je 2 Wirts- und 2 Parasitenmembranen. Die Parasiten liegen so intrazellulär, jedoch extrazytoplasmatisch. Es folgen Reifung und Teilung (asexuelle Vermehrung, Schizogonie) und Merozoiten werden ins Darmlumen freigesetzt. Diese befallen zunächst neue Enterozyten (Autoinfektion), im weiteren Verlauf entwickeln sich auch einige Merozoiten zu sexuellen Formen (Gametozyten). Diese verschmelzen zur Zygote und bilden in der parasitophoren Vakuole infektiöse, d. h. 4 reife Sporozoiten enthaltende Oozysten **(Sporogonie),** jedoch mit unterschiedlicher Wanddicke. Nach Freisetzung ins Darmlumen kann die Wand der dünnwandigen Oozysten rupturieren und so erneut zur Autoinfektion führen, die dickwandigen Oozysten werden mit dem Stuhl ausgeschieden.

Umweltresistenz

Oozysten von Kryptosporidien sind resistent gegenüber Umwelteinflüssen und bereits bei Ausscheidung infektiös. Somit sind Autoinfektionen möglich.

Vorkommen

Kryptosporidien kommen weltweit vor und werden entweder als Anthropozoonose von Tieren (v. a. Rindern und Schafen) oder direkt von Mensch zu Mensch übertragen.

85.9.2 Rolle als Krankheitserreger

Epidemiologie

Während die Prävalenz der Kryptosporidiose bei immunkompetenten Patienten mit Diarrhö in Industrieländern bei bis zu 2 % liegt, kann der Anteil der Kryptosporidieninfektionen bei AIDS-Patienten mit Durchfall in Entwicklungsländern auf über 20 % ansteigen. Massenausbrüche, v. a. durch kontaminiertes Trinkwasser, wurden beschrieben.

Übertragung

Die Übertragung der Oozyten erfolgt meist fäkal-oral über Nahrung oder Trinkwasser. Für eine Infektion reichen schon 10–100 Oozysten aus.

Pathogenese

Die Pathogenese der Kryptosporidiose ist bisher weitgehend ungeklärt. Während in infizierten

Epithelzellen Gene des zellulären Überlebens (z. B. NF-κB) aktiviert werden, welche die parasitäre Entwicklung begünstigen, wird gleichzeitig die Apoptose nichtinfizierter, benachbarter Epithelzellen induziert. Histologisch nachweisbare Atrophie und Verlust der Mikrovilli, verbunden mit Kryptenhyperplasie und bakterieller Überbesiedlung, könnten zur Malabsorption und Maldigestion beitragen und zum Entstehen einer osmotischen Diarrhö führen. Die „choleraähnlichen" Diarrhöen legen darüber hinaus die Freisetzung eines bislang jedoch nicht nachgewiesenen Exotoxins mit der Folge einer sekretorischen Diarrhö nahe. In der Lamina propria sind eingewanderte inflammatorische Zellen (Lymphozyten, Makrophagen, Plasmazellen und neutrophile Granulozyten) histologisch nachweisbar.

▪▪ Klinik

Nach Aufnahme infektiöser Oozysten kommt es im immunkompetenten Patienten nach ca. 7–10 Tagen Inkubationszeit zu einem kurzzeitigen, selbstlimitierten **wässrigen Durchfall,** evtl. begleitet von Fieber, Übelkeit und Erbrechen oder die Infektion verläuft asymptomatisch. Bei **Personen mit Immunschwäche** (z. B. AIDS) kann es dagegen zu schweren chronischen Durchfällen mit erheblichen, z. T. lebensbedrohlichen Flüssigkeitsverlusten kommen. Daneben wurden in immunsupprimierten Patienten auch extraintestinale Manifestationen, z. B. Cholezystitis, Hepatitis, Pankreatitis und Erkrankungen der Atemwege beschrieben, letztere evtl. durch aspirierte Oozysten verursacht.

▪▪ Immunität

Das Auftreten chronischer Verläufe von Kryptosporidiose in Patienten mit T-Zell-, aber auch humoralen Immundefekten weist auf die Beteiligung von T- und B-Lymphozyten bei der Abwehr von Kryptosporidien hin. Neben mukosal sezernierten Antikörpern, die mit der Anheftung von Sporo- und Merozoiten interferieren mögen, scheinen CD4-T-Lymphozyten und IFN-γ bei der Überwindung der Infektion und der erworbenen Immunität, die vor einer Neuinfektion schützt, von Bedeutung zu sein.

▪▪ Labordiagnose

Der lichtmikroskopische Nachweis der Oozysten von C. parvum gelingt gut bei Anwendung einer **säurefesten Färbung** mit Karbolfuchsin und einer Gegenfärbung mit Methylenblau. Die Erreger sind dann auf blauem Untergrund rot angefärbt (◻ Abb. 85.17). Des Weiteren kommen direkte und indirekte Immunfluoreszenz, der Nachweis sezernierter Proteine oder von Oozysten-Oberflächenmolekülen mittels ELISA sowie die PCR zur Anwendung.

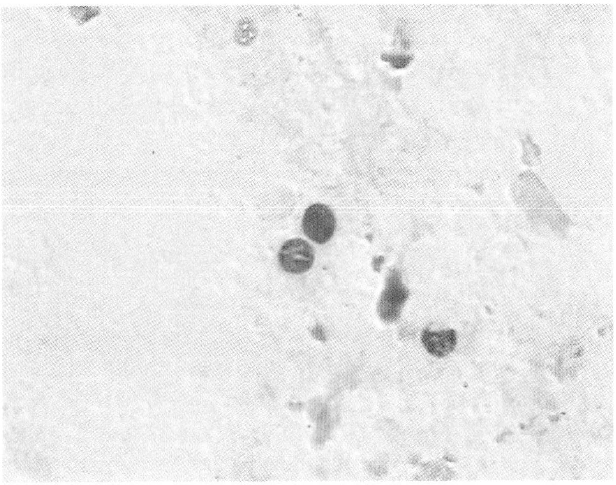

◻ **Abb. 85.17** Kryptosporidien, Oozysten im Stuhl (Kinyoun-Färbung). (Mit freundlicher Genehmigung von Dr. Martin Eisenblätter)

▪▪ Therapie

Kryptosporidien sind ausgesprochen resistent gegenüber Antibiotika. Während Behandlungsversuche mit verschiedenen antiparasitären Substanzen (z. B. Paromomycin) erfolglos waren, scheint u. U. **Nitazoxanid** wirksam zu sein. Bei AIDS-Patienten beeinflusst eine Verbesserung der Immunabwehr durch antiretrovirale Therapie den Verlauf der Erkrankung günstig.

▪▪ Prävention

Patienten mit Immunschwäche sollten Tierkontakte, aber auch Kontakte zu infizierten Patienten meiden. Neben dem Einhalten allgemeiner Hygienevorschriften sollten HIV-Patienten mit einer sehr niedrigen CD4-Zellzahl u. U. abgekochtes bzw. industriell abgefülltes Wasser trinken, da die Oozysten extrem resistent gegenüber Umwelteinflüssen sind und die Infektionsdosis relativ niedrig ist.

Meldepflicht Der direkte oder indirekte Nachweis humanpathogener Cryptosporidium spp. ist namentlich meldepflichtig, soweit der Nachweis auf eine akute Infektion hinweist (§ 7 IfSG).

85.9.3 Weitere Kokzidien

▪ Sarcocystis

Der Mensch kann sowohl als Fehlwirt als auch als Endwirt fungieren. Im ersten Fall werden reife Oozysten mit kontaminiertem Trinkwasser oder Nahrung aufgenommen, diese entwickeln sich im Darm weiter und schließlich kommt es zur Absiedlung asexueller Stadien im Muskelgewebe. Dies kann zu einer eosinophilen Myositis führen. Im zweiten Fall werden asexuelle Sarkozysten aus dem Muskelgewebe von kontaminiertem Rind- bzw. Schweinefleisch oral aufgenommen und, nach Weiterentwicklung im Darm, reife Oozysten mit dem Stuhl ausgeschieden. Hierbei können kurzzeitig leichte gastrointestinale Beschwerden auftreten.

▪ Isospora belli

Der Mensch ist der einzige Wirt dieses fäkal-oral übertragenen Erregers. Nach oraler Aufnahme reifer Oozysten mit der Nahrung oder kontaminiertem Trinkwasser ähnelt das klinische Bild der Kryptosporidiose, selten kann die Erkrankung auch bei immunkompetenten Patienten chronisch oder intermittierend verlaufen. Mittel der Wahl zur Behandlung ist Trimethoprim-Sulfamethoxazol.

▪ Cyclospora cayetanensis

Die Infektion mit diesem Erreger ähnelt der Kryptosporidiose. Therapeutisch wirksam ist Trimethoprim-Sulfamethoxazol.

In Kürze: Kryptosporidien

- **Parasitologie:** Obligat intrazelluläre Protozoen der Arten C. parvum, C. hominis u. a., im Dünndarm von Säugetieren und Menschen vorkommend.
- **Entwicklung:** Orale Aufnahme der sehr resistenten Oozysten, Freisetzung von Sporozoiten, Befall von und Vermehrung in Enterozyten, Ausscheidung von Oozysten im Stuhl.
- **Klinik:** Selbstlimitierte Diarrhö oder symptomloser Verlauf bei immunkompetenten Patienten; bei immunsupprimierten Patienten sind neben chronischer, z. T. lebensbedrohlicher Diarrhö auch extraintestinale Manifestationen möglich.
- **Labordiagnose:** Untersuchung von Stuhlausstrichen mittels säurefester Färbung oder DIF, ELISA, PCR.
- **Therapie:** Nitazoxanid.

85.10 Mikrosporidien

Steckbrief

Mikrosporidien sind obligat intrazelluläre Eukaryonten, die dem Stamm Microsporidia angehören und den Pilzen zugeordnet werden. Als humanpathogen wurden bislang v. a. die Gattungen Enterocytozoon, Encephalitozoon, Nosema und Pleistophora beschrieben, die ersten beiden davon als opportunistische Erreger v. a. bei AIDS-Patienten. Obwohl ein Zellkern mit mitotischer Teilung Mikrosporidien als Eukaryonten ausweist, haben sie mit Prokaryonten die sehr kleine Menge an ribosomaler RNA und das Fehlen von Mitochondrien und Golgi-Membranen gemeinsam.

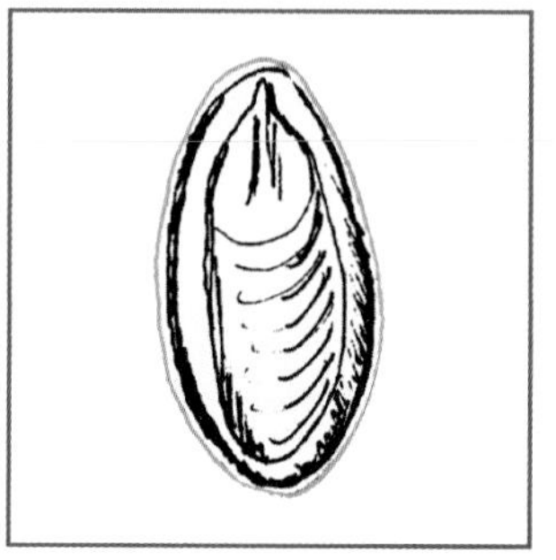

Mikrosporidie: 1857 wurden Mikrosporidien als Parasiten der Seidenraupe entdeckt, 1959 wurde eine Infektion des Menschen erstmals beschrieben. Vertreter von insgesamt mehr als 1100 Arten können diverse Wirte (Insekten, Fische, Säugetiere etc.) infizieren

▪ Morphologie, Aufbau und Entwicklung

Die sehr differenzierten infektiösen Sporen der humanpathogenen Mikrosporidien sind 1–2,5(–5) µm lange, ovale Dauerformen der Parasiten mit hoher Resistenz gegenüber Umwelteinflüssen. Nach oraler, möglicherweise auch inhalativer Aufnahme stimulieren die damit verbundenen Veränderungen der Umwelt (pH, Ionenkonzentrationen) die Ausstülpung des charakteristischen, bis zu diesem Zeitpunkt spiralig aufgewundenen tubulären Polfadens. Durch diese teleskopartige Zellorganelle wird dann das Sporoplasma in die Wirtszelle injiziert.

Die Parasiten teilen sich daraufhin intrazellulär (Merogonie, bei Encephalitozoon spp. in einer parasitophoren Vakuole), im Rahmen der Sporogonie erfolgen bei weiterer Teilung eine Verdickung der Zellmembran und die Bildung neuer, infektiöser Sporen. Wenn die Wirtszellmembran rupturiert, werden die Sporen freigesetzt und ausgeschieden, können jedoch innerhalb des Wirtes auch neue Zielzellen befallen (Autoinfektion).

▪ Klinik

Während einige Gattungen bislang nur in Einzelfällen als Krankheitserreger isoliert wurden (Myositis durch Pleistophora, Keratitis durch Nosema), spielen Encephalitozoon und Enterocytozoon bei immunsupprimierten, insbesondere AIDS-Patienten mit einer niedrigen $CD4^+$-Lymphozytenzahl (meist <100/µl), eine bedeutendere Rolle.

Enterocytozoon bieneusi Infektionen mit Enterocytozoon bieneusi, die weitaus häufigsten Manifestationen einer Mikrosporidiose beim Menschen, sind überwiegend auf Darm und Gallenwege beschränkt und wurden vereinzelt auch bei immunkompetenten Patienten beschrieben. Nach oraler Aufnahme der Sporen erfolgt der Befall von Enterozyten mit der Gefahr der Aszension der Erreger in die Gallenwege. Die klinische Symptomatik wird durch z. T. schwere, chronische, wässrige Durchfälle ohne Fieber, aber auch das Auftreten von Cholangitis und Cholezystitis bestimmt. Unklar ist, ob der gelegentliche Nachweis der Erreger aus dem Respirationstrakt auf die Aspiration von Darminhalt, eine hämatogene Streuung der Erreger oder eine wirkliche Infektion der Atemwege zurückzuführen ist.

Die histopathologischen Veränderungen reichen von unbeschädigtem Epithel mit minimaler oder fehlender Einwanderung inflammatorischer Zellen bis zu erheblicher Villusatrophie, Kryptenverlängerung, fokalen Nekrosen, auch in der Lamina propria, und ausgeprägter, überwiegend lymphozytärer Infiltration. Im Bereich der Gallenwege wurden sklerosierende Cholangitiden, Papillenstenose und Erweiterung der Gallenwege beschrieben.

Encephalitozoon intestinalis Der Erreger infiziert ebenfalls zunächst wahrscheinlich Enterozyten, besitzt aber im Gegensatz zu Enterocytozoon bieneusi eine größere Tendenz zur Disseminierung mit Befall insbesondere der Nieren. Die klinischen Symptome und histopathologischen Veränderungen ähneln denen der vorherigen Infektion. Jedoch werden häufiger neutrophile Infiltrate im Bereich der Lamina propria gesehen und der Erreger konnte auch in anderen Zellen (Makrophagen, Fibroblasten und Endothelzellen) nachgewiesen werden. Bei Disseminierung und Nierenbefall entsteht eine tubulointerstitielle Nephritis, klinisch überwiegt auch in diesen Fällen die Symptomatik der intestinalen Infektion.

E. cuniculi, E. hellem Diese übrigen humanpathogenen Encephalitozoon-Spezies verursachen disseminierte fieberhafte Infektionen (Hepatitis, Peritonitis, Infektionen des Respirationstrakts und der Nieren und ableitenden Harnwege). Die Eintrittspforte für diese Erreger könnte der Respirationstrakt sein, im Darm waren diese Spezies bislang nicht nachweisbar. Die ebenfalls beschriebene Keratokonjunktivitis scheint eher begleitend im Rahmen dieser systemischen Infektionen durch Schmierinfektion aufzutreten. Histopathologisch fallen inflammatorische Infiltrate durch mononukleäre Zellen, granulomatöse Entzündung, aber auch eingewanderte neutrophile Granulozyten auf. Bei Befall der Nieren entsteht wie bei der Infektion mit E. intestinalis eine tubulointerstitielle Nephritis.

Labordiagnose

Bei intestinaler Infektion eignen sich Stuhl und Duodenalsaft, bei systemischer Infektion Urinsediment für den Erregernachweis. Die Sporen sind nach **Chromotrop-Färbung** (Trichrom) lichtmikroskopisch oder nach Anfärbung mit optischen Aufhellern (Fluorochromen) fluoreszenzmikroskopisch zu erkennen. Auch Dünndarmbiopsien können lichtmikroskopisch (Färbung nach Giemsa, Warthin-Starry etc.) untersucht werden. Zur Speziesdiagnose können elektronenmikroskopische, immunologische, biochemische oder molekularbiologische Untersuchungen erforderlich sein.

Therapie

Albendazol sollte bei intestinalen Infektionen mit E. intestinalis und disseminierten Mikrosporidieninfektionen eingesetzt werden. Bei E. bieneusi wird Fumagillin empfohlen (nicht zugelassen). Bei HIV-Patienten sollte eine Verbesserung der Immunabwehr durch antiretrovirale Therapie versucht werden.

Prävention

Zur Vermeidung von Mensch-zu-Mensch-Infektionen (fäkal-oral, Inhalation oder konjunktivale Schmierinfektion) sollten Patienten mit Mikrosporidiose auf die Einhaltung einer sorgfältigen Körperhygiene aufmerksam gemacht werden.

In Kürze: Mikrosporidien

- **Parasitologie:** Obligat intrazelluläre Erreger verschiedener Spezies. Enterocytozoon bieneusi und Encephalitozoon intestinalis als wichtigste humanpathogene Erreger dieser Gruppe im Darm vorkommend, letztere Spezies von dort auch disseminierend.
- **Entwicklung:** In Enterozyten (E. bieneusi) oder anderen Zellen, Ausscheidung mit dem Stuhl oder Urin.
- **Klinik:** Chronische, wässrige Diarrhö, Encephalitozoon-Spezies auch disseminierte Infektionen.
- **Labordiagnose:** Mikroskopische Untersuchung von Stuhlausstrichen oder Urinsedimenten (bei Disseminierung) nach modifizierter Trichromfärbung oder Färbung mit optischen Aufhellern.
- **Therapie:** Albendazol (Encephalitozoon spp.).

Trematoden

Ralf Ignatius und Gerd-Dieter Burchard

Trailer

Trematoden (Saugwürmer, Egel) gehören mit den Zestoden zu den Plathelminthes (Plattwürmer), im Gegensatz zu den Zestoden sind sie ungegliedert. Sie besitzen einen Mund- und einen Bauchsaugnapf (gr.: „trema": Öffnung, Loch, Foramen), die als Haftorgane dienen, sowie einen blind endenden, meist 2-schenkligen Darmkanal. Die meisten Spezies sind Zwitter, Schistosomen sind jedoch getrenntgeschlechtlich. Trematoden benötigen für ihre Entwicklung obligate Zwischenwirte (Schnecken, bei einigen Gattungen anschließend Arthropoden oder Fische) und können somit nicht direkt von Mensch zu Mensch übertragen werden. Die humanpathogenen Trematoden sind einige Millimeter bis wenige Zentimeter lang. Schistosoma ist die medizinisch bedeutsamste Gattung. Die adulten Erreger sind in den Venen lokalisiert, die Erkrankung resultiert aus Entzündungsreaktionen um die ausgeschiedenen Eier. Zahlreiche andere Egelarten können den Menschen infizieren, hier ergibt sich die Pathologie meist durch die adulten Erreger. Die wichtigsten sind entsprechend ihrer Hauptlokalisation im Körper:

- **Gallengänge/Leber:** Fasciola hepatica (Großer Leberegel); F. gigantica (Riesenleberegel); Dicrocoelium dendriticum (Kleiner Leberegel); Opisthorchis felineus und O. viverrini (Katzenleberegel), Clonorchis sinensis (Chinesischer Leberegel)
- **Lunge:** Paragonimus spp. (Lungenegel)
- **Darm:** Fasciolopsis buski (Großer Darmegel)

Fallbeispiel

Bei einem 55-jährigen Lehrer tritt aus heiterem Himmel eine Makrohämaturie auf. Die urologische Abklärung ergibt keinen richtungsweisenden Befund, insbesondere die Zystoskopie zeigt nur eine leicht entzündete Blasenschleimhaut, aber keine eindeutige Blutungsquelle. Die Makrohämaturie persistiert über die nächsten Wochen, mal mehr, mal weniger ausgeprägt. Die Urologen sind ratlos. Die Tochter des Versicherten googelt die Ursachen einer Makrohämaturie und findet als mögliche Ursache eine Bilharziose. Sie weiß, dass ihr Vater 4 Monate zuvor eine Reise nach Malawi unternommen hatte und im Malawisee gebadet hat. Sie ruft den Urologen an und berichtet ihm dies. Eine daraufhin veranlasste Diagnostik erbringt den Nachweis von Schistosoma haematobium-Eiern im Urin.

86.1 Schistosomen

Steckbrief

Die Schistosomen gehören innerhalb der Klasse der Trematoden zu denjenigen mit Generationswechsel (Digenea). Süßwasserschnecken dienen ihnen als Zwischenwirte. Humanpathogen sind Schistosoma (S.) mansoni, S. japonicum, S. haematobium, S. intercalatum und S. mekongi. Nach einem fiebrigen akuten Stadium (Katayama-Syndrom) ist das chronische Stadium der Schistosomiasis (Bilharziose) je nach Art der Parasiten eine Erkrankung des Darmes, der Leber und Milz bzw. der ableitenden Harnwege. Theodor Maximilian Bilharz entdeckte 1851 die Eier von Schistosoma haematobium im Urin. **Schistosoma haematobium:** Ei mit endständigem Stachel

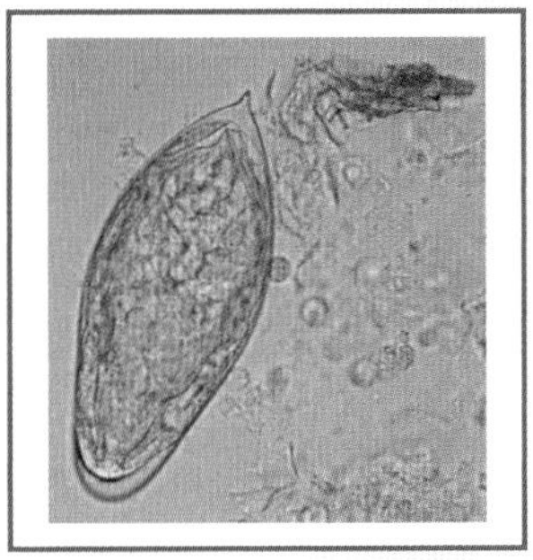

S. mansoni: Ei mit seitlichem Stachel

S. Suerbaum et al. (Hrsg.), *Medizinische Mikrobiologie und Infektiologie*,
https://doi.org/10.1007/978-3-662-61385-6_86

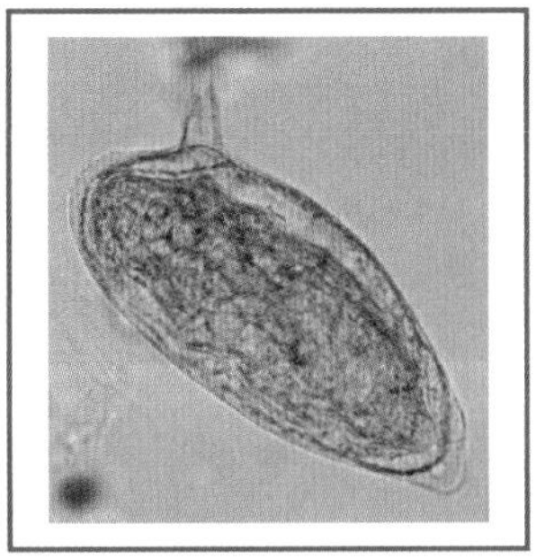

■ Vorkommen

S. mansoni und S. haematobium sind überwiegend in Afrika und dem Nahen Osten verbreitet, S. mansoni kommt darüber hinaus auch in Teilen Südamerikas vor. Der Mensch ist der einzige bedeutsame Wirt. Die Verbreitung von S. japonicum beschränkt sich auf Ostasien, verschiedene Wild- und Haustiere werden ebenfalls infiziert. S. intercalatum (Zentralafrika) und S. mekongi (Thailand und Laos, infiziert auch Hunde) sind deutlich seltener als die zuvor genannten Arten.

86.1.1 Beschreibung

■ Morphologie und Aufbau

Adulte Schistosomen sind 6–22 mm lang und besitzen Geschlechtsorgane und einen Genitalporus. Das Männchen ist blattförmig, wobei die äußeren Ränder (Bauchfalten) zu einem „gynäkophoren" Kanal zusammengelegt werden, in dem sich das runde Weibchen befindet (Pärchenegel).

■ Entwicklung

Der Mensch ist Endwirt und die geschlechtsreifen Würmer leben als Pärchen in den Mesenterialvenen bzw. den Venengeflechten des kleinen Beckens, wo auch die Eier produziert werden. Diese gelangen durch Proteolyse entzündlichen Gewebes ins Lumen von Darm bzw. Blase und damit ins Freie. Im Wasser schlüpft aus dem Ei eine Wimpernlarve **(Mirazidium)**, die in Wasserschnecken eindringt und sich darin ungeschlechtlich vermehrt (◘ Abb. 86.1).

86

Aus diesen Zwischenwirten schlüpfen Gabelschwanzlarven **(Zerkarien)**, die sich im Wasser in die menschliche Haut einbohren. Dabei verlieren sie den Schwanz und wandern als Schistosomula über die Lunge in das Portalvenensystem, wo sie zu adulten Würmern ausreifen. Männchen und Weibchen vereinigen sich und wandern als Pärchen in das Venengeflecht der Zielorgane. 4–6 (bis zu 12) Wochen nach der Invasion werden die ersten Eier ausgeschieden.

Die adulten Würmer können einige Jahre, in Ausnahmefällen Jahrzehnte, leben. Die Mirazidien sind bis zu 24, Zerkarien bis zu 48 h lebensfähig. Die Schnecken selbst können mehrere Jahre überleben.

■ Umweltresistenz

Schistosoma-Eier sterben nach Einwirkung von Sonnenlicht und nach Trockenheit schnell ab. Für die Entwicklung und das Schlüpfen der Mirazidien ist Süßwasser unbedingte Voraussetzung.

86.1.2 Rolle als Krankheitserreger

■■ Epidemiologie

Schistosomen sind häufige Krankheitserreger: Über 200 Mio. Menschen sind infiziert, die WHO schätzt bis zu 200.000 Todesfälle pro Jahr in Afrika. Durch die vielfältigen Kontakte des Menschen mit Wasser (barfüßiges Waten, Baden) kommt es bereits im Kindesalter zu Erstinfektionen und zu weiteren Infektionen bei Jugendlichen und jungen Erwachsenen (höchste Prävalenz und Wurmbeladung in Kindern zwischen 5 und 15 Jahren). Erregerspezifische Immunantworten reduzieren später die Infektionsgefahr. Auch importierte Fälle bei Reisenden und bei Migranten sind häufig.

Einer Ausbreitung der Schistosomiasis durch Veränderungen des ökologischen Gleichgewichts (z. B. Bau von Staudämmen) stehen Massenbehandlungskampagnen von Patienten und die Anwendung von Molluskiziden zur Reduzierung der Schneckenpopulationen als Maßnahmen zur Eindämmung der Infektion gegenüber.

■■ Übertragung

Die Erreger gelangen meist transkutan, selten über die pharyngeale Schleimhaut in den Körper.

■■ Pathogenese

Dazu gehören:

Initiale Phase (Invasion) Als Folge der transkutanen Invasion der Zerkarien kann wenige Stunden bis einige Tage nach Exposition ein makulopapulöses Exanthem entstehen, insbesondere als allergische Reaktion bei wiederholter Infektion (Zerkariendermatitis). Pathologische Grundlage sind antikörperabhängige, zellvermittelte zytotoxische Immunmechanismen (ADCC).

Akute Schistosomiasis (Katayama-Syndrom) Antikörper spielen auch in der Phase der akuten Schistosomiasis eine entscheidende Rolle. Die immunologische

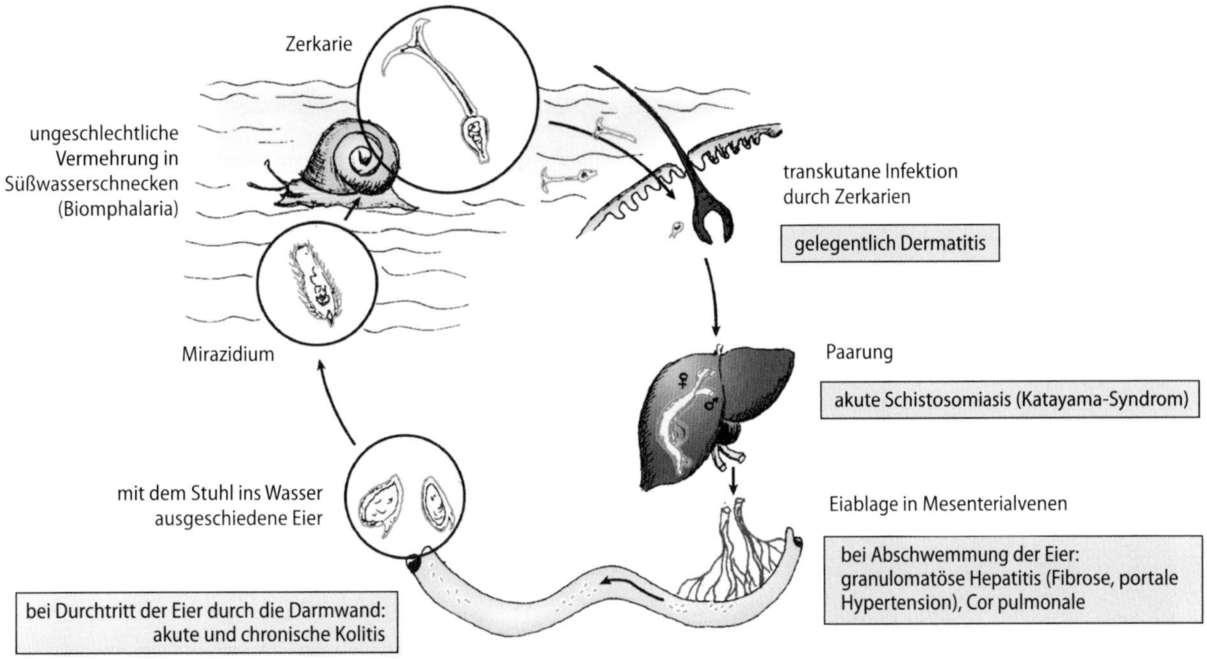

Abb. 86.1 Zyklus von S. mansoni

Erkennung verschiedener Antigene führt zur Bildung von Antigen-Antikörper-Komplexen, die eine Glomerulonephritis verursachen können. Die Plasmakonzentrationen von TNF-α, IL-1 und IL-6 sind erhöht.

Chronische Schistosomiasis Das Bild der chronischen Schistosomiasis wird durch zelluläre Immunreaktionen auf die Produktion und Ablage der Eier beherrscht. Um abgestorbene Eier finden sich Granulome und eosinophile Infiltrate. Das Ausmaß der Entzündung mit nachfolgendem fibrotischen Umbau des Gewebes korreliert mit dem Eiausstoß der adulten Würmer. Je nach den beteiligten Schistosoma-Spezies ergeben sich pathogenetische Besonderheiten:

- **S. mansoni/S. japonicum/S. intercalatum/S. mekongi:** Eier, die nicht das Darmlumen erreichen, induzieren eine granulomatöse Entzündung und Fibrose in der Darmwand mit Hyperplasie, Ulzerationen, Mikroabszessen und Polyposis. Abgeschwemmte Eier gelangen über die Pfortader überwiegend in die Leber, wo sie perisinusoidale, granulomatöse Entzündungsreaktionen, eine gesteigerte Kollagensynthese und schließlich nach Jahren eine **periportale Fibrose** („Symmers Pfeifenstielfibrose") erzeugen. Folgen der portalen Hypertension können Ösophagusvarizen und Splenomegalie sein (Abb. 86.2). Ein Hypersplenismus kann zu Panzytopenie führen. Die Ausbildung portokavaler Shunts begünstigt das Einschwemmen von Eiern in das Lungenstromgebiet; die entzündlichen Veränderungen können zu einem Cor pulmonale führen. Eier können auch in andere Organe, z. B. Niere oder ZNS, gelangen, wo sie ebenfalls granulomatöse Entzündungsreaktionen induzieren.
- **S. haematobium:** Charakteristische chronisch-granulomatöse Entzündungsreaktionen finden sich in Harnblase und den Ureteren mit fortschreitender Obstruktion (Abb. 86.3) sowie häufig in den Geschlechtsorganen. Auch der Darm kann betroffen sein. Die chronische Entzündung der Blasenwand führt oft zu Verkalkungen und ist mit dem Auftreten von Blasenkarzinomen assoziiert. Die Ausbildung eines Cor pulmonale ist eher selten. Ektope Eier finden sich gelegentlich in Nieren, ZNS und Haut.

Klinik

Dazu gehören:

Initiale Phase (Invasion) Selten bildet sich eine z. T. heftig juckende Dermatitis mit makulopapulösem Exanthem an der Eintrittsstelle der Zerkarien aus, die meist innerhalb 2–3 Tagen wieder verschwindet. Dieses Stadium findet sich normalerweise nicht bei Patienten in Endemiegebieten und ist oft besonders ausgeprägt bei Kontakt mit Schistosomenarten, die andere Warmblüter als Wirt benötigen, z. B. Trichobilharzia von Wasservögeln („Badedermatitis").

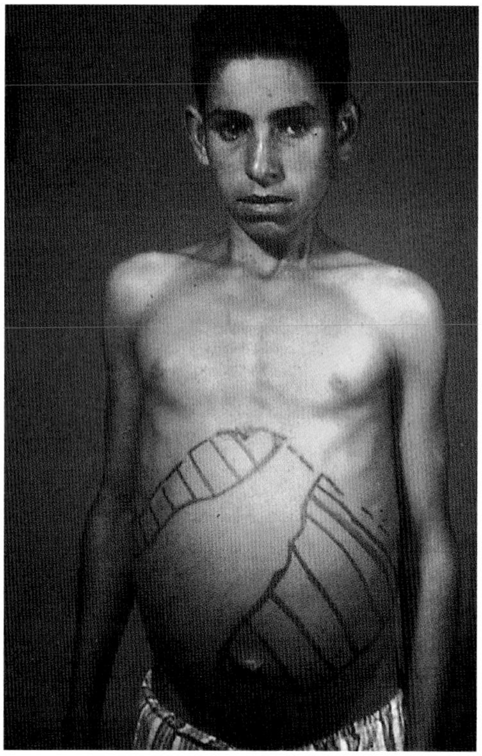

■ **Abb. 86.2** Chronische Schistosomiasis (S. mansoni) – Hepatosplenomegalie, Aszites. (Mit freundlicher Genehmigung von Prof. Dr. W. Bommer, Göttingen)

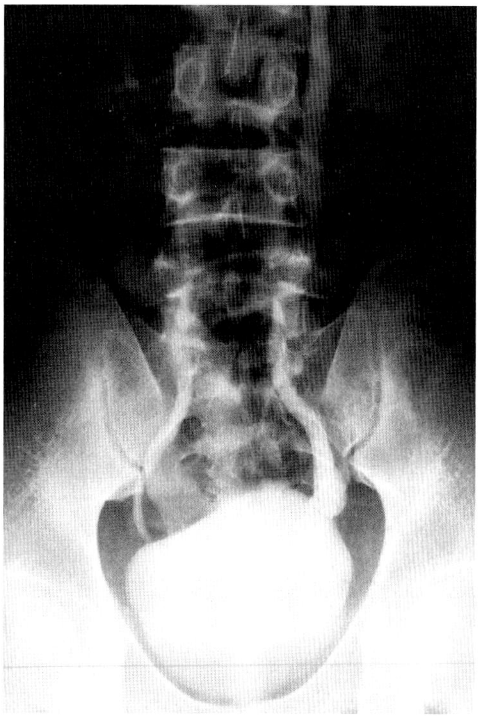

■ **Abb. 86.3** Chronische Schistosomiasis (S. haematobium) – Hydroureter beidseits bei Blasenbilharziose

Akute Schistosomiasis (Katayama-Syndrom) Die Inkubationszeit beträgt 2–12 Wochen. Fieber, Kopfschmerzen, abdominelle Beschwerden, Myalgien, Diarrhö und nicht selten auch respiratorische Symptome stehen im Vordergrund. Ödeme, Urtikaria und vergrößerte Lymphknoten können vorhanden sein. Die Leber ist häufig vergrößert, gelegentlich kann eine Splenomegalie auftreten. In schweren Fällen sind neurologische Symptome möglich. Eine ausgeprägte Eosinophilie ist nahezu immer nachweisbar. Nach der initialen Phase verläuft auch die akute Infektion bei Patienten in Endemiegebieten häufig asymptomatisch.

Chronische Schistosomiasis Ein beträchtlicher Anteil der Patienten weist keine oder nur eine geringe Symptomatik auf. Schistosomiasis in der Kindheit kann jedoch Wachstumsstörungen und eingeschränkte geistige Fähigkeiten nach sich ziehen.

- **S. mansoni/S. japonicum/S. intercalatum/S. mek ongi:** Bei intestinaler Schistosomiasis kann die chronische Entzündung des Kolons zu blutiger oder schleimiger **Diarrhö,** die Proteinverlust und Anämie zur Folge hat, und zu Tenesmen führen. Ein geringer Prozentsatz von Patienten entwickelt die hepatolienale Verlaufsform, häufig mit **Ösophagusvarizenblutungen** als erstem Symptom. Die Patienten klagen über Oberbauchbeschwerden, eine **Hepatosplenomegalie** ist nachweisbar, Aszitesbildung kann vorhanden sein. Die Syntheseleistung der Leber ist in der Regel nicht beeinträchtigt. Typisch ist eine sonografisch nachweisbare periportale Fibrose der Leber. Eine Dyspnoe kann auf eine pulmonale Hypertonie hinweisen. Entzündungen anderer Organe können zu weiteren organspezifischen klinischen Zeichen führen. Infektionen mit S. intercalatum und S. mekongi verlaufen meist milder als durch S. mansoni verursachte Infektionen. Dagegen zeigen S. japonicum-Infektionen oft schwerere Verläufe, wahrscheinlich aufgrund der großen Eiproduktion der adulten Erreger.
- **S. haematobium:** Dysurie und terminale **Hämaturie,** eventuell verbunden mit Proteinurie und Leukozyturie, treten frühestens 10–12 Wochen nach Infektion auf und stehen auch im weiteren Verlauf im Vordergrund. Die pathologischen Veränderungen im Bereich von Ureteren (■ Abb. 86.3) und Blase begünstigen das Entstehen einer Hydronephrose mit Gefahr des Nierenversagens und bakterielle Harnweginfektionen, ein **Blasenkarzinom** kann entstehen. Genitaler Befall mit ulzerativen Veränderungen, Fistelbildungen und nodulären Hautläsionen im Bereich von Vulva und Perineum wird in Endemiegebieten bei etwa einem Drittel aller infizierten Frauen gefunden.

Zusammenfassend sollte in folgenden Fällen an eine Schistosomiasis gedacht werden:

- Unklares Fieber mit Eosinophilie nach Aufenthalt in Endemiegebieten
- Unklare urogenitale Symptome nach Aufenthalt in Endemiegebieten
- Sonografischer Nachweis einer periportalen oder interseptalen Fibrose
- Unklare neurologische Symptome nach Aufenthalt in Endemiegebieten

▪▪ Immunität

Pathogenese und Klinik der Schistosomiasis sind wesentlich durch die Immunantworten des Patienten geprägt. Im akuten Stadium spielen antikörper- und zellvermittelte Immunmechanismen (IgG, IgE, Immunkomplexe, eosinophile Granulozyten, Makrophagen) gegen die Schistosomula eine tragende Rolle, während das chronische Stadium mit **TH2-CD4$^+$-T-Zell-vermittelten Immunantworten** gegen Ei-Antigene assoziiert ist.

IL-13 ist wahrscheinlich ursächlich an der Induktion der granulomatösen Entzündungsreaktionen und Fibrose beteiligt, während IFN-γ hier eine protektive Bedeutung besitzen mag. IL-10 scheint für beide Stadien durch Suppression der Immunantworten und dadurch Vermeidung immunpathologischer Veränderungen eine wichtige regulatorische Bedeutung zu besitzen. Die adulten Würmer binden Wirtsantigene an ihre Oberfläche und werden so durch das Immunsystem des Wirtes nicht erkannt (Immunevasion).

▪▪ Labordiagnose

Der **mikroskopische Nachweis** der Schistosomeneier gelingt frühestens 5–12 Wochen nach der Infektion. Im Stuhl können nach Anreicherung die Eier von S. mansoni, S. japonicum, S. intercalatum und S. mekongi nachgewiesen werden. Für Felduntersuchungen in Endemiegebieten hat sich die Kato-Methode bewährt, die einen quantitativen Nachweis zulässt. Urinsediment oder -filtrat wird nativ oder nach Anfärbung mit Jodtinktur auf S. haematobium-Eier untersucht. Bei negativen Ergebnissen und fortbestehendem Verdacht auf Schistosomiasis sollten die Untersuchungen wiederholt werden, es kann auch Biopsiematerial aus den betroffenen Schleimhautarealen histologisch untersucht werden. Kommerzielle Tests zum Nachweis zirkulierender Antigene stehen ebenfalls zur Verfügung.

Für Screening-Untersuchungen, insbesondere bei Verdacht auf leichte Infektionen, die parasitologisch nicht nachweisbar sind, stehen **Antikörperbestimmungen** zur Verfügung. **Cave:** Im akuten Stadium (Katayama-Syndrom) kann auch der Antikörpernachweis noch negativ ausfallen, in Speziallaboratorien kann aber eventuell Schistosomen-DNA mittels PCR im Blut nachgewiesen werden.

▪▪ Therapie

Mittel der Wahl ist **Praziquantel,** das oral gegeben wird und gegen die adulten Würmer aller Schistosoma-Spezies wirkt. Bei fortgesetzter Eiausscheidung muss die Behandlung wiederholt werden. Trotz Massenbehandlungen mit Praziquantel und vereinzelter Beschreibung resistenter Erreger ist keine signifikante Zunahme von Behandlungsmisserfolgen zu verzeichnen. Da juvenile Würmer nur schlecht auf Praziquantel ansprechen, sollte beim Katayama-Syndrom die Therapie erst einige Wochen später erfolgen. Die pathologischen Veränderungen des fortgeschrittenen chronischen Stadiums sind unter Chemotherapie nur bedingt reversibel.

Artemisinine, die zur Malariatherapie eingesetzt werden, wirken gegen Schistosomula, Studien zur Chemoprophylaxe und/oder Therapie in Kombination mit Praziquantel laufen. Ein solcher Einsatz verbietet sich jedoch wegen der Gefahr der Resistenzentwicklung in Gegenden, wo die Malaria endemisch ist.

▪▪ Prävention

Durch striktes Meiden des Kontakts mit Süßgewässern in Endemiegebieten lässt sich eine Schistosomiasis vermeiden. Für eine Verbesserung der Situation in Endemiegebieten müssen die Wurmträger behandelt werden (Massenbehandlungen mit Praziquantel). Daneben sind der Bau von Toiletten, die Versorgung mit sauberem Wasser und die gesundheitliche Aufklärung über die Erkrankung und die Infektionsquellen wichtig. Auch die Bekämpfung der Schnecken kann erforderlich sein.

In Kürze: Schistosoma

- **Parasitologie:** Trematoden der Arten S. mansoni, S. japonicum, S. intercalatum und S. mekongi in Mesenterialvenen, sowie S. haematobium im Venengeflecht der Harnblase.
- **Entwicklung:** Infektion über die Haut durch Zerkarien, adulte Würmer in venösen Blutgefäßen; Larven aus ausgeschiedenen Eiern entwickeln sich in Wasserschnecken zu Zerkarien, die ins Wasser gelangen.
- **Klinik:** Zerkariendermatitis. Akutes febriles Stadium. Chronisches Stadium: granulomatöse Entzündung um Eier, in Darm und Leber,

portale Stauung (S. mansoni, S. japonicum, S. intercalatum, S. mekongi), Zystitis und Hämaturie (S. haematobium).

- **Immunität:** Humorale und zelluläre Immunreaktionen, Teilimmunität reduziert Re- und Superinfektionen.
- **Labordiagnose:** Nachweis von Eiern im Stuhl (S. mansoni, S. japonicum, S. intercalatum, S. mekongi) und Urinsediment (S. haematobium), Histologie; Antikörpernachweis.
- **Therapie:** Praziquantel.
- **Prävention:** Kein Baden in Süßgewässern endemischer Gebiete.

86.2 Andere Trematoden

Man unterscheidet den Großen Leberegel (Fasciola hepatica) von mehreren kleinen Leberegeln, insbesondere dem Katzenleberegel Opisthorchis spp. und dem chinesischen Leberegel Clonorchis sinensis.

Die Fasziolose ist eine weltweit bei Nutztieren verbreitete Zoonose, der Mensch infiziert sich durch Verzehr kontaminierter Wasserpflanzen. Clonorchis und Opisthorchis kommen vorwiegend in Ostasien vor, der Mensch infiziert sich durch Verzehr unzureichend erhitzten Fisches. Die akute Phase der Fasziolose ist gekennzeichnet durch Eosinophilie, Fieber und Abdominalschmerzen, in der Bildgebung finden sich Raumforderungen in der Leber. In der biliären Phase der Fasziolose bzw. bei Befall mit den kleinen Leberegeln kommt es zu Zeichen einer Gallenwegerkrankung. Clonorchiasis und Opisthorchiasis sind mit Gallengangkarzinomen assoziiert.

Infektionen werden mit Triclabendazol (Fasziolose) bzw. Praziquantel (kleine Leberegel) behandelt.

Zestoden

Ralf Ignatius und Gerd-Dieter Burchard

Zestoden (Bandwürmer) bestehen aus Kopf (Skolex) und Gliedern (Proglottiden) und gehören zusammen mit den Trematoden zu den Plattwürmern (Plathelminthes). Der Kopf ist mit Saugnäpfen behaftet, daran schließt sich eine ungegliederte Wachstumszone an, die von der Kette von Proglottiden gefolgt ist. Da den Würmern ein Verdauungstrakt fehlt, wird Nahrung durch direkte Diffusion aufgenommen. Zestoden sind Zwitter. Adulte Würmer werden je nach Spezies bis zu 10 m lang. Die häufigsten Bandwürmer des Menschen sind **Taenia saginata** („taenia": Band), **T. solium, Diphyllobothrium latum** und **Hymenolepis nana.** Wenn der Mensch sich mit den Larven dieser Spezies infiziert, ist er Endwirt. Die adulten Erreger parasitieren im Dünndarm des Menschen und verursachen dort selten gastrointestinale Symptome. Bei T. solium und H. nana kann der Mensch auch Träger von Larven in unterschiedlichen Organen, also Fehlwirt, sein. Die Erkrankung durch die Absiedlung von Larven des Schweinebandwurmes, v. a. auch im Gehirn, bezeichnet man als Zystizerkose bzw. Neurozystizerkose. Die Aufnahme erfolgt dann über Eier im Stuhl von Bandwurmträgern (exogene Infektion, ggf. Autoinfektion) oder im Darmtrakt selbst als endogene Autoinfektion aus graviden Proglottiden. Symptome sind durch die Größenausbreitung der Larven verursacht. Hunde (Echinococcus granulosus) oder Füchse (E. multilocularis) sind die Endwirte für **Echinokokken,** der Mensch infiziert sich durch orale Aufnahme der Eier. Die Larven siedeln sich in verschiedenen Organen, meist der Leber, ab und verursachen die zystische (E. granulosus) oder alveoläre Echinokokkose (E. multilocularis).

Fallbeispiel

Der 42-jährige Maurer verbrachte seine Jugendzeit auf dem Bauernhof seiner Eltern in einem sizilianischen Bergdorf, wo zu den Haustieren auch Hunde gehörten. Sie waren seine liebsten Spielgefährten und erhielten bei einer Hausschlachtung auch mal einen Bissen direkt vom Schlachter. Der Patient war bisher immer gesund und kräftig; er arbeitete auf dem Bau, bis er auf einmal stechende Schmerzen in der Brust spürte, nach Luft schnappte und tot zusammenfiel. Die Obduktion zeigte einige zentimetergroße Echinokokkus-Hydatiden im rechtsatrialen Myokard, von wo aus es zu einer Embolisierung einer Hydatide in die Einstrombahn der rechten Lunge kam. Der Patient starb also an den Folgen einer Parasitenembolie (Hundebandwurm).

87.1 Echinococcus

Steckbrief

Echinococcus (E.) granulosus (Hundebandwurm) und E. multilocularis (Fuchsbandwurm) sind Bandwürmer, die im Darm verschiedener Fleischfresser vorkommen und deren Larven im Menschen raumfordernde Prozesse (E. granulosus: zystische Echinokokkose; E. multilocularis: alveoläre Echinokokkose) verursachen können.
E. vogeli, E. oligarthrus sind die Erreger der polyzystischen Echinokokkose und kommen ausschließlich in Mittel- und Südamerika vor. Fälle beim Menschen wurden nur vereinzelt berichtet.
Pierre Simon Pallas identifizierte 1766 die im Zwischenwirt entstehenden Zysten als Larvenstadium von Bandwürmern; den vollständigen Zyklus von E. granulosus beschrieb erstmals Carl von Siebold 1853.

87.1.1 Beschreibung

▪ Morphologie und Aufbau

Adulte Echinokokken sind 1,4–8 mm lange, 3- bis 5-gliedrige Bandwürmer. Die Larvenstadien (Metazestoden, Finnen) von E. granulosus sind meist 1–15 cm (selten bis 30 cm) große Blasen (Hydatiden), die von einer Bindegewebskapsel umgeben und mit Flüssigkeit gefüllt sind (zystische Echinokokkose). An der Innenwand (germinative oder Keimschicht)

S. Suerbaum et al. (Hrsg.), *Medizinische Mikrobiologie und Infektiologie*,
https://doi.org/10.1007/978-3-662-61385-6_87

entstehen durch Knospung (endogene Proliferation) zahlreiche Larvenstadien (Kopfanlagen, Protoskolizes). Bei E. multilocularis sind die Metazestoden kleinblasig (alveoläre Echinokokkose) und wachsen tumorartig infiltrativ (exogene Proliferation). Bereits die Larven beider Arten besitzen einen Hakenkranz („echino": Igel; „coccus": Kugel).

▪ **Entwicklung**

E. granulosus lebt vorwiegend im Dünndarm von Hunden (Endwirt); bei E. multilocularis sind meistens Füchse betroffen, selten Hunde oder Katzen. Eier bzw. mit Eiern gefüllte Bandwurmglieder werden mit dem Kot ausgeschieden. Gelangen diese mit der Nahrung in die Zwischenwirte (Rinder, Schafe, Ziegen u. a. Huftiere bei E. granulosus, Nagetiere bei E. multilocularis), schlüpfen im Dünndarm die Larven (Onkosphären), durchdringen die Darmwand und gelangen über den Blut- oder Lymphweg in die Zielorgane. Dort kommt es zur Ausbildung der Metazestoden mit anschließender asexueller Vermehrung. Der Mensch kann für beide Infektionen Fehlwirt (Zwischenwirt ohne Zyklusvollendung), selten Zwischenwirt sein.

▪ **Umweltresistenz**

Die Eier sind zwar gegenüber Austrocknung empfindlich, aber im feuchten Milieu widerstehen sie allen Desinfektionsmitteln und auch tiefen Temperaturen im Winter.

▪ **Vorkommen**

87 E. granulosus ist weltweit verbreitet. In Mitteleuropa ist der Parasit jedoch relativ selten. Die meisten hier festgestellten Fälle beim Menschen stammen aus dem Mittelmeerraum. E. multilocularis ist in der nördlichen Hemisphäre verbreitet. Er kommt in Deutschland beim Fuchs gebietsweise sehr häufig vor.

87.1.2 Rolle als Krankheitserreger

▪▪ **Epidemiologie**

Echinokokkosen sind Zoonosen. Trotz z. T. hoher Infektionsraten der Endwirte ist der Mensch, auch in Hochendemiegebieten, relativ selten betroffen. Die weltweite jährliche Inzidenz schwankt zwischen 0,2 und 220 Fällen pro 100.000 Einwohner. Die vergleichsweise niedrige Infektionsrate des Menschen könnte an immungenetischen Faktoren sowie unterschiedlichen Parasiten liegen (9 Genotypen von E. granulosus sind beschrieben). Dem Robert Koch-Institut wurden für die Jahre 2016 und 2017 109 bzw. 114 Fälle von Echinokokkose gemeldet, mit einer höheren Dunkelziffer ist zu rechnen. Trotz eines verstärkten Einwanderns von Füchsen in die Städte wurde bislang keine Zunahme der Inzidenz von Infektionen mit E. multilocularis beobachtet.

▪▪ **Übertragung**

Der Mensch infiziert sich durch orale Aufnahme von Eiern (▪ Abb. 87.1). Infektionsquellen für E. granulosus sind Hunde in südlichen Ländern oder solche, die von dort mitgebracht wurden. Infektionen mit E. multilocularis kommen durch direkten Kontakt mit Füchsen (Jäger) bzw. Kot vom Fuchs (aber auch von Hund und Katze) zustande.

▪▪ **Pathogenese**

Beide Erkrankungen beruhen auf der Proliferation der Metazestoden in den Zielorganen. Bei der zystischen Echinokokkose bilden sich vom umliegenden Gewebe gut abgegrenzte **Zysten in Leber** (50–70 %; ▪ Abb. 87.2 und 87.3) oder **Lunge** (20–30 %). Die restlichen Fälle (<10 %) verteilen sich auf andere Organmanifestationen (ZNS, Niere, Milz, Knochen, Herz, Muskeln etc.). Die Zysten wachsen sehr langsam, sodass sich die raumfordernden Prozesse oft erst nach Jahren, wenn überhaupt, klinisch bemerkbar machen. Atrophische Schäden können in den Organen durch den Druck entstehen, bei Befall der Leber kann es zur Cholestase kommen.

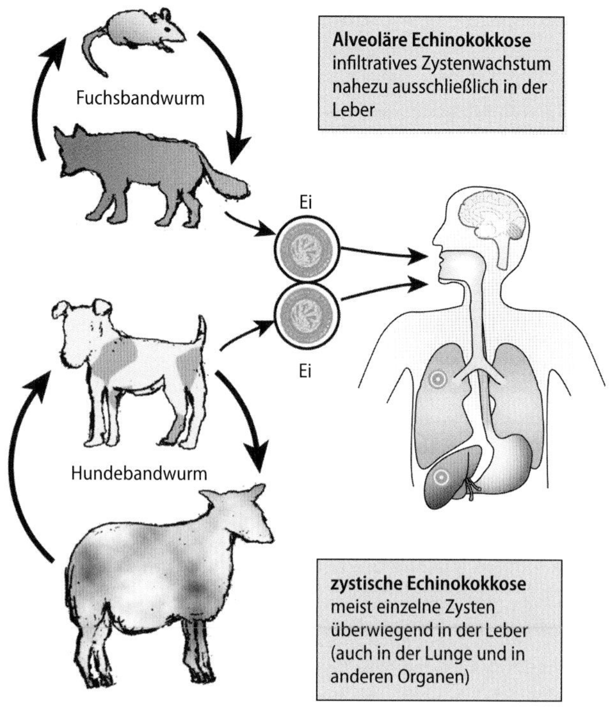

▪ **Abb. 87.1** Zyklus von Echinococcus

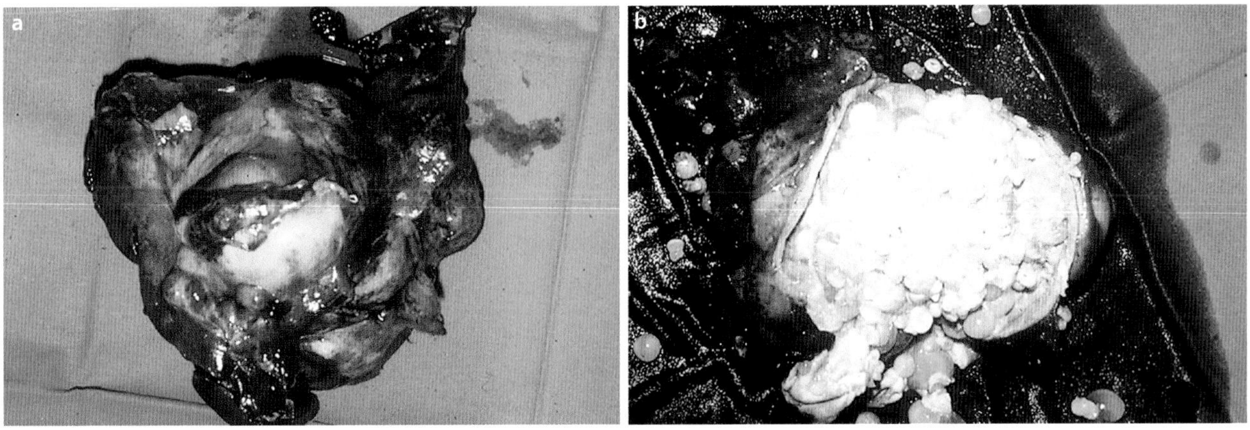

Abb. 87.2 a, b Zystische Echinokokkose – geschlossene (a) und geöffnete Zyste (b) nach Leberteilresektion. (Mit freundlicher Genehmigung von Prof. Dr. W. Bommer, Göttingen)

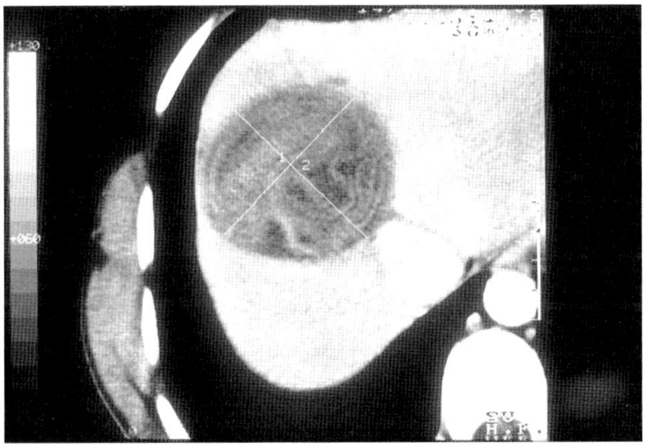

Abb. 87.3 Echinococcus-Zyste der Leber im CT

Die Immunantwort führt zur Ausbildung einer fibrösen, z. T. auch verkalkten Kapsel, welche die beiden Schichten der Metazestoden umgibt. Die Ruptur einer Zyste kann zu allergischen Reaktionen führen. Eine dabei stattfindende Aussaat der Protoskolizes begünstigt die Ansiedlung der Parasiten an anderen Stellen im Körper.

Die Metazestoden von E. multilocularis befallen fast immer die **Leber,** können aber von dort in andere Organe (z. B. ZNS, Lunge) metastasieren. Im Gegensatz zu E. granulosus sind hier die Läsionen nicht so klar abgegrenzt, ein Konglomerat aus kleineren Blasen und Zysten, umgeben von einem granulomatösen Entzündungsprozess, breitet sich **chronisch progredient** im Gewebe aus. Verkalkungen und zentrale Nekrosen können auftreten, Protoskolizes bilden sich beim Menschen meistens nicht. Die Infektion kann auch, wahrscheinlich als Folge einer suffizienten Immunantwort, abortiv verlaufen, d. h., der Parasit stirbt in einem frühen Stadium ab und es finden sich nur kleine verkalkte Residuen.

Klinik

Der Infektion mit E. granulosus folgt zunächst eine **lange asymptomatische Zeit** (viele Monate bis Jahre). Falls die Erkrankung symptomatisch wird, hängen die auftretenden Beschwerden und Symptome von der Lokalisation und Größe der **Zysten** (Abb. 87.2) und möglichen Komplikationen (in weniger als 10 %) ab. Bei Befall der Leber können rechtsseitige Oberbauchbeschwerden, Übelkeit, Erbrechen und ein Ikterus aufgrund von Cholestase auftreten.

Rupturieren die Zysten, kann sich das klinische Bild einer Cholangitis und Pankreatitis mit Ikterus ausbilden, ein **lebensbedrohlicher anaphylaktischer Schock** kann ebenfalls auftreten. Die Zysten können auch bakteriell superinfiziert werden. Lungenzysten können zu chronischem Husten, Hämoptysen, Pleuritis und Lungenabszessen führen. Eine Beteiligung des Herzens ist selten, kann aber lebensgefährlich verlaufen durch akute Herzbeuteltamponade bei intraperikardialer Ruptur oder bei Embolisation von Keimmaterial bei intrakavitärer Zystenruptur.

Die **alveoläre Echinokokkose** hat eine längere Inkubationszeit (5–15 Jahre). Etwa ein Drittel der Patienten entwickelt einen **Ikterus,** ein weiteres Drittel klagt über **unklare Oberbauchbeschwerden** und beim restlichen Drittel werden die Zysten zufällig bei Abklärung unspezifischer Beschwerden (z. B. Schwäche, Gewichtsabnahme) oder nach Feststellung einer Hepatomegalie entdeckt. Nur bei etwa 10 % der Patienten ist eine periphere Eosinophilie nachweisbar. Die Letalität unbehandelter, symptomatischer E. multilocularis-Infektionen beträgt über 90 %.

Immunität

Humorale Immunmechanismen sind früh nach Infektion von Bedeutung. So können Onkosphären durch Antikörper und Komplement abgetötet werden. Zu späteren Zeitpunkten sind es überwiegend zelluläre Mechanismen, die der Ausdehnung der Metazestoden im Gewebe entgegenwirken. Bei der zystischen Echinokokkose werden sowohl TH1- als auch TH2-assoziierte Immunantworten induziert; dabei sind erstere eher mit Protektion und letztere mit Progression der Erkrankung verbunden.

Eine große Anzahl von CD4^{+}-T-Lymphozyten in dem die Metazestode umgebenden granulomatösen Gewebe konnte mit einem günstigeren Verlauf und u. U. mit einer abortiven Infektion einer alveolären Echinokokkose assoziiert werden, während eine starke CD8-Antwort und/oder eine vermehrte Sekretion von IL-10 offenbar eher mit einer Progredienz der Erkrankung einhergeht. Eine Suppression von CD4-Immunantworten (z. B. AIDS) begünstigt einen schnellen Verlauf und die Disseminierung einer alveolären Echinokokkose.

87

■ ■ Diagnose

Die Darstellung der Läsionen mittels **bildgebender Verfahren** (Sonografie, CT- und MRT) ist bei der Diagnostik beider Infektionen von großer Bedeutung. Insbesondere die alveoläre Echinokokkose ist oft nur schwer von einem Leberzellkarzinom oder einer diffusen Metastasierung zu unterscheiden.

Der **Nachweis spezifischer Antikörper** ermöglicht meist die Bestätigung der Diagnose und die Unterscheidung zwischen alveolärer und zystischer Echinokokkose: Bei der alveolären Echinokokkose ist die Rate der Serokonversionen hoch (>90 %), während bei der zystischen Echinokokkose, besonders bei extrahepatischen Zysten, bis zu 30 % falsch negative serologische Ergebnisse vorkommen. Kreuzreaktionen, z. B. mit Antikörpern gegen Taenia solium, sind möglich.

Der direkte Parasitennachweis durch Punktion suspekter raumfordernder Prozesse sollte wegen der Gefahr der Metastasierung oder eines Schocks nicht angestrebt werden; er gelingt jedoch mikroskopisch nach spontanem Platzen der Zysten bei der zystischen Echinokokkose (Protoskolizes im Aszites bzw. Bronchialsekret) oder auch in Operationsmaterial.

■ ■ Therapie

Der einzige kurative Therapieansatz ist für beide Infektionen die **Radikaloperation;** eine frühzeitige Diagnose ist daher von großer Bedeutung. Ist eine Operation nicht möglich, kommt bei der zystischen Echinokokkose auch die **PAIR-Technik** (**P**unktion, **A**spiration, **I**njektion protoskolizider Mittel, z. B. 70–95 %iger Ethanol, **R**easpiration) in Betracht.

Eine adjuvante medikamentöse Behandlung mit **Albendazol** scheint das Komplikationsrisiko zu senken. Albendazol wird auch zur Langzeittherapie inoperabler Fälle oder nach miliarer Aussaat nach Zystenruptur eingesetzt. Die Wirksamkeit ist jedoch oft, gerade bei E. multilocularis, nur parasitostatisch, sodass u. U. eine lebenslange Therapie erforderlich sein kann.

Lebertransplantationen bergen aufgrund der anschließenden Immunsuppression das Risiko eines erneuten Befalls der Leber durch im Körper verbliebene Parasiten bzw. das Wachstum zuvor inapparenter Metastasen (z. B. im ZNS).

■ ■ Prävention

Die Prävention besteht im Vermeiden von Kontakt bzw. einer sorgfältigen Hygiene nach dem Umgang mit Hunde- oder Fuchskot, der Behandlung infizierter Endwirte mit Praziquantel (bei Füchsen im Auslegen Praziquantel-haltiger Köder) und dem Vermeiden roher, ungewaschener Waldfrüchte in Endemiegebieten. Für epidemiologische Untersuchungen von Fuchskot stehen Antigennachweise und PCR zur Verfügung.

In Kürze: Echinococcus

- **Parasitologie:** Kleine Bandwürmer der Arten E. granulosus (Endwirt Hund), E. multilocularis (Endwirt Fuchs). Im Menschen Larven in Leber, Lunge u. a. Organen.
- **Entwicklung:** Nach Aufnahme der Eier durch Zwischenwirte ungeschlechtliche Entwicklung von Larven in Zielorganen. Nach deren Aufnahme durch Endwirte Entwicklung adulter Würmer im Darm.
- **Pathogenese:** Bildung zystischer (E. granulosus) oder tumorartiger Prozesse (E. multilocularis), Zerstörung und Verdrängung von Geweben bzw. Organen.
- **Klinik:** Abhängig von Parasitenart, Sitz und Größe der Prozesse, v. a. in Leber und Lunge, allergischer Schock nach Ruptur von Zysten.
- **Labordiagnose:** Serologisch, Larvennachweis histologisch im Operationsmaterial.
- **Therapie:** Operation, PAIR, Albendazol.
- **Prävention:** Hunde- bzw. Fuchskontakt meiden, keine rohen Waldfrüchte ungewaschen verzehren.

87.2 Taenia saginata

Steckbrief

Taenia (T.) saginata ist der nur im Darm des Menschen geschlechtsreif werdende Rinderbandwurm.

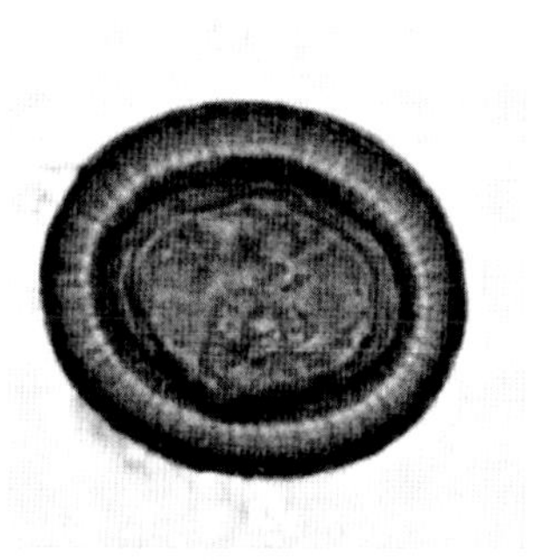

Ei von Taenia spp.

87.2.1 Beschreibung

■ Morphologie und Aufbau

Der Rinderbandwurm wird meist 2–5 m, selten auch bis zu 10 m lang und besitzt einen Skolex mit 4 Saugnäpfen, jedoch keinen Hakenkranz. Die Proglottiden (bis zu 2000) enthalten astförmig abgehende, im graviden Zustand 15–25 Uterusäste. Reife Proglottiden (ca. 200–400) enthalten bis zu 100.000 Eier und werden nach Abtrennung vom Wurm mit dem Stuhl freigesetzt. Die Eier sind ca. 30–40 µm groß. Die infektiöse Larve (Finne) im Rindfleisch misst ca. 10 × 4,5 mm.

■ Entwicklung

Der Mensch infiziert sich durch den Verzehr von rohem finnenhaltigem Rindfleisch. Die Finne (meist nur eine, seltener mehrere) heftet sich mit den Saugnäpfen an die Wand des Dünndarms, meist am Übergang zwischen Duodenum und Jejunum. Nach 3–4 Monaten ist der adulte Wurm zur Eiausscheidung befähigt. Während der Wurm jahrzehntelang im Wirt verweilt, werden bewegliche Proglottiden, einzeln oder in kleinen Ketten mit dem Stuhl ausgeschieden. Die aus Proglottiden freigesetzten Eier gelangen mit ungeklärten Abwässern auf Weiden, wo sie von Rindern, den Zwischenwirten, aufgenommen werden. Nach Dissemination entwickeln sich im Rind v. a. im Muskelgewebe Finnen, die vom Menschen aufgenommen werden (◘ Abb. 87.4).

■ Umweltresistenz

In feuchter, kühler Umgebung sind die Eier von T. saginata wochenlang überlebensfähig (hohe Tenazität). Die Finnen von T. saginata bleiben bei Temperaturen unter 0 °C nur Stunden infektiös. Temperaturen über 45 °C werden nur kurz überlebt.

■ Vorkommen

T. saginata kommt weltweit vor.

87.2.2 Rolle als Krankheitserreger

■■ Epidemiologie

Infektionen durch T. saginata sind in Deutschland selten. Bei Rindern wird eine Prävalenz von ca. 1 % vermutet. Weltweit sind etwa 50 Mio. Menschen infiziert, v. a. in südlichen Ländern mit umfangreicher Rinderhaltung. Fleischbeschau und moderne Tierhaltungsmethoden tragen zur Abnahme der Prävalenz bei.

■■ Übertragung

T. saginata wird durch den Verzehr finnenhaltigen Rindfleischs auf den Menschen übertragen (◘ Abb. 87.4).

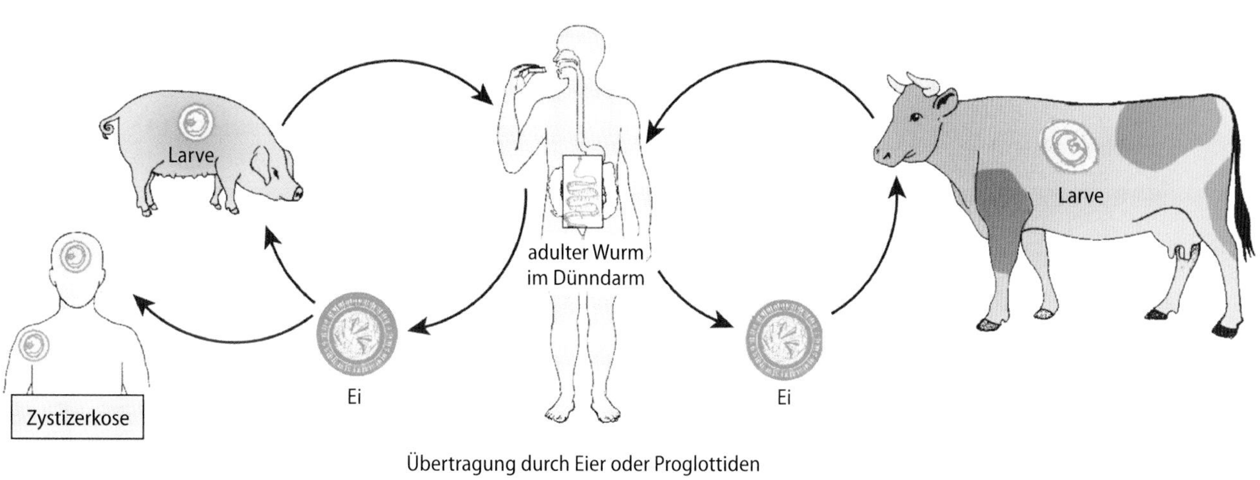

◘ **Abb. 87.4** Zyklus von T. saginata und T. solium

Pathogenese

Die Infektion mit T. saginata verursacht nur selten pathologische Veränderungen. T. saginata ist als Nahrungskonkurrent von Bedeutung. Beim Einwandern von Proglottiden in die Appendix oder andere Organe kann es zu entzündlichen Veränderungen kommen.

Klinik

In der Mehrzahl der Fälle verläuft die Infektion mit T. saginata asymptomatisch. Abdominelle Krämpfe oder Übelkeit können auftreten. In einigen Fällen ist auch eine Eosinophilie beschrieben. Der Abgang der Proglottiden oder ihr Auswandern aus dem Stuhl können vom Infizierten bemerkt werden und zu erheblichen psychischen Störungen führen.

Immunität

Es wird keine dauerhafte Immunität ausgebildet.

Labordiagnose

Der Nachweis von T. saginata wird v. a. über die mit dem Stuhl oder allein ausgeschiedenen Proglottiden, selten über die Eier, geführt. Die **Zahl der Uterusäste** in den 1–2 cm langen Proglottiden erlaubt die Unterscheidung zwischen T. saginata (15–25) und T. solium (7–13). Eier von T. saginata und T. solium unterscheiden sich mikroskopisch nicht. PCR-Assays erlauben ebenfalls die Unterscheidung der beiden Spezies.

Therapie

Die Rinderbandwurminfektion wird mit Praziquantel oder Niclosamid behandelt.

Prävention

Prophylaktische Maßnahmen sind die Erfassung von finnenhaltigem Fleisch (Fleischbeschau) und moderne Haltung von Rindern. Individuelle Prophylaxe ist durch den Verzicht auf Verzehr von rohem oder ungenügend gekochtem Rindfleisch möglich. Tiefgefrorenes Rindfleisch stellt keine Infektionsquelle dar.

87.3 Taenia solium

Steckbrief

Taenia solium ist der nur im Darm des Menschen geschlechtsreif werdende Schweinebandwurm.

87.3.1 Beschreibung

Morphologie und Aufbau

T. solium (Schweinebandwurm) ist mit einer Länge von bis zu 4 m kürzer als T. saginata. Der Wurm besitzt wie T. saginata einen Saugnapf und zusätzlich einen doppelten Hakenkranz. Die Proglottiden besitzen im Vergleich zu T. saginata nur 7–13 Uterusäste. Die aus Proglottiden freigesetzten Eier messen ca. 30–40 µm und sind morphologisch mit denen von T. saginata identisch. Infektiöse Larven (Finnen) sind ca. 0,5–1,5 cm groß.

Entwicklung

Der Mensch infiziert sich durch den Verzehr von rohem oder ungenügend gekochtem, finnenhaltigem Schweinefleisch. Die Finne heftet sich mit den Saugnäpfen an die Wand des Dünndarms. Der Wurm verweilt jahrzehntelang im Wirt, der Proglottiden, einzeln oder in kleinen Ketten, ausscheidet. Die aus Proglottiden freigesetzten Eier gelangen mit ungeklärten Abwässern auf Weiden, wo sie von Schweinen, den Zwischenwirten, aufgenommen werden.

Nach Dissemination entwickeln sich im Schwein v. a. im Muskelgewebe Finnen (Zystizerkus, „Blasenwurm“), die nach 2–3 Monaten infektiös sind und vom Menschen zusammen mit rohem Fleisch aufgenommen werden. Der Mensch kann auch Zwischen- bzw. Fehlwirt sein, diese Infektion wird als **Zystizerkose** bezeichnet (◘ Abb. 87.4).

Umweltresistenz

In feuchter, kühler Umgebung sind die Eier von T. solium wochenlang überlebensfähig. Die Finnen sterben bei Temperaturen unter 0 °C und über 45 °C in kurzer Zeit ab.

Vorkommen

T. solium kommt weltweit vor, ist jedoch in Deutschland sehr selten. Die Infektion zeigt v. a. in südlichen Ländern (Zentral- und Südamerika, Afrika, Südostasien, Indien und Südeuropa) eine hohe Prävalenz. Bei Schweinen wird in Endemiegebieten von einer Zystizerkose-Prävalenz von bis zu 25 % ausgegangen.

87.3.2 Rolle als Krankheitserreger

Epidemiologie

Infektionen durch T. solium sind in Deutschland sehr selten. Die Seroprävalenz der Zystizerkose liegt in der Bevölkerung ländlicher Regionen südlicher Länder bei bis zu 10 %. Die Neurozystizerkose ist die häufigste Helmintheninfektion des ZNS, die WHO schätzt 2–8 Mio. Fälle weltweit.

Übertragung

T. solium wird auf den Menschen durch den Verzehr finnenhaltigen Schweinefleischs übertragen

(◘ Abb. 87.4). Autoinfektionen können exogen (durch Eier in Fäkalien) oder endogen (durch Eier aus Proglottiden im Darm) entstehen.

▪▪ Pathogenese

Die Infektion mit T. solium verursacht im Gegensatz zur Zystizerkose nur selten pathologische Veränderungen. T. solium ist als Nahrungskonkurrent von Bedeutung.

Bei der Zystizerkose kommt es subkutan und in der Muskulatur, bei der Neurozystizerkose v. a. im ZNS und Auge zu pathologischen Veränderungen. Im Laufe von Jahren entwickeln sich um die Larven herum lymphozytäre Infiltrationen, die zur Degranulation und Kalzifizierung der Larven beitragen.

▪▪ Klinik

In der Mehrzahl der Fälle verläuft die Infektion mit T. solium asymptomatisch. Abdominelle Krämpfe oder Übelkeit können auftreten. Der Abgang der Proglottiden kann vom Infizierten bemerkt werden und zu erheblichen psychischen Störungen führen.

Die Neurozystizerkose führt meist erst nach jahrelangem Verlauf, je nach Lokalisation der Finnen, zu neurologischen Symptomen wie Krampfanfällen, anderen Herdbefunden, Enzephalitis, Meningitis, sensomotorischen Defiziten oder internem Hydrozephalus. Eine spinale Beteiligung ist eher selten. Befall der Augen kann zur Erblindung führen. Finnen finden sich häufig auch in Unterhaut und Muskulatur.

▪▪ Immunität

Die Immunantwort des Menschen ist wenig untersucht. Die lokale Immunantwort im Gehirn von Patienten mit Neurozystizerkose ist durch Makrophagen, IL-12-Produktion und IFN-γ-produzierende TH1-$CD4^+$-Zellen charakterisiert. Es wird keine dauerhafte Immunität ausgebildet.

▪▪ Labordiagnose

Der Nachweis von T. solium wird v. a. über die mit dem Stuhl ausgeschiedenen Proglottiden, selten über die Eier geführt. Die Zahl der Seitenäste in den 1–2 cm langen Proglottiden erlaubt die Unterscheidung zwischen T. saginata (15–25) und T. solium (7–13). Eier von T. saginata und T. solium unterscheiden sich mikroskopisch nicht. PCR-Assays erlauben ebenfalls die Unterscheidung der beiden Spezies.

Die Diagnose der Zystizerkose wird durch die Kombination bildgebender und serologischer Verfahren (ELISA, Western-Blot) gestellt. In frühen Stadien sind dünnwandige Zysten typisch, in denen manchmal der Skolex erkennbar ist, später kann es zu Verkalkungen kommen.

▪▪ Therapie

Die Behandlung der Schweinebandwurminfektion erfolgt mit Praziquantel oder Niclosamid. Die Zystizerkose wird medikamentös mit Albendazol oder Praziquantel, meist in Kombination mit Kortikosteroiden, in schweren Fällen auch neurochirurgisch behandelt (◘ Abb. 87.5).

▪▪ Prävention

Prophylaktische Maßnahmen sind die Erfassung von finnenhaltigem Fleisch (Fleischbeschau) und moderne Haltung von Schweinen. Individuelle Prophylaxe ist durch den Verzicht auf Verzehr von rohem oder ungenügend gekochtem Schweinefleisch möglich. Tiefgefrorenes Schweinefleisch stellt keine Infektionsquelle dar.

87.4 Andere Bandwurmarten

Neben T. saginata und T. solium ist in Asien eine weitere Form beschrieben, die T. saginata sehr ähnlich ist und als **T. asiatica** bezeichnet wird. Außer durch Tänien wird der Mensch auch durch den **Fischbandwurm** (Diphyllobothrium latum) und den **Zwergbandwurm** (Hymenolepis nana, Syn.: Rodentolepis nana) infiziert.

Fischbandwurm Durch den Verzehr von larvenhaltigem rohem oder ungenügend gekochtem Süßwasserfisch infiziert sich der Mensch als Endwirt. Die Infektion ist in Deutschland selten, wird aber in Nordeuropa und Russland häufiger angetroffen. Der Wurm ist nach oraler Aufnahme in 2–3 Wochen geschlechtsreif, bis zu 20 m lang und besteht aus Tausenden von Proglottiden. Gedeckelte Eier (ca. 70 × 45 µm) werden mit dem Stuhl ausgeschieden und gelangen in die Zwischenwirte, initial Kleinkrebse,

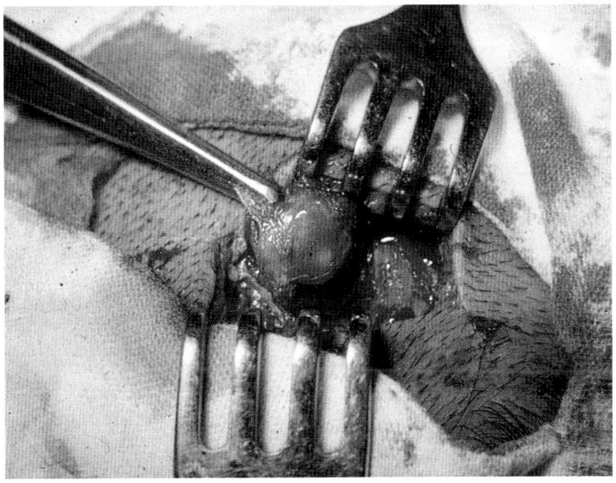

◘ **Abb. 87.5** Exstirpation eines Zystizerkus aus dem Gehirn

später Süßwasserfische. Die Infektion verläuft meist asymptomatisch, bei langem Verlauf kann eine megaloblastäre Anämie durch Vitamin-B12-Mangel auftreten. Die Diagnose wird über Stuhlmikroskopie der Eier oder die Proglottiden gestellt. Die Behandlung erfolgt mit Praziquantel.

Zwergbandwurm Larven oder Eier von Hymenolepis nana werden durch kontaminierte Nahrung (Eier auch durch Autoinfektion) aufgenommen. In den Zotten des Dünndarms entwickeln sich Larven, die im Lumen zu 3–4 cm langen adulten Würmern ausreifen. Die Eier (40–50 µm) werden mit dem Stuhl ausgeschieden. Als Zwischenwirte dienen verschiedene Insekten. Die Infektion wird v. a. in südlichen Ländern bei Kindern angetroffen (weltweit etwa 75 Mio. Infizierte). Infektionen verlaufen meist asymptomatisch, selten treten unspezifische gastrointestinale Beschwerden auf. Die Diagnose erfolgt über die Stuhlmikroskopie der charakteristischen Eier, als Therapie kommt Praziquantel zur Anwendung. Nahrungsmittel- und allgemeine Hygiene sowie die Behandlung Infizierter dienen der Prophylaxe.

In Kürze: Tänien, Diphyllobothrium latum, Hymenolepis nana

- **Parasitologie:** Bandwürmer der Arten T. saginata, T. solium, Diphyllobothrium latum und Hymenolepis nana, im Dünndarm vorkommend, T. solium als Finne auch in Geweben.
- **Entwicklung:** Orale Aufnahme von Finnen im Fleisch von Zwischenwirten (Rind, Schwein, Fisch) bzw. mit Insekten oder von Eiern von Hymenolepis. Autoinfektionen bei T. solium und Hymenolepis.
- **Klinik:** Meist asymptomatisch, Zystizerkose bzw. Neurozystizerkose (T. solium), Anämie (Diphyllobothrium).
- **Labordiagnose:** Proglottiden im Stuhl, Mikroskopie der Eier in der Stuhlanreicherung, Antikörpernachweis bei Zystizerkose.
- **Therapie:** Praziquantel, Niclosamid, selten chirurgisch (Zystizerkose).
- **Prävention:** Umwelt- und Nahrungsmittelhygiene (Vermeidung von rohem oder ungenügend gekochtem Fleisch oder Fisch).

Nematoden

Ralf Ignatius und Gerd-Dieter Burchard

Nematoden bilden die Klasse der Fadenwürmer (gr.: „nema", Faden) und gehören zu den häufigsten Infektionserregern weltweit. Sie sind nicht segmentiert und besitzen einen Verdauungstrakt. Sie sind getrenntgeschlechtlich, die Weibchen produzieren Larven oder Eier, aus denen Larven schlüpfen. Die humanpathogenen Nematoden sind zwischen wenigen Millimetern und ca. 80 cm lang. Bei **intestinalen Nematodeninfektionen** finden sich die adulten Würmer im Darmlumen des Menschen, **Filariosen** sind Infektionen mit gewebebewohnenden Nematoden. Häufig werden Erkrankungen aber auch durch **Nematodenlarven** hervorgerufen, bei denen der Mensch als Fehl- oder Zufallswirt betroffen ist. Der Mensch infiziert sich mit einigen Nematoden (Enterobius, Ascaris, Trichuris) durch die orale Aufnahme von Eiern. Bei anderen Gattungen (Ancylostoma, Necator, Strongyloides) durchdringen Larven aktiv die Haut oder werden mit im Wasser lebenden Flöhen aufgenommen (Dracunculus) bzw. durch Insekten übertragen (Filarien).

88.1 Trichuris

Steckbrief

Trichuris wurde bereits 1771 von Linné beschrieben und kommt im Dickdarm des Menschen vor. Neben Ascaris und Enterobius gehört er zu den häufigsten intestinalen Parasiten. Die Infektion kann zu gastrointestinalen Symptomen und zu einer Anämie führen.

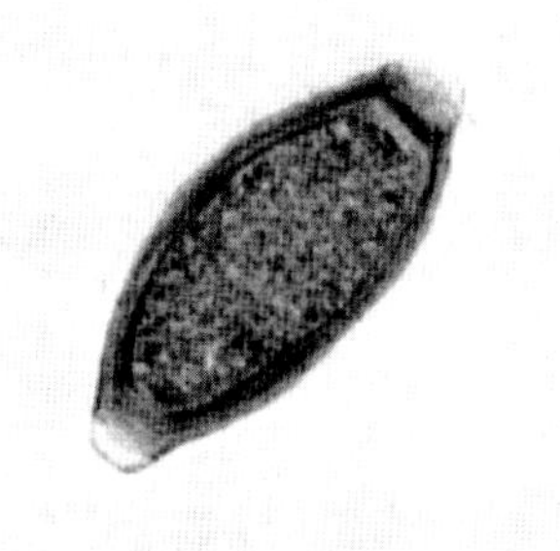

Trichuris trichiura

Therapie chronisch entzündlicher Darmkrankheiten mit Trichuris-Eiern

Infektionen mit Trichuris spp. lösen eine ausgeprägte lokale TH2-Antwort aus. Die durch Trichuris induzierte TH2-Antwort kann in Tiermodellen chronische TH1-Antworten unterdrücken, die pathogenetisch assoziiert sind mit sog. TH1-Erkrankungen, z. B. chronisch-entzündlichen Darmerkrankungen. Deshalb wurden für Patienten mit Morbus Crohn Therapiestrategien entwickelt, die auf der therapeutischen Gabe von Eiern von Trichuris basieren. Um eine Infektion des Menschen und davon ausgehende Kontamination der Umwelt und Gefahr von Übertragungen auszuschließen, wird die Gabe von Eiern von Trichuris suis verfolgt. In bisherigen Studien konnten Sicherheit und therapeutischer Effekt einer v. a. wiederholten Gabe von Eiern von T. suis gezeigt werden.

88.1.1 Beschreibung

Morphologie und Aufbau

T. trichiura (Peitschenwurm) ist zwischen 3 und 5 cm lang. Der Wurm besitzt einen fadenförmigen dünnen Vorderteil und einen dickeren Hinterabschnitt. Die Eier sind 50 × 20 µm groß und haben eine charakteristische ovale Form mit Polpfröpfen.

Entwicklung

Der Mensch infiziert sich mit Eiern von T. trichiura durch den Verzehr kontaminierter Nahrungsmittel (Salate, rohes Gemüse etc.). Der Wurm wird im Dünndarm freigesetzt, heftet sich mit seinem Vorderteil im Dickdarm, vorwiegend im Zäkum, an die Krypten und dringt dabei in die Mukosa ein. Das Hinterteil flottiert frei im Lumen (peitschenförmige Bewegung). Nach 1–3 Monaten sind die Würmer geschlechtsreif und setzen pro Tag 5000–20.000 Eier frei. Der Wurm ist ca. 1 Jahr lebensfähig, in den Eiern entwickeln sich innerhalb von Wochen infektiöse Larven.

Umweltresistenz

In feuchter, kühler Umgebung sind die Eier von T. trichiura monatelang überlebensfähig.

Vorkommen

T. trichiura kommt weltweit v. a. in warmen Regionen mit geringem hygienischen Standard vor.

S. Suerbaum et al. (Hrsg.), *Medizinische Mikrobiologie und Infektiologie*,
https://doi.org/10.1007/978-3-662-61385-6_88

88.1.2 Rolle als Krankheitserreger

Epidemiologie

Die WHO geht weltweit von etwa 600–800 Mio. Infizierten aus, v. a. Kinder sind betroffen. Der Parasit kann auch in Affen und anderen Säugetieren nachgewiesen werden.

Übertragung

Die Übertragung erfolgt fäkal-oral durch kontaminierte Nahrungsmittel oder Wasser.

Pathogenese

Die Würmer dringen mit dem Vorderteil in die Darmmukosa ein. Dabei kommt es zu entzündlichen Veränderungen, die bei massivem Befall zu hämorrhagischen Kolitiden führen können.

Klinik

In der Mehrzahl der Fälle verläuft die Infektion mit T. trichiura asymptomatisch. Unspezifische gastrointestinale Symptome sind beschrieben, bei starkem Befall kann es zur Dysenterie kommen. Wie bei Infektionen durch andere intestinale Helminthen kann die Infektion mit T. trichiura in Kombination mit Mangelernährung zur Wachstumsverlangsamung führen. Eine signifikante Eosinophilie wird bei der Infektion mit T. trichiura nicht beobachtet.

Immunität

Die Immunantwort des Menschen ist kaum untersucht. Es wird **keine dauerhafte Immunität** ausgebildet.

Labordiagnose

88 Der Nachweis von T. trichiura wird im Stuhl v. a. über den mikroskopischen Nachweis der charakteristischen zitronenförmigen Eier mit polaren Pfröpfen geführt.

Therapie

Mebendazol ist das Mittel der Wahl zur Behandlung der Trichuriasis.

Prävention

Adäquate Nahrungsmittelhygiene stellt die wichtigste Präventivmaßnahme dar.

In Kürze: Trichuris

- **Parasitologie:** Nematode der Art Trichuris trichiura, im Dickdarm vorkommend.
- **Entwicklung:** Direkt, ohne Zwischenwirte.
- **Klinik:** Meist asymptomatisch, selten gastrointestinale Symptome und Eisenmangelanämie.
- **Labordiagnose:** Stuhlanreicherung zum Nachweis der Eier.
- **Therapie:** Mebendazol.

88.2 Trichinella

Steckbrief

Die Trichinellose des Menschen wird durch mehrere Rundwurmarten der Gattung Trichinella (T.) verursacht, T. spiralis ist die bei weitem häufigste beim Menschen nachgewiesene Art. Die Infektion äußert sich zunächst in abdominellen Beschwerden und Fieber, später treten Ödeme, Muskelschmerzen und je nach Organbefall weitere Symptome hinzu.

F. Tiedemann beschrieb 1821 erstmals die Verkalkungen in Muskelfleisch, 1835 entdeckte J. Paget den Erreger. Den vollständigen Zyklus der Trichinen mit der Bedeutung von rohem Fleisch als Erregerreservoir beschrieb 1860 F. Zenker.

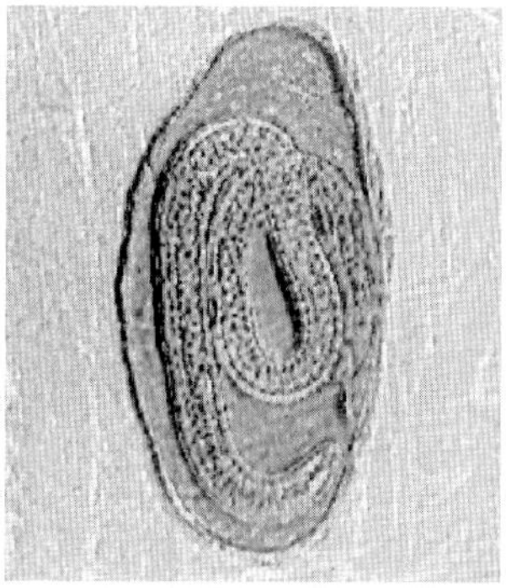

Trichinella spiralis: Muskeltrichine

88.2.1 Beschreibung

Morphologie und Aufbau

Adulte Trichinen sind 1,6–4 mm lang. Die wandernden Larven messen etwa 0,1 mm und wachsen nach Einwanderung in die Muskulatur auf etwa 1 mm heran. Im Muskel befinden sie sich bei den Spezies T. spiralis, T. britovi, T. nativa, T. murrelli und T. nelsoni in einer 0,4–0,7 mm dicken Kapsel; die Larven von T. pseudospiralis und T. papuae sind unbekapselt.

Entwicklung

Die Trichinellose ist eine Zoonose; wahrscheinlich können sämtliche Säugetierarten (bei T. pseudospiralis auch Vögel, bei anderen auch Reptilien) durch orale Aufnahme der Larven infiziert werden. Im Fall einer Kapsel werden die Larven während der Magenpassage freigesetzt und gelangen in den Dünndarm, wo sie in das Epithel eindringen. Dort erreichen sie nach 4-maliger schneller Häutung die Geschlechtsreife. Während das Männchen kurz nach der Paarung abstirbt, gebären die Weibchen etwa 1 Woche nach Infektion 1500 oder mehr Larven, die über Blut- und Lymphwege in Herz und Lunge wandern und von dort über den arteriellen Kreislauf in die quer gestreifte Muskulatur gelangen. Bei einigen Trichinenspezies bilden sich dort 2–6 Wochen nach Infektion um die spiralförmig aufgerollten Larven Kapseln aus einer Doppelschicht aus Proteinen und Glykoproteinen.

Etwa 5 Monate nach Infektion beginnen die Kapseln zu verkalken, dieser Vorgang ist nach ca. 18 Monaten abgeschlossen. Die Kapseln lassen noch einen begrenzten Stoffaustausch zu, sodass die Larven bis zu 30 Jahre überleben können. Im Gegensatz dazu überleben die adulten Trichinen im Dünndarm bei intaktem Immunsystem des Wirtes nur einige Wochen.

■ **Umweltresistenz**

Die Larven sterben bei Erhitzen (>65 °C) von Schlachtfleisch. Einfrieren des Fleischs ist nur bedingt larvizid; die Larven der in arktischen Bereichen vorkommenden T. nativa sind sehr resistent gegenüber niedrigen Temperaturen.

■ **Vorkommen**

Die verschiedenen Trichinenarten sind mit unterschiedlicher geografischer Häufigkeit weltweit verbreitet. Sie kommen in einem domestischen Zyklus (wahrscheinlich nur T. spiralis), in dem Hausschwein und Ratten die wesentlichen Reservoirtiere sind, und einem silvatischen Zyklus (T. spiralis und die anderen Arten) mit Fuchs, Wildschwein und anderen Säugetieren als Reservoiren vor.

88.2.2 Rolle als Krankheitserreger

■■ **Epidemiologie**

Weltweit rechnet man mit etwa 10.000 Neuinfektionen pro Jahr. Die meisten Infektionen sind dabei durch T. spiralis verursacht. Eine saisonale Häufung der Infektionen, oft in Epidemien, wird in den Wintermonaten beobachtet, wenn die Schlachtung von Schweinen und die Jagd auf Wildschweine ihren Höhepunkt erreichen. Der genaue Infektionsweg von Pferden, deren Fleisch Ausbrüche in Italien und Frankreich ausgelöst hat, und anderer pflanzenfressender Nutztiere ist unklar. Möglicherweise ist die Verfütterung tierischer Abfallprodukte hierfür verantwortlich. Bei sinkender Prävalenz der Trichinellose in Hausschweinen werden in den letzten Jahren zunehmend Infektionen durch Fleisch von Wildtieren (auch Kamel- und Bärenfleisch) verzeichnet.

In Deutschland ist die Trichinellose heute eine seltene Erkrankung. Von 2001 bis 2018 wurden dem RKI 94 Fälle übermittelt, meist aus dem Ausland importiert.

■■ **Übertragung**

Trichinen werden durch den Verzehr infizierten Fleisches übertragen, in Europa insbesondere von Schweinen, Wildschweinen und Pferden.

■■ **Pathogenese**

Dazu gehören:

Enterale Phase In der enteralen Phase der Trichinellose induzieren die in das Dünndarmepithel einwandernden Larven und anschließend die adulten Würmer Entzündungsreaktionen, die einer allergischen Reaktion vom Typ 1 ähneln und zur Ausscheidung der Erreger führen. Histologisch finden sich Epithelläsionen mit Kryptenhyperplasie und entzündliche Infiltrate (aktivierte Mastzellen, Lymphozyten, eosinophile Granulozyten). Die gleichzeitig beobachtete Diarrhö beruht auf der Sekretion von Wasser und Elektrolyten.

Extraintestinale Phase In dieser anschließenden Phase führt die Freisetzung von Zytokinen und anderen Entzündungsmediatoren (z. B. Histamin, Serotonin, Prostaglandinen) zu Fieber und Vaskulitis mit Ödembildung; auch Hämorrhagien können auftreten. Vaskulitis und granulomatöse Entzündungsreaktionen, später auch Schäden durch eingewanderte eosinophile Granulozyten, liegen auch dem möglichen Befall des ZNS (Neurotrichinellose) zugrunde. Eine Myokarditis ist offenbar zunächst auf einwandernde Larven selbst, später ebenfalls auf infiltrierende inflammatorische Zellen (Eosinophile, Mastzellen) zurückzuführen. Außerdem führt der Befall der quer gestreiften Muskulatur zur Zerstörung von Muskelfasern, zur basophilen Transformation befallener Myozyten und, nach Einwanderung von Entzündungszellen, zu einer eosinophilen Myositis.

■■ **Klinik**

Die Symptomatik ist abhängig von der Spezies der aufgenommenen Trichinen, der Anzahl der aufgenommenen Larven und von Wirtsfaktoren wie z. B. Geschlecht, Alter, Immunstatus. Die Infektion kann asymptomatisch verlaufen, bei symptomatischer Infektion beträgt die Inkubationszeit 1–4 Wochen. Je kürzer die Inkubationszeit ist, desto schwerer verläuft meist die Infektion. Die Ausprägung der Symptomatik in der **enteralen Phase** variiert stark; abdominelle Schmerzen, Übelkeit, Erbrechen, Fieber und Diarrhö können auftreten, gelegentlich auch Obstipation. Meist dauert diese Phase nicht länger als 1 Woche.

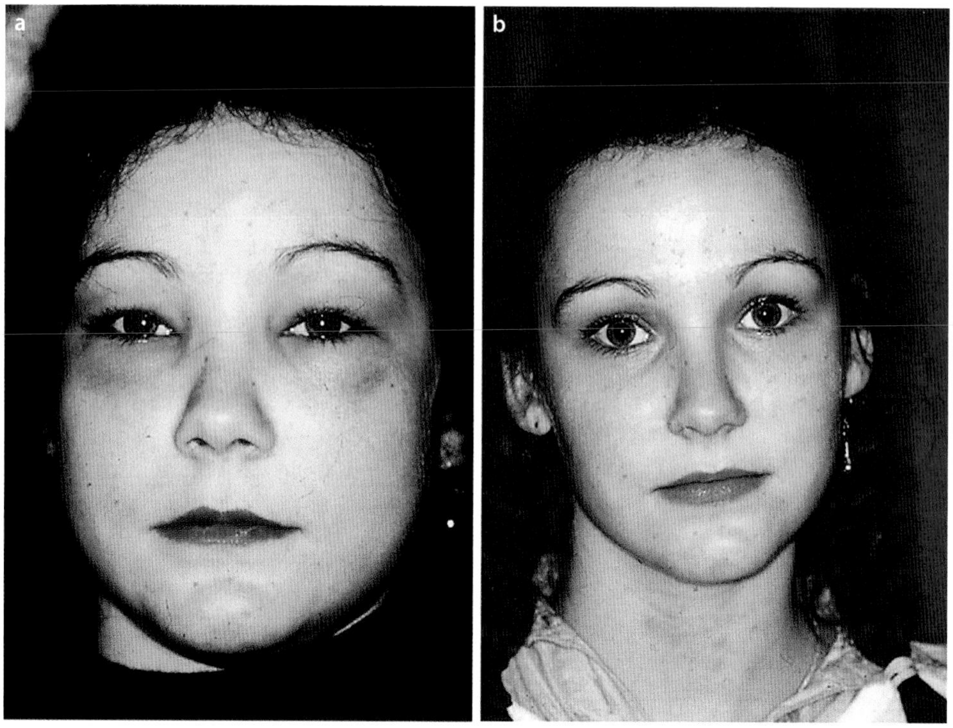

Abb. 88.1 a, b Trichinellose. a Akute Trichinellose – Fieber, Augenlid- und Gesichtsödeme, Durchfälle; b Dieselbe Patientin nach 3-wöchiger Therapie mit Mebendazol und Decortin. (Mit freundlicher Genehmigung von Prof. Dr. W. Bommer, Göttingen)

Im **extraintestinalen Stadium** stehen **intermittierendes Fieber, Ödeme** (besonders im Gesicht) und Myositis mit **Muskelschmerzen** im Vordergrund (Abb. 88.1). Letztere können sehr stark sein und zu allgemeiner Schwäche mit Einschränkungen beim Laufen, Sprechen und Atmen führen. Seltener finden sich eine Myokarditis, fortgesetzte Diarrhö und konjunktivale und/oder subunguale Blutungen. EMG- und EKG-Veränderungen (Erregungsrückbildungsstörungen, Überleitungsstörungen oder infarktähnliche Bilder) sind Ausdruck des Befalls der entsprechenden Organe, letztere auch Folge von Elektrolytverschiebungen. Laborchemisch fallen außerdem Erhöhungen der Kreatinkinase (CK) und Laktatdehydrogenase (LDH), gelegentlich auch eine Hypokaliämie auf. Husten und Dyspnoe können aus der Lungenpassage der Larven und dem Befall des Zwerchfells resultieren.

Weitere Komplikationen können am Auge als Schmerzen, Sehstörungen und Retinaschäden auftreten, ZNS, Lunge oder Nieren betreffen oder in Sekundärinfektionen (z. B. Bronchopneumonie) bestehen. In ca. 1 % verläuft die Infektion letal. Nach abgeschlossener Einwanderung der Larven in die Muskulatur (5–7 Wochen nach Infektion) gehen die Symptome allmählich zurück. Eine nahezu obligate und oft stark ausgeprägte periphere **Eosinophilie** kann länger bestehen bleiben.

Immunität

Eine protektive Immunantwort bildet sich nur aus, wenn bei Erstinfektion infektiöse Larven produziert wurden, und ist gegen die adulten Würmer und Larven gerichtet. Die Abwehr der adulten Trichinen beruht offenbar auf aktivierten T-Lymphozyten, Mastzellen und eosinophilen Granulozyten; die genauen Mechanismen sind unklar. Bereits früh im akuten Stadium werden spezifische IgE-Antikörper gebildet, und neugeborene Larven sind anfällig gegenüber antikörperabhängiger, zellvermittelter Zytotoxizität (ADCC). Die immunologischen Prozesse haben eine große Bedeutung für die Pathogenese der Trichinellose.

Labordiagnose

Neben anamnestischen Angaben über den Verzehr verdächtigen Fleischs, den klinischen Symptomen und Laborauffälligkeiten (Gesamt-IgE, Eosinophilie, erhöhte CK und LDH) beruht die Diagnose der Trichinellose auf dem **Nachweis spezifischer Antikörper im Serum.** Diese sind meist ab der 2.–3. Woche nach Infektion mittels ELISA (gegen lösliche Antigene) und Immunoblot nachweisbar. Erhöhte Titer persistieren oft jahrelang trotz erfolgreicher Therapie. Die Tests differenzieren nicht zwischen den Infektionen durch die diversen Trichinella-Spezies, Kreuzreaktionen bei Infektionen mit anderen Helminthen können u. U. falsch positive Ergebnisse ergeben.

Im extraintestinalen Stadium können Trichinenlarven zunächst im Blut (nach Hämolyse und Anreicherung), nach Befall der Muskulatur auch direkt oder immunhistochemisch in Muskelbiopsien (meist aus dem M. deltoideus) gefunden werden. Auch wenn diese nur selten erforderlich sind (z. B. bei negativer Serologie), erlauben sie eine Typisierung der Erreger und eine Einschätzung des Ausmaßes des Muskelbefalls. Selten finden sich adulte Würmer oder Larven im Stuhl.

▪▪ Therapie

Mebendazol ist in der intestinalen Phase gut wirksam, während **Albendazol** aufgrund seiner besseren Absorption stärker gegen die extraintestinalen Larven wirksam sein mag. In schweren Fällen kann ein 2. Therapiezyklus erforderlich sein. Schwangere und Kinder unter 2 Jahren werden mit Pyrantel behandelt. Eine frühzeitige Gabe von Kortikosteroiden kann den Verlauf günstig beeinflussen, jedoch auch das Überleben der adulten Würmer im Dünndarm verlängern.

▪▪ Prävention

Innerhalb der EU und auch in einigen anderen Ländern unterliegt das Fleisch von Haus- und Wildschweinen sowie Pferden und weiterer potenziell übertragender Tiere einer amtlichen Trichinenuntersuchung oder gleichwertigen Schutzmaßnahmen (z. B. Einfrieren unter definierten Bedingungen). Diese Bestimmungen gelten auch für aus Drittländern importiertes Fleisch.

Maßnahmen zur Verhütung von Epidemien umfassen Untersuchungen zur Epidemiologie der Trichinellose bei Wildtieren. Bei Verzehr von Wildtieren, besonders außerhalb der EU, ist dennoch Vorsicht geboten. Bei einem Ausbruch sind epidemiologische Untersuchungen zur Ermittlung der Infektionsquelle unerlässlich.

▪▪ Meldepflicht

Der direkte und indirekte Nachweis von T. spiralis ist namentlich meldepflichtig, soweit er auf eine akute Infektion hinweist (§ 7 IfSG).

In Kürze: Trichinella

- **Parasitologie:** Nematoden der Gattung der Trichinella, je nach Entwicklungsstadium im Darm, Blut oder der Muskulatur vorkommend.
- **Entwicklung:** Aufnahme der Larven mit Fleisch, adulte Würmer im Darmepithel, Wanderung der Larven über Blut in Muskulatur, dort sich u. U. einkapselnd.
- **Pathogenese:** Enterale Phase: Entzündung der Dünndarmmukosa, sekretorische Diarrhö. Extraintestinale Phase: Vaskulitis, eosinophile Myositis, u. U. eosinophile Entzündung weiterer Organe.
- **Klinik:** Enterale Phase: Durchfälle, Fieber. Extraintestinale Phase: Muskelbeschwerden, Fieber, Ödeme, u. U. Myokarditis, Neurotrichinellose und andere Komplikationen.
- **Labordiagnose:** Antikörpernachweis, Nachweis der Larven in Muskelbiopsien.
- **Therapie:** Mebendazol, Albendazol, Glukokortikoide.
- **Prävention:** Gesetzlich vorgeschriebene Untersuchung von Fleisch, Vorsicht beim Verzehr von Wildfleisch.

88.3 Strongyloides

Steckbrief

Larven von Strongyloides stercoralis, dem Zwergfadenwurm, wurden 1876 erstmals beschrieben. Der Wurm kommt im Dünndarm vor, die Infektion manifestiert sich als Enteritis. Lebensbedrohliche Autoinfektionen können bei Immunsupprimierten vorkommen.

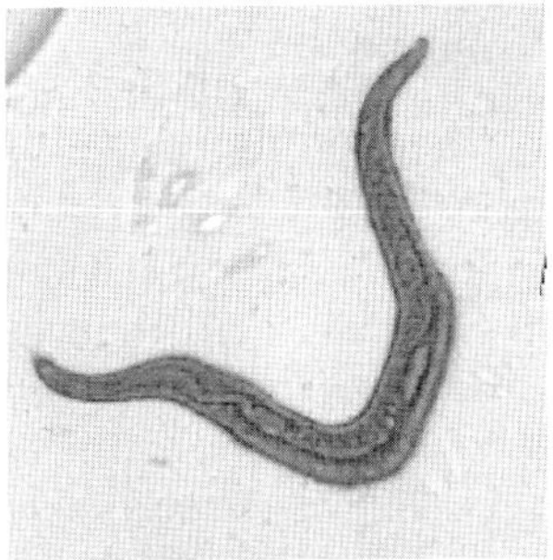

Strongyloides stercoralis

88.3.1 Beschreibung

▪ Morphologie und Aufbau

Zwergfadenwürmer sind fadenförmig und 2–3 mm lang. Die Eier sind 40 × 30 µm groß, aber nur äußerst selten im Stuhl nachweisbar.

▪ Entwicklung

Der Lebenszyklus von S. stercoralis ist komplex. Die weiblichen Würmer leben in der Epithelschicht des Jejunums, wo sie durch Parthenogenese Eier erzeugen. Die Erstlarven (sog. rhabditiforme Larven) schlüpfen bereits in der Darmmukosa oder während ihrer Passage durch den Darmkanal. Im Freien können sich diese zu filariformen Infektionslarven oder zu adulten Würmern umwandeln. Aus den Eiern der Adulten entstehen in der Umwelt zunächst rhabditiforme und dann

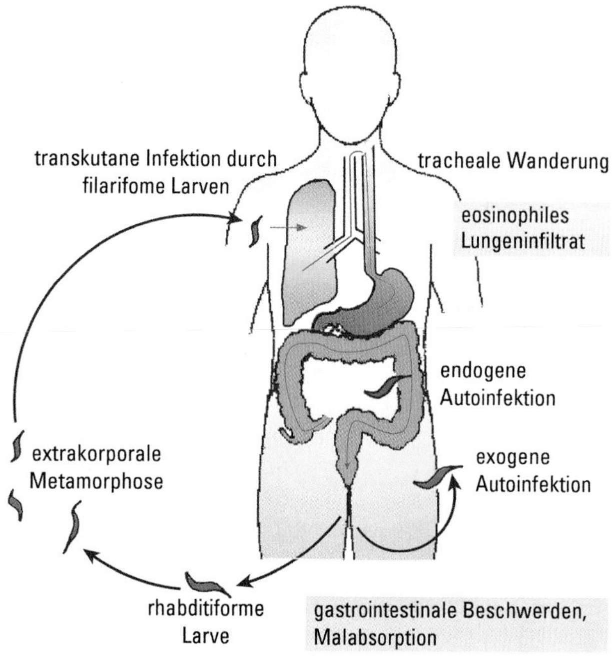

Abb. 88.2 Zyklus von Strongyloides stercoralis

filariforme infektiöse Larven. Diese penetrieren die Haut, gelangen über den Lymph- oder Blutweg in die Lunge, durchbohren die Alveolen, werden aufgehustet und in den Verdauungstrakt abgeschluckt.

Autoinfektionen können durch Umwandlung der rhabditiformen Larven bereits im Dickdarm in infektiöse Larven entstehen (Abb. 88.2). Diese invadieren den Dickdarm oder die Analregion. Dieser **interne Autoinfektionszyklus** verläuft bei den meisten Infizierten kontinuierlich auf niedrigem Niveau und ist für eine jahrelange Persistenz der Infektion verantwortlich. Bei Immunsuppression können dann klinische Symptome auftreten (Hyperinfektionssyndrom).

■ Umweltresistenz

In feuchter, kühler Umgebung sind die Larven von S. stercoralis mehrere Wochen überlebensfähig.

■ Vorkommen

S. stercoralis kommt weltweit v. a. in warmen Regionen mit geringem hygienischen Standard vor.

88.3.2 Rolle als Krankheitserreger

■■ Epidemiologie

Die WHO geht weltweit von etwa 30–100 Mio. Infizierten aus. Der Parasit kann auch in Affen und anderen Säugetieren nachgewiesen werden. Die Infektion wird in gemäßigten Zonen häufig in Institutionen nachgewiesen, was auf die Übertragung durch engen Kontakt hinweist.

■■ Übertragung

Feuchte Bedingungen fördern die Vermehrung des Parasiten und den Austritt aus dem Stuhl in die Umgebung. Die Übertragung erfolgt durch Penetration der Haut durch filariforme Larven.

■■ Pathogenese

Entzündliche Veränderungen mit Infiltration eosinophiler Granulozyten und Vermehrung von Becherzellen sowie ein IgE-Anstieg in der bronchoalveolären Lavage sind während der Lungenpassage zu beobachten, während im Darmtrakt Eosinophilie, Mastozytose und eine Vermehrung der Becherzellen vorherrschen.

■■ Klinik

In etwa 30 % der Fälle verläuft die Infektion mit S. stercoralis asymptomatisch. An der Eintrittsstelle können sich an der Haut juckende, wandernde serpiginöse Exantheme (Larva currens) ausbilden. Während der Lungenpassage kann es bei ausgeprägtem Befall zu einer Pneumonitis mit trockenem Husten kommen **(Löffler-Syndrom).** Die intestinale Infektion führt zu gastrointestinalen Symptomen wie brennenden, kolikartigen Schmerzen, Durchfällen, Übelkeit, Erbrechen und Gewichtsverlust.

Beim **Hyperinfektionssyndrom** kommt es durch Ausbreitung der Larven in alle Organe zu lebensbedrohlichen Verläufen mit schweren abdominellen Beschwerden, Schock, Ileus, Meningitis oder Sepsis. Das Hyperinfektionssyndrom wird durch immunsuppressive Therapie, HTLV-1-Infektion, Organtransplantationen, hämatologische maligne Erkrankungen, Alkoholismus etc. begünstigt.

■■ Immunität

Die Immunantwort des Menschen ist wenig untersucht. Es wird keine dauerhafte Immunität ausgebildet. Das Auftreten von Autoinfektionen (Hyperinfektionen) bei Immunsupprimierten deutet auf eine protektive Funktion von T-Zellen hin.

■■ Labordiagnose

Die Diagnose wird über den Nachweis der Larven von S. stercoralis in Stuhl oder Duodenalsekret gestellt. Antikörpernachweise aus Serum stehen ebenfalls zur Verfügung. Eosinophilie ist typischerweise zu beobachten, kann aber beim Hyperinfektionssyndrom fehlen. Beim Hyperinfektionssyndrom ist die schnelle Diagnose von großer Bedeutung.

■■ Therapie

Ivermectin ist das Mittel der Wahl. Alternativ kommt Albendazol zur Anwendung.

Prävention

Die Behandlung Infizierter, allgemeine hygienische Maßnahmen wie Beseitigung von Fäkalien und Abwasserbehandlung sowie die Vermeidung der perkutanen Aufnahme durch adäquates Schuhwerk sind von Bedeutung. Vor einer Therapie mit Immunsuppressiva sollte bei Herkunft des Patienten aus Endemiegebieten eine Infektion mit S. stercoralis ausgeschlossen werden.

In Kürze: Strongyloides

- **Parasitologie:** Nematode der Art Strongyloides stercoralis, im Dünndarm vorkommend.
- **Entwicklung:** Komplexer Lebenszyklus in der Umwelt und im Darmtrakt.
- **Klinik:** Je nach Stadien der Infektion gastrointestinale Symptome wie Diarrhö, Jejunitis, Juckreiz und Erythem an der kutanen Eintrittsstelle sowie pneumonische Symptome bei Lungenpassage (Löffler-Syndrom).
- **Labordiagnose:** Nachweis der Larven in Stuhl oder Duodenalsekret, Serologie.
- **Therapie:** Ivermectin oder Albendazol.

88.4 Necator und Ancylostoma

Steckbrief

Ancylostoma duodenale und Necator americanus sind Hakenwürmer, die den Dünndarm befallen und Anämien und Durchfälle verursachen. Larven anderer Hakenwürmer von v. a. Hunden verursachen das Krankheitsbild der „Larva migrans cutanea“.

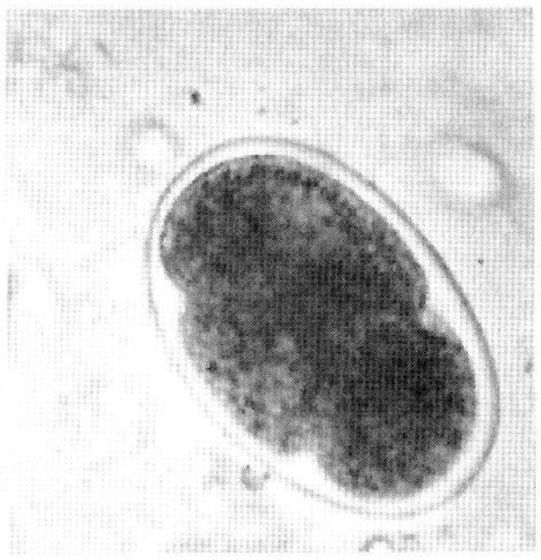

Hakenwurm

88.4.1 Beschreibung

Morphologie und Aufbau

Hakenwürmer sind zylindrische, ca. 1 cm lange Nematoden und besitzen ein hakenförmiges, gebogenes Vorderende. Die Eier sind 60×45 µm groß. Der Mund besitzt zahnartige Strukturen (Ancylostoma) oder Schneiden (Necator).

Entwicklung

Aus Eiern werden Larven freigesetzt, die nach 2 Häutungen zu infektionsfähigen Drittlarven werden. Diese penetrieren die Haut des Menschen. Über den Lymph- oder Blutweg wird die Lunge erreicht, die Alveolen werden durchbohrt, die Erreger werden aufgehustet und in den Verdauungstrakt abgeschluckt, wo nach wenigen Wochen die Geschlechtsreife eintritt. Hakenwürmer besiedeln den oberen Dünndarm, persistieren jahrelang im Darm und legen pro Tag etwa 10.000–30.000 Eier.

Umweltresistenz

Eier reifen nur bei Temperaturen >13 °C. In feuchter, kühler Umgebung sind Hakenwurmeier wochenlang überlebensfähig.

Vorkommen

Hakenwürmer kommen weltweit v. a. in warmen Regionen mit geringem hygienischem Standard vor.

88.4.2 Rolle als Krankheitserreger

Epidemiologie

Die WHO geht von 580–700 Mio. Infizierten aus.

Übertragung

Die Übertragung erfolgt perkutan durch Kontakt mit den im Boden befindlichen Larven (Barfußgehen).

Pathogenese

Bei der Penetration der Haut, der Lungenpassage und im Darm kommt es zu milden Entzündungsreaktionen, die durch eosinophile Infiltrate charakterisiert sind. Hakenwürmer heften sich fest an der Mukosa an, setzen gerinnungshemmende Substanzen frei und saugen Blut. Dadurch kommt es zu chronischem Blut- und Eiweißverlust.

Klinik

An der Eintrittsstelle kann es zu Juckreiz und Hautrötung kommen. Bei der Lungenpassage können pneumonische Symptome **(Löffler-Syndrom)** auftreten. Wie bei Infektionen durch andere intestinale Helminthen auch kann die Infektion mit Hakenwürmern in Kombination mit Mangelernährung zur Wachstumsverlangsamung beitragen. Klinisch am wichtigsten ist die Entwicklung einer hypochromen und mikrozytären **Eisenmangelanämie,** die aufgrund ihrer langsamen Entwicklung und entsprechender Adaptation extreme Ausmaße annehmen kann.

Immunität

Die Immunantwort des Menschen ist wenig untersucht. Es wird keine dauerhafte Immunität ausgebildet.

Labordiagnose

Charakteristisch für Hakenwurminfektionen sind Eosinophilie, Eisenmangelanämie und Proteinmangel. Die Diagnose wird v. a. über den mikroskopischen Nachweis der Eier im Stuhl geführt. Larven können nach Auswanderung anhand ihrer Mundwerkzeuge von anderen Nematoden wie Strongyloides-Larven unterschieden werden.

Therapie

Mebendazol oder Albendazol kommen zur Anwendung. Die Eisenmangelanämie wird durch Eisensubstitution behandelt.

Prävention

Präventivmaßnahmen umfassen die Behandlung Infizierter, eine sachgerechte Beseitigung von Fäkalien und das Vermeiden von Barfußgehen.

In Kürze: Ancylostoma und Necator

- **Parasitologie:** Nematoden der Art Ancylostoma duodenale und Necator americanus, im Dünndarm vorkommend.
- **Entwicklung:** Perkutanes Eindringen von Larven, Wanderung über Lunge, Abschlucken in den Darm. Aus mit dem Stuhl abgesetzten Eiern schlüpfen Larven.
- **Klinik:** Juckreiz an der Eintrittsstelle, pneumonische Symptome bei Lungenpassage, Eisenmangelanämie, Proteinmangel, Eosinophilie.
- **Labordiagnose:** Anreicherungsverfahren im Stuhl zum mikroskopischen Nachweis von Eiern.
- **Therapie:** Mebendazol, Albendazol.

88

88.5 Enterobius

Steckbrief

Enterobius vermicularis (Oxyuris, Madenwurm) ist ein Rundwurm, der im Dickdarm lebt und perianal seine Eier ablegt, was sich klinisch als Jucken im Analbereich manifestiert. Linné beschrieb 1758 Eier von E. vermicularis.

Enterobius vermicularis

88.5.1 Beschreibung

Morphologie und Aufbau

Madenwürmer sind 2–13 mm lang. Die Eier sind 55 × 25 μm groß und längsoval.

Entwicklung

Der Mensch scheidet Eier des Madenwurmes aus. In diesen reift der infektiöse Embryo heran. Die embryonierten Eier werden oral aufgenommen. Im Darmtrakt schlüpfen aus den Eiern Larven, die nach Häutungen in 5–6 Wochen geschlechtsreif werden. Infizierte tragen meist bis zu 50 Larven im Darm. Nach der Kopulation wandern die Weibchen zum Anus, die Männchen sterben schnell ab. Im Anusbereich (vermutlich wegen der geringeren Temperaturen und des höheren Sauerstoffgehalts) werden meist nachts bis zu 10.000 Eier abgelegt, die an Haut und Bettwäsche haften. Der infektiöse Embryo entwickelt sich bereits nach etwa 6 h. Bei starkem Befall werden häufig lebende Würmer ausgeschieden, die auf dem Stuhl als bewegliche Würmer sichtbar sind. Weibliche Würmer leben wenige Wochen lang.

Umweltresistenz

In feuchter, kühler Umgebung sind die Eier von E. vermicularis wochenlang überlebensfähig.

Vorkommen

E. vermicularis kommt weltweit unabhängig von sozioökonomischen Faktoren vor.

88.5.2 Rolle als Krankheitserreger

Epidemiologie

Die WHO geht weltweit von über 1 Mrd. Infizierten aus. Kinder im Alter von 5–9 Jahren sind am häufigsten betroffen. Ausbrüche in Familien sind häufig.

Übertragung

Die Übertragung der Eier (auch Autoinfektion) erfolgt durch kontaminierte Hände (v. a. Fingernägel nach Kratzen oder Kontakt mit Bettwäsche). Alternativ können Eier auch durch Gegenstände übertragen werden.

Pathogenese

Die Würmer setzen sich auf der Darmmukosa fest. Akzidentell kann es zur Einwanderung in Appendix und andere Organe mit Entzündungsreaktionen kommen.

Klinik

Charakteristisches Zeichen der Madenwurminfektion ist **nächtlicher Juckreiz in der Analregion.** Dieser kann zu Schlafstörungen führen. Bei Einwandern in andere Organe können z. B. eine Vulvovaginitis, seltener Appendizitis oder Salpingitis entstehen. Eosinophilie und IgE-Anstieg werden meist nicht beobachtet.

■■ Immunität

Die Immunantwort des Menschen ist wenig untersucht. Es wird keine dauerhafte Immunität ausgebildet.

■■ Labordiagnose

Der Nachweis von E. vermicularis wird durch den Nachweis von Madenwürmern auf dem Stuhl, v. a. jedoch durch den mikroskopischen Nachweis der Eier im **Klebestreifenpräparat** geführt. Man klebt am frühen Morgen einen Klebestreifen auf die Perianalregion, anschließend auf einen Objektträger und mikroskopiert ihn dann. Mehrfachuntersuchungen erhöhen die Sensitivität.

■■ Therapie

Mebendazol und Pyrviniumembonat kommen zur Anwendung. Es sollten alle Familienmitglieder behandelt werden. Reinfektionen werden häufig beobachtet. Bei Wiederholung der Therapie nach 2 und 4 Wochen werden jedoch Heilungsraten von annähernd 100 % beobachtet.

■■ Prävention

Adäquate Hygienemaßnahmen sind die Unterbrechung der Übertragung durch v. a. morgendliche Reinigung der Perianalhaut, das Kochen der Wäsche und die Reinigung kontaminierter Gegenstände.

> **In Kürze: Enterobius**
> - **Parasitologie:** Nematoden der Art Enterobius vermicularis (Oxyuren), im Dick- und Enddarm lebend.
> - **Entwicklung:** Aufnahme embryonierter Eier, weibliche Larven legen Eier nachts im Anusbereich ab, diese sind in wenigen Stunden infektiös.
> - **Klinik:** Juckreiz am Anus.
> - **Labordiagnose:** Wurmnachweis auf dem Stuhl, Ei-Nachweis mit Klebestreifenmethode.
> - **Therapie:** Mebendazol, Pyrviniumembonat.
> - **Prävention:** Allgemeine und körperliche Hygiene, Umgebungsuntersuchungen und ggf. Mitbehandlung.

88.6 Ascaris

Steckbrief

Ascaris lumbricoides ist ein im Dünndarm lebender Rundwurm. Er ist der vermutlich häufigste intestinale Helminth. Die Infektion führt zu gastrointestinalen, seltener auch zu biliären Symptomen.

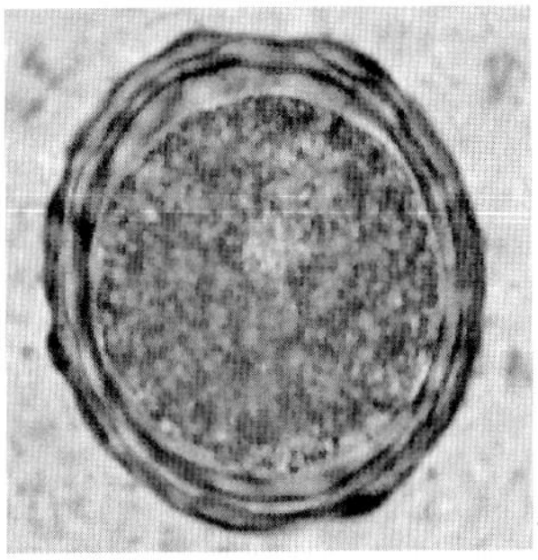

Ascaris lumbricoides

88.6.1 Beschreibung

■ Morphologie und Aufbau

A. lumbricoides (Spulwurm) ist gelblich bis rötlich, bleistiftdick und zwischen 15 und 40 cm lang (■ Abb. 88.3). Die Eier sind 65 × 45 µm groß und besitzen eine bräunliche, dicke Schale.

■ Entwicklung

Der Mensch infiziert sich mit Eiern von A. lumbricoides durch den Verzehr kontaminierter Nahrungsmittel. Im Dünndarm schlüpfen die Larven, dringen in venöse Gefäße ein und werden über den Blutweg in die Leber und nachfolgend in die Lunge transportiert. Dort wandern sie in die Alveolen ein und gelangen über den Rachen erneut in den Darm. Innerhalb von Wochen erlangen sie die Geschlechtsreife und produzieren täglich bis zu 200.000 Eier. Der Wurm überlebt monatelang im Darmtrakt. Eier enthalten nach 3–6 Wochen infektiöse Larven.

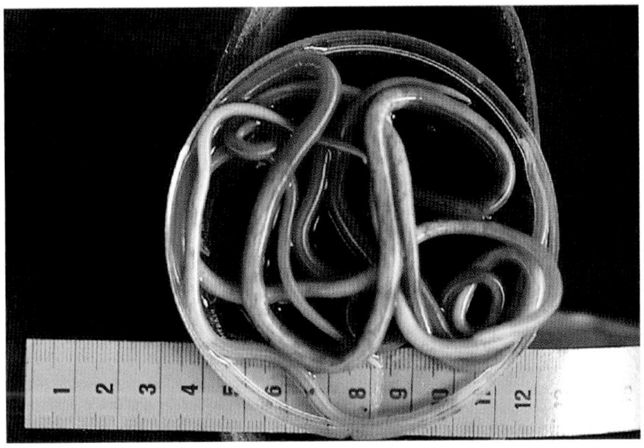

■ Abb. 88.3 Ascaris lumbricoides – adulte Spulwürmer aus dem menschlichen Darm (Länge: männlich 15–25 cm, weiblich: 20–40 cm). (Mit freundlicher Genehmigung von Prof. Dr. W. Bommer, Göttingen)

▪ Umweltresistenz

In feuchter, kühler Umgebung sind die Eier von A. lumbricoides jahrelang überlebensfähig. Bei Temperaturen zwischen 5 und 10 °C können Eier 2 Jahre überleben, auch Austrocknung und Sauerstoffentzug sowie winterliche Temperaturen werden wochenlang überlebt.

▪ Vorkommen

A. lumbricoides kommt weltweit v. a. in warmen Regionen mit geringem hygienischen Standard vor.

88.6.2 Rolle als Krankheitserreger

▪▪ Epidemiologie

Die Zahl Infizierter wird auf 800 Mio. bis 1,2 Mrd. geschätzt; v. a. Kinder im Vorschul- und im jungen Schulalter sind betroffen. Die enorm hohe Fertilität der Würmer und die hohe Umweltresistenz der Eier fördern die Verbreitung.

88.7 Übertragung

Die Übertragung erfolgt durch kontaminierte Nahrungsmittel oder Wasser. Eine direkte fäkal-orale Übertragung ist nicht möglich, da die Larven in den gerade ausgeschiedenen Eiern noch nicht infektiös sind.

▪▪ Pathogenese

Pathologische Veränderungen treten während der Lungenpassage **(Löffler-Syndrom)** als Hämorrhagien und eosinophile Infiltrate auf (◘ Abb. 88.4 und 88.5). Komplikationen können auftreten, da die Würmer wandern, z. B. in die Papilla Vateri oder die Appendix.

88

▪▪ Klinik

Die Ausprägung der klinischen Symptome hängt von der Befallsstärke ab. Respiratorische Symptome und Bluteosinophilie sind in der frühen Phase zu beobachten. Chronische Verläufe können zu Wachstumsretardierung und Malabsorption von Proteinen und anderen Stoffen führen. Bei starkem Befall kann insbesondere bei Kindern eine Obstruktion des Darmlumens mit Ileussymptomatik auftreten. Bei Einwandern in den Gallengang kann es zu Obstruktion, aszendierender Cholangitis und Leberabszessen kommen, bei Einwandern in den Ductus Wirsungianus auch zur Pankreatitis.

▪▪ Immunität

Antigene von A. lumbricoides lösen eine charakteristische TH2-Immunantwort aus.

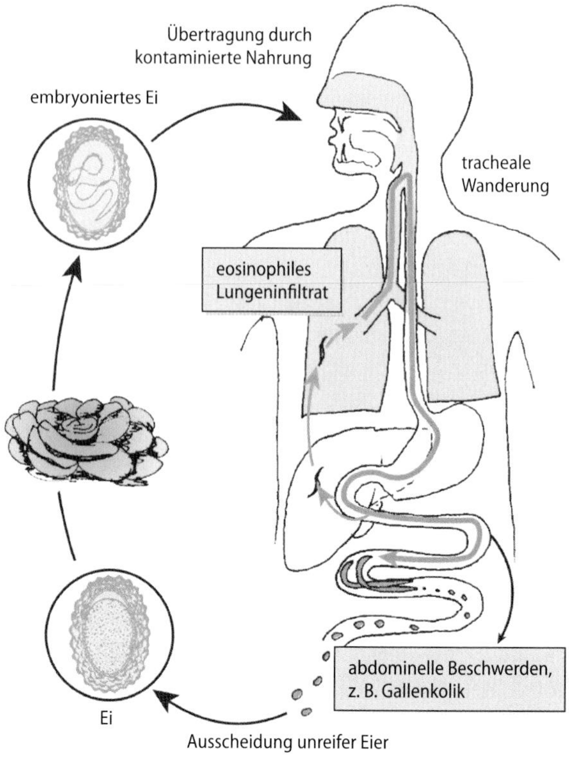

◘ **Abb. 88.4** Zyklus von Ascaris lumbricoides

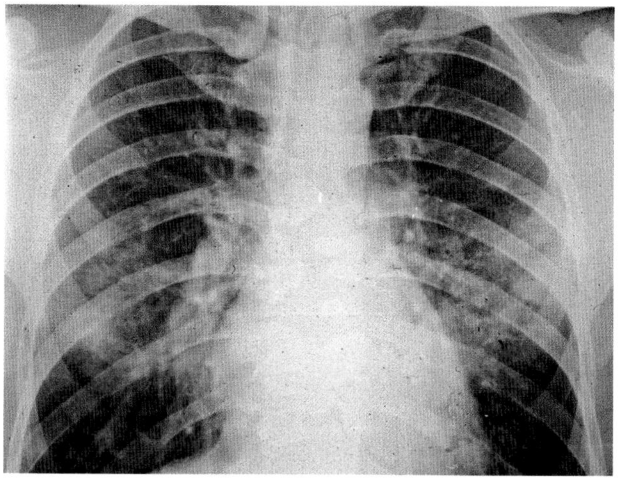

◘ **Abb. 88.5** Askariasis – flüchtiges eosinophiles Lungeninfiltrat (Löffler-Syndrom) bei Wanderung der Larven durch die Lunge. (Mit freundlicher Genehmigung von Prof. Dr. D. W. Büttner, Hamburg)

▪▪ Labordiagnose

Aufgrund der hohen Zahl von Eiern im Stuhl reicht die direkte Stuhlmikroskopie meist zur Diagnosestellung aus. Bei biliärer oder pankreatischer Askariasis kann man die Würmer eventuell mit bildgebenden oder endoskopischen Verfahren nachweisen.

▪▪ Therapie
Mebendazol ist das Mittel der Wahl, alternativ kann Albendazol eingesetzt werden. Bei Obstruktion wird Piperazin verabreicht, das als Narkotikum auf den Wurm wirkt und die Obstruktion vermindert, häufig ist allerdings eine chirurgische Therapie erforderlich.

▪▪ Prävention
Die Prävention umfasst Abwasserreinigung, sauberes Trinkwasser, adäquate Nahrungsmittelhygiene und die Behandlung Infizierter.

▪▪ Verwandte Arten
Larven des Hundespulwurms (Toxocara canis) und anderer Toxocara-Arten können im Menschen nach akzidenteller oraler Aufnahme der Eier wandern, nachdem sie im Dünndarm in die Mukosa eingedrungen sind. Von dort gelangen sie ins Parenchym verschiedener Organe wie Leber, Lunge oder ZNS. Endwirte dieser Erreger sind Hund bzw. Katze und Fuchs. Im Menschen, dem Fehlwirt, entwickeln sich keine adulten Würmer. Das Krankheitsbild wird als **Larva migrans visceralis (Toxocariasis)** bezeichnet und hängt von der Lokalisation der Erreger ab. Es können Blutbildveränderungen sowie Hepatomegalie, gastrointestinale Störungen, pneumonische oder zentralnervöse Symptome auftreten. Die Diagnosestellung erfolgt serologisch, therapeutisch kommt Albendazol zum Einsatz.

Die **Anisakiasis** (Heringswurmerkrankung) entsteht nach Aufnahme von Larven mit rohem Salzwasserfisch. Die adulten Würmer leben im Darm von Meeressäugern. Erkrankungen des Menschen werden vorwiegend dort beobachtet, wo häufig roher oder marinierter Fisch gegessen wird, wie in Japan, den Niederlanden und an der amerikanischen Pazifikküste. Im Magen oder Ileum des Menschen resultiert ein eosinophiles Infiltrat. Es entwickeln sich gastrointestinale Symptome mit Bauchschmerzen.

In Kürze: Ascaris
- **Parasitologie:** Nematoden der Art Ascaris lumbricoides, im Dünndarm vorkommend. Verwandte Gattungen sind Toxocara und Anisakis.
- **Entwicklung:** Aufnahme von Eiern, Larven wandern über Leber, Lunge und Rachen in den Darm.
- **Klinik:** Lungeninfiltrate entstehen durch migrierende Larven, adulte Würmer verursachen milde gastrointestinale Symptome, bei massivem Befall auch Ileussymptomatik.
- **Labordiagnose:** Mikroskopischer Nachweis der Eier im Stuhl oder in der Stuhlanreicherung.
- **Therapie:** Mebendazol und Albendazol.
- **Prävention:** Allgemeine Nahrungsmittelhygiene.

88.8 Filarien

Steckbrief
Filarien sind Nematoden, die sich im Gewebe aufhalten. Die Weibchen gebären Larven, sog. Mikrofilarien, die von Insekten aufgenommen und nach Weiterentwicklung wieder übertragen werden. Je nach Spezies kommt es – teils durch die adulten Würmer, teils durch die Mikrofilarien – insbesondere zu Erkrankungen des Lymphsystems, der Haut und der Augen.

Entdeckung der Filarien
J.-N. Demarquay und O. H. Wucherer entdeckten 1862 bzw. 1866 unabhängig voneinander die Mikrofilarien von Wuchereria (W.) bancrofti, dem häufigsten Erreger der lymphatischen Filariasis. Der Nachweis im Blut und die Assoziation mit der Erkrankung gelang T. Lewis 1872. Die adulten Würmer entdeckte J. Bancroft 1876, der komplette Lebenszyklus wurde erstmals 1877 von P. Manson beschrieben, der 1880 auch die nächtliche Periodizität erkannte. 1927 entdeckten Brug und Lichtenstein in Indonesien eine morphologisch unterschiedliche Spezies, heute Brugia (B.) malayi genannt. Erst 1965 beschrieben David und Edeson schließlich B. timori als eigenständige Spezies.
J. O'Neill beschrieb 1874 die Larven von Onchocerca (O.) volvulus, 1890 entdeckte Manson die adulten Würmer. Die Assoziation der Hautläsionen und Augenveränderungen bei der Onchozerkose (Onchocerciasis) mit dem Erreger gelang J. Montpellier und A. Lacroix 1920 bzw. J. Hissette 1932, die Bedeutung von Simulien bei der Übertragung des Erregers beschrieb D. Blacklock 1926.

Bereits aus dem späten 18. Jahrhundert stammen erste Berichte über subkonjunktival wandernde Würmer der Spezies Loa (L.) loa. Die subkutane Manifestation der Loiasis („Calabar-Schwellung") berichtete D. Argyll-Robertson 1895 aus Old Calabar, Nigeria; Manson assoziierte sie 1910 mit der Infektion mit L. loa. Die Übertragung der Larven durch Fliegen der Gattung Chrysops entdeckte R. Thompson Leiper 1912.

88.8.1 Beschreibung

▪ Morphologie und Aufbau
Die etwa 1–2 mm langen infektiösen Larven gelangen beim Blutsaugen der Vektoren in den Menschen. Die adulten Weibchen messen bei W. bancrofti 5–10 cm, bei L. loa 5–7 cm und bei O. volvulus 20–50 cm, selten bis 70 cm, die Männchen sind kleiner. Die Mikrofilarien sind 200–320 µm lang. Je nach Färbemethode kann mikroskopisch um die Larven von W. bancrofti, B. malayi, B. timori und L. loa eine wahrscheinlich

aus der Eihülle entstandene Scheide sichtbar sein; die Mikrofilarien von O. volvulus sind ohne Scheide.

▪ Entwicklung

Im Menschen entwickeln sich aus den infektiösen Larven innerhalb von 3–15 Monaten die adulten Würmer, die sich im Fall von Wuchereria und Brugia in Lymphgefäßen und -knoten, bei O. volvulus in subkutanen Knoten und bei L. loa als subkutan und subkonjunktival im Körper wandernde Würmer aufhalten. Dort können einige Spezies mehr als 10 Jahre überleben, die Weibchen können mehrere hundert Mikrofilarien pro Tag produzieren. Bei Wuchereria, Brugia und Onchocerca, jedoch nicht bei L. loa, konnten intrazelluläre Bakterien der Gattung Wolbachia als **Endosymbionten** identifiziert werden, die für die Fertilität der weiblichen Erreger von Bedeutung sind.

Die Mikrofilarien befinden sich bei Wuchereria, Brugia und Loa im Blut, wobei das Auftauchen in der Peripherie einer Periodizität unterliegt, die mit der Zeit der Hauptaktivität der Vektoren korreliert: So sind die Mikrofilarien bei der lymphatischen Filariasis meist nachts im peripheren Blut, während sie bei der Loiasis dort tagsüber zu finden sind. Die Mikrofilarien von O. volvulus unterliegen keiner Periodizität und halten sich in der oberen Dermis, in Lymphknoten und in der Kornea auf; selten werden sie auch in Blut oder Urin gefunden. Nach Aufnahme der Mikrofilarien durch die Zwischenwirte erfolgt in diesen meist innerhalb von 6–14 Tagen die Entwicklung zu infektiösen Larven, die wieder auf den Menschen übertragen werden können.

▪ Umweltresistenz

Filarien kommen nicht außerhalb ihrer Wirte vor.

▪ Vorkommen

88 Filarien sind an die Verbreitung ihrer Überträger gebunden, die Gewässer für ihre Entwicklung benötigen (Onchozerkose = Flussblindheit!). Während W. bancrofti nur im Menschen bzw. in den Zwischenwirten vorkommt, wird B. malayi auch in verschiedenen Tierarten (z. B. Katzen) gefunden, wo der Erreger ebenfalls die gesamte Entwicklung durchlaufen kann. Auch die Infektionen mit O. volvulus und L. loa sind Anthroponosen.

W. bancrofti ist in weiten Teilen Afrikas südlich der Sahara und Süd- und Südostasiens, in einer Reihe südamerikanischer Länder sowie auf einigen Karibikinseln verbreitet. B. malayi kommt ausschließlich in Südostasien vor, die Verbreitung von B. timori ist auf Timor und die Sundainseln beschränkt. O. volvulus kommt von West- bis Ostafrika, im Jemen und noch in kleinen Herden im Amazonasgebiet (Yanomami-Indianer) vor, während L. loa ausschließlich in West- und Zentralafrika gefunden wird.

88.8.2 Rolle als Krankheitserreger

▪▪ Epidemiologie

Weltweit sind etwa 30–50 Mio. Menschen mit einem der Erreger der lymphatischen Filariasis infiziert, davon ca. 90 % mit W. bancrofti. Etwa 12–20 Mio. (evtl. auch deutlich mehr) Menschen, 99 % davon in Afrika, sind mit O. volvulus und 3–13 Mio. Menschen mit L. loa infiziert. In Deutschland werden nur selten Fälle von Filariasis bei Migranten oder bei Patienten diagnostiziert, die sich meist über längere Zeit in Endemiegebieten aufgehalten haben.

▪▪ Übertragung

Filarien werden vektoriell übertragen, Zwischenwirte sind Insekten (◘ Tab. 88.1): bei der lymphatischen Filariasis Mücken, bei der Loiasis Bremsen und bei der Onchozerkose Kriebelmücken (Simulien), die in rasch fließenden Bächen und Flüssen brüten, wodurch die Erkrankungsverbreitung im Wesentlichen auf die Bewohner von Flussgebieten beschränkt ist und die Erkrankung den Namen Flussblindheit erhielt.

▪▪ Pathogenese

Sie wird bezogen auf die 3 Krankheitserreger abgehandelt:

Lymphatische Filariasis Die adulten Erreger halten sich in Lymphbahnen und -knoten auf und können dort zu akuten und chronischen Entzündungsreaktionen (Lymphangitis, Lymphadenitis) mit Lymphangiektasien sowie zu akuter und chronischer Hydrozele führen (◘ Abb. 88.6). Abgestorbene Erreger bilden zusätzliche

◘ **Tab. 88.1** Filarien: Gattungen, Überträger und Vorkommen im Menschen

Gattung	Vektor	Vorkommen	
		Adulte	Mikrofilarien
Wuchereria, Brugia	Stechmücken (Culex, Anopheles, Aedes, Mansonia)	Lymphsystem	Blut
Loa	Fliegen (Chrysops)	Subkutis	Blut
Onchocerca	Kriebelmücken (Simulium)	Subkutis	Haut/Auge

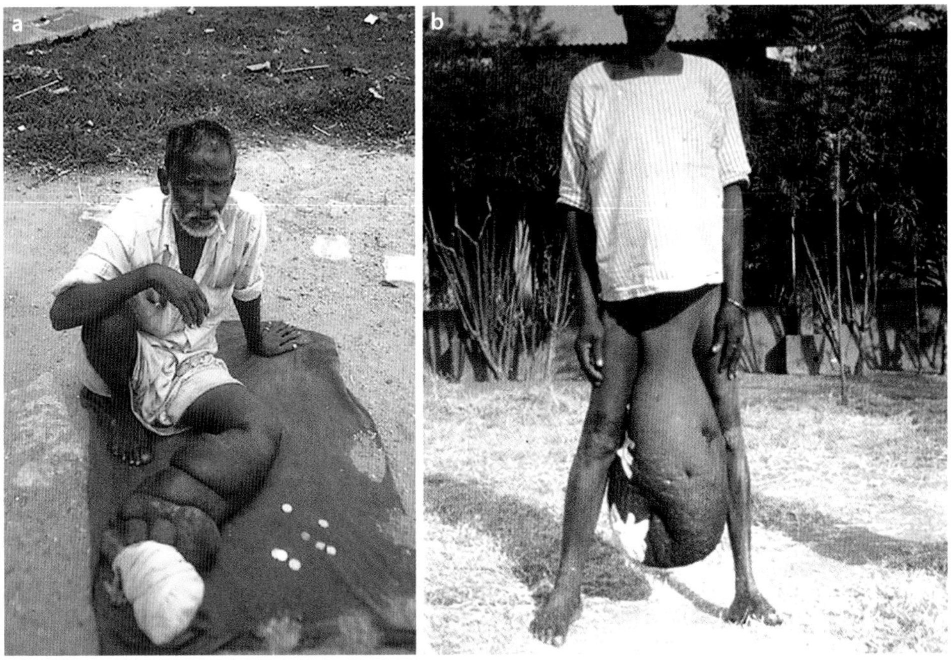

Abb. 88.6 a, b Lymphatische Filariasis. a Elephantiasis bei Infektion mit Brugia malayi. (Mit freundlicher Genehmigung von S. M. Wagner); b chronische Hydrozele bei Infektion mit Wuchereria bancrofti)

Entzündungsherde mit Bildung granulomatöser Knoten. Zum Teil sind die Entzündungen möglicherweise auch auf Reaktionen gegen die Wolbachien zurückzuführen. Sekundäre bakterielle oder Pilzinfektionen tragen zur Entwicklung chronischer Lymphödeme bei. Selten kommt es zum Durchbruch von Lymphgefäßen in die Harnwege (Chylurie), wobei ein milchig-trüber, manchmal blutig-tingierter Urin entleert wird. Eine Nierenbeteiligung ist durch Ablagerung von Immunkomplexen möglich. Bei asymptomatisch Infizierten finden sich subklinische Veränderungen des Lymphabflusssystems.

Die **tropische pulmonale Eosinophilie** (TPE) bezeichnet eine seltene Sonderform der Erkrankung, wahrscheinlich verursacht durch antikörpervermittelte allergische Reaktionen gegen die Erreger in der Lunge. Mikrofilarien sind bei der TPE in der Peripherie nicht zu finden, jedoch in Lungenbiopsien nachweisbar.

Onchozerkose Während sich die adulten Erreger in bindegewebig abgekapselten, einige Zentimeter großen subkutanen Knoten (Onchozerkomen) befinden, die oft direkt über Knochen lokalisiert sind (Abb. 88.7), wandern die Mikrofilarien vornehmlich in der Haut und im Auge. Abgestorbene Mikrofilarien und Wolbachien lösen dort Entzündungsreaktionen aus, die je nach Immunreaktion des Wirtes unterschiedlich ausgeprägt sind. Initial kommt es durch Antikörper, Immunkomplexe und Aktivierung von Komplement zur Ansammlung von eosinophilen und neutrophilen Granulozyten sowie Makrophagen und zur akuten, in der Folge zur chronischen Dermatitis mit Fibrosierung (Abb. 88.7). **Sowda,** eine Sonderform der Onchozerkose, beruht auf einem massiven Einstrom von Entzündungszellen in die Dermis. Entzündungsherde in der Kornea führen über eine Keratitis punctata zur sklerosierenden Keratitis mit chronischer Entzündung und Vaskularisierung, eine Iridozyklitis kann auftreten. Am hinteren Auge kommen Atrophie des N. opticus und Chorioretinitis vor.

Loiasis Die adulten Erreger wandern durch das subkutane Bindegewebe, wo allergische Reaktionen zu vorübergehenden Schwellungen führen, und subkonjunktival. Chronischer Befall führt in seltenen Fällen zur Ausbildung eosinophiler granulomatöser Entzündungsreaktionen.

Klinik

Auch sie wird bezogen auf die 3 Krankheitserreger abgehandelt:

Lymphatische Filariasis Das Spektrum der Erkrankung umfasst asymptomatisch Infizierte ohne („amikrofilarämisch") oder mit Nachweis von Mikrofilarien („mikrofilarämisch"), bei denen sich oft mittels Ultraschall bewegliche adulte Würmer im Lymphsystem nachweisen lassen („Filarientanzzeichen"), sowie Patienten mit Symptomen (etwa ein Drittel der Infizierten) in unterschiedlicher Ausprägung. Die Inkubationszeit beträgt Wochen bis Monate.

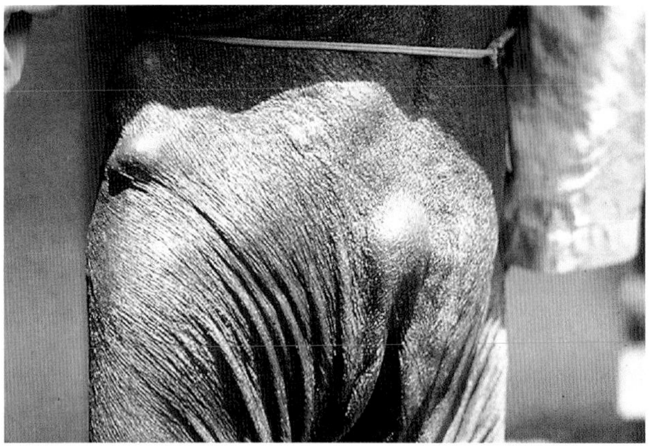

Abb. 88.7 Onchozerkose – Onchozerkome auf der Crista iliaca, an Trochanter und Steißbein sowie typische Hautveränderungen

- Zu den akuten Manifestationen zählt die **Dermatolymphangioadenitis** mit Fieber, Schüttelfrost, schmerzhaften Lymphknotenschwellungen und nachfolgenden Schwellungen der betroffenen Regionen, meist der unteren Extremitäten. Die Symptome sind ein- oder beidseitig, bilden sich, gefolgt von Hautschuppung, innerhalb einiger Tage wieder zurück, können aber rezidivieren.
- Die **akute Filarienlymphangitis** verläuft dagegen meist ohne Fieber, ist die Reaktion auf tote Erreger und betrifft einen Lymphknoten oder eine Lymphbahn. Männliche Patienten leiden häufig unter akuter Hydrozele.
- Im chronischen Stadium bilden sich **Lymphödeme** („Elephantiasis"), meist an den unteren Extremitäten, seltener an Armen, Brüsten oder im Genitalbereich, und chronische Hydrozelen. Auch rheumaartige Beschwerden (Arthritis, Myositis) werden beobachtet. Das Auftreten von milchig-trübem Urin ist Zeichen einer Chylurie.

88

Tropische pulmonale Eosinophilie Sie ist durch insbesondere nachts auftretende Husten- und Asthmaanfälle gekennzeichnet.

Onchozerkose Die Inkubationszeit beträgt meist länger als 1 Jahr. Patienten können trotz hoher Mikrofilariendichte symptomlos sein. Erstes und häufigstes Symptom ist Juckreiz, bei zunehmender Infektionsdauer kommt es zu einer papulösen, schuppenden und ödematösen Dermatitis. Die chronische Dermatitis führt dann zu Verdickung („Leguanhaut"), Lichenifikation, Depigmentierung („Leopardenhaut") und Atrophie der Haut mit Verlust ihrer Elastizität, was zu den „hanging groins" (hängenden Leisten) führen kann. Kratzeffekte und sekundäre Infektionen können zu den chronischen Hautveränderungen beitragen, die Haut scheint insgesamt vorgealtert (Presbyderma). Sowda ist durch ein lokalisiertes papulöses Exanthem, starken Juckreiz, Schwellungen der Haut und der lokalen Lymphknoten sowie eine Hyperpigmentierung der Haut gekennzeichnet. Die Onchozerkome sind in Afrika eher am Beckenkamm (Abb. 88.7), in Südamerika häufiger am Kopf lokalisiert, was auf die Stichgewohnheiten der jeweiligen Simulienspezies zurückgeführt wird, und verursachen meist keine Beschwerden.

Die Veränderungen am vorderen Auge äußern sich zunächst als reversible (Schneeflocken-)**Keratitis,** Mikrofilarien können mittels Spaltlampe nachgewiesen werden. Die anschließende sklerosierende Keratitis mit vaskulärer Infiltration und Vernarbung sowie mögliche Veränderungen am hinteren Auge führen zur **Blindheit.** Die Onchozerkose ist nach der Infektion mit Chlamydia trachomatis die zweithäufigste infektionsbedingte Ursache von Blindheit.

Loiasis Juckende„Calabar"-Schwellungen treten meist an den Händen und Unterarmen auf, können aber auch an jeder anderen Stelle des Körpers lokalisiert sein und verschwinden nach einigen Stunden bis Tagen wieder. Die Patienten können daneben generalisierten Juckreiz, Schwächegefühl und Gelenkschmerzen aufweisen, seltene Komplikationen sind Meningitis, Nephropathie und Endokarditis. Die sichtbare subkonjunktivale Durchwanderung des Auges (Dauer 10–15 min) ist schmerzhaft (Abb. 88.8).

Immunität

Auch sie wird bezogen auf die 3 Krankheitserreger abgehandelt:

Lymphatische Filariasis In der präpatenten Infektion überwiegt eine gemischte Immunantwort (Sekretion von IL-2, IFN-γ, IL-4 und IL-5). Später werden je nach Parasitenlast häufig erregerspezifische TH2- und humorale Immunantworten induziert, die

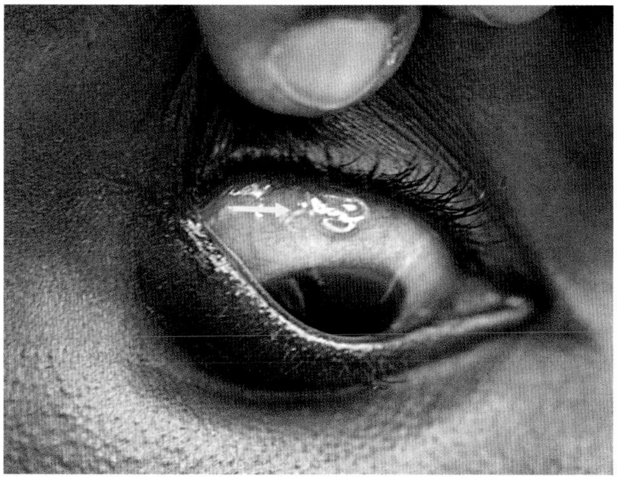

Abb. 88.8 Loiasis – subkonjunktivale Wurmwanderung

Sekretion von IL-10 führt zur partiellen erregerspezifischen sowie generellen Immunsuppression. Immunantworten in späten Stadien korrelieren mit der Ausbildung der chronischen pathologischen Veränderungen im lymphatischen System. Der asymptomatische und amikrofilarämische Status einiger Infizierter in Endemiegebieten ist möglicherweise Folge einer effizienten Immunantwort. Im Falle einer Toleranzinduktion in utero sind die Kinder später nur eingeschränkt zur Induktion filarienspezifischer Immunantworten in der Lage.

Onchozerkose Patienten zeigen in der Regel ausgeprägte humorale Immunantworten, Antikörper sind an der Abtötung von Mikrofilarien beteiligt. Dagegen sind spezifische und nichterregerspezifische zelluläre Reaktionen (TH1- und TH2-assoziiert) oft supprimiert. Dies korreliert mit zunehmender Mikrofilariendichte und ist möglicherweise Folge einer gesteigerten Aktivität regulatorischer T-Zellen. Neugeborene O. volvulus-infizierter Mütter werden bereits in utero sensibilisiert und bilden erregerspezifische zelluläre Immunantworten. Patienten mit Sowda zeigen ausgeprägte humorale und zelluläre TH2-Immunantworten, die zur Immunpathologie, aber auch zur relativ geringen Anzahl von Mikrofilarien in diesen Patienten beitragen.

Loiasis Die humorale Immunantwort ist oft sehr ausgeprägt. In Patienten ohne Mikrofilarien im Blut (okkulte Loiasis) konnten Antikörper gegen ein Oberflächenantigen nachgewiesen werden. Diese eliminieren möglicherweise die Mikrofilarien und fehlen bei mikrofilarämischen Patienten. Letztere weisen oft auch gestörte zelluläre Immunantworten auf.

▪▪ Labordiagnose

Je nach Anzahl der Mikrofilarien im Patienten und der jeweiligen Periodizität sind die Mikrofilarien von Wuchereria, Brugia und Loa im Blut in **Giemsa- oder hämatoxilingefärbten Ausstrichen** bzw. nach Anreicherung (z. B. nach Knott) oder Filtration nachweisbar.

Die Diagnose einer W. bancrofti-Filariose ist auch durch den immunologischen Nachweis von zirkulierendem **Filarienantigen** („circulating filarial antigen", CFA) im Blut möglich. CFA wird von adulten Würmern sezerniert, auch wenn keine Mikrofilarien im Blut nachweisbar sind.

Die Mikrofilarien von O. volvulus findet man in kleinen Hautbiopsien **(„skin snips")**, aus denen sie entweder in Kochsalzlösung auswandern oder in denen sie histologisch nachgewiesen werden können. Die Entfernung subkutaner Knoten ermöglicht die Diagnose durch den Nachweis adulter Erreger.

Subkonjunktival wandernde Würmer sind pathognomonisch für L. loa („Augenwurm"), meist wird die Erkrankung jedoch über den Nachweis der Mikrofilarien im Blut (s. o.) diagnostiziert.

Eine periphere **Eosinophilie** ist bei der Diagnostik der Filarieninfektionen hinweisgebend. Serologische Untersuchungen auf Antikörper sind in Endemiegebieten wegen Kreuzreaktionen mit anderen Nematoden meist wenig hilfreich, besser ist der Nachweis von spezifischem IgG4.

▪▪ Therapie

Die Therapie der Filarieninfektionen richtet sich in erster Linie gegen die Mikrofilarien, die Medikamente sind nur bedingt gegen die adulten Erreger wirksam. Eine Behandlung mit **Antibiotika,** z. B. Doxycyclin oder Rifampicin, stellt einen Therapieansatz dar, der sich gegen die Wolbachien von lymphatischen Filarien und Onchocerca richtet.

Mittel der Wahl bei der lymphatischen Filariasis sind **Diethylcarbamazin (DEC)** und Doxycyclin.

Patienten mit Onchozerkose werden mit **Ivermectin in Kombination mit Doxycyclin** behandelt. Die chirurgische Entfernung der subkutanen Knoten unterbindet darüber hinaus die Mikrofilarienproduktion und kann insbesondere bei Knoten in Augennähe indiziert sein.

DEC und Ivermectin wirken auch bei der Loiasis, jedoch können hier bei einer starken Mikrofilarämie schwere allergische Reaktionen, besonders Enzephalopathien, auftreten. Einschleichende Medikation und stationäre Behandlung sind erforderlich. Bei sehr hohen Mikrofilariendichten wird zunächst mit Albendazol behandelt, dessen Wirkung langsamer als bei den vorher genannten Medikamenten einsetzt. Subkonjunktival wandernde L. loa können in Lokalanästhesie entfernt werden. Die Gabe von Antihistaminika und Kortikosteroiden kann zur Reduktion der allergischen Reaktionen erforderlich sein.

▪▪ Prävention

Massenbehandlungen werden mit **Ivermectin** und **Albendazol,** allein oder in Kombination, zur Reduktion der Übertragung von Wuchereria, Brugia, und O. volvulus und zur Besserung der individuellen Symptomatik durchgeführt. Weitere Kontrollprogramme basieren auf **Kombinationsbehandlungen mit DEC,** jedoch nur in Gegenden, wo O. volvulus nicht vorkommt. Diese Behandlungen haben zusätzliche Effekte auf intestinale Nematoden, solche mit Ivermectin auch auf Ektoparasiten einschließlich Vektoren. Insektizide werden zur Bekämpfung der Vektoren eingesetzt. Individualreisenden empfiehlt sich eine möglichst konsequente Vermeidung von Insektenstichen.

88.8.3 Weitere humanpathogene Filarien, Dirofilarien, Dracunculus medinensis

Mansonella streptocerca, M. perstans und M. ozzardi sind relativ kleine Filarien, die z. T. weit verbreitet sind und von Simulien und kleinen Mücken (Gnitzen) der Gattung Culicoides übertragen werden. **Mansonella-Infektionen** verlaufen meist symptomlos oder mild, sind oft von einer Eosinophilie begleitet und werden mit den zuvor genannten Medikamenten behandelt.

Dirofilaria immitis, D. repens und D. tenuis sind die Erreger der kardiopulmonalen (D. repens) bzw. subkutanen **Dirofilariasis** (D. immitis, D. tenuis) und werden durch Mücken der Familie Culicidae auf Hunde, Katzen oder Waschbären übertragen. Selten wird auch der Mensch infiziert, meist kommt es hier jedoch nicht zur Entwicklung reifer adulter Würmer. Neben Lunge und Haut können auch andere Organe, v. a. das Auge befallen werden, eine leichte Eosinophile kann vorkommen. Diagnose und Behandlung beruhen meist auf der chirurgischen Entfernung der Parasiten.

Den Filarien nahe steht Dracunculus medinensis (Medina-, Guineawurm). Die **Dracunculiasis** kommt nur noch in relativ regenarmen Gebieten des tropischen Afrika vor. Die 60–80 cm langen Weibchen gelangen ins Unterhautbindewege der Beine, bei Wasserkontakt durchbricht das trächtige Weibchen die Haut und stößt seine Larven ab, wobei das Wurmende rupturiert. Es kann sich ein Hautulkus entwickeln, das häufig sekundär superinfiziert wird. Die Larven werden von Wasserflöhen aufgenommen, in denen sie sich weiterentwickeln. Die Infektion des Menschen geschieht durch Aufnahme infizierter Wasserflöhe mit dem Trinkwasser. Die Therapie besteht in der vorsichtigen Extraktion des Wurmes und der gleichzeitigen Gabe von Antibiotika gegen sekundäre bakterielle Infektionen. Ziel der WHO ist die Eradikation der Erkrankung durch Bereitstellung sauberen Trinkwassers. Die vollständige Eradikation könnte dadurch erschwert werden, dass der Wurm auch bei Hunden vorkommt.

In Kürze: Filarien

- **Parasitologie:** Nematoden der Gattungen Wuchereria, Brugia, Onchocerca und Loa, je nach Spezies in Lymphsystem, Haut oder Auge vorkommend.
- **Entwicklung:** Übertragung infektiöser Larven durch verschiedene Insektenarten; adulte Würmer produzieren Mikrofilarien, die aus dem Blut (Wuchereria, Brugia, Loa) oder der Haut (Onchocerca) wieder von Insekten aufgenommen werden. Im Insekt Weiterentwicklung vor erneuter Übertragung.
- **Pathogenese:**
  - **Lymphatische Filariasis:** Lymphangitis, -adenitis.
  - **Onchozerkose:** Dermatitis, Keratitis.
  - **Loiasis:** Allergische Reaktionen auf adulte Erreger.
- **Klinik:**
  - **Lymphatische Filariasis:** Akute und chronische Lymphödeme, Hydrozele.
  - **Onchozerkose:** Multiple Hautveränderungen, Keratitis, Blindheit.
  - **Loiasis:** Wechselnde subkutane Schwellungen, Augendurchwanderung.
- **Labordiagnose:** Nachweis der Mikrofilarien im Blut oder in Hautbiopsien, Antigen-, Antikörpernachweis.
- **Therapie:** Diethylcarbamazin, Ivermectin, Albendazol.

Ektoparasiten

Ralf Ignatius und Gerd-Dieter Burchard

Ektoparasiten, also äußerlich im Bereich der Haut und Schleimhäute den Menschen befallende Parasiten, lassen sich in Infektionserreger übertragende Parasiten (sog. Vektoren, ◘ Tab. 89.1) sowie Parasiten, deren Befall Krankheiten auslöst, einteilen. Zu letzteren kann man neben Läusen, Milben, Sandflöhen und Fliegenlarven auch verschiedene blutsaugende Wasser- und Landegel der Familie Hirudinidae zählen, die hier nicht besprochen werden.

Kleiderlaus

89.1 Läuse

Steckbrief

Läuse gehören zu den „echten" Läusen (Anoplura), die sich durch stechend-saugende Mundwerkzeuge auszeichnen und sich mit Klammerfüßen am Wirt anheften. Läuse sind flügellose Insekten und verursachen die Pedikulose, den Läusebefall. Beim Menschen kommen die Kopflaus (Pediculus humanus capitis), die Körper- oder Kleiderlaus (Pediculus humanus corporis) und die Filz- oder Schamlaus (Phthirus pubis) vor. ◘ Tab. 89.1 zeigt die durch Läuse übertragenen Erkrankungen. Diese sind in Europa selten, häufig sind jedoch die Schadwirkungen durch Stiche, v. a. von Kopfläusen.

Filzlaus

89.1.1 Kopfläuse

▪ **Morphologie, Aufbau**

Läuse sind 1–4 mm lang und schlüpfen innerhalb von 6–7 Tagen nach der Eiablage. Bis zur Geschlechtsreife nach 2–3 Wochen werden 3 Larvenstadien durchlaufen. Die Eiablage beginnt 2–3 Tage später und die Laus stirbt 4–5 Wochen nach dem Schlüpfen. Läuse ernähren sich durch häufige Blutmahlzeiten.

▪ **Epidemiologie**

Die Pediculosis capitis ist die häufigste Parasitose im Kindesalter in Deutschland. Befallsraten von bis zu 50 % sind beschrieben worden, in Entwicklungsländern sogar darüber. In Schulen und anderen Gemeinschaftseinrichtungen kommt es zu gehäuftem Auftreten. Die Ansteckung erfolgt meist durch direkten Kontakt oder Gegenstände (Wäsche).

▪ **Klinik**

Der Kopflausbefall führt meist zum Befall der Kopfhaut, selten auch anderer Körperbehaarung. Häufige Stiche der Kopflaus resultieren in lokalen Reaktionen (urtikarielle Papeln), erheblichem Juckreiz und Kratzeffekten mit Exkoriationen und Krustenbildung. Vor

S. Suerbaum et al. (Hrsg.), *Medizinische Mikrobiologie und Infektiologie*,
https://doi.org/10.1007/978-3-662-61385-6_89

Tab. 89.1 Vektoren

Arthropoden	Infektionserreger	Krankheit
Insekten:		
Stechmücken (Anopheles, Culex, Aedes, Mansonia)	Plasmodium Wuchereria, Brugia Flaviviren Bunyaviren Alphaviren Francisella tularensis	Malaria Lymphatische Filariasis z. B. Gelbfieber, Dengue-Fieber z. B. Rift-Valley-Fever (RVF) z. B. Chikungunyavirus-Infektion Tularämie
Kriebelmücken (Simulium)	Onchocerca volvulus	Onchozerkose
Sandmücken (Phlebotomus, Lutzomyia)	Leishmania Bunyaviren Bartonella bacilliformis	Leishmaniase Pappataci-Fieber Oroya-Fieber, Verruga peruana
Tsetsefliege (Glossina)	Trypanosoma brucei	Schlafkrankheit
Bremsen (Chrysops)	Loa loa Francisella tularensis	Loiasis Tularämie
Kleiderlaus (Pediculus)	Rickettsia prowazekii Bartonella quintana Borrelia recurrentis	Epidemisches Fleckfieber Wolhynisches Fieber Epidemisches Rückfallfieber
Raubwanzen (z. B. Triatoma)	Trypanosoma cruzi	Chagas-Krankheit
Rattenfloh (Xenopsylla)	Yersinia pestis Rickettsia typhi	Pest Endemisches (murines) Fleckfieber
Spinnentiere		
Schildzecken (z. B. Ixodes, Dermacentor, Amblyomma, Hyalomma)	FSME-Virus Bunyaviren Borrelia burgdorferi Rickettsia rickettsi Rickettsia conori Rickettsia africae Ehrlichia, Anaplasma Francisella tularensis Babesia	Frühsommer-Meningoenzephalitis Krim-Kongo-hämorrhagisches Fieber Borreliose Rocky-Mountain-Fleckfieber Mittelmeerfleckfieber Altweltliches Zeckenbissfieber Ehrlichiose, Anaplasmose Tularämie Babesiose
Lederzecken (Ornithodoros)	Borrelia	Endemisches Rückfallfieber
Milben	Orientia tsutsugamushi Rickettsia akari	Tsutsugamushi-Fieber Rickettsienpocken

allem Ohren, Hinterkopf und Nacken sind betroffen. Bakterielle Superinfektionen können hinzukommen, Kopfläuse spielen jedoch als Vektoren keine Rolle. Die Diagnose wird durch den Nachweis von Läusen oder vitalen, embryonierten Eiern gestellt – Eihüllen (Nissen) zeigen eine früher durchgemachte Infektion an.

Diagnose

Die Diagnose erfolgt direkt oder mit Lupe über den Nachweis der Läuse oder Nissen, evtl. unter Zuhilfenahme eines Läusekamms, dessen Zinken weniger als 0,2 mm auseinanderstehen. Bei makroskopischer Betrachtung können Verwechslungen mit Kopfschuppen oder z. B. Haarspraypartikeln vorkommen.

Therapie

Die Therapie erfolgt durch mechanische Entfernung mittels Läusekamm, durch topische Anwendung eines Pedikulozids oder durch systemische Behandlung mit dem Antihelminthikum Ivermectin, das auch insektizide Wirkung besitzt.

Die Pedikulozide, v. a. Allethrin, Permethrin und Pyrethrum, wirken z. T. neurotoxisch auf das Nervensystem der Läuse. Weltweit haben sich resistente Kopflauspopulationen entwickelt. Problematisch ist auch die Toxizität einiger Pedikulozide. Zu bevorzugen sind physikalisch wirkende Pedikulozide: Sie enthalten Dimeticon, polymere Verbindungen aus Silizium und Sauerstoff. Jede Therapie muss nach 8–10 Tagen wiederholt werden, um alle geschlüpften Larven abzutöten.

■ Prävention

Die Prävention umfasst die Identifizierung von Erkrankten, die sofortige Behandlung nach Diagnosestellung inkl. Wiederholung der Behandlung, die umgehende Benachrichtigung der Gemeinschaftseinrichtung sowie Reinigungs- und Entwesungsmaßnahmen.

89.1.2 Filzläuse

Die Filzlaus, mit 1–2 mm Länge deutlich kleiner als die o. g. Läuse, klammert sich am behaarten Bereich vorwiegend des Scham- und Perianalbereichs, selten auch anderer behaarter Körperregionen an. Die Übertragung erfolgt durch engen Körperkontakt. Klinisch imponieren Juckreiz und Exkoriationen in befallenen Körperregionen. Die Diagnose wird durch den Nachweis der Läuse mittels Lupe gestellt, therapeutisch kommen wie bei Kopflausbefall Insektizide zur Anwendung.

89.1.3 Kleiderläuse

Kleiderläuse sind von der Kopflaus nur schwer zu unterscheiden und in Mitteleuropa selten. Die Läuse setzen auf den Fasern der Bekleidung Eier ab und ernähren sich durch Blutmahlzeiten. Kleiderlausbefall tritt v. a. bei mangelnder Hygiene (oft Obdachlose, Vertriebene und Gefangene) auf. Hauptgefahren gehen von der Kleiderlaus als Vektor für bakterielle Erkrankungen aus (◘ Tab. 89.1).

Klinisch sind Stichreaktionen hervorstechende Symptome, zur Diagnose trägt der Nachweis der Läuse und Nissen auf der Kleidung bei. Die Therapie- und Präventionsmaßnahmen entsprechen denjenigen bei Kopflausbefall (► Abschn. 89.1.1).

89.2 Krätzemilbe

Steckbrief

Der Erreger der Skabies, die 0,2–0,4 mm große, 8-beinige Krätzemilbe (Sarcoptes scabiei var. hominis), gehört zur Klasse der Spinnentiere (Arachnida) in die Familie Sarcoptidae. **Skabies:** Krätzemilbe (Sarcoptes scabiei var. hominis) (aus: Springer Medizin Lexikon, 2004)

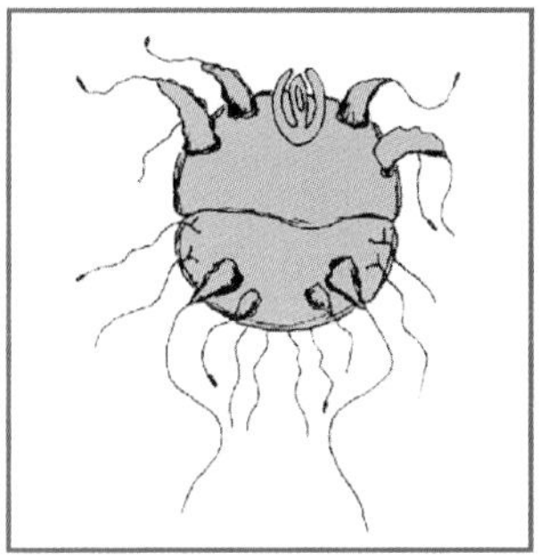

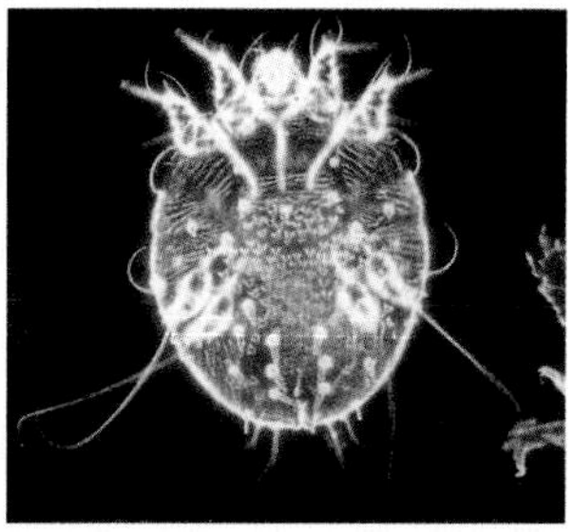

■ Entwicklung

Nach der Übertragung befruchteter Weibchen bohren sich diese wenige Millimeter lange, flache Gänge im Stratum corneum der Haut, in denen sie je etwa 40–50 Eier ablegen. Die nach 3–4 Tagen schlüpfenden 6-beinigen Larven bohren sich sog. Bohr- oder Häutungstaschen in gesunder Haut, in denen sie sich innerhalb einiger Tage zu 8-beinigen Nymphen und schließlich zu adulten Milben weiterentwickeln. Hier erfolgt auch die Befruchtung, die befruchteten Weibchen verlängern die Taschen zu Gängen. Die Lebenszeit der Weibchen beträgt mehrere Wochen; oft finden sich jedoch nur 20 oder weniger adulte Milben auf dem Patienten.

■ Epidemiologie

S. scabiei ist weltweit verbreitet. Die Übertragung erfolgt temperaturunabhängig durch direkten Kontakt, auch sexuell, von Mensch zu Mensch, seltener durch kontaminierte Wäsche, und wird durch mangelnde Hygiene begünstigt. Ausbrüche bei engen sozialen Kontakten kommen vor, z. B. in Schulklassen und Altenheimen.

■ Klinik

Meist vergehen 6–8 Wochen bis zum Auftreten erster klinischer Symptome, die als Reaktion auf die Erreger sowie als allergische Reaktion auf deren Zerfalls- und Ausscheidungsprodukte entstehen. Papulöse, stark juckende **Hautveränderungen** bilden sich an den Milbengängen, die sich insbesondere im Bereich der Interdigitalräume und an den Handrücken befinden. Der **Juckreiz** wird unter Bettwärme oft noch verstärkt.

Exantheme als Folge der Sensibilisierung finden sich auch im Bereich der Achseln, am Stamm, im Genitalbereich und an den unteren Extremitäten, Kratzeffekte können das klinische Bild beeinflussen. Komplikationen sind sekundäre bakterielle Infektionen, z. B. durch β-hämolysierende Streptokokken mit möglichen Nachkrankheiten (Glomerulonephritis), sowie bei Immunsuppression sehr starker Befall mit ausgeprägten Hautveränderungen (Verkrustungen, hyperkeratotische Plaques, „Scabies crustosa").

■ **Diagnose**

Die Milben können mit einem Vergrößerungsglas in mit einer Nadel oder einem Skalpell eröffneten Gängen gesehen und in Hautgeschabseln nach Inkubation in Kalilauge mikroskopisch nachgewiesen werden. Der mikroskopische Nachweis gelingt auch mit Klebestreifen, die auf einen eröffneten Gang gedrückt und anschließend auf einen Objektträger geklebt werden. Histologisch finden sich eosinophile, später auch lymphozytäre Infiltrate.

■ **Therapie**

Zur Therapie kommen Insektizide topisch zum Einsatz, Permethrin topisch ist das Mittel der 1. Wahl. Eine Alternative ist Benzylbenzoat-Emulsion, Crotamidon ist weniger wirksam. Alternativ, insbesondere bei schweren Fällen wie z. B. Scabies crustosa, ist eine systemische Therapie mit Ivermectin möglich. Es wird hier auf die Leitlinie der Deutschen Dermatologischen Gesellschaft verwiesen. Die gesetzlichen Bestimmungen zur Vermeidung der Weiterverbreitung (§ 34 IfSG) sind zu beachten.

89.2.1 Weitere Milben

Tierische und freilebende, sich auf dem Menschen nicht weiter vermehrende Milben können selbstlimitierte, juckende Dermatitiden (Tier-, Ernte-, Herbstkrätze) hervorrufen. Hausstaubmilben sind als Allergieerreger von Bedeutung.

89

89.3 Flöhe

Steckbrief

Flöhe (Siphonapterida) verursachen das Krankheitsbild des Flohbefalls, das klinisch durch Bissreaktionen auf der Haut (Erythem, Papeln) charakterisiert ist. Neben dem Menschenfloh (Pulex irritans) kommen zahlreiche Arten vor, die von Tieren auf den Menschen übertragen werden.

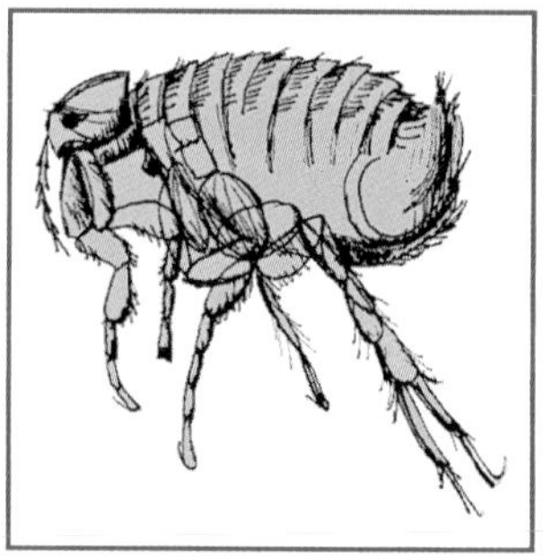

■ **Aufbau, Entwicklung**

Flöhe sind etwa 2–5 mm lang und besitzen 6 Beine, von denen die hinteren als Sprungbeine benutzt werden. Die Eiablage erfolgt am Wirt, Eier entwickeln sich in der Umwelt über Larven- und Puppenstadium innerhalb von 1–3 Monaten zu adulten Flöhen.

89.3.1 Rolle als Krankheitserreger

Flöhe ernähren sich durch Blutmahlzeiten. Rattenflöhe sind als Überträger von Yersinia pestis von Bedeutung. Die Diagnose wird klinisch gestellt, der Nachweis der Flöhe erfolgt meist am Tier. Die Therapie wird v. a. am Tier mit Kontaktinsektiziden durchgeführt. Bei der Therapie des Menschen steht die Bekämpfung des Juckreizes im Vordergrund.

89.4 Sandflöhe

Steckbrief

Der Sandfloh (Tunga penetrans) verursacht die Tungiasis, die in Ländern der Karibik, Südamerikas und Afrikas endemisch ist. Reisende in Endemiegebiete können sporadisch betroffen sein. Hunde, Katzen, Ratten und Schweine werden ebenfalls befallen.

89.4.1 Rolle als Krankheitserreger

Das ca. 1 mm große Weibchen bohrt sich mit dem Kopfteil in die Haut des Wirtes, meist im Bereich der Füße, und beginnt wenig später mit der Eiproduktion, was mit einer Größenzunahme um das 2000- bis 3000-Fache auf Erbsengröße einhergeht. Die auf der Haut haftenden Eier entwickeln sich nach wenigen Tagen zu Larven, aus denen adulte Sandflöhe heranreifen.

Klinisch imponiert meist an den Zehen, der Fußsohle oder Ferse starker Juckreiz. Bakterielle Superinfektionen sind häufig. Die Diagnose wird durch klinische Untersuchung gestellt, möglichst mit Lupe. Die Therapie besteht in chirurgischer Exzision. Auch Dimeticon ist wirksam. Das Tragen von adäquatem Schuhwerk verhindert die Tungiasis.

89.5 Fliegenlarven

Steckbrief

Fliegen können als blutsaugende Larven (Larven von Auchmeromyia), aber auch durch die Ablage der Eier und die Entwicklung zu Larven im Bereich der Haut, der Schleimhäute oder von Körperhöhlen Krankheiten (Myiasis) hervorrufen. Oft handelt es sich um tierische Parasiten, die in tropischen oder subtropischen Gebieten vorkommen und nur ausnahmsweise den Menschen befallen.

Je nach Lokalisation unterscheidet man an der Haut Formen der **kutanen, „kriechenden" Myiasis,** verursacht durch Dasselfliegen der Gattungen Gasterophilus und Hypoderma, sowie die **subkutane** oder **furunkuläre Myiasis,** hervorgerufen durch die Tumbufliege (Cordylobia anthropophaga) oder humane Dasselfliege (Dermatobia hominis, ◘ Abb. 89.1).

Unter **Körperhöhlenmyiasis** werden Manifestationen von nasaler und Ohrmyiasis sowie okularer oder Ophthalmomyiasis (konjunktivaler Befall oder interne Ophthalmomyiasis) zusammengefasst, verursacht durch Dasselfliegen verschiedener Gattungen (Chrysomyia, Oestrus, Wohlfahrtia, Dermatobia, Rhinoestrus u. a.). Fälle von analer/vaginaler Myiasis sind meist Folge unhygienischer Bedingungen, akzidenteller urogenitaler und intestinaler Befall kommt ebenfalls vor.

◘ **Abb. 89.1** Dermatobia hominis (mit freundlicher Genehmigung von Prof. Dr. Dr. Thomas Schneider)

Bei der **Wundmyiasis** gilt es fakultative Erreger (Schmeiß- und Fleischfliegen der Gattungen Musca, Calliphora, Lucilia etc.), deren Larven gelegentlich auf Wunden gefunden werden, von obligaten Myiasiserregern, z. B. der Schraubenwurmfliege (Cochliomyia hominivorax), zu unterscheiden, die grundsätzlich auf Gewebe für ihr Überleben angewiesen sind. Von klinischer Bedeutung sind die Larven der Seidengoldfliege (Lucilia sericata), die sich ausschließlich von nekrotischem Gewebe ernähren und therapeutisch zur Wundreinigung verwendet werden, z. B. bei chronischen Ulzera oder vor Hauttransplantationen.

■ ■ Diagnostik und Therapie

Diagnose und Therapie der Myiasis bestehen in der Extraktion, Entfernung und Identifizierung der Erreger.

Antimikrobielle und antivirale Therapie

Inhaltsverzeichnis

Allgemeines

Manfred P. Dierich und Manfred Fille

Antimikrobielle Therapie ist eine Heilmethode zur Behandlung von Infektionskrankheiten. Die Erreger werden im Wirtsorganismus abgetötet oder an der Vermehrung gehindert, ohne die Zellen des Wirtes zu schädigen (Prinzip der selektiven Toxizität). Das Kapitel enthält eine Einteilung der Substanzen gemäß den Zielorganismen und umreißt einige historische Meilensteine der Entwicklung von Chemotherapeutika.

90.1 Einteilung der Substanzen

Unterschieden werden folgende Substanzen:

- Antibiotika (gegen Bakterien; ► Kap. 97 ff.)
- Antimykotika (gegen Pilze; ► Kap. 110)
- Virustatika oder Virostatika (gegen Viren; ► Kap. 111)
- Antiparasitika (gegen Parasiten wie Protozoen; ► Kap. 112)
- Anthelminthika (gegen Würmer)

90.2 Historie

Gezielte antiinfektiöse Therapie wurde erstmals im 17. Jahrhundert von Jesuiten aus Peru berichtet, wo Eingeborene die Malaria erfolgreich mit der Rinde des Chinabaums („quina-quina") behandelten.

Paul Ehrlich (1854–1915, Medizin-Nobelpreis 1908) entwickelte den Gedanken, dass Farbstoffe mit spezifischer Affinität für pathogene Mikroorganismen im Sinne einer „magischen Kugel" selektiv toxisch auf diese einwirken und sich zur Therapie von Infektionskrankheiten eignen müssten. 1891 legte er mit der Anwendung von Methylenblau bei der Behandlung der Malaria den Grundstein für die antimikrobielle Therapie. Zusammen mit Sahachiro Hata (1873–1938) schaffte er 1910 mit der Einführung des Salvarsans den Durchbruch in der Therapie der Syphilis und anderer Spirochätosen.

Gerhard Domagk (1895–1964, Medizin-Nobelpreis 1939) führte die Untersuchungen über die antimikrobiellen Wirkungen von Azofarbstoffen weiter. Mit der Synthese von 2',4'-Diaminoazobenzol-N4-Sulfonamid (Handelsname Prontosil) gelang 1935 die entscheidende Entdeckung. Damit war erstmals möglich, bakterielle Infektionen zu heilen.

Alexander Fleming (1881–1955) entdeckte 1928 das Penicillin aufgrund der Beobachtung, dass in der Umgebung einer Kultur von Penicillium notatum auf einem festen Kulturmedium die Vermehrung von Staphylokokken gehemmt war. Es wurde 1939 von **Howard Walter Florey** (1898–1968) und **Ernst Boris Chain** (1906–1979), dem sog. „Oxford-Kreis", in reiner Form dargestellt und 1941 in die Therapie eingeführt (Medizin-Nobelpreis 1945 an Fleming, Chain und Florey).

Nachdem Domagk 1941 mit dem Sulfathiazol die erste gegen M. tuberculosis wirksame Substanz vorgestellt hatte, entdeckte **Albert Schatz,** Doktorand von Selman Abraham Waksman (1888–1973, Nobelpreis 1952) 1943 das Aminoglykosid Streptomycin, das 1946 als erstes Antituberkulotikum Eingang in die Therapie fand. Diesem folgte das Isoniazid (Kurzname für Isonikotinsäurehydrazid, INH), das 1952 ebenfalls Domagk vorstellte.

In rascher Folge fanden dann weitere Substanzklassen und Modifikationen bekannter Substanzen Eingang in die Therapie.

Weiterführende Literatur

Lorian V (2005) Antibiotics in Laboratory Medicine, 5. Aufl. Lippincott Williams & Wilkins, Philadelphia

Stille W, Brodt H-R (2013) Antibiotika-Therapie Klinik und Praxis der antiinfektiösen Behandlung, 12. Aufl. Schattauer, Stuttgart

S. Suerbaum et al. (Hrsg.), *Medizinische Mikrobiologie und Infektiologie*,
https://doi.org/10.1007/978-3-662-61385-6_90

Antibakterielle Wirkung

Manfred Fille und Stefan Ziesing

Antibakteriell wirkende Substanzen hemmen die Vermehrung von Bakterien reversibel (bakteriostatisch) oder irreversibel (bakterizid). Unterschieden wird weiterhin der Angriffspunkt der Wirkstoffe am Bakterium.

91.1 Wirktyp

▪ **Bakteriostase**

Dies bedeutet eine reversible Hemmung der Vermehrung von Bakterien: Wird das Antibiotikum von den Bakterien getrennt, können diese sich wieder vermehren (◘ Abb. 91.1).

▪ **Bakterizidie**

Dies ist eine irreversible Hemmung, da hierbei eine Abtötung von Bakterien erfolgt, sodass diese sich nach Entfernen der antibakteriellen Substanz nicht erneut vermehren können (◘ Abb. 91.1). Definitionsgemäß liegt eine klinisch relevante Bakterizidie vor, wenn innerhalb von 6–24 h nach Zugabe von Antibiotikum 99,9 % der Bakterien in der Kultur abgetötet sind.

Substanzen, die nur in Vermehrung befindliche Bakterien abtöten, heißen **sekundär bakterizid,** als **primär bakterizid** bezeichnete Antibiotika töten dagegen auch ruhende Bakterien ab.

▪ **MHK und MBK**

Messgrößen, die zur Quantifizierung der Wirkungsweise dienen, sind die minimale Hemmkonzentration (MHK) und die minimale bakterizide Konzentration (MBK), die mittels Reihenverdünnungstests ermittelt werden.

- Die **minimale Hemmkonzentration** ist die niedrigste Konzentration eines Antibiotikums, welche die Vermehrung eines Bakteriums *in vitro* verhindert.
- Die **minimale bakterizide Konzentration** ist die niedrigste Konzentration eines Antibiotikums, bei der 99,9 % einer definierten Einsaat eines Erregers abgetötet werden (Einwirkzeit 24 h).

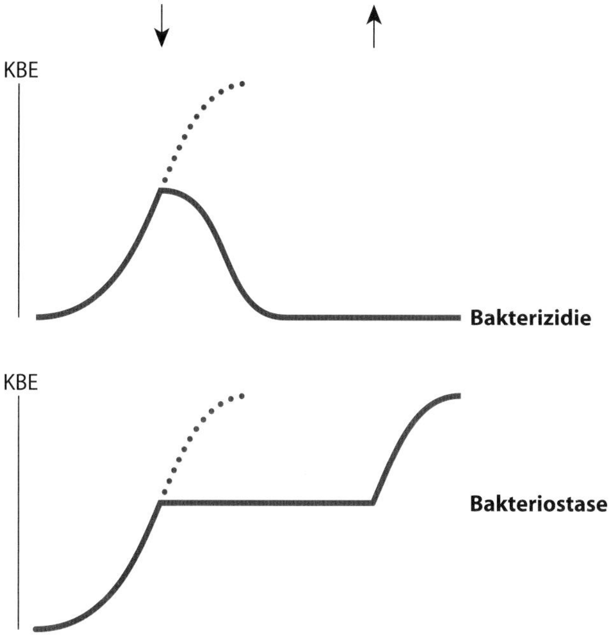

◘ **Abb. 91.1** Wirktyp: Bakterizidie und Bakteriostase. Antibiotika hemmen die Vermehrung von Bakterien: Bakteriostase – oder töten sie ab: Bakterizidie. Nach Zugabe (↓) eines bakteriostatischen Antibiotikums bleibt die Bakterienzahl konstant (im Körper des Patienten kann sie durch die Immunabwehr reduziert werden), nach Entfernung (↑) des Antibiotikums kommt es zur erneuten Vermehrung. Diese erneute Vermehrung findet bei bakteriziden Antibiotika nicht statt (KBE, koloniebildende Einheiten)

91.2 Wirkungsmechanismus

Die Wirkungsmechanismen antimikrobieller Substanzen lassen sich in Bezug auf ihren Angriffsort in 5 Gruppen einteilen:

- Störung der Zellwandbiosynthese
- Störung der Proteinbiosynthese
- Störung der Nukleinsäuresynthese
- Schädigung der Zytoplasmamembran
- Störung der Synthese essenzieller Metaboliten

S. Suerbaum et al. (Hrsg.), *Medizinische Mikrobiologie und Infektiologie*,
https://doi.org/10.1007/978-3-662-61385-6_91

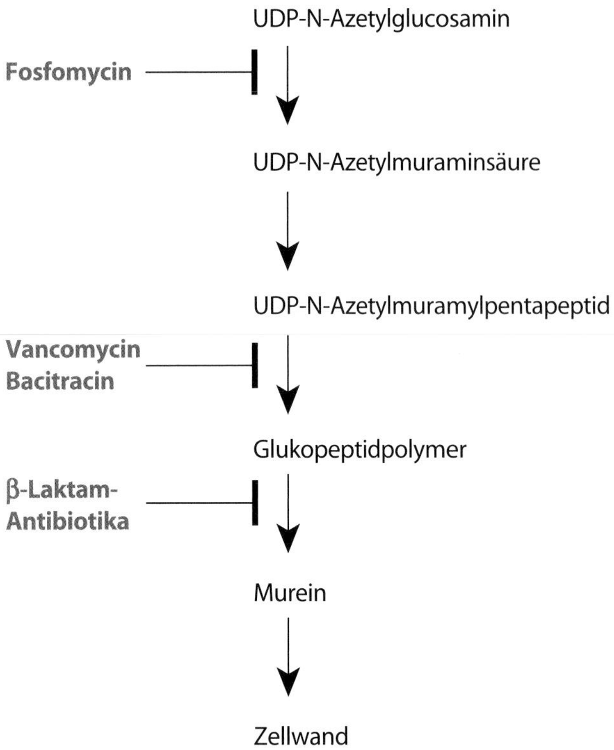

Abb. 91.2 Hemmung der Zellwandsynthese. β-Laktam-Antibiotika (Penicilline, Cephalosporine, Carbapeneme) hemmen die Transpeptidase, welche die Quervernetzung einzelner Mureinstränge katalysiert. Glykopeptide (Vancomycin, Teicoplanin) und Bacitracin inhibieren die Mureinpolymerisierung

Störung der Zellwandbiosynthese

Die Neusynthese des Mureinsakkulus kann auf verschiedenen Stufen gestört werden (Abb. 91.2). Dadurch fehlt den sich vermehrenden Bakterien das starre Stützkorsett: Die Zelle platzt aufgrund des in ihr herrschenden hohen osmotischen Druckes und stirbt ab. Zellwandsynthesehemmer wirken also sekundär bakterizid.

Störung der Proteinbiosynthese

Sie erfolgt am Ribosom. Hier können die Anlagerung der tRNA, die Transpeptidierung, die Translokation oder die Ablösung der tRNA gestört sein (Abb. 91.3). Die Folge ist je nach Substanz ein bakteriostatischer oder bakterizider Effekt. Um wirken zu können, muss ein Proteinbiosynthesehemmer das intrazelluläre Ribosom erreichen, also die gesamte Zellhülle durchdringen.

91

Störung der Nukleinsäuresynthese

Dies kann auf dreierlei Weise erfolgen:

- **Folsäureantagonisten** verhindern die Bereitstellung von Purinnukleotiden (Abb. 91.4; ► Kap. 106)
- **Rifampicin** hemmt die RNA-Polymerase, also die Transkription (► Abschn. 108.2)
- **Chinolone** hemmen bestimmte Topoisomerasen (bakterielle Enzyme zuständig für Verpackung und Trennung der bakteriellen DNA-Stränge; ► Kap. 108)

Schädigung der Zytoplasmamembran

Einige Antibiotika schädigen die Zytoplasmamembran. Diese Substanzen, z. B. Polymyxin B und Daptomycin wirken dadurch primär bakterizid.

Störung der Synthese essenzieller Metaboliten

Substanzen wie Sulfonamide und Trimethoprim wirken durch die Hemmung der Folsäuresynthese bakteriostatisch.

Postantibiotischer Effekt (PAE)

In manchen Fällen wirkt die Bakterienhemmung noch nach, auch nachdem das Antibiotikum aus der Umgebung der Bakterien entfernt worden ist. Diese Eigenschaft findet sich unter anderem bei Aminoglykosiden, Carbapenemen und Fluorchinolonen.

91.3 Wirkungsspektrum

Das Wirkungsspektrum umfasst die Mikroorganismen, die von dem Antibiotikum gehemmt werden. Es kann breit sein, also viele verschiedene Erreger erfassen (Breitspektrumantibiotikum) oder eng, nur wenige Arten umfassend (Schmalspektrumantibiotikum).

Breitspektrumantibiotika

Diese kommen dann zum Einsatz, wenn der Erreger noch nicht diagnostiziert wurde (kalkulierte Initialtherapie), oder bei Infektionen mit multiresistenten Erregern, die anders nicht zu behandeln sind (in diesem Sinne auch Reserveantibiotika). So wird z. B. die kalkulierte Therapie der akuten Meningitis mit dem breit wirksamen Ceftriaxon durchgeführt, das alle wesentlichen Meningitiserreger erfasst; die Therapie von MRSA-Infektionen erfordert den Einsatz eines Reservemittels (z. B. Vancomycin, Teicoplanin oder Linezolid), weil hier das sonst übliche Flucloxacillin unwirksam ist.

Schmalspektrumantibiotika

Diese werden dann eingesetzt, wenn der Erreger und seine Empfindlichkeit durch das mikrobiologische Labor bestimmt worden sind. Sie lösen die Breitspektrumantibiotika ab, wodurch eine Resistenz gegen letztere minimiert und dadurch eine gezielte Behandlung ermöglicht wird.

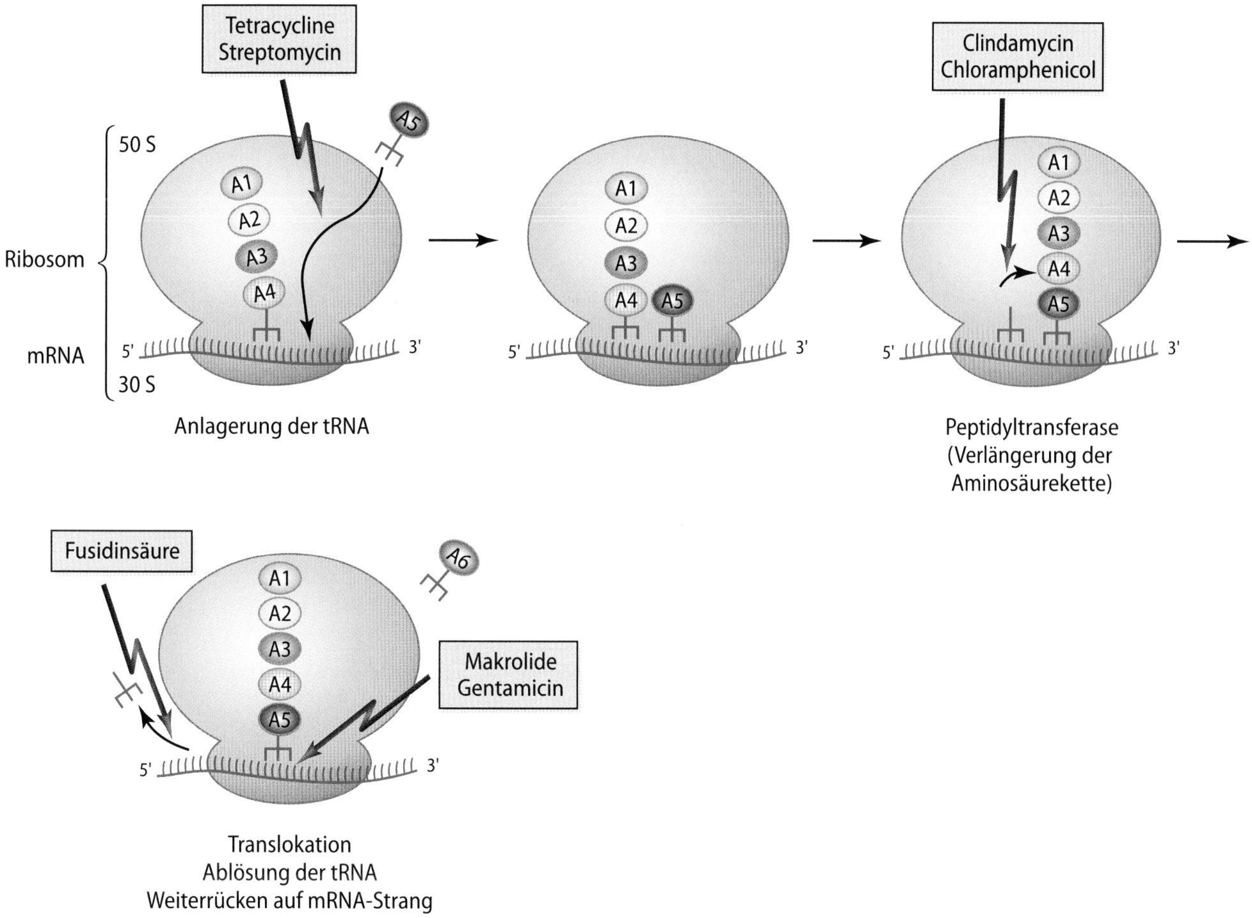

Abb. 91.3 Hemmung der Proteinbiosynthese

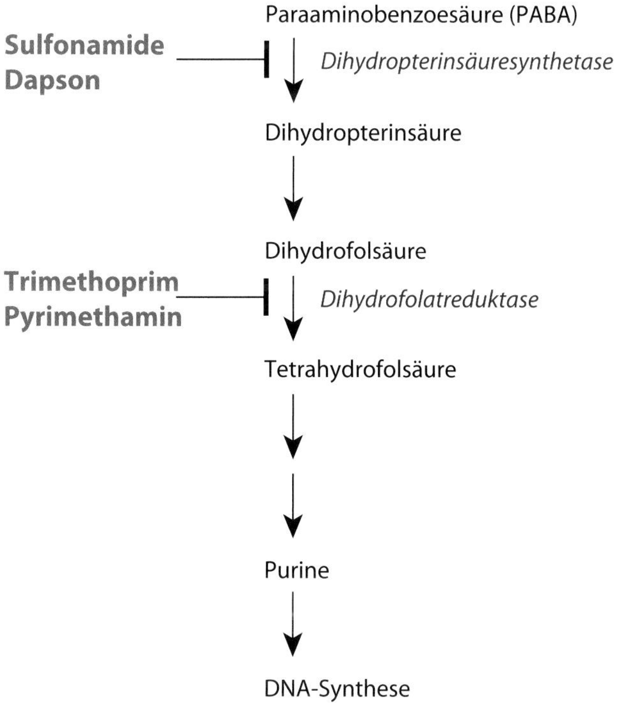

Abb. 91.4 Hemmung der Folsäuresynthese. Sulfonamide und Trimethoprim hemmen an 2 unterschiedlichen Stellen die Folsäuresynthese und damit die Bereitstellung von Purinnukleotiden. Durch kombinierte Gabe, z. B. in Cotrimoxazol (Trimethoprim + Sulfameth oxazol), erhält man eine erhebliche Wirkungssteigerung

In Kürze: Antibakterielle Wirkung

Bakteriostase und **Bakterizidie** eines Antibiotikums lassen sich mittels Messgrößen quantifizieren:

- **Minimale Hemmkonzentration (MHK):** Niedrigste Konzentration eines Antibiotikums, welche die Vermehrung eines Bakteriums in vitro verhindert.
- **Minimale bakterizide Konzentration (MBK):** Niedrigste Konzentration eines Antibiotikums, bei der 99,9 % einer definierten Einsaat eines Erregers innerhalb eines bestimmten Zeitraums (24 h) abgetötet werden.

Je nach **Wirkungsmechanismus** lassen sich Antibiotika unterscheiden:

- Störung der **Zellwandsynthese:** Sekundär bakterizide Wirkung
- Störung der **Proteinbiosynthese:** Bakteriostatisch oder bakterizid
- Störung der **Nukleinsäuresynthese:** Bakteriostatisch
- Schädigung der **Zytoplasmamembran:** Primär bakterizid

Je nach Bandbreite der Erreger, die sich durch ein bestimmtes Antibiotikum hemmen lassen, grenzt man Breitspektrum- von Schmalspektrumantibiotika ab.

Resistenz

Stefan Ziesing und Manfred Fille

Ein Bakterienstamm ist resistent gegen ein Antibiotikum, wenn seine minimale Hemmkonzentration so hoch ist, dass auch bei Verwendung der zugelassenen Höchstdosierung ein therapeutischer Erfolg nicht zu erwarten ist.

92.1 Formen

Die Resistenz gegen antibakterielle Substanzen stellt ein natürliches Phänomen dar. Die evolutionäre Entwicklung von Substanzen mit antimikrobieller Wirkung (Bakteriozine etc.) musste zur Entstehung von Mechanismen führen, welche die schädigende Wirkung dieser Substanzen aufheben oder vermindern. Es sind zu unterscheiden:

Natürliche (primäre) Resistenz

Diese beruht auf einer stets vorhandenen, genetisch bedingten Unempfindlichkeit einer Bakterienart gegen ein Antibiotikum. Mögliche Ursachen sind das Fehlen der erforderlichen Zielstrukturen oder strukturelle Eigenschaften der Bakterienhülle, die ein Chemotherapeutikum am Erreichen der Zielstruktur hindern. Beispiele hierfür sind die Unwirksamkeit von Cephalosporinen gegen Enterokokken oder von Penicillin G gegen P. aeruginosa.

Erworbene (sekundäre) Resistenz

Der grundlegende Mechanismus der Entstehung neuer Resistenzen ist der evolutionäre Vorgang der Mutation. Die sekundäre Resistenz entsteht bei einer empfindlichen Art durch Selektion resistenter Stämme, die in jeder ausreichend großen Bakterienpopulation in geringer Zahl vorkommen, unter Einwirkung des Antibiotikums, das die empfindlichen Populationsmitglieder abtötet. Andererseits entstehen durch Mutationen oder Übertragung von Resistenzgenen resistente Bakterien, die unter Einwirkung des Chemotherapeutikums selektioniert werden. Beispiel hierfür ist die Induktion von β-Laktamasen unter β-Laktam-Antibiotikatherapie. Wird das Infektionsgeschehen durch die resistenten Bakterien aufrechterhalten, so äußert sich dies klinisch als Therapieversagen.

Hieraus folgt: Je häufiger ein Chemotherapeutikum eingesetzt wird, desto wahrscheinlicher entsteht eine Resistenz.

92.2 Genetik der Resistenz

Chromosomenmutation

In einer Bakterienpopulation finden sich mit einer Häufigkeit von 10^{-6}–10^{-8} spontane Chromosomenmutationen, die durch Punktmutation oder größere DNA-Veränderungen wie Inversion, Duplikation, Insertion, Deletion oder Translokation zur Resistenz gegen eine oder mehrere antimikrobielle Substanzen führen. Sie führen neben dem Resistenzerwerb jedoch in einem Teil der Fälle zusätzlich zu bakteriellen Stoffwechselstörungen, sodass die Bakterien sich weniger gut vermehren können (reduzierte „Fitness"). Letzteres ist eine Ursache für das Verschwinden von Resistenzen, wenn der Selektionsdruck durch das Antibiotikum entfällt.

Übertragbare Resistenz

Die andere Möglichkeit der Resistenzentwicklung besteht in der Aufnahme von DNA, die einen Resistenzfaktor kodiert, durch Transformation, Transduktion und Konjugation:

- Bei der **Transformation** nimmt der Mikroorganismus freie DNA aus der Umgebung auf. Für diesen Vorgang muss die Zellhülle „kompetent" sein (◘ Abb. 92.1).
- Bei der **Transduktion** wird resistenzkodierende DNA durch einen **Bakteriophagen** übertragen. Diese Art des Resistenzerwerbs gelingt nur, wenn die Phageninfektion nicht zur Lyse des Bakteriums führt (lysogene, nichtlytische Infektion; ◘ Abb. 92.2). Sie ist selten.
- Bei der **Konjugation** bildet ein Bakterium einen Sexpilus aus, durch den es eine Verbindung mit einem Rezipienten herstellen kann, über die Plasmid-DNA oder Fragmente des Chromosoms übertragen werden (◘ Abb. 92.3). Häufig trägt das Plasmid neben der Resistenzinformation auch die für den Sexpilus: Solche Plasmide

S. Suerbaum et al. (Hrsg.), *Medizinische Mikrobiologie und Infektiologie*,
https://doi.org/10.1007/978-3-662-61385-6_92

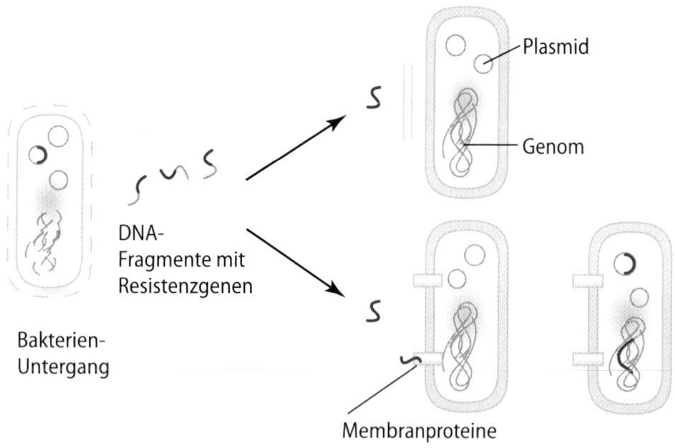

Abb. 92.1 Resistenzerwerb durch Transformation. Durch den Untergang von Organismen wird deren DNA mit Resistenzgenen frei und kann von lebenden Bakterien aufgenommen werden. Hierzu muss die Membran kompetent für die DNA-Aufnahme sein. Dies kann durch Membranproteine vermittelt werden, die eine Auswahl der DNA-Fragmente treffen

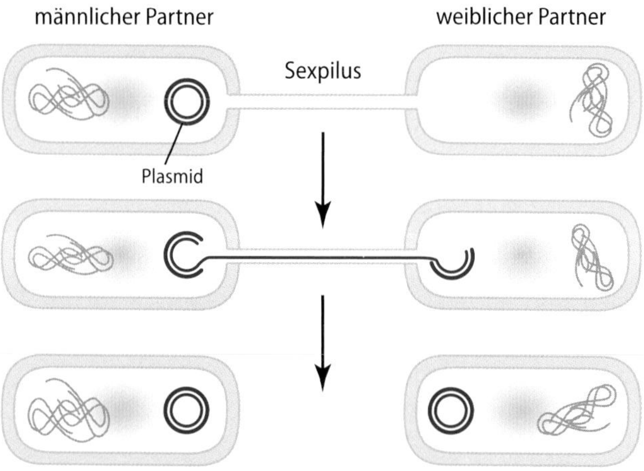

Abb. 92.3 Resistenzerwerb durch Konjugation. Bakterien können über Sexpili Kontakt mit anderen Bakterien aufnehmen. Durch die hohlen Pili kann ein plasmidgebundenes Resistenzgen (und andere Plasmidanteile) vom „männlichen" auf den „weiblichen" Partner übertragen werden

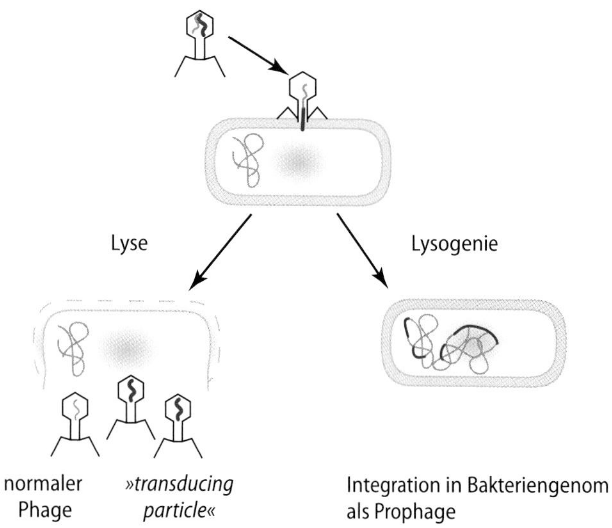

Abb. 92.2 Resistenzerwerb durch Transduktion. Bakteriophagen infizieren Bakterien. Sie übertragen ihr Genom. Dies kann zur Produktion neuer Phagen führen, die durch Lyse der Wirtszelle freigesetzt werden. Bei dieser Vermehrung können „transducing particles" entstehen, die statt des Phagengenoms Teile des Wirtszellgenoms, z. B. ein Resistenzgen, beinhalten (ca. 1‰ der Phagen). Die andere Möglichkeit ist der Einbau des Phagengenoms als Prophage in das Genom des Wirtes ohne Neuproduktion von Phagen: Lysogenie. Die Integration von Phagen-DNA erfolgt mit einer Integrase. Dadurch kann die Wirtszelle neue Eigenschaften erwerben, z. B. Resistenz gegen Antibiotika

werden **Resistenztransferfaktoren** (RTF) genannt. Konjugation findet vorwiegend zwischen gramnegativen Bakterien statt und kann speziesübergreifend, z. B. innerhalb der Familie der Enterobacteriaceae, sein. Konjugation zwischen grampositiven und -negativen Bakterien wurde ebenfalls beschrieben.

Die plasmidvermittelte Resistenz führt im Gegensatz zur chromosomalen Resistenz nicht zu Stoffwechselstörungen.

Neben Plasmiden kommen auch Transposons („springende Gene") als Träger von Resistenzgenen infrage.

Genkassetten

In ihnen organisiert können auch mehrere Resistenzgene, die Resistenzen gegen diverse Antibiotika(gruppen) vermitteln, kombiniert und weitergegeben werden. Ein Beispiel hierfür stellen die nosokomialen MRSA-Stämme dar, die häufig nicht nur gegen Methicillin, sondern auch die Fluorchinolone, Makrolide, Tetracyclin und andere Antibiotika resistent sind.

Die phänotypische Expression genetisch angelegter Resistenzmechanismen muss nicht gleichförmig sein, sie unterliegt unter Umständen Regulationsmechanismen. Resistenz kann gar nicht oder nur in geringem Ausmaß exprimiert werden. Erst unter der Einwirkung eines Antibiotikums wird in diesen Fällen durch Induktion der Genexpression der Resistenzmechanismus phänotypisch, d. h. im Antibiogramm und in der therapeutischen Situation beim Patienten als Therapieversagen, sichtbar.

92.3 Resistenzmechanismen

Inaktivierende Enzyme

Am häufigsten ist die Bildung inaktivierender Enzyme (Tab. 92.1). Hierzu zählen:

- β-Laktamasen
- Aminoglykosid-modifizierende Enzyme
- Chloramphenicol-Azetyltransferasen
- Erythromycin-Esterasen

Tab. 92.1 Genetik der Antibiotikaresistenzmechanismen

Antibiotikaklasse	Enzymatische Inaktivierung	Verändertes Zielmolekül	Permeabilitätshemmung	Verstärkte Ausschleusung	Überproduktion des Zielmoleküls
β-Laktame	P, C	C	C	–	–
Aminoglykoside	P, C	C	C	–	–
Tetracycline	–	P, C	P, C	P, C	–
Lincosamine	–	P, C	–	C	–
Makrolide	P	P, C	–	C	–
Glykopeptide	–	P, C	C	–	–
Folsäure-antagonisten	–	P, C	C	–	C
Gyrasehemmer	–	C	–	C, P	–
Chloramphenicol	P	C	P	–	–
Rifampicin	–	C	–	–	–

P, plasmidkodiert; C, chromosomal kodiert; –, bisher nicht beschrieben

Tab. 92.2 β-Laktamasen: Einteilung nach Bush

Gruppe	Eigenschaften	Hemmung durch Clavulansäure
1	Cephalosporinasen	Nein
2	Cephalosporinasen/ Penicillinasen	Ja
2 a	Penicillinasen	
2 b	Breitspektrum-β-Laktamasen	
2 b'	„Extended-spectrum β-lactamases“ (ESBL)	
2 c	Carbenicillinasen	
2 d	Cloxacillinasen	
2 e	Cephalosporinasen	
3	Metalloenzyme	Nein

β-Laktamasen spalten den β-Laktam-Ring, was zum Wirkungsverlust führt. Abhängig von ihren Substraten und der Hemmbarkeit durch β-Laktamase-Inhibitoren werden β-Laktamasen nach Bush eingeteilt (Tab. 92.2). β-Laktamasen verursachen die Penicillinresistenz von Staphylokokken (Penicillinase) oder die Penicillin- oder Cephalosporinresistenz von Enterobakterien.

Aminoglykosidmodifizierende Enzyme werden beim Transport des Antibiotikums durch die Zellwand wirksam. Es kommt zu Phosphorylierung, Azetylierung oder Adenylierung des Aminoglykosids.

Veränderte Zielmoleküle

Eine Modifikation des Zielmoleküls kann zur Folge haben, dass das Antibiotikum nicht mehr daran bindet und damit seine Wirkung nicht mehr entfalten kann. Veränderte **penicillinbindende Proteine** (PBP) liegen der Resistenz von methicillinresistenten S. aureus (MRSA) oder penicillinresistenten Pneumokokken zugrunde. Die Chinolonresistenz von E. coli ist bedingt durch Punktmutationen in DNA-Gyrase-Genen.

Veränderte Permeabilität der Zellhülle

Der Transport hydrophiler Substanzen durch die äußere Membran gramnegativer Bakterien erfolgt durch Porine. Wird der Porinkanal verändert, passt das Antibiotikum nicht mehr hindurch und gelangt nicht an sein Zielmolekül. Auf einer solchen Veränderung des D2-Porins basiert die Imipenemresistenz von P. aeruginosa.

Auch können Transportproteine der Zytoplasmamembran verändert sein. Diesen Resistenzmechanismus findet man z. B. bei der Aminoglykosidresistenz obligater Anaerobier.

Verstärkte Ausschleusung aus der Zelle

Durch die Induktion von Effluxpumpen in der Zellhülle kann ein eingedrungenes Antibiotikum so schnell aus der Zelle eliminiert werden, dass es ohne Wirkung bleibt. Hierauf beruht die Resistenz von Enterobakterien gegen Tetracycline.

Überproduktion des Zielmoleküls/Umgehungswege

Wird das Zielmolekül überexprimiert, kann die erreichbare Konzentration des Antibiotikums nicht ausreichen, um eine vollständige Inhibition zu bewirken. Die Aktivierung alternativer Stoffwechselwege kann ebenfalls zur Unwirksamkeit eines Antibiotikums führen, obwohl sich eine sonst ausreichende Menge in der Bakterienzelle befindet. Solche Mechanismen spielen bei der Resistenz gegen Folsäureantagonisten eine Rolle.

Eine Resistenz gegen Antibiotika ist selten absolut, vielmehr hat sie zur Folge, dass im Vergleich zu einem sensiblen Wildstamm höhere Konzentrationen eines Antibiotikums zur Hemmung des bakteriellen Wachstums benötigt werden. Im medizinischen Sinne bedeutet „Resistenz", dass eine zur Wachstumshemmung notwendige Konzentration des Antibiotikums am Infektionsort beim Patienten nicht erreicht werden kann (▶ Kap. 90).

Kreuzresistenz

Ein definierter Resistenzmechanismus kann nicht nur gegen eine, sondern auch mehrere Antibiotika, unter Umständen auch gegen mehrere Antibiotikagruppen, wirksam sein. So ist die Penicillinase von Staphylokokken nicht nur gegen Penicillin, sondern auch die Amino- und Azylureidopenicilline wirksam, nicht jedoch die Isoxazolylpenicilline und auch nicht gegen die Cephalosporine. Ist die Penicillinresistenz jedoch durch eine veränderte Zielstruktur (PBP-2a) bedingt, resultiert eine breite Kreuzresistenz gegen alle Penicilline (inkl. Isoxazolylpenicilline), der Cephalosporine und der Carbapeneme.

In Kürze: Resistenz

Im Gegensatz zur **primären** Resistenz eines Bakteriums ist die **sekundäre** Resistenz durch Selektion unter Einwirkung eines Antibiotikums erworben. Dies kann Folge einer Chromosomenmutation oder einer Übertragung – also der Aufnahme von DNA, die einen Resistenzfaktor kodiert – sein.

Bakterien verfügen über verschiedene **Resistenzmechanismen** zur „Abwehr" von Antibiotika:

- **Inaktivierende Enzyme:** Antibiotikum verliert seine Wirkung.
- **Veränderte Zielmoleküle:** Antibiotikum kann nicht mehr an Zielmolekül binden.
- **Veränderte Permeabilität der Zellhülle:** Antibiotikum gelangt nicht mehr in die Zelle zum Zielmolekül.
- **Verstärkte Ausschleusung aus der Zelle:** Antibiotikum wird sehr rasch aus der Zelle eliminiert.
- **Überproduktion des Zielmoleküls/Umgehungswege:** Konzentration des Antibiotikums reicht für Wirksamkeit nicht mehr aus.

Pharmakokinetik

Stefan Ziesing und Manfred Fille

Die Pharmakokinetik beschreibt die zeitabhängige Veränderung der Konzentration einer Substanz in einem lebenden Organismus.

▪ Resorption

Die Aufnahme einer Substanz über äußere oder innere Körperoberflächen wird als Resorption bezeichnet. Sie hat entscheidenden Einfluss auf die Applikationsart eines Antibiotikums und lässt Voraussagen bezüglich möglicher Nebenwirkungen zu.

Zum Beispiel wird Vancomycin nicht über den Darm resorbiert. Soll eine systemische Infektion, z. B. eine MRSA-Sepsis, behandelt werden, so muss Vancomycin parenteral (i. v.) gegeben und es muss die Möglichkeit einer Nierenschädigung bedacht werden; ist die Indikation dagegen eine antibiotikaassoziierte Kolitis durch C. difficile, erfolgt die Gabe oral und es ist nicht mit systemischen Nebenwirkungen wie Nierenschädigung zu rechnen.

Die Resorption nach oraler Gabe kann unvollständig sein. Die **Bioverfügbarkeit** gibt an, welcher Teil der zugeführten Substanz enteral resorbiert werden kann. Bei Fluorchinolonen ist dieser Anteil hoch, je nach Substanz fast 100 %, bei β-Laktam-Antibiotika aufgrund einer limitierten Kapazität der Resorptionsmechanismen niedriger. Daher kann eine orale Therapie auch im Hinblick auf die applizierbare Dosis nicht mit einer parenteralen Therapie gleichgesetzt werden.

▪ Kompartimentierung

Eine Substanz kann sich gleichmäßig oder in den verschiedenen Körperregionen (Kompartimenten) unterschiedlich verteilen.

Cefotiam gelangt z. B. nicht in den Liquor (Funktion der Blut-Hirn-Schranke); bei einer Meningitis durch E. coli kann es daher nicht eingesetzt werden, selbst wenn der Erreger bei der Sensibilitätsprüfung in vitro eine geringe minimale Hemmkonzentration aufweist, die die Behandlung einer Pneumonie durch diesen Stamm erlauben würde.

Weitere Kompartimente, in denen Antibiotika u. U. deutlich unterschiedliche Spiegel relativ zum Serumspiegel erreichen, sind Haut- und Weichgewebe, Knochen oder Lunge.

Um in Wirtszellen befindliche, intrazelluläre Erreger zu erreichen, muss ein Medikament durch Lipiddoppelmembranen hindurch ins Zellinnere gelangen. Fluorchinolone, Makrolide oder Tetracycline haben diese Eigenschaft, hydrophile Substanzen wie z. B. Penicilline dagegen nicht.

Ein bedeutendes „Kompartiment“ ist das Plasmaeiweiß. An dieses gebundene Substanzen **(Plasmaeiweißbindung)** stehen zunächst nicht zur Verfügung, sie dissoziieren aber mit unterschiedlicher Kinetik wieder ab.

▪ Metabolisierung

Eine Metabolisierung findet bei den meisten Antibiotika in verschiedenem Ausmaß statt. Die durch Oxidation, Reduktion, Hydrolyse oder Konjugation entstandenen Abbauprodukte sind z. T. antibakteriell inaktiv und erscheinen in dieser Form in Blut, Urin, Galle oder Fäzes.

Bei oral verabreichten Substanzen muss ein möglicher „First-Pass-Effekt“ berücksichtigt werden, also eine Metabolisierung in der Leber, bevor der systemische Kreislauf und damit der Infektionsort erreicht werden. Manche Präparationen sind „prodrugs“: Sie werden erst im Organismus in die eigentlich aktive Form umgewandelt.

▪ Elimination

Die Elimination der meisten Antibiotika erfolgt vorwiegend durch die Nieren; einige Antibiotika, z. B. Rifampicin und Ceftriaxon, werden in erster Linie durch Galle und Fäzes ausgeschieden. Dabei kann es zur Rückresorption im Darm kommen.

Ausscheidungsstörungen spielen bei der Anwendung von Antibiotika eine bedeutende Rolle, da die Gefahr der Kumulation besteht. So ist eine ständige Kontrolle des Plasmaspiegels bei Aminoglykosidtherapie von Patienten mit Niereninsuffizienz angezeigt, um einer Kumulation in den toxischen Bereich vorzubeugen.

Die Dauer der Elimination hat wesentlichen Einfluss auf die Verabreichungsfrequenz einer Substanz.

S. Suerbaum et al. (Hrsg.), *Medizinische Mikrobiologie und Infektiologie*,
https://doi.org/10.1007/978-3-662-61385-6_93

Cefotaxim hat eine Halbwertszeit von etwa 1 h; für Ceftriaxon, gleichfalls ein Cephalosporin der 3. Generation, beträgt sie dagegen 8 h. Als Konsequenz ist Cefotaxim üblicherweise 3-mal täglich, Ceftriaxon nur 1-mal täglich zu applizieren.

Konzentrations-Zeit-Verlauf – Kinetikkurve

Abhängig von Dosierung und Dosierungsintervall ändert sich das Muster des Konzentrationsverlaufs in einem Kompartiment (Abb. 93.1). Hierbei lassen sich folgende pharmakokinetische Größen bestimmen und für die Beurteilung einer antimikrobiellen Substanz heranziehen (Abb. 93.2):
- Dauer der Konzentration oberhalb der MHK (toMIC = „time over minimal inhibitory concentration")
- Peak-MHK-Quotient
- AUC-MHK-Quotient (AUC = „area under curve").

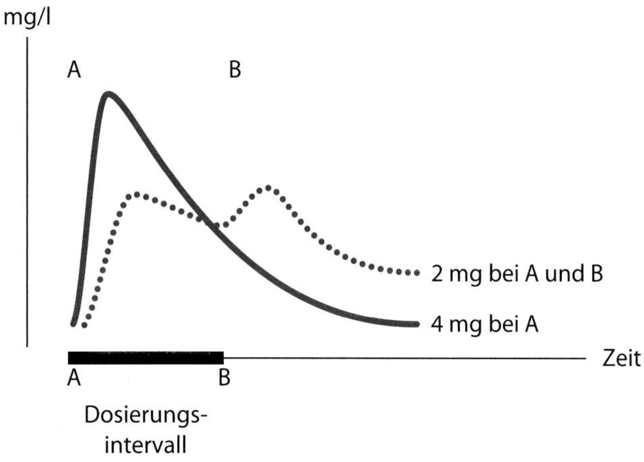

Abb. 93.1 Pharmakokinetik. Kinetikkurve. A, B: Zeitpunkte der Antibiotikagabe

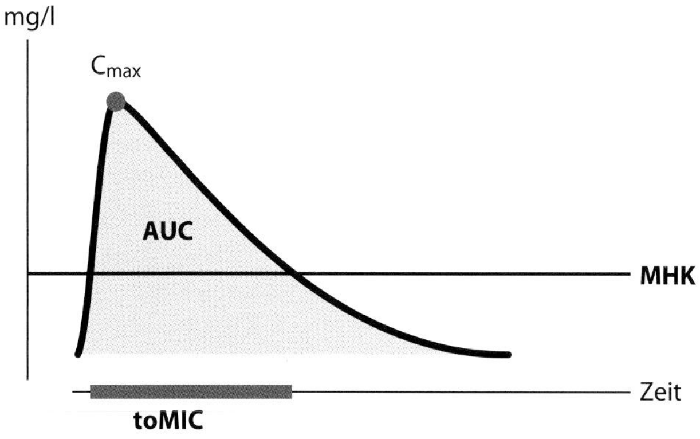

Abb. 93.2 Pharmakokinetik. Eine antimikrobielle Substanz unterliegt einem bestimmten Konzentrationszeitverlauf (Kinetik). Hierbei lassen sich einige Messgrößen bestimmen, die sich zur antimikrobiellen Wirkung in Beziehung setzen lassen: toMIC, peak-MHK- und AUC-MHK-Quotient. Näheres siehe Text

Der therapeutische Erfolg einer Antibiotikatherapie korreliert in manchen Fällen mit einem der vorgenannten Parameter:
- β-Laktam-Antibiotika – toMIC
- Aminoglykoside – Peak-MHK-Quotient
- Fluorchinolone – AUC-MHK-Quotient

„Total drug monitoring" (TDM)

Angesichts steigender Resistenzraten gegenüber verfügbaren Antibiotika und häufigeren Nachweisen multiresistenter Infektionserreger wird eine höhere Sicherheit in der Antibiotikaanwendung, insbesondere beim kritisch kranken Patienten, z. B. auf Intensivstationen, gefordert. Ziel ist die Sicherung eines wirksamen Antibiotikaspiegels auch bei durch die klinische Situation des Patienten veränderter Pharmakokinetik (Körpergewicht, veränderte Verteilungsvolumina, z. B. in der Sepsis, reduzierte, aber u. U. auch gesteigerte Eliminationsraten). Zudem ist bekannt, dass bei bestimmten Substanzen Plasmaspiegel bei gleicher Dosis in hohem Maße variieren können. In diesen Fällen wird zunehmend eine Messung der erreichten Serum-/Plasmaspiegel durchgeführt, bzw. gefordert.

In der Praxis der Antibiotikatherapie müssen außer dem mikrobiologischen Wirkspektrum, der im Antibiogramm nachgewiesenen Wirksamkeit, Nebenwirkungen und Allergien auch die pharmakokinetischen Eigenschaften einer Substanz beachtet werden. Zur sicheren Anwendung eines Antibiotikums müssen daher ggf. die folgenden Parameter bekannt sein:
- Bioverfügbarkeit
- Halbwertszeit der Elimination
- Ausscheidungsweg und notwendige Dosisanpassung bei Insuffizienz des Ausscheidungsorgans
- Eignung zur Therapie von Infektionen in verschiedenen Kompartimenten (Gewebespiegel, intrazelluläre Aktivität)

> **In Kürze: Pharmakokinetik**
>
> Für die Pharmakokinetik spielen folgende Begriffe einer Rolle:
> - **Resorption:** Aufnahme einer Substanz über innere und äußere Körperoberflächen, z. B. über den Darm (orale Gabe möglich) oder nicht über den Darm (parenterale Gabe nötig).
> - **Kompartimentierung:** Verteilung einer Substanz in verschiedenen Körperregionen, z. B. Gehirn, Zytoplasma.
> - **Metabolisierung:** Abbau einer Substanz in verschiedenem Ausmaß infolge verschiedener Stoffwechselsysteme des Organismus.
> - **Elimination:** Ausscheidung einer Substanz aus dem Organismus, meist renal.

Applikation und Dosierung

Marlies Höck und Manfred Fille

Antimikrobielle Substanzen können oral, parenteral oder lokal auf der Haut/Schleimhaut verabreicht werden. Die Dosierung des Antibiotikums ist abhängig von patienteneigenen Parametern wir Alter, Gewicht etc., von der Schwere der Infektionskrankheit, von der Lokalisation der Infektion, z. B. im Liquorraum bei Meningitis, sowie von den pharmakokinetischen und -dynamischen Eigenschaften des Antibiotikums.

94.1 Applikation

Antimikrobielle Substanzen können oral, parenteral (i. v., i. m.) oder lokal verabreicht werden. Welcher Weg gewählt wird, hängt von der Substanz und der Indikation ab.

- Eine **intravasale** (intravenöse oder intraarterielle) Applikation hat die Vorteile der genauen Dosierung durch Ausschaltung der Resorption, raschen Wirkungseintritt und der Gabe großer Volumina, aber auch Nachteile wie die erhöhte Gefahr unerwünschter Nebenwirkungen. Auch können keine wasserunlöslichen Substanzen auf diesem Wege verabreicht werden.
- Die **intramuskuläre** Applikation hat eine verlässliche und noch raschere Resorption als die orale Gabe und ist für gefäßirritierende Substanzen geeignet. Bei Patienten mit Antikoagulation ist die intramuskuläre Applikation kontraindiziert.

Intravasale und intramuskuläre Applikationen sind **invasive Maßnahmen,** die neben den pharmakokinetischen Vorteilen auch Nachteile wie schlechte Praktikabilität und auftretende Nebenwirkungen, z. B. Phlebitis, haben. Eine parenterale Applikation sollte immer Mittel der Wahl bei schwersten, lebensbedrohlichen Infektionen wie z. B. Sepsis, Endokarditis, Meningitis, Peritonitis etc. sein. Nach Eintritt der klinischen Besserung kann mit einem entsprechenden Präparat in oraler Form, genannt Sequenz- oder Sequenzialtherapie, fortgesetzt werden.

- Die **orale** Applikation wird als **nichtinvasive** Methode bevorzugt bei ambulanten Patienten eingesetzt. Nachteile sind die variable, nicht immer genau determinierbare Bioverfügbarkeit, die abhängig ist von pharmakologischen Eigenschaften und lokalen Faktoren. Bei Erbrechen oder Diarrhö ist die orale Applikationsform nicht indiziert, da die Kontaktzeit mit der Resorptionsoberfläche des Darms stark verkürzt ist. Auch muss die Patientencompliance berücksichtigt, ggf. durch kontrollierte Einnahmen korrigiert werden.
- Eine **lokale** Gabe von Antibiotika ist nur in wenigen Fällen sinnvoll, etwa bei erregerbedingter Konjunktivitis oder das Inhalieren eines colistinhaltigen Präparats bei Vorliegen von multiresistentem Pseudomonas aeruginosa zur Reduktion der Kolonisationsflora. Sie birgt, v. a. an Schleimhaut und Haut, die Gefahr der Allergisierung. Bei oberflächlichen Wundinfektionen, die sich auf erste Sicht für eine lokale Antibiotikatherapie anbieten, eignen sich desinfizierend wirkende Substanzen wie Octenidin, Polihexanid oder Jodkomplexe in Salben- oder Lösungsform.

94.2 Dosierung

Hier sind die Empfindlichkeit der Erreger, die Pharmakokinetik und die Verträglichkeit des Antibiotikums sowie die Lokalisation des Krankheitsprozesses zu berücksichtigen. Bei schwer zugänglichen Prozessen muss ein Antibiotikum in der erlaubten **Maximaldosis** gegeben werden. So ist z. B. bei bakterieller Meningitis das relativ schlecht liquorgängige Penicillin G höher zu dosieren, um eine genügend hohe Liquorkonzentration zu erzielen. Dagegen ist bei der Endokarditistherapie notwendig, die Aminoglykoside niedriger (3 mg/kg Körpergewicht), jedoch gleichmäßig über den Tag verteilt, auf 3 Einzelgaben zu applizieren, damit immer ein **konstanter Serumspiegel** vorhanden ist.

S. Suerbaum et al. (Hrsg.), *Medizinische Mikrobiologie und Infektiologie,*
https://doi.org/10.1007/978-3-662-61385-6_94

94.2.1 Dosierungsintervall

Dieses Zeitintervall zwischen 2 Arzneimittelgaben ist abhängig von Verteilungsvolumen, Clearance und Halbwertszeit. Nach Eintritt des Gleichgewichts zwischen Aufnahme und Elimination ist das Intervall genau einzuhalten, um gleich bleibende Spitzen- oder Talspiegel zu erhalten.

- Bei **bakteriostatisch** wirkenden Substanzen muss für eine möglichst dauerhaft über der MHK liegende Konzentration am gewünschten Wirkort gesorgt werden, d. h., die Antibiotikakonzentration muss im Blut deutlich über der MHK liegen (toMIC, ► Kap. 92).
- Einige **bakterizid** wirkenden Antibiotika wie β-Laktame müssen durch die Abhängigkeit der antibakteriellen Wirkung von der Dauer der Konzentration im Gewebe oberhalb der MHK (t > MHK, ► Kap. 92) mehrmals und gleichmäßig über den Tag verteilt (z. B. 3-mal, d. h. jeweils im Abstand von 8 h) appliziert werden.
- Bei **dosisabhängig bakteriziden** Substanzen wie Aminoglykosiden (c_{max}/MHK, ► Kap. 92) und Fluorchinolonen (AUC/MHK, ► Kap. 92) hingegen werden mit einer höheren Spitzenkonzentration bessere Erfolge erzielt.

94.3 Behandlungsdauer

Die Behandlungsdauer hängt vom Krankheitsverlauf und von der Erregerart ab, sollte so kurz wie möglich, jedoch so lang wie nötig sein. Je nach Erkrankung kann eine Therapie eine einmalige Gabe eines Antibiotikums umfassen, z. B. bei einer unkomplizierten Zystitis bei Frauen. Dagegen muss eine Lobärpneumonie über 5–7 Tage, eine nekrotisierende Pankreatitis und Sepsis über 7–10 Tage und eine Endokarditis sogar über 2, 4, 6 oder mehr Wochen antibiotisch therapiert werden. Auch bei granulomatösen Infektionen wie z. B. Tuberkulose oder bei Pilzinfektionen wie z. B. der Dermatophytose ist eine monatelange Behandlung notwendig.

▪ Memo

In der Regel gilt: So schnell wie möglich beginnen, so hoch wie möglich applizieren, so kurz wie möglich therapieren!

Weiterführende Literatur

Stille W, Brodt H-R (2013) Antibiotika-Therapie. Klinik und Praxis der antiinfektiösen Behandlung, 12. Aufl. Schattauer, Stuttgart

Nebenwirkungen

Stefan Ziesing, Manfred Fille und Manfred P. Dierich

Wie alle anderen Pharmaka können auch Antiinfektiva unerwünschte Wirkungen hervorrufen. Im engeren Sinne sind dies toxische, allergische und biologische Nebenwirkungen. Darüber hinaus sind Interaktionen mit anderen Medikationen zu beachten.

■ **Toxische Nebenwirkungen**

Den Antibiotika mit geringer Toxizität (Penicillinen, Cephalosporinen) stehen potenziell toxische Antibiotika, wie Aminoglykoside und Fluorchinolone, gegenüber, die bei Überdosierung teils reversible, teils irreversible Schäden hervorrufen können.

■ **Therapeutische Breite**

Dieser Abstand zwischen therapeutischer und toxischer Dosierung ist praktisch bedeutsam. Er ist bei β-Laktam-Antibiotika groß, bei Aminoglykosiden gering; letztere müssen daher exakt, ggf. unter laufender Kontrolle der Serumkonzentration, dosiert werden.

Auch bei normaler Dosierung sind toxische Nebenwirkungen möglich, wenn durch eine Störung der Entgiftungsfunktion der Leber oder durch eine Ausscheidungsstörung bei Herz- oder Niereninsuffizienz das Antibiotikum kumuliert. Intrazellulär wirkende Mittel sind oft hämato- und hepatotoxisch (z. B. Rifampicin, Cotrimoxazol, Isoniazid).

■ **Allergische Nebenwirkungen**

Diese kommen v. a. bei der Therapie mit Penicillinen vor, und zwar am häufigsten bei lokaler Anwendung: polymorphe Exantheme, Urtikaria, Eosinophilie, Ödeme, Fieber, Konjunktivitis, Fotodermatosen, Immunhämatopathie. Gefürchtet ist der anaphylaktische Schock mit u. U. tödlichem Ausgang (deshalb ist vor Einsatz von Penicillinen nach bekannter Unverträglichkeit zu fragen).

Auch Vancomycin, Streptomycin, Sulfonamide (auch in Cotrimoxazol) und Nitrofurane führen nicht selten zu allergischen Reaktionen. Eine Allergisierung durch andere Antibiotika ist bei einer Allgemeinbehandlung relativ selten, wird aber als Kontaktallergie nach lokaler Anwendung häufiger beobachtet.

■ **Biologische Nebenwirkungen**

Sie entstehen durch die Beeinflussung der normalen Bakterienflora auf der Haut oder Schleimhaut und sind unter der Behandlung mit Breitspektrumantibiotika besonders häufig. Durch Schädigung der physiologischen Flora kommt es zum Überwuchern mit Pilzen (Candida albicans) oder mit resistenten Bakterien (z. B. Staphylokokken, P. aeruginosa, Klebsiella) und das Risiko für Sekundärinfektionen wird erhöht (z. B. Candida-Stomatitis). Diese selektionierende Wirkung ist im größten Keimreservoir des Menschen, dem Darm, stärker ausgeprägt, wenn aktives Antibiotikum in hoher Dosierung vorliegt, z. B. bei oraler Gabe und unvollständiger Resorption oder bei Substanzen, die in wirksamer Form hepatisch eliminiert werden.

Die antibiotikaassoziierte Enterokolitis kann unter einer Behandlung mit vielen Antibiotika auftreten. Sie ist durch das Überwuchern mit toxinbildenden Clostridium difficile-Stämmen bedingt (▶ Abschn. 40.4).

■ **Interaktionen**

Nicht zu den Nebenwirkungen im eigentlichen Sinne zählen die Interaktionen von Antibiotika mit anderen Pharmaka. Gleichwohl ist die Kenntnis dieser Interaktionen, die zur Wirkungsabschwächung, aber auch zur Wirkungsverstärkung anderer Substanzen führen können, von großer Bedeutung in der Antibiotikaanwendung. Betroffen können Dauermedikationen bei chronisch Kranken (Theophyllin, Immunsuppressiva), Kontrazeptiva und viele andere sein.

S. Suerbaum et al. (Hrsg.), *Medizinische Mikrobiologie und Infektiologie*,
https://doi.org/10.1007/978-3-662-61385-6_95

Auswahl antimikrobieller Substanzen (Indikation)

Manfred Fille und Stefan Ziesing

Ausgangspunkt für die Indikation einer antimikrobiellen Therapie ist der Patient, nicht ein (mikrobiologischer) Laborbefund.

96.1 Grundlagen

Der Arzt muss neben mikrobiologischen und pharmakologischen Parametern v. a. den Zustand des Patienten berücksichtigen, um aus einer Vielzahl von Substanzen die geeignetste auszuwählen. Hierzu muss er sich eine Reihe von Fragen beantworten:

- Ist aufgrund von Anamnese und klinischem Befund eine Infektion anzunehmen (Verdachtsdiagnose)?
- Welche Erreger**gruppe**(n) ist (sind) wahrscheinlich die Ursache (Bakterien, Viren, evtl. Pilze oder Parasiten)?
- Ist eine Therapie mit Antibiotika indiziert? (Keine Antibiotika bei viralen Infektionen!)
- Welche Erreger kommen als Ursache infrage (Erregerspektrum)? Diese Überlegung ist für die »kalkulierte Therapie« zu Beginn der Behandlung besonders wichtig.
- Welche antimikrobiellen Substanzen wirken gegen die vermuteten Erreger auch unter Berücksichtigung der lokalen Resistenzsituation (Wirkungs-, Resistenzspektrum)?
- Sprechen pharmakokinetische Gründe oder besondere Eigenschaften des Patienten gegen den Einsatz einer Substanz (Pharmakokinetik, Nebenwirkungen, Allergie)?
- Wie muss das gewählte Mittel verabreicht werden, damit eine ausreichend hohe Konzentration rechtzeitig am Infektionsort erreicht wird (Dosierung, Applikationsart)?

Kalkulierte Antibiotikatherapie

Durch die Beantwortung dieser Fragen kalkuliert der Arzt empirisch, ohne Kenntnis des im Einzelfall vorliegenden Erregers, eine wahrscheinlich wirksame Therapie. Diese ist erforderlich, wenn erregerbedingte Krankheiten sofort (erst nach Abnahme der Proben für die Diagnostik!) einer Therapie bedürfen und die Ergebnisse der mikrobiologischen Labordiagnostik nicht abgewartet werden können.

Die kalkulierte Antibiotikatherapie z. B. einer eitrigen Meningitis erfolgt mit Ceftriaxon, weil es alle relevanten Erreger erfasst, z. B. sowohl die Penicillin-G-empfindlichen Meningo- und Pneumokokken als auch den Penicillin-G-resistenten H. influenzae. (Bei Neugeborenen und älteren Patienten wird wegen des Listerioserisikos zusätzlich Ampicillin gegeben.)

Gezielte Therapie

Nach Identifizierung und Resistenztestung des Erregers kann die kalkulierte Antibiotikatherapie in die gezielte Therapie überführt werden. Hierbei stellt sich folgende Frage:

- Kann oder muss die Therapie modifiziert werden?

Häufig erlauben es die mikrobiologischen Laborergebnisse, Breitspektrumantibiotika durch Mittel mit engem Spektrum zu ersetzen. Dies reduziert die Resistenzentwicklung gegen Breitspektrumantibiotika, d. h., deren Wirksamkeit bleibt länger erhalten, und senkt die Behandlungskosten.

Beispiel: Wird als Meningitiserreger ein Penicillin-G-empfindlicher Meningokokkenstamm identifiziert, tauscht man das breit wirksame Ceftriaxon gegen das preiswerte Schmalspektrumantibiotikum Penicillin G aus.

Kombinationstherapie

Die gleichzeitige Gabe mehrerer Antibiotika kann aus folgenden Gründen von Vorteil sein:

- Die Selektion resistenter Stämme wird reduziert. Von 10^6–10^8 Bakterien einer Population ist nur eines gegen eine bestimmte antimikrobielle Substanz resistent; kombiniert man 2 Antibiotika, beträgt die Wahrscheinlichkeit für das Auftreten einer gegen beide Substanzen resistenten Mutante $1:10^{12}$–10^{16}.

S. Suerbaum et al. (Hrsg.), *Medizinische Mikrobiologie und Infektiologie*,
https://doi.org/10.1007/978-3-662-61385-6_96

- Durch Kombination antimikrobieller Substanzen erhält man eine **Spektrumerweiterung.**
- Ein weiterer Grund für die Kombination von Antibiotika ist das Ausnutzen **synergistischer Effekte.**

Typischerweise wird ein Synergismus durch Kombination von β-Laktam-Antibiotika mit Aminoglykosiden erreicht: Penicillin G stört die Zellwandsynthese und erleichtert dadurch dem Aminoglykosid den Zugang zu seinem Zielmolekül am Ribosom. Dies wird bei der Endokarditistherapie ausgenutzt (▶ Kap. 112).

So wünschenswert ein synergistischer Effekt bei speziellen Fällen ist, kann mit den in der Routine genutzten Methoden der Empfindlichkeitsprüfung ein gegenteiliger, antagonistischer Effekt nicht ausgeschlossen werden. Daher sollte, wann immer möglich, einer Monotherapie der Vorzug gegeben werden.

▪ Chemoprophylaxe

In einigen Fällen werden antimikrobielle Chemotherapeutika zur Vorbeugung gegen Infektionen eingesetzt. Hierzu zählen die Malariaprophylaxe (▶ Abschn. 85.6), die Pneumocystis-Prophylaxe bei AIDS-Patienten, die Endokarditisprophylaxe (▶ Kap. 115), die Rifampicingabe an Indexfälle und enge Kontaktpersonen bei Meningokokken- und Haemophilus-Meningitis und die perioperative Prophylaxe.

Die **perioperative Prophylaxe** zielt v. a. darauf ab, das Auftreten postoperativer Wundinfektionen zu reduzieren; es müssen also insbesondere Staphylokokken und Enterobakterien an der Etablierung gehindert werden. Die Prophylaxe sollte so vor der Operation begonnen werden, dass zu OP-Beginn (Hautschnitt) ausreichende Gewebekonzentrationen erreicht werden (bei parenteraler Gabe von β-Laktam-Antibiotika 30 min vorher). Eine einmalige Applikation ist ausreichend, bei länger dauernden Operationen kann abhängig von der Halbwertszeit nach 4 h eine weitere Dosis gegeben werden. Als geeignetes Mittel für die meisten Fälle gilt Cefazolin; müssen zusätzlich Anaerobier bedacht werden (z. B. bei kolorektaler Chirurgie), ist Cefuroxim in Kombination mit Metronidazol oder Clindamycin geeignet.

96.2 Mikrobiologische Parameter

▪ Erregerspektrum

Mit seiner Kenntnis lässt sich bei einem gegebenen Krankheitsbild vermeiden, dass bei jedem Infektionsverdacht „omnipotente" Breitspektrumantibiotika eingesetzt werden müssen. Das Erregerspektrum hängt maßgeblich davon ab, ob eine Infektion ambulant oder nosokomial, d. h. im Krankenhaus, erworben wurde. Im Krankenhaus werden multiresistente Problemkeime selektioniert und dominieren das Spektrum. Zum Beispiel sind die häufigsten Erreger ambulant erworbener Pneumonien S. pneumoniae, H. influenzae und Legionellen, während bei nosokomialen Pneumonien Enterobakterien, P. aeruginosa und S. aureus (nicht selten methicillinresistent) im Vordergrund stehen.

▪ Resistenzspektrum

Die Kenntnis des Resistenzspektrums in einem Krankenhaus, einer Abteilung oder einer Station erlaubt eine weitere Einengung. Entscheidend für das Resistenzspektrum ist die Häufigkeit, mit der ein bestimmtes Antibiotikum zum Einsatz kommt. Dies zeigt sich nicht nur im Vergleich verschiedener Länder oder von ambulanten und nosokomialen Erregern, sondern das Spektrum kann selbst innerhalb eines Krankenhauses von Abteilung zu Abteilung oder von Jahr zu Jahr erheblich variieren.

▪ Antibiogramm

Die Bestimmung der Empfindlichkeit eines Erregers gegen antimikrobielle Substanzen **in vitro** durch das Antibiogramm erlaubt Rückschlüsse darauf, welche Substanzen in die engere Auswahl als Therapeutikum kommen.

96.3 Pharmakologische Parameter

▪ Infektionslokalisation

Die Lokalisation des Infektionsprozesses ist entscheidend bei der Auswahl eines Antibiotikums. Ein Erreger sitzt nicht immer an leicht zugänglichen Orten, sondern kann sich in Kompartimenten befinden, die für ein Medikament schlecht erreichbar sind (ZNS, Gallenwege, Prostata).

Bei einer Meningitis befindet sich der Erreger im **Subarachnoidalraum,** jenseits der Blut-Liquor-Schranke. Ein solcher Erreger kann *in vitro* (im Antibiogramm) empfindlich gegen Cefotiam sein; dieses kann bei dem Patienten aber nicht eingesetzt werden, da es keine ausreichende Konzentration im Subarachnoidalraum erreicht.

Befindet sich ein Erreger innerhalb einer Wirtszelle, wie z. B. Chlamydien, muss das Antibiotikum nicht nur die Zellhülle des Bakteriums durchdringen, sondern vorher auch Zellmembranen der Wirtszelle penetrieren können.

Weiterhin können am Infektionsort Bedingungen herrschen, die zur Inaktivierung des Medikaments führen. Aminoglykoside sind im sauren, anaeroben Milieu (z. B. Eiter) wenig wirksam.

■ **Stoffwechselfunktionen**
Nieren- oder Leberfunktionsstörungen machen häufig die Dosisanpassung eines Antibiotikums erforderlich. Das Gleiche gilt bei Durchführung einer Dialyse.

96.4 Patienteneigenschaften

Besondere Eigenschaften des Patienten sind bei der Auswahl der antimikrobiellen Chemotherapie zu berücksichtigen.

■ **Alter, Schwangerschaft, Stillperiode**
Das Alter des Patienten hat nicht nur Einfluss auf das Erregerspektrum, z. B. bei der Meningitis, sondern muss auch im Hinblick auf Nebenwirkungen und veränderte Leber- und Nierenstoffwechselleistungen beachtet werden.

Für den Embryo/Fetus sind Penicilline und Cephalosporine ungefährlich, während Chloramphenicol, Erythromycin-Estolat, Tetracycline, Metronidazol, Fluorchinolone, Aminoglykoside, Clindamycin, Nitrofurantoin und Cotrimoxazol in der **Schwangerschaft** kontraindiziert sind und Vancomycin und Imipenem nur mit großer Vorsicht eingesetzt werden sollen.

Wegen möglicher Störungen der Zahn- und Knochenentwicklung sollen Tetracycline und Fluorchinolone bei Kindern nicht eingesetzt werden.

Bei einem Glukose-6-Phosphat-Dehydrogenase-Mangel ist der Einsatz von Sulfonamiden oder Nitrofurantoin kontraindiziert.

■ **Grundkrankheiten**
Sie können eine Kontraindikation darstellen. So werden Substanzen mit nephro- oder hepatotoxischen Nebenwirkungen möglichst nicht bei Nieren- und Leberfunktionsstörungen angewendet.

■ **Allergien**
Eine bekannte Allergie gegen eine Substanz schließt deren Gebrauch nahezu aus.

Eine Allergie gegen Penicillin wird bei 1–10 % der Patienten gesehen, 0,002 % dieser Fälle enden tödlich. Am gefährlichsten sind IgE-vermittelte Typ-I-Reaktionen (Soforttyp, ▶ Kap. 15), da sie zum allergischen Schock führen können. Häufiger sind verzögerte Reaktionen (nach > 72 h), sie äußern sich meist in Form morbilliformer Exantheme oder als „drug fever".

Ist eine Allergie gegen eine Substanz bekannt, müssen Kreuzallergien bedacht werden. Hat ein Patient gegen Penicillin G allergisch reagiert, so ist zu erwarten, dass er auch gegen andere Penicilline, z. B. Ampicillin, allergisch ist, während die Kreuzallergierate gegen Cephalosporine nur mit ca. 1–2 % angenommen wird.

■ **Risiko von Nebenwirkungen**
Letztlich muss dieses gegen das Risiko eines Therapieversagens abgewogen werden. In lebensbedrohlichen Situationen kann der Einsatz eines ansonsten kontraindizierten Medikaments erforderlich sein, wenn es keine Alternativen dazu gibt. So kann die Behandlung einer Sepsis durch Candida glabrata den Einsatz von Amphotericin B erforderlich machen, selbst wenn der Patient hierdurch ein dialysepflichtiges Nierenversagen erleidet.

In Kürze: Auswahl antimikrobieller Substanzen (Indikation)

Bei der Auswahl antimikrobieller Substanzen sind zunächst Fragen nach Indikation, möglichem Erregerspektrum, Gesundheitszustand/Vorerkrankungen des Patienten und Pharmakokinetik zu beantworten.

- **Kalkulierte Interventionstherapie:** Sofortiger Therapiebeginn nach Entnahme mikrobiologischer Proben, sofern eine solche indiziert ist.
- **Gezielte Therapie:** Sie löst die kalkulierte Interventionstherapie ab, sobald der Erreger und dessen Empfindlichkeit mittels Antibiogramm bekannt sind. Diese erfolgt nach Möglichkeit mit einem Wirkstoff mit schmalerem Wirkspektrum.
- **Kombinationstherapie:** Sie reduziert die Wahrscheinlichkeit der Selektion resistenter Keime, bietet ein breiteres Spektrum und nutzt ggf. synergistische Effekte aus.
- **Chemoprophylaxe:** Vorbeugender Einsatz antimikrobieller Substanzen, z. B. vor einer Operation. Entscheidend für die Auswahl eines antimikrobiellen Wirkstoffs sind neben Erreger- und Resistenzspektrum pharmakologische Parameter.
- **Infektionslokalisation:** Kann der Wirkstoff zum Ort der Infektion (z. B. ZNS) gelangen?
- **Stoffwechselfunktionen:** Nieren- oder Leberfunktionsstörungen sind bei der Dosierung zu beachten.
- **Alter, Schwangerschaft, Stillzeit, Grunderkrankungen, Allergien, Nebenwirkungsrisiko:** Diese Punkte sind in Hinsicht auf die Verträglichkeit/Toxizität des Wirkstoffs zu berücksichtigen.

β-Laktam-Antibiotika I: Penicilline

Manfred Fille und Manfred P. Dierich

97.1 Penicillin G und Penicillin V

Steckbrief

Penicillin G war das erste therapeutisch angewandte Penicillin. Es ist säureempfindlich und muss daher parenteral verabreicht werden. Penicillin V ist säurefest und daher oral applizierbar, besitzt aber eine geringere Aktivität als Penicillin G.

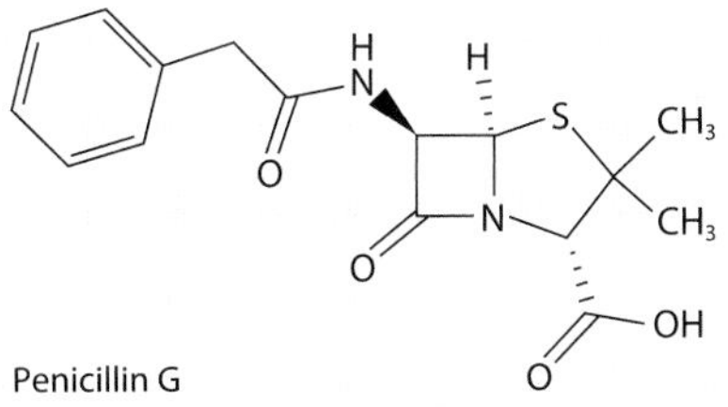

Penicillin G

97.1.1 Beschreibung

■ Wirkungsmechanismus und Wirktyp

Penicillin G wirkt bakterizid durch Hemmung der Transpeptidase bei der Mureinsynthese; es verhindert die Quervernetzung der einzelnen Mureinstränge.

■ Wirkungsspektrum

Penicillin G wirkt gut gegen Streptokokkenarten, Diphtheriebakterien, Spirochäten, Clostridien (außer C. difficile), Aktinomyzeten, Gonokokken (zunehmende Zahl resistenter Stämme!) und Meningokokken.

Nicht erfasst werden Enterobakterien, Pseudomonaden, Haemophilus, Enterokokken und die meisten Staphylokokkenstämme.

■ Pharmakokinetik

Penicillin G wird parenteral verabreicht (fehlende Säurestabilität), es hat eine Halbwertszeit von 40 min und wird hauptsächlich renal ausgeschieden. Da es schlecht fettlöslich ist, diffundiert es nur in geringem Maße in Nervengewebe und Gehirn.

Penicillin V Phenoxymethylpenicillin; ist durch Seitenkettenmodifikation relativ stabil gegenüber der Magensäure und kann daher oral appliziert werden. Es wird dabei zu etwa 50 % resorbiert. Die Halbwertszeit beträgt ca. 30 min. Penicillin V wird im Organismus stärker metabolisiert als Penicillin G und zu 30–50 % mit dem Urin in aktiver Form ausgeschieden.

■ Resistenz

Dazu gehören:

β-Laktamasen Die Resistenz gegen Penicillin G beruht hauptsächlich auf dem Vorhandensein von β-Laktamasen.

Veränderte Zielmoleküle Die Penicillinresistenz von MRSA oder penicillinresistenten Pneumokokken basiert auf der Bildung veränderter penicillinbindender Proteine (PBP), an die das Antibiotikum nicht mehr binden kann.

97.1.2 Rolle als Therapeutikum

■ Indikationen

Penicillin G ist indiziert bei Endokarditis (in Kombination mit einem Aminoglykosid); des Weiteren bei Meningokokkenmeningitis, je nach Resistenzsituation bei Staphylo-, Pneumo- und Gonokokkeninfektionen, außerdem bei Syphilis, Diphtherie und Tetanus (zusätzlich zur Antitoxingabe). Es ist auch indiziert bei Gasbrand.

Penicillin V ist Mittel der Wahl bei Streptokokkeninfektionen wie Angina tonsillaris, Scharlach und Erysipel.

■ Kontraindikationen

Penicillinallergie.

S. Suerbaum et al. (Hrsg.), *Medizinische Mikrobiologie und Infektiologie*,
https://doi.org/10.1007/978-3-662-61385-6_97

▪ Anwendungen

Aufgrund fehlender Säurestabilität muss Penicillin G parenteral appliziert werden. Nierenfunktionsstörungen machen eine Dosisanpassung entsprechend der Kreatinin-Clearance erforderlich.

▪ Nebenwirkungen

Dazu gehören:

Allergie Die häufigsten Nebenwirkungen unter Penicillintherapie sind allergische Reaktionen. Sie treten in bis zu 10 % der Fälle auf. Je nach Beginn der Symptomatik unterscheidet man Sofortreaktionen (0–1 h nach Gabe), verzögerte (1–72 h nach Gabe) und Spätreaktionen (>72 h nach Gabe):

- Die **Sofortreaktion** basiert auf einer IgE-vermittelten Typ-I-Reaktion (▶ Kap. 15), äußert sich als Urtikaria oder Anaphylaxie und kann sich bis zum anaphylaktischen Schock steigern.
- Die **Spätreaktionen** treten auf als morbilliforme Exantheme, interstitielle Nephritiden, hämolytische Anämien, Neutro- und Thrombozytopenien, Serumkrankheit, Stevens-Johnson-Syndrom und exfoliative Dermatitiden.

Bei Verdacht auf Vorliegen einer Penicillinallergie wird dringend eine klinische Abklärung empfohlen!

Neurotoxizität Seltene Nebenwirkungen sind Myoklonien (besonders bei Gabe kaliumreicher Präparationen: Hyperkaliämie) und, bei hohen Liquorkonzentrationen, Krampfanfälle.

Jarisch-Herxheimer-Reaktion Zu Beginn einer Therapie kann es zu Fieber und Schüttelfrost kommen, wenn bakterielle Endotoxine freigesetzt werden.

In Kürze: Penicillin G und Penicillin V

- **Resistenz:** Bildung von β-Laktamasen, veränderte Zielmoleküle.
- **Indikationen:** Streptokokken- und Meningokokkeninfektionen, Gasbrand und Borrelien, Syphilis und Diphtherie, bei Pneumo- Gono- und Staphylokokkeninfektionen lokale Resistenzlage beachten.
- **Kontraindikationen:** Penicillinallergie.

97.2 Aminobenzylpenicilline: Ampicillin, Amoxicillin, Bacampicillin

Steckbrief

Ampicillin ist ein halbsynthetisches Penicillinderivat (α-Aminobenzyl-Penicillin) mit erweitertem Spektrum, insbesondere gegen gramnegative Bakterien.

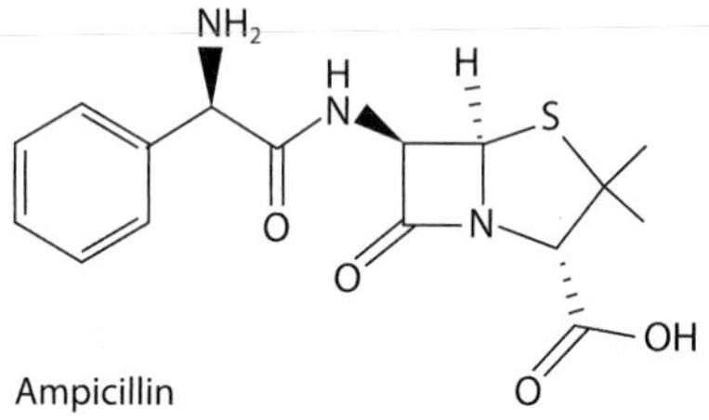

Ampicillin

97.2.1 Beschreibung

▪ Wirkungsmechanismus und Wirktyp

Aminobenzylpenicilline wirken wie Penicillin G bakterizid durch Hemmung der Zellwandsynthese (Hemmung der Transpeptidase).

▪ Wirkungsspektrum

Das Wirkungsspektrum umfasst Penicillin-G-empfindliche Keime, zusätzlich Enterococcus faecalis, H. influenzae (jedoch zunehmend resistente Stämme), E. coli (30–50 % der Stämme resistent!), P. mirabilis und Listerien.

Resistent sind u. a. Klebsiella spp., Enterobacter spp., P. vulgaris, B. fragilis und P. aeruginosa.

▪ Pharmakokinetik

Nach oraler Gabe wird **Ampicillin** nur zu 30–40 % resorbiert. Die Halbwertszeit beträgt 1 h. Die Plasmaeiweißbindung ist niedrig, die Gewebegängigkeit gut. Ampicillin wird im Körper z. T. metabolisiert und nach oraler Gabe zu 20–30 % mit dem Urin ausgeschieden.

Amoxicillin ist ein halbsynthetisches Aminopenicillin, das zu 90 % aus dem Gastrointestinaltrakt resorbiert wird.

Bacampicillin wird im Verdauungstrakt in die wirksame Form übergeführt.

■ Resistenz

Die Resistenzmechanismen gegen Ampicillin und seine Derivate basieren auf β-Laktamasen und veränderten penicillinbindenden Proteinen.

97.2.2 Rolle als Therapeutikum

■ Indikationen

Indikationen für Ampicillin sind Haemophilus-Infektionen (bei nachgewiesener Empfindlichkeit), Enterokokkeninfektionen (in Kombination mit Gentamicin v. a. Endokarditis) sowie Listeriose.

Zur oralen Anwendung ist Amoxicillin zu bevorzugen, das wesentlich besser aus dem Magen-Darm-Kanal resorbiert wird. Amoxicillin ist auch bei akuten Harnweginfektionen mit empfindlichen Erregern (hohe Resistenzrate bei E. coli!) eine therapeutische Alternative.

■ Kontraindikationen

Eine bestehende Penicillinallergie ist eine Kontraindikation.

■ Anwendungen

Aufgrund der schlechten Resorption soll Ampicillin parenteral gegeben werden, während Amoxicillin und Bacampicillin für die orale Therapie geeignet sind.

■ Nebenwirkungen

Häufige Nebenwirkungen von Ampicillin sind morbilliforme Hautexantheme (ca. 1 Woche nach Therapiebeginn) oder Durchfälle, verbunden mit Übelkeit. Bei Auftreten einer urtikariellen Sofortreaktion kann eine echte Penicillinallergie zugrunde liegen! Ampicillin kann eine pseudomembranöse Enterokolitis auslösen.

In Kürze: Aminobenzylpenicilline: Ampicillin, Amoxicillin, Bacampicillin

- **Resistenz:** Bildung von β-Laktamasen, veränderte Zielmoleküle.
- **Indikationen:** Haemophilus- und Enterokokkeninfektionen, Listeriose.
- **Kontraindikation:** Penicillinallergie.

97.3 Azylaminopenicilline (Ureidopenicilline): Mezlocillin, Piperacillin

Steckbrief

Die Azylamino-(Ureido-)Penicilline (Hauptvertreter: Mezlocillin und Piperacillin) besitzen ein gegenüber Ampicillin erweitertes Wirkungsspektrum gegen gramnegative Stäbchen; insbesondere ist Piperacillin gegen P. aeruginosa wirksam. Sie sind nicht penicillinasefest und nur parenteral anwendbar.

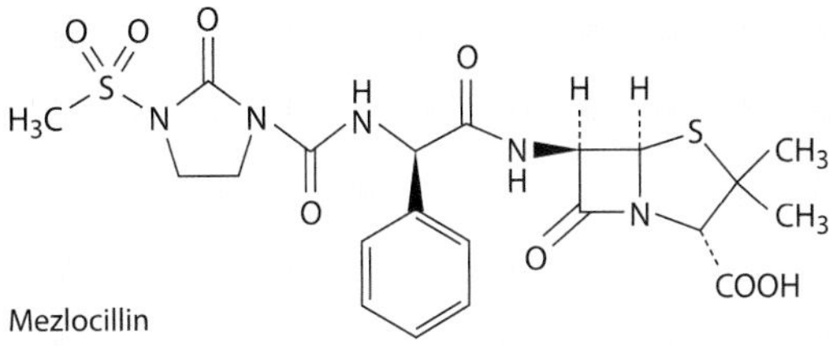

Mezlocillin

97.3.1 Beschreibung

■ Wirkungsmechanismus und Wirktyp

Azylamino-(Ureido-)Penicilline wirken wie Penicillin G bakterizid durch Hemmung der Zellwandsynthese (Transpeptidasehemmung).

■ Wirkungsspektrum

Mezlocillin und Piperacillin haben ein erweitertes Spektrum gegen gramnegative Bakterien: Die meisten Enterobakterien sind empfindlich, jedoch gibt es resistente Enterobacter-, Serratia- und Klebsiella-Stämme. Mezlocillin ist in der Wirksamkeit gegen Enterokokken dem Ampicillin und Piperacillin überlegen, Piperacillin erfasst zusätzlich P. aeruginosa.

In Kombination mit Aminoglykosiden wirken sie bei gramnegativen Stäbchen und grampositiven Kokken synergistisch.

Gegenüber penicillinasebildenden Staphylokokken und ampicillinresistenten Haemophilus-Stämmen sind alle Azylamino-(Ureido-)Penicilline unwirksam.

■ Pharmakokinetik

Die Pharmakokinetik von Mezlocillin und Piperacillin ist ähnlich bezüglich der Höhe des Serumspiegels und der Halbwertszeit (1 h). Die Gewebegängigkeit ist gut, die Liquorkonzentration niedrig. Im Harn wird über 80 % der verabreichten Dosis in aktiver Form ausgeschieden (Piperacillin).

▪ Resistenz

Die wesentlichen Resistenzmechanismen gegen Azylaminopenicilline basieren auf β-Laktamasen und veränderten Bindungsproteinen.

97.3.2 Rolle als Therapeutikum

▪ Indikationen

Diese umfassen Infektionen der Harnwege, des Genitaltrakts und der Gallenwege durch empfindliche gramnegative Stäbchen oder Enterokokken. Penicillin eignet sich zur Behandlung von P. aeruginosa-Infektionen (bevorzugt in Kombination mit einem Aminoglykosid).

▪ Kontraindikationen

Bei bestehender Penicillinallergie sind Azylamino-(Ureido-)Penicilline kontraindiziert.

▪ Anwendungen

Azylamino-(Ureido-)Penicilline werden i. v. verabreicht.

▪ Nebenwirkungen

Das Nebenwirkungsspektrum entspricht dem von Penicillin G.

In Kürze: Azylaminopenicilline (Ureidopenicilline): Mezlocillin, Piperacillin

- **Resistenz:** Bildung von β-Laktamasen, veränderte Zielmoleküle.
- **Indikationen:** Infektionen im Abdominal- und Genitalbereich.
- **Kontraindikation:** Penicillinallergie.
- **Besonderheiten:** Nur i. v. Applikation möglich.

97.4 Isoxazolylpenicilline (Oxacilline)

Steckbrief

Die Isoxazolylpenicilline (Oxacillin, Dicloxacillin und Flucloxacillin) sind resistent gegen die von Staphylokokken gebildeten β-Laktamasen und werden daher auch als penicillinasefeste Penicilline oder Staphylokokkenpenicilline bezeichnet.

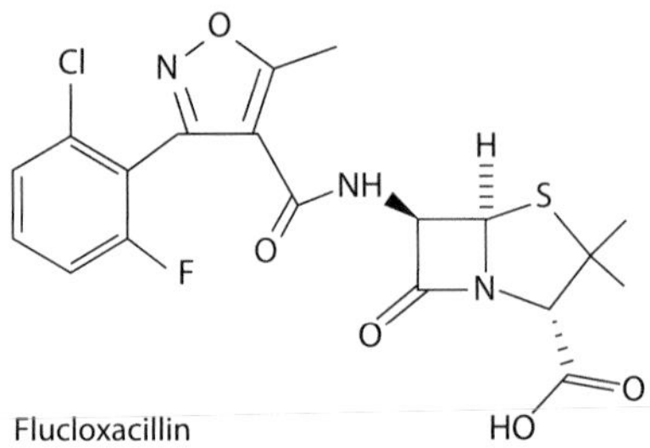

Flucloxacillin

97.4.1 Beschreibung

▪ Wirkungsmechanismus und Wirktyp

Isoxazolylpenicilline wirken bakterizid durch Hemmung der Transpeptidierung der Mureinstränge der Zellwand.

▪ Wirkungsspektrum

Die Modifikation des Penicillingerüsts führt dazu, dass Penicillinase unwirksam wird. Gegen Penicillin G empfindliche Staphylokokken wirken die Isoxazolylpenicilline jedoch schwächer.

Gegen die übrigen grampositiven Bakterien haben sie eine schwächere Aktivität als Penicillin G, gegen gramnegative Stäbchen sind sie unwirksam.

▪ Pharmakokinetik

Oxacillin, Dicloxacillin und Flucloxacillin sind weitgehend säurestabil und können oral und parenteral verabreicht werden. Die Halbwertszeit von Dicloxa- und Flucloxacillin beträgt 45 min. Im Harn werden nach parenteraler Gabe 30–60 % der verabreichten Dosis wiedergefunden.

▪ Resistenz

Die Resistenz von methicillinresistenten Staphylokokken (MRSA) gegen Isoxazolylpenicilline beruht auf der Expression veränderter Bindungsproteine.

97.4.2 Rolle als Therapeutikum

▪ Indikationen

Infektionen durch penicillinasebildende Staphylokokken sind die einzige Indikation.

▪ Kontraindikationen

Hauptkontraindikation ist die Penicillinallergie.

▪ Anwendungen

Isoxazolylpenicilline können je nach Schweregrad der Infektion oral oder parenteral verabreicht werden.

▪ Nebenwirkungen

Nebenwirkungen durch Dicloxa- und Flucloxacillin sind Phlebitiden und Diarrhöen. Bei längerer Verabreichungsdauer (>2 Wochen) kann es zu Hepatotoxizität (v. a. bei älteren Patienten) und Knochenmarkdepression kommen.

In Kürze: Isoxazolylpenicilline (Oxacilline)

- **Resistenz:** Veränderte Bindungsproteine.
- **Indikationen:** Infektionen durch penicillinasebildende Staphylokokken.
- **Kontraindikation:** Penicillinallergie.
- **Besonderheiten:** Orale und parenterale Verabreichung.

β-Laktam-Antibiotika II: Cephalosporine

Manfred Fille und Manfred P. Dierich

Cephalosporine sind bizyklische β-Laktam-Antibiotika mit 7-Amino-Cephalosporansäure als Grundgerüst. Wie Penicilline wirken sie bakterizid. Cephalosporine weisen charakteristische, gemeinsame Lücken im Wirkungsspektrum auf: Primär resistent sind Enterokokken, Listerien, Campylobacter, Legionellen, C. difficile, Mykobakterien, Mykoplasmen und Chlamydien. Einzelne Substanzen wirken auch gegen Anaerobier. Die Einteilung erfolgt nach Gruppen: Höhere Gruppen haben eine bessere Aktivität gegen gramnegative Stäbchenbakterien, gegen grampositive Bakterien ist diese z. T. geringer (Gruppe 3a, Ceftriaxon). Cephalosporine der Gruppe 3b wirken auch bei P. aeruginosa, solche der Gruppe 4 (Cefepim) haben zusätzlich eine starke Wirksamkeit im grampositiven Bereich. Sog. MRSA-Cephalosporine wie Ceftobiprol und Ceftarolin wirken auch gegen penicillinresistente Pneumokokken. Der massive klinische Einsatz der Cephalosporine hat wesentlich zur Selektion multiresistenter, ESBL-bildender („extended-spectrum β-lactamase") Enterobakterien und Enterococcus faecium-Stämme beigetragen.

98.1 Cefazolin (Gruppe 1)

Steckbrief

Cefazolin ist ein parenterales Gruppe-1-Cephalosporin mit guter Wirksamkeit im grampositiven Bereich (Staphylokokken, auch Penicillinasebildner) und einigen Lücken bei Enterobakterien (Klebsiellen, Enterobacter, Serratia).

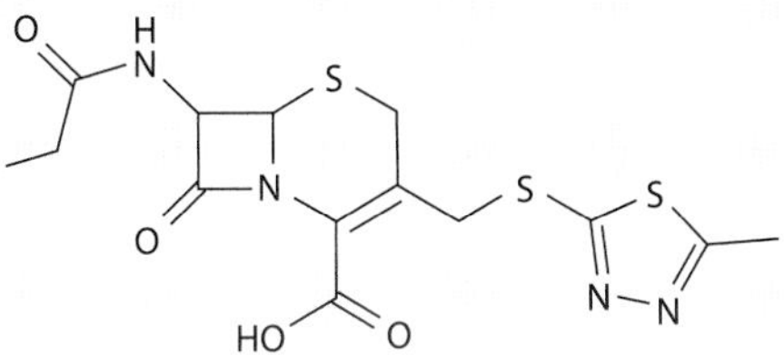

Cefazolin

98.1.1 Beschreibung

- **Wirkungsmechanismus und Wirktyp**

Cefazolin wirkt bakterizid durch Hemmung des Transpeptidierungsschrittes bei der Zellwandsynthese.

- **Wirkungsspektrum**

Praktisch bedeutsam ist seine gute Wirkung gegen Staphylokokken, und zwar auch gegen Penicillinasebildner; bei gramnegativen Bakterien ist die Wirkung eingeschränkt.

- **Pharmakokinetik**

Cefazolin kann nur i. v. verabreicht werden. Die Gewebediffusion ist gut, jedoch nur geringe Liquorgängigkeit. Serumhalbwertszeit ca. 90 min, Plasmaeiweißbindung ca. 80 %.

- **Resistenz**

Die Resistenz beruht auf β-Laktamasen-Bildung oder veränderten Bindeproteinen.

98.1.2 Rolle als Therapeutikum

- **Indikationen**

Hauptindikation für Cefazolin ist die perioperative Prophylaxe (außer Kolonchirurgie).

- **Kontraindikationen**

Cephalosporinallergie, Kreuzallergie mit Penicillinen möglich.

- **Anwendungen**

Zur perioperativen Prophylaxe erfolgt eine Einmalgabe 30 min vor Hautschnitt, bei langen Operationen muss nach 4 h eine weitere Dosis verabreicht werden.

- **Nebenwirkungen**

In 1–4 % treten allergische Reaktionen mit Fieber, Exanthemen oder Urtikaria auf. Seltener als bei

S. Suerbaum et al. (Hrsg.), *Medizinische Mikrobiologie und Infektiologie*,
https://doi.org/10.1007/978-3-662-61385-6_98

Penicillin kann ein anaphylaktischer Schock auftreten. Des Weiteren kann es zur allergischen, reversiblen Neutropenie und zu stärkerer Blutungsneigung kommen.

98.2 Cefotiam (Gruppe 2)

Steckbrief

Cefotiam ist ein breit wirksames Cephalosporin der Gruppe 2 mit guter Wirksamkeit gegen Staphylokokken, Streptokokken, Neisserien und manche Enterobakterien.

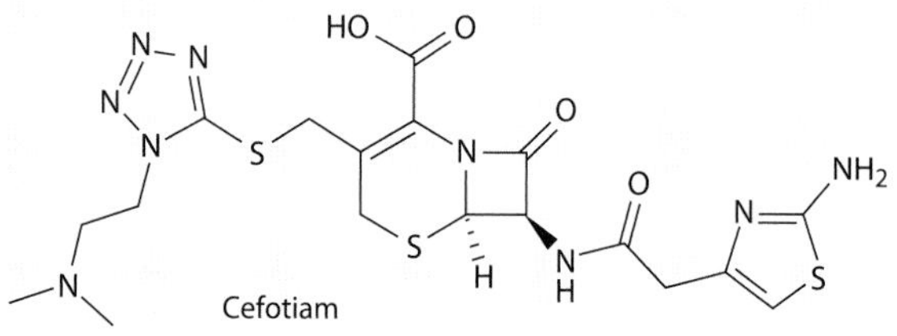

98.2.1 Beschreibung

▪ **Wirkungsmechanismus und Wirktyp**

Analog den übrigen Cephalosporinen.

▪ **Wirkungsspektrum**

Im Vergleich zu Cefazolin ist das Spektrum gegen gramnegative Stäbchen erweitert, z. B. Enterobakterien (außer P. vulgaris und Citrobacter); die gute Wirksamkeit gegen Staphylo- und Streptokokken ist dabei erhalten geblieben.

▪ **Pharmakokinetik**

Cefotiam wird bei oraler Gabe nicht resorbiert. Die Serumhalbwertszeit beträgt 45 min, die Plasmaeiweißbindung 40 %. Die Gewebegängigkeit ist gut, jedoch werden keine ausreichenden Liquorkonzentrationen erreicht.

▪ **Resistenz**

Die Resistenz gegen Cefotiam beruht hauptsächlich auf der Bildung von β-Laktamasen, aber auch auf veränderten Bindeproteinen.

98.2.2 Rolle als Therapeutikum

▪ **Indikationen**

Staphylokokkeninfektionen, auch Infektionen mit empfindlichen gramnegativen Erregern. Haut- und Weichgewebeinfektionen, Knocheninfektionen, Infektionen der Atemwege, Harnwegsinfektionen, perioperative Prophylaxe.

▪ **Kontraindikationen**

Cephalosporinallergie, Vorsicht bei bekannter Penicillinallergie. Wegen der unzureichenden Liquorgängigkeit darf Cefotiam nicht zur Therapie der Meningitis eingesetzt werden.

▪ **Anwendungen**

Cefotiam wird i. v. appliziert.

▪ **Nebenwirkungen**

Wie bei anderen Cephalosporinen stellt die Allergie eine mögliche Nebenwirkung dar.

98.3 Ceftriaxon, Cefotaxim (Gruppe 3a)

Steckbrief

Ceftriaxon und Cefotaxim sind Breitspektrumcephalosporine, die parenteral verabreicht werden und deren Spektrum bei Enterobakterien erweitert ist

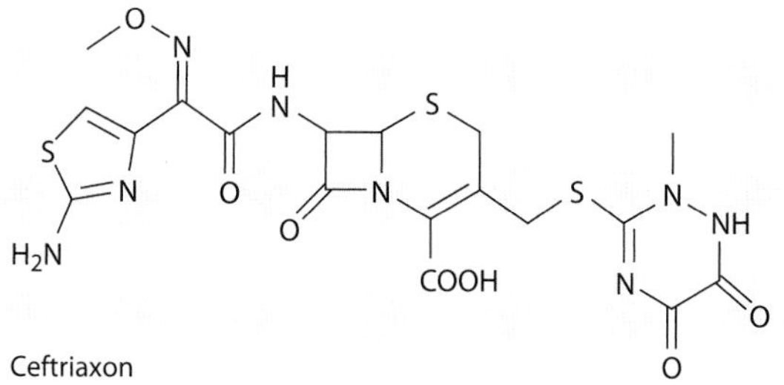

98.3.1 Beschreibung

▪ **Wirkungsmechanismus und Wirktyp**

Ceftriaxon und Cefotaxim hemmen die Zellwandsynthese analog zu anderen β-Laktam-Antibiotika.

▪ **Wirkungsspektrum**

Das Spektrum der Cephalosporine der Gruppe 3a ist im Vergleich zu Cefotiam im gramnegativen Bereich erweitert; jedoch besteht eine klinisch relevante verminderte Wirkung gegen Enterobacter-Arten und C. freundii. Die Wirksamkeit gegen Staphylokokken ist vergleichbar mit Cephalosporinen der Gruppe 2.

Gegen typische Meningitiserreger (Pneumo-, Meningokokken, Haemophilus) und gegen Borrelia burgdorferi sind sie hochwirksam, ebenso gegen Gonokokken.

▪ Pharmakokinetik

Die Halbwertszeit von Ceftriaxon beträgt wegen der hohen Plasmaeiweißbindung 7–8 h, die von Cefotaxim 1 h. Beide Mittel weisen eine gute Gewebegängigkeit auf und erreichen bei Meningitis therapeutisch wirksame Liquorkonzentrationen. Beide Substanzen werden jeweils zur Hälfte renal ausgeschieden. Cefotaxim unterliegt einer starken Metabolisierung, während ein großer Anteil von Ceftriaxon in aktiver Form mit der Galle ausgeschieden wird.

▪ Resistenz

Der Hauptresistenzmechanismus beruht auf der Bildung von β-Laktamasen.

98.3.2 Rolle als Therapeutikum

▪ Indikationen

Ceftriaxon und Cefotaxim sind Antibiotika für die kalkulierte Initialtherapie schwerer Infektionen, insbesondere der eitrigen Meningitis, Sepsis; ggf. werden durch Kombination mit Aminoglykosiden oder Metronidazol Spektrumlücken geschlossen.

Weitere Indikationen sind die Neuroborreliose und die Behandlung der Gonorrhö.

▪ Kontraindikationen

Ceftriaxon und Cefotaxim dürfen bei Cephalosporinallergie nicht eingesetzt werden.

▪ Anwendungen

Cefotaxim und Ceftriaxon werden i. v. verabreicht. Cefotaxim muss 3-mal verabreicht, Ceftriaxon braucht nur 1-mal am Tag appliziert zu werden.

▪ Nebenwirkungen

Allergische Reaktionen, gastrointestinale Beschwerden, Veränderungen im Blutbild. Unter Ceftriaxongabe kann sich eine Pseudocholelithiasis entwickeln.

98.4 Ceftazidim (Gruppe 3b)

Steckbrief

Ceftazidim erfasst ein breites Spektrum gramnegativer Bakterien, inklusive P. aeruginosa, die Wirksamkeit gegen Staphylokokken und Streptokokken ist unzureichend.

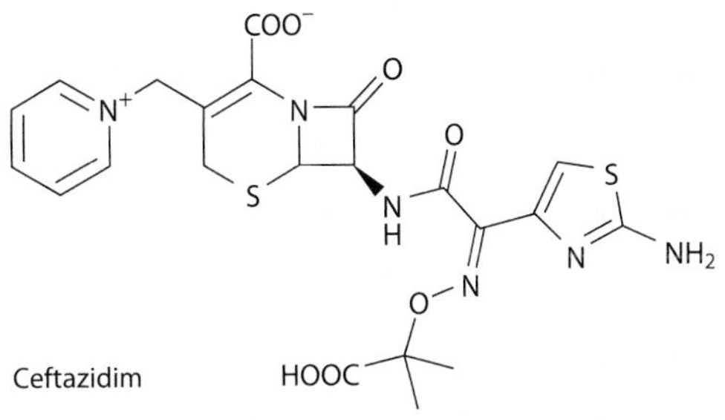

Ceftazidim

98.4.1 Beschreibung

▪ Wirkungsmechanismus und Wirktyp

Analog den anderen Cephalosporinen.

▪ Wirkungsspektrum

Im Vergleich zu Cefotaxim ist das Spektrum um P. aeruginosa erweitert (etwa 10-mal wirksamer).

▪ Pharmakokinetik

Die Halbwertszeit im Serum beträgt 2 h, die Serumeiweißbindung 17 %. Die Ausscheidung erfolgt unverändert nach glomerulärer Filtration.

▪ Resistenz

Die Resistenz gegen Ceftazidim kann auf der Bildung von β-Laktamasen oder veränderten Bindeproteinen beruhen, Enterobacter spp. und Serratia spp. können unter der Therapie mit Cephalosporinen resistent werden (Resistenzinduktion).

98.4.2 Rolle als Therapeutikum

▪ Indikationen

Ceftazidim ist ein **Reserveantibiotikum** zur Behandlung schwerer Infektionen mit vermuteter und nachgewiesener Beteiligung von P. aeruginosa. Es wird zusammen mit einem Aminoglykosid zur kalkulierten Therapie von Infektionen bei neutropenischen Patienten eingesetzt. Die unzureichende Wirkung gegen Staphylokokken, Streptokokken und Anaerobier kann bei vorhandener Sensitivität durch Clindamycin ausgeglichen werden.

▪ Kontraindikationen

Allergie gegen Cephalosporine; selten sind Kreuzallergien mit Penicillinen.

- **Anwendungen**

Ceftazidim wird parenteral verabreicht. Nach Dialyse muss die Erhaltungsdosis nachgegeben werden.

- **Nebenwirkungen**

Als wesentliche Nebenwirkung kommen Allergien vor.

98.5 Cefepim

Cefepim ist ein Cephalosporin der Gruppe 4, das ein breites Spektrum gramnegativer Bakterien inklusive P. aeruginosa erfasst, aber auch gegen Staphylokokken und Streptokokken gut wirksam ist. Es wird zur kalkulierten Therapie lebensbedrohlicher Infektionen eingesetzt.

98.6 Ceftobiprol und Ceftarolin

Diese sog. MRSA-Cephalosporine zeichnen sich durch eine hohe Bindungsaffinität an den penicillinbindenden Proteinen grampositiver Bakterienzellen aus. Multiresistente Staphlo-, Strepto- und Enterokokken (außer vancomycinresistenten Stämmen) werden gut erfasst, die Wirkung im gramnegativen Bereich ist der Gruppe 3 vergleichbar, ESBL-Bildner sind resistent. Resistent sind auch Pseudomonaden und einige Anaerobier.

98.7 Cefiderocol

Ein neuartiges Siderophor-Cephalosporin macht sich den Eisenbedarf der Bakterienzelle zunutze, um in diese einzudringen. Es soll gegen ESBL-und Carbapenemase-bildende Bakterien, einschließlich der Metallo-β-Lactamasen, wirksam sein. Auch Nonfermenter wie Stenotrophomonas und Acinetobacter spp. werden erfasst.

98.8 Orale Cephalosporine

Oral verabreichbare Cephalosporine werden vorwiegend im ambulanten Bereich eingesetzt. Analog den i. v. verabreichten Substanzen werden sie in 3 Gruppen eingeteilt, wobei Cefalexin (Gruppe 1) wiederum die höchste Aktivität gegen Staphylokokken aufweist, die Substanzen der Gruppe 3 (Cefixim, Cefpodoximproxetil) die höchste Aktivität gegen gramnegative Keime besitzen.

Pseudomonas aeruginosa wird von oralen Cephalosporinen nicht erfasst!

Indikationen sind Haut- und Weichgewebeinfektionen (Gruppe 1), Atemweginfektionen, Infektionen im HNO-Bereich und Harnweginfektionen (Gruppe 3). Cefixim wird wegen zunehmender Penicillinresistenz zur Behandlung der Gonorrhö eingesetzt (nicht bei pharyngealer Gonorrhö!). Nebenwirkungen siehe i. v. Substanzen.

In Kürze: Cephalosporine

- **Cefazolin (Gruppe 1)**
  - **Resistenz:** Bildung von β-Laktamasen oder veränderten Bindeproteinen.
  - **Indikationen:** Perioperative Prophylaxe (außer Kolonchirurgie).
  - **Kontraindikationen:** Cephalosporinallergie, Kreuzallergie mit Penicillinen möglich.
- **Cefotiam (Gruppe 2)**
  - **Resistenz:** Bildung von β-Laktamasen oder veränderten Bindeproteinen.
  - **Indikationen:** Kalkulierte Therapie (z. B. ambulant erworbene Pneumonie).
  - **Kontraindikationen:** Cephalosporinallergie, Kreuzallergie mit Penicillinen möglich.
- **Ceftriaxon, Cefotaxim (Gruppe 3a)**
  - **Resistenz:** Hauptsächlich Bildung von β-Laktamasen
  - **Indikationen:** Kalkulierte Initialtherapie schwerer Infektionen.
  - **Kontraindikationen:** Cephalosporinallergie.
  - **Besonderheiten:** Regional unterschiedlich häufiges Auftreten von Erregern mit β-Laktamase-Bildung macht Resistenztestung notwendig!
- **Ceftazidim (Gruppe 3b)**
  - **Resistenz:** Hauptsächlich Bildung von β-Laktamasen.
  - **Indikationen:** Therapie von Pseudomonas-Infektionen.
  - **Kontraindikationen:** Cephalosporinallergie.
  - **Besonderheiten:** Regional unterschiedlich häufiges Auftreten von Erregern mit β-Laktamase-Bildung macht Resistenztestung notwendig!
- **Cefepim (Gruppe 4)**
  - **Resistenz:** Hauptsächlich Bildung von β-Laktamasen.
  - **Indikationen:** Therapie von Staphylokokken, Enterobakterien und Pseudomonas-Infektionen.
  - **Kontraindikationen:** Cephalosporinallergie.
  - **Besonderheiten:** Gute Wirkung sowohl bei grampositiven wie bei gramnegativen Keimen.
- **Ceftobiprol (Gruppe 5)**
  - **Resistenz:** Hauptsächlich Bildung von β-Laktamasen.
  - **Indikationen:** Therapie von MRSA und multiresistenten Enterobakterien-Infektionen.
  - **Kontraindikationen:** Cephalosporinallergie.
  - **Besonderheiten:** Gute Wirkung sowohl bei grampositiven wie bei gramnegativen Keimen.

Kombinationen mit β-Laktamase-Inhibitoren

Manfred Fille und Stefan Ziesing

Steckbrief

β-Laktamase-Inhibitoren hemmen als Strukturanaloga der β-Laktam-Antibiotika β-Laktamasen, ohne ausreichende eigene antibakterielle Wirksamkeit zu besitzen (Ausnahme: Sulbactam bei Acinetobacter spp.). Sie werden mit β-Laktam-Antibiotika kombiniert.

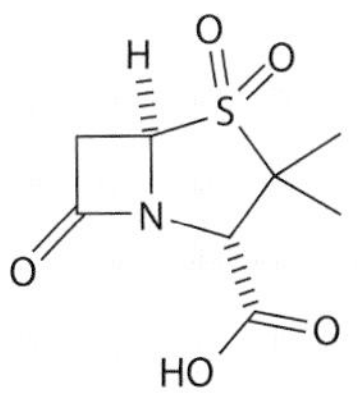

Sulbactam

Wirkungsspektrum

Aminopenicilline (Ampicillin und Amoxicillin) werden durch die Kombination mit **Sulbactam** bzw. **Clavulansäure** wirksam gegen β-Laktamasen von Staphylokokken, Haemophilus-Arten, M. catarrhalis, N. gonorrhoeae, E. coli, K. pneumoniae, P. mirabilis, P. vulgaris und B. fragilis geschützt; nicht erfasst werden P. aeruginosa, S. marcescens, Enterobacter-Arten, M. morganii, P. rettgeri, einige Stämme von E. coli, K. pneumoniae sowie methicillinresistente Staphylokokken.

Die Kombination Piperacillin/**Tazobactam** erweitert das Spektrum des Aminoazylpenicillins Piperacillin gegen β-Laktamase produzierende Staphylokokken sowie gegen die meisten E. coli-, Serratia-, K. pneumoniae-, E. cloacae-, C. freundii-, Proteus- und Bacteroides-Stämme.

Ceftolozan/Tazobactam: Das neue Cephalosporin Ceftolozan mit Pseudomonas-Wirksamkeit erfasst vorwiegend gramnegative Erreger (ESBL-Bildner, resistente Pseudomonaden). Eine Wirkung gegen Carbapenemase-bildende Keime ist nicht gegeben, die Aktivität im grampositiven Bereich ist gering.

Avibactam kombiniert mit Ceftazidim besitzt eine gute Aktivität gegen Pseudomonas, ESBL-Bildner und einige Carbapenemasen. Es enthält keinen β-Laktam-Ring und bindet reversibel an die β -Lactamase.

Vaborbactam; ein Serin-β-Laktamase-Inhibitor, soll mit Meropenem kombiniert, gegen multiresistente, gramnegative Erreger (z. B KPC-bildende Klebsiellen) im Krankenhaus zum Einsatz kommen bei Sepsis, komplizierten Harnweginfektionen und Pneumonien zum Einsatz kommen.

Indikationen

Kombinationen aus Aminopenicillin mit einem β-Laktamase-Inhibitor sind bei leichteren Infektionen durch aminopenicillinresistente Erreger indiziert, insbesondere bei Atem- und Harnwegsinfektionen. Die feste Kombination Piperacillin/Tazobactam ist für die Therapie intraabdomineller Infektionen und zur Sepsistherapie geeignet. Ceftazidim/Avibactam wird zur Behandlung komplizierter intraabdomineller Infektionen und beatmungsassoziierter Pneumonien eingesetzt.

Nebenwirkungen

Durchfälle, Übelkeit und Erbrechen, seltener pseudomembranöse Enterokolitis und Leberfunktionsstörungen.

S. Suerbaum et al. (Hrsg.), *Medizinische Mikrobiologie und Infektiologie*,
https://doi.org/10.1007/978-3-662-61385-6_99

β-Laktam-Antibiotika III: Carbapeneme

Marlies Höck

Carbapeneme gehören zu den β-Laktam-Antibiotika mit sehr breitem Spektrum gegen fast alle aerob und anaerob wachsenden grampositiven und -negativen Bakterien. Alle Carbapeneme wirken bakterizid und werden nicht durch ESBL- oder AmpC-bildende Enterobakterien hydrolysiert, sondern nur durch die seltener vorkommenden Carbapenemasen, die von gramnegativen Bakterien gebildet werden können.

Steckbrief

Thienamycin ist das erste in der Natur vorkommende Antibiotikum aus der Klasse der Carbapeneme und wurde 1976 aus Streptomyces cattleya isoliert. Wegen Instabilität der Substanz kam es zur Entwicklung halbsynthetischer Derivate wie Imipenem, Meropenem, Ertapenem und Doripenem. Nach Funktion werden 3 Gruppen unterschieden:

- Gruppe 1: Carbapeneme ohne P. aeruginosa-Wirksamkeit: **Ertapenem**
- Gruppe 2: Carbapeneme mit P. aeruginosa-Wirksamkeit: **Imipenem, Meropenem, Doripenem**
- Zur Gruppe 3 würden Carbapeneme gehören, die auch gegen MRSA wirksam sind: Substanzen, die im Erprobungsstadium sich befinden.

Carbapeneme gehören zu den β-Laktam-Antibiotika mit sehr breitem Spektrum gegen fast alle aerob und anaerob wachsende grampositive und -negative Bakterien. Alle Carbapeneme wirken bakterizid und werden nicht durch ESBL- oder AmpC-bildende Enterobakterien hydrolysiert, sondern nur durch die seltener vorkommenden Carbapenemasen, die von gramnegativen Bakterien gebildet werden können.

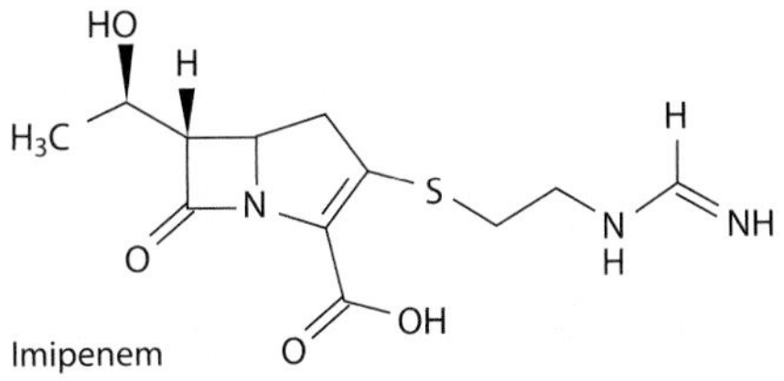

Imipenem

100.1 Imipenem/Cilastatin

100.1.1 Beschreibung

■ Wirkungsmechanismus und Wirktyp

Imipenem gehört zu den Carbapenemen der β-Laktam-Antibiotika und hemmt die Peptidoglykansynthese in der Bakterienzellwand. Damit wirkt es bakterizid in der Vermehrungsphase der Bakterien. Die sehr gute Bakterizidie wird bereits mit niedrigen Konzentrationen durch die hohe Affinität zu den an der Zellwandsynthese beteiligten Enzymen (penicillinbindenden Proteinen, PBP) erreicht.

Unterschiede zwischen den Carbapeneme liegen in der Affinität zu PBP verschiedener Bakterienspezies begründet. Imipenem bindet stärker als die anderen Carbapenemen an PBP-1 bis PBP-4 von S. aureus sowie an Enterococcus faecalis und ist deshalb wirksamer. Dagegen ist die Bindungsaffinität von Imipenem an PBP-3 von P. aeruginosa schwächer ausgeprägt und sollte **nie allein zur Therapie schwerer Pseudomonas-Infektionen** eingesetzt werden.

Durch Anheftung einer Hydroxyethylseitenkette an den β-Laktam-Ring und zusätzliche Verknüpfungen wird bei allen Carbapenemen eine Stabilität gegen

S. Suerbaum et al. (Hrsg.), *Medizinische Mikrobiologie und Infektiologie*,
https://doi.org/10.1007/978-3-662-61385-6_100

ein breites Spektrum von durch Enterobakterien produzierten β-Laktamasen, auch gegen ESBL und AmpC, erreicht.

Cilastatin ist ein Heptankarbonsäurederivat und inhibiert die in den Nieren des Patienten produzierte Dehydropeptidase 1 reversibel und kompetitiv. Dadurch wird Imipenem selbst nicht hydrolysiert (Schutz vor Abbau). Zugleich wird die Nephrotoxizität des Imipenem bei hoher Dosierung erniedrigt. **Imipenem wird immer in Kombination mit Cilastatin** im Verhältnis 1:1 verabreicht. Cilastatin selbst wirkt nicht antimikrobiell.

▪ Wirkungsspektrum

Imipenem wirkt gegen fast alle aerob und anaerob wachsenden grampositiven und -negativen Bakterien einschließlich E. faecalis, Listerien, β-Laktamase-bildender Stämme von H. influenzae, Pneumokokken und Gonokokken sowie ESBL- und AmpC-bildender Enterobakterien. Die Therapie von P. aeruginosa-Infektionen ist möglich. Deshalb wird Imipenem der Gruppe 2 der Carbapeneme mit P. aeruginosa-Wirksamkeit zugeordnet. Jedoch muss immer eine Kombinationstherapie mit einem anderen wirksamen Antibiotikum erfolgen (s. o.).

Imipenem ist unwirksam gegen oxacillinresistente Isolate von S. aureus (MRSA-Staphylokokken) und koagulasenegative Staphylokokken, Burkholderia cepacia, Stenotrophomonas maltophilia, C. difficile sowie gegen intrazelluläre Erreger wie Mykoplasmen, Chlamydien und Legionellen. Eine Kreuzresistenz mit Penicillinen und Cephalosporinen ist selten (s. u.).

▪ Pharmakokinetik

Alle Carbapeneme besitzen eine konzentrationsunabhängige, aber von der Einwirkungszeit abhängige bakterizide Wirkung. Zwischen Serumkonzentration und therapeutischer Dosierung besteht keine Korrelation. Die maximale Wirkung wird bei der 4-fachen minimalen Hemmkonzentration (MHK) des Infektionserregers erreicht (→ Antibiotikum vom Penicillintyp).

Imipenem und Cilastatin sind gut gewebegängig und werden nach i. v. Gabe gut im Körper verteilt. Hohe Konzentrationen werden im Gewebe, Urin, Galle erreicht, mäßige Konzentrationen aufgrund der polaren Substanzeigenschaft im Liquor cerebrospinalis bei einer Infektion mit Blut-Hirn-Schranken-Störung. Keine zur Therapie geeignete Konzentration kommt intrazellulär, in der Prostata, im Kammerwasser etc. zustande.

Imipenem zeigt wie Meropenem gegenüber grampositiven und -negativen Erregern einen **postantibiotischen Effekt** (PAE), der bakterienspezies- und stammabhängig ist. Damit wird die Fortdauer der antimikrobiellen Wirkung nach Absetzen des Antibiotikums bezeichnet.

Die **Elimination** erfolgt renal in unveränderter Form oder durch Hydrolyse des β-Laktam-Rings zu antibiotisch unwirksamen Metaboliten. Bei Nierenfunktionsstörungen muss die Dosis wegen Kumulation von Cilastatin reduziert werden. Beide Substanzen sind dialysierbar. Die Halbwertszeit beträgt ca. 1 h.

▪ Resistenz

Es bestehen 2 Resistenzmechanismen:

- **Inaktivierung durch Carbapenem-hydrolysierende Enzyme:**
  - **Metallo-β-Laktamasen der Klasse B nach Ambler** oder **Gruppe 2 nach Bush/Jacoby/Medeiros** (BJM; ◘ Tab. 100.1), z. B. VIM, IMP, NDM-1, KHM, produziert von P. aeruginosa, Stenotrophomonas maltophilia, Bacteroides fragilis, Aeromonas spp. etc.
  - **β-Laktamasen der Klasse A nach Ambler** oder **Gruppe 1 nach BJM** (◘ Tab. 100.1), z. B. Sme-1 bis -3, IMI-1, KPC-1, -2, -3, GES-2, -4, -5, -6, NMC-A etc., produziert von Enterobakterien
  - **β-Laktamasen der Klasse D nach Ambler** oder **Gruppe 4 nach BJM** (◘ Tab. 100.1),

◘ Tab. 100.1 Einteilung der β-Laktamasen in Klassen A–D nach Ambler und in die Bush-Jacoby-Medeiros-(BJM-)Gruppen 1–4

Klasse nach Ambler (1980)	Typ der β-Laktamase	BJM-Gruppe (1995)	Substrat	Hemmung
A	Penicillinasen, Cephalosporinasen	1	Cephalosporine	Unzureichende Hemmung durch Clavulansäure
B	Metallo-β-Laktamasen	2	Penicilline Cephalosporine	Hemmung durch Clavulansäure
C	Cephalosporinasen	3	Penicilline Cephalosporine Carbapeneme	Keine Hemmung durch β-Laktam-Inhibitoren
D	Oxacillinasen	4	Enzyme, die nicht in andere Gruppen passen	

z. B. OXA-48, produziert von P. aeruginosa, Acinetobacter baumannii, Klebsiella pneumoniae etc.

- **Porinverlust** bei P. aeruginosa oder Enterobakterien meist in Kombination mit ESBL- oder AmpC-Bildung

Cave: Imipenem ist ein starker β-Laktamase-Induktor, sodass gleichzeitig verabreichte andere β-Laktam-Antibiotika inaktiviert werden können (Antagonismus)!

100.1.2 Rolle als Therapeutikum

▪ Indikationen

Imipenem ist ein **Reserveantibiotikum;** es soll nur verwendet werden, wenn Alternativen nicht zur Verfügung stehen. Indikationen sind die kalkulierte Initialtherapie von schweren, meist polymikrobiell oder gemischt aerob-anaeroben Infektionen wie Sepsis, intraabdominellen, gynäkologischen und urogenitalen Infektionen, Knochen- und Gelenkinfektionen, Haut- und Weichgewebeinfektionen sowie Infektionen des Respirationstrakts, besonders bei gleichzeitiger Abwehrschwäche; nicht jedoch ZNS-Infektionen. Imipenem ist Mittel der Wahl bei Nocardieninfektionen.

▪ Kontraindikationen

Imipenem ist kontraindiziert bei Allergie gegen Bestandteile des Arzneimittels oder gegen Carbapeneme. Eine Kreuzallergie zwischen Imipenem oder anderen Carbapenemen einerseits und anderen β-Laktam-Antibiotika andererseits kann, muss aber nicht bestehen. Vor Gabe sollte deshalb bei bekannter Penicillinallergie eine Prüfung erfolgen. Keine Anwendung in Schwangerschaft, Stillzeit, bei Neugeborenen unter 3 Monaten und bei Kindern mit Niereninsuffizienz, da keine ausreichenden Untersuchungen vorliegen.

▪ Anwendungen

Imipenem wird ausschließlich i. v. verabreicht. Da Imipenem ein starker β-Laktamase-Induktor ist, ist eine Kombination mit Breitspektrumpenicillinen und Cephalosporinen zu vermeiden (Antagonismus). Bei Verdacht oder Nachweis einer P. aeruginosa-Infektion ist eine Kombinationstherapie angezeigt!

▪ Nebenwirkungen

Ernste Nebenwirkungen sind selten. Gastrointestinale Reaktionen, Thrombophlebitis und allergische Reaktionen sind möglich. In 1–2 % können zentralnervöse Nebenwirkungen (Krämpfe, Verwirrtheitszustände, Somnolenz), bei Imipenem häufiger als bei den anderen Carbapenemen, auftreten, die jedoch nur bei Überschreiten der Normaldosis, bei eingeschränkter Nierenfunktion und bei Vorschädigung des ZNS vorkommen. Nierenfunktionsstörungen sind selten.

100.2 Meropenem

▪ Wirkungsmechanismus und Wirktyp

Meropenem gehört ebenfalls zu den Carbapenemen der β-Laktam-Antibiotika und wirkt wie Imipenem bakterizid durch Hemmung der Peptidoglykansynthese in der Bakterienzellwand. Unterschiede in der sehr guten Bakterizidie liegen in der unterschiedlichen Affinität zu PBP: Meropenem bindet stärker als Imipenem an die PBP von Entero- und anderen gramnegativen Bakterien; unter anderem besitzt es eine hohe Affinität zu den PBP-2 und -3 von P. aeruginosa. Die Bakterizidie von Meropenem gegenüber S. aureus und allen Enterokokkenarten ist dagegen schwächer ausgeprägt als bei Imipenem.

Anheften einer Hydroxyethylseitenkette an den β-Laktam-Ring und zusätzliche Verknüpfungen bewirken bei allen Carbapenemen Stabilität gegen ein breites Spektrum von durch Enterobakterien produzierten β-Laktamasen, auch gegen ESBL und AmpC.

Im Gegensatz zu Imipenem wird durch die Methylgruppe an C1 eine ausreichende Stabilität gegen die renale Dehydropeptidase 1 erreicht. Der Zusatz von Cilastatin ist deshalb nicht notwendig.

▪ Wirkungsspektrum

Das Wirkungsspektrum entspricht dem von Imipenem, jedoch mit dem Unterschied, dass Meropenem eine Enterokokkenlücke aufweist und nicht zur Therapie von Enterokokkeninfektionen eingesetzt werden darf. Bei schweren P. aeruginosa-Infektionen sollte bevorzugt Meropenem vor Imipenem zum therapeutischen Einsatz kommen, ggf. in Kombination mit dem Aminoglykosid Tobramycin. Eine weitere Therapieindikation für Meropenem ist (im Gegensatz zu Imipenem) die bakterielle Meningitis (► Kap. 116).

▪ Pharmakokinetik

Die Pharmakokinetik entspricht der von Imipenem. Jedoch entstehen nach Hydrolyse inaktivierte Metaboliten. Die Meropenemdosis muss bei Nierenfunktionsstörungen reduziert werden, auch wenn kein Cilastatin in Kombination verabreicht wird. Bei größeren Verteilungsvolumina, z. B. bei Übergewicht, kann Meropenem unter Kontrolle der Serumspiegel in höherer Dosierung als in der Fachinformation vorgegeben verabreicht werden. Meropenem zeigt wie Imipenem gegenüber grampositiven und -negativen Erregern einen **postantibiotischen Effekt** (PAE), der bakterienspezies- und stammabhängig ist.

▪ Resistenz

Gegen Meropenem können ebenfalls 2 Resistenzmechanismen zum Tragen kommen: zum einen Carbapenem hydrolysierende Enzyme (vgl. Resistenz von Imipenem), zum anderen energieabhängige Effluxpumpen. Demgegenüber gibt es keinen Resistenzmechanismus gegenüber Meropenem durch Porinverluste, da Meropenem leicht und durch mehrere Porintypen die äußere Zellwandmembran v. a. der gramnegativen Bakterien penetriert. Somit besteht nur eine teilweise Kreuzresistenz von Meropenem zu Imipenem. So kann P. aeruginosa gegen Meropenem sensibel, aber zugleich gegen Imipenem resistent sein.

100.2.1 Rolle als Therapeutikum

▪ Indikationen

Meropenem ist ebenfalls ein **Reserveantibiotikum** und soll nur verwendet werden, wenn Alternativen nicht zur Verfügung stehen. Indikationen sind die kalkulierte Initialtherapie von schweren, meist polymikrobiellen oder gemischt aerob-anaeroben Infektionen wie Sepsis, von intraabdominellen, gynäkologischen und urogenitalen Infektionen, Knochen- und Gelenkinfektionen, Haut- und Weichgewebeinfektionen. Meropenem ist bevorzugt einzusetzen bei P. aeruginosa-Infektionen, z. B. bei nosokomialer und Beatmungspneumonie, bei Meningitis und zur empirischen Therapie fieberhafter, bakterieller Infektionen neutropenischer Patienten.

▪ Kontraindikationen

Die Kontraindikationen entsprechen denen von Imipenem.

▪ Anwendungen

Meropenem wird wie Imipenem ausschließlich i. v. verabreicht. Da es ebenfalls ein starker β-Laktamase-Induktor ist, sollte eine Kombination mit Breitspektrumpenicillinen und Cephalosporinen vermieden werden (Antagonismus).

▪ Nebenwirkungen

Das Nebenwirkungsspektrum entspricht dem von Imipenem.

100.3 Ertapenem

▪ Wirkungsmechanismus und Wirktyp

Ertapenem gehört ebenfalls zu den Carbapenemen der β-Laktam-Antibiotika und wirkt wie Imipenem bakterizid durch Hemmung der Peptidoglykansynthese in der Bakterienzellwand. Unterschiede in der sehr guten Bakterizidie sind in der unterschiedlichen Affinität zu den PBP begründet: Ertapenem bindet stärker als Imipenem an die PBP von Enterobakterien; unter anderem besitzt Ertapenem eine hohe Affinität zu den PBP-2 und -3 von E. coli.

Anheften einer Hydroxyethylseitenkette an den β-Laktam-Ring und zusätzliche Verknüpfungen bewirken bei allen Carbapenemen Stabilität gegen ein breites Spektrum von durch Enterobakterien produzierten β-Laktamasen, auch gegen ESBL und AmpC.

Im Gegensatz zu Imipenem wird durch die Methylgruppe an C1 ausreichende Stabilität gegen die renale Dehydropeptidase 1 erreicht. Der Zusatz von Cilastatin ist deshalb nicht notwendig.

▪ Wirkungsspektrum

Ertapenem wirkt gegen viele aerob wachsende grampositive und -negative Bakterien wie β-hämolysierende Streptokokken, Pneumokokken, H. influenzae sowie ESBL- und AmpC-bildende Enterobakterien.

Ertapenem ist unwirksam gegen oxacillinresistente Isolate von S. aureus (MRSA) und koagulase-negativen Staphylokokken, Enterokokken, P. aeruginosa, Acinetobacter spp., Burkholderia cepacia, Stenotrophomonas maltophilia, C. difficile sowie gegen intrazelluläre Erreger wie Mykoplasmen, Chlamydien und Legionellen. Durch die fehlende Pseudomonas-Wirksamkeit wird Ertapenem der Gruppe 1 der Carbapeneme zugeordnet. Eine Kreuzresistenz mit Penicillinen und Cephalosporinen ist selten (vgl. Resistenz von Imipenem).

▪ Pharmakokinetik

Alle Carbapeneme besitzen eine konzentrationsunabhängige, aber von der Einwirkungszeit abhängige bakterizide Wirkung. Zwischen Serumkonzentration und therapeutischer Dosierung besteht keine echte Korrelation. Die maximale Wirkung wird bei 4-facher MHK des Infektionserregers erreicht (→ Antibiotikum vom Penicillintyp).

Ertapenem ist gut gewebegängig und wird nach i. v. Gabe gut im Körper verteilt. Hohe Konzentrationen werden im Gewebe, in Urin, Galle und Haut erreicht, dagegen keine zur Therapie geeignete Konzentration intrazellulär, in Liquor, Prostata, Kammerwasser etc. Ertapenem hat keinen PAE gegen gramnegative und einen geringen PAE gegen grampositive Erreger (vgl. Pharmakokinetik von Imipenem).

Die Elimination erfolgt renal in unveränderter Form oder durch Hydrolyse des β-Laktam-Rings zu antibiotisch inaktiven Metaboliten. Bei Nierenfunktionsstörungen muss die Dosis wegen Kumulation reduziert werden. Ertapenem ist dialysierbar. Die Halbwertszeit beträgt ca. 4 h.

▪ Resistenz

Die Resistenzmechanismen entsprechen denen von Imipenem. Es besteht keine Resistenz durch Effluxpumpen aufgrund fehlender Substrate.

100.3.1 Rolle als Therapeutikum

▪ Indikationen

Ertapenem ist ebenfalls ein **Reserveantibiotikum** und soll nur verwendet werden, wenn Alternativen nicht zur Verfügung stehen. Indikationen sind die kalkulierte Initialtherapie von ambulant erworbenen Pneumonien, schweren intraabdominellen und gynäkologischen Infektionen sowie von Haut- und Weichgewebeinfektionen beim diabetischen Fuß. Ertapenem darf nicht zur Therapie von Infektionen durch P. aeruginosa und andere Nonfermenter und nicht bei Meningitis eingesetzt werden.

▪ Kontraindikationen

Die Kontraindikationen entsprechen denen von Imipenem.

▪ Anwendungen

Die Anwendungen entsprechen denen von Meropenem.

▪ Nebenwirkungen

Das Nebenwirkungsspektrum entspricht dem von Imipenem.

100.4 Doripenem

▪ Wirkungsmechanismus und Wirktyp

Doripenem gehört ebenfalls zu den Carbapenemen der β-Laktam-Antibiotika und wirkt wie Imipenem bakterizid durch Hemmung der Peptidoglykansynthese in der Bakterienzellwand. Unterschiede in der sehr guten Bakterizidie liegen in der unterschiedlichen Affinität zu PBP: Doripenem bindet stärker als Imipenem und Meropenem an die PBP-2 und -3 von P. aeruginosa, gleich stark wie Meropenem an die PBP von anderen gramnegativen Enterobakterien und Nonfermentern, genauso gut wie Imipenem an die PBP von S. aureus und Enterococcus faecalis.

Wie bei den anderen Carbapenemen bewirken das Anheften einer Hydroxyethylseitenkette an den β-Laktam-Ring und zusätzliche Verknüpfungen Stabilität gegen ein breites Spektrum von durch Enterobakterien produzierten β-Laktamasen, auch gegen ESBL und AmpC.

Wie bei Meropenem wird durch die Methylgruppe an C1 eine ausreichende Stabilität gegen die renale Dehydropeptidase 1 erreicht. Der Zusatz von Cilastatin ist deshalb nicht notwendig.

▪ Wirkungsspektrum

Das Wirkungsspektrum entspricht bei grampositiven Erregern wie S. aureus und Enterococcus faecalis dem von Imipenem, bei gramnegativen Erregern einschließlich P. aeruginosa dem von Meropenem. Zur Therapie von ZNS-Infektionen ist Doripenem nicht zugelassen.

▪ Pharmakokinetik

Die Pharmakokinetik entspricht der von Meropenem. Der postantibiotische Effekt von Doripenem ist besonders wirksam gegen S. aureus und P. aeruginosa, gegen Klebsiella pneumoniae und E. coli ist er nicht vorhanden.

▪ Resistenz

Die Resistenzmechanismen entsprechen denen von Imipenem. Es besteht keine Resistenz durch Effluxpumpen aufgrund fehlender Substrate.

100.4.1 Rolle als Therapeutikum

▪ Indikationen

Doripenem ist ebenfalls ein **Reserveantibiotikum** und soll nur verwendet werden, wenn keine Alternativen zur Verfügung stehen. Indikationen sind die kalkulierte Initialtherapie von Pneumonien einschließlich der Beatmungspneumonie, komplizierte intraabdominelle und Harnweginfektionen. Doripenem ist ebenso wie Meropenem bevorzugt bei P. aeruginosa-Infektionen einzusetzen.

▪ Kontraindikationen

Doripenem ist wie alle anderen Carbapeneme kontraindiziert bei Allergie gegen Bestandteile des Arzneimittels oder gegen Carbapeneme. Ebenfalls kann, muss aber keine Kreuzallergie zwischen Doripenem und anderen β-Laktam-Antibiotika bestehen. Vor Gabe sollte deshalb bei bekannter Penicillinallergie eine Prüfung erfolgen. Aufgrund fehlender Untersuchungen erfolgt keine Anwendung bei Kindern und Jugendlichen unter 18 Jahren, auch nicht in der Schwangerschaft und in der Stillzeit.

▪ Anwendungen

Die Anwendungen entsprechen denen von Meropenem.

▪ Nebenwirkungen

Das Nebenwirkungsspektrum entspricht dem von Imipenem.

100

In Kürze: Carbapeneme

- **Imipenem:**
  - **Resistenz:** Bildung von β-Laktamasen, veränderte Bindungsproteine (Porinverluste).
  - **Indikationen:** Kalkulierte Initialtherapie schwerer Infektionen, Reserveantibiotikum.
  - **Kontraindikationen:** Allergie, bei Penicillinallergie Kreuzallergie ausschließen! Weitere beachten.
  - **Besonderheiten:** Starker Induktor von β-Laktamasen, daher Vorsicht bei Kombinationstherapien.
- **Meropenem:**
  - **Resistenz:** Bildung von β-Laktamasen, Effluxpumpen.
  - **Indikationen:** Schwere, meist polymikrobielle oder gemischt aerob-anaerobe Infektionen, Infektionen mit P. aeruginosa, Reserveantibiotikum.
  - **Kontraindikationen:** Allergie, bei Penicillinallergie Kreuzallergie ausschließen! Weitere beachten.
  - **Besonderheiten:** Starker Induktor von β-Laktamasen, daher Vorsicht bei Kombinationstherapien.
- **Ertapenem:**
  - **Resistenz:** Bildung von β-Laktamasen, veränderte Bindungsproteine (Porinverluste).
  - **Indikationen:** Kalkulierte Therapie ambulant erworbener Pneumonien, schwere intraabdominelle und gynäkologische Infektionen.
  - **Kontraindikationen:** Allergie, bei Penicillinallergie Kreuzallergie ausschließen! Weitere beachten.
- **Doripenem:**
  - **Resistenz:** Bildung von β-Laktamasen, veränderte Bindungsproteine (Porinverluste).
  - **Indikationen:** Kalkulierte Therapie schwerer Infektionen besonders P. aeruginosa, Reserveantibiotikum.
  - **Kontraindikationen:** Allergie, bei Penicillinallergie Kreuzallergie ausschließen! Weitere beachten.

Glykopeptidantibiotika

Marlies Höck

Zu den Glykopeptidantibiotika gehören Vancomycin und Teicoplanin, die bakterizid gegen fast alle aerob und einige anaerob wachsende grampositive Bakterien, nicht aber gegen gramnegative Bakterien wirken. Als Reserveantibiotika können sie intravenös appliziert zur Behandlung schwerer Infektionen durch oxacillinresistente Staphylokokken und ampicillinresistente Enterokokken sowie oral verabreicht bei Enterokolitis durch toxinbildende C. difficile-Stämme eingesetzt werden.

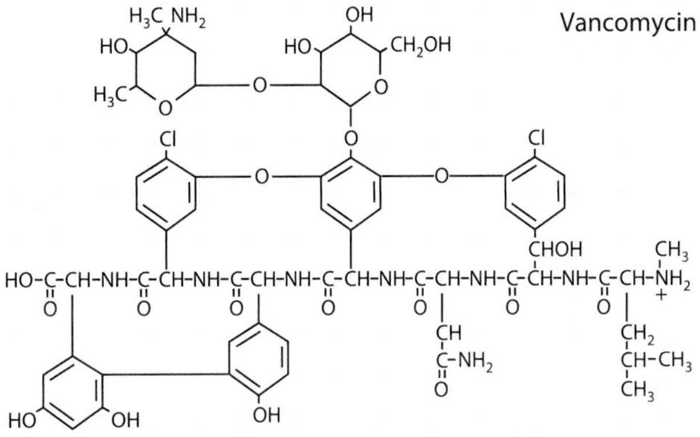

Steckbrief

Zu den Glykopeptidantibiotika gehören Vancomycin, 1955 erstmals aus Streptomyces orientalis isoliert, und Teicoplanin, erstmals 1982 aus Actinoplanes teichomyceticus gewonnen. Beide Substanzen wirken bakterizid gegen fast alle aerob und einige anaerob wachsende grampositive Bakterien, nicht aber gegen gramnegative. Als Reserveantibiotika können sie zur Behandlung schwerer Infektionen durch oxacillinresistente Staphylokokken und ampicillinresistente Enterokokken sowie oral verabreicht bei Enterokolitis durch toxinbildende C. difficile-Stämme eingesetzt werden.
Neue Glykopeptidantibiotika, die klinisch geprüft wurden und für die gezielte Indikationen als Mittel der letzten Wahl festgelegt wurden, gehören als Analoga von Vancomycin zu den semisynthetischen Lipoglykopeptiden Telavancin und Oritavancin, als Analoga von Teicoplanin Dalbavancin und das neue Glykolipodepsipeptid-Antibiotikum Ramoplanin. Die Anwendung ist zurzeit noch sehr begrenzt.

101.1 Vancomycin

101.1.1 Beschreibung

▪ **Wirkungsmechanismus und Wirktyp**

Vancomycin gehört zu den Glykopeptidantibiotika und hemmt die zur Quervernetzung von Mureinvorstufen notwendige Transglykosylierungsreaktion, sodass die Wirkung auf proliferierende Erreger bakterizid ist. Vancomycin und Teicoplanin wirken in der Anfangsphase der Zellwandsynthese durch Blockierung der Bausteine, die für die Quervernetzung der Mureinzellwand notwendig sind.

Dagegen wirken andere zellwandaktive Antibiotika wie Penicilline (▶ Kap. 97) und Cephalosporine (▶ Kap. 98) erst in einer späteren Phase der Zellwandsynthese durch Blockierung von bakteriellen Peptidasen, den penicillinbindenden Proteinen (PBP), die zur Quervernetzung des Mureins führen. Daraus

S. Suerbaum et al. (Hrsg.), *Medizinische Mikrobiologie und Infektiologie*,
https://doi.org/10.1007/978-3-662-61385-6_101

ergibt sich: Eine Kombinationstherapie von Vancomycin oder Teicoplanin mit einem β-Laktam-Antibiotikum (Penicillin oder Cephalosporin) ist nicht sinnvoll.

- Wirkungsspektrum

Vancomycin wirkt bakterizid gegen aerob wachsende grampositive Erreger wie S. aureus einschließlich MRSA, auf oxacillinsensible und -resistente koagulase-negative Staphylokokken, β-hämolysierende Streptokokken der serologischen Gruppen A, B, C und G sowie auf nichthämolysierende Streptokokken, Enterokokken, Corynebacterium diphtheriae und jeikeium, Bacillus spp., Listerien sowie auf grampositive Anaerobier wie Clostridium difficile und perfringens, Peptostreptokokken, Cuti- und Eubacterium. Die bakterizide Wirksamkeit auf Clostridium difficile ist 10-mal schwächer als die von Teicoplanin. Synergistisch wirkt die Kombination von Vancomycin mit Rifampicin auf S. aureus und S. epidermidis, mit Gentamicin auf Enterokokken und Streptococcus viridans. Keine Wirkung auf gramnegative Erreger!

- Pharmakokinetik

Vancomycin hat wie alle Glykopeptidantibiotika eine große Molekularmasse und wird oral nicht resorbiert. Diese Eigenschaft kann zur Therapie der durch toxinbildende C. difficile bedingten pseudomembranösen Enterokolitis genutzt werden. Die Applikation muss per os erfolgen.

Vancomycin hat eine gute Penetration in Pleura-, Perikard-, Aszites- und Synovialflüssigkeit, in Herzmuskel und -klappen, dagegen eine variable Penetration in den Knochen und keine therapeutisch wirksame Konzentration ins Gehirn, die zum Ausschluss der Indikation einer bakteriellen Meningitis führt. Zu 55 % wird Vancomycin an Plasmaproteine gebunden. Die Halbwertszeit beträgt 4–6 h.

Die Elimination erfolgt bis zu 90 % renal durch glomeruläre Filtration und bis zu 5 % biliär. Es besteht eine enge Korrelation zwischen glomerulärer Filtrationsrate und Clearance von Vancomycin. Bei Nierenfunktionsstörungen muss abhängig vom Serumspiegel eine Dosisanpassung erfolgen. Verschiedene Dialyseverfahren entfernen Vancomycin in unterschiedlichem Maße.

- Resistenz

Eine **natürliche, intrinsische** Resistenz gegen Vancomycin liegt vor bei Leuconostoc, Pediococcus, Lactobacillus und Gemella spp., bedingt durch das Depsipeptid der Peptidoglykanseitenkette D-Ala-D-**Lac** im Gegensatz zu der bei den anderen grampositiven Erregern üblichen D-Ala-D-**Ala**-Struktur. Dadurch ist die Affinität von Vancomycin und Teicoplanin um den Faktor 1000 reduziert.

Ebenfalls intrinsisch ist die **Glykopeptidresistenz** („low level" für Vancomycin und Teicoplanin) bei E. flavescens und E. gallinarum durch die Endgruppe der Peptidseitenkette mit D-Ala-D-**Ser.** Von den Ligasegenen her wird dieser Resistenzgenotyp der Enterokokken als VanC (C1 und C2) bezeichnet.

Erworbene Resistenz gegenüber Vancomycin beruht auf:

- Verminderter Empfindlichkeit oder Resistenz durch eine **Überproduktion von Peptidoglykan,** das nicht ausreichend quervernetzt ist und damit Glykopeptide bindet, bevor sie ihr eigentliches Target an der zytoplasmatischen Membran erreichen. Ursache sind Mutationen in Genen, welche die Peptidoglykansynthese übergeordnet regulieren (z. B. in vraA). Dabei kann eine Parallelresistenz gegen Daptomycin (▶ Kap. 109.7) auftreten. Dieser Resistenzmechanismus liegt bei S. aureus mit „Low-level-Glykopeptidresistenz vor (MHK für Vancomycin: 4–8 mg/l, früher als „glycopeptide intermediate S. aureus" oder GISA bezeichnet) und kann auch bei „Low-level"-glykopeptidresistenten Stämmen von S. epidermidis und wahrscheinlich auch von S. haemolyticus vorkommen.
- **Veränderung der Zielstruktur** aufgrund des Austauschs der D-Ala-D-Ala-Struktur durch D-Ala-D-Lac. Ursache ist der Erwerb von Resistenzgenen durch horizontalen Gentransfer. Folge ist eine 1000-fache Reduktion der Bindungsaffinität. Dieser Resistenzmechanismus ist durch Glykopeptide **induzierbar.** Die Resistenzgene sind in einer Operonstruktur angeordnet, der ein Zwei-Komponenten-Regulationssystem vorgeschaltet ist. Beispiel vancomycinresistente Enterokokken (VRE): Bei Enterococcus (E.) faecium, aber auch bei E. faecalis etc. kann eine kombinierte Teicoplanin- und Vancomycinresistenz plasmidkodiert vorliegen.

Wir kennen bei Enterokokken bisher **6 Genotypen** der erworbenen Resistenz: A, B, D, E, G und M.

- Am weitesten verbreitet, v. a. in Europa, ist der Genotyp **VanA** mit einer mittleren bis hochtitrigen („high level") Vancomycinresistenz (16–1000 mg/l) und Teicoplaninresistenz (4–512 mg/l). Dieser Genotyp wurde erstmals 1988 beobachtet. Als eine der Ursachen für die weite Ausbreitung gilt die früher massenhafte Verabreichung des Glykopeptids Avoparcin in der Tiermast. In Deutschland wurde Avoparcin seit 1974 verfüttert. Seit 1996 ist diese Anwendung verboten.
- **VanB** ist der zweithäufigste Resistenzgenotyp bei den Enterokokken und gekennzeichnet durch eine niedrigtitrige („low level") Vancomycinresistenz bei Fehlen der Teicoplaninresistenz.

- Folgende Genotypen sind bisher sehr selten nachgewiesen worden: **VanD, VanE** und **VanG** vermitteln eine moderate Vancomycinresistenz (MHK 8–16 mg/l), aber keine Teicoplaninresistenz; bei **VanM** liegt eine Hochresistenz gegen Vancomycin und Teicoplanin vor.

Zumindest für VanA und VanB ist gut untersucht, dass die Resistenzgencluster Bestandteile von Transposons sind, die ihrerseits in konjugative Plasmide integriert sind. Dadurch ist nicht nur eine Übertragung zwischen verschiedenen Spezies des Genus Enterococcus möglich, sondern auch auf Strepto- und Staphylokokken.

Besonderer Aufmerksamkeit bedürfen die bisher noch selten beobachteten glykopeptidresistenten S. aureus (GRSA) bzw. vancomycinresistenten S. aureus (VRSA). Ursache ist hier eine von VRE übertragene VanA-Resistenz.

101.1.2 Rolle als Therapeutikum

▪ Indikationen

Vancomycin ist wie alle Glykopeptidantibiotika ein **Reserveantibiotikum** und soll nur verwendet werden, wenn schwere Infektionen durch oxacillin- oder penicillin-/ampicillinresistente Erreger (MRSA, oxacillinresistente koagulasenegative Staphylokokken, Enterococcus faecium etc.) verursacht werden oder wenn beim Patienten eine Penicillinallergie vorliegt. Indikationen sind Sepsis, Endokarditis, Osteomyelitis, septische Arthritis, Pneumonie, Haut- und Weichgewebeinfektionen, ggf. Diphtherie sowie die Prophylaxe der Endokarditis. Die orale Gabe ist indiziert bei schwerer pseudomembranöser Enterokolitis durch toxinbildende C. difficile-Stämme.

▪ Kontraindikationen

Vancomycin darf nicht gegeben werden in der Schwangerschaft wegen unzureichender Erfahrung und auch nicht in der Stillzeit wegen Störungen der Darmflora beim Säugling. Bei **Niereninsuffizienz** muss eine Dosisreduzierung erfolgen. Bei akutem Nierenversagen und bei Schwerhörigkeit darf Vancomycin nicht gegeben werden.

▪ Anwendungen

Vancomycin kann i. v. als Infusion oder oral verabreicht werden. Die orale Applikation eignet sich zur Therapie der durch toxinbildende C. difficile verursachten Enterokolitis bei Erwachsenen. Die i. v. Therapie ist ab dem Säuglingsalter zugelassen. Bei allen schweren Infektionen muss eine i. v. Gabe zur Anwendung kommen. Bevorzugt sollte bei Enterokokkeninfektionen eine Kombinationstherapie mit Gentamicin gegeben werden, bei S. aureus- und S. epidermidis-Infektionen mit Rifampicin.

Eine i. v. Injektion ist wegen der erhöhten Gefahr der Ototoxizität aufgrund der Konzentrationsspitze sowie wegen des Risikos eines Blutdruckabfalls und Herzstillstands kontraindiziert. Auch die i. m. Verabreichung steht wegen starker Muskelschmerzen und Untergang von Muskelzellen zu Nekrosen nicht zur Verfügung.

▪ Nebenwirkungen

Gelegentlich werden **allergische Reaktionen** bis hin zum anaphylaktischen Schock beobachtet. Bei zu rascher Infusion kann es zum „Red-neck-Syndrom“ durch massive Ausschüttung von Mediatoren, zum Blutdruckabfall und Herzstillstand kommen.

Stark erhöhte Serumkonzentrationen von Vancomycin, bedingt durch Niereninsuffizienz, können zur **Ototoxizität** führen. Deshalb sind Serumspiegelkontrollen unter Therapie unabdingbar! Bei gleichzeitiger Gabe mit anderen ototoxischen Arzneimitteln kann es zum Hörverlust, Tinnitus oder veränderter Vestibularisfunktion kommen. Bei Kombination mit Aminoglykosiden sind diese ototoxische und nephrotoxische Effekte sehr selten beobachtet worden.

Auf vorübergehende Erhöhungen der Transaminasen oder des Kreatinins muss geachtet werden.

101.2 Teicoplanin

101.2.1 Beschreibung

▪ Wirkungsmechanismus und Wirktyp

Teicoplanin gehört zu den Glykopeptidantibiotika und hat den gleichen Wirkmechanismus wie Vancomycin.

▪ Wirkungsspektrum

Teicoplanin wirkt bakterizid gegen alle Bakterien, gegen die auch Vancomycin wirkt (s. o.). Klinische Untersuchungen zur Anwendung von Teicoplanin bei Diphtherie liegen jedoch nicht vor. Die bakterizide Wirksamkeit auf Clostridium difficile ist 10-mal stärker als die von Vancomycin. In Ausnahmefällen wirkt Teicoplanin nur bakteriostatisch, z. B. bei einigen Stämmen von Enterokokken, Listeria monocytogenes und Staphylokokken. Wie Vancomycin wirkt Teicoplanin synergistisch in Kombination mit Rifampicin auf S. aureus und S. epidermidis, mit Gentamicin auf Enterokokken und Streptococcus viridans. Keine Wirkung auf gramnegative Erreger!

■ Pharmakokinetik

Teicoplanin hat wie alle Glykopeptidantibiotika eine große Molekularmasse und wird bei oraler Gabe nicht resorbiert. Diese Eigenschaft kann zur Therapie der durch toxinbildende C. difficile-Stämme bedingten pseudomembranösen Kolitis genutzt werden. Die Applikation muss per os erfolgen.

Teicoplanin besitzt eine starke Lipophilie und eine über 90 %ige Plasmaeiweißbindung. Die Halbwertszeit beträgt 3,6 h in den ersten 12 h. Nach wiederholten i. v. Gaben ist sie auf das 2- bis 4-Fache verlängert. Durch diese auf bis zu 15 h verlängerte Halbwertszeit ist Teicoplanin auch für die ambulante Therapie von Endokarditis und Osteomyelitis geeignet.

Die Diffusion in Gewebe, Knochen und verschiedene Körperflüssigkeiten ist gut. Dagegen schließt die schlechte Liquorgängigkeit trotz der lipophilen Eigenschaft die Therapie einer bakteriellen Meningitis aus.

Die Elimination erfolgt renal durch glomeruläre Filtration. Teicoplanin wird in unveränderter Form ausgeschieden. Bei Nierenfunktionsstörungen muss eine Dosisanpassung abhängig vom Serumspiegel erfolgen. Teicoplanin ist nicht dialysierbar.

■ Resistenz

Wildtypische wie erworbene Resistenz durch Veränderung der Zielstruktur bei Teicoplanin ist identisch mit der bei Vancomycin. Den Resistenztyp der verminderten Empfindlichkeit gegenüber Teicoplanin gibt es nicht.

101.2.2 Rolle als Therapeutikum

■ Indikationen

Das Indikationsspektrum entspricht dem von Vancomycin. Zusätzlich ist Teicoplanin für die kontinuierlich ambulante Peritonealdialyse, zur Therapie der Endokarditis und Osteomyelitis sowie zur Prophylaxe einer infektiösen Endokarditis bei Vorliegen einer Penicillinallergie geeignet.

■ Kontraindikationen

Die Kontraindikationen entsprechen denen von Vancomycin. Applikation in den Liquorraum ist nicht möglich wegen der Gefahr des Auslösens von Krampfanfällen.

■ Anwendungen

Teicoplanin kann wie Vancomycin i. v. oder oral verabreicht werden. Die orale Applikation eignet sich ebenfalls zur Therapie der durch toxinbildende C. difficile-Stämme verursachten Enterokolitis bei Erwachsenen. Die i. v. Therapie ist gewichtsbezogen ab der Geburt zugelassen. Je nach Schwere der Erkrankung können bereits am 1. Tag eine 2. Dosis gegeben und an Folgetagen die Dosierung beibehalten oder halbiert werden. Bevorzugt sollte bei Teicoplanin wie bei Vancomycin eine Kombinationstherapie mit Gentamicin bei Enterokokkeninfektionen, mit Rifampicin bei S. aureus- und S. epidermidis-Infektionen erfolgen.

■ Nebenwirkungen

Ernste Nebenwirkungen sind selten. Gelegentlich werden allergische Reaktionen beobachtet. Bei gleichzeitiger Gabe mit anderen ototoxischen Arzneimitteln kann es zu Hörverlust, Tinnitus oder veränderter Vestibularisfunktion kommen. Auf vorübergehende Erhöhungen der Transaminasen oder des Kreatinins muss geachtet werden. Bei Kombination mit Aminoglykosiden sind keine ototoxischen und nephrotoxischen Effekte beobachtet worden.

In Kürze: Glykopeptidantibiotika

- **Vancomycin:**
  - **Resistenz:** Veränderte Zielmoleküle, v. a. bei vancomycinresistente Enterokokken (VRE), und geringere Empfindlichkeit durch Überproduktion von Peptidoglykan.
  - **Indikationen:** Insbesondere Staphylokokkeninfektionen durch methicillinresistente Erreger (z. B. bei MRSA) und Enterokokkeninfektionen sowie oral appliziert bei Clostridium difficile – toxinbedingter Enterokolitis.
  - **Kontraindikationen:** Akutes Nierenversagen und bestehende Innenohrschwerhörigkeit. Weitere beachten.
- **Teicoplanin:**
  - **Resistenz:** Veränderte Zielmoleküle. Bei manchen VRE-Stämmen liegt auch Teicoplanin-Resistenz vor
  - **Indikationen:** Insbesondere Staphylokokkeninfektionen durch methicillinresistente Erreger (z. B. bei MRSA), Endokarditiden, Osteomyelitiden und bei ambulanter kontinuierlicher Peritonealdialyse.
  - **Kontraindikationen:** Akutes Nierenversagen und bestehende Innenohrschwerhörigkeit. Keine Applikation in den Liquorraum.

Aminoglykoside

Marlies Höck und Manfred Fille

Zu den Aminoglykosiden mit systemischer Applikation gehören Gentamicin, Tobramycin, Amikacin und Streptomycin, für die topische Anwendung kommen Neomycin und Kanamycin infrage. Sie wirken bakterizid in der Vermehrungs- und der Ruhephase der Bakterien. Aminoglykoside wirken vorwiegend gegen aerob wachsende gramnegative Bakterien und werden auch bei schweren Infektionen mit aerob wachsenden grampositiven Erregern durch den synergistischen Effekt in Kombination mit β-Laktam-Antibiotika eingesetzt.

Steckbrief

Aminoglykoside umfassen eine Gruppe von Antibiotika, bei denen Aminozucker mit Aminozyklitol glykosidisch verbunden sind. Sie wirken vorwiegend gegen aerob wachsende, gramnegative Bakterien und werden bei schweren Infektionen auch bei grampositiven, aerob wachsenden Erregern durch die synergistische, bakterizide Wirkung bereits in der Ruhephase der Bakterien in Kombination mit β-Laktam-Antibiotika eingesetzt.

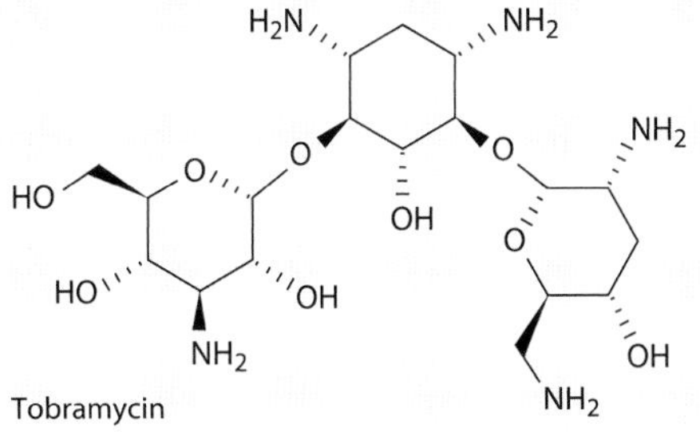

Tobramycin

102.1 Gentamicin und Tobramycin

102.1.1 Beschreibung

Wirkungsmechanismus und Wirktyp

Aminoglykoside werden nach elektrostatischer Bindung an die Bakterienzellwand, die zu Formationsänderungen und Löchern in der Zellwand führt, aufgenommen. Die bakterizide Wirkung in der Vermehrungs- und Ruhephase beruht auf der Bindung an die 30 S-Untereinheit der bakteriellen Ribosomen und führen zu Fehlablesungen der mRNA.

Die Kombination mit β-Laktam-Antibiotika bedingt einen Synergismus: Die Störung der Zellwandsynthese durch das β-Laktam mit Entstehung von Poren erlaubt es dem Aminoglykosid, sein Ziel, das Ribosom, besser zu erreichen.

Wirkungsspektrum

Das Wirkungsspektrum von Gentamicin und Tobramycin umfasst Staphylococcus aureus und andere Staphylokokken, Enterobakterien, Pseudomonas aeruginosa, Acinetobacter spp., auch Pasteurellen und Brucellen. Gegen Pseudomonas aeruginosa besitzt Tobramycin eine stärkere Aktivität als Gentamicin. Zwischen Gentamicin und Tobramycin besteht eine fast vollständige Kreuzresistenz. Dagegen können gentamicin-/tobramycinresistente Stämme gegen Amikacin sensibel sein. Resistente Stämme von Staphylokokken, Serratia, P. aeruginosa sowie hochgradig („high level") resistente Entero- und Streptokokken kommen zunehmend vor.

Pharmakokinetik

Die Substanzen werden parenteral (i. v.) verabreicht. Die maximalen Serumspiegel von Gentamicin und Tobramycin nach i. m. Applikation werden nach 1 h erreicht. Der starke postantibiotische Effekt (PAE) unterdrückt das Wachstum der Bakterien viele Stunden nach Kontakt. Deshalb und wegen der vermindert auftretenden Nebenwirkungen werden Aminoglykoside heute 1-mal täglich gegeben.

Gentamicin und Tobramycin werden nur gering metabolisiert und zu etwa 90 % in aktiver Form mit dem Harn ausgeschieden. Bei Niereninsuffizienz muss in Abhängigkeit vom Serumspiegel eine Dosisreduktion zum Schutz v. a. vor nephrotoxischen Nebenwirkungen erfolgen.

Die Substanzen sind nicht gewebegängig, da sie nicht lipidlöslich sind. Wegen ihrer guten Wasserlöslichkeit ist eine intravasale Gabe möglich.

Ausreichende Liquorkonzentrationen werden nicht erreicht. Die Resorption nach oraler und lokaler Gabe ist schlecht.

S. Suerbaum et al. (Hrsg.), *Medizinische Mikrobiologie und Infektiologie*,
https://doi.org/10.1007/978-3-662-61385-6_102

▪ Resistenz

Gegen Aminoglykoside treten alle 4 Resistenzmechanismen auf, die je nach Resistenztyp zur Kreuzresistenz führen können:

- **Reduzierte Aufnahme** in die Bakterienzelle, gekennzeichnet durch eine „Low-level" -Resistenz bei Anaerobiern und fakultativ anaeroben Erregern.
- **Enzymatische Inaktivierung** durch bisher über 50 bekannte, Aminoglykosid inaktivierende Enzyme wie Azetyl-, Adenyl-, Nukleotidyl- und Phosphotransferasen. Häufig werden Gentamicin und Tobramycin gleichermaßen enzymatisch gespalten, wogegen Amikacin stabil bleiben kann. Amikacin kann nur an einer Bindungsstelle von modifizierenden Enzymen inaktiviert werden. Hochgradige („High-level-") Resistenz ist der häufigste Resistenzmechanismus bei grampositiven Erregern wie Enterokokken. Dabei besteht eine Kreuzresistenz zu allen anderen Aminoglykosiden, nur nicht zu Streptomycin. Umgekehrt führt eine meist durch spezielle Enzyme verursachte High-Level-Streptomycinresistenz nicht zu einer High-Level-Resistenz gegen andere Aminoglykoside. Streptomycinresistenz bei gramnegativen Bakterien wird durch spezifische Nukleotidyl- und Phosphotransferasen verursacht.
- **Veränderung der ribosomalen Bindungsstelle.**
- **Efflux der Aminoglykoside** durch aktiven Transport aus der Bakterienzelle kann bei P. aeruginosa vorliegen, ist häufig allerdings mit Enzymen gekoppelt, die eine „Low-level" -Resistenz bewirken.

102.1.2 Rolle als Therapeutikum

▪ Indikationen

Gentamicin und Tobramycin werden gezielt oder ungezielt bei schweren Infektionen durch gramnegative Bakterien, z. B. Sepsis, Peritonitis und Endokarditis, in Kombination mit z. B. einem Azylaminopenicillin oder Cephalosporin verabreicht. Gentamicin wird auch bei durch Strepto- und Enterokokken bedingter Endokarditis als Kombinationsantibiotikum verabreicht, vorausgesetzt, es liegt keine hochgradige („High-level"-)Resistenz vor.

Bei der Endokarditis wird trotz des ausgeprägten postantibiotischen Effekts eine 3-malige Gabe bevorzugt, weil mit keiner immunologischen Abwehrfunktion an der Herzklappe zu rechnen ist und deshalb eine gleichmäßige, aber niedrigtitrige Serumkonzentration eine bakterizide Wirkung an der Herzklappe entfalten soll. Gentamicin wird lokal zur Behandlung von Augeninfektionen eingesetzt.

▪ Kontraindikationen

Aminoglykoside dürfen nicht eingesetzt werden in der Schwangerschaft, bei terminaler Niereninsuffizienz und Vorschädigungen von Vestibularorgan oder Kochlea. Ebenso ist die gleichzeitige Gabe nephrotoxischer Substanzen (z. B. Cisplatin) oder schnell wirkender Diuretika wie Furosemid kontraindiziert.

▪ Anwendungen

Gentamicin und Tobramycin werden i. v. verabreicht. Für Spezialindikationen kann Gentamicin auch lokal verabreicht werden: Augeninfektionen, unterstützend bei Knochen- und Weichgewebeinfektionen mit gentamicinhaltigen Kugelketten oder Knochenzement. Eine alleinige topische Applikation reicht bei invasiven, schweren Infektionen nicht aus.

Da Aminoglykoside bei Mischinfusionen durch Penicilline und Cephalosporine inaktiviert werden, müssen die Antibiotika immer getrennt per infusionem zugeführt werden.

▪ Nebenwirkungen

Gentamicin und Tobramycin haben eine geringe therapeutische Breite und müssen daher vorsichtig dosiert werden.

Als Nebenwirkungen können bei höherer Dosierung und längerer Therapie, v. a. bei eingeschränkter Nierenfunktion (Akkumulation!), eine Vestibularis- und eine Akustikusschädigung auftreten. Eine Nephrotoxizität wird bei sachgemäß durchgeführter Therapie selten beobachtet, dennoch sollte alle 2–4 Tage die Kreatininkonzentration im Serum kontrolliert werden.

Bei schneller i. v. Infusion kann eine neuromuskuläre Blockade mit Atemstillstand entstehen, insbesondere bei gleichzeitiger Medikation mit Anästhetika, Muskelrelaxanzien oder Zitratbluttransfusionen (Antidot: Kalziumglukonat). Selten werden Allergien beobachtet.

102.2 Amikacin

Steckbrief

Amikacin ist ein Kanamycinderivat, das von den meisten Aminoglykoside inaktivierenden Bakterienenzymen nicht angegriffen wird.

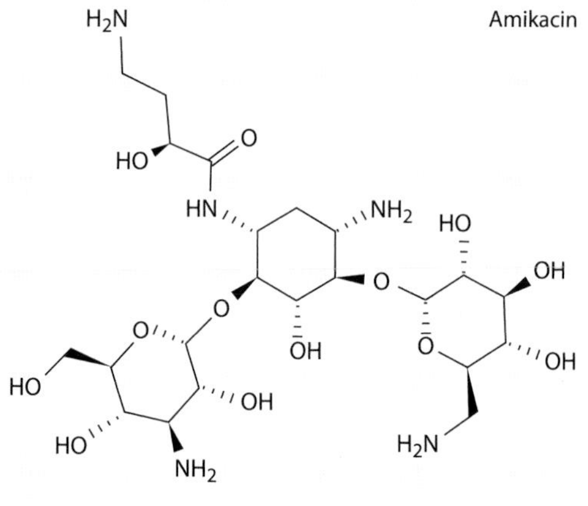

102.2.1 Beschreibung

Wirkungsmechanismus und Wirktyp

Der Wirkungsmechanismus von Amikacin entspricht dem von Gentamicin.

Wirkungsspektrum

Der Wirkungsmechanismus von Amikacin entspricht dem von Gentamicin. Zusätzlich ist eine Vielzahl gentamicinresistenter Bakterien gegenüber Amikacin sensibel.

Pharmakokinetik

Die Pharmakokinetik von Amikacin entspricht der von Gentamicin. Die Halbwertszeit nach i. m. Applikation beträgt aber mindestens 2 h.

Resistenz

Die Resistenzmechanismen von Amikacin entsprechen denen von Gentamicin.

102.2.2 Rolle als Therapeutikum

Indikationen

Indikationen zur Gabe von Amikacin entsprechen denen von Gentamicin. Jedoch kommt Amikacin bei gegen Gentamicin resistenten Bakterien, insbesondere bei Proteus-Arten, Serratia marcescens und P. aeruginosa vorrangig zum Einsatz. Bei Patienten mit hochgradiger Immunsuppression und entsprechender Diagnose kann Amikacin anstelle von Gentamicin bereits kalkuliert gegeben werden. Eine weitere Indikation ist die Therapie von Mycobacterium avium-intracellulare-Infektionen bei Patienten mit AIDS.

Kontraindikationen

Die Kontraindikationen entsprechen denen von Gentamicin.

Anwendungen

Die Anwendungen entsprechen denen von Gentamicin.

Nebenwirkungen

Die Nebenwirkungen entsprechen denen von Gentamicin.

102.3 Streptomycin

Steckbrief

1943 war Streptomycin das erste Aminoglykosid, das entdeckt wurde. Es wird von Streptomyces griseus produziert und ist heute noch immer ein Mittel der First-Line-Therapie zur Behandlung der Tuberkulose; zusätzlich ist es einsetzbar bei Brucellose, Pest und Tularämie.

102.3.1 Beschreibung

Wirkungsmechanismus und Wirktyp

Der Wirkungsmechanismus von Streptomycin entspricht dem von Gentamicin.

Wirkungsspektrum

Der Wirkungsmechanismus von Streptomycin entspricht dem von Gentamicin. Zusätzlich ist eine Vielzahl gentamicinresistenter Bakterien gegenüber Streptomycin sensibel.

Pharmakokinetik

Die Pharmakokinetik von Streptomycin entspricht der von Gentamicin. Die Halbwertszeit beträgt aber ≥2 h. Die Ausscheidung erfolgt zu 60 % renal und zu 2 % biliär.

Resistenz

Die Resistenzmechanismen von Streptomycin entsprechen denen von Gentamicin. Eine Resistenzentwicklung unter Streptomycintherapie wird bei Tuberkulose innerhalb weniger Tage beobachtet, sodass immer eine Mehrfachkombinationstherapie zum Einsatz kommen muss.

102.3.2 Rolle als Therapeutikum

Indikationen

Indikationen zur Gabe von Streptomycin ist die First-Line-Therapie der Tuberkulose, weiterhin Erkrankungen durch Brucella melitensis, Yersinia pestis und Francisella tularensis. Weitere Indikationen entsprechen denen von Gentamicin. Jedoch sollte Streptomycin nur bei Bakterien mit Resistenz gegen Gentamicin und Amikacin zum Einsatz kommen.

Kontraindikationen, Anwendungen, Nebenwirkungen

Sie entsprechen denen von Gentamicin.

In Kürze: Aminoglykoside

- **Gentamicin und Tobramycin:**
  - **Resistenz:** Vorrangig durch Inaktivierung durch Phosphorylierung, Adenylierung oder Azetylierung.

- **Indikationen:** In Kombination mit anderen Antibiotika bei Sepsis und Endokarditis, hervorgerufen durch Staphylococcus aureus, Enterokokken, Streptokokokken oder gramnegativer Bakterien v. a. durch Pseudomonas aeruginosa in Kombination mit Tobramycin.
- **Kontraindikationen:** Schwangerschaft, gleichzeitige Gabe nephrotoxischer Substanzen.

- **Amikacin:**
  - **Resistenz:** Inaktivierung durch Phosphorylierung, Adenylierung oder Azetylierung.
  - **Indikationen:** In Kombination mit anderen Antibiotika bei gramnegativer Sepsis und Endokarditis.
  - **Kontraindikationen:** Schwangerschaft, gleichzeitige Gabe nephrotoxischer Substanzen.
- **Streptomycin:**
  - **Resistenz:** Inaktivierung durch Phosphorylierung, Adenylierung oder Azetylierung.
  - **Indikationen:** Kombinationspräparat bei Tuberkulosetherapie, Brucellose, Pest, Tularämie.
  - **Kontraindikationen:** Schwangerschaft, gleichzeitige Gabe nephrotoxischer Substanzen.

Tetracycline (Doxycyclin) und Glycylcycline

Marlies Höck und Stefan Ziesing

Tetracycline (Doxycyclin) und Glycylcycline (Tigecyclin) wirken bakteriostatisch durch Hemmung der Proteinsynthese. Doxycyclin kommt v. a. bei Infektionen durch intrazelluläre Erreger zum Einsatz, Tigecyclin eher bei Infektionen mit multiresistenten Erregern wie MRSA, VRE und Enterobakterien mit erweiterter β-Laktamasen-Bildung. Zusätzlich wirken alle Tetracycline antiinflammatorisch und immunsuppressiv.

Steckbrief

Tetracycline und Glycylcycline bestehen aus einem komplexen polyzyklischen Hydronaphthacen-Ringsystem und wirken bakteriostatisch durch Hemmung der Proteinsynthese. Heute weiterhin verwendete Antibiotika mit breitem Spektrum sind Doxycyclin, selten Minocyclin aus der Gruppe der Tetracycline und Tigecyclin als erster Vertreter der Glycylcycline. Doxycyclin kommt v. a. bei Infektionen durch intrazelluläre Erreger zum Einsatz, Tigecyclin eher bei Infektionen mit multiresistenten Erregern wie MRSA, VRE und Enterobakterien mit erweiterter β-Laktamasen-Bildung.
Chlortetracyclin, ein Tetracyclinderivat, wurde erstmals 1940 von Lloyd Conover aus Streptomyces aureofaciens isoliert; es war das erste Breitspektrumantibiotikum. Alle Tetracycline haben eine antiinflammatorische und immunsuppressive Wirkung, die früher zur Therapie des Rheumas genutzt wurde. Durch die zusätzliche Wirkung von Tetracyclinen gegen Lipasen und Kollagenasen wurden diese Antibiotika in den Anfängen auch zur intrapleuralen Behandlung maligner Ergüsse eingesetzt.

Doxycyclin

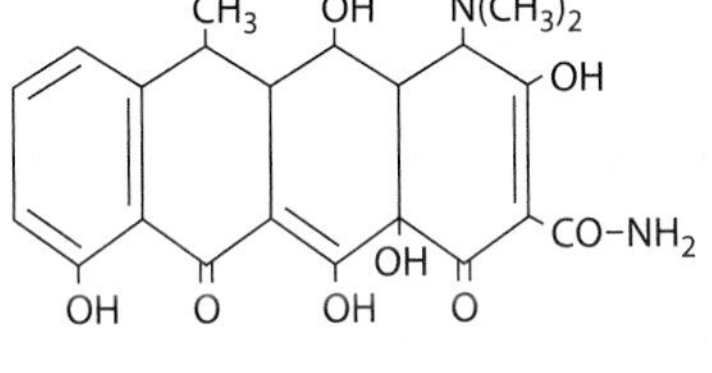

103.1 Doxycyclin

103.1.1 Beschreibung

▪ **Wirkungsmechanismus und Wirktyp**

Doxycyclin hemmt die Proteinbiosynthese durch Bindung an die ribosomale 30 S-Untereinheit und verhindert damit die Anlagerung der tRNA an das Ribosom. Die Elongation der Peptidkette wird damit verhindert. Die Hemmung der Proteinsynthese ist reversibel. Es resultiert eine bakteriostatische Wirkung.

▪ **Wirkungsspektrum**

Das Wirkungsspektrum umfasst grampositive und -negative Bakterien sowie intrazelluläre Infektionserreger.

Doxycyclin ist sehr gut wirksam gegen Chlamydien, Mykoplasmen, Ureaplasmen, Moraxellen, H. influenzae, Bartonellen, Brucellen, Burkholderia pseudomallei, Coxiella burneti, Ehrlichien, Francisella tularensis, Listeria monocytogenes, Pasteurellen, Rickettsien, Vibrionen, Yersinien sowie Aktinomyzeten, Spirochäten wie Borrelien, Leptospiren und Treponemen etc. Auch gegen Plasmodium falciparum kann Doxycyclin in Kombination zur Anwendung kommen.

Tetracycline wirken nicht gegen P. aeruginosa, Proteus-Arten und S. marcescens. Enterobakterien, Staphylo-, Strepto- und Enterokokken zeigen zu einem hohen Prozentsatz eine erworbene Resistenz. Deshalb ist hier nur nach mikrobiologisch bestätigter Empfindlichkeit eine Therapie indiziert.

▪ **Pharmakokinetik**

Doxycyclin wird nach oraler Gabe gut resorbiert und kann auch i. v. appliziert werden (**cave:** gleichzeitige Einnahme von Milch und Milchprodukten sowie anderen Nahrungsmitteln). Die Halbwertszeit beträgt 15 h.

Durch die Lipophilie hat Doxycyclin eine sehr gute Gewebegängigkeit und penetriert in verschiedene

S. Suerbaum et al. (Hrsg.), *Medizinische Mikrobiologie und Infektiologie*,
https://doi.org/10.1007/978-3-662-61385-6_103

Körperflüssigkeiten einschließlich Galle, Gewebe, Plazenta, Sekreten wie Kammerwasser und Muttermilch, Knochen, Zähne, sowie in sehr geringem Maße auch in den Liquor ohne Inflammation oder Blut-Hirn-Schranken-Störung. Auch intrazellulär werden therapeutisch wirksame Konzentrationen erreicht.

Doxycyclin wird durch glomeruläre Filtration nach i. v. Gabe zu 70 %, nach oraler Gabe zu 40 % mit dem Harn ausgeschieden. Ein geringer Teil wird über die Galle ausgeschieden und z. T. im Darm rückresorbiert (enterohepatischer Kreislauf).

▪ Resistenz

Es bestehen 3 Resistenzmechanismen:

- Durch **Induktion von Effluxpumpen** wird die Substanz Doxycyclin aus der Bakterienzelle transportiert.
- **Ribosomale Schutzproteine** („ribosome protecting proteins") lösen Doxycyclin aktiv vom Ribosom, dem Zielort, ab.
- Durch **Mutation des Wirkorts,** der 16 S-rRNA, kann Doxycyclin nicht an das Ribosom binden.

103.1.2 Rolle als Therapeutikum

▪ Indikationen

Diese werden für Doxycyclin und Minocyclin getrennt aufgeführt.

Doxycyclin ist das Mittel der Wahl zur Behandlung intrazellulärer Chlamydieninfektionen:

- Chlamydophila pneumoniae-Pneumonie
- Psittakose
- nichtgonorrhoische Urethritis
- Lymphogranuloma venereum
- Trachom

Des Weiteren wird Doxycyclin zur Behandlung zahlreicher durch (fakultativ) intrazelluläre Erreger ausgelöster Anthropozoonosen eingesetzt:

- Borreliose (außer Neuroborreliose)
- Brucellose
- Leptospirose
- Q-Fieber
- Rickettsiosen (z. B. Fleckfieber)
- Tularämie

Zugelassen ist Doxycyclin für die kalkulierte Therapie der akuten Exazerbation einer chronischen Bronchitis und anderer Infektionen im Bereich HNO, des Urogenitalsystems und der Haut sowie zur zielgerichteten Therapie von Cholera und Pest.

Eine Spezialindikation ist die Malaria tropica durch chloroquinresistente Plasmodien; hier wird es mit Chinin kombiniert gegeben (▶ Abschn. 112.1).

Minocyclin ist stark lipophil und wirkt deshalb besser als Doxycyclin bei Acne vulgaris und beim Schwimmbadgranulom, verursacht durch Mycobacterium marinum.

▪ Kontraindikationen

Tetracycline dürfen nicht in der Schwangerschaft, von Kindern unter 8 Jahren (Gelbfärbung der Zähne) sowie bei Myasthenia gravis eingenommen werden.

▪ Anwendungen

Doxycyclin wird meist oral, selten i. v. verabreicht. Die Therapiedauer kann unter Umständen lebenslang notwendig sein.

▪ Nebenwirkungen

Doxycyclin ist gut verträglich. Über Magen-Darm-Störungen im Sinne von Übelkeit wird bei Einnahme in nüchternem Zustand, über Schleimhautulzerationen im Ösophagus nach Einnahme von Doxycyclin in Kapselform berichtet. Selten entwickelt sich eine pseudomembranöse Enterokolitis durch Selektion toxinbildender C. difficile-Stämme.

Eine Fotodermatose kann sich an belichteten Körperstellen entwickeln. Deshalb soll während der Einnahme starke Sonnenbestrahlung vermieden werden. Selten wird eine Tetracyclinallergie, eine Kreuzallergie gegen alle Derivate dieser Antibiotikaklasse, beobachtet.

Es bestehen viele Interaktionen zu anderen Arzneimitteln. So kann es durch beschleunigten, enzyminduzierten Abbau in der Leber bei Barbituraten, Carbamazepine etc. zur verminderten Wirkung kommen. Dagegen kann die Wirkung bei gleichzeitiger Antikoagulanzien- oder Sulfonylharnstoff-Therapie beim Diabetes mellitus verstärkt werden. Auch erhöht sich bei gleichzeitiger Gabe die toxische Wirkung von Ciclosporin A. Orale Kontrazeptiva können bei gleichzeitiger Tetracyclineinnahme unwirksam sein.

103.2 Glycylcycline (Tigecyclin)

103.2.1 Beschreibung

▪ Wirkungsmechanismus und Wirktyp

Tigecyclin ist der erste Vertreter der Glycylcyclin-Breitspektrumantibiotika. Der Wirkmechanismus entspricht dem der Tetracycline. Allerdings ist die Bindungsaffinität von Tigecyclin an das Ribosom 5-mal stärker als die von Tetracyclinen.

▪ Wirkungsspektrum

Das Wirkungsspektrum umfasst zahlreiche aerobe und anaerobe grampositive und -negative sowie intrazelluläre Erreger. So ist Tigecyclin auch wirksam gegen MRSA, VRE, ESBL- oder AmpC-bildende Enterobakterien und einige multiresistente Acinetobacter-Stämme, intrazelluläre Bakterien wie Legionellen, Chlamydien, Mykoplasmen, Rickettsien sowie gegen Anaerobier. Tigecyclin wirkt nicht oder nur unvollständig gegen P. aeruginosa, Proteus spp., Providencia spp., Morganella morganii und Burkholderia cepacia.

- **Pharmakokinetik**

Tigecyclin ist gut gewebegängig und wird nach i. v. Infusion gut im Körper verteilt. In vielen Geweben, Körperflüssigkeiten und Zellen werden höhere Konzentrationen als im Serum erzielt, z. B. in der Gallenblase das 38-Fache und in polymorphkernigen Neutrophilen das 20-Fache der Serumkonzentration.

Hauptsächlicher Eliminationsweg ist die Exkretion von unverändertem Tigecyclin über Galle und Stuhl, ein sekundärer Eliminationsweg die unveränderte renale Ausscheidung. In der Leber wird Tigecyclin in geringem Maße metabolisiert. Deshalb ist bei schwerer Leberfunktionsstörung eine Dosisreduktion angezeigt; nicht dagegen bei Nierenfunktionsstörungen. Die Halbwertszeit beträgt 42 h.

- **Resistenz**

Eine Resistenz ist durch Mutation des Zielortes, der 16 S-rRNA, oder selten durch eine „Multi-drug-resistance"-(MDR-)Effluxpumpe möglich. Resistenzmechanismen gegen Tetracycline, wie die häufigeren anderen Effluxpumpen oder „ribosome protecting proteins", beeinträchtigen die Aktivität von Tigecyclin vermutlich nicht. Daraus resultiert die Empfindlichkeit von MRSA, VRE, ESBL- oder AmpC-bildenden Enterobakterien und einigen multiresistenten Acinetobacter-Stämmen.

103.2.2 Rolle als Therapeutikum

- **Indikationen**

Tigecyclin ist zugelassen für die Therapie komplizierter Haut- und Weichgewebeinfektionen sowie komplizierter intraabdomineller Infektionen. Hier handelt es sich meist um Infektionen durch mehrere Erreger. Treten bei den genannten Indikationen Infektionen durch die o. g. multiresistenten Erreger (MRSA, VRE, ESBL- oder AmpC-bildende Enterobakterien und multiresistente Acinetobacter) auf, so wird gezielt therapiert. Bei resistenten Acinetobacter-Stämmen sowie gegen Carbapenem resistenten und ESBL-Stämmen von Klebsiella spp. wurde unter der Therapie eine rasche Resistenzentwicklung beobachtet. Bei schweren Infektionen bis hin zur Sepsis wird die Kombination mit anderen geeigneten Antibiotika empfohlen.

- **Kontraindikationen**

Tigecyclin darf nicht in der Schwangerschaft, bei Kindern unter 8 Jahren (Gelbfärbung der Zähne) sowie bei Myasthenia gravis eingenommen werden. Wegen fehlender Untersuchungen darf Tigecyclin bei Kindern und Jugendlichen unter 18 Jahre nicht zur Anwendung kommen.

- **Anwendung**

Tigecyclin wird i. v. als 30- bis 60-minütige Infusion verabreicht. Eine orale Applikationsform steht nicht zur Verfügung.

- **Nebenwirkung**

Tigecyclin ist gut verträglich. Nebenwirkungen wie Kopfschmerzen, Schwindel, Übelkeit, Erbrechen, Diarrhö, auf der Haut Pruritus und Ausschlag, veränderte Gerinnungsparameter wie verlängerte Thromboplastin- und Prothrombinzeit etc. wurden beobachtet.

In Kürze: Tetracycline

- **Doxycyclin:**
  - **Resistenz:** Effluxpumpen, ribosomale Schutzmechanismen und Mutation des Wirkorts.
  - **Indikationen:** Chlamydieninfektionen, zahlreiche Anthropozoonosen mit (fakultativ) intrazellulären Erregern wie Borreliose.
  - **Kontraindikationen:** Schwangerschaft, Kinder < 8 Jahren, Myasthenia gravis.
- **Glycylcycline (Tigecyclin):**
  - **Resistenz:** Mutation des Zielorts und selten MDR-Effluxpumpen.
  - **Indikationen:** Komplizierte Haut- und Weichgewebeinfektionen sowie komplizierte intraabdominelle Infektionen, hervorgerufen v. a. durch multiresistente Erreger wie MRSA, VRE, ESBL- oder AmpC-bildende Enterobakterien und einige multiresistente Acinetobacter-Stämme.
  - **Kontraindikationen:** Schwangerschaft, Kinder und Jugendliche < 18 Jahren, Myasthenia gravis.

Lincosamide (Clindamycin)

Manfred Fille und Stefan Ziesing

Clindamycin ist ein Lincosamidantibiotikum. Es wirkt bakteriostatisch auf grampositive aerobe und obligat anaerob wachsende Bakterien.

Steckbrief

Clindamycin ist ein Lincosamidantibiotikum. Es wirkt bakteriostatisch auf grampositive aerobe und obligat anaerob wachsende Bakterien.

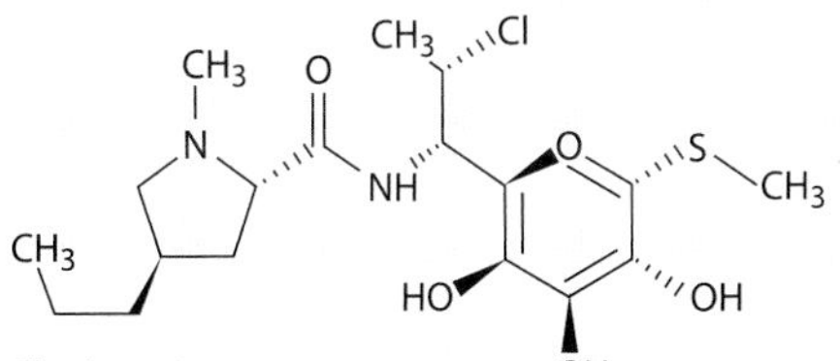

Clindamycin

104.1 Beschreibung

Wirkungsmechanismus und Wirktyp

Clindamycin hemmt die Proteinbiosynthese in der Bakterienzelle.

Wirkungsspektrum

Clindamycin wirkt gut gegen Staphylokokken und Anaerobier, auch gegen Pneumokokken, Streptokokken und Diphtheriebakterien. Anaerobe Bakterien wie Bacteroides-, Fusobacterium- und Actinomyces-Arten, Peptostrepto- und Peptokokken, außerdem Propionibakterien und die meisten C. perfringens-Stämme werden erfasst. Es wirkt auch gegen Pneumocystis, Plasmodien und Toxoplasmen.

Resistent sind C. difficile, ebenso Enterokokken, Mykoplasmen und sämtliche aeroben gramnegativen Stäbchenbakterien.

Pharmakokinetik

Clindamycin wird nach oraler Gabe gut resorbiert und kann auch i. v. appliziert werden. Die Halbwertszeit beträgt ca. 3 h. Es ist gut gewebegängig und penetriert das Knochengewebe. Clindamycin wird in der Leber metabolisiert und nur zu 30 % in aktiver Form mit dem Harn ausgeschieden.

Resistenz

Die Resistenz entsteht durch Veränderungen der Bindungsstellen am Ribosom.

104.2 Rolle als Therapeutikum

Indikationen

Anaerobierinfektionen und schwere Staphylokokkeninfektionen bei Patienten mit Penicillinallergie stellen die häufigsten Indikationen dar. Kombinationen mit β-Laktam-Antibiotika erweitern das Spektrum bei komplizierten, polymikrobiellen Infektionen.

Eine weitere Indikation stellt die Verwendung bei lebensbedrohlichen Infektionen mit grampositiven, toxin- oder superantigenproduzierenden Erregern dar, bei denen der Wirkungsmechanismus als Proteinbiosynthese-Inhibitor zur Suppression der Toxinproduktion genutzt wird.

Infektionen mit ambulant erworbenen („community-acquired") MRSA-Stämmen können meist mit Clindamycin therapiert werden, während in stationären Einrichtungen des Gesundheitssystems erworbene sog. ha-MRSA („hospital-acquired") häufig resistent sind.

Kontraindikationen

In Schwangerschaft und Stillperiode soll Clindamycin nicht gegeben werden; da die i. v. Präparation verhältnismäßig viel Benzylalkohol enthält, verbietet sich auch der Gebrauch im 1. Lebensmonat wegen möglicher schwerer Atemstörungen und Angioödemen.

Anwendungen

Clindamycin kann sowohl oral als auch parenteral verabreicht werden.

S. Suerbaum et al. (Hrsg.), *Medizinische Mikrobiologie und Infektiologie*,
https://doi.org/10.1007/978-3-662-61385-6_104

▪ Nebenwirkungen

Eine gefährliche Nebenwirkung ist die bei Erwachsenen häufiger als bei Kindern auftretende antibiotika-assoziierte Kolitis, in ihrer schwersten Form die **pseudomembranöse Enterokolitis,** die durch Überwuchern clindamycinresistenter; toxinbildender C. difficile-Stämme ausgelöst werden kann. Allergische Reaktionen sind selten. Nach i. v. Gabe können Ikterus oder Leberfunktionsstörung auftreten.

In Kürze: Lincosamide (Clindamycin)

- **Resistenz:** Veränderte Bindungsstellen am Ribosom.
- **Indikationen:** Anaerobierinfektionen, schwere Staphylokokkeninfektionen bei Penicillinallergie, Toxoplasmose, Pneumocystis-Pneumonie.
- **Kontraindikationen:** Schwangerschaft und Stillperiode, Neugeborene.

Makrolide

Marlies Höck

Trailer
Makrolide sind zyklisch aufgebaute Antibiotika mit einem Laktonring. Aufgrund der Derivate des Laktonrings oder einer Ketogruppe werden Makrolide unterteilt in Azalide, zu denen Erythromycin und Azithromycin gehören, und Ketolide mit Clarithromycin. Alle Makrolide haben eine gute extra- und intrazelluläre Wirksamkeit v. a. auf aerob und anaerob wachsende grampositive und intrazelluläre Bakterien und auf Spirochäten. Die Wirkung ist bakteriostatisch. Die Penetration ins Gewebe, v. a. Lungengewebe, sowie in Zellen wie Makrophagen und Granulozyten ist sehr gut. Klinische Indikationen sind Infektionen des oberen und tiefen Respirationstrakts, A-Streptokokken-Infektionen, Pertussis, Haut- und Weichgewebeinfektionen sowie Infektionen durch Spirochäten.
Zusätzlich wird eine modulierende Wirkung auf das Immunsystem, v. a. bei ambulant erworbener Pneumonie, beobachtet, sodass Makrolide als Kombinationspartner bei der ambulant erworbenen Pneumonie für die Dauer von 3 Tagen therapeutisch verabreicht werden.

105.1 Erythromycin

Steckbrief

Erythromycin ist die Leitsubstanz der Makrolidgruppe und wurde nach seiner Entdeckung im Jahr 1952 in die Therapie eingeführt. Durch Probleme der Resorption nach oraler Applikation sowie aufgrund der Nebenwirkungen sollten andere Makrolide wie Clarithromycin oder Azithromycin vorrangig eingesetzt werden.

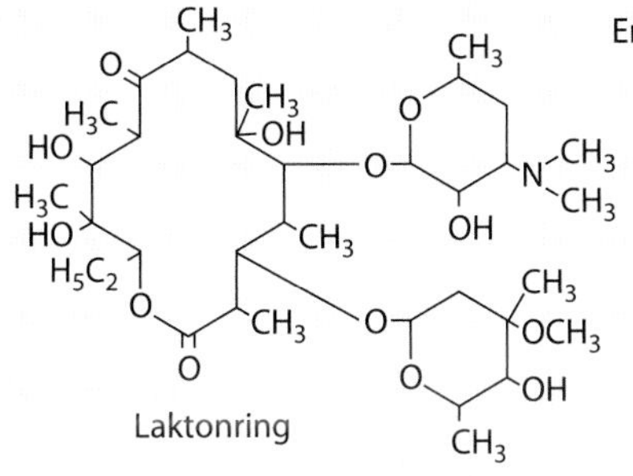

105.1.1 Beschreibung

Wirkungsmechanismus und Wirktyp

Makrolide sind zyklisch aufgebaut und weisen als Grundstruktur einen Laktonring auf. Sie werden in Azalide und Ketolide unterteilt. Erythromycin gehört mit dem 14-gliedrigen Laktonring zu den Azaliden. Alle Makrolide wirken durch Bindung an die ribosomale 50 S-Untereinheit von Bakterien und hemmen durch Inhibition der Peptidyltransferase die bakterielle Proteinsynthese. In therapeutischen Konzentrationen ist die Wirkung bakteriostatisch, bei sehr hohen Konzentrationen oder gesteigertem pH-Wert auch bakterizid.

Wirkungsspektrum

Erythromycin wirkt gegen die meisten aerob und anaerob wachsenden grampositiven Bakterien (Strepto-, Staphylokokken, Diphtheriebakterien, Bacillus anthracis, Clostridien, Peptokokken, Propionibacterium acnes u. a.), auf intrazelluläre Bakterien wie Legionellen, Mycoplasma pneumoniae, Ureaplasma urealyticum, Chlamydophila pneumoniae und psittaci, Chlamydia trachomatis und Listeria monocytogenes, auf Spirochäten wie Treponema pallidum und Borrelia burgdorferi sowie gegen Bordetella pertussis, Campylobacter jejuni, Helicobacter pylori etc.

Resistent sind Brucellen, Mycoplasma hominis, Mykobakterien, Anaerobier wie Bacteroides fragilis, Enterobakterien, Pseudomonaden sowie einige MRSA-Epidemiestämme und teilweise durch erworbene Resistenz auch Staphylococcus aureus, Enterokokken und Neisserien.

Pharmakokinetik

Erythromycin, seine Salze und Esterverbindungen werden nach oraler Applikation aus dem Magen-Darm-Trakt nur unvollständig resorbiert, da die Magensäure in unterschiedlichem Ausmaß zerstörend wirkt. Auch ist die Resorption abhängig vom Füllungszustand des Magen-Darm-Trakts und von den Derivaten wie Base, Ester, Salz. Die **Resorption** selbst erfolgt überwiegend im Duodenum.

S. Suerbaum et al. (Hrsg.), *Medizinische Mikrobiologie und Infektiologie*,
https://doi.org/10.1007/978-3-662-61385-6_105

Wird Erythromycin resorbiert, zeichnet es sich durch eine **gute Gewebegängigkeit** in Lunge, Leber, Pankreas, Pleura-, Peritoneal- und Synovialflüssigkeit, Prostatasekret und -gewebe sowie nahezu alle Körpergewebe mit Ausnahme des Gehirns und des Liquor cerebrospinalis aus. Erythromycin reichert sich intrazellulär in Erythrozyten, Makrophagen und Leukozyten an.

Erythromycin passiert die Plazenta, wird in der Leber angereichert und über die Galle ausgeschieden. Seine Halbwertszeit beträgt 1–2 h. Bei Niereninsuffizienz ist keine Dosisreduzierung notwendig.

▪ Resistenz

Bekannt sind 3 Resistenzmechanismen:

1. Durch **Mutation und Modifikation der Zielstruktur:** Durch Methylierung der 23 S-rRNA der ribosomalen 50 S-Untereinheit vermögen Antibiotika wie Erythromycin und alle anderen Makrolide (M) sowie Lincosamine (L) nicht mehr an die Zielstruktur in der Bakterienzelle zu binden.
2. Efflux von ausschließlich 14- und 15-gliedrigen Makroliden durch Erhöhung der Anzahl von **Effluxpumpen** (sog. M-Phänotyp), d. h. vollständige Kreuzresistenz von Erythromycin, Clarithromycin und Azithromycin.
3. **Enzymatische Inaktivierung** durch plasmidkodierte Esterasen von Staphylo- und Streptokokken.

105

105.1.2 Rolle als Therapeutikum

▪ Indikationen

Erythromycin ist klinisch wirksam bei:

- **Infektionen des oberen Respirationstrakts,** z. B. Sinusitis, Otitis media, Tonsillitis und Pharyngitis
- **Ambulant erworbener Pneumonie,** verursacht durch Pneumo-, Strepto- und Staphylokokken sowie H. influenzae
- **Interstitieller Pneumonie** durch Legionellen, Mycoplasma pneumoniae, Chlamydophila pneumoniae
- **Infektionen durch β-hämolysierende A-Streptokokken,** z. B. Angina tonsillaris, Scharlach, Erysipel, Impetigo, Zellulitis
- **Pertussis**
- **Haut- und Weichgewebeinfektionen** wie Acne vulgaris, Follikulitis oder Furunkel, verursacht **durch Propionibacterium acnes**
- **Borreliose** im Stadium 1 mit 3 Wochen Therapiedauer
- **Trachom**
- **Nichtgonorrhoischer Urethritis** durch Chlamydia trachomatis oder Ureaplasma urealyticum
- **Syphilis** (Lues) im primären Stadium bei Penicillinallergie

▪ Kontraindikationen

Kontraindikation bei schwerer Leberinsuffizienz besteht wegen des Lebermetabolismus von Erythromycin. Keine Anwendung in der Schwangerschaft und Stillzeit wegen ungenügender Untersuchungen. **Cave bei Säuglingen:** Es gibt Hinweise auf ein mögliches Risiko für die Ausbildung einer Pylorusstenose!

▪ Anwendungen

Erythromycin kann oral oder als Kurzinfusion parenteral verabreicht werden.

▪ Nebenwirkungen

Bei allen Makroliden wurden **gastrointestinale** Nebenwirkungen wie Leibschmerzen, Übelkeit oder dünne Stühle bei höherer Dosierung beobachtet.

Erythromycin interagiert mit dem hepatischen Cytochrom-P450-System im Sinne einer Induktion bzw. Inaktivierung. Es kann zur Konzentrationserhöhung oder zu vermehrtem Abbau anderer Arzneimittel kommen.

Durch Selektion toxinbildender C. difficile-Stämme kann es zur **C. difficile-assoziierter Diarrhö (CDAD)** bis hin zur Kolitis kommen.

105.2 Azithromycin

105.2.1 Beschreibung

▪ Wirkungsmechanismus und Wirktyp

Azithromycin ist wie Erythromycin ein Makrolid und zählt zur Untergruppe der Azalide. Der Wirkmechanismus entspricht dem von Erythromycin.

▪ Wirkungsspektrum

Das Wirkspektrum von Azithromycin gleicht weitgehend dem von Erythromycin (► Abschn. 105.1.1).

Zusätzlich wirkt es gegen die Enterobakterien E. coli, Salmonellen, Shigellen und Yersinia enterocolitica. Azithromycin ist stärker als Erythromycin wirksam gegen H. influenzae, Moraxella catarrhalis, Neisseria gonorrhoeae, Mycobacterium avium, kansasii und xenopi, β-hämolysierende Streptokokken, v. a. A-Streptokokken, jedoch schwächer wirksam gegen Pneumo- und Staphylokokken.

Resistent sind immer Pseudomonaden, Enterokokken und andere als die gerade genannten Enterobakterien sowie durch erworbene Resistenz auch S. aureus, koagulasenegative Staphylokokken und B-Streptokokken.

▪ Pharmakokinetik

Azithromycin zeigt nach oraler oder i. v. Applikation und sehr guter Diffusion eine nahezu 100-fache

Konzentration und Anreicherung im Gewebe, z. B. Lungen-, Tonsillen- und Prostatagewebe, in Körperflüssigkeiten (Knochen, Ejakulat, Prostata, Ovarien, Uterus, Tuben, Magen, Leber und Gallenblase) und intrazellulär in Phagozyten. Dagegen diffundiert Azithromycin schlecht in den Liquor cerebrospinalis.

Nach i. v. Applikation von Azithromycin wird der größte Teil über die Niere ausgeschieden. Nach oraler Gabe ist die biliäre **Elimination** der Hauptausscheidungsweg von unverändertem Azithromycin und mikrobiologisch inaktiven Metaboliten. Die terminale Plasmahalbwertszeit, gemessen an der Gewebehalbwertszeit, beträgt 2–4 Tage.

■ Resistenz

Resistenzmechanismen 1 und 2 von Erythromycin (▶ Abschn. 105.1.1) sind auch gegen Azithromycin aktiv, nicht dagegen der 3. Resistenztyp (enzymatischer Abbau), da Azithromycin chemisch nicht als Ester vorliegt.

105.2.2 Rolle als Therapeutikum

■ Indikationen

Die Indikationen entsprechen weitgehend denen von Erythromycin, jedoch besteht keine Zulassung bei Syphilis. Dagegen kann Azithromycin zur Prophylaxe von Mycobacterium avium-Infektionen bei AIDS-Patienten gegeben werden. Die Therapiedauer der Borreliose im Stadium 1 beträgt nur 1 Woche.

■ Kontraindikationen

Obwohl keine Interaktion mit dem hepatischen Cytochrom P 450 besteht, darf Azithromycin bei Leberinsuffizienz nicht gegeben werden. Wie Erythromycin keine Anwendung in der Schwangerschaft und Stillzeit wegen ungenügender Untersuchungen. Bei Niereninsuffizienz keine Dosisreduktion.

■ Anwendungen

Azithromycin kann oral und parenteral appliziert werden. Durch die lange Halbwertszeit intrazellulär und im Gewebe ist nur einmal am Tag eine Applikation notwendig. Nach 3 Tagen Therapiedauer wird eine Depotwirkung für weitere 4 Tage aufgebaut.

■ Nebenwirkungen

In Einzelfällen wurden schwere allergische Reaktionen einschließlich Angioödem und Anaphylaxie beobachtet. Azithromycin interagiert im Unterschied zu Erythromycin nicht mit dem hepatischen Cytochrom-P450-System. Daher gibt es keine Interaktionen mit anderen Arzneimitteln.

105.3 Clarithromycin

105.3.1 Beschreibung

■ Wirkungsmechanismus und Wirktyp

Clarithromycin ist ebenso wie Erythro- und Azithromycin ein Makrolid, gehört aber wegen des 14-gliedrigen Laktonrings und einer Ketogruppe zu den Ketoliden. Dadurch wirkt Clarithromycin an der ribosomalen 50 S- und der 30 S-Untereinheit und hemmt die Proteinsynthese bakteriostatisch.

■ Wirkungsspektrum

Clarithromycin hat als Ketolid gegenüber Erythromycin (▶ Abschn. 105.1.1) ein erweitertes antibakterielles Spektrum. So werden auch Enterokokken, A- und andere Streptokokken sowie Pneumokokken erfasst.

■ Pharmakokinetik

Clarithromycin zeichnet sich wie die anderen Makrolide durch gute Gewebegängigkeit in Leber, Pankreas, Pleura-, Peritoneal- und Synovialflüssigkeit, Prostatasekret und -gewebe sowie nahezu allen Körpergeweben mit Ausnahme des Gehirns und der Zerebrospinalflüssigkeit aus. Auch Clarithromycin reichert sich intrazellulär in Erythrozyten, Makrophagen und Leukozyten an. Es passiert die Plazentaschranke.

Der Metabolismus erfolgt in der Leber über das Cytochrom-P450-System. Es entstehen antibakteriell wirksame und inaktive Metaboliten, die über die Galle ausgeschieden werden. Die Verträglichkeit ist deutlich besser als bei Erythromycin. Die Halbwertszeit von Clarithromycin beträgt 5 h. Daher ist eine 2-mal tägliche Verabreichung ausreichend. Die Ausscheidung über die Niere ist gering. Eine Dosisanpassung bei Niereninsuffizienz ist nicht notwendig.

■ Resistenz

Resistenzmechanismen 1 und 2 von Erythromycin (▶ Abschn. 105.1.1) sind auch gegen Clarithromycin aktiv. Nicht dagegen der 3. Resistenztyp, der enzymatische Abbau, da Clarithromycin chemisch nicht als Ester vorliegt.

105.3.2 Rolle als Therapeutikum

■ Indikationen

Clarithromycin ist zugelassen zur Therapie von:

- **Infektionen des oberen Respirationstrakts,** z. B. Sinusitis, Otitis media, Tonsillitis und Pharyngitis

- **Ambulant erworbener Pneumonie,** verursacht durch Pneumo-, Strepto-, Staphylokokken und H. influenzae
- **Interstitiellen Pneumonien** durch Legionellen, Mycoplasma pneumoniae, Chlamydophila pneumoniae
- **Haut- und Weichgewebeinfektionen** wie Acne vulgaris, Follikulitis oder Furunkel, verursacht **durch Propionibacterium acnes**
- **Borreliose** im Stadium 1 mit 2 Wochen Therapiedauer
- **Helicobacter pylori-Infektionen** als Kombinationspartner

▪ Kontraindikationen

Kontraindikation bei schwerer Leberinsuffizienz besteht wegen des Lebermetabolismus von Clarithromycin. Keine Anwendung in Schwangerschaft und Stillzeit sowie bei Kindern unter 12 Jahren wegen ungenügender Untersuchungen.

▪ Anwendungen

Clarithromycin kann oral und parenteral appliziert werden.

▪ Nebenwirkungen

Die Nebenwirkungen entsprechen denen von Erythromycin, treten aber seltener auf.

In Kürze: Makrolide

- **Erythromycin:**
  - **Resistenz:** Veränderung der Bindungsstellen am Ribosom, Effluxpumpen und enzymatische Inaktivierung.
  - **Indikationen:** Akute Infektionen des Respirationstrakts, Harnweginfektionen sowie Haut- und Weichgewebeinfektionen.
  - **Kontraindikationen:** Leberinsuffizienz, weitere beachten.
- **Azithromycin:**
  - **Resistenz:** Veränderung der Bindungsstellen am Ribosom und Effluxpumpen.
  - **Indikationen:** Akute Infektionen des Respirationstrakts, Harnweginfektionen sowie Haut- und Weichgewebeinfektionen.
  - **Kontraindikationen:** Leberinsuffizienz.
- **Clarithromycin:**
  - **Resistenz:** Veränderung der Bindungsstellen am Ribosom und Effluxpumpen.
  - **Indikationen:** Akute Infektionen des Respirationstrakts, Harnweginfektionen, Haut- und Weichgewebeinfektionen sowie Eradikation von Helicobacter pylori.
  - **Kontraindikationen:** Leberinsuffizienz.

Antimikrobielle Folsäureantagonisten

Manfred Fille

Sulfonamide haben infolge der Resistenzentwicklung und des Einsatzes wirksamerer und nebenwirkungsärmerer Substanzen heute an Bedeutung verloren. Sie werden v. a. in Kombination mit Trimethoprim (Cotrimoxazol) eingesetzt, z. B. bei unkomplizierten Harnweginfekten, Pneumocystis-Pneumonie und Toxoplasmose.

106.1 Trimethoprim/Sulfamethoxazol (TMP/SMX)

Steckbrief

Sulfonamide haben infolge der Resistenzentwicklung und des Einsatzes wirksamerer und nebenwirkungsärmerer Substanzen heute an Bedeutung verloren. Sie werden heute v. a. in Kombination mit Trimethoprim (Cotrimoxazol) eingesetzt.

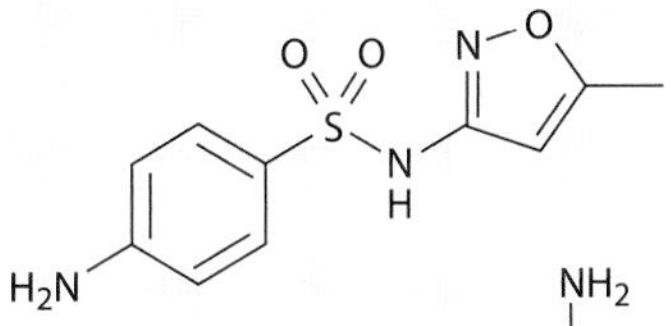

Sulfamethoxazol

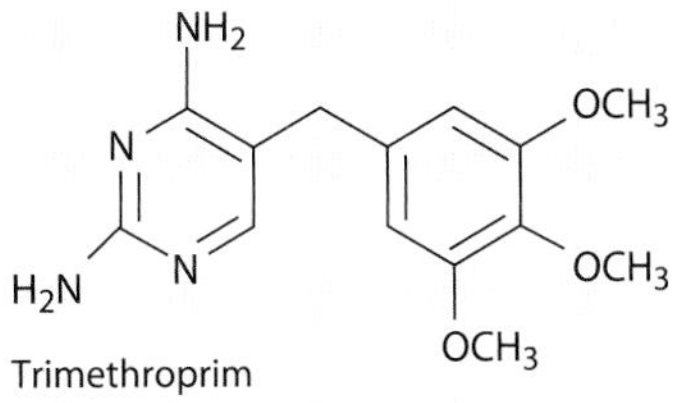

Trimethropim

106.1.1 Beschreibung

Wirkungsmechanismus und Wirktyp

Der Wirkungsmechanismus von Trimethoprim/Sulfamethoxazol (Cotrimoxazol) beruht auf der Hemmung der bakteriellen Tetrahydrofolsäure-Synthese.

Wirkungsspektrum

Cotrimoxazol ist wirksam gegen Enterobakterien, Strepto- und Staphylokokken, Korynebakterien, Listerien, Meningokokken, Nocardien, Stenotrophomonas maltophilia, Pneumocystis und Toxoplasmen.

Resistent sind Clostridien, Enterokokken, Treponemen, Leptospiren, Rickettsien, Tuberkulosebakterien, Pseudomonas und Mykoplasmen und Chlamydien.

Pharmakokinetik

TMP-SMX wird nahezu vollständig enteral resorbiert, die Serumhalbwertszeit beträgt 10 h. Die Ausscheidung erfolgt überwiegend renal.

Resistenz

Hemmung des bakteriellen Folsäurestoffwechsels. Wichtigster Mechanismus ist die Veränderung der Zielenzyme der Folsäuresynthese.

106.1.2 Rolle als Therapeutikum

Indikationen

Akute und chronische Harnweginfektionen, chronische Bronchitis, Sinusitis (lokale Resistenzlage beachten!), Prostatitis und Prostataabszess, außerdem in der Prophylaxe und Therapie der Pneumocystis-Pneumonie, Nocardiose und Toxoplasmose.

Kontraindikationen

Cotrimoxazol ist kontraindiziert bei Folsäuremangelanämien, schweren Lebererkrankungen, im 1. Trimenon und im letzten Monat der Schwangerschaft, bei Früh- und Neugeborenen, bei Glukose-6-Phosphat-Dehydrogenase-(G6PD-)Mangel, bei bestimmten Hämoglobinanomalien sowie bei hepatischer Porphyrie. Bei Sulfonamidallergie darf Cotrimoxazol nicht verabreicht werden.

S. Suerbaum et al. (Hrsg.), *Medizinische Mikrobiologie und Infektiologie*,
https://doi.org/10.1007/978-3-662-61385-6_106

- **Anwendungen**

Oral, i. v.

- **Nebenwirkungen**

Gastrointestinale Nebenwirkungen (Übelkeit und Erbrechen in bis zu 80 %), eine meist reversible Hämatotoxizität (Leukopenie, Thrombopenie, aplastische Anämien) und fotoallergische Reaktionen. Sehr selten sind schwere Nebenwirkungen wie Stevens-Johnson-Syndrom, Lyell-Syndrom (toxische epidermale Nekrolyse), dafür zeichnet die Sulfonamidkomponente verantwortlich.

106.2 Dapson

Steckbrief

Dapson ist Diaminodiphenylsulfon. Es wird zur Behandlung der Lepra eingesetzt und, in Kombination mit Trimethoprim, bei Pneumocystis-Pneumonie, Pemphigus vulgaris und Pyoderma gangraenosum.

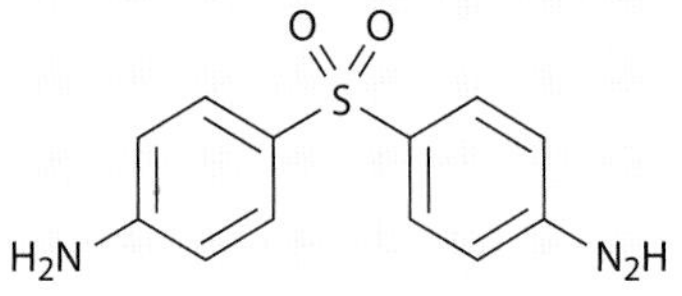

Dapson

106.2.1 Beschreibung

- **Wirkungsmechanismus und Wirktyp**

Dapson wirkt durch Hemmung der Dihydropteroinsäure-Synthetase (DHPS) als Folsäureantagonist.

- **Wirkungsspektrum**

Dapson ist wirksam gegen M. leprae und andere Mykobakterienarten einschließlich M. tuberculosis, gegen Pneumocystis, Plasmodien und Toxoplasma gondii.

- **Pharmakokinetik**

Dapson verteilt sich in die meisten Gewebe und Exkrete einschließlich Plazenta und Muttermilch, nicht jedoch in das Auge. Die Serumhalbwertszeit beträgt bis zu 50 h, die Elimination erfolgt zu 80 % hepatisch.

- **Resistenz**

Mutationen im DHPS-kodierendem Gen sind für die Resistenzentstehung ursächlich.

106.2.2 Rolle als Therapeutikum

- **Indikationen**

Dapson ist in Kombination mit Clofazimin und Rifampicin zur Behandlung der Lepra geeignet, zudem zur Therapie und Prophylaxe der Pneumocystis-Infektion und als unspezifisches Therapeutikum bei Pyoderma gangraenosum.

- **Kontraindikationen**

In der Schwangerschaft und Stillzeit sowie bei bestehender Dapsonallergie darf das Mittel nicht eingesetzt werden. Bei G6PD-Mangel und Niereninsuffizienz ist besondere Vorsicht geboten (vor Gabe testen!).

- **Anwendungen**

Dapson wird oral verabreicht.

- **Nebenwirkungen**

Methämoglobinämie, Hämolyse (beide durch Hydroxylamin-[NOH-]Dapson) und Sulfonsyndrom (allergische Reaktion mit Fieber, Exanthem und Leberschädigung: Hepatomegalie, Ikterus, Hyperbilirubinämie). Gelegentlich finden sich Leukozytopenie, Hepatitis und Hyperkaliämie.

106.3 Pyrimethamin

Pyrimethamin hemmt die Dihydrofolatreduktase. Es wird zusammen mit Sulfonamiden (Fansidar = Pyrimethamin + Sulfadoxin) in der Therapie der Toxoplasmose und der chloroquinresistenten Malaria, des Weiteren zur Prophylaxe der Pneumocystis-Pneumonie eingesetzt.

In Kürze: Antimikrobielle Folsäureantagonisten

- **Trimethoprim/Sulfamethoxazol (TMP/SMX):**
  - **Resistenz:** Hemmung des bakteriellen Folsäurestoffwechsels. Veränderung der Zielenzyme.
  - **Indikationen:** Harnweginfektion, Bronchitis, Sinusitis, Prostatitis, Pneumocystis-Infektion.
  - **Kontraindikationen:** Schwere Lebererkrankungen, Folsäuremangelanämien, Schwangerschaft, Neugeborene.
- **Dapson:**
  - **Indikationen:** Kombinationspräparat bei Lepra, Pneumocystis-Infektion.
  - **Kontraindikationen:** Schwangerschaft und Stillzeit.

Fluorchinolone

Manfred Fille

Fluorchinolone werden in 4 Gruppen eingeteilt:
- Orale Fluorchinolone mit der Indikation Harnweginfektion (Norfloxacin)
- Systemisch anwendbare Fluorchinolone mit breiter Indikation wie Ciprofloxacin (▶ Abschn. 107.1), Ofloxacin
- Fluorchinolone mit verbesserter Aktivität gegen grampositive und atypische Erreger (Levofloxacin, ▶ Abschn. 107.2)
- Fluorchinolone mit verbesserter Aktivität gegen grampositive, atypische sowie anaerobe Bakterien (Moxifloxacin, ▶ Abschn. 107.3).
- Lang andauernde und potenziell irreversible Nebenwirkungen wurden gehäuft gemeldet, v. a. den Bewegungsapparat und das ZNS betreffend. Daher ist eine strenge Indikationsstellung für die gesamte Gruppe notwendig!

107.1 Ciprofloxacin

Steckbrief

Ciprofloxacin ist ein Abkömmling der Nalidixinsäure; es hemmt die bakterielle DNA-Gyrase. Ein breites Spektrum und gute Gewebegängigkeit sind seine Hauptvorteile.

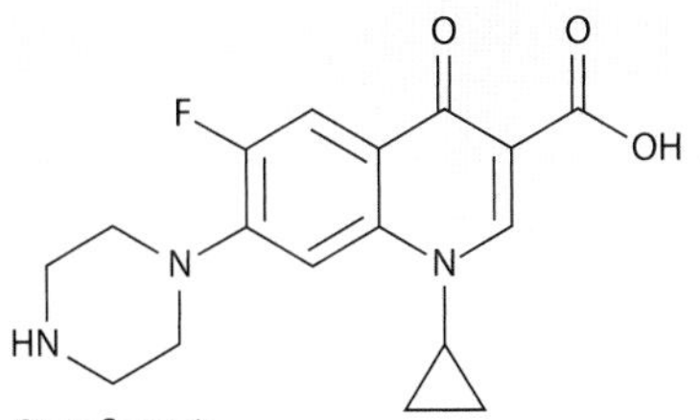

Ciprofloxacin

107.1.1 Beschreibung

Wirkungsmechanismus und Wirktyp

Die bakterizide Wirkung von Ciprofloxacin beruht auf einer Hemmung von Topoisomerasen, die bei der Replikation, Transkription und Reparatur der bakteriellen DNA benötigt werden.

Wirkungsspektrum

Ciprofloxacin erfasst v. a. gramnegative Bakterien wie Neisserien, Haemophilus, Bordetellen, Enterobakterien (auch enteropathogene Arten) und nichtfermentierende gramnegative Stäbchen, einschließlich Pseudomonaden (eingeschränkt), nicht aber Stenotrophomonas und Burkholderia cepacia.

Die Wirkung gegen grampositive Kokken ist deutlich geringer, die Aktivität gegen Anaerobier und gegen Treponemen unzureichend.

Pharmakokinetik

Ciprofloxacin wird oral oder i. v. verabreicht. Es besitzt eine gute Gewebepenetration, die Liquorgängigkeit ist allerdings gering. Die Ausscheidung erfolgt über Niere und Darm.

Resistenz

Die Resistenz gegen Ciprofloxacin beruht auf Veränderungen des Zielmoleküls oder auf der aktiven Entfernung (Efflux) aus der Bakterienzelle. Sie ist meist chromosomal kodiert. Aufgrund des massiven Einsatzes stieg die Anzahl resistenter E. coli- und P. aeruginosa-Isolate in den vergangenen Jahren beträchtlich.

S. Suerbaum et al. (Hrsg.), *Medizinische Mikrobiologie und Infektiologie*,
https://doi.org/10.1007/978-3-662-61385-6_107

107.1.2 Rolle als Therapeutikum

▪ **Indikationen**

Indikationen für Ciprofloxacin sind komplizierte Harnweginfekte (lokale Resistenzsituation!), Prostatitis, intraabdominale Infektionen und ambulant erworbene Pneumonie.

Ciprofloxacin ist wirksam bei Milzbrandinfektionen.

Falsche Indikationen sind Infektionen durch grampositive Kokken, z. B. S. aureus-Osteomyelitis, Pneumokokken-Pneumonie oder Weichgewebeinfektionen, unkomplizierte Harnwegsinfektionen.

▪ **Kontraindikationen**

Schwangerschaft, Stillzeit und Epilepsie. Anwendungsbeschränkungen werden für Patienten in höherem Lebensalter (>70 Jahre), bei Niereninsuffizienz, Lebererkrankungen und für Patienten mit ZNS-Vorschädigung empfohlen. Verabreichung im Kindes- oder Jugendalter ist nur bei strengster Indikationsstellung (z. B. bei Mukoviszidose) vertretbar!

▪ **Anwendungen**

Ciprofloxacin kann sowohl parenteral (i. v.) als auch oral gegeben werden.

Bei Pseudomonas-Infektionen sollte Ciprofloxacin wegen der synergistischen Wirkung und der Gefahr einer Resistenzentwicklung mit einem Aminoglykosid oder einem gegen Pseudomonas wirksamen β-Laktam-Antibiotikum kombiniert werden. Eine gleichzeitige Anwendung von Kortikosteroiden sollte vermieden werden.

▪ **Nebenwirkungen**

Tendinitis, Sehnenruptur, Myalgie, seltener zentralnervöse Reaktionen (Schwindel, Kopfschmerzen, Müdigkeit, Erregtheit, Sehstörungen, Krampfanfälle), allergische Reaktionen (Exantheme, Juckreiz, Gesichtsödeme) und Kreislaufreaktionen (Blutdruckanstieg, Tachykardie, Hautrötung).

Bei gleichzeitiger Gabe von Ciprofloxacin wird die Elimination von Theophyllin und Ciclosporin verzögert.

107.2 Levofloxacin

Levofloxacin hat im Vergleich zu Ciprofloxacin eine stärkere Wirksamkeit gegen grampositive (auch penicillinresistente Pneumokokken) und atypische Atemweginfektionserreger wie Chlamydien, Mykoplasmen und Legionellen. Die Wirksamkeit gegen Pseudomonas ist schwächer.

Eine tägliche Einmalgabe ist möglich, da die Plasmahalbwertszeit 6–8 h beträgt. Levofloxacin kann sowohl parenteral als auch oral verabreicht werden. Unerwünschte Wirkungen: siehe Ciprofloxacin.

107.3 Moxifloxacin

Steckbrief

Moxifloxacin hat als Fluorchinolon der 4. Generation eine gute Aktivität gegen gramnegative und -positive Erreger, zusätzlich werden Anaerobier und atypische Bakterien erfasst. Als Fluorchinolon mit erweitertem Spektrum eignet es sich für ambulant erworbene Pneumonien sowie komplizierte Infektionen der Haut- und Weichgewebe.

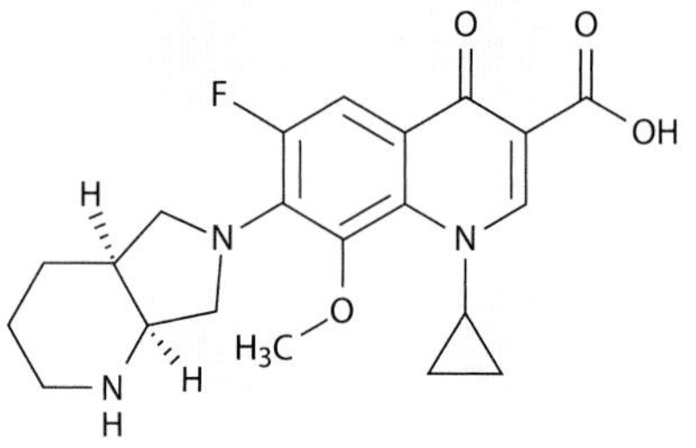

Moxifloxacin

107.3.1 Beschreibung

▪ **Wirkungsmechanismus und Wirkungstyp**

Die bakterizide Wirkung von Moxifloxacin resultiert aus einer Hemmung der beiden Typ-II-Topoisomerasen (DNA-Gyrase und Topoisomerase IV). Zusätzlich verhindert der sperrige Bicycloaminsubstituent in C7-Position den aktiven Efflux in bestimmten grampositiven Bakterien.

▪ **Wirkungsspektrum**

Darüber hinaus erfasst Moxifloxacin auch anaerobe Bakterien. Pseudomonaden und im Krankenhaus erworbene MRSA hingegen sind meistens resistent.

▪ **Pharmakokinetik**

Nach oraler Gabe wird Moxifloxacin schnell und nahezu vollständig resorbiert. Die absolute Bioverfügbarkeit beträgt ca. 91 %. Die Halbwertszeit beträgt ca. 12 h und erlaubt eine tägliche Einmalgabe der Substanz. Moxifloxacin wird renal und biliär unverändert ausgeschieden.

Bei Patienten mit eingeschränkter Nierenfunktion einschließlich Dialysepatienten (Hämo- und

Peritonealdialyse) sowie bei Personen mit leicht bis mäßig eingeschränkter Leberfunktion ist keine Dosisanpassung erforderlich.

▪ Resistenz
In-vitro-Resistenz gegen Moxifloxacin entwickelt sich schrittweise durch Mutationen an den Bindungsstellen in den beiden Typ-II-Topoisomerasen (DNA-Gyrase und Topoisomerase IV).

107.3.2 Rolle als Therapeutikum

▪ Indikationen
Akute Exazerbation der chronischen Bronchitis, ambulant erworbene Pneumonie, akute, bakterielle Sinusitis, komplizierte Infektionen der Haut und des Weichgewebes.

▪ Kontraindikationen
Kontraindikationen sind Schwangerschaft und Stillzeit, Kinder und Jugendliche in der Wachstumsphase, Sehnenerkrankungen/-schäden infolge einer Chinolontherapie in der Anamnese, Überempfindlichkeit, QT-Intervall-Verlängerungen im EKG, Störungen des Elektrolythaushalts (v. a. nichtkorrigierte Hypokaliämie), klinisch relevante Bradykardie, klinisch relevante Herzinsuffizienz mit reduzierter linksventrikulärer Auswurffraktion, symptomatische Herzrhythmusstörungen. Hinzu kommt eine stark eingeschränkte Leberfunktion (Child Pugh C; mehr als 5-facher Transaminasenanstieg).

▪ Anwendungen
Moxifloxacin kann sowohl parenteral (i. v.) als auch oral verabreicht werden.

▪ Nebenwirkungen
Gelegentlich kommen zentralnervöse Nebenwirkungen sowie QT-Verlängerungen im EKG vor, selten Tendinitis. Im Übrigen entsprechen die Nebenwirkungen weitgehend denen von Cipro- und Levofloxacin.

▪ Wechselwirkungen
Bei gleichzeitiger Gabe mineralischer Antazida ist die Resorption von Moxifloxacin vermindert. Es findet keine Interaktion zwischen Moxifloxacin mit Ranitidin, Probenecid, oralen Kontrazeptiva, Theophyllin oder Itraconazol statt; zudem keine klinisch relevante Interaktion mit Digoxin und Glibenclamid. Vorsicht ist geboten bei gleichzeitiger Gabe von Medikamenten, die eine QT-Verlängerung im EKG hervorrufen können (z. B. Antiarrhythmika der Klassen Ia und III).

107.4 Delafloxacin

Ein neues Fluorchinolon-Antibiotikum, welches bei sauren pH-Werten als Zwitterion vorliegt und so Bakterienmembranen penetrieren kann. Es soll bei Problemkeimen wie MRSA, Pseudomonaden und Klebsiellen wirksam sein. Es soll zur Therapie nosokomialer Infektionen der Haut, der Lunge und des Abdomens, aber auch zur Therapie von Harnweginfekten eingesetzt werden.

In Kürze: Fluorchinolone

- **Ciprofloxacin:**
  - **Resistenz:** Mutationen an den Bindungsstellen von Topoisomerasen, aktiver Efflux.
  - **Indikationen:** Komplizierte Harnweginfektionen, Typhus abdominalis, Milzbrand.
  - **Kontraindikationen:** Schwangerschaft und Stillzeit, bestehendes zerebrales Anfallsleiden, Kindes- und Jugendalter nur bei strengster Indikationsstellung.
- **Moxifloxacin:**
  - **Resistenz:** Mutationen an den Bindungsstellen von Topoisomerasen.
  - **Indikationen:** Akute Exazerbation der chronischen Bronchitis („last line"), ambulant erworbene Pneumonie, komplizierte Haut- und Weichgewebeinfektionen.
  - **Kontraindikationen:** Wie Ciprofloxacin, zusätzlich QT-Intervall-Verlängerungen, Störungen des Elektrolythaushalts, stark eingeschränkte Leberfunktion.

Antimykobakterielle Therapeutika

Franz-Christoph Bange und Manfred Fille

In diesem Kapitel werden der Wirkungsmechanismus, die Pharmakokinetik, Indikationen, Kontraindikationen sowie Nebenwirkungen der 4 Standardmedikamente Isonikotinsäurehydrazid (INH), Rifampicin (RMP), Ethambutol (EMB) und Pyrazinamid (PZA) zur Therapie der Tuberkulose beschrieben.

108.1 Isonikotinsäurehydrazid (INH)

Steckbrief

Isonikotinsäurehydrazid (INH), kurz Isoniazid, ist ein ausschließlich gegen Mycobacterium tuberculosis wirkendes Antituberkulotikum. Es hat wegen seiner ausgeprägten Bakterizidie neben Rifampicin die größte Bedeutung unter den Antituberkulotika.

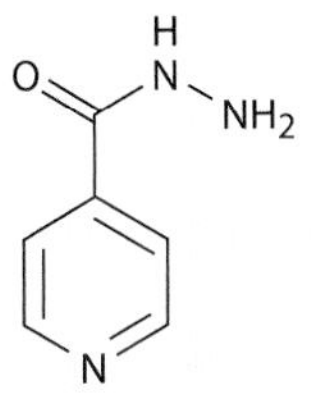

Isoniacinsäurhydrazid

108.1.1 Beschreibung

- **Wirkungsmechanismus und Wirktyp**

INH wird durch die Katalase (katG) von Mycobacterium (M.) tuberculosis zu einem Isonikotinsäureazyl-Radikal aktiviert und hemmt die Mykolsäuresynthese des Pathogens. Es wirkt bakterizid auf extra- und intrazelluläre Bakterien.

- **Wirkungsspektrum**

INH wirkt ausschließlich gegen M. tuberculosis.

- **Pharmakokinetik**

INH wird nach oraler Gabe ausreichend resorbiert und verteilt sich gut im Gewebe. Im Liquor werden bei Meningitis Serumspiegel erreicht. INH wird in der Leber azetyliert und anschließend renal eliminiert.

Die Halbwertszeit hängt von der Geschwindigkeit der metabolischen Inaktivierung durch die Azetylierung ab; hierbei unterteilt man in Schnell- und Langsaminaktivierer: Bei Schnellinaktivierern beträgt die Halbwertszeit etwa 1 h, bei Langsaminaktivierern ca. 3 h. Die Metaboliten werden renal eliminiert.

- **Resistenz**

Resistenzen entstehen durch Mutationen in den Genen (inhA, kasA) für die Enzyme der Mykolsäuresynthese. Mutationen im katG-Gen führen ebenfalls zur INH-Resistenz. In Deutschland sind gegenwärtig ca. 10 % aller Isolate resistent gegenüber INH. Die Resistenzentwicklung wird durch eine Monotherapie begünstigt.

108.1.2 Rolle als Therapeutikum

- **Indikationen**

Einzige Indikation ist die Tuberkulose (zur Therapie als wesentliche Komponente einer Mehrfachkombination; zur Prävention als Monotherapie nach Exposition).

- **Kontraindikationen**

Bei akuter Hepatitis, Epilepsien, Neuritiden sowie Psychosen ist INH kontraindiziert. Bei chronischen Leberschäden (z. B. bei Alkoholismus) ist besonders vorsichtig zu dosieren.

- **Anwendungen**

INH wird in aller Regel oral verabreicht, kann aber auch i. v. gegeben werden.

S. Suerbaum et al. (Hrsg.), *Medizinische Mikrobiologie und Infektiologie*,
https://doi.org/10.1007/978-3-662-61385-6_108

▪ Nebenwirkungen

Im Vordergrund stehen Störungen des ZNS (z. B. Optikusneuritis: Gesichtsfeld prüfen!) und des peripheren Nervensystems (Polyneuropathie). Die neurotoxischen Wirkungen beruhen auf einem Antagonismus zu Vitamin B6, was die gleichzeitige Gabe von Pyridoxin (Vitamin B6) erfordert. Des Weiteren treten gastrointestinale Störungen, Transaminasenanstiege und Hepatitis, z. T. mit Ikterus (in diesem Fall: sofort absetzen!), Allergien sowie Blutbildungsstörungen auf.

108.2 Rifampicin (RMP)

Steckbrief

Rifampicin ist ein bakterizides Ansamycinantibiotikum, das zur Behandlung der Tuberkulose und anderen Infektionskrankheiten eingesetzt wird. Es hat neben Isoniazid unter den Antituberkulotika die größte Bedeutung.

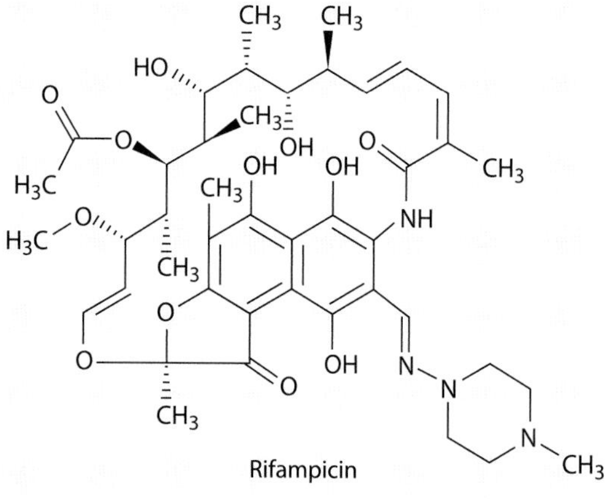

Rifampicin

108.2.1 Beschreibung

▪ Wirkungsmechanismus und Wirktyp

Rifampicin hemmt die bakterielle RNA-Polymerase und damit die RNA-Synthese. Es wirkt bakterizid auf extra- und intrazellulär lebende Bakterien.

▪ Wirkungsspektrum

Das Spektrum ist sehr breit. Neben M. tuberculosis und weiteren Mykobakterien werden auch Staphylokokken (inkl. MRSA), Streptokokken (auch penicillinresistente Pneumokokken), Enterokokken, Neisserien, Legionellen und andere Bakterien erfasst.

▪ Pharmakokinetik

Die lipophile Substanz wird oral gut resorbiert. Die Gewebepenetration ist im Vergleich zu anderen Antiinfektiva sehr hoch. Bei Meningitis wird eine genügend hohe Liquorkonzentration erreicht. Die Metabolisierung geschieht in der Leber – auch die Metaboliten sind gegenüber Mykobakterien wirksam. Durch Enzyminduktion ist der Stoffwechsel zahlreicher anderer Medikamente erhöht, wodurch eine Dosisanpassung notwendig wird.

▪ Resistenz

Grundsätzlich ist bei einer Monotherapie mit einer Einschrittresistenz zu rechnen. Resistenzen entstehen durch Mutationen im Gen der RNA-Polymerase (rpoB). Wegen der schnellen Resistenzentwicklung sollte Rifampicin auch bei der Therapie anderer Infektionen nur in Kombination mit weiteren Antibiotika verwendet werden.

108.2.2 Rolle als Therapeutikum

▪ Indikationen

Die Hauptindikationen für Rifampicin sind die Kombinationstherapien der Tuberkulose und der Lepra. Daneben wird es als Kombinationspartner mit Makroliden bei der Behandlung schwerer Legionellosen und mit Vancomycin bei der Endokarditis künstlicher Herzklappen verwendet.

▪ Kontraindikationen

Bei bestehender Schwangerschaft (im 1. Trimenon) sowie bei schweren Leberstörungen ist Rifampicin kontraindiziert.

▪ Anwendungen

Rifampicin wird in der Regel oral eingenommen, i. v. Gaben sind aber möglich.

▪ Nebenwirkungen

In bis zu 2 % ist ein Transaminasenanstieg festzustellen. Seltener werden Leberfunktionsstörungen, gastrointestinale Beschwerden sowie allergische Reaktionen beobachtet. Stuhl, Urin, Speichel, Tränenflüssigkeit (Kontaktlinsen) und Schweiß können sich orange verfärben.

108.3 Ethambutol (EMB)

Steckbrief

Ethambutol ist ein bakteriostatisches Antituberkulotikum, das neben INH und Rifampicin während der 2-monatigen Initialphase der Kombinationstherapie der Tuberkulose verwendet wird.

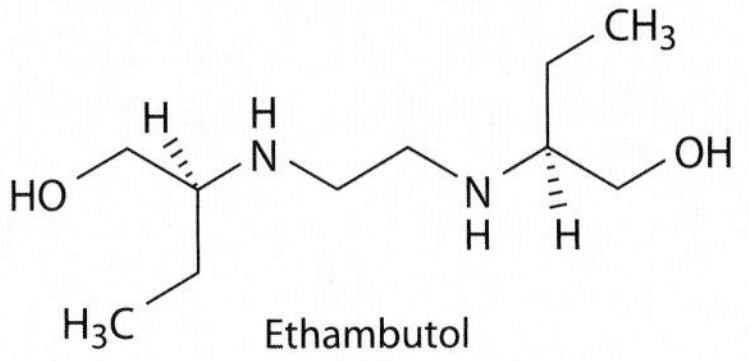

Ethambutol

108.3.1 Beschreibung

■ **Wirkungsmechanismus und Wirktyp**

Ethambutol blockiert die Synthese des Arabinogalaktans, eines Bestandteils der mykobakteriellen Zellwand. Es wirkt bakteriostatisch.

■ **Wirkungsspektrum**

Ethambutol wirkt gegen tuberkulöse und viele nichttuberkulöse Mykobakterien wie z. B. Mycobacterium kansasii, Mycobacterium marinum und Mycobacterium avium/intracellulare.

■ **Pharmakokinetik**

Die orale Resorption ist gut; die Substanz verteilt sich im ganzen Körper und erreicht bei Meningitis eine genügend hohe Liquorkonzentration. Die Elimination erfolgt zu 50 % unverändert mit dem Urin, zu 20 % mit dem Stuhl; der Rest wird metabolisiert.

■ **Resistenz**

Mutationen in Genen (emb) der Arabinotransferase vermitteln Resistenz gegenüber Ethambutol. Resistente M. tuberculosis-Stämme kommen in etwa 4 % der Fälle vor.

108.3.2 Rolle als Therapeutikum

■ **Indikationen**

Hauptindikation ist die Kombinationstherapie der Tuberkulose.

■ **Kontraindikationen**

Bei Optikusatrophie oder anamnestischer Optikusneuritis darf Ethambutol nicht verabreicht werden.

■ **Anwendungen**

Meist wird Ethambutol oral eingenommen, es kann aber auch i. v. gegeben werden. Bei Niereninsuffizienz muss die Dosis reduziert werden.

■ **Nebenwirkungen**

Auffälligste Nebenwirkung ist eine meist langsam reversible retrobulbäre Neuritis n. optici. („Der Patient sieht nichts und der Arzt auch nicht!") Des Weiteren kann die Harnsäurekonzentration ansteigen, sodass es zu Gichtanfällen kommen kann. Selten sind periphere Neuritiden, zentralnervöse Störungen, Leberfunktionsstörungen und Allergien.

108.4 Pyrazinamid (PZA)

Steckbrief

Pyrazinamid ist ein bakterizides Nikotinamidanalogon, das wie Ethambutol bei der initialen Kombinationstherapie der Tuberkulose verwendet wird.

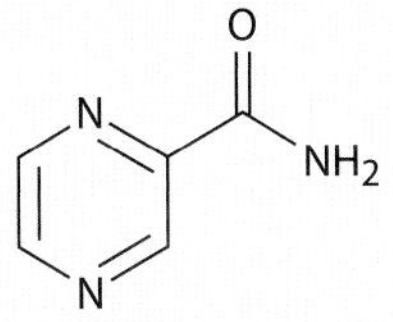

Pyrazinamid

108.4.1 Beschreibung

■ **Wirkungsmechanismus und Wirktyp**

Das Pyrazinkarbonsäureamid ist ein synthetisches Analogon von Nikotinamid. Es wirkt bakterizid gegen M. tuberculosis. Es ist aktiver bei niedrigem pH und besonders effektiv im nekrotischen Zentrum der Tuberkulome. Pyrazinamid wird durch das mykobakterielle Enzym Pyrazinamidase (zugehöriges Gen: pcnA) in seine aktive Form, die Pyrazinkarbonsäure, umgewandelt.

■ **Wirkungsspektrum**

Pyrazinamid wirkt nur gegen M. tuberculosis.

■ **Pharmakokinetik**

Das Mittel wird intestinal gut resorbiert und verteilt sich im ganzen Körper, selbst im Liquor werden bei Meningitis therapeutische Konzentrationen erreicht. Pyrazinamid wird hepatisch metabolisiert und die Metaboliten werden renal ausgeschieden.

▪ Resistenz

Eine primäre Resistenz ist selten (< 1 %), jedoch sind etwa 50 % der gegen INH und Rifampicin resistenten M. tuberculosis-Stämme auch gegen Pyrazinamid resistent. Resistenzen entstehen durch Mutationen in der mykobakteriellen Pyrazinamidase.

108.4.2 Rolle als Therapeutikum

▪ Indikationen

Einzige Indikation ist die Kombinationstherapie der Tuberkulose; es wird nur in der Initialphase (2 Monate) verabreicht.

▪ Kontraindikationen

Bei schweren Leberschäden, Gicht und in der Schwangerschaft ist das Mittel kontraindiziert.

▪ Anwendungen

Pyrazinamid wird oral verabreicht. Bei Niereninsuffizienz muss die Dosis reduziert werden. Eine beginnende Leberschädigung erfordert das sofortige Absetzen der Substanz.

▪ Nebenwirkungen

108

Selten treten Leberstörungen (Ikterus), gastrointestinale Beschwerden, Hyperurikämie (evtl. Gichtanfall), Thrombozytopenie oder eine interstitielle Nephritis sowie Fotosensibilisierungen auf.

108.5 Weitere Antituberkulotika

Zu den sekundären Antituberkulotika gehören:
- Chinolone (Moxifloxacin; ▶ Abschn. 107.3)
- Aminoglykoside (▶ Kap. 102; Streptomycin, Amikacin, Capreomycin)
- Makrolide (Azithro-, Clarithromycin; ▶ Kap. 105)
- Prothionamid
- Cycloserin
- Paraaminosalizylsäure (PAS)

In Kürze: Antimykobakterielle Therapeutika

- **Isonikotinsäurehydrazid (INH):**
  - **Resistenz:** Genmutationen (katG, inhA oder kasA-Gen) auf dem Chromosom des Bakteriums.
  - **Indikationen:** Kombinationstherapie bei Tuberkulose.
  - **Kontraindikationen:** Leberschäden, Epilepsie, Psychosen.
- **Rifampicin (RMP):**
  - **Resistenz:** Genmutation (rpoB-Gen) auf dem Chromosom des Bakteriums.
  - **Indikationen:** Kombinationstherapie bei Tuberkulose.
  - **Kontraindikationen:** Schwangerschaft, Leberschäden.
- **Ethambutol (EMB):**
  - **Resistenz:** Genmutation (emb-Gene) auf dem Chromosom des Bakteriums.
  - **Indikationen:** Kombinationstherapie bei Tuberkulose.
  - **Kontraindikationen:** Optikusatrophie, -neuritis.
- **Pyrazinamid (PZA):**
  - **Resistenz:** Genmutation (pcnA-Gen) auf dem Chromosom des Bakteriums.
  - **Indikationen:** Kombinationstherapie bei Tuberkulose.
  - **Kontraindikationen:** Schwere Leberschäden, Gicht, Schwangerschaft.

Weitere antibakterielle Substanzen

Marlies Höck und Manfred Fille

Als weitere antibakterielle Substanzen werden in diesem Kapitel Metronidazol, Fosfomycin, Fusidinsäure, Polymyxine (Colistin oder „Polymyxin E", Polymyxin B), Muporicin, Oxazolidinone, Daptomycin und Chloramphenicol vorgestellt.

109.1 Metronidazol

Steckbrief

Metronidazol ist ein bakterizid und protozoozid wirksames Nitroimidazol, das gegen die meisten Anaerobier, insbesondere B. fragilis und C. difficile, gegen E. histolytica, Trichomonas vaginalis und Giardia lamblia zum Einsatz kommt.

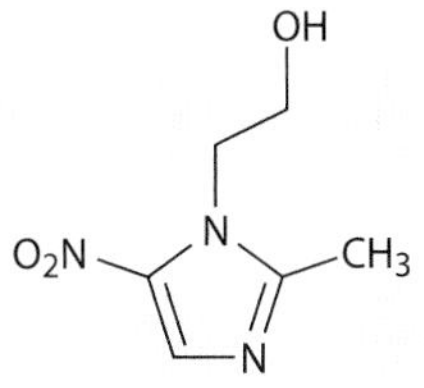

Metronidazol

109.1.1 Beschreibung

- **Wirkungsmechanismus und Wirktyp**

Metronidazol wirkt bakterizid und protozoozid durch Hemmung der Nukleinsäuresynthese. Erst in anaerober Umgebung entstehen in Gegenwart eines Elektronentransportsystems durch Reduktion der Nitroverbindung ein inaktives Endprodukt und ein zytotoxisches Radikal, das die eigentliche antibakterielle und antiprotozoische Wirkung erzeugt.

- **Wirkungsspektrum**

Metronidazol wirkt gegen alle obligat anaeroben Bakterien (Clostridien und sporenlose Anaerobier) sowie H. pylori. Resistent sind Propionibakterien und Aktinomyzeten. Die Protozoen E. histolytica, Trichomonas vaginalis und G. lamblia hemmt Metronidazol bei niedrigen Konzentrationen.

- **Pharmakokinetik**

Nach oraler Gabe ist die Resorption gut, nach rektaler Anwendung gering. Nach intravaginaler Applikation finden sich niedrige Serumspiegel. Bei i. v. Anwendung gibt es bei wiederholter Gabe keine Kumulation. Die Halbwertszeit von Metronidazol beträgt 7 h.

Die Gewebepenetration ist gut, besonders in Hirn, Leber, Uterus, auch in Abszesshöhlen. Hohe Konzentrationen werden im Liquor, Vaginalsekret und Fruchtwasser erreicht. Metronidazol wird in der Leber oxidiert und zu antibakteriell schwach wirksamen Metaboliten konjugiert. Die Wiederfindungsrate im Urin beträgt 30 %.

- **Resistenz**

Erworbene Resistenzmechanismen gegen Metronidazol sind:
- Verminderte Aufnahme in die Bakterienzelle
- Verminderte oder fehlende Reduktion der Nitroverbindung
- Verminderte Wechselwirkung zwischen zytotoxischem Radikal und Bakterien-DNA
- Umwandlung von Metronidazol in nichttoxische Derivate durch eine Reduktase (nim-Resistenzgene)

109.1.2 Rolle als Therapeutikum

- **Indikationen**

Die Indikationen sind Trichomoniasis und Vaginose durch Gardnerella vaginalis, Amöbenruhr (alle

S. Suerbaum et al. (Hrsg.), *Medizinische Mikrobiologie und Infektiologie*,
https://doi.org/10.1007/978-3-662-61385-6_109

Formen, auch Leberabszess), Darminfektionen durch Giardia sowie Anaerobierinfektionen (z. B. Thrombophlebitis, Organ- und intraabdominelle Abszesse, Peritonitis, Endometritis, Puerperalsepsis, fieberhafter Abort, Gangrän). Dabei kombiniert man stets mit einem aerobierwirksamen Breitspektrumantibiotikum (Penicillin, Cephalosporin oder Chinolon).

Metronidazol gilt als Mittel der Wahl bei leichteren und mittelschweren Formen der antibiotikaassoziierten Kolitis durch toxinbildende C. difficile-Stämme. Es dient bei großen gynäkologischen Operationen und Dickdarmoperationen zur perioperativen Prophylaxe.

■ Kontraindikationen

Nitroimidazolallergie, Schwangerschaft (1. Trimenon: Trichomonastherapie mit Zäpfchen) und Stillzeit sind Kontraindikationen. Bei schweren Leberschäden, Blutbildungsstörungen und Erkrankungen des zentralen und peripheren Nervensystems sollte auf den Einsatz verzichtet werden.

■ Anwendungen

Metronidazol kann oral oder i. v. gegeben werden. Aufgrund seiner mutagenen und karzinogenen Wirkungen im Tierversuch sollte die Therapiedauer 10 Tage möglichst nicht überschreiten, wiederholte Anwendungen sind zu vermeiden.

■ Nebenwirkungen

In 3 % treten gastrointestinale Störungen auf. Bei längerer Therapie und höherer Dosierung kommen eine periphere Neuropathie (mit Parästhesien) sowie zentralnervöse Störungen (Schwindel, Ataxie, Bewusstseinsstörungen, Krämpfe etc.) vor. Es besteht eine ausgeprägte **Alkoholintoleranz.**

109.2 Fosfomycin

Steckbrief

Fosfomycin ist ein Antibiotikum aus der Gruppe der Phosphonsäurederivate und wurde 1969 erstmalig aus Streptomyces fradiae, S. wedomorensis und S. viridochromogenes isoliert. Die bakterizide Wirkung an der Zellwand zeigt sich bei vielen aerob oder anaerob wachsenden grampositiven und -negativen Bakterien. Die gute Gewebe- und Liquorgängigkeit macht Fosfomycin zu einer wertvollen Kombinationssubstanz zusammen mit einem β-Laktam-Antibiotikum bei vielen Indikationen einschließlich des ZNS und bei Osteomyelitis.

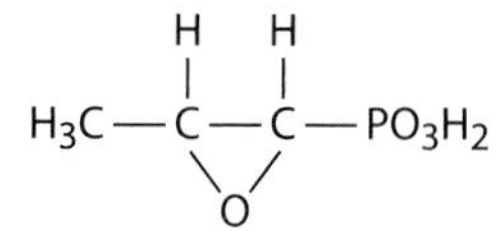

Fosfomycin

109.2.1 Beschreibung

■ Wirkungsmechanismus und Wirktyp

Fosfomycin wirkt bakterizid in der Wachstumsphase der Bakterien bei der Peptidoglykansynthese an der Zellwand durch Hemmung der Phosphoenol-Pyruvyltransferase, ein Wirkmechanismus, der nicht mit dem von β-Laktam-Antibiotika identisch ist.

■ Wirkungsspektrum

Fosfomycin wirkt bakterizid gegen viele aerob oder anaerob wachsende Bakterien wie Staphylo- und Enterobakterien (außer Morganella morganii), Pseudomonas (nur in Kombination mit anderen Antibiotika).

Keine Wirkung gegen Listeria monocytogenes, Acinetobacter spp., Stenotrophomonas maltophilia und intrazelluläre Erreger.

■ Pharmakokinetik

Fosfomycin wird bei i. v. Applikation und 10 %iger Plasmaeiweißbindung gut in alle Gewebe verteilt, etwa in Liquor, Knochen, Lunge, Galle, Wundsekret, Muskulatur und Auge. Es passiert die Plazentaschranke und geht in die Muttermilch über. Die Plasmahalbwertszeit beträgt 2 h.

Die Elimination erfolgt zu über 90 % in biologisch aktiver Form über die Niere. Bei Niereninsuffizienz muss deshalb eine Dosisreduktion erfolgen. Eine Metabolisierung findet nicht statt, sodass Leberinsuffizienz keine Kontraindikation darstellt.

■ Resistenz

Erworbene Resistenzmechanismen gegen Fosfomycin sind:

- Verminderter Eintritt in die Bakterienzelle durch verminderten aktiven Hexose-6-Phosphat-abhängigen Transport
- Plasmidkodierte enzymatische Inaktivierung
- Veränderung der Zielmoleküle durch Überproduktion oder Modifikation der Pyruvyltransferase.

109.2.2 Rolle als Therapeutikum

▪ Indikationen

Fosfomycin kann zur Therapie schwerer Infektionen wie Infektionen des ZNS, Haut und Weichgewebe, bei Osteomyelitis, Pneumonien und Lungenabszessen, Sepsis, Endokarditis und Infektionen im HNO-Bereich in Kombination mit einem β-Laktam-Antibiotikum verabreicht werden. Bei Infektionen durch Staphylokokken wirkt Fosfomycin mit Rifampicin synergistisch. Bei Infektionen der Harnwege ist auch eine Monotherapie möglich. Bei unkomplizierter Harnweginfektion der Frau kann oral eine Einmaltherapie zur Anwendung kommen.

▪ Kontraindikationen

Fosfomycin darf wegen Übertritts in den fetalen Kreislauf nicht in der Schwangerschaft und wegen **Störungen der Darmflora beim Säugling nicht in der Stillzeit gegeben werden.** Bei Niereninsuffizienz muss eine Dosisreduktion erfolgen. Akutes Nierenversagen und Fosfomycinallergie stellen weitere Kontraindikationen dar.

▪ Anwendungen

Fosfomycin kann i. v. **ab der Geburt** körpergewichtsbezogen appliziert werden. Kontrolle der Natrium- und Kaliumelektrolyte im Serum beachten. Bei schweren Infektionen wegen schneller Einschritt-Resistenzentwicklung immer in Kombination, z. B. mit β-Laktam-Antibiotikum, Rifampicin, (s. o.) anwenden.

▪ Nebenwirkungen

Seltene unerwünschte Nebenwirkungen sind Verdauungsbeschwerden wie Übelkeit, Brechreiz, Durchfall etc. sowie allergische Hautreaktionen und Kopfschmerzen.

109.3 Fusidinsäure

Steckbrief

Fusidinsäure ist ein Steroidantibiotikum und wurde 1960 aus Fusidium coccineum isoliert. Die Wirkung ist bakteriostatisch v. a. auf Staphylokokken. Hauptindikationen der Fusidinsäure sind Staphylokokkeninfektionen, aber nur bei Versagen anderer Staphylokokkenantibiotika. Wegen rasch eintretender Resistenz soll es nur in Kombination gegeben werden.

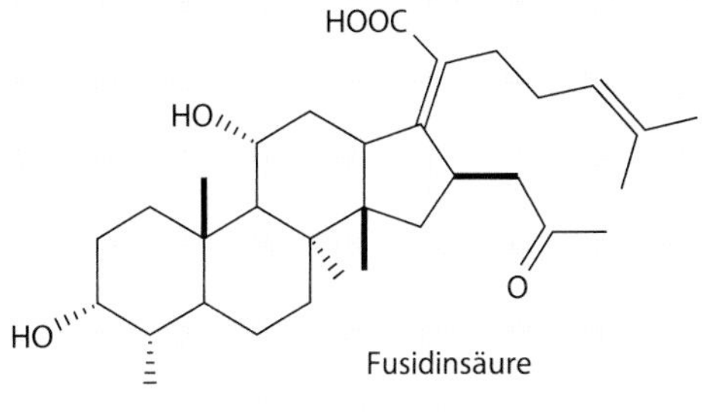

Fusidinsäure

109.3.1 Beschreibung

▪ Wirkungsmechanismus und Wirktyp

Fusidinsäure wirkt bakteriostatisch durch Hemmung der Proteinsynthese. Die Hemmung erfolgt bei der Translation durch Blockierung der Ablösung der tRNA und des Elongationsfaktors. Der Wirkmechanismus ist nicht mit dem der β-Laktam-Antibiotika identisch.

▪ Wirkungsspektrum

Fusidinsäure wirkt bakteriostatisch gegen Staphylokokken, Corynebacterium diphtheriae und andere Korynebakterien, Neisseria gonorrhoeae und Neisseria meningitidis, Bordetella pertussis, Mycobacterium tuberculosis und Mycobacterium leprae und Anaerobier. Nur geringe Wirkung auf Streptokokken, keine Wirkung auf gramnegative Erreger.

▪ Pharmakokinetik

Fusidinsäure diffundiert nach oraler und i. v. Gabe gut in Knochen, Bronchialsekret, Galle, Synovialflüssigkeit und Eiter, schlecht bis gar nicht dagegen in Liquor, Muttermilch und Kammerwasser. Die Plasmahalbwertszeit beträgt 4–6 h. Die Elimination erfolgt über die fast vollständige Metabolisierung in der Leber und Ausscheidung über die Galle.

▪ Resistenz

Fusidinsäureresistenz kann bei Staphylokokken erworben werden durch:

- Änderung der Membranpermeabilität mit vermindertem Durchtritt durch die Zellwand
- Reduzierte Affinität am Zielort, den Ribosomen, durch Punktmutation im Chromosom
- Verhinderung der Komplexbildung der Fusidinsäure mit dem Elongationsfaktor am Ribosom oder Freisetzung der Fusidinsäure vom Elongationsfaktor-Ribosomen-Komplex, plasmidkodiert

109.3.2 Rolle als Therapeutikum

- **Indikationen**

Fusidinsäure kann verabreicht werden zur Therapie von Staphylokokken-Infektionen wie Osteomyelitis, Sepsis, Pneumonie, Haut- und Weichgewebeinfektionen, aber nur bei Versagen anderer Staphylokokken-Antibiotika und immer in Kombination mit einem anderen Antibiotikum, z. B. β-Laktam- oder Glykopeptidantibiotikum, Rifampicin etc. Eine Eradikation von MRSA auf der Nasenschleimhaut wird nicht erreicht. Topisch ist Fusidinsäure anzuwenden bei Hautinfektionen und Erythrasma, letzteres durch Corynebacterium minutissimum bedingt.

- **Kontraindikationen**

Fusidinsäure darf nicht bei Allergie und hochgradiger Leberinsuffizienz zur Anwendung kommen. Keine Anwendung in der Schwangerschaft und Stillzeit, da keine ausreichenden klinischen Untersuchungen vorliegen. Keine Anwendung bei Neugeborenen mit Ikterus!

- **Anwendungen**

Fusidinsäure kann oral, i. v. und topisch zur Anwendung kommen. Bei invasiven Staphylokokken-Infektionen niemals allein, sondern immer kombiniert mit einem anderen Antibiotikum verabreichen! Die topische Anwendung sollte wegen der Gefahr der Resistenzentwicklung nicht länger als 2 Wochen dauern.

- **Nebenwirkungen**

Die seltenen Nebenwirkungen fokussieren sich auf die orale Aufnahme, nach der Magenschmerzen, Erbrechen sowie reversible Leberschäden mit Ikterus auftreten können.

109.4 Polymyxine: Colistin und Polymyxin B

Steckbrief

Polymyxine sind basische zyklische Polypeptide und wurden 1947 aus Bacillus polymyxa isoliert. Es liegt keine Verwandtschaft mit anderen Antibiotika vor. Colistin, auch Polymyxin E genannt, und Polymyxin B sind sehr ähnlich und werden deshalb gemeinsam besprochen.

109

Wegen vieler Nebenwirkungen steht die topische Anwendung bei bakterieller Konjunktivitis und Inhalation bei Patienten mit Mukoviszidose (zystische Fibrose) im Vordergrund; nur in Ausnahmefällen erfolgt die Applikation i. v.: bei schweren, invasiven Infektionen mit multiresistenten gramnegativen Bakterien, v. a. P. aeruginosa und Acinetobacter-Arten.

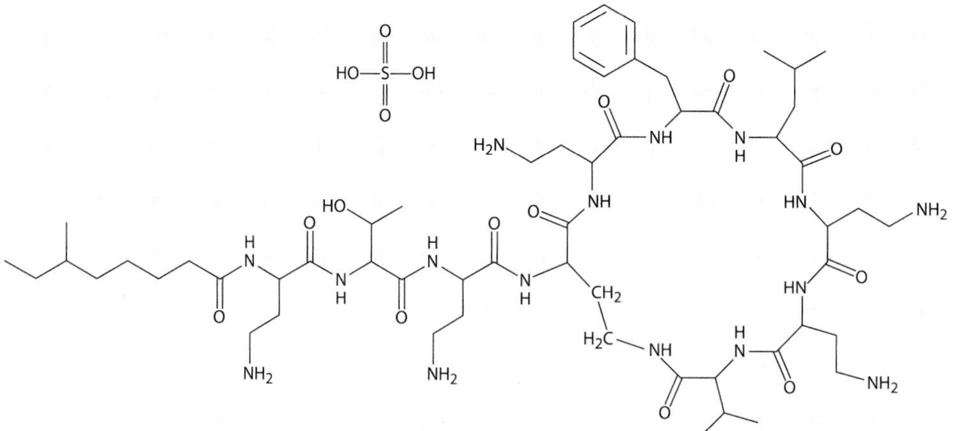

Polymyxin-B-Sulfat

109.4.1 Beschreibung

■ Wirkungsmechanismus und Wirktyp

Polymyxine wirken auf ruhende und sich vermehrende Bakterien bakterizid. Die Zytoplasmamembran der Bakterienzelle wird innerhalb kürzester Zeit durch die Wirkung der Polymyxine als Kationendetergens zerstört.

■ Wirkungsspektrum

Polymyxine wirken bakterizid auf extrazellulär gelegene, aerob und teilweise auch fakultativ anaerob wachsende gramnegative Bakterien wie P. aeruginosa, E. coli, Klebsiella pneumoniae, Enterobacter spp. und andere Enterobakterien, Pasteurellen, H. influenzae, Stenotrophomonas maltophilia und Acinetobacter-Arten.

Primär resistent sind Proteus-, Providencia- und Serratia-Arten sowie Neisserien.

■ Pharmakokinetik

Polymyxin kommt wegen toxischer Nebenwirkungen und der geringen Diffusionsfähigkeit in verschiedenen Geweben und Körperflüssigkeiten v. a. topisch zur Anwendung. Die Resorption durch die Haut oder Schleimhaut ist dabei gering. Bei Inhalation ist die Resorption sehr unterschiedlich und patientenabhängig, sodass es unter Umständen zu relevanten Serumspiegeln kommen kann. Nach intravasaler Gabe, die nur in Ausnahmefällen erfolgen soll, sind keine zuverlässigen Gewebekonzentrationen bekannt. Polymyxin kann sich in verschiedenen Geweben anreichern, etwa in Niere und Gehirn, die Grenze zur Toxizität ist dabei nicht bekannt.

Die Ausscheidung von Polymyxin und seinen Metaboliten erfolgt renal über glomeruläre Filtration. Die Halbwertszeit beträgt 4 h. Bei Niereninsuffizienz muss eine Dosisreduktion erfolgen. Polymyxine sind nicht dialysierbar.

■ Resistenz

Über die Resistenzentwicklung unter Therapie ist bisher wenig bekannt.

109.4.2 Rolle als Therapeutikum

■ Indikationen

Polymyxine können zur Therapie bakterieller Konjunktivitiden oder Infektionen des äußeren Ohres und Gehörgangs durch topische Anwendung und bei Exazerbation einer Mukoviszidose oder Pneumonie mittels Inhalation bei sensiblen Erregern eingesetzt werden. Die Gabe ist v. a. bei multiresistenten Stämmen von P. aeruginosa und Acinetobacter baumannii indiziert.

Eine i. v. Anwendung sollte nur bei schwersten Infektionen durch o. g. Erreger unter Abwägung des therapeutischen Nutzens und der Nachteile durch Toxizität und andere Nebenwirkungen erfolgen. Bei durch Acinetobacter verursachten Infektionen kann durch Kombination mit Rifampicin eine synergistische Wirkung bewirkt werden (nur In-vitro-Daten).

■ Kontraindikationen

Polymyxingabe ist kontraindiziert bei Überempfindlichkeit gegen die Substanz, zur Anwendung per Instillation in Körperhöhlen und zur Lokalbehandlung offener Wunden und Verbrennungen.

■ Anwendungen

Polymyxine können lokal als Salbe oder in Tropfenform, inhalativ sowie parenteral zur Anwendung kommen.

■ Nebenwirkungen

Bei Polymyxinen kann es bei topischer Anwendung zur Kontaktdermatitis, bei Inhalation zu Histaminfreisetzung und Bronchospasmus und bei parenteraler Applikation zu nephro-, neurotoxischen oder allergischen Komplikationen sowie zur Blockade der neuromuskulären Übertragung kommen.

109.5 Mupirocin

Steckbrief

Mupirocin, auch als Pseudomoninsäure A bezeichnet, ist ein Antibiotikum, das von Pseudomonas fluorescens gebildet wird und keine Verwandtschaft zu anderen Antibiotikagruppen hat. Mupirocin darf ausschließlich topisch zur Eradikation von nasalem MRSA-Trägertum und bei v. a. staphylo- und streptokokkenbedingten kleinflächigen Hautinfektionen zur Anwendung kommen.

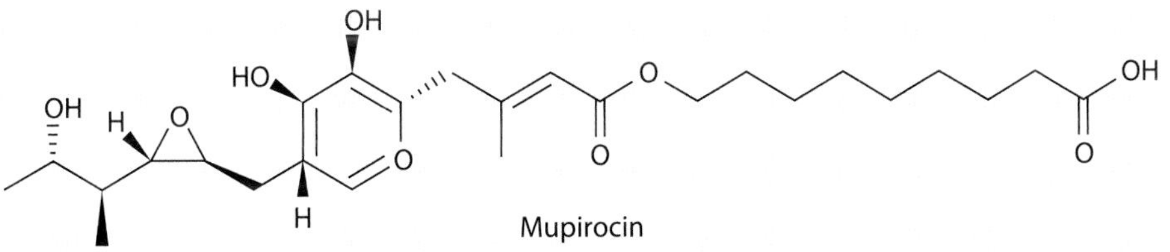

Mupirocin

109.5.1 Beschreibung

Wirkungsmechanismus und Wirktyp

Mupirocin wirkt bakteriostatisch durch Hemmung der Proteinsynthese. Die Hemmung erfolgt durch die Inaktivierung der Isoleucyl-tRNA-Synthetase aufgrund der Bindung der Pseudomoninsäure A. Dadurch wird der Einbau von Isoleucin in Proteine verhindert, die Peptidkette bricht am Ribosom ab.

Wirkungsspektrum

Mupirocin wirkt bakteriostatisch gegen Staphylokokken, Streptokokken wie S. pyogenes und S. agalactiae, Pneumokokken, H. influenzae, Bacillus subtilis, Neisserien und Pasteurellen.

Pharmakokinetik

Da bei systemischer Applikation Mupirocin schnell zu Moninsäure inaktiviert wird, steht nur die topische Anwendung zur Verfügung, bei der vor Ort auf der Haut oder Schleimhaut eine sehr hohe Mupirocinkonzentration erreicht wird.

Resistenz

Eine **natürliche, intrinsische** Resistenz gegen Mupirocin besitzen alle Pseudomonas fluorescens-Stämme dank ihrer strukturell veränderten Isoleucyl-tRNA-Synthetase, an die Mupirocin nicht binden kann.

Eine **erworbene** Resistenz gegen Mupirocin liegt bei Staphylokokken durch Veränderung der Bindungsstelle an der Isoleucyl-tRNA-Synthetase vor:

- Bei einer „Low-level"-Resistenz liegt eine sterische Konformationsänderung der Bindungsstelle vor.
- Bei einer „High-level"-Resistenz wird eine veränderte Isoleucyl-tRNA-Synthetase hergestellt, an die Mupirocin nicht binden kann.

109.5.2 Rolle als Therapeutikum

Indikationen

Sanierung von in der Nase kolonisierten MRSA-Trägern und topische Behandlung von Hautinfektionen wie Impetigo, Follikulitis sowie infizierte kleinflächige Ekzeme und Hautverletzungen.

Kontraindikationen

Mupirocin darf nicht in der Schwangerschaft und bei Säuglingen bis zu 1 Jahr angewendet werden. Bei topischer Anwendung stellt nur die Überempfindlichkeit gegenüber Mupirocin eine Kontraindikation dar.

Anwendungen

Mupirocin wird nur in Salbenform auf die entsprechenden Hautareale oder auf die Nasenschleimhaut aufgetragen.

Nebenwirkungen

Bei topischer Anwendung sind keine Nebenwirkungen von Mupirocin bekannt.

109.6 Oxazolidinone

Steckbrief

Oxazolidinone sind synthetisch hergestellte, antibakteriell wirksame Chemotherapeutika ohne Verwandtschaft zu anderen Antibiotika. Linezolid als erstes zugelassenes Präparat zur Anwendung beim Menschen wirkt auf alle grampositiven, aerob und anaerob wachsenden Erreger, auch MRSA und VRE, je nach Bakterienart entweder bakteriostatisch oder bakterizid. Es kann wegen seiner guten Bioverfügbarkeit bei diversen schweren Infektionen eingesetzt werden.

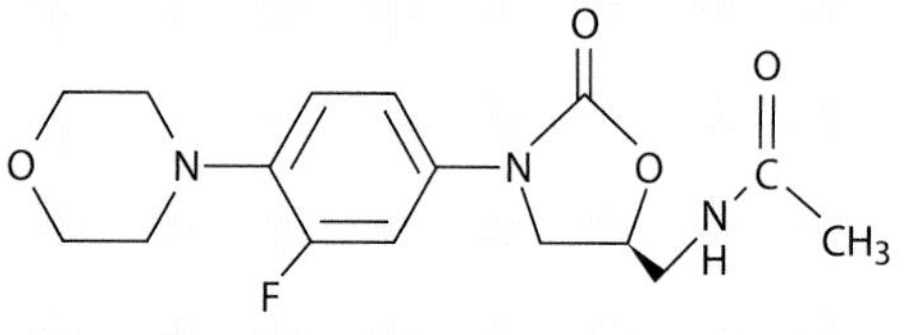

Oxazolidinone

109.6.1 Beschreibung

Wirkungsmechanismus und Wirktyp

Linezolid wirkt je nach Bakterienart bakteriostatisch oder bakterizid aufgrund seiner Hemmung der Proteinsynthese durch Bindung an die ribosomale 50 S-Untereinheit. Dieser Vorgang wird kompetitiv durch Chloramphenicol und Lincosamine, z. B. Clindamycin, gehemmt. Vermutlich wird die Initiation des 70 S-Ribosoms gestört und damit die Proteinbiosynthese in einem frühen Stadium unterbrochen.

Wirkungsspektrum

Linezolid wirkt auf alle **grampositiven** Erreger, aerob und anaerob wachsende:

- **Bakteriostatisch,** z. B. auf Staphylokokken einschließlich MRSA, Enterokokken einschließlich

bei Vancomycinresistenz, Korynebakterien, Rhodokokken, Listerien, M. tuberculosis und M. avium/intracellulare, Bazillen, Clostridien und Peptostreptokokken
- **Bakterizid** auf Streptokokken einschließlich penicillinresistenter Pneumokokken.

Gramnegative Bakterien sind resistent. Eine Ausnahme bilden die Pasteurellen, die mit Oxazolidinonen abgetötet werden können.

Pharmakokinetik

Linezolid wird nach oraler Applikation unabhängig von der Nahrung vollständig resorbiert und diffundiert in alle Gewebe (z. B. Knochen, Haut, Schleimhäute, Muskulatur, Lunge) und Körperflüssigkeiten. Im Liquor cerebrospinalis wird sogar eine 4-mal so hohe Konzentration wie im Serum erreicht. Die Metabolisierung durch Oxidation des Morpholinrings erfolgt zu 65 % über die Leber in antibakteriell unwirksame Metaboliten. Das Cytochrom-P450-Enzymsystem der Leber und die Nierenfunktion bei renaler Ausscheidung werden nicht beeinträchtigt. Die Halbwertszeit beträgt 5–7 h.

Resistenz

Selten wird Resistenz aufgrund der Veränderung des Zielmoleküls an der Ribosomenuntereinheit der 23 S-rRNA durch Punktmutation(en) beobachtet. Unter länger dauernder Therapie, bei Infektionen durch nichtentfernte Endo- und Gefäßprothesen oder bei nichtdrainierten Abszessen ist es zu verminderter Empfindlichkeit bei Staphylo- und Enterokokken gekommen. Beide Bakteriengruppen besitzen eine unterschiedliche Zahl von Genen für die 23 S-rRNA. Bei Punktmutationen nur in einem Teil der Gene wird entsprechend dem Gendosiseffekt eine verminderte bis vollständige Resistenz beobachtet.

109.6.2 Rolle als Therapeutikum

Indikationen

Linezolid kann zur Therapie schwerer Infektionen einschließlich Pneumonie, Haut- und Weichgewebeinfektionen v. a. durch (multi)resistente grampositive Erreger, inklusive MRSA und VRE, verabreicht werden.

Kontraindikationen

Linezolid darf nicht bei Allergie gegen die Substanz, Patienten mit unkontrollierter Hypertonie, Phäochromozytom, Karzinoid, Thyreotoxikose, bipolarer Depression, schizoaffektiver Psychose, akuten Verwirrtheitszuständen sowie bei gleichzeitiger Einnahme einer Reihe von Arzneimitteln wie Monoaminoxidase-A/B-Blocker, Serotoninaufnahmeblocker, Sympathomimetika, blutdrucksteigernde Arzneimittel, Dopaminergika, Pethidin oder Buspiron gegeben werden.

Anwendungen

Linezolid kann oral und parenteral appliziert werden. Die gute Pharmakokinetik ist Grundlage der gleichen Dosierung für beide Applikationsformen. Eine Dosisreduktion bei Nieren- oder Leberinsuffizienz ist nicht notwendig.

Nebenwirkungen

Unerwünschte Wirkungen können eine reversible Knochenmarksuppression bei Therapiedauer über 4 Wochen, Kopfschmerz, Übelkeit, Diarrhö, Verfärbung der Zunge und allergische Reaktionen sein. Wegen einer möglichen Hemmung der Monoaminoxidase und der Gefahren von Blutdruckabfall, Verwirrung und Temperaturerhöhung soll die gleichzeitige Aufnahme von Tyramin vermieden werden.

109.7 Daptomycin

Steckbrief

Daptomycin ist ein zyklisches Lipopeptidantibiotikum und wurde aus Streptomyces roseosporus isoliert. Es besitzt keine Verwandtschaft zu anderen Antibiotika. Daptomycin ist ein Reserveantibiotikum und zur Therapie ausschließlich grampositiver Infektionen, v. a. durch MRSA, in Haut- und Weichgeweben sowie bei Rechtsherz-Endokarditis parenteral applizierbar.

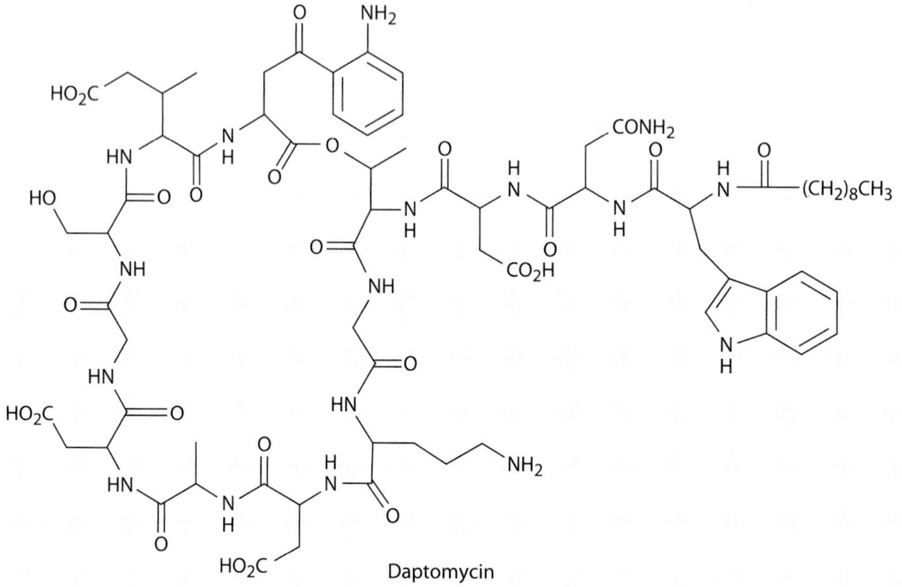

Daptomycin

109.7.1 Beschreibung

Wirkungsmechanismus und Wirktyp

Daptomycin wirkt durch Depolarisation in Gegenwart von Kalziumionen und Zusammenbruch des Ionengradienten bakterizid an der Zellmembran. Das führt zu einer raschen Hemmung der Protein-, DNA- und RNA-Synthese. Ausgeprägte Bakterizidie besteht durch Abtötung der Bakterienzellen über mehr als 3 Log-Stufen innerhalb von 8 h und zusätzlichen postantibiotischen Effekt über 1–6 h.

Wirkungsspektrum

Daptomycin wirkt stark bakterizid auf aerob und anaerob wachsende grampositive Bakterien wie S. aureus einschließlich MRSA, Enterokokken einschließlich vancomycinresistenter E. faecium, S. pneumoniae und β-hämolysierender Streptokokken, Korynebakterien, Listerien, Erysipelothrix rhusiopathiae, Bazillen, Clostridien, Leuconostoc, Pediococcus, Laktobazillen, Propionibakterien und Actinomyces.

Keine Wirkung besteht auf gramnegative Bakterien.

Pharmakokinetik

Daptomycin wird nur eingeschränkt im Gewebe, v. a. in stark vaskularisiertem Gewebe, extrazellulär verteilt. Keine ausreichende Konzentration in Lunge, Liquor und Galle. Die Bioverfügbarkeit ist bei >90 %iger Proteinbindung und der molekularen Größe eingeschränkt. Die Halbwertszeit beträgt 8–9 h. Die Metabolisierung erfolgt nur in geringem Maß über das Cytochrom-P450-System in der Leber. Die Ausscheidung erfolgt renal in unveränderter Form.

Resistenz

Eine natürliche, intrinsische Resistenz bei gramnegativen Bakterien besteht wegen fehlender Penetration der äußeren Zellmembran durch Daptomycin. Eine erworbene Resistenz wurde bei S. aureus unter Therapie beobachtet. Ursache könnte die reduzierte Empfindlichkeit gegenüber einer daptomycininduzierten Depolarisation, Permeabilisierung und Autolyse sein oder die reduzierte Daptomycinbindung durch erhöhte Fluidität und positive Ladung der Zellmembran.

109.7.2 Rolle als Therapeutikum

▪ Indikationen

Daptomycin kann zur Therapie komplizierter Haut- und Weichgewebeinfektionen durch o. g. Erreger sowie von S. aureus-bedingter Rechtsherzendokarditis und Bakteriämie eingesetzt werden. Liegt eine Mischinfektion mit gramnegativen Bakterien vor, muss stets eine Kombinationstherapie mit einem entsprechend wirksamen Antibiotikum erfolgen.

▪ Kontraindikationen

Keine Anwendung in Schwangerschaft, Stillzeit und bei Kindern wegen fehlender klinischer Untersuchungen. Keine Anwendung bei Überempfindlichkeit gegen Daptomycin.

▪ Anwendungen

Daptomycin wird ausschließlich parenteral appliziert. Bei Niereninsuffizienz muss eine Dosisreduktion erfolgen. Bei Hämo- und Peritonealdialyse werden 10–15 % von Daptomycin entfernt. Bei Leberinsuffizienz ist keine Dosisreduktion notwendig.

▪ Nebenwirkungen

Nach i. v. Gabe von Daptomycin wurden lokale Reizungen, Erbrechen, Durchfall oder Obstipation, Kopf- und Muskelschmerzen, Schlaflosigkeit und eine Kreatininerhöhung bis hin zum Nierenversagen beobachtet. Die gleichzeitige Gabe von HMG-CoA-Inhibitor, einem Inhibitor der Cholesterinsynthese, erhöht das Risiko für eine Myopathie.

109.8 Chloramphenicol

Steckbrief

Chloramphenicol ist ein Antibiotikum aus der Gruppe der Phenylalaninderivate und wurde bereits 1947 erstmalig aus Streptomyces venezuelae isoliert. Wegen seiner starken Toxizität darf Chloramphenicol nicht mehr ohne spezielle Indikation eingesetzt werden. Bedingt durch die weltweite Resistenzentwicklung der Bakterien gegen alle anderen Antibiotika in Einzelfällen und nach Resistenztestung sowie durch Zunahme der Unverträglichkeiten wird es wieder benötigt. Indikationen stellen Hirnabszesse, Typhus, Paratyphus, Salmonellenmeningitis, Melioidose und Rickettsiose sowie intraokuläre Infektionen dar.

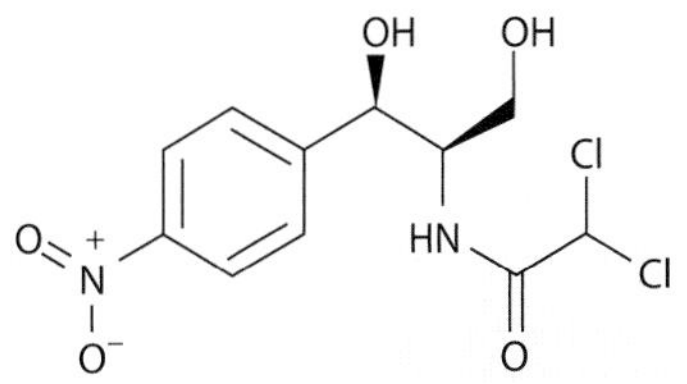

Chloramphenicol

109.8.1 Beschreibung

▪ Wirkungsmechanismus und Wirktyp

Chloramphenicol wirkt bakterizid durch Hemmung der Proteinsynthese. Diese erfolgt mittels Peptidyltransferase durch Anlagerung von Chloramphenicol an die 23 S-rRNA und führt zur Blockierung der Bindung des Chloramphenicol-23 S-rRNA-Komplexes an die tRNA. Damit wird auch die Anlagerung löslicher rRNA-tRNA-Komplexe an die Ribosomen verhindert. Der Wirkmechanismus ist nicht mit dem der β-Laktam-Antibiotika identisch.

▪ Wirkungsspektrum

Chloramphenicol wirkt bakteriostatisch gegen viele aerob oder sporenlos anaerob wachsende grampositive und -negative sowie intrazelluläre Bakterien. Eine besonders gute Wirkung wird gegen Salmonellen, Rickettsien, Chlamydien, Mykoplasmen, Leptospiren, Fusobakterien sowie Bacteroides- und Peptostreptokokkenarten erzielt.

Keine Wirkung auf P. aeruginosa, Mykobakterien und Nocardien.

▪ Pharmakokinetik

Chloramphenicol wird nach oraler und i. v. Applikation bei 50 %iger Plasmaeiweißbindung gut in alle Gewebe und intrazellulär verteilt, v. a. auch in Liquor, Pleura-, Peritoneal-, Synovialflüssigkeit, Kammerwasser und Glaskörper des Auges, Nabelschnurblut, Amnionflüssigkeit, Muttermilch etc. Die Plasmahalbwertszeit beträgt 3 h.

Die Elimination erfolgt zu über 90 % renal mit einem Anteil von bis zu 80 % in biologisch inaktiver Form des Glukuronids durch tubuläre Sekretion, der Rest unverändert über glomeruläre Filtration. Bei Leberinsuffizienz ist die Halbwertszeit durch die verringerte Bindung an Glukuronsäuren verlängert und es muss eine Dosisanpassung erfolgen. Die biliäre Ausscheidung ist gering.

■ Resistenz

Erworbene Resistenzmechanismen gegen Chloramphenicol:

- Änderung der Membranpermeabilität mit vermindertem Zellwanddurchtritt bedingt durch Resistenzplasmid
- Plasmidkodierte enzymatische Inaktivierung durch Azetyltransferasen
- Plasmidkodierter Efflux, der zum aktiven Transport aus der Bakterienzelle führt

109.8.2 Rolle als Therapeutikum

■ Indikationen

Chloramphenicol wird heute wegen der hohen Toxizität nur selten eingesetzt. Durch die weltweite Resistenzentwicklung der Bakterien gegen viele andere Antibiotika wird diese Substanz in Einzelfällen und nach Resistenztestung sowie durch Zunahme der Unverträglichkeiten wieder benötigt.

Indikationen stellen Hirnabszesse, Typhus, Paratyphus, Salmonellenmeningitis, Melioidose und Rickettsiose sowie intraokuläre Infektionen dar. Aktuell steht Chloramphenicol in Deutschland nur zur topischen Therapie von Augenerkrankungen als Augensalbe und in Österreich gar nicht mehr zur Verfügung.

■ Kontraindikationen

Chloramphenicol darf nicht ohne gesicherte Diagnosestellung verabreicht werden. Kontraindikationen sind Schwangerschaft, Stillzeit, aplastische Blutkrankheiten und Leberinsuffizienz.

■ Anwendungen

Chloramphenicol kann i. v. und oral ab der Geburt appliziert werden. Wegen der Gefahr der Kumulation und der dadurch bedingten Nebenwirkungen sollte der Serumspiegel wiederholt kontrolliert werden. Topische Anwendung zur kurzzeitigen Therapie von Augeninfektionen ist möglich.

■ Nebenwirkungen

Chloramphenicol hat ein ausgeprägtes Nebenwirkungsspektrum. Bei einem von 20.000 Patienten kommt es nach der Einnahme zu irreversiblen aplastischen Blutkrankheiten wie Panzytopenie, aplastische Anämie, Neutropenie oder Thrombozytopenie, die erst nach einer bis zu 2 Monaten langen Latenzzeit auftreten und mit einer Letalität >50 % assoziiert sind. Weiterhin treten reversible Erythropoesestörungen, Gray-Syndrom, Neuritis n. optici und periphere Neuritis sowie leichte gastroenterale Störungen auf.

In Kürze: Weitere antibakterielle Substanzen

- **Metronidazol:**
  - **Indikationen:** Protozoonosen wie Giardiasis, Amöbiasis, Anaerobierinfektionen, perioperative Prophylaxe und antibiotikainduzierte Enterokolitis.
  - **Kontraindikationen:** Schwangerschaft und Stillzeit, Nitroimidazolallergie.
- **Fosfomycin:**
  - **Indikationen:** Schwere Infektionen auch im ZNS, v. a. in Kombination mit β-Laktam-Antibiotika.
  - **Kontraindikationen:** Allergie, akutes Nierenversagen, Schwangerschaft und Stillzeit.
- **Fusidinsäure:**
  - **Indikationen:** Infektionen durch Staphylokokken, topische Anwendung bei Hautinfektionen.
  - **Kontraindikationen:** Allergie und Leberinsuffizienz.
- **Polymyxine:**
  - **Indikationen:** Topische Anwendung bei Konjunktivitiden, Vernebelung bei Mukoviszidose, i. v. Gabe bei multiresistenten Erregern nach Resistenztestung
  - **Kontraindikationen:** Allergie und Anwendung in Körperhöhlen.
- **Mupirocin:**
  - **Indikationen:** MRSA-Sanierung der Nasenschleimhaut und topische Anwendung auf der Haut.
  - **Kontraindikationen:** Allergie, Schwangerschaft und Stillzeit.
- **Oxazolidinone (Linezolid):**
  - **Indikationen:** Schwere Infektionen durch grampositive multiresistente Erreger (MRSA, VRE).
  - **Kontraindikationen:** Allergie und unkontrollierte Hypertonie.
- **Daptomycin:**
  - **Indikationen:** Komplizierte Haut- und Weichgewebeinfektionen, v. a. durch grampositive multiresistente Erreger (MRSA, VRE).
  - **Kontraindikationen:** Allergie, Schwangerschaft und Stillzeit.
- **Chloramphenicol:**
  - **Indikationen:** Nur im Einzelfall bei Resistenz von schweren Infektionen und Hirnabszessen.
  - **Kontraindikationen:** Aplastische Bluterkrankungen und Leberinsuffizienz.

Antimykotika

Oliver Kurzai und Oliver A. Cornely

Je nach Indikation einer antimykotischen Therapie unterscheidet man zwischen Prophylaxe, empirischer Therapie und gezielter Therapie bei gesicherter Diagnose. Eine antimykotische Prophylaxe wird v. a. für Patienten mit stark erhöhtem Risiko invasiver Pilzinfektionen empfohlen. Dazu zählen z. B. Patienten mit akuter myeloischer Leukämie oder solche nach allogener Stammzelltransplantation. Bei einer empirischen Therapie werden klinisch vermutete Pilzinfektionen behandelt, für die es keinen mikrobiologischen Nachweis gibt. Eine häufige Konstellation ist dabei das antibiotikarefraktäre Fieber von Patienten mit einer Neutropenie. Zielgerichtet ist eine antimykotische Therapie, die sich auf eine gesicherte Diagnose stützt. Für die Behandlung invasiver Mykosen stehen vorwiegend 3 Substanzklassen zur Verfügung: Polyene, Azole und Echinocandine.

110.1 Polyenantimykotika

■ **Beschreibung**

Polyenantimykotika bestehen aus einem großen Laktonring mit einer rigiden lipophilen Kette und einer flexiblen hydrophilen Kohlenwasserstoffkette mit zahlreichen Hydroxylgruppen (◘ Abb. 110.1). Dadurch können die Polyene an das Ergosterol in der Zellmembran der Pilze binden (◘ Abb. 110.2). Die Wirkung der Polyene in vitro ist fungizid.

■ **Wirkmechanismus**

Verschiedene Wirkmechanismen werden aktuell diskutiert (◘ Abb. 110.2):

- Polyene können als extrazelluläre „Schwämme“ für das Ergosterol wirken und so eine Ergosteroldepletion der Zellmembran herbeiführen.
- Durch die Bindung von Polyenen an Ergosterol kann es zur Ausbildung von Membranporen und damit zu einem Integritätsverlust der Zellmembran kommen.
- Polyene schädigen zudem die Zellmembran der Pilze über oxidative Mechanismen (ausgelöst durch Oxidation der Polyenmoleküle).

■ **Wirkspektrum**

Das Wirkspektrum der Polyene ist breit und umfasst sowohl Hefepilze (Candida spp., Cryptococcus spp.) als auch die meisten Schimmelpilze (Aspergillus spp., Mucorales) sowie die Erreger außereuropäischer Systemmykosen.

Es gibt nur wenige potenziell resistente Arten (primäre Resistenzen). Wichtige Beispiele sind Aspergillus terreus, sowie einige Scedosporium- und Trichosporon-Arten. Erworbene Resistenzen gegen Amphotericin B sind klinisch eine Rarität. Sie sind in der Regel mit Veränderungen in der Sterolzusammensetzung der Zellmembran – z. B. einer Reduktion von Ergosterol oder dem Einbau anderer Sterole anstelle von Ergosterol – assoziiert. Ursächlich hierfür sind meist Punktmutationen in Genen der Sterolbiosynthese.

110.1.1 (Liposomales) Amphotericin B (AmB)

Amphotericin B (◘ Abb. 110.1 oben) ist das einzige Polyen, das für eine systemische Therapie (i. v. Applikation) eingesetzt werden kann. Aufgrund der hohen Toxizität der Substanz kommt heute in Deutschland nur noch die liposomale Präparation zum Einsatz, die ein geringeres Nebenwirkungspotenzial, v. a. eine geringere Nephrotoxizität, aufweist. Zudem verbessert die liposomale Applikationsform die Gewebegängigkeit der Substanz. Je nach Art der Pilzinfektion werden 3–10 mg/kg Körpergewicht liposomales Amphotericin B eingesetzt.

■ **Applikationsformen und Pharmakokinetik**

Nach i. v. Applikation werden in den meisten Organen gute Wirkspiegel erreicht. Trotz niedriger Spiegel im Liquor, die wohl auf die starke Affinität von Amphotericin B zu Membranen zurückzuführen sind, ist liposomales Amphotericin B zur Therapie von ZNS-Infektionen geeignet. Amphotericin B kann auch lokal appliziert werden.

S. Suerbaum et al. (Hrsg.), *Medizinische Mikrobiologie und Infektiologie*,
https://doi.org/10.1007/978-3-662-61385-6_110

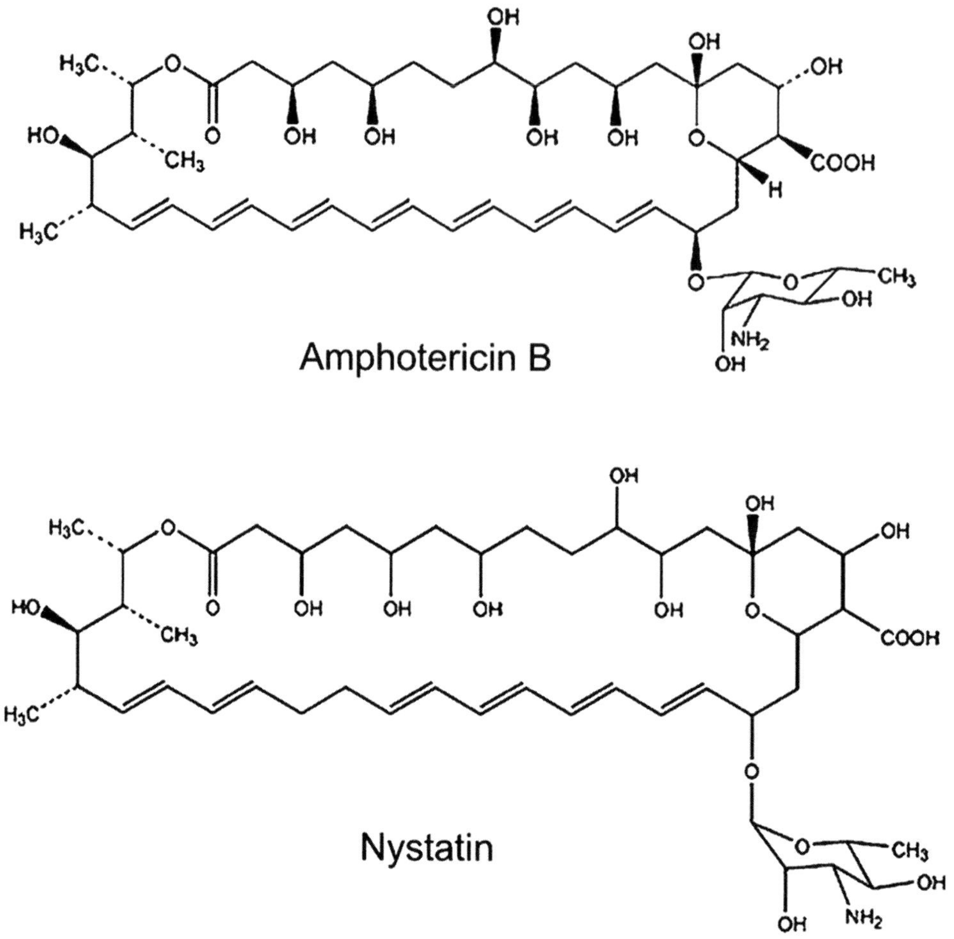

Abb. 110.1 Strukturformeln der beiden wichtigsten Polyenantimykotika: Amphotericin B (oben) und Nystatin (unten)

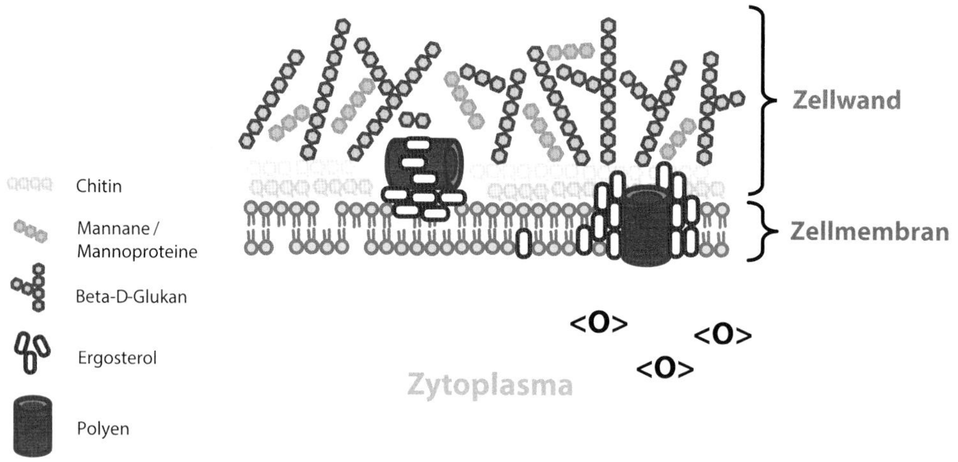

Abb. 110.2 Mögliche Wirkmechanismen der Polyene: Depletion von Ergosterol → Destabilisierung der Zellmembran; Bildung von Membranporen → Verlust der Barrierefunktion; Entstehung von Sauerstoffradikalen (< O>)

■ **Unerwünschte Wirkungen**

Da Amphotericin B neben Ergosterol auch an Cholesterol in der Zellwand humaner Zellen binden kann, gibt es ein erhebliches Potenzial für unerwünschte Wirkungen. Zu den wichtigsten zählen Nephro- und Hepatotoxizität sowie infusionsassoziierte Nebenwirkungen (Fieber, Schüttelfrost, Hypotension etc.).

110.1.2 Ausschließlich lokal applizierbare Polyenantimykotika

Nystatin (Abb. 110.1 unten) wird ausschließlich lokal eingesetzt. Bei einer oralen Applikation, z. B. zur Behandlung eines Mundsoors, werden aufgrund der sehr geringen Resorption keine nennenswerten systemischen Wirkspiegel erreicht.

Natamycin wird ausschließlich lokal zur Behandlung mykotischer Keratitiden eingesetzt. In klinischen Studien war die lokale Therapie mit 5 %igen Natamycin-Augentropfen bei Schimmelpilzkeratitis anderen lokalen Therapien überlegen.

110.2 Azolantimykotika

- **Beschreibung**

Azolantimykotika lassen sich nach ihrer chemischen Grundstruktur in Imidazole (2 Stickstoffmoleküle im Azolring) und Triazole (3 Stickstoffmoleküle im Azolring) einteilen:

- Imidazole werden nicht zur systemischen Behandlung eingesetzt und stehen ausschließlich für die lokale Therapie zur Verfügung (▶ Abschn. 110.2.2).
- Triazole können auch für eine systemische Behandlung eingesetzt werden (▶ Abschn. 110.2.1).

- **Wirkmechanismus**

Alle Azolantimykotika inhibieren ein zentrales Enzym der Biosynthese von Ergosterol (Abb. 110.3). Die Cytochrom-C-abhängige Lanosterol-14α-Demethylase (CYP51) katalysiert die Umsetzung von Lanosterol zu Ergosterol. Die Inhibierung dieses Enzyms führt zu einem Mangel des wichtigen Membranbausteins Ergosterol und damit zur Destabilisierung der Zellmembran. Gleichzeitig können toxische Ergosterol-Vorläufersubstanzen akkumulieren und die Pilzzelle schädigen.

Azolantimykotika können je nach Spezies fungizid oder fungistatisch wirken. Die unterschiedliche Wirkung kann zum Teil durch Unterschiede in den Ergosterolbiosynthesewegen erklärt werden.

- **Wirkspektrum**

Das Wirkspektrum der verschiedenen Azolantimykotika unterscheidet sich wesentlich und wird daher bei den einzelnen Substanzen beschrieben. Zu erworbenen Azolresistenzen (Candida spp., Aspergillus spp.) siehe ▶ Abschn. 110.5.2.

110.2.1 Triazolantimykotika

Fluconazol

- **Wirkspektrum**

Die meisten Hefepilze der Gattungen Candida und Cryptococcus sind sensibel, Schimmelpilze sind resistent gegen Fluconazol. Unter den Candida-Arten weist C. glabrata eine reduzierte Empfindlichkeit auf, C. krusei ist gegen Fluconazol resistent.

- **Applikationsformen und Pharmakokinetik**

Fluconazol kann oral, i. v. und auch lokal appliziert werden (Dosierung 400–800 mg/Tag). Die Resorption nach oraler Gabe und die Gewebegängigkeit der Substanz sind exzellent, auch im ZNS werden hohe Wirkspiegel erreicht.

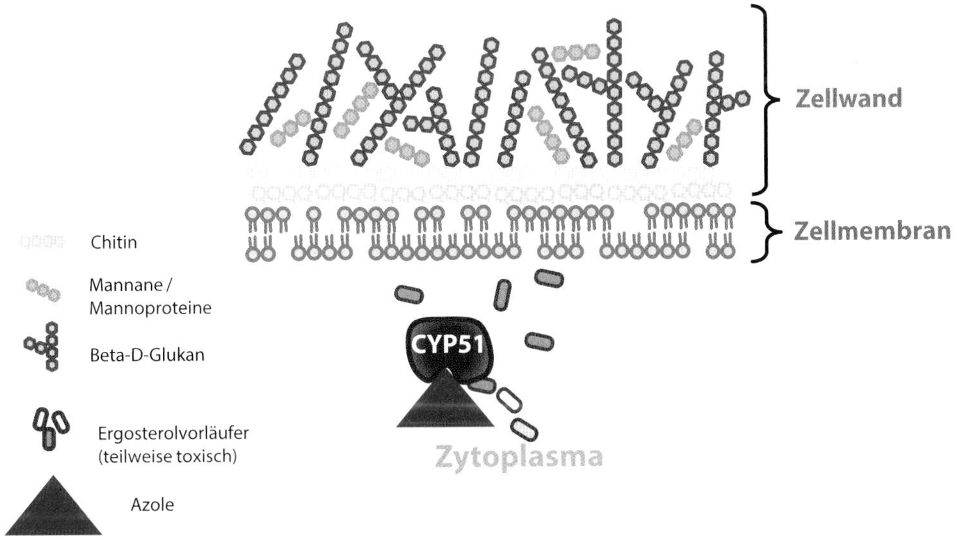

Abb. 110.3 Wirkmechanismus der Azolantimykotika

■ Unerwünschte Wirkungen

In der Regel ist Fluconazol gut verträglich; häufige Nebenwirkung sind Leberwerterhöhungen. Fluconazol ist ein mäßiger Inhibitor der Cytochrom-P450-Enzyme CYP2C9 und CYP3A4 und ein starker Inhibitor von CYP2C19. Es resultieren vielfache Interaktionen u. a. mit Benzodiazepinen, Carbamazepin, Rifampicin und Calciumkanalblockern. Fluconazol verlängert, wie die meisten Triazole, die QT-Zeit.

Itraconazol

■ Wirkspektrum

Die meisten Hefepilze der Gattungen Candida und Cryptococcus sind sensibel. Auch Candida-Arten mit Fluconazolresistenz können itraconazolsensibel sein. Itraconazol ist gegen Aspergillus-Arten wirksam, spielt allerdings in der Therapie der invasiven Aspergillose aufgrund der Überlegenheit anderer Azole keine relevante Rolle. Wichtigstes Einsatzgebiet der systemischen Therapie sind Dermatomykosen (▶ Kap. 82) sowie die Behandlung außereuropäischer Systemmykosen (▶ Kap. 83).

■ Applikationsformen und Pharmakokinetik

Itraconazol kann oral und i. v. appliziert werden (Dosierung p. o. bis 800 mg/Tag, i. v. bis 200 mg/Tag). Bei oraler Applikation kann die Resorption stark variieren. Die Gewebegängigkeit ist gut, in der Behandlung von ZNS-Infektionen spielt die Substanz jedoch keine Rolle.

■ Unerwünschte Wirkungen

Häufige Nebenwirkung sind Leberwerterhöhungen, Elektrolytverschiebungen und gastrointestinale Nebenwirkungen. Aufgrund der Interaktion mit hepatischen Cytochrom-P450-Enzymen weist Itraconazol eine Fülle von Arzneimittelinteraktionen auf. Zusätzlich zu den unter Fluconazol aufgeführten ist die Inhibition des Abbaus von Vincaalkaloiden klinisch bedeutsam.

Voriconazol

■ Wirkspektrum

Die meisten Hefepilze der Gattungen Candida und Cryptococcus sind sensibel. Auch Candida-Arten mit Fluconazolresistenz können voriconazolsensibel sein. Voriconazol ist gegen die wichtigen Aspergillus-Arten wirksam und in der Regel Mittel der 1. Wahl bei der invasiven Aspergillose (▶ Kap. 78). Fusarium-Arten (▶ Kap. 80) können sensibel sein, Pilze der Ordnung Mucorales (▶ Kap. 79) sind resistent gegen Voriconazol.

■ Applikationsformen und Pharmakokinetik

Voriconazol kann oral, i. v. und auch lokal appliziert werden (Dosierung i. v. 6 mg/kg KG/Tag alle 12 h, danach 4 mg/kg KG/Tag). Die Gewebegängigkeit der Substanz ist exzellent, auch im ZNS werden hohe Wirkspiegel erreicht. Die Serumspiegel können aufgrund unterschiedlicher individueller Stoffwechselraten stark schwanken, sodass in der Praxis ein therapeutisches Monitoring (Bestimmung der Serumtalspiegel) empfohlen wird.

■ Unerwünschte Wirkungen

Häufige Nebenwirkung sind Leberwerterhöhungen, Elektrolytverschiebungen und gastrointestinale Nebenwirkungen. Unter Voriconazol können Sehstörungen auftreten (z. B. Störungen des Farbsehens). Aufgrund der Interaktion mit hepatischen Cytochrom-P450-Enzymen weist Voriconazol eine Fülle von Arzneimittelinteraktionen auf.

Posaconazol

■ Wirkspektrum

Die meisten Hefepilze der Gattungen Candida und Cryptococcus sind sensibel. Auch Candida-Arten mit Fluconazolresistenz können sensibel gegenüber Posaconazol sein. Posaconazol ist gegen Aspergillus-Arten wirksam und weist auch eine Wirksamkeit gegenüber Fusarium-Arten und Mucorales auf. Eine wichtige Rolle spielt Posaconazol in der Prophylaxe invasiver Pilzinfektionen bei Hochrisikopatienten.

■ Applikationsformen und Pharmakokinetik

Posaconazol kann oral und i. v. appliziert werden (Dosierung an Tag 1: 300 mg alle 12 h, dann 300 mg alle 24 h). Die Gewebegängigkeit der Substanz ist gut. Die Serumspiegel können aufgrund unterschiedlicher individueller Stoffwechselraten schwanken, sodass in der gezielten Therapie ein Monitoring (Bestimmung der Serumtalspiegel) empfohlen wird.

■ Unerwünschte Wirkungen

Häufige Nebenwirkung sind Leberwerterhöhungen, Elektrolytverschiebungen und gastrointestinale Nebenwirkungen. Aufgrund der Interaktion mit hepatischen Cytochrom-P450-Enzymen weist Posaconazol eine Fülle von Arzneimittelinteraktionen auf.

Isavuconazol

■ Wirkspektrum

Die meisten Hefepilze der Gattungen Candida und Cryptococcus, inklusive fluconazolresistenten Candida spp. sind sensibel. Isavuconazol ist gegen Aspergillus-Arten, Fusarium-Arten und Mucorales wirksam.

■ Applikationsformen und Pharmakokinetik

Isavuconazol kann oral und i. v. appliziert werden (Dosierung 200–600 mg/Tag). Die Resorption

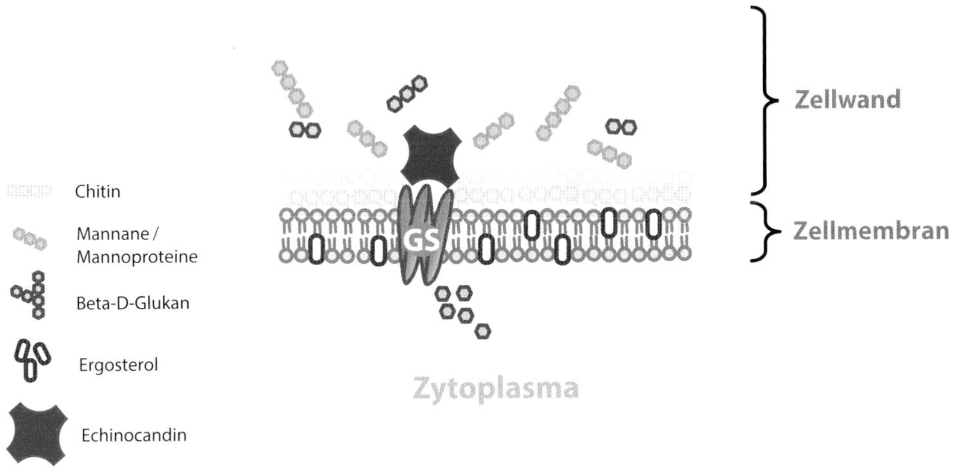

Abb. 110.4 Wirkmechanismus der Echinocandine

nach oraler Gabe sowie die Gewebegängigkeit der Substanz sind exzellent. Im Liquor wurden in einigen experimentellen Studien keine hohen Spiegel gefunden, allerdings reichert sich die Substanz im Gewebe an, und es gibt Fallberichte zur erfolgreichen Therapie bei ZNS-Infektionen.

▪ Unerwünschte Wirkungen

Häufige Nebenwirkungen sind Leberfunktionsstörungen. Isavuconazol verkürzt die QT-Zeit. Klinisch relevante Interaktionen bestehen u. a. gegenüber CYP3A4/5-Inhibitoren und Immunsuppressiva.

110.2.2 Imidazol-Antimykotika

Imidazol-Antimykotika werden ausschließlich zur lokalen Behandlung eingesetzt. Die wichtigsten Substanzen sind Ketoconazol, Bifonazol und Clotrimazol. Das Wirkspektrum umfasst Hefepilze, Malassezia spp. und einige Dermatophyten.

110.3 Echinocandine

▪ Beschreibung

Zurzeit sind mit Anidulafungin, Caspofungin und Micafungin 3 Echinocandin-Antimykotika verfügbar, die weitgehend identische Wirkprofile aufweisen.

▪ Wirkmechanismus

Echinocandine inhibieren die β-(1,3)-D-Glukan-(BDG)-Synthese und damit die Biosynthese eines essenziellen Zellwandbestandteils der meisten Pilze (Abb. 110.4). Aufgrund der pilzspezifischen Zielstruktur besteht eine hochselektive Toxizität der Substanzen gegen Pilzzellen. Die Aktivität gegenüber Candida spp. ist fungizid, während die Aktivität gegen Aspergillus spp. fungistatisch ist.

▪ Wirkspektrum

Das Wirkspektrum der verfügbaren Echinocandine ist identisch, und es besteht komplette Kreuzresistenz. Sensibel sind Hefepilze der Gattung Candida. Aspergillus-Arten sind in vitro empfindlich, allerdings sollten Echinocandine aufgrund fehlender klinischer Wirksamkeit nicht zur alleinigen Therapie von Aspergillus-Infektionen eingesetzt werden. Andere Schimmelpilze (Fusarium spp., Mucorales) sind resistent. Das wichtigste Einsatzgebiet der Echinocandine sind invasive Candida-Infektionen (▶ Kap. 75.1.2).

▪ Applikationsformen und Pharmakokinetik

Alle aktuell verfügbaren Echinocandine sind ausschließlich i. v. applizierbar.

▪ Unerwünschte Wirkungen

In der Regel sind Echinocandine sehr gut verträglich. Häufige unerwünschte Wirkungen sind Leberwerterhöhungen.

110.4 Weitere Antimykotika

110.4.1 Flucytosin

Flucytosin (5-Fluor-Cytosin, 5-FC) wird in der Pilzzelle durch die Cytosin-Desaminase zu 5-Fluor-Uracil reduziert. Dieser Metabolit wird anstelle von Cytosin als falscher Baustein in die RNA eingebaut und stört so die Nukleinsäuresynthese.

Die Substanz kann sowohl i. v. als auch oral appliziert werden. Aufgrund zahlreicher Resistenzen und einer schnellen Resistenzentwicklung unter Therapie kommt Flucytosin nur als Partner in einer Kombinationstherapie infrage.

Vorteilhaft ist die sehr gute Gewebegängigkeit, die auch zu hohen Spiegeln im ZNS führt. Daher sind ZNS-Infektionen die wichtigste verbliebene Indikation. Dazu zählt insbesondere die Kryptokokkose, bei der Flucytosin (in Kombination mit liposomalem Amphotericin B) nach wie vor zur Standardtherapie gehört. Es sollen sowohl Tal- als auch Spitzenspiegel bestimmt werden, da Flucytosin eine geringe therapeutische Breite aufweist.

Wichtige unerwünschte Wirkungen sind Blutbildveränderungen (Anämie, Leukopenie, Thrombopenie, selten Agranulozytose), die auf einer Umwandlung in 5-Fluoruracil durch Darmbakterien beruhen.

110.4.2 Terbinafin

Terbinafin ist ein Allylamin und hemmt die Ergosterolbiosynthese durch Blockade der Squalenepoxidase.

Die Substanz kann oral, i. v. und auch lokal appliziert werden und reichert sich in fetthaltigen Geweben (Haut, Haare, Nägel) besonders gut an. Das Wirkspektrum umfasst insbesondere Dermatophyten, Hefepilze (Candida) und einige Schimmelpilze (Aspergillus spp., einige Fusarium spp.). Zur Anwendung kommt die Substanz praktisch ausschließlich in der Behandlung von Dermatomykosen (einschließlich Nagelpilz).

Naftifin, eine zweite Substanz aus der Gruppe der Allylamine, steht nur für die lokale Anwendung zur Verfügung.

110

110.4.3 Ciclopiroxolamin

Ciclopiroxolamin (auch Ciclopirox genannt) weist eine antifungale Aktivität gegen Dermatophyten auf. Der Wirkmechanismus ist unklar. Die Applikation erfolgt lokal, dabei kann Ciclopiroxolamin in tiefere Nagelschichten penetrieren. Die Substanz kommt nahezu ausschließlich in der Behandlung von Onychomykosen zum Einsatz.

110.4.4 Griseofulvin

Griseofulvin ist ein Sekundärmetabolit eines Schimmelpilzes (Penicillium griseofulvum). Die Substanz hat eine hohe Affinität zu Keratin. Nach Aufnahme durch die Pilzzelle bindet Griseofulvin an Mikrotubuli und hemmt als „Spindelgift" die Mitose der Zielzelle.

Das Wirkspektrum von Griseofulvin umfasst ausschließlich Dermatophyten, gegen andere Pilze ist es unwirksam. Die orale Applikation (topische Gaben sind wirkungslos) muss in der Regel über einen langen Zeitraum erfolgen (6–8 Wochen und mehr).

110.5 Resistenz und Resistenztestung

110.5.1 Primäre Resistenzen

Primäre (intrinsische) Resistenzen sind von Natur aus vorhanden und führen dazu, das eine gesamte Spezies (oder sogar Gattung bzw. Gruppe von Erregern) gegen eine Substanz oder Substanzklasse resistent ist. Bis zum Ende des 20. Jahrhunderts war die Resistenzlage bei humanpathogenen Pilzen, im Wesentlichen durch solche primären Resistenzen bestimmt. Wichtige Beispiele für primäre Resistenzen wurden im Rahmen der Wirkspektren der verschiedenen Antimykotika dargestellt (◘ Tab. 110.1).

◘ **Tab. 110.1** Primäre Resistenzen gegen Antimykotika

Substanz	Primär resistente Arten/Gattungen
Fluconazol	Aspergillus Candida krusei Candida glabrata (eingeschränkte Empfindlichkeit, Hochdosistherapie ggf. möglich) Fusarium Mucorales (alle Gattungen)
Amphotericin B	Aspergillus terreus Aspergillus lentulus (u. a. sehr selten Arten) Scedosporium Arten (einige) Trichosporon Arten (einige)
Echinocandine	Cryptococcus Fusarium Mucorales (alle Gattungen)

110.5.2 Erworbene (sekundäre) Resistenzen

Erworbene Azolresistenz

- **Fluconazolresistenz bei Candida albicans und anderen primär empfindlichen Arten**

Eine Vielzahl unterschiedlicher Mechanismen kann in Candida spp. zu einer erworbenen Azolresistenz führen. Dazu zählen:

- Mutationen, die zu einer gesteigerten Expression von Effluxpumpen führen,
- Mutationen, die eine Überexpression des Zielenzyms Cyp51 (in Candida: Erg11) zur Folge haben,
- Mutationen in CYP51, die die Bindung von Azolen beeinträchtigen und
- Veränderungen der Chromosomenstruktur.

Häufig weisen die resistenten Stämme allerdings einen sog. Fitnessverlust auf, d. h., in Abwesenheit eines Selektionsdruckes durch Azolantimykotika zeigen sie Wachstumsnachteile gegenüber Wildtypstämmen.

Eine Entstehung resistenter Isolate wurde insbesondere bei langfristiger Azoltherapie in sehr niedriger Dosierung beobachtet, wie sie zu Beginn der HIV-Pandemie regelmäßig zum Einsatz kam. In Deutschland treten azolresistente Candida-Stämme, abgesehen von den primär resistenten Arten, nur selten auf. In einer großen Studie, in der mehr als 250.000 Stämme aus 41 Ländern analysiert wurden, lag die Empfindlichkeit von C. albicans gegenüber Fluconazol bei 98 %.

- **Triazolresistenz bei A. fumigatus**

Seit Mitte der 1990er Jahre wurden – zunächst in den Niederlanden, dann in Großbritannien – azolresistente A. fumigatus-Isolate gefunden. Die Mehrheit der bisher untersuchten Resistenzen gegenüber Azolen ließ sich auf Mutationen im Zielgen CYP51 zurückführen. Am häufigsten tritt die TR34/L98H-Mutation auf, die aus einem 34 Basenpaare langen Tandem-Repeat (TR34) in der Promotorregion des CYP51A-Gens und einer Punktmutation im Gen selbst besteht, wodurch in Position 98 Leucin (L) durch Histidin (H) ersetzt wird. Die Folge ist eine Pan-Azolresistenz. In Deutschland wurde die TR34/L98H-Mutation erstmalig 2012 nachgewiesen. Daneben gibt es eine Reihe weiterer Mutationen in CYP51A, die zu einer Azolresistenz führen können.

In verschiedenen Studien wurde der Einsatz von Azolen in der Landwirtschaft (Schutz von Getreide, Obst, Wein vor Pilzinfektionen) mit der Entstehung von azolresistenten A. fumigatus-Stämmen in der Umwelt in Zusammenhang gebracht. Für diese Hypothese spricht, dass

- die in der Landwirtschaft eingesetzten Substanzen im Labor Resistenzen induzieren können,
- viele Patienten mit Infektionen durch azolresistente A. fumigatus-Stämme vorher nicht mit Azolantimykotika behandelt wurden.

Neben einer Entstehung in der Umwelt können azolresistente Stämme auch im Körper von Patienten entstehen, die über einen langen Zeitraum mit A. fumigatus kolonisiert sind und im Verlauf eine Azoltherapie erhalten (z. B. Patienten mit Mukoviszidose).

- **Erworbene Echinocandinresistenz**

Erworbene Resistenz gegenüber Echinocandinen wird in Candida-Arten v. a. durch Mutationen in den Genen der Beta-(1,3)-D-Glukan-Synthase (FKS) verursacht: FKS1 in Candida spp. und FKS1 oder FKS2 in C. glabrata (Genduplikation). Innerhalb der FKS-Gene gibt es 2 Hotspot-Regionen, in denen Resistenzmutationen bevorzugt auftreten. Zur Resistenzentwicklung kann es bereits nach wenigen Tagen (meist: 1–2 Wochen) unter Therapie mit Echinocandinen kommen.

FKS-Mutationen wurden bisher bei nahezu allen klinisch relevanten Arten nachgewiesen. Überwiegend handelte es sich um C. glabrata-Isolate. Bei solchen Isolaten besteht eine komplette Kreuzresistenz gegen alle Echinocandine. Insgesamt ist diese Resistenz in Deutschland bisher sehr selten.

110.5.3 Resistenztestung im Labor

Die Resistenztestung bei Bakterien ist aus der Infektionsdiagnostik nicht mehr wegzudenken. Demgegenüber galt für Pilzinfektionen lange Zeit, dass eine zuverlässige Speziesdiagnostik eine ausreichende Grundlage für die Wahl einer antimykotischen Therapie ist. Obwohl aus praktischer Sicht heute der schnellen Speziesbestimmung eine entscheidende Rolle zukommt, ist eine Resistenztestung v. a. von Pilzisolaten mit sicherer klinischer Relevanz sinnvoll.

Aufgrund des zwar seltenen, aber regelmäßigen Auftretens erworbener Fluconazolresistenzen bei Candida spp. wird die Empfindlichkeitstestung zumindest aller Blutstromisolate, zum Teil auch aller „klinisch relevanten" Isolate gegen Azole empfohlen. Analog ist eine Testung der Echinocandine sinnvoll. Auch für A. fumigatus-Isolate bei invasiver Aspergillose wird eine Resistenztestung (gegen Azolantimykotika) mittlerweile empfohlen. Eine alleinige Resistenztestung gegen Voriconazol ist nicht ausreichend, da einige CYP51-Mutationen unterschiedliche Auswirkungen auf die Bindung der verschiedenen Azole haben.

Die Resistenztestung kann mit verschiedenen kommerziellen Verfahren (z. B. Agardilution, E-Test) durchgeführt werden. Eine potenzielle Resistenz sollte jedoch durch eine Referenzmethode (z. B. nach European Committee on Antimicrobial Susceptibility Testing, EUCAST) bestätigt werden. Die mikrobiologische Resistenztestung hat jedoch im klinischen Alltag in den meisten Fällen nur eingeschränkte Relevanz für die Therapieentscheidung. Wesentliche Ursachen hierfür sind

- der hohe Anteil invasiver Aspergillosen, bei denen kein kultureller Nachweis des Erregers gelingt,
- die zeitliche Dauer der Resistenztestung, insbesondere im Hinblick auf die Notwendigkeit einer Bestätigung nachgewiesener Resistenzen durch Referenzmethoden, die in den meisten Labors nicht verfügbar sind.

Allerdings ist die regelmäßige Resistenztestung auch zur Beobachtung der epidemiologischen Situation wichtig.

In Kürze: Antimykotika

Für die Behandlung von Pilzinfektionen stehen insbesondere 3 Klassen von Antimykotika zur Verfügung:

- **Polyene** (Leitsubstanz: Amphotericin B) interagieren mit Ergosterol und führen zu einer Zerstörung der Zellmembran von Pilzen. Sie haben ein sehr breites Wirkspektrum, und es gibt abgesehen von wenigen primär unempfindlichen Pilzen kaum Resistenzen. Der Einsatz von Polyenen wird v. a. durch zahlreiche unerwünschte Wirkungen beeinträchtigt.
- **Azolantimykotika** (nur gegen Hefepilze): Fluconazol, auch gegen Schimmelpilze: Voriconazol, Posaconazol, Isavuconazol) inhibieren die Biosynthese von Ergosterol. Dadurch kommt es zu erheblichen Veränderungen der Zellmembran, die das Wachstum der Pilze und die Zellintegrität beeinträchtigen. Zusätzlich können toxische Ergosterol-Vorläufermoleküle die Pilzzelle schädigen.
- **Echinocandine** inhibieren die Biosynthese von β-(1,3)-D-Glukan (BDG), einem essenziellen Zellwandbestandteil vieler Pilze. Sie kommen insbesondere bei schweren Candida-Infektionen zum Einsatz.

Darüber hinaus gibt es weitere Antimykotika, die nur für spezielle Indikationen oder ausschließlich bei oberflächlichen Infektionen der Haut zum Einsatz kommen.

Antivirale Chemotherapie

Thomas F. Schulz

Ausgehend von einem besseren Verständnis der molekularen Details der Virusvermehrung im Innern der Zelle hat die Entwicklung antiviral wirkender Medikamente in den letzten Jahren große Fortschritte gemacht und die Behandlungsmöglichkeiten z. B. der HIV-Erkrankung, der viralen Hepatitis und der durch das Zytomegalievirus verursachten Erkrankungen revolutioniert. Heute stehen ca. 50 antiviral wirkende Substanzen zur Verfügung, die bereits für die Therapie zugelassen sind oder in den nächsten Jahren zugelassen werden dürften. Die meisten antiviral wirkenden Medikamente greifen für die Vermehrung eines Virus essenzielle virale, seltener auch zelluläre Proteine an. Trotz aller Erfolge verursachen manche Virostatika signifikante Nebenwirkungen. Die Entwicklung von Resistenzen stellt ein wichtiges Problem der antiviralen Therapie dar.

111.1 Allgemeines

Wie in der Sektion VI zur Virologie (▶ Kap. 52–73) ausgeführt, sind Viren strikt intrazelluläre Parasiten. Antiviral wirkende Medikamente können in verschiedenen Stadien des viralen Lebenszyklus eingreifen, vom Andocken und Eindringen des Virus in die Zelle über die Replikation der viralen DNA oder RNA bis zur Bildung neuer Viruspartikel und deren Ausschleusung.

Die meisten antiviralen Medikamente interferieren mit der Funktion viraler Enzyme oder Strukturproteine. Hierauf beruht ihre mehr oder weniger ausgeprägte **Selektivität.** Einige Substanzen binden jedoch an zelluläre Proteine, die intrazellulär für die Virusreplikation erforderlich sind oder den Viren als Rezeptoren dienen.

Antiviral wirkende Substanzen hemmen die Vermehrung eines Virus und erlauben dadurch dem Immunsystem, mit einer geringeren Zahl virusinfizierter Zellen „fertig zu werden". Im Unterschied zu bakteriziden Antibiotika zerstören antiviral wirkende Chemotherapeutika die Viruspartikel nicht. Man spricht deshalb von „Virostatika".

Als **Angriffspunkte** für eine selektiv wirkende antivirale Therapie werden genutzt (◘ Abb. 111.1):
- **Virusadsorption** an die Rezeptoren der Zelle
- **Aufnahme des Virus** in die Zelle (z. B. **Virus-Zell-Fusion**)
- **Freisetzen des viralen Genoms** („uncoating")
- **Enzyme** (reverse Transkriptase, DNA- und RNA-abhängige Polymerasen, Protease, Integrase, Kinase, Helikase)
- **Faltung viraler Proteine**
- **Prozesse der Virusmontage** („packaging")
- **Ausschleusen** des Virus aus der Zelle.

Die Angriffspunkte folgender Beispiele für Virostatika sind nummeriert wie in ◘ Abb. 111.1:
1. **Maraviroc** (UK-427857) hemmt die Interaktion von HIV-1 mit CCR5; Enfuvirtid (T-20) blockiert die gp41-induzierte Fusion der HIV-1-Hülle mit der Zellmembran
2. **Adamantin** (Adamantanamin) inhibiert die Penetration des Influenzavirus in die Zelle und frühe Schritte der Virusreplikation
3. **Azidothymidin** (AZT), ein Nukleosidanalogon, hemmt die reverse Transkriptase von HIV kompetitiv; Nevirapin hemmt sie nichtkompetitiv (allosterisch)
4. **Aciclovir,** ein Nukleosidanalogon, hemmt die HSV-Polymerase kompetitiv (▶ Kap. 70)
5. **Raltegravir** hemmt die HIV-Integrase und damit die Integration des HIV-Provirus in die zelluläre DNA (▶ Kap. 65).
6. **Simeprevir** hemmt die NS2/3-Protease des HCV und die Freisetzung von Nichtstrukturproteinen aus dem HCV-Polyproteinvorläufer (▶ Kap. 71).
7. **Sofosbuvir** hemmt die HCV-Polymerase; **Daclatasvir** hemmt das für die HCV-Replikation an intrazellulären Membranen wichtige NS5A-Protein (▶ Kap. 71).
8. **Oseltamivir** und **Zanamivir** hemmen die Neuraminidase des Influenzavirus und damit dessen Freisetzung aus virusproduzierenden Zellen (▶ Kap. 58).

S. Suerbaum et al. (Hrsg.), *Medizinische Mikrobiologie und Infektiologie*,
https://doi.org/10.1007/978-3-662-61385-6_111

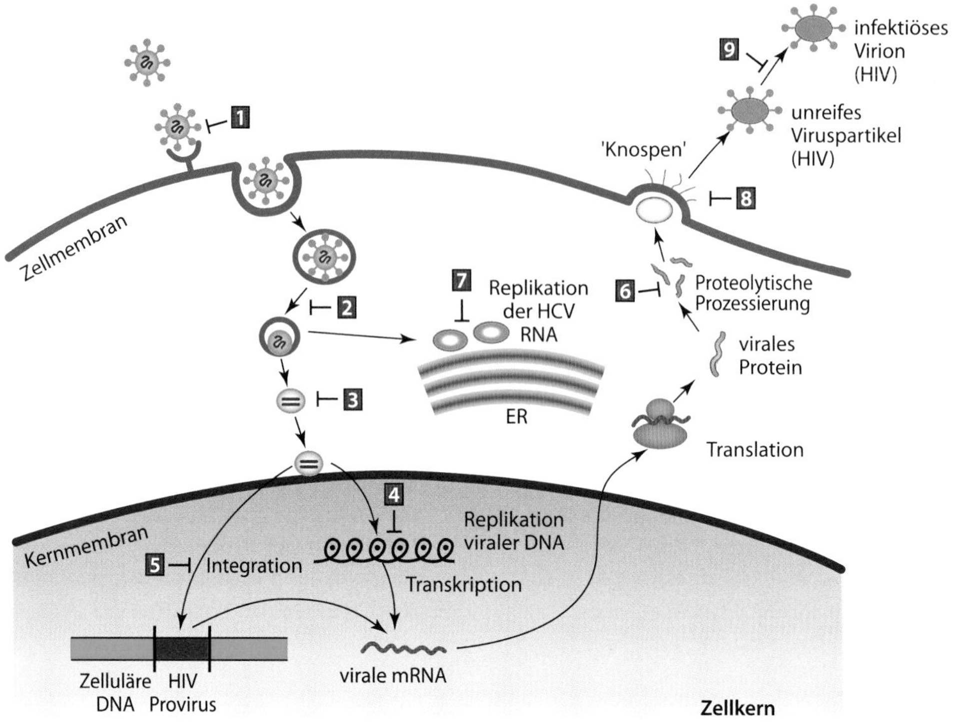

Abb. 111.1 Angriffspunkte von Virustatika: Die folgenden Schritte im viralen Lebenszyklus können Angriffspunkte darstellen: **1** Bindung des Virus an seinen Rezeptor auf der Zelloberfläche. **2** Eintritt in die Zelle. **3** reverse Transkription im Zytoplasma (im Fall eines Retrovirus, z. B. HIV). **4** Replikation der viralen DNA durch die virale DNA-Polymerase im Kern der infizierten Zelle (etwa im Fall eines Herpesvirus, z. B. HSV, CMV). **5** Integration des viralen Provirus in die zelluläre DNA (im Fall eines Retrovirus, z. B. HIV). **6** Prozessierung eines viralen Vorläuferproteins in aktive Proteine [z. B. Nichtstruktur-(NS-)Proteine des HCV]. **7** Hemmung der Replikation viraler RNA (z. B. HCV) durch Blockade der viralen RNA-Polymerase oder des NS5A-Proteins. 8 Hemmung der Ausschleusung von Viruspartikeln (z. B. Influenza). **9** Hemmung der Reifung von Viruspartikeln durch Inhibition einer viralen Protease (z. B. HIV)

111

9. **Darunavir, Lopinavir,** etc. (Inhibitoren der HIV-Protease) hemmen die Prozessierung des Gag-Vorläuferproteins und damit die Reifung infektiöser Viruspartikel (▶ Kap. 65).

Als **therapiebedürftig** sind alle diejenigen Viruskrankheiten einzustufen, die lebensbedrohlich sind oder mit Folgekrankheiten einhergehen (z. B. chronische Hepatitis B und C, Herpesenzephalitis, CMV-bedingte Erkrankungen bei immunsupprimierten Transplantatempfängern, HIV-Infektion, Influenza).

Voraussetzung für eine effektive antivirale Therapie ist die **Kenntnis des Erregers:** Diese bestimmt die Auswahl der Medikamente. Im Unterschied zu bakteriellen Erkrankungen gibt es keine „Breitbandvirostatika"! Eine Schnelldiagnose mit PCR oder IFT ist jetzt bei vielen Viruskrankheiten durchführbar. Wenn die virologische und klinische Differenzierung versagt oder unsicher ist, z. B. bei **lebensbedrohlicher Enzephalitis,** muss bereits bei Verdacht, also „blind", mit der antiviralen Therapie begonnen werden; die virologische Diagnose wird dann ggf. nachgeliefert. Solch ein Vorgehen ist für den Erfolg entscheidend.

111.2 Wirkungsmechanismus und Selektivität

Um selektiv zu wirken, müssen Virostatika besondere Eigenschaften aufweisen. Ihre Wirksamkeit z. B. gegenüber den Viruspolymerasen muss möglichst hoch und gegenüber den zellulären Polymerasen möglichst gering sein, um Nebenwirkungen durch die Hemmung zellulärer Polymerasen möglichst gering zu halten.

Aciclovir (Acycloguanosin, ACG) stellt ein gutes Beispiel für einen hochselektiven **Inhibitor der HSV- und VZV-DNA-Polymerase** dar. Die ausgeprägte Selektivität dieser Verbindung rührt daher, dass die herpeskodierte Thymidinkinase Aciclovir und seine Derivate nach Aufnahme in die Zelle zunächst selektiv zu Aciclovir-Monophosphat phosphoryliert. Deshalb wird Aciclovir-Monophosphat nur in virusinfizierten Zellen gebildet: Da das unphosphorylierte Molekül keine Aktivität entfaltet, werden nichtinfizierte Zellen nicht beeinträchtigt. Zelluläre Kinasen bilden dann Aciclovir-Di- und -Triphosphat.

Die virale DNA-Polymerase baut Aciclovir-Triphosphat als Analogon eines Nukleotids in die virale

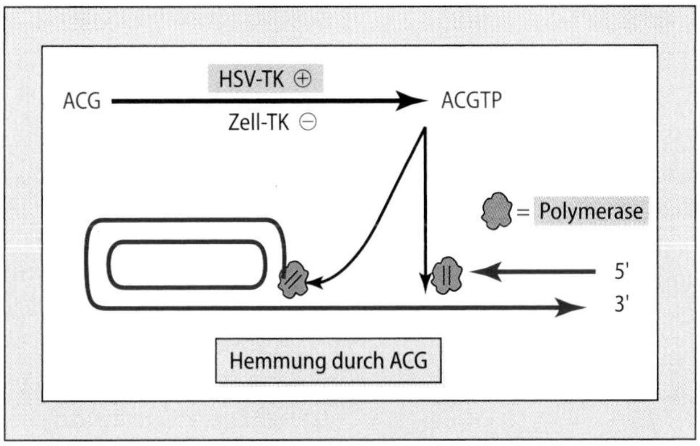

Abb. 111.2 Wirkungsmechanismus des Aciclovir (Acycloguanosin, ACG). Die HSV- oder VZV-kodierte Thymidinkinase phosphoryliert Aciclovir nach Aufnahme in die Zelle besonders effizient zu Aciclovir-Monophosphat. Die weitere Phosphorylierung zum Di- und Triphosphat bewirken dagegen zelluläre Enzyme. Die virale DNA-Polymerase baut Aciclovir-Triphosphat in die sich replizierende virale DNA ein. Die Synthese eines Aciclovir enthaltenden DNA-Strangs kann nicht fortgesetzt werden: Es kommt zum Strangabbruch. Obwohl Aciclovir-Triphosphat prinzipiell auch zelluläre DNA-Polymerasen hemmen könnte, wird es dank der Selektivität der herpesviralen Thymidinkinase überwiegend in infizierten Zellen gebildet und schädigt deshalb nichtinfizierte Zellen praktisch nicht

DNA ein; da nun kein weiteres Nukleotid an das DNA-Molekül synthetisiert werden kann, kommt es zum sog. Ketten- oder Strangabbruch: Die Substanz wirkt also als „kompetitiver" Inhibitor der viralen DNA-Polymerase (Abb. 111.2). Eine virale Thymidinkinase (TK) kommt nur bei HSV, VZV, EBV und KSHV/HHV-8 vor. Aciclovir ist aber v. a. bei HSV und VZV aktiv, die Wirkung gegen EBV und KSHV ist nicht so ausgeprägt.

Alle Herpesviren besitzen darüber hinaus eine Proteinkinase, die auch manche Nukleoside phosphorylieren kann. Bei CMV ist dies die pUL97-Kinase, welche die Phosphorylierung des bei CMV-Erkrankungen eingesetzten **Ganciclovir** bewirkt. Für einige antiviral wirkende Substanzen existieren oral aufzunehmende Derivate, die im Körper zur aktiven Verbindung metabolisiert werden, sog. **Prodrugs** wie z. B. Valaciclovir. Diese haben oft eine größere Bioverfügbarkeit und eine bessere Pharmakokinetik.

Dem Prinzip der **kompetitiven Hemmung** der viralen Polymerase (DNA-Polymerase bei DNA-Viren, reverse Transkriptase bei HIV, virale RNA-abhängige RNA-Polymerase bei HCV und Influenzavirus) folgen viele Virostatika. Darüber hinaus gibt es **„nichtkompetitive"** oder „allosterische" Inhibitoren der reversen Transkriptase von HIV (z. B. Nevirapin, Efavirenz) und HCV (z. B. Dasabuvir), die deren Enzymkinetik verschlechtern.

Gegen HIV und HCV sind eine Reihe von **Proteaseinhibitoren** entwickelt worden, welche die proteolytische Prozessierung des HIV-Gag-Vorläuferproteins bzw. des HCV-Vorläuferproteins durch die virale Protease inhibieren. Im Fall des HIV wird damit die Reifung der freigesetzten Viruspartikel zu infektiösen Virionen blockiert (Abb. 111.1; ► Abschn. 111.4.6). Im Fall des HCV wird so die Freisetzung von HCV-Nichtstrukturproteinen sowie -Strukturproteinen und damit die Replikation des Virus gehemmt (Abb. 111.1, ► Kap. 71; ► Abschn. 111.4.6).

Bei der Influenza setzt man **Neuraminidaseinhibitoren** ein, welche die Ausschleusung infektiöser Viruspartikel blockieren.Bei HIV-Infizierten werden **Fusionsinhibitoren** (z. B. Enfuvirtid) und **Antagonisten des CCR5-Korezeptors** (Maraviroc) angewendet.

Die Aktivität der Arzneimittel abbauenden Enzyme bestimmt die Geschwindigkeit, mit der Medikamente aus dem Körper eliminiert werden. Hierfür ist oft der Abbau zu unwirksamen Metaboliten durch die Enzyme des Cytochrom-P450-Systems verantwortlich. Die Variabilität der Funktion dieser Enzyme ist genetisch bestimmt (Polymorphismen) und ist – bei gleicher Dosierung – die Ursache der unterschiedlich langen Dauer von Wirkung und Nebenwirkung/Toxizität eines Medikaments. Ferner können Medikamente, die durch dieselben Enzyme des Cytochrom-P450-Systems verstoffwechselt werden, sich gegenseitig in ihrer Halbwertszeit beeinflussen. So können manche Virostatika mit anderen Medikamenten wechselseitig interferieren.

Viele der modernen Virustatika weisen z. T. erhebliche **Nebenwirkungen** auf, die manchmal aus ihrem Wirkungsmechanismus ableitbar sind (so wirken weniger spezifische Inhibitoren von viralen DNA-Polymerasen auch auf zelluläre DNA-Polymerasen und beeinträchtigen Gewebe mit sich rasch teilenden Zellen, z. B. das Knochenmark), oft aber mechanistisch schwer erklärbar sind (z. B. Lipodystrophie bei HIV-Protease-Inhibitoren). Ihr Einsatz setzt deshalb ein sorgfältiges Abwägen der klinischen Situation voraus. Andere Substanzen, z. B. Aciclovir, sind hingegen aufgrund des oben erklärten Wirkungsmechanismus beeindruckend nebenwirkungsarm.

111.3 Resistenzentwicklung und Kombinationstherapie

Ein zentrales Problem der antiviralen Therapie ist die Entwicklung therapieresistenter Virusmutanten. Dieses Problem lässt sich gut am Beispiel der HIV-Therapie veranschaulichen:

Sowohl die sehr hohe Replikationsrate des HIV-1 (10^9–10^{10} neue Viruspartikel pro Tag bei einem AIDS-Patienten) als auch die hohe Fehlerrate seiner reversen Transkriptase (ca. 1–3 Mutationen pro neu repliziertem Genom) tragen dazu bei, dass jeden Tag theoretisch etwa 10^{10} neue Mutanten entstehen können. Selbst wenn die Mehrzahl dieser Mutationen keine funktionellen Auswirkungen hat oder für das Virus „letal" sind, bleiben genügend replikationsfähige Varianten übrig, die sich z. B. durch eine geringere Empfindlichkeit gegenüber einem Medikament auszeichnen. Durch ständige Anwesenheit dieser antiviralen Substanz werden dann solche **„resistenten" Virusvarianten** selektiert. Bis jetzt sind alle Klassen von HIV-Medikamenten von diesem Problem betroffen.

Aus diesem Mechanismus der Resistenzentwicklung lässt sich auch die Gegenmaßnahme ableiten: Je besser die **Senkung der Replikationsrate** eines Virus gelingt, desto geringer die Chancen für das Virus, resistente Varianten zu entwickeln. Bei der Behandlung der HIV-Infektion versucht man deshalb, die Virusreplikation durch Einsatz von üblicherweise 3 Medikamenten mit nach Möglichkeit unterschiedlichem Wirkungsmechanismus so gut wie möglich zu senken. Diese Kombinationstherapie wird als „highly active antiretroviral therapy" **(HAART)** bezeichnet.

111

Zu Überwachung der HAART kontrolliert man die **„Viruslast"** (Konzentration der HIV-RNA-Kopien im Plasma) mittels quantitativer PCR. Wichtig ist für die dauerhafte Senkung der Viruslast die regelmäßige Einnahme der 3 Medikamente. Eine unregelmäßige Einnahme hat aufgrund der dann schwankenden Wirkstoffkonzentrationen in den relevanten Geweben zur Folge, dass das Virus intermittierend immer wieder replizieren und neue Resistenzen ausbilden kann.

Beim klinischen Versagen einer Therapiekombination muss deshalb überprüft werden, ob die verwandten Medikamente noch wirksam gegen die in einem Patienten zirkulierenden HIV-Varianten sind. Da die Mutationen in der reversen Transkriptase und der Protease von HIV, die zur Resistenz gegenüber bestimmten Medikamenten führen, heute weitgehend bekannt sind, kann man durch Amplifizierung (PCR!) und anschließende Hybridisierung mit mutationsspezifischen Sonden oder Sequenzierung der reversen Transkriptase, Protease und Integrase von HIV diese Mutationen identifizieren und daraus ein **Resistenzprofil** ableiten („genotypischer" Resistenztest). Das erhobene Resistenzprofil bestimmt dann die Auswahl der noch wirksamen Medikamente.

Alternativ kann man aus dem Patienten isolierte Virusvarianten in vitro auf ihre Empfindlichkeit gegenüber verschiedenen Medikamenten untersuchen; dieser „phänotypische" Resistenztest findet aber, wegen des damit verbunden Aufwands und der benötigten Zeit (Wochen), in der Praxis kaum noch Anwendung.

Ähnliche Probleme treten z. B. bei der Therapie der persistierenden **HBV**-Infektion mit dem Reverse-Transkriptase-Inhibitor 3TC (Lamivudin) auf: Hier kommt es ebenfalls recht schnell zum Auftreten resistenter Mutanten. Die Verwendung anderer Reverse-Transkriptase-Inhibitoren (z. B. Adefovir, Entecavir) ist unter diesem Gesichtspunkt besser.

Für **HCV** wurde bis vor Kurzem eine Kombinationstherapie mit Ribavirin und pegyliertem IFN-α eingesetzt, die durch Stimulation interferoninduzierter, antiviral wirksamer zellulärer Proteine eine Viruselimination bezweckte, aber nur teilweise erfolgreich und von erheblichen Nebenwirkungen begleitet war (▶ Abschn. 111.6.3). Dank einer Reihe von erst kürzlich entwickelten Medikamenten, welche die Replikation des HCV direkt hemmen **(„direct acting antivirals", DAA),** ist heute die interferonfreie Therapie der HCV-Infektion mit Erfolgsraten von mehr als 90 % möglich. Dabei stellen Inhibitoren der viralen RNA-Polymerase (z. B. Sofosbuvir), der viralen Protease (z. B. Simeprevir) und des viralen NS5A-Proteins (z. B. Daclatasvir) Komponenten möglicher Kombinationstherapien dar. Auch hier ist mit dem Auftreten von Resistenzen gegen die neuen Inhibitoren zu rechnen.

Bei **Influenza** sind bereits oseltamivirresistente Isolate beschrieben worden.

Auch bei **Herpesviren** kann es zum Auftreten von Resistenzen gegen Aciclovir (HSV, VZV) und Ganciclovir (CMV) kommen. Vor allem bei lebensbedrohlichen Infektionen, z. B. bei immungeschwächten Transplantatempfängern, kann es erhebliche Probleme geben, da hier weitere Therapieoptionen begrenzt sind: Bei CMV kommen Foscarnet und ggf. Cidofovir als Alternativen infrage, deren Einsatz aber wegen ihrer Nebenwirkungen sorgfältig abgewogen werden muss.

Bei Virostatika, die mit zellulären Proteinen interferieren, die für die Replikation eines Virus essenziell sind, ist die Gefahr der Resistenz geringer, da sich zelluläre Proteine unter dem Selektionsdruck kleinmolekularer Substanzen nicht verändern. Allerdings besteht die Möglichkeit, dass Viren sich so adaptieren, dass sie „alternative" zelluläre Moleküle verwenden (z. B. Wechsel eines Rezeptors) und sich auf diese Weise einem Inhibitor entziehen.

111.4 Antiviral wirksame Substanzen und ihre Wirkungsmechanismen

In diesem Abschnitt werden einige Beispiele für antiviral wirksame Medikamente vorgestellt. Diese Aufzählung ist nicht vollständig. Weitere Beispiele finden sich, geordnet nach dem von ihnen inhibierten Virus, in ◘ Tab. 111.1.

111.4.1 Inhibitoren der Virusaufnahme in die Zelle

▪ Maraviroc (Celsentri, UK-427857)

Dies ist ein CCR5-Antagonist, der durch Blockade dieses HIV-Korezeptors das Andocken des Virus an die Zelle und damit den Eintritt von HIV in die Zelle blockiert (▶ Kap. 65).

▪ Enfuvirtid (T-20 , Fuzeon)

Dies ist ein Fusionsinhibitor für die HIV-Zellfusion beim Eintritt in die Zelle. Chemisch ist es ein Peptid aus 34 Aminosäuren und bindet an 2 Regionen des gp41 von HIV (▶ Kap. 65). Es ist auch wirksam, wenn Resistenzen gegen andere Inhibitoren bestehen. Enfuvirtid muss täglich injiziert werden (2-mal/Tag s. c.) und ist deshalb kein Medikament der 1. Wahl.

▪ Amantadin (1-Aminoadamantan-HCl)

Es blockiert selektiv das Uncoating der Influenza-A-Viren durch Blockade der Ionenkanalfunktion des M2-Proteins. Ein Derivat ist das ähnlich wirkende Rimantidin (α-Methyl-1-Adamantanmethylamin-HCl). Beide Substanzen verlieren wegen einer Resistenzentwicklung des Virus zunehmend ihre Bedeutung.

111.4.2 Inhibitoren viraler DNA-Polymerasen

▪ Aciclovir (Acycloguanosin; ACG)

Dieses Nukleosidanalogon wird selektiv durch die HSV-kodierte Thymidinkinase phosphoryliert und damit aktiviert; es kann deshalb nur in HSV-infizierten Zellen wirksam werden, was die hohe Selektivität dieser Substanz erklärt (▶ Abschn. 111.2). Aciclovir-Triphosphat hemmt dann die DNA-Polymerase von HSV und VZV. Nach dem Einbau erfolgt ein Ketten- oder Strangabbruch der DNA-Synthese, weil die 3'-OH-Gruppe der D-Ribose fehlt (◘ Abb. 111.3a). Für die Entwicklung der Substanz erhielt Gertrude Elion 1988 den Medizin-Nobelpreis. Aciclovir wird sehr gut vertragen und ist das Mittel der Wahl bei generalisierten HSV- und VZV-Infektionen.

Valyl-Aciclovir (Valaciclovir) wirkt oral besser als Aciclovir. Es ist ein Prodrug (Valylester des Aciclovir), dessen Valylrest in der Leber abgespalten wird.

▪ Bromvinyldesoxyuridin (5-Brom-2'-desoxyuridin) (BVDU, Brivudin)

Dieses Nukleosid wird, ähnlich wie Aciclovir, von der HSV- und VZV-Thymidinkinase zum aktiven Nukleotid (BVDU-Triphosphat) phosphoryliert, das die virale Polymerase hemmt. Es wird oral eingesetzt zur Behandlung des Zosters und der mit diesem verbundenen Neuralgien, seltener auch bei HSV-1- und VZV-Infektionen bei Immunsupprimierten.

◘ **Tab. 111.1** Medizinisch bedeutende Viren und gegen sie verfügbare antivirale Medikamente

Virusgruppe	Virus	Antivirale Substanz	Wirkungsmechanismus/ Angriffspunkt	Anmerkungen
Herpesviren	HSV-1, -2	Aciclovir	Virale DNA-Polymerase	
		Foscarnet	Virale DNA-Polymerase	
		Cidofovir (HPMPC)	Virale DNA-Polymerase	
		Valaciclovir	Virale DNA-Polymerase	Oral verabreichbares „Prodrug" des Aciclovir
		Famciclovir	Virale DNA-Polymerase	Oral verabreichbares „Prodrug" des Penciclovir
		Pritelivir	Virale Helikase/Primase	Neue Substanz, zzt. in klinischen Studien
	VZV	Aciclovir	Virale DNA-Polymerase	
		Valaciclovir	Virale DNA-Polymerase	Oral verabreichbares „Prodrug" des Aciclovir
		Famciclovir	Virale DNA-Polymerase	Oral verabreichbares „Prodrug" des Penciclovir
		Brivudin	Virale DNA-Polymerase	

Fortsetzung

Tab. 111.1 (Fortsetzung)

Virusgruppe	Virus	Antivirale Substanz	Wirkungsmechanismus/ Angriffspunkt	Anmerkungen
Herpesviren	CMV	Ganciclovir	Virale DNA-Polymerase	
		Valganciclovir	Virale DNA-Polymerase	Oral verabreichbares „Prodrug" des Ganciclovir
		Cidofovir (HPMPC)	Virale DNA-Polymerase	
		Foscarnet	Virale DNA-Polymerase	
		Letermovir	Virale Terminase	Zugelassen für Prophylaxe der CMV-Reaktivierung bei Empfängern von Stammzelltransplantaten
		Maribavir	UL97-Proteinkinase	Klinische Wirksamkeit noch unklar, nicht zugelassen
	HHV-6	Cidofovir (HPMPC)	Virale DNA-Polymerase	
		Maribavir	U69-Proteinkinase	Klinische Wirksamkeit noch unklar, nicht zugelassen
		Valganciclovir	Virale DNA-Polymerase	Oral verabreichbares „Prodrug" des Ganciclovir
	EBV	Aciclovir	Virale DNA-Polymerase	Nicht sehr effektiv gegen EBV, zur Behandlung der Haarleukoplakie (▶ Kap. 70) eingesetzt
		Rituximab	Zytotoxischer Antikörper gegen das CD20-Molekül auf der B-Zell-Oberfläche	Bei PTLD (▶ Kap. 70) zur Eliminierung der EBV-infizierten, proliferierenden B-Zellen eingesetzt
	KSHV/HHV-8	Cidofovir	Virale DNA-Polymerase	Keine Wirkung beim Kaposi-Sarkom; in einzelnen Studien erfolgreich nach Gabe in Körperhöhlen zur Behandlung von PEL eingesetzt
		Hoch dosiertes Ganciclovir in Kombination mit AZT	Virale DNA Polymerase und als zytotoxisches „Prodrug"	Bei KSHV-assoziierter multizentrischer Castleman-Erkrankung
Pockenviren	Affenpockenvirus	Cidofovir	Virale DNA-Polymerase	
	Vacciniavirus	Cidofovir	Virale DNA-Polymerase	Bei versehentlicher Inokulation immunsupprimierter Patienten
	Molluscum-contagiosum-Virus	Cidofovir	Virale DNA-Polymerase	Lokale Anwendung

Fortsetzung

Tab. 111.1 (Fortsetzung)

Virusgruppe	Virus	Antivirale Substanz	Wirkungsmechanismus/ Angriffspunkt	Anmerkungen
Hepatitis viren	HBV	Pegyliertes IFN-α2a/b		
		Lamivudin	Virale Polymerase	
		Adefovir dipivoxil	Virale Polymerase	
		Entecavir	Virale Polymerase	
		Telbivudin	Virale Polymerase	
		Tenofovir disoproxil fumarat (TDF)	Virale Polymerase	
		Emtricitabin	Virale Polymerase	
	HCV	Pegyliertes IFN-α2a/b in Kombination mit Ribavirin		Bisherige Standardtherapie, jetzt von neuen HCV-Inhibitoren abgelöst
		Sofosbuvir	Virale RNA-Polymerase, (kompetitiver) Nukleotidinhibitor	In Kombination mit z. B. Ribavirin, Daclatasvir, Simeprevir
		Dasabuvir	Virale RNA-Polymerase, nichtnukleosidischer (nicht-kompetitiver) Inhibitor	In Kombination mit Ombitasvir und Paritaprevir
		Simeprevir	Virale NS3A/4 A-Protease	In Kombination mit Sofosbuvir
		Paretaprevir	Virale NS3A/4 A-Protease	In Kombination mit Ombitasvir und Dasabuvir
		Grazoprevir	Virale NS3A/4 A-Protease	In Kombination mit Elbasvir (1 Tabl.); auch bei Niereninsuffizienz einsetzbar
		Daclatasvir	NS5A-Membranprotein	In Kombination mit Sofosbuvir
		Ledipasvir	NS5A-Membranprotein	In Kombination mit Sofosbuvir (1 Tabl.)
		Ombitasvir	NS5A-Membranprotein	In Kombination mit Paretaprevir und Dasabuvir
		Elbasvir	NS5A-Membranprotein	In Kombination mit Grazoprevir (1 Tabl.); auch bei Niereninsuffizienz einsetzbar

Fortsetzung

Tab. 111.1 (Fortsetzung)

Virusgruppe	Virus	Antivirale Substanz	Wirkungsmechanismus/ Angriffspunkt	Anmerkungen
Lentiviren	HIV	AZT, Didanosin, Zalcitabin, Stavudin, Lamivudin, Entecavir, Emtricitabin	Nukleosidische (kompetitive) Reverse-Transkriptase-Inhibitoren (NRTI)	Weitere Substanzen in dieser Kategorie verfügbar
		Tenofovir	Reverse-Transkriptase-Nukleotid-Inhibitor	
		Nevirapin, Efavirenz, Etravirin, Rilpivirin, Dapivirin	Nichtnukleosidische (allosterische) Reverse-Transkriptase-Inhibitoren (NNRTI)	
		Saquinavir, Ritonavir, Indinavir, Nelfinavir, Amprenavir, Lopinavir, Atazanavir, Fosamprenavir, Tipranavir, Darunavir	HIV-Protease-Inhibitoren	Ritonavir wird in therapeutischer Dosierung nicht mehr eingesetzt; es verzögert die Ausscheidung anderer Medikamente; dies kann therapeutisch zur Verstärkung der Wirksamkeit anderer Medikamente genutzt werden
		Enfuvirtid	Fusionsinhibitor	
		Maraviroc	Korezeptor-CCR5-Antagonist	
		Raltegravir, Elvitegravir, Dolutegravir, Bictegravir	Integraseinhibitoren	
Picornaviren	Enteroviren	Pleconaril	VP1-Kapsid-Uncoating-Inhibitor	Noch nicht kommerziell erhältlich
	Rhinoviren	Rupintrivir	Protease-3c-Inhibitor	Nicht zugelassen
	Enteroviren, Rhinoviren	Enviroxim	Protein-3 A-Inhibitor	Nicht zugelassen
	Enteroviren	TBZE-029	Protein-2c-Inhibitor	Nicht zugelassen
Orthomyxoviren	Influenza A	Zanamivir	Virale Neuraminidase	Aerosolanwendung
		Oseltamivir	Virale Neuraminidase	Orale Anwendung
		Peramivir	Virale Neuraminidase	i. v. Anwendung; zugelassen in USA, Japan, Südkorea, EU
		Baloxavir	Cap-abhängige Endonuklease	Inhibiert „Cap-Snatching"; in USA und Japan zugelassen
		Favipiravir (T-705)	virale RNA-Polymerase	Bis jetzt nur experimentelle Anwendung; auch wirksam gegen Bunya-, Filo- und Arenavirusinfektionen; bei Ebolaepidemie 2014 eingesetzt
Paramyxoviren	RSV	Ribavirin		Aerosolanwendung
		GS-5806	RSV-Fusionsinhibitor	Erfolgreich in klinischer Studie mit experimentell RSV-infizierten Freiwilligen

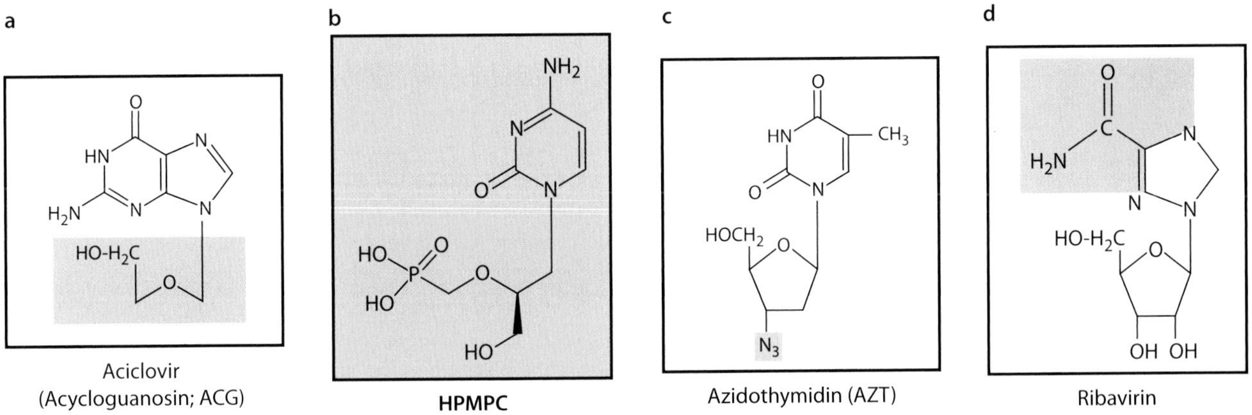

Abb. 111.3 Beispiele für Substanzen mit antiviraler Aktivität. **a** Aciclovir. Der rudimentäre Ribosering ist blau unterlegt (Erläuterung im Text). **b** HPMPC/Cidofovir. **c** Azidothymidin (AZT). **d** Ribavirin

- Ganciclovir

Diese Substanz ist ebenfalls ein Nukleosidanalogon, das v. a. zur Therapie schwerer CMV-Infektionen (z. B. Retinitis, Kolitis, Pneumonie, Hepatitis) bei immunsupprimierten Personen eingesetzt wird. Die Substanz wird von der CMV-UL97-Kinase phosphoryliert und dadurch aktiviert. Sein Prodrug **Valganciclovir** wird oral verabreicht.

- Famciclovir

Diese Substanz ist ein oral anwendbares Prodrug des Penciclovir und wird zu diesem metabolisiert. Die Phosphorylierung erfolgt analog zu Aciclovir. Es wirkt stärker als Aciclovir bei Zoster und Neuralgien. Seine Halbwertszeit und die Bioverfügbarkeit sind erheblich länger und die Dosierung ist niedriger als bei Aciclovir. Es eignet sich gut für die Behandlung des Zoster und der Zosterschmerzen sowie bei Herpes genitalis. **Penciclovir** wird auch lokal als Creme eingesetzt.

- Cidofovir (HPMPC)

Diese Substanz wirkt gegen viele DNA-Viren inhibitorisch, darunter CMV, KSHV/HHV-8, manche Adenoviren, HPV und auch aciclovirresistentes HSV. Sie ist ein Monophosphat und enthält keinen Pentoserest (Abb. 111.3b), das Diphosphat hemmt die Polymerase durch Verdrängung von dCTP.

- Adefovir dipivoxil

(Bis-POM PMEA; 2-(6-aminopurin-9-yl)ethoxymethylphosphonat-Säure) ist ein Inhibitor der Polymerase/reversen Transkriptase von HBV. Es wird bei chronischer Hepatitis eingesetzt. Trotz der während der Behandlung auftretenden Resistenzen gilt es als Medikament mit gutem, langfristigem Resistenzprofil.

- Phosphonoformat

(Foscarnet, Foscavir) hemmt herpesvirale DNA-Polymerasen und damit die Virusreplikation. Es wird lokal und systemisch gegen verschiedene Herpesviren eingesetzt, insbesondere bei Ganciclovir-resistenter Zytomegalie, ruft jedoch relativ viele Nebenwirkungen hervor.

111.4.3 Inhibitoren viraler RNA-Polymerasen

Sofosbuvir ist ein kompetitiver Nukleotidinhibitor der HCV-Polymerase (NS5B; ► Kap. 71). Als Prodrug wird es im Körper metabolisiert. Es hat keine inhibitorische Wirkung auf zelluläre Polymerasen, wirkt aber gegen alle HCV-Genotypen. Es ist in Kombination mit anderen HCV-Medikamenten (z. B. Ribavirin, Daclatasvir, Simeprevir) als Kombinationstherapie zugelassen. Es wird über die Niere eliminiert und deshalb zurzeit bei Patienten mit Niereninsuffizienz nicht eingesetzt.

Dasabuvir und Beclabuvir sind nichtnukleosidische HCV-Polymerase-Inhibitoren. Dasabuvir ist in Kombination mit dem NS5A-Inhibitor Ombitasvir und dem Proteaseinhibitor Paritaprevir zugelassen.

111.4.4 Inhibitoren der reversen Transkriptase von Retroviren

- Azidothymidin (AZT, Zidovudin)

Diese Substanz bzw. ihr Triphosphat ist ein Inhibitor der reversen Transkriptase des HIV-1 und -2. Sie wirkt kompetitiv: Die Wirkung beruht auf einem

Kettenabbruch nach dem Einbau infolge des Fehlens der 3'-OH-Gruppe der Desoxyribose, die durch eine N_3-(Azid-)Gruppe ersetzt ist (■ Abb. 111.3c). Damit gehört es zur Gruppe der nukleosidischen Reverse-Transkriptase-Inhibitoren (NRTI).

NRTI bilden das Rückgrat jeder HAART. AZT ist der Prototyp dieser Substanzgruppe. Weitere NRTI mit Wirkung gegen HIV finden sich in ■ Tab. 111.1.

Durch Hemmung der reversen Transkriptase reduziert sich die Zahl der Präintegrationskomplexe (▶ Kap. 65). Das bereits in die zelluläre DNA integrierte Provirus wird jedoch nicht beeinflusst. Unter AZT-Therapie treten bald resistente Mutanten auf – AZT sollte deshalb nicht als Monotherapie gegeben werden.

Lamivudin (3TC) ist ebenfalls ein NRTI. Aufgrund der RT-ähnlichen Eigenschaften der HBV-Polymerase wirkt es auch gegen diese (▶ Kap. 71). Klinisch wird es oral bei HIV- und HBV-Infektion eingesetzt. Gegen Lamivudin entstehen bei einer Langzeittherapie resistenzverursachende Mutationen in der reversen Transkriptase von HIV bzw. der HBV-Polymerase. Die Mutationen betreffen die Aminosäuresequenz YMDD im aktiven Zentrum des Enzyms. Man kombiniert 3TC deshalb im Rahmen von HAART (s. o.; ▶ Kap. 65) mit anderen Medikamenten. Eine ähnliche Doppelwirkung gegen HIV und HBV besitzen **Entecavir** und **Emtricitabin.**

Nevirapin ist ein Beispiel eines nichtnukleosidischen Inhibitors der reversen Transkriptase (NNRTI) von HIV. Substanzen dieser Gruppe wirken nicht kompetitiv, sondern allosterisch, binden also nicht ans aktive Zentrum des Enzyms, sondern an andere Regionen und verschlechtern so die Enzymkinetik. Weitere Substanzen dieses Typs sind z. B. Efavirenz und Rilpivirin (■ Tab. 111.1).

111.4.5 Inhibitoren der retroviralen Integrase

▪ Raltegravir

Die Substanz inhibiert die Integrase des HIV, d. h. das Enzym, das für die Integration der proviralen DNA (entstanden durch reverse Transkription der viralen genomischen RNA nach Eintritt in die Zelle; ▶ Kap. 65) in das Genom der Wirtszelle verantwortlich ist. Da diese Integration eine wichtige Rolle für die langfristige Persistenz des HIV spielt, stellt ihre Hemmung eine wichtige Komponente in der Kombinationstherapie der HIV-Infektion dar. Weitere zugelassene Integrase Inhibitoren sind **Elvitegravir** und **Dolutegravir.**

111.4.6 Inhibitoren von Virusproteasen

▪ Inhibitoren der HIV-Protease

Die Kapsidproteine (p24, p17 etc.) des HIV entstehen aus einem Vorläuferprotein (abgelesen vom gag-Gen) durch proteolytische Spaltung, welche die HIV-Protease vermittelt (▶ Kap. 65). Dieses Enzym lässt sich durch Inhibitoren blockieren, sodass infektiöse Viruspartikel nicht gebildet werden können. Solche Proteaseinhibitoren spielen heute eine zentrale Rolle in der Behandlung von HIV-Infektionen. Vertreter dieser Substanzgruppe sind **Atazanavir, Darunavir** und **Lopinavir.**

Die Wirkungen dieser Substanzen sind sehr gut. Allgemeine Nebenwirkungen sind Glukoseintoleranz, Fettstoffwechselstörungen und Lipodystrophie infolge Umverteilung des Körperfettes, deren Mechanismus unbekannt ist. Eine Hepatitis steigert das Risiko für Hepatotoxizität bei HIV-Patienten mit HAART.

Da jedoch auch bei dieser Wirkstoffgruppe Resistenzen des HIV entstehen, müssen sie mit anderen HIV-Medikamentenklassen kombiniert werden, z. B. **Darunavir mit Tenofovir und Emtricitabin.**

▪ Inhibitoren der HCV-Protease

Inhibitoren der NS3/4 A-Serinprotease des HCV haben Eingang in die HCV-Therapie gefunden und erweisen sich als sehr effektiv. Sie inhibieren die Freisetzung der einzelnen HCV-Nichtstrukturproteine aus dem HCV-Polyproteinvorläufer (▶ Kap. 71). Alle HCV-Proteaseinhibitoren haben die Buchstabenfolge „pre" im Namen. Hierzu gehört **Simeprevir,** das in Kombination mit **Sofosbuvir** (RNA-Polymeraseinhibitor, ▶ Abschn. 111.4.3) angewandt wird.

Weitere effektive HCV-Proteaseinhibitoren sind **Paretaprevir** und **Grazoprevir.** Die Kombination von Grazoprevir mit dem HCV-NS5A-Inhibitor Elbasvir (s. u.) erreicht eine Elimination von HCV 12 Wochen nach Therapieende („sustained virological response", SVR) bei mehr als 90 % der behandelten Patienten. Da diese Kombination keine über die Niere ausgeschiedenen HCV-Polymerase-Inhibitoren enthält, ist sie auch bei Patienten mit Niereninsuffizienz einsetzbar.

111.4.7 Andere Angriffspunkte

▪ Inhibitoren des HCV-NS5A-Proteins

Das nichtstrukturelle NS5A-Phosphoprotein des HCV wird bei der Replikation des viralen Genoms und beim Zusammenbau neuer Viruspartikel benötigt (▶ Kap. 71) und ist durch Inhibitoren therapeutisch angreifbar. Alle NS5A-Inhibitoren tragen die Buchstabenfolge „as“ im Namen

- Der erste zugelassene NS5A-Inhibitor, **Daclatasvir,** wird in Kombination mit dem RNA-Polymeraseinhibitor **Sofosbuvir** gegeben.
- Ein weiterer NS5A-Inhibitor, **Ledipasvir,** ist in den USA in einer Ein-Tabletten-Kombination mit Sofosbuvir zugelassen.
- **Ombitasvir** ist in Kombination mit dem Proteaseinhibitor Paritaprevir und dem RNA-Polymeraseinhibitor Dasabuvir zugelassen.
- **Elbasvir** wurde erfolgreich in Kombination mit dem Proteaseinhibitor Grazoprevir (s. o.) erprobt.

Neuraminidaseinhibitoren

Sie blockieren sehr selektiv die Neuraminidase in der Hülle des Influenzavirus A und B. Es handelt sich chemisch um kompetitiv wirkende Neuraminsäureanaloga. Die Inhibitoren verhindern die Abspaltung der mit endständigen Neuraminsäuremolekülen ausgerüsteten und nach außen gerichteten Influenzarezeptoren (= Glykoproteine) der Zellmembran durch die Neuraminidase des Influenzavirus. Die Viren können deshalb nicht freigesetzt werden.

- **Zanamivir** („Relenza“) wird als Nasenspray 5 Tage lang 2-mal pro Tag angewandt (je 10 mg pro Dosis).
- **Oseltamivir** („Tamiflu“) wird oral für die Dauer der Erkrankung oder auch prophylaktisch (4–6 Wochen lang) eingesetzt.
- **Peramivir** wird i. v. verabreicht. Im Erkrankungsfall sollten diese Substanzen innerhalb der ersten 24–48 h nach Beginn der Symptome gegeben werden, um eine signifikante Wirkung zu erzielen.

Inhibitor einer viralen Kinase.

Maribavir hemmt die UL97-Kinase des CMV, die beim Ausschleusen neu gebildeter Viruskapside aus dem Kern ins Zytoplasma (Herpesviren replizieren im Kern und bilden dort die neuen Kapside; ▶ Kap. 70) eine wichtige Rolle spielt. Ferner phosphoryliert die UL97-Kinase das Ganciclovir und aktiviert es dadurch spezifisch in virusinfizierten Zellen (▶ Abschn. 111.4.2). Obwohl eine Phase-II-Studie die Effektivität der prophylaktischen Anwendung von Maribavir andeutete, konnte dies in einer Phase-III-Studie nicht reproduziert werden, evtl. wegen zu niedriger Dosierung. Die Substanz hat deshalb noch keinen Eingang in die Routinetherapie gefunden.

Inhibitor der herpesviralen Helikase/Primase

Eine gegenwärtig in klinischen Studien erprobte Substanz, **Pritelivir** (AIC-316), inhibiert den Helikase-Primase-Komplex des HSV, der eine essenzielle Rolle bei der Replikation der viralen DNA spielt. Diese Verbindung hat deshalb einen anderen Angriffspunkt als die kompetitiven DNA-Polymerase-Inhibitoren vom Typ des Aciclovir (▶ Abschn. 111.4.2). Die Substanz zeigt in klinischen Studien Aktivität gegen genitale Herpesvirusinfektionen und ist gegenwärtig Gegenstand von Phase-II-Studien.

Inhibitor des Terminasekomplexes des Zytomegalievirus

Die herpesvirale Terminase ist ein Proteinkomplex, der eine entscheidende Rolle bei der „Beladung“ von neu gebildeten Viruskapsiden mit viraler DNA im Zellkern spielt (▶ Kap. 70). Eine neue Substanz, **Letermovir,** erwies sich als effektiv in der Prophylaxe der CMV-Reaktivierung bei Empfängern eines Stammzelltransplantats und ist für diese Indikation zugelassen.

Inhibitor der Faltung viraler Kapsidproteine

Die korrekte 3D-Faltung der Kapsidproteine des HIV und HCV erfolgt in der Zelle unter Mitwirkung des Cyclophilin-A- bzw. Cyclophilin-B-Komplexes. Cyclophilin A und B werden inhibiert von dem (im Gegensatz zu Ciclosporin A) nichtimmunsupprimierenden Cyclophilininhibitor **Debio-025.** Obwohl diese Substanz noch keinen Eingang in die Klinik gefunden hat, könnte sie die Perspektive einer gemeinsamen Behandlung von mit HIV und HCV koinfizierten Patienten eröffnen.

Ribavirin

Diese Substanz (◘ Abb. 111.3d) ist ein Analogon von Guanosin. Nach Aufnahme in die Zelle wird sie phosphoryliert und hemmt als Monophosphat kompetitiv die Inosinmonophosphat-Dehydrogenase und damit die Bildung von Guanosinmonophosphat. Ribavirin wirkt gegen eine Reihe von RNA- und DNA-Viren. Es wurde viele Jahre in der Therapie der HCV-Infektion in Kombination mit pegyliertem IFN-α verwendet.

Weitere Indikationen sind durch RNA-Viren verursachte schwere Erkrankungen wie Lassa-Fieber, Krim-Kongo-hämorrhagisches Fieber und RSV-Bronchiolitis.

Imiquimod (R-837)

Diese Substanz induziert als Creme lokal nach Bindung an TLR7 und TLR8 Interferon und andere Zytokine und dadurch die TH-Zellantwort. Sie wird erfolgreich zur Behandlung von Kondylomen, Molluscum contagiosum, Parapockeninfektionen, Basaliomen und Warzen eingesetzt. Ihre Wirksamkeit beruht auf der Auslösung einer lokalen Entzündung.

Resiquimod ist eine verwandte Substanz und reduziert als Creme angewendet die Genitalausscheidung von HSV-2 und die Größe der Bläschen.

111.5 Interferone als antivirale Immunmodulatoren

111.5.1 Interferenz und Interferon

Historisch verstand man unter **Interferenz** die Beeinflussung der Wirtsempfänglichkeit für das virulente Virus „A" durch eine vorhergehende Infektion mit einem avirulenten Virus „B": Die Infektion mit B schützt den Organismus (oder dessen Zellen) vor dem Angehen von A. Dieser Effekt hat nichts mit Antikörpern oder anderen Faktoren der erworbenen Immunität zu tun, vielmehr geht die Interferenz auf die Produktion eines Stoffs zurück, den Isaacs und Lindenmann 1957 erstmals nachgewiesen und **Interferon** genannt haben.

111.5.2 Einteilung der Interferone

Interferone (IFN) sind die ersten Vertreter einer großen Gruppe von Wirkstoffen (Zytokinen, ▶ Abschn. 13.9). Sie werden in 3 Typen (I, II, III) eingeteilt:

- **Typ-I-Interferone:**
  - 13 α-Interferone (IFN-α)
  - 1 β-Interferon (IFN-β)
  - 1 κ-Interferon (IFN-κ)
  - 1 ε-Interferon (IFN-ε)
  - 1 ϖ-Interferon (IFN-ϖ)
- **Typ-II-Interferon:**
  - 1 γ-Interferon (IFN-γ).
- **Typ-III-Interferone:** Es gibt 3 λ-Interferone:
  - IFN-λ1 (auch als IL-29 bezeichnet)
  - IFN-λ2 (IL-28a)
  - IFN-λ3 (IL-28b).

◘ Abb. 111.4 stellt das sog. Interferonsystem zusammenfassend dar.

111.5.3 Therapeutische Anwendung von Interferon

Interferon wird heute für die Therapie einiger Viruserkrankungen eingesetzt. Die Effekte der Interferone lassen sich auf die **Hemmung der Virusreplikation** zurückführen, die durch interferoninduzierte zelluläre Proteine mit antiviraler Wirkung vermittelt wird. Auch werden z. B. **MHC-Gene aktiviert,** die eine bessere Erkennung virusinfizierter Zellen durch virusspezifische T-Zellen ermöglichen. Es müssen sehr hohe Dosen gegeben werden, weil die Halbwertszeit der Interferone kurz ist. Ihr Abbau erfolgt in Leber und Niere.

IFN passiert kaum die Blut-Liquor-Schranke. Durch Kupplung von IFN an Polyethylenglykol entstandenes **PEG-IFN** (pegyliertes IFN) ist ein „Depot-IFN" (Anwendung 1-mal pro Woche) entstanden. Die bis vor Kurzem häufigste Anwendung dieser Therapie ist die Kombination von PEG-IFN mit Ribavirin zur Therapie der HCV-Infektion. Diese Kombinationstherapie ist mit z. T. erheblichen Neben-

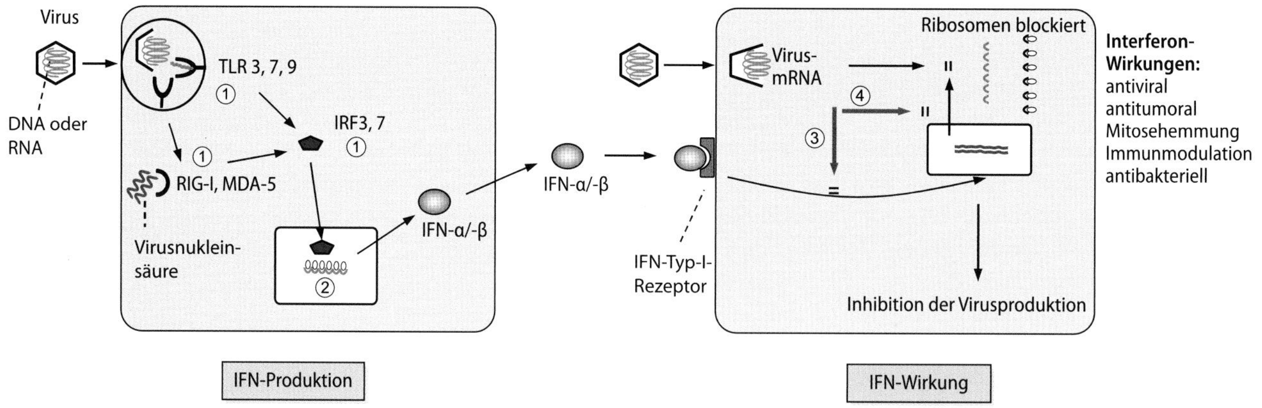

◘ **Abb. 111.4** Interferonsystem. Die IFN-Synthese wird in der Zelle von Viren (IFN-α/β/λ) oder durch Antigenkontakt mit T-Zellen (IFN-γ) ausgelöst. IFN-Induktoren bei Virusinfektionen sind die während der Virusreplikation auftretende Doppelstrang-RNA (replikative Intermediate), virale DNA oder auch bestimmte Virusproteine. Virale RNA und DNA wird von Toll-ähnlichen Rezeptoren TLR3, TLR7 und TLR9 bzw. den zytoplasmatischen Rezeptoren RIG-I, MDA-5, cGAS, STING erkannt. In der Folge werden Signalwege aktiviert, die zu gesteigerter IFN-Synthese führen. Die IFN-Synthese und -Wirkung lässt sich in 4 Phasen gliedern: **1** Erkennung von Virusbestandteilen durch TLR, RIG-I, MDA-5, cGAS und Phosphorylierung der zellulären Faktoren IRF-3, IRF-5. **2** Induktion der IFN-mRNA im Kern, Transkription, Translation und Sezernierung der IFN-Moleküle. **3** Nach Bindung an IFN-Rezeptoren benachbarter Zellen werden andere Signalwege (JAK/STAT-Kaskaden) stimuliert. **4** Diese regen die Synthese translationsinhibierender Proteine (TIP) an den IFN-stimulierten Genen (ISG) an. Viren können die IFN-Produktion und -Wirkung in allen Phasen auf komplizierte Weise blockieren

wirkungen verbunden und wurde kürzlich zugunsten neuer HCV-Medikamente verlassen (▶ Abschn. 111.3). Bei der Behandlung der chronischen HBV-Infektion spielt PEG-IFN noch eine Rolle (▶ Kap. 71).

In Kürze: Antivirale Therapie

Allgemeines: Viren replizieren nur in lebenden Zellen, sie sind diesbezüglich auf den Zellstoffwechsel angewiesen. Auf diesem Umstand beruhen die Schwierigkeiten, selektiv auf die Virussynthese einwirkende Substanzen zu finden, ohne die Prozesse normaler Zellen zu stören.

Angriffspunkte: Virusspezifische Prozesse in der Zelle:

- Adsorption (Virusanheftung an die Zelle)
- Zelleintritt
- Freisetzen des Virusgenoms
- Nukleinsäuresynthese (virale DNA- bzw. RNA-Polymerasen)
- Integration in das Wirtsgenom (nur Retroviren)
- Virusmontage
- Proteolytische Spaltung viraler Vorläuferproteine
- Immunmodulation.

Heute stehen Inhibitoren aller dieser Schritte im Lebenszyklus eines Virus zur Verfügung. Aufgrund der hohen Replikationsrate vieler Viren und der fehlerhaften Replikation mancher viraler Genome (v. a. RNA-Viren) entstehen Mutanten, die gegen einzelne Virostatika resistent sein können und bei Anwesenheit dieses Medikaments dann selektioniert und vermehrt werden.

Daher setzt sich eine kombinierte Verwendung von Substanzen mit unterschiedlichen Angriffspunkten durch, soweit diese verfügbar sind. Damit soll die Replikation eines Virus effektiver unterdrückt und der Entstehung von Resistenzen entgegengewirkt werden. Dieses Konzept findet bei der Therapie der HIV-Infektion, für die über 25 wirksame Substanzen zur Verfügung stehen, bereits Anwendung (HAART – „highly active antiretroviral therapy"). Ebenso ist heute eine interferonfreie Kombinationstherapie mit 2 oder 3 direkt gegen HCV wirkenden Medikamenten möglich und erlaubt die Elimination des Virus.

Antiparasitäre Substanzen

Manfred Fille und Gerd-Dieter Burchard

Die Vielzahl an Einzelsubstanzen, die bei einzelnen Parasitosen eingesetzt werden, erfordert eine Gliederung, die sich hauptsächlich an den Indikationen und weniger an der chemischen Struktur orientiert.

112.1 Antimalariamittel

Steckbrief

Die verschiedenen Arten von Plasmodien und die verschiedenen Entwicklungsstadien der Plasmodien sprechen auf unterschiedliche Medikamente an.

Chloroquin

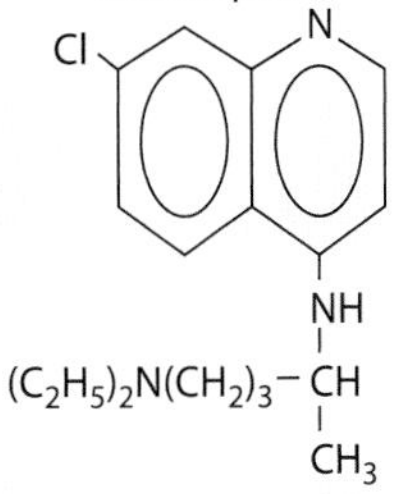

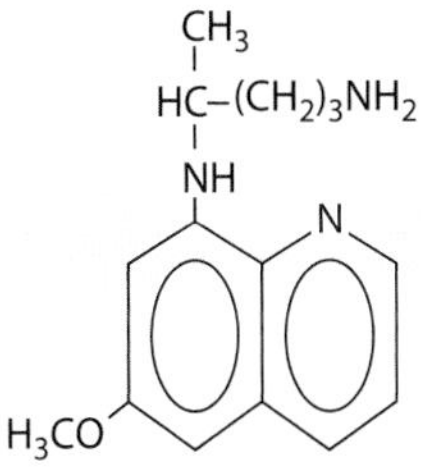

Primaquin

112.1.1 Beschreibung

▪ **Substanzen und Wirkungsmechanismus**

Chloroquin ist eine Substanz aus der Gruppe der 4-Aminochinoline. Diese bilden stabile Komplexe mit Ferriprotoporphyrin IX, deren Anhäufung letztlich zum Absterben der Parasiten führt.

Chinin ist ein Alkaloid aus der Rinde des Chinarindenbaums. Der genaue Wirkungsmechanismus ist nicht bekannt, möglicherweise kommt es infolge einer pH-Erhöhung durch Anreicherung in intrazellulären Organellen des Parasiten zu einer Störung des Membranaufbaus.

Mefloquin (Lariam) ist ein 4-Aminochinolin-Methanol. Es wird ein ähnlicher Wirkmechanismus wie bei Chinin angenommen.

Atovaquon-Proguanil (Malarone) Atovaquon ist ein Naphthochinonderivat, Proguanil ein Isopropylbiguanid, die Wirkung beruht auf einer Blockierung der Nukleinsäuresynthese. Proguanil hemmt das Enzym Dihydrofolatreduktase (DHFR) des Parasiten.

Artemisinine Dies sind Derivate des Artemisinins, eines Wirkstoffs der chinesischen Pflanze Artemisia annua (Einjähriger Beifuß). Charakteristika der Artemisininstruktur sind ein Trioxanring und eine Peroxidbrücke. Die Wirksamkeit beruht auf der Freisetzung freier Radikale, welche die Parasitenmembran schädigen. Zur intravenösen Gabe steht **Artesunat** zur Verfügung, zur oralen Gabe die Kombinationspräparate **Artemether/Lumefantrin** (Riamet) und **Dihydroartemisinin/Piperaquin** (Eurartesim).

Doxycyclin hemmt die Proteinbiosynthese (▶ Kap. 103). Es ist nicht zur alleinigen Therapie geeignet, sondern nur in Kombination sowie zur Prophylaxe.

Primaquin und Tafenoquin Primaquin ist ein 8-Aminochinolin, seine Abbauprodukte schädigen die mitochondriale Atmungskette und die Pyrimidinsynthese. Tafenoquin ist eine Weiterentwicklung mit verlängerter Halbwertszeit.

▪ **Wirkungsspektrum**

Chloroquin, Chinin, Mefloquin, Doxycyclin und die Artemisinine wirken gegen die erythrozytären Formen der Plasmodien. Dabei hemmen die Artemisinine die Reifung der frühen Ringformen bis zu den frühen Schizonten und verhindern so besonders wirkungsvoll die Zytoadhärenz parasitierter Erythrozyten an das Kapillarendothel (▶ Kap. 85). Atovaquon-Proguanil wirkt auch gegen die Leberformen der Plasmodien. Primaquin wirkt darüber hinaus gegen Hypnozoiten von P. vivax und P. ovale und kann so Rückfälle einer Malaria tertiana verhindern, Tafenoquin ist zur Malariaprophylaxe und zur Behandlung von Rezidiven einer Malaria tertiana geeignet und in einigen Ländern zugelassen.

▪ **Resistenzen**

Die Resistenz von P. falciparum gegen Chloroquin beruht auf der schnelleren Ausschleusung der

S. Suerbaum et al. (Hrsg.), *Medizinische Mikrobiologie und Infektiologie*,
https://doi.org/10.1007/978-3-662-61385-6_112

Substanz aus dem Parasiten (1–2 vs. > 55 min). Chloroquinresistente P. falciparum-Stämme finden sich weltweit außer in Mittelamerika. Die Resistenz gegen Mefloquin ist mit „Multi-drug"-Resistenz-artigen Genen („mdr-like genes") assoziiert, Mefloquinresistenzen kommen insbesondere in Südostasien vor. Besorgniserregend ist, dass in den letzten Jahren in Südostasien eine verminderte Wirksamkeit von Artemisininen beobachtet wurde, die dazu führt, dass Plasmodien langsamer aus dem Blut eliminiert werden. Molekulare Marker für die Resistenz wurden beschrieben (z. B. sog. Kelch-13-Mutationen) und dienen dazu, die Resistenzausbreitung zu verfolgen.

112.1.2 Rolle als Therapeutika

▪ Indikationen

Mittel der Wahl bei unkomplizierter Malaria tropica sind Atovaquon/Proguanil oder Artemisinin-Kombinationspräparate. Mefloquin wird wegen der zentralnervösen Nebenwirkungen nur noch ausnahmsweise eingesetzt. Zur Therapie der schweren, lebensbedrohlichen Malaria tropica werden Artesunat i. v. oder als Mittel zweiter Wahl Chinin in Kombination mit Doxycyclin eingesetzt.

Malaria tertiana und quartana können mit Chloroquin behandelt werden, Chloroquinresistenzen kommen allerdings bei P. vivax insbesondere in Südostasien vor. Primaquin wird bei Malaria tertiana zur Beseitigung der Hypnozoiten in der Leber eingesetzt (zusätzlich zur Therapie gegen die erythrozytären Formen mit o. g. Medikamenten).

▪ Kontraindikationen

Chloroquin Vorbestehende Retinopathie und Gesichtsfeldeinschränkungen, Erkrankungen des blutbildenden Systems und Myasthenia gravis, Anwendungsbeschränkungen stellen Psoriasis, Porphyrie sowie schwere Leber- und Nierenerkrankungen dar.

112

Chinin Bekannte Überempfindlichkeit.

Mefloquin Neuropsychiatrische Erkrankungen, Epilepsie; relative Kontraindikationen sind kardiale Überleitungsstörungen oder Behandlung mit herzwirksamen Medikamenten.

Atovaquon/Proguanil Kreatinin-Clearance < 30 ml/min.

Artemisinin-Kombinationspräparate Herzkrankheit oder Verlängerung der QT_c-Zeit, plötzlicher Herztod in der Familienanamnese oder die gleichzeitige Einnahme von Mitteln, die zur Verlängerung der QT_c-Zeit führen können.

112.2 Mittel gegen Darmprotozoen

Steckbrief

Metronidazol ist Mittel der Wahl zur Therapie der invasiven Amöbiasis, Paromomycin zur Elimination von Entamoeba histolytica aus dem Darm. Nitroimidazole werden auch gegen die Giardiasis eingesetzt.

112.2.1 Beschreibung

▪ Substanzen und Wirkungsmechanismus

Metronidazol ist ein Nitroimidazol (▶ Abschn. 109.1), es ist nicht nur gegen anaerobe Bakterien wirksam, sondern auch gegen Protozoen. Die Wirksamkeit beruht darauf, dass die reduzierte Form des Metronidazol an Thioredoxinreduktase bindet und so zu DNA-Strangbrüchen führt.

Paromomycin ist ebenfalls ein Antibiotikum, das im Darm kaum resorbiert wird und somit gegen Amöben im Kolonlumen wirken kann.

Die Wirkung von **Nitazoxanid** beruht vermutlich auf einer Interferenz mit dem Elektronentransport der Parasiten. Es ist bisher in Deutschland nicht zugelassen und kommt nur als Reservemedikament in Einzelfällen zur Anwendung.

▪ Wirkungsspektrum

Metronidazol wirkt gut gegen Entamoeba histolytica und gegen Giardia lamblia. Paromomycin wirkt auf Amöben und Lamblien, aber auch gegen Leishmanien. Nitazoxanid ist ein Medikament mit breiter Wirksamkeit gegen intestinale Protozoen wie z. B. Kryptosporidien, aber auch gegen Würmer.

112.2.2 Rolle als Therapeutika

▪ Indikationen und Anwendungen

Eine invasive Amöbiasis wird mit Metronidazol behandelt. Andere Nitroimidazole bieten keine wesentlichen Vorteile. Mit Resistenzen ist bisher nicht zu rechnen. Metronidazol ist nicht ausreichend wirksam gegen die Amöben im Darmlumen, daher muss immer eine Nachbehandlung mit dem im Darmlumen wirksamen Paromomycin erfolgen.

Mittel der Wahl bei der Giardiasis sind die Nitroimidazolpräparate, alternativ können auch Albendazol (▶ Abschn. 112.5.1) oder Paromomycin oder Nitazoxanid eingesetzt werden.

112.3 Mittel gegen Trypanosomen

Steckbrief

Suramin, Pentamidin, Melarsoprol und Eflornithin sind gegen die Erreger der Schlafkrankheit, Nifurtimox und Benznidazol gegen die Erreger der Chagas-Krankheit wirksam. Sie sind sehr toxisch. Pentamidin wird auch als Ersatzmittel zur Therapie von Pneumocystis jirovecii-Infektionen eingesetzt.

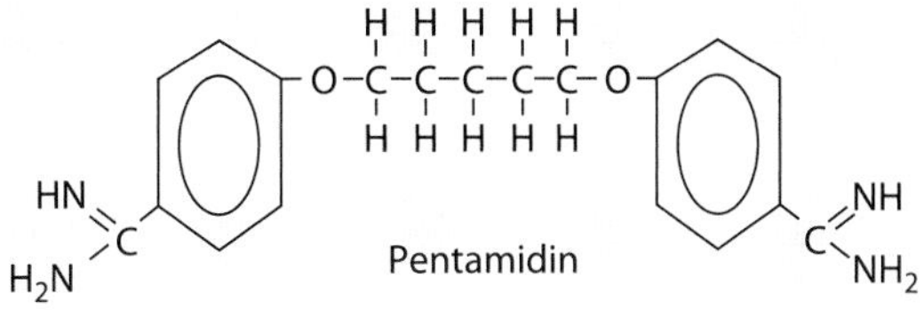

Pentamidin

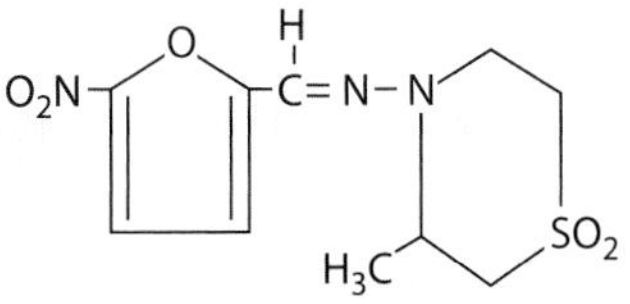

Nifurtimox

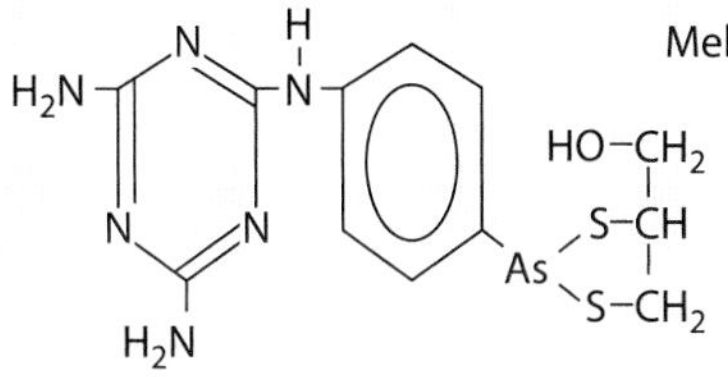

Melarsoprol (MelB)

112.3.1 Beschreibung

▪ Substanzen und Wirkungsmechanismus

Suramin hemmt Enzyme des parasitären Energiestoffwechsels. **Pentamidin** interagiert mit DNA, RNA, Phospholipiden und Proteinen; der genaue Wirkungsmechanismus ist nicht bekannt. Die trivalente Arsenverbindung **Melarsoprol** (MelB) wird durch einen Adenosintransporter vom Parasiten aufgenommen; die Substanz könnte dann mit Sulfhydrylresten von Strukturproteinen und Enzymen interagieren und damit deren Funktion beeinträchtigen. **Eflornithin** hemmt irreversibel die Ornithindekarboxylase, ein Enzym des Polyamidstoffwechselweges – Polyamide sind für Trypanosomen bei Wachstum, Differenzierung und Vermehrung unerlässlich. **Fexinidazol** erzeugt reaktive Amine, die toxisch auf Trypanosomen wirken.

Nifurtimox und **Benznidazol** induzieren toxische Sauerstoffradikale.

▪ Wirkungsspektrum

Suramin, Pentamidin, Melarsoprol und Eflornithin sowie Nifurtimox wirken gegen Trypanosomen. Nifurtimox und Benznidazol sind wirksam gegen Trypanosoma cruzi, den Erreger der Chagas-Krankheit. Pentamidin wirkt auch gegen Pneumocystis und Leishmanien. Eine Neuentwicklung ist das Fexinidazol, ein Nitroimidazol zur Therapie der Schlafkrankheit.

112.3.2 Rolle als Therapeutika

▪ Indikationen und Anwendungen

Die frühen Stadien der westafrikanischen Schlafkrankheit (T. brucei gambiense) werden mit Pentamidin, die späten mit Nifurtimox und Eflornithin behandelt, die ostafrikanische Schlafkrankheit (T. brucei rhodesiense) mit Suramin bzw. Melarsoprol. Als Nebenwirkung des Melarsoprol kann eine toxische Enzephalopathie auftreten. Fexinidazol ist eine Alternative bei allen Stadien der westafrikanischen Trypanosomiasis.

Die Chagas-Krankheit wird mit Nifurtimox oder Benznidazol behandelt.

Pentamidin wird als Alternativmedikament bei der Prophylaxe und Therapie der Pneumocystis jirovecii-Pn eumonie eingesetzt, es kann auch als Aerosol gegeben werden. Mögliche Nebenwirkungen sind Hyper- und Hypoglykämie, Pankreatitis, Hypokalzämie, Leukopenie, Thrombozytopenie, Anämie.

112.4 Mittel gegen Leishmanien

Steckbrief

Mittel der Wahl zu Behandlung von Leishmaniosen sind liposomales Amphotericin B (Abb.) und Miltefosin.

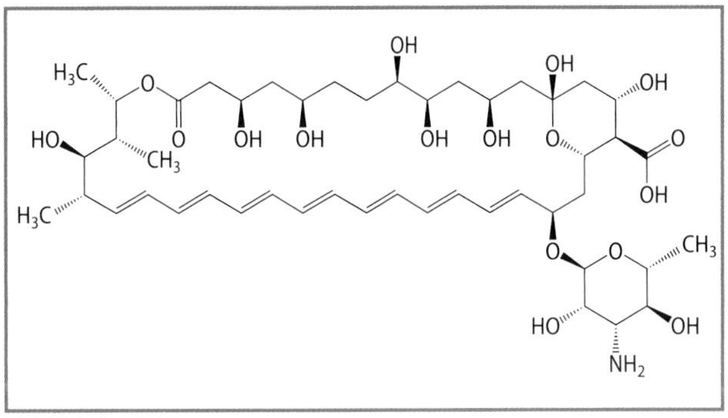

112.4.1 Beschreibung

▪ Substanzen und Wirkungsmechanismus

Liposomales Amphotericin B (AmBisome) gehört zur Gruppe der lipidassoziierten Amphotericine, diese sind Polyenmakrolaktone, die von Makrophagen aufgenommen und an den Ort der Infektion gebracht werden (Wirkungsmechanismus ▶ Abschn. 110.1).

Miltefosin ist ein Phospholipidanalogon, das die Membransynthese und Signalfunktion der parasitären Zelle stört.

▪ Wirkungsspektrum

Liposomales Amphotericin B und Miltefosin wirken in unterschiedlichem Ausmaß auf die verschiedenen humanpathogenen Leishmanienarten.

112.4.2 Rolle als Therapeutika

▪ Indikationen, Kontraindikationen, Anwendungen

Hauptindikation ist die Chemotherapie der viszeralen Leishmaniose (Kala-Azar). Kutane Verlaufsformen (Orientbeule) können manchmal auch lokal behandelt werden (Paromomycin-Methylbenzethonium-Salbe, Infiltration von Antimonen oder Amphotericin B, Kryotherapie, Thermotherapie).

▪ Nebenwirkungen

Liposomales Amphotericin B Kopf-, Glieder- und Muskelschmerzen, insbesondere Rückenschmerzen zu Beginn der Infusionen, selten Nierenfunktionsstörungen.

Miltefosin Erbrechen, Durchfall und selten Erhöhung der Leberenzyme und des Serumkreatinins. Miltefosin-Resistenzen wurden beschrieben.

112.5 Mittel mit vorwiegender Wirkung gegen intestinale Nematoden und Nematodenlarven

Steckbrief

Albendazol und Mebendazol sind Benzimidazole mit hoher Wirksamkeit gegen intestinale Rundwürmer.

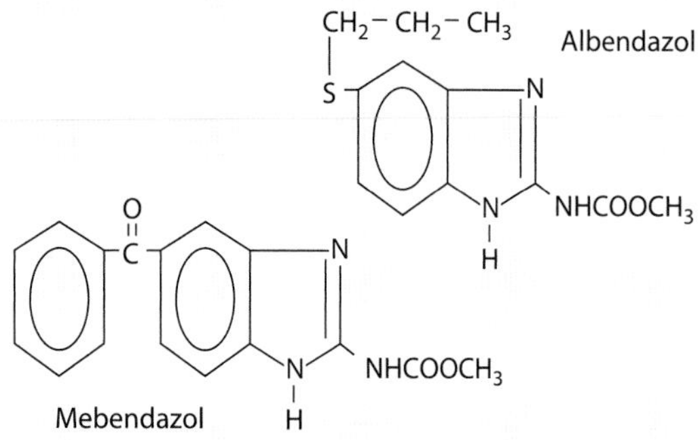

112.5.1 Beschreibung

▪ Substanzen und Wirkungsmechanismus

Albendazol und **Mebendazol** binden an das Tubulin der Würmer und verhindern die Mikrotubulibildung. Ebenso wird die Glukoseaufnahme blockiert, wodurch die Glykogenspeicher des Wurmes verbraucht werden. Der Parasit büßt seine Beweglichkeit ein und stirbt.

▪ Wirkungsspektrum

Die Benzimidazole sind hochwirksam gegen intestinale Rundwürmer (Nematoden). Albendazol erfasst ebenfalls Bandwürmer (Zestoden) und auch Giardia lamblia.

112.5.2 Rolle als Therapeutika

▪ Indikationen

Albendazol und Mebendazol sind bei intestinalen Rundwurmerkrankungen (z. B. Enterobiasis/Oxyuriasis, Askariasis, Trichuriasis, Ankylostomiasis, Strongyloidiasis) indiziert. Bei extraintestinalen Erkrankungen durch Rundwürmer (z. B. Trichinose, Larva migrans cutanea) kommt eher Albendazol zum Einsatz, da Mebendazol schlecht resorbiert wird. Albendazol ist auch das Mittel der Wahl zur Therapie einer Echinokokkose und (eventuell in Kombination mit Praziquantel, ▶ Abschn. 112.7) einer Neurozystizerkose.

▪ Nebenwirkungen

Albendazol und Mebendazol werden bei kurzfristiger Anwendung gut vertragen, selten treten gastrointestinale Beschwerden auf.

112.6 Mittel mit vorwiegender Wirkung gegen Filarien

Steckbrief

Diethylcarbamazin ist ein Piperazinderivat, das Mikrofilarien abtötet. Ivermectin ist ein makrozyklisches Lakton mit breiter Wirksamkeit gegen Rundwürmer inklusive Mikrofilarien.

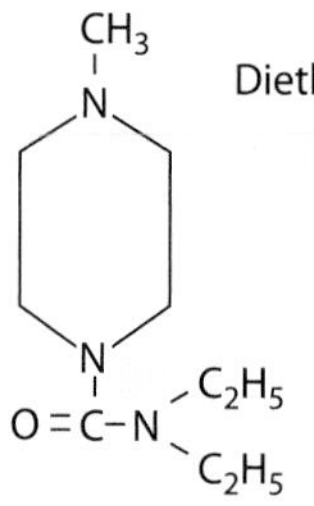

Diethylcarbamazin

112.6.1 Beschreibung

■ Substanzen und Wirkungsmechanismus

Diethylcarbamazin (DEC) hemmt den Arachidonsäurestoffwechsel und bewirkt, dass wirtseigene Abwehrzellen besser angreifen können. **Ivermectin** verstärkt die Öffnung glutamatabhängiger Chloridkanäle; dies führt zu Lähmung der Pharynxpumpe des Wurms.

■ Wirkungsspektrum

Larven (Mikrofilarien) und Adulte der Filarien werden in unterschiedlichem Ausmaß durch DEC und Ivermectin abgetötet. Ivermectin hat auch eine gute Wirksamkeit gegen den intestinalen Nematoden Strongyloides, gegen die Erreger einer Larva migrans cutanea sowie gegen Krätzemilben.

112.6.2 Rolle als Therapeutika

■ Indikationen, Kontraindikationen, Anwendungen

Zur Therapie der lymphatischen Filariose, der Loiasis und der Onchozerkose stehen vorwiegend Diethylcarbamazin, Ivermectin und Albendazol zur Verfügung.

Eine zusätzliche Strategie ist die Abtötung von Endosymbionten der Würmer (Wolbachien = rickettsienähnlichen Bakterien) mit Antibiotika wie Doxycyclin, was bei der Onchozerkose und der lymphatischen Filariasis zum Absterben der Würmer führt.

112.7 Mittel mit vorwiegender Wirkung gegen Trematoden und Zestoden

Steckbrief

Praziquantel ist ein heterozyklisches Pyrazinoisochinolin mit breiter Wirksamkeit gegen Trematoden (Egel) und Zestoden (Bandwürmer).

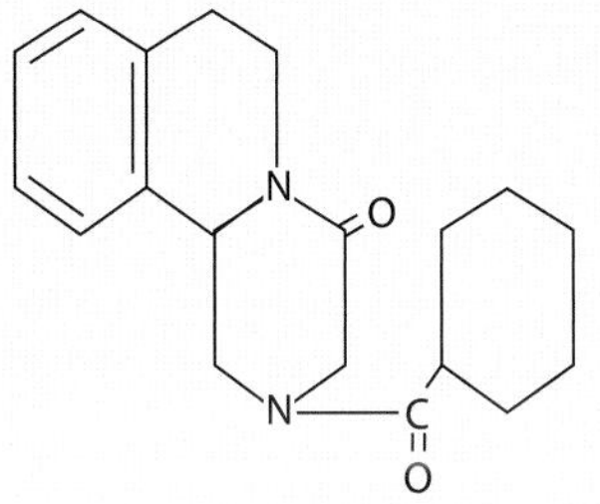

112.7.1 Beschreibung

■ Substanzen und Wirkungsmechanismus

Praziquantel erhöht die Kalziumpermeabilität des Teguments (Schistosomen) oder setzt Kalzium aus intrazellulären Speichern frei. Hierdurch entstehen intrazellulär tetanische Kalziumkonzentrationen, und somit resultiert eine Lähmung des Helminthen.

■ Wirkungsspektrum

Praziquantel erfasst zahlreiche Egel und Bandwürmer (Adulte und Larven), also Schistosomen, Lungen- (Paragonimus), Darm- (z. B. Fasciolopsis) und die Leberegel Clonorchis sinensis und Opisthorchis. **Nicht** wirksam ist Praziquantel gegen Echinokokken sowie den Leberegel Fasciola hepatica.

112.7.2 Rolle als Therapeutikum

■ Indikationen

Praziquantel ist das Mittel der Wahl bei allen Erkrankungen durch Egel und Bandwürmer – mit den folgenden beiden Ausnahmen:

- Echinokokkose (hier: Albendazol, ggf. Chirurgie)
- Infestationen durch Fasciola hepatica (hier: Triclabendazol)

In Kürze: Antiparasitäre Substanzen

- **Antimalariamittel:** Eine unkomplizierte Malaria tropica wird mit Atovaquon-Proguanil oder Artemisinin-Kombinationspräparaten behandelt. Chloroquin kommt wegen weltweiter Resistenzen, Mefloquin wegen zentralnervöser Nebenwirkungen kaum noch zum Einsatz. Eine komplizierte Malaria tropica muss unter intensivmedizinischer Überwachung mit Artesunat behandelt werden. Rückfälle einer Malaria tertiana lassen sich mit Primaquin verhindern.
- **Mittel gegen Darmprotozoen:** Amöbenruhr und Amöbenleberabszess werden mit Metronidazol therapiert, zur Elimination von Darmlumenformen muss eine Behandlung mit Paromomycin angeschlossen werden. Metronidazol ist auch zur Behandlung der Giardiasis geeignet.
- **Mittel gegen Trypanosomen:** Bei der Afrikanischen Schlafkrankheit kommen Suramin, Pentamidin, Eflornithin, Melarsoprol und Nifurtimox zum Einsatz, eine Neuentwicklung ist das Fexinidazol; bei der Chagas-Krankheit Nifurtimox und Benznidazol.

- **Mittel gegen Leishmaniosen:** Die viszerale Leishmaniasis (Kala-Azar) wird intravenös mit liposomalem Amphotericin B, bei Herkunft aus Indien alternativ auch oral mit Miltefosin behandelt. Eine orale Leishmaniasis (Orientbeule) kann eventuell lokal therapiert werden.
- **Mittel gegen intestinale Rundwürmer:** Albendazol und Mebendazol sind im Allgemeinen gut wirksam.
- **Mittel gegen Filarien:** Diethylcarbamazin wirkt gegen Wuchereria und Loa loa, Ivermectin gegen Onchocerca volvulus. Zusätzlich können bei der Onchozerkose Tetracycline gegeben werden, um endosymbiontische Bakterien (Wolbachien) abzutöten und so die Würmer zu schädigen.
- **Mittel gegen Egel und Bandwürmer:** Praziquantel ist Mittel der Wahl bei Egeln und Bandwürmern (Es ist allerdings nicht wirksam bei Echinokokken und bei Fasciola hepatica).

Krankheitsbilder

Inhaltsverzeichnis

Fieber – Pathophysiologie und Differenzialdiagnose

Gerd-Dieter Burchard

Fieber ist eine Erhöhung der Körperkerntemperatur infolge einer Änderung des Temperatursollwerts im hypothalamischen Wärmeregulationszentrum. Es ist ein häufiges Begleitsymptom von Infektionen und spielt deshalb in der Infektiologie eine wichtige Rolle. Bei gesunden Menschen variiert die Körpertemperatur zwischen 36,0 und 38,0 °C. Im zirkadianen Rhythmus wird das Temperaturmaximum nachmittags erreicht. Fieber wird meist definiert als Kerntemperatur über 38,3 °C (z. B. von der Infectious Diseases Society of America). Tympanische (Infrarot-) oder sublinguale Messungen zeigen um 0,2–0,5 °C niedrigere Werte.

113.1 Pathophysiologie des Fiebers

Die wichtigsten thermoregulatorischen Strukturen sind in der **präoptischen Region des anterioren Hypothalamus** lokalisiert: Hier wird die Ist-Körperkerntemperatur direkt wahrgenommen. Ferner laufen hier afferente Signale z. B. von Wärme- und Kälterezeptoren aus der Haut des ganzen Körpers zusammen.

In diesem **Temperaturzentrum** finden sich wärmesensitive und in geringerer Anzahl kältesensitive Neuronen. Deren Temperaturempfindlichkeit wird durch Ionenkanäle vermittelt. Vermutlich entsteht der sog. Temperatursollwert durch einen Vergleich der Aktivität der temperaturunempfindlichen mit den wärmesensitiven Neuronen. Die temperaturempfindlichen Neuronen können durch Pyrogene gehemmt werden, wodurch dann das normale regulatorische Gleichgewicht im Thermoregulationszentrum verschoben wird.

Die **thermoregulatorischen Antworten** können in autonome Reaktionen und Verhaltensänderungen unterteilt werden. Bei Erhöhung der Körperkerntemperatur wird das sympathische System inhibiert, Folge ist eine aktive präkapillare Vasodilatation der Hautgefäße und eine Stimulation der Schweißdrüsen. Autonome Reaktionen gegenüber Kälte sind Vasokonstriktion von arteriovenösen Shunts, Kältezittern sowie die Sekretion von Neurotransmittern, die den Zellstoffwechsel steigern.

Pyrogene sind per definitionem Substanzen, die Fieber erzeugen. Man unterscheidet exogene und endogene Pyrogene:

- Ein wichtiges **exogenes** Pyrogen ist das Lipopolysaccharid (LPS) aus der Zellwand gramnegativer Bakterien. Exogene Pyrogene beeinflussen die Synthese verschiedener Zytokine und Prostaglandine (z. B. in den hepatischen Kupffer-Zellen) oder wirken auf die präoptische Region des Hypothalamus. Auch diverse Medikamente können die Freisetzung von Zytokinen triggern.
- Wichtige **endogene** Pyrogene sind IL-1, IL-6 und TNF. Wie solche Zytokine im Einzelnen mit dem Hypothalamus interagieren, ist unklar. Wichtige Mediatoren sind Prostaglandine und Ceramid. Pyrogene können auch an Toll-ähnliche Rezeptoren (TLR) binden und auf temperatursensible Neuronen wirken.

Angeborene Störungen im Stoffwechsel der an den Regelkreisen beteiligten Substanzen können zu erblichen Fiebersyndromen führen (z. B. familiäres Mittelmeerfieber, FMF, oder Tumornekrosefaktor-(TNF-) Rezeptor-assoziiertes periodisches Syndrom, TRAPS).

113.1.1 Infektabwehr

Mehrere Argumente sprechen dafür, dass Fieber eine nützliche Antwort des Körpers ist:

- **Evolutionsbiologisches Argument:** Kaltblütige Tiere suchen natürlicherweise die Temperatur auf, die optimal für ihr Überleben ist. Grünen Leguanen, denen man lebende oder tote Bakterien injiziert, überleben eher, wenn sie wärmere Orte aufsuchen. Insgesamt ist die Fieberantwort im gesamten Tierreich zu beobachten – sie scheint sich also in der Evolution bewährt zu haben.

S. Suerbaum et al. (Hrsg.), *Medizinische Mikrobiologie und Infektiologie*,
https://doi.org/10.1007/978-3-662-61385-6_113

- **Klinische Studien:** Bei chirurgischen Patienten mit Bakteriämie war eine höhere Körpertemperatur in den ersten 24 h mit einer höheren Überlebensrate assoziiert. Bei älteren Patienten mit Pneumonie war die Letalität höher, wenn sie kein Fieber hatten. Fiebersenkung mit Paracetamol (Acetaminophen) bei kritisch kranken Traumapatienten führte zu höherer Letalität.

Diesen Studien zufolge hat Fieber im Wesentlichen **2 Funktionen:**
- Es hilft dem Immunsystem.
- Es schwächt Infektionserreger.

Bei Fieber wird vermehrt IL-6 hergestellt. Dieses induziert die Bildung von Adhäsionsmolekülen auf Leukozyten. Eine Rolle spielt zudem die verstärkte Bildung von Hitzeschockproteinen (HSP), welche die korrekte Faltung neu hergestellter Eiweißketten kontrollieren und ggf. korrigieren. Dieser **Fiebereinfluss auf das Immunsystem** ließ sich auch in klinischen Studien nachweisen: So zeigten Kinder, die symptomatisch nach Kombinationsimpfungen mit Paracetamol behandelt wurden, zwar erwartungsgemäß weniger Fieber, entwickelten aber auch geringere Antikörpertiter.

Bei vielen Erregern beeinträchtigt eine Erhöhung der Umgebungstemperatur das Wachstumsverhalten. Bakterien reagieren auf Temperaturanstieg mit einer verstärkten Expression von Hitzeschockproteinen (HSP), diese stellen Zielantigene für die Immunantwort dar. Auch für diese Beeinträchtigung der Erreger durch erhöhte Temperaturen gibt es klinische Belege:
- Behandelt man Patienten mit Malaria fiebersenkend mit Paracetamol oder Ibuprofen, dauert es länger, bis die Plasmodien aus dem Blut verschwinden.
- Bei der Syphilistherapie wurden vor Einführung der Antibiotika Erfolge mit künstlich hergestelltem Fieber gesehen (induziert z. B. durch die Infektion mit Malariaerregern – Nobelpreis 1927 für Julius Wagner-Jauregg).

113.1.2 Fiebersenkung

Fieber ist einerseits eine grundsätzlich nützliche Reaktion des Körpers, kann aber andererseits unerwünschte Auswirkungen haben wie z. B. Dehydratation und erhöhten Sauerstoffverbrauch, bei längerem Fieber starke Abgeschlagenheit. Nur in bestimmten Situationen ist eine **Fiebersenkung indiziert:**
- Fieber > 41 °C: Nützliche Fiebereffekte sind nicht mehr zu erwarten und die kardiopulmonale Belastung wird hoch.
- Bei neurologischen Krankheitsbildern kann erhöhte Körpertemperatur eher nachteilig sein.
- Wenn bei Kindern Fieberkrämpfe auftreten, sollte die Temperatur gesenkt werden.
- Hohe Temperaturen in den ersten Schwangerschaftswochen wurden mit Neuralrohrdefekten in Verbindung gebracht.
- Fieber führt meist zur Tachykardie. Wenn diese für den Patienten gefährlich sein könnte, sollte die Temperatur gesenkt werden.

Fiebersenkende Medikamente (Antipyretika) sind z. B. Azetylsalizylsäure, Ibuprofen, Paracetamol oder Metamizol. Sie hemmen die Prostaglandinsynthese und können damit den Regelkreis im Hypothalamus unterbrechen. Ihr Einsatz sollte auch deshalb kritisch erfolgen, weil Antipyretika signifikante **Nebenwirkungen** haben, z. B. akutes Nierenversagen, membranöse Glomerulonephritis, nephrotisches Syndrom und gastrointestinale Blutungen.

113.2 Differenzialdiagnose des Fiebers

Fieber ist ein unspezifisches Symptom und kann bei zahlreichen Erkrankungen auftreten. Während **akute** fieberhafte Erkrankungen (< 2 Wochen) weltweit ganz überwiegend durch Infektionen bedingt sind, spielen bei **chronisch persistierenden oder rezidivierenden** Fieberzuständen auch Neoplasien und entzündliche Erkrankungen nichtinfektiöser Genese eine wichtige ätiologische Rolle.

Eine **infektiöse Ursache** eines anhaltenden Fiebers wird man vor allem bei Kindern und alten Menschen, bei Abwehrschwäche durch Grundkrankheiten wie Diabetes mellitus und bei Immundefekten in Betracht ziehen. Wichtige infektiöse Ursachen eines zunächst unklaren Fiebers sind die infektiöse Endokarditis, die Tuberkulose und Abszesse. Zur Abklärung eines unklaren Fiebers gehört immer die Erhebung einer Reiseanamnese, um eventuelle tropenspezifische Infektionskrankheiten auszuschließen, insbesondere die akut lebensbedrohliche Malaria tropica.

Bei malignen Erkrankungen wird Fieber oft durch Sekundärinfektionen hervorgerufen. Aber auch ein Tumor selbst kann die Bildung von Pyrogenen induzieren und zu Fieber führen. Eine häufige Fieberursache sind Kollagen- und entzündliche Gefäßerkrankungen, z. B das mit wochen- bis monatelangen Fieberschüben einhergehende Still-Syndrom des Erwachsenen. **Nichtinfektiöse Fieberursachen bei kritisch kranken Patienten** können z. B. sein: Bluttransfusionen, zerebrale Blutungen, Subarachnoidalblutung, Nebenniereninsuffizienz, Herzinfarkt,

Pankreatitis, Darmgangrän, Aspirationspneumonitis, Fettembolie, tiefe Venenthrombose, Zirrhose, gastrointestinale Blutungen, Dekubitalulzera etc.

Fieber kann eine Manifestation einer **Medikamentennebenwirkung** sein, häufig z. B. bei Amphotericin B oder Bleomycin, grundsätzlich aber bei allen Medikamenten.

Daraus resultiert: Fieber sollte nicht automatisch zur Gabe eines Antibiotikums führen. Grundsätzlich sollte ein Antibiotikum gegeben werden

- bei Nachweis einer bakteriellen Infektion oder
- bei Neutropenie oder
- bei hämodynamisch instabilen Patienten ohne offensichtlich nichtinfektiöse Fieberursache.

Fieber bei einer Neutrophilenzahl < 500/µl ist ein Notfall (▶ Kap. 114).

Das **Fieberprofil** ist nicht sehr hilfreich in der Differenzialdiagnose. Allgemein gilt: Bei Infektionskrankheiten bleibt der zirkadiane Temperaturverlauf mit Höchstwerten am späten Nachmittag und Tiefstwerten in den frühen Morgenstunden erhalten.

- Noch am ehesten ist **rezidivierendes Fieber** zu verwerten. Es kommt vor bei Malaria, Rückfallfieber, Trypanosomiasis oder Cholangitis.
- **Kontinuierliches Fieber** (gleich bleibendes Fieber mit Tagesschwankung < 1 °C) findet sich z. B. bei Lobärpneumonie oder Typhus abdominalis.
- **Intermittierendes Fieber** ist ein sehr stark schwankendes Fieber, häufig mit normalen Temperaturen morgens und Fieberspitzen abends, mit schnellen Fieberanstiegen inklusive Schüttelfrost. Schüttelfröste als Ausdruck eines sehr raschen und hohen Fieberanstiegs sind immer verdächtig auf eine Bakteriämie, aber auch ein charakteristisches Symptom der Malaria.
- Ein **sattelförmiger Fiebertyp** mit morgendlichen und abendlichen Temperaturanstiegen gilt als typisch für die Kala-Azar.

In Kürze: Fieber – Pathophysiologie und Differenzialdiagnose

Fieber ist ein wichtiges Symptom, das eine sorgfältige Diagnostik verlangt. Die Differenzialdiagnose ist umfangreich, Infektionskrankheiten sind immer zu beachten. Eine spezielle Abklärung ist notwendig bei Fieber bei hospitalisierten Patienten, bei immunsupprimierten Patienten und bei Patienten nach Auslandsaufenthalt.

Sepsis – schwere Sepsis – septischer Schock

Winfried V. Kern

Sepsis ist eine Infektion mit komplexer allgemeiner, systemischer Entzündungsreaktion, die unabhängig vom Erreger ein Organversagen zur Folge haben kann. Eine solche Sepsis kann bei sehr unterschiedlichen Infektionserregern und unterschiedlichen Infektionslokalisationen entstehen. Ursprünglich (nach der Definition von Hugo Schottmüller, Hamburger Internist, 1867–1936) waren damit bakterielle Infektionen gemeint, bei denen es aus einem lokalen eitrigen Entzündungsherd zu einer Generalisierung mit eitrigen Sekundärherden („septisch-metastatische Absiedlungen") kam – damals auch Septikämie oder Septikopyämie genannt. Heute sind die Begriffe „schwere Sepsis" und „septischer Schock" wichtiger. Dabei handelt es sich um fortgeschrittene Krankheitsstadien, bei denen es im Rahmen der generalisierten Entzündungsreaktion zu Zeichen der Organdysfunktion kommt und ein Kreislaufversagen entsteht (septischer Schock), was eine umgehende, meist intensivmedizinische Behandlung notwendig macht. Die schwere Sepsis und der septische Schock verlangen eine rasche Infektionstherapie mit Antibiotika und ggf. anderen antimikrobiellen Substanzen, eine chirurgische Sanierung von Infektionsherden sowie eine intensive supportive Therapie. Nach der neuesten Sepsisdefinition wird nur noch Sepsis von septischem Schock unterschieden, und zur Sepsisfrüherkennung wird der sog. SOFA-Score empfohlen.

Definition

Sepsis, schwere Sepsis und septischer Schock definieren ein Krankheitskontinuum von allgemeiner Entzündungsreaktion mit Folgen für kritische Organfunktionen, was als Resultat einer überschießenden oder zumindest inadäquaten Wirtsreaktion interpretiert werden kann. Die Diagnose kann nur über eine Kombination von Symptomen und Befunden gestellt werden (◘ Tab. 114.1), Erreger und Infektionsort(e) müssen zusätzlich definiert werden. Die Entwicklung

◘ Tab. 114.1 Früher verwendete Definition von Sepsis, schwerer Sepsis und septischem Schock

Sepsis	Verdacht auf oder gesicherte **Infektion** mit mind. 2 der folgenden **Zeichen einer allgemeinen Entzündungsreaktion:** – Fieber (≥ 38 °C) oder Körpertemperatur < 36 °C – Tachykardie (Herzfrequenz ≥ 90/min) – Tachypnoe (Atemfrequenz ≥ 20/min) und/oder Hyperventilation mit Hypokapnie ($PaCO_2 \leq 32$ mmHg) – Leukozytose (≥ 12.000/µl) oder Leukopenie (≤ 4000/µl) oder Linksverschiebung (≥ 10 % unreife Neutrophile im Differenzialblutbild)
Schwere Sepsis	**Sepsis plus** mind. eines der folgenden Zeichen für akute **Organdysfunktionen**: – Enzephalopathie: eingeschränkte Vigilanz, Desorientiertheit, Unruhe, Delirium – Thrombozytopenie: Thrombozytenzahl ≤ 100.000/µl oder Abfall um 30 % innerhalb 24 h ohne andere Erklärung – Arterielle Hypoxämie: $PaO_2 \leq 75$ mmHg unter Raumluft oder PaO_2-FiO_2-Ratio ≤ 250 mmHg unter Sauerstoffgabe – Oligurie: ≤ 0,5 ml/kg/h für mind. 2 h trotz ausreichender Volumensubstitution und/oder Serumkreatininanstieg auf mehr als den doppelten oberen lokal üblichen Referenzwert – Metabolische Azidose: Basenüberschuss ≤ –5 mmol/l oder Laktatkonzentration > 1,5-facher oberer lokal üblicher Referenzwert
Septischer Schock	**Schwere Sepsis mit Hypotonie** (systolischer Blutdruck < 90 mmHg bzw. arterieller Mitteldruck ≤ 65 mmHg), die – trotz adäquater Flüssigkeitssubstitution > 1 h persistiert und/oder – den Einsatz von Vasopressoren (Katecholaminen) notwendig macht, um den systolischen Blutdruck bei mind. 90 mmHg bzw. den arteriellen Mitteldruck > 65 mmHg zu halten

S. Suerbaum et al. (Hrsg.), *Medizinische Mikrobiologie und Infektiologie*,
https://doi.org/10.1007/978-3-662-61385-6_114

einer schweren Sepsis aus einer harmlos erscheinenden Infektion kann rasch erfolgen. Ein kurzfristiges Beobachten mit Neuerhebung von Symptomen und mit wiederholtem Überprüfen der Befunde ist notwendig.

Bei der Entwicklung einer schweren Sepsis kommt es oft zur initialen **hyperdynamen Phase** mit Tachykardie und überwärmter, trockener Haut. Der Patient wirkt in dieser Phase unter Umständen nicht schwerkrank. Es kann zu einer Flüssigkeitseinlagerung in das Gewebe in dieser Zeit kommen (Ödemneigung). Ursache ist die erhöhte Durchlässigkeit der Kapillargefäße durch Entzündungsmediatoren. Die Sauerstoffausschöpfung in der Peripherie ist gestört. Die Herzfunktion kann vermindert sein („septische Kardiomyopathie"). Das Laktat – als Integral der zunehmenden Sauerstoffschuld in der Peripherie – steigt an.

Diese Phase kann abrupt in eine **hypodyname Phase** mit plötzlichem Kreislaufversagen münden: Ein septischer Schock hat sich entwickelt. In dieser Phase ist die Prognose dann sehr schlecht: Die Sterblichkeit verdoppelt sich von etwa 20–30 % (schwere Sepsis) auf etwa 40–60 %.

Neue Sepsisdefinition und SOFA-Score

Im Jahr 2016 nahm ein Konsortium von Fachexperten Änderungen der Sepsisdefinition vor („Sepsis-3-Definition") und schlug Algorithmen vor, welche die Früherkennung der Sepsis bei der Erstversorgung („quickSOFA") bzw. auch im klinischen Kontext („SOFA-Score") erleichtern sollten. „SOFA" steht für „Sepsis-related Organ Failure Assessment". Der entsprechende Score prüft die Entwicklung und Befunde im Bereich zentralnervöser Funktion/ „Glasgow Coma Scale", Atmung/Lungenfunktion, Gerinnung/Thrombozytenzahlen, Leberfunktion/ Serum-Bilirubin, Nierenfunktion/Serum-Kreatinin/ Urinausscheidung und Herz-Kreislauf-Funktion/Blutdruck/Vasopressorentherapie (◘ Tab. 114.2).

Ein SOFA-Score-Wert ≥ 2 oder auch ein Anstieg des Wertes um 2 Punkte im Verlauf identifiziert dabei Patienten mit deutlich erhöhtem Risiko, im Krankenhaus zu versterben. Dieser Score ist gut validiert für hospitalisierte Erwachsene, hat jedoch – wie die meisten bisherigen Sepsisdefinitionen und -Scores – eine begrenzte Spezifität. Die Werte und Kriterien (◘ Tab. 114.2) gelten auch so nicht für Neugeborene und Kleinkinder.

114

In der neuen Sepsis-3-Definition wird der septische Schock als eine therapierefraktäre Hypotension (arterieller Mitteldruck < 65 mmHg) definiert und als Kriterium eine Laktatserumkonzentration > 2 mmol/l nach Volumensubstitution verlangt.

Der im Alltag und auch bei ambulanten Patienten anwendbare einfachere Score ist der **quickSOFA-Score.** Hier wird bei 2 von 3 möglichen Punkten im Falle eines Infektionsverdachts eine hohe Sterblichkeit vorausgeschätzt, sodass eine prompte Krankenhauseinweisung zur intensivierten Diagnostik und gegebenenfalls Therapie empfohlen wird. Der quickSOFA-Score berücksichtigt 3 Bereiche (mit jeweils Ja/nein-Antworten):

- Glasgow Coma Scale ≤ 14
- Atemfrequenz ≥ 22/min
- Hypotension RRsys ≤ 100 mmHg

Ursachen

Bei der Sepsis handelt es sich meist um bakterielle Infektionen, die generalisieren, d. h. um typische ambulant erworbene oder nosokomiale Infektionen (◘ Tab. 114.3), die besonders schwer verlaufen. Ursachen hierfür können Faktoren des Erregers (wie Toxinproduktion) und/oder Faktoren auf der Patientenseite (wie Immundysfunktion, Fremdkörper in situ, schwere Grunderkrankungen) sein. Oft handelt es sich um pulmonale Infektionen (◘ Abb. 114.1). Am zweithäufigsten sind Bakteriämien ausgehend von den Harnwegen, Gallenwegen oder von einem Venenkatheter oder auch Bakteriämien ohne (erkennbaren) Fokus. Gefürchtet sind auch schwere Haut-Weichgewebe-Infektionen mit tief reichenden Nekrosen (◘ Abb. 114.2) – oft polymikrobiell verursacht oder durch toxinbildende A-Streptokokken. Seltener ist die eitrige Meningitis, die jedoch relativ oft mit Zeichen der schweren Sepsis verläuft.

Infektionserreger lassen sich nicht immer sichern. Ein Direktnachweis gelingt in etwa 50 % (Blutkulturen ◘ Tab. 114.4], Punktate). Pilze und Viren können ebenfalls eine schwere Sepsis auslösen. Eine schwere Malaria entspricht ebenfalls einer sepsisähnlichen Reaktion und kann zu einem Bild wie beim septischen Schock führen.

Die **schwere Sepsis** bzw. der **septische Schock ohne Fokus** ist eine besondere klinische Herausforderung. Bestimmte Erreger sind hier häufiger nachweisbar: Pneumokokken, Meningokokken, A-Streptokokken, S. aureus. Fehlen die Granulozyten (z. B. im Rahmen einer Zytostatikatherapie bei Tumorleiden) oder besteht ein andersartiger Immundefekt, können auch sonstige Erreger sehr viel häufiger eine Sepsis ohne einen klinischen Fokus hervorrufen. Bekannt ist die fulminante Sepsis meist ohne Fokus durch Pneumokokken bei Patienten mit anatomischer oder funktioneller Asplenie.

Pathophysiologie

Pathophysiologisch kommt es zu einer Gewebeschädigung im Rahmen einer zunächst überschießenden, später unzureichenden allgemeinen immunologischen Reaktion mit in der Folge schwersten Mikrozirkulationsstörungen und im Extremfall Ausbildung von Nekrosen (◘ Abb. 114.3).

Tab. 114.2 Aktuelle Sepsisdefinition („Sepsis-3“). Ein Anstieg um mehr als 2 Punkte erfüllt in Zusammenhang mit einer Infektion bzw. einem Infektionsverdacht bei einem Erwachsenen die Kriterien einer „Sepsis“

Parameter	Bewertung (Punkte)	
ZNS	**Glasgow Coma Scale:**	
	15	0
	14–13	1
	12–10	2
	9–6	3
	≤5	4
Lungenfunktion/Atmung	**Horowitz-Index:**	
	>400 mmHg	0
	>300 bis ≤ 400 mmHg	1
	>200 bis ≤ 300 mmHg	2
	>100 bis ≤ 200 mmHg mit Unterstützung (Beatmung)	3
	≤100 mmHg mit Unterstützung (Beatmung)	4
Blutgerinnung	**Thrombozyten-Konzentration im Blut (10^3/µl):**	
	>150	0
	>100 bis ≤ 150	1
	>50 bis ≤ 100	2
	>20 bis ≤ 50	3
	≤20	4
Leberfunktion	**Bilirubin-Konzentration im Blut (mg/dl):**	
	<1,2	0
	≥1,2 bis < 2	1
	≥2 bis < 6	2
	≥6 bis < 12	3
	≥12	4
Nierenfunktion	**Kreatinin-Konzentration im Blut (mg/dl):**	
	<1,2	0
	≥1,2 bis < 2	1
	≥2 bis < 3,5	2
	≥3,5 bis < 5 (oder Diurese < 500 ml/d)	3
	≥5 (oder Diurese < 200 ml/d)	4
Herz-Kreislauf-Funktion	**Arterieller Blutdruck:**	
	Keine Hypotonie (mittlerer Blutdruck ≥ 70 mmHg)	0
	Mittlerer Blutdruck < 70 mmHg	1
	Katecholaminpflichtig für ≥ 1 h: Dopamin ≤ 5 µg/kg KG oder Dobutamin	2
	Katecholaminpflichtig für ≥ 1 h: Dopamin > 5 µg/kg KG (bis ≤ 15 µg/kg KG) oder Adrenalin ≤ 0,1 µg/kg KG oder Noradrenalin ≤ 0,1 µg/kg KG	3
	Katecholaminpflichtig für ≥ 1 h: Dopamin > 15 µg/kg KG oder Adrenalin > 0,1 µg/kg KG oder Noradrenalin > 0,1 µg/kg KG	4

Eine Gewebeschädigung mit sepsisähnlichen Folgen kann allerdings auch im Rahmen von Polytraumata, Verbrennung, Pankreatitis, großen operativen Eingriffen, Nekrosen und erregerunabhängigen Immunreaktionen entstehen. Die Zentralisation des Kreislaufs und Mikrozirkulationsstörungen führen terminal weitgehend unabhängig von ihrer Entstehung zu ähnlichen klinischen Befunden.

Tab. 114.3 Sepsis und septischer Schock: typische Erreger nach Fokus/Grunderkrankung

Sepsisform	Typische Erreger
Urosepsis	E. coli
	Pseudomonas aeruginosa
Cholangiogene Sepsis	E. coli
	Klebsiella spp.
	Anaerobier
	Enterokokken
Wundsepsis	S. aureus
	Enterobacter spp.
	Serratia spp.
	Enterokokken
Puerperalsepsis	A- und B-Streptokokken
Postangina-Sepsis	Fusobacterium necrophorum
Pneumogene Sepsis	Pneumokokken
	Klebsiella spp.
	S. aureus
Nosokomiale pneumogene Sepsis	S. aureus
	Pseudomonas aeruginosa
	Klebsiella spp.
Venenkatheterassoziierte Sepsis	S. aureus
	Koagulasenegative Staphylokokken
	Candida spp.
Schwere Sepsis nach Splenektomie	Pneumokokken
Schwere Sepsis bei Neutropenie	E. coli
	Pseudomonas aeruginosa
	Vergrünende Streptokokken
Schwere Sepsis bei eitriger Meningitis	Meningokokken
	Pneumokokken
Schwere Sepsis bei tiefer Haut-Weichgewebe-Infektion/Phlegmone	A-Streptokokken
	S. aureus
	Anaerobier
	Pseudomonas aeruginosa
	Vibrio spp.
	Aeromonas spp.
Schwere Sepsis nach Tier- oder Menschenbiss	Pasteurella multocida
	A-Streptokokken
	S. aureus

Aus einem lokalen eitrigen Entzündungsherd kann es im Rahmen der Generalisierung zu eitrigen Sekundärherden („septisch-metastatische Absiedlungen") kommen. Diese können in Form

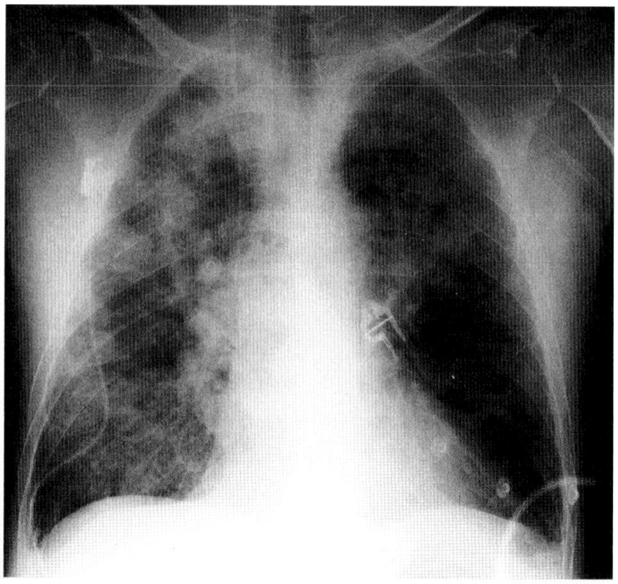

Abb. 114.1 Thorax-Röntgenbild eines 57-jährigen Mannes, der mit Zeichen einer schweren Sepsis (Fieber, Tachykardie, Tachypnoe, Desorientiertheit, Hypoxämie, Oligurie) stationär aufgenommen wurde. Ursache war eine ambulant erworbene Legionellenpneumonie nach Spanienreise und Campingaufenthalt mit Entwicklung von beidseitigen Infiltraten. Das Behandlungsergebnis war gut. Es entwickelte sich kein septischer Schock. Eine maschinelle Beatmung war nicht notwendig

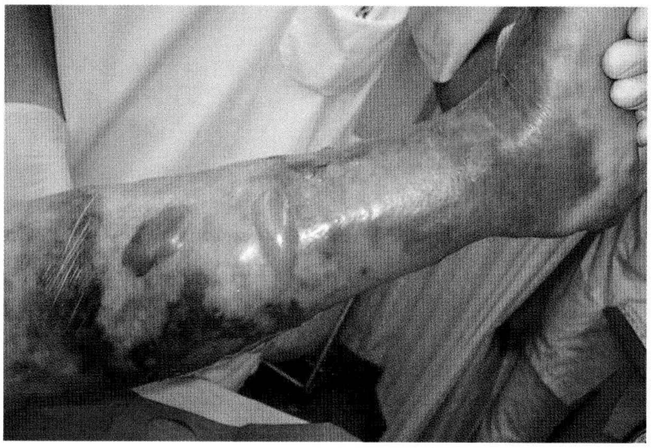

Abb. 114.2 Schwere, beginnend nekrotisierende Haut-Weichgewebe-Infektion (Phlegmone) am rechten Bein bei 62-jähriger Diabetikerin mit Fieber, Leukozytose, Tachykardie und Oligurie. Es handelte sich um eine Mischinfektion durch S. aureus und A-Streptokokken (lokaler Erregernachweis). Im Verlauf entwickelten sich Nekrosen mit eitriger Umwandlung, die chirurgisch behandlungspflichtig waren

von **Mikroembolien** (Abb. 114.4) klinisch auffällig werden, aber auch große **sekundäre Eiterherde** an verschiedensten Stellen hervorrufen (Knochen, Gelenke, Niere, ZNS, Auge etc.). Ist der primäre Fokus eine Herzklappe („intravaskulärer" Fokus), kommt es fast regelhaft und früh zu Sekundärherden.

Die zunächst überschießende, aber bezüglich einer Erregereradikation oft unzureichende Immunreaktion

114

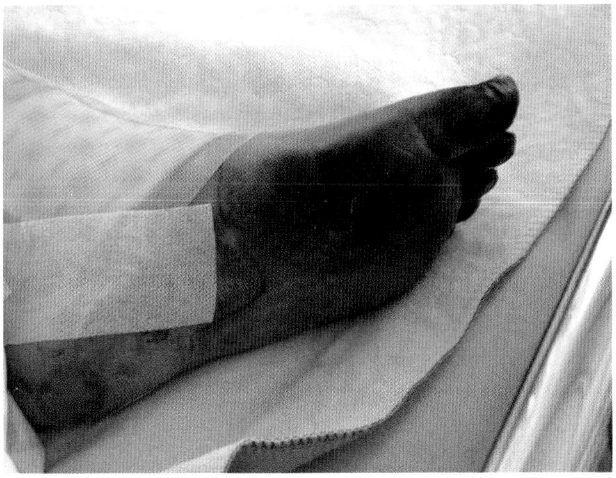

Abb. 114.3 Nekrosen im Bereich des linken Fußes im Rahmen von Mikrozirkulationsstörungen und Kreislaufversagen bei septischem Schock. Es handelte sich um einen 45-jährigen Patienten mit einer fulminanten Aortenklappenendokarditis und multiplen „septisch-metastatischen Absiedlungen" in verschiedenen Organen. Als Erreger wurde S. aureus aus Blutkulturen gesichert. Der Patient verstarb im septischen Schock, kompliziert durch die Destruktion der Aortenklappe mit nachfolgend akuter schwerer Aortenklappeninsuffizienz

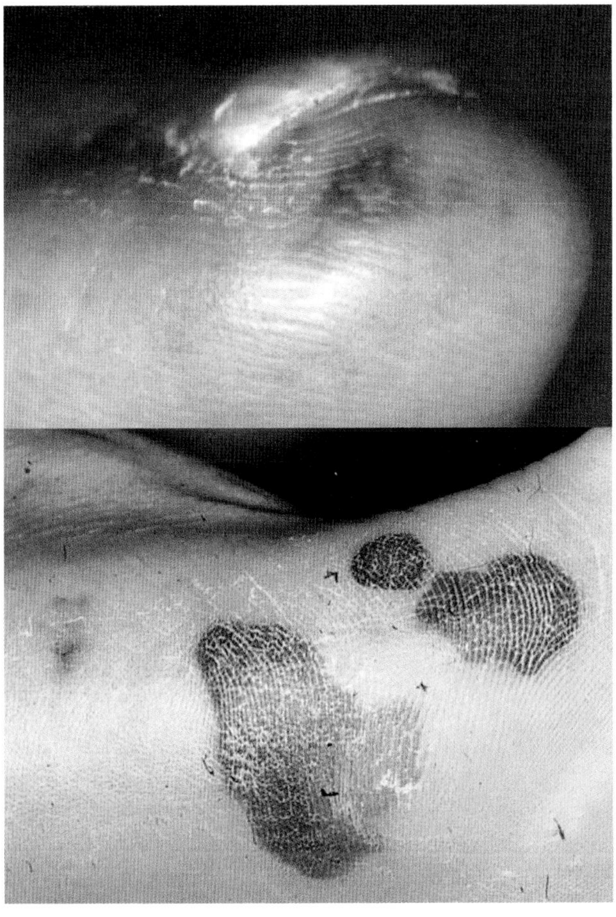

Abb. 114.4 Mikroembolien mit eitriger Umwandlung im Bereich des Daumens (oben) bzw. mit stärkerer Einblutung im Bereich der Fußsohle (unten) im Rahmen einer Salmonellen-Sepsis bei einem Patienten mit malignem Non-Hodgkin-Lymphom. Der Patient hatte keine vorangegangene Durchfallerkrankung

Tab. 114.4 Prozentuale Verteilung der in Blutkulturen nachgewiesenen Sepsiserreger

Aerobe grampositive Bakterien	**~50**
S. aureus	20–30
Koagulasenegative Staphylokokken	10
S. pneumoniae	10–15
Hämolysierende Streptokokken	<5
Sonstige Streptokokken	<5
Enterococcus spp.	5–10
Listerien	<5
Aerobe gramnegative Bakterien	~40
E. coli	20–30
Klebsiella spp.	5–10
Proteus mirabilis	<5
Enterobacter spp.	<5
Salmonellen	<5
Pseudomonas aeruginosa	<5
Acinetobacter spp.	<5
Meningokokken	<5
Anaerobe Bakterien	<5
Hefepilze (Candida spp.)	<5

kann gemessen werden. Verschiedene proinflammatorische Zytokine und vasoaktive Substanzen einschließlich bestimmter Komplementfaktoren werden freigesetzt. Monozyten/Makrophagen spielen dabei eine entscheidende Rolle. Der Körper reagiert auch mit der Freisetzung von körpereigenen antimikrobiellen Peptiden. Es kommt direkt oder indirekt über das Gefäßendothel zur **Gerinnungsaktivierung** und zur **Gefäßdilatation.**

Die Gerinnungsaktivierung kann zum Verbrauch von Gerinnungsfaktoren wie Protein C und andere (**Verbrauchskoagulopathie**) führen und Blutungen nach sich ziehen. Dies wird nicht selten bei der Meningokokken-Sepsis beobachtet und kann zur **Einblutung** (Abb. 114.5) nicht nur diffus oder umschrieben im Bereich septischer Mikroembolien in der Haut, sondern auch beispielsweise in der Nebenniere (Waterhouse-Friderichsen-Syndrom, Purpura fulminans) führen, ist jedoch hierfür nicht spezifisch.

Zu den wichtigsten **proinflammatorischen Zytokinen,** die bei der schweren Sepsis früh in der Zirkulation messbar werden, gehören TNF-α sowie IL-1β. Sekundär steigen die Konzentrationen von IL-6, IL-8 und anderen Zytokinen, die teilweise bereits eine antiinflammatorische Gegenreaktion auslösen, an (Abb. 114.6).

IL-6 ist Teil einer allgemeineren sog. **Akutphasereaktion,** in deren Rahmen auch weitere

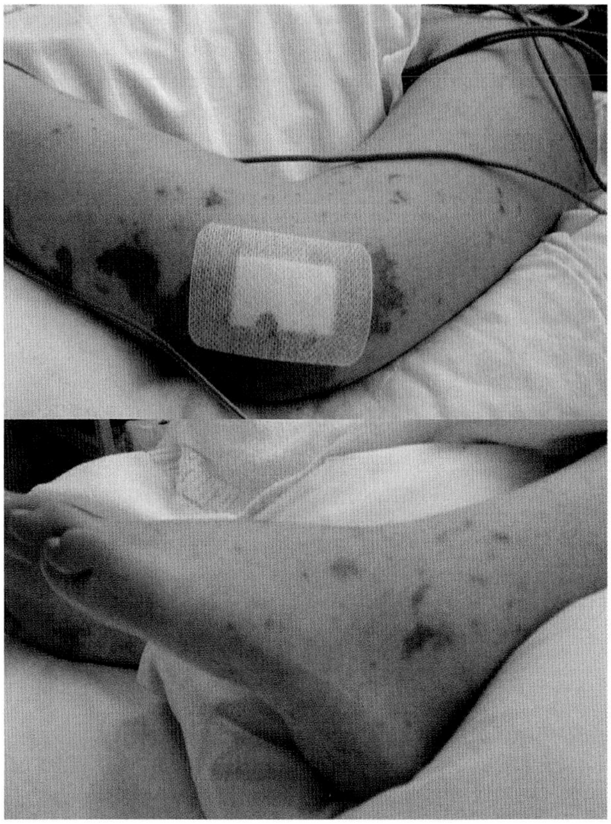

Abb. 114.5 Disseminierte Einblutungen in die Haut im Rahmen einer Verbrauchskoagulopathie bei einer 22-jährigen Erzieherin mit Meningokokken-Meningitis und schwerer Sepsis

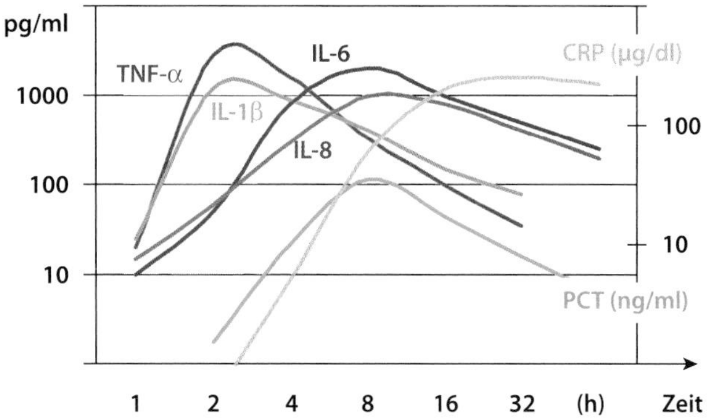

Abb. 114.6 Typischer Verlauf von Zytokinen, Procalcitonin (PCT) und C-reaktivem Protein (CRP) (Plasmakonzentrationen) nach massivem Endotoxineinstrom in die Blutbahn, was zu einem klinischen Bild wie bei schwerer Sepsis/septischem Schock führt

körpereigene Proteine wie C-reaktives Protein, Fibrinogen, Ferritin, Serum-Amyloid-A, Procalcitonin und andere erhöht nachweisbar sind. C-reaktives Protein und Procalcitonin haben sich als gut messbarer Indikator für die allgemeine Entzündungsreaktion bewährt.

Endotoxine und/oder bestimmte **Exotoxine** und andere mikrobielle Komponenten wie Zellwandbestandteile können nach Bindung an verschiedene Zielzellen zur direkten Zytokinfreisetzung führen, die je nach Quantität und Qualität zu Fieber, Kreislaufreaktion und Sekundärreaktionen führen kann:

- Beispiel für eine endotoxinvermittelte schwere Sepsis ist der **Morbus Weil**, aber auch die **Urosepsis** oder **cholangiogene Sepsis** durch E. coli.
- Beispiel für eine exotoxinvermittelte schwere Sepsis ist das **Staphylokokken-Toxinschocksyndrom**, bei dem es nach überstandener Sepsis zu einer Schuppung an der Haut der Handinnenflächen und Fußsohlen kommt (Abb. 114.7).

Epidemiologie

Schwere Sepsis und septischer Schock treten in Deutschland mit einer geschätzten Häufigkeit von zusammen ca. 100.000 Fällen pro Jahr auf. Dies entspricht etwa der Häufigkeit des Herzinfarkts. Sepsis ist etwa 2- bis 4-mal häufiger (Abb. 114.8). 40–70 % der Fälle sind außerhalb des Krankenhauses erworben, wobei auch bei den ambulant erworbenen Fällen Patienten mit Grunderkrankungen dominieren, und schwere Sepsis/septischer Schock bei sonst immer gesund gewesenen Patienten eine Seltenheit darstellt.

Es gibt Hinweise aus der Forschung zur Meningokokkensepsis, dass hier verschiedene genetische Prädispositionen eine Rolle spielen dürften. Die Sterblichkeit der schweren Sepsis und des septischen Schocks ist nach wie vor hoch. Sie hängt von der Früherkennung speziell der schweren Sepsis und frühen Einleitung einer intensivierten Therapie in diesem Stadium ab, ist aber natürlich auch stark beeinflusst von Alter und Situation/Stadium einer Grunderkrankung.

Diagnostik und Therapie

Die wichtigsten diagnostischen Maßnahmen sind das wiederholte Überprüfen der Organfunktionen (Überwachung) sowie die Fokus- und Erregersuche. Für die Fokussuche werden klinische und bildgebende Verfahren (Ultraschall, Röntgen/CT, MRT) – ggf. wiederholt – eingesetzt. Zum Erregernachweis gehören 2–3 Blutkultursets sowie – falls möglich – Punktate aus den betroffenen Herden. Die erweiterte mikrobiologische Diagnostik ist von anamnestischen Angaben und weiteren Symptomen und Befunden abhängig.

Zur Diagnostik gehören die Prüfung der Organfunktionen (u. a. Gerinnung, Ausscheidung, Leberfunktion, Laktat und Glukose) und die Abschätzung der Stärke der allgemeinen Entzündungsreaktion (C-reaktives Protein und Procalcitonin). Das C-reaktive Protein reagiert träge; es kann verzögert ansteigen und verzögert abfallen. Die Messung des Procalcitonins als Verlaufsparameter kann zusätzliche

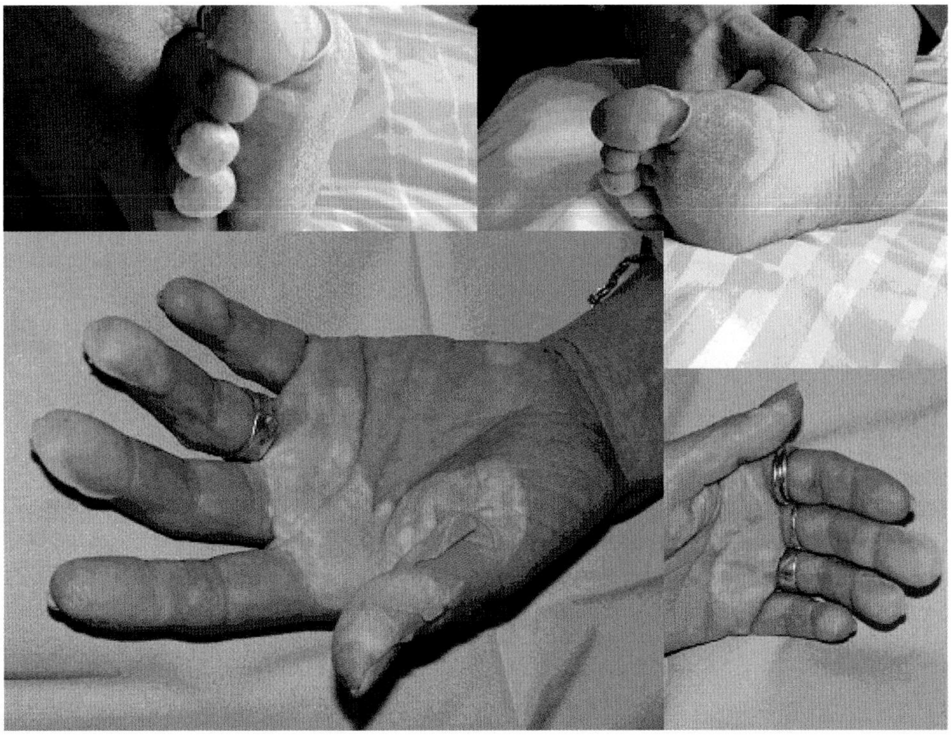

Abb. 114.7 Schuppung der Handinnenflächen und Fingerkuppen sowie Fußsohlen und Zehen nach staphylokokkenbedingtem Toxinschocksyndrom. Die 39-jährige Patientin wurde mit schlagartig auftretendem Fieber, Konjunktivitis, kleinfleckigem Exanthem, Verwirrtheit, Hypotonie und Nierenversagen stationär aufgenommen. Sie hatte keine Serumantikörper gegen das Toxin TSST-1, ein klinischer Fokus wurde nicht gefunden, im Konjunktivalabstrich wurden TSST-1-produzierende S. aureus nachgewiesen. Die intensivmedizinische Behandlung war mit 3 Tagen kurz und effektiv. Das typische Phänomen der Schuppung trat ab dem 8. Tag nach Symptombeginn auf

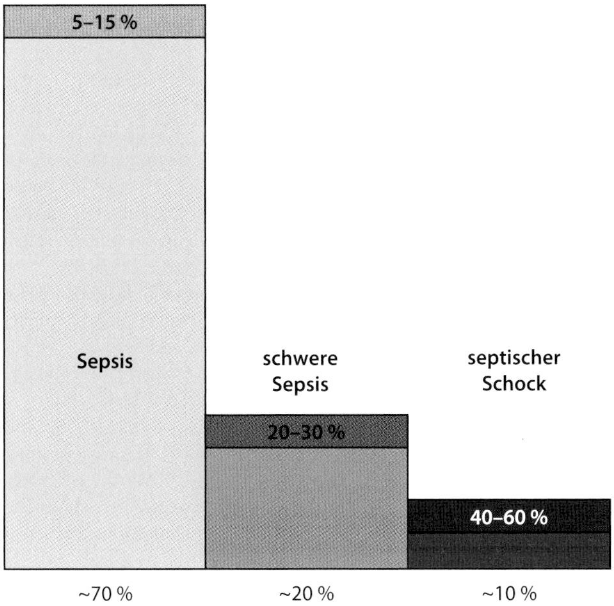

Abb. 114.8 Relative Häufigkeit (in %) von Sepsis, schwerer Sepsis und septischem Schock und jeweilige Sterblichkeit (dunklere obere Balkenanteile, in %)

Informationen zum Grad der Entzündungsreaktion liefern und wird oft für die Dauer der Antibiotikatherapie als diagnostische Hilfe genutzt.

Gesicherte therapeutische Maßnahmen bei schwerer Sepsis/septischem Schock sind die umgehende (empirische/kalkulierte) Infektionstherapie mit Antibiotika und ggf. anderen antimikrobiellen Substanzen, die (chirurgische) Sanierung von Infektionsherden und die supportive Therapie – in der Regel auf der Intensivstation.

Antibiotika Die Gabe von Antibiotika beim septischen Schock muss rasch erfolgen. Rasch bedeutet in dieser Situation möglichst sofort bzw. maximal innerhalb von wenigen Stunden. Die Auswahl der Antibiotika orientiert sich am klinischen Fokus und vermuteten Erreger (sog. empirische/kalkulierte Antibiotikagabe vor Erregersicherung). In unübersichtlichen Fällen mit fulminantem Verlauf müssen zunächst breit wirkende Substanzen (Beispiel: Piperacillin/Tazobactam oder Meropenem) eingesetzt werden, die je nach Erregersicherung und Verlauf angepasst werden können und sollen.

Aufgrund des in der Phase der Sepsis nahezu immer erhöhten Verteilungsvolumens (hyperdynamer Kreislauf, Kapillardurchlässigkeit, vermehrte Flüssigkeitszufuhr im Rahmen der supportiven Therapie) kommt es zu einer rascheren Clearance von Antiinfektiva. Eine hohe Antiinfektivadosis initial ohne Anpassung an eine eventuell schon beginnend eingeschränkte Nierenfunktion wird daher empfohlen.

Herdsanierung Ein „septischer" Herd muss möglichst unverzüglich inzidiert, drainiert oder chirurgisch entfernt werden. Potenziell infizierte Katheter oder auch andere Fremdkörper müssen, wenn sie als Quelle der Sepsis vermutet werden, entfernt werden. Es muss an Sekundärherde gedacht werden.

Supportive Therapie Hier handelt es sich teilweise um intensivmedizinische Maßnahmen, die je nach Organdysfunktion und Erkrankungsschwere eingeleitet werden müssen. Dazu gehören:

- **Aggressive Volumenzufuhr** (Ringer-Lösung) und ggf. **vasoaktive Medikation** (mit Noradrenalin) zur Aufrechterhaltung eines zentralen Venendruckes von 8–12 mmHg, eines mittleren arteriellen Druckes von 65–90 mmHg, einer zentralvenösen Sättigung >70 %, eines Hämatokritwertes >30 % sowie einer Diurese >0,5 ml/kg KG/h.
- Beeinflussung körpereigener Mediatoren mittels **Hydrokortisontherapie** in einer Dosierung von 200–300 mg/Tag beim septischen Schock (relative Nebennierenrinden-Insuffizienz mit abgeschwächter antiinflammatorischer Wirkung des endogenen Kortisols und reduziertem Ansprechen auf Katecholamine).
- **Beatmung** mit niedrigem Atemzugvolumina und ausreichendem positivem endexspiratorischem Druck (PEEP).
- **Nierenersatzverfahren** (Hämodialyse, Hämofiltration)
- **Ernährung,** möglichst enteral oder zumindest teilweise enteral, und **Kontrolle des Blutzuckerspiegels** (< 150 mg/dl), falls erforderlich mit Insulin
- **Oberkörperhochlage** bei beatmeten Patienten zur Verhinderung einer pulmonalen Superinfektion
- **Medikamentöse Stressulkusprophylaxe**

Die frühere empfohlene Gabe von aktiviertem Protein C bei ausgewählten Fällen von schwerer Sepsis bzw. septischem Schock (antikoagulatorische und antiinflammatorische Wirkungen) hat sich als insgesamt nicht wirksam und verträglich genug gezeigt.

In Kürze: Sepsis – schwere Sepsis – septischer Schock

Schwere Sepsis und septischer Schock sind Komplikationen meist bakterieller Infektionen. Die Letalität des septischen Schocks ist sehr hoch; die Früherkennung der schweren Sepsis und rasche Therapieeinleitung sind für die Prognoseverbesserung enorm wichtig. Die Therapie umfasst umgehend verabreichte, systemisch wirksame Antiinfektiva und eine chirurgische Revision des oder der Sepsisherde sowie weitere intensivmedizinische Maßnahmen wie Volumenzufuhr und Kreislaufstabilisierung, Antikoagulation, Hydrokortison, Beatmung, Nierenersatzverfahren, enterale Ernährung und aktive Blutzuckerkontrolle, Oberkörperhochlage zur Pneumonieprävention und medikamentöse Stressulkusprophylaxe.

Weiterführende Literatur

Brunkhorst FM, Weigand M, Pletz M et al. (2018) S3-Leitlinie Sepsis – Prävention, Diagnose, Therapie und Nachsorge AWMF-Registernummer: 079 – 001, Langversion 3.1 – 2018, aktualisiert 12.02.2020. Deutsche Sepsis Gesellschaft e. V. (federführend)

Dellinger RP, Levy MM, Carlet JM, Bion J, Parker MM, Jaeschke R, Reinhart K, Angus DC, Brun-Buisson C, Beale R, Calandra T, Dhainaut JF, Gerlach H, Harvey M, Marini JJ, Marshall J, Ranieri M, Ramsay G, Sevransky J, Thompson BT, Townsend S, Vender JS, Zimmerman JL, Vincent JL (2008) Surviving Sepsis Campaign: international guidelines for management of severe sepsis and septic shock. Crit Care Med 36:296–327

Ferrer R, Artigas A, Suarez D, Palencia E, Levy MM, Arenzana A, Pérez XL, Sirvent JM (2009) Effectiveness of treatments for severe sepsis: a prospective, multicenter, observational study. Am J Respir Crit Care Med 180:861–866

Levy MM, Dellinger RP, Townsend SR, Linde-Zwirble WT, Marshall JC, Bion J, Schorr C, Artigas A, Ramsay G, Beale R, Parker MM, Gerlach H, Reinhart K, Silva E, Harvey M, Regan S, Angus DC (2010) The Surviving Sepsis Campaign: results of an international guideline-based performance improvement program targeting severe sepsis. Crit Care Med 38:367–374

Moore LJ, Moore FA, Todd SR, Jones SL, Turner KL, Bass BL (2010) Sepsis in general surgery: the 2005-2007 national surgical quality improvement program perspective. Arch Surg 145:695–700

Morrell MR, Micek ST, Kollef MH (2009) The management of severe sepsis and septic shock. Infect Dis Clin North Am 23:485–501

Singer M, Deutschman CS, Seymour CW, Shankar-Hari M, Annane D, Bauer M, Bellomo R, Bernard GR, Chiche JD, Coopersmith CM, Hotchkiss RS, Levy MM, Marshall JC, Martin GS, Opal SM, Rubenfeld GD, van der Poll T, Vincent JL, Angus DC (2016) The Third International Consensus Definitions for Sepsis and Septic Shock (Sepsis-3). JAMA. 315:801–810

Vincent et al. (1998) Use of the SOFA score to assess the incidence of organ dysfunction/failure in intensive care units: results of a multicenter, prospective study. Working group on „sepsis-related problems" of the European Society of Intensive Care Medicine. Crit Care Med. Nov; 26(11): 1793–800

Infektionen des Herzens und der Gefäße

Guido Michels und Stephan Baldus

115.1 Infektiöse Endokarditis

Unter einer Endokarditis versteht man eine akute oder subakute bzw. chronische Entzündung des Endokards (meist) der Herzklappen. Neue bildgebende Verfahren und neue Antiinfektiva haben Diagnostik und Behandlung in den letzten 10 Jahren erleichtert, ohne jedoch die Mortalität wesentlich zu senken. Ein Grund hierfür ist die erhebliche diagnostische Latenz, das 29 ± 35 Tage dauernde Zeitintervall vom Auftreten der Symptome bis zur Diagnosestellung (Deutsches Endokarditis-Register). Die durchschnittliche Letalität der Nativklappenendokarditis unter Therapie liegt bei 20 %, die der Prothesenendokarditis bei 40 %, bei fehlender Antiinfektivatherapie steigt diese bis auf 100 % an. Wie bei der Sepsis ist daher die Zeit der bestimmende Faktor in der Behandlung der infektiösen Endokarditis. In ca. 80 % handelt es um eine Nativklappenendokarditis, in 20 % um eine Kunstklappenendokarditis. Bezüglich der Lokalisation der Endokarditis findet man in 80–90 % eine Linksherzendokarditis (Aorten-/Mitralklappenendokarditis) und in 5–10 % eine Rechtsherzendokarditis (meist Befall der Trikuspidalklappe). Das Management der infektiösen Endokarditis gehört in die Hand eines interdisziplinären Teams aus Kardiologen, Kardiochirurgen, Infektiologen und Mikrobiologen (sog. Endokarditisteam).

Fallbeispiel

Ein 75-jähriger Mann stellt sich wegen Fieber unklarer Genese in der Notaufnahme vor. In der Vorgeschichte besteht eine chronische Herzinsuffizienz. Im Rahmen der erweiterten Therapie der Herzschwäche ist vor 6 Monaten eine Implantation eines Resynchronisationsschrittmachers mit Schock-Funktion (CRT-D-Gerät) erfolgt. Zuletzt ist der Patient wegen dekompensierter Herzinsuffizienz in die Klinik für Kardiologie aufgenommen und vor 8 Tagen entlassen worden. Im Rahmen des Krankenhausaufenthalts erfolgte eine intravenöse Diuretikatherapie. In der körperlichen Untersuchung fällt ein geröteter rechter Unterarm auf. Nach Befragung des Patienten befand sich hier die periphere Venenverweilkanüle, sodass zusammen mit den erhöhten laborchemischen Entzündungsparametern die Arbeitsdiagnose einer schweren Thrombophlebitis gestellt wird. In der zusätzlich orientierten transthorakalen Echokardiografie zeigt sich eine 15 mm große Vegetation an der rechtsventrikulären Schrittmachersonde des CRT-D-Systems, sodass die Diagnose einer **bakteriellen** Schrittmacherendokarditis gestellt und der Patient erneut in die Klinik für Kardiologie aufgenommen wird.

■ **Epidemiologie**

Die Inzidenz der infektiösen Endokarditis liegt bei 3–30/100.000 Patientenjahre; die genaue Inzidenz ist jedoch unbekannt. Das männliche Geschlecht ist im Gegensatz zum weiblichen 2-fach häufiger betroffen. In knapp 50 % aller Endokarditiden ist eine chirurgische Behandlung notwendig. Die früher bei jungen Patienten nachgewiesene postrheumatische Endokarditis ist gegenüber der heutigen Endokarditis an degenerativ-veränderten Herzklappen im höheren Alter in den Hintergrund getreten. Auch die heutzutage zunehmende Anwendung von intravasal liegendem Fremdmaterial, z. B. Herzschrittmachersonden, Dialysekathetern (z. B. Demers-Katheter) stellt eine neuen, nicht zu unterschätzenden Risikofaktor dar. Die mittlere stationäre Verweildauer von 42 ± 29 Tage verdeutlicht, dass die infektiöse Endokarditis sowohl von medizinischer als auch von sozioökonomischer Bedeutung ist.

S. Suerbaum et al. (Hrsg.), *Medizinische Mikrobiologie und Infektiologie*,
https://doi.org/10.1007/978-3-662-61385-6_115

Tab. 115.1 Erregerspektrum der infektiösen Endokarditis (relative Häufigkeit; modifiziert nach Moreillon P a. Que Y, 2004)

Erreger	Nativklappen-Endokarditis	Prothesen-Frühendokarditis	Prothesen-Spätendokarditis	Intravenöser Drogenkonsum
Staphylokokken:				
– S. aureus	38	20	21	69
– Koagulasenegative (z. B. MRSA, S. epidermidis)	6	47	25	0
Streptokokken:				
– Orale	21	0	26	3
– Andere	10	0	8	5
Enterokokken	8	7	7	2
HACEK–Organismen, Gramnegative, Pilze, andere Erreger, kulturnegativ	16	4	12	21

Erregerspektrum

Die häufigsten Erreger (>80 %; Tab. 115.1) der Nativklappenendokarditis und der späten Kunstklappenendokarditis (>12 Monate postoperativ) bilden grampositive Kokken: Staphylokokken (ca. 40 %), Streptokokken (30–40 %) und Enterokokken (ca. 10 %). Während bei den Enterokokken vor einigen Jahren noch Enterococcus faecalis deutlich dominierte (>90 %), zeigt sich mittlerweile eine Zunahme von E. faecium (ca. 20 %).

Bei der Kunstklappenfrühendokarditis (<12 Monaten postoperativ) findet man meist Staphylokokken, Pilze und gramnegative Erreger. Insgesamt bilden die Staphylokokken die häufigsten Erreger der infektiösen Endokarditis. Der Verlauf einer Staphylokokken-Endokarditis ist zudem mit einer deutlich höheren Mortalität assoziiert. Zwischen Streptococcus gallolyticus (S. gallolyticus ssp. gallolyticus) und Polypen/Kolonkarzinom besteht ein enger Zusammenhang, sodass bei entsprechender Erregerkonstellation im Krankheitsverlauf eine Gastro-/Koloskopie anzustreben ist.

Pathogenese

Die Entstehung einer infektiösen Endokarditis setzt das Vorliegen verschiedener Risikofaktoren voraus:

- Kongenitale Herzfehler, z. B. bikuspide Aortenklappe
- Medizinische Eingriffe im Zahn- (Zahnbehandlung) oder Oropharynxbereich (HNO-Eingriffe)
- Kardiochirurgische Eingriffe
- Klappenprothesen
- Rheumatisches Fieber in der Vorgeschichte
- Abgelaufene infektiöse Endokarditis
- Intravenöser Drogenkonsum (→ Rechtsherzendokarditis)
- Alkoholkonsum
- Immundefekte (angeboren oder erworben)
- Grunderkrankungen wie Diabetes mellitus, terminale Niereninsuffizienz (chronische Hämodialyse), Leberzirrhose, Virushepatitis, Malignome

Basierend auf diesen Risikofaktoren kann eine Schädigung der Herzklappe mit Endothelläsionen resultieren. Infolge dieser endothelialen Läsionen kommt es zu einer Formierung von thrombotischen Auflagerungen auf dem Endothel der Herzklappen, sodass primär eine „nichtbakterielle thrombotische Endokarditis" entsteht. Erst durch „transitorische Bakteriämien" nach z. B. medizinischen Eingriffen oder hyperaktivem Zähneputzen, kann je nach Virulenz des Erregers und individueller Abwehrlage über eine Adhäsion von Mikroorganismen und nachfolgender Kolonisation der thrombotischen Auflagerungen eine „endokarditische Vegetation" entstehen.

Da in über 50 % der Fälle mit infektiöser Endokarditis kein entsprechendes Risikoprofil gefunden wird, scheint die Ursache der transitorischen Bakteriämien nicht alleinig mit einem speziellen medizinischen Eingriff assoziiert zu sein. Die Pathogenese der infektiösen Endokarditis ist bis heute noch nicht im Detail verstanden.

Klinik

Die klassischen Leitsymptome der infektiösen Endokarditis sind ungeklärtes Fieber (67–95 %) und ein neu aufgetretenes Herzgeräusch (ca. 50 %). Die Diagnosestellung einer Endokarditis – alleinig basierend auf dem klinischen Bild – ist jedoch aufgrund der unspezifischen Symptomatik wie Abgeschlagenheit (ca. 30 %), Dyspnoe, Gewichtsverlust, Arthralgien/Myalgien erschwert. Septische Embolien treten in bis zu 50 % auf, sodass nicht selten ein Schlaganfall als Ausdruck einer infektiösen Endokarditis imponieren kann.

■ **Diagnostik**

Zur Diagnostik der Endokarditis gehören wie bei jeder Erkrankung die gezielte **Anamnese** und die **körperliche Untersuchung.** Die Anamnese sollte insbesondere die Risikofaktoren erfassen. Ein neu aufgetretenes Herzgeräusch als Zeichen einer Endokarditis wird in über 50 % gefunden. Da die höchste Inzidenz der infektiösen Endokarditis im Alter zwischen 75–80 Jahren liegt und viele Patienten eine degenerativ-veränderte Herzklappe aufweisen, ist die Beantwortung der Frage nach einem neuen Herzgeräusch häufig erschwert.

Der dermatologischen Untersuchung sollte hohe Aufmerksamkeit geschenkt werden, da so septisch-embolische und immunologische Hautveränderungen in Form von Osler-Knötchen (subkutane, schmerzhafte hämorrhagische Knötchen an Zehen/Fingerkuppen), Janeway-Läsionen (schmerzlose Hämorrhagien der Handinnenflächen und Fußsohlen) oder Splinter-Hämorrhagien (subunguale Einblutungen) detektiert werden können. Die Inspektion der Haut sollte neben der Detektion von endokarditis-assoziierten Hautveränderungen die Fokussuche – Suche nach möglichen Eintrittspforten von Erregern – beinhalten. Hierzu zählen u. a. die Inspektion der Füße/Zehen, der Interdigitalräume sowie die Inspektion der Mundhöhle (mangelhafter Zahnstatus, Gingivitis, Tonsillitis).

Das **Ruhe-Elektrokardiogramm** (Ruhe-EKG) gehört zum Standard der kardiologischen Diagnostik. Bei der infektiösen Endokarditis kann bei einer paravalvulären Abszessbildung nahe dem membranösen Septum und dem AV-Knoten das Bild eines AV- und/oder Linksschenkelblocks nachgewiesen werden. Selten (<1 %) kann im Rahmen einer Aortenklappenendokarditis eine septische Koronarembolie und somit ein akuter Myokardinfarkt resultieren, weswegen die ST-Strecke stets mitbeurteilt werden sollte.

Die **Labordiagnostik** beinhaltet neben der Bestimmung der Blutsenkungsgeschwindigkeit (meist erhöht), die Bestimmung der klassischen Entzündungsparameter wie des C-reaktiven Proteins (CRP) und des Procalcitonins (beides meist erhöht). Im Blutbild können häufig eine mäßige bis ausgeprägte Leukozytose sowie eine Infektanämie (erhöhtes Ferritin und erniedrigtes Transferrin) nachgewiesen werden. In der Urindiagnostik können eine Hämaturie/Erythrozyturie und/oder eine Proteinurie beobachtet werden. Alle laborchemischen Veränderungen sind unspezifisch; eine charakteristische Laborkonstellation für eine infektiöse Endokarditis existiert nicht.

Der **mikrobiologische Erregernachweis** bildet neben der kardialen Bildgebung (Echokardiografie) den Goldstandard der Endokarditisdiagnostik. Die Blutkultur bildet einen zentralen Baustein in der Infektionsdiagnostik. Bei jedem Verdacht auf eine schwere Infektion mit möglicher begleitender Bakteriämie oder Fungämie sollte eine Blutkulturdiagnostik in die Wege geleitet werden. Es sollten mindestens 2 Blutkulturpaare (aerob/anaerob) gewonnen werden.

Merke: Bei Verdacht auf eine Infektion kardialer Implantate (z. B. Schrittmacherendokarditis) wird sogar die Abnahme von mindestens 3 Blutkulturserien empfohlen, bevor eine Antibiotikatherapie initiiert wird.

Die Entnahme von Blutkulturen soll unabhängig von der Körpertemperatur (auch bei Fieberfreiheit) und immer **vor Beginn** der Antibiotikatherapie stattfinden. Ein obligates Warten auf Fieberspitzen ist nicht notwendig, da meist eine kontinuierliche Bakteriämie oder Fungämie vorliegt. Bei bereits begonnener antibiotischer Therapie entnimmt man die Blutkulturen vor der nächsten Antibiotikagabe am Ende des Dosierungsintervalls.

Das Blut für die Blutkulturen sollten aus einer peripheren Vene (meist V. cubitalis) und – falls vorhanden – aus zentralen Venenkathetern stammen. Die Entnahme arterieller Blutkulturen bringt keine Vorteile. Wenn ein Erregernachweis mit der ersten Blutkultur nicht gelungen ist, dann ist eine Entnahme weiterer Blutkulturen unter laufender antibiotischer Behandlung ohne Änderung der klinischen Symptomatik in der Regel nicht sinnvoll.

Wurde ein Erreger in der Blutkultur nachgewiesen, sind unter bestimmten Voraussetzungen erneute Kontrollblutkulturen sinnvoll. Beim Nachweis von Staphylococcus aureus und Candida spp. in der Blutkultur sind tägliche Kontrollblutkulturen unabhängig von der klinischen Symptomatik solange erforderlich, bis 2 Blutkulturen in Folge negativ sind. Blutkulturen sollten auch nach Beendigung der Antibiotikatherapie im Abstand von 2–4 Wochen abgenommen werden.

Obwohl sich in ca. 85 % der Endokarditisfälle positive Blutkulturen finden, kann in 10–30 % kein typischer Endokarditiserreger nachgewiesen werden. Endokarditiden mit „negativem Blutkulturbefund", sog. **kulturnegative Endokarditiden,** stellen eine diagnostische Herausforderung dar.

Ungefähr 50 % der kulturnegativen Endokarditiden sind Folge einer bereits eingeleiteten kalkulierten Antibiotikatherapie oder Folge von schwer anzuzüchtenden Mikroorganismen (15–30 %), z. B. HACEK-Gruppe (Haemophilus-Spezies, Aggregatibacter [früher: Actinobacillus] actinomycetemcomitans, Cardiobacterium hominis, Eikenella corrodens, Kingella kingae), Coxiella burnetii (Q-Fieber), Bartonella spp., sodass spezielle Untersuchungen – angefangen von serologischen Untersuchungen (Antikörper gegen Coxiella burnetii und Bartonella spp.) über spezifische PCR-Tests (Tropheryma whipplei, Bartonella-Spezies, Hefe- und

Schimmelpilze) bis hin zu Sequenzanalysen der ribosomalen Ribonukleinsäure (rRNA) – notwendig sind.

Eine standardisierte Suche nach schwer anzüchtbaren bzw. seltenen Erregern hat jedoch aufgrund von fehlenden klinischen Studien und hohen Kosten der neuen Techniken noch keinen Eingang in die Routinediagnostik gefunden. Goldstandard für die „definitive Diagnose" der infektiösen Endokarditis ist jedoch weiterhin die **(immun)histologische Untersuchung von operativ gewonnenem Gewebe.** Die mikrobiologische Untersuchung von exzidiertem Herzklappenmaterial ist obligat, hier kann im Gegensatz zur Blutuntersuchung die PCR richtungsweisende Ergebnisse liefern.

Wie bereits oben erwähnt, zählt die **kardiale Bildgebung** (Echokardiografie) in Form der **transthorakalen (TTE)** und **transösophagealen Echokardiografie (TEE)** zur Basis der Endokarditisdiagnostik (▣ Tab. 115.2). Die TTE stellt das Bildgebungsverfahren der 1. Wahl bei Verdacht auf eine infektiöse Endokarditis dar.

Obwohl die transösophageale Echokardiografie (TEE) mit Ausnahme der Trikuspidalklappenendokarditis der transthorakalen Untersuchung (TTE) überlegen ist, so zeigt auch diese bildmorphologische Untersuchungsmethode einige Limitationen. Zum Beispiel ist die echokardiografische Untersuchung insbesondere der mechanischen **Kunstklappen** sehr von **Artefakten** überlagert, sodass eine Beurteilung eingeschränkt möglich ist. In solchen erschwerten Fällen können – je nach Verfügbarkeit und Mehrkosten – neue Untersuchungsmethoden, wie z. B. eine Positronenemissionstomografie mit Computertomografie (PET/CT), angewandt werden. Wie Studien und Fallberichte zeigen, deutet eine erhöhte Aufnahme von ^{18}F-Fluor-Desoxyglukose im Bereich des infizierten Klappenapparates auf einen inflammatorischen Prozess hin.

Die infektiöse Endokarditis kann je nach Schweregrad und Verlauf in eine **Multisystemerkrankung** degenerieren. Die Herzklappen können derart in Mitleidenschaft gezogen werden, dass es aufgrund einer massiven Klappenzerstörung zu einer hochgradigen Insuffizienz der befallenen Herzklappe kommt, die schließlich bedingt durch die Schlussunfähigkeit zu einer massiven Volumenüberladung bis hin zu einer **akuten kardialen Dekompensation** bzw. einem **kardiogenen Schock** führen kann.

Merke zur Echokardiografie (Empfehlung- und Evidenzgrad):

1. TTE wird empfohlen als primäres Bildgebungsverfahren bei Verdacht auf eine Endokarditis (IB).
2. TEE wird empfohlen bei allen Patienten mit klinischem Verdacht auf eine Endokarditis und unauffälligem oder unklarem TTE-Befund (IB).
3. TEE wird empfohlen bei Patienten mit klinischem Verdacht auf Endokarditis und bei Vorliegen einer Klappenprothese oder von intrakardialem Fremdmaterial (IB).
4. Eine erneute TTE/TEE-Untersuchungen innerhalb von 5–7 Tagen wird bei initial negativer Untersuchung und fortbestehendem starken klinischen Verdacht empfohlen (IB).
5. Eine Echokardiografie sollte bei S. aureus-Bakteriämie erwogen werden (IIaB).
6. Eine TEE sollte bei der Mehrzahl der erwachsenen Patienten mit Verdacht auf eine Endokarditis in Betracht gezogen werden, sogar bei Patienten mit positivem TTE (IIaC).
7. Eine intraoperative Echokardiografie wird bei allen operationspflichtigen Patienten empfohlen (IB).
8. Ein TTE wird nach Abschluss der Antibiotikatherapie empfohlen, um die Morphologie und Funktion des Herzens und der Klappen zu beurteilen (IC).

Des Weiteren können Vegetationen an Herzklappen zu **septischen Embolien** (20–50 %) sowohl in der Lungenstrombahn (septische Lungenembolien bei Rechtsherzendokarditis) als auch im Systemkreislauf (septische Embolien bei Linksherzendokarditis) führen, sodass eine bildgebende Diagnostik zur Detektion möglicher septischer Embolien zusätzlich notwendig ist (▣ Tab. 115.3). Das Embolierisiko steigt

- mit zunehmender Größe (≥10 mm) und Mobilität der Vegetation,
- abhängig vom Erregertyp (insbesondere bei Nachweis von S. aureus),
- abhängig vom Zeitpunkt nach Antibiotikatherapiebeginn (hohes Embolierisiko in der 1. und 2. Therapiewoche) und
- abhängig von der Lokalisation der Endokarditis (besonders hohes Risiko bei Mitralklappenendokarditis).

▣ **Tab. 115.2** Echokardiografie-Befunde bei einer Endokarditis

Haupt-Echokardiografiebefunde	Weitere Echokardiografiebefunde
Vegetationen (bakteriell besiedelte thrombotische Klappenauflagerungen)	Pseudoaneurysmen (Höhle *mit* Kommunikation)
Paravalvulärer Abszess (Höhle *ohne* Kommunikation)	Perforation der Taschen/Segel
Klappenprothesendehiszenz (neu aufgetretenes paravalvuläres Leck an einer Klappenprothese)	Fistelbildungen (z. B. zwischen Aorta ascendens und linkem Ventrikel/Vorhof)

Tab. 115.3 Bildgebende Diagnostik zur Detektion septischer Embolien (cMRT: kraniale Magnetresonanztomografie; cCT: kranielle Computertomografie; CEUS: Kontrastmittelultraschall; PET: Positronenemissionstomografie)

Endokarditis	Organ und Komplikationen	Bildgebende Diagnostik
Linksherzendokarditis (Aorten-/Mitralklappe)	Gehirn: septischer Schlaganfall	cMRT, ggf. cCT
	Milz: Milzinfarkt	CEUS der Milz, ggf. CT
	Leber: Leberinfarkt	CEUS der Leber, ggf. CT
	Nieren: Niereninfarkt	CEUS der Nieren, ggf. CT
	Herz: Myokardinfarkt	Herzkatheteruntersuchung
	Periphere Arterien: Arterieller Verschluss	Farbdoppler-/Duplex-Untersuchung
Rechtsherzendokarditis (Trikuspidal-/Pulmonalklappe)	Lunge: septische Lungenembolien	Angio-CT oder PET-CT

Die Erfassung von septischen Embolien ist nicht nur von klinisch-diagnostischer Bedeutung, sondern auch von therapeutischer Konsequenz. Zum Beispiel ergibt sich beim Nachweis einer großen Vegetation (>10 mm) mit einem oder mehreren embolischen Ereignissen trotz adäquater Antibiotikatherapie eine dringende OP-Indikation.

Diagnostische Kriterien

Zur Objektivierung der komplexen Symptomatik und Befundkonstellation der infektiösen Endokarditis wurden von David Durack und Mitarbeitern im Jahre 1994 die **Duke-Kriterien** (benannt nach der Duke-Universität, Durham, North Carolina) vorgestellt und rasch in den klinischen Alltag implementiert (Tab. 115.4). Sie beruhen auf klinischen, echokardiografischen und mikrobiologischen Befunden. Ihr Wert ist bei bestimmten Formen der Erkrankung eingeschränkt (Klappenprothesen, Schrittmacher, ICD-/CRT-Devices, negative Blutkulturen). Die Duke-Kriterien können und dürfen in keinem Fall die klinische Beurteilung ersetzen.

Endokarditisteam

Das multiprofessionelle Endokarditisteam besteht aus Infektiologen, Mikrobiologen, Kardiologen, Radiologen und Nuklearmedizinern sowie Herzchirurgen.

Patienten mit komplizierter infektiöser Endokarditis, d. h. Endokarditis kombiniert mit Herzinsuffizienz, einem Abszess, embolischen oder neurologischen Komplikationen, sollten frühzeitig zu einem Zentrum mit direkt verfügbarer Herzchirurgie überwiesen und dort behandelt werden.

Patienten mit unkomplizierter Endokarditis können initial außerhalb eines Zentrums behandelt werden, aber unter regelmäßiger Kommunikation mit dem Zentrum, Konsultation des multidisziplinären „Endokarditisteams".

Konservative Therapie

Vor Therapiebeginn ist die Abnahme von mindestens 2 Blutkulturpaaren obligat, danach sollte umgehend eine kalkulierte Kombinationstherapie eingeleitet werden (Tab. 115.5). Der frühzeitige Beginn einer adäquaten Antibiotikatherapie ist von großer Bedeutung, da sie neben der Infektkontrolle auch das Risiko für septische Embolien reduziert. Nach Erhalt des mikrobiologischen Befundes ist ggf. eine – auf den Erreger adaptierte – Therapieumstellung erforderlich.

Im Rahmen der Antibiotikatherapie sind bakterizide Antibiotika den bakteriostatischen Präparaten deutlich überlegen. Die **parenterale Antibiotikatherapie** bei Endokarditis (Tab. 115.5, 115.6, 115.7 und 115.8) sollte über einen **peripher-venösen Zugang** erfolgen und nur in absoluten Ausnahmefällen, wie z. B. bei maximaler Intensivpflichtigkeit oder ungenügenden peripheren Venenverhältnissen, über zentrale Zugänge, da zentrale Venenkatheter ein hohes Infektionsrisiko haben.

Die **Dauer der Therapie** der infektiösen Endokarditis wird anhand der Erstapplikation einer effektiven Antibiotikatherapie berechnet und nicht anhand des Datums des chirurgischen Eingriffs. Nach erfolgreicher Operation wird eine postoperative Antibiotikatherapie für 2 Wochen empfohlen. Sollten sich jedoch intraoperativ Infektionsherde nachweisen lassen oder an der explantierten Klappe der Nachweis von Mikroorganismen gelingen, dann sollte eine erneute Antibiotikatherapie in voller Dauer von 4–6 Wochen erfolgen. Die Wahl des Antibiotikums sollte in diesen Fällen stets dem Resistenzprofil des zuletzt identifizierten Mikroorganismus angepasst werden.

Bei persistierendem Fieber unter antibiotischer Therapie sollte an ein echtes Therapieversagen, an einen paravalvulären Abszess, an Drug-fever, an eine Venenkatheterinfektion, an eine Pneumonie, an einen Harnweginfekt, an einen extrakardialen Abszess

Tab. 115.4 Duke-Kriterien der infektiösen Endokarditis (adaptiert an: Leitlinien der europäischen Gesellschaft für Kardiologie 2015)

2 Hauptkriterien	**Positive Blutkultur** – Nachweis endokarditistypischer Erreger in 2 unabhängigen Blutkulturen: Viridans-Streptokokken, Streptococcus bovis, HACEK-Gruppe, Staphylococcus aureus; oder ambulant erworbene Enterokokken ohne Nachweis eines primären Fokus – Mikroorganismen vereinbar mit einer infektiösen Endokarditis in persistierend positiven Blutkulturen: mind. 2 positive Blutkulturen aus Blutentnahmen mit mind. 12 h Abstand; oder jede von 3 oder eine Mehrzahl von ≥ 4 separaten Blutkulturen (erste und letzte Probe in mind. 1 h Abstand entnommen) – Einzelne positive Blutkultur mit Coxiella burnetii oder Phase-I-IgG-Antikörpertiter > 1:800 **Bildgebender Nachweis der Endokardbeteiligung:** – Echokardiografie: Vegetation, Abszess, Pseudoaneurysma, intrakardiale Fistel, Klappenperforation/-aneurysma, neue Prothesendehiszenz – ^{18}F-FDG-PET/CT: periprothetische Anreicherung in ^{18}F-FDG-PET/CT oder Leukozytenszintigrafie (wenn seit der Operation > 3 Monate vergangen sind) – Herz-CT: paravalvuläre Läsion im kardialen CT
5 Nebenkriterien	– **Prädisposition:** Prädisponierende Herzerkrankung oder i. v. Drogenabusus – **Fieber:** > 38 °C – **Vaskuläre Phänomene:** arterielle Embolien, septisch-pulmonale Infarkte, mykotische Aneurysmen, intrakranielle oder konjunktivale Blutungen, Janeway-Läsionen – **Immunologische Phänomene:** Glomerulonephritis/Löhlein-Herdnephritis, Osler-Knötchen, Roth-Flecken, positiver Rheumafaktor – **Mikrobiologie:** Positive Blutkulturen, die nicht einem Hauptkriterium entsprechen, oder serologischer Nachweis einer aktiven Infektion mit einem mit infektiöser Endokarditis zu vereinbarenden Organismus
Beurteilung	– **„Definitive Endokarditis“:** 2 Hauptkriterien *oder* 1 Haupt- und 3 Nebenkriterien *oder* 5 Nebenkriterien – **„Mögliche Endokarditis“:** 1 Haupt- und 1 Nebenkriterium *oder* 3 Nebenkriterien – **„Ausgeschlossen“:** Keine Kriterien, sichere alternative Diagnose, Wirksamkeit einer antibiotischen Therapie oder negativer Operations-/Autopsiebefund bei Antibiotikatherapie ≤ 4 Tagen

Tab. 115.5 Initial kalkulierte Antibiotikatherapie der infektiösen Endokarditis

Antibiotikum	Dosierung	Therapiedauer	Evidenzgrad	Bemerkungen
Ambulante Nativklappenendokarditis des linken Herzens und Kunstklappenspätendokarditis (≥ 12 Monate postoperativ)				
Ampicillin plus Flucloxacillin plus Gentamicin	12 g/Tag i. v. in 4–6 Dosen 12 g/Tag i. v. in 4–6 Dosen 3 mg/kg KG/Tag i. v. in 1 Dosis	4–6 Wochen	IIaC	Alternativen für Vancomycin wären Daptomycin oder Teicoplanin
Vancomycin plus Gentamicin	30–60 mg/kg KG/Tag i. v. in 2–3 Dosen 3 mg/kg KG/Tag i. v. in 1 Dosis	4–6 Wochen	IIbC	
Nativklappenendokarditis des rechten Herzens				
– Behandlung wie Linksherzendokarditis				
– Therapiedauer häufig reduziert (2–4 Wochen)				
Kunstklappenfrühendokarditis (<12 Monate postoperativ) oder nosokomiale und nichtnosokomiale, mit der Krankenversorgung assoziierte Endokarditis				
Vancomycin plus	30 mg/kg KG/Tag i. v. in 2 Dosen	6 Wochen	IIbC	Talspiegel: 15–20 mg/l
Gentamicin plus	3 mg/kg KG/Tag i. v. Einzeldosis	2 Wochen		Talspiegel: < 1–2 mg/l
Rifampicin	900–1200 mg/Tag i. v. oder oral in 2 oder 3 geteilten Dosen	2 Wochen		ggf. 600–900 mg/Tag p. o. in 2–3 Dosen

Tab. 115.6 Antibiotikatherapie der Streptokokkenendokarditis (orale Streptokokken und Gruppe-D-Streptokokken)

Antibiotikum	Dosierung	Therapiedauer	Evidenzgrad	Bemerkungen
Standardtherapie bei penicillinsensiblen Stämmen (MHK < 0,125 mg/l)				
Penicillin G oder	12–18 Mio. IE/Tag i. v. in 4–6 Einzeldosen oder kontinuierlich	4 Wochen	IB	Bei Allergie: Vancomycin 30 mg/kg KG/Tag i. v. in 2 Dosen (4 Wochen, IC)
Ampicillin oder	3- bis 4-mal 2–4 g i. v.	4 Wochen	IB	
Ceftriaxon	2–4 g/Tag i. v. in 1–2 Dosen	4 Wochen	IB	
Standardtherapie bei (relativ) penicillinresistenten Stämmen (MHK > 0,125–2 mg/l)				
Penicillin G oder	24 Mio. IE/Tag i. v. in 4–6 Dosen oder kontinuierlich	4 Wochen	IB	Plus Gentamicin (3 mg/kg KG/Tag i. v., Einmaldosis, 2 Wochen) Bei Allergie: Vancomycin plus Gentamicin
Ampicillin oder	3- bis 4-mal 4 g i. v.	4 Wochen	IB	
Ceftriaxon	2–4 g/Tag i. v. in 1–2 Dosen	4 Wochen	IB	

Tab. 115.7 Antibiotikatherapie der Staphylokokkenendokarditis

Antibiotikum	Dosierung	Therapiedauer	Evidenzgrad	Bemerkungen
MSSA-Nativklappenendokarditis				
Flucloxacillin oder	12 g/Tag i. v. in 4–6 Gaben	4–6 Wochen	IB	Bei Allergie: Vancomycin (4–6 Wochen)
Daptomycin	10 mg/kg KG/Tag i. v. 1-mal täglich	4–6 Wochen	IIaC	
MSSA-Klappenprotheseninfektion				
Flucloxacillin plus	12 g/Tag i. v. in 4–6 Gaben	≥ 6 Wochen	IB	
Gentamicin plus	3 mg/kg KG/Tag i. v. als Einzeldosis	2 Wochen	IB	
Rifampicin	900–1200 mg/Tag i. v. oder p. o. in 2–3 Dosen	≥ 6 Wochen	IB	
MRSA-Klappenprotheseninfektion oder Penicillinallergie				
Vancomycin plus	30–60 mg/kg KG/Tag i. v. in 2–3 Gaben	≥ 6 Wochen	IB	
Gentamicin plus	3 mg/kg KG/Tag i. v. als Einzeldosis	2 Wochen	IB	
Rifampicin	900–1200 mg/Tag i. v. oder p. o. in 2–3 Dosen	≥ 6 Wochen	IB	

(z. B. Spondylodiszitis) und an antibiotikaassoziierte Diarrhöen (Clostridien) gedacht werden.

Neben diesen klinischen Aspekten sollte ein gewisses pharmakologisches Grundverständnis über die einzelnen Antibiotikagruppen vorhanden sein. Bei der Gabe von Aminoglykosiden sind aufgrund von Nephro- und Ototoxizität regelmäßige Bestimmungen der Retentionsparameter (Kreatinin, GFR) sowie ein therapeutisches Drug-Monitoring (TDM) und die Kontrolle des Hörvermögens erforderlich. Bei kritisch kranken Patienten mit terminaler Niereninsuffizienz stellt die Dosisfindung von Antibiotika eine besondere Herausforderung dar, da Empfehlungen zur nierenadaptierten Dosierung von Antibiotika nur begrenzt vorliegen.

Herzchirurgische Therapie

In ungefähr 50 % aller Endokarditisfälle ist neben der antibiotischen Therapie ein chirurgisches Vorgehen indiziert, um infiziertes Klappenmaterial vollständig zu resezieren oder bereits vorhandene Organkomplikationen zu versorgen. Als Hauptindikationen für eine kardiochirurgischen Therapie werden die Entwicklung einer **Herzinsuffizienz,** die **unkontrollierte Infektion** und die **Prävention septischer Embolien** aufgeführt. Die eigentliche Therapieentscheidung kardiochirurgische versus konservative Behandlung sollte stets individuell und interdisziplinär – idealerweise im Endokarditisteam – erfolgen.

Merke: Die akute Aorten- oder Mitralklappenendokarditis mit schwerer Klappeninsuffizienz oder Fistelbildung mit resultierendem refraktärem Lungenödem oder kardiogenem Schock stellt eine absolute Notfallindikation dar.

Endokarditisprophylaxe

Die Endokarditisprophylaxe hat das Ziel, Bakteriämien zu vermeiden, die im Rahmen medizinischer Eingriffe entstehen und somit bei Patienten mit Risikofaktoren

Tab. 115.8 Antibiotikatherapie der Enterokokkenendokarditis

Antibiotikum	Dosierung	Therapiedauer	Evidenzgrad	Bemerkungen
Ampicillin **plus** Gentamicin	3- bis 4-mal 2–4 g i. v. 3 mg/kg KG/Tag i. v. in 1 Dosis	4–6 Wochen 2–6 Wochen	IB	
Ampicillin **plus** Ceftriaxon	3- bis 4-mal 2–4 g i. v. 2 bis 4 g/Tag i. v. in 1–2 Dosen	6 Wochen 6 Wochen	IB	
Vancomycin **plus** Gentamicin	30 mg/kg KG/Tag i. v. in 2 Dosen 3 mg/kg KG/Tag i. v. in 1 Dosis	6 Wochen 6 Wochen	IC	

zu infektiösen Endokarditiden führen können. Zu den allgemeinen präventiven Maßnahmen zählen eine gute Mundhygiene und zahnärztliche Kontrollen. Eine Antibiotikaprophylaxe ist bei 3 **Hochrisikopatientengruppen** mit zahnärztlichen Höchstrisikoeingriffen indiziert. Zu den 3 Hochrisikogruppen gehören:

1. **Patienten mit Herzklappenersatz** (mechanisch oder biologisch, inklusive interventionellem Herzklappenersatz) **oder rekonstruierten Klappen** (inkl. kathetergestützter Mitralklappenrekonstruktion) **unter Verwendung alloprothetischen Materials in den ersten 6 Monaten nach Operation bzw. Intervention**
2. **Patienten mit angeborenen Vitien:**
   a. Jegliche zyanotische Vitien
   b. Bis zu 6 Monate nach operativer oder interventioneller Vitienkorrektur unter Verwendung prothetischen Materials
   c. oder lebenslang bei residuellem Shunt oder Klappeninsuffizienz
3. **Patienten mit überstandener infektiöser Endokarditis,** insbesondere solche mit Endokarditisrezidiven

Eine Prophylaxe mit Antibiotika sollte nur bei zahnärztlichen Eingriffen in Betracht gezogen werden, bei denen es zu einer Manipulation der Gingiva oder der periapikalen Zahnregion oder zu einer Perforation der oralen Mukosa kommt. Zu den Manipulationen an der Gingiva zählt auch die intraligamentäre Anästhesie zur lokalen Schmerzausschaltung, die mit einer Häufigkeit bis zu 97 % weit häufiger zu Bakteriämien führt als endodontische Maßnahmen oder Sondierungsmaßnahmen in einer entzündlich veränderten Zahnfleischtasche.

Bei Eingriffen an infiziertem Gewebe bei Risikopatienten wird empfohlen, je nach Infektionsort auch organtypische potenzielle Endokarditiserreger mitzubehandeln. Dies schließt z. B. bei Infektionen der oberen Atemwege und bei Haut- und Weichteilinfektionen Streptokokken- und Staphylokokkenspezies ein, bei gastrointestinalen oder urogenitalen Prozeduren ist an Enterokokken zu denken.

Die perioperative bzw. periinterventionelle Endokarditisprophylaxe erfolgt mindestens 30–60 min vor der Prozedur. Im Rahmen der Endokarditisprophylaxe kommen primär Aminobenzylpenicilline zur Anwendung, wie Amoxicillin (2 g p. o.) oder Ampicillin (2 g i. v.). Bei Penicillinallergie kann alternativ Clindamycin (600 mg p. o. oder i. v.) angewandt werden. In Fällen, in denen die Endokarditisprophylaxe vor dem Eingriff nicht gegeben wurde, scheint eine Gabe noch bis zu 120 min nach der Prozedur sinnvoll.

115.2 Myokarditis

Bei der Myokarditis handelt es sich um eine akute oder chronische Inflammationsreaktion des Myokards diverser Genese, die in unterschiedlichem Umfang Kardiomyozyten, interstitielles und perivaskuläres Bindegewebe sowie koronare Arteriolen, Kapillaren und in einigen Fällen sogar die epikardialen Koronararterien einbezieht. Häufig spricht man auch von einer inflammatorischen Kardiomyopathie. Die Empfehlungen zum Management der Myokarditis beruhen auf den Leitlinien der Europäischen Gesellschaft für Kardiologie aus dem Jahre 2013.

Fallbeispiel

Ein 25-jähriger Student stellt sich wegen neu aufgetretenen Palpitationen und Leistungsminderung seit ca. 3 Wochen beim niedergelassenen Kardiologen vor. Im EKG zeigen sich gehäufte ventrikuläre Extrasystolen. Laborchemisch fällt ein grenzwertig erhöhtes hochsensitives (hs-)Troponin auf. Ein zurückliegender Infekt, eine Stresssituation, Drogenkonsum oder andere Erkrankungen sowie eine familiäre Prädisposition bezüglich kardiovaskulärer Erkrankungen verneint der Student. Die zusätzlich orientierte transthorakale Echokardiografie ist völlig unauffällig, sodass die Arbeitsdiagnose einer Myokarditis gestellt wird. Im Hinblick auf die subjektiv störenden Extrasystolen werden eine milde β-Blocker-Therapie (1-mal 1,25 mg Bisoprolol pro Tag, per os) initiiert. Empfohlen werden körperliche Schonung sowie regelmäßige kardiologische Wiedervorstellungen.

Epidemiologie

Die Prävalenz der Myokarditis liegt nach Auswertungen von Autopsien zwischen 2 und 42 %. Bei bis zu 12 % junger Erwachsener mit plötzlichem Herztod wird die Myokarditis als Ursache angenommen.

Pathogenese

Die Myokarditis stellt eine häufige Ursache bei jungen Patienten für eine Herzinsuffizienz oder Herzrhythmusstörungen dar, wobei in 9–16 % der Fälle mit dilatativer Kardiomyopathie eine inflammatorische Komponente nachgewiesen werden kann. Pathogenetisch für eine Myokarditis können infektiöse oder nichtinfektiöse Ursachen aufgeführt werden (◘ Tab. 115.9), wobei die virale Genese in der westlichen Welt dominiert. In der Pathogenese der Myokarditis stehen zum einen virale als auch autoimmune Mechanismen im Vordergrund. Die individuelle genetische Prädisposition spielt bei Pathogenese der Myokarditis eine bedeutende Rolle, d. h., es gibt Menschen, die für eine Virusinfektion sehr empfänglich sind.

Nach einer Initiierungsphase mit zellulärer Infiltration ($\geq$14 Lymphozyten/mm^2 mit $\geq$7 CD3-positiven T-Lymphozyten) kommt es zu einer direkten oder indirekten (Autoimmunprozess) myokardialen Schädigung. Die Ausbildung eines myokardialen Ödems bis hin zur Zellnekrose und – in späteren Stadien – Narbenbildung mit Fibrose können die Folgen sein. Obwohl eine akute Myokarditis in über 50 % in den ersten 4 Wochen folgenlos ausheilen kann, entwickelt sich bei ungefähr 30 % der Patienten eine schwere dilatative Kardiomyopathie.

Unter einer dilatativen Kardiomyopathie versteht man eine reine (meist systolische) Funktionseinschränkung des Ventrikelmyokards. Die inflammatorische Kardiomyopathie dagegen bezeichnet eine histologisch bzw. immunhistochemisch diagnostizierte Myokarditis mit paralleler myokardialer Funktionseinschränkung. Die Myokarditis bzw. inflammatorische Kardiomyopathie wird in 3 Gruppen unterteilt (◘ Tab. 115.10).

Klinik

Das klinische Bild der Myokarditis reicht von einer völligen Asymptomatik über pektanginöse Beschwerden bis hin zum plötzlichen Herztod. Es existiert kein spezifisches Leitsymptom.

◘ Tab. 115.9 Ätiologie der Myokarditis

Infektiöse Genese	
Viren	Viren in 50 % der Fälle: Parvovirus B19 und Adenoviren, Coxsackie A/B1–B5
	Humanes ECHO-Virus („enteric, cytopathogenic, human, orphan")
	Humanes Herpesvirus 6 (HHV-6), Hepatitis-C-Virus, HI-Virus
Bakterien	Staphylo-, Strepto-, Pneumo-, Meningo-, Gonokokken, Borreliose (Lyme-Erkrankung), Mykobakterien, Chlamydien, Mykoplasmen, Legionellen, Salmonellen, Rickettsien, Corynebakterien, Leptospiren (Morbus Weil)
Pilze	Aspergillus, Candida, Cryptococcus (insbesondere bei HIV-Koinfektion)
Protozoen	Trypanosoma cruzi (Chagas-Krankheit), Toxoplasma gondii
Würmer	Trichinen, Echinokokken
Nichtinfektiöse Genese	
Immunologische Myokarditis	– **Idiopathisch** als Fiedler-Riesenzell-Myokarditis, rheumatische Arthritis, Kollagenosen, Vaskulitiden
	– **Kreuzantigenität viraler und myokardialer Strukturen:** antimyolemmale und antisarkolemmale Antikörper, IgM und C3 in der Biopsie
	– **Granulomatöse Riesenzellmyokarditis:** mit riesenzellartigen Granulomen vom Sarkoidosetyp bei Sarkoidose, Wegener-Granulomatose
	– **Abstoßungsreaktion** nach Herztransplantation (Alloantigene)
	– **Medikamentenallergene** (Hypersensitivitätsmyokarditis, eosinophile Myokarditis): Penicillin, Colchicin, Furosemid, Thiazide, Isoniazid, Lidocain, Tetracyclin, Sulfonamide, Phenytoin, Phenylbutazon, Amitriptylin
Toxische Myokarditis	– **Medikamente:** Katecholamine, Anthracycline, Lithium, Zytokine
	– **Schwermetalle:** Blei, Eisen, Kupfer, Kobalt, Chrom
	– **Andere Toxine:** Ethanol, Kokain, Zytokine (septische Kardiomyopathie)
	– **Physikalische Ursachen:** Bestrahlung, Hypothermie, Hitzschlag, Elektroschock

Tab. 115.10 Unterformen der Myokarditis

Myokarditisform	Beschreibung
Virale Myokarditis	Histologisch/immunhistochemischer Nachweis einer Myokarditis (meist lymphozytisch) mit positivem Ergebnis in der PCR zum Nachweis kardiotroper Viren
Autoimmune Myokarditis	Histologisch/immunhistochemischer Nachweis einer Myokarditis mit negativem Ergebnis in der PCR zum Nachweis kardiotroper Erreger mit oder ohne Nachweis kardialer Autoantikörper, z. B. Sarkoidose, Hypereosinophiliesyndrom (eosinophile Myokarditis), Sklerodermie, systemischer Lupus erythematodes
Kombinierte virale und autoimmune Myokarditis	Histologisch/immunhistochemischer Nachweis einer Myokarditis mit positivem Ergebnis in der PCR zum Nachweis kardiotroper Viren mit Nachweis kardialer Autoantikörper

▪ Diagnostik

Die **Anamnese** sollte der Frage nach einem zurückliegenden grippalen oder gastrointestinalen Infekt nachgehen. Im Rahmen der **körperlichen Untersuchung** sollten auf akzidentelle Herzgeräusche und – bei möglicher Mitbeteiligung des Perikards – auf ein Perikardreiben geachtet werden.

Zur **laborchemischen Untersuchung** gehören die Bestimmung der Entzündungsparameter (Blutsenkungsgeschwindigkeit, C-reaktives Protein, Blutbild) und der kardialen Biomarker (BNP, Troponin und Herzenzyme). Der viral-serologische Nachweis kardiotroper Viren ist wenig spezifisch, sodass diese Untersuchung nicht empfohlen wird. Der Nachweis von speziellen Autoantikörpern wird ebenfalls nicht empfohlen.

Bei jedem Patienten mit kardialer Anamnese bzw. Verdacht auf eine Myokarditis ist stets ein **Elektrokardiogramm** durchzuführen. Obwohl das EKG bei einer Myokarditis fast immer Veränderungen aufweist, sind seine Spezifität und Sensitivität niedrig. Bei einer Myokarditis lassen sich folgende EKG-Veränderungen nachweisen: Sinustachykardien, Extrasystolen, supraventrikuläre und ventrikuläre Arrhythmien, ST-Streckenveränderungen wie z. B. terminale T-Negativierungen oder konkave ST-Streckenhebungen. Das Auftreten einer AV-Blockierung kann auf eine kardiale Beteiligung bei einer Borreliose (Lyme-Karditis), einer Sarkoidose oder auf eine Riesenzellmyokarditis hindeuten.

Eine **transthorakale Echokardiografie** (TTE) ist bei jedem Verdacht auf eine Myokarditis zu veranlassen. Obwohl eine Myokarditis selbst nicht echokardiografisch diagnostiziert werden kann, so ist die echokardiografische Beurteilung der regionalen und globalen linksventrikulären Pumpfunktion von klinischer Bedeutung. Gelegentlich kann eine Zunahme der Signalintensität und der Wanddicke bei ödematösen Veränderungen nachgewiesen werden. Die Echokardiografie eignet sich optimal zur Verlaufskontrolle.

Die **Herzkatheteruntersuchung** sollte eine Koronarangiografie (Ausschluss/Nachweis einer ischämischen Genese) sowie eine Endomyokardbiopsie (Ausschluss/Nachweis einer Myokarditis) beinhalten. Bei jüngeren und hämodynamisch stabilen Patienten ohne kardiovaskuläres Risikoprofil kann anstelle der invasiven Koronarangiografie eine CT-Koronarangiografie durchgeführt werden.

Die **Endomyokardbiopsie** stellt auch in den aktuellen Leitlinien der Europäischen Gesellschaft für Kardiologie aus dem Jahre 2013 den Goldstandard für die Differenzialdiagnose bei Verdacht auf eine Myokarditis bzw. auf eine nichtischämische Kardiomyopathie (z. B. Sarkoidose, Amyloidose, Morbus Fabry) dar. Die Myokardbiopsie erfolgt dabei in der Regel von der rechtsventrikulären Seite des interventrikulären Septums (ggf. linksventrikuläre Biopsie). Anschließend werden die Biopsate histologisch (z. B. lymphozytäre Infiltrate), immunhistologisch (z. B. Anti-CD3-T-Lymphozyten, Anti-CD4-T-Helferzellen) und molekularpathologisch (Erregernachweis mittels PCR) begutachtet. In den Leitlinien zur Rolle der Myokardbiopsie wird eine Biopsieentnahme insbesondere bei akuter Herzinsuffizienz mit oder ohne Ventrikeldilatation und hämodynamischer Instabilität oder Arrhythmien empfohlen (Klasse-I-Indikation, Evidenzgrad B).

Die **kardiale Magnetresonanztomografie** (Kardio-MRT) hat in letzten Jahren zunehmend in der nichtinvasiven Routinediagnostik der Kardiomyopathien und Myokarditis an Bedeutung gewonnen. Im Rahmen der nichtinvasiven Myokarditisdiagnostik ist das Kardio-MRT der Echokardiografie überlegen. Mittels der Kardio-MRT-Untersuchung ergibt sich die einzigartige Möglichkeit, bestimmte Gewebecharakteristiken nichtinvasiv direkt zu visualisieren. Neben der Gewebecharakterisierung lassen sich sowohl die Morphologie als auch die Funktion des Herzens beurteilen. Die Kardio-MRT eignet sich daher zur Diagnosestellung und zur Verlaufsbeobachtung der Myokarditis.

Tab. 115.11 Diagnosekriterien der Myokarditis

Untersuchungsmethode	Beschreibung der 4 Diagnosekriterien
EKG, Langzeit-EKG, Ergometrie	EKG-Veränderungen: AV-Blockierung, De-/Repolarisationsstörung, Sinusarrest, VT/VF, Asystolie, Extrasystolen, ventrikuläre und supraventrikuläre Arrhythmien
Laborchemie	Kardiale Biomarker: erhöhtes Troponin
Kardiale Bildgebung (TTE, Herzkatheter, kardiales MRT)	Funktionelle und strukturelle Veränderungen: regionale Wandbewegungsstörungen, Einschränkung der globalen systolischen und diastolischen Funktion, ggf. linksventrikuläre Dilatation, Perikarderguss oder intraventrikuläre Thromben
Kardiales MRT (Lake-Louise-Konsensus-Kriterien)	Gewebecharakterisierung: myokardiales Ödem und/oder „late gadolinium enhancement"

Die **Nuklearmedizin** hat im Wesentlichen keine Bedeutung in der Bildgebung der Myokarditis – mit einer Ausnahme: Die kardiale Sarkoidose ist die einzige Myokarditisform, bei der eine nuklearmedizinische Bildgebung empfohlen wird (^{18}F-FDG-PET Untersuchung).

Diagnostische Kriterien Die Myokardbiopsie stellt zwar den Goldstandard für die Diagnose der Myokarditis dar. Es ist jedoch in der klinischen Routine eher unrealistisch, jeden Patienten mit der Arbeitsdiagnose Myokarditis zu biopsieren. Daher wird empfohlen, die klinische Verdachtsdiagnose Myokarditis um die diagnostische Vortestwahrscheinlichkeit anhand spezieller Diagnosekriterien zu erhöhen. Die diagnostischen Kriterien setzen sich zusammen aus der Klinik (asymptomatisch/symptomatisch) und 4 Befunden aus EKG-Untersuchung, Laborchemie (kardiale Biomarker) und kardialer Bildgebung (TTE und MRT) (Tab. 115.11).

Der Verdacht auf eine Myokarditis besteht, wenn
- ein symptomatischer Patient mehr als ein Diagnosekriterium aufweist
- oder ein asymptomatischer Patient mehr als 2 Diagnosekriterien aufweist.

Eine koronare Herzerkrankung, kardiovaskuläre Erkrankungen, Klappenvitien, Intoxikationen, pulmonale Ursachen und eine Hyperthyreose sollten ausgeschlossen sein.

Therapie

Eine kausale Therapieoption ist derzeit nicht belegt, sodass primär die symptomatische Therapie im Vordergrund steht. Eine **adäquate Herzinsuffizienztherapie** (ACE-Hemmer, AT_1-Antagonisten, β-Blocker, Diuretika, Aldosteronantagonisten) und eine strenge kardiologische Anbindung sind obligat. Eine moderate körperliche Schonung wird für mindestens 6 Monate empfohlen.

In einigen Fällen akuter Myokarditiden kann sich eine schwere systolische Dysfunktion entwickeln, sodass die Gefahr von lebensbedrohlichen ventrikulären Arrhythmien und damit eine Indikation zur strengen rhythmologischen Überwachung besteht!

Nichtsteroidale Antiphlogistika (NSAR) sollten bei Myokarditiden ohne Perikarderguss, d. h. ohne Perikardbeteiligung, nicht angewandt werden. Die Behandlung mit nichtsteroidalen Antiphlogistika kann während der Akutphase einer viralen Myokarditis zu einer Progression der myokardialen Zellschädigung führen.

In Fällen viruspositiver Myokarditiden besteht die therapeutische Option der Immunmodulation (z. B. antivirale Therapie bei kardialer Herpesvirusinfektion mit Ganciclovir oder Aciclovir; IFN-β-Therapie bei Nachweis von Adenoviren), bei virusnegativen Myokarditiden der Immunsuppression (z. B. Steroide, Azathioprin und Ciclosporin A bei chronischer virusnegativer Inflammationskardiomyopathie, Riesenzellmyokarditis, kardialen Sarkoidose sowie Autoimmunmyokarditis). Dies setzt jedoch eine hohe Expertise und die Anbindung an spezielle Zentren voraus.

In hämodynamisch instabilen Situationen ist ein interdisziplinäres Management zwischen Kardiologen, Herzchirurgen und Intensivmedizinern erforderlich. Neben der hämodynamisch gesteuerten Therapie des kardiogenen Schocks mittels u. a. Katecholaminen besteht die Möglichkeit der Implantation eines ventrikulären Assist-Device oder eines Kunstherzens bis hin zur High-Urgency-Listung bezüglich einer Herztransplantation.

115.3 Perikarditis

Bei der Perikarditis handelt es sich um eine Entzündung des Epi- und des Perikards, die als isolierte Perikarditis oder in Kombination mit einer Myokarditis (15–30 %), als sog. Perimyokarditis, auftreten kann. Entsprechend dem klinischen Verlauf wird die Perikarditis in eine akute, chronische (>3 Monate anhaltende Perikarditis), chronisch-persistierende Perikarditis und eine Pericarditis constrictiva eingeteilt. In den meisten Fällen manifestiert sich die Perikarditis primär als akute Verlaufsform, in 20 % ist ein Übergang in eine chronische Erkrankung mit rezidivierenden Schüben möglich. Die aktuellen Empfehlungen zum Management der Perikarditis beruhen auf den Leitlinien der Europäischen Gesellschaft für Kardiologie aus dem Jahre 2004, die 2015 aktualisiert wurden.

Fallbeispiel

Ein bisher gesunder 54-jähriger Patient stellt sich wegen Herzstolpern und pektanginösen Beschwerden mit reduziertem Allgemeinzustand in der Notaufnahme vor. Die Symptomatik hat 1 Woche nach einem zurückliegenden gastrointestinalen Infekt vor ca. 3 Wochen begonnen. Im EKG zeigt sich eine supraventrikuläre Extrasystolie. Laborchemisch ist lediglich das C-reaktive Protein erhöht. In der Herzauskultation lässt sich ein pulssynchrones, knarrendes systolisch-diastolisches Geräusch über dem Erb-Punkt nachweisen. Mittels Echokardiografie ist ein schmaler Perikarderguss nachweisbar, sodass im klinischen Kontext die Arbeitsdiagnose einer Perimyokarditis gestellt wird.

▪ Epidemiologie

Die Inzidenz der Perikarditis beträgt ca. 2–3 Fälle pro 100.000 Einwohner. Im Rahmen von Autopsien findet sich in 2–10 % eine Perikarditis. In der Notaufnahme beträgt der Anteil der akuten Perikarditiden ca. 5 % aller Aufnahmen.

▪ Pathogenese

Verschiedene Ursachen werden für die Perikarditis beschrieben, allerdings bleibt im Einzelfall die Ergründung der definitiven Ursache offen (◘ Tab. 115.12). 80–90 % der akuten Perikarditiden werden als idiopathisch eingestuft, wobei meist eine virale Genese als Ursache der Perikarditis angenommen wird. Von all den übrigen Ursachen (10–20 %) werden hauptsächlich Autoimmunerkrankungen (z. B. Postkardiotomiesyndrom) verantwortlich gemacht.

115

Die Perikarditis führt zu fibrinösen Belägen am Perikard, die durch Reibung präkordiale Schmerzen und ein lederartiges systolisch-diastolisches Geräusch in der Herzauskultation zur Folge haben. Eine Perikarditis mit rascher Ergussentwicklung kann über eine Kompression des rechten Herzens (Perikardtamponade) zu einer hämodynamischen Instabilität bzw. zum kardiogenen Schock führen.

▪ Klinik

Patienten mit einer Perikarditis klagen meist über allgemeine Schwäche oder über Dyspnoe mit Leistungsminderung als Zeichen der Herzinsuffizienz. Subfebrile Temperaturen bis Fieber, retrosternale oder linksthorakale Schmerzen, teils atemabhängig, werden ebenfalls beschrieben. Bei Ausbildung eines Perikardergusses wird meist eine progrediente Dyspnoe mit oder ohne obere Einflussstauung beschrieben.

▪ Diagnostik

Die **Anamnese** sollte die ursächlichen Faktoren für eine Perikarditis beinhalten (z. B. Urämie). In der **körperlichen Untersuchung** kann häufig ein Perikardreiben (pulssynchrones, knarrendes/lederartiges systolisch-diastolisches Geräusch) über dem Erb-Punkt auskultiert werden.

Laborchemisch sollten die wesentlichen Entzündungsparameter (Blutbild, CRP, BSG) und ursächlichen Faktoren für eine Perikarditis bestimmt werden (Harnstoff, Kreatinin → urämische Perikarditis, TSH/T_3/T_4 → Myxödemperikarditis bei Hypothyreose, HDL/LDL → Cholesterinperikarditis). In 15 % können bei Mitbeteiligung des Myokards erhöhte Herzenzyme (CK, CK-MB) und ein erhöhtes Troponin nachgewiesen werden.

Die **infektiologische Diagnostik** sollte eine Tbc-Diagnostik (Mykobakterien) und ggf. der Nachweis von kardiotropen Viren (Coxsackie-A/B-, ECHO-, Ebstein-Barr-, Influenza-, Adeno-, Zytomegalie-, Varicella-Zoster-, Mumps-, Masern-, Rötelnviren) beinhalten. Zum Ausschluss einer autoimmunen Komponente wird eine **immunologische Diagnostik** (Bestimmung von ANA, ANCA, dsDNS-Antikörper) empfohlen.

Das **EKG** bei Perikarditis zeigt in 60–80 % charakteristische Veränderungen. Konkave ST-Streckenhebungen „aus dem S heraus" sind ein Ausdruck der subepikardialen Entzündung des Myokards (◘ Abb. 115.1). Eine Niedervoltage sowie eine elektrischer Alternans (Wechsel der R-Amplitude von Aktion zu Aktion) kann bei Perikarderguss/-tamponade beobachtet werden.

Als bildgebende Verfahren zum Nachweis einer Perikarditis eignen sich in der Akutsituation die **transthorakale Echokardiografie** (TTE) und die **Computertomografie.** Ein Röntgen des Thorax ist aus differenzialdiagnostischen Gründen bei „Dyspnoe" immer indiziert. In der Echokardiografie gelingt der Nachweis eines Perikardergusses ab einer Menge von über 25 ml. Zudem eignet sich die TTE-Untersuchung zur Beurteilung der hämodynamischen Relevanz (Kompression des rechten Atriums und/oder des rechten Ventrikels) und der Lokalisation des Perikardergusses (lokaler, gekammerter oder zirkulärer Perikarderguss) sowie zur Verlaufskontrolle.

■ Tab. 115.12 Ätiologie der Perikarditis

Infektiöse Genese (70–90 %)	
Idiopathisch	Meist viral bedingt
Viral	Meist Coxsackie B1–B4, ECHO-, CMV-, Adenoviren
Bakteriell	Meist Tuberkulose
Nichtinfektiöse Genese (10–30 %)	
Immunologisch	– Systemischer Lupus erythematodes (SLE)
	– Rheumatisches Fieber
	– Familiäres Mittelmeerfieber (FMF)
	– Allergisch
	– Postmyokardinfarktsyndrom (Dressler-Syndrom): Risikofaktoren sind großer Myokardinfarkt plus Phenprocoumon, Auftreten 4–8 Wochen nach Myokardinfarkt
	– Postkardiotomiesyndrom (Perikarditis nach operativer Eröffnung des Perikards): entwickelt sich in ca. 25 % 1–6 Wochen nach dem herzchirurgischen Eingriff
Posttraumatisch	Jedes Trauma, z. B. Contusio cordis oder nach kardiochirurgischen Eingriffen (5 %)
Physikalisch	Strahlentherapie
Postmyokardinfarkt	Auftreten in 3–6 % aller Infarktpatienten nach 1–6 Wochen nach Myokardinfarkt (Postmyokardiotomiesyndrom, Pericarditis epistenocardica, Dressler-Syndrom)
Perikarditis constrictiva	– Rechtsherzinsuffizienz, diastolische Herzinsuffizienz
	– Folgestadium einer chronisch-persistierenden Perikarditis
	– Meist schwierige Abgrenzung von restriktiver Kardiomyopathie
Metabolisch/endokrinologisch	– Perikarditis bei Niereninsuffizienz: urämische Perikarditis (vor oder nach Beginn einer Hämodialysebehandlung), dialyseassoziierte Perikarditis
	– Diabetes mellitus (diabetische Ketoazidose)
	– Cholesterinperikarditis bei Hypercholesterinämie
	– Myxödemperikarditis bei Hypothyreose
	– Addison-Krise (Hyperkaliämie, Hyponatriämie, Cortisol kaum nachweisbar, ACTH ↑)
Neoplastisch/paraneoplastisch	– Primäre Perikardtumoren: z. B. Mesotheliom des Perikards
	– Perikardmetastasen, z. B. bei Mamma-/Bronchialkarzinom
	– Weitere Tumorerkrankungen: z. B. Lymphome, Leukämien, Melanome

In verschiedenen Fällen ist ggf. eine **transösophageale Echokardiografie** (TEE) oder eine **Computertomografie** notwendig, da sich z. B. ein isolierter, abgekapselter Perikarderguss der transthorakalen Echokardiografie entziehen kann. Der Vorteil der Computertomografie besteht darin, dass sowohl die Lokalisation des Perikardergusses als auch der um das Perikard liegenden Strukturen besser beurteilbar sind. Zudem lassen sich Perikardkalzifizierungen/-verdickungen optimal darstellen. Eine Unterscheidung zwischen hämorrhagischen und serösen Ergüssen anhand der gemessenen Dichtewerte (Hounsfield-Einheiten [HE]: serös ≤ 20 HE, hämorrhagisch HE > 50) ist ebenfalls anhand der Computertomografie möglich.

Eine **Magnetresonanztomografie** eignet sich ebenfalls zur primären Diagnostik, insbesondere um eine Mitbeteiligung des Myokards im Sinne einer Perimyokarditis nachzuweisen bzw. auszuschließen.

Therapie

Dazu gehören:

Akute Perikarditis Die Behandlung der akuten Symptomatik und eine Vermeidung eines Rezidivs stehen therapeutisch im Vordergrund. In der Akutsituation, d. h. beim Nachweis eines hämodynamisch relevanten Perikardergusses, muss unter echokardiografischer Kontrolle eine umgehende entlastende Perikardpunktion veranlasst werden. Die Perikardflüssigkeit sollte anschließend analysiert (Diskriminierung zwischen Exsudat und Transsudat) und zur weiteren Diagnostik aufbewahrt bzw. direkt versandt werden (insbesondere Mikrobiologie, Zytologie/

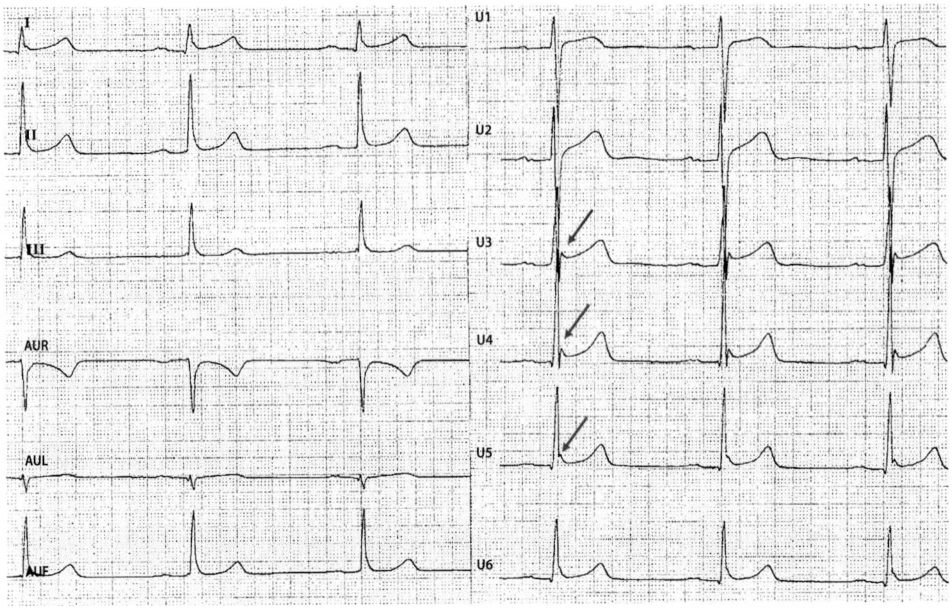

Abb. 115.1 Ruhe-EKG einer Perimyokarditis

Pathologie). Im Anschluss daran kann die Basistherapie – Behandlung der Grunderkrankung und Entzündungshemmung – initiiert werden. Nichtsteroidale Antirheumatika (NSAR) fungieren dabei als Antiphlogistikum und Analgetikum (z. B. 3-mal 600 mg Ibuprofen/Tag p. o. für 1–2 Wochen oder 3-mal 750–1000 mg ASS/Tag p. o. für 1–2 Wochen). Für Ibuprofen liegt ein günstiges Nebenwirkungsprofil vor. Da es den koronaren Blutfluss erhöht, kann es auch bei Patienten mit koronarer Herzerkrankung eingesetzt werden. Eine sinnvolle Ergänzung zur Basistherapie stellt das Therapeutikum Colchicin (Therapiedauer: 3 Monate) dar.

Der Einsatz von Steroiden ist aufgrund der verminderten Virusclearance mit einem erhöhten Rezidivrisiko assoziiert und daher nur bei nachgewiesenen Autoimmunerkrankungen indiziert (Dosierung: Prednisolon 1–1,5 mg/kg KG p. o.; Dauer: 1 Monat, danach Dosisreduktion über 3 Monate).

115

Chronische Perikarditis Ziel ist die Vermeidung von Rezidiven bzw. die Reduktion der Rezidivrate. Wie bereits erwähnt ist die häufigste Komplikation der akuten Perikarditis die Entwicklung einer rezidivierenden chronischen Perikarditis. Die Rezidivrate nach dem Erstereignis beträgt ca. 30 %, die Rate nach dem Erstrezidiv ca. 50 %. Als Grund für die Rezidive werden Autoimmunprozesse, virale und neoplastische Ursachen sowie eine unzureichende Therapiedauer von NSAR und/oder Colchicin angenommen. Wie bei Behandlung der akuten Perikarditis besteht auch hier die Basis in der kausalen Therapie (z. B. tuberkulostatische Therapie bei tuberkulöser Perikarditis) und der Kombinationstherapie von NSAR mit Colchicin über mindestens 6 Monate.

Bei therapierefraktärer chronischer Perikarditis kann ggf. eine Therapie mit Steroiden erwogen werden. Eine chirurgische Behandlung bei chronisch-persistierender Perikarditis bzw. Pericarditis constrictiva im Sinne einer Perikardfensterung bis Perikardektomie ist in Einzelfällen zu diskutieren.

115.4 Infektionen der Gefäße

Bei den Entzündungen der Gefäße werden **Phlebitiden** (Entzündungen der Venen) und **Arteriitiden** (Entzündungen der Arterien) unterschieden. Während es sich bei den Arteriitiden oft um immunologische bzw. rheumatische Pathologien handelt, sind die Phlebitiden dagegen meist bakteriell bedingt.

Fallbeispiel

Siehe das Fallbeispiel zur infektiösen Endokarditis (▶ Abschn. 115.1).

Vaskulitiden

Bei den Vaskulitiden handelt es sich um immunpathologisch vermittelte leukozytäre Infiltrationen der Gefäßwand und eine reaktive Schädigung der Wandstrukturen bis hin zu Blutung, Ischämie oder Nekrose.

Zu den **Vaskulitiden der großen Gefäße** zählen Riesenzellarteriitis/Arteriitis temporalis (Morbus

Horton) und die Takayasu-Arteriitis (Aortenbogensyndrom). Die Polyarteriitis nodosa und das Kawasaki-Syndrom zählen zu den Vaskulitiden der **mittelgroßen Gefäße.**

Die Vaskulitiden der **kleinen Gefäße** beinhalten u. a.:

- ANCA-assoziierte Vaskulitiden: mikroskopische Polyangiitis, Granulomatose mit Polyangiitis (Wegener-Granulomatose), eosinophile Granulomatose mit Polyangiitis (Churg-Strauss)
- Immunkomplexvaskulitis
- IgA-Vaskulitis (Purpura Schönlein-Henoch)
- Kryoglobulinämische Vaskulitis
- Hypokomplementämische urtikarielle Vaskulitis
- Sekundäre Vaskulitiden (z. B. medikamentös oder paraneoplastisch bedingt)

Für Details der Vaskulitiden wird auf die Lehrbücher der Inneren Medizin bzw. der Rheumatologie verwiesen.

Thrombophlebitis

Die Thrombophlebitis bezeichnet eine thrombosierte, gesunde, oberflächliche Vene. Die **oberflächliche Thrombophlebitis** tritt nicht selten nach Anlage von Venenverweilkanülen auf, die deshalb im Rahmen klinischer Visiten regelmäßig zu überprüfen sind. Bei Zeichen der lokalen Entzündung (Calor, Rubor, Dolor, Tumor, Functio laesa) sollten diese Kanülen umgehend entfernt werden. Häufig zeigt sich eine strangförmig verdickte Subkutanvene.

Die oberflächliche Thrombophlebitis der Venen der Thoraxvorderwand (V. thoracicoepigastrica) wird oft als **Mondor-Krankheit** bezeichnet. Die oberflächliche Thrombophlebitis kann in einigen Fällen in eine **septische Thrombophlebitis** bis in eine **Sepsis** münden. Unter einer **Varikophlebitis** versteht eine Thrombophlebitis bei vorbestehender Varikosis.

In der S2k-Leitlinie zur Diagnostik und Therapie der Venenthrombose und der Lungenembolie (2016) werden folgende **Therapieempfehlungen** ausgesprochen:

- Bei Phlebitis kleinkalibriger Astvarizen werden zur Beschwerdelinderung Kühlung, Kompressionstherapie und bei Bedarf nichtsteroidale Antirheumatika (NSAR) eingesetzt. Eine Stichinzision mit Thrombusexpression kann zur raschen Schmerzfreiheit führen. Niedermolekulare Heparine (NMH) sind hierbei gegenüber den NSAR nicht überlegen.
- Jeder Verdacht auf eine oberflächliche Venenthrombose der V. saphena magna oder parva bzw. deren akzessorischen Venen sollte sonografisch abgeklärt werden, um die Gesamtausdehnung und den Abstand des proximalen Thrombusteils zur Einmündung ins tiefe Venensystem darzustellen.
  - Ab einer Thrombuslänge von 5 cm wird eine Antikoagulation empfohlen. Für Fondaparinux ist die Wirksamkeit einer prophylaktischen Dosis über 4–6 Wochen belegt. Niedermolekulare Heparine sind wirksam, klare Empfehlungen zu Dosis und Zeitdauer stehen aus.
  - Bei einem Abstand < 3 cm an die Mündungsklappe zum tiefen Venensystem erfolgt eine therapeutische Antikoagulation wie bei einer tiefen Beinvenenthrombose.
- Begleitend zur Antikoagulation erfolgt eine Kompressionsbehandlung bis zum Abklingen der Symptome, in der Regel für 3 Monate.

In Kürze: Infektionen des Herzens und der Gefäße

- **Infektionen des Herzens:**
  - Die **infektiöse Endokarditis** stellt nicht nur die häufigste Infektion des Herzens dar, sondern eine Multisystemerkrankung, da neben den Herzklappen bedingt durch septische Embolisationen andere Organe befallen werden können. Das Management der Endokarditis gehört in die Hand eines interdisziplinären Teams aus Kardiologen, Kardiochirurgen, Infektiologen und Mikrobiologen.
  - Die **Myokarditis** stellt eine häufige Ursache bei jungen Patienten für eine Herzinsuffizienz oder Arrhythmien dar. Die Myokardbiopsie gilt insbesondere bei hämodynamisch instabilen Patienten mit der Verdachtsdiagnose einer Myokarditis weiterhin als diagnostischer Goldstandard, ansonsten hat die Herz-MRT-Untersuchung an Bedeutung gewonnen. Die Behandlung der Myokarditis besteht in einer symptomatischen Therapie (Herzinsuffizienztherapie) und in moderater körperlicher Schonung.
  - Eine Myokarditis kann mit einer Perikardbeteiligung einhergehen: sog. **Perimyokarditis.** Die Behandlung der akuten Symptomatik und eine Vermeidung eines Rezidivs stehen bei der Perikarditis therapeutisch im Vordergrund. Die Basistherapie der Perikarditis besteht in der kombinierten Gabe von nichtsteroidalen Antirheumatika und Colchicin über mehrere Monate.
- **Infektionen der Gefäße:**
  - Die entzündlichen Gefäßerkrankungen, d. h. **Phlebitiden** (Entzündungen der Venen) und **Arteriitiden** (Entzündungen der Arterien), sind zwar insgesamt selten, jedoch Gegenstand der allgemeinärztlichen Praxis.

Weiterführende Literatur

Endokarditis

Dietz S, Lemm H, Bushnaq H, Hobbach HP, Werdan K, Buerke M (2013) Infektiöse Endokarditis: Notfallbehandlung und Langzeitbetreuung. Internist 54(1):51–62

Habib G, Hoen B, Tornos P, Thuny F, Prendergast B, Vilacosta I, Moreillon P, de Jesus Antunes M, Thilen U, Lekakis J, Lengyel M, Müller L, Naber CK, Nihoyannopoulos P, Moritz A, Zamorano JL; ESC Committee for Practice Guidelines (2009) Guidelines on the prevention, diagnosis, and treatment of infective endocarditis (new version 2009): the Task Force on the Prevention, Diagnosis, and Treatment of Infective Endocarditis of the European Society of Cardiology (ESC). Endorsed by the European Society of Clinical Microbiology and Infectious Diseases (ESCMID) and the International Society of Chemotherapy (ISC) for Infection and Cancer. Eur Heart J 30(19): 2369–2413

Habib G, Lancellotti P, Antunes MJ, Bongiorni MG, Casalta JP, Del Zotti F, Dulgheru R, El Khoury G, Erba PA, Iung B, Miro JM, Mulder BJ, Plonska-Gosciniak E, Price S, Roos-Hesselink J, Snygg-Martin U, Thuny F, Tornos Mas P, Vilacosta I, Zamorano JL et al. (2015) ESC Guidelines for the management of infective endocarditis: the task force for the management of infective endocarditis of the European Society of Cardiology (ESC). Endorsed by: European Association for Cardio-Thoracic Surgery (EACTS), the European Association of Nuclear Medicine (EANM). Eur Heart J. 36(44): 3075–3128

Hoen B, Duval X (2013) Clinical practice. Infective endocarditis. N Engl J Med 368(15):1425–1433

Michels G (2011a) Infektiöse Endokarditis. In: Michels G, Kochanek M (Hrsg) Repetitorium Internistische Intensivmedizin, 2. Aufl. Springer, Berlin, S 162–172

Moreillon P, Que Y (2004) Infective endocarditis. Lancet 363:139–149

Pflicht B, Erbel R (2010) Diagnostik und Therapie der Endokarditis. Herz. 35:542–549

Myokarditis

Caforio AL, Pankuweit S, Arbustini E, Basso C, Gimeno-Blanes J, Felix SB, Fu M, Heliö T, Heymans S, Jahns R, Klingel K, Linhart A, Maisch B, McKenna W, Mogensen J, Pinto YM, Ristic A, Schultheiss HP, Seggewiss H, Tavazzi L, Thiene G, Yilmaz A, Charron P, Elliott PM; European Society of Cardiology Working Group on Myocardial and Pericardial Diseases (2013) Current state of knowledge on aetiology, diagnosis, management, and therapy of myocarditis: a position statement of the European Society of Cardiology Working Group on Myocardial and Pericardial Diseases. Eur Heart J 34(33):2636–2648

Cooper LT (2009) Myocarditis. N Engl J Med 360(15):1526–1538

Cooper LT, Baughman KL, Feldman AM, et al., for the American Heart Association, American College of Cardiology, and European Society of Cardiology (2007) The role of endomyocardial biopsy in the management of cardiovascular disease: a scientific statement from the American Heart Association, the American College of Cardiology, and the European Society of Cardiology. Circulation 116: 2216–2233.

Michels G (2011b) Myokarditis. In: Michels G, Kochanek M (Hrsg) Repetitorium Internistische Intensivmedizin, 2. Aufl. Springer, Berlin, S 172–174

Pankuweit S, Maisch B (2013) Ätiologie, Diagnose, Management und Therapie der Myokarditis. Herz 38:855–861

Shauer A, Gotsman I, Keren A, Zwas DR, Hellman Y, Durst R, Admon D (2013) Acute viral myocarditis: current concepts in diagnosis and treatment. Isr Med Assoc J. 15(3):180–185

Perikarditis

Adler Y, Charron P, Imazio M, Badano L, Barón-Esquivias G, Bogaert J, Brucato A, Gueret P, Klingel K, Lionis C, Maisch B, Mayosi B, Pavie A, Ristić AD, Sabaté Tenas M, Seferovic P, Swedberg K, Tomkowski W et al.; European Society of Cardiology (ESC) (2015) ESC Guidelines for the diagnosis and management of pericardial diseases: The Task Force for the Diagnosis and Management of Pericardial Diseases of the European Society of Cardiology (ESC) Endorsed by: The European Association for Cardio-Thoracic Surgery (EACTS). Eur Heart J. 36(42): 2921–2964.

Imazio M, Brucato A, Trinchero R, Adler Y (2009) Diagnosis and management of pericardial diseases. Nat Rev Cardiol 6(12):743–751

Lange RA, Hillis LD (2004) Clinical practice. Acute pericarditis. N Engl J Med 351(21):2195–2202

Maisch B, Seferović PM, Ristić AD, Erbel R, Rienmüller R, Adler Y, Tomkowski WZ, Thiene G, Yacoub MH; Task Force on the Diagnosis and Management of Pricardial Diseases of the European Society of Cardiology (2004) Guidelines on the diagnosis and management of pericardial diseases executive summary; the task force on the diagnosis and management of pericardial diseases of the European society of cardiology. Eur Heart J 25(7):587–610

Michels G (2011c) Perikarditis. In: Michels G, Kochanek M (Hrsg) Repetitorium Internistische Intensivmedizin, 2. Aufl. Springer, Berlin, S 174–178

Ristić AD, Imazio M, Adler Y, Anastasakis A, Badano LP, Brucato A, Caforio AL, Dubourg O, Elliott P, Gimeno J, Helio T, Klingel K, Linhart A, Maisch B, Mayosi B, Mogensen J, Pinto Y, Seggewiss H, Seferović PM, Tavazzi L, Tomkowski W, Charron P (2014) Triage strategy for urgent management of cardiac tamponade: a position statement of the European Society of Cardiology Working Group on Myocardial and Pericardial Diseases. Eur Heart J 35:2279–2284

Seferović PM, Ristić AD, Maksimović R, Simeunović DS, Milinković I, Seferović Mitrović JP, Kanjuh V, Pankuweit S, Maisch B (2013) Pericardial syndromes: an update after the ESC guidelines 2004. Heart Fail Rev 18(3):255–266

Infektionen des ZNS

Erich Schmutzhard

Trailer

Ein breites Spektrum an Erregern, v. a. Viren, Bakterien, aber auch Protozoen, Helminthen und Pilze, können das zentrale und gelegentlich das periphere Nervensystem involvieren; Meningitis, Enzephalitis, Hirnabszess, Meningovaskulitis, Myelitis und Radikuloneuritis oder granulomatöse Prozesse sind die potenziellen Folgen.
Für eine Reihe von Erregern ist die Inzidenz der genannten Infektionen deutlich gesunken, z. B. für Meningokokken, aber auch für Pneumokokken und Haemophilus influenzae B als Auslöser der bakteriellen Meningitis sowie für Plasmodium falciparum als Auslöser der zerebralen Malaria. Daneben ist das Auftreten neuer, neu entdeckter und/oder importierter Erreger als Ursache akuter ZNS-Infektionen und anderer Serotypen, v. a. bei Meningokokken und Pneumokokken, bemerkenswert. Virale Infektionen (West-Nil-Virus, Toskanavirus, etc.) sind im letzten Jahrzehnt zunehmend häufiger auch in Mitteleuropa autochthon als Auslöser einer ZNS-Infektion zu beobachten. Demgegenüber sind v. a. bakterielle Erreger, aber auch Viren und Protozoen – aufgrund der Veränderung der epidemiologischen Parameter, des zunehmenden Durchschnittsalters in Mitteleuropa, v. a. aber bei immer breiter eingesetzten immunmodulierenden und -supprimierenden Therapien (als prädisponierenden Faktoren) – als Ursache von ZNS-Infektionen zu sehen. Letztlich verdient das Auftreten multiresistenter Keime als Auslöser einer „Health-Care-akquirierte Meningitis" Beachtung. Neben diesen Negativentwicklungen sind die Einführung neuer Impfstoffe, z. B. gegen Meningokokken B, berichtenswert; flächendeckende Impfkampagnen gegen Meningokokken A in Afrika südlich der Sahara haben auch in dieser Region die Meningokokken des Serotyps A deutlich reduziert, aber zu einem vermehrten Auftreten von Meningokokken des Serotyps W135 geführt.

116.1 Virale (Meningo-)Enzephalitis

Die Involvierung des ZNS ist grundsätzlich eher eine seltene Manifestation einer viralen Infektion. Wesentlich häufiger als das Hirngewebe werden die Meningen betroffen. Obwohl eine spezifische Therapie nur bei wenigen Viren, die eine Enzephalitis verursachen, verfügbar ist, ist eine frühestmögliche Diagnose und die daraus sich eventuell ableitende antivirale Therapie sowie eine maximale supportive/symptomatische Therapie essenziell, um die bestmögliche Prognose zu erreichen.

Definition

Eine **Enzephalitis** ist ein inflammatorischer Prozess im Hirnparenchym, der mit einer klinisch-neurologisch fassbaren Fehlfunktion des Gehirns einhergeht. Sie kann nichtinfektiöser oder infektiöser Ursache sein, letztere ist typischerweise diffus und in den meisten Fällen virusbedingt. Die Enzephalitis muss außerdem von **Enzephalopathien** anderer Ursache (metabolische, hypoxische, septische Enzephalopathie im Rahmen eines systemischen Infekts, Intoxikationen etc.) differenziert werden. In vielen Fällen ist sinnvollerweise der Ausdruck **virale Meningoenzephalitis** zu gebrauchen, ein Hinweis, dass neben dem Hirngewebe auch die Meningen betroffen sind. Bei Miteinbezug des Myelons spricht man von **Enzephalomyelitis.**

Epidemiologie und Erregerspektrum

Die **Inzidenz** viraler Enzephalitiden liegt bei 1,5–7 Fällen/100.000 Einwohnern pro Jahr, Epidemien sind hiervon ausgeschlossen (Boucher et al. 2017). Zu den **häufigsten Erregern** zählen Enteroviren (Enterovirus 68, 71, Coxsackie A und B sowie Echoviren), gefolgt von Mumpsvirus, Arboviren (Flavi-, Bunya- und Alphaviren), Herpesviren, HIV und dem lymphozytären Choriomeningitisvirus (LCMV).

Die **HSV-Enzephalitis** ist mit ca. 5 Erkrankungen pro 1 Mio. die häufigste sporadische Enzephalitis in Westeuropa. Die **Rabies (Tollwut)** mit den Tierreservoiren Fuchs, Hund und Fledermäusen gilt bei uns als überwunden; weltweit sterben jährlich noch etwa 55.000 Menschen an der Tollwut. Da die Inkubationszeit der Tollwut sehr variabel ist, besteht die Möglichkeit, dass die Krankheit noch Monate nach der Einwanderung manifest wird.

S. Suerbaum et al. (Hrsg.), *Medizinische Mikrobiologie und Infektiologie*,
https://doi.org/10.1007/978-3-662-61385-6_116

■ Pathogenese und Klinik

Drei **pathogenetische Mechanismen** sind für Symptomatik, Verlauf, Management und Prognose einer viralen Meningoenzephalitis wesentlich:

- Die akute, subakute oder in Einzelfällen sehr stark verzögerte Auslösung einer **entzündlichen, teilweise nekrotisierenden Inflammation** durch die Viren sowie
- die **akute Immunantwort des ZNS** mit fokaler oder generalisierter Ödembildung, Hämorrhagien und Nekrosen.
- Diese beiden „primären" Schädigungsmechanismen lösen rasch **sekundäre Schäden** des ZNS aus durch Kompression von Hirngewebe, Hirnnerven und Gefäßstrukturen sowie letztlich transtentorielle und transforaminelle Einklemmung.

Für eine virale Meningoenzephalitis **verdächtig** ist folgende **Symptomkonstellation:**

- Fieberhafte Erkrankung, begleitet von:
- Kopfschmerzen
- Neurologischen Herdsymptomen bzw.
- Zeichen einer generellen zerebralen Dysfunktion
- Epileptischen Anfällen und/oder
- Qualitativer oder quantitativer Beeinträchtigung des Bewusstseins

Komplexe neurologische Symptomatik Die folgende Auflistung präzisiert sie in ihren Hauptkategorien:

- **Änderung im Verhalten – pseudopsychotische Symptomatik**: Desorientiertheit, Persönlichkeitsveränderungen, Agitation, Halluzinationen
- **Kognitive Dysfunktion:** Störung der Sprache, Orientierung, Koordination, Gedächtnis etc.
- **Fokale neurologische Symptomatik, quantitative Bewusstseinsstörung** (Somnolenz bis Koma)
- **Fokale und/oder generalisierte epileptische Anfälle**

Detaillierte Außenanamnese Sie ist essenziell: Impfanamnese, Expositionsanamnese, Reiseanamnese in Endemiegebiete etc. sind ebenso wichtig wie das Erfragen vergleichbarer Erkrankungen im Umfeld des Patienten. Auch berufliche Exposition, saisonales Auftreten von Erkrankungen, Kontakt mit Wildtieren bzw. potenziellen Reservoirtieren, Tierbisse sowie die präzise Erhebung und Erfassung einer eventuellen Immunsuppression bzw. einer immunmodulierenden Therapie (Zustand nach Transplantation, Kortisontherapie, zytostatische oder immunmodulierende Therapie etc.) sind Grundlage jeder Anamnese bei Verdacht auf Enzephalitis.

■ Diagnostisches Vorgehen

Letztlich ist ein **interdisziplinäres Herangehen** notwendig. Hautveränderungen, Myokarditis, Hepatitis, Lymphadenitis etc. können wegweisend für die Differenzialdiagnose sein.

Leukozytenzahl, Differenzialblutbild, C-reaktives Protein und Procalcitonin sind wesentliche Parameter bei jedem Patienten mit Fieber und Verdacht auf Meningoenzephalitis. Sie erlauben relativ klar die Differenzierung einer viralen von einer akuten bakteriellen Infektion. Einzige Ausnahme ist die akute HSV-1-Enzephalitis, weil diese häufig mit einer deutlichen Leukozytose im peripheren Blut einhergeht.

Wesentliche unterstützende bzw. beweisende Untersuchungen sind **zerebrale Bildgebung** sowie **Liquoruntersuchung** inklusive präziser virologischer, eventuell mikrobiologischer/molekularbiologischer Untersuchung des Liquors, Serums und ggf. anderer Körperflüssigkeiten (z. B. bei Verdacht auf Enterovirusinfektion: Stuhluntersuchung). Im Einzelfall, z. B. bei Verdacht auf Herpes-simplex-Enzephalitis (HSE) oder subakute sklerosierende Panenzephalitis (SSPE), ist eine Elektroenzephalografie (EEG) unterstützend hilfreich.

Zerebrale Bildgebung/Neuroimaging Mittel der Wahl der bildgebenden Untersuchung bei Verdacht auf virale Enzephalitis ist eine **Magnetresonanztomografie (MRT)**. In spezifischen Fällen kann die Magnetresonanztomografie bereits konkrete Erregerhinweise liefern (■ Tab. 116.1).

Lumbalpunktion Sie ist nach vorhergehender zerebraler Bildgebung essenziell. Der Liquor bei einer viralen Enzephalitis ist charakteristischerweise unspezifisch mit einer milden gemischtzelligen, im Verlauf lymphozytären Pleozytose mit Eiweißerhöhung und normalem Liquorzucker und Laktat. Ein hämorrhagisch nekrotisierender Verlauf kann zum Nachweis von Erythro- und Siderophagen führen.

Mikrobiologische, virologische und molekularbiologische Untersuchungen Molekularbiologische Methoden, insbesondere **PCR** (s. u.) sind diagnostischer Goldstandard. Der Nachweis einer **intrathekalen Antikörperproduktion** (Antikörper gegen ein spezifisches Virus) hat einen vergleichbaren hohen Grad an Evidenz, benötigt jedoch üblicherweise mehr Zeit (bis zu 2 Wochen nach Beginn der Symptomatik).

Eine Virusisolation aus Rachenspülflüssigkeit, Stuhl, Harn, gelegentlich auch aus dem Blut (bei eindeutiger Virämie) sowie eine Serokonversion (ausschließlich im Serum) geben zwar einen Hinweis auf die mögliche Ätiologie, erlauben jedoch nicht mit gleich starker Evidenz, den kausalen Beweis zu führen.

Eine **Hirnbiopsie** ist bei einer akuten viralen Enzephalitis nur mehr selten notwendig, allerdings bei chronischer Enzephalitis (subakute, sklerosierende Panenzephalitis, SSPE; progressive multifokale Leukenzephalopathie, PML) oft für die Diagnose unabdingbar.

Tab. 116.1 „Erregerspezifische" neuroradiologische Befunde (MRT) bei Enzephalitiden

Enzephalitiserreger	Zerebrale Lokalisation im MRT
HSV-1	Marklagerläsionen (temporale und/oder frontobasale)
Arboviren:	
– FSME, Japanische Enzephalitis, West-Nil-Virus	Stammganglien, Thalamus
– Japanische Enzephalitis, West-Nil-Virus	Thalamus
Enterovirus 68, 71	Nucleus dentatus, Zerebellum und Hirnstamm
JC-Polyomavirus (= Humanes Polyomavirus 2) Erreger der progressiven multifokalen Leukoenzephalopathie (PML)	Multiple Marklagerläsionen

Die **Polymerasekettenreaktion (PCR)** steht für HSV-1, HSV-2, VZV, HHV-6 und -7, CMV, EBV, JCV, Enteroviren, HIV und Dengue-Viren zur Verfügung und kann sowohl im Liquor als auch im Hirngewebe angewandt werden. Bei einer Herpes-simplex-Enzephalitis beträgt die Sensitivität der PCR 96 % und die Spezifität 99 %, wenn der Liquor innerhalb von 2–10 Tagen nach Beginn der neurologischen Symptomatik gewonnen wurde. Multiplex-PCR-Techniken sowie Echtzeit-PCR sind als Alternative zu den Einzel-PCR-Tests verfügbar, sie haben das Potenzial einer nützlichen diagnostischen Screeningtechnik.

Serologie Eine serologische Aufarbeitung des Liquor cerebrospinalis (dabei Liquor- und Serumproben parallel abnehmen!) ist durchaus von Nutzen, wenngleich der „klassische Titeranstieg" für die therapeutische Entscheidung viel zu spät kommt. Aus epidemiologischen und gesundheitspolitischen Gründen ist jedoch zu versuchen, unter allen Umständen auch post hoc die Diagnose zu sichern.

Differenzialdiagnosen Neben akuten bakteriellen Meningoenzephalitiden, sind **nicht- bzw. postinfektiöse Ursachen und Autoimmunenzephalitiden** in die Differenzialdiagnose eines Patienten mit Verdacht auf Meningoenzephalitis einzubeziehen, wesentliche Beispiele sind die akute demyelinisierende Enzephalomyelitis (ADEM), ZNS-Vaskulitis, Pseudomigräne mit Pleozytose, Autoimmunerkrankungen, v. a. Autoimmunenzephalitiden, Sepsisenzephalopathie, toxische oder/und metabolische Enzephalopathien. Bei Patienten mit entsprechender Expositions- oder Immunsuppressions-Anamnese sind zerebrale Malaria, andere ZNS-Parasitosen oder Mykosen differenzialdiagnostisch zu beachten.

▪ Antivirale Therapie

Hierbei werden HSE und andere virale Enzephalitiden unterschieden:

Herpes-simplex-Enzephalitis (HSE) Aciclovir ist das antivirale Therapeutikum der 1. Wahl bei Verdacht auf Herpes-simplex-Enzephalitis (HSV-1 beim Erwachsenen, HSV-2 beim Neugeborenen). Die Standarddosis ist 10(–15) mg/kg KG i. v., alle (6–)8 h, die Dauer der Therapie beträgt 14 Tage. Die Dosis kann bis auf 60 mg/kg KG pro Tag erhöht werden, eine Dosis, die auch bei neonataler HSV-2-Enzephalitis empfohlen wird. Bei immunologisch nichtkompetenten Menschen sollte die Dauer der Therapie auf 21 Tage ausgedehnt werden.

Eine Aciclovirtherapie ist **beim geringsten Verdacht** auf eine Herpes-simplex-Enzephalitis **sofort zu beginnen.** Ohne antivirale Therapie hat die HSV-1-Enzephalitis eine Sterblichkeit von 70 % und eine Morbidität von fast 30 %. Ohne antivirale Therapie überlebt also kaum ein Patient, ohne dass er neurologische Langzeitfolgen davonträgt!

Die frühzeitige Initiierung einer Aciclovirtherapie reduziert die Sterblichkeit auf unter 20 %. Höheres Lebensalter sowie zum Zeitpunkt des Therapiebeginns bereits bestehende Bewusstseinsstörungen sind prognostisch ungünstige Prädiktoren. Bei entsprechendem klinisch günstigem Verlauf und negativer Herpes-simplex-Virus-PCR kann die initial begonnene Aciclovirtherapie nach wenigen Tagen abgesetzt werden. Das Nebenwirkungsspektrum von Aciclovir ist insbesondere in den ersten Tagen vernachlässigbar gering.

Es gibt Einzelfallberichte über aciclovirresistente HSV-Infektionen bei Immunkompromittierten. Alternativ zum Aciclovir wird **Foscarnet** verwendet (60 mg/kg KG i. v. über 1 h infundiert, alle 8 h, Dauer mindestens 3 Wochen).

Ein sog. HSE-Rezidiv, das bei ca. 25 % der HSE-Patienten Wochen nach erfolgreich therapierter Enzephalitis auftritt, ist eine Autoimmunenzephalitis (meistens getriggert durch Antikörper gegen Anti-NMDA-Rezeptoren); sie präsentiert sich mit neurokognitiven und/oder psychotischen Symptomen, bei Kindern häufig mit choreatisch-athetotischen, seltener anderen Bewegungsstörungen.

Andere virale Enzephalitiden Eine **CMV-Enzephalitis** (üblicherweise beim immunologisch Inkompetenten) wird mit Ganciclovir (5 mg/kg KG, alle 12 h i. v.), eventuell mit Foscarnet (s. o.) kombiniert, therapiert.

Die derzeit empfohlene Therapie bei **HHV-6-Enzephalitis** ist Foscarnet (Dosis s. o.), eventuell Ganciclovir (Dosis s. o., nur für die B-Variante der HHV-6-Enzephalitis überprüft).

Antivirale Therapeutika stehen für enterovirale oder arbovirale Enzephalitiden derzeit nicht zur Verfügung. Einzelfallberichte existieren über erfolgreiche Therapie mit Oseltamivir sowie Rimantadin bei Verdacht auf eine H1N1-assoziierte Enzephalitis.

▪ Adjuvante/supportive Therapien

Jeder Patient mit der klinischen Symptomatik einer Enzephalitis muss monitorisiert werden, d. h., er ist **überwachungs- oder intensivtherapiepflichtig.**

Frühzeitiges Erkennen einer **Hirndrucksymptomatik**, einer Ateminsuffizienz etc. ist bei intensivmedizinischem Monitoring am ehesten gewährleistet. Fulminante Enzephalitiden führen zur Erhöhung des Hirndruckes, das Management entspricht den gängigen Methoden (Oberkörperhochlagerung, vorsichtige kurzfristige Hyperventilation, Osmotherapie). Eine dekompressive Kraniotomie sicher bei massivem Hirnödem im Rahmen einer Enzephalitis nicht nur das Überleben, sondern sogar ein qualitativ gutes Überleben.

Kortikosteroide werden derzeit nicht empfohlen, wenngleich in Einzelfallberichten eine Methylprednisolon-Hochdosistherapie bei Enzephalitiden als durchaus erfolgreich beschrieben wurde. Der Nutzen einer adjuvanten Dexamethasontherapie bei HSV-1-Enzephalitis ist bisher nicht erwiesen, allerdings bei HSVE-getriggerter Autoimmunenzephalitis lebensrettend (s. u.).

Epileptische Anfälle sind intensivmedizinisch (Analgosedierung mit Propofol, Midazolam etc.) keine echte Herausforderung. Sie sollten jedoch, insbesondere bei seriellem Auftreten antikonvulsiv therapiert werden. Eine begleitende **Hepatitis** erfordert ebenfalls den vorsichtigen Umgang mit potenziell hepatotoxischen Substanzen (z. B. Valproinsäure).

Autoimmunenzephalitiden stellen zunehmend häufiger eine wichtige behandlungsbedürftige und behandelbare Differenzialdiagnose dar. Frühes Erkennen (s. o.), systemische und intensivmedizinische Betreuung sowie Hochdosistherapie mit Kortikosteroiden, Gabe von 7 S-Immunglobulinen oder Plasmapherese sowie symptomatische Therapie der massiven, potenziell lebensbedrohlichen Unruhebewegungen sind Grundlage der relativ guten Prognose dieser Autoimmunenzephalitiden.

116.2 Akute bakterielle Meningitis

Eine akute bakterielle Meningitis ist ein medizinischer **Notfall** und muss in kürzester Zeit – laut Leitlinien der European Society of Clinical Microbiology and Infectious Diseases (ESCMID) **innerhalb einer Stunde – diagnostisch geklärt und antibiotisch behandelt** werden. Streptococcus pneumoniae (Pneumokokken) und Neisseria meningitidis (Meningokokken) sind die häufigsten Erreger, wenngleich besonders bei älteren Menschen zunehmend Listerien und Health-Care-akquirierte Bakterien (gramnegative oder Staphylokokken) Auslöser einer bakteriellen Hirnhautentzündung sind.

▪ Definition

Unter Meningitis versteht man eine Entzündung der weichen Hirnhäute, die mit der Ausbreitung des (bakteriellen) Erregers im Liquor, im Ventrikelsystem und im Spinalkanal verbunden ist. Häufig betrifft die Entzündung auch das Hirnparenchym (Zerebritis, Hirnabszess).

▪ Epidemiologie und Erregerspektrum

Die Inzidenz der bakteriellen Meningitis beträgt 1 bis > 12/100.000 Einwohner pro Jahr, mit erheblichen regionalen und Altersunterschieden.

Das Risiko, an einer Meningitis zu erkranken, ist besonders hoch bei unter 5- und über 60-Jährigen, sowie bei Patienten mit prädisponierenden Faktoren wie Splenektomie, Diabetes mellitus, Alkoholerkrankung oder Neoplasien.

Durch erfolgreiche Impfprogramme hat sich eine Veränderung der Epidemiologie ergeben. Der früher wichtige Erreger Haemophilus influenzae Typ B im Kindesalter ist in Europa nun extrem selten. Neuerdings beobachtet man durch den Einsatz konjugierter Pneumokokkenimpfstoffe auch einen Rückgang der Pneumokokkenerkrankung. Die häufigsten Erreger im Kindes- und Erwachsenenalter sind Pneumo- und Meningokokken sowie deutlich seltener Listerien (ca. 5 %), bei Neugeborenen Gruppe-B-Streptokokken und Kolibakterien. Meningokokken sind die bedeutendsten Erreger im tropischen Afrika, sind aber auch wichtig in Europa und USA.

Weltweit gibt es ungefähr 300.000 Erkrankungen pro Jahr, etwa 20.000 Patienten versterben. Die höchste Inzidenz wird im „Meningitisgürtel" südlich der Sahara mit zyklischen Epidemien beobachtet, wenngleich die Einführung flächendeckender Impfprogramme die Inzidenz von H. influenzae B und Meningokokken-Serotyp-A-Meningitis deutlich senken konnte. Ein bedeutendes Problem in einzelnen Regionen ist die zunehmende Resistenz von

Pneumokokken gegen β-Laktam-Antibiotika und das Auftreten von nicht durch polyvalente Impfstoffe abgedeckten Pneumokokken-Serogruppen.

▪ Pathogenese und Klinik

Vermutlich ist eine Bakteriämie Voraussetzung für die bakterielle Penetration der Blut-Hirn-Schranke. Auch lokales Eindringen, z. B. aus ZNS-nahen Infektionen (Sinusitis, Otitis, Mastoiditis), ist möglich. Im immunologisch „privilegierten" Liquorraum können sich viele Bakterien initial sehr rasch vermehren.

Die initialen klinischen Zeichen der bakteriellen Meningitis sind unspezifisch. Die Patienten präsentieren sich mit Fieber, allgemeinem Krankheitsgefühl sowie Kopfschmerzen und entwickeln dann, oft sehr rasch, ein **meningeales Syndrom** mit Meningismus (Nackensteifigkeit), Fotophobie, Phonophobie und Erbrechen. Kopfschmerz und Meningismus sind Zeichen der entzündlichen Irritation trigeminaler sensorischer Nervenfasern, welche die Meningen innervieren.

Der Meningismus kann in der frühen Phase der Erkrankung, bei tief komatösen Patienten, sehr kleinen Kindern und sehr alten Patienten fehlen. **Cave:** Die **klassische Trias** aus **Fieber, Nackensteifigkeit und quantitativer Bewusstseinsstörung** ist nur etwa bei jedem zweiten Patienten mit nachgewiesener bakterieller Meningitis vorhanden! Ein Drittel der Patienten entwickelt fokal neurologische Zeichen und/oder epileptische Anfälle. Zwei Drittel haben eine gestörte Bewusstseinslage, diese kann sowohl qualitativ (verwirrt, delirant etc.) als auch quantitativ (Somnolenz bis Koma) gestört sein.

Wichtig ist die **rasche Inspektion der Haut und Schleimhäute!** Petechiale Blutungen sprechen für eine Meningokokkenerkrankung, die fulminant als Sepsis mit Schock und disseminierter intravaskulärer Gerinnungsstörung (Purpura fulminans – Waterhouse-Friderichsen-Syndrom, ◘ Abb. 116.1 sowie ◘ Abb. 114.5) verlaufen kann (▶ Kap. 114). In Deutschland müssen Patienten mit Verdacht auf Meningokokkenmeningitis 24 h isoliert werden (▶ https://www.rki.de/).

▪ Diagnostisches Vorgehen

Bei klinischem Verdacht darf die Durchführung einer kraniellen Computertomografie (cCT) zur Reduktion des Herniationrisikos durch Hirndruck (bei der Lumbalpunktion [LP]) die Therapie nicht verzögern. **Cave:** Jede Beeinträchtigung der Bewusstseinslage und eine neurologische Herdsymptomatik verbieten eine LP! Bei Zeichen einer Sepsis oder bei petechialen Hautblutungen muss ebenfalls **nach** Abnahme einer Blutkultur sofort, d. h. **vor** LP und CT, mit der antibiotischen Therapie begonnen werden!

In der **kraniellen Bildgebung** zeigen sich bei bis zu 15 % frühe **intrakranielle Komplikationen** wie Hydro-/Pyozephalus und Hirnödem, selten hypodense Läsionen als Ausdruck einer Vaskulitis oder einer septischen Hirnvenen-/Sinusthrombose, selten Abszedierungen. Wichtig ist die bildgebende Erfassung möglicher Ursachen, wie Sinusitis, Mastoiditis oder knöcherner Defekte als Eintrittspforte (Knochenfensterdarstellung ist essenziell). Das MRT bringt in der Akutdiagnostik keine Vorteile gegenüber einem CT und verzögert den diagnostischen Ablauf.

Im **Liquor** findet sich eine **Erhöhung der Zellzahl** auf über 1000/µl mit > 90 % neutrophilen Granulozyten. In sehr frühen Erkrankungsphasen kann die Zellzahl unter 100/µl liegen. Bereits die einmalige Gabe eines Antibiotikums verändert die Zusammensetzung der Liquorpleozytose bei Zunahme des lymphozytären Anteils. Auch durch Listerien und Mykobakterien hervorgerufene akute Meningitiden präsentieren sich mit einer gemischten Pleozytose und Zellzahlen unter 350/µl.

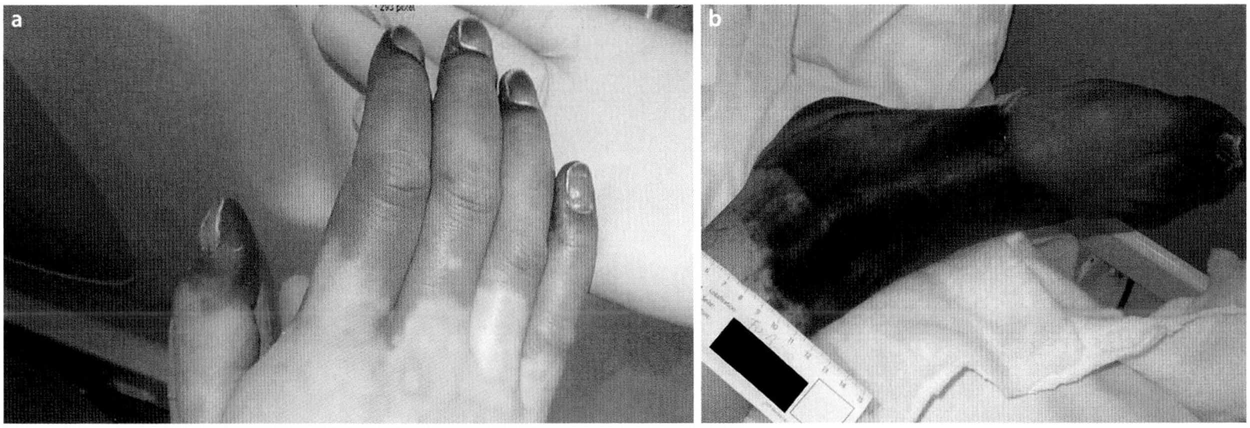

◘ **Abb. 116.1** a, b Waterhouse-Friderichsen-Syndrom: fulminante Meningokokkensepsis

In deutlich über 50 % findet sich ein massiv erniedrigtes **Liquor-Serum-Glukose-Verhältnis < 0,3.** Eine **Laktatkonzentration > 3,5 mmol/l** hat einen vergleichbar hohen diagnostischen Stellenwert und ist in 90 % mit einer bakteriellen Meningitis assoziiert.

Labor und Mikrobiologie Eine Leukozytose mit einer Linksverschiebung dominiert das Blutbild. Ein normales C-reaktives Protein schließt eine bakterielle Meningitis nahezu aus. Die Wertigkeit von Procalcitonin (>0,5 ng/ml) ist für die frühe Diagnose und den Verlauf der bakteriellen Meningitis unklar, allerdings zur Erfassung einer bakteriellen Sepsis gut geeignet.

- **Liquorkultur/Grampräparat, Blutkultur:** Bei nicht anbehandelten Patienten ist im Grampräparat des Liquors bei 70–90 % der Erregernachweis möglich. Der Erregernachweis aus der Liquorkultur gelingt bei optimalem Probenhandling in etwa 80 %. Blutkulturen sind in bis zu 70 % positiv. Die Erregerkultur erlaubt die Resistenztestung.
- **Agglutinationsschnelltests:** Diese Tests sind in der klinischen Routine von untergeordneter Bedeutung.
- **PCR:** Sie hat beim Nachweis bakterieller Erkrankungen, insbesondere bei den relevanten Erregern wie Pneumokokken, Meningokokken und Listerien nur eine untergeordnete Bedeutung. Die molekularen Techniken eignen sich zum Nachweis von Meningokokken, haben aber für die akute Diagnostik der bakteriellen Meningitis keinen Wert.

▪ Therapie

Die empirische antibiotische Therapie muss innerhalb einer Stunde nach der gestellten Verdachtsdiagnose „akute bakterielle Meningitis" begonnen werden, die erste Dosis über einen Zeitraum von mindestens 2 h verteilt werden (d. h. im Perfusor). In den meisten Fällen muss daher die Erregerwahrscheinlichkeit initial kalkuliert behandelt werden (◘ Tab. 116.2). Nach Erregernachweis und Antibiogramm ist eine entsprechende Therapiemodifikation anzustreben.

Adjuvante Therapie **Dexamethason** reduziert bei europäischen Patienten, die älter als 55 Jahre sind, Mortalität und Morbidität (4 × 10 mg täglich an den ersten 4 Erkrankungstagen). Dieser Kortisoneffekt besteht nur bei der Pneumokokkenätiologie. Anzustreben ist die Verabreichung vor oder zeitgleich mit der 1. Dosis der antibiotischen Therapie.

Wichtig sind **Allgemeinmaßnahmen** wie eine 30-Grad-Kopfhochlagerung, Analgosedierung, Verabreichung antikonvulsiver Medikamente bei symptomatischen fokalen epileptischen Anfällen, Fiebersenkung, Optimierung des Stoffwechsels (Glukose etc.) und der Oxygenierung. Insbesondere das **Management von Komplikationen** bedarf spezialisierter neurologischer Intensivmedizin. Eine kontinuierliche Osmotherapie (Mannit, Glyzerol) wird in der Akutphase der akuten bakteriellen Meningitis nicht empfohlen und trägt möglicherweise zur Verschlechterung der Prognose bei. Ein hirndruckbasiertes neurointensivmedizinisches Management war in einer prospektiven randomisierten Studie signifikant prognoseverbessernd.

Behandlungsverlauf, Komplikationen und Prognose Der Behandlungserfolg äußert sich meist in einer raschen klinischen Besserung des Patienten. Eine Liquorpunktion nach 24–48 h ist sinnvoll, um die Erregerelimination zu beweisen. Bei persistierendem Erregernachweis ist je nach gewonnenem Antibiogramm rasch ein Wechsel des Antibiotikums anzustreben. Bei unkompliziertem Behandlungsverlauf dauert die Therapie 1 Woche bei Meningokokken, 2 Wochen bei Pneumokokken und 3 Wochen bei Listerien, Staphylokokken und gramnegativen Enterobakterien.

Eine persistierende, mäßiggradige Schrankenstörung kann bei Patienten nach akuter ZNS-Infektion

◘ Tab. 116.2 Kalkulierte Antibiotikatherapie bei eitriger Meningitis in Mitteleuropa

Patientenalter, Vorgeschichte	Wahrscheinlichste Erreger	Empfohlene Substanz(en)
Neugeborenes < 1 Monat	Gramnegative Stäbchen, Streptokokken der Gruppe B	Cefotaxim (Cephalosporin der Gruppe 3a) + Ampicillin
Patient bisher gesund, 1 Monat bis 6 Jahre alt	Meningo-, Pneumokokken	Ceftriaxon (Cephalosporin der Gruppe 3a)
Patient bisher gesund, > 6 Jahre alt	Pneumokokken[a], Meningokokken, Listerien, aerobe Streptokokken (H. influenzae)	Ceftriaxon (Cephalosporin der Gruppe 3a) + Ampicillin
Health-Care-akquiriert, z. B. Altenpflegeheim-Bewohner	Gramnegative Stäbchen (cave: 3-MRGN- und 4-MRGN-)Staphylokokken	Vancomycin + Meropenem; alternativ Ceftazidim

[a]In Regionen mit hohem Anteil penicillinresistenter Pneumokokken (Teile Südeuropas, Südafrika, Teile Nord- und Südamerikas etc.)
MRGN, Multiple-Resistent, Gram-Negative

für einige Wochen bestehen und ist kein Hinweis auf ein Therapieversagen. Bei entsprechender klinischer Besserung ist eine Liquoruntersuchung im späteren Verlauf oder vor Absetzen der Antibiose nicht sinnvoll.

Zur schlechten **Prognose** tragen **intrakranielle Komplikationen** wie Hirnödem, Hydrozephalus, vaskuläre Komplikationen (Arteriitis, Autoregulationsstörung, Sinusthrombose) und **systemische Komplikationen** wie septischer Schock, Verbrauchskoagulopathie, Lungenversagen (ARDS) sowie inadäquate ADH-Sekretion bei. Die Mortalität der bakteriellen Meningitis beträgt 5–35 %; bis zu 50 % der Überlebenden kehren nicht an ihren Arbeitsplatz zurück.

Prognostische Faktoren sind der auslösende Erreger, höheres Lebensalter, Verlaufsformen, die sich durch eine geringe Zellzahl bei einer sehr hohen Bakteriendichte im Liquor zeigen, insbesondere aber ein verzögerter Behandlungsbeginn.

116.3 Hirnabszess

Definition

Der Hirnabszess ist eine lokal begrenzte Infektion des Hirngewebes, die zunächst als fokale Zerebritis beginnt und die sich im weiteren Verlauf langsam zu einer Eiteransammlung mit bindegewebiger Kapsel entwickelt.

Epidemiologie

Die jährliche **Inzidenz** des Hirnabszesses, der in jedem Lebensalter vorkommen kann, beträgt zwischen 0,3 und 3 pro 100.000 Einwohner. Die **Inkubationszeit** variiert beträchtlich; meist beträgt sie 1–2 Wochen nach Infektion durch das Pathogen. Nach einem Trauma oder neurochirurgischer intrakranieller Operation kann ein Hirnabszess aber auch erst nach Monaten oder Jahren entstehen.

Pathogenese

Im Zentrum des Entzündungsherds kommt es zur Gewebeeinschmelzung; in der Folge entsteht eine Abszesshöhle, die mit der Zeit eine Abszesskapsel ausbildet. Durch den Druck des Abszesses auf das umgebende Gewebe sowie infolge der Entzündungsreaktion bildet sich in der Umgebung des Abszesses ein Ödem. Dieses kann wesentlich größer als der Abszess selber sein, auf umgebende Strukturen wirken und damit für die Symptomatik hauptverantwortlich sein.

Hirnabszesse treten in 70–90 % singulär auf. Die häufigste Lokalisation ist der Frontallappen, gefolgt vom Temporallappen.

Pathogenese

- Hämatogen
- Direkte Fortleitung – nichthämatogen:
  - Otogen (Otitis, Mastoiditis)
  - Paranasal (Sinusitis)
  - Osteomyelitis
  - Retrobulbärer Abszess
  - Furunkel, septische Thrombophlebitis
- Meningitis
- Traumatisch (Schädelbasisfraktur)
- Postoperativ
- Evtl. begünstigt durch Immunsuppression

Die Erreger eines Hirnabszesses können das Hirngewebe als Folge einer **hämatogenen Keimverschleppung** oder ausgehend von Nachbarschaftsprozessen (per continuitatem) erreichen. Von einer Otitis media, Mastoiditis, dentogenen Herden oder einer Sinusitis ausgehend kann der entzündliche Prozess auf das Hirngewebe übergreifen. Solche **fortgeleiteten Hirnabszesse** finden sich vorwiegend im Stirn- und Schläfenlappen.

Bei offenem Schädel-Hirn-Trauma (posttraumatisch) oder nach neurochirurgischen Eingriffen (postoperativ) können Erreger aber auch direkt nach intrakraniell gelangt sein. Liegen versprengte Fremdkörper (posttraumatisch, postoperativ) vor, können sie überall entstehen, auch in der Tiefe.

Etwa 30–60 % werden aus einer in der Umgebung liegenden Infektion fortgeleitet, 20–30 % sind (post) traumatisch bedingt und 10–20 % entstehen hämatogen. Bei 10–30 % der Betroffenen lässt sich je nach untersuchter Kohorte die Ursache des Hirnabszesses nicht bestimmen.

Verursachende Erreger Sie variieren je nach Grunderkrankung und für jeden Infektionsweg gibt es typische Erregerkeime: hämatogene Abszesse werden häufig durch Staphylokokken uns Anaerobier bedingt, ein otogener Abszess durch Bacteroides, Streptokokken und Proteus, bei der Sinusitis sind häufig Strepto- und Staphylokokken und beim posttraumatischen und postoperativen Abszess Staphylokokken, eventuell gramnegative Stäbchen zu finden. Daher müssen die Grundkrankheiten und Infektionswege in die Überlegungen zur empirischen Therapie einfließen.

Typisch für den Hirnabszess sind v. a. jedoch **Mischinfektionen** aus aeroben und anaeroben Bakterien. Bei ungeeigneter Aufarbeitung des entnommenen Abszessinhalts wird die Häufigkeit von Infektionen mit Anaerobiern bzw. aeroben/anaeroben Mischinfektionen unterschätzt.

Bei immunkompromittierten Patienten können Hirnabszesse auch durch völlig andere Erreger, z. B. Nocardien, Pilze sowie Mykobakterien verursacht werden. Liegt eine entsprechende Reise- oder Expositionsanamnese vor, können in seltenen Fällen auch Protozoen (z. B. frei lebende Amöben) einen Hirnabszess verursachen.

Klinik

Die klinische Symptomatik des Hirnabszesses wird durch seine Lokalisation und Größe, die Anzahl der Läsionen, die Virulenz der Erreger, das Alter des Patienten und dessen Immunstatus bestimmt und ist anfänglich oft unspezifisch. Leukozytose, BSG-Erhöhung und Fieber sind nicht obligat! Folgende **Symptome** können auftreten:

- Abgeschlagenheit
- Fieber
- Kopfschmerzen
- Übelkeit und Erbrechen (Zeichen einer Druckerhöhung im Schädel)
- Bewusstseinsstörungen
- Fokale neurologische Ausfälle
- Epileptische Anfälle
- Foudroyanter Verlauf bei Ventrikeleinbruch oder diffuser Zerebritis

Häufigstes klinisches Symptom ist Kopfschmerz (ca. 80 %), nicht selten vergesellschaftet mit Übelkeit und Erbrechen, Zeichen für den erhöhten intrakraniellen Druck. Bei 25–35 % ist die Symptomatik mit dem Auftreten fokaler oder generalisierter epileptischer Anfälle verbunden. Höheres Fieber ist nur in 50 % vorhanden. Bewusstseinsstörungen und/oder neurologische Herdsymptome wie Hemiparese, Sprach- oder Sehstörungen treten bei 30–60 % der Kranken auf. Bewusstseinsstörungen sind der stärkste Prädiktor für schlechtes Outcome bzw. erhöhte Mortalität.

Diagnostisches Vorgehen

C-reaktives Protein ist bei 70–90 % der Patienten erhöht, andere Entzündungsparameter wie eine erhöhte Blutsenkungsgeschwindigkeit oder Leukozytose fehlen häufig.

Die Liquorveränderungen sind unspezifisch (leichte bis mäßige Pleozytose, Proteinerhöhung). Nur sehr selten sind beim Hirnabszess im Liquor Erreger nachweisbar. Bei raumfordernden Abszessen ist die Lumbalpunktion wegen der Gefahr der Herniation kontraindiziert.

Die kranielle Bildgebung (CT oder MRT) mit Applikation von Kontrastmittel (KM) ist der goldene diagnostische Standard (Abb. 116.2a–d); ein Abszess kann aber differenzialdiagnostisch schwer von anderen Läsionen wie z. B. Metastasen, Hirntumoren oder Strahlennekrosen zu unterscheiden sein.

Differenzialdiagnosen bei Hirnabszess

- Hirneigener Tumor
- Metastase
- Parasitose
- Hämatom in Resorption
- Subakuter Infarkt (im Stadium der Luxusperfusion)

Die Kontrastmittelapplikation gibt Anhaltspunkte für das Alter des Prozesses. Für die **Erregeridentifikation** sind Blutkulturen sowie die rasche Gewinnung von Abszessinhalt durch Punktion, Drainage oder Abszessexzision entscheidend, möglichst vor Beginn der 1. Antibiotikagabe.

Cave: Es ist bei einem Hirnabszess **nicht** zulässig, nur den in der Blutkultur nachgewiesenen Erreger zu therapieren. Bei Mischinfektionen lassen sich insbesondere Anaerobier aus der Blutkultur oft nicht anzüchten.

Für Patienten mit solitären Abszessen, die erfolgreich punktiert oder exzidiert wurden, sind CT- bzw. MRT-Kontrollen alle 1–2 Wochen ausreichend. Eine verzögerte Rückbildung der Kontrastmittelanreicherung der in situ verbliebenen Abszesskapsel ist normal und kein Hinweis auf ein drohendes Rezidiv.

Therapie

Das therapeutische Vorgehen bei nachgewiesenem oder vermutetem Hirnabszess wird bis heute kontrovers

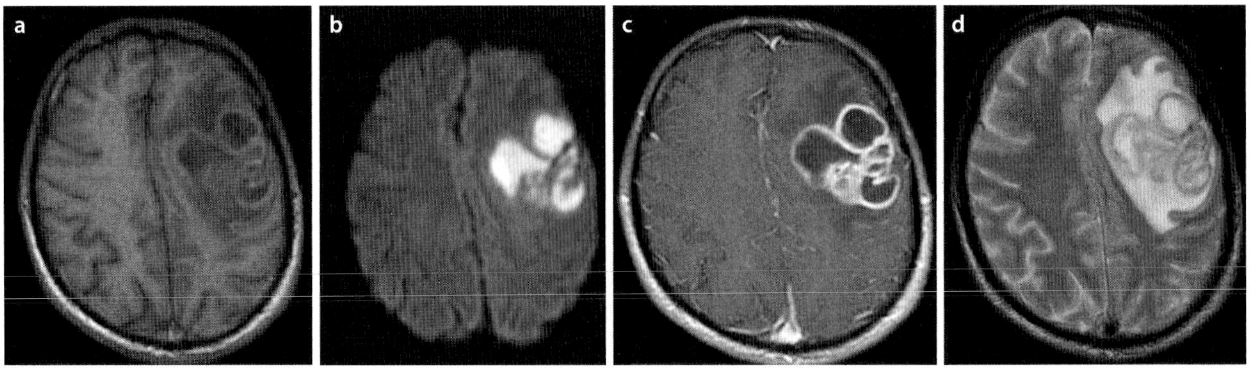

Abb. 116.2 **a–d** MRT bei Hirnabszess. **a** T1 ohne Kontrastmittel (KM), **b** Diffusionsgewichtung, **c** T1 mit KM, **d** T2-Gewichtung (mit freundlicher Genehmigung von Gabriele Wurm, Wagner Jauregg KH, Linz, Österreich)

diskutiert. Die Sanierung eines eventuell bestehenden Fokus soll möglichst früh erfolgen, d. h. unmittelbar vor oder nach dem operativen Angehen des zerebralen Herdes. Auch hierbei muss Material für die Erregeridentifikation asserviert werden.

Die Therapie ist in der Regel **kombiniert** operativ (Abszessaspiration oder offenes neurochirurgisches Vorgehen) und antibiotisch. Gelingt kein Erregernachweis, richtet sich die antibiotische Therapie nach der Ursache bzw. der Eintrittspforte. Eine **alleinige Antibiotikatherapie** zur Abszessbehandlung ist gerechtfertigt, wenn multiple, tief gelegene und/oder kleine Abszesse (Durchmesser deutlich < 3 cm) vorliegen.

Bei **ambulant erworbenem Hirnabszess und unbekanntem Erreger** wird als empirische antibiotische Therapie die hochdosierte Gabe eines Cephalosporins der 3. Generation kombiniert mit Metronidazol und einem gut gegen Staphylokokken wirksamen Antibiotikum (z. B. Flucloxacillin, Rifampicin, Fosfomycin oder Vancomycin) empfohlen. Bei **postoperativen bzw. posttraumatischen Abszessen** wird als empirische Therapie ebenfalls ein Cephalosporin der 3. Generation plus Metronidazol plus Vancomycin (alternativ Fosfomycin oder Linezolid) empfohlen.

Die Antibiotikatherapie des Hirnabszesses erstreckt sich über mindestens 4–8 Wochen, je nach klinischem und bildgebendem Verlauf, Abszesslage und -größe sowie Art des chirurgischen Vorgehens.

Die **Abszessexzision mit Entfernung der Kapsel** ist dann indiziert, wenn der Abszess gekammert ist, oder sich im Abszessbereich Fremdkörper bzw. Knochensplitter befinden, Abszesse mit fester Konsistenz (Pilz-, Mykobakterien- oder Actinomyces-Genese) vorliegen oder eine massive intrakranielle Raumforderung besteht.

Die **Fokussuche** schließt Inspektion der Mundhöhle, Erhebung des Zahnstatus, Untersuchung von Rachen und Gehörgang sowie CT-Aufnahmen von Schädelbasis, Nasennebenhöhlen, Mastoid und Mittelohr ein. Bei Verdacht auf einen von einer Infektion der Umgebung fortgeleiteten Abszess sollte die Fokussuche **im Vorfeld des neurochirurgischen Eingriffs** erfolgen, um eine gleichzeitige operative Sanierung von Fokus und Abszess zu ermöglichen. Sind Nachbarschaftsprozesse ausgeschlossen, muss an einen kardialen, pulmonalen, kutanen oder ossären Primärherd gedacht und müssen entsprechende Zusatzuntersuchungen durchgeführt werden.

Verlauf und Prognose

Bevor Antibiotika eingeführt wurden, war ein Hirnabszess fast immer tödlich. Die Möglichkeiten der antibiotischen Therapie und Fortschritte in der Diagnostik durch moderne Bildgebung senkten die Letalität dramatisch auf heute 5–15 %. Die Antibiotikatherapie erstreckt sich mindestens über 4–8 Wochen. Während dieser Zeit sind Kontroll-MRT-Aufnahmen notwendig.

Etwa 50 % dürfen eine Restitutio ad integrum erwarten. Bei etwa 5 % bildet sich trotz vorerst erfolgreicher Behandlung des Hirnabszesses ein Rezidiv aus. Weitere **Komplikationen** im Verlauf sind maligne Hirnschwellung mit Einklemmung, Ruptur in das Ventrikelsystem mit Ventrikulitis und eine fulminante Meningitis. Sie gehen alle mit hoher Mortalität einher.

116.4 Chronische Meningitis

Epidemiologie

Die chronische Meningitis zählt zu den seltenen Erkrankungen. Genaue Inzidenzzahlen sind nicht bekannt, beim Immuninkompetenten ist jedoch häufiger an diese Erkrankung zu denken als beim Immunkompetenten. Aufgrund der **initial oft unspezifischen Symptome** vergehen bei vielen Patienten oft Wochen bis Monate bis zur definitiven Diagnosestellung. Häufig sind im Vorfeld bereits andere Diagnosen gestellt, Zusatzuntersuchungen eingeleitet, verschiedene Spezialisten konsultiert und diverse Behandlungen eingeleitet worden.

Definition

Die Definition der chronischen Meningitis geht auf J. J. Ellner und J. E. Bennet (1976) zurück. Sie beschrieben diese als meningeale Irritation bzw. Inflammation, die zu einer Pleozytose im Liquor führt und länger als 4 Wochen besteht.

Pathogenese und klinische Präsentation

Primär ist zwischen infektiösen und nichtinfektiösen Ursachen zu unterscheiden (Tab. 116.3). Verschiedene **pathogene Mechanismen** können zur chronischen Inflammation der Meningen mit einer Pleozytose des Liquors führen:

- Die **Erreger** können direkt Meningen, perivaskulären Raum und Hirngewebe infiltrieren, während z. B. Tuberkulosebakterien eine Granulombildung in den Meningen und im Hirnparenchym begünstigen und damit neben dem meningealem Symptom auch fokal neurologische Herdsymptome verursachen.
- Chemische Substanzen, Medikamente und systemische Infektionen (z. B. systemischer Lupus erythematodes) bewirken eine **immunvermittelte/allergische chronische Meningitis** mit inflammatorischer Reaktion der Meningen und von Teilen des Hirngewebes.
- Eine wichtige nichtinfektiöse Ursache einer chronischen Meningitis ist des Weiteren die **Meningeosis neoplastica** (Meningeosis

Tab. 116.3 Wichtige Ursachen einer chronischen Meningitis

Nichtinfektiös	Meningeosis carcinomatosa Meningeosis lymphomatosa/primäres ZNS-Lymphom Sarkoidose Systemischer Lupus erythematodes (SLE) Morbus Behçet Chemisch/medikamentös induzierte Meningitis Sjögren-Syndrom Isolierte Angiitis Vogt-Koyanagi-Harada-Syndrom Wegener-Granulomatose (Granulomatose mit Polyangiitis) Steroidempfindliche, chronische idiopathische Meningitis (1/3 aller Patienten mit chronischer Meningitis)
Infektiös:	
Viren	HIV Mumps, Masern (subakute, sklerosierende Panenzephalitis, SSPE) HSV, CMV, VZV, EBV, HHV-6 HTLV-1 und -2 ECHO-Viren Virus der lymphozytären Choriomeningitis (LCV)
Bakterien	Mycobacterium tuberculosis Treponema pallidum Brucella spp., v. a. B. melitensis Borrelia burgdorferi Nocardien Actinomyces spp. Listeria monocytogenes Ehrlichia chaffeensis
Pilze	Cryptococcus neoformans Candida spp. Aspergillus Histoplasma capsulatum Coccidioides immitis
Protozoen	Toxoplasma gondii Acanthamoeba spp. Trypanosoma brucei spp.

carcinomatosa, Meningeosis leucaemica, Meningeosis lymphomatosa): Meningen und Hirngewebe werden direkt von Tumorzellen infiltriert. Die Erkrankung zeigt meist einen fulminanten Verlauf und führt unbehandelt zum raschen Tod des Patienten.

Klinisch präsentieren sich die Patienten mit einer **subakut beginnenden** Meningitis – ein akuter Beginn ist gelegentlich jedoch möglich – mit persistierenden, im Verlauf therapierefraktären Kopfschmerzen, **Nackensteifigkeit** und **subfebrilen Temperaturen.** Im Vordergrund der somatischen Beeinträchtigung stehen die **therapierefraktären Kopfschmerzen.**

116

Bei Fortschreiten der Erkrankung kommt es häufig zum Übergreifen der Infektion von den Meningen auf das Hirngewebe, sodass zusätzlich neurologische Herdsymptome und epileptische Anfälle auftreten können. Eine Begleitvaskulitis oder ein Hydrocephalus occlusus können zu einer akuten Verschlechterung und einer vital bedrohlichen Situation führen. Seh- und Schluckstörungen sind Hinweise für eine vorwiegende Inflammation basaler meningealer Strukturen mit Infiltration der Hirnnerven.

Aufgrund der Komplexität der möglichen Ursachen ist die Diagnosefindung oft schwierig, aufwendig und langwierig. In bis zu 30 % der Erkrankungen kann keine Ursache für die chronische Pleozytose eruiert werden.

Diagnostisches Vorgehen

Das breite Spektrum erregerassoziierter und nichterregerassoziierter Ursachen einer chronischen Meningitis erfordert in der Abklärung einen diagnostischen Algorithmus. Neben einer ausführlichen Anamnese (Exposition, Kontakt, Reiseanamnese, Medikamente) ist das exakte Erheben von Begleitsymptomen anderer Organe (Uveitis, Ulzera, Hauterscheinungen) oft wegweisend für weitere diagnostische Schritte.

Die **Basisdiagnostik** umfasst Blutanalyse, serologische und mikrobiologische Aufarbeitung des

Liquors und neben der spezifischen zerebralen Bildgebung meist auch eine strukturelle Abklärung anderer Organe (◘ Tab. 116.4 und 116.5, jeweils unter Verwendung von Daten aus Akman-Demir 1999; Cheng 1994; Ellner 1976; Helbok 2009; Roos 2003; Schmutzhard 2000).

Die 2 wichtigsten **Differenzialdiagnosen** bei Patienten mit chronischer Meningitis sind die ZNS-Tuberkulose und die Meningeosis carcinomatosa (◘ Tab. 116.5).

Chronische Meningitis und Immunsuppression Neben Infektionen mit opportunistischen Keimen sind steigende Inzidenzzahlen an chronischen Meningitiden in Zusammenhang mit der längeren Lebenserwartung von Patienten unter immunmodulatorischer Therapie bei Autoimmunerkrankungen und nach Organtransplantationen, bei HIV-Erkrankungen und unter zytostatischer Therapie bei Malignomerkrankungen zu sehen. Mycobacterium tuberculosis, Cryptococcus neoformans, Toxoplasma gondii, Zytomegalie- und JC-Virus sind die häufigsten Erreger beim immunkompromittierten Patienten.

Zerebrale Bildgebung (MRT, CT) Sie ist bei Verdacht auf chronische Meningitis stets angezeigt und mit Kontrastverstärkung durchzuführen. Die meningeale Kontrastmittelaufnahme kann als indirektes Zeichen der Schwere der Inflammation gewertet werden, sie gibt zudem eine lokalisatorische Information der Entzündung (◘ Abb. 116.3), stellt Granulombildungen dar, erlaubt die Beurteilung eines Hydrozephalus und vaskulitischer/hämorrhagischer Veränderungen. Die Bildgebung ist jedoch nicht diagnostisch.

Liquoranalyse Die Liquorgewinnung ist zur Diagnose und weiteren mikrobiologischen und serologischen Aufarbeitung einer chronischen Meningitis essenziell. Der Liquorbefund ist unspezifisch, zeigt vorwiegend eine lymphozytäre Pleozytose und eine Proteinerhöhung; das Liquor-Serum-Glukose-Verhältnis kann sowohl normal als auch erniedrigt sein.

Mikrobiologie, Serologie Bei der mikrobiologischen Aufarbeitung ist neben den Standardfärbungen (Gram, Methylenblau) auf die spezifischen Färbungen bei Verdacht auf Mykobakterien (Ziehl-Neelsen-Färbung) und Pilzen (Tuschepräparat) zu achten. Der Nachweis von Virus-DNA mittels PCR ermöglicht für einige infektiöse Erreger einer chronischen Meningitis eine rasche Diagnostik. Sensitivität und Spezifität der Tests sind jedoch für die einzelnen Erreger stets zu beachten. Für viele infektiöse Erreger, insbesondere Pilze und Würmer, sind weiterhin nur serologische Untersuchungsmethoden vorhanden. Diagnostisch aussagekräftig sind der Anstieg erregerspezifischer, intrathekal gebildeter Immunglobuline (Titerbewegungen) während des Krankheitsverlaufs oder extrem hohe

◘ Tab. 116.4 Empfohlene Untersuchungen bei Patienten mit chronischer Meningitis

Untersuchung	Parameter, Befund, (Ausschluss-)Diagnose
Blutanalyse	Blutbild, Differenzialblutbild, Blutsenkung, Nieren- und Leberfunktionsparameter, Elektrolyte, ACE, evtl. auch ANA, ANCA, HLA-Analyse
Liquor cerebrospinalis	Zellzahl und Differenzialblutbild, Protein, Glukose, Zytologie, Färbungen (Ziehl-Neelsen, Tuschepräparat), Kryptokokken-Ag (bei Verdacht), VDRL
Kulturen (aerob, anaerob, Mykobakterien und Pilze)	Liquor, Blut, andere betroffene Proben
Serologie	Je nach Verdachtsdiagnose (◘ Tab. 116.3 und 116.5), VDRL
Bei Verdacht auf Pilzinfektion	Kultur auf speziellem Agar (Blut, Liquor, Urin, evtl. Biopsate)
Thorax-Röntgen	Sarkoidose, Malignom, Tuberkulose, Pilzerkrankung
Zerebrale Bildgebung (cCT/MRT ohne/mit KM)	Basale KM-Anspeicherung, Granulome, Neoplasie, Neurozystizerkose
Biopsie	Primäre granulomatöse Angiitis, Sarkoidose (meningeale und zerebrale Biopsie) Knochenmarkpunktion
Spezifische Untersuchungen	Thorax-CT, Sonografie (oder CT) von Abdomen, Retroperitoneum, CT-Angiografie, transkranielle Doppler-Sonografie, zerebrale Panangiografie (bei Verdacht auf Vaskulitis), EEG (bei Enzephalitis, SSPE) Meningenbiopsie, Hirnbiopsie (primär granulomatöse Angiitis, Sarkoidose) oder spezifische extrameningeale Biopsie (z. B. Lymphknoten, Knochenmark)

ACE, „angiotensin-converting enzyme“; ANA, antinukleäre Antikörper; ANCA, antineutrophile zytoplasmatische Antikörper; HLA, humane Leukozytenantigene; KM, Kontrastmittel; SSPE, subakute, sklerosierende Panenzephalitis; VDRL, Venereal Disease Research Laboratory Test

Tab. 116.5 Wichtige Differenzialdiagnosen der chronischen Meningitis und ihre diagnostische Abklärung

Differenzialdiagnose	Diagnostik
Bakterien	
M. tuberculosis	AFB, Kultur, PCR, evtl. T-Zell-IFN-γ-Release-Assay (TIGRA)
Listeria monocytogenes	Serologie
Brucella spp.	Antikörper, Kultur (Blut und Liquor)
Spirochäten:	
– Borrelia burgdorferi	– N.-VII-Parese, Serologie, oligoklonale Banden, IgG-Index – ELISA (Suchtest), Western-Blot (Bestätigungstest), Kultur nur bei akuter Erkrankung (PCR)
– Treponema pallidum	Liquor: VDRL; Serum: VDRL und FTA-ABS
Viren	
HSV, CMV, VZV, HIV	1. Wahl: PCR, HIV-Serologie (Ag und Ak; ELISA, Western-Blot) 2. Wahl Serologie
ECHO-Viren	1. Wahl: PCR, Serologie 2. Wahl: Erregerisolation
SSPE, lymphozytäre Choriomeningitis	1. Wahl: Serologie 2. Wahl: PCR
HTLV-1 und -2	ELISA, Western-Blot
Pilze	
Histoplasma, Coccidioides, Sporothrix	– Serologie: Liquor > Serum: Histoplasma-Polysaccharidantigen, Komplementfixation (Coccidioides), Sporothrix-Antikörper – Kultur: Blut, Urin
Cryptococcus neoformans	Tuschepräparat, Antigen im Liquor und Serum, Kultur
Parasiten	
Toxoplasma gondii	Serologisch (IFA)
Taenia solium (Zystizerkose)	ELISA, Immunoblot
Angiostrongylus	ELISA
Nichtinfektiöse Ursachen	
Meningeosis carcinomatosa	– Liquor (2 Punktionen zu je 30 ml): FACS-Analyse, zytologische Aufarbeitung – MRT mit Kontrastmittel: zerebral und Neuroachse – CT mit Kontrastmittel: Zerebrum, Thorax, Abdomen – Mammografie – Dermatologische Untersuchung
Morbus Behçet	Rezidivierende orale Ulzerationen und mind. 2 der folgenden Symptome/Befunde: – Genitale Ulzerationen – Hautläsionen (Pseudofollikulitis, Erythema nodosum) – Uveitis – Positiver Pathergietest – HLA-B51-positiv
Wegener-Granulomatose (= Granulomatose mit Polyangiitis)	– c-ANCA – Nekrotisierend granulomatöse Vaskulitis (oberer und unterer Respirationstrakt, Glomerulonephritis) – Hirnnervendefizite – Liquorpleozytose
Sarkoidose	– Thorax-Röntgen: bilaterale hiläre und mediastinale Lymphadenopathie – Liquor: oligoklonale Banden, intrathekale IgG-Synthese, ACE – Serum: ACE – Biopsie: Lymphknoten, Hautläsion, transbronchial, Meningen
Sjögren-Syndrom	Sicca-Syndrom (Xerophthalmie, Xerostomie), Raynaud-Symptomatik, hohe Serumtiter gegen nukleäre Antigene, BSG, Schirmer-Test, evtl. Lippenbiopsie

ACE, „angiotensin-converting enzyme"
AFB, „acid fast bacilli" (säurefeste Stäbchen)
ANCA, antineutrophiler zytoplasmatischer Antikörper
SSPE, subakute, sklerosierende Panenzephalitis

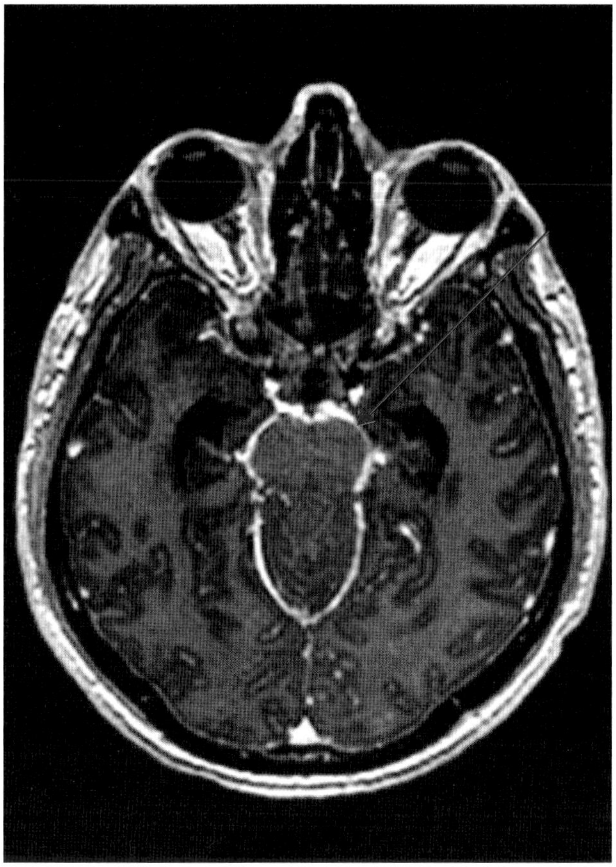

Abb. 116.3 Basale Kontrastmittelaufnahme (roter Pfeil) bei chronischer, basaler Meningitis (MRT, T1-Gewichtung mit Gadoliniumapplikation i. v.)

Titer. Da diese intrathekale IG-Synthese erst nach 2 Wochen eintreten kann, ist die Untersuchung für die Akutdiagnostik oft nicht hilfreich.

Histologie Mittels FACS-Analyse und histologischer Aufarbeitung des Liquors können leukämische Zellen bzw. solide Tumorzellen nachgewiesen werden. Für eine FACS-Analyse ist jedoch eine hohe Zelldichte im Liquor erforderlich.

Meningen-/Hirnbiopsie Eine Meningen- oder Hirnbiopsie wird heute nur mehr in Ausnahmefällen angestrebt. Erst nach wiederholter umfassender negativer Liquordiagnostik kann eine Biopsie einer kontrastmittelaufnehmenden Läsion zielführend sein.

In Kürze: Infektionen des ZNS

- **Virale (Meningo-)Enzephalitis:** Bei geringstem Verdacht antivirale Therapie mit Aciclovir.
- **Akute bakterielle Meningitis:** Sofortige antibiotische Therapie ist der wichtigste prognostische Faktor.
- **Hirnabszess:** Neurochirurgische Intervention ab 3 cm Durchmesser meist unverzichtbar.
- **Chronische Meningitis:** Tuberkulose und Meningeosis neoplastica sind die wichtigsten Ursachen.

Weiterführende Literatur

Armangue T, Leypoldt F, Dalmau J (2014) Autoimmune encephalitis as differential diagnosis of infectious encephalitis. Curr Opin Neurol 27:361–368

Armangue T, Spatola M, Vlagea A, Mattozzi S, Cárceles-Cordon M, Martinez-Heras E, Llufriu S, Muchart J, Erro ME, Abraira L, Moris G, Monros-Giménez L, Corral-Corral Í, Montejo C, Toledo M, Bataller L, Secondi G, Ariño H, Martínez-Hernández E, Juan M, Marcos MA, Alsina L, Saiz A, Rosenfeld MR, Graus F, Dalmau J (2018) Spanish Herpes Simplex Encephalitis Study Group. Frequency, symptoms, risk factors, and outcomes of autoimmune encephalitis after herpes simplex encephalitis: a prospective observational study and retrospective analysis. Lancet Neurol 17(9):760–772.

Baldwin K, Whiting C (2016). Chronic meningitis: simplifying a diagnostic challenge. Curr Neurol Neurosci Rep 16(3):30. ► https://doi.org/10.1007/s11910-016-0630-0

Beek D van de, Cabellos C, Dzupova O, Esposito S, Klein M, Kloek AT, Leib SL, Mourvillier B, Ostergaard C, Pagliano P, Pfister HW, Read RC, Sipahi OR, Brouwer MC; ESCMID Study Group for Infections of the Brain (ESGIB) (2016) ESCMID guideline: diagnosis and treatment of acute bacterial meningitis. Clin Microbiol Infect Suppl 3:37–62. ► https://doi.org/10.1016/j.cmi.2016.01.007

Bergmann M, Beer R, Kofler M, Helbok R, Pfausler B, Schmutzhard E (2017) Acyclovir resistance in herpes simplex virus type I encephalitis: a case report. J Neurovirol 23(2):335–337

Boucher A, Herrmann JL, Morand P, Buzelé R, Crabol Y, Stahl JP, Mailles A (2017) Epidemiology of infectious encephalitis causes in 2016. Med Mal Infect 47:221–235

Brouwer MC, Coutinho JM, van de Beek D (2014) Clinical characteristics and outcome of brain abscess: systematic review and meta-analysis. Neurology 82:806–813

Brouwer MC, McIntyre P, Prasad K, van de Beek D (2015) Corticosteroids for acute bacterial meningitis. Cochrane Database Syst Rev 12(9):CD004405. ► https://doi.org/10.1002/14651858.cd004405.pub5

Davis LE (2018) Acute bacterial meningitis. Continuum. (Minneap Minn) 24(5, Neuroinfectious Disease):1264–1283. ► https://doi.org/10.1212/con.0000000000000660

Ellner JJ, Bennet JE (1976) Chronic meningitis. Medicine 55:341–369

Ettekoven CN van, van de Beek D, Brouwer MC (2017) Update on community-acquired bacterial meningitis: guidance and challenges. Clin Microbiol Infect 23(9):601–606. ► https://doi.org/10.1016/j.cmi.2017.04.019

Glimåker M, Johansson B, Halldorsdottir H, Wanecek M, Elmi-Terander A, Ghatan PH5, Lindquist L, Bellander BM (2014) Neuro-intensive treatment targeting intracranial hypertension improves outcome in severe bacterial meningitis: an intervention-control study. PLoS One 9(3):e91976

Gudina EK, Tesfaye M, Wieser A, Pfister HW, Klein M (2018) Outcome of patients with acute bacterial meningitis in a teaching hospital in Ethiopia: A prospective study. PLoS One 13(7):e0200067. ► https://doi.org/10.1371/journal.pone.0200067

Hasbun R, Abrahams J, Jekel J, Quagliarello VJ (2001) Computed tomography of the head before lumbar puncture in adults with suspected meningitis. N Engl J Med 345:1727–1733

Helbok R, Broessner G, Pfausler B, Schmutzhard E (2009) Chronic meningitis. Review. J Neurol 256:168–175

Kastenbauer S, Pfister HW (2003) Pneumococcal meningitis in adults: spectrum of complications and prognostic factors in a series of 87 cases. Brain 126:1015–1025

Koelman DLH, Brouwer MC, van de Beek D (2019) Resurgence of pneumococcal meningitis in Europe and Northern America. Clin Microbiol Infect May 14. pii: S1198-743X(19)30210-1. ► https://doi.org/10.1016/j.cmi.2019.04.032

Krone M, Gray S, Abad R, Skoczyńska A, Stefanelli P, van der Ende A, Tzanakaki G, Mölling P, João Simões M, Křížová P, Emonet S, Caugant Dominique A, Toropainen M, Vazquez J, Waśko I, Knol Mirjam J, Jacobsson S, Rodrigues Bettencourt C, Musilek M, Born R, Vogel U, Borrow R (2019) Increase of invasive meningococcal serogroup W disease in Europe, 2013 to 2017. Euro Surveill 24(14):pii=1800245. ► https://doi.org/10.2807/1560-7917.ES.2019.24.14.1800245

Menon S, Bharadwaj R, Chowdhary A, Kaundinya DV, Palande DA (2008) Current epidemiology of intracranial abscesses: a prospective 5 year study. J Med Microbiol 57:1259–1268

Moritani T, Capizzano A, Kirby P, Policeni B (2014) Viral infections and white matter lesions. Radiol Clin North Am 52:355–382

Oyer RJ, David Beckham J, Tyler KL (2014) West Nile and St. Louis encephalitis viruses. Handb Clin Neurol 123:433–447

Pelkonen T, Roine I, Cruzeiro ML, Pitkäranta A, Kataja M, Peltola H (2011) Slow initial β-lactam infusion and oral paracetamol to treat childhood bacterial meningitis: a randomised, controlled trial. Lancet Infect Dis 11(8):613–621

Schmutzhard E, Helbok R (2014) Rickettsiae, protozoa, and opisthokonta/metazoa. Handb Clin Neurol 121:1403–1443

Solomon T, Hart IJ, Beeching NJ (2007) Viral encephalitis: a clinician's guide. Pract Neurol 7:288–305

Steiner I, Schmutzhard E, Sellner J, Chaudhuri A, Kennedy PG; European Federation of Neurological Sciences; European Neurologic Society (2012) EFNS-ENS guidelines for the use of PCR technology for the diagnosis of infections of the nervous system. Eur J Neurol 19:1278–1291

Wall EC, Ajdukiewicz KM, Bergman H, Heyderman RS, Garner P (2018) Osmotic therapies added to antibiotics for acute bacterial meningitis. Cochrane Database Syst Rev 2:CD008806. ► https://doi.org/10.1002/14651858.cd008806.pub3

Wasay M, Khatri IA, Abd-Allah F (2015) Arbovirus infections of the nervous system: current trends and future threats. Neurology 84(4):421–423. ► https://doi.org/10.1212/wnl.0000000000001177

Augeninfektionen

Birthe Stemplewitz und Gisbert Richard

Infektionen der Augen umfassen entzündliche Prozesse der Augenlider, der Augenhöhle und des Augapfels selbst. Es sind häufige Erkrankungen, mit denen sowohl Augenärzte als auch Allgemeinmediziner und Kinderärzte konfrontiert werden. Kenntnisse über die typischen klinischen Symptome sowie das infrage kommende Keimspektrum der Infektionen sind für eine erfolgreiche antiinfektiöse Therapie entscheidend.

■ Einteilung

Infektionen des Auges und seiner Umgebung lassen sich **nach ihrer Lokalisation** einteilen:

- **Infektionen der Adnexe und Orbita:**
  - **Infektionen der Lider** wie Hordeolum (Gerstenkorn), Chalazion (Hagelkorn), infektiöse Blepharitis (Lidentzündung), Lidphlegmone
  - **Infektionen der ableitenden Tränenwege** wie Kanalikulitis und Dakryozystitis (Tränenkanälchen- und Tränensackentzündung)
  - **Infektionen der Orbita** wie Orbitaphlegmone und Dakryoadenitis (Tränendrüsenentzündung)
- **Infektionen der Augenoberfläche:**
  - Konjunktivitis (Bindehautentzündung)
  - Keratitis (Hornhautentzündung)
- **Infektionen des vorderen Augenabschnitts:**
  - Iritis und Iridozyklitis (Uveitis anterior, Regenbogenhautentzündung)
  - Episkleritis und Skleritis (Skleraentzündung)
- **Infektionen des hinteren Augenabschnitts:**
  - Retinitis (Netzhautentzündung)
  - Chorioiditis (Aderhautentzündung)
  - Endophthalmitis (Infektion des Augeninneren)

■ Epidemiologie

Je nach Umgebung, Klimazone und Hygienestandard unterscheiden sich die infektiologischen Probleme.

Infektionen der Augenoberfläche wie Konjunktivitis und Keratitis, aber auch unkomplizierte Entzündungen der Lider dominieren die klinische Praxis in der westlichen Hemisphäre. Die gefürchtete **Endophthalmitis** ist weiterhin eine seltene Erkrankung; ihr Auftreten ist jedoch mit der Zunahme der intraokularen Eingriffe absolut gesehen häufiger geworden. Insgesamt wird das Risiko nach intraokularer Chirurgie mit ca. 0,1 % angegeben, nach Kataraktoperation z. B. mit 0,014–0,08 %. Die Einführung der intrakameralen Antibiotikagabe am Ende der Operation hat das Risiko in den letzten Jahren um eine Zehnerpotenz gesenkt. In Deutschland gibt es jedes Jahr ca. 1000 postoperative Fälle nach ophthalmochirurgischen Eingriffen.

In tropischen Regionen sind infektiöse Erkrankungen wie **Trachom** und **Onchozerkose** (Flussblindheit) weiterhin häufige, vermeidbare Erblindungsursachen. Das Trachom, eine chronische Keratokonjunktivitis, die durch Chlamydia trachomatis ausgelöst wird, betrifft weltweit bei z. T. unterschiedlichen Angaben ca. 40 Mio. Menschen mit aktiver Erkrankung und ist trotz intensiver internationaler Bemühungen ursächlich für ca. 1 Mio. Erblindungen. Es ist in vielen Ländern Afrikas, Asiens, Zentral- und Südamerikas, des Mittleren Ostens sowie in Australien hyperendemisch, mit einer Prävalenz von bis zu 60–90 % bei Vorschulkindern.

■ Erregerspektrum

Zunächst werden **Infektionen der Adnexe und Orbita** dargestellt.

Lider Infektionen der Lider haben ein ähnliches Keimspektrum wie Infektionen der übrigen Haut. Bei den bakteriellen Infektionen wie Hordeola oder oberflächlichen Blepharitiden dominieren die Staphylokokkenspezies. Virale Entzündungen der Lidregion durch Herpes-simplex- und Herpes-Zoster-Viren entstehen meist im Zuge von Reaktivierungen einer Latenzinfektion.

Abgesehen vom häufig asymptomatischen Befall der Haarfollikel der Zilien mit Demodex-Milben sind parasitäre und mykotische Lidinfektionen eine Rarität.

Tränenwege Bei der akuten Verlaufsform einer Dakryozystitis liegt meist eine Monoinfektion mit Staphylokokken, Pseudomonaden (◘ Abb. 117.1) oder E. coli vor. Streptokokken, Pneumokokken, Neisseria spp. und Aktinomyzeten können ebenfalls ursächlich sein. Die Kanalikulitis wird häufig durch Actinomyces, ein grampositives Fadenbakterium, verursacht.

S. Suerbaum et al. (Hrsg.), *Medizinische Mikrobiologie und Infektiologie*,
https://doi.org/10.1007/978-3-662-61385-6_117

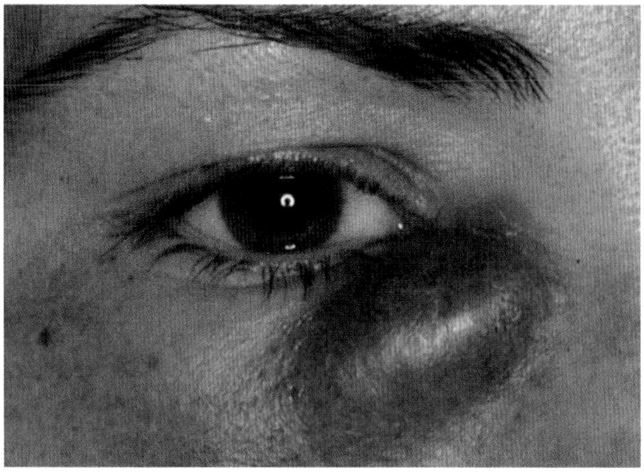

Abb. 117.1 Dakryozystitis, Entzündung des Tränensackes

Augenhöhle Die Orbitaphlegmone ist bei Kindern etwas häufiger und wird hauptsächlich durch Streptococcus pneumoniae und S. pyogenes, Staphylococcus aureus, Haemophilus influenzae und seltener durch Anaerobier ausgelöst. Es folgt die Darstellung des Erregerspektrums von **Infektionen der Augenoberfläche.**

Bindehaut Die infektiöse Konjunktivitis zeigt ein breites Erregerspektrum (Tab. 117.1). Sie kann durch bakterielle, virale und selten durch mykotische Erreger verursacht werden. Bei der eitrigen, bakteriellen Konjunktivitis sind hauptsächlich grampositive Staphylo- und Streptokokken nachweisbar. Gramnegative Erreger sind deutlich seltener. Eine Infektion mit den obligat intrazellulären Chlamydientypen A–C führt zum Trachom (in Europa selten), während die Serotypen D–K die relativ häufige Einschlusskörperchen- oder „Schwimmbadkonjunktivitis" verursachen. Neisseria gonorrhoeae ist der Auslöser der (Neugeborenen-)Gonoblennorrhö, auch Ophthalmia neonatorum genannt. Virale Infektionen werden v. a. durch Viren der Herpesgruppe und Adenoviren verursacht. Die Adenoviren der Typen 8, 19, 37, 53 und 54 können die Keratokonjunktivitis epidemica, eine hochkontagiöse Entzündung, verursachen.

Hornhaut Häufige bakterielle Keime, die eine Keratitis auslösen, sind S. aureus, koagulasenegative Staphylokokken, Streptococcus pneumoniae, S. pyogenes oder gramnegative Stäbchen wie E. coli, Pseudomonas aeruginosa, Klebsiella pneumoniae etc. Seltener sind Proteus, Moraxella und Neisseria spp. Bei der viralen Form sind häufig Herpes-simplex-Virus Typ 1 (HSV-1), Herpes-Zoster- (VZV), Epstein-Barr-Virus (EBV) oder Adenoviren ursächlich. Bei den relativ seltenen Pilzkeratitiden werden am häufigsten filamentöse Pilze wie Aspergillus, Cephalosporium, Fusarium oder Hefen wie Candida spp. isoliert. Selten kommen v. a. bei Kontaktlinsenträgern Akanthamöben (v. a. Acanthamoeba castellanii und polyphaga) als auslösende Keime bei einer Keratitis vor. Abschließend werden die Infektionen des **vorderen und hinteren Augenabschnitts** dargestellt.

Iris und Ziliarkörper Die anteriore Uveitis wird zu etwa 10 % durch Mikroorganismen verursacht. Erreger sind Viren der Herpesgruppe sowie seltener M. tuberculosis oder T. pallidum.

Infektionen der Sklera sind selten und oft sekundär; bei akuten Infektionen sind meist bakterielle Keime ursächlich (P. aeruginosa, S. pneumoniae, S. aureus).

Aderhaut und Netzhaut Eine Chorioretinitis kann im Rahmen einer viralen Infektion durch HSV oder

Tab. 117.1 Erregerspektrum der infektiösen Konjunktivitis

Bakterien	Viren	Pilze
Staphylococcus epidermidis	Herpes-simplex-Virus, Herpes-Zoster-Virus	Candida spp.
Staphylococcus aureus	Adenoviren Typ 1, 2, 3, 5, 7, 8, 19, 37, 53, 54	Blastomyces spp.
Streptococcus viridans	Enterovirus sp. (70)	
Streptococcus pneumoniae	Coxsackie-Virus sp. (A24)	
Haemophilus influenzae	Zytomegalievirus	
Moraxella catarrhalis	Papilloma spp.	
E. coli		
Pseudomonas aeruginosa		
Neisseria gonorrhoeae		
Obligat intrazellulär:		
– Chlamydia trachomatis (Typ D–K)		
– Chlamydia trachomatis (Typ A–C)		

VZV oder – v. a. bei Immunsuppression oder HIV-Infektion – durch das Zytomegalievirus (CMV) verursacht werden. Bakterielle Uveitiden sind selten und werden z. B. von Borrelia burgdorferi, Mykobakterien (M. tuberculosis ca. 3 %) oder T. pallidum verursacht. Die Chorioretinitis durch Toxoplasma gondii ist die häufigste Ursache einer posterioren Uveitis bei immunkompetenten Patienten. Pilzinfektionen treten meist metastatisch im Rahmen einer systemischen Fungämie auf und werden am häufigsten durch Candida spp., Kryptokokken, Blastomyces spp. etc. verursacht.

Endophthalmitis Die postoperative Endophthalmitis wird zu ca. 70 % von grampositive Kokken verursacht (Staphylococcus epidermidis, S. aureus, Streptococcus spp.) neben Pseudomonaden, Clostridien und Bacillus spp. Bei posttraumatischen Entzündungen des Augeninneren muss zusätzlich mit seltenen Erregern wie Anaerobiern oder Pilzen gerechnet werden.

Ein kleiner Teil (unter 10 %) der Endophthalmitiden entsteht durch endogene Fortleitung einer systemischen Infektion bei meist immunsupprimierten Patienten. Erreger sind hier meist Pilze wie Candida, Fusarium, Aspergillus oder Blastomyces spp. Auch bakterielle Erreger wie grampositive Kokken, Haemophilus spp. und Bacillus cereus wurden nachgewiesen.

Pathogenese

Das Auge ist ein „immunologisch privilegiertes Organ“:
- Es existieren physiologische Barrieren wie Hornhautepithel, Blut-Retina-Schranke oder Blut-Kammerwasser-Schranke.
- Intraokular liegen keine immunkompetenten Zellen vor.
- Eine Lymphdrainage fehlt.

Zusätzlich verfügt das Auge über **protektive Faktoren** wie Lidreflex, Tränenfilm mit Spülfunktion (enthält zusätzlich IgA und Lysozym) sowie die gesunde Standortflora des äußeren Auges.

Erreger gelangen meist exogen durch Tröpfchen- und Schmierinfektionen oder selten iatrogen durch Inokulation bei chirurgischen Eingriffen ins Auge. Nicht häufig sind endogen fortgeleitete Entzündungen aus anderen Infektionsherden des Körpers.

Abgesehen von der einfachen Konjunktivitis treten viele Infektionen des Auges häufig in bestimmten **Risikogruppen oder -situationen** auf:
- Gehäuftes Auftreten von **Hordeola** oder **Chalazien** bei Diabetikern
- **Dakryozystitis** bei chronischer Tränenwegstenose oder fortgeleiteter Sinusitis
- **Keratitis** bei Kontaktlinsenträgern, bei Zustand nach Hornhautchirurgie oder okulärem Trauma, bei mangelnder Oberflächenbefeuchtung oder Exposition der Hornhaut
- **Exogene Endophthalmitis** bei Zustand nach intraokularer Chirurgie oder penetrierender Bulbusverletzung
- **Endogene Endophthalmitis** bei immunsupprimierten Patienten, bei Patienten auf Intensivstationen mit länger liegenden i. v. Kathetern, bei einer generalisierten Sepsis oder bei i. v. Drogenabusus

Klinik

Zunächst wird die Klinik von **Infektionen der Adnexe und Orbita** dargestellt.

Lider **Hordeola** sind schmerzhafte und stark gerötete umschriebene Abszesse der Lidranddrüsen; sie entstehen relativ schnell. Das Chalazion ist eine chronische, schmerzlose Verhärtung im Bereich des Tarsus des Ober- oder Unterlides. Die Lidphlegmone ist im Gegensatz zur gefährlicheren Orbitaphlegmone präseptal und betrifft im Wesentlichen die Lidhaut, die geschwollen, überwärmt und schmerzhaft ist.

Tränenwege Die Kanalikulitis wird häufig verkannt, da sie symptomatisch (Rötung der Bindehaut, Epiphora, mukopurulente Sekretabsonderung, Schwellung des Tränenpünktchens) eher einer Konjunktivitis ähnelt. Die Dakryozystitis zeichnet sich durch eine hochrote, z. T. sehr schmerzhafte Schwellung unterhalb des medialen Lidbändchens (Abb. 117.1) aus, bei der man gelegentlich purulentes Sekret aus dem Tränenpünktchen exprimieren kann (positive West-Probe).

Augenhöhle Die Orbitaphlegmone ist eine potenziell lebensbedrohliche Erkrankung, die sich durch Chemosis und Hyperämie der Bindehaut, Lidschwellung, Exophthalmus, verminderte Motilität, Visusreduktion und Allgemeinsymptome wie Fieber auszeichnet. Es folgt die Klinik von **Infektionen der Augenoberfläche.**

Bindehaut Bei der häufigen Konjunktivitis zeigt sich ein „rotes Auge“ durch die konjunktivale Gefäßdilatation mit Absonderung von Sekret. Die Patienten klagen v. a. über ein Fremdkörpergefühl. Schmerzen bei Patienten mit „rotem Auge“ sprechen meist für eine zusätzliche Beteiligung der gut innervierten Hornhaut oder einen begleitenden uveitischen Reiz. Während bakterielle sowie herpetische Infektionen häufig einseitig sind, ist es ein typisches Kennzeichen der adenoviralen Konjunktivitis (Abb. 117.2), dass sie nacheinander beide Augen befällt.

Hornhaut Patienten mit akuter Keratitis klagen bei infektiöser Genese über starke Schmerzen und

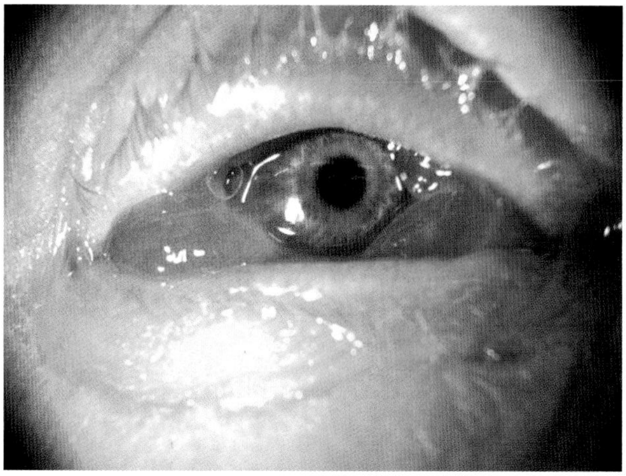

Abb. 117.2 Adenovirale Konjunktivitis (Keratokonjunktivitis epidemica)

Visusminderung sowie durch den häufig begleitenden Vorderkammerreiz über Lichtempfindlichkeit. An der Spaltlampe sieht man bei bakteriellen oder mykotischen Infektionen umschriebene Infiltrate bis hin zu Ulzera. Die herpetischen Infektionen haben ein typisches Erscheinungsbild bei der epithelialen (Keratitis dendritica) und der stromalen Verlaufsform (Keratitis disciformis), sodass hier oftmals an der Spaltlampe eine Blickdiagnose gestellt werden kann. Die seltene Akanthamöbenkeratitis, die meistens bei Kontaktlinsenträgern auftritt, hat als typische Konstellation starke subjektive Beschwerden wie Schmerzen und Visusminderung bei relativ geringem klinischem Befund. Erst im Verlauf kann sich das typische Ringinfiltrat im kornealen Stroma ausbilden.

Abschließend wird die Klinik von **Infektionen des vorderen und hinteren Augenabschnitts** dargestellt.

Iris und Ziliarkörper Die Uveitis anterior führt zu Schmerzen, Fotophobie und Visusminderung. Bei der Spaltlampenmikroskopie sieht man die typische ziliare Injektion tiefer liegender Gefäße, einen Vorderkammerreiz bis hin zum Hypopyon (Eiter in der Vorderkammer), Hornhautendothelbeschläge und gelegentlich Fibrinausschwitzungen.

Aderhaut und Netzhaut Da die Netzhaut über keinerlei Versorgung durch sensible Schmerznerven verfügt, bemerken Patienten mit einer Chorioretinitis v. a. eine Sehstörung und evtl. Gesichtsfeldausfälle. Je nach Lage des Entzündungsherdes können die Prozesse auch lange asymptomatisch bleiben, wenn Makula und Sehnerv ausgespart bleiben. Bei der funduskopischen Untersuchung findet man je nach Krankheitsbild verschiedene Veränderungen der Netzhaut, der Aderhaut und/oder des retinalen Pigmentepithels sowie der Gefäße.

Endophthalmitis Die exogene Endophthalmitis nach Trauma oder Augenoperation verläuft meistens perakut mit starken Schmerzen und Visusreduktion. Bei beginnender Septikämie haben die Patienten auch Allgemeinsymptome wie Fieber, Übelkeit und Erbrechen. Klinisch finden sich eine Hyperämie der Bindehaut, Trübungen der Hornhaut, ein ausgeprägter Vorderkammerreiz mit Hypopyon sowie ein zellulärer Reiz auch im Glaskörperraum. Dagegen verläuft die endogene Form häufig protrahiert und symptomärmer.

■ Diagnostisches Vorgehen

Ist die Diagnose nicht durch das klinische Bild allein zu stellen, wird ein **Erregernachweis** für eine gezielte Therapie benötigt. Eingesetzt werden Mikroskopie, kultureller Erregernachweis, serologische Diagnostik und Polymerasekettenreaktion (PCR).

Bei Lid- und Tränenweginfektionen können Erreger durch einen **Abstrich** aus dem betroffenen Gewebe gewonnen werden. Gleiches Vorgehen gilt für die Konjunktivitis. Hier kann ein einfacher Abstrich aus dem Konjunktivalsack entnommen werden. Der Abstrichtupfer darf nicht mit dem Lidrand in Kontakt kommen, um Verunreinigungen durch die Standortflora zu vermeiden.

Cave: Bei Verdacht auf Gonoblennorrhö muss zum Selbstschutz bei der Untersuchung und Materialgewinnung eine Schutzbrille getragen werden. Für einen Hornhautabstrich ist das Abschaben von Hornhautzellen z. B. mit einem Hockeymesser erforderlich. Die Diagnostik intraokularer Entzündungen wie der anterioren und posterioren Uveitis bzw. der Endophthalmitis erfordert zum Nachweis dort angesiedelter Keime Punktionen der Vorderkammer oder des Glaskörperraumes.

Bei Verdacht auf eine Pilzinfektion sollte grundsätzlich ein Hinweis an das Labor erfolgen, um Kulturzeit und Nährböden entsprechend anzupassen. Eine infektiöse Uveitis durch Borrelien, Treponemen, HSV, EBV, VZV, CMV, Toxoplasmose etc. wird serologisch anhand der Antikörperprofile diagnostiziert. Zum Nachweis einiger viraler Erreger wie z. B. der Adenoviren eignet sich am besten eine PCR, da sie sensitiver und spezifischer als viele Schnelltestverfahren ist.

Bei der Befundinterpretation aus Abstrichen und Punktaten muss beim Nachweis von Keimen wie koagulasenegativen Staphylokokken, Propioni- und Korynebakterien, aber auch bei koagulasepositiven Staphylokokken, Streptokokken und Haemophilus spp. immer an eine mögliche **Verunreinigung durch die Standortflora** gedacht werden.

■ Therapie

Viele Infektionen des Auges können **topisch** mit Augentropfen und -salben, per subkonjunktivaler, parabulbärer oder intraokularer Injektion oder **systemisch** per os und i. v. behandelt werden. Durchführung und Überwachung der Therapie gehören wegen der notwendigen Kontrollen an der Spaltlampe in die Hände des Augenarztes.

Für **oberflächliche bakterielle Infektionen** des Lides und der Augenoberfläche eignet sich die topische und evtl. subkonjunktivale Gabe von Chinolonen wie Ofloxacin oder Levofloxacin, Aminoglykosiden wie Gentamicin oder von Peptidantibiotika wie Bacitracin oder Polymyxin B.

Bei einer **Endophthalmitis** ist neben der intravitrealen Antibiotikagabe inzwischen auch die Vitrektomie zum Standard geworden. Eine i. v. Antibiose mit z. B. Ceftazidim und Vancomycin bzw. im Verlauf nach Antibiogramm ist zusätzlich empfehlenswert, um die Dosis im Glaskörperraum zu erhöhen bzw. eine Diffusion nach außen zu verlangsamen.

Bakterielle Tränenweginfektionen sowie die **Lid- und Orbitaphlegmone** bedürfen immer einer systemischen Therapie z. B. mit Cephalosporinen wie Cefuroxim oder Breitbandpenicillinen mit β-Laktamase-Inhibitoren wie Sultamicillin.

Antivirale Medikamente wie Aciclovir oder Ganciclovir werden je nach Infektion und Schweregrad topisch, intravitreal oder systemisch appliziert. Bei Beteiligung der Vorderkammer oder der hinteren Augenabschnitte ist stets auch eine systemische Applikation erforderlich.

Zur **antimykotischen Therapie** steht derzeit keinerlei Präparat im Handel zur Verfügung. Voriconazol oder Amphotericin B können zur Therapie schwerer Pilzinfektionen mit Candida-Arten, Cryptococcus spp., Aspergillen sowie selteneren Pilzarten lokal (angefertigt aus der Infusionslösung) und systemisch gegeben werden.

Die Therapie der **Akanthamöbenkeratitis** ist langwierig und nicht immer erfolgreich. Zur heutigen Standardtherapie gehören Diamidinderivate wie Propamidinisoethionat und desinfizierende Substanzen wie Polyhexamethylenbiguanid, die zu Beginn viertel- bis halbstündlich lokal gegeben werden müssen. Später kann auch eine Keratoplastik (Hornhauttransplantation) erforderlich werden. Hoffnungsvolle Ergebnisse zeigte auch der Einsatz des kornealen Crosslinkings bei der Akanthamöbenkeratitis bestehend aus der Applikation von Riboflavin und UV-A-Licht. Es bietet eine antibiotikaunabhängige Therapieoption, ggf. auch bei bakteriell bedingten Keratitiden.

Bei der **Toxoplasmose** bestimmt die Lokalisation der Herde die Entscheidung für einen Therapiebeginn: Bedroht ein aktiver Herd Makula oder Sehnerv, wird mit einer Therapie begonnen. Eingesetzt werden Clindamycin, Sulfadiazin, Pyrimethamin oder Cotrimoxazol.

Bei **Entzündungen mit begleitendem Vorderkammerreiz** wird neben der topischen antiinfektiösen Therapie zusätzlich mit Mydriatika (Augentropfen zu Weitstellung der Pupille) behandelt, damit es nicht zu Synechierung der Pupille mit der Linse kommt sowie zur „Ruhigstellung“ und Schmerzlinderung des Auges.

Gelegentlich ist im Laufe einer Infektion auch additiv die **Gabe von Steroiden** erforderlich, um die körpereigene Entzündungsreaktion auf den Erreger zu modulieren und weitere Schäden zu verhindern.

- Prävention

Allgemeine Hygienemaßnahmen wie Händehygiene sowie besondere Vorsicht im Umgang mit Kontaktlinsen können viele Infektionen verhindern.

Perioperativ gibt es bei **intraokularen Eingriffen** keine einheitlichen Empfehlungen zur prophylaktischen Gabe von Antibiotika. Einzig die präoperative Spülung des Konjunktivalsackes mit antiseptischer 5 %iger Povidon-Jod-Lösung wird in jedem Fall empfohlen; sie führt zur 10- bis 100-fachen Reduktion der Keimzahl. Dennoch ist eine **perioperative topische Antibiotikagabe bei einigen Eingriffen** sinnvoll (z. B. ein Chinolon), um die Keimzahl auf der Bindehaut vor der Operation und während der Wundheilungsphase zu reduzieren. Bei den heutzutage hochfrequent durchgeführten intravitrealen Injektionen scheint eine perioperative Antibiotikagabe jedoch nicht protektiv und daher nicht erforderlich zu sein; sie wird nicht mehr empfohlen.

Bei der Kataraktoperation herrscht Konsens über die Effektivität der intrakameralen Antibiotikagabe mit 1 mg Cefuroxim in 0,1 ml; eine ergänzende topische Gabe antibiotischer Augentropfen postoperativ scheint eher keinen zusätzlichen protektiven Effekt zu haben.

Die früher standardmäßig durchgeführte Credé-Prophylaxe zur Verhinderung der Gonoblennorrhö mit 5 %iger Silbernitratlösung wird heute nicht mehr regelmäßig durchgeführt, auch weil die viel häufiger vorkommenden Chlamydien davon nicht erfasst sind. Alternativpräparate wie z. B. 2,5 %iges Povidon-Jod sind jedoch für diese Anwendung nicht zugelassen. Einige Kliniken setzen gar keine standardmäßige Prophylaxe mehr ein, sondern führen die präventive Gabe nur bei Risikogruppen durch.

▶ In Kürze: Augeninfektionen

- **Einteilung:**
  - Adnexe und Orbita (Lider, ableitende Tränenwege, Augenhöhle).
  - Augenoberfläche (Bindehaut, Hornhaut).
  - Vorderer Augenabschnitt (Iris, Ziliarkörper, Sklera).
  - Hinterer Augenabschnitt (Aderhaut, Netzhaut).
- **Erregerspektrum:**

- **Lider:** Staphylokokken, HSV, VZV, Demodex-Milben.
- **Tränenwege:** Staphylokokken, Pseudomonaden, E. coli, Strepto-, Pneumokokken, Neisserien, Actinomyces (Kanalikulitis).
- **Orbita:** Strepto-, Staphylokokken, H. influenzae.
- **Bindehaut** (■ Tab. 117.1): Staphylo-, Streptokokken, Moraxella spp., Haemophilus, Chlamydia trachomatis D–K (Einschlusskörperchenkonjunktivitis), A–D (Trachom), HSV, VZV, Adeno-, Enteroviren, Candida spp.
- **Hornhaut:** Staphylo-, Streptokokken, gramnegative Stäbchen, HSV, VZV, EBV, Adenoviren, Aspergillus spp., Candida spp.
- **Iris, Ziliarkörper:** HSV, VZV, M. tuberculosis, T. pallidum.
- **Netzhaut, Aderhaut:** HSV, VZV, CMV (Immunsuppression), B. burgdorferi, M. tuberculosis, T. gondii, Candida spp., Kryptokokken.
- **Endophthalmitis:** Staphylo-, Streptokokken, gramnegative Stäbchen, Candida spp., Kryptokokken.

- **Klinik:**
  - **Lider/Tränenwege:** Schwellung, Rötung, Schmerzen.
  - **Bindehaut:** „rotes Auge", Sekret, Fremdkörpergefühl.
  - **Hornhaut:** Schmerzen, Sehminderung, Lichtempfindlichkeit, „tränendes Auge".
  - **Iris/Ziliarkörper:** „rotes Auge", Schmerzen, Sehminderung, Lichtempfindlichkeit.
  - **Netz-/Aderhaut:** Sehminderung, Gesichtsfeldausfälle.
  - **Endophthalmitis:** Starke Schmerzen, „rotes Auge", Sehminderung, ggf. Allgemeinsymptome wie Fieber, Übelkeit.
- **Diagnostik:**
  - **Material:**
    - Abstriche von Bindehaut und Hornhaut.
    - Punktion der Vorderkammer oder des Glaskörpers (cave: physiologische Standortflora).
    - peripheres Blut.
  - **Methoden:**
    - Mikroskopie.
    - kultureller Erregernachweis.
    - serologische Diagnostik.
    - PCR.
- **Therapie:**
  - **Topisch** mit Augentropfen und Augensalben, subkonjunktivale, parabulbäre oder intraokulare Injektion.
  - **Systemisch** per os und i. v.
  - **Chirurgisch:** Vorderkammerspülung und Vitrektomie mit antibiotischer Spülung bei Endophthalmitis.
  - **Additiv:** Mydriatika, Steroide.
- **Prävention:**
  - Allgemeine Hygienemaßnahmen.
  - Perioperativ: Spülung des Konjunktivalsackes mit 5 %iger Povidon-Jod-Lösung, lokale Antibiose.
  - Credé: nicht mehr Standard, je nach Klinik verschieden, z. T. gar keine Prophylaxe. ◄

Weiterführende Literatur

American Academy of Ophthalmology (2006) Basic and clinical science course, 2006–2007: Sect. 8 (External Disease and cornea), Sect. 9 (Intraocular Inflammation and Uveitis), Sect. 12 (Retina and Vitreous). San Francisco.

Behrens-Baumann W (2004) Antiinfektive medikamentöse Therapie in der Augenheilkunde – Teil 1: Bakterielle Infektionen. Klin Monatsbl Augenheilkd. 221(7):539–545

Behrens-Baumann W (2005) Antiinfektive medikamentöse Therapie in der Augenheilkunde – Teil 2: Virale Infektionen. Klin Monatsbl Augenheilkd. 222(2):605–611

Behrens-Baumann W (2008) Surgical prophylaxis for postoperative endophthalmitis following phakoemulsification. A short review. Klin Monatsbl Augenheilkd. 225(11):924–928

Bialasiewicz, Schaal (1994) Infectious diseases of the eye. Aeolus Press.

Deutsche Gesellschaft für Gynakologie und Geburtshilfe. Betreuung des gesunden Neugeborenen im Kreißsaal und während des Wochenbettes der Mutter. AWMF 24(5):(S1)

Fechner Teichmann (2000) Medikamentöse Augentherapie. Enke, Stuttgart

Høvding G (2008) Acute bacterial conjunctivitis. Acta Ophthalmol Feb 86(1):5–17

Kampik, Grehn (1997) Entzündungen des Augeninneren. Enke

Kanski (2004) Klinische Ophthalmologie, Lehrbuch und Atlas. Urban & Fischer, München

Reinhard T, Hansen LL, Pache M, Behrensen-Baumann W (2005) Antiinfektive medikamentöse Therapie in der Augenheilkunde – Teil 2: Virale Infektionen. Klin Monatsbl Augenheilkd. 222(2):81–89

Reinhard T, Behrens-Baumann W (2006) Antiinfektive medikamentöse Therapie in der Augenheilkunde – Teil 4: Akanthamoeben. Klin Monatsbl Augenheilkd. 223(6):485–492

Zierhut (1993) Uveitis. Differentialdiagnose, Bd 1. Kohlhammer, Stuttgart

► www.escrs.org/endophthalmitis/guidelines/GERMAN.pdf.

Infektionen des oberen Respirationstrakts

Vincent van Laak

Infektionen des oberen Respirationstrakts, zu denen grippaler Infekt, Sinusitis, Pharyngitis und Tonsillitis, Otitis media und Epiglottitis zählen, sind sehr häufig (in ca. 90 %) viral bedingt. Eine bakterielle Superinfektion kann im weiteren Verlauf zu einer Verschlechterung der Symptomatik führen.

Einteilung

Die Einteilung der Infektionen des oberen Respirationstrakts erfolgt **anhand der anatomischen Strukturen:**

- **Grippaler Infekt** (Erkältung, „common cold"): virale Infektion, die mit Rhinopharyngitis, Katarrh und ggf. leichtem Fieber einhergeht.
- **Otitis media**: Kennzeichen der Mittelohrentzündung sind eine Hörminderung des betroffenen Ohres durch die Ansammlung von serösem oder putridem Sekret in der Paukenhöhle und damit einhergehenden Ohrenschmerzen, Fieber und allgemeines Krankheitsgefühl.
- **Sinusitis**: Infektion der Nasennebenhöhlen (Sinus maxillaris, S. ethmoidalis, S. frontalis), geht mit starken lageabhängigen Kopfschmerzen, Rhinitis und ggf. Fieber und allgemeinem Krankheitsgefühl einher.
- **Pharyngitis**: Die Rachenentzündung umfasst eine Gruppe von Erkrankungen, die mit Halsschmerzen, Schluckbeschwerden und ggf. Fieber sowie allgemeinem Krankheitsgefühl einhergehen. Diese sind die virale Pharyngitis, Angina tonsillaris, Seitenstrangangina, Diphtherie, Angina Plaut-Vincent, Soor und das Pfeiffer-Drüsenfieber (Mononukleose). Als Komplikation kann es in seltenen Fällen zum Lemierre-Syndrom kommen.
- **Epiglottitis**: Die Infektion der Epiglottis mit H. influenzae Typ B ist eine akut lebensbedrohliche Erkrankung des Kleinkindalters, die mit einer starken Schwellung der Epiglottitis und einer dadurch ausgelösten Verlegung der Atemwege zu massiver Dyspnoe führt.

Wichtig für das Verständnis der Pathogenese und für Diagnostik und Therapie ist das Wissen um die physiologische Besiedlung der Mund- und Nasenhöhle mit einer gemischten Kolonisationsflora. Die Nasennebenhöhlen sowie die Paukenhöhle gelten als steril, sodass jeder hier gefundene Keim als Pathogen anzusehen ist. Jedoch bestehen durch die Nasengänge und die Eustachi-Röhre direkte Verbindungen zum besiedelten Nasen- und Mundraum, sodass die Erreger der Sinusitis und Otitis media zumeist aus diesen aufgestiegen und Bestandteil der lokalen Flora sind. Die bakteriellen Erreger der Pharyngitis und Epiglottitis hingegen sind in der Regel obligat pathogen.

Epidemiologie

Eine Erkältung ist die häufigste Ursache für Arztbesuche, Arbeitsausfälle und Abwesenheit von der Schule. Bei Erwachsenen kommt sie durchschnittlich 2- bis 3-mal pro Jahr vor. Kinder erkranken 6- bis 12-mal pro Jahr daran. Bei 0,5–5 % der Erkältungen kommt es als Komplikation zu einer Sinusitis.

Ohrenschmerzen infolge einer Otitis media sind die häufigste Ursache für einen Arztbesuch im Kindesalter. Bis zu ihrem 10. Lebensjahr erkranken 40 % aller Kinder an einer Otitis media mit einem Erkrankungsgipfel zwischen dem 6. Lebensmonat und dem 4. Lebensjahr. Rezidivierende Infektionen der Paukenhöhle kommen bei bis zu einem Drittel aller Kinder vor.

Erregerspektrum und Pathogenese

▣ Tab. 118.1 zeigt das Erregerspektrum der Erkrankungen des oberen Respirationstrakts.

Eine Infektion des oberen Respirationstrakts erfolgt in der Regel durch Schmierinfektionen oder aerogene Übertragung. Die Viren infizieren die Epithelzellen der Schleimhaut und vermehren sich dort. Dadurch kommt es zur Störung der mukoziliären Funktion und in der Folge zu einer Superinfektion mit Bakterien.

Die Aktivierung der lokalen Abwehrmechanismen führt zur Ausschüttung zahlreicher Mediatoren. Dadurch kommt es zur massiven Sekretion von Schleim, der die Erreger ausschwemmen soll. Die ödematöse Schwellung der Nasenschleimhaut durch

S. Suerbaum et al. (Hrsg.), *Medizinische Mikrobiologie und Infektiologie*,
https://doi.org/10.1007/978-3-662-61385-6_118

Tab. 118.1 Spektrum der Erreger und Angaben zu ihrer Häufigkeit bei Erkrankungen des oberen Respirationstrakts

Erkrankung	Erregerspektrum	Häufigkeit (%)
Grippaler Infekt	Viren:	40
	– Rhinoviren	10–15
	– Coronaviren, Adeno-, (Para-)Influenza-, Reo- und Enteroviren	10
	– RS-Viren insbesondere bei Erwachsenen (RSV-Infektion bei Kindern → Bronchitis)	
Sinusitis	Meist sekundär nach viralem Infekt oder bei allergischer Rhinitis:	
	– S. pneumoniae	30
	– H. influenzae	20
	– Diverse Anaerobier	10
	– S. pyogenes	4
	– M. catarrhalis (überwiegend Kinder)	2
	– Aspergillen und P. aeruginosa bei chronischen Verläufen möglich	
Otitis media	Erregerspektrum gleicht dem der Sinusitis:	
	– S. pneumoniae	40
	– H. influenzae	30
	– M. catarrhalis	10
	– S. pyogenes	3
	– S. aureus	2
	– Nachweis der o. g. Viren, insbesondere RS-Virus (in 74% der viral bedingten Mittelohrentzündungen bei Kindern)	ca. 25
	– Aspergillen und P. aeruginosa bei chronischen Verläufen möglich	
Pharyngitis/Tonsillitis	Meist viraler Infekt oder S. pyogenes	
	Selten: C. diphtheriae, Treponema vincentii, Fusobacterium nucleatum, F. necrophorum, C. albicans, Epstein-Barr-Virus	
Epiglottitis	H. influenzae Typ B	

die gesteigerte Durchblutung verstärkt die Behinderung der Nasenatmung.

Durch den Verschluss der Nasengänge bzw. der Eustachi-Röhre können sich pathogene Bakterien in den Sinus bzw. der Paukenhöhle vermehren. Es kommt zu einer bakteriellen Sinusitis bzw. Otitis media. Insbesondere bei Kleinkindern ist die Eustachi-Röhre sehr kurz, gerade und weit offen, sodass Bakterien besonders leicht eindringen können. Es folgt eine eitrige Entzündungsreaktion, die den gesamten Hohlraum ausfüllt kann → Empyem.

Klinik

Dazu gehören:

Grippaler Infekt Nach einer Inkubationszeit von wenigen (1–3) Tagen kommt es zur Ausbildung eines typischen Symptomkomplexes mit Rhinitis, verstopfter Nase, Kratzen im Hals, allgemeinem Krankheitsgefühl mit Gliederschmerzen und Abgeschlagenheit und gelegentlich Fieber. Als Komplikation können eine Otitis media, eine Sinusitis, Bronchitis oder Pneumonie entstehen.

118

Otitis media Nach einer Inkubationszeit von ca. 4–6 Tagen beginnt eine Otitis media, meist im Zusammenhang mit einer Erkältung, mit akuten Ohrenschmerzen und einer Hörminderung auf dem betroffenen Ohr sowie Fieber und allgemeinem Krankheitsgefühl. Kinder greifen sich oft an das schmerzende Ohr. Bei der Untersuchung fällt ein Tragusdruckschmerz auf. In der Otoskopie finden sich ein gerötetes Trommelfell, durch das der Erguss in der Paukenhöhle hindurchschimmert (Abb. 118.1), und eine verminderte Trommelfellbeweglichkeit in der pneumatischen Otoskopie.

Eine v. a. bei Kindern gefürchtete **Komplikation** ist das Übergreifen der Infektion auf das umliegende Gewebe, insbesondere auf

- die Strukturen des Innenohres (Labyrinthitis mit Schwindel und Nystagmus),
- das Mastoid (Mastoiditis),

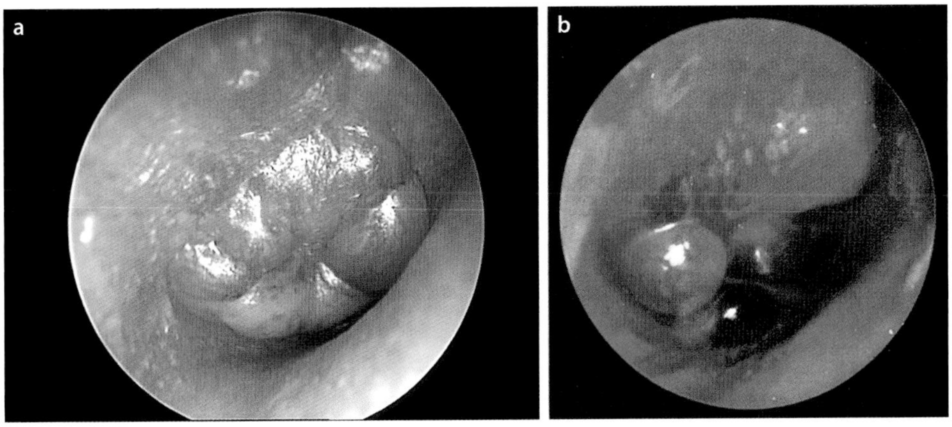

Abb. 118.1 a, b Akute Otitis media (**a**), Grippeotitis (**b**) (aus Boenninghaus, Lenarz: Hals-Nasen-Ohren-Heilkunde, Springer 2007)

- das Gehirn mit Ausbildung einer Meningitis oder eines Hirnabszesses sowie der Schädigung des N. facialis.

Seit Einführung des Pneumokokkenimpfstoffs und der STIKO-Empfehlung zur Impfung gegen Pneumokokken steht eine sinnvolle Präventivmaßnahme gegen den häufigsten Erreger der Otitis media zur Verfügung.

Sinusitis Nach einer Inkubationszeit von 4–6 Tagen kommt es zu den typischen Symptomen einer bakteriellen Sinusitis mit verstopfter Nase, eitrigem Schnupfen, Kopfschmerzen insbesondere bei gesenktem Kopf, Fieber und Klopf-/Druckschmerz über der betroffenen Nasennebenhöhle. In der Röntgen-Übersicht der Nasennebenhöhlen findet sich eine Verschattung der vereiterten Nebenhöhle.

Mögliche **Komplikationen** sind ein Einbruch der Infektion durch die Lamina papyracea in die Orbita mit Verdrängung des Bulbus opticus oder in das Gehirn (Meningitis, Hirnabszess) sowie eine Chronifizierung.

Pharyngitis Die Pharyngitis kann durch verschiedene Pathogene mit jeweils typischer Lokalisation der Infektion verursacht werden. Allen gemeinsam ist jedoch eine Rötung des Rachenraumes einhergehend mit Halsschmerzen und Schluckbeschwerden bzw. einer Verstärkung der Schmerzen durch den mechanischen Reiz des Schluckens.

Angina tonsillaris (lacunaris) Zusätzlich zu den gerade beschriebenen Symptomen finden sich Eiterstippchen auf den Tonsillen, die in der Regel vergrößert und mit tiefen, eitergefüllten Kavernen imponieren. Weiterhin klagen die Patienten über Fieber und weisen eine Lymphadenopathie entlang der Lymphabflussbahnen am Hals und submandibulär auf. Bei einer Infektion mit Streptokokken der Gruppe A (z. B. S. pyogenes), die ein bakteriophagenkodiertes Toxin bilden, kann es im Verlauf zu **Scharlach** kommen. Hierbei kommt es zu einem Exanthem insbesondere am Hals, der oberen Brust- und Rückenpartie, einer perioralen Blässe sowie der charakteristischen glänzend roten Zunge mit hervorstehenden Geschmacksknospen (Erdbeer- oder Himbeerzunge).

Weiterhin kann es ca. 3–4 Wochen nach einer Angina tonsillaris zum rheumatischen Fieber kommen. Dabei reagieren gegen Gruppe-A-Streptokokken gebildete Antikörper mit körpereigenem Gewebe und es resultieren eine Polyarthritis (▶ Kap. 122), Karditis (Endo-, Myo-, Perikarditis; ▶ Kap. 115), ein Erythema nodosum und Erythema anulare/marginatum sowie eine Chorea minor.

Ebenfalls ca. 3–5 Wochen nach einer Infektion mit Gruppe-A-Streptokokken kann es zur akuten Glomerulonephritis kommen, die sich sehr häufig spontan zurückbildet.

Diphtherie (Echter Krupp, Krupp) Die Diphtherie zeichnet sich durch eine schwere Entzündung des Nasen-Rachen-Raumes mit Pseudomembranbildung aus. Sie wird ausgelöst durch ein von C. diphtheriae gebildetes, phagenkodiertes Toxin. Im Verlauf droht eine Verlegung der Atemwege durch die massive Schwellung der Schleimhäute und durch Pseudomembranen. Hierbei fallen besonders der bellende Husten sowie ein inspiratorischer Stridor auf. Durch die Fernwirkung des Toxins kann es zu einer Beteiligung des Herzens und der Nieren sowie zu einer Polyneuritis kommen.

Unbehandelt kann die Diphtherie rasch zum Tod durch Ersticken und Herzstillstand führen! Zur Therapie der Diphtherie steht ein **Antitoxin** zur Verfügung, das bei akutem Verdacht auf eine Diphtherie sofort verabreicht werden muss. Durch die Impfung gegen Diphtherietoxin sind die Folgen einer Infektion nur noch sehr selten zu beobachten.

Angina Plaut-Vincent Eine Mischinfektion mit Treponema vincentii und Fusobacterium nucleatum führt zu einer meist einseitigen Tonsillitis der Tonsilla palatina mit in der Regel nur leichter Allgemeinsymptomatik, Halsschmerzen und Schluckbeschwerden. Im Gegensatz dazu steht der dramatische Verlauf mit massiv ulzerierendem und nekrotisierendem Befall der Tonsille. Dabei fällt ein übel riechender grünlich-schmieriger Belag auf dem Ulkus auf, durch den sich die Angina Plaut-Vincenti gut von einer Streptokokkenangina unterscheiden lässt.

Soor (Candidose, Stomatitis candidomycetica) Soor wird durch einen Befall der Schleimhaut mit Candida albicans ausgelöst. Er äußert sich durch Schluckbeschwerden und eine schmerzhafte, gerötete Schleimhaut mit weißlichen Belägen. Eine Unterscheidung zur Leukoplakie ist durch die Abstreichbarkeit der Beläge beim Soor möglich. Dieser kann sämtliche Schleimhäute des Menschen befallen, sodass insbesondere bei immungeschwächten Patienten ein Befall von Speiseröhre, Trachea und Bronchien sowie des gesamten Magen-Darm-Trakts und des Genitalbereichs möglich ist.

Pfeiffer-Drüsenfieber (Mononukleose)

Das Pfeiffer-Drüsenfieber ist eine systemische Infektion mit Epstein-Barr-Virus (EBV). Dominierende Symptome sind Fieber, Schwäche, allgemeine Krankheitssymptomatik, ausgeprägte Lymphadenopathie insbesondere an Hals und Nacken sowie Splenomegalie. Häufig sind die Tonsillen gräulich belegt, wodurch eine Unterscheidung von den weißen Belägen bei der Angina tonsillaris möglich ist. Die Patienten klagen über Halsschmerzen und haben einen unangenehmen Mundgeruch. Gelegentlich besteht Heiserkeit. Bei massiver Splenomegalie droht als gefährliche Komplikation eine Milzruptur.

Lemierre-Syndrom

Meist ausgehend von einer Pharyngitis mit Fusobacterium necrophorum kommt es hierbei zu einer lokalen Abszessbildung mit exsudativer Tonsillitis, Peritonsillarabszess und retropharyngealer Ausbreitung mit Einbruch in die A. carotis und V. jugularis interna. Infolgedessen kann es zu einer Jugularvenenthrombose sowie einer septischen Ausbreitung des Erregers auf weitere Lokalisationen (Herz, Lunge, etc.) kommen. In manchen Fällen kommt es im Verlauf zu einem weiteren Absinken der Abszesse entlang der Karotisloge bis ins Mediastinum.

Das häufig bereits bei Diagnose bestehende septische Krankheitsbild tritt in der Regel rasch nach den ersten Symptomen einer Pharyngitis mit Halsschmerzen und Dysphagie auf. Eine Therapie besteht in der lokalen Sanierung und Drainage der Abszesse sowie einer Therapie mit Penicillinen oder Aminopenicillinen und, wenn nötig, einer intensivmedizinischen Therapie der Sepsis.

Epiglottitis Eine Epiglottitis ist eine Infektion mit H. influenzae Typ B. Sie geht in der Regel mit hohem Fieber einher. Eine massive Schwellung der Epiglottis führt zu einem inspiratorischen Stridor mit kehliger, schnarchender Atmung, als Notfall droht massive Atemnot, erkennbar an der Nutzung der Atemhilfsmuskulatur. Die Epiglottitis ist durch einen sehr raschen, oft nur wenige Stunden dauernden Verlauf gekennzeichnet. Eine Untersuchung mit mechanischen Instrumenten sollte unterbleiben, da sie das Risiko einer vollständigen Verlegung der Atemwege stark erhöht.

Seit 1991 steht ein Impfstoff gegen H. influenzae zur Verfügung. Durch die Impfung konnte die Inzidenz der Epiglottitis drastisch gesenkt werden, sodass sie heute eine seltene Erkrankung in Deutschland ist.

Diagnostisches Vorgehen

In den meisten Fällen einer Infektion der oberen Atemwege ist die Diagnosestellung bereits durch die Anamnese und eine klinische Untersuchung möglich. Eine genaue Erregerdiagnostik ist in den meisten Fällen nicht notwendig. Insbesondere virale Infekte können nicht spezifisch therapiert werden, sodass eine genaue Diagnostik des Erregers keine therapeutische Konsequenz hätte.

Ein schwerer oder chronischer Krankheitsverlauf stellt eine Indikation zu weiterer Diagnostik dar.

Untersuchungsmaterial Da der Nasen-Rachen-Raum mit einer physiologischen Flora besiedelt ist, ist ein Abstrich aus diesem Bereich nicht zur Erregerdiagnostik geeignet. Die Paukenhöhlen und die Nasennebenhöhlen gelten als steril, sodass Punktate aus diesem Bereich ein geeignetes Untersuchungsmaterial darstellen. Weiterhin ist es möglich, Abstriche von Belägen der Schleimhaut bzw. Tonsillen bei Verdacht auf einen Befall mit Candida zu untersuchen bzw. einen Streptokokkenschnelltest durchzuführen.

Die Gewinnung des Materials sollte durch aseptische Punktion erfolgen. Die Lagerung des Materials sollte bei Raumtemperatur in einem geeigneten Transportmedium und der Transport in die Mikrobiologie rasch erfolgen. Aseptisch gewonnenes Punktat lässt sich auch in Blutkulturflaschen bei 37 °C transportieren.

Therapie

Die Therapie der Infektionen der oberen Atemwege erfolgt fast ausschließlich **symptomatisch** (◘ Abb. 118.2). Es kommen abschwellende Nasensprays (z. B. Xylometazolinhydrochlorid), antiphlogistische

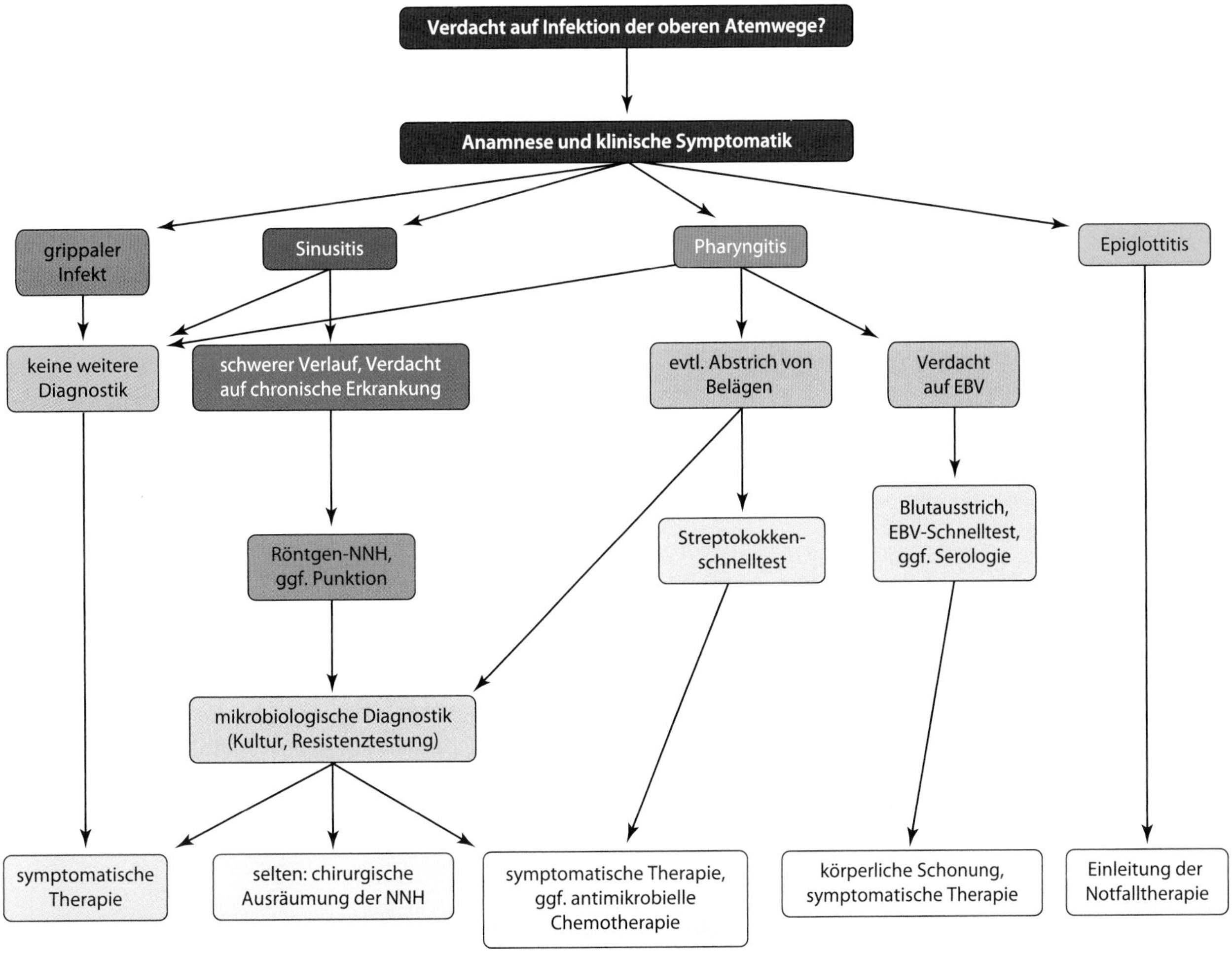

Abb. 118.2 Diagnostik und Therapie bei Infektionen der oberen Atemwege

und analgetische Medikamente wie NSAR (insbesondere Paracetamol) und z. B. lidocainhaltige Lutschtabletten zum Einsatz.

Bei schweren oder chronisch verlaufenden Infektionen kann eine **antimikrobielle Chemotherapie** nach Erregerdiagnostik erfolgen. Hierfür eignen sich β-Laktam-Antibiotika (besonders Penicilline und Aminopenicilline) zur kalkulierten Therapie.

Bei einer chronischen Sinusitis bzw. Otitis media oder dem Lemierre-Syndrom kann eine **chirurgische Eröffnung** des infizierten Hohlraumes (z. B. durch Einlegen eines Paukenröhrchens, Drainage der Abszesse) notwendig werden.

Abb. 118.2 fasst Diagnostik und Therapie von Infektionen der oberen Atemwege zusammen.

Prävention

Die STIKO empfiehlt eine **Impfung** gegen H. influenza Typ B, C. diphtheriae-Toxin und S. pneumoniae. Weiterhin steht eine jährliche Impfung gegen Influenzaviren zur Verfügung (▶ Kap. 119).

Bei der Pneumokokkenschutzimpfung ist die Auswahl des Impfstoffs zu beachten. Hier empfiehlt die STIKO aufgrund der unterschiedlichen Immunantworten bei Kindern die initiale Impfung mit einem 13-valenten Impfstoff, gefolgt von einem 23-valenten Impfstoff nach dem 2. Lebensjahr. Bei Jugendlichen und Erwachsenen kann direkt eine Impfung mit dem 23-valenten Impfstoff erfolgen. Diese sollte alle 6 Jahre wiederholt werden.

In Kürze: Infektionen des oberen Respirationstrakts

- **Definition:** Zu den Infektionen des oberen Respirationstrakts zählen grippaler Infekt, Sinusitis, Pharyngitis und Tonsillitis, Otitis media und Epiglottitis.
- **Erregerspektrum:**
  - **Grippaler Infekt:** Viren (Rhino-, Adeno-, Corona-, [Para-]Influenza-, RS-Viren).
  - **Sinusitis/Otitis:** S. pneumoniae, H. influenzae, M. catarrhalis, S. pyogenes, S. aureus, chronisch: Aspergillen, P. aeruginosa.
  - **Pharyngitis/Tonsillitis:** Viren (Rhino-, Adeno-, Corona-, [Para-] Influenza-, RS-Viren, EBV), S. pyogenes, Candida albicans, C. diphtheriae,

Treponema vincentii, Fusobacterium nucleatum und Fusobacterium necrophorum.
   - **Epiglottitis:** H. influenzae Typ B.
- **Diagnosesicherung:** Meist Anamnese und klinische Untersuchung ausreichend. Bei therapierefraktärer Sinusitis/Otitis Punktate/Biopsien aus Nasennebenhöhlen/Paukenhöhle. Abstriche aus Nase, Nasopharynx und Gehörgang sind ungeeignet.
- **Therapie:** Symptomatisch! Kalkulierte antimikrobielle Chemotherapie eitriger Infektionen mit Penicillinen und oralen Cephalosporinen.
- **Prävention:** Impfung gegen S. pneumoniae, H. influenzae, C. diphtheriae, Influenzaviren.

Weiterführende Literatur

Kim SY, Chang YJ, Cho HM, et al. (2009) Cochrane Database. Syst Rev 3:CD006362.
McIsaac WJ, Kelner JD, Aufricht P et al (2004) Empirical validation of guidelines for the management of pharyngitis in children and adults. JAMA 291:1587–1595
Popert U, Jobst D, Schulten K, Szecsenyi J (2008) DEGAM Leitlinie Nr. 10: Rhinosinusitis. Omikron, Düsseldorf
Rusan M, Klug TE, Ovesen T (2009) An overview of the microbiology of acute ear, nose and throat infections requiring hospitalisation. Eur J Clin Microbiol Infect Dis 28: 243–251
Tan T, Little P, Stokes, T (2008) Antibiotic prescribing for self limiting respiratory tract infections in primary care: summary of NICE guidance. BMJ 337:a437.

Pleuropulmonale Infektionen

Tobias Welte

Trailer

Akute und chronische Infektionen der Atemwege sind häufig und in der Mehrzahl durch Viren bedingt. Bei der Pneumonie lassen sich hinsichtlich Erreger, Prognose und Verlauf **3 Formen** unterscheiden:

- **Ambulant erworbene Pneumonie** („community-acquired pneumonia", **CAP**):
- jede außerhalb des Krankenhauses oder während der ersten 48 h nach Aufnahme ins Krankenhaus erworbene Pneumonie
- **Nosokomiale Pneumonie** („hospital-acquired pneumonia", **HAP**)> 48 h nach Krankenhausaufnahme und in den ersten Tagen (bis zu 4 Wochen) nach Krankenhausentlassung erworben
- Sonderform: **beatmungsassoziierte Pneumonie** („ventilator-associated pneumonia", **VAP**)
- **Pneumonie bei Immunsupprimierten** (▶ Kap. 129): Patienten nach solider Organ- oder Knochenmarktransplantation, Patienten mit HIV/AIDS und Patienten unter Zytostatikatherapie aus dem hämatologisch/onkologischen oder rheumatologischen Bereich. Alleinige Therapie mit > 10 mg Prednisolonäquivalent über > 14 Tage führt ebenfalls zu nennenswerter Immunsuppression.

In den USA werden Patienten mit regelmäßigem Kontakt zum Gesundheitssystem (Alten- und Pflegeheimpatienten, chronische Hämodialyse, onkologische Patienten) unter dem Oberbegriff „health care-associated pneumonia" (HCAP) zusammengefasst und im Hinblick auf Diagnostik und Therapie anders behandelt als klassische CAP-Patienten. In Europa gibt es bisher keine Hinweise, dass sich in dieser Patientengruppe das Keimspektrum verschiebt. Die europäischen Leitlinien beinhalten daher keine eigenständige Empfehlung für HCAP. Die frühere Einteilung der Pneumonie in Lobär-, Broncho-, interstitielle Pneumonie ist aufgrund ihres geringen Aussagewertes für Verlauf und Prognose und damit für Diagnostik und Therapie verlassen worden.

119.1 Akute und chronische Bronchitis

119.1.1 Akute Bronchitis

Die akute Bronchitis ist die häufigste Infektionskrankheit der Atemwege. Es gibt eine eindeutige saisonale Häufung dieser Erkrankung, die v. a. in den Herbst- und Wintermonaten mit einem Maximum zwischen Dezember und März auftritt.

99 % aller akuten Bronchitiden sind **viral** ausgelöst, subfebrile Temperaturen und Husten mit glasig-weißlichem Auswurf sind die wesentlichen Symptome. Begleitende Symptome oberer Atemweginfektionen wie Schnupfen und Halsschmerzen sind häufig.

Eine kausale Therapie der viralen Atemweginfektion gibt es mit Ausnahme der Influenza nicht. In der Regel bessert sich die Symptomatik nach 3 Tagen, letzte Krankheitssymptome verschwinden nach 10 Tagen. Eine symptomatische Therapie zur Fiebersenkung (▶ Kap. 113) ist möglich. Sekretolytika, die früher häufig in dieser Indikation verschrieben wurden, beeinflussen den Krankheitsverlauf wenig. Gerade beim alten Menschen sollte auf ausreichende Flüssigkeitszufuhr geachtet werden.

Eine akute **bakterielle** Bronchitis ist selten und tritt wenn am häufigsten bei Patienten mit schweren Komorbiditäten wie chronischen Herz-, Leber- oder Nierenerkrankungen auf. Wesentliches klinisches Merkmal ist das purulente Sputum. Entzündungsparameter wie CRP oder Procalcitonin sind deutlich erhöht. Im Einzelfall lässt sich eine eitrige Tracheobronchitis nur schwer von einer beginnenden Pneumonie abgrenzen. Wesentliche Erreger sind Streptococcus pneumoniae, H. influenzae, Moraxella catarrhalis und Enterobakterien. Die Therapie entspricht jener der unkomplizierten, ambulant erworbenen Pneumonie.

S. Suerbaum et al. (Hrsg.), *Medizinische Mikrobiologie und Infektiologie*,
https://doi.org/10.1007/978-3-662-61385-6_119

119.1.2 Chronische Bronchitis und chronisch obstruktive Bronchitis (COPD)

Von der akuten Bronchitis ist die chronische Bronchitis (WHO-Definition: Husten und Auswurf über mehr als 3 Monate in 2 aufeinanderfolgenden Jahren) und insbesondere die chronisch obstruktive Bronchitis (COPD) abzugrenzen. Die Mehrzahl der **Exazerbationen der COPD** ist ebenfalls viral bedingt, 20–30 % haben jedoch eine bakterielle Genese.

Das Risiko **bakterieller Exazerbationen** ist umso höher, je schlechter die Lungenfunktion in stabilem Zustand ist. Neben den schon bei der akuten Bronchitis (▶ Abschn. 119.1.1) genannten Erregern spielt v. a. P. aeruginosa eine wesentliche Rolle. Dieser ist bisher der einzige Erreger, für den ein Zusammenhang mit der Prognose der Exazerbation gezeigt werden konnte.

Wichtigstes klinisches Zeichen der bakteriellen Exazerbation der COPD ist das purulente Sputum, dessen Sensitivität und Spezifität jedoch auch nur begrenzt ist, sodass es immer im Kontext der anderen klinischen Befunde beurteilt werden muss. Weitere klinische Zeichen sind Dyspnoe und eine Vermehrung des Sputumvolumens. Ein erhöhtes CRP (> 40 mg/l) spricht für eine bakterielle Infektion und ist der wichtigste Laborparameter. Point of Care Tests (POCT) stehen jetzt auch für den ambulanten Bereich zur Verfügung und sollten langfristig überall implementiert werden. Bei gehäuften bakteriellen Exazerbationen der COPD sollte in jedem Fall eine mikrobiologische Diagnostik angestrebt werden.

Basistherapie der akuten Exazerbation ist die Intensivierung der Bronchodilatation und ein kurzzeitiger (max. 5 Tage dauernder) oraler Kortikosteroidstoß mit 20–40 mg Prednisolonäquivalent. Möglicherweise kann die Eosinophilenzahl im Serum (< 300 Zellen/µl) genutzt werden, um die Kortisontherapie noch früher zu beenden.

Wenn eine antibiotische Therapie indiziert ist (erhöhtes CRP und 2 oder 3 Anthonisen-Kriterien – vermehrt Luftnot, vermehrt Sputum, purulentes Sputum) richtet sich die antibiotische Therapie nach deren Schwere der Exazerbation:

- Für **leichte** Exazerbationen gelten die Leitlinien für die unkomplizierte, ambulant erworbene Pneumonie.
- Für **mittelschwere** Exazerbationen gelten die Leitlinien der stationär behandelten Pneumonie. Eine orale Applikation der Antibiotika ist möglich.
- Bei **schweren** Exazerbationen und bei bekannter **Besiedlung mit P. aeruginosa** sollte eine Pseudomonas-wirksame Therapie eingeleitet werden. Wesentliche Risikofaktoren für eine Pseudomonas-Besiedlung sind die weit fortgeschrittene COPD und v. a. das Vorhandensein von Bronchiektasen.

Für die orale **Antibiotikatherapie** der schweren Exazerbation stehen nur die oralen Fluorchinolone Levo- und Ciprofloxacin zur Verfügung, die jedoch nur in Ausnahmefällen gegeben werden sollten und ausreichend hoch (2-mal 500–750 mg Ciprofloxacin und 2-mal 500 mg Levofloxacin) dosiert werden müssen. In der Regel ist eine stationäre parenterale Antibiotikagabe notwendig. Es gibt keinen Hinweis darauf, dass eine Therapie mit Antibiotika über 7 Tage hinaus zu einer zusätzlichen Verbesserung der COPD-Symptomatik führt.

Die Influenzaimpfung ist eine nachgewiesene, die Impfung gegen Pneumokokken eine wahrscheinliche **präventive Maßnahme** im Hinblick auf die Exazerbation der COPD.

Eine Sonderform der chronischen Bronchitis ist die **Bronchiektasenerkrankung**. Durch die Verbesserung der CT-Diagnostik hat sich gezeigt, dass die Prävalenz deutlich höher ist als erwartet. Die Ursachen für eine Bronchiektasenerkrankung sind vielfältig und reichen von einer genetischen Erkrankung (Mukoviszidose, primär ziliäre Dyskinesie), über variable Immundefekte zu COPD und Asthma.

Verschiedene Lungeninfektionen, insbesondere die Tuberkulose können in eine Bronchiektasenerkrankung übergehen. Die chronische Besiedlung mit P. aeruginosa ist der wichtigste Risikofaktor für das Fortschreiten der Erkrankung. Neben einer intensivierten Sekretdrainage und Physiotherapie gibt es momentan nur für die Dauertherapie mit Makrolidantibiotika (Azithromycin 250–500 mg 3-mal wöchentlich) positive Studienergebnisse. Aufgrund der unvermeidlichen Resistenzentwicklung sollten diese jedoch nur bei Patienten mit 3 und mehr Exazerbationen pro Jahr in der Dauertherapie genutzt werden. Wegen der kardiovaskulären Nebenwirkungen der Makrolide wird die Therapie bei Patienten mit diesen Erkrankungen nicht empfohlen.

119.2 Ambulant erworbene Pneumonie (CAP)

Epidemiologie

Seit 2001 gibt es ein vom Bundesministerium für Bildung und Forschung finanziertes Netzwerk zur ambulant erworbenen Pneumonie (CAPNETZ), das 2007 erstmals zuverlässige Daten zur **CAP-Inzidenz in Deutschland** präsentierte: Je nach Statistik ist von 3,7–10,1 Pneumonien pro 1000 Einwohnern auszugehen, das entspricht ca. 400.000–680.000 CAP-Fällen in Deutschland pro Jahr. Davon werden ca. 200.000 Patienten stationär behandelt. Die mittlere Sterblichkeit der ambulant behandelten CAP ist nicht bekannt, dürfte jedoch unter 1% liegen, dagegen ist sie nach Daten der Bundesqualitätssicherung im stationären Bereich mit 12–13 % hoch und auch in den letzten Jahren konstant. Besonders hoch war sie bei Patienten in Altenpflegeheimen. Das mittlere Lebensalter von Pneumoniepatienten lag bei knapp 76 Jahren. Es ergab sich eine lineare Abhängigkeit der Sterblichkeit vom Alter mit 2–3 % Zuwachs pro Lebensdekade vom 30. Lebensjahr an. Aufgrund der sich verändernden Demografie der Gesellschaft nimmt die Zahl hospitalisierter Patienten mit CAP zu.

▪ Pathogenese

Eine definitive Klärung der Ätiologie einer ambulant erworbenen Pneumonie gelingt selbst unter Studienbedingungen in maximal 60 % aller Fälle. Der am häufigsten detektierte Erreger ist weltweit **Streptococcus pneumoniae** (Pneumokokken, in ca. 30–50 %), gefolgt von Mycoplasma pneumoniae, H. influenzae (beide ca. 10 %) und Legionella pneumophila (ca. 3–5 %). Seltener findet man Chlamydophila pneumoniae, M. catarrhalis, S. aureus und Enterobacteriaceae (die beiden letzteren v. a. bei „Patienten aus Alten- und Pflegeheimen“). Mischinfektionen mehrerer Erreger sind möglich, aber eher selten.

Die **Bedeutung von Viren** (v. a. von Influenza A/B im Herbst/Winter) ist nicht abschließend geklärt. Wahrscheinlich lösen sie nur in seltenen Fällen selbst eine Pneumonie aus. Viren sind jedoch in der Lage, das Atemwegepithel zu schädigen und die Immunabwehr negativ zu beeinflussen, sodass der Weg für bakterielle Infektionen, insbesondere Pneumokokken- und Staphylokokkeninfektionen, bereitet wird.

Die Anwendung von Neuraminidasehemmern (Oseltamivir) bei mild bis moderat erkrankten Erwachsenen ohne Begleiterkrankungen wird kontrovers diskutiert und zurzeit eher nicht empfohlen. Da Oseltamivir gut verträglich ist, scheint eine empirische frühzeitige Therapie bei hospitalisierten Patienten mit Risikofaktoren gerechtfertigt, v. a. wenn es frühzeitig nach Beginn der Symptomatik gegeben wird. Nach Nutzen-Risiko-Abschätzung scheint auch eine Therapie mit Neuraminidase-Inhibitoren 48 h nach Symptombeginn bei Intensivpatienten mit Verdacht auf oder gesicherter Influenzainfektion gerechtfertigt. Die empirische Oseltamivir-Therapie sollte nach Ausschluss einer Influenzainfektion durch mikrobiologische Untersuchungen wieder beendet werden (Deeskalation).

Mit Baloxavir ist in USA ein Benzofurazanderivat zugelassen, dass zu gegenüber Oseltamivir deutlich schnellerer Symptomfreiheit führt. Mit einer Zulassung in Europa ist in absehbarer Zeit zu rechnen.

Wichtig: Eine Influenzainfektion kann durch einen negativen Antigenschnelltest aufgrund der niedrigen Sensitivität nicht ausgeschlossen werden.

Etwas mehr als ein Viertel aller CAP-Patienten in entwickelten Ländern kommt inzwischen aus Bereichen mit intensivem medizinischem Versorgungsbedarf (Altenpflegeheime, chronische Erkrankungen mit dauerndem Kontakt zu medizinischen Versorgern wie Hämodialyse, Tumornachsorge u. Ä.). In den **USA** wird für diese Patienten ein **Wandel des Erregerspektrums** von den bei uns dominierenden S. pneumoniae und H. influenzae hin zu gramnegativen Erregern und Staphylokokken beschrieben.

Selbst eine Variante eines methicillinresistenten S. aureus, der ambulant erworbenen wird („community-acquired“ oder **c-MRSA**) und sich durch hohe Pathogenität auszeichnet, wird gehäuft beobachtet.

In **Europa** findet sich zurzeit kein Anhalt für einen ähnlich dramatischen Erregerwechsel. Zwar findet sich auch bei uns eine Zunahme an Enterobacteriaceae, die Breitspektrum-β-Laktamasen („extended-spectrum betalactamases“, **ESBL**) bilden, allerdings nur bei Patienten mit schwerwiegenden Komorbiditäten. P. aeruginosa spielt in Deutschland im ambulanten Bereich außer bei Patienten mit Bronchiektasen im Rahmen fortgeschrittener Lungenerkrankungen keine Rolle. Resistente Erreger wie c-MRSA und ESBL wurden nur in wenigen Fällen als CAP-Erreger beschrieben.

Risikostratifizierung von CAP-Patienten und entsprechende Diagnostik und Therapie Das Sterberisiko von Patienten mit CAP lässt sich mittels eines einfachen Score (**CRB-65**, C = „confusion“, Bewusstseinseinschränkung, R = Atemfrequenz ≥ 30/min, B = systolischer Blutdruck < 90 mmHg, 65 = Alter ≥ 65 Jahre) zuverlässig abschätzen. Klassische klinische Symptome wie Fieber, Husten oder die Schwere der Beeinträchtigung des Allgemeinbefindens waren für die Risikoabschätzung wenig hilfreich. Gerade ältere Menschen waren häufig nur wenig symptomatisch.

Bei Patienten mit eingeschränkter Funktionalität, insbesondere bei solchen aus Alten- und Pflegeheimen, sollten zusätzlich zum CRB-65 die Anzahl der Komorbiditäten und die Sauerstoffsättigung zur Risikoabschätzung hinzugezogen werden.

Da die klinische Untersuchung nicht für die Pneumoniediagnose ausreicht, wird eine radiologische Diagnosesicherung dringlich empfohlen.

Eine schwere akute respiratorische Insuffizienz mit Beatmungspflicht (invasiv oder nichtinvasiv) und Zeichen eines septischen Schocks (mit Vasopressorbedarf) zeigen die schwere ambulant erworbene Pneumonie an und erfordern die Aufnahme auf die Intensivstation. In den US-Leitlinien wird zudem zumindest eine **Aufnahme auf eine Überwachungsstation** empfohlen, wenn 3 der folgenden Kriterien zutreffen:

- Atemfrequenz > 30/min
- $PaO_2/F_iO_2 < 250$
- Multilobäre Infiltrate im Röntgen-Thorax

- Neu auftretende Verwirrtheit
- Urämie (BUN-Wert [„blood urea nitrogen"] ≥ 20 mg/dl)
- Leukopenie (< 4000/mm² Leukozyten)
- Thrombozytopenie (< 100.000/mm²)
- Hypothermie (< 36 °C rektal)
- Hypotension, die eine aggressive Volumensubstitution erfordert

▪ Klinik

Zu beachten sind:

- **Respiratorische Symptome** (Husten, purulenter Auswurf, Dyspnoe), Fieber, Tachypnoe (beim Kleinkind Nasenflügeln als Zeichen der Dyspnoe), Zyanose, Pleuraschmerzen
- **Allgemeinsymptome** wie allgemeines Krankheitsgefühl, Schüttelfrost, Kopf- und Gliederschmerzen, Appetitlosigkeit
- Extrapulmonale Symptome wie **Durchfall** oder eine **neurologische Symptomatik** (Verwirrtheit, Halluzinationen) können vor der pulmonalen Symptomatik auftreten.

Zeichen einer viralen Erkrankung (Pharyngitis, Rhinitis, Otitis) können vorausgegangen sein. Man findet nur selten alle klinischen Symptome gleichzeitig. Gerade beim alten Menschen kann eine Pneumonie sehr symptomarm verlaufen.

Bei der **körperlichen Untersuchung** findet man eine Klopfschalldämpfung, ein verschärftes Atemgeräusch und ohrnahe Rasselgeräusche. Sensitivität und Spezifität des Auskultationsbefundes sind jedoch gering, sodass man sich nicht auf diese Befunde allein verlassen kann.

▪ Diagnostisches Vorgehen

Dazu zählen:

Bildgebung Die Routinediagnostik für Pneumonie besteht in einer Thorax-Röntgenaufnahme in 2 Ebenen, die allerdings nicht 100 % sensitiv ist (▫ Abb. 119.1). Die hochauflösende CT zeigt gelegentlich Infiltrate bei Patienten mit unauffälliger Thorax-Röntgenaufnahme. Besteht daher trotz unauffälliger Röntgen-Thoraxaufnahme ein begründeter klinischer Verdacht auf eine Pneumonie und zeigt sich klinisch keine Verbesserung, kann die Röntgenaufnahme nach 24–48 h wiederholt oder eine CT durchgeführt werden. Andererseits ist nicht jede Verschattung auf einem Thorax-Röntgenbild pneumoniebedingt.

119

Labor Der Anstieg des C-reaktiven Proteins ist wegweisend, wenn auch nicht infektionsbeweisend. Das hochsensitive Procalcitonin (> 0,25 ng/ml) ist

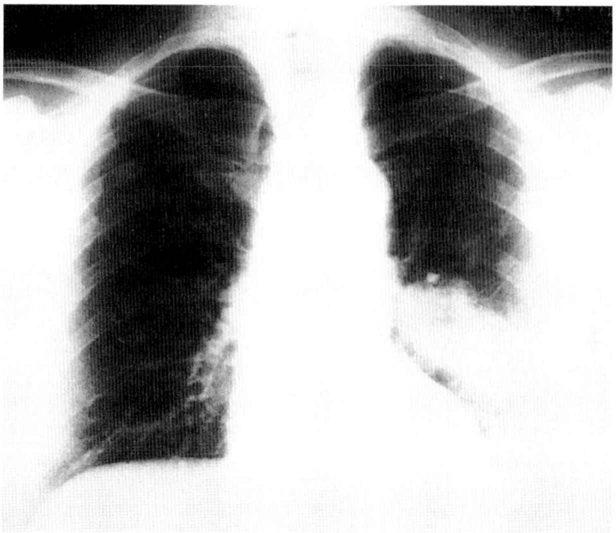

▫ Abb. 119.1 Pneumokokkenpneumonie bei 62 Jahre altem Patienten mit chronischer Bronchitis (Segmentpneumonie). (aus: Adam et al. Die Infektiologie, Springer 2004)

ein deutlich spezifischerer Marker für bakterielle Infektionen, hat sich aber aufgrund des hohen Preises nicht überall etabliert. Bei bakteriellen Pneumonien liegt in der Regel eine Leukozytose mit Linksverschiebung vor. Eine Leukopenie kann Zeichen einer bereits septisch verlaufenden Infektion sein und ist prognostisch ungünstig.

Eine mikrobiologische Diagnostik wird bei Patienten im ambulanten Bereich **nicht** empfohlen. Ansonsten gelten für die mikroskopische Diagnostik die in den anderen Kapiteln dieses Buches beschriebenen Richtlinien. Geeignete Proben sind dabei Materialien aus den tiefen Atemwegen (Sputum, bronchoalveoläre Lavageflüssigkeit [BAL], bei bestimmten Fragestellungen [Pilzinfektionen] Biopsien), Pleuraflüssigkeit (bei Ergussnachweis durch Sonografie) und Blutkulturen. Bei Verdacht auf Legionelleninfektion sollte eine Antigenbestimmung im Urin erfolgen. Serologische Untersuchungen (Mykoplasmen, Chlamydien, Viren) werden zurzeit nicht routinemäßig empfohlen.

Differenzialdiagnostik Wesentliche Differenzialdiagnosen der Pneumonie sind pulmonale Tumoren. Ein schneller Pneumonierückfall nach einem ersten Therapieerfolg kann ebenfalls auf eine poststenotische Pneumonie bei Bronchialkarzinom hinweisen.

Eine pulmonale Stauung bei kardialen Erkrankungen imitiert häufig eine Pneumonie, zumal bei akuter Herzinsuffizienz subfebrile Temperaturen und erhöhte Laborentzündungsparameter häufig sind. Dasselbe gilt für Infarktpneumonien nach Lungenembolie, v. a. wenn ein pleuraständiges Infiltrat im Röntgenbild nachweisbar ist. Interstitielle

Lungenerkrankungen und Erkrankungen aus dem rheumatischen und vaskulitischen Formenkreis sollten v. a. bei Versagen der antibiotischen Therapie erwogen werden.

Wichtigste infektiologische Differenzialdiagnose ist die Lungentuberkulose, v. a. bei Infiltraten mit zentraler Einschmelzung.

Therapie

Die deutsche Leitlinie zur Behandlung der ambulant erworbenen Pneumonie unterscheidet Patienten

- **mit höherem Risiko,** die stationär behandelt werden sollten;
- **mit niedrigem Sterblichkeitsrisiko** (CRB-65 = 0), die ambulant behandelt werden sollten; im Falle einer ambulanten Therapie sollte nach 48–72 h eine Reevaluation erfolgen. Weitere Kriterien, die eine stationäre Aufnahme eventuell trotz eines niedrigen Score erforderlich machen (Hypoxämie/Sauerstoffpflichtigkeit, Komplikationen [z. B. Pleuraerguss], instabile Komorbiditäten, soziale Faktoren wie z. B. ein fehlende häusliche Versorgung) sollten berücksichtig werden.

Innerhalb der Therapieempfehlungen für die einzelnen Risikoklassen wird noch einmal dahingehend unterschieden, ob spezifische Risikofaktoren vorliegen.

Wesentliche **Risikofaktoren** für ein bestimmtes Erregerspektrum sind dabei **klinisch relevante Komorbiditäten** (bekanntes Tumorleiden, chronische Herzerkrankung, chronisch strukturelle Lungenerkrankung, chronische Niereninsuffizienz, Leberzirrhose und eine neurologische Erkrankung mit erhöhtem Aspirationsrisiko). Eine Antibiotikavortherapie in den letzten 3 Monaten erhöht genauso wie häufige Hospitalisierungen im letzten Jahr die Wahrscheinlichkeit für das Auftreten resistenter Erreger.

Da die Resistenzsituation des wichtigsten Atemwegerregers **S. pneumoniae** gegenüber den gängigen Antibiotika in Deutschland nach wie vor gut ist, wird in der deutschen Leitlinie ein Penicillinderivat als Therapie der Wahl für Niedrigrisikopatienten empfohlen. Doxycyclin und Makrolidantibiotika gelten nur als Alternative bei Unverträglichkeit gegenüber Penicillinen. Mit Einführung des konjungierten **Pneumokokkenimpfstoffs** im Säuglings- und Kleinkindalter ist es zu einem dramatischen Rückgang bakteriämischer Pneumokokkeninfektionen auch bei Erwachsenen und zu einer signifikanten Reduktion der Resistenzentwicklung von S. pneumoniae gegenüber Makrolidantibiotika in Deutschland gekommen. In anderen Ländern, v. a. in Asien und Südamerika spielt eine Makrolidresistenz jedoch eine wichtige Rolle, die Reiseanamnese muss deshalb immer Bestandteil der Patientenanamnese sein.

Bei **stationären Patienten** sollten gramnegative und atypische Erreger Berücksichtigung finden. Aminopenicillin-Inhibitor-Kombinationen einerseits und Cephalosporine andererseits, bei schwerer Erkrankung und auf der Intensivstation in Kombination mit Makrolidantibiotika, stellen die Mittel der Wahl dar. Gegen Atemwegerreger aktive Fluorchinolone wie Levo- oder Moxifloxacin sind wahrscheinlich ebenbürtig, sollten jedoch aufgrund der Nebenwirkungswarnungen der Regulationsbehörden nur in begründeten Ausnahmefällen eingesetzt werden.

Wurde ein Makrolid als Kombinationspartner gewählt, jedoch keine atypischen Bakterien gefunden und ist eine klinische Besserung eingetreten, sollte die Makrolidgabe nach 3 Tagen beendet werden.

Ciprofloxacin wird aufgrund seiner schlechten Wirksamkeit im grampositiven Bereich und der steigenden Resistenzraten gegenüber den wichtigsten gramnegativen Erregern nicht zur Monotherapie von Atemweginfektionen empfohlen. Weltweit, jedoch nicht in Deutschland, sind **steigende Resistenzen gegenüber β-Laktam-Antibiotika** und **Makroliden,** aber auch gegenüber **Fluorchinolonen** zu verzeichnen. Eine Vorbehandlung mit Fluorchinolonen innerhalb der letzten 3 Wochen vor der jeweils aktuellen Krankheitsepisode ist dabei der wichtigste Risikofaktor für den Erwerb einer Fluorchinolonresistenz.

Die Prävalenz von P. aeruginosa ist in Deutschland im ambulanten Bereich sehr niedrig. Bei **P. aeruginosa-Verdacht** wird eine Therapie mit einem gegenüber Pseudomonas wirksamen Antibiotikum wie Piperacillin/Tazobactam, Ceftazidim oder Imipenem/Meropenem empfohlen (▶ Abschn. 119.3). Im stationären Bereich wird grundsätzlich die parenterale Therapie empfohlen, weil v. a. bei alten Menschen mit schwerer Erkrankung die Pharmakokinetik oral verabreichter Medikamente unklar erscheint. Bei gutem klinischem Ansprechen der Therapie kann jedoch – auch bei schwerer Pneumonie – frühzeitig (nach 72 h) auf vergleichbare orale Medikamente umgestellt werden.

Ein **Erfolg einer Therapie** wird im Allgemeinen angenommen, wenn Folgendes zu verzeichnen ist:

- Atemfrequenz < 25/min
- Sauerstoffsättigung > 90 %
- Temperaturabfall um 1 °C
- Hämodynamischer und neurologischer Status unauffällig
- Patient vermag normal Nahrung aufzunehmen

Therapieversagen Dies liegt vor, wenn nach 72 h keine klinische Besserung eingetreten bzw. eine Verschlechterung sichtbar ist. Neben einer erweiterten Diagnostik (Sonografie, CT-Thorax, Bronchoskopie mit BAL, evtl. Biopsie), die auch der Erkennung wichtiger Komplikationen der CAP (Pleuraempyem, Lungenabszess) dient, muss eine Anpassung der Antibiotikatherapie erfolgen. Im Vordergrund steht dabei die Erweiterung der Therapie im Hinblick auf atypische Pathogene (Kombination mit Makrolidantibiotika oder neueren Fluorchinolonen) bzw. resistente gramnegative Erreger.

Therapiedauer Sie wurde im Leitlinien-Follow-up auf 5–7 Tage reduziert. Einzig für die seltene Pseudomonas-Pneumonie ist eine längere Therapie (7–14 Tage) vorgesehen.

■ Prävention

Die jährliche **Influenzaimpfung** führt nicht nur zu einem Rückgang an Viruspneumonien, sondern reduziert die Pneumonierate insgesamt. Wie kürzlich gezeigt wurde, hat die Impfung auch einen Einfluss auf den Verlauf von Pneumonien. Hierfür dürfte die impfungsbedingte Aktivierung des Immunsystems eine Rolle spielen.

Die Rolle der **Pneumokokkenimpfung** in der Prävention von CAP ist umstritten. Die bisher eingesetzten 23-valenten Polysaccharidimpfstoffe reduzieren zwar die Anzahl bakteriämischer Pneumonien, nicht jedoch die Anzahl an Pneumonien insgesamt, da sie keine mukosale Immunität erzeugen. Die bei Kleinkindern erfolgreich eingesetzten konjugierten Impfstoffe haben nicht nur zu einem dramatischen Rückgang an Pneumokokkenerkrankungen im Kindesalter geführt, sondern auch zu einer Reduktion im Erwachsenenbereich beigetragen, da die Kinder die Erreger nicht mehr auf Erwachsene und insbesondere ältere Menschen übertragen haben. Die niederländische CAPITA-Studie zeigt für über 65 Jahre alte Erwachsene einen Rückgang der Pneumokokkenpneumonien gegenüber Plazebo um fast 50 %. Während der 13-valente Konjugatimpfstoff in vielen europäischen Ländern und den USA empfohlen wird, hat die Ständige Impfkommission in Deutschland bisher nur die Anwendung bei Risikopatienten vorgeschlagen und dann als Sequenzimpfung (zunächst Konjugat, dann im Abstand Polysaccharid) empfohlen. 15- und 20-valente Konjugatimpfstoffe sind in Entwicklung.

119.3 Nosokomiale Pneumonie (HAP/VAP)

■ Pathogenese

Seit 2002 werden Infektionen im Krankenhaus dem Infektionsschutzgesetz entsprechend erfasst. Zusätzlich steht mit dem nationalen Krankenhaus-Infektions-Surveillance-System (KISS) eine detailliertere, vergleichende Erfassung nach US-amerikanischem Vorbild zur Verfügung.

Staphylokokken sind der wichtigste grampositive Erreger der HAP/VAP, Enterobacteriaceae und Nonfermenter wie **P. aeruginosa** und **Acinetobacter spp.** dominieren auf der gramnegativen Seite.

Beachtenswert ist die zunehmende Prävalenz von **Pilzinfektionen** auch bei nichtimmunsupprimierten Patienten. Hierfür gibt es 2 wesentliche Gründe:

- Patienten der Intensivmedizin werden immer älter.
- Aufgrund der enormen Fortschritte überleben Patienten auf der Intensivstation immer länger; der lang dauernde Intensivaufenthalt des Schwerkranken bewirkt jedoch eine Immunsuppression und begünstigt opportunistische Infektionen, v. a. Pilzinfektionen.

Zudem gibt es praktisch keinen Langlieger auf der Intensivstation, der nicht über längere Zeit antibiotisch behandelt wird. Dies leistet der Selektion – zumindest von Candida – Vorschub. Die Bedeutung eines **Candida-Nachweises** im Atemwegmaterial ist allerdings gering, es handelt sich praktisch immer um Besiedlungen ohne Krankheitswert.

Ein **Aspergillus-Nachweis** geht zumindest mit einer dramatisch verschlechterten Prognose von Intensivpatienten einher, auch wenn unklar ist, ob bei diesen Patienten eine Schimmelpilzinfektion ursächlich für die erhöhte Letalität ist oder ob Aspergillus gehäuft bei Schwerkranken als Siedler auftaucht und damit eine Art „Marker“ für Patienten mit schlechter Prognose darstellt. Der Nachweis von Galaktomannan im Serum oder – spezifischer – in der BAL gibt jedoch einen Hinweis auf eine invasive Aspergilleninfektion. Wann immer möglich sollte ein CT-Thorax zur Bestätigung der Diagnose durchgeführt werden.

■ Klinik

Die klassischen klinischen Symptome der Atemwegerkrankung wie Husten, purulenter Auswurf, Dyspnoe, Fieber oder Pleuraschmerzen können auftreten. Gerade bei alten und multimorbiden Patienten kann eine Pneumonie allerdings **symptomarm** verlaufen. Eine ausführliche Untersuchung ist häufig aufgrund der Schwere der Erkrankung nicht möglich. Einen pathognomonischen Auskultationsbefund für die Pneumonie gibt es nicht.

Die Diagnosestellung ist bei nosokomialer Pneumonie daher wesentlich schwieriger als bei der ambulant erworbenen. Der Zusammenschau aller Befunde und der Erfahrung des Diagnostikers kommt daher eine wesentliche Bedeutung zu.

Für den **Sonderfall der beatmungsassoziierten Pneumonie** (VAP) wird der „clinical pulmonary infection score“ (CPIS) als Kriterium zur Diagnostik herangezogen (siehe Lehrbücher der Inneren Medizin und der Intensivmedizin), Sensitivität und Spezifität sind jedoch gering.

▪ Diagnostisches Vorgehen

Dazu gehören:

Bildgebung Die **Röntgen-Thoraxaufnahme** stellt nach wie vor das Basisdiagnostikum bei Pneumonie dar. Wann immer durchführbar, sollte eine Thorax-Röntgenaufnahme in 2 Ebenen angefertigt werden. Dies ist bei schwer kranken Patienten und im Intensivbereich häufig nicht möglich. Liegend-Röntgenaufnahmen sind in der Regel von eingeschränkter Qualität, die Differenzialdiagnose zum pneumonischen Infiltrat ist vielfältig.

Die hochauflösende CT ist wesentlich sensitiver. Der Transport zum CT stellt jedoch einen Risikofaktor für nosokomiale Infektionen dar. Die Indikation muss deswegen sorgfältig überdacht werden. Die Untersuchung sollte nur erfolgen, wenn eine therapeutische Konsequenz abzusehen ist.

Labor Für die Labordiagnostik gelten die für die CAP getroffenen Aussagen. C-reaktives Protein steigt jedoch nach operativen Eingriffen regelhaft an, sodass es noch schwieriger als bei CAP als diagnostisches Kriterium genutzt werden kann. Seine Stärke liegt eher in der Verlaufskontrolle und in der Bedeutung für die Steuerung der Therapiedauer.

Die Durchführung einer **Blutgasanalyse** oder zumindest eine **pulsoxymetrisch bestimmte Sauerstoffsättigung** ist zur Risikoeinschätzung bei jeder nosokomialen Pneumonie zu fordern. Ausgedehnter Befall im Röntgenbild und/oder eine Hypoxämie machen immer eine intensivere Überwachung des Patienten nötig.

Welche **mikrobiologische Diagnostik** sinnvoll ist – tracheobronchiales Aspirat, Bronchoskopie mit BAL oder geschützter Bürste) –, ist Gegenstand heftiger Kontroversen:

- Wenn die **Bronchoskopie** im Intensivbereich etabliert ist, bietet sie neben der Erregerdiagnostik den Vorteil der makroskopischen Atemweg- und Schleimhautbeurteilung und sollte favorisiert werden.
- Bei ausbleibender klinischen Besserung innerhalb der ersten 72 h nach Beginn der Antibiotikatherapie (Therapieversagen) und bei immunsupprimierten Patienten sollte der invasiven Erregerdiagnostik in jedem Fall der Vorzug gegeben werden.

Pleuraergüsse sollten, v. a. bei persistierenden Infektionszeichen, punktiert werden. Die **pH-Wert-Bestimmung im Pleuraerguss** (< 7,2) gibt klare Hinweise auf ein Pleuraempyem.

Multiplex-PCR-Verfahren für bakterielle Erreger haben sich aufgrund der niedrigen Sensitivität bisher nicht durchsetzen können. Für bestimmte Erreger wie Pneumocystis jirovecii ist die PCR hilfreich. Eine Virus-PCR, v. a. für die wesentlichen Atemwegserreger der Winterzeit (Influenza, RSV), ist sinnvoll. Für nosokomiale Erreger (Herpes, Zytomegalie) ist jedoch eine quantitative Diagnostik (Zahl der Kopien) nötig, um die Indikation für eine virostatische Therapie zu stellen.

Blutkulturen werden in 10–30 % positiv und sollten bei schwereren Infektionen immer durchgeführt werden.

Serologische Untersuchungen spielen mit wenigen Ausnahmen in der Diagnostik keine Rolle. Dies gilt insbesondere für Candida und die atypischen Erreger (Mykoplasmen, Chlamydien).

▪ Therapie

Dazu gehören:

Resistenzentwicklung Seit Mitte der 1990er Jahre ist für alle wichtigen Erreger eine stetige Zunahme von Resistenzen gegen Standardantibiotika zu beobachten. Zudem häufen sich auch Einzelfallberichte über Erreger, die gegenüber keiner der bekannten Antibiotikagruppen mehr sensibel sind.

Die sich kontinuierlich ändernde Erregerepidemiologie muss in der Planung der Antibiotikatherapie berücksichtigt werden. Dabei ist die **infektionsepidemiologische Variabilität** hoch: Sogar zwischen Krankenhäusern derselben Stadt oder verschiedenen Intensivstationen desselben Hauses kann es erhebliche Unterschiede hinsichtlich der wichtigsten Erreger und der zu beobachtender Resistenzen geben. Erreger- und Resistenzstatistiken sollten daher für jede Intensivstation einzeln und in regelmäßigen Abständen erstellt werden.

Auswahl, Beginn und Dauer der Antibiotikatherapie Die Prognose von Patienten mit nosokomialer Pneumonie hängt von der **initial richtigen Antibiotikatherapie** ab.

Inadäquate Therapie – sowohl ein falsches als auch ein nicht ausreichend dosiertes oder zu spät gegebenes Antibiotikum – erhöht die Sterblichkeitswahrscheinlichkeit um bis zu 40 %! Hauptgrund für eine initiale Falschtherapie ist eine Infektion durch **multiresistente Erreger,** die durch eine zu eng gewählte Antibiotikastrategie nicht erreicht werden können.

Risikofaktoren für multiresistente Erreger (◘ Tab. 119.1) müssen daher in die Therapieempfehlungen einbezogen werden. Einer eventuellen **Antibiotikavortherapie** kommt dabei eine wesentliche Rolle zu. Bis auf Ausnahmen sollte nicht mit einem Antibiotikum behandelt werden, das in den letzten

Tab. 119.1 Risikofaktoren für multiresistente Erreger

Risikofaktoren für das Auftreten multiresistenter Erreger (modif. nach American Thoracic Society 2005)	Antibiotische Vortherapie in den letzten 90 Tagen
	Hospitalisierung seit mindestens 5 Tagen
	Bekannt hohe Prävalenz multiresistenter Erreger für die Region bzw. das Krankenhaus
Zusätzliche Risikofaktoren für bestimmte Erreger wie z. B. MRSA	Hospitalisierung für 2 oder mehr Tage in den letzten 3 Monaten
	Bewohner eines Alten- oder Pflegeheimes
	Parenterale Therapie zu Hause (auch Antibiotika)
	Chronische Hämodialyse
	Offene Wundbehandlung zu Hause
	Familienangehöriger mit Nachweis einer Kolonisation mit multiresistenten Erregern
	Immunsuppressive Erkrankung oder Therapie

4 Wochen bereits eingesetzt wurde. Eine genaue Antibiotikaanamnese ist daher enorm wichtig.

Neben der richtigen Auswahl spielt der **Zeitpunkt der Antibiotikagabe** für das Überleben des Patienten eine entscheidende Rolle. Sobald ein **Infektionsverdacht** besteht, muss die Therapie begonnen werden. Diagnostische Maßnahmen (Gewinnung von Blutkultur oder Atemwegmaterial) sollten dann abgeschlossen sein. Die Antibiotikagabe darf jedoch in keinem Fall durch zu aufwendige Diagnostik wesentlich verzögert werden: Bei nosokomialer Pneumonie kann sich die Letalität durch Verzögerung der adäquaten antibiotischen Therapie vervierfachen!

Wie oben bereits gezeigt, beschleunigt eine Übertherapie mit Antibiotika die Resistenzentwicklung der wichtigsten Erreger und trägt damit indirekt zu einer erhöhten Sterblichkeit bei. Zuverlässige Marker, die eine bakterielle Infektion belegen, fehlen.

Primär wird man bei einem Infektionsverdacht immer mit einer **breit wirksamen Antibiotikatherapie** starten. Diese sollte ausreichend hoch dosiert sein – d. h. in der Intensivtherapie im obersten zugelassen Dosisbereich. Entscheidend für die Entwicklung von Antibiotikaresistenzen ist jedoch u. a. die **Dauer der Antibiotikatherapie:** Diese ist **auf den meisten Intensivstationen im Schnitt deutlich zu lang!**

Mehreren Studien zufolge ist es sinnvoll, die Berechtigung einer solchen Therapie bereits an **Tag 3** zu überprüfen. Lässt sich zu diesem Zeitpunkt kein Infektionsverdacht mehr bestätigen, konnte die Therapie ohne Verschlechterung des Outcome beendet werden. Die Resistenzentwicklung wurde auf diese Weise reduziert und Kosten wurden gespart.

Aber auch für die **Beurteilung des Therapieversagens** ist der **3. Tag** der entscheidende Zeitpunkt, um das zu wählende Vorgehen neu zu überdenken. Gegebenenfalls ist eine Erweiterung der Antibiotikatherapie (v. a. bei Verdacht auf multiresistente Erreger) oder ein Wechsel des Antibiotikums notwendig. Bei Unklarheiten über Infektionsart und -herd sollte eine erweiterte Diagnostik unter Einschluss endoskopischer und radiologischer Verfahren erwogen werden.

Zeichnet sich an Tag 3 ein Therapieerfolg ab, sollte die Therapie bis zum Tag 7 unverändert fortgesetzt werden; bei bakteriämischen Staphylokokkenpneumonien und bei Pseudomonas und anderen Nonfermentern muss sie evtl. auf 10–14 Tage verlängert werden.

Bestimmte Patientengruppen

Die Therapie der nosokomialen Pneumonie orientiert sich an den Richtlinien der Deutschen Gesellschaft für Pneumologie. Diese stratifizieren entsprechend dem **Risiko für multiresistente Erreger** (Tab. 119.1), auch wenn in den letzten Jahren ein Rückgang von MRSA und kein weiterer Anstieg der Resistenz im gramnegativen Bereich zu verzeichnen ist. Möglicherweise zeigt sich hier schon ein positiver Effekt der Antibiotic-Stewardship-Programme.

Für Patienten ohne Risiko für multiresistente Erreger und mit einer Beatmungsdauer unter 5 Tagen werden Aminopenicillin-Inhibitor-Kombinationen einerseits oder nicht gegen Pseudomonas wirksame Cephalosporine (alternativ respiratorische Fluorchinolone) als Monotherapie andererseits eingesetzt.

Die überwiegende Mehrzahl – v. a. der VAP-Patienten – weist jedoch signifikante Risikofaktoren auf und muss mit folgenden Wirkstoffen behandelt werden:

- **Pseudomonas-aktives β-Laktam:**
  - Piperacillin/Tazobactam
  - Cefepim oder Ceftazidim
  - Imipenem
  - Meropenem
  - Doripenem
- **plus/evtl. plus**
  - Aminoglykosid oder
  - gegen Pseudomonas wirksames Fluorchinolon (Levofloxacin oder Ciprofloxacin)

- **plus/evtl. plus** gegen S. pneumoniae (bei CAP) oder S. aureus wirksames Antibiotikum (bei MRSA-Verdacht)

Wegen der hohen Resistenzrate von Ciprofloxacin bei Enterobacteriaceae und Pseudomonas wird keine Monotherapie mit dieser Substanz empfohlen.

Für die Kombinationen Ceftolozan/Tazobactam und Ceftazidim/Avibactam konnte in klinischen Studien eine Nichtunterlegenheit gegenüber Carbapenemen gezeigt werden. Sie stellen eine Alternative bei ESBL-Enterobakterien oder MDR-Pseudomonaden dar.

Heute werden **Aminoglykoside** 1-mal täglich hochdosiert gegeben. Dafür wird – vielleicht mit Ausnahme der Endokarditis – die Therapiedauer auf 3 Tage verkürzt. Eine retrospektive Analyse bei Patienten mit Pseudomonas-Sepsis konnte den Erfolg dieses Vorgehens bestätigen.

Für die Kombinationstherapie von β-Laktam-Antibiotika mit Fluorchinolonen bei VAP wurden Daten publiziert, die keinen Vorteil der Kombinationstherapie erkennen ließen. Unglücklicherweise wurden jedoch alle problematischen Erreger in dieser Studie von Vornherein ausgeschlossen, sodass insbesondere für Nonfermenter und multiresistente Erreger keine endgültige Aussage zu treffen ist.

Aufgrund der problematischen Resistenzsituation v. a. bei Nonfermentern und dem Fehlen neuer gramnegativ wirksamer Antibiotika erlangen Substanzen wie **Polymyxin B** (Colistin) wieder eine klinische Bedeutung. Mehrere Fallserien bestätigten den Erfolg eines solchen Therapieansatzes (9 Mio. E als Ladungsdosis 1-malig, 4,5–5 Mio. E ≙ 66,7 mg Colistin-Base 2-mal tgl.) gegen multiresistente Erreger. Die Nephrotoxizität muss beachtet werden.

Aufgrund der Zunahme resistenter Erreger ist die **inhalative Antibiotikatherapie** ergänzend zur parenteralen Therapie bei beatmeten Patienten in den Fokus gerückt. In erster Linie kommen Colistin und Tobramycin zum Einsatz. Zulassungsstudien für inhalatives Amikacin und Ciprofloxacin zeigten jedoch keinen Effekt, sodass zum jetzigen Zeitpunkt die inhalative Antibiotikatherapie nicht generell empfohlen werden kann.

Bei Verdacht auf eine Infektion mit **methicillinresistenten S. aureus** (MRSA) ist eine Glykopeptidtherapie (Vancomycin) in der Regel nicht ausreichend, da sich Glykopeptide schlecht in der Lunge anreichern. Kombinationen mit einem gewebegängigen Antibiotikum (Rifampicin, Fosfomycin) sind möglich, jedoch nicht in großen Studien überprüft.

Eine Alternative für schwere MRSA-Fälle ist das Oxazolidinon **Linezolid,** das sich in einer Studie dem Vancomycin signifikant überlegen zeigte. Wegen schwerwiegender neuro- und hämatotoxischer Nebenwirkungen ist diese Substanz jedoch nicht zur Langzeittherapie (> 4 Wochen) geeignet. Daten zur Therapie bakteriämischer MRSA-Pneumonien mit Linezolid gibt es bisher nicht.

Mit den Fünftgenerations-Cephalosporinen **Ceftarolin** und **Ceftobiprol** (mit zusätzlicher Wirksamkeit gegen P. aeruginosa) stehen Alternativen zur Behandlung von MRSA-Infektionen zur Verfügung. Das gut bakterizide Daptomycin ist aufgrund einer Bindung an Surfactant zur Pneumoniebehandlung nicht geeignet.

In Anbetracht der hohen MRSA-Rate in den meisten deutschen Krankenhäusern muss darauf hingewiesen werden, dass die Mehrzahl der Nachweise reine **Atemwegskolonisationen** und nicht »echte« Infektionen anzeigt. Aufgrund der geringen Eradikations- und der hohen Rückfallraten von MRSA ist eine Therapie der Kolonisation nicht indiziert. Vor Einleitung einer MRSA-Therapie sollte klinisch, radiologisch und mittels Biomarkern kritisch geprüft werden, ob tatsächlich eine Infektion vorliegt, die behandlungsbedürftig ist.

Prävention

Auf prophylaktische Maßnahmen zur Verhinderung der Pneumonieentstehung, die einen wesentlichen Baustein in der Infektionsbekämpfung einnehmen, kann im Rahmen dieses Buches nicht eingegangen werden. Hier wird auf die Empfehlungen des RKI (▶ https://www.rki.de) sowie der Centers of Disease Control (CDC) verwiesen.

119.4 Pleuritis

Man unterscheidet virale von bakteriellen Pleuritiden. Letztere gehen in der Regel mit der Entwicklung eines Pleuraempyems einher.

Wesentliche **Differenzialdiagnose** für eine Pleuritis ist eine Lungenembolie, die im Zweifelsfall immer ausgeschlossen werden sollte. Auch an eine maligne Genese der Pleuraschmerzen muss immer gedacht und ein Tumorgeschehen radiologisch ausgeschlossen werden. Wichtigste Differenzialdiagnose der bakteriellen Pleuritis ist die Tuberkulose.

Wesentliches **klinisches Symptom** der Pleuritis ist der atemabhängige Pleuraschmerz. Subfebrile Temperaturen und erhöhte Entzündungswerte sind häufig. Im Verlauf der Erkrankung kann es zu einem **Pleuraerguss** kommen. Typischerweise verschwinden die pleuritischen Beschwerden bei Ausbildung des Ergusses.

Jeder Pleuraerguss > 10 mm in der Sonografie muss punktiert werden. Wichtigster Laborparameter aus dem Punktat des Pleuraergusses ist der **pH-Wert:** Ein Wert < 7,2 weist auf ein Empyem hin und sollte drainiert werden. Neben dem pH sollten Eiweiß,

Cholesterin und LDH zur Abgrenzung eines Transsudats von einem Exsudat im Erguss untersucht sowie eine mikrobiologische Untersuchung (evtl. auch eine Untersuchung auf Tuberkulose) angestrebt werden.

Eine spezifische **Therapie** der viralen Pleuritis gibt es nicht. Neben der antiphlogistischen Therapie ist die Überwachung der Komplikationen (Pleuraerguss) wesentlich.

Bakterielle Pleuritiden und v. a. Pleuraempyeme können von vielen Pathogenen verursacht werden. Am häufigsten finden sich S. pneumoniae, S. aureus und Anaerobier (klassischer Geruch des Punktats nach Karies). Bei schlechtem Zahnstatus und pleuropulmonalen Infiltraten muss differenzialdiagnostisch an eine Aktinomykose gedacht werden.

Die Standardtherapie des Pleuraempyems beinhaltet neben der Drainagetherapie eine Antibiotikatherapie, welche die wesentlichen grampositiven und -negativen Erreger die Anaerobier erfasst. Neben Ampicillin-β-Laktamase-Inhibitor-Kombinationen wird ein Cephalosporin der 2. oder 3. Generation in Kombination mit Clindamycin oder Moxifloxacin mit Erfolg eingesetzt. Die Therapiedauer richtet sich nach dem klinischen Erfolg und beträgt in der Regel 14–21 Tage, in Einzelfällen jedoch auch deutlich länger.

In Kürze: Pleuropulmonale Infektionen

Pneumonien stellen noch immer die am häufigsten zum Tod führenden Infektionskrankheiten weltweit dar. Eine am Risiko des Patienten und an der lokalen Erreger- und Resistenzsituation orientierte, frühzeitig initiierte, hochdosierte Antibiotikatherapie verbessert die Prognose der Patienten signifikant.

- **Akute und chronische Bronchitis:** Mehr als 90 % aller akuten Bronchitiden sind viraler Genese. Eine antibiotische Therapie ist nicht nur nicht hilfreich, sondern hat Nebenwirkungen und fördert die Entwicklung von Antibiotikaresistenzen. In Einzelfällen sind bakterielle Bronchitiden zu beobachten, die sich durch vermehrte Krankheitssymptome wie höheres Fieber, eine Zunahme der Luftnot und einen gelbgrünen Auswurf auszeichnen. Die chronische Bronchitis, v. a. bei Patienten mit obstruktiven Lungenerkrankungen, hat häufiger eine bakterielle Genese. Die Zunahme des Sputumvolumens und die gelbgrüne Sputumfarbe sind wegweisend. Die antibiotische Behandlung richtet sich nach der Schwere der Exazerbation.
- **Ambulant erworbene Pneumonie (CAP):** Die Therapie der ambulant erworbenen Pneumonie orientiert sich an der Risikostratifizierung mithilfe des CRB-65-Scores. Niedrigrisikopatienten benötigen keine mikrobiologische Diagnostik und werden mit Antibiotika mit schmalem Wirkspektrum behandelt. Patienten mit höherem CRB-Score, v. a. Patienten mit schweren Begleiterkrankungen, chronischer Bettlägerigkeit und einer Hypoxämie sollten stationär behandelt werden. Neben Pneumokokken sind gramnegative Erreger in der Therapie zu berücksichtigen. Die Behandlungsdauer der CAP beträgt 5–7 Tage. Wesentliche Komplikationen der CAP sind das Pleuraempyem und der Lungenabszess.
- Eine **Impfung** gegen den wichtigsten Pneumonieerreger, S. pneumoniae, wird für Säuglinge und Kinder bis 2 Jahre sowie als Standardimpfung bei Personen > 60 Jahren und als Indikationsimpfung bei Risikogruppen (chronische Krankheiten, angeborene oder erworbene Immundefekt bzw. Immunsuppression) empfohlen.
- **Nosokomiale Pneumonie (HAP/VAP):** Die wesentlichen Erreger der HAP, S. aureus, Enterobacteriaceae und Nonfermenter, sollten in der empirischen Therapie abgedeckt werden. Risikofaktoren für Multiresistenz wie eine kurz zurückliegender Krankenhausaufenthalt, eine antibiotische Vorbehandlung oder ein Kontakt zu einem Patienten mit multiresistenten Erregern müssen in der Therapieplanung berücksichtigt werden. Die Antibiotikadosierungen sollten sich bei HAP/VAP im Bereich der oberen empfohlenen Dosis bewegen. Je schwerer krank der Patient ist, umso schneller muss die Antibiotikatherapie gestartet werden.
- **Pleuritis:** Eine bakterielle Pleuritis geht in der Regel mit einem Pleuraerguss einher. Dieser sollten punktiert werden, ein pH-Wert < 7,2 spricht für ein Pleuraempyem. Die Empyemdrainage ist die wesentliche therapeutische Maßnahme. Die antibiotische Therapie sollte neben grampositiven Kokken v. a. Anaerobier berücksichtigen.

Weiterführende Literatur

Bonten MJ, Huijts SM, Bolkenbaas M, Webber C, Patterson S et al (2015) Polysaccharide conjugate vaccine against pneumococcal pneumonia in adults. N Engl J Med 372(12):1114–1125

Dalhoff K, Abele-Horn M, Andreas S, Deja M, Ewig S, Gastmeier P, Gatermann S, Gerlach H, Grabein B, Heußel CP, Höffken G, Kolditz M, Kramme E, Kühl H, Lange C, Mayer K, Nachtigall I, Panning M, Pletz M, Rath PM, Rohde G, Rosseau S, Schaaf B, Schreiter D, Schütte H, Seifert H, Spies C, Welte T; Unter Mitwirkung der folgenden Wissenschaftlichen Fachgesellschaften und Institutionen: Deutsche Gesellschaft für Chirurgie; Deutsche Gesellschaft für Innere Medizin e.V; Deutsche Gesellschaft für Internistische Intensivmedizin und Notfallmedizin; Deutsche Sepsis-Gesellschaft e.V; und Robert Koch-Institut. Epidemiology, Diagnosis and Treatment of Adult Patients with Nosocomial Pneumonia – Update 2017 –

S3 Guideline of the German Society for Anaesthesiology and Intensive Care Medicine, the German Society for Infectious Diseases, the German Society for Hygiene and Microbiology, the German Respiratory Society and the Paul-Ehrlich-Society for Chemotherapy, the German Radiological Society and the Society for Virology]. (2018) Pneumologie. 72(1): 15–63.

Empfehlungen der Ständigen Impfkommission beim Robert Koch-Institut (STIKO) – 2019/2020. Epidemiologisches Bulletin. 22. August 2019/ Nr. 34: 313–64

Ewig S et al. (2016) Epidemiology, diagnosis, antimicrobial therapy and management of community-acquired pneumonia and lower respiratory tract infections in adults. Guidelines of the Paul-Ehrlich-Society for Chemotherapy, the German Respiratory Society, the German Society for Infectiology and the Competence Network CAPNETZ Germany. Pneumologie. 70(3): 151–200

Jany B, Welte T (2019) Pleural effusion in adults-etiology, diagnosis, and treatment. Dtsch Arztebl Int 2019 May 24; 116(21): 377–386.

Metlay JP, Waterer GW, Long AC, Anzueto A, Brozek J, Crothers K, Cooley LA, Dean NC, Fine MJ, Flanders SA, Griffin MR, Metersky ML, Musher DM, Restrepo MI, Whitney CG (2019) Treatment of adults with community-acquired Pneumonia. An official clinical practice guideline of the American Thoracic Society and Infectious Diseases Society of America. Am J Respir Crit Care Med 200(7):e45–e67

Ramirez JA, Musher DM, Evans SE, Dela Cruz C, Crothers KA, Hage CA, Aliberti S, Anzueto A, Arancibia F, Arnold F, Azoulay E, Blasi F, Bordon J, Burdette S, Cao B, Cavallazzi R, Chalmers J, Charles P, Chastre J, Claessens YE, Dean N, Duval X, Fartoukh M, Feldman C, File T, Froes F, Furmanek S, Gnoni M, Lopardo G, Luna C, Maruyama T, Menendez R, Metersky M, Mildvan D, Mortensen E, Niederman MS, Pletz M, Rello J, Restrepo MI, Shindo Y, Torres A, Waterer G, Webb B, Welte T, Witzenrath M, Wunderink R (2020) Management of community-acquired pneumonia in immunocompromised adults: A consensus statement regarding initial strategies. Chest:S0012-3692(20)31681-0

Welte T (2017) Qualitätssicherung bei ambulant erworbener Pneumonie. Der Pneumologe 14(2):80–88

Welte T, Torres A, Nathwani D (2012) Clinical and economic burden of community-acquired pneumonia among adults in Europe. Thorax 67(1):71–79

Harnweginfektionen

Gero von Gersdorff

Die meisten jungen Frauen kennen sie von sich selbst oder zumindest von einer guten Freundin: die akute Blasenentzündung (Zystitis). Zu dieser Harnweginfektion (HWI) im engeren Sinne wird auch noch die akute Nierenbecken-/Nierenentzündung (Pyelonephritis) gezählt. Auf Intensivstationen und bei älteren Menschen sind Harnweginfektionen häufige und oft lebensbedrohliche Erkrankungen. Multiple Mechanismen halten den Urin, der einen reichhaltigen Nährboden für Bakterien und Pilze darstellt, steril und müssen für die Entstehung einer Harnweginfektion gestört sein. Eine rationale Diagnostik und Therapie orientiert sich an diesen Mechanismen. Infektionen der Urethra, der Prostata oder der anderen inneren Geschlechtsorgane können ähnliche Symptome verursachen, unterscheiden sich jedoch bezüglich Pathogenese und Erregerspektrum sowie diagnostischem und therapeutischem Vorgehen (▶ Kap. 121).

Eine Infektion der Harnwege liegt vor bei Erregernachweis aus dem Urin, verbunden mit typischen Symptomen (wie Dysurie, Pollakisurie) und klinischen Zeichen (wie Leukozyturie oder Fieber).

Bei Vorliegen eines Fremdkörpers wie z. B. eines Blasendauerkatheters (BDK) ist die klinische Diagnose einer Infektion oft schwierig. Denn die meisten Patienten werden bakteriell besiedelt und weisen Leukozyten im Urin als Abwehrreaktion auf. Ein Keimnachweis im Urin ohne Symptome (asymptomatische Bakteriurie) beruht häufig auf einer kontaminierten Urinprobe oder einem fehlerhaften Transport ins Labor und kann Anlass für unnötige Antibiotikagaben sein.

Einteilung

Anatomisch unterscheidet man die Zystitis (untere Harnweginfektion) von oberen Harnweginfektionen wie Pyelonephritis und Infektionen des Nierenparenchyms (z. B. Nierenabszess). Im engeren Sinne sind jedoch mit einer Harnweginfektion meist Zystitis und Pyelonephritis gemeint. **Pathogenetisch** kennzeichnet beide das **Aufsteigen von Keimen** aus dem unteren Harntrakt, sodass die Pyelonephritis gegenüber der Zystitis als schwerere Verlaufsform der gleichen Erkrankung angesehen werden kann. Dem steht eine **hämatogene Keimverschleppung** in das Nierenparenchym gegenüber oder das Übergreifen einer Infektion von der Umgebung auf das Nierenparenchym.

Wichtig für die Behandlung, insbesondere für die initiale, empirische Wahl der Antibiotika, ist die Einteilung in **ambulant versus nosokomial erworbene** Harnweginfektionen. Wichtigster Faktor ist dabei das Risiko, dass die ursächlichen Erreger Resistenzen gegenüber den Standardantibiotika entwickelt haben. Dieses Risiko ist am höchsten in Krankenhäusern und ähnlichen Einrichtungen oder bei chronischer Exposition gegenüber Antibiotika (◘ Tab. 120.2). Für den Erfolg der Therapie ist die Abgrenzung **unkomplizierte versus komplizierte** Harnweginfektion notwendig, um aktiv nach Faktoren suchen zu können, die eine Ausheilung behindern könnten. ◘ Tab. 120.1 fasst die gängigen Einteilungen der Harnweginfektionen zusammen.

Eine therapeutische Herausforderung stellen **rezidivierende Harnweginfektionen** dar. Davon spricht man beim Auftreten einer 2. Harnweginfektion innerhalb von 6 Monaten oder bei 3 Harnweginfektionen innerhalb eines Jahres. Oft ist es schwierig, eine Reinfektion (mit einem neuen Erreger) vom Wiederauftreten des gleichen Erregers (Relaps oder Rezidiv) zu unterscheiden.

Epidemiologie

Die Prävalenz von aufsteigenden Harnweginfektionen hängt wesentlich von Alter und Geschlecht ab. Während in den ersten 3 Lebensmonaten Harnweginfektionen deutlich häufiger bei Knaben auftreten, dominieren bei Kindern und Erwachsenen weibliche Patienten (Verhältnis bis zu 30:1). Nach dem 65. Lebensjahr, mit vermehrtem Auftreten von Prostatahyperplasien, steigt der Anteil männlicher Patienten an, sodass sich die Relation Frauen zu Männer nahezu angleicht (ca. 2–3:1).

10–20 % aller erwachsenen Frauen haben mindestens einmal in ihrem Leben eine symptomatische Harnweginfektion. Harnweginfektionen stellen damit in der ambulanten Praxis eine der

S. Suerbaum et al. (Hrsg.), *Medizinische Mikrobiologie und Infektiologie*,
https://doi.org/10.1007/978-3-662-61385-6_120

Tab. 120.1 Häufig gebrauchte Einteilungen von Harnweginfektionen (HWI). Zystitis und Pyelonephritis werden als Harnweginfektion im engeren Sinne bezeichnet

	Erklärung	Pathogenese	Bemerkung
Infektionen der Niere:			
Akut	Nierenabszess (einzeln oder multipel), perinephrischer Abszess	Hämatogene Aussaat oder Komplikation einer aufsteigenden Infektion, Erregerspektrum abhängig von Fokus	Typische Urinbefunde können fehlen, wenn keine Verbindung mit dem Harntrakt besteht
Chronisch	Chronifizierte Entzündung, meist Nierenbecken und -parenchym betroffen	Chronische Abflussstörung, anatomische Fehlbildung	z. B. xanthogranulomatöse Pyelonephritis, M. tuberculosis, Malakoplakie
Infektionen der ableitenden Harnwege:			
Unkomplizierte HWI	Infektion in strukturell und neurologisch normalem Harntrakt	Aufsteigende Infektion mit Darmflora aus der Perianal- und Perinealregion	Meist junge Frauen
Komplizierte HWI	Infektion in Harntrakt mit strukturellen oder funktionellen (neurologischen) Veränderungen	Risikofaktoren (z. B.): – Blasenkatheter, Ureterstent – Abflussbehinderung, Steine – Immunsuppression – nach urologischem Eingriff (Schleimhautverletzung) – Kinder, Männer, Schwangere	Klinische Zeichen, die auf komplizierende Faktoren hinweisen: – verzögertes klinisches Ansprechen (>48 h) – Rekurrenz < 1 Monat trotz adäquater Therapie **Cave:** komplizierende Faktoren aktiv suchen!

häufigsten Indikationen für eine antibiotische Behandlung dar.

Rezidivierende Zystitiden sind häufig und weisen nicht unbedingt auf zugrunde liegende Störungen des Harntrakts hin. In etwa 30 % der Fälle kann es bei jungen gesunden Frauen nach einer Zystitis innerhalb von 6 Monaten zu einer erneuten Infektion kommen, obwohl der Harntrakt anatomisch und physiologisch normal ist. Diese Rezidive sind meistens durch Reinfektionen mit einem neuen Erreger verursacht. Gelegentlich können aber Bakterien, v. a. E. coli, den Abwehrmechanismen des Harntrakts entkommen und z. B. im Schleimhautepithel der Blase persistieren.

Risikofaktoren für Harnweginfektionen sind v. a. Geschlechtsverkehr, Verwendung von Spermiziden, Depot-Progesteron-Präparaten und vaginalen Diaphragmen, Diabetes sowie vorausgegangene antibiotische Therapie. Daneben werden eine Reihe biologischer und genetischer Faktoren diskutiert sowie Pathogenitätsfaktoren der Erreger. Rezidivierende Pyelonephritiden sind selten.

Bakteriurie ohne Symptome tritt sowohl bei gesunden wie auch bei immungeschwächten Patienten auf und muss meist nicht behandelt werden. Eine aktive Suche danach (Screening) kann zu falsch-positiven Befunden und unnötiger Gabe von Antibiotika führen und wird deshalb auch bei den meisten Patienten mit komplizierenden Faktoren nicht empfohlen. Vor urologischen Eingriffen mit Schleimhautverletzung stellt eine asymptomatische Bakteriurie jedoch ein erhöhtes Risiko dar, und das Screening wird empfohlen.

Nach Nierentransplantation, v. a. in den ersten 6 Monaten, stellen Harnweginfektionen eine der häufigsten Ursachen für eine Abstoßungsreaktion dar. Da die Niere bei der Transplantation denerviert wird, treten bei einer späteren Infektion nur wenige und unspezifische Symptome auf.

Bei **nosokomialen** Infektionen stehen Harnweginfektionen in jeder Statistik ganz vorn. Etwa 30 % der Septitiden im Krankenhaus gehen von den Harnwegen aus. Die Abklärung auf eine Harnweginfektion gehört deshalb zur Routinediagnostik bei Fieber in Krankenhaus und Notaufnahme.

Häufige Ursachen für diese hohe Rate sind **Blasendauerkatheter**: Innerhalb von 48 h nach Anlage sind schon 10–20 % der Urine nicht mehr steril und nach 30 Tagen ist die große Mehrheit bakteriell besiedelt. Etwa 10–25 % der Patienten entwickeln in der Folge eine symptomatische Harnweginfektion, häufig als Pyelonephritis. Nicht nur die Indikation für die Anlage eines Blasendauerkatheters sollte deshalb kritisch gestellt werden. Man sollte im Verlauf immer wieder überprüfen, ob der Katheter entfernt werden kann.

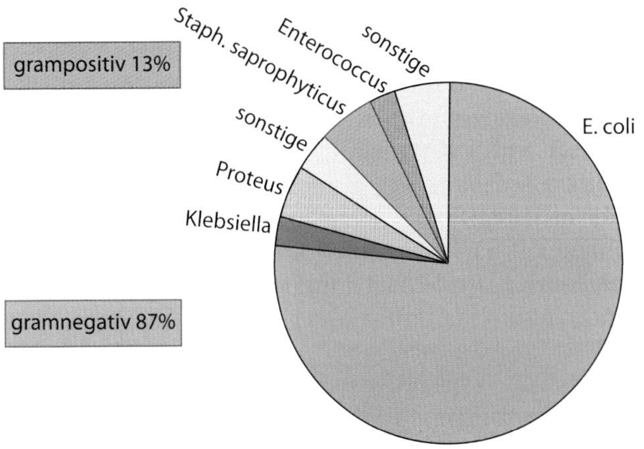

Abb. 120.1 Erregerspektrum bei Harnweginfektionen (ARESC-Studie, Deutschland: Urinkulturen von 412 Frauen mit klinisch unkomplizierter Harnweginfektion)

Erregerspektrum

Die meisten **ambulant erworbenen Infektionen** der ableitenden Harnwege werden durch gramnegative Erreger verursacht (Abb. 120.1; nach Wagenlehner et al. 2009). Am häufigsten sind (uropathogene) E. coli, Klebsiellen und Proteus spp. Daneben spielen auch grampositive Enterokokken und Staphylococcus saprophyticus eine Rolle.

Das Spektrum der Organismen, die eine **nosokomiale Harnweginfektion** verursachen, ist oft breiter und schwerer vorherzusagen oder weist eine höhere Rate von Resistenzen auf als die ursächlichen Erreger im ambulanten Bereich. So kommen zusätzlich multiresistente E. coli, Pseudomonas und Klebsiella spp. vor (3- bzw. 4-fach multiresistente gramnegative Erreger = 3/4-MRGN). Bei schwerkranken Patienten können Harnweginfektionen auch durch Pilze verursacht werden, v. a. durch Candida albicans. Dies geschieht v. a. unter intensiver antibiotischer Behandlung, bei Immunsuppression und fast immer in Verbindung mit einem Blasenkatheter.

Tab. 120.2 zeigt eine Einteilung der Harnweginfektionen nach zu erwartendem Erregerspektrum. Wegen des ähnlichen Pathomechanismus wird für die Pyelonephritis üblicherweise von der Zystitis extrapoliert.

Pathogenese

Unterschieden werden hier Zystitis und Pyelonephritis einerseits sowie perinephrische und Nierenabszesse andererseits.

Zystitis und Pyelonephritis Zystitis und Pyelonephritis entstehen durch **Aszension von Erregern** aus der Perianal- und Perinealregion sowie der fehlbesiedelten Vagina, von der Harnröhrenöffnung in die Blase und ggf. weiter in

Tab. 120.2 Einteilung der Harnweginfektionen nach zu erwartendem Erregerspektrum

	Erklärung	Erreger	Bemerkung
Ambulant	Ambulant erworben	E. coli, Enterokokken, Staphylococcus saprophyticus, Klebsiella spp., Proteus	Resistenzraten gegen Standardantibiotika können lokal stark variieren!
Nosokomial	Erworben in einem Krankenhaus, Pflegeheim o. Ä. bzw. innerhalb 4 Wochen nach Entlassung aus einer solchen Einrichtung	E. coli, P. aeruginosa, Enterobacter spp., Klebsiella spp., Enterokokken etc.	Resistenzspektrum des Krankenhauses bzw. Pflegeheims etc. beachten

die Nieren. Verschiedene **Virulenzfaktoren** begünstigen die Anlagerung und Vermehrung uropathogener Keime am Blasenepithel, z. B. Typ-1- und P-Fimbrien (Adhäsine).

Multiple **Abwehrmechanismen** halten den Urin, der einen guten Nährboden für Erreger darstellt, steril. Fremdmaterial, eingeschränkter Urinfluss und Schädigung der epithelialen Barriere sind die wichtigsten disponierenden Faktoren für die Entstehung einer Harnweginfektion. Vor allem der **Urinfluss** kann in Verbindung mit verschiedenen löslichen Abwehrfaktoren den Kontakt von Erregern mit der Blasenwand behindern. Anatomische Abflussbehinderungen durch Tumoren, eine hypertrophierte Prostata, reduzierte Peristaltik in der Schwangerschaft und andere Faktoren begünstigen deshalb in starkem Maß die Entstehung einer Infektion.

Als Reaktion der epithelialen Barriere kann die Anlagerung und Vermehrung von Erregern eine Apoptose von Deckzellen aktivieren, die zu einer Abschilferung und damit zum Entfernen infizierter Zellen führt. Ebenso wird die Produktion proinflammatorischer Zytokine und eine neutrophile Entzündungsreaktion ausgelöst.

Bakterien, die ins Urothel einwandern oder in Biofilmen persistieren können, entgehen den Immunabwehrmechanismen und stellen ein Reservoir für Rezidive dar (◘ Abb. 120.2).

Die Kürze der weiblichen Harnröhre wird als wichtige Ursache für die Häufigkeit der Harnweginfektionen bei Frauen angesehen.

Fremdmaterial, z. B. Harnblasenkatheter, begünstigen Harnweginfektionen stark und sollten wann immer möglich entfernt werden.

Perinephrische und Nierenabszesse Nierenabszesse und perinephrische Abszesse entstehen entweder als Komplikation einer aufsteigenden Harnweginfektion oder durch hämatogene Aussaat.

- Prädisponierende Faktoren bei **aufsteigenden Infektionen** sind z. B. vesikoureteraler Reflux, neurogene Blasenstörungen oder andere Abflusshindernisse wie Zysten, Tumoren oder Nierensteine (v. a. im Nierenbecken). Die ursächlichen Erreger sind dann die gleichen wie für Zystitis und Pyelonephritis.
- Im Rahmen von **Bakteriämien** können sich Erreger auch in der Niere festsetzen und einzelne oder multiple Abszesse bilden. Dies ist eine klassische Komplikation einer S. aureus-Bakteriämie und kann sich bis zu 8 Wochen nach der initialen Infektion manifestieren.

Die Wahl der empirischen Antibiotika hängt damit von der Präsentation ab: Im Zusammenhang mit einer Pyelonephritis sollte die Therapie gegen Enterobakterien gerichtet sein. Bei einer wahrscheinlich hämatogenen Genese sollten grampositive Erreger, v. a. S. aureus, abgedeckt sein (Abschn. Therapie).

Klinik

Leitsymptome einer **Zystitis** sind Dysurie (Schmerz oder Brennen beim Wasserlassen), Pollakisurie (häufiges Wasserlassen bzw. häufiger Harndrang), imperativer Harndrang (oft auch nachts, Nykturie) und suprapubische Druckdolenz bzw. Schmerzen. Der Urin kann dabei trüb sein, unangenehm riechen oder etwas Blut enthalten. Hinzu kommen wechselnd starke Allgemeinsymptome wie Unwohlsein, Abgeschlagenheit oder Appetitlosigkeit. Fieber gehört im Allgemeinen **nicht** dazu. Die klinischen Symptome stellen das wesentliche Entscheidungskriterium dar, eine Harnweginfektion in Betracht zu ziehen und zu behandeln.

Fieber >38 °C weist auf eine **Pyelonephritis** (Nieren- und Nierenbeckeninfektion) hin. Diese ist typischerweise gekennzeichnet durch Schmerzen im kostovertebralen Winkel (Nierenlager) oder in der Flanke, ggf. mit Ausstrahlung in die Leiste. Allgemeinsymptome sind meist ausgeprägter (Übelkeit/Erbrechen) und Schmerzen können auch als diffus im Abdomen angegeben werden. Bei älteren Patienten, kleinen Kindern und bei Immunsuppression können Symptome abgeschwächt oder uncharakteristisch sein, Fieber kann dann fehlen.

Dysurie tritt auch bei **Urethritis, Prostatitis** und **Vaginitis** auf und sollte von diesen Krankheitsbildern abgegrenzt werden (▶ Kap. 121).

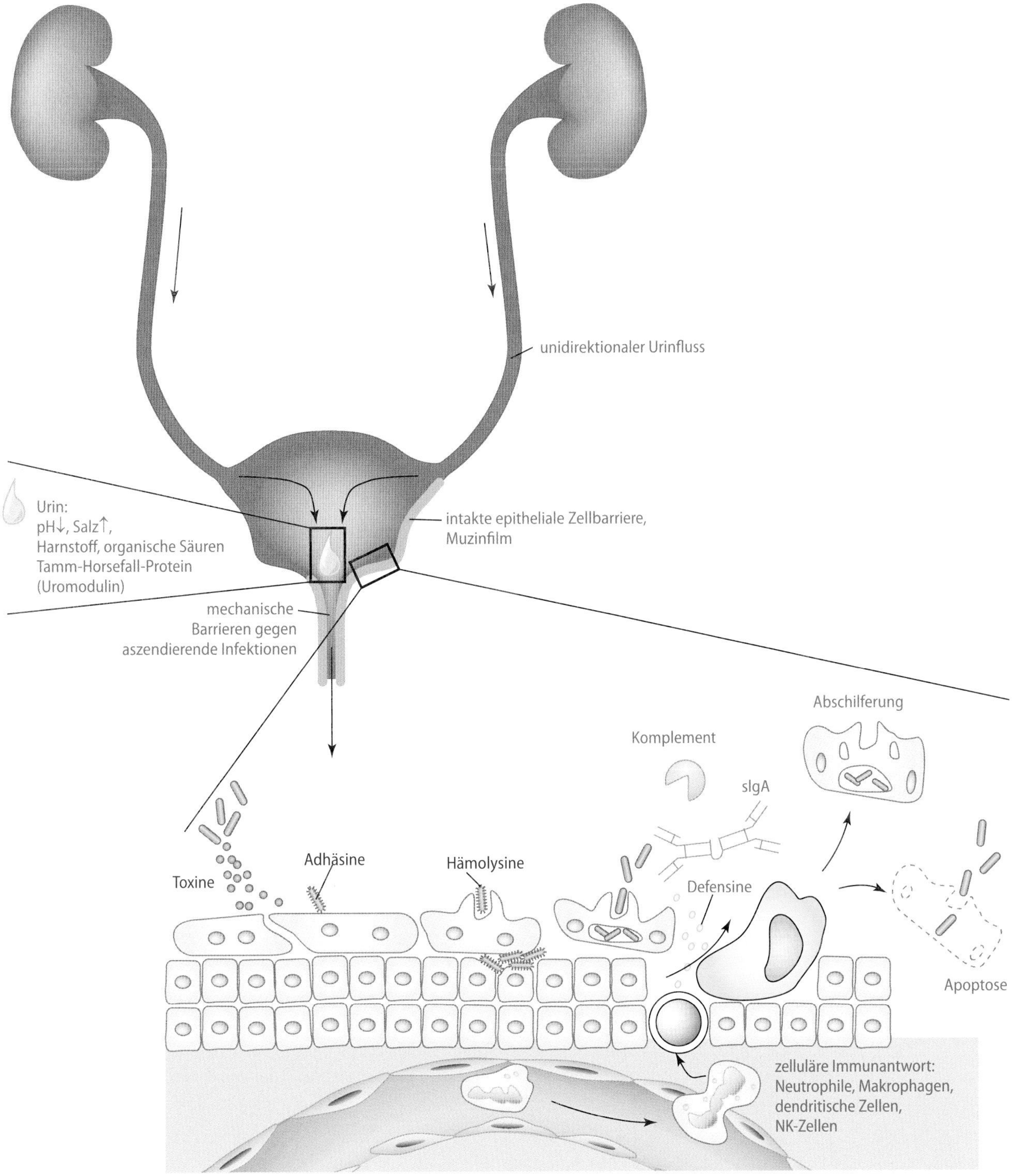

Abb. 120.2 Virulenz und Abwehr bei Harnweginfektionen: Virulenzfaktoren (rote Schrift) sind Eigenschaften der Bakterien, welche die Adhäsion, Invasion und Replikation befördern. Abwehrfaktoren (blaue Schrift) sind Mechanismen und Reaktionen des Organismus, um den Urin steril zu halten

▪ Diagnostisches Vorgehen

In der ambulanten Praxis sind die klinischen Zeichen meist ausreichend, um eine Therapieentscheidung zu treffen. So wird bei jungen Frauen ohne weitere Risikofaktoren (Tab. 120.1) und ohne urethralen Ausfluss keine weitere Diagnostik empfohlen.

Harnweginfektionen bei Männern gelten meist als kompliziert, weswegen eine weitergehende Diagnostik mit einer Sonografie notwendig ist. Trotzdem kommen unkomplizierte Harnweginfektionen auch bei jungen Männern vor.

Für eine erfolgreiche Diagnostik sind eine korrekte Uringewinnung, korrekter Transport ins Labor, Auswahl des Testverfahrens und Interpretation der Befunde von großer Bedeutung.

Oft ist auch eine Sonografie zum Ausschluss von strukturellen Veränderungen des Harntrakts notwendig.

Uringewinnung bei ambulanten Patienten Für eine orientierende Urinuntersuchung zur Bestätigung der klinischen Verdachtsdiagnose (Teststreifen, Urinsediment) in Ambulanz oder Praxis ist **Spontanurin** (10 ml) ausreichend. Dieser kann bei 8 °C 1–2 Tage gelagert werden.

Mikrobiologische Untersuchungen erfordern jedoch eine korrekte Gewinnung von Urin. Urin für eine Kultur muss bei Raumtemperatur innerhalb von 2 h oder gekühlt bei 8 °C innerhalb von 24 h ins Labor gebracht werden.

Mittelstrahlurin: Da diese Technik nicht ganz einfach ist, sollte darauf nur bestanden werden, wenn es die Diagnostik erfordert. Patienten werden aufgefordert, den Meatus urethrae nur mit Wasser zu säubern (beim Mann Vorhaut zurückziehen, bei der Frau Labien spreizen) und anschließend eine 1. Portion des Urins zu verwerfen. Die 2. Portion wird dann in ein steriles Gefäß aufgefangen.

Katheterurin: Einmalkatheterisierung zur Gewinnung von Urin zur Diagnostik bedarf aufgrund der erheblichen Infektionsgefahr einer strengen Indikationsstellung. Sie ist bei Kindern und Schwangeren deshalb kontraindiziert. Die Gewinnung erfolgt unter aseptischen Bedingungen. Materialgewinnung aus einem Dauerkatheter ist nur bei Neuanlage sinnvoll. Ein Großteil ist bereits nach 1 Woche bakteriell besiedelt, ohne dass eine Infektion vorliegen muss.

Blasenpunktat: Die Gewinnung von Urin durch sterile, suprapubische Blasenpunktion ist auch für Kinder und Schwangere geeignet. Die Harnblase muss dafür gefüllt sein, Infektionen oder Narben im Bereich der Einstichstelle dürfen nicht vorhanden sein und der Patient sollte keine schweren Blutgerinnungsstörungen haben. Durch die sterile Technik gilt jede Zahl von Erregern als klinisch signifikant.

Erster Morgenurin: Er ist durch die Flüssigkeitskarenz über Nacht besonders konzentriert. Das kann bei typischen Symptomen und fehlendem Erregernachweis in regulärem Mittelstrahlurin von Vorteil sein.

Urindiagnostische Tests **Teststreifen** (dipstick, U-Stix) zeigen mit ausreichender Sensitivität und Spezifität Leukozyturie (Leukozytenesterase), Nitritbildung, Hämat- und Proteinurie sowie den pH-Wert an. Sie sind zur Bestätigung des klinischen Verdachts einer Harnweginfektion geeignet.

Urinsediment: Quantifizierung von Leuko- und Erythrozyten sowie Bakterien, ggf. auch von Zellzylindern und Kristallen aus einer frischen Urinprobe. Heute häufig als Durchflusszytometrie anstatt der klassischen Zentrifugation und Mikroskopie des Niederschlags.

Urinkultur: Sie wird bei allen komplizierenden Faktoren empfohlen. Urin sollte dafür idealerweise mindestens 4 h in der Blase verweilt haben und vor dem Beginn einer antibiotischen Therapie gewonnen werden. Wichtig ist dabei die korrekte Gewinnung und Weiterverarbeitung des Urins (s. o.).

Befundinterpretation **Urinsediment:**

- **Leukozyturie:** Ein Wert >10 Leukozyten/ml gilt als signifikant.
- **Leukozyturie ohne Bakteriurie** ist unter anderem mit Urethritis, allergischer interstitieller Nephritis oder untypischen Erregern (z. B. M. tuberculosis) vereinbar.
- **Bakteriurie ohne Leukozyturie** weist auf einen Entnahme- oder Transportfehler hin, kann jedoch auch bei starker Immunschwäche vorkommen.

Urinkultur:

- Der Nachweis von Erregern bei **steril gewonnenen** Urinen ist immer signifikant.
- Das Ergebnis wird als koloniebildende Einheiten („colony forming units") pro Milliliter Urin (CFU/ml) angegeben.
- Bei **transurethral gewonnenen** Urinen weisen Werte $>10^3$ CFU/ml eines Bakterienstammes auf eine Harnweginfektion hin, bei $<10^3$ CFU/ml liegt in der Regel keine Infektion vor.
- Da die meisten Harnweginfektionen Monoinfektionen sind, spricht der Nachweis von ≥ 3 Bakterienstämmen **(Bakterienmischflora)** für eine Kontamination bei Abnahme oder oft unsachgemäßen Transport.

Blasendauerkatheter: Bei Fremdkörpern im Harntrakt, z. B. Blasendauerkatheter, wird der Urin oft durch mehrere Bakterienstämme bakteriell besiedelt **(Bakterienmischflora)** und enthält auch Leukozyten als Abwehrreaktion.

- Bei unspezifischen Symptomen (z. B. Demenz), auf der Intensivstation, bei Immunsuppression ist eine eindeutige Diagnose einer Harnweginfektion oft schwierig.
- Bei suprapubischer Druckdolenz oder Klopfschmerzhaftigkeit im Nierenlager mit Fieber sowie einem Erregernachweiswert >10^3 CFU/ml ist die Diagnose einer Harnweginfektion auch bei Blasendauerkatheter gesichert. Dies gilt ebenfalls für Urine, bei denen der Katheter bis zu 48 h vor Symptombeginn entfernt wurde.

Fieber Dieser Befund bedeutet in aller Regel, dass Erreger Zugang zum Gefäßsystem bekommen haben. Deshalb ist bei Fieber >38 °C die Gewinnung von Blutkulturen immer obligat.

Therapie

Indikation und Therapieprinzipien Die Vermeidung unnötiger Antibiotika wird von vielen Patienten gewünscht und ist außerdem ein wesentliches Element im Kampf gegen zunehmende Resistenzen bei den Erregern. Wie plazebokontrollierte Studien zeigen, ist jedoch z. B. selbst die Ausheilung einer unkomplizierten Zystitis ohne adäquate antibiotische Behandlung deutlich (ca. 3- bis 9-fach) unwahrscheinlicher und Reinfektionen oder Rezidive kommen 2- bis 3-fach häufiger vor als mit gezielter Therapie.

Ziele der antibiotischen Behandlung sind also rasche Symptomfreiheit, Reduzierung der Morbidität und Reinfektionsprophylaxe. Dabei wird die kürzest mögliche Behandlungsdauer angestrebt, die zu einer sicheren Eradikation der Erreger führt. Die **Auswahl** der initialen Therapie erfolgt empirisch, nach dem zu erwartenden Erregerspektrum (◘ Tab. 120.2). Dies muss immer die lokalen Resistenzraten mit berücksichtigen. Liegen nach 1–2 Tagen mikrobiologische Ergebnisse vor, soll die Therapie gezielt anhand des Antibiogramms erfolgen. Sobald eine deutliche Besserung eingetreten ist, kann in vielen Fällen auf ein orales Antibiotikum umgestellt und so die empfohlene Therapiedauer auch ambulant komplettiert werden.

Zystitis Die Behandlung einer **unkomplizierten Zystitis** erfolgt in der ambulanten Praxis meist empirisch. Eine mikrobiologische Diagnostik wird in der Regel nicht durchgeführt. Viele Therapieschemata erlauben eine 3- bis 5-tägige Therapiedauer (◘ Tab. 120.3). Bei der Auswahl des Wirkstoffs ist die Kenntnis der lokalen Resistenzsituation empfehlenswert. In der Schwangerschaft können Aminopenicilline gegeben werden. Bei niereninsuffizienten oder transplantierten Patienten ist auf Kontraindikationen (z. B. Nitrofurantoin) und Interaktionen mit den Immunsuppressiva zu achten.

◘ **Tab. 120.3** Behandlung der unkomplizierten Zystitis. (Nach S3-Leitlinie unkomplizierte Harnweginfektionen 2017)

Substanz	Dosierung	Dauer
Pivmecillinam	400 mg 3 × tgl.	3 Tage
Nitrofurantoin RT	100 mg 2 × tgl.	5 Tage
Fosfomycin-Trometamol	3000 mg 1×	1 Tag

Bei **rezidivierenden Zystitiden** stehen die **Prävention** und das **Vermeiden von Risikofaktoren** im Vordergrund der Behandlung: So sollte nach Sexualpraktiken gefragt und ggf. die Miktion nach dem Geschlechtsverkehr empfohlen werden. Auch eine erhöhte Trinkmenge, um den Urinfluss anzuregen, kann hilfreich sein. Wichtig für den Behandlungserfolg sind außerdem der Ausschluss komplizierender Faktoren (z. B. vesikoureteraler Reflux) und das Gespräch mit der Patientin, um sich der Medikamentenadhärenz zu versichern.

Rezidivierende Episoden sollten immer nach den Ergebnissen einer **Urinkultur** behandelt werden. Die Datenlage zu den meisten nichtantibakteriellen Therapeutika zur Rezidivprophylaxe (z. B. Cranberry-Produkte [Moosbeere], Immunstimulation/Impfung, D-Mannose) ist zurzeit noch schwach. Antibiotische Strategien beinhalten die kontinuierliche Antibiotikaprophylaxe, die postkoitale Prophylaxe und die Selbsttherapie bei Bedarf.

Pyelonephritis Die Therapie einer **unkomplizierten Pyelonephritis** kann häufig mit oralen Cephalosporinen der 3. Generation begonnen werden. Bei schwererem Verlauf mit Übelkeit/Erbrechen wird parenteral behandelt. Die Gesamttherapiedauer beträgt 7–10 Tage. Ein Behandlungserfolg sollte sich innerhalb von 48–72 h einstellen, andernfalls liegen oft komplizierende Faktoren vor (z. B. Nierenbeckensteine).

Bei Vorliegen von Zeichen der Sepsis (▶ Kap. 114) muss sofort, ohne Verzögerung durch die Diagnostik oder Verlegung in eine andere Abteilung, behandelt werden! Meist wird dafür ein intravenöses Breitbandpenicillin oder Carbapenem eingesetzt.

Renale und perinephrische Abszesse Renale und perinephrische Abszesse müssen häufig perkutan drainiert werden, idealerweise noch vor Gabe der Antibiotika, um Kulturen für eine antibiogrammgerechte Therapie zu erhalten. Die empirische Wahl der Antibiotika ist die gleiche wie für komplizierte Harnweginfektionen. Hämatogen entstandene Abszesse werden wie Bakteriämien behandelt.

In Kürze: Harnweginfektionen

- **Definition:** Aszendierende Infektion der Blase (Zystitis) oder des Nierenbeckens (Pyelonephritis) durch perianale Standortflora. Eine unkomplizierte Harnweginfektion in einem anatomisch und funktionell unauffälligen Harntrakt ist ohne größeres Risiko für weitergehende Morbidität.
- **Risikofaktoren:** Behinderung des Urinflusses (Steine, Tumoren, Zysten, verringerte Harnleiterperistaltik in der Schwangerschaft etc.), Fremdkörper (v. a. transurethrale Blasendauerkatheter), kurze Harnröhre der Frau.
- **Leitsymptome:** Dysurie, Pollakisurie, suprapubischer Schmerz. Bei Pyelonephritis zusätzlich: Fieber, Nierenlager-Klopfschmerz.
- **Erregerspektrum:** Vor allem E. coli, Enterokokken und Enterobakterien. Bei komplizierten nosokomialen Infektionen zusätzlich multiresistente Klebsiella, P. aeruginosa, 3/4-MRGN möglich.
- **Diagnostik:** Klinische Symptome mit oder ohne Fieber sind für die Diagnose wesentlich und werden ggf. mit weiterer Diagnostik bestätigt. Dafür ist meist Mittelstrahlurin oder Blasenpunktat notwendig. Bei Fieber Blutkulturen. Bakteriurie ohne Leukozyturie weist oft auf Lagerungs- oder Transportfehler hin. Bakteriurie ist signifikant bei Werten >10^3 CFU/ml.
- **Therapie:** Behandlung 3–5 Tage für unkomplizierte Zystitis, 7–10 Tage bei unkomplizierter Pyelonephritis. Pivmecillinam ist zurzeit bei unkomplizierter Zystitis der Frau Mittel der Wahl. Die lokale Resistenzlage sollte bei der empirischen Therapie von allen anderen Formen der Harnweginfektion beachtet werden.
- **Prävention:** Nosokomiale Harnweginfektion: Indikationen für Blasendauerkatheter streng stellen und häufig überprüfen, ob er gezogen werden kann.

Weiterführende Literatur

EAU Guidelines on Urological Infections. Edn. presented at the EAU Annual Congress Copenhagen 2018. ISBN 978-94-92671-01-1

Leitlinienprogramm DGU: Interdisziplinare S. 3 Leitlinie: Epidemiologie, Diagnostik, Therapie, Prävention und Management unkomplizierter, bakterieller, ambulant erworbener Harnwegsinfektionen bei erwachsenen Patienten. Langversion 1.1–2, 2017 AWMF Registernummer: 043/044. ▶ https://www.awmf.org/leitlinien/detail/ll/043-044.html. Zugegriffen: 7. Febr. 2020

Mulvey MA, Schilling JD et al (2000) Bad bugs and beleaguered bladders: interplay between uropathogenic Escherichia coli and innate host defenses. PNAS 97(16):8829–8835

Wagenlehner FM, et al (2009) Clinical aspects and epidemiology of uncomplicated cystitis in women: German results of the ARESC Study. Urologe 1433-0563 (Electronic)

Genitoanale und sexuell übertragbare Infektionen (STI)

Helmut Schöfer

Die speziellen anatomischen und physiologischen Verhältnisse der Genitoanalregion bieten diversen, meist auf den Menschen spezialisierten Bakterien, Pilzen, Viren und Parasiten besondere Lebensräume. Wichtige Pathogenitätsfaktoren sind Feuchtigkeit (aus Körperöffnungen wie Urethra, Vagina und Anus sowie durch Schwitzen in intertriginösen Hautfalten), Wärme und Okklusion (besonders bei Adipositas). Durch den engen körperlichen Kontakt beim Geschlechtsverkehr (feuchtwarme Schleimhäute, Reibung) können selbst gewebeständige Keime übertragen werden, die sehr empfindlich gegen Austrocknung sind und außerhalb des Körpers nur sehr kurz überleben würden (z. B. Treponema pallidum). Krankheiten, die überwiegend oder ausschließlich sexuell übertragen werden, werden heute als „sexually transmitted infections" (STI) zusammengefasst. Die Harnröhren beider Geschlechter, aber auch die samenableitenden Wege des Mannes sowie Vagina, Zervixkanal, Uterus und Eileiter der Frau ermöglichen eine direkte Ausbreitung von Erregern (aufsteigende Infektionen), die zu regionalen (Epididymitis, Prostatitis, Salpingitis, „pelvic inflammatory disease" [PID], Peritonitis), aber auch systemischen Komplikationen (Endokarditis, Sepsis) führen können. Extragenitale Manifestationen der STI können durch direkte Infektion empfindlicher Schleimhäute (Oral- bzw. Analverkehr, Schmierinfektionen am Auge) ausgelöst werden. Oft treten solche Infektionen asymptomatisch auf und sind damit epidemiologisch relevante Infektionsquellen. Auch die sexuell übertragbaren Allgemeininfektionen wie Syphilis, HIV-Erkrankung und Hepatitis A–C nehmen ihren Ausgang meist von der Genitoanalregion. Neben der somatischen Seite dieser Erkrankungen besitzen sie auch eine bedeutsame psychosoziale Komponente (Erkrankung in einer „Tabuzone", Ursache von Partnerkonflikten, soziale Verurteilung etc.).

■ Einteilung

Eine Einteilung der genitoanalen Erkrankungen **nach klinischen Leitsymptomen** (◘ Tab. 121.2) hat sich aus diagnostischen, in der sog. Dritten Welt auch aus therapeutischen Gesichtspunkten (syndromale Therapie bei geringen diagnostischen Ressourcen) bewährt.

Am häufigsten klagen die Patienten über schmerzhaftes Brennen und Ausfluss im Bereich der Harnröhre (Urethritis), der Vulva (Vulvovaginitis) oder des Anus (Anitis, Proktitis); genitoanale Ulzerationen; inguinale oder generalisierte Lymphadenopathie; Hautausschläge (Exantheme), Schleimhautveränderungen oder Wachstum genitaler „Warzen". Auch Auffälligkeiten von Syphilis-, Hepatitis- und HIV-Serologien bei asymptomatischen Patienten oder solchen mit unklaren Symptomen können zur Diagnose führen.

■ Epidemiologie

Mit dem Übergang des Gesetzes zur Bekämpfung der Geschlechtskrankheiten ins Infektionsschutzgesetz (IfSG 2001) blieb nur noch die **Meldepflicht** für HIV-Neuinfektionen, alle Virushepatitiden und die aktive, behandlungsbedürftige Syphilis erhalten. (Eine Ausnahme stellt das Bundesland Sachsen dar: Dort wurde die Meldepflicht für die Gonorrhö fortgesetzt.)

Die Meldung erfolgt anonym auf einem Durchschreibeformular an das Robert Koch-Institut (RKI, Berlin). Eingetragen werden:
1. vom Labor der jeweils positive Labornachweis,
2. vom behandelnden Arzt die wichtigsten epidemiologischen Patientendaten.

Gemeldet werden auch die direkten oder indirekten Nachweise akuter Hepatitisvirusinfektionen. Für alle anderen Erkrankungen dieses Kapitels gibt es nur vage epidemiologische Schätzungen und Trendanalysen.

2018 wurden dem RKI 2818 neu diagnostizierte HIV-Infektionen und 7332 Syphilisneuinfektionen gemeldet. In den mittlerweile für die Auswertung nicht mehr verfügbaren STI-Sentinel-Einrichtungen, deren Klientel zu 70 % aus sog. Hochrisikogruppenpatienten (v. a. „sex worker") bestand, führten unter den Erkrankungen mit Urethritis die Chlamydieninfektion (6 % aller Untersuchten) vor der Gonorrhö (3,7 %) und der Trichomoniasis (2,5 %). In Sachsen (Meldepflicht

S. Suerbaum et al. (Hrsg.), *Medizinische Mikrobiologie und Infektiologie*,
https://doi.org/10.1007/978-3-662-61385-6_121

für Gonorrhö!) wurden im Jahr 2018 auf je 100.000 Einwohner 16,7 Fälle gemeldet. Allgemein wird die Häufigkeit der Chlamydieninfektionen in Europa auf 4–5 % aller Erwachsenen geschätzt. Die Dunkelziffer solcher Schätzungen kann sehr hoch sein.

Ulcus molle und Granuloma inguinale treten in Deutschland nur sehr vereinzelt auf. Sie gelten als „importierte STI". Das Lymphogranuloma venereum breitete sich seit 2003 in einigen europäischen Ballungszentren unter Männern, die Sex mit Männern (MSM) haben, endemisch aus. Das European Centre for Disease Prevention and Control (ECDC) in Stockholm meldete 2018 insgesamt 1989 Fälle (in 24 Ländern, Deutschland ausgenommen, da keine Meldepflicht).

Erregerspektrum

Die häufigsten klinisch relevanten Erreger der genitoanalen Infektionen und STI sind in ◘ Tab. 121.2 mit den zugehörigen klinischen Leitsymptomen aufgelistet.

Nicht selten treten **Mischinfektionen** mit 2 und mehr Erregern auf. Gründe hierfür sind ähnliche Erregereigenschaften (Bevorzugung warm-feuchter Hautareale und genitaler Schleimhäute), gleicher Übertragungsweg (sexuell) und gleiches Risikoverhalten (ungeschützter Verkehr, Promiskuität). Besonders häufig werden bei der Gonorrhö auch Chlamydien (in 20–40 %!) und andere Urethritiserreger nachgewiesen.

Bestehen nach einer erregerspezifischen Behandlung die klinischen Beschwerden weiter, ist die Erregerdiagnostik zu wiederholen, ggf. auch auf seltene Erreger zu erweitern.

Pathogenese

Die überwiegend humanspezifischen Erreger werden durch engen körperlichen Kontakt, v. a. durch vaginalen, analen sowie orogenitalen Geschlechtsverkehr und je nach Erregerart gelegentlich auch als Schmierinfektion übertragen. Die hochempfindlichen Syphilis- und Gonorrhöerreger werden **ausschließlich durch sexuelle Kontakte** übertragen. Die oft zitierte Übertragung dieser Erreger allein durch Toiletten- oder Saunabenutzung kommt nicht vor.

Nach Infektion der genitoanalen Schleimhäute, die erregerspezifisch unterschiedliche Pathogenesemuster aufweist, kommt es zunächst zu einer **Haut- oder Schleimhautinfektion am Infektionsort (Kontaktinfektion).** Neben flächenhaft entzündlichen Läsionen (z. B. Soor durch C. albicans, Pyodermien durch Staphylo-, Streptokokken) und papulösen Effloreszenzen (Feigwarzen, Kondylome) können einzelne oder multiple rasch ulzerierende Effloreszenzen auftreten (Syphilis, Herpes simplex, Ulcus molle, Lymphogranuloma venereum, Granuloma inguinale).

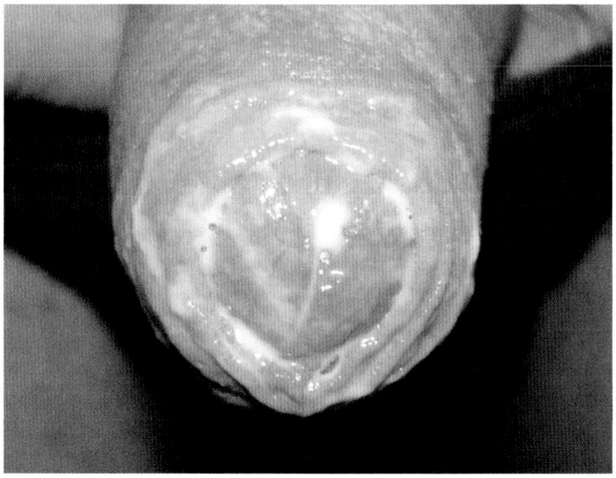

◘ **Abb. 121.1** Eitriger Fluor urethralis bei Gonorrhö

Viele Erreger breiten sich vom Infektionsort zunächst lymphogen aus und führen zu einer dolenten oder indolenten regionalen Lymphadenopathie (z. B. Syphilis im Primärstadium). Im Weiteren ist eine **lymphogene oder hämatogene Streuung** (Bakteriämie) mit Allgemeinsymptomen und sehr unterschiedlichen klinischen Spätmanifestationen und Komplikationen möglich (z. B. disseminierte Gonokokkeninfektion, sekundäre und tertiäre Syphilis).

Klinik

Dazu gehören:

Urethritiden Brennen und Kribbeln in der Harnröhre, die sich bis zu starken Schmerzen bei der Miktion verschlimmern können, sowie wässriger oder eitriger Ausfluss aus der Harnröhre (◘ Abb. 121.1) sind die typischen Symptome der Urethritiden. Allerdings ist die Chlamydienurethritis bei etwa 80 % aller weiblichen und 50 % aller männlichen Betroffenen völlig asymptomatisch. Sie kann dennoch auf Sexualpartner übertragen werden und im weiteren Verlauf wie auch die Gonorrhö zu schweren aufsteigenden Infektionen (Epididymitis, Salpingitis, „pelvic inflammatory disease") und zu Infertilität (Verschluss der Tuben bzw. der samenableitenden Wege) führen.

Genitale Ulzera Das typische genitale Ulkus ist der solitäre syphilitische Primäraffekt (◘ Abb. 121.2), der allerdings im Gegensatz zu den anderen genitalen Ulzera indolent ist und einen derben Randwall aufweist. Ulzera durch Haemophilus ducreyi sind multipel, schmerzhaft und können sich durch direkten Kontakt weiter ausbreiten (Abklatschulzera, „kissing lesions" beim Ulcus molle). Herpesviren führen zu multiplen gruppierten, sehr schmerzhaften Bläschen und Erosionen, bei Immundefizienz auch zu

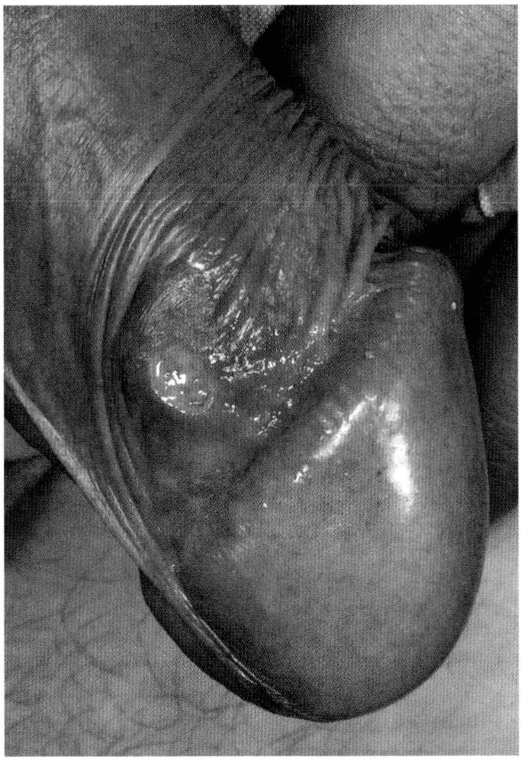

Abb. 121.2 Primäraffekt bei Syphilis (derbes, indolentes Ulkus)

ausgedehnten Ulzerationen. Tab. 121.1 zeigt die wichtigsten differenzialdiagnostischen Merkmale der genitoanalen Ulzera.

Papulöse Effloreszenzen Die papulösen Effloreszenzen der Mollusca contagiosa (Dellwarzen) und der Infektionen mit Humanen Papillomviren (HPV) – Condylomata acuminata mit charakteristisch zerklüfteter Oberfläche (Abb. 121.3) – bleiben meist auf die Epithelien begrenzt.

Onkogene HPV-Typen (z. B. HPV-16, -18, -31 etc.) können sich jedoch v. a. auf Schleimhäuten intraepithelial ausbreiten und über viele Jahre persistieren

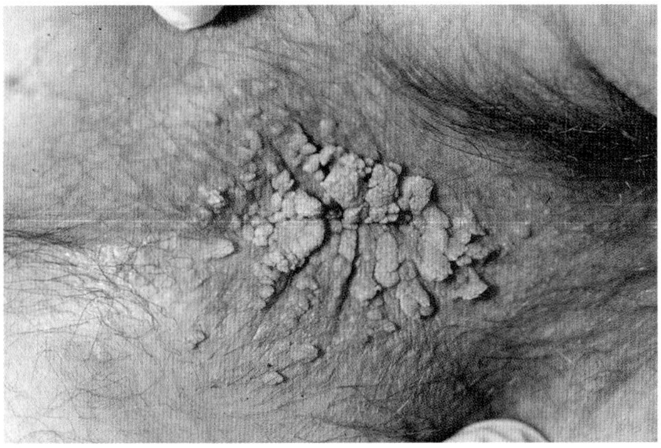

Abb. 121.3 Perianale Condylomata acuminata

(intraepitheliale Neoplasien [IN]: CIN, zervikale; PIN, penile; VIN, vulväre; VAIN, vaginale; AIN, anale). Nach 1–2 Jahrzehnten, bei Immundefizienz auch deutlich früher und häufiger, können sich solche prämalignen Läsionen, die an der Haut auch als **Morbus Bowen** oder an der Schleimhaut als **Erythroplasie Queyrat** bezeichnet werden, in maligne Tumoren umwandeln (z. B. Zervix-, Penis-, Analkarzinom).

Entzündliche Erkrankungen der äußeren Genitoanalregion Adipositas und diabetische Stoffwechsellage sowie verschiedene Formen der Immundefizienz fördern die intertriginöse Candida-Infektion (Windeldermatitis, genitoanaler Soor) und die Balanoposthitis bzw. Vulvovaginitis candidomycetica. Im typischen Fall zeigt sich ein hochrotes, schmerzhaftes Erythem der befallenen Hautareale mit scharfer Begrenzung, randnaher Schuppenkrause und Satelliteninfektionen der Umgebung.

Auch Pseudomonaden können bei hoher Feuchtigkeit (z. B. bei Inkontinenz) zu stark entzündlichen, auch ulzerierenden Läsionen führen: Ecthyma gangraenosum (Abb. 121.4). Inguinale und glutäale Hautinfektionen mit Dermatophyten

Tab. 121.1 Klinische Differenzialdiagnose infektiöser genitoanaler Ulzera

Erkrankung (Erreger)	Anzahl	Palpation	Schmerzhaftigkeit	Lymphadenopathie
Syphilis (Treponema pallidum)	(Meist) solitär	Derb	Nein	Indolent
Lymphogranuloma venereum (LGV)	Solitär	Weich	Nein	Entzündlicher Bubo (dolent)
Granuloma inguinale, Donovanosis (Klebsiella granulomatis)	Solitär	Weich	Nein	Indolent
Herpes genitoanalis (HSV-1, -2)	Multipel (klein, gruppiert)	Weich	Ja	Dolent
Ulcus molle (Haemophilus ducreyi)	Multipel	Weich	Ja	Dolent

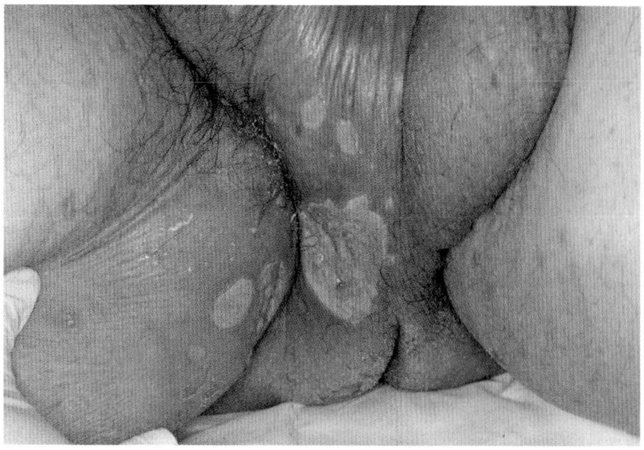

Abb. 121.4 Ecthyma gangraenosum (intertriginöse Ulzera durch P. aeruginosa)

zeigen randbetonte Erythemherde mit aufgelagerter Schuppung, tiefe Infektionen mit Trichophyton mentagrophytes Typ 4 („Thailandpilz") entzündliche Knoten, Infektionen mit Korynebakterien (Erythrasma) homogene, braunrote Maculae mit scharfer Begrenzung. Bei Skabies und Filzlausbefall lassen sich die Erreger (mit Lupe, besser Dermatoskop) makroskopisch direkt nachweisen.

Diagnostisches Vorgehen

Indikationen zur Erregerdiagnostik sind:

- Beschwerden in der Genitoanalregion, die durch die entsprechenden Leitsymptome auf die diversen Erkrankungen hinweisen (Tab. 121.2)
- Partnerinfektionen
- Serologische Auffälligkeiten bei unklaren Haut- bzw. Schleimhautbefunden

Im Genitoanalbereich kann eine Vielzahl (>30) von Erregern Infektionen auslösen (Tab. 121.2). Mithilfe der Anamnese und der klinischen Leitsymptome lässt sich das Erregerspektrum einengen und eine gezielte Diagnostik durchführen. Je nach klinischem Befund und vermuteter Erkrankung sind folgende **Untersuchungsmethoden** zielführend:

- Abstriche mit Färbung (Gram, Giemsa u. a.) und mikroskopischem Nachweis (z. B. bei Gonorrhöverdacht)
- Kulturelle Anzüchtung der Erreger
- Direktnachweise mittels Nukleinsäureamplikationsverfahren (NAAT)
- Histopathologische und immunhistopathologische Untersuchungen (z. B. bei CIN, AIN), Syphilis
- Indirekte, serologische Infektionsnachweise (z. B. HIV, Syphilis).

Genitoanale Haut- und Schleimhautläsionen (z. B. alle Ulzera) sind per **Abstrichuntersuchung** für direkte Erregernachweise besonders geeignet. Da es sich überwiegend um sehr empfindliche Erreger handelt, kann bereits eine einmalige topische Vorbehandlung mit Antiseptika oder topischen Antibiotika zu falsch negativen direkten Erregernachweisen (Kulturen, Dunkelfeldmikroskopie bei der Frühsyphilis) führen. In der Anamnese müssen alle Vorbehandlungen (topisch/systemisch) erfasst und dem Labor mitgeteilt werden. Auf kurze Transportwege (Probe möglichst am gleichen Tag ins Labor) und die adäquaten Transportmedien ist zu achten. Direkte Erregernachweise mittels Nukleinsäureamplikationsverfahren (z. B. PCR) sind bezüglich Vorbehandlungen und Transport weniger störanfällig, ermöglichen aber meist keine Resistenzbestimmung. (Diese ist bei Gonorrhö besonders wichtig!).

Urethritiden werden durch **Harnröhrenabstriche** untersucht. Intrazelluläre Erreger (z. B. Chlamydien) lassen sich nur durch Entnahme von reichlich zellulärem Material (tiefer Abstrich aus der Harnröhrenwand mittels spezieller Entnahmebürsten) direkt nachweisen. Hier haben die Nukleinsäureamplifikationsverfahren aus morgendlichem Erststrahlurin beim Mann und aus dem **Vaginalabstrich** der Frau eine höhere Sensitivität und Spezifität als der kulturelle Erregernachweis oder Antikörperuntersuchungen.

On-Site-Schnelltests, d. h. Schnelltests, die direkt nach Materialentnahme beim Patienten ausgeführt werden, stehen für die Herpes-simplex-Viren-, Chlamydien-, Syphilis- und HIV-Diagnostik zur Verfügung. Da hierbei jedoch sowohl falsch-positive wie auch falsch-negative Ergebnisse vorkommen, sind die meisten der bisher verfügbaren Schnelltests noch keine Verbesserung der Routinediagnostik.

Für **serologische Infektionsnachweise** (Nachweis spezifischer Antikörper) sind die jeweiligen Serokonversionszeiten der Erreger zu berücksichtigen (z. B. bei Syphilis 3–4 Wochen, bei HIV-Infektion ca. 3 Monate post infectionem). Eine frische primäre Syphilis kann daher in den klassischen Suchtests noch seronegativ sein. Zuerst werden treponemenspezifische IgM-Antikörper nachweisbar, gefolgt von spezifischen IgG-Antikörpern (TPPA-Test etc.) und schließlich von unspezifischen Cardiolipin-Antikörpern (VDRL-Test, RPR-Test etc.).

Die neueren kombinierten HIV-Tests erfassen mit dem erregerspezifischen p24 eine frische Infektion bereits vor der Serokonversion, die bis zu 3 Monate post infectionem eintritt. Auch für die Hepatitiden stehen entsprechende Antigennachweise aus dem Serum zur Verfügung. Bei genitoanalen Chlamydieninfektionen ist die Wertigkeit serologischer Untersuchungen umstritten. Sicher ist, dass es bei schweren, invasiven Infektionen (z. B. einer Chlamydienpneumonie, auch beim Lymphogranuloma venereum) zu relevanten Titeranstiegen kommt.

Tab. 121.2 Genitoanale Erkrankungen und STI nach Leitsymptomen und Erregern

Klinische Leitsymptome	Erkrankung	Erreger	Besonderheiten	Therapie
Leitsymptom: Urethritis, Fluor vaginalis				
Ausfluss (Urethritis), Dysurie	Chlamydieninfektion (Urethritis, Zervizitis, Proktitis, Pharyngitis)	Chlamydia trachomatis (Serovar D–K)	Häufig asymptomatisch: 80 % aller betroffenen Frauen, 50 % aller betroffenen Männer; aufsteigende Infektionen/Sterilität möglich!	Doxycyclin 200 mg/Tag p. o. für 7–14 Tage oder Azithromycin (1 × 1,5 g p. o.)
Ausfluss (Urethritis), Dysurie evtl. auch: analer Schmerz, Schluckbeschwerden, eitrige Konjunktivitis	Gonorrhö (Urethritis, Zervizitis, Proktitis, Pharyngitis, Blennorrhö)	Neisseria gonorrhoeae	Ausfluss initial oft eitrig, später auch wässrig; aufsteigende Infektionen/Sterilität möglich!	Bei Urethritis: einmalig Ceftriaxon (1 g i.v. oder i. m.) in Kombination mit Azithromycin einmalig 1,5 g p. o. (bei Pharyngitis 2 g) Details s. AWMF-Leitlinie Register-Nr. 059/004)
Ausfluss (Urethritis), Dysurie evtl. auch abdominale Schmerzen	Mykoplasmenurethritis, „pelvic inflammatory disease" (PID)	Hauptauslöser: M. genitalium (Ureaplasma urealyticum u. Mycoplasma hominis sind meist nur kolonisierender Teil des Mikrobioms)	Beim Mann wichtiger Urethritiserreger, bei der Frau: Zervizitis, PID Auch asymptomatische Verläufe!	*M. genitalium-Infektionen:* Azithromycin (initial 500 mg, ab 2. Tag 250 mg/Tag für 5 Tage) oder Azithromycin 1 × 1 g oder Doxycyclin 2 × 100 mg über 7 Tage
Ausfluss (Fluor vaginalis), Vaginitis und Urethritis	Trichomoniasis	Trichomonas vaginalis	Verlauf auch asymptomatisch	Metronidazol (einmalig 2 g p. o. oder Vaginalsuppositorium. Dosiseskalation bei Therapieresistenz
Ausfluss (Fluor vaginalis), Jucken, Brennen, Fötor	Bakterielle Vaginitis	Gardnerella vaginalis u. a. Anaerobier, selten: B-Streptokokken, Staphylokokken, Enterobakterien	Mischinfektionen, „clue cells" Fluor vaginalis mit fischartigem Geruch	Metronidazol 1 × 2 g oder 2 × 500 mg/Tag p. o. über 7 Tage; intravaginal Clindamycin 2 % Vaginalcreme oder Metronidazol-Vaginalgel über 5–7 Tage
Leitsymptom: genitoanale Ulzera				
Genitales, anales oder orales Ulkus (meist solitär) derb, indolent mit indolenter regionaler Lymphadenopathie	Syphilis (Stadium I)	Treponema pallidum subspecies pallidum	Erkrankung in 4 Stadien (I–IV) s. auch STI-Systeminfektionen	s. u.: STI-Systeminfektionen
Schmerzhafte, gruppierte Bläschen → Erosionen, Ulzera, Krusten chronisch rezidivierend	Genitoanaler Herpes simplex	HSV-1 HSV-2	Auch glutäal auftretend, selten Ursache von Urethritis oder Vaginitis	Aciclovir, Valaciclovir, Famciclovir Dosiserhöhung bei immundefizienten Patienten, evtl. Dauerprophylaxe, Foscavir bei Thymidinkinaseresistenz (selten!)
Schmerzhafte, weiche Ulzera, meist multipel, Abklatschläsionen, gleichzeitig entzündliche, schmerzhafte Lymphadenopathie, Einschmelzen, Fistulation, Ruptur möglich	Ulcus molle (weicher Schanker, „chancroid")	Haemophilus ducreyi	In Deutschland seltene, importierte STI	Azithromycin (1 × 1,5 g p. o.) oder Ceftriaxon (1 × 250 mg bis 1 g i. m.) auch Erythromycin (3 × 500 mg/Tag p. o. für 7 Tage)

Tab. 121.2 (Fortsetzung)

Klinische Leitsymptome	Erkrankung	Erreger	Besonderheiten	Therapie
Genitales Ulkus, meist solitär, später entzündliche, aufbrechende auch fistulierende Lymphknotenschwellungen (Bubo), Proktitis	Lymphogranuloma venereum (3 Stadien inkl. L.-v.-Proktitis)	Chlamydia trachomatis (Serovar L1, L2, L3)	In Deutschland seltene, importierte STI, kleine Endemien bei MSM	Doxycyclin (2 × 100 mg/Tag p. o. für 3 Wochen); auch Azithromycin, oder Erythromycin für 3 Wochen
Indolente, weiche Ulzera, granulomatöse Reaktion, scharfe, progrediente Ränder, leicht blutender Ulkusgrund, jahrelange Persistenz, Vernarbung, Elephantiasis, Karzinome	Granuloma inguinale (Donovanosis)	Klebsiella granulomatis (früher Calymmatobacterium granulomatis)	In Deutschland seltene, importierte STI	Cotrimoxazol (2 Tabl. à 160/800 mg/Tag p. o.); oder Doxycyclin (2 × 100 mg/Tag p. o.) oder Azithromycin (1 × 1 g/Woche p. o.) über mind. 3 Wochen!
Leitsymptom: Papeln, Knoten				
Einzeln stehende oder aggregierte weißliche Papeln mit zerklüfteter (verruköser) Oberfläche, flache, rötliche Papeln (intraepitheliale Neoplasien), bräunliche (bowenoide) Papeln, Tumoren	Condylomata acuminata, intraepitheliale Neoplasien, Zervix-, Penis-, Analkarzinom etc	Humane Papillomviren HPV-6, -11 Onkogene HPV: HPV-16, -18, -31 etc	Klinisches Spektrum von benignen Papillomen über Präkanzerosen bis zu malignen Tumoren	Operative Abtragung (Kürette, Laser, elektrokaustisch), Kaustika, Kryotherapie, Podophyllotoxin, Grüntee-Catechine, Imiquimod etc bei Immundefizienz, Verdacht auf Präkanzerose oder Tumorentwicklung: unbedingt Histopathologie!
Multiple, evtl. konfluierende, flache Papeln	Sekundärsyphilis, Condylomata lata	T. pallidum	Hochkontagiös	s. u.: STI-Systeminfektionen
Multiple, einzeln stehende **Papeln mit zentraler Einziehung,** hautfarben	Molluscum contagiosum (Dellwarze)	Poxvirus mollusci	Bei Immundefizienz (HIV) und atopischer Diathese häufiger	Operative Abtragung (Kürette, Laser), Kaustika, Kryotherapie, Podophyllotoxin, Imiquimod, Sinecatechins etc
Livid-rote Flecken → Tumoren, meist multipel, Ausrichtung in Hautspaltlinien, evtl. Schleimhautbeteiligung, Lymphadenopathie	Kaposi-Sarkom	Humanes Herpesvirus 8 (HHV-8)	Männer : Frauen = 9:1	*Topisch:* Kryo-, Röntgenweichstrahl-Therapie, 9-cis-Retinsäure-Gel etc *Systemisch:* liposomales Doxorubicin, Paclitaxel, ABV-Chemotherapie[a], IFN-α etc
Leitsymptom: Entzündliche Veränderungen am äußeren Genitale				
Erytheme, Erosionen, pseudomembranöse Beläge, Schmerzen, Jucken, Brennen, Ausfluss	Candida Vulvovaginitis, Candida Balanoposthitis Intertriginöse Dermatitis (Intertrigo)	Candida albicans u. a. C.-species Dermatophyten Bakterien: Streptokokken, Pseudomonaden, Salmonellen; Oxyuren	Gefördert durch Adipositas, Diabetes mellitus, Immundefizienz	*Candida-Infektionen – topisch:* Nystatin, Azole; *systemisch:* Azole (Fluconazol einmalig 150 mg p. o.), Resistenzen möglich! C. krusei: Posaconazol oder Voriconazol *Andere Erreger:* erregerspezifische Antibiotika (z. B. Cotrimoxazol), antiseptisch

Tab. 121.2 (Fortsetzung)

Klinische Leitsymptome	Erkrankung	Erreger	Besonderheiten	Therapie
Pruritus, Exkoriationen, Papeln	Skabies	Sarcoptes scabiei, Krätzemilbe	Häufig auch bei Sexualpartnern und Familienmitgliedern	Permethrin 5 % Creme, Whlg. evtl. nach 14 Tagen Scabies crustosa: 2-malig (Abstand 10–14 Tage) Ivermectin 200 µg/kg p. o
Pruritus, Exkoriationen, Filzläuse an genitalen Haaren	Phthiriasis	Phthirus pubis, Filzlaus	Häufig auch bei Sexualpartnern, Nissennachweis	Permethrin-Creme (5 %), evtl. mit Piperonylbutoxid und Malathion als Pumpspray
STI-Systeminfektionen				
Exantheme, generalisierte Lymphadenopathie etc. (Stadium II) granulomatöse Syphilide, kardiovaskuläre Symptome, diverse neurologische Symptome (III, IV)	Syphilis (Stadien II–IV)	Treponema pallidum	Erkrankung in 4 Stadien I–IV, s. auch Leitsymptome Ulkus (Stadium I); vielfältige Haut- und Allgemeinsymptomatik	*Frühsyphilis:* *Einmalig* Benzathin-Benzylpenicillin 2,4 Mio. IE i. m. glutäal li/re je 1,2 Mio. IE *Spätsyphilis:* Dito Tag 1, 8, 15 oder Ceftriaxon 2 g/d i.v. über 10–14 Tage oder Doxycyclin 2 × 100 mg/Tag für 14–28 Tage, Neurosyphilis: Penicillin G kristalloide Lösung i.v. (Details: Leitlinie Syphilis, AWMF-Register-Nr. 059–002)
Langsam progrediente **Immundefizienz,** multiple **opportunistische Infektionen und Tumoren** (Kaposi-Sarkom, Lymphome, anale SCC etc.)[b] generalisierte Lymphadenopathie	HIV-Infektion, AIDS	HIV-1 HIV-2	Vielfältige klinische Symptomatik je nach Grad der Immundefizienz	Antiretrovirale Kombinationstherapie (HAART mit NRTI, NNRTI, Protease-, Fusions-, Integrase- und Entry-Inhibitoren) Lebenslange Therapie erforderlich Details: Deutsch-Österreichische Leitlinien zur antiretroviralen Therapie der HIV-Infektion AWMF-Register-Nr.: 055–001
Häufig asymptomatisch, aber auch: **Ikterus,** Glieder-, Oberbauchschmerzen, Übelkeit, Erbrechen und Durchfall, evtl. Schwäche	Virushepatitis, Leberzirrhose, Leberkarzinom	Hepatitis-B-, -C-Virus (seltener sexuell übertragen: Hepatitis-A-Virus)	Hepatitis C: Verlauf oft schleichend mit nur geringem Transaminasenanstieg	Hep. A: symptomatisch Hep. B: symptomatisch, antiviral bei fulminantem oder chronischem Verlauf: (z. B. Entecavir, Tenofovir) Hep. C: direkt antivirale Substanzen (DAA) evtl. mit Ribavirin

[a]ABV, Actinomycin D/Bleomycin/Vincristin
[b]SCC (squamous cell carcinoma) = Plattenepithelkarzinom

Vorgehen im Labor Die diversen bakteriellen Erreger werden auf entsprechenden **Kulturmedien** angezüchtet, differenziert und bezüglich ihrer Antibiotikaempfindlichkeit ausgetestet. Für die Anzucht von Gonokokken und Mykobakterien sind die entsprechenden Spezialnährböden und besondere Kulturbedingungen (Temperatur, Bebrütungsdauer etc.) zu berücksichtigen; bei Verdacht auf Candida-Infektionen Anzucht auf z. B. Sabouraud-Dextrose-Agar, Differenzierung auf Chromagar oder durch Kohlenhydratassimilation und andere Tests.

Dunkelfeldmikroskopie auf Syphilis und **Lichtmikroskopie** auf Trichomonaden müssen mittels „patientenwarmen" Abstrich- bzw. Urinproben möglichst sofort, d. h. in der Regel durch den untersuchenden Arzt erfolgen. Auch die Diagnose der bakteriellen Vaginitis („clue cells" bei Gardnerella vaginalis-Infektion, Sprosspilze bei Candida-Infektion) und der gonorrhoischen Urethritis (intragranulozytäre Diplokokken in der Gram- oder Methylenblaufärbung) können mikroskopisch erfolgen.

Ansonsten werden Abstriche den entsprechenden **Antigen- und Antikörpertests** (ELISA, PCR etc.) zugeführt. Bei serologischen Untersuchungen auf HIV-Antikörper muss dokumentiert werden, dass der Patient über die Untersuchung informiert wurde und mit ihr einverstanden ist.

▪ Therapie

Für die Therapie der einzelnen genitoanalen Infektionen sind wegen des großen Erregerspektrums die jeweilige Fachliteratur bzw. die vorhandenen aktuellen Leitlinien (▶ https://www.awmf.org) zu berücksichtigen. ◻ Tab. 121.2 bietet einen Überblick über die Behandlung der wichtigsten genitoanalen Infektionen und STI.

▪ Prävention

Ein wesentlicher Faktor der STI-Prävention sind Maßnahmen, die unter dem Begriff „geschützter Sexualkontakt" („safer sex") zusammengefasst werden. Dabei gilt es v. a. den Austausch potenziell infektiöser Körperflüssigkeiten bei sexuellen Kontakten zu verhindern. Wichtigstes Hilfsmittel ist das **Kondom,** dass den Verkehr sicherer („safer"), aber leider nicht 100 % sicher („safe") macht. Darüber hinaus ist **Aufklärung** möglichst schon vor den ersten sexuellen Kontakten, d. h. bereits im frühen Schulalter, über die Übertragungswege und die Risiken der STI erforderlich.

Durch **Impfung** mit nonavalenten Impfstoffen gegen die HPV-Typen 6 und 11 (Ursache der Condylomata acuminata) und v. a. gegen HPV-16 und -18 und andere onkogene HPV-Typen (Ursache des Zervixkarzinoms und anderer Tumoren des Genitoanalbereichs) könnten diese Erkrankungen zukünftig weitgehend verhindert werden. Voraussetzungen dafür sind jedoch eine umfassende Impfung von Jungen und Mädchen vor den ersten Sexualkontakten und insgesamt eine ausreichend hohe Durchimpfung der Bevölkerung.

Zur Vermeidung/Rezidivprophylaxe nicht sexuell übertragener genitaler Infektionen sind v. a. eine sorgfältige Körperhygiene, Gewichtsreduktion bei Adipositas und die sorgfältige Einstellung eines evtl. vorhandenen Diabetes mellitus von Bedeutung.

121.1 Vom Genitoanalbereich ausgehende Übertragungen auf Embryo, Fetus und Neugeborenes

Werden Krankheitserreger von der Mutter in den ersten 14 Schwangerschaftswochen (SSW) auf das Kind übertragen, handelt es sich um embryonale (Embryopathien), ab der 15. SSW um fetale Infektionen (Fetopathien). Auch Neugeborene können durch Erreger, die bei der Geburt von der Mutter übertragen werden, erkranken (Neugeboreneninfektionen).

▪ Embryonale und fetale Infektionen

Häufigster Erreger embryonaler Infektionen ist das Rötelnvirus (Rubella). Die Übertragung aus dem mütterlichen Blut führt zur schweren **Rötelnembryopathie** (Gregg-Syndrom) mit der klassischen Trias Herzfehlbildungen, Innenohrschwerhörigkeit und Katarakt sowie weiteren Symptomen inklusive geistiger Retardierung.

Schwere **Fetopathien** werden durch die Übertragung der Erreger von Toxoplasmose, Syphilis, Zytomegalie sowie des Parvovirus B19 etc. ab der 15. SSW ausgelöst.

▪ Neugeboreneninfektionen

Bei der Passage durch den Geburtskanal können Herpesviren, Chlamydien, HIV und diverse Bakterien (B-Streptokokken, N. gonorrhoeae, Mykoplasmen, E. coli etc.) auf das Neugeborene übertragen werden und schwere Erkrankungen von Augeninfektionen über Pneumonien bis zur Neugeborenensepsis oder -meningitis auslösen.

▪ Prävention

Wichtigste Maßnahme ist zunächst die möglichst frühe Feststellung des Infektionsstatus jeder Schwangeren. Dazu gehört die Überprüfung des Antikörperstatus gegen Röteln und Toxoplasmose. Sind entsprechende mütterliche Antikörper vorhanden, ist auch das Kind gegen diese Erreger geschützt. Antikörper gegen T. pallidum werden untersucht, um eine evtl. unbehandelte, aktive Syphilis festzustellen und rechtzeitig zu behandeln.

Werden perinatal B-Streptokokken im Geburtskanal nachgewiesen, erfolgt eine gegen Streptokokken wirksame Antibiose mit Penicillin G oder Ampicillin, bei Nachweis von Herpesviren eine Aciclovirbehandlung. Besteht mütterlicherseits eine genitale HPV-Infektion (Condylomata acuminata), führt dies nur bei ausgedehnten Befunden, welche die Geburtswege verlegen, zur Indikation einer Sectio.

In Kürze: Genitoanale und sexuell übertragbare Infektionen (STI)

- **Allgemeines:** Genitoanale und sexuell übertragbare Infektionen sind anfangs Kontaktinfektionen und betreffen in erster Linie die Epithelien (genitoanale Haut, Ureteren, Vagina, Zervikalkanal, Endometrium, Eileiter, Analkanal) sowie das lymphatische System der Genitoanalregion. Sie können beim Mann zu Prostata, Samenbläschen, Nebenhoden und Hoden sowie bei der Frau über die Zervix und die Tuben bis zur freien Bauchhöhle aufsteigen und dort jeweils schwere Infektionen auslösen. Bei Ausbreitung über Lymph- und Blutgefäße kann es je nach Erregerart zu schweren Allgemeininfektionen (Endokarditis, Pneumonie, Glomerulonephritis, disseminierte Gonokokkeninfektion, Sepsis etc.) kommen. Aus diagnostischen und therapeutischen Überlegungen erfolgt eine Einteilung nach **Leitsymptomen:**
  - **Ausfluss** (Urethritis, Fluor vaginalis, Proktitis)
  - **Ulzera** (z. B. Syphilis, Herpes genitalis)
  - **Papeln** und **Knoten** (Condylomata acuminata etc.)
  - **Entzündliche Läsionen am äußeren Genitale** (z. B. Candida-Vulvovaginitis)
  - Von der Region ausgehende **Systeminfektionen** (z. B. Sekundärsyphilis, HIV/AIDS, Hepatitiden)
- **Epidemiologie:** Die Meldepflicht genitoanaler Infektionen wurde 2001 auf HIV-Neuinfektionen, aktive Syphilis und Hepatitis beschränkt (§ 7 IfSG). Verlässliche Zahlen für Inzidenzen und Prävalenzen der anderen Erkrankungen liegen daher nicht vor. Syphilis-Neuerkrankungen sind aktuell fast doppelt so häufig wie HIV-Neuinfektionen. Unter den Urethritiserregern führen die Chlamydien vor Gonokokken und Trichomonaden.
- **Erreger:** Verursacher der Genitoanalinfektionen und STI sind Bakterien (Chlamydien, Gonokokken, Treponemen, Haemophilus ducreyi, Mykoplasmen, Staphylokokken, Streptokokken etc.), Pilze (v. a. Candida-Arten, Dermatophyten etc.), Viren (HSV-1 u. HSV-2, HIV, Hepatitisviren A–C) und Parasiten (z. B. Sarcoptes scabiei). Mischinfektionen sind häufig, besonders hohe Komorbidität (bis 40 %!) von N. gonorrhoeae und Chlamydia trachomatis bei Urethritis.
- **Pathogenese:** Meist handelt es sich um humanspezifische Erreger, die durch direkte Kontakte übertragen werden. Die besonders empfindlichen STI-Erreger werden, mit ganz wenigen Ausnahmen, nur sexuell übertragen. Vom Infektionsort können sie sich per continuitatem aber auch lymphogen und/oder hämatogen ausbreiten.
- **Klinik:** Den Leitsymptomen folgend, verspüren die Patienten mit Urethritis Brennen, Kribbeln und (Miktions-)Schmerzen in der Harnröhre (Männer stärker als Frauen). Bei aufsteigenden Infektionen Beschwerden je nach befallenen Strukturen. Chlamydieninfektionen sind, besonders bei Frauen, häufig asymptomatisch. Genitale Ulzera können derb und völlig indolent sein (primäre Syphilis), aber auch multipel und sehr schmerzhaft auftreten (z. B. bei Herpes simplex, Ulcus molle). Papulöse und verruköse Effloreszenzen sind meist viraler Natur (Condylomata acuminata, Mollusken), treten aber auch bei Skabies auf. Besonders bei Immundefizienz können Infektionen mit onkogenen HPV-Typen (16, 18, 31 etc.) zu malignen Tumoren führen. Verursacher von Balanoposthitis bzw. Vulvovaginitis candidomycetica sowie Soorerkrankungen der Windelregion ist meist Candida albicans. Durch orogenitale Sexualkontakte (Fellatio, Cunnilingus, Anilingus) können Chlamydien, Gonokokken, Treponemen, Hefen und Viren (z. B. HPV, HSV, HIV) in Mundhöhle und Rachen gelangen und dort (häufig asymptomatische!) Infektionen auslösen.
- **Diagnostik:** Direkte Erregernachweise je nach Leitsymptom durch Abstriche (möglichst unbehandelter Patienten!) aus Urethra, Vagina, Analkanal, Rachen oder von Ulzerationen und der freien Haut. Je nach vermutetem Erreger direkte Mikroskopie mit entsprechender Färbung (z. B. Gram, Methylenblau), Dunkelfeldmikroskopie und/oder Kultur. Nukleinsäureamplifikationsverfahren (NAAT, z. B. PCR) zum direkten Erregernachweis in Abstrichen, Punktaten oder Urin. Bei HPV-Infektionen evtl. auch histologische Untersuchung von Biopsiematerial. Syphilis (v. a. im Latenzstadium), HIV-Infektion und Hepatitiden werden serologisch nachgewiesen.
- **Therapie:** Eine erregerspezifische Therapie ist anzustreben. Hierzu sind Erregernachweis und bei bakteriellen Infektionen möglichst auch ein Antibiogramm erforderlich. Chlamydieninfektionen werden mit Doxycyclin oder Makroliden behandelt, die Gonorrhö mit der Kombination von Ceftriaxon und Azithromycin, die Syphilis mit

Penicillin, HPV-Infektionen operativ, kaustisch oder immunmodulatorisch (Imiquimod, Grüntee-Catechine etc.). In Regionen mit mangelhaften diagnostischen und personellen Ressourcen („Dritte Welt“) erfolgt häufig eine syndromale Therapie nach Leitsymptomen.

- **Prävention:** Wichtigstes Prinzip ist die frühzeitige Aufklärung bezüglich der Infektionswege der STI und möglicher Schutzmaßnahmen (Expositionsprophylaxe). Kondome können helfen, den Austausch potenziell infektiöser Körperflüssigkeiten beim Geschlechtsverkehr zu verhindern („safer sex“). Übertragungen von der infizierten Mutter auf das Kind (je nach Erreger Embryopathien, Fetopathien oder Neugeboreneninfektionen) können durch Infektionsdiagnostik im Rahmen der Schwangerenvorsorge und gezielte prä-, peri- und postnatale Prophylaxe oder Therapie vermieden werden.

Weiterführende Literatur

AWMF Leitlinie Diagnostik und Therapie der Gonorrhoe. ▶ https://www.awmf.org/leitlinien/detail/ll/059-004.html

Buder S, Schöfer H, Meyer T et al (2019) Bakterielle sexuell übertragbare Infektionen). J Dtsch Dermatol Ges 17: 287–317

BzgA, Bundeszentrale für Gesundheitliche Aufklärung. ▶ https://www.bzga.de/infomaterialien/hivsti-praevention/

Cina M, Baumann L, Egli-Gany D et al (2019) Mycoplasma genitalium incidence, persistence, concordance between partners and progression: systematic review. Sex Transm Infect 95:328–335

Daley G, Russell D, Tabrizi S, McBride J (2014) Mycoplasma genitalium: a review. Int J STD AIDS 25:475–487

DSTIG-AWMF-Leitlinie: Syphilis-mikrobiologisch-infektiologische Qualitätsstandards. ▶ http://www.awmf.org/uploads/tx_szleitlinien/059-003l_S1_Syphilis_MiQ_2014-08.pdf

Fuchs W, Brockmeyer NH (2014) Sexuell übertragbare Infektionen. J Dtsch Dermatol Ges 12:451–463

Gross GE, Werner RN, Becker JC et al (2018) S2k-Leitlinie: HPV-assoziierte Läsionen der äußeren Genitalregion und des Anus – Genitalwarzen und Krebsvorstufen der Vulva, des Penis und der peri- und intraanalen Haut. J Dtsch Dermatol Ges 16: 242–256

Hirt RP, Sherrard J (2015) Trichomonas vaginalis origins, molecular pathobiology and clinical considerations. Curr Opin Infect Dis. 28:72–79

Horner PJ, Blee K, Falk L et al (2016) 2016 European guideline on the management of non-gonococcal urethritis. Int J STD AIDS 27: 928–937.

IUSTI: STI-Guidelines (2019 Pocketguide.) file:///C:/Users/tautau52/Downloads/PocketGuideline2019(4).pdf

Lanjouw E, Ouburg S, de Vries HJ et al (2016) 2015 European guideline on the management of Chlamydia trachomatis infections. Int J STD AIDS 27:333–348

Lautenschlager S, Kemp M, Christensen JJ et al (2017) 2017 European guideline for the management of chancroid. Int J STD AIDS 28:324–329

Lewis DA, Mitjà O (2016) Haemophilus ducreyi: from sexually transmitted infection to skin ulcer pathogen. Curr Opin Infect Dis 29:52–57

Malisiewicz B, Schöfer H (2015) Diagnostik und Behandlung genitoanaler Ulzera infektiöser Genese. Hautarzt 66:19–29

Mohrmann G, Noah C, Sabranski M et al (2014) Ongoing epidemic of lymphogranuloma venereum in HIV-positive men who have sex with men: how symptoms should guide treatment. J Int AIDS Soc 17(4 Suppl 3):19657

Mohseni M, Sung S, Takov V (2019) Chlamydia. StatPearls [Internet]. Treasure Island (FL): StatPearls Publishing. Free Books & Documents

O'Farrell N, Moi H (2016) European guideline on donovanosis. Int J STD AIDS 27:605–607

PEG-AWMF-Leitlinie: S3-Leitlinie zur Impfprävention HPV-assoziierter Neoplasien. ▶ http://www.awmf.org/uploads/tx_szleitlinien/082-002l_Impfpr%C3%A4vention_HPV_assoziierter_Neoplasien_2013-12.pdf

Rawla P, Limaiem F (2019) Lymphogranuloma Venereum. StatPearls [Internet]. Treasure Island (FL): StatPearls Publishing; Free Books & Documents

Schöfer H, Weberschock T, Bräuninger W et al. (2015) S2k guideline* „Diagnosis and therapy of syphilis“. J Dtsch Dermatol Ges 13: 472–480. In Überarbeitung 2019. ▶ http://www.awmf.org/uploads/tx_szleitlinien/059-002l_S2k_Diagnostik_Therapie_Syphilis_2014_07.pdf

Sherrard J, Ison C, Moody J, Wainwright E, Wilson J et al (2014) United kingdom national guideline on the management of trichomonas vaginalis 2014. Int J STD AIDS 25:541–549

Workowski KA, Bolan GA, Centers for Disease Control and Prevention (2015) Sexually transmitted diseases treatment guidelines, 2015. MMWR Recomm Rep 5, 64(RR-03): 1–137. ▶ http://www.cdc.gov/std/tg2015/

Infektionen der Knochen und Gelenke

Christoph Stephan

Eine Osteomyelitis umfasst alle durch Infektionen ausgelösten entzündlichen Prozesse im Knochen, die Elemente des Knochengewebes zerstören können. Da vielfach nicht nur Osteomyelon (Knochenmark), sondern auch Periost, Spongiosa und Kortikalis des Knochens betroffen sind, sind Begriffe wie Ostitis oder Osteotitis für Knocheninfektionen zutreffender, haben sich bisher jedoch nicht durchgesetzt. Osteomyelitiden können Ursache und Folge unterschiedlichster Infektionen sein und sind auch hinsichtlich der klinischen Präsentation und der notwendigen Behandlungen eine sehr heterogene Gruppe von Knochenerkrankungen.

122.1 Infektionen der Knochen

Einteilung

Sowohl zur Diagnostik als auch zur Behandlung und Beurteilung der Prognose erscheint neben der Bestimmung der Lokalisation und der Strukturen des Knochens eine Einteilung v. a. nach Art der Entstehung sinnvoll. Es gibt bis heute kein international anerkanntes entsprechendes System, häufig benutzt wird das Osteomyelitis-Staging-System von Mader et al. (◘ Tab. 122.1).

Eine klare Trennung zwischen einer akuten und chronischen Osteomyelitis existiert nicht. Meist gilt:

- Eine **akute Osteomyelitis** ist eine Knocheninfektion, die über Tage bis wenige Wochen entsteht.
- Als **chronische Osteomyelitis** wird eine persistierende Infektion über viele Monate bis hin zu Jahren bezeichnet:
  - Sowohl die Erreger sind über lange Zeit nachweisbar als auch meist eine systemisch eher gering ausgeprägte Entzündungsreaktion, oft verbunden mit abgestorbenem Knochenmaterial (Sequester) und Fistelgängen.
  - Typisch sind immer wieder auftretende Rezidive der Knochenentzündung am gleichen Ort.

Eine Osteomyelitis **infolge einer sich lokal ausbreitenden Infektion** entsteht nach Verletzungen oder auch iatrogenen „Traumata" wie Operationen, Punktionen oder Knochen- bzw. Gelenkersatz. Hierbei erreicht zumeist nach einer initialen Weichgewebeinfektion diese per continuitatem den Knochen und führt zu einer akuten Osteomyelitis, die an jedem Ort und in jedem Alter auftreten kann. Der Nachweis einer Implantatinfektion ist hierbei von besonderer Bedeutung, da diese besondere Behandlungen zur Folge haben muss.

Wenngleich oft auch über lokale Ausbreitung bei Haut- und Weichgewebeinfektionen entstanden, so ist doch eine Unterscheidung der Osteomyelitis **infolge einer vaskulären Schädigung oder Insuffizienz** von den lokalen Infektionen sinnvoll. Diese **eher chronischen** Osteomyelitiden bei einer kombinierten Ischämie von Weich- und Knochengewebe sind überwiegend im Rahmen eines lang bestehenden **Diabetes mellitus** und dort als diabetisches Fußsyndrom zu finden. Die besonderen metabolischen Veränderungen bei Diabetes mit peripherer motorischer, sensorischer und autonomer Neuropathie sind auch bedeutsam für die Prophylaxe und speziellen Behandlungen solcher Osteomyelitiden.

Osteomyelitiden als Folge einer **hämatogenen Streuung von Erregern** finden sich zwar in der Mehrzahl bei präpubertären Kindern und älteren erwachsenen Patienten, können aber z. B. infolge einer Sepsis oder Endokarditis prinzipiell in jedem Alter auftreten. Hierbei gelangen Bakterien über die Blutbahn in den Knochen, der zugleich oder allein besonders gut durchblutet ist oder einen bisher unbekannten vorbestehenden Defekt aufweist. Bei jedem Nachweis von Erregern aus der Blutkultur muss daher an die Möglichkeit der hämatogenen Osteomyelitis gedacht werden. Eine zunächst unklar entstandene Osteomyelitis muss die Suche nach dem Streuherd wie z. B. eine Endokarditis beinhalten.

S. Suerbaum et al. (Hrsg.), *Medizinische Mikrobiologie und Infektiologie*,
https://doi.org/10.1007/978-3-662-61385-6_122

Tab. 122.1 Klassifikationssystem der Osteomyelitis (1–4/A–C) nach Mader et al

Stadium	Typ der Infektion	Stadium	Begleiterkrankungen
1	Medullär	A	Keine
2	Oberflächlich	B (S)	Systemisch bedeutsam
3	Lokal begrenzt	B (L)	Lokal bedeutsam
4	Diffus	B (S + L)	Systemisch und lokal bedeutsam
		C	Behandlung
B (S) – Systemische Begleiterkrankung		**B (L) – Lokale Begleiterkrankung**	
Mangelernährung		Chronisches Lymphödem	
Leber- und/oder Nierenversagen		Durchblutungsstörungen (große Gefäße)	
Diabetes mellitus		Durchblutungsstörungen (kleine Gefäße)	
Chronische Hypoxie (z. B. schwere COPD)		Vaskulitis	
Immundefekterkrankung (z. B. HIV)		Venöse Stauung	
Maligne Begleiterkrankung		Neuropathie	
Immunsuppression (medikamentös)		Zustand nach großen Verletzungen/Narbenbildung	
Sehr niedriges oder hohes Alter		Bestrahlungsfibrose	
		Nikotinabusus	

Tab. 122.2 Osteomyelitiserreger und ihre typische Verbreitung

	Erreger der Osteomyelitis	Vorkommen
Häufig	Staphylococcus aureus (MSSA und MRSA)	Mit Abstand häufigster Erreger aller Formen einer Osteomyelitis (>75 %)
	Koagulasenegative Staphylokokken	Häufigste Erreger von Fremdkörperinfektionen (postoperativ)
	Propionibacterium acnes	Fremdkörperinfektionen
	Enterobakterien, Pseudomonas species, Candida-Spezies	Andere nosokomiale Infektionen
	Streptokokken und Anaerobier	Diabetisches Fußsyndrom, Dekubitalulzerationen, nach Bisswunden, (nosokomial postoperativ)
Selten	Aspergillus- und Candida-Spezies sowie atypische Mykobakterien	Patienten mit schwerem Immundefektsyndrom und unter Chemotherapie
	Mycobacterium tuberculosis	Reaktivierung einer Tuberkulose bzw. bei Patienten aus Hochendemiegebieten
	Pasteurella multocida und Eikenella corrodens	Nach tierischen und menschlichen Bisswunden
	Salmonella-Spezies	Sichelzellanämie
	Bartonella henselae und B. quintana	HIV-Infektion und AIDS
	Actinomyces israelii	Vorkommen weltweit (schlechte Zahnhygiene, niedriges Einkommen)
	Brucella-Spezies, Coxiella burnetii	Im Rahmen von Ausbrüchen – meist zeitlich und regional beschränkt
	Tropische Pilze wie Blastomyces, Histoplasma und Coccidioides	Auf geografische Regionen beschränkt, in denen diese Erreger endemisch vorkommen; bevorzugt bei Immundefekt
	Treponema pallidum	Fetale Infektion durch transplazentare Übertragung einer Syphilis

- **Erregerspektrum** (Tab. 122.2, Abb. 122.1)

Der Haupterreger aller Osteomyelitiden ist mit großem Abstand vor allen anderen **Staphylococcus aureus.** Bei Patienten mit entsprechender Besiedlung oder langen Hospitalaufenthalten sind deshalb immer auch MRSA-Infektionen zu erwägen.

Postoperativ ist stets, wie auch und nach Fremdkörperimplantationen bei etwa 50 % der Patienten mit koagulasenegativen Staphylokokken zu rechnen. Enterobakterien-, Pseudomonas- und Candida-Infektionen sind besonders bei gleichzeitig mit Antibiotika lange vorbehandelten Patienten oder solchen mit offenen

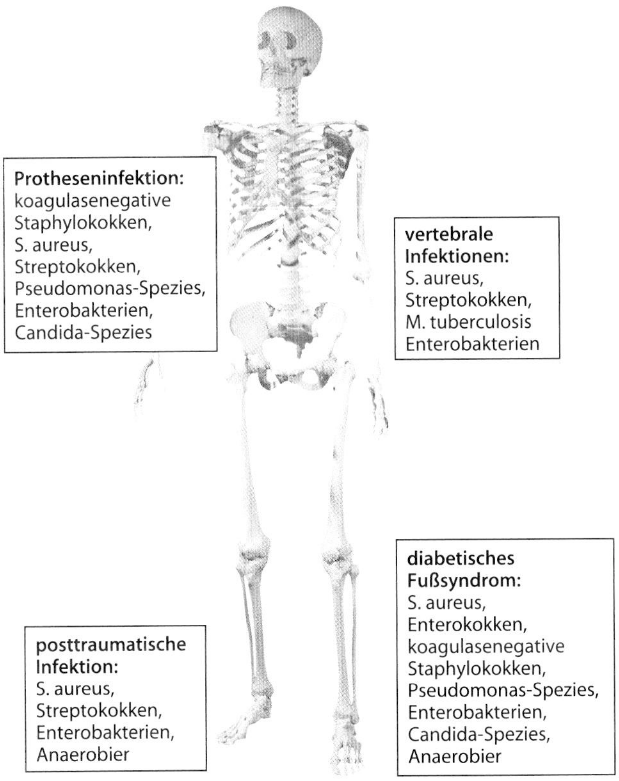

Abb. 122.1 Formen von Osteomyelitiden und ihre Erreger in Abhängigkeit von ihrer Häufigkeit (absteigend)

Wunden möglich. Vor allem bei vertebralen Infektionen und bekannter alter Tuberkuloseinfektion gehören M. tuberculosis-Osteomyelitiden immer zur Differenzialdiagnose.

Zu den Manifestationen mit seltenen Erregern zählen Infektionen mit Actinomyces- und Brucella-Spezies, ubiquitär vorkommenden Mykobakterien sowie tropischen Pilzen, mit denen z. T. nur in entsprechenden Endemiegebieten gerechnet werden muss und die aufgrund schwieriger Kultur- und Nachweisverfahren oft zunächst als Osteomyelitis ohne Erregernachweis imponieren. Als nosokomiale Erreger von Sternum-Osteitiden nach herzchirurgischen Eingriffen kommen auch Problemkeime vor, wie z. B. Vancomycin-resistente Enterokokken (VRE), eventuell begünstigt durch perioperative Antiinfektiva-Therapien mit Breitspektrum-Cephalosporinen und/oder Vancomycin-Kurzzeitprophylaxen. Bei Kindern sind bis zum Schulalter Streptokokken der Gruppe A, ggf. auch Haemophilus influenzae und bei gleichzeitig bestehender Sichelzellanämie Salmonella enteritidis die am häufigsten zu erwartenden Erreger.

Pathogenese

Entstehung und Ausprägung einer Osteomyelitis sind abhängig von den Virulenz- und Pathogenitätsfaktoren der auslösenden Erreger, von den lokalen und systemischen Abwehrfaktoren des Wirtes sowie nicht zuletzt von Art und Umfang der Behandlung. Am besten verstanden und erklärt wird dies beim Haupterreger von Osteomyelitiden, S. aureus, mit seinen bekannten **extrazellulären und zellassoziierten Virulenzfaktoren**, von denen viele bereits kloniert, sequenziert und chromosomal lokalisiert sind. Ein Beispiel ist das PVL-Gen (Panton-Valentine-Leukozidin), das als bakterieller Virulenzfaktor etabliert und dessen Diagnostik in der Routine möglich ist.

Spezielle für die Adhäsion verantwortliche Extrazellulärmatrixproteine an der Oberfläche der Erreger wie die **Adhäsine** („microbial surface components recognising adhesive matrix molecules", MSCRAMM) ermöglichen den Kontakt und eine schnelle Kolonisation unterschiedlicher Wirtsgewebe sowie von Fremdmaterial (Implantaten). Bakterielle Adhäsine interagieren mit Wirtsproteinen des Knochens, wie Fibrinogen, Fibronektin, Kollagen, Vitronektin und anderen, sowie Elastin oder Willebrand-Faktor.

Andere Faktoren wie Toxine, Protein A und kapsuläre Polysaccharide ermöglichen Staphylokokken, den Abwehrmechanismen des Wirtes zu entgehen **(Immunevasion).** Exotoxine oder Hydrolasen der Staphylokokken vermögen Zellen des Wirtes direkt zu zerstören, mit der Folge einer weiteren invasiven Infektion und Besiedlung von Gewebe. Schließlich können die Erreger endozytotisch in Endothel- und Epithelzellen sowie Osteoblasten aufgenommen werden und darin überleben. Dies erfolgt bei Staphylokokken nicht selten in Form sog. „Small-colony"-Varianten als Reaktion auf veränderte metabolische Bedingungen und erklärt die Persistenz der Erreger auch im Knochen nach initialer Bakteriämie.

Für die Behandlung zusätzlich bedeutsam ist die Fähigkeit von Staphylokokken wie auch anderer – z. B. gramnegativer – Bakterien zur **Biofilmbildung**, die zu einer verminderten Aufnahme und Penetration von Nährstoffen, aber auch von Antiinfektiva führt. Beim Zusammenschluss der Bakterien bilden diese in verschiedenen Phasen durch Ausscheidung extrazellulärer polymerer Substanzen (EPS) mit Wasser Hydrogele, die sich als schleimartige Matrix bevorzugt Fremdmaterialien anlagern.

Zwar stagniert im Biofilm oft die Proliferation der Bakterien bei reduzierter Stoffwechselaktivität. Doch sind genau deshalb Antiinfektiva sowie viele Desinfektionsmittel kaum in der Lage, die in Biofilmen organisierten Keime völlig abzutöten. Solche sog. Persister sind vielfach Ursache immer wiederkehrender Infektionen, auch nach Explantation der Fremdmaterialien.

Klinik

Regional auftretende, immer wiederkehrende und v. a. bei Belastung auftretende **Schmerzen** sind oft die ersten, vielfach einzigen Hinweise auf eine Osteomyelitis. Gleichzeitig bestehende, tiefe und offene Wunden oder eine vorausgegangene Operation bzw. Fremdkörperimplantation sollten immer an eine Osteomyelitis denken lassen. Lokale Rötungen, Schwellungen, Fieber, Schüttelfrost und Abgeschlagenheit können, müssen aber nicht zusätzlich auftreten. Nur bei einer bereits das Periost infiltrierenden Infektion zeigt sich meist in dieser Region ein Druckschmerz. Fluktuationen sind nur bei einem bereits erfolgten Abszessdurchbruch tastbar.

Bei Infektionen der Extremitäten werden diese in Schonhaltung, d. h. in Flexion, gehalten; Infektionen der Wirbelsäule imponieren oft zunächst wie eine Lumbago (häufigste betroffene Region ist die Lendenwirbelsäule). Neurologische Defizite sind erst bei einer sich ventral und lateral ausbreitenden Osteomyelitis zu erwarten. Erfolgt in diesen Fällen ein Abszessdurchbruch, kann es zu Senkungsabszessen oder zur meningealen Beteiligung kommen.

Bei **Kindern** und v. a. bei **Neugeborenen** ohne bekanntes vorausgegangenes Trauma ist die Diagnose einer Osteomyelitis besonders schwierig. Akut auftretende, einseitige Schmerzen im Kniebereich bei Kindern sollten immer an eine Osteomyelitis denken lassen. Ein Brodie-Abszess (eitrige Entzündung der proximalen Tibiametaphyse) ist auszuschließen. Osteomyelitiden bei Neugeborenen fallen selten durch Lokalbefunde auf, vielmehr sind zunächst nur unspezifische Symptome wie bei anderen Infektionen (Fieber, Lethargie und mangelndes Trinken) zu erwarten. Im Verlauf treten jedoch Schwellungen, Begleitergüsse und angrenzende Gelenkbeteiligungen wesentlich häufiger auf als im späteren Alter.

Diagnostisches Vorgehen

Die Sicherung der Diagnose einer Osteomyelitis folgt nach erster Verdachtsdiagnose durch Anamnese und klinischem Befund mit den Regeln einer typischen **Stufendiagnostik:**

- **Labor:** BB, Differenzialblutbild, BSG, CRP und Procalcitonin
- **Blutkulturen:** ohne Antiinfektiva für 24–48 h
- **Bildgebung:** Röntgen, CT, MRT – ohne Hinweis auf Lokalisation auch Szintigrafie, PET-CT
- **Biopsie:** Histologie, Kultur und ggf. mikrobielle PCR, z. B. die 16S-ribosomale Pan-Bakterien-PCR aus primär sterilen Materialien, die auch unter laufender Antibiotikatherapie molekularbiologische Erregernachweise ermöglicht.

Bei jedem bleibenden Verdacht auf eine Osteomyelitis sollten alle diagnostischen Schritte erfolgen. Auch bei erfolgreichem Erregernachweis aus der Blutkultur kann auf eine Biopsie nur verzichtet werden, wenn sicher auszuschließen ist, dass keine anderen Erreger zusätzlich oder ursächlich für die Osteomyelitis infrage kommen.

Labor Es gibt **keine** charakteristischen Laborbefunde für eine Osteomyelitis.

- Im Blutbild sind **Leukozytenerhöhungen** mit und ohne Linksverschiebung zwar wahrscheinlich, weitgehende Normalbefunde aber trotz florider Infektion möglich.
- Zu erwarten ist allerdings meist eine **deutlich erhöhte Blutsenkung.** Sie ist jedoch wenig spezifisch und aufgrund der langsamen Kinetik für eine Beurteilung des Verlaufs schlecht geeignet.
- Einer der inflammatorischen Marker CRP und Procalcitonin (PCT) ist wie bei vielen anderen bakteriellen Infektionen ebenfalls zu erwarten und kann mit einer schnellen Normalisierung innerhalb 1 Woche am besten den Nachweis einer wirksamen Behandlung aufzeigen. Dabei reagiert PCT etwas rascher als das CRP.
- Die Bestimmung von Kalzium, Phosphat oder der alkalischen Phosphatase zeigt kaum veränderte Werte und hilft deshalb eher zur Abgrenzung von Knochenmetastasen oder metabolischen Störungen im Knochenstoffwechsel als zum Nachweis einer Osteomyelitis.

Bei jedem Verdacht auf eine Osteomyelitis der Wirbelsäule sollte frühzeitig eine tuberkulöse Infektion erwogen werden und ein IFN-γ-Releasing-Assay erfolgen, um Hinweise auf eine Tuberkuloseinfektion zu erhalten. Allerdings schließt ein negativer Befund die TBC-Infektion nicht sicher aus.

Bildgebung Nach dem klinischen Anfangsverdacht sind bildgebende Verfahren unerlässlich, um eine Osteomyelitis zu lokalisieren, sie von Differenzialdiagnosen abzugrenzen und den Erfolg späterer chirurgischer und/oder konservativer Behandlungen zu kontrollieren.

Szintigrafische Untersuchungen können bereits früh auf mögliche Lokalisationen hinweisen, sind aber hinsichtlich ihrer Spezifität und damit der notwendigen Abgrenzung gegen andere Erkrankungen wie Gicht, diabetische Arthropathie oder Traumata wie chirurgische Eingriffe gegenüber anderen Methoden im Nachteil.

Konventionelle Röntgenuntersuchungen haben den Nachteil, dass pathologische Veränderungen (Weichgewebeschwellung, Periostbeteiligung) sich häufig erst 2–3 Wochen nach Krankheitsbeginn zeigen. Mittels MRT ist eine frühere und bessere (Differenzial-)Diagnose möglich. Meist ist aber eine CT-Untersuchung ausreichend. Diese erlaubt zudem eine ggf. erforderliche, gesteuerte exakte diagnostische

Punktion und ist zur Abgrenzung und Planung chirurgischer Eingriffe adäquat.

Mittels MRT scheint es möglich zu sein, eine **tuberkulöse** (TB-)**Spondylitis** von einer anderen bakteriellen abszedierenden Spondylitis durch Art und Umfang des paraspinalen Signals in Verbindung mit klassischer Morphologie zu unterscheiden, zumindest wenn dem Radiologen eine entsprechende Fragestellung vorgegeben wird.

Bei den häufigen Fremdkörperinfektionen sind die bildgebenden Verfahren nach eingesetztem Material auszuwählen, Metallartefakte stören hier mitunter Schnittbildgebungsverfahren.

Blutkultur und Biopsie Wesentliche Voraussetzung für eine erfolgreiche Therapie ist bei jeder Form der Osteomyelitis der **Erregernachweis** und bei allen Keimen mit möglicher Resistenz eine **Empfindlichkeitsprüfung.** Spezielle Erreger, wie Mykobakterien, Pilze und atypische Bakterien, die ebenfalls Osteomyelitiden auslösen können, erfordern besondere Kulturverfahren, auf die der Mikrobiologe beim Einsenden von Materialien zum Erregernachweis einer Osteomyelitis stets hinzuweisen ist (◻ Tab. 122.2).

Bei hämatogener Aussaat sind **Blutkulturen** zur Erregerdiagnostik sinnvoll. Die hämatogene Streuung kann aber nicht nur Ursache, sondern auch Folge einer Osteomyelitis sein. Deshalb sollten bei allen Verdachtsfällen und nachgewiesenen Osteomyelitiden auch ohne Fieber vor Beginn einer Antiinfektivatherapie Blutkulturen gewonnen werden. Postoperativ oder bei Verdacht auf Protheseninfektionen sollten möglichst mindestens 2 Blutkulturpaare abgenommen werden. Sonst ist die Unsicherheit zu groß, ob z. B. koagulasenegative Staphylokokken in einer aeroben Flasche tatsächlich die Osteomyelitis auslösenden Erreger sind oder nur eine aktuelle Kontamination bei Blutabnahme.

Gelingt der Nachweis mittels Blutkulturen nicht, so ist (wie zum Nachweis von atypischen Erregern oder einer Tuberkulose) eine gezielte **bioptische Sicherung** aus dem Herd der Osteomyelitis mit anschließender histologischer und kultureller Aufarbeitung notwendig. Mit **regionalen Abstrichen** z. B. aus offenen Wunden oder Regionen wie den Kieferhöhlen gelingt es nur selten, osteomyelitisauslösende Erreger sicher zu bestimmen. Ausnahmen können nach außen fistelnde und eiternde Wunden sein, bei denen zur Sicherheit mehrere Abstriche erfolgen sollten. Diese sind v. a. dann diagnostisch wegweisend, wenn S. aureus mehrfach in Reinkultur nachweisbar ist.

Therapie

Das Ziel jeder Behandlung einer Osteomyelitis besteht in der kompletten Ausheilung der Infektion bei gleichzeitiger Aufrechterhaltung oder Rekonstitution der Funktion des Knochens und der angrenzenden Strukturen. Meist erfordert dies eine **kombinierte medizinisch-chirurgische Therapie,** die in ihrem Verlauf stets erneut überprüft werden muss. **Ausnahmen** hiervon können bilden:

- Hämatogen entstandene Osteomyelitiden ohne strukturelle Schäden, die oft **allein mit Antibiotika** heilbar sein können
- Frische, lokal begrenzte, infizierte Frakturen, die **rein operativ** zur Heilung zu bringen sind, wenn es gelingt, infiziertes Gewebe komplett zu entfernen

Nur selten gelingt es, Osteomyelitiden mit Fremdkörper bzw. Protheseninfektionen rein medikamentös erfolgreich zu behandeln. Vor allem chronische Osteomyelitiden lassen sich konservativ kaum heilen und bedürfen der chirurgischen Behandlung. Die folgende Liste fasst die zugehörigen **chirurgischen Maßnahmen zur Behandlung der Osteomyelitis** zusammen:

- Débridement des infizierten Gewebes und sichere Drainage
- Entfernen des gesamten Fremdmaterials
- Wundkonditionierung (Durchblutung, Granulation)
- Kompletter Wundverschluss (1- bis 2-zeitig)
- Stabilisierung infizierter Frakturen

Hauptziele sind eine Revaskularisation und Erhaltung vitalen Knochengewebes und das möglichst komplette Entfernen toten Knochenmaterials, das funktionell eine ebenso schädliche Rolle wie ein infizierter Fremdkörper spielt.

Trotz guter vorausgehender bildgebender Verfahren wird das ganze Ausmaß der chirurgisch erforderlichen Maßnahmen oft erst intraoperativ sichtbar. Es gelingt nicht immer, eine vollständige Resektion des infizierten Materials (Sequester, Nekrosen, infiltriertes Nachbarweichgewebe) ohne Verlust relevanter Strukturen zu erreichen. Dies erhöht die Wahrscheinlichkeit von Rezidiven und erfordert auch bei Protheseninfektionen oft Zwischenlösungen und 2-zeitige Operationen mit intermittierender antiinfektiver Therapie und anschließendem erneuten Prothesen- oder Gelenkersatz, Deckung erheblicher Defekte in Knochen- und Weichgewebe und plastischer Chirurgie auch mit Transplantaten.

Unabhängig davon, welche Behandlungskonzepte zunächst gewählt werden, bedarf es besonders in den ersten Wochen einer sorgfältigen Prüfung des Behandlungserfolgs und ggf. einer Änderung des Behandlungskonzepts.

Medikamentöse Therapie mit Antiinfektiva ◻ Tab. 122.3 gibt abhängig vom Erreger der Osteomyelitis Empfehlungen zur Auswahl der Wirkstoffe und

Tab. 122.3 Auswahl der Antibiotikatherapie und Dosierung nach Erreger bei Erwachsenen

Erreger	1. Wahl	Alternative
MSSA (methicillinsensible S. aureus)	Flucloxacillin 4–6 × 2 g i.v./Tag oder Cefazolin 2–3 × 2 g/Tag oder Clindamycin 450–600 mg 4×/Tag ggf. ergänzt durch Rifampicin 1 × 600–900 mg oral/Tag jeweils für 4–6 Wochen	Clindamycin 450–600 mg 4×/Tag i.v./oral oder Vancomycin 2 × 15 mg/kg KG/Tag i.v. (2 × 1 g/Tag nach Talspiegel) ggf. ergänzt durch Rifampicin 1 × 600–900 mg oral/Tag jeweils für 4–6 Wochen
MRSA (methicillinresistente S. aureus)	Vancomycin 2 × 15 mg/kg KG/Tag i.v. (2 × 1 g/Tag nach Talspiegel) oder Daptomycin 1 × 6 (besser 8–10) mg/kg KG/Tag ggf. ergänzt durch Rifampicin 1 × 600–900 mg p. o./Tag jeweils für 4–6 Wochen	Teicoplanin 1 × 400 mg/Tag (initial 1 × 800 mg pro 2 Tage) nach Talspiegel oder Linezolid 2 × 600 mg i.v./p. o. oder Dalbavancin 1 × 1 g Loading-Dose gefolgt von 0,5 g 1 × pro Woche oder 1,5 g alle 14 Tage ggf. ergänzt durch Rifampicin 1 × 600–900 mg p. o. pro Tag, wenn empfindlich jeweils für 6 Wochen
Penicillinsensible Streptokokken Gruppe A, B oder Pneumokokken	Penicillin G 3–4 × 5–7,5 Mio. IE i.v./Tag (oder kontinuierlich) oder Ceftriaxon 1 × 2 g i.v./Tag oder Cefazolin 2–3 × 2 g/Tag jeweils für 4–6 Wochen	Vancomycin 2 × 15 mg/kg KG/Tag i.v. (2 × 1 g/Tag nach Talspiegel) oder Rifampicin 1 × 600–900 mg p. o. pro Tag plus Levofloxacin 2 × 500 mg, wenn empfindlich für 4–6 Wochen
Entero- oder Streptokokken mit MIC ≥0,5 µg/ml, Abiotrophia und Granulicatella spp.	Ampicillin 4 × 3 g i.v. für 4–6 Wochen ergänzt durch Gentamicin (nach Talspiegel), wenn empfindlich, für ca. 2 Wochen	Vancomycin 2 × 15 mg/kg KG/Tag i.v. (2 × 1 g/Tag nach Talspiegel) für 4–6 Wochen ergänzt durch Gentamicin (nach Talspiegel), wenn empfindlich, für ca. 2 Wochen
Enterobakterien (E. coli, Klebsiella etc.)	Wenn empfindlich: Ciprofloxacin 3 × 400 mg i.v. oder 2 × 750 mg oral pro Tag – für 4–6 Wochen	Ceftriaxon 1 × 2 g i.v./Tag oder Cefotaxim 3 × 2 g/Tag jeweils für 4–6 Wochen
Enterobakterien (ESBL)	Imipenem 4 × 500 mg/Tag oder Meropenem 3 × 1–2 g/Tag für 6 Wochen	Ertapenem 1 × 1 g/Tag (bei Carbapenemasen: Colistin i.v.!) für mind. 6 Wochen
Pseudomonas aeruginosa	Piperacillin/Tazobactam 3 × 4,5 g/Tag plus Ciprofloxacin 3 × 400 mg i.v., wenn empfindlich, für 6 Wochen ggf. ergänzt durch Gentamicin oder Tobramycin (nach Talspiegel) für ca. 2 Wochen	Ceftazidim 3 × 2 g/Tag oder Meropenem 3 × 2 g jeweils für mind. 6 Wochen
Anaerobier	Clindamycin 4 × 600 mg i.v. oder oral/Tag	Metronidazol 3 × 400 mg (i.v.) 3 × 500 mg oral/Tag (gramnegativ!), ggf. auch Moxifloxacin 1 × 400 mg nach Resistenztest

Tab. 122.3 (Fortsetzung)

Erreger	1. Wahl	Alternative
Candida spp.	Fluconazol 3 × 200 mg i.v. oder oral – länger als 6 Wochen	Anidulafungin 1 × 100 mg i.v./Tag oder Caspofungin 1 × 50 mg i.v. (initial 70 mg)/Tag bei Azolresistenz länger als 6 Wochen
Aerobe/anaerobe Mischinfektion	Clindamycin 4 × 600 mg i.v. oder oral plus Ceftriaxon 1 × 2 g i.v./Tag für 6 Wochen	Amoxicillin/Clavulansäure 2 × 1 g plus Ciprofloxacin 3 × 400 mg i.v. oder 2 × 750 mg oral/Tag für 6 Wochen
Fehlender Erregernachweis – schneller Therapiebeginn erforderlich	Imipenem 4 × 500 mg i.v./Tag plus Tigecyclin 2 × 50 mg, wenn atypische Erreger möglich bis zum Erregernachweis	Piperacillin/Tazobactam 3 × 4,5 g/Tag plus Vancomycin 2 × 15 mg/kg KG/Tag i.v. (2 × 1 g/Tag + Talspiegelkontrolle), wenn MRSA möglich bis zum Erregernachweis

zu ihrer Dosierung bei Erwachsenen. Alle darin genannten Dosierungen sind individuell zu überprüfen und ggf. einer Einschränkung der Nieren- oder Leberfunktion anzupassen.

Verlässliche und überprüfte Daten zur **Dauer der Antiinfektivatherapie** einer Osteomyelitis gibt es trotz vieler retrospektiver und experimenteller Studien angesichts fehlender prospektiver Studien nicht. Die Behandlungsdauer ist abhängig vom Ausmaß der Entzündung, vom Stadium der Osteomyelitis, von der möglichen chirurgischen Sanierung, der Gewebeperfusion und dem Erreger und sollte in der Regel **mindestens 4 Wochen** betragen. Mehr als 6-wöchige oder gar monatelange Behandlungen sind in vielen Fällen notwendig und indiziert, in Einzelfällen sogar jahrelange Suppressionsbehandlungen (z. B. Coxiella burnetii-Infektionen).

Sofern der Erregernachweis inklusive Sensibilitätstestung gelingt und bekannte, empfindliche Keime vorliegen, ist eine medikamentöse **Monotherapie** zumeist ausreichend. Ausnahmen hiervon sind atypische Erreger wie Mykobakterien, Coxiella oder ähnliche, die auch bei anderen Gewebeinfiltrationen einer Kombinationsbehandlung bedürfen. Gerade bei chronischen Osteomyelitiden und Protheseninfektionen scheint eine zusätzliche Applikation besonders gewebe- oder knochengängiger Antiinfektiva mit – zumindest in vitro nachweisbarer – guter Wirkung auf Biofilme, wie z. B. von Rifampicin, Daptomycin oder Chinolonen, die Behandlungsergebnisse verbessern zu können.

Mindestens bis zum Nachweis einer Besserung sollte jede Osteomyelitis zunächst **parenteral** behandelt werden. Sind Langzeitbehandlungen erforderlich, kann die Therapie z. B. nach 2–4 Wochen auf eine orale Gabe umgestellt werden.

■ Prävention

Eine spezielle Osteomyelitisprophylaxe ist nur bei chirurgischen Eingriffen vorgesehen, die den Knochen berühren. Zu unterscheiden sind hierbei:

- Primär nichtinfektiöse Eingriffe
- Eingriffe bei vorbestehender Infektion (auch an anderer Stelle)

Typische und häufige **aseptische Operationen** sind z. B. Hüftgelenkersatz, Knieprothesen oder Operationen zur Stabilisierung geschlossener Frakturen mit und ohne Fremdmaterialien bzw. Implantaten. Deren Prinzipien mit vorangehender Rasur, sorgfältiger Waschung und Desinfektion der betroffenen Region und Operation unter Laminar-Flow haben sich bewährt. Sie konnten in Studien ohne oder mit Antibiotikaprophylaxe peri- und postoperative Infektionen je nach Eingriff und Patientenkollektiv deutlich auf 0,5–2 % reduzieren. Bisher belegte keine Studie den Nutzen einer

Antibiotikaprophylaxe bei aseptischen orthopädischen Eingriffen ohne Wundinfektion und Fremdkörpereinsatz sowie bei arthroskopischen Operationen.

Klare Evidenz für den Nutzen einer **perioperativen Antibiotikaprophylaxe** mit Cephalosporinen der 1. oder 2. Generation besteht bei Schenkelhalsfraktur und endoprothetischem Gelenktotalersatz.

122.1.1 Spezielle Osteomyelitiden

Vertebrale Osteomyelitis

Bakterielle Osteomyelitiden der Wirbelsäule sind nahezu immer Folge einer **hämatogenen Streuung.** Dies gilt auch für die Knochentuberkulose, die sich zumeist vertebral manifestiert und nur sehr selten durch eine lokale Übertragung nach Trauma oder Kontakt zu verkäsendem bzw. abszedierendem Lymphknoten bedingt ist.

Aufgrund der Versorgung jeweils zweier Wirbelkörper inklusive Bandscheibe durch eine zugehörige Segmentarterie tritt eine vertebrale Osteomyelitis häufig zusammen mit einer Spondylodiszitis auf, die zunächst aber auch auf die Zwischenwirbelräume beschränkt bleiben kann. Bei erster Diagnose zeigen sich dann bereits epidurale Abszesse wie Psoas- oder Senkungsabszesse.

Die **Diagnose** wird in der Regel erst nach Beginn einer Symptomatik gestellt. Ausnahmen sind Zufallsbefunde, z. B. bei der Suche bzw. beim Ausschluss einer hämatogenen Streuung etwa nach Endokarditis. Schmerzen im Bereich der Infektion sind deshalb zu über 90 % der vertebralen Osteomyelitiden führend in der Diagnostik, während systemische Reaktionen wie Fieber oder Leukozytose nur in max. 50 % der Fälle bei Diagnosestellung auftreten. Zur Diagnose am besten geeignet sind MRT-Untersuchungen mit der Möglichkeit einer sehr genauen Lokalisation.

Bei vertebraler Osteomyelitis zielt die **Therapie** auf Ausheilung der Infektion (Erregereradikation), Schmerzbehandlung sowie Erhalt oder Wiederherstellung der Stabilität der Wirbelsäule und der neurologischen Funktionen. Eine chirurgische Intervention ist erforderlich bei ausgeprägter Destruktion und mechanisch instabilen Wirbelkörpern, zur Ausräumung von Abszessmaterial oder bei Versagen der konservativen Behandlung.

Insbesondere bei beabsichtigter Stabilisierung durch Fremdmaterial sollte eine **antiinfektive Therapie** vorausgehen, je länger dies möglich ist, umso besser die Prognose. In den meisten Fällen ist strenge Bettruhe nicht erforderlich: Die Wirbelsäule kann durch ein externes Korsett gut stabilisiert werden.

Brodie-Abszess

Als Brodie-Abszess wird eine **chronische, hämatogene Osteomyelitis an langen Röhrenknochen** bezeichnet. Da zumeist der distale Bereich der Tibia bei jungen Menschen (75 % der Patienten sind <25 Jahre alt) betroffen ist, wird gelegentlich nur diese Form unter Brodie-Abszess subsumiert.

Die **Symptome** der chronischen Entzündung sind auf gelegentliche Schmerzen beschränkt; nur bei der subakuten Infektion finden sich zusätzlich Fieber und Periostschwellung. Auffällig ist eine umschriebene, druckschmerzhafte Schwellung, meistens im Schaftbereich eines langen Röhrenknochens.

Die **Diagnosestellung** bereitet oft Probleme, da sich Kinder gerade am Schienbein häufig verletzen und nicht jede Schwellung Anlass zu einer umfassenden Röntgendiagnostik ist. Darin wäre im betroffenen Bereich eine Anhebung des Periosts mit entzündlichem Saum zu sehen. Der Brodie-Abszess ist typischerweise auf eine einzelne, lokalisierte Infektion neben der Metaphyse beschränkt.

Durch kombinierte chirurgische (Débridement) und antibiotische **Therapie** sollte eine folgenlose Ausheilung regelhaft sein.

Speziell lokalisierte Osteomyelitiden

Eine **Osteomyelitis pubis** ist eine Sonderform der Osteomyelitis, die früher an der Symphyse oft infolge gynäkologischer Eingriffe entstand und schlecht auf eine Antibiotikatherapie ansprach. Auch heute tritt sie noch nach besonderen urologischen und gynäkologischen Eingriffen auf, einschließlich vaginaler Entbindung und Langzeitkatheterisierung. Fieber und suprapubische Schmerzen noch 1 Jahr nach dem Eingriff sollten immer an eine Osteomyelitis pubis denken lassen. Diese lässt sich radiologisch am besten mittels MRT diagnostizieren und zeigt darin eine Ausweitung des Knochenspaltes, Sklerosierung und Rarefizierung der Symphyse.

Infektionen des Os sacrum/Iliosakralgelenks sind ebenso wie **klavikuläre Infektionen** seltene Lokalisationen einer Osteomyelitis (max. 3–5 %). Beide können sowohl infolge einer hämatogenen Streuung entstanden sein (zentrale Katheter, i.v. Drogenabusus, Endokarditis), aber auch durch lokale Reizung und Infektion wie z. B. durch einen V. subclavia-Katheter oder einen chirurgischen Eingriff. Bei der sakroiliakalen Infektion ist überwiegend S. aureus ursächlich beteiligt, selten eine Brucellose mit typischer unilateraler chronischer Knocheninfektion. Insbesondere bei der klavikulären Osteomyelitis, die schon länger zurückliegende, lokale Infektionen als Ursache haben kann, sind unterschiedliche Erreger bis hin zu Pilzen zu erwägen.

Multifokale chronische Osteomyelitis/ SAPHO-Syndrom

Das Akronym SAPHO fasst folgende Befunde zusammen:

- **S**ynovitis, nichterosiv
- **A**kne in oft schwerer Form
- **P**ustulosis der Hände und/oder Füße
- **H**yperostose, bevorzugt am Sternoklavikulargelenk
- **O**steitis bzw. multifokale Osteomyelitis mit mindestens 5 aktiven Läsionen

Die Pathogenese ist unbekannt, das Syndrom gehört aber eher zu den rheumatischen Erkrankungen. Ein positiver Erregernachweis sollte deshalb stets an der Diagnose SAPHO-Syndrom zweifeln lassen.

Mykobakterielle Osteomyelitis (Knochentuberkulose)

Bei allen Patienten mit einer Osteomyelitis ist unabhängig von ihrer Herkunft die Tuberkulose eine wichtige Differenzialdiagnose. Dies gilt v. a. für vertebrale und abszedierende Infektionen. Mykobakterielle Infektionen der langen Röhrenknochen sind eine Rarität. Neben der typischen Lungentuberkulose ist bei 20 % aller TB-Patienten mit einer extrapulmonalen Manifestation zu rechnen, während Arthritiden, Osteomyelitiden und Spondylarthritiden – je nach Endemiegebiet – insgesamt nur 1–5 % aller Tuberkulosefälle ausmachen.

Neben M. tuberculosis, M. bovis und M. africanum als typischen Tuberkuloseerreger sind Osteomyelitiden mit atypischen (ubiquitär vorkommenden) Mykobakterien möglich, die wie alle Mykobakterien besonderer molekularer und kultureller Nachweisverfahren bedürfen.

Die Therapie der tuberkulösen Osteomyelitis orientiert sich an Empfindlichkeit bzw. Resistenz der Erreger gegen klassische TB-Medikamente, an der Abwehrlage des Patienten und der Begleitmedikation sowie an der Ausprägung und Lokalisation des Befundes. Eine chirurgische Behandlung der vertebralen Tuberkulose sollte möglichst unterbleiben und erscheint nur im Verlauf und bei drohender Instabilität gerechtfertigt.

Diabetes mellitus und diabetischer Fuß

Bei bestehenden chronischen Ulzerationen im Rahmen des diabetischen Fußsyndroms ist stets mit einer über die Wunde per continuitatem übertragenen Osteomyelitis zu rechnen. Diese Wunden bedürfen deshalb einer genauen Beobachtung und Überprüfung der ossären Beteiligung. Wegen (neuropathiebedingt) fehlender Schmerzreize ist die Diagnostik vordringlich auf Veränderungen von BSG, CRP und radiologischen Befunden (MRT) angewiesen. Vor allem Wunden >2 cm^2 am Fuß sind verdächtig auf eine Osteomyelitis.

Die Behandlung von Osteomyelitiden im Rahmen eines diabetischen Fußsyndroms ist aufgrund der speziellen vaskulären Versorgung eine interdisziplinäre chirurgisch/infektiologische Herausforderung. Sie setzt in der Regel den Nachweis aller beteiligten Erreger dieser oft multimikrobiellen Infektion voraus. Ohne Hinweise auf eine systemische Infektion sollte der antiinfektiven Therapie eine sichere Erregerdifferenzierung, meist verbunden mit einer chirurgischen Intervention, vorangehen.

Chirurgische Eingriffe müssen zumindest eine minimale Blutversorgung gewährleisten, nekrotisches Knochengewebe vollständig ausräumen und ggf. infiziertes vitales Knochengewebe drainieren, um eine Heilung zu ermöglichen. Dennoch ist in vielen Fällen eine Sanierung der Osteomyelitis nur mittels Amputation und Haut- bzw. Muskellappentransplantation möglich.

Die Begleitbehandlung mit Antibiotika dauert bis zu 3 Monate, sollte gezielt erfolgen und alle nachgewiesenen Erreger erfassen. Dies erfordert meist eine Kombination mit Breitspektrumantibiotika, da vorwiegend grampositive, aber auch gramnegative aerobe sowie anaerobe Erreger einzubeziehen sind. An erster Stelle sind dies Substanzen wie Piperacillin/Tazobactam oder andere β-Laktam/β-Laktamase-Inhibitor-Kombinationen oder Carbapeneme wie Imipenem. Zur Langzeitbehandlung haben sich nach Erreger und Resistenz Kombinationen von Chinolonen wie Levofloxacin mit Metronidazol oder Clindamycin oder Rifampicin bewährt.

In Kürze: Infektionen der Knochen

- **Einteilung:** Ostitis oder Osteomyelitis infolge direkter lokaler Infektion, z. B. nach Trauma, perioperativ oder per continuitatem, bei neuraler oder vaskulärer Vorschädigung (Diabetes mellitus); Osteomyelitis (vielfach auch Spondylitis) nach hämatogener Streuung bakterieller oder mykotischer Infektionen wie Septikämie, Endokarditis, Pneumonie etc.; zusätzlich Fremdkörperinfektionen wie z. B. Protheseninfektionen sowohl peri- als auch postoperativ (wie oben).
- **Erreger:** Überwiegend S. aureus (MSSA und MRSA), perioperativ und bei Fremdkörperinfektionen auch koagulasenegative Staphylokokken und Propionibakterien, gramnegative Bakterien wie Pseudomonas spp. nach offenen Traumata und andere gramnegative Erreger bei Immundefekten (Salmonellen bei Thalassämie). Andere spezifische Bakterien wie Tuberkuloseerreger oder Brucella spp. oder Coxiella burnetii

nach entsprechenden Kontakten zu Tieren und Tierprodukten.

- **Diagnose:** Bei zeitnaher, direkter Knocheninfektion durch typische Anamnese und lokalen Befund – in der Regel zunächst akute oder subakute Osteomyelitis. Osteomyelitiden nach hämatogener Streuung werden oft erst im chronischen Zustand infolge von unklaren Schmerzsyndromen, Bakteriämienachweis bzw. anderen systemischen Begleitinfektionen diagnostiziert. Zur Diagnose und klinischen Einteilung sind eine Röntgen-, CT- oder MRT-Untersuchung erforderlich sowie Blutkulturen, Blutbilder und Entzündungsparameter. Direkter Erregernachweis aus Knochen-/Abszess- oder Fistelpunktat bzw. Abstrich. Eine „abakterielle" Osteomyelitis ist stets auf TB oder andere intrazelluläre Erreger verdächtig.
- **Therapie:** Wegen der langen Behandlungsdauer einer Osteomyelitis immer Versuch der gezielten Behandlung mit Erregernachweis und Resistenztest. Stets Prüfung akut notwendiger (Stabilität) oder 2-zeitiger chirurgischer (Mit-) Behandlung. Kalkulierte Therapie ohne Erregernachweis unter Einschluss von gegen Staphylokokken wirksamen Substanzen wie Clindamycin, Cephalosporinen der 2. Generation wie Cefazolin und bei MRSA-Nachweis oder -verdacht: Glykopeptide, Daptomycin, Linezolid oder Ceftobiprol, bei ca-MRSA nach Test auch Cotrimoxazol plus Rifampicin. Dauer: je nach Verlauf viele Wochen oder Monate.

122.2 Infektionen der Gelenke

Bakterielle (septische) Arthritiden sind mit großem Abstand die häufigste Ursache infektiöser Gelenkentzündungen. Viel seltener lassen sich Mykobakterien (M. tuberculosis), Viren, Pilze und Parasiten als Erreger infektiöser Arthritiden nachweisen. Eine akute, septische Arthritis ist immer als sofort behandlungsbedürftiger Notfall anzusehen: Sie kann sehr schnell – sofern nicht bereits durch Streuung entstanden – zu einer Sepsis führen und ebenso innerhalb von Stunden die infizierten Gelenke destruieren.

Die Verringerung der immer noch hohen Letalität (>10 %) dieser Infektionen und die Wahrung der Gelenkintegrität mit Vermeidung von funktionellen Schäden und Gelenkersatz setzen eine schnelle Diagnose, Punktion und Drainage oder operative Versorgung sowie eine wirksame Antiinfektivatherapie voraus.

Einteilung

Eine anerkannte klinische Einteilung der infektiösen Arthritiden existiert nicht. Üblich sind Klassifikationen nach Erreger(gruppen), Lokalisation, Grunderkrankungen und Verlauf (akute, chronische, postinfektiöse oder reaktive Arthritis) sowie die Unterscheidung zwischen nativen Gelenk- oder Protheseninfektionen.

Epidemiologie

Die Häufigkeit bakterieller Arthritiden wird mit 4–30 Ereignissen pro 100.000 Patientenjahre sehr variabel angegeben. Entsprechend ungenau wird die Letalität septischer Arthritiden mit 10–50 % je nach Mon- oder Polyarthritis und Grunderkrankung – berechnet. Vermutlich nimmt ihre Zahl weltweit eher zu als ab, da die Zahl der Patienten mit besonderen Risiken zunimmt. Zu diesen zählen höheres Lebensalter (>80 Jahre), Gelenkprothesen oder Zustand nach Gelenkoperationen, diverse Formen von Immunsuppression, rheumatoide Arthritis, Diabetes mellitus, Alkohol- und i.v. Drogenabusus sowie (selten) intraartikuläre (Steroid-)Injektionen.

Erregerspektrum

Wichtige bakterielle Erreger sind in ◘ Tab. 122.4 zusammengefasst (Viren in ◘ Tab. 122.8).

Pathogenese

Septische Gelenkinfektionen sind meist Folge einer **hämatogenen Streuung** und sehr viel seltener eines direkten Eindringens oder der Inokulation von Erregern ins Gelenk, z. B. im Rahmen von Traumata oder iatrogen. Bei Immunsuppression, Operationen oder anderen invasiven medizinischen Maßnahmen sowie nach Implantation aller Arten von Fremdkörpern wie Katheter, Schrittmacher etc. sind Bakteriämien und septische Gelenkinfektionen sehr viel häufiger zu erwarten.

Auch im Rahmen einer hämatogenen Infektion erfolgt die bakterielle Besiedlung über die Synovialis des Gelenks mit Eintritt einer schnellen, akut entzündlichen Reaktion. Bei fehlender Basalmembran der Synovia kann es unmittelbar zu einem Übertritt der Erreger in die Synovialflüssigkeit kommen mit Ausbildung einer Hyperplasie der synovialen Endothelzellen und einer meist eitrigen Gelenkentzündung.

Unabhängig davon, ob die Infektion hämatogen oder direkt erfolgte, finden sich sehr schnell chemotaktisch Leukozyten ein, die durch Freisetzung von Zytokinen, Proteasen und Sauerstoffradikalen die Knorpelsubstanz direkt schädigen und deren Neubildung einschränken. Mechanischer Druck durch einen großen, entzündlichen Gelenkerguss kann

■ **Tab. 122.4** Wichtige bakterieller Erreger akuter infektiöser Arthritiden (natives Gelenk bzw. Gelenkprothese)

Erkrankung		Wesentliches Erregerspektrum
Septische Arthritis	Grampositiv	S. aureus, koagulasenegative Staphylokokken, A-Streptokokken, Pneumokokken, andere Streptokokken
	Gramnegativ	E. coli, H. influenzae, P. aeruginosa, „Enteritis-Salmonellen“
Postinfektiöse und reaktive Arthritis	Nach Urogenitalsyndrom	Chlamydia trachomatis, N. gonorrhoeae
	Nach Enteritis	Campylobacter jejuni, Yersinia spp., Salmonella spp. und Shigellen
	Nach Zeckenstich	Borrelia burgdorferi
	Bei Tuberkulose	M. tuberculosis (M. Ponçet)

zusätzlich Nekrosen und weitere Gelenkdestruktionen verursachen. Unklar ist, ob die fehlende oder geringe Expression von Zytokinen wie TNF-α, IL-1 und IL-10 oder eine hohe Produktion von IL-4 als genetische Variation oder Prädisposition eher für das Auftreten oder einen besonders schweren Verlauf der septischen Arthritis verantwortlich ist.

Klinik

Septische Arthritiden sind meist (ca. 80 %) **monartikulär** und bevorzugen die **Kniegelenke** (>50 %), gefolgt von Hand-, Sprung-, Schulter- und Hüftgelenken. Seltener sind Infektionen kleiner Gelenke (Gonokokken), der Symphyse (Zustand nach Inkontinenzoperationen; Athleten) oder des Sternoklavikulargelenks (i.v. Drogenabusus). Septische Polyarthritiden (meist 2–3 betroffene Gelenke) treten bevorzugt im Rahmen rheumatologischer Systemerkrankungen oder bei schwerer Sepsis auf.

Schmerzen, Bewegungseinschränkung, Überwärmung und Schwellung der Gelenke – meist verbunden mit Fieber ohne Schüttelfrost – sind typische **Symptome,** die schnell den Nachweis oder Ausschluss einer lokalen, und hämatogen verursachten bakteriellen Infektion erfordern. Differenzialdiagnostisch kommen v. a. Gicht, Pseudogicht, reaktive, virale oder rheumatoide Arthritis sowie Borreliose infrage.

Hinsichtlich einer gezielten oder kalkulierten Diagnostik und Therapie ist die Anamnese zu Vorerkrankungen, Operationen und weiteren Symptomen bedeutsam und lässt schon früh auf mögliche Erreger schließen (■ Tab. 122.5; mit Daten von Smith et al. 1995).

■ **Tab. 122.5** Klinik und typische Erreger der infektiösen Arthritis

Vorerkrankung, vorausgehendes Ereignis oder Symptom	Erreger
Chronische Polyarthritis, Psoriasis-arthritis	Staphylococcus aureus
Arthroskopie Gelenkprothese	S. aureus, koagulase-negative Staphylokokken
Intravenöser Drogengebrauch	S. aureus, Pseudomonas aeruginosa
Ungeschützter Geschlechtsverkehr	N. gonorrhoeae, C. trachomatis, HIV, Syphilis)
Makulöses Exanthem	N. meningitidis
Tendosynovitis und makulöses Exanthem	N. gonorrhoeae
Menschenbiss (z. B. „Fist-to-mouth“-Verletzung)	Mundflora inkl. Eikenella corrodens
Katzen- oder Hundebiss	Pasteurella multocida
Zeckenstich	Borrelia burgdorferi
Verletzungen im Wasser	Mycobacterium marinum

Diagnostisches Vorgehen

Die Analyse der **Synovialflüssigkeit** kann septische von anderen Arthritiden (inkl. „Kristallarthritis“ im Gichtanfall) unterscheiden und Erreger mikroskopisch, kulturell und/oder mittels PCR identifizieren helfen. Die Punktion eines Gelenkergusses sollte bei unklarer oder febriler Arthritis deshalb stets erfolgen, wenn der Befund keine unmittelbare operative Versorgung erfordert. Bei bekannter rheumatoider Arthritis sollte sie erfolgen, um ggf. eine Superinfektion auszuschließen. Zur Differenzialdiagnose ist eine primäre Unterscheidung in entzündlich/septisch bzw. nichtentzündlich sinnvoll. Wiederholte Punktionen unter Therapie einer septischen Arthritis dienen der Überwachung des Behandlungserfolgs.

Notwendige Laboruntersuchungen des Gelenkpunktats: Beurteilung von Farbe und Transparenz, Bestimmung von Gesamtleukozyten mit Zelldifferenzierung, Erythrozyten und Hb, Uratkristalle (polarisierende Lichtmikroskopie), Gramfärbung, Kultur auf Bakterien, Pilze und TB, virale und ggf. andere PCR. Der seltene Nachweis von Eosinophilen lässt an mögliche parasitäre Infektionen denken und ist zudem bei Borreliose sowie Tumoren

Tab. 122.6 Diagnostische Kategorien zur Charakterisierung der Synovialflüssigkeit nach klinischen, laborchemischen und mikrobiologischen Untersuchungsergebnissen

Untersuchung	Normal	Keine Entzündung	Entzündung	Infektion	Blutung
Farbe, Transparenz	Klar, transparent	Gelb, transparent	Gelblich-opalisierend, evtl. leichte Trübung	Gelbgrün, trübe	Rot
Viskosität	Hoch	Hoch	Niedrig	Variabel	Variabel
Leukozyten pro µl	<200	200–2000	2000–100.000	25.000 bis >100.000	200–2000
Granulozyten	<25 %	<25 %	≥50 %	≥75 %	50–75 %
Kultur/PCR	Negativ	Negativ	Negativ	Oft positiv	Negativ
Eiweiß	1–2 g/dl	1–3 g/dl	3–5 g/dl	3–5 g/dl	4–6 g/dl
Glukose	Wie im Serum	Wie im Serum	< Serum (>25 mg/dl)	≪ Serum (<25 mg/dl)	Wie im Serum

möglich. Zur Abklärung der septischen Arthritis (auch ohne Fieber) sind stets Blutkulturen abzunehmen, die in 50 % einen Erregernachweis liefern. Blutbild, Differenzialblutbild und Entzündungsparameter (BSG, CRP, Procalcitonin) sollten bestimmt werden.

Tab. 122.6 fasst typische **Befundkonstellationen** zusammen; für die Diagnose septischer **Gelenkprotheseninfektionen** gelten jedoch bereits sehr viel geringere Leukozyten- bzw. Granulozytenzahlen und Prozentsätze.

Bildgebung Konventionelle Röntgenbilder der betroffenen Gelenke zeigen bei der akuten septischen Arthritis oft Normalbefunde und sind eher zur Verlaufsbeurteilung oder zum Nachweis zusätzlicher Osteomyelitiden hilfreich. Mittels sonografischer Untersuchung lassen sich bei zugänglichen Gelenken ggf. vorhandene Ergussbildungen darstellen. Zur genaueren Beurteilung von Art und Ausmaß entzündlicher Infiltration des Gelenks und der Umgebungsstrukturen sind stets CT- oder MRT-Untersuchungen durchzuführen.

Therapie

Alle Empfehlungen zur Therapie der septischen Arthritis beruhen auf individuellen Erfahrungen, Ableitungen aus Prinzipien der Behandlung vergleichbarer Infektionen, pharmakologischen Untersuchungen und den Ergebnissen retrospektiver Studien. Dies betrifft neben Auswahl, Applikation, Dauer und Dosis der antiinfektiven Behandlung auch den Einsatz, Zeitpunkt und die Indikation für die Arthroskopie, Drainage und sonstige chirurgische Behandlung einschließlich Gelenkersatz. Dennoch sind einige **Therapieprinzipien** akzeptiert und erprobt:

- Die **Antibiotikatherapie** sollte **frühestmöglich** begonnen werden, d. h. bei dringender Verdachtsdiagnose: direkt nach Abnahme von Blutkulturen und/oder Punktion von Gelenkflüssigkeit.
- Beginn der zumeist **kalkulierten Therapie mit parenteralen Antiinfektiva,** die möglichst alle infrage kommenden Erreger erfassen.
- Nach 14 Tagen Umstellung auf enterale Behandlung bei nachgewiesener Wirksamkeit und zu erwartender guter Verfügbarkeit der Substanzen vor Ort sowie nachweislich klinischer Befundverbesserung.
- Beendigung der antiinfektiven Behandlung meist nach 4–5 Wochen. Nur lang dauernde, nachweisliche Persistenz der Erreger im Gelenk, einige Rezidiv- oder Protheseninfektionen sowie unbekannte oder hochresistente Erreger sowie Pilze und Mykobakterien erfordern eine klinisch kontrollierte, längere Behandlungsdauer unter infektiologischer Konsultation.
- Intraartikuläre Instillation von Antiinfektiva ist (auch bei Pilzinfektionen) **nicht** indiziert und wegen möglicher kontraproduktiver Entzündungsreaktion zu vermeiden. Lediglich bei hoher Resistenz und bei Protheseninfektionen kann sie erwogen werden.
- Da es sich bei septischer Arthritis um einen Abszess im geschlossenen Raum handelt, sollte dieser **drainiert** werden – auch wenn diese Maßnahmen klinisch nie geprüft wurden. Wahl der **Methode** nach individueller Beurteilung, Verlauf und Möglichkeiten vor Ort: einmalige bis vielfache Punktion, Arthroskopie oder Arthrotomie.
- Bei Affektion der Knie-, Schulter- und Handgelenke ist die Arthroskopie und bei Hüftgelenken eine Arthrotomie vorzuziehen (Zugangswege, Beurteilbarkeit, retrospektive Ergebnisse).
- Zur Verbesserung der Durchblutung, Nährstoffversorgung der Gelenkstrukturen und Vermeidung von Kontrakturen sollte mit wenigen Ausnahmen (z. B. Blutung) eine frühzeitige und stetige, vorsichtige **Gelenkmobilisation** erfolgen und auf die Einhaltung physiologischer Ruhestellungen der Gelenke geachtet werden.

Die **Auswahl der antiinfektiven Therapie** sollte möglichst nach Antibiogramm und unter Berücksichtigung pharmakologischer Kriterien wie z. B. unerwünschten Wirkungen, Gelenkpenetration der Substanzen, oraler Verfügbarkeit etc. erfolgen. Bei unbekanntem Erreger muss die kalkulierte Therapie immer die Möglichkeit erhöhter Resistenz einschließen, v. a. bei bekannter Besiedlung mit entsprechenden Erregern (MRSA, ESBL) oder Herkunft aus Gebieten mit hoher Resistenz für einzelne Erreger (z. B. Gonokokken: Südostasien; carbapenemresistente Enterobakterien: Griechenland, Israel etc.).

Ob eine Kombinationsbehandlung einer Monotherapie überlegen ist, ist bei septischer Arthritis bisher ungeklärt. Erstere ist aber zu empfehlen und sollte bei unbekanntem Erreger oder hoher Wahrscheinlichkeit von Resistenz zumindest initial durchgeführt werden.

122.2.1 Spezielle Arthritiden

Gonokokkenarthritis

Unter den septischen Arthritiden nimmt die Gonorrhö mit Arthritis eine Sonderrolle ein: Infolge einer zunächst unbehandelten Schleimhautinfektion führt sie über eine Bakteriämie (disseminierte Gonokokkeninfektion: DGI) relativ uniform und regelhaft (40–80 %) zu einer septischen Monarthritis, seltener zur Polyarthritis.

Heute ist diese Erkrankung in Westeuropa eine Rarität, in unterentwickelten Ländern aber immer noch häufigste Ursache eitriger Arthritiden. Betroffen sind hierbei v. a. die 15- bis 30-Jährigen und unter diesen Frauen etwa 4-mal häufiger als Männer. Bakteriämien und disseminierte Erkrankungen finden sich **bevorzugt nach asymptomatischer Gonorrhö,** bei Frauen oft im Rahmen von Menstruation, Schwangerschaft oder postpartal.

Prädestinierende Faktoren für eine septische Gonokokkenarthritis sind: asymptomatische Gonorrhö (mukosale Erkrankung, „pelvic inflammatory disease“, PID), rheumatische Systemerkrankungen, Komplementdefizite (v. a. C5–C8), Gonokokken-Virulenzfaktoren wie Serumresistenz und Expression von Membranprotein 1 A, Fehlen von Membranprotein II, z. T. erheblich Resistenzen gegen Antibiotika wie Penicilline, Tetracycline, Fluorchinolone und Cephalosporine.

Tritt die Gonokokkenarthritis ohne typische Begleitsymptome auf, ist sie von einer anderen bakteriellen Arthritis **klinisch** nicht zu unterscheiden. Nach einer vorangegangen typischen Symptomatik ist deshalb stets zu fahnden. Gonokokkenarthritiden betreffen eher große Gelenke (Knie, Hüfte und Schulter) und treten häufiger als Mon- denn als Polyarthritis sowie mit starker Entzündungsreaktion, Schwellung und Gelenkerguss auf.

In der **Synovialflüssigkeit** finden sich oft 50 bis >100.000 Neutrophile/mm^3 bei leichter Leukozytose und BSG-Erhöhung (ca. 50 %). Der Nachweis von Gonokokken gelingt bei einer Arthritis wie bei einer DGI oder Bakteriämie am besten mittels **Abstrich von Urethra** (50–70 %) oder **Zervix** (80–90 %), auf die bei jeglichem Verdacht auf Gonokokkenarthritis nicht verzichtet werden darf! Ein positiver kultureller Nachweis aus Blut gelingt nur zu ca. 30 % und aus Synovialflüssigkeit nur zu 30 % bei DGI gegenüber etwa 50 % bei eitriger Arthritis. Enttäuschend wenig sensitiv ist auch die Mikroskopie direkter Grampräparate aus eitrigem Gelenkerguss (ca. 25 % Nachweis intra- oder extrazellulärer gramnegativer Diplokokken). Vermutlich am sensitivsten (>80 %) ist der PCR-Nachweis aus Synovialflüssigkeit oder Abstrichen. Auf eine Kultur sollte zur Resistenztestung keinesfalls verzichtet werden.

Eine Gonokokkenarthritis kann nach 7–10 Tagen Therapie mit einem β-Laktam-Antibiotikum ausheilen.

Infektionen von Gelenkprothesen

Infektionen von Gelenkprothesen unterscheiden sich erheblich sowohl hinsichtlich der chirurgischen Therapie als auch des Einsatzes von Antiinfektiva von septischen Arthritiden nativer Gelenke. Protheseninfektionen (periprothetische Gelenkinfektionen) werden traditionell in 3 Gruppen unterteilt, abhängig von ihrer zeitlichen Entstehung und vom Infektionsmodus (◘ Tab. 122.7).

Wie andere Fremdkörperinfektionen werden auch Gelenkprothesen v. a. durch koagulasenegative Staphylokokken (40–50 %) verursacht, deren Ursache neben der natürlichen Besiedlung der Haut in deren spezifischen Potenzial zur Adhäsion an Fremdkörpern liegt sowie in der Ausbildung von Biofilmen.

Für eine schnelle und adäquate **Diagnose** gelten anders als bei nativen septischen Gelenkinfektionen **zusätzliche Regeln:**

- Auch bei unauffälliger Wundinspektion und Operation sollten perioperativ immer mikrobiologische Untersuchungen hinsichtlich einer Kolonisation unternommen und dokumentiert werden.
- Bei jeder chirurgischen Revision sollten mindestens 3 unterschiedliche Gewebeproben mikrobiologisch untersucht werden. Nur dann ist zu 70–95 % mit einem Erregernachweis zu rechnen. Wundabstriche allein haben eine geringe Sensitivität.

Bildgebende Verfahren sind zur Diagnose und Verlaufsbeurteilung erforderlich und unterschiedlich sensitiv:

- Bei Erguss und Weichgewebeinfektion sowie Prothesenlockerung sind bereits Übersichtsaufnahmen oder Ultraschalluntersuchungen wegweisend.

■ Tab. 122.7 Charakteristik und Klassifikationen von Protheseninfektionen der Gelenke

Dauer nach Implantation		Infektionsweg	
1	**<3 Monate:** frühe Infektion	A	**Perioperativ:** chirurgische Inokulation oder Wund-infektion
2	**3–24 Monate:** verzögerte oder schleichende Infektion	B	**Per continuitatem:** von lokal nahem Infektionsherd aus Knochen, Haut- und Weichgeweben
3	**>24 Monate:** späte Infektion	C	**Hämatogen:** über Blut- oder Lymphbahnen aus entfernter Infektionsquelle

- Neben Arthrografie und Knochenszintigrafie sind CT- und MRT-Untersuchungen am sensitivsten, soweit Interferenzen mit dem Fremdmaterial (Metall) im Hintergrund stehen.
- Alle Verfahren sind bisher eher sensitiv, aber weniger spezifisch – evtl. kann das PET-Verfahren dies zukünftig verbessern.

Der **Gelenkpunktion** kommt bei Protheseninfektionen eine besondere Rolle zu, da – gegenüber einer nativen septischen Arthritis – bereits eine sehr viel niedrigere Zahl von Leuko- bzw. Granulozyten für die Diagnose einer (Prothesen-)Infektion ausreicht: Leukozyten $>1{,}7 \times 10^9$/l und >65 % neutrophile Granulozyten.

Die Behandlung einer Protheseninfektion sollte stets kombiniert chirurgisch-antimikrobiell erfolgen. Wegen schlechter Ergebnisse eines 1-zeitigen Austauschs waren früher 2-zeitige Interventionen mit Neuimplantation im Intervall nach z. T. sehr langer Antibiotikatherapie üblich. Antiinfektiöse Vorbehandlung, verbesserte Operationstechniken und antiinfektive Substanzen ermöglichen heute nach Einzelfallprüfung wieder einen gleichzeitigen Austausch.

Virale Arthritis

Viral bedingte Arthritiden treten vermutlich sehr viel häufiger auf als tatsächlich nachgewiesen, da sie oft selbstlimitierend, spontan heilend oder in Form flüchtiger Begleiterscheinung anderer Erkrankungen keinen Anlass zu diagnostischer Klärung geben.

Neben **Gelenkschmerzen** sind begleitende oder vorausgehende **Allgemeinsymptome von Virusinfektionen** wie Fieber, Exanthem, Kopf- oder Halsschmerzen und Schwächegefühl für Virusarthritiden charakteristisch – ohne dass diese Symptome regelhaft oder gemeinsam auftreten müssen. Sie sind deshalb nur eine – wenn auch für den Patienten bestimmende – **Begleiterscheinung einer systemischen Virusinfektion,** deren andere Organmanifestationen oft schwerwiegender oder dauerhafter sein können.

Die Pathogenese der viral bedingten Arthritis ist noch wenig erforscht und verstanden: Es gibt gleichermaßen Hinweise auf eine direkte Infektion der Synovia in den Gelenken wie auch auf eine Entzündungsreaktion als Folge einer Immunantwort auf die Infektion, z. B. im Sinne eines molekularen Mimikry. Diese Form wird als **reaktive Arthritis** bezeichnet und kann auch z. B. durch bakterielle Erreger von zumeist Darm- oder Genitalinfektionen auftreten. Eine Vielzahl von Viren kommt aus Auslöser einer Arthritis infrage (■ Tab. 122.8).

Eine **direkte Infektion** einer oder mehrerer Gelenke, ihrer Synovia und anderer Gewebestrukturen wird angenommen bei Infektionen durch **Rubellavirus, Rubella-Vakzine** sowie **Parvo-** und **Enteroviren.** Diese Viren wurden direkt aus Synovialflüssigkeit isoliert. Man vermutet bei ihnen einen besonderen synovialen Tropismus mit dem Potenzial zur lytischen und persistierenden Infektion. Im reisemedizinischen Kontext ist dies auch für **Flaviviren** relevant (z. B. Dengue- oder Chikungunya-Virus).

Im Rahmen der Immunantwort auf Infektionen mit **Hepatitis-B- und Hepatitis-C-Viren** werden Immunkomplexe in Form von Kryoglobulinen gebildet, die sich bevorzugt in Gelenken ablagern. Eine ähnliche Immunreaktion zeigt sich bei Infektionen mit Alpha- und Parvoviren.

Auffallend häufig betreffen diese Arthritiden **gleichzeitig mehrere Gelenke** und treten **symmetrisch** auf. Deshalb sind sie klinisch zunächst kaum von einer beginnenden chronisch rheumatischen Erkrankung zu unterscheiden. Typische Prodromi einer Virusinfektion, Fieber, begleitende Muskel- und Knochenschmerzen sowie flüchtige Exantheme lassen jedoch auf eine virale Genese der Arthritis und bei virustypischen Symptomen auch bereits auf eine bestimmte Virusinfektion schließen. Arthritiden können hierbei gleichzeitig auftreten oder nur Prodromi einer sich später typisch präsentierenden Virusinfektion sein.

Die **Diagnose** einer Virusinfektion als Ursache einer Arthritis wird oft aufgrund eines konkreten Verdachts infolge einer zielführenden **Anamnese,** auf der Grundlage typischer Befunde oder im Rahmen der Differenzialdiagnose einer akuten Polyarthritis gestellt. Die meisten Diagnosen lassen sich hierbei bereits **serologisch** sichern.

Ebenfalls beweisend kann der **direkte Virusnachweis** vom Ort der akuten Arthritis (Synovialflüssigkeit oder Synoviabiopsie) sein. Dies kann prinzipiell entweder elektronenmikroskopisch, kulturell oder mittels PCR-Nachweis erfolgen. Die ersten beiden Methoden

Tab. 122.8 Virusinfektionen und virale Arthritiden bzw. Arthralgien

Virus oder Virusinfektion	Klinische Bedeutung für virale Arthritis und Arthralgien
Hepatitis A	Häufig Arthralgien, sehr selten Arthritis
Hepatitis B	10–25 % selbstlimitierende (1–4 Wochen) Arthritis im Prodromalstadium oder bei Reaktivierung; kein chronischer Verlauf bekannt
Hepatitis C	2–20 % Arthritis (2/3 Polyarthritis), oft in Verbindung mit Kryoglobulinämie und Vaskulitis; ggf. Hepatitistherapie
Parvovirus B19	Häufig Ringelröteln bei Kindern und selten aplastische Anämie; Arthralgien: 8 % Kinder, 60 % Erw.; Arthritis mit Gelenkschwellung selten; selbstlimitierend über einige Wochen, selten Monate
Röteln und Rötelnvakzine	Sehr häufig (in bis zu 30 %) Arthritis mit Exanthem und Lymphadenopathie (ca. 2 Wochen nach Impfung), kleine Gelenke häufiger betroffen, Dauer ca. 2 Wochen, Arthralgien bis zu 1 Jahr
Alphaviren	Übertragung durch Mückenstiche: fast immer schnell limitierende, aber schwere Arthralgien, selten Arthritis! Inkubationszeit 5–20 Tage; fast immer Arthritis, Fieber und Exanthem in Kombination; Arthralgiedauer zumeist limitiert, ggf. jahrelang! – Chikungunya: Afrika, Süd- + Ostasien, Pazifik, Karibik und Süden der USA – Ross-River, Barmah-Forest: Australien, Ozeanien – O'nyong-nyong: Zentral- + Ostafrika – Sindbis-Gruppe: Karelia/Russland, Ockelbo/Schweden, Pogosta/Finnland, – Mayaro/Südamerika
Dengue	Vorkommen neben Afrika, Asien, Pazifik auch in Südeuropa! Sehr selten Arthritis, sehr häufig >60 % Arthralgien (Knochenbrecherkrankheit), selbstlimitierend; cave: kein Aspirin, da hämorrhagischer Verlauf möglich!
Mumpsvirus	Sehr selten (<1 %) Arthritis und Arthralgien; zumeist im Anschluss an Parotitis, schnell selbstlimitierend
Enteroviren	ECHO- + Coxsackie-Virus: weltweit verbreitet, meist in Endemien im Sommer (diagnostisch), 3–5 Tage Inkubationszeit, vielsymptomatisch, selten kurzzeitige Arthritis oder Arthralgien
Adenoviren	Arthritis als Rarität; bisher nur beschrieben unter Immunsuppression bzw. bei vorbestehender Gelenkaffektion durch rheumatoide Arthritis; zumeist selbstlimitierend
Herpesviren	– HSV-1, -2: Arthritis als Rarität; meist selbstlimitierend, ggf. Aciclovirtherapie – VZV (HHV-3): Arthritis selten, bei Windpocken und Zoster meist als Monarthritis (Knie), aufgrund vergleichbarer Symptomatik bei Schwellung Punktion zum Ausschluss der septischen Arthritis empfohlen (cave: Immunsuppression); ggf. Aciclovirtherapie – CMV: selten, meist unter schwerer Immunsuppression, akute selbstlimitierende und protrahierte Verläufe möglich, Ganciclovirtherapie empfohlen – EBV: selten, selbstlimitierende Arthritis mit entzündlichem Erguss, eher große Gelenke im Rahmen akuter Infektionen; unter Immunsuppression Reaktivierung von Arthropathien möglich
HIV	Kaum Ursache einer Arthritis, in Afrika häufiger beschrieben; akut: selbstlimitierende, 2–6 Wochen dauernde Symptomatik; gelegentlich schwierig zu unterscheiden von sekundären Arthritiden im Verlauf der HIV-Infektion/AIDS und Medikation (siehe Differenzialdiagnose)

sind im klinischen Alltag wenig praktikabel, in der Regel unnötig und erfolgen entweder nur aus wissenschaftlichen Erwägungen oder im Rahmen eines weitgehend unklaren Krankheitsverlaufs, z. B. bei schweren Grunderkrankungen, Immunsuppression oder neuen Erregern.

Die **Behandlung** viraler Arthritiden besteht überwiegend aus einer begrenzten symptomatischen, antiphlogistischen und analgetischen Therapie.

Chronische infektiöse Arthritis

Chronische infektiöse Arthritiden sind eine bunte Mischung infektiöser Gelenkentzündungen durch diverse Erreger. Deren Hauptgemeinsamkeit besteht darin, dass sie keine akute septische Arthritis auslösen. Es gibt deshalb auch keine systematische Einteilung, sondern diese orientiert sich ausschließlich am klinischen Verlauf. So können Staphylokokken z. B. bei Rezidiv- und Protheseninfektionen als subakute oder chronische Gelenkinfektion in Erscheinung treten. In der Regel werden chronisch infektiöse Arthritiden aber durch Pilze, Mykobakterien und vorwiegend intrazelluläre Bakterien oder Parasiten hervorgerufen.

Folgende **seltene bakterielle Erreger** rufen chronische Gelenkentzündungen hervor:

- Brucella abortus, B. melitensis, B. suis, B. canis
- Borrelia burgdorferi
- Tropheryma whipplei
- Treponema pallidum
- Nocardia spp.
- Actinomyces spp.
- Bartonella henselae

Die Kenntnis dieser Erreger und ihrer Verbreitung ist zur Diagnose und mikrobiologischen Untersuchung seltener Arthritiden von Bedeutung. Da diese Formen der Arthritis aber eher Begleiterscheinungen systemischer Erkrankungen oder anderer Organmanifestationen sind, werden sie mit Ausnahme der als Nächstes dargestellten Gelenktuberkulose hier nicht besprochen.

Tuberkulöse Arthritis (Gelenktuberkulose)

Unter den tuberkulösen Arthritiden sind **Spondylarthritiden** die häufigste Manifestation tuberkulöser Gelenkentzündungen. Da die Infektion in der Regel 2 und mehr Wirbelkörper und -gelenke inklusive Spondylodiszitis (▶ Abschn. 122.1.1) betrifft, wird auch von einer **TB-Spondylitis** gesprochen. Tuberkulöse Arthritiden peripherer Gelenke sind bei Patienten westlicher Industrienationen sehr selten geworden und meist bei Immigranten oder immunsupprimierten Patienten zu finden. In Endemiegebieten ist die TB-Arthritis (auch in Verbindung mit einer HIV-Infektion) eher eine Erkrankung von Kindern und Jugendlichen sowie älteren (>65 Jahre) und immunsupprimierten Patienten.

Typisch für eine TB-Arthritis ist eine über Wochen bis Monate **langsam zunehmende Symptomatik** mit Schwellung und Schmerzen der betroffenen Gelenke ohne Rötung oder Überwärmung und langsamer Funktionseinschränkung. Nur bei etwa 30 % der Patienten treten die TB-typischen Symptome wie Fieber, Nachtschweiß und Gewichtsverlust auf, die dann auch auf eine fortgeschrittene oder disseminierte Infektion hinweisen. Ohne Behandlung kann es im weiteren Verlauf zu Gelenkdeformationen und Fistelbildung kommen.

Bei akut und symmetrisch auftretender Polyarthritis kleiner oder großer Gelenke im Rahmen einer aktiven Tuberkuloseerkrankung wie Lungen-, Lymphknoten oder Miliartuberkulose kann diese auch seltene Folge einer vermutlich immunvermittelten reaktiven Arthritis (Ponçet-Krankheit) sein.

Aufgrund des **chronischen Verlaufs** und der **zunächst unspezifischen Symptome** wird eine Gelenktuberkulose oft erst spät diagnostiziert, wenn diese nicht, wie in etwa 50 % der Fälle, von einer anderen TB-Manifestation begleitet wird.

Bei Hinweisen auf eine Arthritis zusammen mit einer positiven Tuberkulinreaktion, T-Zell-Assay oder Herkunft aus TB-Endemiegebieten und anderen Risikofaktoren sollte eine Tuberkulose des Gelenks frühzeitig durch **Punktion** oder **Synovialbiopsie** ausgeschlossen werden: Charakteristisch zeigt sich bei Gelenktuberkulose eine im Vergleich zur septischen Arthritis geringere Leukozytenzahl von bis zu 20.000/mm^3.

Der **Nachweis von Mykobakterien** gelingt meist nicht mikroskopisch und erfordert grundsätzlich zur späteren Differenzierung und Resistenztestung eine **kulturelle Untersuchung** (>80 % positiv). Am sensitivsten (>90 %) gelingt er mittels Synoviabiopsie zusammen mit dem histologischen Bild epitheloidzelliger Granulome mit oder ohne Verkäsung. Soweit verfügbar, kann eine PCR-Untersuchung die schnelle Diagnose verbessern, der Stellenwert dieser Methode ist jedoch noch nicht geklärt.

Wenngleich sich eine tuberkulöse Arthritis **radiologisch** nicht sicher von anderen infektiösen Gelenkentzündungen abgrenzen lässt, so machen doch 3 charakteristische Phänomene die Diagnose wahrscheinlich – die **Phemister-Triade**:

- Gelenknahe Osteoporose
- Peripher gelegene Erosionen
- Allmähliche Gelenkspaltverschmälerung und zunehmende Erosionen

Neben diesen können zusätzlich Weichgewebeabszesse, Fisteln und synoviale Fistelbildungen radiologisch die Verdachtsdiagnose erhärten.

Die Therapie der TB-Arthritis erfolgt nach den allgemeinen Regeln der Tuberkulosebehandlung (▶ Kap. 41). Unter Pyrazinamid auftretende Arthralgien, insbesondere im Schultergürtel, sind häufig und sprechen meist auf Analgetika gut an. Sie korrelieren nicht mit dem Harnsäurespiegel und reagieren kaum auf eine Therapie mit Allopurinol, sondern enden erst mit dem meist auf 2 Monate limitierten Einsatz von Pyrazinamid.

In Kürze: Infektionen der Gelenke

- **Einteilung:** Septische Arthritis nach hämatogener Streuung oder direkter Gelenkinfektion durch Bakterien oder Pilze. Postinfektiöse und reaktive Arthritis durch atypische bakterielle Erreger und andere Spezies. Begleitarthritiden und Arthralgien meist infolge akuter oder chronischer Virusinfektionen. Chronische Arthritiden zusätzlich durch langsam wachsende, sog. atypische bzw. intrazellulär wachsende Erreger möglich.
- **Erreger:** Bei eitrigen Arthritiden am häufigsten S. aureus, weltweit – nicht aber in Europa – noch vielfach Gonokokken und bei Kindern (ohne Impfung) H. influenzae. Chronische Arthritiden durch Borrelien, Nocardien, Actinomyces, Bartonella, Brucella spp. und Tuberkulose sowie reaktive Arthritis nach Infektionen durch Chlamydien, Campylobacter, Yersinien, Salmonellen und Shigellen. Gelenkbeteiligungen im Rahmen von Virusinfektionen mit Hepatitis-, Parvo-, Röteln-, Alpha-, Dengue- und andere Viren.

- **Diagnose:** Typische Gelenkbefunde mit Rötung, Überwärmung, Schwellung, Schmerzen und Functio laesa, bei akuter oder chronischer infektiöser Arthritis meist nur ein Gelenk betroffen. Reaktive, postinfektiöse und Virus-Arthritiden oft schwer von rheumatoider Arthritis abgrenzbar. Erregernachweis mikroskopisch, molekularbiologisch oder durch Kultur aus Gelenkpunktat; spezifischer Antikörpernachweis z. B. bei Borrelien.
- **Therapie:** Septische Arthritis mit möglichst gezielter Antibiotikatherapie nach Erregernachweis und Resistenztest; kalkuliert stets unter Einschluss von Staphylokokken mit Clindamycin, Cephalosporinen der 2. oder 3. Generation oder Imipenem, ggf. ergänzt durch Rifampicin oder Doxycyclin. Bei eitrigen Arthritiden ist stets eine chirurgische Behandlung zu prüfen. Lyme-Arthritis mit Doxycyclin und/oder Ceftriaxon. Chronische Arthritiden mit Antiinfektiva gegen die nachgewiesenen intrazellulären Erreger oder TB. Virale Arthritiden bzw. Arthralgien sind – wie reaktive Arthritiden – meist nur antiphlogistisch behandelbar.

Weiterführende Literatur

Aslam S, Darouiche RO (2009) Antimicrobial therapy for bone and joint infections. Curr Infect Dis Rep 11(1):7–13

Clerc O, Prod'hom G, Greub G, Zanetti G, Senn L (2011) Adult native septic arthritis: a review of 10 years of experience and lessons for empirical antibiotic therapy. J Antimicrob Chemother 66(5):1168–1173

Coakley G, Mathews C, Field M, et al on behalf of the British Society for Rheumatology Standards, Guidelines and Audit Working Group (2006) BSR & BHPR, BOA, RCGP and BSAC guidelines for management of the hot swollen joint in adults. Rheumatology. (Oxford) 45: 1039–1041

Conrad DA (2010) Acute hematogenous osteomyelitis. Pediatr Rev 31:464–471

Conterno LO, da Silva Filho CR (2009) Antibiotics for treating chronic osteomyelitis in adults. Cochrane Database Syst Rev 8(3)

Friesecke C, Wodtke J (2008) Management of periprosthetic infection. Chirurg 79:777–792

García-Lechuz J, Bouza E (2009) Treatment recommendations and strategies for the management of bone and joint infections. Expert Opin Pharmacother 10:35–55

Gardam M, Lim S (2005) Mycobacterial osteomyelitis and arthritis. Infect Dis Clin North Am 19:819–830

Kaplan SL (2014) Recent lessons for the management of bone and joint infections. J Infect 68(Suppl 1):S51–S56

Kleber C, Schaser KD, Trampuz A (2015) Komplikationsmanagement bei infizierter Osteosynthese: Therapiealgorithmus bei periimplantären Infektionen. Chirurg 86(10):925–934

Lin HM, Learch TJ, White EA, Gottsegen CJ (2009) Emergency joint aspiration: a guide for radiologists on call. Radiographics 29(4):1139–1158

Mader JT, Shirtliff M, Calhoun JH (1997) Staging and staging application in osteomyelitis. Clin Infect Dis 25:1303–1309

Masuko-Hongo K, Kato T, Nishioka K (2003) Virus-associated arthritis. Best Pract Res Clin Rheumatol 17:309–318

Mathews CJ, Weston VC, Jones A, Field M, Coakley G (2010) Bacterial septic arthritis in adults. Lancet 375(9717):846–855

Rao N, Ziran BH, Lipsky BA (2011) Treating osteomyelitis: antibiotics and surgery. Plast Reconstr Surg 127(Suppl 1):177–187

Restrepo S, Vargas D, Riascos R, Cuellar H (2005) Musculoskeletal infection imaging: past, present, and future. Curr Infect Dis Rep 7:365–372

Shirtliff ME, Mader JT (2002) Acute septic arthritis. Clin Microbiol Rev 15:527–544

Spellberg B, Lipsky BA (2012) Systemic antibiotic therapy for chronic osteomyelitis in adults. Clin Infect Dis 54(3):393–407

Vossen MG, Gattringer R, Thalhammer F, Militz M, Hischebe G (2019) Knochen- und Gelenkinfektionen (Kapitel 10). In: AWMF Leitlinie „Kalkulierte parenterale Initialtherapie bakterieller Erkrankungen bei Erwachsenen – Update 2018" (Register-Nummer 082-006). 2. aktualisierte Version, 122–127. ► https://www.p-e-g.org/aktuelle-mitteilungen/dokumente-der-leitlinie-parenterale-antibiotika-ausgetauscht-148.html

Zimmerli W, Trampuz A, Ochsner PE (2004) Prosthetic-joint infections. N Engl J Med 351:1645–1654

Haut- und Weichgewebeinfektionen

Christoph Stephan

Haut- und Weichteilinfektionen entstehen selten spontan bei Prädisposition (z. B. Erysipel im Bereich von Narben) oder direkt nach Intervention (z. B. postoperative Abszesse) und sind die Domäne der grampositiven Bakterien. Die Therapie erfolgt bei tiefer Wundinfektion nach Möglichkeit gezielt und systemisch sowie ggf. begleitend zur chirurgischen Herdsanierung. Für die kalkulierte antiinfektive Therapie fließt die Ätiopathogenese in die Auswahl der einzusetzenden Antiinfektiva mit ein, z. B. ob nosokomial oder ambulant erworben.

Steckbrief

Unter den Haut- und Weichgewebeinfektionen werden alle Infektionen der Haut und Subkutis, der Hautanhangsgebilde (Nägel, Haare und Haarbalg) und der Muskulatur (Myositis) einschließlich ihrer Faszien (Fasziitis) zusammengefasst. Ebenfalls hinzugerechnet werden Infektionen tiefer gelegener Strukturen im Mediastinum, z. T. auch peri- und retroperitoneal.

Die überwiegende Zahl dieser Infektionen ist bakteriell bedingt. Für eine geringe Zahl sind virale oder parasitäre Erreger mit meist sehr charakteristischen Erkrankungen verantwortlich und z. T. bakteriell superinfiziert. Verletzungen und andere Störungen der Hautintegrität begünstigen die Entstehung von Hautinfektionen, wie auch relevante Abwehrschwächen Ausmaß und Schnelligkeit der Ausbreitung tiefer Infektionen bis zur Sepsis begünstigen.

Je nach Verletzungsmechanismus und Tiefe der betroffenen Strukturen ist am ehesten mit grampositiven Erregern wie Strepto- und Staphylokokken (Oberfläche) zu rechnen. Bei tiefer eindringenden Infektionen sind, meist im Rahmen einer Mischflora, zusätzlich Anaerobier sowie gramnegative Erreger – meist Enterobakterien – nachweisbar.

Lokal abgrenzbare Infektionen lassen sich entweder rein konservativ, d. h. nur mit Antiinfektiva, oder, wie bei manchen Abszedierungen, nur mit lokalen chirurgischen Maßnahmen erfolgreich behandeln. Tiefe Weichgewebeinfekte und hier v. a. diffus nekrotisierende Infektionen gelten wie Infektionen mit Gasbildnern als chirurgische Notfälle, die eines – meist ausgedehnten – Débridements einschließlich begleitender Antiinfektivatherapie bedürfen.

▪ Einteilung

Die große Zahl möglicher Ursachen und Erreger, Schweregrade und Lokalisationen der Infektionen, Formen und Orte ihrer Ausbreitung (hämatogen/lymphogen/per continuitatem) sowie die Vielfalt ihres regionalen Auftretens und ihrer Verteilung (z. B. nosokomial, ambulant oder z. B. in den Tropen erworben) wie auch die differenzierten Formen und Dringlichkeiten der Behandlung und der Ansteckungsfähigkeit haben international zu sehr unterschiedlichen Klassifikationen von Haut- und Weichgewebeinfektionen geführt.

Bedeutsam für viele moderne Therapiekonzepte sind in diesem Zusammenhang zahlreiche alte Publikationen aus der Ära vor Einführung erster Antiinfektiva wie Sulfonamide und Penicilline bis 1960. Mit ihnen lässt sich nachweisen, dass viele der Haut- und Weichgewebeinfektionen bereits ohne Behandlung eine hohe Selbstheilungsrate hatten. Aus vorhandenen Publikationen und Aufzeichnungen über mehr als 28.000 Patienten bis 1950 mit sog. komplizierten Haut- und Weichgewebeinfektionen sind immerhin erstaunliche Heilungsraten zumindest ohne bekannt wirksame antimikrobielle Therapie dokumentiert (◘ Tab. 123.1 mit Daten aus Spellberg et al. 2009).

Eine Einteilung der Haut- und Weichgewebeinfektionen sollte eine Systematik berücksichtigen, die gleichzeitig neben der Diagnostik therapeutische Hilfestellung geben kann. Für Behandlung und Prognose von Haut- und Weichgewebeinfektionen ist eine **Einteilung nach Grunderkrankung und Begleittherapie** (z. B. Immunsuppression) **einschließlich Behandlungsmöglichkeiten, Art der Erreger und deren Resistenzverhalten**

S. Suerbaum et al. (Hrsg.), *Medizinische Mikrobiologie und Infektiologie*,
https://doi.org/10.1007/978-3-662-61385-6_123

Tab. 123.1 Heilungsraten komplizierter Haut- und Weichgewebeinfektionen ohne chemisch definierte Antibiotika gegenüber Sulfonamiden oder Penicillin

Art der Haut- und Weichgewebeinfektion		Art der Behandlung:		
		Andere[a]	Sulfonamide	Penicillin
A	Erysipel und Phlegmone (Zellulitis)			
	Geheilte und insgesamt behandelte Patienten	1520/2294	1423/1573	196/200
	Prozentsatz geheilt (95 % CI)	66 (64–68)	91 (89–92)	98 (96–99)
B	Große Abszesse			
	Geheilte und insgesamt behandelte Patienten	254/336	60/69	282/293
	Prozentsatz geheilt (95 % CI)	76 (71–80)	87 (80–94)	96 (94–98)
C	Verletzungen (Waffen, Chirurgie, Unfall) und Ulzerationen			
	Geheilte und insgesamt behandelte Patienten	160/449	385/531	1476/1775
	Prozentsatz geheilt (95% CI)	36 (32–39)	73 (70–76)	83 (81–85)

[a]Nicht antimikrobiell wirksame Therapien inkl. topischer Behandlung (Magnesium-, Sulfat- und Glyzerincreme), Bluttransfusion, Röntgen und UV-Therapie, Antistreptokokkenserum oder Bakteriophagenbehandlung

Tab. 123.2 Einteilung der Haut- und Weichgewebeinfektionen („skin and soft tissue infection", SSSI) als Voraussetzung für angepasstes Management und Therapiestudien

Typus der Haut- und Weichgewebeinfektion	Infektionserkrankung
Unkompliziert (uSSSI)	Einfache Abszesse, Impetigo, Furunkel und Phlegmone
Kompliziert (cSSSI)	Infektion, die eine größere chirurgische Intervention erfordert: (z. B. Débridement, Abszessdrainage, Entfernung von Fremdkörpern, operativer Faszienschnitt)
	Infektion tiefer gelegener Weichgewebe, Faszien und/oder Muskelschichten
	Schwere Grund- oder Begleiterkrankung (z. B. Diabetes mellitus, Immunsuppression, Leberzirrhose, Mangelernährung)
	Unkomplizierte Infektionen an Stellen mit hohem Risiko für anaerobe und gramnegative Infektionen (z. B. rektal, Dekubitus)
	Infektionen mit hochresistenten Erregern
Akut bakteriell (ABSSSI): Definition für Antiinfektivastudien	Infektionen, für die mit einem wahrscheinlichen Prozentsatz ein Behandlungseffekt durch Antibiotika vorhergesagt werden kann und Vergleichbarkeits- oder Überlegenheitsstudien indiziert sind
	Wenig schwere Hautinfektionen, für die ein antibakterieller Behandlungseffekt nicht sicher beschrieben ist und deshalb Überlegenheitsstudien indiziert sind

erforderlich (Tab. 123.2). Tab. 123.3 zeigt eine **Einteilung nach beteiligter Struktur.**

Sowohl für den Umfang notwendiger Diagnostik als auch für eine ggf. erforderliche Behandlung schon ohne Erregernachweis ist eine zusätzliche Unterscheidung in **ambulant oder nosokomial erworbene Infektion** sinnvoll, ergänzt durch eine meist schnell erkennbare Unterscheidung **nach Eintrittspforte** in das Gewebe:

- **Lokal:** Gewebeinfektion durch lokal begrenzte und definierte Zerstörung der Barrierefunktion der Haut (einschließlich iatrogener Infektionen z. B. durch Spritzen oder Chirurgie)
- **Streuung:** Haut- und Gewebeinfektionen bzw. parainfektiöse Befunde, entstanden durch hämatogene Streuung, Embolien oder miliare Aussaat

Nicht immer gelingt eine solche Unterscheidung gerade im Krankenhaus, wenn beide Formen gleichzeitig auftreten können und unterschiedliche, auch schnelle Maßnahmen erfordern bzw. die Auswahl der „kalkulierten Therapie" und diagnostischen Maßnahmen bestimmen.

Epidemiologie

Hautinfektionen, insbesondere auch durch S. aureus, kommen weltweit vor. Sie sind die häufigsten Infektionserkrankungen in Klinik und Praxis, auch wenn die Mehrzahl banal und unkompliziert ist.

Erregerspektrum und Pathogenese

Es kommen eine Vielzahl von Erregern infrage, die entweder durch Schmier- oder Kontaktinfektion in

Tab. 123.3 Einteilung der Haut- und Weichgewebeinfektionen nach beteiligter Struktur

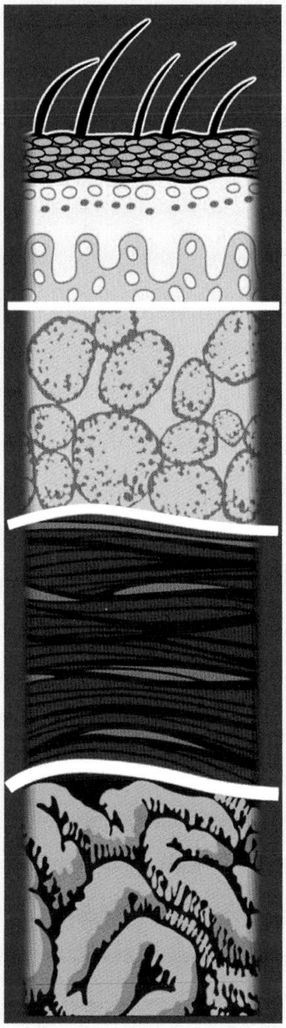

Haut- und Weichgewebe		Infektionsort	Infektionstyp
Epidermis Dermis Korium	Haut und Unterhaut-Fettgewebe	Oberflächliche Wundinfektion	Impetigo Ecthyma Erysipel Follikulitis
Subkutis	Subkutangewebe		Furunkel Karbunkel Zellulitis (Phlegmone)
Muskel und Faszien	Tiefes Weichgewebe	Tiefe Wundinfektion	Pannikulitis Fasziitis Myositis
	Peritoneum, Retroperitoneum	Tiefe Wundinfektion mit Organbeteiligung	Mediastinitis

die Haut gelangen oder sich nach einer hämatogenen Generalisation manifestieren (Tab. 123.4).

Klinik

Infektionen der Haut- und Weichgewebe können sich klinisch sehr unterschiedlich manifestieren (Tab. 123.5).

Alle eitrigen, bakteriellen oder pilzbedingten Lokalinfektionen der Haut werden **Pyodermien** genannt. Je nach Entstehung können dies **primäre** oder **sekundäre** Pyodermien sein und unterschiedliche Haut- und Unterhautstrukturen betreffen.

Breiten sich diese Infektionen aus, z. B. in Form einer flächigen Eiterung, so werden sie **Phlegmone** genannt, bleibt diese Infektion auf die Epidermis beschränkt, ist es eine **Impetigo,** bei Einschluss der dermalen Lymphgefäße ein **Erysipel** und bei Einschluss des subkutanen Fettgewebes eine **Zellulitis** und nicht selten gleichzeitig eine **Phlegmone** – ebenso wie ein Erysipel auch eine intradermale Phlegmone ist. Als **Gasphlegmone** wird eine nekrotisierende Entzündung mit Gasbildung im Gewebe bezeichnet, welche die Faszien (noch) nicht miterfasst. Sie wird zumeist durch Clostridium perfringens oder anaerob/aerobe Mischinfektionen ausgelöst.

Dringen die Erreger tiefer ein, so entsteht zunächst eine **Fasziitis** und/oder **Myositis,** die als **nekrotisierende Fasziitis** oberflächliche und tiefe Faszien einschließt und auf die Haut übergehen kann (Abb. 123.2) – v. a. an Extremitäten, Bauchwand und in der Perinealregion. Erfolgen diese Infektionen mit Clostridium perfringens oder den Spezies C. novyi, C. septicum, C. histolyticum (selten anaerob/aerobe Mischflora) und sind sie zusätzlich mit einer Myonekrose verbunden, so handelt es sich um eine **Gasgangrän.**

Tab. 123.4 Erreger von Hautinfektionen

Schädigung	Erreger
Tierbiss	Pasteurella multocida, Streptococcus intermedius, Neisseria weaveri, N. canis, Actinobacillus spp., Eikenella corrodens, Capnocytophaga cynodegmi, C. canimorsus
Katzenkratz	Bartonella henselae
Offenes Trauma (ambulant)	S. aureus; selten: Enterobacteriaceae (penetrierende Traumen), Clostridium spp., Bacteroides fragilis und Bacillus spp.
Infektion der Hand	S. aureus, Mycobacterium marinum, Sporothrix schenckii
Nekrotisierende, ulzerierende Wundinfektion	Nocardia, Actinomyces
Postoperative Wundinfektion	Enterobacteriaceae, Pseudomonas, Acinetobacter spp., S. aureus, koagulasenegative Staphylokokken
Verbrennungen	Pseudomonas aeruginosa
Salzwasserexposition	Aeromonas hydrophila oder Vibrio vulnificus

Tab. 123.5 Klinisches Bild, typische Erreger und Bezeichnungen von Haut- und Weichgewebeinfektionen mit Anaerobiern bzw. Gasbildnern

	Gasphlegmone (anaerobe Zellulitis)		Gasgangrän	Anaerobe Streptokokken-Myositis	Nekrotisierende Fasziitis/ Zellulitis	Vaskuläre Gangrän
Clostridien	Ja	Nein	Ja	Möglich	Möglich	Möglich
Ursache	Trauma oder OP	Diabetes; lokale Infektion	Trauma oder OP	Trauma	Diabetes; OP, perineale Infektion	PAVK
Inkubations-zeit (Tage)	> 3	Viele (> 7?)	1–2	3–5	1–5	> 5
Beginn	Subakut	Schnell oder subakut	Schnell und akut	Subakut	Akut	Subakut
Schmerzen	Mild	Mild	Ausgeprägt	Ausgeprägt, aber spät	Mild bis schwer	Sehr variabel
Schwellung	Leicht	Leicht	Ausgeprägt	Leicht	Ausgeprägt	Leicht oder ausgeprägt
Gasbildung	Massiv	Massiv	Gering	Selten	Gering	Erheblich
Systemische Reaktion (Toxizität)	Kaum	Gering	Ausgeprägt Immer	Sehr spät im Verlauf	Unterschiedlich	Gering
Muskel-beteiligung	Keine	Keine	Massiv	Ausgeprägt	Fasziitis: massiv Zellulitis: keine	Vorbestehende Muskelnekrose

PAVK, periphere arterielle Verschlusskrankheit

Abszesse – sofern nicht traumatisch entstanden oder als Folge systemischer Infektionen wie beim Psoasabszess – entstehen bevorzugt am oder im Haarbalg (Follikel), weshalb sie **Follikulitis** genannt werden, solange sie sich auf eine pustulöse Form beschränken. Mit Ausbildung eines Abszesses und Ausbreitung in die Subkutis werden sie zum **Furunkel** und bei Ausbreitung auf mehrere Haarbälge zum **Karbunkel** (Tab. 123.3). **Paronychie** und **Panaritium** sind vergleichbare Infektionen, aber an anderer Stelle, dem Nagelfalz bzw. der paronychalen Falte.

Impetigo

Unter Impetigo werden kontagiöse, oberflächlich – zunächst vesikulär, dann verkrustend – auftretende Hautinfektionen zusammengefasst, die früher vorwiegend durch A-Streptokokken (Streptokokkus pyogenes) und heute vermehrt auch durch S. aureus einschließlich MRSA ausgelöst werden und v. a. im Kindesalter (Erkrankungsgipfel: 2–5 Jahre) vorkommen. Auch bei (unbehandelten) HIV-Infizierten wurde Impetigo beschrieben.

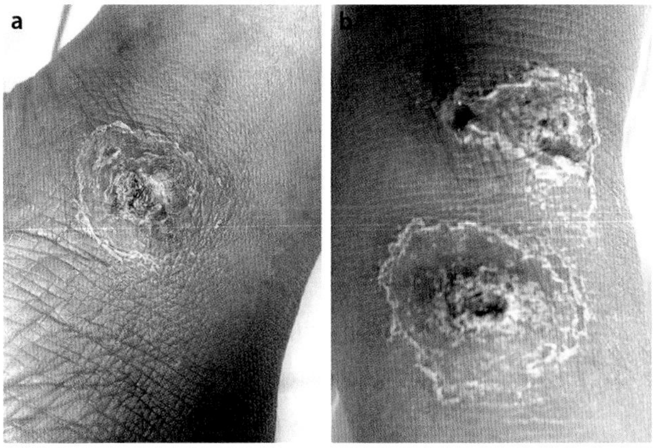

Abb. 123.1 **a, b** Impetigoläsionen im Knöchelbereich einer HIV-positiven Thailänderin, nach Heimaturlaub, mit Kulturnachweis von Streptococcus pyogenes (Streptokokken der Lancefield-Gruppe A); anamnestisch erfolgte die Ansteckung bei ihrem 5-jährigen Neffen im ländlichen Nordostthailand

Ursachen für Impetigo können Störungen der Barrierefunktion der Haut, aber auch mangelnde Hygiene sein. Übertragungen erfolgen v. a. im warmen, feuchten Klima (in Europa in den Sommermonaten). Infektionen sind sowohl primär über intakte Haut als auch sekundär über geringe Hautverletzungen wie Abschürfungen oder Insektenstiche möglich. Zu unterscheiden sind zudem nichtbullöse und bullöse **Formen** sowie andere v. a. **toxinvermittelte Folgeerkrankungen,** die in enger Beziehung zur Impetigo stehen (Tab. 123.5):

- Impetigo verursachende Streptokokken (**nichtbullöse Form;** Abb. 123.1**a, b**) unterscheiden sich von Pharyngitis auslösenden Streptokokken der Lancefield-Gruppe A (Streptokokkus pyogenes) in ihren M-Protein-Serotypen, die auch für die Pathogenität der Erreger verantwortlich sind. Diese produzieren auf der Haut schnell Pusteln, die sich rasch entleeren, verkrusten sowie dabei jucken und deshalb über Kratzen zu Sekundärinfektionen (Staphylokokken) neigen.
- Die **bullöse Form** der Impetigo wird durch S. aureus der Phagengruppe II (zumeist Typ 71) ausgelöst (ca. 10 % aller Fälle von Impetigo). Betroffen sind v. a. Neugeborene und Kleinkinder.

Sowohl die bullöse als auch die nichtbullöse Impetigo kann erfolgreich mit einem penicillinasefesten Penicillin oder einem Cephalosporin behandelt werden. Die früher übliche Behandlung mit Penicillin ist zwar weiterhin gegen A-Streptokokken gut wirksam, erfasst aber häufig nicht die zahlreicheren Infektionen bzw. Superinfektionen mit Staphylokokken. Für eine erhebliche Selbstheilungstendenz spricht, dass diese Mittel in Studien auch oft noch bei MRSA Erfolg haben. Bei β-Laktam-Allergie sollten Makrolide oder Clindamycin eingesetzt werden.

Staphylogene Hautinfektionen

Das staphylogene Lyell-Syndrom (früher auch Dermatitis exfoliativa oder Pemphigus neonatorum Ritter von Rittershain genannt) ist wie die Impetigo eine bei Säuglingen und Kleinkindern, aber nur sehr selten bei Erwachsenen zu findende S. aureus-Infektion mit einem exotoxinproduzierenden Stamm, der zunächst zu Erythemen und dann zur Hautablösung („scaled skin") führt.

Das Syndrom tritt wenige Tage nach der Erstinfektion plötzlich mit Fieber und Ausbildung großflächiger Blasen auf, die 2–3 Tage andauern. Unter adäquatem Flüssigkeitsersatz und Antibiotikatherapie kommt es regelhaft nach 10–14 Tagen zur sicheren Abheilung aller Läsionen und Heilung der Infektion, die früher unbehandelt oft tödlich war. Eine noch vor 40 Jahren publizierte Sterblichkeit von ca. 3 % sollte heute unter adäquater Antibiotikatherapie überholt sein. Schwerere Verläufe wurden jedoch bei den seltenen Erwachsenenmanifestationen beobachtet.

Wichtig sind frühzeitige Diagnose und Behandlungsbeginn, der auch über das Ausmaß der Toxinausschüttung entscheiden kann. In Bereichen mit hoher MRSA-Inzidenz, besonders auf Stationen mit gefährdeten Kindern, kann anstelle der sonst üblichen penicillinasefesten Penicilline oder Cephalosporine der Einsatz von Vancomycin indiziert sein. Bei β-Laktam-Allergie sind Makrolide zusammen mit Clindamycin eine Alternative, bei der aber Resistenztests wünschenswert sind. Kortikosteroide sollten nur in Ausnahmefällen bei schwerer epidermaler Nekrolyse und dann zusammen mit Antibiotika zum Einsatz kommen.

Ähnlich dem staphylogenen Lyell-Syndrom kann auch das **scharlachähnliche Staphylokokkensyndrom** von den gleichen S. aureus-Typen ausgelöst werden, wenngleich hier mehr Subtypen mit Enterotoxin A–D und Toxinschocktoxin 1 gefunden wurden. Das Krankheitsbild stellt somit eine Minorvariante des staphylogenen Lyell-Syndroms dar – mit deutlich höherer Selbstheilungsrate. Eine Behandlung ist dennoch in jedem Fall indiziert, zumal es aufgrund des Exanthems zunächst nicht von Scharlach zu unterscheiden ist. Eine für diesen typische Pharyngitis fehlt jedoch regelhaft, so wie auch selten ein scharlachtypisches Enanthem nachweisbar ist. Die Behandlung erfolgt ähnlich dem Regime beim staphylogenen Lyell-Syndrom für eine Dauer von 5–7 Tagen.

Dem Namen entsprechend wird das staphylogene oder **Staphylokokken-Toxinschocksyndrom** ebenfalls von S. aureus ausgelöst, v. a. mittels Ausschüttung der Enterotoxine A–E und von Toxinschocktoxin 1.

Zusammen mit den oben genannten vorwiegend auf die Haut bezogenen Symptomen tritt auch bei diesem Syndrom zunächst in Verbindung mit Fieber ein generalisiertes scharlachähnliches Exanthem auf. Gleichzeitig oder unmittelbar danach kommt es jedoch zusätzlich zu einem lebensbedrohlichen und schnell intensivpflichtigen Krankheitsbild mit wesentlichen Zeichen eines septischen Schocks (▶ Kap. 114), einer Hypotension und dem Versagen eines oder mehrerer Organe bei erheblicher Entzündungsreaktion. Diese wird zunächst vermutlich über die Ausschüttung der Enterotoxine gesteuert, die als Superantigene auch eine Stimulation der T-Zellen bewirken.

Eine Antibiotikatherapie am besten mit hoch dosierten parenteralen β-Laktam-Antibiotika wie Cefuroxim oder Cefazolin, Imipenem/Cilastatin bzw. bei MRSA mit Vanco- oder Daptomycin, alternativ Linezolid, sollte frühestmöglich einsetzen. Gegebenenfalls sollte die Ursache der Staphylokokkeninfektion chirurgisch beseitigt werden. Zwar können auch hier Kinder betroffen sein, das Staphylokokken-Toxinschocksyndrom ist jedoch viel häufiger bei Erwachsenen zu finden. Der Ausgang wird maßgeblich vom rechtzeitigen Einsatz und der Qualität der Sepsis- und Antibiotikatherapie bestimmt, die Wirksamkeit von direkten antiinflammatorischen und Antitoxin-Behandlungen konnte bisher nicht gezeigt werden.

▪▪ Ecthyma

Ähnlich der Impetigo werden die Hauteffloreszenzen der Ecthyma in der Regel zunächst von Streptokokken der Lancefield-Gruppe A gebildet. Diese dringen allerdings durch die Epidermis zumeist sekundär tief ein, infolge bereits bestehender Läsionen wie Insektenstichen. Die Läsionen finden sich so am häufigsten an den Unterschenkeln von Kindern, Adoleszenten sowie älteren Erwachsenen. Nicht selten werden als Superinfektion andere Erreger wie B-Streptokokken und Staphylokokken nachgewiesen. Die weitgehend harmlose Hautkrankheit sollte dennoch wie die Impetigo behandelt werden, da die tieferen Läsionen der Ecthyma kleine, aber deutlich sichtbare Narben hinterlassen können.

▪▪ Follikulitis

Bakterielle Follikulitiden kommen sehr häufig vor und werden bei schneller Selbstheilung z. T. von den Patienten gar nicht wahrgenommen. Sie werden überwiegend durch S. aureus und nur noch sehr selten durch Enterobakterien oder Candida albicans hervorgerufen.

Die Infektion breitet sich unterschiedlich stark entlang eines Follikels aus – mit der Folge einer auf Haarbalg und Talgdrüse beschränkten, kleinen eitrigen Gewebenekrose. Meist wird diese Infektion erst entdeckt, wenn sich bereits eine kleine Pustel mit entzündlichem Randsaum gebildet hat. Unter Verlust des Haares ist dann in der Regel mit einer spontanen Abheilung zu rechnen.

Topische Antiseptika (z. B. Chlorhexidinlösung) oder eine sterile Eröffnung der Pustel können den Spontanverlauf einer Follikulitis abkürzen, die nur bei schwerer Grunderkrankung oder B-Zell-Defekt einer systemischen Antibiotikatherapie bedarf. Diese sollte allerdings auch bei häufig rezidivierenden oder großflächig ausgebreiteten Follikulitiden erwogen werden.

▪▪ Furunkel

Grundlage für die Ausbildung eines Furunkels ist eine Follikulitis, wenn diese nicht nur den Follikelkanal, sondern auch das umliegende perifollikuläre Gewebe in eine einschmelzende Entzündungsreaktion einbezieht und dort zu vermehrter **Eiterbildung** und Gewebezerstörung führt. Im Gegensatz zur Follikulitis ist ein Furunkel schnell sehr schmerzhaft, zumal es bevorzugt in Gesicht, Nacken, an Axilla und Extremitäten auftritt.

Nahezu immer ist es S. aureus (auch MRSA!), der von außen in den Follikelkanal gelangt und dort mittels Proteinasen und Kollagenasen eine lokale **Gewebedestruktion** verursacht, die mit lokaler bzw. regionaler Abwehrtätigkeit und Lymphadenopathie einhergeht. Ist die Eiterbildung weit fortgeschritten und die lokale Nekrose im Haarfollikel (nach ca. 7–10 Tagen) verflüssigt, dann lässt sich die typische **Fluktuation** eines Furunkels tasten und der Eiter entleert sich spontan oder wird unter sterilen Bedingungen abgelassen.

Bei normaler Abwehrlage und Bildung von Granulationsgewebe ist eine Spontanheilung zu erwarten. Da Furunkel bevorzugt im Gesicht auftreten und dort schnell Ausgangspunkte für unsachgemäße Manipulationen sind, besteht bei dieser Lokalisation das Risiko der Ausbreitung von Staphylokokken über den Sinus cavernosus mit nachfolgender Meningitis und Enzephalitis.

Das typische Bild eines Furunkels lässt kaum Differenzialdiagnosen zu. Selten kommen andere Erreger wie z. B. atypische Mykobakterien infrage (schnell wachsende Mykobakterien, M. marinum).

Lokalisation und Ausmaß des Furunkels sowie Alter bzw. Grunderkrankung der Patienten sind für die Wahl der **Behandlung** entscheidend. Lokale Antiseptika wie Chlorhexidin- oder Povidon-Jod-Lösung führen zur Abgrenzung des Herdes und Vermeidung weiterer Ausbreitung (Keimverschleppung). Furunkel außerhalb des Gesichtsbereichs ohne Spontanentleerung sollten im Spätstadium chirurgisch eröffnet oder per Exzision entfernt werden. Frühstadien können mit Biopsiestanze entfernt und geheilt werden. Eine systemische Behandlung mit Antibiotika ist hier nur selten indiziert (z. B. bei Rezidiven, Immundefekt u. Ä.). Bei einem Furunkel im Gesichtsbereich bzw. im Abflussgebiet des S. cavernosus ist diese stets indiziert ist, weil hier chirurgische Maßnahmen nur sehr zurückhaltend und ggf. unter Antibiotikaschutz eingesetzt werden sollten.

▪▪ Karbunkel und rezidivierende Furunkulose

Karbunkel unterscheiden sich von einem Furunkel nur durch den Umfang: Die Hautentzündung entsteht ebenfalls durch S. aureus im Rahmen einer mehrere Haarfollikel betreffenden, konfluierenden, eitrig einschmelzenden Entzündung. Bevorzugte Regionen sind wiederum Nacken und Gesicht. Gleichermaßen gefährlich wie charakteristisch für ein Karbunkel ist die schnelle, zunächst **phlegmonöse Ausbreitung** unter Einbeziehung tieferer Strukturen bis zur Muskulatur mit z. T. erheblichen Gewebenekrosen und möglicher Fortleitung der Infektion z. B. über den venösen Abfluss mit nachfolgender Bakteriämie und Sepsis.

Treten Furunkel regelmäßig oder gehäuft gleichzeitig an verschiedenen Stellen auf, so handelt es sich um eine **rezidivierende Furunkulose,** die meist einer weiteren diagnostischen Abklärung und intensivierten Behandlung bedarf. Wie beim Auftreten eines Karbunkels sollten Diabetes mellitus, Tumorleiden oder primäre und sekundäre Immundefekte als Ursache ausgeschlossen sein, wenngleich diese auch ohne Grunderkrankung, Kachexie oder Adipositas zu finden sind. Nur bei sehr hartnäckigen Erkrankungen kann eine intermittierende „Prophylaxe" mit z. B. Clindamycin für jeweils einige Tage erwogen werden.

Karbunkel und rezidivierende Furunkulose bedürfen stets einer **systemischen Antibiotikatherapie.** Für diese ist immer ein **Erregernachweis mit Resistenztestung** zu fordern. Nicht selten sind rezidivierende Furunkulosen und Karbunkel durch MRSA bedingt, im ambulanten Bereich durch besonders toxische Panton-Valentine-Leukozidin-(PVL-)Stämme und ambulant erworbene („community-acquired") caMRSA, mit einem besonderen Resistenzmuster (empfindlich gegenüber Clindamycin, Cotrimoxazol und Fosfomycin).

Für die antibiotische Behandlung bieten sich Cephalosporine der 2. Generation oder Isoxazolylpenicilline an, ebenso Clindamycin, Rifampicin und Fusidinsäure in unterschiedlichen Kombinationen – letztere v. a., wenn eine orale Therapie bevorzugt wird. Bei MRSA verbleibt hierfür (oral) nur Linezolid, ansonsten Glykopeptide, Daptomycin oder neue MRSA-Cephalosporine. Penicillin ist zur Behandlung ohne Empfindlichkeitsprüfung nicht mehr geeignet – hier sind bis zu 80 % resistente Erreger zu erwarten.

Karbunkel sind einer **chirurgischen Behandlung** zuzuführen, je nach Stadium einer breiten Spaltung, Exzision und tiefen Nekrosektomie mit entsprechendem postoperativem Wundmanagement.

Bei rezidivierenden Erkrankungen ist stets auch nach **Ursachen für Reinfektionen** zu suchen: z. B. Staphylokokkenbesiedlungen von Familien- oder Gruppenmitgliedern, besiedelte Nasenschleimhaut. Solche **Kolonisationen** sind dann bei Patienten und untersuchten Personen mit nahem Körperkontakt (inkl. möglicher Haustiere) zu behandeln. Dies gelingt oft erst im 2. oder 3. Zyklus mittels:
- Mupirocin-Nasensalbe (2× pro Tag für 5–7 Tage)
- Chlorhexidin-Lösung zum regelmäßigen Duschen und Haarewaschen (1× pro Tag für 5–7 Tage)
- Konsequente Körper, Kleidungs- und Schlafplatzhygiene (Kochwäsche!)

▪▪ Erysipel

Das klassische Erysipel ist eine akute, flächige Infektion der Haut durch β-hämolysierende Streptokokken der Lancefield-Gruppe A. Mittlerweile wird der Begriff auch für dermale Infektionen durch S. aureus verwendet, der im Krankenhaus in 5–10 % für Erysipele verantwortlich ist; z. T. wird auch schon von „gramnegativen Erysipelen" gesprochen.

Zum Erysipel gehört eine **systemische Reaktion** mit Fieber, Schüttelfrost und Erhöhung der Entzündungsparameter sowie des Weiteren ein **scharf begrenztes, schmerzhaftes, überwärmtes, oft ödematöses Erythem** mit Tendenz zur Ausbreitung und möglicher regionaler Lymphadenitis. In Abgrenzung zur Phlegmone ist das subkutane Gewebe zunächst nicht betroffen. Neben dem akuten Auftreten sind Erysipele charakterisiert durch die Beteiligung der Lymphspalten und -gefäße in der papillären Dermis – bevorzugt an Unterschenkel, Füßen und im Gesicht.

Die Infektion kann über Bagatellläsionen, Erosionen wie bei Ulcus cruris oder Rhagaden erfolgen, aber auch (selten) durch hämatogene und lymphogene Ausbreitung. Gefäßmalformationen (z. B. alte Läsion eines Kaposi-Sarkoms) oder Wunden („Wundrose") prädisponieren für Erysipele, dabei können diese in verschiedenen Formen auftreten, ohne dass dies zunächst auf Erreger schließen lässt: Erysipelas bullosum, E. haemorrhagicum, E. gangraenosum, E. phlegmonosum etc.

Eine Abgrenzung von anderen Haut- und Weichgewebeentzündungen kann insbesondere bei Nachweis nichttypischer Erreger (andere Erreger als A-Streptokokken) wichtig sein, differenzialdiagnostisch kommen allergische und andere Ekzeme, ein Erythema nodosum sowie ein Erysipeloid („Schweinrotlauf" als Zoonose durch Erysipelothrix rhusiopathiae) in Betracht.

Erysipele bedürfen einer **sofortigen systemischen Antibiotikatherapie** – chirurgische Maßnahmen sind bei der ausschließlich intrakutanen Infektion eher kontraindiziert. Die noch immer am häufigsten nachzuweisenden A-Streptokokken sind immer penicillinempfindlich und sollten bei schwerem, hochgradig fieberhaften Verlauf der Erkrankung zunächst i. v. und dann oral mit **Penicillin** behandelt werden. Alternativen sind Cephalosporine, Flucloxacillin und Clindamycin. Bei anderen Erregern (Nachweis oder Misserfolg der Penicillintherapie) muss eine Behandlung nach Antibiogramm oder kalkuliert (ggf. unter Einschluss von MRSA) z. B. auch mit einem Glykopeptid oder Linezolid erfolgen. Betroffene Extremitäten sollten ruhiggestellt und hochgelagert sowie mit antiseptischen Umschlägen versorgt werden.

Bei den häufigen **Rezidiven** ist eine längere Therapie mit erhöhter Dosis zu erwägen und bisher unentdeckte Eintrittspforten sind zu sanieren. Vielfach sind Rezidive Folge der Persistenz der Erreger bei Lymphödemen, postthrombotischem Syndrom, arterieller Verschlusskrankheit und traumatischer Haut- und Weichgewebedestruktion, etwa nach Radiatio, Chemotherapie oder Operation. Bei fehlender Sanierungsmöglichkeit kann in Einzelfällen eine regelmäßige prophylaktische Behandlung mit unterschiedlichen Regimes indiziert sein.

Erythrasma

Erythrasmen sind alle eher harmlosen, aber lästigen Hauterkrankungen durch das auch aerob anzüchtbare Corynebacterium minutissimum. Viele Patienten bemerken diese ohne Fieber einhergehende, langsame Ausbreitung der Effloreszenzen zunächst gar nicht. In periodischen Abständen können verstärkt gut abgegrenzte, rötlich- und später bräunlich-schuppige Effloreszenzen auftreten.

Da sie unterschiedlich starken Juckreiz auslösen, kommt differenzialdiagnostisch eine Tinea versicolor oder T. cruris infrage. Die Diagnose wird mit dermatologischen Methoden unter der Wood-Lampe (rote Fluoreszenz) gestellt. Erythrasmata treten v. a. in großen Hautfalten inguinal, axillar, perianal und submammär auf, wo es zu ausgeprägter Schweißbildung kommt. Betroffen sind v. a. Patienten mit Diabetes mellitus, Adipositas, aber auch solche unter Immunsuppression oder mit mangelnder Hygiene.

Zu empfehlen sind in erster Linie regelmäßige Waschungen mit sauren Seifen und das Eincremen mit fusidinsäurehaltigen Salben. Unter systemischer Therapie z. B. mit Clarithromycin oder Azithromycin über 5 Tage sollten die Läsionen ebenfalls heilen.

Phlegmone und Zellulitis

Eine **Phlegmone** ist eine akute, meist diffus im interstitiellen Bindegewebe sich flächenhaft ausbreitende Entzündung mit Ödembildung und Exsudat. Dieses ist zwar auch von Granulozyten durchsetzt, enthält aber (noch) keinen Eiter oder Nekrosen. Phlegmonöse Entzündungen können prinzipiell überall auftreten, im Bindegewebe der Haut wie im Mediastinum und Retroperitoneum, im Muskel ebenso wie in Hohlorganen z. B. bei Appendizitis oder Cholezystitis.

Bei dem auch in Deutschland zunehmend verwendeten Begriff **Zellulitis** (nicht zu verwechseln mit Zellulite – Orangenhaut!) handelt es sich ebenfalls um eine akute, sich diffus ausbreitende Entzündung des Weichgewebes, vornehmlich auch tieferer Strukturen bis hin zum Muskel – in der Regel durch grampositive Erreger und infolge einer traumatischen Läsion (Operation, Wunde, Ulkus oder anderes). Deshalb erscheint es gerechtfertigt, die Begriffe Zellulitis und Phlegmone gleichwertig zu verwenden, während z. B. das Erysipel nur sehr bedingt den Kriterien einer Zellulitis entspricht.

Wie viele andere Wund- und Gewebeentzündungen wurden Phlegmone früher in der Mehrzahl durch **Streptokokken der Lancefield-Gruppe A** verursacht. Heute stehen **Staphylokokkeninfektionen** – mit oder ohne Methicillinresistenz – im Vordergrund; im Krankenhaus kommen peri- und intraoperativ auch gramnegative Erreger (v. a. Enterobakterien) und Anaerobier sowie B-Streptokokken infrage. Selten sind Candida spp. oder andere Hefepilze wie Kryptokokken Ursache phlegmonöser Entzündungen.

Eine Phlegmone bzw. Zellulitis ist in der Regel sehr schmerzhaft und kann bei Manifestation in der Dermis schnell durch lokalen Druckschmerz, Verfärbung (meist Rötung) der Haut, zunehmende Schwellung und verhärtet tastbaren, entzündlich infiltrierten Bereich diagnostiziert werden. Oft bestehen auch Fieber mit und ohne Schüttelfrost, allgemeine Schwäche sowie eine regionale Lymphangitis und -adenitis.

Die **Gasphlegmone** oder **anaerobe Clostridienzellulitis** ist ein Sonderfall der Phlegmone (s. u., Abschn. Gasgangrän; ◘ Tab. 123.5).

Jede phlegmonöse Entzündung bzw. Zellulitis bedarf als schwere Haut- und Weichgewebeinfektion einer **systemischen, antiinfektiven Therapie** und meist einer gleichzeitigen **chirurgischen Intervention** bzw. regelmäßigen Überprüfung von deren Notwendigkeit. Sofern Ursache und Erreger unklar sind, sollte mit chirurgischen Mitteln oder Punktion eine entsprechende Diagnostik zum Ausschluss von Gasbildnern erfolgen.

Die Behandlung richtet sich nach der klinischen Situation, eine operative Intervention kann in Kenntnis der möglichen Erreger erst nach guter Abgrenzung und z. B. Abszessbildung sinnvoll und notwendig werden. Putride Verlaufsformen und Verdacht auf oder Nachweis von Gasbildung machen jedoch eine frühzeitige **chirurgische Inzision mit breiter Eröffnung des Infektionsherdes** erforderlich.

Wegen der besseren Bioverfügbarkeit sollte zunächst eine **parenterale Antiinfektivatherapie** erfolgen, mangels Erregernachweis oft nur kalkuliert. Bei intraabdomineller Phlegmone und Beteiligung der Hohlorgane sind gramnegative Erreger mitzuberücksichtigen. Phlegmonen der Haut gehen dagegen in bis zu 90 % auf grampositive Erreger zurück, für die bei entsprechender Besiedlung oder vorangegangener Therapie/Prophylaxe resistente Keime (MRSA oder methicillinresistenter Staphylococcus epidermis, MRSE) zu erwarten sind.

▪▪ Paronychie und Panaritium

Paronychie und Panaritium sind meist synonym gebrauchte Bezeichnungen für in der Regel eitrige **Entzündungen der Finger oder Zehen unter Beteiligung des Nagelbettes.** Zusatzbezeichnungen beschreiben das Ausmaß: von einer oberflächlichen Hautinfektion (P. cutaneum) bis hin zur Sehnenscheiden- oder Gelenkentzündung (P. tendineum; P. articulare). Die Entzündungen treten meist akut auf, können aber v. a. bei Nagelaffektion chronisch oder rezidivierend verlaufen.

Spätestens bei sichtbarer Eiteransammlung muss wegen der Gefahr einer Infektion tieferer Strukturen eine Ausbreitung schnell verhindert werden und **eine chirurgische Entlastung** erfolgen – meist unter Lokalanästhesie und **mit Erregerdiagnostik** sowie nachfolgender Ruhigstellung. Wenngleich bei alleiniger operativer Versorgung häufig mit Heilung zu rechnen ist, sollte bereits vor dem Eingriff (wenn dieser erst in 24–48 h oder später erfolgt) oder begleitend eine unterstützende adäquate Antibiotikabehandlung erfolgen. Früh entdeckte und klar begrenzte, kleine Infektionen sind allein mit Antibiotika konservativ sicher behandelbar.

In aller Regel handelt es sich bei den Erregern um S. aureus und/oder Streptokokken, die mit Ausnahme von MRSA alle sehr gut oral mit Clindamycin, Flucloxacillin oder mit Moxifloxacin behandelbar sind. Bei Testung der Keime sind auch Cotrimoxazol, Doxycyclin und Rifampicin – am ehesten in Kombination – einsetzbar.

Bei fingernagelkauenden Kindern mit Panaritien ist oft mit einer Mischflora unter Einschluss der Mund und Rachenflora zurechnen. Pilze, v. a. Candida spp., sind häufige Erreger von Panaritien oder alleinigen Nagelbettentzündungen, die bevorzugt bei regelmäßigem und langem Wasserkontakt im Rahmen der Berufsausübung entstehen. Die Behandlung sollte mit einem zeitweiligen Expositionsverbot bei gleichzeitiger Azoltherapie (Fluconazol, Itraconazol, Voriconazol oder Posaconazol) unterstützt werden. Zusätzlich ist eine topische Therapie indiziert.

In Ausnahmefällen, bei rezidivierenden Infektionen und bei immunsupprimierten Patienten kommen auch andere Erreger wie Enterobakterien, Anaerobier und gelegentlich Schimmelpilze infrage. Deshalb sollte eine **ausführliche Anamnese zu Risikofaktoren und Berufsausübung** erfolgen, um besondere Erreger und Übertragungsmechanismen zu eruieren, etwa bei Hauttuberkulose und atypischen Mykobakterien. Solche Infektionen können eine Berufserkrankung sein oder die Patienten an einer weiteren regulären Berufsausübung hindern, wie z. B. im Kranken- und Pflegedienst.

▪▪ Myositis

Myositiden sind seltene Infektionen, können aber unter speziellen Umständen (Kriege, Katastrophen) v. a. bei Beteiligung der peripheren Skelettmuskulatur eine große Rolle spielen. Zu unterscheiden sind fieberhafte von nichtfieberhaften Myositiden:

Zu den **nichtfieberhaften Myositiden** zählen v. a. **Virusinfektionen** (Myalgie: Influenza- und Dengue-Viren; Rhabdomyolyse: Coxsackie-, Epstein-Barr-, ECHO- und Influenzaviren), gefolgt von Infektionen mit **atypischen Erregern** wie Legionellen, Rickettsien oder Parasiten wie Toxoplasmen, Trichinen und Zystizerkarien.

Fieberhafte Myositiden gehen ohne frühzeitige Diagnose häufig in eine nekrotisierende Myositis über. Infektionen durch Anaerobier können ebenfalls Myositiden auslösen, diese führen zum Bild einer Gasgangrän (s. u.). Die Erreger dringen entweder über Verletzung und Wundinfektion per continuitatem oder über hämatogene oder lymphogene Streuung bis zum Muskel vor. Meist handelt es sich um **eiterbildende Bakterien** wie S. aureus, Streptokokken der Lancefield-Gruppe A, Pneumokokken, Anaerobier wie Clostridien und Fusobakterien sowie selten gramnegative aerobe Bakterien, Mykobakterien und Hefepilze wie Candida spp. und Kryptokokken. Überall – auch bei der sog. tropischen Pyomyositis – sind grampositive Kokken (v. a. **S. aureus**) mit 70–90 % die Haupterreger einer Myositis. Je nach Lokalisation kommen jedoch in relevantem Umfang andere Erreger infrage:

- Tuberkulosebakterien (neben Staphylokokken) bei klassischem Senkungsabszess (in den M. psoas)
- Gramnegative Erreger und Candida albicans bei Bauchwandabszessen und in der Genitalregion (Beckenmuskulatur) – v. a. im Rahmen hämatologischer Grundleiden

Eine eitrige Myositis oder **Pyomyositis** wird **klinisch** in **3 Stadien** unterteilt:

1. **Invasives Stadium:** Subakuter Beginn – oft mit Fieber; lokale Schwellung und Induration, z. T. mit Rötung und nur leichten Schmerzen bzw. lokalem Druckschmerz; kein Nachweis von punktierbarem Eiter

2. **Suppuratives Stadium:** 1–3 Wochen nach Stadium 1 obligates Fieber, Muskelschmerzen und -schwellung sowie deutlicher Druckschmerz; über dem betroffenen Muskel meist keine relevante Hautmanifestation mit Erythem
3. **Generalisierung:** Systemische Reaktion mit entsprechenden Laborbefunden, septischen Absiedlungen und Sepsis evtl. mit Organversagen, erheblichen lokalen Schmerzen, Erythem und Fluktuation im Entzündungsherd

Bei Diagnose oder dringendem Verdacht ist eine **schnelle chirurgische Intervention** meist unverzichtbar und sollte dabei immer auch Anlass zur mikrobiologischen Bestimmung der Erreger sein. Da Myositiden v. a. im Beckenbereich oder bei Psoasabszess immer noch zu spät diagnostiziert werden und Stadium 1 meist übersehen wird, sollte jeder Verdacht bildgebend (Ultraschall, CT und/oder MRT) schnell ausgeschlossen bzw. bestätigt werden.

Eine **initiale kalkulierte Behandlung** richtet sich nach dem möglichen Keim- und Resistenzspektrum und erfolgt in jedem Fall **parenteral und hoch dosiert** (z. B. Piperacillin/Tazobactam, Imipenem oder Meropenem ggf. ergänzt durch eine MRSA-wirksame Substanz). Sind Anaerobier möglich, wenn auch nur als Begleitinfektionen, so sollte bis zum Ausschluss mit Metronidazol kombiniert werden. Bei Nachweis der auslösenden Erreger und guter Bioverfügbarkeit der Substanzen ist rasch eine Umstellung auf oral verfügbare Substanzen mit guter Gewebegängigkeit möglich (Clindamycin, Moxifloxacin, aber auch Doxycyclin, Cotrimoxazol, Fusidinsäure etc.).

▪▪ Gasgangrän

Haut- und tiefe Weichgewebeinfektionen durch gasbildende Bakterien können viele Ursachen haben und sind v. a. bei Muskel- und Faszienbeteiligung stets ein **chirurgischer Notfall** (◘ Tab. 123.5). Davon sind für die klinische Praxis v. a. die sog. Gasphlegmone oder Clostridien- bzw. anaerobe Zellulitis (s. o., Abschn. Phlegmone und Zellulitis) abzugrenzen. Denn sie bedürfen im frühen Stadium oft nur sehr begrenzter chirurgischer Intervention und sind konservativ behandelbar.

Diese Unterscheidungen sind jedoch klinisch nicht immer möglich, zumal es auch Übergangsformen gibt – v. a. bei unterschiedlichen Grunderkrankungen wie Diabetes oder Leukämie und Vorbehandlungen. Hilfen zur Differenzierung der möglichen anaeroben, gasbildenden Haut- und Weichgewebeinfektion mit ihren möglichen Ursachen und ihrem klinischen Bild gibt ◘ Tab. 123.5.

Zu den **gasbildenden** bzw. **Gasbrand-Erregern** zählt in erster Linie **Clostridium perfringens,** jedoch im weiteren Sinne auch andere Clostridienarten sowie nichtsporenbildende, anaerobe Bakterien, etwa zahlreiche Bacteroides-, Peptostreptococcus- und Peptococcus-Spezies. Diese sind einzeln kulturell nicht einfach nachzuweisen und eine Herausforderung für den Mikrobiologen. Auch die adäquat schnelle Einsendung unter geeigneten anaeroben Bedingungen entscheidet wesentlich mit über die Nachweisqualität.

Mit Ausnahme von Erregern wie C. septicum, die z. B. bei neutropenischen Patienten hämatogen übertragen und verbreitet werden können, werden die anderen Anaerobier meist über schmutzige Wunden oder Kontakt mit fäkaler Flora übertragen und breiten sich im entsprechenden Milieu unter nekrotischem Material in halbgeschlossenen oder geschlossenen Wunden und ähnlichen Bedingungen aus.

Oft wird die nekrotisierende Fasziitis mit einer Gasgangrän gleichgesetzt. Dies gilt jedoch nur für einen kleinen Teil der Fasziitiden, wenn diese nicht durch die viel häufigeren (v. a. toxischen) Strepto- und Staphylokokken ausgelöst werden.

Gasphlegmonen allein (Zellulitis), entweder mit oder ohne Beteiligung von Clostridien, bedürfen bei Früherkennung und ausreichender Antibiotikatherapie selten einer chirurgischen Intervention. Gerade bei der Gasphlegmone ist die **Krepitation** sehr früh deutlich tast- und hörbar. Typisch im Vergleich zur Myonekrose ist auch der langsame Verlauf mit längerer Inkubationszeit, wenngleich diese Manifestation der Anaerobierinfektion auch in einen schweren Verlauf übergehen kann. Ursache sind oft nicht ausreichend behandelte Wunden (auch OP-Wunden), schlecht gereinigte Wunden (in Kriegszeiten sehr häufig) oder Kontaminationen mit fäkaler Flora (Clostridium septicum).

Ähnlich der Gasbrandmyositis und -fasziitis erfordern große Gasphlegmonen aber eine schnelle chirurgische Intervention. Allein auf Kutis und subkutanes Gewebe beschränkt, benötigen sie meist nur eines lokal gut begrenzten Débridements und können bei gut gepflegten und kontrollierbaren offenen Wunden unter Anaerobiertherapie schnell ausheilen.

Insbesondere hinsichtlich der Schwere der Erkrankung und die hohe Letalität sehr invasiver Infektionen wurden unterschiedliche **Behandlungskonzepte** überprüft, da das notwendige großzügige **chirurgischen Débridement** kann eine erhebliche Einschränkung der körperlichen Integrität zur Folge haben.

Neben dem Débridement wurden die möglichen Varianten wirksamer **anaerober Antibiotikatherapie** bisher ebenso wenig einer vergleichenden Untersuchung unterzogen wie z. B. die hyperbare Behandlung in entsprechenden Druckkammern. Bei gleich bleibender Wirksamkeit und ohne wesentliche Resistenzen kann sich die Entscheidung zwischen Metronidazol, Clindamycin, Penicillinen und Carbapenemen somit bei als empfindlich getesteten Erregern v. a. nach pharmakokinetischen und -dynamischen Daten (v. a. Gewebepenetration der Substanzen), Verträglichkeit und erfassten potenziellen Erregern bei Mischinfektionen richten.

Eine Behandlung unter **hyperbaren Bedingungen** erwies sich bisher als erfolgreich und ist daher wünschenswert. Diese ist jedoch nur selten vor Ort herzustellen, bedarf zumeist eines Patiententransports und sollte keinesfalls Schnelligkeit und Umfang der notwendigen chirurgischen Eingriffe beeinträchtigen.

Nekrotisierende Fasziitis

Die nekrotisierende Fasziitis ist eine schwere Haut- und Weichgewebeinfektion mit Nekrose der subkutanen Faszie, die sich sehr schnell und mit ausgeprägter Gewebeschädigung auch auf die umliegende Muskulatur ausbreiten kann. Man unterscheidet **2 bakteriologische Typen mit pathogenetischen bzw. klinischen Besonderheiten:**

- **Typ I:**
  - Immer unter Beteiligung von Anaerobiern wie Bacteroides spp. oder Peptostreptococcus spp., im Rahmen von Mischinfektionen mit zumeist fakultativ anaerob wachsenden Enterobakterien oder Streptokokken sowie
  - unter Beteiligung von C. perfringens häufig nach schmutzigen Wunden bzw. Traumata oder miteinbezogenen Abdominal- und Genitalorganen; seltene Ursachen: Operation, Dekubitusulzerationen oder okkulte Darmentzündungen (z. B. Divertikulitis).
- **Typ II:**
  - Immer mit Streptokokken der Lancefield-Gruppe A, entweder als alleiniger Erreger oder als Mischinfektion häufig mit S. aureus („hämolytische Streptokokkengangrän“).
  - Bevorzugt nach kleinen Wunden und nach Operationen, v. a. bei **prädisponierenden Grunderkrankungen** wie Diabetes mellitus, peripherer arterieller Verschlusskrankheit, unter Kortikosteroidtherapie oder bei Leberzirrhose; sehr schnelle Entstehung von Sepsis, Schock und Streptokokken-Toxic-like-Syndrom (> 50 % dieser Patienten haben eine Fasziitis!).

Nekrotisierende Fasziitiden können überall auftreten, bevorzugt jedoch an den Extremitäten. Daneben werden je nach Lokalisation noch besondere Manifestationen unterschieden:

- **Fournier-Gangrän:** Meist Typ I, geht vom männlichen Genitale aus, kann Skrotum, Penis, Perineum infiltrieren und auf das Abdomen übergreifen.

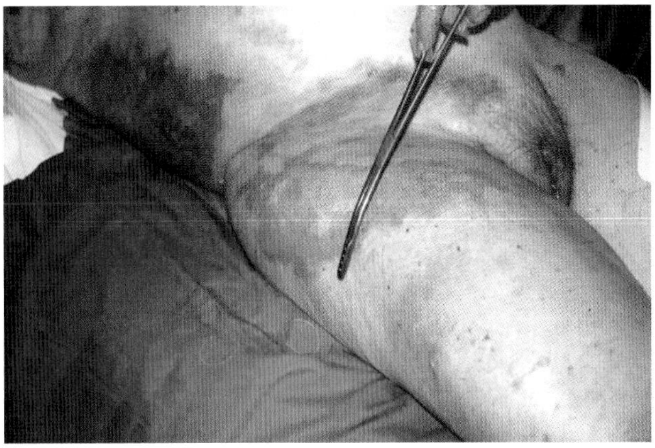

Abb. 123.2 Typisches klinisches Bild einer histologisch bewiesenen nekrotisierenden Fasziitis bei Zustand nach Spritzenabszess. Charakteristisch ist die unscharf begrenzte, livide Hautverfärbung mit zentralen Nekrosen. (Aus: Adam et al.: Die Infektiologie, Springer 2004)

- **Nekrotisierende Fasziitis am Kopf:** Zumeist sind Gesicht und speziell Nacken, Augenlider und Lippen betroffen, in der Regel als Typ II durch A- oder B-Streptokokken sowie Staphylokokken.

Aufgrund der hohen Letalität der Erkrankung (laut Einzelstudien 15–35 %) ist eine frühzeitige Diagnose offenbar wesentlich für den Verlauf: Wird sie innerhalb von 4 Tagen nach ersten Symptomen gestellt, so lässt sich die Letalität auf unter 10 % senken.

Klinisch finden sich im Frühstadium meist Hautrötung, Schwellung und starke Schmerzen, die mit sonst blandem Befund nicht in Einklang zu bringen sind. Deutlich erhöhte Entzündungswerte (Leukozytose, CRP oder auch PCT) sind bereits nachweisbar. Ein fortgeschrittenes Stadium mit sehr ernster Prognose zeigen livide Hautverfärbungen, Blasenbildung und sichtbare Nekrosen (Abb. 123.2) sowie bei anaeroben Infektionen deutliches Hautknistern an.

Die **Therapie** darf nun nicht mehr durch eine Sicherung der Diagnose z. B. mittels CT oder MRT verzögert werden; sie muss unverzüglich einsetzen mit großzügigem **chirurgischem Débridement** sowie Anaerobier, Enterobakterien und Staphylokokken umfassender **Antibiotikagabe.**

Die Erreger lassen sich im Spätstadium in Blutkultur oder aus den abgetragenen Nekrosematerialien isolieren (cave: empfindliche Anaerobier).

Für die meisten Infektionen stellt **Penicillin G** in hoher Dosierung (bis zu 30–40 Mio. IE) die beste Behandlung dar. Bei kalkulierter Behandlung sollten die weniger wahrscheinlichen penicillinresistenten Erreger (einige Anaerobier, gramnegative Erreger, MRSA) mit erfasst werden. So kann es erforderlich sein, Substanzen mit guter Anaerobierwirksamkeit wie Clindamycin oder Carbapeneme zu ergänzen.

Bissverletzungen

Mit Ausnahme von Raritäten bei professionellen Tierpflegern oder Liebhabern sind Bissverletzungen überwiegend durch Hunde und weniger durch Katzen verursacht. Wundinfektionen nach **Hundebissen** sind trotz deren Häufigkeit selten (5–7 %), nach **Katzenbissen** ist dagegen in bis zu 80 % mit Infektionen zu rechnen. Bei beiden Tierspezies ist die häufigste Ursache eine Infektion mit Pasteurella multocida (50–75 % aller isolierten Erreger). Daneben tauchen regelmäßig andere Keime wie Capnocytophaga canimorsus, Anaerobier, Strepto- und Staphylokokken auf, deren Bedeutung als Mischinfektion jedoch nicht sicher bestimmbar ist.

Bei **Menschenbissen** überwiegen ebenfalls Mischinfektionen mit Strepto- und Staphylococcus spp. sowie Erregern der HACEK-Gruppe wie Haemophilus spp., Eikenella corrodens, Kingella, aber auch Anaerobiern wie Fusobacterium und Prevotella spp.

In bestimmten Regionen werden mit Bissen freilaufender Katzen auch Francisella tularensis übertragen, die eine zunächst kutane **Tularämie** (meldepflichtig!) auslösen. Ratten können ebenfalls eigene Erreger wie Streptobacillus moniliformis übertragen und das **Rattenbissfieber** auslösen.

Erstmaßnahmen nach Bissverletzungen sind:

- Sofortige gründliche Wundreinigung
- Überprüfung des Tetanusimpfstatus und ggf. Auffrischimpfung
- Bei Hundebissen in Tollwutbieten eine Rabies-Postexpositionsprophylaxe

Zumindest nach Katzen- und Menschenbissen sollte eine 3- bis 5-tägige **Antibiotikatherapie** erfolgen, die bei nicht sehr tiefen, gut und schnell zu reinigen Hundebisswunden nicht regelhaft indiziert ist. Erfolgt sie direkt nach dem Biss, entspricht sie eher einer Prophylaxe. Wird eine Behandlung aufgrund des Verlaufs erst später erwogen oder war das initial gewählte Regime unwirksam, so sollte dann eine **mikrobiologische Bestimmung der Erreger** erfolgen. Dies gilt in jedem Fall auch für tiefe Wunden, die chirurgisch versorgt werden oder bei denen sogar ein Débridement erfolgen muss.

Für die **kalkulierte orale Medikation** von Katzen-, Menschen- oder Hundebissen sind Amoxicillin/Clavulansäure oder Clindamycin kombiniert mit Levofloxacin (Erwachsene) oder Cotrimoxazol (Kinder) geeignet. Große chirurgisch zu versorgende Wunden sollten initial parenteral z. B. mit Piperacillin/Tazobactam oder Imipenem behandelt werden. Bei dringendem Tularämieverdacht sollte ein Aminoglykosid oder Doxycyclin kombiniert werden.

Über Menschenbisse können auch virale Erkrankungen wie HSV, HBV, HCV, kaum aber HIV übertragen werden.

In Kürze: Haut- und Weichgewebeinfektionen

- **Einteilung:** Nahezu ausschließlich bakterielle Infektionen der Kutis oder Subkutis mit Furunkel, Karbunkel, Phlegmone, Impetigo, Erysipel und Zellulitis sowie der Hautanhangsgebilde mit Panaritium, Paronychie und Follikulitis bzw. der Muskeln und ihrer Faszien mit Myositis und/oder Fasziitis zumeist nach vorausgegangener Störung der Barrierefunktion der Haut. (Klassische systemische Infektionserkrankungen mit möglicher Haut- oder Schleimhautbeteiligung wie Masern, Röteln, Diphtherie, Borreliose, Herpes, Lues, Rickettsiose oder TB werden in anderen Kapiteln besprochen.)
- **Erreger:** Überwiegend Keime der Hautflora wie S. aureus und Streptokokken mit Tendenz zu lokaler Bildung von Abszessen und Nekrosen (Streptococcus pyogenes). Unter anaeroben Bedingungen tieferer Infektionen schnell progrediente, nekrotisierende Infektionen durch Gasbildner wie Clostridium perfringens mit Myositis, Fasziitis. Unter Immunsuppression, antiinfektiver Therapie, in Kliniken und Heimen ist stets mit resistenten Erregern wie MRSA oder Pseudomonas spp. zu rechnen.
- **Diagnose:** Typisches Erscheinungsbild (Erysipel, Furunkel etc.) lassen auf Erreger, nicht aber auf Resistenz schließen. In jedem Fall bei allen größeren lokalen und bei allen tiefen Infektionen stets kulturelle Anzucht, Erregerdifferenzierung und Resistenztestung anstreben (im Krankenhaus immer!). Typische Nekrosen oder Hautmanifestationen atypischer Erreger wie Brucellose, Borreliose, Rickettsiose oder Spirochäteninfektionen werden bei Verdacht serologisch diagnostiziert.
- **Therapie:** Alle abszedierenden, tiefen nekrotisierenden oder Wundinfektion bedürfen neben einer gezielten oder kalkulierten Antiinfektivabehandlung einer zeitgleichen chirurgischen Mitbehandlung oder Herdsanierung. A-Streptokokken sind fast immer penicillinempfindlich. Ambulant oder im Krankenhaus erworbene Staphylokokken werden mit Clindamycin, Cephalosporinen der 2. Generation oder Flucloxacillin (MSSA) sowie bei MRSA mit Glykopeptiden, Linezolid, Daptomycin oder Ceftarolin behandelt. Neue Therapieoptionen mit lang wirksamen Glykopeptidantibiotika (Telavancin, Dalbavancin, Oritavancin) sowie Tedizolid als weniger toxische Alternative zum

Linezolid sind ebenso verfügbar. Der Gasbrand erfordert großflächige chirurgische Sanierung unter Therapie mit Metronidazol oder Clindamycin.

Weiterführende Literatur

Anaya DA, Dellinger EP (2007) Necrotizing soft-tissue infection: Diagnosis and management. Clin Infect Dis 44:705–710

Bisno AL, Stevens DL (1996) Streptococcal infections of skin and soft tissues. N Engl J Med 334:240–245

Brook I (2016) Spectrum and treatment of anaerobic infections. J Infect Chemother 22(1):1–13

Caínzos M (2008) Review of the guidelines for complicated skin and soft tissue infections and intra-abdominal infections – are they applicable today? Clin Microbiol Infect 14(Suppl 6):9–18

Fernandez R, Paz LI, Rosato RR, Rosato AE (2014) Ceftaroline is active against heteroresistant methicillin-resistant Staphylococcus aureus clinical strains despite associated mutational mechanisms and intermediate levels of resistance. Antimicrob Agents Chemother 58:5736–5746

Kish TD, Chang MH, Fung HB (2010) Treatment of skin and soft tissue infections in the elderly: A review. Am J Geriatr Pharmacother 8(6):485–513

Kollipara R, Downing C, Lee M, Guidry J, Curtis S, Tyring S (2014) Current and emerging drugs for acute bacterial skin and skin structure infections: An update. Expert Opin Emerg Drugs 19(3):431–40

Liu C, Bayer A, Cosgrove SE, Daum RS, Fridkin SK, Gorwitz RJ, Kaplan SL, Karchmer AW, Levine DP, Murray BE, Rybak M J, Talan DA, HF Chambers (2011) Clinical practice guidelines by the infectious diseases society of america for the treatment of methicillin-resistant Staphylococcus aureus infections in adults and children: executive summary. Clin Infect Dis 52(3):285–292

Murray RJ (2005) Recognition and management of Staphylococcus aureus toxin-mediated disease. Intern Med J 35(Suppl 2):106–119

Napolitano LM (2009) Severe soft tissue infections. Infect Dis Clin North Am 23(3):571–591

Patel GK et al (2003) Staphylococcal scalded skin syndrome: diagnosis and management. Am J Clin Dermatol 4:165–175

Pereira FA, Mudgil AV, Rosmarin DM (2007) Toxic epidermal necrolysis. J Am Acad Dermatol 56:181–200

Pereira MR, Rana MM, AST ID Community of Practice (2019) Methicillin-resistant Staphylococcus aureus in solid organ transplantation-Guidelines from the American Society of Transplantation Infectious Diseases Community of Practice. Clin Transplant 33(9):e13611

Rørtveit S, Rørtveit G (2007) Impetigo in epidemic and nonepidemic phases: An incidence study over years in a general population. Br J Dermatol 157:100–105

Sartelli M, Guirao X, Hardcastle TC, Kluger Y, Boermeester MA, Raşa K, Ansaloni L, Coccolini F, Montravers P, Abu-Zidan FM, Bartoletti M, Bassetti M, Ben-Ishay O, Biffl WL, Chiara O, Chiarugi M, Coimbra R, De Rosa FG, De Simone B, Di Saverio S, Giannella M, Gkiokas G, Khokha V, Labricciosa FM, Leppäniemi A, Litvin A, Moore EE, Negoi I, Pagani L, Peghin M, Picetti E, Pintar T, Pupelis G, Rubio-Perez I, Sakakushev B, Segovia-Lohse H, Sganga G, Shelat V, Sugrue M, Tarasconi A, Tranà C, Ulrych J, Viale P, Catena F (2018) WSES/SIS-E consensus conference: recommendations for the management of skin and soft-tissue infections. World J Emerg Surg 13:58

Sawyer RG (2008) Detection and initial management of complicated skin and soft tissue infections caused by methicillin-resistant Staphylococcus aureus. Surg Infect. (Larchmt) 9(Suppl 1):11–15

Sladden MJ, Johnston GA (2005) More common skin infections in children. BMJ 330:1194–1198

Spellberg B, Talbot GH, Boucher HW et al (2009) Antimicrobial agents for complicated skin and skin-structure infections: justification of noninferiority margins in the absence of placebo-controlled trials. Clin Infect Dis 49(3):383–391

Stevens DL, Bisno AL, Chambers HF, Dellinger EP, Goldstein EJ, Gorbach SL, Hirschmann JV, Kaplan SL, Montoya JG, Wade JC, Infectious Diseases Society of America (2014). Practice guidelines for the diagnosis and management of skin and soft tissue infections: 2014 update by the Infectious Diseases Society of America. Clin Infect Dis 15;59(2):e10–52.

Sunderkötter C, Becker K, Eckmann C, Graninger W, Kujath P, Schöfer H (2019): Haut- und Weichgewebeinfektionen (Kap. 9). In AWMF Leitlinie „Kalkulierte parenterale Initialtherapie bakterieller Erkrankungen bei Erwachsenen – Update 2018“ (Register-Nummer 082-006). 2. aktualisierte Version; Seiten 92-121. ► https://www.p-e-g.org/aktuelle-mitteilungen/dokumente-der-leitlinie-parenterale-antibiotika-ausgetauscht-148.html.

Gastroenteritiden und Peritonitis

Christoph Lübbert und Stefan Schmiedel

Gastroenteritiden und Enterokolitiden sind Erkrankungen der Schleimhäute des Magen-Darm-Trakts, die durch Mikroorganismen oder deren Toxine verursacht werden. Sie führen klinisch zu Übelkeit, Erbrechen, Durchfall und Abdominalschmerzen, teils auch zu Fieber. Pathogenetisch stehen der Wasser- und Elektrolytverlust im Vordergrund. Entzündungen innerhalb der Peritonealhöhle (Peritonitis) können diffus oder lokalisiert ablaufen. Die diffuse Form zeigt fließende Übergänge zur Sepsis. Lokalisierte Erkrankungen betreffen intraperitoneale Abszesse in den verschiedenen Rezessus (z. B. Douglas-Abszess, subphrenischer Abszess) oder abgegrenzte Entzündungen in der Umgebung erkrankter Hohlorgane, z. B. Pericholezystitis, perityphlitische (= periappendizitische) oder perikolische Infiltrate.

124.1 Gastroenteritiden

▪ Einführung und Definition

Der Magen-Darm-Trakt (MDT) ist mit einer Schleimhautoberfläche von 250–400 m^2 die größte Kontaktfläche zwischen Körper und exogen zugeführten Stoffen. Dabei kommt es unvermeidlich zum Aufeinandertreffen mit potenziell pathogenen Erregern bzw. Toxinen. Aufgrund des niedrigen pH-Wertes im Magen sowie des Einflusses von Galle und Pankreasenzymen sind Infektionen des oberen MDT trotz der exponierten Stellung vergleichsweise selten. Geringere Säurekonzentrationen im Dünn- und Dickdarm ermöglichen das Überleben sowohl einer physiologischen Mikrobiota („Darmflora") als auch pathogener Erreger.

Aufgrund der deutlich längeren Passagezeit ist die physiologische Bakteriendichte im Kolon (10^{12} koloniebildende Einheiten [KBE] pro g Feuchtmasse) um ein Vielfaches höher als in Jejunum (10^4 KBE/g) und Ileum (10^6 KBE/g).

Sind Magen und Dünndarm von einer Entzündung betroffen, entsteht eine **Gastroenteritis**. Ist nur der Dünndarm befallen, wird von einer **Enteritis** gesprochen, bei alleinigem Dickdarmbefall von einer **Kolitis**. Die Kombination aus Dünndarm- und Dickdarmbefall wird als **Enterokolitis** bezeichnet.

▪ Einteilung nach pathogenetischen Typen

Die Gastroenteritiden lassen sich in 3 große Gruppen unterteilen (◘ Tab. 124.1).

Nach Anamnese Unter Antibiotikatherapie ist die antibiotikaassoziierte Kolitis (AAC) durch toxinbildende C. difficile-Stämme, seltener durch Klebsiella oxytoca, charakteristisch. Während im Inland erworbene Gastroenteritiden meist viral bedingt sind, finden sich bei Reisediarrhöen meist bakterielle Erreger. In warmen Ländern mit eingeschränkter Nahrungsmittelhygiene kommen gehäuft auch parasitäre Enteritiserreger wie Amöben oder Lamblien vor. Bei Abwehrgeschwächten, insbesondere bei Patienten mit fortgeschrittenem HIV-bedingtem Immundefekt, treten Durchfallerreger auf, die bei Immungesunden nur in Ausnahmefällen isoliert werden. Hierzu zählen z. B. Krypto- und Mikrosporidien.

▪ Epidemiologie

Durchfallerkrankungen sind eine der häufigsten Ursachen für Morbidität und Mortalität der Weltbevölkerung: Etwa 500.000 Kinder versterben pro Jahr an Diarrhö, am stärksten betroffen sind die sog. Entwicklungsländer. Die Häufigkeit ist abhängig von Lebensmittel- und Trinkwasserhygiene, persönlicher Hygiene und den klimatischen Bedingungen (erhöhte Infektionsraten in warmen Ländern).

Die Gesamtzahl der im Jahr 2018 in Deutschland gemeldeten Durchfallerkrankungen betrug laut RKI 250.000, davon durch Noroviren ca. 73.000, durch Rotaviren ca. 40.000, durch Campylobacter spp. ca. 69.000, durch Salmonellen ca. 14.000, durch Shigellen ca. 450, durch Enteroparasiten ca. 5000.

▪ Erregerspektrum

Das Erregerspektrum der Gastroenteritiden fasst ◘ Tab. 124.2 zusammen. Häufig handelt es sich um obligat pathogene Erreger. Sehr häufig sind Viren die Ursache meist leichter, teils fieberhafter Durchfallerkrankungen bei Kindern, aber auch bei Erwachsenen. Neben Rotaviren trifft das v. a. auf Noroviren zu, ferner auf Astro-, Calici- und Adenoviren. Mit Protozoen ist insbesondere bei Tropenrückkehrern zu rechnen.

S. Suerbaum et al. (Hrsg.), *Medizinische Mikrobiologie und Infektiologie*,
https://doi.org/10.1007/978-3-662-61385-6_124

Tab. 124.1 Einteilung der Gastroenteritiden nach pathogenetischen Typen

	Sekretionstyp	Penetrationstyp	Invasionstyp
Lokalisation	Oberer Dünndarm	Distaler Dünndarm	Kolon
Klinische Symptomatik	Wässrige Diarrhöen	Durchfall und Fieber	Ruhr mit blutig-schleimigen Durchfällen und Tenesmen (Zerstörung des Epithels)
Typischer Erreger	Vibrio cholerae	Enteritissalmonellen	Shigellen

Tab. 124.2 Infektionen des Gastrointestinaltrakts: Häufige bakterielle, virale und parasitäre Erreger

Diarrhötyp	Bakterien	Viren	Protozoen
Sekretionstyp	V. cholerae	Noroviren	Giardia lamblia
	EPEC	Rotaviren	Isospora belli
	ETEC		Cryptosporidium parvum
	B. cereus		
	S. aureus		
Invasionstyp	Shigellen		Entamoeba histolytica
	EIEC		
	EHEC		
	Campylobacter		
	C. difficile		
Penetrationstyp	Salmonellen		
	Yersinien		

EHEC, EIEC, ETEC: enterohämorrhagische, enteroinvasive, enterotoxinbildende Escherichia coli-Stämme (▶ Kap. 29)

Erreger vom Sekretionstyp Der klassische Erreger ist V. cholerae. Hierzu zählen weiterhin zahlreiche obligat pathogene E. coli-Stämme (ETEC, EPEC). Einige Bakterien produzieren Toxine, die in Lebensmitteln auch noch nach dem Absterben wirksam sein können (S. aureus, B. cereus).

Erreger vom Penetrationstyp Die typischen Erreger sind Enteritissalmonellen und Yersinien (Y. enterocolitica, Y. pseudotuberculosis). Salmonella Enteritidis (taxonomisch korrekt: Salmonella enterica ssp. enterica Serovar Enteritidis) stellt den zurzeit mit Abstand größten Anteil in Deutschland.

Erreger vom Invasionstyp Bakterien, die diesen Typ verursachen, sind Shigellen, EIEC, EHEC und Campylobacter. Neuerdings wurden in Einzelfällen auch enterotoxinbildende Bacteroides fragilis gefunden. Entamoeba histolytica verursacht die Amöbenruhr.

Erreger von Diarrhö bei erworbener Abwehrschwäche (HIV-Infektion/AIDS) Neben den o. g. Durchfallerregern findet man bei Patienten mit fortgeschrittenem HIV-bedingten Immundefekt auch Mikro- und Kryptosporidien sowie eine Reihe atypischer (nichttuberkulöser Mykobakterien) wie M. avium intracellulare oder M. genavense. Bei sehr niedriger $CD4^+$-Helferlymphozyten-Zahl (< 50/µl) wird häufig auch eine CMV-Infektion des Gastrointestinaltrakts gesehen.

▪ Erreger von antibiotikaassoziierter Diarrhö

Der typische Erreger ist C. difficile, seltener Klebsiella oxytoca. Beide Erregerspezies führen zu einem toxinvermittelten Krankheitsbild.

▪ Pathogenese

Dazu gehören:

Übertragung Sie erfolgt vorwiegend fäkal-oral (Schmierinfektion).

Sekretionstyp Der Erreger bewirkt mittels direkter Schädigung der Epithelzelle durch Adhäsion oder Enterotoxine oder indirekt durch Mediatorenfreisetzung eine Sekretion von Elektrolyten ins Darmlumen, denen Wasser nachfolgt.

Penetrationstyp Die Erreger, z. B. Salmonellen, adhärieren an Mukosazellen. Sie werden von diesen aufgenommen und, ohne die Epithelzellen zu zerstören, in das submuköse Bindegewebe bzw. Peyer-Plaques geschleust. Dort induzieren sie eine Entzündungsreaktion. Wie der Durchfall entsteht, ist im Detail nicht geklärt, es wird jedoch vermutet, dass die Entzündungsreaktion und Enterotoxine eine Rolle spielen.

Invasionstyp Nach Durchdringen der Epithelschicht via M-Zellen gelangen Shigellen von basal oder lateral in Vakuolen von Kolonepithelzellen. Von dort evadieren sie ins Zytoplasma, wo sie sich vermehren. Hierdurch wird die Epithelzelle schließlich zerstört und es entsteht eine eitrige Entzündungsreaktion, die sich durch leukozytenhaltige blutig-schleimige Diarrhöen und krampfartige Bauchschmerzen (Tenesmen) auszeichnet.

▪ Klinik

Gastroenteritiden zeigen als Leitsymptom **Diarrhö,** ein zu häufiger und zu wenig konsistenter Stuhlgang in zu großer Menge (zu oft, zu viel, zu flüssig). Man unterscheidet meist akute Diarrhö (< 14 Tage), Dysenterie (mit sichtbaren Blut- und Schleimauflagerungen) und persistierende Diarrhö (> 14 Tage). Von chronischen Diarrhöen spricht man meist bei einer Krankheitsdauer > 4 Wochen. Weitere typische Symptome sind Übelkeit, Erbrechen, Bauchschmerzen, Tenesmen und in einigen Fällen Fieber.

Die wichtigsten **Komplikationen** bakterieller Gastroenteritiden sind hypovolämischer Schock und Hypoglykämie, Darmperforation und, oft bei Vorliegen disponierender Faktoren, Sepsis.

Gelegentlich treten extraintestinale Komplikationen nach Durchfallerkrankungen auf, z. B. eine reaktive Arthritis insbesondere nach Shigellosen, selten ein Guillain-Barré-Syndrom nach Campylobacter-Infektionen. Gefürchtet ist das v. a. bei Kindern vorkommende hämolytisch-urämische Syndrom (HUS), das durch die Trias hämolytische Anämie, Thrombozytopenie und Nierenversagen bis zur Anurie charakterisiert ist und in etwa 5–10 % der symptomatischen EHEC-Infektionen auftritt.

▪ Diagnostisches Vorgehen

Zu unterscheiden sind:

Indikation zur Erregerdiagnostik Die große Häufigkeit erregerbedingter Durchfallerkrankungen erfordert differenzierte Überlegungen über die Einleitung der mikrobiologischen Erregersicherung – auch unter Kosten-Nutzen-Gesichtspunkten. Ein Erregernachweis sollte angestrebt werden bei schweren Verläufen, blutiger Diarrhö, Rezidiven oder wenn der Patient Risikofaktoren für schwere Verläufe und Komplikationen aufweist (z. B. Abwehrschwäche, hohes Alter), ebenso bei Herkunft aus tropischen oder subtropischen Ländern. Des Weiteren ist der Erregernachweis bei allen Ausbrüchen unumgänglich.

Eine Stuhluntersuchung auf jeden potenziellen Erreger ist medizinisch und ökonomisch nicht sinnvoll, zumal die überwiegende Zahl der Erkrankungen selbstlimitierend verläuft. Zu berücksichtigen ist auch, dass die diagnostische Ausbeute konventioneller Stuhlkulturen bei akuten infektiösen Durchfallerkrankungen überschaubar ist: Der tatsächliche Erregernachweis ist mit nur etwa 5–10 % der Fälle gering, wenn vorher keine Patientenselektion durch klinische Risikostratifizierung erfolgt.

Untersuchungsmaterial Das Untersuchungsmaterial der Wahl ist **Stuhl.** Um eine ausreichende Sensitivität zu erreichen, sollten zumindest bei parasitologischen Fragestellungen unabhängig voneinander gewonnene Proben untersucht werden. Eine noch höhere Sensitivität erreicht man mit Stuhl-PCR-Methoden. Allerdings ist der Nachweis von Erreger-DNA nicht gleichbedeutend mit dem Nachweis vitaler Erreger und bedarf einer kritischen klinischen Wertung positiver Befunde. Diagnostischer Standard sind industriell konfektionierte Stuhlröhrchen, die fest verschraubt werden können. Eine Menge von 2–3 Löffeln Stuhl gilt als ausreichend, wobei die Proben möglichst von verschiedenen Stellen der Fäzes genommen werden sollten.

Häufig ist es sinnvoll, nativen Stuhl zunächst ungefärbt zu mikroskopieren. Hier zeigen sich oft Leukozyten als Zeichen einer bakteriellen Infektion, Erythrozyten und Makrophagen als Zeichen einer invasiven Enteritis, gelegentlich auch schon für die Erkrankung ursächliche parasitäre Erreger. Stark hinweisend auf eine erhebliche Entzündungsreaktion des Darms ist der Nachweis von Calprotectin oder Lactoferrin im Stuhl, der bei invasiven Erregern positiv ausfällt.

Erreger, die den oberen Dünndarm befallen, lassen sich auch in **Erbrochenem** oder **Duodenalsekret** nachweisen. In einigen Fällen lässt sich ein Erreger aus **Rektalabstrichen** anzüchten (sofern diese genug Fäzes enthalten). Dies kann bei der Suche nach wenig widerstandsfähigen Erregern, z. B. Shigellen, hilfreich sein.

Nahrungsmittel sowie **Trink- und Oberflächenwasser** können untersucht werden, um die Infektionsquelle zu identifizieren oder, um bei Nahrungsmittelvergiftungen (durch präformierte mikrobielle Toxine) den Erreger, z. B. S. aureus oder B. cereus, nachzuweisen.

Wegen des vielfältigen Erregerspektrums und der daher notwendigen Vielzahl von Untersuchungsmethoden muss dem mikrobiologischen Labor die genaue Fragestellung übermittelt werden. Die Sensitivität von Stuhluntersuchungen nimmt zu, wenn Stuhl entsprechend der Fragestellung abgenommen und aufbereitet wird. Dies gilt in besonderem Maße für die

Suche nach speziellen Erregern wie obligat pathogenen E. coli, C. difficile oder Protozoen. Auch hier werden die klassischen Nachweismethoden zunehmend durch molekularbiologischen Erregernachweis verdrängt.

Vorgehen im Labor Stuhlproben werden auf mehrere feste Kultur- und flüssige Anreicherungsmedien überimpft; hierunter befindet sich eine Reihe von Selektivkulturmedien, welche die Abtrennung der Durchfallerreger von der normalen Darmmikrobiota erlauben.

- **Amöben, Krypto- und Mikrosporidien** werden mikroskopisch oder mittels PCR nachgewiesen.
- C. difficile-Toxine und andere **Toxine** werden immundiagnostisch, z. B. mittels ELISA, oder mittels spezifischer PCR nachgewiesen.
- Der **Virusnachweis** bedarf spezieller Techniken: Antigentests (ELISA), Stuhl-PCR-Verfahren.

Therapie

Entscheidend bei der Diarrhöbehandlung ist die ausreichende Substitution von Wasser und Elektrolyten. Eine antimikrobielle Chemotherapie ist nur in bestimmten Fällen indiziert.

Substitutionstherapie Je nach Schwere der Erkrankung erfolgt der Ersatz von Flüssigkeit und Elektrolyten oral oder parenteral. Die **orale Rehydratation** wird z. B. mit der Elektrolyt-Glukose-Lösung der WHO (2,6 g Natriumchlorid, 2,9 g Natriumzitrat, 1,5 g Kaliumchlorid, 13,5 g Glukose auf 1 l Trinkwasser) durchgeführt. Die Glukose erlaubt die Nutzung des Natrium-Glukose-Symports, der durch die Durchfallerreger meist nicht gestört wird; diesen Molekülen folgt das Wasser nach.

„Cola und Salzstangen" repräsentiert gut merkbar das Prinzip, wonach mikrobiologisch einwandfreie, glukosehaltige Flüssigkeit mit einem salzreichen Nahrungsmittel kombiniert wird. Allerdings eignen sich handelsübliche Cola-Zubereitungen wegen des sehr hohen Zuckeranteils bei genauer Betrachtung nur bedingt für die orale Rehydratation. Besser geeignet ist z. B. eine Fruchtsaftverdünnung zusammen mit Salzgebäck. Bananen, kaliumreich, sind eine gute Ergänzung und zudem mikrobiologisch akzeptabel, da sie nur geschält gegessen werden. Diese pragmatische Diät reicht zur Substitutionstherapie bei sonst gesunden Erwachsenen in aller Regel aus.

In schweren Fällen, bei erheblichen Flüssigkeitsverlusten (Richtwert: > 10 % des Ausgangsgewichts) oder Erbrechen, erfolgt die Substitution parenteral.

Symptomatische Therapie Bei Erwachsenen mit unkomplizierter, wässriger Diarrhö kann der Peristaltikhemmer Loperamid gegeben werden. Die antisekretorische Substanz Racecadotril wird bislang nur ausnahmsweise (z. B. bei Kleinkindern mit Kontraindikation für Loperamid) eingesetzt. Das antiinflammatorisch und antisekretorisch wirksame Wismut-Subsalizylat ist in Nordamerika als nichtantibiotisches Therapeutikum beliebt, in Europa aber nicht gebräuchlich.

Antimikrobielle Chemotherapie Eine antimikrobielle Therapie kann indiziert sein bei Abwehrschwäche, schweren Verlaufsformen, invasiver Shigellose oder Campylobacter-Infektion sowie zur Sanierung von Dauerausscheidern. Sie ist kein Ersatz für die o. g. Substitutionstherapie.

Für die klinische Praxis bedeutsam ist der epidemiologische „Shift" hinsichtlich der wachsenden Bedeutung von Campylobacter. So liegt die gemeldete Inzidenz von Campylobacter-Infektionen in Deutschland inzwischen deutlich über der von Salmonellosen. Dies ist in erster Linie auf den Erfolg der Salmonellenbekämpfung in der Tiermedizin zurückzuführen.

Mittel der Wahl sind **Makrolide** (Azithromycin, Clarithromycin) und erst in 2. Linie Fluorchinolone (Ciprofloxacin oder Levofloxacin) mit einer Therapiedauer von 3–5 Tagen. Rifaximin sollte nur bei nichtinvasiven Erregern eingesetzt werden, da es nicht nennenswert resorbiert wird; zudem sind die meisten Campylobacter-Stämme nicht ausreichend rifaximinempfindlich.

Bei den Fluorchinolonen wird seit ca. 20 Jahren eine zunehmende Resistenzentwicklung beobachtet, die für Campylobacter in Europa bei > 50 % liegt, in Ländern wie Thailand mittlerweile jedoch bereits bis zu > 90 %. Leider werden zunehmend auch makrolidresistente Campylobacter-Stämme bekannt.

Besteht der Verdacht auf eine **antibiotikaassoziierte Kolitis durch C. difficile,** werden zunächst die auslösenden Antibiotika abgesetzt, und es wird in leichten ambulanten Fällen Metronidazol oral verabreicht (wobei die Leitlinien-Empfehlungen auch in dieser Situation neuerdings aufgrund der besseren Wirksamkeit Vancomycin oral favorisieren), in mittelschweren und v. a. bei schweren, lebensbedrohlichen Fällen Vancomycin oral oder als Einlauf in Kombination mit Metronidazol intravenös. Die Rezidivbehandlung sollte primär mit Fidaxomicin oral erfolgen. Ebenfalls sehr gut wirksam und bei multipel rezidivierender C. difficile-Infektion in Leitlinien empfohlen ist der fäkale Mikrobiomtransfer (FMT, „Stuhltransplantation"), wobei eine Stuhlaufschwemmung eines darmgesunden Spenders über Duodenalsonde, Einlauf oder endoskopisch in den Darm des Erkrankten eingebracht wird.

Bei Cholera lassen sich durch Gabe geeigneter Antibiotika (z. B. Ciprofloxacin, Azithromycin oder Doxycyclin) Krankheitsdauer und Erregerausscheidung verkürzen.

■ Prävention

Aus dem fäkal-oralen Übertragungsweg folgt, dass Lebensmittel- und Trinkwasserhygiene die entscheidenden Ansatzpunkte für die Vermeidung von Gastroenteritiden darstellen. Patienten sollten eine eigene Toilette benutzen.

Eine Prophylaxe der Reisediarrhö mit Antibiotika wird im Allgemeinen nicht empfohlen, in Einzelfällen kann eine antibiotische Selbsttherapie nach entsprechender Aufklärung und Schulung angeraten werden.

Impfungen stehen zur Verfügung gegen Salmonella Typhi und V. cholerae; eine Impfung gegen ETEC ist in Entwicklung. Für junge Säuglinge (bis 26. Lebenswoche) gibt es orale Impfstoffe gegen Rotaviren. Der Schutz hält 2–3 Jahre an. Das RKI empfiehlt die Impfung für Säuglinge, die vermehrt Kontakt zu anderen Kindern haben, beispielsweise in Kindertagesstätten oder beim Babyschwimmen.

Meldepflicht Verdacht auf und die Erkrankung an einer mikrobiell bedingten Lebensmittelvergiftung oder einer akuten infektiösen Gastroenteritis sind namentlich dem zuständigen Gesundheitsamt zu melden, wenn eine Person, die im Lebensmittelbereich tätig ist, betroffen ist oder 2 oder mehr gleichartige Erkrankungen auftreten, bei denen ein epidemischer Zusammenhang wahrscheinlich ist oder vermutet wird (§ 6 IfSG).

▶ In Kürze: Gastroenteritiden

- **Definition:** Infektionen des Magen-Darm-Trakts (MDT), in deren Folge eine Diarrhö entsteht. Unterteilung je nach betroffenem Abschnitt des MDT in Gastroenteritis, Enteritis und Enterokolitis.
- **Pathogenetische Grundtypen:**
  - **Sekretionstyp:** im oberen Dünndarm; toxinbedingt, durch Adhärenz werden Elektrolyte und nachfolgend Wasser ins Lumen abgegeben: wässrige Diarrhö (z. B. Cholera)
  - **Penetrationstyp:** im unteren Dünndarm; Penetration des Epithels (M-Zellen) und Induktion einer Entzündung in der Lamina propria: Diarrhö und Fieber (z. B. Salmonellenenteritis)
  - **Invasionstyp:** im Dickdarm; Zerstörung von Epithelzellen: eitrige, z. T. ulzerierende Entzündung: Ruhr (z. B. Shigellenruhr).
- **Leitsymptome:** Diarrhö, Tenesmen, Erbrechen, Übelkeit.
- **Erregerspektrum:** Je nach Pathogenese und Lokalisation:
  - **Sekretionstyp:** V. cholerae, ETEC, EPEC, enteroaggregative E. coli (EAggEC), S. aureus, B. cereus, C. perfringens
  - **Penetrationstyp:** Salmonellen, Yersinien
  - **Invasionstyp:** Shigellen, EIEC, Entamoeba histolytica, Campylobacter spp.
  - **Antibiotikaassoziiert:** C. difficile
  - **Bei AIDS:** Kryptosporidien, Mikrosporidien
  - **Virusbedingt:** Sehr häufig, besonders bei Kindern, sind Rota- und Noroviren sowie Astro- und andere Viren
- **Übertragung:** Fäkal-oral.
- **Infektionsquellen:** Je nach Erreger kolonisierte/infizierte Menschen oder Tiere (Salmonellen, Campylobacter: Geflügel, Eier).
- **Diagnosesicherung:** Mikroskopie, Anzucht aus dem Stuhl bzw. Virusnachweis mit speziellen Techniken (für Bakterien und Viren in der Regel 1 Probe ausreichend, für die parasitologische Untersuchung mind. 3 Proben).
- **Therapie:**
  - **Entscheidend:** Substitution von Wasser und Elektrolyten;
  - **Indikationen zur zusätzlichen Chemotherapie:** z. B. schwerer Verlauf, Abwehrschwäche (z. B. AIDS, Alter); kalkulierte Chemotherapie.
- **Prävention:** Lebensmittelhygiene; allgemeine Hygiene zur Vermeidung von Schmierinfektionen v. a. im Krankenhaus; Isolierung (eigene Toilette; Hände-, Flächendesinfektion).
- **Meldepflicht:** Verdacht auf und Erkrankung an mikrobiell bedingter Lebensmittelvergiftung oder akuter, infektiöser Gastroenteritis (unter bestimmten Bedingungen). ◀

124.2 Peritonitis

■ Einteilung

Bei der Peritonitis ist zwischen **primärer** und **sekundärer Peritonitis** zu unterscheiden. Eine sekundäre Peritonitis hat als Ausgangsherd benachbarte Hohlorgane (Perforation, Durchwanderung der Wand), Infektionen in Nachbarorganen (z. B. Leberabszess), Operationen oder Peritonealdialysekatheter. Als tertiäre Form wird eine trotz adäquater chirurgischer und antimikrobieller Therapie anhaltende Peritonitis bezeichnet.

■ Epidemiologie

Die **primäre** (spontan bakterielle) Peritonitis betrifft nur etwa 1 % aller Patienten mit einer Peritonitis. Bei Kindern liegt meist eine hämatogen entstandene Form vor. Bei Erwachsenen ist jeweils eine Grunderkrankung im Sinne einer Abwehrschwäche vorhanden. Die größte Bedeutung hat dabei die dekompensierte, d. h. mit Aszites einhergehende Leberzirrhose. Bei dieser stellt die spontane bakterielle Peritonitis eine häufige Komplikation dar.

Sekundäre Formen, bei denen meist eine Perforation des Gastrointestinaltrakts vorliegt, betreffen alle Lebensalter und überwiegen zahlenmäßig.

■ **Erregerspektrum**

Primäre Peritonitiden werden **im Kindesalter** besonders durch Pneumokokken und A-Streptokokken, selten durch Haemophilus influenzae, hervorgerufen. Bei **Erwachsenen** ist in erster Linie mit E. coli und anderen Enterobakterien zu rechnen, seltener mit anderen Erregern wie Aeromonas spp. oder Salmonellen. Eine tuberkulöse Peritonitis spielt in Entwicklungsländern eine größere Rolle.

Die Erreger **sekundärer** Peritonitiden gehören in der Regel ebenfalls zur physiologischen Darmmikrobiota („Darmflora"). Sie entsprechen somit endogenen Infektionen und stellen so gut wie immer aerob-anaerobe Mischinfektionen dar, wobei die Anaerobier quantitativ überwiegen. Man vermutet eine gegenseitige synergistische Beeinflussung. Die Beseitigung einer Komponente senkt tierexperimentell die Letalität. Neben Bacteroides fragilis und Prevotella spp. werden Fusobakterien, Peptokokken, Peptostreptokokken, evtl. auch Sporenbildner angetroffen. Unter den Aerobiern spielen E. coli, andere Enterobakterien (insbesondere Klebsiella spp. und Enterobacter spp.), Enterokokken und vergrünende Streptokokken die größte Rolle. Als Erreger aszendierender Infektionen bei Salpingitis kommen auch Gonokokken in Betracht. P. aeruginosa tritt besonders nach endoskopisch-invasiven Maßnahmen und bei liegenden Sonden und Drains als Peritonitiserreger auf. Es kommen auch Bacteroides-Arten, ferner Clostridien (inkl. C. perfringens), anaerobe Kokken, Fusobakterien und Aktinomyzeten vor. In seltenen Fällen, insbesondere nach Operationen im Bereich des oberen Magen-Darm-Traktes mit nachfolgender Leckage, werden Pilze wie Candida albicans und zunehmend auch Non-albicans-Candida-Spezies nachgewiesen.

Das Erregerspektrum von tertiären Formen der Peritonitis beinhaltet Enterokokken (inkl. VRE), Enterobakterien (inkl. ESBL-Bildner), Anaerobier, P. aeruginosa, Staphylokokken (inkl. MRSA) und Candida spp.

■ **Pathogenese**

Primäre Formen entstehen hämatogen, lymphogen oder aszendierend über die Tuben. Kinder sind besonders betroffen, weiterhin Erwachsene mit dekompensierter (meist alkoholtoxischer) Leberzirrhose.

Sekundäre Formen beruhen auf intraabdominellen Erkrankungen, z. B. Perforation von Hohlorganen wie Magen, Appendix, Gallenblase oder Kolon, Infektionen in Nachbarorganen (z. B. Nieren-, Leber-, Milzabszesse) oder nach operativen Eingriffen. Eine Sonderform stellt die Peritonitis bei kontinuierlicher ambulanter Peritonealdialyse (CAPD) dar. Im Falle perforierter Hohlorgane wie Magen, Duodenum oder Gallenblase kommt zur mikrobiellen eine chemisch getriggerte Entzündung hinzu. Beim Ileus bildet sich häufig eine Durchwanderungsperitonitis aus. Freies Hämoglobin fördert, offenbar über seinen Eisengehalt, bedrohliche Verläufe, sofern vermehrungsfähige Bakterien vorhanden sind.

Folge der mikrobiellen und chemischen Einflüsse ist eine erhebliche Flüssigkeitssekretion mit einem Eiweißgehalt über 3 g/dl und zahlreichen Leukozyten, insbesondere Granulozyten.

■ **Klinik**

Bei der Peritonitis sind **Abdominalschmerzen** und **Abwehrspannung** die Kardinalsymptome. Der Schmerz ist bei Perforation eines peptischen Ulkus intensiver als bei perforierter Appendizitis. Übelkeit, Erbrechen, Appetitlosigkeit und Fieber, evtl. mit Schüttelfrost, können hinzutreten. **Komplikation** seitens des Darms ist ein paralytischer Ileus, seitens des Herz-Kreislauf-Systems ein Volumenmangel bis hin zum hypovolämischen Schock. Weiterhin können sich eine respiratorische Insuffizienz und ein Nierenversagen entwickeln.

Beim **Vollbild** der Erkrankung zeigt sich klinisch die sog. **Facies hippocratica** mit spitzer Nase, tiefliegenden Augen, kühlen Ohren und grau-lividem Hautkolorit. Zur Linderung der Schmerzen werden die Knie angezogen, die Atmung ist flach und beschleunigt. Das Fieber kann sehr hoch steigen, ein Fieberabfall kann dann einen **septischen Schock** ankündigen. Gleiches gilt für bedrohlichen Blutdruckabfall bei zunehmender Tachykardie.

Bei der Palpation werden starke Schmerzen geäußert. Typisch sind **Abwehrspannung** (reflektorischer Muskelspasmus) und **Loslassschmerz.** Die Darmgeräusche schwächen sich oft ab und verschwinden bei paralytischem Ileus. Schmerzen bei rektaler oder vaginaler Untersuchung sprechen für Abszessbildung im kleinen Becken.

Je nach Erregervirulenz, Abwehrlage und Wirksamkeit der Therapie kann eine diffuse Peritonitis in Heilung übergehen, zur Abszessbildung führen oder eine Sepsis auslösen. Die **Prognose** hängt vom Alter (schlechter bei Säuglingen und alten Menschen), von Grund- und Begleitkrankheiten sowie vom rechtzeitigen Beginn einer effektiven Therapie ab. Wird diese versäumt, so droht der tödliche Ausgang durch kardiovaskuläre bzw. respiratorische Insuffizienz sowie Nierenversagen.

Diagnostik

Differenzialdiagnostische Schwierigkeiten ergeben sich mitunter bei Pleuritis, Pneumonie, diabetischer Ketoazidose, Pankreatitis und Porphyrie.

Im **weißen Blutbild** findet sich bei akuter Peritonitis oft eine Leukozytose mit Linksverschiebung. Der Anstieg von Hämatokrit und Kreatinin spricht für Volumenmangel. Bei schweren Verläufen stellt sich eine **metabolische Azidose** ein.

Eine Abdomensonografie oder Röntgenaufnahme im Stehen (oder in Linksseitenlage) informiert über Spiegelbildungen im Dünn- oder Dickdarm bzw. Ansammlung freier Luft in der Bauchhöhle. Sonografie und CT des Abdomens helfen meist die Ursache für eine sekundäre Peritonitis zu finden, gelegentlich muss aber diagnostisch laparatomiert werden.

Diagnostisches Vorgehen Bei der Peritonitis sollte angesichts polymikrobieller Infektionen mit möglicherweise multiresistenten Erregern sowie der großen Gefahr einer Sepsis unbedingt eine genaue **Erregerdiagnose** angestrebt werden.

Untersuchungsmaterial Jede Aszitesbildung sollte zur Peritonitisdiagnostik diagnostisch punktiert werden. Leukozytenzahl (Neutrophilenzahl) und Eiweißgehalt sollten bestimmt werden. Hierbei zeigt sich oft schon bei geringen klinischen Beschwerden der Nachweis einer Peritonitis. Mittels Punktion oder Lavage sowie bei der chirurgischen Sanierung lässt sich **Peritonealexsudat** oder bioptisches Material für eine mikrobiologische Diagnostik gewinnen; falls nicht anders möglich, kann das Material mit schlechterer Sensitivität auch durch Abstrich entnommen werden. Es ist am besten nativ ins Labor zu bringen oder zur Erhöhung der Erregerausbeute in Blutkulturflaschen für aerobe und anaerobe Mikroorganismen zu überimpfen. Bei fieberhaften Verläufen sollten **Blutkulturen** entnommen werden; in 30–50 % der Fälle lassen sich hieraus Erreger anzüchten.

Vorgehen im Labor Peritonealexsudat wird auf mehrere feste Kultur- und flüssige Anreicherungsmedien überimpft und unter aeroben und anaeroben Bedingungen bebrütet. Des Weiteren wird ein Grampräparat angefertigt. Bei Peritonitis sind die Erreger in ca. 25 % bereits mikroskopisch sichtbar. Bei etwa 35 % lassen sich zwar Granulozyten im Peritonealexsudat nachweisen, jedoch keine Erreger anzüchten: Man spricht von einem kulturell negativen, neutrozytischen Aszites.

Therapie

Sekundäre Peritonitiden bedürfen fast immer einer **chirurgischen Behandlung:** Der Ausgangsherd muss beseitigt werden. Die antimikrobielle Therapie hat nur eine unterstützende Wirkung. Bei primärer Peritonitis kommt ihr die Hauptbedeutung zu.

Entsprechend der polymikrobiellen Erregerätiologie bei **sekundärer Peritonitis** ist eine **Kombinationstherapie** zur Spektrumerweiterung erforderlich. Geeignet sind z. B. Ampicillin/Sulbactam, Piperacillin/Tazobactam, Cefotaxim oder Ceftriaxon plus Metronidazol und Carbapeneme. Das Fluorchinolon Moxifloxacin führt zu hohen Konzentrationen in Galle, Pankreas, Peritonealflüssigkeit und intraabdominellen Abszessen. Es ist klinisch gut wirksam, wirkt aber nicht ausreichend gegen Anaerobier.

Bei katheterassoziierter Peritonitis müssen gegen multiresistente, koagulasenegative Staphylokokken wirksame Mittel verwendet werden, z. B. Vancomycin plus Rifampicin. Alternativ ist bei ungünstiger Resistenzlage das Tetracyclinderivat Tigecyclin als i. v. Therapie einsetzbar (allerdings nur bakteriostatisch wirksam, Spektrumlücken gegen Pseudomonas spp. und Proteus spp.).

Die Gabe der Antibiotika sollte vorrangig als **i. v. Infusion** erfolgen. Peritonealspülungen im Rahmen der Peritonitisbehandlung sollten ohne Zusätze von Antibiotika erfolgen.

Neben der antibakteriellen Therapie ist auf **Flüssigkeits- und Elektrolytersatz, Azidosebekämpfung** und **Kreislaufstabilisierung** zu achten. In vielen Fällen ist neben der Nahrungskarenz auch eine Magenablaufsonde notwendig.

Prävention

Für postoperative Peritonitiden ist eine Prävention möglich. Bei kolorektalen Eingriffen und anderen intraabdominellen Operationen mit erfahrungsgemäß hohen postoperativen Infektionsraten hat sich die perioperative Eindosisprophylaxe mit einem geeigneten β-Laktam-Antibiotikum und/oder Metronidazol bewährt.

▶ In Kürze: Peritonitis

- **Pathogenese/Einteilung:** Peritonitiden entstehen durch Perforation intraabdomineller Hohlorgane (z. B. bei Appendizitis), Fortleitung lokaler Prozesse, z. B. Abszessrupturen, Aszension durch den weiblichen Genitaltrakt, traumatisch-inokulativ oder hämatogen bzw. mittels Durchwanderung.
  - Man unterscheidet **primäre und sekundäre,** d. h. chirurgische Peritonitiden, die zahlenmäßig weit überwiegen.
  - Als **tertiäre** Form wird eine trotz adäquater chirurgischer und antimikrobieller Therapie anhaltende Peritonitis bezeichnet.
- **Klinik:** Manifestation als „akutes Abdomen". Leitsymptome: Abdominalschmerzen und Abwehrspannung. Bei der körperlichen Untersuchung ist ein

124

Loslassschmerz charakteristisch. Die Peritonitis kann lokalisiert oder diffus sein und zeigt dann Übergänge zur Sepsis.

- **Erreger/Diagnostik:** Erregerspektrum je nach Ausgangsherd: Bei Darmperforationen muss mit Mischinfektionen durch Enterobakterien und obligate Anaerobier (z. B. B. fragilis) gerechnet werden. Staphylokokken sind die typischen Erreger bei Peritonealdialyse.
- Sicherung des Erregers aus Aszitespunktat oder Peritonealsekret, das auch bei der oft notwendigen chirurgischen Intervention durch geeignete Abstriche bzw. Biopsien gewonnen werden kann.
- **Therapie:** Zur antimikrobiellen Chemotherapie werden breit wirksame Substanzen meist in Kombination eingesetzt (z. B. Ampicillin/Sulbactam, Piperacillin/Tazobactam, Cefotaxim oder Ceftriaxon plus Metronidazol, Carbapeneme).
- **Prophylaxe:** Neben der frühzeitigen Behandlung potenzieller Ausgangsherde hat sich bei intraabdominellen Operationen mit erfahrungsgemäß hohen postoperativen Infektionsraten die perioperative Eindosisprophylaxe mit einem geeigneten β-Laktam-Antibiotikum und/oder Metronidazol bewährt. ◀

Weiterführende Literatur

Arbeitsgemeinschaft der Wissenschaftlichen Medizinischen Fachgesellschaften, AWMF (2015) Leitlinien der Deutschen Gesellschaft für Gastroenterologie, Verdauungs- und Stoffwechselkrankheiten (DGVS), AWMF-Leitlinien-Register 021/024: S2k-Leitlinie Gastrointestinale Infektionen und Morbus Whipple. ► https://www.awmf.org/uploads/tx_szleitlinien/021-024l_S2k_Infektiöse_Gastritis_2015-02-verlaengert.pdf

Arbeitsgemeinschaft der Wissenschaftlichen Medizinischen Fachgesellschaften, AWMF (2019) Leitlinien der Gesellschaft für Pädiatrische Gastroenterologie und Ernährung (GPGE), AWMF-Leitlinien-Register Nr. 068/003: ► https://www.awmf.org/uploads/tx_szleitlinien/068-003l_S2k_AGE-Akute-infektioese-Gastroenteritis-Saeuglinge-Kinder-Jugendliche-2019-05.pdf

Arbeitsgemeinschaft der Wissenschaftlichen Medizinischen Fachgesellschaften, AWMF (2019) Leitlinien der Paul-Ehrlich-Gesellschaft für Chemotherapie (PEG), AWMF-Leitlinien-Register Nr. 082/006: S2k-Leitlinie Kalkulierte parenterale Initialtherapie bakterieller Erkrankungen bei Erwachsenen – Update 2018. ► https://www.awmf.org/uploads/tx_szleitlinien/082-006l_S2k_Parenterale_Antibiotika_2019-01_1.pdf

Connor BA, Rogova M, Whyte O (2018) Use of a multiplex DNA extraction PCR in the identification of pathogens in travelers' diarrhea. J Travel Med 25 (1). ► https://doi.org/10.1093/jtm/tax087

DuPont HL (2014) Acute infectious diarrhea in immunocompetent adults. N Engl J Med 370:1532–1540

Elliott EJ (2007) Acute gastroenteritis in children. BMJ 334(7583):35–40

European Association for the Study of the Liver (2010) EASL clinical practice guidelines on the management of ascites, spontaneous bacterial peritonitis, and hepatorenal syndrome in cirrhosis. J Hepatol 53(3):397–417

Guerrant RL, Van Gilder T, Steiner TS et al (2001) Practice guidelines for the management of infectious diarrhea. Clin Infect Dis. 32:331–350

Hahn S, Kim Y, Garner P (2002) Reduced osmolarity oral rehydration solution for treating dehydration caused by acute diarrhoea in children. Cochrane Database Syst Rev Issue 1. Art. No.: CD002847. ► https://doi.org/10.1002/14651858.cd002847

Hartling L, Bellemare S, Wiebe N, Russell KF, Klassen TP, Raine CW (2006) Oral versus intravenous rehydration for treating dehydration due to gastroenteritis in children. Cochrane Database Syst Rev Issue 3. Art. No.: CD004390. ► https://doi.org/10.1002/14651858.cd004390.pub2

Krones E, Högenauer C (2012) Diarrhea in the immunocompromised patient. Gastroenterol Clin North Am 41:677–701

Lübbert C, Mutters R (2017) Gastrointestinale Infektionen. Internist 58:149–169

Lynch SV, Pedersen O (2016) The human intestinal microbiome in health and disease. N Engl J Med 375:2369–2379

McDonald LC, Gerding DN, Johnson S et al (2018) Clinical practice guidelines for clostridium difficile infection in adults and children: 2017 Update by the Infectious Diseases Society of America (IDSA) and Society for Healthcare Epidemiology of America (SHEA). Clin Infect Dis 66: 987–994

Desnues B, Al Moussawi K, Fenollar F (2010) New insights into Whipple's disease and Tropheryma whipplei infections. Microbes Infect 12:1102e1110

Koch-Institut Robert (2018) Infektionsepidemiologisches Jahrbuch meldepflichtiger Krankheiten für 2017. Robert Koch-Institut, Berlin

Steffen R, Hill DR, DuPont HL (2015) Traveler's diarrhea: a clinical review. JAMA 313:71–80

Surawicz CM, Brandt LJ, Binion DG, Ananthakrishnan AN, Curry SR, Gilligan PH, Zuckerbraun BS (2013) Guidelines for diagnosis, treatment, and prevention of Clostridium difficile infections. Am J Gastroenterol 108:478–498

Valenstein P, Pfaller M, Yungbluth M (1996) The use and abuse of routine stool microbiology: A college of American pathologists Q-probes study of 601 institutions. Arch Pathol Lab Med 120:206–211

Wilking H, Spitznagel H, Werber D et al (2013) Acute gastrointestinal illness in adults in Germany: a population-based telephone survey. Epidemiol Infect 141:2365–2375

World Health Organization (WHO). Diarrhoeal disease. ► http://www.who.int/mediacentre/factsheets/fs330/en/. Zugegriffen: 20. Feb. 2019

Zuckerman JN, Rombo L, Fisch A (2007) The true burden and risk of cholera: implications for prevention and control. Lancet Infect Dis 7:521–530

Infektionen der Leber, der Gallenwege und des Pankreas

Sandra Ciesek und Michael P. Manns

Trailer

Eine infektiöse Entzündung der Leber (Hepatitis) kann durch Viren, viel seltener auch durch Bakterien, Parasiten und Pilze ausgelöst werden. Weltweit am häufigsten ist die virusbedingte Hepatitis. Ein Leberabszess kann primär durch Bakterien und Parasiten oder sekundär z. B. nach operativen Eingriffen entstehen, die Infektion erfolgt dabei über das Blut (hämatogen), die Lymphe (lymphogen) oder die Gallengänge (cholangitisch).

Gallenweginfektionen können die Gallenblase (Cholezystitis) oder die Gallenwege (Cholangitis) betreffen: Die Cholezystitis als mikrobielle Gallenblasenentzündung stellt in der Regel ein sekundäres Ereignis dar. Meist findet sich als Ursache eine Abflussbehinderung der Gallenflüssigkeit. Die Cholangitis als bakterielle Entzündung der Gallengänge beruht praktisch immer auf einer mechanischen Cholestase (durch Tumor, Gallensteine). Eine Rarität stellen parasitäre Infektionen der Gallenwege durch z. B. Spulwürmer oder Leberegel dar.

Die Bauchspeicheldrüsenentzündung (Pankreatitis) entsteht meist als primäre sterile Entzündung im Rahmen einer Gallenwegerkrankung mit biliärem Aufstau oder nach Alkoholabusus. Im Zuge dessen entstehende Nekrosen werden nicht selten bakteriell superinfiziert.

Bei Hepatitis, Cholezystitis, Cholangitis und Pankreatitis lässt sich jeweils zwischen einer akuten und chronischen Form unterscheiden.

■ Epidemiologie

Unterschieden werden:

Leberentzündungen Eine Hepatitis als Folge einer Infektion mit Hepatitisviren (A–E) ist in den industrialisierten Ländern nach dem Alkoholkonsum die häufigste Ursache für eine infektiös bedingte Leberentzündung. Die Häufigkeit infektiöser Hepatitiden ist regional sehr unterschiedlich: So ist das Risiko in Asien, Afrika und Mittel- und Südamerika deutlich höher als in Europa oder Nordamerika.

Während Hepatitis-B-, Hepatitis-C- und Hepatitis-D-Viren parenteral übertragen werden, erfolgt die Übertragung der Hepatitis A fäkal-oral. Das Hepatitis-E-Virus kann sowohl fäkal-oral als auch parenteral übertragen werden. In Deutschland findet hauptsächlich eine zoonotische Übertragung von Hepatitis E über den Genuss von unzureichend gegartem Schweine- oder Wildfleisch statt.

Seltener kommt es im Rahmen von Herpesinfektionen (EBV, HSV, CMV, VZV, HHV-6) bei meist immunsupprimierten Patienten zu einer Beteiligung der Leber. Vor allem im Kindesalter müssen auch Infektionen mit Adenoviren, Parvovirus B19 oder Enteroviren bedacht werden, die zu einer Hepatitis z. B. im Rahmen einer generalisierten Infektion führen können. Auch Bakterien, Pilze und Parasiten können zu einer primären Hepatitis führen. Zu den Bakterien, die zu einer Hepatitis führen, zählen u. a. Bartonella henselae und Leptospira interrogans.

Eine **sekundäre Hepatitis** wird fast immer durch Bakterien im Rahmen einer Sepsis ausgelöst. Viele virale Erreger eines hämorrhagischen Fiebers führen zu einer Begleithepatitis im Rahmen der Grunderkrankung.

Gallenblasen- und Gallengangentzündungen Die **Cholezystitis** tritt überwiegend bei Patienten mit Gallensteinen auf. Deren Häufigkeit steigt mit dem Lebensalter an. Selten kann es aber bereits im frühen Kindesalter zur Erkrankung kommen. Eine eitrige Cholezystitis ohne Cholelithiasis tritt z. B. bei parenteraler Ernährung oder Intensivpatienten auf.

Eine **Cholangitis** kann durch eine Abflussbehinderung der Gallenflüssigkeit durch z. B. Tumoren oder Gallensteine entstehen. Andere Ursachen sind angeborene Erkrankungen wie eine primär sklerosierende Cholangitis (PSC) oder das Caroli-Syndrom (erweiterte Gallenwege in der Leber) und Entzündungen durch Parasiten.

Bauchspeicheldrüsenentzündungen Die akute Pankreatitis tritt v. a. nach übermäßigem Alkoholkonsum oder Gallensteinen im Bauchspeicheldrüsenhauptgang auf (ca. 90 %). Die Inzidenz der akuten Pankreatitis ist in den

S. Suerbaum et al. (Hrsg.), *Medizinische Mikrobiologie und Infektiologie*,
https://doi.org/10.1007/978-3-662-61385-6_125

letzten Jahren angestiegen und liegt in westeuropäischen Ländern bei 5–10 pro 100.000 Einwohner. Der Häufigkeitsgipfel liegt zwischen dem 40. und 60. Lebensjahr. Sehr selten sind Infektionskrankheiten wie eine Mumpsinfektion Auslöser einer akuten Pankreatitis.

▪ Erregerspektrum

Unterschieden werden:

Leberentzündungen Hauptursache der infektiösen Hepatitis sind die Hepatitisviren A–E (▶ Kap. 71). Seltener führen Bakterien (Leptospiren, Listerien, Brucellen, M. tuberculosis, Borrelien, Rickettsien), Parasiten (Plasmodien, Leishmanien und Schistosomen), Candida-Hefen und andere Viren (EBV, CMV, VZV, HSV, Mumpsvirus, Rubellavirus, Entero- und Adenoviren) zu einer Leberentzündung. Ursache von Leberabszessen sind Bakterien (meist Anaerobier), daneben in den Tropen und Subtropen Entamoeba histolytica, seltener auch absterbende Larven des Leberegels Fasciola hepatica.

Gallenblasen- und Gallengangentzündungen Häufige aerobe Erreger sind Escherichia coli und weitere Enterobakterien (z. B. Klebsiella spp., Enterobacter spp., Proteus spp.), ferner Entero- und Streptokokkenarten.

Nach invasiven endoskopischen Eingriffen am Gallengang oder bei liegenden Sonden und Drainagen lässt sich vermehrt P. aeruginosa nachweisen. In rund 40 % der positiven Proben ist mit Anaerobiern zu rechnen, meist als Mischkultur. Bei gangränöser oder wiederkehrender eitriger Cholezystitis erhöht sich die Anaerobierbeteiligung auf bis zu 75 %. Häufigster anaerober Erreger ist Bacteroides fragilis.

In seltenen Fällen treten Infektionen durch andere Bacteroides-Arten, Clostridien (inkl. C. perfringens), anaerobe Kokken, Fusobakterien und Aktinomyzeten auf.

Bauchspeicheldrüsenentzündungen Am häufigsten finden sich superinfizierte Nekrosen mit E. coli, Entero- und Staphylokokken. Seltener lassen sich andere Enterobakterien und Pseudomonas nachweisen. Selten führt eine Infektion mit Mumpsviren zu einer akuten Pankreatitis.

▪ Pathogenese und Klinik

Unterschieden werden:

▪▪ Leberentzündungen

Als Risikofaktoren für eine virale Hepatitis zählen Reisen in Risikogebiete, schlechte hygienische Bedingungen, Homosexualität, Drogenabhängigkeit und Tattoos (v. a. HCV) sowie berufliche Exposition (Krankenhauspersonal, Kanalarbeiter, Entwicklungshelfer, Sozialarbeiter). Als Risikofaktor für eine Hepatitis E gilt der Genuss von rohem, nicht ausreichend gegartem Schweine- oder Wildfleisch,

Im **Frühstadium** einer **akuten Hepatitis** treten v. a. **unspezifische grippeähnliche Symptome** wie Müdigkeit und Leistungsschwäche sowie Übelkeit, Appetitlosigkeit und Völlegefühl oder Schmerzen im rechten Oberbauch auf. Im weiteren Verlauf kommt es je nach Erreger unterschiedlich häufig zu einer **Gelbsucht** (Ikterus) und zu generalisiertem Juckreiz. Laborchemisch fallen eine Erhöhung der Leberenzymwerte (v. a. GOT, GPT, γ-GT) und eine Hyperbilirubinämie auf.

Eine **chronische Hepatitis** verläuft häufig asymptomatisch. Symptome sind in der Regel durch die Spätfolgen, die Leberzirrhose und ein eventuelles Leberzellkarzinom bedingt. Liegt bereits ein narbiger Umbau der Leber (Leberzirrhose) vor, lassen sich v. a. hierdurch bedingte Symptome beobachten: Aszites, Verminderung der Muskelmasse, Dunkelfärbung des Urins, Ikterus, Leberhautzeichen wie „spider naevi" (arterielle Gefäßneubildung der Haut), Palmarerythem, Gynäkomastie beim Mann. Durch eingeschränkte Synthese von Gerinnungsfaktoren kann es außerdem zur Störung der Blutgerinnung mit vermehrter Blutungsneigung kommen.

Patienten mit einem **Leberabszess** fallen durch Fieber und Schüttelfrost auf. Schmerzen im rechten Oberbauch, Übelkeit, Erbrechen und Durchfall können auftreten.

▪▪ Gallenblasen- und Gallengangentzündungen

Gallenwegentzündungen entstehen bei partiellem oder komplettem Verschluss des Gallengangs mit nachfolgender Keimaszension. In bis zu 95 % sind **Gallensteine** die Ursache für die Entzündung. Andere Ursachen für einen Verschluss der Gallengänge können Tumoren, narbige Stenosen, angeborene Gallenganganomalien, Fisteln oder Parasiten sein. Die primär sklerosierende Cholangitis (PSC) ist eine weitere primäre Ursache für eine Störung des Galleabflusses.

Die Infektion steigt häufig in die intrahepatischen Gallengänge auf und kann dort zu Abszessen führen.

Durch einen Verschluss des Ductus cysticus entsteht eine Innendruckerhöhung in der Gallenblase mit nachfolgender **„chemischer Entzündung"**, einhergehend mit einem Wandödem, Ischämie und eventuell Ulzerationen, Nekrose, Gangrän oder sogar Perforation. Bei **bakterieller Superinfektion,** deren Wahrscheinlichkeit mit der Dauer der Erkrankung zunimmt, entsteht eine eitrige Cholezystitis. Als **Komplikation** kann es dadurch zu Pericholezystitis, Durchwanderungsperitonitis, Gallenblasenempyem und/oder -perforation kommen. Ob die Besiedlung durch Keimaszension aus dem Duodenum oder hämatogen über das Pfortaderblut erfolgt, ist noch unklar. Bei etwa jeder 2. akuten Cholezystitis ist mit einer sekundären bakteriellen Besiedlung zu rechnen.

In 70 % lassen sich die 3 Leitsymptome **(Charcot-Trias)** rechtsseitiger Oberbauchschmerz, Fieber mit Schüttelfrost und Gelbsucht (Ikterus) beobachten. Weitere Symptome können Erbrechen, Entfärbung des Stuhles sowie Dunkelfärbung des Urins sein. **Labordiagnostisch** lassen sich bei einer akuten Cholangitis eine BSG- oder CRP-Erhöhung, Leukozytose, Anstieg von GPT, γ-GT, alkalischer Phosphatase sowie Urobilinogenvermehrung nachweisen.

Mithilfe einer Abdomensonografie erfolgt der Nachweis von Gallensteinen und entzündlichen Veränderungen der Gallengänge mit Wandverdickung (◘ Abb. 125.1**A**).

Bei Übertritt von Keimen in die Blutbahn entsteht eine **chologene Sepsis**. Diese macht etwa 10 % der internistischen Sepsisfälle aus. Als Folge drohen ein Endotoxinschock und Multiorganversagen.

Eine seltene Sonderform stellt die **emphysematöse Cholezystitis** durch gasbildende Clostridien dar, oft als Mischinfektion mit E. coli.

Neben der akuten Form gibt es auch **chronische Verläufe** der bakteriellen Cholangitis mit der Gefahr einer cholangitischen Leberzirrhose. Bei der sklerosierenden Cholangitis handelt es sich um eine chronische Erkrankung, bei der die Gallenwege vernarben (sklerosieren).

▪▪ Bauchspeicheldrüsenentzündungen

Etwa 50–60 % der Pankreatitiden lassen sich auf **Gangobstruktionen** verursacht durch Konkremente (Gallensteine) zurückführen. Alkoholmissbrauch zählt mit 20–30 % zur zweithäufigsten Ursache. Seltenere Ursachen sind endoskopische Interventionen, Traumata, die postoperative Phase, Tumoren, Stoffwechselstörungen und Gendefekte.

Durch die Gangobstruktion kommt es zu einer intraduktalen Druckerhöhung und Störung der Permeabilität, die zur Aktivierung der pankreaseigenen Enzyme mit Austritt ins Interstitium führen und dort eine ödematöse Entzündung mit Mikrozirkulationsstörungen und ggf. Nekrosen auslösen kann.

Charakteristisches **Symptom** der akuten Pankreatitis ist ein akut auftretender, heftiger Oberbauchschmerz, der gürtelförmig in den Rücken ausstrahlen kann. Weitere Symptome sind Übelkeit, Erbrechen, Obstipation, Meteorismus und Fieber. Bei schweren hämorrhagischen Verläufen kommt es bei einigen Patienten zur Ausbildung bläulicher Flecken im Flankenbereich (Grey-Turner-Zeichen) oder um den Bauchnabel (Cullen-Zeichen).

Lokale **Komplikationen** einer Pankreatitis sind die bakterielle Superinfektion von Nekrosearealen, Bildung von Pseudozysten, Thrombosierungen des portalvenösen Stromgebiets sowie die enzymatische Andauung benachbarter Organstrukturen.

Etwa 80–85 % der akuten Pankreatitiden zeigen einen **milden Verlauf** im Sinne einer interstitiellen, ödematösen Entzündung. Bei 20 % kommt es jedoch zu schweren Verlaufsformen mit Nekrosen, Pseudozysten und Abszessen. Vor allem bei diesen **schweren Verläufen** beobachtet man in den ersten 3 Wochen in 24–71 % eine bakterielle Infektion der Nekrosen. Die Letalität liegt bei der milden Form bei 1–2 % und steigt bei schweren Verläufen mit großen infizierten Nekrosen auf bis zu 80–90 % an.

Eine **chronische Pankreatitis** verursacht oft weniger Beschwerden. Häufig klagen die Patienten über rezidivierende Oberbauchschmerzen, Verdauungsprobleme, Unverträglichkeit fetter Speisen und Gewichtsabnahme. Durch die Zerstörung der Inselzellen kann ein Diabetes mellitus auftreten. Außerdem kommt es im Verlauf häufig zu akuten Schüben.

▪ Diagnostisches Vorgehen

Unterschieden werden:

▪▪ Leberentzündungen

Beim Vorliegen möglicher Krankheitssymptome wie Ikterus, Müdigkeit und Übelkeit sollte zunächst eine **Primärdiagnostik** erfolgen. Hierzu zählen Bluttests zum Nachweis von Antikörpern gegen die Hepatitisviren. Bei positivem Nachweis kann die Aktivität der Erkrankung durch eine PCR näher untersucht werden. Hepatitis-A- und Hepatitis-E-Viren lassen sich außerdem im Stuhl mittels PCR feststellen. Jeder Drogenkonsumierende sollte in regelmäßigen Abständen auf eine Hepatitis-B- und Hepatitis-C-Infektion gescreent werden.

Die Suche nach nichtinfektiösen Ursachen ist ebenfalls Teil der Primärdiagnostik bei klinisch manifester Hepatitis. Im Rahmen der Stufendiagnostik empfiehlt sich nach erfolgter Primärdiagnostik der Ausschluss einer CMV- oder EBV-Infektion. Falls diese ebenfalls negativ sind, sollten alle anderen möglichen Erreger getestet werden.

Die Diagnose von **Leberabszessen** erfolgt bei Patienten mit hohen Entzündungsparametern durch die Bildgebung (◘ Abb. 125.1**B**), die Diagnose eines Amöbenleberabszesses wird durch den Nachweis spezifischer Serumantikörper gesichert.

Eine Infektion mit Echinokokken lässt sich zunächst mittels bildgebender Verfahren (Sonografie, CT, MRT) durch Darstellung typischer Läsionen nachweisen, die Patienten zeigen keine erhöhten Entzündungsparameter. Allerdings sollte wegen hoher

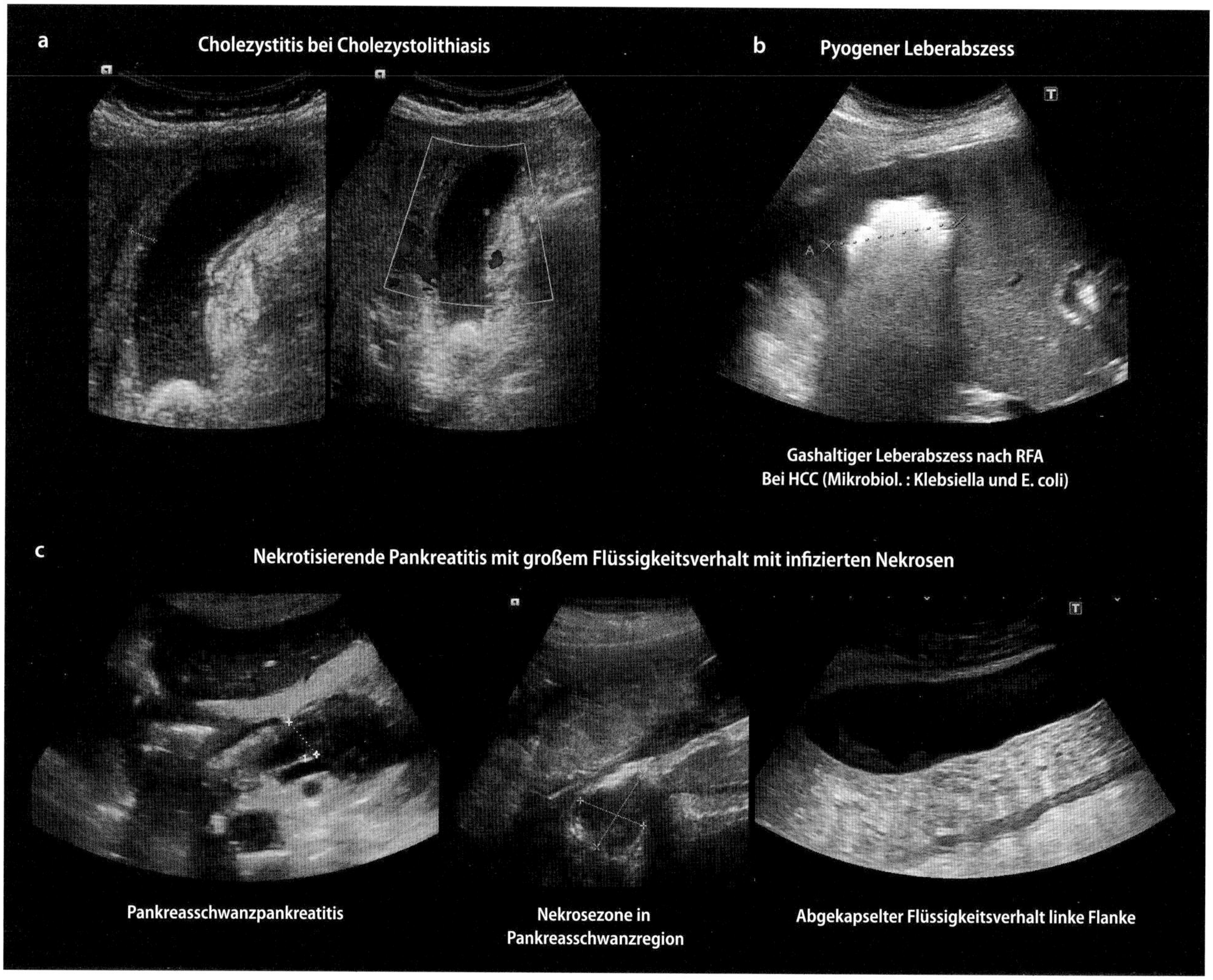

Abb. 125.1 A–C Sonografische Befunde bei Infektionen von Leber, Gallenwege und Pankreas. **A** Cholezystitis bei Cholezystolithiasis. **B** Pyogener Leberabszess: Gashaltiger Leberabszess nach Radiofrequenzablation; bei hepatozellulärem Karzinom (Mikrobiologie: Klebsiella und E. coli). **C** Nekrotisierende Pankreatitis mit großem Flüssigkeitsverhalt und infizierten Nekrosen. *Links:* Pankreasschwanzpankreatitis; *Mitte:* Nekrosezone in der Pankreasschwanzregion; *rechts:* abgekapselter Flüssigkeitsverhalt linke Flanke

Disseminationsgefahr keine direkte Punktion dieser Läsionen erfolgen. Neben der Bildgebung lässt sich die Infektion durch spezifische Antikörper nachweisen.

Gallenblasen- und Gallengangentzündungen

Mittels Punktion oder während endoskopischen Eingriffen lässt sich **Gallenflüssigkeit** für eine **mikrobiologische Diagnostik** gewinnen. Diese ist nativ ins Labor zu bringen oder zur Erhöhung der Erregerausbeute in Blutkulturflaschen für aerobe und anaerobe Mikroorganismen anzuimpfen. Die eitrige Gallenwegeentzündung zeigt eine signifikante **Bakteriocholie** (> 10^5 Keime/ml bei über 90 % aller positiven Gallekulturen).

Bei fieberhaften Verläufen sollten **Blutkulturen** entnommen werden: In 30–50 % lassen sich hieraus Erreger anzüchten.

Im Labor wird die Galle auf mehrere **feste Kultur- und flüssige Anreicherungsmedien** überimpft und unter anaeroben und aeroben Bedingungen bebrütet.

Bauchspeicheldrüsenentzündungen

Neben **Entzündungszeichen im Blut** lassen sich bei der akuten Pankreatitis erhöhte Werte für die **Pankreasenzyme** Trypsin, Amylase und Lipase **im Serum** nachweisen. Es besteht keine Korrelation mit der Schwere der Erkrankung. Ein Anstieg des Bilirubinwertes und der Transaminasen weisen auf eine biliäre Auslösung der Pankreatitis hin.

Die Schwere der Entzündung wird durch Entzündungswerte und mittels bildgebender Verfahren (Sonografie, CT oder MRT) ermittelt (Abb. 125.1C). Hierbei können z. B. auch Nekrosen, Steine oder Pseudozysten nachgewiesen werden. Wichtige laborchemische

Parameter für den Verlauf einer Pankreatitis sind u. a. Hämoglobin, Serum-Calciumspiegel und Blutglukose.

Bei einer nekrotisierenden Pankreatitis kann Material für die mikrobiologische Diagnostik durch sonografisch oder computertomografisch gesteuerte Punktion der Nekrosehöhlen gewonnen werden.

■ Therapie und Prävention

Unterschieden werden:

■■ Leberentzündungen

Die nichtmedikamentöse Therapie einer milden Hepatitis besteht in körperlicher Schonung/Bettruhe sowie leichter Diät. Als medikamentöse Therapie kommen bei der Hepatitis B Immunstimulatoren wie IFN-α oder antivirale Substanzen wie Nukleosidanaloga infrage. Die Hepatitis C wird mit einer Kombination sog. direkt antiviraler Substanzen (DAA) therapiert. Die Hepatitis-E-Virusinfektion kann v. a. bei immunsupprimierten Patienten mit Ribavirin behandelt werden. Genauere Therapieansätze der viralen Hepatitis finden sich in ▶ Kap. 71.

Als wichtigste Präventionsmaßnahme gilt bei der Hepatitis A, B und D die aktive Impfung. Eine Übertragung einer Hepatitis-B-, Hepatitis-C- und Hepatitis-D-Infektion lässt sich durch sorgsamen Umgang mit Blut- und Körperflüssigkeiten sowie durch „safer sex" reduzieren.

Die Therapie eines Leberabszesses erfolgt medikamentös oder durch interventionelle Entfernung der Abszesshöhle.

■■ Gallenblasen- und Gallengangentzündungen

Solange keine bakterielle Superinfektion vorliegt, kann es spontan zur Rückbildung der akuten („chemischen") Cholezystitis kommen.

Bei anhaltendem Zystikusverschluss besteht die kausale Therapie in der **Cholezystektomie**. Diese werden zunehmend als Sofortoperation durchgeführt, d. h. nach 1- bis 3-tägiger OP-Vorbereitung im Rahmen des routinemäßigen OP-Programms. Bei bestehender Cholangitis kommen – wegen der hohen Komplikationsrate und um einer Sepsis vorzubeugen – zunächst endoskopisch-invasive Verfahren zum Einsatz, um den Galleabfluss zu gewährleisten und ggf. Gallensteine aus dem Gallengang zu entfernen.

Eine **Antibiotikatherapie** wird bei der akuten bakteriellen Infektion eingesetzt. Geeignete Chemotherapeutika sind β-Laktam-Antibiotika wie Ureidopenicilline oder Cephalosporine der 2. und 3. Generation, ferner Fluorchinolone (Ciprofloxacin, Levofloxacin, Moxifloxacin). β-Laktam-Antibiotika lassen sich synergistisch mit Aminoglykosiden kombinieren. Die Zugabe eines Anaerobiermittels, z. B. Metronidazol, ist außerdem bei Piperacillin/Tazobactam oder Carbapenem erforderlich.

Bei fortbestehender Cholangiolithiasis bzw. Obstruktion ist eine vollständige chemotherapeutische Sanierung nicht möglich. Falls keine kausale Korrektur erfolgen kann, kommt eine Langzeitbehandlung mit Antibiotika in Betracht.

■■ Bauchspeicheldrüsenentzündungen

Zunächst sollte ein Patient mit akuter Pankreatitis stationär engmaschig überwacht und behandelt werden. Bei schweren Verlaufsformen ist eine intensivmedizinische Betreuung notwendig. Hierbei ist der primäre Behandlungsansatz wenn möglich konservativ. In Ergänzung mit einer parenteralen Ernährung sollte frühzeitig die jejunale enterale Ernährung erfolgen, da dies die Anzahl der Infektionen verringert.

Infizierte Pankreasnekrosen werden **antibiotisch** initial mit Carbapenem (ggf. in Kombination mit einem Glykopeptid) oder einem Cephalosporin der 3. Generation bzw. Fluorchinolon in Kombination mit Metronidazol behandelt. Nach mikrobiologischer Diagnostik sollte die Adaptation der Antibiotikatherapie an das Resistogramm erfolgen. Nach Gabe von Carbapenem lassen sich vermehrt grampositive Erreger und Hefepilze nachweisen. Aminoglykoside sollten nur im Ausnahmefall eingesetzt werden, da diese nur unzureichend in das Pankreas penetrieren.

Indikationen für eine **chirurgische oder interventionelle Therapie** sind infizierte Nekrosen mit/ohne Keimnachweis im Punktat sowie abdominelle Komplikationen wie Ileus, Perforation oder Blutung.

Da die akute Pankreatitis oft durch Gallensteine verursacht wird, wird die Cholezystektomie nach einer steinbedingten Pankreatitis zur **Prophylaxe** empfohlen. Außerdem sollte auf regelmäßigen Alkohol- und Nikotinkonsum verzichtet werden. Eine Pankreatitis im Rahmen einer Mumpserkrankung lässt sich durch eine entsprechende aktive Immunisierung verhindern.

In Kürze: Infektionen der Leber, der Gallenwege und des Pankreas

Infektiöse Leberentzündungen sind meist viral bedingt. Unbehandelt können chronische Hepatitiden zu einer Leberzirrhose führen. Bei Auftreten der klassischen Symptome (Leberwerterhöhung, Ikterus, Müdigkeit) sollte eine virale Hepatitis (A–E) ausgeschlossen werden.

125

Gallenweginfektionen sind meist durch eine Störung des Galleflusses bedingt (Steine, Tumoren). Die häufigsten Erreger sind Darmparasiten (E. coli, Enterobakterien, Enterokokken). Bei 70 % der Patienten lässt sich die klassische Charcot-Trias (rechtsseitiger Oberbauchschmerz, Fieber, Ikterus) nachweisen.
Die **Pankreatitis** ist meist durch Alkoholkonsum oder Gangobstruktion bedingt. Schwere Verlaufsformen mit Nekrosen, Pseudozysten und Abszessen sind mit einer hohen Letalität verbunden. Hier sind meist eine intensivmedizinische Behandlung, antibiotische Abdeckung und seltener chirurgische interventionelle Therapien notwendig.

Weiterführende Literatur

Cornberg M, Protzer U, Petersen J et al (2011) Aktualisierung der S3-Leitlinie zur Prophylaxe, Diagnostik und Therapie der Hepatitis-B-Virusinfektionen. Z Gastroenterol 49:871–930

Emmi V, Sganga G (2009) Clinical diagnosis of intraabdominal infections. J Chemother 21(Suppl 1):12–18

Gutt C, Jenssen C et al (2018) Aktualisierte S3-Leitlinie der Deutschen Gesellschaft für Gastroenterologie, Verdauungs- und Stoffwechselkrankheiten (DGVS) und der Deutschen Gesellschaft für Allgemein- und Viszeralchirurgie (DGAV) zur Prävention, Diagnostik und Behandlung von Gallensteinen. Z Gastroenterol 45(9):971–1001

Hoffmeister A, Mayerle J, Beglinger C et al (2015 Dec) S3.-Leitlinie Chronische Pankreatitis. Z Gastroenterol 53(12):1447–1495

Sarrazin C, Zimmermann T, Berg T et al (2018) S3- Leitlinie Prophylaxe, Diagnostik, und Therapie der Hepatitis-C-Virus (HCV)-Infektion. Z Gastroenterol 56:756–838

Schaefer, S, Arvand M, Gärtner B et al (2006) MIQ 25/2006 Diagnostik von Infektionen der Leber. Urban & Fischer Verlag

Infektionen der Zähne und des Zahnhalteapparates

Ivo Steinmetz und Peter Eickholz

Trailer

Die Mundhöhle stellt ein außerordentlich komplexes mikrobielles Ökosystem dar. Durch den Einsatz immer sensitiver werdender molekularbiologischer Nachweisverfahren geht man von mindestens 600 oralen Bakterienspezies aus: Weniger als die Hälfte von diesen ist zurzeit kultivierbar, ihre Verteilung unterliegt auch beim Gesunden großen individuellen Schwankungen.

Der konstante Speichelfluss verlangt von oralen Bakterien die Fähigkeit, an Epitheloberflächen und Zähnen zu adhärieren und Biofilme aus vielen bakteriellen Spezies eingebettet in extrazelluläre Polysaccharide zu bilden. Die Umwandlung dieser gemischten Biofilme von kommensalen zu pathogenen Gemeinschaften, auch als Dysbiose bezeichnet, ist für die Zerstörung des Zahnhartgewebes bei Karies und des Zahnhalteapparates bei Parodontitis von entscheidender Bedeutung.

Durch die enge räumliche Koexistenz in Biofilmen können einzelne Spezies unter anderem durch Stoffwechselprodukte und die Sekretion von Signalmolekülen gegenseitig ihren Metabolismus und ihre Expression von Virulenzfaktoren beeinflussen. Darüber hinaus bietet das Wachstum im Biofilm die Möglichkeit, sich antibakteriellen Immunmechanismen zu entziehen, und führt zu erhöhter Resistenz gegenüber Antibiotika und Desinfektionslösungen.

Bakterielle Spezies, die mit der Entstehung von Karies und Parodontitis assoziiert sind, können auch bei Gesunden isoliert werden, wenn auch zumeist in deutlich geringerer Zahl als bei Erkrankten. Dies zeigt, dass die Wirtsseite eine wichtige Rolle spielt und unterstreicht die Notwendigkeit eines komplexen Zusammenspiels diverser Faktoren bei der Pathogenese dieser Infektionskrankheiten.

126.1 Karies

Als Karies bezeichnet man die Demineralisation des Zahnschmelzes bzw. der Hartgewebe Dentin und Zement durch bakteriell produzierte organische Säuren.

Im Biofilm wachsende S. mutans und andere orale Streptokokken produzieren bei ausreichendem Saccharoseangebot in erster Linie Milchsäure. Wenn es dadurch zu einer länger andauernden Unterschreitung eines kritischen pH-Wertes in der bakteriellen Plaque kommt, führt das zur Auflösung der mineralischen Struktur der Zahnoberflächen. Irreversible Hartgewebedefekte, in die kariogene Bakterien eindringen und so zur weiteren Gewebedestruktion führen, können die Folge sein.

▪ Epidemiologie und Risikofaktoren

Die Karies gehört zu den häufigsten Infektionserkrankungen der Menschheit. Ca. 60–90 % aller Kinder und fast alle Erwachsenen sind von Karies betroffen. Bei deutschen 12-jährigen Schülern sind im Durchschnitt 0,5 Zähne („teeth“, T) kariös („decayed“, D) bzw. fehlen („missing“, M) oder sind gefüllt („filled“, F) (DMFT-Index), etwa 2,5 % der 35- bis 44-Jährigen haben keine Füllungen.

Durch den weit verbreiteten Einsatz von fluoridierten Zahnpasten ist es in den Industrieländern zu einem signifikanten Rückgang der Kariesprävalenz in allen Altersgruppen gekommen. Im Gegensatz dazu wurde in den letzten beiden Jahrzehnten ein deutlicher Anstieg der Kariesprävalenz in den Entwicklungsländern beobachtet. In Industrieländern korreliert eine hohe Kariesprävalenz mit geringem sozialen Status und geringer Schulbildung. Dadurch, dass die Zahnverlustraten in Deutschland zurückgehen und die Menschen ihre Zähne länger behalten, finden sich insbesondere bei älteren Patienten Wurzelkariesläsionen (28 % der 65- bis 74-Jährigen).

Für die Ausprägung der Erkrankung sind exogene Faktoren wie Ernährungsgewohnheiten, mangelnde Mundhygiene, die damit verbundene verminderte Fluoridzufuhr und die Häufigkeit des Zahnarztbesuchs wesentlich bedeutsamer als mögliche genetische Faktoren wie z. B. die Zahnmorphologie, -fehlstellungen oder Mineralisationsstörungen.

S. Suerbaum et al. (Hrsg.), *Medizinische Mikrobiologie und Infektiologie*,
https://doi.org/10.1007/978-3-662-61385-6_126

Obwohl bei Parodontitis und Karies gemeinsame Risikofaktoren wie soziale Stellung, Mundhygiene und Häufigkeit des Zahnarztbesuchs eine Rolle spielen (s. u.), treten Karies und Parodontitis bei einzelnen Individuen nicht gehäuft in Kombination auf.

■ Pathogenese und Erregerspektrum

Man unterscheidet **supragingivale Biofilme,** die sich auf der Schmelzoberfläche der Zähne bilden, von **subgingivalen Biofilmen** auf der Wurzeloberfläche im Sulcus gingivalis und in parodontalen Taschen (▶ Abschn. 126.2). Veränderungen in den Biofilmen können durch Änderungen des Nährstoffangebots und durch Wirtsfaktoren ausgelöst werden. Mit dem Begriff **Plaque** wird ein fortgeschrittener bakterieller Biofilm bezeichnet, in den viele verschiedene Spezies in eine Matrix von extrazellulären bakteriellen Produkten wie z. B. Polysacchariden und extrazellulärer DNA sowie Speichelkomponenten wie z. B. Glykoproteinen, eingebettet sind.

Besondere Bedeutung bei der Entstehung von Karies haben vergrünende Streptokokken der **„Streptococcus-mutans-Gruppe",** die aus verschiedenen Spezies besteht. S. mutans und S. sobrinus werden am häufigsten aus kariösen Läsionen isoliert. Der Nachweis dieser Spezies auf intakten Schmelzoberflächen gelingt sehr viel seltener.

Im Biofilm wachsende kariogene Bakterien produzieren organische Säuren, die zu einer kritischen Absenkung des pH-Wertes führen. Dies führt zu einer Verdrängung von früh kolonisierenden oralen Streptokokken und zu einer Verringerung der mikrobiellen Diversität in diesem sauren Habitat. Besteht dieser niedrige pH über längere Zeit, führt dies zur Demineralisation der Schmelzoberfläche, die zu über 95 % aus Hydroxylapatit besteht. Für die Entstehung kariöser Läsionen sind die Art der zugeführten Kohlenhydrate und deren Verweildauer in der Mundhöhle entscheidend.

Neben der Schmelzdestruktion führt der niedrige pH-Wert zu einer weiteren Selektion säuretoleranter Bakterien. Aus kariösen Läsionen gelingt auch der Nachweis anderer oraler Streptokokken wie z. B. S. sanguinis. Generell können aus supragingivaler Plaque auch Vertreter anderer Genera wie z. B. **Neisserien, Veillonellen, Fusobakterien, Aktinomyzeten und Laktobazillen** isoliert werden. Bei den beiden Letztgenannten handelt es sich möglicherweise um primär an der Kariesentstehung beteiligte Genera. Kariogene Bakterien sind in der Lage, entlang der Dentintubuli weiter in die Tiefe vorzudringen und eine Entzündungsreaktion der Pulpa auszulösen.

Folgende **Virulenzeigenschaften** werden dem wichtigsten Karieserreger **S. mutans** zugeschrieben:

- Er kann sehr effizient Saccharose verwerten und produziert Glukan, ein extrazelluläres Polysaccharid, das an der Adhäsion und Biofilmbildung beteiligt ist.
- Er hat eine ausgeprägte Fähigkeit, bei niedrigen pH-Werten zu überleben und zu wachsen.
- Durch ein intrazelluläres Speicherpolymer aus Glukosemonomeren ist S. mutans auch bei exogenem Saccharosemangel in der Lage, weiterhin Milchsäure zu produzieren.

Wie bei anderen oralen Streptokokken kann es nach **hämatogener Streuung** von S. mutans, Lactobacillus spp. und Actinomyces spp. zur Endokarditis kommen. Eine kurzzeitige Bakteriämie kann nach zahnärztlichen Eingriffen, Zähneputzen oder dem Kauen fester Nahrung auftreten. Besonders gefährdet sind Patienten mit vorgeschädigten oder künstlichen Herzklappen.

Kariogene Erreger wie z. B. S. mutans werden in der Regel vertikal innerhalb von Familien übertragen.

■ Klinik

Die Demineralisation des Zahnschmelzes führt zur **Initial-** bzw. **Schmelzkaries.** Hier kommt es unter einer intakt erscheinenden, submikroskopisch demineralisierten Schmelzoberfläche in der Tiefe zur Demineralisierung, bei der der Schmelz makroskopisch weißlich opak verändert erscheint („white spots"). Diese Phase ist bei entsprechender Fluoridierung reversibel. Schmelzkaries trifft man sowohl auf den Zahnglattflächen (◻ Abb. 126.1a, b) als auch interdental (◻ Abb. 126.1c–e) oder in den Fissuren an.

Beim weiteren Fortschreiten der Demineralisierung dringen kariogene Bakterien vor und führen nach dem Erreichen der Schmelz-Dentin-Grenze zur **Dentinkaries** (◻ Abb. 126.1c–e und 126.3a). Diese Form der Karies kann bereits zu Schmerzen führen. Die Karies im Dentin kann sich entlang der Dentinkanälchen in Richtung Pulpa weiter ausbreiten (◻ Abb. 126.3d) und dann zur **Pulpitis** führen, die oft mit starken Schmerzen einhergeht. Bei lang andauernder Entzündung und massivem Eindringen von Bakterien kann es zur **Pulpanekrose** und damit zur Devitalisierung des Zahnes kommen. Da eine Pulpitis auch schmerzfrei verlaufen kann, ist es möglich, dass ein Fortschreiten der Infektion im Wurzelkanal primär unbemerkt bleibt.

Wird ein avitaler Zahn nicht behandelt, ist es möglich, dass es durch die persistierende Entzündungsreaktion an der Wurzelspitze zu einer **apikalen Parodontitis** kommt, bei der Alveolarknochen, der die Wurzelspitze umgibt, abgebaut wird. Infektionen des Wurzelkanals setzen eine Verbindung zur Mundhöhle voraus. Aus persistierenden Läsionen im Wurzelkanal kann neben obligat anaeroben Bakterien auch

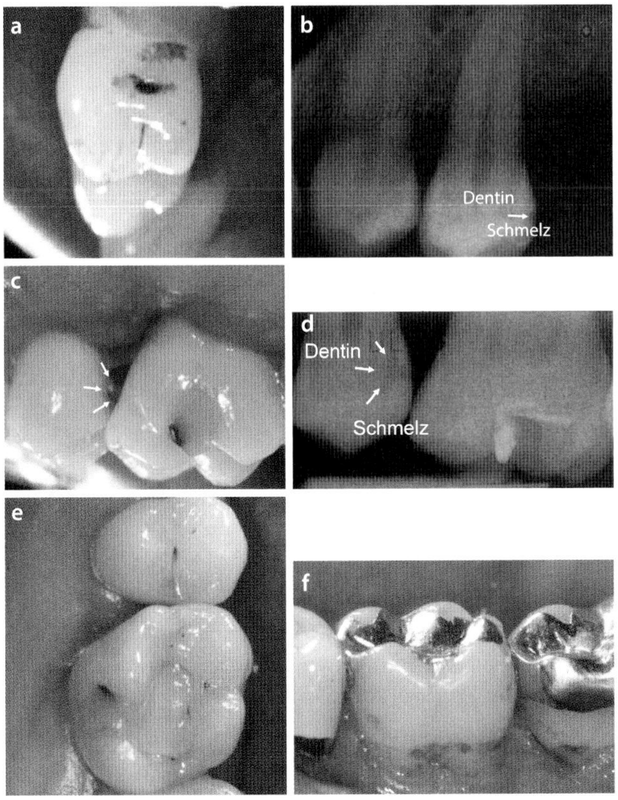

Abb. 126.1 a–f Karies. **a** Nichtkavitierte Schmelzkaries distal des 2. Oberkiefer-Prämolaren links (bei fehlendem Nachbarzahn). Farbpigmente sind in die demineralisierte Schmelzstruktur eingedrungen; **b** Röntgenbild von a: Im Zahnschmelz keilförmige Transluzenz von der Schmelzoberfläche (Pfeil) in die Tiefe bis zur Hälfte der Schmelzstärke; **c** Kavitierte Karies im Zahnzwischenraum (Approximalkaries) (distal des 1. Oberkiefer-Prämolaren; Pfeile), Ansicht vom Gaumen; **d** Röntgenbild: Im Zahnschmelz schmale Transluzenz von der Oberfläche bis zum Dentin. Im Dentin breitet sich die Transluzenz unterminierend aus (Pfeile); **e** Aufsicht auf die Kauflächen. Die kariöse Läsion schimmert dunkel durch den intakten Zahnschmelz der Kaufläche; **f** Wurzelkaries auf der zungenzugewandten (lingualen) Seite des 1. Unterkiefer-Molaren rechts

häufig Enterococcus faecalis isoliert werden. Eine nicht behandelte apikale Parodontitis kann zur Bildung eines **apikalen Abszesses** führen.

Kommt es im Rahmen einer Parodontitis oder durch Trauma (Rezessionen) zu einer freiliegenden Wurzeloberfläche, kann Karies auch an der Zementoberfläche beginnen und zur **Wurzelkaries** führen. Wurzelkaries breitet sich nicht wie Schmelzkaries unterminierend, sondern überwiegend flächig aus (Abb. 126.3f). Diese Form der Karies kommt in erster Linie bei älteren Patienten vor.

Diagnostisches Vorgehen

Ziel ist die **Früherkennung** von Karies, bevor es zur Bildung von Kavitäten kommt. Neben der visuellen Inspektion und Sondierung (Wurzelkaries) werden hierzu Unterschiede in der laserinduzierten Fluoreszenz zwischen erkrankter und gesunder Zahnhartsubstanz genutzt und Röntgenaufnahmen angefertigt (Abb. 126.3**b** und **d**). Die mikrobiologische Diagnostik spielt bei der Routineversorgung der Karies keine Rolle, da sie keine therapeutische Konsequenz hat. Zum Teil werden quantitative Kulturnachweise kariogener Erreger eingesetzt, um die Compliance für orale Hygienemaßnahmen zu steigern.

Therapie

Bei der **initialen Schmelzkaries** ohne Kavitation kann man durch lokale Fluoridierungsmaßnahmen eine Remineralisierung erreichen. Solche remineralisierten Läsionen sind häufig bräunlich verfärbt.

Auch bei **Dentin-** bzw. **Wurzelkaries** wird der Versuch unternommen, die ursächlichen Faktoren (z. B. Ernährung, individuelle Mundhygiene) günstig zu beeinflussen, um ein Fortschreiten der Läsion zu verhindern. Werden die Ursachen der Karies nicht bekämpft, ist mit dem Auftreten neuer Läsionen an anderen Stellen oder den Rändern von Restaurationen (Füllungen) zu rechnen. Nichtkavitierte Dentinkariesläsionen oder flache und für individuelle Hygiene zugängliche Wurzelkariesläsionen können ggf. auch unter Einsatz von niedrig viskösem Kunststoff (Kariesinfiltrationstherapie) inaktiviert werden. Bei kavitierten und/oder unzugänglichen Läsionen werden der erweichte Schmelz sowie das erweichte Dentin und damit der Infektionsherd aus der Kavität mechanisch entfernt und die Hartsubstanzdefekte mit Füllungsmaterialien (Kunststoff, Amalgam, Gold, Keramik) restauriert.

Ist es zur **Pulpanekrose** gekommen, muss das nekrotische Pulpagewebe entfernt und der Wurzelkanal mechanisch aufbereitet und desinfiziert werden. Abschließend erfolgt das Verfüllen des Wurzelkanals mit nichtresorbierbarem, röntgenopakem Material. Nach einer korrekt durchgeführten Wurzelkanalfüllung heilt eine apikale Parodontitis in der Regel aus.

Abszesse werden eröffnet, gespült und ggf. drainiert. Dentogene Abszesse erfordern normalerweise keine Antibiotikagabe. Diese ist nur erforderlich, wenn eine Ausbreitungstendenz besteht. Hier kann eine mikrobiologische Diagnostik und Resistenztestung indiziert sein, um ggf. adjuvant antibiotisch zu behandeln.

Prävention

Das Auftreten von Karies hängt eng mit dem **Saccharosekonsum** zusammen. Hier ist nicht die Menge an aufgenommenen Zucker entscheidend, sondern wie häufig und wie lange sich leicht abbaubare Kohlenhydrate in der Mundhöhle befinden. Daher sollten saccharosehaltige Zwischenmahlzeiten oder Getränke (z. B. sog. Softdrinks) vermindert oder gemieden werden.

Die wirksamste Präventivmaßnahme ist die Verwendung fluoridierter Zahnpasten. Bei dieser Maßnahme ist die **Zufuhr der Fluoride** wichtiger als das Entfernen der Biofilme. Hintergrund ist der Austausch der Hydroxidionen im Hydroxylapatit durch Fluoridionen, der zum wesentlich säurestabileren Fluorapatit führt. Lokal angewendete Fluoridlacke und Fluoridgele wirken ebenfalls präventiv.

In Kürze: Infektionen der Zähne – Karies

- **Epidemiologie und Risikofaktoren:** Gehört zu den häufigsten Infektionserkrankungen weltweit. Deutlicher Rückgang der Prävalenz in Industrieländern durch Einsatz fluoridierter Zahnpasten. Exogene Faktoren wie mangelnde Mundhygiene sind viel wichtiger als eine genetische Disposition.
- **Pathogenese und Erregerspektrum:** Supragingivaler Multispeziesbiofilm mit S. mutans und S. sobrinus der eine Dysbiose darstellt. Erreger wie Aktinomyzeten und Laktobazillen sind wahrscheinlich auch kariogen. Bakteriell produzierte organische Säuren führen zur Demineralisation der Schmelzoberfläche. Das Vordringen der Erreger im Dentin führt zur Pulpitis.
- **Klinik:** Schmelzkaries; Dentinkaries; Pulpanekrose; Bildung apikaler Abszesse; Wurzelkaries.
- **Diagnostisches Vorgehen:** Visuelle Inspektion; Sondierung und bildgebende Verfahren.
- **Therapie:** Lokale Fluoridierungsmaßnahmen bei initialer Schmelzkaries; bei fortgeschrittenen Läsionen mechanisches Entfernen des erweichten Zahnhartgewebes und Füllen der Defekte; Wurzelfüllung bei Pulpanekrose.
- **Prävention:** Senkung des Saccharosekonsums; Fluoridzufuhr.

126.2 Parodontitis

Die Parodontitis ist die durch einen **multibakteriellen dysbiotischen Biofilm ausgelöste entzündliche Zerstörung des Zahnhalteapparates** (Parodonts) mit weltweit hoher Prävalenz. Sie kann als opportunistische Infektion aufgefasst werden. Der meist chronische Verlauf ist durch eine Destruktion des parodontalen Gewebes mit alveolärem Knochenabbau gekennzeichnet. Parodontalerkrankungen sind bei über 40-Jährigen der häufigste Grund für Zahnverlust. Die Zerstörung des Parodonts ist Resultat eines komplexen Zusammenspiels von mikrobiellen Faktoren, Wirtsfaktoren und exogenen Risikofaktoren.

Werden extrahierte Zähne durch Zahnimplantate ersetzt, können ganz ähnliche Erkrankungsprozesse der Gewebe, die die Implantate umgeben (periimplantäre Gewebe) entstehen: periimplantäre Mukositis (analog zur Gingivitis), Periimplantitis (analog zur Parodontitis). Die Pathomechanismen scheinen sehr ähnlich zu sein. So sind Patienten, die Zähne aufgrund von Parodontitis verloren haben, besonders anfällig für periimplantäre Infektionen.

Epidemiologie und Risikofaktoren

Die Parodontitis gehört weltweit neben der Karies zu den häufigsten Infektionserkrankungen. Schwere Parodontitis gehört zu den häufigsten Erkrankungen weltweit. Zwischen 1990 und 2010 war die globale Prävalenz stabil und lag bei 11,2 %. Die Prävalenz der Parodontitis nimmt mit zunehmendem Alter zu. In Deutschland liegt die Prävalenz schwerer Verlaufsformen bei den 35- bis 44-Jährigen bei 8,2 %, bei den 65- bis 74-Jährigen bei 19,8 % und bei den 75- bis 100-Jährigen bei 44,3 %. Weitere etwa 40–50 % in diesen Alterskohorten haben moderate Verläufe. Parodontitis kann als Volkskrankheit bezeichnet werden. Zahlreiche Faktoren beeinflussen die Suszeptibilität und die Schwere der Parodontalerkrankung:

- **Risikofaktoren** sind männliches Geschlecht, niedriger sozioökonomischer Status, Rauchen, Übergewicht und Diabetes.
- Im Gegensatz zu Karies hat die **genetische Disposition** für Parodontitis erheblichen Anteil an der Krankheitsentstehung.
- **Rauchen** erhöht das Risiko für Parodontalerkrankungen bis zu 7-fach und ist der bedeutendste bekannte exogene Risikofaktor.

Pathogenese und Erregerspektrum

Die Parodontitis wird durch Veränderungen der mikrobiellen Gemeinschaft hervorgerufen, in deren Verlauf sich Bakterienspezies in gemischten subgingivalen Biofilmen ansiedeln, die offenbar eine besondere Bedeutung für die **Induktion einer gewebezerstörenden Immunantwort** haben. ◘ Abb. 126.2 illustriert den schrittweisen Aufbau eines **Multispeziesbiofilms:**

- Zu Beginn kommt es zur Adhärenz von Streptokokkenspezies (initiale Kolonisierer) an die auf dem Schmelz aufliegende Pellikel aus Speichelkomponenten (z. B. diverse Glykoproteine).
- An die initialen Kolonisierer heften sich im weiteren Verlauf gramnegative anaerobe Bakterienspezies. Fusobacterium spp. scheinen besondere Bedeutung als „Brückenorganismen“ zu haben: Sie sind in der Lage, Spezies aus verschiedenen Gattungen zu binden.
- Insgesamt nimmt die Diversität der subgingivalen Spezies bei Parodontitis zu. Entzündungsprozess und Gewebedestruktion setzen Nährstoffe frei, die von verschiedenen darunter auch asaccharolytischen bakteriellen Spezies genutzt werden können.

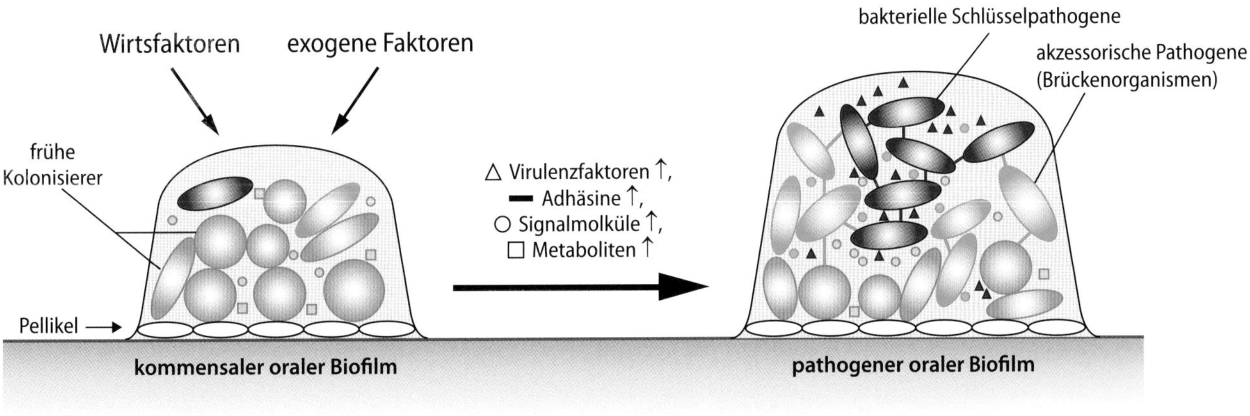

Abb. 126.2 Modellhafte Entstehung eines gemischten oralen Biofilms mit pathogenen Eigenschaften. Einzelne Bakterienspezies produzieren Signalmoleküle und Metaboliten, die u. a. die Proliferation anderer bakterieller Spezies (grün – „akzessorische Pathogene [Brückenorganismen]", rot – „Schlüsselpathogene") sowie die Expression von Virulenzfaktoren und Adhäsinen beeinflussen können. Darüber hinaus nehmen exogene Faktoren (z. B. Nahrungsbestandteile) und Wirtsfaktoren (z. B. Immunabwehrmechanismen) Einfluss auf diesen Prozess

Zu den Erregern, die aus solchen subgingivalen Plaques isoliert werden und häufig mit Parodontalerkrankungen assoziiert sind, gehören die in Tab. 126.1 aufgeführten gramnegativen bakteriellen Spezies. Wichtig: In der oralen mikrobiellen Zusammensetzung (orales Mikrobiom) bei Parodontitis gibt es große Unterschiede interindividuell als auch zwischen einzelnen Lokalisationen bei einem Individuum.

Die Etablierung subgingivaler Plaque löst eine **Immunreaktion** aus. Diese ist gekennzeichnet durch eine erhöhte Migration von Leukozyten durch das Saumepithel und eine zelluläre Infiltration der freien (marginalen) Gingiva. Dieses frühe Stadium einer auf die freie Gingiva beschränkten Entzündung wird als **Gingivitis** bezeichnet (Abb. 126.3**b, c**).

Das Saumepithel besitzt eine sehr hohe Regenerationsfähigkeit und erfüllt besonders wichtige Abwehrfunktionen. Auch unter physiologischen Zuständen treten Plasmaproteine wie z. B. Komplementkomponenten und Leukozyten durch das Epithel hindurch, deren Menge sich unter Entzündung massiv erhöht und sich dann als Sulkusflüssigkeit darstellt.

Tab. 126.1 Parodontitisassoziierte bakterielle Spezies (gramnegativ)

Strikt anaerobe Spezies	Porphyromonas gingivalis
	Prevotella intermedia
	Fusobacterium nucleatum
	Tannerella forsythia
Fakultativ anaerobe Spezies	Aggregatibacter actinomycetemcomitans
	Campylobacter rectus
	Eikenella corrodens
	Treponema denticola

Die Persistenz und weitere Vermehrung der subgingivalen Plaque führt zum verstärkten Einstrom von Entzündungszellen, zur Umwandlung des Saumepithels in ein mikroulzeriertes Taschenepithel, das nicht mehr an der Schmelzoberfläche haftet und in Richtung des infiltrierten Bindegewebes proliferiert. So kommt es zur Ausbildung gingivaler Taschen, die zum klinischen Bild der **Parodontitis** führen (Abb. 126.3**d**):

- Fortschreiten des Entzündungsprozesses über die Schmelz-Zement-Grenze hinaus
- Weiterer Verlust von Saumepithel mit ausgeprägter lateraler Epithelzellproliferation
- Zerstörung des bindegewebigen Halteapparats des Zahnes

Der Verlust an Bindegewebefasern kann klinisch durch die Eindringtiefe einer Sonde quantifiziert werden und wird als **Attachmentverlust** bezeichnet.

Die lokale Produktion von Interleukinen (IL-1β, TNF-α etc.) und Prostaglandinen im Rahmen des fortgeschrittenen Entzündungsprozesses führt zur Aktivierung von Osteoklasten und damit zum **Knochenabbau,** der letztlich zum Zahnverlust führen kann. Darüber hinaus gibt es Hinweise, dass bakterielle Komponenten Osteoklasten direkt aktivieren.

Im Folgenden sind beispielhaft einige **Virulenzeigenschaften** aufgeführt, die parodontitisassoziierten bakteriellen Spezies zugeschrieben werden:

- **A. actinomycetemcomitans** produziert ein Leukotoxin, das bei Makrophagen einen inflammatorischen Zelltod (Pyroptose) und die Freisetzung großer Mengen IL-1β und IL-18 induziert. Der Stamm JP2 produziert große Mengen dieses Leukotoxins und

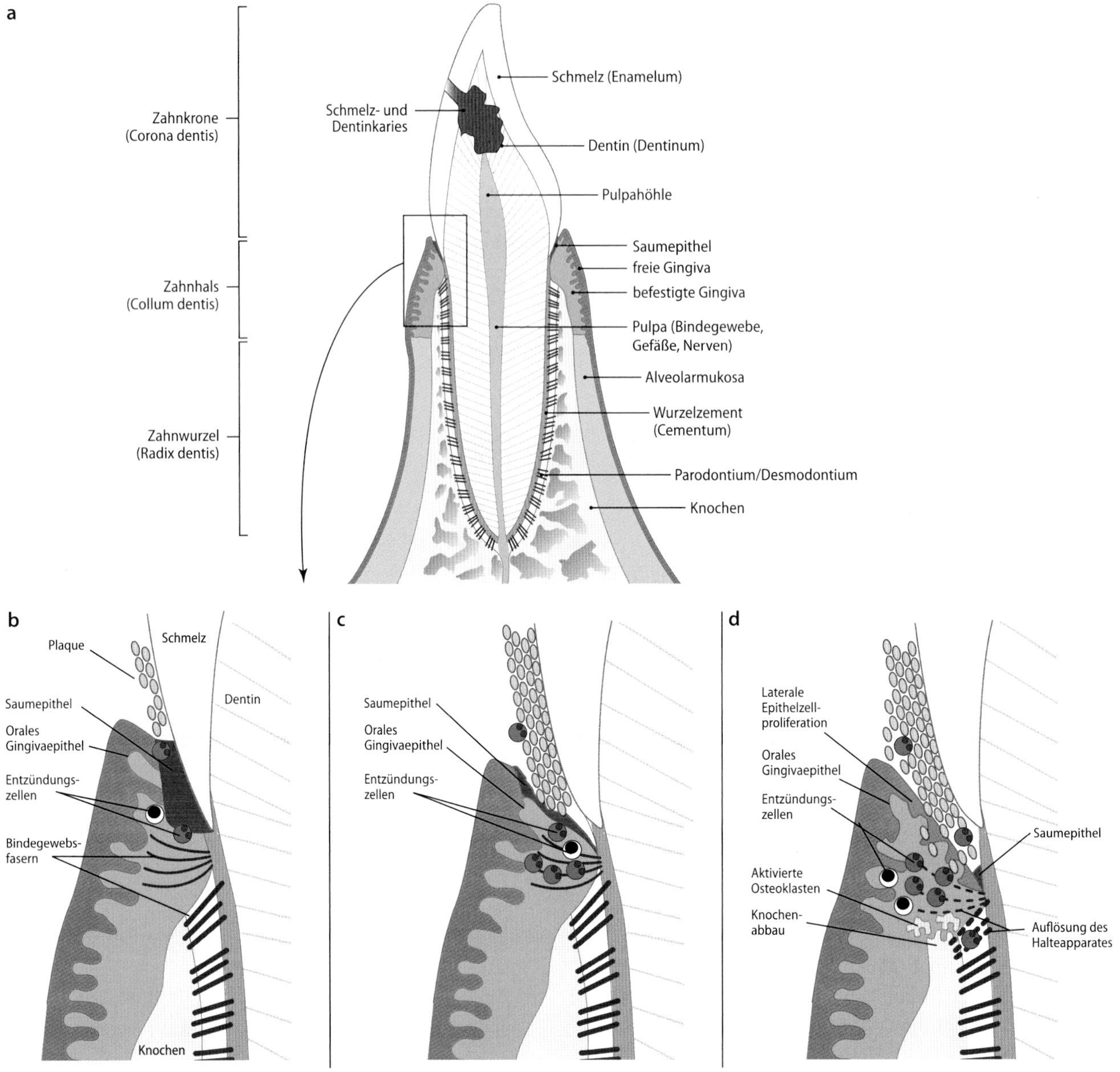

Abb. 126.3 a–d Schneidezahn im Längsschnitt: **a** *Tiefe Schmelz- und Dentinkaries.* **b** *Gingivitis im Frühstadium:* Nach Plaquebildung kommt es zu einer bakteriell induzierten Entzündung mit Infiltration des Bindegewebes durch neutrophile Granulozyten und Lymphozyten. Die Verbindung zwischen Saumepithel und Schmelzoberfläche ist noch intakt. Granulozyten durchwandern das Saumepithel, verstärkte Bildung von Sulkusexsudat. Klinisch unauffällige Gingiva. **c** *Gingivitis im fortgeschrittenen Stadium:* Bei persistierender Plaqueakkumulation nimmt die Zahl der Entzündungszellen weiter zu. Die Verbindung zwischen Schmelz und Saumepithel reißt ein und es kommt zur Taschenbildung und Entstehung subgingivaler Plaque. Das Saumepithel wandelt sich zu einem parakeratinisierten, mikroulzerierten Taschenepithel um, das nicht mehr an der Zahnoberfläche haftet und nach apikal und lateral proliferiert. Nur unmittelbar koronal des bindegewebigen Faserapparates bleibt ein schmaler Saum des Saumepithels intakt. **d** *Parodontitis:* Die durch subgingivale Plaque persistierende Entzündungsreaktion führt zu verstärkter Taschenbildung, zum Verlust bindegewebiger Haltestrukturen und zu massiver lateraler Epithelzellproliferation. Charakteristisch für die Parodontitis ist der Knochenabbau durch aktivierte Osteoklasten, der zum Zahnverlust führen kann

ist mit dem Auftreten einer besonders aggressiven Form der Parodontitis bei Patienten insbesondere mit afrikanischer Abstammung assoziiert. Ein weiteres produziertes Zytotoxin, das „cytolethal distending toxin" kann ebenfalls Interleukine und Apoptose induzieren. Das Bakterium kann in Epithelzellen eindringen und interagiert nach Verlassen der Vakuole im Zytoplasma mit Mikrotubuli. Dieser Mechanismus ist wahrscheinlich für die direkte interzelluläre Ausbreitung des Erregers bedeutsam.

- Cysteinproteasen (Gingipaine) von **P. gingivalis** können Komplementkomponenten degradieren; die Produktion eines Exopolysaccharids trägt zur Serumresistenz bei. Fimbrien sind für die Adhärenz an Epithel- und Zahnoberflächen sowie anderen Bakterien von Bedeutung. P. gingivalis kann seine Internalisierung in Epithel- und Endothelzellen induzieren und sich intrazellulär in Vakuolen vermehren.

- Cysteinproteasen von **Prevotella intermedia**-Stämmen können Immunglobuline degradieren und weisen durch Spaltung von C3 eine komplementinhibierende Funktion auf. Epithelzellinvasion ist für einzelne P. intermedia-Stämme nachgewiesen worden.
- **Treponema denticola** produziert ein Lipoprotein, das Faktor H, ein die Komplementaktivität regulierendes Protein, binden kann und auf diesem Wege zur Serumresistenz führt. Epithelzellen internalisieren auch diesen Erreger. Eine Reihe von Proteasen ist für die Gewebeinvasion und Inaktivierung von Wirtsproteinen zuständig.
- **Eikenella corrodens** exprimiert Typ-IV-Pili und wird durch Epithelzellen internalisiert.
- **Tannerella forsythia** produziert eine Sialidase, die für die Bindung an Epithelzellen und die nachfolgende Invasion von Bedeutung ist.
- **Campylobacter rectus** produziert ein 150-kD-Oberflächenprotein, das eine Proteinhülle (S-Layer) bildet, die möglicherweise zur Resistenz gegenüber komplementvermittelter Lyse beiträgt.
- **Fusobacterium nucleatum** vermag über Außenmembranproteine an Lymphozyten zu binden und Apoptose zu induzieren. Auffällig ist seine ausgeprägte Fähigkeit, mit einer Vielzahl bakterieller Plaquespezies zu aggregieren.

Der JP2-Klon von A. actinomycetemcomitans erfüllt am ehesten die Eigenschaften eines exogenen Pathogens. Allerdings wird dieser Stamm in Mitteleuropa sehr selten nachgewiesen. Sowohl für P. gingivalis als auch A. actinomycetemcomitans sind innerfamiliär vertikale Übertragungen beschrieben worden. Wie kariesassoziierte Erreger (▶ Abschn. 126.1) können parodontitisassoziierte Erreger wie z. B. P. gingivalis und A. actinomycetemcomitans systemisch streuen und bei entsprechender Disposition zu einer bakteriellen Endokarditis führen.

Ziel zukünftiger Untersuchungen wird es sein, Veränderungen in der Spezieszusammensetzung der oralen Flora quantitativ zu erfassen und zu überprüfen, inwieweit das Vorhandensein bestimmter Gruppen von Organismen und bakterieller Virulenzfaktoren mit Erkrankung bzw. deren unterschiedlichen Stadien assoziiert ist.

Klinik

Die **Parodontitis** (◘ Abb. 126.4) ist durch einen chronischen Verlauf gekennzeichnet; der Schweregrad nimmt mit fortschreitendem Alter zu. Je nach Schweregrad werden die Stadien I (leicht), II (moderat), III (schwer) und IV (schwer und komplex) unterschieden. Prinzipiell kann die Parodontitis in jedem Lebensalter entstehen, sie kommt jedoch am häufigsten beim Erwachsenen vor. Je nach Progressionsgeschwindigkeit werden 3 Grade unterschieden: A (langsam), B (moderat), C (rasch). Im Rahmen einer akuten Exazerbation können schmerzhafte Parodontalabszesse als Folge eines Exsudatstaus in Parodontaltaschen entstehen. Parodontitis kann auch als Folge schwerer Grunderkrankungen vorkommen, z. B. bei Patienten mit Leukopenien oder genetischen Syndromen (z. B. Down-Syndrom).

Parodontitis kann mit Diabetes, kardiovaskulären Erkrankungen, Schlaganfall und Rheuma assoziiert sein. Es gibt deutliche Hinweise, dass dieser Assoziation gemeinsame genetische und exogene Risikofaktoren (Rauchen, Übergewicht) zugrunde liegen, aber auch die durch die Parodontitis verursachte

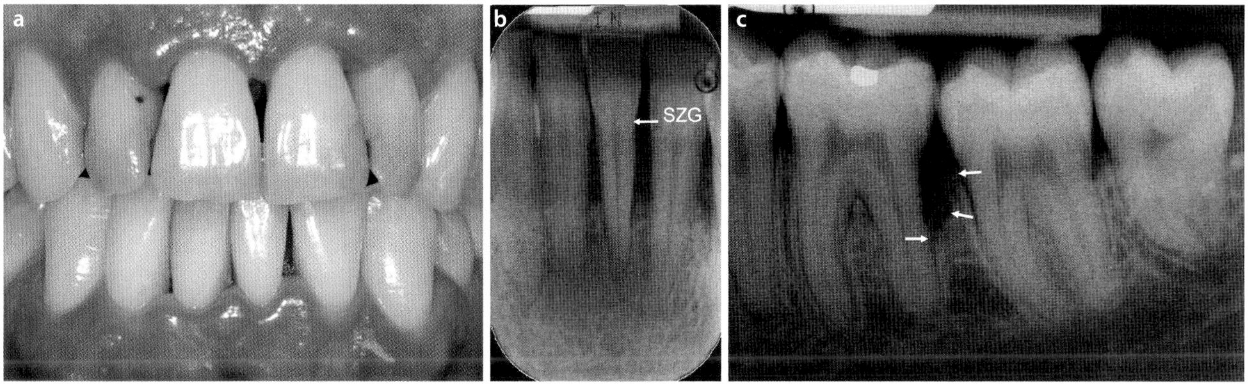

◘ **Abb. 126.4** a–c Parodontitis. **a** Unbehandelte Parodontitis: Die Gingiva ist livide, die Papillen füllen die Zahnzwischenräume nicht mehr aus. **b** Röntgenbild zu **a:** Alle Unterkiefer-Schneidezähne mit horizontalem Knochenabbau von mehr als 50 % der Wurzellänge (Stadium III/IV) (physiologisch reicht der Knochen bis minimal 3 mm an die Schmelz-Zement-Grenze [SZG; Pfeil], vgl. c) heran. **c** Parodontitis (Röntgenbild): isolierter Knochendefekt distal (Pfeile) des 1. Unterkiefer-Molaren links (vertikaler Knochenabbau). Die übrigen Zähne weisen keinen Knochenabbau auf

chronische Entzündungslast per se einen Risikofaktor darstellt.

Nekrotisierende Gingivitis (NG) und nekrotisierende Parodontitis (NP) Sie betrifft chronisch schwer kompromittierte (Erwachsene mit HIV/AIDS und CD4-Zahlen < 200 sowie feststellbarer Viruslast oder anderen Immunsuppressionen; Kinder z. B. mit schwerer Unterernährung) oder temporär schwer bzw. moderat kompromittierte Personen (Nikotinabusus, psychosozialer Stress). Die Erkrankung beginnt plötzlich, ist sehr schmerzhaft und beginnt an den Interdentalpapillen, die nekrotisieren. Unbehandelt greift die nekrotisierende Gingivitis vom Weichgewebe auch auf den Knochen über und entwickelt sich schnell zur nekrotisierenden Parodontitis.

Diagnostisches Vorgehen

Neben der Inspektion der Gingiva sind eine erhöhte Blutungsneigung bei Sondierung des Sulkus und erhöhte Sondierungstiefen (Messung der Distanz zwischen Gingivarand und Taschenboden mit einer Parodontalsonde) ein verlässlicher Hinweis für eine Entzündung (▣ Abb. 126.5). Nach Abbauvorgängen im Parodont ist Attachmentverlust nachweisbar: Mithilfe einer Parodontalsonde wird die Strecke zwischen Schmelz-Zement-Grenze und Taschenboden ermittelt (▣ Abb. 126.5). Des Weiteren werden für die Diagnostik Zahnbeweglichkeit und röntgenologische Darstellung des Knochenabbaus herangezogen.

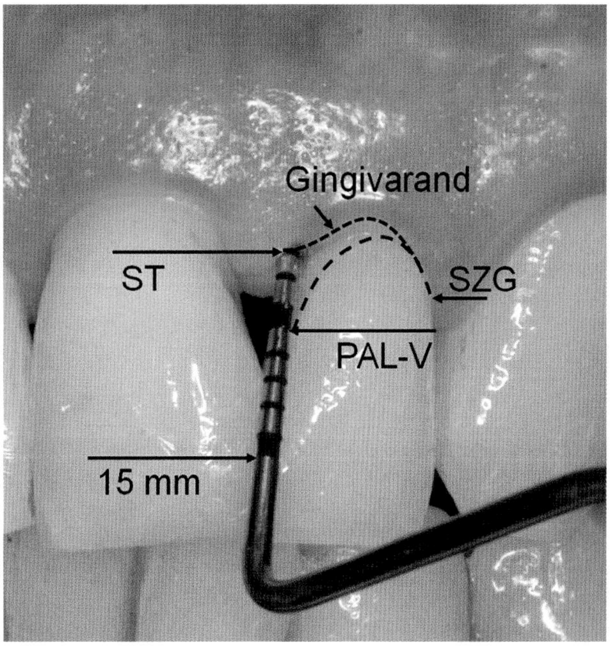

▣ **Abb. 126.5** Linker seitlicher Oberkiefer-Schneidezahn mit Parodontitis. Mit einer 15 mm langen Parodontalsonde werden die Sondierungstiefe (ST; Taschenboden zum Gingivarand) und der vertikale parodontale Attachmentverlust (PAL-V; Taschenboden bis zur Schmelz-Zement-Grenze, SZG) gemessen. Die Sondierungstiefe beträgt 7 mm, der vertikale Attachmentverlust 10 mm. Bei gesunden Verhältnissen oder erfolgreich behandelten Patienten liegen die Sondierungstiefen bis zu 3 bzw. 4 mm, wenn keine Blutung ausgelöst wird

Aufgrund der oben dargestellten mikrobiellen Komplexität und Variabilität (Pathogenese und Erregerspektrum), spielen der kulturelle oder PCR-basierte Nachweis von einzelnen parodontitisassoziierten Erregern in der Routineversorgung keine Rolle.

Eine möglichst umfassende Analyse des oralen Mikrobioms bzw. einer oralen Dysbiose ist nur mithilfe hochauflösender molekularbiologischer Methoden möglich (► Kap. 19). Kulturelle Verfahren oder der molekulare Nachweis einzelner Spezies können eine orale Dysbiose nicht ausreichend erfassen. Die Nützlichkeit von Mikrobiomuntersuchungen für therapeutische und/oder prognostische Fragestellungen wird in laufenden Studien evaluiert.

Therapie und Prävention

Das mechanische Entfernen (Scaling) von subgingivaler Plaque und Zahnstein (mineralisierter Plaque) steht bei der Parodontitistherapie im Vordergrund. Dies erfolgt zuerst nichtchirurgisch (geschlossenes Vorgehen) und, falls Läsionen persistieren, mit chirurgischen Verfahren (offenes Vorgehen). Diese Therapie führt in der Regel ohne Gabe von Antibiotika zu guten Erfolgen.

Um die Behandlungsergebnisse langfristig stabil halten zu können, muss regelmäßig (mindestens einmal pro Jahr) die Tiefe der parodontalen Taschen gemessen werden. Verschlechtert sich die individuelle Mundhygiene der Patienten, kehren bakterielle Beläge und Entzündung zurück. Deshalb müssen Parodontitispatienten regelmäßig hinsichtlich ihrer häuslichen Mundhygiene kontrolliert und motiviert werden. Diese Nachsorge bezeichnet man als **unterstützende Parodontitistherapie** (UPT). Beginnenden Parodontitisrezidiven kann im Rahmen der UPT leicht begegnet werden. Dauerhaft gute Behandlungsergebnisse werden nur bei guter Oralhygiene der Patienten mit täglichem Entfernen der supragingivalen Plaque erreicht.

Eine Therapie wird für schwere klinische Verläufe empfohlen. Das sind zum einen junge (bis zu 35 Jahre) Patienten („Sollte-Empfehlung") und zum anderen Patienten, die jünger als 56 Jahre sind und an mindestens 35 % der Stellen Sondierungstiefen von 5 mm und mehr aufweisen („Kann-Empfehlung"). Die **adjuvante Antibiotikagabe** hat zum Ziel, die Zahl parodontopathogener Bakterien zu reduzieren. Dabei werden nach der mechanischen Reinigung der subgingivalen Zahnoberflächen **Metronidazol** (400 mg) und **Amoxicillin** (500 mg) in Kombination 3-mal täglich für 7 Tage verordnet.

Orale Hygienemaßnahmen können Gingivitis und Parodontitis verhindern. Insbesondere die Zahnzwischenräume sollten täglich mit Zahnseide, Interdentalbürstchen oder Zahnhölzchen sorgfältig gereinigt werden. Bei der Verwendung antimikrobiell wirksamer Zusätze in Zahnpasten sowie insbesondere von Mundspülungen müssen Nutzen und Nebenwirkungen sorgfältig abgewogen werden.

In Kürze: Infektionen des Zahnhalteapparates – Gingivitis und Parodontitis

- **Epidemiologie und Risikofaktoren:** Gehört wie Karies zu den häufigsten Infektionserkrankungen. Im Gegensatz zu Karies spielen genetische Faktoren sehr wahrscheinlich eine wichtige Rolle. Risikofaktoren sind unter anderem sozialer Hintergrund, Rauchen, Diabetes und Übergewicht.
- **Pathogenese und Erregerspektrum:** Subgingivaler Multispeziesbiofilm mit gramnegativen Bakterien, der eine Dysbiose darstellt. Bei entsprechendem quantitativem Anteil kommt Erregern wie z. B. Porphyromonas gingivalis und Aggregatibacter actinomycetemcomitans eine besondere Bedeutung zu; Zerstörung des bindegewebigen Zahnhalteapparates durch Entzündungsreaktion; Aktivierung von Osteoklasten und Knochenabbau.
- **Klinik:** Parodontitis, Stadien I, II, III, IV, Grade A, B, C; nekrotisierende Gingivitis (NG) und nekrotisierende Parodontitis (NP).
- **Diagnostisches Vorgehen:** Visuelle Inspektion; Nachweis von vertieften parodontalen Taschen und Attachmentverlust durch Sondierung; röntgenologische Darstellung des Knochenabbaus.
- **Therapie:** Mechanisches Entfernen subgingivaler Plaques; adjuvante antibiotische Therapie bei schweren Verläufen.
- **Prävention:** Orale Hygienemaßnahmen, Verzicht auf Tabakkonsum.

Weiterführende Literatur

Darveau R (2010) Periodontitis: a polymicrobial, bacterially induced disruption of host homeostasis. Nat Rev Microbiol 8(7):481–490

Eickholz P, Koch R, Kocher T, Hoffmann T, Kim TS, Meyle J, Kaner D, Schlagenhauf U, Harmsen D, Harks I, Ehmke B (2019) Clinical benefits of systemic amoxicillin/metronidazole may depend on periodontitis severity and patients' age: an exploratory sub-analysis of the ABPARO trial. J Clin Periodontol. ► https://doi.org/10.1111/jcpe.13096

Haubek D, Ennibi OK, Poulsen K, Vaeth M, Poulsen S, Kilian M (2008) Risk of aggressive periodontitis in adolescent carriers of the JP2 clone of Aggregatibacter (Actinobacillus) actinomycetemcomitans in Morocco: a prospective longitudinal cohort study. Lancet 371:237–242. ► https://doi.org/10.1016/s0140-6736(08)60135-x

Jentsch H, Cachovan G, Guentsch A, Eickholz P, Pfister W, Eick S (2012) Characterization of Aggregatibacter actinomycetemcomitans strains in periodontitis patients in Germany. Clin Oral Investig 16:1589–1597. ► https://doi.org/10.1007/s00784-012-0672-x

Kassebaum NJ, Bernabe E, Dahiya M, Bhandari B, Murray CJ, Marcenes W (2014) Global burden of severe periodontitis in 1990–2010: a systematic review and meta-regression. J Dent Res 93:1045–1053. ► https://doi.org/10.1177/0022034514552491

Kolenbrander P, Palmer R Jr, Periasamy S, Jakubovics N (2010) Oral multi-species biofilm development and the key role of cell-cell distance. Nat Rev Microbiol 8(7):471–480

Lamont RJ, Burne RA, Lantz MS, LeBlanc DJ (2006) Oral microbiology and immunology. ASM, Washington, DC

Lamont RJ, Koo H, Hajishengallis G (2018) The oral microbiota: dynamic communities and host interactions. Nat Rev Microbiol 16:745–759

Marsh PD, Martin MV (2009) Oral microbiology, 5th ed. Churchill Livingstone Elsevier

Pretzl B, Salzer S, Ehmke B, Schlagenhauf U, Dannewitz B, Dommisch H, Eickholz P, Jockel-Schneider Y (2018) Administration of systemic antibiotics during non-surgical periodontal therapy-a consensus report. Clin Oral Investig. ► https://doi.org/10.1007/s00784-018-2727-0

Reisemedizin

Gerd-Dieter Burchard

Von Reisenden aus den Tropen und Subtropen importierte Infektionen manifestieren sich meist als Fieber, Diarrhö oder Exanthem. Andere Symptome, z. B. Gelenkschmerzen, sind seltener. Weltweite Surveillance-Netzwerke importierter Erkrankungen (z. B. GeoSentinel als Initiative der International Society for Travel Medicine und den CDC in Atlanta/USA) zeigen, welche Erkrankungen bevorzugt aus bestimmten geografischen Regionen mitgebracht werden. Diese Daten sind hilfreich bei der Differenzialdiagnose der Patienten, können aber auch Risikofaktoren aufdecken und damit die reisemedizinischen Prophylaxeempfehlungen besser begründen.

127.1 Differenzialdiagnose Fieber

Fieber kann ein Zeichen für eine akut lebensbedrohliche Erkrankung sein, daher ist eine sofortige Abklärung erforderlich. Viele Studien zeigen, dass Malaria eine häufige Ursache für Fieber bei Tropenreisenden ist, besonders bei Reisen nach Afrika. Ebenfalls häufig bei Afrikareisenden mit Fieber sind Rickettsiosen und Katayama-Syndrom. Dengue-Fieber ist die häufigste Fieberursache bei Südostasien-Reisenden, auch Typhus und Paratyphus werden oft aus Asien importiert.

Beachte: Bei Fieber nach Tropenaufenthalt können nicht nur tropenspezifische Infektionskrankheiten vorliegen, sondern auch ubiquitäre Infektionen wie z. B. Pneumonien sowie nichtinfektiöse Fieberursachen.

Einige Krankheiten werden zwar nur selten importiert, können aber lebensbedrohlich verlaufen und müssen daher immer in die Differenzialdiagnose eingeschlossen werden. Relativ selten sind z. B. Amöbenleberabszesse, sehr selten virale hämorrhagische Fieber (VHF). Eine Kenntnis der Prävalenzen importierter Erkrankungen ist wichtig, um aus den Ergebnissen der diagnostischen Tests den **positiven prädiktiven Wert** (PPV) abzuleiten. Das sollte dazu führen, dass ungezielte diagnostische Untersuchungen unterbleiben, der PPV einer Chagas-Serologie bei Fieber nach Südamerikaaufenthalt ist z. B. sehr gering.

Erste Hinweise auf die Fieberursache lassen sich oft bereits aus der **Anamnese** gewinnen. Die Lebensumstände während des Tropenaufenthalts sind zu eruieren, z. B. ob der Patient unter Feldbedingungen in ländlichen Gebieten war oder als Geschäftsmann nur in der Stadt in einem guten Hotel mit Klimaanlage gewohnt und dieses kaum verlassen hat. Wichtig sind Fragen nach prophylaktischen Maßnahmen wie Impfungen, Malaria- und Expositionsprophylaxe, Risikoverhalten (Kleidung, Repellents, Moskitonetze, Essgewohnheiten, Sexualkontakte usw.).

Die **Inkubationszeiten** von Infektionskrankheiten können interindividuell sehr variabel sein. Trotzdem lassen sich einige Regeln aufstellen:

- Malaria tropica tritt (bei nichtimmunen Reisenden) in über 90 % im 1. Monat nach Rückkehr auf, maximal nach 4 Monaten.
- Etwa 40 % der Reisenden erkranken erst nach 3 Monaten an einer Malaria tertiana – in Einzelfällen auch erst nach > 1 Jahr.
- Dengue-Fieber und Rickettsiosen kommen nur innerhalb der ersten 3 Wochen nach Rückkehr vor.
- Ein VHF ist ausgeschlossen, wenn zwischen Einreise und Beginn der Symptomatik mehr als 3 Wochen liegen.
- Ein Katayama-Syndrom manifestiert sich meist im 2. oder 3. Monat.
- Beim Amöbenleberabszess variiert die Inkubationszeit sehr und kann mehrere Jahre betragen.

▪ Diagnostisches Vorgehen

Hier geht es um den Ausschluss einer Malaria, um weitere Basisdiagnostik und um Fieber mit Begleitsymptomen.

▪▪ Ausschluss Malaria

Da die Malaria tropica rasch tödlich verlaufen kann, muss bei unklarem Fieber immer zunächst eine Malaria ausgeschlossen werden. Nur die rasch einsetzende und korrekt durchgeführte Therapie kann schwerwiegende Komplikationen aufhalten und das Leben des Patienten retten. Die Diagnostik sollte sich an den Leitlinien der Deutschen Gesellschaft für Tropenmedizin und Globale Gesundheit (DTG)

S. Suerbaum et al. (Hrsg.), *Medizinische Mikrobiologie und Infektiologie*,
https://doi.org/10.1007/978-3-662-61385-6_127

orientieren, diese sind bei der Arbeitsgemeinschaft Wissenschaftlicher Medizinischer Fachgesellschaften (AWMF) publiziert.

Grundlage der Malariadiagnostik ist auch heute noch meist der direkte Erregernachweis unter dem Lichtmikroskop, wichtig ist dabei eine schnelle Diagnostik inklusive Erregerdifferenzierung (◘ Abb. 85.14). Am höchsten ist das Malariarisiko im tropischen Afrika, woher auch die meisten importierten Fälle kommen.

▪▪ Weitere Basisdiagnostik

Nach Ausschluss einer Malaria sollte bei jedem Fieber immer eine Basisdiagnostik durchgeführt werden; diese umfasst:

- Körperlicher Untersuchungsbefund
- Blutsenkungsreaktion nach Westergren (BSG) und/oder C-reaktives Protein (CRP)
- Blutbild inklusive Differenzialbild und Thrombozyten
- Routinelabor: GOT, GPT, γ-GT, AP, Kreatinin, LDH, Glukose
- Urinstatus
- Blutkulturen
- Apparative Untersuchungen: Rö-Thorax, EKG, Oberbauch-Sonografie, evtl. Echokardiografie

Bei der **körperlichen Untersuchung** ist insbesondere zu achten auf: Hauterscheinungen (z. B. Exantheme, Erythema migrans, Erythema nodosum, urtikarielle Hautveränderungen, Eschar, Roseolen, Mikroembolien, Ikterus, subkutane Knoten, Operationsnarben), Veränderungen der Schleimhäute (Mundhöhle), Lymphknotenschwellungen, Rasselgeräusche über den Lungen, Herzgeräusche, Thoraxkompressionsschmerz (Verdacht auf Leberabszess), Milzvergrößerung, Resistenzen im Abdomen, Gelenkschwellungen, Untersuchung des Skrotums, neurologische Symptome wie z. B. Nackensteifigkeit.

Bei den **Laboruntersuchungen** sollten zunächst Tests mit hoher Sensitivität und geringer Spezifität erfolgen. Rotes und weißes Blutbild inklusive Differenzialblutbild und Thrombozytenzahl sollten immer untersucht werden und geben oft wichtige differenzialdiagnostische Hinweise (◘ Tab. 127.1).

Akutphaseproteine wie z. B. CRP sollten bestimmt werden, um Hinweise auf eine Infektion und einen Verlaufsparameter zu erhalten. In Einzelfällen kann auch das Procalcitonin bestimmt werden, das nicht nur bei bakteriellen Infektionen, sondern auch bei der Malaria erhöht ist. Weitere laborchemische Untersuchungen sollten eine eventuelle Organbeteiligung und eventuelle Komplikationen erfassen. Ein Urinstatus ist immer erforderlich, um einen Harnweginfekt zu diagnostizieren. Auch mehrfache Blutkulturen gehören zum Routineprogramm bei fieberhaften Tropenrückkehrern, insbesondere um einen Typhus abdominalis zu erfassen.

◘ **Tab. 127.1** Blutbildveränderungen bei Infektionen

BB-Veränderung	Infektionserkrankung
Leukozytose	Amöbenleberabszess, bakterielle Infektionen im Allgemeinen, z. B. Sepsis, Cholangitis, Miliartuberkulose, rheumatisches Fieber
Toxische Neutrophile	Bakterielle Infektionen
Neutropenie	Malaria, Tuberkulose, Kala-Azar, Brucellose
Leukopenie	Typhus und Paratyphus, Brucellose, Viruskrankheiten, Malaria, Kala-Azar
Lymphozytose	EBV, CMV, andere Viruskrankheiten, Brucellose, Tuberkulose, Lues, Toxoplasmose
Monozytose	Tuberkulose, Lues, bakterielle Endokarditis, granulomatöse Erkrankungen
Eosinophilie	Katayama-Syndrom, Trichinose, akute Fasciola hepatica-Infektion, Strongyloidiasis, disseminierte Kokzidioidomykose
Eosinopenie	Typhus abdominalis
Thrombozytopenie	Malaria, Trypanosomiasis, Dengue-Fieber, akute HIV-Infektion, Borreliosen, Rickettsiosen, Leptospirosen, Sepsis

▪▪ Fieber mit Begleitsymptomen

Die Differenzialdiagnose bei Fieber nach Tropenaufenthalt wird oft erleichtert durch Begleitsymptome.

Häufig ist das Fieber von einem **makulopapulösen Exanthem** begleitet. Hier sind Dengue-Fieber, Chikungunya-Fieber und akute HIV-Infektion die wichtigsten Differenzialdiagnosen. Bei Rickettsiosen tritt zusätzlich zum generalisierten Exanthem typischerweise eine kleine Nekrose (Eschar) im Bereich der Zeckenstichstelle auf (◘ Abb. 127.1). Arzneimittelreaktionen müssen immer bedacht werden.

Eine Differenzialdiagnose zum Dengue- und Chikungunya-Fieber ist die Infektion mit dem Zikavirus. Die Infektion geht mit einem Exanthem, Gelenk- und Muskelschmerzen und häufig mit einer Konjunktivitis einher. Man nimmt an, dass Zikavirusinfektionen mit einem Guillain-Barré-Syndrom assoziiert sind und Infektionen in der Schwangerschaft beim Fetus zu einer Mikrozephalie führen können.

Generalisierte Lymphknotenschwellungen mit Fieber treten bei einer Vielzahl viraler, bakterieller und parasitärer Infektionen auf. Insbesondere lymphotrope

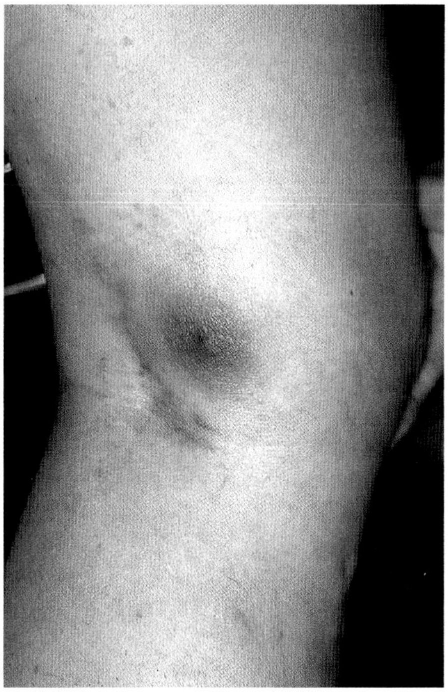

■ Abb. 127.1 Haut mit Eschar bei Zeckenbissfieber

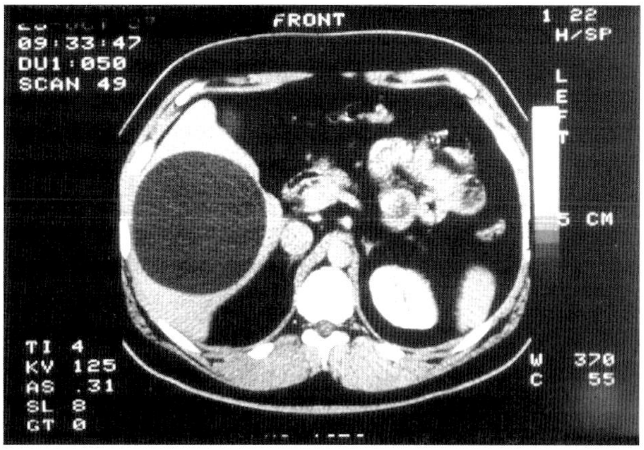

■ Abb. 127.2 Amöbenleberabszess im CT

Virusinfekte, z. B. Mononukleose oder Zytomegalie, werden häufig importiert (DD: akute HIV-Infektion, Toxoplasmose). Charakteristisch sind Lymphozytose (> 40 % der Leukozyten), Lymphadenopathie und erhöhte GPT. Ansonsten sollte man denken an: Dengue-Fieber, Rickettsiosen, Brucellose. Nuchale Lymphknotenschwellungen bei Fieber nach Afrika-Aufenthalt sind pathognomonisch für die – sehr selten importierte – Schlafkrankheit (Winterbottom-Zeichen).

Bei **Fieber und erhöhten Transaminasen** ist an eine typische Virushepatitis zu denken, auch an lymphotrope Viren. Transaminasenanstiege finden sich aber auch bei Arbovirosen, also tropischen Virusinfektionen, die durch Arthropoden auf den Menschen übertragen werden – im Wesentlichen beim oben bereits genannten Dengue-Fieber und beim Chikungunya-Fieber, selten beim Rift-Valley-Fieber.

Bakterielle Erkrankungen gehen gelegentlich mit Fieber und erhöhten Transaminasen einher. Nicht selten wird eine Leptospirose importiert, zu bedenken bei erhöhtem Kreatinin und evtl. bestehenden Muskelschmerzen mit erhöhter CK. Insbesondere nach Verzehr nichtpasteurisierter Milch ist an die Brucellose zu denken, bei rezidivierendem Fieber selten an ein endemisches Rückfallfieber durch Borrelien und – vorwiegend nach Tierkontakt – selten an ein Q-Fieber. Eine biliäre Verlaufsform einer Malaria muss immer ausgeschlossen werden.

Bei der **Trias Fieber, Hepatosplenomegalie und Panzytopenie** ist vordringlich eine Kala-Azar zu bedenken. Die Krankheit kann mit intermittierenden, dann auch eher subfebrilen Temperaturen über Wochen verlaufen. Die viszerale Leishmaniasis kommt auch in den Mittelmeerländern vor und wird daher häufiger von Touristen importiert – und häufig übersehen. Bei immunkompromittierten Patienten können atypische Verläufe auftreten (z. B. bei HIV-Infektion).

Beim Nachweis einer **intrahepatischen Raumforderung** (■ Abb. 127.2) ist von einem Amöbenleberabszess auszugehen und unverzüglich eine Therapie einzuleiten. Differenzialdiagnostisch ist an einen bakteriellen Leberabszess zu denken, z. B. durch hochvirulente Klebsiella pneumoniae.

Bei schweren Krankheitsbildern mit **Transaminasenanstieg und Zeichen einer Nierenbeteiligung** ist die Möglichkeit eines viralen hämorrhagischen Fiebers zu erwägen. Diese Erkrankungen – z. B. Lassa-, Ebola-, Marburg-Fieber – werden zwar nur sehr selten importiert, sind aber hochkontagiös und lebensbedrohlich. Südamerikanische VHF sind extrem selten; das Krim-Kongo-Fieber kommt auch in Südosteuropa und Vorderasien vor.

An ein VHF muss man insbesondere bei febrilen Patienten mit Fieber > 38,5 °C denken, die sich in den letzten 3 Wochen in Afrika südlich der Sahara aufgehalten haben und

- dort möglicherweise Kontakt mit an VHF erkrankten oder verstorbenen Personen hatten
- oder Fledermaushöhlen besucht oder möglicherweise Kontakt zu Rattenurin hatten
- oder an einer hämorrhagischen Diathese oder einem ungeklärten Schock leiden.

Bei begründetem Verdacht entsprechend der o. g. Kriterien muss Kontakt mit dem zuständigen Gesundheitsamt aufgenommen werden, das die weiteren Maßnahmen veranlasst (Transport des Patienten in Spezialtransportfahrzeugen in entsprechend ausgerüstete Sonderisolierstationen, Identifizierung von Kontaktpersonen etc.).

Bei **Fieber mit pulmonalen Infiltraten** ist zunächst keine spezifische tropenmedizinische Diagnostik erforderlich. Nur in folgenden Situationen ist an tropenspezifische Infektionen zu denken:

- Pneumonie nach Besuch von Fledermaushöhlen oder chronische Verläufe mit TB-ähnlichen Bildern bei negativer TB-Diagnostik: systemische Mykosen, insbesondere Histoplasmose
- Pneumonie nach Aufenthalt in Südostasien: Melioidose
- Flüchtige pulmonale Infiltrate mit Eosinophilie: Larvenwanderung intestinaler Nematoden, akute Schistosomiasis
- Pneumonie nach Aufenthalt auf der Arabischen Halbinsel: Middle-East-Respiratory-Syndrom (MERS)

Fieber mit hoher Eosinophilie nach Aufenthalt in Bilharziosegebieten spricht mit großer Wahrscheinlichkeit für ein Katayama-Syndrom, das akute Stadium einer Schistosomiasis, ein Süßwasserkontakt lässt sich meist anamnestisch erfragen. Weitere Symptome sind Urtikaria, Husten, Hepatomegalie, manchmal auch Diarrhöen. Die Diagnose lässt sich evtl. durch eine PCR aus dem Blut stellen oder im weiteren Verlauf durch spezifische Antikörper und/oder Schistosomeneier im Urin oder Stuhl. Eine seltenere Differenzialdiagnose bei Fieber und Eosinophilie ist die akute Faszioliasis (meist mit intrahepatischen Raumforderungen).

127.2 Differenzialdiagnose bei Diarrhö

Nach epidemiologischen Untersuchungen tritt bei 20–50 % der Kurzzeitreisenden eine Reisediarrhö auf. Das Erregerspektrum variiert je nach geografischer Herkunft. Enterotoxigene Escherichia coli (ETEC) sind für die meisten Fälle verantwortlich, häufig ebenfalls Shigellen und Campylobacter. Auch unter Einsatz aller diagnostischen Möglichkeiten ist bei etwa einem Viertel die Ursache nicht aufzudecken. Auch eine Malaria kann einmal mit gastrointestinaler Symptomatik einhergehen. Außerdem kann eine Diarrhö der erste Schub einer chronisch-entzündlichen Darmkrankheit sein.

In den meisten Fällen ist eine spezifische Stuhldiagnostik nicht erforderlich. Wenn wässrige Durchfälle länger als 3 Tage bestehen oder bei Diarrhöen mit Fieber sollte in der Praxis eine Untersuchung auf enteropathogene Bakterien und Parasiten veranlasst werden: bakteriologische Stuhluntersuchung auf Salmonellen, Shigellen, Campylobacter und Stuhluntersuchung auf Protozoen und Wurmeier. Bei Fieber muss auch immer ein Dicker Tropfen auf Plasmodien angefordert werden.

In folgenden Fällen sind weiterführende Untersuchungen angezeigt:

- **Blutige Diarrhöen**: Untersuchungen auf Entamoeba histolytica. Dabei ist zu beachten, dass E. histolytica mikroskopisch nicht von den apathogenen E. dispar und E. moshkovski zu unterscheiden ist. Nur wenn Amöben nachgewiesen werden, die Erythrozyten phagozytiert haben („Magnaformen"), kann die Diagnose einer Amöbenruhr mit ausreichender Sicherheit gestellt werden, andernfalls muss eine PCR zur Differenzierung erfolgen.
- **Diarrhö mit Eosinophilie im Blutbild:** Untersuchungen auf Larven des Zwergfadenwurms Strongyloides stercoralis. Die Larven werden bei der üblichen Stuhluntersuchung auf Wurmeier nicht detektiert, es muss eine Spezialmethode zum Larvennachweis angefordert werden (z. B. Untersuchung nach Baermann)!
- **Längere Zeit bestehende Diarrhöen mit Meteorismus:** Untersuchungen auf Giardia lamblia und andere Protozoen, z. B. Cyclospora cayetanensis. Diese Erreger sind manchmal mikroskopisch schwer zu identifizieren – es sollten dann Antigennachweise oder PCR-Methoden eingesetzt werden; die Gewinnung von Duodenalsaft ist allerdings nicht erforderlich.

127.3 Differenzialdiagnose bei Hautkrankheiten

Häufig importierte Reisedermatosen sind Larva migrans cutanea, Pyodermien, Myiasis, Tungiasis, kutane Leishmaniasis, Skabies, Dermatomykosen. Grundsätzlich sollten Patienten mit Reisedermatosen in einer tropenmedizinischen Einrichtung vorgestellt werden, wenn die Diagnose unklar ist, z. B.:

- Bei nichtheilenden Ulzera, z. B. Verdacht auf kutane Leishmaniasis, bei Herkunft aus der Neuen Welt auch Ausschluss mukokutaner Verlaufsformen, Buruli-Ulkus durch Mycobacterium ulcerans, Hauttuberkulose
- Bei vegetierenden, verrukösen Hautveränderungen, z. B. Chromomykose, Histoplasmose, Leishmaniasis, Maduramykose, Parakokzidioidomykose, Syphilis, Nocardiose, Tuberkulose, Sporotrichose (■ Abb. 127.3)

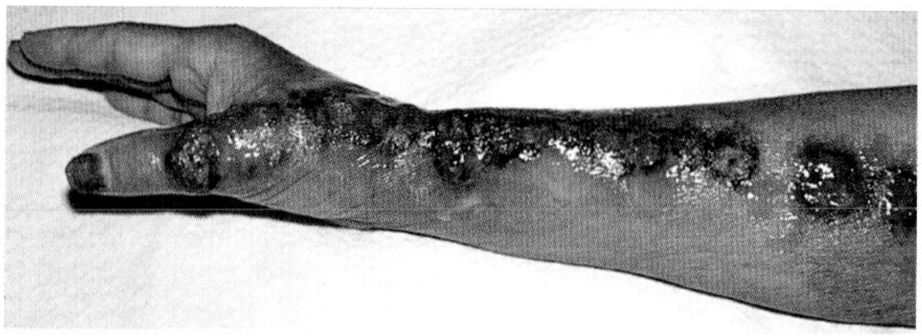

■ **Abb. 127.3** Spirotrichose am Unterarm nach Aufenthalt in Südamerika

- Bei wandernden Läsionen und unklaren subkutanen Schwellungen, insbesondere bei Eosinophilie, z. B. Verdacht auf Loiasis, Gnathostomiasis etc.

127.4 Differenzialdiagnose bei Gelenkschmerzen

Postinfektiöse Arthritiden nach Tropenaufenthalt sind häufig. Häufigste Auslöser sind Erreger von Durchfallerkrankungen, z. B. Shigellen, oder Erreger von Harnweginfekten, z. B. Chlamydien. Tropenspezifische Erreger teils lange anhaltender Arthralgien sind Viruserkrankungen, z. B. das Ross-River-Fieber nach Aufenthalt in Australien/Pazifik oder das Chikungunya-Fieber (vorwiegend Indien, Inseln im Indischen Ozean, Karibik und Südamerika).

In Kürze: Reisemedizin

Bei unklaren Infektionszeichen sind in jedem Fall folgende Punkte zu berücksichtigen:

- Bei jedem Fieber nach Tropenaufenthalt: an Malaria denken.
- Bei Fieber, Hepatosplenomegalie und Panzytopenie: an Kala-Azar denken.
- Bei Fieber, hohen Entzündungszeichen und Oberbauchschmerzen nach Tropenaufenthalt: an Amöbenleberabszess denken.
- Bei Fieber und hoher Eosinophilie nach Tropenreisen: an Katayama-Syndrom denken.
- Bei gastrointestinalen Symptomen nach Fernreise: parasitäre Erkrankungen ausschließen.
- Blutige Diarrhöen nach Tropenreise: Stuhluntersuchung auf Entamoeba histolytica.
- Lang anhaltende, intermittierende Diarrhöen und Meteorismus nach Tropenaufenthalt: an Giardiasis denken.
- Bei unklarer urologischer Symptomatik nach Aufenthalt in Afrika: an Bilharziose denken.

Weiterführende Literatur

Falkenhorst G, Enkelmann J, Lachmann R, Faber M, Pörtner K, Frank C, Stark K (2019) Zur Situation bei wichtigen Infektionskrankheiten, Reiseassoziierte Krankheiten 2018. Epid Bull 48:513–521

Herbinger KH, Alberer M, Berens-Riha N, Schunk M, Bretzel G, von Sonnenburg F, Nothdurft HD, Löscher T, Beissner M (2016 Apr) Spectrum of imported infectious diseases: a comparative prevalence study of 16,817 German travelers and 977 immigrants from the tropics and subtropics. Am J Trop Med Hyg 94(4):757–766

Schlagenhauf P, Weld L, Goorhuis A, Gautret P, Weber R, von Sonnenburg F, Lopez-Vélez R, Jensenius M, Cramer JP, Field VK, Odolini S, Gkrania-Klotsas E, Chappuis F, Malvy D, van Genderen PJ, Mockenhaupt F, Jauréguiberry S, Smith C, Beeching NJ, Ursing J, Rapp C, Parola P, Grobusch MP (2015 Jan) EuroTravNet. Travel-associated infection presenting in Europe (2008-12): an analysis of EuroTravNet longitudinal, surveillance data, and evaluation of the effect of the pre-travel consultation. Lancet Infect Dis 15(1):55–64

Migrantenmedizin

Gerd-Dieter Burchard

Migranten können Krankheiten importieren, die man bei Reisenden nicht bzw. nur extrem selten sieht. Und Infektionskrankheiten können bei Bewohnern endemischer Gebiete einen anderen Verlauf nehmen als bei Europäern.

Migration ist ein globales Phänomen, alle Länder der Welt sind davon betroffen. Die globale Migration hat in den vergangenen Jahrzehnten rapide zugenommen. Das Krankheitsspektrum bei Migranten unterscheidet sich von demjenigen bei Reisenden. Auch hier lebende Migranten, die auf Heimaturlaub fahren („visiting friends and relatives", VFR), haben andere Krankheitsrisiken als Touristen.

Es herrscht eine große Heterogenität und Vielfalt der Migrationsgründe sowie der Herkunftsländer. Krankheit ist – auch – ein kulturelles Konstrukt, Kranksein wird im Bedeutungssystem einer Kultur kodiert. In unserer Gesellschaft stellt dafür die naturwissenschaftlich orientierte Medizin die Grundlage dar. Migranten können aus anderen Kulturen kommen, in denen andere Konzepte von Krankheit (auch von Infektionskrankheiten) üblich sind und in denen Krankheit eine völlig andere Realität bedeuten kann. Die angelsächsische Medizinanthropologie unterscheidet zwischen „disease" und „illness", bzw. deren deutschsprachiger Entsprechung Krankheit und Kranksein. *Kranksein* ist die persönliche, soziale und kulturelle Antwort auf eine *Krankheit.*

128.1 Medizinische Besonderheiten bei Migranten

Gesundheits- und Krankheitsmuster zwischen Migranten und den Bevölkerungen des Ziellandes können sich erheblich unterscheiden. Medizinische Besonderheiten bei Migranten haben ihre Ursachen

- in Unterschieden der Krankheitsprävalenzen zwischen Herkunfts- und Zielland,
- im Prozess der Migration selbst und
- in den sich daran anschließenden Integrationsdefiziten.

Migranten kommen zu einem großen Teil aus mit Infektionen belasteten Regionen; in vielen ihrer Herkunftsländer stellen Infektionskrankheiten immer noch die Haupttodesursache dar. Wichtige importierte Erkrankungen sind v. a. Tuberkulose, Malaria und Hepatitis.

Manche Infektionskrankheiten weisen chronische Verläufe auf und werden erst Monate oder Jahre nach Einwanderung manifest (■ Tab. 128.1). Andere Krankheitsverläufe kommen dadurch zustande, dass Bewohner von Endemiegebieten eine Immunität entwickelt haben. So verläuft die Malaria bei Bewohnern hochendemischer Gebiete bei jungen Erwachsenen klinisch leichter, weil sie als Kinder – wenn sie die Malariaanfälle überlebt haben – eine Teilimmunität entwickelt haben.

Wurmkrankheiten können einen anderen Verlauf nehmen, weil aufgrund wiederholter Infektionen die Zahl der Parasiten sehr hoch sein kann. So kommt ein Askarideníleus durch eine hohe Zahl an Spulwürmern im Darm fast nur bei Kindern in Endemiegebieten vor. Zu beachten ist auch, dass bei Migranten das Risiko hoch ist, dass sie Krankheitserreger mit Resistenzen haben – das gilt insbesondere für die Tuberkulose.

128.2 Wichtige Erkrankungen

Tuberkulose Sie wird häufiger von Migranten importiert als von Reisenden. Viele Menschen, die in Deutschland Asyl suchen, kommen aus Hochinzidenzländern der Tuberkulose, Deutschland gehört demgegenüber zu den Ländern mit einer niedrigen Inzidenz der Tuberkulose. Der Anstieg der Zahlen in den letzten Jahren steht vor allem in Zusammenhang mit der gesetzlich vorgeschriebenen aktiven Fallfindung bei Asylsuchenden bei Aufnahme in eine Gemeinschaftsunterkunft und belegt auch deren erfolgreiche Umsetzung. Eine Gefährdung der einheimischen Bevölkerung durch Tuberkuloseerkrankungen von Asylbewerbern ist derzeit nicht erkennbar.

S. Suerbaum et al. (Hrsg.), *Medizinische Mikrobiologie und Infektiologie,*
https://doi.org/10.1007/978-3-662-61385-6_128

■ Tab. 128.1 Dauer des Verlaufs verschiedener Infektionskrankheiten

Infektion	Dauer
Strongyloidiasis	> 60 Jahre
Schistosomiasis	30 Jahre
Melioidose	25 Jahre
Echinokokkose	> 20 Jahre
Zystizerkose	> 15 Jahre
Onchozerkose	10–15 Jahre
Trichinose	> 10 Jahre
Malaria quartana	Jahrzehnte
Amöbiasis	Jahrzehnte

Virushepatitiden Der überwiegende Teil der Migranten in Deutschland stammt aus Ländern mit hoher HBsAg- und oft auch hoher Hepatitis-C-Prävalenz. Damit ist die Wahrscheinlichkeit für das Vorliegen einer chronischen Virushepatitis in der Migrantenpopulation hoch. Migranten und deren enge Kontaktpersonen sind deshalb bei Hepatitis-B-Impfungen, HBsAg-Schwangerenscreening und Behandlungen der chronischen Hepatitis B und C adäquat zu berücksichtigen.

Andere Infektionen Manche Infektionskrankheiten werden in Deutschland praktisch nur bei Migranten gesehen, nicht bei Reisenden. Ein Beispiel ist die Lepra. Untersuchungen haben gezeigt, dass die Diagnose oft Jahre verzögert wird, was zu Komplikationen wie Nervenschäden führen kann. Bei unklaren Hautsymptomen bei Migranten sollte daher auch an einer Lepra gedacht werden (■ Abb. 128.1). Bei Migranten muss auch auf Tumoren geachtet werden, die Folge früher erworbener Infektionen sein können, z. B. im Rahmen von chronischen Virushepatitiden, H. pylori- oder HPV-Infektionen.

128.3 Differenzialdiagnostische Besonderheiten

Differenzialdiagnose bei Fieber

Fieber bei Migranten, das in den ersten Wochen nach Einreise auftritt, kann viele Ursachen haben. Die Abklärung erfolgt analog dem Vorgehen in der Reisemedizin (▶ Kap. 127). Die Malaria ist eine der wichtigsten Differenzialdiagnosen. Allerdings ist zu bedenken, dass es sich bei Nachweis von Plasmodien im Blut auch um eine asymptomatische Parasitämie bei Teilimmunität handeln könnte, dass die Plasmodien also nicht zwingend die Fieberursache sein müssen.

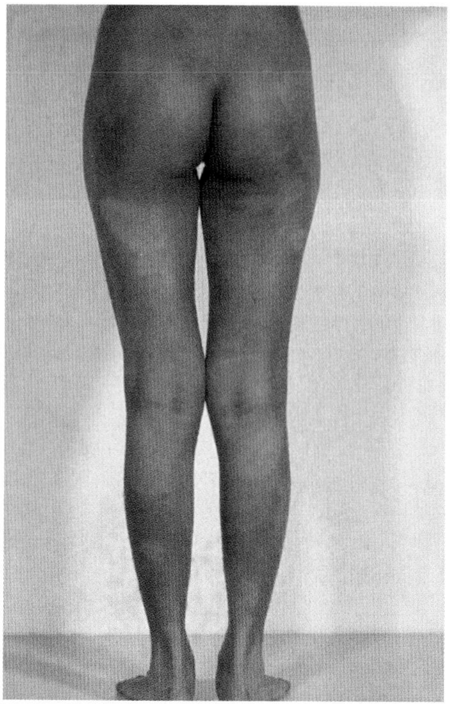

■ Abb. 128.1 Lepromatöse Lepra mit Hypopigmentierung der Haut bei einer Immigrantin aus den Philippinen

Bei Immigranten vom Horn von Afrika ist u. a. an Läuse-Rückfallfieber zu denken.

Auch bei später auftretendem Fieber ist immer an eine Malaria zu denken. Die Malaria tropica kann bei Teilimmunen bis etwa ein Jahr nach Verlassen des Endemiegebiets auftreten. Auch Amöbenleberabszesse können noch nach Jahren auftreten. Bei subfebrilen Temperaturen, insbesondere mit Nachtschweiß und Gewichtsabnahme, muss immer an eine Tuberkulose (auch extrapulmonal!) gedacht werden.

Differenzialdiagnose hämatologischer Erkrankungen

Anämie ist ein häufiges Symptom. Bei Migranten ist zusätzlich zur Routinediagnostik zu veranlassen:

- Untersuchung auf Plasmodien
- Parasitologische Stuhluntersuchung (Hakenwürmer)
- Außerdem Untersuchungen zum Nachweis von Hämoglobinopathien und Vitaminmangel

Differenzialdiagnose der Splenomegalie

Infektionskrankheiten, an die man bei Migranten mit Splenomegalie denken sollte, sind – bei entsprechender Herkunft – die hepatolienale Schistosomiasis, weiterhin Malaria, Kala-Azar und Brucellose.

Differenzialdiagnose pulmonaler Symptome

Bei unklaren pulmonalen Symptomen ist immer an eine Tuberkulose zu denken. Bei Verdacht auf

Lungentuberkulose und negativer Mykobakteriendiagnostik sind 2 Erkrankungen unbedingt zu bedenken:

Systemmykosen (z. B. Histoplasmose) und sehr selten eine Lungenegelinfektion (Paragonimiasis). Auch die Kombination von Lungentuberkulose und Histoplasmose ist nicht selten. Bei Herkunft aus Südostasien kann auch eine Melioidose vorliegen.

Grundsätzlich kann bei Pneumonien aus der Röntgenmorphologie nur sehr bedingt auf die Ätiologie geschlossen werden.

Bei Patienten mit Cor pulmonale sollte bei entsprechender Herkunft aus den bekannten Endemiegebieten eine Schistosomiasis ausgeschlossen werden (obliterierende Arteriitis der Lunge durch ektope Eier).

▪ **Differenzialdiagnose kardialer Symptome**

Herzrhythmusstörungen und andere Zeichen einer chronischen Myokarditis bzw. eine dilatative Kardiomyopathie sollten bei aus Lateinamerika stammenden Migranten an eine Chagas-Krankheit denken lassen.

▪ **Differenzialdiagnose gastrointestinaler und hepatobiliärer Symptome**

Bei allen unklaren gastrointestinalen Beschwerden müssen intestinale Protozoen und Helminthen bedacht werden – in diesen Fällen sollte immer eine Stuhluntersuchung auf Parasiten veranlasst werden. Die Inkubationszeit bei der Amöbiasis kann sehr lang sein. Bei akuter Kolitis muss immer eine Amöbiasis ausgeschlossen werden (insbesondere vor Kortikosteroidgabe bei Verdacht auf chronisch-entzündliche Darmkrankheit). Eine wichtige Differenzialdiagnose beim Morbus Crohn ist auch immer eine intestinale Tuberkulose. Mögliche Ursachen einer Malabsorption sind Infektionen mit Giardia lamblia und Strongyloides stercoralis. Dysphagie bei Migranten aus Lateinamerika kann auf eine Chagas-Krankheit hinweisen.

Bei Symptomen seitens der Gallenwege ist immer zu bedenken, dass Würmer, insbesondere Spulwürmer und Leberegel, in den Gallenwegen parasitieren können.

▪ **Differenzialdiagnose bei Erkrankungen der Nieren und ableitenden Harnwege**

Glomerulopathien sind in den Tropen bedeutend häufiger als in Mitteleuropa und können selten auch durch tropenspezifische Erkrankungen ausgelöst werden. Bei allen unklaren Erkrankungen der ableitenden Harnwege ist an die urogenitale Schistosomiasis (▣ Abb. 128.2), bei steriler Leukozyturie immer an eine urogenitale Tuberkulose zu denken.

▪ **Differenzialdiagnose bei ZNS-Symptomen**

Eine zerebrale Malaria kann nicht übersehen werden, wenn bei jedem Fieber eine entsprechende Diagnostik eingeleitet wird. Bei afrikanischen Patienten mit unklarer neurologischer oder psychiatrischer Symptomatik ist ansonsten eine Schlafkrankheit auszuschließen. Bei unklaren zerebralen Raumforderungen ist immer auch an die Möglichkeit einer Helmintheninfektion zu denken. Jeder Migrant aus den Tropen und Subtropen mit einer „Late-onset"-Epilepsie ist auf eine Neurozystizerkose zu untersuchen.

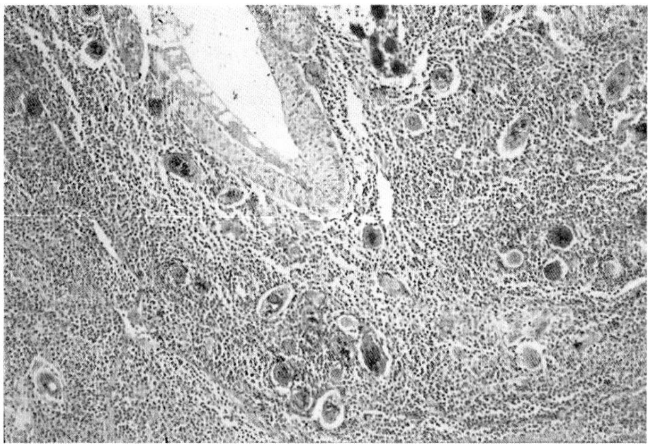

▣ **Abb. 128.2** Histologischer Schnitt durch die Harnblase: Entzündungsreaktion um abgelagerte Schistosomeneier

128.4 Screening-Untersuchungen

Screening-Untersuchungen dienen zwei Zielen:

- Erfassung der Verbreitung von Infektionen als wichtige Voraussetzung für Kontrollprogramme (Epidemiologie)
- Diagnose von Erkrankungen als Voraussetzung für zielgerichtete Therapie (Individualmedizin)

Screeningprogramme verschiedener Länder variieren stark und leiten sich mehr aus historischen, z. T. protektionistischen Prinzipien ab, als dass sie evidenzbasiert wären. Ein Screening wird auch zu Recht nicht bei Touristen, die ebenfalls solche Erreger mitbringen könnten, für notwendig erachtet. Grundsätzlich ist deshalb die Einbindung von Migranten in Gesundheitsfürsorgeprogramme wichtiger als ein obligatorisches Screening. Entscheidend ist eine Verbesserung der Wohn- und Lebensbedingungen im Aufnahmeland.

Sinnvoll ist ein Tuberkulosescreening, insbesondere zur Identifikation aktiver TB-Fälle, auch um das Risiko einer Transmission zu vermindern. In Deutschland wird bei Asylsuchenden vor Aufnahme in eine Gemeinschaftsunterkunft eine Röntgen-Thorax-Untersuchung durchgeführt (außer bei Kindern und Schwangeren).

Migrationsbewegungen vieler Menschen verlangen besondere Wachsamkeit in Bezug auf eine Skabies. Je nach Herkunft kann auch ein serologisches Screening auf Schistososomiasis und Strongyloidiasis sinnvoll sein, da diese parasitären Infektionen lange Zeit asymptomatisch verlaufen können, aber nach Jahren unter Umständen zu lebensbedrohlichen Krankheitsbildern führen können.

Literatur

Boudville DA, Joshi R, Rijkers GT (2020) Migration and tuberculosis in Europe. *J Clin Tuberc Other Mycobact Dis* 18:100143. (Published 2020 Jan 7).

Castelli F, Sulis G (2017) Migration and infectious diseases. Clin Microbiol Infect 23(5):283–289

Greenaway C, Castelli F (2019) Migration medicine. Infect Dis Clin North Am 33(1):265–287

Monge-Maillo B, López-Vélez R, Norman FF, Ferrere-González F, Martínez-Pérez Á, Pérez-Molina JA (2015) Screening of imported infectious diseases among asymptomatic sub-Saharan African and Latin American immigrants: A public health challenge. Am J Trop Med Hyg 92(4):848–856

Norman FF, Comeche B, Chamorro S, López-Vélez R (2020) Overcoming challenges in the diagnosis and treatment of parasitic infectious diseases in migrants. Expert Rev Anti Infect Ther 18(2):127–143

Seedat F, Hargreaves S, Nellums LB, Ouyang J, Brown M, Friedland JS (2018) How effective are approaches to migrant screening for infectious diseases in Europe? A systematic review. Lancet Infect Dis 18(9):e259–e271

Infektionen bei Immunsuppression

Gerd-Dieter Burchard, Robin Kobbe und Jan van Lunzen

Immunsuppression ist der Sammelbegriff für verschiedene Erkrankungen des Immunsystems. Die Folge ist immer eine Schwächung der Fähigkeit, sich gegen eindringende oder endogene Krankheitserreger zu wehren. Es treten daher Infektionskrankheiten durch Erreger auf, die bei Immunkompetenten keine Erkrankung verursachen (opportunistische Erkrankungen), oder die Infektionserreger führen zu schwereren, stärker protrahierten oder anderen Verläufen als bei Immunkompetenten. Je nach Ursache und Ausprägung des Immundefekts kann das klinische Bild sehr unterschiedlich sein.

129.1 Immundefekte

Die Immunabwehr lässt sich in die angeborene oder unspezifische Abwehr und die erworbene spezifische Abwehr unterteilen (▶ Kap. 6). Beide Systeme besitzen sowohl zelluläre als auch lösliche humorale Komponenten. Zur angeborenen unspezifischen Abwehr kann man auch die normalen anatomischen und physiologischen Barrieren wie Haut und Schleimhäute rechnen. Für weitere Einzelheiten wird auf die Sektion II „Immunologie" verwiesen.

Es gibt eine Vielzahl angeborener, also primärer Immundefekte sowie eine Vielzahl erworbener Störungen, die mit unterschiedlichen, teilweise überlappenden Immundefekten einhergehen:

- **Primäre (angeborene) Immundefekte,** die sich unterteilen lassen in:
  - Kombinierte Immundefekte (z. B. SCID)
  - Kombinierte Immundefekte mit syndromalen Erscheinungen (z. B. Wiskott-Aldrich-Syndrom)
  - Erkrankungen mit überwiegendem Antikörpermangel (z. B. IgA-Defizienz, CVID)
  - Erkrankungen aufgrund gestörter Immunregulation
  - Defekte der Zahl oder Funktion von Phagozyten (z. B. septische Granulomatose)
  - Defekte der Pathogenerkennung, der Zytokinproduktion oder Zytokinsignaltransduktion, Komplementdefekte
- HIV-Infektion
- Hämatologische und onkologische Grundkrankheiten, Stammzell- oder solide Organtransplantation
- Zustand nach Splenektomie, z. B. posttraumatisch, Autosplenektomie bei Sichelzellanämie
- Zustand unter immunsuppressiver Medikation: z. B. nach Transplantation, hoch dosierte Kortikosteroide, TNF-α-Antagonisten (Infliximab, Adalimumab, Etanercept etc.), Anti-CD20-Antikörper (Rituximab, Ofatumumab) und Anti-CD19-Antikörper (Blinatumomab) sowie weitere Biologika, Calcineurininhibitoren, Azathioprin, Mycophenolat-Mofetil, Methotrexat und andere zytotoxische Chemotherapie
- Grundkrankheiten wie Diabetes mellitus, Morbus Cushing, Niereninsuffizienz, Leberzirrhose, Verbrennungen, Alkoholismus, Altersextreme (sehr jung, sehr alt)

Da jeweils unterschiedliche Anteile des Immunsystems betroffen sind, resultieren erhöhte Prädispositionen für verschiedene Erreger. Grob lassen sich unterteilen:

- **T-Zell- und kombinierte Defekte:** Virusinfektionen, Tumoren, Infektionen durch intrazelluläre bakterielle Erreger (z. B. Listerien), Mykobakterien, Pilze (z. B. Kryptokokken), Parasiten (z. B. Leishmanien, Toxoplasma, Kryptosporidien etc.)
- **B-Zell- und Komplement-Defekte:** Bakterielle Infektionen (Sepsis), invasive Pneumokokken- und Meningokokkeninfektionen
- **Neutropenie, Neutrophilen-Funktionsstörungen:** Pilzinfektionen, bakterielle Infektionen (Sepsis)
- **Asplenie:** Infektionen durch bekapselte Bakterien (Pneumokokken, Meningokokken), Babesiose, Ehrlichiose
- **Medikamentöse Immunsuppression:** Infektionen durch Pilze, Bakterien (Sepsis), Mykobakterien

S. Suerbaum et al. (Hrsg.), *Medizinische Mikrobiologie und Infektiologie*,
https://doi.org/10.1007/978-3-662-61385-6_129

Tab. 129.1 Besonders betroffene Organe diverser Erregerklassen bei bestehender Immunsuppression

Organ	Viren	Bakterien	Pilze/Parasiten
Lunge	CMV, VZV, HSV, Paramyxoviren	Mykobakterien, Nocardien	Aspergillus, P. jirovecii
Magen-Darm-Trakt	CMV, Adenoviren, Enteroviren	Atypische Mykobakterien	Candida, Histoplasma, Giardia lamblia, Kryptosporidien
Leber	EBV, CMV, HSV, HBV, HCV	Bartonellen	Amöben (E. histolytica), Leishmanien
ZNS	HSV, VZV, CMV, EBV, JC-Virus	Pneumokokken, Meningokokken, Listerien	T. gondii, T. cruzi, C. neoformans
Haut	VSV, HSV, HHV-8, Rubella	Staphylokokken, (atypische) Mykobakterien	Candida

Welche Infektionen auftreten, ist auch von der Dauer des Immundefekts abhängig, ebenso davon, ob zusätzlich Verletzungen von Haut- und Schleimhautbarrieren vorliegen und ob es eine besondere Exposition gegenüber verschiedenen Erregern gibt.

129

Andererseits sind bei Immunsuppression verschiedene Organe typischerweise von verschiedenen Infektionserregern betroffen (Tab. 129.1).

129.2 Infektionen bei primären Immundefekten

Angeborene Immundefekte haben eine genetische Basis und können zum Ausfall definierter Immunfunktionen führen. Man zählt derzeit über 350 verschiedene, meist molekulargenetisch definierte Erkrankungen.

Eine **pathologische Infektionsanfälligkeit** ist das häufigste **Leitsymptom** eines primären Immundefekts. Die Parameter zur Charakterisierung einer pathologischen Infektanfälligkeit können unter dem Akronym „ELVIS“ – Erreger, Lokalisation, Verlauf, Intensität, Summe – zusammengefasst werden: Möglich sind also Infektionen durch Erreger, die bei immunkompetenten Personen nur selten zu schweren Erkrankungen führen; atypische Lokalisationen (z. B. ein Leberabszess durch S. aureus) oder polytope Infektionen, protrahierte und/oder schwere Verläufe oder die Summe der Ereignisse können Hinweise sein.

Bei Vorliegen einer pathologischen Infektanfälligkeit sollte die leitliniengerechte Diagnostik auf das Vorliegen eines primären Immundefekts initiiert werden.

Die primären Immundefekte werden meist gemäß der Klassifikation der Immundefekte durch die „International Union of Immunological Societies“ (IUIS) eingeteilt. Es kann hier nur auf die wichtigsten Immundefekte eingegangen werden.

Bei den **kombinierten Immundefekten** sind sowohl T-Zellen als auch B-Zellen betroffen, zudem dendritische oder antigenpräsentierende Zellen. Die Extremform ist der schwere kombinierte Immundefekt („severe combined immunodeficiency“, SCID). Charakteristisch sind das Auftreten opportunistischer Infektionen und die frühe Manifestation im Säuglingsalter. Ein SCID ist nicht mit dem Leben vereinbar, aber durch eine Stammzelltransplantation oder Gentherapie heilbar. Daher startete im August 2019 in Deutschland das Neugeborenenscreening auf sog. TREC (T cell receptor excision circles). Hierdurch werden betroffene Säuglinge durch fehlenden TREC-Nachweis in der Trockenblutkarte vor dem Auftreten lebensbedrohlicher Infektionen erkannt und in gutem Allgemeinzustand einer zellbasierten Therapie zugeführt, was ein Langzeitüberleben ermöglicht.

Bei einigen **syndromalen Immundefekten stehen spezifische Krankheitsmanifestationen** im Vordergrund. Beispiele sind:
- Wiskott-Aldrich-Syndrom: Thrombozytopenie, kleine defekte Plättchen, Ekzeme, Lymphome, Autoimmunerkrankungen
- DiGeorge-Syndrom: Störung der Thymusentwicklung, Hypoparathyreoidismus, Herzfehler, charakteristisches Aussehen

Immundefekte, bei denen der **Antikörpermangel** im Vordergrund steht, manifestieren sich wegen des Nestschutzes durch diaplazentar übertragene mütterliche IgG-Antikörper noch nicht im Säuglingsalter, sondern erst nach Verlust des Nestschutzes im frühen Kleinkindalter oder später. Klinisch stehen rezidivierende Infektionen (Sinusitis, Otitis media, Bronchitis, Pneumonien) mit eiterbildenden Erregern (Streptokokken, Staphylokokken) im Vordergrund.

Am häufigsten findet sich die kombinierte variable Immundefizienz („common variable immune deficiency“, CVID) mit komplettem oder teilweisem IgG-Antikörper-Mangel (Hypogammaglobulinämie) und schwacher oder fehlender spezifischer Immunantwort auf Impfungen. Diese Immundefizienzen können sowohl angeboren auftreten als auch erworben werden (z. B. klonaler Verlust von B-Zellen nach Virusinfektion). Wichtig ist es zu prüfen, ob die T-Zell-Funktion unbeeinträchtigt ist, denn sog. kombinierte Defekte mit Antikörpermangel nehmen oft trotz Immunglobulinsubstitution einen komplikationsreichen Verlauf, sodass eine Stammzelltransplantation rechtzeitig diskutiert werden sollte.

Störungen der Granulozyten- und Makrophagenfunktion können Defekte der Differenzierung, der Motilität und der intrazellulären Sauerstoffradikalbildung als Ursache haben. Klinisch im Vordergrund stehen abszedierende bakterielle Infektionen und/oder invasive Pilzinfektionen. Eine wichtige Untergruppe stellen die Immundefekte gegenüber mykobakteriellen Infektionen dar. Die septische Granulomatose („chronic granulomatous disease", CGD) resultiert z. B. aus Gendefekten der verschiedenen Untereinheiten der NADPH-abhängigen Phagozytenoxidase, wodurch u. a. die mikrobiziden Mechanismen phagozytierender Zellen massiv beeinträchtigt werden. Durch den häufigen *CYBB*-Gendefekt auf dem X-Chromosom sind meist Jungen betroffen.

Defekte der terminalen Komplementkaskade (C5–C9) sind durch eine erhöhte Anfälligkeit gegenüber bekapselten Bakterien, insbesondere gegenüber Neisseria meningitidis charakterisiert.

129.3 Opportunistische Infektionen bei Patienten mit HIV-Infektion

Die Infektion mit HIV führt über den kontinuierlichen Verlust von CD4-positiven Zellen zu einem ausgeprägten zellulären Immundefekt (▶ Kap. 65). Mit fortschreitendem Immundefekt erhöht sich das Risiko, an opportunistischen Infektionen zu erkranken. Auch die Zeitdauer der Infektion, das Alter des Patienten und die Dauer der unkontrollierten Virusreplikation scheinen einen prädiktiven Wert zu haben.

Welche opportunistischen Infektionen auftreten, hängt u. a. ab von der geografischen Region, in welcher der Infizierte lebt, vom entsprechenden Erregerspektrum sowie dem Lebens- und Hygienestandard (Exposition): So verstirbt ein Teil der HIV-infizierten Personen in Entwicklungsländern bereits an herkömmlichen Infektionskrankheiten mit exogenen Erregern (bakteriellen Pneumonien, infektiösen Diarrhöen, Sepsis), bevor sie die für das Endstadium der HIV-Infektion typischen opportunistischen Infektionen, hervorgerufen durch endogene Erreger, entwickeln.

Die klassischen **AIDS-definierenden Erkrankungen** manifestieren sich in der Regel erst ab einer CD4-Zellzahl < 200/µl Blut, allerdings gibt es hier auch Ausnahmen: So treten die Tuberkulose, multisegmentaler Herpes zoster und bestimmte erregerassoziierte Malignome (Kaposi-Sarkome, HHV-8; Non-Hodgkin-Lymphome, EBV/HIV) auch gehäuft bei einer CD4-Zellzahl über 200/µl auf. Eine Primärprophylaxe gegenüber den häufigsten opportunistischen Erregern wird bei einer CD4-Zellzahl < 200/µl (Candida, Pneumocystis; Toxoplasmose) bzw. < 100/µl (atypische Mykobakterien) empfohlen.

Zur Therapie opportunistischer Infektionen wird verwiesen auf folgende Leitlinien:

- Centers for Disease Control and Prevention: ▶ https://www.cdc.gov/hiv/guidelines/index.html
- National Institutes of Health: ▶ https://aidsinfo.nih.gov/guidelines
- Infectious Disease Society of America: ▶ https://www.idsociety.org/globalassets/idsa/practice-guidelines/guidelines-for-prevention-and-treatment-of-opportunistic-infections-in-hiv-infected-adults-and-adolescents.pdf
- Deutsche AIDS-Gesellschaft: ▶ https://daignet.de/site-content/hiv-leitlinien

129.3.1 Erkrankungen des Respirationstrakts

Patienten mit einer HIV-Infektion erkranken häufiger als immunkompetente Personen an einer bakteriellen Pneumonie (v. a. durch Pneumokokken und Haemophilus influenzae, aber auch Mykoplasmen, Klebsiellen, Staphylococcus aureus und Pseudomonas aeruginosa).

Tuberkulose

Weltweit ist die Tuberkulose die häufigste opportunistische Infektion im Rahmen der HIV-Infektion. Laut dem letzten WHO Global Tuberculosis Report 2019 sind im Jahr 2018 weltweit 1,2 Mio. Menschen ohne HIV-Infektion an Tuberkulose gestorben, zusätzlich 251.000 Menschen mit einer HIV-Koinfektion. Bei noch erhaltener Immunfunktion präsentiert sich die Tuberkulose wie bei Immungesunden durch Granulome mit entsprechenden radiologischen Befunden bis zur Kavernenbildung, oft auch assoziiert mit einer exsudativen Pleuritis und/oder Perikarditis. Die typischen Symptome wie Fieber, Nachtschweiß und Gewichtsverlust zusammen mit chronisch-produktivem Husten werden häufig beschrieben.

Bei fortgeschrittenem Immundefekt können **klinisch atypische Verläufe** auftreten. Insbesondere finden sich hier gehäuft extrapulmonale und disseminierte Verlaufsformen (Lymphknoten, Haut, Leber, Peritoneum, Spondylodiszitis, paravertebrale Abszesse, Nebennieren) sowie atypische Verläufe ohne Granulombildung. Bei paucibazillären Verläufen kann die Diagnose erschwert sein (z. B. in Exsudaten und Aspiraten/Biopsien).

Pneumocystis jirovecii-Pneumonie (PcP)

Die Pneumocystis-jirovecii-Pneumonie gilt als eine der Indikatorerkrankungen für eine fortgeschrittene HIV-Infektion – tritt aber in den letzten Jahren auch zunehmend häufiger bei medikamentös induzierter Immunsuppression auf.

Molekularbiologische Untersuchungen haben gezeigt, dass die bei Menschen vorkommenden Erreger eine andere Spezies als die bei Ratten vorkommenden Pneumocystis carinii sind, was zur Bezeichnung als Pneumocystis jirovecii führte (die Abkürzung PcP steht jetzt für Pneumocystis-Pneumonie). Taxonomisch wird P. jirovecii zu den Pilzen gezählt (▶ Kap. 77).

P. jirovecii führt zu einer **interstitiellen Pneumonie.** Anfänglich ist das klinische Bild wenig spezifisch. Die Erkrankung präsentiert sich durch einen meist schleichenden Beginn mit der Symptomtrias aus zunehmender Luftnot (v. a. bei Belastung), subfebrilen Temperaturen und trockenem, nichtproduktiven Husten. Rasch progrediente Formen sind eher selten. Die Lungenauskultation ergibt meist keine auffälligen Befunde („atypische Pneumonie"). Die Röntgen-Thoraxaufnahme zeigt häufig bilaterale interstitielle Infiltrate, diese sind in einer hochauflösenden CT oft besser darstellbar. Die Diagnose wird durch den Erregernachweis im induzierten Sputum und/oder in einer bronchoalveolären Lavage (BAL) gesichert. Eingesetzt werden die mikroskopische Untersuchung (Grocott-Färbung, Immunfluoreszenz) oder in jüngster Zeit zunehmend molekularbiologische Verfahren (PCR). Kulturmethoden stehen nicht zur Verfügung.

Klinisch werden verschiedene Schweregrade der respiratorischen Insuffizienz durch Bestimmung der Hypoxämie (periphere O_2-Sättigung, arterielle pO_2-Messung) unterschieden. Diese sind wichtig zur Beurteilung der Prognose und der Notwendigkeit der adjuvanten Steroidtherapie.

Andere Erkrankungen des Respirationstrakts

Bakterielle Pneumonien, insbesondere durch Pneumokokken, sind eine wesentliche Todesursache bei Patienten mit HIV-Infektion. Nichtinfektiöse Erkrankungen wie eine lymphozytäre interstitielle Pneumopathie (LIP) müssen bedacht werden, ebenso pulmonale Kaposi-Sarkome. Bei hochgradiger Immunsuppression (CD4-Zellen < 100/μl) sind darüber hinaus eine CMV-Pneumonitis und Pneumonien durch atypische Mykobakterien (z. B. Mycobacterium avium-intrazellulare-[MAI-]Komplex) zu erwägen. Vor allem in Nordamerika und Südostasien sind pulmonale Manifestationen einer Kryptokokkose häufig, an eine Histoplasmose ist in Nord- und Mittelamerika sowie in Afrika zu denken, an eine Kokzidioidomykose v. a. nach Exposition im Südwesten der USA.

129.3.2 Neurologische Erkrankungen

Das zentrale und periphere Nervensystem kann einerseits durch HIV direkt oder durch opportunistische Erkrankungen geschädigt werden. Im ZNS kann über einen direkten Einfluss von HIV in 15–20 % eine Enzephalopathie entstehen, die sich durch kognitive, emotionale, aber auch motorische und vegetative Symptome äußern kann (HIV-1-assoziierte Demenz; Vorstufen: HIV-assoziiertes neuropsychologisches Defizit und HIV-assoziiertes, mildes neurokognitives Defizit). Die HIV-Enzephalopathie tritt meist bei fortgeschrittenem Immundefekt auf und ist in der Regel mit einer hohen HI-Viruslast im Liquor assoziiert. Eine HIV-assoziierte Myelopathie kann mit einer beinbetonten Tetrasymptomatik mit spastisch-ataktischem Gangbild, einer Hyperreflexie mit positivem Babinski und Störung der Sphinkterkontrolle einhergehen.

Primäre periphere Neuropathien werden durch immunologische Mechanismen ausgelöst und beinhalten akute und chronisch-demyelinisierende Polyneuroradikulitiden. Außer durch HIV selbst werden diese auch häufig durch CMV ausgelöst. Sowohl zentrale als auch periphere Neuropathien können auch in Zusammenhang mit Nebenwirkungen antiretroviraler Medikamente stehen.

Zerebrale Toxoplasmose

Toxoplasmen (▶ Kap. 85) sind mit Plasmodien verwandt und wie diese einzellige Parasiten, die innerhalb der Protozoen zu den Apicomplexa gehören.

Die Toxoplasmose-Enzephalitis ist eine klassische opportunistische Infektion, Immungesunde erkranken trotz hoher Durchseuchungsraten (Antikörperprävalenz) nicht. Bei immunsupprimierten Patienten mit weniger als 150 $CD4^+$-T-Zellen/μl kann es zur Reaktivierung einer latenten Toxoplasma-Infektion kommen. Da Zysten (sog. Bradyzoiten) v. a. im ZNS persistieren, ist die Reaktivierung im Gehirn und damit die zerebrale Toxoplasmose bei Weitem am häufigsten.

Die Symptome hängen von der intrazerebralen Lokalisation der Läsionen und dem Ausmaß des perifokalen Ödems ab, z. B. Halbseitenlähmung bei Befall des entsprechenden motorischen Zentrums oder verstärkte Aggressivität bei Befall des Frontalhirns. Oft finden sich jedoch nur vereinzelte Herde und diese v. a. im Stammhirnbereich. Das klinische Bild variiert zwischen einem schleichenden Prozess, der sich über Wochen entwickelt, und einer akuten Bewusstseinsstörung mit oder ohne fokale neurologische Zeichen, häufig treten zerebrale Krampfanfälle auf, auch eine okuläre Beteiligung kommt vor.

Schwangere, v. a. bei fortgeschrittener Immunsuppression, können durch eine Reaktivierung eine

Toxoplasmose konnatal auf das Neugeborene übertragen.

In der Bildgebung sind verdächtige Läsionen besonders dann ein Hinweis auf eine Toxoplasmose, wenn sie eine verzögerte, randbetonte Kontrastmittelverstärkung zeigen. Andere Infektionen, die differenzialdiagnostisch in Betracht kommen, sind eine Aspergillose, eine zerebrale Tuberkulose oder bei Herkunft des Patienten aus Lateinamerika eine zerebrale Trypanosoma cruzi-Infektion (► Abschn. 85.1). Ebenfalls muss differenzialdiagnostisch an ein primäres ZNS-Lymphom gedacht werden, das sich in den bildgebenden Verfahren nicht sicher von einer zerebralen Toxoplasmose abgrenzen lässt.

Im Liquor ist die Zellzahl normal bis gering erhöht, Laktat und Eiweiß sind meist normal. Der Erregernachweis mittels PCR aus dem Liquor hat nur eine Sensitivität von 25–50 %.

Meist wird die medikamentöse Therapie der Toxoplasmose aufgrund der Verdachtsdiagnose begonnen und die Diagnose durch die Besserung der Symptomatik unter der Therapie bestätigt. Die Abgrenzung zum primären Non-Hodgkin-Lymphom des ZNS ist nur durch das (fehlende) Ansprechen auf die antiparasitäre Therapie, frühestens nach 2–3 Wochen, möglich.

Kryptokokken-Meningoenzephalitis

Die Kryptokokkose ist eine weltweit verbreitete Systemmykose (► Kap. 76). Erreger sind die Spezies Cryptococcus neoformans und seltener C. gattii. Cryptococcus wird überwiegend per inhalationem übertragen, Vogelkot ist hierbei ein wichtiges Erregerreservoir. Die Kryptokokkenmeningitis stellt die häufigste lebensbedrohlich verlaufende Pilzinfektion dar und kommt insbesondere (aber nicht nur) bei Patienten mit Immundefekt vor; man rechnet in Afrika mit etwa 500.000 Todesfällen pro Jahr.

Die klinischen Symptome sind v. a. Kopfschmerzen, Übelkeit, Fieber, Verwirrtheit und gelegentlich Visus- und Hörstörungen. Ein deutlicher Meningismus oder Krampfanfälle treten seltener auf. In 25 % werden fokale Hirnnervenausfälle beschrieben, häufig besteht ein erhöhter Hirndruck. Weniger typisch sind Krämpfe, Konfusion, progressive Demenz, Seh- und Hörstörungen oder Fieber unklarer Ursache (FUO).

In der zerebralen Computertomografie finden sich eventuell ein diffuses Hirnödem, oft ein unauffälliger Befund, gegebenenfalls das Bild eines Hydrocephalus malresorptivus; im MRT sind meningeale Kontrastmittelanreicherungen möglich.

Im Liquor finden sich eine meist nur gering erhöhte Eiweißkonzentration bei sowohl niedriger bis normaler Glukosekonzentration mit einer Lymphozytose – einige Patienten weisen keine Lymphozyten auf, jedoch zeigt ein mit Tusche gefärbtes Präparat zahlreiche dickwandige Hefezellen (◘ Abb. 76.1). Aus Blut und Liquor lässt sich das Antigen von Cryptococcus spp. nachweisen, und der Erreger kann auch kultiviert werden. Antigentests können auch zum Screening sinnvoll sein. Häufig ist der Liquoreröffnungsdruck durch ein begleitendes Hirnödem deutlich erhöht.

Die Therapie wird in der Regel mit liposomalem Amphotericin B in Kombination mit Fluconazol intravenös eingeleitet und anschließend auf eine Erhaltungstherapie mit oralem Fluconazol umgestellt. Die Erhaltungstherapie wird für die Zeitdauer der Immunsuppression weitergeführt. Häufig werden adjuvant auch Kortikosteroide bei erhöhten Hirndruckzeichen eingesetzt. Besonders gefürchtet ist das Immun-Rekonstitutions-Inflammations-Syndrom (IRIS) gegenüber einer unerkannten oligosymptomatischen Kryptokokkose nach Einleitung einer antiretroviralen Therapie (ART), das häufig letale Folgen haben kann. Daher empfiehlt sich ein Screening auf Kryptokokkenantigen vor Einleitung einer ART, insbesondere in Hochprävalenzgebieten in Afrika südlich der Sahara.

Progressive multifokale Leuk(o)enzephalopathie (PML)

Die PML ist eine durch das JC-Polyomavirus (JCPyV, ► Abschn. 68.2) hervorgerufene Erkrankung der Oligodendrozyten und Neuronen, die ausschließlich bei immungeschwächten Patienten vorkommt und unbehandelt tödlich verläuft. Eine PML wird auch bei Patienten unter immunsuppressiver Therapie beobachtet (z. B. Natalizumab und Fingolimod bei Patienten mit multipler Sklerose, Rituximab, Ruxolitinib etc.).

Die Symptome sind bestimmt vom Ausmaß und der Lokalisation der Läsionen und reichen von kognitiven Störungen bis zu zerebralen Krampfanfällen, Hemianopsie und/oder Aphasie. Charakteristisch ist ein schleichender, progressiver Verlauf.

In der Bildgebung finden sich mulitfokale, meist supratentorielle Läsionen im frontalen oder parietookzipitalen Marklager. Der Erregernachweis mittels JCV-PCR aus dem Liquor gelingt mit einer Sensitivität von 70–90 %.

Eine kausale Therapie ist nicht bekannt, die Wiederherstellung der Immunkompetenz ist die einzige therapeutische Möglichkeit (z. B. antiretrovirale Therapie bei Patienten mit HIV/AIDS).

CMV-Chorioretinitis

Eine Sonderform der opportunistischen ZNS-Erkrankungen ist die CMV-Chorioretinitis. Sie tritt ein- oder beidseitig bei weit fortgeschrittenem Immundefekt ($CD4^+$-T-Lymphozyten < 100/µl) auf und führt unbehandelt zum Visusverlust. Initial treten häufig Lichtblitze, Visusminderung und verschwommenes Sehen mit eingeschränktem Blickfeld auf. Die Funduskopie zeigt die charakteristischen „Cotton-Wool-Herde" und retinale Einblutungen („Mayonnaise-und-Ketchup-Flecken", ◘ Abb. 70.12). Neben der Immunrekonstitution durch die antiretrovirale Therapie wird eine systemische antivirale Therapie mit Ganciclovir (Valganciclovir) und/oder intravenösem Foscarnet eingeleitet.

Neurolues

Bei der Neuro-Lues des HIV-Patienten ist die geringere Zuverlässigkeit der VDRL-Reaktion (venereal disease research laboratory) als Marker für die Krankheitsaktivität wichtig, es kann also trotz negativer VDRL-Reaktion im Liquor ein aktives Krankheitsgeschehen vorliegen. Daher sollte bei klinischen Symptomen (länger anhaltenden Kopfschmerzen, Hirnnervenparesen, häufig sind die Hirnnerven VII und VIII betroffen), positiven Lues-Reaktionen im Serum und einem entzündlichen Liquorsyndrom mit positivem Treponema pallidum-Hämagglutinations-Assay (TPHA) und Fluoreszenz-Treponemen-Antikörper (FTA) immer konsequent antibiotisch behandelt werden. Auch wird bei latenter Syphilis eine Lumbalpunktion empfohlen, selbst wenn keine neurologischen Symptome vorliegen.

129.3.3 Erkrankungen des Gastrointestinaltrakts

Gastrointestinale Symptome treten bei Patienten mit AIDS häufig auf und sind Ausdruck opportunistischer und nichtopportunistischer Infektionen und Tumoren. Ursache hierfür ist insbesondere eine massive Depletion von $CD4^+$-T-Lymphozyten im Darm (mukosaassoziiertes lymphatisches Gewebe, MALT). Daher ist eine Verbesserung der lokalen Immunantwort durch eine gleichzeitig eingeleitete ART die Grundlage jeder spezifischen Therapie.

Soorösophagitis

Die häufigste Erkrankung des Ösophagus ist die Candida-Ösophagitis mit Dysphagie und retrosternalem Brennen, z. T. besteht gleichzeitig oraler Soor. Differenzialdiagnostisch zu berücksichtigen sind ulzeröse Ösophagitiden durch CMV, HSV oder HIV selbst. Diese sind in der Regel sehr viel schmerzhafter als eine Candida-Ösophagitis. In seltenen Fällen treten auch durch Histoplasmen oder Mykobakterien bedingte Ösophagitiden auf. Die antimykotische Therapie der invasiven Candidiasis wird mit Azolderivaten (Fluconazol, Itraconazol), in seltenen Fällen (Bei Azolresistenz) auch mit liposomalem Amphotericin B durchgeführt.

CMV-Enterokolitis

Die häufig vorkommende CMV-Kolitis führt zu ausgeprägten Ulzerationen mit Ödem, Rötungen, Erosionen sowie hämorrhagischen Plaques. Die Gallenwege können ebenfalls betroffen sein, klinisch findet sich dann eine chronische Cholangitis/Cholezystitis. Die Diagnose gelingt durch den PCR-Nachweis von CMV-Genom in Aspiraten (Gallensaft) und Biopsaten (Gallenwege, Colon, Duodenum). Die gastrointestinalen CMV-Erkrankungen treten bei weit fortgeschrittenem Immundefekt (CD4-Zellen $< 100/\mu l$) auf, die Therapie wird mit intravenösem Ganciclovir und/oder Foscarnet eingeleitet. Für die Dauer des fortbestehenden Immundefekts ist eine Erhaltungstherapie mit oralem Valganciclovir nötig.

Atypische Mykobakteriosen

Atypische Mykobakterien können bei HIV-infizierten Patienten mit ausgeprägtem Immundefekt (meist $CD4^+$-T-Lymphozyten $< 50/\mu l$) schwere Erkrankungen verursachen. Meist sind die eng verwandten Arten Mycobacterium avium und M. intracellulare (MAI-Infektion) ursächlich beteiligt. Typisch sind eine Vergrößerung multipler abdominaler Lymphknoten und ein Schleimhautbefall; zu den Symptomen gehören Fieber, Gewichtsverlust und Diarrhö. Ebenfalls tritt häufiger eine durch atypische Mykobakterien hervorgerufene Cholangitis auf. Eine massive abdominelle Lymphadenopathie mit Schmerzen, eine Hepatosplenomegalie und ulzeröse Schleimhautveränderungen im Duodenum sind typische Komplikationen einer Infektion mit M. genavense. Atypische Mykobakterien sind resistent gegenüber Isoniazid, therapeutisch kommt eine Kombination aus Rifampicin/Rifabutin, Clarithromycin und Ethambutol, eventuell auch Clofazimin (M. genavense), zum Einsatz.

Protozoen-Infektionen

Bei immunsupprimierten Personen führt die Infektion mit **Kryptosporidien** (▶ Abschn. 85.9) zu protrahierten, manchmal lebensbedrohlichen Diarrhöen mit bis zu 20 l Flüssigkeitsverlust pro Tag. Dennoch ist das klinische Bild auch bei Patienten mit CD4-Zellzahlen unter $100/\mu l$ variabel: Etwa die Hälfte dieser Patienten zeigt andauernde oder wiederkehrende Durchfälle und etwa ein Drittel leidet an dehydrierender, choleraähnlicher Diarrhö und benötigt eine Infusionstherapie. CD4-Zellzahlen unter $50/\mu l$ sind außerdem ein Risikofaktor für Komplikationen im Bereich des biliären Systems, darunter Cholezystitis, Papillenstenose und sklerosierende Cholangitis.

Die **Isosporiasis** durch (Cysto-)Isospora belli (▶ Abschn. 85.9.3) führt sowohl bei immunkompetenten als auch bei immunsupprimierten Patienten zu wässrigen Durchfällen, in der Regel begleitet von abdominalen Krämpfen, Übelkeit und Gewichtsverlust. Bei immunkompetenten Personen ist die Infektion meistens, aber durchaus nicht immer selbstlimitierend, während sie bei Patienten mit AIDS in den meisten Fällen chronisch verläuft.

Mikrosporidien sind obligat intrazellulär lebende einzellige Parasiten (▶ Abschn. 85.10), die bei Immunsupprimierten, z. B. AIDS-Patienten oder Patienten nach Organtransplantation, verschiedene Krankheitsbilder hervorrufen können. Die Systematik der Mikrosporidien ist umstritten und unterliegt einem ständigen Wandel. Sie scheinen am nächsten mit Pilzen verwandt zu sein. Der überwiegende Teil der Mikrosporidiosen in Deutschland sind gastrointestinale Manifestationen bei AIDS-Patienten wie Durchfälle oder Cholangitiden hervorgerufen durch Enterocytozoon bieneusi oder Encephalitozoon intestinalis. Da diese beiden Parasiten einen teilweise unterschiedlichen Organtropismus aufweisen und unterschiedlich gut therapierbar sind, sollten sie bei den entsprechenden Risikogruppen nicht nur nachgewiesen, sondern auch differenziert werden.

Bei allen gastrointestinalen opportunistischen Erkrankungen ist die Einleitung einer ART obligat, eine spezifische Therapie ist nur in einigen Fällen (Candida, CMV, atypische Mykobakterien) Erfolg versprechend.

129.4 Infektionen bei Organtransplantation

Voraussetzung für eine erfolgreiche Transplantation ist eine Unterdrückung der Abstoßungsreaktion durch immunsuppressive Medikamente, die unterschiedlich lange eingenommen werden müssen. Die Basis der Immunsuppression sind häufig Ciclosporin A und Tacrolimus (Calcineurin-Inhibitoren), manchmal in Kombination mit Mycophenolsäure. Initial werden oft auch Steroide und monoklonale Antikörper eingesetzt. Nach der Transplantation von soliden Organen (z. B. Leber, Niere, Herz) ist in der Regel eine lebenslange iatrogene Immunsuppression nötig. Andererseits kann bereits aufgrund der vorbestehenden Erkrankung, die zur Organtransplantation führte, die Infektanfälligkeit erhöht sein.

Die meisten Infektionen nach Organtransplantation treten innerhalb der ersten 4 Monate auf. Das Spektrum und die Häufigkeit einzelner Infektionen sind in den verschiedenen **Phasen nach Transplantation** sehr unterschiedlich (◘ Abb. 129.1):

- In der **frühen postoperativen Phase** treten v. a. operationsbedingte Infektionen auf (chirurgische Wundinfektionen, Pneumonien und Aspirationspneumonien, Katheterinfektionen, Infektionen mit nosokomialen Keimen). Ein Risiko ergibt sich weiterhin durch rekurrierende Infektionen, deren Erreger der Empfänger bereits vor der Transplantation trug oder die mit dem Organ übertragen

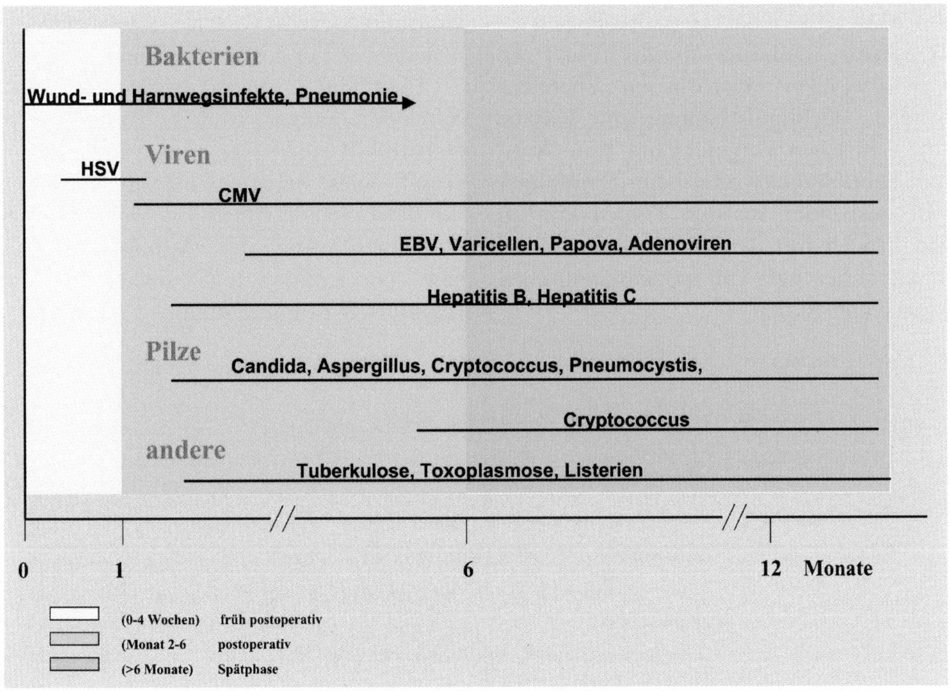

◘ **Abb. 129.1** Zeitliches Auftreten von Infektionen nach Transplantation solider Organe. (Aus Renders et al. Der Internist 8:882, 2004)

wurden. Ein Screening auf multiresistente Keime wird daher empfohlen.
- In der **Spätphase** nach etwa einem halben Jahr treten dann deutlich weniger Infektionen auf, in dieser Zeit kann es zu Reaktivierungen von Varicella-Zoster-Infektionen oder von Papovavirus-Infektionen kommen. Eine invasive Aspergillose tritt am häufigsten nach Lungen-Transplantationen und v. a. nach Herz-Lungen-Transplantation auf. Selten kommt es zu virusassoziierten Lymphomen oder lymphoproliferativen Syndromen.

Potenzielle **Empfänger** solider Organe sollten bei Aufnahme auf die Warteliste in Hinblick auf mögliche Infektionen untersucht werden (◘ Tab. 129.2). Potenzielle Empfänger, die aus den Tropen oder Subtropen stammen, sollten vor Transplantation einem **zusätzlichen Screening** unterzogen werden, um sicherzustellen, dass keine Infektionen bestehen, die sich im Rahmen einer Transplantation reaktivieren, verschlechtern oder die exazerbieren können:
- Mikroskopische Stuhluntersuchung auf Protozoen und Wurmeier
- Stuhluntersuchung auf Entamoeba histolytica mittels PCR
- Strongyloides-Serologie
- Trypanosoma cruzi-Serologie (wenn Empfänger aus Lateinamerika)
- Schistosomen-Serologie (wenn Empfänger aus Schistosomiasis-Endemiegebiet)

Bei einem potenziellen **Organspender** werden Untersuchungen auf CMV, HIV, EBV, Hepatitis B und C, HIV sowie Treponema pallidum durchgeführt. Zu unterschieden ist zwischen verstorbenen Spendern und Lebendspenden. Wichtig ist immer eine genaue Erhebung der medizinischen Vorgeschichte. Eine Antibiotikagabe kann beim Spender oder beim Empfänger indiziert sein. Organspender aus den Tropen können tropenspezifische Erreger mit dem Transplantat übertragen und sollten daher ggf. auf tropenspezifischen Erkrankungen gescreent werden.

Zytomegalievirus-Infektionen spielen nach Transplantationen eine besonders wichtige Rolle. Man muss unterscheiden zwischen:
- CMV-Infektion (Virus-DNA mittels PCR nachweisbar oder Virusanzucht aus Urin oder Leukozyten möglich) und
- Manifeste Erkrankung mit Symptomen und Endorganmanifestationen wie Hepatitis, Pneumonie, Pankreatitis, Kolitis, Meningoenzephalitis, Myokarditis, Chorioretinitis etc.

Das größte Risiko besteht in der Übertragung eines CMV-positiven Organs auf einen CMV-negativen Empfänger, das zweithöchste bei Übertragung auf einen CMV-positiven Empfänger, z. B. im Falle einer Nierentransplantation bedeutet dies:
- Donor „+" und Rezipient „–": Infektionsrate 100 %, Erkrankungsrate 50 %
- Donor „+" und Rezipient „+": Infektionsrate 40 %, Erkrankungsrate 20 %

Krankheitssymptome von CMV sind Fieber, grippeähnliche Symptome, Hepatopathie, Leuko- und Thrombopenie, Kolitis mit Blutung und manchmal eine atypische Pneumonie. Je nach Situation wird eine Prophylaxe (also die vorbeugende Gabe von Virostatika in der Frühphase nach Transplantation) oder die präemptive Therapie (also Therapiebeginn nach positivem Test) bzw. die Sekundärprophylaxe nach präemptiver Therapie empfohlen. Zur Feststellung einer notwendigen Prophylaxe wird also der Serostatus von Spender und Empfänger vor Transplantation erhoben und die Viruslast nach Transplantation regelmäßig kontrolliert (CMV-PCR). Impfstoffe gegen CMV befinden sich in der Entwicklung.

Trotz gut antiviral wirksamer Nukleosid- bzw. Nukleotidanaloga werden weiterhin Patienten mit **Hepatitis B** einer Transplantation unterzogen, oft aufgrund eines hepatozellulären Karzinoms. Therapiestandard zur Vermeidung einer HBV-Rekurrenz ist die Fortführung der Applikation von Nukleosid- bzw. Nukleotidanaloga sowie die i. v. Gabe von Hepatitis-B-Immunglobulin (HBIG). Ob eine

◘ **Tab. 129.2** Infektiologische Untersuchungen vor einer Transplantation beim Empfänger

Untersuchung	Fragestellung
Anamnese, körperliche Untersuchung	Vorerkrankungen, latente Infektionsherde
Rö-Thorax	Pathologische Veränderungen, Infiltrate
Bakteriologie	Darmpathogene Erreger, Harnweginfektionen, Hautbesiedlung, MRGN (multiresistent, gramnegativ)
Serologie	Zytomegalie-, Herpes simplex- und Varicella-Zoster-Viren, Epstein-Barr-Viren, HIV, Hepatitis A, B und C, HIV Treponema pallidum und Toxoplasma gondii, latente Tuberkulose

Prophylaxe ohne HBIG möglich ist, wird untersucht, die Leitlinie wird in naher Zukunft überarbeitet.

129.5 Infektionen nach hämatopoetischer Stammzelltransplantation

Unter einer hämatopoetischen Stammzelltransplantation versteht man die Übertragung von Blutstammzellen von einem Spender auf einen Empfänger (hematopoietic stem cell transplantation, HSCT). Dabei kann es sich bei Spender und Empfänger um dieselbe Person handeln (autologe Transplantation) oder um 2 verschiedene Personen (allogene Transplantation).

In der Behandlung maligner hämatologischer Erkrankungen (z. B. chronische Leukämie, multiples Myelom, myeloproliferative Neoplasien) sollen also die malignen Zellen durch den myeloablativen Effekt der zytotoxischen Behandlung entfernt werden. Vor einer **allogenen Transplantation** werden also die hämatopoetischen Stammzellen des Patienten meist komplett durch Chemotherapie/Bestrahlung zerstört und anschließend neue Stammzellen HLA-kompatibel transplantiert. Nach der **Konditionierungsphase** verlieren die Patienten also ihr gesamtes Repertoire an eigenen B-, NK- und T-Zellen. Dies entspricht dem kompletten Verlust des angeborenen und des im Laufe des Lebens erworbenen immunologischen Gedächtnisses.

Zunehmend werden Patienten auch ohne eine komplette vorausgehende myeloablative Therapie transplantiert, was den Vorteil einer geringeren therapieassoziierten Letalität erbringt, jedoch als Nachteil eine höhere Rate an Transplantatabstoßungen und z. T. eine höhere Rekurrenz der malignen Grunderkrankung.

Die Konditionierungstherapie, eine Chemotherapie mit oder ohne Bestrahlung und Gabe von monoklonalen Antikörpern, verursacht eine **schwere Neutropenie,** die etwa 10–28 Tage anhält. In dieser Frühphase bis zum Ende der Neutropenie („engraftment") dominieren v. a. bakterielle, aber auch invasive Pilzinfektionen sowie Herpes simplex-Reaktivierungen (◘ Abb. 129.2). Auch Reaktivierungen von Papovaviren werden häufiger beobachtet, respiratorische Virusinfektionen können ebenfalls Komplikationen verursachen.

Die nächste Phase vom Ende der Neutropenie bis etwa zum Tag 100 post Transplantation ist gekennzeichnet durch die zytotoxische Reaktion der transfundierten Immunzellen gegen den Wirtsorganismus (**Graft-versus-Host-Disease,** GVHD) und die daher notwendige medikamentöse Immunsuppression. So können ab Tag 40 insbesondere Erkrankungen durch

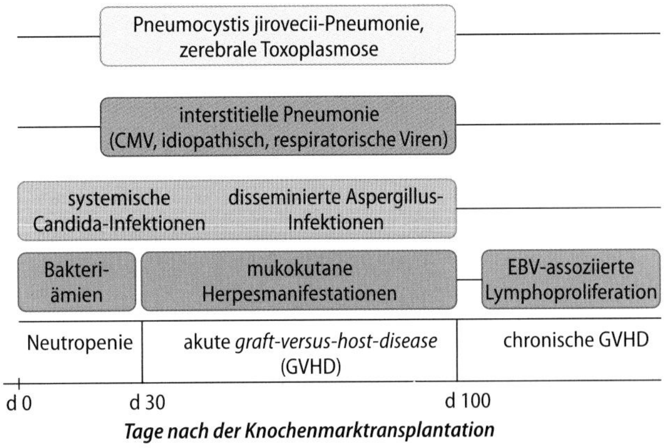

◘ **Abb. 129.2** Zeitmuster der wichtigsten Infektionen bei Patienten nach mit allogener Stammzelltransplantation. (Modifiziert nach Fätkenheuer et al. UNI-MED 2003)

CMV auftreten. Der Transplantatempfänger muss auch über das Risiko von Reaktivierungen endogener Herpes- und Zosterviren aufgeklärt werden. Vor allem bei prolongierter Neutropenie treten auch Aspergillus-Infektionen gehäuft auf.

Die nach der Stammzellbehandlung und Knochenmarkrekonstitution resultierende Immunität ergibt sich also aus der Antigenexposition, die der Spender in der Vergangenheit erfahren hat, in Verbindung mit den Antigenkontakten des Empfängers nach Transplantation. Impfungen nach Rekonstitution haben daher einen besonderen Stellenwert, etwa um eine vorhandene, aber oft nur niedrigschwellige Immunität zu reaktivieren.

129.6 Infektionen bei Asplenie

Die Milz kann fehlen bei kongenitaler Fehlanlage oder nach chirurgischer Entfernung, eine funktionelle Asplenie kann z. B. im Rahmen einer Sichelzellanämie oder bei systemischen Autoimmunkrankheiten auftreten. Im letzteren Fall ist die Milz zwar makroskopisch vorhanden, aber nicht mehr funktionsfähig. Eine fehlende oder gestörte Milzfunktion ist mit einem hohen Risiko für eine fulminante bakterielle Sepsis assoziiert, insbesondere hervorgerufen durch bekapselte Bakterien. Splenektomierte Kinder haben ein höheres Risiko für eine „overwhelming postsplenectomy sepsis" (OPSI) als Erwachsene und benötigen eine Penicillinprophylaxe. Patienten mit hämatologischen Grundkrankheiten (Sichelzellanämie, Thalassaemia major) haben ein höheres Risiko als Patienten mit Splenektomie nach Unfall. Streptococcus pneumoniae ist der häufigste Erreger, andere sind Haemophilus influenzae Typ B, Neisseria meningitidis, Salmonella-Arten und Escherichia coli. E. coli und Klebsiellen sind am häufigsten in den ersten 3 Lebensmonaten. OPSI ist auch assoziiert mit Tierbissen durch Katzen und Hunde, dann meist durch Capnocytophaga-Spezies. Asplenische Patienten sind weiterhin empfänglicher für Infektionen durch Babesien.

Impfungen gegen Pneumokokken, Hib und Meningokokken sind somit dringend indiziert, ggf. eine antibiotische Prophylaxe sowie ein sofortiges aggressives Management von Infektionen. Die Patienten sollten einen Aspleniepass mit sich führen und entsprechend geschult werden.

129.7 Infektionen bei medikamentös induzierter Immunsuppression

Verschiedene Medikamente führen zu unterschiedlichen Immundefekten und daher zu unterschiedlichen Prädispositionen für Infektionen.

129.7.1 Glukokortikosteroide

Glukokortikosteroide greifen an vielen Stellen in die Regulation des Immunsystems ein. Sie hemmen die Freisetzung von entzündungsfördernden Interleukinen und Interferonen. Es wird weniger TNF-α ausgeschüttet, was wiederum die B-Zellen und damit die Antikörperproduktion der Plasmazellen hemmt. Kortikosteroide bewirken eine teils auch zytotoxisch bedingte Veränderung der Verteilung von Lymphozyten mit der Folge einer Lymphopenie in der peripheren Zirkulation.

Das Infektionsrisiko ist abhängig von der Dosis und Beschaffenheit des Steroids und der Dauer der Therapie. Pyogene Bakterien sind die häufigsten Infektionserreger, chronischer Gebrauch von Steroiden erhöht aber auch die Anfälligkeit für Infektionen mit intrazellulären Erregern wie Listerien oder Herpesviren. Auch die Anfälligkeit für bestimmte Parasitosen wie z. B. eine Amöbiasis oder eine Strongyloidiasis ist erhöht. Patienten mit einer latenten Infektion mit Mycobacterium tuberculosis, die längerfristig Steroide bekommen, benötigen eine tuberkulostatische Primärprophylaxe.

129.7.2 Zytotoxische Chemotherapeutika

Zytotoxische Chemotherapeutika werden in der Behandlung von soliden oder hämatologischen Neoplasien eingesetzt. Die Immunsuppression beruht hier v. a. auf der Induktion einer Neutropenie (seltener entsteht eine Neutropenie durch allergische oder toxische Auswirkungen anderer Medikamente (z. B. Thyreostatika oder Metamizol) oder antigranulozytäre Autoantikörper.

Bei einer Neutropenie (Neutrophilenzahl < 500/µl, noch ausgeprägter bei < 100/µl) treten insbesondere Infektionen mit grampositiven Keimen auf, auch durch Enterobacteriaceae und Pseudomonas aeruginosa. Bei invasiven Pilzinfektionen sind die meisten Fälle durch Aspergillus fumigatus bzw. A. flavus und Candida albicans bzw. C. tropicalis verursacht. Die wichtigsten Infektlokalisationen bei Patienten mit Neutropenie sind Haut, Oropharynx, Lunge, Ösophagus und Kolon mit Perianalregion wegen einer Barrierestörung bei oft gleichzeitig bestehender Mukositis.

129.7.3 Calcineurin- und mTOR-Inhibitoren

Calcineurin-Inhibitoren und mTOR-Inhibitoren finden vorwiegend in der Transplantationsmedizin Verwendung. Ciclosporin A und Tacrolimus inhibieren Calcineurin, eine Proteinphosphatase, die in der Regulation der Immunantwort eine Schlüsselrolle spielt. mTOR („mammalian Target Of Rapamycin") ist ein Protein, an das die Immunsuppressiva Everolimus und Rapamycin binden. Dieses ist ein für Überleben, Wachstum, Proliferation und Motilität von Immunzellen wichtiges Enzym, das eine Phosphatgruppe zu mehreren anderen Proteinen und Enzymen hinzufügt und diese so aktiviert. Eine Blockade dieses Enzyms führt zu einer Hemmung der zellulären Immunantwort.

Infektionen treten unter den genannten Inhibitoren vermehrt auf. Beschrieben wurden insbesondere respiratorische Infektionen. Neben bakteriellen Infektionen wurden Pilzinfektionen (Aspergillus und Candida), virale Infektionen (inkl. Herpes und Hepatitis) sowie parasitäre Infektionen beschrieben.

129.7.4 Mycophenolat-Mofetil

Mycophenolat-Mofetil (MMF) wird v. a. in Kombination mit Calcineurin-Inhibitoren und Kortikosteroiden zur Prophylaxe von akuten Transplantatabstoßungsreaktionen bei Patienten mit einer Nieren-, Herz- oder Lebertransplantation und bei Autoimmunerkrankungen eingesetzt. Der aktive Metabolit Mycophenolsäure (MPA) ist ein selektiver Hemmer der Inosinmonophosphat-Dehydrogenase. Daher wird die Synthese von Purin enthaltenden Nukleotiden gehemmt. Da diese für die Proliferation von Lymphozyten unerlässlich sind, wirkt MPA stärker zytostatisch auf Lymphozyten als auf andere Zellen, wodurch diese selektiv gehemmt werden.

Die häufigsten opportunistischen Infektionen bei nieren-, herz- und lebertransplantierten Patienten, die

MMF zusammen mit anderen immunsuppressiven Substanzen in kontrollierten klinischen Studien mit mindestens 1 Jahr Nachbeobachtungszeit erhielten, waren mukokutane Candidose, CMV-Virämie bzw. CMV-Erkrankung und Herpes simplex-Infektionen.

129.7.5 Antizytokintherapie

Zytokine sind Botenstoffe der Zell-Zell-Kommunikation. Nach Bindung an einen spezifischen Rezeptor auf der Oberfläche einer Zielzelle kommt es zur Aktivierung einer intrazellulären Signalkaskade, was zu Zelldifferenzierung und -proliferation, Zellmigration oder Apoptose führen kann. Die Blockade proinflammatorischer Zytokine kommt bei zahlreichen chronisch-entzündlichen Erkrankungen, insbesondere Autoimmunerkrankungen zum Einsatz, kann aber das Auftreten von Infektionen in unterschiedlichem Ausmaß begünstigen.

TNF-α-Blocker

Eine Reihe von Autoimmunkrankheiten werden mit verschiedenen TNF-α-Blockern behandelt (z. B. Etanercept, Infliximab, Adalimumab, Certolizumab, Golimumab), diese vermitteln ihre immunsuppressive Wirkung durch Blockade des proinflammatorisch wirkenden Zytokins TNF-α, das eine wichtige Rolle bei der Abwehr intrazellulärer Erreger spielt. Die Patienten haben daher ein erhöhtes Risiko für Infektionen durch Mykobakterien, Listerien, Legionella, Salmonella, Nocardia, Pneumocystis, Systemmykosen, Hepatitis B und Herpesviren. Unter einer TNF-Therapie kann eine latente TB-Infektion (LTBI) reaktiviert werden, daher wird ein Screening auf LTBI mittels Interferon-Gamma-Release-Assay (IGRA) und/oder Hauttest empfohlen. Gilt eine LTBI als wahrscheinlich, sollte vor Beginn der Anti-TNF-Therapie eine Prophylaxe mit einem Tuberkulostatikum eingeleitet werden. Ebenso sollten Patienten vor immunsuppressiver Therapie auf Hepatitis B gescreent werden.

Interleukin-Antagonisten

Anakinra und Canakinumab vermitteln ihre Wirkung über eine Blockade der IL-1-Zytokine, die insgesamt eine proinflammtorische Aktivität auslösen. Diese Substanzen werden mit einer erhöhten Inzidenz schwerwiegender Infektionen in Verbindung gebracht, insbesondere der oberen Luftwege. Patienten müssen über Warnzeichen einer Infektion wie z. B. Fieber, Husten oder Rötungen und Schmerzempfindlichkeit der Haut aufgeklärt werden. Ähnliches gilt für Tocilizumab und Sarilumab sowie einige neue sich in der Entwicklung befindende Antagonisten, die gegen den IL-6-Rezeptor gerichtet sind.

Rituximab und Ofatumumab

Dabei handelt es sich um monoklonale Antikörper gegen das Oberflächenantigen CD20. Dieses wird hauptsächlich von B-Lymphozyten exprimiert. Rituximab wird eingesetzt zur Behandlung von CD20-positiven hochmalignen Non-Hodgkin-Lymphomen und ist auch zur Behandlung entzündlicher rheumatischer Erkrankungen zugelassen, wenn eine vorherige Therapie mit anderen Basistherapien nicht ausreichend wirksam war. Ofatumumab wird bei refraktärer chronischer lymphatischer Leukämie eingesetzt. Infektionen treten gehäuft auf, z. B. lokalisierte Candida-Infektionen oder Herpes Zoster. Auch eine Hepatitis-B-Reaktivierung ist möglich.

Andere Antizytokintherapien

Auch für andere Antizytokine muss mit einem erhöhten Infektionsrisiko gerechnet werden. So kam es z. B. bei der Behandlung von Patienten mit multipler Sklerose mit dem Antikörper Natalizumab (einem Integrininhibitor) zum Auftreten einer progressiven multifokalen Leukenzephalopathie (PML), hervorgerufen durch neurotrope JC-Viren. Alemtuzumab ist ein Anti-CD52-Antikörper, der z. B. bei chronischer lymphatischer Leukämie eingesetzt wird. Es wurden schwere Infektionen unter Alemtuzumab beschrieben, daher muss ggf. eine antimikrobielle Prophylaxe durchgeführt werden.

Janus-Kinase-(JAK-)Inhibitoren sind entzündungshemmende, aber auch selektiv immunmodulierende und antiproliferative Wirkstoffe aus der Gruppe der Kinasehemmer, die unter anderem für die Behandlung der rheumatoiden Arthritis eingesetzt werden, aber auch bei Psoriasisarthritis, entzündlichen Darmkrankheiten und Myelofibrose. Die Effekte beruhen auf der Hemmung von Januskinasen, welche an der Signalweiterleitung von Zytokinen und Wachstumsfaktoren beteiligt sind.

Die Inzidenz von klinisch bedeutsamen Infektionen ist auch hier erhöht, insbesondere wurde eine Zunahme der Gürtelrose beobachtet.

Weiterführende Literatur

Angstwurm K, Neumann B (2019 Jul) Infektionen des zentralen Nervensystems bei Immundefizienz. Internist (Berl). 60(7):690-700

Cornberg M, Schlevogt B, Rademacher J, Schwarz A, Sandherr M, Maschmeyer G (2016 Jan) Spezifische Infektionen bei Organtransplantationen. Internist (Berl). 57(1): 38–48

Gesellschaft für Virologie e. V. (GfV). Virusinfektionen bei Organ- und allogen Stammzell-Transplantierten: Diagnostik, Prävention und Therapie. AWMF Registernummer 093–002.

Kao RL, Holtan SG (2019) Host and graft factors impacting infection risk in hematopoietic cell transplantation. Infect Dis Clin North Am Jun;33(2):311–329

Lehrnbecher T, Fisher BT, Phillips B, Alexander S, Ammann RA, Beauchemin M, Carlesse F, Castagnola E, Davis BL, Dupuis LL, Egan G, Groll AH, Haeusler GM, Santolaya M, Steinbach WJ, van de Wetering M, Wolf J, Cabral S, Robinson PD, Sung L (2019 Nov 2) Guideline for antibacterial prophylaxis administration in pediatric cancer and hematopoietic stem cell transplantation. Clin Infect Dis

Montoya JG, Multani A (2019 Aug) Diagnosis of infection in immunocompromised patients: from microscopy to next generation sequencing and host gene signatures. Curr Opin Infect Dis 32(4):295–299

Nanayakkara DD, Schaenman J (2019 Aug) Screening of donors and recipients for infections prior to solid organ transplantation. Curr Opin Organ Transplant 24(4):456–464

Ruhnke M, Behre G, Buchheidt D, Christopeit M, Hamprecht A, Heinz W, Heussel CP, Horger M, Kurzai O, Karthaus M, Löffler J, Maschmeyer G, Penack O, Rieger C, Rickerts V, Ritter J, Schmidt-Hieber M, Schuelper N, Schwartz S, Ullmann A, Vehreschild JJ, von Lilienfeld-Toal M, Weber T, Wolf HH (2018 Nov) Diagnosis of invasive fungal diseases in haematology and oncology: 2018 update of the recommendations of the infectious diseases working party of the German society for hematology and medical oncology (AGIHO). Mycoses 61(11):796–813

Taplitz RA, Kennedy EB, Bow EJ, Crews J, Gleason C, Hawley DK, Langston AA, Nastoupil LJ, Rajotte M, Rolston KV, Strasfeld L, Flowers CR (2018 Oct 20) Antimicrobial Prophylaxis for Adult Patients With Cancer-Related Immunosuppression: ASCO and IDSA Clinical Practice Guideline Update. J Clin Oncol 36(30):3043–3054

Ullmann M, Schmidt-Hieber H, Bertz WJ, Heinz M, Kiehl W, Krüger S. Mousset S, Neuburger S, Neumann O, Penack G, Silling JJ, Vehreschild H, Einsele G (2016) Maschmeyer on behalf of the infectious diseases working party of the German Society for Hematology and Medical Oncology (AGIHO/DGHO)and the DAG-KBT (German Working Group for Blood and Marrow Transplantation). Infectious diseases in allogeneic haematopoietic stem cell transplantation: prevention and prophylaxis strategy guidelines 2016. Ann Hematol 95(9):1435–1455

US Department of Health and Human Services: Guidelines for the Prevention and Treatment of Opportunistic Infections in Adults and Adolescents with HIV. ► https://aidsinfo.nih.gov/contentfiles/lvguidelines/adult_oi.pdf

Biologische Waffen – eine Herausforderung an Diagnostik, Therapie, Klinik und Prävention

Jens H. Kuhn, Timo Ulrichs und Gerd-Dieter Burchard

Mediziner und Wissenschaftler müssen die Gefahren, die von biologischen Waffen ausgehen, kennen und über mögliche vorsätzlich freigesetzte Mikroorganismen informiert sein, um Bevölkerung und Patienten behandeln und ggf. beruhigen zu können.

130.1 Definition

Es existiert keine international akzeptierte Legaldefinition für den Begriff „biologische Waffe" (B-Waffe). Manchmal werden bestimmte Erreger und Toxine als Biowaffen bezeichnet. Experten sprechen normalerweise erst dann von solchen, wenn biologische Agenzien (Organismen, Toxine, sich replizierende Einheiten) durch Konzentrationsprozesse, Stabilisatoren und andere Zusätze in Kampfstoffe verwandelt wurden oder/und wenn sich diese in Vorrichtungen zur Dispersion und Dissemination befinden.

Die US-amerikanischen Gesundheits- und Landwirtschaftsministerien veröffentlichen Listen mit den humanpathogenen Agenzien, die als wahrscheinliche Ausgangsstoffe für die Konstruktion von Biowaffen gelten (Literatur, ◘ Tab. 130.1). Mediziner sollten daher diese Agenzien und die von ihnen verursachten Krankheitsbilder kennen und differenzieren können.

130.2 Einsatzmöglichkeiten

Biologische Waffen können dazu eingesetzt werden, Menschen, Tiere, Pflanzen oder Materialien anzugreifen. Ziel eines Aggressors kann es sein, Individuen oder ganze Populationen erkranken zu lassen oder gar auszurotten oder aber ökonomischen Schaden anzurichten.

Man unterscheidet:

- **Biokriegführung**: Anwendung biologischer Waffen zu taktischen oder strategischen Zwecken während eines militärischen Konflikts
- **Bioterrorismus**: Im Vordergrund stehen ideologische (politische, religiöse, ökologische) Motive
- **Bioverbrechen**: Dienen dem Verfolgen persönlicher Ziele (Rache, finanzieller Gewinn)

Da biologische Waffen das Potenzial besitzen, viele Tausende von Opfern zu fordern, werden sie zusammen mit den Chemie-, Nuklear- und radiologischen Waffen zu den Massenvernichtungsmitteln („mass casualty weapons" oder „weapons of mass destruction") gezählt.

Geschichte

Die systematische Entwicklung biologischer Waffen begann während des 1. Weltkriegs. Zuvor verwendeten einzelne Personen oder Angehörige militärischer Verbände Erreger, um taktische Vorteile in kriegerischen Auseinandersetzungen zu erlangen. Ein Beispiel hierfür ist das Überreichen von mit Variolaviren infizierten Laken und Taschentüchern an nordamerikanische Indianerstämme durch die Briten im Jahr 1763.

Staatlich finanzierte offensive Biowaffenprogramme zur **Biokriegführung** wurden u. a. von Deutschland (1915–1918), Frankreich (1921–1926, 1935–1940), Großbritannien (1940–1956), Irak (1975–?), Japan (1931–1945), Kanada (1925–1947), Südafrika (1981–1995), UdSSR (1918–1992) und USA (1941–1969) unternommen. Durch falsche Geheimdienstberichte über die gegnerische Seite wurden die Biowaffenprogramme initiiert bzw. forciert. Soweit bekannt setzte bisher nur Japan Biowaffen gegen Menschen ein, und zwar während des 2. Weltkriegs in Nordchina.

Bisher ist nur ein Fall eines erfolgreichen **bioterroristischen Angriffs** bekannt. Dieser erfolgte 1984, als Mitglieder einer religiösen Sekte in den USA Salatbars mit Salmonellen kontaminierten und so Lebensmittelvergiftungen bei 751 Menschen verursachten. Ziel der Sekte war es, eine Kommunalwahl zugunsten der von ihr unterstützten Partei zu beeinflussen.

Zu den bekannten **Bioverbrechen** zählen die Intoxinationen von Individuen mit Diphtherietoxin, Digitalisglykosiden, Rizin oder Insulin sowie die absichtlichen Infektionen von Individuen mit Ascaris suum, HIV-1, Salmonella Typhi und Shigella dysenteriae. Großes Aufsehen erregte zuletzt das Versenden von mit Milzbrandsporen gefüllten Briefen an Medienvertreter und Politiker im Jahr 2001 in den USA.

S. Suerbaum et al. (Hrsg.), *Medizinische Mikrobiologie und Infektiologie*,
https://doi.org/10.1007/978-3-662-61385-6_130

▣ **Tab. 130.1** Einteilung potenzieller humanpathogener B-Waffen-Agenzien nach Gefahrenpotenzial durch das US-amerikanische Gesundheitsministerium

Kategorie A (höchste Priorität)	Kategorie B	Kategorie C (niedrigste Priorität)
Bacillus anthracis	Burkholderia mallei	Weitere Rickettsien
Francisella tularensis	Burkholderia pseudomallei	Mycobacterium tuberculosis
Yersinia pestis	Brucellen	
	Campylobacter jejuni	
	Chlamydia psittaci	
	Coxiella burnetii	
	Escherichia coli O157:H7, O104:H4	
	Listeria monocytogenes	
	Rickettsia prowazekii	
	Salmonellen	
	Shigellen	
	Vibrionen	
	Yersinia enterocolitica	
Arenaviren: Chapare-Virus, Guanarito-Virus, Junín-Virus, Lassa-Virus, Lujo-Virus, Machupo-Virus	Alphaviren: Chikungunya-Virus, Östliches, Venezolanisches und Westliches Pferdeenzephalitis-Virus)	**Bandaviren:** Heartland-Virus, „severe fever with thrombocytopenia syndrome virus" (SFTSV)
Dengue-Viren 1–4	Bunyaviren: Kalifornisches Enzephalitis-Virus, La-Crosse-Virus	
Filoviren: Ebolaviren, Marburg-viren	Caliciviren	**Coronaviren:** MERS-Coronavirus, SARS-Coronavirus, andere hoch-virulente Coronaviren
HPS-Hantaviren	Hepatitis-A-Virus	**Flaviviren:** Kyasanur-Wald-Fieber-Virus, Omsker-Hämorrhagisches-Fieber-Virus, Alkhurma-Virus
Krim-Kongo-hämorrhagisches Fieber-Virus	Flaviviren: Gelbfieber-Virus, Japanisches-Enzephalitis-Virus, St.-Louis-Enzephalitis-Virus, West-Nil-Virus, Zika-Virus	FSME-Virus und verwandte Serotypen, Powassan-Virus
Rifttalfieber-Virus		HFRS-Hantaviren
Variola-Virus und verwandte Pockenviren		**Henipaviren:** Hendra-Virus, Nipah-Virus
		Influenzaviren
		Tollwut-Virus
	Balamuthia mandrillaris	Coccidioides spp.
	Cryptosporidium parvum	
	Cyclospora cayetanensis	
	Entamoeba histolytica	
	Giardia lamblia	
	Naegleria fowleri	
	Toxoplasma gondii	
	Mikrosporidien	
Clostridium botulinum-Toxin	Clostridium perfringens-Epsilontoxin	Prionen
	Rizin	
	Staphylococcus-Enterotoxin B	

130.3 Indikatoren für einen bioterroristischen Anschlag

In den letzten Jahren wurden in Deutschland umfangreiche Vorkehrungen gegen bioterroristische Anschläge getroffen. So wurden z. B. Impfstoffvorräte angelegt und Notfallpläne erarbeitet. Allerdings kann es schwer sein, einen bioterroristischen Anschlag als solchen zu erkennen. Als Arzt sollte man in folgenden Situationen an einen Anschlag denken:

- Plötzliches, unerklärliches Auftreten einer großen Zahl von Erkrankten oder Verstorbenen
- Viele Patienten mit ähnlichen Symptomen
- Auftreten einer Erkrankung, die für eine bestimmte geografische Region ungewöhnlich ist
- Synchronisierte Krankheitsverläufe
- Ungewöhnlich viele Fälle mit schweren Verläufen

Spezielle Symptome, bei deren Auftreten ein Anschlag zu erwägen ist, sind:

- Verbreitertes Mediastinum (ohne Thoraxtrauma): Milzbrand
- Vesikulopustulöser Ausschlag mit Beteiligung von Hand- und Fußsohlen, Gesicht häufiger als Rumpf, alle Läsionen in der gleichen Entwicklungsphase → Pocken
- Absteigende Paralyse beginnend mit Hirnnervenlähmungen → Botulismus
- Erhöhte Inzidenz schwerer Pneumonien bzw. von Pneumonien mit Hämoptoe (Bluthusten) → Pest
- Erhöhte Inzidenz atypischer Pneumonien → Tularämie
- Erhöhte Inzidenz von Patienten mit Fieber und Hämorrhagien → virale hämorrhagische Fieber

130.4 Kontrolle biologischer Waffen

Biologische Waffen werden seit Jahrhunderten geächtet. Das Genfer Protokoll von 1925 verbietet speziell die Erstanwendung bakteriologischer Kampfstoffe. Deren Produktion und bakteriologische Gegenschläge wurden den ratifizierenden Nationen jedoch nicht verboten.

Die Biowaffen-Konvention (Biological and Toxin Weapons Convention, BTWC) von 1972 verbietet Besitz und Herstellung biologischer Waffen und verlangt die Zerstörung von Restbeständen. Die Konvention wurde bis 2020 von 187 Ländern unterzeichnet und von 183 Ländern ratifiziert. Da die B-Waffen-Konvention keine Kontrollmaßnahmen wie z. B. gegenseitige Inspektionen vorsieht, ist illegitimen offensiven Programmen zumindest theoretisch Tür und Tor geöffnet.

Illegitime Aktivitäten sind schwer aufzudecken, da die Erforschung hochgefährlicher Erreger unter dem Deckmantel medizinischen Erkenntnisgewinns erfolgen kann. Fabriken zur Impfstoffentwicklung sind z. B. schwer von solchen zu unterscheiden, die Erreger in großen Mengen anzüchten. Der Irak, die Sowjetunion und Südafrika sind Beispiele für Länder, welche die Konvention ratifiziert und dennoch missachtet haben.

In den Kapiteln dieses Buches sind die wichtigsten möglichen biowaffenfähigen Erreger (vorsätzlich freigesetzte Mikroorganismen, ▣ Tab. 130.1) ausführlich beschrieben worden.

In Kürze: Biologische Waffen – eine Herausforderung an Diagnostik, Therapie, Klinik und Prävention

- **Definition:** Keine allgemeingültige vorhanden.
- **Einsatzmöglichkeiten:** Alle Organismen sowie Materialen können Angriffsziele sein. Opfer können Individuen oder Populationen sein. Je nach der Intention des Aggressors unterscheidet man Biokriegführung, Bioterrorismus und Bioverbrechen.
- **Geschichte:** Viele Nationen unterhielten offensive Biowaffenprogramme. Deren Produkte kamen jedoch so gut wie nie zum Einsatz. Bisher wurde nur ein bioterroristischer Angriff auf Menschen verzeichnet. Bioverbrechen dagegen sind häufiger.
- **Kontrolle biologischer Waffen:** Das Genfer Protokoll von 1925 verbietet die Erstanwendung bakteriologischer Kampfstoffe. Die B-Waffen-Konvention von 1972 verbietet die Entwicklung oder den Besitz aller biologischen und toxikologischen Waffen und verlangt die Vernichtung von Restbeständen. Die Unterzeichner können jedoch nicht überprüft werden.

Weiterführende Literatur

US Department of Health and Human Services (2018) NIAID Emerging Infectious Diseases/Pathogens. ▶ https://www.niaid.nih.gov/research/emerging-infectious-diseases-pathogens

US Department of Health and Human Services, US Department of Agriculture (2017) Select Agent and Toxins list. ▶ http://www.selectagents.gov/SelectAgentsandToxinsList.html

United Nations Office for Disarmament Affairs (2020). Convention on the Prohibition of the Development, Production and Stockpiling of Bacteriological (Biological) and Toxin Weapons and on Their Destruction. ▶ http://disarmament.un.org/treaties/t/bwc

Serviceteil

S. Suerbaum et al. (Hrsg.), *Medizinische Mikrobiologie und Infektiologie*,
https://doi.org/10.1007/978-3-662-61385-6

Anhang

Internetangebote

Wichtige Homepages national und international bedeutsamer Institute

BNI (Bernhard-Nocht-Institut für Tropenmedizin)

► http://www.bnitm.de
Informationen zur Reisemedizin

CDC (Centers for Disease Control, Atlanta, USA)

► http://www.cdc.gov
Informationen über Infektionskrankheiten, Publikationen (Emerging Infectious Diseases)

DZIF (Deutsches Zentrum für Infektionsforschung)

► http://www.dzif.de
Informationen zur translationalen Infektionsforschung

ECDC (European Center for Disease Control)

► http://ecdc.europa.eu
Informationen zur Epidemiologie von Infektionskrankheiten in Europa

PEI (Paul-Ehrlich-Institut)

► www.pei.de
Forschung, Informationen für Patienten und Verbraucher zu Arzneimittelzulassungen, Impfstoffe, Klinische Studien, Aktuelle Veröffentlichungen zu bestimmten Arzneimitteln

RKI (Robert Koch-Institut, Berlin)

► http://www.rki.de
Informationen zu Infektionskrankheiten, Infektionsschutz, Impfungen, Nationale Referenzzentren (NRZ), Krankenhaushygiene, Forschung, Publikationen etc.
Ständige Impfkommission (STIKO):
► http://www.rki.de/DE/Content/Kommissionen/STIKO/Empfehlungen/Impfempfehlungen_node.html
Ratgeber und Merkblätter („RKI-Ratgeber für Ärzte"):
► http://www.rki.de/DE/Content/Infekt/EpidBull/Merkblaetter/merkblaetter_node.html

WHO (World Health Organization)

► www.who.int
Informationsportal der Weltgesundheitsorganisation

Ausgewählte Homepages deutschsprachiger Fachgesellschaften

DGfI (Deutsche Gesellschaft für Immunologie e. V.)

► https://www.dgfi.org/index.php

DGFM (Deutsche Gesellschaft für Mykologie e. V.)

► http://www.dgfm-ev.de/

DGHM (Deutsche Gesellschaft für Hygiene und Mikrobiologie)

► http://www.dghm.org/

DGI (Deutsche Gesellschaft für Infektiologie e. V.)

► http://www.dgi-net.de/

DGP (Deutsche Gesellschaft für Parasitologie)

► http://www.dgparasitologie.de/

DVV (Deutsche Vereinigung zur Bekämpfung der Viruskrankheiten e. V.)

► www.dvv-ev.de
Ausgewählte Links zu Leitlinien und Informationen zu einzelnen Infektionskrankheiten

GfV (Gesellschaft für Virologie e. V.)

► http://www.g-f-v.org/

Ausgewählte Online-Portale zu Leitlinien

AWMF-Leitlinien

► http://www.awmf.org/leitlinien.html
Aktuelle Leitlinien zur Diagnostik und Therapie von Infektions- u. a. Krankheiten

Online-Angebote zu Mikroorganismen und Antibiotikaresistenzen

Allgemeine Informationen zu Mikroorganismen

► http://www.microbeworld.org
World of Microbes (sehr einfache Einführung in die Welt der Bakterien und Viren)
► http://www.ncbi.nlm.nih.gov/books/NBK7627/?depth=2
Medical Microbiology, Baron S (ed.) 4th ed.

Informationen zu Mykosen

► http://www.nrz-myk.de/invasive-mykosen.html
► http://www.aspergillus.org.uk

Informationen zu Zoonosen

► http://www.zoonosen.net/
Vernetzung von Human- und Veterinärmedizin, Zooneseplattform

Informationen zu Antibiotikaresistenzen

Deutsche Antibiotikaresistenzstrategie (DART)
► http://www.bmg.bund.de/themen/praevention/krankenhausinfektionen/antibiotika-resistenzstrategie.html
Bericht:
► http://bmg.bund.de/fileadmin/dateien/Publikationen/Ministerium/Broschueren/BMG_DART_2020_Bericht_dt.pdf
Robert Koch-Institut:
► http://www.rki.de/DE/Content/Kommissionen/ART/Positionspapier/Positionspapier_inhalt.html

Stichwortverzeichnis

A

B

C

D

E

F

G

H

I

J

K

L

M

N

O

P

Q

R

S

T

U

V

W

X

Y

Z